真空工程设计 第2版

Second Edition

下册

Design of Vacuum Engineering

刘玉魁　主编
杨建斌　肖祥正　闫 格　冯 焱　副主编

化学工业出版社
·北京·

第21章 真空与低温工程中的焊接技术

21.1 真空与低温容器焊接要点

焊接方法及工艺是真空低温制造业中的重要工艺手段之一。真空低温壳体的气密性主要是焊缝的气密性，它依赖于焊接手段来保证，焊接工艺决定了产品的质量，这也是焊接技术备受关注的重要原因。

21.1.1 焊接通用工艺原则

焊接通用工艺原则包括焊接方法选择、焊接参数的确定、焊材的准备、操作程序、焊机的类型等。分述如下。

① 焊接方法。焊接方法主要根据结构件的材料、结构特征来选择，并在施焊时明确注出。

② 焊接材料。焊接材料包括焊条、焊丝、焊剂、焊料、保护气体以及电极等。选用的焊接材料应与母材的力学性能、工艺性能、使用性能相匹配。焊缝的强度不能高于母材规定上限值加 30MPa。而耐热低合金钢的焊缝化学成分还需与母材相匹配。

③ 焊前准备。焊前准备包括焊接坡口制备、母材焊接区域清理、焊条及焊剂烘干等。

④ 焊接参数选择。包括焊接电源种类、焊接电流、电弧电压、焊接速度以及气体种类、流量等。

⑤ 焊接顺序及操作。为防止焊件变形、减小焊缝残余应力，应根据构件几何尺寸制订合理的焊接顺序。焊接操作包括引弧、收弧、焊条倾斜角度等。

⑥ 焊前预热及焊后热处理。焊前预热包括加热方式及加热位置、预热温度范围及测温方法、焊接过程中的层间温度的范围。焊后热处理包括热处理类型、加热方式及位置、升温速度、热处理温度范围、保温时间、冷却方式、测温方法等。

21.1.2 真空及低温容器焊接规程

真空和低温容器使用条件苛刻，焊接工艺严格，主要遵循如下原则。

(1) 正确选择焊接材料

选择焊接材料原则如下：

① 焊缝金属的性能应高于或等于相应母材标准规定值的下限或满足图样规定的技术条件要求。必要时要结合试验来确定。

② 碳素钢、低合金钢相同钢号相焊的焊缝金属应保证力学性能，且其抗拉强度不应超过母材标准规定的上限值加 30MPa。耐热型低合金钢的焊缝金属还应保证化学成分。

③ 高合金钢的焊缝金属应保证力学性能和耐腐蚀性能。

④ 不锈钢复合钢基层的焊缝金属应保证力学性能，且其抗拉强度不应超过母材标准规定的上限值加 30MPa；复层的焊缝金属应保证耐腐蚀性能，当有力学性能要求时还应保证力学性能。复层焊缝与基层焊缝以及复层焊缝与基层钢板的交界处宜采用过渡焊缝。

⑤ 不同强度钢号的碳素钢、低合金钢之间的焊缝金属应保证力学性能，且其抗拉强度不应超过强度较高母材标准规定的上限值。

⑥ 奥氏体合金钢与碳素钢、低合金钢之间的焊缝金属应保证抗裂性能和力学性能。宜采用铬镍含量较奥氏体高合金钢母材高的焊接材料。

⑦ 焊接材料熔敷金属硫磷含量应与母材一致。

(2）设计合理的焊接坡口

焊接坡口应根据图样或工艺条件选用标准坡口或自行设计。选择坡口形式和尺寸应考虑下列因素：

① 焊接方法的适应性。

② 在保证使用性能的前提下，焊缝填充金属尽量少。

③ 避免产生焊缝缺陷。

④ 能够减少焊接应力与变形。

⑤ 有利于焊接防护。

⑥ 焊工操作方便。

⑦ 复合钢板的坡口应有利于减少过渡焊缝金属的稀释率。

(3）坡口制备

焊接坡口制备需注意如下事项：

① 碳素钢和抗拉强度下限值不大于 540MPa 的低合金钢可采用冷加工方法，也可以采用热加工方法制备坡口。

② 耐热型低合金钢和高合金钢，以及抗拉强度下限值大于 540MPa 的低合金钢，宜采用冷加工方法制备坡口。

③ 坡口应平整，不得有裂纹、分层、夹杂等缺陷。

④ 坡口表面及两侧（以离坡口边缘的距离计：焊条电弧焊各 10mm，埋弧焊、气体保护焊各 20mm，电渣焊各 40mm）应将水、铁锈、油污、积渣和其他有害杂质清理干净。

⑤ 为防止黏附焊接飞溅，奥氏体高合金钢坡口两侧各 100mm 范围内应刷涂料。

(4）焊件组对定位

组对定位遵循下列规定：

① 组对时，坡口间隙、错边量、棱角度等应符合规定。

② 尽量避免强力组装，定位焊缝间隙要符合规定。

③ 焊接接头拘束度大时，推荐采用抗裂性能更好的焊条施焊。

④ 定位焊缝不得有裂纹，否则应清除重焊。如存在气孔、夹渣时也应去除。

⑤ 熔入永久焊缝内的定位焊缝两端应便于接弧，否则应予修整。

(5) 施焊

焊接时注意事项如下：

① 按焊接接头编制焊接工艺规程，确定焊接参数，按相关技术标准施焊。

② 焊接环境出现下列情况之一时，均须采取防护措施，否则禁止施焊。

a. 风速：气体保护焊时大于 2m/s，其他焊接方法大于 10m/s。

b. 相对湿度大于 90%。

c. 雨雪环境。

d. 焊件温度低于－20℃。

③ 当焊件温度在－20～0℃时，应在始焊处 100mm 范围内预热到 15℃以上。

④ 应在引弧板或坡口内引弧，禁止在非焊接部位引弧。

⑤ 防止地线、电缆线、焊钳与焊件打弧。

⑥ 电弧擦伤处的弧坑需经修磨，使其均匀过渡到母材表面，修磨的深度应不大于该部位钢材厚度的 5%且不大于 2mm，否则应予以补焊。

⑦ 对有冲击试验要求的焊件应当认真控制热输入，每条焊道的热输入都不高于评定合格数值。

⑧ 用焊条电弧焊或气焊焊接管子时，一般应采用多层焊，各焊层焊道的接头应尽量错开。

⑨ 双面焊须清理焊根，显示出正面打底的焊缝金属。对于自动焊，若经试验确认能保证焊透，亦可不作清根处理。

⑩ 接弧处应保证焊透和熔合。

⑪ 施焊过程中应控制层间温度不得超过规定的范围。当焊件预热时，应控制层间温度不得低于预热温度。

⑫ 每条焊缝应尽可能一次焊完。当中断焊接时，对冷裂纹敏感的焊件应及时采取后热、缓冷等措施。重新施焊时，仍需按规定进行预热。

⑬ 采用锤击消除焊接残余应力时，第一层焊缝和盖面层焊缝不宜锤击。

⑭ 引弧板、引出板、产品焊接试板不应锤击拆除。

(6) 焊接返修

① 对需要焊接返修的缺陷应当分析产生原因，提出改进措施，按评定合格的焊接工艺，编制焊接返修工艺。

② 焊缝同一部位返修次数不宜超过 2 次。

③ 返修前需将缺陷清除干净，必要时可采用表面探伤检验确认。

④ 待补焊部位应开宽度均匀、表面平整、便于施焊的凹槽，且两端有一定的坡度。

⑤ 如需预热，预热温度应较原焊缝适当提高。

⑥ 返修焊缝性能和质量要求应与原焊缝相同。

以上简单介绍了与钢制压力容器焊接工艺规程有关的一部分内容，可以作为制作真空容器和低温容器的参考，由于压力容器焊接生产工艺严格，对于一般焊接结构生产工艺具有指导和参考意义。

21.1.3 真空和低温容器焊接要求

真空和低温容器与普通的压力容器不同。真空容器受外压，而压力容器受内压，对外压容器关注的是稳定性，而对内压容器则是强度。真空容器气密性要求远高于压力容器，一般来讲，压力容器对焊缝气密性评价方法是不适用真空容器的。

低温容器由内胆和外壳组成，两者之间的夹层需抽真空，因而，内胆与外壳均属于真空容器。当内胆填满低温液体时，它又是一个内压容器，其工作温度很低，对焊缝的质量要求更为苛刻。

鉴于此，对真空与低温容器焊缝提出如下要求：

① 首先考虑焊缝所处的工作条件，如温度、压力、振动、腐蚀性等，确保焊缝满足温度及气密性要求。

② 为减小焊件变形及应力，尽可能采用等厚焊接结构，如图 21-1 所示。图 21-1(a) 所示中，法兰有变形槽，焊接厚度与管体相当。图 21-1(b) 所示为管道构件，有等厚凸缘。图 21-1(c) 所示为薄壁波纹管夹在等厚内外环之间的焊接结构；图 21-1(d) 所示为容器底部封头开变形槽，以便实现等厚焊接目的。

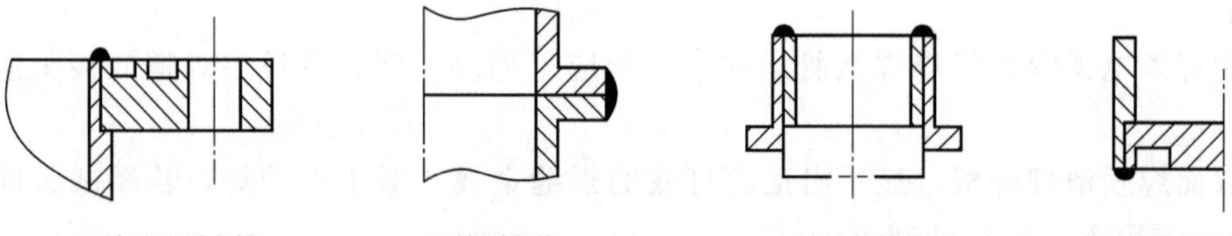

图 21-1 等厚焊接结构

③ 为了避免焊接件之间不易抽气，且易清洁处理，焊缝应选择真空侧，如图 21-2 所示。图中 (a) 所示为正确结构件焊缝，(b) 所示为不正确结构件焊缝。

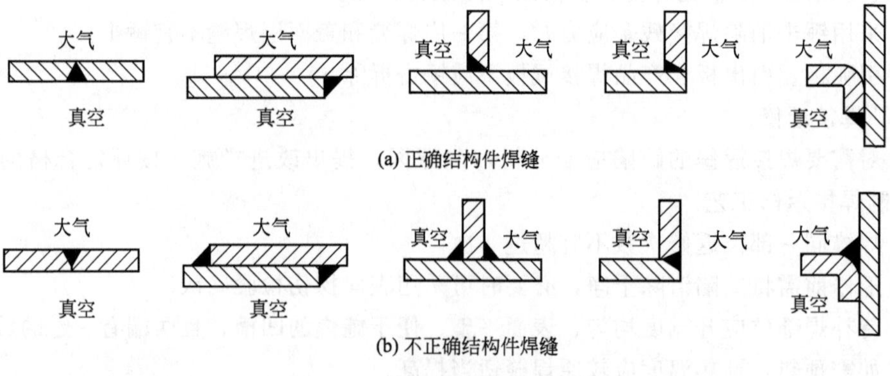

图 21-2 结构件焊缝在真空侧

④ 两种不同材料钎焊时，线膨胀系数大的构件应在外侧，如图 21-3 所示。

⑤ 焊接方法应尽可能采用半自动焊或者自动焊，特别是板材对接焊缝更应该如此。

⑥ 焊缝设计应便于真空检漏。

⑦ 焊缝设计应有利于真空清洗。

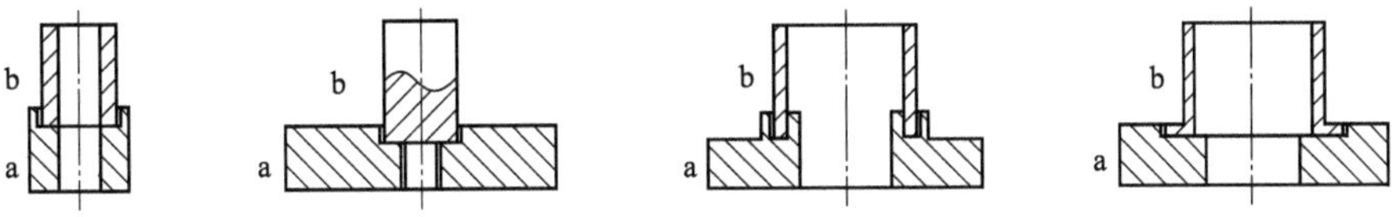

图 21-3　钎焊接头结构

a—线膨胀系数大的构件；b—线膨胀系数小的构件

⑧ 受低温及高温影响的焊缝，需考虑温度变化引起的应力，必要时需设置膨胀节加以缓冲。

⑨ 低温容器焊缝，或真空容器及构件承受高温低温的焊缝，需进行高低温冲击试验，至少 3 次，再进行氦质谱检漏，对漏率进行最终评价，是否满足使用要求。

⑩ 真空及低温薄壁结构件，只允许 1 次补焊修复漏孔，否则影响使用寿命。

⑪ 真空及低温容器对接焊缝采用全焊透形式。

21.2 焊接方法及特点

21.2.1 焊接方法分类

焊接方法分三大类：熔化焊、压焊、钎焊。根据加热方式及工艺特点又分若干小类，见表 21-1。

表 21-1　焊接方法分类

类别	焊 接 方 法	备　　注
熔化焊	1. 电弧焊： a. 熔化极电弧焊(手工电弧焊；埋弧焊；熔化极氩弧焊；CO_2 气体保护焊) b. 非熔化极电弧焊(钨极氩弧焊；等离子弧焊)	易于自动化
	2. 电子束焊：高真空电子束焊；低真空电子束焊；非真空电子束焊	
	3. 激光焊：YAG 激光焊；CO_2 激光焊	
	4. 电阻焊：点焊；缝焊	
压焊	1. 扩散焊	易于自动化
	2. 超声波焊	易于自动化
	3. 爆炸焊	不易自动化
钎焊	1. 火焰钎焊 2. 炉中钎焊：空气炉钎焊；气体保护炉钎焊；真空炉钎焊 3. 电阻钎焊 4. 超声波钎焊	不易自动化

21.2.2 常用焊接方法选择

真空低温技术中常用焊接方法特点及应用范围见表 21-2。

表 21-2 真空低温技术中常用焊接方法特点及应用范围

<table>
<tr><th>类别</th><th colspan="2">方法</th><th colspan="2">主要特点</th><th>应用范围</th></tr>
<tr><td rowspan="8">熔化焊</td><td rowspan="3">电弧焊</td><td>焊条电弧焊</td><td rowspan="3">利用电弧产生的热量，加热并熔化工件和焊接材料</td><td>手工操作，设备简单，操作方便，适应性较强。但劳动强度大，生产率比气电焊和埋弧焊低</td><td>适用于焊接各种钢铁材料，也用于某些非铁金属的焊接。对短焊缝、不规则焊缝较适宜。常用于低真空设备容器及管路焊接</td></tr>
<tr><td>埋弧焊</td><td>电弧在焊剂层下燃烧，焊丝的送进由专门机构完成，电弧沿焊接方向的移动靠手工操作或机械完成，分别称为半自动埋弧焊和自动埋弧焊</td><td>适用于碳钢、低合金钢、不锈钢和铜等材料中厚板直缝或规则曲线焊缝的焊接。适用于大型真空法兰焊制</td></tr>
<tr><td>气体保护焊（简称气电焊）</td><td>用保护气体隔离空气，防止空气侵入焊接区。明弧，无渣或少渣，生产率较高，质量较好。有半自动和自动焊之分。保护气体常用 Ar、He、H_2、CO_2 及混合气体</td><td>惰性气体保护焊适用于焊接碳钢、合金钢及铝、铜、钛等金属。二氧化碳气体保护焊适用于焊接碳钢、一般用途的低合金钢及耐热耐磨材料的堆焊。容易实现全位置焊接，常用于高真空及超高真空设备容器及管路焊接</td></tr>
<tr><td colspan="2">电渣焊</td><td colspan="2">利用电流通过熔渣产生的热熔化金属。热影响区宽，晶粒易长大，焊后要热处理</td><td>适用于碳钢、低合金钢厚壁结构和容器的纵缝以及厚的大型钢件、铸件及锻件的拼焊</td></tr>
<tr><td colspan="2">等离子弧焊</td><td colspan="2">利用等离子弧加热工件，热量集中，热影响区小，熔深大。按特点不同可分为大电流等离子弧焊接、微束等离子弧焊接和脉冲等离子弧焊接</td><td>适用于碳钢、低合金钢、不锈钢及钛、铜、镍等材料的焊接。微束等离子弧焊可以焊接金属箔及细丝</td></tr>
<tr><td colspan="2">电子束焊</td><td colspan="2">利用高能量密度的电子束轰击工件，产生热能加热工件。焊缝深而窄，工件变形小，热影响区小。可分为真空、低真空、局部真空和非真空电子束焊</td><td>适用于焊接大部分金属，特别是活性金属与难熔金属，也可以用于焊接某些非金属真空、低温薄壁件</td></tr>
<tr><td colspan="2">激光焊</td><td colspan="2">利用经聚焦后具有高能量密度的激光熔化金属。焊接精度高，热影响区小，焊接变形小；按工作方式分为脉冲激光点焊和连续激光焊两种</td><td>除适用于焊接一般金属外，还能焊接钨、钼、钽、锆等难熔金属及异种金属，特别适用于焊接导线、微薄材料。在微电子学元件中已有广泛应用</td></tr>
<tr><td colspan="5"></td></tr>
<tr><td rowspan="5">压焊</td><td colspan="2">电阻焊</td><td colspan="2">利用电流通过工件产生的电阻热加热工件至塑性状态或局部熔化状态，而后施加压力，使工件连接在一起。按工作方式分为点焊、缝焊、对焊、凸焊、T 形焊；机械化、自动化程度较高，生产效率高</td><td>适用于焊接钢、铝、铜等材料</td></tr>
<tr><td colspan="2">高频焊</td><td colspan="2">利用高频感应电流所产生的热能，施加一定压力而形成焊接接头</td><td>适用于各种钢管的焊接，也能焊接某些非铁金属及异种金属材料</td></tr>
<tr><td colspan="2">扩散焊</td><td colspan="2">在真空或惰性气体保护下，利用一定温度和压力，使工件接触面进行原子互相扩散，从而使工件焊接在一起</td><td>适用于各种金属的焊接，某些焊接性相差较大的异种金属，也可采用此种焊接方法</td></tr>
<tr><td colspan="2">超声波焊</td><td colspan="2">利用超声波使工件接触面之间产生相互高速摩擦，而产生热能，施加一定压力达到原子间结合，从而使工件焊接在一起</td><td>适用于焊接铝、铜、镍、金、银等同种或异种金属丝、金属箔及厚度相差悬殊的工件，也可以焊接塑料、云母等非金属材料</td></tr>
<tr><td colspan="2">爆炸焊</td><td colspan="2">利用炸药爆炸时产生的高温和高压，使工件在瞬间形成焊接接头；分点焊、线焊、面焊、管材焊接等</td><td>适用于焊接铝、铜、钢、钛等同种或异种材料</td></tr>
</table>

续表

类别	方法	主　要　特　点	应　用　范　围
钎焊	烙铁钎焊	利用电烙铁或火焰加热烙铁的热能，局部加热工件	适用于使用熔点低于300℃的钎料。一般钎焊导线、线路板及一般薄件
	火焰钎焊	利用气体火焰加热工件。设备简单，通用性好	适用于钎焊钢、不锈钢、硬质合金、铸铁、铜、银、铝等及其合金
	碳弧钎焊	利用碳弧加热工件	适用于一般金属结构的钎焊
	电阻钎焊	利用电阻热加热工件，可用低电压电流直接通过工件，也可用碳电极间接加热工件；加热快，生产效率高	适用于钎焊铜及其合金、银及其合金、钢、硬质合金材料；常用于钎焊刀具、电器元件等
	高频感应钎焊	利用高频感应电流产生的热能，加热工件；加热快，生产效率高，变形小	适用于除铝、镁外的各种材料及异种材料的钎焊；特别是钎焊形状对称的管接头、法兰接头等
	炉中钎焊	常用电阻加热炉及火焰加热炉进行加热，可在空气或保护气氛条件下进行钎焊	适用于钎焊结构较复杂的工件
	浸沾钎焊	先固定工件，然后浸入熔融状态下的钎料槽内加热，进行钎焊	适用于钎焊结构较复杂且多钎缝的工件
	真空钎焊	在真空钎焊炉中加热进行钎焊	适用于钎焊质量要求高及难钎焊的活性金属材料

21.2.3 金属材料适用焊接方法

在真空及低温领域，常用的焊接方法有手弧焊、埋弧焊、氩弧焊、点焊、电子束焊、钎焊等。各种焊接方式对不同材料的适用性由表21-3给出。

表21-3　常用金属材料适用的焊接方法

焊接方法	铁	碳钢					铸钢		铸铁			低合金钢										
	纯铁	低碳钢	中碳钢	高碳钢	工具钢	含铜钢	碳素铸钢	高锰钢	灰铸铁	可锻铸铁	合金铸铁	镍钢	镍铜钢	锰钼钢	碳素钼钢	镍铬钢	铬钼钢	镍铬钼钢	镍钼钢	铬钢	铬钒钢	锰钢
手弧焊	A	A	A	A	B	A	A	B	B	B	B	A	A	A	A	A	A	B	B	A	A	A
埋弧焊	A	A	A	B	B	A	A	B	D	D	D	A	A	A	A	A	A	A	B	B	A	A
CO_2 焊	B	A	A	C	D	C	A	B	D	D	D	C	C	C	C	C	C	C	C	C	C	C
氩弧焊	C	B	B	B	B	B	B	B	B	B	B	B	—	—	—	—	B	B	A	—	—	B
点缝焊	A	A	B	D	D	A	B	B	D	D	D	A	A	A	—	D	D	D	D	D	D	D
电子束焊	A	A	A	A	A	A	A	A	C	C	C	A	A	A	A	A	A	A	A	A	A	A
钎焊	A	A	B	B	B	B	B	B	C	C	C	B	B	B	B	B	B	B	B	B	B	B

焊接方法	不锈钢			耐热合金		轻金属								铜合金					锆铌
	铬钢M型	铬钢F型	铬镍钢A型	耐热超合金	高镍合金	纯铝	铝合金①	铝合金②	纯镁	镁合金	纯钛	钛合金①	钛合金②	纯铜	黄铜	磷青铜	铝青铜	镍青铜	
手弧焊	A	A	A	A	A	B	B	B	D	D	D	D	D	B	B	B	B	B	D
埋弧焊	A	A	A	A	A	D	D	D	D	D	D	D	D	C	D	C	D	D	D
CO_2 焊	B	B	B	C	C	D	D	D	D	D	D	D	D	C	C	C	C	C	D
氩弧焊	A	A	A	A	A	A	A	B	A	A	A	A	B	A	A	A	A	A	B
点缝焊	C	A	A	A	A	A	A	A	A	A	A	B	B	C	C	C	C	C	B
电子束焊	A	A	A	A	A	A	A	A	B	B	A	A	A	B	B	B	B	B	B
钎焊	C	C	B	C	B	B	B	C	B	C	C	D	D	B	B	B	B	B	C

①铝、钛合金为非热处理型；②铝、钛合金为热处理型。

注：1. A—最适用；B—适用；C—稍适用；D—不适用。

21.3 金属的可焊性

21.3.1 钢的可焊性

金属的可焊性系指获得优质焊接接头的难易程度。相同的金属材料，采用不同焊接方法或工艺参数，其可焊性可能有很大差别。

在设计时，必须综合考虑焊件结构形状、刚度选择焊接方法、焊接材料及焊接工艺等。对于重要焊件，必须依据可焊性试验，选择焊接母材。表 21-4 给出了按钢含合金元素及含碳量的百分数来评价钢的可焊性，分为良好、一般或较差。

表 21-4　常用钢材的可焊性

可焊性	钢种	评定可焊性的概略指标/%		常用钢号	特点
		合金元素含量	含碳量		
良好(Ⅰ)	低碳钢	—	＜0.25	Q195，Q215，Q235，ZG200-400，ZG230-450，08，10，15，20，15Mn，20Mn	在普通条件下可焊接，环境温度低于－5℃时需预热。板厚大于 20mm，结构刚度大时，需预热并在焊后进行消除应力热处理 沸腾钢是在不完全脱氧情况下获得的，含氧量较高，硫磷等杂质分布很不均匀，时效敏感性及冷脆倾向大，焊接时热裂倾向大，一般不宜用于承受动载或严寒下（－20℃）工作的重要焊接结构。镇静钢的杂质分布很均匀，含氧量较低，用于制造承受动载或低温条件下（－40℃）工作的重要焊接结构
	低合金钢	1～3	＜0.20	Q295，Q345，Q390，Q420，Q460（相关旧牌号有 09MnV，09MnNb，12Mn，18Nb，09MnCuPTi，10MnSiCu，12MnV，12MnPRE，14MnNb，16Mn，16MnRE，10MnPNbRE，15MnV，15MnTi，16MnNb，14MnVTiRE，15MnVN）	
	不锈钢	＞3	＜0.18	0Cr13，0Cr18Ni9，1Cr18Ni9，1Cr18Ni12，0Cr17Ni12Mo2，0Cr18Ni10Ti，1Cr18Ni9Ti，0Cr18Ni12Mo2Ti，1Cr18Ni12Mo2Ti，0Cr18Ni12Mo3Ti，1Cr18Ni12Mo3Ti	
一般(Ⅱ)	中碳钢	＜1	0.25～0.35	Q275，30，30Mn，ZG270-500	形成冷裂倾向小，采用适当的焊接规范，可以得到满意的结果。在结构复杂或零件较厚时，必须预热 150℃以上，并在焊后进行热处理以消除应力
	合金结构钢	＜3	＜0.3	12CrMo，15CrMo，20CrMo，12Cr1MoV，30Cr，20CrV，20CrMnSi，20CrNiMo	
	不锈钢	13～25	≤0.18	1Cr13，Cr25Ti	
较差(Ⅲ)	中碳钢	＜1	0.35～0.45	35、40、45、45Mn	一般情况下，有形成裂纹的倾向，焊前应预热，焊后进行消除应力热处理。真空及低温容器少用
	合金结构钢	1～3	0.30～0.40	30CrMo，35CrMo，35CrMoV，25Cr2MoVA；40CrNiMoA；30CrMnSi；30Mn2，40Mn2，40Cr	
	不锈钢	13	0.2	2Cr13	

21.3.2 有色金属可焊性

有色金属适合的焊接方式有钨极氩弧焊、熔化极自动氩弧焊、手工电弧焊、埋弧自动焊、等离子弧焊、电子束焊等。表 21-5 给出了铝及铝合金可焊性，表 21-6 给出了铜及铜合金与镁合金可焊性。

表 21-5 铝及铝合金可焊性

	焊接方法	材料牌号					适用的厚度范围/mm
		1060 1050A 1035 8A06	3A21	5A05,5A06	5A02,5A03	2A11 2A12 2A16	
		可焊性					
铝及铝合金	钨极氩弧焊	良好	良好	良好	良好	不好	1～10
	熔化极氩弧焊	良好	良好	良好	良好	较差	≥3
	熔化极脉冲氩弧焊	良好	良好	良好	良好	较差	≥0.8
	电阻焊(点焊、缝焊)	一般	一般	良好	良好	一般	≤4
	气焊	良好	良好	不好	较差	不好	0.5～10
	碳弧焊	一般	一般	不好	不好	不好	1～10
	手工电弧焊	一般	一般	不好	不好	不好	3～8
	电子束焊	良好	良好	良好	良好	一般	3～75
	等离子弧焊	良好	良好	良好	良好	较差	1～10

表 21-6 铜及铜合金与镁合金可焊性

	焊接方法	材料牌号				适用的厚度范围/mm
		紫铜	黄铜	青铜	镍白铜	
		可焊性				
铜及铜合金	钨极氩弧焊	良好	一般	一般	良好	1～12
	熔化极自动氩弧焊	良好	一般	一般	良好	4～50
	手工电弧焊	不好	不好	较差	一般	2～10
	埋弧自动焊	一般	较差	一般	—	6～30
	等离子弧焊	一般	一般	一般	良好	1～16
镁合金	类别	牌号	相对焊接性	类别	牌号	相对焊接性
	铸造镁合金	ZM1	差	变形镁合金	MB1	良
					MB2	良
					MB3	良
		ZM2	一般		MB5	一般
					MB6	差
		ZM3	良		MB7	一般
					MB8	良
		ZM5	良		MB15	差

21.3.3 异种金属间的可焊性

表 21-7 给出了常用异种金属间的可焊性。

表 21-7　常用异种金属间的可焊性

金属名称	铬钢	镀锡铁皮	镀锌铁皮	锌	镉	锡	铅	钼	镁	铝	紫铜	青铜	黄铜	镍铜合金	镍铬合金	镍	不锈钢	碳钢
碳钢	·	·	·					·		·	·	·	·	·	·	·	·	·
不锈钢	·	·	·	⊕	⊕	⊕		·		×	·	·	·	·	·	·	·	
镍	·	·	·	⊕	×	×		·		○	·	·	·	·	·	·		
镍铬合金	·	·	·	○	·	·	⊕	·		⊕	·	·	·	·	·			
镍铜合金	⊕	·	·	○	·	·	×	×		○	·	·	·	·				
黄铜	⊕	·	·	○	·	·	×	×	⊕	⊕	·	·	·					
青铜		·	·	○	·	·		×		○	·	·						
紫铜	×	·	⊕	·	×	×		⊕	·	·	·							
铝									·	·								
镁									·									
钼		·	⊕	⊕	·	·		⊕										
铅		·	·	⊕	·	·	·											
锡		·	·	⊕	·	·												
镉		⊕	⊕	○	·													
锌	·	·	·	·														
镀锌铁皮	·	·	·															
镀锡铁皮	·	·																
铬钢	·																	

符号说明
·—可焊性好
○—可焊性尚好，但焊缝脆弱
⊕—可焊性不好
×—不能焊接
空白—未经试焊

21.3.4　异种金属材料间焊接适宜的焊接手段

异种金属材料之间焊接方法如下。

① 电弧焊金属间可焊性见表 21-8。

表 21-8　电弧焊金属间可焊性

金属 B→ A↓	锆	钨	钛	钽	高合金钢	碳素钢	银	锡青铜	铌	镍	钼	黄铜	锡	可伐合金	纯铜	锑	硬质合金	灰铸铁	钒	球墨铸铁	铅	铍	铝
锆	○										○	○											
钨		○	○		○					○													
钛		○	○		○					○	○	○				○			○	○		○	○
钽				○												○							
高合金钢			○		○	○			○		○	○			○		○	○	○	○		○	○
碳素钢							○																
银					○	○		○			○				○					○		○	○
锡青铜					○	○	○		○	○		○		○									
铌		○	○						○	○		○		○		○			○	○		○	○
镍					○	○		○			○	○		○	○								
钼	○		○		○	○			○	○	○	○		○	○	○	○		○	○		○	○
黄铜													○										
锡										○	○	○		○	○	○				○			○
可伐合金					○	○		○			○	○		○	○				○	○			○
纯铜	○		○	○														○					
锑			○	○						○		○		○		○	○						

续表

金属B→ A↓	锆	钨	钛	钽	高合金钢	碳素钢	银	锡青铜	铌	镍	钼	黄铜	锡	可伐合金	纯铜	锑	硬质合金	灰铸铁	钒	球墨铸铁	铅	铍	铝
硬质合金					○	○						○					○						○
灰铸铁					○	○												○					
钒			○		○					○		○			○				○	○		○	
球墨铸铁					○	○		○												○			
铅																					○		
铍			○		○	○		○				○							○			○	
铝			○		○	○		○		○		○		○	○		○						○

注:"○"表示可以采用该焊接方法焊接;空白表示不宜采用该方法焊接或焊接性很差。下同。

② 扩散焊金属间可焊性见表 21-9。

表 21-9 扩散焊金属间可焊性

金属B→ A↓	铝	铝合金	铍	铍合金	铜	铜合金	钴	钴合金	铁	铁合金	钼	钼合金	镍	镍合金	铌	铌合金	钽	钽合金	钛	钛合金	钨	钨合金	锆	锆合金	金属陶瓷
铝	○				○								○						○	○			○		
铝合金	○	○			○																				
铍			○																						
铍合金			○	○																					
铜	○				○								○							○					○
铜合金						○				○						○									
钴							○																		
钴合金							○	○				○													
铁								○	○			○													○
铁合金		○						○	○	○		○								○		○		○	○
钼									○	○	○														
钼合金											○	○													
镍								○	○			○	○								○				
镍合金													○	○											
铌									○					○	○										○
铌合金															○	○									
钽														○			○								○
钽合金																	○	○							
钛																			○						○
钛合金						○				○									○	○					
钨													○								○				
钨合金																						○			
锆																							○		
锆合金																								○	○
金属陶瓷					○				○	○					○		○		○					○	○

③ 冷压焊金属间可焊性见表 21-10。

表 21-10　冷压焊金属间可焊性

金属B→ A↓	铝	铜	银	金	镍	铁	锌	钨	铅	锡	锑	钯	铍	镉	钛
铝	○		○	○	○	○	○		○		○				○
铜	○	○	○	○	○	○	○		○		○				○
银	○	○	○	○	○		○		○		○				
金	○	○	○	○	○		○		○	○					
镍	○	○	○	○	○	○	○		○						
铁	○	○			○	○	○								○
锌	○	○	○	○	○	○			○		○	○			
钨		○													
铅	○	○	○	○	○		○		○	○	○			○	
锡									○	○	○			○	
锑	○	○	○	○	○		○		○	○	○				
钯				○			○								
铍													○		
镉									○	○				○	
钛	○	○				○									○

④ 爆炸焊金属间可焊性见表 21-11。

表 21-11　爆炸焊金属间可焊性

金属B→ A↓	碳素钢	合金钢	不锈钢	铝合金	铜合金	镍合金	钛	钽	铌	银	金	铂	钴合金	镁	锆
锆	○	○					○								○
镁	○	○		○		○	○							○	
钴合金		○	○										○		
铂						○			○			○			○
金	○		○		○	○		○			○				
银	○		○		○		○			○					
铌	○		○	○	○		○		○			○			
钽	○	○	○	○	○		○	○	○		○				
钛	○	○	○	○		○	○	○	○	○				○	○
镍合金	○	○	○	○	○	○	○				○	○		○	
铜合金	○	○	○		○	○		○	○	○	○				
铝合金	○	○	○	○		○	○	○	○	○				○	
不锈钢	○		○	○	○	○	○	○	○	○	○		○		
合金钢	○	○	○	○	○	○	○	○					○	○	○
碳素钢	○	○	○	○	○	○	○	○	○	○	○			○	○

⑤ 激光焊金属间可焊性见表 21-12。

表 21-12 激光焊金属间可焊性

金属 B→ A↓	钴	锗	银	金	钛	钨	硅	镍	钽	铜	铁	钼	铝
钴	○			○									
锗				○				○					
银			○					○					
金	○	○					○	○					○
钛					○								
钨						○		○					○
硅				○						○			
镍		○	○	○		○		○	○	○			○
钽								○	○	○	○	○	
铜							○	○	○	○	○		
铁									○	○	○		
钼									○			○	
铝				○		○							○

⑥ 电子束焊金属间可焊性见表 21-13。

表 21-13 电子束焊金属间可焊性

金属 B→ A↓	合金钢	铀	钒	锆	钨	钛	铱	钽	银	硅	铂	钯	镍	钼	镁	铁	锗	铜	铍	铝
合金钢	○																		○	
铀		○	○	○	○							○		○						○
钒		○	○	○										○			○			○
锆			○	○	○						○			○			○	○		
钨		○		○	○						○	○						○		○
钛						○			○		○	○		○						
铱							○			○	○	○				○	○			
钽							○	○	○		○	○			○		○	○		
银						○		○	○		○	○			○	○				
硅							○			○				○		○				
铂				○	○	○	○	○	○		○			○	○		○		○	
钯		○			○	○	○	○	○			○		○	○		○	○	○	○
镍													○		○					○
钼		○	○	○		○				○	○	○		○			○	○	○	
镁								○	○		○	○	○		○	○	○		○	○
铁							○		○	○					○	○		○	○	
锗			○	○			○	○		○	○	○		○	○		○	○		
铜				○	○			○				○		○	○		○	○	○	○
铍	○										○	○		○	○	○		○	○	○
铝		○	○		○							○	○		○			○	○	○

⑦ 等离子弧焊金属间可焊性见表 21-14。

表 21-14 等离子弧焊金属间可焊性

金属 B→ A↓	铀	钒	锆	钨	钛	铱	钽	银	硅	锑	钯	镍	钼	镁	铁	金	铜	铍	铝
铀	○																	○	
钒		○	○		○						○			○					○
锆		○	○											○					○
钨				○	○									○			○		
钛		○		○	○						○			○			○		○
铱											○								
钽							○			○	○			○					
银								○	○		○					○	○	○	
硅								○			○				○				
锑							○			○	○			○	○				
钯		○			○	○	○	○	○	○				○	○				
镍												○		○			○	○	○
钼													○						
镁		○	○	○	○		○			○	○	○		○			○	○	○
铁									○	○	○				○	○	○	○	
金								○							○				
铜				○	○			○				○		○	○		○		
铍	○													○	○		○	○	○
铝		○	○		○							○		○			○	○	○

⑧ 超声波焊金属间可焊性见表 21-15。

表 21-15 超声波焊金属间可焊性

金属 B→ A↓	锆	钨	钛及钛合金	锡	钽	银	硅	铂	钯	镍	钼	镁	钢	金	锗	黄铜	铍	铝
锆	○										○		○					
钨		○					○				○		○					
钛及钛合金			○							○	○		○			○	○	
锡				○														
钽					○	○	○				○							
银					○	○			○			○	○					
硅					○			○						○				

续表

金属B→ A↓	锆	钨	钛及钛合金	锡	钽	银	硅	铂	钯	镍	钼	镁	钢	金	锗	黄铜	铍	铝
铂							○			○			○	○	○			
钯						○			○									
镍			○					○		○	○		○	○				
钼	○	○	○		○					○	○		○					
镁						○						○						
钢	○	○	○			○		○		○	○		○	○				
金							○	○		○			○	○	○			
锗								○						○				
黄铜	○		○			○		○		○	○		○	○		○		
铍			○														○	
铝	○		○	○	○	○	○	○	○	○	○	○	○	○	○	○	○	○

⑨ 电阻焊金属间可焊性见表 21-16。

表 21-16 电阻焊金属间可焊性

金属B→ A↓	金	铝合金	铝	银	铁镍钴合金	铁镍合金(50/50)	铁镍合金	铁铬镍合金	铁铬合金	镀铬钢	镀锡钢	镀锌钢	钴钢	高强度钢	加热的钢	酸洗的钢	未氧化的铁	纯铁
金					○		○											
铝合金		○					○										○	○
铝						○		○										
银							○		○	○	○	○			○	○	○	○
铁镍钴合金	○																○	○
铁镍合金(50/50)			○						○	○	○	○			○	○	○	○
铁镍合金	○	○		○			○			○	○	○			○	○	○	○
铁铬镍合金			○					○			○	○					○	○
铁铬合金				○		○						○			○	○	○	○
镀铬钢				○		○	○			○		○	○					
镀锡钢				○		○	○	○			○			○	○	○	○	○
镀锌钢				○		○	○	○	○	○		○			○	○	○	○
钴钢										○					○	○	○	○
高强度钢										○	○						○	○
加热的钢				○		○	○		○		○	○	○		○			
酸洗的钢				○		○	○		○		○	○	○			○		○
未氧化的铁											○	○	○	○			○	○
纯铁		○		○	○	○	○	○	○		○	○	○	○		○	○	○

21.4 焊接材料的选择

21.4.1 焊接材料的作用

焊接材料包括焊条、焊丝、焊剂、保护气体等。焊接材料应有的作用如下：

① 保证电弧稳定燃烧和焊接熔滴金属容易过渡。

② 在焊接电弧的周围造成一种还原性或中性的气氛，保护液态熔池金属，以防止空气中氧、氮等侵入熔敷金属。

③ 进行冶金反应和过渡合金元素，调整和控制焊缝金属的成分与性能。

④ 生成的熔渣均匀地覆盖在焊缝金属表面，防止气孔、裂纹等焊接缺陷的产生，并获得良好的焊缝外形。

⑤ 改善焊接工艺性能，在保证焊接质量的前提下尽可能提高焊接效率。

此外，在焊条药皮、焊剂中加入一定量的铁粉，可以改善焊接工艺性能，或提高熔敷效率。

焊条主要由焊芯及药皮组成，焊芯的功能是：

① 传导电流；

② 焊接时作为产生电弧的一个电极；

③ 作为焊缝填充材料，受热熔化，以熔滴形式进入熔池，并与熔化的母材共同形成焊缝。

焊丝在焊接时的作用与焊芯相同。

焊条外包的药皮在焊接时的作用：

① 保护作用。由于电弧的热作用使药皮熔化形成熔渣，在焊接冶金过程中又会产生某些气体。熔渣和电弧气氛起着保护熔滴、熔池和焊接区，隔离空气的作用，防止氮气等有害气体侵入焊缝。

② 冶金作用。在焊接过程中，由于药皮的组成物质进行冶金反应，其作用是去除有害杂质（例如 O、N、H、S、P 等），并保护或添加有益合金元素，保证焊缝的抗气孔性及抗裂性能良好，使焊缝金属满足各种性能要求。

③ 使焊条具有良好的工艺性能。焊条药皮的作用可以使电弧容易引燃，并能稳定地连续燃烧；焊接飞溅小；焊缝成型美观；易于脱渣以及可适用于各种空间位置的施焊。

药皮材料有金红石（TiO_2）；钛白粉（TiO_2）；钛铁矿（$TiO_2 \cdot FeO$）；赤铁矿（Fe_2O_3）；锰矿（MnO_2）；大理石（$CaCO_3$）；菱苦土（$MgCO_3$）；白云石（$CaCO_3+MgCO_3$）；石英砂（SiO_2）；长石（SiO_2，Al_2O_3，K_2O+Na_2O）；白泥（SiO_2，Al_2O_3，H_2O）；云母（SiO_2，Al_2O_3，H_2O，K_2O）；滑石（SiO_2，Al_2O_3，MgO）；萤石（CaF_2）；碳酸钠（Na_2CO_3）；碳酸钾（K_2CO_3）；锰铁（Mn-Fe）；硅铁（Si-Fe）；钛铁（Ti-Fe）；铝粉（Al）；钼铁（Mo-Fe）；木粉；淀粉；糊精；水玻璃（K_2O，Na_2O，SiO_2）。材料不同，起的作用不同。

药皮材料的作用：

① 稳弧。一般含低电离电位元素的物质都有稳弧作用。主要作用是改善焊条的引弧

性能和提高电弧燃烧的稳定性。这种药皮原材料，通常称为稳弧剂。常用的稳弧剂有碳酸钾、大理石、水玻璃、长石、金红石等。

② 造渣。药皮中某些原材料受焊接热源的作用而熔化，形成具有一定物理、化学性能的熔渣，从而保护熔滴金属和焊接熔池，并能改善焊缝成型。这种原材料被称为造渣剂。它们是焊条药皮中最基本的组成物。常用的造渣剂有：钛铁矿、金红石、大理石、石英砂、长石、云母、萤石等。

③ 造气。药皮中的有机物和碳酸盐在焊接时产生气体，从而起到隔离空气、保护焊接区的作用。这类物质被称为造气剂。如木粉、淀粉、大理石、菱苦土等。

④ 脱氧。降低药皮或熔渣的氧化性和脱除金属中的氧，该原材料称为脱氧剂。在焊接钢时，对氧亲和力比铁大的金属及其合金都可作为脱氧剂。常用的脱氧剂有锰铁、硅铁、钛铁、铝粉等。

⑤ 合金化。其作用就是补偿焊缝金属中有益元素的烧损和获得必要的合金成分。合金剂通常采用铁合金或金属粉，如锰铁、硅铁、钼铁等。

⑥ 黏结。为了把药皮材料涂敷到焊芯上，并使焊条药皮具有一定的强度，必须在药皮中加入黏结力强的物质。常用的黏结剂是钠水玻璃、钾钠水玻璃等。

⑦ 成型。加入某些物质使药皮具有一定的塑性、弹性及流动性，以便于焊条的压制，使焊条表面光滑而不开裂。常用的成型剂有白泥、云母、钛白粉、糊精等。

焊剂是焊接时能够熔化形成熔渣和气体，对熔化金属起保护、冶金处理作用并改善焊接工艺性能，具有一定粒度的颗粒状物质。烧结焊剂还具有渗合金作用。

焊剂的作用相当于焊条的药皮。在焊接过程中，隔离空气，保护焊接区金属不被氧化，以及进行冶金处理作用。因此，焊剂与焊丝的正确配合使用是决定焊缝金属化学成分和力学性能的重要因素。

21.4.2 选择焊条的基本原则

21.4.2.1 同类钢材焊接

(1) 依据焊件的力学性能和化学成分选择焊条

① 根据等强度的观点，选择满足母材力学性能的焊条，或结合母材的可焊性，改用非等强度而焊接性好的焊条，但考虑焊缝结构型式，以满足等强度、等刚度要求；

② 使其合金成分符合或接近母材；

③ 母材含碳、硫、磷有害杂质较高时，应选择抗裂性和抗气孔性能较好的焊条，建议选用氧化钛钙型、钛铁矿型焊条，如果尚不能解决，可选用低氢型焊条。

(2) 根据焊件工作条件和使用性能选择焊条

① 在承受动载荷和冲击载荷情况下，除保证强度外，对冲击韧性、伸长率均有较高要求，应依次选用低氢型、钛钙型和氧化铁型焊条；

② 接触腐蚀介质的，必须根据介质种类、浓度、工作温度以及区分是一般腐蚀还是晶间腐蚀等，选择合适的不锈钢焊条；

③ 在磨损条件下工作时，应区分是一般还是受冲击磨损，是常温还是在高温下磨损等；

④ 非常温条件下工作时，应选择相应的保证低温或高温力学性能的焊条。

(3) 依据焊件结构特点及应力选择焊条

① 形状复杂、刚性大或大厚度的焊件，焊缝金属在冷却时收缩应力大，容易产生裂缝，必须选用抗裂性强的焊条，如低氢型焊条、高韧性焊条或氧化铁型焊条；

② 受条件限制不能翻转的焊件，有些焊缝处于非平焊位置必须选用能全位置焊接的焊条；

③ 焊接部位难以清理的焊件，选用氧化性强、对铁锈、氧化皮和油污不敏感的酸性焊条。

(4) 依据施焊条件及焊接设备选择焊条

在没有直流焊机的地方，不宜选用限用直流电源的焊条，而应选用用于交直流电源的焊条。某些钢材（如珠光体耐热钢）需焊后进行消除应力热处理，但受设备条件限制（或本身结构限制）不能进行热处理时，应改用非母体金属材料焊条（如奥氏体不锈钢焊条），可不必焊后热处理。

在狭小或通风条件差的场合，选用酸性焊条或低尘焊条；对焊接工作量大的结构，有条件时应尽量采用高效率焊条，如铁粉焊条、高效率重力焊条等，或选用底层焊条、立向下焊条之类的专用焊条。

(5) 从改善焊接工艺性选择焊条

在酸性焊条和碱性焊条都可以满足要求的地方，应尽量采用工艺性能好的酸性焊条。

(6) 根据经济性选择焊条

在使用性能相同的情况下，应尽量选择价格较低的酸性焊条，而不能使用价低的碱性焊条，在酸性焊条中又以钛型、钛钙型为贵，根据我国矿藏资源情况，应大力推广钛铁矿型药皮的焊条。

21.4.2.2 一般碳钢与低合金钢焊接

① 焊条应使焊接接头的强度大于被焊钢材中最低的强度；

② 焊条应使焊接接头的塑性和冲击韧度不低于被焊钢材；

③ 为防止焊接裂缝，应根据焊接性较差的母材选取焊接工艺及焊条。

21.4.2.3 低合金钢与奥氏体不锈钢焊接

① 一般选用含铬镍比母材高，塑性、抗裂性较好的奥氏体不锈钢焊条；

② 不重要的焊件，可选用与不锈钢相应的焊条。

21.4.2.4 不锈钢复合钢板焊接

① 推荐使用基层、过渡层、复合层三种不同性能的焊条；

② 一般情况下，复合钢板的基层与腐蚀性介质不直接接触，常用碳钢、低合金钢等结构钢，所以基层的焊接可选用相应等级的结构钢焊条；

③ 过渡层处于两种不同材料的交界处，应选用含铬镍比复合钢板高的塑性、抗裂性较好的奥氏体不锈钢焊条；

④ 复合层直接与腐蚀性介质接触，可选用相应的奥氏体不锈钢焊条。

21.4.3 焊丝的选择要点

焊丝选择需遵循下列要点：

① 要根据被焊钢材种类、焊接部件的质量要求、焊接施工条件（板厚、坡口形状、焊接位置、焊接条件、焊后热处理及焊接操作等）、成本等综合考虑。

② 碳钢及低合金高强钢，主要是按“等强匹配”的原则，选择满足力学性能的焊丝。

对于耐热钢和耐候钢，主要是侧重考虑焊缝金属与母材化学成分的一致或相似，以满足对耐热性和耐腐蚀性等方面的要求。

③ 选择焊丝与焊接条件、坡口形状、保护气体混合比等工艺条件有关，要在确保焊接接头性能（特别是冲击韧性）的基础上，选择达到最大焊接效率及降低焊接成本的焊接材料。

④ 对应于被焊工件的板厚选择所使用的焊丝直径，确定所使用的电流值，参考产品介绍资料及使用经验，选择适合于焊接位置及使用电流的焊丝牌号。

⑤ 对于碳钢及低合金钢的焊接（特别是半自动焊），主要是根据焊接工艺性能来选择焊接方法及焊接材料。焊接工艺性包括电弧稳定性、飞溅颗粒大小及数量、脱渣性、焊缝外观与形状等。

21.4.4 焊剂配用焊丝及用途

表 21-17 给出了焊剂配用焊丝及用途。

表 21-17 焊剂配用焊丝及用途

焊剂牌号	焊剂类型	配用焊丝	焊剂用途
HJ130	无锰高硅低氟	H10Mn2	焊接低碳结构钢、低合金钢，如 16Mn 等
HJ131	无锰高硅低氟	配 Ni 基焊丝	焊接镍基合金薄板结构
HJ230	低锰高硅低氟	H08MnA，H10Mn2	焊接低碳结构钢及低合金结构钢
HJ260	低锰高硅中氟	Cr19Ni9 型焊丝	焊接不锈钢
HJ330	中锰高硅低氟	H08MnA，H08Mn2，H08MnSi	焊接重要的低碳钢结构和低合金钢，如 Q235-A、15g、20g、16Mn、15MnVTi 等
HJ430	高锰高硅低氟	H08A，H10Mn2A，H10MnSiA	焊接低碳结构钢及低合金钢
HJ431	高锰高硅低氟	H08A，H08MnA，H10MnSiA	焊接低碳结构钢及低合金钢
HJ433	高锰高硅低氟	H08A	焊接低碳结构钢
HJ150	无锰中硅中氟	配 2Cr13 或 3Cr2W8、配铜焊丝	焊铜
HJ250	低锰中硅中氟	H08MnMoA，H08Mn2MoA，H08Mn2MoVA	焊接 15MnV、14MnMoV、18MnMoNb 等
HJ350	中锰中硅中氟	配相应焊丝	焊接锰钼、锰硅及含镍低合金高强钢
HJ172	无锰低硅高氟	配相应焊丝	焊接高铬铁素体热强钢（15Cr11CuNiWV）或其他高合金钢

21.4.5 几种常用钢的焊条选择

21.4.5.1 低碳钢焊条选择

碳钢的焊接性与钢中含碳量多少密切相关，含碳量越高，钢的焊接性越差。用于焊接的碳钢，含碳量不超过 0.9%。几乎所有的焊接方法都可以用于碳钢结构的焊接，其中以手弧焊、埋弧焊和 CO_2 气体保护焊应用最为广泛。

碳钢焊条的焊缝强度通常小于 540MPa，我国非合金钢及细晶粒钢焊条国家标准 GB/T 5117—2012 中只有 E43、E50 和 E55 系列焊条，其最小抗拉强度分别是 430MPa、

490MPa 和 550MPa。目前焊接中大量使用的是 490MPa 以下的焊条。焊接低碳钢（碳含量小于 0.25%）时，大多使用 E43 系列中的 J42×焊条。

常用低碳钢焊接时，一般焊接结构可选用酸性焊条，承受动载荷或复杂的厚壁结构及低温使用时，选用碱性焊条。

不同焊接方法，不同钢种选用的焊条见表 21-18。

表 21-18　低碳钢不同焊接方法的焊条选择

钢号	手工电弧焊		埋弧焊	CO_2 气体保护焊	电渣焊
	焊条牌号	焊条型号			
Q235	J421,J422,J423	E4313,E4303,E4301	H08A，H08MnA + HJ431，HJ430	H08MnSi H08Mn2Si H08MnSiA H08Mn2SiA	H10MnSiA H10Mn2A H10Mn2MoA + HJ350
Q255	J424,J426,J427	E4320,E4316,E4315			
Q275	J426,J427,J506,J507	E4316,E4315,E5016,E5015			
08、10	J422,J423,J424	E4303,E4301,E4320			
15、20	J426,J427,J507	E4316,E4315,E05015			
20g	J422,J426,J427	E4303,E4316,E4315			
22g	J506,J507	E5016,E5015			
25	J426,J427	E4316,E4315			
ZG230-450	J506,J507	E5016,E5015			

表 21-19 给出了各类低碳钢焊条的工艺性能比较。

表 21-19　低碳钢焊条工艺性能

牌号	型号	药皮类型	熔渣特性	焊条工艺性能							
				电弧稳定性	焊缝成型	脱渣性	焊接位置	熔敷系数	飞溅	熔深	发尘量 /g·kg^{-1}
J421	E4313	高钛钾型	酸性短渣	好	美观	好	全位置	一般	少	较浅	5～8
J422	E4303	钛钙型	酸性短渣	较好	美观	好	全位置	一般	少	较浅	5～8
J423	E4301	钛铁矿型	酸性(介于长短渣之间)	较好	整齐	一般	全位置	较高	一般	一般	6～9
J424	E4320	氧化铁型	酸性长渣	一般	整齐	一般	平焊	高	较多	较深	8～12
J425	E4310	纤维素型	酸性短渣	一般	波纹粗	好	全位置	高	较多	较深	—
J426	E4316	低氢钾型	碱性短渣	较差	波纹粗	较差	全位置	一般	一般	稍深	14～20
J427	E4315	低氢钠型	碱性短渣	一般	波纹粗	较差	全位置	一般	一般	稍深	11～17

表 21-20 给出了国产碳钢焊条的成分、性能及用途。

表 21-20　国产碳钢焊条的成分、性能及用途

牌号	型号 GB/T AWS	特征和用途	熔敷金属化学成分（质量分数）/%			力学性能		
						抗拉强度	伸长率	冲击功
			C	Mn	Si	σ_b/MPa	δ_5/%	A_{KV}/J
J420G	E4300 (—)	管道用全位置焊条，交直流两用，抗气孔性好，用于工作温度小于 450℃，工作压力 3.9～19MPa 的高温、高压电站碳钢管道的焊接	≤0.12	≤0.05	≤0.2	≥490	≥25	≥78 (0℃)

续表

牌号	型号 GB/T AWS	特征和用途	熔敷金属化学成分（质量分数）/%			力学性能		
						抗拉强度	伸长率	冲击功
			C	Mn	Si	σ_b/MPa	δ_5/%	A_{KV}/J
J421	E4313（E6013）	交直流两用，可全位置焊，工艺性能好，再引弧容易，用于焊接低碳钢结构，尤其适用于薄板小件及短焊缝的间断焊和要求表面光滑的盖面焊	≤0.12	0.30～0.60	≤0.35	≥420	≥17	≥47（0℃）
			0.07	0.45	0.22	167	30	94
J421X	E4313（E6013）	向下立焊专用焊条，交直流两用，可全位置焊，工艺性能好。成型美观，易脱渣，引弧和再引弧容易，用于一般船用及镀锌钢焊接，尤其适用于薄板及间断焊	≈0.08	≈0.05	≈0.25	≥420	≥17	≥72（室温）
			0.07	0.41	0.2	165	24	
J421Fe	E4324（E6024）	高效铁粉焊条，交直流两用，可全位置焊，工艺性能好，飞溅小，成型美观，再引弧容易，用于一般船用碳钢结构，尤其适用于薄板小件及短焊缝的间断焊和要求表面光滑的盖面焊	≤0.12	0.30～0.60	≤0.35	≥420	≥27	≥50～75（常温）
			0.008	0.45	0.17	474	26	71
J421-Fe13	E4324（E6024）	熔敷效率125%～135%的铁粉焊条，交直流两用，可全位置焊，工艺性能好，飞溅小，成型美观，用于一般低碳钢结构，尤其适用于薄板小件及短焊缝的间断焊和要求表面光滑的盖面焊	≤0.12	0.30～0.60	≤0.35	≥420	≥17	≥50～75（常温）
			0.07	0.48	0.2	483	25	75
J421-Fe16	E4324（E6024）	熔敷效率155%～165%的钛型药皮铁粉焊条，交直流两用，可全位置焊，工艺性能好，飞溅小，成型美观，用于一般低碳钢结构和表面光滑的盖面焊	≤0.12	0.30～0.60	≤0.35	≥420	≥17	≥50～75（常温）
			0.07	0.4	0.2	480	22	70
J421-Fe18	E4324（E6024）	熔敷效率180%的钛型药皮高效铁粉焊条，交直流两用，可全位置焊，工艺性能好，飞溅小，成型美观，引弧性能好，烟尘小，适用于船体结构低碳钢和相应等级的普通低碳钢的平焊和平角焊	≤0.12	0.30～0.60	≤0.35	≥420	≥17	≥50～75（常温）
			0.08	0.43	0.22	476	21	70
J421Z	E4324（E6024）	钛型铁粉药皮的重力焊碳钢焊条，交直流两用，焊道厚度可通过选择焊条的直径和改变焊缝的长度来控制	≤0.12	0.30～0.70	≤0.25	420～490	≥17	≥50～75（常温）
							22～30	15～95
J422	E4303（—）	钛钙型药皮，交直流两用，可全位置焊，电弧稳定，工艺性能好，飞溅小，成型美观，用于焊接较重要的低碳钢结构和强度等级低的低合金钢	≤0.12	0.30～0.60	≤0.25	≥420	≥22	≥27（0℃）
			0.08	0.45	0.15	481	28	79
J422Y	E4303（—）	钛钙型药皮的碳钢焊条，交直流两用，工艺性能好，在低电压下焊接薄板低碳钢和强度等级低的低合金钢	≤0.12	0.30～0.60	≤0.25	≥420	≥22	≥27（0℃）

21.4.5.2 低合金高强度焊条选择

低合金高强度焊条选择原则如下：

① 低合金钢一般依钢材的强度来选用相应的焊条。同时，还需根据母材焊接性、焊接结构尺寸、坡口形状和受力等的影响，进行综合考虑。在冷却速度较大，使焊缝强度增高，但容易产生裂纹的不利情况下，可选用比母材强度低一级的焊条。

② 焊接热轧及正火钢时，选择焊接材料的主要依据是保证焊缝金属的强度、塑性和

冲击韧性等力学性能与母材相匹配，不必考虑焊缝金属的化学成分与母材的一致性。

③ 低碳调质钢产生冷裂纹的倾向较大，因此严格控制焊接材料中的氢是十分重要的。用于低碳调质钢的焊条应是低氢型或超低氢型焊条。

低合金高强度钢焊条的选用参见表 21-21。

表 21-21 低合金高强度钢焊条的选用

类别及屈服强度等级/MPa		钢号	焊条型号	焊条牌号
热轧正火钢	295	09Mn2、09Mn2Si、Q295、09MnVCu	E4301、E4303、E4315、E4316	J423、J422、J427、J426
	345	Q345、16MnR、16MnCu、14MnNb	E5001、E5003、E5015、E5016、E5015-G、E5018、E5028	J503、J502、J507、J506、J507GR、J507RH、J506Fe、J506Fe1、J507Fe16
	395	15MnVCu、15MnVRE、Q390	E5001、E5003、E5015、E5016、E5015-G、E5515-G、E5516-G	J503、J502、J507、J506、J507GR、J507RH、J577、J577Mo、J577MoV、J566
	440	Q420、15MnVNCu、15MnVTiRE	E5515-G、E5516-G、E6015-D1、E6015-G、E6016-D1	J577、J577Mo、J577MoV、J566、J607、J607Ni、J607RH、J606
	490	18MnMoNb、14MnMoV、14MnMoVCu、18MnMoNbg、WCF60、WCF62、HQ60	E6015-D1、E6016-D1、E7015-D2、E7015、E7015-G、E6015、E6015-G	J607、J607Ni、J607RH、J606、J707、J707Ni、J707R、J707NiW
低碳调质钢	590	HQ70A、HQ70B	E7015、E7015-D2、E7015-G	J707、J707Ni、J707R、J707NiW
		14MnMoVN、14MnMoNRE		
		12MnNiCrMoA		
	690	12Ni3CrMoV	E8015-G	65C-1 专用焊条
		15MnMoVNRE、QJ70、14MnMoNbB	E7015-G、E8015-G、E8515-G	J757Ni、J807、J807RH、J857CrNi、J857Cr
		HQ80、HQ80C、WEL-TEN80		
	785	10Ni5CrMoV	E9015-G	J907、J907Cr
	880	HQ100	E10015-G	J107、J956、J107G

21.4.5.3 不锈钢焊条选择

不锈钢焊条选择原则如下：

① 选择奥氏体不锈钢焊接材料时，首先要保证焊缝金属具有与母材一致的耐蚀性能，即焊缝金属主要化学成分尽量接近母材，其次还应保证焊缝具有良好的抗裂性和综合力学性能。

② 马氏体不锈钢焊接材料的选择原则：其一是焊缝金属与母材的化学成分一致，使之热处理后二者力学性能及使用性能（如耐蚀性）相近；其二是在无法采用预热或焊后热处理时，为了防止裂纹，采用奥氏体型焊接材料，使焊缝成为奥氏体组织，此时焊缝强度无需与母材匹配。

③ 铁素体不锈钢焊接应选择杂质（C、N、S、P 等）含量低的焊接材料，同时对焊接材料进行合理的合金化，以便改善其焊接性和韧性。焊接时选用高铬铁素体焊条或焊丝，也可以用铬镍奥氏体焊条或焊丝。采用奥氏体焊接材料时焊前不预热，也不进行焊后热处理。

马氏体铬不锈钢焊条的选用可参照表 21-22；铁素体铬不锈钢焊条的选用可参照

表 21-23；奥氏体铬不锈钢焊条的选用可参照表 21-24。

表 21-22　马氏体铬不锈钢焊条的选用

类别	钢号	焊条型号	焊条牌号	焊缝金属类型	预热及层间温度/℃	焊后热处理	选用原则
马氏体铬不锈钢	1Cr13 2Cr13	E410-16 E410-15 E1-13-1-15	G202 G207 G217	Cr13	300～350	700～750℃空冷	耐蚀、耐热
		E309-16 E309-15	A302 A307	Cr25Ni13	200～300	—	高塑、韧性
		E310-16 E310-15	A402 A407	Cr25Ni20			
	1Cr17Ni2	E430-16 E430-15	G302 G307	Cr17	300～350	700～750℃空冷	耐蚀、耐热
		E308-16 E308-15	A102 A307	Cr18Ni9	200～300	—	高塑、韧性
		E309-16 E309-15	A302 A307	Cr25Ni13			
		E310-16 E310-15	A402 A407	Cr25Ni20			
	Cr11MoV	E11MoVNi-16 E11MoVNi-15	R802 R807	Cr10MoNiV	300～400	焊后冷至 100～200℃，空冷立即在 750℃以上高温回火	耐蚀、耐热
	Cr12WMoV	E11MoVNiW-15	R817	Cr11WMoNiV	300～400	焊后冷至 100～120℃，空冷立即在 740～760℃以上高温回火	

表 21-23　铁素体铬不锈钢焊条的选用

类别	钢号	焊条型号	焊条牌号	焊缝金属类型	预热及层间温度/℃	焊后热处理	选用原则
铁素体铬不锈钢	0Cr13	E410-16 E410-15 E1-13-1-15	G202 G207 G217	Cr13	200～300	700～760℃空冷	耐蚀、耐热
		E308-16 E308-17 E308-15	A102 A102A A107	Cr18Ni9	150～300	—	高塑、韧性
		E309-16 E309-15	A302 A307	Cr25Ni13			
		E310-16 E310-15	A402 A407	Cr25Ni20			
	0Cr17 0Cr17Ti 1Cr13Ti	E430-16 E430-17	G302 G307	Cr17	100～200	700～760℃空冷	耐蚀、耐热
		E308-16 E308-15 E308-17	A102 A102A A107	Cr18Ni9	70～150	—	高塑、韧性
		E309-16 E309-15	A302 A307	Cr25Ni13			
	Cr25Ti	E309-16 E309-15	A302 A307	Cr25Ni13	不预热	760～780℃回火	耐热及高塑、韧性
	Cr28 Cr28Ti	E310-16 E310-15	A402 A407	Cr25Ni20	不预热	—	
		E310Mn-16	A412	Cr25Ni20Mo2			

表 21-24　奥氏体铬不锈钢焊条的选用

类别	钢号	焊条牌号	类别	钢号	焊条牌号
奥氏体铬不锈钢	00Cr18Ni10 0Cr18Ni9Ti	A002	奥氏体铬不锈钢	0Cr18Ni12Mo3Ti 1Cr22Ni13Mo3Ti	A242
	00Cr17Ni15Si4Nb(C)	A012Si		1Cr25Ni13	A302、A307
	00Cr18Ni12Mo2 00Cr17Ni14Mo3	A022		1Cr25Ni18	A402、A407
	00Cr18Ni12Mo2Cu	A032		3Cr18Mn11Si2N 2Cr20Mn9NiSi2N	A402、A407
	00Cr22Ni13Mo2	A042		4Cr25Ni20(HK-40)	A432
	0Cr18Ni9 1Cr18Ni9	A102A、A102、A107		Cr16Ni25Mo6 Cr16Ni25WTi2B	A502、A507
	0Cr18Ni9Ti 1Cr18Ni9Ti	A132、A137、A132A		Cr25Ni32B Cr18Ni37	A607
	0Cr18Ni12Mo2Ti 1Cr22Ni13Mo2Ti	A202A、A202、A207、A212		0Cr17Mn13Mo2N(A_4)	A707
				0Cr18Ni18Mo2Cu2Ti	A802

同时可按下列经验来选择不锈钢焊条。

① 可参照母材的材质，选用与母材成分相同或接近的焊条。例如：牌号 A102 对应的 0Cr19Ni9；牌号 A137 或 A132 对应的 1Cr18Ni9Ti。

② 碳含量对不锈钢的抗腐蚀性能有很大的影响，因此，一般选用碳含量不高于母材的不锈钢焊条。例如 316L 必须选用牌号 A022 焊条。

③ 在高温条件下工作的耐热不锈钢（奥氏体耐热钢），选用的焊条应能满足焊缝金属的抗热裂性能和焊接接头的高温性能。

a. 对 Cr/Ni≥1 的奥氏体耐热钢，一般均采用奥氏体-铁素体不锈钢焊条，以焊缝金属中含 2%～5%铁素体为宜。

b. 对 Cr/Ni<1 的稳定型奥氏体耐热钢，在保证焊缝金属与母材化学成分大致接近的同时，应增加焊缝金属中 Mo、W、Mn 等元素的含量。

④ 在各种腐蚀介质中工作的耐腐蚀不锈钢，应按介质和工作温度来选择焊条。

a. 工作温度在 300℃以上、有较强腐蚀性的介质，必须采用含有 Ti 或 Nb 的焊条或超低碳不锈钢焊条。例如牌号 A137 或 A002 等。

b. 含有稀硫酸或盐酸的介质，常选用含 Mo 或含 Mo 和 Cu 的不锈钢焊条。

c. 工作条件腐蚀性弱或仅为避免锈蚀污染的设备，可用不含 Ti 或 Nb 的不锈钢焊条。为保证焊缝金属的耐应力腐蚀能力，采用超合金化的焊材，即焊缝金属中的耐蚀合金元素（Cr、Mo、Ni 等）含量高于母材。

⑤ 工作在低温条件下的奥氏体不锈钢，应保证焊接接头低温冲击韧度，故采用纯奥氏体焊条，例如牌号 A402、A407 等。

⑥ 从焊条的使用角度对不锈钢的焊接施工提出如下注意事项：

a. 焊条在焊前应进行再烘干。再烘干吸潮的焊条在焊接马氏体及铁素体不锈钢时，易产生延迟裂纹，在焊接奥氏体不锈钢时，焊缝表面易发生凹坑或气孔。

b. 正确选择焊接位置及焊条直径。焊接位置应尽量采用平焊位置，当必须进行立、仰焊时，应使用比平焊时较小直径的焊条。

c. 正确选择焊接电流。由于不锈钢芯的电阻比低碳钢芯大 4～5 倍，焊接时电阻热使焊芯发热严重，易造成药皮发红开裂。若使用大电流，则合金元素烧损严重，难以获得合适的化学成分，故应选用较小的焊接电流。

d. 引弧。焊接耐酸不锈钢时，不允许焊条在非焊接部位引弧。

e. 短弧焊接。焊接不锈钢时，应尽量采用短弧焊接，弧长一般为 2～3mm。电弧过长，焊芯中合金元素氧化烧损大，且保护不良，容易使空气中的氮侵入，造成奥氏体焊缝中铁素体量减少，容易产生热裂纹。

f. 快速焊。焊接时不允许焊条做横向摆动，目的是减少焊接熔池热量，减少热影响区宽度，有利于提高焊缝金属抗晶间腐蚀能力和减少产生热裂纹的倾向。

g. 焊道清理。焊道清理时必须用不锈钢钢丝刷，不准使用碳钢钢丝刷。

h. 预热。马氏体不锈钢的预热温度最好在 200℃以上。一般为 200～400℃。铁素体不锈钢很少产生马氏体，且预热温度过高易产生脆性，故预热温度以 100～200℃为宜。奥氏体不锈钢焊接时，通常不必进行预热。为了防止热裂纹及铬碳化合物析出，层间温度也应尽量低，一般在 250℃以下。

i. 焊后热处理。铬不锈钢的焊后热处理，目的是改善热影响区和焊缝金属的力学性能以及防止产生延迟裂纹。对于马氏体铬不锈钢（如 Cr13 钢），通过焊后热处理可恢复塑性、韧性，得到良好的力学性能。对于铁素体铬不锈钢（如 Cr17 钢），通常焊后热处理可恢复塑性，但韧性几乎没有提高。奥氏体不锈钢的焊后热处理，一般进行固溶处理和消除应力处理。因为热处理容易造成变形及产生氧化皮，因此，最好能省略。

21.4.5.4 低温钢焊条

低温钢是在－40～－196℃的低温范围工作的低合金专用钢材。按化学成分来划分，低温钢主要有含镍钢和无镍钢两类。国外一般使用含镍低温钢，如 3.5Ni 钢、5Ni 钢和 9Ni 钢等；我国多使用无镍低温钢。

选择低温钢焊接材料首先应考虑接头使用温度、韧性要求以及是否要进行焊后热处理等，尽量使焊缝金属的化学成分和力学性能（尤其是冲击韧性）与母材一致。由于对焊缝金属的低温韧性提出了严格的要求，低温钢焊条药皮均采用低氢型。焊接时要求尽量采用小的焊接线能量，避免焊缝金属及近缝区形成粗晶组织而降低低温韧性。含镍低温钢除手弧焊外，主要采用氩弧焊进行焊接，采用与母材相同成分的焊丝，保护气体为 Ar 或在 Ar 中加入 2%的 O_2 或 5%～10%的 CO_2，以改善焊缝成型。

低温钢的使用温度大于－45℃时，可选用低温韧性好的 Ti-B 系或高韧性普通低合金钢焊条，使用温度低于－60℃以下的低温钢，一般均采用含镍的低温钢焊条。在－100℃左右使用的低温钢，通常均使用含 3.5%Ni 或更高含镍量并含一定量钼的低温钢焊条。

常用低温钢焊条的主要化学成分、性能和用途见表 21-25。

表 21-25　常用低温钢焊条的主要化学成分、性能和用途

牌号	型号 GB/T (AWS)	特征及用途	熔敷金属主要化学成分（质量分数）/%					熔敷金属力学性能		
			C	Mn	Si	Ni	S	σ_b/MPa	$\sigma_{0.2}$/MPa	δ_5/%
W607	E5015-G	低氢钠型含镍的低温钢焊条。直流反接可全位置焊，在－60℃时焊缝金属具有良好的冲击韧度。焊接－60℃低温钢结构，如 13MnSi63、E63 等	≤0.07	1.20～1.7	≤0.50	0.20～1.00	≤0.035	≥490	≥390	≥22

续表

牌号	型号 GB/T (AWS)	特征及用途	熔敷金属主要化学成分(质量分数)/%					熔敷金属力学性能		
			C	Mn	Si	Ni	S	σ_b/MPa	$\sigma_{0.2}$/MPa	δ_5/%
W607H	E5015-C1	超低氢钠型低温钢焊条。全位置焊、焊接工艺优良，在－60℃时焊缝金属仍具有良好的冲击韧度。焊接铝镇静低温钢和含镍2.5%低温钢压力容器和焊接结构	≤0.12	≤1.25	≤0.60	2.00～2.75	≤0.035	≥540	≥440	≥17
W707	(—)	低氢钠型低温钢焊条。直流反接可全位置焊，在－70℃时焊缝金属具有良好的冲击韧度，焊接－70℃的低温钢结构如09Mn2V等	≤0.10	2.0	2.0	—	≤0.035	≥490	—	≥18
W707Ni	E5515-C1 (E8015-C1)	低氢钠型含镍的低温钢焊条。直流反接可全位置焊，在－70℃时焊缝金属具有良好的冲击韧度。焊接－70℃低温钢结构如09Mn2V等	≤0.12	≤1.25	≤0.60	2.00～2.75	≤0.035	≥540	≥440	≥17
W807	E5515-G	低氢钠型含镍的低温钢焊条。直流反接可全位置焊，在－80℃时焊缝金属具有良好的冲击韧度。焊接－80℃工作的2.5% Ni钢结构	≤0.07	1.10～1.40	≤0.50	1.20～1.60	≤0.035	≥490	≥390	≥22

注：(—)表示暂无对应型号。

低温钢在低温下工作时，有低温变脆的特殊问题，因此在制造低温容器时，焊接质量方面比常温容器的要求更为严格，焊接施工时必须制定严格的工艺规程。以3.5%Ni钢的焊接为例，介绍其工艺规程：

① 预热和层间温度。预热温度由板厚确定，当板厚≥16mm时，预热温度为100～200℃，层间温度应同预热温度相一致，以减少接头硬化组织的产生，避免形成裂纹。

② 坡口形式。坡口的设计应尽量使填充金属量减少，坡口角度及间隙不宜过大，以便减小焊接应力；但也不宜过小，以防产生未焊透和未熔合。

③ 运条方法。应采用线状焊（即焊条不摆动）。焊条摆动宽度越大，输入热也越大，晶粒也越粗大，造成低温冲击韧度降低。多层焊时，应采取积累法，尽量使焊道平坦，每层焊道要薄，利用后一焊道对前一焊道的热处理作用，以细化晶粒。有时进行厚板多层多道焊时，为了确保每道焊道厚度在2mm左右，规定每焊完一道焊缝，必须打磨，将多余焊肉磨掉。

④ 焊接速度及电流。随着焊接速度增加，焊道数增加，焊肉厚度变薄，后面焊道的焊接热作用使细化晶粒的区域增大，故低温冲击韧度提高。

当焊接电流提高后，也要相应加大焊接速度。如果焊接电流过大，使熔敷金属的化学成分变化，有时会引起性能下降。

⑤ 焊后热处理。焊后热处理可提高韧性，消除残余应力，使应变时效恢复，组织软化。

国产无镍铬低温钢的焊接，基本上可以参照上述工艺。但无镍铬低温钢板配用含镍的焊条时（如06MnNb+4.5Ni-0.2Mo焊条），要考虑X形坡口根部焊缝金属的稀释会降低焊缝的低温韧性。因此，在根部焊接时要尽量减少熔合比，且进行必要的清根，以保证焊缝金属具有合适的成分。

21.4.5.5 铜及铜合金焊条

铜及铜合金的焊接与碳钢不同，在选用焊条及焊接施工条件时必须充分注意下列特点。

① 导热性好。纯铜的热导率约为碳钢的 8 倍，随合金元素加入量的增加，导热性降低。因为导热性好，就必须预热。

② 热胀系数大。铜及铜合金的热膨胀系数比碳钢大 50%左右。

③ 易氧化。由于铜在液态时容易被氧化，焊接时生成氧化亚铜及铜的低熔点共晶，引起热裂纹，此外，还会析出高温时溶解的大量的氢，与氧化亚铜反应生成气孔。

各种铜及铜合金的焊接性是不同的。铝青铜的焊接性较好，阴极铜与锡青铜次之，黄铜最差。

焊条的选用原则，基本上是根据母材的合金系列来选择相应的焊条。铜及铜合金焊条的简明特性及熔敷金属主要性能分别见表 21-26 和表 21-27。

表 21-26 铜及铜合金焊条的简明特性

焊条牌号	型号	主要用途	焊条牌号	型号	主要用途
T107	ECu	阴极铜、脱氧铜的焊接	T237	ECuMnAlC	铝青铜、铜合金的焊接和铸铁补焊
T207	ECuSnB	阴极铜、硅青铜及黄铜的焊接	T247	ECuMnAlNi	高锰铝青铜、铜合金的焊接
T227	ECuSnB	阴极铜、黄铜的焊接及铸铁补焊	T307	—	白铜的焊接

表 21-27 铜及铜合金焊条熔敷金属主要性能

焊条牌号	主要化学成分(质量分数)/%						力学性能		
	Si	Mn	Sn	其他	Al	Cu	σ/N·mm^{-2} (kgf·mm^{-2})	δ/%	α/(°)
T107	<0.5	<0.5	—	—	—	>99	≥170(18)	—	≥120
T207	2.5～4.0	<3.0		P≤0.30 Pb≤0.02		>95	≥170(18)	≥20	
T227	—	—	7.0～9.0	P0.05～0.3	—	余量	≥270(28)	≥12	—
T237	≤0.1	≤2.0	—	—	7～9	余量	≥410(42)	≥15	—
T247	—	9.0～12.0	Fe2.5～4.0	Ni1.8～2.5	5.5～7.5	余量	≥520(53)	≥15	—
T307	≤0.5	≤1.0	—	Ni≥29.0	—	余量	≥490(50)	—	—

21.4.5.6 铝及铝合金焊条

铝及铝合金由于具有导热性好、热容量大、线膨胀系数大、易氧化、熔点低、高温强度及塑性低等特点，所以一般采用焊条电弧焊比较困难，目前大都采用惰性气体保护焊（TIG、MIG)。通常是根据母材的成分来选择相应的焊条。铝及铝合金焊条的简明特性见表 21-28。

表 21-28 铝及铝合金焊条的简明特性

焊条牌号	型号	熔敷金属主要成分(质量分数)/%				σ/N·mm^{-2} (kgf·mm^{-2})	主要用途
		Si	Mn	Sn	Al		
L109	TAl	≤0.5	—	—	>99	≥64(6.5)	焊接纯铝及要求不高的铝合金构件
L209	TAlSi	4.5～6	—	—	余量	≥120(12)	焊接铝、铝硅铸件、锻铝、硬铝及铝锰合金，不宜焊铝镁合金
L309	TAlMn	0.5	1～1.6	—	余量	≥120(12)	焊接铝锰合金及纯铝
L409	—	−0.5	0.2～0.6	3～3.5	余量	≥176(18)	焊接铝锰合金

21.4.6 焊丝的选择

21.4.6.1 碳钢与低合金钢焊丝

碳钢与低合金高强度钢所用焊丝选用原则如下：

① 焊缝金属力学性能与母材相近，化学成分基本与母材符合；

② 为防止焊缝出现冷裂纹，焊丝强度可稍低于母材；

③ 按等强度选择焊丝强度等级时，需考虑板厚、接头形式、坡口形状及焊接热输入的影响；

④ 中碳调质钢焊后需进行调质处理，此时要求焊丝合金成分与母材相近，并严格控制 S 及 P 等有害杂质；

⑤ 所选焊丝强度等于或稍高于母材，不可过多。

碳钢和低合金高强度钢气体保护焊焊丝的选用见表 21-29。

表 21-29 碳钢和低合金高强度钢气体保护焊焊丝的选用

类别或屈服强度等级/MPa		钢号	气保焊用焊材		简要说明
			保护气体	焊丝	
低碳调质钢	490	WCF60 WCF62	CO_2 或 Ar+20%CO_2	ER55-D2 ER55-D2Ti GHS-60 YJ602G-1 YJ607-1	低碳调质钢产生冷裂纹的倾向较大，应严格控制焊缝金属的扩散氢含量。应注意焊件和焊丝的清理，不应有油污、水、锈等。对保护气体中的水分也应严格控制，采用纯度较高的 CO_2 气体 焊接热输入直接影响焊缝金属和 HAZ（热影响区）的性能，一般不推荐大直径焊丝，应尽可能采用多层多道焊，最好采用窄焊道，以减小变形，并改善焊缝金属和 HAZ 的韧性 可利用预热或后热或低温预热加后热的方法来防止冷裂纹。但不应采用过高的预热温度，否则会影响调质钢 HAZ 的性能，一般是在焊态下使用
	590	HQ70A HQ70B 15MnMoVN 15MnMoNER QJ60		ER69-1 ER69-3 GHS-60N GHS-70 YJ707-1	
	685	12Ni3CrMoV 15MnMoVNRE QJ70 14MnMoNbB	Ar+20%CO_2 或 Ar+(1%～2%)O_2	H08Mn2Ni2CrMoA H08MnNi2MoA ER76-1、ER83-1 GHS-80B、80C	
		T-1 T-1A T-1B		ER76-1 ER83-1 GHS-80B SQJ707CrNiMo	
		WEI-TEN80 HQ80C			
	785	10Ni5CrMoV		H08Mn2Ni23SiCrMoA	
	880	HQ100		GHS100	
中碳调质钢		D6AC	Ar	H08CrMoVA H10CrMoVA	由于含碳较高，合金元素较多，强度高（$\sigma_{0.2}$ 为 880～1176MPa），淬硬倾向大。在调质状态焊接时，易产生冷裂纹、软化区等，焊接性差，一般需预热及后热
				H08MnNiMoA	
		30Cr3SiNiMoVA		H10Cr3MnNiMoVA	
		34CrNi3MoA		H20Cr3NiMoA	
		35CrMoA		H20CrMoV SQJ807CrNiMo	
		35CrMoVA			

续表

类别或屈服强度等级/MPa		钢号	气保焊用焊材		简要说明
			保护气体	焊丝	
低碳钢		Q235 Q255 Q275 15 20 20g 22g 20R	CO_2	ER49-1 (H08Mn2SiA) ER50-1 ER50-4 ER50-6 YJ502-1 YJ502R-1 YJ507-1	低碳钢的碳当量质量分数<0.30%，焊接性良好，是最易焊接的钢种。CO_2 气体保护焊应用最广，实芯焊丝大量使用ER49-1、ER50-6，但 ER49-1 焊缝强度略偏高。药芯焊丝主要采用 E501T-1 或 E500T-1 自保护药芯焊丝抗风能力较强，主要用于室外施工。对某些结构也使用 TIG 焊，如锅炉集箱、换热器、用 ER50-4 焊丝进行封底焊
			自保护	YJ502R-2 YJ507-2 YJ507D-2 YJ507R-2	
中碳钢		35 45	CO_2	ER49-1 ER50-2、3、6、7 YJ501-1 YJ501Ni-1 YJ507Ni-7	中碳钢的碳当量质量分数为 0.3%～0.6%，焊接性稍差，仍可按低碳钢选用焊丝，但要采取适当的焊接工艺，如预热、后热、缓冷等。严格控制焊接过程，避免热影响区产生马氏体组织和裂纹
			CO_2 或 Ar+20%CO_2	GHS-60	
热轧正火钢	295	09Mn2 09Mn2Si 09MnV	CO_2	ER49-1 ER50-2	熔化极气体保护焊，尤其是 CO_2 气体保护焊是焊接热轧正火钢最常用的焊接方法。TIG 焊可用于要求全焊透的薄壁管或厚壁管等工件的封底焊。含碳量低的热轧正火钢（如 09Mn2 等），脆化和裂纹倾向小，对焊接热输入无严格要求。当含碳量偏高时，为降低淬硬倾向，防止冷裂纹，焊接热输入应偏大些。对含 V、Nb、Ti 的钢种，为降低 HAZ 粗晶区的脆化，应选用较小的热输入，一般小于 $45kJ \cdot cm^{-1}$。对碳及合金元素含量较高的正火钢，因淬硬倾向大，应选用较大的热输入；若在预热条件下，则热输入稍小，焊后应及时后热处理。这类钢由于碳及合金元素含量均较高，焊前一般应预热（150～180℃），焊后应立即进行后热处理（250～350℃），以避免产生冷裂纹
	345	Q345 16MnR 16MnCu 14MnNb	CO_2	ER49-1 ER50-2、6、7 GHS-50 YJ502-1 YJ502R-1 YJ507-1 YJ507Ni-1 YJ507TiB-1	
	395	15MnVCu	自保护	YJ502R-2 YJ507-2 YJ507R-2 YJ507G-2	
	440	Q420 15MnVTiRE 15MnVNCu	CO_2 或 Ar+20%CO_2	ER49-1 ER50-2 ER55-D2 GHS-60 YJ607-1 YJ607G-1	
	490	18MnMoNb 14MnMoV 14MnMoVCu	CO_2 或 Ar+20%CO_2	ER55-D2 H08Mn2SiMoA GHS-60 GHS-60N GHS-70 YJ607-1 YJ602G-1 YJ707-1	

21.4.6.2 低温钢焊丝

低温钢使用温度范围－20～－253℃。对低温钢焊丝的要求是：

① 低温下有足够的强度、塑性和韧性；

② 有良好的制造工艺性；

③ 对应变时效脆性和回火脆性的敏感性小；

④ 确保钢材及焊接接头脆性转变温度低于最低工作温度。

低温钢的焊丝含镍（Ni）应与母材相当。低温钢焊丝的选配见表 21-30。

表 21-30 低温钢焊丝的选配

钢号	焊接材料		简要说明
	保护气体	焊丝	
16MnDR 0.9MnTiCu-ReDR	CO_2 或 Ar+20%CO_2	ER55-C1 ER55-C2 YJ502Ni-1 YJ507Ni-1	低温钢碳含量低，淬硬倾向小，焊接性良好。关键是保证焊缝及粗晶区的低温韧性，焊接热输入不宜太大。焊接时应尽量避免焊接缺陷和应力集中
3.5Ni	Ar+2% O_2 或 Ar+5% CO_2	ER55-C3	

21.4.6.3 不锈钢焊丝

铁素体不锈钢焊丝选择原则：

① 采用有害元素 C、N、S、P 低的焊丝，以便改善焊缝韧性；

② 选用与 Cr17 系同质成分的焊丝，易产生裂纹。焊后需进行热处理，以便改善接头塑性；

③ 如采用奥氏体焊丝，且 Cr、Ni 高，为提高抗裂能力，选 309 型和 310 型焊丝。

铁素体不锈钢焊丝的选用见表 21-31。

表 21-31 铁素体不锈钢焊丝的选用

钢种	对接头性能的要求	焊丝	类型	预热及焊后热处理
0Cr13	—	H0Cr14	0Cr13	—
		H0Cr18Ni9	18-9	
Cr17 Cr17Ti	耐硝酸腐蚀和耐热	H0Cr17Ti	Cr17	预热 100～150℃，焊后 750～800℃回火
	耐有机酸和耐热	H0Cr17MoTi	Cr17Mo2	预热 100～150℃，焊后 750～800℃回火
	提高焊缝塑性	H0Cr18Ni9	18-9	不预热，焊后不热处理
		HCr18Ni12Mo2	18-12Mo	
Cr25Ti	抗氧化	HCr25Ni13	25-13	不预热，焊后 760～780℃回火
Cr28 Cr28Ti	提高焊缝塑性	HCr25Ni20	25-20	不预热，焊后不热处理
		—	25-20Mo2	

焊缝强度要求较高时，采用 Cr13 型马氏体不锈钢焊丝，焊缝金属化学成分近于母材。由于焊缝冷裂倾向大，在施焊前尚需预热，温度低于 450℃。焊丝 S、P 小于 0.015%，而 Si 不大于 0.3%。马氏体不锈钢焊丝的选用见表 21-32。

表 21-32　马氏体不锈钢焊丝的选用

母材牌号	对焊接性能的要求	焊丝	焊缝类型	预热及层间温度/℃	焊后热处理温度/℃
1Cr13 2Cr13	抗大气腐蚀及汽蚀	H0Cr14	Cr13	150～300	700～730 回火,空冷
	耐有机酸腐蚀并耐热	—	Cr13Mo2	150～300	—
	要求焊缝具有良好的塑性	H0Cr18Ni9 H0Cr18Ni12Mo2 HCr25Ni20 HCr25Ni13	18-9 18-12Mo2 25-20 25-13	不预热 (厚大件预热 200℃)	不热处理
1Cr17Ni2	—	HCr25Ni13 HCr25Ni20 HCr18Ni9	25-13 25-20 18-9	200～300	700～750 回火 空冷

奥氏体不锈钢与铁素体、马氏体不锈钢相比，具有较好的焊接性。在任何温度下不发生相变，对氢不敏感，焊接接头有较好的塑性。常用奥氏体不锈钢，采用不同焊接方法，推荐选用的焊材见表 21-33。

表 21-33　常用奥氏体不锈钢焊材的选用

母材牌号	氩弧焊焊丝	埋弧焊材料		焊件使用状态
		焊丝	焊剂	
0Cr19Ni9	H0Cr21Ni10	H0Cr21Ni10	HJ260 HJ151	焊态或固溶处理
1Cr18Ni9				
0Cr17Ni12Mo2	H0Cr19Ni12Mo2	H0Cr19Ni12Mo2		
0Cr19Ni13Mo3	H0Cr20Ni14Mo3	—	—	
00Cr19Ni11	H00Cr21Ni10	H00Cr21Ni10	HJ172 HJ151	焊态或消除应力处理
00Cr17Ni14Mo2	H00Cr19Ni12Mo2	H00Cr19Ni12Mo2		
1Cr18Ni9Ti	H0Cr20Ni10Ti H0Cr20Ni10Nb	H0Cr20Ni10Ti H0Cr20Ni10Nb		焊态或稳定化和消除应力处理
0Cr18Ni11Ti				
0Cr18Ni11Nb				
0Cr23Ni13	H1Cr24Ni13	—	—	焊态
2Cr23Ni13		—	—	
0Cr25Ni20	H0Cr26Ni21	—	—	
2Cr25Ni20	H1Cr21Ni21	—	—	

21.4.6.4　异种不锈钢焊接时焊丝的选用

碳钢、低合金钢与铬不锈钢焊接时不锈钢焊丝的选用见表 21-34。

碳钢、低合金钢与奥氏体不锈钢焊接时不锈钢焊丝的选用见表 21-35。

铬不锈钢与铬镍不锈钢焊接时不锈钢焊丝的选用见表 21-36。

不锈钢复合钢板焊接时焊丝的选用见表 21-37。

表 21-34　碳钢、低合金钢与铬不锈钢焊接时不锈钢焊丝的选用

母材组合	实芯焊丝		药芯焊丝	
	型号	牌号	型号	牌号
低碳钢+Cr13 不锈钢 低合金钢+Cr13 不锈钢	ER410 ER390	H1Cr13 H0Cr24Ni13 H1Cr24Ni13	E410T-X E309T-X	YG207-1 YA107-1 YA302-1
低碳钢+Cr13 不锈钢 低合金钢+Cr13 不锈钢	ER430 ER390	HCr17 H0Cr24Ni13 H1Cr24Ni13	E430T-X E309T-X	YG317-1 YA302-1

表 21-35　碳钢、低合金钢与奥氏体不锈钢焊接时不锈钢焊丝的选用

母材组合	实芯焊丝		药芯焊丝	
	型号	牌号	型号	牌号
低碳钢+奥氏体耐酸钢	ER309 ER309Mo ER316	H1Cr24Ni13 H1Cr24Ni13Mo2 H0Cr19Ni12Mo2	E309T-X E316T-X E309LT-X	YA302-1 YA202-1 YA062-1
低碳钢+奥氏体耐热钢	ER316 ERNiCr-3	H0Cr19Ni12Mo2 NiR82	E316T-X ENiCrT-X	YA202-1
中碳钢、低合金钢+奥氏体不锈钢	ER309Mo ER310 ER316 ER317 ERNiCr-3	H1Cr24Ni13Mo2 H1Cr26Ni21 H0Cr19Ni12Mo2 H0Cr19Ni14Mo3 NiR82	E310T-X E316T-X E317LT-X ENiCr3T-X	YA202-1
碳钢、低合金钢+普通双相不锈钢	ER2209	H00Cr22Ni8Mo3N	—	DW-329M

表 21-36　铬不锈钢与铬镍不锈钢焊接时不锈钢焊丝的选用

母材组合	实芯焊丝		药芯焊丝	
	型号	牌号	型号	牌号
Cr13 不锈钢+奥氏体耐蚀钢	ER309	H1Cr24Ni13	E309T-X	YA302-1
	ER309L	H0Cr24Ni13	E309LT-X	YA062-1
Cr13 不锈钢+奥氏体耐热钢	ER316	H0Cr19Ni12Mo2	E316T-X	YA202-1
	ER317	H0Cr19Ni14Mo3	E317T-X	—
	ER347	H0Cr20Ni10Nb	E347T-X	YA132-1
Cr13 不锈钢+普通双相不锈钢	ER2209	H00Cr22Ni8Mo3N	—	DW-329M
	ER309Mo	H1Cr24Ni13Mo2	E309MoT-X	—
Cr17 不锈钢+奥氏体耐蚀钢	ER309	H0Cr24Ni13	E309T-X	YA302-1
	ER309Mo	H1Cr24Ni13Mo2	E309MoT-X	—
Cr17 不锈钢+奥氏体耐热钢	ER308H	H1Cr21Ni10	E308T-X	YA102-1
	ER316	H0Cr19Ni12Mo2	E316T-X	YA202-1
	ER317	H0Cr19Ni14Mo3	E317T-X	—
	ER309Mo	H1Cr24Ni13Mo2	E309MoT-X	—
	ER347	H0Cr20Ni10Nb	E347T-X	YA132-1

续表

母材组合	实芯焊丝		药芯焊丝	
	型号	牌号	型号	牌号
Cr17 不锈钢＋普通双相不锈钢	ER2209	H00Cr22Ni8Mo3N	—	DW-329M
	ER309Mo	H1Cr24Ni13Mo2	E309MoT-X	—
Cr11 不锈钢＋奥氏体耐热钢	ER316	H0Cr19Ni12Mo2	E316T-X	YA202-1
	ER309	H1Cr24Ni13	E309T-X	YA302-1
	ER309Mo	H1Cr24Ni13Mo2	E309MoT-X	—
	ER347	H0Cr20Ni10Nb	E347T-X	YA132-1

表 21-37　不锈钢复合钢板焊接时焊丝的选用

复合钢板的组合	基　层	交界处	覆　层
0Cr13＋Q235	ER50-6	H1Cr24Ni13	H0Cr21Ni10
0Cr13＋Q345 0Cr13＋Q390	ER50-G E50XT-X	ER309 E309T-X	ER308 ER308T-X
0Cr13＋12CrMo	ER55-B2 ER55XTX-B2		
1Cr18Ni9Ti＋Q235	ER50-6 ER50-G E50XT-X		H0Cr20Ni10Nb ER347 ER347T-X
1Cr18Ni9Ti＋Q345 1Cr18Ni9Ti＋Q390			
Cr18Ni12Mo2Ti＋Q235	ER50-6 ER50-G E50XT-X	H1Cr24Ni13Mo2 ER309Mo E309MoT-X E309LNbT-X	H00Cr19Ni12Mo2 ER316L E316LT-X
Cr18Ni12Mo2Ti＋Q345 Cr18Ni12Mo2Ti＋Q390			

21.4.6.5　铝及其合金焊接时焊丝选择

铝及铝合金焊接时焊丝的选择，主要根据母材的种类、接头的抗裂性能、力学性能、抗腐蚀性能及经阳极化处理后焊缝与母材的色彩协调等方面的要求综合来考虑。通常，焊接铝及铝合金都采用与母材相同或接近牌号的焊丝，这样可以获得较好的耐腐蚀性。

铝合金焊接时常用的焊丝选用见表 21-38。异种铝合金焊接时推荐选用的焊丝见表 21-39。

表 21-38　各种铝材焊接用焊丝

序号	母材牌号	焊　丝	序号	母材牌号	焊　丝
1	1070A (代 L1)	L1	7	5A02 (原 LF2)	SAlMg2,SAlMg3,SAlMg5, LF2,LF3
2	1060 (代 L2)	SAl-2,L1,L2	8	5A03 (原 LF3)	SAlMg3,SAlMg5,LF3,LF5
3	1050A (代 L3)	SAl-2,SAl-3,L2,L3	9	5A05 (原 LF5)	SAlMg5,LF5,LF6
4	1035 (代 L4)	SAl-2,SAl-3,L3,L4	10	5A06 (原 LF6)	LF6
5	1200 (代 L5)	SAl-2,SAl-3,L4,L5	11	LF11	SAlMg5,LF11
6	8A06 (原 L6)	SAl-2,SAl-3,L5,L6	12	3A21 (原 LF21)	SAlMn1,SAlSi5,LF21

表 21-39　异种铝合金焊接用焊丝

序号	母材牌号	焊丝	序号	母材牌号	焊丝
1	工业纯铝+3A21(原 LF21)	SAlMn1,SAlSi5,LF21	5	工业纯铝+LF2	SAlMg5,LF3
2	5A02(原 LF2)+3A21(原 LF21)	SAlMg5,LF3	6	工业纯铝+LF3	SAlMg5,LF5
3	5A03(原 LF3)+3A21(原 LF21)	SAlMg5,LF5	7	工业纯铝+LF5	SAlMg5,LF6
4	LF5(LF6)+LF21	SAlMg5,LF6	8	工业纯铝+LF6	LF6

21.4.6.6　铜及铜合金焊接时焊丝选择

铜及铜合金是真空工程及低温工程常用材料之一，其焊接性能好，可以得到气密性好的焊缝。

铜及铜合金实心焊丝成分和用途见表 21-40。铜合金焊丝在气体保护焊中的应用见表 21-41。

表 21-40　铜及铜合金实芯焊丝的成分和用途

牌号	GB	焊丝化学成分(质量分数)/%							特性及用途
		Si	Mn	P	Sn	Zn	Cu	其他	
HS201	HSCu	≤0.5	≤0.5	≤0.15	≤1.0	—	≥98.0		特制阴极铜焊丝,用于阴极铜氩弧焊及气焊时作填充材料
HS202	—	—	—	0.2～0.4	—	—	余量		含少量脱氧元素磷,流动性好。用于阴极铜的氩弧焊及气焊
HS211	—	2.8～4.0	0.5～1.5	—	—	—	余量		硅青铜焊丝,用于硅青铜、阴极铜、黄铜及铝青铜的氩弧焊,也可用于铜与铸铁、铜与钢的焊接
HS220	HSCuZn-1	—	—	—	0.5～1.5	余量	57～61		含少量锡的黄铜焊丝,用于黄铜的气焊及气体保护焊,也可用于钎焊铜、铜合金、铜镍合金
HS221	HSCuZn-3	0.3～0.5	—	—	0.5～1.5	余量	56～62		含少量锡、硅的特殊黄铜焊丝、用于黄铜的气焊及碳弧焊,也可广泛用于钎焊铜、钢、铜镍合金
HS222	HSCuZn-2	0.04～0.15	0.1～0.5		0.8～1.1	余量	56～60	Fe 0.25～1.20	含少量铁、锡、硅、锰的特殊黄铜焊丝,用于黄铜的气焊及碳弧焊,也可用作钎焊用材
HS224	HSCuZn-4	0.3～0.7	—	—	—	余量	61～63		含少量硅的黄铜焊丝,用于黄铜的气焊及碳弧焊,也可用于钎焊

铜及铜合金焊丝选用原则如下：

① 要求具有良好的脱氧能力，但脱氧剂加入量不能过多，否则会出现氧化物和氮化物薄膜，焊缝脆化。

② 焊丝成分与母材金属相近，避免焊缝产生气孔、裂纹等缺陷。

③ 导电功能焊件，不能用含磷的焊丝，选高纯的铜丝。

④ 焊作阴极用的铜材，应加入 Si、Mn、P 等脱氧元素。

⑤ 焊黄铜材的焊丝，可加入 Al，脱氧效果好，细化焊缝晶粒，提高焊缝塑性和耐蚀性。

表 21-41　国内外用于气体保护焊铜合金焊丝

焊丝种类	牌号(国别)	主要成分(质量分数)/%	主要用途	备注
阴极铜	ECu,RCu(美国)	(Cu+Ag)≥98.0,Sn1.0,Mn0.5,Si0.5,P0.15	阴极铜(TIG焊)(MIG焊)	E-MIG用、R-TIG用或焊条芯用
黄铜	S-CuSn6(德国)	Sn0.7～1.1,Si0.2～0.4,其余Cu	黄铜(各种焊接方法)	
硅青铜	ECuSi(美)	Si2.8～4.0,Sn1.5,Mn0.5,Fe0.5,其余(Cu+Ag)	硅青铜,小厚度黄铜(MIG焊)	
锡青铜	ECuSn-A RCuSn-A(美)	Sn4.0～6.0,P0.1～0.35,其余(Cu+Ag)	Sn<8%的锡青铜(TIG)锡青铜、低锌黄铜(焊条电弧焊)	
青铜		Ni0.5～0.8,Zr1.4～1.6,Ti0.1～0.2,其余Cu	青铜(气体保护焊)	
铝青铜	ECuAl-A2 RCuAl-A2(美)	Fe1.5,Al9.0～11.0,其余(Cu+Ag)	铝青铜(TIG、MIG)铝青铜、硅青铜、低锌黄铜(焊条电弧焊)	
白铜	S-CuNi30Fe(德国)	Ni3～3.5,Ti0.1～0.3,Si0.2～0.3,Mn0.2～0.3,Fe<0.5,其余Cu	白铜、青铜(气体保护焊)	
白铜	ECuNi,RCuNi(美)	Mn1.0,Fe0.6,Si0.5,(Ni+Co)≥29.0,Ti0.6,其余(Cu+Ag)	白铜(MIG、TIG焊条电弧焊)	
白铜	中国非标准	N5～5.5,Fe1.0～1.4,Si0.15～0.3,Ti0.1～0.3,Mn0.3～0.8,其余Cu	白铜、异种铜合金、铜-钢异种接头(气电焊)	

21.4.6.7　埋弧焊焊丝的选择

埋弧焊焊接时，除了选择焊丝外，还要选择相应的焊剂与其配合。材料不同，对焊丝的要求不同，选择原则如下所述：

① 焊接低碳钢及低合金钢时，焊丝的强度应与母材强度相匹配。

② 耐热钢焊接时，选择的焊丝成分与母材相匹配，但有时碳可以稍低。

③ 低温钢焊接时，主要根据低温韧性来选择焊丝。高强度钢尚需考虑等强度匹配。

④ 低碳钢焊接时，由于焊缝中合金成分不多，可以用焊丝或焊剂渗合金。如通过焊剂向焊缝中过渡锰，可以改善焊缝的抗热裂纹能力与抗气孔性能力。通过焊丝过渡锰，可以提高焊缝的低温韧性。

⑤ 焊接低合金高强度钢时，一般满足母材强度下限即可。

21.4.7　焊剂的选择

21.4.7.1　常用低碳钢焊剂选择

常用低碳钢焊剂与焊丝相配选择说明如下：

① SJ401 抗气孔能力强，SJ402 抗锈能力强，适于薄板和中厚板的焊接；其中 SJ402 更适于薄板的高速焊接。

② (H08A、H08E)+(SJ301、SJ302) 焊接工艺性能良好，熔渣属“短渣”性质，焊接时不下淌，适于环缝的焊接，其中 SJ302 的脱渣性、抗吸潮性和抗裂性更好，焊剂的消耗量低。

(H08A、H08E、H08MnA)+(SJ501、SJ502、SJ503、SJ504) 焊接工艺性能良好，易脱渣、焊缝成型美观。其中 SJ501 抗气孔能力强，主要用于多丝快速焊，特别适合双面单道焊；SJ502、SJ504 适于锅炉压力容器的快速焊；SJ503 抗气孔能力更强，焊缝金属低温韧性好，适于中、厚板的焊接。

③ 选用高猛高硅低氟焊剂时，目前常用H08A+HJ431（HJ430、HJ433、HJ434）组合。焊剂中的MnO和SiO_2在高温下与Fe反应，Mn和Si得以还原，过渡到焊接熔池中，冷却时起脱氧剂和合金剂的作用，保证焊缝金属的力学性能。HJ431与HJ430相比，电弧稳定性改善，但抗锈能力和抗气孔能力降低；HJ433含CaF较低、SiO_2较高，有较高的熔化温度及黏度，焊缝成型好，适宜薄板的快速焊接；HJ434由于加入了TiO_2，且CaO和CaF_2含量略高，其抗锈能力、脱渣性更好。

选用中锰、低锰或无锰的高硅低氟焊剂时，应选配含锰较高的焊丝，才能保证在焊接过程中有足够数量的锰、硅过渡到熔池，保证焊缝的脱氧和力学性能。常用的焊丝与焊剂的组合有：(H08MnA、H08Mn2、H10Mn2Si、H10Mn2)+(HJ330、HJ230、HJ130)。

低碳钢烧结焊剂与配用焊丝如表21-42。低碳钢熔炼焊剂与配用焊丝见表21-43。

表21-42　低碳钢烧结焊剂与配用焊丝

钢号	Q235	Q255	Q275	15　20	25　30	20g　22g	20R
烧结焊剂	SJ401、SJ403、SJ402(薄板、中厚板)			SJ301、SJ302、SJ501、SJ502、SJ503(中厚板)			
配用焊丝	H08A、H08E			H08A、H08E、H08MnA			

表21-43　低碳钢熔炼焊剂与配用焊丝

钢号	Q235	Q255	Q275	15　20	25　30	20g　22g	20R
熔炼焊剂	HJ431　HJ430			HJ431　HJ430　HJ330			
配用焊丝	H08A、H08MnA			H08A、H08MnA	H08MnA、H10Mn2	H08MnA、H08MnSi、H10Mn2	H08MnA

21.4.7.2　低合金钢埋弧焊焊剂选择

低合金钢埋弧焊剂与焊丝选配原则如下：

(1) 低合金高强钢焊剂与焊丝的选配

埋弧焊焊接低合金钢时，主要用于热轧正火钢。选用焊剂与焊丝时应保证焊缝金属的力学性能，应选用与母材强度相当的焊接材料。

对调质钢而言，为避免热影响区韧性和塑性的降低，一般不采用粗丝、大电流、多丝埋弧焊，而采用陶质焊剂572F-6+HJ350的混合焊剂（其中HJ350占80%～82%），配合H18CrMoA焊丝可实现30CrMnSiNi2A的埋弧焊接。

(2) 耐热钢焊剂与焊丝的选配

耐热钢按其合金成分的含量可分为低合金、中合金、高合金耐热钢。

① 低合金耐热钢焊剂与焊丝的选配　低合金耐热钢埋弧焊在锅炉、压力容器、管道等耐高温工件的焊接生产上应用广泛。焊剂与焊丝组合的基本原则是焊缝金属的合金成分、力学性能与母材基本一致；为提高焊缝金属的抗热裂性能，应控制焊接材料的含碳量略低于母材。

② 中合金耐热钢焊剂与焊丝的选配　中合金耐热钢（如5Cr-0.5Mo、9Cr-1Mo、9Cr-2Mo等）比低合金耐热钢具有更大的淬硬倾向，对焊接冷裂纹更为敏感，因此焊剂、焊丝的选用原则为：应保证焊接接头与母材具有相同的高温蠕变强度和抗氧化性，并提高其抗冷裂性。厚壁工件的窄间隙焊接时应选用低氢型碱性焊剂，或采用高碱度的烧结焊剂，如

SJ601、SJ605、SJ103 和 SJ104 等。焊丝的选用有两种方案，一种是选用高 Cr-Ni 奥氏体钢焊丝，能有效地防止焊接接头热影响区裂纹；另一种是选用与母材成分基本相同的焊丝，可得到同质焊缝金属的接头，容易满足使用要求。

(3) 低温钢埋弧焊焊剂与焊丝的选配

低温钢要求在较低的使用温度下具有足够的韧性及抗脆性破坏的能力。为此，应选用碱性焊剂，焊丝应严格控制其含碳量，S、P 含量应尽量低。目前常选用烧结焊剂配合 Mn-Mo 或含 Ni 焊丝；如 C-Mo 焊丝，配合非熔炼焊剂，通过焊剂向焊缝过渡微量 Ti、B 合金元素，以保证焊缝金属的低温韧性。焊接时采用较小的线能量，一般在 28～45kJ/cm，其目的在于控制焊缝及近缝区粗晶组织的形式，从而提高焊接接头的低温韧性。

低合金钢埋弧焊接时焊剂与配用焊丝见表 21-44。

表 21-44　低合金钢埋弧焊接时焊剂与配用焊丝

钢号	09Mn2，09Mn2Si	16Mn,16MnCu,14MnNb				15MnV,15MnVCu，16MnNb,15MnVR		
焊剂	HJ430，HJ431，SJ301	SJ501，SJ502	HJ430，HJ431，SJ301	HJ430，HJ431，SJ301	HJ350	HJ430，HJ431	HJ430，HJ431	HJ250，HJ350，SJ101
配用焊丝	H08A，H08MnA	H08A，H08MnA①	H08A②	H08MnA，H10Mn2③	H08MnMoA④，H10Mn2	H08MnA⑤	H10Mn2，H10MnSi⑥	H08Mn-MoA⑦

钢号	15MnV,15MnVNCu，15MnVNTiRE，15MnVNR		18MnMoNb，14MnMoV，14MnMoNVCu	14MnMoVg，18MnMoNbg，18MnMoNbR	16MnDR（使用温度−40℃）	DG50（−46℃）	09MnTiCu-REDR（−60℃）	09Mn 2VDR，2.5Ni 钢（−70℃）	3.5Ni 钢（−90℃）
焊剂	HJ431	HJ350，HJ250，HJ252，SJ101	SJ102	HJ250，HJ252，HJ350，SJ101	SJ101，SJ603	SJ603	SJ102，SJ603	SJ603	SJ603
配用焊丝	H10Mn2	H08Mn-MoA，H08Mn-2MoA	H08MnMoA	H08Mn-2MoA，H08Mn-MoVA，H08Mn-2NiMoA	H10Mn-NiMoA，H06Mn-NiMoA	H10Mn2-Ni2MoA	H08MnA，H08Mn2	H08Mn-2Ni2A	H05Ni3A

① 用于薄板。
② 用于不开口对接。
③ 用于中板开坡口对接。
④ 用于厚板深坡口。
⑤ 用于不开口对接。
⑥ 用于中板开口对接。
⑦ 用于厚板深坡口对接。

21.4.7.3　不锈钢埋弧焊焊剂选择

不锈钢按其金相组织通常分为马氏体不锈钢、铁素体不锈钢、奥氏体不锈钢、奥氏体-铁素体双相不锈钢、沉淀硬化型不锈钢五类，焊接性能差别很大。其中奥氏体-铁素体双相不锈钢和沉淀硬化型不锈钢很少采用埋弧焊进行焊接。

采用埋弧焊对不锈钢进行焊接时，焊剂与匹配焊丝的选配如下。

(1) 马氏体不锈钢焊剂与焊丝的选配

马氏体耐热钢淬硬倾向大，为防止冷裂纹应选用 Cr 含量与母材相同的同质焊丝，以保证高温使用性能，并选用高碱度低氢型焊剂。对于常用的马氏体耐热钢（如 1Cr13、2Cr13 等），采用的焊丝与焊剂组合为：(HlCr13、H0Cr14) ＋ (SJ601、SJ605、SJ608)。

马氏体不锈钢焊缝和热影响区焊后状态为硬而脆的马氏体组织，在焊接应力的作用下易产生冷裂纹，因此常采用预热、后热和焊后立即高温回火等工艺措施；由于马氏体不锈钢的导热性低，易过热，在热影响区产生淬硬组织，降低焊接接头的性能，一般不采用埋弧焊。如采用埋弧焊，应选用碱性焊剂以降低焊缝中的含氢量，降低产生冷裂纹的倾向。例如，1Cr13 不锈钢可采用（HJ151，SJ601）＋（H1Cr13、H0Cr14、H0Cr21Ni10、H1Cr24Ni13、H0Cr26Ni21）等焊丝。

(2) 铁素体不锈钢焊剂与焊丝的选配

铁素体不锈钢（如 0Cr11Ti、00Cr12、0Cr13Al、1Cr17 等）由于对过热较敏感，一般采用低热量输入的焊接方法，不宜采用大焊接线能量的埋弧焊。

焊接高铬铁素体不锈钢应主要关注晶间裂纹和脆性问题。由于焊接热循环的作用会引起热影响区晶粒长大和碳、氮化物在晶界的聚集，焊接区的塑性和韧性都很低，采用同成分的焊接材料，易产生裂纹、焊前需预热。而采用奥氏体焊丝，可与铁素体母材等强，且塑性较好，焊前不预热和焊后不进行热处理。

(3) 奥氏体不锈钢焊剂与焊丝的选配

奥氏体不锈钢较马氏体、铁素体不锈钢容易焊接，埋弧焊通常适用于中厚板的焊接，有时也用于薄板。在焊接过程中 Cr、Ni 元素的烧损可通过焊剂或焊丝中合金元素的过渡来补充。由于埋弧焊熔深大，应注意防止焊缝中心区热裂纹的产生和热影响区耐蚀性的降低。

奥氏体不锈钢热裂纹敏感性大，要求其焊缝成分大致与母材成分匹配。同时应控制焊缝金属中的铁素体含量，对长期在高温下工作的焊件，焊缝中的铁素体含量应不大于 5%。大多数奥氏体耐热钢都可采用埋弧焊，应选用低硅、低硫、低磷、成分与母材相近的焊丝；对 Cr、Ni 含量大于 20%的奥氏体钢，为提高抗裂性能，可选用高 Mn（6%～8%）焊丝。焊剂应选用碱性或中性焊剂，以防止向焊缝增硅。奥氏体不锈钢专用焊剂增硅极少，还可过渡合金、补偿元素烧损，可以满足焊缝性能和化学成分的要求，如 SJ601、SJ601Cr 等。

常用奥氏体不锈钢埋弧焊焊接时应选择细焊丝和较小的焊接线能量。

不锈钢埋弧焊接时焊剂与选配焊丝见表 21-45。

表 21-45 不锈钢埋弧焊接时焊剂与选配焊丝

钢 号	焊 剂	配用焊丝
1Cr17,1Cr17Ti,1Cr17Mo	SJ601,SJ701,SJ608, HJ171,HJ151	H1Cr17,H0Cr21Ni10,H1Cr24Ni13,H0Cr26Ni21
1Cr25Ti,1Cr28		H0Cr26Ni21,H1Cr26Ni21,H1Cr24Ni13
00Cr18Ni10N	HJ107,HJ151,HJ172,HJ260, SJ601,SJ605,SJ608,SJ701	H00Cr21Ni10
0Cr18Ni9,1Cr18Ni9		H0Cr19Ni9,H0Cr21Ni10,H1Cr19Ni10Nb
0Cr18Ni9Ti,1Cr18Ni9Ti		H1Cr19Ni10Nb,H0Cr21Ni10Ti,H0Cr21Ni10Nb
0Cr18Ni11Nb		H0Cr19Ni10Nb
1Cr18Ni12Mo2Ti		H0Cr19Ni12Mo2
0Cr18Ni12Mo2Ti		H00Cr19Ni12Mo2
00Cr17Ni14Mo2		H00Cr18Ni14Mo2
0Cr17Ni12Mo2		H0Cr19Ni11Mo3

续表

钢　　号	焊　　剂	配用焊丝
0Cr18Ni13Si4	SJ601,SJ605,SJ608,SJ701,HJ107,HJ151,HJ172,HJ260	H0Cr19Ni11Mo3
0Cr19Ni13Mo3		H0Cr25Ni13Mo3
1Cr20Ni14Si2		H1Cr25Ni13
0Cr23Ni13		H1Cr25Ni13
0Cr25Ni20		H1Cr25Ni20

21.4.7.4 铜及铜合金埋弧焊剂选择

埋弧焊可用于纯铜、锡青铜、铝青铜、硅青铜的焊接，也可用于黄铜及铜-钢的焊接。采用直流反接，适于厚度 6～30mm 的中、厚板长焊缝的焊接，厚度 20mm 以下的工件可在不预热和不开坡口的工艺下获得优良的接头。针对焊接时易出现焊道成型差、焊缝和热影响区热裂倾向大、气孔倾向严重及接头性能下降的问题，无论是单面焊还是双面焊，反面均需采用各种形式的垫板、铜引弧板和收弧板等。

焊剂常采用 HJ430、HJ431、HJ260、HJ150、SJ570、SJ671 等，其中 HJ431、HJ430 焊接工艺性好，但氧化性较强，易向焊缝过渡 Si、Mn 等元素，造成焊接接头导电性、耐蚀性及塑性降低。HJ260、HJ150 氧化性较弱，增 Si、增 Mn 倾向小，与普通紫铜焊丝配合，焊缝金属的伸长率达 38%～45%，适于接头性能要求高的焊件。SJ570 适于厚度 20mm 以下铜板的焊接，SJ671 适于厚度 20～40mm 无氧铜的焊接。

铜及铜合金埋弧焊接时焊剂与配用焊丝见表 21-46。

表 21-46　铜及铜合金埋弧焊接时焊剂与配用焊丝

材　　料	牌　　号	焊　　剂	配用焊丝
纯铜	T2,T3,T4	HJ430	HSCu
黄铜	H68 H62 H59	HJ431 HJ260 HJ150 SJ570 SJ671	HSCuZn-3 HSCuSi HSCuSn
青铜	QSn6.5-0.4 QA19-2 QSi3-1		HSCuSn HSCuAl HSCuSi
铜-钢	—	HJ431 HJ260 HJ150 SJ570 SJ671	HSCu HSCuSi

21.5 电弧焊

21.5.1 焊条电弧焊

21.5.1.1 原理及用途

以焊条及工件各为一电极，两个电极之间气体被电离产生电弧放电时，温度可达 6000～7000℃。高温使母材（工件）和焊条不断熔化。焊芯亦不断熔化进入熔池，焊芯外层药皮溶化后，生成气体及熔渣保护焊接接头避免氧化。

焊条电弧焊是真空与低温容器制造时常用的焊接方法之一。操作灵活方便，可用于平焊、立焊、横焊、仰焊等各种空间的焊接。适于的焊接接头的形式有对接、搭接、角接、T形等。

焊条电弧焊广泛应用于低碳钢及低合金钢的焊接。也可用于不锈钢、耐热钢、低温钢等材料的焊接，还用于铜及铜合金的焊接。

焊条电弧焊的缺点是生产效率较低，焊接质量对焊工技术依赖较大，质量不稳定。

21.5.1.2 焊接坡口

开焊接坡口的目的是：①确保电弧深入到焊缝根部；②降低焊缝产生裂纹、气孔、夹渣的敏感性。

焊接坡口基本形式与尺寸见 GB/T 985.1—2008《气焊、焊条电弧焊，气体保护焊和高能束焊的推荐坡口》。

表 21-47 给出了真空及低温容器制造中常用的坡口型式及尺寸。

表 21-47 常用的坡口型式及尺寸

工件厚度/mm	名称	符号	坡口型式	焊缝型式	坡口尺寸/mm
1～2	卷边坡口		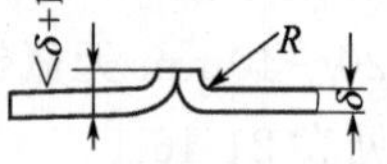	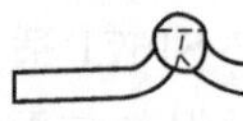	$R=1\sim2$
			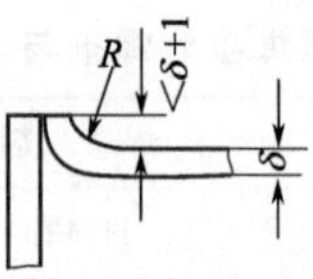	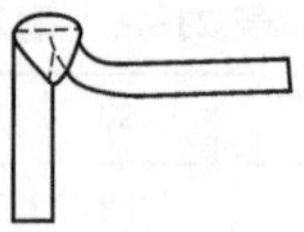	
1～3	I形坡口		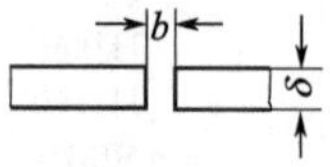		$b=0\sim1.5$
3～6				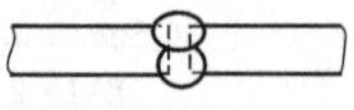	$b=0\sim2.5$
3～26	Y形坡口		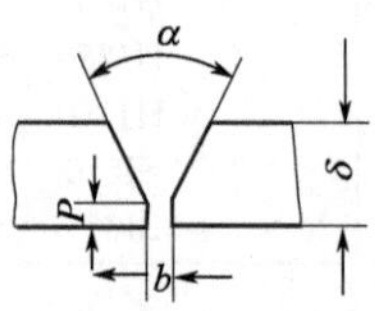	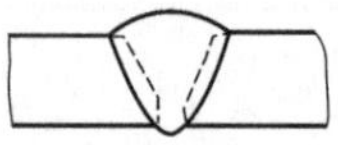	$\alpha=40°\sim60°$ $b=0\sim3$ $P=1\sim4$
				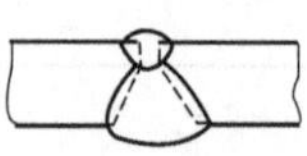	
>10	双单边V形坡口		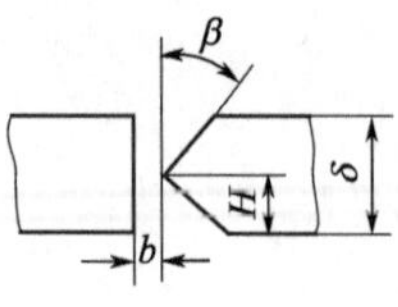	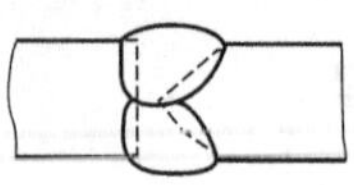	$\beta=35°\sim50°$ $b=0\sim3$ $H=\delta/2$

续表

工件厚度/mm	名称	符号	坡口型式	焊缝型式	坡口尺寸/mm
2～8	I形坡口	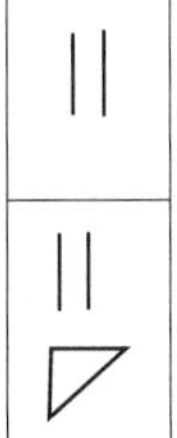	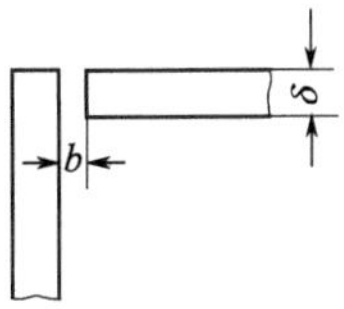	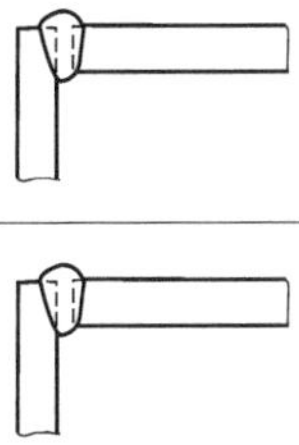	$b=0\sim2$
4～30	锥边I形坡口		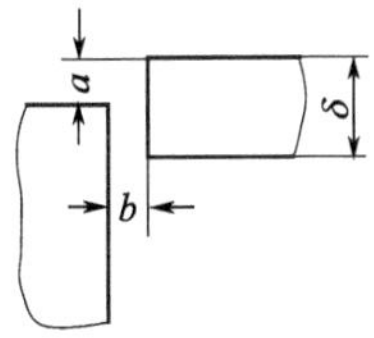	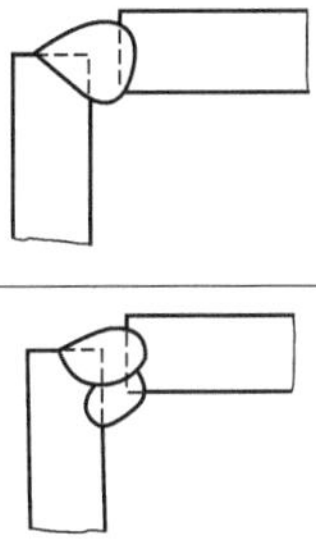	$b=0\sim2$
12～30	Y形坡口		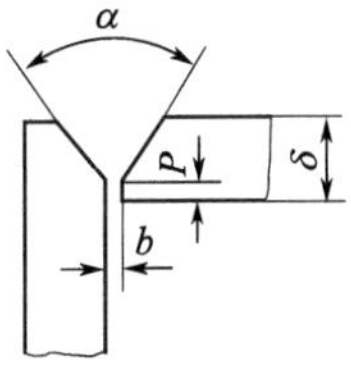	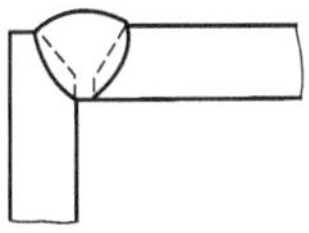	$\alpha=40°\sim50°$ $b=0\sim2$ $P=0\sim3$
>20	VY形坡口		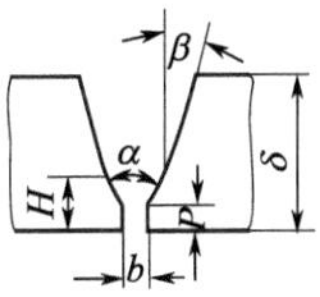	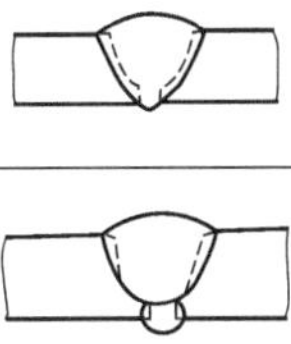	$\alpha=60°\sim70°$ $\beta=8°\sim10°$ $b=0\sim3$ $P=1\sim3$ $H=8\sim10$
20～60	带钝边U形坡口		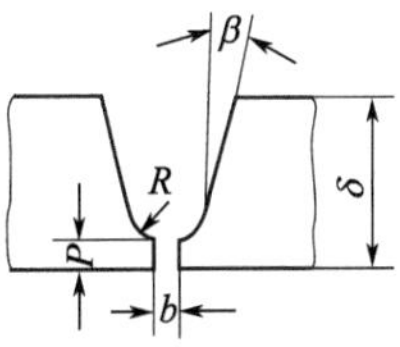	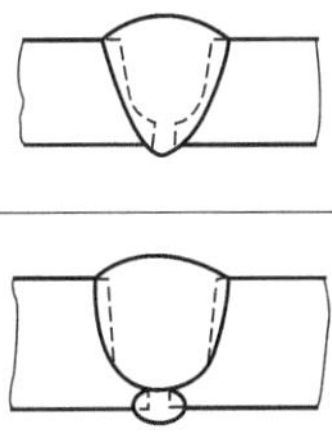	$\beta=1°\sim8°$ $b=0\sim3$ $P=1\sim3$ $R=6\sim8$
12～60	双Y形坡口		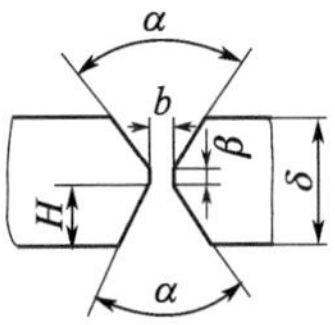	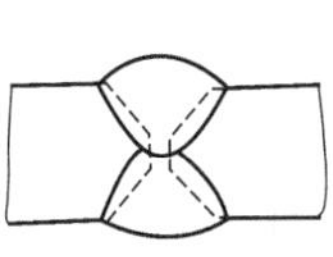	$\alpha=40°\sim60°$ $b=0\sim3$ $H=\delta/2$ $p=2\sim4$

续表

工件厚度/mm	名称	符号	坡口型式	焊缝型式	坡口尺寸/mm
>10	双V形坡口		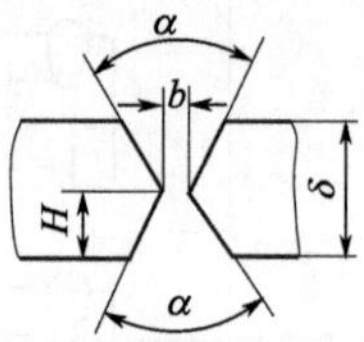	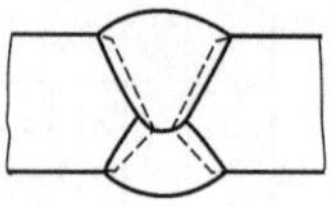	$\alpha=40^\circ\sim60^\circ$ $b=0\sim3$ $H=\delta/2$
	2/3双V形坡口		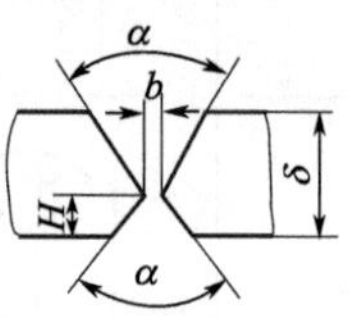	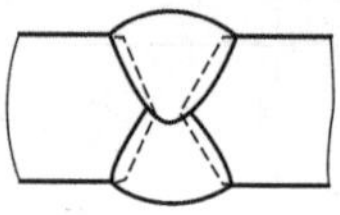	$\alpha=40^\circ\sim60^\circ$ $b=0\sim3$ $H=\delta/3$
>30	双U形坡口带钝边		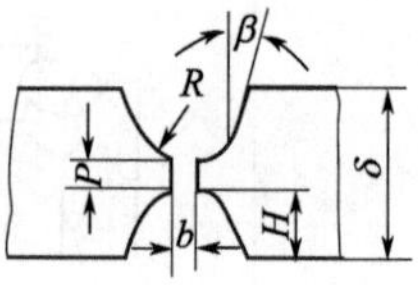	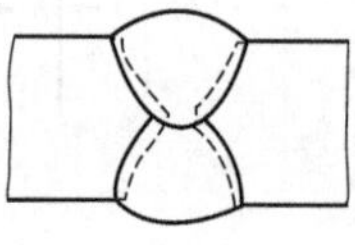	$\beta=1^\circ\sim8^\circ$ $b=0\sim3$ $P=2\sim4$ $H=(\delta-P)/2$ $R=6\sim8$
	UY形坡口		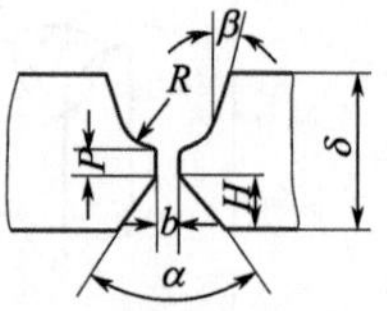	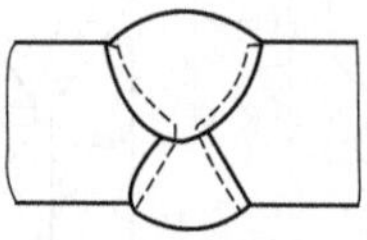	$\alpha=40^\circ\sim60^\circ$ $\beta=1^\circ\sim8^\circ$ $b=0\sim3$ $P=2\sim4$ $H=(\delta-P)/2$ $R=6\sim8$
3～40	单边V形坡口	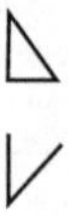	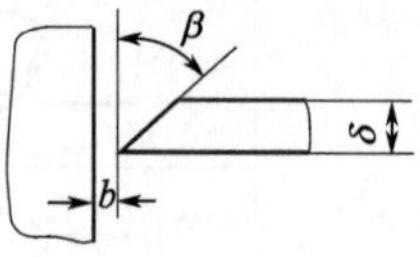	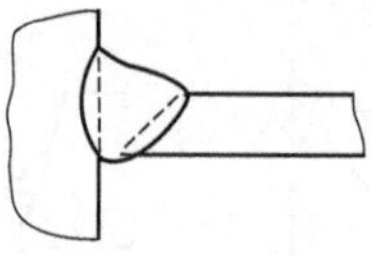	$\beta=35^\circ\sim50^\circ$ $b=0\sim4$
			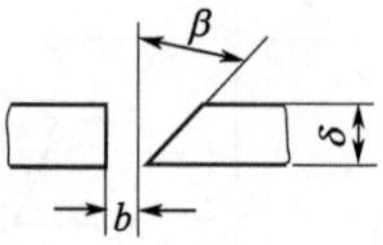		
12～30	Y形坡口	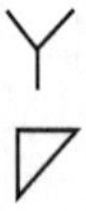	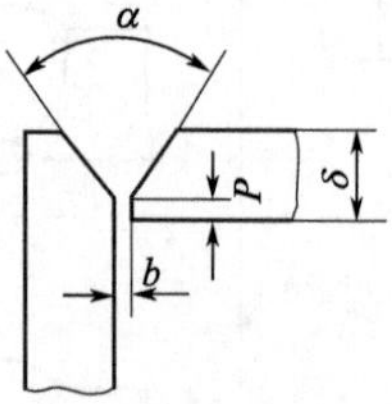	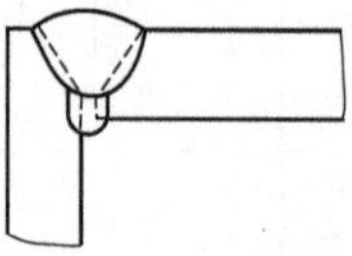	$\alpha=40^\circ\sim50^\circ$ $b=0\sim2$ $P=0\sim3$
>16	带钝边J形坡口		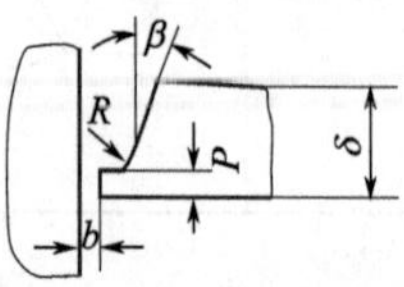	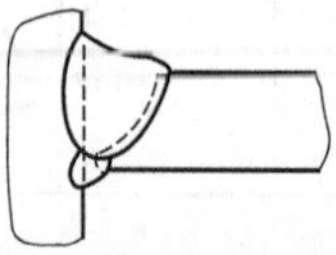	$\beta=10^\circ\sim20^\circ$ $b=0\sim3$ $P=2\sim4$ $R=6\sim8$

续表

工件厚度/mm	名称	符号	坡口型式	焊缝型式	坡口尺寸/mm
>30	带钝边双J形坡口		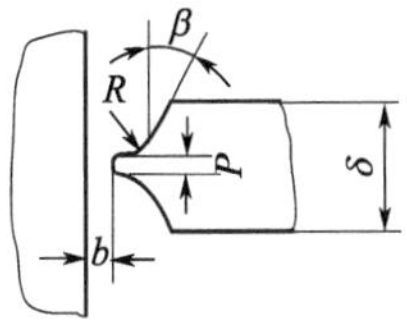	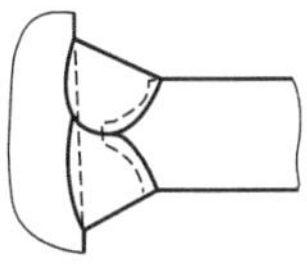	β=10°～20° b=0～3 P=2～4 R=6～8
>10	双单边V形坡口		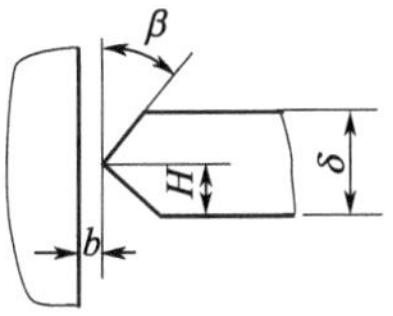	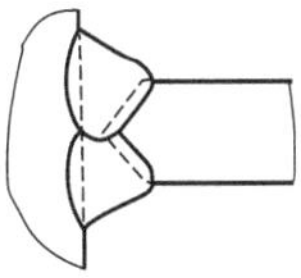	β=35°～50° b=0～3 H=δ/2
6～30	带钝边单边V形坡口		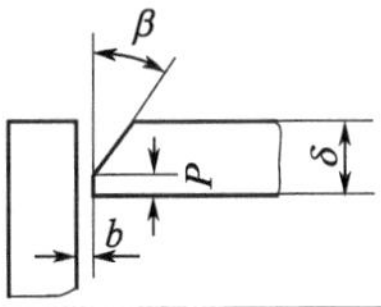	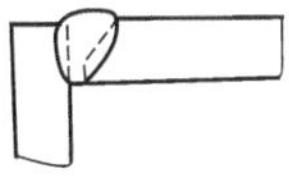	β=35°～50° b=0～3 P=1～3
			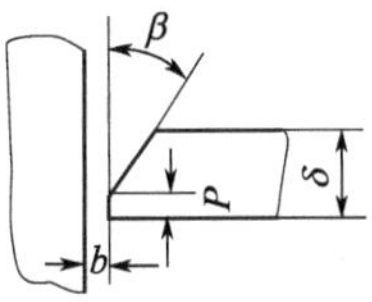	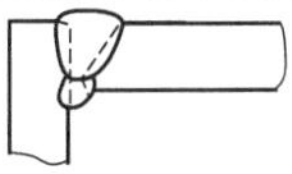	
				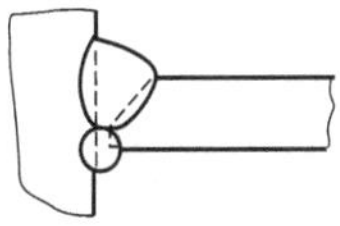	
20～40	带钝边双单边V形坡口		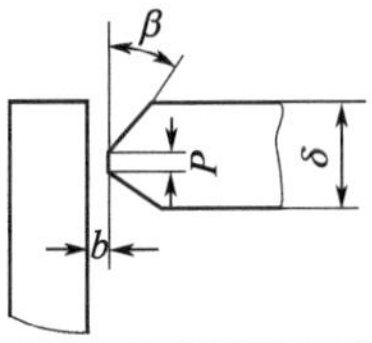	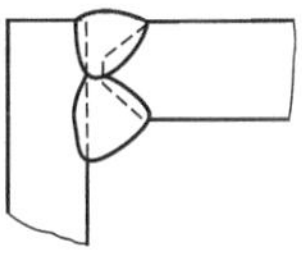	β=35°～50° b=0～3 P=1～3
			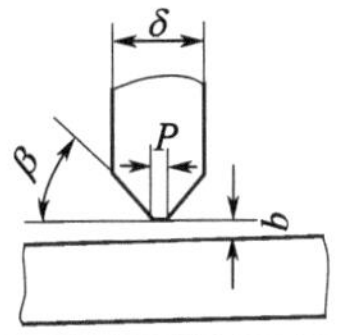	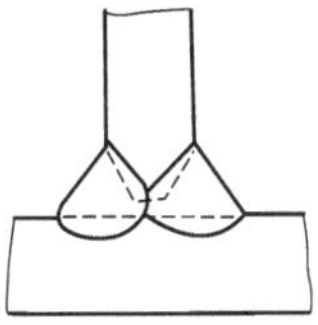	

坡口加工方法：①刨削及车削加工，V形、X形和U形坡口，可以采用刨床及刨进机加工，圆形件坡口可以用车床或镗床加工；②铲削，用风铲铲坡口是一种简单方便的加工方法；③气割也是应用比较广泛的坡口加工方法，可以加工I形、V形、X形坡口，最好用自动或半自动切割，可以保障坡口质量；④等离子弧切割，此方法用于不锈钢及非铁金属加工坡口。

21.5.1.3 工件焊前清理

工件及焊丝必须进行焊前清理，以便消除油脂、污垢。否则，会使焊缝产生气孔及裂纹，这种缺陷是真空及低温容器制造中所不允许的。焊件常用的清理方法有：脱脂清理、化学清理、机械清理。

(1) 脱脂清理

单件或大型工件脱脂清理时，可以用航空汽油，三氯乙烯先脱脂，再由丙酮、酒精擦洗。小型工件可以在脱脂溶液中浸洗，脱脂效果好，生产效率高。表 21-48 给出了脱脂液的组分。

表 21-48 常用化学脱脂溶液的组成及脱脂规定

<table>
<tr><th rowspan="2">金属材料</th><th rowspan="2">溶液组成(质量分数)</th><th colspan="2">脱脂规定</th></tr>
<tr><th>温度/℃</th><th>时间/min</th></tr>
<tr><td>碳钢、结构钢、
不锈钢、耐热钢</td><td>$NaOH$:90g/L
Na_2CO_3:20g/L</td><td>—</td><td>—</td></tr>
<tr><td rowspan="2">铁、铜、镍合金</td><td>$NaOH$ 10%,N_2O 90%</td><td>80～90</td><td>8～10</td></tr>
<tr><td>Na_2CO_3 10%,N_2O 90%</td><td>100</td><td>8～10</td></tr>
<tr><td rowspan="2">铝及铝合金</td><td>$NaOH$ 5%,N_2O 95%</td><td>60～65</td><td>2</td></tr>
<tr><td>Na_3PO_4:40～50g/L
Na_2SiO_3:20～30g/L</td><td>60～70</td><td>5～8</td></tr>
</table>

(2) 化学清理

通过化学反应清除焊件、焊丝表面的锈垢或氧化物。化学溶液清理后的焊件、焊丝还需用热水和冷水冲洗，清除残留化学溶液，常用化学清理溶液的组成及清理规定见表 21-49。

表 21-49 常用化学清理溶液的组成及清理规定

<table>
<tr><th rowspan="2">金属材料</th><th rowspan="2">溶液组成
(质量分数)</th><th colspan="2">清理规定</th><th colspan="4" rowspan="2">中和溶液</th></tr>
<tr><th>温度
/℃</th><th>时间
/min</th></tr>
<tr><td>碳素钢
耐热合金</td><td>HCl:100～150mL/L
H_2O:余量</td><td>—</td><td>—</td><td colspan="4">先在 40～50℃热水中冲净,然后用冷水冲洗</td></tr>
<tr><td rowspan="2">热轧低合金钢
热轧不锈钢
热轧耐热钢
热轧高温合金</td><td>H_2SO_4:10%
HCl:10%</td><td>54～60</td><td>—</td><td colspan="4" rowspan="2">先在 60～70℃、质量分数为 10%的苏打溶液中浸泡,然后在冷水中冲洗干净</td></tr>
<tr><td>H_2SO_4:10%</td><td>80～84</td><td>—</td></tr>
<tr><td>含铜量高
的铜合金</td><td>H_2SO_4:12.5%</td><td>20～77</td><td>—</td><td colspan="4" rowspan="2">先在 50℃的热水中浸泡,然后再用冷水冲洗</td></tr>
<tr><td>含铜量低
的铜合金</td><td>H_2SO_4:10%
$FeSO_4$:10%</td><td>50～60</td><td>—</td></tr>
<tr><td rowspan="2">纯铝</td><td>$NaOH$:15%</td><td>室温</td><td>10～15</td><td rowspan="3">冷水
冲洗</td><td rowspan="3">HNO_3:30%(质量分数)室温浸泡≤2min</td><td rowspan="3">冷水
冲洗</td><td rowspan="3">先在 100～110℃烘干,然后再低温干燥</td></tr>
<tr><td>$NaOH$:4%～5%</td><td>60～70</td><td>1～2</td></tr>
<tr><td>铝合金</td><td>$NaOH$:8%</td><td>50～60</td><td>5～10</td></tr>
<tr><td>镁及镁合金</td><td>150～200mg/L 铬酸水溶液</td><td>20～40</td><td>7～15</td><td colspan="4">在 50℃热水中冲洗</td></tr>
<tr><td>钛合金</td><td>HF:10%
HNO_3:30%
H_2O:60%</td><td>室温</td><td>1</td><td colspan="4">在冷水中冲洗</td></tr>
</table>

(3) 机械清理

用器械清除坡口及坡口附近的焊件表面上的锈层或氧化膜。机械清理后尚需用丙酮、酒精擦洗。

经清理后的焊件，应随时进行组焊，以免再次锈蚀及氧化。

21.5.1.4 焊接工艺

焊接工艺选择，包括焊接电流是交流或直流，直流焊机是正接还是反接；焊丝直径的粗细；焊接电流及电压的确定；焊接层数的选择；焊接速度的大小等。

常用的焊条电弧焊焊接参数见表 21-50。

表 21-50 常用的焊条电弧焊焊接参数

焊缝空间位置	焊缝断面型式	焊件厚度或焊脚尺寸/mm	第一层焊缝		其他各层焊缝		封底焊缝	
			焊条直径/mm	焊接电流/A	焊条直径/mm	焊接电流/A	焊条直径/mm	焊接电流/A
平对接焊	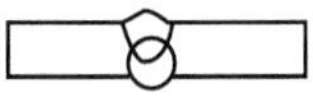	2	2	55～60	—	—	2	55～60
		2.5～3.5	3.2	90～120	—	—	3.2	90～120
		4～5	3.2	100～130	—	—	3.2	100～130
			4	160～200	—	—	4	160～210
			5	200～260	—	—	5	220～250
	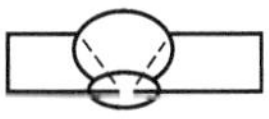	5～6	4	160～210	—	—	3.2	100～130
							4	180～210
		≥8	4	160～210	4	160～210	4	180～210
					5	220～280	5	220～260
	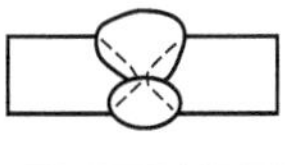	≥12	4	160～210	4	160～210	—	—
					5	220～280	—	—
立对接焊	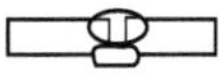	2	2	50～55	—	—	2	50～55
		2.5～4	3.2	80～110	—	—	3.2	80～110
	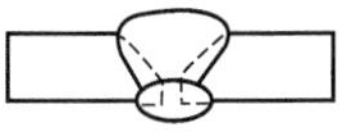	5～6	3.2	90～120	—	—	3.2	90～120
		7～10	3.2	90～120	4	120～160	3.2	90～120
			4	120～160			3.2	90～120
		≥11	3.2	90～120	4	120～160	3.2	90～120
			4	120～160	5	160～200		
	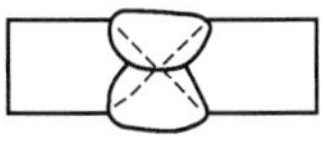	12～18	3.2	90～120	4	120～160	—	—
			4	120～160				
		≥19	3.2	90～120	4	120～160	—	—
			4	120～160	5	160～200		

续表

焊缝空间位置	焊缝断面型式	焊件厚度或焊脚尺寸/mm	第一层焊缝		其他各层焊缝		封底焊缝	
			焊条直径/mm	焊接电流/A	焊条直径/mm	焊接电流/A	焊条直径/mm	焊接电流/A
横对接焊		2	2	50～55	—	—	2	50～55
		2.5	3.2	80～110	—	—	3.2	80～110
		3～4	3.2	90～120	—	—	3.2	90～120
			4	120～160	—	—	4	120～160
		5～8	3.2	90～120	3.2	90～120	3.2	90～120
					4	140～160	4	120～160
		≥9	3.2	90～120	4	140～160	3.2	90～120
			4	140～160			4	120～160
	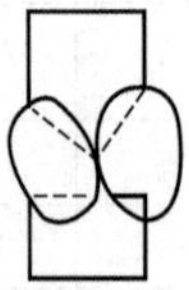	14～18	3.2	90～120	4	140～160	—	—
			4	140～160				
		≥19	4	140～160	4	140～160	—	—
仰对接焊		2	—	—	—	—	2	50～65
		2.5	—	—	—	—	3.2	80～110
		3～5	—	—	—	—	3.2	90～110
							4	120～160
		5～8	3.2	90～120	3.2	90～120	—	—
					4	140～160		
		≥9	3.2	90～120	4	140～160	—	—
			4	140～160				
	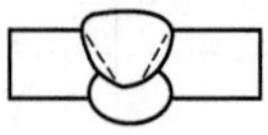	12～18	3.2	90～120	4	140～160	—	—
			4	140～160				
		≥19	4	140～160	4	140～160	—	—
平角接焊	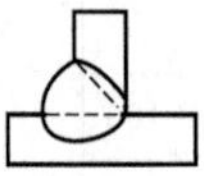	2	2	55～65	—	—	—	—
		3	3.2	100～120	—	—	—	—
		4	3.2	100～120	—	—	—	—
			4	160～200	—	—	—	—
		5～6	4	160～200	—	—	—	—
			5	220～280	—	—	—	—
		≥7	4	160～200	5	220～230	—	—
			5	220～280	5	220～230	—	—
	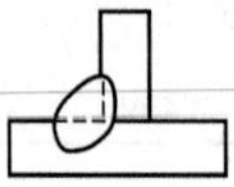	—	4	160～200	4	160～200	4	160～220
					5	220～280		

续表

焊缝空间位置	焊缝断面型式	焊件厚度或焊脚尺寸/mm	第一层焊缝		其他各层焊缝		封底焊缝	
			焊条直径/mm	焊接电流/A	焊条直径/mm	焊接电流/A	焊条直径/mm	焊接电流/A
立角接焊	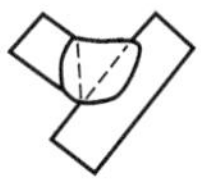	2	2	50～60	—	—	—	—
		3～4	3.2	90～120				
		5～8	3.2	90～120	—	—	—	—
			4	120～160				
		9～12	3.2	90～120	4	120～160	—	—
			4	120～160				
	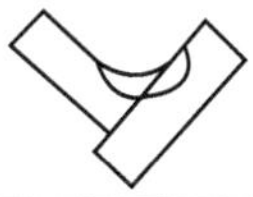	—	3.2	90～120	4	120～160	3.2	90～120
			4	120～160				
仰角接焊	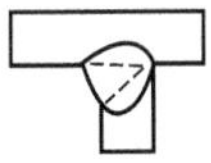	2	2	50～60	—	—	—	—
		3～4	3.2	90～120	—	—	—	—
		5～6	4	120～160	—	—	—	—
	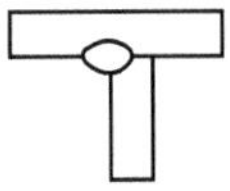	≥7	4	140～160	4	140～160	—	—
		—	3.2	90～120	4	140～160	3.2	90～120
			4	140～160			4	140～160

21.5.1.5 焊条电弧焊常见缺陷及预防

焊条电弧焊常见缺陷及预防措施见表 21-51。

表 21-51 焊条电弧焊常见缺陷及预防措施

缺陷名称		产生原因	预防措施
外观缺陷	咬边	1.焊接电流过大； 2.电弧过长； 3.焊接速度加快； 4.焊条角度不当； 5.焊条选择不当	1.适当减小焊接电流； 2.保持短弧焊接； 3.适当降低焊接速度； 4.适当改变焊接过程中焊条的角度； 5.按照工艺规程，选择合适的焊条牌号和焊条直径
	焊瘤	1.焊接电流太大； 2.焊接速度太慢； 3.焊件坡口角度、间隙太大； 4.坡口钝边太小； 5.焊件的位置安装不当； 6.熔池温度过高； 7.焊工技术不熟练	1.适当减小焊接电流； 2.适当提高焊接速度； 3.按标准加工坡口角度及留间隙； 4.适当加大钝边尺寸； 5.焊件的位置按图组成； 6.严格控制熔池温度； 7.不断提高焊工技术水平
	表面凹痕	1.焊条吸潮； 2.焊条过烧； 3.焊接区有脏物； 4.焊条含硫或含碳、锰量高	1.按规定的温度烘干焊条； 2.减小焊接电流； 3.仔细清除待焊处的油、锈、垢等； 4.选择性能较好的低氢型焊条
未熔合		1.电流过大，焊速过高； 2.焊条偏离坡口一侧； 3.焊接部位未清理干净	1.选用稍大的电流，放慢焊速； 2.焊条倾角及运条速度适当； 3.注意分清熔渣、钢水，焊条有偏心时， 应调整角度使电弧处于正确方向

续表

缺陷名称		产生原因	预防措施
未焊透		1.坡口角度小； 2.焊接电流过小； 3.焊接速度过快； 4.焊件钝边过大	1.加大坡口角度或间隙； 2.在不影响熔渣保护前提下，采用大电流、短弧焊接； 3.放慢焊接速度，不使熔渣超前； 4.按标准规定加工焊件的钝边
夹渣		1.焊件有脏物及前层焊道清渣不干净； 2.焊接速度太慢，熔渣超前； 3.坡口形状不当	1.焊前清理干净焊件被焊处及前条焊道上的脏物或残渣； 2.适当加大焊接电流和焊接速度，避免熔渣超前； 3.改进焊件的坡口角度
满溢		1.焊接电流过小； 2.焊条使用不当； 3.焊接速度过慢	1.加大焊接电流，使母材充分熔化； 2.按焊接工艺规范选择焊条直径和焊条牌号； 3.增加焊接速度
气孔		1.电弧过长； 2.焊条受潮； 3.油、污、锈焊前没清理干净； 4.母材含硫量高； 5.焊接电弧过长； 6.焊缝冷却速度太快； 7.焊条选用不当	1.缩短电弧长度； 2.按规定烘干焊条； 3.焊前应彻底清除待焊处的油、污、锈等； 4.选择焊接性能好的低氢焊条； 5.适当缩短焊接电弧的长度； 6.采用横向摆动运条或者预热，减慢冷却速度； 7.选用适当的焊条，防止产生气孔
裂纹	热裂纹	1.焊接间隙大； 2.焊接接头拘束度大； 3.母材硫含量大	1.减小间隙，充分填满弧坑； 2.用抗裂性能好的低氢型焊条； 3.用焊接性好的低氢型焊条或高锰、低碳、低硫、低硅、低磷的焊条
	冷裂纹	1.焊条吸潮； 2.焊接区急冷； 3.焊接接头拘束度大； 4.母材含合金元素过多； 5.焊件表面油、污多	1.按规定烘干焊条； 2.采用预热或后热，减慢冷却速度； 3.焊前预热，用低氢型焊条，制订合理的焊接顺序； 4.焊前预热，采用抗裂性能较好的低氢焊条； 5.焊接时要保持熔池低氢
焊缝尺寸不符合要求		1.焊接电流过大或过小； 2.焊接速度不适当，熔池保护不好； 3.焊接时运条不当； 4.焊接坡口不合格； 5.焊接电弧不稳定	1.调整焊接电流到合适的大小； 2.用正确的焊接速度焊接，均匀运条，加强熔渣保护熔池的作用； 3.改进运条方法； 4.按技术要求加工坡口； 5.保持电弧稳定
焊缝形状不符合要求		1.焊接顺序不正确； 2.焊接夹具结构不良； 3.焊前准备不好，如坡口角度、间隙、收缩余量	1.执行正确的焊接工艺； 2.改进焊接夹具的设计； 3.按焊接工艺规定执行
烧穿		1.坡口形状不当； 2.焊接电流太大； 3.焊接速度太慢； 4.母材过热	1.减小间隙或加大钝边； 2.减小焊接电流； 3.提高焊接速度； 4.避免母材过热，控制层间温度

21.5.2 埋弧焊

埋弧焊施焊时，电弧掩埋在焊剂层下，弧光不外露，故称为埋弧焊。又称焊剂层下自动电弧焊。埋弧焊的热源与焊条电弧焊相同，利用焊丝与焊件之间产生的电弧来熔化焊丝、焊剂和母材。焊丝为填充材料，而焊剂起保护焊接区作用，以及使焊缝合金化。

埋弧焊的工作过程如图 21-4 所示。焊剂 10 由焊剂输送管 11 流出后，均匀堆敷在母材 8 上。焊丝经送丝机构 3 进入导电嘴 4，导电嘴有两个作用：其一给焊丝加电；其二又是

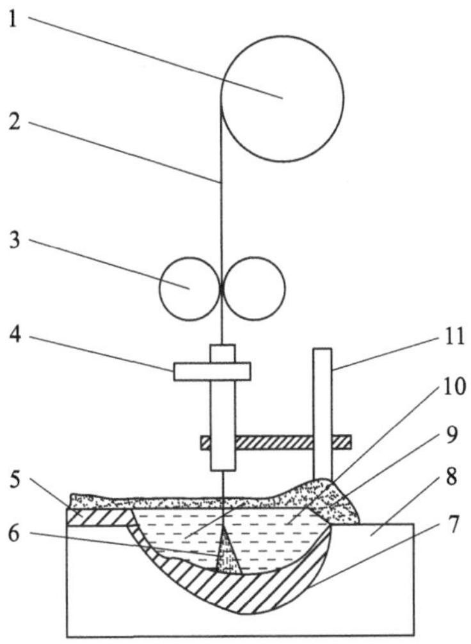

图 21-4 埋弧焊的工作过程
1—焊丝盘；2—焊丝；3—送丝机构；4—导电嘴；5—凝固熔渣；6—电弧；7—熔池；8—母材；9—熔融熔渣；10—焊剂；11—焊剂输送管

焊丝的导向机构。焊机给焊丝与母材加电后，产生电弧 6 使焊丝及母材熔化，同时使焊剂熔融保护金属熔池。焊丝不断地进入熔池，形成焊缝。

埋弧焊的特点：

① 生产效率高。焊剂和熔渣有隔热作用，热效率高，又焊接电流大，故生产效率高，可实现 20mm 以下钢板不开坡口一次焊透。埋弧焊的焊接速度高，厚度为 8～10mm 的钢板对焊，焊接速度可达 30～50m/h，而焊条电弧焊只有 6～8m/h，焊接速度提高 5 倍。

② 焊接质量好。首先是因为埋弧焊时，电弧及熔池均在焊剂与熔渣的保护之下，免于空气的氧化。另外，液态金属与熔化的焊剂之间有较多的时间进行冶金反应，减少了焊缝产生气孔、裂纹等缺陷的可能性。焊缝化学成分稳定，焊缝美观，力学性能好。

③ 焊缝参数通过自动调节，保持稳定，降低了对焊工技术水平的依赖性。

④ 焊接成本低。埋弧焊焊接电流大，获得的熔深大，不开坡口或开小坡口就可以焊接，节省了工时，节约了焊丝。热效率高节约了能耗。

⑤ 改善了工作条件。没有弧光辐射，自动化程度高，降低了劳动强度。

埋弧焊的不足之处是不宜薄板焊接，适于水平焊的长焊缝。

埋弧焊是工业制造中最常用的一种自动电弧焊方法，可以焊碳素结构钢、低合金结构钢、不锈钢、耐热钢等，是容器制造中重要的焊接手段。此外，埋弧焊可以用于耐蚀合金或用于焊接镍基合金及铜合金。

埋弧焊工艺实例及参数见表 21-52～表 21-54。

表 21-52 为悬空双面埋弧焊焊接参数。其工艺要点：不开坡口、不留间隙或间隙小于 1mm。正面熔深小于或等于板厚的 50%；而背面熔深为板厚的 60%～70%。

表 21-52 悬空双面埋弧焊焊接参数

焊丝直径/mm	工件厚度/mm	焊接顺序	焊接电流/A	焊接电压/V	焊接速度/m·h^{-1}
4	8	正 反	440～480 480～530	30 31	30 30
4	10	正 反	530～570 590～640	31 33	27.7 27.7
4	12	正 反	620～660 680～720	35 35	25 24.8
4	14	正 反	680～720 730～770	37 40	24.6 22.5
4	16	正 反	820～850 850～900	34～36 36～38	37 25
5	18	正 反	850～900 900～950	36～38 38～40	36 24
5	20	正 反	850～900 900～1000	36～38 38～40	35 24

表 21-53 为预留间隙使用焊剂垫的平板对接双面埋弧焊焊接参数。工艺要点：不开坡口、留间隙。焊一面时，焊缝下面的焊剂，在焊缝全长度上都要与焊件紧贴，且压力均匀。熔深是板厚的 60%～70%。焊另一面时，需要清根后再焊。

表 21-53　预留间隙使用焊剂垫的平板对接双面埋弧焊焊接参数

工件厚度/mm	预留间隙/mm	焊丝直径/mm	焊接电流/A	电弧电压/V	焊接速度/m·h^{-1}
14	3～4	5	700～750	34～36	30
16	3～4	5	700～750	34～36	27
18	4～5	5	750～800	36～40	27
20	4～5	5	850～900	36～40	27
24	4～5	5	900～950	38～42	25
28	5～6	5	900～950	38～42	20
30	6～7	5	950～1000	40～44	16
40	8～9	5	1100～1200	40～44	12
50	10～11	5	1200～1300	44～48	10

表 21-54 为开坡口平板对接双面埋弧焊焊接参数。

表 21-54　开坡口平板对接双面埋弧焊焊接参数

工件厚度/mm	坡口型式	焊丝直径/mm	焊接顺序	坡口尺寸 α/(°)	坡口尺寸 H 或 P/mm	焊接电流/A	电弧电压/V	焊接速度/m·h^{-1}
14	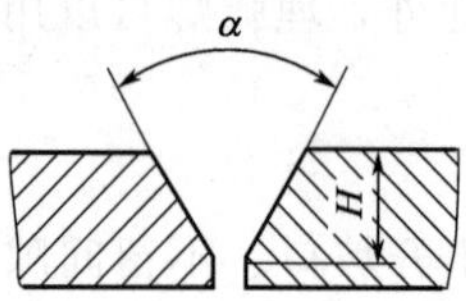	5	正 反	80	6	830～850 600～620	36～38 36～38	25 45
16		5	正 反	70	7	830～850 600～620	36～38 36～38	20 45
18		5	正 反	60	8	850～870 600～620	36～38 36～38	20 45
22		6 5	正 反	55	13	1050～1150 600～620	38～40 36～39	18 45
24	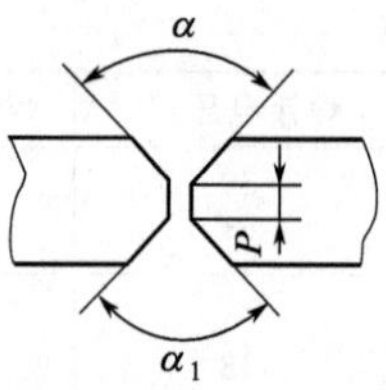	6 5	正 反	40 40	 4	1000～1100 750～800	38～40 36～38	24 28
30		6	正 反	80 60	 4	1000～1100 900～1000	36～40 36～38	18 20

21.6 钨极气体保护焊

21.6.1 钨极氩弧焊

21.6.1.1 钨极氩弧焊原理

钨极气体保护焊，也称钨极氩弧焊（TIG 焊），是基于电弧焊的原理，在焊接过程中，用氩气做保护气体，使母材及填充金属免于氧化。其工作原理如图 21-5 所示。

钨极6与工件分别接于焊机两极上，极间放电使气体被击穿，形成电弧。弧区产生很高的温度，足以使工件8与焊丝1熔化，达到焊接目的。由喷嘴4喷射出来的氩气，覆盖全弧区，使熔池、熔滴及钨极端头与空气隔绝，避免氧化。

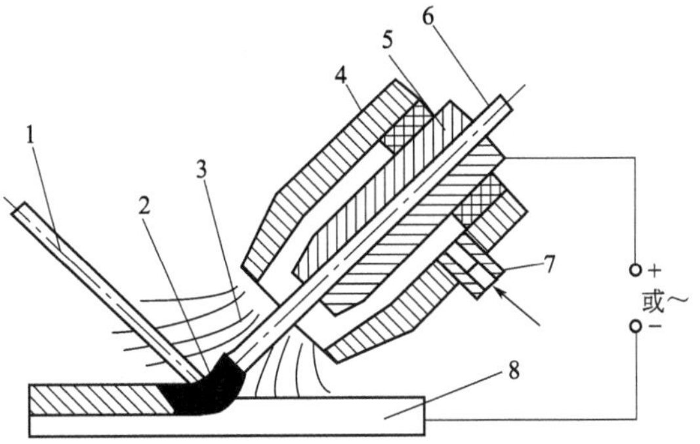

图 21-5　钨极氩弧焊示意图

1—填充焊丝；2—电弧；3—氩气流；4—喷嘴；5—导电嘴；6—钨极；7—进气管；8—工件

根据焊枪移动形式，有手工氩弧焊、半自动氩弧焊、自动氩弧焊。手工氩弧焊焊枪由手工操作，焊丝由机械送进的为半自动氩弧焊，焊枪与工件的相对位置保持及送丝均由机械完成，为全自动氩弧焊。

21.6.1.2　钨极氩弧焊特点

钨极氩弧焊特点分述如下。

① 焊接质量好。用难熔金属纯钨或活化钨制作的电极在焊接过程中不熔化。利用氩气隔绝大气，防止了氧、氮、氢等气体对电弧、熔池、被焊金属和焊丝的影响。因此，容易保持恒定的电弧长度，焊接过程稳定，焊接质量好。

② 电弧稳定性好。钨极氩弧稳定性好，当焊接电流小于10A时电弧仍能稳定燃烧。因此，特别适合薄板焊接。由于热源和填充焊丝分别控制，热量调节方便，使输入焊缝的能量更容易控制。因此，适于各种位置的焊接，也容易实现单面焊双面成型。

③ 焊件变形小。氩气流对电弧有压缩作用，故热量较集中，熔池较小。由于氩气对近缝区的冷却，可使热影响区变窄，焊件变形量减小。焊接接头组织紧密，综合力学性能较好。在焊接不锈钢时，焊缝的耐腐蚀性好，特别是抗晶间腐蚀性能也较好。

④ 易于自动化。由于填充焊丝不通过焊接电流，所以不会产生因熔滴过渡造成的电弧电压和电流变化引起的飞溅现象，为获得光滑的焊缝表面提供了良好的条件。钨极氩弧焊的电弧是明弧，焊接过程参数稳定，便于检测及控制，易于实现机械化和自动化焊接。

⑤ 焊接成本高。与焊条电弧焊相比，操作难度较大，设备比较复杂，且对工件清理要求特别高。生产成本比焊条电弧焊、埋弧焊和CO_2保护焊均高。

⑥ 生产率低。钨极氩弧焊利用气体进行保护，抗侧向风的能力较差。熔深浅、熔敷速度小、生产率低。钨极有少量的熔化蒸发，钨微粒进入熔池会造成夹钨，影响焊缝质量，尤其是电流过大时，钨极烧损严重，夹钨现象明显。

21.6.1.3　钨极氩弧焊的应用

钨极氩弧焊应用很广泛，它几乎可以用于所有金属和合金的焊接。最常用于铝、镁、钛、铜等有色金属及其合金的焊接，也广泛用于不锈钢、耐热钢、高温合金钢和钛、钼、铌、锆等难熔金属的焊接。

主要以焊接10mm以下薄板为主，对于大厚度的重要结构，如压力容器、管道等可用于打底焊。

在真空设备制造中的超高真空不锈钢容器、管道阀门、波纹管连接件、可伐陶瓷密封接头与法兰盘的连接件、钛泵中零部件的连接件，以及许多电真空器件外壳的连接件、零部件点焊和塞焊等都广泛采用钨极氩弧焊。

21.6.2 钨极气体保护焊设备

21.6.2.1 钨极氩弧焊机构成

钨极氩弧焊机通常由弧焊电源、控制系统、焊炬、供气系统和供水系统等部分组成。图 21-6 所示为手工钨极氩弧焊机的配置，如采用焊条电弧焊机做电源，则配用单独的控制箱。焊接电流较小时（>300A），采用空气冷却焊炬，不需要冷却系统。采用机械钨极氩弧焊机还应配有行走小车、焊丝送进机构等。

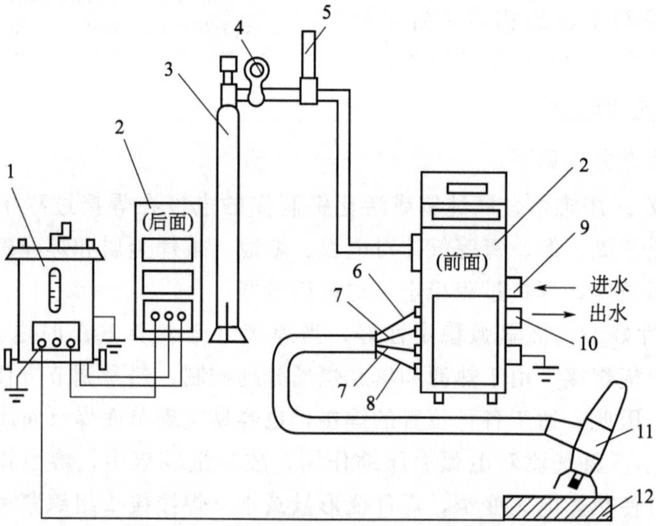

图 21-6　手工钨极氩弧焊机的配置

1—电源；2—控制箱；3—氩气瓶；4—减压阀；5—流量计；6—电缆；7—控制线；8—氩气管；9—进水管；10—出水管；11—焊炬；12—工件

21.6.2.2 钨极氩弧焊焊炬

焊炬也称焊枪，由炬体、钨极夹头、夹头套筒、绝缘帽、喷嘴、手柄、控制开关等组成。焊接电流 10～500A。水冷式半自动钨极氩弧焊焊炬结构如图 21-7 所示，QQ-85/150-1 型气冷式钨极氩弧焊焊炬结构如图 21-8 所示。

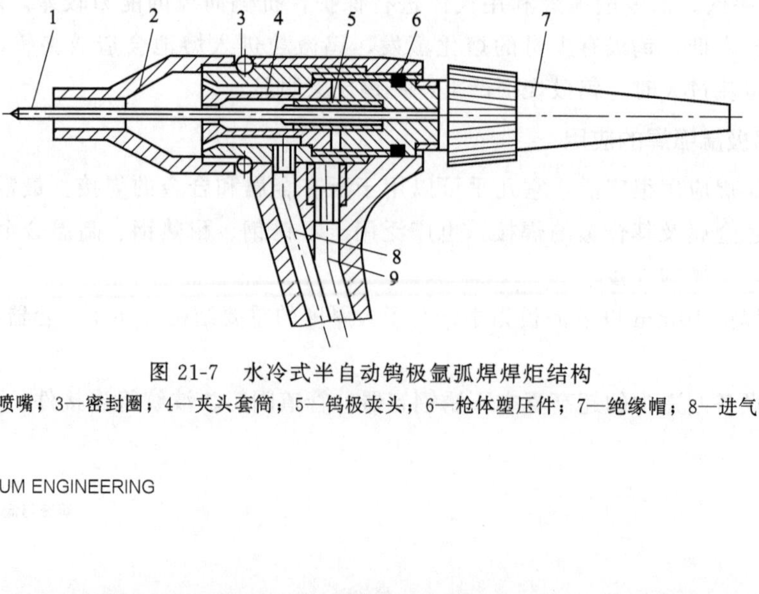

图 21-7　水冷式半自动钨极氩弧焊焊炬结构

1—钨极；2—陶瓷喷嘴；3—密封圈；4—夹头套筒；5—钨极夹头；6—枪体塑压件；7—绝缘帽；8—进气管；9—冷却水管

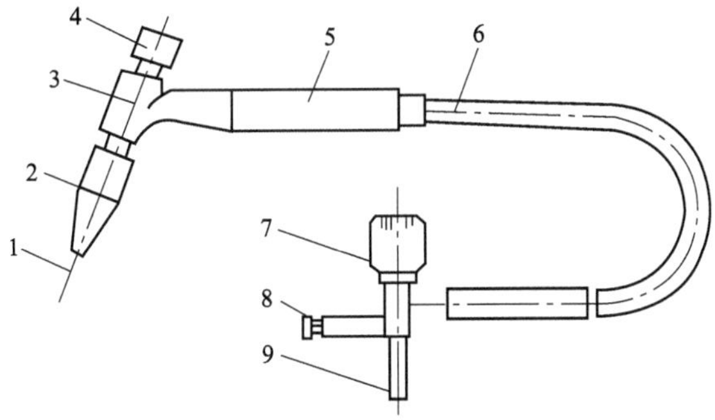

图 21-8　QQ-85/150-1 型气冷式钨极氩弧焊焊炬结构

1—钨极；2—陶瓷喷嘴；3—炬体；4—炬体帽；5—把手；6—电缆；7—开关手柄；8—进气口；9—通电接头

选择手工钨极氩弧焊焊炬时，要考虑焊接材料、工件厚度、焊道层数、焊接电流的极性接法、额定焊接电流及钨极直径、接头坡口形式，焊接速度、接头空间位置、经济性等因素的影响。常用手工钨极氩弧焊焊炬的技术参数见表 21-55。

表 21-55　常用手工钨极氩弧焊焊炬的技术参数

型号	冷却方式	出气角度/(°)	额定焊接电流/A	可换电极		可配喷嘴规格(螺纹/喷嘴长度/喷口直径)/mm	控制开关型式	外形尺寸(极向直径×极向长度×总长度)/(mm×mm×mm)	质量/kg
				钨极直径/mm	钨棒长度/mm				
QS-75/500	水冷	75	500	4、5、6	180	14 M27/43/16 18	推键式	38×195×270	0.45
QS-65/300	水冷	65	300	3、4、5	160	M20/40/$\frac{9}{12}$	环形按钮	28×170×220	0.26
QS-65/200	水冷	65	200	1.6、2、2.5	90	M12/26/$\frac{6.5}{9.5}$	按钮	21×95×200	0.11
QS-85/150	水冷	85(近直角)	150	2、3	110	M14/30/$\frac{6}{9}$	微动开关	21×115×245	0.13
QS-0/150	水冷	0(笔式)	150	1.6、2、2.5	90	6 M10/47/8 9	按钮	20×220	0.14
QQ-75/150	气冷	75	150	1.6、2、3	110	M10/60/8	脚踏开关	20×110×225	0.20
QQ-65/75	气冷	65	75	1、1.6	40	M12/17/$\frac{6}{10}$	微动开关	17×30×187	0.09
QQ-0/10	气冷	0(笔式)	10	1、1.6	100	47 6 M10/ /8 60 9	微动开关	20×110	0.08

21.6.2.3　氩弧焊机故障及排除

表 21-56 给出了手工氩弧焊焊机故障及排除方法。

表 21-56　手工氩弧焊焊机常见故障及排除方法

故障现象	产生原因	排除方法
电源开关接通后指示灯不亮，电风扇不转	1. 开关损坏； 2. 控制变压器损坏； 3. 指示灯损坏； 4. 熔断丝烧断； 5. 指示灯接触不良； 6. 电风扇损坏	1. 修复或更换开关； 2. 修复或更换变压器； 3. 更换指示灯； 4. 更换熔断丝； 5. 调整指示灯接触； 6. 检修电风扇

续表

故障现象	产生原因	排除方法
控制线路有电，焊机不启动	1.脚踏开关接触不良； 2.焊枪上开关接触不良； 3.启动继电器或热继电器出现故障； 4.控制变压器损坏	1.检修开关； 2.检修开关； 3.检修继电器； 4.更换或修复变压器
焊机启动后振荡器不振荡或振荡微弱	1.高频振荡器有故障； 2.脉冲引弧器有故障； 3.火花放电盘间隙不合适； 4.放电盘电极烧坏； 5.放电盘云母烧坏	1.检修引弧器； 2.检修脉冲引弧器； 3.调整放电盘间隙； 4.清理、调整放电极； 5.更换云母
焊机启动后，有振荡放电，但不起弧	1.焊接回路接触器有故障； 2.焊件接触不良； 3.控制线路有故障	1.修复或更换接触器； 2.清理焊件接触表面； 3.检修控制线路
焊机启动后无氩气输出	1.气路堵塞或氩气瓶内气用完； 2.电磁气阀有故障； 3.控制线路有故障； 4.气体延迟线路有故障	1.疏通气路，换氩气； 2.检修电磁气阀； 3.检查故障并修复； 4.检修线路
焊接过程电弧不稳定	1.稳弧器有故障； 2.消除直流分量的元件有故障； 3.焊接电源有故障； 4.焊机输出线路与焊件接触不良	1.检修稳弧器； 2.更换或修复元件； 3.检修焊接电源； 4.清理焊件与焊机输出线路接触表面

表 21-57 给出了 WSE5 系列交、直流两用手工钨极氩弧焊焊机常见故障及排除方法。

表 21-57 WSE5 系列交、直流两用手工钨极氩弧焊焊机常见故障及排除方法

故障现象	产生原因	排除方法
焊机供电后，打开电源开关，指示灯不亮，电风扇不转	1.熔断器断； 2.指示灯损坏； 3.电风扇电容失效； 4.接触不良	1.更换熔断器； 2.更换指示灯； 3.更换电风扇电容； 4.清理指示灯及电风扇线路接触点
焊机无交、直流输出（无空载电压）	1.控制板上三端稳压管或管脚霉断或损坏； 2.控制板上运算放大器管脚霉断或损坏； 3.脉冲变压器引线霉断	1.更换损坏的稳压管； 2.更换损坏部件； 3.修复霉断引线
焊接电流调节失控	1."近控-远控"开关是否放置在所选择的位置上； 2.运算放大器管脚霉断或损坏	1.根据施工需要使用近控或远控开关； 2.更换损坏部件
焊接电流调不小或过大	控制板上运算放大器管脚霉断或损坏	更换损坏部件
电源开关指示灯不亮	1."焊条电弧焊-氩弧焊"开关是否放在氩弧焊位置； 2.熔断器（面板上标有 3A 即是）断或接触不良； 3.指示灯损坏	1.检查、更正开关位置； 2.清理熔断器接触不良或检修熔断器断线处； 3.更换损坏的指示灯
按下焊炬上开关"焊接后停"，指示灯不亮	1.指示灯损坏； 2.开关接线是否断开； 3.水冷焊枪上未接通水路或水流不足； 4.程序控制板上的晶体管不通	1.更换损坏的指示灯； 2.检查、修复开关； 3.接通水路，并使水流满足要求； 4.检查程序控制板上的继电器，如没有 12V 直流电压时，则更换晶体管

续表

故障现象	产生原因	排除方法
按下"通气检测",气阀不通	1.气源是否打开; 2.气阀有卡死现象或气路有堵塞	1.检查并接通气源; 2.检查气阀进线两端有无36V交流电后,排除堵塞
在"自动"位置上按下焊炬上的开关,气阀不通	1.气源是否打开; 2.气阀有卡死现象或气路有堵塞; 3.水冷焊枪未接通水源或流量不足; 4.程序控制板上的晶体管不通	1.检查并接通气源; 2.检查气阀进线两端有无36V交流电后排除堵塞; 3.接通水源及保证流量达到一定值; 4.检查程序控制板上的继电器,如没有12V直流电压,更换晶体管
按下焊炬上的开关,无高频起弧火花	1.熔断器断(控制箱前板标有5A的即是); 2.焊炬上的开关有无断线; 3.K8没有接通	1.更换熔断器; 2.检查、修复焊炬上的开关; 3.检查K8随交、直流转换开关是否到位
直流焊时,按下焊炬上的开关起弧后,松开开关高频仍存在	继电器通断不正常	检查并修复继电器是否通断正常
小电流起弧困难	1.钨极直径大小是否选择合适; 2.继电器接触不好; 3.电阻开路	1.建议将钨极端头磨尖; 2.检查继电器,如没有12V直流电压,应清理其接触不良; 3.检查、修复电阻线路
电弧不稳定或焊缝成型差	1.焊件脏或油污严重; 2.钨极直径大小是否与焊接电流相符; 3.电网电压波动较大; 4.焊接电源有故障	1.清除待焊处油、污、锈、垢; 2.按工艺规程选择钨极直径与焊接电流; 3.检查电网电压波动是否在允许范围内; 4.检查、修理焊接电源

21.6.3 钨极氩弧焊保护气体

21.6.3.1 对保护气体的要求

钨极氩弧焊采用的保护气体有氩气、氦气、氩氦混合、氩氢混合气体。

对保护气体要求如下:

① 氩气。氩气纯度及有害气体含量见表21-58。

表21-58 氩气纯度及有害气体含量 单位:%

氩气纯度	N_2	O_2	H_2	C_nH_m	H_2O
≥99.99	<0.01	<0.0015	<0.0005	<0.001	$30mg/m^3$
≥99.999	$\leqslant 7\times10^{-5}$	$\leqslant 10^{-5}$	$\leqslant 5\times10^{-5}$	10^{-5}	$\leqslant 2\times10^{-5}$

② 氦气。焊接用的氦气纯度要求在99.8%以上。国产纯度99.999%氦气其杂质含量见表21-59。

表21-59 国产焊接用氦气(99.999%)的杂质含量

成分	Ne	H_2	O_2+Ar	N_2	CO	CO_2	H_2O
含量/$\times10^{-5}$	≤4.0	≤1.0	≤1.0	2.0	0.5	0.5	3

③ 氩氦混合气体。采用氩氦混合气体时,特别适合于焊缝质量要求很高的场合。采

用的混合比一般为（75%～80%）He+（15%～20%）Ar。

④ 氩氢混合气体。氩氢混合气体主要用于镍基合金、镍-铜合金、不锈钢的焊接。一般应将混合气体中氢的含量控制在15%以下。

21.6.3.2 依据母材不同选择保护气体

不同材料适用的保护气体见表21-60。

表21-60 不同材料适用的保护气体

材质	适用的保护气体及特点
铝及铝合金	氩气：采用交流焊接具有稳定的电弧和良好的表面清理作用 氦气：直流正接，对化学清洗的材料能产生稳定的电弧，并具有较高的焊接速度 氩氦混合气：具有良好的清理作用，较高的焊接速度和熔深，但电弧稳定性不如纯氩
黄铜	氩气：电弧稳定，蒸发较小
钴基合金	氩气：电弧稳定且容易控制
铜-镍合金	氩气：电弧稳定且容易控制，也适用于铜镍合金与钢的焊接
无氧铜	氩气：采用直流正接，电弧稳定且容易控制 氦气：具有较大的热输入量，焊接速度快、熔深大 氩氦混合气：氦75%，氩25%。电弧稳定，适于焊薄件
因康镍	氩气：电弧稳定，且容易控制 氦气：适于高速自动焊
低碳钢	氩气：适于手工焊 氦气：适于高速自动焊，熔深比氩气保护的大
镁合金	氩气：采用交流焊接，具有良好的电弧稳定性和清理作用
马氏体时效钢	氩气：电弧稳定，且容易控制
钼-0.5钛合金	氩气、氦气都适用：要得到良好塑性的焊缝金属，除加强保护外，还必须将焊接气氛中的含氮量控制在0.1%以下，含氧量控制在0.05%以下
蒙乃尔合金	氩气：电弧稳定，且容易控制
镍基合金	氩气：电弧稳定，且容易控制 氦气：适于高速自动焊
硅青铜	氩气：可减少母材和焊缝熔敷金属的热脆性
硅钢	氩气：电弧稳定，且容易控制
不锈钢	氦气：电弧稳定，且可得到比氩气更大的熔深 氩气：电弧稳定，且容易控制
铁合金	氩气：电弧稳定，且容易控制 氦气：适用于高速自动焊

21.6.4 钨极氩弧焊焊丝选择

不同金属母材，选择不同的焊丝，各种常用钢的推荐焊丝牌号见表21-61。

表21-61 常用钢的推荐焊丝牌号

钢材		选用的焊丝牌号
类别	牌号	
碳钢	Q235、Q235F、Q235g	H08Mn2Si
	10g、15g、20g、22g、25g	H05MnSiAlTiZr

续表

钢材		选用的焊丝牌号
类别	牌号	
低合金钢	16Mn、16Mng	H10Mn2
	16MnR、25Mn	H08Mn2Si
	15MnV、16MnVCu	H08MnMoA
	15MnVN、19Mn5	H08Mn2SiA
	20MnMo	
低合金耐热钢	18MnMoNb、14MnMoV	H08Mn2SiMo
	12CrMo、15CrMo	H08CrMoA、H08CrMo、Mn2Si
	20CrMo、30CrMoA	H05CrMoVTiRe
	12Cr1MoV、15Cr1MoV 20CrMoV	H08CrMoV H05CrMoVTiRe
	15Cr1MoV、20Cr1MoV	H08CrMnSiMoV
	12Cr2MoWVTiB	H10Cr2MnMoWVTiB
	(G102)	H08Cr2MoWVNbB
	G106 钢	H10Cr5MoVNbB
不锈钢	0Cr18Ni9、1Cr18Ni9	H0Cr18Ni9
	1Cr18Ni9Ti	H0Cr18Ni9Ti
	00Cr17Ni13Mo2	H0Cr18Ni12Mo2Ti
低温钢	09Mn2V	H05Mn2Cu、H05Ni2.5
	06AlCuNbN	II08Mn2WCu
	3.5Ni、06MnNb 06AlCuNbN	H00Ni4.5Mo H05Ni4Ti
	9Ni	H00Ni11Co H06Cr20Ni60Mn3Nb
异种钢	G102+12CrMoV G102+15CrMo	H08CrMoV
	G102+碳钢	H08Mn2Si H08CrMoV H13CrMo
	G102+1Cr18NiTi G102+G106	镍基焊丝
	12Cr1MoV+碳钢	H08Mn2Si、H05MnSiAlTiZr
	12CrMoV+15CrMo	H13CrMo、H08CrMoV

21.6.5 钨极氩弧焊重要工艺

21.6.5.1 接头和坡口

真空工程中经常遇到同种材料的焊接，如不锈钢-不锈钢，可伐-可伐；无氧铜-无氧铜；铜-铜之间的氩弧焊。还有异种材料之间的氩弧焊，如不锈钢-可伐；不锈钢-无氧铜；不锈钢-铜等。高温材料钨、钼、钽、钛等也用钨极氩弧焊。焊接时需要解决的主要问题是热状态下的开裂，故设计焊接接头主要考虑有利于消除应力。

钨极氩弧焊常用的接头型式有对接、角接、T 形接头、卷边接头等。

坡口型式和尺寸应根据材料类型、板材厚度等因素来确定。一般情况下，厚度小于 3mm 时可开 I 形坡口；板厚在 3～12mm 时，可开 V 形或 Y 形坡口。关于各种钢的具体坡口形式及尺寸可以参照 GB/T 985.1—2008《气焊、焊条电弧焊、气体保护焊和高能束焊的推荐坡口》来确定。

真空工程及低温工程中常用钨极氩弧焊接头型式见表 21-62。

表 21-62　同种金属材料氩弧焊接头型式

材　料	接头型式	备　注
不锈钢(可伐)法兰-不锈钢(可伐)法兰	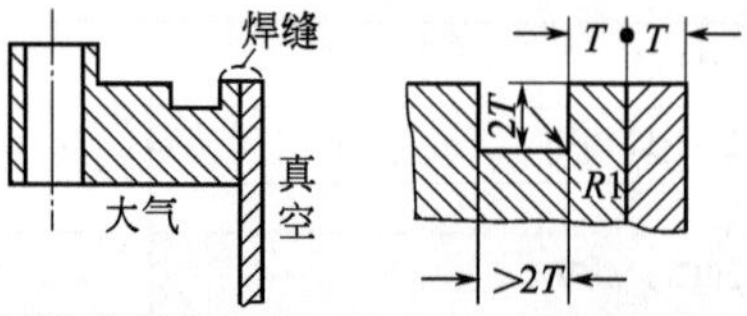	过渡圆角 R1 的作用是防止裂缝,焊缝尽可能选在真空内侧
不锈钢(可伐)法兰-不锈钢(可伐)管	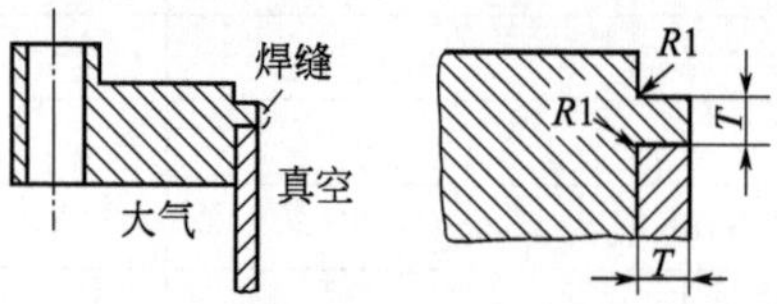	过渡圆角 R1 的作用是防止裂缝,焊缝尽可能选在真空内侧
	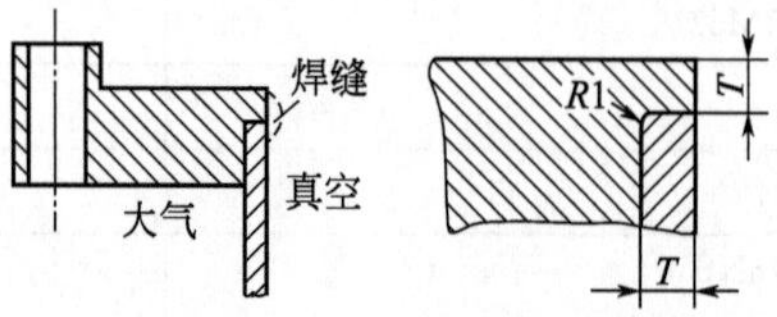	过渡圆角 R1 的作用是防止裂缝,焊缝尽可能选在真空内侧
	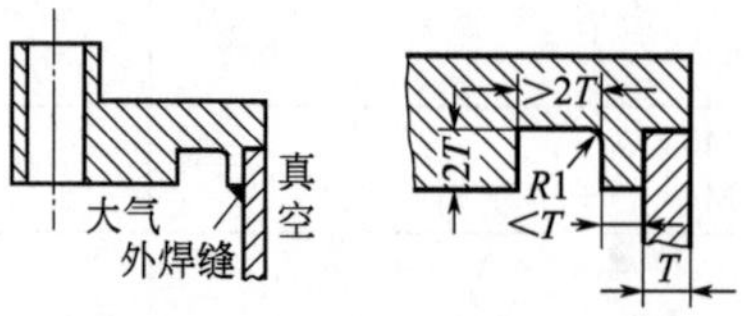	适用于不允许内焊的结构
不锈钢(可伐)-不锈钢(可伐)	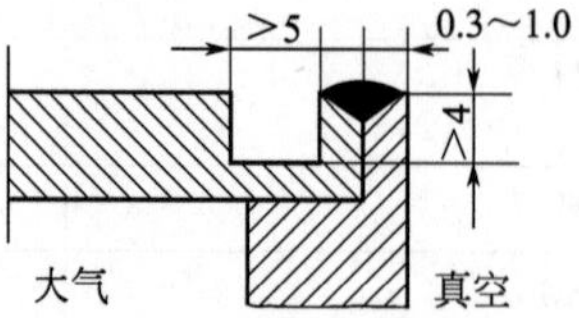	厚大零件的焊接可用薄边焊接法
不锈钢波纹管-不锈钢法兰	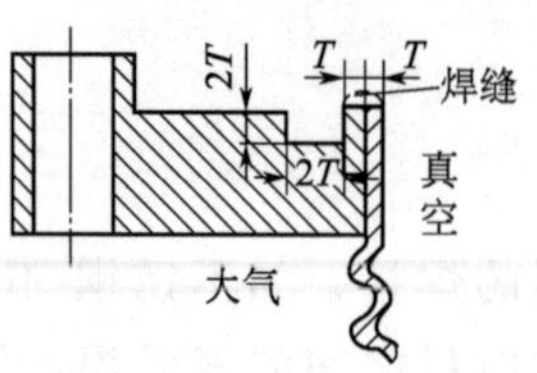	波纹管壁 $T>0.4$mm

续表

材　料	接头型式	备　注
不锈钢法兰-不锈钢波纹管-不锈钢环	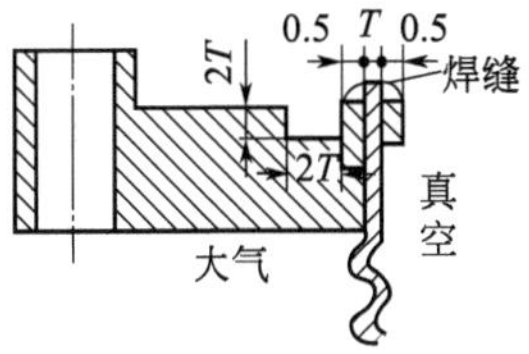	波纹管壁 $T<0.4$mm,在内侧加一较紧配合的不锈钢环
不锈钢-不锈钢	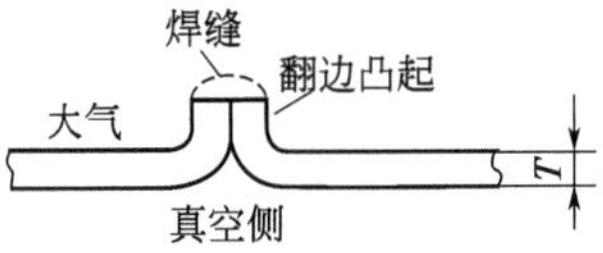	$T<0.8$mm
	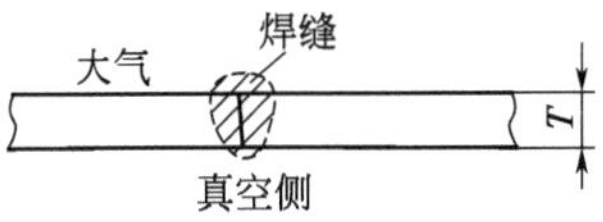	$0.8<T<2$mm,焊透至真空内侧
	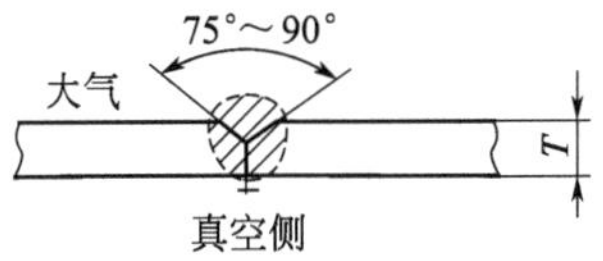	$T>2$mm,焊缝坡口需要填充材料,焊透直至真空内侧
	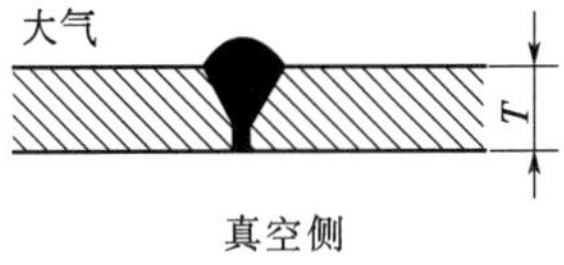	$T=3\sim12$mm,坡口填充材料焊透直至真空侧
	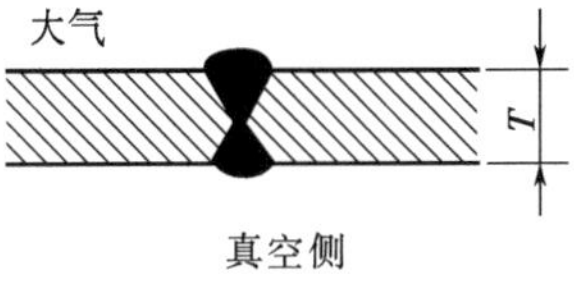	$T>10$mm,坡口填充材料,双面焊透
真空容器-接管	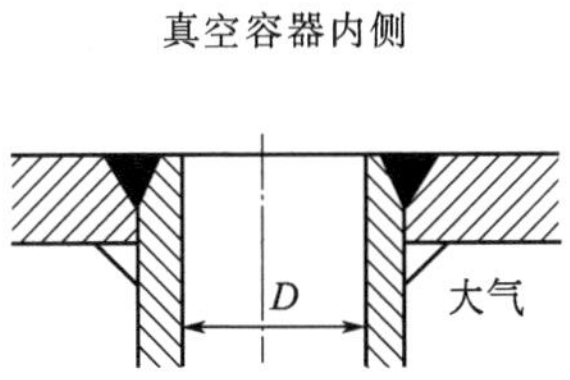	$D\leqslant320$mm 真空侧连续焊,外侧间断焊
	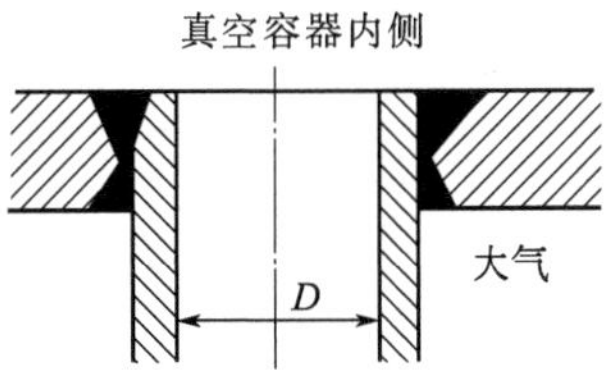	$D>320$mm 真空与大气侧焊透不得有"死"空间

21.6.5.2　焊前清洁处理

为了保证焊接质量，在施焊前必须对填充焊丝、工件坡口以及坡口两侧 50～100mm

以内的氧化膜、水、油等污物清理干净。清理方法有机械清理、化学处理及机械化学联合处理。可以参考 21.5.1.3 节及 21.7.2 节。

21.6.5.3 钨极氩弧焊焊接参数

钨极氩弧焊的焊接参数主要有电源种类及极性、焊接电流、钨极直径及端部形状、保护气体流量、电弧长度、钨极伸出长度、喷嘴直径、焊接速度以及填加焊丝直径等。只有正确选择焊接参数，才可能获得比较满意的焊接接头。

(1) 电源种类和极性选择

钨极氩弧焊可选用直流、交流和脉冲电源，选用哪种电源主要根据被焊材料的种类来确定，对直流电源还有极性的选择问题。

直流电源没有极性变化，电弧燃烧稳定，但是存在直流正接和直流反接的问题。

直流反接是钨极接正极，焊件接负极。由于电弧阳极产生热量高于阴极，使钨极容易过热熔化，所以除了可焊薄板铝、镁及其合金外，很少采用。

直流正接是焊件接正极，钨极接负极。钨极熔点高，电子发射能力强。钨极作为阴极产热量少，使钨极许用电流增大，电弧燃烧稳定性好。除了铝、镁及其合金外，其他材料都采用直流正接。

焊接铝、镁及其合金时采用交流电源，可获得良好效果（见表 21-63）。由于交流电极性是不断变化的，在交流正极性的半波中钨极可以得到冷却，而在交流负极性的半波中，有阴极破碎作用，可以清除熔池表面氧化膜，使焊接顺利进行。

表 21-63 被焊材料与电源种类及极性的选择

被焊材料	直流		交流	被焊材料	直流		交流
	直流正接	直流反接			直流正接	直流反接	
铝、镁及其合金	×		△	铸铁	△	×	○
铜及其合金	△	×	○	钛及其合金	△	×	○
低碳钢、低合金钢	△	×	○	异种金属	△	×	○

注：△最佳；○可用；×最差。

(2) 钨极材料

钨极材料有三种：钨、铈钨、钍钨。此外还有锆钨、镧钨、钇钨。铈钨及钍钨的逸出功较钨少一倍，而热电子发射能力又高出几十倍至几千倍。铈钨和钍钨是较好的钨极材料。但钍钨极焊接时，钍原子会剧烈蒸发，产生 α 射线，α 射线半衰期很长，对人体有害，尽量少用。铈钨极产生的铈进入熔池对焊缝质量有好处，对人体无害。允许的最大电流较钍钨提高 5%～8%，是很好的电极材料。三种电极材料性能比较见表 21-64。

表 21-64 常见钨极端头形状与电弧稳定性关系

钨极端头形状	钨极种类	电流极性	适用范围	燃弧情况
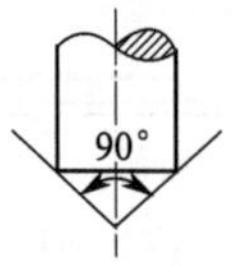	铈钨或钍钨	直流正接	大电流	稳定

续表

钨极端头形状	钨极种类	电流极性	适用范围	燃弧情况
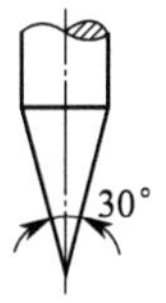	铈钨或钍钨	直流正接	小电流 用于窄间隙及薄板的焊接	稳定
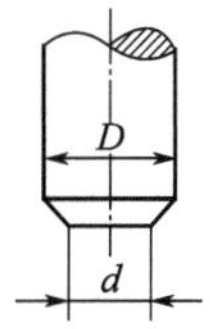	纯钨极	交流	铝、镁及其合金的焊接	稳定
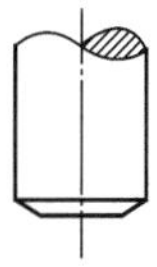	铈钨或钍钨	直流正接	直径小于 1mm 的细钨丝电极连续焊	良好

(3) 钨极允许电流及电弧电压

各种钨极允许电流见表 21-65。

表 21-65　钨电极电流承载能力

电极直径/mm	直流电流/A				交流电流/A	
	正接(电极一)		反接(电极+)			
	纯钨	钍钨、铈钨	纯钨	钍钨、铈钨	纯钨	钍钨、铈钨
0.5	2～20	2～20	—	—	2～15	2～15
1	10～75	10～75	—	—	15～55	15～70
1.6	40～130	60～150	10～20	10～30	45～90	60～125
2	75～180	100～200	15～25	15～25	65～125	85～160
2.5	130～230	160～250	17～30	17～30	80～140	120～210
3	140～280	200～300	20～40	20～40	100～160	140～230
3.2	160～310	225～330	20～35	20～35	130～190	150～250
4	275～450	350～480	35～50	35～50	180～260	240～350
5	400～625	500～645	50～70	50～70	240～350	330～460
6	500～625	620～650	60～80	60～80	260～390	430～560
6.3	550～675	650～850	65～100	65～100	300～420	430～575
8	—	—	—	—	—	650～830

钨极氩弧焊采用较低的电弧电压，以获得良好的熔池保护。钨极端部形式也影响电弧电压，常用范围为 10～20V。

(4) 喷嘴直径和气体流量

喷嘴直径 D 与钨极直径 d_w 关系：$D=(2.5\sim3.5)d_w$。喷嘴与工件之间距离：手工焊为 10mm；自动焊为 5mm。氩气流量适中，过大易产生紊流，保护层卷入空气；过小气体挺度弱，空气易入熔池。

氩气流量与焊接电流、喷嘴孔径的关系见表 21-66。

各种金属对氩气纯度要求见表 21-67。

氩气对不锈钢及钛（钛合金）保护效果见表 21-68，根据颜色可以确定流量是否适宜。

表 21-66 氩气流量的选择

焊接电流/A	直流正接		直流反接	
	喷嘴孔径/mm	氩气流量/L·min^{-1}	喷嘴孔径/mm	氩气流量/L·min^{-1}
10～100	4～9.5	4～5	8～9.5	6～8
100～150	4～9.5	4～7	9.5～11	7～10
150～200	6～13	6～8	11～13	7～10
200～300	8～13	8～9	13～16	8～15
300～500	13～16	9～12	16～19	8～15

表 21-67 各种金属对氩气纯度的要求

焊接材料	厚度/mm	焊接方法	氩气纯度(体积分数)/%	电流种类
钛及其合金	0.5 以上	钨极手工及自动	99.99	直流正接
镁及其合金	0.5～2.0	钨极手工及自动	99.9	交流
铝及其合金	0.5～2.0	钨极手工及自动	99.9	交流
铜及其合金	0.5～3.0	钨极手工及自动	99.8	直流正接或交流
不锈钢、耐热钢	0.1 以上	钨极手工及自动	99.7	直流正接或交流
低碳钢、低合金钢	0.1 以上	钨极手工及自动	99.7	直流正接或交流

表 21-68 焊缝颜色与保护效果

不锈钢	焊缝颜色	银白、金黄	蓝	红灰	灰	黑
	保护效果	最好	良好	尚可	不良	最差
钛及钛合金	焊缝颜色	银白光亮	黄金	紫蓝	青灰	黄白
	保护效果	最好	良好	尚可	不良	最差

(5) 焊接速度

焊接速度选择应考虑两种因素：①与电流配合适宜，焊接电流确定后，速度大小应有上限值。超过此限，焊缝中心结晶速度过快，易出现裂纹、咬边，焊缝熔深明显减小，气体保护破坏；或焊接速度慢，焊缝易烧穿；②焊接材料热敏感性强，对热输入有限的材料，只能采取快速、多道焊。

钨极氩弧焊通常焊接速度在 0.4m/min 以下，自动焊可达 0.6m/min 以上。

(6) 钨极伸出长度

伸出长度系指钨极伸出氩气喷嘴外面的长度。对接焊缝，伸出长度为 5～6mm；角焊缝，伸出长度 7～8mm 为宜。

21.6.6 钨极氩弧焊典型材料的焊接参数

21.6.6.1 不锈钢薄板对接焊焊接参数

不锈钢薄板对接焊焊接参数见表 21-69。

表 21-69 不锈钢薄板对接焊焊接参数（直流正接）

板厚/mm	坡口形式	焊接层数（正/反面）	钨极直径/mm	焊丝直径/mm	预热温度/℃	焊接电流/A	氩气流量/L·min^{-1}	焊接速度/cm·min^{-1}
1.0	对接	1	2	1.6	—	7～28	3～4	12～47
1.2	对接	1	2	1.6	—	15	3～4	25
1.5	对接	1	2	1.6	—	5～19	3～4	8～32
2.0	对接	1	2	1.6	—	80～126	6～10	—
3.2	对接	2	2	1.6	—	100～150	6～10	—

21.6.6.2 奥氏体不锈钢管钨极氩弧焊焊接参数

表 21-70 给出了奥氏体不锈钢管钨极氩弧焊焊接参数。

表 21-70 奥氏体不锈钢管钨极氩弧焊（悬空焊）焊接参数

壁厚/mm	坡口形状	焊接电流/A	焊接速度/mm·min^{-1}	备注
1.5		100～110	460～480	用于圆管和方管的悬空焊、管内通氩气保护焊缝背面
2		120～130	400～410	
3		190～200	300～310	

注：直流正接。

21.6.6.3 不锈钢厚壁管钨极氩弧焊多层焊打底焊缝焊接参数

表 21-71 给出了不锈钢厚壁管钨极氩弧焊多层焊时打底焊缝焊接参数。

表 21-71 不锈钢厚壁管钨极氩弧焊多层焊时打底焊缝焊接参数

焊丝直径/mm	钨极直径/mm	电流极性	焊接电流/A	电弧电压/V	焊接速度/cm·min^{-1}	运动方法	保护气体	
							种类	流量/L·min^{-1}
2.0 2.4	1.6 2.4	直流正接	50～130	9～16	4～14	横向摆动	氩气纯度大于 99.9%	8～15

21.6.6.4 碳钢及低合金钢手工钨极氩弧焊焊接参数

表 21-72 给出了碳钢及低合金钢手工钨极氩弧焊焊接参数。

表 21-72 碳钢及低合金钢手工钨极氩弧焊焊接参数

焊件厚度/mm	焊接电流/A	焊丝直径/mm	焊接速度/mm·min^{-1}	气体流量/L·min^{-1}
0.9	100	1.6	300～370	4～5
1.2	100～125	1.6	300～450	4～5
1.5	100～140	1.6	300～450	4～5
2.5	140～180	2.0	300～450	5～6
3.2	150～200	3.0	250～300	5～6

21.6.6.5 铝及其合金手工钨极氩弧焊焊接参数

表 21-73 给出了铝及其合金手工钨极氩弧焊焊接参数。

表 21-73　铝及其合金手工钨极氩弧焊焊接参数（交流电源）

板厚/mm	坡口形式	焊接层数（正/反面）	钨极直径/mm	焊丝直径/mm	预热温度/℃	焊接电流/A	氩气流量/L·min^{-1}	喷嘴孔径/mm
1	卷边	正 1	2	1.6	—	45～60	7～9	8
1.5	卷边或 I 形	正 1	2	2.0	—	50～80	7～9	8
2	I 形	正 1	2～3	2.5	—	90～120	8～12	8～12
3	Y 形	正 1	3	3	—	150～180	8～12	8～12
4		1～2/1	4	3	—	180～200	10～15	8～12
5		1～2/1	4	4	—	180～240	10～15	10～12
6		1～2/1	5	4	—	240～280	16～20	14～16
8		2/1	5	4～5	100	260～320	16～20	14～16
10		3～4/1～2	5	4～5	100～150	280～340	16～20	14～16
12		3～4/1～2	5～6	4～5	150～200	300～360	18～22	16～20
14		3～4/1～2	5～6	5～6	180～200	340～380	20～24	16～20
16		4～5/1～2	6	5～6	200～220	340～380	20～24	16～20
18		4～5/1～2	6	5～6	200～240	360～400	25～30	16～20
20		4～5/1～2	6	5～6	200～260	360～400	25～30	20～22
16～20	X 形	2～3/2～3	6	5～6	200～260	300～380	25～30	16～20
22～25		3～4/3～4	6～7	5～6	200～260	360～400	30～35	20～22

21.6.6.6　铜及其合金手工钨极氩弧焊焊接参数

表 21-74 给出了铜及其合金手工钨极氩弧焊焊接参数。

表 21-74　铜及其合金手工钨极氩弧焊焊接参数

材料	焊件厚度/mm	坡口形式	钨极		焊丝直径/mm	焊接电流/A	喷嘴		预热温度/℃
			材料	直径/mm			直径/mm	流量/L·min^{-1}	
紫铜	<1.5	I 形	钍钨极	2.4	2	140～180	8	6～8	—
	2～3	I 形		3.2	3	160～280	8～10	6～10	—
	4～5	V 形		4	3～4	250～350	10～12	8～12	100～150
	6～10	V 形		5	4～5	300～400	10～12	10～14	300～500
黄铜	1.2	端接	钍钨极	3.2	—	160～180	8	7	—
锡黄铜	2	I 形		3.2	3	180～200	8	7	—
锡磷青铜	<1.6	I 形	钍钨极	3.2	1.6	90～150	10～12	8～12	—
	1.6～3.2	I 形		3.2	2～3	100～220	10～12	8～12	—
铝青铜	<1.6	I 形	铈钨极	1.6	1.6	25～80	10～12	9～10	—
	3.2	I 形		3.2	2～3	160～210	10～12	10～12	—
	9.5	V 形		4	4	210～330	10～12	12～13	—
硅青铜	1.6	I 形	铈钨极	1.6	1.6	100～120	8	7	—
	3.2	I 形	钍钨极	2.4	2	130～150	8	7	—
	6.4	V 形	钍钨极	3.2	3	200～250	10	9	—
	9.5	V 形	钍钨极	3.2	3	230～280	10	9	—
镍白铜	<3.2	I 形	钍钨极	3.2	2～3	250～300	12～14	12～14	—
	3.2～9.5	V 形		4	3	280～320	12～14	12～14	—

21.6.6.7 钛及钛合金手工钨极氩弧焊焊接参数

表 21-75 给出了钛及钛合金手工钨极氩弧焊（直流正接、对接）焊接参数。

表 21-75 钛及钛合金手工钨极氩弧焊（直流正接、对接）焊接参数

板厚/mm	坡口形式	焊接层数	钨极直径/mm	焊丝直径/mm	焊接电流/A	氩气流速/$L \cdot min^{-1}$			喷嘴孔径/mm	备注
						主喷嘴	拖罩	背面		
0.5	I形坡口	1	1.5	1.0	30～50	8～10	14～16	6～8	10	对接接头的间隙 0.5mm，也可不加钛丝间隙 1.0mm
1.0		1	2.0	1.0～2.0	40～60	8～10	14～16	6～8	10	
1.5		1	2.0	1.0～2.0	60～80	10～12	14～16	8～10	10～12	
2.0		1	2.0～3.0	1.0～2.0	80～110	12～14	16～20	10～12	12～14	
2.5		1	2.0～3.0	2.0	110～120	12～14	16～20	10～12	12～14	
3.0	Y形坡口	1～2	3.0	2.0～3.0	120～140	12～14	16～20	10～12	14～18	坡口间隙 2～3mm，钝边 0.5mm 焊缝反面衬有钢垫板 坡口角度 60°～65°
3.5		1～2	3.0～4.0	2.0～3.0	120～140	12～14	16～20	10～12	14～18	
4.0		2	3.0～4.0	2.0～3.0	130～150	14～16	20～25	12～14	18～20	
4.0		2	3.0～4.0	2.0～3.0	200	14～16	20～25	12～14	18～20	
5.0		2～3	4.0	3.0	130～150	14～16	20～25	12～14	18～20	
6.0		2～3	4.0	3.0～4.0	140～180	14～16	25～28	12～14	18～20	
7.0		2～3	4.0	3.0～4.0	140～180	14～16	25～28	12～14	20～22	
8.0		3～4	4.0	3.0～4.0	140～180	14～16	25～28	12～14	20～22	
10.0	双Y形坡口	4～6	4.0	3.0～4.0	160～200	14～16	25～28	12～14	20～22	坡口角度 60°，钝边 1mm 坡口角度 55°，钝边 1.5～2.0mm 坡口角度 55°，钝边 1.5～2.0mm，间隙 1.5mm
13.0		6～8	4.0	3.0～4.0	220～240	14～16	25～28	12～14	20～22	
20.0		12	4.0	4.0	200～240	12～14	20	10～12	18	
22		6	4.0	4.0～5.0	230～250	15～18	18～20	18～20	20	
25		15～16	4.0	3.0～4.0	200～220	16～18	26～30	20～26	22	
30		17～18	4.0	3.0～4.0	200～220	16～18	26～30	20～26	22	

21.6.6.8 铝及铝合金自动钨极氩弧焊焊接参数

表 21-76 给出了铝及铝合金自动钨极氩弧焊焊接参数。

表 21-76 铝及铝合金自动钨极氩弧焊焊接参数

材料	板厚/mm	焊接层数	钨极直径/mm	焊丝直径/nm	焊接电流/A	氩气流量/$L \cdot min^{-1}$	喷嘴孔径/mm	送丝速度/$cm \cdot min^{-1}$
铝及铝合金	1	1	1.5～2	1.6	120～160	5～6	8～10	—
	2	1	3	1.6～2	180～220	12～14	8～10	108～117
	3	1～2	4	2	220～240	14～18	10～14	108～117
	4	1～2	5	2～3	240～280	14～18	10～14	117～125
	5	2	5	2～3	280～320	16～20	12～16	117～125
	6～8	2～3	5～6	3	280～320	18～24	14～18	125～133
	8～12	2～3	6	3～4	300～340	18～24	14～18	133～142

21.6.7 钨极氩弧焊常见缺陷及预防措施

表 21-77 给出了钨极氩弧焊常见缺陷及预防措施。

表 21-77 钨极氩弧焊常见缺陷及预防措施

缺陷现象	产生原因	预防措施
裂纹	1.焊丝选择不当； 2.应力集中； 3.硫、磷等杂质高及氢等的影响； 4.电流过大,引起合金元素烧损； 5.熔池过大、过热； 6.弧坑没填满	1.选择与母材相匹配的焊丝； 2.预热、后热或焊后热处理,选择合理的焊接顺序等； 3.选用杂质少的焊接材料,减少氢的来源； 4.选用适当的焊接电流； 5.减小焊接电流或适当增加焊接速度； 6.加入引弧板或采用电流衰减装置填满弧坑
气孔	1.清理不彻底,含有水分； 2.氩气纯度低,杂质多(如水分)； 3.氩气保护效果差,如流量小,电弧电压高,电弧不稳定； 4.焊接速度太快	1.必须将工件、焊丝彻底清理干净； 2.提高及保证氩气纯度； 3.提高氩气保护效果,如室外增设挡风装置,或增大氩气流量及降低电弧电压； 4.选择正确的焊接速度(即降低焊接速度)
夹钨	1.钨极氩弧焊时与工件相碰短路； 2.焊接电流过大,超过钨极许用电流,钨极烧损严重； 3.钨极磨得太尖； 4.在工件上引弧,钨极过冷	1.操作时注意,避免钨极粘在工件上引起折断； 2.焊接电流应在钨极许用范围内； 3.避免钨极磨得太尖； 4.用引弧板引弧
夹渣	1.工件、焊丝未清理干净； 2.多层或多道焊时因焊速太快,表面氧化,在焊下一层或下一道时未清除氧化物； 3.氩气纯度低	1.彻底进行清理； 2.清除层间或道间氧化物； 3.提高氩气纯度,选用高纯度工业氩气(99.999%)
未焊透	1.焊接电流小或焊速过快； 2.工件未清理干净(有氧化层)； 3.工件装配不当,如错边、间隙小； 4.坡口角度小,钝边大； 5.焊炬与焊丝倾角不正确	1.电流及焊速适当； 2.工件应清理干净,露出金属光泽； 3.装配时尽量没有错边,间隙增大； 4.增大坡口角度及减小钝边； 5.提高操作技术
未熔合	1.焊接电流小或焊速过快,引起工件未熔合,仅焊丝熔化； 2.电弧偏向一侧； 3.操作不当	1.增加焊接电流,降低焊速； 2.调整电弧,避免偏向一侧； 3.提高操作技术
焊瘤	1.装配间隙大； 2.焊接速度慢；焊接电流大	1.减小装配间隙； 2.选择适当的焊接速度,降低焊接电流
咬边	1.电流过小； 2.氩气流量过大,吹力大； 3.间隙过大； 4.操作不当及焊丝在两侧填充不足	1.降低焊接电流； 2.氩气流量应适当； 3.减小装配间隙； 4.提高操作水平,在焊缝两侧填丝应适当
弧坑	1.熄弧过快； 2.填丝不足； 3.温度太高,电弧停留时间长	1.做到缓慢熄弧(适当拉长电弧,应用电流衰减功能熄弧)； 2.焊丝应多加,高于母材表面； 3.拉长电弧,电弧停留时间应缩短
焊缝成型差	1.钨极污染； 2.焊接电流过大或过小； 3.电弧不稳定； 4.气体保护不充分； 5.焊接速度不均匀,引起焊缝的高度、宽度、焊波等不均匀； 6.加焊丝的量不均匀； 7.装配间隙不均匀； 8.操作技术不熟练	1.注意打磨电极端部； 2.正确选择电极材料和尺寸以及焊接参数； 3.保证电弧长度,防止穿堂风影响,减少直流分量； 4.合理选择气体流量,焊前认真检查焊嘴； 5.保持焊速均匀； 6.提高操作水平,填丝应均匀一致； 7.修整装配间隙,使其保持均匀一致； 8.加强焊工的全位置焊接培训

续表

缺陷现象	产生原因	预防措施
焊接电弧不稳	1. 焊件上有油污； 2. 钨极污染； 3. 焊接电弧过长； 4. 焊接接头坡口太窄； 5. 钨极直径过大	1. 仔细做好焊前的清理工作； 2. 去除钨极污染部分； 3. 调低喷嘴的距离； 4. 适当调整焊接坡口尺寸； 5. 合理选用钨极尺寸
钨极损耗过剧	1. 钨极直径过小； 2. 焊接停止时电极被氧化； 3. 反极性连接； 4. 电极夹头过热	1. 适当增大钨极直径； 2. 增加滞后停气时间，不少于 1s/10A； 3. 改为直流正接或加大钨极的直径； 4. 调换合适的电极夹头，将钨极磨光

21.7 熔化极氩弧焊

21.7.1 工作原理及应用

熔化极氩弧焊，简称 MIG 焊。其焊接原理与 CO_2 气体保护焊相似，见图 21-9。保护气体氩从喷嘴流出来，将焊丝、熔池、电弧与空气隔离开来，使之避免氧化。氩气起到了良好的保护作用，得到优良的焊缝。

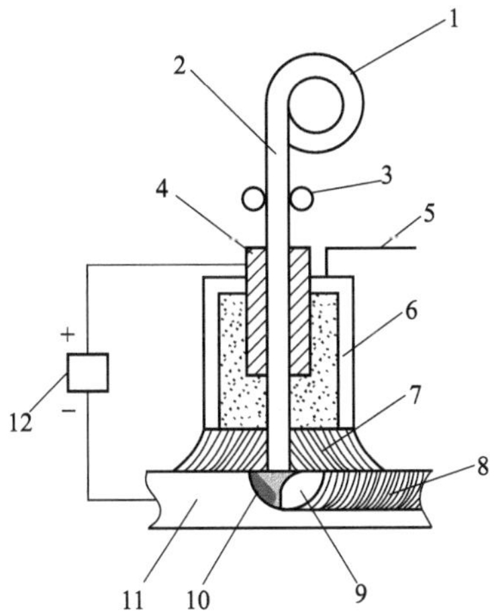

图 21-9 熔化极氩弧焊示意图
1—焊丝盘；2—焊丝；3—送丝机构；4—导电嘴；5—输送氩管；6—喷嘴；7—氩气；8—焊缝；9—熔池；10—电弧；11—母材；12—焊机

MIG 焊的特点：

① 焊接电流大，热量集中，生产效率高；

② 几乎可以焊接所有金属，如碳钢、不锈钢、耐热钢以及铝、镁、铜、钛、镍及其合金；

③ 焊接熔深大，焊接变形小；

④ 焊接铝、镁及其合金时，采用直流反接，可以消除氧化膜，故焊接前不需要除氧化膜，可直接施焊；

⑤ 焊接过程参数稳定，易于自动化；

⑥ 易实现窄间隙焊接，焊道之间不需要清渣。

熔化极氩弧焊焊接成本相对较高，主要用于不锈钢及有色金属焊接。熔化极氩弧焊（MIG）为保证焊接质量，焊前清理十分重要，必须严格地清除水、铁锈、油等污物。

MIG 焊广泛用于薄、中、厚板的焊接。可以焊接碳钢、合金钢、不锈钢、耐热刚、铝及铝合金、镁及镁合金、钛及钛合金。特别适于焊接不锈钢及活泼性金属。可用于平焊、立焊、横焊及全位置焊接。

21.7.2 焊前清理

MIG 焊施焊前，必须严格除去金属表面的氧化膜、油脂、水等污物。清理方法包括机械清理、化学清理和化学-机械清理。

焊前清理方法及应用范围见表 21-78。

除油应根据待焊零件的材料选用适当的溶液和方法。表 21-79 推荐了除油效果较好的溶液以及它们的使用方法和应用范围。

表 21-78 各种焊前清理方法及应用范围

零件状态＼材料	低碳和低合金钢	不锈钢		镍基合金		钛合金	铝合金
		奥氏体	马氏体	不能时效硬化	时效硬化		
具有热处理氧化皮的板料 机械加工棒料、铸件、半组合件和组合件	1A+5 或 4A+5	1B 或 2 或 4B+5 或 5	1C 或 2 或 4B+5	1B 或 2	时效状态 2 或 5； 固溶处理和缓冷 1B 或 2 或 1C+5； 固溶处理和缓冷 NiMoNiC802 或 5； 固溶处理和缓冷 C263 1B 或 2	3	Aloclene-100（浸泡前除油）
不能化学清洗去除热处理氧化皮的半组合件和组合件	4A+5 或 5	4B+5 或 5	4B+5 或 5	4B+5 或 5	5	机械刮削	钢丝刷

注：1A—酸洗去氧化皮和锈蚀；1B—酸洗去氧化皮；1C—碱洗去氧化皮和锈蚀；2—氢化钠除氧化皮；3—酸洗去氧化皮和氧化色；4A—干吹砂；4B—氧化铝吹砂（湿或干）；5—打光焊接边（砂布）。

表 21-79 几种除油溶液及其使用

材料	溶液	方法	程序	备注
金属材料（不含钛及钛合金）	Trichlorethylene A（三氯乙烯） Trichlorethene V（1,1,1-三氯乙烷）	蒸汽除油或浸泡在沸腾的热溶剂中除油	高压煤油清洗→除油→清除残留溶剂	① 在蒸汽中除油时，零件必须达到蒸汽的温度； ② 特殊情况下采用浸泡除油
	Trichlorethene VG（三氯乙烷）			
	三氟三氯乙烷			
钛及钛合金材料	Trichorethylene N（三氯乙烯）	蒸汽除油 $t<30$ 分/每次	高压煤油清洗→除油→清除残留溶剂	5%Al～2.5%Sn 钛合金除油前要消除应力
	Trichlorethene（1,1,1 三氯乙烷）	溶剂擦洗或溶剂浸泡或溶剂喷射	除油→干燥去除残留溶剂	溶剂加有缓蚀剂
	Orthosil F_2 或 Mesopol	在浓度 50g/L、温度 90～100℃的溶剂中浸泡 3min	除油→去清洗→温度高于 70℃的热水洗→干燥	也可用除铝及铝合金以外的其他合金除油
	Dhrocleanl 40 或 Metclens 71	在浓度 25～50g/L、温度 60～70℃的溶液中浸泡 3min	除油→去清洗→温度高于 70℃的热水洗→干燥	也可用除铝及铝合金以外的其他合金除油
	Synperonic	在浓度 10～15mg/L、温度 60℃的溶液中浸泡并用超声波搅拌（有时溶液中加 5g/L 碳酸钠）	除油→去清洗→温度高于 70℃的热水洗→干燥	也可用除铝及铝合金以外的其他合金除油

金属材料待焊处的氧化皮和锈蚀要彻底清除是比较困难的。表 21-80 是表 21-78 中所提到的清理方法，一般效果较好。

对已经用上述方法清除过油和氧化皮的焊接件，在正式开始焊接之前还必须用三氯乙烷溶液擦净待焊处，接缝两侧至少有 6.5mm 宽的表面和端面必须清洁。

21.7.3 熔化极氩弧焊常用焊接参数

① 铝合金短路过渡熔化极氩弧焊焊接参数见表 21-81。

表 21-80 几种除氧化皮和锈蚀的溶液及方法

<table>
<tr><th rowspan="2">序号</th><th rowspan="2">方法</th><th colspan="2">溶液</th><th colspan="2">条件</th><th rowspan="2">程序</th><th rowspan="2">应用范围</th><th rowspan="2">备注</th></tr>
<tr><th>清洗</th><th>中和</th><th>清洗</th><th>中和</th></tr>
<tr><td rowspan="2">1</td><td rowspan="2">A</td><td>HCl:150～190g/L
Armobib28:2.5g/L
(缓蚀剂)</td><td rowspan="2">Na_2CO_3 50g/L
H_2O 余量</td><td>T=20℃或
T=50～70℃</td><td rowspan="2">T=20℃
$t\geqslant$1min</td><td rowspan="2">除油→热水洗(T>75℃)→消除应力→酸洗→中和→热水洗(T>80℃)→检验→除油[①]→除氢[①]</td><td>耐蚀铁素体钢，低合金钢</td><td rowspan="2">(1)$\sigma_b\geqslant$102kgf/mm^2 或 HRC≥32。HB≥302，HV≥310 时要消除应力；热处理：
T=200℃±10℃，$t\geqslant$1h；
(2)除氢处理：要求同上
(3)精加工件不能酸洗</td></tr>
<tr><td>H_2SO_4:178g/L
Armobib25:1.8g/L
(缓蚀剂)</td><td>T=40～50℃</td><td>低合金钢</td></tr>
<tr><td rowspan="2">2</td><td rowspan="2">B</td><td>HF(30%W/W):
160mL/L
$Fe_2(SO_4)_3$:228g/L 或
$Fe_2(SO_4)_3\cdot 9H_2O$:320g/L</td><td rowspan="2">Na_2CO_3 50g/L，
H_2O 余量</td><td>T=60～70℃
t:镍基合金 10min，
不锈钢 5min</td><td rowspan="2">T=20℃
$t\geqslant$1min</td><td rowspan="2">除油→酸洗→清洗→中和处理→气/水喷射处理</td><td>镍基合金不锈钢</td><td rowspan="2"></td></tr>
<tr><td>HF(60%W/W):59g/L
HNO_3(1.42):297g/L</td><td>T=20℃
t=60min</td><td>奥氏体(A)不锈钢</td></tr>
<tr><td>3</td><td>C</td><td>碱洗溶液:Arclrox185
200～300g/L
水 1L
松皮溶液:
NaOH 80～120g/L
$KMnO_4$ 30～60g/L
出光溶液:
HNO_3:200～300g/L
或 HNO_3:90～100g/L
H_3PO_4:90～150g/L</td><td>CrO_3:80～100g/L</td><td>碱洗:
T=85～90℃
t=30min
松皮:
T=100℃±5℃
t=1h
出光:
T=20℃</td><td>T=60～65℃
$t\geqslant$1min</td><td>除油→碱洗→水洗→松皮→水洗→
a. 碱洗[②]
b. 出光
c. 碱洗→水洗→出光
}→
水洗→热水洗(T>80℃)→吹干冷却</td><td>不锈钢

耐热合金</td><td></td></tr>
<tr><td>4</td><td>D</td><td>松皮溶液:
Ardox,188;200～300g/L
Turco4316:600～700g/L
酸洗溶液:
HF:18～20g/L
$Fe_2(SO_4)_3$:200～230g/L
HNO_3:450～550g/L
KF:20g/L</td><td></td><td>T=90～95℃
t=1h
T=20℃
t=30min
T=20℃
t=5～7min</td><td></td><td></td><td>几何形状复杂和具有薄板材料吹砂会引起变形的钛和钛合金热处理氧化皮的去除</td><td>除油工序后应增加以下工序：
松皮→冷水洗→气/水枪冲洗→除氧化皮→冷水洗→气/水枪洗</td></tr>
<tr><td>5</td><td>E</td><td></td><td></td><td></td><td></td><td>除油→干燥→干吹砂→除尘或砂迹</td><td></td><td>(1)吹砂压力 35～550kgf/cm^2；
(2)金属干态吹砂不适用不锈钢、铝、镁合金、钛合金</td></tr>
</table>

续表

序号	方法	溶液		条件		程序	应用范围	备注
		清洗	中和	清洗	中和			
6	F							（1）吹砂压力：210～550kgf/cm^2 （2）砂水比例 2kg/10kg 水； （3）氧化铝砂的粒度； 30/40 目—除氧化皮； 60/80 目—粗表面清理； 120/220 目—普通表面清理； 320/400 目—高光洁度表面清理
7	G	碱洗： NaOH：2% 酸洗： HNO_3：200g/L HF：20g/L		T=360℃±10℃ t=20～30min T=20℃	5～10min <30s <20min	除油→预热→氢化钠除氧化皮→冷水中淬冷→热水洗（T>80℃）→酸洗→冷水洗→热水洗→干燥	A—不锈钢 F—不锈钢 镍基合金 A—不锈钢 F—不锈钢 镍基合金	（1）预热： T=150～250℃； t=20～30min； （2）空冷的 Nimonic80A、时效过的或完全热处理过的 Nimonic 材料不能酸洗； （3）易残留 NaOH 的复杂零件，碱洗后，先用加有缓蚀剂的柠檬酸溶液（50g/L）中和后再酸洗
		$FeCl_3$：17.5g/L HNO_3：49g/L		T=60±5℃ t≤6min			镍基合金	
		HF：30～56g/L $Fe_2(SO_4)_3$： 200～228g/L		T=20℃ t≤5min			A—不锈钢 F—不锈钢 镍基合金	
		HNO_3：90～100g/L H_3PO_4：90～150g/L		T=20℃ t≤5min			F—不锈钢	
8	D	HNO_3：180～200g/L HF：20～30g/L		T=20℃ t=30s（冒泡后算）		除油→除氧化皮或清理→清洗→除挂灰→冷水冲洗→热水洗（T>80℃）→干燥→检验	钛及钛合金热处理氧化皮和氧化色的去法	
		HF：50～60g/L $Fe_2(SO_4)_3$： 200～240g/L		T=20℃ t=1min （冒泡后算）			钛及钛合金热处理氧化皮的去除	（1）浸泡前先湿吹砂； （2）浸泡时间应使每个表面去除 0.006mm 厚度； （3）浸后用高压水洗
		NaOH：1000g/L $NaNO_3$：12.5g/L $K_2Cr_2O_7$：12.5g/L		T=138～143℃ t=30min				浸泡后冷水洗后再用第一种酸溶液浸泡 30min

① 必要时进行清除。

② 碱洗→水洗后必须增加中和处理和气/水枪冲洗。

注：A—酸洗去氧化皮和锈蚀；B—酸洗去氧化皮；C—碱洗去氧化皮及锈蚀；D—酸洗去氧化皮；E—干吹砂；F—氧化铝吹砂；G—氢化钠除氧化皮。

表 21-81 铝合金短路过渡熔化极氩弧焊焊接参数

板厚 /mm	坡口形状及尺寸 /mm	焊接位置	焊接层数	焊接电流 /A	电弧电压 /V	焊接速度 /mm·min^{-1}	焊丝直径 /mm	送丝速度 /m·min^{-1}	气体流量 /L·min^{-1}
2	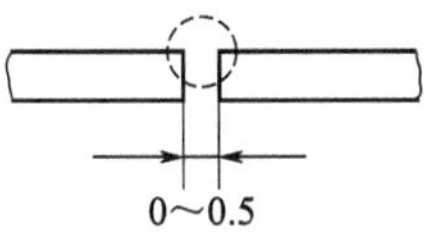	全位置焊	1	70～85	14～15	400～600	0.8	—	15
		平焊	1	110～120	17～18	200～1400	1.2	5.9～6.2	15～18
1	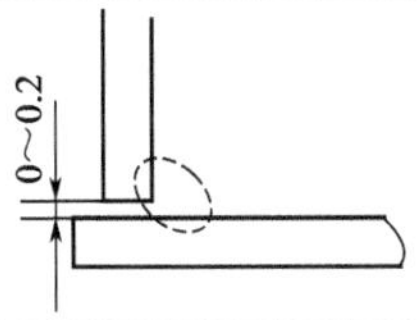	全位置焊	1	40	14～150	500	0.8	—	14
2			1	70	14～15	300～400	0.8	—	10
				80～90	17～18	800～900	0.8	9.5～10.5	14

② 铝合金喷射过渡熔化极氩弧焊焊接参数见表 21-82。

表 21-82 铝合金喷射过渡熔化极氩弧焊焊接参数

板厚 /mm	坡口简图	焊接位置	焊道顺序	规范参数		焊丝			氩气流量/L·min^{-1}	备注
				电流 /A	电压 /V	焊速 /mm·min^{-1}	直径 /mm	送丝速度 /m·min^{-1}		
6	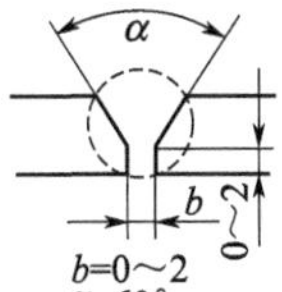 b=0～2 α=60°	水平 横、立 仰	1 1 1～2(背)	200～250 170～190	24～27 23～26	400～500 600～700	1.6	5.9～7.7 5.0～5.6	20～24	使用垫板
8	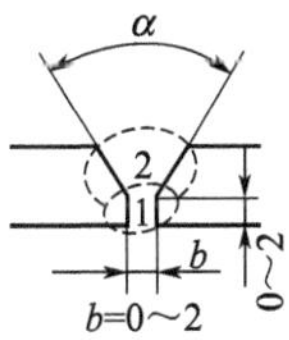 b=0～2 α=60°	水平 横、立 仰	1 2 1 2 1～4(背)	240～290 190～210	25～28 24～28	450～600 600～700	1.6	7.3～8.9 5.6～6.3	20～24	使用垫板、仰焊时增加焊道数
12	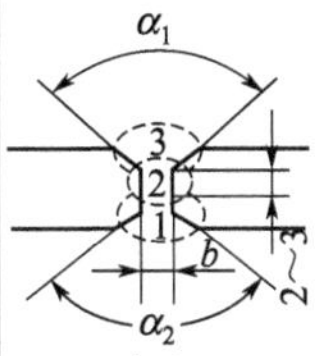 b=3 α_1=90° α_2=90°	水平 横、立 仰	1 2 3(背) 1 2 3 1～8(背)	230～300 190～230	25～28 24～28	400～700 300～450	1.6 或 2.4 1.6	7.0～9.3 或 3.1～4.1 5.6～7.0	20～28 20～24	仰焊时增加焊道数
16	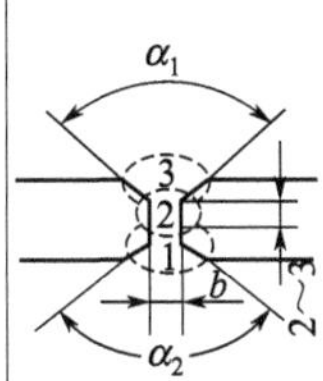 b=3 α_1=90° α_2=90°	水平 横、立 仰	4 道 4 道 10～12 道	310～350 220～250 230～250	26～30 25～28 25～28	300～400 150～300 400～500	2.6 1.6 1.6	4.3～4.8 6.6～7.7 7.0～7.7	24～30	焊道数可适当增加或减少；正反两面交替焊接，以减少变形

续表

板厚/mm	坡口简图	焊接位置	焊道顺序	规范参数 电流/A	电压/V	焊速/mm·min^{-1}	焊丝 直径/mm	送丝速度/m·min^{-1}	氩气流量/L·min^{-1}	备注
25	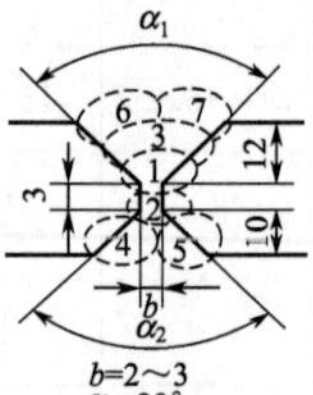 b=2～3 α_1=90° α_2=90°	水平 横、立 仰	6～7道 6道 约15道	310～350 220～250 240～270	26～30 25～28 25～28	400～600 150～300 400～500	2.4 1.6 1.6	4.3～4.8 6.6～7.7 7.3～8.3	24～30	焊道数可适当增加或减少；正反两面交替焊接，以减少变形

③ 铝合金喷射过渡熔化极氩弧焊角焊接参数见表21-83。

表21-83　铝合金喷射过渡熔化极氩弧焊角焊接参数

板厚 t/mm	坡口形式	焊脚尺寸 K/mm	层数	d/mm	I_a/A	U_a/V	v_s/cm·min^{-1}	Q_A/L·min^{-1}	备注
3	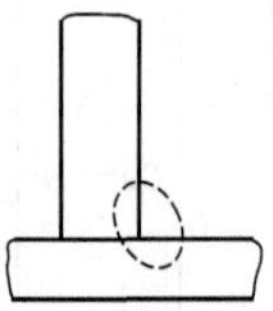	5～7	1	1.2	120～130	21～23	70～80	16	d—焊丝直径；I_a—焊接电流；U_a—电弧电压；v_s—焊接速度；Q_A—气体流量
4		5～8	1	1.2 或1.6	160～180	22～24	35～50	16～18	
6		6～8	1	1.6 或2.4	220～250	24～26	50～60	16～24	
8		8～9	1	2.4	250～280	25～27	40～55	20～28	
8	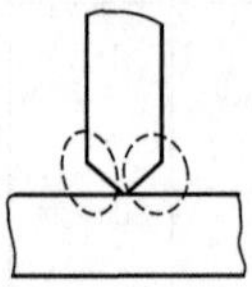		2～4	2.4	240～270	24～26	55～60	20～28	
10			4～6	2.4	250～280	25～27	50～60	20～28	
12			4～6	2.4	270～300	25～27	45～60	20～28	
8	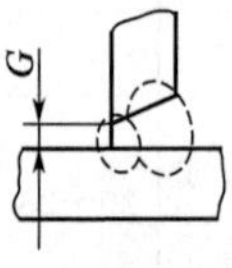 G=4～6mm		2	2.4	240～270	24～26	40～60	20～28	不能封底焊时使用
10			2	2.4	290～320	25～27	40～50	20～28	
12			3	2.4	290～320	25～27	50～60	20～28	

④ 铝合金大电流熔化极氩弧焊焊接参数见表21-84。

表21-84　铝合金大电流熔化极氩弧焊焊接参数

板厚 t/mm	坡口形状 坡口简图	θ/(°)	a/mm	b/mm	焊接材料 焊丝直径/mm	气体	层数	焊接条件[②] I_a/A	U_a/V	v_s/cm·min^{-1}	Q_A/L·min^{-1}
15	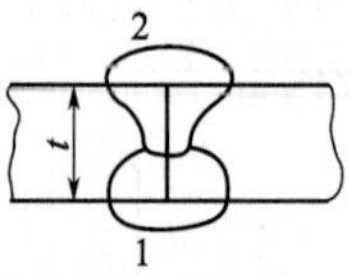	—	—	—	2.4	Ar	2	400～430	28～29	40	80
20		—	—	—	3.2	Ar	2	440～460	29～30	40	80
25		—	—	—	3.2	Ar	2	500～550	29～30	30	100

板厚 t /mm	坡口形状				焊接材料		层数	焊接条件②			
	坡口简图	θ /(°)	a /mm	b /mm	焊丝直径 /mm	气体		I_a /A	U_a /V	v_s /cm·min^{-1}	Q_A /L·min^{-1}
25	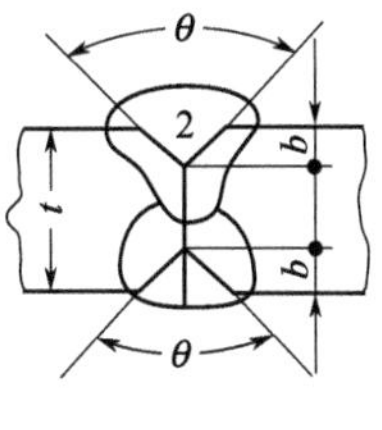	90	—	5	3.2	Ar	2	480～530	29～30	30	100
25		90	—	5	4.0	Ar+He	2	560～610	35～36	30	100
35		90	—	10	4.0	Ar	2	630～660	30～31	25	10
45		60	—	13	4.8	Ar+He	2	780～800	37～38	25	150
50①		90	—	15	4.0	Ar	2	700～730	32～33	15	150
60①		60	—	10	4.8	Ar+He	2	820～850	38～40	20	180
50①	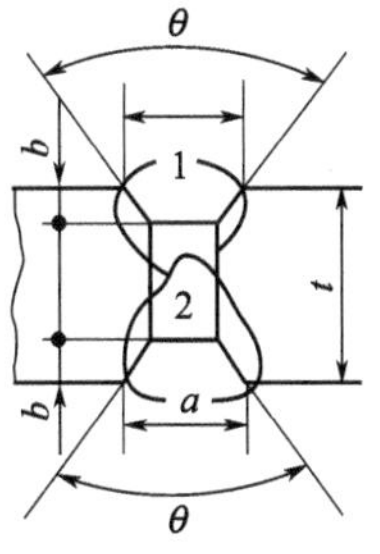	60	30	9	4.8	Ar+He	2	760～780	37～38	20	150
75①		80	40	12	5.6	Ar+He	2	940～960	41～42	18	180

① Ar+He:内侧喷嘴 50%Ar+50%He,外侧喷嘴 100%Ar,喷嘴上倾 5°。
② 焊接条件符号意义同表 21-83。

⑤ 不锈钢短路过渡熔化极氩弧焊焊接参数见表 21-85。

表 21-85 不锈钢短路过渡熔化极氩弧焊焊接参数

板厚/mm	接头形式	d/mm	I_a/A	U_a/V	v_s /cm·min^{-1}	v_f /cm·min^{-1}	Q_A/L·min^{-1}
1.6	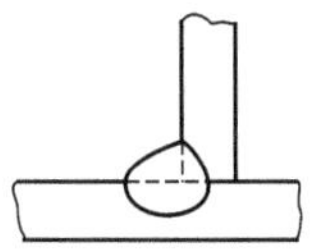	0.8	85	15	42.5～47.5	460	7.5～10
2.0		0.8	90	15	32.5～37.5	480	7.5～10
1.6	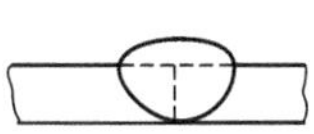	0.8	85	15	47.5～52.5	460	7.5～10
2.0		0.8	90	15	28.5～31.5	480	7.5～10

注：v_f—送丝速度，其余符号同表 21-83。

⑥ 不锈钢喷射过渡熔化极氩弧焊焊接参数见表 21-86。

表 21-86 不锈钢喷射过渡熔化极氩弧焊焊接参数

板厚 /mm	坡口简图	焊接位置	层数	规范参数			焊丝		氩气流量 /L·min^{-1}	备注
				焊接电流 /A	电弧电压 /V	焊接速度 /mm·min^{-1}	直径 /mm	送丝速度 /m·min^{-1}		
3	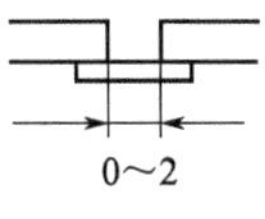	水平 立	1	200～240 180～220	22～25 22～25	400～550 350～500	ϕ1.6	3.5～4.5 3～4	14～18	永久垫板

续表

板厚/mm	坡口简图	焊接位置	层数	规范参数			焊丝		氩气流量/L·min^{-1}	备注
				焊接电流/A	电弧电压/V	焊接速度/mm·min^{-1}	直径/mm	送丝速度/m·min^{-1}		
6	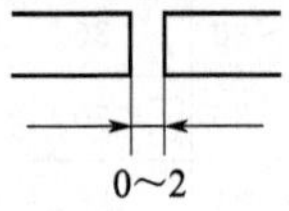	水平 立	2 (1∶1)	220～260	23～26	300～500	1.6	4～5	14～18	
				200～240	22～25	250～450		3.5～4.5		
12	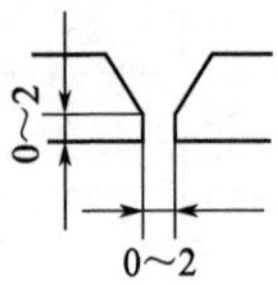	水平 立	5(4∶1)	240～280	24～27	200～350	1.6	4.5～6.5	14～18	
			6(5∶1)	220～260	23～26	200～400		4～5		
22	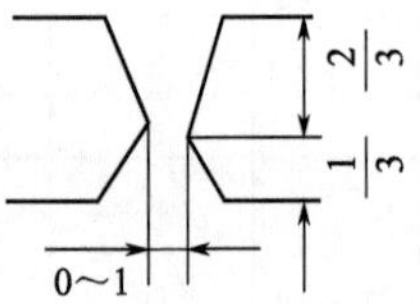	水平 立	11(7∶4)	240～280	24～27	200～350	1.6	4.5～6.5	14～18	—
			14(10∶4)	200～240	22～25	200～400		3.5～4.5		
38	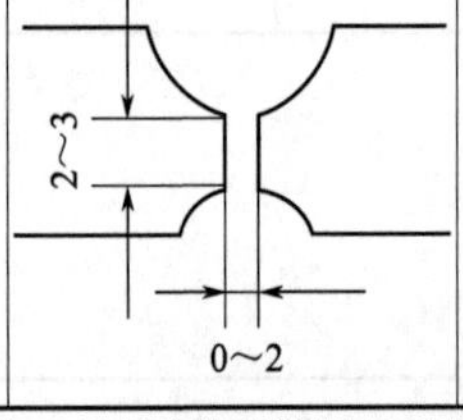	水平 立	18(9∶9)	280～340	26～30	150～300	1.6	5～7	18～22	—
			22(11∶11)	240～300	24～28	150～300		4.5～7		

注：括号内数字说明双面焊时的每面层数。

⑦ 不锈钢射流过渡熔化极氩弧焊角焊接参数见表 21-87。

表 21-87 不锈钢射流过渡熔化极氩弧焊角焊接参数

板厚 t /mm	坡口形状	焊脚尺寸 K/mm	间隙/mm	层数	d/mm	I_a/A	U_V/V	v_s/cm·min^{-1}	Q_A/L·min^{-1}
1.6	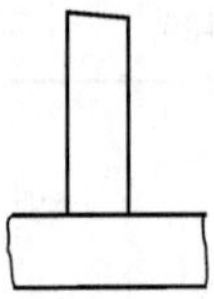	3～4	0	1	0.9	90～110	15～16	40～50	15
2.3			0～0.8			110～130			
3.2		4～5	0～1.2	1	1.2	220～240	22～24	35～40	15
4.5		4～5	0～1.2	1	1.2	220～240	22～24	35～40	15
6		5～6	0～1.2	1	1.6	250～300	25～30	35～40	20
8		6～7	9～1.6	1	1.6	280～330	27～33	35～40	20
10 12	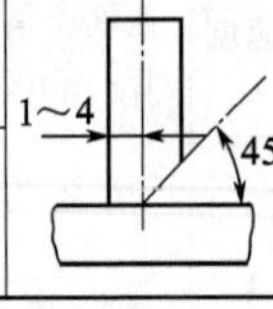		0～1.2	2～3	1.6	250～300	25～30	30～40	20

注：保护气体为[Ar+(1%～3%)O_2]混合气，符号意义同表 21-83。

⑧ 不锈钢大电流熔化极氩弧焊焊接参数见表 21-88。

表 21-88　不锈钢大电流熔化极氩弧焊焊接参数

板厚/mm	焊丝直径/mm	保护气体	电流/A	电压/V	焊速/cm·min^{-1}
10	2.4	Ar+2%O_2	510	28	39
16	3.2	Ar+2%O_2	670	29	30
19	3.2	Ar+2%O_2	700	29	30

注：母材，18-8；焊丝，H0Cr20Ni10；坡口，I形对接；垫板，带槽铜板。

⑨ 铜的喷射过渡熔化极氩弧焊焊接参数见表 21-89。

表 21-89　铜的喷射过渡熔化极氩弧焊焊接参数

板厚/mm	坡口形式	坡口尺寸			焊道层数	焊丝直径/mm	送丝速度/mm·min^{-1}	预热温度/℃	电流/A	焊速/mm·min^{-1}
		间隙/mm	坡口角度/(°)	钝边/mm						
<4.8①	I	0～0.8	—	—	1～2	1.2	450～787	38～93	180～250	35～50
6.4	V	0	80～90	1.6～2.4	1～2	1.6	375～525	93	250～325	24～45
12.5	双V	2.4～3.2	80～90	2.4～3.2	2～4	1.6	525～675	316	330～400	20～35
>16	双U	0	30	3.2	—	1.6	525～675	472	330～400	15～30
					—	2.4	375～475	472	500～600	20～35

① 保护气为 Ar，其余为 Ar+50%He。

⑩ 铜及铜合金大电流熔化极氩弧焊焊接参数见表 21-90。

表 21-90　铜及铜合金大电流熔化极氩弧焊焊接参数

<table>
<tr><th>板厚/mm</th><th>坡口尺寸/mm</th><th>焊层数</th><th>焊接电流/A</th><th>电弧电压/V</th><th>焊接速度/cm·min^{-1}</th><th>焊丝直径/mm</th></tr>
<tr><td>15</td><td>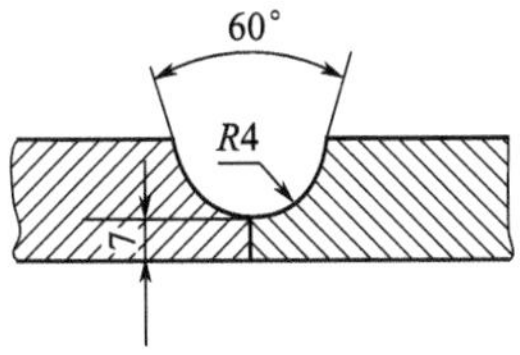
</td><td>1</td><td>850</td><td>36</td><td>24</td><td>4</td></tr>
<tr><td rowspan="2">19</td><td rowspan="2">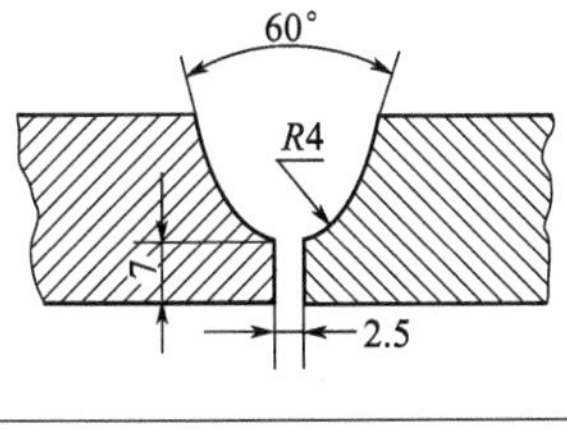
</td><td>1</td><td rowspan="2">900</td><td>33</td><td rowspan="2">30</td><td rowspan="2">4.8</td></tr>
<tr><td>2</td><td>37</td></tr>
<tr><td rowspan="2">25</td><td rowspan="2">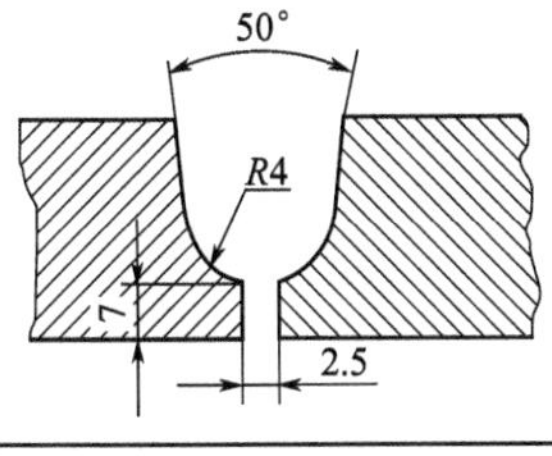
</td><td>1</td><td rowspan="2">1000</td><td>33</td><td>27</td><td rowspan="2">4.8</td></tr>
<tr><td>2</td><td>37</td><td>20</td></tr>
</table>

⑪ 纯铜熔化极氩弧焊焊接参数见表 21-91。

表 21-91 纯铜熔化极氩弧焊焊接参数

<table>
<tr><th rowspan="2">板厚
/mm</th><th colspan="4">坡口形式及尺寸</th><th rowspan="2">焊丝
直径
/mm</th><th rowspan="2">预热温度
/℃</th><th rowspan="2">焊接电流
/A</th><th rowspan="2">电弧电压
/V</th><th rowspan="2">焊接速度
/m·h⁻¹</th><th rowspan="2">氩气流量
/L·min⁻¹</th><th rowspan="2">焊层
数</th></tr>
<tr><th>形式</th><th>角度
/(°)</th><th>间隙
/mm</th><th>钝边
/mm</th></tr>
<tr><td>3</td><td rowspan="2">I形</td><td rowspan="2">—</td><td>0</td><td rowspan="2">—</td><td rowspan="3">1.6</td><td>—</td><td>300～350</td><td rowspan="2">25～30</td><td>40～45</td><td rowspan="3">16～20</td><td>1</td></tr>
<tr><td>5</td><td>0～1</td><td>100</td><td>350～400</td><td rowspan="3">30</td><td>1～2</td></tr>
<tr><td>6</td><td>V形</td><td>70～90</td><td>0</td><td>3</td><td>250</td><td>400～425</td><td>32～34</td><td>2</td></tr>
<tr><td>6</td><td>I形</td><td>—</td><td rowspan="2">0～2</td><td>—</td><td rowspan="3">2.5</td><td>100</td><td>450～480</td><td>25～30</td><td>20～25</td><td>1</td></tr>
<tr><td>8</td><td rowspan="4">V形</td><td>70～90</td><td>1～3</td><td>250～300</td><td>460～480</td><td>32～35</td><td>25</td><td rowspan="7">25～30</td><td rowspan="4">2</td></tr>
<tr><td>9</td><td rowspan="4">80～90</td><td rowspan="3">0</td><td rowspan="2">2～3</td><td>250</td><td>500</td><td>25～30</td><td>21</td></tr>
<tr><td>10</td><td rowspan="2">2.5～3</td><td>400～500</td><td>480～500</td><td>32～35</td><td>20～23</td></tr>
<tr><td>12</td><td>3</td><td>450～500</td><td>550～650</td><td>28～32</td><td>18</td></tr>
<tr><td>12</td><td>双V形</td><td>0～2</td><td>2～3</td><td>1.6</td><td>350～400</td><td>350～400</td><td rowspan="2">30～35</td><td>18～21</td><td rowspan="2">2～4</td></tr>
<tr><td>15</td><td>双U形</td><td>30</td><td>0</td><td>3</td><td>2.5～3</td><td>450</td><td>500～600</td><td>15～21</td></tr>
<tr><td>20</td><td rowspan="2">V形</td><td>70～80</td><td rowspan="2">1～2</td><td>2～3</td><td rowspan="2">4</td><td rowspan="2">600</td><td>700</td><td>28～30</td><td>23～25</td><td rowspan="2">2～3</td></tr>
<tr><td>22～30</td><td>80～90</td><td>2～4</td><td>700～750</td><td>32～36</td><td>20</td><td>30～40</td></tr>
</table>

⑫ 铜合金熔化极氩弧焊焊接参数见表 21-92。

表 21-92 铜合金熔化极氩弧焊焊接参数

<table>
<tr><th>材料</th><th>板厚/mm</th><th>坡口形式</th><th>焊丝直径
/mm</th><th>焊接电流
/A</th><th>电弧电压
/V</th><th>Ar(He)流量
/L·min⁻¹</th><th>送丝速度
/m·min⁻¹</th></tr>
<tr><td rowspan="3">黄铜</td><td>3</td><td>I形</td><td rowspan="4">1.6</td><td rowspan="3">275～285</td><td rowspan="3">25～28</td><td rowspan="3">16</td><td rowspan="12">—</td></tr>
<tr><td>9</td><td>V形</td></tr>
<tr><td>12</td><td>V形</td></tr>
<tr><td rowspan="8">铝青铜</td><td>3</td><td>I形</td><td>260～309</td><td rowspan="3">26～28</td><td rowspan="2">20</td></tr>
<tr><td>6</td><td rowspan="2">V形</td><td>1.6～2</td><td>280～320</td></tr>
<tr><td>9</td><td>1.6</td><td>300～330</td><td>20～25</td></tr>
<tr><td>10</td><td>双V形</td><td>4</td><td>450～550</td><td>32～34</td><td>50～55</td></tr>
<tr><td>12</td><td>V形</td><td>1.6</td><td>320～380</td><td rowspan="3">26～28</td><td>30～32</td></tr>
<tr><td>16</td><td>双V形</td><td>2.5</td><td>400～440</td><td rowspan="2">30～35</td></tr>
<tr><td>18</td><td>V形</td><td>1.6</td><td>320～350</td></tr>
<tr><td>24</td><td>双V形</td><td>2.5</td><td>450～500</td><td>28～30</td><td>40～45</td></tr>
<tr><td rowspan="4">硅青铜</td><td>3</td><td>I形</td><td>1.6</td><td>260～270</td><td>27～30</td><td>16</td></tr>
<tr><td>6</td><td>I形</td><td rowspan="3">1.6</td><td>300～320</td><td>26</td><td rowspan="3">16</td><td>5.5</td></tr>
<tr><td>9</td><td rowspan="2">V形</td><td>300</td><td>27～30</td><td>5.5</td></tr>
<tr><td>12</td><td>310</td><td>27</td><td>6.5～7.5</td></tr>
</table>

⑬ 钛及钛合金熔化极氩弧焊焊接参数见表21-93。

表 21-93 钛及钛合金熔化极氩弧焊焊接参数

项目＼板厚/mm	3	6	12	15
焊丝直径/mm	1.6			
焊接电流/A	250～260	300～320	340～360	350～390
电弧电压/V	20	24～26	40	45
送丝速度/mm・min^{-1}	550～650	750～800	950～1000	1000～1100
焊接速度/mm・min^{-1}	380	380	380	380
喷嘴内径/mm	20～25			
焊枪氩气流量/L・min^{-1}	40～45			
拖斗氩气流量/L・min^{-1}	23	28		
衬垫氩气流量/L・min^{-1}	15	23	28	28
衬垫材料	铜			
衬槽尺寸(宽×深)/(mm×mm)	10×1.5	13×2	15×3	15×3
电源极性	直流反接			

⑭ 钛及钛合金自动熔化极氩弧焊焊接参数见表21-94。

表 21-94 钛及钛合金自动熔化极氩弧焊焊接参数

母材 厚度/5mm	坡口形式	根部间隙/mm	焊丝 直径 6mm	焊接电流/A	电弧电压/V
纯钛	V 形 70°	1	纯钛	280～300	30～31
钛合金			钛合金		31～32

母材 厚度/5mm	焊接速度/cm・min^{-1}	送丝速度/mm・s^{-1}	焊枪至焊件距离/mm	氩气流量/L・min^{-1} 焊枪	尾罩	背面
纯钛	60	144	27	20	20～30	30～40
钛合金	50		25			

21.7.4 熔化极气体保护焊常见缺陷及预防措施

熔化极气体保护焊常见缺陷及预防措施见表21-95。

表 21-95 熔化极气体保护焊常见缺陷及预防措施

缺陷现象	产生原因	预防措施
夹渣	1. 采用短路电弧进行多道焊； 2. 焊接速度过高	1. 在焊接下一道焊缝前仔细清理焊道上发亮的渣壳； 2. 适当降低焊接速度，采用含脱氧剂较高的焊丝，提高电弧电压
裂纹	1. 焊缝的深宽比过大； 2. 焊缝末端的弧坑冷却快； 3. 焊道太小(特别是角接焊缝和根部焊道)	1. 适当提高电弧电压或减小焊接电流，以加宽焊道而减小熔深； 2. 适当地填满弧坑并采用衰减措施减小冷却速度； 3. 减小行走速度，加大焊道横截面

续表

缺陷现象	产生原因	预防措施
烧穿	1.热输入过大； 2.坡口加工不当	1.减小电弧电压和送丝速度，提高焊接速度； 2.加大钝边，减小根部间隙
气孔	1.气体保护不好； 2.焊件被污染； 3.电弧电压太高； 4.焊丝被污染； 5.焊嘴与工件的距离太大	1.增加保护气体流量以排除焊接区的全部空气；清除气体喷嘴处飞溅物，使保护气体均匀；焊接区要有防止空气流动措施，防止空气侵入焊接区；减小喷嘴与焊件的距离；保护气体流量过大时，要适当减小流量； 2.焊前仔细清除焊件表面上的油、污、锈、垢，采用含脱氧剂较高的焊丝； 3.减小电弧电压； 4.焊前仔细清除焊丝表面油、污、锈、垢； 5.减小焊丝伸出长度
未焊透	1.坡口加工不当； 2.焊接技术较低； 3.热输入不合格； 4.焊接电流不稳定	1.适当减小钝边或增加根部间隙； 2.使焊丝角度保证焊接时获得最大熔深，电弧始终保持在焊接熔池的前沿； 3.提高送丝速度以获得较高的焊接电流，保持喷嘴与工件的适当距离； 4.增加稳压电源装置或避开用电高峰
未熔合	1.焊接部位有氧化膜和锈皮； 2.热输入不足； 3.焊接操作不当； 4.焊接接头设计不合理	1.焊前仔细清理待焊处表面； 2.提高送丝速度、电弧电压，减小行走速度； 3.采用摆动动作在坡口面上有瞬时停歇，焊丝在熔池的前沿； 4.坡口夹角要符合标准，改V形坡口为U形

21.7.5 熔化极焊机常见故障及排除方法

熔化极焊机常见故障及排除方法见表21-96。

表21-96 熔化极焊机常见故障及排除方法

故障现象	产生原因	排除方法
按“启动”开关时送丝电动机不转	1.焊炬开关接触不良或控制电路断线； 2.控制继电器触点磨损； 3.调速电路故障； 4.电动机电刷磨损； 5.电枢、激磁整流器损坏； 6.熔断器断路	1.检修、接通电路； 2.修理触点或更换； 3.检修； 4.更换电刷； 5.更换整流器； 6.更换熔断器
焊丝在送丝滚轮和软管进口间卷曲、打结	1.弹簧管内径小或阻塞； 2.送丝滚轮和软管进口距离太大； 3.送丝滚轮压力太大，焊丝变形； 4.导电嘴与焊丝接触太紧； 5.软管接头磨损严重	1.清洗或更换弹簧管； 2.减小距离； 3.调整压紧力； 4.更换导电嘴； 5.更换软管接头
焊接过程中焊接参数不稳定	1.焊丝送进不均匀； 2.焊丝、焊件有污物，接触不良； 3.焊接电源故障； 4.焊接参数选择不合适	1.检查导电嘴及送丝滚轮； 2.清理； 3.检修焊接电源； 4.调整焊接参数

续表

故障现象	产生原因	排除方法
焊丝送给不均匀	1.送丝滚轮压力调整不当； 2.送丝滚轮V形槽口磨损； 3.减速箱故障； 4.送丝电动机电源插头插得不紧； 5.焊炬开关或控制线路接触不良； 6.送丝软管接头或内层弹簧管松动或堵塞； 7.焊丝绕制不好，时松时紧或弯曲； 8.焊炬导电部分接触不良，导电嘴孔径不合适	1.调整送丝滚轮压力； 2.更换新滚轮； 3.检修； 4.检修、插紧； 5.检修、拧紧； 6.清洗、修理； 7.更换一盘或重绕、调直焊丝； 8.更换
送丝电动机停止运行或电动机运转而焊丝停止送给	1.电动机本身故障(如电刷磨损)； 2.电动机电源变压器损坏； 3.熔丝烧断； 4.送丝轮打滑； 5.继电器的触点烧损或其线圈烧损； 6.焊丝与导电嘴熔合在一起； 7.焊炬开关接触不良或控制线路断路； 8.控制按钮损坏； 9.焊丝卷曲卡在焊丝进口管处； 10.调速电路故障如下： (1)硅元件击穿； (2)控制变压器损坏； (3)接触不良或断线； (4)可控硅调整线路故障;①电位器接触不良或烧坏;②三极管击穿;③晶闸管击穿	1.检修或更换； 2.更换； 3.换新熔丝； 4.调整送丝轮压紧力； 5.检修、更换； 6.更换导电嘴； 7.更换开关，检修控制线路； 8.更换； 9.将焊丝退出剪掉一段； 10.排除调速电路故障如下： (1)更换； (2)更换； (3)拧紧或接通； (4)排除可控硅调速线路故障:①检修、更换;②更换;③更换
气体保护不良	1.气路阻塞或接头漏气； 2.气瓶内气体不足甚至没气； 3.电磁气阀或其电源故障； 4.喷嘴内被飞溅物阻塞； 5.预热器断电造成减压阀冻结； 6.气体流量不足； 7.焊件上有油污； 8.工件场地空气对流过大	1.检查气路，紧固接头； 2.换新瓶； 3.检修； 4.清理喷嘴； 5.检修预热器，接通电路； 6.加大流量； 7.清理焊件表面； 8.设置挡风屏障
焊接过程中发生熄弧现象和焊接参数不稳	1.焊接参数选得不合适； 2.送丝滚轮磨损； 3.送丝不均匀，导电嘴磨损严重； 4.焊丝弯曲太大； 5.焊件和焊丝不清洁，接触不良	1.调整焊接参数； 2.更换； 3.检修调整送丝，更换导电嘴； 4.调直焊丝； 5.清理焊件和焊丝
焊丝在送丝滚轮和软管进口处发生卷曲或打结	1.送丝滚轮、软管接头和焊丝接头不在一条直线上； 2.导电嘴与焊丝粘住； 3.导电嘴内孔太小； 4.送丝软管内径小或堵塞； 5.送丝滚轮压力太大，焊丝变形； 6.送丝滚轮离软管接头进口处太远	1.调直； 2.更换导电嘴； 3.更换导电嘴； 4.清洗或更换软管； 5.调整压力； 6.缩短两者之间距离
焊接电压低	1.网络电压低； 2.三相变压器单相断电或短路； 3.三相电源单相断路： (1)硅元件单相击穿； (2)单相熔丝烧断	1.调大挡； 2.分开元件与变压器的连接线，用摇表测量，找出损坏的线包且更换之； 3.用万用表测量各元件正反向电阻，找出原因： (1)更换损坏元件； (2)更换熔丝

续表

故障现象	产生原因	排除方法
电压失调	1.三相多线开关损坏； 2.继电器触点或线包烧损； 3.线路接触不良或断线； 4.变压器烧损或抽头接触不良； 5.移相和触发电路故障； 6.大功率晶体管击穿； 7.自饱和磁放大器故障	1.检修或更换； 2.检修或更换； 3.用万用表逐级检查； 4.检修； 5.检修更换新元件； 6.用万用表检查更换； 7.检修
焊接电流小	1.电缆接头松； 2.焊炬导电嘴间隙大； 3.焊接电缆与焊件接触不良； 4.焊炬导电嘴与导电杆接触不良； 5.送丝电动机转速低	1.拧紧； 2.更换合适导电嘴； 3.拧紧连接处； 4.拧紧螺母； 5.检查电动机及供电系统
焊接电流失调	1.送丝电动机或其线路故障； 2.焊接回路故障； 3.晶闸管调速线路故障	用万用表逐级检查且排除

21.8 二氧化碳气体保护焊

21.8.1 原理及应用范围

二氧化碳气体保护焊焊接原理如图 21-10 所示。CO_2 气体通过喷嘴 6 流出来，覆盖全部电弧及熔池，使之与空气隔绝，熔池免于高温氧化。而焊丝 2 通过导电嘴供电，焊丝与母材 11 之间产生电弧放电，使焊丝不断熔于熔池中，形成焊缝。

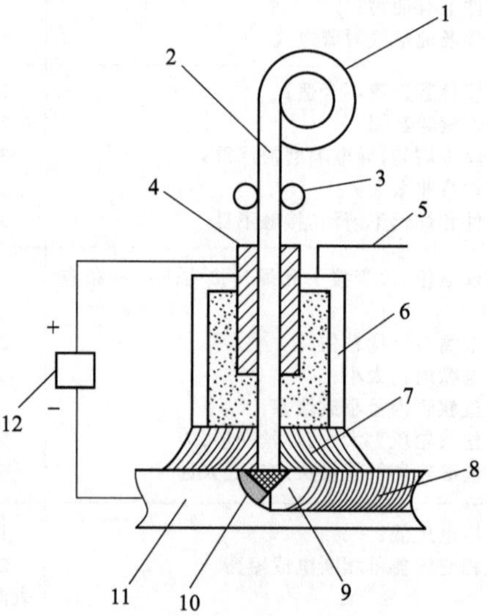

图 21-10 二氧化碳气体保护焊焊接原理示意图

1—焊丝盘；2—焊丝；3—送丝机构；4—导电嘴；5—输送 CO_2 管；6—喷嘴；7—CO_2 气体；8—焊缝；9—熔池；10—电弧；11—母材；12—焊机

二氧化碳气体保护焊，由于焊缝成型过程中有惰性气体保护，可以获得性能优良的焊缝，其特点如下：

① 电弧能量集中，受热面积小，热影响区小。焊接变形及残余应力小，特别适于薄板的焊接。

② 电弧的穿透能力强，熔深大，厚度为 10mm 的钢板开Ⅰ形坡口，一次焊透，生产效率高。半自动 CO_2 焊的效率比焊条电弧焊高 1～2 倍。

③ 二氧化碳气体保护焊焊缝抗锈能力强，抗裂性能好，焊接接头力学性能好，焊接质量高。

④ CO_2 气体和焊丝价格低，焊接成本仅为埋弧焊及焊条焊的 30%～50%。

⑤ 易于实现自动化。

二氧化碳气体保护焊，主要用于焊接低碳钢及合金钢，也可以焊要求不高的不锈钢。不适合焊接易氧化的有色金属。

21.8.2 二氧化碳气体保护焊焊接工艺要点

(1) 焊前准备

焊前准备包括：

① 焊接设备电路、水路、气路检查；

② 送丝机构检查；

③ 坡口加工和装配间隙确定；

④ 焊前清理。

(2) 焊接参数选择

① 电源极性的选择。电源正接，即焊丝接负极。用于高速 CO_2 保护焊、堆焊及铸铁补焊，其特点是焊丝熔化率高，熔深小，熔宽及堆高较大。电源反接，即焊丝接正极，用于短路过渡及颗粒过渡的普通焊接过程，其特点是电弧稳定，飞溅小，熔深大。

② 焊丝直径、焊接电流、电弧电压等焊接参数选择，参见表 21-97 及表 21-98。

表 21-97 CO_2 焊角焊缝的焊接参数

<table>
<tr><th>板厚/mm</th><th>焊角尺寸/mm</th><th>焊丝直径/mm</th><th>焊接电流/A</th><th>电弧电压/V</th><th>焊丝伸出长度/mm</th><th>焊接速度/$m \cdot h^{-1}$</th><th>气体流量/$L \cdot min^{-1}$</th><th>焊接位置</th></tr>
<tr><td>0.8～1</td><td>1.2～1.5</td><td>ϕ0.7～ϕ0.8</td><td>70～110</td><td>17～19.5</td><td>8～10</td><td>30～50</td><td>6</td><td rowspan="3">平、立、仰焊</td></tr>
<tr><td>1.2～2</td><td>1.5～2</td><td>ϕ0.8～ϕ1.2</td><td>110～140</td><td>18.5～20.5</td><td>8～12</td><td>30～50</td><td>6～7</td></tr>
<tr><td>>2～3</td><td rowspan="2">2～3
2.5～4</td><td rowspan="2">ϕ1～ϕ1.4</td><td>150～210</td><td>19.5～23</td><td>8～15</td><td>25～45</td><td>6～8</td></tr>
<tr><td>4～6</td><td>170～350</td><td>21～32</td><td>10～15</td><td>23～45</td><td>7～10</td><td>平、立焊</td></tr>
<tr><td rowspan="4">≥5</td><td>5～6</td><td>ϕ1.6</td><td>260～280</td><td>27～29</td><td>18～20</td><td>20～26</td><td>16～18</td><td rowspan="4">平焊</td></tr>
<tr><td>9～11(二层)</td><td rowspan="3">ϕ2</td><td rowspan="3">300～350</td><td rowspan="3">30～32</td><td rowspan="3">20～24</td><td rowspan="2">25～28</td><td>17～19</td></tr>
<tr><td>13～14
(四～五层)</td><td rowspan="2">18～20</td></tr>
<tr><td>27～30
(十二层)</td><td>24～26</td></tr>
</table>

注：采用直流反接、I 形坡口、H08Mn2Si 焊丝。

表 21-98 自动 CO_2 焊推荐焊接参数

接头形式	母材厚度/mm	坡口形式	焊接位置	垫板	焊丝直径/mm	焊接电流/A	电弧电压/V	气体流量/L·min^{-1}	机械化焊接速度/m·h^{-1}	电源极性
对接接头	1～2	I形	平焊	无	0.5～1.2	35～120	17～21	6～12	18～35	直流反接
				有		40～150	18～23		18～30	
			立焊	无	0.5～0.8	35～100	16～19	8～15	—	
	2～4.5		平焊		0.8～1.2	100～230	20～26	10～15	20～30	
				有	0.8～1.6	120～260	21～27			
			立焊	无	0.8～1	70～120	17～20		—	
	5～9		平焊		1.2～1.6	200～400	23～40	15～20	20～42	
				有		250～420	26～41	15～25	18～35	
	10～12	I形	平焊	无	1.6	350～450	32～43	20～25	20～42	
	5～40	单边V形			1.2～1.6	200～450	23～43	15～25		
				有	0.8～1.2	250～450	26～43	20～25	18～35	
			立焊	无		100～150	17～21	10～15	—	
			横焊		1.2～1.6	200～400	23～40	15～25		
	5～50	V形	平焊	无		200～450	23～43	15～25	20～42	
				有	1.2～1.6	250～450	26～43	20～25	18～35	
			立焊	无	0.8～1.2	100～150	17～21	10～15	—	
	18～80	双单边V形	平焊		1.2～1.6	200～450	23～43	15～25	20～42	
			立焊		0.8～1.2	100～150	17～21	10～25	—	
			横焊		1.2～1.6	200～400	23～40	15～25		
	10～100	双V形	平焊			200～450	23～43		20～42	
			立焊		1～1.2	100～150	19～21	10～15	—	
	20～60	U形	平焊		1.2～1.6	200～450	23～43	20～25	20～42	
	40～100	双U形								
T形接头	1～2	I形	平焊		0.5～1.2	40～120	18～21	6～12	18～35	
			立焊		0.5～0.8	35～100	16～19		—	
			横焊		0.5～1.2	40～120	18～21			
	2～4.5		平焊		0.8～1.6	100～230	20～26	10～15	20～30	
			立焊		0.8～1	70～120	17～20	10～15	—	
			横焊		0.8～1.6	100～230	20～26			
	5～60		平焊		1.2～1.6	200～450	23～43	15～25	20～42	
			立焊		0.8～1.2	100～150	17～21	10～15	—	
			横焊		1.2～1.6	200～450	23～43	15～25		
	5～40	单边V形	平焊						20～42	
				有		250～450	26～43	20～25	18～35	
			立焊	无	0.8～1.2	100～150	17～21	10～15	—	
			横焊		1.2～1.6	200～400	23～40	15～25		
	5～80	双单边V形	平焊		1.2～1.6	200～450	23～43	15～25	20～42	
			立焊		0.8～1.2	100～150	17～21	10～15	—	
			横焊		1.2～1.6	200～400	23～40	15～20	—	
角接接头	1～2	I形	平焊		0.5～1.2	40～120	18～21	6～12	20～35	
			立焊		0.5～0.8	35～80	16～18		—	
			横焊		0.5～1.2	40～120	18～21			
	2～4.5		平焊		0.8～1.6	100～230	20～26	10～15	20～30	
			立焊		0.8～1	70～120	17～20		—	
			横焊		0.8～1.6	100～230	20～26			
	5～30		平焊		1.2～1.6	200～450	23～43	20～25	20～42	
	5～30	I形	立焊	无	0.8～1.2	100～150	17～21	10～15	—	
			横焊		1.2～1.6	200～400	23～40	15～25		
	5～40	单边V形	平焊			200～450	23～43		20～42	
				有		250～450	26～43	20～25	18～35	
			立焊	无	0.8～1.2	100～150	17～21	10～15	—	
			横焊		1.2～1.6	200～400	23～40	15～25		
	5～50	V形	平焊			200～450	23～43	15～25	20～42	
				有		250～450	26～43	20～25	18～35	
			立焊	无	0.8～1.2	100～150	17～21	10～15	—	
	10～80	双单边V形	平焊		1.2～1.6	200～450	23～43	15～25	—	
			立焊		0.8～1.2	100～150	17～21	10～15		
			横焊		1.2～1.6	200～400	23～40	15～25		

续表

接头形式	母材厚度/mm	坡口形式	焊接位置	垫板	焊丝直径/mm	焊接电流/A	电弧电压/V	气体流量/$L \cdot min^{-1}$	机械化焊接速度/$m \cdot h^{-1}$	电源极性
搭接接头	1～4.5	—	横焊	—	0.5～1.2	40～230	17～26	8～15	—	直流反接
	5～30				1.2～1.6	200～400	23～40	15～25		

21.8.3 二氧化碳气体保护焊常见缺陷及预防措施

二氧化碳气体保护焊常见缺陷及预防方法见表21-99。

表21-99 二氧化碳气体保护焊常见焊接缺陷及预防措施

缺陷	产生原因	预防措施
咬边	1.焊速过快； 2.电弧电压偏高； 3.焊炬指向位置不对； 4.摆动时，焊炬在两侧停留时间太短	1.减慢焊速； 2.根据焊接电流调整电弧电压； 3.注意焊炬的正确操作； 4.适当延长焊炬在两侧的停留时间
焊瘤	1.焊速过慢； 2.电弧电压过低； 3.两端移动速度过快，中间移动速度过慢	1.适当提高焊速； 2.根据焊接电流调整电弧电压； 3.调整移动速度，两端稍慢，中间稍快
熔深不够	1.焊接电流太小； 2.焊丝伸出长度太小； 3.焊接速度过快； 4.坡口角度及根部间隙过小，钝边过大； 5.送丝不均匀； 6.摆幅过大	1.加大焊接电流； 2.调整焊丝的伸出长度； 3.调整焊接速度； 4.调整坡口尺寸； 5.检查送丝机构； 6.正确操作焊炬
气孔	1.焊丝或焊件有油、锈和水； 2.气体纯度较低； 3.减压阀冻结； 4.喷嘴被焊接飞溅堵塞； 5.输气管路堵塞； 6.保护气被风吹走； 7.焊丝内硅、锰含量不足； 8.焊炬摆动幅度过大，破坏了CO_2气体的保护作用； 9.CO_2流量不足，保护效果差； 10.喷嘴与母材距离过大	1.仔细除油、锈和水； 2.更换气体或对气体进行提纯； 3.在减压阀前接预热器； 4.注意清除喷嘴内壁附着的飞溅； 5.注意检查输气管路有无堵塞和弯折处； 6.采用挡风措施或更换工作场地； 7.选用合格焊丝焊接； 8.培训焊工操作技术，尽量采用平焊，焊工周围操作空间不要太小； 9.加大CO_2气体流量，缩短焊丝伸出长度； 10.根据电流和喷嘴直径进行调整
夹渣	1.前层焊缝焊渣去除不干净； 2.小电流低速焊时熔敷过多； 3.采用左焊法焊接时，焊渣流到熔池前面； 4.焊炬摆动过大，使熔渣卷入熔池内部	1.认真清理每一层焊渣； 2.调整焊接电流与焊接速度； 3.改进操作方法使焊缝稍有上升坡度，使熔渣流向后方； 4.调整焊炬摆动量，使熔渣浮到熔池表面
烧穿	1.对于给定的坡口，焊接电流过大； 2.坡口根部间隙过大； 3.钝边过小； 4.焊接速度小，焊接电流大	1.按工艺规程调整焊接电流； 2.合理选择坡口根部间隙； 3.按钝边、根部间隙情况选择焊接电流； 4.合理选择焊接参数
裂纹	1.焊丝与焊件均有油、锈及水分； 2.熔深过大； 3.多层焊第一道焊缝过薄； 4.焊后焊件内有很大内应力； 5.CO_2气体含水量过大； 6.焊缝中C、S含量高，Mn含量低； 7.结构应力较大	1.焊前仔细清除焊丝及焊件表面的油、锈及水分； 2.合理选择焊接电流与电弧电压； 3.增加焊道厚度； 4.合理选择焊接顺序及消除内应力热处理； 5.焊前对储气钢瓶应进行除水，焊接过程中对CO_2气体应进行干燥； 6.检查焊件和焊丝的化学成分，调换焊接材料，调整熔合比，加强工艺措施； 7.合理选择焊接顺序，焊接时敲击、振动，焊后热处理

续表

缺陷	产生原因	预防措施
飞溅	1.电感量过大或过小； 2.电弧电压太高； 3.导电嘴磨损严重； 4.送丝不均匀； 5.焊丝和焊件清理不彻底； 6.电弧在焊接中摆动； 7.焊丝种类不合适	1.调节电感至适当值； 2.根据焊接电流调整弧压； 3.及时更换导电嘴； 4.检查调整送丝系统； 5.加强焊丝和焊件的焊前清理； 6.更换合适的导电嘴； 7.按所需的熔滴过渡状态选用焊丝
电弧不稳	1.导电嘴内孔过大或磨损过大； 2.送丝轮磨损过大； 3.送丝轮压紧力不合适； 4.焊机输出电压不稳； 5.送丝软管阻力大； 6.网路电压波动； 7.导电嘴与母材间距过大； 8.焊接电流过低； 9.接地不牢； 10.焊丝种类不合适； 11.焊丝缠结	1.更换导电嘴，其内孔应与焊丝直径相匹配； 2.更换送丝轮； 3.调整送丝轮的压紧力； 4.检查整流元件和电缆接头，有问题及时处理； 5.校正软管弯曲处，并清理软管； 6.一次电压变化不要过大； 7.该距离应为焊丝直径的10～15倍； 8.使用与焊丝直径相适应的电流； 9.应可靠连接(由于母材生锈，有油漆及油污使得焊接处接触不好)； 10.按所需的熔滴过渡状态选用焊丝； 11.仔细解开
焊丝与导电嘴粘连	1.导电嘴与母材间距太小； 2.起弧方法不正确； 3.导电嘴不合适； 4.焊丝端头有熔球时起弧不好	1.该距离由焊丝直径决定； 2.不得在焊丝与母材接触时引弧(应在焊丝与母材保持一定距离时引弧)； 3.按焊丝直径选择尺寸适合的导电嘴； 4.剪断焊丝端头的熔球或采用带有去球功能的焊机
未焊透	1.焊接电流太小； 2.焊接速度太快； 3.钝边太大，间隙太小； 4.焊丝伸出长度太长； 5.送丝不均匀； 6.焊炬操作不合理； 7.接头形状不良	1.增加电流； 2.降低焊接速度； 3.调整坡口尺寸； 4.减小伸出长度； 5.修复送丝系统； 6.正确操作焊炬，使焊炬角度和指向位置符合要求； 7.接头形状应适合于所用的焊接方法
焊缝形状不规则	1.焊丝未经校直或校直不好； 2.导电嘴磨损而引起电弧摆动； 3.焊丝伸出长度过大； 4.焊接速度过低； 5.操作不熟练，焊丝行走不均匀	1.检修焊丝校正机构； 2.更换导电嘴； 3.调整焊丝伸出长度； 4.调整焊接速度； 5.提高操作水平，修复小车行走机构

21.9 等离子弧焊

21.9.1 概述

等离子弧焊（plasma arc welding）是在钨极氩弧焊的基础上发展起来的一种重要的高能束焊接方法。等离子弧焊用的热源是将自由电弧压缩之后，获得电离度比钨极氩弧焊更高的电弧等离子体，成为等离子弧。这种电弧可以用于喷涂、切割、焊接。

21.9.1.1 高密度等离子弧的产生

等离子弧焊的工作原理与钨极氩弧焊相似，其不同之处是将钨极1置于水冷喷嘴2内（见图21-11），并通过三种压缩方式压缩电弧，即机械压缩、热压缩、磁压缩。所谓机械压缩是电弧通过水冷喷嘴通道时，弧柱直径受到通道孔径的限制被压缩，提高了能量密度；热压缩是喷嘴内壁形成一层冷气膜，迫使弧柱导电截面缩小，能量密度增大；而磁压缩是弧柱电流磁场对弧柱产生磁压缩效应，电流密度越大，磁压缩作用越强。

电弧通过三种压缩方式，使等离子体弧密度增大，温度增高。

离子气由 Ar 和 H_2 或 Ar 和 He 按一定比例组成，对于碳素钢和合金钢只用 Ar 也可以。大电流等离子弧焊时，离子气和保护气用同一种气体；小电流等离子弧焊时，离子气一律用 Ar，而保护气可用 Ar，也可用 Ar 和 H_2，或 Ar 和 CO_2 的混合气体。

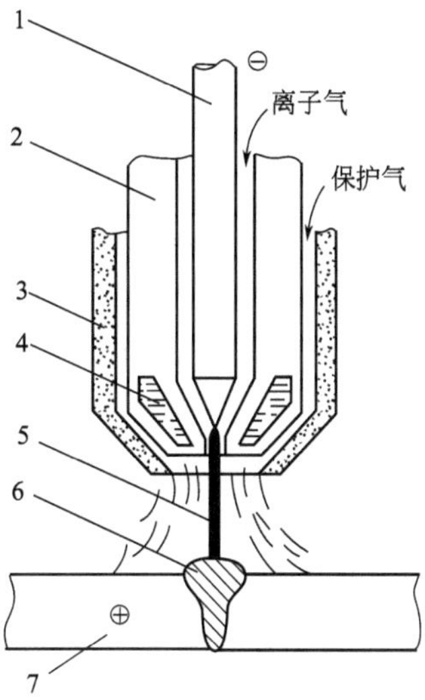

图 21-11　等离子弧形成示意图
1—钨极；2—水冷喷嘴；3—保护罩；4—冷却水；5—等离子弧；6—焊缝；7—工件

21.9.1.2　等离子弧的类型

等离子弧按电源供电方式不同，分为非转移型等离子弧、转移型等离子弧和联合型等离子弧。

非转移型等离子弧，简称非转移弧，电源负极接电极（钨极），电源正极接喷嘴，如图 21-12(a) 所示，非转移弧在钨极和喷嘴之间燃烧，在离子气流压送下，弧焰从喷嘴高速喷出，形成等离子焰。非转移型等离子弧主要用于金属材料焊接，也可用于非金属材料的焊接。

转移型等离子弧，简称转移弧，电源负极接电极（钨极），电源正极接工件，如图 21-12(b) 所示，转移弧在钨极与工件之间燃烧，它可以直接将大量的热量传到工件上。但是转移弧难以直接形成，必须先引燃非转移弧，然后才能过渡到转移弧，一旦形成转移弧，非转移弧就立即自行熄灭。转移型等离子弧多用于金属材料和较厚工件的焊接。

联合型等离子弧，既有非转移弧，也有转移弧的焊接过程，称为联合型等离子弧焊接，如图 21-12(c) 所示。它的特点是电弧稳定性好，主要用于微束等离子弧焊和粉末堆焊。

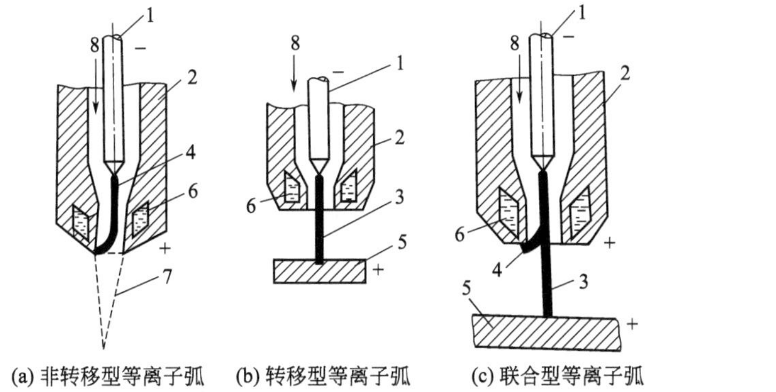

图 21-12　等离子弧的类型
1—钨极；2—喷嘴；3—转移弧；4—非转移弧；5—工件；6—冷却水；7—弧焰；8—离子气

21.9.1.3　等离子弧焊的特点

等离子弧焊与通常自由电弧（钨极氩弧焊、气体保护焊）相比，具有下列优点。

① 温度高、能量集中。能量密度可达 $10^5 \sim 10^6$ W/cm^2；电弧温度高，弧柱中心可达 24000～50000K 以上；焰流速度可达 300m/s 以上；电弧方向性强；电弧穿透能力强，在不开坡口，不加填充焊丝的情况，可一次焊透厚度 8～10mm 不锈钢板。

② 等离子弧焊焊缝质量对弧长的变化不敏感。因为等离子弧的形态近似圆柱形，发散角小，约为 5°，挺直度好。弧长发生波动对加热斑点影响很小，易获得均匀的焊缝。工件上受热区域小，弧影响区窄，因而薄板焊接变形小。而自由电弧呈圆锥形，发散角约为 45°，对工件距离变化敏感性大。

③ 等离子弧能量分布均匀。等离子弧受到三种压缩作用，弧柱截面小，电场强度高。因此，等离子弧的最大压降是在弧柱区，主要是利用弧柱区的热功率加热焊件，等离子弧在整个弧长上都具有很高的温度。

④ 适合焊接精密件。等离子电弧由于压缩效应及热电离度较高，电流较小时仍很稳定。焊接电流可以小到 0.1A，仍然保持良好的挺度和方向性，且电弧稳定燃烧，特别适合于焊接微型精密零件。

⑤ 容易获得单面焊双面成型。等离子弧焊接可产生稳定的小孔效应，利用小孔效应，正面施焊时可获得良好的单面焊双面成型效果。与钨极氩弧焊相比，在相同的焊缝熔深情况下，等离子弧焊焊接速度快。

等离子弧焊的缺点如下所述：

① 可焊厚度有限，一般小于 25mm。

② 焊枪及控制线路比较复杂，喷嘴的使用寿命很短。

③ 焊接参数较多，对焊接操作人员的技术水平要求较高。

④ 等离子弧焊枪结构复杂，较重，手工焊时操作人员较难观察焊接区域。

⑤ 使用转移弧时，有时会在钨极-喷嘴-工件之间产生串联电弧，即双弧现象。双弧产生，说明弧柱与喷嘴之间的冷气膜遭到了破坏，转移弧电流减小，这样导致焊接过程不正常，甚至喷嘴很快就烧坏。

⑥ 由于枪体比较大，钨极缩在焊嘴内部，因此对某些接头形式无法施焊。

21.9.1.4 等离子弧焊的应用

钨极氩弧焊焊接的金属均可以用等离子弧焊焊接。如碳钢、低合金钢、不锈钢、铜及铜合金、钛及钛合金、镍及镍合金以及钨、钼、钴材料的焊接。但低熔点和低沸点金属，如铅、锌等不适合用等离子焊接。

焊接厚度因材质而异，碳钢≤24mm；合金钢≤10mm；不锈钢、耐热钢、铜、钛及其合金≤8mm。

等离子弧焊还可以用来进行堆焊和喷涂，生产效率和质量高。另外，采用非转移弧的等离子弧喷涂时，工件不用接电源，特别适合喷涂非金属材料。

等离子弧焊也可以用于切割如高碳钢、铸铁、不锈钢、铝、铜等不适合气割的材料。使用等离子弧作为切割热源，温度高，能量密度大，可以切割气割难以切割的金属。而且切割厚度大、切割速度快、切口平直、变形小、热影响区小。目前，等离子弧切割已成为切割不锈钢、耐热钢、铝、铜、钛、铸铁以及钨、锆等难熔金属的主要方法。甚至利用非转移弧，可以切割混凝土、耐火砖等非金属材料。

21.9.2 等离子弧焊机的构成

典型等离子弧焊系统如图 21-13 所示，等离子弧焊机由焊接电源、引燃装置、焊枪、电极、供气系统、冷却水路系统、主电路、控制系统等组成。自动焊机还具有焊接小车，或转动夹具的行走机构和控制电路。

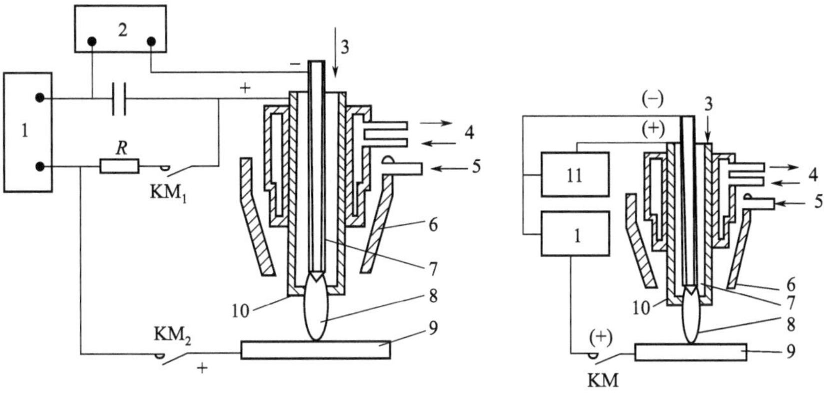

(a) 大电流等离子弧焊　　(b) 微束等离子弧焊

图 21-13　典型等离子弧焊系统

1—焊接电源；2—高频振荡器；3—离子气；4—冷却水；5—保护气；6—保护气罩；7—钨极；8—等离子弧；9—工件；10—喷嘴；11—维弧电源；KM、KM_1、KM_2—接触器接头

等离子弧焊焊枪（图 21-14）主要由上枪体、下枪体和喷嘴三部分组成。上枪体的作用是固定电极、冷却电极、导电、调节钨极内缩长度等。下枪体的作用是固定喷嘴和保护罩，对下枪体及喷嘴进行冷却，输送离子气与保护气，以及使喷嘴导电等。上、下枪体之间要求绝缘可靠，气密性好，并有较高的同轴度。

图 21-14(a) 所示为电流容量 300A，喷嘴采用直接水冷的大电流等离子弧焊焊枪。图

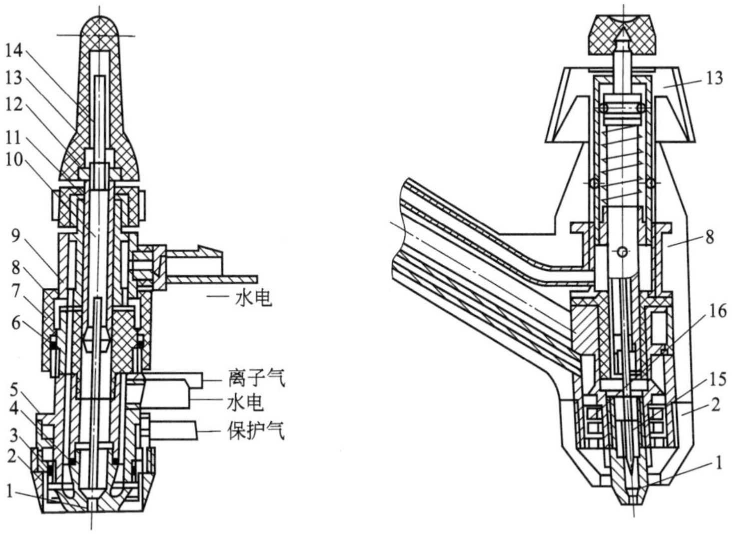

(a) 大电流等离子弧焊焊枪　　(b) 微束等离子弧焊焊枪

图 21-14　等离子弧焊焊枪

1—喷嘴；2—保护套外环；3,4,6—密封垫圈；5—下枪体；7—绝缘柱；8—绝缘套；9—上枪体；10—电极夹头；11—套管；12—小螺母；13—胶木套；14—钨极；15—瓷对中块；16—透气网

21-14(b) 所示为电流容量为 16A，喷嘴采用间接水冷的微束等离子弧焊焊枪。

21.9.3 等离子弧焊机常见故障

等离子弧焊机常见故障及排除方法如下所述。

① 非转移弧引起的故障原因及排除方法。高频不正常，检查并修复；非转移弧电路线断开，接好断开的线路；继电器触头接触不良，整修或更换继电器；无离子气，检查离子气系统，接通离子气。

② 转移弧引起的故障原因及排除方法。主电路电缆接头与工件接触不良，使电路电缆接头与工件接触良好；非转移弧与工件电路不通，检查并修复。

③ 漏气故障原因及排除方法。气瓶阀漏气，送供气部门维修；气路接口及气管漏气，找出漏气部位拧紧，换气管。

④ 漏水故障原因及排除方法。水路接口漏水，拧紧所有的水路接口；水管破裂，换新水管；焊枪烧损，修复或更换。

21.9.4 微束等离子弧焊

通常将焊接电流在 15～30A 以下的等离子弧称为微束等离子电弧，即使电流为 0.1A 也能稳定燃烧。微束等离子弧能量高度集中，电弧稳定性好，工作弧长。

微束等离子弧目前已经成为焊接薄箔和超薄壁管子的主要方法之一。

超薄壁管子（通常厚度为 0.1～0.5mm）在工业领域中被广泛地应用。如制造金属软管、波纹管、扭力管、热交换管的换热管、仪器仪表的谐振筒等。

超薄壁管子微束等离子弧焊焊接参数较氩弧焊多，除了焊接电流、焊接速度、保护气体流量外，还有离子气体的流量、保护气体的成分、保护气体流量与离子气体流量之比等。离子气体流量大，电弧挺度好，电弧很容易引出喷嘴，转移弧建立容易；离子气体流量小，电弧挺度差，转移弧建立较困难。但离子气体流量不能过大，太大会形成切割，焊缝成型不良。保护气体用氢、氩混合气体保护效果好，一般用 5% 的氢气，其余为氩气。有时也加氦气，但氦气价格贵，只有对某些有色金属焊接时才用。保护气体流量与离子气体流量有一个最佳比值，这要通过试验来确定。经验表明，影响超薄壁管子生产率的最主要的焊接参数是焊接电流、工作气体的流量和喷嘴小孔直径等。

表 21-100 给出铜及其合金、钛和锆超薄壁管子的微束等离子弧焊的焊接参数；表 21-101 给出 12Cr18Ni10Ti 不锈钢超薄壁管子自动微束等离子弧焊的焊接参数，供参考。

表 21-100 不同材料超薄壁管子微束等离子弧焊焊接参数

材料	管子尺寸/mm		气体流量/L·min^{-1}			焊接电流/A	焊接速度/m·h^{-1}
	直径	壁厚	工作气体(Ar)	保护气体(He)	焊缝背面保护气体(He)		
H68	8.8	0.3	0.4	1.5	0.2	28	135
H90	8.8	0.3	0.4	1.4	0.3	29	110
M1	6.0	0.5	0.5	1.5	0.4	29	60
Qbe2	8.8	0.3	0.2	1.5	0.3	26	90
Ti	8.8	0.2	0.2	1.0	0.2	7～8	70～75
Zr100	6.0	0.2	0.2	1.5	0.4	26～27	45～50

表 21-101　12Cr18Ni10Ti 超薄壁管子自动微束等离子弧焊焊接参数

管子直径/mm	管子壁厚/mm	焊接电流/A	焊接速度/$m \cdot h^{-1}$
8.8	0.15	5～6	60～65
8.8	0.20	8～9	70～75
10.8	0.20	8～9	70～75
13.0	0.20	8～9	70～75

21.9.5　等离子弧焊的缺陷及防止措施

等离子弧焊常见的缺陷有气孔和咬边。气孔常出现于焊缝的根部，咬边出现于不加填充焊丝的焊接过程，等离子弧焊的常见焊接缺陷及缺陷防止措施见表 21-102。

表 21-102　常见焊接缺陷及缺陷防止措施

缺陷类型	产生原因	防止措施
单侧咬边	焊炬偏向焊缝一侧 电极与喷嘴不同心 两辅助孔偏斜 接头错边量太大 磁偏吹	改正焊炬对中位置 调整同心度 调整辅助孔位置 加填充焊丝 改变地线位置
两侧咬边	焊接速度太大 焊接电流太小	降低焊接速度 加大焊接电流
气孔	焊前清理不彻底，焊丝不干净 焊接电流太小 填充焊丝送进速度太快 焊接速度太快，小孔焊接时甚至会产生贯穿焊缝的长气孔 电弧电压过高，弧长过长 起弧和收弧处工艺参数配合不当	除净焊接区的油锈污物，清洗焊丝 加大焊接电流 降低送丝速度 降低焊接速度 降低电弧电压 调整起弧和收弧时工艺参数

21.10 激光焊

21.10.1　激光焊接的基本原理

激光光束是由单色的、且由相位相干的电磁波组成。由于具有单色性和相干性，使激光束的能量才可以汇聚到一个相对较小的点上，功率密度可达 $10^7 W/cm^2$ 以上。这个数量级的入射功率密度，可以在几毫秒内使加热区温度达上万度，使金属汽化，从而在液态熔池中形成一个小孔，称为匙孔。光束可以直接进入匙孔内部，通过匙孔的传热，获得较大的焊接熔深。质量好的光束可以在 $4\times10^6 W/cm^2$ 的功率密度下形成匙孔，使熔深加大。

激光焊接焊缝形成有两种模式：

① 匙孔发生在材料熔化和汽化的临界点，气态金属产生的蒸气压力很高，完全可以克服液态金属的表面张力，把熔融的金属吹向四周，形成匙孔或孔穴。随着金属蒸气的逸出，在工件上方及匙孔内部形成等离子体，较厚的等离子体会对入射激光产生一定的屏蔽作用。由于激光在匙孔内的多重反射，匙孔几乎可以吸收全部的激光能量，再经内壁以热传导的方式通过熔融金属传到周围固态金属中去。当工件相对于激光束移动时，液态金属在小孔后方流动，逐渐凝固，形成焊缝，这种焊接机制称为深熔焊，也称匙孔焊，是激光

焊接中最常用的焊接模式。

② 当激光的入射功率密度较低时，工件吸收的能量不足以使金属汽化，只发生熔化，此时金属的熔化是通过对激光辐射的吸收及热量传导进行的，这种焊接机制称为热导焊。由于没有蒸气压力作用，在热导焊时熔深一般较浅。

21.10.2 激光焊的特点

工业激光器作为一种高效可靠的生产工具已被广泛应用，在某些领域中，激光焊接已经成为一些传统的焊接方法的替代技术（如电阻点焊和电弧焊），这是因为激光焊接具有其独特的优点：

① 热输入量小、深宽比大，因此热影响区小，工件收缩和变形较小。特别适于精密零件及热敏感性材料的焊接；

② 焊接具有连续性和可重复性；

③ 焊道窄且表面质量好，焊缝强度高（刚度增加同时焊缝尺寸减小，与不连续电阻点焊相比具有较高的静载强度和疲劳强度）；

④ 对于准确定位的焊缝易于实现自动化；

⑤ 可实现异种材料的焊接，能对钢和铝等物性差别较大的材料进行焊接；

⑥ 激光束控制（包括分时控制）比较灵活，可借助于偏转棱镜或光导纤维引到难以接近的部位进行焊接，是其他焊接方法不易实现的；

⑦ 焊接速度通常比其他焊接工艺快；

⑧ 焊后焊缝无需清理；

⑨ 激光焊与电子束焊相比，突出的优点是没有真空系统，也没有 X 射线的危害。

激光焊接也存在一定的缺点：

① 焊接淬硬性材料时易形成硬脆接头；

② 合金元素的蒸发会导致焊缝出现气孔和咬边；

③ 对工件的装配、夹持及激光束的精确调整要求相对较高。

由上述可知，激光焊接具有与传统焊接方法不同的特点，表 21-103 列出了激光焊接与传统焊接工艺的比较。

表 21-103 激光焊接和传统焊接工艺的比较

性能特点	激光焊	电子束焊	电阻点焊	钨极氩弧焊	摩擦焊	电容放电焊接
焊接质量	极好	极好	较好	好	好	极好
焊接速度	高	高	中等	中等	中等	很高
热输入量	低	低	中等	很高	中等	低
焊接接头装配要求	高	高	低	低	中等	高
熔深	大	大	小	中等	大	小
焊接异种材料的范围	宽	宽	窄	窄	宽	宽
焊件几何尺寸的范围	宽	中等	宽	宽	窄	窄
可控性	很好	好	较好	较好	中等	中等
自动化程度	极好	中等	极好	较好	好	好
初始成本	高	高	低	低	中等	高
操作和维护成本	中等	高	中等	低	低	中等
加工成本	高	很高	中等	中等	低	很高

21.10.3 激光焊的分类及应用

激光焊按输出功率分类，有三种类型，即低功率（<1kW）、中功率（1.5～10kW）、高功率（>10kW）。按产生激光介质不同，有固体、半导体、液体、气体激光器焊接。按输出激光波形不同，分脉冲激光焊和连续激光焊。

脉冲激光焊可用于铜、镍、铁、锆、钽、铝、钛、铌等金属及其合金焊接。主要用于焊接微型零件、精密元件、微电子元件等。

低功率脉冲激光器常用于直径 0.5mm 以下金属丝的焊接，或者薄板焊接。

连续激光焊在钢铁行业、机器制造、船舶制造、重型机械、压力容器、真空容器制造中得到了广泛应用，改善了焊接操作条件，提高了生产率，改善了可靠性，提高了精度。

激光焊还可以用于石英、玻璃、陶瓷、塑料等非金属材料的焊接。

21.10.4 激光器的选择

激光器是激光焊接系统的核心，用来产生激光。激光器通常由激励系统、激光活性介质和光学谐振腔组成。激励系统用于产生光、电能或化学能，激励手段有光照、通电或化学反应。激光活性介质用于产生激光，通常有红宝石、铍玻璃、氖气、二氧化碳、半导体等。而光学谐振腔用于加强输出激光的亮度，调节与选择激光的波长和方向等。焊接系统最常用的激光器是 CO_2 激光器和 Nd：YAG 激光器。两者性能见表 21-104。

表 21-104 YAG 激光与 CO_2 激光性能比较

激光类型	YAG 激光	CO_2 激光
光束波长	1.06μm	10.6μm
输出功率等级	0.1～5kW	0.5～45kW
脉冲能力	DC-60kHz	DC-5kHz
光束模式	多模	TEM_{00}～多模
光束传播系数(K)	≤0.15	0.1～0.8
电-光转换效率	3%～10%	15%～30%
光束传输	光学镜片或光纤	光学镜片
焊接效果	优良	好
切割效果	一般	优良
表面处理	好	好
运行成本	高	低

通常，大多数金属对 Nd：YAG 激光波长的吸收能力比 CO_2 激光强，这对焊接过程是有利的。Nd：YAG 激光采用光纤传播，灵活性大大提高，在三维激光焊接领域中有着广泛的应用。但 CO_2 激光器也有着自己独特的优点，两者的特点如下所述。

CO_2 激光器的特点：

① 功率较高；

② 聚焦能力（即光束质量）好；

③ 焊接对 CO_2 激光波长反射率较低的材料时，可获得较高的焊接速度；

④ 焊接对 CO_2 激光波长反射率低的材料时，焊接熔深较大；

⑤ 成本和运行费用较低；

⑥ 对 CO_2 激光的安全防护成本较低。

Nd：YAG 激光器的特点：

① 采用光纤传输，机器人施焊，使用方便；

② 通常可以焊接对 CO_2 激光波长有反射的材料；

③ 光束的对中、转换和分光容易；

④ 激光器（固体设备）和光束传输设备的维护更为简单；

⑤ 激光器和光束传输系统所占的空间较小；

⑥ 光纤长度和种类对加工过程无影响；

⑦ 峰值功率的脉冲具有很高的能量。

21.10.5 激光焊的保护气体

激光焊和气体保护焊一样，通常需要使用惰性气体进行保护，以防止发生氧化和空气污染。最常用的保护气是氦气和氩气，工业氦气不能用于 CO_2 激光焊，CO_2 激光焊需要高纯度的氦气（Rofin-Sinar 标准要求氦气纯度要达到 99.995%以上，露点为－68℃）。

与传统焊接工艺不同，CO_2 激光焊的保护气体有两个作用，除了保护作用外，还有抑制激光等离子体产生的作用。对于 Nd：YAG 激光焊接，由于激光波长较短，等离子体吸收的激光能量较少，对等离子体的抑制不如 CO_2 激光焊那么重要。实际进行 Nd：YAG 激光焊接时，通常使用氩气作保护气，其原因是：价格相对便宜；保护作用好；可以不用考虑等离子体的作用。

许多 CO_2 激光焊接都使用氩气进行保护，主要是由于氩气与氦气的价格差异很大。但这种保护方法对喷嘴设计和气流几何形状非常敏感。

若要对 CO_2 激光焊进行成功的氩气保护，保护气喷嘴设计与气流的几何形状是非常重要的。设计的准则是使氩气高速通过熔融金属，且要确保在此流速与温度下不形成等离子体。通常，聚焦光束的能量密度越大，所需抑制等离子体产生的氩气流速就越大。当激光功率大于 10kW 时，为了限制等离子体的产生，一般用于抑制等离子体的氩气流速为 30～45L/min，而氦气仅为 20～30L/min。

某些情况下，为了不使焊缝被氧化还需要采取一些辅助保护措施，让焊缝在惰性气体氛围中冷却。如设计较长的保护罩把整个焊缝保护起来，使焊缝在冷却过程中处于洁净的惰性气体氛围中，也可以采用局部防护罩，只盖住焊点后方温度较高的一小部分焊道。

表 21-105 给出了激光焊接过程中几种保护气体的性能比较。由于波长的原因，Nd：YAG 激光焊接中几乎不需要进行等离子体抑制。一般同轴喷嘴比非同轴喷嘴（直径为 4～6mm）的气流量减少 25%～50%。

表 21-105 激光焊接过程中几种保护气体的性能比较

气体种类	CO_2 激光焊抑制等离子体能力(电离能)	抗氧化能力	相对价格	典型流量	焊缝成型	局限性
氦气	非常好(24.5eV)	好	高	20～30L/min	最深	无
氩气	较差(15.7eV)	非常好	适中	30～45L/min	宽	电离能低，喷嘴设计及流速很关键
氮气(无氧)	较差(15.5eV)	好	低	30～45L/min	较深	电离能低，某些钢产生脆化
二氧化碳	较差(14.4eV)	差	最低	30～45L/min	正常	不适应活性金属(Ti、Cr-Ni 钢)，焊缝表面有轻微氧化
20%氦+氩	好	非常好	适中	25～35L/min	正常	为提高等离子体抑制效果，含氦量需达到 50%

21.10.6 激光焊接头形式

激光深熔焊时，设计接头主要考虑的是利于匙孔的形成。图 21-15 给出了接头形式。

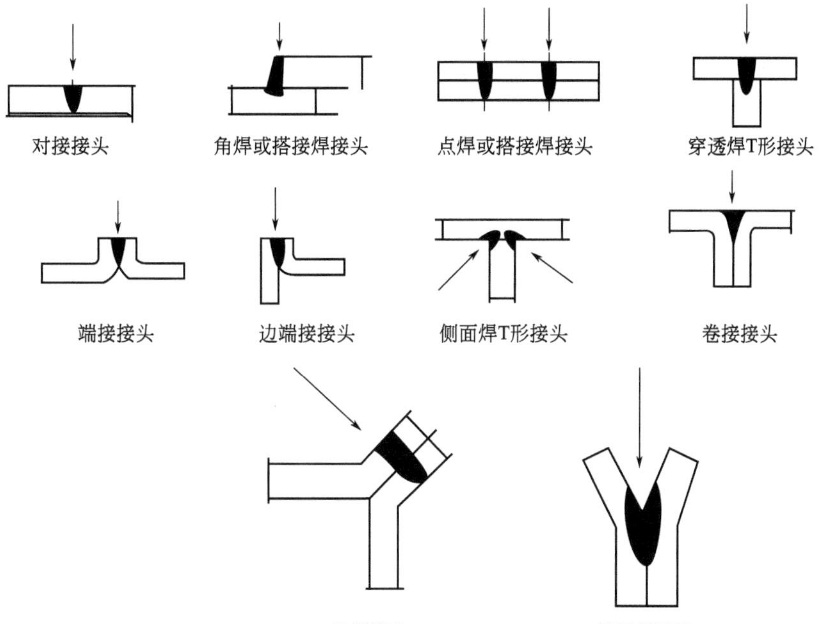

图 21-15 激光深熔焊的典型接头形式

21.10.7 激光焊的应用

21.10.7.1 碳素钢的激光焊

在焊接碳素钢时，随着含碳量的增加，焊接裂纹和缺口敏感性也会增加。

钢的厚度范围 A 级为 9.5～12.7mm；B 级为 12.7～19.0mm；C 级为 25.4～28.6mm。在其成分中，碳的质量分数均≤0.25%，Mn 的质量分数为 0.6%～1.03%，脱氧程度和钢的纯度从 A 级到 C 级递增。焊接时，使用的激光功率为 10kW，焊接速度为 0.6～1.2m/min，焊缝除 20mm 以上厚板需双道焊外均为单道焊。

21.10.7.2 低合金高强度钢的激光焊

低合金高强度钢的激光焊，只要所选择的焊接参数适当，就可以得到与母材力学性能相当的接头。激光焊焊接接头不仅具有高强度，而且具有良好的韧性和抗裂性。

激光焊焊缝细、热影响区窄。激光焊焊缝热影响区的组织主要为马氏体，这是由于它的焊接速度高、热输入小所造成的。焊缝中的有害元素大大减少，产生了净化效应，提高了接头的韧性。

21.10.7.3 不锈钢的激光焊

一般来讲，不锈钢激光焊比常规焊更易于获得优质接头。与碳钢相比，不锈钢的热导率小，更易获得深熔窄焊缝。

奥氏体不锈钢激光焊由于高的焊接速度和小的热输入，可获得优良的接头性能，热影响区和敏化区也最小。

典型的304奥氏体铬镍不锈钢激光焊时，一般不会发生裂纹，但容易生成气孔，其原因是保护不好混入空气所致。除了加强保护外，适当控制功率密度和提高焊接速度，可有效防止气孔的产生。

304不锈钢激光焊焊接接头具有令人满意的力学性能，并可与基体金属相当。

马氏体不锈钢的物理、力学性能与合金钢相似，焊接的主要困难是应力裂纹，因此需要进行预热与焊后处理。由于高的焊接速度和冷却速度，激光焊采用的预热和焊后处理温度略高于常规方法。

铁素体和半铁素体不锈钢很容易实施激光焊，高焊接速度与冷却速度使晶粒长大和相形成的倾向最小。

21.10.7.4 硅钢的激光焊

用 CO_2 激光焊焊接硅钢薄板中焊接性最差的Q112B高硅取向变压器钢（板厚0.35mm），获得了满意的结果。硅钢焊接接头的反复弯曲次数越高，接头的塑性和韧性越好。钨极氩弧焊、光束焊和激光焊的接头反复弯曲次数的比较表明，激光焊接头最为优良，焊后不经过热处理即可满足生产线对接头韧性的要求。

生产中半成品硅钢板，一般厚度为0.2～0.7mm，幅宽为50～500mm，常用的焊接方法是钨极氩弧焊，但焊后接头脆性大，用1kW的 CO_2 激光焊焊接这类硅钢薄板，最大焊接速度为10m/min，焊后接头的性能得到了很大改善。

激光焊除用于各种钢的焊接外，还可以用于铝及铝合金焊接、钛及钛合金焊接、铜合金焊接、镍合金焊接、高温合金焊接。在一定条件下，可用于Cu-Ni、Ni-Ti、Cu-Ti、Ti-Mo等一些异种金属材料的焊接。

不同材料连续 CO_2 激光焊的特性见表21-106。

表 21-106 不同材料连续 CO_2 激光焊的特性

材料	熔深/mm	激光功率/W	焊接速度/(cm/s)	保护气体	接头形式
铬耐热钢	5.5	4000	1.67	Ar	对接
	5.0	3000	1.67	Ar	
	4.0	3000	3.33	Ar	
	3.5	4000	5.00	Ar	
	2.8	1600	1.67	Ar	
	2.5	1600	2.50	Ar	
	2.0	1600	3.33	Ar	
	1.7	1600	4.17	Ar	
	1.4	1600	5.00	Ar	
不锈钢	7.5	5000	1.67	He	对接
	5.0	3000	1.67	He	
	4.0	2500	2.50	He	
	3.0	5000	6.67	He	
	3.0	1100	1.33	He	
	2.0	2500	5.00	He	
	1.25	2500	7.33	He	
因康镍合金	1	1000	6.67	He	对接

续表

材料	熔深/mm	激光功率/W	焊接速度/(cm/s)	保护气体	接头形式
铝合金	3.0	2400	4.33	Ar	对接
	1.5	2400	9.16	Ar	
	1.0	2400	6.67	He	

21.11 电子束焊

21.11.1 电子束焊接原理及应用

电子束焊接原理如图 21-16 所示。灯丝将阴极加热，使其发射电子，电子在阳极的加速电压（通常为 20～300kV）作用下，获得很高的速度，约为光速 0.3～0.7 倍。经电子光学系统，即偏转线圈和聚焦线圈聚焦后，得到了高能电子束并轰击焊件，电子动能转变成热能，使金属熔化，达到焊接目的。

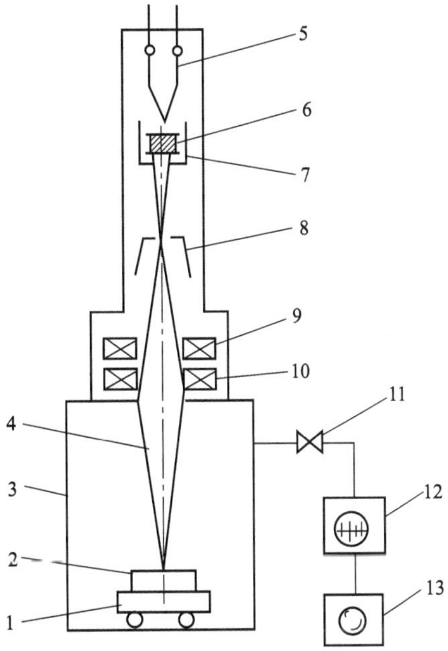

图 21-16 电子束焊接原理

1—焊接台；2—焊件；3—工作室；4—电子束；5—灯丝；6—阴极；7—聚束极；8—阳极；9—偏转线圈；10—聚焦线圈；11—真空阀；12—涡轮分子泵；13—涡旋泵

电子束焊的核心部件是电子枪，由阴极灯丝、聚束极、阳极、偏转线圈、聚焦线圈组成。电子枪阴极必须工作在高真空下，因此，需配置真空抽气机组，为电子枪工作提供真空环境。

根据工件所处环境的真空度，分高真空电子束焊、低真空电子束焊、非真空电子束焊。

高真空电子束焊工作室真空度为 10^{-4}～10^{-2}Pa。适于活泼金属、难熔金属、高纯金属和异种金属焊接，以及质量要求高的焊接。

低真空电子束焊工作室真空度为 0.1～10Pa。适于大批量生产，如电子元件、精密零件等。

非真空电子束焊是工件处于大气环境中，焊接时需要保护气体（如氩气）。适于大型工件的焊接，如大型容器、导弹壳体、换热器等。

21.11.2 电子束焊接的特点

电子束焊在航天、航空、原子能、电子器件、电工、化工、重型机械、汽车等领域中得到了广泛应用，其特点：

① 可以保护工件不被氧化、氮化，特别适于活泼金属的焊接，如钛及其合金。

② 可以焊接各种高熔点金属，如钨、钼等。可以对异种金属直接焊接，甚至可实现陶瓷与金属的焊接。

③ 一般电弧焊深宽比小于 2∶1，而电子束焊可达 50∶1，可实现深度 100mm 以上的单道焊接。

④ 热影响区很小，工件焊后变形很小，可保证精密零件的尺寸精度。

⑤ 易于实现难于接近部位焊缝的焊接，对复杂焊缝易实现自动焊。

⑥ 焊接产品性能稳定，焊缝质量高。

⑦ 改善了焊接环境条件。

电子束焊其不足是焊接设备复杂，制造和维护有一定难度。工件焊接接头加工和装配质量高。易产生 X 射线，需加强防护。

21.11.3 电子束焊接头

电子束焊最常用的接头是对接接头，适于部分或全部熔透焊，只需要定位夹紧即可。角接头是仅次于对接接头的常用接头。T 形接头，可用单侧焊或双侧焊，而搭接接头多用于板厚小于 1.5mm 焊接。电子束焊接头形式见图 21-17。

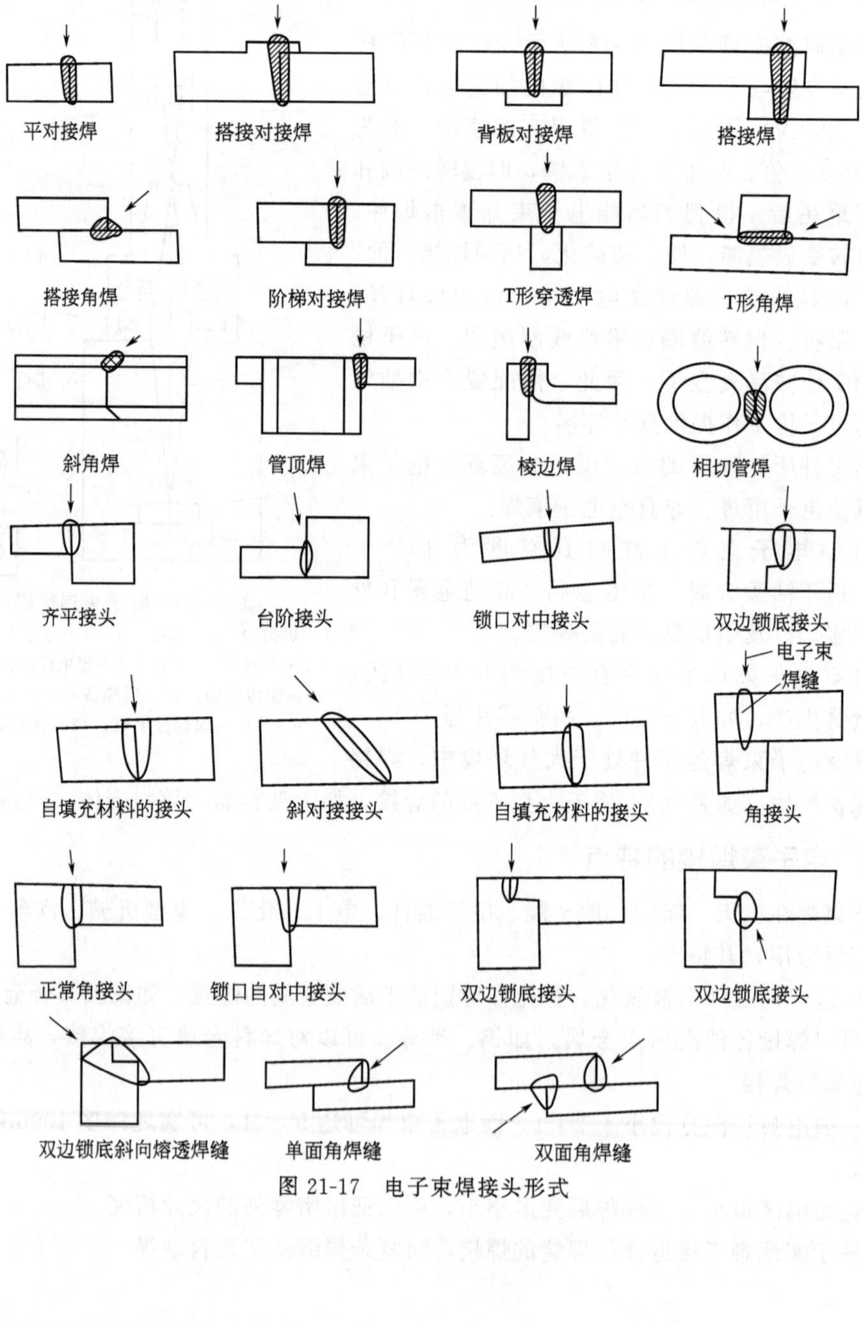

图 21-17 电子束焊接头形式

21.11.4 电子束焊的应用

电子束焊主要应用于以下方面：

① 难熔金属的焊接。钨、钼、钽等金属熔点很高，钨熔点 3640℃，钼熔点 3269℃，而钽的熔点为 2880℃，一般电弧焊难以胜任。而电子束功率密度高达 10^{18} W/cm^2，比电弧功率密度高近 1000 倍，足以使其熔化。在一定程度上，可以解决焊接时再结晶发脆问题。

② 非常适于化学性质活泼的材料焊接。如铌、锆、钛及其合金、铝及其合金、镁等金属的焊接。

③ 耐热合金和各种不锈钢、镍基合金、弹簧钢、高速钢的焊接。

④ 异种材料焊接，如钢与铜、钢与硬质合金、钢与高速钢、金属与陶瓷之间焊接。也适于厚度差异悬殊零件的焊接。

真空电子束焊历经几十年研究，其技术相当成熟，已广泛地应用于航天、航空、原子能等高科技领域。目前在一般机械制造工业中也得到了应用，特别是大批量生产和流水线上更为广泛。

21.11.5 电子束焊重要工艺措施

电子束焊接质量与工艺措施息息相关，主要采取的工艺措施如下所述。

① 焊接前，接缝附近必须进行严格地除锈和清洗，工件上不允许残留有机物质。焊前清理不仅能避免缺陷的出现，而且能减少工作室抽真空的时间。清理方法为机械方法（如刮、削、磨、砂纸打或不加冷却液的其他方法）和化学方法，以此来去除氧化膜；也可用丙酮去除油污等。

② 电子束焊一般不开坡口不加填料，故电子束焊接头要紧密接合，不留间隙，并尽量使接合面平行，以便窄小的电子束能均匀熔化接头两边的母材。装配公差取决于工件厚度、接头设计和焊接工艺，装配间隙宜小不宜大。焊薄工件时装配间隙要小于 0.13mm。随板厚增加，可用稍大一些的间隙。焊铝合金可用间隙比钢大一些。在采用偏转或摆动电子束使熔化区变宽时，可以用较大的间隙。非真空电子束焊有时用到 0.75mm 的间隙。深熔焊时，装配不良或间隙过大，会导致过量收缩、咬边、漏焊等缺陷，大多数间隙不应大于 0.25mm。

③ 电子束焊是机械或自动操作的，如果零件不是设计成自紧式的，则需用夹具进行定位与夹紧，然后移动工作台或电子枪体完成焊接。要使用无磁性的金属材料制造所有的夹具和工具，以免电子束发生磁偏转。对夹具强度和刚度的要求不必像电弧焊那样高，但要求制造精确，因为电子束焊要求装配和对中极为严格。非真空电子束焊可用一般焊接变位机械，其定位、夹紧都较为简便。

④ 所有的磁性金属材料在电子束焊之前应加以退磁。剩磁可能因磁粉探伤、电磁卡盘或电加工等造成，即使剩磁不大，也足以引起电子束偏转。工件退磁可放在工频感应磁场中，靠慢慢移出进行退磁，也可用磁粉探伤设备进行退磁。对于极窄焊缝，剩磁感应强度为 0.5×10^{-4}T；对于较宽焊缝，剩磁感应强度为 $2\times10^{-4}\sim4\times10^{-4}$T。

⑤ 电子束焦点必须对准焊接线，其偏差要求为 0.15～0.25mm。

21.11.6 电子束焊的缺陷及预防

电子束焊操作不当，或焊接参数选择不对易出现缺陷，表 21-107 给出了电子束焊缺陷产生的原因及预防措施。

表 21-107 电子束焊缺陷及预防措施

缺陷	原因	预防措施
焊缝不连续	电子束焦点直径过小,焊接速度过快	适当地散焦,降低焊接速度
咬边	电子束焊一般不填充金属,易出现咬边	降低焊接速度,在接缝上预置金属,或用小功率电子束重熔修补焊缝
焊偏	操作者观察及操作不当,焊接后传动精度不够	提高传动精度,采用自动对中控制系统
	中厚板电子束焊接不宜采用磁偏转对中,否则易引起电子束偏移	用机械传动找正接缝线
	焊接铁磁材料,剩磁引起电子束偏移致焊偏	焊前工件去磁
	异种材料焊接时,产生的热电势使工件内部形成电流,电流造成的磁场使电子束偏移,导致焊偏	加反向磁场
未焊透	焊接参数选择不当,或参数波动	调节焊接参数,参数闭环控制
下塌	材料熔化后,液体表面张力不足,难以支撑熔化金属自重和金属蒸气的反作用力	加快熔化金属冷却速度,或工件倾斜降低液态金属重力作用
弧坑	焊接过程中,气体放电引起焊接过程突然中断,气体放电发生在大功率焊接,工作表面不清洁,工件材质中含蒸气压较高的情况下	提高真空系统抽气速率,工件清洁
裂纹	裂纹与焊接金属材料有关,电弧焊时易产生裂纹,电子束焊也存在	热裂纹通过降低电子束焊热输入来预防,冷裂纹通过消除接头应力集中或改变焊接工艺来防止
气孔	焊接粉末冶金制备的难熔金属时,在熔合线附近易产生气孔	施多道焊和重熔焊
飞溅	飞溅是由于母材含气多所致	减少母材含气量,施多道焊

21.12 钎焊

21.12.1 钎焊原理及特点

钎焊是采用熔点比母材低的金属材料做钎料，将焊件和钎料同时加热到高于钎料熔点温度，而低于母材熔点温度，使钎料熔化为液体。钎料液体润湿母材，在毛细流动作用下，钎液填充母材接头之间的间隙，并与母材产生互扩散。母材与钎料之间产生溶解与扩散，改变了钎缝和界面母材的成分，使钎焊接头的成分、组织和性能同钎料及母材产生较大差异，可能生成固溶体、化合物及共晶体，因而形成牢固的接头。

钎焊与熔焊方法最大的不同是，钎焊时工作常被整体加热（如炉中钎焊）或钎缝周围大面积均匀加热，因此工件的相对变形量以及钎焊接头的残余应力都比熔焊小得多，易于保证工件的精密尺寸。并且钎料的选择范围较宽，为了防止母材组织和特性的改变，可以选用液相线温度相对低的钎料进行钎焊。钎焊过程中，只要钎焊工艺选择得当，可使钎焊接头做到无需加工。此外，只要适当改变钎焊条件，还有利于多条钎缝或大批量工件同时或连续钎焊。

由于钎焊反应只在母材数微米至数十微米以下界面进行，与母材深层的结构无关。因此特别有利于异种金属之间，甚至金属与非金属、非金属与非金属之间的连接。这也是熔焊方法做不到的。

钎焊钎缝可做热扩散处理而加强钎缝的强度。当钎料的组元与母材存在一定的固溶度时，延长保温时间可使钎缝的某些组元向母材深层扩散，提高钎缝母材间的结合强度。

钎焊的不足之处主要是钎料与母材成分和性质不可能非常接近，有时相差较大，例如用重金属钎料钎焊铝，就难免产生接头与母材间不同程度的电化学腐蚀。此外，大多数材料钎焊时，钎焊接头与母材不能达到等强度，只能用增加搭接面积来改善。

21.12.2 钎焊方法及应用

由于加热方法不同，钎焊分火焰钎焊、炉中钎焊、感应钎焊等。不同钎焊方法及应用见表 21-108。

表 21-108 不同钎焊方法及应用

钎焊方法	分类		原理	应用
火焰钎焊	氧-乙炔焰		用可燃气体与氧气(或压缩空气)混合燃烧的火焰来进行加热的钎焊，火焰钎焊可分为火焰硬钎焊和火焰软钎焊	主要用于钎焊钢和铜
	压缩空气雾化汽油火焰或空气液化石油火焰或煤气等			适用于铝合金的硬钎焊
炉中钎焊	空气炉中钎焊		把装配好的焊件放入一般工业电炉中加热至钎焊温度完成钎焊	多用于钎焊铝、铜、铁及其合金
	保护气氛炉中钎焊	还原性气氛	加有钎料的焊件在还原性气氛或惰性气氛的电炉中加热进行钎焊	适用于钎焊碳素钢、合金钢、硬质合金、高温合金等
		惰性气氛		
	真空炉中钎焊	热壁型	使用真空钎焊容器，将装配好钎料的焊件放入容器内，容器放入非真空炉中加热到钎焊温度，然后容器在空气中冷却	钎焊含有 Cr、Ti、Al 等元素的合金钢、高温合金、钛合金、铝合金及难熔合金
		冷壁型	加热炉与钎焊室合为一体，炉壁作成水冷套，内置热反射屏，防止热向外辐射，提高热效率，炉盖密封。焊件钎焊后随炉冷却	
感应钎焊	高频(150～700kHz)		焊件钎焊处的加热是依靠在交变磁场中产生感应电流的电阻热来实现	广泛用于钎焊钢、铜及铜合金、高温合金等具有对称形状的焊件
	中频(1～10kHz)			
	工频(很少直接用于钎焊)			
浸渍钎焊	盐浴浸渍钎焊	外热式	多为氯盐的混合物作盐浴，焊件加热和保护靠盐浴来实现。外热式由槽外部电阻丝加热；内热式靠电流通过盐浴产生的电阻热来加热自身和进行钎焊。当钎焊铝及铝合金时应使用钎剂作盐浴	适用于以铜基钎料和银基钎料钎焊钢、铜及其合金、合金钢及高温合金。还可钎焊铝及其合金
		内热式		
	熔化钎料中浸渍钎焊(金属浴)		将经过表面清洗，并装配好的钎焊件进行钎剂处理，再放入熔化钎料中，钎料把钎焊处加热到钎焊温度实现钎焊	主要用于以软钎料钎焊铜、铜合金及钢。对于钎缝多而复杂的产品(如蜂窝式换热器、电机电枢等)，用此法优越、效率高

续表

钎焊方法	分类		原理	应用
电阻钎焊	直接加热式		电极压紧两个零件的钎焊处，电流通过钎焊面形成回路，靠通电中钎焊面产生的电阻热加热到钎焊温度实现钎焊	主要用于钎焊刀具、电机的定子线圈、导线端头以及各种电子元器件的触点等
	间接加热式		电流或只通过一个零件，或根本不通过焊件。前者钎料熔化和另一零件加热是依靠通电加热的零件向它导热来实现。后者电流是通过并加热一个较大的石墨板或耐热合金板，焊件放置在此板上，全都依靠导热来实现，对焊件仍需压紧	
烙铁钎焊	外热式烙铁		使用外热源（如煤气、气体火焰等）加热	适用于以软钎料钎焊不大的焊件，广泛应用于无线电、仪表等工业领域
	电烙铁	普通电烙铁	靠自身恒定作用的热源保持烙铁头一定温度	
		带陶瓷加热器		
		可调温度		
	弧焊烙铁		烙铁头部装有碳头，利用电弧热熔化钎料	
	超声波烙铁		在电加热烙铁头上再加上超声波振动，靠空化作用破坏金属表面氧化膜	适用于铝、铝合金（含 Mg 多的除外），不锈钢、钴、锗、硅等钎焊
特种钎焊	红外线钎焊	红外线钎焊炉	用红外线灯泡的辐射热对钎焊件加热钎焊	适于钎焊电子元器件及玻璃绝缘子等
		小型红外线聚光灯		连接磁线存储器、挠性电缆等
	氙弧灯光束钎焊		用特殊的反光镜将氙弧灯发出的强热光线聚在一起，得到高能量密度的光束作为热源	适于钎焊半导体、集成电路底板、大规模集成电路、磁头、晶体振子等小型器件以及其他微型件高密度的插装端子
	激光钎焊		利用原子受激辐射的原理使物质受激而产生波长均一、方向一致以及强度非常高的光束，聚焦到 $10^5W/cm^2$ 以上的高功率密度的十分微小的焦点，把光能转换为热能实现钎焊	适用于钎焊微电子元器件、无线电、电信器材以及精密仪表等零部件
	气相钎焊		利用高沸点的氟系列碳氢化合物饱和蒸气的冷凝汽化潜热来实现钎焊	往印刷电路板上钎焊绕接用的线柱，往陶瓷基片上钎焊陶瓷片或芯片基座外部引线等
	脉冲加热钎焊	平行间隙钎焊法	利用电阻热原理进行软钎焊的方法，以脉冲的方式在短时间内（几毫秒至 1s）供给钎焊所需热量	往印刷电路板上装集成电路块及晶体管等元件
		再流钎焊法	通过脉冲电流用间接加热的方法在被焊的材料上涂一层钎料或在材料间放入加工成适当形状的钎料，并在其熔化瞬间同时加压完成钎焊	在印刷电路上装集成电路块、二极管、片状电容等元器件，以及挠性电缆的多点同时钎焊等
		热压头式再流钎焊法	采用了热压头方式同时吸收了脉冲加热法的优点来实现钎焊	适于将大型的大规模集成电路或漆包线等钎焊到各种基板上
	波峰式钎焊		钎焊时，印刷电路板背面的铜箔面在钎料的波峰上移动，实现钎焊	作为印刷电路板批量生产钎焊方法
	平面静止式钎焊		钎焊时，使印刷电路板沿水平方向移动而同时使钎料槽或印刷电路板作垂直运动来完成钎焊	

21.12.3 钎焊接头形式

在焊接结构及钎焊结构设计中，均希望接头与被连接件具有相同的承受外力的能力。钎焊接头的承载能力虽然与钎料强度、钎缝间隙大小、钎料与母材之间的结合力，以及钎着率诸因素相关，但接头形式亦起着相当重要的作用。

钎焊接头设计原则如下所述。

钎焊接头一般不采用传统的对接、T 形接头、角接接头形式，原因是承载能力差。钎焊接头通常采用搭接形式，用以提高承载能力。

防止应力集中。为此接头避免布置在焊件转角或截面突变的部位、或刚度过大的位置。厚度不同的材料为减少应力集中，可将薄件厚度增大。

接头设计有利于钎料的合理放置。真空钎焊是预先放置的，设计接头时应考虑钎料的装填位置。若需开预置钎料槽时，应开在截面较厚的母材上。

在不影响组件结构性能下，接头设计时，应有必要的凸台、凹槽及工艺台阶确保定位及装配。

工件几何形状不同，各种接头的形状亦不同，见图 21-18～图 21-23。

① 平板钎焊接头，见图 21-18。

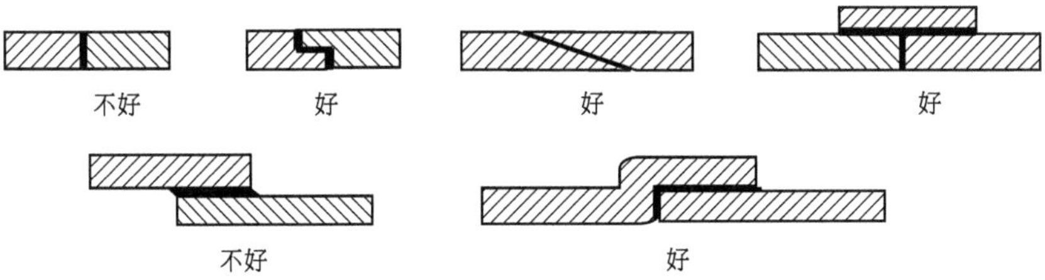

图 21-18　平板钎焊接头

② 管件钎焊接头，见图 21-19。

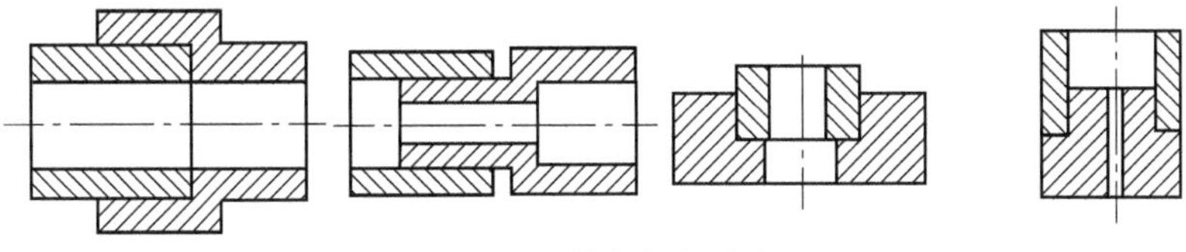

图 21-19　管件钎焊接头

③ T 形和斜角钎焊接头，见图 21-20。

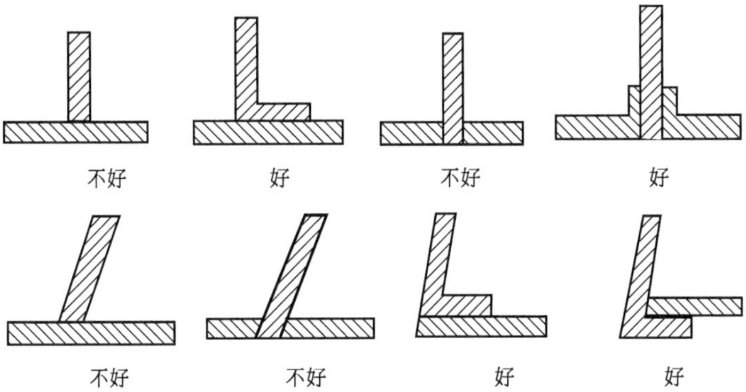

图 21-20　T 形和斜角钎焊接头

④ 管或棒与板的焊接接头，见图 21-21。

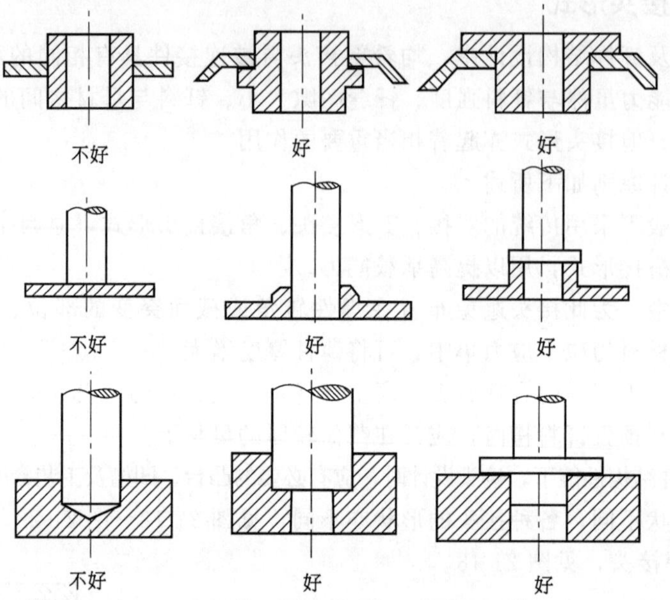

图 21-21 管或棒与板的焊接头

⑤ 承压密封容器的典型钎焊接头，见图 21-22。

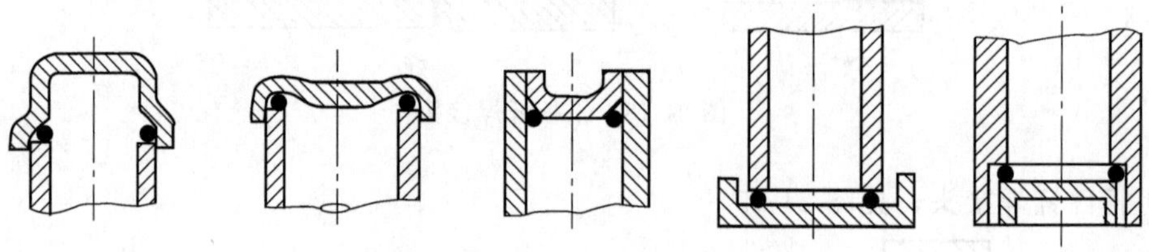

图 21-22 承压密封容器的典型钎焊接头

⑥ 厚度不同焊件的真空钎焊接头，此种焊件应将薄件钎焊部位加厚，见图 21-23（箭头表示承载方向）。

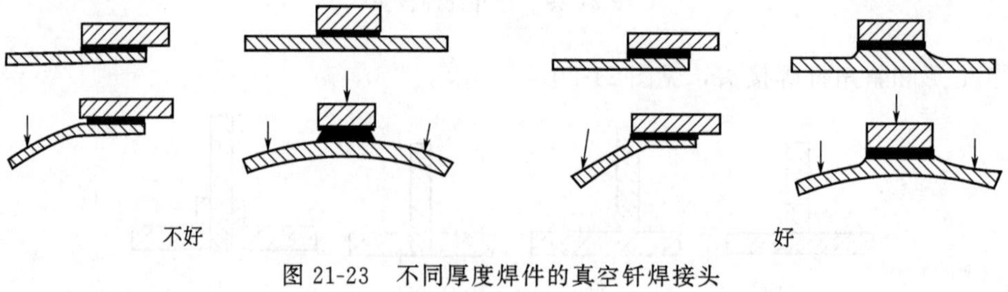

图 21-23 不同厚度焊件的真空钎焊接头

21.12.4 钎缝间隙的确定

钎缝间隙系指两个待焊零件钎焊表面间距。钎焊时熔化的钎料依靠毛细作用填满间隙。间隙的大小影响钎缝的致密性和接头强度。

钎缝间隙的选择应该考虑如下因素。

① 用钎剂钎焊时，接头的间隙应选得大一些。因为钎焊时熔化的钎剂先流入接头，熔化的钎料后流进接头，将熔化的钎剂排出间隙。当接头间隙小时，熔化的钎料难以将钎剂排出间隙，从而形成夹渣。真空或气体保护钎焊时，不发生排渣过程，接头间隙可取得小些。

② 母材与钎料的相互作用程度将影响接头间隙值。若母材与钎料的相互作用小，间隙值一般可取小些，如用铜钎焊钢或不锈钢；若母材与钎料相互作用强烈，如用铝基钎料钎焊铝时，间隙值应大些，因母材溶解会使钎料熔点提高，流动性降低。

③ 流动性好的钎料，如纯金属（铜）、共晶，合金及自钎剂钎料，接头间隙应小些；结晶间隔大的钎料，流动性差，接头间隙可大些。

④ 垂直位置的接头间隙应小些，以免钎料流出；水平位置的接头间隙可以大些；搭接长度大的接头，间隙应大些。

⑤ 设计异种材料接头时，必须根据热膨胀数据计算出在钎焊温度下的接头间隙。

鉴于上述复杂情况，设计时须结合具体钎焊材料、接头形式、焊接方法和工艺，参照表 21-109 常用的接头间隙范围中推荐的数据，通过试验来确定接头的装配间隙值。

表 21-109　钎焊接头间隙

母材	钎料	间隙值/mm	母材	钎料	间隙值/mm
碳钢	铜	0.01～0.05	铜和铜合金	铜锌	0.05～0.20
	铜锌	0.05～0.20		铜磷	0.03～0.15
	银基	0.03～0.15		银基	0.05～0.20
	锡铅	0.05～0.20		锡铅	0.05～0.20
不锈钢	铜	0.01～0.05	铝和铝合金	铝基	0.10～0.25
	银基	0.05～0.20		锌基	0.10～0.30
	锰基	0.01～0.15	钛和钛合金	银基	0.05～0.10
	镍基	0.02～0.10		钛基	0.05～0.15
	锡铅	0.05～0.20			

钎焊间隙对接头抗剪强度的影响见表 21-110。

表 21-110　钎焊间隙与接头的抗剪强度

母　材	钎　料	钎焊间隙/mm	抗剪强度/MPa
碳钢及低合金钢	铜基钎料	0.00～0.05	100～150
	银基钎料	0.05～0.15	150～240
不锈钢	铜基钎料	0.03～0.20	370～500
	银基钎料	0.05～0.15	190～230
	锰基钎料	0.04～0.15	300
	镍基钎料	0.00～0.08	180～250
铜及铜合金	铜基钎料	0.02～0.15	170～190
	银基钎料	0.05～0.13	160～180
铝及铝合金	铝基钎料	0.1～0.3	60～100

21.12.5 钎料

钎料是钎焊材料的简称，熔化后填充钎焊接头的间隙并能去除或破坏母材被钎部位的氧化膜，使钎料对母材产生润湿与铺展。按熔点不同，分软钎料、硬钎料、高温钎料。软钎料温度低于450℃，温度高于450℃的为硬钎料，而温度高于950℃的为高温钎料。

钎焊时，基体材料表面覆盖着厚度不同的氧化膜，必须用钎剂除掉后，钎料才能润湿材料表面，使钎料铺展。钎剂是钎焊过程中的熔剂，与钎料配合使用，是保证钎焊过程顺利进行和获得良好的接头不可或缺的。

21.12.5.1 软钎焊

软钎焊有锡基钎料、铅基钎料、锌基钎料、铟基钎料及镓基钎料，分述如下。

(1) 锡基钎料

锡基钎料（由锡铅合金构成）是应用最广的软钎焊，其工作温度不高于100℃。由于熔化温度低、耐蚀性好、导电性能好、成本低、施焊方便等特点，广泛用于铜和铜合金的钎焊。在真空与低温，航空航天、能源、电子行业中也得到广泛应用。

锡铅合金的力学性能优于纯锡，纯锡强度为23.5MPa，而锡铅合金抗拉强度达51.97MPa，抗剪强度为39.22MPa。当钎料中以铅固溶体为主时，冷脆得到改善，因为铅在低温下无冷脆现象。

锡铅钎料成分见GB/T 8012—2013。锡铅钎料的物理性能及用途见GB/T 3131—2001。

(2) 铅基钎料

纯铅不宜用作钎料，因为它不能润湿铁、铝、铜等常用材料。铅基钎料中必须添加银、锡、铬、锌等元素，组成合金后使用。铅基钎料接头使用温度为150℃以下。一般用于铜及铜合金的钎焊。

(3) 锌基钎料

纯锌的熔点为419℃，锌中加入锡及少量Al、Cu后形成的合金，可使熔点降低，由于合金组分不同，其熔点为266～382℃之间。主要用于铝、铝合金、铜、铜合金的钎焊。

(4) 铟基钎料

铟的熔点为156.4℃，In能与Sn、Cd、Zn组成合金，其熔化温度为90～143℃。铟基钎料能很好地润湿金属和非金属，耐腐蚀性亦较好。

铟基钎料的钎缝电阻低，塑性好，可用于线膨胀系数不同材料的非匹配封接。在电真空器件中，用于玻璃、陶瓷与金属封接，制造玻璃真空密封接头。在低温超导器件制造上也得到了广泛的应用。

(5) 镓基钎料

镓基钎料的钎焊接头工作温度范围为425～650℃。钎料工艺性能好，钎缝力学性能好，适于砷镓元件及微电子器件的钎焊。

21.12.5.2 硬钎焊

硬钎焊有铝基钎料、银基钎料、铜基钎料、锰基钎料及镍基钎料等，分述如下。

(1) 铝基钎料

铝基钎料以Al-Si合金为基体，通过调整Si的含量或者加入Cu、Zn、Mg等元素来满足工艺性能要求。铝基钎料的熔点因元素含量不同而异，其熔点范围为559～577℃。

铝基钎料主要用于铝和铝合金的钎焊。采用的焊接方法有火焰钎焊，盐溶钎焊、炉中钎焊、真空钎焊。采用真空钎焊工件，质量可靠，精度高，不用清洗。在航空航天领域应用很广，主要用于散热器、波导、机箱、天线等。

(2) 银基钎料

银基钎料是以银为主，加入 Cu、Zn、Sn、Cd 等元素形成的合金。银基钎料熔点适中，能润湿很多金属，具有良好的强度、塑性、导热性、导电性及耐腐蚀性。适于大多数黑色金属及有色金属（除铝和镁）硬钎焊。银铜锌合金系最低熔化温度约 670℃。组分不同熔化温度不同，参见 GB/T 10046—2008。

银基钎料可以获得强度高、质量好的钎焊接头，接头强度可达 300～440MPa，工作温度为 400℃以下。银基钎料适于气体火焰钎焊、电阻钎焊、炉中钎焊、感应钎焊和浸渍钎焊。

(3) 铜基钎料

铜基钎料包括纯铜、铜磷、铜锗、铜锰、铜镍钎料。铜基钎料具有工艺性能好、使用方便、成本低、接头性能良好等优点，被广泛应用于多种金属及合金的钎焊上。铜基钎料适于气体火焰钎焊、电阻钎焊、感应钎焊和浸渍钎焊。

① 纯铜钎料　铜的熔点为 1083℃。用它做钎料时，需在保护气氛和真空条件下进行钎焊。钎焊温度约 1100～1150℃。纯铜钎料对钢的润湿性很好，接头间隙约为 0.01～0.05mm。铜抗氧化能力差，工作温度不能高于 400℃。

② 铜磷钎料　铜磷钎料工艺性能好、价格低，被广泛地应用于铜及铜合金的钎焊上。其熔化温度为 560～710℃。由于其钎焊温度低，且在通常气氛下施焊，工艺性能十分优越，被广泛应用于制冷行业及电器行业中。

③ 铜锗钎料　铜锗钎料塑性好、蒸气压低，可用于钎焊钢与可伐合金。主要用于电真空器件的钎焊。

(4) 锰基钎料

接头工作温度高于 600℃时，银基和铜基钎料均不满足要求，此时可以采用工作温度为 600～700℃锰基钎料。

锰基钎料塑性好，对不锈钢及耐热钢具有良好的润湿能力。钎缝有较高的强度，抗氧化性和耐腐蚀性也较好。适于薄壁结构的低真空钎焊。锰基钎料适于气体保护的炉中钎焊、感应钎焊及真空钎焊。

(5) 镍基钎料

镍基钎料是以镍为基体，添加降低熔点、提高强度的元素而成的。钎焊接头可承受 1000℃的高温，适于不锈钢、镍基合金和钴基合金的钎焊。由于钎料的蒸气压低，适于真空系统及真空管件的钎焊。镍基钎料适于炉中钎焊、感应钎焊及电阻钎焊。

(6) 钛基钎料

钛基钎料是针对钛合金应用需要而发展起来的新型钎料。由于它活性好、抗氧化性强、耐腐蚀性好、钎焊工艺性能良好而得到了广泛应用。

钛基钎料可润湿多种难熔金属、石墨、陶瓷、宝石材料等，是难熔金属、金属间化合物、功能陶瓷等新型材料钎焊时首选钎料。

21.12.5.3 钎料的选择

钎料的性能直接影响钎焊接头的性能。钎料的选择应从使用要求出发，同时考虑钎焊方法、与母材匹配、结构等因素。为此提出下列选择原则：

(1) 钎料与母材的匹配

对于确定的母材，所选用的钎料应具有适当的熔点，对母材有良好的润湿和填缝能力。能避免形成脆性的金属间化合物。尽量选择钎料的主要成分与母材主要成分相同；钎料的液相线要低于母材固相线 40～50℃；钎料的熔化区间要尽可能小，温差过大时，容易引起熔析。

钎料与母材匹配的优先选用顺序见表 21-111。

表 21-111　钎料与母材匹配的优先选用顺序

母材	铅基钎料	铜基钎料	银基钎料	镍基钎料	钴基钎料	金基钎料	钯基钎料	锰基钎料	钛基钎料
铜及铜合金	3	1	2	6	—	4	—	5	7
铝及铝合金	1	—	—	—	—	—	—	—	—
钛及钛合金	2	4	3	—	—	5	6	7	1
碳钢及合金钢	—	1	2	6	8	4	5	3	7
马氏体不锈钢	—	6	7	1	5	2	4	3	—
奥氏体不锈钢	—	3	7	1	6	5	4	2	—
沉淀硬化高温合金	—	2	8	1	3	4	5	6	7
非沉淀硬化高温合金	—	6	7	4	5	1	2	3	8
硬质合金及碳化钨	—	1	5	6	7	4	3	2	8
精密合金及磁性材料	—	2	1	6	7	3	5	4	8
陶瓷、石墨及氧化物	—	3	2	7	8	4	6	5	1
难熔金属	—	7	8	6	5	4	2	3	1
金刚石聚晶、宝石	—	8	6	4	5	1	2	7	3
金属基复合材料	1	4	3	8	9	5	6	7	2

注：表中 1～9 表示由先到后的匹配及选用顺序。

(2) 钎料应满足的使用要求

不同产品在不同的工作环境和使用条件下，对钎焊接头性能的要求不同，这些要求可能涉及导电性、导热性、工作温度、力学性能、密封性、抗氧化性、耐腐蚀性等，选择钎料时应着重考虑其最主要的使用要求。

根据工作温度要求选择钎料，推荐如下所述。

① 300℃以下低载荷接头，优先选用铜基钎料。对于长接头要求改善间隙填充性能时，可选用在铜中加入少量硼的 Cu-Ni-B 钎料。

② 在 300～400℃之间工作的低载荷接头，选用铜基钎料和银基钎料，其中铜基钎料比较便宜，应优先选用。

③ 在 400～600℃之间工作的抗氧化、耐腐蚀、高应力的接头，选用锰基、钯基、金基或镍基钎料。在重要部件上最好选用 Au-22Ni-6Cr 或 Au-18Ni 钎料，钎焊工艺性能好，钎焊温度适中（980～1050℃），获得的接头综合力学性能佳。

④ 在 600～800℃之间工作的接头，选用钯基、镍基、钴基钎料。优先使用流动性好的 Ni-Cr-B-Si 系钎料。但因这种钎料含硼量较高，不适用于厚度小于 0.5mm 的零件。

⑤ 在 800℃以上工作的接头，可选用镍基钎料和钴基钎料；但其中含磷的镍基钎料和 Ni-Cr-B-Si 系钎料不宜选用，因其强度和抗氧化性能难以满足要求。

依据接头的特定使用要求，可做如下选择。

① 耐腐蚀、抗氧化接头，通常选用金基、银基、钴基、钯基、镍基或钛基钎料。

② 从强度考虑，一般由高到低的顺序是：钴基、镍基、钯基、钛基、金基、锰基、铜基、银基、铝基。

③ 从电性能方面考虑，通常选用金基、银基、铜基、铝基钎料。在均能满足要求的前提下，优先选用价格便宜的铜基钎料。

④ 对于特殊要求的焊接，要根据具体要求选用钎料。例如在核工业中使用的钎料不允许含硼，因为硼对中子有吸收作用。

(3) 钎料与钎焊方法的匹配

不同的钎焊方法对钎料性能的要求不同，如采用火焰钎焊时，钎料的熔点应与母材的熔点相差尽可能大，避免可能产生的母材局部过热、过烧或熔化等；采用电阻钎焊方法时，希望钎料的电阻率比母材的电阻率大一些，以提高加热效率；炉中钎焊时，钎料中易挥发元素的含量应较少，保证在相对较长的钎焊时间内不会因为合金元素的挥发而影响到钎料的性能。

(4) 钎料形状确定

应根据钎焊结构要求确定钎料形状。钎焊结构的复杂性有时需要将钎料预先加工成型，如制成环状、垫圈、垫片状、箔材和粉末等形式，预先放置在钎焊间隙中或其附近。因此，在选用钎料时要充分考虑其加工性能是否可以制成所需要的形式。

21.12.5.4 常用钎料的特性及用途

锡铅钎料的特性及用途列于表 21-112；铝基钎料的特性及用途列于表 21-113；铜和铜锌钎料的特性及用途列于表 21-114；铜磷钎料的特性及用途列于表 21-115。

表 21-112 锡铅钎料的特性及用途

钎料牌号	化学成分/%			熔化温度/℃	抗拉强度/MPa	伸长率/%	电阻率/Ω·cm²·m⁻¹	用途
	Sn	Sb	Pb					
HL600 (HLSnPb39)	59～61	≤0.8	余量	183～185	46	34	0.145	是共晶型钎料，熔点最低，流动性好，用于无线电零件、计算机零件及易熔金属制件、热处理(淬火)件的钎焊
HL601 (HLSnPb80-2)	17～18	2.0～2.5	余量	183～277	27	67	0.22	熔点较高，适宜于钎焊低温工作的工件
HL602 (HLSnPb68-2)	29～31	1.5～2.0	余量	183～256	32	—	0.182	用作钎焊电缆护套、铅管摩擦钎焊等，应用较广
HL603 (HLSnPb58-2)	39～41	1.5～2.0	余量	183～235	37	63	0.170	应用最广的锡铅钎料，可钎焊散热器、计算机零件及发动机过滤器等
HL604 (HLSnPb10)	89～91	≤0.15	余量	183～222	42	25	0.12	因含铅量低，特别适宜于食品器皿及医疗器材的钎焊
HL608	5.2～5.8	Ag 2.2～2.8	余量	295～305	34	—	—	具有较高的高温强度，用于铜及铜合金、钢的烙铁钎焊及火焰钎焊
HL610	59～61	≤0.8	余量	183～185	46	—	—	化学成分、力学性能及熔化温度与 HL600 相同，是一种含松香弱活性料芯的锡焊丝
HL613 (HLSnPb50)	49～51	≤0.8	余量	183～210	37	32	0.156	用于钎焊铜、黄铜、镀锌或镀锡铁皮等

注：括号内为原冶金部部标钎料牌号。

表 21-113 铝基钎料的特性及用途

钎料牌号	化学成分/%					熔化温度范围/℃	特点和用途
	Al	Si	Cu	Mg	其他		
HLAlSi7.5	余量	6.8～7.2	0.25	—	—	577～613	流动性差，对铝的熔蚀小。制成片状用于炉中钎焊和浸渍钎焊
HLAlSi10	余量	9～11	0.3	—	—	577～591	制成片状用于炉中钎焊和浸渍钎焊，钎焊温度比 HLAlSi7.5 低
HLAlSi12	余量	11～13	0.3	—	—	577～582	是一种通用钎料，适用于各种钎焊方法，具有极好的流动性和抗腐蚀性
HLAlSiCu10	余量	9.3～10.7	3.3～4.7	—	—	521～583	适用于各种钎焊方法，钎料的结晶温度间隔较大，易于控制钎料流动
Al12SiSrLa	余量	10.5～12.5	—	—	Sr 0.03 La 0.03	572～597	锶、镧的变质作用使钎焊接头延性优于用 HLAlSi12 钎料钎焊的接头延性
HL403	余量	10	4	—	Zn 10	516～560	适用于火焰钎焊、熔化温度较低，容易操作。钎焊接头的抗腐蚀性低于铝硅钎料
HL401	余量	5	28	—	—	525～535	适用于火焰钎焊、熔化温度较低，容易操作。钎料性脆，接头抗腐蚀性比用铝硅钎料钎焊的低
B62	余量	3.5	20	—	Zn 25 Mn 0.3	480～500	用于钎焊固相线温度低的铝合金，钎焊接头的抗腐蚀性低于铝硅钎料
Al60GeSi	余量	4～6	—	—	Ge 35	440～460	铝基钎料中熔点最低的一种，适用于火焰钎焊、性脆、价贵
HLAlSiMg7.5-1.5	余量	6.6～8.2	0.25	1～2	—	559～607	真空钎焊用片状钎料，根据不同的钎焊温度要求选用
HLAlSiMg10-1.5	余量	9～10	0.25	1～2	—	559～579	
HLAlSiMg12-1.5	余量	11～13	0.25	1～2	—	559～569	真空钎焊用片状、丝状钎料，钎焊温度比 HLAlSiMg7.5-1.5 和 HLAlSiMg10-1.5 钎料低

表 21-114 铜和铜锌钎料的特性及用途

钎料型号	钎料牌号	化学成分/%							熔化温度/℃	抗拉强度/MPa	用途
		Cu	Sn	Si	Fe	Mn	Zn	其他			
BCu	—	≥99	—	—	—	—	—	—	1083	—	主要用于还原性气氛、惰性气氛和真空条件下钎焊低碳钢、低合金钢、不锈钢、镍、钨和钼等
BCu54Zn	H62	62±1.5	—	—	—	—	余量	—	900～905	314	应用最广的铜锌钎料，用来钎焊受力大的铜、镍、钢制零件
	H1CuZn46 (HL103)	54±2	—	—	—	—	余量	—	885～888	254	钎料延性较差，主要用来钎焊不受冲击和弯曲的铜及其合金零件

续表

钎料型号	钎料牌号	化学成分/%							熔化温度/℃	抗拉强度/MPa	用途
		Cu	Sn	Si	Fe	Mn	Zn	其他			
BCu48Zn	H1CuZn52 (HL102)	48±2	—	—	—	—	余量	—	860～870	205	钎料相当脆，主要用来钎焊不受冲击和弯曲的含铜量大于68%的铜合金
	H1CuZn36 (HL101)	64±2	—	—	—	—	余量	—	800～823	—	钎料极脆，钎焊接头性能差，主要用于黄铜的钎焊
	Cu-Mn-Zn-Si	余量	—	0.2～0.6	—	24～32	14～20	—	825～831	412	用于硬质合金的钎焊
	HLD2	余量	—	—	—	6～10	34～36	2～3	830～850	377	代替银钎料用于带铝的钎焊
BCu60-ZnFe-R	丝 222	60±1	0.85±0.15	0.1±0.05	0.8±0.4	0.06±0.03	余量	—	860～900	333	与 BCu60ZnSn-R 钎料相同
BCu60ZnSn-R	丝 221	60±1	1±0.2	0.25±0.1	—	—	余量	—	890～905	343	可取代 H62 钎料以获得更致密的钎缝，尚可作为气焊黄铜用的焊丝
BCu58ZnMn	HL105	58±1	—	—	0.15	4±0.3	余量	—	880～909	304	锰可提高钎料的强度、延性和对硬质合金的润湿能力. 广泛用于硬质合金刀具、模具及采掘工具的钎焊
BCu48-ZnNi-R	—	48±2	—	0.15±0.1	—	—	余量	Ni 10±1	921～935	—	用于有一定耐热要求的低碳钢、铸铁、镍合金零件的钎焊，对硬质合金工具也有良好的润湿能力

表 21-115 铜磷钎料的特性及用途

钎料型号	钎料牌号	化学成分/%					熔化温度范围/℃	抗拉强度/MPa	电阻率/Ω·cm²·m⁻¹	用途
		Cu	P	Ag	Sn	其他				
BCu95P	—	余量	5±0.3	—	—	—	710～899	—	—	制成片状使用，流动性低，特别适宜于电阻钎焊
BCu93P	HL201	余量	7±0.4	—	—	—	710～793	470	0.28	流动性极好，可以流入间隙很小的接头。钎料脆，主要用于机电和仪表工业，钎焊不受冲击载荷的铜和黄铜零件
BCu92PSb	HL203	余量	6±0.4	—	—	Sb 1.5～2.5	690～800	305	0.47	流动性稍差，用途与 BCu93P 相仿

续表

钎料型号	钎料牌号	化学成分/%					熔化温度范围/℃	抗拉强度/MPa	电阻率/Ω·cm²·m⁻¹	用途
		Cu	P	Ag	Sn	其他				
BCu91PAg	HL209	余量	7±0.2	2±0.2	—	—	645～810	—	—	钎料中的银改善了它的延性，在较大温度范围内能填充接头间隙，用于电冰箱、空调器、电机和仪表行业
BCu89PAg	HL205	余量	5.8～6.7	5±0.2	—	—	650～800	519	0.23	钎料延性和导电性得到提高，流动性低，适宜于钎焊间隙较大的零件
BCu80PAg	HL204	余量	4.8～5.3	15±0.5	—	—	640～815	503	0.12	钎料延性和导电性进一步改善。用于钎焊要求比BCu89PAg钎料高的场合
BCu80PSn-Ag	—	余量	5±0.3	5±0.5	10±0.5	—	560～650	—	—	用于要求钎焊温度低的铜及铜合金零件
—	H1AgCu70-5	余量	5±0.5	25±0.5	—	—	650～710	—	—	延性和导电性是铜磷银钎料中最好的一种，用于钎焊要求高的电气接头
—	H1CuP6-3	余量	6±0.3	—	3.5±0.5	—	640～680	—	0.35	流动性好，钎焊接头性能与BAg25CuZn钎料钎焊的接头性能相当，可部分代替银钎料和铜磷银钎料钎焊铜和铜合金
BCu86SnP	—	余量	5±0.5	—	7.5±0.5	Ni0.8±0.4	—	—	—	用途与H1Cu6-3相似，Ni的加入使钎料脆性增大，但流动性提高
—	HL206	余量	6～10	2～10	3～10	—	620～660	—	—	用途与H1CuP6-3相似，但钎焊温度更低

21.12.6 钎剂

21.12.6.1 钎焊过程中钎剂的作用

钎剂是与钎料配合使用的，钎剂在钎焊过程中的作用如下：

① 钎剂通过化学反应除掉基体材料表面氧化膜，使之消失或者破坏。只有基体上氧化膜消失后，液态钎料才能在母材上铺展，并填满钎缝间隙。

② 钎剂在熔融状态下，可以覆盖母材与钎料表面，使之与空气隔绝，避免母材和钎料高温氧化。

③ 钎剂中某些元素可以使基体表面活化，易于使钎料形成冶金结合，可以改善对母材的润湿程度。

21.12.6.2 对钎剂的要求

为使钎剂达到有除氧化膜作用、隔离空气及有活性作用，对钎剂提出如下要求：

① 钎剂应具有溶解或破坏母材与钎料表面氧化膜作用，以利于钎料充填钎缝间隙，因此要求钎剂具有一定的物理化学活性。

② 钎剂应具有一定的黏度和表面张力，以利于润湿，以及钎料在母材表面铺展。

③ 钎剂的熔化温度与钎料熔化温度需相匹配。要求钎剂先于钎料熔化，但又不能在钎料熔化时流失。

④ 钎剂在加热过程中，要保持其成分和作用稳定不变，以利于钎焊过程的稳定。

⑤ 钎剂应具有无毒、无腐蚀及易清除的特性，以利于环境保护。

21.12.6.3 钎剂选用原则

钎剂是按照母材种类、钎料类型、使用温度来分类的，选择钎剂时应考虑如下因素。

① 选择钎剂首先考虑与母材的作用过程、除氧化膜及保护效果，通常一种钎剂可用于多种基材的钎焊，反之一种基材可用多种钎剂。

② 钎剂主要为钎料的润湿、铺展和填缝提供条件。为此需使钎剂的活性温度区间与钎料熔化温度以及钎焊温度相匹配。

③ 钎料选择与钎焊方法相关，同一种钎剂只适用于一种钎焊方法或者几种钎焊方法。因此，根据钎焊方法选择适宜的钎剂。

④ 在一定钎焊工艺条件下，应使所选择钎剂的熔化温度、活性温度、理化性能达到最佳状态。

⑤ 选择钎剂与钎焊接头的要求（如钎着率、强度、残渣清除）有关，根据实际情况选择钎剂。

⑥ 根据使用方便可以添加一些助剂，如增稠剂、增黏剂等。

21.13 真空钎焊

21.13.1 真空钎焊原理

真空钎焊作用原理与普通钎焊相似，所不同的是整个施焊过程是在真空氛围下完成。而且清除表面氧化膜的方法也截然不同，普通钎焊是借助焊剂或介质气体清除氧化膜，而真空钎焊是借助真空环境下与之不同的作用机理清除氧化膜。

真空环境下清除氧化膜的机理如下所述。

① 真空状态下降低了钎焊区氧分压，促使氧化膜分解。如 CuO 在 500Pa 压力下即可分解，而 Fe_2O_3 需在 10^{-7}Pa 下才能分解，特别是 Al_2O_3 需要的分解压力更低，约 10^{-27}Pa。也就是说，不能只靠真空气氛来实现氧化物分解，这不是真空钎焊除氧化膜的主要途径。

② 在真空环境中的各种材料均会产生蒸发。一些氧化物的蒸发温度低于大气压下蒸发温度，蒸发过程破坏了金属表面氧化膜，有利于钎焊接头清除氧化膜。

③ 钎焊时表面氧化膜被母材中合金元素还原，使之清除。如不锈钢被加热到 900℃，氧化膜可被清除。

④ 氧化膜被母材溶解而清除。如真空钎焊钛及其合金，温度高于 200℃时，氧化膜溶于钛中被清除。

⑤ 液态钎料作用下使氧化膜强度下降，产生破碎被除掉。如 Al_2O_3 膜以此机理被清除。

21.13.2 真空钎焊的特点

真空钎焊在真空低温技术领域，在航空航天、核工业、电子器件中得到了广泛的应用，与其具有独特焊接优点是密不可分的。

① 真空钎焊时工作压力范围为 $68\sim10^{-4}$Pa，在真空气氛中，不会出现氧化、脱碳、增碳，免于污染，焊接接头清洁、致密性好、强度高。

② 钎焊温度低、整体受热均匀、热应力小、焊后变形小，特别适宜精密零件、部件的焊接。

③ 在真空环境下，基体金属和钎料中所含的气体容易放出来，使基体金属的性能得到改善。

④ 真空钎焊不用钎剂，不会出现气孔及夹杂，提高了基体金属的抗腐蚀性。同时不需要清理焊渣，改善了工作条件，不会污染环境。

⑤ 可以一次焊接多道焊缝，提高了焊接效率。

⑥ 特别适宜高温易氧化的金属及非金属材料的焊接。如铝及铝合金、钛及钛合金的钎焊，以及陶瓷、石墨、玻璃、金刚石等非金属的钎焊。也很适宜不锈钢、高温合金、锆、铌、钨、钼等材料同种或异种钎焊。

总之，真空钎焊加热均匀，焊件变形小，不用钎剂，焊后不需要清洗，钎焊产品质量高，可以钎焊其他方法难以焊接的金属及合金，在很多领域得到了广泛的应用。

真空钎焊不足之处是装配质量及公差要求高于普通钎焊，不宜钎焊真空环境下易蒸发的材料。

21.13.3 真空钎焊主要工艺参数

真空钎焊主要工艺参数有冷态真空度、工作压力、钎焊时升温速率、稳定温度和保持时间、温度、保温时间、冷却速率、出炉温度等。

(1) 冷态真空度

冷态真空度的选择主要依据母材的种类，参见表 21-116。

表 21-116 冷态真空度的选择

母材	冷态真空度/Pa	母材	冷态真空度/Pa
铝及铝合金	$10^{-2}\sim10^{-3}$	高温合金	$10^{-2}\sim10^{-3}$
铜及铜合金	$5\times10^{-1}\sim5\times10^{-2}$	非金属及电真空器件	$10^{-3}\sim5\times10^{-4}$
钛及钛合金	$10^{-2}\sim5\times10^{-3}$	硬质合金、难熔金属及碳化物	$10^{-2}\sim10^{-3}$
碳钢、低合金钢、合金结构钢、工具钢	$10^{-1}\sim10^{-2}$	精密合金及磁性材料	$10^{-2}\sim5\times10^{-3}$
不锈钢	$5\times10^{-2}\sim8\times10^{-3}$	陶瓷、石墨、金刚石	$10^{-3}\sim5\times10^{-4}$

(2) 工作压力

工作压力也称热态真空度，其选择取决于钎料种类。在加热升温过程中，焊件、夹具、钎料均会放出大量气体，使冷态真空度不断变差，但在钎焊温度下，要求炉内真空度基本恢复到冷态真空度。但也有例外的，如铜基钎料中的铜，在 940℃时蒸气压为 1Pa，所以不允许工作压力小于 1Pa，为此可向炉中通入高纯氮气及氩气保持炉中的工作压力。

不同钎料钎焊时的工作压力见表 21-117。

表 21-117 不同钎料钎焊时的工作压力

钎料类型	工作压力/Pa	钎料类型	工作压力/Pa
铝基钎料	$5\times10^{-3}\sim10^{-3}$	金、钯、镍、钴基钎料	$10^{-2}\sim5\times10^{-3}$
铜基钎料	2～5	钛基钎料	$5\times10^{-3}\sim10^{-3}$
银基钎料	$5\times10^{-1}\sim10^{-1}$	锰基钎料	$1\sim10^{-1}$

(3) 钎焊时升温速率

母材升温速率应能保证放出的气体被抽走，同时要使组件受热均匀，以减少或防止组件骤热产生的应力而引起变形。确定升温速率应考虑的主要因素如下：

① 组件的材料、形状、结构和尺寸。对于铜及铜合金，要在 250～500℃之间以较快的速率加热；对于耐热合金或奥氏体不锈钢，要在其碳化物析出危险温度区内迅速加热；对于形状复杂及装配预应力较大的构件，要缓慢加热；对于厚大的部件，加热速率不宜过快。

② 钎料的类型及其结晶温度范围。若为纯金属钎料，加热速率可以快些；合金钎料，在熔化温度范围内要较快加热，以免钎料偏析而使液相线温度提高；当用膏状钎料时，在 500℃以下加热速率应该慢些，以免黏结剂剧烈挥发而引起钎料飞溅。然而不论使用何种钎料，在钎料固相线温度以下 50～100℃范围内，加热速率不宜过快，以保证钎料熔化时组件内外温度基本一致，使毛细作用能很好地发挥。在钎焊薄壁焊件时，为了防止母材金属被钎料熔蚀，在控制产生变形的前提下，加热速率也应尽可能快些。表 21-118 列出了常用金属组件真空钎焊时推荐的加热速率。

表 21-118 常用金属组件真空钎焊时推荐的加热速率 单位：℃/min

金属组件		中小较薄组件、低应力装配		大厚组件、高应力装配	
		不含黏结剂钎料	含黏结剂钎料	不含黏结剂钎料	含黏结剂钎料
铝及铝合金		6～8	4～5	4～5	3～4
铜及铜合金		5～10	5～6	5～8	5～6
钛及钛合金		6～8	5～6	6～7	4～6
碳钢及合金结构钢		10～15	6～8	8～12	6～8
不锈钢	沉淀硬化	8～15	5～6	5～7	5～6
	非沉淀硬化	6～10	6～8	5～6	4～5
高温合金	沉淀硬化	8～10	5～6	6～8	5～6
	非沉淀硬化	6～8	4～5	5～7	4～5
硬质合金及难熔金属		10～18	5～6	10～12	5～6
陶瓷、金刚石聚晶、石墨		12～20	5～6	10～15	5～6

(4) 稳定温度和保持时间

稳定温度和保持时间是指钎焊时，加热到接近钎料固相线附近的温度，并暂停加热，在此温度下，保持一定时间。目的是减小组件的温度梯度，使组件各部分的温度均匀。在钎焊不锈钢、耐热合金等导热性较差的组件时，如果把炉温从室温加热到钎焊温度，就会在组件各部位造成较大的温度差。此温差大小与组件材料种类、结构和壁厚有关。此时，外层钎料熔化后会沿着较高温度带流散；而接缝内由于温度较低，不能得到钎料良好填充，造成未钎透，降低接头质量。因此，必须根据组件的具体情况，正确地选择稳定温度和保持时间。

(5) 钎焊温度

钎焊温度应满足两个要求，其一要使钎料熔化，在毛细作用下填满接头间隙，并与母材产生冶金作用；其二能完成母材热处理中某一工序中温度要求，以提高接头性能。

通常钎焊温度应高于钎料液相温度线 30～100℃较好。但不同的钎料此值是不同的，钎料结晶温度范围越大，则钎焊温度高于钎料熔点越多。对于单元素钎料，高出熔点 30～70℃即可；对于多元合金钎料，必须高出液相线 60～120℃。

(6) 保温时间

保温时间与下列因素相关：

① 当钎料与母材的相互作用会产生强烈溶解，产生脆性相，并引起晶间渗入时，应尽量缩短保温时间；反之，钎料与母材之间相互扩散作用，有利于消除钎缝的脆性相及低熔共晶组织时，应增加保温时间。

② 工件尺寸、结构、钎缝间隙影响保温时间。通常大而厚的零件比薄而小的零件保温时间长；钎缝大的零件保温时间长；装炉量多保温时间长。

③ 焊件不大，且装炉量不多，一般钎焊保温时间为 5～10min。

(7) 冷却速率

冷却速率取决于下列因素：

① 钎料处于液态时，不要通气或开风扇冷却；

② 满足母材的热处理要求，如 1Cr18Ni9 为防止晶界析出碳化物，冷却速率要快些，采用风扇强迫冷却；

③ 对于薄、长和结构复杂的组件，冷却速率要慢。

(8) 出炉温度

一般不锈钢和耐热合金出炉温度低于 150℃；铝和铝合金为 300℃以下；碳素钢及合金结构钢为 100℃以下。

21.13.4 影响真空钎焊质量的重要因素

除工艺参数影响真空钎焊质量外，下列因素对钎焊质量影响也较大。

(1) 真空钎焊设备漏气率

当设备出现漏气时，在高温下零件及钎料会氧化。因而要定期检查设备的漏气率是否在允许的范围内，否则需要检修设备。

(2) 气体纯度

高纯氩气和氮气在钎焊时有两种作用，其一是作为强迫冷却介质；其二作为保护气体，纯度越高，含氧量越低，氧化可能性越小。否则高温下微量的氧也会使零件变色或氧化。通常使用的 Ar 或 N_2 的纯度为 99.999%，在此纯度下，有害气体氧和水汽含量均小于 5ppm（$1ppm=10^{-6}$）。

(3) 装配间隙

接头间隙直接决定了钎缝的致密性及强度。间隙过大，毛细作用减弱，钎料填满困难；间隙过小，同样妨碍钎料的填充。对于铜基钎料钎焊不锈钢件时，装配间隙为 0.03～

0.10mm。镍基钎料钎焊高温合金件时，装配间隙为0.013～0.076mm。

21.14 真空扩散焊

21.14.1 真空扩散焊原理

扩散焊是在真空或保护气体中，并在一定温度和压力下，使两工件表面微观凸凹不平处产生塑性变形，达到紧密接触，或通过待结合面的微量液相而扩大待结合面的物理接触，经一段保温时间，原子相互扩散使焊接区的成分和组织均匀化，而形成牢固冶金结合的一种固态焊接方法。

真空扩散焊接分三个阶段，如图21-24所示。三个阶段分别是：

① 微观不平面变平且形成交界面。在外加压力作用下，材料表面高温的微观凸凹不平产生塑性变形，使接触面积逐渐扩大，最终达到可靠的接触，见图21-24(b)。这个阶段两种材料的界面之间仍存有少量的空隙，但接触部分基本上是晶粒连接。

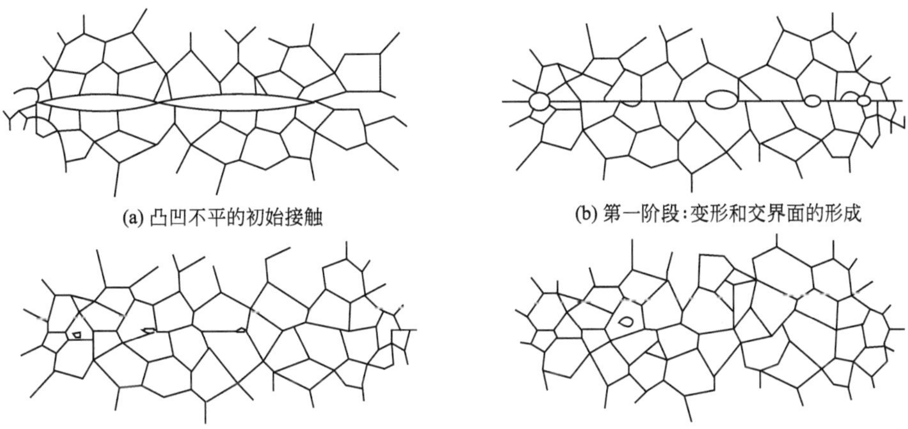

(a) 凸凹不平的初始接触

(b) 第一阶段：变形和交界面的形成

(c) 第二阶段：晶界迁移和微孔消除

(d) 第三阶段：体积扩散和微孔消除

图21-24 扩散焊接过程的三个阶段

② 接触界面原子间互相扩散，形成牢固的结合层，由于原子间互相扩散，使图21-24(b)的空隙大为减少，如图21-24(c)所示。

③ 界面接触部分形成结合层，使留下的空隙完全消失，形成牢固的接头。

真空扩散焊分两类。一类是不加钎料，预先将接头压合，然后加热，使母材界面之间原子产生互扩散，发生共晶反应，共晶成分扩散，液态变固态，形成冶金结合的钎缝。另一类是在接缝内预置钎料，或者采用喷涂、电镀、真空蒸发或溅射方法向接头施加金属材料，加热处于液相后，长时间扩散，由液相变为固相，可以完全或局部消除钎料层，得到显微组织、成分、性能等与母材相近的接头。

21.14.2 真空扩散焊的特点及应用

真空扩散焊接头的显微组织和性能，基本接近母材。钎缝强度好，工件变形小，可以获得性能优异的均质钎缝，解决了钛及钛合金、高温合金、难熔金属、石墨、陶瓷等材料的高强度结合的难题，满足了难施钎料的精密机构、高应力接头的特殊需要。是一种工艺适应性强、效率高的焊接方法。

真空扩散焊特点：

① 焊接接头的显微组织及性能，基本与母材相同。

② 焊接时工件变形小，精度高，可以实现精密装配连接。

③ 焊接接头截面大，可用于厚度差异较大的工件焊接。

④ 焊接参数易于控制，接头质量稳定，适于批量生产。

真空扩散焊应用范围很宽，可以焊接绝大多数金属和非金属，特别适于熔点高的材料，如钨、钼、铌、钽的焊接。可以实现金属与非金属之间的焊接。

21.14.3 真空扩散焊设备的构成

真空扩散焊设备主要由真空室、真空抽气系统、工件加热系统、工件加压系统，以及控制系统组成。其原理见图 21-25。

工件处于真空室中，先用真空抽气系统将真空室抽到工作真空度，再对工件加热、保温、加压，进行工件的焊接。真空扩散焊热态焊接时真空度需达到 $2\times10^{-3}\sim2\times10^{-5}$Pa。真空度越高，越有利于焊材表面杂质及氧化物分解、蒸发，有利于扩散。扩散焊工件加热方式有辐射加热、感应加热、接触加热、电子束加热、激光加热等。而加压系统压力在 1～100MPa 范围内。选择的加压手段有液压和机械加压。

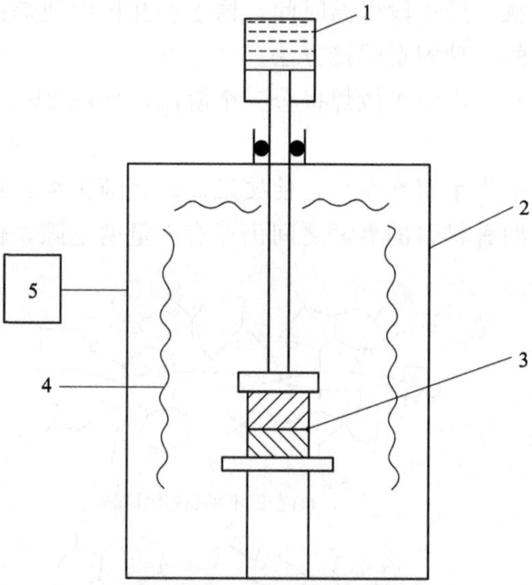

图 21-25 真空扩散焊设备原理
1—加压系统；2—真空室；3—工件；4—加热系统；5—真空抽气系统

21.14.4 各种材料扩散焊的可能性

各种材料组合采用扩散焊的可能性见表 21-119。

表 21-119 各种材料组合采用扩散焊的可能性

材料	Al	石墨	灰口铸铁	硬质合金	陶瓷	可伐合金	Cu	Mo	Ni	Nb	Ag	碳钢	高合金钢	Ti	W	锡青铜	Zr
Al	√					√	√		√			√	√				
石墨													√	√			
灰口铸铁			√									√					
硬质合金												√					
陶瓷							√							√			
可伐合金	√					√	√	√	√							√	
Cu	√				√	√	√	√	√			√		√			√
Mo						√	√	√				√	√				
Ni	√					√	√		√					√	√		
Nb										√							
Ag											√						

续表

材料	Al	石墨	灰口铸铁	硬质合金	陶瓷	可伐合金	Cu	Mo	Ni	Nb	Ag	碳钢	高合金钢	Ti	W	锡青铜	Zr
碳钢	√		√	√			√	√				**√**					
高合金钢	√	√						√					**√**	√			
Ti		√			√		√		√				√				
W									√						**√**		
锡青铜						√											
Zr							√										**√**

注：√为焊接性良好(**√**为同种金属焊接)；空白为焊接性差或无报道数据。

21.14.5 真空扩散焊钎料选择

真空扩散焊钎料选择，与一般钎焊相比，有两点特殊要求：其一是钎料中需含有一定量的降低钎料熔点的降熔元素，而降熔元素又易扩散到母材中，并被母材溶解；其二是降熔元素扩散或被溶解后，钎料强度和性能应满足使用要求。

真空扩散焊的钎料多为非晶态镍、钴基钎料，多为箔状，厚度为 20～30μm，厚度薄易保证焊件之间钎面贴紧，有利于向母材中扩散。

根据母材种类不同，选择钎料。钎料有镍基、钴基、钛基、钯基、铜基等。

根据母材推荐选用的钎料见表 21-120。

表 21-120　根据母材推荐选用的钎料

钎料种类	适用母材	使用温度/℃	备注
BNi80CrSiBCo	高温合金、石墨、难熔金属	800	接头常温下 σ_b>500MPa； τ>400MPa； 900℃下，σ_b>200MPa；
BNi78CrMoB BNi82CrB	高温合金	1000	
BCo47CrNiSiW	钴基高温合金	1000	
BTi70CuNi	钛、钛合金 陶瓷与钢异种焊接 陶瓷与难熔金属异种焊接	500	τ 为 150～550MPa 钎缝抗腐蚀性强
BNi66MnSiCu	镍基高温合金 镍与石墨或陶瓷异种焊接	650～815	

21.14.6 真空扩散焊重要工艺

真空扩散焊重要工艺如下：

① 焊前准备。焊前需设计接头形式，设计时主要考虑利用加压力。表面需清理，氧化物和加工硬化层用化学腐蚀方法除掉。表面油污用三氯乙烯、丙酮清洗，也可以真空中加热到 300℃除有机物。

② 中间层选择。在工件之间加中间层是异种材料焊接的重要手段。中间层一般选用低熔点的金属，如铜、镍、铝、银等。其厚度一般为几十微米，可以用金属箔，或用电镀及真空蒸镀得到应有厚度的中间层。

③ 阻焊剂选用。为防止压头与工件扩散粘接，需放置阻焊剂。阻焊剂熔点要高于工件的熔点或软化点；化学稳定性好；高温下放气少。一般选择耐高温的非金属材料及氧化

物作阻焊剂。

④ 钎缝间隙。真空扩散焊要求钎缝间隙很小，一般为0.02～0.05mm，在这种间隙下才能保证接头强度，间隙为0.02mm时，接头强度最好。间隙过大，钎缝中的脆性相难以消除。

⑤ 装配定位。可以采用自重或夹具定位，应确保工件之间的紧密配合。

⑥ 其他工艺参数。

a. 工作压力一般为10^{-2}～10^{-3}Pa；

b. 工件升温速率可适当加快，可以避免合金元素偏析；

c. 真空扩散焊的温度比真空钎焊温度稍低；

d. 保证有足够的扩散时间，扩散时间对钎缝组织影响十分明显；

e. 等温凝固完成后，可以直接充惰性气体，并用风扇搅拌冷却，气流不会对钎缝有影响。

加热温度、施加压力、保温时间是真空扩散焊三大重要参数。表21-121给出了异种材料焊接时三者的关系。

表21-121 一些常用异种材料组合扩散焊的工艺参数

被焊材料	中间层合金	加热温度/℃	保温时间/min	压力/MPa	保护气氛/Pa
Al+Cu	—	500	10	9.8	6.67×10^{-3}
Al+钢	—	460	1.5	1.9	1.33×10^{-2}
Al+Ni	—	450	4	15.4～36.2	—
Al+Zr	—	490	15	15.435	—
LF6(防锈铝)+不锈钢	—	550	15	13.7	1.33×10^{-2}
Mo+0.5Ti	Ti	915	20	70	—
Mo+Cu	—	900	10	72	—
Ti+Cu	—	860	15	4.9	—
Ti+不锈钢	—	770	10	—	—
Cu+低碳钢	—	850	10	4.9	—
可伐合金+青铜	—	950	10	6.8	1.33×10^{-3}
可伐合金+铜	—	850	10	4.9	—
硬质合金+钢	—	1100	6	9.8	1.33×10^{-2}
不锈钢+铜	—	970	20	13.7	—
TAl(纯钛)+95陶瓷	Al	900	20～30	9.8	$<1.33\times10^{-2}$
TC4钛合金+1Cr18Ni9Ti	V+Cu	900～950	20～30	5～10	1.33×10^{-3}
95陶瓷+Cu	—	950～970	15～20	7.8～11.8	6.67×10^{-3}
Al_2O_3陶瓷+Cu	Al	580	10	19.6	—
Al_2O_3+ZrO_2	Pt	1459	240	1	—
Al_2O_3+不锈钢	Al	550	30	50～100	—
Si_3N_4陶瓷+钢	Al-Si	550	30	60	—
Cu+316不锈钢	Cu	982	2	①	—

续表

被焊材料	中间层合金	加热温度/℃	保温时间/min	压力/MPa	保护气氛/Pa
Cu+(Nb-1%Zr)	Nb-1%Zr	982	240	①	—
434 钢+Inconel718	—	943	240	200	—
Ni200+Inconel600	—	927	180	6.9	—
(Nb-1%Zr)+316 不锈钢	Nb-1%Zr	982	240	①	—
ZrO_2+不锈钢	Pt	1130	240	1	—
QCr0.8+高 Cr-Ni 合金	—	900	10	1	—
QSn10-10+低碳钢	—	720	10	4.9	—

① 焊接压力借助差动热膨胀夹具施加。

21.15 异种材料的焊接

21.15.1 异种材料焊接影响因素

异种材料焊接影响因素有物理性能差异、结晶化学性能差异、材料表面状态不同等。

两种材料物理性能差异主要指熔化温度、热导率、线膨胀系数及电磁性能不同。焊接时由于熔化温度不同，造成熔化情况不一致，会给焊接造成一定的困难。材料的线膨胀系数差异较大时，使接头产生较大的残余应力及变形，易使焊缝及热影响区产生裂纹，影响强度及气密性。异种材料的电磁性能不同，焊接时电弧不稳定，影响焊缝的形成。

结晶化学性能的差异主要是指晶格的类型、晶格参数、原子半径、原子的外层电子结构等的差异，即通常所说的“冶金学上的不相容性”。两种被焊金属在冶金学上是否相容，取决于它们处在液态和固态时的互溶性，以及两种材料在焊接过程中是否产生金属间化合物（脆性相）。

在液态下，两种互不相溶的金属或合金，不能采用熔化焊的方法进行焊接，如铁与镁、铁与铅、铅与铜等。原因是这类异种材料组合，从熔化到冷凝过程中极易分层脱离而使焊接失败。只有在液态和固态下都具有良好互溶性的异种金属或合金，才能在熔焊时形成良好的焊接接头。

一般来说，当两种金属的晶格类型相同，晶格常数、原子半径相差不超过 10%～15%，电化学性能的差异不太大时，溶质原子能够连续固溶于溶剂，形成连续固溶体；否则易形成金属间化合物，使焊缝性能大幅度降低。研究表明能够形成连续固溶体的异种材料具有良好的焊接性。

多晶金属或合金在固溶体冷却过程中，产生的相变和组织转变会造成焊接冷裂纹。这类转变还伴随有晶格的明显畸变和体积的变化，如珠光体钢和马氏体钢中的马氏体转变，钛和钛合金中氢化物的转变。焊接异种材料时，材料线膨胀系数的差异和相变临界点的差别都受应力状态的影响。

为了改善异种材料的焊接性，对不能形成无限固溶体的异种金属和合金，可在被焊材料之间加入过渡层合金，所选择的过渡层合金，应该满足与两种被焊金属均能形成无限固溶体的要求。

材料表面氧化层、结晶表面层状态、吸附的氧离子，以及空气、水、油污、杂质等，都直接影响异种材料的焊接性，表面氧化膜和其他吸附物的存在给焊接带来极大的困难。

此外，焊接异种材料时，必定会产生一层成分、组织及性能与母材不同的过渡层，过渡层的性能会给焊接接头的性能带来重大的影响，处理好异种材料焊接的过渡层，对于获得满意的焊接质量至关重要。过大的熔合比，会增加焊缝金属的稀释率，使过渡层更为明显；焊缝金属与母材的化学成分相差越大，熔池内金属越不容易充分混合，过渡层越明显；熔池内金属液态存在的时间越长，越容易混合均匀。所以，焊接异种材料时需要采取相应的工艺措施来控制过渡层，以保证接头的性能。

21.15.2 性能相异的材料之间焊接难点

由于材料性能不同，焊接时出现的难点如下。

① 异种材料之间不能形成合金。如焊接铁与铅时，不仅两种材料在固态时不能相互溶解，而且在液态时彼此之间也不能相互溶解，液态金属呈层状分布，冷却后各自单独进行结晶。在这类异种材料的结合部位，不能形成任何中间相结构。

② 材料的线膨胀系数不同，容易引起不易消除的热应力，会产生很大的焊接变形。

③ 异种材料焊接过程中，由于金相组织的变化或生成新的组织，均可使焊接接头的性能恶化，给焊接带来很大的困难。

④ 异种材料焊接接头的熔合区和热影响区的力学性能较差，特别是塑性明显下降。

⑤ 由于接头韧性的下降及焊接应力的存在，焊接接头容易产生裂纹，尤其是焊接热影响区更容易产生裂纹，甚至发生断裂。

为了获得优质的异种材料焊接接头，焊接时应尽量缩短被焊材料在液态下停留的时间，以防止或减少生成金属间化合物。熔焊时，可以利用使热源更多地向熔点高的工件输入等方法来调节加热和接触时间；电阻焊时，可以采用截面和尺寸不同的电极，或者采用快速加热等方法来调节。焊接时要加强被焊材料保护，防止或减少周围空气的侵入。此外，采用中间过渡层或向焊缝中加入某些合金元素，以防止生成金属间化合物。

21.15.3 异种材料焊接选用的焊接方法

异种材料焊接的焊接方法有电弧焊、埋弧焊、钨极氩弧焊、熔化极氩弧焊、CO_2 气体保护焊、电子束焊、激光焊、电阻焊、钎焊、真空钎焊以及真空扩散焊。

21.15.3.1 异种材料手工电弧焊

异种材料手工电弧焊的关键是准确地选择焊条类型、合理的焊接工艺、正确的操作技术。异种材料接头组合手工电弧焊的可焊性见表 21-122。

表 21-122 异种材料接头组合手工电弧焊的可焊性

材料	锆	锡青铜	钨	钛	钽	高合金钢	碳素钢	银	铌	镍	钼	黄铜	锡	纯铜	锑	硬质合金	灰铸铁	钒	球墨铸铁	铅	铍	铝
锆	●										√	√										
锡青铜		●	√		√		√										√		√		√	√
钨		√	●	√		√				√												
钛			√	●		√				√	√	√			√			√	√		√	√

续表

材料	锆	锡青铜	钨	钛	钽	高合金钢	碳素钢	银	铌	镍	钼	黄铜	锡	纯铜	锑	硬质合金	灰铸铁	钒	球墨铸铁	铅	铍	铝
钽		√			●										√							
高合金钢		√		√		●	√		√		√	√		√		√	√	√	√		√	√
碳素钢							●	√														
银						√	√	●			√			√					√		√	√
铌			√	√					●	√		√			√			√	√		√	√
镍						√	√			●	√	√		√								
钼	√			√		√	√		√	√	●	√		√	√	√		√	√		√	√
黄铜												●	√									
锡		√								√	√	√	●	√	√				√			√
纯铜	√			√	√									●			√					
锑				√	√					√		√			●	√						
硬质合金						√	√					√				●						√
灰铸铁		√				√	√										●					
钒				√		√				√		√		√				●	√		√	
球墨铸铁		√				√	√		√										●			
铅																				●		
铍		√		√		√	√					√						√			●	
铝		√		√		√	√			√		√		√		√						●

注：√为焊接性良好；●为同种金属焊接；空白为焊接性差或无报道数据。

21.15.3.2 异种材料电子束焊

电子束焊热流密度高、温度高、焊缝很窄、热影响区小，特别适于制造薄壁的真空构件。电子束焊异种材料，有时会加入箔片作为过渡金属，见表21-123。异种材料接头组合电子束焊的可焊性见表21-124。

表 21-123 异种材料电子束焊时常用的过渡金属

被焊金属	过渡金属	被焊金属	过渡金属
Ni+Ta	Pt	钢+硬质合金	Co、Ni
Mo+钢	Ni	Al+Cu	Zn、Ag
铬镍钢+Ti	V	黄铜+Pb	Sn
铬镍钢+Zr	V	低合金钢+碳钢	10MnSi8

表 21-124 异种材料接头组合电子束焊的可焊性

材料	合金钢	铀	钒	锆	钨	钛	铱	钽	银	硅	铂	钯	镍	钼	镁	铁	锗	铜	铍	铝
合金钢	●																		√	
铀		●	√	√	√							√		√						√
钒		√	●	√										√			√			√

续表

材料	合金钢	铀	钒	锆	钨	钛	铱	钽	银	硅	铂	钯	镍	钼	镁	铁	锗	铜	铍	铝
锆			√	●	√						√			√			√	√		
钨		√		√	●						√	√						√		√
钛						●			√		√	√		√						
铱							●			√	√	√				√	√			
钽							√	●	√		√	√			√		√	√		
银						√		√	●		√	√			√	√				
硅							√			●				√		√				
铂				√	√	√	√	√	√		●			√	√		√		√	
钯		√			√	√	√	√	√			●		√	√		√	√	√	√
镍													●		√					√
钼		√	√	√		√				√	√	√		●			√	√	√	
镁								√	√		√	√	√		●	√	√		√	√
铁							√		√	√					√	●		√	√	
锗			√	√			√	√		√	√	√		√	√		●	√		
铜				√	√			√				√		√	√		√	●	√	√
铍	√										√	√		√	√	√		√	●	√
铝		√	√		√							√	√		√			√	√	●

注：√为焊接性良好；●为同种金属焊接；空白为焊接性差或无报道数据。

21.15.3.3 异种材料激光焊

激光焊适于超薄件、大厚件、难熔金属及有色金属的焊接。异种材料接头组合激光焊的可焊性见表 21-125。

表 21-125 异种材料接头组合激光焊的可焊性

材料	钴	锗	银	金	钛	钨	硅	镍	钽	铜	铁	钼	铝
钴	●			√									
锗		●		√				√					
银			●					√					
金	√	√		●			√	√					√
钛					●								
钨						●		√					√
硅				√			●			√			
镍		√	√	√		√		●	√	√			√
钽								√	●	√	√	√	
铜							√	√	√	●	√		
铁									√	√	●		
钼									√			●	
铝				√		√		√					●

注：√为焊接性良好；●为同种金属焊接；空白为焊接性差或无报道数据。

21.15.3.4 异种材料电阻焊

异种材料接头组合电阻焊的可焊性见表 21-126。

表 21-126 异种材料接头组合电阻焊的可焊性

材料	金	铝合金	铝	银	铁镍钴合金	铁镍合金	铁铬镍合金	铁铬合金	镀铬钢	镀锡钢	镀锌钢	钴钢	高强度钢	加热钢	酸洗钢	未氧化钢	纯铁
金	●				√	√											
铝合金		●				√										√	√
铝			●				√										
银				●		√		√	√	√	√			√	√	√	√
铁镍钴合金	√				●											√	√
铁镍合金	√	√		√		●			√	√	√			√	√	√	√
铁铬镍合金			√				●			√	√					√	√
铁铬合金				√				●			√			√	√	√	√
镀铬钢				√		√		√	●	√	√						
镀锡钢				√		√	√			●			√	√	√	√	√
镀锌钢				√		√	√	√	√		●			√	√	√	√
钴钢									√			●					
高强度钢									√	√			●			√	√
加热钢				√		√		√		√	√	√		●			
酸洗钢				√		√		√		√	√	√			●		√
未氧化钢										√	√	√	√			●	√
纯铁		√		√	√	√	√	√		√	√	√	√		√	√	●

注：√为焊接性良好；●为同种金属焊接；空白为焊接性差或无报道数据。

21.15.3.5 异种材料钎焊

钎焊很适于异种材料的焊接，其特点是：两种母材不熔化，只有钎料熔化，焊接温度低，工件变形小；焊接过程需外加钎料；对接头不施加压力；通过钎料和母材金属之间的金属原子进行相互扩散，达到焊接目的。适于各种异种金属、金属与非金属之间的焊接。

21.15.4 异种材料焊接母材分类

为了选择焊接材料、预热温度、回火温度方便，将母材分 14 类，见表 21-127。

表 21-127 焊接母材的分类

组织类型	类别	钢　号
珠光体钢	Ⅰ	低碳钢：Q195、Q215、Q235、Q255、08、10、15、20、25、破冰船用低温钢、20g、22g
	Ⅱ	中碳钢和低合金钢：Q275、Q295、Q345、15Mn、20Mn、25Mn、30Mn2、30、15Mn2、18MnSi、27SiMn、15Cr、20Cr、30Cr、10Mn2、20CrMnTi、20CrV
	Ⅲ	潜艇用低合金钢 AK25、AK17、AK28、AJ15
	Ⅳ	高强度中碳钢和低合金钢：35、40、45、50、55、35Mn、45Mn、50Mn、40Cr、45Cr、50Cr、35Mn2、40Mn2、45Mn2、50Mn2、30CrMnTi、40CrMn、35CrMn、40CrV、25CrMnSi、30CrMnSi、35CrMnSiA
	Ⅴ	铬钼热稳定钢：15CrMo、30CrMo、35CrMo、38CrMoAlA、12CrMo、20CrMo
	Ⅵ	铬钼钒、铬钼钨热稳定钢：20Cr3MoWVA、12Cr1MoV、25CrMoV

续表

组织类型	类别	钢号
铁素体、铁素体-马氏体钢	Ⅶ	高铬不锈钢：06Cr13、12Cr13、20Cr13、30Cr13
	Ⅷ	高铬耐酸耐热钢：Cr17①、Cr17Ti①、Cr25①、1Cr28①、14Cr17Ni2
	Ⅸ	高铬热强钢：14Cr11MoVNB、1Cr12WNiMoV①、14Cr11MoV
奥氏体、奥氏体-铁素体钢	Ⅹ	奥氏体耐酸钢：00Cr18Ni10①、06Cr19Ni10、12Cr18Ni9、17Cr18Ni9、0Cr18Ni9Ti①、1Cr18Ni9Ti①、1Cr18Ni11Nb①、Cr18Ni12Mo2Ti①、1Cr18Ni12Mo3Ti①
	Ⅺ	奥氏体高强度耐酸钢：0Cr18Ni12TiV①、Cr18Ni22W2Ti2①
	Ⅻ	奥氏体耐热钢：0Cr23Ni18①、Cr18Ni18①、Cr23Ni13①、0Cr20Ni14Si2①、Cr20Ni14Si2①
	XⅢ	奥氏体热强钢：45Cr14Ni14W2Mo、Cr16Ni15Mo3Nb①
	XⅣ	铁素体-奥氏体高强度耐酸钢：0Cr21Ni5Ti①、0Cr21Ni6Mo2Ti①、12Cr21Ni5Ti

① 不锈钢的牌号在 GB/T 20878—2007 中没有对应的新牌号，但实际生产中仍在使用。

21.15.5 异种材料电弧焊时焊材及预热温度回火温度的选择

21.15.5.1 珠光体异种钢

不同珠光体母材，电弧焊时要求的焊接材料不同，焊接时预热温度不同，焊接后的回火温度亦相异，见表 21-128。

表 21-128 不同珠光体异种钢焊条电弧焊的焊接材料、预热温度及焊后回火温度

钢材组合	焊接材料		预热温度/℃	回火温度/℃	其他要求
	牌号	型号①			
Ⅰ+Ⅰ	J421,J423 J422,J424	E4313,E4301 E4303,E4320	不预热或100～200	不回火或600～640	壁厚不小于 35mm 或要求保持机加工精度时必须回火，$\omega_c \leqslant 0.3\%$可不预热
	J426	E4316			
Ⅰ+Ⅱ	J427,J507	E4315,E5015			
Ⅰ+Ⅲ	J426,J427	E4316,E4315	150～250	640～660	
	A507	E1-16-25Mo6N-15 (E16-25MoN-××)	不预热	不回火	
Ⅰ+Ⅳ	J426,J427 J507	E4316,E4315 E5015	300～400	600～650	焊后立即进行热处理
	A407	E2-26-21-15(E310-××)	200～300	不回火	焊后无法进行热处理时采用
Ⅰ+Ⅴ	J426,J427 J507	E4316,E4315 E5015	不预热或150～250	640～670	工作温度在 450℃以下，$\omega_c \leqslant 0.3\%$不预热
Ⅰ+Ⅵ	R107	E5015-A1	250～350	670～690	工作温度≤400℃
Ⅱ+Ⅱ	J506,J507	E5016,E5015	不预热或100～200	600～650	—
Ⅱ+Ⅲ	J506,J507	E5016,E5015	150～250	640～660	—
	A507	E1-16-25Mo6N-15 (E16-25MoN-××)	不预热	不回火	—
Ⅱ+Ⅳ	J506,J507	E5016,E5015	300～400	600～650	焊后立即进行回火
	A407	E2-26-21-15(E310-××)	200～300	不回火	不能热处理情况下采用
Ⅱ+Ⅴ	J506,J507	E5016,E5015	不预热或150～250	640～670	工作温度≤400℃，$\omega_c \leqslant 0.3\%$，板厚$\delta \leqslant$ 35mm 不预热

续表

钢材组合	焊接材料		预热温度/℃	回火温度/℃	其他要求
	牌号	型号①			
Ⅱ+Ⅵ	R107	E5015-A1	250～350	670～690	工作温度≤350℃
Ⅲ+Ⅲ	A507	E1-16-25Mo6N-15 (E16-25MoN-××)	不预热或 150～200	不回火	—
Ⅲ+Ⅳ	A507	E1-16-25Mo6N-15 (E16-25MoN-××)	200～300	不回火	工作温度≤350℃
Ⅲ+Ⅴ	A507	E1-16-25Mo6N-15 (E16-25MoN-××)	不预热或 150～200	不回火	工作温度≤450℃，ω_c≤0.3%不预热
Ⅲ+Ⅵ	A507	E1-16-25Mo6N-15 (E16-25MoN-××)	不预热或 200～250	不回火	工作温度≤450℃，ω_c≤0.3%可不预热
Ⅳ+Ⅳ	J707，J607	E7015-D2，E6015-D1	300～400	600～650	焊后立即进行回火处理
	A407	E2-26-21-15(E310-××)	200～300	不回火	无法热处理时采用
Ⅳ+Ⅴ	J707	E7015-D2	300～400	640～670	工作温度≤400℃，焊后立即回火
	A507	E1-16-25Mo6N-15 (E16-25MoN-××)	200～300	不回火	无法热处理时采用，工作温度≤350℃
Ⅳ+Ⅵ	R107	E5015-A1	300～400	670～690	工作温度≤400℃
	A507	E1-16-25Mo6N-15 (E16-25MoN-××)	200～300	不回火	无法热处理时采用，工作温度≤380℃
Ⅴ+Ⅴ	R107，R407	E5015-A1，E6015-B3	不预热或 150～250	660～700	工作温度≤530℃，ω_c≤0.3%可不预热
	R207，R307	E5515-B1，E5515-B2			
Ⅴ+Ⅵ	R107，R207	E5015-A1，E5515-B1	250～350	700～720	工作温度500～520℃，焊后立即回火
	R307	E5515-B2			
Ⅵ+Ⅵ	R317	R5515-B2-V	250～350	720～750	工作温度≤550～560℃，焊后立即回火
	R207，R307	E5515-B1，E5515-B2			

① 括号内为GB/T 983—2012的型号。

21.15.5.2 铁素体高铬不锈钢之间焊接

不同铁素体高铬不锈钢焊条电弧焊的焊接材料、预热温度及焊后回火温度见表21-129。

表21-129 不同铁素体高铬不锈钢焊条电弧焊的焊接材料、预热温度及焊后回火温度

母材组合	焊接材料			预热温度/℃	焊后回火温度/℃	备注
	型号①		牌号			
Ⅵ+Ⅵ	E1-13-15	E410-15	G207	200～300	700～740	接头可在蒸馏水、弱腐蚀性介质、空气、水汽中使用，工作温度540℃，强度不降低，在650℃时热稳定性良好，焊后必须回火，但0Cr13可不回火
Ⅵ+Ⅷ	E1-13-15	E410-15	G207	200～300	700～740	
	E1-23-13-15	E309-15	A307	不预热或 150～200	不回火	焊件不能热处理时采用。焊缝不耐晶间腐蚀。用于无硫气相中，在650℃时性能稳定
Ⅵ+Ⅸ	E1-13-15	E410-15 E-11MoVNiW-××	G207 R817	350～400	700～740	焊后保温缓冷后立即回火处理
	E1-23-13-15	E309-15	A307	不预热或 150～200	不回火	—

续表

母材组合	焊接材料			预热温度/℃	焊后回火温度/℃	备注
	型号①		牌号			
Ⅷ+Ⅷ	E1-23-13-15	E309-15	A307	不预热或150～200	不回火	焊缝不耐晶间腐蚀，用于干燥侵蚀性介质
Ⅷ+Ⅸ	E0-17-15	E430-15 E-11MoVNiW-××	G307 R817	350～400	700～740	焊后保温缓冷后立即回火处理
	E1-23-13Mo2-16	E309Mo-16	A312	—	—	—

① 括号内为 GB/T 983—2012 的型号。

21.15.5.3 珠光体钢与铁素体高铬不锈钢的焊接

电弧焊时，珠光体钢与铁素体高铬不锈钢焊接材料、预热温度及焊后回火温度见表21-130。

表 21-130 珠光体钢与铁素体高铬不锈钢焊条电弧焊的焊接材料、预热温度及焊后回火温度

母材组合	焊接材料		预热温度/℃	焊后回火温度/℃	备注
	型号①	牌号			
Ⅰ+Ⅶ	E5503-B1，E5515-B1 E5515-B2	R202 R207，R307	300～400	650～680	工作温度在350℃以下，焊后必须立即回火
	E1-23-13-15(E309-××)	A307	150～200	不回火	焊后无法进行热处理时才采用
Ⅰ+Ⅷ	E1-23-13-15(E309-××)	A307	不预热		焊件不耐晶间腐蚀，不能受冲击载荷，不能用于侵蚀性液体介质
Ⅱ+Ⅶ	E5503-B1，E5515-B1 E5515-B2	R202 R207，R307	300～400	650～680	工作温度在350℃以下，焊后必须立即回火
	E1-23-13-15(E309-××)	A307	150～200	不回火	焊后无法进行热处理时才采用
Ⅱ+Ⅷ	E1-23-13-15(E309-××)	A307	不预热	—	焊件不耐晶间腐蚀，不能受冲击载荷，不能用于侵蚀性液体介质，焊后无法进行热处理时才采用
Ⅲ+Ⅶ	E1-16-25Mo6N-15 (E16-25MoN-××)	A507	150～200	—	焊后无法进行热处理时采用，工作温度在350℃以下
Ⅲ+Ⅶ	E1-16-25Mo6N-15 (E16-25MoN-××)	A507	不预热		焊缝不耐晶间腐蚀，不能在侵蚀性液体介质中使用，焊后无法进行热处理时采用
Ⅳ+Ⅵ	E5503-B1 E5515-B1	R202 R207	300～400	620～660	工作温度在350℃以下，焊后必须立即回火
Ⅳ+Ⅷ	E1-23-13-15(E309-××)	A307	250～350	不回火	焊缝不耐晶间腐蚀，不能在侵蚀性液体介质中使用，工作温度不超过350℃
Ⅴ+Ⅶ	E5515-B2	R307	300～400	680～700	工作温度不超过500℃，焊后立即回火
Ⅴ+Ⅷ	E1-23-13-15(E309-××)	A307	不预热或150～200	不回火	焊缝不耐晶间腐蚀，不能受冲击载荷，不能用于侵蚀性液体介质
Ⅵ+Ⅶ	E5515-B2 E5515-B2-V	R307 R317	300～400	720～750	工作温度不超过540℃，内部焊缝用E5515-B2焊接，而焊缝的表面层用E5515-B2-V覆盖，焊后必须立即回火
Ⅶ+Ⅷ	E1-23-13-15(E309-××)	A307	150～200	—	不回火
Ⅵ+Ⅸ	E2-11MoVNiW-15	R817，R827	350～400	720～750	—

① 括号内为 GB/T 983—2012 的型号。

21.15.6 异种钢材的气体保护焊焊材选择

21.15.6.1 珠光体异种钢焊接时的焊材

珠光体异种钢气体保护焊的焊接材料的选用及焊后热处理工艺见表 21-131。

表 21-131 不同珠光体异种钢气体保护焊的焊接材料的选用及焊后热处理工艺

母材组合	焊接方法	焊接材料		热处理工艺 /℃
		保护气体	焊丝	
Ⅰ+Ⅱ Ⅰ+Ⅲ	CO_2 保护焊	CO_2	ER49-1 (H08Mn2SiA)	预热 100～250 回火 600～650
	TIG 焊 MAG 焊	Ar+$O_2$1%～2%或 Ar+$CO_2$20%	H08A H08MnA	
Ⅰ+Ⅳ	CO_2 保护焊	CO_2	ER49-1 (H08Mn2SiA)	预热 200～250 回火 600～650
	TIG 焊 MAG 焊	Ar+$O_2$1%～2%或 Ar+$CO_2$20%	H08A H08MnA	
			H1Cr21Ni10Mn6	不预热、不回火
Ⅰ+Ⅴ	CO_2 保护焊	CO_2 或 CO_2+Ar	ER55-B2 H08CrMnSiMo GHS-CM	预热 200～250 回火 640～670
Ⅰ+Ⅵ	CO_2 保护焊	CO_2 或 CO_2+Ar	H08CrMnSiMo ER55-B2	
Ⅱ+Ⅲ	CO_2 保护焊	CO_2	ER49-1,ER50-2 ER50-3,GHS-50 PK-YJ507,YJ507-1	预热 150～250 回火 640～660
Ⅱ+Ⅳ	CO_2 保护焊	CO_2		预热 200～250 回火 600～650
	TIG 焊 MAG 焊	Ar+O_2 或 Ar+CO_2	H1Cr21Ni10Mn6	不预热、不回火
Ⅱ+Ⅴ	CO_2 保护焊	CO_2	ER49-1,ER50-2 ER50-3,GHS-50 PK-YJ507,YJ507	预热 200～250 回火 640～670
Ⅱ+Ⅵ	TIG 焊 MAG 焊	Ar+O_2 或 Ar+CO_2	ER55-B2-MnV H08CrMoVA	预热 200～250 回火 640～670
	CO_2 保护焊	CO_2	YR307-1	
Ⅲ+Ⅳ Ⅲ+Ⅴ Ⅲ+Ⅵ	CO_2 保护焊	CO_2	GHS-50,PK-YJ507 ER49-1,ER50-2,ER50-3	预热 200～250 回火 640～670
Ⅳ+Ⅴ Ⅳ+Ⅵ	TIG 焊 MAG 焊	Ar+$CO_2$20%	ER69-1 GHS-70	预热 200～250 回火 640～670
	CO_2 保护焊	CO_2	YJ707-1	
Ⅴ+Ⅵ	TIG 焊 MAG 焊	Ar+O_2 或 Ar+CO_2	H08CrMoA ER62-B3	预热 200～250 回火 700～720

注:1. 母材组合分类见表 21-127。
2. 保护气体中的百分数为体积分数。

21.15.6.2 铁素体高铬异种钢焊接时的焊材

铁素体高铬异种钢气体保护焊的焊接材料选择，以及焊接时预热温度与焊后回火温度见表 21-132。

表 21-132　不同铁素体高铬异种钢气体保护焊的焊接材料的选用、预热温度及焊后回火温度

母材组合	焊接方法	焊接材料		预热温度/℃	焊后回火温度/℃
		保护气体	焊丝		
Ⅶ＋Ⅷ	TIG 焊 MIG 焊	Ar	H1Cr13	200～300	700～740
			H0Cr24Ni13，H1Cr24Ni13	不预热	不回火
Ⅶ＋Ⅸ	TIG 焊 MIG 焊	Ar	H0Cr24Ni13，H1Cr24Ni13	不预热	不回火
			H1Cr13	350～400	700～740
Ⅷ＋Ⅸ	TIG 焊 MIG 焊	Ar	H1Cr24Ni13Mo2	不预热	不回火

21.15.6.3　珠光体钢与铁素体高铬钢焊接时的焊材

珠光体钢与铁素体高铬钢进行气体保护焊接时，所选用的焊接材料、预热温度，以及焊后回火温度见表 21-133。

表 21-133　珠光体钢与铁素体高铬钢异种钢气体保护焊的焊接材料的选用、预热温度及焊后回火温度

母材组合	焊接方法	焊接材料		预热温度/℃	焊后回火温度/℃
		保护气体	焊丝		
Ⅰ＋Ⅶ Ⅱ＋Ⅶ	TIG，MIG	Ar	H1Cr13，H0Cr14	200～300	650～680
			H0Cr24Ni13，H1Cr24Ni13	不预热	不回火
Ⅰ＋Ⅷ	TIG，MIG	Ar	H1Cr17	200～300	650～680
			H0Cr24Ni13，H1Cr24Ni13	不预热	不回火
Ⅱ＋Ⅷ	TIG，MIG	Ar	H0Cr24Ni13，H1Cr24Ni13	不预热	不回火
Ⅲ＋Ⅷ	TIG，MIG	Ar	H0Cr19Ni12Mo2，H0Cr18Ni12Mo2	不预热	不回火
Ⅳ＋Ⅶ	CO_2 保护焊	CO_2	H08CrMnSiMo，GHS-CM	200～300	620～660
Ⅳ＋Ⅷ Ⅴ＋Ⅶ	TIG，MIG	Ar	H0Cr24Ni13，H1Cr24Ni13	不预热	不回火
Ⅴ＋Ⅶ	CO_2 保护焊	CO_2	GHS-CM，YR307-1	200～300	680～700
Ⅵ＋Ⅶ	CO_2 保护焊	CO_2 或 CO_2＋Ar	GHS-CM，YR307-1，H08CrMnSiMoVA	350～400	720～750
Ⅵ＋Ⅷ	TIG MIG	Ar	H0Cr24Ni13，H1Cr24Ni13	不预热	不回火

21.15.7　奥氏体不锈钢与珠光体耐热钢焊接时焊材选择

奥氏体不锈钢与珠光体耐热钢焊接时，焊条的选择，以及焊前预热温度和焊后回火温度见表 21-134。

21.15.8　铜与铝的钎焊

在真空与低温技术领域有时会遇到铝与铜的焊接问题，由于两者熔点差异较大，铝为 660℃，铜为 1083℃。一般用钎焊方法，可以得到满意的接头。

钎焊铝和铜的钎料化学成分及工作温度见表 21-135。

钎焊铝和铜的钎剂化学成分及工作温度见表 21-136。

表 21-134　奥氏体不锈钢与珠光体耐热钢的焊条、焊前预热温度及焊后回火温度的选择

母材组合	焊条 型号[①]	焊条 牌号	焊前预热温度/℃	焊后回火温度/℃	备注
Ⅰ+Ⅹ	E2-26-21-15(E310-××)	A402	不预热	不回火	不耐晶间腐蚀，工作温度不超过 350℃
	E1-16-25Mo6N-15(E16-25MoN-××)	A507			不耐晶间腐蚀，工作温度不超过 450℃
Ⅰ+Ⅺ	E1-16-25Mo6N-15(E16-25MoN-××)	A507			不耐晶间腐蚀，工作温度不超过 350℃
Ⅰ+ⅩⅢ	E1-16-25Mo6N-15(E16-25MoN-××)	A507			不得在含硫气体中工作，工作温度不超过 450℃
	AWS ENiCrFe-1	Ni307			用来覆盖 A507 焊缝，可耐晶间腐蚀
Ⅰ+ⅩⅣ	E1-16-25Mo6N-15(E16-25MoN-××)	A507			不耐晶间腐蚀，工作温度不超过 350℃
Ⅱ+Ⅹ	E2-26-21-15(E310-××)	A402			不耐晶间腐蚀，工作温度不超过 350℃
	E1-16-25Mo6N-15(E16-25MoN-××)	A507			不耐晶间腐蚀，工作温度不超过 450℃
Ⅱ+ⅩⅢ	E1-16-25Mo6N-15(E16-25MoN-××)	A507			工作温度不超过 450℃
	AWS ENiCrFe-1	Ni307			在淬火珠光体钢坡口上堆焊过渡层
Ⅱ+ⅩⅣ	E1-16-25Mo6N-15(E16-25MoN-××)	A507			不耐晶间腐蚀，工作温度不超过 300℃
Ⅲ+Ⅹ					不耐晶间腐蚀，工作温度不超过 500℃
Ⅲ+ⅩⅢ	E1-16-25Mo6N-15(E16-25MoN-15)	A507			不耐晶间腐蚀，工作温度不超过 500℃
Ⅲ+ⅩⅣ					不耐晶间腐蚀，工作温度不超过 300℃
Ⅳ+Ⅹ			200～300		不耐晶间腐蚀，工作温度不超过 450℃
Ⅳ+Ⅺ	AWS ENiCrFe-1	Ni307			在淬火珠光体钢坡口上堆焊过渡层
Ⅳ+ⅩⅢ	E1-16-25Mo6N-15(E16-25MoN-××)	A507	200～300	不回火	不耐晶间腐蚀，工作温度不超过 450℃
	AWSENiCrFe-1	Ni307			在淬火珠光体钢坡口上堆焊过渡层
Ⅳ+ⅩⅣ	E1-16-25Mo6N-15(E16-25MoN-××)	A507			不耐晶间腐蚀，工作温度不超过 300℃
	AWSENiCrFe-1	Ni307		不回火线 720～750	在淬火珠光体钢坡口上堆焊过渡层
Ⅴ+Ⅹ	E1-23-13-15(E309-××)	A307	不预热或 200～300	不回火	工作温度不超过 400℃，含碳量小于 0.3%者，焊前可不预热
	E1-16-25Mo6N-15(E16-25MoN-××)	A507			工作温度不超过 450℃，含碳量小于 0.3%者，焊前可不预热
Ⅴ+Ⅺ	AWS ENiCrFe-1	Ni307			用于珠光体钢坡口上堆焊过渡层，工作温度不超过 500℃

续表

母材组合	焊条		焊前预热温度/℃	焊后回火温度/℃	备注
	型号①	牌号			
Ⅴ+ⅩⅢ	E1-23-13-15(E309-××)	A307	不预热或200～300	不回火	不耐硫腐蚀，工作温度不超过450℃
	E1-16-25Mo6N-15(E16-25MoN-××)	A507			不耐硫腐蚀，工作温度不超过500℃
	AWS ENiCrFe-1	Ni307			工作温度不超过550℃，在珠光体钢坡口上堆焊过渡层
Ⅴ+ⅩⅣ	E1-16-25Mo6N-15(E16-25MoN-××)	A507			不耐晶间腐蚀，工作温度不超过350℃
Ⅵ+Ⅹ或Ⅵ+Ⅺ	E1-23-13-15(E309-××)	A307			不耐晶间腐蚀，工作温度不超过520℃，含碳量小于0.3%可不预热
	E1-16-25Mo6N-15(E16-25MoN-××)	A507			不耐晶间腐蚀，工作温度不超过550℃，含碳量小于0.3%时可不预热
	AWS ENiCrFe-1	Ni307			工作温度不超过570℃，用来堆焊珠光体钢坡口上的过渡层
Ⅵ+ⅩⅢ	E1-23-13-15(E309-××)	A307	不预热或200～300	不回火	不耐晶间腐蚀，工作温度不超过520℃，含碳量小于0.3%时可不预热
	E1-16-25Mo6N-15(E16-25MoN-××)	A507			工作温度不超过550℃
	AWS ENiCrFe-1	Ni307			工作温度不超过570℃，用来堆焊珠光体钢坡口上的过渡层
Ⅵ+ⅩⅣ	E1-16-25Mo6N-15(E16-25MoN-××)	A507			不耐晶间腐蚀，工作温度不超过300℃

① 括号内为GB/T 983—2012的型号。

注：1. 母材组合分类见表21-127。

2. Ni307是我国镍铬耐热耐蚀合金焊条，$\omega_{Ni}\approx70\%$，$\omega_{Cr}\approx15\%$。

表21-135　钎焊铝和铜的钎料化学成分及工作温度

钎料的化学成分(质量分数)/%						熔点(工作温度)/℃	钎剂	钎料
Zn	Al	Cu	Sn	Pb	Cd			
50	—	—	29	—	21	335	QJ203	—
58	—	2	40	—	—	200～350		501
60	—	—	—	—	40	266～335	QJ203	502
95	5	—	—	—	—	382(460)	Cu-Al钎剂	—
92	4.8	3.2	—	—	—	380～450		—
10	—	—	90	—	—	(270～290)		—
20	—	—	80	—	—	(270～290)		—
99	—	—	—	1	—	417		—

表21-136　钎焊铝和铜的钎剂化学成分及工作温度

钎剂的化学成分(质量分数)/%								熔点/℃
LiCl	KCl	NaCl	LiF	KF	NaF	ZnCl	NH_4Cl	
25～35	余	—	—	8～12	—	8～15		420

续表

钎剂的化学成分(质量分数)/%								熔点/℃
LiCl	KCl	NaCl	LiF	KF	NaF	ZnCl	NH_4Cl	
—	—	—	—	—	5	95		390
16	31	6	—	—	5	37	58	470
—	—	$SnCl_2$28	—	—	2	55	NH_4Br15	160
—	—	—	—	—	2	88	10	200～220
—	—	10	—	—	—	65	25	200～220

21.15.9 铜与钼的焊接

钼是难熔金属，熔点可达2625℃，在真空炉及电真空器件中，常与铜引线焊接。钼化学性质活泼，不宜在空气中施焊。钼与铜焊接时，易产生氧化、气孔、裂纹，接头变脆，用熔化焊得不到满意的接头，一般采用真空扩散焊。焊接时采用Ni作中间层。因为Ni与Mo能形成固溶体，Ni与Cu也能形成固溶体。表21-137给出了用Ni作中间层的铜-钼真空扩散焊的焊接参数。

表21-137 用Ni作中间层时铜与钼真空扩散焊的焊接参数

材料	中间层	加热温度/℃	焊接时间/min	压力/MPa	真空度/MPa
Cu+Mo	Ni	800	10	14.7	1.3332×10^{-7}
Cu+Mo	Ni	850	15	19.6	1.3332×10^{-8}
Cu+Mo	Ni	900	15	19.6	1.3332×10^{-7}
Cu+Mo	Ni	950	10	22.75	1.3332×10^{-8}

为了得到Ni中间层，也可以在Mo表面镀一层厚为7～14μm的Ni层，然后使Ni层与铜之间进行真空扩散焊。焊接参数见表21-138。

表21-138 用Ni作镀层的铜与钼真空扩散焊的焊接参数

材料	中间层	加热温度/℃	焊接时间/min	压力/MPa	真空度/MPa
Cu+Mo	Ni	800	10	9.8	1.3332×10^{-7}
Cu+Mo	Ni	850	15	14.7	1.3332×10^{-7}
Cu+Mo	Ni	900	20	14.7	1.3332×10^{-8}
Cu+Mo	Ni	950	20	15.6	1.3332×10^{-8}
Cu+Mo	Ni	1050	20	15.6	1.3332×10^{-9}

21.15.10 铜与钨的焊接

铜与钨的熔点及热导率相差很大，熔化焊是不可能的，即使用钎焊及扩散焊都达不到与铜材相应的强度。用真空扩散焊能获得满意的接头。

钨与铜之间可以直接进行真空扩散焊，或者电镀厚10～14μm的Ni层作为中间层进行真空扩散焊。表21-139给出了铜与钨真空扩散焊的焊接参数。

表 21-139　铜与钨真空扩散焊的焊接参数

材料	中间层	加热温度/℃	焊接时间/min	压力/MPa	真空度/MPa
Cu+W	无	800	25	15.68	1.3332×10^{-8}
Cu+W	无	850	25	14.74	1.3332×10^{-8}
Cu+W	无	900	30	19.60	1.3332×10^{-8}
Cu+W	Ni	950	40	21.56	1.3332×10^{-8}
Cu+W	Ni	950	30	19.60	1.3332×10^{-8}
Cu+W	Ni	950	25	21.56	1.3332×10^{-8}

21.15.11　钼与钨的焊接

钼与钨之间常用真空扩散焊焊接。可以用中间层，也可以不用中间层。表 21-140 给出了钼与钨真空扩散焊的焊接参数。

表 21-140　钼与钨的真空扩散焊焊接参数

材料	中间层	加热温度/℃	焊接时间/min	压力/MPa	真空度/MPa
W+Mo	无	1600	15	19.60	1.3332×10^{-8}
W+Mo	无	1900	20	39.20	1.3332×10^{-8}
W+Mo	Re	1700	5	88.20	1.3332×10^{-8}
W+Mo	Re	1800	5	78.40	1.3332×10^{-8}
W+Mo	Re	1900	5	68.60	1.3332×10^{-8}
W+Mo	Ta	1900	20	19.20	1.3332×10^{-9}
W+Mo	Ta	1900	60	19.20	1.3332×10^{-9}
W+Mo	Mo	1900	15	39.20	1.3332×10^{-9}
W+Mo	Mo	1900	60	19.60	1.3332×10^{-9}

21.16　金属与陶瓷的焊接

21.16.1　陶瓷的一般特性

在真空技术中经常使用金属与陶瓷封接件，用于电引线、信号测量线等。

陶瓷材料与金属材料在物理性能、化学性能、力学性能上均有较大区别。其性能特点是：

① 陶瓷的线膨胀系数小，在 $6\times10^{-6}\sim12\times10^{-6}K^{-1}$ 之间；而金属材料在 $18\times10^{-6}\sim24\times10^{-6}K^{-1}$ 范围内。金属与陶瓷焊接时，需注意这一特性。

② 陶瓷的熔点很高，在 2000～2500℃时仍保持其固有强度。而大多数金属，当温度超过 1000℃时，就会失去原有的强度。

③ 陶瓷是传统的绝缘材料，隔热性能亦较好。其电阻率高达 $10^{13}\Omega\cdot cm$。

④ 陶瓷化学性能稳定，抗酸、碱、盐能力强。抗氧化能力也强，在 1000℃高温下，也不会氧化。

⑤ 陶瓷材料多为离子键晶体或共价键晶体结构，多晶体陶瓷的滑移系很少，受外力

不会发生塑性变形，常常会产生脆性断裂，抗冲击能力较差。抗拉伸、弯曲能力差，抗压能力强。

陶瓷材料脆硬，熔点比金属高，线膨胀系数与金属差异较大。因而与金属的焊接性能很差，焊接时母材易开裂。为防止开裂，一般采用钎焊、真空扩散焊及电子束焊进行焊接，可以得到气密性很好的陶瓷与金属的焊件。

几种常用氧化物陶瓷的化学组成见表 21-141。

几种氧化物陶瓷的物理性能见表 21-142。

表 21-141　几种常用氧化物陶瓷的化学组成

材料	75%氧化铝陶瓷	95%氧化铝陶瓷	99%氧化铝陶瓷	滑石陶瓷	镁橄榄石陶瓷
SiO_2	14.25	2.50	0.30	54.72	44.50
Al_2O_3	73.83	94.70	99.28	1.90	5.10
TiO_2	0.25	痕	痕	0.003	0.10
Fe_2O_3	0.38	0.10	0.14	0.43	0.20
CaO	1.85	2.50	痕	0.005	—
MgO	0.65	痕	0.37	27.90	49.70
BaO	3.13	—	—	6.28	—
ZrO_2	—	—	—	3.80	—

表 21-142　几种氧化物陶瓷的物理性能

性能		氧化铝			氧化铍 (BeO)	氧化锆 (ZrO_2)	氧化镁 (MgO)	镁橄榄石 ($2MgO\cdot SiO_2$)
		75% Al_2O_3	95% Al_2O_3	99% Al_2O_3				
熔点(分解点)/℃		—	—	2025	2570	2550	2800	1885
密度/$g\cdot cm^{-3}$		3.2～3.4	3.5	3.9	2.8	3.5	3.56	2.8
弹性模量/GPa		304	304	382	294	205	345	—
抗压强度/MPa		1200	2000	2500	1472	2060	850	579
抗弯强度/MPa		250～300	280～350	370～450	172	650	140	137
线膨胀系数/$10^{-6}\cdot K^{-1}$	25～300℃	6.6	6.7	6.8	6.8	≥10	≥10	10
	25～700℃	7.6	7.7	8.0	8.4	—	—	12
热导率 /$W\cdot(cm\cdot K)^{-1}$	25℃	—	0.218	0.314	1.592	0.0195	0.419	0.034
	300℃	—	0.126	0.159	0.838	0.0205	—	—
电阻率/$\Omega\cdot cm$		$>10^{13}$	$>10^{13}$	$>10^{14}$	$>10^{14}$	$>10^{14}$	$>10^{14}$	$>10^{14}$
相对介电常数/MHz		8.5	9.5	9.35	6.5	—	8.9	6
介电强度/$kV\cdot mm^{-1}$		25～30	15～18	25～30	15	—	14	13

21.16.2 钎焊

钎焊是金属与陶瓷焊接的成熟方法。陶瓷与金属在物理、化学性质上差异很大，在钎焊时，必须采取特殊的工艺措施，使金属能润湿陶瓷，并与其发生化学反应，进而形成良好的结合。陶瓷与金属钎焊，陶瓷需作金属化处理，常用有两种方法，即 Mo-Mn 金属化法与活性金属法。

21.16.2.1 陶瓷Mo-Mn金属化法

陶瓷金属化法工艺过程：

① 配制金属化膏。钼粉中加入10%～25%锰粉，添入适量的硝棉溶液、醋酸戊酯及丙酮配成金属化膏。

② 金属化膏涂在陶瓷材料钎焊接头表面，放进氢气炉中烧结。涂覆厚度、烧结温度及保温时间见表21-143。

表21-143 常用的Mo-Mn法金属化配方和烧结工艺参数

序号	配方组成/%								适用陶瓷	涂层厚度/μm	金属化温度/℃	保温时间/min
	Mo	Mn	MnO	Al_2O_3	SiO_2	CaO	MgO	Fe_2O_3				
1	80	20	—	—	—	—	—	—	75% Al_2O_3	30～40	1350	30～60
2	45	—	18.2	20.9	12.1	2.2	1.1	0.5	95% Al_2O_3	60～70	1470	60
3	65	17.5	95% Al_2O_3 粉 17.5						95% Al_2O_3	35～45	1550	60
4	59.5	—	17.9	12.9	7.9	1.8 ($CaCO_3$)	—	—	95% Al_2O_3 (Mg-Al-Si)	60～80	1510	50
5	50	—	17.5	19.5	11.5	1.5	—	—	透明刚玉	50～60	1400～1500	40
6	70	9	—	12	8	1	—	—	99% BeO	40～50	1400	30
									95% Al_2O_3		1500	60

③ 镀镍厚度6μm左右，镀后再放氢气炉中烧，温度控制到1000℃左右，时间为15～25min。

金属化后，即可与金属进行钎焊了。常用银基钎料，应用最广的是BAg72Cu。其他常用钎料见表21-144。

表21-144 陶瓷与金属连接常用的钎料

钎料	成分/%	熔点/℃	流点/℃	钎料	成分/%	熔点/℃	流点/℃
Cu	100	1083	1083	Ag-Cu	Ag50,Cu50	779	850
Ag	>99.99	960.5	960.5	Ag-Cu-Pd	Ag58,Cu32,Pd10	824	852
Au-Ni	Au82.5,Ni17.5	950	950	Au-Ag-Cu	Au60,Ag20,Cu20	835	845
Cu-Ge	Ge12,Ni0.25,Cu余量	850	965	Ag-Cu	Ag72,Cu28	779	779
Ag-Cu-Pd	Ag65,Cu20,Pd15	852	898	Ag-Cu-In	Ag63,Cu72,In10	685	710
Ag-Cu	Ag80,Cu20	889	889				

除此之外，还可以利用真空中蒸发镀膜、溅射镀膜、离子镀膜手段使陶瓷表面金属化。

21.16.2.2 活性金属法

活性金属法，即利用化学性能活泼的金属作为钎料，无需金属化层，直接钎焊。常用活性元素有钛、锆、铜、镍等。用于直接钎焊陶瓷的高温活性钎料见表21-145。钎焊时，需在真空下或保护气体中进行，以避免接头氧化。

表21-145 用于直接钎焊陶瓷的高温活性钎料

钎料	熔化温度/℃	钎焊温度/℃	用途及接头性能
92Ti-8Cu	790	820～900	陶瓷-金属的连接
75Ti-25Cu	870	900～950	陶瓷-金属

续表

钎料	熔化温度/℃	钎焊温度/℃	用途及接头性能
72Ti-28Ni	942	1140	陶瓷-陶瓷，陶瓷-石墨，陶瓷-金属
50Ti-50Cu	960	980～1050	陶瓷-金属的连接
7Ti-93(BAg72Cu)	779	820～850	陶瓷-钛的连接
5Ti-68Cu-26Ag	779	820～850	陶瓷-钛的连接
100Ge	937	1180	自粘接碳化硅-金属(σ_b=400MPa)
49Ti-49Cu-2Be	—	980	陶瓷-金属的连接
48Ti-48Zr-4Be	—	1050	陶瓷-金属
68Ti-28Ag-4Be	—	1040	陶瓷-金属
85Nb-15Ni	—	1500～1675	陶瓷-铌(σ_b=145MPa)
47.5Ti-47.5Zr-5Ta	—	1650～2100	陶瓷-钽
54Ti-25Cr-21V	—	1550～1650	陶瓷-陶瓷，陶瓷-石墨，陶瓷-金属
75Zr-19Nb-6Be	—	1050	陶瓷-金属
56Zr-28V-16Ti	—	1250	陶瓷-金属
83Ni-17Fe	—	1500～1675	陶瓷-钽(σ_b=140MPa)

21.16.3 真空扩散焊

陶瓷与金属之间连接，采用真空扩散焊，在焊接技术领域具有明显的优越性。如焊接接头质量好；焊件变形小；工艺过程稳定；工艺参数易控制等，以及易实现高熔点陶瓷与金属的连接，特别适宜难熔金属及活泼金属与陶瓷的连接。

陶瓷与金属进行真空扩散焊主要工艺参数有温度、保温时间、压力。通常加热温度应达到金属熔点的90%以上。提高焊接温度，一般会提高接头强度。保温时间要适宜，有些陶瓷保温时间长，接头强度随之提高；有些陶瓷与金属连接接头，有最佳保温时间值，过长反而使接头强度下降。

扩散焊接过程中施加压力的目的：

① 使接触表面产生塑性变形，减小表面不平整；

② 由于塑性变形，可以破坏表面氧化层，有利于原子之间的扩散；

③ 两个表面接触紧密，为原子之间扩散形成必要条件，有利于提高接头的强度。

表21-146给出了各种陶瓷材料组合扩散焊的工艺参数及强度性能。

表21-147给出了各种氧化铝（Al_2O_3）陶瓷与不同金属扩散焊条件及接头强度。

表21-146 各种陶瓷材料组合扩散焊的工艺参数及强度性能

连接材料	温度/℃	时间/min	压力/MPa	中间层及厚度	环境气氛	强度/MPa
Al_2O_3-Ni	1350	20	100	—	H_2	200^b(A)
Al_2O_3-Pt	1550	1.7～20	0.03～10	—	H_2	200～250(A)
Al_2O_3-Al	600	1.7～5	7.5～15	—	H_2	95(A)
Al_2O_3-Cu	1025～1050	155	1.5～5	—	H_2	153^b(A)
Al_2O_3-Cu_4Ti	800	20	50	—	真空	45^b(T)
Al_2O_3-Fe	1375	1.7～6	0.7～10	—	H_2	220～231(A)
Al_2O_3-低碳钢	1450	120	<1	Co	真空	3～4(S)
	1450	240	<1	Ni	真空	0(S)

续表

连接材料	温度/℃	时间/min	压力/MPa	中间层及厚度	环境气氛	强度/MPa
Al_2O_3-高合金钢	625	30	50	0.5mmAl	真空	41.5^b(T)
Al_2O_3-Cr	1100	15	120	—	真空	57～90^b(S)
Al_2O_3-Cu-Al_2O_3	1025	15	50	—	真空	177(B)
	1000	120	6	—	真空	50(S)
Al_2O_3-Ni-Al_2O_3	1350	30	50	—	真空	149(B)
	1250	60	15～20	—	真空	75～80(T)
Al_2O_3-Fe-Al_2O_3	1375	2	50	—	真空	50(B)
Al_2O_3-Ag-Al_2O_3	900	120	6	—	真空	68(S)
Si_3N_4-Invar	727～877	7	0～0.15	0.5mmAl	空气	110～200(A)
Si_3N_4-Si_3N_4	1550	40～60	0～1.5	ZrO_2	真空	175(B)
	1500	60	21	无	1MPa 氮气	380(A)(室温)～230(A)(1000℃)
	1500	60	21	无	0.1MPa 氮气	220(A)(室温)～135(A)(1001℃)
Si_3N_4-WC/Co	610	30	5	Al	真空	208^b(A)
	610	30	5	Al-Si	真空	50^b(A)
	1050～1100	180～360	3～5	Fe-Ni-Cr	真空	>90(A)
Si_3N_4-Al-Si_3N_4	630	300	4	—	真空	100(S)
Si_3N_4-Ni-Si_3N_4	1150	0～300	6～10	—	真空	20(S)
SiC-Nb	1400	30	1.96	—	真空	87(S)
SiC-Nb-SiC	1400	600	—	—	真空	187(室温) >100(800℃)
SiC-Nb-SUS304	1400	60	—	—	真空	125
SiC-SUS304	800～1517	30～180	—	—	真空	0～40
AlN-AlN	1300	90	—	25μmV	真空	120(S)
ZrO_2-Si_3N_4	1000～1100	90	>14	>0.2mmNi	真空	57(S)
ZrO_2-Cu-ZrO_2	1000	120	6	—	真空	97(T)
ZrO_2-ZrO_2	1100	60	10	0.1mmNi	真空	150(A)
	900	60	10	0.1mmCu	真空	240(A)
94%Al_2O_3-Cu	1050	50～60	10～12	—	真空	230(B)
Al_2O_3-Nb	1600	60	8.8	—	真空	120(B)
BeO-Cu	250～450	10	10～15	Ag25μm	真空	—
Si_3N_4-钢	610	30	10	Al-Si/Al/Al-Si	真空	200(B)

注：强度值后面括号中的字母代表各种性能试验方法：A代表四点弯曲试验，B代表三点弯曲试验，T代表拉伸试验，S代表剪切试验；上标b代表最大值。

陶瓷与金属直接用扩散焊接有困难时，可以采用中间层的方法，如陶瓷与Fe-Ni-Co合金焊接时，可以加入20μm的铜箔作为过渡层。过渡层可以用金属箔，也可以选择用真空蒸发镀、溅射镀、离子镀得到过渡层。

表 21-147　各种 Al_2O_3 陶瓷与不同金属扩散焊条件及接头强度

陶瓷-金属组合		环境气氛	加热温度/℃	抗弯强度/MPa
95%氧化铝瓷（含 MnO）	Fe-Ni-Co	H_2	1200	100
	Fe-Ni-Co	真空	1200	120
	不锈钢	H_2	1200	100
	不锈钢	真空	1200	200
	Ti	真空	1100	140
	Ti-Mo	真空	1100	100
72%氧化铝瓷	Fe-Ni-Co	H_2	1200	100
	不锈钢	干 H_2	1200	115
	不锈钢	真空	1200	115
	Ti	真空	1100	125
	Ni	真空	1200	130
99.7%氧化铝瓷	不锈钢	真空	1250～1300	180～200
	Ni	真空	1250～1300	150～180
	Ti	真空	1250～1300	160
	Fe-Ni-Co	真空	1250～1300	110～130
	Fe-Ni 合金	真空	1250～1300	50～80
	Nb	真空	1250～1300	70
	Ni-Cr	H_2	1250～1300	100
	Ni-Cr	真空	1250～1300	100
	Pd	H_2	1250～1300	160
	Pd	真空	1250～1300	160
	3 号钢	H_2	1250～1300	50
	3 号钢	真空	1250～1300	50
94%氧化铝瓷	不锈钢	H_2	1250～1300	30

注：真空度均为 10^{-2}～10^{-3}Pa；保温时间 15～20min。

21.16.4　陶瓷与金属的电子束焊接

陶瓷与金属之间的电子束焊接，多半用于难熔金属如 W、Mo、Ta、Tb 与陶瓷之间的焊接。其特点是电子束加热集中、工件热变形小、几乎不产生应力，可以防止陶瓷龟裂。焊接质量高，生产效率高。

陶瓷与金属之间电子束焊接，是用高能量的电子束直接熔化金属及陶瓷的方法进行焊接的。主要工艺参数是：加速电压、电子束流、工作距离、焊接速度。

几种陶瓷材料采用电子束焊接时，其工艺如下：

① 氧化铝陶瓷（85%Al_2O_3，95%Al_2O_3）、高纯氧化铝（Al_2O_3）、半透明 Al_2O_3 之间的电子束焊工艺参数：功率 3kW；加速电压 150kV；束流 20mA；电子束聚焦直径 0.25～0.27mm。焊机为高压电子束焊机。

② 高纯度 Al_2O_3 陶瓷与 W、Mo、Nb、Fe-Co-Ni 合金之间的电子束焊接时，其工艺

参数同前者①，且要求两者线膨胀系数相近。

③ 陶瓷与18-8不锈钢之间的真空电子束焊接的工艺参数见表21-148。

表21-148　18-8不锈钢与陶瓷的真空电子束焊接的工艺参数

材料	母材厚度/mm	工艺参数				
		电子束电流/mA	加速电压/kV	焊接速度/m·min^{-1}	预热温度/℃	冷却速度/℃·min^{-1}
18-8钢＋陶瓷	4＋4	8	10	62	1250	20
18-8钢＋陶瓷	5＋5	8	11	62	1200	22
18-8钢＋陶瓷	6＋6	8	12	60	1200	22
18-8钢＋陶瓷	8＋8	10	13	58	1200	23
18-8钢＋陶瓷	10＋10	12	14	55	1200	25

21.17 低温用钢及其焊接

21.17.1 低温用钢分类

低温用钢是按使用温度及化学成分来分类的。

21.17.1.1 依据使用温度分类

通常把在－273～－40℃低温条件下使用的钢称为低温用钢。低温用钢最重要的性能是具有良好的低温韧性和抗低温脆性破坏的能力。低温用钢一般以不同的最低使用温度分级：－40℃、－60℃、－70℃、－80℃、－90℃、－100℃、－196℃、－273℃。其中，－273～－196℃的低温用钢叫超低温钢。

低温用钢主要用于工作在低温状态下的容器、管道、结构及设备等。随着天然气、石油化工的发展，低温用钢的应用日益增多。采用焊条电弧焊时，当使用温度在－45℃以上时，一般可选用高韧性的低氢焊条；当使用温度在－60℃以下时，应选用含镍焊条；当使用温度在－100℃左右或以下时，应选用ω_{Ni}为3.5%或更高并加有一定钼的焊条；对超低温使用的设备和结构应选用奥氏体不锈钢焊条：①用于－196～－40℃，选用以铁素体为基体并含有少量珠光体或低碳马氏体（如ω_{Ni}为9%的镍钢）的细晶粒钢；②用于－273～－196℃，选用含铬及镍或者含高锰的奥氏体钢。

图21-26给出了各种低温用金属材料最低工作温度及液化气体的沸点与压力的关系。

21.17.1.2 依据化学成分分类

① 碳钢，碳钢多为韧性较好的铝镇静钢，铝镇静钢的强度也因热处理的不同而有所不同。可以分为调质和不调质状态。

② 低合金高强度低温用钢，这种钢也有调质和不调质之分，它们多为低碳低杂质含量的高韧性（低转变温度）高强度用钢。

③ 低温用镍钢，这类钢含有质量分数低于9%的镍，韧性较好。

①～③类钢的组织特点为铁素体＋珠光体。

④ 高合金低温用钢，这类钢的组织特点为马氏体（其中包括著名的9%Ni钢）或奥氏体。

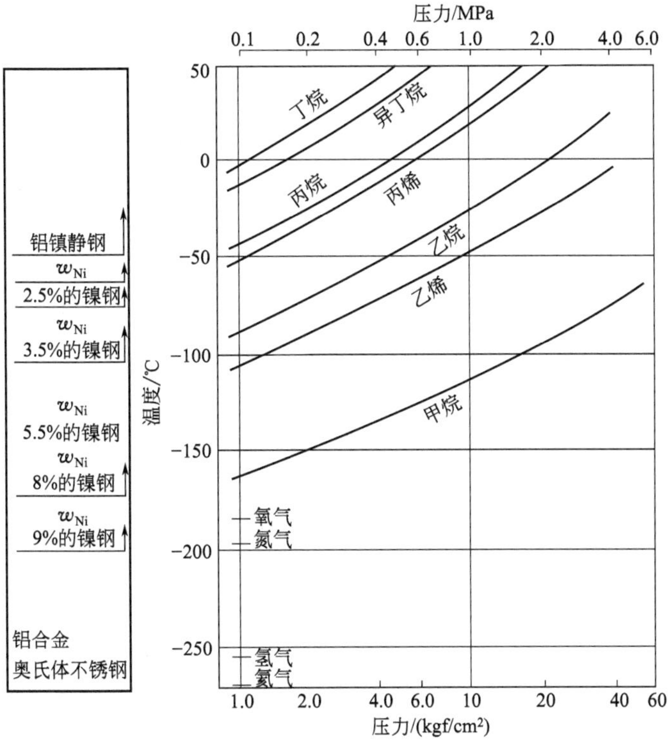

图 21-26 各种低温用金属材料的最低工作温度及液化气体的沸点随压力的变化

$1kgf/cm^2=0.0980665MPa$

21.17.2 低温用钢主要种类

21.17.2.1 低温压力容器用无镍钢

我国使用的低温压力容器用无镍钢有 Q345DR（16MnDR）、09MnTiCuREDR、09Mn2VDR、06MnNbDR 等，表 21-149 及表 21-150 分别为其化学成分和力学性能。

表 21-149 我国使用的低温压力容器用无镍钢的化学成分（质量分数）

单位：%

牌　　号	C(max)	Mn	Si	S(max)	P(max)
Q345DR(16MnDR)	0.20	1.2～1.6	0.2～0.6	0.025	0.030
09MnTiCuREDR	0.12	1.4～1.7	0.4(max)	0.035	0.035
09Mn2VDR	0.12	1.4～1.8	0.2～0.5	0.035	0.035
06MnNbDR	0.07	1.2～1.6	0.17～0.37	0.030	0.030
牌　　号	V	Ti	Cu	Nb	RE
Q345DR(16MnDR)	—	—	—	—	—
09MnTiCuREDR	—	0.03～0.08	0.2～0.4	—	0.15
09Mn2VDR	0.04～0.1	—	—	—	—
06MnNbDR	—	—	—	0.02～0.05	—

表 21-150 我国使用的低温压力容器用无镍钢的力学性能

牌　号	板厚/mm	σ_s/MPa	σ_b/MPa	δ/%
Q345DR(16MnDR)	6～20	≥312	493～617	≥21
	21～38	≥294	470～598	≥19

牌 号	板厚/mm	σ_s/MPa	σ_b/MPa	δ/%
09MnTiCuREDR	6～26	≥312	441～568	≥21
	27～40	≥294	421～549	
09Mn2VDR	6～20	≥323	461～588	≥21
06MnNbDR	6～16	≥294	392～519	≥21

注：σ_b—抗拉强度；σ_s—屈服强度；δ—延伸率。

21.17.2.2 低温压力容器用镍钢

正常化的 w_{Ni} 为 2.3%的钢板可用于－70℃以上的低温；正常化或正常化后再回火的 w_{Ni} 为 3.5%的钢板可用于－101℃以上的低温；调质后的 w_{Ni} 为 3.5%的钢板可用于－110℃以上的低温；而调质后的 w_{Ni} 为 9%的钢板可用于－196℃以上的低温；铝镇静（铝脱氧）钢及 w_{Ni} 为 3.5%的钢制造的钢管可用于－100℃以上的低温。但这种最低使用温度指的是通常普通的工作条件，不适用于终止脆性裂纹传播为对象的条件。

我国低温用钢化学成分的配置应主要保证有足够的低温韧性，这要考虑两个方面，即控制杂质元素含量及细化晶粒。

我国低温用钢的化学成分和力学性能分别列于表 21-151 和表 21-152。

表 21-151 我国低温用钢的化学成分（质量分数） 单位：%

类别	钢号	C(max)	Si	Mn	Ni	S(max)	P(max)	其他
无镍钢	09Mn2V	0.12	0.2～0.5	1.4～1.8	—	0.04	0.040	V0.04～0.10
	09MnTiCuRE	0.12	0.2～0.4	1.3～1.7	—	0.04	0.040	Cu0.2～0.5，Ti≤0.03，RE≤0.15 加入量
	06MnNb	0.07	0.17～0.37	1.2～1.6	—	0.03	0.030	Nb0.02～0.04
	06AlCuNbN	0.08	0.17～0.37	0.8～1.2	—	0.035	0.020	Nb0.02～0.04,Cu0.3～0.4,Al0.04～0.11,N0.013～0.20
含镍钢	2.5Ni	0.17	0.15～0.30	0.70	2.1～2.5	0.04	0.035	—
	3.5Ni	0.17	0.15～0.30	0.70	3.25～3.75	0.04	0.035	—
	5Ni	0.13	0.20～0.35	0.3～0.6	4.75～5.25	0.03	0.030	—
	9Ni	0.13	0.15～0.30	0.9	8.5～9.5	0.04	0.035	—

表 21-152 我国低温用钢的力学性能

类别	钢号	热处理	冲击韧性				抗拉性能			
			试样缺口	取样方向	试验温度/℃	冲击吸收功/J	σ_s/MPa	σ_b/MPa	δ/%	σ_s/σ_b
无镍钢	Q345(16Mn)	热轧或正火	2mmU	横	－40	34.5	343	510	21	0.67
	09Mn2V	正火			－70	47.0	343	490	20	0.70
	09MnTiCuRE	正火			－70	47.0	343	490	20	0.70
	06MnNb	正火			－90	47.0	294	432	21	0.66
	06AlCuNbN	正火		纵	－120	20.5	294	392	20	0.75
含镍钢	2.5Ni	正火	5mmU	纵、横	－50	20.5	255	450～530	23	0.57～0.48
	3.5Ni	正火		纵、横	－101	20.5	255	450～530	23	0.57～0.48
	5Ni	淬火＋回火	2mmU	纵	－170	34.5	448	655～790	20	0.68～0.57
	9Ni	正火＋正火＋回火		纵	－196	34.5	517	690～828	20	0.75～0.62
	9Ni	淬火＋回火		纵	－196	34.5	585	690～828	20	0.85～0.71

注：符号同表 21-150。

21.17.2.3 低温用高强度钢力学性能

低温用高强度钢为了得到良好的焊接性及缺口韧性，需要降低含碳量，甚至于达到 w_C 低于 0.1%。为了提高静载强度及缺口韧性，还需减少硫、磷、氧的含量，并加入 Mn、Si、Ni、Cr、Mo、Nb、V、Ti、Al 等元素。

表 21-153 给出了低温用非调质高强度钢的力学性能。

表 21-154 给出了低温用调质高强度钢的力学性能。

表 21-153 低温用非调质高强度钢的力学性能

钢种	记号	热处理	板厚/mm	抗拉性能				冲击性能	
				σ_s/MPa	σ_b/MPa	σ_s/σ_b	δ/%	/℃	A_{KV}/J
490.5MPa 级	A	轧态	20	441	549	0.80	28	−42	154
	B		30	421	529	0.80	27	−42	199
	C		32	333	539	0.63	36	—	—
	D	正火	30	363	500	0.73	35	−80	270
	E	轧态	25	402	549	0.73	25	—	82.3
	F		38	392	529	0.74	30	—	58.8
	G		19	519	559	0.93	43	−73	161
	H	控轧	33	480	539	0.81	−80	<−80	—
	I		32	539	578	0.93	54	<−65	216
	J		30	431	539	0.80	51	−128	228
588.6MPa 级	K		19	539	608	0.89	39	−87	269
	L		15	539	647	0.83	36	−23	102
	M		25	519	637	0.82	34	−48	166
785MPa 级	N		4.5	696	872	0.80	19	<−120	49
	O		4.5	715	843	0.85	24	−80	40.2

注：A_{KV}—冲击吸收功，其余符号同表 21-150。

表 21-154 低温用调质高强度钢的力学性能

钢种	记号	板厚/mm	抗拉性能				冲击性能	
			σ_s/MPa	σ_b/MPa	σ_s/σ_b	δ/%	/℃	A_{KV}/J
589MPa 级	A	25	559	628	0.89	44	−70	159
	B	36	520	628	0.83	48	−30	265
	C	52	579	667	0.87	29	−74	246
	D	70	500	559	0.89	27	−44	269
	E	30	559	657	0.85	42	−45	203
	F	50	539	628	0.86	28	−32	200
	G	25	559	657	0.85	42	−55	263
	H	50	539	647	0.83	49	−40	239
	I	40	549	657	0.84	27	−75	184
687MPa 级	J	50	667	745	0.89	43	−97	143
	K	50	657	735	0.89	42	−90	216
	L	50	667	745	0.89	39	−49	97
	M	50	637	706	0.90	49	−48	212
785MPa 级	N	25	784	843	0.93	36	−79	165
	O	50	814	853	0.95	40	−106	208
	P	75	716	814	0.88	27	−114	
	Q	32	775	843	0.92	21	−38	155
	R	36	745	794	0.94	26	−82	190
	S	70	765	824	0.93	25	−39	171

注：符号同表 21-153。

21.17.2.4 IMCO规则规定的低温用钢使用范围

表 21-155 给出了 IMCO 规则规定的低温用钢使用范围。

表 21-155 IMCO 规则规定的低温用钢使用范围

气体在大气压下的液化温度(参考)①/℃	温度/℃	IMCO规则规定的材料的使用范围 括号内为罐槽和管线装置材料	2mmV形缺口 试验温度/℃	比冲击 /kgf·m(J)
乙醛(20)				
氧丙烷(11)	10	C-Mn镇静钢N或QT状态$t>20$mm为细晶粒钢	$T\leqslant20\to0$ $20<T\leqslant30\to-20$ $30<T\leqslant40\to-40$	2.8(C) 4.2(L)
正丁烷(-0.5)	0			
丁二烯(-4)				
异丁烷(-12)	-10	D级钢(除B类和C类外的罐槽用材料)	由船级社决定的船体结构用D级或E级钢	
氯化乙烯(-14)				
	-20	E级钢(除B类和C类外的罐槽用材料)		
氨气(-33)	-25 -30	C-Mn系铝镇静钢, N或QT状态(罐槽用材料)	达-20℃或低于设计温度5℃以内	2.8(C) 4.2(L)
氯气(-35)		C-Mn系铝镇静钢, N或Sp状态(管线用材料)	低于设计温度	2.8(C)
丙烷(-42)	-40			
丙烯(-48)	-50 -55	1.5Ni钢, N状态(罐槽用材料)	-65	2.8(C) 4.2(L)
	-60 -65	2.5Ni钢, N或NT状态(罐槽用材料)	-70	2.8(C) 4.2(L)
	-70	2.5Ni钢, N或NT状态(管线用材料)	-75	3.5(L)
乙炔(-84)	-80	3.5Ni钢, N或NT状态(罐槽用材料)	-95	2.8(C) 4.2(L)
乙烷(-88)	-90			
乙烯(-104)	-100	3.5Ni钢, N或NT状态(管线用材料)	-110	3.5(L)
氙气(-109)	-105 -110	5Ni钢, N或NT状态(罐槽用材料)②	-110	2.8(C) 4.2(L)
	-120	(管线用材料) 9Ni钢, NNT或QT状态	-196	3.5(L)
	-130	(管线用材料) 奥氏体不锈钢(AISI304, 304L, 321, 327及347)④, S状态, 铝合金(5083-0)④	-196③ 不要求	4.2(L)③
	-140 -150	(罐槽用材料) 9Ni钢, NNT或QT状态	-196	2.8(C)③ 4.2(L)③
甲烷(-161.5)	-160	(罐槽用材料) 奥氏体不锈钢(AISI304, 304L, 321, 327及347)④, S状态, 铝合金(5083-0)④	-196③	2.8(C)③ 4.2(L)③
氮气(-196)	-165⑤		不要求	
	-170	36%Ni钢	不要求	

① 是 IMCO 规则未规定的气体，共有 8 种。

② 经主管部门承认的特别热处理的材料，可以在更低温度下使用。

③ 经主管部门同意，可以省去冲击试验。

④ 这里未给出的经过认可的其他材料也可以使用。

⑤ 在－165℃以下的低温下使用，需经主管部门的特别承认。

注：N—正火；T—回火；Q—淬火；*Sp*—特别的热处理；S—固溶化热处理；C—横向试样；L—纵向试样；IMCO—政府间海事协商组织（Intergovermental Maritime Consulative Organization）。

21.17.3 低温用钢采用的焊接方法

作为低温用钢，其焊接接头除了防止产生裂纹外，就是保证其低温韧性，防止低温脆性破坏。

为此，低温用钢的焊接，在焊接材料的选择、焊接工艺的制定、焊接接头的设计、焊接施工的管理上，都要关注低温韧性的保障措施。

一般来说，低温用钢的焊接方法与普通低碳钢的方法一样，可以应用各种熔焊、压焊、钎焊等焊接方法。但是，最常用的还是焊条电弧焊、埋弧焊、TIG 焊、MIG 焊、CO_2 气体保护焊等。

焊接方法的选择，根据低温用钢的种类，特别是根据其强度、是否需要热处理、板厚、负荷程度、结构的使用目的、对低温韧性的要求、施工环境、能源条件、经济性等综合考虑。

21.17.4 低温用钢焊条电弧焊

21.17.4.1 焊接材料选用

低温用钢焊条电弧焊是常用焊接手段之一。施焊操作方便，适应性强，可焊的金属材料广。低温用钢焊条电弧焊与普通钢焊接方法相比，更为关注焊接材料的选择，它是保证焊接质量的重要因素之一。

低温用钢由于使用温度不同，焊条种类亦不同，表 21-156 给出了低温用钢焊接材料的选择。

表 21-156 低温用钢焊接材料的选择

温度级别/℃	钢　号	焊条电弧焊用焊条	埋弧焊	
			焊　丝	焊　剂
−40	16Mn 热轧	J502Mo	H08A	HJ431
−70	09Mn2V 正火 09MnTiCuRE 正火	W107 W117 J557(Mn)	H08Mn2MoVA	HJ250
−90	06MnNb 正火	W147(新)		
−120	06AlNbCuN 正火	W127(A)		
−190	15Mn26Al4	Fe-Mn-Al 焊条 2 号	Fe-Mn-Al 焊丝 2 号	
−60	2.5Ni	2.5Ni		
−100	3.5Ni	3.5Ni 3.5Ni-0.3Ti		
−196	9Ni	因康镍 Ni 基合金	Ni67Cr16Mn3Ti	

表 21-157 给出了中外各国低温用钢焊接时的主要特点、主要工艺措施，以及相应使用的焊接材料。

表 21-158 为国内外低温钢焊条对照。

表 21-157　中外各国低温用钢焊接时的主要特点、主要工艺措施及焊接材料的选择

类别	供应状态	钢材牌号	强度等级 σ_s/MPa	A_{KV}/J	主要特点	主要工艺措施	热处理温度/℃	焊条选用	
								型号	牌号
无镍低温用钢(低温压力容器用钢)	正火或正火+回火	Q345DR	315	24 (−40℃)	低合金低温用钢主要用于低温下工作的容器、管道和结构 对低温用钢的主要性能要求是在使用温度下具有足够的韧性及抵抗脆性破坏的能力 不含镍的低温用钢由于碳含量低，其他合金含量也不高，淬硬与冷裂倾向小，因而焊接性好，一般可不预热但应避免在低温下焊接。含镍的低温用钢当镍含量不太高时(如 2.5Ni 或 3.5Ni 钢)虽增大了淬硬倾向，但不显著，冷裂倾向不大。当板厚较大或拘束度较大时，应适当预热。镍可增大热裂倾向，应严格控制焊材的碳、硫、磷含量，并采用合理的焊接工艺	①根据工作温度，选用相应等级的低温钢焊条 ②热输入应控制在 20kJ/cm 以下，尽量避免焊缝及近缝区金属形成粗晶 ③注意避免焊接缺陷，注意收弧 ④注意控制层温(不大于 300℃)，避免过热 ⑤为保证焊缝具有良好的低温韧性，对铝镇静钢，选用 ω_{Ni} 为 0.5%～1.5% 低镍型焊条比选用 C-Mn 型焊条更可靠。对低镍低温钢，焊材的镍含量应与母材相同或高于母材 ⑥对铁素体类低温钢，当板厚大于 15mm 时焊后多采用消除应力热处理	无镍钢可不预热 含镍钢预热 150℃ 层温不高于 300℃ 焊后消除应力处理规范一般为 600～650℃回火	E5015-G E5016-G	J507NiTiB J507TiBMA J507RH J507NiMA J506NiMA J506RH
		15MnNiDR	325	27 (−45℃)					
		09MnTiCuREDR	312	27 (−70℃)				E5015-G E5515-C1 — E5515-C1 E5515-G	W607 W607H W707 W707Ni W807
		09MnNiDR	300	27 (−70℃)					
		09Mn2VDR	290	27 (−50℃)					
		06MnNbDR	300	27 (−90℃)				E5515-C2 E5015-C2L — — —	W907Ni W107 W107Ni DW-120 特-127A
		06AlNbCuN	250	27 (−120℃)					
含镍低温用钢	正火	JISG3217 SL2N26(日)	255	21 (−70℃)				E5515-C1	W707Ni
		ASTM A203-72 A 级(美) B 级(美)	255 274	— —					
		NF A 36-208 2.25Ni(法)	274	40 (−80℃)					
	正火 调质	JISG3217 SL3N26(日) SL3N45(日)	255 441	21 (−101℃) 27 (−110℃)				E5515-C2 E5015-C2L — AWS JISZ3241 DL501610P3	W907Ni W107 W107Ni E7016-G NB-3N (日)
	调质 正火	ASTM D 级(美) E 级(美)	255 274	— —					
	协议	NF 3.5Ni(法)	274	40 (−100℃)					

表 21-158 国内外低温钢焊条对照

中国		日本		美国	瑞典	俄罗斯	德国	英国	荷兰	瑞士	国际标准
牌号	GB/T	JIS	神钢	AWS	ESAB	ГОСТ	DIN	BS	PHILIPS	OERLIKON	ISO
—	—	DL5016	NB-2	—	OK73.68	—	—	—	75	TENACITO	—
W707	—	C-0	NB-2N	E8015-C1	—	—	—	—	C75	70B	—
W707Ni	E5515-C1	DL5016-C1	—	—	—	—	—	—	75S	—	—
807	E5515-G	DL5016-C2	NB-3A	E8015-C2	—	—	—	—	—	—	—
W907Ni	E5515-C2	—	NB-3S	—	—	—	—	—	—	—	—
W107Ni	E5015-C2L	DL5016-D3	NB-3N	E7015-C2L	—	—	—	—	87	—	—

21.17.4.2 焊条电弧焊焊接参数及预热温度

焊条电弧焊焊接参数包括焊条直径、焊接电流、电流种类、电弧电压、焊接速度、焊接热输入等。表 21-159 为低温钢焊条电弧焊的焊接参数。

表 21-159 低温钢焊条电弧焊的焊接参数

焊缝金属类型	焊条直径/mm	焊接电流/A	焊缝金属类型	焊条直径/mm	焊接电流/A
铁素体-珠光体型	3.2	90～120	铁-锰-铝奥氏体型	3.2	80～100
	4	140～180		4	100～120

低温钢焊接时，接头需要预热，而预热温度与焊接方法、板材厚度及接头形式有关，见表 21-160。

表 21-160 低温钢焊接时最低预热温度 单位：℃

项目 \ 焊接方法		焊条电弧焊	CO_2 气体保护焊埋弧焊	焊条电弧焊	CO_2 气体保护焊埋弧焊	焊条电弧焊	MIG焊接	埋弧焊	
钢种		SM50		SM58		HT70、HT80②			
接头形式		对焊、角焊、搭焊		对焊、角焊、搭焊		对焊、角焊、搭焊		对焊	角焊
板厚/mm	约 25	—	—	40	—	100	80	100	80
	25～38	40	—	80	40①	100	80	100	80
	38～50	80	40①搭焊	80	60	120	100	150	100

① 用气体火焰轻轻烘烤。
② HT70、HT80 钢最高预热及层间温度为 200℃($t \leqslant 50s$)、230℃($t \geqslant 50s$)以下。

21.17.5 埋弧焊

埋弧焊生产率高，焊缝质量好，节省焊接材料及能源，劳动条件好，但只能用作平焊，适用于长段焊。

埋弧焊有单丝埋弧焊及多丝埋弧焊。多丝埋弧焊一般为双丝或三丝埋弧焊，但也有多达十几根焊丝的埋弧焊。多丝埋弧焊的特点是焊缝成型好、质量高，特别是焊接生产率高，适用于厚板焊接。

埋弧焊焊接低温钢时，可选用中性熔炼焊剂配合 Mn-Mo 焊丝或碱性熔炼焊剂配合含镍焊丝。目前，在多数情况下，选用烧结焊剂配合 Mn-Mo 焊丝或含镍焊丝；当采用 C-

Mn 焊丝时，应采用焊剂向焊缝金属过渡合金元素（如钛、硼、镍等）的方法，才能够保证焊缝金属得到良好的低温韧性。

表 21-161 列举了几种低温钢用埋弧焊焊丝及焊剂的选用。

表 21-161　几种低温钢用埋弧焊焊丝及焊剂的选用

<table>
<tr><th rowspan="2">钢号</th><th rowspan="2">工作温度/℃</th><th colspan="2">焊剂与焊丝组合</th><th rowspan="2">简要说明</th></tr>
<tr><th>焊剂</th><th>焊丝</th></tr>
<tr><td>Q345DR
(16MnDR)</td><td>−40</td><td>SJ101
SJ603</td><td>H10MnNiMoA
H06MnNiMoA</td><td rowspan="6">低温钢主要性能要求是保证在较低的使用温度下，具有足够的韧性及抗脆性破坏的能力。为此，焊接材料应选用碱性焊剂，焊丝应严格控制其碳含量，硫、磷含量应尽量降低
焊接工艺宜采用较小的热输入，其目的在于控制焊缝及近缝区不因形成粗晶组织而降低低温韧性。埋弧焊一般应控制在 28～45kJ/cm</td></tr>
<tr><td>DG50
低温高强钢</td><td>−46</td><td>SJ603</td><td>H10Mn2Ni2MoA</td></tr>
<tr><td>09MnTiCuREDR</td><td>−60</td><td>SJ102
SJ603</td><td>H08MnA
H08Mn2</td></tr>
<tr><td>09Mn2VDR
2.5Ni 钢</td><td>−70</td><td>SJ603</td><td>H08Mn2Ni2A</td></tr>
<tr><td>06MnNb</td><td rowspan="2">−90</td><td>HJ250</td><td>H05MnMoA</td></tr>
<tr><td>3.5Ni 钢</td><td>SJ603</td><td>H05Ni3A</td></tr>
</table>

表 21-162 给出了低温用钢埋弧焊接时的焊接参数。

表 21-162　低温用钢埋弧焊接时的焊接参数

<table>
<tr><th rowspan="2">温度/℃</th><th colspan="2">焊丝</th><th rowspan="2">焊剂牌号</th><th rowspan="2">焊接电流/A</th><th rowspan="2">电弧电压/V</th><th rowspan="2">母　材</th></tr>
<tr><th>牌号</th><th>直径/mm</th></tr>
<tr><td>−40</td><td>H08A</td><td>2.0</td><td>HJ431</td><td>260～400</td><td>36～42</td><td rowspan="2">Q345(16Mn)热轧或正火</td></tr>
<tr><td>−40</td><td>H08A</td><td>5.0</td><td>HJ431</td><td>750～820</td><td>35～43</td></tr>
<tr><td>−70</td><td>H08Mn2MoVA</td><td>3.0</td><td>HJ250</td><td>320～450</td><td>32～38</td><td>09Mn2V 正火
09MnSiCuRE</td></tr>
<tr><td>−196～−253</td><td>Fe-Mn-Al 焊丝</td><td>4.0</td><td>HJ173</td><td>400～420</td><td>32～34</td><td>20Mn23Al 热轧
15Mn26Al4 固溶</td></tr>
</table>

21.17.6　钨极惰性气体保护焊

钨极氩弧焊（TIG）质量好，特别适于焊接易氧化的金属，如铝、镁、钛等；工艺性好，电弧燃烧稳定、无飞溅、成型美观，适用于全位置焊接，可单面焊双面成型；但电流强度受到限制，所以熔深浅、焊接速度小、生产率低，仅适于焊薄板；且易于受风的影响，适于室内作业。

钨极惰性气体保护焊可以使用氩气，也可以使用氦气，或者使用氩气＋氦气以不同比例组成的混合气体。焊接不锈钢及镍基合金时，可以用氩-氢混合气体，以提高焊接速度（因弧压有提高），改善焊缝成型。但氢气不能高于 5%，否则可能出现气孔。

此外，还可以使用钨极脉冲氩弧焊。钨极脉冲氩弧焊使 TIG 焊更加完善，是一种高效、优质、经济、节能的先进焊接工艺。

脉冲氩弧焊的特点是焊接参数多，可以精确地控制焊接热输入和焊缝尺寸，更适于焊接薄板、全位置焊接及单面焊双面成型；可以用较低的焊接热输入而获得较大的熔深，减小焊接热影响区及焊接变形，更适于薄板及超薄板的焊接；脉冲电流对熔池有搅拌作用，熔池高温停留时间短，焊缝金属组织致密，抗裂纹性能好；由于每个脉冲形成的焊点加热及冷却迅速，很适合焊接低温用钢。

21.17.7 熔化极气体保护电弧焊

熔化极气体保护电弧焊根据所用保护气体的不同，可分为：惰性气体保护电弧焊（MIG），保护气体可分氩、氦及氩＋氦混合气；氧化性混合气体保护电弧焊（MAG），保护气体可分 $Ar+O_2$，$Ar+CO_2$ 及 $Ar+O_2+CO_2$ 等。所使用的焊丝也分为实芯焊丝及药芯焊丝。其操作方式也有自动和半自动两种。其优点为连续送丝，不用换焊条，不用清渣，电流密度大，焊接效率高；焊缝含氢量比较低；焊接电流相同时，熔深比焊条电弧焊大；容易进行全位置焊接；可以实现窄间隙焊接。

缺点为易受风的影响；半自动气体保护焊枪比焊条电弧焊的焊钳重；设备较复杂等。

熔化极气体保护焊中金属熔滴从焊丝端部向熔池中过渡的形式对焊接质量十分重要。用氩气作保护气体焊接钢时，随焊接电流的变化，其熔滴体积及过渡频率的变化，存在一个临界电流 I_{cr}，焊接电流大于 I_{cr} 为喷射过渡（又叫射流过渡，即细小熔滴从焊丝端部串珠般射向熔池），焊接电流小于 I_{cr} 时，则成颗粒状过渡。喷射过渡与颗粒状过渡相比，喷射过渡的电弧稳定，焊缝金属成型好，质量高，力学性能优越。因此，熔化极惰性气体保护电弧焊一般都用喷射过渡，很少用颗粒状过渡。直流反接容易得到喷射过渡。

用氩气作为保护气体易于得到喷射过渡，而用 CO_2 作为保护气体则很难得到喷射过渡。氩气中加入少量氧气，则可降低 I_{cr}，即改善熔滴过渡的形式，而加入 CO_2 则不能。

所使用的保护气体可以是氩、氦或它们的混合。也可以在惰性气体中加入少量氧化性气体（如 CO_2 或 O_2 等），这种焊接方法叫熔化极氧化性混合气体保护电弧焊（MAG）。加入少量氧化性气体是为改善工艺性及焊缝成型。表 21-163 给出了 $Ar+(1\sim5)\%O_2$ 作保护气体射流过渡时钢的焊接参数。

表 21-163 射流过渡熔化极气体 [$Ar+(1\sim5)\%O_2$] 保护电弧焊的焊接参数

板厚/mm	接头形式	层数	焊丝直径/mm	焊接电流/A	电弧电压/V	送丝速度/m·h^{-1}	焊接速度/m·h^{-1}	气体流量/L·min^{-1}
3.2	对接或角接	1	1.6	300	24	251	53	19～24
4.8	对接或角接	1	1.6	350	25	351	49	19～24
6.4	角接	1	1.6	350	25	351	49	19～24
6.4	角接	1	2.4	400	26	152	49	19～24
6.4	V形坡口对接	2	1.6	375	25	396	37	19～24
6.4	V形坡口对接	1	2.4	325	24	320	49	19～24
9.5	V形坡口对接	2	2.4	450	29	182	43	19～24
9.5	角接	2	1.6	350	25	351	30	19～24
12.7	V形坡口对接	3	2.4	425	27	168	46	19～24
12.7	角接	3	1.6	350	25	351	37	19～24
19.1	双面V形坡口对接	4	2.4	425	27	168	37	19～24
19.1	角接	5	1.6	350	25	351	37	19～24
24.1	角接	6	2.4	425	27	168	40	19～24

熔化极惰性气体保护脉冲电弧焊可以进一步改善焊接工艺、焊缝成型及提高焊接质量。

21.17.8 低温用钢焊接工艺

21.17.8.1 Q345R 钢的焊接工艺

Q345R 钢焊接性能优良，可用焊条电弧焊、埋弧焊、TIG 焊、MIG 焊、CO_2 气体保护焊。

焊接工艺主要包括焊前预热温度、焊材选择、焊接参数、焊后热处理。

低温钢焊前的预热温度与板厚及环境温度有关，见表 21-164。

表 21-164 预热温度

板厚/mm	环境温度/℃	预热温度/℃
16	<-10	100～150
16～24	<-5	100～150
25～40	<0	100～150
40		100～150

焊材的选择与选用的焊接方法有关，如下所述。

① 焊条电弧焊。结构件用 J502、J506 焊条；压力容器用 J507R、J507H、J507GR、J507RH 焊条；低温容器用 J507RH、J506GR 焊条。

② CO_2 保护焊。选用 H08Mn2Si 或 H08Mn2SiA 焊丝。

③ 埋弧焊。薄板对接焊接，焊丝为 H08，焊剂为 HJ431；中厚板焊丝为 H08MnA、H10MnSi，焊剂 HJ431；厚板焊丝 H10Mn2，焊剂 HJ350。

④ 电渣焊。焊丝为 H08MnMoA，焊剂选 HJ431 或 HJ360。

为了消除焊后应力，需对焊件焊后进行热处理。表 21-165 给出了 Q345 及 Q345R 钢焊后热处理温度。

表 21-165 Q345 及 Q345R 钢焊后热处理温度

钢号	板厚/mm	预热温度/℃	焊条电弧焊	电渣焊
Q345	≥30	100～150	600～650℃回火	900～930℃正火,再回火 600～650℃
Q345R	≥30	不预热	600～650℃回火	
	≥34	≥100	600～650℃回火	

21.17.8.2 A336·6 低温钢可焊性及焊接工艺

A336·6 是美国常用低温钢，使用最低温度－46℃；与我国 Q345 钢相似，而 Q345 使用温度为－40℃。

A336·6 钢碳含量为 0.10%～0.24%，锰含量较 Q345 低。焊接性能较好，焊后淬硬性及焊接裂纹倾向不大，一般不需要预热。若板厚大于 25mm，或碳含量较高，或焊接环境温度低于 5℃，需要预热至 50～100℃；多层焊时，焊道间温度也需保持在 100℃左右。

A336·6 焊接性能良好，可以采用焊条电弧焊、钨极气体保护焊、埋弧焊等。

焊材选择原则如下所述。

① 焊材化学成分及力学性能尽可能与母材保持一致；

② 使用温度高于－35℃时，选择 AWSSFA5.8-ER70S-1 焊丝（意大利产品）；

③ 使用温度低于-20℃时，采用较细焊丝，如直径 3.25mm 焊条；

④ 限制熔宽，可增加焊道数，以改善低温韧性。

A336·6 电弧焊主要工艺措施如下所述。

① 预热温度 50～100℃；道间温度不高于 150℃；后热温度 630℃；

② 焊接热输入要小，一般 13～17kJ/cm；

③ 宜选用小电流、短弧、多层焊、薄焊层，以便改善接头韧性；

④ 改善焊接接头韧性，焊接坡口角度加大，厚度小于 10mm 板材，焊接坡口选 60°～65°，厚板选 75°～85°坡口。

A336·6 低温钢焊条电弧焊焊接参数见表 21-166。

表 21-166 A336·6 低温钢焊条电弧焊焊接参数

焊接方法	焊接材料	直径/mm	焊道数	焊接电流/A	电弧电压/V	焊接热输入/kJ·cm^{-1}	道间温度/℃	氩气流量/L·min^{-1}
TIG 焊	H08Mn2SiA	2.5	1	95/115	13/15	13/20		8/10
	ER80SNiL	2.5	1	90/110	13/15	<25		8/10
焊条电弧焊	J507	3.2	≥2	100/130	20/23	13/20	≤150	
	E8018C3	3.2	≥2	110/130	20/25	<25	≤150	
	E8010C3	4.0	≥2	120/140	20/25	<25	≤150	

用此方法成功地生产了尿素装置及聚乙烯装置。

21.17.8.3 07MnNiCrMoVDR 钢的可焊性

07MnNiCrMoVDR 钢焊接性能好，被视为无裂纹钢，具有良好的低温韧性，使用温度为-45℃，是低温压力容器的新型钢种。

焊接时主要考虑的问题是热影响区的淬硬倾向和韧性问题。一般在输入热量为 10kJ/cm，预热温度为 180℃的焊接条件下，得到的焊缝性能较好。

21.17.8.4 09MnNiDR 低温钢

09MnNiDR 低温钢是低碳合金钢，塑性良好，使用温度为-70℃。淬硬倾向及裂纹倾向不大。一般不需要预热，但含碳量高或构件厚大时，需要预热，温度为 100～150℃，焊道间保持温度 150℃左右。

由于 09MnNiDR 低温钢焊接性能良好，故可以用各种焊接方法施焊。使用电弧焊焊接主要工艺如下所述。

① 焊接环境温度高于 0℃时，不需要预热。若需要预热，温度选择 100℃左右。

② 焊前清理坡口及其附近的油污、铁锈等。

③ 焊条需烘干，并放到保温筒中待用。

④ 焊道间温度控制在 100～150℃之间。

⑤ 焊接热输入要小，不超过 25kJ/cm，以防止晶粒长大，降低低温韧性。尽量采用多层多道焊，焊道要薄，以利于焊道组织细化晶粒，改善韧性。

⑥ 消除焊后应力进行退火处理。

⑦ 加工坡口及清焊根宜用砂轮磨削，不宜使用碳弧气刨。

21.17.8.5 15MnNiDR低温钢

15MnNiDR低温钢是低镍合金钢，其低温韧性不如09MnNiDR，使用的最低温度为－45℃。焊接性较好，一般不需要预热，若结构厚大，需要预热200℃以下。多层焊焊道间温度要保持200℃左右。

焊条电弧焊是15MnNiDR钢的主要焊接方法。

焊条电弧焊主要工艺如下所述。

① 焊条采用E5015-G（牌号MKW507R）。

② 0℃以上环境不需要预热，若需要预热，温度为150℃左右。焊道间的温度控制在150℃左右。

③ 焊前清理焊接坡口及其附近油污。

④ 焊条按规定烘干，并放到保温筒中待用。

⑤ 为防止晶粒粗大，影响低温韧性，应采用焊接热输入小于25kJ/cm。采用多层多道、焊道薄的焊接方式，来改善焊接接头韧性。

⑥ 需进行除应力退火。

⑦ 加工坡口及清焊根应用砂轮打磨，不宜使用碳弧气刨。

21.17.8.6 w_{Ni}3.5%镍钢

w_{Ni}为3.5%的镍钢是国际上广泛应用的含镍钢，其使用温度范围为－80～－101℃，调质处理后，使用温度可达－120℃。

调质后具有良好的综合力学性能，也有良好的焊接性能。可以用焊条电弧焊（SMAW）、埋弧焊（SAW）、熔化极气体保护焊（MIG及MAG）。焊后一般不会产生裂纹，焊接热影响区的韧性良好。

焊接热输入和层间温度对低温韧性有明显影响，为此应采用小热输入焊接。由于冷却速度快，高温停留时间短，可以降低析出物析出，且晶粒细小，可以改善焊接接头的韧性。

采用焊条电弧焊时，焊接热输入为12～15kJ/cm为宜，焊后热处理，温度约580～620℃。

采用埋弧焊时，焊接条件见表21-167。层间温度低于150℃，焊后热处理温度为600℃，保温2h。

表21-167 w_{Ni}为3.5%的镍钢埋弧焊焊接条件及其冲击吸收功

序号	电源	焊接电流/A	电弧电压/V	焊接速度/cm·min^{-1}	焊道数	焊接热输入/kJ·cm^{-1}	冲击吸收功/J	
							－101℃	－80℃
1	直流正接	350～370	32～34	30	6	23	19	26
2		410～430				28	22	63
3			42～44	36	7	30	31	81
4	交流						41	92

气体保护电弧焊焊缝金属的韧性较焊条电弧焊及埋弧焊好。表21-168给出了12Ni14钢混合气体保护电弧焊的焊接参数。

表 21-168 12Ni14 钢混合气体保护电弧焊（MAW）的焊接参数

焊道序号	焊丝直径/mm	电源极性	焊接电流/A	电弧电压/V	焊接速度/$cm\cdot min^{-1}$	保护气体	保护气体流量/$L\cdot min^{-1}$
1	1.2	直流反接	120～150	18～20	10～20	91%Ar+4%O_2+5%CO_2	17～20
2			150～180	24～28	10～20		
3 以上			200～280	28～32	20～30		

21.17.8.7 09Mn2VDR 钢

09Mn2VDR 使用温度可达－70℃，主要用于冷冻设备、液态气体储存罐、石油化工低温设备。常见的液态丙烯（－47.7℃）、硫化碳酰（－50℃）、液态硫化氢（－61℃）均可以 09Mn2VDR 作为设备用材。

由于 09Mn2VDR 钢含碳量很低，其塑性及韧性良好。可以用普通低碳钢气割、碳弧气刨、热压、冷卷等工艺来加工。正火温度 930℃，正火后强度稍有降低，但塑性及低温韧性得到了明显改善。

09Mn2VDR 低温钢焊接性良好，对裂纹不敏感，可以不预热施焊。但环境温度为 0℃以下时，需要预热。

焊条电弧焊推荐使用 E5015-G（W607A）或 E5515。

21.17.9 低温高合金钢的焊接

本节涉及的马氏体及奥氏体低温钢，使用温度低于－103℃。主要用于制造、运输及储存液化气体的设备。其应用领域有深冷技术、超导、核聚变、超低温材料以及航天等。

常压下可液化的常用气体有乙烯－103℃、天然气－165℃、氧－183℃、空气－190℃、氮－196℃、氢－253℃、氦－269℃，以及液化温度为－180～－80℃的碳氢化合物。这些液体的用材多为马氏体与奥氏体组织的低温钢。

21.17.9.1 w_{Ni} 为 9%的马氏体低温镍钢的焊接

① 焊条电弧焊（SMAW）。焊条电弧焊用得较多，因为它简便。但成本高，效率低，质量差。用高镍焊条时，由于电阻大、焊条过热引起药皮脱落而产生缺陷。

② 埋弧焊（SAW）。埋弧焊熔敷效率高，但当采用高镍焊接材料时，由于液态金属黏度增大，流动不畅，熔深小，因此，必须增大坡口角度。为了减少焊接缺陷，应采用细焊丝（<3.2mm），这样就降低了效率。

③ 熔化极氩弧焊（MIG）。熔化极氩弧焊的熔敷速率大，效率高。但用纯氩作保护气体时，焊缝堆高偏高，成型不良，易造成应力集中，恶化使用性能。一般可用在保护气体中添加氧化性气体，如 O_2 或 CO_2 的方法，即 Ar-O_2 或 Ar-CO_2 混合气体保护焊法。但加入氧或二氧化碳后，易于使焊缝金属增氧，降低韧性。这种韧性降低与焊缝金属中的氧含量及硅含量有关。

④ 钨极氩弧焊（TIG）。钨极氩弧焊是焊接 w_{Ni} 为 9%的镍钢较好的方法，能保证焊接的高质量。虽然效率不如熔化极氩弧焊高，但焊接质量较高，且若采用窄坡口，效率将提高，是采用低镍焊接材料时的较好的焊接方法，特别是热丝 TIG 焊得到广泛的应用。

焊接 9%镍钢主要焊接工艺如下所述。

① 焊前准备。可以用气体火焰或等离子弧切割下料或制备坡口，但坡口边缘一定要

彻底打磨干净，且表面要平直。坡口形式一般与低合金钢相同。但氩弧焊时，可以减小坡口角度，以提高焊接效率，还能减少焊接材料的消耗，而降低成本。

w_{Ni} 为 9%的镍钢焊接一般不需要预热，板厚超过 50mm 可预热至 50℃。多层焊时，层间温度要低，一般为 50℃。否则，冷却速度太慢，会降低低温韧性。焊后可进行回火处理，这样还能进一步提高韧性。回火温度仍是 550～580℃。

焊件表面必须彻底清理干净，不允许有铁锈油脂或其他污物存在；焊丝表面也必须同样彻底清理干净，以免污染焊缝金属，危害焊接质量。焊条必须按说明书烘干，并置入保温装置内，随用随取。还可降低焊缝金属扩散氢含量，防止冷裂纹。

② 焊接工艺。焊接 w_{Ni} 为 9%的镍钢时，焊接条件的选择是很重要的。在采用焊条电弧焊，且当热输入大于 40kJ/cm 时，低温韧性即降低；而热输入大于 20kJ/cm 时，强度又降低。因此，提出如下建议：采用焊条的最大直径不大于 3mm；多层焊时，第一焊道，即打底焊的焊接热输入选在 12～14kJ/cm 之间；其余焊道（包括盖面焊道），当板厚在 12mm 以下时，其热输入不大于 15kJ/cm，板厚在 16mm 以下其热输入不大于 20kJ/cm，板厚在 20mm 以下其热输入不大于 25kJ/cm。一般来说，焊接热输入应选在 7～35kJ/cm 之间。

由于用镍基焊接材料时，焊缝金属的熔点比母材低约 100～150℃，易造成未熔合及弧坑裂纹等缺陷，这时应采用合适的运条方式，以消除这些缺项。在打底焊时，用穿透法焊接，以尽可能把弧坑留在背面，以便清根时把这些缺陷清除掉。清根时，若用碳弧气刨或气体火焰，必须彻底打磨坡口表面，彻底清除因用碳弧气刨或气体火焰加工留下的增碳及增氧的表面和其他污物，并且，要留合理的坡口形状，避免出现深而窄的坡口。收弧时尽量减小熔池尺寸，把弧坑引向坡口边缘或焊道外缘，并进行适当的打磨。

SAW 时，焊丝直径应在 3.2mm 以下；MIG 时，焊丝直径应在 2.5mm 以下。

埋弧焊时，焊接热输入和熔合比对焊接质量有很大影响。比如，用 Cr19Ni15Mn6Mo2（ЧС-39）焊丝及 AHK-60 焊剂进行埋弧焊时，熔合比不能大于 20%，否则，焊缝强度会降低。熔合比在 20%以内，则焊缝强度及韧性均与母材一致。当熔合比大于 20%时，焊缝强度降低，而韧性不变。但当熔合比大于 32%之后，尽管其韧性有所提高，但强度明显降低。焊接热输入在 21～39.5kJ/cm 之间都有良好结果。不过热输入增大，其焊缝金属中的氮含量降低。为保证合理的熔合比，坡口角度大（如 55°）时，可用稍大的热输入；坡口角度小（如 30°）时，要用较小的焊接热输入。

21.17.9.2 HP9Ni-4Co 超低温钢焊接性能

这类钢有良好的焊接性。以 HP9Ni-4Co 钢来说，碳含量降低，则焊接性更好。这是由其合金系统的高韧性及其金属的自回火效应造成的。不需要焊前预热，也不需要焊后热处理，只在必要时，进行消除应力处理。

此类钢的焊接必须使焊缝金属的力学性能与母材相等，且化学成分也要基本一致，以保证它与母材有同样高的韧性及自回火效应。焊缝金属要非常纯净，氧、氢、碳、硫、磷含量都要低。HY-180 钢的 ϕ_O 要低于 50×10^{-6}。比如对 TIG 法的焊丝的杂质含量必须控制如下：$w_S<0.005\%$；$w_P<0.001\%$；$\phi_H<1\times10^{-6}$；$\phi_O<52\times10^{-6}$；$\phi_N<4\times10^{-6}$；$w_{Si}<0.01\%$；$w_{Mn}<0.05\%$。这样高纯度的焊丝只能由真空熔炼才能得到。焊接热输入应控制在较小且稳定的范围。对这类钢的焊接而言，不能采用熔化极氩弧焊，因为用熔化极

氩弧焊（MIG）法焊接，焊缝金属中的 ϕ_H 很难低于 150×10^{-6}。因而，应采用冷丝的钨极氩弧焊及等离子弧焊。用小热输入和多层焊，则焊接质量更好。采用同质填充材料来焊接 HP9-4-20 及 AF1410 钢的 TIG 焊缝金属的力学性能及焊接规范如表 21-169、表 21-170 所示。

表 21-169　超高强度镍-钴钢钨极气体保护焊（TIG）焊缝金属的力学性能①

钢种	板厚/mm	状态	σ_b/MPa	σ_s/MPa	δ/%	ψ/%	A_{KV}/J		
							21℃	−62℃	−18℃
HP9-4-20	25.4	焊后	1426～1454	1282～1399	17～20	59～65	85.7～87	68～74.8	—
HP9-4-20	50.8	焊后	1440	1378	18.5	60	80	77.5	—
AF1410	—	母材	1585	1447	—	—	—	—	>47.6
AF1410	—	焊后	1537	1392	16	57	—	—	55.8
AF1410	—	时效①	1537	1454	16	63	—	—	59.8

① 482℃保温 2h，时效后水淬；

注：ψ—断面收缩率，其余符号同表 21-153。

表 21-170　HP9-4-20 和 AF1410 钢钨极气体保护焊（TIG）的焊接规范

焊丝牌号	焊丝直径/mm	送丝速度/$m\cdot s^{-1}$	保护气体	焊接电流/A	电弧电压/V	焊接速度/$m\cdot s^{-1}$	热输入/$kJ\cdot cm^{-1}$	层间温度/℃
HP9-4-20	1.6	30.5～45.72	Ar	300～350	10～12	7.62～15.24	7.87～9.45	93
AF1410	1.6	30.5～33.54	Ar25% He75%	160～200	13	6.12	13～13.4	71

21.17.9.3　0Cr21Ni6Mn9N 焊接性能

0Cr21Ni6Mn9N 是高强度低温无磁不锈钢，在超低温（−269℃）无磁环境中有广泛的应用。此钢焊接性能比较好，但也会出现焊接热裂纹、冷裂纹，以及碳化物析出等。

为防止热裂纹，钢中最低镍当量值应大于 9.5%，而硫的含量应控制在 0.01%以下，磷的含量控制在 0.015%以下。为防止焊缝中出现气孔，焊缝中的 w_N 应控制在 0.25%以下。

焊接 0Cr21Ni6Mn9N 钢时，要严加控制焊接热输入及层间温度，不能预热和后热。必要时采取强迫冷却，以防止产生碳化物。

0Cr21Ni6Mn9N 钢仅限于使用 TIG 焊及真空电子束焊接。焊接参数可参考不锈钢。焊接第一层焊缝时，必须用氩气保护背面。层间温度控制在 100℃以下，背面如果需要清根，只能用打磨方式，不能用碳弧气刨清根。焊后回火温度 650～750℃。

第22章 真空清洁处理

22.1 清洁处理的目的

真空元件的清洁处理，也称材料的预处理。其目的是改善材料的真空性能，降低真空环境对产品的污染。

机械加工后的真空零件，表面不可避免会沾污许多机加工油泥、汗痕、抛光膏、焊剂、焊接夹杂等。这些杂质的饱和蒸气压都很高，直接影响真空装置的极限真空，杂质的表面还会吸附大量气体，在真空下缓慢地释放出来，这样不仅影响真空设备的真空度，而且还会延长抽真空时间，影响真空室中气体组分，尤其是有机物蒸气会污染产品。

各种材料在轧制、机加工、压延工序中，或受焊接温度的影响，都会使表面形成破碎层。这种表面形成破碎层通常是氧化层或氮化层，呈疏松状态，并有龟裂。此外，多数材料的表面层都存在杂质或其他缺陷，这就更容易引起污染和吸附气体。若不进行预处理，去掉这种表面层，那么污物蒸气及吸附气体在真空下会大量释放出来，影响真空设备的工作压力，甚至使设备真空度抽不上去。即使清洁的钢表面，在空气中停留 10min 后，表面也会形成 20Å (2nm) 的氧化层，而氧化层的真实表面比其几何表面大 1000 倍，会吸附大量水蒸气和其他气体。

在超高真空系统中，清洁处理显得更为重要，清洁处理好坏，直接影响极限真空。良好的清洁处理工艺，可以使材料的放气率降低几个数量级。以超高真空系统常用材料不锈钢为例，长期暴露大气，不进行任何处理，抽气 1h 后的出气率为 2×10^{-5} Pa·L/(s·cm^2)；如果除油清洗后，不烘烤，抽气 4h 降为 1×10^{-7} Pa·L/(s·cm^2)；若除油清洗后，并在 250℃下烘烤 15h，出气率进一步降低到 1×10^{-10} Pa·L/(s·cm^2)。材料出气率降低后，便可以提高真空设备的极限真空。

在航天器空间环境模拟试验设备中，有的需要热沉，而热沉内表面通常涂黑漆，在高温下，会释放出有机蒸气，对航天产品造成污染。为此，热沉需要精心进行清洁处理。

对于光学器件、电子器件、半导体器件而言，受到污染后会改变其性能，甚至报废。因而要求在清洁真空环境中生产。航天器常用的光学遥感器进入空间环境试验时，对污染量控制要求很高，在 24h 内的累积污染量要求小于 5×10^{-8} g/cm^2，相当于单分子层。

另外，真空产品焊缝的焊渣、焊剂如果清理不干净，会堵塞微孔，影响检漏质量。

22.2 真空容器中污染物的来源

真空容器中的污染物主要来自于加工制造过程、安装调试过程，以及真空元件和环境的影响，分述如下。

① 真空容器以及其内安装的各种机构，均是通过机械加工得到的。在加工过程中，其表面不可避免地受到润滑油、冷却液、焊接的污染，这是容器中有机物质的重要来源之一。

② 真空容器抽真空，若选择油扩散泵、油扩散喷射泵、油封真空泵，其工作介质为油类，油蒸气将产生污染。若为往复式真空泵、罗茨泵，虽然不是以油为工作介质，但其活塞润滑、轴承及齿轮润滑均需要借助油或油脂，是污染源之一。新发展起来的干式真空泵，包括爪式真空泵、涡旋式真空泵、螺杆式真空泵，其轴承润滑选择蒸气压较低的脂润滑。如果使用不当，油脂的蒸气也会返流到真空容器中，形成污染。高真空领域常用的涡轮分子泵，其转子轴承有陶瓷轴承、脂润滑轴承，有油润滑普通轴承，后者若操作不当同样会污染真空容器。

③ 各类真空阀门，其运动机构有时采用油或脂润滑，这是常常被人们忽视的污染源。笔者研制空间光学遥感器试验设备时，要求高真空插板阀运动机构采用固体润滑。

④ 真空容器中，有时会存在有机涂层，常有各种测试导线，以及运动机构的润滑，轴承润滑等，亦是污染源。

⑤ 安装过程还可能产生污染，主要来自清洗液的残留物，以及操作人员的衣着、手迹、毛发、皮屑等污染，使用工具的污染。

⑥ 材料轧制、储存、机加工后产生氧化层及氮化层。

⑦ 真空容器中各种材料出气及解吸。

⑧ 环境污染物，系指试验样品存放场地有机物及无机物的污染。

22.3 清洁处理要求

22.3.1 功能要求

① 清洁处理时，不得损坏被清洗零件，不得改变其性能；

② 清洗过程中不得划伤各种密封面；

③ 清洗后的表面不得留有清洗剂痕迹及多余物；

④ 清洗剂不能与材料起化学作用，或被材料所吸收。

22.3.2 对清洗及安装人员要求

① 清洗人员需穿戴专用工作服、手套、口罩、帽子，并保持其清洁。清洗后的工件用塑料袋（膜）包装后，放置在专用料架上。

② 安装真空室内各部件、零件，安装人员与清洗人员同样，需穿戴专用工作服、手套及帽子进行装配。

③ 清洗及安装人员需保持环境卫生。

22.3.3 清洗环境要求

① 保持室内干净，严禁吸烟。

② 不得有明火。

③ 应有通风装置，如排风扇、电风扇、排风柜等。

④ 房间温度一般应为 15～30℃，相对湿度小于 70%，水磨石地面或木质涂漆地面为

好。房间洁净度为10000级或100000级，视产品要求而确定。

22.3.4 真空装置清洁要求

常规真空装置清洁要求主要是：

① 真空容器内表面粗糙度优于0.8μm，表面无缺陷，内部构件无死空间，内焊缝平整光滑，清理干净；

② 真空室大门、真空容器上各种法兰接口密封处不得涂真空油脂；

③ 真空室内部构件要求无污染源、无尘埃、无铁屑、无纤维毛、无腐蚀；

④ 洁净真空室内所用材料饱和蒸气压要低，不得使用高分子聚合物材料；

⑤ 油封真空泵，以及真空装置所配置的制冷设备、供气设备应与真空装置安装房间隔离，以免造成对房间的污染。

22.4 清洁处理主要方法

22.4.1 机械清理

机械清理可采用锉刀、金属刷、砂纸、砂轮、喷砂等去除工件表面的氧化层、氮化层。当零件表面有热处理或热加工中生成的厚氧化皮时，最宜采用这种方法清理。其中，锉刀、刮刀和砂纸打磨，适用于单件生产。金属丝刷、金属丝轮和砂轮清理，效率较高，适于小批量生产。对于大面积及大批量生产的零件，可以采用喷砂清理，喷砂清除效率较高，一般用于黑色金属。镍基有色金属，不宜采用砂纸打磨或喷砂清除表面氧化膜。

机械清理方法也适用于焊缝焊渣及焊药的清理。

容器真空侧表面为了降低出气率，经常使用机械抛光方法减小表面粗糙度。

22.4.2 有机溶剂除油

工件表面的油脂和有机物可用有机溶剂和水基去油溶液去除。常用的有机溶剂有丙酮、汽油、三氯乙烯，以及金属清洗剂（商品）等。水基去油溶液包括碱类水溶液和专用水基去油剂水溶液。

对于单件和小批量生产，最简单可行的方法是用有机溶剂清洗或擦洗，一般多使用丙酮。如果零件表面有油封层，则应使用汽油清洗。在大批量生产中，用三氯乙烯有机溶剂除油。它能很好地溶解油脂并容易再生。三氯乙烯是一种高效溶油剂，在常温下溶油能力是汽油的4倍，在50℃以上是7倍。三氯乙烯去油的过程是：先用汽油擦去工件表面大量的油污，再在三氯乙烯中浸泡5～10min后擦干。然后在无水乙醇中浸泡，再在碳酸镁水溶液中沸煮3～5min，最后用水清洗，用酒精脱水并烘干。三氯乙烯能溶解大多数油脂和有机物且不易燃，因而可以用较高的温度清洗零件，提高清洗速度和质量。但对于钛和锆，只可用非氯化物溶剂。

批量生产有时采用三氯乙烯蒸气除油，其原理如图22-1所示。蒸气除油是把要除油的工件置于三氯乙烯蒸气中，借助蒸气与冷的工件接触时凝聚成的液体溶解工件上的油污。由于要除油的工件始终与干净的三氯乙烯接触，三氯乙烯不会对工件产生污染，除油效果良好。此方法除油速度快，废液又可用蒸馏法回收，是一种高效除油法。

蒸气除油的设备由槽子、加热体和冷却水管组成。液态三氯乙烯放在槽底，使用时，将三氯乙烯液体加热到87℃使之变为三氯乙烯蒸气。这种气体（CCl_2CHCl）比空气重，因此蒸气积聚于槽子底部。随着蒸气量的增加，蒸气逐渐上升。为了防止蒸气溢出，槽子要高出地平面，在槽内地平面以下的部位环绕多圈冷却水管。当蒸气上升至水管处，被冷却凝结为液体重新流至槽底，保证了槽内蒸气面始终处于地平面以下。

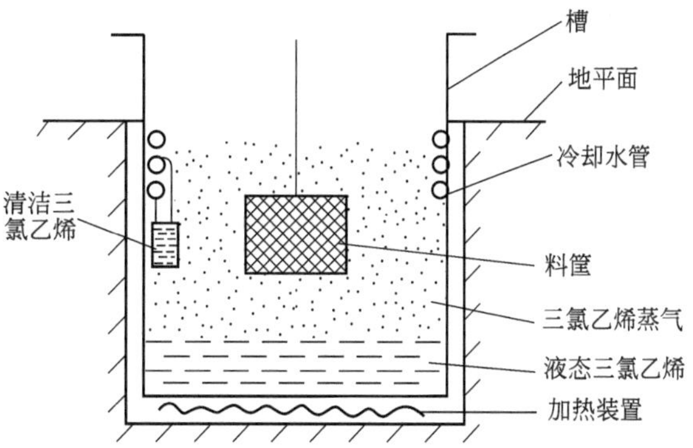

图 22-1　三氯乙烯蒸气除油示意图

三氯乙烯蒸气除油的操作程序是：

① 带有大量油污的零件（如油封件）在进行三氯乙烯除油之前，先用煤油洗净，再用压缩空气吹干；

② 零件放在吊筐内，放置的位置应便于油污的流出；

③ 将装有零件的吊筐放入三氯乙烯蒸气中；

④ 每隔3～5min把吊筐提出蒸气外，待零件冷后再放入蒸气中。如此反复至少3次。

⑤ 除油时间一般为10～15min，但最多不能超过30min；

⑥ 提出吊筐，滴干零件上的溶液后取出零件；

⑦ 如除油不彻底，可待零件冷却后再次重复进行除油。

三氯乙烯除油操作注意事项：

① 操作时不要吸烟，以免吸入有毒气体；

② 设备不要靠近明火或蒸气管道的地方；

③ 零件上不能有水分，水分会使溶液分解并产生酸性；

④ 沾有强碱性物质的零件，不准进入槽内；

⑤ 带有橡胶件的零件，不能在此溶剂中除油；

⑥ 钛合金零件使用三氯乙烯蒸气除油时，要在溶液里加一定数量的缓蚀剂或用碱性除油。

带有凹槽，内孔等不易彻底除油的零件，在蒸气中除油后，可把这些零件浸入干净的热溶液中清洗。获得清洁热溶液的方法是在冷却水管的下方悬挂一个不锈钢容器（见图22-1），被水管冷凝的溶液滴入容器内，它是经过蒸馏的干净溶液，且保持一定的温度。

在大批量生产中，常使用水基溶液化学除油，使用的溶液有碱类水溶液及专用水基去油剂水溶液。采用水基溶液清洗时，配合超声波一起使用，可以达到更好的效果。水基溶液清洗操作过程简单，成本低廉，效果较好。其缺点是溶液有时需要加热，用后难以再生，对某些金属具有腐蚀作用，需要进行干燥处理等。

对于钢制件，可浸入70～80℃的10%苛性钠溶液中脱脂；铜和铜合金零件可在50g磷酸三钠、50g碳酸氢钠中加1L水的溶液内清洗，溶液温度60～80℃。另外，采用专用水基去油剂效果也很好，如LXF-52除油剂，在常温除油效果很好。除油后用水仔细清洗。当工件表面能完全被水润湿时，表明表面油脂已去除干净。对于形状复杂而数量较多的小零件，也可用超声波清洗。另外，超声波清洗，也是清除落入工件表面狭小缝隙中，且不能溶解污物的唯一可行方法。

超声波清洗液可以是添加有活性剂的水、碱液（磷酸三钠、苛性钠、碳酸钠等）以及有机溶剂。适宜的清洗温度为 50～60℃，且不高于 60℃，并低于其沸腾温度。超声波脱脂不仅效率高，而且简便、迅速。

对于工件表面的油漆、记号笔印迹、画线蓝色等通常采用化学溶剂擦洗去除，常用溶剂为无水乙醇、丙酮、汽油等，一般需在除油之后进行。对于较厚的油漆，有时需采用机械方法清除。

22.4.3 化学侵蚀清除氧化层

化学侵蚀主要采用酸洗或碱洗来去除表面氧化物。与机械清除相比，化学侵蚀生产效率高，清除效果好，质量容易控制，特别是对于铝、镁、钛及其合金。因此，用化学清理焊件表面氧化膜是生产中最常用方法，适于大批量生产。但其工艺过程控制比较复杂，设备及器材成本较高，废液处理不当易造成环境污染。

对不同材料，其表面氧化膜性质不同，使用的化学溶液也不同，即使同一材料，也往往有多种溶液配方。对于钢、镍基合金、铜合金、钛合金等一般需进行酸洗，而铝合金、镁合金等需要进行碱洗，然后在酸性溶液中进行钝化处理。

表 22-1 给出了常用材料化学侵蚀时溶液的成分。

表 22-1 常用材料化学侵蚀液成分

适用的母材	侵蚀液成分(体积分数)	处理温度/℃
铜和铜合金	①10% H_2SO_4，余量水	55～80
	②12.5% H_2SO_4+(1%～3%) Na_2SO_4，余量水	20～77
	③10% H_2SO_4+10% $FeSO_4$ 余量水	50～80
	④0.5%～10% HCl，余量水	室温
碳钢与低合金钢	①10% H_2SO_4+侵蚀剂，余量水	40～60
	②10% HCl+缓蚀剂，余量水	40～60
	③10% H_2SO_4+10% HCl，余量水	室温
铸铁	12.5% H_2SO_4+12.5% HCl，余量水	室温
不锈钢	①16% H_2SO_4，15% HCl，5% HNO_3，64% H_2O	100℃，30s
	②25% HCl+30% HF+缓蚀剂，余量水	50～60
	③10% H_2SO_4+10% HCl，余量水	50～60
钛及钛合金	(2%～3%) HF+(3%～4%) HCl，余量水	室温
铝及铝合金	①10% NaOH，余量水	50～80
	②10% H_2SO_4，余量水	室温

22.4.4 电化学清洗

电化学清洗原理如图 22-2 所示，清洗装置由溶液槽、直流电源、电源阴极及阳极，以及清洗溶液组成。工件接直流电源的阴极，调节电源电压，达到一定电流密度后，使清洗溶液中的水电解。电解时阳极产生剧烈的氧气泡，而阴极为氢气泡。工件上的油膜受到氧气泡冲击而破坏，同时油脂与碱溶液起皂化和乳化作用被除掉。

电化学清洗效率比有机溶剂除油效率高几倍，除油效果好。工件除油后，需用约 60℃热水清洗，以便去掉表面上形成的油污，然后用冷水冲洗。电解电源电压一般为 2～12V

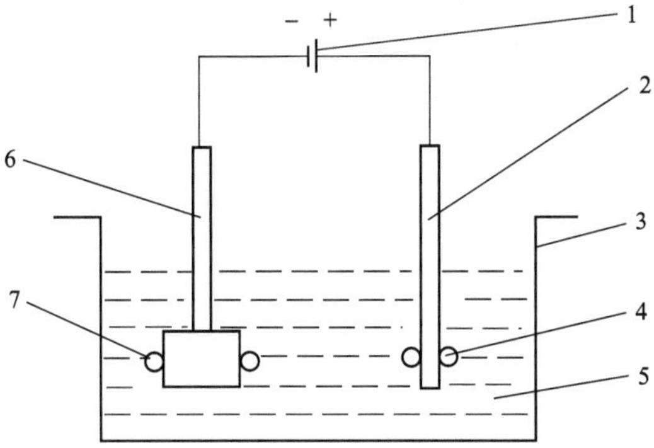

图 22-2 电化学清洗原理

1—直流电源；2—阳极；3—溶液槽；4—氢气泡；5—清洗溶液（碱溶液）；6—阴极（工件）；7—氧气泡

可调，阳极与阴极之距为 5～15cm。表 22-2 给出了一种典型电化学清洗工艺参数。

表 22-2 典型电化学清洗工艺参数

碱液配方	温度	电压	电流密度	电极	清洗时间
氢氧化钠 60g/L 碳酸钠 20g/L 氰化钠 20g/L 水玻璃 8g/L	25℃	6～10V	40～ $80mA/cm^2$	工件接阴极， 不锈钢作阳极	1～2min

注：氢氧化钠（NaOH）；碳酸钠（Na_2CO_3）；氰化钠（NaCN）；水玻璃（Na_2SiO_3）。

电化学清洗也可以用于除氧化层，此时阳极接工件，阴极材料为铅、钢或铁。若阴极接工件，而阳极用铅、铅锑合金或硅铁制成。溶液温度为室温或 50～60℃。

22.4.5 电化学抛光

22.4.5.1 电化学抛光原理

电化学抛光（简称电抛光）的目的是降低金属件表面粗糙度，进而减小材料表面出气量，改善真空装置的真空度。大多数金属材料的零件，均可用电化学抛光方法改善表面粗糙度。

电化学抛光原理与电化学清洗基本相同。所不同的是电解液，电化学清洗的电解液是碱盐类，而电化学抛光的电解液是酸类。进行电化学抛光时，工件接在电源阳极（正极）上，而阴极用铜、铅、钢制成。阴极面积应为工件表面积 5 倍以上，极间距离约 50～120mm。由于工件选择的加工手段不同，得到的表面粗糙度不同，即粗糙度轮廓不同，轮廓峰值亦不同，相对较高峰值处，电场集中，电流密度大，使之失去电子而溶解。如此不断出现高峰，不断被溶解，进而得到光亮的清洁的金属表面。

有色金属进行电化学抛光时，阴极接工件。

22.4.5.2 电化学抛光的特点

电化学抛光特点如下：

① 电化学抛光量很小，抛光后的尺寸精度和形状精度可控制在 0.01mm 以内；

② 电化学抛光效率高，抛光速度不受材料的软硬而影响；

③ 工艺简单，操作容易，设备简单，投资小；

④ 电化学抛光不能消除原表面的“粗波纹”，抛光时，对工件表面的粗糙度有要求，一般小于1.6μm为好。

22.4.5.3 电化学抛光的影响因素

电化学抛光的影响因素如下：

① 电解液。电解液的配方和比例，需根据零件和选用的阴极材料来确定。

② 电流密度。电化学抛光均在较高的电流密度下进行的，若过高，会使阳极析出的氧气过多，使电解液近似沸腾，影响抛光质量。

③ 电解液的温度。一般情况下，温度低，溶解速度低，生产效率就低。应对电解液进行搅拌，促使流动，及时排除电解产物，减少温度梯度。

④ 抛光时间。抛光的时间不能太长，一般都有一个最佳抛光时间，由试验确定。

⑤ 工件的金相组织状态。材质均匀致密，抛光效果好。非金属成分多的材料抛光效果差。

⑥ 抛光表面的原始粗糙度。原始粗糙度在0.8～2.5μm范围时采用电化学抛光才能有较好的效果。

22.4.5.4 电化学抛光工艺过程

电化学抛光工艺过程如下：

① 工件彻底除油，表面粗糙度以0.8～1.6μm为宜。

② 配制电解液。按质量分数：正磷酸（H_3PO_4）65%；硫酸（H_2SO_4）15%；铬酐（CrO_3）6%；去离子水14%。

③ 选择工艺参数。见表22-3。

表22-3 金属材料电化学抛光工艺参数

材料	电流密度/A·cm^{-2}	电压/V	抛光时间/min	抛光温度/℃
不锈钢(小件)	0.2～0.5	6～12	2～10	25～50
不锈钢(大件)				80～90
钼				25～50
镍				25～50
康铜				25～50
可伐合金				25～50

④ 电化学抛光后，将工件放入2%～5%氨水中进行中和处理，中和时间15～20s。

⑤ 抛光后相继用水清洗，无水乙醇脱水，再烘干。

表22-4给出了国外资料中金属材料电化学抛光的工艺参数。

表22-4 金属材料电化学抛光工艺参数

金属	电解液成分	电压/V	电流密度/mA·cm^{-2}	温度/℃	时间/min
铝	40mL H_2SO_4、40mL磷酸、20mL蒸馏水	10～18	720	95	5
铜	670mL(正)磷酸、100mL H_2SO_4、270mL蒸馏水	2～2.2	100	22	
铁	530mL(正)磷酸、470mL蒸馏水	0.2～0.5	6	20	10
钼	35mL H_2SO_4、140mL蒸馏水	12		50	
镍	60mL(正)磷酸、20mLH_2SO_4、2mL蒸馏水	10～18	900	60	5

续表

金属	电解液成分	电压/V	电流密度/$mA \cdot cm^{-2}$	温度/℃	时间/min
碳钢	185mL高氯酸、765mL醋酸、50mL蒸馏水	50	40～70	<30	5～10
不锈钢	50mLH_2SO_4、40mL甘油、10mL蒸馏水	10～18	300～1000	30～90	3～9
钨	100gNaOH、900mL蒸馏水		30～60	20	20～30

注：来源 A. ROTH：VacuumTechnology。

22.4.6 超声波清洗

在真空技术中超声波清洗被广泛使用。特别适宜形状复杂零件、有孔的零件，以及螺钉、螺母小零件的清洗。批量生产中，优越性更为突出，生产效率高，洁净度好。超声波清洗可以除掉零件小孔内的污染物，这是一般清洗方法不能实现的。

超声波清洗原理是基于超声波的空化作用对物体表面上的污物进行撞击、剥离，以达到清洗目的。图 22-3 给出了超声波清洗机结构原理，主要由换能器、超声波发生器、加热器、清洗槽、过滤器、循环泵等组成。各部分功能如下所述。

换能器：超声波换能器也称声头，是一种高效率的换能元件。能将电能转换成超声波振动能，振幅很小，只有几微米。但振动加速度很大，换能器是产生超声波的元件。

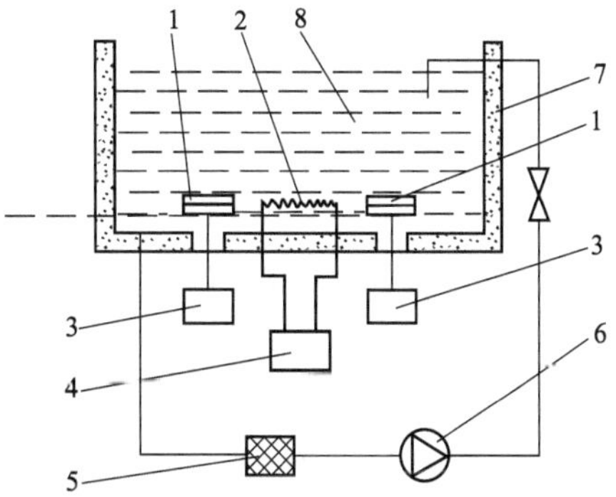

图 22-3 超声波清洗机结构原理

1—换能器；2—加热器；3—超声波发生器；4—加热器电源；5—过滤器；6—循环泵；7—清洗槽；8—清洗液

超声波发生器：也称超声波电源，能将工频电转变成频率 28kHz 以上的高频电信号，其本质是一台高频电源，通过电缆输送到换能器上。

加热器：将清洗液加热，并控温。增强清洗效果。

清洗槽：用于盛清洗液，材质为不锈钢，外有保温层。

过滤器：用于过滤掉清洗液中的杂质。

采用超声波清洗，有两种清洗剂：化学清洗剂和水基清洗剂。两者均可达到清洗效果。清洗剂的温度一般为 40～50℃。清洗剂有丙酮、酒精、三氯乙烯、汽油或蒸馏水等。

超声波的功率密度越高，空化效果越强，清洗速度越快，清洗效果越好。但对于精密的、且表面粗糙度等级较高的零件，不宜采用高功率密度长时间清洗，否则会损失表面。

超声波频率越低，在液体中产生空化越容易，作用也越强。而频率高时，超声波方向性强，适于精细零件的清洗。

22.5 特殊清洗方法

22.5.1 辉光放电清洗

真空镀膜工艺中，常用两个电极间低气压辉光放电产生的离子轰击基片来达到清洗目的。各种相关资料中均有论述。用辉光放电清洗真空容器，是一项新技术。如果应用的适当，可以使某些真空系统免除高温烘烤技术。

R. P. Govier、G. M. Mecracken 研究了惰性气体辉光放电时对不锈钢放气率的影响。作者先将容器在 450℃下烘烤 20h，然后暴露大气 30min，再抽到 1×10^{-5}Pa，放入惰性气体，在 0.1～2.5Pa 下进行辉光放电，30min 后，关闭进气阀，并将气体抽走。分析残余气体成分表明，不锈钢容器不放电清洗，容器中主要气体是水，其次是二氧化碳、一氧化碳和氢；若容器中通入氦气进行辉光放电，则比较重的气体消失了，而氦变成了主要放气成分，其次是氢。在氖中放电，主要成分是氢，其次是氖。在氩中放电，主要成分是氢和氩。这些事实表明，用辉光放电方法，从真空系统中除掉普通气体是可行的。

作者还发现辉光放电清洗不锈钢后的出气率与烘烤处理后的出气率大致相同。如抽气烘烤 20h 后的出气率为 1.7×10^{-7} W/m^2；而用同样时间，氩中辉光放电得到的出气率为 2×10^{-7} W/m^2。但两者的残余气体成分不同，前者水为 68%、氢 20%、二氧化碳为 7%、一氧化碳 5%；后者氢为 68%，氩为 2%。如用氩和氧辉光放电清洗 6061 铝合金，得到的出气率为 5×10^{-10} W/m^2，而真空中 200℃下，经过 24h 烘烤后的出气率为 1.3×10^{-11} W/m^2。残余气体组分中，氢高于 99%。

欧洲核子研究中心的交叉贮存环，在 3Pa 氩气中进行了辉光放电清洗，放电电压为 500V，电流为 0.5A。真空容器接地，高压电极供交流电。在 300℃下容器烘烤 15h，在此过程中进行三次辉光放电，每次放电 1h，两次放电间隔为 3h。然后抽到 1.8×10^{-8}Pa，并烘烤 20h。经过这种工艺处理后发现，电子引起的解吸率比未经处理的低一个数量级。而真空容器暴露大气 24h 后抽气，并烘烤 12h，电子引起的解吸率依然很低。

22.5.2 霍尔氩离子源清洗离子镀基片

用霍尔离子源使氩离解为离子 Ar^+，轰击基片，使基片上杂质粒子脱附，且氩离子溅射使基片微观表面更新，进而达到清洗作用。

钟利等给出了清洗方法。采取的工艺是：化学清洗过的基片放入真空中，抽至 5.0×10^{-3}Pa，加热基片达到 250℃后，通入氩气，真空度分别为 0.5Pa、0.1Pa 和 0.05Pa 进行清洗比较，此时对应的放电电压分别是 400V、800V 和 1200V。

高能活性氩离子撞击基片使基片自由能及浸润性增加，同时通过溅射作用清除了基片表面颗粒状污染物，增加比表面积，改善了粗糙度。

氩离子轰击基片后，对去离子水浸润的接触角进行了测量。未用氩离子清洗时，接触角为 50°，放电电压为 400V 时，测得的接触角为 29°，800V 时为 23°，1200V 时为 20°。固体表面的润湿性由表面化学成分和微观几何结构共同决定。原始基片表面清洁度和自由能较低，水滴落到表面上得不到良好润湿，使之原始接触角值较高；而氩离子轰击基片，将能量传给基片，使之表面能增加，润湿性得到了改善，接触角度小，同时高能氩离子将与表面结合松散的杂质和原子溅射出来，达到表面清洁作用。

不同极电电压下，对硅基片进行了表面粗糙度测量，原始硅片表面粗糙度为 *Ra*0.099μm，在 400V 极电电压时，测得硅片表面粗糙度为 *Ra*0.039μm，800V 时为 *Ra*0.035μm，1200V 时为 *Ra*0.061μm，可见，溅射清洗可以降低表面粗糙度，400～800V 内，随电压增大，*Ra* 减小，而 800～1200V 时，随电压增加，*Ra* 增大。

22.5.3 HL-1M 托卡马克装置辉光放电清洗

托卡马克装置（Tokamak）放电清洗的目的是清除器壁近表面层的氧化物和碳化物构

成的杂质源。经机械抛光、化学清洗、热清洗和超高真空技术处理后，不锈钢表面仍有1～3μm厚的碳、氧及其化合物表层，Tokamak放电时氢（H）、氘（D）及其离子与它们的表面化学反应形成的化学溅射是产生低Z杂质的主要来源，而等离子体与孔栏及金属壁的相互作用形成的物理溅射、热蒸发等是产生高Z杂质的主要来源；尤其是被还原反应后留在壁面上的金属原子、溅射再沉积原子及金属氧化物原子与基体原子相比，较疏松，其溅射产额和热蒸发率也高。王志文等对HL-1M托卡马克装置辉光放电清洗作了论述。

以托卡马克装置中的环形真空室内壁作为辉光阴极，目前辉光阳极系统有3种结构形式：有“LC型”，是由一个平面尺寸为110mm×220mm的感应线圈 $L=1\mu H$ 与一个平板电容 $C=500PF$ 串联而成；还有“日光灯”型，是由 ϕ25mm×450mm的不锈钢棒、陶瓷支架与背面的不锈钢罩组成。以上两种电极结构均贴近真空室壁且安装在孔栏阴影区内，在一定条件下，阳极发热量通过辐射及电极和周围气体热传导维持正常冷却而不会使阳极过热变形。第三种结构是HL-1M装置的“伸缩杆”型，它是由有水冷的不锈钢螺旋天线与波纹管传动伸缩机构组成。辉光放电清洗（GDC）期间，阳极调至真空室小截面中心，如图22-4所示。GDC的启辉电压最低，清洗效率最高，在伏-安特性曲线的任何工作点都能获得辉光的稳定条件。

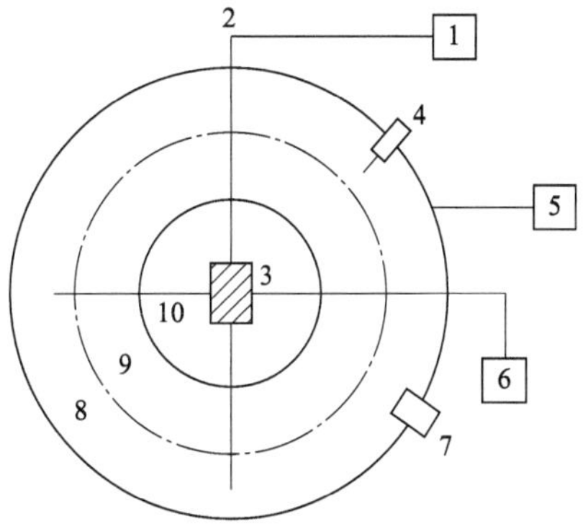

图22-4 HL-1M装置辉光放电清洗（He）系统示意图

1—天线电源；2—波纹管传动伸缩机构；3—天线；4—静电探针；5—气源；6—真空机组；7—质谱诊断系统；8—阴极降位区；9—正柱区（等离子体区）；10—阳极降位区

HL-1M装置辉光放电清洗参数：工作气压（He）为 $1\sim8\times10^{-2}$Pa；阳极电压200～800V；阳极电流0.5～1.5A；电子密度小于 $10^9/cm^3$；电子温度1～2eV；气体电离度约 10^{-4}。

阳极为单极或双极，位置在环型室中心，材料为不锈钢。真空室内面积 $13m^2$，石墨覆盖度为6%。真空室容积为 $2.6m^3$，真空机组有效抽速 $1m^3\cdot s^{-1}$。

清洗时以 H^2 分压小于 1.3×10^{-3}Pa为参考压力，清洗时间30～60min。1h平均脱附产额约0.42H/He^+。

清洗效果：真空室壁经120℃、48h烘烤后，测得烘烤后的总出气率 Q_G，在He与 H_2 的气氛中进行辉光放电清洗，清洗时间为48h，总出气率 Q_G 降低了31%，主要成分是 H_2。在此基础上，又在He气氛中辉光放电清洗1h，放气率又较 Q_G 降低了15%，主要成分是 H_2O。

HL-1M装置经抽真空70h，烘烤（120℃）48h，GDC(He) 14h后，环形真空室内气体的本底杂质浓度约2.3%，其中 H_2O 占 1.6×10^{-2}，CO占 5.5×10^{-3}，CO_2 占 1.0×10^{-3}。当GDC(H_e)且 H_2 的压力下降至稳态时，由亨利定律可知，壁面H滞留量 $\sigma=3.8\times10^7\dfrac{p}{\sqrt{T}}\exp(\dfrac{E_d}{RT})\approx4\times10^{13}H/cm^2$，其中 $p=1.3\times10^{-3}$Pa是GDC(H_e)达到的 H_2 分压稳定值；$T=300K$ 是壁温；$E_d=1.4\times10^4$cal/mol是 H_2 脱附激活能；$R=2$cal/mol是气体普适常数。清洗后的壁在随后的托卡马克放电时，壁面将由原来的放气状态变为吸

气状态。在辉光放电总压 $p \leqslant 1.3\times10^{-1}$Pa($H_e$压力)，$I_a \leqslant 0.5$A 条件下，GDC($H_e$) 仍能维持稳定放电时，则壁面的杂质出气比 $\sum\theta_i/\theta_{H_2} \approx 10^{-3}$ 数量级，随后托卡马克放电时的杂质出气比 $\sum\theta_i/\theta_{H_2} < 10^{-2}$。总之，HL-1M 装置经过 GDC($H_e$)30～60min 后，真空壁条件完全可以达到上述指标，满足了等离子体运行。

此装置清洗注意事宜：

① 辉光放电期间，在 5×10^{-1}Pa 下，抽气量应控制在 2.5Pa·m³·s⁻¹，即该装置中配置的 8 套分子泵中只使用 4 套分子泵，否则因前级压力升高而抽气速率下降，进而使分子泵返流而造成清洗失败。

② 启动辉光放电时，H_e 压力约 4～7Pa，为防止拉弧，应使用电源的高限流档(2.5kΩ)，以便将时间限制在 ms 量级。H_2(D_2) 辉光放电时，不易启辉，解决的办法是增加 H_e 压力而不是增加 H_2(D_2) 压力。当气压高于 2Pa 时，辉光将沿着偏滤器喉部区域穿进偏滤器室内，然后演变成强烈的不可控的寄生放电，可能危及多级场线圈的安全，因此千万不可用主等离子体室的辉光清洗来兼顾偏滤器室的壁处理。

③ 阳极系统是由 ϕ25mm×450mm 的不锈钢杆、陶瓷支架和背面的不锈钢屏蔽罩组成。陶瓷支架的作用一是绝缘阳极与阴极，二是传导阳极（电子收集极）发热量。因此陶瓷支架应有良好的屏蔽而严防金属化，同时面积不可太小，应接触良好。不锈钢罩的作用一是屏蔽溅射，二是增加二次电子发射。启辉时，原发电流 $I_p = \upsilon I_K$，回路电流 $I_d = I_K + \upsilon I_K$，其中 υ 是二次电子发射系数，I_K 为阴极离子流。可见阴极产生的等离子体增加了回路电流，从而降低了启辉电压。另外必须强调的是阳极与罩的距离应保证阳极处于负辉光区与阴极暗区之间，否则辉光的稳定条件遭破坏而无法正常工作。

④ 阳极发热量是通过支架和周围气体热传导来维持正常冷却，阳极面积不能太小，轰击阳极的电流密度 I_a 应控制小于 0.3mA/m²，气压 p 维持在 10^{-1}Pa 量级，由伏-安特性曲线可知，这时阳极电流几乎不随阳极电压而改变，而 $I_a/p^2 \approx$ 常数，即所谓“正常辉光区”。

⑤ 真空壁的尖角处电场强度最强，常常诱发局部电流密度过大，而导致局部闪烁弧，进而造成热膨胀不均匀、应力不均匀和压紧力不均匀，使焊缝和可拆卸密封漏气。同时壁遭受污染时，也会出现大面积稳态闪烁弧。因此环室内应尽可能消除尖角和死空间，并防止污染，否则辉光不稳定。

自 1995 年以来，利用氦离子轰击再释和溅射脱附原理，GDC（He）已发展成 HL-1M 装置控制真空壁条件的常规清洗技术，并发展了分别以除 O、C 为主和除 H 为主的清洗模式，成功地用于壁处理，与其他清洗装置相比，结构简单，不需要磁场，操作安全。它与烘烤除气相比，对环形真空室的去气率高，从而使本底杂质浓度低。

22.5.4 光学太阳反射镜基底的辉光放电清洗

邱家稳、胡炳森等用辉光放电清洗光学太阳反光镜基底，在石英玻璃、铈玻璃上镀制成二次表面镜，满足了长寿命卫星对镀层牢固度要求。

作为粘接在卫星表面的被动热控涂层，玻璃型第二表面镜，要求其膜层与基底之间有较强的附着力，随着卫星设计寿命越来越长，对它的膜层牢固度的要求也必然提高。

一般地讲，易氧化的金属膜对基底的附着性比难氧化的金属为好，特别是当放置在空气中易氧化的金属，其附着性更强。又由于贵金属，如金、银、铜等一般都极难氧化，故贵金属膜在二氧化硅基底上的附着力更弱。此外，与无机物基底相比，有机物基底上镀制的膜层的附着力要大得多。

影响膜层附着力的因素有：基底的清洁程度，镀膜系统的真空清洁度以及基底的加热状态等。对有油真空镀膜系统来讲，当基底放入镀膜室后，要长时间保持基底的表面清洁是十分困难的，在低于10Pa左右的压力下，机械泵油的蒸气很容易向真空室中逆流，使基底受到污染。此外，吸附在真空室器壁上的油膜的再发射以及释放出的气体也会使基底受到污染。从理论上讲，在10^{-3}Pa的室温条件下，只需一秒钟就可在基底上形成一层残余气体的单分子层。

高真空条件下对基底进行加热除气是一种典型的清洁处理方法，必要时还可采取在反应性气体中进行反应性加热的办法。但实验表明，当玻璃被加热到200℃以上时，局部的加热会促使有机物的热分解并使其沉积在基底上，从而造成基底的污染。因此，目前最普遍采用的方法是离子轰击、电子轰击和等离子体放电清洗，其中，后者的效果最好。

关于提高膜层附着力的方法，常用的有：采用适当的基底清洗工艺、加负偏压进行溅射沉积、加入合适的中间过渡层以及采用辉光放电清洗基底表面等。但由于作为光学太阳反射镜基底的玻璃是一种高绝缘体，并且它对膜基界面的光学性能有非常严格的要求，故对制备光学太阳反射镜来讲，上述许多方法有着它们的不适用性。为此，尚需分析辉光放电法的清洗原理及其局限性，对常规的辉光放电清洗工艺进行改进。

辉光放电清洗技术已在国内外广泛采用。当基底被浸泡在辉光放电的等离子体中时，其表面将受到电子、离子、化学活性原子和分子以及波长范围较宽的光子等的辐照。于是，在基底表面发生化学过程和能量交换过程，从而达到清洗的目的。

目前各种真空镀膜设备上大都是将基底作为辉光放电的电极之一或放在电回路之间。但这样的安排是极不妥的，因为：

① 当高速电子通过阴极暗区，会引起油蒸气等有机物的离解和活化，从而使基底不仅得不到清洗效果反而被污染［见图22-5(a)、(d)、(e)］。这对有油镀膜系统及要求膜基界面光学性能严格的场合是十分不利的。

② 对玻璃基底这类绝缘体来讲，当其处在阴极暗区中时，由于充电效应会使玻璃基底到达一定的悬浮电位，导致基底中部的大部分表面无法被带电粒子轰击清洗，而只能轰击其边缘部分［见图22-5(b)、(c)、(f)］。

③ 在阴极暗区中加速的正离子碰撞基底边缘和基底架时，造成基底边缘和基底架材料的溅射［见图22-5(b)、(c)、(f)］，溅射材料在基底上的再沉积致使基底表面被污染。

对于像光学太阳反射镜这样既对膜基界面的光学性能有严格要求又是采用石英玻璃或掺铈玻璃绝缘体为基底的器件来说，通常的辉光放电清洗技术是不适用的。为利用辉光放电对玻璃基底进行有效清洗而又不使它在辉光放电中被污染，必须采用屏蔽阴极的放电结构［见图22-5(g)、(h)］。考虑到使用交流放电的方便性，实验中采用了图22-5(h)所示的结构。

从图22-5可以看出，被清洗的基底是处在辉光放电的正柱区中，分布在两侧阴极暗区中的高速电子和高速离子是不可能到达基底的，玻璃基底则靠正柱区等离子体中的电子、离子或活性中性气体等来激活、清洗：从而避免了被离解的带电或中性有机分子碎片的污染和高能粒子对基底架的溅射作用，以及带电粒子对基底的充电效应，实现了基底的

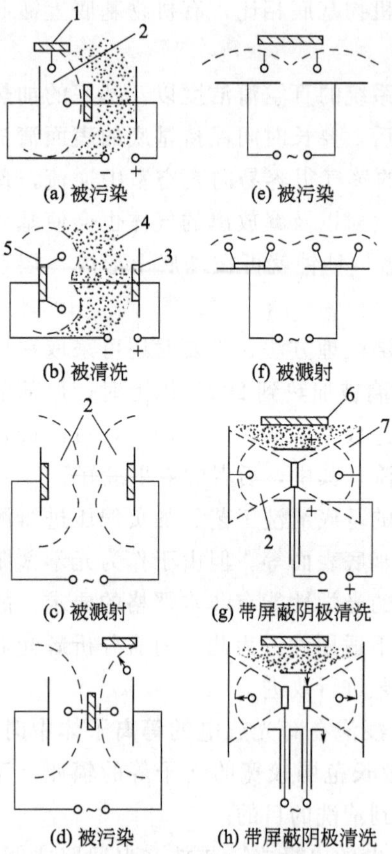

图 22-5 辉光放电清洗的原理及结构分析
1—玻璃；2—阴极暗区；3—等离子清洗；4—正柱区；5—边缘被溅射；6—等离子体；7—污染区

清洗目的。

膜层附着力的测量方法有许多种，其原理是把力加到薄膜上使膜层从基底上脱落。到目前为止，测量的方法有：划痕法、拉张法、剥离法以及拉倒法、摩擦法和超声波法与离心力法等。

考虑到镀在基底上的银膜是一种典型的软膜，光学太阳反射镜在空间飞行时所受的力主要是剪切力这一情况，采用胶带纸剥离法来评价膜层的牢固度。在国际上，英国的 PPE 公司和美国的 OCLI 公司也采用这种方法来检验光学太阳反射镜的产品质量。其中，PPE 公司用来检验光学太阳反射镜牢固度的胶带纸的黏附强度为 600g/25mm，而本实验中所用的胶带纸的黏附强度为 500g/20mm。

胶带纸剥离法的具体实施方法为：将透明胶带纸均匀、密实地与膜面黏合，然后拉起胶带纸，根据膜层的剥离情况来评价、测定膜层对基底的附着力。

膜层附着力的评价值 A 的定义为：A＝未被剥离膜的面积/被黏合的总面积。膜层的附着力越牢，A 值就越大。当膜不被剥离时，A＝100%。在这种方法中，测得的 A 值与胶带纸的起拉速度有关。定义 A_L 为慢速起拉胶带纸时的膜层附着力；A_h 为快速起拉时的膜层附着力。通常 $A_L \geqslant A_h$。

辉光放电清洗过程为：先将系统真空度抽至低于 4×10^{-2}Pa，充清洗气体至 10Pa，进行辉光放电清洗。清洗完毕后，再次将系统的真空度抽至＜4×10^{-2}Pa，充氩气至 0.2Pa 进行溅射镀银。镀银条件为：放电电流 0.2A，放电电压 560V，溅射时间为 5min。

膜层牢固度与气体种类，放电电压 V_d 和放电时间 t 有关。表 22-5 给出了膜层附着力测试结果。

表 22-5　辉光放电清洗参数对膜层牢固度的影响

序号	种类	V_d	t_d	A_L
1	O_2	800	5′	100%
2	A_r	800	15′	0%
3	O_2	1200	15′	10%
4	A_r	1200	5′	0%

由表 22-5 可知，采用活性气 O_2 的等离子体的清洗效果较 A_r 等离子体清洗效果对牢固度有明显的改善；其次，采用高压辉光放电长时间清洗基片并非总是有利的。因此，采用放电气体 O_2，清洗 5min，改变放电电压 V_d，所得结果见表 22-6。

表 22-6　放电电压对牢固度的影响

序号	V_d/V	慢剥A_L/%	快剥 A_H/%
1	500	0	—
2	800	100	0
3	1000	100	100
4	1100	100	100
5	1200	100	100

由表 22-6 可知，当放电电压不小于 1000V 时，膜层牢固度已完全能满足要求。因此，采用辉光放电清洗基底后，使光学太阳反射镜的膜层附着力的评价值从 0 提高到 100%。

对光学太阳反射镜来讲，要求光学性能极为严格，它直接影响着卫星的热控水平。这里的光学性能指的是从光学太阳反射镜玻璃面测得的太阳反射率R_s（如图 22-6 所示），再通过公式$\alpha_s=1-R_s$，算出太阳吸收率α_s。R_s 用 D&S 公司的便携式太阳光谱反射率计来测量。下面讨论不同基底材料时辉光放电对光学太阳反射镜光学性能的影响。

① 基底为 1mm 厚的普通玻璃镀银的太阳吸收率的影响见表 22-7。

表 22-7　辉光放电对膜层的太阳吸收率 α_s 的改善①

样品号	不用辉光放电清洗	辉光放电清洗	样品号	不用辉光放电清洗	辉光放电清洗
1−1*	0.140	0.149	3−1*	0.148	0.149
1−2*	0.144	0.149	3−2*	0.145	0.148
2−1*	0.143	0.153	4−1*	0.141	0.150
2−2*	0.141	0.153	4−2*	0.145	0.146

① 采用辉光放电清洗基底后，太阳吸收率（平均值）从 0.143 增至 0.146

② 基底为 0.15mm 厚的掺铈玻璃采用辉光放电清洗后，膜层的α_s 从 0.082 增加到 0.086。

③ 基底为 0.2mm 厚的石英玻璃采用辉光放电清洗后，膜层的α_s 从 0.071 增加到 0.073。

由上述实验可知，辉光放电清洗基底可提高光学太阳反射镜膜层的牢固度，但会引起光学太阳反射镜的太阳吸收率的少许变化。下面来估计太阳吸收率的变化引起卫星的热控温升。

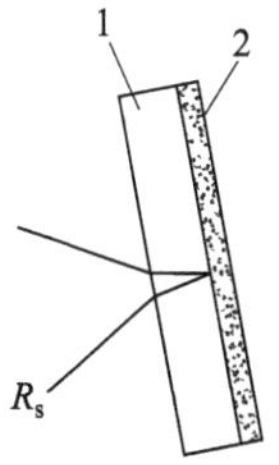

图 22-6　从玻璃面测得的太阳反射率
1—玻璃；2—银膜

假定卫星为一等温体，只考虑太阳的直接辐照，而忽略地球反照、地球的红外辐射以及内部热流等影响（它们比前者小得多）。当温度达到稳态时，有：

$$A_sE_s\alpha_s=A_h\varepsilon_h\sigma T^4 \tag{22-1}$$

式中，T 为卫星的平衡温度；A_s 为光学太阳反射镜的表面积；A_h 为卫星表面的热辐射面积；E_s 为太阳辐射照度；σ 为斯蒂芬-玻尔兹曼常数；ε_h 为光学太阳反射镜的半球发射率，通常为 0.8。从上式可得

$$\frac{\Delta T}{T}=0.7\% \tag{22-2}$$

表 22-8 给出了石英玻璃光学太阳反射镜在不同受热状态下的卫星平衡温度 T 及温升 ΔT。

表 22-8 石英玻璃光学太阳反射镜的平衡温度及温升 ($\alpha_s=0.071$)

受热状态	A_s/A_h	T/℃	ΔT/℃
正面垂直受照,背面绝热的平面	1	−58.5	1.5
正面垂直受照,两面散热的平面	1/2	−92.6	1.3
阳光垂直轴线,顶底面绝热的圆柱面	1/π	111.9	1.1
受照的球面	1/4	−121.3	1.1
一面垂直照射,六面散热的正六方体	1/6	−135.9	1.0

对掺铈玻璃光学太阳反射镜来说，从$\dfrac{\Delta T}{T}=1.2\%$。表 22-9 给出了掺铈玻璃光学太阳反射镜在不同受热状态下的 T 和 ΔT 值。

表 22-9 掺铈玻璃光学太阳反射镜的平衡温度及温升 ($\alpha_s=0.082$)

受热状态	A_s/A_h	T/℃	ΔT/℃
正面垂直受照,背面绝热的平面	1	−50.6	2.7
正面垂直受照,两面散热的平面	1/2	−86.0	2.2
阳光垂直轴线,顶底面绝热的圆柱面	1/π	−106.0	2.0
受照的球面	1/4	−115.8	1.9
一面垂直照射,六面散热的正六方体	1/6	−131.0	1.7

22.5.5 氮气冲洗

氮气在材料表面吸附时，由于吸附热小，因而吸留时间极短。即使吸附在器壁上，也容易抽走。

利用氮气的这种性质冲洗真空系统，可以大大缩短抽气时间。资料中报道，真空镀膜机的真空室放入大气后，抽到工作压力要 2h 左右。如果用干燥氮气充入真空室，抽空时间降为 1h 左右。引起这种差异的原因是水蒸气的分子吸附热较大造成的。吸附热大，水分子与器壁之间的结合力强，不易被抽走。而氮分子吸附热小易被抽走。前一种情况是真空室壁吸附了水分子；后一种情况下，氮分子先被器壁吸附了。由于吸附位是一定的，先被氮分子占满了，吸附水分子就很少了，因而使抽气时间明显缩短了。

利用干燥氮气冲洗，也可以使机械泵返油率降低，资料详细介绍了冲洗方法。还可以利用氮气来清洗被油污染的真空系统，资料中的空间模拟室被扩散泵油污染了，作者把真空室一边加热，一边用氮气冲洗，经过 12h 冲洗和烘烤后，将扩散泵油赶出了模拟室，经过质谱分析表明，油污染消除了。

航天器热真空模拟试验设备，为了模拟空间的冷黑背景环境，需要设置一专用部件，即热沉来模拟空间冷黑环境。为此，热沉内表面需涂覆黑漆，黑漆的发射率为 0.93，可以模拟空间黑体。黑漆由炭黑及有机胶构成，在热沉加热过程中，有机物会挥发出来，污染航天产品。为此需将热沉进行脱气处理，即在真空环境下，将热沉加热，同时进行冲氮清洗。笔者曾用此方法处理过热沉。使直径 4.3m 热真空设备的污染达到 $1.6\times10^{-8}g/cm^2$，效果非常理想。

22.5.6 氟利昂蒸气清洗

氟利昂是一种较好的清洗剂。用氟利昂-113蒸气清洗真空零件，得到了满意结果。氟利昂113，即三氟三氯乙烷（CCl_2FCClF_2），1atm（101325Pa）下沸点为47.6℃，密度（30℃时）为1.553g/mL，酸值为中性。此清洗液是一种无色透明、无毒、易挥发、不燃的液体，化学稳定性好。在常温下不被水解，对润滑油和其他油脂溶解性好。对钢、铝、铜、镍、钛、铍等各种金属无腐蚀性。对塑料和橡胶亦无腐蚀作用。因而，是较为理想的清洗液。

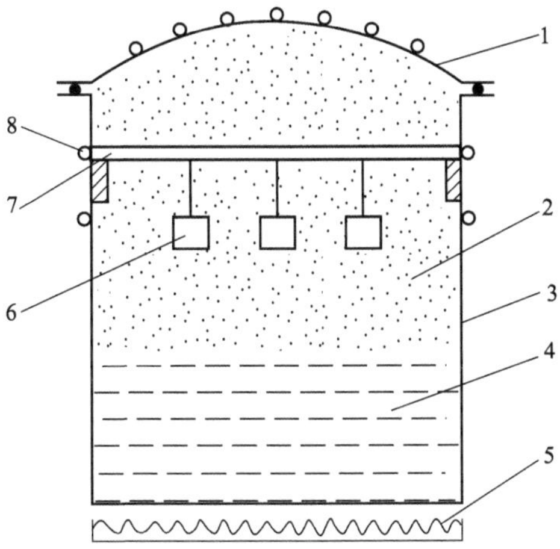

图 22-7　氟利昂蒸气清洗装置结构原理
1—容器盖；2—氟利昂蒸气；3—清洗容器；4—氟利昂液体；5—加热器；6—零件；7—工件安装架；8—冷却水管

日本KEK高能回旋加速器的真空盒，曾用氟利昂蒸气清洗去油，3h后的材料出气率小于$1\times10^{-7}Pa\cdot L/(s\cdot cm^2)$。欧洲原子核研究中心（CERN）及德国的电子对撞机（DESY）的真空零件也是用氟利昂蒸气去油，或者用氟利昂液体清洗。

氟利昂蒸气清洗装置结构原理如图22-7所示，由清洗容器、工件安装架、加热器及冷却水管组成。清洗容器用不锈钢制作，容器经加热器加热后，容器中的氟利昂液体受热蒸发。蒸气与零件表面作用，使零件除污，在容器顶部蒸气被冷却水冷凝为液体，流回容器底部，继续循环。

我国的高能加速器中的真空零件，也选用了氟利昂蒸气清洗，得到了满意的结果。从试验中得到，不锈钢零件上分别涂上机械泵油、扩散泵油、机械加工时的润滑油后，再经氟利昂蒸气除油，效果非常好，零件表面光亮，清洁无油，满足了超高真空下的使用要求。

氟利昂蒸气清洗的特点是：

① 适于各种金属、非金属零件的清洗；

② 氟利昂清洗无毒，不会对环境造成污染；

③ 适宜形状复杂、多孔零件清洗；

④ 零件表面不会留有清洗残留物，这一点对高真空及超高真空装置特别重要。

22.5.7 烧氢清除金属表面氧化物

烧氢工艺是在氢气炉（也称烧氢炉）中进行的。氢气炉分高温氢气炉及中温氢气炉，其中高温氢气炉用于粉末冶金及陶瓷金属化；而中温烧氢炉用于焊接、退火、去气、脱脂、表面净化等。烧氢适于形状复杂的零件脱脂及除氧化层，生产效率高。

烧氢炉结构原理如图22-8所示。主要由冷却水系统、炉壳体、氢气源系统、真空抽气机组及加热器系统构成。真空抽气机组可将炉体抽真空，当真空度达到要求后，再充进H_2，目的是提高H_2的纯度。倘若氢中氧杂质高，会引起工件表面氧化。加热系统是为工件提供一定的温度，满足不同的工艺需要。

炉中氢气氛围有两个作用：其一保护工件高温下不受氧化；其二是除掉表面有机物污

染及清除氧化层。

烧氢工艺分两种，即烧湿氢和烧干氢。烧湿氢是 H_2 通过一只盛水容器后进入炉体的，使 H_2 中含有一定的水；烧干氢是 H_2 直接进入炉体。烧湿氢有利于清除表面的碳和有机物，其反应如下：

$$C+H_2O \longrightarrow CO+H_2 \qquad (22\text{-}3)$$

除氧化物用烧干氢，其反应如下：

$$FeO+H_2 \longrightarrow Fe+H_2O \qquad (22\text{-}4)$$

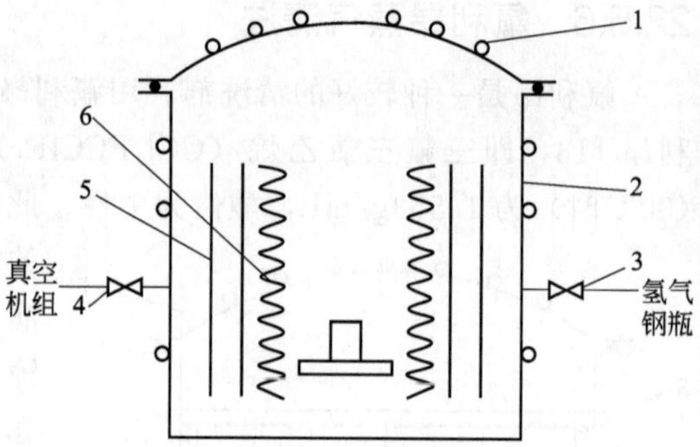

图 22-8　烧氢炉结构原理

1—冷却水系统；2—炉壳体；3—氢气源系统；4—真空抽气机组；5—防辐射屏；6—加热器

选择烧氢工艺时，应注意如下事宜：

① 烧氢时要严防空气进入炉壳体中，以免引起超高温的 H_2 气自燃爆炸。

② 烧氢可以除掉大部分金属氧化物，但 Mg、Al、Si 等材料的氧化物不易除掉。

③ Ta、Ti、Zr、V 等活泼金属不宜烧氢，因为 H_2 与它们易形成脆性化合物。

④ 烧氢后的工件，不能冷却过快，否则会有大量 H_2 被埋在工件中，影响工件的性能。

⑤ 阴极部件烧氢可以达到定型、退火、除气目的。烧氢适于氧化物阴极及 LaB_6 阴极，不适于 Tn-W 阴极。

22.5.8　紫外辐照除污染

紫外线可以使碳氢化合物裂解，进而清除表面的有机物污染。资料中报道，玻璃表面在空气中，经 15h 紫外辐照后，可以获得清洁表面。如果紫外与臭氧同时辐照，仅需要 1min 便可获得清洁表面。

22.5.9　真空烘烤出气

材料在大气下都能溶解及吸附一些气体，或者是冶炼过程中溶解于材料中的气体，当处于真空中时，便产生解吸，使气体缓慢地释放出来。为了加速解吸，有些真空装置采取了烘烤措施，特别是超高真空装置，烘烤更为重要。

气体与固体表面作用时，首先发生物理吸附。在这个过程中，气体分子通过范德华力与器壁吸附，分子之间的结合力很弱，通过加热烘烤器壁，使被吸附的分子得到一定的能量后，便可以脱离范德华力的束缚而迅速解吸。这种情况下，需要的烘烤温度较低，一般为 100～200℃便能使物理吸附的分子解吸。

随着物理吸附的发生，还会产生化学吸附。化学吸附是气体分子通过化学键与器壁结合的，结合力很强，只有在更高的温度下，较长时间烘烤才能使分子解吸。器壁化学吸附的水蒸气需要 300℃以上的温度才能释放出来。

材料不同，选择的烘烤温度也不同。原则是温度高一些好，可以加速出气。但还要考虑到材料是否能承受高温，烘烤温度要选择适宜。通常，玻璃在真空下加热到 150℃，吸附的气体大部分都可以释放出来。钠钙玻璃在 140℃时，出气量最大；铅玻璃约为 175℃，硼硅玻璃约在 300℃。非金属材料烘烤温度为 80～100℃，需要 24h 烘烤；金属材料烘烤温度为 300～450℃，烘烤时间也需 24h。而不锈钢制真空室有两种最有效的烘烤方法：其一，在 10^{-4}Pa 的真空度下，加热到 800～950℃进行真空烘烤，可以使材料中的氢浓度大大降低；其二，在空气下加热到 400℃进行烘烤。还有，在 2700Pa 的纯氧中，加热到 400℃进行烘烤，可以避免烘烤时放出来的水蒸气对表面的影响。

材料不同，烘烤时放出来的气体组分不同，见表 22-10。

表 22-10 材料烘烤时出气成分

材料	出气成分
不锈钢	烘烤第一小时出气成分主要是水蒸气，占 90%以上，其次是 N_2、CO、CH_4；烘烤 1h 之后，氢是主要成分，占 95%以上。
20 钢	烘烤第一小时出气成分是水蒸气，占 90%以上，1h 之后，水蒸气降到 1%，整个烘烤过程中，主要放出的气体：CO_2 占 60%～70%；H_2 占 25%～30%。
铜	烘烤过程中主要是水蒸气，占 40%～60%，还有 CO_2 占 10%～40%，H_2 占 10%～60%，CO 占 10%～20%，出气成分及比例与表面处理有关

真空系统非烘烤区域对系统的出气量影响较大。例如，真空系统 99%区域可以烘烤，而剩下的 1%不能烘烤，只能用化学清洗。烘烤区典型的出气率为 $10^{-11}W/m^2$，而非烘烤区为 $10^{-8}W/m^2$，那么非烘烤区总出气量将比烘烤区大 10 倍。这种非烘烤区大小取决于真空密封形式及真空泵的选择。溅射离子泵、升华泵、低温泵可以全部烘烤，涡轮分子泵和 G-M 制冷机低温泵大约可烘烤到 100℃，扩散泵不宜烘烤。另外，整个系统还会有烘烤温度不宜超过 100℃的区域。

金属零件在真空中预先加热除气，并冷却下来，在接触大气后，也会使其吸附的气体量较初始时减少很多。用这种方法，可以降低金属零件的出气率，这对某些不易抽气的超高真空装置是很有利的。

各种金属除气温度不同，不锈钢为 1000℃；镍为 600～650℃；铜为 500℃；铝为 400℃；黄铜为 150℃以下。在这种温度下，加热第一小时，材料吸附的大部分气体就可以释放出来，主要是水蒸气，占 80%～90%。然后，再经过 8～10h 的烘烤，材料就彻底除气了。

22.6 常用材料清理方法

22.6.1 清除金属氧化物

氧化物是指材料表面的氧化膜、氧化皮和锈蚀而言。锈蚀层最厚，氧化皮次之，氧化膜最薄。大多数氧化物呈疏松态，物理表面积大，吸附的气体多，对抽真空有影响。为此真空装置中的真空侧表面，应尽可能采用机械抛光或化学侵蚀方法清除氧化物。对于真空工程常用的焊接方法，如钨极氩弧焊、真空钎焊、真空扩散焊、电子束焊、激光焊接等，均需要清除表面氧化物，才能保证焊接质量。

22.6.1.1 不锈钢氧化物清理

（1）奥氏体不锈钢

奥氏体不锈钢，清除氧化物可以采用机械清除法、超声波清洗以及化学清理法。化学清理工序如下：

① 常规除油。

② 碱性溶液中浸泡。溶液组分及浓度：氢氧化钠（NaOH），100～125g/L；碳酸钠（Na_2CO_3），100～125g/L；高锰酸钾（$KMnO_4$），50～100g/L。溶液温度 100℃ ±5℃，

浸泡时间 60min。

③ 冷水浸 3min，然后用温度大于 60℃热水洗 1min，再用室温水洗 0.5～1min。

④ 酸洗。溶液组分及浓度：氢氟酸（HF），125～140g/L；硫酸铁［$Fe_2(SO_4)_3$］，293～333g/L；溶液温度 65～70℃，酸洗时间 20～30min。

⑤ 冷水洗 0.5～1min，再用高压空气/水枪喷射零件。

⑥ 中和处理。溶液组分及浓度：碳酸钠（Na_2CO_3），30～50g/L；氢氧化钠（NaOH），8～10g/L。溶液温度高于 60℃，中和时间 1～2min。

⑦ 水清洗后，无水乙醇脱水。

⑧ 烘干。

(2) 非奥氏体不锈钢

化学清理工序如下：

① 除油。

② 酸洗。溶液成分及比例：盐酸（HCl）：硝酸（HNO_3）：水＝5.5：2：2.5，再加入 2%～3%的尿素。溶液温度约 70℃，酸洗时间 15～20min。

③ 自来水冲洗 5min。

④ 在浓度为 2%～5%的氨水中中和大约 2min。

⑤ 自来水冲洗后，用无水乙醇脱水。

⑥ 烘干。

22.6.1.2 铝及铝合金清理

铝及其合金除氧化层工艺如下：

① 化学清洗。清洗液有四种，可任意选择其中一种方法。清洗溶液成分、浓度、温度及清洗时间，由表 22-11 给出。

表 22-11 清洗液成分、浓度、温度及清洗时间

序号	溶液成分	浓度	溶液温度	清洗时间
1	NaOH Na_2CO_3	20～35g/L 20～30g/L	40～55℃	2min
2	NaOH 水	10% 90%	20～40℃	2～4min
3	Cr_2O_3 H_2SO_4 水(适量)	150g/L 30g/L	50～60℃	5～20min
4	NaOH Na_2CO_3 Na_3PO_4 Na_2SiO_3 水 1L	50g/L 50g/L 50g/L 50g/L	70～80℃	0.5～1min

② 热水清洗。水温高于 60℃，清洗时间 5min 左右。

③ 光泽处理。15%的硝酸水溶液中处理 2～5min。

④ 冷水冲洗。

⑤ 无水乙醇脱水。

⑥ 烘干。

22.6.1.3 铜及铜合金清理

铜及铜合金酸洗除氧化物有两种配方：弱浸蚀和强浸蚀。

(1) 弱浸蚀

其工艺过程如下：

① 清洗溶液成分及浓度：NaCl，15g；$NaNO_2$，20g；HNO_3，1000mL；H_2SO_4，1000mL；去离子水2000mL。

② 零件除油。

③ 在温度为25℃清洗溶液中浸蚀1～5s。

④ 自来水冲洗，无水乙醇脱水。

(2) 强浸蚀

清洗工艺过程如下：

① 清洗溶液成分及比例：$HNO_3 : H_2SO_4 : H_2O = 1 : 2 : 7$。

② 除油。

③ 在温度为25℃清洗溶液中浸蚀2～4h。

④ 自来水冲洗，无水乙醇脱水，烘干。

22.6.1.4 可伐合金清理

可伐（kovar）是一种铁钴镍合金，真空技术中常用于与陶瓷封接。其清洗溶液配方与清洗工艺如下所述。

(1) 可伐的化学清洗

① 酸洗液配方　硝酸（HNO_3）10%，盐酸（HCl）10%，去离子水80%。

② 铬酸液配方　铬酐（CrO_3）100g，硫酸（H_2SO_4）30mL，去离子水1000mL（此配方用于可伐、无氧铜、钼去氧化膜）。

③ 清洗过程（以先后为序）　去油后浸入70～80℃的酸洗液中2～3min，自来水冲洗，在铬酸液中浸洗3～5s后，自来水冲洗，去离子水冲洗两次，无水乙醇脱水，烘干（70～80℃）。

(2) 可伐的化学抛光

① 抛光液配方　硝酸（HNO_3）300mL，醋酸（CH_3COOH）700mL。

② 抛光过程（以先后为序）　去油，5%盐酸溶液中去氧化物，自来水冲洗，无水乙醇脱水，烘干，零件浸入100～110℃的抛光液中（大零件15～30s，小零件3～10s），自来水冲洗，用2%～5%氨水中和，自来水冲洗，去离子水冲洗，无水乙醇脱水，烘干。

22.6.1.5 钨的清洗

钨在真空工程中常用作加热元件。清洗溶液配制及清洗工艺如下所述。

(1) 钨丝与细钨杆清洗（钼丝、钨钼合金丝同此法）

三氯乙烯去油3～10min（两次），取出后烘干，20%氢氧化钠（NaOH）溶液中煮15～20min（使石墨层脱落），自来水冲洗，用2%～5%氨水中和，自来水冲洗，去离子水煮两次（每次10～15min），无水乙醇脱水，烘干。

(2) 粗钨杆电解清洗（钼的电解清洗同此法）

将零件放入20%氢氧化钠（NaOH）溶液中，以石墨和零件做电极，用交流电源电解清洗30s左右（溶液可重复使用），再用热水冲洗，去离子水冲洗，烘干。

(3) 钨零件的弱浸蚀

将亚硝酸钠（$NaNO_2$）溶化于铁坩埚中，然后将零件放在亚硝酸钠熔融体中迅速浸蚀（时间不超过1s），急速在沸水、流水及无水乙醇中轮流清洗并烘干。

(4) 钨零件的强浸蚀

① 配方　铁氰化钾（K_3FeCN）6.15g，氢氧化钠（NaOH）1000g，去离子水1000mL。

② 浸蚀过程（以先后为序）　将零件浸入温度为70℃溶液中（时间0.5～2h），经热水冲洗后迅速在50%的盐酸溶液和热水中冲洗并烘干。

22.6.1.6 钼的清洗

钼与钨相似，在真空工程中常用于作为加热元件。清洗溶液及清洗工艺如下所述。

(1) 钼的清洗及电解清洗

钼丝与细钼杆的清洗以及粗钼杆、钼板的电解清洗可分别参照钨零件的清洗。

(2) 钼的弱浸蚀（亦适用于钽和铌）

将氢氧化钾（KOH）9份，亚硝酸钠（$NaNO_2$）1份（按质量计）溶化于铁坩埚中，然后将零件放在其熔融体中迅速浸蚀（时间小于1s），再急速在沸水、流水及无水乙醇中轮流清洗并烘干。

(3) 钼的强浸蚀（亦适用于镍）

① 浸蚀液配方　硫酸（H_2SO_4）100份、硝酸（HNO_3）20份（按容量计）。

② 清洗过程（以先后为序）　去油，在80℃酸洗液中浸蚀，自来水冲洗，用2%～5%氨水中和，无水乙醇脱水，烘干。

(4) 清洗钼的其他方法

① 清洗液配方　铁氰化钾（K_3FeCN）150g，氢氧化钠（NaOH）25g，去离子水500mL。

② 清洗过程（以先后为序）　零件去油，放入温度为80～90℃的清洗液中（时间2～5min），自来水冲洗，在铬酸液（见可伐的清洗）中浸3～5s，自来水冲洗，用2%～5%氨水中和，自来水冲洗，去离子水冲洗，无水乙醇脱水，烘干。

22.6.1.7 镍的清洗

镍是电真空器件的常用材料。清洗溶液及清洗工艺如下所述。

(1) 清洗液配方（强浸蚀）

① 硝酸（HNO_3）5份，硫酸（H_2SO_4）5份（按容量计）。

② 硝酸（HNO_3）290mL，硫酸（H_2SO_4）150mL，水60mL。

(2) 清洗过程（以先后为序）

去油，在配方①或②的溶液中清洗（温度20～30℃，时间5s），自来水冲洗，用2%～5%氨水中和，去离子水冲洗两次，无水乙醇脱水，烘干。

22.6.2 常用非金属材料的清洗

真空技术中常用的非金属材料有橡胶、陶瓷及玻璃。

22.6.2.1 橡胶清洗

橡胶是真空技术中最常用的密封材料。橡胶产品生产后，均有很好的包装，受污染的机会较少。使用前用无水乙醇擦洗吹干，且禁止用丙酮清洗，否则易损坏密封面。如果油污染较重，可在浓度为20%的NaOH溶液中煮洗，溶液温度70℃，煮洗时间约30min。然后依次用自来水、去离子水、无水乙醇清洗，最后吹干。

22.6.2.2 陶瓷件清洗

用去污粉、肥皂水刷洗，或用超声波清洗。也可以在10%氢氧化钠溶液中煮20min，自来水冲洗，再用去离子水煮15min（1～2次），烘干。

一般不允许用酸洗、酸煮，也不能用三氯乙烯去油，以避免留下导电层。若有金属痕迹、锈斑等，可用棉球浸5%盐酸擦洗。

使用超声波清洗，更易获得清洁表面。

22.6.2.3 玻璃件清洗

用有机溶剂擦洗除油，再用去离子水及蒸馏水擦洗，最后用无水乙醇擦洗脱水烘干，或者用超声波清洗。

22.6.2.4 螺栓、螺母、轴承的清洗

真空装置内部均会有螺栓、螺母、轴承以及具有螺孔及光孔的零件。这种零件形状复杂，不易擦洗。通常选择丙酮或三氯乙烯浸泡，然后用去离子水清洗，最后用无水乙醇脱水并烘干。也可以选择超声波清洗，清洗效率高，效果好。

22.6.2.5 基片表面污染物来源及清洁处理

在真空镀膜工艺中，基片表面的洁净度直接影响着镀层的牢固度。基片表面的污染来源主要有：①零件在加工、传输、包装过程中及放置时所黏附的各种粉尘；②零件加工、储运过程中黏附的润滑油、抛光膏及油脂、汗渍等污物；③零件表面在潮湿空气中生成的氧化膜；④零件表面吸收和吸附的气体；这些污染物基本上均可采用去油或化学清洗方法将其去掉。除此之外，水气也是影响镀层牢固度的原因之一。

真空镀膜工艺衬底（基片）表面的清洁处理很重要。基片进入镀膜前均应进行认真的镀前清洁处理，达到工件去油、去污和脱水的目的。

实验室及工业上常用的基片清洗方法见表22-12。几种常见的镀前处理工艺过程及配方见表22-13。

表 22-12 基片的各种清洗方法

清洗方法	清洗目的	清洗手段	清洗过程
洗涤剂清洗法	去除油脂污物	采用纯水、洗涤剂、乙醇等溶液	在沸腾的洗涤剂中将基片浸泡10min后用纯水充分冲洗，再在乙醇中浸泡，然后烘干。也可用洗涤剂将纱布浸透后对基片进行充分的擦洗后烘干
化学药剂和溶剂清洗法	去除油脂污物	在丙酮溶液或强碱溶液或铬酸和硫酸混合液中浸泡	在采用上述方法去除油污之后进行化学清洗，然后进行水洗、淡氨水中和、去离子水洗、去水、烘干等
擦洗清洗法	去除附着性强的各种污物	对有化学作用的可选用中性洗涤剂对基片进行擦洗	边喷射纯水和中性洗涤剂，边用旋转的刷子对基片进行擦洗，然后用纯水冲洗，再用干燥空气或氮气脱水烘干
超声波清洗法	去除附着性强的各种污物	采用纯水、中性洗涤剂、异丙醇液体、甲基睾酮等洗涤介质	本法作为擦洗清洗后的后处理工艺清除油脂污物，其过程是先用中性洗涤剂进行擦洗，然后用纯水超声波清洗15min，之后纯水冲洗。再用异丙醇超声波清洗15min，之后异丙醇清洗。最后用纯水超声波清洗后纯水冲洗。然后经氮气吹风机吹干

续表

清洗方法	清洗目的	清洗手段	清洗过程
离子轰击清洗法	去除表面污物和吸附物	采用离子轰击	基片置于10～1000Pa的真空室中，施加0.5～1kV高压产生低能量的辉光放电后，使加速的正离子轰击基片表面
烘烤清洗法	去除水分子	采用加热使基片升温	在高真空中将基片加热到300℃后，去除基片上残余的清洗液及水分。也可在大气下加热到300～500℃高温，加热时间为30～60min
蒸气清洗法	去除油脂等烃类化合物	采用甲基睾酮、异丙烯、三氯乙烯等蒸气	先进行擦洗清洗或超声波清洗后再用此法。其过程是将基片放在沸腾的甲基睾酮、异丙烯或三氯乙烯蒸气中使附着的油脂溶解
紫外线和臭氧清洗法	去除动物脂等有机物	采用紫外线和臭氧的物理化学作用	本法是作为上述各种方法的后处理工艺来使用，其过程是将基片放置在低压紫外线辐照器和臭氧发生器下面用紫外线和臭氧照射几十秒。紫外线强度距在基片5mm处为1.6mW·cm^{-2}，臭氧发生器距基片约为6cm

表 22-13　几种常用的镀前处理工艺过程及配方

镀前处理	清洗目的	工艺过程和配方	备注
有机溶剂去油	去油	三氯乙烯、三氯三氟乙烷、二氯二氟乙烷、汽油、丙酮、四氯化碳溶剂等溶液。去油规程是：汽油擦去零件表面油脂，溶液缸内浸洗3～10min，放入三氯乙烯槽中超声去油5～10min	氯乙烯去油效果最好，但毒性大，用时应注意通风
汽油、丙酮联合去油	去油	先对零件表面用浸泡汽油的棉纱擦洗或在汽油内超声波清洗15～50min。用汽油除油后再用丙酮除油，方法如上	
碱溶液化学去油	利用浮化作用去掉金属表面上的矿物油	可在海鸥洗净剂与水配比为1∶10的溶液中煮沸10～15min或超声波振动20～30min去油	
乳化去油	去除金属上黏附的润滑油	配方：O.P乳化剂：5～8g/L 水玻璃：50～60g/L 105号洗涤剂：5～10g/L 焦磷酸钠：3～15g/L 将焦磷酸钠放入油槽搅拌均匀，按规定量放入O.P乳化剂、水玻璃和105号洗涤剂，不断搅拌，注入适量水，保持温度30℃左右即可	
电化学去油（即电解去油）	去油	以待去油零件作为一个电极（常用阴极）加上直流电压，电解液为10%～20%的NaOH的纯碱，温度为30～80℃	
金属零件去污	去除零件表面的氧化物、毛刺、疏松结构	用一定流速的氧化镁细粉和水的混合物向金属零件表面喷射，也可在滚筒内加磨料（如金刚细砂、木屑、棉籽皮等）进行抛磨	
金属零件化学清洗	去掉零件表面氧化物、氧化膜和各种污物	一般是先按上法去油再在化学清洗液中浸洗，用自来水冲洗5～15min，再浸入2%～5%的氨水中中和，再用自来水冲洗后去离子水浸洗两次，最后用无水乙醇浸泡脱水，再用80～100℃干燥箱烘干或热风吹干	工业上应用时可用氟利昂代替无水乙醇
刀具镀TiN的镀前处理	去油、去污、清除表面疏松组织及毛刺、脱水等	三氯乙烯浸泡3min去油，带有蒸气的三氯乙烯浸泡和蒸汽浴3min，50℃碱性金属清洗剂超声波清洗3min，25℃去离子水浸泡，可用流动水冲洗及超声波处理，氟利昂-113浸泡3min，并附以手动喷枪射F113。处理过程应在良好通风的系统中进行	

22.7 降低不锈钢材料出气的常用方法

不锈钢是制造真空容器的主要材料之一，通过清洁处理降低出气量，具有重要意义：其一可使真空装置得到较高的真空度；其二是由于气体量的下降，使所需主泵的抽速降低，进而降低了装置的制造成本。

真空下材料出气原因：

① 在大气压下，材料表面通过物理吸附或化学吸附所吸附的大量气体，在真空环境下会解吸而释放出来，造成材料出气。

② 材料内部均会溶解有气体或蒸气。金属材料是来源于冶炼过程溶解的气体，而橡胶和塑料材料来源于合成过程。陶瓷材料来源于烧结过程，玻璃材料来源于熔炼过程。溶解于材料中的气体及蒸气，在真空下，通过扩散方式，缓慢地由材料表面释放出来。

③ 真空下材料的升华及蒸发。对金属材料而言，在常温下其升华或蒸发速率均很小，不会对出气产生影响。对有机材料和液体而言，此值较大，是重要出气源。

④ 材料大气压下渗透到内部的气体，在真空侧又释放出来，也是出气来源之一。一般很小，工程上可以忽略。

22.7.1 不锈钢出气特性

不锈钢材料出气主要来源于吸附气体，以及材料中溶解的气体。不锈钢如果不做预处理，其出气率比中碳钢、铝、玻璃不会低一个数量级，见表 22-14 中数据。

表 22-14 未处理不锈钢出气率与其他材料比较

材料	预处理方法	抽气时间/h	出气率/$Pa\cdot L\cdot s^{-1}\cdot cm^{-2}$
不锈钢	未处理	1	3×10^{-5}
铝	未处理	1	1.3×10^{-4}
镀铬钢板	抛光除油	1	1.3×10^{-6}
硬玻璃	未处理	1	1.3×10^{-4}
不锈钢	未处理	10	2.6×10^{-6}
中碳钢	喷砂	10	8.0×10^{-6}

由表 22-14 可见，未处理的铝及玻璃与不锈钢相比，其 1h 的出气率仅为不锈钢 4 倍左右，而处理后的钢板 1h 的出气率比不锈钢还低 1 个数量级。可见不锈钢若不进行预处理，其真空性能的优越性并不显著。

不锈钢经预处理后，良好的真空特性得到了充分的发挥，放气速率明显降低。但不同的预处理方法效果不同，见表 22-15。

表 22-15 处理方法对不锈钢出气率的影响

序号	处理方法	出气率/$Pa\cdot L\cdot s^{-1}\cdot cm^{-2}$
1	长时间暴露大气，不处理，1h 抽气	3×10^{-5}
2	清洗除油，抽气 4h	1×10^{-7}
3	清洗除油，250℃烘烤，抽气 15h	1×10^{-10}
4	真空炉中加热 1000℃除气，真空度 2×10^{-4}Pa，3h	1×10^{-12}

由表 22-15 可见，不锈钢表面经清理后，出气率大为降低，序号 2 中降低了 2 个数量级，而序号 3、4 分别降低了 5 个及 7 个数量级。

不锈钢不烘烤时，出气组分主要是 H_2、H_2O、CO_2。

不锈钢长时间烘烤后，出气主要成分是 H_2，其他气体为氢分压的 1/10。氢气主要来源于冶炼时溶解于材料内部的 H_2，当然还有材料渗透，以及材料中的氢化物和氢氧根等，这部分量很少，可以忽略不计。通常不加处理的不锈钢，其内部氢的含量约 $30Pa \cdot L/cm^3$。

不锈钢内部的 H_2 向外扩散速度很慢，为加速扩散，可以采用加热的方法。有的资料中估计，在 1000℃下除气 1h 的效果与 300℃下烘烤 2500h 相当。然而，为了提高真空度，也可以用低温冷冻的方法遏制扩散，限制出气。如航天器热真空试验设备中的热沉，有时处于低温状态，在此工况下，使真空度得到了提高。原因是低温下抑制了材料出气。

22.7.2 降低不锈钢出气率的手段

降低不锈钢材料出气率有 3 种方法：用机械及化学方法清理表面；真空烘烤；离子轰击。

22.7.2.1 机械及化学方法清理

用二次离子质谱仪和俄歇质谱仪观察不清洁的不锈钢表面，发现表面的污染物主要是碳、碳化物及有机物。因此，用化学溶剂清洗，可以降低出气率。当然也可以用喷砂、电抛光、离子轰击除掉表面层，降低出气率。不锈钢用不同清理方法的效果比较见表 22-16。

表 22-16　不同清理方法处理不锈钢降低出气率效果比较

序号	处理方法	出气率 $/Pa \cdot L \cdot s^{-1} \cdot cm^{-2}$
1	机械抛光后，用三氯乙烯蒸气除油，抽真空 48h	3×10^{-9}
2	只用电抛光，抽真空 48h	2.5×10^{-9}
3	空气中烘烤 500℃，目的是使有机物分解、蒸发，杂质氧化；然后蒸馏水清洗，抽真空 48h	1.0×10^{-9}
4	酸洗除氧化层，抽真空 48h	6.0×10^{-9}
5	喷丸（用玻璃球），抽真空 48h	3.0×10^{-9}

表 22-17 为 3 种相同 304 不锈钢样品经喷砂与电抛光处理后的出气率比较。

表 22-17　304 不锈钢喷砂与电抛光出气率比较

序号	清理手段	出气率 $/Pa \cdot L \cdot s^{-1} \cdot cm^{-2}$
1	喷砂除去表面层，表面粗糙度为 32μin，真空中烘烤，温度 250℃，30h。抽气时间 48h	$2\times10^{-10}\sim3\times10^{-10}$
2	电抛光，表面粗糙度为 20～25μin，真空中烘烤，温度 250℃，30h。抽气时间 48h	$2\times10^{-10}\sim3\times10^{-10}$
3	精抛光后，再电抛光，表面粗糙度为 4～6μin，真空中烘烤，温度 250℃，30h。抽气时间 48h	$2\times10^{-10}\sim3\times10^{-10}$

注：资料来源：J. R. Young, J. Vac. Sci. & Tech., 1969, 6.3 (398)。

由表 22-16 和表 22-17 的各种清理手段比较，可得到如下结论：

① 不烘烤，只采取不同清理手段（见表 22-16 中 1、2、4）处理，其最终出气率均为 10^{-9} 量级，差别不大。

② 如果采用真空烘烤方法，表面粗糙度对出气率的影响不敏感，见表 22-17。喷砂处理与电抛光结果相同，可见用喷砂方法处理表面，不仅效率高，且不污染环境。

22.7.2.2 真空烘烤降低不锈钢出气率

真空烘烤的目的是加速不锈钢体内气体的扩散和解吸。真空容器采用真空烘烤，是获得超高真空的必要手段。通过烘烤还可以降低出气率，进而降低真空抽气机组的配置。表22-18给出的一组数据，可供制订烘烤工艺时参考。

表 22-18 不锈钢出气率与烘烤温度关系

序号	烘烤温度/℃	烘烤时间	出气率/$Pa\cdot L\cdot s^{-1}\cdot cm^{-2}$
1	250	真空中15h	1×10^{-10}
2	360	真空中20h	1×10^{-11}
3	1000	真空炉中5h	1×10^{-12}

一般来讲，材料表面产生氧化层后，对出气率有较大影响，需要除掉氧化层，降低出气率。但对不锈钢而言，恰恰相反，氧化层会使 H_2 的渗透减少到$\frac{1}{10}$，或更低。

资料中对304不锈钢进行了两种方式的氧化试验，即

① 对不锈钢样品喷砂→空气中250℃烘烤16h→真空中250℃烘烤15h，测得出气率$5\times10^{-11}Pa\cdot L/(s\cdot cm^2)$。然后真空中继续烘烤，温度仍为250℃，结果出气率不再下降，表明空气中250℃烘烤后，形成的氧化膜，对材料内部 H_2 扩散有阻挡作用，致使出气率在真空下也不再下降。

② 同样的样品，空气中450℃烘烤61h→真空中250℃烘烤15h，测得出气率$3\times10^{-11}Pa\cdot L/(s\cdot cm^2)$。接着喷砂除氧化膜→真空中250℃烘烤15h，测得出气率仍为$3\times10^{-11}Pa\cdot L/(s\cdot cm^2)$。这一结果意味着空气中，450℃下长时间烘烤，使材料中的 H_2 已基本除尽。

资料中对316L不锈钢在氧气氛中进行处理，其结果见表22-19。

表 22-19 316L不锈钢氧化处理工艺与出气率的关系

单位：$10^{-11}Pa\cdot L/(s\cdot cm^2)$

序号	处理方法	H_2	H_2O	CO	Ar	CO_2
1	真空炉内真空度5×10^{-7}Pa,加热温度800℃,2h,上述样品在空气中暴露150d,再在真空中抽气24h	2.7 —	— 55	0.05 50	— —	0.04 10
2	在20000Pa的O_2中,加热温度400℃,烘烤2h,然后真空中150℃烘烤20h	3.9	0.07	0.3	0.38	—
3	在2000Pa的O_2中,温度400℃,烘烤2h,然后真空中150℃烘烤20h	—	0.67	0.48	0.34	—
4	在200Pa的O_2中,温度400℃,烘烤2h,然后真空中150℃烘烤20h	4.3	2.4	0.27	1.5	—

由表22-9中数据可见：①不锈钢氧化是降低出气率有效方法之一；②在氧压力为2000Pa时，对 H_2 而言，效果最好；③真空炉中除气后，使之暴露大气，再经过抽真空，也能得到较低的出气率。

22.7.2.3 不锈钢工件真空炉高温除气

20世纪70年代开始，国际上各种加速器真空管路元件开始采用真空炉高温除气，使不锈钢材料中冶炼时溶解的氢大为降低，除气效果显著，较容易地获得超高真空。

兰州重离子加速器冷却储存环真空元件采用真空高温除气工艺，使不锈钢表面出气速

率降低至小于 5×10^{-11} Pa·L/(s·cm^2)。国内生产溅射离子泵的厂家，采用此工艺，将泵芯及泵壳体在真空炉中高温除气，使溅射离子泵的极限真空达 5×10^{-9} Pa。而常规溅射离子泵，采用 250℃的烘烤工艺，极限真空一般可达 6.7×10^{-8} Pa。

兰州重离子加速器冷却储存环真空元件高温除气的真空炉真空系统的主泵采用油扩散泵，为避免油污染，扩散泵入口设置了液氮冷阱，用于捕获油蒸气，此机组极限压力达 3×10^{-5} Pa。

不锈钢材料适宜的除气温度为 950℃，保温时间因真空元件壁厚而异，每 1mm 厚保温时间为 1h，若元件壁厚为 6mm，则保温时间为 6h。保温结束后，为防止奥氏体不锈钢中碳晶粒析出，从 850℃降至 600℃的时间必须在 15min 内完成。降温速率约 17℃/min，快速降温采用液氮气化后的高纯氮气充入炉内，既避免材料高温氧化，又得到了较高降温速率。

22.8 热真空试验设备真空室清洁处理

22.8.1 污染物来源

(1) 环境污染物

空间环境模拟试验室内存在的颗粒物和有机污染物。包括空气、空调和过滤系统中的颗粒物、碳氢化合物，地面、墙壁和天花板磨损和腐蚀产生的颗粒物，空气中水分和有机分子的冷凝物等。

(2) 试验设备污染物

空间环境模拟试验室内使用的各种设备、容器、测试设备；工、夹具，包装材料等携带和产生的污染物。包括设备和材料放气、磨损和腐蚀碎屑、表面和清洗剂挥发物、润滑油脂溢出、泵油蒸气、容器泄漏物等。

(3) 人员污染物

空间环境模拟试验室内活动的各类人员携带和产生的污染物。包括细菌、口沫、化妆品、手迹、皮肤油脂、脱落的毛发和人体皮肤细胞、衣物携带和磨损产生的纤维等。

(4) 产品自生污染物

航天产品在热平衡与热真空试验环境下产生的污染物。包括产品材料真空放气、解吸、磨损和腐蚀产生的脱落物、泄气孔排出的废气和废物等。

(5) 试验操作产生的污染物

试验操作产生的污染物。包括设备安装和调试过程中使用的焊料残渣、助焊剂蒸气、加工磨损和腐蚀产生的碎屑、表面涂覆物的残余物、安装传感器使用的黏结剂和胶带的残余物、清洗的残余物等。

(6) 真空抽气机组污染

空间真空热环境试验设备所配置的真空抽气机组，若有油、脂作为密封或润滑的元件，使用操作不当，可以造成油蒸气返流，污染真空室。

22.8.2 清洁要求

对空间模拟室清洁处理要求如下：

① 对空间模拟室，以及内部的各种装置和测量器具需进行认真清洗，并做相应检查；

② 空间模拟室压力优于 6.65×10^{-3}Pa 下，24h 空载运行的污染量不得超过 1×10^{-7}g/cm^2；

③ 对洁净度要求高的星载装置，允许在其周围某一位置设低温吸附屏，防止外来污染；

④ 允许设置专用低温（通常近于液氮温度）防污染板，捕集污染物；

⑤ 避免使用蒸气压高的有机材料。

22.8.3 污染控制方法

空间模拟室试验时防污染控制方法如下：

① 选择清洁无污染的抽气手段。

② 真空蒸发。将空间模拟室压力抽至 1×10^{3}Pa 以下，使模拟室内设备表面上各种附着有机物蒸发与挥发，由真空机组排除。必要时可以辅以加热，除掉污染物。

③ 真空除气。当空间模拟室压力低于 1×10^{-2}Pa 时，模拟室内设备可以释放气体，除气时间视需要而定。

④ 真空烘烤。空间模拟室可以利用红外加热笼或热沉加热方法除气。热沉加热温度一般为不超过 120℃。烘烤时间视需要而定。

22.8.4 洁净室洁净度

洁净室空气洁净度和相应控制环境的分类由 ISO-14644-1 标准定义，主要根据污染物浓度来划分，将其划分为不同等级。对污染物较为敏感的活动必须在其相适应的洁净度等级内完成。给定空间中所允许的最大微粒数目为

$$C_n=10^n\left(\frac{0.1}{D}\right)^{2.08} \tag{22-5}$$

式中 C_n——单位容积中允许的尺寸大于等于 D 的微粒的最大数量（四舍五入取整数），微粒数·m^{-3}；

n——ISO 规定的 1～9 的等级数；

D——微粒尺寸，以 0.1μm 为基本单位。

对于特定的洁净度等级，大于或等于指定尺寸的微粒最大允许数目参见表 22-20 和图 22-9。为便于比较，表 22-21 列出了典型微粒的尺寸。

表 22-20 由式（22-5）定义的洁净度等级

ISO 等级	每立方米中大于等于指定尺寸 D 的最大微粒数					
	D=0.1μm	D=0.2μm	D=0.3μm	D=0.5μm	D=1μm	D=5μm
1	10	2				
2	100	24	10	4		
3	1000	237	102	35	8	
4	10000	2370	1020	352	83	
5	100000	23700	10200	3520	832	29
6	1000000	237000	102000	35200	8320	293
7				352000	83200	2930
8				3520000	832000	29300
9				35200000	8320000	293000

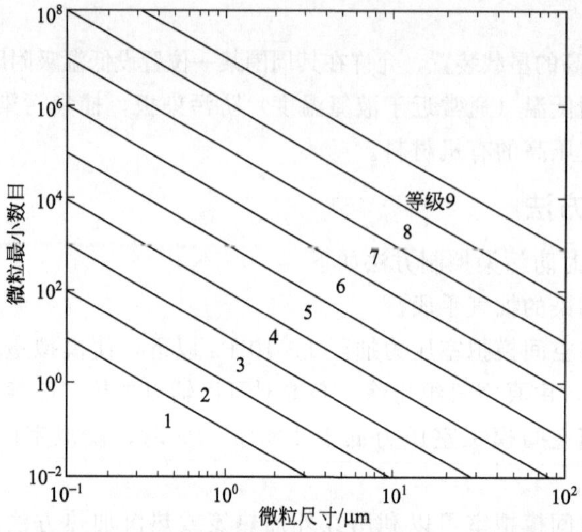

图 22-9　由式（22-5）定义的洁净室洁净度等级所允许的最大微粒尺寸

表 22-21　典型微粒尺寸

微粒	大约尺寸/μm
人头发直径	50～150
冶金烟尘	0.1～5
流感病毒	0.7
花粉	7.0～100
喷嚏微粒	10～300

微粒的散布特性可以通过收集分析验证盘（具有与研究目标相似材料特性的无污染、洁净扁平的物体）上的沉积微粒进行检验，其方法是：在洁净室各处分散布置多个验证盘，并周期性地统计盘上收集到的微粒。通过光学显微镜或激光光学表面微粒计数器可以得到微粒尺寸大小和数量。

当漏气不会引起危险时，往往采用正压洁净室。通常洁净室与外室（如更衣室）之间存在较小的正压降，洁净室的正压通常保持在比周围环境高 0.05～0.5cm 水柱的压力。

22.9 真空中污染的检测

22.9.1 除油清洁度检验方法

直观常用的方法有如下几种。

（1）揩拭法

清洁处理后的表面或样品，用白色餐巾纸揩擦，如果有污迹，表明清洗不干净，此方法只是定性检查，很直观。

（2）水膜法

清洗后的零件或试样，放入去离子水中，取出后，立即查看，其表面应具有一层连续的水膜。若水膜破裂，表明有油污。

(3) 试纸法

取标准G型极性溶液0.1mL，滴到被检表面上。用A型验油纸，贴在其上约1min，取下试纸。若为连续而均匀的红色，则清洗合格；否则，不合格。

(4) 玻璃观测法

此方法可以检验真空抽气机组是否对真空室有污染，或者真空室中各种元件产生的污染。检查的方法是：选择几块小玻璃片，清洗干净，放到真空室不同部位，若有污染会在玻璃表面留下眼睛可见的痕迹。

除油各种检验方法见表22-22。

表22-22 除油检验方法及特点

名称	评定方法	特点
水膜法	清洗后的试样(或工件)，浸入纯净的水中，取出后立即检查，其表面应带有一层连续的水膜，如水膜破裂，表明油污未除净	是工业中最常用的一种方法，简单、直观。表面若有残渣，会影响对结果的判断，可在弱酸中浸洗后再进行水膜试验。 用表面活性剂清洗时，若漂洗不干净亦可能影响结果的判断
揩拭法	清洗后的试样(或工件)用白布或白纸揩拭，若留有污迹，表明清洗不良	是定性的方法，简便直观
试纸法	取标准G型极性溶液约0.1mL，滴于被检表面，展开约20mm×40mm，用A型验油纸(白色稍带黄色)紧贴其上约1min，取下试纸检查，若显示均匀、连续的红棕色，则清洗合格。若红棕色不均匀、不连续，则表明除油不干净	检出表面残留含油量不大于$0.12g/m^2$，适用于作涂装前除油程度的检查
称重法	试件用乙醚清洗后称重，再沾油污，然后用清洗剂除油，洗净、干燥后再称重。前后两次质量的差值，即为油污残留量。残留量越多、清洗效果越差	方法可以定量，但只能用试片做试验
镀铜法	清洗后的试样放入含硫酸铜15g/L、硫酸0.9g/L的水溶液中，在室温下浸泡20s。试样干净表面上将化学沉积一层铜，而有残留油污部分则无铜沉积	方法直观，但只适用于钢铁件
喷雾法	试件经清洗、酸浸、水洗、干燥后，垂直放置，用蓝色溶液雾喷表面，在试样表面液滴将要滴落时，停止喷雾。将试样平置，并稍加热，使表面状态固定。无蓝色覆盖的区域表明带有残留油污。用带网格的透明评定板，评估未覆盖蓝色区域所占的比例	此法能定量表达清洁程度，且灵敏度较高，但不能用工件直接做试验
荧光法	试件涂布含有荧光染料的油污，进行清洗后，在紫外光下进行检查。用带网格的透明评定板评估残留荧光区域所占的百分数	方法可以定量但需制备人工油污和只能用试片作试验。其灵敏度低于水膜法和喷雾法

表面清洁度是指单位面积上表面污垢的质量的大小，其单位常用mg/cm^2或g/m^2表示。苏联农机院提出检测标准，共分10级，见表22-23。

表22-23 表面清洁度检测标准

级别	0	1	2	3	4	5	6	7	8	9	10
表面污垢量/($mg\cdot cm^{-2}$)	≫5	2.5	1.6	1.25	1.0	0.75	0.55	0.4	0.25	0.1	0.01

根据不同的生产工艺，提出不同的表面清洁度要求：电镀、涂装、转化膜和热喷涂前工作表面清洁度要求为9～10；热处理前工件表面清洁度要求为6～8级。

22.9.2 污染检测

真空装置中常用的检测仪器有四极质谱计、石英晶体微天平、红外光谱仪，以及气体色谱仪。

(1) 四极质谱计

四极质谱计是航天器空间环境模拟试验设备常用检测污染仪器之一。它结构简单，安装方便，灵敏度和分辨率高，操作方便，可以用计算机采集数据。其工作压力小于 1×10^{-2} Pa。一般选择质量数为 200 即可。根据谱图可以确定污染物成分。

(2) 石英晶体微天平

石英晶体微天平（简称石英天平）是基于石英晶体压电效应而研制成的称重仪器。是航天器空间环境模拟设备污染检测重要手段，尤其是光学遥感及其相关的模拟试验设备均需配置石英晶体微天平，检测环境对星载装置的污染。

目前石英晶体微天平的感量可以做到 1×10^{-9} g/cm^2，相当于单分子层。其测量范围 $1\times10^{-6}\sim1\times10^{-8}$ g/cm^2。石英晶体微天平操作方便，可以用计算机随时采集数据。

(3) 红外光谱分析法

热平衡与热真空试验中收集的表面污染物蒸发掉溶剂后，对剩下的非挥发性残留物采用红外光谱仪进行光谱分析。分析波长范围为 2.5～25μm。

(4) 气体色谱分析法

采用色谱仪将非挥发性残留物分成各单独的化合物色谱峰，确定污染物的化合物成分。

22.10 安装环境洁净度

若安装环境为洁净室，可参照美国标准。洁净室中空气的洁净度见表 22-24。

表 22-24 洁净室中空气的洁净度

空气洁净度的等级	颗粒浓度/×10^{3}m^{-3}	
	颗粒直径	
	0.5μm 以上	5.0μm 以上
100	3.5	—
10000	350	2.3
100000	3500	25

注：洁净度等级的划分是以 0.5μm 以上的颗粒在每一立方英尺（1ft^3，1ft^3＝0.0283168m^3）内含颗粒数量表示。如级 100，即 10/ft^3。

第23章 航天器空间环境与设备

23.1 航天器空间环境

航天器在轨运行中所处的太空环境，其本质是指太阳与地球之间的环境，简称为日地环境。由于太阳与地球自身属性造就了太空环境的复杂性，这种环境包括真空环境、太阳电磁辐射、空间热环境、空间等离子体环境以及紫外、原子氧、带电粒子、微流星等。航天器所处严峻的环境条件对航天器性能构成了严重威胁。为此，需要在地面上进行大量的空间环境模拟试验，以确保航天器在轨时的可靠性。

23.1.1 太阳系的构成

太阳系由太阳、8大行星、130多颗行星的卫星，以及大量的小行星、彗星和流星体组成。

23.1.1.1 太阳的基本结构

太阳半径约为695990km（约70万公里），相当于地球半径的109倍，太阳质量约为1.989×10^{27}t，目前已发现太阳由六十多种元素构成。日地之间的距离为149597900km（约1.5亿公里），光通过这段距离的时间为8分19秒。太阳由74%的氢，24%的氦，2%的其他元素组成，其表面温度为5778K（约6000K）。太阳约有45亿年的历史，在其演化的道路上已走过了一半的路程，日核通过核聚变将氢变为氦，在未来的45亿年它将耗尽核燃料，进而变成白矮星，失去光辉。

太阳由日核、辐射区、对流区、光球层、色球层和日冕层组成，如图23-1所示。

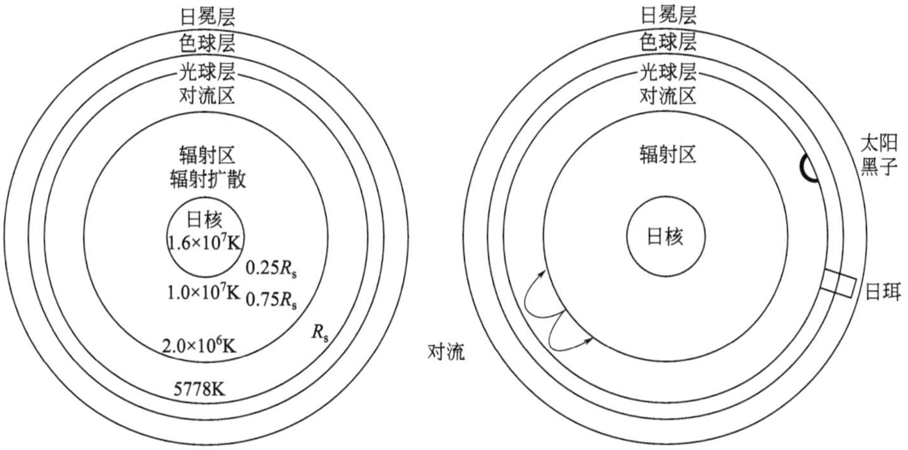

图23-1 太阳构造示意图

(1) 日核

日核位于太阳最内层，到太阳中心的距离约为太阳半径 R_s 的 0.25 倍（174000km），温度大约为 1.6×10^7K。密度大于 150g/cm^3，而我们知道的密度最大的金属 Pt 仅为 21.37g/cm^3。日核的温度足以使所有的物质完全电离，并能够维持释放极高能量的热核聚变。每 1 秒，日核把大约 60000 万吨的氢原子核转变成 59600 万吨氦原子核，约等于 400 万吨的氢原子核转变成相当于约 3.84×10^{26} W 的能量。日核是太阳唯一的热能产生区，其足够大的热量和密度可导致热核反应发生。在日核能量向外转移的过程中，太阳的其他区将获得能量。这样，日核将产生的所有能量传递到太阳外层区域。

(2) 辐射区

辐射区位于约 0.25 倍太阳半径到 0.75 倍太阳半径的区域，由高度电离化的气体组成。日核通过 Γ 射线光子散射将能量传递到辐射区。由于日核和辐射区的密度大，Γ 射线光子的行程极小就会发生多次碰撞。因此，Γ 射线光子以一种随机的方式运动。据估计，能量从日核传递到辐射区外层表面大约需要几十万年。

(3) 对流区

对流区是太阳的最外层区域，从约 0.75 倍太阳半径到可见的太阳表面。靠近于日核的对流区底部温度约为 2×10^6K，表面温度约为 5778K，密度为 2×10^{-4}kg·m^{-3}，约为地球海平面大气密度的万分之一。对流区温度较低，所以并不是所有元素都被电离。

对流区的表面是太阳辐射能量区域。对流区的等离子体包括 70% 的氢和 28% 的氦，以及少量的碳、氮和氧。能量通过辐射从辐射区传递到对流区的底部。

(4) 光球层

光球层是太阳表面约 100～500km 厚的可见区域，具有大约 5778K 的黑体辐射温度，粒子密度约为地球海平面大气密度的 1%。太阳发出的大部分辐射能源于光球层，其能量来源于日核，以 γ 射线的形式传播到光球层。

太阳直径一般是指光球层的直径。从光球层所能观测到的太阳活动包括黑子、光斑、米粒组织、超米粒组织、针状体等。

(5) 色球层

色球层是从光球层延伸至 2000～5000km 的区域，其温度比光球层要高，约为 10000～50000K。色球层具有许多光球层的特征。

(6) 日冕层

日冕层是太阳的最外层等离子体大气，可以在日全食期间观测到，它没有确定的外层表面。日冕层的等离子体形成太阳风，并充斥于整个太阳系。日冕层的温度约为 0.5×10^6～2×10^6K。日冕层释放 X 射线，等离子体粒子密度约为 10^{11}/m^3。

23.1.1.2 太阳系

太阳系位于银河旋涡星系，而太阳位于太阳系的中心。银河系包括 2000 多亿颗恒星，其质量约为太阳质量的 10 亿倍，直径约为 10 万光年。太阳系位于银河系的外层区域，距离银河系赤道对称面约为 20 光年，距离银河系中心约为 2.8 万光年。太阳约以 250m·s^{-1} 的速度绕银河系中心旋转，旋转一周大概需要 2.2 亿年。

太阳系由距离太阳约为 2.7 个天文单位（AU）（1AU≈1.496×10^8km）的小行星带划分为内太阳系和外太阳系两个区域，见图 23-2，内太阳系包括水星、金星、地球和火星，外太阳系包括木星、土星、天王星、海王星。内行星质量相对较小，主要由岩石构成，没有或只有很少几颗卫星。外行星则质量较大，密度小，有带环，一般有多颗卫星。

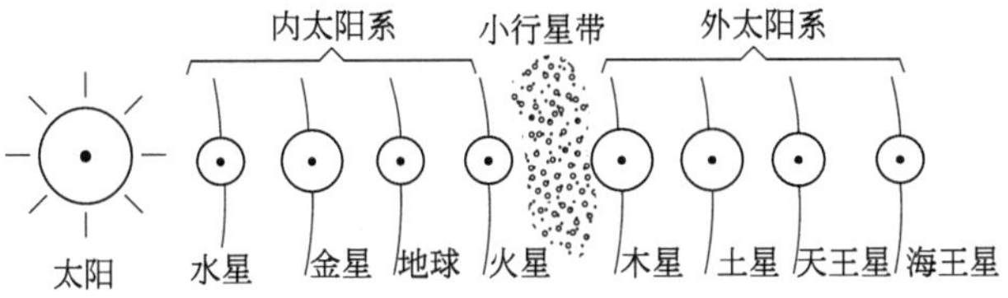

图 23-2 太阳系行星分布示意图

太阳系由 8 大行星、小行星、彗星及流星体等构成。8 大行星质量及与太阳距离见表 23-1。

表 23-1 各行星质量及与太阳距离

行星	俗称	轨道半长轴/AU	质量/kg	质量次序
水星	商业守护神	0.39	3.303×10^{23}	8
金星	爱情与美丽女神·维纳斯	0.72	4.8685×10^{24}	6
地球	—	1.00	5.9736×10^{24}	5
火星	战神·马尔斯	1.52	6.4185×10^{23}	7
木星	主神·朱庇特	5.20	1.8986×10^{27}	1
土星	农神·萨图努斯	9.58	5.685×10^{26}	2
天王星	天神·乌拉诺斯	19.20	8.6832×10^{25}	4
海王星	海神·尼普顿	30.06	1.024×10^{26}	3

(1) 水星

水星是距太阳最近的行星，其轨道半长轴为 0.39AU，质量约为 3.303×10^{23}kg。水星具有弱磁场，强度大约为地球磁场强度的 1%，没有卫星环绕。水星表面压力 10^{-15}bar，表面温度 90～700K，大气主要成分：氧 42%；氢 22%；钠 29%；氦 6%；钾 0.5%；其余为不足 1%的微量元素。

(2) 金星

金星是距太阳第二近的行星。除太阳和月亮外，金星是整个天空中最亮的天体。其轨道半长轴为 0.72AU，质量约为 4.8685×10^{24}kg，金星没有磁场和卫星。金星表面压力 92bar，表面温度 740K。大气主要成分：二氧化碳 97%，氮 3%，还有微量元素。

(3) 地球

地球是距太阳第三近的行星，8 颗行星中地球的体积第五大，轨道半长轴为 1.00AU，而质量约为 5.9736×10^{24}kg。地球的运行轨道接近于圆形，偏心率为 0.01671，其自转周期为 23.934472h，公转周期为 365.2422d。地球中有等强度的磁场，且有一颗卫星，即月球。

(4) 火星

火星是距太阳第四近的行星，体积第七大。火星的轨道半长轴为 1.52AU，质量约为 6.4185×10^{23}kg。火星的部分区域具有稳定磁场，它有两颗卫星，分别为火卫一福布斯和火卫二戴莫斯。火星表面压力 0.007～0.010bar，表面温度 140～300K。大气主要成分：二氧化碳 95%；氮 3%；氩 1%；氧 1%。

(5) 木星

木星是距太阳第五近的行星，也是最大的行星。木星的轨道半长轴为 5.20AU，质量约为 1.8986×10^{27}kg。木星具有强磁场，其强度约为地球磁场强度的 20000 倍。木星有 63 颗卫星，其中 4 颗最大的统称为伽利略卫星，卫星命名分别是木卫一、木卫二、木卫三和木卫四。除卫星外木星还有一个由碎石和尘埃构成的既薄又暗的狭窄光环，亦称木星环。木星云顶表面温度 125K，大气成分：氢 89%；氦 11%；还有微量元素。

(6) 土星

土星是距太阳第六近的行星，体积第二大。土星的轨道半长轴为 9.58AU，质量约为 5.685×10^{26}kg。土星具有磁场，强度约为地球的 580 倍。土星有 34 颗已命名的卫星，除此其周围有 3 条小颗粒构成的光环，其厚度约为 1km，直径约为 250000km，整个土星环的质量约为 3×10^{19}kg。土星气压为 1bar 处的温度为 135K。大气成分：氢 96%；氦 3%；其余为 1%的微量元素。

(7) 天王星

天王星是距太阳第七近的行星，体积第三大。天王星的轨道半长轴为 19.2AU，质量约为 8.6832×10^{25}kg，天王星具有磁场。现已观测到天王星有 27 颗卫星和 9 条大光环。天王星云层温度为 60K，大气成分：氢 83%；氦 15%；甲烷 2%，还有微量元素。

(8) 海王星

海王星是距太阳第八近的行星，体积第四大。海王星的轨道半长轴为 30.06AU，质量约为 1.024×10^{26}kg，海王星具有磁场。海王星有 13 颗卫星和 4 条大光环，其中最大的卫星为海卫一。海王星气压为 1bar，温度为 70K，大气成分：氢 80%；氦 19%；甲烷 1%；还有微量元素。

(9) 小行星

小行星是围绕太阳运动的天体。它没有大气，直径在 50m 到数百千米之间。最著名的小行星叫谷神星（Ceres），其直径约为 932km，此外还有 26 颗小行星的直径大于 200km。目前已有几十万颗小行星被编目，每年还有数千颗新的小行星被发现和识别。据估计，小行星的总质量要小于月球的质量。数以万计的小行星分布在位于火星和木星轨道之间的小行星带上，其轨道半长轴大约为 2.7AU，大部分小行星运动在稳定的微椭圆轨道上，绕太阳的运动方向与地球相同。

(10) 彗星

彗星是围绕太阳运动的小天体，彗星由彗核及彗尾组成，彗核主要由尘埃、固态 CO_2 和固态 CH_4 组成，而背向太阳的彗尾由水构成。彗星通常被形容成“脏雪球”，它的彗尾可以达到几千万千米。目前，大约有 900 颗彗星已被编目，其中有 184 颗彗星会定期出现。

(11) 流星体

流星体是漂浮在太阳系的小型天体物质，它们大小不等，有些小如沙粒，有些则直径略小于 50m。人们观察到的流星是流星体坠入大气层时使周围的大气产生电离而发出的亮光。而陨石是坠落到地球表面的流星体。每年大约有 1000 万公斤的流星体坠入地球的大气层，大部分小流星体被烧毁，也有部分大的流星体坠落到地球表面，这就是陨石。落到地面时的速度约为进入大气层的二分之一，形成的陨石坑比自身大 12～20 倍。

23.1.1.3 太阳活动

太阳活动是指光球层的米粒组织、超米粒组织、黑子、针状体和光斑；色球层的耀斑和谱斑；日冕层的日珥，冠状结构和物质抛射。

(1) 光球层太阳活动现象

光球层太阳活动有米粒组织、超米粒组织、针状体、光斑及黑子。

① 米粒组织和超米粒组织　米粒组织是覆盖光球层表面的蜂窝状小区域，大小约为400～1000km，属于产生热等离子体的对流区底部。在温度下降之前，一般在光球层表面持续5～20min，然后其边缘附近变黑。米粒组织的垂直流动速度约为0.5～7km·s^{-1}，可以产生音爆，从而在太阳表面形成波。超米粒组织比米粒组织大，其大小为35000km。

② 针状体　针状体是直径约为500km的热等离子体流，从光球层外1000～10000km延伸到色球层。运行的速度高达22km·s^{-1}，并可持续数分钟。针状体以超米粒细胞单元的形式在色球层排列成网络状，其中热等离子从中心上升，在外层边界处下沉。一般认为针状体是由太阳表面的声波产生的。

③ 光斑　光斑是太阳光球层中明亮的米粒结构组织，比周围等离子体的温度要高。光斑在黑子出现前几小时就出现了，并在黑子消失后保持数月。光斑比黑子小，但数量更多。尽管光斑有时单独出现，但黑子通常总是与光斑同时出现。

④ 黑子　黑子集中发生在光球层上磁场强度较强的区域，具有强磁场，磁通密度为0.1～0.4T，而太阳平均磁通密度为0.0001T，可见黑子磁场强度之大。黑子温度约为3700K，明显低于周围区域的温度5778K，因此在光球层上呈现暗色，称为黑子。小黑子直径几千公里，大黑子直径几万公里，其典型直径略小于50000km，寿命大约为数天至数周。黑子总是成对出现，并且极性相反，就好像磁铁一样，如图23-3。

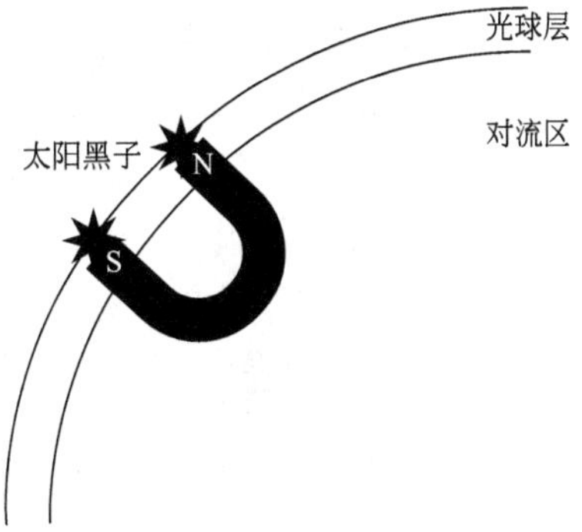

图 23-3　太阳黑子极性示意图

我国《汉书·五行志》里描述了公元前28年黑子，“河平元年三月乙未，日出黄，有黑气，大如钱，居日中”。这是世界最早的黑子记录，比欧洲还早800多年。

(2) 色球层的太阳活动

色球层的太阳活动包括谱斑和耀斑。

① 谱斑　谱斑是黑子周围的明亮区域，代表着色球层温度更高和密度更大的区域。他们随太阳黑子出现，持续的时间更长。

② 耀斑　太阳黑子的出现有时随着日冕层突然并剧烈地喷发，称为太阳耀斑。其迅速外伸且释放出高能粒子和辐射，波谱覆盖范围从无线电波到Γ射线。耀斑的典型寿命为1～2h，温度可达1000万～5000万开尔文，而日冕温度一般只有几百万开尔文。耀斑释放到空间的粒子在几小时或数天后到达地球，将导致出现极光和磁场活动。极端情况下，太阳耀斑可以导致无线电传播和电源传输线路的中断。太阳活动剧烈时，耀斑活动剧烈；太阳活动平缓时，耀斑活动也较平缓。

(3) 日冕层的太阳活动

日冕层的太阳活动包括日珥、日冕物质抛射以及太阳风。

① 日珥　日珥是等离子体环状物，从光球层延伸至日冕层，再返回光球层，如图23-4所示。它们比周围日冕的温度要低，但密度要大，可持续数周。有时受到地磁场的影响，甚至可以持续数月。日珥最终将变得不稳定而产生喷发。

② 日冕物质抛射　日冕物质抛射（CME）是指大量的具有电磁场的等离子体从太阳中抛射出来，一般持续数小时，有时伴有耀斑和日珥。目前的观点认为，太阳活动对太阳系的影响主要是由日冕物质抛射引起的，而不是最初人们所认为的太阳耀斑。日冕物质抛射微粒的运动速度达到了 $200km \cdot s^{-1}$，它是由质子和电子组成的等离子体，质量达到了 $2\times10^{13}kg$。

日冕物质抛射微粒，并不都是直接飞向地球，如果直接撞击地球，可能引起地磁暴，并损坏输电网和航天器。由日冕物质抛射而增强的辐射环境，还可能损坏电子设备，并使飞船和航天站中的航天员暴露在过度的辐射中，影响健康，且会影响飞船和航天站的通信设备。

例如，1998 年 5 月 19 日，银河 4 号通信卫星姿态控制系统及其备份系统失效，经调查表明是日冕物质抛射所引起的辐射增强造成的。这次事故致使 4500 万用户无法使用电话传呼服务。在太阳活动低年，每隔 5～7 天发生一次日冕物质抛射；而在太阳活动高年，每天发生 2～3 次。图 23-5 所示为瞬时爆发的日冕物质抛射。

图 23-4　日珥

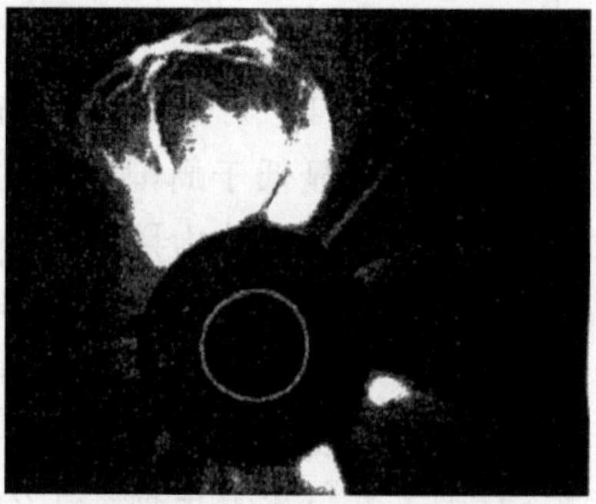

图 23-5　2000 年 3 月 9 日 SOHO 科学卫星观测到的日冕物质抛射

③ 太阳风　太阳风是来自于日冕的等离子流，是太阳的最外层大气。在地球附近，太阳风温度约为 1.5×10^5K。太阳风的速度与太阳动情况有关，一般为 $300\sim1000km \cdot s^{-1}$，平均速度约为 $400\ km \cdot s^{-1}$。太阳风的平均密度为每立方厘米 1～10 个粒子，其成分中约有 95%为数量几乎相等的电子和质子，还约有 4%为氦原子核（α 粒子），其余为重原子核，所以它呈现为电中性。

23.1.1.4　太阳能量

（1）太阳常数

辐照度定义为入射到单位面积上的辐射能量，通常以 W/m^2 表示。太阳在距离地球一定距离处的辐照度称为太阳常数 S_c。地球的太阳常数是到达地球大气层上的太阳辐射能量。地球的平均太阳常数是指距离太阳 1AU（1.496×10^8km）处的能量密度。目前广为接受的值为 $1366.1W/m^2$。对于太阳常数值世界气象组织 WRR 标准中规定，地球大气外太阳辐射强度为 $1367W/m^2$，定义为太阳常数，此值用于航天器热设计。太阳的总辐射功率由计算得出，其值为 $3.84\times10^{26}W$。

不同天体所对应的太阳常数如表 23-2 所示，太阳电磁波见表 23-3。

表 23-2 不同天体对应的太阳常数

天体	太阳辐照度/($W \cdot m^{-2}$)		
	平均值	近日点	远日点
水星	9116.7	14446.4	6272.4
金星	2610.9	2646.6	2576.0
地球	1366.1	1412.9	1321.6
火星	588.4	716.1	492.1
木星	50.5	55.8	45.9
土星	14.88	16.71	13.33
天王星	3.71	4.07	3.39
海王星	1.545	1.545	1.478
冥王星	0.876	1.535	0.566

表 23-3 太阳电磁波谱

区域	波长/m	频率/Hz	能量/eV
无线电波	$>1\times10^{-1}$	$<3\times10^{9}$	$<10^{-5}$
微波	$1\times10^{-3}\sim1\times10^{-1}$	$3\times10^{9}\sim3\times10^{11}$	$10^{-5}\sim10^{-3}$
红外线	$7\times10^{-7}\sim1\times10^{-3}$	$3\times10^{11}\sim4.3\times10^{14}$	$10^{-3}\sim2$
可见光	$4\times10^{-7}\sim7\times10^{-7}$	$4.3\times10^{14}\sim7.5\times10^{14}$	$2\sim3$
紫外线	$1\times10^{-8}\sim4\times10^{-7}$	$7.5\times10^{14}\sim3\times10^{16}$	$3\sim10^{3}$
X 射线	$1\times10^{-11}\sim1\times10^{-8}$	$3\times10^{16}\sim3\times10^{19}$	$10^{3}\sim10^{5}$
Γ 射线	$<1\times10^{-11}$	$>3\times10^{19}$	$>10^{5}$

(2) 天体辐射能

不同天体辐射的热能以黑体温度表示，根据计算可以确定辐射功率密度，如表 23-4 所示。

表 23-4 行星、月球与冥王星的黑体辐射温度和辐射功率密度

天体	黑体温度/K	辐射功率密度/($W \cdot m^{-2}$)
水星	442.5	2174
金星	231.7	163
地球	254.3	237
月球	271.5	322
火星	210.1	110
木星	110.0	8.3
土星	81.1	2.5
天王星	58.2	0.65
海王星	46.6	0.27
冥王星	37.5	0.11

23.1.2 地球环境

23.1.2.1 地球磁场

地球磁场，简称为地磁场。在空间应用中，地磁场可以用来确定航天器的指向，还能用于进行姿态控制和产生姿态扰动力矩。另外，地磁场也是偏转和俘获带电粒子的重要因素，从而把带电粒子对地球的影响减小到最低程度，并导致极光现象的产生。

地球的结构如图 23-6 所示，固态内核大部分由铁磁元素组成，并被液态的外核所包围。外核基本上由熔融铁组成，其外面包围着固态的地幔，由下地幔及上地幔组成。一般认为，地磁场是由于地球内核和外核的相对运动而产生的，这个过程也被称为磁流体发电效应。地幔的半径和赤道半径一样，大约为 6378km，地球外核的半径大约为 3485km，地球内核的半径大约为 1215km。

(1) 地球磁层

地球磁层是位于电离层和行星际磁场之间的区域，如图 23-7 所示。地球磁层在向阳一侧受太阳风的作用将被压缩，而在另一侧，磁尾能够延伸至地球半径数百倍的区域。在地球周围，太阳风大致由数量相同的质子和电子组成，密度为 $1\sim10/cm^3$，速度为 $300\sim1000km\cdot s^{-1}$。当太阳风与磁层相遇时，由于太阳风相对于磁层的速度很大，便形成了弓形激波。通过弓形激波的传播，流体速度减小，方向发生了改变，环绕磁层的流体大部分转向进入了磁鞘。太阳风中的一些元素随着地磁场的磁力线进入两极，并形成极隙。当这些拥有足够能量的粒子进入地球大气中性层时，就形成了北极光。除了极隙地带及太阳活动频繁时期，磁层大体上能使地球免遭太阳风的侵袭。

(2) 磁层的区域

地球磁层区域如图 23-7 所示，磁层分为不同的区域，下面将依次对每个区域进行叙述。但需要注意的是，各区域之间没有严格的界线，每个区域都是逐步过渡的。

图 23-6 地球结构

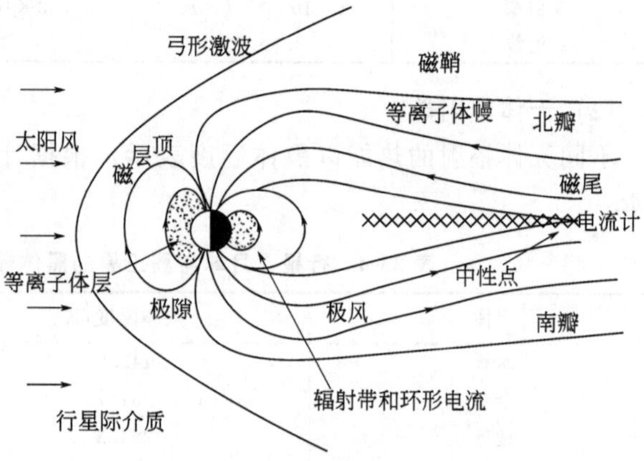

图 23-7 地球磁层

弓形激波区：位于磁层顶前方，向阳方向约 2 倍于地球直径。

磁层顶：由于太阳风和磁层相互作用产生的磁层边界。属于磁鞘与磁层之间的过渡区域，磁鞘与磁层的等离子体在此发生混合。

磁鞘：磁鞘是指弓形激波与磁顶之间的区域。磁鞘的等离子体比太阳风能量高，密度大，但速度小。是无碰撞的等离子体，密度为 $2\sim50/cm^3$，温度 $5\times10^5\sim5\times10^6K$。

磁尾：磁尾是磁层位于地球背阳面侧。磁层向阳面被太阳风挤压，相反背阳侧的磁尾延伸较长。

中性点：磁力线聚合的地方，磁通量近似为零。

中性片：中性片是较薄的表面，此处南北半球地磁场相互抵消，使地磁赤道面上基本上呈中性，将等离子体分为南瓣和北瓣。中性片是北瓣向内的地磁场磁力线与南瓣向外的地磁场磁力线分界面。

等离子体幔：是从极隙延伸至磁顶层的边界层，同时具有行星际和地球磁场的特征。

等离子片（电流片）：位于中性片两侧，典型等离子体片有 4～8 倍地球半径厚度，离子密度 0.1～10/cm^3，温度 8×10^6～8×10^7K。

23.1.2.2 地球大气

环绕在地球周围的大气，其特性与高度有关。根据温度的不同，将大气分为 5 层，分别为：对流层、平流层、中间层、热层和外逸层，如图 23-8 所示。

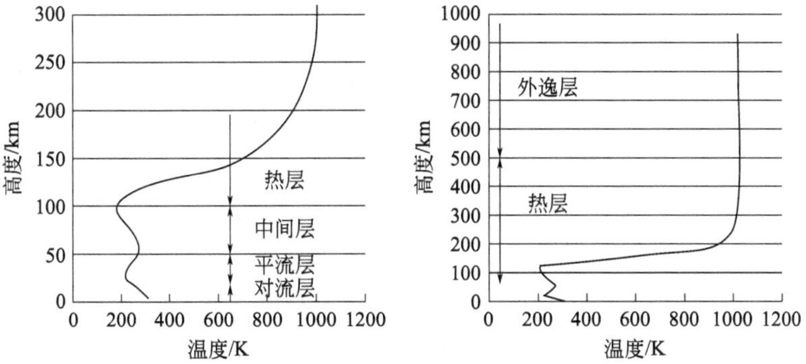

图 23-8 大气温度与高度关系

(1) 对流层

对流层始于地球表面，延伸至 8～14km，是大气最稠密的一层。随着高度的增加，温度以 6.5K/km 的速率从 293K 递减至 223K，被称为温度直减率。在对流层的某些区域，温度会随着高度的增加而升高，这称为温度逆增。对流层顶的压力大约 0.1atm。几乎所有的天气现象如风、雨、雪等都发生在对流层中，对流层顶将对流层和平流层分开。

(2) 平流层

从对流层顶向上至 50km 左右的大气层称为平流层。与对流层相比，平流层的大气比较干燥，并且密度较小。高度在 20～30km 的臭氧层吸收紫外线辐射，保护了地球生物。平流层的温度从 223K 逐渐增加到 270K。大约 99%的大气存在于对流层和平流层中。平流层顶将平流层与中间层分开。

(3) 中间层

从平流层顶向上至 80～90km 的大气层称为中间层。中间层的温度从 270K 下降到 180～200K。中间层的气体由于吸收了来自太阳的能量，处于一种激发状态。而大部分的流星体在中间层中烧毁。中间层顶将中间层与热层分开。

(4) 热层

从中间层顶向上延伸至 400～600km 高度的大气层称为热层。由于吸收了来自太阳的能量，热层的温度随高度增加而剧烈升高，从 180～200K 增至 700～1800K。由于热层的大气密度很低，所以，即使温度很高，但热效应较小。热层中大气非常稀薄，因此太阳活动的微小改变都会引起温度的巨大变化。在此层中化学反应的速度比地球上化学反应速度要快。热层包含有地球大气层中称为电离层的部分。极光现象发生在热层，热层顶将热层与外逸层分开。

(5) 外逸层

外逸层始于热层层顶，向外延伸至星际空间。在这一区域，是一些较轻的气体，即低密度的氢气和氦气等是主要成分，靠近底层有一些原子氧。由于密度很小，所以气体之间的相互碰撞可以忽略，粒子的运动轨迹基本为弹道轨迹。外逸层的尽头，即星际空间的起始位置没有明确的范围，大约在 10000km 左右。从外逸层，地球大气层中的气体可逃逸到星际空间中去。

原始地球的大气层由氢和氦组成，随着时间流逝，经过演化，大气层的主要成分变为二氧化碳和氮气。光合作用将二氧化碳转化为氧气，使氧气含量增至现在的 21%左右。

大气层除了按温度分层外，还可以按照大气的混合状态分为两层。

均质层是大气中气体充分混合的区域，大气主要成分比例不随高度变化，高度为从地球表面到 80～100km 附近（中间层的最高处、热层的底部）。该层由均匀的气体成分组成，主要包括氮、氧、氩和少量的其他气体。浓度均匀是由湍流和风引起的对流造成的。虽然也有一些不均匀成分（如臭氧和随高度变化的水蒸气等），但大部分气体的成分几乎没有变化。因此，均质层与非均质层存在明显的差异。

非均质层处于均质层顶之上，高度在 100km 以上，由于重力作用，导致大气成分比例随高度变化。非均质层始于均质层顶，并延伸到无限远处。随着高度的增加，每种气体成分的密度呈指数下降，下降的速度取决于分子量的大小。氢、氦由于分子量较小多分布于非均质层上方，而氧、氮由于分子量较大而分布于非均质层下方。大气的垂直结构见图 23-9。

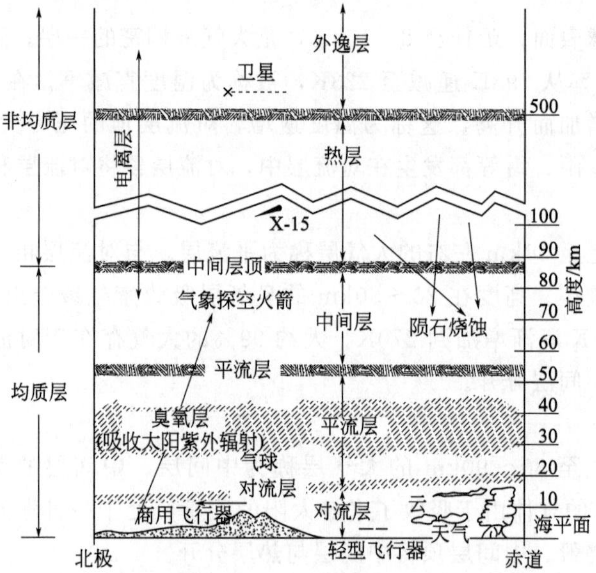

图 23-9 大气的垂直结构

23.1.2.3 地球的电离层

地球电离层是由太阳辐射及太阳活动引起的。地球的电离层，从海拔高度约为 50km 处开始向外延伸，至磁层的内边界。从海拔高度 50km 开始，大气密度已足够低了，使得电子的再结合速率下降，电子能够大量存在，因此电子密度随着高度增加而增加，直到 300～350km 处电子密度达到最大值后，又开始下降，即电子密度与高度的变化关系不是单调递增。

地球的电离层通常按照不同特性分为一系列的层和区，如图 23-10 所示。

(1) D 区

D 区是电离层的最底层，起始于地面高度约 50km 处，向外延伸至 90km。这一区域的离子密度在日出后很快上升到最大值，然后急剧下降，常常在日落时不复存在；这一区域的电子是通过一氧化氮和空气电离产生的，其中太阳的莱曼-阿尔法谱线（波长 121.5nm）使一氧化氮（NO）电离；太阳耀斑硬 X 射线（波长小于 0.1～1nm）使空气（N_2、O_2、O、NO）电离。莱曼-阿尔法谱线的能量相当于电子在氢原子两个最低能级之间跃迁的能量。D 区最主要的离子成分是 NO^+ 和 $O_2{}^+$。在夜间，宇宙射线产生电子的能力转低。D 区所处的高度范围大气密度很大，因此自由电子再结合速率很高。日间 D 区电子密度最大值的数量级为 10^9 电子数 · m^{-3}；夜间 D 区电子密度将下降数个数量级，甚至不复存在。

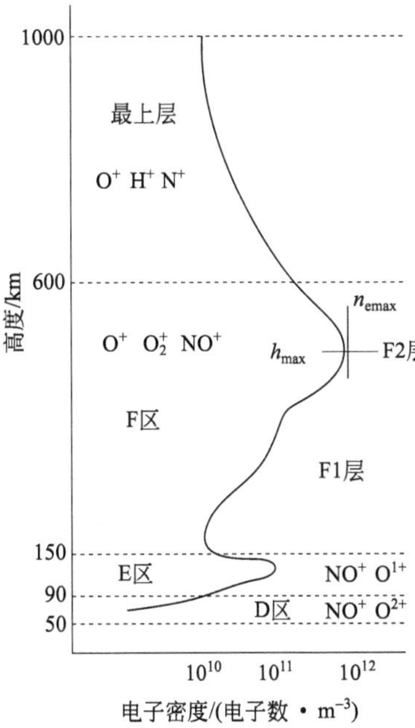

图 23-10　日间的电离层分布

(2) E 区

E 区，也被称为肯尼斯-海维赛德层，位于地面高度约为 90～150km 处。该区域的形成主要是由于太阳软 X 射线（波长约为 1～10nm）对 N_2，O_2，O 和 NO 的电离，以及太阳紫外辐射（波长约为 80～102.7nm）对分子氧（O_2）的电离造成的。分子氧电离后与 N 形成 NO^+ 和 $O_2{}^+$。电离过程和离子再结合过程的综合效果主要取决于不同高度的电子密度。在 E 区，有一个电子密度的局部峰值，对应的高度日间约为 120km。日落后，由于导致电离的主要原因不复存在，致使电子密度急剧下降，加之高度越低再结合过程越易发生，因此，峰值对应的高度将会升高。日间峰值的最大电子密度在 10^{11} 电子数 · m^{-3} 数量级，夜间大约减少 2 个数量级。

(3) F 区

F 区，也被称为阿普尔顿区，位于地面高度约为 120～1000km 处。该区域的电子密度主要由两部分产生：一是太阳远紫外线（EUV，波长 10～100nm）的辐射作用，使原子氧（O）变成 O^+；二是在更高的高度上氢（H）变成了 H^+。一些 O^+ 离子发生电荷转移，并形成 $O_2{}^+$ 和 NO^+。F 区的电子密度是所有区中最高的。白天受到日光照射时，该区具有截然不同的两层：F1 层和 F2 层，其中 F2 层电子密度大于 F1 层。夜间，因为太阳远紫外线辐射不复存在，两个峰值合二为一，即为 F 层。

F1 层峰值对应的典型高度约为 180km，日间的电子密度约为 $2\sim5\times10^{11}$ 电子数 · m^{-3}。夜间峰值电子密度约减少一个数量级。F2 层峰值对应的典型高度约为 300～350km，日间时其电子密度约为 $(1\sim2)\times10^{12}$ 电子数 · m^{-3}，夜间峰值电子密度约减少 1 个数量级。因此，F2 层具有电离层中最大的电子密度。之所以如此，是因为电子通过电离产生，F2 层电离的要素与 F1 层相同，不同之处在于随着高度的增加，再结合系数减小。

电离层各区域特性的总结见表 23-5。

表 23-5 电离层的特性

区域	高度范围/km	峰值高度/km	电子密度/(电子数·m^{-3})	再结合系数/(m^{-3}·s^{-1})	主要成分	电离来源
D	50～90	75	<10^2(夜间) 10^9(日间)	10^{-14}	NO^+,O_2^+	太阳莱曼-阿尔法谱线(121.5nm),太阳硬X射线(<1nm)
E	90～150	120	2×10^9～10^{11}	5×10^{-14}	NO^+,O_2^+	太阳X射线(1～10nm),太阳紫外线(80～102.7nm)
Es	95～105	100	(1～2)$\times10^{11}$	5×10^{-14}	NO^+,O_2^+	沉淀电子和陨石
F1	120～200	180	约(2～5)$\times10^{11}$	5×10^{-15}	NO^+,$O_2^+O^+$	远紫外线(EUV,10～100nm)
F2	>200	300～350	(2～5)$\times10^{11}$～(1～2)$\times10^{12}$	10^{-16}	O^+,N^+ H^+	远紫外线(EUV,10～100nm)

23.1.3 航天器设计中的环境要素

航天器在全生命周期内经历各种环境，环境要素是构成整体环境的基本要素，吴永亮等人做了分析。环境要素及其效应对航天器完成空间任务带来了严峻的挑战。考虑到航天器各装配级产品的功能、性能、可靠性、安全性、环境适应性等要求，对全生命周期内所遇到使用条件的依赖性，在设计开始时必须准确地识别环境要素，考虑产品从出厂到整个工作期间的各种事件（如装卸、运输、贮存、发射、在轨运行、返回）相对应的环境要素及其效应。

(1) 航天器的主要环境

航天器在全生命周期内遇到的主要环境如下。

① 地面/气候环境　它是由地面/气候环境要素及其综合构成的环境。例如：（高、低）温度、（高、低）湿度、（高、低）气压、污染、雨淋、沙尘、盐雾、霉菌等。

② 力学环境（机械环境、诱发机械环境）　它是由于装备的使用、平台的运行、运输、贮存、搬运产生的机械环境，主要包括产品机械环境和平台机械环境。产品机械环境是指产品自身诱发的机械环境；平台机械环境是指产品装载于某一平台后经受的机械环境，如随机振动、正弦振动、加速度、冲击、噪声等。

③ 空间环境　它是指航天器在飞行过程中遇到的来自地球、太阳、行星和星际空间等的自然和诱发环境的总和。例如：空间背景环境、热环境、中性大气、离子辐射（高能粒子）、空间碎片与微流星体等。

④ 电磁（兼容性）环境　航天器要能在所处的电磁环境中正常工作。这里的电磁环境包括由自然界产生的电磁辐射（如雷电、电晕、静电）和由设备产生的电磁辐射。

以经历地月环境的航天器为例，各任务阶段的主要环境要素见表 23-6。航天器试验验证应根据产品全生命周期（从出厂开始经过运行使用直到结束服务）的环境剖面开展，包括装卸、运输、贮存、发射前合格检验、发射、轨道运行、备份使用和由轨道返回等。在方案设计阶段、初样研制阶段早期，参照表 23-6 确定并完成研制试验项目；在初样阶段后期和正样阶段，参考表 23-6 确定试验矩阵，进行环境试验验证。

表 23-6　航天器不同任务阶段的环境要素（以地月环境为例）

序号	环境要素			制造/试验/贮存阶段	转运阶段	发射前准备阶段	发射段和上升段	低轨运行	中轨运行	高轨运行	地月转移/绕月轨道	分离/月面着陆/月面发射/对接	月面运行	地面着陆
1	自然环境(地面和低空)	温度		△☆	△	△	△							
2		湿度		△☆	△	△	△							
3		气压		△☆	△	△	△	△	△	△	△	△	△	
4		污染		△	△	△								
5		霉菌		△☆	△	△								
6		沙尘		△☆	△	△								
7		雨淋		△☆	△	△								
8		盐雾		△☆	△	△								
9	自然环境(高空和空间)	磁场		√	√	√	√	√	√	√	△	△	△	△
10		空间背景	真空	☆				√	√	√	√	√	√	
11			冷黑	☆				√	√	√	√			
12		电磁辐射	高温	☆			√	√	√	√	√	√	√	
13			低温	☆			√	√	√	√	√	√	√	
14			近紫外	☆			√	√	√	√	√	√	√	
15			远紫外	☆			√	√	√	√	√	√	√	
16			X 射线	☆			√	√	√	√	√	√	√	
17		大气	原子氧	☆										
18		重力场	$1g_n$ 重力	√	√	√	√							
19			$g_n/6$ 重力	☆									√	
20			微重力	☆				√	√	√	√			
21		高能粒子	质子	☆				√	√	√	√	√	√	
22			电子	☆				√	√	√	√	√	√	
23			重离子	☆				√	√	√	√	√	√	
24		等离子体	电子	☆				√	√					
25		微流星体						√	√	√	√	√	√	
26		空间碎片						√	√	√				
27		空间污染	颗粒污染											
28			分子污染					√	√	√	√	√	√	
29			羽流污染	☆				√	√	√	√	√	√	
30		月球	月球光照	☆									√	
31			月面红外辐射	☆									√	
32			月尘及月壤	☆									√	
33			月面地形地貌	☆									√	
34	诱导环境	地震冲击			√				√					
35		加速度	☆			√					√		√	
36		噪声	☆			√								
37		随机振动	☆	√		√						√	√	
38		正弦振动	☆	√		√						√	√	
39		冲击	√☆	√	√	√	√	√	√		√	√	√	
40		微振动	☆				√	√	√			√		
41		电磁(兼容性)		√☆	√	√	√	√	√	√	√	√	√	

注：√表示该环境要素强；△表示该环境要素弱，或者可以进入人工控制；☆表示经历的试验环境。

(2) 单一环境及其效应

在进行设备材料和零部件的功能、性能、可靠性和环境适应性设计时，要确定每种环境要素对其的影响。根据提供的环境要素采用必要的防护措施降低其影响。表 23-7 给出了典型的单一环境效应。

表 23-7 典型的单一环境效应

环境要素	主要效应	典型诱导失效
高温	热老化，如氧化、结构改变、化学反应；软化、熔化和升华；黏性降低、蒸发；物理膨胀	导致绝缘失效，改变电性能；降低润滑性能，增加机械应力和活动部件的磨损
低温	黏性增加和凝固形成结冰；脆化；物理收缩	降低润滑性能；改变电性能；降低力学强度，增加活动部件的磨损
高相对湿度	湿气的吸收；化学反应，如腐蚀、电解	导致产品膨胀、容器断裂、物理故障；降低力学强度，降低电性能，增加绝缘体的导电率
低相对湿度	干燥，如脆化、粗糙	降低力学强度，导致结构坍塌；改变电性能
高压	压缩	导致结构坍塌，穿透密封；影响功能
低压	膨胀；出气；降低绝缘体在空气中的效能	导致容器断裂、膨胀爆炸；改变电性能；降低力学强度，产生电弧放电，产生电晕和臭氧
太阳辐射	光化学和物理化学反应，如脆化	导致表面退化和材料变色；改变电性能；产生臭氧
沙尘	磨损；堵塞	增加磨损；影响功能；改变电性能
盐雾	化学反应、如腐蚀、电解	增加磨损、降低力学强度；改变电性能，增加导电率致表面退化；导致结构变弱
风	施加力；材料沉积；热量损失（低速率）；热量获取（高速率）	结构坍塌、断裂；影响功能；降低力学性能；加速磨损；加速低温效应；加速高温效应
雨	物理应力；吸水和浸水；侵蚀；腐蚀	结构坍塌、增加质量；改变电性能；涂层剥落；增强化学反应
温度冲击	力学应力	结构坍塌或变弱；密封损坏
高能粒子（核放射）	加热；变形和电离	热老化、氧化；改变化学、物理或电性能；产生气体
微重力	力学应力；气体对流作用消失	中断依靠重力的功能；增加高温效应
原子氧	化学反应；裂纹、裂缝、脆化；粗糙；降低绝缘体在空气中的绝缘效能	快速氧化；改变电性能；降低力学强度；影响功能；电弧放电
爆炸	严酷的力学应力	炸开和开裂，结构坍塌
电离气体	化学反应；污染，如降低绝缘体强度	改变物理和电性能；绝缘失效和电弧放电
加速度	力学应力	结构坍塌
振动	力学应力；疲劳	降低力学强度；影响功能；增加磨损；结构坍塌
磁场	诱导磁化	影响功能；改变电性能；诱导加热

（3）组合环境及其效应

航天器在轨期间遭受的环境是复杂的，这些环境不仅单独对航天器敏感材料及器件产生影响，还可能诱发次生环境，对航天器的作用可能引发另一个环境对航天器的效应，还可能对其他环境产生的效应具有增强或减弱作用，不利于产品的功能、性能、可靠性、安全性、环境适应性。组合环境效应对航天器可靠性的危害可能比单个环境效应更大。

典型的组合环境效应矩阵关系如表 23 8 所示，它说明了组合环境的总破坏效果比单个环境作用的累积效应更大。例如，一个产品在运输时，可能会暴露于温度、湿度、高度、冲击和振动的组合环境。验收一个产品项目的全生命周期历程时必须考核这些效应。

表 23-8 组合环境效应

1— 组合增强机械退化；
2— 组合增强运行退化；
3— 相互依赖的(一个环境依赖另一个)；
4— 同时存在时，没有有效地组合效应；
5— 弱化效应(一个环境弱化另一个效应)；
6— 不能同时存在；
7— 未知(不太可能组合或不确定组合效应)；
空白— 不考虑组合(独立环境)；
符号— 在数字的后面，表明通过组合强化是较弱的或不确定的。

类别	环境	云	雾	冻雨	霜	霉菌	地磁	冰雹	湿度	闪电	空气污染	雨	盐雾	砂尘	雨夹雪	雪	太阳辐射	高温	低温	风	低重力	电离气体	流星体	低气压	宇宙辐射	电磁辐射	范·艾伦辐射	加速度	爆炸	结冰	核辐射	冲击	空气加热高温	空气冷却低温	湍流	蒸汽拖曳	机械振动	声振
自然环境·地面和低空环境	云																																					
自然环境·地面和低空环境	雾	5																																				
自然环境·地面和低空环境	冻雨	3																																				
自然环境·地面和低空环境	霜	3																																				
自然环境·地面和低空环境	霉菌																																					
自然环境·地面和低空环境	地磁																																					
自然环境·地面和低空环境	冰雹	2,1	6																																			
自然环境·地面和低空环境	湿度	3	3	3	3	3																																
自然环境·地面和低空环境	闪电	3	6				2–	2,1																														
自然环境·地面和低空环境	空气污染	4	1						1																													
自然环境·地面和低空环境	雨	3	2		6	3	5	1,2	3	4	4																											
自然环境·地面和低空环境	盐雾		1–	5					5			5																										
自然环境·地面和低空环境	砂尘		1–						1–		1–		1–																									
自然环境·地面和低空环境	雨夹雪	3	7					6	3	6																												
自然环境·地面和低空环境	雪	3	7						3	6		2–																										
自然环境·地面和低空环境	太阳辐射		5		5	5			1–			6	1	1–																								
自然环境·地面和低空环境	高温	5	5	6	6	3			1				1	5	6	6	1																					
自然环境·地面和低空环境	低温		3	3	3	5			1			1–	5	1–	3	3	5	6																				
自然环境·地面和低空环境	风	2–	5	7				1,2	7	1,2	3	1,2	1	1,2	1,2	1,2	1	1–	2,1																			
自然环境·高空和空间环境	低重力																4	4	4																			
自然环境·高空和空间环境	电离气体					5			1								1	1	5		4																	
自然环境·高空和空间环境	流星体																																					
自然环境·高空和空间环境	低气压					7			1								1–	1	1	5	4	3																
自然环境·高空和空间环境	宇宙辐射						3										3				7	1–																
自然环境·高空和空间环境	电磁辐射						3														7	1–			3													
自然环境·高空和空间环境	范·艾伦辐射						3										3				4				3													
诱导环境	加速度								7								7		1																			
诱导环境	爆炸								1–								7	7	7					1–														
诱导环境	结冰	3	1–	2,1								1–	5				5	6	3	2–																		
诱导环境	核辐射																1–	1–				1		7	7	7	7	7	7									
诱导环境	冲击																		1					1–							7							
诱导环境	空气加热高温																		6											6	7	1						
诱导环境	空气冷却低温																	6													7	1	6					
诱导环境	湍流	2–	6					2,1		2,1		2								2,1																		
诱导环境	蒸汽拖曳	5		6				6	3	6	7	6			6	6	4	6	3	5																		
诱导环境	机械振动								1,2				1,2	1,2			1	1	1					1–				1			5		1	1	1			
诱导环境	声振																														7		1	1–				
		自然环境·地面和低空环境																			自然环境·高空和空间环境							诱导环境										

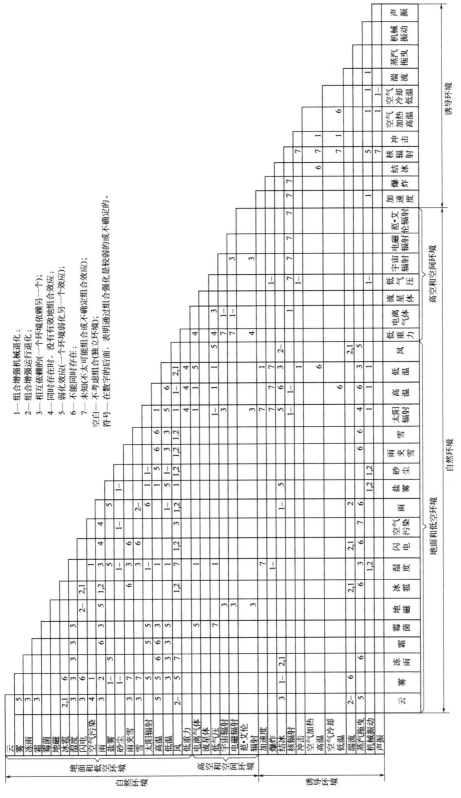

23.1.4 航天器空间环境

根据美国国家航空航天局戈达德航天飞行中心（NASA-GSFC）对57颗卫星在轨故障分析，电学事故为57%，机械占16%，电学-机械占12%，其他占15%，而与环境相关的空间热真空环境引起的事故约为50%。

可将引发航天器故障的原因归纳为设计与环境、部件与质量、操作及未知因素等4大类，它们的故障趋势如表23-9所示。由表23-9可知，设计与环境一直是引发航天器故障的主要原因，虽然其影响趋势在近年有所降低，但在故障模式中仍占有主导位置。

表 23-9 航天器的故障趋势

时间	设计与环境	部件与质量	操作及其他	未知因素
1977年前	42	26	12	20
1977年～1983年	57	20	10	13
近年	36	11	20	33

在轨航天器所处的空间环境主要有真空环境、空间热环境、离子辐射、等离子体、原子氧、紫外辐照环境，以及微流星体与空间碎片等环境因素。

23.1.4.1 真空环境

众所周知，宇宙空间是一个无际的真空环境。航天器运行的轨道高度不同，真空度亦不同，轨道越高，真空度越高。低轨卫星距地面高度约120km，相应的真空度约10^{-3}Pa量级，而地球同步轨道，真空度约1×10^{-12}Pa。

真空环境对航天器的影响，如下所述。

(1) 压力差影响

压力差的影响在$1\times10^{5}\sim1\times10^{2}$Pa的粗真空范围发生。当航天器及其运载器上的密封容器进入空间后，因气体稀薄，容器内外压差会增加到约1×10^{5}Pa，

可能会导致密封舱变形或损坏，贮罐中液体或气体的泄漏增大，使用时间缩短。

(2) 真空放电影响

真空放电发生在$1\times10^{3}\sim1\times10^{-1}$Pa低真空范围。当电极之间发生自持放电时称为电击穿。决定击穿电压阈值的因素很多，如气体性质、环境压力、两极间的距离、极板的性质和形状等。

当真空度达到1×10^{-2}Pa或更高时，在真空中分开一定距离的2个金属表面，当受到具有一定能量的电子碰撞时，会从金属表面激发出更多的次级电子，并不断与2个面发生多次碰撞，并产生放电现象，称微放电。金属由于发射次级电子而受到侵蚀，电子碰撞会引起温度升高，可使附近气体压力升高，甚至会造成严重的电晕放电。射频空腔、波导管等可能由于微放电而使其性能下降，甚至产生永久性失效。

(3) 辐射传热影响

在空间真空环境下，航天器与外界的传热主要通过辐射形式，因此航天器表面的辐射特性对航天器热控起着重大作用。为了使航天器保持在允许的热平衡温度下，航天器的热设计必须考虑空间真空环境下换热以辐射与接触传热为主导的效应。

此外，航天器中相接触部件，由于表面存在微小的不平度并造成真空空隙，使接触热

阻增大。

(4) 真空出气影响

航天器用的材料应考虑真空出气影响，在高于 1×10^{-2}Pa 的真空度下，气体会不断地从材料表面释放出来。而聚合物的出气速率高于金属 10～1000 倍以上。有时，放出气体又会重新凝结在航天器的低温部件上，如光学镜片、镜头、传感器等，或者热控涂层。由于凝结物的污染，使光学性能下降，对太阳能的吸收系数增加，航天器平均温度升高。为了减少污染影响，要进行污染机理的研究，研究分子如何从污染源运动到航天器敏感部件，制定出保护敏感部件防污染的措施。

(5) 材料蒸发、升华和分解的影响

在真空下空间材料的蒸发、升华会造成材料组分的变化，引起材料质量损失，改变材料原有的性能，并引起自污染等。

(6) 黏着和冷焊的影响

黏着和冷焊一般发生在压力低于 1×10^{-7}Pa 的超高真空环境。在地面上，固体表面总是吸附着有机膜及其他膜，起到减少摩擦系数的作用。航天器材料、器件处于真空中时，固体表面的吸附气膜、污染膜、氧化膜被部分或全部清除，从而形成清洁的材料表面，表面之间出现不同程度黏合现象，称之为黏着。如果除去氧化膜，使表面达到原子清洁度，在一定的压力负荷和温度下，可进一步整体黏着，即引起冷焊，这种现象可使航天器上的一些活动部件出现故障，如：加速轴承的磨损，减少其工作寿命；使电极滑环、电刷、继电器的开关触点接触不良；天线或重力梯度杆展不开；太阳电池阵、散热百叶窗打不开等。防止冷焊的措施是选择不易发生冷焊的配偶材料，在接触面上涂覆固体润滑剂，或者涂覆不易发生冷焊的膜层。

(7) 真空泄漏的影响

据分析在航天史上有约 50%的重大故障与真空泄漏有关。

真空泄漏会造成航天员死亡。人在真空中暴露 1～2min 就会失去生命，1967 年 4 月 23 日，苏联“联盟一号”飞船返回地面时，因泄漏造成返回舱主伞绳缠在一起，飞船坠毁，科马罗夫是世界航天史上第 1 名在飞行中死亡的航天员。1971 年 6 月 30 日，苏联“联盟十一号”飞船的 3 名航天员返回地面时，因返回舱真空泄漏，返回地面时均窒息死亡。1986 年 1 月 2 日，“挑战者号（Challenger）”航天飞机因 O 形密封圈温度过低失效而造成燃料泄露爆炸，7 名航天员遇难。此外，真空泄漏会引发运载火箭爆炸，全世界至少有 20 枚火箭因泄漏而爆炸。

23.1.4.2 空间热环境及效应

(1) 空间冷黑环境

宇宙空间背景温度约为 3K，在此温度下黑体辐射能量约为 $4.59\times10^{-6}\mathrm{W/m^2}$。航天器辐射的能量，发射出去，不会返回。宇宙空间相当于吸收系数为 1 的绝对黑体。这种既冷又黑的环境，称为冷黑环境。

航天器热设计必须考虑冷黑环境的影响，它是航天器热平衡试验、热真空试验的主要热环境参数，设计不当会造成航天器的温度过高或过低，影响航天器的正常工作与寿命。

航天器上可伸缩性的活动机构，如太阳电池阵、天线等，在冷黑环境下由于极低温度的影响会使展开机构卡死，影响其伸展性能。某些有机材料在冷黑环境下会产生老化和脆化，影响材料的性能。

(2) 空间外热流环境

① 外热流　宇宙空间热辐射对航天器影响很小，可以忽略。在轨航天器的热辐射来源主要有太阳辐射，地球辐射及其反照辐射。

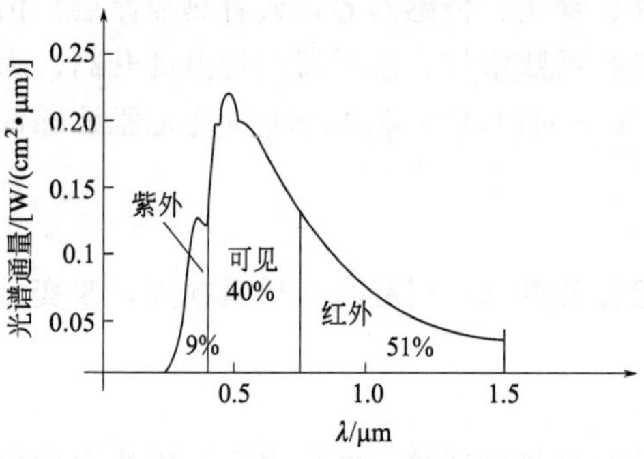

图 23-11　太阳辐射能量分布

太阳是个巨大的辐射源，太阳发射从波长 10^{-14}m 的 Γ 射线到 10^{2}m 的无线电波的各种波长的电磁波。这些不同电磁波的辐射能量不同，可见光辐射能量最大。可见光和红外部分的通量占总通量的 90%以上（图 23-11）。太阳的可见光和红外辐射，地球反射太阳的辐射以及地球大气系统的热辐射均影响卫星表面的温度。各种波长的辐射是太阳由不同高度和不同温度的大气层发射出来的，不能用单一温度的黑体或灰体辐射来代表。太阳的可见光和红外辐射主要来自于太阳光球，波长 0.3～2.5μm 的辐射相当于 6000K 的黑体辐射。0.15～0.3μm 的辐射相当于 4500K 的黑体辐射。0.15μm 以下的短波辐射主要来自日色球和日冕的高温辐射。无线电厘米波是由太阳色球发射的，米波则是由日冕发射的。

太阳电磁辐射的能量主要集中在 0.3～4μm 波长，是由光球层辐射出来的，只有 1%左右的能量处于这个范围之外，是由色球层和日冕发射出来的。日冕中电子的热辐射、回旋辐射和等离子体振荡还产生太阳射电波发射。射电能流随太阳活动水平而变化，对 10.7cm 的射电波，太阳活动低年的能流为 6.5×10^{-21}W/(m^2 · Hz)，太阳峰年为 2.5×10^{-20}W/(m^2 · Hz)。一般用 10.7cm 射电流量监测作为表征太阳活动水平的一个重要指标。

太阳的电磁辐射相对稳定，除了耀斑期间的局部变亮之外，太阳辐射几乎是不变的；在可见光部分（0.39～0.78μm）辐射的变化仅在 10%以内。对于电离层光电离，特别关注的是电磁辐射的短波长部分，包括远紫外和 X 射线辐射，这些辐射来自色球层和日冕。短波长辐射一般不能达到地面。利用火箭和卫星，在较高高度上已经对远紫外和 X 射线辐射进行了广泛的观测。除连续辐射外，还有一些强的分立辐射谱线，这部分辐射谱比可见光谱更富于变化，特别是在短波段，即 1000Å 以下的谱域。

太阳电磁辐射波段可以分为几个范围：软 X 射线波段，波长范围为 0.1～10nm；远紫外（Far Ultraviolet，FUV）波段，又称为真空紫外（Vacuum Ultraviolet，VUV），波长范围为 10～20nm；近紫外（Near Ultraviolet，NUV）波段，波长范围为 200～400nm；光发射波段（可见光和红外波段），波长范围在 400nm～1mm。不同的文献对紫外波段的划分和称谓略有不同。

近紫外波段能量约为太阳常数的 8.7%，为 118W/m^2；远紫外波段这部分能量约为 0.1W/m^2，占太阳常数的 0.007%。而紫外波段虽然能量在太阳常数中所占的比例很低，但是由于光子能量高，会使得大多数材料的化学键被打断，造成材料性能退化。因此，紫外辐射是造成航天器材料长期退化的主要因素之一。

太阳辐射进入地球及其周围的大气后，一部分被反射到宇宙空间，另一部分被地球表面及大气层所吸收，吸收的能量大约为太阳辐射能的 2/3，转化成热能后，又以红外辐射方式辐射到空间，称这部分红外辐射能为地球辐射。地球大气系统反射的太阳辐射能被称为地球反照。

地球大气系统的红外辐射由陆地、海洋和大气辐射组成，它主要受地球表面温度和所覆盖云量的影响，在不同地区和不同时间的红外辐射均不同，所以精确计算地球的红外辐射十分困难。为了便于对航天器进行热计算，通常取全球常年的平均值，工程热设计时，常把地球当做温度为 250K 左右的黑体辐射来处理。表 23-4 给出了行星、月球与冥王星的黑体辐射温度及辐射功率密度。

地球反照取决于地球大气系统的反照率，不仅与辐射波长和入射角有关，而且还与大气中的云层分布状况及地球表面性质有关。因此地球及其大气的反照率随地理的经纬度、季节和昼夜的不同而明显变化，这就给航天器热计算带来相当大的困难。据有关研究和分析，取平均反照率为 0.35 来进行热设计是较为合适的。表 23-10 给出了资料中推荐的各行星与月球平均反照率。

表 23-10　各行星与月球的平均反照率

天体	反照率	天体	反照率
水星	0.12	木星	0.34
金星	0.75	土星	0.34
地球	0.30	天王星	0.30
月球	0.11	海王星	0.29
火星	0.25	冥王星	0.5

一个天体的反照率会相差较大。例如，地球上白雪的反照率为 0.75～0.85，陆地为 0.05～0.45，水为 0.03～0.20，云层为 0.10～0.80。反照率的光谱范围一般假定为太阳辐射光谱的范围。

② 太阳辐射对航天器的影响

a. 光子对物质的作用。太阳日冕温度非常高，沿径向喷出大量辐射流，除质子和电子外，还有光子，光子辐射是以电磁辐射方式传递能量的，既无静态质量，也无电荷。

光子辐射的形式包括：广播电视无线电波、微波、电（灯）光、紫外线、X 射线和 Γ 射线等。X 射线是指原子中电子发射出的辐射（频率为 $3\times10^{16}\sim3\times10^{19}$ Hz，波长为 $10^{-8}\sim10^{-11}$ m），能量为 100eV～100KeV。Γ 射线是指来自原子核的电磁辐射，其频率大于 3×10^{19} Hz，波长小于 10^{-11} m，能量大于 100keV。

光子与物质主要发生 3 种作用：光电效应、康普顿（Compton）散射和产生电子偶素。

光电效应是指入射光子将所有的能量转移给受原子束缚的电子，使得电子逃逸原子的束缚形成光电流，即为光电效应。光电效应所形成的光电子的动能等于入射光子的能量减去电子的束缚能。一般认为，光电效应主要发生在光子能量小于 50keV 时，能量更高则不太容易发生。

康普顿散射是指入射光子将足够的能量传递给环绕原子核的电子或自由电子，使其激发。失去部分能量后的光子形成新的、能量较低的光子。高能光子能发生一系列的康普顿散射作用，在完成最终散射前，每一次散射会产生能量更低的二次光子。康普顿散射作用主要发生在能量为 50KeV～5MeV 的光子能量转移过程中，如 Γ 射线辐射。

产生电子偶素是指入射光子与原子核库仑力发生作用，进而形成正负电子对的过程。正电子是带有正电荷的不稳定电子。正电子的存活周期非常短，将在 10^{-8}s 内与自由电子结合而湮灭。于是，这 2 个粒子的质量将转化为 2 个 Γ 光子，每个光子能量为 0.51MeV。产生电子偶素是能量大于 5MeV 的光子的主要能转移方式。

b. 太阳辐射的热效应。太阳辐照的不同谱段，对航天器有不同的影响。航天器主要吸收红外与可见光谱段，这部分能量将影响航天器的温度。吸收热量的多少取决于结构外形、涂层材料和飞行高度。这部分能量是航天器热量的主要来源之一。若航天器的热设计处理不当，会造成航天器温度过高或过低，影响航天器的正常运行。航天史上，日本、法国的第 1 颗卫星都因热设计的原因而失效。因此，为了验证热设计，鉴定航天器的可靠性，必须在地面试验设备中再现太阳辐照环境，模拟空间的外热流进行航天器的热平衡试验。

太阳辐照使航天器的外露组件产生热应力与热变形，对卫星抛物线以及太阳电池组件影响最大。

c. 紫外辐射效应。波长短于 300nm 的紫外辐照，虽然只占有太阳总辐照的 1%左右，但起作用很大。紫外线照射到航天器的金属表面，由于光电效应而产生许多自由电子，使金属表面带电，航天器表面电位升高，将干扰航天器的电磁系统。

紫外线会使光学玻璃、太阳能电池盖板和甲基异丙烯窗口等改变颜色，影响光谱的透过率。紫外线会改变瓷质绝缘的介电性质。紫外线的光量子能破坏聚合物的化学键，引起光化学反应，造成分子量降低、材料分解、裂析、变色、弹力和抗张力降低等。受紫外线影响最大的是聚乙烯、涤纶等高聚物薄膜。紫外线和臭氧会影响橡胶、环氧树脂黏合剂和甲基丙烯气动密封剂性能的稳定性。紫外线会改变热控涂层的光学性质，使表面逐渐变暗，对太阳辐照的吸收率显著提高，影响航天器的温度控制。长寿命航天器的热控设计必须考虑紫外线对热控涂层的影响。

d. 太阳辐射压力。太阳辐照压力所产生的机械力，能严重地影响航天器的姿态和自旋速率，尤其受热不均匀引起的热弯曲效应最大。所以在设计航天器的姿态控制系统时，特别在设计高轨道航天器与重力梯度稳定的航天器时，必须要考虑太阳辐照压力的机械应力影响。

23.1.4.3 空间粒子辐射环境

空间粒子辐射环境是引起航天器材料和器件性能退化甚至失效的主要环境因素，可引起单粒子效应（single event effect，SEE）、总剂量效应（total ionizing doze，TID）、表面充放电效应、内带电效应和位移损伤效应等。空间辐射环境主要来源于太阳的辐射和星际空间的辐射，包括粒子辐射环境和太阳电磁辐射环境，这些辐射环境受太阳活动的影响。粒子辐射环境由电子、质子和少量的重离子等组成，来源于地球磁场俘获辐射带、太阳宇宙射线（solar cosmic ray，SCR）和银河宇宙射线（ga-lactic cosmic ray，GCR）。

(1) 辐射环境来源

① 银河宇宙射线辐射 银河宇宙射线辐射是来自太阳系之外的带电粒子流，主要成分有 85%质子，14%α 粒子及 1%的电子和重离子。粒子能量为 10^{8}～10^{20}eV，粒子通量

为 $2\sim4/(cm^2\cdot s)$。银河宇宙线在空间分布上基本是同性的。由于粒子能量很高，难以对它屏蔽，但通量很低，剂量一般不超过几毫拉德，不会对在轨航天器造成影响。

② 地球磁场俘获辐射带　地球存在着磁场，空间大量的带电粒子被地球磁场所俘获，形成约 6 至 7 个地球半径的辐射带。此辐射带由美国学者范·艾伦首先发现，故称为范·艾伦（van allen）辐射带。由于带电粒子空间分布不均匀，比较集中地形成 2 个辐射带：内辐射带和外辐射带，见图 23-12。

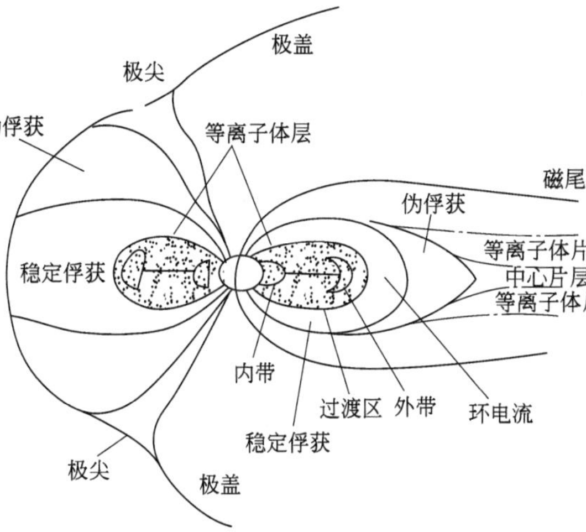

图 23-12　地球辐射带示意图

内辐射带在赤道平面上空 600～1000km 高度，纬度边界约为 40°，强度最大的中心位置距地球 3000km 左右。内辐射带粒子成分主要是质子和电子，来源于太阳风，以及银河宇宙射线与地球大气物质相互作用造成的中子衰变。质子能量一般为几兆电子伏到几百兆电子伏，通量为 $10J/(m^2\cdot s)$，能量大于 0.5M eV 的电子通量约为 $10^5/(m^2\cdot s)$。需特别指出的是，由于地球磁场的不均匀性，在西经 100°至东经 20°、南纬 20°至 50°的南大西洋上空，内辐射带的边界下降到 200km 左右，这一地区称为南大西洋异常区。实践证明，通过此区域的飞船舱内剂量有明显增加，当飞船轨道低于 600km，且倾角不大时，这一辐射环境是构成舱内辐射剂量的主要因素。

内辐射带受地球磁场控制相对稳定，大部分粒子密度的瞬态变化是由太阳活动诱使大气密度变化引起的。内辐射带的主要参数见表 23-11。

表 23-11　内辐射带主要参数

粒子类型	能量 E 范围/MeV	最大通量/$(cm^{-2}\cdot s^{-1})$	中心位置高度/km
质子	>4	$>10^6$	约 5000
	>15	$>10^5$	约 4000
	>34	$>10^4$	约 3500
	>50	$>10^3$	约 3000
电子	>0.5	$>10^8$	约 3000

外辐射带位于赤道平面 10000～60000km 高度，主要由高能电子和少量质子组成，中

心位置离地面 20000～25000km。外辐射带的质子能量低，其强度随能量增加而迅速减少，在地球同步轨道上能量大于 2MeV 的质子通量比银河宇宙射线小一个数量级。所以，外辐射带是一个电子带。外辐射带受地球磁层剧烈变化影响很大，粒子密度会发生很大起伏。外辐射带的电子密度起伏有时高达 1000 倍。

辐射带中除了电子、质子外，还有少量重离子，主要成分是 α 粒子及 C、N、O 等重离子。

③ 太阳宇宙射线　太阳耀斑期间会发射出大量高能质子、电子、重核离子流，称为太阳宇宙射线。由于绝大部分是质子，又称为太阳质子事件。

太阳质子事件通常与太阳耀斑同时发生，并可能是太阳耀斑爆发开始时的一个有效信号，但有的太阳质子事件仅仅是日冕物质抛射。太阳质子事件发生时释放的能量将使粒子加速，导致太阳产生磁流体动力学激波，并在行星际中传播。太阳质子事件产生的辐射通量密度与太阳活动成正比，即太阳活动低年，通量密度较低；太阳活动高年，质子事件发生更为频繁，通量密度较高。在 1972 年 8 月发生的一次大规模的太阳质子事件中，产生了超过 $10^6 cm^{-2} \cdot s^{-1}$ 的峰值通量密度，且能量超过了 10MeV。

太阳质子事件的发生时刻、大小、持续时间和成分，至今无法预测，一般持续数天到一周的时间，峰值辐射将持续数小时。图 23-13(a) 所示为 1956 年～1990 年较大规模太阳质子事件的能谱积分通量。

目前有一些模型可用于估计太阳质子事件的积分通量，如 King 模型，JPL 模型及 ESP（emission of solar proton，太阳质子喷射）模型。积分通量定义为通量（单位时间、单位面积内的粒子数）对时间的积分，得到的是单位面积内的粒子数，通常以球体上特定横截面积区域的粒子事件的数量来描述。图 23-13(b) 所示为基于 ESP 模型及 JPL 模型的 7 年期间积分通量光谱。

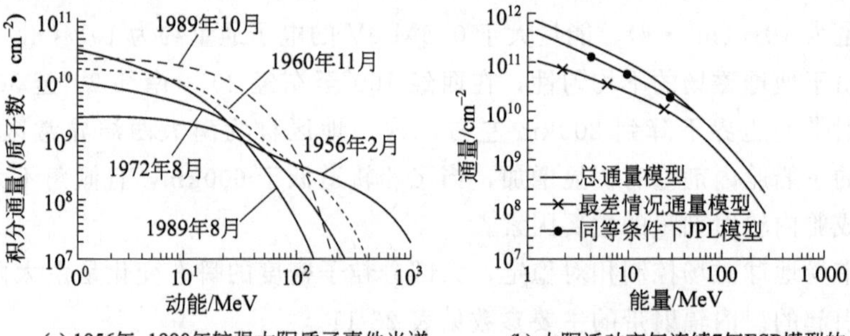

(a) 1956年~1990年较强太阳质子事件光谱　(b) 太阳活动高年连续7年ESP模型的样本光谱(置信度90%)

图 23-13　太阳质子事件通量

(2) 空间粒子辐射效应

空间粒子辐射效应主要表现为单粒子效应、总剂量效应、表面充放电效应、内带电效应，以及位移损伤效应。

① 单粒子效应　单粒子效应又称单事件效应，是高能带电粒子在器件的灵敏区内产生大量带电粒子的现象，属于电离效应。当能量足够大的粒子射入集成电路时，由于电离效应（包括次级粒子的），产生数量极多的电离空穴-电子对，引起半导体器件的软错误，使逻辑器件和存储器产生单粒子翻转，CMOS 器件产生单粒子闭锁，甚至出现单粒子永久

损伤的现象。集成度的提高、特征尺寸降低、临界电荷和有效发光二极管（LED）阈值下降等会使抗单粒子扰动能力降低。器件的抗单粒子翻转能力明显与版图设计、工艺条件等因素有关。

空间环境中高能带电粒子入射到器件后，经常会在器件内部敏感区形成电子-空穴对。电子-空穴对会形成能打开联结的信号，这些故障统称为单粒子现象。航天器上的单粒子效应主要是由重离子和质子引起的。

单粒子效应（single-event effect，SEE）是单个或几个辐射粒子引起的瞬间或永久性效应。根据单粒子效应对电子设备造成的影响，可以分为 4 类。

a. 单粒子翻转（single-even upset，SEU）。是一种由辐射引起的电子设备暂时或软性的错误，主要是由一定量的辐射产生的电离作用对电子-空穴对形成的拖曳作用而引起的。单粒子翻转会使模拟器件或电路瞬间暂停，或造成数字逻辑电路某一位发生翻转。由于它们都属于软错误，因此，设备仍会继续工作。对于数字逻辑设备，特别是半导体存储器，通常采用检错纠错码技术来降低单粒子翻转造成的影响。

b. 单粒子硬错误（single-event hard error，SEHE）。是辐射对电子设备产生的一种永久性损伤，是由一定量的辐射产生的电离作用对电子-空穴对形成拖曳作用而引起的。例如，在逻辑设备中形成永久性的粘连位等。

c. 单粒子锁定（single-event latchup，SEL）。是由一定量的辐射产生的电离作用对电子-空穴对形成拖曳作用而引起电子设备吸收过多的能量。电离拖曳使半导体设备的电源与接地之间出现短路，如果没有额外的补救措施会造成电流过大。如果吸收的能量有限，通过对电路断电和重启一般可以纠正该问题。如果吸收的能量过高或能量迅速转移，则由于过热可能会产生灾难性的故障，或者造成电镀层或电缆结合部的失效。

d. 单粒子烧毁（single-event burnout，SEB）。是由一定量的辐射产生的电离作用对电子-空穴对形成的拖曳作用使得电压转换装置的电压被过分拉低，这是一种永久性的故障。典型的单粒子烧毁包括烧毁电源的金属氧化物半导体场效应晶体管（metal oxide semiconductor field effect transistors，MOSFETs）及门电路断裂等。

单粒子效应汇于表 23-12。

表 23-12　单粒子效应

类　型	效　应	备　注
单粒子锁定(SEL)	单个高能粒子将器件内寄生的可控硅触发开启，形成低电阻、大电流状态	破坏性
单粒子快速反向(single event snapback，SESB)	在 NMOS 器件，尤其是 SOI 器件中重离子产生的雪崩电流被器件源漏间的寄生晶体管放大	
单粒子栅击穿(single event gate rupture，SEGR)	在栅氧化物高场区由单个离子诱发形成的导电通道	
单粒子绝缘击穿(single event dielectric rupture，SEDR)	在绝缘层内由单个离子诱发形成的破坏性击穿	
单粒子烧毁(single event burnout，SEB)	功率晶体管的另一种破坏性失效模式，PN 结反向击穿	

续表

类型	效应	备注
单粒子翻转(SEU)	单个粒子造成的数字电路改变逻辑状态	非破坏性
多位翻转(multiple-cell up-set, MCU)	单个粒子造成一个以上存储位的逻辑状态改变	
单字多位翻转(single-word multiple-bit upset,SMU)	一个入射粒子导致存储单元一个字内多位的逻辑状态改变	
单粒子功能中断(single event functional interrupt, SEFI)	器件进入不再执行设计功能的模式	
单粒子硬错误(single event hard error, SEHE)	单个粒子造成的永久性损伤相关状态的不可恢复的变化	
单粒子瞬态(single event transcient,SET)	瞬态电流在混合逻辑电路中传播导致输出错误	
单粒子扰动(single event disturb,SED)	半导体节点中暂时性的电压偏移	

② 总电离剂量效应　总电离剂量（total ionization dose，TID）是空间任务期间电离辐射的累积效应。电离辐射在半导体和绝缘体（如二氧化硅）内形成电子-空穴对，在电场的作用下，电子和空穴可能相互结合或发生位移。

空间带电粒子入射到航天器吸收体（电子元器件或材料）后，产生电离作用，同时其能量被吸收体的原子电离所吸收，从而对航天器的电子元器件或材料造成总剂量损伤。总剂量效应具有长时间累积的特点，吸收体的损伤随着辐射时间的延长通常有加重的趋势。这种效应与辐射的种类和能谱无关，只与最终通过电离作用沉积的总能量有关，属累积效应。总剂量效应是辐射效应中最常见的一种，它能够引起材料加速退化、器件性能衰退、生物体结构和机能受损等。空间辐射环境中对总剂量效应有影响的主要是地球辐射带的电子和质子，其次是太阳宇宙射线质子，辐射带俘获电子在吸收材料中的二次轫致辐射对总剂量效应也有着重要的贡献，尤其是对航天器内部的电离辐射有着较大的贡献。

总剂量效应的机理比较复杂，对不同的电子元器件或材料具有不同的损伤或退化机理。如对一些半导体材料，由于带电粒子辐射，在材料内部产生电离电子-空穴对，进而影响材料的电学性能或光学性能；而对电子元器件，例如 MOS 器件，带电粒子辐射会在器件界面上生成一定数量的新界面态，进而将影响器件中载流子的迁移率、寿命等重要参数，最终对电子元器件的电学性能产生影响。

总剂量效应可导致航天器电子元器件或材料的性能产生退化，甚至失效，主要表现为：温控涂层开裂、变色，太阳吸收率和热发射率衰退；高分子绝缘材料、密封圈等强度降低、开裂；玻璃类材料变黑、变暗；双极晶体管电流放大系数降低、漏电流升高、反向击穿电压降低等；MOS 器件阈电压漂移，漏电流升高；光电器件暗电流增加、背景噪声增加等。

表 23-13 为介质材料总电离剂量效应。表 23-14 为电子器件总电离剂量效应。

表 23-13　介质材料总电离剂量效应

器件种类		电荷激发		结构改变	
		局部再捕获	电荷传输	价键改变	裂解
电荷存储	可变阈值晶体管	×	√	×	×
	存储光电传感器	×	√	×	×
	特殊 MIS 工艺器件，如 MOS 剂量计等	×	√	×	×

续表

器件种类		电荷激发		结构改变	
		局部再捕获	电荷传输	价键改变	裂解
电荷发射	光发射器/倍增器，光电管/多极放大器等	×	√	×	×
电荷传输	隧道发射阴极	×	×	×	×
	丝状开关器件	×	×	√	×
其他传导	热释探测器	×	×	×	√
	声表面波器件	×	×	×	×
被动电学器件	双极、MOS 和 CCD 器件	×	√	×	×
	约瑟夫森器件	×	×	×	×
	金属化分隔器	×	√	√	×
	表面密封层	×	√	√	×
	介质基底	×	√	×	×
	电容绝缘体	×	√	√	√
	托脚(支脚)绝缘子	√	√	×	√
主动光学器件	光束调幅器	√	×	×	√
	光束转向器	√	×	×	√
存储介质	光结构开关	×	×	√	×
	光致变色存储器	√	√	√	×
	热塑存储器	×	×	√	√
荧光与显示介质	激光介质	√	×	√	
	阴极发光荧光剂	√	×	√	×
	电致发光荧光剂	√	√	√	×
	热致发光荧光剂	√	√	×	×
	闪烁器	√	×	√	√
	暗场显示器	√	×	√	×
被动光学器件	棱镜和滤光片	√	×	√	×
	干涉薄膜	√	×	√	×
	光导	√	×	√	√
	热控涂层	√	×	√	√
	玻璃剂量计	√	×	√	√
被动机械或热器件	防腐蚀涂层	×	√	√	√
	耐火材料层	×	×	√	√
	核燃料密封材料	×		√	√
	热绝缘体	√	√	√	√
	固体润滑剂系统	×	×	√	√

注：×—不敏感；√—敏感。

表 23-14 电子器件总电离剂量效应

分类	效应
金属氧化物半导体器件（包括 N 沟道 MOS、PMOS、CMOS、CMOS/SOS/SOI 等）	阈值电压漂移； 驱动电流降低； 转换速度降低； 漏电流增加
双极结型晶体管（bipolar junction transistor，BJT）	放大倍数下降，尤其是在小电流情况下
结型场效应晶体管（junction field effect tran-sistor，JFET）	源极 漏极的漏电流增加
模拟微电子电路	补偿电压和补偿电流的变化； 偏置电流的变化； 增益退化
数字微电子电路	晶体管泄漏增加； 逻辑故障来自增益下降或者阈值电压漂移和开关速度下降
电荷耦合器件（charge couple device，CCD）	暗电流增加； MOS 晶体管效应； CTE（电荷转移效率）的一些效应
主动像素传感器（active pixel sensor，APS）	基于 MOS 成像器电路的变化，包括像素放大器增益的变化
微电机结构 MEMS	转移的响应，由于在可移动部件附件的电介质层发生充电积聚，造成漂移
石英振荡晶体	频率漂移
光学材料 玻璃盖片 纤维光学 光学元件，涂层，仪器和闪烁体	吸收率增加 吸收光谱的变化
聚合物表面（通常仅对暴露在航天器表面的材料来说比较重要）	力学性能退化 介质性能改变

③ 移位损伤　移位损伤（displacement damage，DD）是指当辐射粒子与原子核相互作用后产生的移位，包括置换，或不再位于晶格位置。这将破坏材料晶格的周期性变化，产生晶格缺陷，如图 23-14 所示。移位损伤也称体损伤，是由非电离辐射产生的累积效应引起的，非电离辐射包括各种能级的质子和离子、能量高于 150keV 的电子、星载放射性能源产生的中子或一次作用产生的二次粒子等。半导体中移位损伤最主要的影响是缩短了少数载流子的生命周期，在 p 型半导体中，少数载流子是指电子；而 n 型半导体中，少数载流子为空穴。由于产生移位损伤的能量范围很大，因此，为方便起见，一般选择一个特

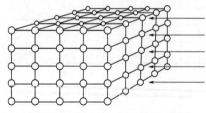

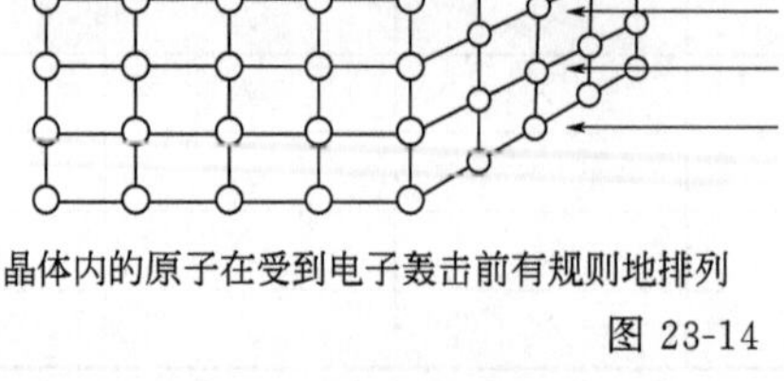
(a) 晶体内的原子在受到电子轰击前有规则地排列

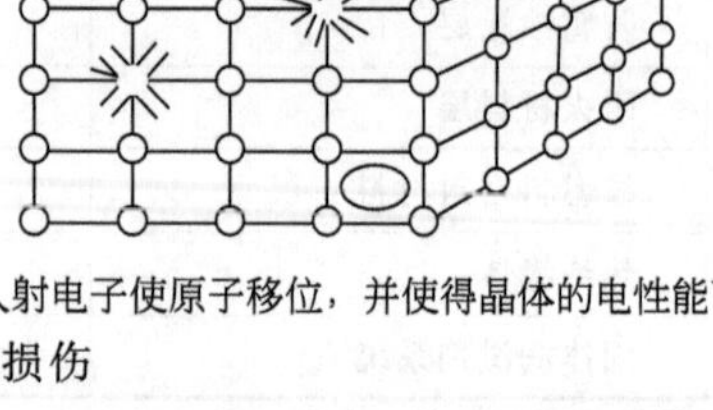
(b) 入射电子使原子移位，并使得晶体的电性能下降

图 23-14　移位损伤

定的粒子能量作为统一损伤效果的度量。这样，处于其他能量的粒子可用一个较高或较低的相对损伤效果因子来进行度量。目前，较通用的做法是选择 1MeV 的电子作为基准，其单位为等价 1MeV 电子数 · cm^{-2}。太阳电池非常容易遭到移位损伤的破坏，会使电池的输出功率急剧下降。表 23-15 给出了组件移位损伤效应，表 23-16 给出了半导体器件移位损伤效应。

表 23-15　组件中的移位损伤效应

分类	子类	效应
常用双极器件	BJT 集成电路	BJT 的放大系数退化，尤其是低电流状态下
	二极管	漏电流增加；正向压降增加
光电传感器	CCD	CTE 退化；暗电流增加；热斑增加；亮柱增加；随机电报信号
	APS	暗电流增加；热斑增加；随机电报信；响应减弱
	光电二极管	光电路减少；暗电流增加
	光电传感器	放大系数退化；响应减弱；暗电流增加
光发射二极管	LED(通常)	光功率输出减少
	激光二极管	光功率输出减少；阈值电流增加
光耦器件		电流转移率降低
太阳电池	Si，GaAs，InP 等	短路电流降低；开路电压降低；最大功率降低
光学材料	碱金属卤化物 Si	透射率下降
辐射探测器	半导体 γ 射线及 X 射线探测器 Si，CdTe，CZT，HPGe	电荷收集效率下降；时序特性较差；HPGe 展现出随温度的复杂变化
	半导体带电粒子探测器	降低电荷收集效率(校准变化，降低分辨率)

表 23-16　半导体器件的移位损伤效应

器件		载流子寿命减少	载流子迁移捕获	载流子移动降低	陷阱减少	其他
PN结器件	双极晶体管	XX	X			
	MIS(MOS)场效应晶体管		XX	X		
	可变阈值 MIS	XX	X			
	结型场效应管		XX	X		
	整流/截止二极管	XX	X			
	隧道二极管					X
	肖特基势垒二极管	XX	X			
	结型光电传感器	XX	X		X	
	光隔离开关	XX	X		X	
	单结电发光二极管				XX	
	MIS 电发光二极管		X		XX	
	太阳电池	XX	X			
	齐纳和雪崩二极管	X	XX			
	表面控制雪崩二极管		XX			X
	电荷耦合器件		XX		X	
	霍尔效应器件		X	XX		

续表

器件		载流子寿命减少	载流子迁移捕获	载流子移动降低	陷阱减少	其他
其他器件	电子传递器件		X		XX	
	光导光电探测器			X	X	
	存储光电探测器			X	X	
	力学性能传感器		XX	X		
	双向阈值开关				X	XX
	双向存储单元				X	XX
	非晶三极晶体管				X	XX
	光结构开关器件				X	XX
	冷阴极电子发射器	X	X	XX		

注：XX—主要失效模式；X—次要失效模式。

④ 表面充放电效应　航天器充电是指航天器或相关部件从环境积累电荷的过程。早在 20 世纪 50 年代，火箭上的仪器首次证实了航天器在运行高度上会产生充电的现象。

航天器在轨运行期间，将处于低能等离子体环境的包围之中，其主要成分为低能电子和质子，主要来源于日冕物质抛射的太阳风。等离子体的粒子通量、能量等与太阳活动、光照、地球磁场、轨道空间位置等相关。等离子体环境将与航天器的表面材料相互作用，使航天器表面积累电荷。由于航天器表面材料的介电性能、几何形状等的不同，引起了航天器表面之间、表面与深层之间、表面与航天器接地之间产生表面电位差。当这个电位差达到一定的量值后，将会以电晕、击穿等形式发生放电，或者通过航天器结构、接地系统将放电电流耦合到航天器电子系统中，导致电路故障发生，威胁航天器安全。

航天器表面受到质子、电子、光子的作用，电荷交换的示意图如图 23-15 所示。由这三种因素造成了航天器表面充电。

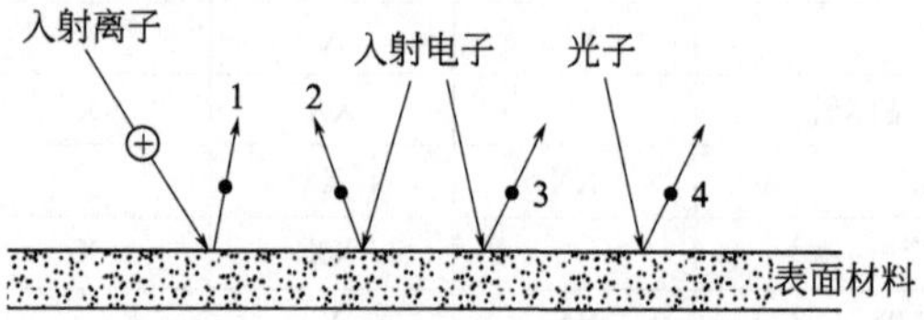

图 23-15　表面充电电荷交换示意图

1—离子诱发二次电子；2—散射电子；3—二次电子；4—光电子

航天器充电可用绝对充电或不等量充电来表征。绝对充电是指航天器作为一个整体相对外界环境积累了净电荷，从而产生了电势差；不等量充电是指航天器的不同部分存在电势差。充电的结果是航天器出气效应产生的分子可能被电离，然后被吸附到带负电的表面上，导致表面污染。而当航天器表面之间的电势差大于击穿电压阈值时，就会发生电弧放电。电弧产生宽波束电磁场，宽波束电磁场与航天器电子装置相耦合可能会造成电子装置的操作异常或损坏。电弧还可能对航天器材料造成物理损害，改变它们的热性能和电性能。

不等量充电可分为两类：内部充电和表面充电。内部充电时航天器内部的电荷积累，其起因是能量大于 10keV 电子的穿透作用。这些电荷在航天器内部的绝缘体和隔离带表面积累。充电程度与航天器的轨道、结构、屏蔽厚度及材料的特性（特别是电导率）有关。航天器内部材料的充电会一直增加，直至充电速度与电荷的泄露速度达到平衡，或者是在航天器外部发生电弧放电。表面充电则发生在相邻的表面存在电势差时。如果表面之间的电势差超过电压阈值，则会产生电弧放电。常用于航天器表面的聚酰亚胺薄膜（Kapton）和聚酯薄膜（Mylar）材料的电导率很小，所以很容易发生不等量充电，为此通常需要给它们镀上一层导电层。

高轨道航天器，如地球同步轨道这样高轨道上的航天器，特别容易发生航天器充电，某些情况下的电压会高达－10kV。由于等离子体密度很小，太阳紫外电磁辐射的光电效应会导致大量不等量充电。

低轨道航天器将暴露在尾流效应中，其中离子不能沿尾流方向撞击航天器表面，而电子可以撞击航天器表面，导致航天器表面在尾流方向积累大量的负电荷。由于低轨道的等离子体密度很大，平均电子速度也比较大，故太阳紫外辐射的光电作用就不再是重要的影响因素。因此，不穿越两极地区的低轨道航天器的充电仅为几伏特的量级，而穿越两极地区的低轨道航天器会受到被地磁场加速的电子的冲击，所产生的负电压会更高一些。

地球同步轨道航天器在宁静的磁层中运行时与等离子体相互作用，电子能量只有几电子伏的电子积累在航天器表面上，使表面具有几十伏的负电位；当磁层发生亚暴时，航天器与热等离子体相互作用，能量高达几千电子伏甚至几万电子伏的电子积累在表面，可使航天器表面的负电位达到几千伏，甚至上万伏。而在磁场宁静时，航天器表面的电位向阳面只有正几伏，背面则负几十伏。在磁层亚暴时，对外形复杂、材料性质不同的航天器表面会产生不等量的电位，当电位差高达一定数值时可发生弧光放电，既可造成电介质击穿、元器件烧毁、光学敏感器件被污染等直接的有害效应，也可以电磁脉冲的形式给航天器的电子元器件造成各种有害的干扰及间接的损伤。航天器表面充电对航天器损伤还表现为：

a. 形成静电场，影响探测结果，污染环境。航天器表面充电后，在其周围空间形成静电场。静电场会加速或减速带电粒子，同时汇聚或排斥带电粒子。伴随二次电子、背散射电子和光电子的发射以及表面杂质粒子的溅射等均会严重影响等离子体的能量、密度、成分和角分布，从而影响探测结果，同时又污染环境，会严重影响空间电场的测量，造成光学系统的模糊等。

b. 产生放电脉冲，造成信号失真，并影响材料性能和太阳电池光电转换效率。航天器表面充电导致静电放电产生放电脉冲，使通信系统的增益改变，干扰通信数据，导致航天器定位和姿态控制系统失灵。如果多次击穿表面材料，会改变材料的导电性和热导性，使太阳电池表面变黑，降低电光转换效率。

美国1颗通信卫星由于静电放电，造成L波形放大器损坏。在1991年3月22日至31日太阳质子事件中造成1颗“欧洲海军通信Marcs-1”卫星失效。

c. 太阳电池阵的电流泄漏。等离子体使太阳电池阵的裸露导体部分（例如电池间金属互连片）与之构成并联回路，从而造成电源电流无功丢失现象。影响电源系统的供电能力。

d. 太阳电池阵产生弧光放电。弧光放电是指相对于环境等离子体为负电位的太阳电池阵与空间等离子体相互作用而发生的现象。它既增加了电源的无功损耗和材料损耗，又因产生电磁干扰而影响系统的正常工作，弧光放电给光学测量仪器带入光噪声等。

总之表面充放电效应的主要危害包括：放电电流会造成供配电系统烧毁、短路，破坏航天器能源系统；静电放电会击穿元器件，破坏航天器电子系统；放电产生的电磁脉冲干扰会造成电路器件翻转；静电放电会击穿表面材料，影响材料性能；航天器带电会导致结构电位漂移，影响测量系统；航天器材料表面带电还会增强表面污染，影响传感器、舷窗玻璃、镜头等的性能。

⑤ 内带电效应　航天器表面通常是由具有导电衬底的介质材料，如热控涂层、光学敷层、太阳电池玻璃盖片等组成，这些介质中容易产生内部充电。很多卫星构件也是由介质材料构成的，例如电缆绝缘外套、支座绝缘子、热涂料、光学窗、电路板等，而空间高能带电粒子具有穿透能力，可穿过航天器表面沉积到介质中，使其产生内部充电。

在太阳耀斑爆发、日冕物质抛射、地磁暴或地磁亚暴等强扰动环境下，大量高能电子注入航天器中，使得能量大于1MeV的电子通量大幅增加。这些电子可直接穿透航天器表面蒙皮、航天器结构和仪器设备外壳，在航天器内部电路板、导线绝缘层等绝缘介质中沉积，导致其发生电荷累积，引起介质的深层充电，也称为内带电（Internal Charging）。内带电是指空间高能带电粒子穿过航天器蒙皮、结构、设备外壳，在航天器内的电介质或未接地的金属内部输运并沉积从而建立电场的过程。

由于航天器内电介质是高电阻绝缘材料，沉积在其中的电子泄漏缓慢。如果高能电子的通量长时间持续处于高位，介质中电子沉积率会超过泄漏率，其内部建立的电场会逐渐升高，当超过材料的击穿阈值时，就会发生内部放电，也称静电放电。同理，对于未接地金属，进入其中的电子不易泄漏，电子的逐渐积累使得该金属与邻近设备的电势差逐渐增大，当电势差增大到一定程度就会与邻近设备发生放电现象，放电所产生的电磁脉冲会干扰甚至破坏航天器内电子系统，严重时会使整个航天器失效。

内带电效应有别于表面带电，内部充放电常常发生在航天器内电子系统内部，与敏感器件非常接近，例如印刷电路板。表面带电发生在航天器表面，它引起的放电脉冲必将耦合到内部敏感部组件上，但会由于耦合因子的存在而发生衰减。和表面带电相比，内部充放电脉冲几乎毫无衰减地直接耦合到电子系统中，因而内带电对航天器内电子系统的危害更大。内带电的发生往往伴随着较大的空间辐射环境扰动事件，发生的概率相对较小，但是一旦发生，对航天器的影响将是致命的。

引起航天器内带电效应的电子能量范围为100keV至几MeV，一旦绝缘介质的电荷累积超过绝缘材料的自然放电阈值可引起绝缘介质的放电，最终引起对电子系统的干扰；近年来的多次航天器在轨故障被归为内带电效应所致，如SADA功率环的放电等。内带电效应主要发生在MEO（中地球轨道），其中内、外辐射带发生内带电的风险最高，GEO（高地球轨道）处于外辐射带的边沿，也具有较高的内带电风险等级。

23.1.4.4　紫外辐射

空间电磁辐射可以分为几个波段：①X射线波段。波长范围小于10nm，光子能量在0.1～10keV；②紫外波段。其中包括波长范围在10～200nm的远紫外（真空紫外）波段以及波长范围在200～400nm的近紫外波段；③光发射（可见光和红外）波段。波长范围在400～2500nm。近紫外波段约占太阳光谱能量的8.7%，为118W/m^2；远紫外波段约占0.007%，为0.1W/m^2：X射线（10nm以下）辐照度约为2.5×10^{-6}W/m^2。

紫外线（Ultraviolet，UV）辐射是波长小于400nm的电磁辐射。紫外线的进一步细分如表 23-17 所示。根据紫外线对材料的作用效果，紫外光谱一般分为近紫外线、远紫外线（真空紫外线）和极紫外线。远紫外线之所以又称为真空紫外线，是因为它不会穿透地球大气层。按照紫外线对机体组织的影响，紫外光谱一般又可分为 UVA、UVB 和 UVC 三类。只有波长大于 290nm 的紫外线辐射才能到达地球表面。未穿透的紫外线被大气层吸收，从而在 10～50km 高度产生了一个臭氧层。紫外线把氧分子 O_2 分解成两个氧原子 O，之后氧原子与氧分子结合产生臭氧 O_3。

表 23-17　紫外波长分类

名称	缩写	波长/nm	能量/eV
近紫外线	Near UV	400～300	3.1～4.1
中紫外线	MUV	300～200	4.1～6.2
远紫外线(真空紫外线)	FUV(VUV)	200～100	6.2～12.4
极紫外线	EUV,XUV	100～10	12.4～124
长波紫外线	UVA	400～320	3.10～3.87
中波紫外线	UVB	320～290	3.87～4.28
短波紫外线	UVC	290～100	4.28～12.40

美国、欧洲、俄罗斯等都建立了空间紫外辐射环境的标准。由于空间紫外辐射主要来源于太阳辐射，所以一般称为太阳紫外辐射环境标准。表 23-18 是俄罗斯科学家 B. A. Briskman 为 ISO 编写的报告中列举的标准太阳紫外辐射光谱的数值。

表 23-18　标准太阳紫外辐射光谱

$\lambda/\mu m$	$E_\lambda/(W \cdot m^{-2} \cdot \mu m^{-1})$	$E_{0\text{-}\lambda}/(W \cdot m^{-2})$	$D_{0\text{-}\lambda}/\%$
0.115	0.007	0.0025	0.0001
0.120	0.007	0.0048	0.0003
0.125	0.007	0.0070	0.0005
0.130	0.007	0.0071	0.0005
0.140	0.030	0.0073	0.0005
0.150	0.070	0.0078	0.0005
0.160	0.230	0.0093	0.0006
0.170	0.630	0.0136	0.0010
0.180	1.250	0.0230	0.0016
0.190	2.710	0.0428	0.0031
0.200	10.7	0.1098	0.0081
0.210	22.9	0.2778	0.0205
0.220	57.5	0.6798	0.0502
0.225	64.9	0.9858	0.0728
0.230	66.7	1.3148	0.0971
0.235	59.3	1.6298	0.1204
0.240	63.0	1.9356	0.1430

续表

$\lambda/\mu m$	$E_{\lambda}/(W\cdot m^{-2}\cdot \mu m^{-1})$	$E_{0\text{-}\lambda}/(W\cdot m^{-2})$	$D_{0\text{-}\lambda}/\%$
0.245	72.3	2.2738	0.1680
0.250	70.4	2.6306	0.1944
0.255	104.0	3.0666	0.2266
0.260	130	3.6516	0.269
0.265	185	4.4391	0.328
0.270	232	5.4816	0.405
0.275	204	6.5716	0.485
0.280	222	7.6366	0.564
0.285	315	8.9791	0.663
0.290	482	10.9716	0.810
0.295	584	13.6366	1.007
0.300	514	16.3816	1.210
0.305	603	19.1741	1.417
0.310	689	22.4041	1.655
0.315	764	26.0366	1.924
0.320	830	30.0216	2.218
0.325	975	34.5341	2.552
0.330	1059	39.6191	2.928
0.335	1081	44.9691	3.323
0.340	1074	50.3566	3.721
0.345	1069	55.7141	4.117
0.350	1093	61.1191	4.517
0.355	1083	66.5591	4.919
0.360	1068	71.9366	5.316
0.365	1132	77.4366	5.723
0.370	1181	83.2191	6.150
0.375	1157	89.0641	6.582
0.380	1120	94.7566	7.003
0.385	1098	100.3016	7.413
0.390	1098	105.7916	7.819
0.395	1189	111.5091	8.241
0.400	1429	118.0541	8.725

注：λ 为波长；E_{λ} 为波长为 λ 的紫外光谱辐照度；$E_{0\text{-}\lambda}$ 为波长 0～λ 的紫外辐照度；$D_{0\text{-}\lambda}$ 为波长 0～λ 的紫外辐照度占太阳常数的百分比。

太阳紫外辐照的能量只约为全部太阳辐照能量的1%，但却对空间环境及地球大气环境构成很大的影响，是空间原子氧形成、航天器表面充电、高分子材料和半导体材料性能退化的重要原因之一。波长在300nm以下的紫外辐照能完全被地球外层大气中的臭氧和氧气吸收而分解成原子氧，能使地球高层大气电离而形成电离层。航天器表面受电离层作用后会发生光电效应，使航天器表面带电，影响航天器内电子系统和磁性器件的正常工作；此外，这部分紫外辐照具有足够的能量可使高分子链中大量的C—C、C—O及C—H键等共价键发生断裂，从而破坏高分子材料的微观结构和成分，造成高分子材料性能退化。

对暴露在空间环境下的绝缘高分子材料而言，太阳紫外辐照穿透能力不强，例如，在紫外（124nm）辐照8800ESH条件下，Teflon FEP发生表面改性的厚度仅为1μm左右。因此，紫外辐照的能量大部分被材料表面薄层吸收而引发材料表面化学老化，并在低温下发生表面脆化，易产生微裂纹。微裂纹将导致绝缘体表面裂纹扩展、电击穿和真空微放电，使表面粗糙度下降、表面性能显著退化。

辐照对材料的改性是高分子链断裂后又发生交联或降解的结果。但无论是降解还是交联，辐照对高分子材料的初级活化作用致使聚合物激发或电离，产生一系列短寿命的中间产物，影响高聚物材料的各种性能。

紫外辐照下高分子材料发生光化学反应，造成材料性能退化。依据Grotthus-Draper光化学反应定律，只有吸收了紫外辐照能量的高分子才会发生化学反应。依据Stark-Einstein定律，一个分子共价键吸收一个特定紫外辐照量子能量后将发生共价键的断裂。完全断开1mol高分子的共价键所要吸收的能量为

$$E=N_A hc/\lambda$$

式中，N_A为阿伏伽德罗常数，$6.02\times10^{23}\text{mol}^{-1}$；$h$为普朗克常数，$6.63\times10^{-34}\text{J}\cdot\text{s}$；$c$为真空中的光速$3.0\times10^{8}\text{m}\cdot\text{s}^{-1}$；$\lambda$为紫外波长。若考虑波长范围为100～400nm的紫外辐照，则所需辐照能量约为314～1256kJ·mol^{-1}。

表23-19为高分子材料常见化学键能，从中可以看出大部分高分子链中的共价键结合能均在紫外辐照能量以内且与共价键振动频率相当，因此当这些共价键吸收特定波长的紫外辐照后发生共价键断裂，形成大量具有强化学活性带电高分子自由基，这些自由基的存在会加速高分子材料的性能退化。

表23-19　高分子中常见共价键键能

共价键	键能 E/kJ·mol^{-1}(25℃)
C—C	345.8
C═C	610.4
C≡C	835.7
C—N	304.8
C═N	115.5
C≡N	890.1
C—O	358.0
C═O(醛基)	736.9
C═O(羰基)	749.4
C—S	272.1
N—N	163.3
N═N	418.7
Si—O	443.8

空间紫外辐射由于光子能量很高，所以会对生物体、电子系统、聚合物材料等造成巨

大损伤。

在低地球轨道（LEO）环境中，波长在100～400nm范围内，尤其是波长小于240nm的紫外辐射对无保护层的聚合物材料具有极强的破坏作用。紫外辐射具有足够的能量可使得有机物化学键断裂，使得聚合物分子链发生裂解，导致材料降解。紫外辐射还会导致聚合物表面的交联，从而造成材料表面软化或者破裂，使得材料的表面形态、光学性能改变，机械性能恶化等。如 SiO_2 膜在紫外辐射过程中会产生孔洞；CF/EP复合材料经过紫外辐射后有明显的质损；聚酰亚胺薄膜、Teflon材料在经过紫外辐射后力学性能下降。紫外辐射产生的挥发性可凝物还会影响航天器上的光学器件和电子器件的正常工作，乃至使其失灵。航天器的温控主要依靠表面热控涂层对太阳光吸收和发射的比值来被动调节，而LEO中的太阳紫外辐射是对热控涂层影响最大的环境因素之一：它可以引起涂层老化变色、光学性能退化，加之空间环境中没有空气导热，也没有空气中的氧对涂层的修复作用，使这种退化变得更为严重，影响涂层表面的热控性能，导致热控失效，缩短其在轨使用寿命。紫外辐射还能使复合材料中的胶结剂变色失效。由于在LEO存在大量的原子氧，紫外和原子氧的协合效应可以加速材料的降解。以上这些都是影响航天器正常运行的关键问题。

总之，紫外辐射对航天器的影响主要包括以下几个方面：

① 对热控系统的影响　对于长期在轨运行的航天器，太阳紫外辐射会使热控涂层和材料性能退化，甚至失效，这将导致其超过热设计的允许范围，使航天器难以满足热平衡的需要。

② 对绝缘及密封材料的影响　太阳电磁辐射中的紫外辐射，由于其具有较高的频率和较短的波长，因此对高分子材料具有重要影响。通常，绝缘材料均由高分子材料组成，在长期的紫外辐射作用下，高分子材料将变脆、变硬，甚至开裂，这将对绝缘及密封材料带来致命威胁。

③ 对光学材料的影响　能量较高的紫外光将引起高分子材料的价键断裂，从而释放出大量的污染分子，这些污染分子凝结在光学材料表面，将使其透射率降低，从而影响其在轨性能。

④ 对生物体的影响　紫外辐射及X射线辐射均具有较高的能量，可对人体器官造成不同程度的损伤，尤其是对航天员在轨执行任务具有较大的威胁。

23.1.4.5　原子氧环境

1981年第一次航天飞机飞行以后，人们目视检查时发现航天飞机上一个由聚酰亚胺薄膜制成的电视摄像机的热控垫表面发生了明显变化。正常情况下光泽透明的琥珀色变成了半透明的淡黄色。考虑到聚酰亚胺材料在真空及紫外环境下有良好的稳定性，人们提出了原子氧（AO）碰撞造成聚酰亚胺表面氧化降解的假设。第二次航天飞机飞行结果除证明了这个假设外，还表明了原子氧环境效应的严重性：在54h的飞行中，速度方向表面接收到的原子氧累积通量密度为 $4.41\times10^{20}\text{cm}^{-2}$，效应最严重区域中的聚酰亚胺膜的质量损失高达4.8%。这样，原子氧环境开始被作为一个重要的空间环境因素引起航天界的广泛重视。

高度大于100km上空的原子氧（O）是氧分子（O_2）受太阳紫外线辐射电离而成的。原子氧（atomic oxygen，AO）是低地球轨道中残留大气的重成分。在热层区域由于氧分子受光致电离的作用，AO 是占主导地位的，工作在热层区域的卫星，其表面材料对 AO 是敏感的，受 AO 的剥蚀是严重的。AO 与材料相碰撞，是唯一对材料有强的剥蚀作用的原子。当卫星以 7.8km/s 速度在轨道上前进时，将受到能量约为 5eV 原子氧的撞击，这些氧原子与卫星表面材料相撞，发生反应，增强了太阳紫外对材料分子键的激励，而分子键的激励又使 AO 剥离材料更容易（这是 AO 与太阳紫外联合作用的结果）。AO 的密度是随高度和太阳活动性而变化的，如图 23-16 所示。从图 23-16 可见，其他成分也是随太阳活动性变化的。即使在太阳活动低年，在高度 200～400km 之间也是 AO 的数密度占主导地位，同时该区域的航天器还暴露在太阳紫外辐射、微流星撞击、溅射和污染等影响下，使得一些材料的物理特性、化学特性、热特性严重退化，一些光学试验还导致卫星表面辉光。这些都对卫星表面材料的损伤起着催化作用，更加剧了 AO 对材料的剥蚀效应。随着美国航天飞机的发射和多次 AO 环境效应测量，尤其是“长期暴露装置”（long duration exposure facility，LDEF），1984 年 4 月 7 日发射，倾角 28.5 度，初始平均高度为 482km，在轨运行 2106 天，有的样品在空间经受 69 个月的飞行试验，引起卫星表面材料的化学和物理反应，其结果导致材料性能衰退，表面剥蚀和污染，甚至辉光。因此卫星表面所受 AO 撞击所致的影响是卫星设计中必须考虑的一个重要参数，也是材料筛选试验的基本要求。

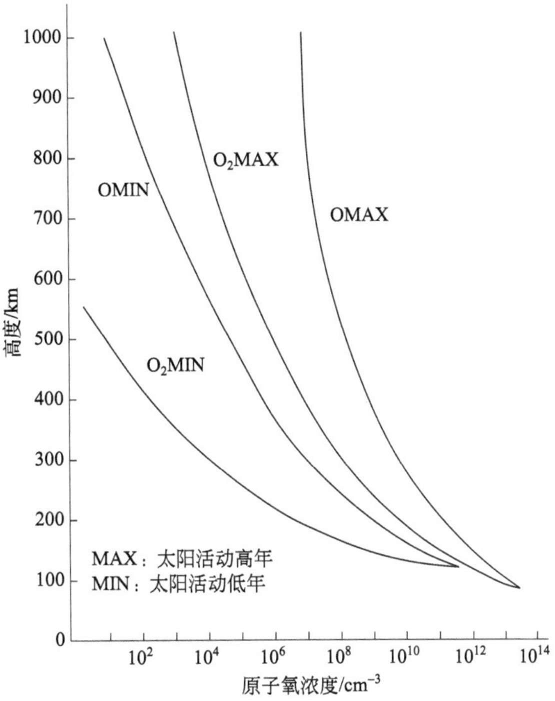

图 23-16　原子氧密度与高度的关系

原子氧剥蚀卫星表面材料的影响由下列因素决定：

① 卫星轨道高度　AO 密度是随卫星轨道高度升高而降低的，不同高度上的 AO 密度是随太阳活动性而变化的。

② 卫星姿态　在卫星飞行方向或 AO 直接撞击的方向所受 AO 通量最大，其他方向的通量与飞行方向成余弦角的关系。

③ 卫星轨道倾角　倾角的轨道会受到更多宇宙线的影响，尤其是轨道接近或穿过磁极和南大西洋异常区的影响最大。这是带电粒子与 AO 一起对材料协同作用而产生的效应，另外还可能受更长时间的紫外辐照的影响。

④ 卫星在轨运行时间　更长时间的运行，材料会受到更多的 AO 或者 AO 与太阳紫外一起的作用，更加剧材料的剥蚀和氧化作用，卫星将会有更多潜在的故障危险存在。

⑤ 太阳活动性　在太阳活动高年期间，太阳发射出更多的紫外线和 X 射线，直接影响到卫星表面性能；同时还加热高层大气并增加该高度上 AO 数量，使材料受 AO 剥蚀更严重。

卫星设计者与管理者在关注 AO 剥蚀卫星表面材料可能造成危害的同时，也不能忽视其他空间环境因素对卫星的影响，需要全面地理解空间环境因素会通过不同的方式，包括单一环境以及几种环境同时作用对卫星产生的影响。例如：光学材料的特性（吸收率和发射率），会因 AO 作用而漂白或因紫外作用而变暗；空间极端高、低温循环的热应力作用会使聚合物膜剥离或脱落；而这种后果，又形成了新的开放面，继续受 AO 或者 AO 与紫外综合作用形成新的损伤；AO 与导电材料相互作用会引发卫星表面带电；AO 与复合材料相互作用，会剥落其中树脂，使其强度下降。

大量研究表明，波长小于 240nm 的太阳紫外光对大气残余气体中氧分子的光致解离是产生原子氧环境的主要机理。在 LEO（低地球轨道，200～700km）环境中，主要环境组分为 AO 和 N_2，其中 AO 含量约为 80%，N_2 约为 20%。AO 是 O_2 经受太阳紫外线（$\lambda \leqslant 243$nm）辐照而产生的。

在 LEO 环境中，AO 一旦形成，要重新复合为 O_2，必须有第三个粒子接受其复合反应时释放的能量和动量，满足能量守恒与动量守恒的定律，即 $O+O \rightarrow O_2+M$，其中 M 就是能接受反应时释放的能量和动量的粒子。由于原子氧环境内缺乏这种粒子，所以复合的速度相当慢。AO 的密度随太阳活动周期、地球磁场强度、轨道高度、时间及季节的变化而变化，在 200km 和 600km 轨道上的密度分别为 $5\times10^9 cm^{-3}$ 和 $5\times10^6 cm^{-3}$。这样，航天器速度方向接收到的原子氧累积通量密度：200km 高度为 $4\times10^{15} cm^{-2}$；600km 高度为 $4\times10^{12} cm^{-2}$。

AO 具有高化学活性，其氧化作用远大于分子氧。另外具有 5.3eV 的碰撞动能，其作用相当于 4.8×10^4K 的高温。这种罕见的高温氧化、高速碰撞对材料侵蚀作用的结果是非常严重的。故原子氧是 LEO 航天器表面最危险的环境因素。

大量空间飞行实验及地面模拟试验结果表明，原子氧对航天器表面的高温氧化、高速撞击会使大部分聚合物材料受到严重侵蚀，产生质量损失、厚度损失，光学、热学、电学及机械参数退化，造成结构材料强度下降、功能材料性能变坏；原子氧氧化侵蚀过程还会造成航天器敏感表面的污染。以上效应会导致航天器性能下降、寿命缩短、系统设计目标失败，对航天器长寿命、高可靠性带来严重威胁。

大部分聚合物材料对原子氧环境敏感。不同聚合物材料的原子氧反应率与其结构有很大关系：大分子和高芳香族结构的聚合物反应慢，高分子和乙醚结构的聚合物反应快，氟化聚合物的反应率低。

含有 C、H、O、N、S 的聚合物材料与原子氧相互作用后，其分子键断裂，生成 CO、CO_2、水蒸气等气相挥发物，造成材料质量、厚度损失，物理和化学性质发生变化。这些聚合物材料的原子氧反应率大致相同，在 2×10^{-24}～$4\times10^{-24} cm^3$/AO 左右。

原子氧撞击材料表面时会发生多种物理化学过程，但对不同材料起决定作用的过程不同，造成原子氧侵蚀机理也不同。原子氧与聚合物的最基本的反应机理如下：

a. 提取。AO 从聚合物分子中拉出一个 H 原子或 C 原子；

b. 添加。AO 化合进入聚合物单体分子中；

c. 置换。AO 从聚合物中拉出一个原子的同时立即化合进去；

d. 析出。AO 作用下，分子析出未成对电子的 H 原子；

e. 嵌入。AO 射入两个相邻的原子（如 C、H）之间。

确定剥蚀率所使用的样品来自于航天飞机、国际空间站及长期暴露设施（long duration exposure facility，LDEF）带回的样品，或者来自于原子氧暴露实验室的试验样品。资料显示，某些材料在低温下的剥蚀率与温度无关，而另一些材料的剥蚀率则与温度有关，特别是在温度较高的情况下。表 23-20 列出了航天器所使用的典型材料的剥蚀率。

表 23-20　材料的剥蚀率

材料	剥蚀率/($cm^3 \cdot atom^{-1}$)
炭	1.3×10^{-24}
环氧树脂	2.2×10^{-24}
聚酰亚胺	3.0×10^{-24}
纤维	6.1×10^{-26}
聚酯薄膜	2.2×10^{-24}
聚酰胺	9.7×10^{-23}
塑料	3.4×10^{-25}

在已知某一材料的剥蚀率时，原子氧通量将决定体积或质量的损失。如果某一特殊材料的体积或质量损失太大，可以使用抗原子氧化性较好的涂层，如金属薄层或二氧化硅对材料进行保护。

23.2 紫外辐射对空间材料性能的影响

空间紫外辐射光子能量很高，对航天器表面材料性能影响很大，尤其会对聚合物材料造成较大的损伤。

23.2.1 真空紫外和原子氧对 S781 白漆性能影响

S781 白漆是我国自行研制的一种性能优异的热控涂层，它以硅树脂为黏合剂，氧化锌为颜料，曾用于我国某型号的飞行任务中。郭亮等对真空紫外和原子氧对白漆性能的影响进行了研究。

低地球轨道环境（low earth orbit，LEO）中存在大量具有强氧化性的原子氧（atomic oxygen，AO），当航天器在 LEO 环境中以 7～8km/s 的轨道速度飞行时，原子氧撞击航天器表面的能量可达 4～5eV，在这一过程中，原子氧与航天器表面材料会发生复杂的物理、化学反应，造成材料的剥蚀和性能的退化。

低地球轨道环境中除原子氧外，还有紫外（UV）、真空紫外（VUV）辐射也会对航天器材料产生影响。尽管真空紫外辐照能在太阳总辐照能中所占比例很小，但其作用却十分重要。当材料表面的分子吸收 UV 辐射或 VUV 辐射的能量后，就有可能发生化学键的断裂，并引发相应的物理和化学变化，从而对材料的结构和性能带来影响。

低地球轨道航天器在轨期间可能会遭到原子氧和紫外两种环境的同时作用，这种综合的空间环境会造成航天器表面材料性能的加速退化，进而危及航天器运行的可靠性，降低航天器的使用寿命。诸如热控涂层、多层绝缘体和光学表面等敏感材料尤其易受影响，表面性能变化将会对它们的功能产生影响。此外，紫外造成的化学键断裂，还会在材料表面生成一些新的反应基，从而促进了原子氧对材料的剥蚀。

(1) S781 白漆辐照条件

真空紫外光源为 Hamamatsu 公司生产的 L7293 型氘灯，该氘灯辐射的紫外光波长范围在 115～400nm 之间。

S781 白漆紫外-原子氧辐照条件如下：

① 原子氧积分通量：3.5×10^{19} atom/cm^2；

② 真空紫外辐照度：200ESH；

③ 样品预处理条件：在低真空中保存 48h；

④ 单一原子氧环境试验真空度：10^{-2}Pa；

⑤ 真空紫外与原子氧递次试验真空度：真空紫外辐照阶段优于 1.3×10^{-3}Pa；原子氧辐照阶段为 10^{-2}Pa；

⑥ 原子氧与真空紫外综合辐照试验真空度：10^{-2}Pa；

⑦ 原子氧束流密度：$\geqslant10^{14}$atom/(cm^2 · s)；

⑧ 试验样品温度：<40℃。

(2) 质量损失

表 23-21 列出了 S781 白漆分别在单一原子氧环境试验、真空紫外与原子氧递次试验以及原子氧与真空紫外辐照环境试验前后的质量变化，从表中可以看出：单一原子氧环境试验、真空紫外与原子氧递次试验二者对 S781 白漆造成的质量损失相当；而经原子氧与真空紫外综合辐照试验后 S781 漆的质量损失较上述两种环境试验的大。这说明原子氧与真空紫外综合辐照试验对 S781 白漆产生了协和效应，真空紫外与原子氧的协和作用加速了 S781 白漆与原子氧的反应，使得原子氧对 S781 白漆的剥蚀效果更加显著。

表 23-21 不同环境试验前、后 S781 白漆的质量

试验名称	试验前质量/g	试验后质量/g	质量变化/g
单一原子氧环境试验	1.90259	1.90245	0.00014
真空紫外与原子氧递次试验	1.90917	1.90899	0.00018
原子氧与真空紫外综合辐照试验	1.88115	1.88064	0.00051

一般而言，温控漆主要是由黏结剂及颜料粒子组成的混合物。颜料粒子通常为 TiO_2、ZnO 等金属氧化物粉末，这些金属氧化物在原子氧环境中的稳定性较好。目前使用的有机温控漆的黏结剂通常为聚氨酯、有机硅、环氧树脂等，这些有机化合物在原子氧、紫外环境作用下碳氢键、碳氧键、碳氮键全部被破坏，整体碳链骨架消失。紫外辐照产生的气相生成物大部分是碳氢化合物分子，原子氧暴露产生的气相生成物主要是 CO、CO_2、H_2O。其中聚氨酯、环氧树脂漆表面被原子氧剥蚀严重，有机硅漆在表面形成抗原子氧的 SiO_2 成分。因此，聚氨酯、环氧树脂漆在原子氧和紫外的综合作用下质量损失将会增大，而有机硅漆在原子氧和紫外的综合环境中较稳定。

(3) 辐照对发射率的影响

表 23-22 列出了 S781 白漆分别在单一原子氧环境试验、真空紫外与原子氧递次试验以及原子氧与真空紫外综合辐照试验前、后的发射率。从表中可以看出，经上述 3 种不同环境试验之后，S781 白漆的发射率变化均不明显。

温控漆在空间环境中性能的退化主要由紫外引起。当温控漆颜料粒子的金属氧化物吸收的入射光子能量大于其价带与导带间隙能量时，将形成能与金属氧化物晶格离子相互作用的空穴-电子对，在导带上积累电子，这些电子将吸收某个波长范围的光子，导致材料表面变色。但金属氧化物颜料粒子在原子氧环境下辐照后，其电子-空穴对会消失，将产生所谓的“漂白”效应或“恢复”效应。这就是S781白漆在原子氧与真空紫外辐照环境作用前、后其发射率变化较小的原因。

表 23-22　不同环境试验前、后 S781 的发射率

试验名称	试验前 ε	试验后 ε	Δε
单一原子氧环境试验	0.894	0.896	0.002
真空紫外与原子氧递次试验	0.895	0.889	−0.006
原子氧与真空紫外综合辐照试验	0.891	0.886	−0.005

23.2.2 近紫外辐照对热控涂层吸收系数的影响

长寿命卫星热控分系统所用的热控涂层如OSR、白漆、薄膜型二次表面镜等，能经受住长期空间环境的考验，是保证该类卫星长寿命、高可靠性的条件之一。冯伟泉等对热控涂层进行了500ESH（等效太阳小时）的近紫外辐照，并原位测得了吸收系数值。

(1) 试验条件

对几种热控涂层进行了近紫外辐照，试验参数如下：

① 近紫外源　采用1000W汞氙灯光源，利用太阳模拟器辐照装置，并加滤红外和可见光的滤光片。

② 辐照量　5000ESH±10%。

③ 近紫外辐照度　4～5SC。

④ 真空度　优于3×10^{-3}Pa。

⑤ 试件温度　−15～+50℃中间某一温度。

⑥ 热沉温度　≤−35℃。

⑦ α_s原位测量　5次以上。

(2) 未辐照时在真空下测试吸收系数 α_s

首先用分光光度计在大气条件下测试α_s值，然后在真空度优于1×10^{-3}Pa下测试。真空下测得的吸收系数与大气条件测得的差值见表23-23。

表 23-23　真空下 α_s 值及与大气条件下差值 $\Delta\alpha_s$

热控涂层种类	太阳吸收率 α_s	差值 $\Delta\alpha_s$
S781 白漆 24#	0.208	0.002
S781 白漆 25#	0.206	0.014
S781 白漆 05#	0.204	0.006
SR107-ZK 白漆 34#	0.168	0.012
SR107-ZK 白漆 20#	0.166	0.014
SR107-ZK 白漆 28#	0.167	0.013

续表

热控涂层种类	太阳吸收率 α_s	差值 $\Delta\alpha_s$
SR107-ZK 白漆 27#	0.171	0.009
ACR-1 防静电白漆 08#	0.305	−0.035
ACR-1 防静电白漆 17#	0.280	0
ACR-1 防静电白漆 15#	0.275	0.015
导电玻璃型镀银 OSR 08#	0.066	0.004
导电玻璃型镀银 OSR 09#	0.066	0.004
导电玻璃型镀银 OSR 10#	0.061	0.009
F46 镀银二次表面镜 13#	0.089	0.011
F46 镀银二次表面镜 16#	0.093	0.017
F46 镀银二次表面镜 15#	0.093	0.007
ITO 导电 Kapton 镀铝 11#	0.313	0.007
ITO 导电 Kapton 镀铝 12#	0.320	0
ITO 导电 Kapton 镀铝 10#	0.317	0.003

(3) 5000ESH 近紫外辐照热控涂层

六种热控涂层经 5000ESH 近紫外辐照后，吸收系数 α_s 变化见图 23-17。

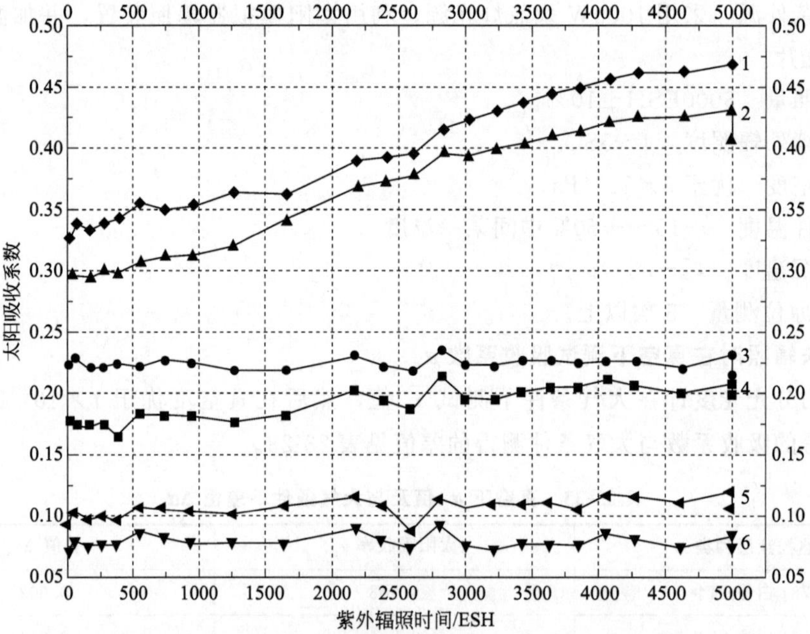

图 23-17　6 种热控涂层近紫外辐照太阳吸收系数退化曲线

1—IT0 导电 Kapton；2—ACR-1 防静电白漆；3—S781 白漆；4—SR107-ZK 白漆；5—F46 镀银二次表面镜；6—导电玻璃型镀银 OSR

在 5000ESH 紫外辐照试验中，OSR、F46、S781 和 SR107 热控涂层紫外稳定性都非常好，很快进入稳定状态；ACR 导电白漆和镀 ITO 膜 Kapton 热控涂层一直呈上升趋势。

各种材料在暴露大气后其退化都有一定恢复。

23.2.3 近紫外辐照对 OSR 二次表面镜导电性影响

光学太阳反射镜 OSR（optical solar reflector），又称二次表面镜是一种以玻璃为基片，镀有透明薄膜的二次表面镜型热控涂层。基片材料为石英玻璃或铈玻璃，真空蒸发-沉积银或铝。为了抑制空间的充放电效应，再镀一层透明导电膜，通常为 ITO。导电玻璃型 OSR 片具有很低的 α_s/ε 比，主要用于卫星的散热面，空间环境适应能力较强。沈自才等人对近紫外辐照对 OSR 二次表面镜导电性影响进行了研究。

由于太阳近紫外辐照具有较高的能量，对热控涂层具有较强的辐照作用，会导致 OSR 二次表面镜的光学性能和导电性能发生变化。

(1) 测试条件

试验样品为 OSR 二次表面镜，其中 ITO 膜厚度约为 0.1μm，位于热控涂层的最外层。

试验近紫外源为 1000W 汞氙灯光源，利用太阳模拟器辐照装置，试验参数见表 23-24。

表 23-24 真空紫外辐照试验参数表

光源能量	辐照量	辐照度	真空度	试件温度	热沉温度
1000W	500ESH±10%	～4SC	$<10^{-3}$Pa	～30℃	≤−35℃

(2) 辐照对 OSR 二次表面镜电阻率的影响

对近紫外辐照 25ESH（等效太阳常数）后的表面电阻率进行拟合分析，图 23-18 为拟合后的曲线。

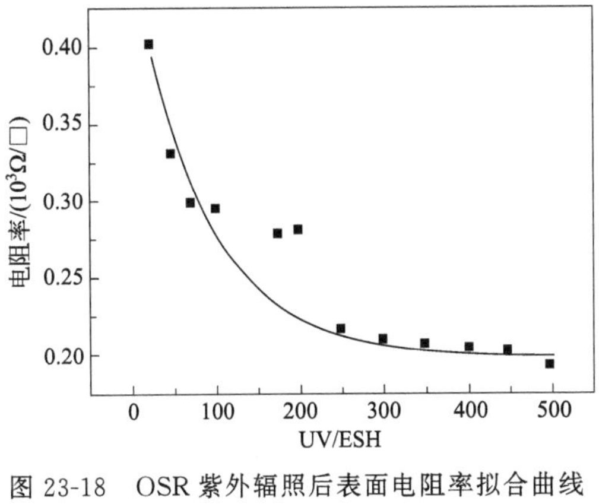

图 23-18 OSR 紫外辐照后表面电阻率拟合曲线

通过拟合分析可知，OSR 二次表面镜的电阻率随紫外辐照度的增加而呈指数递减。近紫外辐照对 OSR 二次表面镜导电性能有着重要的影响，在近紫外辐照初期，导电性能发生剧烈变化，其表面电阻率急剧降低，而后随着近紫外辐照度的增加，其表面电阻率呈指数减小。这说明，近紫外辐照对 OSR 二次表面镜的导电性能具有提高作用。

另外，通过 SEM 分析可以知道，在近紫外辐照下，OSR 二次表面镜的表面形貌损伤较小，基本没有变化。通过对辐照前后的 OSR 二次表面镜进行 XPS 分析可以知道，近紫外辐照后，OSR 二次表面镜的成分百分比发生了变化。

进一步对其紫外辐照下的导电性能进行研究发现，在紫外辐照初期氧空位吸附氧的释放、紫外辐照下In—O键的断裂、氧空位的增加是OSR二次表面镜表面电阻率减小、导电性能增强的主要原因。

23.2.4 近紫外辐照对热控涂层导电性能的退化效应

热控涂层是航天器热控系统的重要组成部分。具有导电性能的热控涂层也被称为防静电热控涂层，可达到减缓空间充放电效应的目的。其中塑料薄膜型热控涂层由于其制备面积大、使用方便和成本低等优点在卫星外表面的热控中有着非常重要的应用，常用的此类涂层主要有ITO/Kapton/Al、ITO/F46/Ag等。

然而在空间辐照环境中，太阳近紫外辐照由于能量高，从而会对塑料薄膜型热控涂层产生严重的退化效应，不但对涂层光学性能有重要影响，而且对其导电性能也有不可忽视的效应。沈自才等对近紫外辐照对热控涂层导电性能退化效应进行了研究。

(1) 辐照条件

试验样品分别为ITO/Kapton/Al、ITO/F46/Ag，样品最外层的ITO膜厚度为0.1μm。

试验所用近紫外源为1000W汞氙灯光源，具体试验参数见表23-25。

表面电阻率采用原位测量，并用GENESIS 60S型X射线光电子能谱仪（XPS）和XL-30场发射扫描电镜（SEM）对辐照前后的样品表面形貌和成分进行了研究。

表23-25 近紫外辐照试验参数

光源能量	总曝辐量	辐照度	真空度	试件温度	热沉温度
1000W	500ESH±10%	～4SC	<10^{-3}Pa	～30℃	≤－35℃

注：ESH为等效太阳小时，相当于1个太阳常数下辐照1h的曝辐量；SC为太阳常数，取1353W/m²。

(2) 对导电性能的影响

对ITO/Kapton/Al热控涂层近紫外辐照100ESH后的表面电阻率变化进行拟合分析（见图23-19），可知在近紫外辐照100ESH后，随着曝辐量的增加，ITO/Kapton/Al热控涂层的表面电阻率呈指数规律递增。

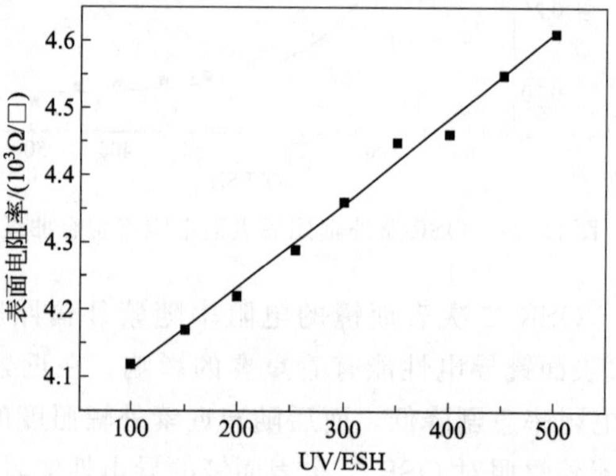

图23-19 ITO/Kapton/Al近紫外辐照后表面电阻率拟合曲线

对ITO/F46/Ag热控图层近紫外辐照25ESH后的表面电阻率变化进行拟合分析（见图23-20），可知其表面电阻率随紫外曝辐量增加呈指数分布。

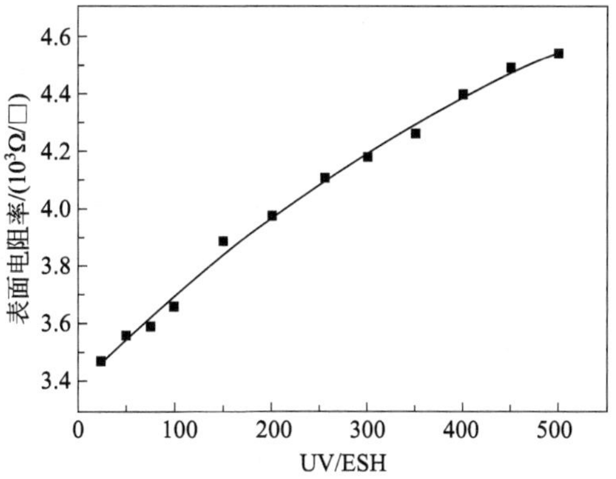

图 23-20　ITO/F46/Ag 近紫外辐照后表面电阻率拟合曲线

(3) 辐照对形貌及成分的影响

利用扫描电子显微镜（SEM）对辐照前后的防静电热控涂层的表面形貌进行分析。辐照前两种热控涂层的表面均比较平滑，辐照后两种涂层的表面粗糙度均增加，其中 ITO/Kapton/Al 有少许微裂纹出现，而 ITO/F46/Ag 则有大量裂纹出现，表面形貌遭到严重破坏。这些裂纹的存在破坏了 ITO 膜层的导电连续性，导致涂层的导电性能变差。

利用 X 射线光电子能谱（XPS）对近紫外辐照前后的防静电热控涂层进行成分分析，结果分别见表 23-26 和表 23-27。

表 23-26　近紫外辐照前后 ITO/Kapton/Al 涂层表面成分百分比

元素百分比	O/%	In/%	Sn/%
辐照前	59.83	36.24	3.93
辐照后	78.97	18.49	2.54

表 23-27　近紫外辐照前后 ITO/F46/Ag 涂层表面成分百分比

元素百分比	O/%	In/%	Sn/%
辐照前	56.91	39.04	4.05
辐照后	64.98	31.41	3.61

分析表 23-26 和表 23-27 可知，近紫外辐照后，两种涂层的铟、锡成分均有明显减少。ITO 膜层具有导电性，而在近紫外辐照作用下，ITO 膜层遭到破坏，这将使涂层的导电性能遭受一定程度的损伤。

由于 ITO 膜中存在氧空位缺陷，大气条件下，表面存在着对氧的化学吸附，化学吸附氧的存在减少了导带中自由电子的数量。进入真空后，随着真空度的提高，化学吸附氧的数量将逐渐减少，从而使涂层表面电阻率降低。进行紫外辐照后，在紫外辐照能量的作用下，化学吸附氧获得能量进一步解吸附，同时 ITO 价带中的束缚电子也将吸收辐照能量，从价带跃迁到导带，从而使得 ITO 半导体导带中的自由电子增多，表面电阻率进一步降低，导电性能增强。然而由于紫外辐照能量比较高，当继续辐照到一定量后，ITO 膜层将吸收足够的能量发生裂解并解析，热控涂层表面逐渐出现微裂纹。微裂纹的存在阻碍了电子在热控涂层表面的传输，使得热控涂层的表面电阻率升高，导电性能变差。

23.2.5 真空紫外辐照对碳/环氧复合材料性能影响

真空紫外辐射（VUV）在太阳总辐射能中所占比例很小，但其作用却十分重要。它能使地球高层大气强烈电离而形成电离层。航天器表面在其作用下，会发生光电效应，使航天器表面带电，这将影响航天器内电子系统与磁性器件的正常工作。光子作用于材料，将导致材料内的分子产生光致电离和光致分解效应，尤其会破坏航天器上高分子材料的化学键。美国 NASA 的 LDEF 试验平台和俄罗斯“和平号”空间站的搭载试验结果表明，在近地轨道空间环境中，真空紫外辐射对无保护层的聚合物材料具有极强的破坏作用，试样的颜色发生改变，有明显的质量损失，试样的尺寸和力学性能也发生了很大变化，可凝挥发物还会影响航天器上光学器件和电子器件的正常工作，乃至使其失灵。姜利祥等对真空紫外辐射对碳/环氧复合材料性能影响进行了研究。

(1) 测试条件

材料是天津合成材料研究所生产的多功能环氧树脂 648。

固化剂选用三氟化硼单乙胺（BF_3-MEA），通过一定的固化工艺制得树脂浇铸体 EP648。然后选用日本东丽公司生产的 M40B-3K 碳纤维，用混合好的树脂溶液排布无纬布，无纬布下料，手糊铺层，热压罐固化制得碳/环氧复合材料 C/E648，纤维的体积含量为 60%。用专用工具将试样切割，树脂浇铸体的几何尺寸为 40mm×10mm×4mm，碳/环氧复合材料的几何尺寸为 40mm×6mm×1mm。

真空紫外波长 λ 为 5～200nm；辐照度 $A=0.24\text{W}\cdot\text{m}^{-2}$；辐照剂量范围 $\Phi=2160$～17280ESH；真空度 10^{-4}Pa，试样温度低于 150K。

(2) 真空紫外辐照引起的质量损失率（SAML）

真空紫外辐照引起的质量损失率如图 23-21 所示。当辐照剂量低于 4320ESH 时，VUV 对材料的损伤作用相对较小，此时真空效应起主要作用，材料固化过程中残留的水汽和溶剂率先挥发，产生微量的质损。EP648 和 C/E648 的 SAML 相差不大并且递增幅度相近。当辐照剂量在 4320～8640ESH，随着辐照剂量的增大，试样表面的辐解程度开始大于交联程度，小分子挥发性辐解产物量增多，SAML 呈加速递增的趋势。当剂量大于 8640ESH 后，SAML 的增幅开始趋于平缓。剂量为 17280ESH 时，EP648 的 SAML 约为 C/E648 的 3.4 倍（图 23-21 中曲线 1），这是由于 VUV 对材料表面的主要作用形式是光电效应，激发的二次电子在表层的入射深度有限。辐解产物主要来自于树脂基体，最外层的环氧树脂辐解程度较重，产生的小分子辐解产物率先挥发，导致 SAML 加速递增。随着辐照剂量的进一步增大，树脂表面较深层的辐解程度逐渐加重，但是与最外层相比相对较轻，质量损失减小，SAML 增势减缓。C/E648 中环氧树脂的体积含量仅为 40%，并且碳纤维的抗辐照性能较好，对深层的树脂基体起到一定的屏蔽作用，导致 C/E648 的 SAML 小于 EP648，并且在 8640～17280ESH 辐照剂量区间，C/E648 的 SAML 基本不变（图 23-21 中曲线 2）。

(3) 对层间剪切强度（ILSS）的影响

复合材料的层剪强度主要由界面层的剪切强度和树脂基体的剪切强度所决定。图 23-22 为 C/E648 的 ILSS 与 VUV 辐照剂量关系曲线。辐照剂量小于 2160ESH 时，C/E648 的 ILSS 值略有上升，这可能是由于材料固化过程中残留水汽的挥发导致纤维和基体的界面结合力增强。当辐照剂量大于 2160ESH 时，ILSS 值呈下降趋势，随着辐照剂量的增加，

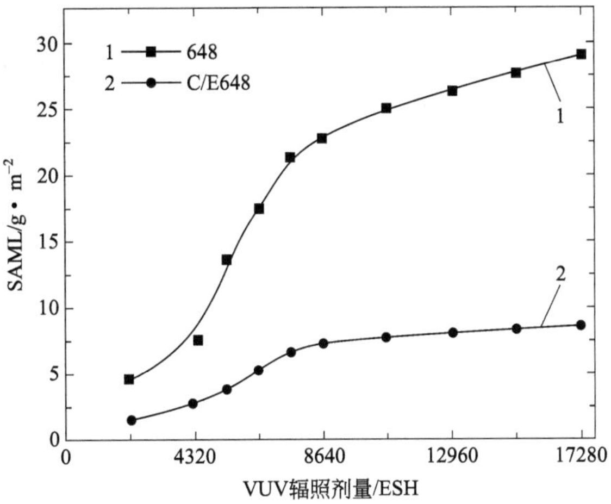

图 23-21　EP648 的质量损失与 VUV 辐照剂量关系

树脂基体的损伤程度加重，导致纤维和基体的界面结合力下降，ILSS 值下降幅度逐渐增大。在 17280ESH 辐照剂量下，C/E648 的 ILSS 值与辐照前相比下降了 13.3%。

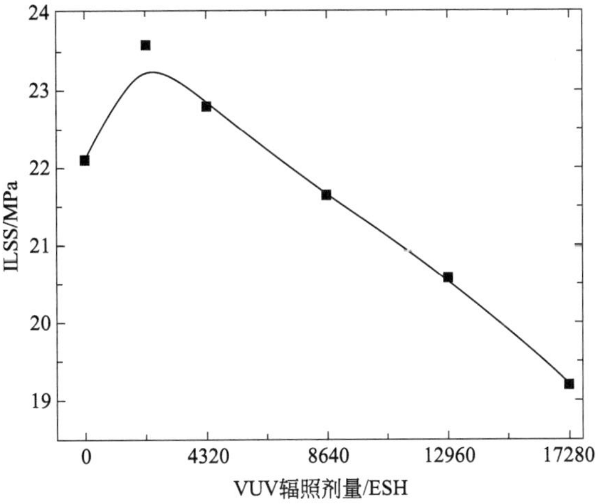

图 23-22　C/E648 的 ILSS 与 VUV 辐照剂量关系

(4) 对碳纤维表面状态的影响

对真空紫外辐照前后的 C/E648 试样表面进行原子力显微镜（AFM）观察，辐照前，碳纤维表面富脂 VUV 辐照后，碳纤维表面的环氧树脂受到严重破坏，17280ESH 辐照剂量下，碳纤维表面包裹的树脂基本消失，但碳纤维状态完好。

对真空紫外辐照前后 C/E648 试样表面进行 X 射线衍射分析（XRD），辐照前后 XRD 谱图基本没有变化。这说明没有新的晶相生成，辐照未改变碳纤维的内部结构。辐照前后 C 峰的高度只有微小的变化，表明 VUV 辐照作用下碳纤维的破坏并不严重，C/E648 的质量损失主要来自于环氧树脂基体。

23.2.6　远紫外辐照对 Kapton/Al 膜材料力学性能影响

薄膜材料在探测器中有着重要的应用。在深空辐照环境下，其力学性能将发生较大的变化。Kapton/Al 薄膜材料在空间远紫外辐照下随着拉伸速度增加，薄膜的抗拉强度和断裂伸长率随着拉伸速度的增加而降低；随着远紫外曝辐量的增加而呈线性减小；远紫外辐照下薄膜材料分子键出现断裂和交联，C—CO 和 C—N 键断裂并发生脱氧和脱氮、C—H 基团相对含量增大的主要原因是薄膜力学性能降低。沈自才等对远紫外对 Kapton/Al 薄膜材料力学性能影响进行了研究。

(1) 测试条件

样品材料为 Kapton/Al 薄膜材料。将试样制成 15mm×150mm×100mm 的长方体，符合 GB 13022—1991《塑料薄膜拉伸性能试验方法》标准。要求试样边缘平滑无缺口，可用低倍放大镜检查缺口，筛选剔除边缘有缺陷的试样，每组试样至少选取 5 个。远紫外源为日本滨松 L1835 水冷氘灯，远紫外光谱范围为 116～200nm，远紫外辐照度为 10ESH，样品温度约为 25℃，真空度优于 1×10^{-3}Pa。

在本研究中，在远紫外曝辐量分别为 0、300ESH、600ESH 和 1000ESH 时对薄膜进行拉伸试验，去除试验结果明显异常的数据，对剩下的拉伸数据求其平均值。研究 Kapton/Al 薄膜材料的拉伸强度和断裂伸长率，并对其拉伸强度变化规律进行分析。对远紫外曝辐量为 1000ESH 的 Kapton/Al 薄膜进行 XPS 分析，研究其在远紫外辐射下的力学性能退化机理。

(2) 不同拉伸速度对力学性能的影响

分别以 50mm/min、100mm/min、150mm/min 的拉伸速度对 Kapton/Al 薄膜试样进行拉伸试验，其断裂伸长率见图 23-23。

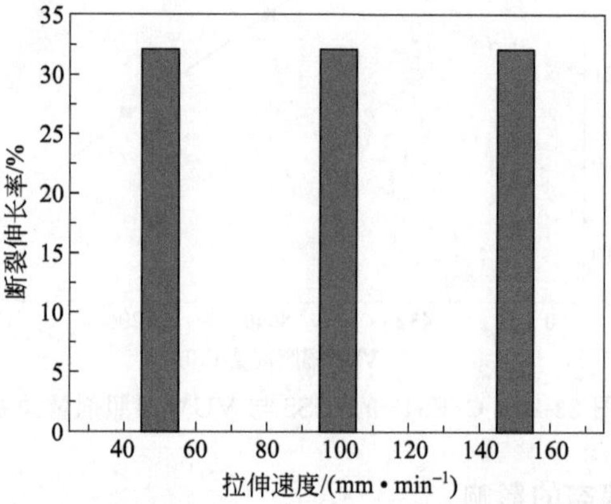

图 23-23 不同拉伸速度下 Kapton/Al 薄膜断裂伸长率变化

由图 23-23 可知，随着拉伸速度增加，Kapton/Al 薄膜断裂伸长率减小。

(3) 不同曝辐量对力学性能的影响

对薄膜试样在远紫外曝辐量分别为 0、300ESH、600ESH 和 1000ESH 时进行拉伸试验。不同曝辐量下的薄膜断裂伸长率见表 23-28、图 23-24、抗拉强度见表 23-29、图 23-25。

表 23-28 不同远紫外曝辐量对 Kapton/Al 薄膜断裂伸长率的影响

曝辐量/ESH	断裂伸长率/MPa
0	31.29
300	29.91

续表

曝辐量/ESH	断裂伸长率/MPa
600	25.76
1000	25.12

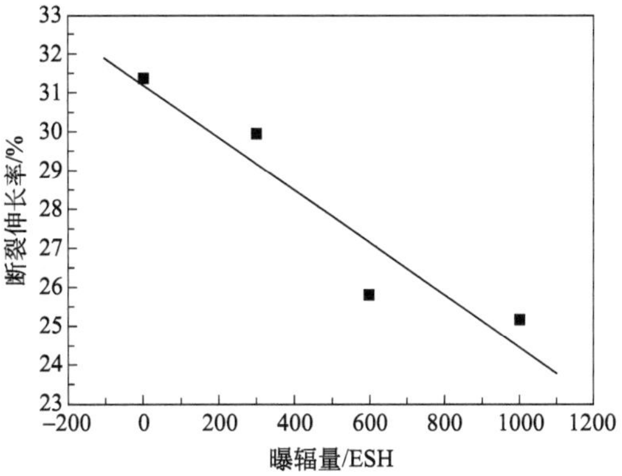

图 23-24　远紫外曝辐下 Kapton/Al 薄膜断裂伸长率拟合图

表 23-29　不同曝辐量对 Kapton/Al 薄膜抗拉强度的影响

曝辐量/ESH	抗拉强度/MPa
0	105.813
300	104.98
600	101.83
1000	99.77

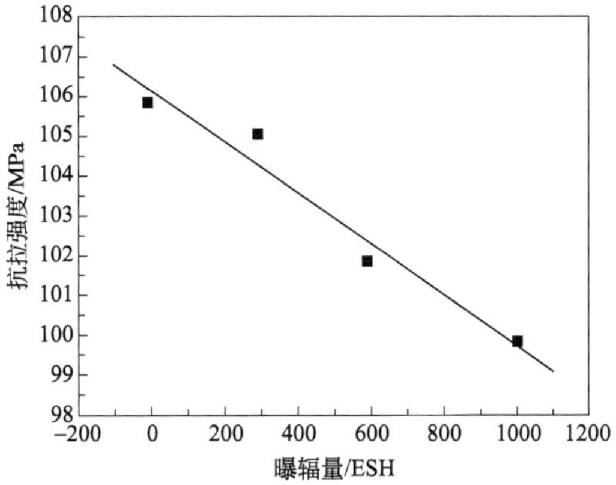

图 23-25　远紫外曝辐下 Kapton/Al 薄膜抗拉强度拟合图

23.3 原子氧对航天材料及器件作用效应

低地球轨道（LEO）环境中主要气体成分为原子氧（AO）。航天器在低地球轨道飞行中，原子氧与它之间的相对速度为 8km/s，相当于原子氧以约 5eV 的能量与航天器表面相撞，此能量相当于 5×10^4K 高温的原子氧与表面作用。当强氧化性、大通量、高能量的原子氧作用在航天器表面时，将会造成表面材料的剥蚀和性能退化，并会影响到航天器的使用寿命。

23.3.1 原子氧对航天器热控材料的影响

低地球轨道空间环境中原子氧具有高化学活性，其氧化作用远大于分子氧；同时，其具有约 5eV 的碰撞动能，相当于 5×10^4K 的高温，这种高温氧化、高速碰撞对热控材料的影响是非常严重的。范宇峰等对原子氧对航天器热控材料的影响进行了研究。

（1）测试条件

载人飞船是运行在低地球轨道、具有代表性的航天器之一。载人飞船舱外表所用各种热控材料受原子氧影响较大。表 23-30 给出了这些热控材料的热物理性能及其实施部位。

表 23-30 载人飞船用热控材料及实施部位

涂层名称	α_s	ε_h	实施部位
高比值 S781-C 深灰漆（$\alpha_s/\varepsilon_h=1.25$）	0.7±0.08	0.56±0.04	返回舱外壁
S971 绿漆	0.36±0.02	0.85±0.02	推进舱散热面
KS-Z 白漆	0.14±0.02	0.92±0.02	辐射器外表面
防原子氧复合膜（灰色）	0.514	0.826	轨道舱外表面
防原子氧复合膜（白色）	0.21	0.808	推进舱外表面

根据选取的热控材料，按照正常舱体喷涂工艺，将 KS-Z 白漆、高比值 S781-C 深灰漆和 S971 绿漆分别喷涂在铝合金试片上：将两种防原子氧复合膜采用胶粘方法贴在铝合金试片上。试验件安装在专用靶台上，四周为原子氧试验样品，中心为原子氧＋远紫外综合试验样品。其中，Kapton 膜用于原子氧束流密度标定。

原子氧产生方法：采用 ECR（微波电子回旋共振）法产生氧等离子体，在磁镜场等离子体区放置金属钼板并对其施加负偏压，氧离子按几何光学规律在钼板表面中和反射形成原子氧束流。远紫外选用氘灯，波长范围 115～200nm。表 23-31 为该设备主要性能参数。

表 23-31 部件级原子氧环境模拟设备的性能参数

项目	技术指标	备注
最大束流密度/($atom\cdot cm^{-2}\cdot s^{-1}$)	4.5×10^{15}	距中性化板距离为 320mm
束流照射区直径/mm	＞ϕ150（束流波动＜±12%）	距中性化板距离＞320mm
工作真空度/Pa	10^{-2} 量级	试验中可调
伴随紫外	无	碲化铯探测器
束流能量/eV	3～10	

若航天器在距地面 340km 的轨道上运行 2 年，其迎风面的原子氧积分通量为 1.85×10^{22} atom/cm^2，因此原子氧试验剂量选取 1.85×10^{22} atom/cm^2。对于原子氧＋远紫外综合试验，试验中远紫外辐照加速因子不大于 20，总辐照度与原子氧积分通量对应，选取 50ESH 和 2×10^{20} atom/cm^2，100ESH 和 4×10^{20} atom/cm^2，300ESH 和 1.2×10^{21} atom/cm^2，600ESH 和 2.4×10^{21} atom/cm^2，1000ESH 和 4×10^{21} atom/cm^2，2000ESH 和 $8\times$

10^{21} atom/cm^2，3000ESH 和 1.2×10^{22} atom/cm^2 以及 4000ESH 和 1.85×10^{22} atom/cm^2 共 8 个阶段剂量组合。

（2）原子氧对热控材料外观形貌影响

原子氧对热控材料分别以 4×10^{20} atom/cm^2、4×10^{21} atom/cm^2、1.85×10^{22} atom/cm^2 的积分通量进行辐照，随着原子氧积分通量的增加，各种样品的外观形貌变化各不相同：S781-C 深灰漆随着原子氧积分通量的增加颜色逐渐变浅；S971 绿漆的表面破坏较为严重；防原子氧复合膜的颜色在原子氧积分通量为 4×10^{20} atom/cm^2 前由于原子氧的漂白作用变浅，在积分通量达到 4×10^{20} atom/cm^2 以后向浅黄色转变；KS-Z 白漆样品外观随着原子氧积分通量的增加逐渐变为浅黄色。

（3）原子氧辐照引起热控材料的质量损失

表 23-32 给出了试验样品在原子氧试验及原子氧＋远紫外辐照综合试验前后质量损失的数据，其中负值表示样品质量增加。

表 23-32　试验前后样品质量损失　　单位：mg

材料	作用因素	原子氧积分通量（×10^{20} atom/cm^2）								
		0	2	4	12	24	40	80	120	185
高比值 S781-C 深灰漆	原子氧	0	0.09	0.21	−11.86	−11.91	−12.3	−12.05	−12.25	−13.39
	原子氧＋远紫外	0	−0.19	−0.08	−12.18	−12.19	−12.37	−12.49	−11.97	−14.64
	对比样（真空）	0	−0.01	12.17	12.2	12.26	12.32	12.31	12.28	13.87
S971 绿漆	原子氧	0	−0.04	0.04	−0.04	−0.25	−0.38	−0.79	−0.114	−2.03
	原子氧＋远紫外	0	−0.77	−0.67	−0.6	−0.67	−0.72	0.9	−0.89	−1.09
	对比样（真空）	0	−0.04	−0.01	0.02	0.08	−0.03	0.1	0.07	0.27
KS-Z 白漆	原子氧	0	−0.26	0.9	1.01	0.8	1.99	2.52	3.25	3.26
	原子氧＋远紫外	0	0.07	0.43	0.54	0.34	1.4	1.58	0.81	1.16
	对比样（真空）	0	0.37	1.57	1.57	2.67	2.51	3.13	4.07	4.33
防原子氧复合膜（灰色）	原子氧	0	1.11	1.52	2.85	2.91	3.28	3.34	3.3	3.45
	原子氧＋远紫外	0	0.88	1.18	3.3	3.3	3.61	3.57	4.43	4.49
	对比样（真空）	0	0.05	0.17	0.19	0.49	0.59	0.65	0.64	0.75
防原子氧复合膜（白色）	原子氧	0	2.11	3.12	6.92	7.14	7.18	7.21	7.02	7.13
	原子氧＋远紫外	0	2.61	3.77	5.32	5.64	5.86	7.02	6.25	6.15
	对比样（真空）	0	0	−0.05	0.01	−0.01	−0.01	−0.03	0	0.02

注：对比样是指放置在靶台之外的试验件，在试验过程中仅受真空影响，其质量损失为真空损失。

从表 23-32 可以看出：

① 高比值 S781-C 深灰漆的对比样真空质损最大，且质损主要发生在试验初期，试验后期基本没有变化，对此曾经专门进行的真空质损试验也得到了相同结果。但原子氧试验和原子氧＋远紫外综合试验结果表明，试验中其质量反而增加，且主要发生在试验初期。初步分析认为，高比值 S781-C 深灰漆内含有硅成分，可能是一种带官能基团的直链状高分子量的聚有机硅氧烷，在原子氧环境作用下，有机硅被氧化后生成 SiO_2，导致高比值

S781-C 深灰漆一定程度的质量增加。

② S971 绿漆的真空质损不明显，原子氧试验和原子氧＋远紫外综合试验后，其质量有所增加，分析是其内存在硅成分所致。但不同于高比值 S781-C 深灰漆，在上述原子氧试验剂量的试验过程中，S971 绿漆的质量一直在增加。

③ KS-Z 白漆有一定的真空质损，且其数值比原子氧试验和原子氧＋远紫外综合试验后的质量损失还要大。因此，对于 KS-Z 白漆，在关注其原子氧剥蚀效应的同时，还需关注其真空质损影响。

④ 灰色复合膜略有真空质损，白色复合膜基本没有真空质损。在原子氧试验和原子氧＋远紫外综合试验后，不论白膜和灰膜均有一定的剥蚀，导致质量损失，白膜略明显一些。初步分析，因复合膜中浸的胶不耐原子氧，其质损主要是该胶被剥蚀掉所引起的。

(4) 热控材料发射率变化

原子氧＋远紫外辐照综合试验后，除高比值 S781-C 深灰漆外，各种材料的发射率变化均较小，在 5%以内；而 S781-C 深灰漆发射率增加达到 20%左右。发射率的变化说明材料本身的物理性能发生了改变。初步分析，S781-C 深灰漆发射率增加是由于原子氧、远紫外与材料中的颜料粒子及黏结剂发生反应，破坏了化学键，生成了挥发性气体，造成了表层材料分子结构的改变。

(5) 对热控材料太阳吸收系数的影响

图 23-26 给出了原子氧试验和原子氧＋远紫辐照外综合试验前后样品的太阳吸收系数（α_s）测试数据曲线（原子氧积分通量均为$\times 10^{20}$ atom/cm^2）。

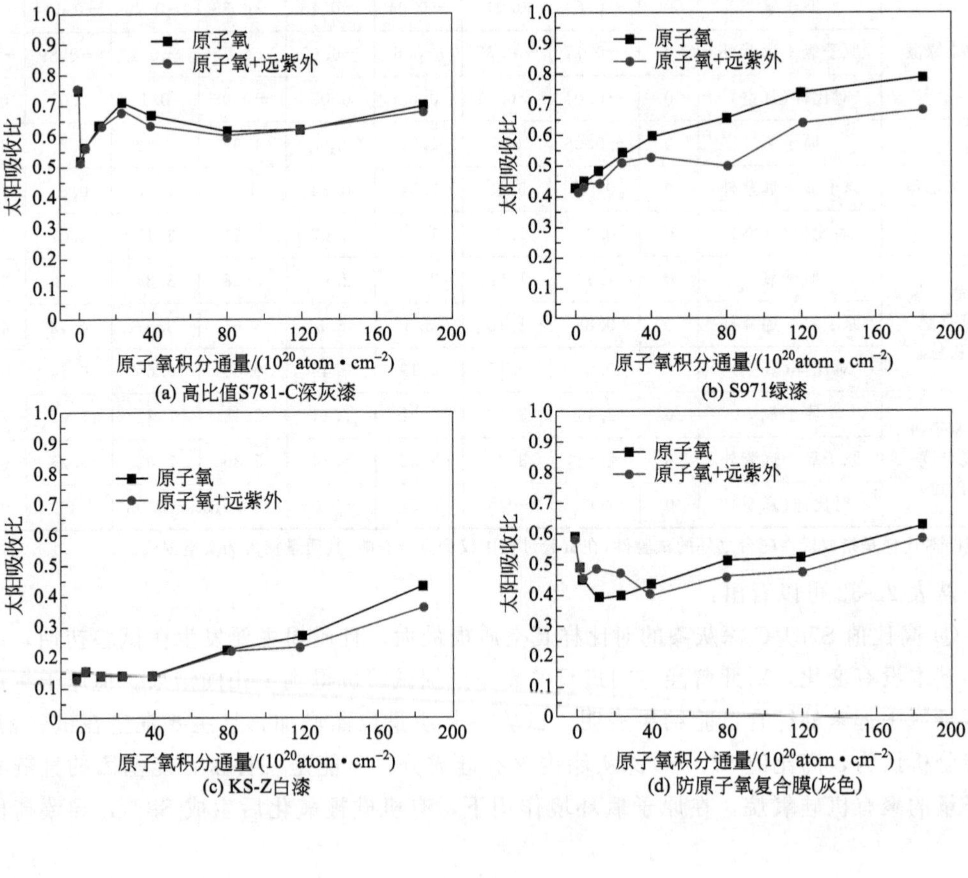

(a) 高比值S781-C深灰漆 (b) S971绿漆 (c) KS-Z白漆 (d) 防原子氧复合膜(灰色)

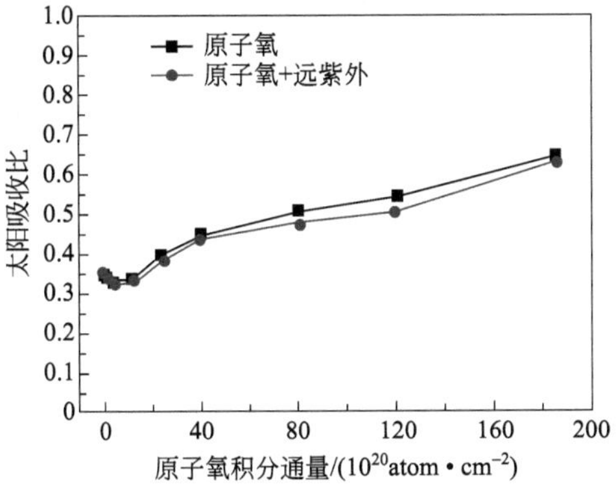

(e) 防原子氧复合膜(白色)

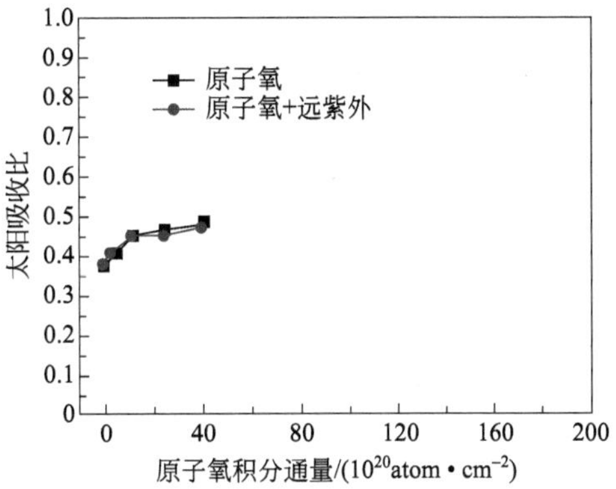

(f) Kevlar

图 23-26　样品太阳吸收系数变化曲线

从图 23-26 可以看出：

① 对于高比值 S781-C 深灰漆，α_s 先减小后增大。初步分析是因为初期真空质损速率大而导致 α_s 下降；后期质损速率减小，原子氧与有机硅的反应影响相对增加而导致 α_s 增大。

② 对于 S971 绿漆，α_s 单调增大。因为与高比值 S781-C 深灰漆相比其真空质损小，所以在原子氧与有机硅反应影响下，α_s 呈逐渐增大趋势。

③ 对于 KS-Z 白漆，初期 α_s 基本不变；但在原子氧积分通量达到 4.0×10^{21}atom/cm^2 后，其 α_s 突然增加。初步分析是受本次试验靶台上放置的 Kevlar 材料剥蚀污染所致。

④ 对于灰色和白色防原子氧复合膜，α_s 均为先减小后增大。因灰膜真空质损略大于白膜，所以其初期 α_s 减小更为明显。对于后期 α_s 的增大，初步分析是因为复合膜内玻璃纤维布含硅，与原子氧反应导致 α_s 增大。

对于 Kevlar 材料剥蚀污染对其他材料的影响，从图 23-26 曲线变化来看，在 Kevlar 材料剥蚀过程中，其吸收系数单调增大，而高比值 S781-C 深灰漆、S971 绿漆和复合膜吸收系数的变化并没有与其同步。由此可见，Kevlar 材料剥蚀污染基本不影响其他材料的试验结果。

23.3.2　磁力矩器用聚合物材料原子氧效应

磁力矩器如果安装在航天器的外部，磁力矩器用聚合物材料将受到太阳电磁辐射、空间带电粒子辐照、原子氧等环境因素的作用，而原子氧的侵蚀作用是总体设计中必须重点关注的内容。为保证磁力矩器在轨期间的正常工作，需对其所使用的几种聚合物材料进行地面模拟试验，以掌握和了解其抗原子氧能力，进而为磁力矩器的防护设计提供参考依据。孟海江等对磁力矩器用聚合物材料的原子氧效应进行了研究。

(1) 测试条件

原子氧的通量密度为 $10^{15}\sim10^{16}$AO/(cm^2 • s)，束流能量为 5～10eV，束流均匀性 15%，均匀辐照区圆直径 ϕ150mm，工作真空度 10^{-2}Pa。

试验材料：T1—环氧固封 E-44；T2—添加抗氧化剂的聚烯烃；T3—硅橡胶 GD414；T4 高压聚乙烯 ϕ4.8/1.6。

用专用工具将试样切割，尺寸大小为 ϕ15mm，辐照前，试样用无水乙醇清洗，固定在专用夹具内，有效暴露区为 ϕ10mm。将夹具固定在靶台上，同时在非暴露区安装对比试样用于真空质损对比测试。原子氧积分通量分别选取 $0.1\times10^{21}cm^{-2}$，$0.5\times10^{21}cm^{-2}$，$1.0\times10^{21}cm^{-2}$，$1.5\times10^{21}cm^{-2}$。

(2) 真空对材料质量损失的影响

图 23-27 为试样 T1、T2、T3、T4 的质量损失与真空暴露时间的关系。由图中曲线可见，随着真空暴露时间的增长，试样的质量损失变化均呈现逐渐平缓的趋势。

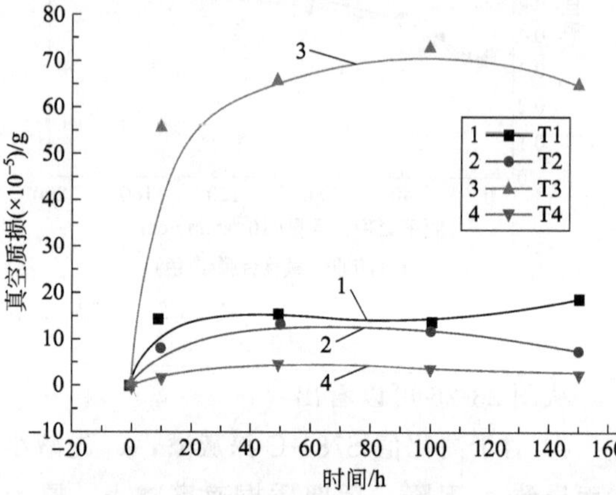

图 23-27　质量损失与真空暴露时间的关系

在真空暴露初期，试样的质量损失均呈现上升趋势，其中 T3 的上升幅度最大，T4 的变化幅度最小；在真空暴露 10h 后，T1 和 T2 的质量损失变化趋于平缓，而 T3 的质量损失继续上升；在真空暴露 50h 后，所有试样的质量损失变化均趋于平缓；在真空暴露 100h 后，T1 的质量损失略有增加，而 T2 和 T3 的质量损失开始下降，T4 的质量损失基本不变。在真空暴露期间，T3 的质量损失最大，T4 的质量损失最小，T1 和 T2 的质量损失和变化趋势相近。

(3) 原子氧对质量损失率 (SAML) 的影响

原子氧对材料质量损失率的影响结果如图 23-28 和图 23-29 所示。由图 23-28 可见，随着原子氧积分通量的增大，试样 T1、T2 和 T4 的 SAML 呈现线性上升的趋势，T2 和 T4 的 SAML 基本重合，并且斜率远小于 T1。原子氧积分通量为 $1.5\times10^{21}cm^{-2}$ 时，T1 的 SAML 大于试样 T2 和 T4，接近 400%。由此表明，T1 的原子氧反应率大约是 T2 和 T4 的 4 倍。

图 23-29 为原子氧和真空对试样 T3 质量损失的影响。T3 的质量损失表现出与 T1、T2 和 T4 不同的变化趋势，并且真空作用下的质量损失大于原子氧。图中可见原子氧积分通量为 $0.1\times10^{21}cm^{-2}$ 时（真空暴露时间 10h），T3 的质量损失大幅度上升，图中曲线 1 和曲线 2 的上升幅度比较接近，这可能是由于试样固化中残留的水分和添加剂等物质挥发所致；原子氧积分通量为 $0.5\times10^{21}cm^{-2}$ 时（真空暴露时间 50h），原子氧作用下 T3 的质量损失变化趋于平缓，真空作用下 T3 的质量损失上升幅度也开始降低；原子氧积分通量为 $1.0\times10^{21}m^{-2}$ 时（真空暴露时间 100h），原子氧和真空作用下 T3 的质量损失均呈现下降趋势。上述现象出现的可能原因：暴露初期，原子氧和真空作用下试样的质量损失增加，尤其是工艺过程中的残留物更易挥发导致质量损失迅速上升；随着暴露时间的延长，易挥发物质减少，质量损失趋于平缓；随着暴露时间的进一步增加，质量损失略微下降。在原子氧和真空的分别作用下，试样 T3 的质量损失变化趋势基本相同，表明上述的两个过程可能同时进行，并且暴露初期真空效应占据主导地位。图 23-29 中曲线 1 的质量损失低于曲线 2，这表明原子氧与试样 T3 表面物质易发生氧化反应，形成了一层抗原子氧的

保护层，从而抑制了真空出气造成的质量损失，导致原子氧环境下的质量损失低于真空环境。

虽然试样 T3 的真空质量损失大于试样 T1、T2 和 T4，但是原子氧作用下的质量损失远远小于试样 T1、T2 和 T4。与试样 T3 相比，原子氧作用下试样 T1 的 SAML 增加了近 25 倍，试样 T2 和 T4 的 SAML 增加了近 6 倍。由此表明，在进行试验的 4 种材料中，试样 T3 具有良好的抗原了氧性能，而试样 T1 的抗原了氧性能较差。

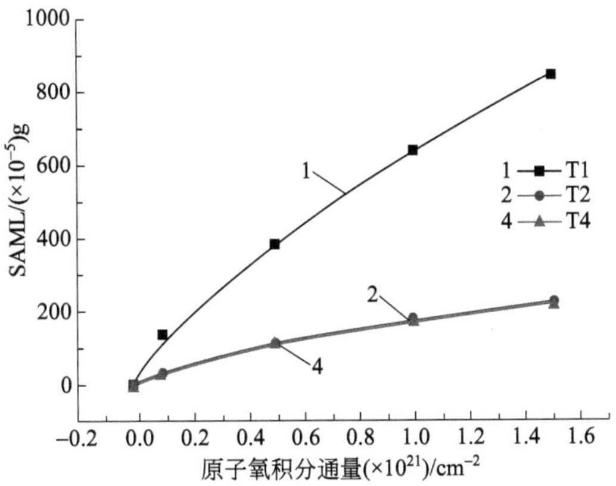

图 23-28 质量损失率（SAML）与原子氧积分通量的关系

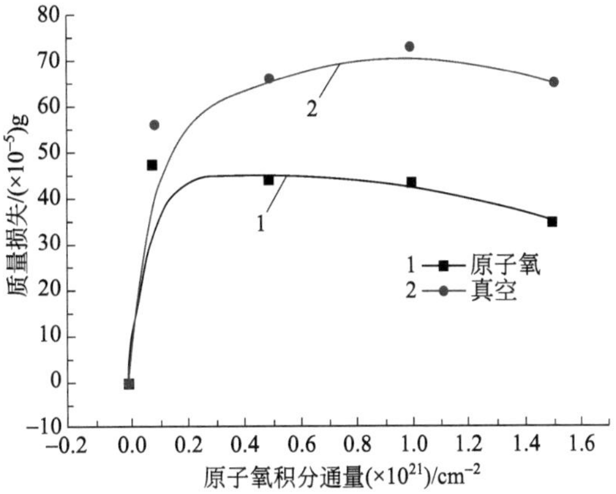

图 23-29 原子氧和真空对 T3 质量损失的影响

（4）原子氧对宏观形貌的影响

原子氧辐照使 4 种材料外观均发生了不同程度的变化，其中 T1 颜色变深，表面出现白色颗粒状粉末，T2 和 T4 颜色变浅，T3 亮度增加且颜色由白色变为淡黄色，表面出现玻璃状凝聚物，T4 由透明状变为非透明状。

试样 T1 表面的白色粉末可能是原子氧的剥蚀作用所致，这也说明试样 T1 抗原子氧性能较差；试样 T3 表面的玻璃状凝聚物可能是由于可凝挥发物凝聚和原子氧反应所致；而原子氧与试样的化学反应可能是导致试样颜色变化的主要原因。

总之，在真空环境下，高压聚乙烯的真空质损稳定性最好，硅橡胶 GD414 的真空质损稳定性最差；与高压聚乙烯相比，添加抗氧化剂的聚烯烃的质量损失最大增加了 4 倍，环氧固封 E-44 的质量损失最大增加了 9 倍，硅橡胶 GD414 的质量损失最大增加了 24 倍。

在原子氧环境下，硅橡胶 GD414 具有良好的抗原子氧性能，而环氧固封 E-44 的抗原子氧性能较差。与硅橡胶 GD414 相比，环氧固封 E-44 的 SAML 增加了近 25 倍，添加抗氧化剂的聚烯烃和高压聚乙烯的 SAML 增加了近 6 倍。

硅橡胶 GD414 的表面物质和真空作用下的可凝挥发物与原子氧反应形成氧化层，可以抑制原子氧对材料的进一步侵蚀，降低材料的质量损失。

原子氧作用导致 4 种试样的颜色发生变化。原子氧与试样的化学反应可能是导致试样颜色变化的主要原因。

23.3.3 航天器薄膜材料在原子氧环境中性能退化

聚酰亚胺（Kapton）是一种高聚物薄膜。由于它具有密度小、热膨胀系数小、耐酸碱、耐氧化、抗紫外辐照、抗辐射和柔韧性好等优点，被广泛应用在航天器的结构、温控和绝缘部件上，如天线系统的结构件、二次表面镜（SSM，Second Surface Mirror）的温控表面、太阳电池的固定底座等。通过空间飞行实验发现，这种材料在原子氧的作用下，质量有较大的损失，剥蚀比较严重，比如安放太阳电池的柔性垫子大多是采用 Kapton 材料，由于 Kapton 膜单面或双面暴露在原子氧环境中，如果不加保护，其表面在一个太阳周期内就会完全消失，进而危及航天器的供电系统。刘向鹏等对航天器薄膜材料在原子氧环境中性能退化进行了研究。

（1）试验设备

实验是在原子氧设备上完成的。实验设备简图如图 23-30 所示。

实验设备采用了微波电子回旋共振（ECR）技术产生氧等离子体，从等离子炬中引出并加速离子，即可获得所需的氧原子离子束流。氧原子离子流通过减速栅网降能，又通过中性化筒中性化后，产生符合要求的中性原子氧。原子氧通量密度：10^{15} AO/(cm^2·s)，束流能量：5～10eV，辐照面积：ϕ35mm，工作真空度：3×10^{-3}Pa。

实验用的空间材料试样主要包括：Kapton 膜，TO/Kapton 膜，Ge/Kapton 膜。

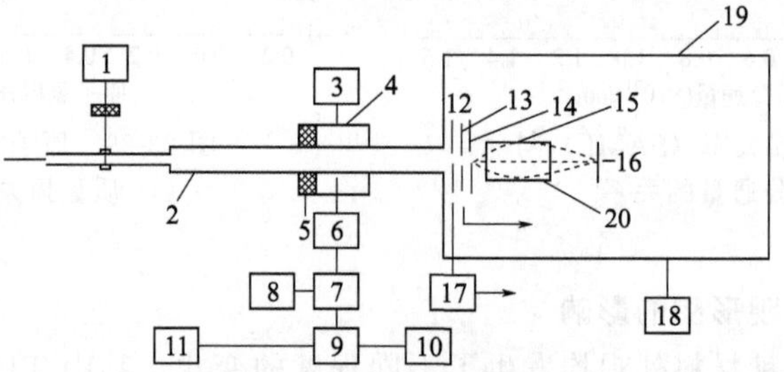

图 23-30　实验设备简图

1—质量流量计；2—石英管；3—短路活塞；4—放电腔；5—永久磁铁；6—四螺调配器；7—定向耦合器；8—功率计；9—环流器；10—水负载；11—微波源；12—源极；13—加速极；14—减速极；15—中性化筒；16—样品支架；17—高压电源；18—真空泵机组；19—真空容器；20—氘灯源

（2）氧原子辐照引起质量损失

原子氧辐照 Kapton 膜及镀膜材料。当原子氧累积通量较小（1×10^{19} AO/cm^2）时，Ge/Kapton 膜的质量损失为 Kapton 膜的 72%，TO/Kapton 的质量损失几乎不变。可见在小通量原子氧暴露时，Ge/Kapton 膜具有较好的抗原子氧能力，TO/Kapton 膜的抗原子氧能力优于 Ge/Kapton）膜。

随着辐照量的增加，当原子氧累积通量为 1×10^{20} AO/cm^2 时，Ge/Kapton 膜表现出较好的稳定性，TO/Kapton 质损超过了 Kapton 质损，已经起不到保护作用了。

当原子氧累积通量为 5×10^{20} AO/cm^2 时，Ge/Kapton 膜和 TO/Kapton 膜质损均大于 Kapton 膜。表明 Ge/Kapton 膜和 TO/Kapton 膜均失去了抗原子氧性能。

（3）对太阳吸收率的影响

原子氧辐照后，随着原子氧辐照量的增加，材料的太阳吸收系数出现了上升的趋势；在原子氧辐照初期太阳吸收系数变化较明显，随着辐照量的增加，太阳吸收系数的变化趋势趋于平缓。TO/Kapton 膜太阳吸收率变化最大，TO/Kapton 膜和 Ge/Kapton 膜太阳吸收系数的变化均大于 Kapton 膜。

(4) 表面电阻率的变化

航天器在轨道上受到高能带电粒子的轰击、光电子发射等将导致航天器表面充电。如果航天器表面产生高的电位差，会产生电晕放电或电弧放电。高压放电能击穿介质表面，损坏电子器件和线路。由表 23-33 可见，经过原子氧辐照后，表面电阻率出现了上升的趋势，达到了基底材料 Kapton 的表面电阻率量级，表明 TO 膜、Ge（锗）膜已经脱落，露出了基底材料。

表 23-33 原子氧辐照前后表面电阻率的变化

辐照量/($AO \cdot cm^{-2}$)	表面电阻率 ρ_s/($\Omega \cdot cm^{-1}$)		
	Kapton	TO/Kapton	Ge/Kapton
0	9.35×10^{14}	1.72×10^{12}	8.81×10^{8}
5×10^{20}	7.86×10^{13}	8.54×10^{13}	2.59×10^{13}

(5) 表面形貌的影响

原子氧辐照前 Kapton 膜表面光滑，经过 1×10^{20} AO/cm^2 的原子氧环境辐照后，呈现出高低不平、灰白相间、明显的“绒”状形貌特征，与 EOIM-2 飞行试验后的 Kapton 试样极为相似。TO/Kapton 膜经过 5×10^{20} AO/cm^2 的原子氧辐照后，原来光滑的表面出现起皮分层现象。

(6) 表面成分的变化

对 Kapton 试样进行 XPS 分析，结果如表 23-34 所示。经过原子氧辐照后，试样 C、N 含量减少，O 含量增加，分析认为主要是因为原子氧氧化表面元素 C、N 生成为挥发性气体所致。

表 23-34 原子氧辐照前后样品表面成分的变化

样品名称	实验条件	相对含量/%				
		C	O	N	Ge	Sn
Kapton	辐照前	75.7	18.8	5.4	—	—
	辐照后	71.5	24.1	4.4	—	—
TO/Kapton	辐照前	76.59	18.71	3.72	—	0.98
	辐照后	81.1	15.0	3.9	—	0
Ge/Kapton	辐照前	47.74	30.72	1.09	20.45	—
	辐照后	70.48	27.68	1.84	0	—

TO/Kapton 膜在原子氧辐照后，Sn(锡）的原子含量为 0，表明 TO 膜被完全剥蚀掉，C、N、O 含量也发生了变化，证明基底材料 Kapton 也参与了反应。

Ge/Kapton 膜经过原子氧辐照后，Ge(锗）的含量为 0，表明 Ge 膜全部被剥蚀掉。而 C、N 的含量与 Kapton 中的相应含量相比降低了，说明原子氧剥蚀掉 Ge 膜后继续与基底材料反应，与 C、N 反应生成挥发性物质。

试验表明，Kapton 材料在原子氧环境下出现明显的剥蚀，表面粗糙度增加并伴有质量损失，表面形貌、化学成分、光学性能也都发生很大的变化。

TO/Kapton 和 Ge/Kapton 两种有防护涂层的材料，在小通量原子氧暴露后，质量损失比同条件下的 Kapton 膜质量损失小，表明这两种涂层具有抗原子氧剥蚀的能力。但是，随着原子氧辐照剂量的增大，试样质量损失也在加剧，最后材料局部被完全剥蚀掉。原因是涂层被破坏，原子氧透过表面的裂纹，对基底材料进行“潜蚀”，造成防护层失去保护作用。

23.3.4 原子氧对太阳电池阵的影响

原子氧对材料的作用能够引起太阳电池阵基板强度降低、电连接可靠性下降及电缆线护套失效等。材料的损伤会导致太阳电池组件电性能的下降。李涛等分析了原子氧对太阳电池阵的作用。

(1) 航天器原子氧辐照的积分通量

某载人航天器以近圆轨道绕地球飞行，其轨道高度为 400km，倾角为 43°。以此条件为输入，利用 MISSE90 模型进行计算分析，中性大气中原子氧的密度计算结果为 $3\times10^7\sim4\times10^8$ atom/cm³。太阳活动高年与低年时，大气原子氧密度值会相差数倍。

若按照太阳高年计算该航天器运行 10 年外表面原子氧积分通量，最大值为 7.33×10^{22} atom/cm²，其中太阳电池板上的积分通量在 $0.4\times10^{22}\sim2.3\times10^{22}$ atom/cm² 之间，约为航天器表面原子氧积分通量最大值的 1/3。

(2) 原子氧对刚性太阳电池阵的影响

图 23-31 为常见刚性太阳电池阵的构成示意图。下面按太阳电池阵的构成，从基板、电池单元及电线电缆 3 个部分分析太阳电池阵用材料的原子氧效应及其危害。

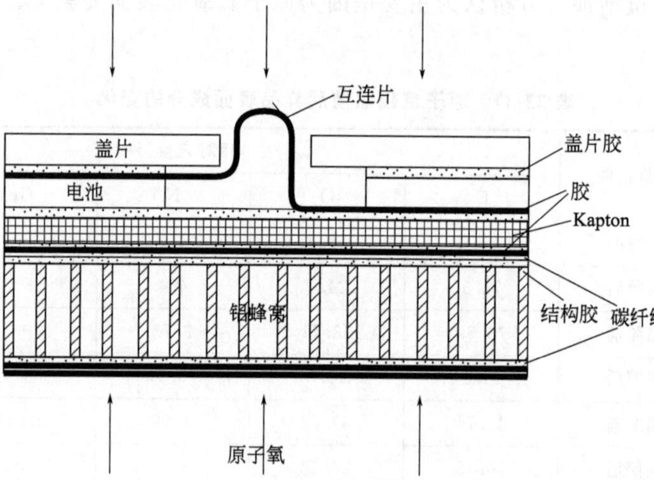

图 23-31 刚性太阳电池阵示意图

① 基板 刚性太阳电池目前多采用蜂窝夹层板结构。夹层板的面板材料通常为铝合金、碳纤维/环氧复合材料、凯芙拉/环氧复合材料、玻璃/环氧复合材料。原子氧会侵蚀复合材料中的有机黏结剂，导致其机械性能降低（强度、弹性模量值下降可达 30%以上），从而引起电池阵基板结构可靠性下降。目前常见的碳纤维复合材料的原子氧反应率为 $0.8\times10^{-24}\sim3.0\times10^{-24}$ cm³/atom，在 400km 轨道运行 10 年，厚度损失可达上百 μm。

胶黏剂按照使用位置不同可以分为以下几种：结构胶用于面板与芯子之间的胶接，目前一般有国产的 J47B 底胶、J47C 胶膜等；泡沫胶用于芯子与芯子之间的拼接、芯子与预埋件之间的胶接、芯子与框等构件的胶接以及对芯子局部的填充等，主要有国产 J47D、J78D 泡沫胶等；灌注胶主要用于蜂窝夹层板成形后镶嵌的后埋件，也可以用于复合材料的修补，主要有国产的 J153 等。这些黏结剂都会受到原子氧不同程度的侵蚀作用，严重时可能导致胶黏失效，进而引起夹层板强度可靠性的下降。目视检查外观变化可以作为判定胶黏剂在原子氧作用后损伤程度的主要依据。

② 电池单元　太阳电池组件是组成太阳电池阵的基本单元，主要有单体太阳电池、抗辐射玻璃盖片、互连片、汇流条、玻璃盖片黏结剂等部分组成，根据设计需求还可以组装上旁路二极管。太阳电池组件中单体太阳电池通常使用互连片连接起来。图 23-32 为叠层太阳电池的常见结构。

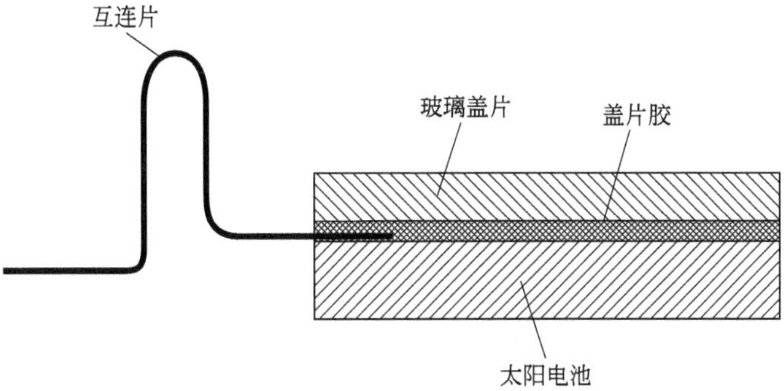

图 23-32　叠层太阳电池结构示意图

玻璃盖片的主要作用是降低空间辐射环境对太阳电池的影响，一般使用石英玻璃，它对原子氧不敏感。但为最大限度地减少玻璃盖片正面的反射损失，目前的盖片表面通常蒸镀一层 MgF_2 作为增透膜。MgF_2 的原子氧反应率较低，约为 $0.01\times10^{-24}\sim0.1\times10^{-24}cm^3/atom$，但即使较小的厚度损失也会对膜层的减反射能力造成影响。国外飞行试验结果表明，$10^{21}atom/cm^2$ 量级的原子氧作用，使 MgF_2/石英盖片的紫外波段透射率下降可达 20%左右。

盖片胶一般选用硅黏结剂，原子氧反应率较低，约为 $0.01\times10^{-24}\sim0.1\times10^{-24}cm^3/atom$，但其反应后生成物有较大脆性。航天器机动时，这些生成物有可能脱离并沉积在盖片表面，影响电池单元的电性能。

互连片的功能是在太阳电池阵的规定运行寿命内把各个电池产生的电能传导到太阳电池阵的输出电缆上，目前常用的互连片材料包括退火的无氧铜、退火的纯银箔、退火的镀银可伐合金、退火的无镀银或镀银纯铝、退火的镀银钼带、退火的镀银或焊锡的铜铍合金。其中银的抗原子氧能力最差，反应率可达 $9\times10^{-24}cm^3/atom$，长期作用会使电池单元串间连接失效。其他金属的抗原子氧能力均较为良好，其中钼可认为与原子氧不反应。

③ 电线电缆　电缆线是太阳电池阵中不可缺少的组成部分，电缆线的线芯均选用铜导线，护套都选用绝缘材料，目前常用的绝缘材料有聚乙烯、聚酰亚胺、聚四氟乙烯、聚四氟乙丙烯等。这些有机材料都会遭受原子氧的侵蚀作用，如聚乙烯反应率可达 $4\times10^{-24}cm^3/atom$，在空间站轨道使用 10 年，厚度损失可达数百 μm。

表 23-35 为刚性太阳电池阵常用材料的原子氧效应及其可能造成的危害情况汇总。

表 23-35 原子氧对刚性太阳电池阵常用材料的影响及危害

材料名称	使用位置	原子氧反应率/ $\times10^{-24}cm^3\cdot atom^{-1}$	失效危害
碳纤维复合材料	基板	0.8～3.0	可能引起基板失稳、面板破裂、局部压损
聚酰亚胺	基板、电线电缆	3.0	基板绝缘层失效，诱发串间短路，放电风险增加；电缆线护套保护失效
环氧类黏结剂	基板	4.0～6.0	可能引起黏结失效；颗粒状产物可能诱发污染
硅黏结剂	基板、电池单元	0.01～0.1	可能引起黏结失效；玻璃状产物易碎，诱发污染
MgF_2/石英	电池单元	0.01～0.1	盖片造成反射损失增加
银	电池单元	9.0～11.0	局部串间连接失效，电池供电稳定性下降
铜	电池单元	0.005～0.01	电池阵内阻增加
聚乙烯	电线电缆	3.0～5.0	电缆线护套保护失效
聚四氟乙烯	电线电缆	0.05～0.2	电缆线护套保护失效
聚四氟乙丙烯	电线电缆	0.05～0.2	电缆线护套保护失效

(3) 原子氧对柔性太阳电池阵的影响

柔性太阳电池阵的太阳电池基板衬底一般为柔性薄膜材料，因此称之为“柔性”。根据展开方式的不同又可以分为折叠式太阳电池阵和卷式太阳电池阵。

此种太阳电池阵结构中，太阳能电池片粘贴在张紧的柔性 Kapton 薄膜基板上，Kapton 薄膜的厚度一般为 25μm；ISS 太阳电池阵结构中还使用玻璃纤维/聚酯复合，使得柔性衬底的总厚度可达近 70μm。原子氧对几乎所有的有机类材料都具有侵蚀效应，上述材料中 Kapton 材料反应率为 $3.0\times10^{-24}cm^3/atom$，聚酯材料反应率为 $2.0\times10^{-24}\sim4.0\times10^{-24}cm^3/atom$。$SiO_x$ 材料可在一定程度上防护原子氧的侵蚀，但类似空间站这种长期任务使用时，SiO_x 可能会发生严重的玻璃化，原子氧可以通过裂缝掏蚀基底材料，从而导致基底材料强度下降。表 23-36 为原子氧对柔性太阳电池阵特有材料（与刚性太阳电池阵类似的材料除外）的影响分析。

表 23-36 原子氧对柔性太电池阵特有材料的影响及危害

材料名称	使用位置	原子氧反应率/ $\times10^{-24}cm^3\cdot atom^{-1}$	失效危害
SiO_x/Kapton	柔性基底	0.01～0.1	基底出现穿孔、开裂，抗拉强度降低
玻璃纤维布	柔性基底	0.01～0.1	有机硅黏结剂易发生脆化，从而造成基底强度降低

(4) 原子氧对半刚性太阳电池阵的影响

图 23-33 为常见的半刚性太阳电池结构。半刚性太阳电池阵是介于刚性太阳电池阵和柔性太阳电池阵之间的一种太阳电池阵，主要特点是太阳电池片黏结的衬底采用半刚性结构，有网络状的玻璃纤维材料和蜡膜式玻璃纤维增强的聚酰亚胺薄膜两种形式，太阳电池板的框架材料还是采用轻质的碳纤维材料。

目前我国研制的半刚性太阳电池阵基板使用碳纤维强化铝基复合材料做刚性框架，涂胶的玻璃纤维线做面板，面板与框架间预紧而成。玻璃纤维线及黏结剂对原子氧环境较为敏感，这两种材料反应率并不高，一般都小于 $0.1\times10^{-24}cm^3/atom$；但它们的氧化产物具有很大的脆性，可能会导致基底强度降低以及电池片粘接失效。表 23-37 为原子氧对半刚性太阳电池阵特有材料（与刚性太阳电池阵类似的材料除外）的影响分析。

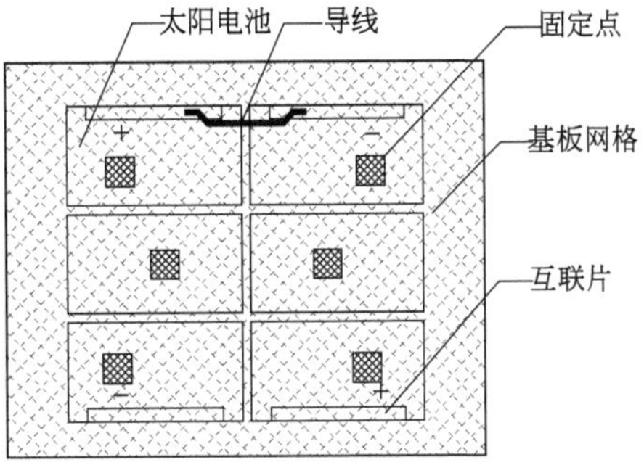

图 23-33　半刚性太阳电池阵的常见结构示意图

表 23-37　原子氧对半刚性太阳电池阵特有材料的影响及危害

材料名称	使用位置	原子氧反应率/ $\times10^{-24}cm^3\cdot atom^{-1}$	失效危害
玻璃纤维线	柔性基底	0.01～0.1	有机硅黏结剂易发生脆化，从而造成强度降低
碳纤维增强铝基复合材料	基板	—	—

(5) 太阳电池阵常用材料原子氧效应

初步划分原子氧反应率大于 $1.0\times10^{-24}cm^3/atom$ 为 A 级，处于 $0.01\times10^{-24}\sim1.0\times10^{-24}cm^3/atom$ 之间为 B 级，小于 $0.01\times10^{-24}cm^3/atom$ 为 C 级。通常可以认为，A 级材料在原子氧环境下使用风险相对较高，应谨慎使用；B 级材料具有一定抗原子氧能力，但原子氧对其造成的氧化侵蚀可能会引起一定的次生危害，应甄别使用；C 级材料对原子氧不敏感，可安全使用。

按照使用位置不同，对常用太阳电池阵用材料的原子氧危害及使用风险汇总如表 23-38。

表 23-38　太阳电池阵常用材料的原子氧危害及使用风险

<table>
<tr><th>使用位置</th><th>所含材料</th><th>风险</th><th>原子氧效应危害</th></tr>
<tr><td rowspan="8">基板</td><td>碳纤维/环氧</td><td>A</td><td rowspan="8">1)对于刚性结构，可能引起基板失稳、面板破裂、局部压损；
2)对于柔性基底，可能出现穿孔、开裂，抗拉强度降低；
3)基板绝缘层失效，诱发串间短路，放电风险增加；
4)反应产物在盖片表面沉积，诱发污染。</td></tr>
<tr><td>聚酰亚胺</td><td>A</td></tr>
<tr><td>环氧类黏结剂</td><td>A</td></tr>
<tr><td>硅黏结剂</td><td>B</td></tr>
<tr><td>玻璃纤维编织物</td><td>B</td></tr>
<tr><td>SiO_x/Kapton</td><td>B</td></tr>
<tr><td>碳纤维增强铝基复合材料</td><td>C</td></tr>
<tr><td>……</td><td></td></tr>
<tr><td rowspan="5">电池单元</td><td>硅黏结剂</td><td>B</td><td rowspan="5">1)局部串间连接失效，电池供电稳定性下降；
2)电池阵内阻增加；
3)反应产物在盖片表面沉积，诱发污染；
4)减反射膜透射率下降，光能损失增加。</td></tr>
<tr><td>银</td><td>A</td></tr>
<tr><td>铜</td><td>C</td></tr>
<tr><td>MgF_2</td><td>B</td></tr>
<tr><td>……</td><td></td></tr>
</table>

续表

使用位置	所含材料	风险	原子氧效应危害
电线电缆	聚乙烯	A	电缆线护套保护失效
	聚酰亚胺	A	
	聚四氟乙烯	B	
	聚四氟乙丙烯	B	
	……		

23.3.5 原子氧辐照对 GF/PI 及纳米 TiO_2/GF/PI 材料摩擦学性能的影响

聚酰亚胺由于具有优良的热稳定性，良好的机械性能，以及较低的介电常数等特点，被广泛地应用于空间科学领域，在空间环境下，原子氧辐照会对聚酰亚胺的表面性质产生显著影响。裴先强等研究了原子氧辐照对聚酰亚胺复合材料摩擦学性能的影响，以期为聚酰亚胺材料在空间摩擦学领域的应用提供实验依据。

(1) 测试条件

聚酰亚胺（PI）：徐州工程塑料厂生产。

玻璃纤维（GF）：南京玻纤设计研究院生产（粒度$<74\mu m$）。

纳米二氧化钛（nano-TiO_2）：浙江弘晟材料科技股份有限公司生产，其晶型为锐钛矿相，平均粒径 5～10nm。

采用湿式混合法将填料和树脂粉末混合均匀。将 PI 和 GF 粉末按质量比 85/15 在丙酮中磁力搅拌 3h，除去丙酮并烘干用来制备 GF/PI 复合材料。将 nano-TiO_2 粉末在适量丙酮中超声分散 5min，然后加入 PI 粉末，继续超声混合 10min，最后加入 GF 粉末磁力搅拌 3h，将丙酮除去并烘干用来制备 nano-TiO_2/GF/PI（质量比 5：15：80）复合材料。

采用热压烧结成型法制备复合材料。热压成型的温度为 340℃，压力为 20MPa，自然冷却至 100℃ 以下后脱模取出。原子氧辐照实验前用砂纸打磨至表面粗糙度 Ra 约为 $0.15\mu m$。

原子氧辐照实验在中国航天科技集团公司兰州空间技术物理研究所的同轴源原子氧地面模拟装置上进行。实验中原子氧的通量密度为 $\Phi=1.1\times10^{16}$ atom/(cm^2·s)，原子氧的平均能量为 5eV，PI 复合材料在原子氧环境下辐照时间为 160min，即累积通量 1.056×10^{20} atom/cm^2。

(2) 原子氧辐照对复合材料的影响

聚酰亚胺经 160min 原子氧（AO）辐照后，导致了聚酰亚胺表面分子链部分降解的发生，说明 AO 辐照对 PI 表面的分子链结构有一定程度的破坏作用。值得指出的是在 AO 辐照的过程中 PI 分子链中的苯环也被部分破坏，这种破坏主要归因于 AO 的氧化作用。该氧化作用使得 PI 的分子链被剪断并氧化生成挥发性的低分子量产物，甚至生成 CO 或 CO_2，并溢出材料表面，造成材料表面的剥蚀。

另外，根据基体 PI 的特征吸收峰强度降低的程度，可以看出填加了纳米 TiO_2 的复合材料中 PI 的特征吸收峰强度降低的程度较未填加纳米 TiO_2 的小，说明纳米 TiO_2 的填加能够在一定程度上提高复合材料耐 AO 剥蚀的能力。

经过 160min 原子氧辐照后，GF/PI 复合材料表面暴露出了许多纤维，这是由于复合材料表面的 PI 基体被首先剥蚀掉，致使一些纤维暴露出来。

而纳米 TiO_2/GF/PI 复合材料经过 160min 原子氧辐照，复合材料表面上暴露出来的纤维明显较少，说明纳米 TiO_2 的填加提高了复合材料耐 AO 剥蚀的能力。纳米 TiO_2 提高复合材料耐 AO 剥蚀能力的机理可以归结如下：一旦复合材料表面的 PI 基体被 AO 部分剥蚀，纳米粒子便暴露在表面上，暴露出来的纳米粒子会保护树脂基体和纤维，阻挡 AO 的进一步剥蚀。

(3) 原子氧辐照对复合材料摩擦磨损的影响

表 23-39 列出了 AO 辐照前、后 GF/PI 和 nano-TiO_2/GF/PI 两种复合材料试样的摩擦系数与磨损率。从表中可见，AO 辐照对两种复合材料的摩擦系数影响很小，这主要是由于 AO 辐照仅仅破坏了复合材料的表面层，使得部分基体被剥蚀掉，这对复合材料与钢环对磨时的初始摩擦系数可能会有些影响，一旦剥蚀后的表面层被磨掉，接下来摩擦过程仍然发生在复合材料与钢环之间。所以在较长时间的摩擦过程中，其平均摩擦系数没有受到明显的影响。与摩擦系数不同，两种复合材料的磨损率经过 AO 辐照后呈现下降的趋势，其原因主要是 AO 辐照改变了复合材料的磨损机理。

表 23-39　AO 辐照对 GF/PI 和 nano-TiO_2/GF/PI 复合材料摩擦磨损行为的影响

材料	性能参数	辐照前	辐照后	
			16min AO	160min AO
GF/PI	摩擦系数	0.30	0.30	0.27
	磨损率 /($\times10^{-6}mm^3\cdot N^{-1}\cdot m^{-1}$)	5.71	5.31	2.99
nano-TiO_2/GF/PI	摩擦系数	0.30	0.29	0.29
	磨损率 /($\times10^{-6}mm^3\cdot N^{-1}\cdot m^{-1}$)	8.18	6.59	5.45

由原子氧辐照对 GF/PI 和纳米 TiO_2/GF/PI 复合材料损伤可见：

① 原子氧辐照能够破坏 GF/PI 和 nano-TiO_2/GF/PI 复合材料表面的树脂基体分子链，引起复合材料表面形貌的变化。纳米 TiO_2 的填加能够提高复合材料耐 AO 剥蚀的能力；

② 原子氧辐照对 GF/PI 和 nano-TiO_2/GF/PI 复合材料的摩擦系数影响不大，但出现了使其磨损率降低的趋势，这可以归因于复合材料表面化学结构和组成的变化对对偶钢环上的转移膜产生了一定影响。

23.4 空间电子对航天器电子器件及材料的作用

空间等离子体环境可以造成航天器表面材料充电及内带电效应，也可以使热控涂层材料发生降解。

23.4.1 地球同步轨道高压太阳电池阵充放电效应

在地球同步轨道（GEO），航天器被地磁亚暴期间注入的高温等离子体云包围时，其太阳电池阵表面由于充电会产生静电放电（ESD）事件。过去认为ESD事件仅对太阳电池阵电子系统有影响而对太阳电池阵结构没有损坏作用。随着高压太阳电池阵（母线电压达到或超过100V）的使用，太阳电池阵自损坏的可能性增加。20世纪90年代末期，美国劳拉公司的几颗GEO航天器的GaAs高压太阳电池阵相继发生空间ESD事件，造成高压太阳电池阵电源输出功率严重损失。通过数据分析和地面试验，李凯等人研究证明了二次放电是造成高压太阳电池阵功率损失的主要原因。

(1) GEO高压太阳电池阵表面静电放电效应

GEO环境中，在太阳风作用下，地球磁层以一定的方式存储能量并在一定时间内释放，从而引起磁层扰动，产生地磁亚暴事件。地磁亚暴热等离子体主要包括电子和质子，由于质子质量是电子质量的1836倍，平衡态等离子体中同等能量条件下电子的运动速度是质子的43倍，所以主要是等离子体环境中的热电子对太阳电池阵表面充电。由于热电子温度大约为几十keV，地磁亚暴期间太阳电池阵表面充电平衡电位可达负的数千伏。在这种充电条件下，高压太阳电池阵自身太阳电池发电电位水平的影响可以不予考虑。根据空间太阳电池阵工作特性，太阳电池始终面向太阳，在太阳光子作用下太阳电池盖片发射光电子，使得盖片表面电势相对升高。另外，高压太阳电池阵结构包括玻璃盖片、太阳电池、金属互连片、基底材料以及铝蜂窝碳纤维结构等，由于每种材料电阻率和二次电子发射系数不同以及各自特殊的结构特点，在空间带电环境中，这些单元以不同速率充电，从而产生不等量电荷积累。综合分析，GEO高压太阳电池阵表面充电过程可以用图23-34模型来表示。

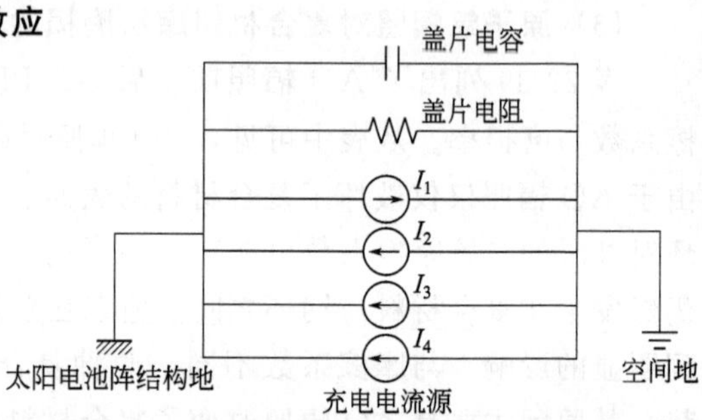

图23-34　GEO高压太阳电池阵充电电路模型

I_1—环境入射电流；I_2—光电子电流；I_3—二次发射电子电流；I_4—泄漏电流

充电电流源的综合作用导致高压太阳电池阵受光照的盖片表面和处于阴影状态的太阳电池阵结构以不同速率充电并最终产生明显的不等量带电，见图23-35所示。

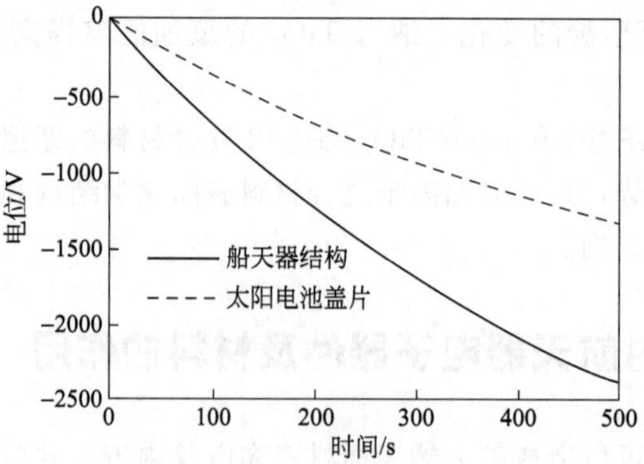

图23-35　GEO航天器结构与太阳电池阵盖片不同充电速率

根据GEO带电环境特点和太阳电池阵结构及材料特征，充电过程将导致太阳电池阵表面带负电位（相对于空间等离子体），并在太阳电池阵光照面（有太阳电池的一面）和太阳电池阵基底间形成反转电位梯度，即太阳电池阵基底和金属互连片的充电电位比玻璃盖片的充电电位更负。不等量充电电位形成的电场分布见图 23-36 所示，此电场被认为能够触发 GEO 高压太阳电池阵表面产生 ESD 事件。

当太阳电池阵表面存在反转电位梯度时，太阳电池阵表面处于可能发生 ESD 的静电状态。GEO 高压太阳电池阵表面 ESD 能量来自于存储在太阳电池阵不同结构电容中的充电静电能。根据高压太阳电池阵结构特点，为高压太阳电池阵表面 ESD 提供存储静电能的电容主要包括两部分：太阳电池阵结构电容 C_{solar}（包含于航天器结构电容 C_{sat} 之内）和太阳电池阵电池盖片电容 C_{glass}，如图 23-37 所示。

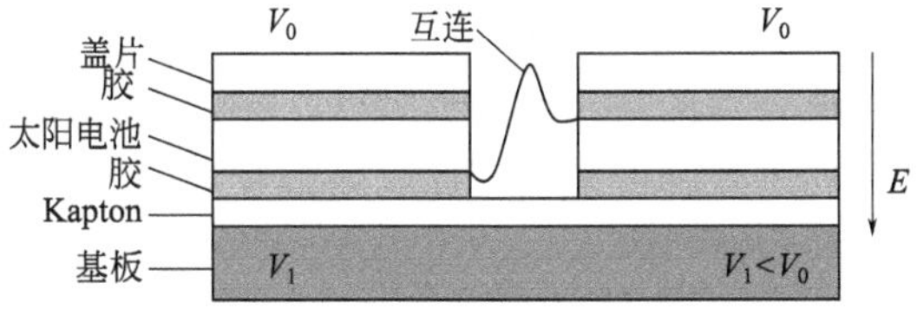

图 23-36　GEO 高压太阳电池阵表面充电电场的形成（$V_0<0$，$V_1<0$）

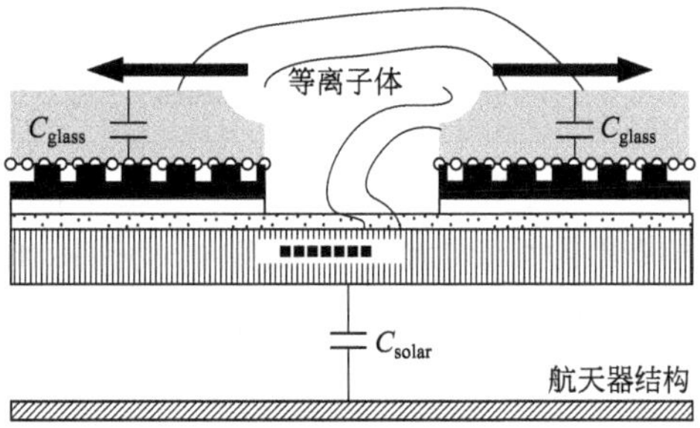

图 23-37　GEO 高压太阳电池阵静电放电等效模型

利用电容充电理论分析 GEO 高压太阳电池阵表面 ESD 物理过程。当金属电位比相邻介质电位更负并且两者之间电位差足够大时，可能发生 Fowler-Nordheim 效应，产生从金属到介质的场致电子发射。场发射电子沿电力线运动并与介质表面发生碰撞作用，产生二次电子发射效应。二次电子发射效应使金属与介质之间电位差进一步增加并引起场发射增强，场发射持续增强引发此雪崩效应，导致金属与介质之间发生放电。此效应等效于太阳电池阵金属互连片尖端场发射电子并撞击盖片侧面，导致互连片场发射位置附近的盖片侧面区域电荷变化，玻璃盖片与互连片之间的电场不断增强，因此获得充足的区域电场触发太阳电池阵表面 ESD 事件。从场发射、电场增强效应直到雪崩效应产生，存储在太阳电池阵结构电容 C_{solar} 中的静电能被释放。在这一过程中，由于电子集中在金属互连片尖端发射，因而温度效应显现，太阳电池阵结构电容 C_{solar} 中的能量以尖端热的形式消耗掉。由于所有场发射电子穿过相同互连片尖端引起较大的温度效应，产生的热能能够引起互连片尖端材料熔化并被离化为等离子体。同时，由于碰撞作用，盖片侧表面释放出解吸中性气体成分，在场发射电子和二次电子共同作用下，解吸中性气体将最终被离化并形成高密度等离子体。太阳电池阵表面 ESD 过程中形成的放电等离子体与盖片表面相互作用，伴随着盖片表面充电电荷被中和，盖片电容 C_{glass} 中存储的充电电荷释放，从而使充电形成的反转梯度电场消失，ESD 过程停止。

（2）GEO 高压太阳电池阵二次放电效应

高压太阳电池阵表面 ESD 能量来自太阳电池阵表面充电电荷的静电能、其放电能量不足以破坏太阳电池阵结构，但会诱导高压太阳电池阵产生二次放电。由于 ESD 产生的瞬态脉冲电流集中在很小范围内，很强的焦耳效应将导致互连片尖端、介质材料以及解吸中性气体分子等成分气化并电离，从而在放电区域形成高密度等离子体，如图 23-37 所

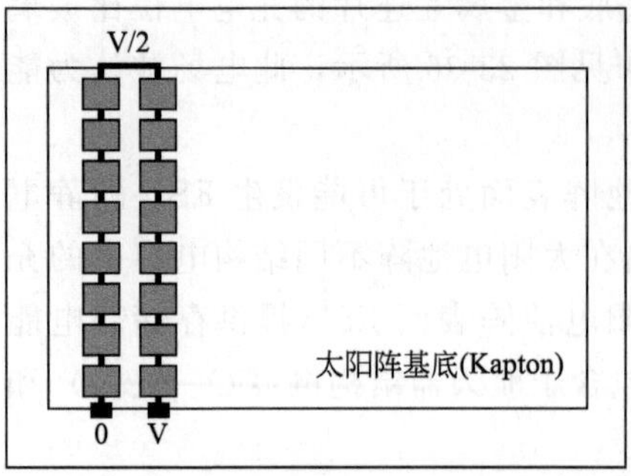

图 23-38　高压太阳电池阵串间电位差的形成

示。根据高压太阳电池阵工作原理和结构特点，由于每块电池仅产生电位的一部分，高工作电压的获得是由数百块单体电池串联产生的。一种典型的电池分布结构见图 23-38 所示，这种结构特点使高压太阳电池串的首端和末端之间形成很高的电位差，此区域成为产生二次放电效应的敏感区域。

(3) 高压太阳电池阵充放电效应模拟试验

GEO 高压太阳电池阵表面充放电特性分析表明，反转电位梯度电场是 GEO 高压太阳电池阵表面产生 ESD 的触发因素之一。利用高压电源将高压太阳电池阵结构偏置到负电位，来模拟 GEO 高压太阳电池阵结构充电形成的负电位。利用电子枪模拟 GEO 恶劣的磁亚暴电子环境，电子枪产生电子束辐照太阳电池阵样品表面，利用太阳电池玻璃盖片的高二次发射特性，在太阳电池阵样品结构和盖片表面之间建立电位差从而形成反转电位梯度电场，此电场触发太阳电池阵表面 ESD 事件。

在高压太阳电池阵串间高电位差的作用下，由 ESD 产生的区域性高密度等离子体能够充当临时性导电通道，高压太阳电池阵自身功率可以通过这一通道持续输出，导致二次放电发生。高压太阳电池阵串间产生二次放电的物理过程包括以下 3 个方面：

① 空间等离子体环境中，在高压太阳电池阵表面由互连片（导体）、盖片和胶（介质）组成的区域产生 ESD 事件；

② ESD 在放电位置产生区域性的高密度等离子体环境；

③ 高压太阳电池阵串间电势差高于二次放电阈值电压时，二次放电事件发生，在电池电路高电位和低电位之间的放电电流耦合通过高密度等离子体通路，一般维持 ms 量级时间。

分析表明，高压太阳电池阵串间存在高电位差和表面 ESD 是引起二次放电的必要条件。高压太阳电池阵二次放电的能量由太阳电池阵电源系统提供，其能量远远大于表面 ESD。二次放电可使太阳电池 PN 结击穿，串间材料热解、熔化进而造成高压太阳电池阵串电路永久性损坏。

通过负高压偏置方法在高压太阳电池阵样品表面触发 ESD 事件，利用 ESD 诱导高压太阳电池阵二次放电发生。试验中使用 GaAs 高压太阳电池阵样品，采用 2×3 结构。通过 SAS（solar array simulator）电源为样品串间电路提供工作电压和工作电流。在高压太阳电池阵样品表面产生 ESD 条件下，通过逐步提高样品串间工作电压来确定高压太阳电池阵触发二次放电的电压阈值。

(4) 试验过程及结果

高压太阳电池阵表面静电放电模拟试验。

利用高压电源将太阳电池阵样品偏置在－2.5kV 电压条件下，通过调节电子束能量大小来控制到达样品表面电子的能量。试验中，在电子束能量约为 3keV、束流密度为 0.5nA/cm^2 条件下，高压太阳电池阵样品表面产生 ESD 事件，放电比较随机，主要发生在汇流条、互连片以及电池边缘。

试验过程中利用非接触式表面电位计对太阳电池阵样品盖片表面电位进行监测。在电子束能量为3keV、束流密度为0.5nA/cm^2 条件下，样品盖片表面电位会逐渐升高。由于太阳电池阵样品偏置在－2.5kV 条件下，3keV 能量电子到达样品表面的能量大约为0.5keV。在此能量条件下，样品玻璃盖片材料二次电子发射系数大于1，盖片表面充电电子数量小于二次发射电子数量，导致玻璃盖片表面趋于正充电过程，从而在盖片与太阳电池阵结构间形成反转电位梯度电场。当盖片表面充电电位与样品偏置电位之间的电位差超过约500V 时，ESD 事件发生。盖片表面充电静电能参与了放电事件，放电导致其表面充电电位有一个降低过程，试验表明，样品表面 ESD 是盖片表面充电电荷快速释放的过程，发生放电时充电静电能还不是全部释放，放电过程比较随机。

高压太阳电池阵表面二次放电模拟试验。

在负高压偏置条件下，高压太阳电池阵表面产生 ESD 事件。通过 SAS 电源为样品串电路提供工作电压和工作电流，电压变化范围为0～200V，限制电流为2.1A。通过逐步提高样品串间工作电压来确定高压太阳电池阵二次放电的电压阈值。

当串间工作电压提高到80V 时，样品表面 ESD 触发了二次放电。二次放电产生后，样品串电路被击穿短路，SAS 电源处于恒流状态，短路电流为2.1A。测量表明，样品电池 A 与电池 B 之间的 Kapton 基底材料热解为导电碳化层，电池 A 和电池 B 的 PN 结被击穿短路。二次放电形成了由 SAS 电源、电池 A、串接 Kapton 导电碳化层和电池 B 组成的永久性短路回路。

23.4.2 空间材料深层充放电效应

空间辐射环境下，高能电子容易在航天器外层介质材料内或航天器内部的介质材料上沉积；当沉积电荷产生的电位过高或内部场强超过介质击穿阈值时，将产生静电放电，这就是深层充放电效应。国际上已有的空间飞行实践表明，空间等离子体表面充放电和空间高能电子深层充放电是导致航天器异常或故障最主要的空间环境效应，而且后者导致的异常或故障较前者多出25%，说明深层充放电效应对卫星安全造成最严重的威胁。张振龙等对空间材料深层充放电效应进行了研究。

(1) 试验装置

深层充放电效应模拟装置有电子枪和放射源两种电子环境模拟手段。利用电子枪提供的束流密度、能量可精确调控的电子束，可对材料进行充放电过程机理和防护技术原理的研究。利用^{90}Sr 放射源发射的连续能量电子，较真实地模拟空间电子环境，较准确地试验评价不同材料的深层充电程度以及放电对器件和电路的影响。装置主要技术性能：电子枪电子束流密度10pA/cm^2～100nA/cm^2，能量5～100keV；放射源电子束流密度1～10pA/cm^2，最高能量2.28MeV；样品台温度－50～＋100℃可调；真空度优于1×10^{-4}Pa。

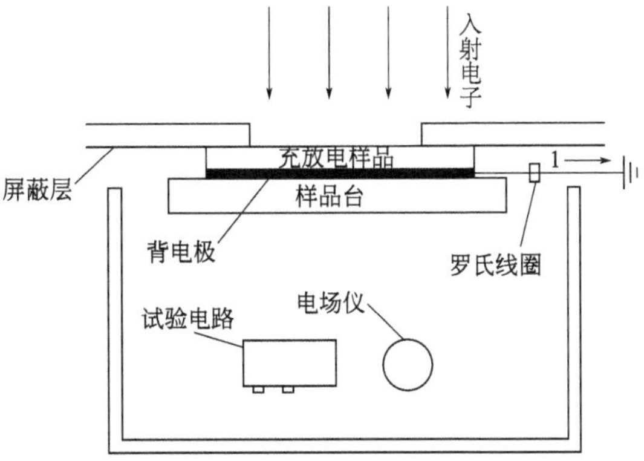

图 23-39 深层充放电效应试验装置示意图

试验装置如图 23-39 所示。

电子枪和放射源位于样品台正上方，试验期间电子枪或放射源产生的电子束流垂直入射在正面直径为3cm的介质样品上，样品其余部分用厚度为5mm的铝板进行屏蔽。电位探头位于样品上方零电位点处，探测时停止电子辐照，将探头迅速下降至样品辐照部位前2cm处。由于样品表面电位衰减缓慢，探测过程对样品表面电位的影响较小。

试验材料包括聚酰亚胺、聚甲醛树脂、环氧树脂、聚四氟乙烯等航天器常用介质材料，通过背部镀敷的电极穿过罗氏线圈接地；还包括某卫星用部件，与其电源系统构成回路。采用法拉第筒测量电子束流强度，弱电流计测量样品接地电流，罗氏线圈监测放电电流脉冲，宽频带电场仪监测放电电场脉冲。设计了一个晶振电路产生固定周期的时序信号，利用高速数字存储示波器监测该试验电路受到放电脉冲的干扰。

(2) 介质材料的深层充电现象

聚合物介质由于其绝缘性能和机械性能好，被广泛用作航天器绝缘材料，但由于部分聚合物介质材料的电阻率过高，导致注入材料中的电荷泄放缓慢，从而大量累积；产生较高的电位，有较高的静电放电风险。图23-40为不同厚度的聚酰亚胺薄膜材料在20pA/cm²、40keV的电子束流辐照下表面电位的变化过程，试验温度保持在20℃。由图23-40可以看出，在相同充电条件下，材料的表面电位随着辐照时间的延长而逐渐升高，并最终达到平衡电位。材料越厚其电容越小，沉积同样的电荷表现出更高的电位。对于175μm厚的聚酰亚胺，其表面平衡电位不低于8000V，内部平均电场不低于4.6×10^7V/m（峰值电场5.3×10^7V/m）

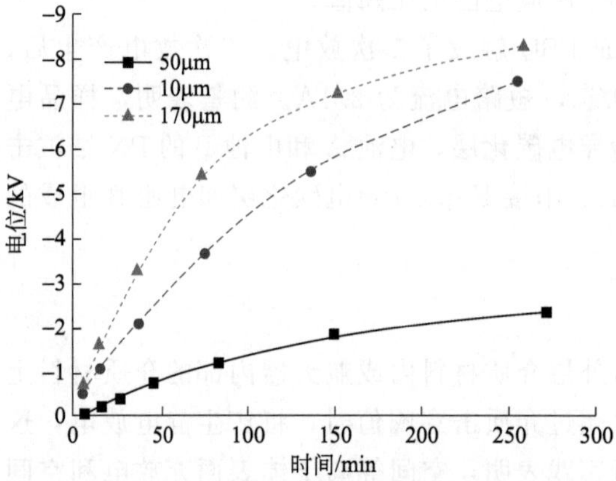

图 23-40　不同厚度聚酰亚胺薄膜在充电期间表面电位的变化

在上述的辐照试验结束后，使样品继续在真空环境下保持，其储存的电荷会缓慢地泄漏，表面电位相应地缓慢衰减。图23-41是测量到的归一化的电位衰减过程，3种不同厚度的样品的电位衰减时间常数比较接近，分别为1667min、1751min和1639min。可见沉积到该聚酰亚胺材料内部的电荷泄漏非常缓慢，经过28h才降低至最初的1/e水平。

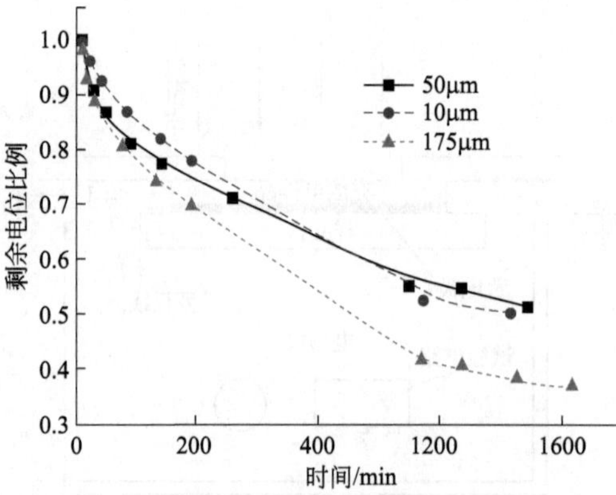

图 23-41　不同厚度聚酰亚胺薄膜表面电位衰减过程

进一步测算可得出聚酰亚胺材料的电阻率为$3.7\times10^{15}\Omega\cdot m$。通常，出现在地球外辐射带的高能电子增强事件会持续数天或更长时间，介质材料被充电至高负电位的可能性极大。对于运行于地球内辐射带的中、低轨卫星，其长时间遭遇辐射带电子轰击，也有较大的可能被充至较高负电位。

(3) 试验模拟 GEO 电子环境导致的深层充电过程

GEO 电子环境中，能量大于 0.1MeV 的电子通量密度峰值可以达到 $1pA/cm^2$ 以上。^{90}Sr 放射源能谱分布与 GEO 环境电子能谱分布接近，如图 23-42 所示。

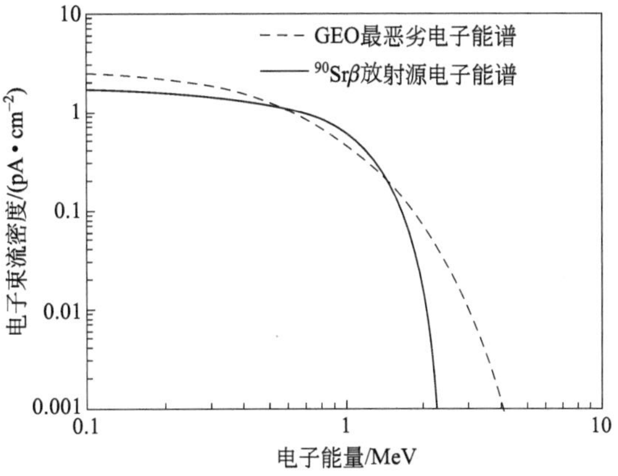

图 23-42 ^{90}Sr 放射源电子能谱和 GEO 电子能谱

利用^{90}Sr 放射源发射的电子模拟 GEO 恶劣电子环境，控制其束流密度在 1～$10pA/cm^2$ 之间，试验研究聚合物介质材料和某卫星部件的深层充电过程。

对厚度为 2mm 的聚四氟乙烯(Teflon) 和聚甲醛树脂 (Delrin) 进行辐照试验，辐照束流密度为 $5pA/cm^2$，图 23-43 为测量到的材料表面电位随辐照时间的变化。可见，在经历 7h 的辐照后，聚甲醛树脂表面电位约为－1500V，而聚四氟乙烯的表面电位达到了－4500V。这是由于聚四氟乙烯电阻率比聚甲醛树脂的电阻率高 3 个数量级，更大的电阻率导致更多电荷累积在材料内部，进而使得样品表面电位更高。

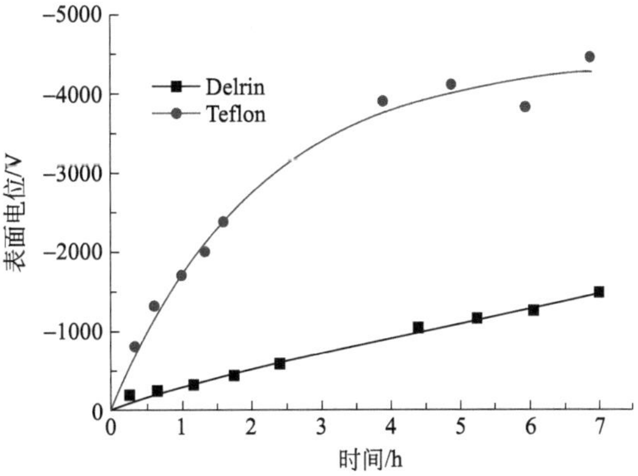

图 23-43 试验模拟 GEO 电子对介质材料的深层充电过程

某卫星用机构包括聚酰亚胺介质材料的衬底、与电源相接的金属环 (0V 或者 100V) 以及悬浮的金属环。对此机构以束流密度约 $2pA/cm^2$ 的^{90}Sr 放射源电子进行辐照，48h 后停止辐照，继续在真空环境中保持。图 23-44 是对悬浮金属环和介质圆盘的边缘测量到的电位结果，其中介质圆盘由于形状不规则、电位探针定位精度不高，导致测量结果一致性相对较差。

经过 48h 的辐照，悬浮金属环和介质盘边缘分别被充至－4.8kV 和－3.2kV 电位；辐照停止后，经过 16h，悬浮金属环和介质圆盘边缘的电位分别降至－3.7kV 和－2.6kV。可见，该机构被高能电子束辐照后，会形成数值相差较大的电位分布，如与电源相接的 0V、100V 两端，充电形成的－4.8kV 和－3.2kV 表面之间，都具有很高的放电风险。辐照停止后，电位衰减较缓慢，放电风险仍较高。

利用卫星深层充放电模拟装置初步模拟试验了空间材料的深层充放电效应及其影响。在束流密度几十皮安每平方厘米的单能电子枪电子和几皮安每平方厘米的连续能量放射源电子的辐照下，聚合物介质材料可以累积大量的电荷，致使其表面负电位在数小时和数十小时内升高至数千伏和接近 10^4V 量级，这些充电电荷的泄漏较慢；监测到介质放电产生的 10A 量级的电流脉冲和距离放电样品 30cm 处数十伏每米的电场脉冲，观测到放电脉冲对时序电路的显著干扰。

空间材料深层充放电现象是十分复杂的物理过程，除与电子束流密度、材料种类和厚度密切相关外，还受到材料构型等因素的影响。在航天器内部发生的深层放电现象，其放电脉冲将直接耦合入航天器电路中，对航天器安全产生严重的危害。

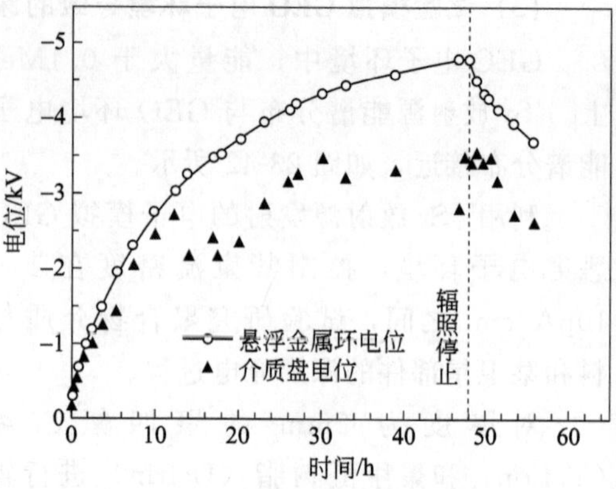

图 23-44 试验模拟 GEO 电子对某卫星用机构的深层充电过程

(4) 介质材料的放电及对试验电路的影响

采用不同束流密度的 60keV 电子束，持续辐照 2mm 厚的环氧树脂电路板（FR4），使其充至较高电位，观测其间可能发生的放电现象及对试验用时序电路的影响。图 23-45 是在长达 45h 内测量到的材料表面电位随着辐照持续进行而升高以及伴随着放电而迅速降低的结果。

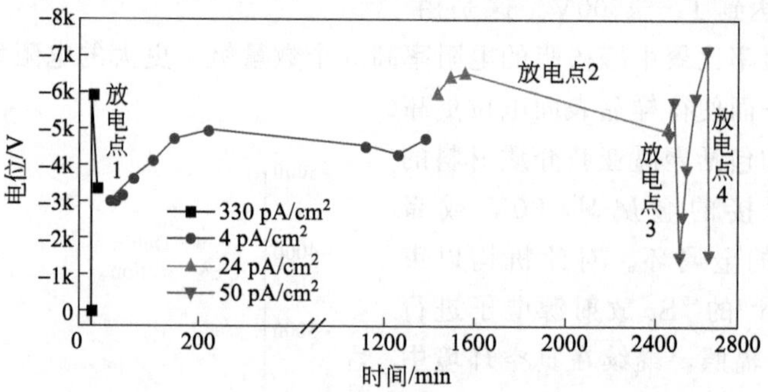

图 23-45 介质材料充电和放电期间表面电位的变化

试验一开始，采用 330pA/cm² 的电子束流辐照，在 5min 内表面电位即达到约－6kV，很快就导致了第 1 次放电，电位降至－3.5kV 左右；随后改用 4pA/cm² 的较弱束流辐照，200min 后电位达到－5kV 左右，随后直到 15h 后测得电位约为－4.6kV，电位变化不大；然后改用 24pA/cm² 的束流辐照，经 3h 后电位达到约－6.6kV，在随后的 15.5h 内发生第 2 次放电，最后测量到的电位为－5kV 左右；继续改用 50pA/cm² 的较强束流辐照，经 20min 后电位接近－5.8kV，随后发生第 3 次放电，电位降至－1.5kV；继续进行辐照，经 110min 电位再次达到－7.2kV，随后很快发生第 4 次放电，电位再次降至－1.5kV。

上述试验结果表明，采用 330pA/cm²、50pA/cm² 的束流辐照，很容易导致材料在较短时间内达到较高电位并发生放电；24pA/cm² 的束流经过较长的时间，也能够导致材料充以较高电位和发生放电；采用 4pA/cm² 的较弱束流，在试验期间没有观测到明显的放电现象；放电之后样品仍残留部分电荷，具有一定的表面电位。

23.4.3 电子与质子综合辐照氧化锌白漆的光学性能退化

在模拟的空间环境下对 S781 白漆（ZnO 白漆）分别进行了 10keV 电子辐照、70keV 质子辐照和 10keV 电子与 70keV 质子综合辐照试验。王旭东等人进行了白漆综合辐照研究。

（1）材料及试验方法

试验选用国产 S781 白漆进行。试样由中国科学院上海有机化学所提供。白漆样品被喷涂于 ϕ10mm 的铝合金基板上，漆膜厚度为 150～170μm。使用 Спектр 综合辐照效应模拟器对 3 个 S781 白漆试样分别进行电子辐照、质子辐照和电子与质子综合辐照试验。单因素辐照和综合辐照试验中，电能量 E_p 选取为 10keV，通量为 $1\times10^{12}cm^{-2}\cdot s^{-1}$，注量 Φ_e 为 $6\times10^{15}cm^{-2}$；质子能量选取为 70keV，通量为 $5\times10^{11}cm^{-2}\cdot s^{-1}$，质子注量 Φ_p 为 $3\times10^{15}cm^{-2}$；辐照过程中真空度在 10^{-4}Pa 量级。Спектр 是俄罗斯制造的一台空间综合辐照效应模拟器，可以在真空条件下进行电子、质子和紫外的单因素辐照试验以及多因素综合辐照试验，电子能量输出范围 5～100keV，质子能量输出范围 3～100keV，紫外光谱输出范围 200～400nm。辐照后，利用带有积分球的光学原位测试系统对试样进行原位（～10^{-4}Pa 真空下）光谱反射系数测试；并通过对太阳光谱辐照度积分的方法计算了辐照前后的太阳吸收比。

（2）电子辐照对样品光学性能退化的影响

10keV 电子辐照后 S781 白漆的光学性能退化如图 23-46 所示。图 23-46(a) 给出了电子辐照前后的光谱反射系数。可见，电子辐照前 S781 白漆的反射光谱呈现出典型的氧化锌漫反射特性。在 340～380nm，光谱反射系数只有 20.0%左右；在 380～520nm，光谱反射系数随波长呈明显的升高趋势，最大值达到 86.4%；在 520～2100nm，光谱反射系数总体上随着波长的增大而下降。电子辐照后，S781 白漆的光谱反射系数在可见光区和近红外区都发生了微幅下降，光学性能略有退化。S781 白漆是一种不透明材料，辐照后光谱反射系数下降源于辐照诱发的光学吸收。图 23-46(b) 给出了电子辐照诱发的光谱吸收系数。可见，电子辐照诱发的光学吸收发生在可见光区和近红外区。在可见光区的 420nm 附近形成了一个明显的吸收峰。在近红外区，光学吸收总体上随着波长的增大而增加。但总体来看，10keV、$6\times10^{15}cm^{-2}$ 电子辐照诱发的光学吸收较弱。可见光区 420nm 处的 $\Delta\alpha_{420nm}$ 只有 2.8%；近红外区 2100nm 处的 $\Delta\alpha_{2100nm}$ 仅为 5.1%；由于存在测量误差，在辐照诱发吸收较小的 500～900nm，$\Delta\alpha_{\lambda}$ 甚至出现了负值。

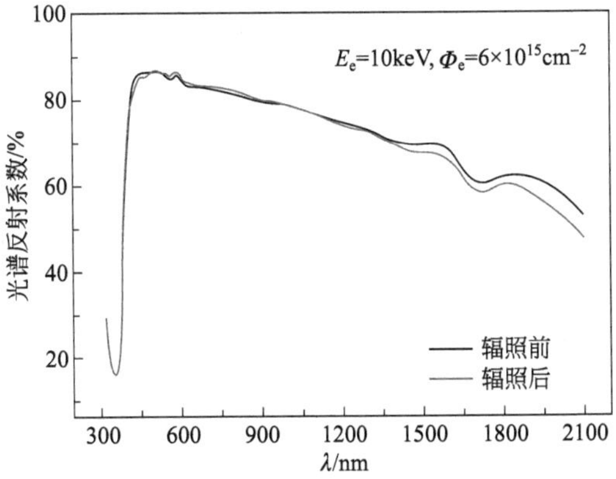

(a) 辐照前后的光谱反射率

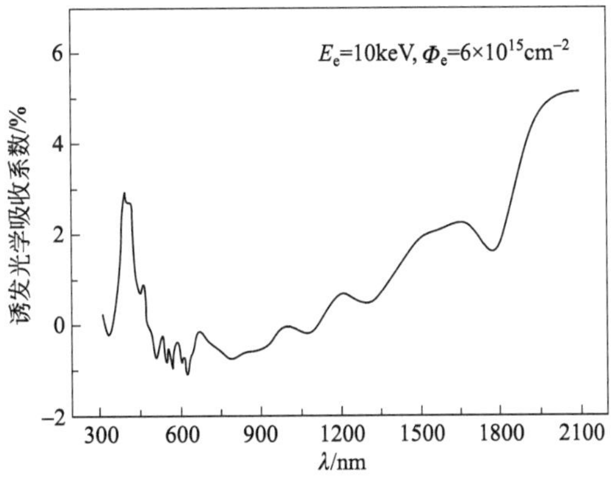

(b) 辐照诱导的光学吸收率

图 23-46　10keV 电子辐照前后 S781 白漆的光谱反射率和辐照诱导吸收率

（3）质子辐照对样品光学性能退化的影响

70keV 质子辐照前后 S781 白漆的光学性能退化如图 23-47 所示。

(a) 辐照前后的光谱反射率

(b) 辐照诱导的光学吸收率

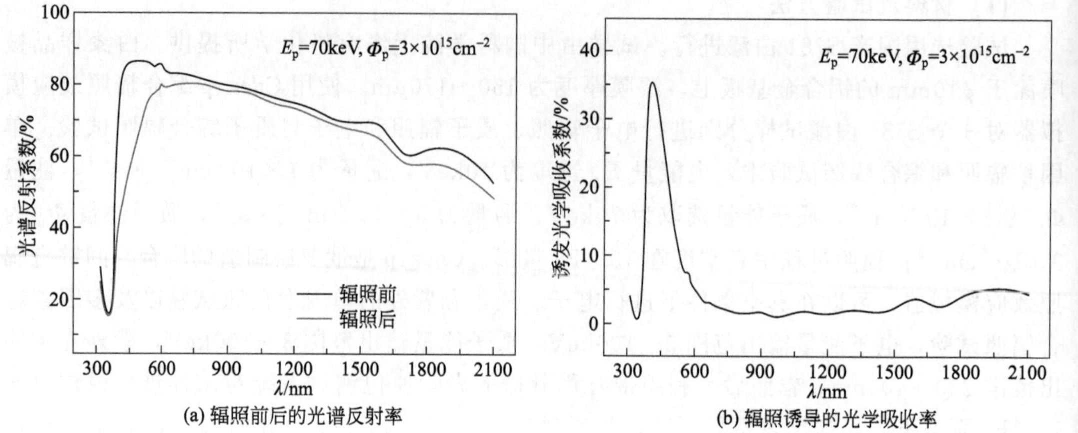

图 23-47　70keV 质子辐照前后 S781 白漆的光谱反射率和辐照诱发吸收率

图 23-47(a) 给出了质子辐照前后的光谱反射率。可见，质子辐照后，S781 白漆的光谱反射率下降，光学性能退化。此外，可见光区和近红外区的光学性能退化的程度不同；可见光区光谱反射率显著下降，近红外区光谱反射率只是略有下降。图 23-47(b) 给出了质子辐照诱发的光谱吸收率。可见，质子辐照诱发的光学吸收主要发生在可见光区。在可见光区的 420nm 附近同样形成了明显的吸收峰，吸收远高于 10keV 电子辐照，$\Delta\alpha_{420nm}$ 达到了 35.7%，在近红外区，光学吸收总体上依然随着波长的增大增加，但 $\Delta\alpha_\lambda$ 很小，$\Delta\alpha_{2100nm}$ 仅为 4.4%。

(4) 电子、质子综合辐照对样品光学性能退化的影响

10keV 电子（E_e）与 70keV 质子（E_p）综合辐照后 S781 白漆的光学性能退化如图 23-48 所示。图 23-48(a) 给出了电子与质子综合辐照前后的光谱反射率。可见，电子与质子综合辐照后，S781 白漆的光谱反射率下降，光学性能退化，比较而言，依然是可见光区的光学性能退化较大。图 23-48(b) 给出了电子与质子综合辐照诱发的光谱吸收率。可见，在可见光区，光学吸收显著，在 420nm 附近依然形成了明显的吸收峰，$\Delta\alpha_{420nm}$ 达到了 36.3%。在近红外区，光学吸收依然很小，$\Delta\alpha_{2100nm}$ 仅为 6.9%，但总体上仍随着波长的增大而增加。

(a) 辐照前后的光谱反射率

(b) 辐照诱发的光学吸收率

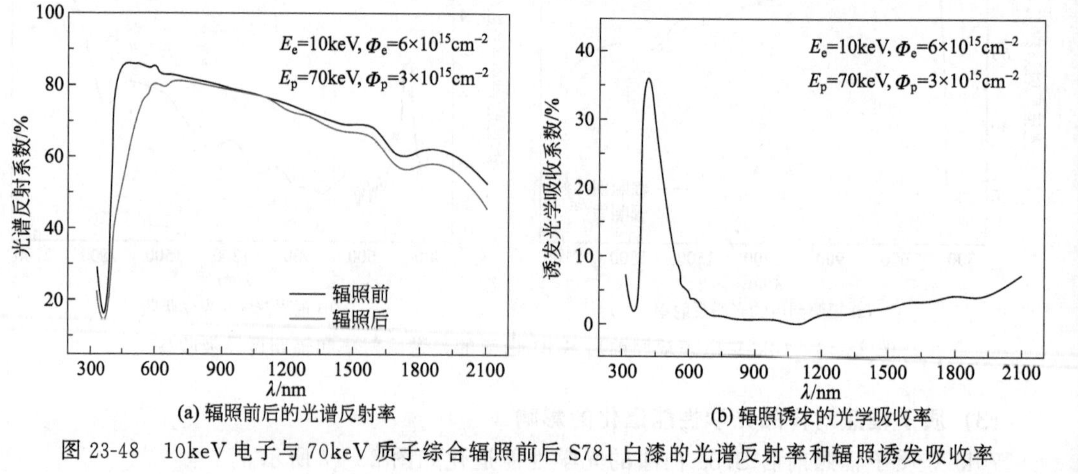

图 23-48　10keV 电子与 70keV 质子综合辐照前后 S781 白漆的光谱反射率和辐照诱发吸收率

经 10keV 电子、70keV 质子分别辐照或综合辐照后，S781 白漆的光谱反射系数下降，光学性能退化。其中，在可见光区的 420nm 附近出现了明显的蓝带吸收；近红外区的光学吸收总体上随着波长的增大而增加。综合辐照中，10keV 电子与 70keV 质子在 S781 白漆中的平均投影射程相近，且 S781 白漆的电子辐照和质子辐照损伤机理相似，因此综合辐照存在协合效应，协合效应减弱了光学性能退化。

23.4.4 防静电 Kapton 二次表面镜的电子辐照效应

热控材料有很多种类，其中，防静电聚酰亚胺二次表面镜（ITO/Kapton/Al）是航天器最常用的热控材料之一。ITO/Kapton/Al 薄膜通过在 Kapton 薄膜背面镀铝形成二次表面镜，并在 Kapton 薄膜表面镀氧化铟锡（$InSnO_x$）透明导电膜形成防静电层。在空间飞行过程中，由于受到紫外辐照、带电粒子辐照、原子氧腐蚀等空间环境的作用，ITO/Kapton/Al 的热辐射性能会发生变化，造成热控系统偏离原来设定的指标，严重的会造成航天器可靠性下降，寿命降低。刘宇明等进行了二次表面镜电子辐照效应研究。

(1) 试验条件

选用的 ITO/Kapton/Al 薄膜为航天器用材料，α_s 在 0.34 左右。采用 20keV、40keV、60keV 3 种能量的电子分别进行辐照试验，每次试验电子的束流密度都为 4.5×10^{10}e/(cm^2·s)，合 7.2nA/cm^2。设备内真空度优于 1×10^{-3}Pa，样品温控在 10～20℃之间，利用热沉模拟－30℃的冷黑背景。

利用热控涂层 α_s 原位测量装置测量电子辐照过程中 ITO/Kapton/Al 薄膜的 α_s。利用 X 射线光电子能谱仪（XPS）和扫描电子显微镜（SEM）观测辐照前后 ITO/Kapton/Al 薄膜表面成分和表面形貌。

(2) 电子辐照对 ITO/Kapton/Al 薄膜的 α_s 影响

图 23-49 反映了 ITO/Kapton/Al 薄膜在电子辐照过程中太阳吸收比的退化情况，其中太阳吸收比增量（$\Delta\alpha_s$）随电子注量变化的规律可以用指数函数进行描述。

从图 23-49 可以看出：在电子辐照的前期，ITO/Kapton/Al 薄膜的 $\Delta\alpha_s$ 退化较快，电子注量达到 0.5×10^{16}e/cm^2 时，对应 20keV、40keV、60keV 辐照的样品 $\Delta\alpha_s$ 分别为 0.079、0.108、0.126，以初始时薄膜的 α_s 为 0.340 计算，退化量分别达到 23%、32%、37%。而在电子辐照的后期，ITO/Kapton/Al 薄膜的 $\Delta\alpha_s$ 退化较慢，有逐渐稳定的趋势。电子注量从 1.0×10^{16}～1.5×10^{16}e/cm^2 这段辐照过程中，对应 20keV、40keV、60keV 辐照的样品 $\Delta\alpha_s$ 分别从 0.102、0.134、0.150 退化到 0.117、0.148、0.163，相对于初始 α_s 的退化量分别约为 4.4%、4.1%、3.8%，远小于相同电子注量下辐照前期的退化量。

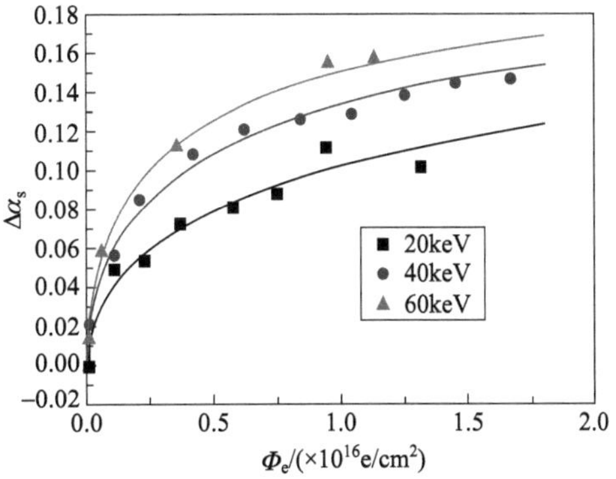

图 23-49 ITO/Kapion/A1 薄膜的 $\Delta\alpha_s$ 在电子辐照过程中的退化情况

对比相同注量下 3 种能量的电子辐照对 ITO/Kapton/A1 薄膜 α_s 的退化作用，20keV 电子辐照产生的退化作用最小，60keV 电子辐照产生的退化作用最大。这一结果与研究电子能量对 Kapton/Al 薄膜影响的文献报道结果一致。

(3) 电子辐照对 ITO/Kapton/Al 薄膜表面形貌的影响

ITO/Kapton/Al 薄膜辐照前后样品表面均比较平整，局部有些颗粒、褶皱、凸起等缺陷，没有出现电子辐照 Kapton/Al 薄膜时出现的充放电斑点和花纹，说明 ITO 导电膜起到了防止薄膜表面放电的作用。

(4) 电子辐照对 ITO/Kapton/Al 薄膜表面成分的影响

ITO/Kapton/Al 薄膜表面成分主要由氧化铟锡、Kapton 和吸附有机分子组成。氧化铟锡即为 ITO 导电膜，厚度一般在几十个纳米。由于 ITO 膜有破损，而且薄，所以 Kapton 的成分同样会被 XPS 检出。ITO/Kapton/Al 薄膜表面会吸附空气中的有机分子，在分析 XPS 谱图时这些有机分子成分必须加以考虑。样品表面 C 的来源有两个，一个是 Kapton 中的 C 原子，另一个是吸附的有机分子。

表 23-40 给出了辐照前后样品表面各元素成分分析的详细结果。

表 23-40 不同能量电子辐照前后 ITO/Kapton/Al 表面各元素成分分析

样品		C					O			N	In	Sn
未辐照	峰位/eV	284.6	284.8	286.3	287.8	288.6	529.9	531.7	533.8	—	—	—
	含量/%	0.93	43.05	1.83	0.71	1.02	9.68	17.51	0.70	1.00	22.03	1.53
20keV 辐照后	峰位/eV	284.6	284.8	285.6	286.3	288.5	529.7	531.5	533.3	—	—	—
	含量/%	—	45.06	—	5.29	2.04	9.94	18.68	0.52	1.88	15.00	1.58
40keV 辐照后	峰位/eV	284.6	284.8	285.6	286.3	288.3	529.8	531.7	533.7	—	—	—
	含量/%	—	52.97	—	6.74	2.17	5.50	18.21	0.66	1.74	10.98	1.03
60keV 辐照后	峰位/eV	284.6	284.8	285.6	286.3	288.8	529.6	531.4	533.5	—	—	—
	含量/%	—	48.76	—	4.35	1.31	7.79	18.79	0.27	1.83	15.21	1.69

通过以上试验结果可知，电子辐照会对样品表面 $InSnO_x$ 薄膜有一定影响，但是影响不大。在不同能量电子辐照下，样品表面成分变化基本一致，说明不同能量电子对 ITO/Kapton/Al 的成分损伤效应是一致的。

23.4.5 S781 白漆在空间辐照环境下物性变化

刘宇明等利用地面模拟试验研究了 S781 白漆分别在紫外辐照、质子辐照和紫外/质子/电子综合辐照下太阳吸收率（α_s）的变化情况。辐照前后的样品分别用 X 射线光电子能谱（XPS）和扫描电子显微镜（SEM）对其表面成分和微观形貌进行了观测，为改进材料抗辐照性能提供参考。

(1) 试验条件

热控涂层 S781 白漆的空间环境辐照试验条件：

① 紫外单一辐照采用汞氙灯为辐照源，5 个太阳常数辐照 5000 等效太阳时（ESH）；

② 质子单一辐照时质子能量为 40keV，束流密度为 1.525×10^9 p/(cm²/s)，累计注量为 2×10^{15} p/cm²；

③ 综合辐照是模拟地球同步轨道 15 年辐照环境，电子和质子的能量都是 40keV，采用紫外连续辐照 5000ESH，电子、质子交替辐照的方法，累计注量分别为 2.5×10^{16} p/cm² 和

$2.5\times10^{15}p/cm^2$。

辐照前后S781白漆表面成分分析由X射线光电子能谱仪AXIS Ultra测定，表面形貌由扫描电子显微镜JEM-6301F观察。

(2) 空间辐照环境对S781白漆太阳吸收率的影响

表23-41是热控涂层S781白漆在经过不同的辐照后α_s的变化情况。S781白漆是属于低α_s、高半球发射率的有机热控涂层。经过紫外、质子和综合辐照后，α_s发生了一些变化。其中紫外辐照后变化最小，变化量只有0.021，具有比较好的抗紫外性能。但是质子和综合辐照对α_s性能产生很大的影响，辐照后α_s分别变化为0.257和0.241，相对变化量达到了122%和125%，α_s退化严重。

表23-41　S781白漆辐照前后太阳吸收率变化情况

项目	辐照前样品α_s	辐照后样品α_s	变化量$\Delta\alpha_s$	相对变化量/%
紫外辐照	0.206	0.227	0.021	10
质子辐照	0.210	0.467	0.257	122
综合辐照	0.193	0.434	0.241	125

S781白漆在刚开始接受紫外辐照时α_s变化较大，辐照22个等效太阳时后α_s就上升到0.223，但之后基本上就稳定在0.22～0.23之间，没有再继续退化的趋势。从综合辐照引起的变化看，刚开始辐照时，样品的α_s变化速度较快；在辐照末期，α_s基本上趋于稳定。质子辐照引起样品α_s的退化情况与综合辐照的情况略有不同：在质子辐照的初期，α_s变化速度较慢；在辐照末期，α_s虽有稳定趋势，但是退化的趋势仍然很大。

(3) XPS分析

通过X射线光电子能谱（XPS）对样品表面的成分进行分析，表明S781白漆在经过不同辐照过程后表面元素含量都有所变化。表23-42为XPS检测的结果。辐照前样品表面主要含有O、Zn、C、Si等4种元素。经过紫外辐照后，样品表面元素含量变化不大，O和Zn含量略有上升，而C和Si的含量略有下降。质子和综合辐照后，样品表面元素的含量变化较大，Zn的含量几乎消失，O和Si的含量大幅降低，分别降低到原来的50%和30%左右。在经过各个辐照过程后，样品表面都出现了少量的Sn和N。

表23-42　S781白漆辐照前后的表面元素含量

元素所占百分比含量/%	O	Zn	C	Si	Sn	N
未辐照样品	41.19	6.32	36.23	16.26	0	0
紫外辐照	47.80	10.0	27.49	14.04	0.04	0.63
质子辐照样品	21.94	0.37	71.57	5.40	0.28	0.45
综合辐照	24.06	1.13	68.7	5.05	0.13	0.93

S781白漆在紫外辐照开始阶段，α_s上升很快，并在很短的时间内达到稳定。在质子和综合辐照过程中，S781白漆的α_s一直上升，在辐照初始阶段上升较快，在辐照末期逐渐趋于稳定。

紫外光子能断裂硅树脂的分子结构，产生C无机物质。虽然没有明显的证据表明质子辐照也会断裂硅树脂分子，但是质子对挥发物被吸附固化在样品表面形成污染物有着重要作用。电子辐照会影响更深层的硅树脂，使得黏合剂柔韧性降低，表面应力增大。

23.5 空间质子对电子器件及材料的损伤

质子主要存在于地球内外辐射带和宇宙射线中，尤其是宇宙射线，其成分绝大部分是质子。质子在银河宇宙射线中占 85%，在太阳宇宙射线中更是高达 99%，故太阳宇宙射线又称为太阳质子。质子辐照作用于材料，主要是通过直接电离来损失能量。它与原子的外层电子云起作用，通过一连串的碰撞把吸收物质原子里的电子打出去，发生与电子的散射作用。质子是空间带电粒子的主要成分，其对材料造成的辐照损伤是在轨服役航天器材料的主要损伤形式之一。

23.5.1 环氧树脂的质子辐照损伤

环氧树脂 648 和 TDE-85 由于其优异的性能在各国的航天领域已得到广泛应用。航天器在轨服役期间将受到各种空间环境因素的强烈作用，其中：高真空、低温条件下的太阳电磁辐照和带电粒子辐照会破坏航天器上高分子材料的化学键，使材料产生质量损失、表面析气现象，机械性能恶化。姜利祥等进行了环氧树脂质子辐照损伤研究。

(1) 试验方法和仪器

质子辐照试验在空间综合环境模拟设备上进行。质子能量 $E_p=150\text{keV}$；束流密度 $A=2.0\times10^{12}\text{cm}^{-2}\cdot\text{s}^{-1}$；辐照剂量范围 $\Phi=0\sim5.0\times10^{16}\text{cm}^{-2}$；真空度 10^{-6}Pa，环境温度 120K。

质量损失的测试在 Sartorius 公司生产的 MC210S 高精度微量天平上进行，精度为十万分之一。分别称量辐照前后试样的质量，每个试样测量 3 次，取平均值，并按下式计算单位面积质损量：$\text{SAML}=(M_0-M)/S$，式中 M_0 为辐照前的质量，g；M 为辐照后的质量，g；S 为辐照面积，m^2。弯曲强度的测试按照 GB2570-81 标准，采用三点加载简支梁法，在电子万能材料试验机 MTS 上进行，加载速度 $v=2\text{mm/min}$。析气成分测试在 MS 型单极射频质谱仪上进行。质谱仪安装在真空室内，在辐照条件下进行原位测试，其测量范围可达 1～500m.e.，测量精度为 0.5m.e.，利用国产 XJP-6A 型光学显微镜观察试样的表面形貌。SEM 分析在 HITACHI-S520 扫描电镜上进行，加速电压为 20kV。AFM 分析在 Nanoscope IIIaDimensin 3100 上进行。

(2) 质量损失的变化

图 23-50 为环氧树脂浇注体的 SAML 与质子辐照剂量关系。可见，随着质子辐照剂量的增加，质量损失均呈加速递增随后趋于平缓的趋势。在 $(0.1\sim1.0)\times10^{16}\text{cm}^{-2}$ 辐照剂量区间，648 和 TDE-85 的质量损失均加速递增。由于此时的辐照剂量较小，SAML 主要来自于真空效应的影响，TDE-85 的 SAML 小于 648，表明 TDE-85 的真空质损性能优于 648。随着辐照剂量的增大，648 和 TDE-85 质量损失均趋于平缓的趋势。当辐照剂量为 $5.0\times10^{16}\text{cm}^{-2}$ 时，648 的 SAML 比 TDE-85 高 33%。这表明 TDE-85 的质子辐照质损性能优于 648。

(3) 弯曲强度的变化

图 23-51 为环氧树脂浇注体 648 和 TDE-85 的弯曲强度与质子辐照剂量关系。由图可

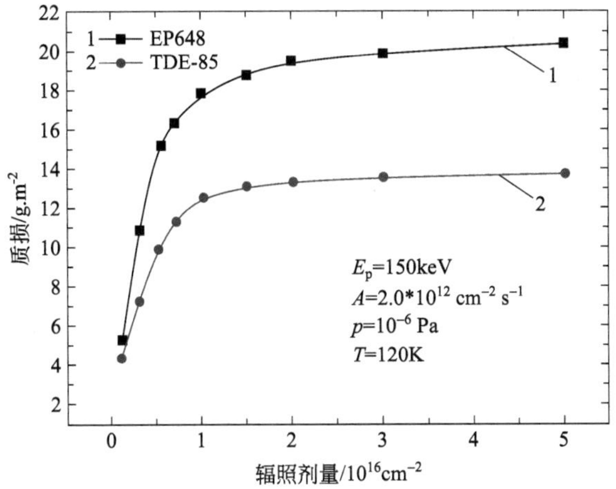

图 23-50　环氧树脂浇注体的质量损失与质子辐照剂量关系

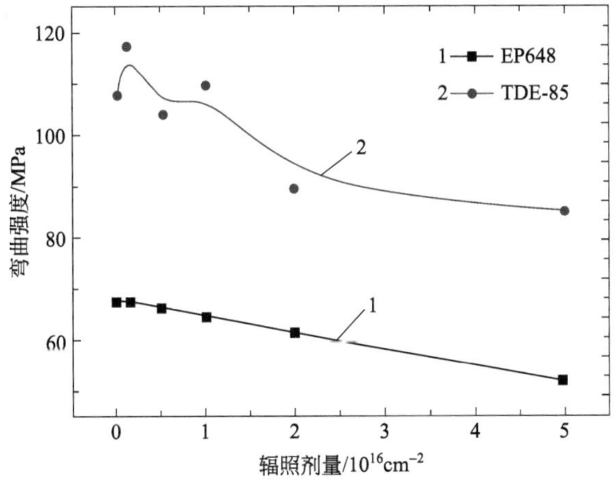

图 23-51　环氧树脂浇注体的弯曲强度与质子辐照剂量的关系

见，辐照前，TDE-85 的弯曲强度优于 648。随着辐照剂量的增加，TDE-85 的弯曲强度呈现先上升后下降趋势，648 的弯曲强度呈单边下降趋势。带电粒子辐照将导致环氧树脂表面产生交联和降解效应。质子辐照弯曲强度发生变化的拐点在（0.1～0.5）$\times10^{16}cm^{-2}$ 辐照剂量区间（图 23-51 中曲线 2），与电子辐照相比明显提前，这可能是由于质子的质量远大于电子，对环氧树脂的辐照损伤形式中降解效应占优。但是质子的射程低于电子，在环氧树脂表面的作用深度较浅，因此，随着辐照剂量的增加，弯曲强度的变化趋势趋于平缓。在（0～5.0）$\times10^{16}cm^{-2}$ 辐照剂量区间，648 弯曲强度的最大变化幅度为 22.8%，而 TDE-85 弯曲强度的最大变化幅度为 21%。

(4) 表面炭化

利用光学显微镜对质子辐照前后环氧树脂浇注体表面的宏观形貌变化进行了观察，质子辐照导致树脂表面颜色发生改变，且随着辐照剂量的增加，颜色逐渐变深。分析是由于质子与基体表面发生反应，虽然 C—H 键的键能比 C—C 键的键能高，但由于活化能沿着分子链的传递而分散了能量，保护了主链不断裂，而氢原子在碳的周围较容易受到攻击，分子链上的氢首先被夺取。MS的分析结果也证实了这一点。

失去氢后，部分C—C健开始受到破坏，随着辐照剂量的增加，键断裂的数量也逐渐增加，导致碳富集效应加重，颜色逐渐变深。

(5) 表面粗糙度

质子辐照前后环氧树脂648和TDE-85表面微观结构的AFM形貌：辐照前，648表面高低起伏不平整，表面呈块状突起，突起的大小和密度分布也不均匀。表面突起的最高点高度R_Z为73.45nm，表面平均粗糙度Ra为0.04μm。$5.0\times10^{16}cm^{-2}$辐照剂量下，树脂表面的块状突起呈现细化且均匀分布的趋势，局部突起连接成条状。648表面的R_Z为43.32nm，与辐照前相比降低了30.13nm，Ra为6.17nm，与辐照前相比降低了33.83nm，而电子辐照导致表面平均粗糙度升高，这表明质子与电子辐照的作用形式存在着不同。

TDE-85辐照前的表面呈现犁沟状形貌，表面有针状细小突起。TDE-85表面的R_Z为111.28nm，Ra为0.011μm。$5.0\times10^{16}cm^{-2}$辐照剂量下，针状突起消失，表面呈细化趋势。与辐照前相比，TDE-85表面的Ra和R_Z均大幅度降低，与648体系的变化趋势相同。由AFM结果可见，质子辐照导致环氧树脂表面的粗糙度明显降低，即表面平整度增加，这与电子辐照的损伤形式恰好相反。

经过上述试验结果表明，地面模拟空间环境质子辐照条件可以使环氧树脂648和TDE-85产生明显的损伤效应。通过对比648和TDE-85的试验结果可以得出以下结论：

① 质子辐照导致环氧树脂浇注体产生质量损失。随着辐照剂量的增加，质量损失呈加速递增随后趋于平缓的趋势。TDE-85的质子辐照质损性能优于648，当辐照剂量为$5.0\times10^{16}cm^{-2}$时，648的质量损失比TDE-85高33%。

② 随着质子辐照剂量的增加，648的弯曲强度呈单边下降趋势，而TDE-85的弯曲强度呈现先上升后下降趋势。648和TDE-85弯曲强度的变化幅度不同，在$(0\sim5.0)\times10^{16}cm^{-2}$辐照剂量区间，648弯曲强度的最大变化幅度为22.8%，而TDE-85弯曲强度的最大变化幅度为21%。

③ 质子辐照导致环氧树脂表面颜色加深并出现碳化效应，随着辐照剂量的增大，碳富集效应加重，颜色逐渐变深。质子辐照对环氧树脂表面的损伤深度低于电子辐照。

④ 质子辐照导致环氧树脂表面的粗糙度明显降低，即表面平整度增加，这与电子辐照的损伤形式恰好相反。

23.5.2 氧化锌质子辐照损伤

ZnO型热控涂层具有很低的吸收-发射比，以及相对较高的耐空间辐照稳定性，是应用最为广泛的热控涂层之一。作为航天器外表面材料的热控涂层，直接暴露于各种错综复杂的空间环境因素作用下，会导致其光学特性不断退化，从而影响航天器表面的热平衡状态，最终导致航天器在轨服役可靠性及寿命的降低。大量研究表明，影响ZnO型热控涂层光学性能退化的主要原因是由于涂层中的发色团，即ZnO粉末产生辐照损伤所致。李春东等进行了氧化锌质子辐照损伤研究。

(1) 材料及试验方法

以平均粒径为30～120nm、气相法合成的光学纯ZnO粉末为原料，采用$10kg/cm^2$的压强，将其压制为直径 20mm 的压片。

辐照能量 $E_p=90keV$，束流密度 $\Phi_p=5\times10^{11}cm^{-2}s^{-1}$，累积辐照注量 $\Phi_p=5\times10^{14}\sim1\times10^{16}cm^{-2}$。辐照束流面积 $100\times100mm^2$，有效辐照区内辐照粒子不均匀性≤5%，设备真空度为 $3\times10^{-4}Pa$，辐照过程中样品表面温度为 301K。

(2) 质子辐照对 ZnO 反射系数的影响

图 23-52 给出了 90keV 质子辐照后 ZnO 粉末光谱反射系数的变化率。可以看出，90keV 质子辐照后 ZnO 粉末的光谱反射系数下降，$\Delta\rho_\lambda$ 增大。质子对 ZnO 粉末在可见光区和近红外光区反射性能衰减的影响明显不同。在可见光区，ZnO 粉末光谱反射系数明显下降，$\Delta\rho_\lambda$ 随着注量的增加明显增大，360～750nm 波长内形成了一个十分显著的吸收峰，最高峰值位于 421nm 处，最大值达 61.2%；在近红外区，ZnO 粉末的光谱反射系数略有下降，$\Delta\rho_\lambda$ 随着注量的增加明显增大，最大值达 11%。

这是由于在质子辐照过程中，ZnO 颜料表面产生大量的氧空位型缺陷所致。氧空位的产生不仅使得 ZnO 颜料在可见光区间产生明显的吸收带，同时氧空位提供了导带中的自由电子，自由电子在导带内跃迁吸收近红外光子引起 ZnO 颜料光学性能在近红外区的退化。

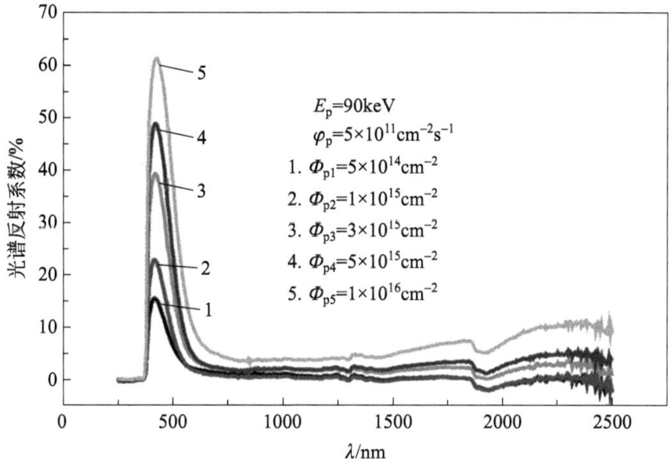

图 23-52　90keV 质子辐照后 ZnO 粉末光谱反射系数的变化

(3) 质子辐照后表面形貌

质子辐照后 ZnO 粉末表面形貌：质子辐照后试样表面呈明显的着色现象，随着辐照注量的增加，样品的着色明显加深呈黄色。这一表观颜色的变化是由于样品吸收了黄光的补光——蓝紫光的缘故。质子辐照使得 ZnO 粉末在可见光区形成一个十分显著的吸收峰(390～600nm)，最高峰值位置在 422nm，这恰好是蓝光波段。并且随着辐照注量的增加，吸收峰增强，使得样品表观着色现象不断加剧。

(4) 质子辐照后 ZnO 光致荧光光谱

图 23-53 给出了 90keV 质子辐照后的 ZnO 粉末的 PL（光致荧光光谱）谱解析结果。由图可见，质子辐照后有 3 个发光峰存在，分别为 482nm 的双电离氧空位（V_0^{**}），和 520nm 的单电离氧空位（V_0^{*}）和 565nm 处的氧空位（V_0）。大量载流子的出现，使得一部分单电离氧空位和双电离氧空位转变为氧空位。有文献在对 S781 白漆的研究中没有观察到

565nm 的发光峰，是因为在 S781 白漆中存在硅树脂等有机物，而氧空位不可能在这样的环境中存在。据此可知，质子辐照下 ZnO 粉末中的主要光学吸收中心为氧空位型缺陷。

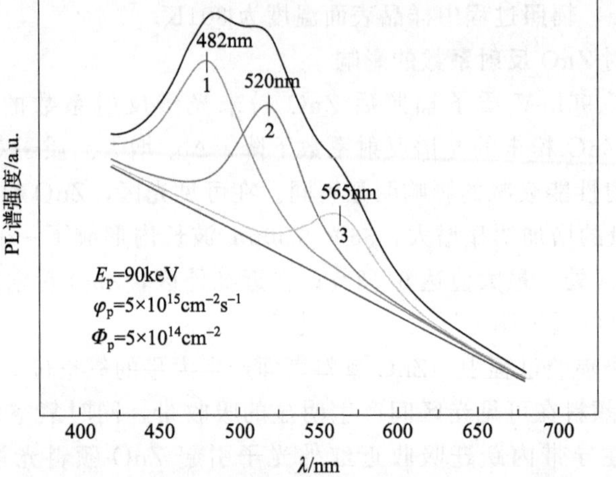

图 23-53　90keV 质子辐照后的 ZnO 粉末的 PL 谱解析

图 23-54 给出了各缺陷所占比例随辐照注量的变化。由图可见，单电离氧空位在 $\Phi_{pl}=5\times10^{14}cm^{-2}$ 中相对含量最大，随着辐照注量的增加，单电离氧空位的相对含量减小。在 $5\times10^{14}\sim1\times10^{16}cm^{-2}$ 范围内，未出现饱和现象。双电离氧空位在 $1\times10^{15}\sim1\times10^{16}cm^{-2}$ 范围内变化不大，相对含量基本不变，但随着辐照注量的增加，氧空位含量呈上升趋势，这是由于质子辐照过程中一部分单电离氧空位转变为氧空位的结果。

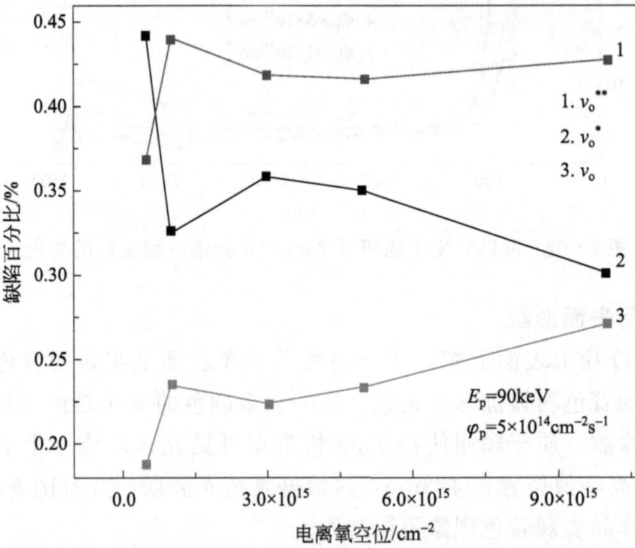

图 23-54　90keV 质子辐照后 ZnO 粉末各缺陷所占百分含量随注量的变化

质子辐照下，ZnO 粉末光学性能退化主要发生在可见光区，光谱反射系数随着质子注量的增加而下降；在红外区间 ZnO 粉末光学性能退化不明显，但随着辐照注量的增加，光谱反射系数呈下降趋势。ZnO 粉末的质子辐照损伤方式以电离效应为主，质子辐照后

ZnO 粉末表面产生大量的氧空位型缺（V_0^{**}，V_0^{*} 和 V_0），这是 ZnO 粉末光谱反射系数下降的主要原因。

23.5.3 质子辐照对防静电热控涂层导电性能影响

航天器热控涂层表面的不等量带电对航天器的安全构成了严重威胁，在热控涂层表面加涂导电 ITO 膜可以有效解决这个问题。为了保证航天器能安全工作，表面涂层或其他表面材料需满足一定的电性能要求，即表面电阻率在 $10^9\Omega/\square$ 以下。但导电 ITO（Indium Tin-Oxide，掺 Sn 的 In_2O_3）膜在空间带电粒子总剂量作用下可能存在严重性能退化问题。研究空间辐照环境对航天器表面热控材料电性能的影响对评估航天器可靠性具有很重要的意义。

ITO/F46/Ag、ITO/OSR/Ag 作为两种常用防静电热控涂层，具有良好的导电性能，在航天领域得到广泛应用。材料表面电阻率是材料导电性能的重要参数之一，赵春晴等研究了这两种热控涂层在质子辐照下表面电阻率的演化规律，并对其变化微观机理进行了分析。

（1）样品制备

ITO/OSR/Ag 又称导电玻璃型镀银 OSR 片，基底为厚 0.15mm 的铈玻璃或厚 0.2mm 的石英玻璃；玻璃不易变形，朝外一面镀有透明 ITO 导电膜，与 ITO 膜之间结合强度高，另一面镀银。该种热控涂层具有很低的 α_s/ε 比。涂层结构如图 23-55 所示。

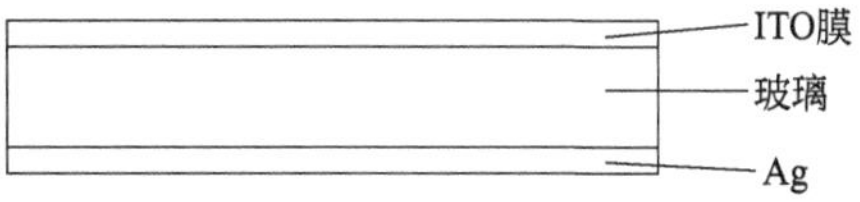

图 23-55 ITO/OSR/Ag 涂层结构

ITO/F46/Ag 与 ITO/OSR/Ag 的结构相似，但基底用 F46 塑料薄膜代替 OSR 片，由四氟乙烯（C_2F_4）与全氟丙烯（C_3F_6）共聚而得，其厚度为 50μm，具有较好柔性，但易变形、断裂，和 ITO 膜之间结合强度不高。

ITO 膜主要用于卫星防静电及空间辐照防护，由于它的主要成分是 In_2O_3，因此具有很好的导电特性。一般防静电涂层表层 ITO 膜厚几十纳米，该厚度的 ITO 膜既满足一定的电性能要求，又可以满足一定的光学性能要求。

（2）试验条件

试验设备的真空度优于 4×10^{-3}Pa。质子源的参数为：束流范围 0.1～100nA/cm^2；能量调节范围 5～50keV；辐照面积≥Φ150mm；不均匀性≤40%；质子纯度≥99%；不稳定性≤5%（10h）。试验模拟 6 年 GEO 低能质子辐照环境，质子能量和注量参考 AP8 空间环境模型、采用剂量-深度分布方法计算得出。试验参数见表 23-43。

表 23-43 试验参数

真空度	优于 4×10^{-3}Pa
样片温度	室温
热沉温度	−15℃
质子能量	40keV
束流密度	0.85nA/cm^2
总注量	1×10^{15}p/cm^2

首先对质子辐照系统进行束流标定；然后把样品放入真空容器，抽真空至 2×10^{-3}Pa 时，测量样品表面电阻率；启动质子源开始辐照，能量调节到 40keV，束流密度 0.85nA/cm^2；当质子注量达到 1.0×10^{14}p/cm^2、2.0×10^{14}p/cm^2、3.0×10^{14}p/cm^2、4.0×10^{14}p/cm^2、5.0×10^{14}p/cm^2、7.0×10^{14}p/cm^2、1.0×10^{15}p/cm^2 时，分别停止辐照进行样品表面电阻率原位测量；最后暴露大气下测量样品表面电阻率。

(3) 质子辐照对表面电阻率的影响

采用表面电阻率原位测量装置测量不同质子注量下防静电热控涂层表面电阻率变化，两种样品各选择一组测量数据进行分析，结果见表 23-44。由表可以看出，ITO/F46/Ag 和 ITO/OSR/Ag 两种涂层在质子辐照下表面电阻率呈变小的趋势。选择合适的函数，对质子辐照下热控涂层表面电阻率退化规律进行拟合，结果如图 23-56、图 23-57 所示。

表 23-44 不同质子注量下防静电热控涂层表面电阻率变化

质子注量/($\times10^{14}$p/cm^2)	表面电阻率/($\times10^4\Omega/\square^{-1}$)	
	ITO/F46/Ag	ITO/OSR/Ag
0	3.54	2.65
1	2.55	1.77
2	2.50	1.65
3	2.47	1.40
4	2.46	1.38
5	1.94	1.43
7	1.94	1.41
10	1.95	1.38

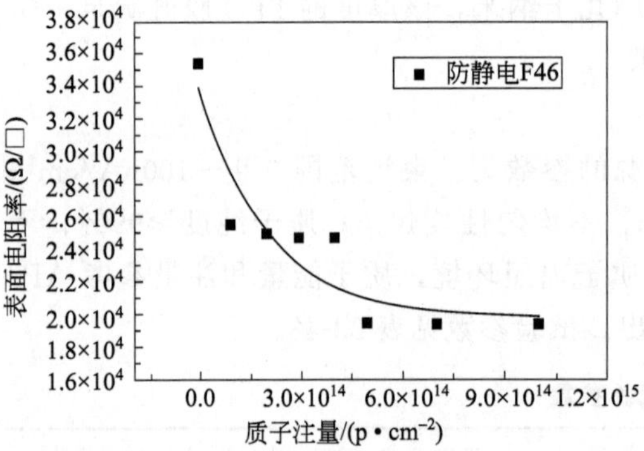

图 23-56 不同质子注量下 ITO/F46/Ag 表面电阻率变化

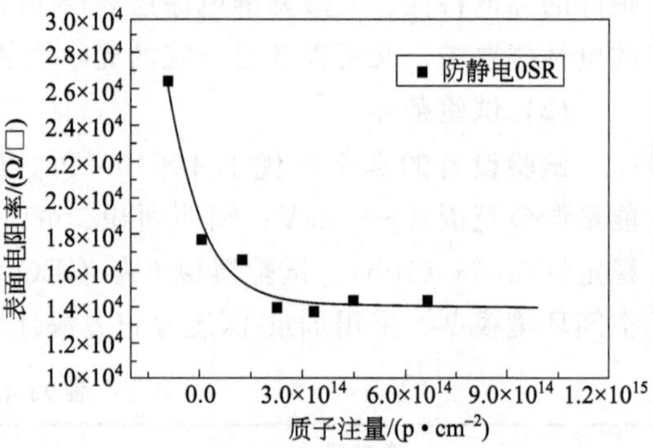

图 23-57 不同质子注量下 ITO/OSR/Ag 片表面电阻率变化

由图 23-56 可见，ITO/F46/Ag 表面电阻率随质子辐照注量增加呈指数衰减形式。辐照注量较小时，表面电阻率减幅较大；随着辐照注量进一步增加，表面电阻率的变化趋于平缓，逐渐进入稳定阶段。由图 23-57 可见，ITO/OSR/Ag 表面电阻率变化趋势与 ITO/F46/Ag 基本一致。

综上，两种防静电热控涂层在质子辐照下表面电阻率都下降，且呈现前期变化快、后期变化慢的特点，变化趋势比较一致。而样品重新置入大气后表面电阻率突然上升，出现明显的“恢复效应”。镀 ITO 膜防静电热控涂层在质子辐照下的导电性能变好，是由于质子辐照对涂层产生电离作用，导致了涂层导电中自由电子数量的增加。

试验验证了空间低能质子辐照环境对镀 ITO 膜热控涂层导电性能没有严重影响，为长寿命航天器型号大量使用 ITO 防静电涂层提供一定的支持。

23.5.4 质子辐照对石英玻璃光学性能的影响

在地球同步轨道上运行的航天器要受到地球辐射带能量范围极宽的质子和电子的辐照作用，光学元件或材料长期在这种环境下会导致性能退化。石英玻璃因具有一系列优异性能而成为空间光学应用方面高稳定光学系统最为合适的材料之一，魏强等对石英玻璃辐照后光谱性能的变化进行了研究，对其在航天器上光学系统的应用有重要的意义。

(1) 测试条件

材料为国产 JGS3 石英玻璃，杂质含量小于 0.05‰，做过除 OH 团处理。试样尺寸为 20mm×20mm×2mm，其在波长范围 200～3200nm 的平均透过率为 93%。

辐照实验设备由正离子加速器、真空系统、控制和测量系统组成，可以模拟空间高真空环境（10^{-4}Pa）、冷黑环境（100K）和能量 30～200keV 的 H^+、He^+、O^+、N^+、Ar^+ 等各种离子辐照环境。采用日本岛津公司生产的 UV-3101PC 分光光度计测量样品的透过率光谱，进而得到吸收光谱。该分光光度计为双光束分光光度计，波长测量范围 190～3200nm，仪器分辨率为 0.1nm。

选用辐照能量 60keV、80keV、100keV、140keV、180keV，束流密度 $J=0.2\mu A/cm^2$，每种辐照能量下采用的辐照注量最高达 $\Phi=2\times10^{16}cm^{-2}$，相当于地球辐射带内约 7 年的辐照注量。在辐照前，先用分光光度计测量石英玻璃样品的光谱作为标准，以便和辐照后的光谱进行对比。测量时以空气作本底吸收，所有测量均在室温下进行。

(2) 质子辐照对石英玻璃透过率的影响

采用辐照停止后离位立即测量的方法，测得透过率与波长的关系曲线，如图 23-58～图 23-62 所示。这些曲线均经过傅立叶平滑处理，并将波长剪裁至 800nm，因为 800～3200nm 谱段透过率无明显变化。

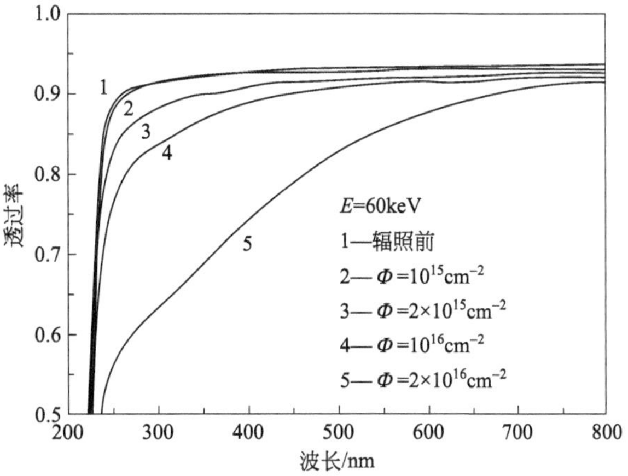

图 23-58 60keV 不同注量质子辐照后石英玻璃透过率

图 23-58～图 23-62 各图的透过率曲线中，曲线 1 代表辐照前石英玻璃透过率，其他曲线对应不同质子注量。可以看出，在能量为 60keV 的辐照中，当辐照注量为 $10^{15}cm^{-2}$ 时，石英玻璃的光谱性能基本上没有变化；当辐照注量达到 $2\times10^{15}cm^{-2}$ 以上时，透过率不同程度地发生了变化，辐照注量越大透过率下降越明显；当辐照注量达到 $2\times10^{16}cm^{-2}$ 时，200～800nm 波长范围内平均透过率下降到辐照前的 87%，此时

石英玻璃略带灰色。

这种变化主要发生在紫外区域。随着辐照注量增加，透过率呈现出单调下降的趋势，该下降趋势逐渐波及可见光区域；然而红外谱段的光谱性能变化较小。

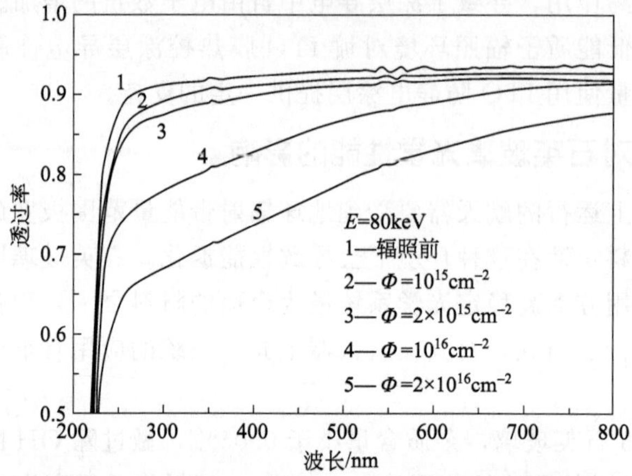

图 23-59　80keV 不同注量质子辐照后石英玻璃透过率

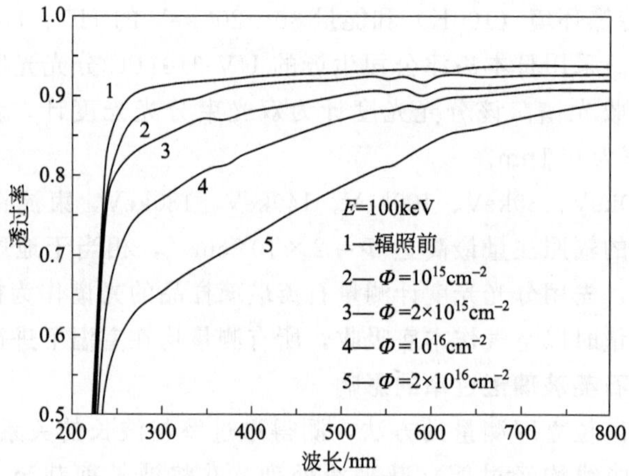

图 23-60　100keV 不同注量质子辐照后石英玻璃透过率

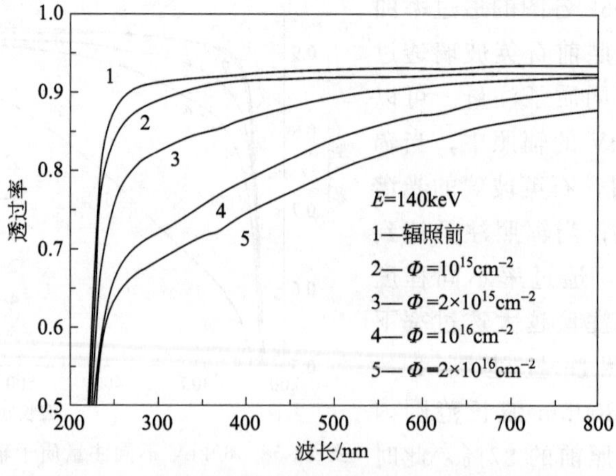

图 23-61　140keV 不同注量质子辐照后石英玻璃透过率

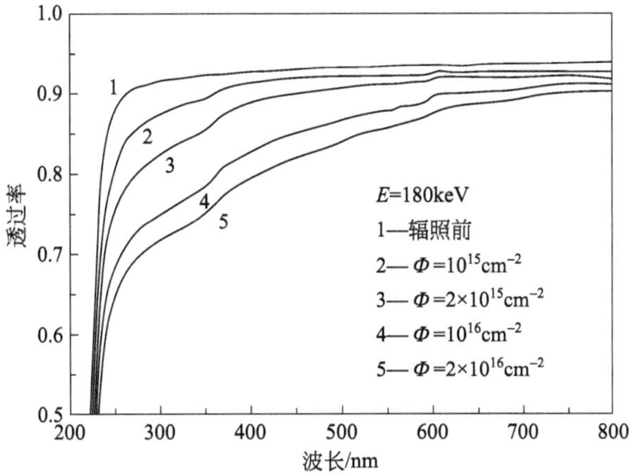

图 23-62　180keV 不同注量质子辐照后石英玻璃透过率

由图 23-63 可见，在较低辐照注量（$10^{15}cm^{-2}$、$2\times10^{15}cm^{-2}$、$10^{16}cm^{-2}$）作用下，随着辐照能量的增加，透过率变化值逐渐增加；然而当辐照注量达到 $2\times10^{16}cm^{-2}$ 时，透过率变化则随辐照能量的增大而减小。这反映了在较大辐照注量作用下，随着辐照能量的增大，吸收峰峰值表现出恢复的趋势。

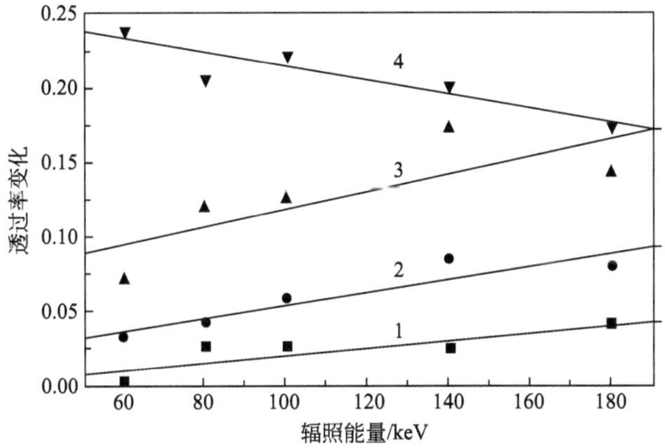

图 23-63　辐照能量对石英玻璃透过率变化的影响

1—$\Phi=1\times10^{15}cm^{-2}$；2—$\Phi=2\times10^{15}cm^{-2}$；3—$\Phi=1\times10^{16}cm^{-2}$；4—$\Phi=2\times10^{16}cm^{-2}$

23.5.5 质子辐照下聚酰亚胺薄膜力学性能退化

聚酰亚胺薄膜广泛应用于航天器热控结构和太阳帆等充气展开结构中，由于暴露在航天器表面，受到各种空间环境效应的影响，其力学性能会发生退化。张帆等研究了质子辐照下聚酰亚胺薄膜力学性能的退化。

(1) 测试条件

质子能量为 45keV，质子注量为 $5\times10^{14}p/cm^2$。为了合理缩短试验时间，尝试采用 500 倍、1000 倍、2000 倍、4000 倍的加速倍率进行加速辐照试验，GEO 5a 轨道的质子总注量对应的质子通量密度分别为 $1.58\times10^9cm^{-2}\cdot s^{-1}$，$3.17\times10^9cm^{-2}\cdot s^{-1}$，$6.34\times10^9cm^{-2}\cdot s^{-1}$，$1.27\times10^{10}cm^{-2}\cdot s^{-1}$。试验温度范围为低温−30℃，高温 55℃。

根据 GB13022-1991《塑料、薄膜拉伸性能试验方法》，使用专用裁刀将厚度为 25μm

的薄膜裁制成 15mm 宽、150mm 长的条形（宽度方向与薄膜轧制方向一致）。用照明放大镜检查，舍去边缘有缺陷的试样。制备相同数量的国产与进口均苯型聚酰亚胺薄膜 PI025，并从靶台中心位置开始交替粘贴到靶台上。

(2) 拉伸参数及拉伸方向

辐照试验完成后，应立即取出样品，在 RGW-1KN 全数字化电子拉力试验机（单柱标准型）上进行拉伸试验。装样品时必须注意保持薄膜的平面与上下夹具的平面平行。拉伸试验参数设定见表 23-45。

表 23-45 拉伸试验参数

温度/℃	湿度/%	标距/mm	拉伸速度(mm·min^{-1})
25	50	100	50

薄膜拉伸方向的确定：在生产聚合物薄膜时，由于薄膜轧制方向不同，会造成聚合物分子链排列延伸方向的不同，进而使得薄膜沿各方向上的力学性能有所不同。在力学性能测试中必须要考虑轧制方向对薄膜力学性能的影响。

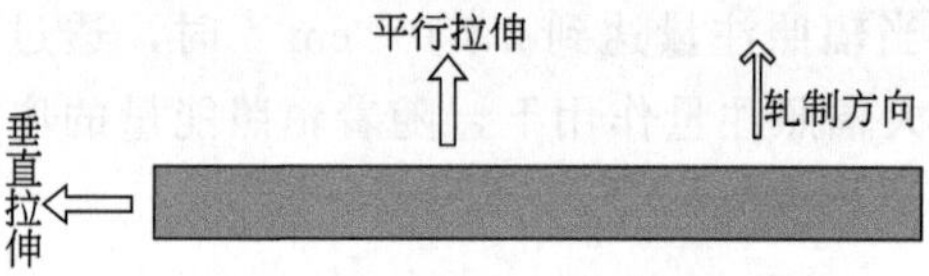

图 23-64 拉伸方向示意图

对未辐照的国产 PI025 薄膜进行平行拉伸和垂直拉伸的对比试验，拉伸方向如图 23-64 所示，每组 10 个样品，确认薄膜各向异性的存在。垂直方向与平行方向拉伸试验结果对比见表 23-46。

表 23-46 垂直方向与平行方向拉伸试验结果对比

拉伸方向	垂直方向	平行方向
最大载荷/N	58.06	67.07
抗拉强度/MPa	154.83	177.95
弹性模量/GPa	1.37	1.37
断裂伸长率/%	41.24	49.02
定应力伸长率/%	0.11	0.12

由表 23-46 可知，薄膜沿与轧制方向平行方向的抗拉强度明显高于垂直方向的抗拉强度。从微观上可推测分子链主链延伸的方向是沿轧制方向。

由于薄膜在垂直拉伸方向上的力学性能较差，所以垂直拉伸方向的力学性能指标决定了薄膜的韧性和抵抗外力的能力。在后续的试验中，为了消除薄膜的各向异性对其力学性能测试的影响，所有薄膜样品沿垂直方向进行拉伸。

(3) 质子通量密度对薄膜力学性能的影响

对薄膜在总注量为 5×10^{14} p/cm^2，即模拟 GEO 上 5a 的质子总注量下，进行不同通量密度的质子辐照试验后，测试其力学性能，结果见表 23-47。

表 23-47 质子通量密度对薄膜力学性能的影响

质子通量密度/(cm^{-2}·s^{-1})	束流密度/(nA·cm^{-2})	断裂伸长率/%	抗拉强度/MPa
1.58×10^9	0.254	54.06	225.51
3.17×10^9	0.507	53.19	232.36

质子通量密度/($cm^{-2}\cdot s^{-1}$)	束流密度/($nA\cdot cm^{-2}$)	断裂伸长率/%	抗拉强度/MPa
6.34×10^9	1.014	48.36	214.45
1.27×10^{10}	2.028	36.60	189.50

从表 23-47 可以看出，在总注量一定时，随着质子通量密度的增加，薄膜的断裂伸长率和抗拉强度都有所下降，说明加速倍率的选择会影响试验结果。质子通量密度比较小时(第 1 组、第 2 组)，对薄膜断裂伸长率和抗拉强度的影响并不明显，甚至出现了质子通量密度增加，抗拉强度略微增大的情况。在测量误差允许的范围内，基本可以认为当质子通量密度比较小时，薄膜的力学性能变化不明显。但随着质子通量密度持续增加，薄膜的断裂伸长率和抗拉强度都迅速下降，为了较真实地模拟空间实际质子环境，选择质子通量密度为 $3.17\times10^9 cm^{-2}\cdot s^{-1}$（加速倍率 1000 倍）来进行不同质子注量的辐照试验，而避免选用过高的加速倍率。

(4) 质子注量对薄膜力学性能的影响

质子总注量随着航天器在轨时间的延长而增大。为考察质子辐照随时间的累积效应对薄膜力学性能可能产生的影响，试验中选取的质子注量分别对应 GEO 在轨 1a，3a，5a，7a，10a 的质子总注量。

对比辐照前后的样品可以看出，薄膜的断裂伸长率及抗拉强度等指标在辐照试验后都有明显的变化，见图 23-65。这说明质子辐照确实会对薄膜的力学性能产生退化效应，使薄膜材料发生脆性断裂的可能性变大，韧性降低。

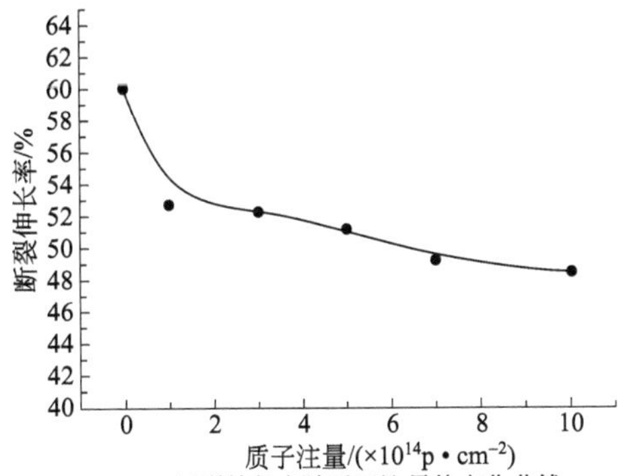

(a) 断裂伸长率随质子注量的变化曲线

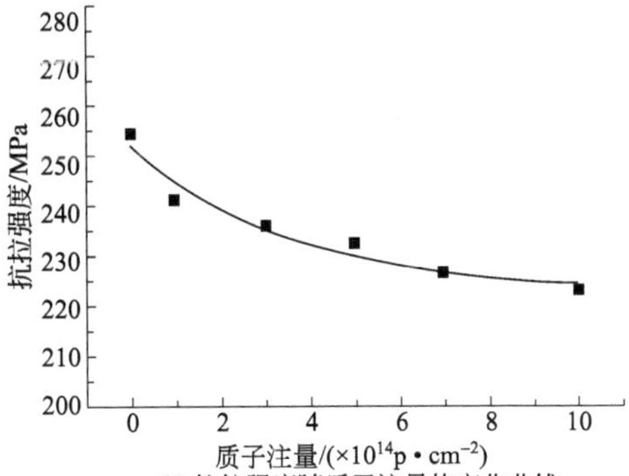

(b) 抗拉强度随质子注量的变化曲线

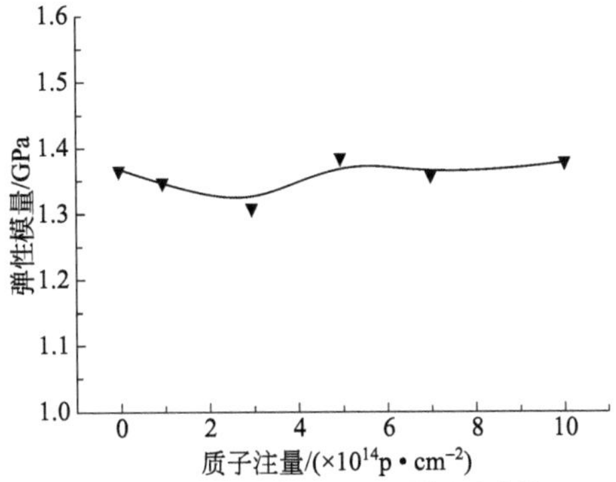

(c) 弹性模量随质子注量的变化曲线

图 23-65 质子注量对薄膜力学性能的影响

从图 23-65(a) 中可以看出，随着质子注量的增加，即在轨时间的延长，薄膜的断裂伸长率不断下降。且在轨初期，其下降速率比较快；随着时间的延长，其下降速率减慢，曲线趋势变缓。

从图 23-65(b) 中可以看出，薄膜的抗拉强度随质子注量的变化趋势与薄膜的断裂伸长率随质子注量的变化趋势基本一致，也是在轨初期下降速率比较快；随着时间的延长，注量增加，下降的速率减慢，曲线趋势变缓。这一现象验证了抗拉强度和断裂伸长率下降对于反映薄膜材料柔性下降、脆性上升、抗应力折断能力变弱具有一致性。

从图 23-65(c) 中还可以看出，在薄膜的抗拉强度和断裂伸长率下降的同时，其弹性模量变化并不明显，只是围绕一定数值上下波动。因此，经过试验验证弹性模量是一个不敏感的力学性能指标，不能反映材料可能发生脆性断裂的真实情况。在后续研究辐照对薄膜力学性能的影响时，可以基本不考虑这个指标。

(5) 温度对薄膜力学性能的影响

以质子总注量为 $5.0\times10^{14}p/cm^2$，通量 $6.34\times10^{9}cm^{-2}\cdot s^{-1}$ 为基准条件，分别对薄膜样品在−30℃，15℃和 55℃温度下进行辐照试验，然后进行拉伸试验，测试其力学性能，结果见表 23-48。

表 23-48 温度对薄膜力学性能的影响

温度/℃	抗拉强度/MPa	断裂伸长率/%
−30	210.56	46.52
15	214.45	48.36
55	215.91	47.97

从表 23-48 可以看出，薄膜在 55℃辐照后的抗拉强度和断裂伸长率均大于−30℃辐照后的结果。抗拉强度在高温 55℃辐照后最大，断裂伸长率则在常温 15℃辐照后最大。说明薄膜在低温辐照下的力学性能退化比在高温辐照下略微明显，更容易变脆、变硬、韧性下降。在−30～55℃范围内，温度虽然对力学性能会产生影响，但是影响非常小。考虑试验中温度的选择范围及试验量的限制，这些数据并不足以证明温度对辐照后薄膜力学性能的影响。在实际空间中航天器经常处于高低温交变的环境中，温度变化范围可达±200℃，因此还需要进一步研究极端高温和极端低温对薄膜力学性能的影响。

薄膜力学性能发生改变的根本原因是，在质子辐照下分子内产生自由基，使高分子链发生交联和裂解。当质子通量较低时，质子的入射削弱了分子与分子之间的作用力，改变了官能团各平面间的夹角，但是不足以使原有的化学键断裂；当质子通量较高时，原子被激发而电离，产生新自由基，自由基之间结合形成新化学键，新化学键的生成使薄膜的力学性能发生改变。质子注量反映了质子在薄膜表面随时间的累积效应。开始时随着质子注量的增加，发生高分子链的裂解和交联；当质子注量持续增加时，分子内会建立新的平衡，产生自由基达到饱和状态，不会再有更多的新化学键生成，宏观上力学性能不再有明显变化。在薄膜材料的力学性能指标中，抗拉强度和断裂伸长率的下降可以反映薄膜力学性能退化的实际情况，而弹性模量是一个不敏感的力学性能指标。试验表明薄膜材料在低温辐照下更容易变脆、变硬、韧性下降。这可能是因为在质子辐照过程中，薄膜中产生的自由基在温度较高时运动加剧，自由基之间重新结合，表现为自我修复的过程。

23.5.6 Fe-Ni 软合金质子辐照效应

Fe-Ni 合金是一种应用十分广泛的软磁合金，具有高磁导率、低矫顽力等特性，目前已用作小卫星磁力矩器的棒体材料。卫星磁力矩器暴露于空间辐照环境下，其辐照稳定性直接关系到卫星的正常运行。姜利祥等对磁力矩器棒体材料辐照稳定性进行了研究。

（1）试验条件

试验材料的化学成分为 53.6%的 Fe 和 45.3%的 Ni，其余为 Mn、Cr、Si 等合金元素。辐照试样为 4mm×4mm 的薄片。辐照前用金相制样的方法对辐照表面进行处理，得到光洁表面。利用 SRIM 软件计算材料中质子的剂量-深度分布，以此确定辐照试样的厚度。

选择试样的厚度为 0.2mm，与质子在试验材料中的贯穿深度一致。采用 2×6MVEN 型串列静电加速器进行质子辐照，辐照能量为 8MeV，束流强度为 30nA，束流密度为 1.9×10^{11} p/(cm^2 · s)。

磁性能测量采用 Lake Shore 7410 型振动样品磁强计（VSM）。材料物相分析采用 Rigaku RotaflexD/max-rB 型 X 射线衍射仪。正电子湮没分析采用快-慢符合的正电子湮没寿命谱仪，正电子源是以 Kapton 薄膜为衬底的无载体 22Na 源，活度约为 0.5×10^6 Bq。

（2）质子辐照对磁性能的影响

图 23-66、图 23-67 给出 Fe-Ni 合金在 8MeV 质子辐照前后矫顽力和饱和磁感应强度随质子吸收剂量变化的规律。图 23-68 为起始磁化曲线斜率随质子吸收剂量变化的规律，用来表示 Fe-Ni 合金磁导率的变化。由图 23-66 可以看出，Fe-Ni 合金的矫顽力随吸收剂量增加而增大，当吸收剂量为 750Mrad 时，矫顽力的增加量为 39.2%。从图 23-67 可以看出，辐照对 Fe-Ni 合金饱和磁感应强度的影响不大。从图 23-68 可以看出，Fe-Ni 合金的磁导率随吸收剂量增加而下降。

软磁合金的饱和磁感应强度是结构不敏感参数，只与材料成分有关，因而辐照产生的缺陷等结构变化对它影响不大。而软磁合金的矫顽力和磁导率是结构敏感参数，受到内应力、饱和磁感应强度以及磁弹性等因素的影响。

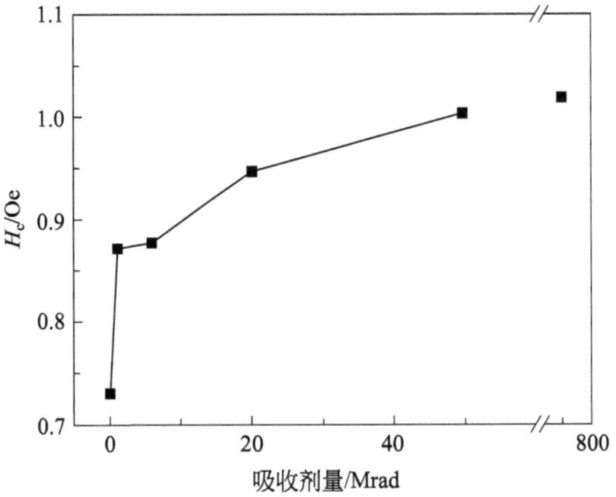

图 23-66　8MeV 质子辐照对 Fe-Ni 合金矫顽力的影响

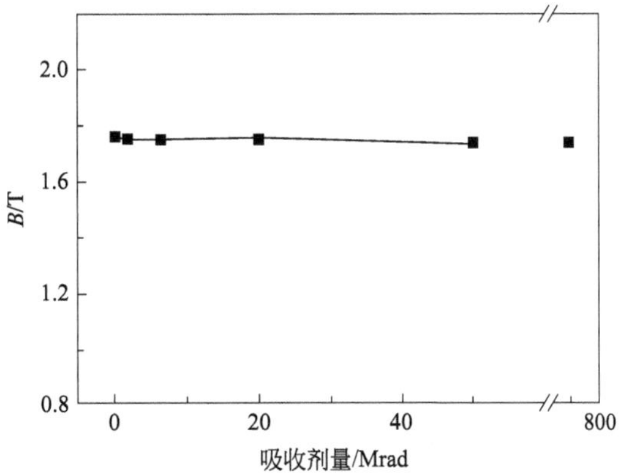

图 23-67　8MeV 质子辐照对 Fe-Ni 合金饱和磁感应强度的影响

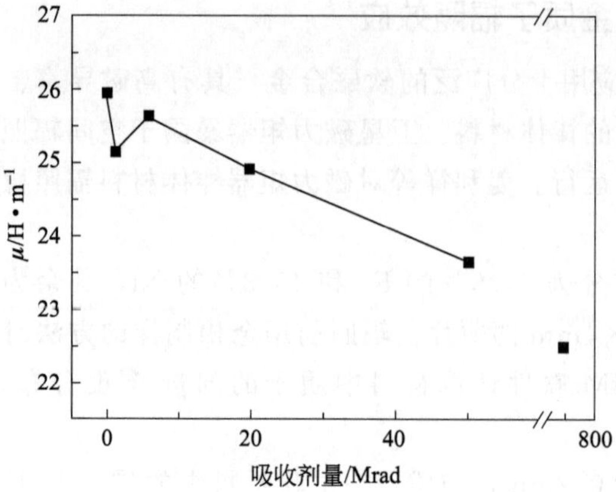

图 23-68　8MeV 质子辐照对 Fe-Ni 合金磁导率的影响

在固体内慢化过程中，质子通过弹性碰撞方式将部分能量传输给被击点阵原子；这些初级碰撞原子还会经历一系列级联碰撞，形成点阵空位和离位原子；这种空位-离位原子对会凝聚成团，导致固体产生点阵缺陷。合金中的辐照缺陷使晶格发生变形，从而增大合金的微观内应力。这种微观内应力的增加会导致材料矫顽力增大。软磁合金的反磁化过程主要是通过畴壁位移来实现。畴壁位移磁化过程中的平衡条件为：动力（磁场作用力）=阻力（由内应力或杂质等不均匀性所产生）。材料的内应力起伏会阻碍畴壁位移，从而使矫顽力增大，而合金微观内应力的增加会使材料的磁导率下降。

试验研究表明，Fe-Ni 合金在经 8MeV 质子辐照后随质子吸收剂量增加，其矫顽力明显增大，饱和磁感应强度基本没有变化，磁导率下降。XRD 分析和正电子湮没寿命谱分析表明，辐照后合金没有发生相结构变化，只产生了单空位缺陷及少部分聚集的空位团，并使晶格发生畸变。对于矫顽力、磁导率这样的结构敏感参数，辐照产生的材料缺陷是其产生变化的主要原因。

23.6 空间光学遥感器试验设备

气象卫星和资源卫星，均需要配置红外遥感器。如红外成像仪、红外分光计、扫描辐射计、成像光谱仪、地球辐射探测仪等仪器。用以对地貌、海洋、大气环境进行观测，进而进行预报天气，普查地球资源，对环境进行监测，观测确定自然灾害区域等。

此类遥感卫星发射前，其红外遥感器需要在空间环境模拟设备中进行绝对辐射定标试验，参见 23.7 节。

本书中设备是用于红外遥感器对地球大气背景红外参数测量，以及空间冷背景红外参数进行测试。要实现对空间背景测量，必须在地面完成其性能试验与测试。故该试验设备既可用于模拟太空中的超高真空及冷黑背景环境，进行热平衡试验，又可以进行背景噪声及红外定标的空间环境模拟试验。

本设备根据使用要求，配置了冷屏、高低黑体、三维样品台以及冷黑背景模拟单元等。

23.6.1 试验设备组成

该试验设备主要由真空室、热沉、样品台、冷屏、高温黑体、低温黑体、真空抽气系统、液氮供给系统、控制系统组成。设备构成如图 23-69 所示。

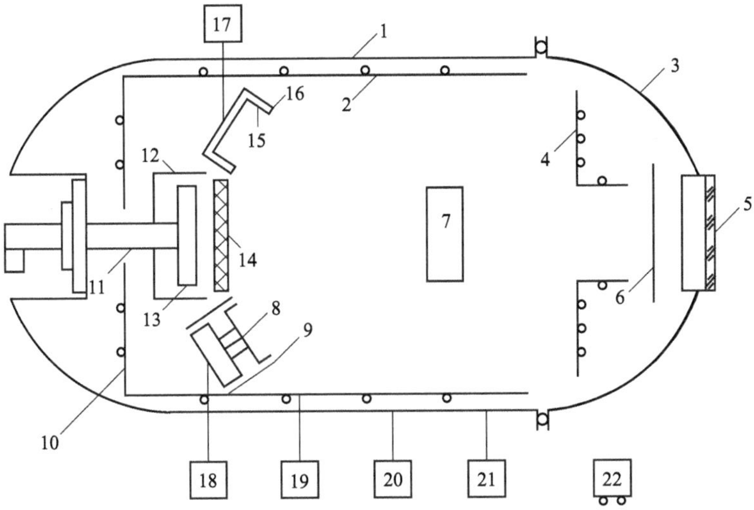

图 23-69 试验设备构成

1—真空室筒体；2—筒体热沉；3—真空室大门；4—大门热沉；5—口径 200mm 玻璃窗口；6—玻璃窗口挡板；7—样品台；8—低温黑体；9—低温黑体多层绝热层；10—底部热沉；11—G-M 制冷机；12—冷屏隔热屏；13—冷屏；14—活动防辐射挡板；15—高温黑体；16—高温黑体多层绝热层；17—高温黑体调温装置；18—低温黑体调温装置；19—供 LN_2 系统；20—真空系统；21—控制系统；22—相机运送车

真空容器内径 1.8m，卧式，一端开门，总长约 3m。为了降低真空侧材料表面出气率，内表面抛光，粗糙度为 0.8μm。

热沉内径 1.5m，长 2m。热沉温度小于 90K，不均匀度±5K，内表面发射率 $\varepsilon_h>0.90$，吸收率 $\alpha_s>0.93$。为防止辐射引起的热量损失，热沉外侧配有防辐射屏。

样品台具有三维直线运动，以及转动，沿垂直轴转±90°，精度±5′。

低温与高温黑体温度范围为 150～500K，温度均匀性为±0.5K，控温精度为 0.2K。黑体等效发射率优于 0.989。

冷屏几何尺寸 260mm×260mm，等效发射率 0.98。热沉注入液氮，冷屏温度≤13K；热沉未注液氮，冷屏温度≤23K。

真空系统主泵为低温泵，并配有涡轮分子泵以及罗茨泵-机械泵机组。

液氮系统为开式，借助液氮储槽增压，供给热沉液氮。

23.6.2 真空抽气系统

真空抽气系统原理如图 23-70 所示。

光学器件对油非常敏感，对光学玻璃而言，其上形成 20 个单分子层的油分子，会使其透射率降低 10%。为防止油污染，主泵选择低温泵，抽速为 5000L/s。低温泵是清洁泵，而分子泵和罗茨泵机组均是油污染来源。防止油污染是定标设备的关键技术之一。为此，在真空管路上配置了两级液氮冷阱捕获油分子，资料中论述了结构简单的液氮冷阱可使返油率降低 98%。实践证明，采用两级冷阱及合理的抽气工艺，可使真空容器中 24h 累

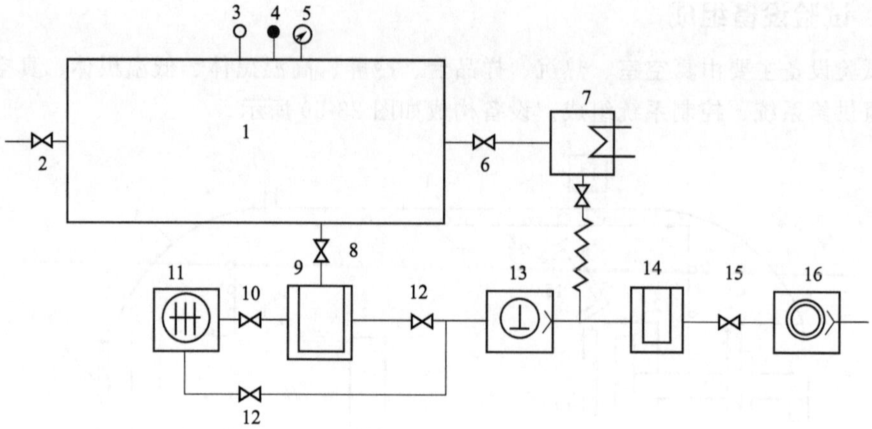

图 23-70　真空抽气系统原理

1—真空室；2—放气阀；3—ZJ-52T 电阻规（2 只）；4—ZJ-14A 冷规；5—Y150 压力表；6—GCQ-400 气动插板阀；7—CP500 低温泵；8—GCQ-200 气动插板阀；9—液氮冷阱；10—GDQ-160 气动挡板阀；11—F160 分子泵；12—100 蝶阀；13—ZJ-150 罗茨泵；14—液氮冷阱；15—GDC-J80 电磁真空差压阀；16—2X-70A 机械泵

积污染量控制到 $5\times10^{-8}g/cm^2$ 以下。

系统中配置了一台小型分子泵，其作用有：用于高真空检漏；降低制冷机低温泵气体负荷；用于真空容器清洁处理工艺。

23.6.3　主要组件设计

23.6.3.1　冷屏设计

冷屏温度要求小于 25K，可以选择 18K 氦气制冷系统来达到，但流程复杂，投资较高。本方案采用 G-M 制冷机系统来制冷，设备简单，投资少，性能可靠，满足了使用要求。

(1) 冷屏结构

冷屏结构原理如图 23-71 所示。冷屏尺寸为 260mm×260mm，其背后为 2 台 G-M 制冷机。制冷机的二级冷头与冷屏之间，应有良好的接触，以减少真空环境下的热阻，达到良好的传热目的。

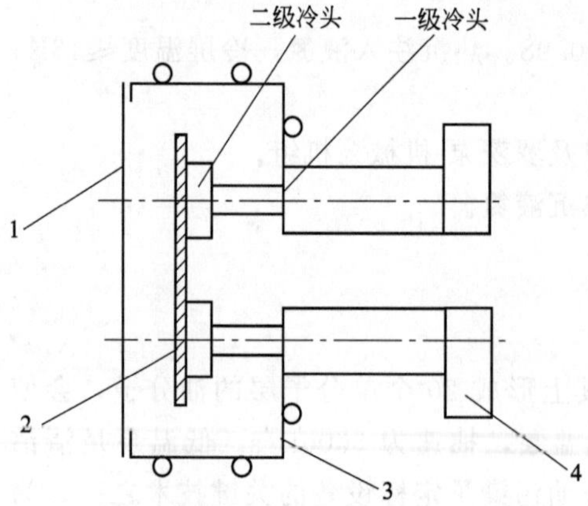

图 23-71　冷屏结构原理

1—活动挡板；2—25K 冷屏；3—冷屏隔热屏；4—G-M210 制冷机

冷屏周围设有液氮冷却的隔热屏，可以减少 25K 的冷屏辐射损失，维持冷屏温度稳定。

冷屏降温过程中，为了避免常温光学遥感器辐射热影响降温速度，冷屏前设有活动挡板，降温过程处于关闭状态，减少冷屏冷损。

(2) 冷屏热计算

冷屏的热负荷主要由光学遥感器辐射、隔热屏辐射、热沉辐射以及支撑冷损构成。经计算得知，隔热屏、热沉及支撑引起冷屏的冷损约

1W。热源主要是光学遥感器辐射引起，温度越高冷损越大，计算得知约 18W。

选择 2 台国产 G-M210 型制冷机作为冷源，经实测制冷机二级冷头 20K 时，制冷量为 16W，两套制冷机的冷量为 32W，满足计算要求。

(3) 冷屏等效发射率评估

为了提高冷屏发射率，采取了两种措施：其一是将冷屏表面加工成密集的小四棱锥阵列，锥底边长 5mm，锥高 8mm；其二是在四棱锥阵列表面涂发射率为 0.93 的黑漆。经计算得出冷屏等效发射率约 0.98。

23.6.3.2 定标黑体设计

定标黑体为圆筒形，内径 240mm，深 125mm。黑体温区很宽，范围为 150～500K，且温度均匀性及控温精度要求较高。故将温区分为两段，即低温黑体与高温黑体，低温黑体温区为 150～300K，高温黑体温区为 300～500K。

(1) 低温黑体结构原理

低温黑体结构如图 23-72 所示。主要由圆柱腔黑体（简称黑体）、导热件、薄膜加热器、保温层及液氮盒组成。其温度调节原理是液氮通过导热件为黑体提供一定的冷量，再经过调节薄膜加热器的功率，使黑体得到一定的热量，进而使黑体维持某一温度。

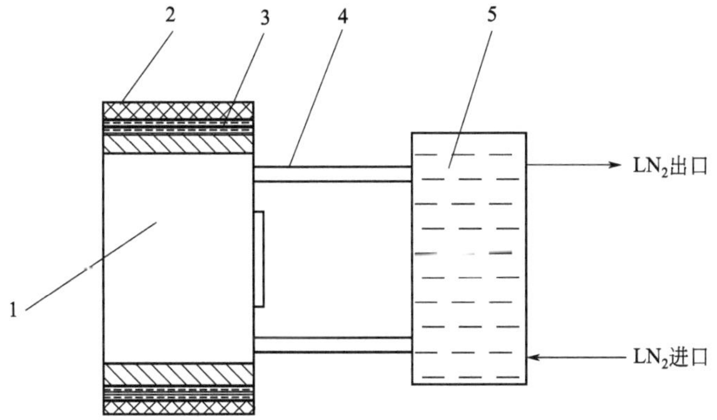

图 23-72 低温黑体结构示意图

1—圆柱腔黑体；2—保温层；3—薄膜加热器；4—导热件；5—液氮盒

为了提高黑体的控温精度，选择多段加热控温方式，PID 调整，加热功率为 0～150W。

(2) 黑体结构

高温及低温黑体均为圆柱腔形结构，腔体内径 240mm，深 125mm。为了提高等效发射率，腔体内壁及底部加工成 V 形槽，槽宽为 5mm，高为 8mm。

(3) 黑体等效发射率估算

根据黑体内腔直径 240mm 及深 125mm 的几何尺寸，以及内腔表面四棱锥角为 35°条件，用 Gouffe 的方法计算出的等效发射率为 0.9897。

23.6.3.3 三维样品台

样品台具有垂直方向运动，行程为 300mm±1mm，水平方向移动，行程为 200mm±1mm，绕垂直轴转动±90°，微调精度<±5′。

23.6.4 试验结果

(1) 真空室内压力

当热沉注入液氮后，真空室内极限压力优于 5×10^{-5}Pa。在有载时，达到的工作压力为 1.3×10^{-3}Pa。从 1×10^{5}Pa（大气压）抽至 1.3×10^{-3}Pa 的时间为 100min。

(2) 热沉相关参数

液氮注入热沉后，热沉平均降低速率为 1.5K/min。热沉最终温度小于 90K。由 300K 至 90K 的降温时间为 140min。热沉内表面实测发射率 $\varepsilon_h>0.90$，吸收率 $\alpha_s>0.93$。

(3) 黑体相关参数

低温黑体温度范围 150～300K；高温黑体温度范围 300～500K。任一点可调。黑体控温精度≤±0.2K；黑体底部温度不均匀性≤±0.25K。温度测量精度≤0.1K。黑体等效发射率 $\varepsilon>0.989$。

(4) 冷屏相关参数

当热沉温度为 90K 时，冷屏的平均温度为 12.8K；热沉 290K 时，冷屏平均温度为 23.9K。冷屏等效发射率 $\varepsilon\geqslant0.98$。

23.6.5 设备特点

本试验设备可用于作热真空、热光学试验，以及光学遥感器的红外定标。设备的特点是黑体温度控制精度要求高，温度范围宽；而试件为光学器件，污染控制严格。为此，采取了以下一些新颖思路达到了预期目的：

(1) 低温黑体具有创新的换热结构

低温黑体要求的温度范围为 150～300K，控温精度±0.5K。采用机械制冷或冷氮气制冷，控温精度很难满足要求。经过分析对比，最终选择了以液氮为固定冷源，以传导方式供黑体一固定冷量，再用薄膜加热器微调供热，使黑体达到某一温度，控温精度高。实测结果控温精度为±0.2K，优于要求指标。此换热结构简单，易于加工制造，免去了复杂的制冷流程，是试验系统的一个创新点。

(2) 独特的冷屏结构

冷屏为了提高发射率通常为蜂窝结构，制造难度较大。本案结合试验特点，冷屏表面加工为四棱锥阵，再涂高发射率黑漆，使等效发射率达到 0.98。采取了几种防辐射冷损措施后，最终使冷屏温度达到了 12.8K。

(3) 防污染措施

为避免油污染光学遥感器，真空抽气系统主泵采用了低温泵。在抽气管路设置了二级液氮冷阱，再采取一定的抽气工艺手段。用四极质谱计分析，真空室中没有油分子污染。

(4) 降低液氮耗量

热沉采取了开式降温方式，为减少液氮损耗，采取的措施有：热沉外部设置防辐屏；热沉出口设有气液分离器，排除的氮气中不会携带液氮；热沉供液结构由进液管、出液管及肋管组成，各肋管与进出液管并联，进液口为第一肋管下方，而出液口为最后肋管上部，此种结构不会产生气阻，使热沉降温时间缩短，减少液氮耗量。

23.7 红外遥感器辐射定标设备

红外辐射又称为红外线，是波长介于可见光与微波之间的电磁辐射，具有电磁波的一般属性。按红外探测器的响应范围，将红外波段划分为 5 段：近红外波长 0.75～1μm；短波红外 1～3μm；中波红外 3～5μm；长波红外 5～25μm；远红外 250μm 左右至几百微米。

安装在遥感Ⅱ星的红外遥感器可在某些特定波长上，测量陆地、海洋、大气或者某种特定目的红外辐射，再通过数字运算，可以得到所需目标的物理特征参数。进而可应用于地球测绘，气象预报，环境监测，地球资源普查等。

空间用的红外遥感器，如可见光/红外扫描辐射计、红外分光计、成像光谱仪、地球辐射探测、光学遥感器等，均需要在空间环境模拟设备中进行绝对辐射定标试验，以便建立其输出数字量与入瞳辐射亮度之间的对应关系，反演地物的光谱反射特征和光谱辐射特征，同时检测遥感器的辐射响应特征，以及内定标装置的工作特征。

23.7.1 F3H 红外定标空间环境模拟设备

此设备用于红外遥感器进行红外定标试验。模拟设备包括真空容器、真空抽气系统、热沉、冷屏等部件。

① 真空容器　卧室容器，内径 3.8m，直段长 5m。

② 真空抽气系统　粗抽为罗茨泵-机械泵机组，将真空容器从 10^5Pa 抽至 5Pa；配有分子泵抽气机组，从 5Pa 抽至 10^{-2}Pa；G-M 制冷机低温泵抽至 10^{-3}Pa，再将热沉注入液氮，此时真空容器中的真空度可达 10^{-4}Pa 量级。

热沉内装有低温氦板及氦冷屏，面积约 $20m^2$，抽速约 6×10^5L/s。启动冷氦板后，可将真空容器抽到 10^{-6}Pa 量级。

为消除氦板、冷屏氦气冷漏对真空的影响，专门配置了 2 套大抽速溅射离子泵。

③ 热沉　内径 3.2m，长 5m，温度<100K，采用单相密封循环，翅管采用不锈钢管与铜翅片焊接结构。局部热沉内部安装氦板，通氦后温度低于 18K。

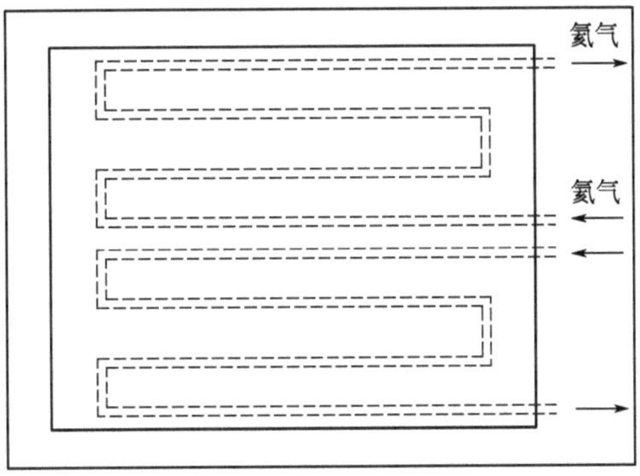

图 23-73　冷屏本体示意图

④ 冷屏　冷屏由冷屏本体、蜂窝板、液氮罩、冷屏安装支架等组成。其中冷屏本体为不锈钢材料，蜂窝板为紫铜材料。冷屏本体采用类似于板式换热器的槽道结构，氦气进出冷屏采用双出双进方式，如图 23-73 所示。

⑤ 氦气制冷系统　F3H 设备采用法国 AIRLIQUIDE 公司生产的 HELIAL1000 制冷机，整个系统主要由主压缩机、除油系统、冷箱三大部分组成；除此之外还有缓冲器、再生压缩机（副压缩机）、外纯化器等辅助设备。采用氦气液化原理，使氦气在液化前达到较高的制冷效果。制冷机系统方框图见图 23-74。

HELIAL1000 制冷机使用螺杆式气体压缩机，将从冷箱中返回的氦气压缩到绝对压力

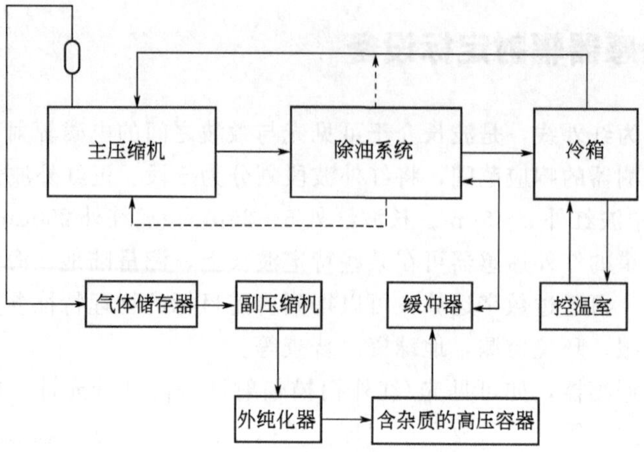

图 23-74　制冷机系统方框图

1.5×10^6 Pa，温度接近 100℃。冷箱入口的高温高压的氦气分为两部分：一部分供透平动压轴承，使轴承保持悬浮状态，并直接回到冷箱出口；另一部分先经过换热器被液氦预冷，然后依次经过换热器被从温控室中返回的低温低压氦气进一步预冷，最后经过滤器，除去液化后的杂质，进入透平膨胀端，经膨胀温度降为 13.5K 进入温控室进行制冷。

23.7.2　NASA 辐射定标设备

美国 NASA 在 20 世纪 70 年代建立了红外遥感器辐射定标设备。该定标设备的光学系统采用离轴抛物面反射镜系统，离轴角为 9°，有效孔径为 630mm，焦距为 3000mm。反射镜材料为零膨胀系数的微晶玻璃，镜面镀覆金反射膜，其反射率达到 98.5%。系统的点光源为温度连续可调的黑体，在 10.6μm 波长处的发射率为 0.9999±0.0001，在 5～25μm 谱段内的定标精度达到 1%，定标范围温度为 80～300K，测温精度优于 0.01K。

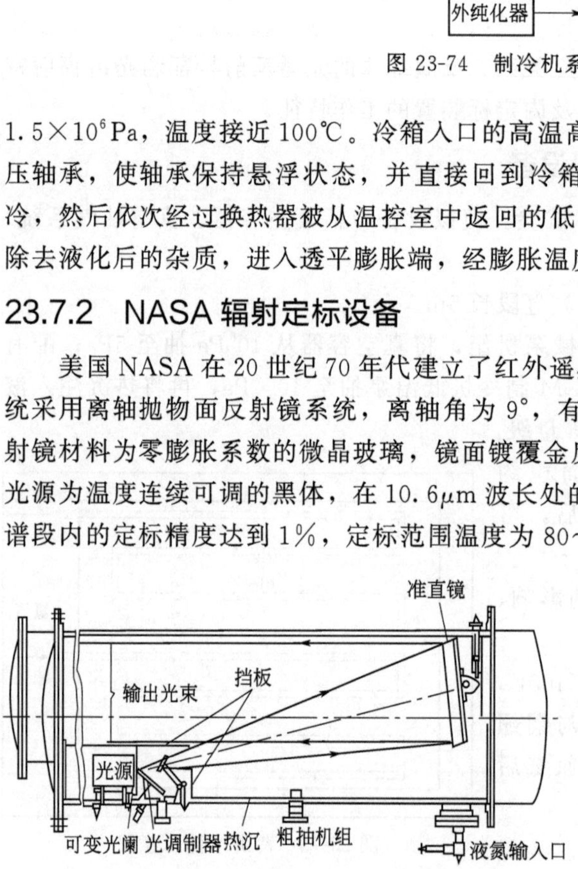

图 23-75　反射率原位测量装置

同时，该设备还配置了反射率和辐照度的原位测量装置，分别如图 23-75 和图 23-76 所示。

反射率原位测量装置由辅助光学系统、中温黑体和 Hg-Cd-Te 探测器组成。其中辅助光学系统由离轴抛物面反射镜和 3 块直径为 100mm 的折光镜组成，离轴抛物面反射镜的有效口径为 178mm、焦距 1000mm、离轴角为 9°；中温黑体的温度为 375K。辐照度原位测量装置包括辅助离轴测量面准直光学系统、扫描镜和中温黑体。其中辅助离轴抛物面准直光学系统的口径 127mm，离轴角为 20°。

23.7.3　Los Alamos 国家实验室辐射定标设备

20 世纪 90 年代，美国 Los Alamos 国家实验室建立了一套可见/红外辐射定标装置，用于光学和红外遥感的绝对辐射定标。其光学系统采用离轴抛物面准直系统，准直镜口径

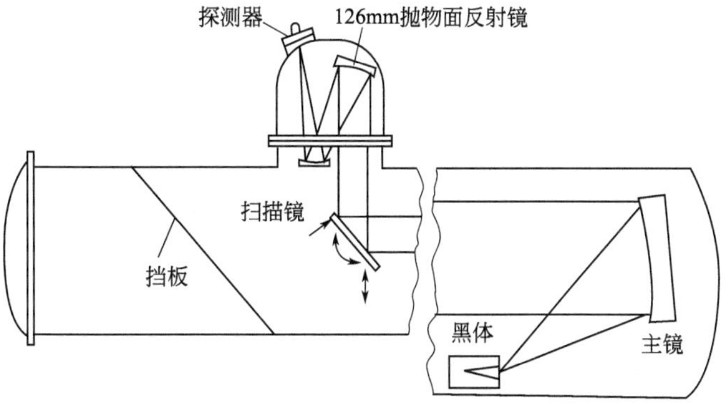

图 23-76　辐照度原位测量装置

530mm，焦距 1700mm。设备的真空度达到 1.33×10^{-4} Pa。

标准辐射源放置在光学系统的焦点处，辐射源包括 2 只黑体、1 个积分球、一个单色仪、一台干涉仪，定标谱段范围为 0.4～12μm。所有辐射源的定标在美国国家标准技术研究院（NIST）进行。在可见光、近红外（0.4～2.5μm）、红外（2.5～12μm）谱段内绝对定标精度均达到±3%。该设备还用于偏振、光谱效应、空间分辨率等的定标。设备配备了两组光阑，其中一组被冷却，用于红外定标；另一组为可见光光阑，用于室温下对可见光定标。

23.7.4 Lockheed 公司辐射定标设备

美国 Lockheed 公司的低背景红外辐射定标设备是为远红外探测器辐射定标试验而研制的。包括光学、目标模拟、数据获取等系统，具有大动态范围的多谱段辐射光源，优质的大口径、准直光学系统，低温黑体和 20K 冷屏等，其结构如图 23-77 所示，辐射定标原理如图 23-78 所示。

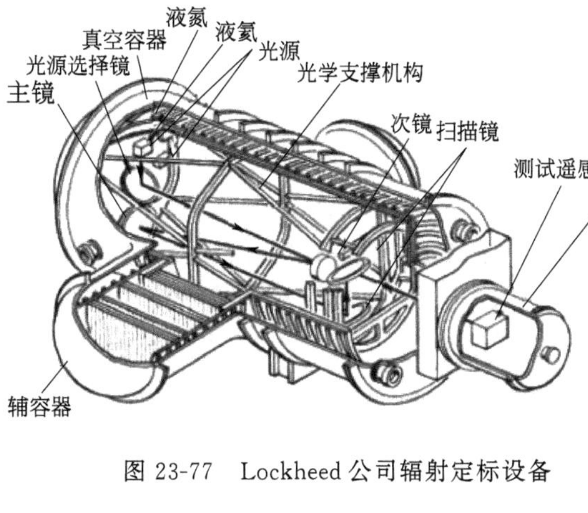

图 23-77　Lockheed 公司辐射定标设备

（1）光学系统

该设备的定位光学系统，是离轴反射式 R-C 系统，焦距为 12700mm，准直光束的有效直径为 600mm，视场角为±1.5°。光学系统进行了很好的近轴校正，无渐晕离轴视场为±0.5°。光学系统的轴上几何弥散圆的波长为 10μm 时，小于 30μrad，离轴几何弥散圆在波长为 10μm、视场为±0.5°时，小于 50μrad。

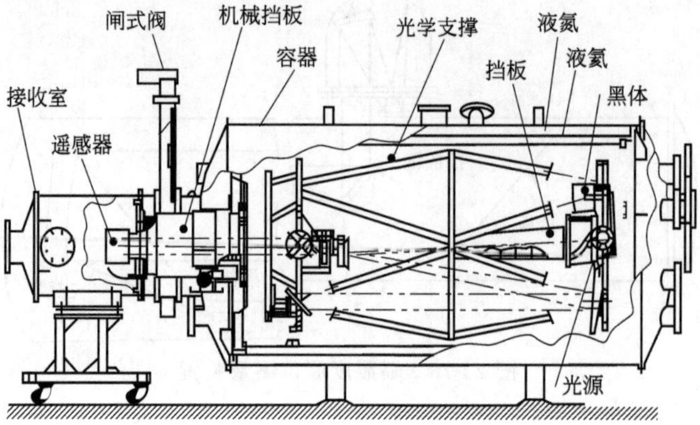

图 23-78 辐射定标原理

(2) 辐射光源

该设备中有标准黑体和积分球辐射源。标准黑体的温度范围为 100～450K，长期温度变化（稳定性）为 0.1K，短期稳定性为 0.02K/h；采用铂电阻测温；在 10 个位置开有 10 个孔，分别输出不同的辐照度，向探测器提供调制光束，调制频率范围为 0～100Hz。积分球辐射源提供低能量的目标信号，并能覆盖一个很宽的动态谱段范围。它包含 3 个独立的积分球：一个黑体光源，与其相对的一个是小膜片热源，中间的积分球为输出球。在积分器输出口的前面，装有间断变化的滤光片和光阑，调制频率 0～100Hz。

23.7.5 法国 Orsay 太空红外观测相机（ISOCAM）辐射定标设备

在 ISOCAM 组装到望远镜之前，将其置于模拟的光、热、机械和电环境下进行辐射定标，并对遥感器的性能进行验证和评估。另外，通过这些试验可以掌握仪器的使用方法，获得标定观测结果以及处理数据的方法等。辐射定标系统构成如图 23-79 所示。

(1) 光学系统及定标原理

定标光学系统实际上是一个望远镜模拟，它包含了一个 $f/15$ 的球面反射镜和两个平面折光反射镜。ISOCAM 安装在一个 ϕ1000mm 且用液氦循环冷却的光学平台上，可在 2.5～4.5K 的温度范围内控温，控温稳定性为±0.1K/h。

定标时望远模拟镜将光源成像到 ISOCAM 的焦面上，而成像系统的光瞳由成像反射决定，它到 ISOCAM 的距离与 ISOCAM 到望远模拟镜次镜的距离相等，得到与望远镜模拟镜等价的光束（$f/15$）。输出光束在进入 ISOCAM 的视场之前，先被偏振。同时，光谱定标系统将一束单色光通过 ZnSe 窗口从容器外面输入到扩展光源，对模拟光源进行实时光谱定标。

(2) 模拟光源

该定标装置有两个黑体，其中一个是点光源，另一个是扩展光源，它们分别输入到两个积分球，形成均匀的辐照面。模拟光源的输出口径由不同的光阑确定，再利用不同的滤光片获得需要的光谱，光谱的衰减因子为 10^{-8}～10^{-4}。点光源装在 x、y、z 向运动机构上，光源的大小为 ϕ80μm。黑体的温度范围为 150～459K。

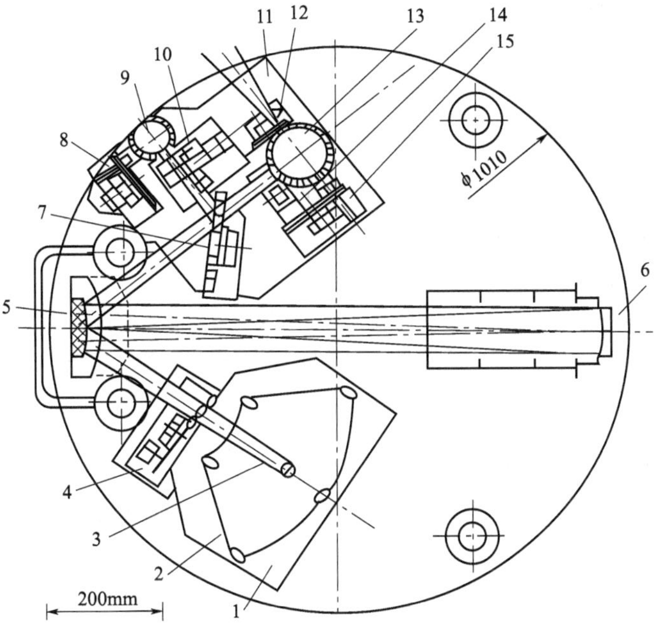

图 23-79 法国 ISOCAM 辐射定标系统构成

1—相机平台；2—相机安装座；3—宽视场光源光线；4—起偏器；5—两块平面反射镜；6—望远镜拟镜；7—光源转换平面镜；8—成像源黑体、衰减器和透镜平台；9—积分器；10—三维调节台；11—光源模拟器平台；12—扩展源单色仪隔热屏；13—扩展源积分球；14—积分球光阑；15—扩展源黑体、衰减器和透镜平台

23.8 空间等离子体环境模拟设备

空间等离子体环境模拟设备，主要用于地球轨道等离子体环境下，相关卫星载荷的地面模拟试验。

23.8.1 空间等离子体参数

空间等离子体参数包括等离子体成分、密度、温度等。

(1) 空间等离子体成分

地球低轨道 500km 高度，主要的离子成分为 O^+，占 90% 以上。另外还有 H^+ 和 He^+。由于氧离子产生和稳定性均有一定困难，另外有一定危险性。因此，空间等离子体环境模拟设备均采用 Ar^+ 代替 O^+，氩离子易产生，且安全，其效果与氧离子相似。

(2) 等离子体密度

电离层等离子体密度分布很复杂，与距地高度、纬度、日夜以及太阳活动相关。卫星轨道高度不同，等离子体密度不同。对电磁监测卫星而言，通常等离子条件下，等离子体密度范围为 $3\times10^9\sim3\times10^{12}/m^3$。如果考虑到空间环境强烈扰动，以及等离子体不均匀结构，造成密度扰动，等离子体密度在这个范围内，可能增大或缩小 1 个量级。

(3) 等离子体温度

电离层等离子体温度，主要受地磁场活动的影响。一般情况下，电子温度最高，离子温度次之，中性粒子最低。通常等离子体条件下，离子温度范围约 900～1750K；电子温度变化范围约 1000～3300K。如果发生强烈的磁暴，等离子体温度可达 10^4K。

通常地面模拟设备，电子/离子温度在 2000～3300K 范围。

23.8.2 空间等离子体环境模拟设备基本构成

空间等离子体环境模拟设备主要由下列部件构成：

① 离子源。用于产生等离子体。

② 磁场线圈。用来模拟空间磁场状态。

③ 试验舱。为等离子体提供空间环境，几何尺寸需符合等离子体空间尺度要求。

④ 真空抽气系统。为空间容器提供一定的工作压力。真空容器中的真空度应实现中性气体分子与离子不产生碰撞，一般要求工作压力小于 10^{-4}Pa。

23.8.3 INAF-IFSI 等离子体环境模拟实验系统

意大利的 INAF-IFSI 地面等离子体环境模拟实验系统外观如图 23-80 所示。它是用于低地球轨道等离子体环境下的卫星载荷等离子体环境模拟实验装置，模拟系统空间较大，可实现满足空间电离层参数的等离子体环境。

图 23-80　意大利 INAF-IFSI 地面等离子体环境模拟实验系统外观图

INAF-IFSI 地面等离子体环境模拟实验系统实验舱直径 1.7m，长 4.5m，实验中心区域约 0.5m^3，极限真空度可达到 5×10^{-5}Pa，工作真空度约为 5×10^{-4}Pa。由考夫曼离子源产生接近 F 电离层等离子体。离子源产生的等离子体，经过加速后扩散到实验舱内。等离子体密度大于 $10^{13}/m^3$，电子温度达 2000～4000K。

为模拟卫星在赤道至极地运行过程中不同磁场状态，系统配备有磁场线圈来模拟磁场，可以模拟空间磁场状态。实验舱沿南北地磁方向放置，利用 2 维亥姆霍兹线圈（Helmholtz）系统来抵消或补偿地磁场强度；线圈布置如图 23-81 所示，竖直方向 3 个正方形线圈控制轴向磁场，水平方向两个正方形线圈控制径向磁场。磁场组件可实现磁感应强度 0～1G 内可调。抵消地磁场后，实验舱中心 0.5m^3 区域内的残余剩磁小于 40～50mG（4000～5000nT）；实验舱中心 0.5m^3 区域内磁场轴向均匀度优于 5×10^{-3}，竖直方向均匀度优于 1.5×10^{-3}。

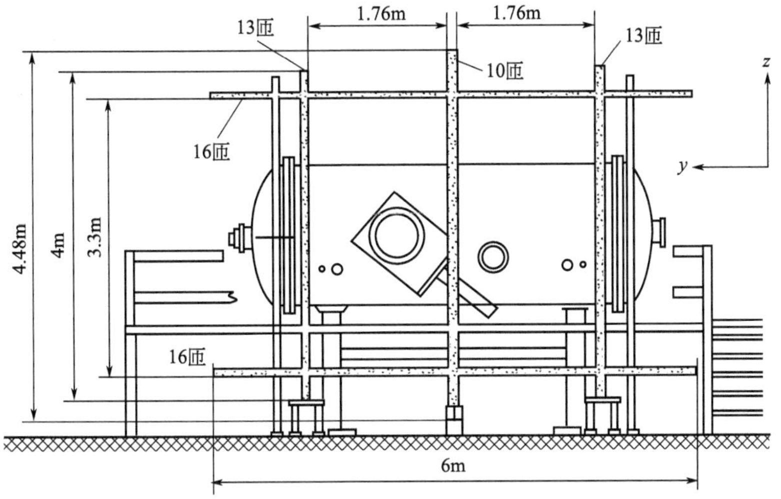

图 23-81 意大利的 INAF-IFSI 实验系统磁场线圈示意图

意大利的 INAF-IFSI 实验系统安装有 2 维移动平台，用于安装等离子体诊断仪器及相关有效载荷，进行相关诊断及模拟实验。

23.8.4 法国 JONAS 地面等离子体环境模拟实验系统

法国 JONAS 地面等离子体环境模拟实验系统外观如图 23-82 所示。主要用于低地球轨道等离子体环境下相关卫星载荷的地面模拟实验；也用于不同条件下等离子体环境的诊断技术研究及等离子体相关参数变化研究。其中 DEMEETER 卫星上 ICE 电场探测仪的测试、验证与评估主要在 JONAS 地面等离子体环境模拟实验系统中完成。

图 23-82 法国 JONAS 地面等离子体环境模拟实验系统外观图

法国 JONAS 地面等离子体环境模拟实验系统实验舱材料为无磁不锈钢。直径 1.85m，长 3.5m，实验中心区域约为 $1.5m^3$，极限真空度可达到 2×10^{-6}Pa，工作真空度约为 5×10^{-4}Pa，等离子体模拟舱中，等离子体由考夫曼离子源产生，等离子体密度可达

到 $10^9 \sim 10^{12}/m^3$，电子温度达到 2000～6000K。

实验舱配有磁场装置，用以改变实验中心磁场强度，通过二维亥姆霍兹线圈布置（竖直三个圆形线圈控制轴向磁场，水平两个正方形线圈控制径向磁场）来补偿地磁场强度；通过磁场装置抵消地磁场后，在实验中心区域剩余磁感应强度可低于 10～20mG（1000～2000nT），磁场装置示意图见图 23-83。

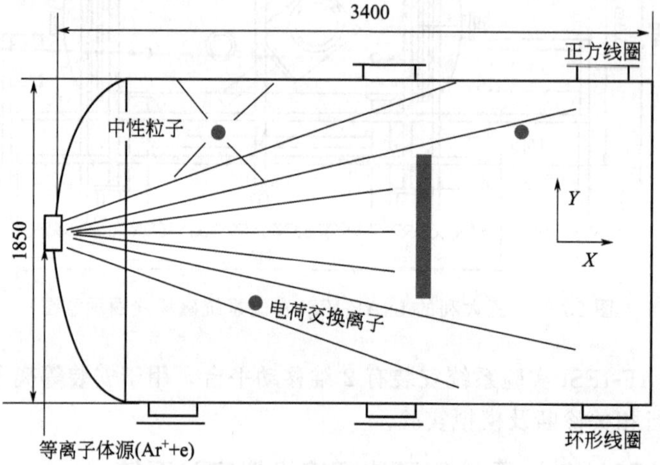

图 23-83　法国 JONAS 地面等离子体环境模拟实验系统离子源及磁场装置示意图

同时，法国 JONAS 地面等离子体环境模拟实验系统安装有二维移动平台装置，用于安装等离子体诊断仪器及有效载荷，并进行相关诊断及试验。

23.8.5　美国 SPSC 地面等离子体环境模拟实验系统

美国 SPSC 地面等离子体环境模拟实验系统外观如图 23-84 所示。该模拟实验系统可产生近地轨道空间等离子体环境，可用于电离层、磁层和太阳风条件下，处于等离子体环境中，星用相关诊断仪器地面测试及标定研究，也用于航天器的充电效应研究。

图 23-84　美国 SPSC 地面等离子体环境模拟实验系统外观图

SPSC 地面等离子体环境模拟实验系统由离子源舱和主舱组成。主舱直径 1.8m，长 5m，材料为无磁不锈钢。极限真空度可达到 6.5×10^{-5}Pa；源舱直径 0.55m，长 1.5m，极限真空

度为 1.3×10^{-5}Pa。SPSC 地面等离子体环境模拟实验系统，根据不同的实验目的，先后配备了微波源、热灯丝源和射频源，目前使用的离子源为射频离子源，在源舱内产生密度高达 $10^{16}/m^3$ 的等离子体，主舱内密度可达到 $2\times10^{15}/m^3$，电子温度为 $3\times10^4\sim5\times10^4$K。

主舱在竖直方向配有 5 个水冷圆形亥姆霍兹线圈，最大可产生 250G 的轴向磁场。其线圈布置外观见图 23-85，由于该等离子舱可产生较大轴向磁场，利用该系统，美国在磁场导致等离子体 $\boldsymbol{E}\times\boldsymbol{B}$ 定向漂移对等离子体电场的影响方面进行了大量的研究，并对 C/NOFS 卫星的电场仪、朗缪尔探针等载荷的 $\boldsymbol{E}\times\boldsymbol{B}$ 效应进行了相关地面模拟试验。SPSC 地面等离子体环境模拟实验系统主舱电场产生装置，是通过一个环形电极，在等离子体环境中产生电场；环形电极安装在主舱内可沿轴向运动的平台上，电场产生装置结构示意图见图 23-85。

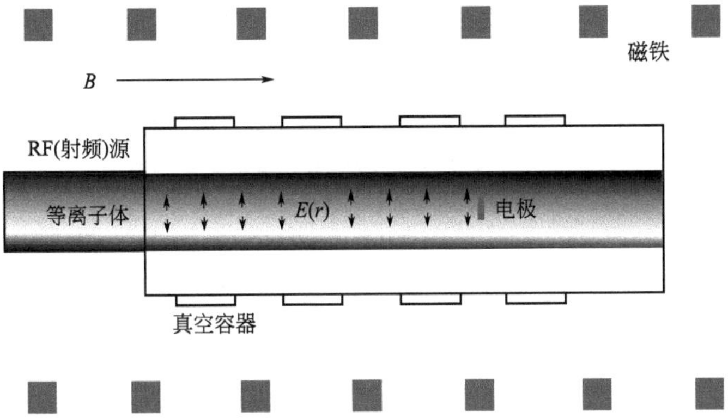

图 23-85　SPSC 地面等离子体环境模拟实验系统主舱电场产生装置

SPSC 地面等离子体环境模拟实验系统主舱还配备有内部和外部移动平台，用于相关检测仪器的定位和相关有效载荷的模拟试验。移动平台通过步进电机和精密导杆实现精密定位，线型分辨率 2.5μm，角度分辨率 3mrad。

23.9 空间粒子辐射环境模拟装置

23.9.1 太阳电池电子辐照模拟装置

为了评价航天器上使用的太阳能电池、光学元件及半导体器件，美国戈达德空间飞行中心研制了一台空间辐射环境模拟设备。此设备提供有真空、温度、电子辐照及太阳辐射等空间条件。照射样品的样品台有效直径为 10cm，电子辐照能量为 1MeV。样品温度控制在－100～＋100℃的范围内，样品的最低温度可达－170℃，最高温度为＋150℃。真空系统采用没有碳氢化合物污染的清洁抽气系统。真空室 4h 可达 1×10^{-6}Pa。主要的抽气手段是抽速为 400L/s 的溅射离子泵和球形钛升华泵，预抽使用分子筛吸附泵。功率 4.2kW 的氙灯光谱近似于太阳的光谱，照射强度为 4 个太阳常数。装置主要由下述部件构成。

(1) 真空室

空间辐射环境模拟设备真空室如图 23-86 所示，容器内径 450mm、长 2030mm，用不锈钢材料制成。容器一端有样品台，另一端有粒子辐照入口，可以引入电子或质子对样品进行辐照。筒壁还有石英窗，可以引入太阳光或紫外线，对样品进行辐照。此外，还有热沉，可进行热真空模拟。

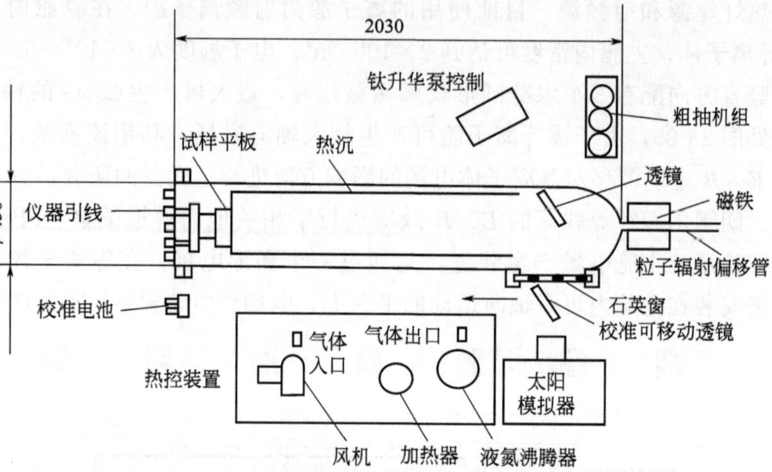

图 23-86　空间辐射环境模拟设备真空室示意图

(2) 真空机组

真空机组如图 23-87 所示。主泵是抽速 400L/s 的溅射离子泵，辅助泵为钛丝和钛球升华泵。粗抽使用 3 台分子筛吸附泵，装在一个小车上，移动方便。真空机组的抽气曲线如图 23-88 所示。

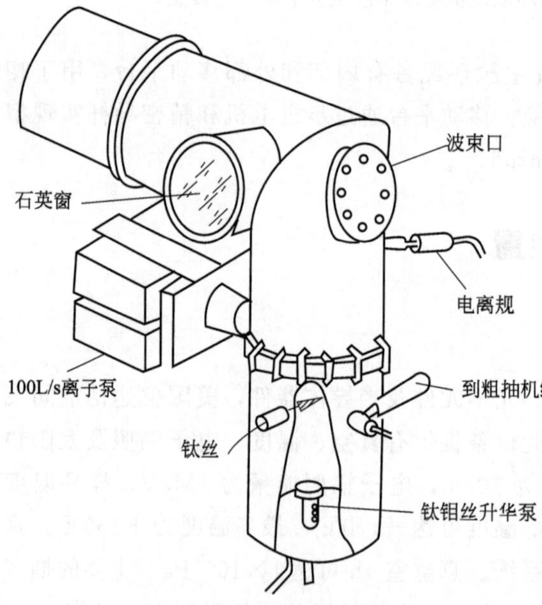

图 23-87　真空机组示意图

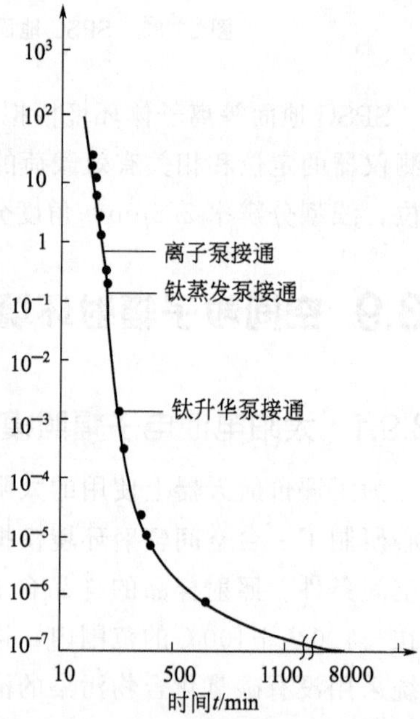

图 23-88　真空机组抽气曲线

(3) 样品台

样品台尺寸为 250mm×230mm，如图 23-89 所示。可安放 50 只太阳电池。台上布置了 9 个法拉第筒，用以监视束流及辐照的均匀性，还布有热电偶用以测量温度、控制温度。

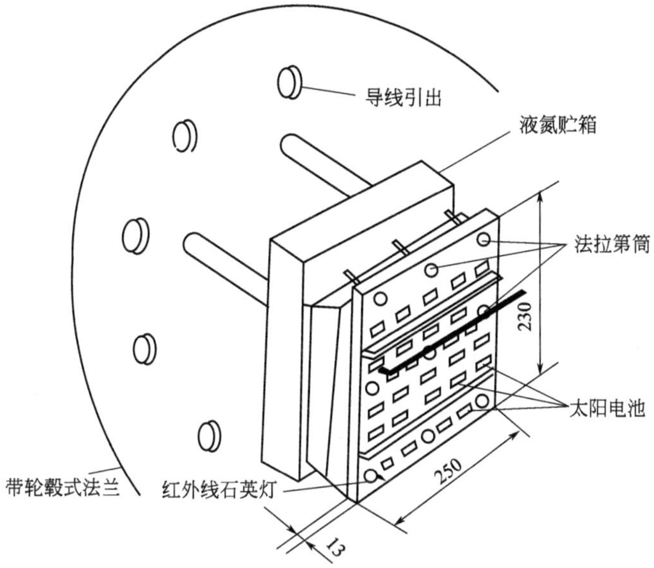

图 23-89　样品台

23.9.2　热控涂层质子辐照装置及评价

航天器热控涂层表面的不等量带电对航天器的安全构成了严重的威胁，在热控涂层表面如涂导电 ITO 膜可以有效解决这个问题。为了保证航天器能安全工作，表面涂层或其他表面材料需满足一定的电性能要求，即表面的电阻率在 $10^9\Omega/\square$ 以下。但导电 ITO 膜在空间带电粒子总剂量作用下，可能存在严重性能退化问题，研究空间辐照环境对航天器表面热控材料电性能的影响，对评估航天器可靠性具有重要的意义。

(1) 质子辐照试验装置及试验参数

试验在直径 800mm 空间综合辐照环境试验设备中进行。该设备的真空度优于 2×10^{-3}Pa。质子源的参数为：束流密度范围 0.1～100nA/cm²；能量调节范围 5～50keV；辐照面积≥ϕ150mm；不均匀性≤40%，质子纯度≥99%；在 10h 内不稳定性≤5%。

试验模拟 6 年 GEO 低能质子辐照环境，质子能量和注量参考 AP8 空间环境模型、采用剂量-深度分布方法计算得出。试验参数见表 23-49。空间综合辐照试验设备参数见表 23-50。

首先对质子辐照系统进行束流标定；然后把样品放入真空容器，抽真空至 2×10^{-3}Pa 时，测量样品表面电阻率；启动质子源开始辐照，能量调节到 40keV，束流密度 0.8nA/cm²；当质子注量达到 1.0×10^{14}p/cm²、2.0×10^{14}p/cm²、3.0×10^{14}p/cm²、4.0×10^{14}p/cm²、5.0×10^{14}p/cm²、7.0×10^{14}p/cm²、1.0×10^{15}p/cm² 时，分别停止辐照，进行样品表面电阻率原位测量；最后在大气下测量样品表面电阻率。

表 23-49　试验参数

项　目	参　数	项　目	参　数
真空度	5×10^{-3}Pa	质子能量	40keV
样品温度	25℃	束流密度	0.8nA/cm²
热沉温度	−15℃	总注量	1×10^{15}p/cm²

(2) 质子辐照ITO/OSR/Ag及ITO/F46/Ag样片试验结果

ITO/OSR/Ag样片构成：基片厚为0.15mm铈玻璃或者0.2mm石英玻璃，一面镀ITO膜，另一面镀银膜，这样热控涂层具有较低的α_s/ε比。

ITO/F46/Ag样片构成：基片为厚50μm塑料薄膜，一面镀ITO（In_2O_3）膜，另一面镀银膜。

采用表面电阻率原位测量装置，测量不同质子注入量下，防静电热控涂层表面电阻率变化，ITO/F46/Ag和ITO/OSR/Ag两种涂层在质子辐照下表面电阻率呈变小的趋势，且呈现前期变化快、后期变化慢的特点，变化趋势比较一致。而样品重新置入大气后表面电阻率突然上升，出现明显的“恢复效应”，见表23-50。

表23-50 空间综合辐照试验设备参数

设备参数	数值	设备参数	数值
电子能量/keV	5～120	近紫外加速倍率	3～5SC
电子束流/nA·cm^{-2}	0.1～100	远紫外光谱/nm	115～200
质子能量/keV	10～50	远紫外加速倍率	10SC
质子束流/nA·cm^{-2}	0.1～10	辐照面积	ϕ150mm
近紫外光谱/nm	200～400	样品台温度/℃	－15～＋50

23.9.3 CCD粒子辐照源及试验评价

CCD是卫星光学系统中的关键元器件，它在卫星研制中得到广泛的应用。卫星处在空间辐射环境中，而CCD具有MOS器件的结构，在受粒子辐射作用下，其性能下降甚至失效。因此，必须对于星用CCD进行辐射效应评价，为卫星系统进行抗辐射加固设计提供依据。空间辐射环境包括电子、质子和极少量的高能量宇宙射线粒子。电子和质子产生电离辐射效应；而质子还产生位移效应。卫星用CCD，不仅要考虑电离辐射效应，还应该考虑位移损伤。实验结果表明，抗电离总剂量辐射能力大于40krad（Si）的CCD，用质子辐照10krad（Si）总剂量时，却发生了失效。通过分析认为是位移效应作用的结果。国内外对半导体器件的电离总剂量效应进行了大量研究工作，制定了电离总剂量辐照试验，对CCD位移效应也进行了大量研究工作，包括用高能质子对CCD的位移效应评价。

(1) 辐照源

质子源采用中国原子能科学院Tandem Vande Graff加速器。质子在真空靶室中经散射后，穿过30μm的Ni窗进入空气，并照射到器件上。照射到器件上的质子能量约为10MeV。

质子注量率约为$10^6 p/(cm^2 \cdot s)$。

辐照累积注量分别为$10^9 p/cm^2$、$3\times10^9 p/cm^2$、$10^{10} p/cm^2$、$3.4\times10^{10} p/cm^2$、$10^{11} p/cm^2$，进行参数测试。

用钴60γ射线进行电离辐照试验，剂量率为10rad(Si)/s。剂量率测量采用电离室。

在累积总剂量分别为0krad、7krad（Si）、20krad（Si）、50krad（Si）、70krad（Si）、100krad（Si）进行参数测试。

(2) 试验样品

试验样品为TDI型CCD，有512个像元，96级。像元尺寸为13μm×13μm。器件最高输出频率为20MHz，采用埋沟CCD位移寄存器。

器件封装形式为陶瓷、双列直插，玻璃窗口。

试验样品数为5只，其中3只样品进行质子辐照试验，2只样品进行电离辐照试验。

试验样品从市场上直接采购，为商业品。

为了消除CCD玻璃窗口对入射粒子能量的吸收，在试验前，去掉了质子辐照试验样品的玻璃窗口。

(3) 质子辐照结果

质子辐照CCD的试验结果见表23-51。辐照到10^{10}p/cm^{2}时，CCD参数超差失效，失效的参数是暗信号；辐照到10^{11}p/cm^{2}时，CCD功能失效。

表23-51 10MeV质子辐照CCD的试验结果

参数	质子注量/(p/cm^2)				
	0	10^9	3×10^9	10^{10}	10^{11}
饱和输出电压/mV	599.9	602.7	603.4	603.6	功能失效
RMS噪声/mV	0.23	0.322	0.314	—	
动态范围/dB	68.3	65.4	65.7	—	
等效噪声光强/lx	0.019	0.024	0.0252	—	
饱和等效光强/lx	41.35	41.97	43.29	—	
固定图形噪声/mV	0.271	0.36	0.47	0.776	
光响应不均匀度/%	4.04	3.97	3.94	—	
CTE/%	99.999	—	—	99.9877	
暗信号/mV	4.6	5.05	4.14	17.5	

(4) 钴60γ射线辐照

用钴60γ射线进行辐照，得到的试验结果见表23-52。辐照到70krad(Si)时，CCD参数失效；辐照到100krad(Si)时，CCD功能失效。

表23-52 钴60γCCD电离试验结果

参　　数	电离总剂量/krad(Si)					
	0	7	20	50	70	100
饱和输出电压/mV	550	563.1	556.1	550.4	592.2	功能失效
RMS噪声/mV	0.11	0.289	0.426	0.430	0.426	
动态范围/dB	73.6	65.8	62.3	62.1	62.8	
等效噪声光强/lx	0.0081	0.021	0.025	0.033	0.036	
饱和等效光强/lx	34	36.9	35.9	36.1	18.2	
固定图形噪声/mV	0.29	0.39	0.53	0.765	1.098	
光响应不均匀度/%	4.59	4.56	4.70	4.58	1.878	
CTE/%	99.9991	99.9991	99.9991	99.99917	99.9996	
暗信号/mV	4.37	3.73	1.80	7.42	43.47	

23.10 空间原子氧模拟装置

原子氧是低地球轨道残余大气的主要成分，是低轨道卫星的主要空间环境因素之一。原子氧的化学性能非常活泼，它能使有机结构材料厚度减薄，因而产生变形，机械强度下降；使功能材料的性能变化，例如：使热控涂层的太阳吸收率、发射率变化；使光学材料的反射率下降，漫反射增加，导致相机的光学成像质量下降；使活动部件外露部分的润滑剂（二硫化钼等）氧化；润滑性能大大下降等。材料在使用前进行耐原子氧性能的评价，以预估材料在轨时的性能和寿命，为正确选定材料和对材料采取适当的防护措施提供依据。

23.10.1 原子氧模拟试验装置的构造

原子氧试验装置由微波源及波导管、磁体绕组及电源、真空室及真空机组、放电腔及中性化单元、近紫外辐照单元、供氧及流量控制单元、试样架及驱动机构、冷却水系统、控制柜等组成。装置结构如图 23-90 所示。

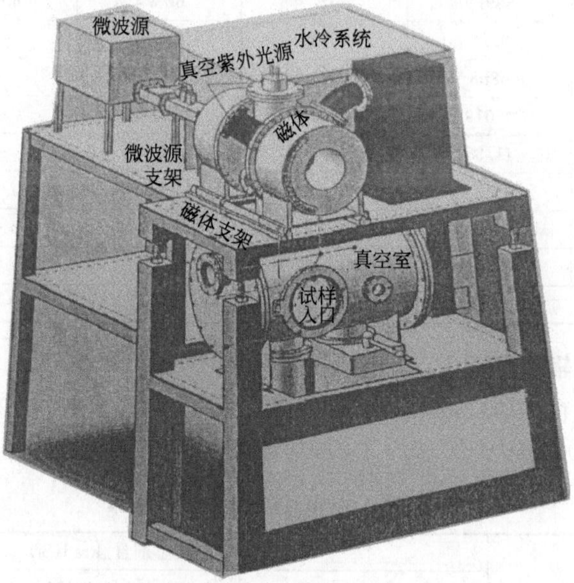

图 23-90 原子氧试验装置结构示意图

(1) 空间原子氧模拟设备功能

① 原子氧能量 3～10eV；

② 原子氧通量 $1\times10^{15}\sim1\times10^{16}$ atoms/($cm^2\cdot s$)；

③ 辐照面积为直径 100mm 圆；

④ 紫外波长 115～400nm；

⑤ 辐照度 11.8～59mW/cm^2。

(2) 真空室

真空室结构示意图见图 23-91。

真空室由三部分组成：主真空室，直径400mm，长750mm；直段真空室，直径160mm；放电室，直径100mm。

主真空室有试样窗口，用以试样进出。直段真空室连接放电室、真空紫外及近紫外光源，以及中性化板。

放电室是原子氧设备的核心部件，通过石英窗口引入微波源产生微波，氧气在微波能量及磁场的作用下，产生高密度等离子体。

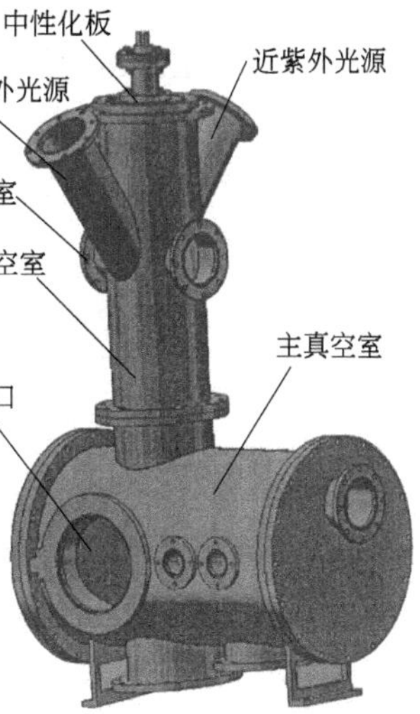

图 23-91　真空室结构示意图

(3) 微波源及波导

微波源是原子氧设备的主要部件之一，其工作的稳定性十分重要，输出功率不稳定会导致放电不稳，甚至熄火。本设备选用高稳定程控微波源，磁控管采用3000W进口磁控管，以提高微波源的工作稳定性和使用寿命。工作频率2.45GHz±25MHz，功率输出可在0～3000W之间调节，输出功率不稳定度小于1%，微波泄漏量符合国家标准。

微波传输系统由高性能微波环形器，三销钉调配器，带反射波取样的水负载、BJ26-32过渡波导及BJ-26连续波导组成。它确保反射波对磁控管的良好隔离，并能方便地调节最佳匹配，达到微波功率的最佳传输。

(4) 磁体组件

磁体组件由磁体绕组及电源组成。绕组由主绕组、副绕组构成，主绕组安装在放电室，副绕组安装在放电室同轴的外圈上，主副绕组之间可调。绕组电源为直流电源，电源范围0～200A，电压0～40V。

(5) 中性化板系统

中性化板材料为钼，安装板面与垂直方向呈45°角。供电电源直流0～0.5A，电压0～50V。

(6) 紫外光源

近紫外光源为1000W汞氙灯；真空紫外光源为150W氙灯。辐照度为11.8～59mW/cm^2。

23.10.2 原子氧/紫外辐照效应

(1) 温控白漆试验

对S781、SR107-ZK两种温控白漆进行了原子氧效应、原子氧/紫外协和效应暴露试验。原子氧积累通量2×10^{21}/cm^2，紫外辐照时间200h。表23-53为两种白漆暴露前后质量变化的试验数据。

表 23-53　两种白漆暴露在单一原子氧和原子氧/紫外环境前后质量变化的试验数据

样品名称	暴露环境	暴露前质量/g	暴露后质量/g	质量损失 Δm/g
S781	AO	1.62793	1.62385	0.00408
S781	AO/UV	1.61520	1.60996	0.00524
SR107-ZK	AO	1.43513	1.43103	0.00410
SR107-ZK	AO/UV	1.48966	1.48472	0.00494

从表23-53可以看出对两种白漆来说，原子氧/紫外综合环境造成的质量损失都大于单一原

子氧环境造成的质量损失，说明原子氧/紫外综合环境加剧了温控白漆表面的侵蚀损失作用。

（2）TO/Kapton 膜、Ge/Kapton 膜试验

对 TO/Kapton 膜、Ge/Kapton 膜试验进行了原子氧效应暴露试验，原子氧积累暴露通量为 $5\times10^{20}/cm^2$。表 23-54 给出了暴露前后 TO/Kapton 膜、Ge/Kapton 膜质量变化的试验数据。

表 23-54　TO/Kapton 膜、Ge/Kapton 膜暴露前后质量变化的试验数据

样品名称	质量损失	累积通量 $/1\times10^{19}/cm^2$	累积通量 $/1\times10^{20}/cm^2$	累积通量 $/5\times10^{20}/cm^2$
TO/Kapton 膜	Δm/g	0	0.00381	0.02479
	($\Delta m/m$/%)	0	3.08	20.0
Ge/Kapton 膜	Δm/g	0.00025	0.00056	0.01999
	($\Delta m/m$/%)	0.23	0.51	18.33

由表 23-54 可以看出，原子氧暴露累积通量较小时，TO/Kapton 膜质量没有变化，Ge/Kapton 膜质量损失仅为同样暴露条件下 Kapton 膜质量损失的 16%，这表明 TO 膜、Ge 膜均有一定的原子氧防护作用。但随着原子氧暴露通量的增加，TO/Kapton 膜、Ge/Kapton 膜质量损失变大。当原子氧累积通量为 $5\times10^{20}/cm^2$ 时，TO/Kapton 膜、Ge/Kapton 膜质量损失超过了 Kapton 膜的质量损失。TO/Kapton 膜的质量损失达到样品质量的 20%，Ge/Kapton 膜的质量损失达到样品质量的 18.33%。

23.11　航天器热控涂层材料综合环境试验装置

航天器表面涂层材料必须经受超高真空、真空紫外和近太阳紫外的辐照、低能电子和质子辐照、X 射线、宇宙尘的冲击、空间交变的温度等环境条件的考验才能应用。综合环境对材料性能影响要比单一条件严重得多，并要求“原位测量”，这样才能比较准确地反映出空间环境对材料性能的影响。

图 23-92 所示为这种设备的简图。获得超高真空所用的主泵是溅射离子泵和钛升华泵，预抽用分子筛吸附泵。近太阳紫外用汞氙灯模拟，其光谱范围为 0.2～0.4μm；功率为 5kW；真空紫外用氢灯模拟，波长范围为 0.1～0.26μm，氢灯热流量为 $1mW/cm^2$，大于 4 个太阳常数；电子辐照模拟，是用一个电子枪来提供的，电子束流可调，其值为 0～300mA，电子枪电压为 0～20kV；质子源能量为 130keV，是用射频离子源产生质子；X 射线源采用了一个 40～90kV 的 X 射线组合源。

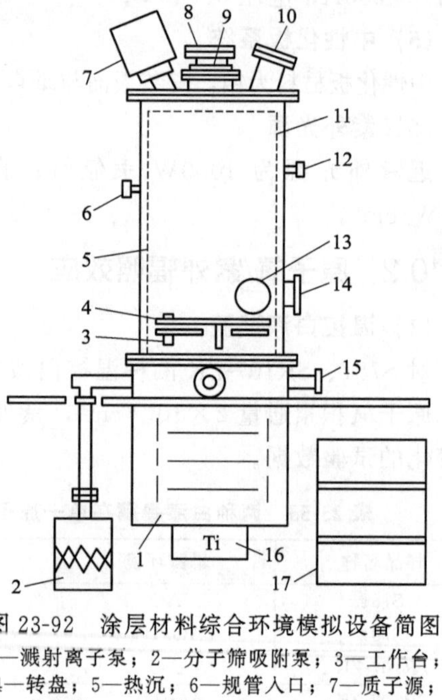

图 23-92　涂层材料综合环境模拟设备简图

1—溅射离子泵；2—分子筛吸附泵；3—工作台；4—转盘；5—热沉；6—规管入口；7—质子源；8—紫外源；9—紫外入口窗；10—电子枪入口；11—真空室；12—质谱仪法兰；13—积分球；14—光源入口；15—探针入口；16—钛升华泵；17—控制台

航天器在轨运行期间，其外露材料遭

受的环境辐射不但包括带电粒子辐射（主要是电子和质子），还包括太阳电磁辐射（主要是紫外线）。在这些环境综合作用下，表层热控材料和光学器件，特别是有机热控涂层，其性能将出现较大的退化乃至失效。这是因为：带电粒子辐射不但可能破坏有机材料的化学键，而且可引起材料内部发生电离效应或位移效应；而紫外辐射可造成化学键断裂乃至电离，引起带电粒子辐射损伤的加剧或损伤的修复。

国内相关资料对S781白漆、SR107-ZK白漆、F46镀银、光学表面反射镜（OSR）二次表面镜、ACR-1导电白漆等在空间40keV电子、40keV质子和近紫外辐射环境下的协和效应进行了地面模拟试验研究，研究结果与卫星热控涂层的飞行试验结果非常接近。这说明对航天器外露材料采用综合辐射研究比单因素辐射研究，更能真实反映航天器在轨的实际情况。

23.12 航天材料出气及质损试验设备

23.12.1 空间真空环境对材料的影响

材料在空间真空环境中，由于蒸发（液体）、升华（固体）以及有机聚合物材料在制造中添加的催化剂、抗氧化剂、增塑剂、增黏剂等的挥发产生材料的质量损失，带来材料成分上的变化，可能引起材料性能的变化，导致材料硬化、脆化和龟裂，造成防护层的分层、破裂等现象。另外，材料表面和内部吸附的水汽、二氧化碳和其他气体及氧化物在真空环境中会产生材料放气，虽然使材料表面更加清洁，使材料的电学、光学性能得到改善，然而活动部件表面吸附的气体分子逃逸到空间中去，使活动部件驱动力矩加大，逐渐发展到接触面黏结或焊死（冷焊），便活动部件失效；此外，由于材料的质量损失和放气，其挥发物将会污染航天器上的敏感表面，如光学镜头、热控涂层、继电器触点等，将使其功能降低甚至失效。

23.12.2 航天器用材料出气筛选的主要指标

在航天器中，金属材料出气量较小，一般不会因出气而被淘汰。而对广泛采用的出气较大的有机材料和复合材料，必须进行筛选。

在出气对材料进行筛选的主要指标有以下几种：

(1) 材料出气筛选的异位测试指标

① 总质量损失（TML）。用试验前后试样的质量差占试样初始质量的百分数来表示。总质量损失不仅包含材料本身的质量损失，同时包含材料放气引起的质量损失，它反映可能引起材料性能变化的程度。

② 收集到的可凝挥发物（CVCM）。用试验前后收集板的质量差占试样初始质量的百分数来表示。材料在真空环境中所损失的那部分质量中，有些有可能在较冷的表面上重新凝结，有可能对航天器敏感表面造成污染。收集到的可凝挥发物指标主要反映材料逸出物在冷凝面上冷凝量的大小，也就反映了材料逸出物对敏感表面造成污染的程度。

③ 水蒸气回收量（WVR）。用试样刚刚于热真空中暴露完毕时的质量与随后重新在50%湿度下放置24h后的质量之差占试样初始质量的百分数来表示。该指标主要反映材料对水蒸气的吸附能力。由于水蒸气对光学装置特别是红外光学装置非常有害，因此该项指

标对光学材料的选择来说无疑是很有意义的。

(2) 材料出气筛选的原位测试指标

为了预估长寿命航天器在整个寿命期间的质量损失情况，就需要了解质量损失及可凝挥发物随时间的变化情况，分析它们的变化规律，因此直接用 TML、CVCM、WVR 三项指标来预估是不够的，必须实现真空中质量损失及可凝挥发物的原位测试。材料出气筛选的原位测试的指标有：

① 质量损失百分率（MLR）随时间的变化。即测试时间内累积损失的质量占初始质量的百分率，单位为%。

② 可凝挥发物逸出率随时间的变化（VCMER）。即测试时间内累积逸出的可凝挥发物的质量占初始质量的百分率，单位为%。

23.12.3 航天器用材料出气筛选的试验方法标准及材料出气筛选的取舍判据

要对材料出气进行筛选，首先必须规定材料出气试验方法标准及材料取舍的判据。

(1) 材料出气筛选试验方法标准

我国于 1988 年制定了航天工业部标准 QJ 1558—1988《真空中材料挥发性能测试方法》。该标准与世界各国普遍采用的 ASTM（美国材料试验学会）标准 E595—90《真空环境中出气引起的总质量损失和收集到的可凝挥发物标准试验方法》相一致。

对航天器用材料出气筛选的原位测试试验方法，已制定了航天工业部标准 QJ 1332—1987《真空中材料质量损失测试方法》及 QJ 1371—1988《真空中材料可凝挥发物测试方法》。

(2) 材料出气筛选的取舍判据

材料出气筛选取舍的判据应由用户根据具体部件和系统的需要而定。但历史上一直把航天器用材料出气筛选的取舍判据规定为：

TML 的淘汰线为 1.00%

CVCM 的淘汰线为 0.10%

把 TML 的淘汰线定为 1.00%，是因为 TML 大于 5%就可能影响材料的物理与力学性能，若小于 1%，通常认为质量损失的是吸附的水分、气体和溶剂，因此不会影响材料的性能。

把 CVCM 的淘汰线定为 0.10%，是因为 $0.5g/cm^2$ 的聚合物如果具有 0.1% 的 CVCM，并且全部凝结在同样面积的敏感表面上，会形成厚度为 $4\mu m$ 的污染层，足以污染触点或光学器件。

23.12.4 航天器用材料出气筛选的异位测试

在标准 QJ 1558—1988《真空中材料挥发性能测试方法》中，规定了测试装置的结构尺寸、试样质量、预处理方法、试样加热温度、可凝挥发物收集温度、测试时间及数据处理方法等。

(1) 试验装置

试验装置示意图如图 23-93 所示，它共有 24 个测试单元（工位），可一次测试七种材料，每种材料三份试样，每份试样占一个工位，另有三个工位用于分析交叉污染的影响。抽气系统采用 300L/s 的溅射离子泵做主抽泵，当挥发物在 24h 内合计不超过 80mg 时，可以在1h内将测试室抽到小于7×10^{-3}Pa的压力。预抽泵为分子筛吸附泵，另用机械泵作卷席预抽。测控装置采用TDW-3902型温度电子调节器，恒温水循环装置采用501型超级恒温器供水。

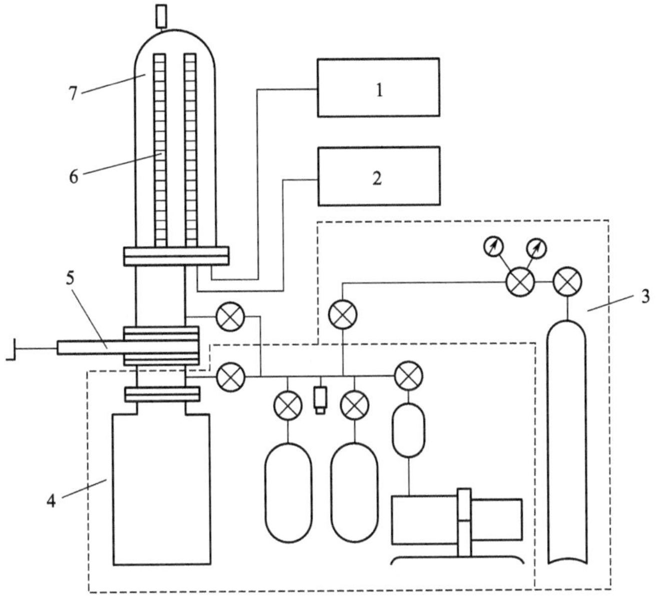

图23-93 可凝挥发物测试装置示意图

1—测温、控温装置；2—恒温水循环装置；3—充气装置；4—抽气系统；5—高真空阀门；6—测试单元；7—真空测试室

图23-94给出了测试单元示意图，其中$A\sim F$以及H、J为关键尺寸，标准对各种尺寸、偏差、同轴度均有要求。铜加热棒的加热功率为满载360W，它在1h内可将加热棒加热到125℃，温度稳定度为±0.1℃。需要清洁加热棒时，可以将加热棒加热到200℃以

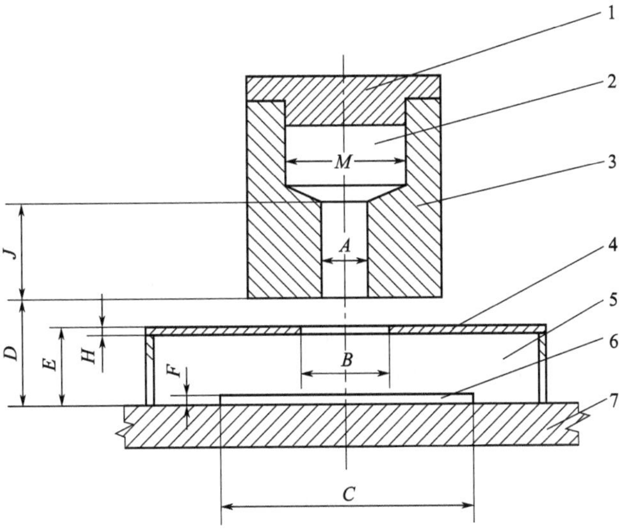

图23-94 测试单元示意图

1—端盖；2—试样室；3—铜加热棒；4—隔板；5—收集腔；6—收集板；7—水冷基座

上。水冷基座采用恒温器供给25℃±0.1℃的恒温水。

(2) 试验步骤

① 试样预处理，将试样放在相对湿度为50%的大气中放置24h；

② 对铝制小盒进行清洗和干燥处理，并且用灵敏度为0.1μg的天平称质量，设质量为m_1；

③ 将试样（100～300mg）放置在铝制小盒内后，连小盒一起称质量，设质量为m_2；

④ 将放置在收集板上的铝箔片称质量，设质量为m_3；

⑤ 将铝箔片放在收集板上，将装试样的小盒装入真空测试室的试样室中，并用铜盖密封；

⑥ 启动真空系统，将测试室抽至高真空后，收集板通恒温水使其温度保持在25℃；

⑦ 将试样室加热到125℃，保持24h，此时试样中的挥发物从试样室的出口不断放出，挥发物中的可凝成分被温度较低的收集板上的铝箔片收集；

⑧ 经过24h后，真空测试室放气，打开测试室，从中取出装试样的小盒及铝箔片；

⑨ 在恒温恒湿间内，对铝箔片及装试样的小盒称质量，设此时铝箔片质量为m_4；装试样的小盒质量为m_5；

⑩ 将装试样的小盒放在常温下湿度为50%的空气中放置24h；

⑪ 对装试样的小盒再次称质量，设为m_6。

(3) 测试结果计算

$$\text{TML}=\frac{m_2-m_5}{m_2-m_1}\times100\%$$

$$\text{CVCM}=\frac{m_4-m_3}{m_2-m_1}\times100\%$$

$$\text{WVR}=\frac{m_6-m_5}{m_2-m_1}\times100\% \tag{23-1}$$

选择125℃作为试样受热温度，因为它是航天器在轨飞行时有可能遇到的最高温度，而且高度交联的聚合物在125℃时不蒸发，也没有明显的降解。选择25℃作为收集板温度，因为它是航天器常见的舱内温度。选择24h的热真空暴露时间，是因为试验证明收集到的可凝挥发物的数值在24h后接近最大值，时间继续增加至48h、96h…，此值无明显变化。

(4) 材料出气的范围

美国国家航空航天局（NASA）发表的材料出气范围见表23-55。它是以美国1978年发表的分属417个厂家和公司的2807种材料的出气数据为基础，按使用条件分为17类，经过统计分析得到的，其测试条件符合ASTM标准。

表23-55 材料出气的范围

类别	统计品种	TML的范围/%	CVCM的范围/%
黏合剂	577	0.01～51.85	0.00～14.60
电缆绝缘材料和热缩套管	191	0.00～24.03	0.00～10.03
涂料	176	0.06～43.89	0.00～12.16

续表

类别	统计品种	TML 的范围/%	CVCM 的范围/%
电器元件	100	0.00～18.48	0.00～6.85
电屏蔽	44	0.03～14.06	0.00～8.58
膜材与片材	136	0.00～10.70	0.00～4.78
泡沫塑料	137	0.12～23.20	0.00～1.86
润滑脂及润滑剂	47	0.00～96.00	0.00～40.00
编织带及软电缆束	103	0.03～9.08	0.00～4.05
层压制品及电路板	112	0.01～7.55	0.00～0.97
记号材料和墨水	71	0.08～88.60	0.00～15.90
模塑材料	123	0.00～36.32	0.00～2.78
颜料、漆、清漆	244	0.03～19.75	0.00～7.60
封装材料	324	0.03～38.03	0.00～5.48
橡胶制品和合成橡胶	237	0.01～57.38	0.00～25.00
胶带	173	0.05～12.69	0.00～6.54
热脂	12	0.05～38.88	0.02～22.20

23.12.5 航天器用材料出气筛选的原位测试

23.12.5.1 MLR 的测试

(1) 试验装置

MLR 测试装置如图 23-95 所示。该装置采用以溅射离子泵为主泵的无油超高真空系统，工作压力为 10^{-5}～10^{-6}Pa。采用卡恩（Cahn）型真空微量天平来称质量，天平灵敏度为 10^{-5}g/μA，最大称量为 10^{-2}g。样品室温度采用 DWT-702 型精密自动控制仪控制，控制范围为（45～125)℃±1℃。测试过程用微机控制，测试数据经微机处理后由打印机输出。

(2) 试验条件

工作压力 10^{-3}～10^{-6}Pa。

试样加热温度（50～125)℃±1℃。

由备用法兰引入的辐照源：

① 电子源，电子能量为 0.4～0.5MeV；

② ^{60}Co γ 辐照；

③ 紫外辐照，在 200～400nm 范围内，最大紫外线强度 60mW/cm²，其均匀度在 120nm 内优于 80%。

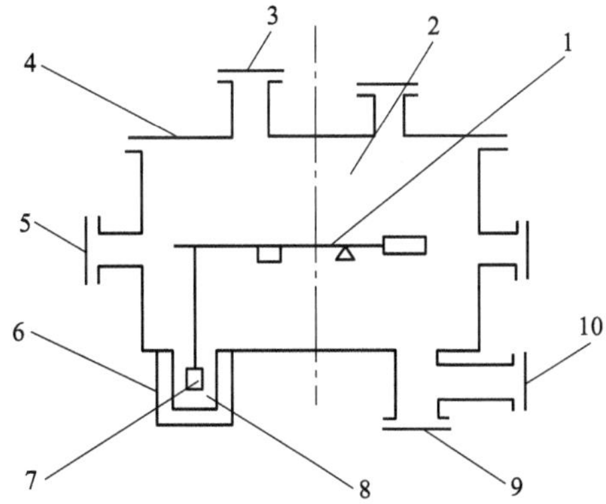

图 23-95 MLR 测试装置示意图

1—天平；2—真空室；3—备用法兰；4—大法兰；5—引线；6—样品室加热电源；7—试样；8—样品室；9—超高真空系统；10—预抽真空法兰

23.12.5.2 VCMER 的测试

(1) 试验装置

VCMER 的测试装置如图 23-96 所示。测试中的质量采用石英晶体微量天平测量。样品台控温范围为（25～180)℃±1℃，连续可调。晶体收集温度采用恒温浴槽控制，25～50℃可用水浴槽，－30～－50℃可用酒精浴槽。

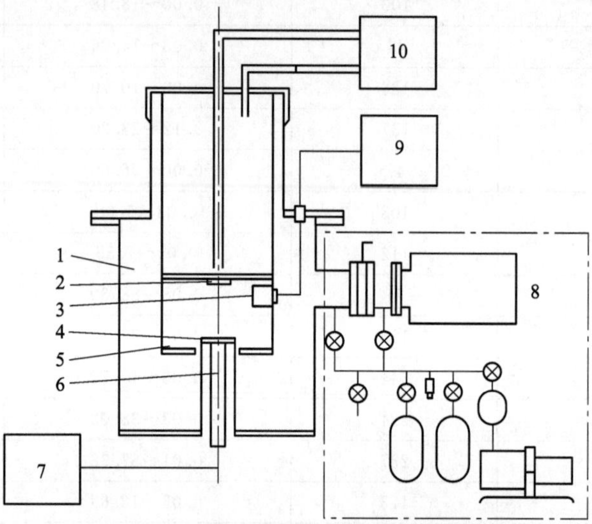

图 23-96 材料 VCMER 测试装置

1—真空测试室；2—石英晶体微量天平；3—前置电路；4—样品台；5—分子沉；6—加热器；7—测控温装置；8—无油抽气机组；9—供电及检测装置；10—恒温液循环装置

(2) 试验条件

工作压力 10^{-5}～10^{-6}Pa；

加热温度 45～125℃；

凝聚温度 25℃、0℃及0℃以下；

加热温度与凝聚温度的配置为 125℃、25℃；125℃、10℃；125℃、0℃；100℃、0℃；100℃、－180℃；70℃、5℃；70℃、－80℃等；

测试时间：最短 24h，最长 48h。

23.13 空间活动部件冷焊试验设备

23.13.1 冷焊模拟设备

(1) 设备功能

此冷焊模拟设备主要功能如下：

① 对空间活动部件的冷焊性能进行评价。既可对空间活动部件的各种对偶材料的冷焊性能做精确的测量，为活动部件的选材、防冷焊措施及结构设计提供科学依据，也可对各种活动部件做模拟试验，进行冷焊性能的评价。

② 进行冷焊性能的机理研究。

③ 可在超高真空条件下研究各种材料的摩擦性能并进行评价。

(2) 技术性能

热沉温度 77K；

极限真空度 6.6×10^{-9}Pa；

测力范围 $50\times10^{-8}\sim150N$。

(3) 设备组成

设备如图 23-97 所示。主要组成部分如下：

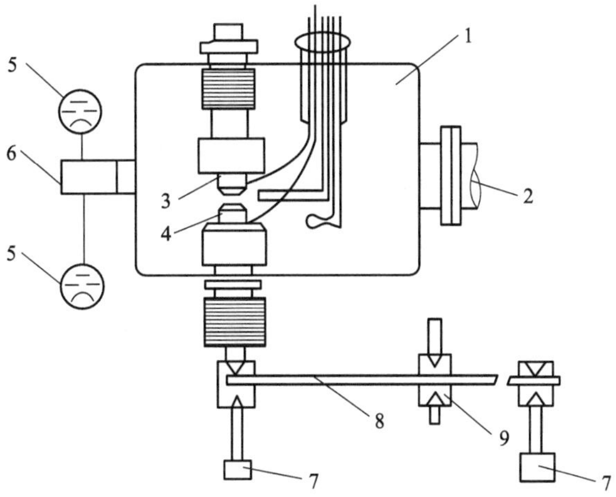

图 23-97 冷焊模拟设备

1—工作室；2—接升华泵；3—上样品；4—下样品；5—规管；6—观察窗；7—重物；8—杠杆；9—支点

① 无油超高真空冷焊模拟系统 主要包括工作室和抽气系统。工作室内装有工作台、测力装置和真空测试规管等。抽气系统由分子泵（或吸附泵）、钛升华泵、溅射离子泵组成无油抽气机组。系统可承受高温烘烤。

② 冷焊测力装置 冷焊力是冷焊模拟及研究中最重要的物理量。本设备有以下三种不同精度和用途的测力装置。

a. 杠杆式冷焊测力装置。利用杠杆原理给样品加载卸载。适用于工程材料冷焊力的测量。

b. 冷焊测力轴尖天平。由主天平（测力）、副天平（去载校准）、电磁加载系统和专用直流稳压电源四部分组成。利用电磁原理实现样品加载卸载。测力范围在 $1.5\times10^{-4}\sim0.5N$，灵敏度 $100\mu N$。

c. 应变测力装置。根据电阻应变片受力形变时电信号的变化来测量。测量范围在 $5\times10^{-5}\sim1N$。

23.13.2 超高真空防冷焊评价试验设备

高轨道卫星的活动部件经常处于超高真空工作环境，因此，会使运动时相互接触表面的污染膜破裂，出现新鲜清洁金属表面，较长时间保持原子清洁状态，这就可能出现冷焊现象，影响航天器驱动机构、传动机构、伸展机构、继电器、转换开关的正常工作，出现驱动功率不足、运动元件卡住现象。此设备由兰州空间技术物理研究所研制，可用于冷焊机理研究、防止冷焊技术措施研究等。

(1) 设备主要技术指标

设备真空室有效空间 $\phi500mm\times700mm$；常温下的极限压力为 $7.0\times10^{-9}Pa$，在 45℃下极限压力为 $5.0\times10^{-8}Pa$；真空室有载，在 45℃温度下的工作压力为 $7.0\times10^{-8}Pa$。

(2) 防冷焊评价试验设备设计原则

设备必须满足出现冷焊的条件：第一，能得到新鲜清洁表面；第二，能使试件在较长时间内维持新鲜清洁表面。所以，设计时需遵循下述原则：

① 常温下空载极限压力低 真空度越高，试件表面气体分子覆盖度越小，就能在较长的时间内保证新鲜清洁表面不会被污染，这是产生冷焊的首要条件。极限真空度的要求与试件所处的空间实际工作环境有关，原则上是越高越好。一般需达到 $1\times10^{-8}Pa$，或优于此值。

② 系统清洁 油蒸气能阻止冷焊的产生，且不易清除。如果设备的油蒸气分压较高，

活动机构已清洁的新鲜表面会在很短的时间内被油蒸气分子完全覆盖，无法模拟空间冷焊条件，从而得出不符合空间实际情况的错误试验结论。因此，作为防冷焊评价试验设备的油蒸气分压应越低越好。

③“高温”下空载极限压力低　一般说来，空间活动机构通过常温防冷焊评价试验后，还应进行“高温”（根据有关标准，这一温度不应低于活动机构空间工作时的环境温度）下的防冷焊试验。冷焊与温度密切相关，温度越高越容易出现冷焊。其原因：一是气体污染膜的表面扩散，在高温下气体的平均滞留时间比低温下要短得多，因此，试件表面吸附的气体少，这样由相邻区间向已清洁的试件表面扩散的污染物也较少，故试件表面可在较长时间内保持清洁；二是污染膜向内部扩散，在高温下试件表面污染膜可能向材料内部扩散，致使表面有部分污染膜消失，形成新鲜清洁表面。

鉴于上述情况，为确保空间活动机构工作的可靠性，对其进行“高温”（一般40～50℃）防冷焊评价试验是很有必要的。

④ 设备工作压力要低　空间活动机构一般结构比较复杂，出气面积大，材料种类多，加之某些试件结构的特殊性，不允许试验前进行彻底清洗和高温烘烤除气，因而出气量大。在这种情况下，要求系统的极限真空度要很高，否则无法进行试验，因此要求抽气机组不但性能优良，而且对各种气体有足够大的抽速。

为满足设计原则，此设备采取了必要的设计措施：

① 选择适宜抽气方式　真空设备的抽气方式是获得极限真空高低和无油程度的重要前提，是设备成功的关键。根据设备的特点，选择了“机械泵＋涡轮分子泵＋钛升华泵＋溅射离子泵”的抽气方式。这种组合抽气手段是超高真空防冷焊评价试验设备较理想的抽气方式。溅射离子泵为钛-钽二极型。钛升华泵带有附加升华阱。

② 采用严密的防返油措施　此设备所用机组是准无油的，这就要靠严密的防返油措施来有效阻止蒸气向超高真空室的反扩散。具体措施：一是在机械泵与分子泵之间加活性氧化铝挡油阱；二是在分子泵与超高真空阀之间加液氮冷阱；三是采用严格的防返油操作程序。

(3) 设备构成

设备结构如图23-98所示，主要由三部分组成：

① 预抽气机组　由机械泵、F-450涡轮分子泵、低真空阀、液氮冷阱、活性氧化铝挡油阱和超高真空阀组成。

② 主抽气机组　包括两个升华泵，抽速分别为5000L/s和1800L/s；两个溅射离子泵抽速分别为400L/s和200L/s。

③ 工作室　有效空间为ϕ552mm×700mm，由不锈钢制成。室内有工作台和测温控制元件。真空室一侧和前法兰各装有玻璃观察窗，顶部和另侧装有30芯的电引线法兰各一个。另外还备有高压和高频引线法兰及四极质谱接口。

(4) 设备特点

此台超高真空防冷焊评价试验设备的特点：

① 设备常温空载极限真空度高　用进口LM520型分离规测得系统空载真空度3.6×10^{-9}Pa，且在长时间内维持不变。

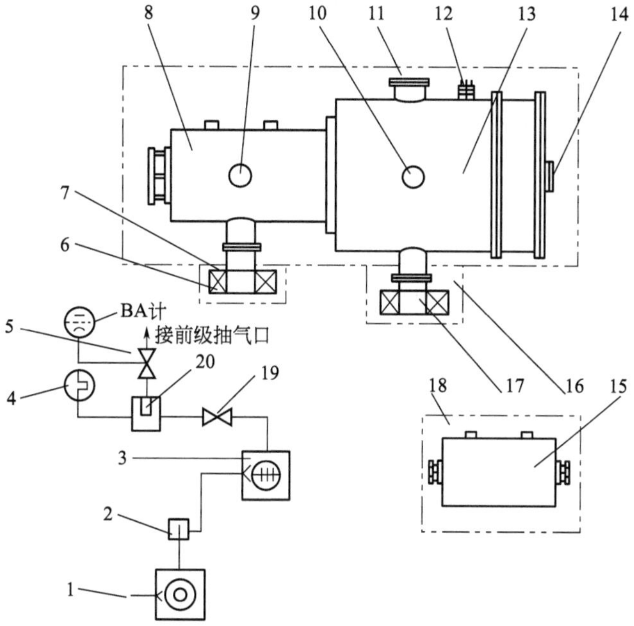

图 23-98　超高真空防冷焊评价试验设备结构示意图

1—机械泵；2—挡油阱；3—分子泵；4—热偶计；5—超高真空阀；6—离子泵Ⅰ；7—离子泵Ⅰ烘箱；8—升华泵Ⅰ；9—前级抽气口；10—接升华泵Ⅱ；11—大烘箱；12—BA计；13—工作室；14—观察窗；15—升华泵Ⅱ；16—离子泵Ⅱ烘箱；17—离子泵Ⅱ；18—升华泵Ⅱ烘箱；19—低真空阀；20—液氮冷阱

② 设备清洁无油　用进口 QX2000 型质谱计，在总压为 10^{-9}Pa 情况下扫描，未见油及其裂解物的谱峰。如图 23-99 所示。

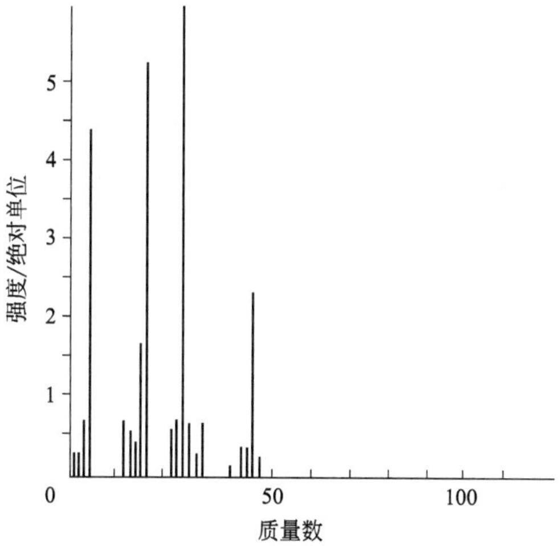

图 23-99　无油超高真空防冷焊评价试验设备质谱图

③ 设备"高温"空载极限真空度高　在真空室空间温度为 46℃的条件下，用校准后的 ZDH1 型数显超高真空计，测得真空度为 2.6×10^{-8}Pa。

④ 设备能进行"高温"防冷焊评价试验　如前所述，为确保活动机构空间工作的长寿命、高可靠，在应用以前必须对其进行"高温"防冷焊评价试验。而这台设备就完全能满足"高温"防冷焊评价试验需要。它在"高温"条件下具有很高的有载极限真空，在试件出气量很大，45℃的温度下，真空度达到了 3.5×10^{-8}Pa。

⑤ 设备抽速大，有载真空度高　由于该设备的两升华泵对真空室的有效抽速（对 H_2）高达 2.7×10^4L/s，所以有载试验时，尽管试件的出气量很大，设备的极限真空仍高达 10^{-8}Pa。

⑥ 设备不烘烤时极限真空度也很高　一般超高真空系统获得优于 1×10^{-7}Pa 的超高

真空都需要经过长时间的高温烘烤抽气，否则很难实现。但是对于一台防冷焊评价试验设备来说，若受到这种限制就不能完全满足试验需要。因为有的活动机构不能承受高温烘烤。此设备不烘烤时真空度高，可满足防冷焊评价试验要求。设备长时间暴露大气后，不烘烤真空度可达 7.9×10^{-8}Pa。

⑦ 设备“静态”真空度好　设备在 5.5×10^{-9}Pa 的真空度下离子泵停止工作，升华泵停止升华（冷阱加满液氮），做“静态”保持试验。1h 后真空度为 8×10^{-9}Pa；10h 后为 7.6×10^{-8}Pa；13h 后为 9×10^{-7}Pa。如果试验中系统出现了故障，有足够的时间处理，使设备恢复正常，而不至于导致试验失败。

23.14 亚暴环境模拟设备

23.14.1 磁层亚暴环境及等离子体注入

地球周围存在着地球磁场。地球磁场受到太阳磁场及太阳风磁场的约束，使其向着太阳面变得扁平，被压缩成 8～10 个地球半径；而背太阳面，可以延伸到 1000 个地球半径，像彗星一样，拖了很长的尾巴，这个尾巴叫磁尾。磁尾中存在着一个特殊界面，界面两边磁力线突然改变方向，此界面是磁中性区，叫做中性片。中性片厚度约 600km，此区是等离子体最热区，其中等离子体被磁场约束，它好像热核反应中的“磁瓶”。

太阳是由 90%氢及 9%氦构成。其日冕区温度高达 600×10^{4}℃。这种超高温下引起的核反应，使太阳不断地喷出带电粒子流，这就是太阳风粒子。太阳风粒子由质子和电子构成，它们不断地注入地球轨道。这种运动的带电粒子产生的磁场，称为太阳风磁场。太阳风磁场与地球磁场相互作用，扰乱了地球磁场，可以引起磁针剧烈颤动，好像地球磁场突然卷起了“风暴”。这种地球磁场的强烈扰动，称为“磁暴”。磁层亚暴也是地球层扰动的一种表现，因为它与“磁暴”相比是较小的扰动，为与磁暴相区别，称做磁层亚暴，简称亚暴。亚暴多发生在行星磁场方向由北向南反转以后。这时，在磁尾中性片附近经常发生不稳定的磁合并，使磁场扰动，引起磁层亚暴。

太阳风粒子能量不高，亚暴发生后，使粒子受到了加速。其原因是行星际磁场与地磁场相互耦合，引起磁力线重联，磁力线变密、拉紧，从而使磁层中磁场强度增加，积累起大量磁能，使磁流体发电机作用加强，引起横越磁尾的电场增强，使等离子体获得能量。在磁尾电场作用下，等离子体得到了一个向地球漂移的速度，注入同步轨道。在漂移过程中，又受到电子回旋加速或费密加速，使等离子体能量进一步提高。1979 年 4 月 24 日亚暴时，SCA-THA 卫星测出电子能量范围为 0.6～335keV；离子能量为 4～388keV，218keV 以上的电子约占 4～50keV 电子的千分之一。

卫星浸没在等离子体环境中，电子和离子不断与卫星表面相碰撞。这种碰撞是非弹性的。由于电子入射率约为离子的 43 倍，因而，使卫星表面充负电。ATS6 实验卫星在空间得到的最高电位为－11000V。

23.14.2 环境参数的确定

电子环境是亚暴模拟主要环境之一。根据磁层亚暴时实测的电子能谱及卫星表面实测电位，此种模拟设备的电子能量多数为 5～30keV 范围内，原因是此能量范围内的电子通量大，且不易穿透材料，电子易附于材料表面层。当然，如果有条件也可以在更宽的能谱范围内进行模拟，空间环境束流密度为 $10^{-9}A/cm^2$，模拟时通常选 $0\sim10^{-8}A/cm^2$。为了使束均匀性好，束直径应该比样品最大尺寸大 30%左右。

太阳光照环境也是亚暴重要环境，光入射到材料表面上后，有些材料的光电发射电流密度比亚暴环境束流密度（$10^{-9}A/cm^2$）大。例如：氧化铝的光电发射电流密度为 $4.2\times10^{-9}A/cm^2$；氧化铟 $3\times10^{-9}A/cm^2$；胶体石墨 $1.8\times10^{-9}A/cm^2$。由于光电发射，卫星在阳光面可能出现正电位，因此，环境条件除了电子环境以外，还要有太阳光照环境，空间阳光强度为一个太阳常数，地面模拟为了缩短模拟时间，通常选择大于一个太阳常数的光源。

同步轨道高度的真空度约 $10^{-12}Pa$ 以上。地面模拟是真空效应模拟，不能选这样高的真空度。真空环境改变了材料表面电导及趋肤效应。研究真空环境下放电现象所需要的真空度为 $10^{-5}\sim10^{-7}Pa$，需要无油抽气手段。国外这种类型模拟设备的真空度大致都在这个范围内。如刘易斯中心的模拟设备直径为 1.8m，真空度为 $10^{-5}\sim10^{-6}Pa$；IPW 实验室直径 2.5m 的模拟设备，其真空度为 $10^{-5}Pa$；英国原子能科学中心 0.5m 设备，真空度为 $10^{-5}Pa$；欧洲宇宙工艺学中心直径 0.8m 的设备，真空度为 $10^{-5}Pa$，其直径 2.5m 模拟设备，真空度为 $10^{-2}\sim10^{-3}Pa$。

除此以外，卫星在轨道运行时，有时向太阳，有时背太阳，向太阳时表面可达 100℃的高温，背太阳时，表面可到－100℃的低温。温度将改变材料表面电阻、体电阻及其他性能。因此，地面模拟需要建立这种温度环境，国外亚暴环境模拟设备温度都要控制，刘易斯中心设备温度为－185～＋120℃；英国原子能科学中心样品温度为－178～＋75℃；欧洲宇宙工艺学中心样品温度为－20～＋130℃。

在上述环境的作用下，影响卫星表面电荷积累的因素有电子束能量及密度、入射离子密度，材料的二次发射、光电发射、离子引起的二次发射，表面电导及体电导等。为此在建造模拟设备时，除考虑环境因素外，还要考虑这些因素。

23.14.3 亚暴环境模拟设备

世界各国为卫星整体带电研究，卫星表面电位控制、带电机理研究以及材料研究，研制了很多尺寸不同、用途不同的亚暴环境模拟器（见表 23-56）。图 23-100 所示为美国宇航局刘易斯中心地磁亚暴模拟设备简图。此设备用于做材料试验，已做过的典型飞行器材料有：飞行器漆、隔热材料、绝缘膜和太阳电池等。研究材料的充电放电特性、表面电位、放电电磁脉冲、光电发射等。

表 23-56 各国亚暴环境模拟设备

设备所属	模拟设备条件	研究内容
美国宇航局飞行器充电诱导介质击穿试验设备	容器直径 30cm；长 1m；真空度 $10^{-5}Pa$；电子 $E=0\sim34keV$；$I=0\sim5\times10^{-9}A/cm^2$	靶击穿及解除带电过程
美国斯坦福研究所电子束充电试验设备	容器直径 80cm；有真空、样品温度、电子条件；电子 $E=$几百电子伏特～20keV，$I=10^{-7}A/cm^2$	反射镜的击穿特性

续表

设备所属	模拟设备条件	研究内容
加拿大多伦多大学扫描电子显微镜	电子 $E=1\sim30keV$ 束流为 $180\mu A$	材料试验。可以做二次发射，样品放电电流频谱，表面物理损伤
法国空间研究中心飞行器电位主动控制模拟装置	容器直径 2m；长 3m；真空度为 $10^{-4}Pa$；等离子体密度 $10^3\sim10^6$ 个/cm^3	研究同步轨道等离子体环境；飞行器表面电位的主动控制
法国航空航天研究院卫星表面充电模拟设备	容器直径 6m；长 7m；真空度 $10^{-6}Pa$；样品温度为 100～460K；太阳模拟；电子束	气象卫星充电、放电研究；减少带电效应的技术研究
德国航空与航天研究所，亚暴环境设备	容器直径 2.5m；真空度 $10^{-5}Pa$；电子照射面积直径 1m；密度为 $10^{-9}A/cm^2$	飞行器表面材料的充电放电实验和理论研究；亚暴环境电子束模拟研究
德国 IPW/Freiburg 亚暴环境设备	容器直径 2.5m，长 5m；真空度 $10^{-5}Pa$；配有氩工质的等离子体束；电子密度为 5×10^5 个/cm^3；真空紫外	等离子体与物体相互作用，飞行器充电的理论研究；材料老化研究
荷兰欧洲空间署欧洲空间技术中心模拟设备	有三个真空容器，直径分别为 3m、2m 及 1.5m；真空度为 $10^{-5}Pa$，配有太阳模拟器及电子源	材料研究：二次发射、光电发射、电导；电磁脉冲对电器系统的影响；对卫星表面放电监视充电的理论研究
英国飞行器研究所试验设备	有四个真空容器，直径分别为 0.9m、1.5m、2.5m 及 3m，真空度为 $10^{-4}Pa$，配有太阳及电子源	卫星异常事件研究；离子推进器试验

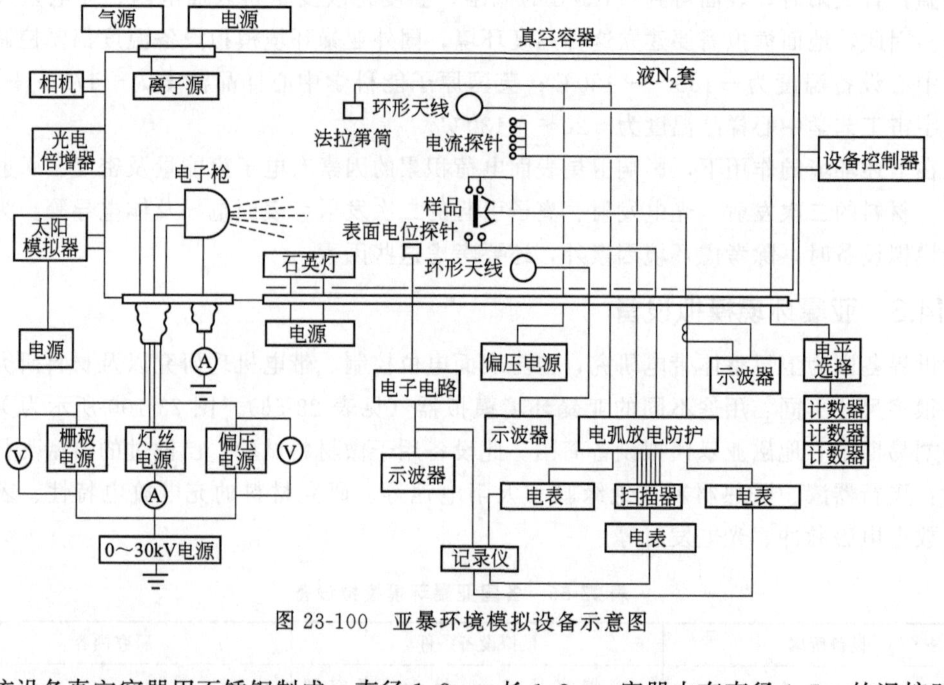

图 23-100 亚暴环境模拟设备示意图

该设备真空容器用不锈钢制成，直径 1.8m、长 1.8m。容器中有直径 1.5m 的温控壁板，由铝材制成并涂上黑色导电涂层，其温度为－185～＋120℃，用气氮来调节，抽气手段是一台抽速为 50000L/s 的油扩散泵，抽气 90～120min，容器中的真空度达 $10^{-5}\sim10^{-6}Pa$。

容器中有样品台，直径为 0.5m，可以处于三个不同位置，每次能试验三个样品，样品尺寸达 30cm，样品台与电子源同心。

配置的电子源能量为 0～30keV，束流密度为 $0\sim5\times10^{-9}$ A/cm^2，束是均匀的，束面积超过样品台 30%。

太阳模拟器的光强为 3～4 太阳常数，光通过石英玻璃窗口引到真空室中。

低能等离子体源以气氮为工质，其粒子密度为 $10\sim10^6$ 个/cm^3。通常用于消除样品的带电。

23.15 电推进器综合性能试验设备

目前国际上电推进器主要有两种类型，即离子式推进器与霍尔式（SPT）推进器，两者约占 95%以上。

离子式推进器其工作原理是以氙气为工作介质，经电离后产生氙离子。而氙离子经加速后引出，并产生推力。离子式推进器具有推力小，而比冲大的特点，适于长寿命卫星在轨的位置保持、轨道转移、深空探测等工况。

23.15.1 电推进器试验设备基本要求

对电推进试验设备基本要求如下：

① 真空室几何尺寸。卫星在轨空间真空度很高，分子平均自由程可达数百米，推进器产生的离子几乎无碰撞地传播出去，要求真空室的长度与离子的平均自由程相适应，而直径有利于羽流充分扩展。真空容器的器壁需有一定的防护离子溅射的措施。

② 真空系统。电推进器要求工作环境清洁无油，为此，一般主泵配置低温泵，而粗抽系统配置干泵。对离子式推进器工作压力要求优于 5×10^{-4}Pa，而霍尔式推进器优于 6×10^{-3}Pa。真空室本底压力优于 5×10^{-5}Pa。

③ 离子束靶。离子束靶材要求溅射率低，一般用石墨材料。考虑到离子束作用于靶上之后，会产生一定热量，束靶需冷却。

④ 测试配置。测试系统包括推力测量系统、探针移动装置、压力传感器及四极质谱计、羽流测量系统、电子密度测量系统以及推进器电源、供气系统等。

23.15.2 英国离子电推进系统寿命试验设备

英国 QinetiQ 公司建造了一台真空室直径为 3.8m 寿命试验设备，能够进行大功率的氙离子推进器和霍尔推进器试验，此设备目前一直用于英国 T6 型离子电推进系统的寿命试验。

(1) 设备总体结构

英国 QinetiQ 公司将推进器引出平面安置在位于容器的中部法兰上，推进器点火面向容器端部。选择此位置是为了减小推进器与真空室的相互作用，真空泵布置在直径 2.6m 小真空室中。离子束靶布置在容器的端部，可进行烘烤，并且为水冷石墨涂层结构。容器壁采用不锈钢管状加热器覆盖。这些管状加热器可以用来对设备除气。氙气抽气板布置在 2.6m 直径位置，而不像常规放在靶的后部。容器的顶部有一个 1m 直径的进气孔安装闸阀，用于与主真空室隔离。推进器与推力测量装置放在闸阀下面的一个平台上，推进器的几何中心与容器的中心相同，同时安装 1m 半径离子束探针来对离子束进行扫描。探针为 15 个 RPA（阻滞电位分析器）。

电源及储供部分安装在副舱中，通过接线法兰与安装在主真空舱内的离子电推进系统进行连接，以避免放置在主真空室由于系统工作产生的等离子环境对其造成的伤害（放电、打火甚至烧毁）。

设备上的所有阀门都是气动阀，气源为干燥氮气。在设备正常工作期间，所有阀门都不供气，以防止出现意外事故。使用干燥氮气是为防止由于阀门漏气引起推进器和阴极的损坏。设备还配有氙气回收装置，用以减小氙气的消耗。整个设备结构如图 23-101 所示。

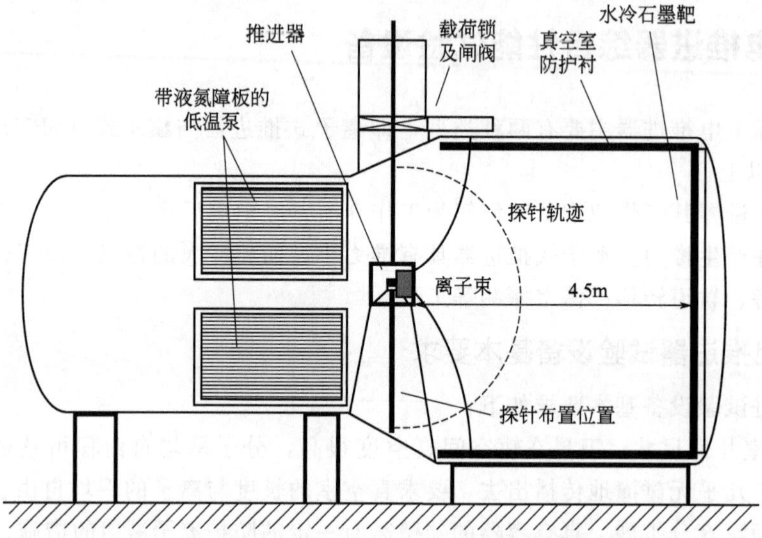

图 23-101　英国 QinetiQ 公司 $\phi3.8m$ 电推进器试验设备结构

如图 23-101 所示，设备的大真空室尺寸为 $\phi3.8m\times4.5m$，封头高 0.8m；小真空室尺寸为 $\phi2.6m\times5m$。

(2) 抽气系统配置

粗抽抽气采用抽速为 $500m^3/h$ 的机械泵＋抽速为 $3400m^3/h$ 的罗茨泵，高真空用 2 台口径 600mm 低温泵，并通过入口冷板进行抽气。

电推进器工作时氙气流率为 30mg/s，要求真空度维持在 2×10^{-4}mbar，这就要求抽气系统对氙气的抽速为 2.9×10^3L/s。小真空室内氦低温板面积为 $0.53m^2$，抽速约为 5.5×10^4L/s。

(3) 离子束靶

离子束靶位于容器的端部，为平板形，直径为 3.8m，表面为石墨瓦片。石墨瓦片需要用水冷却。

选择平面靶结构的原因有两个：其一是石墨的消耗最小；其二是离子碰撞到上面时，产生的溅射最小。实际上，靶中心的离子束密度和能量最大。

离子束靶采用闭式水循环冷却。水循环系统在推进器未工作时，将水加热到 100℃使石墨板除气。推进器工作时，用水冷却，以便将离子注入时产生的热量带走。

靶中心的石墨瓦片上安装有腐蚀深度检测器。用来显示石墨是否需要更换。

(4) 测量装置

① 真空度测量　皮拉尼规 $1000\sim3\times10^{-3}$mbar；潘宁规 $1\times10^{-2}\sim1\times10^{-8}$mbar。另外还有质谱分析器，用于试验过程中的气体分压力监测。

② 温度测量　热电偶，用于监测 LN_2 冷板和离子束靶温度；硅二极管，用于监测抽氙冷板的温度。

③ 推力测量天平　由英国国家物理实验室提供单轴推力测量天平，用于 T6 离子推进器推力测量。推力测量范围：1～500mN，精度为±2.5mN；带宽为 0.1～0.0001Hz。

④ 离子束探针组　高精度的 RPA 能够在 90°范围内测量离子流和离子流的发散角。探针组成半圆环形，可以固定在任何一点。

⑤ 推进剂供给系统　采用 5 只数字质量流量计，提供尽可能宽范围的流率，且容易改变流率。流量计流率范围为 0～30mg/s，精度优于 1%。

⑥ 电源及数据采集系统　共有 3 套数据采集系统用于记录推进器的有关数据，包括推力测量天平和推进剂输送系统的数据。主要采集参数包括：推进器相关工作参数；氙气供给流量和推力数据；真空设备的状态和工作监控参数；离子束探针测得束流有关参数。

23.15.3 美国离子电推进系统寿命试验设备简介

美国刘易斯研究中心研制了一台离子电推进系统寿命试验设备，用于 25cm 离子电推进系统研究。

(1) 真空室及抽气机组

真空室示意图如图 23-102 所示。真空室内径为 3m，长 5m。主泵选用 2 台 GM 制冷剂低温泵，口径分别为 0.9m 及 1.2m。另外，还配有 1 台具有液氮挡板扩散泵，口径为 1m，极限压力为 5×10^{-6}Pa，对氙的抽速为 4.7×10^{4}L/s。

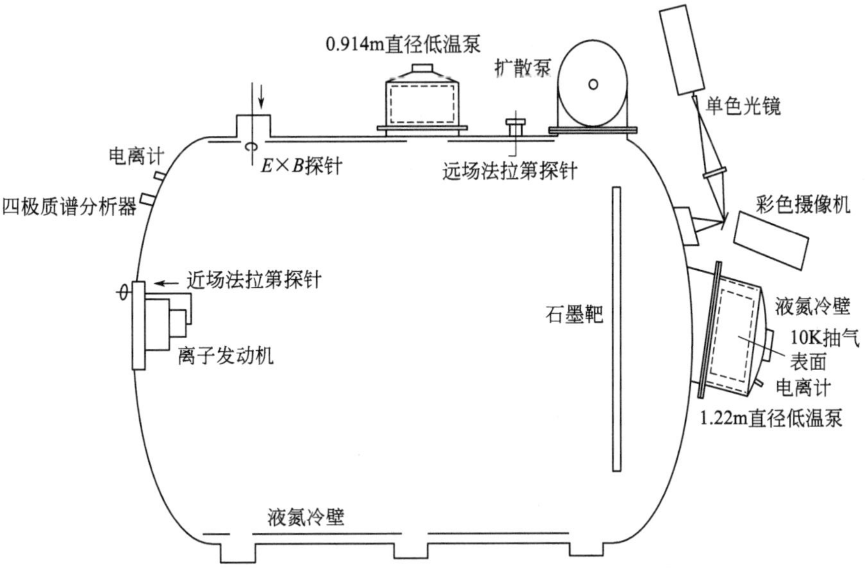

图 23-102　刘易斯中心 25cm 离子电推进器试验设备

真空室后部装有水冷石墨靶，冷量约 10kW。

(2) 设备测量仪器

① 四极质谱分析器　用于测量气体的分压力，质量数为 200。

② 彩色摄像机　用于记录离子发动机的工作过程。

③ $E\times B$ 探针　扫描离子束，得到单和双电荷离子的分布角。

④ 法拉第探针　测量离子束的电流密度以及电荷交换离子密度。

⑤ 近场及远场法拉第探针　近场法拉第探针可用来测量在推进器出口处的电流密度剖面；远场法拉第探针具有栅极，可以用于测量离子束靶附近的离子束剖面。

⑥ 朗缪尔探针　用于测量推进器内部的等离子体性质。

⑦ 推力矢量探针激光测试设备。

⑧ 磁场计　用于测量等离子体环境下磁场分布情况。

⑨ 发射探针和热流传感器　用于电场测量。

(3) 推进器寿命试验的配套设备

① 近场及远场探针移动系统　探针移动平台有两个自由度，角度和水平移动。探针可以旋转，以减小由于探针对不准引起的测量误差。

② 数字示波器　过渡过程用 4 通道 Tektronis TDS540 数字示波器监控，采样率选择 150M/s，脉宽 500MHz。

③ 推力测量系统　推进器性能测量选用 NASALRC 设计的钟摆型推力测量装置。

④ 羽流测量系统　采用 500M 光谱仪测量羽流。光谱仪焦距为 0.5m，孔径为 $f/4$，两个镜头，可以安装光电二极管组合光电倍增器。

⑤ 电子密度测量系统　设备选用微波干涉仪测量电子密度。干涉仪有两个喇叭状的收集器，固定在探针平台上来扫描羽流。

23.15.4 意大利离子电推进系统寿命试验设备简介

意大利于 2003 年研制了Ⅳ-4 电推进寿命试验设备。该设备有两个主要目的：其一是进行 2kW 以上电推进的寿命试验；其二是进行 5kW 以上推进器的短期试验。

(1) 真空室

Ⅳ-4 设备的真空室由主舱和副舱组成。材料选用 AISI316L 不锈钢制造，主舱直径 2m，长 3.2m；副舱直径 1m，长 1m。两舱通过一个 1m 直径的闸阀连接。

副舱用来安装推进器以及电器和气路。主舱能使引出来的束流有足够的发散空间，并降低与容器壁的相互作用。在主舱与副舱之间装有大型插板阀，使两舱之间隔离，推进器可以进行长期试验。

(2) 设备抽气机组配置

主舱和副舱分别配有真空抽气机组，主泵有 Leybold3000 低温泵，瓦里安 2000VHT 分子泵。粗抽为瓦里安 PTS-600 机械泵。气体负荷较大时（推进器工作时），配有氦气冷板抽气，当冷板温度为 35～40K 时，冷板的抽速约为 6×10^4 L/s；当冷板温度为 40～50K 时（冷板面积增大），冷板对氙的抽速为 13×10^4 L/s。

(3) 离子束靶设计

主舱中装有水冷锥形靶和水冷环形套，主要用于消除羽流打到壁上引起的热负载(5kW 以上)，以及阻止来自容器的热辐射和推进器的热辐射引起低温表面温度上升。实践证明，圆锥靶对降低来自溅射物对推进器的污染很有效。

23.16 电推进器阴极试验装置

电推进器阴极包括主阴极及中和器阴极，是空心阴极结构形式。空心阴极是电推进器的重要组成部件之一，其性能直接影响着电推进器的工作性能。对电推进器的可靠性而言，空心阴极是单点失效组件，其寿命与可靠性是决定电推进器寿命与可靠性的关键因素之一，而电推进器又是电推进系统的重要组成单机。因此，空心阴极的工作性能、寿命与可靠性对电推进系统至关重要，特别对有长寿命、高可靠要求的电推进系统，空心阴极的寿命与可靠性尤其显得重要。

阴极试验设备可用于阴极性能筛选试验、老练试验以及寿命考核与可靠性考核。

23.16.1 美国电推进器阴极试验装置

美国 2 套阴极试验装置简述如下：

(1) NASA 的 VF-52 试验装置

NASA Glenn 研究中心（Glenn Research Center，GRC）建造的 VF-52 试验装置，主要作为阴极性能测试。装置的试验舱直径 0.61m，长 0.91m。图 23-103 所示为 VF-52 阴极试验装置的照片。主泵为制冷机低温泵，工作压力为 $3\sim1.1\times10^{-2}$Pa。

图 23-103 VF-52 阴极试验装置

(2) 美国密执安大学阴极测试设备

美国密执安大学阴极测试设备示意图如图 23-104 所示。

试验舱内径 0.61m，长 2.44m。主抽泵为 CVI500 型制冷机低温泵，对氙的抽速 1500L/s，可使舱内本底真空度达 2.6×10^{-6}Pa。粗抽采用 135CFM 机械泵。设备工作压力范围为 $(3\sim1.1)\times10^{-2}$Pa。真空度测试采用冷阴极规。

(3) 供气系统

上述 2 台阴极试验装置，供气系统类似，其原理如图 23-105 所示。

采用的管道是 EP 不锈钢，管道连接采用焊接或 VCR 接头形式。

管道应尽可能减小造成阴极污染的死腔，阀门采用金属密封。管道采用 100℃/24h 烘烤除气；管道对 Xe 的漏率不大于 1.5×10^{-5}mL (STP)/min。

23.16.2 25cmXIPS 阴极发射及点火性能评价装置

该设备由两部分构成：测试室和高真空工作区，采用 1 台 8in 低温泵和 1 台抽速 350L/s 的分子泵作为主泵，并用高真空阀隔离测试室和高真空工作区。

测试区 T 形结构、采用 1 台抽速 150L/s 的分子泵作为高阀开启的预抽泵。装置如图 23-106 所示。

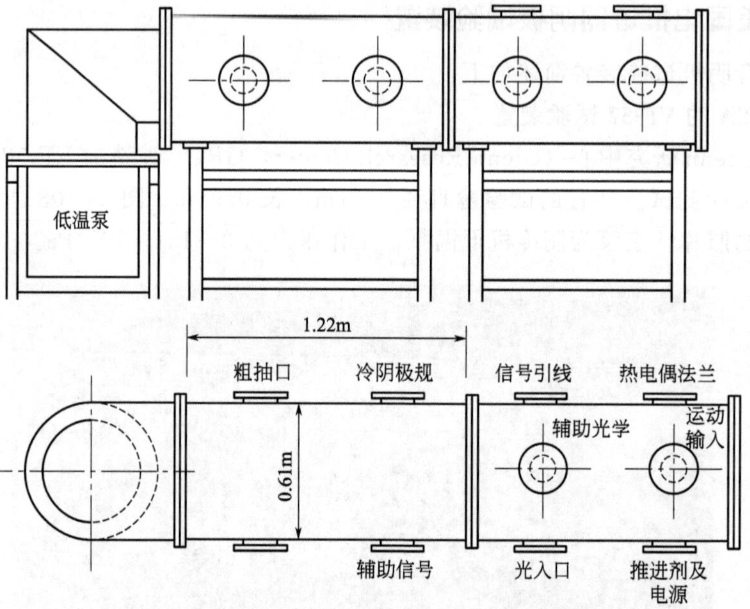

图 23-104 美国密执安大学阴极测试设备示意图

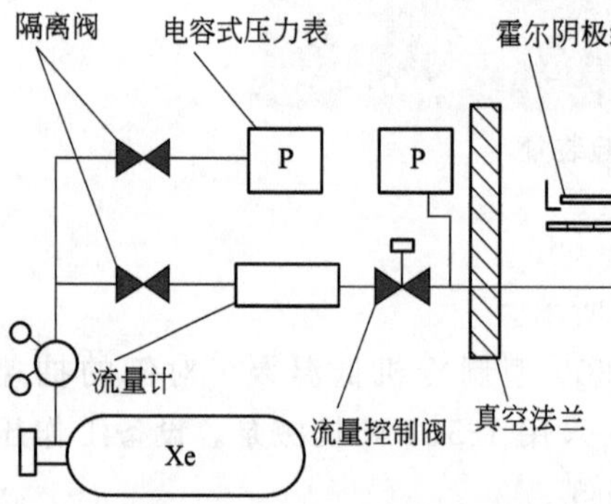

图 23-105 供气装置示意图

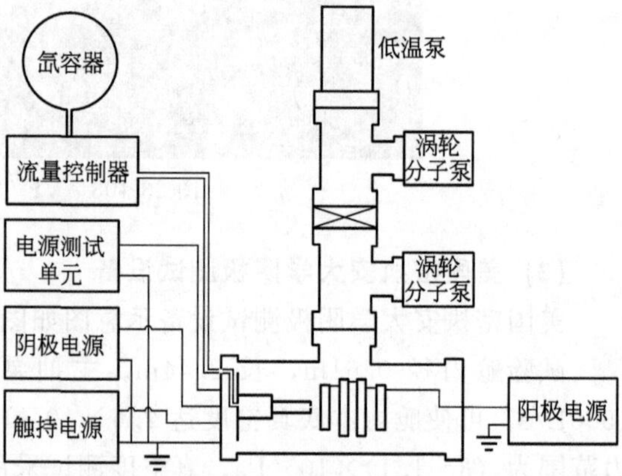

图 23-106 XIPS 阴极发射和点火测试设备示意图

被测试的阴极，安装在 1 只 10in 法兰上，与之相关的所有的电气设备均通过该法兰引入阴极。

试验中，真空度可达到 2.6×10^{-7}Pa。

23.16.3 英国 T6 阴极试验装置

设备用分光镜、光谱仪分析测试温度及等离子体参数，以确定 T6 的阴极（QinetiQ）参数及寿命，试验设备构成如图 23-107 所示。

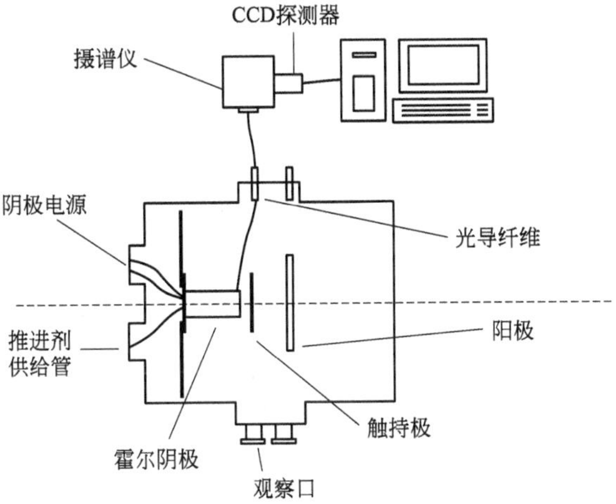

图 23-107 阴极试验设备

该设备真空室内径 0.5m，长 0.5m，材料为不锈钢。采用分子泵抽气，试验压力为 3×10^{-5}Pa。

23.17 火箭发动机空间模拟设备

在火箭发动机研制的早期过程中，认为发动机所有的问题都能利用在地面条件下进行的试验研究结果来解决。由于当时发动机燃烧室压力很高，足以使喷嘴在地面条件下其出口排气流达到超音速及满流。根据地面得出的性能数据利用外推的方法来估计高空低压条件下的性能是相当简单而又准确的。但当时为了提高火箭发动机在真空条件下的性能，并改进火箭发动机的设计时（例如增大喷嘴面积比和降低燃烧室压力等），再根据地面试验的性能数据外推在真空条件下的性能，准确性就大大降低了。原因是高空火箭发动机在地面条件下工作时喷嘴不能满流，出口排气流达不到超音速。而且，某些先进的高空发动机甚至不能在地面条件下工作，因为在这种发动机的“过度膨胀”喷嘴中激波会产生很大的力，会损坏结构脆弱的高空火箭发动机喷嘴。再者，随着火箭发动机工作高度的增加。还会暴露出一些在地面甚至在一般高度下都不曾出现过的问题。美国阿吉纳发动机原来曾做过二十多公里和 30km 的高空性能试验，结果发动机到了 80km 以外，不是不能点火起动，就是燃料涡轮泵破裂而失败。人们在进行了 80km 的模拟实验后才发现了故障原因。

地面与高空压力不一样，发动机燃烧室压力与环境压力比发生了变化，地面试车无法使高空工作的发动机喷管满流，气流在喷管内产生了分离，气流产生振荡导致发动机无法正常工作，测不出发动机在高空中准确的参数，诸如：真空推力，比冲，后效冲量等，也就无法检验发动机的设计和工作特性，特别是双组元发动机，在低于推进剂三相点压力下工作（N_2O_4 三相点压力为 140Torr[1]，偏二甲肼三相点压力为 3×10^{-2} Torr，混肼三相点压力为 0.43Torr)，由于推进剂阀门工作程序不合理，或由于发动机结构设计不合理，或燃烧时间过短等原因造成燃烧不充分，在发动机腔内遗留有残存推进剂，逐步地积累硝酸肼、硝酸铵等固液混合物，该物质相当于 1.25 倍 TNT 爆炸当量，在 1ms 内可产生 $135kgf/cm^2$ 的高压致使发动机爆炸。一些单组元发动机催化剂在高空中失效，使发动机无法着火。经过了失败，人们被迫建造大批空间发动机高空试车设备。

火箭发动机空间模拟设备完成的试验如下：

① 高空点火试验　检验发动机能否着火及测定点火压力峰值；

② 高空试车及性能测试　测定高空条件下发动机的推力、比冲、后效冲量等，确定发动机推进剂的工作程序；

③ 羽流效应　测定排气流的速度场，压力场质量分布等，检验羽流对飞行器热辐射的影响，对光学表面的污染，对电磁波的干扰及排气红外线对红外制导的干扰等；

④ 寿命考验试验　保证发动机的可靠性，强度检验等；

⑤ 热平衡及多次启动试验　检验在空间环境下发动机工作与停车后的平衡温度及分布，及其对发动机多次启动点火，对强度等方面的影响。

为了完成这 5 项试验，要求模拟器要尽量地接近发动机工作的真实真空飞行环境；试验高度应使发动机喷管满流；真空舱压力应低于推进剂三相点压力；试验舱的温度低时，需防止水蒸气或其他可凝气体凝结在发动机构件上。随着发动机工作性质、推力大小、推进剂种类及工作时间长短不同，试验应有所不同。

高空火箭发动机排出的燃气流对设备影响较大，燃气流具有下列特点。

① 气量大　姿控发动机排气量约为 10～800kg/h；变轨发动机排气量约为 1000～6000kg/h；末级发动机排气量约为 18000～1000000kg/h。

② 温度高　氢氧发动机燃气总温约为：2400～2700K；双组元发动机燃气总温约为 3000～4200K，单组元发动机燃气总温约为 1100K；固体发动机燃气总温约为 2500K。

③ 速度高　马赫数（M）都在 4 以上；速度在 3000m/s 以上。

④ 强腐蚀　燃气含有硝酸蒸气、原子氧、一氧化氮等。

⑤ 时间短　脉冲发动机单次脉冲为 20～500ms，长脉冲发动机一般只有几秒到几百秒，也就是说发动机排气具有突然加载的特点。

上述 5 个特点为研制、建设高空试车设备带来了新的技术问题和复杂的工程问题，给发动机大排气量抽除带来了困难和复杂性。

23.17.1 火箭发动机的空间环境

空间飞行器及其排进系统从地面发射开始，经过上升阶段的轨道飞行，到重入大气着陆前为止，所处的环境和地面上的大不相同，并且在这些过程中除受自然环境因素的作用外，还要先后受到各种力的作用，例如加速度、冲击、振动、噪声和失重等。这些外力均为飞行器和推进系统的存在及运动状态引起的环境因素，因此统称为诱导环境。不因飞行器系统的存在及运动而独立存在的环境因素则称为自然环境，在火箭发动机的研究试验中

[1] 1Torr＝133.322Pa。

叫作高空环境。所有这些环境因素均需严格分析和正确模拟。

(1) 高空环境

根据大气的热结构，从地球表面开始，大气逐渐变得稀薄，成为不同热特性的结构层次，依次为对流层（0～16km）、平流层（16～50km）、中间层（50～80km）、热层（80～350km）和外大气层。层之间界限不是明确和固定的，随季节和纬度等变化很大。外大气层的底部在一个太阳黑子活动周期内高度可在 350～700km 内变化。中间层和热层中，由于气体分子离化，又统称为电离层。空间飞行器及其推进系统的火箭发动机就是在这些环境中运动和工作的，根据高空环境的不同效应，可分为下列几种环境因素。

① 真空环境　随着离开地球表面高度的增加，大气压强不断降低。在 20km 的高空，大气压强为 48.5Torr，到 10km 就变为 2.15Torr 了。导弹的轨道高度往往在 100km（2.26×10^{-4}Torr）以上，而一般的人造地球卫星的近地点大约在 200km（1×10^{-6}Torr），同步通信卫星一定要在 35680km 的空间工作，压力降低到了 10^{-13}Torr 的极高真空范围。真空环境是影响高空火箭发动机工作条件的最重要环境因素，在火箭发动机高空模拟试验中称为高空环境。大气压随着高度增加而变化，见表 23-57。

表 23-57　标准大气的主要参数

高度/km	温度/℃	压力/Torr	密度/g·cm^{-3}
0	15.0	760.0	1.23×10^{-3}
10	−49.9	198.8	4.14×10^{-4}
20	−56.5	48.5	8.98×10^{-5}
30	−46.6	8.98	1.84×10^{-5}
40	22.8	2.15	4.0×10^{-6}
60	−17.4	0.168	3.06×10^{-7}
80	−92.5	7.78×10^{-3}	2.0×10^{-8}
100	−63.1	2.26×10^{-4}	5.0×10^{-10}
150	620	3.80×10^{-6}	1.8×10^{-12}
200	963	1.0×10^{-6}	3.3×10^{-13}
300	1159	1.4×10^{-7}	3.6×10^{-14}
500	1226	8.2×10^{-9}	1.6×10^{-15}
700	1234	8.9×10^{-10}	1.5×10^{-16}

② 热环境　地球大气层的温度分布特别在 100km 内高空相当复杂。在 100～700km 之间平均温度是递增的，且高达 1400K。在这一层内，太阳辐射离解了氧和氮等，形成了中性的和带电的 O、O^-、N^-和 NO 等成分。太阳照射的平均强度约为 1.4kW/m^2。光谱主要集中在 0.2～4μm 之间，约 97%的能量集中在可见光和红外线波段内，会影响飞行器及火箭发动机的热平衡及传热性能。同时整个宇宙空间是黑暗的，它相当于一个 3～4K 的黑体，这里飞行器和发动机因辐射而放出能量。

高空环境除了真空环境和热环境外，还有紫外辐射，粒子辐射、宇宙射线和宇宙尘，微流星、地球对太阳光反射的辐照及磁场等，然而这些自然环境因素对高空火箭发动机影响不大，除了特殊需要，模拟时一般都不考虑。

（2）诱导环境

诱导环境主要是力学环境，包括加速度、冲击、振动、噪声和失重等。这些环境因素均是与空间飞行器的运动状态特别是与火箭发动机的工作情况有关的，分述如下。

① 加速度　是由火箭发射起飞过程中形成的，其值为地球重力加速度的几倍到几十倍。飞行器重返大气层时，由于受到动力和气动热的作用，也存在一种加速度效应（实际上是作减速运动）。不管飞行器的发射还是飞行器在空间完成某一动作，只要火箭发动机一起动都会产生加速作用的力。

② 冲击　冲击是由于火箭发动机的点火和关车、火箭级间分离、飞行器着陆和登月等产生的一种瞬时冲击力，最大冲击幅度可达重力加速度的几倍到几百倍，作用时间极短，有的甚至在1ms以下。

③ 噪声及振动　发射及大气层中飞行时，飞行器及火箭发动机都要经受强烈的振动；其主要来源是火箭发动机的排气与大气之间因湍流混合产生强烈噪声传到飞行器系统的表面而产生的，其次飞行器系统在高速飞行时表面上因存在一种湍流层还会产生气动力激振。这类振动的频率范围很宽，从几赫兹到几万赫兹，而且是随机性的。振动的加速度可以达到重力加速度的几十倍，噪声的强度可以达到20dB左右，干扰作用很大。

④ 失重　飞行器系统在轨道上飞行时，由于离心力与地球引力平衡而产生所谓的失重现象，对火箭发动机的高空性能试验可以不予考虑。

火箭发动机受诱导环境因素的影响，已在空间飞行器及其子系统的模拟试验中已经积累了丰富的经验，获得了大量的数据，对火箭发动机高空模拟试验来说，主要是研究自然环境因素的作用，特别是高空的真空环境，它对火箭发动机的工作条件有着根本性的影响，所以高空工作的火箭发动机在性能和结构上都有一些较大的变化。

火箭发动机的高空模拟试验与卫星飞船的空间环境模拟试验虽有相似之处，但也存在着重大的区别。相似之处在于都要求模拟真空环境和冷黑空间等。重大的区别在于卫星等空间环境的模拟主要是解决真空条件下热平衡问题，真空环境是准静态的。而火箭发动机高空环境的模拟主要是解决高空环境对发动机工作条件的影响，发动机的性能和相应结构的影响，且真空环境是动态的。火箭发动机喷出大量的高速（马赫数为5）、高温（$T=3000K$），甚至是腐蚀性的燃气，要维持试验舱中的动态真空环境，就要求模拟试验设备必须有大排气量的抽气系统，要解决高速、高温和大质量流量带来的一系列技术问题。

23.17.2　火箭发动机空间模拟设备的类型

火箭发动机高空模拟试验设备是在火箭发动机地面试车设备的基础上，在真空技术和低温技术发展的推动下逐步发展起来的。根据火箭发动机高空模拟试验的目的，结合所要求模拟的压力高度和发动机的推力，模拟试验的设备可分为高空点火、高空试车设备、高空点火试车组合设备、羽流效应测试等四个基本类型。

23.17.2.1　高空点火试验设备

火箭发动机高空点火试验设备的基本原理如图23-108所示。它由一个装有膜片或密封盖的高空舱和抽气系统组成。用不同的真空抽气系统抽高空舱可以得到不同的点火模拟高度。为减小高空室的容积并减小抽气系统，常常在高空舱外联结一个体积庞大的辅助真空容器，这样可以提高点火试车的高度。发动机安装在试车台中的测试架上，装好膜片或密封盖，起动真空系统，达到试验要求的压力高度（即真空度）后，真空系统与高空试验舱切断，同时启动火箭发动机。在此期间，由于推进剂活门的泄漏，特别是从推进剂活门打开到点着火之前这一瞬间，高空舱的真空度下降很快。当其压力大于当地的大气压力时，膜片就会破裂或者密封盖自行脱离，点火试验也就在这之前完成了。

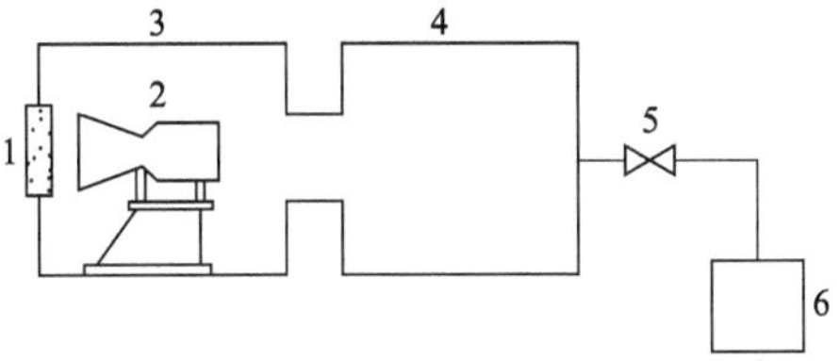

图 23-108　高空点火模拟设备原理图
1—膜片；2—发动机；3—高空舱；4—辅助真空容器；5—真空阀；6—真空抽气机组

23.17.2.2　高空试车设备

火箭发动机高空试车设备早期大都是由火箭发动机地面试车设备改建而来的，其方法就是在地面试车设备的发动机位置后面加接一段超音速扩压器或者加接超音速扩压器-引射器等真空系统。由于点火起动高度不同，设备的结构存在着明显的区别，特别是 30km 以上的高空试车和 20km 左右的高空试车可以说存在着截然不同的技术界限，可以分为两种基本模式。

(1) 发动机-扩压器系统

图 23-109 是地面起动的火箭发动机高空试车设备的原理图。其特点是发动机后接有超音速扩压器。发动机置于高空室内，扩压器伸出高空室外并与大气相通，发动机工作后高空室压力才迅速降低，达到高空试车的目的。

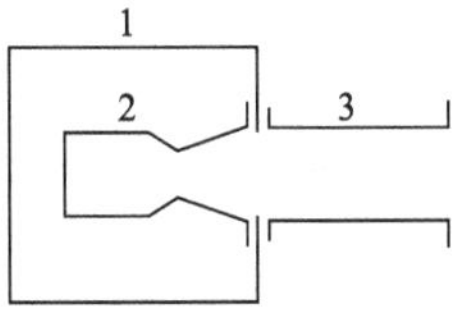

图 23-109　火箭发动机高空试车设备原理图
1—高空室；2—发动机；3—扩压器

超音速扩压器实际上就是一个倒置的超音速喷嘴。它是风洞的主要部件，用于风洞已经有多年的历史。超音速喷嘴把压力变成速度能，而超音速扩压器则是把速度头变成压头，使超音速气流在其中产生激波而变成亚音速流，从而使压力得到恢复。在火箭发动机的高空试车设备中利用超音速扩压器是从火箭高空试车开始就出现的。由于它可以充分利用发动机排气自身的能量，方法简便且性能可靠，所以应用普遍。经过多年的研究和试验。目前已经有了不同形状和不同应用的超音速扩压器。例如①直管扩压器；②第二喉道扩压器；③弯管扩压器；④带有辅助引射器的扩压器，以及具有其他截面形状的扩压器等。

直管扩压器是一种最简单的扩压器结构形式。在火箭发动机高空试车中实用价值最大。当火箭发动机点火后，燃气便从发动机喷嘴喷出，随着发动机燃烧室压力的增大，气流便在喷嘴喉部达到超音速，燃烧室压力进一步增大，正激波便会从喉部下游移向喷嘴出口，离开喷嘴并在直管扩压器内形成封闭的正激波系。由于这一激波系在扩压器内部的传播就会产生低压区，火箭发动机喷嘴周围的空气便与超音速燃气流一起被驱开，即受到超音速燃气流的引射作用，而被排入大气中去。因此，利用发动机和扩压器的组合就能在喷嘴周围产生并保持高空低压环境。为了达到火箭发动机高空试车的目的，发动机喷嘴中的气流必须达到完全膨胀，即高空室要满足一定的高度条件，应用直管扩压器所能模拟的最大高度为 21km 左右。

大型火箭发动机的高空试车中一般都采用直管超音速扩压器。例如，美国航空喷气通用公司在进行 XLR91 液体火箭发动机（推力为 36.8t，膨胀比为 25）的高空试车中就用了一支内径为 1.32m，长 5.49m 的直管扩压器（直径/长度比为 4.16）。在喷嘴出口（外径 1.24m）和扩压器之间有一个宽 40mm 的环形空隙，试验开始后真空室内的空气很快通过这个空隙抽走，试车高度为 14.6～18.3km。在高空试车期间性能也很稳定。

(2) 发动机-扩压器-抽气系统

对于 30km 以上的火箭发动机高空试车设备（见图 23-110），一般采用大面积比扩压器接真空抽气系统的结构形式。真空抽气系统要求大排气量，常用的有蒸汽引射器、排气压缩机、机械泵、水环大气泵和其他的抽气系统。这类设备中，扩压器将火箭发动机燃气引射增压到某一低于大气压力的低压容器，再利用大排气量系统对低压容器抽气，将燃气排入大气中去。这里扩压器实际上只不过起到抽气系统一个增压级的作用，试验研究表明，大面积比扩压器曾得到过 15300 倍压缩比的实验记录。低压容器的压力一定要低于大面积比扩压器的最低排出压力，抽气系统的抽速和工作真空度必须满足这个要求。

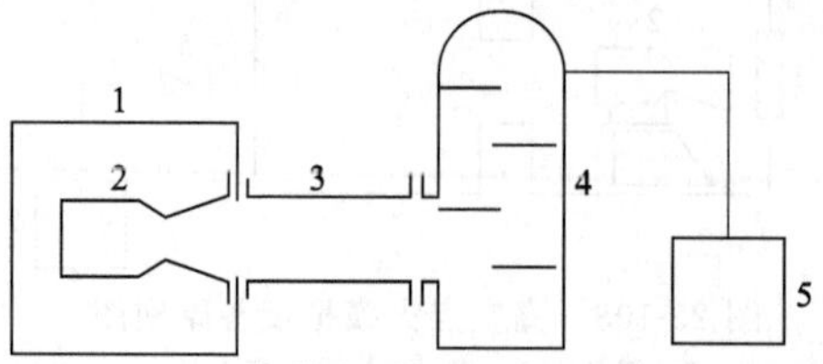

图 23-110　火箭发动机高空试车设备原理图
1—高空室；2—发动机；3—扩压器；
4—低压容器；5—真空抽气系统

23.17.2.3　高空点火试车组合设备

由于真空技术和低温技术的发展，大抽速系统在空间环境模拟技术中得到了普遍的应用，形成了新一代的空间环境模拟设备。在火箭发动机的高空环境模拟设备中，可直接将发动机装于一个很大的试验舱中，在这类设备中，作为大抽速系统的有大型机械泵-扩散泵抽气系统，同时还有低温泵和相应的冷流程系统，如气氦低温泵、液氢低温泵和液氦低温泵。发动机点火前利用机械扩散泵机组抽气，低温泵维持试验舱中的高空压力，点火后及试车期间的发动机燃气全部由低温泵抽吸以保证试车高度。当然试车高度一般都比点火高度低，真空度可低几个数量级。这类火箭发动机高空模拟试验设备由于投资和技术上的种种限制，一般仅能作小型液体火箭发动机的高空模拟实验，性能良好，使用很多。该设备可作火箭发动机的高空点火和高空试车试验，又可作火箭排气“羽流”效应的测定，成为空间效应火箭发动机超高空模拟实验的必备工具，它除了有高度环境外，还有宇宙空间热沉及太阳辐射作用等环境条件。

美国于 1971 年建成了最大的火箭发动机高空试验舱 MarkⅠ号，见图 23-111。其直径 12.8m，高 25.6m，使高空点火和高空试车合并起来，把抽气系统和真空容器等合为一体，形成了一种独特的低温泵排气系统。MarkⅠ号使用液氮和气氦低温泵及与之相配合的扩散泵，点火 5s 内能达到 90km 的模拟高度，限制因素是热负荷和氢分压。为提高性能进行了改造工作，即加装了一套液氢低温泵和液氦低温泵，使之在 60s 内能吸收 10kcal/m^2 的热流量，提高了对氢的抽速，并能对推力比为 15 的多种发动机进行 78km 以上的点火试验和 60s 的高空试车。对小发动机试车高度和试车时间还能进一步增大和延长。

23.17.2.4　羽流效应测试设备

羽流效应测试设备能完成的羽流效应试验包括：热效应、力效应、污染效应（羽流对发动机和空间飞行器的污染）、腐蚀效应（羽流对太阳电池和光学系统等的腐蚀），静电和电磁效应等。

火箭羽流效应的研究设备可利用原有的风洞或火箭发动机高空模拟实验设备，目前常

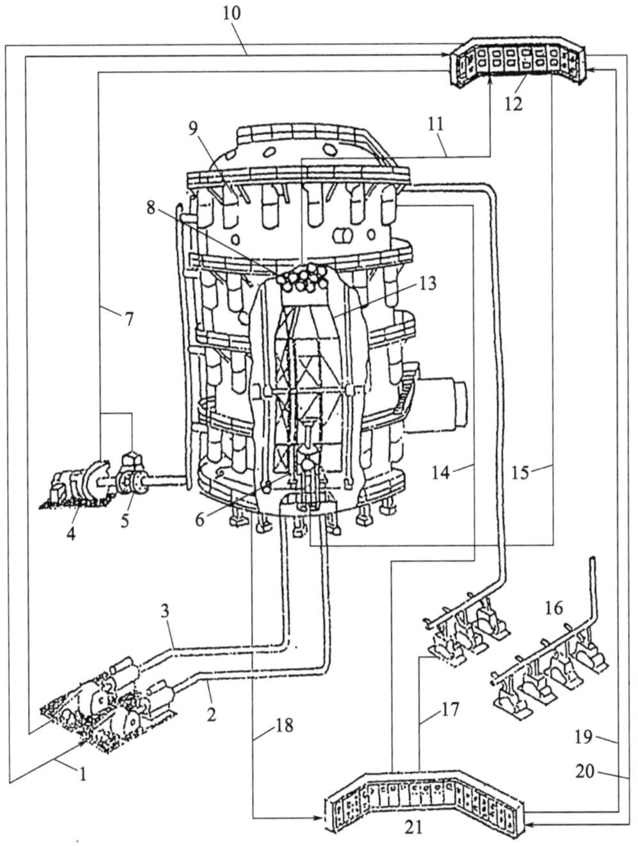

图 23-111　Mark Ⅰ号设备试验简图

1—深冷系统；2—液氮；3—液氦；4—压缩机；5—节流阀；6—模拟振动加载系统；
7—初始真空抽气调节线；8—太阳和行星辐射模拟器组件；9—扩散泵；10—深冷系统控制线；
11—太阳和行星辐射调节线；12—中央控制台；13—容器中宇航器的固定系统；
14—真空调节线；15—振动台和宇航器的控制线；16—泵；17—泵控制线；
18—气体分析器；19—真空测量线；20—压力监视；21—真空系统的主控台

用的有静态试验舱、真空容器、风洞和中心体风洞四类。利用风洞可以研究超音速气流对火箭发动机排气羽流的影响并测量羽流诱发外部分离区中的特性，探索羽流的种种效应；美国阿诺德工程发展中心的超音速低密度风洞，采用了附面层冷冻引射和喷嘴射流的过度膨胀方法，曾模拟过火箭发动机的某些羽流效应并作了相应的测试。此外，美国宇航局艾姆斯中心，利用其综合规划风洞，也进行了羽流效应的研究。

23.17.3 火箭发动机高空试车设备抽气系统

从考虑抽气的方式出发，按推力来划分，抽气系统大致可分为四类。

一类。毫克级的微型发动机，推力：10^{-6}kg；

二类。姿控发动机，推力：0.4～50kg；

三类。变轨发动机，推力：100～500kg；

四类。末级发动机，推力：1000～10000kg；

这四类发动机从推进剂来分有：单组元发动机；双组元发动机；氢氧发动机；固体发动机。这些发动机在真空度几十托到 10^{-7} 托范围内飞行，排气量从几千克每小时到 100t/h 左右。

现按已经组合定型的高空试车设备抽气手段来描述各种类型的抽气模式。

23.17.3.1 扩压器抽气

扩压器在发动机高空试车的抽气中特别是在三、四类发动机的抽气中，可以说是离不了的抽气手段。其工作原理很简单，即利用发动机排出的 3000m/s 以上（$M>4$）的高速气流，在扩压器内经过一系列斜激波反射，在尾端形成正激波跃变，将排气流高速的动能变成势能，气流静压升高排至大气中。这样发动机喷嘴和扩压器组成一级抽气，将试验舱的气体抽走，压力达到 21km 的高度（空间此高度压力为 35Torr）。

扩压器的直径由发动机燃烧室的压力、发动机的喉部直径（截面积）、试验舱压力、扩压器出口压力等参数决定。

扩压器的长度一般取 8～12 倍扩压器直径；一般用水强制冷却扩压器，以防高温烧穿器壁。图 23-112 的扩压器是直管扩压器，为了提高扩压器的性能，经改进又提高了二次喉道收敛发散形扩压器，见图 23-113。此种扩压器充分地利用了发动机的动能，在前段收敛形超声速扩压器后，又增加了一段亚声速扩压器，使其高速气流的压力恢复性能改善，试验舱的抽气能力也得到提高，将发动机高空试车高度提高到 23km。有资料将二次喉道扩压器的亚声速扩压器加工成圆弧形的 90°转弯结构，对扩压器的升压和换热都带来好处。

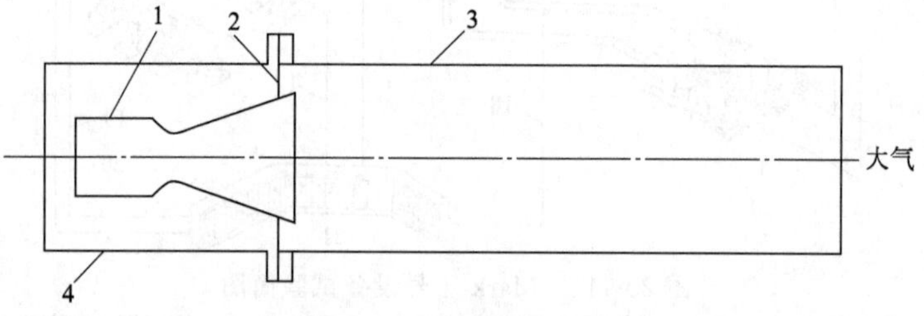

图 23-112　直管扩压器

1—发动机；2—密封软连接；3—直管扩压器；4—试验舱

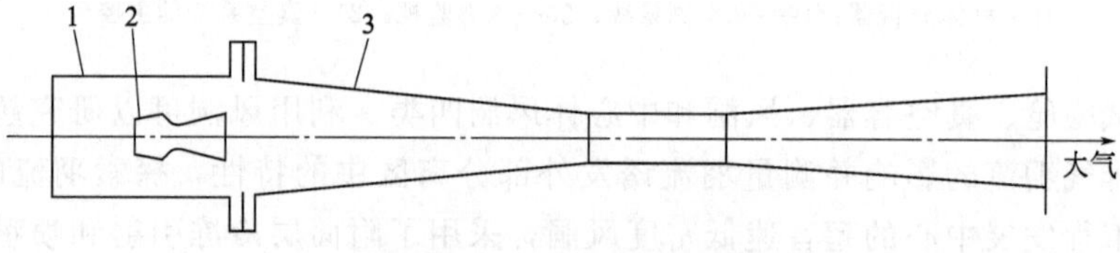

图 23-113　二次喉道扩压器

1—试验舱；2—发动机；3—二次喉道扩压器

扩压器抽气手段简单，运行时除了消耗冷却水外，不消耗任何能源。但此种抽气手段对于发动机高空多次点火等项试验无法进行，为此在扩压器的出口端加上一活动挡板，先用抽气机组（机械的或蒸汽引射器）将试验舱抽到 10^{-2}Torr（或抽到更高），发动机便可在 60km 以上的高空点火，点火后高温排气将挡板吹掉，而真空度由扩压器来维持，这样的改进为扩压器抽气方式开拓了新的途径。

扩压器通常可达到 30～40 倍的压力恢复，二次喉道可达到 250 倍，大面积扩压比可达 15300 倍的压比恢复。正确合理的使用扩压器来抽气是一种可行的办法，特别是在大发动机排气的抽吸中，优点尤为突出，甚至可以认为脱离了扩压器就无法实现抽气。

23.17.3.2 扩压器加引射器（或机械真空泵）串联抽气

在扩压器抽气的基础上，又发展了第二种方式，即在扩压器的尾端接上蒸汽引射器（或机械真空泵），见图 23-114，使发动机试车的高度进一步增加，可达到 30km。对三、四类发动机的高空试车提供了更好的环境压力。早期多串联机械真空泵机组，由于气流的腐蚀性，逐步被蒸汽引射器所取代，特别是大型发动机，罗茨泵机组抽速不易满足要求。

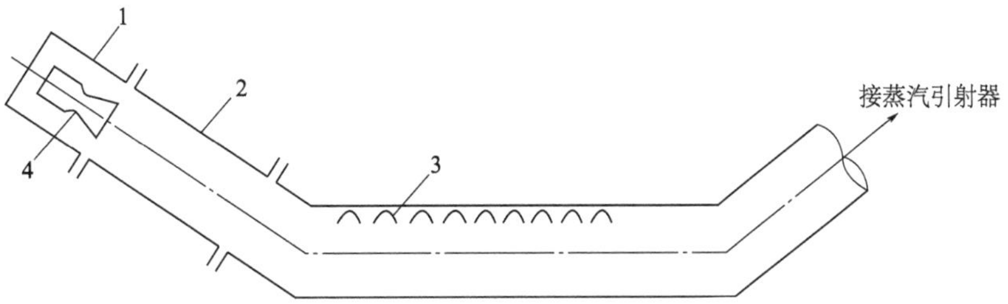

图 23-114 J-2 试验舱抽气模式

1—试验舱；2—扩压器；3—水喷雾冷却器；4—发动机

通常在扩压器的尾端，引射器的前端加有水喷雾冷却器，将发动机燃气降低到 200～300℃，其一是防止高温气流烧穿器壁，其二是有利于引射器的抽气。但不要过大地增加气流阻力。

在使用扩压器抽气时应当注意与发动机相匹配，二者轴线须重合。在发动机起动，特别是在停车后，大量的高温气流从扩压器中回流到试验舱里，可能导致烧坏发动机的零部件。为防止事故的发生，研究者曾在扩压器的入口加一环形引射器（或中心体引射器）。当发动机点火后，与发动机喷嘴加扩压器和环形引射器（或中心体引射器）构成了一个复合引射器，不仅提高了扩压器出口压力与发动机出口处压力之比，而且也提高了引射能力，同时提高了扩压器抗反压能力，使扩压器在较宽的压比范围内保持启动状态，大大降低了高温燃气流回流，增大了后面抽气机组负载；同时环形引射器（或中心体引射器）的引射介质也有部分回流到试验舱，此法并不十分理想。

美国阿诺德工程发展中心建造的 J-4、J-2 试验舱就采用了上述抽气手段，使推力为 194t 和 225t 的大型发动机试车高度达 24～27km。J-4 耗蒸汽 3150t/h；冷却水用量 2270t/min，对推力为 10t 的 AJ10-137 发动机试车，耗蒸汽达 113.4t/h，可见此抽气工程之庞大。

23.17.3.3 G 试车台与九号试验舱抽气手段

这两台发动机试验装置采用的抽气手段：液氮（LN_2）冷阱＋引射器（或机械真空泵）串联抽气。LN_2 冷阱可抽吸发动机排气中约 30％的 H_2O 和 CO_2，并对不可凝气体降温，由于没有扩压器的限制，便于实现发动机多姿态试车，此种抽气的模型可实现一、二类发动机 80km 高空点火，60km 高空试车。

马夸尔特公司在研制 R-4D 控制发动机时，采用了此种抽气模型建造了 G 试车台（图 23-115）和 9 号试验舱（图 23-116），9 号舱更进一步取掉了增压机，在直径 20 英尺（6.1m）的球上接一直径 54 英寸（1.38m）的大型冷阱，其后接一 5 级蒸汽引射器，可达真空度 4×10^{-2} Torr。

通过严格的检验考核试车，使 R-4D 发动机可靠性得到提高，为登月飞行做出了贡献。

此种抽气方式中，产生未经充分燃烧的推进剂在 LN_2 冷阱中冷凝，形成硝酸盐（如

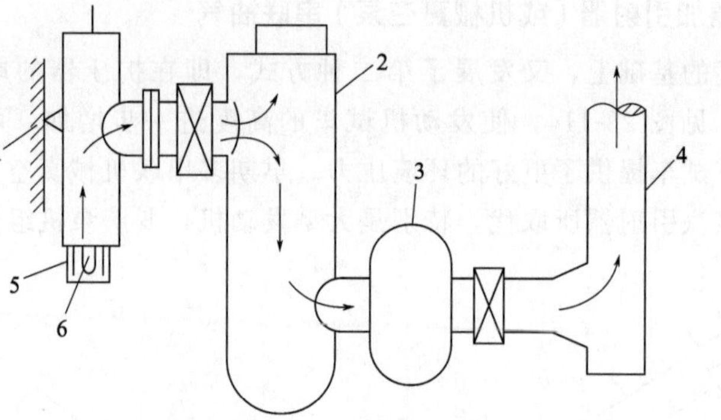

图 23-115　G 试车台排气简图

1—转动支承；2—LN_2 冷阱；3—增压机；4—接二级蒸汽引射器；5—LN_2 冷冻舱；6—发动机

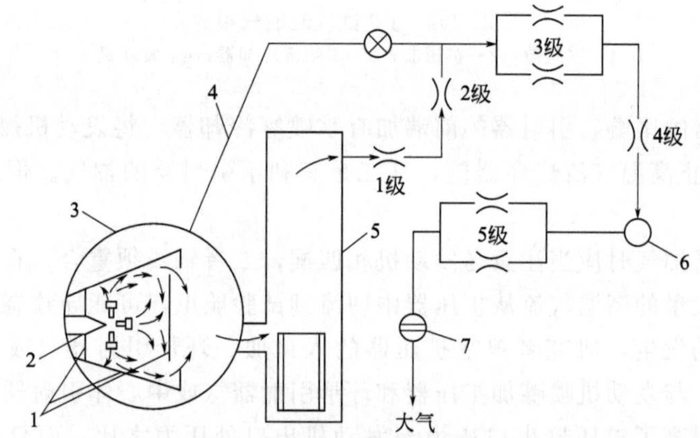

图 23-116　9 号舱抽气简图

1—LN_2 冷却板；2—喷嘴群；3—6.1m 球，$p=4\times10^{-2}$ Torr；
4—粗抽管（0.91m）；5—LN_2 冷阱（1.38m）；6—冷凝管；7—消声去污器

硝酸肼和硝酸铵等）及其他物质，当这种固液混合物积累到 1.2lb 时，便要爆炸，会造成严重事故，因此试车的积累时间受到限制，而且每次试车完毕，要用高压蒸汽来冲洗液氮系统各部位。

23.17.3.4　J-2A 试车台抽气系统

J-2A 试车台抽气系统原理见图 23-117。此系统能对第四类发动机在 90km 高空进行点火试验，并在 60km 高空试车。

美国阿诺德工程发展中心的 J-2A 试车台除了采用扩压器抽气手段外，又使用 20K GHe 深冷抽气手段以及扩散泵抽气。

高真空机组由 2 台 ϕ500mm 的扩散泵及前级机械泵和罗茨泵组成，在点火前借助此机组将试验舱抽到 1.4×10^{-5} Torr（122km 高度）的真空度。

发动机点火后，高温高速气流将薄膜阀吹掉，接通后面的蒸汽引射器，对试验舱进行抽气。并由高真空机组和 0.372m^2 的 20K 气氦冷冻板维持在 60km 的高度上，喷管出口的压力相当于 40.5km 的高度，喷嘴环压相当于 75km 的高度。

在发动机停车时，薄膜阀的另一薄膜重新切断扩压器。防止高温燃气回流，试验舱内

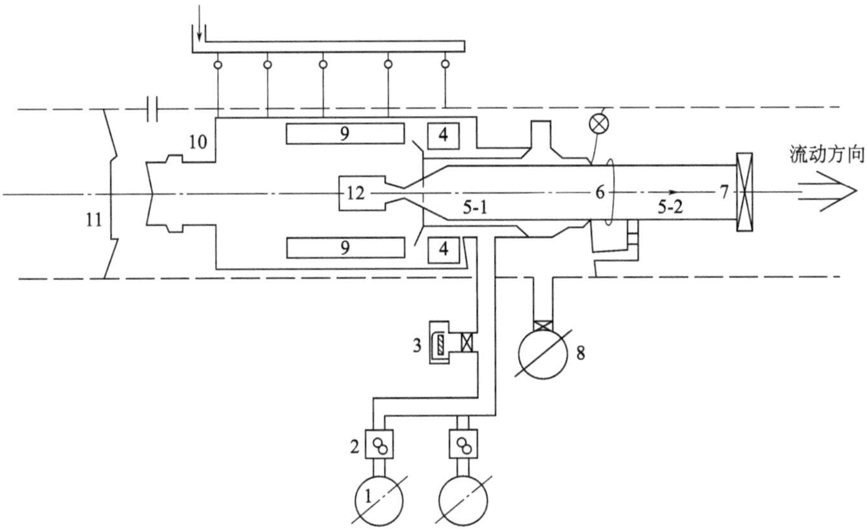

图 23-117 J-2A 抽气系统

1—机械泵；2—罗茨泵；3—扩散泵；4—20K GHe 冷冻板；5-1—LN_2 冷却扩压器前段；5-2—H_2O 冷却扩压器后段；6—薄膜阀；7—排气活门；8—粗抽泵；9—太阳模拟器；10—LN_2 内套；11—外筒；12—火箭发动机

由高真空机组和 20K 气氦冷冻板在 90min 内将舱压降低到 1.4×10^{-5}Torr（122km 高度）的真空度。

这种抽气手段合理地应用了扩压器的优点，而用薄膜阀克服了扩压器回流的弱点。以 LN_2 来冷却扩压器，使扩压器具有 LN_2 冷阱的功能，除了抽除燃气中可凝气体外，还有效地冻结了推进剂阀门已开启而又未着火时排出来的推进剂（滞后可达 0.5s 之长），将其冷凝于扩压器的器壁上，保证了点火前试验舱内 122km 的高度。

通过试车发现，要在发动机点火中维持 60km 的高度及在 90min 内将试验舱压力恢复到 1.4×10^{-5}Torr，没有制冷量为 1kW 20K 的 GHe 冷冻抽氢是不可能的，因为扩散泵抽氢的能力较弱，不能有效地抽吸发动机排气中的氢。

由于该设备很庞大，又配有强大抽力的粗抽泵，并将热沉套与容器分隔开来，二者间的夹层由粗抽泵维持在 5～10Torr 的真空度，以减少在点火中扩散泵和 GHe 低温泵的负载。

通过推力为 6.8t 的发动机试车，证明该抽气方式完全成功，能够进行全部试车项目试验。该设备还配有热沉和太阳模拟器，又有 LN_2 供给系统，可以对发动机进行热真空试验。

23.17.3.5 Mark Ⅰ号装置的深冷抽气系统

美国 Mark Ⅰ号装置见图 23-111，原是一个热真空环模设备，直径 ϕ12.8m，高 25.6m，配有 48 台口径 ϕ800mm 的扩散泵机组，LN_2 冷冻板 1200m^2；GHe 冷冻板 735m^2；将比推力为 15 的发动机在模拟器内试车仅能维持 5s 的正常试车。为满足羽流试验和热平衡试验的要求，又在 Mark Ⅰ号内增加了 LH_2 低温板 93m^2，LHe 低温板 29.5m^2，使抽气能力提高了 100 倍，使比推力为 15N 的发动机在 78km 的高度上正常试车达 60s，停车后迅速回到 90km 以上的高度。

Mark Ⅰ号装置真空容器内的深冷壁板排列由外向里依次是 LN_2、LH_2、GHe、LHe 冷冻板，可以防止 LHe 冷冻板直接受高温燃气冲击。发动机 35% 的热负荷被 LN_2 冷冻板吸收，温度为 3000K 的燃气经过 LN_2 冷冻板热交换后降为 300K 左右，再经过 20K 的 LH_2 和 GHe 冷冻板热交换后，气流温度降到 77K 左右，最后与 LHe 冷冻板碰撞。由于增加了 $93m^2$ 的 LH_2 冷冻板使 Mark Ⅰ号承热负荷增大了 930～1488kW，因此大大提高了 LHe 冷冻板对氢气的抽吸能力。

由于发动机加载荷是瞬变的方式，因此在设计 LHe 介质流程时，采用开式自然循环沸腾器的原理更为理想（见图 23-118）。利用连通器原理，火箭燃气热流加载于提升管上，使该管内低温介质蒸发，它与下低管的压力差使低温介质自动补充到提升管中。热载荷增大，提升管中低温介质气化剧烈，下降管与提升管压差增大，补充的低温介质多；热载荷减少、压差减少，补液减少。此种设计方法既克服了低温泵启动，停车易出事故的缺点，又能适应发动机突然加热载荷的特点，其流量随热载荷的大小而自然调节，同时防止了大量的低温介质随气流而被带走，而是在杜瓦内气液自动分离。

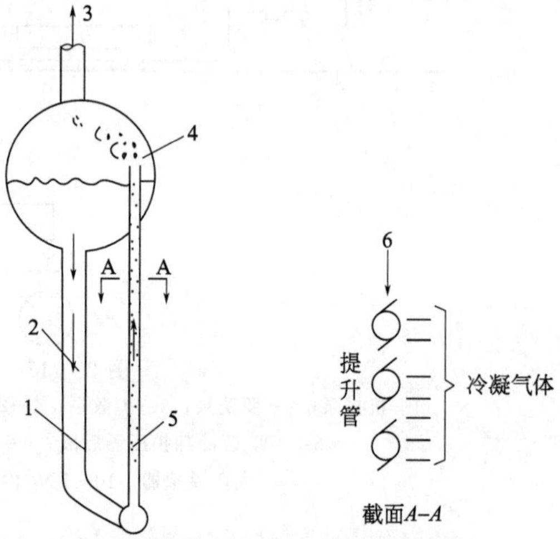

图 23-118 开式自然沸腾器原理图

1—下降管；2—循环通道；3—蒸汽出口；4—球形容器（分离器）；5—提升管；6—深冷抽气翅片

23.17.3.6 国外典型高空试车台抽气手段

国外火箭发动机高空试车设备种类繁多，抽气手段各异。表 23-58 给出了国外典型高空试车台的抽气手段，可以作为设计参考。

表 23-58 国外典型高空试车台的抽气手段

代号	模拟高度及发动机推力	抽气手段	示意图
大高空台（俄罗斯化工机械所）	① 脉冲 on/off=1s/1s，90km；② 稳态，60km；③ 静态真空，200km（1.33×10^{-4}Pa），4000N	① 18 台扩散泵（每台 $20m^3/s$）；② 18 台滑阀泵（每台 500L/s）；③ 5 级蒸汽引射；④ LN_2 冷阱真空舱容积 $300m^3$	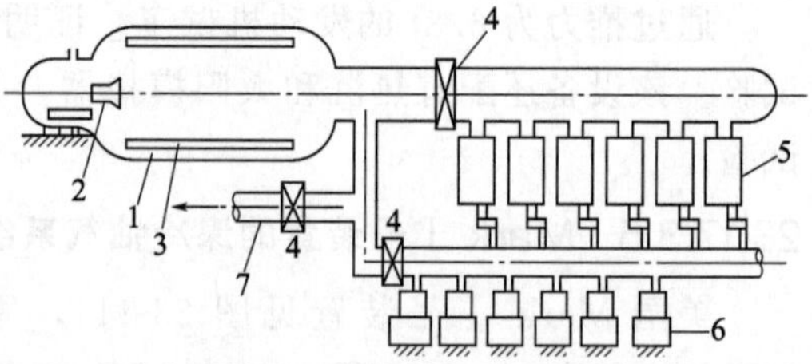 1—$300m^3$ 真空舱；2—发动机；3—LN_2 冷阱；4—真空阀；5—扩散泵；6—滑阀泵；7—5 级蒸汽泵

续表

代号	模拟高度及发动机推力	抽气手段	示意图
小高空台(同上)	动态真空 200N 1.33×10^{-4}Pa	① 7 台扩散泵(每台 $8m^3/s$) ② 4 台滑阀泵(每台 300L/s)	结构同上,仅去掉 5 级蒸汽泵
Mar1 高空舱(美国阿诺德工程中心)	①"羽流"试验 ② 76km 稳态实验推力比为 15	① LN_2 冷壁 ② $93m^2$ LH_2 及 GHe 抽吸冷板 ③ $29.5m^2$ LHe 制冷抽吸板	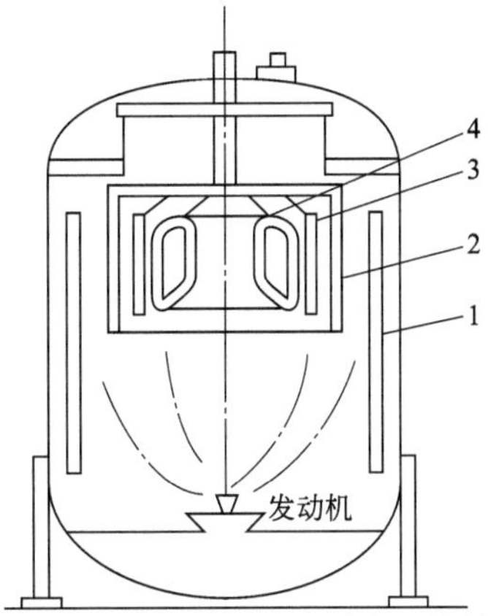 1—LN_2 冷却壁;2—LH_2 冷却的制冷抽机; 3—GHe 冷却屏;4—LHe 冷却的制冷抽机
J-2(美国阿诺德工程中心)	30km 194~225t	扩压器-二级蒸引射泵	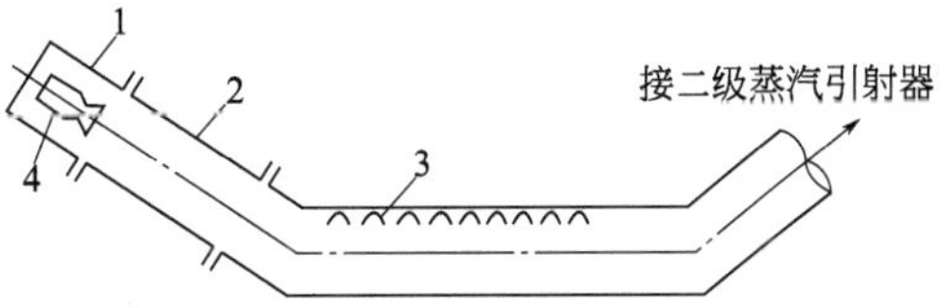 1—试验舱;2—扩压器;3—水喷雾冷却器;4—发动机
J-2A(美国阿诺德工程中心)	① 122km 点火 ② 点火试验 2s 内达 60km ③ 90min 后进行 122km 再启动试验 6.8t	① 罗茨真空泵机组 ② 扩散泵 ③ LN_2 冷阱 ④ 20K GHe 冷板 外形尺寸: ϕ5.48m×9.6m	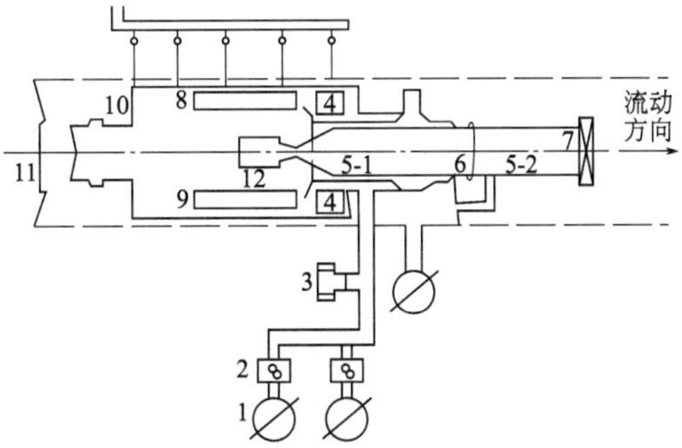 1—机械泵;2—罗茨泵;3—扩散泵;4—20K GHe 冷板; 5-1—LN_2 冷却扩压器前段;5-2— H_2O 冷却扩压器后段; 6—快速薄膜阀;7—排气活门;8—粗抽泵;9—太阳模拟器;10—LN_2 内套;11—外筒;12—发动机

续表

代号	模拟高度及发动机推力	抽气手段	示意图
G 台 （美国马夸特公司）	① 80km 点火 ② 60km 试车 450N	① LN_2 冷阱 ② 增压泵 ③ 二级蒸汽引射泵	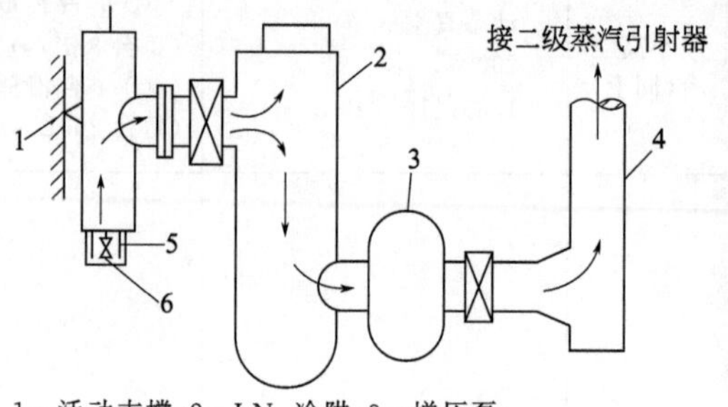 1—活动支撑；2—LN_2 冷阱；3—增压泵； 4—接二级蒸汽引射；5—LN_2 冷冻舱；6—发动机
9 号台 （美国马夸特公司）	60km 450N	① LN_2 冷阱 ② 5 级蒸汽引射泵 外形尺寸： 球形舱 ϕ6.1m 舱内压力 5.32Pa	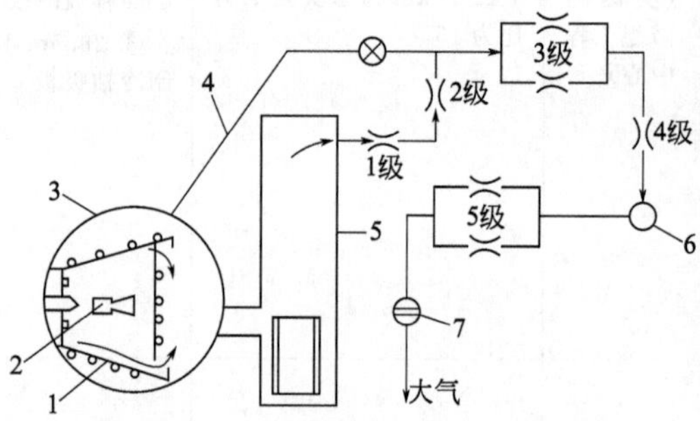 1—LN_2 冷却板；2—发动机；3—球形舱；4—粗抽管； 5—LN_2 冷阱；6—冷凝器；7—消声器

23.17.4 固体火箭发动机点火模拟设备

(1) 用途

主要用于卫星变轨发动机的点火试验与烟火剂在真空与低温条件下点火性能模拟试验。

(2) 技术性能

真空容器：直径 1m，长 2m。

有效容积：直径 0.9m，长 1.5m。

工作台温度：300～213K。

极限真空：4×10^{-5}Pa。

火箭腔体模拟器内压力：3MPa。

(3) 设备组成

设备简图如图 23-119 所示。主要包括：

① 主模拟室　容器为卧式，室内装有火箭腔体模拟器、泄烟隧道、限压铝片、快速阀门及点火器、烟火剂安装底座。

② 抽气机组　由带液氮冷阱的 K-400 扩散泵、机械泵及直径 400mm 高真空气动阀门等组成。

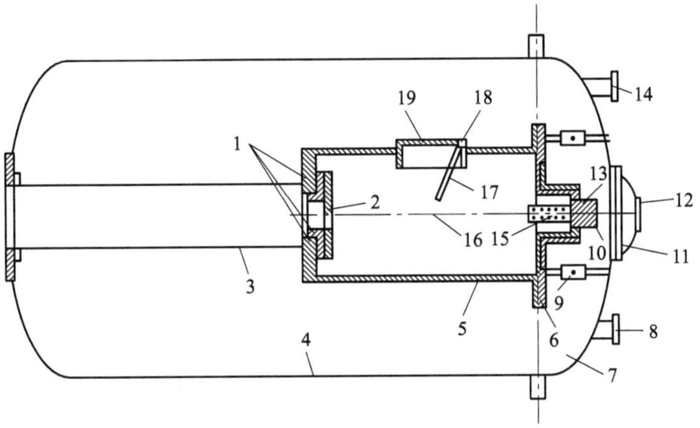

图 23-119 固体火箭发动机点火模拟设备

1—密封圈；2—限压铝片；3—泄烟隧道；4—模拟室；5—火箭腔体模拟器；6—药盒法兰；7—大门；8—引线孔；9—调节螺丝；10—小电阻；11—小门；12—观察窗；13—药盒；14—测量孔；15—烟火剂；16—压力传感器；17—快速阀板；18—快速阀轴；19—快速阀座

③ 低温循环系统　由 2 台 2F10 氟利昂压缩机组组成串级式密闭循环系统。工质采用 F22。酒精作为载冷液，用来冷却试件。

④ 电控及测试系统　为保证试验时的人身安全，装有整套设备运转和试验远距离监控设备，可自动测试温度、压力、点火电压、引爆电流等各种实验参数。

23.17.5 激光点火模拟设备

(1) 用途

该设备主要是为星用火箭发动机烟火剂的高空激光点火试验而研制的地面模拟试验设备。

(2) 技术性能

环境温度：223～323K。

极限真空：4×10^{-4}Pa。

(3) 设备组成

此设备由真空容器、调温系统、抽气系统、压力调节和测量系统以及电器控制部分组成，如图 23-120 所示。

① 真空容器　卧式。前部有大门，尾部装有磁力耦合器及在它上面的可移动式样品台和自整角电机调速及聚焦装置。两侧装有直径 120mm 的观察窗和多芯引线。

② 调温系统　容器内装有半导体制冷的小热沉，温度在规定的使用范围内可任意自动调节，无噪声，使用方便。

③ 抽气系统　扩散泵抽气机组。

④ 压力调节系统　采用真空隔膜阀和针阀，能分别充氧、氮、氢、氦和空气。

23.17.6 火箭发动机高空试车台

导弹和运载器上的火箭发动机启动升空后，即承受低气压环境的作用，其结果会给发动机材料、推力及工作性能带来有利与不利的影响。因此，在火箭发动机研制中，一般均应在预计的工作高度下，进行各类试验。特别是发动机的启动、运行和关车试验，以检验发动机的设计、工作性能和寿命等。利用低气压的特性而设计的火箭发动机，只有在相应工作高度下进行试验，才能准确测定推力与比冲，评价启动与关车性能，了解发动机与相邻物体表面的相互作用及干扰效应。进行这些试验的设备称为火箭发动机高空试车台。

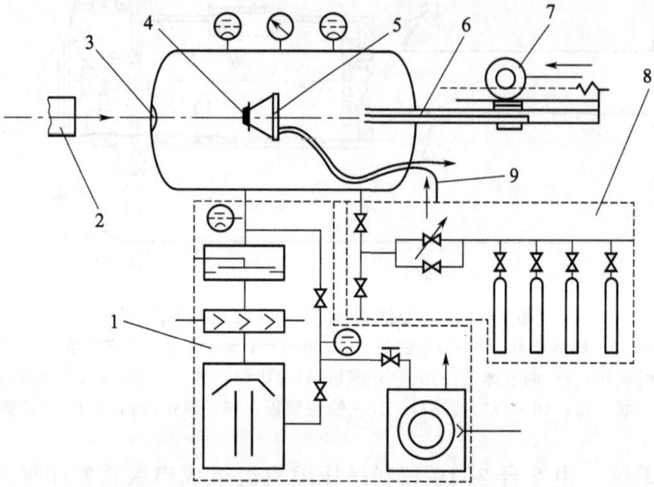

图 23-120　激光点火模拟设备示意图

1—真空抽气系统；2—激光器；3—透镜；4—试样；5—半导体制冷器；6—磁力传动器；7—自整角电机；8—压力调节系统；9—水管

不同类型的发动机因其设计参数和功能参数不同，对高空试车台的要求有所不同，分别称为液体火箭发动机高空试车台、固体火箭发动机高空试车台、电火箭发动机高空试车台等。

设计在不同高度下工作的火箭发动机，有不同的试验内容，要求试车台提供的高度条件也不一样。一般分为低高空试车台（提供的工作高度为 20km 上下）、中高空试车台（提供的工作高度为 40km 上下）、高高空试车台（提供的工作高度为 80km 上下）和超高空试车台（提供的工作高度为 200km 上下）。另外为了满足火箭发动机的某些特殊试验的需要，可以借用空间模拟设备或研制一些专用的试验设备和装置。

国外火箭发动机高空试车台种类很多。表 23-59 分别摘选了部分美国火箭发动机高空试车台试验数据及设备概况。

表 23-59　部分美国火箭发动机高空试车台试验数据及设备概况

设备名称	主要性能	用途	所属单位	备注
设备容器直径 3.6m，高 16.5m	火箭试验时真空度为 133Pa	研究导弹和探测火箭性能	海军研究实验室	
设备容器长 3.6m，宽 3.6m，高 7.2m	模拟高度 60km，温度 −70～205℃	小型固体火箭发动机点火试验。已完成姿控火箭试验		造价 15 万美元
设备容器直径 12.3m 球形设备	真空度为 666Pa	助推器级间分离试验和膨胀结构试验	航宇局兰利中心	
设备容器直径 3.6m，长 6m	真空度为 0.1Pa	试验推力为 45kg 的姿控火箭发动机	通用动力公司	由风洞改装而成

续表

设备名称	主要性能	用途	所属单位	备注
火箭发动机点火试验舱	试验舱为直径6m的球，真空度0.1Pa	阿波罗11号登月舱的姿控火箭，R-4D点火试验	宇航局	
Mark1号装置	直径12.8m，长25.6m，液氮与气氦低温泵和扩散泵，改建后还有液氢和液氦低温泵。可作多种火箭发动机的点火和试车试验及羽流测试		空军阿诺德中心	1971年建成，后经改建
设备容器直径6.6m，高9.9m	抽气6h，真空度达10^{-5}Pa	月球探测器用离子发动机和卫星电推进系统的试验	电子光学公司	真空容器造价120万美元，总造价540万美元
电火箭试验设备	容器直径4.5m，长18m。真空度10^{-3}Pa。用液氮套管和水冷却来吸收火箭排出的100万kW的热量			
空间推进设备	容器直径22.5m，长30m。真空度10^{-4}Pa。液氮热沉，冷气氦抽气。温度$-205\sim+20$℃。建筑物长115m，宽30m，高18m	用于新型推进系统和电推进系统的评价和发展试验	宇航局 刘易斯中心	造价2530万美元
SNAP-8设备	真空容器长20m，宽10.3m，高16.5m。真空度$10^{-3}\sim10^{-4}$Pa。钢板外加混凝土墙，可连续运转10000h以上		原子能国际试验场	
空间环境试验容器	可达10^{-4}Pa的真空度，装有液氮热沉和石英灯，模拟空间环境。容器直径9.1m，长30m	试验人马座火箭	宇航局 刘易斯中心	由风洞改装而成

23.17.7 姿态调整火箭高空试车台

(1) 用途

此试车台用于76km小型姿态调整火箭的高空环境模拟。在此高度试验发动机的点火、再启动、全尺寸燃烧试验。

(2) 技术性能

热沉通入液氮后，10h真空度可达1.3×10^{-3}Pa，不通液氮真空舱的极限压力为1.3×10^{-2}Pa，工作压力为1.3Pa，真空机组可抽除未完全燃烧的N_2O_4。

(3) 设备组成

设备主要由真空舱、抽气机组、热沉及液氮外流程组成。

① 真空抽气机组　真空抽气机组由高真空、中真空及低真空机组构成。

高真空机组由JK-1200高真空油扩散泵+罗茨泵+滑阀泵构成，配置两套。机组极限压力为1.4×10^{-4}Pa，抽速为2.1×10^4L/s。

中真空抽气机组由JZ-1000油扩散喷射泵+罗茨泵+滑阀泵组成，共8套。机组的极

限压力为 5×10^{-1}Pa，抽速为 1.96×10^{4}L/s。

低真空抽气机组由罗茨泵＋罗茨泵＋水环泵组成，设置 2 套。发动机点火后，大量的可凝气体被热沉壁捕集，以霜的形式存在于舱体内，该机组可将融霜后产生的气体排到舱外。机组极限压力 1×10^{-1}Pa，抽速 1200L/s。

② 真空舱体　真空舱体由试验舱、主舱、辅舱组成。被试火箭发动机安置在试验舱密封端盖上的测力平台上，喷管口朝向主舱。舱内布置了燃料的注入、控制装置和信号采集、压力测量等接口；主舱用于安装热沉，并设有与试验状态有关的温度、激波压力、真空度等数据采集的测量口、观察窗等；辅舱由油扩散喷射泵真空机组的抽空通道构成，机组分布在舱体两侧。

试验舱处在主舱封头上。试验舱和主舱之间设有内门，并采用能耐高压的唇形橡胶密封圈进行密封。试验舱为大气状态，主舱可以保持 5×10^{-3}Pa 的真空度。这样在一个抽空过程中就可以进行多次试验，可以打开试验舱门进行安装、检测操作。试验舱和主舱封头之间有阀门管道连接，可以通过主舱经过该管路对试验舱抽空。达到内门开启所需的压差后，可以打开内门。试验舱设置手动充气阀，充气时间小于 10s。

③ 热沉　热沉由冷管组件及冷壁组件构成。冷管组件用于对试验气体的冷却和冷凝。冷壁组件是模拟空间冷黑环境的部件，与真空舱体保持 100mm 的距离。材质为奥氏体不锈钢。

冷管组件共 5 组，前 2 组为盘状光管，后 3 组带翼管，全部安置在主舱后半段；冷壁组件共 4 组，分别安装在试验舱、主舱封头、主舱前段和主舱后段。舱体下部为进液氮口，上部为出液氮口，每一路单独进出，并分别与液氮外循环系统连接。舱体外的液氮管路用保温层包裹。

火箭喷出的高温高速燃气进入主舱后，逐步降温、减速，经过冷管组件进行热交换后，燃气中的如 H_2O、CO_2、H_2 的温度被降至 150K 后进入尾舱，通过中真空机组排出舱体。

热沉除了通液氮外，还要在化霜阶段通入热氮气。要求热沉能承受冷热交变温度，因此需要解决热沉的结构和材料在高低温交变下的应力腐蚀、疲劳损伤和热胀冷缩等问题，以免热沉损伤。

④ 液氮外流程　热沉液氮外流程由 2 个液氮储罐、2 台液氮泵、过冷器、低温阀门和液氮管路等部件组成。液氮系统和热沉构成了液氮的密闭循环回路。为提高系统的可靠性，低温阀门采用手动形式。在火箭发动机试验中，实现了系统由开式沸腾降温，快速稳定地转换成液氮单相密闭循环。在液氮流程正常工作时，热沉壁板温度可达到 90K±5K。热氮气流程用于热沉加热，加快化霜速度。由空气压缩机、干燥器、油水分离器、加热炉、管道、阀门等组成。进气温度为室温，排气最高温度 423K。

23.17.8　GS-1 及 GS-2 高空模拟试车台

1980 年兰州物理研究所研制成功我国第一台小型液体火箭发动机高空试车台，简称 GS-1 试车台。试车高度 42km，试验发动机的推力为 1200N。

GS-1 台采用超音速扩压器加 4 级蒸汽引射泵，真空舱内配有 LN_2 热沉和机械泵机组，可以进行 10N 推力器 on/off＝30ms/2s、76km 高度脉冲点火试验。蒸汽泵耗气 20t/h（饱和蒸汽），冷却水为 1000t/h，原理见图 23-121。

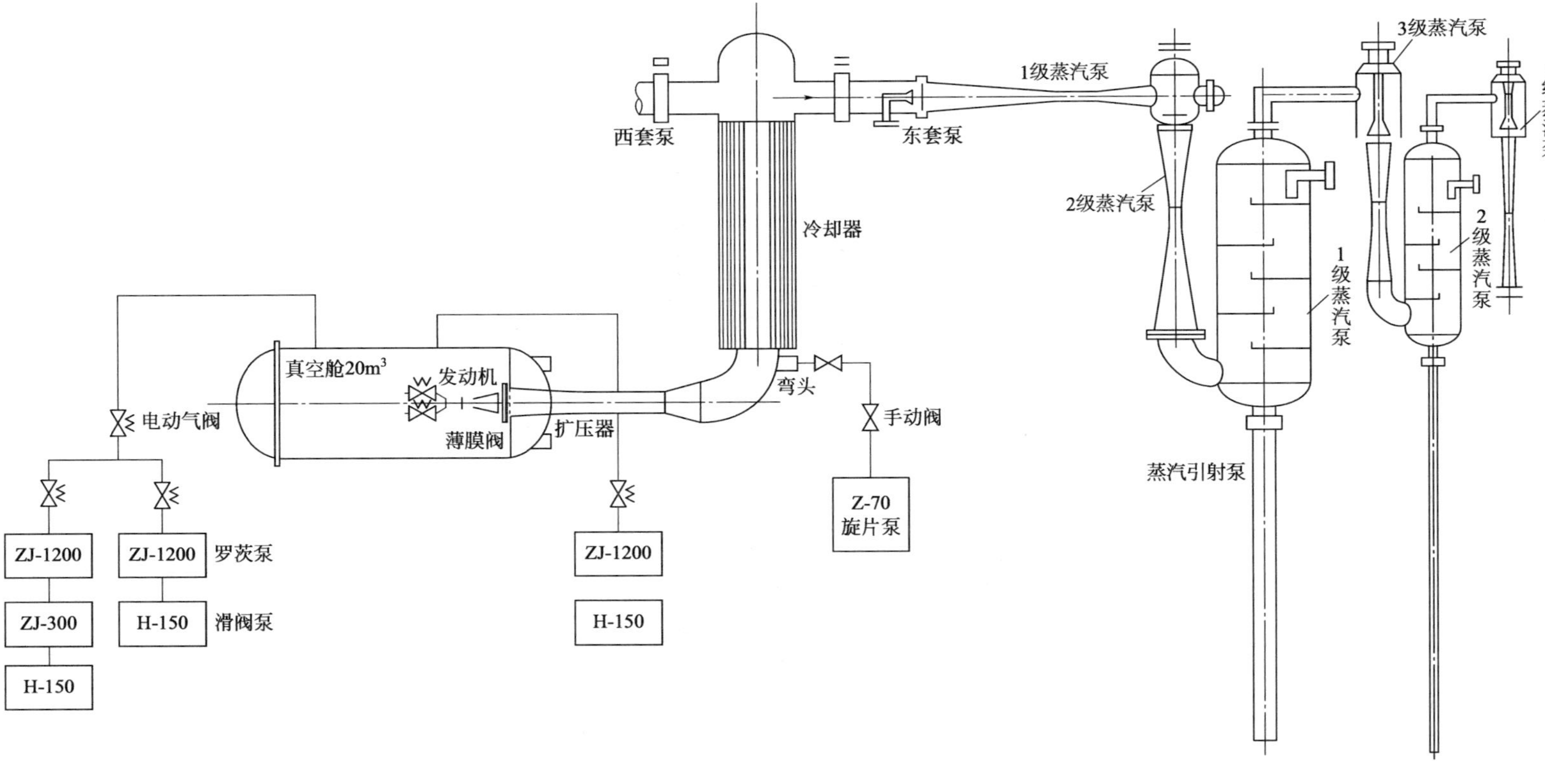

图 23-121　GS-1 高空模拟试车台

1997 年创建了 GS-2 高空模拟试车台，真空舱直径 3m，长 8m。后来进行了改造，周德兴对 GS-2 改造进行了论述。其真空抽气系统原理见图 23-122，设备具有两种抽气手段：①扩压器与蒸汽泵组合抽气；②220K 低温泵、LN_2 冷凝泵与罗茨泵机组联合抽气。

发动机点火前用快速阀将真空舱与蒸汽引射泵隔离，用罗茨泵机组将真空舱抽至 2Pa，相当于 80km 高度。发动机点火瞬间，快速阀迅速自动打开，压力回升到 40km 高度，发动机稳态试车；关快速阀，真空舱压力回升到 80km 高度，进行第二次点火，依次可进行多次点火试验。

GS-2 高空模拟试车台不仅具备高空多次启动能力，同时具备了小姿控发动机脉冲工作试验能力。

使用 20K 低温泵，4K 液氦低温泵，以及扩散泵机组，可以使真空舱工作压力达 1×10^{-3}Pa，即可以在 120km 高度进行微小火箭发动机的羽流效应试验。

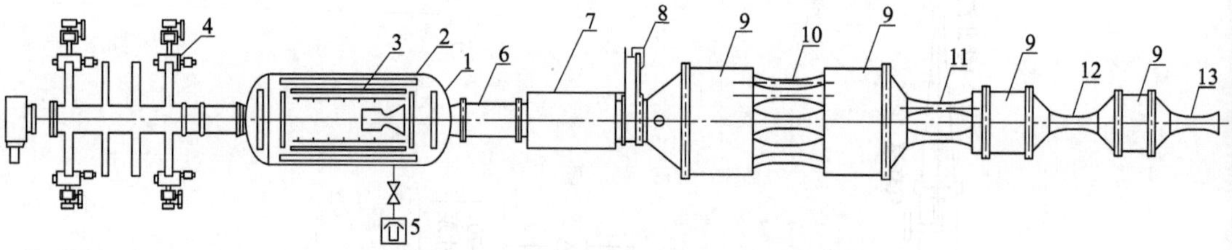

图 23-122　GS-2 高空模拟试车台抽气原理图

1—真空舱；2—LN_2 冷凝泵；3—20KGHe 低温泵及 4K 液氦低温泵；4—8 套 ZJ2500 罗茨泵机组；5—扩散泵机组；6—扩压器；7—冷却器；8—快速阀；9—LN_2 冷凝器；10—1 级蒸汽泵；11—2 级蒸汽泵；12—3 级蒸汽泵；13—4 级蒸汽泵

23.17.9　国外火箭发动机试验设备模拟高度及抽气手段

世界各国建造了大量的火箭发动机高空模拟设备，其中美国模拟设备种类较多，见表 23-60，表中的抽气手段和模拟高度可作为工程设计参考。

表 23-60　美国火箭发动机高空模拟设备

试车台	发动机类型	标称推力 /kg	模拟高度 /km	试验舱型式	抽气手段	使用单位
RAC　T—1	液体或固体	9072	36.6	卧式舱	真空泵	阿诺德工程发展中心
RAC　T—3		9072	42.7			
RAC　T—4		9072	41.8			
RAC　T—5B		1360	45.7			
RAC　J—2		27200	36.6			
RAC　J—2A		9072	42.7			
SRC　J—3		45360	30.5			
VRC　J—4	液体 固体	226800	30.5	立式舱		
SRC　J—5		45360	36.6			

续表

试车台	发动机类型	标称推力/kg	模拟高度/km	试验舱型式	抽气手段	使用单位
C—2	液体	45360	21.4	卧式舱	扩压器	航空喷气通用公司
C—3		45360	48.8	立式舱	泵和扩压器	
C—6		27200	18.3		扩压器	
G—5		90720	48.8	卧式	真空泵	
G—6		45360	21.4		扩压器	
G—7		2268	18.3		扩压器	
H—3		45360	18.3		扩压器	
H—3(阿波罗)		9520	18.3		扩压器	
H—4		22680	18.3		扩压器	
H—5			18.3		引射器	
J—2		680400	27.5		泵和蒸汽引射器	
J—2		680400	21.4	立式舱	扩压器和蒸汽引射器	航空喷气通用公司
J—2			18.3	卧式舱	蒸汽引射器	
P—1	固体	36800	12.2—24.4		泵和扩压器	
W—7		36800	12.2—24.4		泵和扩压器	
W—10		36800	12.2—24.4		泵和扩压器	
T—2		可变	71.7		机械泵	
A	液氢和氧	6800	16.2—14	立式舱	扩压器和蒸汽引射器	道格拉斯飞机公司
2B		6800	16.2—14			
β综合型 A		9072	16.2—14			
β综合型 B		9072	16.2—14			
容器 A	液体和固体	227	30.5	卧式	扩压器和蒸汽引射器	爱德华空军基地
容器 A 改型		1841	30.5			
人马座	液氢和氧	6800	16.2—14	立式舱	扩压器和蒸汽引射器	通用航空动力公司
ϕ1.22m	液体或固体	9072	36.6	卧式舱	泵和蒸汽引射器	阿德拉斯航空物理实验室
ϕ3.05m		9072	36.6			
ϕ4.57m		9072	36.6			
D	液体	36.8;22.7	25.9;42		扩压器和氢氧引射器	
C—1	固体	2.270	45.7	卧式舱	真空泵	喷气推进实验室
推进风洞	固体	4.536	45.7	卧式舱	真空泵	洛克希德飞机公司

试车台	发动机类型	标称推力/kg	模拟高度/km	试验舱型式	抽气手段	使用单位
AF—MJL—VN8容器	液体和固体	9072	27.5		泵和蒸汽引射器和扩压器	马夸特公司
容器6	液体	45.4	30.5	立式舱	蒸汽引射器和扩压器	
ATL—4容器	液体	45.4	30.5		蒸汽引射器和扩压器	
火箭系统试验台		104.5	48.7	任意方向	蒸汽引射器和扩压器	
球形容器	液体和固体					
短脉冲台		11.3	121		扩压器和机械泵	
容器2		9072	27.5		泵、蒸汽引射器和扩压器	
RFL1和2		227	42.7		泵、蒸汽引射器和扩压器	
AF—MJL—O		9072	27.5		泵、蒸汽引射器和扩压器	
PSL—1	液氢和氧	6804	30.5		真空泵	宇航局刘易斯研究中心
PSL—2		6804	30.5		真空泵	
8英尺×6英尺超音速风洞	液体和固体	907	10.7	卧式舱	真空泵	
10英尺×10英尺超音速风洞		1814	15.3		真空泵	
B—1					真空泵	
B—2	液氢和氧	20200	10^{-5}托		扩散泵、蒸汽引射器和扩压器	
B—3						
LHTS	液氢和氧	6804	14	卧式舱	蒸汽引射器和扩压器和机械泵	宇航局马歇尔宇宙飞行中心
真空舱	液体和固体	2270	36.6			
试验舱	液体	907-2270	14	立式舱	蒸汽引射器和扩压器	宇宙局载人宇宙飞行中心
E—1		6804	16.2		蒸汽引射器和扩压器	伟德利飞机公司
E—2	液氢和氧	6804	16.2	卧式舱	蒸汽引射器和扩压器	
E—3		6804	16.2			
E—4		6804	16.2		蒸汽引射器和扩压器	伟德利飞机公司
E—5			16.2	立式舱		
E—6	液氢和氧		16.2		蒸汽引射器和扩压器	
E 7			16.2	卧式舱		
B—3			16.2	立式舱

续表

试车台	发动机类型	标称推力/kg	模拟高度/km	试验舱型式	抽气手段	使用单位
VTS—3A	液氢和氟	90720	18.3	卧式舱	引射器和扩压器	北美航空公司火箭达因部
δ—2A	液氢和氧	90720	18.3	立式舱	引射器和扩压器	
CTL—288		45.4	33.5		引射器	
CTL—3—28C		11.3	40.6		引射器和扩压器	
CTL—39		136	30.5		引射器	
CTL—4—35A		22.7	45.8	卧式舱	泵、引射器和扩压器	
CTL—4—35B		45.4	33.6		引射器和扩压器	
CTL—4—37		136	45.8		引射器和扩压器	
CTL—4—38		45.4	36.6	立式舱	引射器	
10B	液体和固体	9072	76.2	卧式舱	扩压器和引射器	锡奥柯尔化学公司
10B—1		4536	30.5		扩压器和引射器	

23.18 航天器空间环境与试验术语

23.18.1 航天器空间环境术语

(1) 空间 space

地球大气层以外的宇宙范围，一般指距地球表面100km以上。

(2) 临近空间 near space

20km以上的飞行器利用大气浮力飞行的空间范围，一般指距地球表面20～100km的空间范围。

(3) 地球空间 terrestrial space

地球引力作用范围内的空间（外边界距地球约9.3×10^5km）。

(4) 近地空间 near earth space

距地球表面100km到约10个地球半径的区域。

(5) 远地空间 farther earth space

距地球表面10个地球半径到9.3×10^5km的区域。

(6) 地月空间 cislunar space

地球和月球之间航天器运行的空间。

(7) 深空 deep space

距地球表面约9.3×10^5km以外区域的空间。

(8) 行星际空间 interplanetary space

太阳系行星之间的空间，不包括行星影响起主要作用的区域。

(9) 空间环境 space environment

空间范围内航天器可能遇到的自然或者人工环境的总和。

(10) 真空环境　vacuum environment

大气压力小于 1 个标准大气压的环境。

(11) 冷黑环境　cold dark environment

星空背景的本底电磁辐射环境，相当于 3～4K 的黑体所发射的能量。

(12) 空间热辐射环境　heat radiation environment

恒星热辐射、行星（含天然卫星）的红外辐射对航天器造成的热辐射环境。

(13) 电磁环境　electromagnetic environment

空间范围内航天器可能遇到的不同来源（自然的或人工的）的所有电磁作用的总和。

(14) 粒子辐射　particle radiation

空间范围内航天器可能遇到的不同来源（天然粒子环境和人工粒子环境）的粒子环境的总和。

(15) 辐射带　radiation belt

地磁场（或行星磁场）捕获的带电粒子区域，主要成分是电子和质子。

(16) 宇宙射线　cosmic rays

来自地球之外宇宙空间的高能粒子，包括太阳宇宙射线、银河宇宙射线。

(17) 空间等离子体　space plasma

部分或完全电离的气体。通常能量大于 10eV 的等离子体为热等离子体，能量小于或等于 10eV 的等离子体为冷等离子体。近地空间等离子体主要包括太阳风等离子体、磁层等离子体和电离层等离子体等。

(18) 空间等离子体波　space plasma wave

空间等离子体激发的电磁波。

(19) 失重环境　weightlessness environment

物体在空间运行受地球、太阳及其他天体引力作用的环境。在失重环境中，物体与物体之间、物体内部各部分、各质点之间的相互作用力可以忽略。

(20) 微重力环境　microgravity environment

航天器在引力场作自由运动时，重力梯度和其他扰动产生的微小加速度小于 1×10^{-3}g（地面重力加速度）时的重力环境。

(21) 地磁场　geomagnetic field

是由地球产生的在空间范围的磁场。

(22) 内源场　internal magnetic field

地磁场中起源于地球内的部分。它包括基本磁场和外源场变化时在地壳内感应产生的磁场。

(23) 外源场　external magnetic field

起源于地球附近电流体系的磁场，包括电离层中环电流、场向电流、磁层顶电流及磁层内其他电流的磁场。

(24) 地磁异常　geomagnetic anomaly

地磁场对中心偶极子磁场的偏离，使得地球上某些相同纬度区域的磁场有着较大差异的现象。

(25) 地磁扰动　geomagnetic disturbance

地磁场发生的扰动，包括磁暴、地磁亚爆、太阳扰日变化和地磁脉动等。

(26) 地磁暴　geomagnetic storm

全球性强烈的地磁扰动，扰动持续时间十几个小时至几十个小时，地面磁感应强度的变化幅度在几十个 nT 至几百 nT，偶尔可达 1000nT 以上。

(27) 磁层亚暴　magnetospheric substorm

磁层的高纬度地区夜半侧和磁尾所发生的光、电、磁和等离子体等多方面的复杂的强烈扰动。扰动区域包括整个磁尾、等离子体片极光带及附近的电离层，持续时间约 1～2h。

(28) 弓激波　bow shock

太阳风等离子流与地球磁层相互作用时，在地球磁层前方形成的激波。

(29) 行星际磁场　interplanetary magnctic field

由太阳产生的，随太阳风向行星际延伸的磁场。

(30) 空间电场　space electric field

存在于宇宙空间的，由于空间中的带电粒子出现非零的电荷密度区产生的电场，也可以是磁场变化所产生的感应电场，或由太阳风参量变化造成磁层空间电场。

(31) 电磁辐射　electromagnetic radiation

以电磁波形式进行的能量转移。

(32) 空间电磁辐射　space electromagnetic radiation

存在于宇宙空间的各种电磁辐射的总称。

(33) 宇宙 X 射线 cosmic X-ray

来自太阳系以外波长在 1.0×10^{-6}～$1.0\times10^{-2}\mu m$ 之间的电磁波辐射。

(34) 宇宙 γ 射线　cosmic γ-ray

来自太阳系以外波长小于 $1.0\times10^{-6}\mu m$ 的电磁波辐射。

(35) 宇宙背景辐射　cosmic background radiation

来自宇宙空间背景上的各向同性、波长大约在 0.001～1m 之间的电磁辐射。

(36) 太阳电磁辐射　solar electromagnetic radiation

太阳向宇宙空间辐射的电磁波，辐射的能量主要分布在紫外、可见光和红外光谱区。

(37) 太阳常数　solar constant

在地球大气层以外，太阳在单位时间内投射到距太阳一个天文单位并垂直于太阳光线方向的单位面积上的全部电磁辐射能量。

(38) 太阳红外辐射　solar infrared radiation

波长大于可见光波段而小于 0.1mm 的太阳电磁辐射。

(39) 太阳可见光辐射　solar visible radiation

可见光波段的太阳电磁辐射，波长下限在 0.38～0.4μm，上限在 0.76～0.78μm 之间。

(40) 太阳紫外辐射　solar ultraviolet radiation

波长在 0.01～0.4μm 之间的太阳电磁辐射，其中波长为 0.2～0.4μm 之间的太阳电磁辐射为近紫外辐射，波长为 0.01～0.2μm 之间的太阳电磁辐射为远紫外辐射。

(41) 太阳 X 射线　solar X-ray

波长在 1.0×10^{-6}～$1.0\times10^{-2}\mu m$ 之间的太阳电磁波辐射。

（42）太阳γ射线　solarγ-ray

波长小于 $1.0\times10^{-6}\mu m$ 的太阳电磁波辐射。

（43）太阳光压　solar radiation pressure

离开太阳的光子动能传递使太阳辐射对在轨航天器产生的辐射压强。

（44）地球辐射　earth radiation

地球表面和大气层产生的红外辐射。

（45）地球红外辐射　earth infrared

地球发出的热辐射。

（46）地球反射率　earth's　reflectivity

地球大气对入射的太阳电磁辐射的反射能力。

（47）反照率　albedo

物体反射的电磁辐射能与入射的电磁辐射能之比。

（48）地球反照辐射　earth albedo radiation

地球表面和大气层所反射的太阳辐射。

（49）极光　aurora

来自磁层或太阳的带电粒子沿磁力线沉降，进入高层大气时与中性大气成分相碰击而激发那里的分子、原子，使之受激的发光现象，多发生在极区。

（50）大气辐射　atmospheric radiation

大气层中各种成分散射、吸收或再辐射和自辐射的电磁辐射的总称。

（51）中性大气　neutral atmosphere

围绕地球或其他天体周围的气体层。

（52）对流层　troposphere

自地球表面至10～20km高度范围内，大气对流运动明显，温度一般随高度升高而迅速下降的地球大气。

（53）平流层　stratosphere

对流层顶以上至50～55km高度范围内的地球大气，其层顶高度随纬度、季节而异，层内云雨极少，没有大气的深对流发生，层内温度随高度升高而增加。

（54）中间层　mesosphere

平流层顶以上至约80～85km范围内的地球大气，随高度升高层内温度下降。

（55）热层　thermosphere

中间层顶以上，高度约85～700km范围内的地球大气，随高度升高层内温度急剧增加。最终热层温度仅随时间变化且基本上不随高度变化。

（56）外层　exosphere

位于热层之上的等温大气，并延伸至 1.0×10^{3}km以上，层内温度不随高度变化，同时气体分子具有足够速度可以克服地球引力的束缚。

（57）均质层　hosmosphere

105km高度以下的地球大气，大气的各种成分充分混合在一起，其比例基本不随高度变化。

（58）非均质层　heterosphere

105km 高度以上的地球大气，由于扩散平衡作用，各种中性成分比例发生变化。高度增加，重分子（或原子）成分的比例逐渐减小，轻分子（或原子）成分的比例增加。

（59）大气温度　atmosphere temperature

地球大气中气体分子动能的一种度量，是气体分子热运动的宏观体现。

（60）外层温度　exospheric temperature

地球大气外层中的大气温度。

（61）大气密度　atmospheric density

大气层中气体质量与其所占容积之比。

（62）大气质量　air mass

表征太阳电磁辐射穿过大气层厚度的一个无量纲量，表示太阳电磁辐射实际穿过地球大气层的厚度与海平面上标准大气垂直大气层厚度的比值。

（63）原子氧环境　atomic oxygen environment

太阳紫外线导致地球大气中氧分子分解为具有强氧化性的原子态氧的环境，主要存在于距离地面高度为 100～900km 范围内。

（64）标准大气　standard atmosphere

在假定服从理想气体定律和流体静力学方程的条件下，假设的一种大气温度、压力和密度的垂直分布，粗略地反映一年内纬度大气的平均状况。

（65）大气湍流　atmosphere turbulence

由于空气流动和受热造成大气对流层温度和密度的无规则变化，使光束传播方向、强度、相位相应产生无规则变化的现象。

（66）大气透过率　atmosphere transmittance

电磁波穿过大气层达到观测点的辐射能与穿过此段大气层之前的辐射能之比。

（67）电离层　ionosphere

由太阳高能电磁辐射、宇宙线和沉降粒子等作用于地球大气，使之电离而生成的自由电子、离子和中性粒子构成的能量很低的准中性等离子体区域。它处于 50km 至几千千米的高度间。按照电子密度随高度的变化又分为 D 层、E 层、F1 层和 F2 层。

（68）顶部电离层　topside ionosphere

最大电子密度所在高度以上的电离层，又称高电离层。

（69）底部电离层　bottom ionosphere

F 层最大电子密度所在高度以下的电离层。

（70）电子密度分布　electron density distribution

给定时刻电离层中电子密度随空间位置的变化。

（71）总电子含量　total electron content（TEC）

沿测量路径单位横截面积的高度柱体内所包含的电子总数量。

（72）电离层暴　ionosphere disturbance

在太阳表面剧烈活动（如耀斑、日冕物质抛射等）期间，由于行星际粒子和场的变化与地磁场相互作用引起与地磁暴几乎同时发生的电离层全球扰动现象。

（73）电离层亚暴　ionosphere substorm

能量大于 20keV 的电子引起高度 100km 及以下电离层区域的电离增强并影响无线电

波传输的现象。

(74) 地球磁层　earth magnetosphere

位于地球周围、被太阳风包围并受地磁场控制的等离子体区域。

(75) 磁层顶　magnetopause

磁层的外边界。

(76) 磁层等离子体　magnetospheric plasma

磁层内部的等离子体，由来自电离层和行星际源的电子和离子组成。

(77) 磁层等离子体层　plasmaphere

指中、低纬度包围地球的等离子体密度较高的区域，底部与电离层相接，外边界大体与最外的封闭磁力线相吻合。

(78) 磁层等离子体层顶　plasmapause

等离子体层外边界，由地球磁力线构成。

(79) 等离子鞘套　plasma sheath

带有大量带正电的离子和带负电的自由电子的电离激波层。

(80) 太阳风　solar wind

从太阳连续不断地发射出来的稳定的等离子体流，主要成分是能量较低的电子和质子，通常速度约为 300～1000km/s。

(81) 地球辐射带　earth's radiation belt

地球周围被地磁场稳定捕获的带电粒子区域，主要成分是电子和质子，根据距离地面高度的不同，分为内辐射带和外辐射带。

(82) 内辐射带　inner radiation belt

距离地球最近的地球捕获粒子相对集中的区域，在子午平面上的磁场边界在－40°～＋40°之间，在赤道平面上距离海平面的高度范围为 600～10000km 之间，主要成分为电子和质子，强度受太阳活动影响较小。

(83) 外辐射带　outer radiation belt

距离地球较远的地磁捕获粒子相对集中的区域，在子午平面上的磁场边界在－55°～＋55°之间，在赤道平面上距离海平面的高度范围为 1000～60000km 之间，主要成分为电子，质子的能量和通量较小，强度受太阳活动影响较大。

(84) 南大西洋异常区　south atlantic anomaly area

位于南大西洋上空的内辐射带异常的区域，由于地磁异常导致该地区上空的内辐射带下边界高度下降到距离海平面约 200km。

(85) 轨道积分通量　orbital integrated flux

航天器沿预定轨道运行时，指定时间段内、单位球面积上所接收到的总粒子数。

(86) 等效注量　equivalent fluence

不同粒子和不同能量对航天器元器件或材料产生相同损伤时的注量值。

(87) 投掷角　pitch angle

带电粒子运动方向与地磁场方向的夹角。

(88) 太阳耀斑　solar flare

太阳局部区域的亮度突然、快速和强烈加强的现象，同时伴有大量能量的释放。

(89) 太阳黑子　sunspot

太阳光球层中由于较低的表面温度形成的暗区。

(90) 太阳质子事件　solar proton event (SPE)

太阳活动爆发时地球同步轨道GOES卫星探测到的能量大于10MeV的质子通量达到10pfu的高能粒子增强事件。

(91) 太阳活动　solar activity

影响行星际空间和地球的太阳大气中发生的系列过程。

(92) 银河宇宙射线　galactic cosmic ray (GCR)

起源于太阳系之外的银河系的高能带电粒子。

(93) 空间碎片　space debris

亦称轨道碎片（orbital debris），是指在地球轨道上已失效的一切人造物体（包括它们的碎片和部件）。

(94) 空间碎片通量　space debris flux

单位时间内通过单位面积的空间碎片个数，通常是指每年通过每平方米截面的空间碎片个数。

(95) 流星体　meteoroid

在行星际空间，沿着各种可能的椭圆轨道绕太阳运行的固态小物体。

(96) 微流星体　micrometeoroid

细小的、尘埃大小的流星体，通常指质量小于1g的流星体。

(97) 流星雨　meteor shower

许多流星从星空某点散开，犹如从一点辐射出来的一种现象。流星雨是绕太阳公转轨道相近的许多流星体同时闯入地球大气时产生的，一般可持续数小时。

(98) 流星暴　meteor storm

每小时从天顶产生的流星数在短时间内突然异常增加的现象。

(99) 污染物　contaminant

物体表面或相关环境中任何可能产生污染的分子或微粒（包括微生物），这些物质可能影响或降低空间系统相关的性能或寿命。

(100) 污染　contamination

引入任何污染物的活动。

(101) 诱导污染物环境　induced contaminant environment

由于出现污染情况而产生的环境。

(102) 分子污染　molecular contamination (MOC)

分子尺度的空间悬浮或表面污染，无法肉眼观察。

(103) 黏着系数　sticking coefficient

是定义分子撞击表面并长时间黏着在表面上的概率的参数。

注：黏着系数是诸如污染/表面材料匹配、温度、光聚合、与原子氧相互作用等参数的函数。

(104) 表面驻留　surface accommodation

分子与表面接触足够长时间，以至于分子与表面达到热平衡的情况。

(105) 放气率　outgassing rate

单位时间内、单位表面积上从材料中释出的分子质量，单位：$g \cdot cm^{-2} \cdot s^{-1}$。

(106) 永久分子沉积　permanent molecular deposition

在材料表面上反应并永久地黏着在表面的（在给定环境下不挥发）分子物质。

(107) 羽流　exhausting plume

火箭或航天器的发动机在低气压和外层空间工作时喷射的气体或等离子体形成的羽状烟雾。

(108) 微粒污染　particulate contamination：PAC

由于粒子而产生的空中悬浮污染或表面污染。

(109) 生物污染　biocontamination

材料、设备、个体或表面上液态或气态的可见生物颗粒污染。

(110) 深空环境　deep space environment

地球空间环境以外的环境，包括行星空间环境、行星际空间环境。

(111) 火星大气　Martian atmosphere

被火星引力场和磁场所约束，包围火星陆地圈的气体。火星大气压力约为0.7～0.9kPa，主要成分为CO_2。

(112) 金星大气　Venus atmosphere

被金星引力场所约束，包围金星陆地圈的气体。金星大气非常稠密，CO_2和N_2是主要的成分，还有少量的硫气体，金星全球被硫酸云覆盖。

(113) 小行星带　asteroid belt

绕太阳公转的固态小天体，比较集中地存在于火星与木星轨道之间的小行星密集区域。

23.18.2　航天器环境试验术语

(1) 环境试验　environment test

考核航天器产品承受环境应力能力及环境适应性的试验。

(2) 环境模拟　envoironment simulation

人为仿造某些环境条件的技术。

(3) 研制试验　development test

验证航天器产品的结构及性能余量、工艺性、可试验性、可维修性、可靠性、估计寿命和与系统安全的兼容性的试验。

(4) 鉴定试验　qualification test

验证航天器正样产品的设计方案、工艺方案是否满足要求并具有规定的鉴定余量的试验。

(5) 验收试验　acceptance test

对用于飞行的航天器产品施加工作应力和环境应力，暴露由于元器件、材料和制造工艺引入的潜在缺陷，排除早期失效的试验。

(6) 准鉴定试验　protoflight test

对用于飞行的航天器产品使用低于鉴定级，高于验收级的试验量级、试验时间与验收试验相同的试验。

(7) 加速试验 accelerated test

在不改变失效模式的前提下，用增大环境应力量值，缩短试验时间的方法来获得试验实际效果的试验。

(8) 加速因子 accelerated factor

非加速试验时间与加速试验时间之比。

(9) 试验条件允许偏差 test tolerance

允许试验参数偏离规定试验条件的范围。

(10) 空间点火试验 space firing test

验证航天器推进系统的发动机（推力器）在空间环境条件下点火及工作性能（包括启动性能、脉冲和稳态工作性能、多次启动能力等）的试验。

(11) 微重力试验 microgravity test

模拟航天器产品在轨道飞行中承受微重力环境及其效应的试验。

(12) 热平衡试验 thermal balancing test

验证航天器热设计、航天器热控分系统硬件性能及热数学模型的真空热环境试验。

(13) 热真空试验 thermal vacuum test

验证或检查航天器产品承受空间环境（真空、冷黑和热辐射）能力的地面模拟试验。

(14) 太阳模拟热平衡试验 solar simulation thermal balancing test

在空间模拟室内利用太阳模拟器作为热源对航天器产品进行的热试验。

(15) 红外模拟热试验 infrared simulation thermal test

在空间模拟室内利用红外模拟器作为热源对航天器产品进行的热试验。

(16) 空间热冲击试验 space thermal shock test

考核航天器产品承受空间热环境多次冷热剧烈变化能力的试验。

(17) 热结构试验 thermal-structure test

在热环境中，验证航天器结构承受载荷能力的试验。

(18) 热循环试验 thermal cycle test

在正常环境压力下，验证航天器产品承受热循环应力的试验，试验时控制产品温度。

(19) 辐照试验 irradiation test

考核航天器材料、器材承受太阳电磁辐射和空间粒子辐射环境能力的地面模拟试验。

(20) 单粒子效应试验 single event effect test

测定航天器微电子器件单粒子效应特性的试验。

(21) 电离总剂量试验 total ionizing dose test

考核航天器材料、元器件和部件承受空间粒子辐射电离总剂量能力的试验。

(22) 紫外辐照试验 ultraviolet irradiation test

考核航天器外表面在真空条件下承受太阳紫外辐射环境能力的试验。

(23) 粒子辐照试验 particle irradiation test

考核航天器材料、元器件和部件承受空间粒子辐射环境能力的试验。

(24) 综合辐照实验 combined irradiation test

考核航天器材料、元器件和部件在真空条件下，同时承受多种辐照（包括紫外、电子、质子等辐射）能力的环境模拟试验。

（25）航天器充放电试验　spacecraft charging/discharging test

模拟由于空间等离子体或高能电子造成的航天器充放电和放电效应的试验。

（26）等离子体环境试验　plasma environment test

考核航天器产品承受等离子体效应的试验。

（27）微放电试验　multipactor discharge test

检测航天器射频器件在规定射频功率记载条件下二次电子倍增效应的地面模拟试验。

（28）内带电试验　internal charging test

模拟高能电子在介质材料中电荷沉积产生内带电效应的试验。

（29）原子氧试验　atomic oxygen test

考核航天器外露材料和部件承受原子氧效应能力的试验。

（30）原子氧与紫外综合环境试验　atomic oxygen/ultraviolet combined environment test

考核航天器外露材料和部件在真空环境下承受原子氧/紫外综合环境效应能力的试验。

（31）微流星体与空间碎片碰撞模拟试验　Meteoroid/space debris impact simulation test

模拟太空中微流星或空间碎片与航天器发生超高速撞击的试验。

（32）污染试验　contamination test

检测和评估污染源及被污染物性能变化的相关试验。

（33）分子污染沉积试验　deposition test of molecular contamination

检测和监测真空环境下材料分子挥发物在航天器及其设备表面沉积量的试验。

（34）真空除气试验　vacuum degassing test

在真空与高温条件下，对航天器用非金属材料由于出气挥发造成的质量逐渐损失的试验。

（35）羽流试验　plume test

测量与分析航天器推进系统发动机喷出的燃气扩散形成羽流的物理特性（如密度分布、沉积速率、辐射特性等）及其环境效应（污染效应、机械效应、电磁效应、热效应、化学效应等）的试验。

（36）月球尘试验　lunar dust test

在地面模拟设备内开展的月球尘对月球探测器效应的各种试验。

（37）低气压试验　low pressure test

考核航天器产品承受低于标准大气压能力的试验。

（38）低气压放电试验　low pressure discharge test

验证航天器产品在低气压（一般在1000～1Pa时）下具有电位差的两电极间是否出现气体放电现象的试验。

（39）真空展开试验　vacuum deployment test

在模拟真空温度和微重力环境下，验证航天器活动组件展开功能和性能的试验。

（40）超高真空冷焊与干摩擦试验　ultra-high-vacuum cold welding and dry friction test

检验航天器活动、分离组件在超高真空环境下（大气压力不大于1×10^{-7}Pa）是否出现冷焊现象或摩擦性能恶化现象的试验。

（41）检漏试验　leak detecting test

对有密封要求和有内部压力的航天器产品确定泄漏率和漏孔位置的试验。

(42) 空间相机像质检验试验　imaging quality inspection test of spatial camera

在模拟空间环境下，检验空间相机成像质量的试验。

23.18.3　航天器环境试验设备术语

(1) 航天器环境试验设备　spacecraft environment test facility

模拟航天器产品在全寿命周期内所经受的环境或环境效应的试验设备。

(2) 空间点火试验设备　space firing test facility

验证航天器推进系统的发动机（或推力器）在空间环境条件下完成点火工作性能测试、羽流污染和寿命试验的试验设备。

(3) 综合环境试验设备　combined environment test facility

模拟航天器产品所经受的两种或两种以上环境同时作用的试验设备。

(4) 空间（环境）模拟器　space environment simulator

模拟航天器产品在轨运行中经历的空间热环境效应的试验设备。主要由真空容器、真空抽气系统、红外模拟器或太阳模拟器、热沉、氮系统、氦系统、支持机构或运动模拟器、控制与测量系统等组成。

(5) 液氮系统　liquid nitrogen system

在空间模拟器运行中向热沉输送并维持其温度在100K以下的系统。主要由液氮储槽、输送泵、阀门、管道及相应仪表等组成。

(6) 气氮系统　gaseous nitrogen system

在空间模拟器运行中向热沉输送气氮，从而调节热沉温度的系统。主要由氮容器、热交换器、电炉、压缩机及相应仪表等组成。

(7) 氦系统　helium system

在空间模拟器运行中向氦板输送液氦或气氦，并维持其温度在20K以下的系统。主要由液氦储槽、氦压缩机、干燥器、纯化器、氦制冷机及相应仪表等组成。

(8) 紧急复压系统　emergency repressuring system

能在极短时间内迅速向真空容器充入气体，将真空容器压力从真空恢复到大气压的系统。主要由气源系统、管路系统、复压阀组、控制系统等组成。

(9) 真空摄像系统　vacuum video camera system

安装在真空容器内，在空间模拟器运行过程中，对试验产品状态进行视频监视的摄像系统。主要由摄像机、云台装置、照明装置、控温系统、监视器、录像机等组成。

(10) 红外模拟器系统　infrared simulator system

利用红外辐射源模拟空间外热流产生热效应的系统。主要由红外加热器及相应的热流计、直流电源、控制与测量系统组成。

(11) 红外加热器　infrared heater

由红外辐射源组成的辐射加热装置。包括红外灯阵、红外加热笼、温度控制屏（板）等。

(12) 红外灯阵　infrared lamp array

将红外灯组成阵列，周围加上反光挡板，用来在测试面上产生均匀的红外辐射热流的加热装置。

(13) **红外加热笼　infrared heating cage**

由电加热带构成的包围航天器试件的笼状红外辐射加热装置。

(14) **太阳模拟器　solar simulator**

模拟太阳辐照特性（总辐照度、均匀性、稳定性、光谱辐照度和准直角等）的光学设备。主要由光学系统、机械结构系统和电控系统等组成。

(15) **太阳模拟器光学系统　optical system for solar simulator**

太阳模拟器中能产生均匀、准直光辐照的照明光学系统。主要由辐射源、聚光镜、光学积分器和准直镜等组成。

(16) **运动模拟器　motion simulator**

在采用太阳模拟器做热平衡试验时，用于固定航天器，模拟在轨运行时相对太阳辐射角度变化的机械装置。

(17) **综合辐照试验设备　combined irradiation test facility**

考核航天器材料、元器件与部件在真空条件下承受太阳电磁辐射及粒子辐射环境能力的试验设备。主要由真空容器、无油真空抽气系统、热沉、各种辐射源、性能测试仪器等组成。

(18) **紫外辐照试验设备　ultraviolet irradiation test facility**

考核航天器表面材料、元器件与部组件在真空条件下承受太阳紫外辐射环境能力的试验设备。主要由真空容器、无油真空抽气系统、紫外光源、性能测试仪器等组成。

(19) **电离总剂量试验设备　total ionizing dose test facility**

考核航天器材料、元器件和部组件承受空间带电粒子辐射电离总剂量能力的试验设备。主要由辐射源、剂量监测系统、安全防护系统以及性能测量系统等组成。常用辐射源包括带电粒子加速器、放射性同位素源、X 射线源、中子、核反应堆等。

(20) **钴源电离总剂量试验设备　cobalt source total ionizing dose test facility**

利用^{60}Co 放射源衰变产生的 γ 射线进行电离总剂量模拟试验，定量评估航天器材料、元器件、部组件抗总剂量能力的试验设备。主要由放射源、安全防护系统、计量监测设备等组成。

(21) **单粒子效应试验设备　single event effect test facility**

测定航天器用微电子元器件单粒子效应特性的试验设备。常用辐射源包括高能质子加速器、高能重离子加速器、放射性同位素裂变源以及脉冲激光、中子源等。

(22) **锎源单粒子效应试验设备　californium source single event effect test facility**

利用^{252}Cf 裂变产生的重离子碎片轰击器件，定性或半定量地测试器件单粒子效应特性的试验设备。

(23) **脉冲激光单粒子效应试验设备　pluse laser single event effect test facility**

利用窄束高能脉冲激光对航天器元器件进行辐照、评估其抗单粒子效应能力的试验设备。

(24) **航天器充放电试验设备　spacecraft charging and discharging test facility**

模拟航天器产品由于等离子体引起充电、放电时产生电弧、电磁干扰及其效应的试验设备。主要由真空容器、真空抽气系统、热沉、电子源、控制与测量系统等组成，可模拟磁层亚暴等充电环境条件。

(25) 等离子体环境试验设备　plasma environment test facility

可以产生均匀、稳定的等离子体环境，进行等离子体效应研究的试验设备。主要由试验容器、真空抽气系统、等离子体源及测试系统等组成。

(26) 原子氧试验设备　atomic oxygen test facility

模拟航天器低地球轨道原子氧环境或原子氧效应的试验设备。主要由原子氧源、试验容器、真空抽气系统及相应的测量仪器等组成。

(27) 原子氧及紫外综合环境试验设备　atomic oxygen/ultraviolet combined environment test facility

能同时提供原子氧、紫外两种环境，进行综合、组合或顺序暴露试验的试验设备。主要由原子氧源、紫外源、试验容器、真空抽气系统与相应的测试仪器组成。

(28) 二级轻气炮试验设备　two-stage light gas gun test facility

通过火药或高压气体驱动活塞压缩泵管内的轻质气体达到高温高压，加速位于发射管中的弹丸，获得超高速发射的试验设备。

(29) 激光驱动飞片试验设备　laser-driven flyer test facility

通过高能激光脉冲作用于沉淀在透明基底上的金属膜片，金属膜片表面吸收能量产生高压等离子体，将未蒸发的剩余金属膜片驱动出去的试验设备。

(30) 污染试验设备　contamination test facility

用于检测、监测和分析污染源以及被污染物性能的试验设备。主要由测定污染沉积量、成分以及材料表面物理性能等的仪器和设备组成。

(31) 材料质损试验设备　material mass loss test facility

用于测定与评价航天器用非金属材料质量损失的试验设备。主要由真空容器、真空抽气系统、加热系统、制冷系统、精密微量天平、控制与测量系统组成。

(32) 分子污染检测装置　molecular contamination detecting set

用于检测真空容器内分子污染物的试验装置。包括石英晶体微量天平、四极质谱仪、红外光谱仪、气体色谱仪、紫外单色仪和电子衍射仪等。

(33) 羽流试验设备　plume test facility

用于测量与分析航天器推进系统发动机羽流污染及其污染效应的试验设备。主要由模拟源、真空容器、大抽速真空抽气系统、热沉、快速扫描质谱仪、石英晶体微量天平、控制与测量系统等组成。

(34) 月球尘试验设备　Lunar dust test facility

模拟月球表面月球尘环境的试验设备。通常由真空容器、月球尘源、扬尘装置及相关试验工装、测试分析装置组成。

(35) 载人空间环境试验设备　manned space environment test facility

模拟空间环境内有人参与的试验设备。主要由真空容器、真空系统、热沉、液氮外流程、气氮流程、综合复压系统、环境控制系统、生命保障系统、气闸舱、消防灭火系统、测控系统等组成。

(36) 压力试验系统　pressure test system

通过液体或气体对航天器结构施加内压或外压进行耐压试验的系统。

(37) 真空检漏系统　vacuum leak detecting system

在真空条件下，对试验设备和航天器产品密封性能进行测试的系统。主要由检漏仪及真空辅助设备等组成。

(38) 常压检漏系统　normal pressure leak detecting system

在正常环境压力下，对试验设备和航天器产品密封性能进行测试的系统。主要由各种检漏仪及辅助装置等组成。

(39) 超高真空冷焊与干摩擦试验设备　ultra-high-vacuum cold welding and dry friction test facility

考核航天器活动组件、分离组件在超高真空（大气压力不大于 1×10^{-7}Pa）下是否出现冷焊现象和摩擦性能恶化的试验设备。主要由真空容器、无油真空抽气系统、热沉、加热装置、力加载装置、测力机构、控制与测量系统等组成。

(40) 空间相机标定试验设备　calibration test facility of spatial camera

在模拟空间环境下，对空间相机进行功能检验和参数标定的试验设备。主要由真空容器、无油真空抽气系统、光学系统、标准辐射源、隔振光学平台、测量系统及污染监测系统等组成。

第 24 章 航天器空间热环境试验设备设计

24.1 空间热环境试验设备的构成

空间热试验设备是模拟航天器及其组件在轨运行时经历的太阳辐照环境、冷黑环境和真空环境的试验设备，由空间环境模拟室（真空容器）、抽气系统、太阳模拟器或红外模拟器、热沉及其温度流程，以及控制与测量系统等组成。

通常分为热真空试验设备及热平衡试验设备。

24.1.1 空间热环境试验设备的功能

空间热环境试验设备主要功能：完成卫星、部件、组件（器件）的热真空试验、热平衡试验，以及真空放电试验。

(1) 热真空试验 热真空试验是验证航天产品在真空和一定温度条件下，承受热循环应力环境的能力，以及在所有工作模式下航天产品性能是否满足设计要求。热真空试验使航天产品经受真空热循环环境，暴露航天产品的材料和工艺制造质量方面的潜在缺陷。

(2) 热平衡试验 主要在研制或验收阶段开展，在产品初样研制阶段或更早期的热平衡试验主要针对初样结构热控件进行，其目的是验证产品热分析模型的正确性，通常称为鉴定热平衡试验和热平衡研制试验。验收热平衡试验主要针对航天器正样件，在航天器真实热耗情况下进一步验证热分析模型的正确性以及航天器热控分系统将组件、分系统和整个航天器保持在规定的工作温度范围内的能力。一般来说，热平衡试验主要在系统级开展，但对于热模型不明确的特殊组件级产品也可以开展组件级热平衡试验。

组件的真空放电试验是用于检验航天器组件在低气压环境中工作时，是否发生低气压放电现象，验证设计和工艺制造是否满足低气压放电要求；微放电试验的目的是检验航天器组件在规定真空环境下是否发生微放电现象，验证设计和工艺制造是否满足微放电要求。所谓低气压放电（low pressure discharge）是存在电位差的两个电极，在约 1Pa～1kPa 范围内的低气压环境下可能引起的气体电离现象。微放电（multip acting）是真空中两个分开的表面之间的射频电场所产生的一种真空放电现象，又称为电子二次倍增效应。出现电子二次倍增效应时，电子通过微放电的两个表面之间距离的时间是加在两个表面之间的交流电压半周期的奇数倍。

24.1.2 热平衡试验设备的结构原理

设备的结构原理是基于空间环境要求及试验目的需求而构成的，如方框图 24-1 所示。

热平衡试验设备主要由真空容器、真空抽气系统、热沉、液氮流程、气氮流程、外热流系统以及低气压放电装置构成。

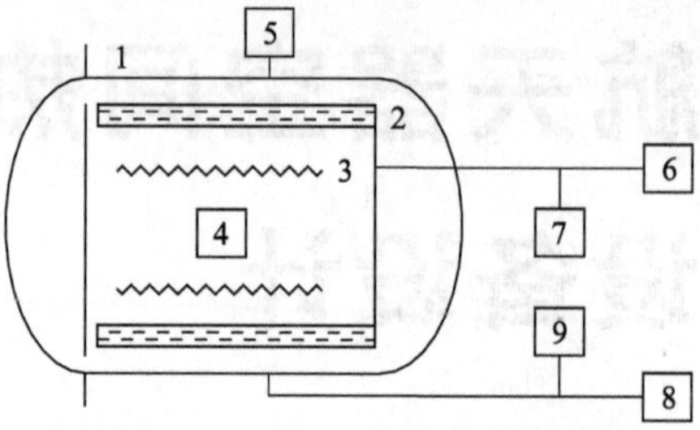

图 24-1　热平衡试验设备方框图

1—真空容器；2—热沉；3—红外加热笼；4—航天产品；5—太阳模拟器；6—液氮流程；7—气氮流程；8—真空抽气系统；9—低气压放电试验单元

真空容器及真空抽气系统可为航天器热平衡试验提供真空环境，一般要求工作真空度为 1.3×10^{-3}Pa，而极限压力为 $10^{-4}\sim10^{-5}$Pa。

热沉注入液氮后，为航天器提供冷黑环境，热沉内表面涂黑处理，受材料及工艺限制，涂黑表面吸收系数只能到 0.93，而热沉的温度小于 100K，与空间冷黑环境相比，虽然温度不能到 4K，吸收系数做不到 1，经过相关热计算表明，做热平衡试验误差在允许范围内。

外热流系统是模拟航天器在空间外热流辐射效应的，有入射外热流模拟与吸收外热流模拟之分，前者使用太阳模拟器，后者使用红外模拟器。大多数热平衡试验设备采用红外模拟器。红外加热笼是红外模拟器的一种。加热笼的加热元件有电热丝、加热管、不锈钢加热带，根据需要选择热流密度，通常为 1～1.3 太阳常数（S_0），加热笼一般为直流供电，供电电压低于 120V，加热元件表面温度小于 250℃。

气氮流程为航天产品做热真空试验提供温度条件，使热沉温度保持在－150℃～＋150℃范围内，并连续可调。通过辐射换热，对航天产品进行高低温循环试验。

在热平衡试验设备中，低气压放电试验是根据需求配置的，产品进行放电试验时，需要真空容器中维持某一恒定压力。此时只需要粗抽泵工作，并向真空容器中注入一定量的气体，使之与粗抽泵抽出来的气体保持动态平衡。向真空容器中注入气体，可用针阀或质量流量计来实现。

24.1.3　热真空试验设备结构原理

如图 24-2 所示，热真空试验设备主要由真空容器、真空抽气系统、温度流程、热沉、温控底板及低气压放电装置构成，为航天产品提供热真空环境及低气压放电环境。

热真空试验只需为航天产品提供高温、低温交变的试验环境，结构上较热平衡试验设备简单，设备中的真空容器、真空抽气系统、热沉、低气压放电装置与热平衡试验设备相同。

温度流程为热沉提供交变温度，由于使用的热工质不同，分为气氮流程、导热油流程以及酒精流程。早期的热真空试验，使用酒精流程，由于酒精易挥发，存在安全隐患，现已被气氮流程、导热油流程所代替。然而导热油流程如果发生热沉泄漏事故，油会污染航

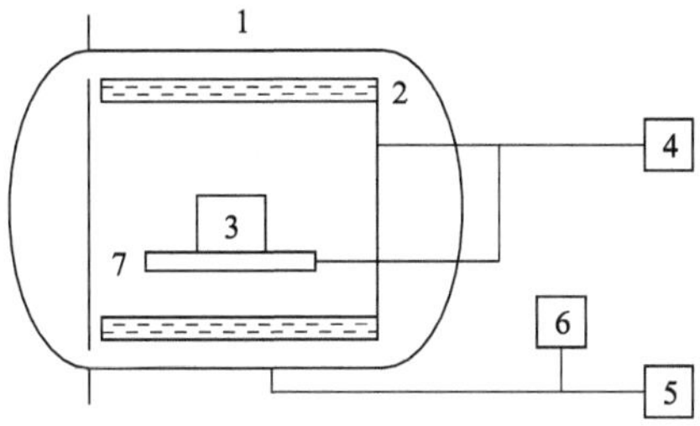

图 24-2 热真空试验设备方框图

1—真空容器；2—热沉；3—航天产品；4—温度流程；5—真空抽气系统；6—低气压放电试验单元；7—温控底板

天产品，特别是空间相机产品，不允许出现油泄漏事故，空间相机热真空试验应选择气氮流程或酒精流程。

为了缩短航天产品升温或降温时间，热真空试验设备设有温控底板。航天产品置于温控底板上，除了与热沉之间辐射换热外，又增加了温控底板的热传导换热，使航天产品升温或降温时间缩短。

24.2 ZM 系列空间热环境试验设备

24.2.1 ZM-800 热真空试验设备

ZM-800 热真空试验设备用于星载仪器作热真空试验。它是我国第一代热真空试验设备，其空载真空度为 2×10^{-4}Pa，温度范围为－50～＋50℃。依据对真空度的要求，选择扩散泵-机械泵机组作为抽气手段。真空室中，为得到－50～＋50℃的温度环境，设置了热沉，其外壁绕加热带，以得到高温。内壁盘上冷管，通入由氟利昂冷却的酒精液体，可以得到－65℃的低温。

(1) 设备构成

设备主要由真空室、热沉、真空抽气系统及制冷系统构成。

① 真空室　真空室筒体内径 800mm，长约 1600mm，用 6mm 不锈钢板卷制而成。筒体后部有酒精入口，中部有抽气口。筒体上设有真空压力表、针阀以及热偶和电离规。除此之外，还有高频引入法兰及通电法兰等。

卧式真空室端部有大门，法兰厚 26mm，宽 45mm。以两个固定铰链与筒体相连，铰链轴孔为腰形长孔，以便适应抽真空后橡胶圈的变形量。大门预紧采用了三个手轮，通过丝杆-螺母机构给橡胶密封圈施加预紧力。机械泵开始抽气后，借助于真空室内外压差使大门密封。有时大门法兰与密封圈之间还有间隙，但一抽气，法兰立刻合拢。在设计大门密封圈时应注意，其突出高度应比标准密封设计高一点，以弥补大门法兰加工误差及变形。

真空室内壁应该抛光，以便清除表面氧化层及污物。氧化层为疏松结构，表面大吸气量就大，不利于抽气。污物除吸附大量气体外，蒸气压较高，也会直接影响真空度的获得。

② 热沉　热沉的功能是：在低温状态下，能完全吸收试验物放出来的热；在高温状态下，能将热量传给试验物体。在高真空下，热沉与试验物之间为辐射换热，故要求热沉

内壁涂黑。黑漆发射率越大，换热效果越好。可以用化学发黑或涂耐高温涂料来实现。涂覆涂料时，应采取适宜工艺，否则涂层会因受冷热交变而脱落。热沉外表面应该抛光，以减小辐射引起的冷损。同样的理由，热沉支撑与筒体间应隔热，进出液管与筒体连接应使用波纹管。

热沉材料通常选用紫铜，导热性好，易使热沉温度均匀。也有用不锈钢材料的，容易发黑，可得到较高的黑度。但它导热较差，短时间内可能造成热沉壁温度不均。

热沉为圆筒形，外壁绕有加热带，内壁焊有冷管，如图 24-3 所示。冷管材料为紫铜，而出口法兰为不锈钢，两者之间不易焊接，故两者之间应选择一适当过渡管材，保证可焊性，否则气密性不易保障。

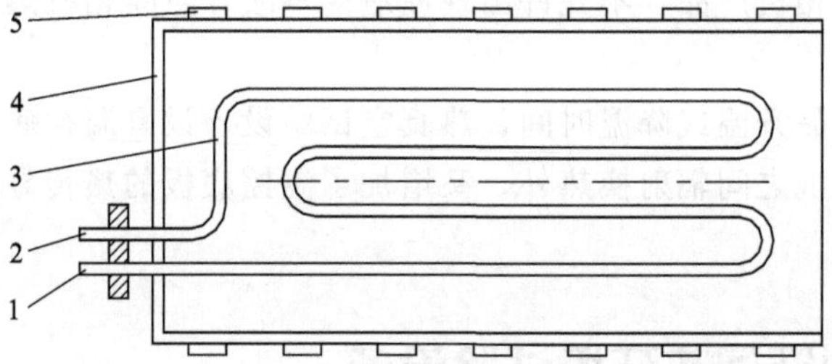

图 24-3　热沉示意图

1—进液口；2—出液口；3—冷管；4—热沉壁；5—加热带

③ 真空抽气系统　真空抽气系统如图 24-4 所示。以 K-400T 扩散泵为主泵，经过挡板及高真空阀后的有效抽速为 2600L/s。在真空室热沉温度为 50℃，而真空度为 2×10^{-3}Pa 时，扩散泵能排走的平均气体流量为 2.6Pa·L/s，也就是说，试验物及真空室内表面出气所产生的流量为 2.6Pa·L/s 时，能确保在 2×10^{-3}Pa 下做试验。

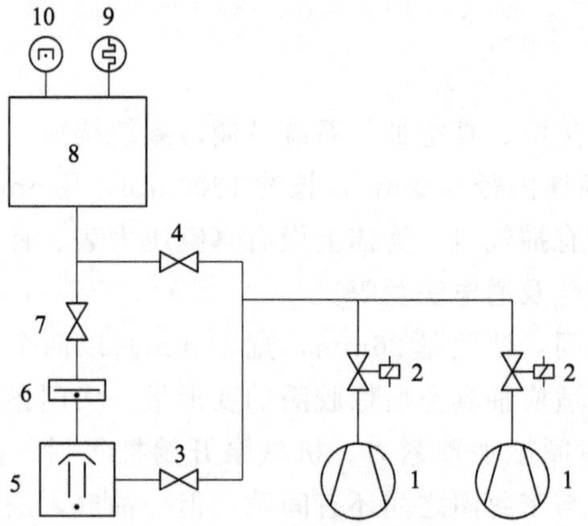

图 24-4　真空抽气系统

1—2X-30 型机械泵；2—电磁阀；3—前级阀；4—粗抽阀；5—K-400T 扩散泵；6—挡板；7—高真空阀；8—真空室；9—热偶规；10—电离规

扩散泵以两台 2X-30 型机械泵为前级，在正常工作状态下，用一台机械泵做扩散泵的维持泵，在粗抽时，为缩短抽气时间，可同时开动两台机械泵。两台机械泵还可以切换作扩散泵的前级泵。切换使用时，应注意将电磁阀（蝶阀）先关闭，然后再切换，否则会使大气进入扩散泵前级管道。由调试中发现，在机械泵切换的瞬间，前级管道上热偶计指示几乎到大气状态。这是由于电磁阀开启后，还未来得及关闭其放气孔所致。

④ 制冷系统　制冷系统采用复叠式氟利昂压缩机组，如图 24-5 所示。第一级制冷采用 F22 工质，可得到－40℃温度。第二级制冷采用 F13 工质，可得到－80℃低温。本设备试验中，常用－50℃，选择酒精作冷媒即可。酒精易挥发，因此酒精箱密闭性要好。

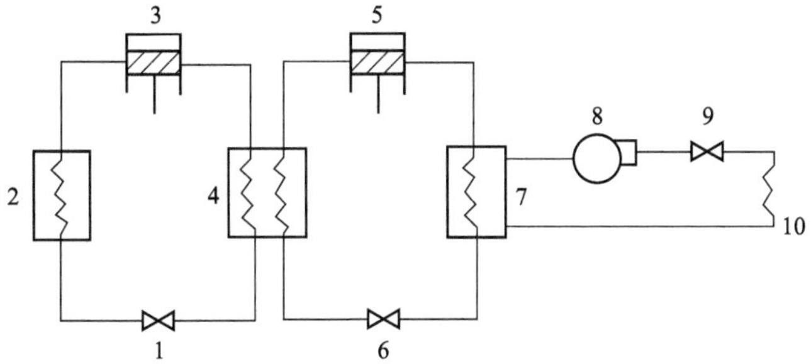

图 24-5　制冷系统

1—F22 节流阀；2—冷凝器；3—F22 压缩机组；4—F13 冷凝器；5—F13 压缩机组；
6—F13 节流阀；7—蒸发器（酒精槽）；8—酒精泵；9—电磁阀；10—热沉冷管

制冷系统制冷过程是：由 F22 压缩机组出来的高温高压 F22 蒸气，到冷凝器后，被冷凝成高压液态冷剂，通过节流阀后，冷剂进一步降温，同时使压力由高压变为低压，并在蒸发器中蒸发，吸走被冷却介质（即 F13）的热量，使其降温。低温高压的 F13 液体，经 F13 节流阀后，进一步降温，同时压力降低，流经酒精箱中的蒸发器后，吸收酒精热量，使酒精降温，其温度可达－80℃，低温酒精通过酒精泵打入热沉中，使热沉达到所需温度。

(2) 设备试验性能

真空室容积为 900L，机械泵的抽速为 30L/s。从大气下开始抽气，10min 后可达 6.2Pa，此值与计算值比较接近（对于扩散泵-机械泵真空系统，达此真空度后，扩散泵即可以工作）。抽到接近机械泵的极限真空（如 1Pa 左右）大约需 45min。在相同的时间内，当真空室在未打开之前通入氮气，结果表明，可得到较高的真空度，即意味着缩短了抽气时间。不充氮时，达到 2.5Pa 的真空度需要 30min，而充氮后，达到此真空度仅需 10min，使抽气时间缩短至 1/3，出现这种现象的原因是大气中水汽的影响。真空室内表面暴露大气后，水分子吸附于表面，其吸附热较大，不易解吸，致使抽气时间增长。

当打开真空室大门不充氮气时，开高阀 30min 后，真空室真空度可达 5.4×10^{-3}Pa；充氮气后，可得到 4.0×10^{-3}Pa 的真空度。

热沉由室温升到工作温度 50℃仅需 20min。温度变化为一直线，意味着升温速率为常数。由计算可知，升温速率近似于 1℃/min。

从室温降到－30℃，热沉的降温曲线为一直线，斜率较大，即意味着降温速率快。而－30～－50℃为曲线，表示降温速率慢。越接近工质温度，降温速率越慢，最后趋近于恒定值。

热沉由室温降到－50℃，保温 10h，再由－50℃上升到 50℃，再保温 10h，共做 5 个循环试验。在第一个循环时，冷态真空度为 6.4×10^{-5}Pa；热态真空度为 2×10^{-3}Pa；第 5 个循环时，热态真空度提高到 5.4×10^{-4}Pa，冷态真空度上升到 5×10^{-5}Pa。

(3) ZM 型热真空模拟设备技术参数

ZM 型热真空模拟设备主要技术参数见表 24-1。

表 24-1 ZM 型热真空模拟设备主要技术参数

技术参数 \ 型号	ZM-630	ZM-800	ZM-1000
真空室尺寸/mm	$\phi630\times1400$	$\phi800\times1400$	$\phi1000\times1700$
有效空间(热沉尺寸)/mm	$\phi470\times1000$	$\phi700\times1000$	$\phi800\times1200$
空载真空度/Pa	5.0×10^{-4}	5.0×10^{-4}	5.0×10^{-4}
有载真空度/Pa	1.3×10^{-3}	1.3×10^{-3}	1.3×10^{-3}
热沉温度范围/℃	－60～＋100	－60～＋100	－60～＋100
热沉平均升降温速率/(℃·min^{-1})	优于1	优于1	优于1
热沉温度不均匀性/℃	±4	±4	±4
允许试验件发热量/W	80	100	100
允许试验件漏率/(Pa·L·s^{-1})	1.5	2	2
设备包括主要部件	真空室、热沉 抽气机组 酒精热交换器 制冷系统 加热系统 电控系统 微机数据采集	真空室、热沉 抽气机组 酒精热交换器 制冷系统 加热系统 电控系统 微机数据采集	真空室、热沉 抽气机组 酒精热交换器 制冷系统 加热系统 电控系统 微机数据采集
功率/kW	32	38	45
水量/(t·h^{-1})	2	2.5	3.5

注：兰州空间技术物理研究所产品。

24.2.2 ZM-3000空间环境模拟试验设备

本设备用于光学遥感器进行热光学、热真空、热平衡试验。设备主要包括真空室、热沉系统、真空抽气系统、液氮流程、酒精机械制冷流程、红外加热系统等。

(1) 真空室

真空室是设备的核心部件，其中布有热沉、加热器、试验平台、四极质谱计、石英微量天平以及测温元件、各种测试引线等，为试验件提供一个清洁的真空环境。真空室后部封头开有直径 1m 的接口，用于安装平行光管。

真空室为卧式，其支撑采用鞍座结构。真空室整体安放在气浮平台上，为与周围配套设备相适应，鞍座上下设有调整机构。

真空室一端有大门。大门采用悬吊机构，用电机驱动使大门灵活开闭。大门的预紧采用气动夹具使大门法兰与筒体法兰贴合：然后通过抽真空压紧。

真空室筒体内径为 3m，直段长 5m，有两道加强筋，筒体壁厚为 12mm。筒体底部封头及大门封头均为椭圆形。

(2) 热沉系统

热沉有效空间 $\phi2.5m\times5m$，内表面涂航天专用黑漆。表面发射率优于 0.9；红外吸收率优于 0.93。

热沉以液氮制冷时，温度≤100K；以机械制冷时，热沉的温度范围为－60～＋100℃。

热沉管路走液氮，也走酒精。

热沉采用鱼骨式结构，流体由下汇集管进入，从上汇集管流出，支管为管翅结构，由不锈钢管焊制铜片组成。由于流体管道均采用不锈钢制造，使热沉的刚性很好，并易于施焊，可以确保管路的气密性要求，热沉整体成型后，用氦罩法检测总漏率，可达 10^{-6} Pa·L/s 量级。

为降低辐射换热损失，热沉外侧布有防辐射屏。

热沉进出真空室，有专用导轨，非常方便。

(3) 真空抽气系统

ZM-3000 设备是用于做光学器件真空热试验的。光学器件对油非常敏感，不能有油污染，在进行光学性能测试时，不能有振动，因此整台设备置于气浮平台上，且各抽气接口需要采取恰当的隔振措施。

ZM-3000 设备真空抽气系统见图 24-6。

真空室主抽泵选择抽速 10^4L/s 的低温泵 2 台。为了避免油污染低温泵，其再生过程选用了 1 台抽速为 8L/s 的涡旋泵抽气。

为了避免粗抽泵油或润滑脂产生的油蒸气进入真空室，在粗抽管路上布有液氮冷阱捕集油蒸气，取得了满意效果。

粗抽选择了 2 台 WAU 1001 罗茨泵-SP 250 螺杆泵机组，将真空室由 10^5Pa 抽至 10Pa 约 35min。

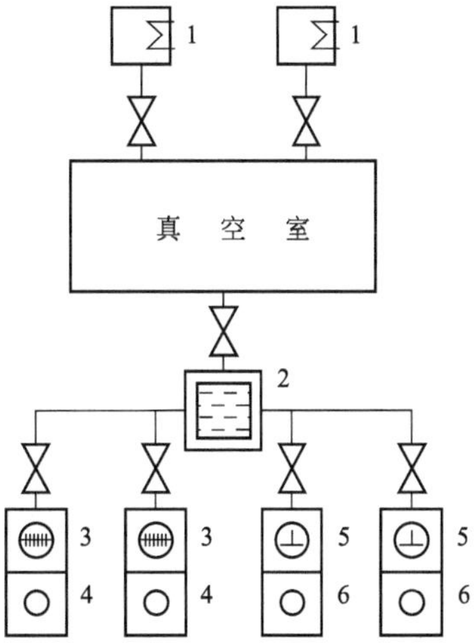

图 24-6 ZM-3000 设备真空抽气系统
1—低温泵；2—液氮冷阱；3—涡轮分子泵；4—涡旋泵；5—罗茨泵；6—螺杆泵

另外，配置了 2 套涡轮分子泵 FF-200/1300-涡旋泵机组，用于主泵的辅助抽气，可将真空室在 30min 内由 10Pa 抽至 5×10^{-2}Pa，可减小低温泵抽气负荷，延长再生周期；可以抽走低温泵不易吸附的气体，如氦；还可以用于对真空室及热沉检漏。

(4) 液氮流程

液氮流程可为热沉提供小于 100K 的温度，用于热平衡试验。流程循环方式有两种：单相密闭循环；开式沸腾式循环。

① 单相密闭循环　由热沉出口流出的高温液氮，经过冷器换热后，温度降低，再由液氮泵注入热沉中，其循环原理见图 24-7。

② 开式沸腾式循环　用两只储槽以切换方式为热沉供液，而不使用过冷器及液氮泵。首先储槽 3 处于常压状态，而储槽 4 带有一定的压力。在储槽 4 本身压力作用下，液氮沿稳压杜瓦 5 及液氮旁路进入热沉，由热沉出来后进入储槽 3。反之，待储槽 4 液氮余量到一定值后，放空阀开启使之泄压；而储槽 3 增压，亦然通过上述路径进行循环。

流程中的稳压杜瓦为液氮泵入口提供一定压力，以预防气蚀。

流程中热负荷约 22kW，液氮泵的循环量为 $18m^3/h$，扬程约 40m。

(5) 热沉调温

热沉的温度范围为－60～＋100℃，热沉调温流程（酒精）如图 24-8 所示。

热沉调温分两个温区：－60～＋20℃温区；＋20～＋100℃温区。

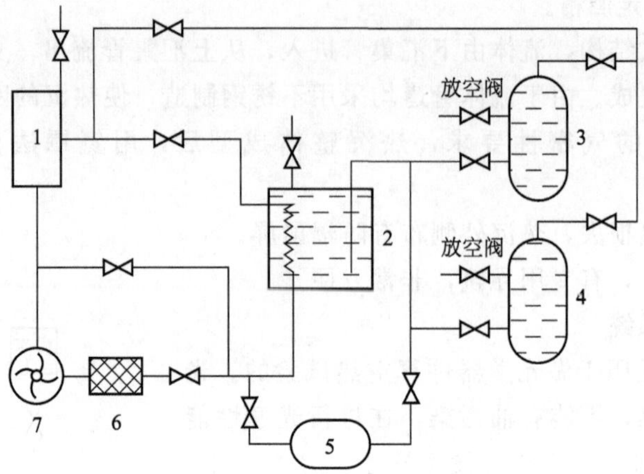

图 24-7　液氮流程循环原理图

1—热沉；2—过冷器；3，4—液氮储槽；5—稳压杜瓦；6—过滤器；7—液氮泵

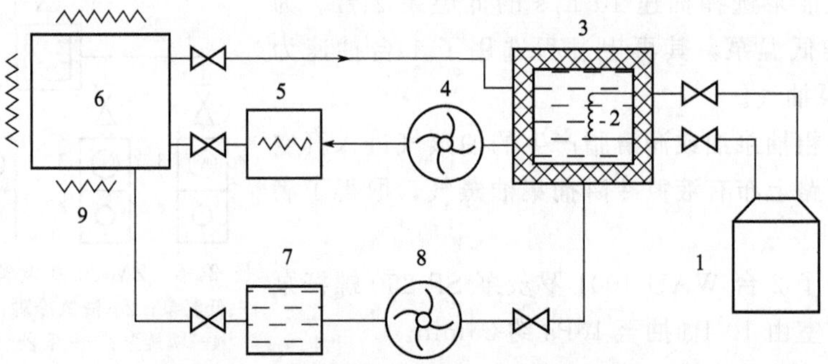

图 24-8　ZM-3000 设备热沉调温流程示意图

1—复叠制冷机组；2—制冷机组蒸发器；3—酒精箱；4—酒精循环泵；
5—管道加热器；6—热沉；7—酒精回收箱；8—酒精回收泵；9—热沉加热器

① 热沉温度－60～＋20℃温区调温　复叠制冷机组的蒸发器将酒精制冷到一定的温度，启动酒精循环泵 4 将酒精注入到管道加热器 5，管道加热器将酒精加热到所需工作温度，注入热沉，然后流回酒精箱，完成调温循环。

② 热沉温度＋20～＋100℃温区调温　启动热沉加热器 9 将热沉加热，通过调节加热功率，实现热沉控温在＋20～＋100℃范围。

流程还设有酒精回收箱，目的是当由酒精流程方式转为液氮流程方式时，需将热沉主管及支管中的酒精排净；否则所存酒精被液氮冻结成粒状，可能造成管路流动不畅。

(6) 最终达到的技术指标

ZM-3000 空间环境模拟试验设备最终达到的技术指标如下：

极限压力	4.6×10^{-6}Pa；
工作压力	2.3×10^{-4}Pa；
热沉多点温度	＜90K；
48h 累积污染量	5.2×10^{-8}g/cm^2；
酒精制冷时温度均匀性	±1.5℃；
酒精制冷时热沉平均降温速率	约 1.5℃/min；

热沉平均升温速率　　　　　　　　约 2.0℃/min。

24.2.3 ZM-4300 光学遥感器空间环境模拟设备

空间光学遥感器是重要的航天有效载荷，除了具有一般的航天有效载荷特点之外，还有其鲜明特殊性。

① 温度变化会影响相机焦平面的位置，在热光学试验中，就要得出温度值与成像效果之间的关系，以便对相机成像进行修正，进而得到清晰的照片图像。这对试验设备的温控精度提出了很高的要求，即在 10～50℃，设备控温精度要求±1℃。

② 光学遥感器载荷对污染十分敏感，试验中的超标污染将导致光学系统报废，严重影响航天计划的执行，要求设备连续 24 小时运行累计污染量$\leqslant 2\times10^{-8}$g/cm^2。

③ 光学遥感器载荷试验过程中对振动很敏感，必须隔断任何振动。

我国有各类大中小型空间环模试验设备，如 KM 系列、ZM 系列、RZM 系列等，其中 KM6 是我国目前较大型的空间环模试验设备，设备主容器直径为 12m。这些设备大多是通用的真空热试验设备，专门针对光学遥感器载荷的大型真空热试验设备尚不多见。

ZM-4300 光学遥感器空间环境模拟试验设备由兰州物理研究所研制，可用于模拟太空的高真空、外热流与冷黑环境，进行航天光学遥感仪器的各种空间环模试验。设备具有多种试验模式，能够完成热光学、热真空及热平衡试验，还具有进行常压热循环试验的功能。设备对温度控制精度、污染控制和振动隔断给予了充分考虑与解决。

24.2.3.1 设备系统组成

ZM-4300 设备主要由 8 个分系统组成：真空容器分系统、真空抽气分系统、热沉分系统、液氮制冷分系统、机械制冷分系统、加热分系统、参数测量分系统及控制管理分系统。

(1) 真空容器分系统

真空容器为卧式圆筒形，筒体内径 4.3m，总长约 10m，封头为椭圆形封头，筒体和封头材料均为 0Cr18Ni9；容器中心高为 2.8m。真空室大门由椭圆形封头与法兰焊制而成，大门法兰外圆直径 4.6m，截面为矩形；真空室大门为电动悬吊式，侧向平移开启。

为了阻断振动通过大门传至试验载荷，容器大门悬挂机构具有卸载隔振功能。

真空容器底端中心有通光口径为 ϕ1.0m 的光学窗口，侧面有 ϕ1800mm 太阳模拟器辅助筒体接口、两个 ϕ1074mm 低温泵接口及通径 DN600 粗抽及预抽接口，还设有满足使用要求的其他各种接口法兰。

容器总漏率为 7.2×10^{-7}Pa·m^3/s。

真空室外侧覆设保温隔热层，可以阻隔外界热量传入真空室，防止在常压热循环试验时真空室筒体外壁结露与结霜。

(2) 真空抽气分系统

抽气系统是设备获得真空环境的手段。抽气主泵采用 2 台抽速 45000L/s 低温泵，粗抽系统由 2 套 ZJP600 罗茨泵-H150 滑阀泵系统和 2 套 F1500 分子泵单元组成。

真空系统工作原理图如图 24-9 所示。

真空机组抽气过程：罗茨真空泵机组由 10^5Pa（即大气）抽到 10Pa，停止工作；启动分子泵机组由 10Pa 抽至 5×10^{-2}Pa，然后低温泵由 5×10^{-2}Pa 抽到工作压力。

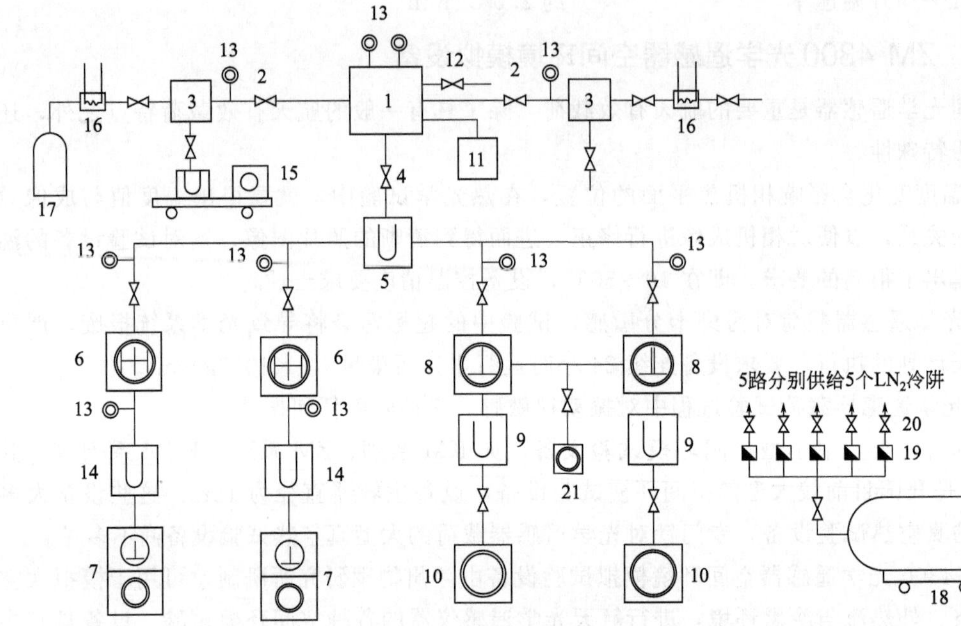

图 24-9　真空系统工作原理图

1—真空室；2—DN1070 插板阀；3—TM1000 低温泵；4—DN600 插板阀；5—液氮冷阱；6—F1500 分子泵；7—JZJ30 罗茨泵机组；8—ZJ600 罗茨泵；9—机械泵冷阱；10—H150 机械泵；11—四极质谱仪；12—放气阀；13—真空计；14—罗茨泵机组前冷阱；15—低温泵再生抽气机组（配 LH15PC 爪式真空泵）；16—再生加热器（低温泵配件）；17—高纯氮气源；18—自增压液氮杜瓦（与液氮流程稳压增压杜瓦共用）；19—阻力器；20—调节阀；21—2XZ-4 直联泵

分子泵机组除满足预抽需要外，还用于设备检漏抽气及热沉去污染抽气。

粗抽系统配两级液氮冷阱以防止油蒸气污染。整个系统共设 6 只冷阱。

真空容器与抽气系统之间连接采用减振措施，粗抽管路设置波纹管减振隔震，以防振动传至真空容器。

(3) 热沉分系统

热沉是航天器真空热试验的热效应模拟关键部件，用于模拟空间冷黑背景和对试验载荷进行温控。

ZM-4300 设备热沉内尺寸为 ϕ3800mm×7300mm；由筒体热沉、筒体底部热沉、大门热沉及活动热沉 4 部分组成，筒体热沉采用鱼骨式结构，底部热沉、大门热沉及活动热沉采用竖排管式结构。

热沉的总管和支管采用 0Cr18Ni9 管材，壁板材料采用 T2 铜板。不锈钢管和铜板间采用氩弧焊结合。

热沉结构满足了液氮和酒精共用同一热沉流道的需要。热沉内表面涂敷专用黑漆。

热沉可整体移出容器，方便维修；

热沉静态漏率≤2×10^{-9}Pa·m^3/s。

(4) 液氮制冷分系统

液氮制冷分系统为热沉、防污染板和冷阱供给稳定的液氮支持，主要由 2 只 20m^3 液氮储槽、过冷器、稳压增压杜瓦、2 台液氮泵（30m^3/h，出口压力为 0.3MPa）、涡街流量计及阀门和管路组成。

液氮制冷流程采用单相密闭循环系统。流程如图 24-10 所示。

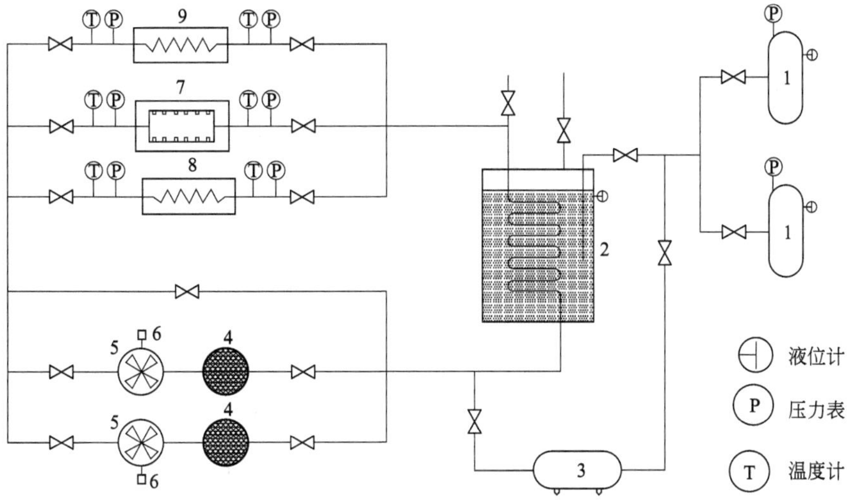

图 24-10 液氮制冷流程

1—液氮储槽；2—过冷器；3—稳压增压杜瓦；4—过滤器；5—液氮泵
6—液氮泵电机变频器；7—真空室筒体热沉；8—筒体端部热沉；9—真空室大门热沉

(5) 机械制冷分系统及加热分系统

为了满足设备热真空、热光学及热循环试验模式要求，设备热沉需要在－60～100℃之间工作，且要求热沉温度分布均匀性为±3℃，控温精度±2℃。设备设置了以酒精为循环传热介质的复叠式制冷机组和电阻丝加热分系统。

机械制冷分系统在－60～20℃范围提供稳定的试验温区，其主要由复叠式制冷机组、酒精箱、循环泵、酒精排出回收装置、管路阀门及酒精组成。机械制冷分系统（低温酒精系统）见图 24-11。

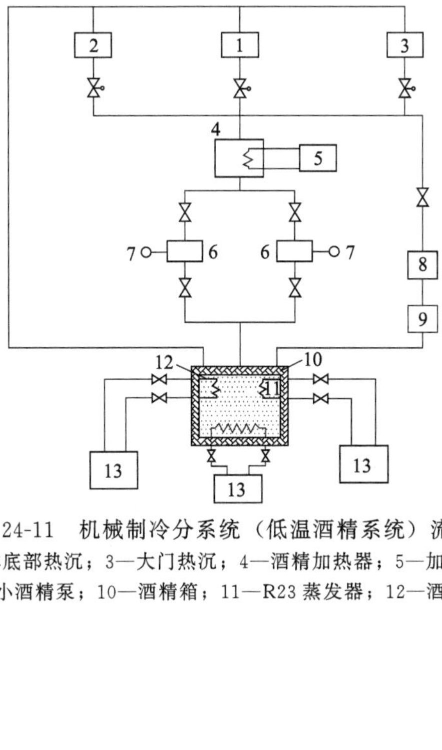

图 24-11 机械制冷分系统（低温酒精系统）流程

1—筒体热沉；2—筒体底部热沉；3—大门热沉；4—酒精加热器；5—加热器电源；6—酒精泵；
7—变频器；8—集酒精槽；9—小酒精泵；10—酒精箱；11—R23 蒸发器；12—酒精；13—FD-40 复叠式制冷机组

复叠机组一级制冷工质为 R404，二级工质为 R23。用 R404 通过中冷器冷却 R23，用 R23 通过蒸发器来冷却酒精，使之达到低于－70℃。

酒精箱中酒精经 R23 蒸发器冷却到适当温度（由热沉所需温度决定），用酒精泵注入热沉中，使热沉达到预期温度。需要升温时，酒精由加热器加热调控温度。

加热分系统在 40～100℃温度范围内提供控温手段，由电阻丝加热单元、防辐射屏、低压直流程控模块电源及温控单元等构成。采取分区独立控制方式，共配置 24 块同型号电源，最大功率为 120kW。

（6）参数测量分系统

参数测量分系统具有真空度测量、污染监测、温度测量、压力测量、液位测量及流量测量等功能。

真空度测量采用若干电阻规和冷阴极规及相应的真空计；污染监测采用 1 台四极质谱仪进行残余气体成分分析，3 台微量石英天平测量污染量；热沉温度和其他各点温度测量采用铂电阻温度传感器和相应仪表；压力、液位及流量测量采用相应的传感器和仪表。

（7）控制管理分系统

控制管理分系统实现对设备工作过程控制和设备运行过程中各种数据的处理、显示、存储和打印等功能。包括对真空部分进行控制和监测；对热沉系统进行升温、降温以及恒温控制及监测；对设备工作过程中的温度、真空度以及设备工作状态进行监测并记录；对系统运行过程检测，并给出分系统报警信号并做出相应的处理。具有三种控制模式：即 PLC 及工控机控制（自动控制）、触摸屏显示与控制（半自动控制）、按钮控制（手动控制）。

24.2.3.2 设备指标参数

（1）真空度

极限真空度测量结果为 1.4×10^{-5}Pa，工作压力低于 1.3×10^{-3}Pa。

（2）热沉温度指标

液氮制冷时，热沉温度测点均低于 100K，7h 间隔热沉平均温度分别为 89K、90K。两次温度平均值为 89.5K。

机械制冷时，测得热沉最低平均温度为－66.8℃；从 24.5℃降至－51℃降温速率为 1.8℃/min。

（3）热沉加热升温速率

供给加热笼加热功率为设计功率的 90%，热沉平均温度从 27.54℃升温至 90.37℃。升温速率为 1.5℃/min。

（4）热沉温度均匀性和控温精度

热沉在－60～100℃间可以精确控温，－60～20℃间通过机械制冷冷却的酒精循环实现，20～100℃间通过加热系统实现。在整个温区设定了 6 个温度点进行热沉温度性能测试，测试数据如表 24-2 所列。表中温度均匀性是热沉 24 个测点实际温度与平均温度的最大偏差值。控温精度是 24 个测点平均温度与温度设定值间的偏差。

表 24-2　热沉控温精度及温度均匀性数据

序号	检测项目	测量数据	
		控温精度	温度均匀性
1	热沉－60℃控温	±1℃	±2℃
2	热沉－50℃控温	±0.5℃	±1.5℃
3	热沉－10℃控温	±0.5℃	±1.5℃
4	热沉＋10℃控温	±0.5℃	±1.0℃
5	热沉＋50℃控温	±1.0℃	±1.5℃
6	热沉＋100℃控温	±1.0℃	±2.5℃

由表 24-2 数据可以看出，热沉温度均匀性和控温精度达到了很好的指标，在 10℃附近最好，可以很好地满足空间光学遥感器热光学试验的精确控温要求。

(5) 污染量

在试验产品进行热平衡试验时，用石英天平采集记录 48 小时平均数据为 $7.08\times10^{-8}g/cm^2$。

24.3 高精度光学成像空间热环境试验装置

该装置用于空间光学载荷做热光学、热平衡、热真空试验，并在大气、低气压、高真空环境下光学指标检测与标定。

24.3.1 试验装置的构成

试验装置主要包括真空容器、大门及运行车、热沉、真空抽气系统、液氮流程、气氮流程、光学载荷平台、减振元件以及气浮平台等。图 24-12 示出了高精度光学成像真空热试验装置构成原理简图。

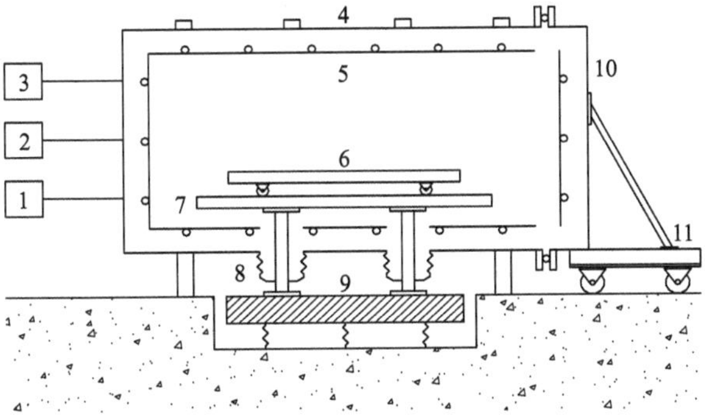

图 24-12　高精度光学成像真空热试验装置构成原理图

1—真空抽气系统；2—气氮流程；3—液氮流程；4—真空容器；5—热沉；6—光学载荷平台；7—光学载荷平台道轨；8—减振元件；9—气浮平台；10—大门；11—大门运行车

该装置与普通的热真空试验设备不同的是，光学载荷试验对振动要求很苛刻，为消除振动的影响，光学载荷必须放置于气浮平台上，此平台具有隔离环境振动影响的作用，故光学载荷平台需通过穿过真空容器的减振元件支撑于气浮平台上。

光学载荷试验对污染要求也很严格，污染量控制在 $2\times10^{-8}g/cm^2\cdot d$，真空抽气系统应选择清洁真空泵。如主泵选择低温泵，而粗抽泵进气口尚需设置液氮冷阱，用以捕集油蒸气。真空容器内部材料选择同样需要注意，尤其是有机材料要慎重。如测试导线都需选用聚四氟乙烯线，热沉隔热元件材料为聚四氟乙烯。

热沉内表面涂的航天黑漆是重要污染源，在投入使用前需要进行工艺处理，以保证光学载荷试验时不受污染。

24.3.2 光学成像真空热环境试验装置主要参数

此装置由兰州空间技术物理研究所于 2019 年研制成功，其外形效果见图 24-13。

图 24-13 装置外形效果图

其主要参数如下：

(1) 形式及几何尺寸

① 该装置真空容器为卧式长方体型结构；

② 容器尺寸：13000mm（长）×5600mm（宽）×5600mm（高）；

③ 真空室内热沉有效空间尺寸：13000mm（长）×5000mm（宽）×4700mm（高）；

④ 载物平台上表面与上部热沉距离为 4100mm。

(2) 真空度

① 装置极限压力 $\leqslant5\times10^{-5}$Pa（空载、热沉温度≤100K）；

② 室温负载条件下，主泵抽真空 4h 后，真空度 $\leqslant1.3\times10^{-3}$Pa。

(3) 热沉指标

① 液氮制冷　空载情况下，热沉壁温度≤95K，负载条件下热沉壁温度≤100K；

② 气氮调温　−60～100℃温度范围可调，热沉壁 15～25℃范围，温度均匀性≤±5℃（在稳定状态时）；

③ 热沉内表面涂黑漆　涂黑漆热沉表面红外线吸收系数＞0.93，半球发射率＞0.9，且在 95～373K 温度范围 3 年内使用不脱落。

24.3.3 真空容器

真空容器为箱型壳体，使试验可利用的空间增大，便于光学载荷的安装。但箱型壳体制造复杂。箱体为平板加强筋结构，经计算后选定 20mm 厚 0Cr18Ni9Ti 不锈钢板材，经过有限元分析优化，箱体最大变形量与实测结果基本符合，由此可以验证本书中给出的计算箱型壳体壁厚公式的可靠性。

箱型壳体几何尺寸较大，高与宽为6.5m、长13m，为运输方便，分段制作，运到安装现场再进行组焊。图24-14为一段真空容器的吊装情景。箱体结构尺寸很大，在各段组焊时需制作专用工装，否则对焊时很难对中。

现场多名焊工同时进行焊接，焊工沿筒壁均匀分布，焊接方向均按从左到右方向进行焊接。每名焊工焊接时按分段倒退焊法进行施焊，焊缝为双面坡口，容器内侧先焊，外侧清根后焊接，一边焊接，一边进行检查，测量容器尺寸是否符合设计要求。

箱体法兰和大门法兰制造是密封性的关键点。法兰密封槽采用燕尾槽结构，见图24-15，橡胶密封圈直径40mm，密封槽在箱体法兰上，在舱门启闭过程中密封圈不易脱落。

图24-14　真空容器吊装情景

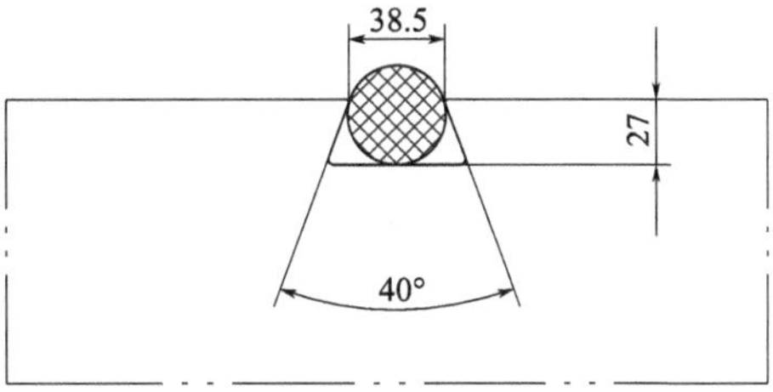

图24-15　箱体密封圈安装结构图

法兰整体粗加工完成后与一段箱体进行组焊，焊后进行消除焊接应力，以保障使用时不变形，最后上大型机床进行整体密封面及密封槽的精加工。大门法兰现场精加工见图24-16。

大门采用矩形加强筋结构，加强筋宽度120mm，高度320mm，横竖各4条筋，组焊后确保了大门变形在允许的范围内。

大门及热沉重约21t（含大门热沉），移动距离约15m，大门安装在地轨式平台车上进行前后移动，小车能满足方门组件力学要求，结构如图24-17所示。大门采用了16套气动夹具进行预紧。

图24-16　大门法兰现场精加工图

图24-17　大门启闭机构

24.3.4 真空抽气系统

依据工作压力和试验载荷对真空抽气系统的要求，选择螺杆泵-罗茨泵机组作为粗抽泵，并配以涡轮分子泵进行过度抽气（同时实现辅助检漏功能），主泵采用大抽速外置低温泵。考虑到设备用于光学试验件，应尽可能做到无油污染，在粗抽真空管路设计上，采用串联液氮冷阱。其配置原理见图 24-18。

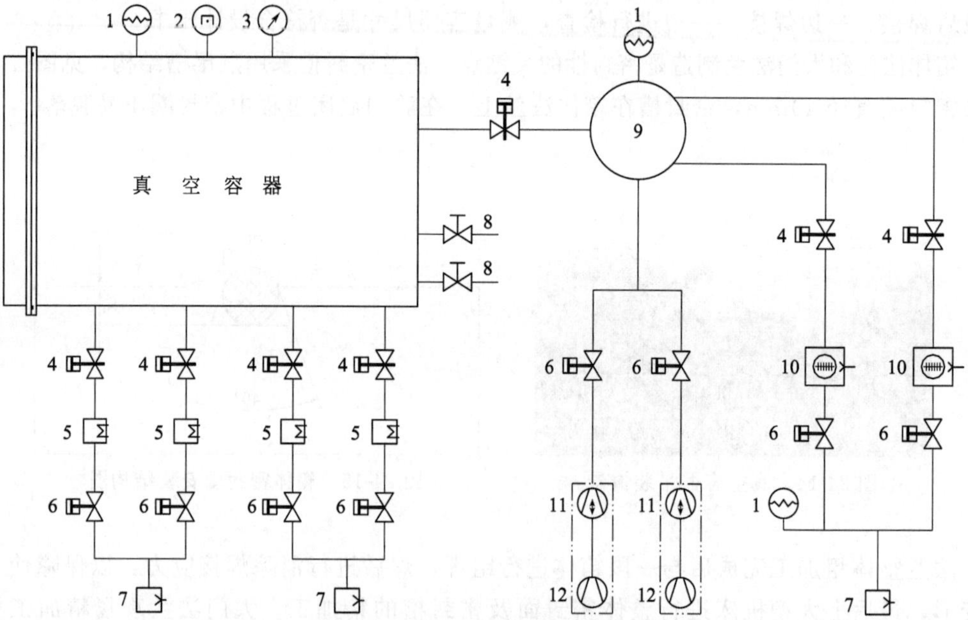

图 24-18 真空抽气配置原理图

1—电阻规；2—电离规；3—薄膜规；4—插板阀；5—低温泵；6—挡板阀；7—干泵；8—充气阀；9—液氮冷阱；10—分子泵；11—罗茨泵；12—螺杆泵

抽气过程为：首先开启 2 台螺杆泵，从 10^5Pa 抽至 1000Pa 左右，然后启动罗茨泵将真空度抽至 10Pa 以下，再启动分子泵工作，将真空度抽至 10^{-1}～10^{-2}Pa 量级，最后开启低温泵抽气至工作压力或极限压力。

主要真空设备配置：主抽泵采用 4 台 50000L/s 低温泵，其口径为 1250mm；口径 DN1250 气动插板阀 4 台，为 4 台低温泵配套；粗抽机组采用 3000m^3/h 的罗茨泵-螺杆泵机组；过渡抽气采用 2 台 FF-250/2000 分子泵；低温泵预抽泵采用 2 台 8L/s 干泵；分子泵前级泵采用一台 200m^3/h 干泵；配置多套真空规计进行真空度测量。

24.3.5 液氮流程

液氮流程为单相密闭式循环，离心式液氮泵将液氮注入热沉，与热沉进行换热后，温度上升，液氮进入过冷器后，与过冷器进行换热，使液氮降温，而过冷器中所耗液氮变为气氮排到大气中。流程原理见图 24-19。

热沉几何尺寸为 13m（长）×5m（宽）×4.9m（高），热沉较长，为保证温度均匀性，筒体热沉分 4 段分别供液氮，大门及筒底热沉分别供液氮。热沉热流密度约为 175W/m^2，液氮泵流量 54m^3/h，扬程 0.4MPa。

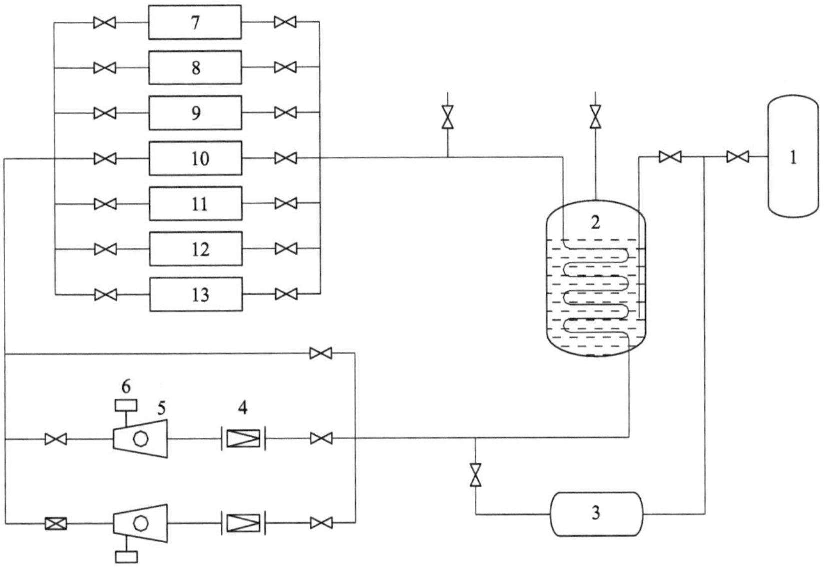

图 24-19 液氮流程原理

1—液氮储槽；2—过冷器；3—稳压杜瓦；4—过滤器；5—液氮泵；6—变频器；7—防污染板；8～13—热沉

24.3.6 气氮流程

气氮流程为热沉－60～100℃温度提供条件，流程原理见图 24-20。氮气加热及制冷有 6 个单元，每个单元由回热器、氮气液氮换热器、压气机、水冷换热器、加热器以及阀门、仪表、传感器组成。

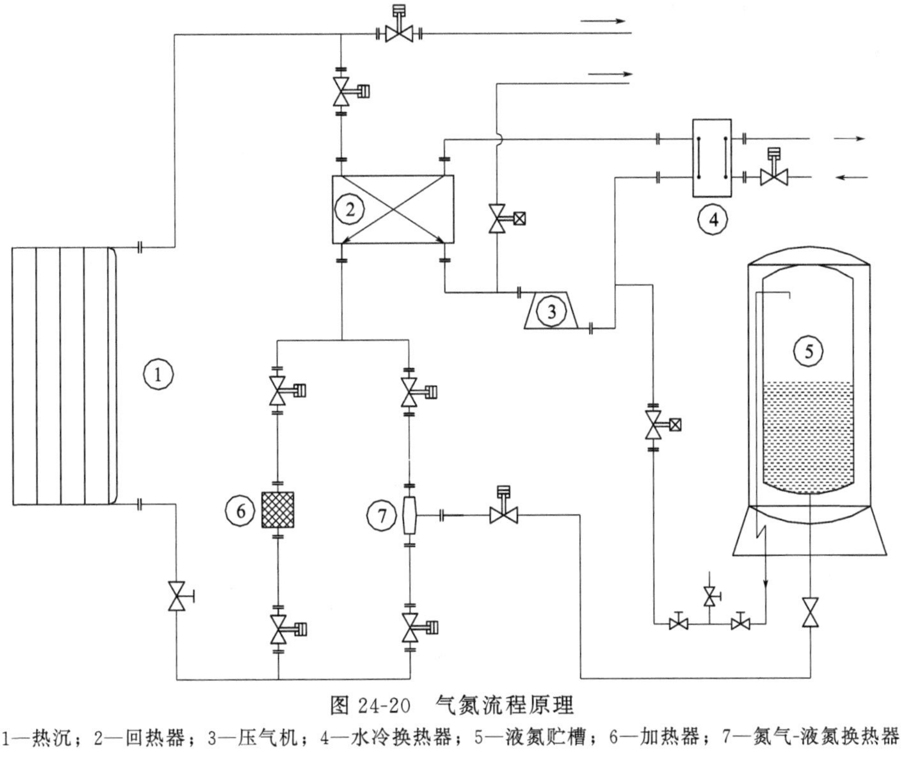

图 24-20 气氮流程原理

1—热沉；2—回热器；3—压气机；4—水冷换热器；5—液氮贮槽；6—加热器；7—氮气-液氮换热器

(1) 加热循环原理

如图 24-20 所示。压气机输出的氮气经过水冷换热器，降低温度后进入氮气回热器（板翅式换热器），与热沉出来的高温气体进行热交换，再经过气体加热器加热至控制温度后进入热沉，对热沉进行加热。通过控制进入热沉气体的温度，满足热沉所需温度要求。

流出热沉的返流氮气在回热器中与从压气机来的常温氮气换热，返流气体温度降至常温后进入压气机，完成循环。

本循环利用回热原理充分回收返流气的热量，以降低热功率消耗，且返流气通过换热器回热后，温度从热沉出口的高温降到常温，以满足压气机对进气温度的要求。

(2) 制冷循环原理

如图 24-20 所示。压气机输出的氮气经过水冷换热器，降低温度后进入氮气回热器（板翅式换热器），与从热沉出来的低温氮气进行热交换，氮气温度从常温下降至接近热沉出口温度；然后再经过氮气-液氮换热器，降温至需要的温度，进入热沉对热沉降温；流出热沉的返流氮气在氮气回热器中与从压气机来的常温氮气换热升温后，进入压气机，完成循环。

本循环利用回热原理充分回收返流氮气及液氮换热器流出氮气的冷量，减小液氮耗量；且返流气通过换热器回热后，温度从热沉出口的低温升到常温，以满足压气机对进气温度的要求。氮气-液氮换热器是一台高效板翅式换热器，利用液氮的潜热和显热对进入热沉的氮气降温，通过流量调节控制液氮进入氮气-液氮换热器的流量来控制氮气的温度，以满足热沉低温需要。

根据热计算结果选择压气机流量为 $1940m^3/h$，扬程 290mbar。

24.4 立卧检测光学遥感器空间热环境试验装置

此装置由长春光学精密机械与物理研究所提出，兰州空间技术物理研究所研制。装置具备大口径空间光学遥感器热光学、热平衡、热真空环境试验的能力。装置由载荷室、卧式光管室、立式光管室、真空抽气分系统、氮流程分系统、综合控制与管理分系统等构成，图 24-21 为容器结构图，图 24-22 为装置主要部件布置图。

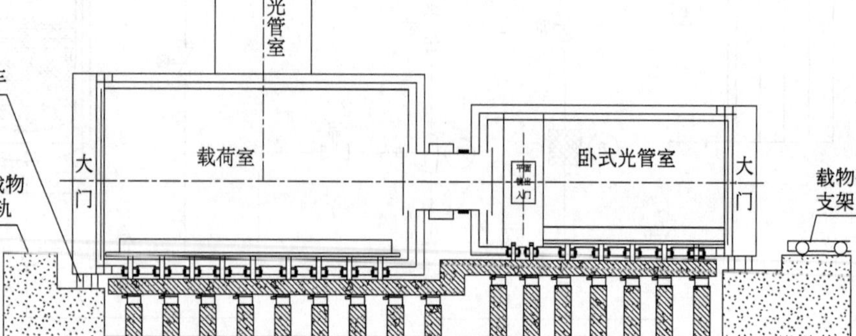

图 24-21 容器结构简图

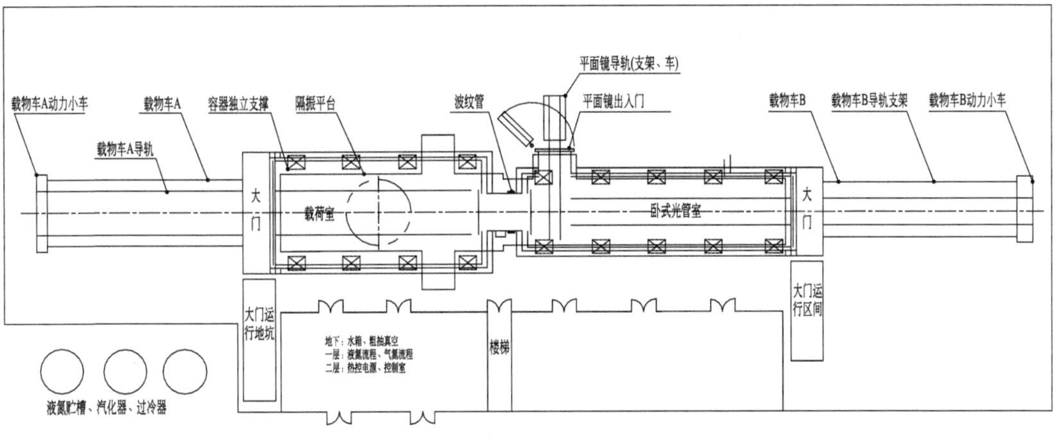

图 24-22 装置主要部件布置示意图

24.4.1 装置结构原理

装置由真空容器分系统（载荷室、立式光管室、卧式光管室）、热沉分系统（载荷室热沉、立式光管室热沉、卧式光管室热沉）、载物平台（包含载荷室载物平台 A 和卧式光管室载物平台 B)、真空抽气分系统（包含载荷室真空抽气分系统、卧式光管室真空抽气分系统)、氮流程分系统（包含氮流程分系统和气氮温控单元)、去离子水循环分系统、辅助分系统（复压单元、新风单元、供气单元)、综合控制与管理分系统等组成。装置示意图见图 24-23。

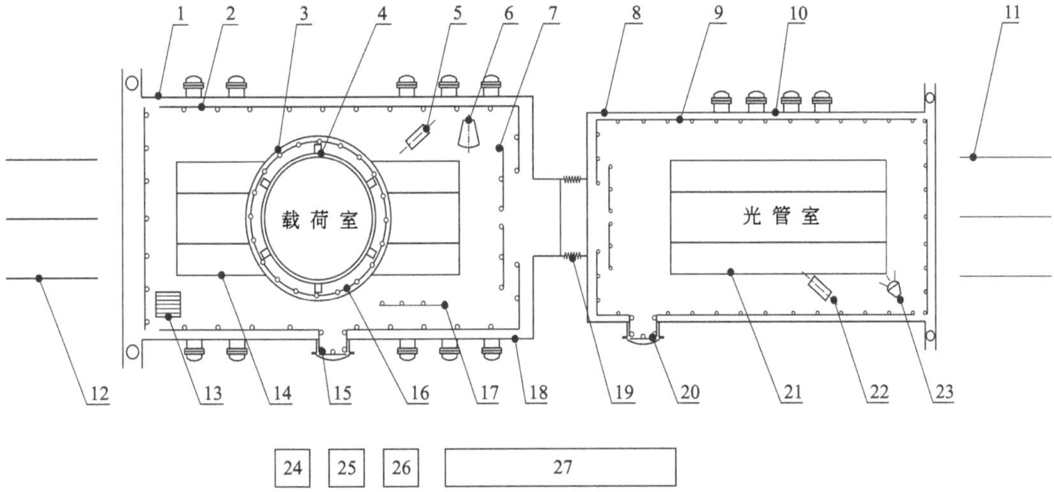

图 24-23 立卧检测光学遥感器空间热环境试验装置示意图

1—载荷室；2—载荷室热沉；3—立式光管室；4—立式光管室支撑环；5—载荷室摄像监测单元；6—载荷室照明；7—活动热沉；8—卧式光管室；9—卧式光管室热沉；10—真空抽气系统；11—载物平台 B 地面导轨；12—载物平台 A 地面导轨；13—活动冷板（8 套)；14—载物平台 A；15—载荷室出入门；16—立式光管室热沉；17—防污染板；18—氮流程分系统；19—DN4200 波纹管；20—平面镜出入门；21—载物平台 B；22—卧式光管室摄像监测单元；23—卧式光管室照明；24—去离子水循环分系统；25—新风单元；26—复压单元；27—综合控制与管理分系统

装置中主要分系统功能如下。

① 由载荷室、立式光管室和卧式光管室组成真空容器分系统，为试验提供真空环境及试验条件。

② 热沉分系统　提供 100K 的冷黑环境，用于模拟 3K 的空间环境温度，吸收辐射热流；也可以提供冷热交变的温度环境，用于满足试验载荷的热真空试验要求。

③ 真空抽气分系统　为载荷室、卧式光管室、立式光管室的真空容器达到工作所需真空度提供抽气手段。

④ 氮流程分系统　为载荷室及卧式、立式光管室热沉提供温度条件。

⑤ 去离子水循环分系统　为真空抽气分系统真空泵组提供冷却所需的循环水。

⑥ 新风单元　为操作人员进出真空容器提供舒适的工作环境。

⑦ 复压单元　用于真空容器大门打开时，需要将外部气体充到容器中，使其恢复到大气压状态。

⑧ 载物平台 A 及载物平台 B　载物平台 A 用以安装试验载荷，载荷室容器底部布置有导轨，导轨高度与地面导轨一致，载物平台 A 置于导轨上，通过运动机构，使载物平台 A 方便的进出载荷室。载荷室导轨通过导轨支柱（穿过真空容器）与隔振平台相接，以达到隔振目的。载物平台 B 用于安装卧式光管及其附属设备，进出真空容器方式及支撑方式与载物平台 A 相同。

⑨ 综合控制与管理分系统　全方位对设备运行进行监控管理。

24.4.2 真空容器

真空容器分系统由三个容器组成，即载荷室容器、立式光管室容器和卧式光管室容器。载荷室容器为邮箱形，立式光管室容器为圆柱形，两者通过焊接结构复合成一体。卧式光管室容器亦为邮箱形，通过波纹管结构与载荷室容器结合，三者关系见图 24-24。载荷室是完成光学遥感器热光学、热平衡、热真空试验的核心部件，而立式光管室及卧式光管室为光学遥感器测试提供了环境条件。

载荷室、卧式光管室、立式光管室环境条件有两点，即真空和温度。温度环境实现借助于热沉与氮流程分系统，通过调节热沉的温度，为试验载荷提供满足试验要求的温度环境。真空环境的实现是借助于真空系统选择低温泵作为主抽泵，粗抽选择液氮冷阱-罗茨泵-罗茨泵-螺杆泵机组，预抽配置了液氮阱-复合分子泵机组，此种配置确保了真空容器中有一个清洁的真空环境。

立卧检测光学遥感器空间热环境试验装置真空容器结构简图见 24-24。真空容器分系统主要由载荷室、卧式光管室、立式光管室、载物平台 A、B（简称为平台 A、平台 B）组成。载物平台 A 位于载荷室，载物平台 B 位于卧式光管室。载荷室与卧式光管室借助 ϕ4200mm 波纹管相连接，二者相通，立式光管室焊接于载荷室上方。除此，还包括载物平台牵引机构、活动导轨及地面导轨等组成部分。

载荷室与卧式光管室安装在地下二层独立基础上，载荷室、卧式光管室内部的载物平台导轨支柱通过容器壁与下方隔振平台相接，而立式光管室中载荷通过隔振摇篮载于隔振平台上。

载荷室截面为邮箱形的卧式容器，立式光管室容器位于载荷室上方。真空容器简图见

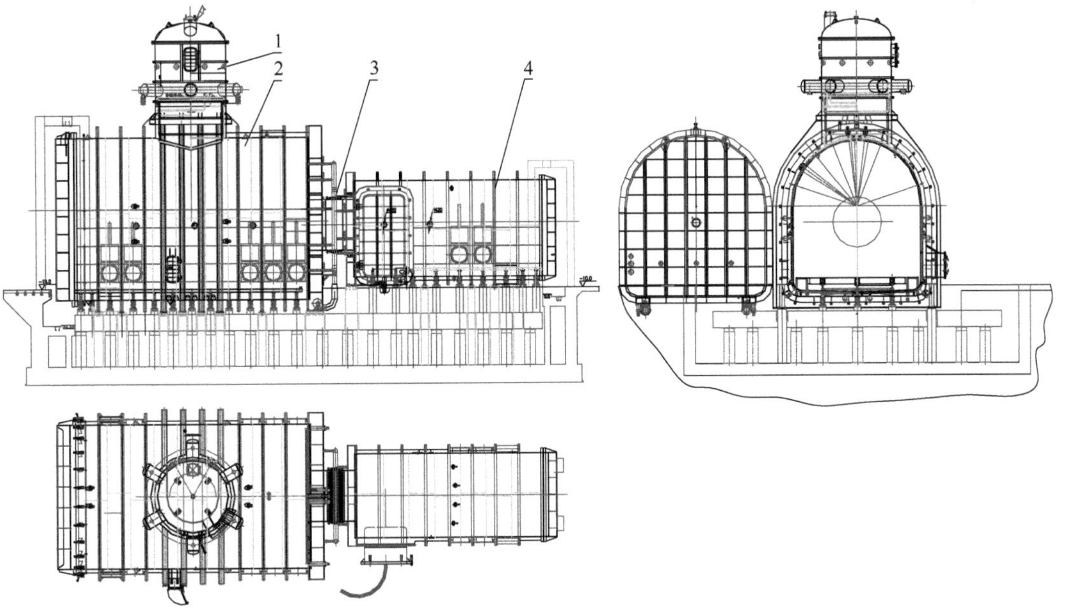

图 24-24　立卧检测光学遥感器空间热环境试验装置真空容器结构简图

1—立式光管室；2—载荷室；3—波纹管；4—卧式光管室

图 24-25。

载荷室几何尺寸 20m×12m×13.5m（长×宽×高）；卧式光管室是截面为邮箱形的卧式容器，几何尺寸 16m×7m×8m（长×宽×高），立式光管室直径 6m，高 8m。

真空容器分系统有以下特点：

① 容器尺寸大，外形独特，结构受力复杂，传统外压容器计算方法不能精确求解真空状态下的应力及应变；

② 容器板状平面大，板状结构在真空状态下稳定性差，设计时必须特别关注；

③ 容器内承载点较多、受外载荷大；

④ 容器大门结构庞大复杂，法兰焊接变形大、密封面加工以及稳定性需给予充分重视；

⑤ 容器大门结构大，质量大，再加上热沉及管道内的液氮质量，总质量达 150t，选择真空密封性能好、运行可靠的新型大门运行机构是本项目的难点之一；

⑥ 容器现场施工，需要准备大量工装；

⑦ 容器整体为现场制作，需要一套完整的施工工艺及检漏清洗工艺；

⑧ 容器加强筋的焊缝承受外力较大，需计算焊缝强度。

24.4.3　真空抽气系统

(1) 真空抽气系统的构成

真空容器中工作压力 1.3×10^{-3}Pa，极限压力优于 1.3×10^{-4}Pa，真空系统抽气原理见图 24-26。

主泵为低温泵，粗抽为罗茨泵-螺杆泵-螺杆泵机组，以涡轮分子泵（简称分子泵）机组预抽或用于检漏。这种配置可获得清洁真空。

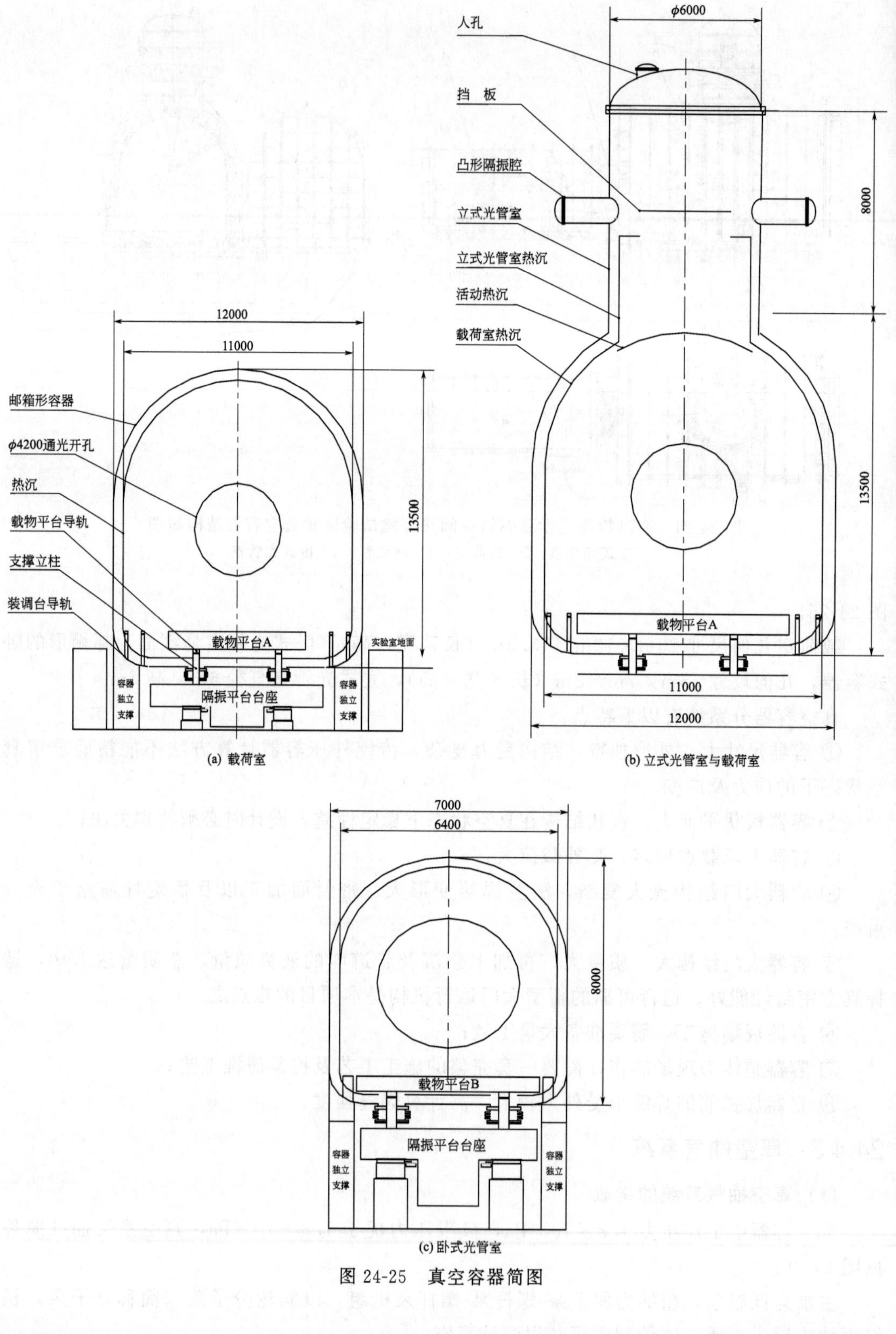

图 24-25 真空容器简图

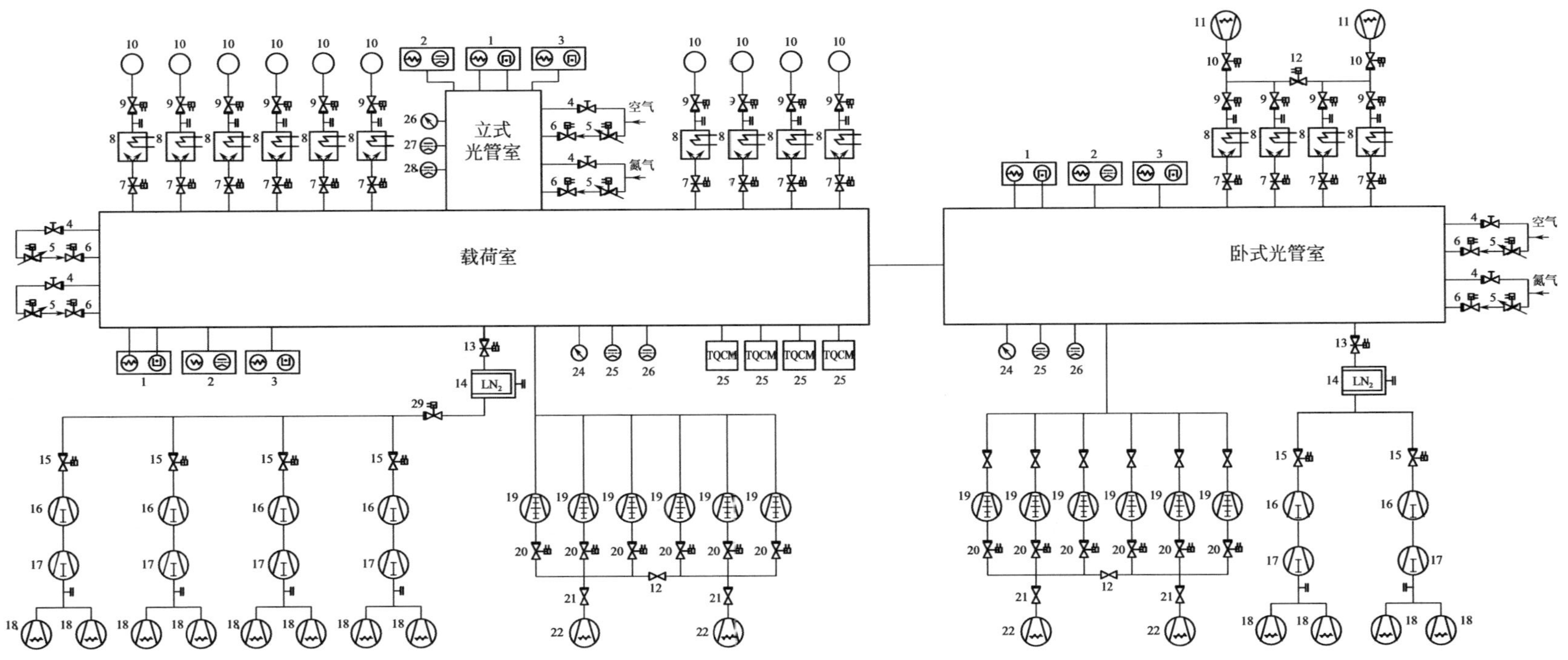

图 24-26　真空系统抽气原理

1—电阻＋冷阴极真空规；2—全量程热阴极真空规；3—全量程冷阴极真空规；4—手动挡板阀；5—可调蝶阀；6，12，15，21—气动挡板阀；7，13—气动插板阀；8—低温泵；9—低温泵前级阀；10—涡旋泵；11—螺杆泵；14—液氮冷阱；16，17—罗茨泵；18—螺杆泵；19—分子泵；20—分子泵前级阀；22—罗茨螺杆机组；23—石英微晶天平；24—压阻真空规；25—中量程热阴极真空规；26—宽量程热阴极真空规

(2) 真空系统配置

① 载荷室及立式光管室　载荷室和立式光管室抽气分系统选用 10 台口径为 1320mm 低温泵作为主抽气泵，低温泵再生用涡旋泵。粗抽用 4 套罗茨-罗茨-螺杆机组。选用 12 套分子泵作为预抽，以及用作真空检漏，每 6 台分子泵用 2 套罗茨-罗茨-螺杆机组作为分子泵的前级泵。

每台低温泵配备 1 台 DN1320 气动插板阀，各管路其他真空阀门为气动挡板阀或电磁挡板阀。

载荷室配置 1 套进口全量程冷阴极真空计，1 套进口全量程热阴极真空规计，1 套国产电阻＋冷阴极复合真空计，1 套压阻真空计，1 套中量程热阴极电离真空计，1 套宽量程热阴极电离真空计。

② 卧式光管室　卧式光管室抽气分系统选用 4 台口径 1320mm 低温泵作为主抽气泵，用涡旋泵作为低温泵的再生泵。选用 2 套罗茨-罗茨-螺杆机组作为粗抽泵。选用 6 套分子泵机组（分子泵直接装在卧式光管室上）作为预抽以及真空检漏，选用 2 套罗茨-螺杆机组作为 6 台分子泵的前级泵。

每台低温泵配备 1 台 DN1320 气动插板阀，各管路其他真空阀门为气动挡板阀或电磁挡板阀。

卧式光管室配置 1 套进口全量程冷阴极真空计，1 套进口全量程热阴极真空计，1 套国产电阻＋冷阴极复合真空计，1 套压阻真空计，1 套中量程热阴极电离真空计，1 套宽量程热阴极电离真空计。

同时配 1 台最小可检漏率不大于 $5\times10^{-12}Pa\cdot m^3/s$（He）的氦质谱检漏仪。

真空抽气系统的主抽单元共配 14 台 DN1320 的口径为 1320mm 低温泵，每台对氮气抽速不小于 57000L/s。

真空抽气系统的预抽单元共配 12 台分子泵，每台抽速 2000L/s。

真空抽气系统的粗抽单元共配 6 套罗茨-罗茨-螺杆机组，每套最大抽速 $7350m^3/h$。

载荷室设置 1 台液氮冷阱，卧式光管室设置 1 台液氮冷阱，可以有效防止粗抽机组的油蒸气反流至载荷室和光管室真空容器，防止污染光学载荷。

每台低温泵的前级配 1 台 8L/s 的涡旋泵，用于再生及降温预抽真空。

每 3 台分子泵的前级配 1 套抽速 $520m^3/h$ 的罗茨-螺杆机组作为分子泵的前级泵，管路预留氦质谱检漏接口，预抽单元通过液氮冷阱与载荷室、卧式光管室容器连接。

分子泵的前级管道通过阀门切换可以实现 2 套罗茨-螺杆机组的单独或同时对 6 台分子泵抽气，前级泵与分子泵之间采用波纹管连接，可以减少前级泵的振动对分子泵的影响。安装前将管道内部清洗干净，避免污染真空抽气系统。

(3) 抽气过程

真空系统由大气抽至 $1.0\times10^{-2}Pa$，分为以下 4 个抽气阶段：

① 由 10^5Pa 抽至 6000Pa，用 COBRA NC 0630 C 螺杆泵抽气；

② 由 6000Pa 抽至 3000Pa，用 Puma WP 2000 D2 罗茨泵抽气，COBRA NC 0630 C 螺杆泵作为罗茨泵的前级泵；

③ 由 3000Pa 抽至 5Pa，用 Puma WP A075A 罗茨泵抽气，Puma WP 2000 D2 罗茨泵＋COBRA　NC 0630 C 螺杆泵作为 Puma WP A075 A 罗茨泵的前级泵；

④ 由 5Pa 抽至 1.0×10^{-2}Pa，用 FF-250/2000 分子泵机组抽气；

⑤ 1.0×10^{-2}Pa 至工作压力或极限压力，选用兰州空间技术物理研究所研制的抽速为 57000L/s 的低温泵。

24.4.4 液氮流程

液氮流程主要向热沉提供低温的工作介质，在设计热负荷内保证载荷室、立式光管室及卧式光管室热沉温度低于 100K；同时为真空系统冷阱和低温泵提供液氮，保证真空系统正常运行。液氮流程操作采用自动化的流程设计，液氮流程通过管路、阀门布置，能够通过液氮贮槽自增压开式沸腾或者单相密闭循环工作方式为热沉等用液氮设备提供液氮，亦可通过液氮储槽倒罐工作方式为热沉等用液氮设备提供液氮。液氮流程主要配置如下：

① 液氮储槽　配置 5 台 $50m^3$、1 台 $30m^3$ 的液氮储槽，液氮储槽可在－30℃室外气温下有效自增压，主要为过冷器、平衡器补液及热沉自降温供液，总储存量保证系统连续工作 48h。

② 过冷器　过冷器的过冷度大于 5K，为热沉出口液氮降温提供冷量，保证稳定运行时热沉内液氮不汽化。

③ 稳压杜瓦　保证液氮泵入口一定的压力。

④ 过滤器　液氮在管路中循环时，阻挡管路中循环杂质不进入液氮泵中。

⑤ 液氮泵　驱动液氮循环，选用 ACD 进口液氮泵，8 台液氮泵并联在管道上，其中 4 台备用。

⑥ 供液管路　试验大厅内部的液氮管路采用柔性闭孔聚乙烯泡沫塑料进行良好的保温处理；室外部分液氮管路采用发泡保温处理。

⑦ 阀门　低温阀门采用气动、手动形式。

⑧ 传感器　监测液氮流量、压力、液位及温度参数。

⑨ 事故排风井　当地下输液管路、储存液氮容器发生意外超压时，会触发事故排风井，进行快速排空。

⑩ 数字式涡街流量计　采用数字式涡街流量计测量进入热沉各部分的液氮流量。

(1) 开式沸腾工作方式

热沉降温以自增压开式沸腾为主，恒温以单相密闭过冷循环方式为主。热沉开式降温阶段，热沉和管路的温度较高，液氮从低温储槽进入供液管道和热沉，液氮被大量气化，经过液氮排空管道排至室外。随着热沉及液氮管路的温度降低，约在－170℃左右，部分液氮未气化就被高速流动的气体带出来，考虑热沉的降温时间较长，未被气化的液氮量较多，在－170℃以下的降温阶段，将排空管口切换至一指定的液氮储槽的上部进液口，进行气液分离，液体收集在指定储槽，将气体通过液氮储槽的放空管道排至室外空间。

开式沸腾流程如图 24-27 所示，液氮储槽 2 是供液储槽，热沉开始降温阶段，液氮从储槽 2 流出，下行至地下－10m 的设备间，经供液管道进入热沉，液氮大量气化后，经回液管道上行至地面，在过冷器的入口设置氮气排空口，氮气通过该点排至室外空间。随着管道和热沉的温度降低，约在－170℃左右，在液氮排空口开始有部分液氮排出。这时，将氮气排空口切换至液氮储槽 1，进行液氮的气液分离，将未气化的液氮进行收集，使单相的气态氮经过液氮储槽的排空口进行排空。

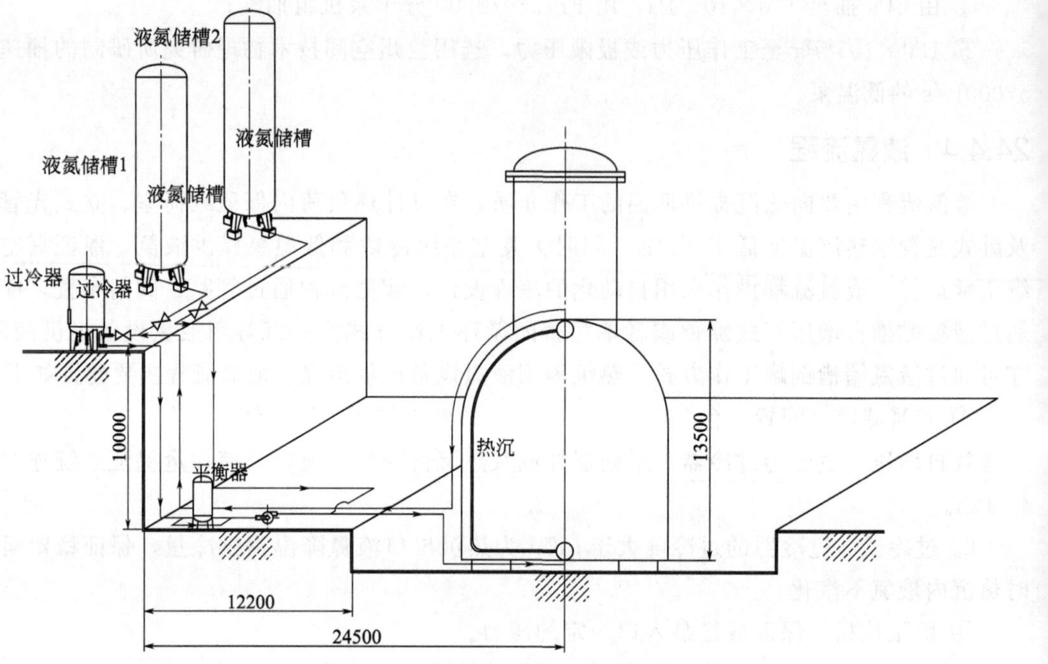

图 24-27　开式沸腾工作方式单线图示意

(2) 单相密闭循环工作方式

随着热沉和管道的温度降低，液氮的气化量逐渐减少，液氮开始充盈管道和热沉，液氮降温渐入稳定状态，在这种情况下，可以将降温模式切换至单相密闭循环方式，通过过冷器将液氮系统稳定热负载的热量带走，过冷器中气化后的氮气经排空口进行排空。

单相密闭过冷循环工作方式采用离心式液氮泵实现液氮循环，过冷器对循环液氮降温，带走热沉中的热量；单相密闭循环原理如图 24-28 所示。

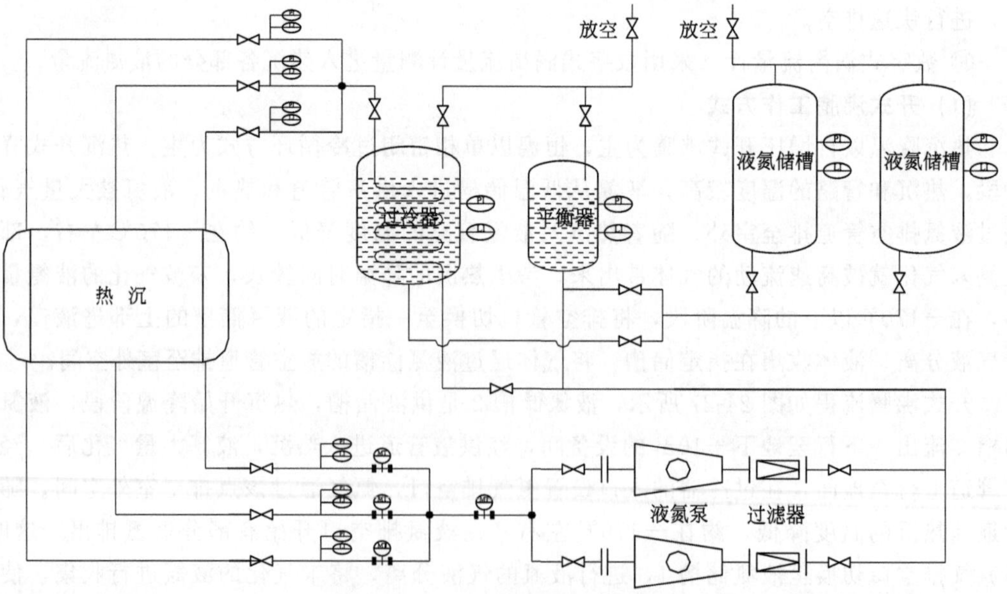

图 24-28　单相密闭循环原理图

当平衡器和过冷器充液达到工作液位时，可以将液氮排空口切换至过冷器的板换（板式换热器）进口，开启液氮泵进入液氮单相密闭循环模式。

考虑到从过冷器板换出口至液氮泵入口的管程较长，且垂直高度为 10m，而且是下行管道，不易冷却，易气堵，在液氮泵工作前期，配置平衡器串入循环管路，确保液氮泵入口流量。循环过程中，该段管道的氮气可以通过平衡器进行气液分离后排出室外，待整个管道液氮完全充盈后，将平衡器切换至并联在循环管道的连接方式，为液氮流程稳定运行提供背压。

经过热计算选液氮泵流量 $50m^3/h$，扬程 50m，流程实用 3 台，备用 3 台。

24.4.5 气氮流程

气氮流程为热沉提供－100～＋100℃温度。其循环方式采用气氮闭式循环，为试验提供所需要的任一温度点的恒温与温度交变环境，并可实现热沉升降温速率不小于 1℃/min。

气氮流程由高低温风机、加热器、换热器、管道阀门、配套仪表及传感器等组成，系统原理如图 24-29 所示。

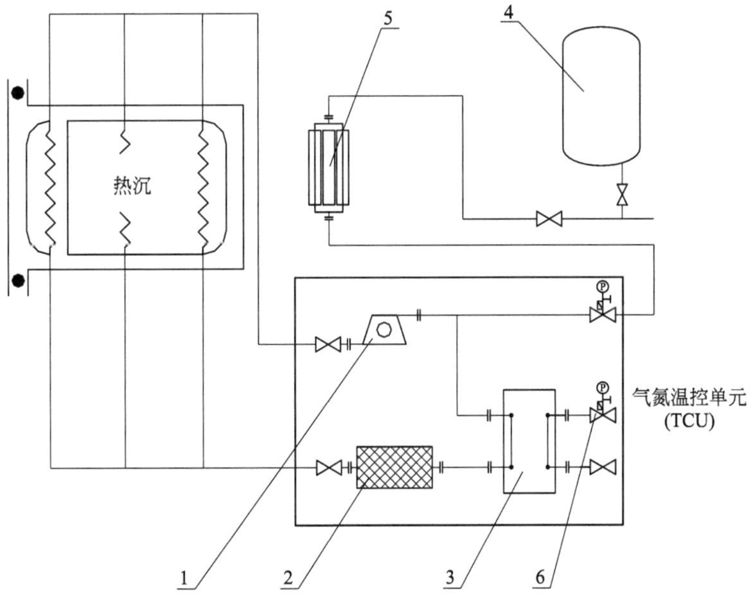

图 24-29 氮气加热与制冷原理

1—风机；2—加热器；3—换热器；4—液氮储槽；5—汽化器；6—薄膜阀

流程中各种元件功能如下：

① 液氮储槽 液氮储槽为气氮温控单元提供制冷所需液氮，液氮储槽容积 $30m^3$；

② 风机 风机采用大流量、高低温氮气密闭循环的离心风机；

③ 薄膜阀 薄膜阀调节进入液氮混合器的液氮流量，以实现对进入热沉氮气温度的控制；

④ 加热器 在热沉高温工况对氮气进行加热，使循环氮气达到所需的温度；

⑤ 换热器 在热沉低温工况对氮气进行制冷，使循环氮气达到所需的温度；

⑥ 汽化器　将液氮气化为常温氮气，为对气氮循环机组供气，并实现对真空容器复压等功能。

通过计算，气氮流量为 58000m^3/h。考虑到现场安装等因素，载荷室直段热沉分为 6 个分区（分区面积约 135m^2），载荷室前大门、后端部热沉各为 1 个分区（分区面积约 125m^2），立式光管室热沉为 1 个分区（分区面积约 126m^2）；总共 9 个分区，每个分区采用 1 套气氮温控单元独立控温，共选用 9 套气氮温控单元（TCU）提供密闭循环氮气，另外尚需备用 1 套气氮温控单元（TCU），共选 10 套气氮温控单元（TCU）。

选用 FIMA 大流量高低温风机，流量为 6500m^3/h，扬程不小于 0.5MPa，风机工作性能曲线见图 24-30。

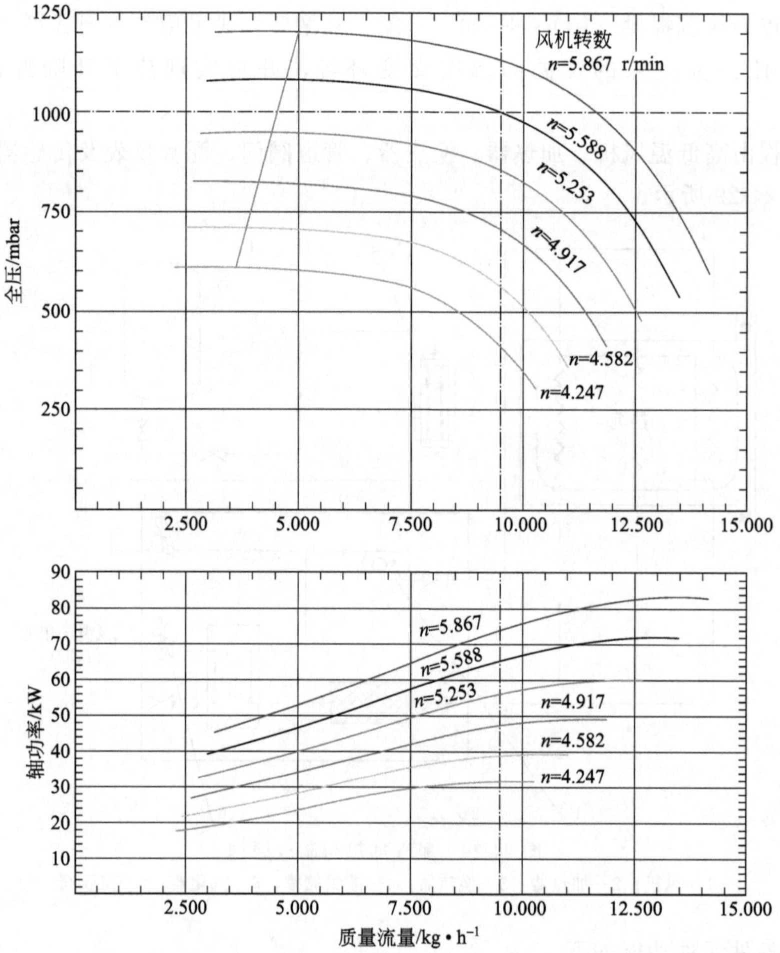

图 24-30　FIMA（菲马）风机工作性能曲线

24.5 KM 系列空间模拟器

24.5.1 KM2 空间模拟器

此空间环境模拟器是我国早期大型环模设备之一，为航天事业的发展作出了一定贡献。KM2 空间模拟器主模拟室直径 2m、长 3.2m，有效空间直径 1.7m、长 2.5m。用型号 20 锅炉钢板制造，壁厚 16mm，内表面镀镍抛光。热沉温度 85K，最高温度 373K，吸收系数 0.92，用紫铜制造。

① 真空抽气系统　粗抽泵用 1 台 H-150 型滑阀泵，抽速 150L/s；2 台 Z-150 型油增压泵，每台抽速 450L/s，前级泵用 2 台 2X-30 型机械泵，每台抽速 30L/s；高真空泵用 2 台 K-800 油扩散泵，每台抽速 20000L/s。真空容器极限真空度为 6.7×10^{-5}Pa。

② 液氮系统用开式沸腾，由 2 台 5t 液氮储槽交替增压输送液氮。

③ 加热系统采用 15kW 扁形电加热带。

④ 太阳模拟器采用透射式发射系统　光源用 1 只 25kW 短弧水冷氙灯，辐照强度为 $(0.5\sim1.3)S_0$ 可调，辐照面积直径 1m，发散角 13°。面均匀性：在直径 1m 光照面积上为 ±15%，在直径 0.9m 光照面积上为 ±5%。稳定性：±3%。容器顶部设计有吊装试件的转轴 1 根，可作 360°旋转，转速 1～10r/min。

24.5.2 KM3 空间模拟器

KM3 空间模拟器是我国 20 世纪 70 年代用于卫星试验的大型空间模拟器，完成了几种型号卫星的大量热真空试验。该设备由当时任兰州物理研究所副所长的金建中院士主持研制，设备主抽扩散泵（K-800）由刘玉魁研制成功，为大型空间环境模拟器研发提供了重要的抽气手段。

KM3 空间模拟器气氮及液氮系统图如图 24-31 所示。

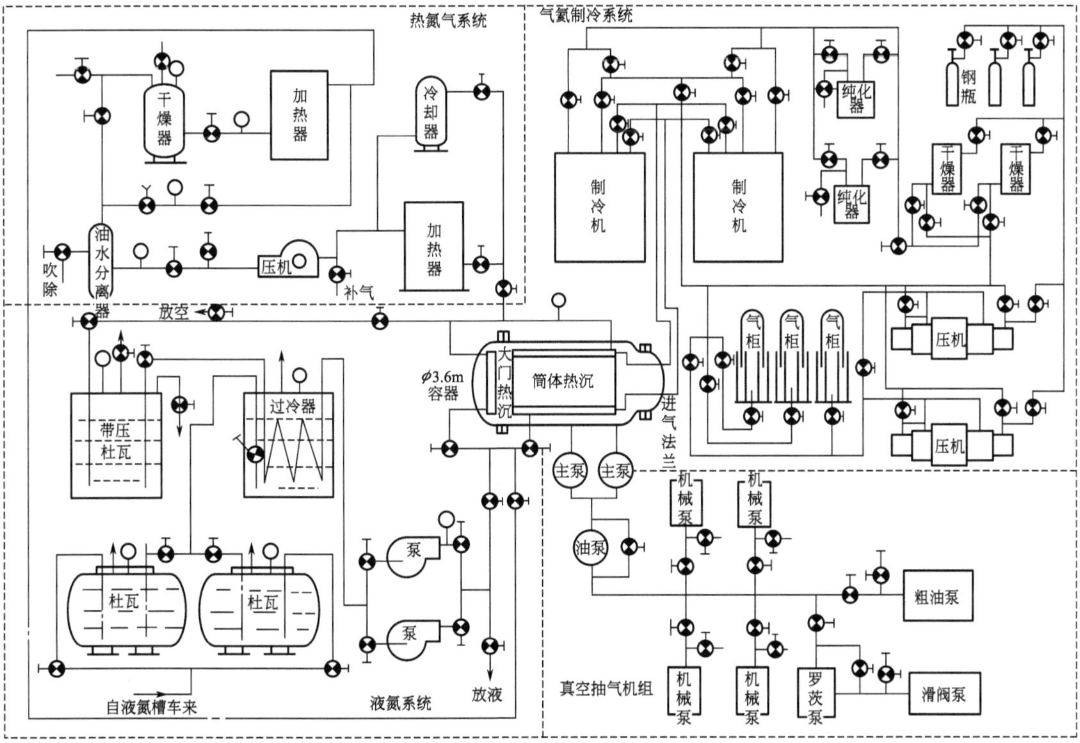

图 24-31　KM3 空间模拟器气氮及液氮系统

主模拟室直径3.6m、长7.3m、容积$70m^3$，试验空间：直径3m、长5m。真空容器用1Crl8Ni9Ti不锈钢板制造，壁厚14mm。

空载极限真空度：9.3×10^{-7}Pa。

热沉温度：<100K，吸收系数0.93，用紫铜材料制造。

真空抽气机组：粗抽泵用2台H-150型滑阀泵，每台抽速150L/s；2台ZJ-1200罗茨泵，每台抽速1200L/s。高真空泵：原设计用2台K-800油扩散泵作主抽泵、每台抽速2×10^4L/s，配有水冷障板及液氮冷阱，并公用1台K-300辅助扩散泵，抽速2500L/s，后来经改造，用2台直径800mm制冷机低温泵代替扩散泵，成为无油抽气系统。

在热沉内安装有内置式20K低温泵，氦板尺寸：板宽60mm、长4780mm、厚0.5mm，氦管直径20mm、壁厚2mm。氦板布置：沿筒体热沉套横截面，每隔5°布置1根氦管，共80根，占240°角范围，并用液氮翼板作屏蔽保护。氦板面积为$29m^2$，氦板温度<20K，氦板总抽速：$>10^6$L/s。

气氦制冷系统如图24-31所示。原设计用活塞式膨胀制冷机，制冷量800W，后来改造成透平式膨胀机，制冷量450W，出口温度14K。压缩机采用单列双向无油润滑氦气压缩机；4级压缩，终压4MPa，每台进气量$8.33m^3$/min，共2台，其中1台备用。

液氮系统原理见图24-31，采用单相密闭循环系统。液氮泵流量$16m^3$/h，排出压力0.2MPa，共2台，其中一台备用。

图24-32所示为KM3改成无油抽气后的系统原理图。主泵由20K气氦板及2台ZDB-800低温泵组成，预抽及粗抽由分子泵机组及罗茨泵机组完成。

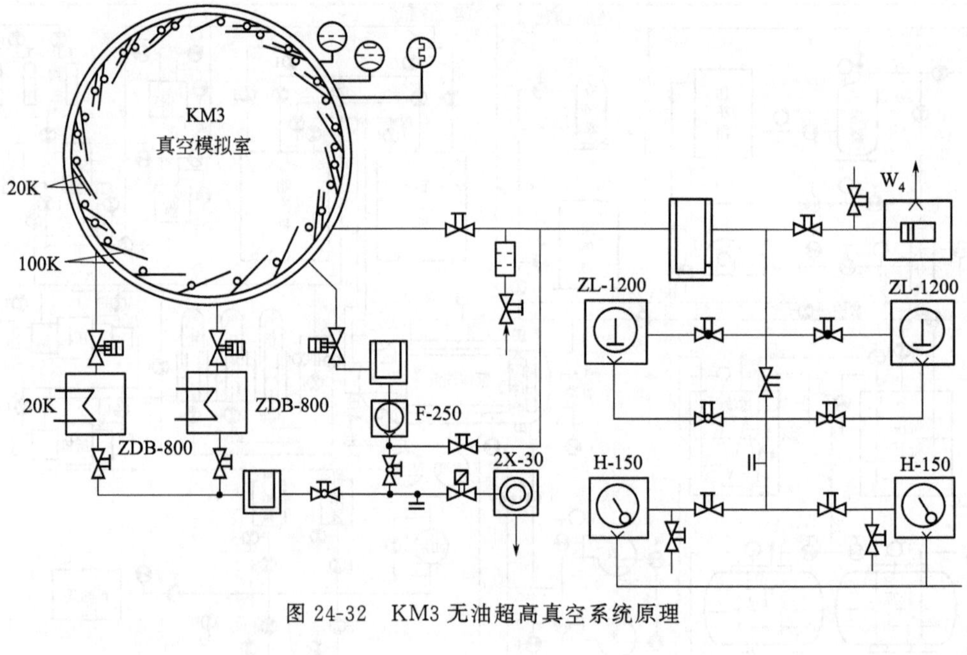

图24-32 KM3无油超高真空系统原理

24.5.3 KM4空间模拟器

KM4空间模拟器可用作大型卫星（飞船）的整体热真空和热平衡试验，亦可作大型部件或分系统的热真空试验。采用适当措施后，还可提供整星（船）作大气压条件下的热循环试验和低压下大型部件的高低温性能考核试验等。

该设备的主要技术性能指标如下：

① 试验空间　直径 6m、高 8.5m，试件入口直径 6m。

② 工作转台　有绕两轴转动的转台，载重 2000kg，转速 4°/min，并且转台可作 90°翻转。

③ 试件吊具　试验大厅备有 5t 和 20t 两种吊钩的桥式吊车，起吊高度为 12m，试验容器内亦设计有三点支承的试件吊具，承重能力为 2t，可将星（船）吊在容器内试验。

④ 空载极限真空度　5.1×10^{-6}Pa。

⑤ 热沉套壁温　90K±5K。

KM4 热真空试验设备的主容器垂直安装于试验大厅内，大厅顶部备有大型桥式吊车，大厅分上、下二层。设备顶盖为直径 7m 的大门，可以 1m/min 速度移向大厅二层停放，顶盖上可安装太阳模拟器，大型试验件从容器上口进入。各分系统机组均安装在大厅一层，容器在一层平面处开有一个直径 3m 侧门，供实验人员进出。

KM4 热真空试验设备由容器、真空抽气系统、热沉及其降温或加热系统、太阳模拟器系统及温度数据采集和处理系统等五个分系统组成。系统原理图如图 24-33 所示，图中序号 20～26 为热氮气系统。

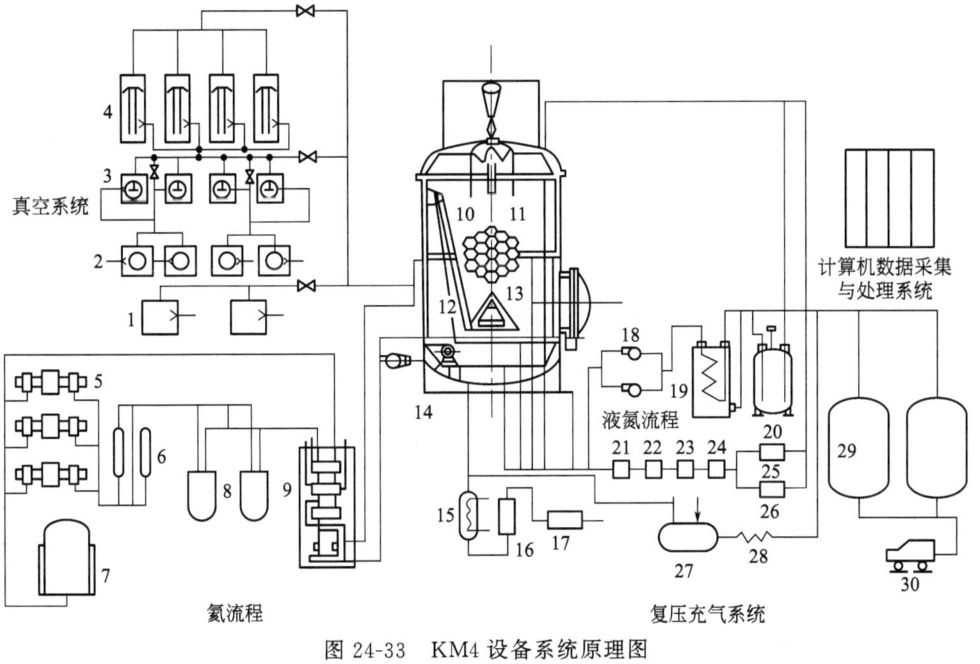

图 24-33　KM4 设备系统原理图

1—粗抽泵；2—机械泵；3—罗茨泵；4—扩散泵；5—氦压机；6，17，22—干燥器；7—氦气柜；8—纯化器；9—氦制冷机；10—太阳模拟器；11—热沉；12—大型深冷泵；13—姿态模拟器；14—主模拟室；15—冷却器；16—过滤器；18—液氮泵；19—过冷器；20—带压杜瓦；21，26—加热器；23—油水分离器；24—压机；25—冷却器；27—气罐；28—蒸发器；29—液氮储槽；30—槽车

(1) 真空容器

结构形式：圆柱形立式容器，外壳焊有环形加强筋，直径 7m，高 12m。

结构材料：1Cr18Ni9Ti 不锈钢。

顶盖大门：直径 7m，由液压千斤顶升起，电力驱动平移。

侧门：直径 3m，电力驱动侧移。

(2) 抽气系统

① 油扩散泵机组　包括下列真空泵，即：

前级泵：2 台 W4-6 型活塞泵，每台抽速 100L/s。

粗抽泵：4 台 H-150 型滑阀泵，每台抽速 150L/s；4 台 ZI-1200 型罗茨泵，每台抽速 1200L/s。

高真空泵：4 台 K-1200 油扩散泵，每台抽速 50000L/s，并配有水冷挡板及液氮冷阱。

② 20K 低温板（深冷泵）　包括：

采用板管式结构，分布于中部热沉套内。

氦板尺寸：宽 100mm，长 3780mm，管径 20mm。

氦板布置：沿中部热沉套横切面每隔 3°布置一根氦管，并用液氮翼板屏蔽保护。

氦板进气口面积：约 $50m^2$。

氦板温度：<20K。

氦板总抽速：71.5×10^6 L/s（对 O_2、N_2）。

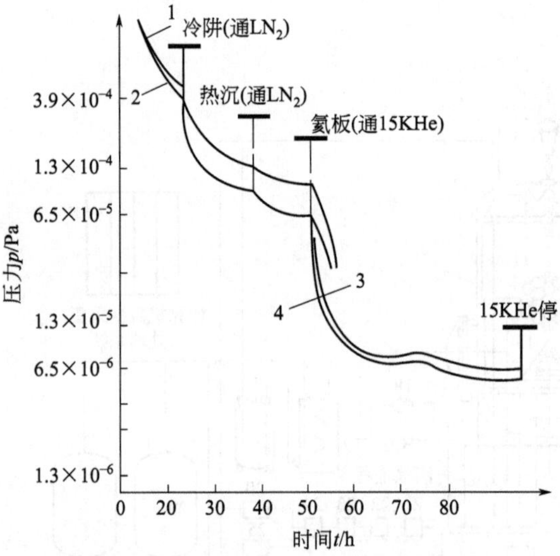

图 24-34　KM4 容器高真空抽气曲线

1—筒体南侧中部电离规测量；2—筒体北侧中部电离规测量；3—筒体南侧下部 B-A 规测量；4—筒体北侧下部 B-A 规测量

③ 抽气曲线　在容器空载情况下，真空系统抽气 3h，可从大气压抽到 5Pa 左右；抽气 6h 可达 10^{-2}Pa；抽气 24h，可达 3×10^{-4}Pa；扩散泵冷阱中加注液氮后，真空度可提高到 10^{-4}Pa；热沉套加液氮后，总抽气时间在 30h 左右，容器真空度可达 6.8×10^{-5}Pa；再通入 20K 气氦，抽气 12h（总抽气约 40h 左右），容器可达 5×10^{-6}Pa 的极限真空。

KM4 容器高真空抽气曲线如图 24-34 所示。

④ 20K 气氦流程　用以提供 20K 低温抽气板 20K 冷氦气。流程如图 24-35 所示。

压缩机：单列双向无油润滑氦气压缩机，4 级压缩，终压 4MPa，每台进气量（STP）$8.33m^3$/min，数量 3 台。

制冷机：涡轮式膨胀制冷机，转速 70000～90000r/min，制冷量>1200W，效率 67%，制冷机输出至氦板总管进口处温度为 11K 左右。

制冷速度：制冷机从室温至 13K 约 2h。

(3) 热沉降温及加热系统

热沉套由上部、中部、底部、大门、侧门、侧门颈部及活动热沉套七部分组成。

热沉套材料：紫铜。

结构形式：用板和管焊接成圆筒状、平板状等形式。

内表面热吸收率：涂有机黑漆，使热吸收率达 0.93。

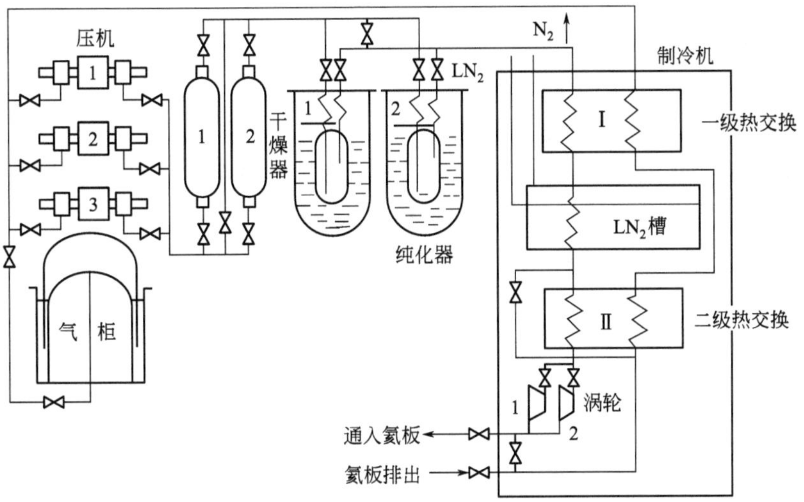

图 24-35　KM4 设备气氦流程示意图

液氮及热氮气流程，用来对热沉套进行降温和加热，系统原理如图 24-36 所示。

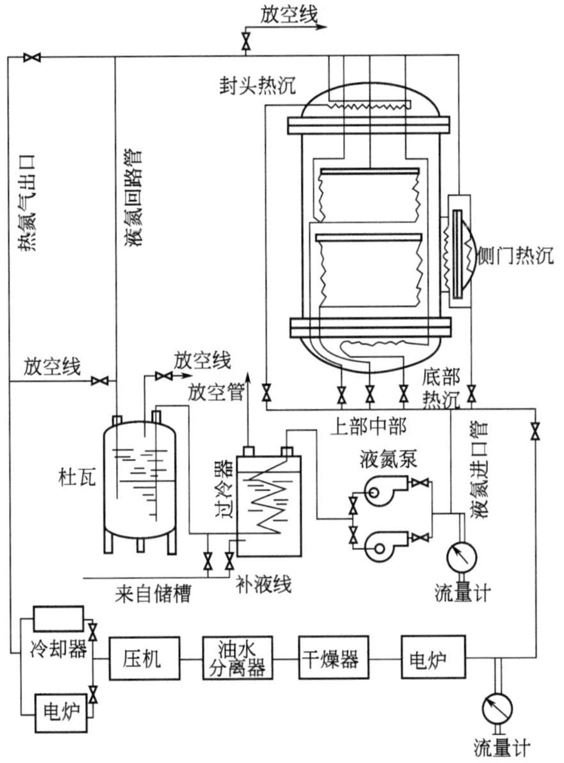

图 24-36　KM4 液氮及热氮气流程

液氮流程形式：单相密闭循环。

液氮泵：流量 $32m^3/h$，排出压力 2.5×10^5Pa，数量 2 台。

液氮储罐：储量 15t，数量 2 台。

热氮气流程形式：单相密闭循环。

空压机：压力 8×10^5Pa，流量 600（STP）m^3/h，1 台。

电炉：每台功率 50kW，数量 2 台。

最高氮气温度：150℃。

(4) KM4 改为无油抽气系统

图 24-37 是原 KM4 改为无油抽气系统后的原理图。主泵由 20K 气氦板及 3 台直径为 1300mm 的制冷机低温泵组成，预抽及粗抽由罗茨泵机组完成。

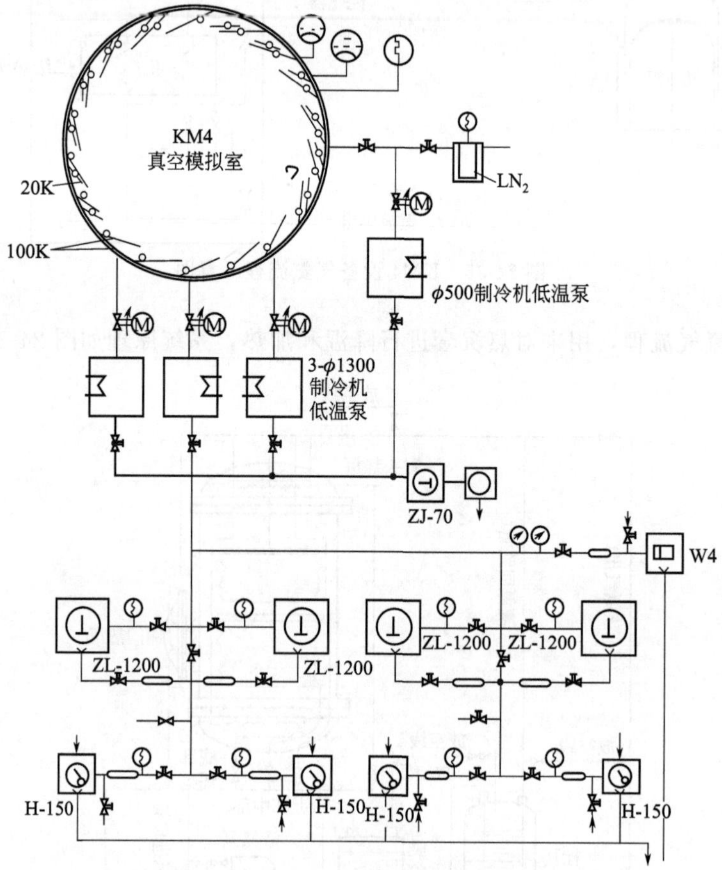

图 24-37 KM4 无油抽气系统原理图

24.5.4 KM5 空间模拟器

KM5 空间模拟器系统如图 24-38 所示。

主模拟室直径 5m、高 10.6m、容积 $130m^3$，试验空间：直径 4.2m、高 6.5m。真空容器用 1Cr18Ni9Ti 不锈钢板制造，壁厚 15mm，加强筋采用 18 号工字钢，间距为 1m。容器盖顶部开有直径 800mm 供太阳模拟器进光用的石英玻璃窗口。容器上 50% 的焊缝经 X 光探伤检查，用氦质谱仪检漏，极限真空度为 1.9×10^{-5}Pa。热沉温度＜100K。

真空系统采用 2 台扩散泵机组，每台扩散泵抽速 5×10^4L/s；粗抽泵用 2 台 H 300 型滑阀泵，每台抽速 300L/s；2 台 ZL-1200 罗茨泵，每台抽速 1200L/s。

液氮系统采用开式带压循环系统，液氮泵流量 $15m^3/h$，液氮进口压力 0.49MPa，出口压力 0.196MPa。

加热系统采用空气压缩机，排气压力 0.49MPa（实际用量 0.196MPa），排气量 500m^3/h；加热器最大加热功率 48kW，出口温度 200℃。

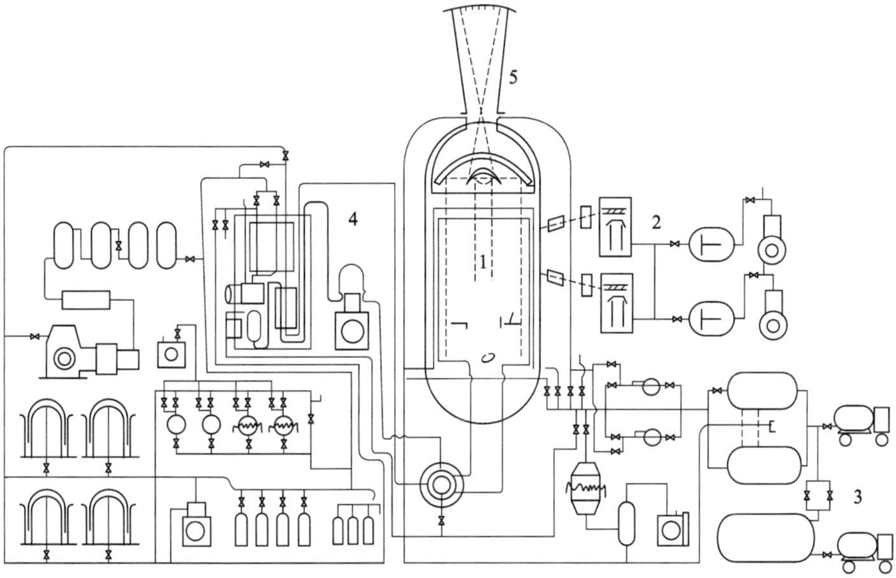

图 24-38　KM5 空间模拟器系统图

1—模拟室；2—真空系统；3—液氮系统；4—氦系统；5—太阳模拟器系统

24.5.5　KM5A 空间环境试验设备

此设备用于大中型航天器热真空试验，以及大型组件展开试验。

设备主要包括真空容器、真空抽气系统、热沉组件、热沉氮系统、外热模拟系统等。

(1) 真空容器

KM5A 空间环境试验设备的真空容器为立式圆柱体，容器的直径 7.6m，高 13.2m，直筒段高度 8.8m。容器壁厚 20mm，大门和封头的壁厚 25mm，容器的圆柱度为 12mm。容器上端开有直径 7.6m 的大门，用行车吊装开启。大门法兰厚 180mm，平面度为 1mm。为了便于人员进出，在直筒段开有 1m×2m 的侧门，侧门的门体为平面结构，采用铰链安装方式。容器的所有密封圈均采用氟橡胶制成。容器内表面粗糙度为 0.8μm。整个容器还开有近 20 个法兰孔以满足真空设备安装和试验要求。为保证容器的结构强度，在容器外侧焊有环形加强筋。

(2) 真空抽气系统

真空系统由粗抽真空机组、辅助抽气系统和高真空抽气系统 3 部分组成。系统原理如图 24-39 所示。

粗抽机组由 6 台 H150 滑阀泵，4 台 ZJB1200 罗茨泵和 1 只直径 1m 的液氮冷阱组成。整个粗抽机组可以在 45min 内将容器内压力由常压抽到 3Pa。系统中还配备了一套辅助抽气系统，该系统由 1 台 F250/1500 涡轮分子泵、1 台 F400/3500 涡轮分子泵以及 1 套前级机组组成，主要用于容器的辅助抽气和真空检漏。高真空系统采用了 3 台 G-M 制冷机低温泵作为主泵，每台低温泵抽速可达 50000L/s，同时配备了无油干泵用于低温泵再生时抽气。在容器空载情况下，启动低温泵后，在 3h 内可将容器抽到 7.5×10^{-5}Pa。

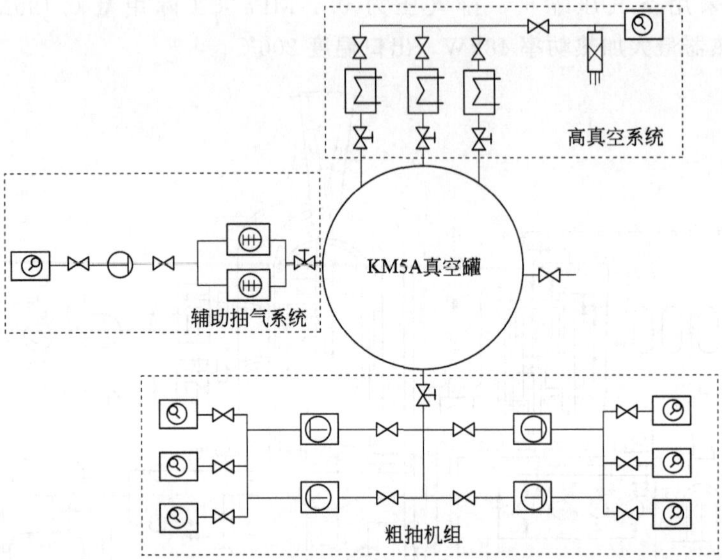

图 24-39　KM5A 真空抽气系统原理图

(3) 热沉组件

在真空容器内安装有模拟空间冷黑环境的热沉。热沉的外侧安装有防辐射屏，内表面喷涂特制黑漆，吸收率 α_s 为 0.95，半球发射率 $\varepsilon_h \geqslant 0.90$。热沉液氮管内通入液氮后，温度低于 100K。

主容器段热沉直径 6.8m，高 8.8m，共分为 6 部分：顶盖热沉、上热沉、中热沉、下热沉、底部热沉和防污冷屏。热沉热负荷为 70kW，管内压力为 0.8MPa。

(4) 热沉液氮系统

热沉液氮循环采用单相密封方式，可使热沉达到温度小于 100K，满足航天器热平衡试验要求。液氮系统热负荷为 120kW。

采用复温系统使热沉从 100K 复温到 333K。复温系统由螺杆压缩机、换热器、冷冻干燥机、过滤器组成。其工作原理为：从热沉返回的氮气经换热器后温度控制在 0℃以上，然后经冷冻干燥机、过滤器进入螺杆压缩机，螺杆压缩机将气体增压加热并经过过滤后送入热沉，形成密闭循环系统。系统中的冷冻干燥机用来干燥循环气体，过滤器则是用于保证循环气体的含油量小于 0.01ppm（$1ppm=10^{-6}$）。整个系统循环气体的加热通过螺杆压缩机的压缩来实现。

(5) 外热流模拟

外热流模拟的主要方法有红外加热笼、接触式电阻加热片、太阳模拟器。大型太阳模拟器结构复杂，投资较大。本设备选择红外加热笼及接触式电阻加热片来模拟外热流。

24.5.6 KM6 载人航天器空间环境试验设备

KM6 设备可用于载人航天器热真空试验，大型卫星热真空试验，太阳能阵展开机械试验，航天员出舱试验以及舱段对接试验等。

KM6 设备主要由真空容器、真空系统、热沉、液氮系统、气氦调温系统以及外热流模拟系统等组成。

(1) 真空容器

真空容器由 3 部分构成，即主容器、辅容器及载人试验舱（简称载人舱）。其示意图见图 24-40。

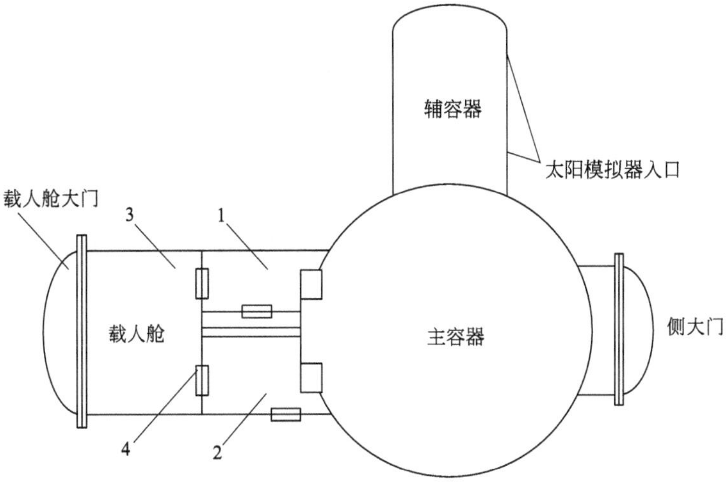

图 24-40 KM6 真空容器示意图

1—载人舱中 A 舱；2—载人舱中 B 舱；3—载人舱中 C 舱；4—矩形舱门

主容器用于安装卫星、飞船以及航天器大型部件；辅容器用于安装太阳模拟器；载人试验舱用于航天员出舱试验以及舱段对接试验。

① 主容器　立式，内径 12m，高 22.9m。圆筒采用加强筋结构，加强筋之间距离为 1250mm，圆筒壁厚为 22mm。

主容器底部采用支承式支座，支座直径 450mm，共 12 根。主容器顶开有大门，形式为椭圆形封头结构，大门直径 12m，壁厚 32mm，大门运行采用桥式吊车。

主容器侧壁开有直径 7.5m 的圆孔，用于连接辅容器；还开有 2 个矩形孔，高 1.85m，宽 0.9m，并安装矩形门，分别与载人试验舱的 A 舱、B 舱相通；与辅容器相对之壁开有直径 6.5m 的大门，大门开闭采用电机驱动。

主容器成型后，最大不圆度为 61.37mm，平均不圆度为 25mm。

主容器直径 12m 法兰为现场加工，法兰不平度为 1.57mm，密封面用专用铣床成形。

② 辅容器　卧式，直径 7.5m，长 15m，圆筒采用加强筋结构，加强筋之间距离为 2128mm，计算得到的圆筒壁厚为 20mm。

辅容器与主容器焊为一体，底部为椭圆封头，壁厚 22mm。

③ 载人试验舱　卧式，直径为 5m，长 15m。圆筒体壁厚 16mm。直径 5m 筒体与主容器焊为一体，主容器开 2 个矩形门与试验舱相通。舱体底部为直径 5m 的椭圆形封头大门，壁厚为 18mm。

试验舱圆筒体用隔板分成 A 舱、B 舱和 C 舱。各舱之间设有矩形门，便于航天员及救生员快速进出。

主容器上开的 2 个大孔，即 ϕ7.5m 孔及 ϕ6.5m 孔，超过了国标 GB150 相关规定，除了进行常规的补强外，还用 ANSYS 有限元分析软件对补强结构进行了分析计算。

(2) 热沉结构

KM6 热沉由主容器热沉、辅容器热沉以及载人试验舱热沉构成。热沉内表面涂专用黑漆，对阳光的吸收率 $\alpha_s=0.95$，半球发射率 $\varepsilon_h\geqslant0.90$。热沉用液氮供冷，热沉温度≤100K；以气氮调温时，温度范围为 193～333K。

① 主容器热沉 主容器内径 12m，直段高约 16.9m，主容器热沉内径约 10.5m，高约 16.9m，与容器内壁之间约有 750mm，便于试验人员对容器壁、热沉背面以及防辐射屏进行清洗；局部热沉出现问题也可以方便进行维修；给各种引线提供一定的布线空间，使引线免受高低温环境影响。

主容器直段热沉分 3 段：即上部热沉、中部热沉及下部热沉。每段长约 5.6m。此外，还有直径 12m 大门热沉、直径 6.5m 侧门热沉、侧门接管道（颈部）热沉、底部热沉、隔振平台热沉、辅容器口活动热沉以及防污染板。热沉布置见图 24-41。

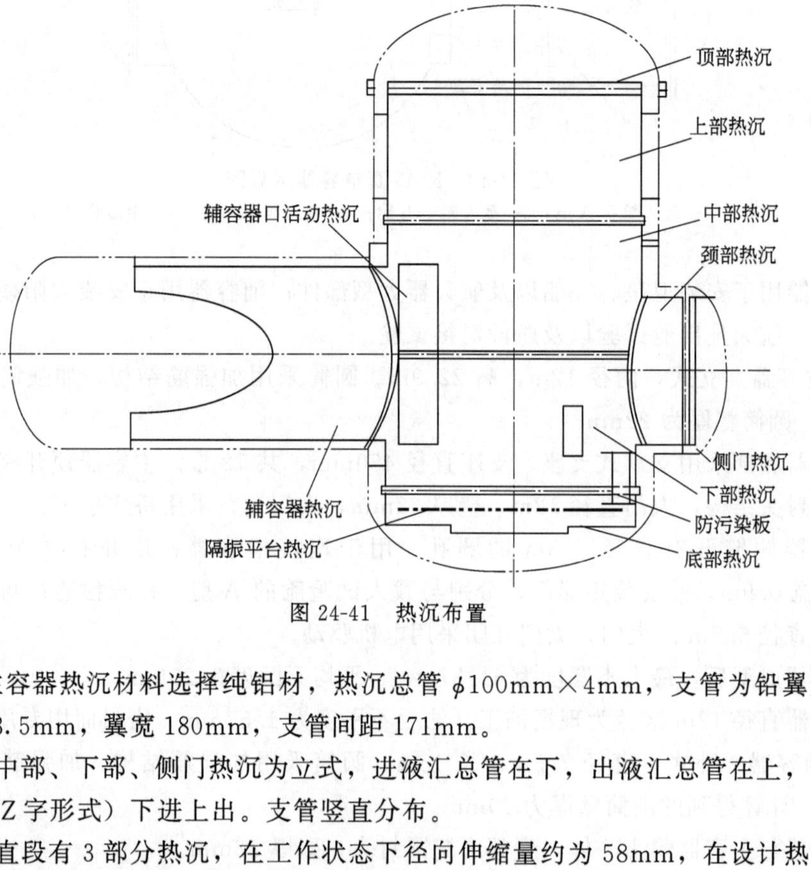

图 24-41 热沉布置

KM6 主容器热沉材料选择纯铝材，热沉总管 ϕ100mm×4mm，支管为铝翼形管，管径 32mm×3.5mm，翼宽 180mm，支管间距 171mm。

顶部、中部、下部、侧门热沉为立式，进液汇总管在下，出液汇总管在上，以对角线形式（或称 Z 字形式）下进上出。支管竖直分布。

主容器直段有 3 部分热沉，在工作状态下径向伸缩量约为 58mm，在设计热沉悬挂支承时，不能采取固定式结构，应为滑动式结构。

② 辅容器热沉 卧式，热沉内径为 6.9m，长约 9m。热沉材料同主容器热沉。

辅容器热沉按周向分为上、下、左、右 4 组热沉，按 90°分区，每组热沉又分成两片热沉。在吊挂热沉时也需考虑热沉的热胀冷缩问题。

③ 载人舱热沉 载人舱热沉处于 C 舱中，热沉有效空间 ϕ4.2m×9m。支管 ϕ30mm×3.5mm，总管 ϕ100mm×4mm。支管采用 1Cr18Ni9Ti 无缝尝与铜翅片焊接结构。

航天器做热平衡或热真空试验时，一般都安装在对称居中的位置。因此，在热沉完成热交换过程中，各部热沉载荷大体相当，中部稍高。对于活动试件，一般在模拟室内移动或转动或两者复合运动，其热荷是一个变动的参数，但都在热沉设计负荷考虑的范围之内。当太阳模拟器工作时，局部产生集中热负荷。对于此种情况，设计时也应充分考虑。因此，在载人舱热沉结构设计时，采用热负荷均衡原则，尽可能使每组热沉面积相当。这样，热沉管网的管阻也就达到均衡。

该热沉共六节：a. 端部热沉，$20m^2$；b. 筒体后段左热沉，$32m^2$；c. 筒体后段右热沉，$32m^2$；d. 筒体前段左热沉，$30m^2$；e. 筒体前段右热沉，$30m^2$；f. 门热沉，$23m^2$。

通过调试发现，这种热负荷均衡、管阻均衡给调试带来巨大好处，各组热沉降温时间相当，大致 15min 便可达液氮温度。热沉各部温差也小于 5K，其温度均匀性颇好。

④ 对角线液氮流道原理　在单相液体流动中，液体是不含有气体，不释放气体，不蒸发气体的单相液体流动。对于一排并列管组的进口与出口设计，多应用管风琴原理，将液体进口和出口设计在同一端，使其各支路静压头相等，以保障各支路流量相等，从而保障各路热沉板温度的一致性，进而保障热交换的良好进行，获得较好的换热效果。早期的暖气片结构均是使用这种方式。

然而，在液氮流动的热沉结构中，其管网基本上全是并联管网结构。热沉管路既要工作在 400K 的高温状态下，其中流动着可压缩的加热气体，又要工作在低温状态下，内有气液两相流过渡到单相液体流。因此，管路要适应可压缩流和不可压缩流流动。特别是热沉降温过程中，大量的气体产生，两相流的结构处理不当，造成气堵，使热沉降温受阻，液氮系统无法启动。即使勉强启动，也会遭到气蚀，系统增压而失控，不得不放气液，重新启动。为了适应这种复杂的流动及变化状态，热沉进出口采用对角线流道原理设计。保障每个支路流导相等，见图 24-42。这样既适用于气体流动，又适宜于液体流动，也适合于两相流流动，使热沉管内流动状态的转变得以顺利进行，热沉温度均匀，有利于液氮系统运行。

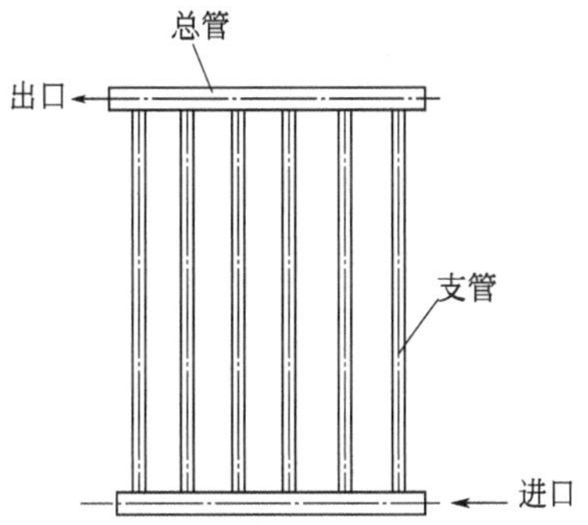

图 24-42　对角线流道式

⑤ 热沉进出口统一标高　卧式热沉设计难度大于立式容器热沉设计。卧式热沉很难利用重力场内高度差实现气液自动分离，而且热沉的安装难度也大。这里采用了肋管式结构，见图 24-43。虽然载人舱是卧式容器，热沉也是卧式，但液氮的走向变成了立式热沉走向，将立式热沉的优点转化到卧式热沉上，在热沉内仍可实现气液自动分离。特别要指出的是，热沉的进口和出口统一在同一标高上，外流程供液管的布局提供了理想空间，使液氮管和阀门布局合理美观，易操作，易检修。

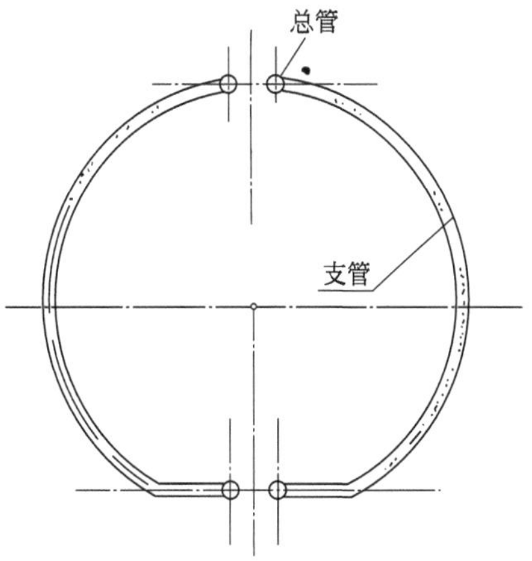

图 24-43　肋管式结构

⑥ 热沉内积水要易于排出　在大气环境中，温差 2℃，湿度便增加 10%。这里使用的液氮是 −196℃，热沉、外管路、杜瓦槽车均能大量吸收水汽，热沉中、杜瓦中、槽车中

都存有积水。天长日久，在低温下水变成冰，冰晶可堵塞热沉管道、过冷器、阀门，破坏液氮泵，还会胀裂液氮管，摩擦焊接头。高温下的水，可以加速化学腐蚀的作用，缩短热沉使用寿命。总之，水对热沉、低温设备及外流程设备具有极大的危害。在热沉设计时，流道要光滑，不要留盲道，总管支管不留积水弯，排水位置要在最低处。这些技术问题在载人舱热沉中都应予以充分考虑。

(3) 真空抽气系统

KM6 设备真空抽气系统要求油污染尽量小，在真空系统设计时，需要给予充分注意。

① 粗抽系统　粗抽系统由 10^5Pa 抽至 0.7Pa，真空泵的配置见表 24-3。

表 24-3　粗抽系统泵的配置

压力范围/Pa	$10^5 \sim 10^4$	$10^4 \sim 10^3$	$10^3 \sim 10^2$	$10^2 \sim 0.7$
真空泵种类	ZJL-600 直排大气罗茨泵，4 台	ZJL-600 直排大气罗茨泵＋H150 滑阀泵，4 套	ZJB-1200 罗茨泵＋H150 滑阀泵(由 ZJL-600 前级切换)，4 套	ZJ-5000 罗茨泵＋ZJB-1200 罗茨泵＋H150 滑阀泵，4 套
抽气时间/h	2.5			

粗抽机组均为有油真空泵，为防止油蒸气进入主辅容器中，在粗抽管路中设置液氮冷阱捕集油蒸气。

② 高真空抽气系统　粗抽系统抽至 0.7Pa，启动 8 台抽速 5×10^4L/s 制冷机低温泵抽至 2.0×10^{-3}Pa，开启抽速为 2×10^6L/s 内置式低温泵，模拟室极限压力可达 4.5×10^{-6}Pa，时间约 20h。

内置式低温泵为 20K 的气氦板，布置于上部热沉之中。

另外还有 3 台 TPH2200 分子泵，用于抽模拟室（主辅容器）中的氦和氢。

载人舱独立配置 3 台 5×10^4L/s 制冷机低温泵抽真空。

③ 真空计量仪器　配有热传导真空计，宽量程热阴极电离真空计，ZDF-1 复合真空计，TPG265 型全量程真空计。超高真空测量配 IMR 真空计，规管为 IMG300；ZDM 真空计，规管为 ZJ-32；DC-3 真空计，规管为 ZJ-6。

④ 污染检测　配置四极质谱计，石英晶体微量天平 5 台。

(4) 热沉供液氮系统

热沉供液为单相密闭循环系统，其原理如图 24-44 所示。

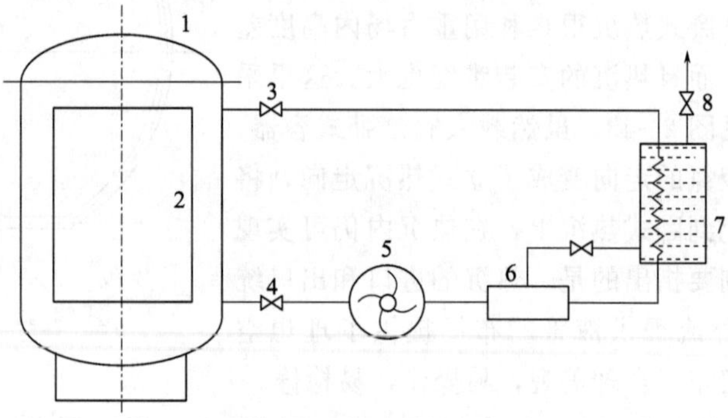

图 24-44　液氮密闭式循环原理图

1—模拟室；2—热沉；3—热沉出口阀；4—热沉入口阀；5—液氮泵；6—文丘里管；7—过冷器；8—氮气放空阀

该系统主要由液氮泵、过冷器、文丘里管组成。过冷器中的液氮由液氮储槽提供。

热沉及管路经过预冷后，由液氮储槽使管路及热沉中充满液氮。启动液氮泵，使液氮在这一密闭管路中循环，液氮将热沉吸收的热量带走，进入过冷器，过冷器中的液氮进行热交换，使管路中的液氮重新达到过冷状态，进入热沉，使之保持低于 100K 的温度。为了保证管路中的液氮不气化，热沉出口处的压力必须大于该处液氮温度下的饱和蒸气压。流程中的压力取决于液氮泵扬程及文丘里管喉部压力。

液氮流程主要配置如下：

① 液氮泵　液氮循环量为 $80m^3/h$，扬程为 0.4MPa，由阻力损失乘 1.2 安全系数得到。选 3 台美国 CVI 公司生产的 $2X4X7^{1/2}$ 离心式液氮泵。

② 过冷器　过冷器是利用其容器中的液氮气化来冷却管路中循环液氮的。此系统中的过冷器采用板翅式换热器。过冷器表面约 $130m^2$。过冷度选 7.5K。

③ 文丘里管　文丘里管是决定系统压力的关键部件，其喉部与过冷器相通，在液氮入口建立起必要的背压，以保证液氮泵运行中不出现汽蚀现象，同时起到对管路补充液氮的作用。文丘里管喉部压力为 0.22MPa。

④ 液氮储槽　KM6 最大液氮耗量为 45t/h。配 4 台容量为 $52m^3$ 液氮储槽。

(5) 热沉气氮调温系统

KM6 热沉调温系统的温度范围为－80～＋80℃；冷态试验后，热沉要复温，温度为＋50℃。

根据温度范围要求，设计了气氮调温系统，其流程原理见图 24-45。调温系统主要由压缩机、水冷却器、过滤器、干燥器、热交换器、气体均匀器、电加热器、阀门、管道等组成。此系统为密闭式循环。

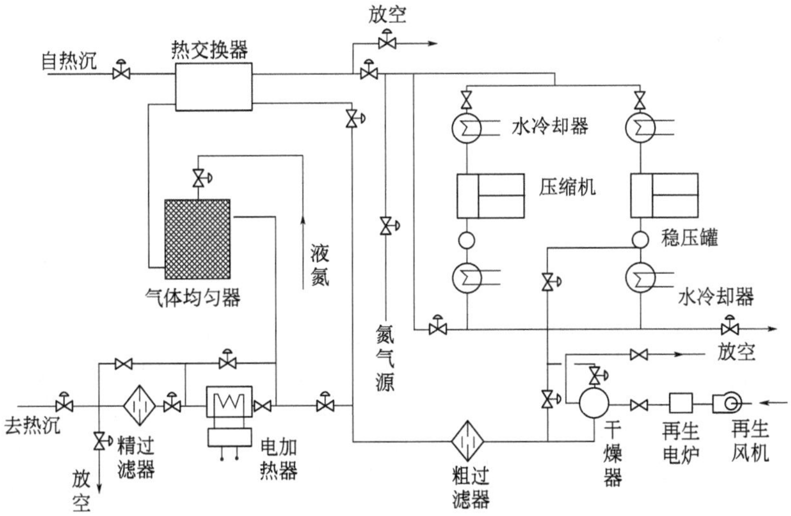

图 24-45　气氮调温系统工作原理图

① 低温工况　来自热沉的低温氮气，经热交换器进入水冷却器，使之温度提高，以满足压缩机进口温度要求。氮气进入稳压罐得到稳定压力，稳压罐出来的氮气由于受到压缩，温度升高；经压缩机出口处的水冷却器后，使高温氮气降温，经过粗过滤器再进入热交换器，再次降温。降温后氮气进入气体均匀器，并与气体均匀器中的冷氮气混合到某一

特定温度，然后由气体均匀器中出来，经电加热器调温后，流经精过滤器进入液沉，得到所需温度。

在气体均匀器中，冷氮气的温度由控制气动调节阀（见气体均匀器上部）来控制液氮进入量。

② 高温工况　高温流程与低温工况相同，只是气体均匀器中不再喷入液氮。

③ 流程中几点说明

a. 流程管路中需要清除水和油。KM6 系统庞大复杂，消除水和油需要特别重视。采取的措施有选用无油润滑的氮气压缩机，增设干燥器。

系统开始运行时，其内部为空气，必须将湿空气置换出来。为此专门设计了一套干燥装置，见图 24-45。装置由再生风机、再生电炉、干燥器组成。经过热氮气多次置换，使水汽大为降低。

系统运行后，管路中常需要补充氮气。选择了 2 台 0.05MPa 的无油润滑的氮气压缩机向管路中补充干燥的氮气。

b. 流程中的杂质处理。整个系统安装过程中，难免有切屑、焊渣等细小颗粒留在管道中，这些屑渣将对压缩机、液氮泵、送风机造成损伤，甚至使热沉管路流动受阻。为此，管路中设置了粗过滤器、精过滤器，并在压缩机进气口布有管道式滤网。

c. 放空阀。在调温过程中，需不断向气体均匀器中喷液氮，这会使管路中压力升高。为此，在压缩机进气口、热沉进气口设置放空阀，确保系统安全。

此调温系统，使热沉升降温速率达到约 0.1℃/min，温度均匀性为±10℃。

24.5.7 KM8 空间模拟器

KM8 空间环境模拟器由中国航天科技集团公司研发，2014 年在天津开建，2016 年建成并投入使用。KM8 空间环境模拟试验设备是我国最大的空间环境模拟设备，见图 24-46。模拟器尺寸为：ϕ17mm（内径）×22m（直筒段），总高度约为 32m，有效容积约为 6000m^3。

图 24-46　KM8 空间环境模拟设备

该容器法兰是内径 17m 的空心结构、高刚度超大法兰，轻量化 50%，大大减少了基建配套吊车承载量。热沉采用新型不锈钢板式结构，热沉平均温度优于 100K。采用真空抽气方法优化技术，使极限真空达到 10^{-6}Pa 超高真空，有载真空度维持 1.2×10^{-4}Pa。水平调节机构基于真空低温环境下的四杆联动机构，实现航天器水平度实时调节，承载力 20t，调节精度 1mm/m，承载力、调节精度处于国际领先水平。采用自主开发的新型热试验管理软件，提高了系统可靠性和试验效率，实现试验过程全自动化、流程化、信息化。

KM8 空间环境模拟器是一台试验空间大、全自动化、高性能的新型空间环境模拟器，将主要承担我国载人空间站、基于东五平台的大型通信卫星、大型遥感卫星等各型号航天器的热平衡、热真空试验任务，也是中国空间技术研究院天津基地超大型航天器 AIT 中心的关键设备。

KM8 主要包括真空容器、真空系统、热沉、氮系统、测控系统、试验工装系统六个分系统。真空系统配置中，粗抽系统由 8 套干泵＋罗茨泵＋罗茨泵三级粗抽机组、DN1000mm 气动插板阀及液氮冷阱组成，8 套粗抽机组总峰值抽速约 12600L/s，可在 4h 内将容器从大气抽至 5Pa 以内。配置 8 套抽速约为 3200L/s 的分子泵系统，在粗抽结束后，容器内真空度达到 5Pa 以下时对容器进行过渡抽气，以达到低温泵的开启压力。高真空系统设计使用 10 台 DN1250 低温泵进行抽气，使真空容器在热沉低于 100K 的情况下，极限压力达到低于 1.0×10^{-5}Pa。

24.6 国外空间热环境设备

24.6.1 约翰逊航天中心 SESL 设备

1965 年，为了载人航天器热真空试验的需要（配合阿波罗登月计划），约翰逊航天中心建造大型空间环境模拟实验室（SESL），以提供 A pollo 时期所有载人航天器和“月面巡视车”（LRV）的地面热真空试验。该模拟器可以进行微重力和真空条件的模拟，以验证设备在月表环境中的工作性能。SESL 包含了 2 个大型空间环境试验设备，即设备 A 和设备 B，见图 24-47。设备 A 用于大型载人航天器和航天器舱段组合试验，设备 B 用于较小的载人航天器、航天服及其他舱外活动（EVA）设备的试验。A 容器尺寸为 ϕ19.8m×36.6m，热沉尺寸为 ϕ16.8m×27.4m，有效容积约 6000m^3。B 容器尺寸为 ϕ10.67m×14.96m。这两台真空舱不仅可以模拟太空的真空环境，还能进行温度范围在－173.33～126.67℃范围的控温，整艘飞船都能放进去进行试验。

2012 年，为了满足韦伯太空望远镜的测试需要，对容器 A 进行了改造，改造部分包括太阳模拟系统、氦系统、液氮系统和真空抽气系统等。

设备的原高真空系统配置为 18 台 DN900mm 扩散泵。改造后的真空系统配置为 12 套 DN1250mm 低温泵，分别通过插板阀与容器连接，并配备 6 套 DN320mm 涡轮分子泵。涡轮分子泵的前级泵与改造前保持不变，但在前级泵前加装液氮冷阱，用以减小前级泵的油蒸气返流。由于涡轮分子泵可以在较高的压力下启动，因此改造后使真空室获得极限压力时间缩短。

改造前液氮热沉可达到约 92K。为了满足韦伯太空望远镜的需要，将容器 A 的原太阳模拟器去除，并在此区域补充安装了尺寸约为 ϕ9.1m 和 9.1m×24.3m 的两部分液氮热沉，并且新安装了尺寸为 ϕ13.7m×19.8m 的氦热沉，利用氦气制冷机制冷。液氮热沉从 300K 冷却到 100K 时，氦热沉的温度可降到 15～20K。改造后的系统可获得 2×10^{-6}Pa

的真空度。2017 年，由 NASA、欧空局、加拿大航空航天局联合研发的红外线观测用太空望远镜——詹姆斯·韦伯太空望远镜（世界最大）在容器 A 中进行了约 100d 的真空低温试验和测试，氦热沉温度低于 20K。

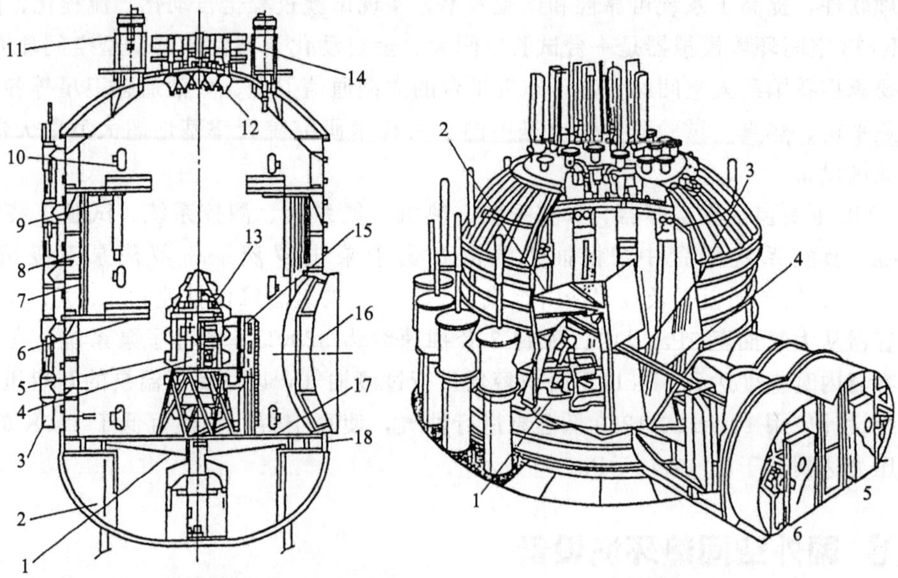

(a) 容器A

1—月球平台；2—增压风口；3—复压扩散器；4—服务舱；5—准直镜；6—9.45m 标高平台；7—液氮热沉；8—氦深冷抽气板；9—电视摄像机；10—观察孔；11—25t 吊钩（4 个）；12—太阳模拟器；13—公共舱；14—检修平台（27.8m 标高）；15—飞船用电极；16—直径 12m 大门；17—底平台；18—零标高

(b) 容器B

1—踏板；2—载荷舱模拟器；3—折叠镜；4—单轨吊；5—人锁舱 B_2；6—人锁舱 B_1

图 24-47　NASA 空间环境模拟实验室（SESL）热真空试验设备结构简图

24.6.2　格伦研究中心 SPF 设备

格伦研究中心（Glenn Research Center，GRC）坐落于美国俄亥俄州克利夫兰市刘易斯地区，成立于 1942 年，当时隶属 NACA，NACA 解散后纳入 NASA。最初命名为飞机发动机研究实验室；先后易名为刘易斯飞行动力实验室、刘易斯研究中心。为纪念美国第一位航天员约翰. H. 格伦，1999 年改称格伦研究中心。GRC 拥有目前世界上尺寸最大的空间环境模拟试验设备——“空间动力设备”（The Space Power Facility，SPF），该试验设备于 1969 年建成。SPF 拥有世界上最大的空间环境模拟真空容器、全球声功率最大的噪声试验室和世界上最大推力、动态数据处理容量最高的振动试验系统。

SPF 采用双层结构设计，见图 24-48，最外部由增强混凝土建造，在混凝土内设计并预埋有金属密封层。混凝土罐体内部直径 39.6m（130ft），内部高度 40.2m（132ft），厚度 1.8～2.1m（6～7ft）不等，混凝土罐体既是一个有效的防辐射屏，又能减缓内部试验罐体所承受的压力。内部真空试验罐体直径为 30.48m，圆柱段高为 22m，总高度为 37.18m，真空室容积为 22653m³；采用 5083 铝合金制作，内壁涂覆 3.2mm 的 3003 防锈铝；设计可承受 0.0345MPa（5psig）内压和 0.017MPa（2.5psig）外压；底部及筒体厚度为 25.4mm（1in），封头厚度 35mm（13/8in），焊接而成。试验过程中混凝土罐体和铝合金罐体之间的夹层空间会被抽至约 3000Pa，此时混凝土罐体外部可承受大气压。SPF两侧设有 15.2m×15.2m 的矩形大门，双道密封，底部承重 300t，在巨大的罐体两侧设有专门的工作区，并分别通向罐体的两个大门，可同时独立进行多项试验任务而互不干扰。

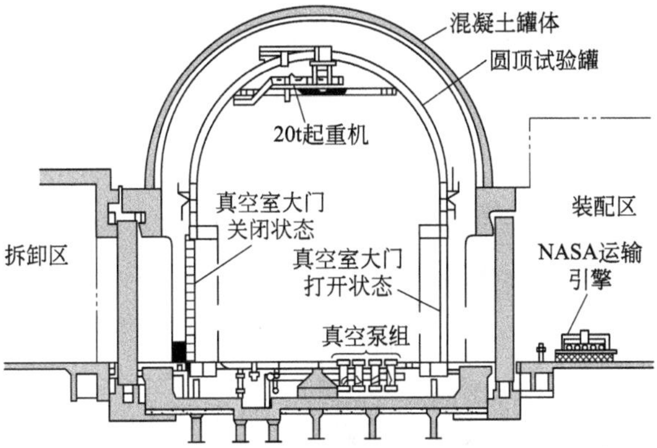

图 24-48　SPF 设备真空容器结构简图

热沉直径 12m，高 12m，垂直安装，液氮循环时热沉温度小于 100K，气氮循环时热沉温度为－157～66℃。液氮、气氮循环原理见图 24-49。

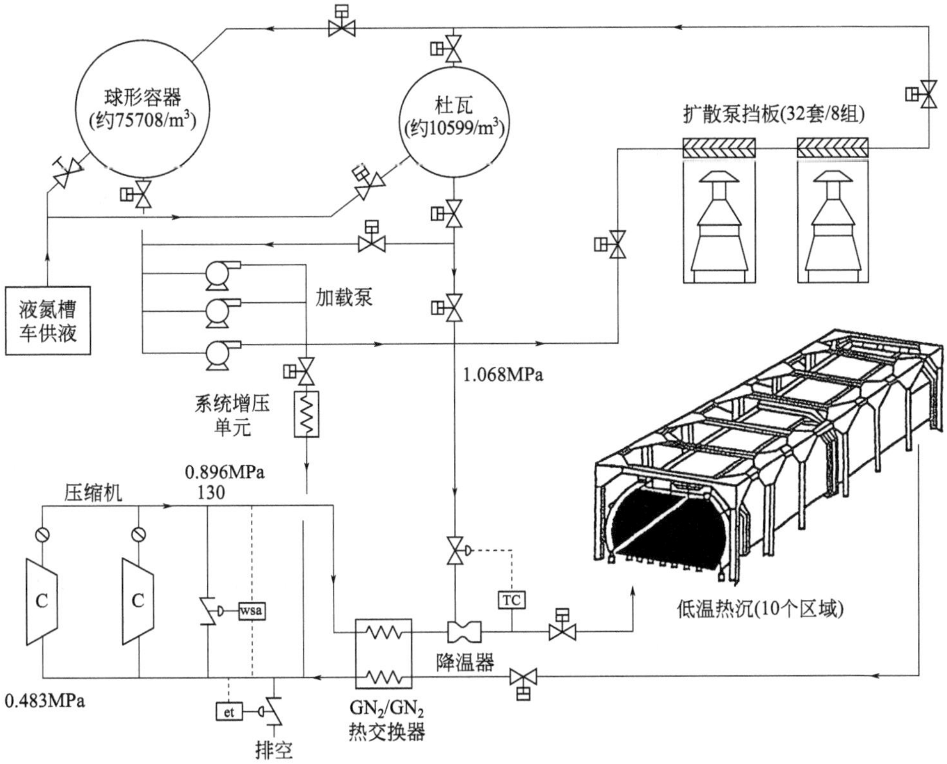

图 24-49　SPF LN_2 和 GN_2 循环原理

设备采用石英灯阵（4MW）模拟太阳辐射，通过碘钨弧光灯（400kW）模拟太阳光谱（solar spectrum）。

24.6.3 洛克希德·马丁的大型空间环境模拟器

洛克希德·马丁（LMSC）的大型空间环境模拟器（DELTA）位于加利福尼亚州的森尼维尔（Sunnyvale）。DELTA 空间模拟器可用于整星热真空试验，其真空室由 PDM/CVI 设计制造，于 1986 年建成。DELTA 设备为卧式结构，尺寸为 ϕ12.2m×24.4m。DELTA 真空室见图 24-50，设备内部安装有光学隔振平台，光学平台尺寸为 6.1m×24.4m，贯穿真空室。

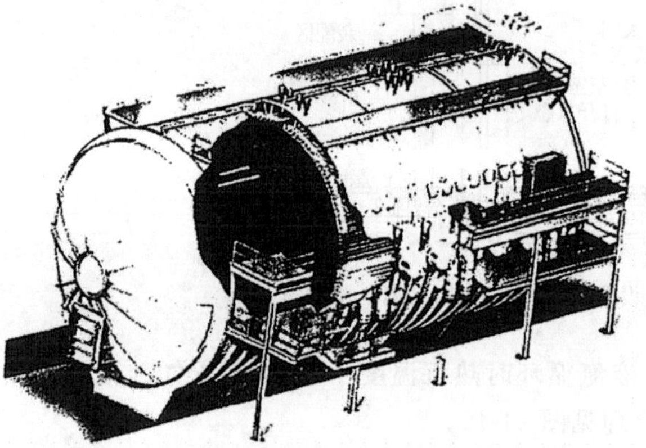

图 24-50 LMSC 的 DELTA 的设备真空室

高真空抽气系统配置 5 台型号为 CVI TM 1200 的低温泵，口径 1.22m，每台对 N_2 的抽速为 2×10^5L/s；4 台 Balzer 涡轮分子泵，每台对 N_2 的抽速为 2×10^4L/s；内置式低温吸附冷板，总吸附面积 139m^2，由氦压缩机提供冷量，温度维持在 20K，对 N_2 的抽速可达 2.1×10^6L/s。系统极限真空可达 1.3×10^{-6}Pa。

热沉尺寸为 ϕ10.4m×24.4m，采用 1100F 铝材。热沉低温循环系统采用气氮闭式循环系统，高温系统采用气氮加热系系统。

24.6.4 休斯航天和通信公司大型热真空设备

休斯航天和通信公司拥有一台大型热真空环境模拟设备，该设备由 PDM 公司（Pitt-Des Moines Incorporated）设计制造，1998 年建成。模拟器呈“邮筒”形状，由底部平板、两侧立面和半圆筒状顶部组成，安装在混凝土基座上，见图 24-51。真空室尺寸为：底部平板 12.19m×14.48m（40ft×47.5ft），总高 13.72m（45ft）。热沉尺寸为：底部为 10.67m×13.72m（35ft×45ft）；总高 12.19m（40ft）。其有效试验容积为 1620m^3。

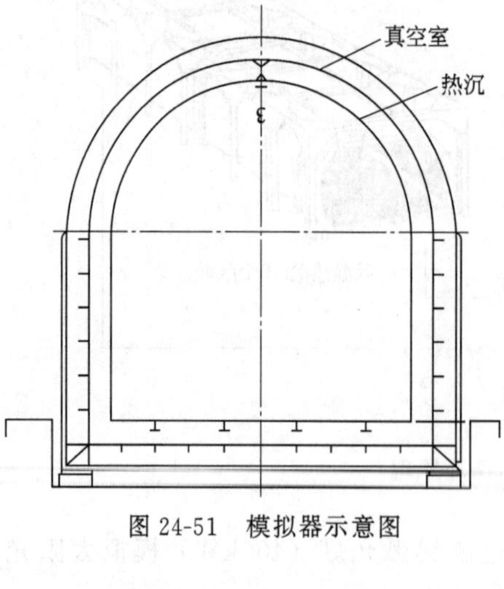

图 24-51 模拟器示意图

热沉材质为铝，热沉系统由 10 个独立部分构成，热沉系统被一块可移动的低温壁板（LN_2 控温）分割为两个区域，可同时进行不同的试验。模拟器的温度环境由 LN_2 模式和 GN_2 模式构成。通过切换 LN_2 模式和 GN_2 模式，可实现 94～394K 范围的控温，其中 LN_2 模式和 GN_2 模式下的内热源分别为 300kW 和 50kW。

高真空系统由 6 台口径 1219mm（48in）低温泵、2 台涡轮分子泵（每台抽速 1500L/s）以及 LN_2 制冷的内置低温冷板（用于抽除水蒸气）构成，可获得 3×10^{-5}Pa 的极限真空。

24.6.5 欧洲太空局的空间环境模拟器

欧洲空间技术研究中心（ESTEC）的大型模拟器LSS为欧空局（ESA）具有代表性的空间环境模拟设备。LSS为欧洲最大的空间模拟器，可用于卫星的整星试验。

欧空局对其原有的直径10m的动力学试验容器（dynamic test chamber，DTC）进行改造，建成此大型空间模拟器（LSS），并于1986年投入使用。LSS真空容器为T型结构，主容器为立式结构，尺寸为$\phi 10m \times 15m$，辅容器为卧式结构，尺寸为$\phi 11.6m \times 14m$，有效容积约$2200m^3$。主、辅容器通过一个直径8m的管道连接。

主容器和管道均安装有液氮和气氮调温热沉，主容器的热沉尺寸为$\phi 9.5m \times 10m$，热沉温度范围为100～373K。LSS（热沉）布局见图24-52。其真空系统采用的是无油配置，粗抽为3套罗茨泵机组，每套抽速为$3000m^3/h$；高真空系统配备4套涡轮分子泵，每套抽速2000L/s；1套LHe低温泵，对N_2的抽速为400000L/s；1套表面积为$14m^2$的LN_2低温冷板，其表面温度低于80K。真空系统可在2.5h内将容器抽至100Pa以下，6h内抽至3Pa以下，12h内抽至优于$7 \times 10^{-3}Pa$，18h内抽至$10^{-4}Pa$以下，最终极限真空优于$7 \times 10^{-5}Pa$。

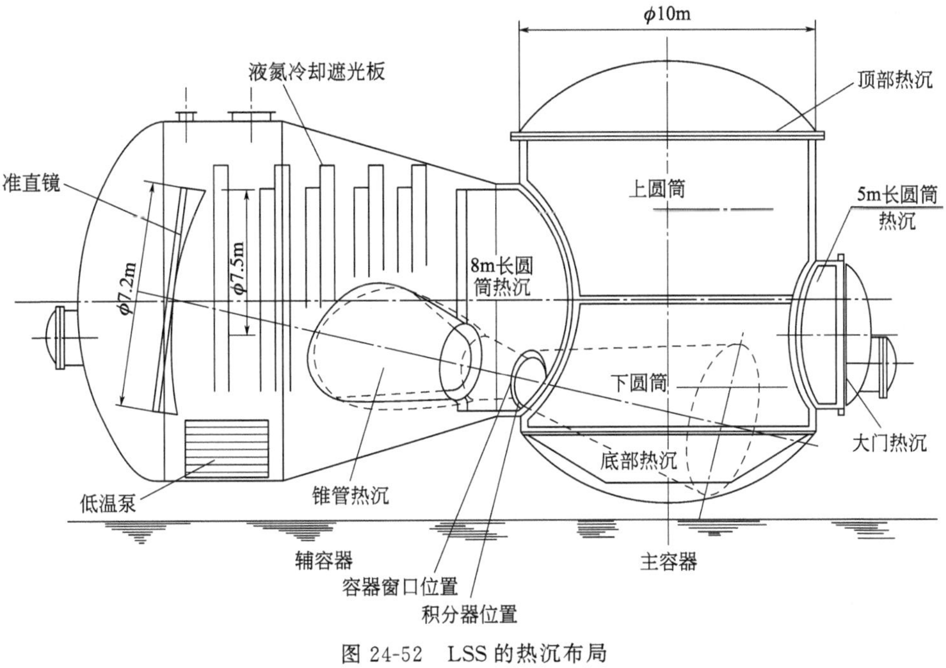

图24-52 LSS的热沉布局

模拟器还配有光束直径6m的太阳模拟器，1988年又配有双轴运动模拟系统，其太阳模拟器被称为20世纪80年代最佳的太阳模拟器。太阳模拟器由19个20kW的氙灯构成，位于主容器下部的灯阵室内（the lamp house）；直径7.2m的准直镜位于辅容器的后部，悬装于辅助模拟室后盖的刚性环架上，由121块六角形小镜拼装而成，镜材质为铝合金，采用镀镍后抛光工艺。为防止可凝性挥发物的污染，试验时温度控制在120℃。光束投向准直镜后形成直径6m的平行光束照射试件。

太阳模拟器性能：辐照面积直径 6m，可用于实验体直径 6m，长 5m 的辐照；准直角 1.9°；面均匀性为±4%，体均匀性为±5%（用 2cm×2cm 的太阳电池测量）；辐照度的稳定性在整个试验期间优于±5%。如果偶然发生氙灯失效事故，辐射度的恢复正常时间小于 200ms，该系统具有由操作者误动作或控制线路失效事故，辐照度突然发生变化的保护功能。

24.6.6 俄罗斯国家航天集团空间环境模拟器

KVI 热真空环境模拟器是俄罗斯国家航天集团公司最主要的空间环境试验装备之一，立式容器直径为 17.5m，高 22m，总容积为 8300m³，试验容积为 3000m³。顶部大门直径为 14.8m，工作区呈圆形，高 22m。真空室所能容纳的试件尺寸为：热真空试验时直径为 6m，密封性考核试验时直径为 10m，照射头部和侧面时高度 16m，照射侧面时高度 22m。极限真空度为 1.3×10^{-3}Pa，热沉表面温度<100K，热沉的吸收率 $\alpha_s=0.93$，其发射率 $\varepsilon_h=0.95\pm0.03$。设备配有太阳模拟器、红外模拟器、支撑旋转装置、保持冷工况的液氮系统、供气系统、高灵敏检漏系统、目视及电视观察系统和信息控制系统。

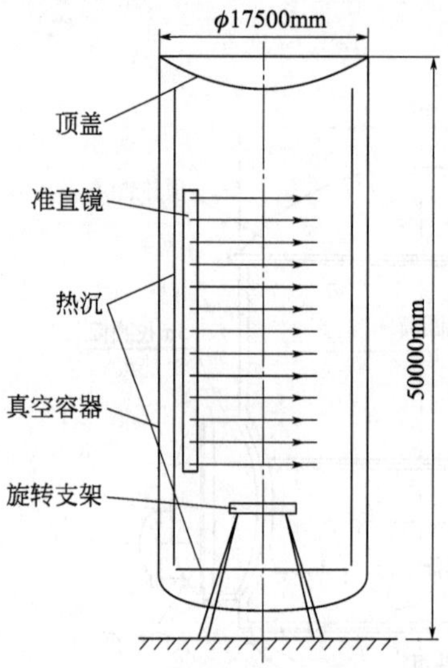

图 24-53 俄罗斯 KVI 模拟器上太阳模拟器示意图

太阳模拟器（图 24-53）采用模块式结构，共有 12 个模块，分六层排列，每层 2 个。每个模块包括一个放在容器外的光源和一个置于容器内的反射镜。每个光源包括 7 盏氙灯，每盏灯的功率为 55kW。太阳模拟器的光束有侧向和竖向两种，侧向光束的光强是 0～2.0kW/m²，其直径为 6m，光斑长为 22m；竖向光束的光强是 0～1.85kW/m²，其直径为 6m，光斑长为 16m。红外模拟器是放在容器低温区内的一组辐射器，大部分布置在直径为 10.5m 的圆上。红外模拟器的热流强度为 1.4kW/m²。

运动模拟器是容器的试件支撑旋转系统，使试件按规定的程序绕垂直轴旋转，并能向航天器输送空气或其他流体，与航天器连接的电缆也要通过运动模拟器。运动模拟器的承载能力是 100t，旋转角是±174°，转速为 1～120°/min，最大加速度为 10°/s²。

信息控制系统包括试验控制系统、数据采集和处理系统以及各模拟器的监控系统，参数测量通道有 2500 个，控制通道有 200 个。此设备主要用来为大型航天器及其部件做热真空试验，或为全尺寸的航天器热控模型做热真空试验，此外可做下列试验：①在接近真实的环境下获得航天器某系统和部件的热工况；②在极端外热流下试件热工况保持系统性能的验证；③热工况保持系统控制的效果验证；④试件热状态数学模型的验证；⑤试件的气密试验。

1985 年 4 月，和平号空间站的主舱段成为在该设备中试验的第一个试验装置。1985 年 7 月，暴风雪号航天飞机垂直尾翼做了热真空试验，试验中研究了尾翼的热状态及运行情况。1989 年 9 月至 10 月，和平号空间站的展开式太阳能电池阵也在该设备中做了试验。1990 年 10 月至 11 月，暴风雪号的中尾舱段做了热真空试验。

24.6.7 日本宇宙航空研究开发机构的空间环境模拟器

日本筑波航天中心（Tsukuba Space Center，TKSC）拥有一系列空间环境模拟器。ϕ13m空间环境模拟器为该中心的典型模拟器，可用于大型整星热真空试验。空间环境模拟器由两个卧式容器组成T字形。主容器直径16m，长23m，用于进行大型航天器的试验；辅容器直径13m，长16m，用于安装大型太阳模拟器的准直镜。模拟器的热沉温度可控制在低于−170℃，真空室可在24h内抽至1.33×10^{-5}Pa。

模拟器的系统布置如图24-54所示。太阳模拟器采用离轴光学系统，离轴角为27.3°，准直角为±1.5°。准直镜为球面镜，曲率半径为45000mm，由163块六方单元镜组成。准直镜的最大对角线长度约为8500mm，单元镜的最大对角线长度约为700mm。准直镜单元镜为碳纤维反射镜，具有质量轻、热变形小、易于温控等特点。灯室由19个氙灯单元组成，氙灯选用功率30kW的短弧线灯，水平点燃，去离子水冷却。氙灯单元的聚光镜为椭球反射镜。真空密封石英窗口直径为1080mm，厚度为81mm。在窗口支撑结构设计时，对其结构、热设计进行了充分的分析优化，并经过试验验证。积分器由55个元素镜组成。该太阳模拟器的辐照体积为ϕ6000mm×6000mm，辐照面不均匀度为±5%，辐照体不均匀度为±10%，辐照度达到1758W/m^2，光谱为未经滤光的氙灯光谱。

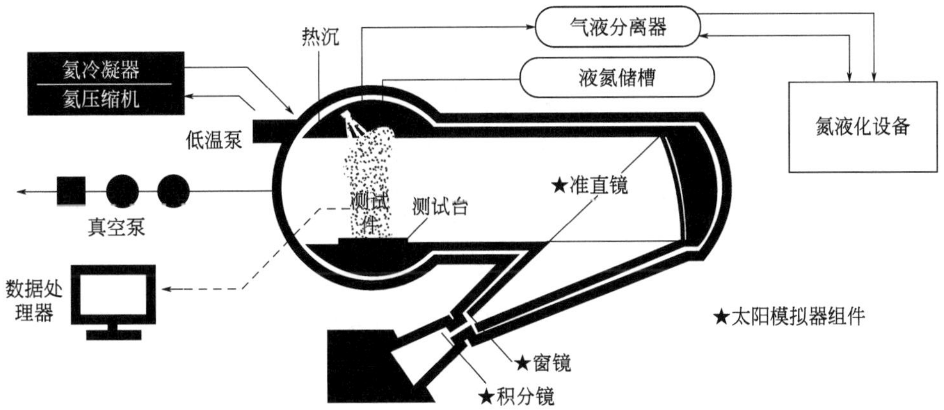

图24-54　筑波ϕ13m空间环境模拟器布置原理

24.6.8 印度空间研究组织大型模拟器

该研究组织下属的URRao卫星中心（URRao Satellite Centre，URSC）原称为ISRO卫星中心（IS ROSa tel te Centre，ISAC），位于班加罗尔（Be ngau z），并于1991年投入使用了一个大型空间模拟器（LS SC）。该设备能模拟空间的真空、热环境和太阳辐射条件，进行航天器的热真空和热平衡试验。利用该设备进行了IRS、IN SAT卫星级试验。LS SC以三种模式运行：①真空模式，主要做航天器的动平衡试验，舱体从1mbar抽到高真空，主要做一些带有效载荷、要求高精度的自旋稳定卫星的试验；②真空-低温模式，在高真空下热沉保持在100K低温冷背景，采用加热器系统，做卫星热平衡试验；③太阳模拟器工作模式，卫星暴露在真空、热、太阳辐照环境中做全面的功能试验。

LS SC由舱体、热沉、真空系统、太阳模拟器、运动模拟器、测量和控制系统以及一些附属设备等组成，见图24-55和图24-56。舱体由两个不锈钢容器组成，立式主舱直径为 9m，高度为 13.5m，其有效容积直径为 8m，高为 9.3m，可以做直径为 4m、高为 5m、重量为 3t 的试件的试验。水平辅助舱直径为 7m、长度为 10m，与主舱交叉相接。顶盖可移动，试件从顶上吊入主舱。

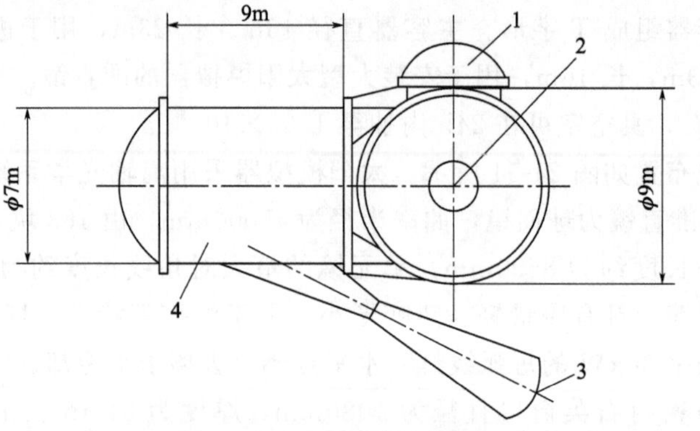

图 24-55　LS SC 平面布置图

1—ϕ4m 的门和低温泵；2—ϕ1.8m 可调高度的工作台；3—灯室；4—辅助舱

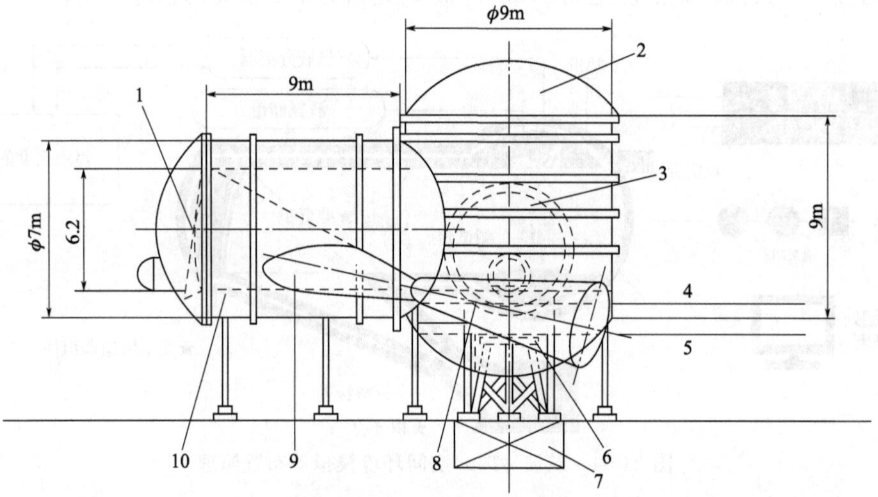

图 24-56　LS SC 示意图

1—透镜；2—可移动的顶部碟形封盖；3—ϕ4m 的门；4—试验地板；5—下层地板；6—工作台；7—侧振平台；8—灯室；9—入口，10—辅助舱 ϕ7m×7m

热沉为不锈钢材质，内表面涂黑漆，外表面电抛光。主容器和辅容器热沉分为 42 个独立的控温区，热沉可实现 100～373K 范围的控温，升降温速率为 1K/min。热沉的温度控制通过液氮系统和气氮系统实现。液氮系统可承受主容器内 100kW 及局部热流 $2kW/m^2$ 的热负荷。气氮系统采用离心式鼓风机使气氮循环，可承受主容器内 15kW 及局部热流 $1.4kW/m^2$ 的热负荷。

粗抽系统为滑阀机械泵及罗茨泵。高真空系统配置为：主舱有内氦气冷板，对 N_2 抽速可达 2.5×10^5L/s；2 套口径 1250mm（48in）低温泵，每台对 N_2 抽速为 5.5×10^4L/s；2 台涡轮分子泵，每台抽速 2.2×10^3L/s。高真空系统可获得优于 1×10^{-4}Pa 的真空度。

大型空间环境模拟器配有太阳模拟器。该太阳模拟器的辐照不均匀度为±4%，辐照强度为 0.65～1.7kW/m^2（0.5～1.3 个太阳常数），使用 11 只 20kW 氙灯时辐照面达到 ϕ4000mm；使用 14 只氙灯时辐照面达到 ϕ4500mm。其由灯组件、光学系统和冷却系统等组成。密闭性灯室通过直径为 900mm 石英窗口与辅助舱相连。准直镜由 55 个铝合金的六角形镶嵌式透镜组成，置于辅助舱内。主容器内的两轴运动模拟器可以承载 3000kg，转速可调，每分钟可达 10 转。模拟器可以倾斜±180°。

24.7 热沉及温控底板结构

热沉是空间热环境试验设备重要部件之一，为航天产品试验提供空间热环境条件。温控底板为航天产品提供辅助加热条件。

24.7.1 热沉结构形式

按热沉的安装方式分类，有两种结构形式，即卧式热沉与立式热沉。选择形式取决于真空容器安装形式。真空容器是立式，热沉结构为立式，否则为卧式，见图 24-57。

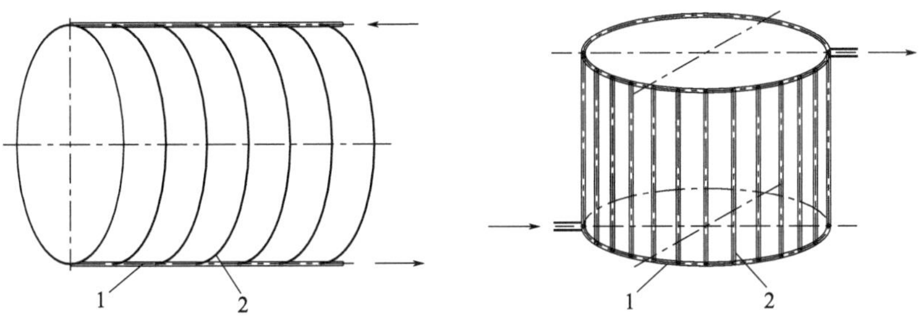

(a) 卧式热沉　　(b) 立式热沉

图 24-57　热沉安装方式

1—热沉主管；2—热沉支管

立式热沉用于大型空间模拟器，其优点是温度均匀性好，不易产生气堵，承力结构好，其不足是安装不方便。卧式热沉用于中、小型空间热环境试验设备，其特点是安装方便，温度均匀性及承力不如立式热沉。

按热沉流道形式有鱼骨式（管翅式）及夹层板式。

24.7.2 鱼骨式热沉

(1) 鱼骨式热沉支管

鱼骨式热沉支管有 3 种形式：直翅片管；折翅片管；翼翅片管。见图 24-58。

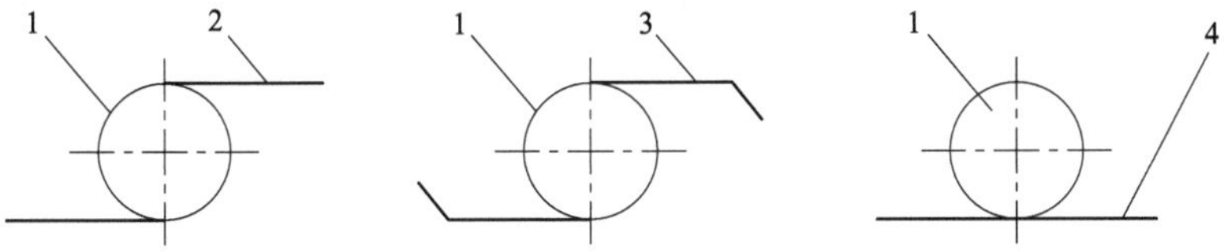

(a) 直翅片管　　(b) 折翅片管　　(c) 翼翅片管

图 24-58　鱼骨式热沉支管

1—支管；2—直翅片；3—折翅片；4—翼翅片

热沉支管的翅片要求是传热性能好，翅片根部与端部温差小，热沉的均匀性好；各片之间搭接后遮光性要好，试验件的热损失小；搭接后有一定的通气能力，便于真空抽气。分析可见 3 种形式的支管各有利弊，从制作工艺方面来讲，翼翅片管加工方便，次之为直翅片管，再次为折翅片管，而折翅片管的优点是搭接后通气能力好。

(2) 热沉材料

热沉长时间处于高真空中，工作温度 80～400K，作为真空和深冷工程的选材要求，通常选用铜、铝、不锈钢等材料，因为它们的晶体都是立方体结构，低温性能优良，特别适用于低温工程使用。但 3 种材料又有各自的特点，要根据使用的具体要求，按不同情况，使其得到最佳的使用效果。不锈钢、铜、铝三者的性能见表 24-4。

表 24-4 不锈钢、铜、铝性能比较

性能	不锈钢	铜	铝	备注
密度/g·cm^{-3}	7.9△	8.9※	2.7☆	质量
热导率(93K)/W·cm^{-1}·K^{-1}	0.08※	5.9☆	1.4△	管间距
比热容/J·(kg·K)$^{-1}$	251△	232☆	422※	预冷量
膨胀系数	27.8×10^{-4}☆	30.2×10^{-4}△	39.1×10^{-4}※	伸缩量
辐射率(300K 对 78K)	0.048	0.029△	0.02☆	耗冷量
屈服强度(93K)/MPa	275☆	78.4※	114.7△	疲劳裂纹
弹性模量 E/GPa	206☆	108△	68※	变形
切变模量 G/GPa	79.4☆	39.2△	26☆	变形
冲击韧性/MPa·m	1.127☆	0.892△	0.402※	疲劳裂纹
出气率/10^{-6}Pa·L·s^{-1}·cm^{-2}	2.79☆	4.65△	6.65※	真空度
抗腐蚀性	强☆	中△	弱※	使用寿命,安全性
加工难易程度	难※	易☆	易☆	工时
焊接性能	易☆	较易△	较难※	密封性

注：☆表示最佳；△表示中等；※表示差。

从表 24-4 看出，就低温工程、真空工程一般要求来说，不锈钢性能“最佳”占 8 项，使用广泛。铜性能“中等”占 8 项，使用一般。而铝性能“差”占 8 项，使用受到限制。不锈钢在真空、低温工程中得到广泛的应用。

早期的空间环境模拟器热沉均选用铜，主要因为铜的生产工艺在中国成熟较早，而不锈钢的焊接——氩弧焊到二十世纪七八十年代才成熟、普及，不锈钢的热导率为 0.08W/(cm·K)，仅是铜热导率 5.9W/(cm·K) 的 1/70，按照常规热沉管板结构，其管间距约 3～4cm，才能保障热沉温差在－5～5K 范围的要求，因管间距太小无法施焊，故不选用不锈钢，因此铜热沉在当时占主导地位。

由于铝抗腐蚀性差，膨胀系数大，弹性模量和切变模量低，冲击韧性差，因此铝的疲劳寿命短，至今甚为忧虑。

王立、陈薇君等分析了不锈钢及铜的特点，研制成了不锈钢-铜热沉，并用于 KM6 载人航天器空间环境试验设备上，是目前国内的主要形式之一。

鱼骨式热沉支管的管材选用 0Cr19Ni9（相当于 AISI304），而翅片为 T2，两者之间以钨极氩弧焊施焊。管材的壁厚应大于 2mm，焊后铜的渗透量应小于 0.5mm，否则易产生真空渗漏。制作支管时，管材质量要求严格控制，对主管、支管的要求如下：

① 向已通过 ISO 9002 质量认证的大型企业订购，或者购买进口的 304 标准管材；

② 订购的管材的尺寸公差及力学性能应符合 GB13296-1991 锅炉管标准规定的要求，所有管材要求全部经过 C5 级涡流及超声波探伤检验。由生产出示检验合格证及有关数据，制造厂质检、部门负责验收；

③ 对管材进行强度抽检，管内充入 1.2MPa 无油、干燥压缩气体后放入水中，3min 内不得有漏气反应；

④ 管材内外用无水乙醇清洁处理，然后将两端封闭以防灰尘和多余物进入管内，并在专门清洁场所存放；

⑤ 不锈钢与铜翅焊接后，需要进行 100% 的氦质谱检漏；

⑥ 主管（进液管、出液管）与支管组焊后，焊缝进行 X 光探伤，以确认是否焊透。

(3) 鱼骨式热沉支管间距

图 24-59 示出了热沉支管间距热计算示意图。

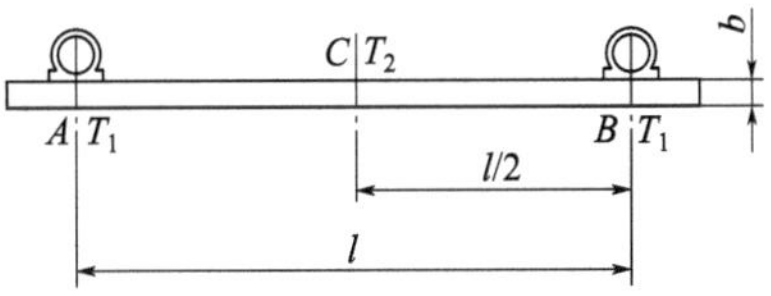

图 24-59 热沉支管间距热计算示意图

假定两管之间为平板（相当于翅片），中间一点 C 处温度最高（T_2）。两管 A、B 处温度最低（T_1），其温差 $\Delta T=T_2-T_1$，由下式确定

$$\Delta T=\frac{q(l/2)^2}{2b\lambda} \tag{24-1}$$

式中 ΔT——两管之间中心点与管外壁的温差，K；

q——热沉热负荷产生的热流密度，W/m^2；

λ——板材料热导率，W/(m·K)；

b——热沉板厚，m；

l——两支管间距，m。

热沉的热流密度 $q=Q/A$，式中 A 为热沉内表面积，Q 为热沉热负荷，在热平衡试验中，热沉的热负荷主要包括：①热沉外壁对真空容器内表面的辐射换热；②红外加热笼及各种辅助设备、航天产品对热沉的辐射换热；③航天产品的功耗；④热沉支撑及接口的热传导。

通常依据热沉均匀性要求，设定温差 ΔT，如果热沉温度≤100K，可选择 $\Delta T=5$K，若是调温热沉，则 $\Delta T=2\sim4$K。以 ΔT 为依据来计算两支管间距 l。

KM6 侧门和颈部支管间距与翅片宽度、厚度计算结果可作为参考，见表 24-5。

表 24-5 热负荷与支管间距的关系

支管间距/mm \ 热负荷 q/(W/m²)	热沉板厚/mm			
	2	3	4	5
侧门 $q=1735$	80	98	114	127
颈部 $q=134$	149	183	211	236

根据以上计算并考虑热沉的刚度与强度计算，选择热沉壁板厚度为 4mm，选侧门翅片宽为 100mm，选颈部热沉翅片宽为 190mm。

(4) 热沉进出口法兰

热沉在工作过程中温差约 300K，走液（气）管需要有伸缩量，通常用不锈钢波纹管来补偿。另外，法兰接口也需要波纹管隔热，使管路的冷损减小。走液（气）管的伸缩量由下式给出：

$$\Delta L = \alpha_L L (T_1 - T_2) \tag{24-2}$$

式中 ΔL——走液（气）管伸缩量，m；

L——主进出液管长度，m；

α_L——主进出液管材线性膨胀系数，K^{-1}；

T_1——最高温度，K；

T_2——最低温度，K。

图 24-60 为热沉进出口法兰结构简图，其中网体波纹管用于热胀冷缩补偿，以及调整安装尺寸，而波纹管 6 主要用于隔热。另外，为使管道易于安装，设置了管道支撑 2。

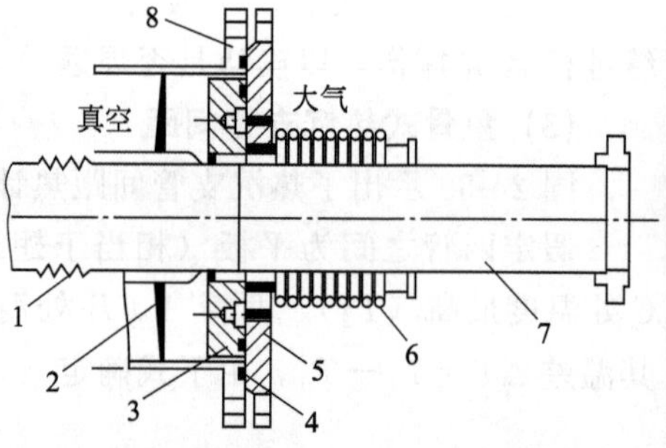

图 24-60 热沉进出口法兰结构简图

1—网体波纹管；2—管道支撑；3—密封圈；4—密封圈；5—活法兰；6—波纹管；7—接管；8—进出口法兰

(5) 热载荷和管阻分配均衡

航天器在做热平衡或热真空试验时，一般都安装在对称居中的位置。因此在热沉完成热交换过程中，各部热沉载荷大体相当，中部稍高。对于活动试件，一般在模拟室内移动或转动或两者复合运动，其热负荷是一个变动的参数，但都在热沉设计负荷考虑的范围之内。当太阳模拟器工作时，局部产生集中热负荷，对于此种情况，设计时也应充分考虑，需采用热负荷均衡原则，尽可能使每组热沉面积相当，这样，热沉的管网的管阻也就达到均衡。

长春光学精密机械与物理研究所《立卧检测光学遥感器大型空间热环境试验装置》载荷室的热沉长 19m，将其分为 A、B、C 三段，每段热沉又分 4 组。A 段热沉 1～4 组分热沉面积分别为 $65m^2$，$64m^2$，$65m^2$，$64m^2$；B 段热沉 1～4 组分热沉面积分别为 $57m^2$，$68m^2$，$57m^2$，$68m^2$；C 段热沉 1～4 组分热沉面积分别为 $62m^2$，$61m^2$，$62m^2$，$61m^2$，热沉取得了较好均匀性。

(6) 液氮流道进、出口

在单相液体流动中，液体是不含有气体，不释放气体，不蒸发气体的单相液体流动，对于一排并列管组的进口与出口设计，多应用管风琴原理，将液体进口和出口设计在同一端，使其各支路静压头相等，以保障各支路流量相等，从而保障各路热沉板温度的一致性，进而保障热交换的良好进行，获得较好的换热效果，热沉多采用此结构。

24.7.3 夹层板式热沉

空间热环境试验设备的热沉多采用铜结构以及不锈钢-铜翅片结构。而夹层板式不锈钢热沉具有温度均匀性好，热沉降温速率快等特点受到关注，李罡研发了此种热沉，并给出了加工工艺。

(1) 夹层板式热沉结构形式

夹层板式不锈钢热沉制造关键是解决结构形式，它不仅影响航天产品低温环境的可获得性，而且直接影响加工工艺的可行性。确定结构形式重点要考虑下述3方面的问题：

① 主体结构应采用两张不锈钢板材加工而成的夹层结构，两张钢板之间要留有可供液氮流动的通道；

② 主体结构要有足够的强度，在真空中通液氮的工作状态下能够保证运行正常，安全可靠；

③ 保证液氮在热沉内流动畅通，防止出现气堵和冷却死角而影响热沉的温度均匀性。

夹层板式热沉的主体结构形式采用两张1～2mm厚不锈钢板材加工而成，两张钢板之间的夹层间距为6～12mm，板材四周采用氩弧焊焊接形成一个密闭空间，使液氮能够在夹层空间内充满、流动，从而使热沉能够提供均匀的低温环境。为了在钢板间形成夹层，首先将板材模压形成凹坑后再实施点焊的方法，即先在一张钢板上模压出宽度为12～16mm、深为6～12mm的凹坑，凹坑之间的间距为80～100mm；然后将这张钢板与另外一张点焊，从而在两张钢板间形成了6～12mm的夹层。而钢板接缝、开口、接管处则使用氩弧焊进行气密性的焊接，保证整体漏率满足设计要求。这种先模压凹坑而后实施点焊的工艺方法不仅解决了液氮流道问题，而且压制出的凹坑也对热沉的整体结构起到了加强作用，能够在抽真空、通液氮的工作条件下，保证热沉运行安全可靠。

图24-61所示不锈钢热沉结构的液氮进出口采用"下进上出"的形式，即将液氮进口管路设计在热沉的下部，液氮从进口管路自下向上进入热沉内部的夹层空间，当夹层空间充满后，再经液氮出口管路流出。这种结构形式可以保证液氮在热沉内流动畅通，不会出现气堵和冷却死角。

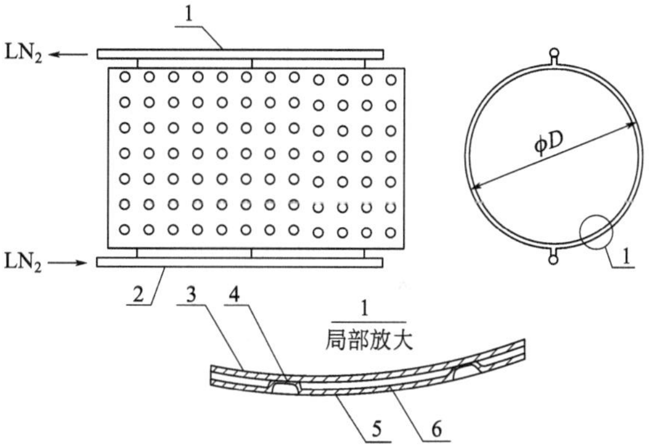

图24-61 不锈钢热沉结构示意图

1—液氮出口管路；2—液氮进口管路；3—内层不锈钢板；4—焊点；5—外层不锈钢板；6—夹层空间

(2) 不锈钢夹层板式热沉加工工艺

对于图24-61结构，在经过大量的加工工艺试验和分析研究后，制定出夹层板式不锈钢热沉的加工工艺流程，见图24-62。

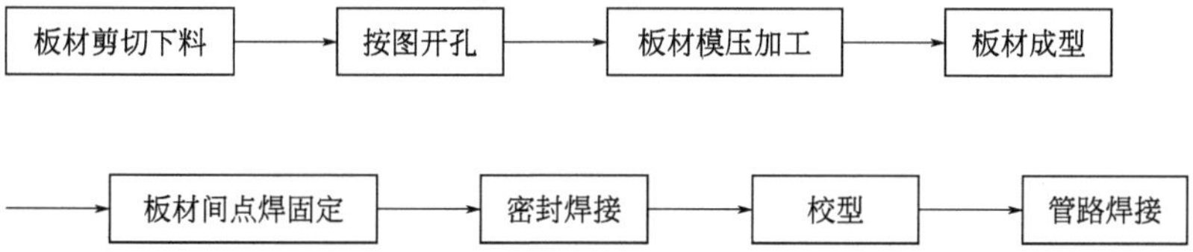

图24-62 夹层板式不锈钢热沉的加工工艺流程

在热沉的加工过程中，板材的模压加工工艺和板材间的点焊工艺是关键，解决了这两项关键工艺技术，热沉加工的主要问题也就解决了。下面重点对这两项关键工艺技术进行分析。

① 工艺要求　选择厚度为 1～2mm 的不锈钢板（0Cr18Ni9，或 1Cr18Ni9Ti）实施模压加工，模压结构见图 24-63。采用专用的模压设备在一张不锈钢板上压出若干个直径 12～16mm，深 6～12mm 的凹坑。加工完成后，要求板面美观，不得有大变形。

② 模压工艺设计　图 24-64 为凹坑的模压胀形示意图。整体模具由凹模、凸模、压边模构成，变形区处在压边模内部，变形区内部板料胀形减薄，从而生成凹坑。在凸模下压过程中，压边模加压使压边外侧的板料不得进入变形区，以保障该凹坑有良好的成形，否则将影响邻近凹坑的成形。

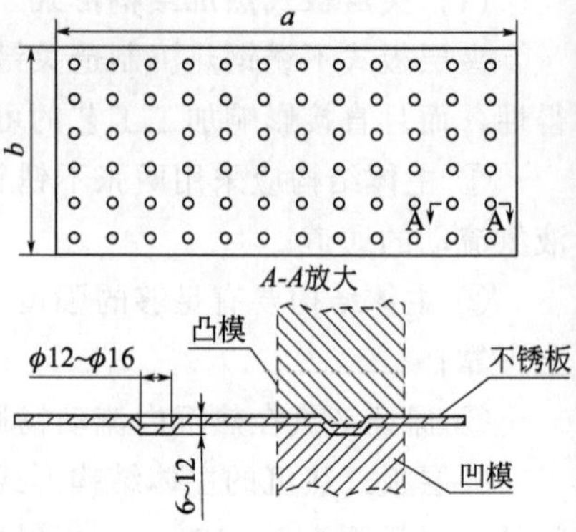

图 24-63　模压结构

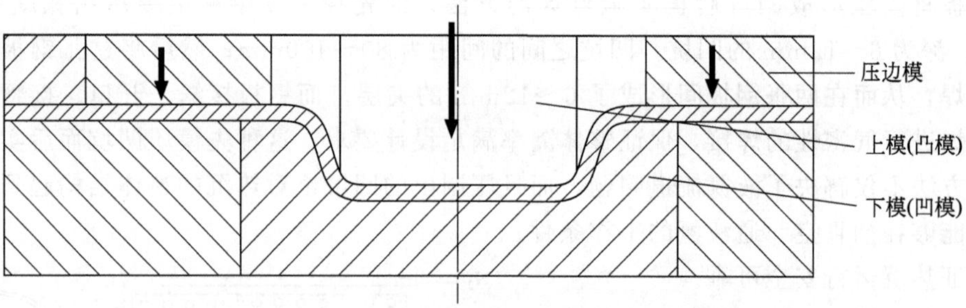

图 24-64　单个凹坑的模压胀形工艺示意图

（3）模压胀形工艺计算

采用 DEFORM-3D 软件进行计算。由数值模拟计算得到：采用 20～25t 压边力，能够保证变形区被局限在压边内部，实际考虑到模具摩擦力的不确定性，设备采用 30t 最大压边力；计算得到的优质碳素钢的胀形力在 3.5t 左右；不锈钢的胀形力在 7t 左右，实际考虑不锈钢材料的难变形特性及多品种的需求，设备采用 20t 最大胀形力。

除了尺寸和位置精度要求外，模压凹坑（胀形）需要解决的另一个问题是保证模压的位置区域不出现疲劳破坏现象，否则可能会引起热沉在加工或使用过程中出现裂纹或漏孔，为此进行了模压胀形试验。

选用不同圆角的凸模进行模压胀形试验，结果见表 24-6。

表 24-6　模压胀形试验数据对比

上模圆角 R/mm	压边力/MPa	板凹坑宽度/mm	变形状况
5.0～6.0	2.0～3.0	10.0～11.2(过小)	最好
3.5～4.5	2.5～3.5	12.0～13.5	一般,不均
1.5～2.5	3.5～4.0	15.0～16.0	断裂
1.5～2.5	3.0～3.5	15.0～16.0	深度不到
5.0	3.0～3.5	12.0～13.0	均匀,较好

由表 24-6 可以看出，当采用上模圆角 R＝5mm 加工时，模压胀形的变形状况较好，能够满足尺寸要求。

(4) 模压工艺实施

利用上述模压工艺对不锈钢板材模压成型，所获得的凹坑尺寸和位置精度均满足要求，表 24-7 为模压工艺实施时各技术指标的实现情况。

表 24-7 模压技术指标实现情况

<table>
<tr><th>序号</th><th>内容</th><th>任务指标/mm</th><th>实现指标/mm</th><th>偏移情况</th><th>备注</th></tr>
<tr><td>1</td><td>模压的尺寸精度</td><td>≤0.3</td><td>≤0.1</td><td rowspan="5">正偏</td><td></td></tr>
<tr><td>2</td><td>模压的位置精度</td><td>≤0.5</td><td>横向≤0.05
纵向≤0.5</td><td>纵向由模具辅间保证</td></tr>
<tr><td>3</td><td>凹坑深度</td><td>6～12</td><td>6～12</td><td rowspan="2">考虑材料性能与工艺</td></tr>
<tr><td>4</td><td>凹坑宽度</td><td>12～16</td><td>0～17</td></tr>
<tr><td>5</td><td>加工完成后，板面不平度</td><td>±3</td><td>胀形区≤0.2</td><td></td></tr>
</table>

(5) 不锈钢板材点焊工艺

热沉加工的点焊工艺是将模压出凹坑的不锈钢板与另一张尺寸一致的不锈钢板对齐叠放，使用点焊设备在凹坑内实施点焊，将两张钢板焊接固定。焊点要牢固可靠，以免热沉在工作状态时焊点拉脱，要求焊后焊点的抗剪力不低于母材强度的 80%。

点焊的形式如图 24-65 所示。点焊的具体焊接参数见表 24-8。

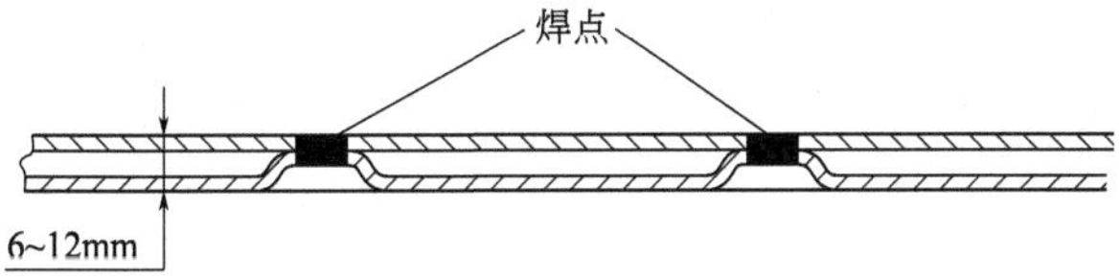

图 24-65 点焊形式

表 24-8 点焊焊接工艺参数

参数名称	参数值	备注
焊压/psi	20～38	焊接时产生的压力
锻压/psi	20～30	焊接时的压紧力
第一次施加电流/kA	1.5～2.5	预热
第一次通电时间/ms	20～30	预热
第二次施加电流/kA	3.0～6.0	焊接
第二次通电时间/ms	120～180	焊接
停止时间/ms	120～260	焊机调整，保压

注：1psi=6894.76Pa。

为了验证点焊后的焊点是否满足强度要求，对焊接的试件进行了抗剪力试验，试验结果见表 24-9。

表 24-9 拉伸试验情况

检测单位	航天科工集团三院金属材料理化分析检测中心	日期	20100419

续表

试件名称	点焊抗剪试片	数量	3
牌号	0Cr18Ni9	规格	δ1.5mm×25mm×100mm
试件编号	①	②	③
抗剪力	12000N	11600N	13700N

金属材料手册给出 0Cr18Ni9 的抗拉强度为 515MPa，3 个试件换算后的强度分别为 800MPa、773.3MPa、913.3MPa。可见，点焊后的强度实际上要高于单片母材的强度，满足设计要求。

(6) 氦质谱检漏

检验热沉加工的一项重要指标是漏率是否满足要求。选用 INFICON UL 200 氦质谱检漏仪，抽真空设备为机械泵机组。检漏方法为：焊缝检测采用喷吹法；总漏率检测采用氦罩法，即用一容器或塑料薄膜作为氦罩，氦罩内先抽走空气再充入氦气，使氦罩内氦气浓度达到 95%以上。最终的检测结果为：焊缝漏率 1×10^{-10} Pa·m³/s，总漏率 5×10^{-10} Pa·m³/s。该结果满足漏率要求。

24.7.4 温控底板

空间热环境模拟设备除了经常使用热沉升降温外，还用温控底板作为辅助升温或降温手段。航天产品作热真空试验，只靠热沉辐射加热，升降温速率较慢。若将其置于温控底板表面上，借助于接触热传导换热，可以提高产品的升降温速率。常用的温控底板结构有 2 种：盘管式结构，见图 24-66(a)；流道式结构，见图 24-66(b)。盘管式结构简单，但温度均匀性不如流道式。

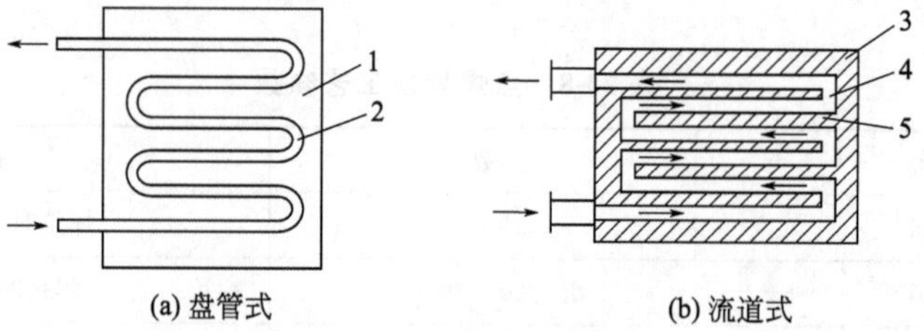

图 24-66 温控底板形式

1—底板；2—盘管；3—底板体；4—流道；5—导流板

温控底板材料可选用铝、不锈钢、铜或者用不锈钢与铜组合。温控底板需要有一定的刚度，承载产品不能变形，承载产品的表面需要平直，以便与产品接触良好，便于传热。底板属于内压板，尚需承受一定的内压力，工作时表面不能变形。

为了确保板面焊接变形小，温控底板最好用真空钎焊，焊后进行氦质谱检漏。

24.8 热沉液氮流程设计

热沉液氮流程为热沉温度环境提供条件，为航天产品做热平衡试验和热真空试验提供空间热环境。热平衡试验热沉表面温度小于 100K，需要液氮流程；热真空试验热沉的温度范围为－150～＋150℃，依据产品要求来确定温度范围。低温工况热沉所需要的温度低时，选择气氮流程。若为－70～＋150℃可选用导热油流程。

24.8.1 液氮流程重要术语

（1）气化、蒸发、沸腾

① 气化　液态物质吸热后，由液态变成气态的过程，称之为气化。气化有两种形式：蒸发与沸腾。

② 蒸发　液态表面气化过程。无固定温度，任何温度均会产生气化。

③ 沸腾　液体内部以产生气泡的形式进行的气化过程。是在一定压力和一定温度下进行的，沸腾过程中，液体温度保持不变，吸收的热量用来使液体气化。沸腾时的液体温度称为沸点。

沸点与压力有关，在标准大气压下（约 1kgf/cm^2）水的沸点为 100℃。在高压锅中，当锅中压力为 1.939kgf/cm^2 时候，水的沸点为 120℃。如果在真空容器中，压力从约 10^5Pa 减低至 1×10^4Pa 时，沸点为 47℃。液氮亦然，在 1.0×10^5Pa 下的沸点为 77.52K，在 4.0×10^5Pa 下的沸点为 90.73K，沸点温度随着压力的升高而升高。

（2）饱和蒸气压、饱和温度、饱和液体、饱和蒸气

以图 24-67 说明饱和蒸气压、饱和温度、饱和液体、饱和蒸气四个概念。

如图 24-67 所示，在密闭容器中的液体，当温度保持不变时，液体气化在容器中产生的压力亦不变。此时，气化离开液体的分子数等于返回液体的分子数，达到了动态平衡。

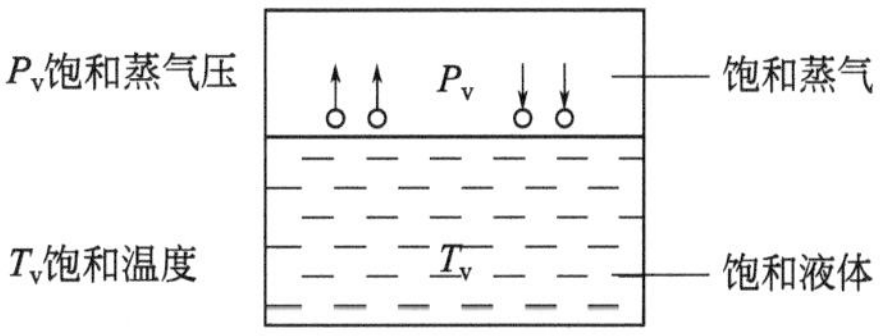

图 24-67　密闭容器

在这种状态下，容器中的压力 P_v 称为液体在该温度下的饱和蒸气压。T_v 称为饱和温度。容器中的蒸气称为饱和蒸气，而液体称为饱和液体。饱和液体最易产生气化。

例如：水壶煮开水，在大气压下水温度为 100℃时，水产生沸腾，水温度保持不变，始终为 100℃。在这种状态下，壶中水蒸气的压力约为 1kgf/cm^2，此压力值即为水 100℃时的饱和蒸气压。100℃为水在 1kgf/cm^2 压力下的饱和温度。温度为 100℃的水称为饱和水液体。此时的水蒸气称为饱和蒸汽。

液氮储槽中的液氮，也可以看作是处于密闭容器中，离开液氮面的分子数等于返回液氮面的分子数，处于平衡态，故可以称为饱和液氮。

（3）过冷液体、过冷度

处于某一压力下的液体，若其温度低于该压力下的饱和温度，称此液体为过冷液体。而饱和温度与液体温度之差称为过冷度。

例如：在 1 个大气压下水的饱和温度为 100℃，压力不变而水温度小于 100℃，则可称之为过冷液体。若水的温度为 90℃，则其过冷度为 10℃。

液氮容器中压力为 0.36MPa，在此压力下，液氮的饱和温度为 90K，若容器中压力保持不变，而液氮温度降到 77K，那么就可以称此容器中液氮为过冷液氮，而过冷度为 13K。液氮流程中均为过冷液氮，与热沉进行换热时不会生成气相，只是液相，即为单相状态。

(4) 临界温度、临界压力

临界温度是气体液化的专用名词，各种气体的临界温度不同，如氮的临界温度为126.28K，氟利昂R22临界温度为96.13℃。

气体液化为液体，需要两个参数，即温度和压力。对温度而言，有一个临界点，若气体温度高于该点，则气体加压也不能液化，气体不会成为液体，临界点的温度称为临界温度。在临界温度下，加压使得气体液化为液体的最低压力称为临界压力。

例如：氮气的临界温度为126.28K，临界压力为33.96×10^5Pa。若使气氮变为液氮，首先是气氮温度要小于126.28K，在满足温度的条件下，对氮气加压，当压力大于33.96×10^5Pa时，气氮即可产生相变，由气态变为液态氮，即液氮。

24.8.2 液氮开式沸腾流程

液氮开式沸腾流程原理如图24-68所示。液氮储槽中的液氮借助其重力压入到汽化器中并气化。气氮进入储槽中产生一定的压力，借助此压力将液氮注入热沉中。

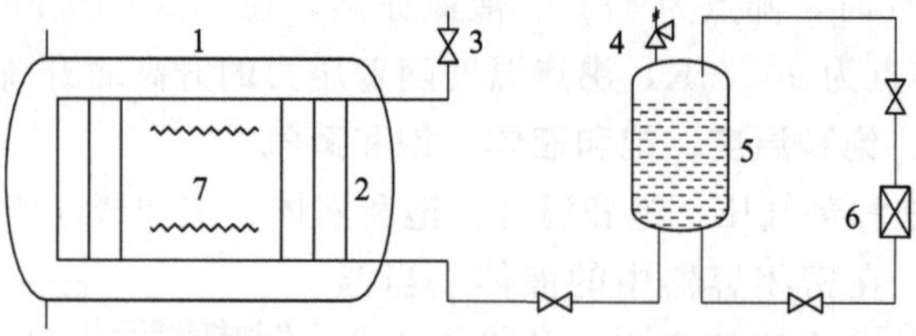

图24-68 开式沸腾液氮流程

1—真空容器；2—热沉；3—氮气放空阀；4—安全阀；5—液氮储槽；6—汽化器；7—红外加热笼

注入热沉中的饱和液氮，吸收热沉的热量，使液氮产生沸腾式气化，一部分液氮变为气氮，而剩余液氮温度保持不变，产生气-液两相流，液氮存于热沉管中，而氮气排到大气中。

该系统的优点是：温度低、结构简单、投资少，无低温下的运动机械设备，造价低，使用安全可靠，维修方便。缺点是：在热负荷较大或热沉负载不均匀时，热沉中的液氮不断气化，在两相状态下，液氮蒸气的密度比液氮小很多，且热容小，因而当热负荷较大时，蒸气温度迅速上升，体积膨胀，形成气泡，气泡有时来不及逸出，在热沉管路中产生气堵现象。气堵使热沉液氮流动不畅，致使局部温度迅速上升，进而造成热沉温度严重不均匀。对于大型热环境设备而言，热沉结构复杂，这个问题尤其突出。因此，开式沸腾流程只适用于小型热环境设备。大中型热沉启动时常采用开式沸腾模式。如果储槽自身压力比较高，可以降低气堵的风险，气堵一般出现在热沉初始启动过程中。正常工作后，不会出现气堵现象，开式流程液氮消耗量大，其一是热沉出口气液分离不佳，造成液滴顺着气流排走。其二是维持液氮储槽具有一定的压力，需要不时地使液氮气化，消耗了液氮。

液氮开式流程还有用液氮泵为动力来输送液氮，这种流程可以节省液氮，流程原理见本书。

24.8.3 单相密闭液氮流程

单相密闭液氮流程主要由液氮泵、文丘里管、过冷器、液氮储槽构成。见图24-69。

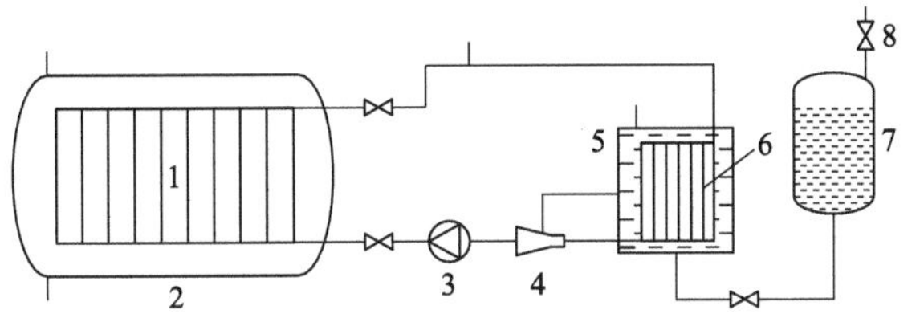

图 24-69　文丘里管稳压的单相密闭液氮流程

1—热沉；2—真空容器；3—液氮泵；4—文丘里管；5—过冷器；6—过冷器的热交换器；7—液氮储槽；8—放空阀

液氮泵为液氮在热沉管道中的循环提供动力，进入热沉中的液氮与热沉进行热交换，使之降温。热沉出液排出来的液氮进入过冷器的热交换器使之降温，保持管路进入热沉进液口液氮温度不变。过冷器中热交换器所消耗热量，由过冷器中液氮的气化潜热提供，产生的气氮放空。

液氮泵除了为流程中液氮循环提供动力外，还会使管路中的液氮增压，将液氮储槽中提供的饱和液氮变为过冷液氮。

由于液氮泵进液口压力低，可以引起过冷液氮变为饱和液氮产生气化，引起气蚀。为了避免离心式液氮泵发生气蚀，在其进液口设置文丘里管，此装置为液氮泵提供了稳定的入口压力，避免气蚀，国内外大型液氮流程使用较多。文丘里管与过冷器相通，可以为流程补液。

图 24-70 为液氮杜瓦作为保持离心式液氮泵进液口压力稳定的单相密闭式液氮流程。

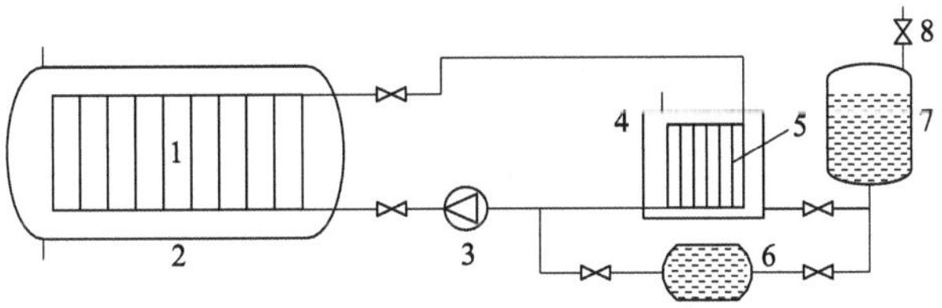

图 24-70　液氮杜瓦稳定的单相密闭液氮流程

1—热沉；2—真空容器；3—离心式液氮泵；4—过冷器；

5—过冷器的热交换器；6—稳压液氮杜瓦；7—液氮储槽；8—放空阀

流程原理与文丘里管液氮流程相同。为避免气蚀产生，在液氮泵进液口设置了稳压液氮杜瓦。

24.8.4　液氮流程主要部件

液氮流程的构成部件有文丘里管、过冷器、液氮泵、液氮储槽、稳压杜瓦以及管路等。

24.8.4.1　文丘里管

文丘里管在液氮流程中的作用是为液氮泵进液口提供一个稳定的压力，避免发生气蚀。文丘里管是意大利物理学家 G. B. 文丘里发明的一种流体力学元件。常用于流体输送、流体测量等领域。文丘里管具有对流体阻力小、稳定性好、使用范围宽、可靠性高、安装方便、成本低等特点。

文丘里管结构简单，管体由渐缩管、喉管和渐扩管组成，见图 24-71。

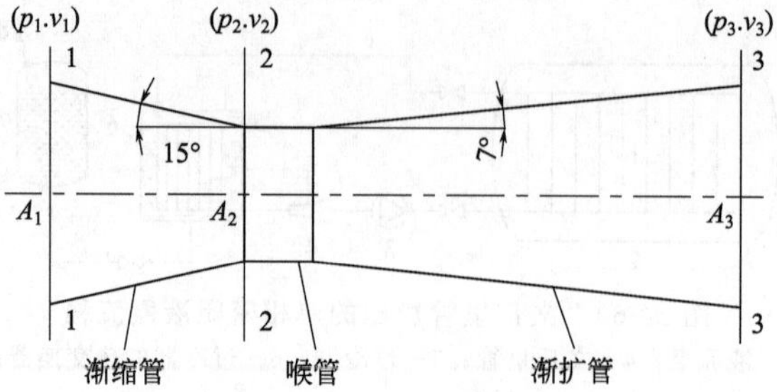

图 24-71　文丘里管简图

流体在文丘里管中的流动遵循伯努利能量守恒方程和质量连续性方程，因各截面基准面高度相同，故伯努利方程简化为

$$\frac{v_1^{\ 2}}{2g}+\frac{p_1}{\rho g}=\frac{v_2^{\ 2}}{2g}+\frac{p_2}{\rho g}=\frac{v_3^{\ 2}}{2g}+\frac{p_3}{\rho g}=C \tag{24-3}$$

而质量连续性方程：

$$A_1v_1=A_2v_2=A_3v_3=Q \tag{24-4}$$

由式（24-3）可知，流体在某一截面所具有的能量由两部分组成，即动能和势能。动能是由流体运动速度产生的，也就是方程中第一项；势能是由压力产生的，即方程中的第二项，也称压力能。液体流动时各个截面能量相同，都等于常数 C。

由质量连续方程式（24-4）可知，渐缩管入口截面面积 A_1 处的流体速度为 v_1，流量 $Q=A_1v_1$，喉管入口截面 A_2 处的流量 $Q=A_2v_2$，渐扩管出口截面流量 $Q=A_3v_3$。

分析文丘里管中三个截面（1—1 截面，2—2 截面，3—3 截面）流速及压力变化情况：渐缩管入口截面 1—1 处面积为 A_1，逐渐缩小到 A_2，由质量连续方程可见，各截面流量 Q 保持不变，流体的流速随着面积缩小而增大，到截面 2—2 处达到最大值。流速的增大，意味着动能的增加，由伯努利方程可知，势能必减小，以保持能量守恒。势能减小，意味着压力下降，即压力在喉管处最低。喉管为圆截面直管，且较短，可以认为入口处压力与出口处压力基本相同。渐扩管入口面积小，而出口面积大，由质量连续性方程可见，入口的速度 v_2 大于出口 v_3，即 $v_2>v_3$。由伯努利方程可知，速度逐渐降低，即意味着动能逐渐降低，动能降低后，使势能增大，即压力升高。

由此可见，流体在文丘里管中的压力变化过程：在渐缩管中由高逐渐变低；在喉管处最低且可视为不变；渐扩管中压力由低逐渐变高。文丘里管作为液氮流程中的稳压元件，恰好利用了其出口处压力升高，以弥补液氮泵入口压力降低，保持液氮泵入口压力稳定，避免“气蚀”。

文丘里管在液氮流程中的安装要求如下：

① 管道应为圆筒形，若非圆筒形，在文丘里管入口上游至少 $2D$（D 为文丘里管入口直径）长度为圆筒形；

② 管道与文丘里管连接处的平均直径偏差应在 $1\%D$ 范围；

③ 下游端管道直径应不小于文丘里管出口直径的 90%；

④ 上游端管道内表面在 $2D$ 长度内的粗糙度≤3.2μm。

24.8.4.2　过冷器

液氮流程中的过冷器的本质是液氮换热器，是利用沸腾换热带走流程中的热负荷。过冷器是液氮流程中的一个重要组成部分，大型空间环模设备中采用的是将多层盘管组成的绕管式换热器浸在绝热的液氮容器内所组成；盘管内是压力较高（～304kPa）的流动液氮，而管外是压力较低的沸腾液氮（小于168kPa），绕管热交换器有足够大的换热面积，保证管内液氮充分过冷。由于热负载大，管外液氮耗量大，虽然不断补充，但盛装沸腾液氮仍需要有较大的容积。

过冷器与普通换热器相比，有两个特点：一是采用低温工质，这就使得热设计中，需要考虑换热器的保温、绝热问题；二是通常相变式换热方式，即管内是单相流，管外是饱和液体沸腾。这使得常用换热器热设计的一些原则和方法不能使用。

图24-72为过冷器结构简图，主要由热交换器、过冷器外壳、过冷器内胆构成。过冷器壳体是低温容器，计算见第11章低温容器设计与低温材料。热交换器热计算是过冷器设计的核心。

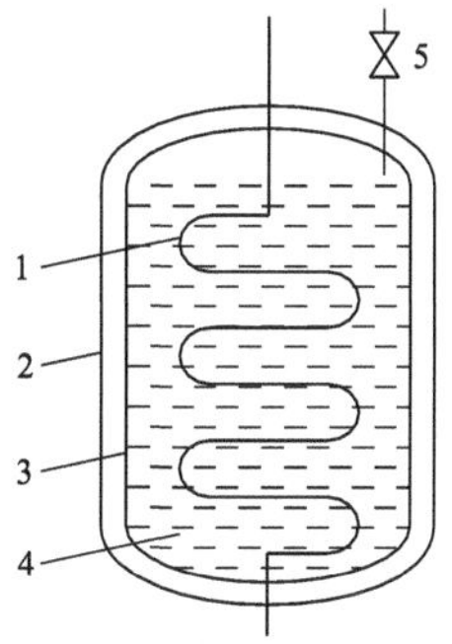

图24-72　过冷器简图
1—盘管式热交换器；
2—过冷器外壳；
3—过冷器内胆；
4—液氮；5—控压阀

以盘管内表面为基准计算传热系数K，由第7章7.5.2节可知

$$K=\left(\frac{1}{\alpha_1}+\frac{\delta}{\lambda}\cdot\frac{d_1}{d_m}+\frac{1}{\alpha_2}\cdot\frac{d_1}{d_2}\right)^{-1} \tag{24-5}$$

式中，K——盘管式热交换器传热系数，$W/(m^2 \cdot K)$；

α_1——管内液氮与内壁的传热系数，$W/(m^2 \cdot K)$；

α_2——管外壁与液氮的传热系数，$W/(m^2 \cdot K)$；

d_1——盘管内径，m；

d_2——盘管外径，m；

d_m——盘管平均直径，m；

δ——盘管壁厚，m；

λ——盘管材料热导率，$W/(m \cdot K)$。

管内液氮与内壁之间的传热系数可以首先计算出努塞尔数Nu_f，然后再用相关公式计算α_1，努塞尔数按下式计算：

$$Nu_f=0.023Re_f^{0.8}Pr_f^{0.4} \tag{24-6}$$

$$\alpha_1=Nu_f\cdot\frac{\lambda}{d_1} \tag{24-6a}$$

式中，α_1——管内液氮与内壁之间的传热系数，$W/(m^2 \cdot K)$；

Nu_f——液氮的努塞尔数；

Pr_f——液氮的普朗特数；

λ——液氮的热导率，$W/(m \cdot K)$；

d_1——盘管内径，m。

盘管外壁与过冷器中的饱和液氮之间是沸腾换热，传热系数α_2由杨世铭、陶文玲《传热学》中给出，即

$$\alpha_2=0.62\left[\frac{g\gamma\rho_V(\rho_L-\rho_V)\lambda_V}{\eta_V d(t_w-t_s)}\right]^{\frac{1}{4}} \tag{24-7}$$

式中，α_2——盘管外壁与过冷器中液氮沸腾传热系数，$W/(m^2 \cdot K)$；

g——重力加速度，$9.8m/s^2$；

γ——盘管外液氮气化潜热，J/kg；

ρ_v——盘管外液氮在饱和温度下的饱和蒸气密度，kg/m^3；

ρ_L——盘管外液氮在饱和温度下的饱和液氮密度，kg/m^3；

η_v——饱和蒸气的动力黏度，Pa·s；

d——盘管外径，m；

t_w——盘管外壁温度，K；

t_s——饱和液氮温度，K。

式中液氮密度和气化潜热按饱和温度下取值，其他物性按平均温度 $t_m=(t_w+t_s)/2$ 取值。传热系数 K 计算出来后，即可以根据此值进行过冷器设计。

24.8.4.3 液氮流程管路设计

液氮流程管路为了减少热损失，需要采取保温措施，一种是杜瓦管，即真空绝热管，其结构与低温容器相似。杜瓦管热损小，是较为理想的液氮传送管道，但制作工艺复杂，价格较贵，一般液氮流程不用，只有特殊要求下使用。另一种是绝热材料保温管路，是液氮流程主流。

保温管道是使用绝热材料保温，如选用泡沫玻璃和橡塑板包裹或聚氨酯泡沫塑料、玻璃棉等作为保温材料，管道经绝热材料包敷后，再用铝皮装饰包装。

保温管道中绝热材料的厚度确定的原则是外表不结露，根据此原则，陈国邦、张鹏《低温绝热与传热技术》中给出计算厚度公式如下

$$\ln\frac{r_2}{r_1}=\frac{\lambda(T_d-T_1)}{r_2\alpha(T_0-T_d)} \tag{24-8}$$

式中，r_2——保温层外半径，m；

r_1——保温层内半径，m；

λ——保温材料热导率，W/(m·K)；

α——保温层外壁与空气之间的传热系数，一般 $\alpha=8.14W/(m^2\cdot K)$；

T_0——空气温度，K；

T_d——空气温度为 T_0 时的露点温度，K；

T_1——管壁温度，可以近似选为管中液氮温度，K。

若容器直径大于 2m 时可以按平壁计算。如果有的热平衡试验设备真空容器外壁要求不结露，可按下式计算保温层厚度

$$\delta=\frac{\lambda(T_d-T_1)}{\alpha(T_0-T_d)} \tag{24-9}$$

式中，δ——保温层厚度，m；

其余符号同（24-8）。

液氮的输送管道按绝热类型分为非绝热管道和绝热管两种。绝热管道又有堆积绝热管道和真空绝热管道两种。各种绝热管道保温效果不同，各类输送管道外界导入热量的比较见表 24-10。

表 24-10 导入液氮管道的热量（管径：25mm，管长：6.1m）

管道类型	导入热量/W

续表

管道类型	导入热量/W
非绝热管道	1470
多孔性块状材料绝热管道(100mm 厚)	220
真空粉末绝热管道(100mm 厚)	38
高真空绝热管道(管径 32mm)	32
真空多层绝热管道	0.88

注：多孔性块状材料绝热的阀具有加长阀杆，导入热量为 12.1W。

24.8.4.4 液氮泵及汽蚀

液氮流程中常使用离心式液氮泵，图 24-73 为结构图。图中所示 3LB-4500/1.5A 型液氮泵的构造图，为单级泵，进出口管分别设在泵壳的两侧，立式装置，用电动机通过一根长轴直接拖动，采用波纹管轴封，以减小液氮的泄漏。由轴封漏出的气氮分别由轴封的侧面及顶部放入大气中。

低温液体易受热气化，而在离心式液氮泵中，当液体流进工作轮的槽道时因压力降低更易气化。部分液体气化时在液体中产生气泡，容易发生汽蚀。因此对于离心式低温泵防止汽蚀现象是很重要的。为了防止汽蚀，除在结构设计中提高泵的抗汽蚀能力外，在使用中应尽可能提高吸入侧的吸入高度和提高液体的过冷度。

离心式液氮泵的液体密封有填料式、迷宫式、端面机械密封式几种，一般选用后两种，迷宫式密封，特别是充气迷宫式密封有较好的密封性能，避免了端面机械密封中动静间摩擦密封件的直接接触磨损和摩擦冷损，缺点是结构较复杂，加工难度大。端面机械密封利用波纹管和动静环间的摩擦密封件进行密封，它具有结构简单、轴向尺寸小、停车时仍保持密封，密封性能好、易加工等优点。但摩擦副磨损后要及时更换。合理选择比压很重要，一般为 200kPa，大型空间环模设备中的液氮泵，选用离心式液氮泵，用端面机械密封型，比压设计为 150～200kPa 运行稳定。

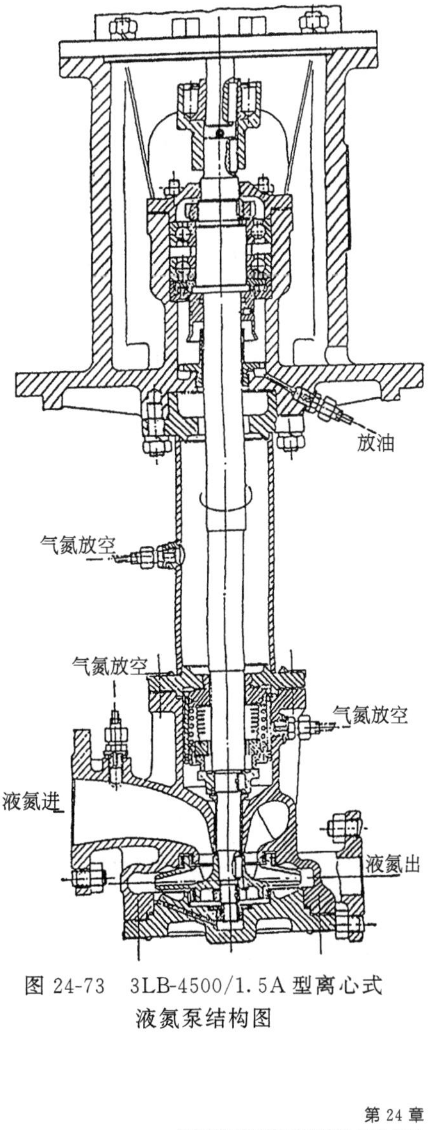

图 24-73　3LB-4500/1.5A 型离心式液氮泵结构图

离心式液氮泵入口处是压力最低，一般称为低压区，如果此处液体的压力等于或低于在该温度下液氮的饱和压力，液体就会沸腾气化，产生大量的气泡；与此同时，由于压力降低，原来溶解于液体中的某些气体，也会逸出，形成许多蒸气及气体混合的小气泡。这些气泡随即被液流带到叶轮后的高压区。由于气泡内是气化压力，而气泡周围又大于气化压力，这就产生了压力差。在这个压差的作用下，气泡受压便迅速缩小、溃灭而重新凝结成液体。在凝结过程中，由于这些小气泡的溃灭、凝聚、消失的过程进行得非常迅速，结果便在这些气泡消失的地方产生了局部的真空空间；这时周围压力较高的液体便以极大的速度迅速地由四周冲向这个低压空间，使局部这地方产生了剧烈的、高频率的、高冲击力的液击。由于气泡的尺寸极微小，所以这种冲击力集中作用在与气泡相接触的零件微小表面积上是相当大的。如果这些气泡是在叶片或轮盖等金属表面附近破灭而凝结，则其周围液体将直接冲击在金属表面上，像无数的小弹头一样，连续打击在零件表面上。在压力很大、频率极高的连续打击下，金属材料逐渐因疲劳而破坏。通常把这种破坏称为机械剥蚀。

此外，液击的冲击能量瞬时转化为热能，使液击局部点的温度升高，经测定温度可达200℃以上，使材料的机械强度降低，同时在所产生的气泡中还夹杂有一些活性气体借助气泡凝结时所放出的热量对金属材料起化学腐蚀的作用。这样金属材料要受到机械剥蚀和化学腐蚀的共同作用，就更加快了金属材料的破坏速度。这种气泡不断形成、生长、溃灭、凝结、冲击等导致材料受到破坏的过程，总称为汽蚀现象。

汽蚀对液氮泵的影响如下。

① 汽蚀对泵性能的影响　随着汽蚀的持续发展，气泡大量产生，“堵塞”叶轮流道，破坏液流的连续性，导致泵的流量、扬程、效率显著下降，出现所谓“断裂”工况。

② 汽蚀对流道材料的破坏作用　离心泵在汽蚀状态下运行时，发生汽蚀的部位开始时产生一些点蚀、凹坑，严重时会使金属成蜂窝状或海绵状，甚至整块脱落，叶片和盖板被蚀穿等。

③ 汽蚀使泵产生振动和噪声　当泵在运行过程中发生汽蚀时，气泡在液体压力高的地方迅速缩小和溃灭，液体质点互相冲击，会产生各种频率的噪声。

24.8.4.5　液氮储存容器

热真空试验设备用的液氮储存容器有 3 种：杜瓦瓶、液氮储槽、液氮槽车。

① 杜瓦瓶　用于少量液氮的储运。杜瓦瓶由内胆和外壳构成，两者之间是真空夹层。内胆上部有颈管，用来注入和倾出低温液体，同时也对内胆起支持作用。为了防止晃动，内外胆之间用弹性垫固定。在内胆的下部有吸附腔，内装硅胶或活性炭。夹层中的真空一般约抽至 0.133Pa，这样在内胆充液之后，再加上吸附剂的作用，夹层内的压力可达 1.3×10^{-3}Pa。杜瓦瓶材料多为铝合金或不锈钢，采用真空粉末绝热或真空多层绝热。

② 液氮储槽　储槽容量从数百升至数千立方米，通常是安装在空气分离装置附近或氧氮供给中心，用来储存或对外供应液氧、液氮。储槽容量较小时一般采用圆筒形，两端用椭圆形或碟形封头；当容量较大时则可做成球形，既节省结构材料及绝热材料，又可减少冷量损失。100m^3 以下的液氮储槽现多采用真空粉末绝热，绝热材料可使用珠光砂或气凝胶，绝热层厚度一般约几十厘米；大型储槽则多采用普通绝热结构，其厚度从数十厘米至 1 米以上。真空粉末绝热 CF-100000 型液氮储槽，有效容积为 100m^3。该储槽为圆筒形结构，外壳直径 3220mm，内胆直径 2800mm，总长 18.9m；采用真空粉末绝热，绝热材料为珠光砂，绝热厚度 194mm。储槽的工作压力约为 300kPa，故设计有使液氮气化以提高储槽内压力的汽化器。

③ 液氮槽车　运输式储槽与固定式储槽没有什么区别，而且容量实际上也不受限制。

运输式储槽因受运输工具的限制，一般均作成圆筒形，且容量不能很大。公路运输式储槽的容积通常为 3～20m^3，小型的可直接装在汽车上，大型的则装成专门的拖车。

24.8.5 液氮流程设计计算

液氮流程设计计算的宗旨是选择液氮泵、过冷器和液氮储槽。选择液氮泵需要两个主要指标，即流量和扬程。

24.8.5.1 液氮泵的流量计算

液氮泵的流量大小与热沉的热负荷、液氮流程的热负荷及热沉液氮进出口温度有关，计算公式如下：

$$G=\frac{Q_0}{C_p \Delta t \rho} \tag{24-10}$$

式中 G——液氮泵的体积流量，m^3/s；

Q_0——热沉液氮系统总热负荷（计算见式 24-20），J/s；

C_p——液氮在 85～90K 的平均比热容，J/(kg・K)；

Δt——热沉进出口温差，也可以选用过冷器的进出口温差，一般 $\Delta T=5\sim10$K；

ρ——液氮密度，kg/m^3。

24.8.5.2 液氮泵的扬程计算

液氮泵的扬程与管路阻力有关，计算公式如下：

$$\Delta P_0=\Delta P_1+\Delta P_2+\Delta P_3 \tag{24-11}$$

式中 ΔP_0——液氮沿程总阻力（液氮泵扬程），Pa；

ΔP_1——管路沿程阻力，Pa；

ΔP_2——管路沿程各元件局部阻力之和，Pa；

ΔP_3——热沉进出口高度差引起的阻力，Pa。

(1) 管内沿程阻力

管内沿程阻力是由于流体与管壁的摩擦引起的，沿程阻力计算公式如下：

$$\Delta P_1=\lambda \frac{L}{D_i}\frac{1}{2}v^2\rho \tag{24-12}$$

式中 ΔP_1——管内沿程阻力损失，Pa；

λ——沿程阻力系数；

L——管程总长，m；

D_i——圆管内径，非圆管为水力直径（当量直径），m；

ρ——液氮密度，kg/m^3；

v——管程中液氮平均流速，m/s。

式（24-12）中的沿程阻力系数 λ 与雷诺数有关，雷诺数 Re 由下式计算：

$$Re=\frac{\rho v D_i}{\mu} \tag{24-13}$$

式中 ρ——液氮密度，kg/m^3；

v——液氮流动速度，m/s；

D_i——圆管内径，m；

μ——液氮的动力黏度，Pa・s。

若①$2100<Re<10^5$ 时，则 $\lambda=\dfrac{0.3164}{Re^{0.25}}$；②$10^5<Re<10^8$ 时，则 $\lambda=0.0032\dfrac{0.221}{Re^{0.237}}$。

液氮在管路中的流速选择可以参考热交换器管中的流速选择，见表 24-11。

表 24-11　液氮流速选择

流体黏度/Pa·s	最大流速/m·s^{-1}	流体黏度/Pa·s	最大流速/m·s^{-1}
>1.5	0.6	0.035～0.1	1.5
0.5～1	0.75	0.001～0.035	1.8
0.1～0.5	1.1	<0.001	2.4

(2) 局部阻力

局部阻力是由管程中的元件引起的阻力，如泵、阀、弯头、过滤器、管道几何形状等，局部阻力计算公式如下：

$$\Delta P_2=\xi\frac{1}{2}v^2\rho \tag{24-14}$$

式中　ΔP_2——管程元件局部阻力，Pa；

ξ——局部阻力系数，见表 24-12；

其余符号同式（24-13）。

表 24-12　局部阻力系数

<table>
<tr><th>类型</th><th>示意图</th><th>局部损失系数</th></tr>
<tr><td rowspan="2">圆角入口</td><td>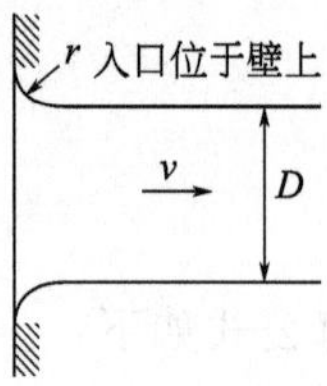
</td><td><table>
<tr><td>$\frac{r}{D}=0$</td><td>$\frac{r}{D}=0.02$</td><td>$\frac{r}{D}=0.06$</td><td>$\frac{r}{D}=0.1$</td><td>$\frac{r}{D}=0.16$</td><td>$\frac{r}{D}=0.22$</td></tr>
<tr><td>0.5</td><td>0.35</td><td>0.2</td><td>0.11</td><td>0.05</td><td>0.03</td></tr>
</table></td></tr>
<tr><td>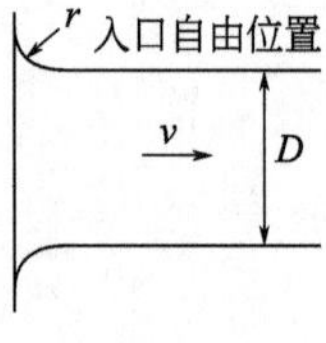
</td><td><table>
<tr><td>$\frac{r}{D}=0$</td><td>$\frac{r}{D}=0.02$</td><td>$\frac{r}{D}=0.06$</td><td>$\frac{r}{D}=0.1$</td><td>$\frac{r}{D}=0.16$</td><td>$\frac{r}{D}=0.22$</td></tr>
<tr><td>1</td><td>0.7</td><td>0.32</td><td>0.15</td><td>0.05</td><td>0.03</td></tr>
</table></td></tr>
<tr><td>圆锥状入口</td><td>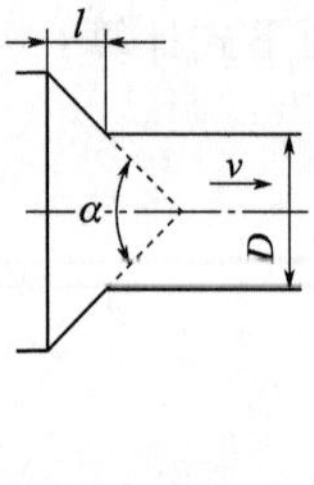
</td><td><table>
<tr><td>圆锥角 α/°</td><td>$\frac{l}{D}=0.025$</td><td>$\frac{l}{D}=0.05$</td><td>$\frac{l}{D}=0.075$</td><td>$\frac{l}{D}=0.1$</td><td>$\frac{l}{D}=0.25$</td><td>$\frac{l}{D}=0.5$</td></tr>
<tr><td>0</td><td>0.5</td><td>0.5</td><td>0.5</td><td>0.5</td><td>0.5</td><td>0.5</td></tr>
<tr><td>10</td><td>0.47</td><td>0.44</td><td>0.42</td><td>0.38</td><td>0.36</td><td>0.28</td></tr>
<tr><td>20</td><td>0.44</td><td>0.39</td><td>0.34</td><td>0.31</td><td>0.26</td><td>0.18</td></tr>
<tr><td>40</td><td>0.41</td><td>0.32</td><td>0.26</td><td>0.21</td><td>0.16</td><td>0.1</td></tr>
<tr><td>60</td><td>0.4</td><td>0.3</td><td>0.23</td><td>0.18</td><td>0.15</td><td>0.14</td></tr>
<tr><td>90</td><td>0.45</td><td>0.42</td><td>0.39</td><td>0.37</td><td>0.35</td><td>0.33</td></tr>
<tr><td>180</td><td>0.5</td><td>0.5</td><td>0.5</td><td>0.5</td><td>0.5</td><td>0.5</td></tr>
</table></td></tr>
</table>

<table>
<tr><th>类型</th><th>示意图</th><th>局部损失系数</th></tr>
<tr><td>协管入口</td><td>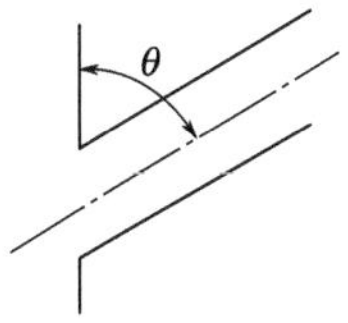
</td><td>$\zeta=0.5+0.3\cos\theta+0.2\cos^2\theta$</td></tr>
<tr><td>截面扩大</td><td>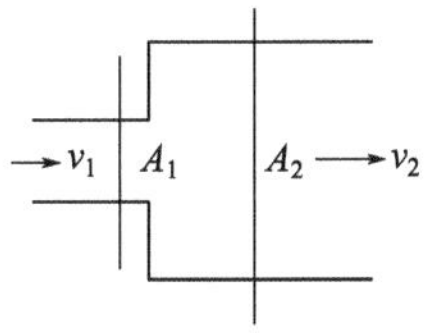
</td><td>$\zeta_1=\left(\frac{A_2}{A_1}-1\right)^2$ 应用公式 $h_j=\zeta_1\frac{v_2^2}{2g}$　　A_1、A_2 为截面面积
$\zeta_2=\left(1-\frac{A_1}{A_2}\right)^2$ 应用公式 $h_j=\zeta_2\frac{v_1^2}{2g}$</td></tr>
<tr><td>截面缩小</td><td>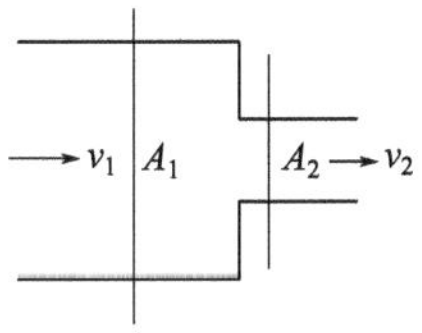
</td><td><table>
<tr><td>D/d</td><td>0</td><td>0.1</td><td>0.2</td><td>0.3</td><td>0.4</td><td>0.5</td><td>0.6</td><td>0.7</td><td>0.8</td><td>0.9</td><td>(1.0)</td></tr>
<tr><td>A_2/A_1</td><td>0</td><td>0.01</td><td>0.04</td><td>0.09</td><td>0.16</td><td>0.25</td><td>0.36</td><td>0.49</td><td>0.64</td><td>0.81</td><td>(1.0)</td></tr>
<tr><td>ζ</td><td>0.50</td><td>0.50</td><td>0.49</td><td>0.49</td><td>0.46</td><td>0.43</td><td>0.38</td><td>0.29</td><td>0.18</td><td>0.07</td><td>(0)</td></tr>
</table>
公式近似计算：
$$\zeta=\left(\frac{1}{\varepsilon}-1\right)^2$$
$$\varepsilon=0.57+\frac{0.043}{1.1-\frac{A_2}{A_1}}$$</td></tr>
<tr><td>逐扩管</td><td>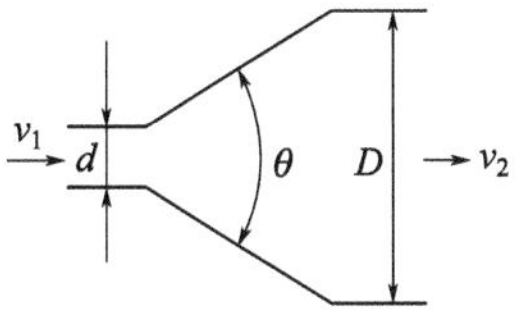
</td><td>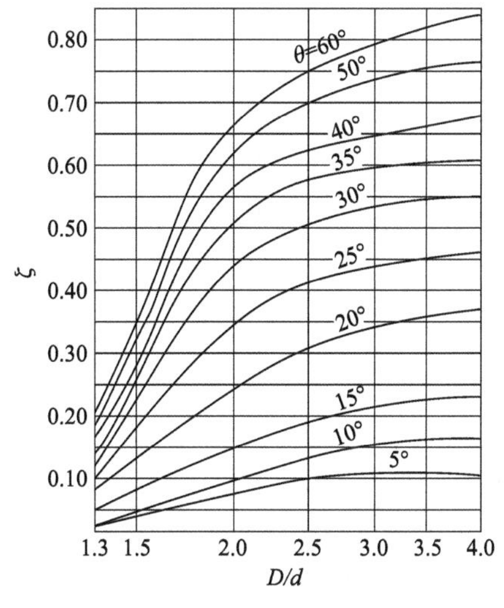
</td></tr>
</table>

<table>
<tr><th>类型</th><th>示意图</th><th>局部损失系数</th></tr>
<tr><td>逐缩管</td><td>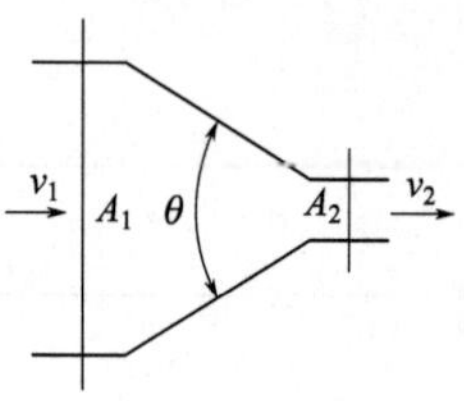</td><td>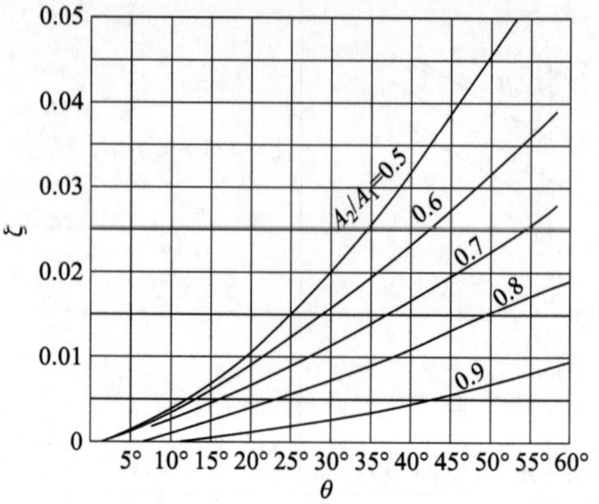</td></tr>
<tr><td>弯管</td><td>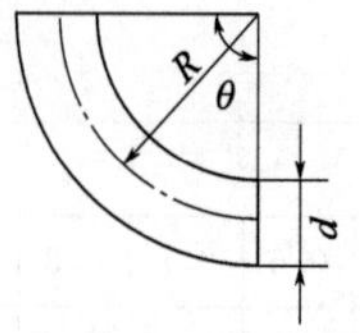</td><td>① $\theta=90°$时：$\zeta_{90°}=0.131+0.163(d/R)^{3.5}$
<table>
<tr><td>d/R</td><td>0.1</td><td>0.2</td><td>0.3</td><td>0.4</td><td>0.5</td><td>0.6</td><td>0.7</td><td>0.8</td><td>0.9</td><td>1.0</td><td>1.1</td><td>1.2</td></tr>
<tr><td>ζ</td><td>0.131</td><td>0.132</td><td>0.133</td><td>0.137</td><td>0.145</td><td>0.157</td><td>0.177</td><td>0.204</td><td>0.241</td><td>0.291</td><td>0.355</td><td>0.434</td></tr>
</table>
② 当$\theta<90°$时：$\zeta=\zeta_{90°}\dfrac{\theta°}{90°}$</td></tr>
<tr><td>折管</td><td>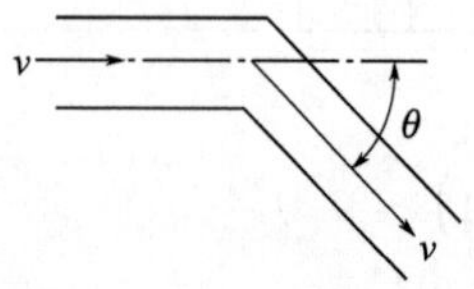</td><td>$\zeta=0.946\sin^2\dfrac{\theta}{2}+2.05\sin^4\dfrac{\theta}{2}$</td></tr>
<tr><td rowspan="2">分支管道</td><td>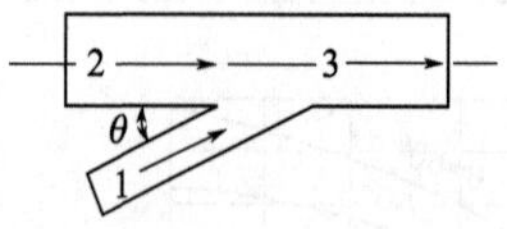</td><td>$q=q_{v1}/q_{v3}$　$m=A_1/A_3$　$n=d_1/d_3$
管 1：流量 q_{v1}，管径 d_1，截面积 A_1
管 3：流量 q_{v3}，管径 d_3，截面积 A_3
$\zeta_{13}=-0.92(1-q)^2-q^2[(1.2-n^{\frac{1}{2}})(\cos\theta/m-1)+0.8(1-1/m^2)-(1-m)\cos\theta/m]+(2-m)q(1-q)$
$\zeta_{23}=0.03(1-q)^2-q^2[1+(1.62-n^{\frac{1}{2}})(\cos\theta/m-1)-0.38(1-m)]+(2-m)q(1-q)$</td></tr>
<tr><td>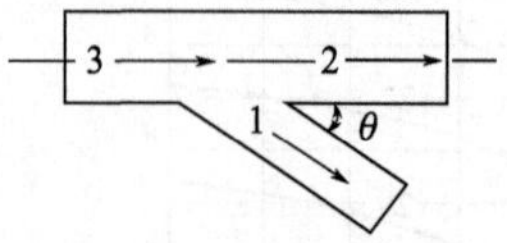</td><td>$\zeta_{31}=-0.95(1-q)^2-q^2[1.3\cot(180-\theta)/2-0.3+(0.4-0.1\mathrm{m})/\mathrm{m}^2]\times[1-0.9(n/m)^{\frac{1}{2}}]-0.4q(1-q)(1+1/m)\cot(180-\theta)/2$
$\zeta_{32}=-0.03(1-q)^2-0.35q^2+0.2q(1-q)$</td></tr>
<tr><td>普通Y型对称分岔管道</td><td>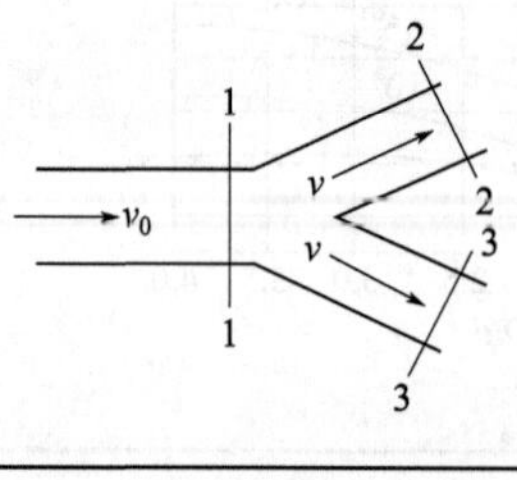</td><td>$\zeta=0.75$</td></tr>
</table>

<table>
<tr><th>类型</th><th>示意图</th><th>局部损失系数</th></tr>
<tr><td>闸阀</td><td>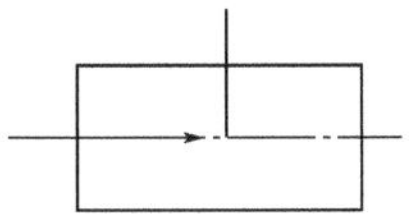</td><td>
<table>
<tr><td>开度/%</td><td>10</td><td>20</td><td>30</td><td>40</td><td>50</td><td>60</td><td>70</td><td>80</td><td>90</td><td>100</td></tr>
<tr><td>ζ</td><td>60</td><td>16</td><td>6.5</td><td>3.2</td><td>1.8</td><td>1.1</td><td>0.60</td><td>0.30</td><td>0.18</td><td>0.1</td></tr>
</table>
</td></tr>
<tr><td>球阀</td><td>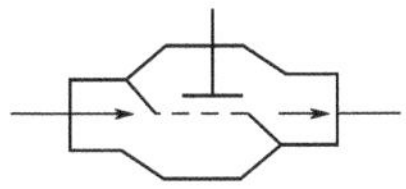</td><td>
<table>
<tr><td>开度/%</td><td>10</td><td>20</td><td>30</td><td>40</td><td>50</td><td>60</td><td>70</td><td>80</td><td>90</td><td>100</td></tr>
<tr><td>ζ</td><td>85</td><td>24</td><td>12</td><td>7.5</td><td>5.7</td><td>4.8</td><td>4.4</td><td>4.1</td><td>4.0</td><td>3.9</td></tr>
</table>
</td></tr>
<tr><td>蝶阀</td><td>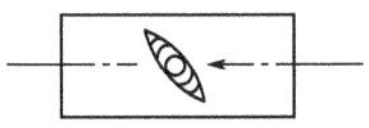</td><td>
<table>
<tr><td>开度/%</td><td>10</td><td>20</td><td>30</td><td>40</td><td>50</td><td>60</td><td>70</td><td>80</td><td>90</td><td>100</td></tr>
<tr><td>ζ</td><td>200</td><td>65</td><td>26</td><td>16</td><td>8.3</td><td>4</td><td>1.8</td><td>0.85</td><td>0.48</td><td>0.3</td></tr>
</table>
</td></tr>
</table>

(3) 液氮泵出液与回液管标高差引起的阻力损失

液氮泵出液与回液管标高差引起的阻力损失计算公式如下：

$$\Delta P_3 = \Delta h \rho g \tag{24-15}$$

式中 ΔP_3——液氮泵出液与回液管标高差引起的阻力损失，Pa；

Δh——液氮泵出液与回液管标高差，m；

ρ——液氮密度，kg/m^3；

g——重力加速度，$9.8m/s^2$。

(4) 确定液氮泵的扬程

液氮泵的扬程 $P \geqslant 1.15\Delta P_0$（液氮沿程总阻力）。

24.8.5.3 液氮管路内径计算

液氮管路内径由下式给出：

$$D = \sqrt{\frac{4G}{\pi v}} \tag{24-16}$$

式中 D——管路内径，m；

G——液氮泵体积流量，m^3/s；

v——管路中液氮流速，流速不能过大或过小，经济流速 $v=2m/s$。

24.8.5.4 热沉液氮系统热负荷计算

(1) 热沉热负荷

热沉热负荷分两种工况：热沉启动过程中的热负荷及热沉运行中的热负荷。

① 热沉启动工况热负荷　热沉启动过程中的热负荷及计算公式见表 24-13。

表 24-13　热沉启动工况的热负荷及计算公式　　单位：W

序号	热沉热负荷类型	计算公式
1	热沉对真空容器内壁辐射换热热负荷 Q_1 热沉启动过程是非稳态换热，而公式(1)是稳态换热，故只能作为设计参考。	$Q_1 = 5.67 \times 10^{-8} \bar{\varepsilon} A_1 (T_1^4 - T_2^4)$　(1) $\bar{\varepsilon}$——平均发射率； A_1——热沉外表面积，m^2； T_1——热沉温度，K； T_2——真空容器温度，K； $\bar{\varepsilon} = \dfrac{\varepsilon_1 \varepsilon_2}{\varepsilon_2 + A_1/[A_2(1-\varepsilon_2)\varepsilon_1]}$　(2) ε_1——热沉外表面发射率； ε_2——真空容器内表面发射率
2	热沉支承及液氮进出口传导热 Q_2	$Q_2 = \dfrac{A}{L}\lambda(T_1 - T_2)$　(3) A——构件截面面积，m^2； λ——构件材料热导率，W/(m·K)； L——构件长度，m； T_1——冷端温度，K； T_2——热端温度，K
3	热沉材料降温耗热量 Q_3 （热沉平均降温速率：1℃/min）	$Q_3 = \dfrac{1}{60} G C_p \overline{\Delta t}$　(4) G——热沉质量，kg； C_p——热沉材料比热容，J/(kg·℃)； $\overline{\Delta t}$——热沉平均降温速率，1℃/min
4	热沉内构件及试件对热沉的辐射热 Q_4	热量计算用公式见本表中(1)、(2)
5	真空容器中残余气体分子热传导 Q_5	计算公式见第 7 章 7.2 节，由于热量很小，设计时可以不计
6	玻璃窗口辐射损失	窗口面积相对真空容器内表面积很小，可以不另外计算

② 热沉运行工况热负荷　热沉运行时太阳模拟器或加热笼启动，是很大的热负荷，另外试件也处于工作状态，产生了热负荷。热沉运行工况热负荷及计算公式见表 24-14。

表 24-14　热沉运行工况热负荷及计算公式　　单位：W

序号	热沉热负荷类型	计算公式
1	热沉对真空容器内壁辐射换热热负荷 Q_1	见表 24-13 中公式(1)
2	热沉支承及液氮进出口传导热 Q_2	见表 24-13 中公式(3)
3	太阳模拟器辐照试件产生的热负荷 Q_6	$Q_6 = Aq$　(5) A——模拟室内太阳模拟器光束面积，m^2； q——模拟室内太阳模拟器光束热流密度，W/m^2
4	红外加热笼功率产生的热负荷 Q_7	粗略计算公式： $Q_7 = \eta N$　(6) η——加热笼效率，一般取 $\eta = 0.8$ 左右； N——加热笼电功率，W
5	试件供电产生的热负荷 Q_8	$Q_8 \approx N$　(7) N——试件供电功率，W

③ 热沉总的热负荷分两种情况计算，两者中选大者。

ⅰ. 当 Q_7（或 Q_6）$+Q_8>Q_3$ 时，则热沉热负荷 Q_R 由下式计算：

$$Q_R=Q_1+Q_2+Q_4+Q_7(或Q_6)+Q_8 \tag{24-17}$$

ⅱ. 当 Q_7（或 Q_6）$+Q_8<Q_3$ 时，则热沉 Q_R 由下式计算：

$$Q_R=Q_1+Q_2+Q_3+Q_4 \tag{24-18}$$

(2) 液氮管路热负荷

液氮管路热负荷主要由管路材料降温、管路保温热损失以及管路元件热损失构成。液氮管路热负荷 θ_L 计算见表 24-15。

表 24-15　液氮管路热负荷计算　　单位：W

序号	热沉热负荷类型	计算公式
1	管道保温损失引起的热负荷 Q_{1L}	$Q_{1L}=2\pi\lambda L(T_2-T_1)(\ln\frac{D_2}{D_1})^{-1}$　(1) λ——绝热材料热导率，W/(m·K)； L——液氮管路长度，m； T_2——绝热层外管温度，K； T_1——绝热层内管温度，K； D_2——绝热层外管直径，m； D_1——绝热层内管直径，m； 或　$Q_{1L}=\alpha A(T_w-T_f)$　(2) α——管道外表面与周围空气传热系数，一般 $\alpha=8.14\text{W}/(\text{m}^2\cdot\text{K})$； T_w——管道外壁温度，K； T_f——周围空气温度，K
2	管道材料降温时热负荷 Q_{2L}	同表 24-13 中公式(4)
3	管道支承热负荷 Q_{3L}	同表 24-13 中公式(3)
4	液氮泵功率引起的热量损失 Q_{4L}	$Q_{4L}=\eta N$　(3) η——液氮泵功率损失率，一般取 $\eta=0.3$ 左右； N——液氮泵功率，W
5	中型过冷器热负荷 Q_{5L}	约 300W
6	安全阀、放空阀、截止阀热负荷 Q_{6L}	每只约 47W
7	稳压杜瓦热负荷 Q_{7L}	约 400W
8	杜瓦管热负荷 Q_{8L}	约 0.13W/m 或供应商提供
9	管路接头(含波纹管)热负荷 Q_{9L}	约 0.43W

注：序号 5～9 仅供参考。

液氮管路总的热负荷按下式计算：

$$Q_L=Q_{1L}(或 Q_{8L})+Q_{2L}+Q_{3L}+Q_{4L}+Q_{5L}+Q_{6L}+Q_{7L}+Q_{9L} \tag{24-19}$$

24.8.5.5　热沉液氮系统的总热负荷及液氮耗量

① 热沉液氮系统的总热负荷由两部分构成：a. 热沉热负荷 Q_R；b. 液氮流程热负荷 Q_L。计算公式如下：

$$Q_0=Q_R+Q_L \tag{24-20}$$

式中　Q_0——热沉液氮系统总热负荷，W；

Q_R——热沉热负荷，W；

Q_L——液氮流程热负荷，W。

② 热沉液氮系统消耗液氮量分两种工况：热沉启动工况及热沉运行工况。

a. 热沉启动工况耗液氮量由下式给出

$$G_j = \frac{Q_j}{\gamma} \cdot t \tag{24-21}$$

式中 G_j——热沉降温工况所耗液氮量，kg；

Q_j——热沉液氮系统降温工况的总热负荷 $Q_j = Q_1 + Q_2 + Q_3 + Q_4 + Q_{1L}$（或 Q_{8L}）$+ Q_{2L} + Q_{3L} + Q_{4L} + Q_{6L} + Q_{9L}$，kJ/s；

γ——液氮的汽化潜热，$\gamma = 198$kJ/kg；

t——降温时间，s。

b. 热沉运行工况热负荷耗液氮量由下式给出

$$G_y = \frac{Q_y}{\gamma} \cdot t \tag{24-22}$$

式中 G_y——热沉运行工况所耗液氮量，kg；

Q_y——热沉液氮系统运行工况的总热负荷 $Q_y = Q_1 + Q_2 + Q_4 + Q_7$（或 Q_6）$+ Q_8 + Q_{1L}$（或 Q_{8L}）$+ Q_{3L} + Q_{4L} + Q_{5L} + Q_{6L} + Q_{7L} + Q_{9L}$，kJ/s；

γ——液氮的汽化潜热，$\gamma = 198$kJ/kg；

t——降温时间，s。

24.8.5.6 液氮泵、过冷器、液氮储槽选型

① 液氮泵　根据式（24-10）计算出液氮泵的流量值，又依式（24-11）得到液氮泵的扬程值，即可以选择液氮泵的型号。

② 液氮储槽　根据式（24-21）及式（24-22）计算值，以及试验周期作为参考值，可以确定液氮储槽容积。

③ 过冷器　根据热负荷大小及过冷度要求，便可以确定过冷器。

24.8.6 热沉降温时间

液氮热沉设计时，其中有一个指标为降温速率，即单位时间内温度的变化率（K/min 或 K/s），为此需要计算降温时间。影响热沉降温时间的因素有：热沉材料的热容、热沉支管与液氮的换热、支管翅片与真空容器之间的换热。本节只讨论鱼骨式热沉支管换热及降温问题。热沉降温过程是非稳态的，而下面给出的换热公式都是热沉处于稳态时的公式，故只能作为设计参考。

(1) 热沉支管的热容

热沉支管材料的热容按下式计算：

$$Q = GC_p(T_1 - T_2) \tag{24-23}$$

式中 Q——热沉支管材料的热容量，J；

G——支管质量，kg；

C_p——材料比热容，J/(m^3 · K)；

T_1——支管初始温度，K；

T_2——支管最终温度，K。

(2) 热沉支管与流动的液氮间的换热系数

液氮初注入热沉，热沉支管与液氮之间为沸腾换热，其换热系数 α 计算见式（24-7）。

(3) 热沉支管翅片与真空容器的换热

热沉支管翅片与真空容器及容器内构件之间为辐射换热，按表 24-13 中式（1）计算出辐射损失的热流量 Q_2。

(4) 热沉支管总传热系数

热沉支管总传热系数按下式计算

$$K=\frac{1}{\frac{1}{\alpha}+\frac{\delta}{\lambda_1}+\frac{L}{\lambda_2}} \tag{24-24}$$

式中 K——热沉支管总传热系数，W/(m^2·K)；

α——支管内壁与液氮之间传热系数，见式（24-7），W/(m^2·K)；

δ——热沉支管壁厚，m；

λ_1——支管材料的热导率，W/(m·K)；

λ_2——翅片材料的热导率，W/(m·K)；

L——翅片长度，m。

(5) 支管中对流换热为翅片提供的热量

管中液氮为翅片提供的热量按下式计算

$$Q_1=KA\Delta t \tag{24-25}$$

式中 Q_1 液氮为翅片提供的热流量，W；

K——热沉支管总传热系数，W/(m^2·K)；

A——翅片截面面积，m^2；

Δt——算数平均温差，K，$\Delta t=(t_{max}-t_{min})/2$。

由于高温端温度是不断变化的，此式只能作为近似计算参考。

(6) 计算降温时间

热沉支管管壁较薄，降温时间较短，可以忽略不计。翅片较宽，主要计算翅片降温时间。翅片降温时间按下式计算

$$t=\frac{Q}{Q_1-Q_2} \tag{24-26}$$

式中 t——翅片降温时间，s；

Q——翅片热容量，J；

Q_1——液氮为翅片提供的热流量，W；

Q_2——翅片损失热流量，W。

24.9 热沉气氮调温流程设计

热沉气氮调温流程使用气氮作为载热或载冷工质通入热沉中使之调温，温度调节范围为－150～＋150℃，适于大中型空间热真空试验设备。

24.9.1 气氮调温流程原理

气氮调温流程以氮气作为载冷（热）介质，将冷量或者热量传给热沉。氮气采用循环风机进行驱动，流程原理如图 24-74 所示，循环风机排出的气氮经水冷热交换器得到一定的温度后进入回热器，利用热沉出口氮气的余热与其进行热交换，使之升温或降温，再经过气氮加热器或混合器进行换热至控制温度后进入热沉，使热沉得到所需温度。

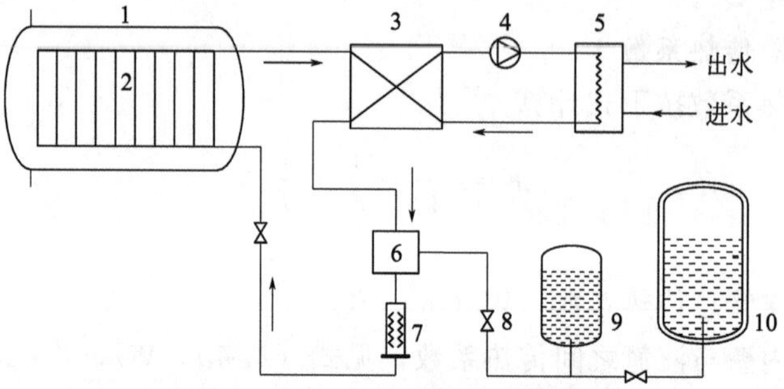

图 24-74 喷射液氮式调温流程

1—真空容器；2—热沉；3—回热器；4—风机；5—水冷换热器；6—混合器；7—加热器；8—控液阀；9—带压杜瓦；10—液氮储槽

本流程为热沉提供两种工况，如下所述。

① 热沉高温工况　高温工况运行时，关闭液氮调节阀。由水冷热交换器（也称水冷板换）出来的常温气体进入回热器，在回热器中与热沉排出来的高温氮气进行换热，使之升温，达到利用余热的目的；而进入风机的气体在回热器中已经进行了换热，气体温度近于常温，维持风机在正常的工作温度下运行，再经加热器调温后进入热沉。流程的特点是利用了热沉排出的气体余热，达到节能目的。

② 热沉低温工况　开启液氮控液阀，液氮借助于带压杜瓦中的压力，将液氮喷射到混合器，在混合器中液氮气化产生的潜热与冷氮气进行换热使之降温，经加热器精确调温后进入热沉，使之得到所需低温。低温工况向混合器中喷射液氮量由液氮控液阀自动控制。

液氮流程中主要部件有高压风机、混合器、加热器、带压杜瓦、液氮控液阀、液氮储槽、回热器、水冷热交换器等。各部件的功能如下所述。

① 高压风机　为氮气在热沉中循环提供动力，风机流量需满足流程热负荷要求，风机压头可以克服流程管路系统的阻力。

② 回热器　为板壳式换热器，效率达 90%。热沉在低温工况可节省液氮，在高温工况可以节省电能。充分利用了热沉出来的氮气余热，达到节能目的。

③ 水冷热交换器　热沉运行于高温工况时，使高温气体降温；在低温工况时，使热沉出来的低温气体升温，确保高压风机在使用温度范围内。另外可以带走风机运行时产生的热量，保持回热器进口的温度。

④ 混合器　在混合器中冷热氮气与喷射液氮进行了充分的换热，使冷氮气降温，再经加热器调温后送热沉。

⑤ 液氮控液阀　根据流程的需求，通过控液阀的不同开度向混合器中喷入一定量的液氮，是流程关键元件之一。

⑥ 加热器　加热器为电阻式加热，用于加热氮气。加热元件可以选电热管式（用不锈钢管做的电热元件），也可以用普通电热管（市场产品）加热，出口温度自动调节，控

温精度达±1℃。

⑦ 常压杜瓦　为自增压杜瓦，保持一定的压力，借助杜瓦压力使液氮喷射到混合器中。

⑧ 液氮储槽　为流程提供液氮，同时配有汽化器为流程提供氮气，另外还可以用于真空容器复压。

图 24-75 为杜瓦式调温流程，此流程与喷射液氮式调温流程不同的是用杜瓦代替了混合器，热沉在低温工况运行时，冷氮气借助于杜瓦中液氮进行换热降温，而杜瓦中液氮沸腾潜热为冷氮气提供降温热量。国外有的大型热真空设备采用此流程，与喷射式制冷机相比，耗液氮高。

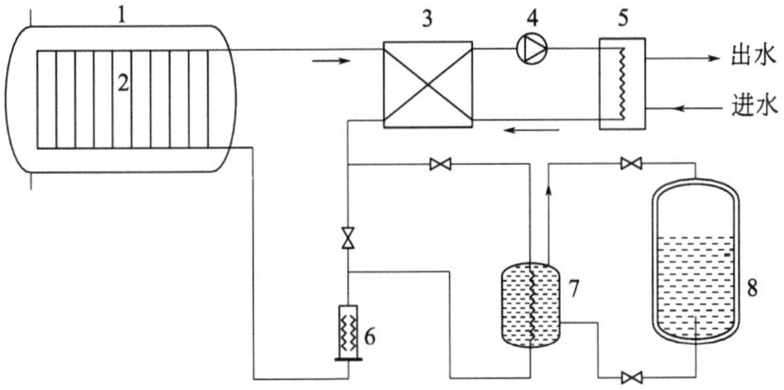

图 24-75　杜瓦式调温流程

1—真空容器；2—热沉；3—回热器；4—风机；5—水冷换热器；6—加热器；7—杜瓦；8—液氮储槽

图 24-76 为液氮板换式调温流程，流程运行与上述两个流程相同，所不同之处是利用液氮板换使冷氮气进一步降温，达到热沉低温工况所需的温度。兰州空间技术物理研究所研制的中型热真空设备气氮流程使热沉的温度均匀性达±2℃。

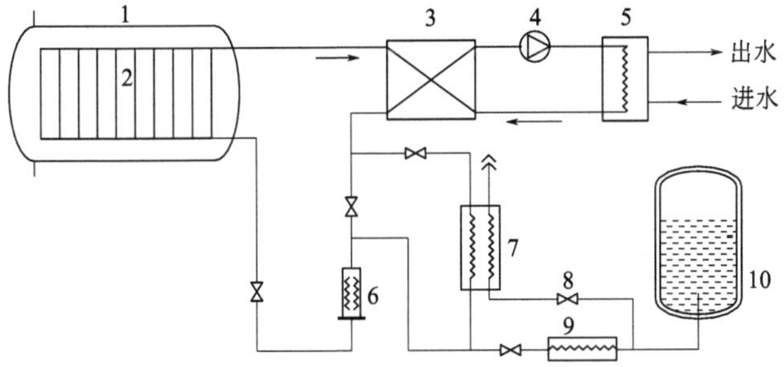

图 24-76　液氮板换式调温流程

1—真空容器；2—热沉；3—回热器；4—风机；5—水冷换热器；6—加热器；7—液氮板换；8—控液阀；9—汽化器；10—液氮储槽

24.9.2　调温流程设计

气氮调温热沉的技术难点是使用热容量较小的氮气来调节热沉温度。为此需要风机具有足够大的流量。满足流量较大，而体积较小的风机有两种：离心风机和罗茨风机。

气氮调温流程计算与液氮流程计算基本相同，热沉在运行工况时，风机风量按下式计算：

$$G=\frac{Q_0}{C_p\,\Delta t\rho} \tag{24-27}$$

式中　G——风机风量，m^3/s；

C_p——氮气比热容，$J/(kg \cdot K)$；

Δt——热沉氮气进出口温差，一般 $\Delta t = 10K$；

ρ——氮气平均密度，kg/m^3；

Q_0——氮气流程总的热负荷（热沉热负荷＋管路热负荷，计算方法参见 24.8.5 节），J/s。

气氮流程管路内径按下式计算：

$$D = \sqrt{\frac{4G}{\pi v}} \tag{24-28}$$

式中　D——气氮流程管路内径，m；

G——风机风量，m^3/s；

v——管路中气氮流速，通常 $v = 6m/s$。

风机在管路中的压力损失由两部分构成，即管路沿程阻力与管路元件的局部阻力，计算公式如下：

$$\Delta P_0 = \Delta P_1 + \Delta P_2 \tag{24-29}$$

式中　ΔP_0——管路总阻力（风机压头），Pa；

ΔP_1——管路沿程阻力，计算参见 24.8.5.2，Pa；

ΔP_2——管路元件局部阻力之和，计算参见 24.8.5.2，Pa。

得到管路总的阻力之后，便可以确定风机压头。由风机风量和风机压头即可以选择风机型号。

24.9.3　国外大型热真空设备氮气调温流程

(1) 美国 PDM 公司的真空热试验设备

美国 PDM 公司生产的真空热试验设备配置有气氮调温热沉，可以使热沉温度在 117～394K 范围内可调，升降温速率可以达到 1.1K/min，系统可承受 50kW 的热负荷。该设备的气氮调温系统如图 24-77 所示。气氮调温热沉外流程采取单向密闭循环，氮气由两个汽化器提供，每个汽化器可连续 8h 产生 $1870m^3/h$ 的氮气。氮气经 6 个气化单元调节后输入热沉中，通过控制气化单元的输出量来控制氮气流量和温度。气化单元由低温涡轮循环器、电加热器和液氮喷射器组成，其中涡轮循环器配备变频电机进行调速。每个单元都有一个本地 PLC 来控制涡轮速度、循环压力、液氮喷射速率和电加热器功率。本地 PLC 控制单元通过数字方式连接到设备 PLC 系统中，实现集中控制。

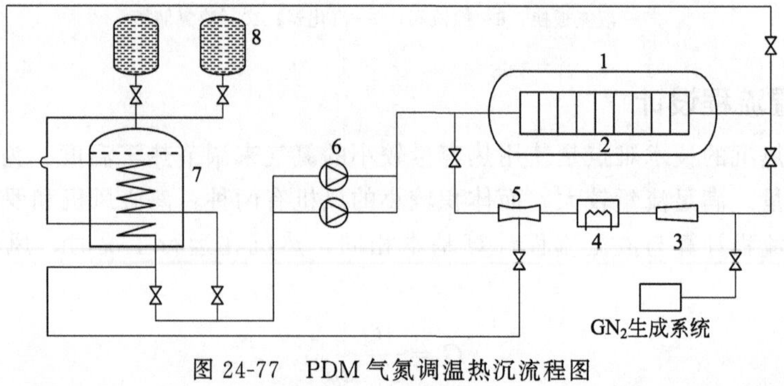

图 24-77　PDM 气氮调温热沉流程图

1—真空容器；2—热沉；3—压缩机；4—电加热器；5—喷射器；6—LN_2 泵；7—LN_2 再冷却器；8—LN_2 储槽

(2) 美国戈达德空间飞行中心的真空热试验设备

美国戈达德空间飞行中心的真空热试验设备采用氮气对热沉进行调温，热沉温度调节范围为 103～423K，升降温速率最小为 6K/min。调温系统主要包括：三级离心风机、加热器和液氮换热器等，其流程如图 24-78 所示。风机为系统提供了约 $374m^3/h$ 的氮气；加热器的外壳为直径 0.914m 的管状结构，每个换热模块包括 1 个 1.6kW 的 IR 石英灯和 1 副阳极氧化铝翅片；液氮换热器为壳管式结构，管中走氮气，壳体中走液氮，通过液氮气化来降低管中氮气温度。此外，液氮换热器中安装安全阀，可以保证氮气循环压力维持在 20.67kPa。

(3) 美国 SS/Loral 公司的真空热试验设备

美国 SS/Loral 公司的真空热试验设备的气氮调温热沉可以使热沉温度在 93～423K 之间可调。外流程采用 PSI 公司生产的 XLTCU-1000 气氮集成系统，其原理如图 24-79 所示。该套系统包括高速离心风机、沉浸式电加热器、螺旋管式换热器、阀门和传感器等，控温精度±1K，氮气密度 $6.41kg/m^3$，流量 $1150m^3/h$。在进行制冷循环时，电加热器不工作，氮气在换热器中与液氮进行换热，达到规定的温度；在加热循环时，电加热器对氮气进行加热，获得规定温度。

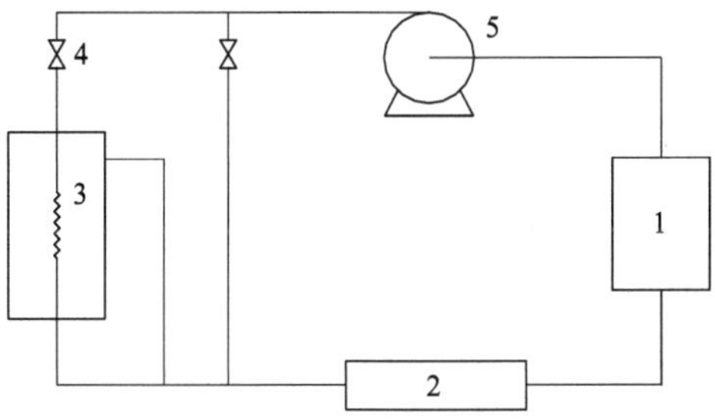

图 24-78 PDTVS 气氮调温热沉流程图

1—热沉；2—换热器；3—蒸发器；4—联动蝶阀；5—风机

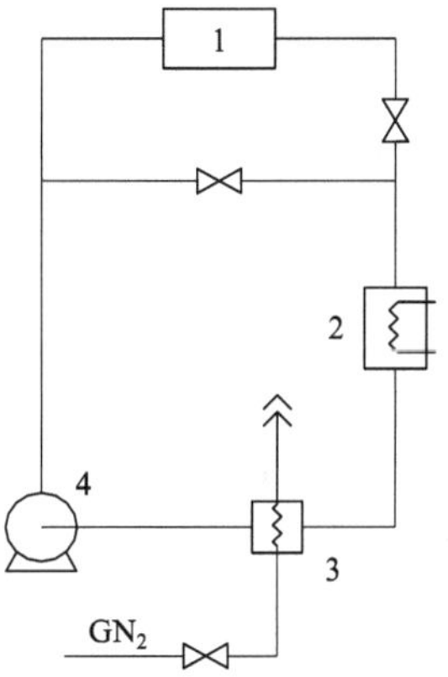

图 24-79 XL TCU-1000 气氮调温热沉原理图

1—热沉；2—电加热器；3—冷却器；4—风机

(4) 印度 ISRO 卫星中心的真空热试验设备

印度 ISRO 卫星中心的真空热试验设备采用液氮/气氮/空气开式循环系统，使热沉温度在 80～398K 之间可调，图 24-80 为该设备系统原理示意图。调温热沉外流程由液氮杜瓦、加热器、流量控制阀、压力调节阀、放空阀和储存罐组成，直接将液氮喷射进入热沉管路中来降温，通过开/关流量控制阀来控制流量，获得 100～300K 的热沉温度：液氮蒸发系统可以使热沉温度达到 80K；通过气氮/空气开式系统对热沉进行加热，获得 300～398K 的温度。热沉从常温降到 100K 需要 60min，从常温升至 398K 需要 30min，热沉温度均匀度为±2K，控温精度±1K。

(5) 美国 Martin Marietta 公司的真空热试验设备

美国 Martin Marietta 公司的真空热试验设备配置的气氮调温热沉温度控制范围为 94～394K，升降温速率为±1.1K/min。调温热沉外流程由 CVI 公司设计并制造，氮气循环设备使用75HP涡轮风机，一台100kW的电加热器和液氮混合器作为调温设备，该设备系统流程如图24-81所示。涡轮风机能够自动调节转速，即控制器根据涡轮的负荷反馈自动调节速度。当氮气需要加热时，启动电加热器；当氮气需要降温时，向液氮混合器中注入液氮。电加热器和液氮混合器都由温度控制器控制，过量的氮气可以通过在放空管道上的压力调节阀控制，还可以通过从氮气储存罐出来的气氮供应管路上的压力调节阀控制流量。

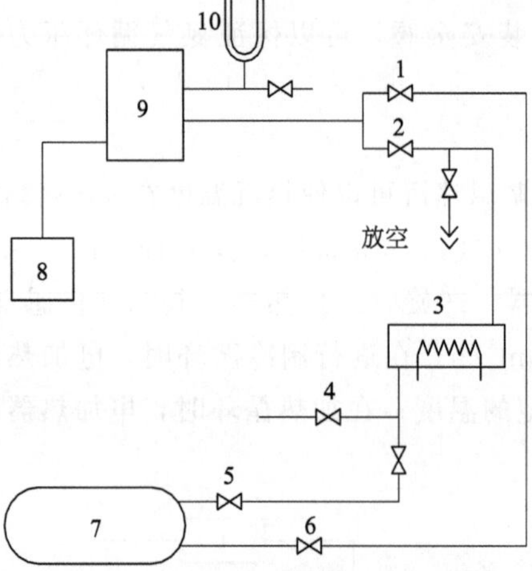

图24-80 ISRO设备调温热沉原理图

1—LN_2调节阀；2—GN_2调节阀；3—换热器；4—空气阀；5—GN_2输出阀；6—LN_2输出阀；7—LN_2杜瓦；8—温度控制系统；9—热沉；10—LN_2汽化器

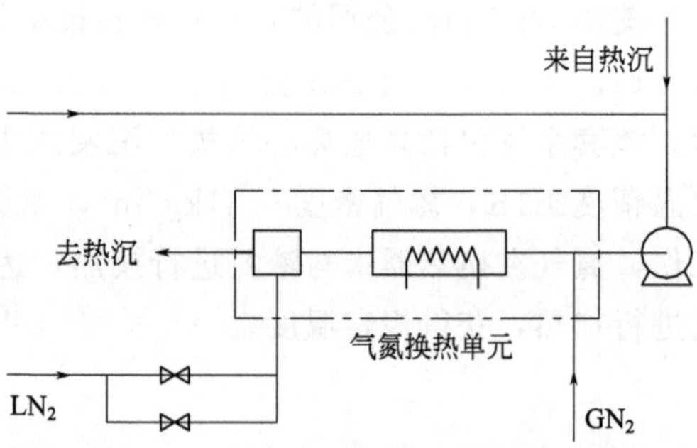

图24-81 Martin Marietta气氮调温热沉原理图

(6) 美国Bemco公司的AH系列真空热试验设备

美国Bemco公司生产的AH系列真空热试验设备均配置调温热沉，根据热沉温度要求的不同，该系列真空热试验设备可选用机械制冷或液氮制冷等方式获得冷源；热源选用电加热的方式：载冷剂可选择氮气或耐高低温的导热液，载冷剂循环使用磁密封齿轮泵（magnetically sealed gearpump）或磁密封离心泵（magnetically sealed centrifugal pump），使热沉温度在－170～150℃范围内可调。不同循环温度控制范围如表24-16所示。

表24-16 标准设备性能参数

热沉中流体类型	制冷方法	加热方法	试件热负荷	温度调节范围/℃
载冷剂	液氮换热器	电加热	中到高	－85～150
	机械制冷			－65～150
氮气	液氮换热器		低到高	－170～150
	机械制冷			－65～150

24.10 热沉导热油流程设计

(1) 热沉导热油流程原理

导热油流程是为航天产品作热真空试验用的流程，其工质是硅油，热沉温度范围为

－65～150℃，取决于导热油温度范围，适于中小型热真空试验设备。

导热油流程原理如图 24-82 所示。主要由热油交换板换、加热器、循环泵、膨胀箱、两级复叠制冷机组构成。

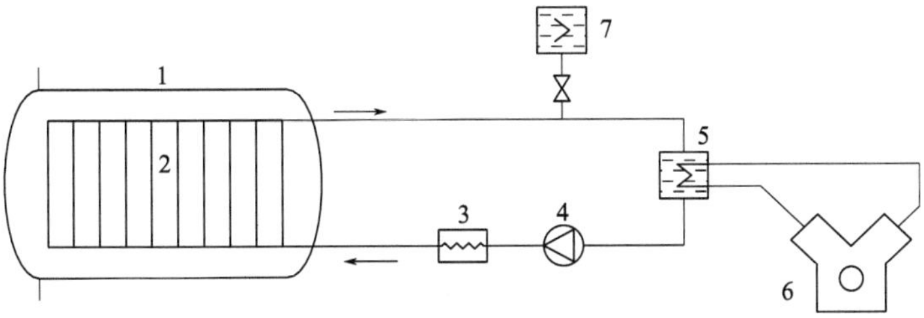

图 24-82　热沉导热油流程

1—真空容器；2—热沉；3—电加热器；4—循环泵；5—导热油板式换热器；6—两级复叠制冷机组；7—膨胀箱

热沉导热油循环分两种工况，即高温工况与低温工况。

① 热沉高温工况　此工况制冷机组停止工作。硅油经加热器加热后，达到所需要的温度，由循环泵送入热沉，构成高温工况循环。在热真空试验时，高温与低温两种工况进行周期性的改变，硅油由低温变为高温时体积增大，管路中的油一部分进入膨胀箱中储存。

② 热沉低温工况　开启制冷机组，在热油板换中换热使油降温，然后经加热器调温，由循环泵注入热沉中。

导热油流程热沉温度均匀性好，流程简单。但低温工况热沉到－65℃，使其应用受到一定的限制。硅油流程若热沉发生泄漏，会污染航天产品，特别是光学产品可能引起报废。制造热沉时需严格检漏，控制好漏率，并要确保热沉结构强度。

(2) 导热油流程中各种部件功能

① 两级复叠制冷机组　是流程中的冷源，制冷机组的蒸发器在热油板换中与硅油进行换热，使之降温。

② 电加热器　是流程中的热源，用以加热硅油。

③ 循环泵　为导热油循环提供动力，构成热沉闭式循环。

④ 膨胀箱　热沉热工况时，硅油被加热，体积增大，管路容纳不下，硅油可进入膨胀箱暂时储存。

⑤ 导热油板式换热器　在板换中使硅油由热油变为低温油，冷量由两级复叠式制冷机组提供，制冷机流程见图 24-83。

(3) 两级复叠制冷机组流程

图 24-83 为兰州空间技术物理研究所研制的小型热真空设备复叠式制冷机组流程原理图。复叠机组由两台压缩机构成，R404 压缩机为高温机，R23 压缩机为低温机。其循环简述如下。

① R404 压缩机　压缩机工质为 R404，压缩进气口吸入低温低压的 R404 蒸气，经压缩后变为高温高压蒸气，由排气口排出进入冷凝器中，冷凝成 R404 液体，进入节流阀 1，由于节流阀小孔的节流作用，使之压力下降到蒸发压力，进入 R404 蒸发器蒸发，并吸收 R23 热量，达到冷却 R23 的目的，蒸气由进气口返回 R404 压缩机，完成循环。

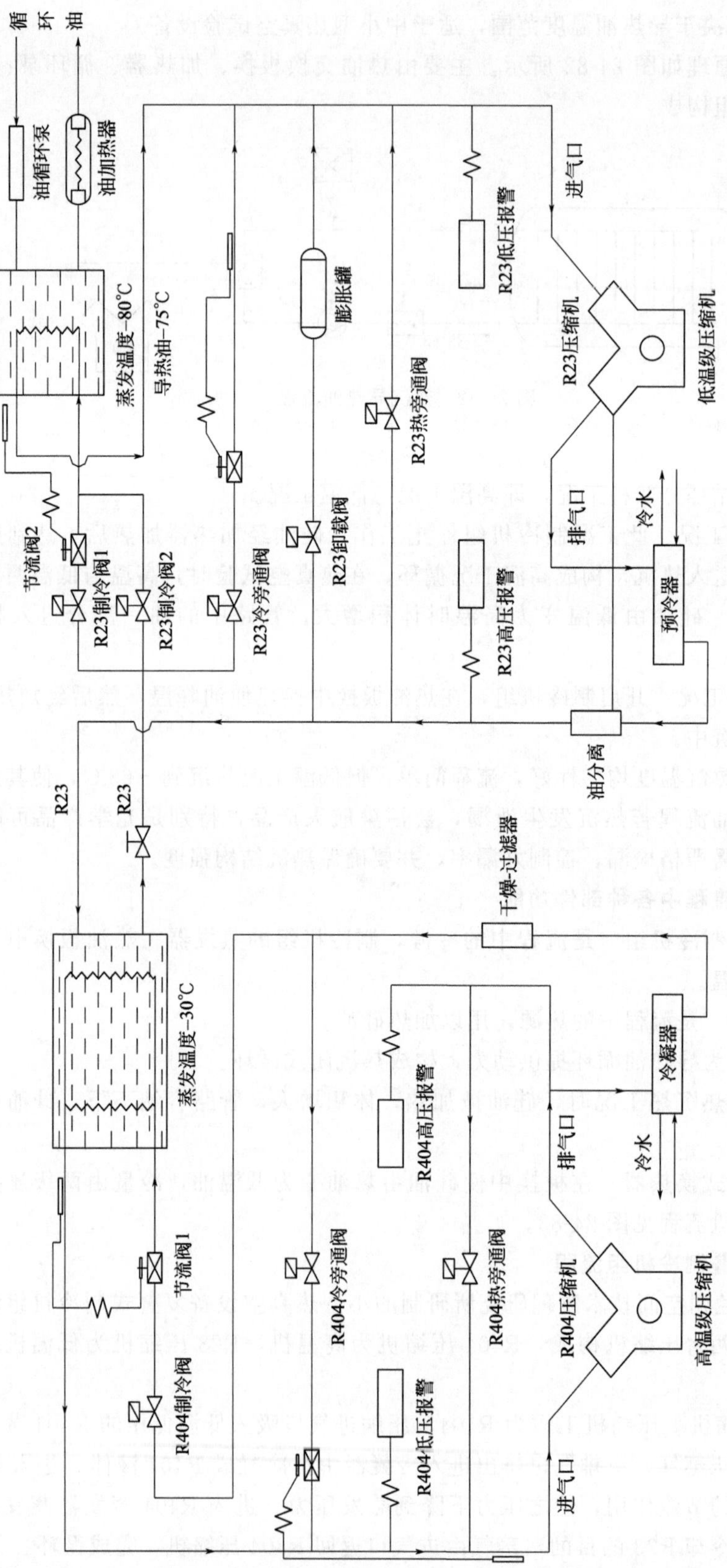

图 24-83 两级复叠制冷机组流程

② R23 压缩机　压缩机工质为 R23，由进气口吸入 R23 蒸气，被压缩到预冷器，在预冷器中，R23 蒸气冷凝成液体。进入 R404 蒸发器使 R23 液体进一步冷却，并通过节流阀 2 降压至蒸发压力，进入导热油交换板换，使 R23 蒸发吸收导热油的热量，使导热油降温至－75℃左右。R23 蒸气返回 R23 压缩机完成循环。

制冷系统安装时需进行干燥处理，并注意抽真空和密封，必须严格掌握制冷剂的含水量标准，因为空气及进入系统的水分会给系统带来下列影响。

a. 由于节流降温，使水分在节流处产生“冰塞”，而使系统循环停顿，影响正常工作；

b. 在高温处水分会使氟利昂产生分解，腐蚀系统金属或电动机绕组，产生镀铜现象，分解产生的不凝性气体和空气会增加压缩机的功耗并减少制冷量；

c. 水分还会加速润滑油的老化，给压缩机运转带来障碍。

所以，氟利昂制冷系统一定要注意密封，以便防止制冷剂的泄漏和空气因系统内部压力低于大气压力时进入系统。在氟利昂液体管道上还安装了干燥器。高温级冷凝器冷却水管道中安装冷凝压力调节阀，防止机组冷却水温变化影响压缩机的运行。

(4) 导热油流程计算

导热油流程计算主要确定两个部件选型，即循环泵及两级复叠制冷机组，说明如下。

① 流程热负荷管路直径计算参阅 24.8 节。根据热沉系统热负荷确定两级复叠制冷机组。

② 流程中循环泵流量及扬程计算参阅 24.8 节，进而选择循环泵的型号。

24.11 红外加热笼设计

航天器部件、组件热平衡试验所需外热流模拟经常采用红外加热笼。红外加热笼常以电阻片为加热元件的红外模拟器，电阻片选用镍铬钢或不锈钢带制成，带宽 6～10mm，带的内表面，即朝向航天产品的一面涂黑漆（增加与航天产品的换热），背面抛光以减少热辐射损失。设计时，将红外加热笼化分成若干同航天产品相对应的等温区，近似的认为每个区中热流分布均匀相等，通过调节加热功率改变航天产品所吸收的热流。对于有凸形表面的航天产品，虽然自身各区的辐射相互间没有影响，但航天产品上的一个区吸收的热流受到加热笼几个加热区的热流影响，必须调整有关设计参数。加热笼的优点是结构简单、加工容易、造价低，同时加热时离开航天产品，不损坏表面状态。缺点是对于外形复杂、凹形表面和具有多种涂层的航天产品不易满足热平衡试验要求。

在进行航天器的热真空试验时，经常选用红外加热笼作为加热手段，红外加热笼的设计直接决定了热真空试验是否能够顺利进行。红外加热笼在设计时，一般需要确定选用什么类型的加热带，以及加热带的覆盖系数，而这些参数是通过热设计来确定的。热真空试验时试件要满足高低温的要求，如果覆盖系数太小，高温就可能不能满足要求；而如果覆盖系数过大，又会出现降温太慢甚至低温不能满足要求的情况，从而增加试验成本，降低试验成功的可靠性。因此，在红外加热笼设计时，进行热设计计算是非常重要的一个环节。杨晓宁给出了角系数方法计算红外加热笼及工程实例。

24.11.1 角系数法计算红外加热笼

进行热平衡试验时，加热笼与试件、热沉的关系如图 24-84 所示。进行计算时，取试

件面积为 $1m^2$，加热笼外框面积为 $1m^2$，而加热笼的加热带实际面积为加热笼覆盖系数 η。

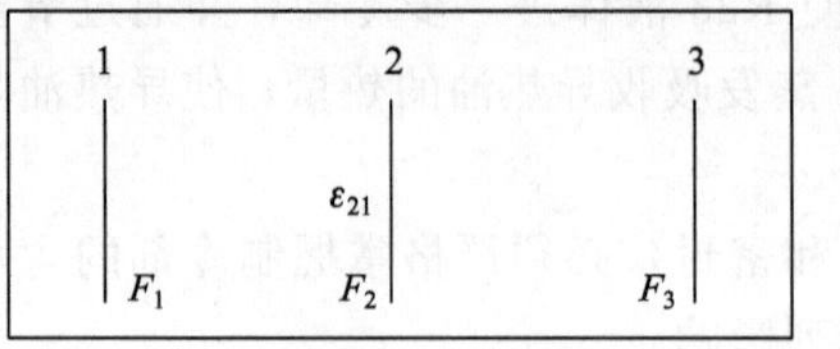

图 24-84　加热笼与试件和热沉相对位置
1—试件；2—加热笼；3—热沉；
F_1—试件表面积；F_2—加热笼内表面积；
F_3—热沉内表面积；ε_{21}—加热笼内表面发射率

在稳态工况下，试件温度保持不变，即试件吸收的热量与试件发出的热量相同。由此列出试件的热平衡方程来进行计算。

试件发出的热量包括 4 个部分：试件对热沉的辐射；试件对加热笼的辐射；加热笼对试件的辐射被试件反射的部分；热沉对试件的辐射被试件反射的部分。而试件吸收的热量，除包括加热笼和热沉对试件辐射的热量外，还包括由试件发出，被加热笼和热沉反射回来后，又被试件吸收的热量。事实上，每一种发射回来的热量被吸收一部分后，又有一部分被反射出去，这样，吸收和发出的热量均是一个无穷项的级数和。

依据上述条件，应用热平衡原理及角系数得加热笼辐射热流密度如下：

$$Eb_2=(Eb_1-Eb_3)\left(\frac{1}{F_1X_{12}}+\frac{1-\varepsilon_{21}}{F_2\varepsilon_{21}}\right)F_1X_{13}+Eb_1 \tag{24-30}$$

式中　Eb_2——加热笼辐射热流密度；

Eb_1——工件辐射热流密度；

Eb_3——热沉辐射热流密度；

F_1——工件表面积；

F_2——加热笼表面积；

ε_{21}——加热笼内表面的发射率；

X_{12}——工件对加热笼的角系数；

X_{13}——工件对热沉的角系数。

(1) 加热带温度的计算

根据公式 $Eb_2=\sigma T_2^4$，可以计算出加热带的温度。

(2) 加热笼设计电流的计算

根据上面计算得到的加热笼黑体辐射热流和加热带两个表面的发射率，可以计算出单位面积（$1m^2$）加热笼两个表面辐射出的总热量 $Q_{总}$：

$$Q_{总}=\eta(\varepsilon_{2内}+\varepsilon_{2外})Eb_2 \tag{24-31}$$

式中，$\varepsilon_{2内}$ 和 $\varepsilon_{2外}$ 分别为加热带朝向试件的表面和朝向热沉的表面的发射率，η 为加热笼覆盖系数。其总热量等于加热笼的发热功率。

根据所选取的加热带的宽度、厚度和电阻率，可以计算加热笼的电阻 $R_{总}$：

$$R_{总}=\rho L\eta/(hb^2) \tag{24-32}$$

式中　ρ——加热带的电阻率，$\Omega\cdot m$；

η——加热笼覆盖系数；

h——加热带厚度，m；

b——加热带宽度，m；

L——加热带长度，m。

由于加热笼的发热功率和电流存在着下面的关系：

$$W_{总} = I^2 R_{总} \tag{24-33}$$

又 $Q_{总} = W_{总}$，可见由式（24-33）计算出加热笼设计电流。

(3) 设计验证

上面的计算，是基于加热笼的有关设计参数都已经确定的情况下进行的计算校核，即所谓的“正问题”，而加热笼的设计实际是一个“反问题”，即在不知道加热笼的这些参数时，通过计算，来确定这些参数。

由于热真空试验要求的是试件的温度满足一定的要求，按此进行加热笼设计，不会得到加热笼设计参数的唯一解。因为该要求是加热笼覆盖系数和加热带宽度的耦合结果。同时改变覆盖系数和加热带宽度两个参数也可以满足同样的要求，因此，在加热笼设计时，实际是在确定一个最优解。基于此，“反问题”的解决是通过“正问题”解的优化来实现的。

在上面的计算中，除试件、加热笼和热沉的表面发射率参数外，只有加热笼覆盖系数和加热带宽度是决定最终计算结果的参数。通过改变加热笼的覆盖系数和加热带宽度来计算设计电流和加热带温度，通过对这些数据的比较，就可以得到加热笼设计的最优解。

在试验过程中，一般选用 120V、4A 的直流电源供电，因此加热笼的电流必须小于 4A，而加热笼电装时一般使用聚四氟乙烯线，温度过高会烧毁导线，造成断路或短路的危险，一般在设计时，希望加热带温度不超过 250℃。

上述计算都是基于理想情况进行的。实际上，加热笼在加工过程中，还存在着一些直接影响加热笼性能的不确定因素，包括加热笼对试件的角系数会由于加热带的扭动而减小，加热带朝向热沉方向的表面可能在加工过程中落上一些污渍而使表面红外发射率增大。虽然也存在着由于不同加热区之间的热耦合而使某加热区的供电电流减小的情况，但是在加热笼实际设计过程中还是要留有足够的余量，以便当上述影响加热笼性能的现象出现时，加热笼有足够的加热能力来满足试验要求。为此，在加热笼设计时，综合考虑各种因素，一般至少留有 30%的加热余量，最好余量在 40%以上：而加热笼设计时，理想情况下的加热笼电流一般不能超过 3.1A，且最大不超过 3.4A。

在满足高温要求的情况下，应该使加热笼的覆盖系数尽量小，否则会造成降温速度太慢或低温不能满足试验要求的情况，而且也会增加试验成本。因此，希望在高温工况下，加热笼加热功率利用率能够控制在 50%～70%范围内。

在为某型号天线热真空试验设计加热笼时，就采用了上面的计算方法，根据高温 91℃、低温－133℃的要求，进行了设计计算，如表 24-17 所示。

表 24-17　某型号天线的加热笼设计参数

覆盖系数	0.25	0.3	0.35	0.4	0.25	0.3	0.35	0.4
加热带宽度/mm	6	6	6	6	8	8	8	8
设计电流/A	3.938	3.585	3.31	3.089	5.25	4.78	4.415	4.119
功率利用率	0.969	0.80	0.685	0.596	1.72	1.42	1.218	1.06
加热带温度/℃	252	228	208	192	252	228	208	192

在加热笼加工中，一般只选择 6mm 或 8mm 宽度的加热带。由表 24-17 的计算结果可以看出，在如此高的高温要求下，8mm 宽的加热带都不能满足要求，因此只能选用 6mm

宽的加热带。经过对比，只有选用覆盖系数为 0.4 的加热笼，才能够满足高温和升温的要求。对低温工况下的加热带温度进行计算，在低温平衡工况下，加热带的平衡温度为 −96℃。对于背景温度低于 100K 的真空室来说，这个温度的到达是没有问题的，经计算，为使加热带在低温工况下保持这个温度，需要的加热电流为 0.44A。因此，该加热笼能够满足低温和降温的要求。至此完成了该加热笼的热设计计算，最终确定加热带的宽度为 6mm，加热笼的覆盖系数为 0.4。

24.11.2 蒙特卡罗方法计算红外加热笼

蒙特卡罗（Monte Carlo）方法计算加热笼、卫星表面、热沉三者间的能量传递，避开了繁琐的角系数计算，物理概念清楚，调整参数方便。既可以得到卫星表面各区的外热流，也可以对卫星表面各区外热流的均匀性做进一步的分析；既可以采用灰体模型，也可以采用非灰体模型；既可以分析漫射表面，也可分析非漫射表面。

在红外加热笼热设计中，需要确定覆盖系数、带条数和笼星距，以满足试验要求。以下试图分析这三个参数对加热笼功率、反照因子、均匀性的影响，为热设计提供参考。

Monte Carlo 方法是一种随机模拟方法，应用于辐射计算领域时，其基本思想是把辐射能量看作是由大量独立的能子携带。每一能子在系统内部的产生、运动、消失由一系列的随机数确定，即能子的产生、被反射、被吸收或被散射等过程均被看作是与随机数有关的过程，计算从每一能子进入系统或在系统中产生开始，直到能子被吸收或射到系统之外。能子足够多时，可得到较为稳定的统计结果，并由此得到各表面间的辐射换热量。该方法对复杂表面的处理很有效。贾阳用蒙特卡罗方法计算了红外加热笼，介绍如下。

以红外加热笼模拟圆柱形卫星侧面外热流的情况为例，说明如何将 Monte Carlo 方法应用于加热笼的热设计。

设卫星在轨道上运行时，侧面的平均吸收热流密度为 300W/m²，采用红外笼模拟该外热流。针对不同的带条数、覆盖系数和笼星距计算出卫星吸收热流的分布、加热笼功率、反照因子等参数。

为了简化计算模型，在分析的基础上做如下简化：

① 不考虑热流密度沿母线方向的不均匀性；

② 各表面既是灰表面，也是漫发射、漫反射表面；

③ 通过确定等效面的方法，把热沉简化为长圆柱形；

④ 卫星、加热笼、热沉同轴；

⑤ 只研究平衡态的情况。

已知条件包括：卫星表面温度 T_1 为 300K，热沉表面温度 T_3 为 90K，圆柱形卫星半径 R_1 为 1m，长 L 为 1m，热沉半径 R_3 为 4m，卫星表面发射率 0.83，加热笼的内外表面发射率分别为 0.9、0.1，热沉等效面的发射率为 0.91，卫星表面的目标热流密度为 300W/m²。

应用 Monte Carlo 方法时，首先计算各表面的辐射热流密度。卫星表面的辐射热流密度为

$$q_1=\varepsilon_1\sigma T_1{}^4 \tag{24-34}$$

式中　q_1——卫星表面的辐射热流密度，W/m²；

ε_1——卫星表面发射率；

T_1——卫星表面温度，K；

σ——斯忒潘-玻尔兹曼常数，5.67×10^{-8} W/(m^2 · K^4)。

加热笼辐射热流密度 q_2 是一个待求量。它包括两部分：一是加热笼内侧的热流密度 q_{2in}，二是加热笼外侧的热流密度 q_{2out}。即

$$q_2 = q_{2in} + q_{2out} \tag{24-35}$$

加热笼的面积可通过下式求得

$$A_2 = 2\pi R_2 L_2 \eta \tag{24-36}$$

式中 A_2——加热笼面积，m^2；

R_2——加热笼半径，m；

L_2——加热笼长度，m；

η——覆盖系数。

则加热笼单位时间的辐射能量 Q_2 可表示为

$$Q_2 = q_2 A_2 \tag{24-37}$$

热沉的辐射热流密度为

$$q_3 = \varepsilon_3 \sigma T_3^{\ 4} \tag{24-38}$$

式中 q_3——热沉表面的辐射热流密度，W/m^2；

ε_3——热沉内表面发射率；

T_3——热沉内表面温度，K。

应用 Monte Carlo 方法，得到卫星表面的吸收热流密度 $q_1(\theta)$，为了表示卫星表面吸收热流密度的不均匀性，定义均匀因子 j：

$$j = \pm \frac{q_{1max}(\theta) - q_{1min}(\theta)}{q_{1max}(\theta) + q_{1min}(\theta)} \quad (0<\theta\leqslant 2\pi)$$

其中 $q_{1max}(\theta)$、$q_{1min}(\theta)$ 表示卫星吸收热流密度 $q_1(\theta)$ 在区间（0，2π）上的最大值和最小值。

卫星在空间轨道上运行时，辐射出去的能量不会回来。而在环境模拟设备中试验时，由于加热笼和热沉尺度的影响，会有一部分能量经若干次反射回到卫星表面。为此定义反照因子 f 来表示卫星的有效辐射中经多次反射回到卫星表面的份额，即

$$f = G_{1f}/G_1 \tag{24-39}$$

式中 G_1——单位时间卫星表面的有效辐射能量，W；

G_{1f}——G_1 中经若干次反射回到卫星表面的部分，W。

为表示卫星和红外加热笼的相对大小，定义笼星径比 r

$$r = R_2/R_1 \tag{24-40}$$

式中 R_2——加热笼半径；

R_1——柱状卫星半径。

应用 Monte Carlo 方法，对不同的加热笼带条数 N、覆盖系数 η、笼星径比 r，计算卫星表面吸收热流 $q_1(\theta)$、均匀因子 j、反照因子 f、加热笼功率 Q_2 等参数。下面分析计算结果。

(1) 加热笼功率 Q_2

如图 24-85 所示，Q_2 随 r 增大线性增大，这是因为当 η 不变时，r 增大则笼星距增

大，笼上辐射出去的能量中到达卫星表面的部分减小。为保证卫星表面热流为目标值，只能增大笼片的功率。Q_2 随 η 的增大而线性减小，这是因为在 r 不变时，η 增大即笼片面积增大，反照因子 f 增大，故所需加热笼功率减小。当 N 变化时，Q_2 不发生明显的变化。

(2) 反照因子 f

卫星的有效辐射中，有多少回到卫星表面，主要取决于加热笼的位置、形状和内表面发射率，而与热沉关系较小。这是因为热沉发射率较大，而且其半径比卫星的半径大很多。卫星射出的能量照到热沉上，只有很少的一部分被反射，而反射后又能射到卫星表面的就更少了。由图 24-86 可知，η 不变，仅改变 r，f 没有明显的变化。而保持 r 不变，f 随 η 的增加而线性增加。这是因为 η 增大了，则卫星表面辐射出的能量中射到笼片上的部分随之增大，进而反射的能量也增加。保持 η、r 不变，仅改变 N（加热带数量），f 不发生明显变化。

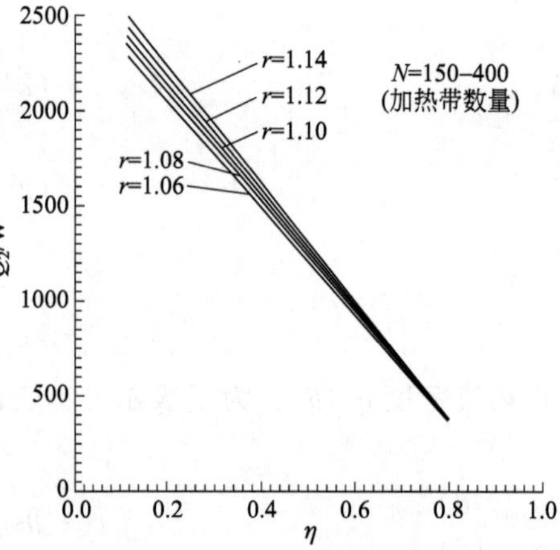

图 24-85 加热笼功率曲线

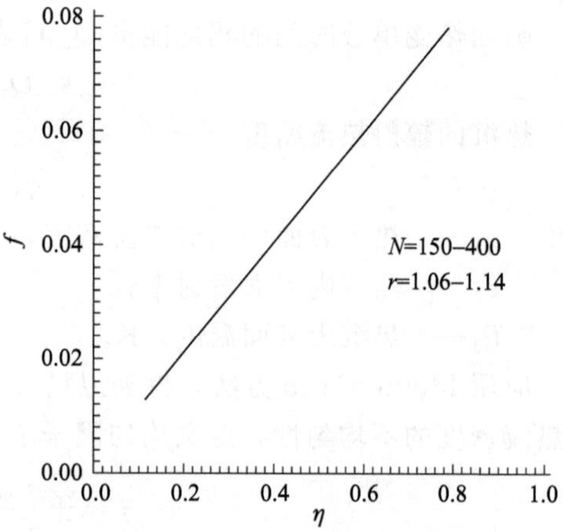

图 24-86 反照因子曲线

(3) 均匀因子 j

计算结果表明，在 r 较小时，j 较大，这是因为此时笼片正对的卫星表面吸收的热流较大，而笼片间的卫星表面没有得到良好的照射，吸收热流较小，所以 j 较大。随着 r 的增加，卫星的整个表面都得到了加热笼的良好照射，笼片间所对的卫星表面受到周围笼片的照射，均匀程度提高。保持 r 不变，j 随 η 的增大而减小。因为当 η 较小的时候，红外加热笼占的角度很小，热流分布不匀，j 较大；而保持 η、r 不变，j 随 N 的增大而减小，这是因为同样的卫星表面，当 N 较大时，所对的笼片增加了。笼片越密，则卫星表面的吸收热流越均匀。

24.12 太阳模拟器

太阳模拟器是用于模拟太阳光谱及热流密度的装置。能够较准确地模拟太阳辐照、均匀性，以及光谱特性，对空间外热流模拟精度较高。

太阳模拟器主要用于航天器整体、部件、器件等热平衡试验，热控涂层性能试验，老化试验，以及太阳能电池的评价试验等。特别适宜伸展在外空间的大型天线和月球探测器热平衡试验。

24.12.1 太阳模拟器的结构原理

(1) 太阳模拟器的分类

太阳模拟器根据光学系统原理分两类：同轴太阳模拟器；离轴太阳模拟器。同轴太阳模拟器各种光学器件处于同一光轴上，而离轴太阳模拟器的光学器件不在同一光轴上。一般来讲，同轴系统适于小型太阳模拟器，离轴系统适于中大型太阳模拟器。

太阳模拟器的分类见表 24-18 及表 24-19。表 24-18 为同轴式太阳模拟器；表 24-19 为离轴式太阳模拟器。

表 24-18 同轴式太阳模拟器分类

名称	型式
同轴发散系统	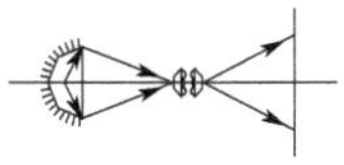
透射式同轴准直系统	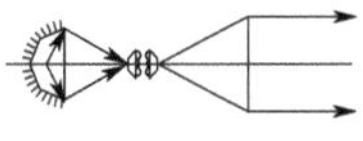
反射式同轴准直系统	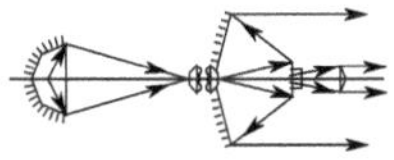
反射式同轴准直拼接系统	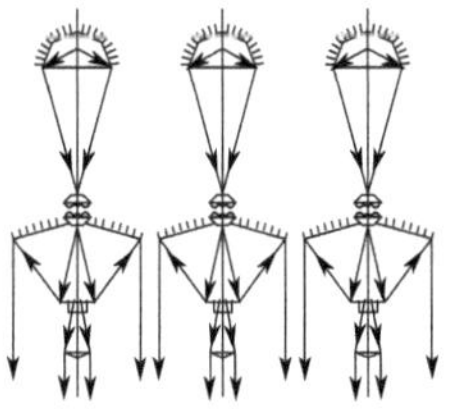

表 24-19 离轴式太阳模拟器分类

名称	型式
离轴发散系统	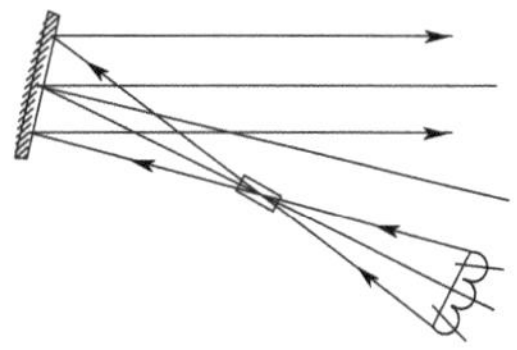
离轴准直拼接系统	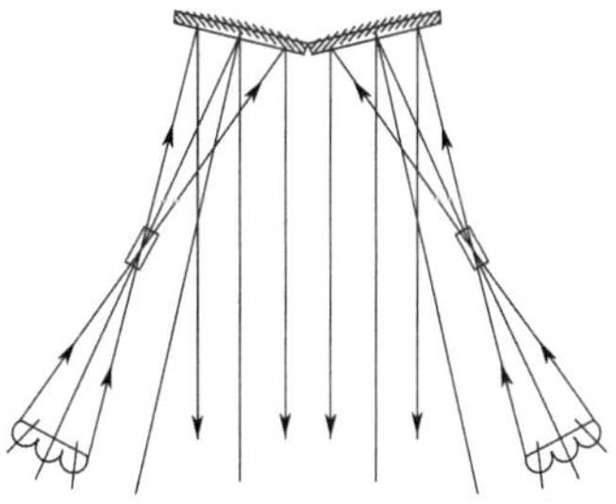

小型同轴式太阳模拟器，一般由氙灯、聚光镜、光学积分器组成。

离轴式太阳模拟器，主要由氙灯、聚光镜、光学积分器、滤光片、反射镜、准直镜构成。

(2) 太阳模拟器各种光学器件的作用

① 太阳模拟器的光源　太阳模拟器均选择短弧氙灯作为光源。短弧氙灯的光谱分布近似于太阳光谱，是太阳模拟器较为理想的光源。此外，短弧氙灯具有高亮度，容易启动及灭弧。我国生产的短弧氙灯的功率，分别为 25kW、5kW、3kW、2kW、1kW、0.5kW、0.2kW、0.15kW 及 0.095kW。

② 聚光镜　太阳模拟器为了获得高利用率的聚光效果，通常选择椭球聚光镜。

③ 光学积分器　太阳模拟器光学系统，不同于一般照明系统，无法采用被照面和聚光系统出瞳相重合的照明方式，需要应用光学积分器获得均匀照明方法。积分器由场镜组和投影镜组构成，改善了辐照均匀性。在同轴发散及准直系统采用对称式光学积分器，而中型、大型太阳模拟器多采用虚像或光学积分器来改善辐照均匀性。

④ 滤光片　氙灯光谱在 0.8～1.1μm 近红外区，占全光谱能量的 18%，与太阳光谱不匹配，为此氙灯光源需配滤光片，使此值减小，而达到与太阳光谱相似。要求氙灯有良好的光谱特性，以利于降低对滤光片的要求。

⑤ 平面反射镜　用于改变光束方向。

⑥ 准直镜　太阳模拟器准直系统只在准直型太阳模拟器光学系统中采用。主要作用是产生平行光束，并保证沿准直镜光轴方向，在一定深度内的辐照均匀性。准直镜多采用球面反射镜，大口径的准直镜也可以用小口径的球面镜拼成。相对孔径应尽量选择小的，有利于提高被辐照体的均匀性。

(3) 太阳模拟器的冷却

太阳模拟器光源产生的热能很大，各种光学器件需要冷却，以保证其光学性能。不同器件冷却方式不同，分述如下。

① 氙灯的冷却　大功率氙灯的阳极、阴极需要用纯净水冷却；氙灯灯泡及遮光罩用干燥空气冷却。

② 椭球聚光镜冷却　与氙灯灯泡共用一套干燥空气冷却系统。

③ 准直镜冷却　准直镜在空间环境模拟器模拟室内，应与热沉的冷流程调冷方法一致。

④ 光束入口　光束入口处于真空容器上，窗口材料为石英玻璃，采用冷氮气冷却；窗口橡胶密封圈采用水冷却。

⑤ 积分器镜框和平面反射镜冷却　为防止水冷却时镜框和镜面结露，在无光照时，冷却水需预热到露点以上。

24.12.2 太阳模拟器的设计

太阳模拟器的设计主要包括光学系统、热负荷计算、冷却系统、电源系统等设计。资料中张容设计的辐照面直径 0.6m 的太阳模拟器设计思路可作为建造大型太阳模拟器的参考。介绍如下。

太阳模拟器主要技术指标：

① 辐照范围　直径为 600mm，深度为 2151±300mm；

② 辐照度的范围　650～1760W/m^2；

③ 辐照不均匀度　优于±4%；

④ 辐照不稳定度　优于±2%/h；

⑤ 准直角　±2°；

⑥ 光谱分布　氙灯光谱或氙灯修正光谱。

24.12.2.1 光学系统原理

太阳模拟器的光学系统由氙灯光源、聚光镜、滤光镜、光学积分器及准直镜组成，如图 24-87 所示。

氙灯光源发出的光经由聚光镜汇聚并发射，再经过滤光镜和光学积分器得到所要求的光辐照度分布，最后通过准直镜的反射投射到有效辐照区。滤光镜的作用使输出光束的光谱辐照分布与标准太阳光谱辐照分布相匹配。

根据太阳模拟器技术指标以及热真空环境模拟设备外形尺寸，选定准直镜的顶点到试

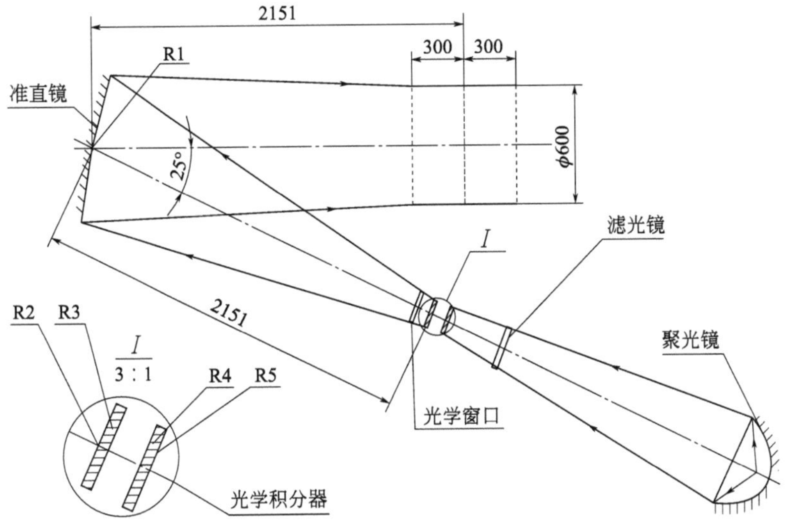

图 24-87　太阳模拟器光学系统

验面的距离为 2151mm。

椭球聚光镜具有很大的包容角，可获得较高的聚光效率。经过光学设计计算，得到椭球聚光镜的镜面方程为 $y^2=330.5032x-0.1537x^2$。

光学系统采用了对称式光学积分器。根据设计计算结果，在满足设计要求和易于工艺实施的前提下，选用了 19 个光学通道积分器。为提高孔径利用率，每个通道的小透镜被切割成正六边形，并用光胶将其与共用透镜粘接在一起。

准直镜的面形采用球面反射镜，根据有效辐照面积、准直角以及准直镜的顶点到试验面的距离要求，来计算确定准直镜的外形尺寸参数。

24.12.2.2　辐照度计算

(1) 氙灯选择

依据试验对模拟热环境试验的要求，太阳辐照度在 0.5～1.3 个太阳常数（即 650～1760W/m^2）的范围内可调。对于辐照面的直径为 600mm 的太阳模拟器而言，经计算选用 10kW 的氙灯可以满足最高辐照度 1760W/m^2。

选用德国 OSRAM 10000W 风冷短弧氙灯。德国氙灯的电光转换效率较高（达到 0.5～0.6），氙灯的工艺性较好，氙灯电极允许的最高工作温度达 230℃，强制风冷的风速为 10m/s，稳定性指标优于±2%/h。

(2) 辐照度及不均匀度

太阳模拟器的辐照度按下式计算：

$$E=K\frac{4N}{\pi D_0^2} \tag{24-41}$$

式中　E——辐照度，W/m^2；

N——氙灯功率，W；

D_0——辐照面直径，m；

K——光学系统效率，取决于氙灯电光转换效率 K_1；聚光镜收集效率 K_2；聚光镜

反射率 K_3；滤光镜透过率 K_4；光学积分器孔径利用率 K_5；光学积分器装配效率 K_6；场镜透过率 K_7，投影镜透过率 K_8；窗口镜透过率 K_9；准直镜反射率透过率 K_{10}，则 $K=K_1 \cdot K_2 \cdot K_3 \cdot K_4 \cdot K_5 \cdot K_6 \cdot K_7 \cdot K_8 \cdot K_9 \cdot K_{10}$。

经计算，氙灯功率 8000W 时，辐照度可达 1766W/m^2。

辐照不均匀度应用辐照不均匀度计算程序进行了计算，结果是辐照面不均匀度为±1.84%，辐照体不均匀度±2.62%。

24.12.2.3 太阳模拟器热负荷计算

表 24-20 给出了辐照面积为直径 600mm 太阳模拟器热负荷计算公式及结果。

表 24-20　太阳模拟器热负荷计算公式及结果

序号	项目	计算公式	热负荷/W
1	氙灯电机热负荷	$Q_L=Q(1-K_1)$　(1) Q_L——氙灯热负荷，W Q——氙灯功率，W K_1——同式(24-41)	5000
2	光屏热负荷	$Q_0=Q \cdot K_1(1-K_2)$　(2) Q_0——光屏热负荷，W Q——同式(1) K_1、K_2——同式(24-41)	1000
3	聚光镜热负荷	$Q_c=Q \cdot K_1 \cdot K_2(1-K_3)$　(3) Q_c——聚光镜热负荷，W Q——同式(1) K_1、K_2、K_3——同式(24-41)	560
4	滤光镜热负荷	$Q_f=Q \cdot K_1 \cdot K_2 \cdot K_3(1-K_4)$　(4) Q_f——滤光镜热负荷，W Q——同式(1) K_1、K_2、K_3、K_4——同式(24-41)	1204
5	挡板热负荷	有滤光镜　$Q_s=Q \cdot K_1 \cdot K_2 \cdot K_3 \cdot K_4$　(5)	2236
		无滤光镜　$Q_s=Q \cdot K_1 \cdot K_2 \cdot K_3$　(6) Q_s——挡板热负荷，W Q——同式(1) K_1、K_2、K_3、K_4——同式(24-41)	3440
6	积分器镜筒热负荷	有滤光镜 $Q_I=Q \cdot K_1 \cdot K_2 \cdot K_3 \cdot K_4\{(1-K_5K_6)+K_5K_6(1-K_7)+K_5K_6K_7(1-K_8)\}$　(7)	1248
		无滤光镜 $Q_I=Q \cdot K_1 \cdot K_2 \cdot K_3\{(1-K_5K_6)+K_5K_6(1-K_7)+K_5K_6K_7(1-K_8)\}$　(8) Q_I——积分器镜筒热负荷，W Q——同式(1) K_1、K_2、K_3、K_4、K_5、K_6、K_7、K_8——符号同式(24-41)	1920

24.12.2.4 冷却方式

根据太阳模拟器各部件热负荷计算确定冷却系统。冷却方式采用 3 种形式。

① 风冷系统　氙灯电极、滤光镜座均采用风冷的方式，风冷系统需要排散的热负荷为 6204W（即表 24-20 中 5000+1204）。

② 水冷系统　聚光镜、积分器以及光学挡板采用水冷方式，水冷系统的设计热负荷为 4000W（见表 24-20，即关挡板和没有滤光镜时的热负荷为 560+3440=4000）。

③ 环境自然散热　光屏热负荷（1000W）采用环境自然散热的方式。当试验室的环境温度为 25℃时，经计算光屏的最高壁温没有超过 54℃，因此自然散热的方式可以满足要求。

(1) 水冷系统

聚光镜、光学挡板和积分器的水冷却系统如图 24-88 所示。

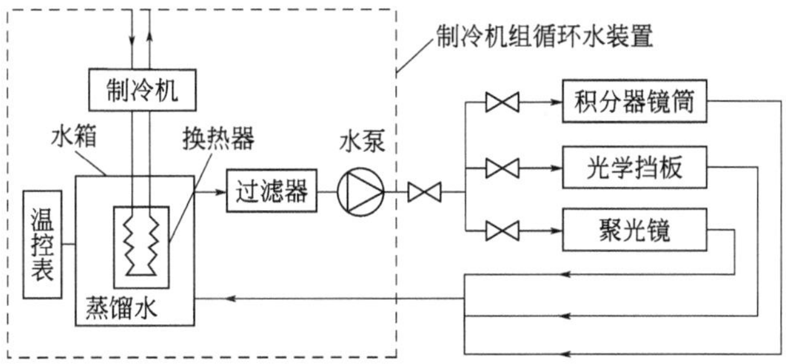

图 24-88　水冷系统

经计算聚光镜、光学挡板和积分器的冷却所需要的水流量和压力如表 24-21 所示。

表 24-21　太阳模拟器水冷却参数

名称	流量/($m^3 \cdot h^{-1}$)	流量/($L \cdot min^{-1}$)	管路压降/Pa
聚光镜	0.2	3.3	7000
光学挡板	0.3	5.0	42000
积分器	0.5	8.3	24000
共计	1.0	16.6	73000

根据 4000W 的热负荷以及水冷却参数，选择循环水制冷机组，其制冷功率为 5kW、循环水流量为 30L/min、出口水压为 0.2MPa，其温度控制范围为 10～35℃，控温精度为 ±2℃。

(2) 风冷系统

风冷系统由空气过滤器、制冷机、风量调节阀、风机和通风管道组成。系统从室外进风，经过制冷机蒸发器及空气过滤器进入被冷却试验设备，由风机将热风从试验设备排风口抽出并排出室外，如图 24-89 所示。

为了保证氙灯电极的温度不高于 230℃，直接从氙灯附近采集温度作为反馈信号来控制制冷机的开、停。

德国 OSRAM 10000W 氙灯要求的冷却风速为 10m/s，而国产 10000W 氙灯要求的冷

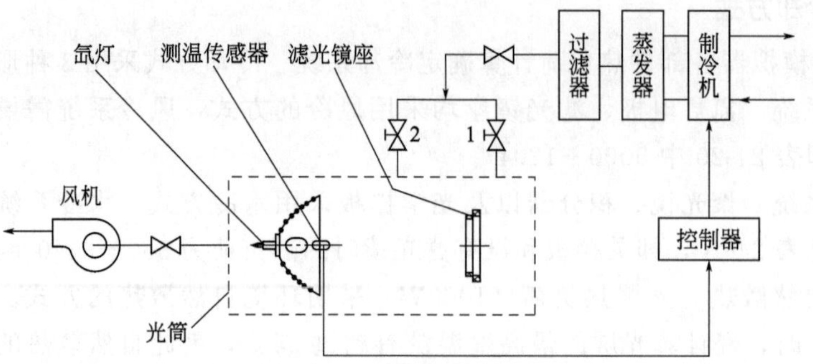

图 24-89 风冷系统

却风速为 17m/s，设计时取其中的最大值 17m/s，另据氙灯出风管（聚光镜小开口）的尺寸，计算得出风冷系统的风量 $L_F=692m^3/h$，最终取 $L_F=830m^3/h$。根据系统风量来计算系统的压降（表 24-22）。

表 24-22 太阳模拟器风冷却参数

工质	流量/($m^3 \cdot h^{-1}$)	管路压降/Pa
过滤空气	800～1000	736

根据太阳模拟器风冷系统 6204W 热负荷以及表 24-22 的风冷却参数，选择风量≥1200m^3/s 的离心风机作为抽排风设备，而制冷系统选用功率 7500W 的制冷机。

24.12.2.5 电源系统设计

(1) 电源系统方案

德国 OSRAM 公司 XBO 10000W/HS OFR 氙灯要求电源系统在氙灯点燃前能够提供 150V DC 的空载电压和点燃工作后保证 40～60V DC 电压、0～200A 连续可调电流。为此，采用了两台电源并联供电方案，其中 1 台给氙灯供电；另 1 台为辅助电源，提供氙灯点燃前 150V 空载电压和氙灯点燃触发的作用，如图 24-90 所示。

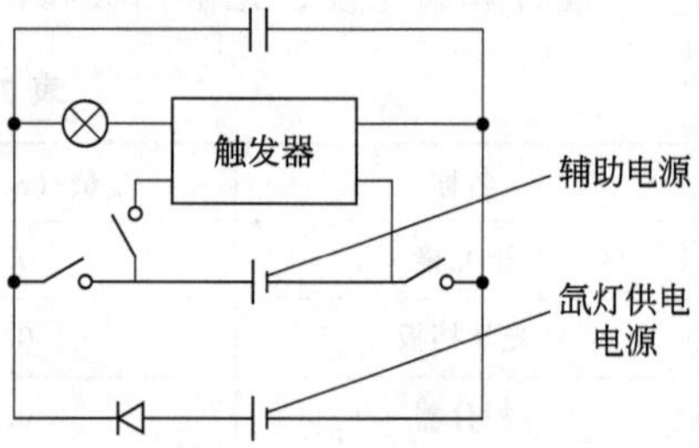

图 24-90 氙灯电源系统电路

(2) 电源系统配置

选用美国 ELGAR 公司生产的功率为 20000W 的 SGI 直流电源作为氙灯的供电电源，其输入电压为 50Hz 的 380V AC；输出电压为 0～80V DC，输出电流为 0～250A 并连续可调，电源自带输出信号反馈接口以控制电流输出的稳定性（即稳定度为 99.95%），目的是保证太阳模拟器输出光束稳定性优于±1%/h 的要求。

辅助电源选用了中国上海奥佳电源公司的产品，其功率为 1000W，开路电压为 170V。

24.12.2.6 光机系统设计

太阳模拟器光机系统包括灯室组件、光屏组件、挡板组件、积分器组件、窗口组件、准直镜组件以及滤光镜组件等 7 个部分，如图 24-91 所示。

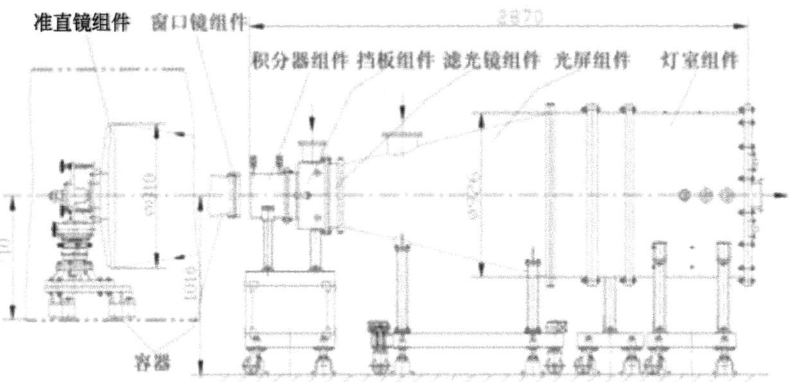

图 24-91　太阳模拟器光机系统

(1) 灯室组件

灯室组件由聚光镜、水平点燃灯单元机构、触发器支架、氙灯的接线端子及线缆组成。

聚光镜采用铝棒整体精加工而成，其外形尺寸为 $\phi_{入}=120$mm，$\phi_{出}=540$mm，高为 268mm。

灯室中的核心部件为水平点燃氙灯单元装置，由氙灯、灯架结构和调节机构组成。

(2) 滤光镜组件

滤光镜组件由滤光镜和滤光镜框组成。滤光镜沿用 KM4 太阳模拟器滤光镜结构形式，其外形尺寸为 ϕ243mm×20mm（厚）。滤光镜框根据滤光镜外形尺寸进行设计。

(3) 积分器组件

积分器组件由场镜、投影镜、积分器镜筒组件及支架组成。

场镜和投影镜的材料为石英玻璃，两块镜的结构相似，分别由 19 个元素镜与 1 个平镜用光胶拼接而成，其外形尺寸为 ϕ168mm×20.8mm，通光口径为 ϕ150.23mm。

积分器镜筒组件由镜筒、场镜座和投影镜座组成。镜筒上有冷却水套和进、出水管，先焊接成形后再进行精加工，使其同轴度为 0.05mm，装配安装面的平行度为 0.06mm。

(4) 窗口镜组件

窗口镜组件由窗口镜和法兰组成。窗口镜的材料为石英玻璃，其外形尺寸为 ϕ206mm×20mm。法兰采取经典的双层真空密封结构，密封材料采用氟橡胶圈，漏率要求不大于 1.33×10^{-9}Pa·m^3/s。

(5) 准直镜组件

准直镜组件位于容器内，由准直镜、调节单元以及加热器组成。准直镜采用铝锭整体精加工而成，背面焊接了环状加强筋，其外形尺寸为 ϕ810mm×119mm（含加强筋的厚度），其面型为旋转球面，曲率半径为 4420mm。

调节单元由俯仰调节机构、光轴方向位移调节机构、垂直方向位移调节机构以及底座结构组成，可以实现准直镜沿光轴方向±20mm 位移调节、垂直方向±15mm 位移调节、±2°俯仰角调节。

加热器采用薄膜电阻加热片，粘接在镜子背面，用于准直镜的防污染控制。

24.12.3 太阳模拟器真空容器窗口的设计

在某空间环境模拟设备中，配有辐照面直径为 5m 的大型太阳模拟器。由于光源在模拟室的外面，所以来自太阳模拟器的光辐照必须通过一个真空密封的光学窗口进入模拟室。根据总体设计要求，从积分器出口投射到窗口的光束口径大于 ϕ820mm。这样大口径的真空密封光学窗口，在国内尚为首例，因此它对光学材料、机械结构都提出了特殊的要求。张容给出了此光学窗口设计计算，介绍如下。

光学窗口的技术要求如下：

① 窗口镜为平面透镜，材料为透明熔融石英；

② 工作寿命为 5000h；

③ 积分器出射光束口径为 ϕ694mm；

④ 积分器-窗口距离为 180mm；

⑤ 积分器出射光束发散角为 30°；

⑥ 装夹结构应使窗口透镜表面受力分布均匀；

⑦ 进行窗口密封真空检漏，漏率不大于 $1.33\times10^{-9}\mathrm{Pa\cdot m^3/s}$。

24.12.3.1 窗口镜几何尺寸确定

窗口镜通光口径与积分器及窗口材料有关，按下式计算：

$$D_0=D_j+2B\cdot\tan\frac{\alpha}{2}+2S_0\cdot\tan\left[\arcsin\left(\sin\frac{\alpha}{2}/n\right)\right] \tag{24-42}$$

式中 D_0——窗口初始有效通光口径，mm；

D_j——积分器出射光束口径，694mm；

B——积分器与窗口之距，150mm；

α——积分器出射光束发散角，30°；

S_0——窗口镜厚度，90mm；

n——窗口镜材料的折射率，1.4585。

计算得到窗口初始有效通光口径 D_0＝822.92mm。取边缘单边余量为 16mm，窗口最终有效通光口径为 855mm（第二表面，即真空密封面）。根据氟橡胶超高真空密封法兰设计（Q/WH6-87），取密封圈中径 D_m＝895mm，密封圈直径取 ϕ＝12mm。因此，窗口镜外径 D＝932mm。

24.12.3.2 窗口镜应力计算

窗口的应力状态包括：由于真空和大气压力产生的弯曲应力；由于法兰变形引起的装配应力；由于热负荷导致的热应力。

(1) 窗口镜最大弯应力 $\sigma_{1\max}$ 计算

对于窗口玻璃来说，当筒体抽真空时，由于外面大气压力的作用，使窗口内表面受二维弯曲，产生压缩应力和拉伸应力。

窗口玻璃承受的是轴向均布载荷，且简化为周边简支的圆平板（如图 24-92 所示），产生弯曲变形，径向弯矩用 M_r 表示，由于轴对称，它沿圆周方向均匀分布。

窗口镜的最大应力 $\sigma_{1\max}$ 按下式计算：

$$\sigma_{1\max}=fq\left(\frac{a}{S}\right)^2\ll[\sigma] \tag{24-43}$$

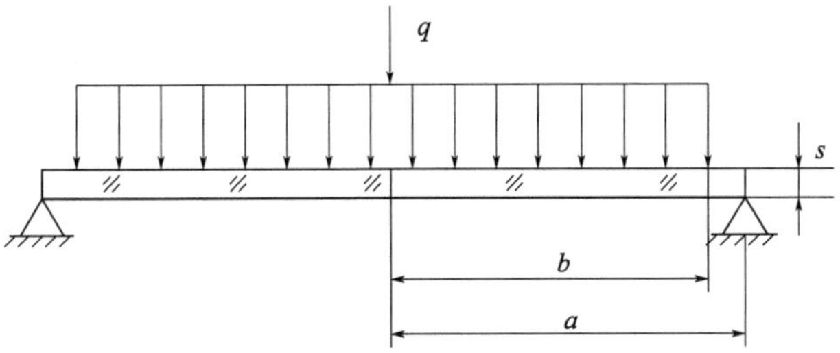

图 24-92 窗口玻璃受力简图

或
$$S=\sqrt{\frac{fqa^2}{[\sigma]}} \tag{24-43a}$$

式中 $\sigma_{1\max}$——窗口镜的最大应力，MPa；

q——窗口镜的均布载荷，0.1MPa；

S——窗口镜厚度，mm；

a——窗口镜半径，$a=1/2D$，D 窗口镜外径，$a=466$mm；

f——系数，取决于 b/a 值，b 为窗口密封面中径 D_m 的 1/2 倍，$b=447.5$mm；根据 b/a 查得 f=1.23；

$[\sigma]$——石英材料许用应力，98MPa。

经计算得到 $S=52.12$mm，参照同石英窗口镜，实取 $S=80$mm，将 $S=80$mm 代入公式（24-43），得出最大应力 $\sigma_{1\max}=4.17\text{MPa}<[\sigma]$，此厚度是适宜的。

(2) 窗口镜最大变形量计算

窗口镜最大扰度按下式计算：

$$W_{\max}=K\frac{qa^4}{ES^3} \tag{24-44}$$

式中 $W_{\max}$——窗口镜的最大挠度，mm；

E——石英玻璃的弹性模量，780×10^2MPa；

K——根据 b/a 查得为 0.689，其余符号同式（24-43）。

带入已知数据，计算得 $W_{\max}=8.14\times10^{-2}$mm。

(3) 装配应力

窗口的装配应力是指由于法兰安装的误差，在设备抽真空时，出现窗口透镜的面形偏差，从而导致窗口的应力。

应用虎克定律：

$$\sigma_2=E\varepsilon \tag{24-45}$$

其中：

$$\varepsilon=\frac{\Delta s}{s} \tag{24-46}$$

当已知窗口面形偏差，可计算出装配应力 σ_2。

另外根据蔡司公司的资料，法兰变形所带来的拉伸应力大约为大气压力产生应力的拉伸应力的 0.4 倍。考虑到国内的工艺水平，取为 0.45 倍，即 $\sigma_{2\max}=0.45$，$\sigma_{1\max}=1.88$MPa。

(4) 热应力 σ_3

窗口的热应力包括两方面，即由于结构受热产生的应力和自身热应力。

由于窗口采取简支，受力又是均匀的，那么随着温度升高，其各部分可以自由伸缩，只是在法兰固定的边缘部分产生较少的应力，在中心部分几乎为零，对 σ_{max} 没有贡献。因此，第一种热应力可以不考虑。

窗口自身热应力是由于窗口镜内部温度梯度而导致的应力，则有：

$$\sigma_{3max}=\frac{\alpha\times E\times\Delta T}{2} \tag{24-47}$$

式中 α——石英玻璃的热膨胀系数，5.2×10^{-7}/K；

E——石英玻璃的弹性模量，780×10^2MPa；

ΔT——窗口镜两表面之间的温差，9.24K。

经计算，$\sigma_{3max}=0.19$MPa。

根据以上计算：$\sigma_{max}=\sigma_{1\,max}+\sigma_{2\,max}+\sigma_{3max}=6.24\text{MPa}<[\sigma]=98\text{MPa}$。

24.12.3.3 窗口镜换热计算

(1) 窗口镜热负荷

已知太阳模拟器光源由 19 支氙灯组成，每支氙灯的额定功率 20kW，这样到达窗口前的太阳辐射功率 Q_W：

$$Q_W=20\times19\times K_1\cdot K_2\cdot K_3\cdot K_4\cdot K_5\cdot K_6\cdot K_7 \tag{24-48}$$

式中 Q_W——窗口前太阳模拟器功率，kW；

K_1——氙灯的电光转换效率；

K_2——聚光镜的收集效率；

K_3——聚光镜的反射效率；

K_4——平面反射镜的反射效率；

K_5——积分器孔径利用率；

K_6——积分器装配利用率；

K_7——积分器中场镜与投影镜的透过率。

计算后得到：$Q_W=52.52$kW。

窗口镜吸收热量随着材料厚度的增加呈指数关系衰减，材料对入射热的吸收率按下式计算：

$$\varepsilon=\frac{V}{F}\int_{x_1}^{x_2}e^{-x}\,dx \tag{24-49}$$

式中 ε——窗口镜的热吸收率；

V——窗口镜的体积；

F——窗口镜的面积；

x_1——根据德国 Carl Zeiss 公司数据，$x_1=0.3\text{kW/m}^3$；

x_2——根据德国 Carl Zeiss 公司数据，$x_2=0.04\text{kW/m}^3$。

窗口镜吸收的热量按下式计算：

$$Q_{WX}=\varepsilon Q_W \tag{24-50}$$

式中 Q_{WX}——窗口镜热吸热量，kW；

Q_W——窗口前太阳模拟器辐射功率，52.52kW；

ε——窗口镜的热吸收率，$\varepsilon=0.0175$。

带入已知数据后，$Q_{WX}=0.92$kW。

(2) 窗口镜内部的最大温度梯度

窗口镜换热进入稳态后，其表面与中心部最大温差按下式计算：

$$\Delta T=\frac{Q_W S}{8F\lambda} \tag{24-51}$$

式中 Q_W——窗口前太阳模拟器辐射功率，kW

S——窗口镜厚度，m；

F——窗口镜面积，m^2；

λ——窗口镜玻璃材料热导率，1.46W/(m·K)。

经计算，$\Delta T=9.24$K。

(3) 窗口镜出射表面温度计算

在不考虑杂散辐射损失的情况下，窗口镜出射表面的热负荷 Q_{W2} 表示为：

$$Q_{W2}=\varepsilon_W \cdot F_W \cdot \sigma(T_W^4-T_C^4) \tag{24-52}$$

式中 ε_W——窗口镜表面发射率；

F_W——窗口镜的面积，m^2；

σ——斯蒂芬-玻尔兹曼常数，5.67×10^{-8}W（$m^2\cdot K^4$）；

T_W——窗口镜出射面温度，K；

T_C——准直镜反射面温度，298K；

Q_{W2}——窗口镜射出面的热负荷，根据德国 Carl Zeiss 公司数据，$Q_{W2}=0.068$kW。

将已知数据代入公式（24-52），可以得到窗口镜出射面温度 $T_W=315$K（42℃）。窗口镜密封采用氟橡胶圈，可在200～250℃工作，可见窗口镜温度对密封没有影响，故不必考虑冷却。

24.12.4 各国太阳模拟器简介

24.12.4.1 KM4 太阳模拟器

我国 KM4 太阳模拟器由 19 套同轴准直系统拼接而成。1 个单元同轴准直系统原理见图 24-93。

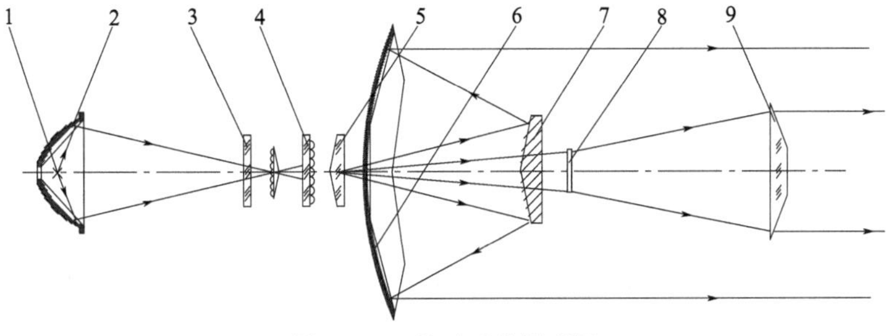

图 24-93 单元系统原理图

1—光源（25kW 氙灯）；2—椭球聚光镜；3—光谱滤光片；4—光学积分器；
5—真空密封窗口镜；6—抛物面反射镜（主镜）；7—双曲面镜（次镜）；8—填充负透镜；9—填充正透镜

单元光学系统构成：

① 光源　25kW 短弧水冷却氙灯。

② 聚光镜　为了充分利用氙灯辐照流量，并在积分器入射端形成较理想的辐照分布，选择椭球聚光镜，增加了聚光能力。

③ 光学积分器　由 19 个元素透镜的场镜组、投影镜组及会聚透镜组成。

④ 光学准直系统　同轴反射式准直系统，有抛物面反射镜（主镜）、双曲面镜（次镜）、填充负透镜、填充正透镜组成。

⑤ 光谱滤光片　通过滤光片滤掉部分红外线，使氙灯更近于太阳光谱。

KM4 太阳模拟器最终参数：

① 有效辐射面积 1.94×3.5m；

② 辐照度（0.5～1.3）S_0；

③ 辐照不均匀度≤12%；

④ 辐照不稳定度≤±2%；

⑤ 光照准直角±2°。

24.12.4.2　美国 SS15B 太阳模拟器

SS15B 太阳模拟器是 1966 年建造的，是离轴式准直系统。主要由灯室、积分器、真空窗口以及准直镜构成，见图 24-94。

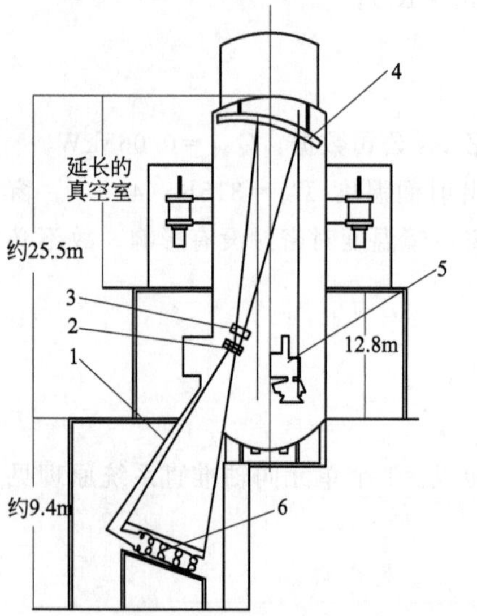

图 24-94　SS15B 大型太阳模拟器系统图
1—镜筒；2—积分器；3—石英窗口；
4—直径 1.0m 高轴准直镜；
5—航天器；6—灯室

SS15B 太阳模拟器安装在空间模拟器主模拟室直径 7.6m，高 15.8m 的容器上。辐照面积直径 4.6m 时，氙灯功率 20kW，共 61 只。

准直镜直径为 7m，曲率半径为 30m。准直镜为单片反射镜，材料为铝合金，表面抛光后电镀亮镍。为了防止镜面污染，工作时用循环冷氮气冷却，氮循环系统温度范围－105℃～134℃。

此太阳模拟器主要性能：辐照不均匀度±4%；体不均匀度为±5%；准直角±1°；氙灯光谱经滤光片修正近似太阳光谱；辐照度达 1453W/m²。

24.12.4.3　ESTEC 太阳模拟器

欧洲空间局 ESTEC 太阳模拟器被称为 20 世纪 80 年代最佳的太阳模拟器，采用离轴系统，其系统图见图 24-95 所示。

光学准直镜悬装于辅助模拟室后盖的刚性环架上，直径 7.2m，由 121 块六角形小镜拼装而成，单元镜材质为铝合金，采用镀镍后抛光工艺。为防止单元镜污染，试验时温度控制在 120℃。光学石英玻璃窗口直径 1m，厚度 8cm，光源采用 19 只高压短弧氙灯。每只灯功率为 25kW 或 32kW。用 12 只灯，灯功率为 20kW 时，相当于一个太阳常数，整个灯室用氮气循环冷却。

太阳模拟器性能：辐照面积直径 6m，实验体直径 6m，长 5m；准直角 1.9°；面均匀性为±4%，体均匀性为±5%（用2cm×2cm的太阳电池测量）；辐照度的稳定性在整个试验期间优于±5%。如果偶然发生灯泡失效事故，辐射度的恢复正常时间小于200ms，该系统具有由于操作者误动作或控制线路失效而引起辐照度突然发生变化的保护功能。

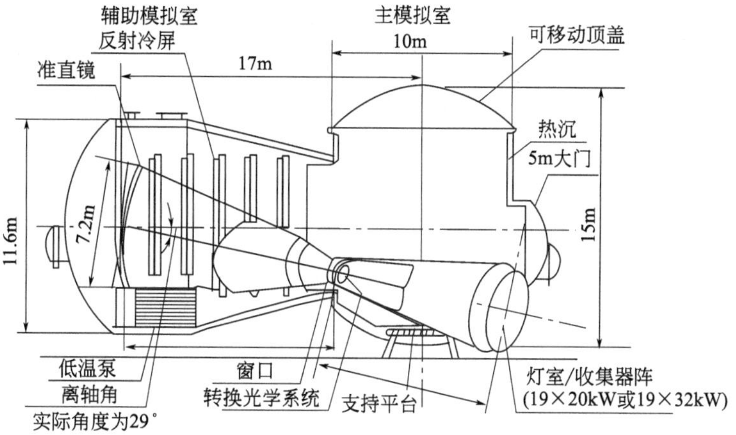

图 24-95　欧洲空间局 ESTEC 太阳模拟器系统图

24.12.4.4 俄罗斯大型太阳模拟器

此大型太阳模拟器安装在立式容器上，输出光束为水平方向，如图24-96俯视图所示。其共有12块准直镜，横向两排，纵向6层分布在容器的一侧。灯室、积分器、真空窗口安装在容器的另一侧。从灯室输入的光经准直镜后，沿水平方向辐照在容器中部的试件上。该太阳模拟器的光学系统不同于上面提到的太阳模拟器。上述太阳模拟器只有一套光学系统，形成一个大面积的均匀辐照面，而该套太阳模拟器则由多套太阳模拟器单元形成许多均匀的小辐照面，这些辐照面拼接后组成一个巨大的均匀的辐照面。我国KM4大型太阳模拟器也采用该原理，由19套同轴卡塞格林准直系统产生的均匀辐照面拼接而成。

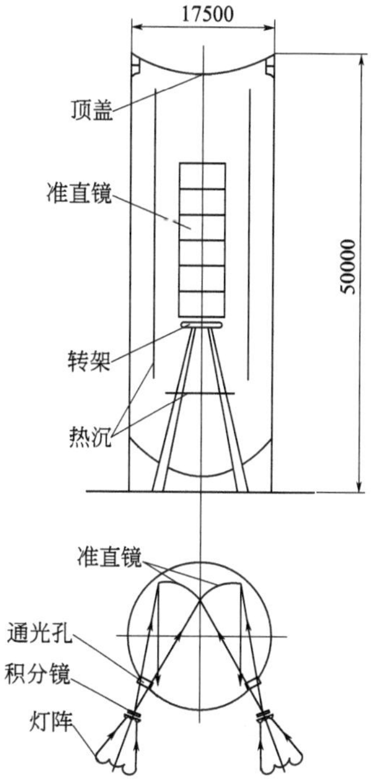

图 24-96　俄罗斯大型太阳模拟器系统原理图

该太阳模拟器的每一块准直镜与独立的灯室、积分器、真空窗口等组成太阳模拟器单元，选用离轴准直光学系统，共12套。它们的辐照面积拼接组成6m×22m的巨大辐照面。每一块准直镜的面积为4m×4m，由49块单元镜拼接而成，采用液氮冷却。

该太阳模拟器的特点是上面两层太阳模拟器单元的输出光束经过平面反射镜折光后，垂直向下辐射，可同时辐射试件相互垂直的两个面，光束向下辐照面积为直径6m的圆；辐照度0～1850W/m^2；侧面辐照面积为6m×22m。辐照度0～2000W/m^2，增加了试验的功能和灵活性。辐照不稳定度为±1%，辐照不均匀度为±15%。

24.12.4.5 日本 NASDA 太阳模拟器

1989 年，日本筑波空间中心在大型空间环境模拟器设备上配置了大型太阳模拟器。空间环境模拟器由两个水平放置的容器组成 T 字形。主容器直径 16000mm、长 23000mm，用于进行大型航天器的试验。辅容器直径 13000mm、长 16000mm，用于安装大型太阳模拟器。太阳模拟器输出辐射光为水平方向，由于有 ESTEC、IABG 倾斜点燃大功率氙灯的成功经验，因此在方案设计时直接选用水平点燃氙灯的方案，避免光学系统中引入平面反射镜。太阳模拟器总体结构如图 24-97 所示。

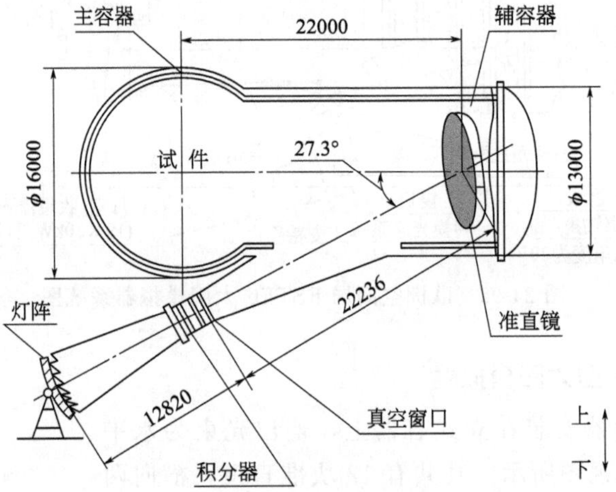

图 24-97 日本太阳模拟器总体结构简图

该太阳模拟器采用离轴光学系统，离轴角为 27.3°，准直角为±1.5°。准直镜为球面镜，曲率半径为 45000mm，由 163 块六方单元镜组成。准直镜的最大对角线长度约为 8500mm，单元镜的最大对角线长度约为 700mm。准直镜单元镜为碳纤维反射镜，具有质量轻、热变形小、易于温控等特点。灯室由 19 个氙灯单元组成，氙灯选用功率 30kW 的短弧线灯，水平点燃，去离子水冷却。氙灯单元的聚光镜为椭球反射镜。

真空密封石英窗口直径为 1080mm，厚度为 81mm。在窗口支撑结构设计时，对其结构、热设计进行了充分的分析优化，并经过试验验证。积分器由 55 个元素镜组成。

该太阳模拟器的辐照体积为 ϕ6000mm×6000mm，辐照面不均匀度为±5%，辐照体不均匀度为±10%，辐照度达到 1758W/m^2，光谱为未经滤光的氙灯光谱。

24.13 航天器热环境模拟设备通用技术条件

该技术条件规定了航天器用真空热环境模拟设备的术语、技术要求、结构设计要求、制造要求、安全保护要求、检验规则及主要技术参数的测试方法等。适用于工作压力 $1\times10^{-2}\sim1\times10^{-4}$Pa 的真空热环境模拟设备（以下简称设备）。

24.13.1 术语和定义

(1) 空间热环境（space thermal environment）

指对航天器有影响的地球大气层以外的真空、冷黑背景和热辐射环境。其中热辐射主要来自于太阳辐射、星体反照和星体红外辐射。

(2) 空间热环境模拟试验 (simulation test for space thermal environment)

在地面模拟空间热环境对航天器性能进行试验的统称。它包括热平衡试验、热真空试验和热循环试验。

(3) 真空热环境模拟试验设备 (equipment of simulation test for vacuum thermal environment)

用于完成空间热环境模拟试验的设备，主要有热平衡试验设备和热真空试验设备。

(4) 热沉 (heat sink)

为航天器提供模拟空间分子沉和辐射沉效应或者仅有空间辐射沉效应的地面装置的统称。

(5) 试件支持机构 (specimen supporting mechanism)

在能满足航天器热环境及其他边界条件的真空容器内，用于支撑和悬吊航天器产品机构的统称。其支撑试验件的平台称之为试验件安装底板，分控温底板和非控温底板两种。

(6) 外热流模拟器 (simulator for thermal radiation)

模拟太阳辐射和其他辐射热效应的装置，包括太阳模拟器、红外加热笼、红外灯阵、薄膜型电加热片等。

(7) 极限压力 (ultimate pressure)

启动各种抽气手段（含低温下的热沉）及采用各种真空抽气工艺，空载的真空容器经过长时间抽气，逐渐达到的稳定的压力值。

(8) 工作压力 (working pressure)

设备正常工作时，在负载条件下真空容器内达到的试验要求的压力值。

(9) 主泵抽气时间 (pump-down time of main pump)

从真空系统主泵对真空容器正常抽气开始，到真空容器达到工作压力时所需的时间。

(10) 热沉平均变温速率 (heat sink average temperature change rate)

热沉由指定最低温度至指定最高温度或由指定最高温度至指定最低温度范围内的升温速率或降温速率的平均值。

(11) 热沉温度均匀性 (heat sink temperature evenness)

空载时热沉温度均匀性用热沉的平均温度与平均高温（即高于平均温度各点温度的平均值）及平均低温（即低于平均温度各点温度的平均值）之差的绝对值的算术平均值来表示。

(12) 控温精度 (temperature control precision)

热沉或控温底板实测温度与设定温度值的偏差。

(13) 温度参考点 (temperature reference point)

真空热试验中规定的反映试验设备与试验件温度的测量点。

(14) 设备温度基准点 (temperature datum point of equipment)

指定试验设备支撑机构与试验件接触的某个温度参考点作为真空热试验温度基准的温度测量点。

(15) 热接口 (heat interface)

用于固定试验件与可控温度底板间的连接垫，作为真空热试验中提高可控温度底板与试验件间传热性能或提高试验件温度均匀度的配件。

24.13.2 技术要求

24.13.2.1 设备型号的编制

真空热环境模拟试验设备的型号由三部分组成，如图 24-98 所示。第一部分为设备名称，以关键词的汉语拼音首字母表示，即 ZRM；第二部分为真空容器的内径，以毫米为单位的数字表示；第三部分为设备的改型设计序号，以大写英文字母表示。

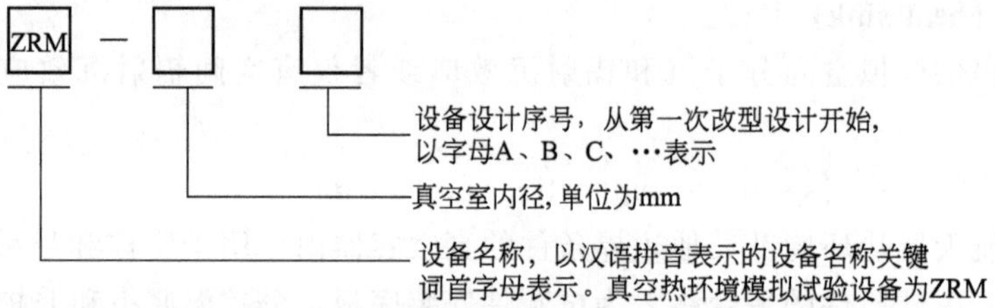

ZRM
—
设备设计序号，从第一次改型设计开始，
以字母A、B、C、…表示
真空室内径，单位为mm
设备名称，以汉语拼音表示的设备名称关键
词首字母表示。真空热环境模拟试验设备为ZRM

图 24-98 设备型号编制

示例：真空热环境模拟试验设备，真空容器内径 1000mm，第二次改型，表示为：ZRM-1000B 真空热环境模拟试验设备。

24.13.2.2 设备正常工作条件

① 环境温度：15～30℃；

② 相对湿度：不大于 80%；

③ 冷却水进水温度：不高于 25℃；

④ 冷却水质：城市自来水或质量相当的水，特殊设备专用供水需说明；

⑤ 380V±10%、三相、50Hz±2%或 220V±10%、单相、50Hz±2%；

⑥ 设备所需的压缩空气、液氮、冷热水等介质技术参数均应在产品使用说明书中写明；

⑦ 设备工作现场要求由使用者根据需要确定；

⑧ 设备工作场地接地电阻要求由使用者根据需要确定。

24.13.2.3 设备主要技术参数

(1) 真空度

极限压力≤2.0×10^{-4}Pa；

工作压力≤6.6×10^{-3}Pa。

(2) 主泵抽气时间

主泵开始正常工作后，达到工作压力（≤6.6×10^{-3}Pa）所需的抽气时间。一般在 6h 内。

(3) 热沉温度

① 热平衡试验时热沉温度 $T\leqslant100$K；

② 热真空及热循环试验时，由于热沉采用的制冷及加热方式不同，热沉的温度范围 100～450K，依据航天产品温度试验要求确定温度范围。

(4) 热沉温度均匀性

空载时热沉温度均匀性在±1～±5K 范围，依据不同制冷与加热方式来确定均匀性值；热沉温度 $T \leqslant 100$K，温度均匀性不作要求。

(5) 热沉平均变温速率

在变温温度范围（为全温度范围的 70%，即温度最高值减去温度最高值的 15%与温度最低值减去温度最低值的 15%）内，热沉平均变温速率不小于 1K/min。

(6) 控温底板温度

根据航天产品变温速率要求，试验可设控温底板。控温底板温度的要求如下：

① 温度范围，同（3）②；

② 温度均匀性，同（4）；

③ 平均变温速率，同（5）。

(7) 热沉内表面的热辐射性能

① 太阳光谱吸收系数 $\alpha_s \geqslant 0.93$；

② 半球发射率 $\varepsilon_h \geqslant 0.90$。

(8) 外热流模拟器

① 红外加热笼

a. 红外加热笼热流密度应满足航天器表面相应分区部位吸收的最大和最小热流值的要求；

b. 热流密度平均值与设定值的偏差为±5%；

c. 热流密度不均匀度为±5%；

d. 加热带与支持结构之间的绝缘电阻不小于 200MΩ（250V 交流电压下测量）。

② 红外灯阵

a. 红外灯阵热流密度应满足航天器表面相应部位吸收的最大和最小热流；

b. 热流密度平均值与设定值的偏差为±10%；

c. 热流密度不均匀度为±10%；

d. 红外灯的使用功率一般不超过额定功率的 80%；

e. 红外灯与支持结构之间的绝缘电阻不小于 200MΩ（250V 交流电压下测量）；

f. 红外灯阵的遮挡系数≤12%。

③ 太阳模拟器

a. 辐照度在 500～1700W/m^2 范围内连续可调；

b. 试验空间内光束辐照度的不均匀度优于±5%；

c. 光束辐照度的不稳定度≤1%/h；

d. 光束准直角优于±2°；

e. 光谱为修正氙灯光谱或氙灯光谱；

f. 太阳模拟器光学参数测量方法见 GJB 3489。

④ 薄膜型电加热片，技术要求见 GJB 1033A。

(9) 洁净度

① 洁净度指标按 GJB 2203A 中的相关条款执行；

② 航天器产品表面对污染敏感时，试验设备真空容器中，热沉处于高温状态，连续

空载运行 24h 后有机污染物一般不超过 $2.0\times10^{-7}g/cm^2$。

(10) 设备控制方式

根据设备要求制订。

(11) 设备电、水、气耗量

根据设备要求制订。

(12) 设备真空容器尺寸

真空容器内径优先从下列尺寸中选取（单位：mm）：800、1000、1200、1400、1600、1800、2000、2200、2400、2600、2800、3000、3200、3400、3600、4000。

真空容器内径小于 800mm，或者大于 4000mm 时，根据设计要求确定。

24.13.3 结构设计要求

24.13.3.1 试验设备的构成

(1) 热平衡试验设备的主要构成

热平衡试验设备主要由真空容器、热沉、真空抽气系统、低温制冷系统、热沉复温系统、复压系统、外热流模拟器、试件支持机构（悬挂或支撑装置）、检测与测量系统、控制与数据采集/处理系统等组成，根据试验要求，部分设备还包括防污染系统和其他外围辅助系统等。热平衡试验设备除满足热平衡试验外，通常还具有热真空及热循环试验功能。设备的组成见图 24-99。

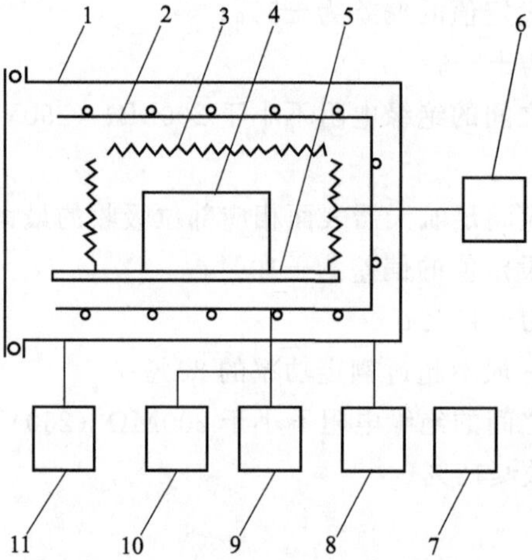

图 24-99 热平衡试验设备组成方框图

1—真空容器；2—热沉；3—外热流模拟器；4—试验件；5—试验件支持机构；6—外热流模拟器电源；7—控制与数据采集/处理系统；8—真空抽气系统；9—热沉低温制冷系统；10—热沉复温系统；11—真空容器复压系统

(2) 热真空试验设备主要构成

热真空试验设备主要由真空容器、热沉、真空抽气系统、高低温度调节系统、试验件安装底板、检测与测量系统、控制与数据采集处理系统等组成。根据试验要求，部分设备还包括防污染系统、复压系统和其他外围辅助系统等。热真空试验设备中的热沉温度在一定范围内连续可调，应满足试件达到最大和最小预期温度的要求。热真空试验设备具有热真空试验及热循环试验功能。设备的组成见图 24-100。

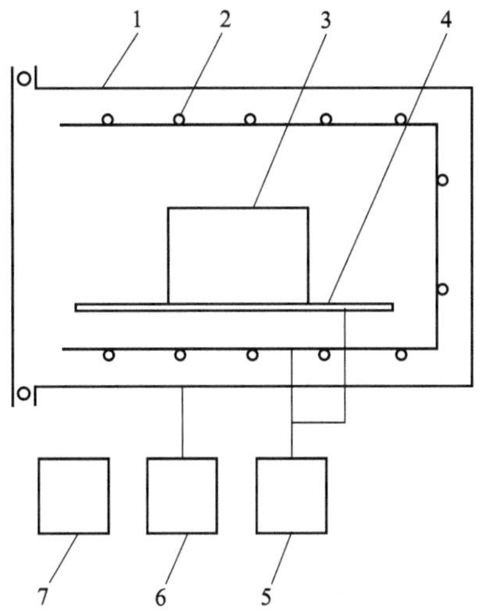

图 24-100　热真空试验设备组成方框图

1—真空容器；2—热沉；3—试验件；4—试验件安装底板（温控或非温控）；
5—热沉及底板温控系统；6—真空抽气系统；7—控制与数据采集/处理系统

24.13.3.2　真空容器主要结构要求

真空容器设计应充分继承成熟的技术，保证具有良好的加工工艺性，主要结构要求如下：

① 除特殊结构外，容器圆筒壁厚计算应遵循 GB 150 规定；

② 除特殊结构外，容器上各种固定法兰接口按 GB/T 6070 设计；

③ 除特殊结构外，容器上各种快卸法兰接口按 GB/T 4982 设计；

④ 真空规接头结构按 JB/T 8105.1 设计；

⑤ 容器上金属密封的真空法兰接口按 GB/T 6071 设计；

⑥ 运动传入机构接口按 JB/T 1090、JB/T 1091、JB/T 1092 和 JB/T 10463 设计；

⑦ 容器上高低温介质进出管道应与容器壁绝热；

⑧ 焊缝结构设计合理，便于检漏；

⑨ 内部结构便于清洁；

⑩ 容器大门开启及预紧机构设计合理，开闭方便；

⑪ 真空容器与热沉应绝热良好，热沉能方便移出；

⑫ 根据需要真空容器应有观察窗及内部观察灯；

⑬ 容器上应配置复压阀。

24.13.3.3　热沉结构要求

① 热沉具有足够的刚性，管路结构满足气密性要求；

② 热沉材料导热性好；

③ 热沉需要与真空容器绝热；

④ 热沉总质量尽可能小；

⑤ 热沉开孔面积应小于总面积的 3%；

⑥ 做热平衡试验的热沉内表面发射率尽可能高。

24.13.3.4 试件支持机构

(1) 热平衡试验设备的试件支持机构

根据试验需求在真空容器内设置试件支持机构，用以满足试验需求。试件支持机构除满足航天器产品支撑功能外，一般还包括以下功能（可选项）：

① 隔振；

② 隔热；

③ 水平度动态调节功能，调节精度优于 1mm/m；

④ 控温功能；

⑤ 航天器姿态调节功能。

(2) 热真空试验设备的试件安装底板

根据不同的试验件和试验方法，安装底板可以选择非控温安装底板或控温安装底板。对控温安装底板（简称温控底板）的要求如下：

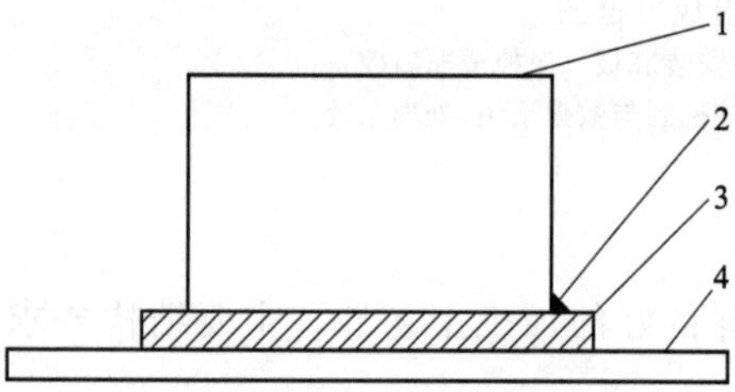

图 24-101　温控底板安装示意图

1—试验件；2—温度参考点；3—热接口；4—温控底板

① 安装底板一般要求其长度和宽度约为试验件安装底座尺寸的 2 倍左右；

② 温控底板与试验件之间可以安装热接口，材料一般为铜，推荐厚度为 10～20mm，其平面度应符合试验件表面的要求；

③ 温控底板与试验件的连接应采用螺栓或压板压紧，必要时接触面之间应增加热传导好的软材料，如铟箔或导热脂等进行过渡。温控底板安装示意见图 24-101。

24.13.3.5 热平衡试验设备低温制冷系统

对热平衡试验设备低温制冷系统的结构要求：

① 满足热流最大热负荷要求；

② 管路阻力要小，能承受一定的压力；

③ 采取保温措施减小管路冷损，保温管道表面不能结露；

④ 管路必要位置设测温点及流量监测点；

⑤ 管路应有膨胀节。

24.13.3.6 热真空试验设备低温制冷系统

结构要求同 24.13.3.5。

24.13.3.7 热平衡试验设备热沉复温系统

对热平衡试验设备热沉复温系统的结构要求：

① 真空容器内径小于等于 3000mm 可以不配置复温系统；

② 采用热氮气复温。根据真空容器内径大小，从低温回升到室温的时间选择为 6～8h；

③ 管路保温良好。

24.13.3.8 外热流模拟器装置

(1) 红外加热笼

① 红外加热笼热流密度应满足航天器表面相应分区部位吸收的最大和最小热流；

② 系统级热试验中吸收热流密度大于 80W/m²，热流密度平均值与设定值的偏差±5%；

③ 除较小或不规则形状的加热区外，热流密度不均匀度为±5%；

④ 红外加热笼功率为试验留 20%的余量；

⑤ 红外加热笼面积一般占本区面积的 20%～50%，在满足加热功率要求的前提下，遮挡系数应尽量小；

⑥ 加热带与支持结构之间的绝缘电阻不小于 200MΩ（250V 交流电压下测量）。

(2) 红外灯阵

① 红外灯阵热流密度应满足航天器表面相应部位吸收的最大和最小热流；

② 吸收热流密度大于 80W/m²，热流密度平均值与设定值的偏差±10%；

③ 热流密度不均匀度为±10%；

④ 红外灯的使用功率一般不超过额定功率的 80%；

⑤ 红外灯阵各个灯之间干扰要小，必要时加挡板；

⑥ 加热灯与支持结构之间的绝缘电阻不小于 200MΩ（250V 交流电压下测量）。

(3) 热控板

热控板温度范围、几何形状及安装要求根据试件外热流模拟要求来确定。

(4) 表面接触式电加热器（薄膜加热片）

① 接触式电加热器热流密度应满足航天器表面相应部位吸收的最大和最小热流；

② 一般情况下，每个加热区的加热器所覆盖的面积不小于被加热区面积的 90%；

③ 加热回路相对试验的绝缘电阻值，一般不低于 200MΩ（250V 交流电压下测量）。

(5) 太阳模拟器

太阳模拟器要求如下：

① 辐照度在 650～1760W/m² 范围内连续可调；

② 面辐照不均匀性优于±5%；

③ 辐照稳定性优于±3%；

④ 准直角优于±2°；

⑤ 光谱为修正氙灯光谱或氙灯光谱。

24.13.3.9 重要接口要求

(1) 电引入接口

① 满足电流、电压及频率要求；

② 满足气密性要求，接口漏率不大于 1×10^{-9}Pa·m³/s；

③ 电极之间及与法兰之间的绝缘电阻应不小于 200MΩ（250V 交流电压下测量），有特殊高压要求的电极之间及与法兰之间的绝缘电阻根据技术要求的规定设计；

④ 保证足够的机械强度；

⑤ 所选材料的放气率应满足真空容器的真空度要求；

⑥ 承受烘烤的真空容器上使用的电引入接口应能耐 250～450℃的高温烘烤。

(2) 高低温介质进出接口

① 与容器壁间应采取一定的绝热措施；

② 满足气密性要求，接口漏率不大于 1×10^{-9}Pa·m³/s；

③ 密封及结构材料应满足温度使用范围；

④ 应具有高低温交变引起的应力的缓冲件；

⑤ 所用材料应满足真空容器中真空度的要求。

（3）光学窗口

① 光学玻璃应满足不同光线波段使用要求；

② 玻璃窗口应有足够的机械强度；

③ 金属与玻璃封接窗口应能耐 250～450℃的高温烘烤；

④ 满足气密性要求，接口漏率不大于 $1\times10^{-9}\text{Pa}\cdot\text{m}^3/\text{s}$；

⑤ 窗口材料根据需要和真空度要求，可以选用光学玻璃、石英玻璃、熔融石英玻璃、普通玻璃或有机玻璃。

24.13.3.10 真空抽气系统结构要求

① 应根据真空容器对油污染的要求选择真空抽气系统的类型，即有油还是无油的真空抽气系统。主泵推荐选择低温泵或涡轮分子泵；如采用有油真空抽气系统，真空抽气系统与真空容器之间应设置液氮冷阱，以减小油蒸气对真空容器及试验件的污染；

② 主泵的名义抽速应满足极限压力、工作压力及抽气时间要求，主泵的极限压力应比要求的极限压力低半个量级至一个量级；

③ 应根据真空抽气系统的振动和噪声大小采取相应的防振和隔噪声措施；

④ 真空抽气系统抽出的气体应排到室外；

⑤ 各种接口法兰按 GB/T 6070 及 GB/T 4982。

24.13.4 制造要求

（1）材料要求

对加工件（如真空容器及热沉）材料的要求如下：

① 应根据加工件的使用条件、材料的焊接性能、制造工艺及经济性等来选择材料；

② 材料性能及规格应符合相应的国家标准、国家军用标准以及相关行业标准的规定；不锈钢锻件应符合 NB/T47010 规定的Ⅲ级锻件要求；

③ 材料应有生产单位材料质量证明书，容器制造单位按 QJ 1386A 的规定对材料进行复验，满足设计文件对材料的表面质量、材料标志、材料化学成分及材料力学性能的要求；

④ 真空容器板材要进行 100% 的无损探伤，达到 JB/T 4730 规定的缺陷质量分级 II 级；

⑤ 热沉管材需做气密性试验。

（2）主要制造工艺要求

主要制造工艺一般要求如下：

① 真空容器内表面粗糙度 Ra 优于 0.8μm。

② 各密封面粗糙度 Ra 优于 1.6μm，无径向划痕。

③ 各种接口法兰与法兰接管组焊后要进行检漏，接口漏率不大于 $1\times10^{-9}\text{Pa}\cdot\text{m}^3/\text{s}$。

④ 热沉组焊后，需根据工作温度范围进行高低温循环冲击，至少 1 个试验周期，然后进行氦质谱检漏。

⑤ 热沉低温冷流程管路各部件、元件能承受0.6MPa压力；管路材料及焊接材料符合相关工艺及标准，现场施工符合GB 50236标准。

⑥ 管路各种元件及管道要认真清洗、脱脂及清洁处理，符合GB 16912相关规定。

⑦ 设备配套外购件应符合相应标准，应有质量合格证书，重要计量仪表需计量。

⑧ 与设备配套的电器装置的制造质量应符合制造厂技术文件的规定。装置中线路的排布应整齐清晰、便于检修，装置中各电气回路的绝缘电阻值根据各电器的设计要求确定。

⑨ 设备外观应美观大方，没有非功能性需要的尖角、棱角、凸起及粗糙不平表面。零部件结合面不应有明显错位。金属零件的镀层应牢固，无变质、脱落及生锈等现象。所有紧固件应有防腐层。设备的涂漆表面应光洁、美观、牢固，无剥落起皮现象。

(3) 焊接要求

① 焊接材料要求

a. 焊接材料应符合国家标准和行业标准要求；

b. 焊接材料应有生产单位的产品质量证明书。

② 焊接要求

a. 焊接应符合JB/T 4709的相关要求；

b. 焊接人员应持有有效的、相应等级资格证书上岗；

c. 真空容器及热沉焊接前，应焊接试板，试板应与施焊的容器具有相同的条件和焊接工艺；试板焊接后应做拉伸、弯曲力学试验及氦质谱检漏；试板焊缝质量达到JB/T 4730规定的焊接缺陷质量分级的Ⅱ级；

d. 焊缝表面不得有裂纹、气孔、弧坑、咬边、夹渣等缺陷，焊缝上的熔渣和两侧的飞溅物必须清除，焊缝与母材必须圆滑过渡；焊缝质量应达到JB/T 4730规定的焊接缺陷质量分级的Ⅱ级要求；

e. 真空容器对接焊缝采用全焊透型式；

f. 焊接通径 $DN<320$mm 的真空接口时，接口真空侧采用连续焊，大气侧可采用全焊透型式或间断焊；焊接通径 $DN\geqslant 320$mm 的真空接口时，接口采用全焊透型式。

(4) 检漏工艺要求

检漏工艺要求如下：

① 检漏前，对A、B类焊缝必须进行100%无损探伤，必须对焊缝进行去渣、去焊皮及清洁处理；

② 要经受温度交变的零部件（如热沉、温控安装底板），应在温度交变试验后进行检漏，进行过冷拉、弯曲加工的部位要进行检漏；

③ 对零部件密封连接处（如焊缝、法兰、接头），要求100%检漏，焊缝漏率不合格部位可修补，修补后要重新检漏，直至漏率合格为止，检漏合格后的焊缝不允许再进行机械加工，否则必须重新检漏；

④ 在真空容器组装前，要对阀门、芯柱、波纹管、冷阱、障板、管道等有密封要求的外购件进行100%检漏，零部件虽经检漏，但又经过恶劣运输条件和其他有损密封结构和使密封失效的情况，组装前应重新对这些零部件进行检漏；

⑤ 热沉放入真空容器之前，应对所有焊缝进行检漏。

(5) 真空容器内各部件的清洁处理

① 真空容器内的部件污染物控制

a. 严格控制真空容器板材加工、运输过程中的外来污染；

b. 严格控制真空容器卷板成型过程中的油污等；

c. 严格控制焊接过程中产生的焊渣、飞溅物及焊料等残留物污染；

d. 严格控制切削加工过程中的切削液和油等污染；

e. 加工场地环境保持清洁，严格控制灰尘、油污等外来污染；

f. 严格控制汗渍、油脂、毛发、皮屑等人为污染；

g. 容器内表面用目视和用白净的绸布擦拭后应无污渍。

② 污染物清洗

a. 清洗方法：

ⅰ. 微粒污染物用真空吸尘或无油干燥压缩空气吹除，也可以用丝绸布或无纺布擦除；

ⅱ. 有机污染物用溶剂或清洗剂清洗；

ⅲ. 对于结构复杂的零部件，采用超声波清洗。

b. 清洗剂选择：

ⅰ. 对有机物有较强的溶解力；

ⅱ. 不腐蚀清洗表面；

ⅲ. 毒性小，不易燃；

ⅳ. 清洗剂的非挥发性残留物应小于 0.0005%；

ⅴ. 一般选用汽油、丙酮和无水乙醇。

24.13.5 安全防护要求

① 关键部件的冷却水路中应有断水或水压不足的报警装置，并与电源、真空系统、传动系统相关联部分有联锁保护机构，这些保护机构的动作应灵敏可靠；

② 真空系统中采用电动或气动阀门时均应有联锁保护；

③ 设备及其附属的电气装置均应装设接地装置，接地处应有明显标记；

④ 设备与相附属的电气装置之间的连接导线应有防止磨损或碰伤的保护措施；

⑤ 设备的电气线路及电气元件应保证不受冷却液、润滑油及其他有害物质的影响；

⑥ 操作中突然停电后，再恢复供电时应能防止电器自行接通；

⑦ 在设备电气线路中，针对负载情况应采取短路保护、过电流保护等必要保护措施；

⑧ 设备中的高压、高频以及其他有可能产生损害人体的辐射源应安装屏蔽装置；

⑨ 外露运动部件应有可靠的防护装置；

⑩ 液压或气压系统应有压力指示仪表及调节压力的安装装置；

⑪ 高压液、气路应装安全阀；

⑫ 设备及其附属装置上应安装设为操作和安全所需的标牌和标记；

⑬ 工控机发生突然断电，应具有保护数据措施。

24.13.6 检验规则

① 设备各种检测仪器仪表须经相关计量部门检验合格，并在有效期内；

② 设备各种参数及分系统须经设计单位、施工单位及用户组成的质量小组按本标准

要求逐一检查，符合要求后方能出厂验收，应有出厂合格证；

③ 设备不分批次，每台均需要检验出厂；

④ 测试条件及测试方法按附录执行。

24.13.7 主要技术参数的测试方法

24.13.7.1 极限压力测试

（1）测试条件

① 真空容器空载（即不安装试验件及其辅助设备）；

② 真空测量规管处于真空容器顶部中段；

③ 所用真空计在校准的有效期内；

④ 允许应用各种真空除气工艺，如用烘烤、氮气冲洗、真空浸泡等方法进行除气；

⑤ 低温的热沉可认为是抽气手段；

⑥ 真空容器内液氮制冷的防污染板，可作为抽气手段。

（2）测试方法

① 启动真空系统的预抽泵对真空系统（含真空容器）进行预抽，同时可用烘烤、氮气冲洗、真空浸泡等方法进行除气；

② 当真空系统中的压力达到真空系统主泵的启动压力时，打开主泵阀门对真空容器连续抽气，可用液氮制冷的热沉及防污染板作为抽气手段进行抽气，监测真空容器中的压力变化；

③ 当真空容器中的压力不再下降（即压力变化在 5h 内不超过 10%），此时真空计所示压力值即为极限压力值。

24.13.7.2 工作压力测试

（1）试验条件

① 试验件及其辅助设备（或模拟试验件）装入真空容器；

② 试验件处于试验要求的最高工作温度；

③ 所用真空计在校准的有效期内；

④ 真空规管处于真空容器顶部中段。

（2）测试方法

① 启动真空系统的预抽泵对真空系统（含真空容器）进行预抽；

② 当真空系统中的压力达到真空系统主泵的启动压力时，打开主泵阀门对真空容器开始抽气，监测真空容器中的压力变化；

③ 试验件处于试验要求的最高工作温度；

④ 达到主泵抽气时间时，真空容器中的压力值即为工作压力值，该值应$\leqslant 6.6\times10^{-3}$Pa。

24.13.7.3 主泵抽气时间测试

（1）试验条件

① 试验件及其辅助设备（或模拟试验件）装入真空容器；

② 试验件处于试验要求的最高工作温度；

③ 所用真空计在校准的有效期内；

④ 真空规管处于真空容器中段顶部。

（2）测试方法

① 启动真空系统的预抽泵对真空系统（含真空容器）进行预抽；

② 当真空系统中的压力达到真空系统主泵的启动压力时，打开主泵阀门对真空容器开始抽气、开始计时，监测真空容器中的压力变化；

③ 使试验件处于试验要求的最高工作温度；

④ 当真空容器中的压力达到所需工作压力时终止计时，此时所记录的时间即为主泵抽气时间。

24.13.7.4 热沉（或温度底板）温度范围测试

（1）测试条件

① 全部测温传感器固定在热沉壁板或温度底板上，对于管板式热沉传感器固定在两管之间；

② 测温传感器及仪表在校准有效期内；

③ 真空容器压力≤7.0×10^{-3}Pa。

（2）测试方法

① 热沉（或温度底板）注入液氮，使之降温，待温度稳定后，即为液氮制冷多点平均最低温度；

② 热沉（或温度底板）注入机械制冷冷却的载冷剂或冷氮气，使之降温，待温度稳定后，即为温度范围多点平均最低温度；

③ 热沉（或温度底板）注入热工质或用加热器加热达到的多点平均最高温度，即为温度范围的最高温度。

24.13.7.5 热沉（或温度底板）温度均匀性及控温精度测试

（1）测试条件

温度均匀性及控温精度的测试条件同 24.13.7.4（1）。

（2）测试方法

① 根据设定的热沉（或温度底板）温度，通过相应制冷和加热手段对热沉（或温度底板）进行温控；

② 当热沉（或温度底板）温度在设定温度点达到稳定后，记录热沉（或温度底板）各测点温度；

③ 按相关温度数据处理方法计算热沉（或温度底板）温度与设定温度偏差和热沉（或温度底板）温度的均匀性。

24.13.7.6 热沉（或温度底板）平均变温速率测试

（1）测试条件

平均变温速率的测试条件同 24.13.7.4（1）的要求。

（2）液氮制冷时平均变温速率的测试方法

① 向室温状态的热沉（或温度底板）注入液氮，待液氮进入热沉（或温度底板），热沉（或温度底板）进液氮口温度剧烈变化时开始计时；

② 热沉（或温度底板）温度降至 100K 时计时终止；

③ 按下式计算平均降温速率：

$$v=\frac{T_1-T_2}{\Delta t_1} \tag{24-53}$$

式中 v——热沉（或温度底板）的平均降温速率，K/min；

T_1——热沉（或温度底板）初始温度，K；

T_2——热沉（或温度底板）最终稳定温度（≤100K），K；

Δt_1——热沉（或温度底板）由初始温度到≤100K 温度经历的时间，min。

(3) 机械制冷及加热时平均变温速率测试方法

① 开启热沉（或温度底板）加热单元，对热沉（或温度底板）升温，将热沉（或温度底板）由常温加热到指定高端温度，并记录起始时间和终止时间，按下式计算升温速率；

$$v_1=\frac{T_g-T_d}{\Delta t_2} \tag{24-54}$$

式中 v_1——平均升温速率，K/min；

T_g——热沉（或温度底板）温度范围的指定高端温度，K；

T_d——热沉（或温度底板）温度范围的指定低端温度，K；

Δt_2——热沉（或温度底板）由指定低端温度升至指定高端温度的时间，min。

② 开启热沉（或温度底板）制冷单元，对热沉（或温度底板）降温，将热沉（或温度底板）由常温降温到指定低端温度，并记录起始时间和终止时间，按下式计算降温速率；

$$v_2=\frac{T_g-T_d}{\Delta t_3} \tag{24-55}$$

式中 v_2——热沉（或温度底板）平均降温速率，K/min；

T_g——热沉（或温度底板）温度范围的指定高端温度，K；

T_d——热沉（或温度底板）温度范围的指定低端温度，K；

Δt_3——由最高温度降至最低温度的时间，min。

24.13.7.7 热沉内表面太阳光谱吸收系数测试

热沉内表面太阳光谱吸收系数 α_s 按 GJB 2502.2 的方法测试。

24.13.7.8 热沉内表面半球发射率测试

热沉内表面半球发射率 ε_h 按 GJB 2502.3 的方法测试。

第25章 真空中沉积薄膜

25.1 真空中沉积薄膜应用与分类

现代薄膜技术的开拓者是德国学者马克斯·奥维特教授，早在20世纪30年代中期，他已开始研究和生产光学薄膜。半个世纪后，各类薄膜应用已遍及国民经济各个领域。

25.1.1 真空中沉积薄膜的应用

① 在机械行业，镀层刀具已得到广泛应用，镀层主要是TiN、TiC以及二者的复合镀层，还有Al_2O_3等，镀层厚度2～10μm。大量的廉价刀具（如钻头、丝锥）镀TiN镀层后可以加大进刀量，提高切削速度，提高生产率。工模具、量刃具、精密轴承及其他易磨损件，在表面沉积耐磨镀层（如TiC等），可大大提高使用寿命。

② 在航空工业，涡轮发动机工作温度很高，在发动机叶片上溅射一层Co-Cr-Al-Y合金，对提高其抗高温氧化和抗腐蚀性能有明显的效果。如果镀上一层ATD-1型合金（35%～41%Cr，10%～12%Al，25%Y，其余为Ni），也具有良好的抗氧化和抗热腐蚀性能，它的寿命为通常氧化铝镀层的燃气涡轮部件的1～3倍。

航天设备有的要在超高真空、射线辐照、高温下工作，在这种恶劣环境下，一般液体润滑剂已无能为力，而航天发动机的功率及其结构和寿命，与摩擦、磨损、磨蚀、腐蚀、汽蚀、高温氧化、渗漏和疲劳有直接关系，因此迫切需要固体润滑膜。用真空蒸镀、离子镀、溅射三种方法获得的固体润滑膜已在航空航天设备的各种仪器、齿轮、螺丝、轴承以及滑动部件中得到广泛应用。作为防腐涂层，离子镀Al已成功用于飞机、宇宙飞船的各种异型部件，代替氢脆敏感的电镀Cr层和在太空中易挥发的涂层。潮湿试验表明，离子镀铝抗蚀层远比电镀镍和电镀金性能优越。

③ 在电子工业，真空镀膜技术是集成电路向高集成度、高性能、高可靠和高生产率发展的重要保证。有人估计，大规模集成电路有一半工序必须在真空条件或真空设备中进行，而在研制超大规模集成电路时，所需真空工艺和设备则占了75%以上。

在电子工业中薄膜的应用如下。

a. 电子元件用薄膜 例如，Ta、Ta_2N、Ta-Al-N、Ta-Si、Cr-SiO、NiCr、Sn、Sb金属膜电阻，SiO、SiO_2、Al_2O_3、Ta_2O_5、TiO_2、Al、Zn电容以及Cr、Cu（Au）、Pb-Sn、PbIn、Au、Pt、Al、Au+Pb+In、Pb+Au+Pb、Al+Cu、ZnO、CdS电极等。

b. 摄像管中的SbS_2、CdSe、Se-As-Te、ZnSe、PbO、光电导面；SnO_2、In_2O_3透明电导膜。

c. 半导体元件和半导体集成电路用薄膜 成膜材料有Ni、Ag、Au-Ge、Ti-Ag-Au、Al、Al-Si、Al-Si-Cu、Mo、$MoSi_2$、WSi_2、Ti-Pt-Au、W-Au、Mo-Au、Cr-Cu-Au半导

体膜：SiO_2、Al_2O_3、Si_3N_4 绝缘膜。

d. 电发光元件中的 In_2O_3 + SnO_3 透明光导膜，ZnS、ZnS + ZnSe、ZnS + CdS 荧光体和 Al 电极，Y_2O_3、SiO_2、Si_3N_4、Al_2O_3 绝缘膜。

e. 传感器件的 PbO + In_2O_3、Pb、NbN、V_3Si 约瑟夫逊结合膜，Fe-Ni 磁泡用膜以及电传感用 Se、Te、CdS、ZnS 传感器膜。

f. 制作太阳能板的光电池、透明导电膜、电极以及防反射膜。

g. 液晶显示、等离子体显示和电致发光显示等三大类平板显示器件的透明导电膜，如 ITO（氧化铜锡）膜及电致发光屏上多层功能膜，例如 Y_3O_3、Ta_2O_5 等介质膜、ZnSiMn 发光膜以及铝电极膜等组成的全固态平板显示器等。

h. 采用 ZnO、Ta_2O_5 等薄膜制成的声表面波滤波器等。

i. 磁记录与磁头薄膜。例如，高质量录音和录像用的磁性材料薄膜、录音带和录像带、计算机数据信息存储软盘、硬盘用 CoCrTa、CoCrNi 薄膜、垂直记录中的 FeSiAl 薄膜、磁带等。

j. 静电复印鼓用的 Se-Te、SeTeAs 合金膜及非晶硅薄膜等。

④ 在能源科学方面正在研究的有各种结构的薄膜太阳能电池，如非晶硅、Ⅲ-Ⅴ族（如 CaAs）、Ⅱ-Ⅳ族化合物（如 Cds-Cu_2S）薄膜太阳能电池等。CdS-Cu_2S 薄膜太阳能电池具有工艺简单、成本低廉的特点，是一种有希望在地面大量应用的太阳能电池。在价廉的基片上真空沉积一层 InP、CaAs 等多晶半导体薄膜，可用于太阳能电池或地面用太阳能发电系统。在石英玻璃基片上真空沉积一层 SnO_2、In_2O_2、CaO 等金属氧化物的薄膜，可用作太阳能集光器。

⑤ 在光学工业中应用的薄膜如下。

a. 减反射膜　例如照相机、幻灯机、投影仪、电影放映机、望远镜、瞄准镜以及各种光学仪器透镜和棱镜上所镀的单层 MgF_2 薄膜和双层或多层的由 SiO_2FrO_2、Al_2O_3、TiO_2 等薄膜组成的宽带减反射膜。

b. 反射膜　例如大型天文望远镜用铝膜、光学仪器中的反射膜、各类激光器中的高反射膜等。

c. 分光镜和滤光片　例如彩色扩印与放大设备中所用的红、绿、蓝三种原色滤光片上镀的多层膜。

d. 照明光源中所用的反热镜与冷光镜膜。

e. 建筑物、汽车、飞机上用的光控制膜、低反射膜 例如 Cr、Ti/不锈钢/Ag、TiO_2-Ag-TiO_2 以及 ITO 膜等。

f. 激光唱片与光盘中的光存储薄膜　例如 $Fe_{81}Ge_{15}SO_2$ 磁系半导体化合物膜，TeFe-Co 非晶膜。

g. 集成光学元件与光波导中所用的介质膜、半导体膜。

⑥ 在受控热核反应堆的试验装置中，一些高熔点，低原子序数材料的镀层（如 TiB_2、B_3C、TiC 等）用于高温和表面保护。用离子镀在反应堆燃料元件表面镀上防腐蚀的铝膜等。

⑦ 在超导领域，有快速蒸发、低温凝聚的 InSb 非晶超导膜，高纯度 Nb 超导溅射膜以及 Nb-Ge 系、Nb-(Cu) 系、V-Hf-Zr 系超导膜等。

⑧ 在声学应用方面，ZnO 薄膜是一种优良的压电薄膜材料，它具有机电耦合系数大、

温度性能好、容易在各种非压电基片上形成择优取向等优点。

⑨ 真空中沉积薄膜也广泛用于汽车、灯具、玩具、交通工具、家用电器用具、钟表、工艺美术品、日用小商品、民用镜中的铝膜、黄铜膜、不锈钢膜及仿金 TiN 膜和黑色 TiC 膜等以及用于香烟包装的镀铝纸，用于食品糖果、茶叶、咖啡、药品、化妆品等包装的镀铝涤纶薄膜等。

除了上述应用之外，真空镀膜技术在激光同位素分离、复印技术、红外技术、包装、装饰、手工艺制品、催化以及敏感测量元件等方面都有重要的用途。

25.1.2 薄膜分类

戴达煌，刘敏等在薄膜功能的分类上提出了建议，如图 25-1 所示。

按薄膜的功能用途，可大体分为装饰功能薄膜、机械功能薄膜、物理功能薄膜和特殊功能薄膜四大类。这种大致的分类涵盖的内容已十分广泛。就薄膜的功能及其应用看，也难以归类的完全科学、合理，因为无论怎么分类，它总会出现部分的重叠现象；而且薄膜技术是处在不断发展中，难以找到完善的薄膜功能分类。

(1) 装饰功能薄膜

主要应用薄膜的色彩效应和功能效应。包括各种色调的彩色膜、幕墙玻璃用装饰膜、塑料金属化装饰膜、包装用装潢及装饰膜、镀铝纸等。

(2) 机械功能薄膜

主要应用薄膜的力学性能和防护性能的功能效应，包括高强度、高硬度、耐磨损、耐腐蚀、耐冲刷、抗高温氧化，防潮、防热、润滑与自润滑，成型加工等机械防护效应。这类薄膜主要包括氮化物系（TiN、ZrN、CrN、HfN、TiAl N、Mo_2N 等），碳化物系（TiC、ZrC、CrC、DLC 等）；其次包括硼化物系（TiB_2、ZrB_2 等），硅化物系（TiSi、ZrSi 等），金属［Cr、Mo、W、MCrAlY（M＝Co、Ni、Co-Ni）等］和超硬膜系（硬度大于 3000HV 以上）等。

(3) 物理功能薄膜

主要应用薄膜物理性能的功能效应，是最重要的功能薄膜。这类薄膜主要包括：

① 微电子学薄膜（主要是半导体功能）　主要有硅、锗薄膜，ⅢA-VA 族化合物半导体薄膜（GaAs、GaP 等），ⅡA-ⅥA 族化合物半导体薄膜和ⅣA-ⅥA 族化合物半导体薄膜。还包括介质薄膜，主要有 SiO、SiO_2、Si_3N_4、Ta_2O_5、钽基复合介质膜、Al_2O_3、TiO_2、Y_2O_3、HfO_2、氮氧化硅等；导电薄膜，主要有低熔点、高熔点导电膜、复合导电膜、多晶硅导电膜、金属硅化物导电膜、透明导电膜、电阻薄膜等。

② 电磁功能膜　主要有超导膜、压电和铁电膜、磁性膜、磁性记录膜、磁光膜、磁阻膜等。

③ 光学薄膜　主要有减反射膜、反射膜、分光膜、截止滤光片、带通滤光片、阳光控制膜、低辐射系数膜、反热镜和冷光镜、光学性能可变膜等。

④ 光电子学薄膜　主要有探测器膜、光电池膜、光敏电阻膜、光学摄像靶膜、氧化物透明导电膜等。

⑤ 集成光学薄膜　主要有光波导膜、光开关膜、光调制及光偏转膜、薄膜透镜、激光器薄膜等。

- 薄膜技术
  - 装饰功能薄膜
    - 各种色调的彩色膜
    - 幕墙玻璃用装饰膜
    - 塑料金属化装饰膜
    - 包装用装潢及装饰膜
      镀铝纸
  - 机械功能薄膜
    - 耐腐蚀膜—TiN, CrN, SiO_2, Cr_7C_3, NbC, TaC, ZrO_2, MCrAlY, Co+Cr, ZrO_2+Y_2O_3
    - 耐冲刷膜—TiN, TaN, ZrN, TiC, TaC, SiC, BN
    - 耐高温氧化膜—TiCN, 金刚石和类金刚石薄膜
    - 防潮防热膜—Al, Zn, Cr, Ti, Ni, AlZn, NiCrAl
    - 高强度高硬度膜—CoCrAlY, NiCoCrAlY+HfTa
    - 润滑与自润滑—MoS_2
    - 成型加工(防咬合, 裂纹, 耐磨损)—TiC, TiCN, CrC
  - 物理功能薄膜
    - 光学薄膜
      - 阳光控制膜
      - 低辐射系数膜
      - 防激光致盲膜—Al_2O_3, SiO_2, TiO, TiO_2 Cr_2O_3, Ta_2O_5, NiAl, 金钢石和类金钢石薄膜Au, Ag, Cu, Al
      - 反射膜
      - 增反膜
      - 选择性反射膜
      - 窗口薄膜
    - 微电子学薄膜
      - 电极膜
      - 电器元件膜—Si, GaAs, GeSi
      - 传感器膜—Sb_2O_3, SiO, SiO_2, TiO_2, ZnO, AlN, Se, Ge, SiC, $PbTiO_3$ Al_2O_3
      - 超导元件膜—YBaCuO, BiSrCaCuO, Nb_3Al, Nb_3Ge
      - 微波声学器件膜
      - 晶体管薄膜
      - 集成电路基片膜—Al, Au, Ag, Cu, Pt, NiCr, W
    - 光电子学薄膜
      - 探测器膜—HF/DFCL, COIL, Na^{3+}, YAG, HgCdTe
      - 光敏电阻膜—InSb, PtSi/Si, GeSi/Si
      - 光导摄像靶膜—PbO, $PbTiO_3$, (Pb, L)TiO_3, $LiTaO_3$
    - 集成光学薄膜
      - 光波导膜
      - 光开关膜
      - 光调制膜—Al_2O_3, Nb_2O_5, $LiNbO_3$, Li, Ta_2O_5
      - 光偏转膜—$LiTaO_3$, Pb(Zr, Ti)O_3, $BaTiO_3$
      - 激光器薄膜
    - 信息存储膜
      - 磁记录膜—磁带，硬磁盘，软磁盘，磁卡，磁鼓等用：γ-Fe_2O_3, Co-Fe_2O_3, CrO_2, FeCo, Co-Ni
      - 光盘存储膜—CD-ROM, VCD, DVD, CD-E GdTbFe, CdCo, InSb膜
      - 铁电存储膜—Sr-TiO_2, $(Ba_3Sr)TiO_3$, DZT, CoNiP, CoCr
  - 特殊功能薄膜
    - 真空中的干摩擦—DLC, 金钢石
    - 辐射下的润滑与耐磨—MoS_2
    - 高温耐磨与透光—金钢石
    - 具有某方面特殊功能的纳米薄膜—单层：金属、半导体、绝缘体、高分子：复合膜(包括纳米复合结构与复合功能)：金属-半导体、半导体-绝缘体、金属-绝缘体、金属-高分子、半导体-高分子

图 25-1　薄膜按功能分类

（4）特殊功能薄膜

主要是指一些特殊用途的功能薄膜。如超高真空中的干摩擦、高温下的耐磨、射线辐照中的润滑与耐磨、热障薄膜、高温超导膜、航空中的固体润滑、导弹整流罩用高温耐磨与透光、催化、隐身、抗老化、托卡马克核聚变装置中的第三壁涂层等。

25.2 真空蒸发镀膜

25.2.1 真空蒸发镀膜原理

真空蒸发镀膜原理图如图 25-2 所示。

将膜材置于真空室中，通过蒸发源加热使其蒸发，蒸气的原子或分子从蒸发源表面逸出，由于空间气体分子的平均自由程大于真空室的线性尺寸，因此很少与其他分子或原子碰撞，可直接到达被镀的基片表面上，凝结后形成薄膜。

在蒸发过程中的真空条件是：真空室中由膜材蒸发出来的原子（分子）平均自由程应大于蒸发源与基片之间的距离。

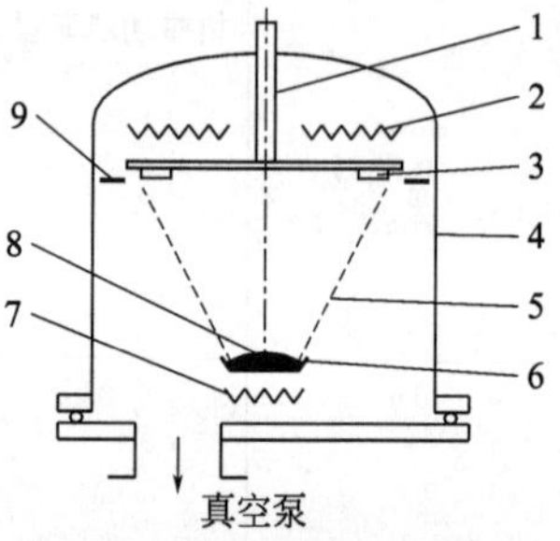

图 25-2 真空蒸发镀膜原理图
1—片架；2—基片加热器；3—基片；4—真空室；5—蒸发束；6—蒸发舟；7—蒸发舟加热束；8—膜材；9—基片清洗装置

25.2.2 蒸发源

镀膜机常用的蒸发源有电阻式加热蒸发源、电子束式加热蒸发源、空心热阴极等离子束蒸发源、感应式加热蒸发源。

在设计蒸发源时，需注意事项是：

① 蒸发源要使膜材有较高的蒸发率，并能存储足够的膜材；

② 蒸发率易控制；

③ 长时间工作稳定性要好；

④ 蒸发源需有较长的寿命，可靠性要高；

⑤ 运转费用低，易于维护。从蒸镀材料方面来讲，蒸发源应能够蒸镀 Al、Ti、Fe、Co、Cr 及其合金，以及 SiO、SiO_2、MgF_2、ZnS 等。

25.2.2.1 电阻式加热蒸发源

电阻加热式蒸发源实际上就是一个电阻加热器，它是利用发热体通电后，产生焦耳热而获得高温，以此来熔融膜材使其达到蒸发的目的。由于这种蒸发源结构简单、操作方便、成本低廉、材料易于获得，在镀膜技术中得到了广泛的应用。

（1）丝状源与舟状源

用难熔金属制成的丝状或舟状电阻源是目前应用最广泛的一种蒸发源。其金属丝、锥形筐和线圈可以是单股线的或多股线的。图 25-3 为丝状源简图，图 25-4 为舟状源简图。

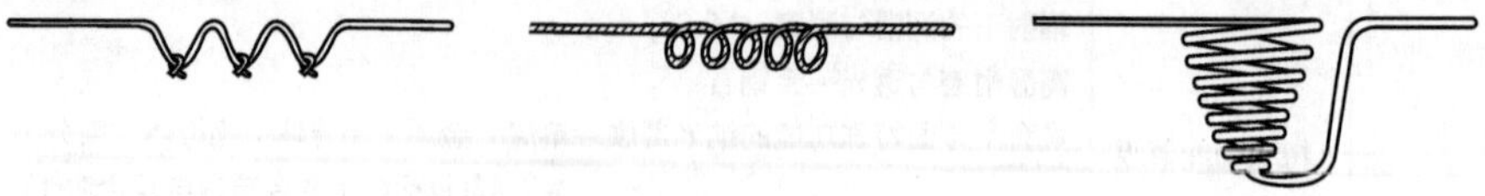

(a) 正弦波形　(b) 螺旋形　(c) 筐式形

图 25-3 丝状源

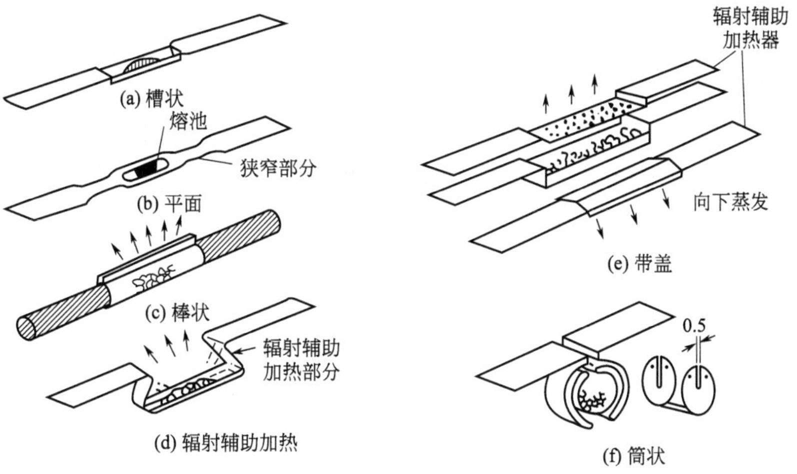

图 25-4 舟状源

目前用于电阻加热式热源的材料有 W、Ta、Mo、Nb 等高熔点金属，有时也用 Fe、Ni、Ni-Cr 合金等，其中最常用的是钼片和钨丝。

(2) 铝蒸发用坩埚加热器

在真空镀膜技术中，蒸发铝材占有重要的地位。在电子工业，光学零件特别是轻工业中蒸镀铝膜是非常普遍的。

① 石墨坩埚加热器　一般认为，连续式蒸发设备所使用的蒸发源应具备的性能是：蒸发效率应足够高；使用寿命应足够长；坩埚与蒸发材料不发生反应；能长时间稳定地蒸发并能自动补充蒸发材料。根据这些要求，目前所采用的加热方式有电阻加热、高频加热和电子束加热。在大多数镀铝设备中，采用最多的还是直接通电的电阻加热蒸发源。蒸发源所用的坩埚材料一般为难熔金属（如 W、Mo、Ta）和石墨。前者多用于间歇式蒸发设备中，后者多用于连续式蒸发设备中。

② 氮化硼合成导电陶瓷加热器　为了获得比石墨更加理想的蒸发器材料，在真空镀膜设备中，广泛采用了一种新的蒸发器，即氮化硼合成导电陶瓷加热器。这种加热器是由耐腐蚀、耐热性能优良的氧化物、硼化物等材料通过热压、涂敷而成的一种具有导电性的陶瓷加热器。

25.2.2.2 电子束加热蒸发源

随着薄膜技术的广泛应用，不但对膜的种类要求繁多，而且对膜的质量要求也更加严格了。为了适应这种要求，只采用电阻加热式蒸发源已不能满足蒸镀某些金属和非金属材料的需要。电子束作为蒸镀膜材的热源就是在这种情况下发展起来的。

电子束加热原理是基于电子在电场作用下，获得动能打到膜材上，使膜材加热汽化，实现蒸发镀膜。

电子束加热源有如下优点：

① 能获得远比电阻热源更大的能量密度，数值可达到 10^4～10^9 W/cm^2，因此可以将膜材表面加热到 3000～6000℃。为蒸镀难熔金属和非金属材料如 W、Mo、Ge、SiO_2、Al_2O_3 等提供了良好的热源。而且由于被蒸镀的材料是放在水冷坩埚内的，因而可以避免

坩埚材料蒸发及其与膜材之间的反应，这对提高膜的纯度是极为重要的。

② 热量可直接加到膜材表面上，热效率高，热传导和热辐射损失少。

电子束加热的缺点是电子枪结构较复杂，而且加速电压较高，高压下所产生的 X 射线对人有害。此外，由于电子轰击，对多数化合物易产生分解作用，因此不宜蒸镀化合物薄膜。

25.2.2.3 空心热阴极等离子电子束蒸发源（简称 HCD 枪）

(1) HCD 枪的工作原理及特点

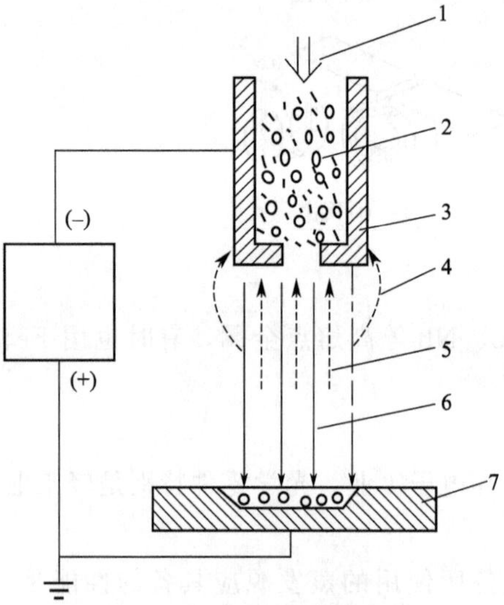

图 25-5 中空热阴极等离子电子束的发生原理

1—惰性气体（氩气）；2—等离子体；3—空心阴极（钽管）；4—正离子；5—来自阴极表面的电子；6—等离子电子束；7—阴极膜材

中空热阴极等离子电子束的发生原理如图 25-5 所示。空心钽管作阴极，膜材作阳极，置于真空室中。用泵将真空室抽到高真空后，在钽管中通入少量的氩气，使真空室内保持 $1\sim10^{-2}$Pa 的真空度。这时在阴阳极之间加上引弧电源，点燃氩气。当电压达到点燃电压 U_B 时，则氩气被电离。这样就在中空阴极内产生低压等离子体，直流放电电压约为 100～150V，电流只有几安培。一旦氩气被电离，等离子体中的正离子就会不断地轰击阴极钽管。当钽管上有一段受热达到工作温度 2300～2400K 时，即可出现热电子发射，使放电转变到稳定状态，电压下降到 30～50V，同时使等离子电子束流增大到一定值。这时由空心阴极内引出的高密度等离子电子束在电场的作用下射向膜材，膜材被加热到蒸发温度，开始蒸发而沉积到基片上成膜。

这种蒸发源有如下特点：

① 空心阴极放电可形成密度很高的等离子体；且通过阴极的气体可大部分被电离。

② 阴极工作温度可达 3200K，蒸发原子通过等离子区时，被等离子激发电离，其离化率可达 20%。

③ 阴极不易损坏，寿命较长。

④ 可在气体辉光放电区内工作；稳定工作压力为 $1\sim10^{-2}$Pa。如果将工件加数十伏、数百伏负高压，使金属离子向工件轰击制膜，膜的附着强度好，如通入反应气体可制备化合物膜（如 TiN，TiC 等）。

⑤ 结构简单。

⑥ 低电压、大电流下工作，所以使用安全、易于自动控制。

(2) HCD 枪的结构

HCD 枪的典型结构如图 25-6 所示。它是由带有水冷接头的钽管空心阴极、聚焦磁场线圈、辅助阳极、偏转磁场线圈所组成。

这种枪的水冷坩埚和聚焦线圈的放置与 e 型枪不同，它不是放到枪体上，而是放置在与枪中心线成一定角度和一定距离的真空室壳体上。为了使枪与真空室壳体之间具有较大的距离，消除金属溅射和金属蒸气对空心阴极的污染，以及防止电接头和冷却器对室壁起弧，目前多采用水平放置。

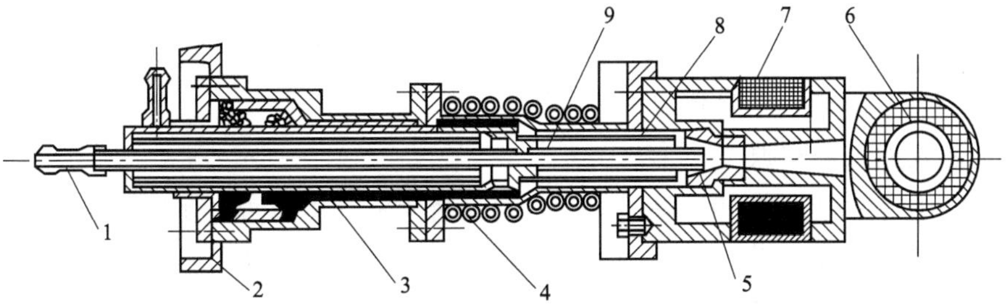

图 25-6 KLD-500 型 HCD 枪的结构
1—水冷电极；2—密封法兰组；3—绝缘套；4—冷却水管；
5—阳极口；6—偏转磁场线圈；7—聚焦磁场线圈；8—阴极罩；9—空心阴极

25.2.2.4 感应加热式蒸发源

(1) 感应加热式蒸发源的工作原理及特点

将装有膜材的坩埚放在螺旋线圈的中央（不接触），在线圈中通以高频电流，膜材在高频电磁场感应下产生强大的涡流，致使膜材升温，直至蒸发。膜材体积越小，所需频率越高，每块仅有几毫克重的材料应采用几兆赫频率的电源频率。感应线圈常用铜管制成并通以冷却水。为了使膜层均匀，各坩埚线圈功率均可单独调节。

这种蒸发源的特点是：

① 蒸发速率大 在铝淀积厚度为 40nm 时，卷绕速度可达 270m/min，比电阻热源大 10 倍左右。

② 蒸发源温度均匀稳定，不易产生铝滴飞溅现象。可避免铝淀积在薄膜上产生针孔。所以采用感应加热方法生产金银丝的成品率亦相应提高。

③ 蒸发源一次装料，无需送丝机构，温度控制比较容易，操作比较简单。

④ 对膜材纯度要求低。一般真空感应加热用 99.9%纯度的铝，而电阻加热要求铝的纯度为 99.99%。所以生产成本亦可降低。

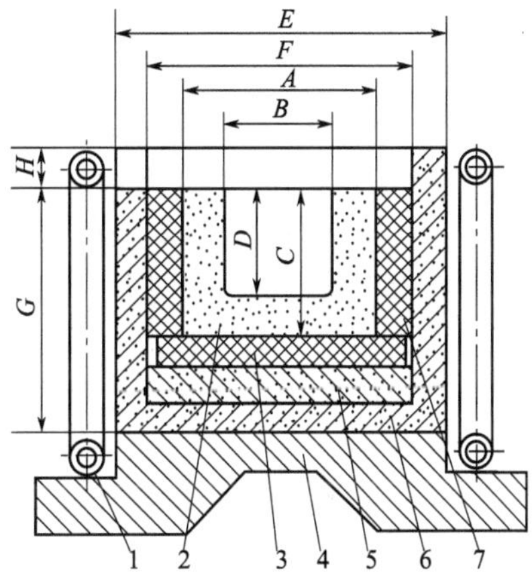

图 25-7 感应加热式蒸发源的结构
1—感应线圈；2—内坩埚；3—热绝缘层；
4—底座；5—调整垫；6—外坩埚；7—热绝缘筒

(2) 感应加热式蒸发源的结构

日本真空株式会社（ULVAC）生产的 EW 系列卷绕式高真空镀膜机中用的感应加热式蒸发源结构，如图 25-7 所示。电源为高频发电机组，电压 450V，频率为 9727Hz。该系列坩埚共有四个品种，其标准尺寸见表 25-1。

表 25-1 坩埚标准尺寸 单位：mm

型号	石墨坩埚				氧化铝坩埚(富铝红柱石)			
	A	*B*	*C*	*D*	*E*	*F*	*G*	*H*
80	100	80	90	80	136	120	105	15
90	110	90	95	85	146	130	110	15
100	120	100	100	90	156	140	115	15
110	135	110	120	107.5	171	155	135	15

ϕ100mm 内径坩埚的装料是 1000g，坩埚使用寿命平均达 18～20 次。为了延长坩埚使用寿命，在第一次装铝料时，应加入 4%的钛，以后可适当减少，其目的是在坩埚的内表面形成一层 TiC，以防止铝直接与坩埚发生反应。

25.2.2.5 激光加热蒸发源

利用高功率的激光束作为热源对膜材进行加热的装置称为激光加热式蒸发源。由于这种蒸发源可以避免坩埚污染、膜材蒸发速率高、蒸发过程易于控制，特别是高能量的激光束可以在较短的时间内将膜材局部加热到极高的温度使其蒸发，这样就可以保持其原有元素成分的比例等特点。因此，非常适用于蒸发那些成分比例较复杂的合金或化合物材料。例如，高温超导材料中的 $YBa_2Cu_2O_7$ 以及铁电陶瓷、铁氧体薄膜等材料。

激光加热式蒸发源中经常采用的是连续输出的 CO_2 激光器，它的工作波长为 10.6μm。在这一波长下，许多介质材料和半导体材料都有较高的吸收率。激光束加热采用的另一种激光器是波长位于紫外波段的脉冲激光器。如波长为 248nm，脉冲宽度为 20ns 的 KrF 准分子激光等。由于在蒸发过程中，高能激光光子可在瞬间将能量直接传递给膜材原子。因而，这种方法产生的粒子能量，通常均高于普通的蒸发方法。

图 25-8 是激光束加热蒸发镀膜装置。激光束穿过透镜在可转动的反射镜上被反射到坩埚上，在反射镜表面激光束照射不到的部分用挡板遮挡，使之不受蒸发物的污染。因而增加了反射镜的使用寿命。通常将蒸发材料制成粉末状，以增加对激光的吸收。

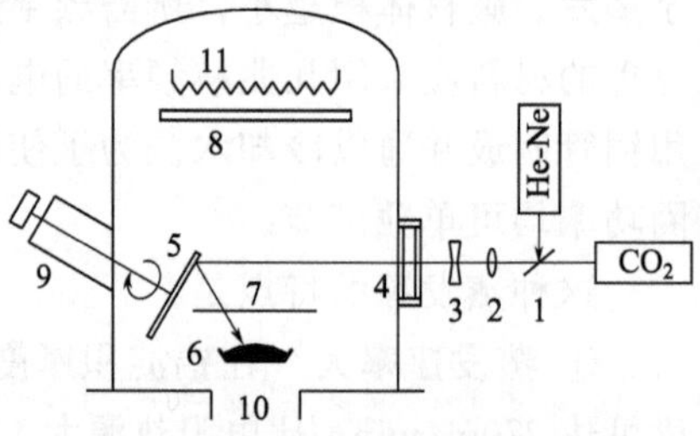

图 25-8　激光束加热蒸镀装置简图
1—分束镜；2—聚焦透镜；3—散焦透镜；4—Ge 或 ZnSe 密封窗；5—带护板反射镜；6—坩埚；7—挡板；8—基板；9—波纹管；10—接真空系统；11—加热器

激光加热可达到极高的温度，可蒸发任何高熔点材料；由于采用了非接触式加热，激光器置于真空室外，既完全避免了来自蒸发源的污染，又简化了真空室，非常适宜在超高真空下制备高纯薄膜；利用激光束加热能够对某些化合物或合金进行“闪烁蒸发”，可在一定程度上防止合金成分的分馏和化合物的分解，但是仅靠提高激光器功率，增加激光束功率密度的方法，在这方面仍受到限制。激光加热易产生膜材颗粒飞溅，影响薄膜的均匀性。

25.2.3 蒸发镀膜相关数据

① 电阻加热、高频加热、电子束加热方式各有特点，其性能比较见表 25-2。

表 25-2　实用蒸发源特性比较

项目＼蒸发源形式	电阻加热方式	高频加热方式	电子束加热方式
适合蒸发的物质	Al,Ag,Ni,Cr,Cu	Al,Cu,Ag	In_2O_3,SnO_2,SiO_2,Si,Al_2O_3,Ta,W,Ni,Fe
蒸发速率稳定性	稳定	稳定	稍不稳定
预热时间/min	5	10	10
蒸发源产生的气体	少	少	无
粒子动能/eV	0.1～1	0.5～1	0.5～2
操作性能	稍容易	稍容易	稍难
蒸发源结构	简单	稍复杂	复杂
运行费用	1	0.5～0.6	0.4

续表

项目 \ 蒸发源形式	电阻加热方式	高频加热方式	电子束加热方式
设备费用	1	1.9	2.0
电能消耗	1	0.75	0.5
冷却水消耗	1	1.25	0.8

② 电阻式加热方式常用蒸发源材料有钨、钽、钼等。其性能见表 25-3。

表 25-3　蒸发源所用金属材料的性质

材料	温度/℃	27	1027	1527	1727	2027	2327	2527
W 熔点 3380℃，密度 19.3 g/cm³	电阻率 /μΩ·cm	5.66	33.66	50	56.7	66.9	77.4	84.7
	蒸气压/Pa	—	—	—	1.3×10^{-9}	6.3×10^{-7}	7.6×10^{-5}	1.0×10^{-3}
	蒸发速率/ $g\cdot cm^2\cdot s^{-1}$	—	—	—	1.75×10^{-13}	7.82×10^{-11}	8.79×10^{-9}	1.12×10^{-7}
	光谱辐射率 (0.665μm)	0.470	0.450	0.439	0.435	0.429	0.423	0.419
Ta 熔点 2980℃，密度 16.6 g/cm³	电阻率 /μΩ·cm	15.5 (20℃)	54.8	72.5	78.9	88.3①	97.4	102.9
	蒸气压/Pa	—	—	—	1.3×10^{-8}	8×10^{-8}	5×10^{-4}	7×10^{-3}
	蒸发速率/ $g\cdot cm^2\cdot s^{-1}$	—	—	—	1.63×10^{-12}	9.78×10^{-11} (1927℃)	5.54×10^{-8}	6.61×10^{-7}
	光谱辐射率	0.493 (20℃)	0.462	0.432	0.421	0.409	0.400	0.394
Mo 熔点 2630℃，密度 10.2 g/cm³	电阻率 /μΩ·cm	5.6 (25℃)	35.2 (1127℃)	47.0	53.1	59.2 (1927℃)	72	78
	蒸气压/Pa	—	2.1×10^{-13}	1.1×10^{-6}	5×10^{-5}	5×10^{-3}	1.9×10^{-1}	1.3
	蒸发速率 $/g\cdot cm^2\cdot s^{-1}$	—	2.5×10^{-17}	1.1×10^{-10}	5.3×10^{-9}	5.0×10^{-7}	1.6×10^{-5}	1.04×10^{-4}
	光谱辐射率	0.419 (30℃)	—	0.367 (1330℃)	0.353 (1730℃)	—	—	—

① 由内插法求得。

③ 各种蒸发器材料所适用的蒸发金属（膜材），其匹配性见表 25-4。

表 25-4　各种金属与蒸发器材料的匹配

蒸发金属 \ 蒸发器材料	W	Ta	Mo	蒸发温度/℃	蒸发金属 \ 蒸发器材料	W	Ta	Mo	蒸发温度/℃
Al	1	1	1	1200～1250	Pb	2	2	2	约 750
Sb	2.4	2	2	700～750	Mg	2	2	2	约 450
As	4			550～600	Mn	2,3	2,3	2,3	约 1000
Ba	1	1	1	650～700	Ni	4			1550～1600
Bi	2	2	2	700～750	Se	4	4	1,2	250～300
Cd	3,4			约 300	Si	4[BeO]			1350～1400
Cr	3,4			1400～1450	Ag	2	1,2	1,2	1050～1100
Co	4			1500～1600	Sn	2,3	2,3	2,3	1200～1250
Cu	2	2	2	1300～1350	Ti	1	1	1	1600～1650
Au	2	2	2	1450～1500	Zn	2	2	2	350～400
Fe	4			1500～1600					

注：表中各数字意义如下，1—丝、螺旋线圈；2—加热皿；3—加热筐；4—陶瓷坩埚和 W 线圈。

④ 蒸发镀各种坩埚材料性能见表 25-5。

⑤ 表 25-6 给出了适合于蒸发各种元素的蒸发源材料。

表 25-5 坩埚材料

项目	半融氧化镁 MgO	半融氧化铝 Al_2O_3	半融氧化铍 BeO	氮化硼 BN	石墨 C
密度/$g\cdot cm^{-3}$	3.6	4.0	3.0	2.2	约 1.8(商品)
气孔率/%	3~7	3~7	3~7	—	8~15
熔点/℃	2800	2030	2550	3000(分解)	>3500(升华)
最高使用温度/℃	1250	1400	1800	1600①	2500
热导率/$J\cdot cm^{-1}\cdot s^{-1}\cdot ℃^{-1}$	0.06 (1200~1400℃)	0.05 (1400℃)	0.15 (1800℃)	(⊥)0.27 (//)0.13(1000℃)	1.17~1.38
线膨胀系数/K^{-1}	14.0×10^{-6}	9.3×10^{-6} (25~1500℃)	9.5×10^{-6} (约 1400℃)	(⊥)7.5×10^{-6} (//)0.77×10^{-6} (25~1000℃)	$(2.0\sim2.5)\times10^{-5}$
电阻率/$\Omega\cdot cm$	10^8(1000℃)	2×10^6(1000℃)	10(1000℃)	3×10^4(1000℃)	1×10^{-3}

① 表示 1Pa 解离压力下的温度，烧结 BN 含有 B_2O_3 黏结剂，因其蒸气压力高，温度也更高些。

表 25-6 适合于蒸发各种元素的蒸发源材料

元素		蒸发温度/℃		蒸发源材料(按适合程度排列)		备注
符号	名称	熔点	p=1Pa	金属丝,薄片	坩埚	
Ag	银	961	1030	Ta,Mo,W	Mo,C	与 W 不发生浸润
Al	铝	659	1220	W	BN,TiC/C,TiB_2-BN	可与所有的 RM 制成合金,难以蒸发。W:使用粗线可以急速蒸发少量铝,更粗线可以使用多次。对所有坩埚材料均浸润,容易流出坩埚外面。C:能很快形成黄色 Al_4C_3 晶体。高温下能与 Ti、Zr、Ta 等反应。制作这些物质的碳化层,则寿命增长。BN:应使用 CVD 法制作成型体(PBN),寿命长。TiB_2-BN:HDA 组合陶瓷(联合碳化物公司制品),可机械加工,寿命长。SiO_2:不能使用
As	砷	820	280		Al_2O_3,SiO_2	有毒,因热胀系数小,所以应在 300℃以上
Au	金	1063	1400	W,Mo	Mo,C	浸润 W、Mo。Ta:形成合金,所以不适合作蒸发源
B	硼	2300<	2300		C	石墨蒸气能大量混入
Ba	钡	710	610	W,Mo,Ta,Ni,Fe	C	不能形成合金,浸润 RM,在高温下与大多数氧化物起反应
Be	铍	1283	1230	W,Mo,Ta	C,ThO_2	浸润 RM,有毒,应特别注意 BeO 杂质
Bi	铋	271	670	W,Mo,Ta,Ni	Al_2O_3 等陶瓷,C,金属	蒸气有毒
C	碳		约 2600			石墨本身在高温下升华(电弧、电子束、激光等加热)
Ca	钙	850	600	W	Al_2O_3	在 He 气氛中预熔解去气
Cd	镉	321	265	铬镍合金 Nb,Ta,Fe	Al_2O_3,SiO_2	不浸润铬镍合金,He 中预熔解去气,SiO_2:不发生反应,但不适合作蒸发源
Ce	铈	795	1700			用液氮冷却的铜坩埚进行 EBV
Co	钴	1495	1520	W	Al_2O_3,BeO	与 W,Ta、Mo、Pt 等形成合金。质量在钨线的 30%以下。镀钴的钨线

续表

元素		蒸发温度/℃		蒸发源材料(按适合程度排列)		备　注
符号	名称	熔点	p=1Pa	金属丝,薄片	坩埚	
Cr	铬	约1900	1400	W	C	镀铬的钨线,Cr棒在高温下升华,在 H_2 或 He 气氛中熔着在钨线上
Cs	铯	28	153		陶瓷,C	
Cu	铜	1084	1260	Mo,Ta,Nb,W	Mo,C,Al_2O_3	不能直接浸润Mo、W、Ta
Fe	铁	1536	1480	W	BeO,Al_2O_3,ZrO_2	与所有RM形成合金,蒸发物质小于W线30%以下,能低速升华,适合EBV
Ga	镓	30	1130		BeO,$Al_2O_3$$SiO_2$	左边氧化物可耐温1000℃
Ge	锗	940	1400	W,Mo,Ta	C,Al_2O_3	对钨的溶解度小,浸润RM,不浸润C
In	铟	156	950	W,Mo	Mo,C	
K	钾	64	208		玻璃	
La	镧	920	1730			用液氮冷却的铜坩埚进行EBV
Li	锂	179	540		软钢	
Mg	镁	650	440	W,Ta,Mo,Ni,Fe	Fe,C,Al_2O_3	在He中预熔解去气,SiO_2:不能使用
Mn	锰	1244	940	W,Mo,Ta	Al_2O_3,C	浸润RM
Na	钠	97.7	290		玻璃	
Nd	钕	1024	1300			参见La
Ni	镍	1450	1530	W	Al_2O_3,BeO	与W、Mo、Ta等形成合金。宜采用EBV
Pb	铅	327	715	Fe,Ni,铬镍合金,Mo	Fe,Al_2O_3	不浸润RM
Pd	钯	1550	1460	W(镀 Al_2O_3)	Al_2O_3	与RM形成合金。可低速升华
Pt	铂	1773	2090	W	ThO_2,ZrO_2	与Ta、Mo、Nb形成合金。与W形成部分合金。适合采用EBV
Rb	铷	39	173		陶瓷,玻璃	
Rh	铑	1966	2040	W	ThO_2,ZrO_2	镀Rh的钨线。适合采用EBV
Se	硒	217	240	Mo、Fe铬镍合金,304不锈钢	金属,Al_2O_3	浸润左边材料。污染真空。有毒
Si	硅	1410	1350		BeO,ZrO_2,ThO_2,C	浸润氧化物坩埚,SiO蒸发污染膜层。C:形成SiC,适合EBV
Sn	锡	232	1250	铬镍合金,Mo,Ta	Al_2O_3,C	浸润Mo,且浸蚀
Sr	锶	770	540	W,Ta,Mo	Mo,Ta,C	浸润所有RM,但不能形成合金
Te	碲	450	375	W,Ta,Mo	Mo,Ta,C,Al_2O_3	浸润所有RM,但不能形成合金。污染真空。有毒
Th	钍	1900	2400	W		浸润W。适用于EBV
Ti	钛	1727	1740	W,Ta	C,ThO_2	与W反应。不与Ta反应,在熔化中有时Ta线会断裂
Tl	铊	304	610	Ni,Fe,Nb,Ta,W	Al_2O_3	浸润左边所有金属,但不能形成合金。稍浸润W、Ta,不浸润Mo
U	铀	1132	1930	W		
V	钒	1890	1850	W,Mo	Mo	浸润Mo,但不能形成合金。在W中的溶解度很小。与Ta形成合金
Y	钇	1477	1632	W		
Zn	锌	420	345	W,Ta,Mo	Al_2O_3,Fe,C,Mo	浸润RM,但不形成合金。SiO_2:不发生反应,但不适合作蒸发源
Zr	锆	1852	2400	W		浸润W,溶解度很小

注:RM—高熔点金属;EBV—电子束蒸镀。

25.2.4 小平面源、点源在平行平面上蒸发膜厚计算

图 25-9 给出的是从一个小平面 s 到与 s 平面相平行的基片上的蒸发情况。

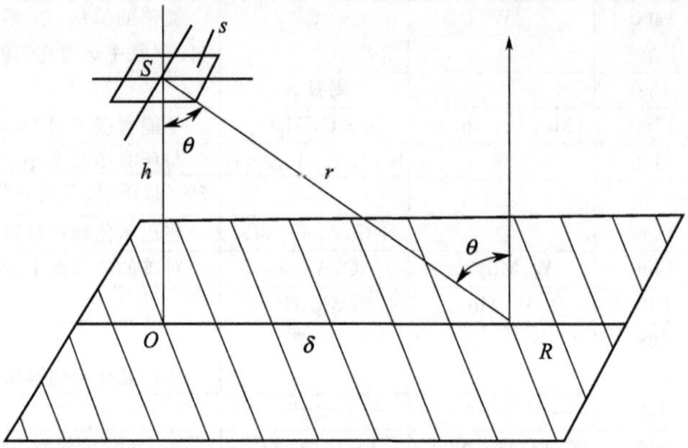

图 25-9 小平面到一平行平面上的蒸发

设小平面 s 源的垂线与 SR 直线的夹角和基片的垂线与 SR 的夹角均等于θ，R 处的膜厚 t_R 的计算公式为

$$t_R=\frac{mh^2}{\pi\rho(h^2+\delta^2)^2} \tag{25-1}$$

式中 t_R——R 处的薄膜厚度；

m——膜材质量，g；

ρ——蒸镀膜材密度，g/cm³。

由于蒸发源下面 O 点处 $\delta=0$，故 O 点处的膜厚计算式可写成

$$t_O=\frac{m}{\pi\rho}\times\frac{1}{h^2} \tag{25-2}$$

故膜厚从 O 点到 R 点的变化率为

$$\frac{t_R}{t_O}=\frac{1}{\left[1+\left(\frac{\delta}{h}\right)^2\right]^2} \tag{25-3}$$

如果把图 25-9 中的 s 看成是一个点 d_s。设 d_s 上的垂线与 SR 线的夹角为θ，点源对平面 R 处的膜厚公式为

$$t'_R=\frac{mh}{4\pi\rho(h^2+\delta^2)^{3/2}} \tag{25-4}$$

同理，由于蒸发源下面 O 点处 $\delta=0$，故 O 点处的膜厚为

$$t'_O=\frac{m}{4\pi\rho}\times\frac{1}{h^2} \tag{25-5}$$

因此，在 O 点与 R 两点之间的膜厚变化可用下式表达

$$\frac{t'_R}{t'_O}=\frac{1}{\left[1+\left(\frac{\delta}{h}\right)^2\right]^{3/2}} \tag{25-6}$$

25.2.5 蒸发卷绕式镀膜机

卷绕式镀膜机近 30 多年来有了较大的发展，镀膜产品广泛用于装饰、包装、电容器等领域中，可镀光学、电学、电磁、导电等多种薄膜。所用基材有 PE、PET、PI、PP、OPP、BOPP、纸、泡沫塑料及布等。一般塑料基薄膜材料含水量为 1%～2%，纸含水量更大，一般为 5%～7%，经涂布烘干后，含水量仍有 3%。由于基材含水量高，故镀膜室由初始的单室发展到目前双室或多室结构。蒸发源可以是电阻式、感应式、电子束式以及磁控溅射式。双室结构应用普遍，其优点是：

① 可以蒸镀放气量较大的纸基材，并能保障镀膜质量，纸放出的大量气体从卷绕室中被排走，由于卷绕室与蒸镀室之间隔板窄缝很小，使放出来的气体不易进入蒸镀室中；

② 单室结构必须配置较大的排气系统才能保障蒸镀时的工作压力，而双室结构中的蒸镀室气体量较小，可配小型抽气机组，使设备成本降低，并节约能源；

③ 卷绕室与蒸镀室分别抽气，可缩短抽气时间。

卷绕式真空镀膜机在结构上除了有一般镀膜机所有的结构外，必须有一个为了实现连续镀膜而设置的卷绕机构。由于被镀基体是纸或塑料，放气量较大，因此，在真空室的结构上又有单室和多室之分，双室卷绕式半连续真空镀膜机镀膜室结构如图 25-10 所示。

卷绕机构设计中应考虑的几个问题：

(1) 提高卷绕速度

卷绕速度即是带状基材运动的线速度，它是卷绕机构的一个主要技术指标。国内早期镀膜机卷绕速度只有 10m/min，现在也只有 80～120m/min，在国外日本的 EW 系列产品中，其卷绕速度已达到 300m/min，德国 L. H 公司生产的镀膜机已达到 600m/min，可见随着镀膜技术的发展，卷绕速度有待提高。

(2) 带状基材的线速恒定

这一问题也很重要，因为只有卷绕机构保证带状基材的线速恒定，才能使基材上镀层厚度均匀。这一点对制备带状基材的功能性膜（如电容器膜）尤为重要。

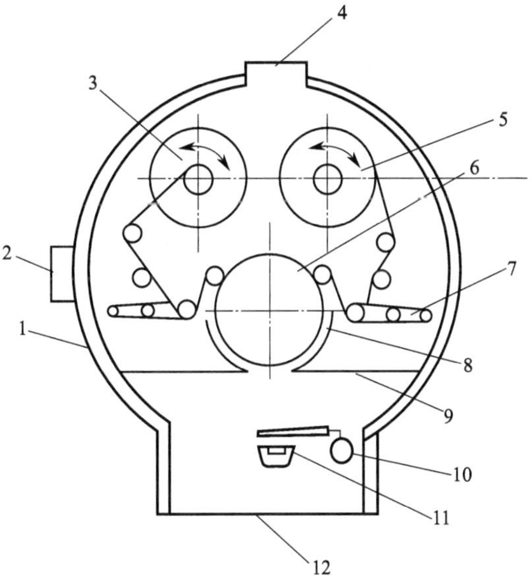

图 25-10　双室卷绕式半连续真空镀膜机镀膜室结构

1—真空室；2—观察孔；3—卷绕辊；4—上室排气口；5—放卷辊；6—水冷辊筒；7—张紧轮；8—隔板缝；9—隔板；10—挡板机构；11—蒸发源；12—下室排气口

(3) 带状基材的跑偏和起褶

随着卷绕速度的提高，带状基材在卷绕镀膜过程中，起褶和发生偏斜，严重时会造成基材的断裂，使生产中断，既影响生产效率，又浪费材料。因此，在卷绕机构的设计中应充分考虑这一问题。

卷绕镀膜机真空抽气系统分上室下室两组，下室为蒸镀室，要求真空度高，主泵多为油扩散泵。上室为基材卷绕室，要求真空度较低，为罗茨泵机组或扩散泵-罗茨泵-机械泵组。

一般蒸镀室要达到的真空度为 $1\times10^{-3}\sim2\times10^{-3}$Pa，工作压力为 $1\times10^{-2}\sim2\times10^{-2}$Pa，而卷绕室真空度通常较蒸镀室低一个数量级。有时卷绕镀膜机以增扩泵（油扩散泵的一种）为主泵，它的极限压力虽然不及油扩散泵，但其抽速范围向高压方向延伸一个数量级，非常适宜此类蒸发的镀膜过程。

目前国内卷绕式镀膜机蒸发源多采用坩埚蒸发，其材质有氮化硼、石墨、钼等。氮化硼由于电学及热学性能好，使用寿命长，因而较为普遍地应用于卷绕镀膜机中。每个坩埚的加热功率为 6～8kW，加热电压为 10～12V。坩埚数量由基材幅宽来确定。辐宽越宽坩埚数量越多。幅宽 500mm 时 4 只坩埚，800mm 时 7 只坩埚，1300mm 时 12 只坩埚。坩埚分布是不均匀的，中间部分间距大些，在基材边缘处间距小，有的最外侧坩埚与基材幅宽边缘重合。

25.3 真空溅射镀膜

由溅射现象发展到溅射镀膜经历了相当长的发展过程，早在 1853 年法拉第做气体放电试验时，就发现了放电管壁沉积金属现象，当时只把它作为一种有害现象，研究如何避免。直到 1902 年 Goldsrein 才证明了沉积金属是正离子轰击阴极溅射出来的产物。大约到 20 世纪 60 年代，贝尔实验室利用溅射方法制取了钽膜，从而溅射膜开始应用于工业生产中，1965 年 IBM 公司用射频溅射方法实现了在绝缘体基片上镀膜，同时出现了同轴圆柱磁控溅射装置和三级溅射装置。特别要提出的是 1974 年 J. Chapin 研制成功了平面磁控溅射装置，实现了高速低温溅射镀膜，使溅射镀蔚然一新，与其他类镀膜相比具有明显的优越性，它可在任何基材上沉积任何镀材的薄膜。

25.3.1 离子溅射基本原理

在真空氛围中，荷能粒子或粒子束入射到固体表面（靶）上，使靶表层原子获得部分能量，当其动能超过周围原子形成的势垒（对于金属是 5～10eV）时，这种原子从晶格阵点中被碰出来，进入真空中，这种现象称为溅射。由于离子易于被电磁场加速或偏转，故真空溅射镀均选择离子束轰击靶材，使其原子被溅射出来沉积到基片上形成薄膜。每个离子溅射产额不仅与入射离子能量、入射角、离子质量有关，同时还与靶材种类、原子序数、靶面原子结合状态以及结晶取向有关。一般产额为 0.1～10（原子/离子），大部分原子能量小于 20eV，并且为中性居多。

原子溅射产额与入射离子能量有关，只有离子能量超过溅射阈值能量时才能发生溅射。当离子能量超过阈值后，随着离子能量增加，在 150eV 以前，溅射产额与离子能量平方成正比；在 150～1keV 范围与离子能量成正比，在 1～10keV 范围内基本不变。当用惰性气体氩离子及氖离子轰击靶材时，由于能量不同，溅射产额亦不同。表 25-7 给出了 500eV 的离子溅射产额。各种溅射镀膜方法原理及特点由表 25-8 给出。

表 25-7 能量为 500eV 的离子的溅射产额 单位：原子/离子

靶	相对原子质量	Ar^+	He^+	Ne^+	Kr^+	Xe^+	Hg^+
Be	9.02	0.51	0.24	0.42	0.48	0.35	—
C	12.01	0.12	0.07	—	0.13	0.17	0.16

续表

靶	相对原子质量	Ar^+	He^+	Ne^+	Kr^+	Xe^+	Hg^+
Al	26.97	1.05	0.16	0.73	0.96	0.82	0.57
Si	23.06	0.50	0.13	0.48	0.50	0.42	0.18
Ti	47.9	0.51	0.07	0.43	0.48	0.43	0.38
V	50.95	0.65	0.06	0.48	0.62	0.63	0.39
Cr	52.01	1.18	0.17	0.99	1.39	1.55	—
Mn	54.93	—	—	—	1.39	1.43	—
Fe	55.84	1.10,0.84	0.15	0.88,0.63	1.07,0.77	1.00,0.88	0.66
Co	58.94	1.22	0.13	0.90	1.08	1.08	0.78
Ni	56.69	1.45,1.33	0.16	1.10,0.99	1.30,1.06	1.22,1.22	0.89
Cu	63.57	2.35,1.2,2.0	0.24	1.80,2.1,1.35	2.35,2.50,1.91	2.05,1.91,3.9,1.55	1.70
Zn	65.38	—	—	—	—	—	—
Ga	69.72	—	—	—	—	—	1.47
Ge	72.6	1.1	0.08	0.68	1.12	1.04	0.76
Y	88.9	0.68	0.05	0.46	0.66	0.48	—
Zr	91.22	0.65	0.02	0.38	0.51	0.50	0.48
Nb	92.91	0.60	0.03	0.33	0.55	0.53	0.42
Mo	95.95	0.80,0.64	0.03	0.48,0.24	0.87,0.59	0.87,0.72	0.63
Rb	85.48	1.15	—	0.57	1.27	1.20	0.83
Rh	102.9	1.30	0.06	0.70	1.43	1.38	1.25
Pd	106.7	2.08	0.13	1.15	2.22	2.23	1.53
Ag	107.88	3.12,2.4,2.3,3.06	0.20,1.0	1.77,1.70,1.80	3.27,3.1	3.32	2.54
Sm	150.43	0.80	0.05	0.69	1.09	1.28	—
Gd	156.9	0.83	0.03	0.48	1.12	1.20	—
Dy	162.46	0.88	0.03	0.55	1.15	1.29	—
Er	167.2	0.77	0.03	0.52	0.07	0.07	—
Hf	178.6	0.70	0.01	0.32	0.80	—	0.68
Ta	180.88	0.57	0.01	0.28	0.87	0.88	0.58
W	183.92	0.57	0.01	0.28	0.91	1.01	0.80
Re	186.31	0.87	0.01	0.37	1.25	—	0.89
Os	190.2	0.87	0.01	0.37	1.27	1.33	0.95
Ir	193.1	1.01	0.01	0.43	1.35	1.56	1.51
Pt	195.23	1.40	0.03	0.63	0.82	1.93	2.04
Au	197.2	2.40,2.5	0.07,0.10	1.08,1.3	3.06	3.01,7.7	2.42
Pb	207.21	2.7	—,1,1	—	—	—	—
Th	232.12	0.62	0.00	0.28	0.96	1.05	0.82
U	238.07	0.85	0.00	0.45	1.3	0.81	1.28

续表

靶	相对原子质量	Ar^+	He^+	Ne^+	Kr^+	Xe^+	Hg^+
PbTe (111)		1.4					
GaAs (110)		0.9					
GaP (111)		0.95					
CdS (1010)		1.12					
SiC (0001)		0.41					
InSb 晶体取向未知		0.55					

表 25-8　各种溅射镀膜方法的原理及特点

序号	溅射方式	溅射电源	氩气压力 /Pa	特征	原理示意图
1	二极溅射	DC 1～7kV 0.15～1.5mA/cm^2 RF 0.3～10kW 1～10W/cm^2	约 1.3	构造简单，在大面积的基板上可以制取均匀的薄膜，放电电流随压力和电压的变化而变化	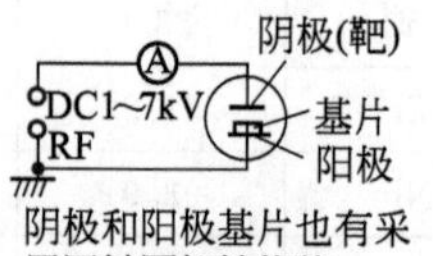 阴极和阳极基片也有采用同轴圆柱结构的
2	三极或四极溅射	DC 0～2kV RF 0～1kW	6×10^{-2}～1×10^{-1}	可实现低气压，低电压溅射，放电电流和轰击靶的离子能量可独立调节控制，可自动控制靶的电流。也可进行射频溅射	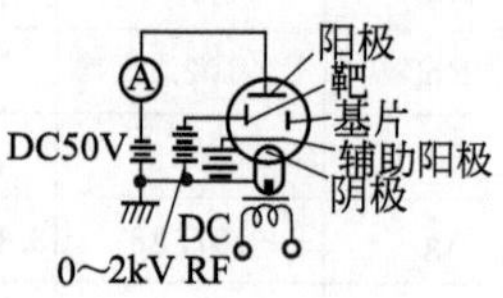
3	磁控溅射（高速低温溅射）	0.2～1kV（高速低温） 3～30W/cm^2	10^{-2}～10^{-1}	在与靶表面平行的方向上施加磁场，利用电场和磁场相互垂直的磁控管原理，减少了电子对基板的轰击（降低基板温度），使高速溅射成为可能	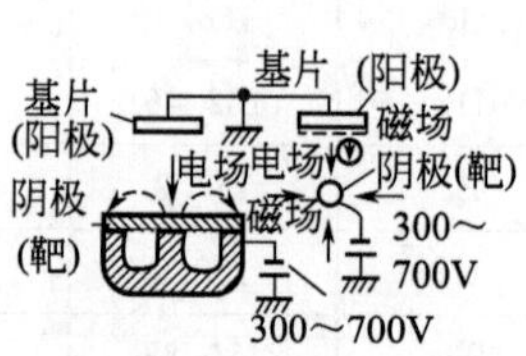
4	对向靶溅射	DC RF	10^{-2}～10^{-1}	两个靶对向放置，在垂直于靶的表面方向加上磁场，可以对磁性材料进行高速低温溅射	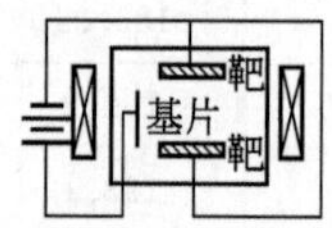
5	射频溅射（RF 溅射）	RF 0.3～10kW 0～2kV	1.3	开始是为了制取绝缘体，如石英、玻璃、Al_2O_3 的薄膜而研制的，也可溅射镀制金属膜	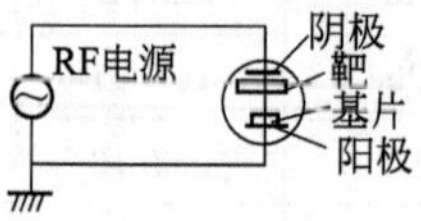

序号	溅射方式	溅射电源	氩气压力/Pa	特征	原理示意图
6	偏压溅射	在基板上施加 0～500V 范围内的相对于阳极的正的或负的电位	1.3	在镀膜过程中同时清除基板上轻质量的带电粒子，从而能降低基板中杂质气体（例如，H_2O、N_2 等残留气体等）的含量	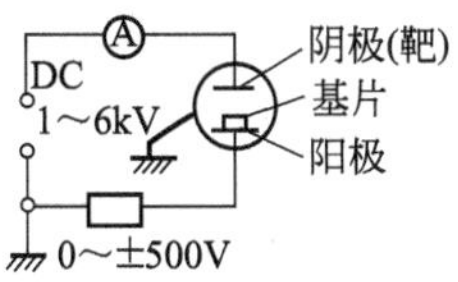
7	非对称交流溅射	AC 1～5kV 0.1～2mA/cm^2	1.3	在振幅大的半周期内对靶进行溅射，在振幅小的半周期内对基板进行离子轰击，去除吸附的气体，从而获得高纯度的镀膜	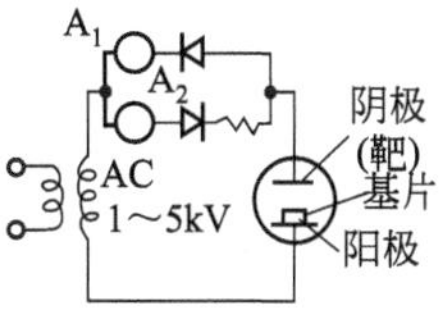
8	离子束溅射	DC	10^{-3}	在高真空下，利用离子束溅射镀膜，是非等离子体状态下的成膜过程，靶接地电位也可	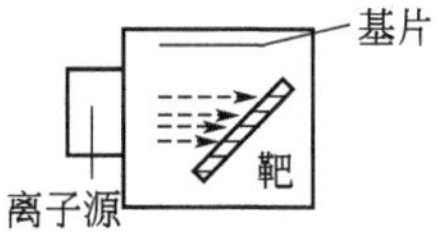
9	吸气溅射	DC 1～7kV 0.15～1.5mA/cm^2 RF 0.3～10kW 1～10W/cm^2	1.3	利用活性溅射粒子的吸气作用，除去杂质气体，能获得纯度高的薄膜	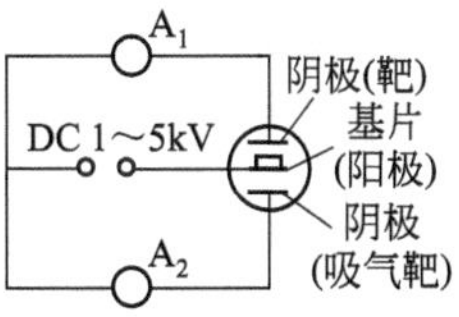
10	反应溅射		在 Ar 中混入适量的活性气体，例如 N_2、O_2 等分别制取 TiN、Al_2O_3	制作阴极物质的化合物薄膜，例如，如果阴极（靶）是钛，可以制作 TiN，TiC	从原理上讲，上述各种方案都可以进行反应溅射，当然 1、9 两种方案一般不用于反应溅射

注：RF—射频溅射源；DC—直流溅射源；AC—交流溅射源。

25.3.2 二极直流溅射

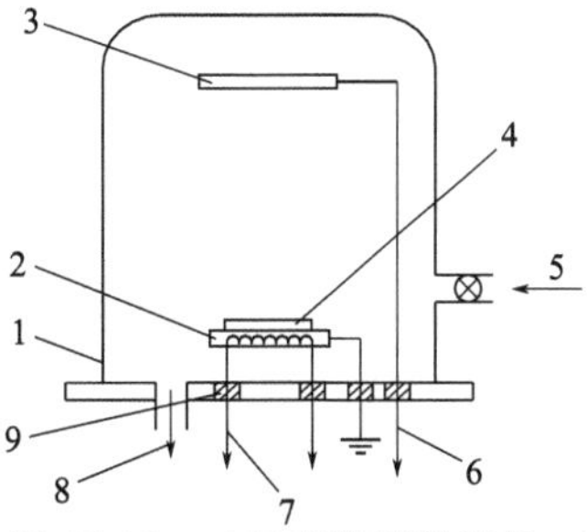

图 25-11　二极直流溅射装置
1—真空室；2—加热片；3—阴极（靶）；4—基片（阳极）；5—氩气入口；6—负高压电源；7—加热电源；8—真空系统；9—绝缘座

二极直流溅射装置如图 25-11 所示，其工作原理是将真空室中通入氩气，在阳极（基片）与阴极（靶）施加数千伏直流高压，氩气被击穿，产生辉光放电。放电产生的氩离子在阳极与阴极之间电场作用下，飞向靶（阴极）将其原子溅射出来沉积在基片上，形成薄膜。

直流二极溅射所需工作压力较高，一般为 10^{-1}～10Pa，且结构简单、设备便宜，但存在下述几个难以克服的缺点：

① 工作压力比较高（通常高于 1Pa）　在此压力范围内，扩散泵几乎不起作用，主阀处于关闭状态，排气速率小，本底真空和氩气中残留气氛（O_2、H_2O、N_2、CO 等）对溅射镀膜影响极大。结果造成沉积速率低、膜层质量差。

② 靶电压高（几千伏）　离子溅射造成的发热严重，靶面的热量耗散不出去，成了

提高靶功率的阻碍，从而也阻碍了沉积速率的提高。

③ 大量二次电子直接轰击基片　在使基片升温过高的同时，还会使基片造成某些性能不可逆变化的辐射损伤。

人们曾采用偏压溅射和非对称交流溅射等来克服上述缺点，但效果均不显著。目前，普通直流二极溅射装置的实用意义已不大。

25.3.3　三级溅射

为了克服二极溅射的气体工作压力较高，溅射镀膜参数不易独立控制和调节的缺点，在直流二极溅射基础上增加一个发射热电子的热阴极，即可构成三极溅射装置，如图 25-12 所示。由于热阴极发射热电子的能力较强，因此可降低其放电的电压，这对于提高沉积速率、减少气体杂质的污染都是有利的。而且，在发射电子的过程中，可在轰击靶的同时电离它所穿越的气体，并且在加入磁场线圈后，在电磁场的作用下可使电离效果得到极大的增加，而且，三极溅射等离子体的密度可以通过改变电子发射电流和加速电压来控制，离子对靶材的轰击能量可通过靶电压来控制。因此，解决了二极溅射中靶电压、靶电流及工作气体压力之间相互约束的问题。

三极溅射的缺点，在于热阴极所发射的热电子流不稳定，而使放电电流不稳。而且，由于电子束的轴向离子密度不均会引起膜层的厚度不均。因此，在三极溅射的基础上再增加一个稳定的电极，即形成了四极溅射的装置。由于稳定性电极的作用，可使四极溅射中稳定放电的气体压力下降到 10^{-1}Pa 以下。

25.3.4　直流偏压溅射

图 25-13 所给出的直流偏压溅射与二极直流溅射的区别，在于在基片上施加了一个固定的直流负偏压。这时由于在薄膜的整个工艺过程中，基片表面始终处于一个负的电位而受到正离子的轰击，不但可以随时清除可能进入到薄膜表面上的气体及附着力较小的膜材粒子，而且还可以在沉积工艺之前，对基片进行轰击清洗，表面净化。直流偏压溅射既提高了膜层的纯度又增强了膜基界面上的附着强度，还可以改变膜的结构。

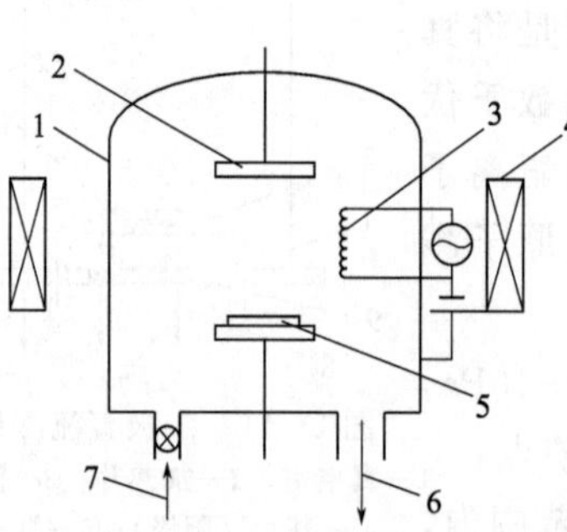

图 25-12　三极溅射装置

1—溅射真空室；2—阴极靶；3—热阴极；4—磁场线圈；5—基片；6—真空系统；7—工作气体

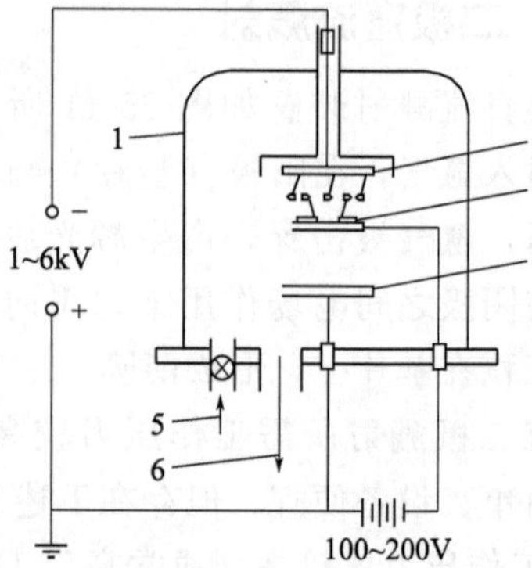

图 25-13　直流偏压溅射

1—溅射室；2—阴极；3—基片；4—阳极；5—氩气入口；6—接抽气系统

25.3.5 射频溅射镀膜

25.3.5.1 工作原理

图 25-14 是典型的射频溅射装置结构示意图。由图可见，只是将直流二极溅射装置的电源换成射频电源，即构成了射频溅射装置。直流二极溅射可以制备金属和半导体薄膜，而无法制备绝缘材料薄膜，如陶瓷、玻璃等，而射频溅射镀可制备这类薄膜。

射频溅射的工作原理：如果将一负电位加到置于绝缘体背面的导体板上，在辉光放电的等离子体中，当正离子向导体板加速飞行时，轰击绝缘体使其溅射。这种溅射只能持续 10^{-7}s，此后在绝缘体上积累的正电荷形成一正电位，与加到导体板上的负电位相抵消，故使高能离子轰击绝缘板材的溅射停止。此时，如果将电源极性转过来，即导体板上加正电位，电子就会向导体板加速飞行，撞到插入的绝缘体上，并在 10^{-7}s 内在绝缘体上积累的电子形成一个负表面电位，改电位抵消了绝缘体上正电位，这时，再倒转电源极性，又获得 10^{-7}s 的绝缘体材料的溅射。如此进行下去，每倒转两次电源极性就能产生 10^{-7}s 的溅射。实际溅射工艺的溅射时间至少需要 100s 左右，为此必须使电源极性倒转 10^{9} 次，该频率的转换可以使用射频电源来实现。

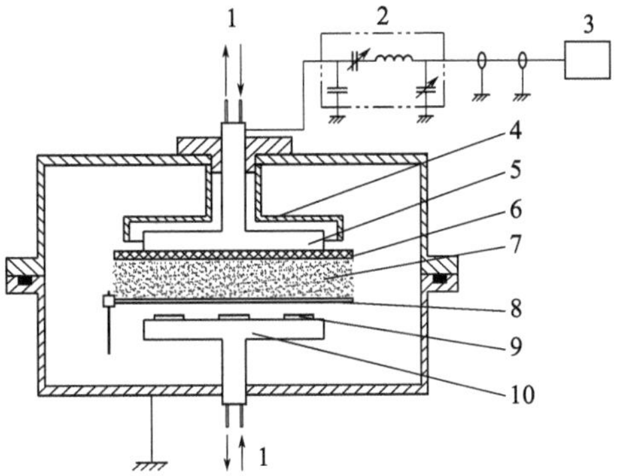

图 25-14 射频溅射装置基本构成

1—冷却水；2—匹配电路；3—射频电源；4—阴极屏蔽；5—RF 电极；6—靶（绝缘体）；7—等离子体；8—挡板；9—基片；10—基片架

当靶处于正半周时，由于电子的迁移率很高，极短的时间内飞向靶，中和其表面正电荷，并使表面迅速积累大量电子，使靶面表现为负电位，吸引离子轰击靶，进而实现正负两半周均产生溅射。

25.3.5.2 射频溅射方式及射频溅射靶的结构

射频溅射镀膜的方式主要有二极型、三极或多极型以及磁控射频溅射等三种型式，参数参见表 25-9。

表 25-9 射频溅射的参数比较

溅射方式	靶材	功率密度 /W·cm^{-2}	功率效率 $/\left(\frac{mm}{min}\right)\cdot\left(\frac{cm^2}{W}\right)$	靶-基片距离 /cm
常规射频	Al_2O_3	1.2～2.4	5.0	3
射频平面磁控①	Al_2O_3	3～8	5.1	7
射频 S 枪	Al_2O_3	20～120	5.2	2.5
射频平面磁控	SiO_2	1～9	11.0	9
射频平面磁控②	SiO_2	26	9.3	4.8
射频 S 枪	SiO_2	<20	10.0	3.3

① 基片直线运动；②基片圆周运动。

常规射频溅射靶与射频磁控溅射靶的结构如图 25-15 所示。由于射频磁控溅射靶的等离子阻抗低，在外加射频电位较低时，也能够获得比较高的功率密度。例如，功率密度为 $2W/cm^2$ 时，射频磁控溅射靶的直流偏压只需 360V，而常规的射频溅射靶则必须加上 3600V 的电压。因此，射频磁控溅射靶的沉积速率要远高于常规射频靶的沉积速率。这一点从表 25-9 中可以清楚地看到。

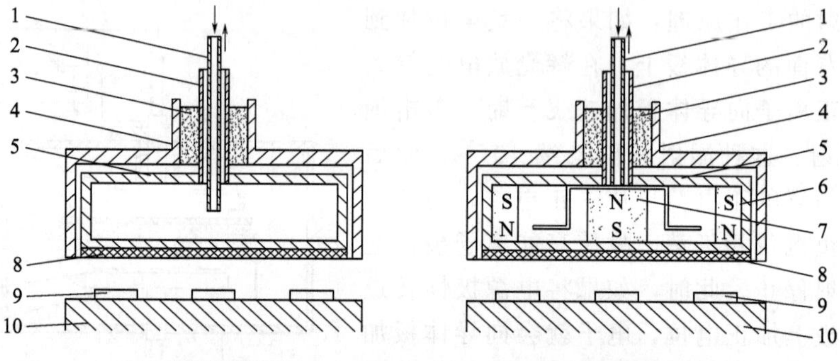

(a) 常规射频溅射　　(b) 射频磁控溅射

图 25-15　射频溅射电极的结构

1—进水管；2—出水管；3—绝缘子；4—接地屏蔽罩；5—射频电极；6—磁环；7—磁芯；8—靶材；9—基片；10—基片架

25.3.5.3　射频溅射镀膜的特点及其应用

射频溅射镀膜的主要特点如下。

① 溅射速率高　如溅射 SiO_2 时，沉积速率可达 200nm/min，且成膜的速率与高频功率成正比关系。

② 膜与基体间的附着力大于真空蒸镀的膜层　这是由于向基体内入射的原子平均动能大约为 10eV；而且，处于等离子体中的基片会受到严格的溅射清洗，致使膜层针孔少、纯度高、膜层致密。

③ 膜材适应性广泛，既可是溅射金属，也可以是非金属或化合物。

④ 对基片形状要求不苛刻　基片表面不平或存在宽度在 1mm 以下的小狭缝也可溅射成膜。

基于上述特点，目前射频溅射沉积的涂层应用比较广泛，特别是在集成电路及介质功能薄膜的制备上尤为广泛。例如，用射频溅射沉积的非导体和半导体材料包括：半导体 Si 和 Ge；化合物材料 GsAs、GaSb、GaN、InSb、InN、AlN、CaSe、Cds、PbTe；高温半导体 SiC，以及 In_2Os、SiO_2、Al_2O_3、Y_2O_3、TiO_2、ZiO_2、SnO_2、PtO、HfO_2、Bi_2O_2、ZnO_2、CdO 以及玻璃和塑料等。

25.3.6　离子束溅射镀膜

图 25-16 为离子束溅射装置结构示意图。放电室中通入氩气，热阴极发射出电子，电子在阳极与磁场线圈产生的正交电磁场中运动，使氩电离，氩离子在加速减速电场作用下被引出，以较高的能量入射到靶上，溅射出原子（分子）沉积到基片上。离子引出电压为 0.5～2.5kV，离子束流为 10～50mA，真空室工作压力为 2×10^{-3}Pa。

离子束溅射沉积与其他溅射装置相比，结构复杂，且沉积速率慢，但有其优点：

① 在 10^{-3}Pa 的高真空下，且非等离子状态下成膜，沉积薄膜很少掺有气体杂质，纯度较高；由于溅射粒子的平均自由程大，溅射粒子的能量高、直线性好，因此能获得与基片具有良好附着力的膜层。

② 沉积发生在无场区域，靶上放出的电子或负离子不会对基片产生轰击作用，与等离子体溅射法相比，基片温升小，膜成分相对于靶成分的偏离小。

③ 可以对镀膜条件进行严格的控制，从而能控制膜的成分、结构和性能等。

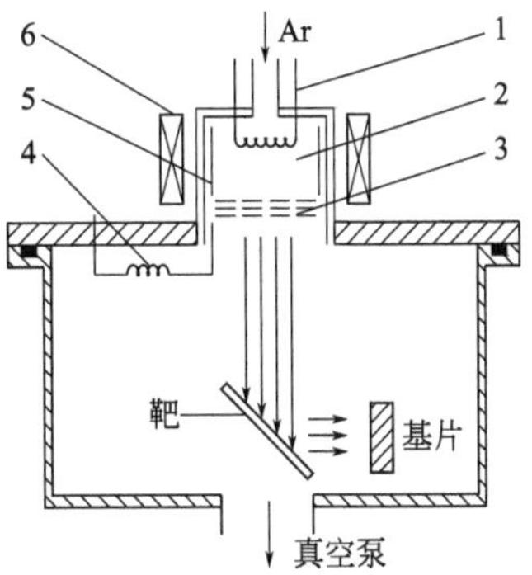

图 25-16　离子束溅射装置结构示意图
1—阴极；2—放电室；3—加速减速电极；4—中和离子灯丝；5—阳极；6—磁场线圈

④ 靶处于正电位也可以进行溅射镀膜。

⑤ 许多材料都可以用离子束溅射，其中包括各种粉末、介电材料、金属材料和化合物等。

25.3.7　对向靶等离子体溅射镀膜

对向靶等离子体型溅射源（face plasma spatter）简称 FPS 溅射靶，它的工作原理如图 25-17 所示。将两个对向放置的阴极靶后侧施加可以调节磁场强度的 N 极、S 极，并使两磁极与靶面相垂直。作为阴极的基体置于与靶面相垂直的位置上，使其与磁场一起对等离子体进行约束。当二次电子飞出靶面后被垂直靶阴极暗区的电场所加速，电子在向阳极运动过程中受磁场的作用，作回旋运动。但是，由于两个靶上均有较高的负偏压使部分电子几乎沿直线运动。到对面靶的阴极区被减速，然后向相反的方向加速运动，再加上磁场的作用，二次电子又会被有效地封闭在两个靶阴极之间，从而形成一柱状的等离子体。这时由于电子被两个电极来回反射，从而加长了电子的运动路程，增大了对工作气体的碰撞概率。因此，不但提高了两个靶间的气体离化程度，而且也增大了溅射靶材的工作气体的密度，从而提高了对向靶溅射的沉积速率。

此外，对向靶溅射的基片温度较低。这是因为二次电子除了被磁场约束外，还会受到很强的静电反射作用。从而把等离子体磁场约束在两个对向靶面之间，致使高能电子不易对基片进行轰击。从而达到了低温溅射的目的。

对向靶溅射与前述的常规磁控溅射靶相比较，由于后者的磁场与靶表面平行，易于造成磁力线在靶材内短路而失去“磁撞”作用。但是，前者垂直于靶面的磁场可以穿越靶材，在两个靶之间形成柱状形的磁封闭。因而，可用于对磁性靶材的溅射。

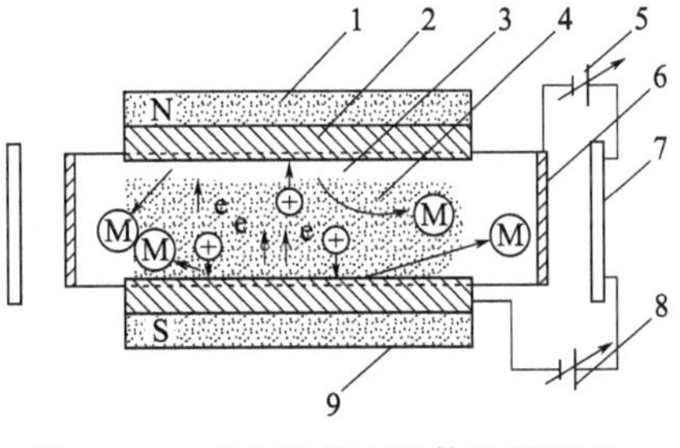

图 25-17　对向靶等离子体溅射原理
1—N 极；2—对向靶阴极；3—阴极暗区；4—等离子体区；5—基板偏压电源；6—基板；7—阳极（真空室）；8—靶电源；9—S 极

据有关资料报道，采用掺 Al 的 ZnO 陶瓷矩形靶（含 Al 13%）制备 ZnO 薄膜，已经取得了令人满意的效果。其溅射沉积的工艺条件见表 25-10。

表 25-10 对向靶沉积 ZnO 薄膜的工艺条件对比

序号	溅射时间/min	工作气体压强/Pa	基体温度/℃	工作气体流量/SCCM	工作电流/A	工作电压/V	膜层厚度/nm	沉积速率/(nm/s)	溅射方式
1	40	0.8	100	60	0.3	300	670	0.28	平面磁控靶
2	25	1	室温	30	0.4	280	990	0.66	对向靶溅射
3	25	2	室温	30	0.4	280	820	0.55	对向靶溅射

从表中不难看出，采用对向靶溅射沉积 ZnO 薄膜时，不但降低了基体温度、缩短了溅射时间，而且也极大地提高了沉积速率。

在超硬涂层的制备中，对向靶磁控溅射也具有一定优势。采用这种方法所制备的涂层硬度高、附着力强、耐磨、耐蚀。如果更换不同靶材还可以制备出各种金属涂层、合金涂层以及各种反应物涂层，其应用领域较为广泛。

25.3.8 偏压溅射镀膜

偏压溅射镀膜就是在通常溅射镀膜装置的基础上，将基体上的电位与接地阳极（真空室）的电位分开设置，在基片与等离子体之间按不同要求施加一个具有一定大小的偏置电压，以吸引部分离子流向基片表面，并且通过改变入射到基体表面上的带电粒子数目和能量的手段来达到改变薄膜微观组织与性能为目的的一种薄膜制备方法，其原理如图 25-18 所示。由于这种方法与溅射离子镀膜基本相同，因此，也称为偏压溅射离子镀。

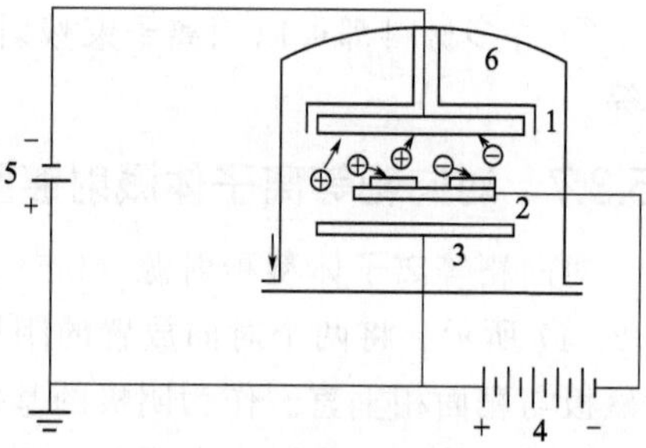

图 25-18 偏压溅射

1—靶子（阴极）；2—基片（工件）；3—阳极；4—工件负偏压 DC（−100～−500V）；5—靶电源；6—真空室

25.4 磁控溅射镀膜

25.4.1 磁控溅射镀膜工作原理

磁控溅射靶采用静止电磁场，磁场为曲线形，均匀电场和对数电场则分别用于平面靶和同轴圆柱靶，而 S 枪靶介于二者之间。它们的工作原理是相同的，以图 25-19 说明如下。

空间电子在电场作用下，加速飞向基片的过程中与氩原子发生碰撞。若电子具有足够的能量（约为 30eV）时，则电离出 Ar^+ 并产生电子。电子飞向基片，Ar^+ 在电场作用下加速飞向阴极（溅射靶）并以高能量轰击靶表面，使靶材发生溅射。在溅射粒子中，中性的靶原子（或分子）沉积在基片上形成薄膜；二次电子 e_1 在加速飞向基片时受磁场 B 的洛仑兹力作用，以摆线和螺旋线状的复合形式在靶表面作圆周运动。该电子 e_1 的运动路径不仅很长，而且被电磁场束缚在靠近靶表面的等离子体区域内。在该区中电离出大量的离子 Ar^+ 用来轰击靶材，因此磁控溅射具有沉积速率高的特点。随着碰撞次数的增加，电子 e_1 的能量逐渐降低，同时 e_1 逐步远离靶面。低能电子 e_1 将如图 25-19 中 e_3 那样沿着磁力线来回振荡，待电子能量将耗尽时，在电场 E 的作用下最终沉积在基片上。由于该电子的能量很低，传给基片的能量很小，使基片温升较低。在磁极轴线处电场与磁场平行，电子 e_2 将直接飞向基片。但是，在磁控溅射装置中，磁极轴线处离子密度很低，所以 e_2 类电子很少，对基片温升作用不大。

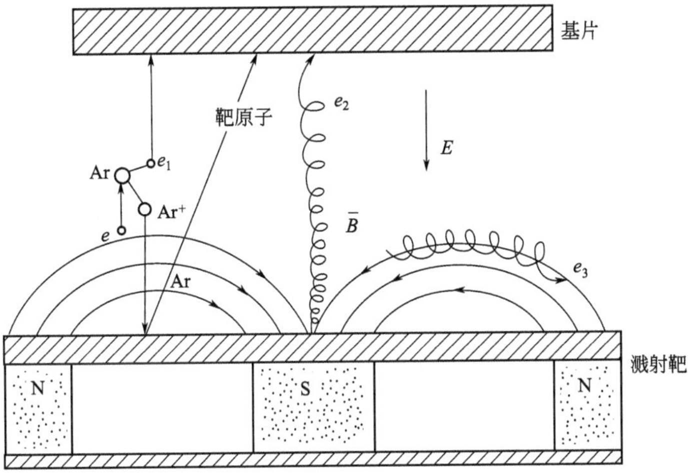

图 25-19　磁控溅射工作原理

综上所述，磁控溅射的基本原理就是以磁场改变电子运动方向，束缚和延长电子的运动路径，提高电子的电离概率和有效地利用了电子的能量。因此，在形成高密度等离子体的异常辉光放电中，正离子对靶材轰击所引起的靶材溅射更加有效，同时受正交电磁场的束缚的电子只能在其能量将要耗尽时才能沉积在基片上。这就是磁控溅射具有“低温”“高速”两大特点的机理。

25.4.2　矩形平面磁控溅射

矩形平面磁控靶如图 25-20 所示。靶面处于正交的电磁场中，磁场方向与靶面阴极平行，形成环形磁场。真空室通入高纯氩气，使真空室保持 $10^{-3}\sim10^{-2}$Pa 的真空度，在阳极和阴极（靶）加一定的直流电压后，便产生放电。放电产生的氩离子轰击阳极（靶），溅射靶材沉积到基片上，形成薄膜。

靶面发生的二次电子在正交的电磁场作用下沿环形磁场（跑道）作摆线运动，这些电子运动路径长，增加了与气体分子碰撞的机会，使气体的电离概率增大，进而增大了溅射速率。

磁控靶对磁场的要求是：

① 要构成封闭的环形跑道（图 25-20）；

② 水平场强要达到 $2\times10^{-2}\sim5\times10^{-2}$T，并能在此范围内进行调节。

图 25-21 所示的矩形平面磁控靶靶面尺寸为 120mm×240mm。这种靶的磁体可以用永磁体（例如锶铁氧体和铝镍钴），也可以使用电磁铁。

这种结构靶的特点是采用了极靴，并使极靴与靶材直接接触。

图 25-21 所示的极靴上布置了六块锶铁氧体。每块尺寸的长×宽×高为 80mm×20mm×17mm（“高”为磁化方向）。锶铁氧体的磁感应强度为 3.8×10^{-1}T，矫顽力为 2.1×10^{5}A/m。按照这种布置方案，当靶材厚度为 8mm 时，靶面的最大水平场强可达 2.9×10^{-2}T。矩形靶结构简单，通用性很强，适于大面积镀膜。

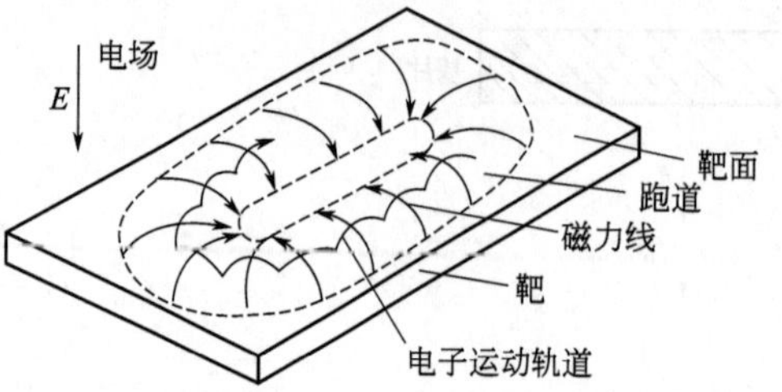

图 25-20　磁控靶表面由磁场构成的封闭环形跑道

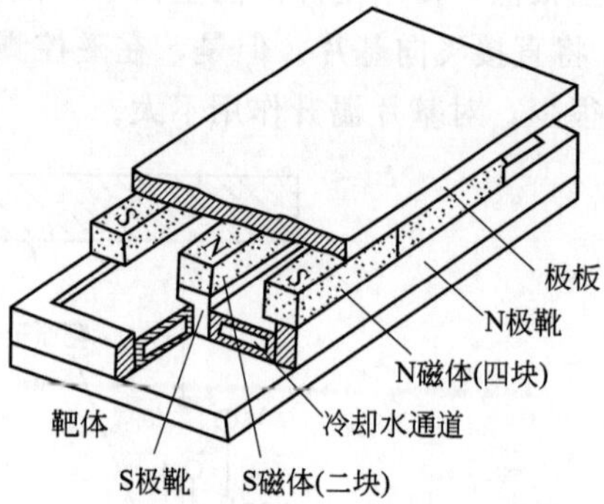

图 25-21　矩形平面磁控靶的结构（装 6 块锶铁氧体）

25.4.3　同轴圆柱形磁控溅射镀膜

同轴圆柱形磁控溅射靶的结构如图 25-22 所示。在溅射装置中该靶接 500～600V 的负电位。基片接地、悬浮或加偏压。

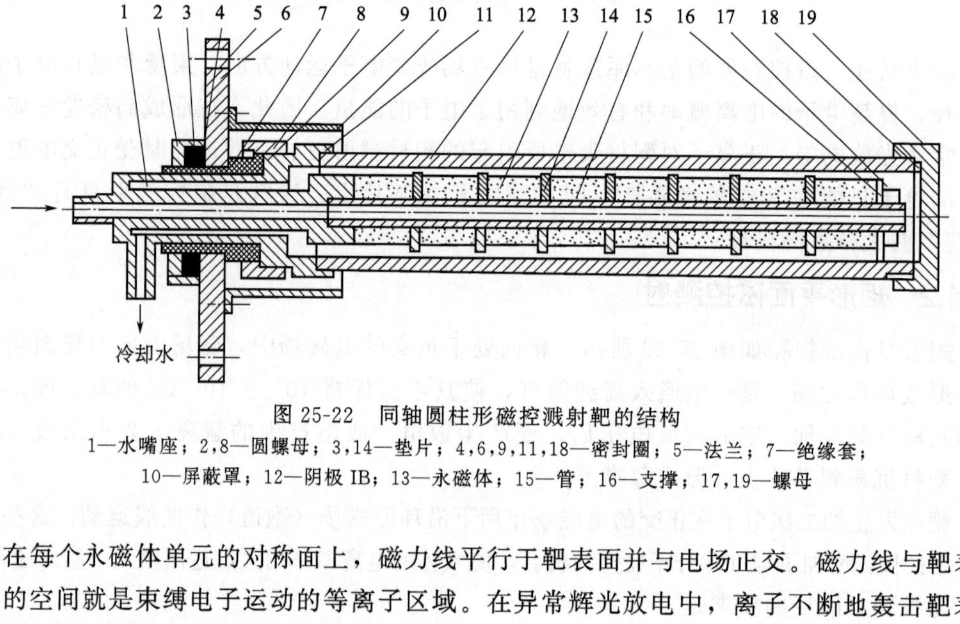

图 25-22　同轴圆柱形磁控溅射靶的结构

1—水嘴座；2,8—圆螺母；3,14—垫片；4,6,9,11,18—密封圈；5—法兰；7—绝缘套；10—屏蔽罩；12—阴极 IB；13—永磁体；15—管；16—支撑；17,19—螺母

在每个永磁体单元的对称面上，磁力线平行于靶表面并与电场正交。磁力线与靶表面封闭的空间就是束缚电子运动的等离子区域。在异常辉光放电中，离子不断地轰击靶表面并使之溅射，材料沉积在基片上，形成薄膜。

① 永磁体的选择　磁控靶中常用的永磁体材料有锶铁氧体、钡铁氧体、铝镍钴合金等。其几何尺寸，一般选择长度和直径相同为宜。磁体端面场强最好接近 0.15T，这样可保证靶表面平行磁场 B 约为 0.03T。

② 阴极靶筒　阴极靶筒是用膜材制成的。靶筒材料的纯度要高且表面光洁，组织应致密。几何尺寸可根据要求设计确定，其内径决定靶筒自身的冷却效果，壁厚则直接限定靶表面的磁场及使用寿命。所以，在保证机械强度的前提下，通常取壁厚为 5～10mm。

③ 垫片　磁控靶中永磁体单元之间的垫片应选择纯铁、低碳钢等导磁性好的材料制成，其直径大于永磁体直径 5mm 左右，其厚度约在 3～5mm 为宜。这样可以通过引磁作

用在靶表面上形成较为理想的磁场，提高溅射速率和拓宽靶的腐蚀区域。

25.4.4 圆形平面磁控溅射靶的结构

圆形平面磁控溅射靶的结构如图 25-23 所示。圆形平面靶采用螺钉或钎焊方式紧紧固定在由永磁体（包括环形磁铁和中心磁柱）、水冷套和靶外壳等零件组成的阴极体上。通常，溅射靶接 500～600V 负电位，真空室接地，基片放置在溅射靶的对面，接地、悬浮或加偏压。因此，构成了基本上是均匀的静电场。

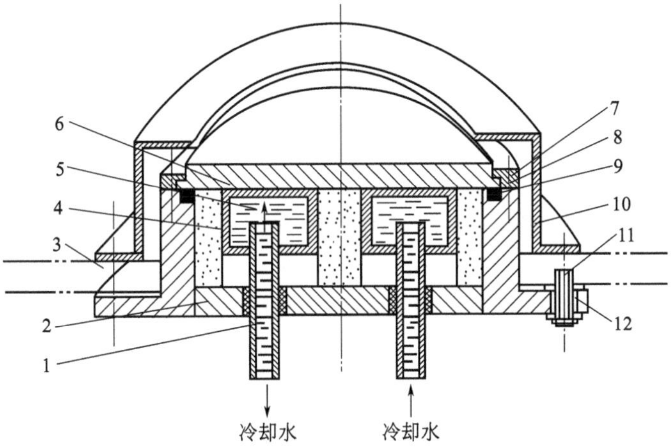

图 25-23 圆形平面磁控溅射靶的结构

1—冷却水管；2—轭铁；3—真空室壁；4—环形磁铁；5—水管；6—靶；
7—压环；8,11—螺钉；9—密封圈；10—屏蔽罩；12—绝缘套

图 25-23 中冷却水的作用是控制靶温以保证溅射靶处于合适的冷却状态。温度过高将引起靶材熔化；温度过低则导致溅射速率下降。

图 25-23 中屏蔽罩的设置，是为了防止非靶材零件的溅射，提高薄膜纯度，并且该屏蔽罩接地，还能起吸收低能电子的辅助阳极的作用。屏蔽罩的位置，根据屏蔽罩与阴极体之间的间隙来确定。

磁控溅射的磁场是由磁路结构和永久磁体的剩磁（或电磁线圈的安匝数）所决定的。最终表现为溅射靶表面的磁感应强度 B 的大小及分布。通常，圆形平面磁控溅射靶表面磁感应强度的平行分量 B 为 0.02～0.05T，其较好值为 0.03T 左右。因此，无论磁路如何布置，磁体如何选材，都必须保证上述的 B 要求，对磁场 B 可以通过测试或计算掌握其大小及分布规律。

25.4.5 S 枪磁控溅射镀膜

S 枪磁控溅射镀膜不仅具有磁控溅射共同的“低温”“高速”的特点，而且由于溅射靶有特殊靶形和冷却方式，还具有靶材利用率高、膜厚分布均匀、靶功率密度大和易于更换靶材等优点。

典型的 S 枪磁控溅射靶结构如图 25-24 所示。它是由倒锥形阴极靶、水冷套、辅助阳极、永磁体、极靴、可拆卸屏蔽环和接地屏蔽罩等构件组成。阴极靶接几百伏的负电位，镀膜室壁接地，辅助阳极接地或接几十伏的正电位，基片通常接地（可以悬浮或偏压）。环状磁体在阴极靶表面形成曲线形磁场，与电场构成正交电磁场。电子在电磁场中作摆线

加螺旋线的复合运动，导致异常辉光放电。

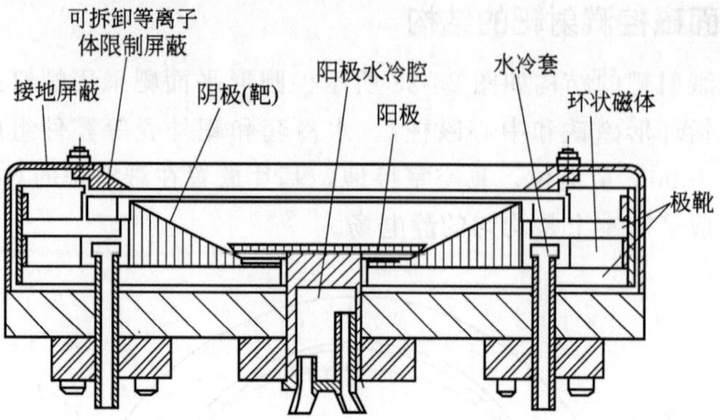

图 25-24　12.5cm S 枪磁控溅射靶的剖面图

辅助阳极能够吸收低能电子，减少电子对基片的轰击。水冷套与靶材之间应具有适当的配合间隙：当靶工作时，由于受热而紧紧地与水冷套贴在一起，保证散热效果；当靶不工作时，二者之间保持一定间隙，以便能够方便地更换靶材。可拆卸屏蔽环能够防止非靶材构件的溅射，并且可以拆卸下来清除沉积其上的膜层。其余构件的作用与其他磁控靶构件的相同。

25.4.6 磁控溅射的特点

① 沉积速率大　由于采用高速磁控电极，可以得到很大的离子流，大大地提高了溅射速率和沉积速率。与其他溅射方式相比，磁控溅射生产能力高、产量高，广泛应用于工业生产中。表 25-11 给出了平面磁控溅射的沉积速率。

表 25-11　平面磁控溅射的沉积速率

元素	溅射产额(原子/离子)以溅射电压600V计	沉积速率/nm·min^{-1}		备　注	元素	溅射产额(原子/离子)以溅射电压600V计	沉积速率/nm·min^{-1}		备　注
		计算值	实验值				计算值	实验值	
银(Ag)	3.4	2650	2120		铑(Rh)	1.5	1170		
铝(Al)	1.2	760	600		硅(Si)	0.5	400	320	
金(Au)	2.8	2200	1700		钽(Ta)	0.6	470	350	
碳(C)	0.2(Kr)	160			钛(Ti)	0.6	470	350	
钴(Co)	1.4	※	300	靶厚<1.6mm	铀(U)	1.0	800		
铬(Cr)	1.3	1000	800		钨(W)	0.6	470	350	
铜(Cu)	2.3	1800	1400		锆(Zr)	0.75	600		
铁(Fe)	1.3	※	400	靶厚<1.6mm	二氧化硅(SiO_2)	0.13(1kV)		120	RF:2kW
锗(Ge)	1.2	770							
钼(Mo)	0.9	700	550		三氧化二铝(Al_2O_3)	0.04(1kV)		90	
铌(Nb)	0.65	500							
镍(Ni)	1.5	※	300	靶厚<1.6mm	二氧化锡(SnO_2)			320	反应溅射 Sn
锇(Os)	0.95	740							
钯(Pd)	2.4	1870	1450		砷化镓(GaAs)	0.9			
铂(Pt)	1.6	1260	1000						
铼(Re)	0.9	700							

注：1. 条件：阴极（靶）127mm×305mm；溅射工作电压 600V，导体，直流溅射 6A；介质，射频溅射 2kW。
2. 铁磁材料（表中标※者）溅射要用特殊磁场，靶厚 1.6mm。

② 功率效率高　磁控靶电压一般在200～1000V，典型值为600V。从图25-25可见，此电压刚好处在功率效率最高范围内。

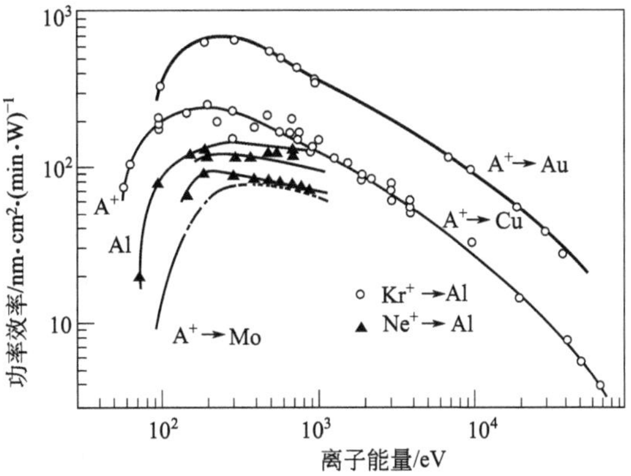

图 25-25　溅射功率效率与入射离子能量的关系

③ 溅射能量低　磁控靶施加的电压低，等离子体被磁场约束在阴极附近，这样可抑制能量较高的带电粒子入射到基片上。

④ 基片温度低　放电时产生的电子可以通过阳极导走，而不必通过接地的基片支架，可以大大减少电子轰击基片，因而基片温度不高。对塑料基底镀膜非常有利。

⑤ 靶刻蚀不均匀　由于靶磁场不均匀，使其局部位置刻蚀速率较大，使靶材利用率仅为20%～30%。为提高靶材利用率，可采取一定措施改变磁场分布，还可使磁铁在阴极中移动来提高靶材利用率。

⑥ 制复合靶　为了镀合金膜可制作复合靶。图24-26给出了复合靶示意图。已利用这种靶成功制取了Ta-Ti合金、(Tb-Dy)-Fe以及Gb-Co合金膜，其中以扇形结构效果最好。

按薄膜功能分类，溅射膜可为分电气、磁学、光学、机械、化学和装饰等几大类，见表25-12。

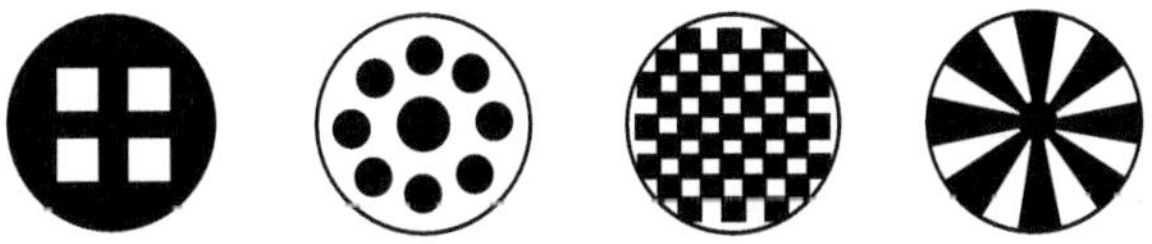
(a) 方块镶嵌靶　(b) 圆块镶嵌靶　(c) 小方块镶嵌靶　(d) 扇形镶嵌靶

图 25-26　不同结构的复合靶

表 25-12　溅射膜的应用分类

应用分类			材料
电子工业	IC半导体元件	电极，引线 绝缘层，表面钝化膜	铝及铝合金、Ti、Pt、Au、Mo-Si、TiW SiO_2、Si_3N_4、Al_2O_3
	显示元件	透明导电膜 光色膜 绝缘层，表面钝化膜	In_2O_3、SnO_2 WO_3 SiO_2
	磁记录	软磁性膜 硬磁性膜 磁头缝隙材料，绝缘层 特殊材料	Fe-Ni、Fe-Si-Al、Ni-Fe-Mo、Mn-Zn、Ni-Zn γ-Fe_2O_3、Co、Co-Cr、Mn-Bi、Mn-Al-Ge Cr、SiO_2、玻璃 过渡金属和稀土类的合金
	约瑟夫森元件	超导膜 绝缘膜	Nb，Nb-Ge SiO_2
	光电子学	光IC	各种玻璃
	其他电子元件	电阻薄膜 印刷机薄膜热印头 压电薄膜 电极引线	Ta、Ta-N、Ta-Si、Ni-Cr Ta-N、SiO_2、Ni-Cr、Au、Ta_2O_5、SiC、Ta-Si、Ta-SiO_2、Cr-SiO_2 ZnO、PZT、$BaTiO_3$、$LiNbO_3$ Al、Cr、Au、Ni-Cr、Pb、Cu

续表

应用分类		材料
太阳能利用	太阳能电池 选择吸收膜 选择反射膜	Si、Ag、Ti、In_2O_3 金属碳化物 In_2O_3
光学应用	反射镜 光栅	Al、Ag、Cu、Au Cr
机械、化学应用	润滑 耐磨损 耐腐蚀 耐热	MoS_2、Ag、Cu、Au、Pb、Cu-Au、Pb-Sn Cr、Pt、Ta、CrN、CrC、TiN、TiC、HfN Cr、Ta、CrN、CrC、TiN、TiC 等 Al、W、Ti、Ta、Mo、Co-Cr-Al 系合金
塑料工业	塑料装饰，硬化	Cr、Al、Ag、TiN

25.4.7 矩形平面磁控溅射靶的磁场计算

(1) 带极靴的矩形平面磁控靶的等效磁路法

磁控溅射靶的磁场主要是指靶面上的最大平行磁场 $(B_{/\!/})_{max}$，该参数与所选用的磁体材料、磁体几何形状及其排列有关，并且可以采用等效磁路法计算。

如图 25-27 所示的矩形平面磁控靶表面上最大平行磁感应强度 $(B_{/\!/})_{max}$ 可由下式计算。

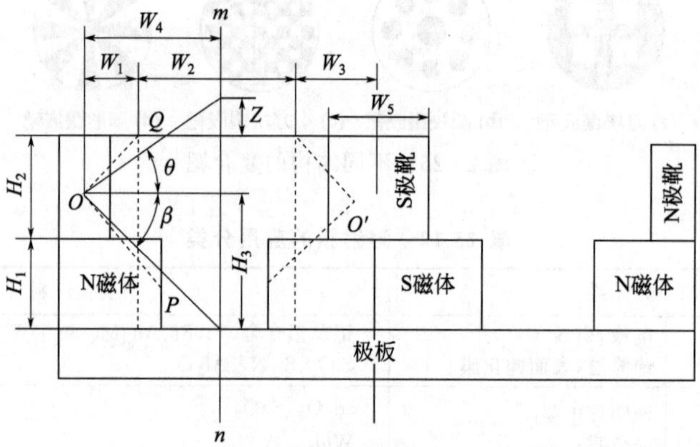

图 25-27 矩形平面磁控靶断面上的几何参数

$$(B_{/\!/})_{max}=\frac{FW_4}{2(W_4^2+Z^2)\ln\frac{W_4}{W_1}} \qquad (25\text{-}7)$$

式中 Z——靶材厚度，cm；

W_1，W_4——靶断面结构参数，cm。

由 N 磁体的中点 P 和平均宽度线（虚线）的顶点 Q 分别作 45°的斜线交于 O 点。用同样的方法确定 O'点。连接 O、O'两点，作 O-O'联线的垂直平分线 m-n，得：

$$F=\frac{B_rA_sH_1(2A_N+H_1P_2)}{(A_N+H_1+P_2)(A_s+H_1P_1)+A_s+H_1P_1} \qquad (25\text{-}8)$$

式中　B_r——磁体的剩余磁感应强度，T；

A_s——S 磁体的断面积，cm^2；

A_N——N 磁体的断面积，cm^2；

H_1——N 磁体高度，cm。

$$P_1=\frac{1}{2}\left(L_s-W_s+\frac{\pi W_2}{\ln\dfrac{W_2+W_3}{W_3}}\right)\left[\frac{\dfrac{\pi}{4}-\beta}{\ln\dfrac{W_4}{W_1}}+\int_{-\beta}^{\frac{\pi}{4}}\frac{d\theta}{\ln\left(\dfrac{H_3}{W_1}\cot\theta\right)}+\int_{\frac{\pi}{4}}^{\frac{\pi}{2}}\frac{d\theta}{\ln\left(\dfrac{W_4}{W_1}\tan\theta\right)}\right] \tag{25-9}$$

$$P_2=\frac{L_N}{2\pi}\left(1+\ln\frac{H_1+2H_2}{H_1}\right) \tag{25-10}$$

式中　L_N——N 极靴外沿周长，cm；

L_s——极靴长度，cm；

W_s——极靴的宽度，cm；

H_2——极靴高度，cm；

H_3——S 磁体高度，cm；

W_1、W_2、W_3、W_4 及 θ、β 均为靶断面结构参数。

将式（25-9）及式（25-10）代入式（25-8）得到 F，将 F 值代入式（25-7）即可得 $(B_{//})_{max}$ 值。该值应达到所要求的数值（一般在 0.02～0.05T 范围内）；否则，要调整磁体与极靶的结构布局，直至合适为止。

(2) 不带极靴的矩形平面磁控靶的等效磁路法

不带极靴的矩形平面磁控靶的磁场计算采用如下的经验公式：

$$(B_{//})_{max}=K\left(\frac{m}{Z+m-n}\right)^{2.6}(\mathrm{T}) \tag{25-11}$$

式中　Z 为靶材厚度，mm。系数 K、m、n 的计算式如下：

$$K=0.105B_1H(100+H^2)^{-0.5}\left[1.5-0.5\left(\frac{L}{W}\right)^{-4}\right] \tag{25-12}$$

$$m=(0.18W+2.8)\left[1.5-0.5\left(\frac{L}{W}\right)^{-4}\right]\left[1-4\left(\frac{W_G}{W}\right)^{6}\right]+720\left(\frac{W_N-W_S}{W^2}\right) \tag{25-13}$$

$$n=\left[3.7(W-30)^{0.34}-0.2\left(\frac{W_N-W_S^2}{10}\right)\left(\frac{|W-90|}{10}\right)^{0.5}\right]\left[1-1.8\left(\frac{W_G}{W}\right)^{3}\right] \tag{25-14}$$

式中　H——永磁体的高度，mm；

L——靶的长度，mm；

W——靶的宽度，mm；

W_N——N 磁体的宽度，mm；

W_S——S 磁体的宽度，mm；

W_G——气隙的总宽度，mm。

图 25-28 为磁场经验公式中的几何参数。该公式的适用范围：$H=15\sim20$mm，$W=40\sim120$mm；$W_G/W=0\sim0.7$；$W_S/W_N=0.5\sim2$；$Z=n\sim(n+0.4m)$。

在上述条件下计算值与实测值比较，相对误差不超过15%。

当矩形靶的长宽比$L/W\geqslant3$时，由式（25-11）计算得$(B_{//})_{max}$值几乎与长宽比无关，这就说明端部效应可以忽略的条件为$L/W\geqslant3$。

等效磁路法的计算公式是根据锶铁氧体的永磁体得出的。因此，该方法适用于锶铁氧体、钡铁氧体、铈钴铜和钐钴等高磁阻的永磁体；不能用于铝镍钴合金等低磁阻的永磁体计算。如果用低磁阻的永磁体时，可参阅张世伟的《真空镀膜技与设备》（化学工业出版社，2007）。

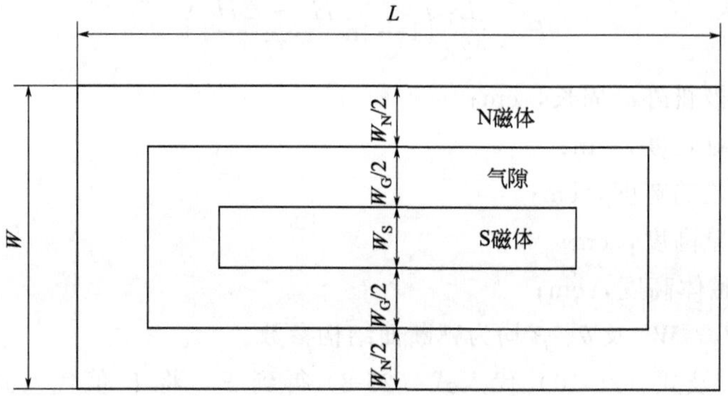

图25-28　磁场经验公式中的几何参数

25.4.8　溅射镀膜设备中的水冷系统设计与计算

(1) 水冷系统的组成

各种类型的溅射镀膜装置都必须设置相应的水冷系统，以便保证其正常运转。溅射镀膜装置包括溅射靶、抽气机组水冷系统和真空室三个部分。其中真空室水冷系统是否设置，根据镀膜工艺的最高温度而定。抽气机组水冷系统，因其各组件已具备，只要将冷却水通入并计算其流量即可。而且真空室水冷系统的设计与计算可以参考第26章26.7节相关内容，这里仅介绍溅射靶水冷系统设计与计算。

(2) 冷却水流速率的计算

各类型溅射靶，在辉光放电中因离子轰击都要发热。为保证溅射靶的正常工作温度，均应设置冷却系统。实践证明，水冷却是一种最通用的好方法。

为保证冷却水的流速和出口水温差在预定的范围内，要求溅射靶冷却水套应具有小流阻；溅射靶材和水冷背板（如果设置）的导热性能良好；其进水压力一般为2×10^5Pa以上。

对于具体的溅射靶，可由其几何尺寸和材料，根据表25-13计算保证靶温度梯度为100℃/cm时的最大功率。根据该功率，由表25-14确定冷却水进口温差为10℃时的水流速率。

例如，直径为11.5cm的圆形平面铝靶，依据表25-13温度梯度为100℃/cm时铝的功率密度，计算出靶的功率为24.6kW，由表25-14算出其进出口水温差为10℃时的水流速率约为$35\times10^{-3}m^3/min$。

表 25-13　通过厚度 1cm 的阴极，温度梯度为 100℃/cm 时的功率密度

单位：W/cm^2

材料		功率密度	材料		功率密度
介质	玻璃 透明石英(熔融石英)大多数硼硅酸盐，铝硅酸盐，以及钠钙玻璃	2～4	金属	Ag	427
				Cu	398
				Au	315
	80∶20　PbO-SiO_2	0.6		Al	237
	氧化物(多晶)	51		W	178
	BeO	30		Si	149
	Al_2O_3	8.7		Mo	138
	MgO			Cr	94
	氧化物(单晶)	7.7～8.3		Ni	91
	蓝宝石(Al_2O_3)	1.4～26		In	82
	石英(SiO_2)			Fe	80
合金	In-Sn　50∶50	70		Ge	76
	Pb-Sn 60∶40	47		Pt	73
	Pb-Sn　50∶50	43		Sn	67
	不锈钢(300 系列)	13.4～15.5		Ta	58
导电化合物	二硅化钼	31		Pb	35
	Ta、Ti 及 Zr 碳化物	21		Ti	22

表 25-14　与 $\Delta T=10℃$ 对应的水流速率　　　单位：$10^{-3}m^3/min$

耗散功率/kW	水流速率	耗散功率/kW	水流速率	耗散功率/kW	水流速率
2	2.8	10	14.0	30	42
4	5.6	15	21	40	56
6	8.4	20	28		
8	11.2	25	35		

(3) 冷却水管内径的计算

如果已知冷却水流速度为 Q，则冷却水管内径 d 可由下式求得：

$$d \geqslant 0.146(Q/v)^{\frac{1}{2}} \tag{25-15}$$

式中　Q——冷却水流速率，m^3/min；

v——冷却水流速，一般取 $v=1.5m/s$。

若已知溅射靶功率，也可按下式计算冷却水管内径 d：

$$d \geqslant \left(\frac{4P}{\pi v \rho c \Delta T}\right)^{\frac{1}{2}} \tag{25-16}$$

式中　P——溅射靶功率，W；

v——冷却水流速，一般取 $v=1.5m/s$；

c——水的比热容，其值 $c=4.2\times10^3 J/(kg\cdot K)$；

ρ——水的密度，其值 $\rho=10^3 kg/m^3$；

ΔT——进出口水温差,℃。

(4) 冷却水管长度

为了防止漏电，冷却水的电导率应当尽量低。如果采用橡胶或聚四氟乙烯等绝缘水管，则只考虑管中水的电阻值是否合适。一般较纯净的水电阻率为 10kΩ·cm。在一定电压 V 和电流 I 条件下，如果允许冷却水漏电流为 1mA 以下，对于溅射镀膜装置的漏电损失仅为千分之几至万分之几，是很微小的。为此溅射镀膜装置冷却水管的长度 L 可由下式估算：

$$L\geqslant V/1000 \tag{25-17}$$

式中　V 为溅射靶电压，V。

25.5 离子镀膜

真空离子镀膜于 1963 年由 D. M. Mattox 提出并开始实验。1971 年 Chamber 等发表了电子束离子镀技术，1972 年 Bunshah 报道了反应蒸镀（ARE）技术，并制作出 TiN 及 TiC 超硬膜。同年 Moley 和 Smith 将空心阴极技术应用于镀膜。20 世纪 80 年代，国内又相继出现了多弧离子镀及电弧放电型高真空离子镀，至此离子镀达到工业应用的水平。

25.5.1 离子镀膜原理及种类

离子镀是在真空室中，利用气体放电或被蒸发物质部分离化，在气体离子或被蒸发物质离子轰击作用的同时，将蒸发物或其反应物沉积在基片上。离子镀把气体辉光放电现象、等离子体技术与真空蒸发三者有机地结合起来，不仅明显地改进了膜层质量，而且还扩大了薄膜应用范围。其优点是膜层附着力强，绕射性好，膜材广泛等。D. M. Mattox 首次提出离子镀原理，如图 25-29 所示。工作过程是：先将真空室抽至 4×10^{-3}Pa 以上的真空度，再接通高压电源，在蒸发源与基片间建立一个低压气体放电的低温等离子区。基片电极上接上 5kV 直流负高压，从而形成辉光放电阴极。负辉光区附近产生的惰性气体离子进入阴极暗区被电场加速并轰击基片表面，对其进行清洗。然后进入镀膜过程，加热使镀料气化，其原子进入等离子区，与惰性气体离子及电子发生碰撞，少部分产生离化。离化后的离子及气体离子以较高能量轰击镀层表面，致使膜层质量得到改善。

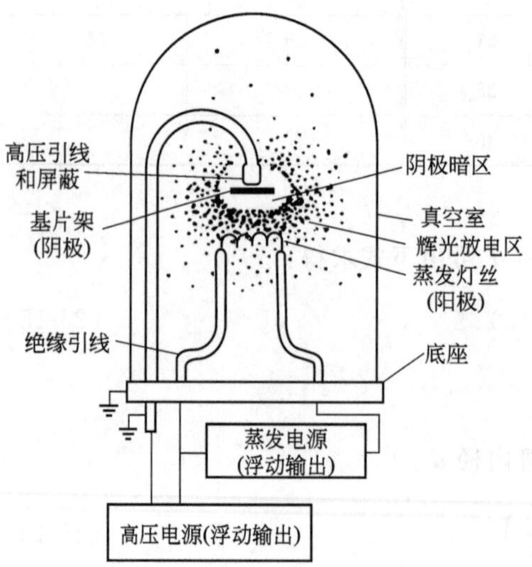

图 25-29　离子镀原理示意图

离子镀种类很多，蒸发源加热方式有电阻加热、电子束加热、等离子电子束加热、高频感应加热等。各种加热方式的离子镀膜装置见表 25-15。

表 25-15　各种加热方式的离子镀膜装置比较

离子镀种类	蒸发源	充入气体	真空度/Pa	离化方式	离子加速方式	能否进行反应性离子镀	基板温升	能否制取光泽膜、透明膜	其他特点	应用	示意图
直流放电二极型(DCIP)	电阻加热或电子束加热	Ar,也可充入少量反应气体	$5\times10^{-1}\sim10^{0}$	被镀基体为阴极,利用高电压直流辉光放电	在数百伏~数千伏的电压下加速。离化和离子加速一起进行	可	大	可	绕射性好,附着性好,基板温度易上升;膜结构及形貌差,若用电子束加热必须用差压板	耐蚀,润滑,机械制品	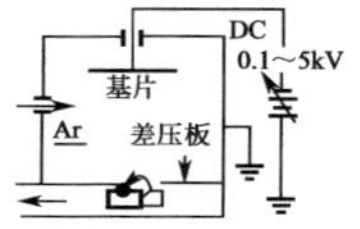
多阴极型	电阻加热或电子束加热	真空,惰性气体或反应气体	$10^{-4}\sim10^{-1}$	依靠热电子、阴极放出的电子以及辉光放电	0~数千伏的加速电压,离化和离子加速可独立操作	良	小。有时需要对基板加热	可	采用低能电子,离化效率高,膜层质量可控制	精密机械制品,电子器件,装饰品	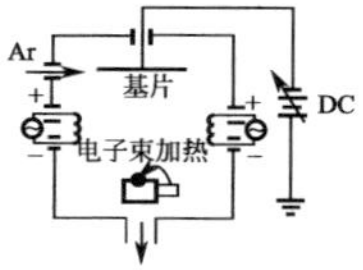
活性反应蒸镀(ARE)	电子束加热	反应气体 O_2、N_2、C_2H_2、CH_4 等	$10^{-2}\sim10^{-1}$	依靠正偏置探极和电子束间的低压等离子体辉光放电。二次电子	无加速电压,也有在基片上加有0~数千伏加速电压的ARE	良	小。还要对基板加热	可	蒸镀效率高,能获得 Al_2O_3、TiN、TiC 等薄膜	机械制品,电子器件装饰品	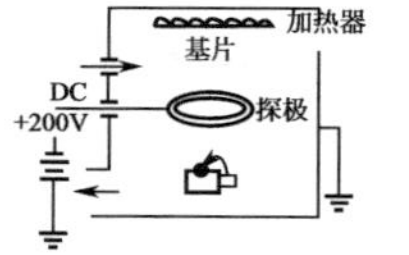
空心阴极放电离子镀(HCD)	等离子电子束	Ar,其他惰性气体,反应气体	$10^{-2}\sim10^{0}$	利用低压大电流的电子束碰撞	0~数百伏的加速电压,离化和离子加速独立操作	良	小。还要对基板加热	可	离化效率高,电子束斑较大,金属膜、介质膜、化合物膜都能镀	装饰镀层,耐磨镀层,机械制品	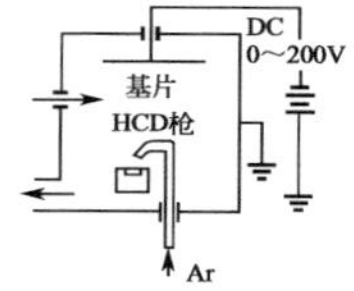

离子镀种类	蒸发源	充入气体	真空度/Pa	离化方式	离子加速方式	能否进行反应性离子镀	基板温升	能否制取光泽膜、透明膜	其他特点	应用	示意图
射频放电离子镀(RFIP)	电阻加热或电子束加热	真空,Ar,其他惰性气体,反应气体 O_2、N_2、C_2H_2、CH_4 等	10^{-3} ~10^{-1}	射频等离子体放电(13.56MHz)	0~数千伏的加速电压,离化和离子加速独立操作	良	小	良	杂质气体少,成膜好,化合物成膜更好;匹配较困难	光学,半导体器件,装饰品,汽车零件	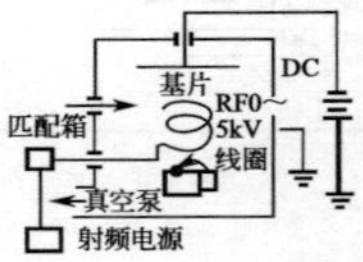
增强的ARE型	电子束加热	Ar,其他惰性气体,反应气体如 O_2、N_2、CH_4、C_2H_2 等	10^{-2} ~10^{-1}	探极除了吸引电子束的一次电子、二次电子外,增强极发出的低能电子促进离化	无加速电压,也有在基片上加有0~数千伏加速电压的增强的ARE	良	小。还要对基板加热	良	易离化,基板所需功率和放电功率能独立调节,膜层厚度容易控制	机械制品,电子器件,装饰品,光学器件	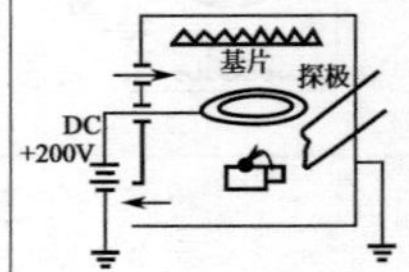
低压等离子体离子镀(LPPD)	电子束加热	惰性气体、反应气体	10^{-2} ~10^{-1}	等离子体	DC 或 AC,50V	良	小。还要对基板加热	可	结构简单,能获得 TiC、TiN、Al_2O_3 等化合物镀层	机械制品,电子器件,装饰品	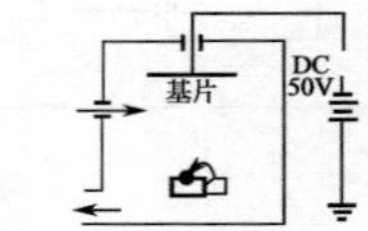
电场蒸发	电子束加热	—	10^{-4} ~10^{-2}	利用电子束形成的金属等离子体	数百伏~数千伏的加速电压,离化和加速连动操作	不可	小。还要对基板加热	良	带电场的真空蒸镀,镀层质量好	电子器件,音响器件	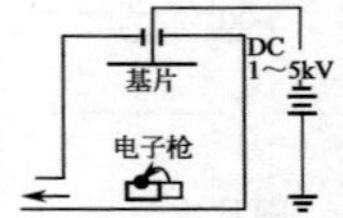

续表

离子镀种类	蒸发源	充入气体	真空度/Pa	离化方式	离子加速方式	能否进行反应性离子镀	基板温升	能否制取光泽膜、透明膜	其他特点	应用	示意图
感应加热离子镀	高频感应加热	惰性气体反应气体	$10^{-4}\sim10^{-1}$	感应漏磁	DC 1～5kV	可	小	可	能获得化合物镀层	机械制品，装饰品，电子器件	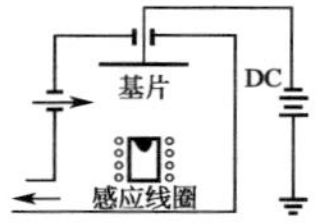
簇团离子束镀	电阻加热，从坩埚中喷出的是簇团状的蒸发颗粒	真空或反应气体	$10^{-4}\sim10^{-2}$	电子发射，从灯丝发出的电子的碰撞作用	0～数千伏的加速电压，离化和加速独立操作	可	小	可	既能镀纯金属膜又能直接镀化合物膜，如 ZnO	电子器件，音响器件	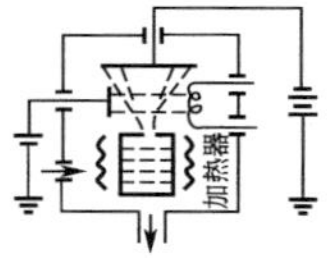
多弧离子镀	阴极弧光辉点	真空或反应气体	$10\sim10^{-1}$	热电离，场离子发射，弧光放电产生的离子	利用蒸发原子束的定向运动	可	较大	可	离化率高，沉积速率大	机械制品，刀具，模具	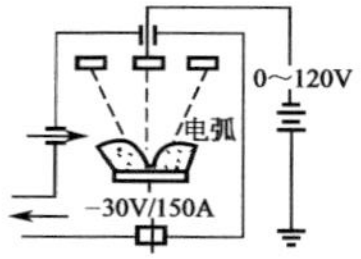
电弧放电型高真空离子镀	电子束加热	真空或反应气体	约 10^{-4}	蒸发源热电子或热灯丝发射电子促进离化	0～700V 的加速电压	可	小	良	离化率高，膜层质量优良	机械制品，刀具，装饰	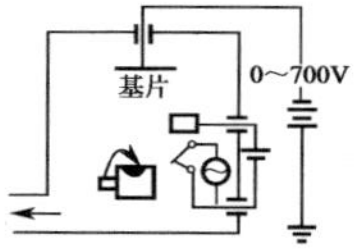

25.5.2 空心阴极离子镀

(1) 空心阴极离子镀 (HCD) 工作原理及特点

空心阴极离子镀已广泛应用于装饰、工具、模具及其他特种涂层。HCD 法利用热阴极放电产生等离子体束，以空心钽管作阴极。辅助阳极距阴极较近，两者作为引燃弧光放电的两极。HCD 枪引燃方式有两种：其一在钽管处施加高频电场，使钽管通入的氩气电离，氩离子轰击钽管，受热升温达到热电子发射温度时，产生等离子电子束；其二是在阴极钽管与辅助阳极之间加 300V 左右直流电压，钽管通入氩气，在 10～1Pa 氩气气氛下，钽管与辅助阳极间发生辉光放电，产生氩离子轰击钽管，当其温度达 2300～2400K 时，钽管表面发射出大量电子后，由辉光放电转变为弧光放电，此时电压下降到 30～60V，在阴-阳极之间接通主电源，即可引出等离子电子束。

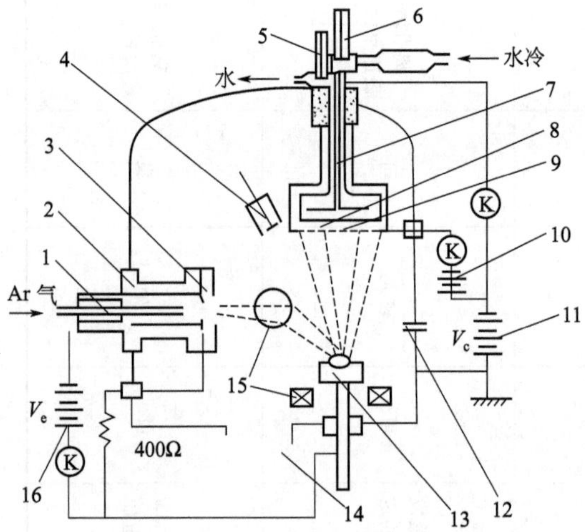

图 25-30　HCD 离子镀装置示意图

1—阴极空心钽管；2—空心阴极；3—辅助阳极；4—测厚装置；5—热电偶；6—流量计；7—收集极；8—样品；9—抑制栅极；10—抑制电源 (25V)；11—样品偏压；12—反应气体入口；13—水冷铜坩埚；14—真空机组；15—偏转聚焦极；16—主电源

图 25-30 示出了 HCD 装置示意图。它由水平位置 HCD 枪、水冷铜坩埚、基片架、真空室、抽气机组等组成。HCD 枪引出的电子束经聚焦后，在偏转磁场作用下转 90°，在坩埚聚焦磁场作用下，束径变小聚于坩埚中蒸发镀材。

空心阴极离子镀特点：

① 离化程度高，带电粒子密度大，且有大量高能中性粒子。由于 HCD 法较其他离子镀电子束流高 100 倍，因而其离化率较其他方法高 3～4 个数量级，而实测金属离子产生率为 22%～40%。

② 离子轰击基片，除掉了氧化物，在膜-基界面形成“伪扩散层”，镀层附着力好，膜质均匀致密，不仅能镀金属 Ti、Cr、Mo，也可以进行反应镀 TiN、TiC、CrC 等硬质膜。

③ 可用一般低压大流设备电源，因而使电气系统操作简单、安全，设备成本低。

④ 工作压力范围宽，在 $10\sim10^{-2}$Pa 范围内均可。

⑤ 改善表面覆盖度，增加绕射性。

(2) 空心阴极镀氮化钛装置

空心阴极镀氮化钛装置示意图如图 25-31 所示。主要结构有：镀膜室尺寸为 ϕ620mm×720mm；HCD 枪空心阴极为 ϕ9mm×170mm 钽管；枪功率 12W；坩埚熔池容积 35cm³；烘烤装置功率 5kW；三维复合运动工件行星转动架；真空系统由 300L/s 油扩散泵及 2X-30 机械泵组成；充气、水冷、装料车、电器控制等。

25.5.3 射频放电离子镀

1973 年日本村山洋研制成了射频放电离子镀（RFIP）装置，其原理如图 25-32 所示。

此装置真空度为 $10^{-1}\sim10^{-2}Pa$，蒸镀物质原子离化度为 10%，加热用的频率线圈高 7cm，用 $\phi3mm$ 铜丝绕制，共 7 圈。射频源频率为 13.56MHz 或 18MHz，功率 1～2kW，直流偏压 0～1500V。

此装置分三个区域：以蒸发源为中心的蒸发区；以高频线圈为中心的离化区；以基板为中心的离子加速区。三者有机地结合在一起，可以镀金属膜、化合物膜及合金膜。由于镀膜时真空度较高，使镀层针孔少、膜质均匀致密、纯度高，对制作超导膜及光学膜特别有利。

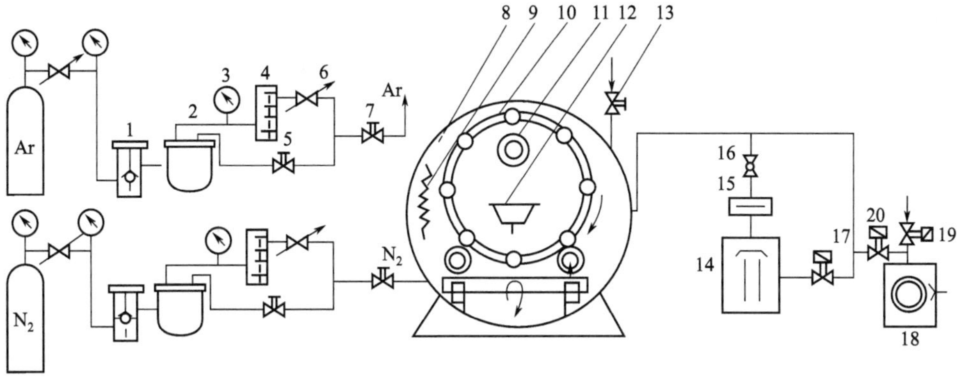

图 25-31　空心阴极镀氮化钛装置结构示意图

1—定压阀；2—贮气罐；3—真空压力表；4—流量计；5—管路支阀；6—微调阀；7—管路总阀；8—镀膜室；9—烘烤装置；10—行星转架；11—HCD 枪；12—坩埚；13—手动放气阀；14—扩散泵（K300）；15—冷阱；16—手动插板阀；17—高真空阀（电磁截止阀）；18—机械泵（2X-30）；19—电磁放气阀；20—低真空阀（电磁截止阀）

1～7 充气系统；14～20 真空系统

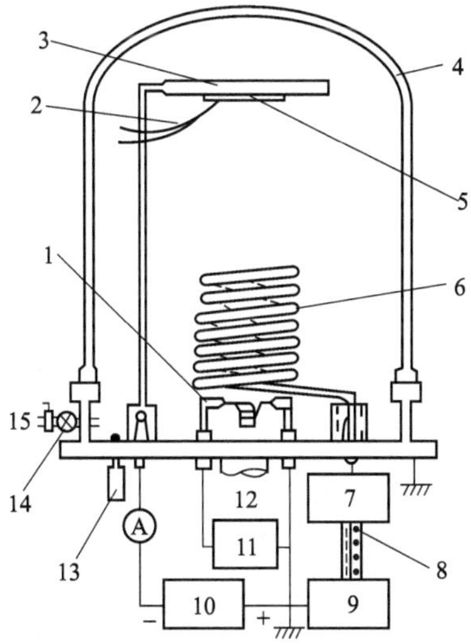

图 25-32　射频放电离子镀原理

1—熔化坩埚；2—热电偶；3—基片支持架（阴极）；4—真空室；5—基板；6—RF 线圈；7—匹配箱；8—同轴电缆；9—射频电源；10—加速用直流电源；11—蒸发电源；12—真空系统；13—真空计；14—调节阀；15—反应气体入口

射频放电离子镀优点：

① 蒸发、离化、加速三种过程分别独立控制，离化靠射频激励，而不是靠加速直流电场，基板周围不产生阴极暗区。

② 工作压力低，成膜质量好。

③ 基板温度较低，较容易控制。其不足是由于真空度高，绕射性较差；要求频率源与电极之间需有匹配箱，并随镀膜参数变化而调节；蒸发源与频率源之间易产生干扰；射频对人体有害，需加防护。

25.5.4 电弧离子镀

(1) 真空电弧离子镀原理

真空电弧离子镀是由美国 Multi-Arc 公司和 Vac-Tec 公司联合开发的，1981 年达到工业实用化阶段。

电弧离子镀的原理是基于冷阴极真空弧光放电理论提出的。该理论认为放电过程的电量迁移是借助于场电子发射和正离子电流这两种机制同时存在且相互制约而实现的。在放电过程中，阴极材料大量蒸发，这些蒸气分子所产生的正离子在阴极表面附近很短的距离内产生极强的电场，在这样强的电场作用下，电子产生“场电子发射”，而逸到真空中去，其发射的电流密度 J_c 表达式为

$$J_c=BE^2\exp(-C/E)\quad (A/cm^2) \tag{25-18}$$

式中 E——阴极电场强度；

B，C——与阴极材料有关的系数。

正离子流可占总的电弧电流的 10%左右，但在理论计算上尚存在一定难度，还不能够确切地建立和求解阴极弧光辉点内的质量、能量和电量的平衡关系。

电弧法涉及从阴极弧光辉点放出的阴极物质的离子。阴极弧光辉点是存在于极小的空间的高电流密度高速变化的一种现象，其机理尚不完全清楚。按 J. E. Daolder 的解释，能较好地利用图 25-33 说明这一现象。

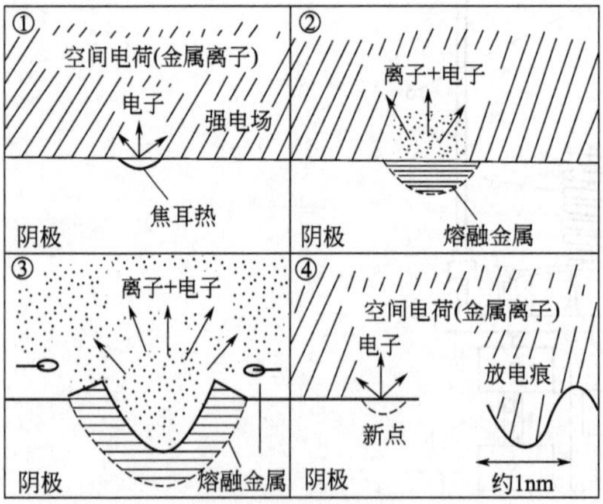

图 25-33 真空弧光放电的阴极弧光辉点

① 被吸到阴极表面的金属离子形成空间电荷层。由此产生强电场使阴极表面上功函数小的点（晶界或微裂纹）开始发射电子。

② 个别发射电子密度高的点产生高密度的电流，该电流产生的焦耳热使该点温度上升而进一步发射热电子。这种反馈作用使电流局部集中。

③ 由于电流局部集中产生的焦耳热使阴极材料在此局部产生爆发性的等离子化而发射电子和离子，然后留下放电痕。同时放出熔融的阴极材料粒子。

④ 发射的离子中的一部分被吸回阴极表面再次形成空间电荷层，产生强电场，又使新的功函数小的点开始发射电子。

这个过程反复进行，弧光辉点在阴极表面上激烈地、无规则地运动。弧光辉点过后，

在阴极表面上留下分散的放电痕。研究结果表明，阴极辉点的数量一般与电流成正比增加，因此可以认为每一个辉点的电流是常数，并随阴极材料的不同而异，见表25-16。

上述阴极辉点极小，有关资料测定为1～100μm。所以辉点内的电流密度值可达10^5～10^7A/cm^2。这些辉点犹如很小的发射点，每个点的延续时间很短，约为几至几十微秒。在此瞬间过后，电流又分布到阴极表面的其他辉点上，建立起足够的发射条件，致使辉点附近的阴极材料大量蒸发，从而达到成膜的目的。

表 25-16　不同阴极材料阴极辉点的平均电流

阴极材料	阴极辉点平均电流/A	阴极材料	阴极辉点平均电流/A
铋	3～5	铜	75
镉	8	银	60～100
锌	20	铁	60～100
铝	30	钼	150
铬	50	碳	200
钛	70	钨	300

(2) 电弧蒸发源和多弧离子镀

多弧离子镀技术的核心是电弧蒸发源，这种新型蒸发源是一种冷阴极电弧放电型自蒸发自离化式固体蒸发源，它与其他传统离子镀蒸发源相比具有以下显著特点：

① 沉积速率高，对TiN来说可达100～1000nm/s；

② 离化率高，一般可到60%～80%;.

③ 离子能量高；

④ 工作真空范围宽；

⑤ 固体蒸发源，靶面形状、尺寸、位置可变；

⑥ 膜层致密性高，强度与耐久性好。

这种蒸发源既可蒸镀金属材料、合金材料，也可以进行反离子镀。它可以镀制TiN、TiC等超硬膜，Al、Ag、Cu、Cr、Y等高温低温耐腐蚀膜，不锈钢、黄铜、镍铬等装饰保护膜，WC类金刚石等特硬膜，在机械、化工、冶金、轻工、电子、采矿地质、国防等领域具有广泛的用途。当前最突出的应用就是刀具氮化钛超硬涂层。

电弧蒸发源的工作机理是冷阴极自持弧光放电，其物理基础是场致发射。电弧蒸发源的典型结构示意图如图25-34所示。被镀材料接阴极，真空室接阳极，真空室抽至较高真空，当引发电极接触启动器时，阴极与阳极之间即形成稳定的电弧放电，阴极表面布满飞速游动的阴极斑，阴极斑的直径约为1～2μm，闪耀的光斑直径约为10μm，移动速度为几十米每秒，电流密度10^5～10^7A/cm^2，极间电压降至20～40V。阴极热斑的正前方是高密度的金属等离子体，其中电子向阳极快速运动，离子"相对静止"在镀膜空间，阴极斑点前面正离子的堆积形成正空间电荷，在阴极近表面形成高强电场10^5～10^6V/cm，克服阴极中的势垒，产生强大的电子发射，以维持放电。而部分离子对阴极的轰击，使阴极斑点局部继续迅速高温蒸发，并在空间迅速离化，使这种阴极斑变成微点蒸发源。这些微点蒸发源在磁场和屏蔽绝缘的作用下束缚在阴极靶正面的范围内，无规则地移动，从而形成大面积均匀的蒸发源。弧斑的大小由电流调节控制，弧斑的运动则由磁场、屏蔽、阴极材质、表面形状等确定。

以若干个电弧蒸发源为核心的离子镀设备，称为多弧离子镀，或称电弧镀，或弧镀。其原理如图 25-35 所示。

它具有以下优点：

① 膜层性能优良　全离化金属等离子体对工件轰击加热，轰击、清洗、沉积镀膜，一弧三用，膜层结合牢固，结构致密。

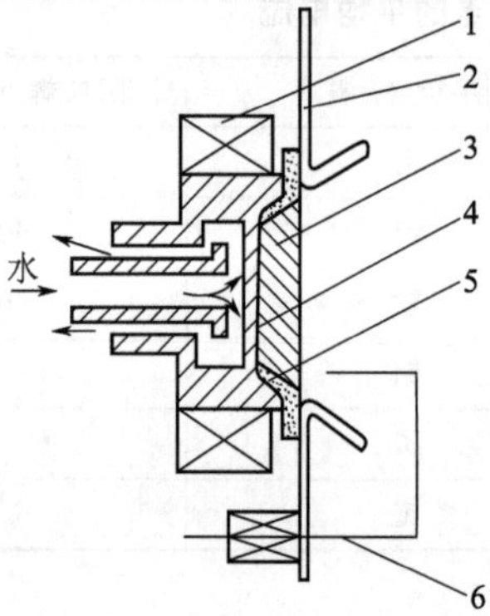

图 25-34　电弧蒸发源结构示意图

1—磁场线圈；2—阳极；3—阴极靶；4—水冷阴极座；5—屏蔽；6—接触启动器

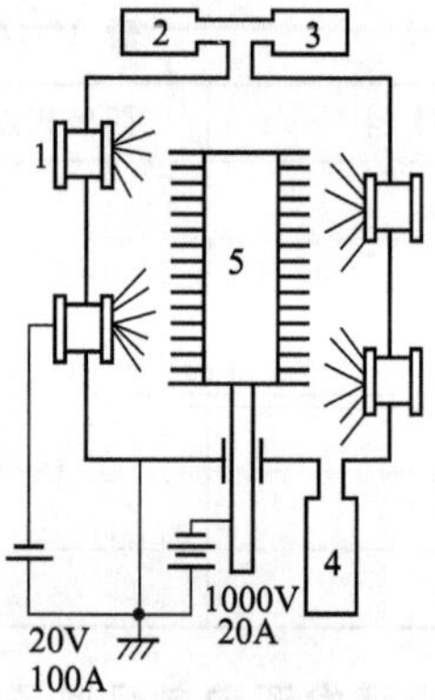

图 25-35　多弧离子镀示意图

1—电弧蒸发源；2—惰性气体；3—反应气体；4—真空系统；5—钻头工作架

② 离子镀膜工艺范围宽　可以在较低温度（200℃）或较高真空下进行离子镀和反应镀。

③ 镀膜空间大　固体蒸发源安置灵活，工件装卡更换简单，不另加加热器。

④ 设备简单、工作周期短、生产效率高　适合工业化大批量生产。

25.5.5　磁控溅射离子镀

磁控溅射离子镀的工作原理如图 25-36 所示。真空室抽至本底真空 5×10^{-3}Pa 后，通入氩气维持在 $1.33\times(10^{-2}\sim10^{-1})$ Pa。在辅助阳极和阴极磁控靶之间加 400～1000V 的直流电压，产生低气压体辉光放电。氩气离子在电场作用下轰击磁控靶溅射出靶材原子。部分靶材高能原子飞越放电空间而靶材离子在基片负偏压（0～3000V）的加速作用下与靶材高能原子一起在工件上沉积成膜。

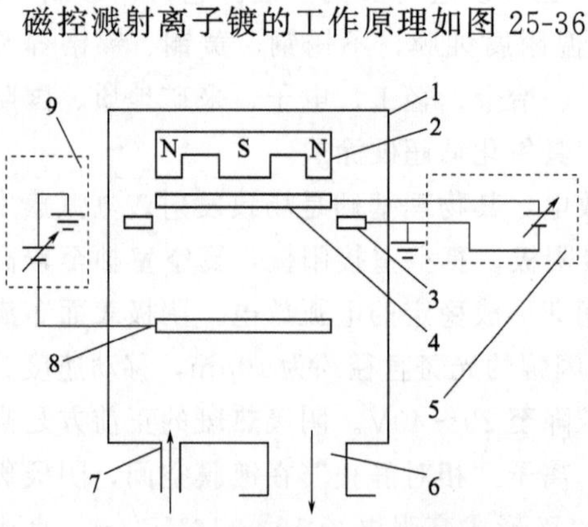

图 25-36　磁控溅射离子镀装置

1—真空室；2—永久磁铁；3—磁控阳极；4—磁控靶材；5—磁控电源；6—真空系统；7—Ar 气离化系统；8—基体；9—离子镀供电系统

磁控溅射离子镀（MSIP）是把磁控溅射和离子镀结合起来的技术。在同一个装置内，既实现了氩离子对磁控靶（镀料）的稳定溅射，又实现了高能靶材（镀料）离子在基板负偏压作用下到达基片进行轰击、溅射、注入及沉积过程。

磁控溅射离子镀可以在膜/基界面上形成明显的混合界面，提高了附着强度。可以使膜材和基材形成金属键化合物和固溶体，实现材料表面合金化；甚至出现新的结构。磁控溅射离子镀可能消除膜层柱状晶，生成均匀的颗粒状晶结构。

这种方法与真空蒸发镀膜采用电阻或电子束蒸发源相比较，具有如下特点。

① 蒸发空间大　若采用圆柱形磁控溅射，则蒸发空间是圆柱体；而坩埚蒸发源其蒸发空间则是圆锥体。这样工作尺寸受限制，镀膜厚度不易均匀。

② 磁控溅射靶寿命很长，不需经常更换；而电阻式蒸发源寿命短，要经常更换，影响生产率。

③ 磁控溅射靶的形状可以是圆柱形或平板形，其尺寸不受限制，非常适合大尺寸基片进行大批量生产的需求，而且易于实现连续自动化生产。

25.5.6　冷电弧阴极离子镀

冷电弧阴极离子镀装置是利用场致发射为主的冷弧阴极放电原理而制成的一种离子镀装置，如图 25-37 所示。它是将水冷的空腔冷电弧阴极枪放置在真空室顶部，坩埚置于底部，基板放置在四周。水冷电弧阴极腔体由导热性能好的无氧铜制作。腔体的直径为 45mm、高 55mm，发射面积 $77cm^2$。一般应满足腔体高大于或等于半径，才能使等离子体进入空腔，引起空腔效应的激发。自加热衬套用耐高温材料钼管制造。自加热衬套和水冷空腔阴极之间用氮化硼绝缘。氩气首先通入水冷空腔阴极中，使腔内气压升高，与镀膜室约为 0.5Pa 的气压形成压差。这种结构既可以保证水冷空腔内维持电弧放电所需的气压，也可以保证沉积氮化钛所需的较低气压。水冷空腔阴极的位置是任意安放的，可以设置在真空室顶部，也可以设置在侧面，水平位置安装。靠电场作用电弧也可聚集在坩埚中心。

冷阴极所采用的电源与空心阴极相同。首先需用引弧电源使空腔内产生辉光放电。然后，转成弧光放电。低气压冷电弧阴极是以场致发射为主的冷阴极。冷阴极启动快，电流密度很高，约为 $10^5 \sim 10^7 A/cm^2$。以场致电子发射为主要机制的电弧放电，电弧由高速徘徊的、不稳定的、沿阴极表面高速运动的许多小弧斑组成。因而阴极表面绝大部分处于水冷状态，可以允许每个小弧斑内瞬时能量和质量密度很高。同时，产生金属蒸气。在空腔内由于气体压力很高，自由程很短，电子与阴极物质的蒸气分子发生碰撞电离的概率很大，形成高密度、高电离度的等离子体。由于自由程短，形成的双电层更窄，电场强度更大，更易产生场致发射。总之，冷电弧场致发射的全部过程是借助于弧斑的自调制作用进行的。弧光放电电压 50V 左右，弧光电流 100～200A。它对冷阴极的工作起重要作用，主要有如下几点。

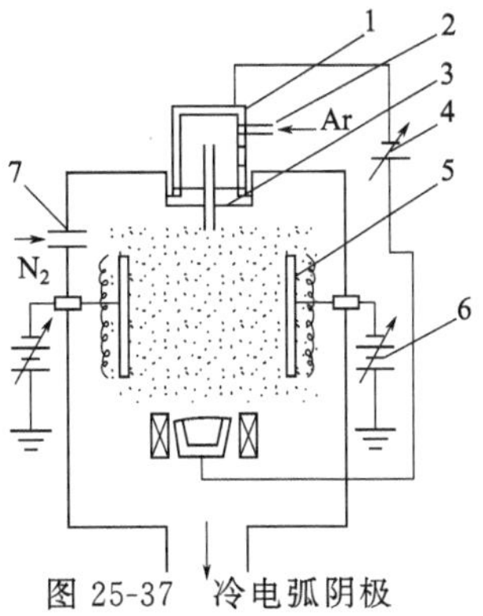

图 25-37　冷电弧阴极离子镀膜机装置

1—水冷空腔阴极；2—氩气进气系统；3—自加热衬套；4—引弧电源和主弧电源；5—基板；6—基板负偏压电源；7—反应气进气系统

① 维持空腔阴极和离子镀膜室的差压，使阴极内腔能在较高的气压（大于 10^{-1}Pa）条件下稳定维持弧光放电；使腔外能保持最佳的镀膜气压（0.5Pa 左右）。衬套的直径和

长度是气体流量和两端所需压力差的函数。

② 加强阴极内腔的空心阴极放电效应，有利于电弧稳定运行。

③ 限制弧斑徘徊范围，使阴极斑不致跑出腔外。

④ 加强阴极的自恢复作用，提高阴极寿命　衬套被管内电弧柱所释放的焦耳热所加热，并主要以热辐射方式把热量辐射给阴极壁。根据热平衡计算，可以把衬套的温度控制在阴极材料的熔点以上。由阴极斑蒸发或溅射出的阴极材料原子，在遇到被加热了的衬套时，就不会在其上沉积，而被衬套再蒸发反射回阴极腔，并沉积到阴极斑之外的冷阴极表面上去。这样既防止了蒸气跑出阴极腔，减少对正柱区的污染，又增加了阴极的自恢复能力，提高了使用寿命。衬套外径是工作电流的函数。

⑤ 对放电正柱区产生压缩和约束作用　冷电弧阴极在放电过程中产生的电子束，通过自加热衬套向坩埚加速，也形成高密度的低能电子束。与热空心阴极发射的等离子电子束相同，也是离子镀膜所需的蒸发源和离化源。但它不消耗昂贵的钽管。只要合理设计阴极空腔和自加热衬套及有效的绝缘件结构，这是一个有发展前途的离子镀源。

25.5.7 热阴极强流电弧离子镀

热阴极强流电弧离子镀装置是一种一源多用的、颇具特点的离子镀装置，其结构如图25-38所示。

镀膜装置由低压电弧放电室和镀膜室两部分所组成。热灯丝电源安装在离子镀室的顶部。热阴极用钽丝制成，通电加热至发射热电子，是外热式热电子发射极。当低压电弧放电室通入氩气时，热电子与氩气分子碰撞，发生弧光放电，在放电室内产生高密度的等离子体。在放电室的下部设有一气阻孔与离子镀膜室相通，放电室与镀膜室形成气压差，在热阴极与镀膜室下部的辅助阳极（或坩埚）之间施加电压，热阴极接负极，辅助阳极（或坩埚）接正极。这时，放电室内的等离子体中的电子被阳极吸引，从枪室下部的气阻孔引出，射向阳极（坩埚）。在沉积室空间形成稳定的、高密度的低能电子束。它起着蒸发源和离化源的作用。

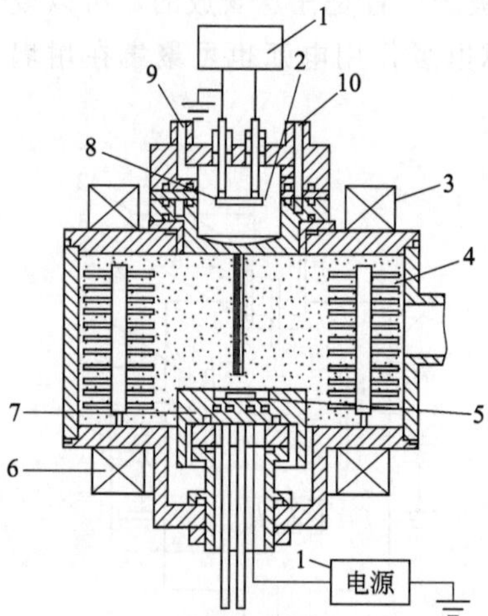

图 25-38　热阴极强流电弧离子镀装置
1—热灯丝电源；2—离化室；
3—上聚焦线圈；4—基体；5—蒸发源；
6—下聚焦线圈；7—阳极（坩埚）；
8—灯丝；9—氩气进气口；10—冷却水

沉积室外上下设置一个聚焦线圈，磁场强度约为0.2T。上聚焦线圈的作用是使束孔处电子聚束；下聚焦线圈的作用是对电子束聚集以增强电子束功率密度，从而达到提高蒸发速率的目的。轴向磁场还有利于电子沿沉积室做圆周运动，从而提高带电粒子与金属蒸气粒子、反应气体分子间的碰撞概率。

这种技术的特点是一弧多用。热灯丝等离子枪既是蒸发源，又是基体的加热源、轰击净化源和膜材粒子的离化源。在镀膜时，首先将沉积室抽真空至 1×10^{-3} Pa，然后向等离子枪内充入氩气。此时基体接电源正极，电压为50V。接通热灯丝，电子发射使氩气离化成等离子体，产生等离子体电子束；受基体吸引加速并轰击基体，使基体加热至350℃；再将基体电源切断，

表 25-17　离子镀应用领域

应用领域	耐蚀	耐热	电子工业									
镀层材料	Al、Zn、Cd	Al、W、Ti、Ta	Ni-Cr	W、Pt	Cu	Au、Al、Cu、Ni	Be	Pt	Au、Ag	Fe、Co、Ni、Co-Cr	Nb 氧化物、Ag	SiO_2、Al_2O_3
镀层/工件	Zn、Al/高纯钢（Al/低碳钢螺栓）	Al/钢、不锈钢	Ni-Cr/耐火陶瓷绕线管	W/铜合金	Cu/陶瓷、树脂	Au、Al、Ni/Si 薄膜	Be/自动定位箔	Pt/Si 薄膜	Au、Ag/铁镍合金	Fe、Co、Ni/塑料带	氧化物、Ag/石英	SiO_2、Al_2O_3/金属
应用实例	飞机、船舶（一般结构用材料）	排气管、耐火金属材料	电阻	触点材料	印制线路板、薄膜集成 IC 电路基板	电极副、导电膜	音响用振动板	集成电路	导线架	磁带	耐火陶瓷与金属的焊接	电容、二极管

应用领域	表面硬化											塑料
镀层材料	Cr、Cr-N Cr-C	氮化物				TiN、TaN			碳化物	TiC		Ni、Cu、Cr
镀层/工件	Cr/型钢、低碳钢	氮化物/不锈钢	氮化物/轴承钢	氮化物/型钢	氮化物/铸铁	TiN/不锈钢	TiN 硬质合金	TiN/高速钢	渗碳/钢铁	TiC/硬质合金	TiC/高速钢	ABS 树脂
应用实例	模具、机器零件	模具、机器零件汽车零件	机器零件	机器零件	机器零件	手表壳等	刀具	刀具、模具	机器零件	刀具	刀具、膜具	汽车零件、电工零件

应用领域	装　饰				光　学		核　能		
镀层材料	Au、Ag	玻璃	Al	氮化物	BiO_2、TiO_2	玻璃	Al	Au	Mo、Nb
镀层/工件	Au/不锈钢（Au/黄铜）	玻璃/塑料	Al/塑料	氮化物/不锈钢	氧化物/玻璃	玻璃/透明塑料	Al/轴	Au/铜壳体	Mo、Nb/ZrAl 合金
应用实例	手表、装饰品	塑料镜片上镀玻璃	着色涂层	手表/装饰品	镜片耐磨涂层	眼镜用镜片	核反应堆	加速器	核聚变实验装置

加到辅助阳极上；基体接－200V偏压，放电在辅助阳极和阴极之间进行，基体吸引Ar^+，被Ar^+溅射净化；然后再将辅助阳极电源切断，加到坩埚上。此时，电子束被聚焦磁场汇聚到坩埚上，轰击加热镀料使之蒸发。若通入反应气体，则与镀料蒸气粒子一起被高密度的电子束碰撞电离或激发。此时，基体仍加100～200V负偏压，故金属离子或反应气体离子被吸引到基体上，使基体继续升温，并沉积膜材和反应气体反应的化合物镀层。

此离子镀的特点是在放电室真空（约1Pa左右）起弧，对镀膜室污染小。由于高浓度电子束的轰击清洗和电子碰撞离化效应好，故TiN的镀层质量非常好。我国在20世纪80年代曾对用空心阴极离子镀、电弧离子镀、热阴极强流电弧离子镀镀制的麻花钻镀层做过评比。结果表明：用热阴极强流电弧离子镀镀制的麻花钻头使用寿命最长。该技术用于工具镀层质量最具有优势，采用多坩埚可镀合金膜和多层膜，但它的缺点是可镀区域相对较小，均匀可镀区更小。现有的标准设备只有350mm高的均镀区，用于装饰镀生产不太适宜。但是，国外将这类设备改进后已用于高档表件沉积TiN的离子工艺之中。但这种设备的缺点是设备比较复杂、操作过于繁琐，而且沉积速率也较低。

25.5.8 离子镀应用概况

基于离子镀沉积速度快，镀材广泛，绕射性好，镀层质密，附着性好等特点，其应用日趋广泛，将来有可能代替湿式电镀。离子镀应用领域见表25-17。

25.6 化学气相沉积（CVD）制作薄膜

化学气相沉积是以化学反应方式制作薄膜。其原理是将含有制膜材料的反应气体通到基片上，在基片上发生化学反应形成薄膜，对CVD薄膜生成过程，可以定性地归结为：反应气体通到基片上后，反应气体分子被基片表面吸附，并在基片表面上产生化学反应，形成核，然后反应生成物沿基片表面不断扩散形成薄膜。CVD沉积薄膜速率较PVD高，PVD通常在25～250μm/h范围，而CVD速率为25～1500μm/h。其制膜材料包括除碱及碱土类以外的金属（Ag、Au），碳化物、氧化物、氮化物、硫化物、硒化物、碲化物以及金属化合物及合金。CVD可用于制作表面保护膜、装饰膜、精制材料以及半导体和电子材料等。

25.6.1 化学气相沉积（CVD）装置构成

化学气相沉积装置主要包含四部分，即反应室、加热系统、供反应气体系统、反应后气体处理系统。

反应室设计时首要问题是保证薄膜的均匀性。因化学反应在基片上发生，因而还需注意：

① 应为反应提供充足的气体；

② 抑制气相中发生反应；

③ 使反应后生成的气体迅速离开。

从结构上来讲，反应室有水平型、垂直型、水平与垂直结合的圆筒型。不同结构的反应室见表25-18。

表 25-18　CVD 装置反应室

型　　式	加 热 方 式	温度范围/℃	结构原理示意图
水平型	热板式 感应加热 红外加热	≈500 ≈1200	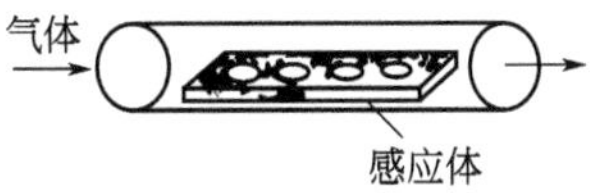
垂直型	热板式 感应加热	≈500 ≈1200	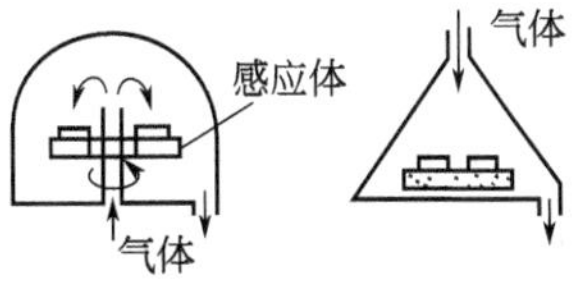

CVD 装置的加热系统为基片上进行化学反应提供必要的热量。因而，只需加热基片，环境不需要加热。通常为避免气相中产生反应物质，基片温度应高于环境气体温度。基片加热方式有电阻式加热、高频感应加热、红外及激光束加热等。各种加热方式及应用见表 25-19。不同薄膜成膜温区见表 25-20。

表 25-19　CVD 装置加热方式及应用

加热方式	原 理 示 意 图	应　用
电阻加热	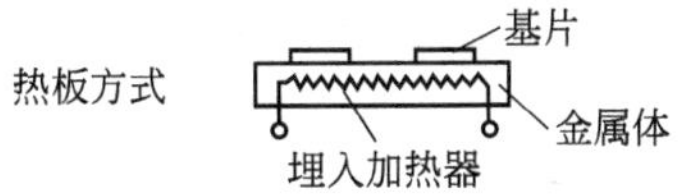	500℃以下的各种绝缘膜，等离子体 CVD
	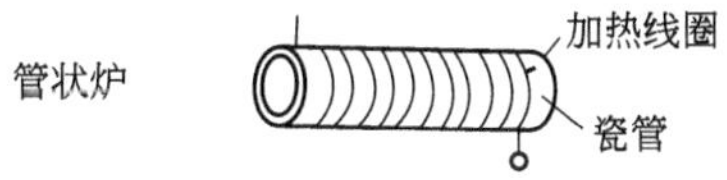	各种绝缘膜，多晶硅膜（低压 CVD）
高频感应加热	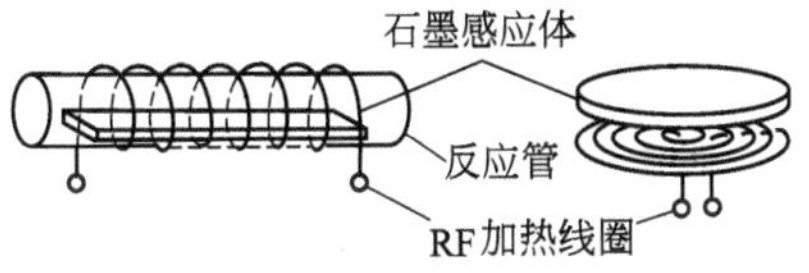	硅外延生长及其他
红外加热（灯泡加热）	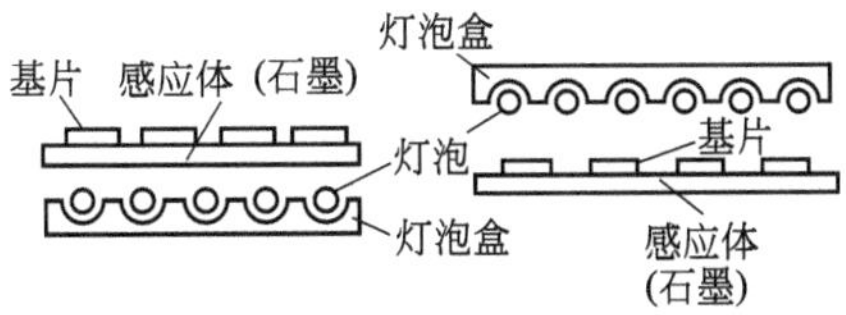	硅外延生长及其他
激光束加热		CVD 金属膜（选择性 CVD）

表 25-20　成膜温区

生长温度范围		反应系	薄膜	应用举例
低温生长	常温～200℃	紫外线激发 CVD，臭氧氧化法	SiO_2，Si_3O_4	钝化（Al 上，Al 间）
	200～400℃	等离子体激发 CVD	SiO_2，Si_3O_4	
	400～500℃	SiH_4—O_2 系 SiO_2	SiO_2，PSG	

续表

生长温度范围		反应系	薄膜	应用举例
中温生长	500～800℃	$SiN_4—NH_3$，$SiH_4—CO_2—H_2$，$SiCl_4—CO_2—H_2$，$SiH_2Cl_2—NH_3$，SiH_4	Si_3N_4，SiO_2，Si_3N_4，多晶硅	钝化电极材料（忽视杂质再分布的温度）
高温生长	800～1200℃	$SiH_4—H_2$，$SiCl_4—H_2$，$SiH_2Cl_2—H_2$	Si	外延生长

CVD装置供反应气体由原料气体、氧化剂气体、还原剂气体以及将反应气体输送至反应室中的载带气体组成。原料气体可由气相、液相及固相三种形态提供。气体可直接送入反应室中。气体流量控制可使用质量流量计或针阀来实现。

CVD反应后的余气大多数都是腐蚀性、有毒性气体。一般需通过冷阱来冷凝或经洗涤器水洗和中和后排走。

25.6.2 CVD的反应方式及制作薄膜所用材料

(1) CVD的反应方式

CVD方法采用不同的反应方式可以制备出单质、化合物、氧化物和氮化物等各类薄膜。早期精制金属时，采用氢还原及化学输送反应。现在广泛使用的反应方式有加热分解、氧化、等离子体激发、光激发等。各种反应方式及生成物见表25-21。

表25-21 CVD反应方式及生成物

反应类型	材料	反应举例	CVD生成物
热分解	金属氢化物 金属碳酰化合物 有机金属化合物 金属卤化物	$SiH_4 \xrightarrow{\triangle} Si+2H_2$ $W(CO)_6 \xrightarrow{\triangle} W+6CO$ $2Al(OR)_3 \xrightarrow{\triangle} Al_2O_3+R'$ $SiI_4 \xrightarrow{\triangle} Si+2I_2$	Si W Al_2O_3 Si
氢还原	金属卤化物	$SiCl_4+2H_2 \xrightarrow{\triangle} Si+4HCl$ $SiHCl_3+H_2 \xrightarrow{\triangle} Si+3HCl$ $MoCl_5+5/2H_2 \xrightarrow{\triangle} Mo+5HCl$	Si Si Mo
金属还原	金属卤化物，单质金属	$BeCl_2+Zn \xrightarrow{\triangle} Be+ZnCl_2$ $SiCl_4+2Zn \xrightarrow{\triangle} Si+2ZnCl_2$	Be Si
基片材料还原	金属卤化物，硅基片	$WF_6+3/2Si \longrightarrow W+3/2SiF_4$	W
化学输送反应	硅化物等	$2SiI_2 \rightleftharpoons Si+SiI_4$	Si
氧化	金属氢化物 金属卤化物 金属氧氯化合物 有机金属化合物	$SiH_4+O_2 \xrightarrow{\triangle} SiO_2+2H_2$ $(PH_3+5/4O_2 \longrightarrow 1/2P_2O_5+3/2H_2)$ $SiCl_4+O_2 \xrightarrow{\triangle} SiO_2+2Cl_2$ $POCl_3+3/4O_2 \longrightarrow 1/2P_2O_5+3/2Cl_2$ $AlR_3+3/4O_2 \longrightarrow 1/2Al_2O_3+R'$	SiO_2 (P_2O_5) SiO_2 P_2O_5 Al_2O_3
加水分解	金属卤化物	$SiCl_4+2H_2O \longrightarrow SiO_2+4HCl$ $2AlCl_3+3H_2O \longrightarrow Al_2O_3+6HCl$	SiO_2 Al_2O_3

续表

反应类型	材料	反应举例	CVD 生成物
与氨反应	金属卤化物 金属氢化物	$SiH_2Cl_2+4/3NH_3 \longrightarrow 1/3Si_3N_4+2HCl+2H_2$ $SiH_4+4/3NH_3 \longrightarrow 1/3Si_3N_4+4H_2$	Si_3N_4 Si_3N_4
等离子体激发反应	硅氢化合物	$SiH_4+4/3N \longrightarrow 1/3Si_3N_4+2H_2$ $SiH_4+2O \longrightarrow SiO_2+2H_2$	Si_3N_4 SiO_2
光激发反应	硅氢化合物	$SiH_4+2O^+ \xrightarrow{\text{紫外线}} SiO_2+2H_2$ $SiH_4+4/3NH_3 \longrightarrow 1/3Si_3N_4+4H_2$	SiO_2 Si_3N_4
激光激发反应	有机金属化合物	$W(CO)_6$, $Cr(CO)_6$, $Fe(CO)_5 \longrightarrow W, Cr, Fe, CO$	Fe, Cr, W

(2) 半导体生产中采用的 CVD 原料

CVD 原料一般应选择常温下是气态的物质或具有较高蒸气压的液体或固体，原料有氢化物、卤化物、有机金属化合物等。表 25-22 给出了制备 CVD 薄膜原料及其反应生成物。

表 25-22 CVD 薄膜制作用材料

材料	化合物	CVD 薄膜	材料	化合物	CVD 薄膜
氢化物	SiH_4 PH_3 B_2H_6	Si P B	卤化物	$\left.\begin{matrix}SiCl_4\\SiH_2Cl_2\\SiHCl_3\end{matrix}\right\}-H_2$	Si
	$\left.\begin{matrix}SiH_4\\PH_3\\B_2H_6\end{matrix}\right\}-\left\{\begin{matrix}O_2\\CO_2\\NO, NO_2, N_2O\\H_2O\end{matrix}\right.$	SiO_2 掺杂氧化物		$GeCl_4-H_2$	Ge
	SiH_4-NH_3, N_2H_4	Si_3N_4		$\left.\begin{matrix}SiCl_4\\SiH_2Cl_2\end{matrix}\right\}-NH_3-H_2$	Si_3N_4
	GeH_4	Ge		$\left.\begin{matrix}SiCl_4\\SiH_2Cl_2\end{matrix}\right\}-\left\{\begin{matrix}H_2O\\CO_2-H_2\end{matrix}\right.$	SiO_2
有机金属化合物	$Fe(CO)_5$ $Cr(CO)_6$ $Mo(CO)_6$ $W(CO)_6$	Fe Cr Mo W		$\left.\begin{matrix}TiCl_4\\AlCl_3\end{matrix}\right\}-\left\{\begin{matrix}H_2O\\CO_2-H_2\end{matrix}\right.$	TiO_2 Al_2O_3
	$Pt(CO)_2Cl_2$ $Fe(CO)_5-O_2$	Pt Fe_2O_3		$\left.\begin{matrix}WCl_6(WF_6)\\MoCl_5(MoF_6)\end{matrix}\right\}-H_2$	W, Mo
	$Si(OC_2H_5)_4$ $Al(OC_2H_5)_3$ $Al(C_2H_5)_3$ $PO(OCH_3)_3$ $Al(C_2H_5)_3-O_2, H_2O$ 各种乙酰丙酮化物	SiO_2 Al_2O_3 Al P_2O_5 Al_2O_3 各种金属			

25.6.3 CVD 装置典型实例

(1) 低温 CVD 装置

图 25-39 给出了低温 CVD 装置简图。在 500℃以下制作绝缘薄膜，用于集成电路中铝布线表面防护膜、线间绝缘膜。

(2) 中等温度 CVD 装置

此种装置成膜温度为 600～800℃，可以制作集成电路中的金属膜、多晶硅膜以及各种绝缘膜。此种装置原理如图 25-40 所示。

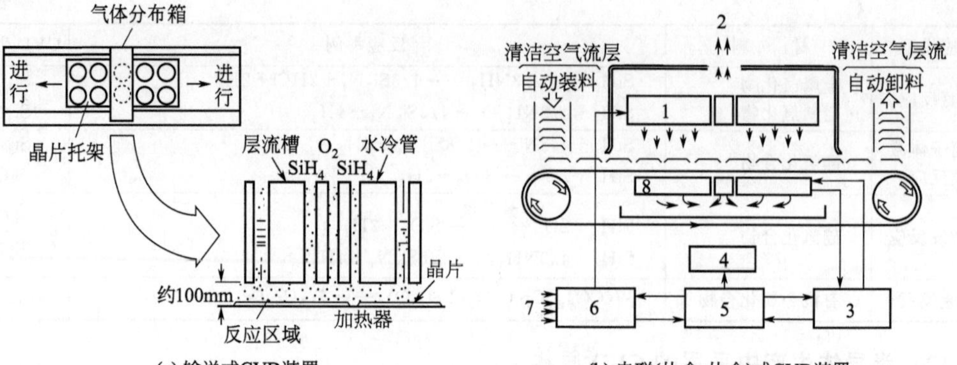

(a) 输送式CVD装置　(b) 串联(片盒-片盒)式CVD装置

图 25-39　低温 CVD 装置

1—气体分布箱；2—排气；3—温度控制；4—读数装置；5—控制组件；6—气体流动组件；7—清洗和反应气体；8—四段加热器

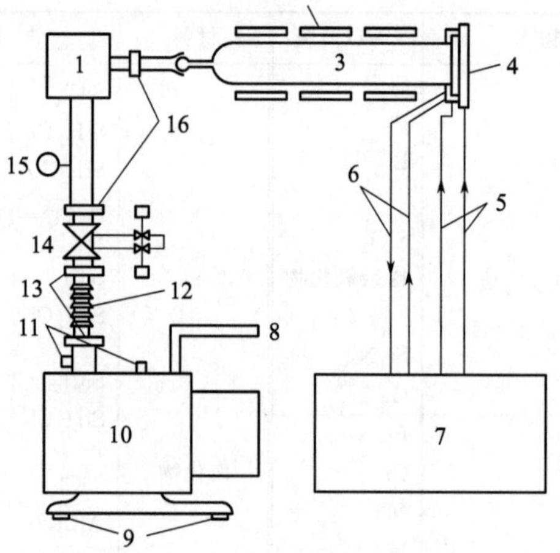

图 25-40　中等温度 CVD 装置

1—冷阱；2—普通扩散炉；3—反应室；4—装料门组件；5—反应气体管；6—装料门气动联锁装置；7—气体控制系统；8—排气口；9—防振台；10—主真空泵；11—N_2 清洗装置；12—波纹管；13,16—接头；14—真空阀；15—压力计

(3) 制备硅单晶膜 CVD 装置

图 25-41 给出了外延生长硅单晶膜 CVD 装置简图。此装置在高温下，在硅基片上外延生长硅单晶膜。可制作出均匀膜层，膜层厚度 1～2μm。

(4) 制备硅膜 CVD 装置

此装置简图如图 25-42 所示。装置采用射频感应加热，反应在基片与感应体附近发生，管壁沉积很少，硅膜生长速率为 1～3μm/min。

(5) CVD 法制作碳化硅膜 (SiC)

此装置如图 25-43 所示。采用高频加热，温度可达 1300～1800℃，膜生长速率为 0.2～1.0μm/min。

(6) 减压 CVD 法制作绝缘膜

减压 CVD 法可制备 SiO_2 膜、PSG（硅酸磷玻璃）膜、BSG（硅酸硼玻璃）膜、

AsSG（硅酸砷玻璃）膜、Si_3H_4 膜及 Al_2O_3 等绝缘膜。主要用于半导体器件制造上。表 25-23 给出了绝缘膜种类、制作方法及用途。图 25-44 为热壁反应室结构简图，减压装置的工作压力为 10～1000Pa。

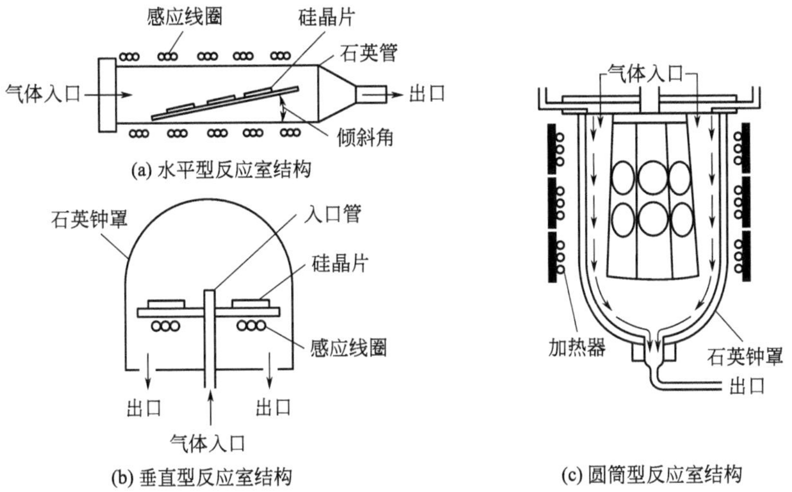

(a) 水平型反应室结构

(b) 垂直型反应室结构

(c) 圆筒型反应室结构

图 25-41　制备硅单晶膜 CVD 装置

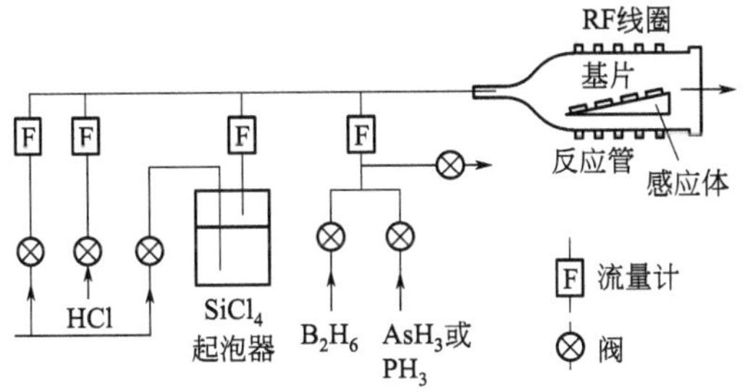

图 25-42　制备硅膜 CVD 装置

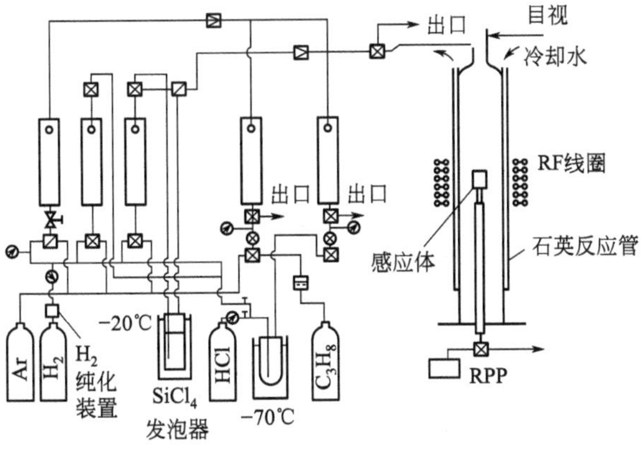

图 25-43　碳化硅膜 CVD 装置

表 25-23 绝缘膜种类、制作方法及用途

绝缘膜种类	生长法	生长温度/℃	应用
SiO_2 膜	$SiH_4+4N_2O \longrightarrow SiO_2+2H_2O+4N_2$ $Si(OC_2H_5)_4 \longrightarrow SiO_2+4C_2H_4+2H_2O$ $SiH_4+5CO_2+H_2 \longrightarrow SiO_2+5CO+3H_2O$ $SiH_2Cl_2+2N_2O \longrightarrow SiO_2+2HCl+2N_2$	600～750 750～800 800～950 750～850	表面稳定膜 扩散掩膜
	$SiH_4+2O_2 \longrightarrow SiO_2+2H_2O$	400～500	保护膜
PSG 膜 BSG 膜 AsSG 膜	$SiH_4+PH_3+O_2 \longrightarrow SiO_2+P_2O_5+H_2O$ $SiH_4+B_2H_6+O_2 \longrightarrow SiO_2+B_2O_3+H_2O$ $SiH_4+AsH_3+O_2 \longrightarrow SiO_2+As_2O_5+H_2O$	350～450 350～450 350～450	层间绝缘膜 扩散掩膜 扩散泵(P,B,As)
Si_3N_4 膜	$3SiH_4+4NH_3 \longrightarrow Si_3N_4+12H_2$ $3SiCl_4+4NH_3 \longrightarrow Si_3N_4+12HCl$ $3SiH_2Cl_2+10NH_3 \longrightarrow Si_3N_4+6NH_4Cl+6H_2$	700～950 700～950 700～950	氧化扩散掩膜 表面保护膜 MNOS 存储器用
Al_2O_3 膜	$2AlCl_3+3CO_2+3H_2 \longrightarrow Al_2O_3+3CO+6HCl$ $2Al(CH_3)_3+12O_2 \longrightarrow Al_2O_3+6CO_2+9H_2O$ $Al(i\text{-}OC_3H_7)_3 \longrightarrow Al_2O_3+xC_nH_m+yH_2O$	800～950 350～500 350～450	MAOS 存储器用 表面保护膜 绝缘膜

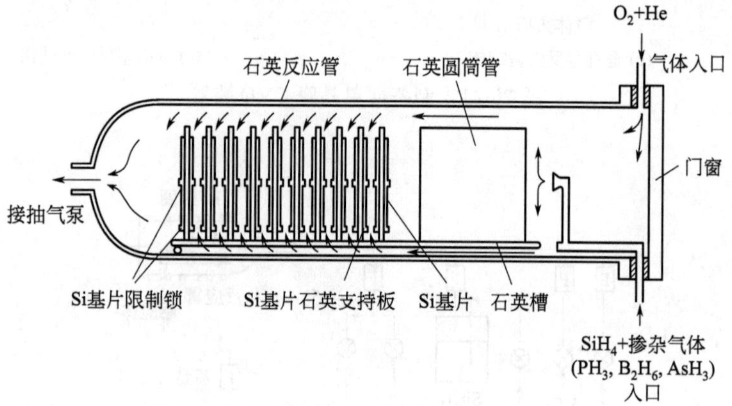

图 25-44 减压 CVD 热壁反应室结构

(7) CVD 方法制作金属薄膜

用 CVD 方法制作金属薄膜，几乎适用于所有的金属，但一般低熔点金属不必用 CVD 方法制膜，用蒸镀和离子镀方法可以得到优质薄膜。CVD 制金属膜，仅用于制作熔点高、硬度大的膜，如 Ta、Mo、W、Re 等金属膜。用 CVD 法还可以制作微细晶粒的纯致密金属，制造形状复杂的金属制品，如钨坩埚、管件、喷嘴等。CVD 法涂覆难熔金属的反应式及温度由表 25-24 给出。

表 25-24 CVD 涂覆难熔金属

涂覆金属	反　应	反应温度/℃
W	$WF_6+3H_2 \longrightarrow W+6HF$ $WCl_6+3H_2 \longrightarrow W+6HCl$	400～800 750～900
Mo	$MoF_6+3H_2 \longrightarrow Mo+6HF$ $MoCl_6+3H_2 \longrightarrow Mo+6HCl$	400～800 400～1300
Cr	$CrBr_3+3/2H_2 \longrightarrow Cr+3HBr$	900～1000
Ta	$TaF_2+H_2 \longrightarrow Ta+2HF$	600～1000

续表

涂覆金属	反　　应	反应温度/℃
V	$VCl_3+3/2H_2 \longrightarrow V+3HCl$	2100～2350
Re	$ReCl_6+3H_2 \longrightarrow Re+6HCl$ $ReO_3Cl+7/2H_2 \longrightarrow Re+HCl+3H_2O$	1100～1300 450
Ni	$Ni(CO)_4 \longrightarrow Ni+4CO$	100～250
Pt	$Pt(CO)_2Cl_2+H_2 \longrightarrow Pt+2HCl+2CO$	200～600
B	$BCl_3+3/2H_2 \longrightarrow B+3HCl$	1100
V-Nb 合金	—	2000～2300

25.6.4 等离子体增强化学气相沉积（PECVD）

等离子体化学气相沉积有两种：一是等离子体增强化学气相沉积（PECVD)；二是等离子体化学气相沉积（PCVD)。它们都是 20 世纪 70 年代发展起来的工艺，其特点是：

① 低温成膜，温度对基片影响小，避免了高温成膜的晶粒粗大及膜层与基片之间生成脆性相；

② 可制备厚膜，膜层成分均匀，针孔小、致密、内应力小，不易产生微裂纹；

③ 等离子体对基片有清洗作用，增加了膜层的附着力；

④ 在不同基片上制备各种金属膜、非晶态无机物膜、有机物聚合膜。

等离子增强化学气相沉积的基本原理是：将被镀件置于低气压辉光放电的阴极上，通入适当气体，在一定温度下，利用化学反应和离子轰击相结合的过程，在工件表面获得涂层。如果采用 $TiCl_4$、H_2、N_2 混合气体，在辉光放电条件下沉积氮化钛，其沉积过程反应是：

$$2TiCl_4+H_2 = 2TiCl_3+2HCl$$

$$2TiCl_3+H_2 = 2TiCl_2+2HCl$$

$$2TiCl_2+N_2+2H_2 = 2TiN+4HCl$$

而气相物质吸附于工件表面并互相间反应，最后形成固相薄膜沉积在工件表面上。

除以上的化学反应外，还有复杂的等离子体化学反应。

反应过程中的辉光放电，有两种作用：

① 放电中产生的离子清洗了工件表面；

② 使工件得到均匀加热。为沉积膜层提供一定的温度条件。这两种作用可提高膜层结合力，加快反应速率。

PCVD 等离子体在激发电力的输入方式上有外部感应耦合方式和内部感应耦合方式；从生产过程来讲，有批量式的、半连续式的和连续式的几种，下面分别加以介绍。

(1) 外部感应耦合方式

① 批量式 PCVD 装置　在石英管的外侧绕上高频线圈，接上供气系统并抽气，系统就组成了反应器。高频线圈从外部把高频电力输给反应器中的气体，产生等离子体。

这种装置的优点为：

a. 构造简单，可以小型化；

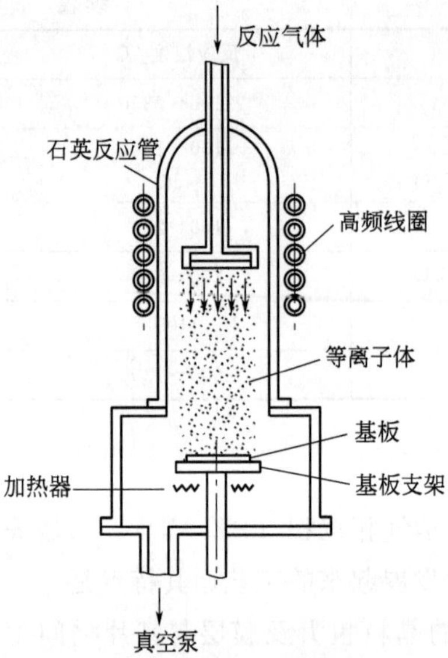

图 25-45　外部感应耦合批量式 PCVD 装置

b. 线圈位于石英管外，由线圈材料放出的气体不会造成膜层的沾污；

c. 功率集中，可得到高密度等离子体；

d. 稀薄气体也能获得高的沉积速度；

e. 对于较大的基片也能获得比较满意的膜厚均匀性。

当然这种小型设备主要用于实验研究。图 25-45 是制取 SiN_x 的 PCVD 装置的示意图。这种装置在相当高的压力（约 $1.3\times10^2\sim4\times10^2$Pa）下使用，使用低浓度（$<5\%$）的 SiN_4/N_2 混合气体，RF 功率 225W，13.56MHz，反应压力 4×10^4Pa，基体温度 300℃，沉积速度约为 65nm/min。

② 连续式 PCVD 装置　图 25-46 是由装料室、沉积室、卸料室等三个部分组成的连续性 PCVD 生产装置示意图。其中沉积室由五个反应器组成，等离子激发均采用外部感应耦合方法。通过对工艺过程的控制可以进行自动化生产。

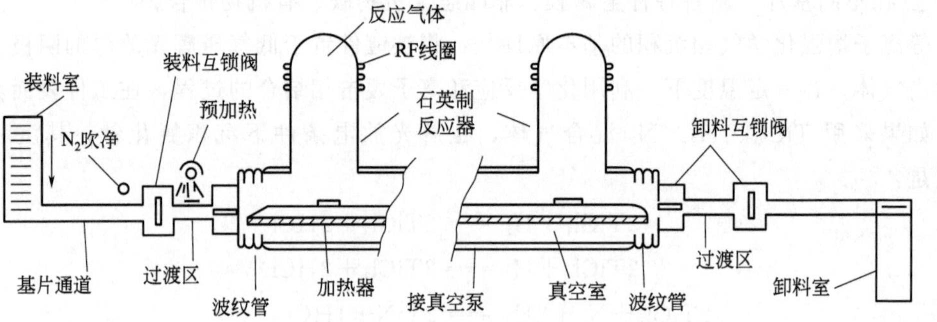

图 25-46　外部感应耦合连续式 PCVD 装置

基片从装料室送到沉积室，抽真空后进行预加热，加热后的基片依次送到按一定间隔排列的反应器中，每个反应器的反应气体均从顶部进入，废气在各自下方的排气口排出。采用 13.56MHz 的射频电源激发等离子。

在沉积室的下部。有一个被加热的传送带，用来把基片从一个反应器输送到另一个反应器，基片在每个反应器停留时进行气相沉积，通过五个反应器后达到所需要的膜厚。沉积好的基片由沉积室送入到卸料室，待基片的温度降到一定程度后把基片从卸料室取出。

此装置可以处理 ϕ50mm～80mm 的样品，使用的反应气体为 SiH_4/N_2。当使用 1.5% 的 SiH_4，反应压力为几百帕时，可以获得近于 100nm/min 的沉积速度。

这种装置的优点是，反应器中的功率集中，使用低浓度的 SiH_4 气体就能获得较高的沉积速度，而且安全性较好。

(2) 内部感应耦合方式

从生产能力和膜层质量的均匀性考虑，比较理想的是具有平行平板型电极的 PCVD 装置，其等离子体的激发采用内部感应耦合方式。图 25-47 示出了各种不同的结构。电极的形状多数为圆形，也有方形的，在连续式、半连续式装置中，方形电极更方便些。

反应器内部的基板电极和高频电极一般是对向平行布置的，如果反应气体从电极四周流向电极中心，则应使电极中心区的电场比电极四周的强一些，这样可以使不均匀分布的电场和不均匀分布的反应气体浓度互相补正，以增大膜厚的均匀区的范围。总之，要根据具体情况，合理布置反应气体的进口、废气出口，反应气体的流向、流动状态以及电场分布等。

① 批量式装置　如图 25-48 所示，反应器中平行相对布置电极（ϕ650mm），基板用反应器外面的加热器加热到 350℃，并由磁旋转机构旋转。高频电极与基板间距离约为 50mm，反应气体由基板中心流向四周（即径向流动方式），废气由基板下面的四个排气口排走。等离子体由 50kHz 的高频电源激发，维持放电的功率为 500W（约 0.15W/cm^2）。

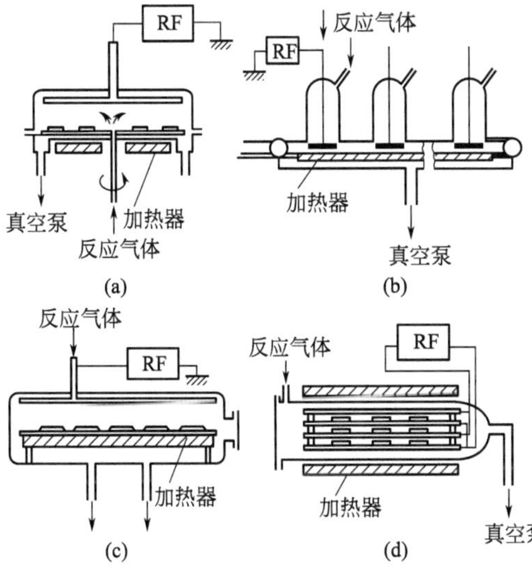

图 25-47　内部感应耦合方式的各种 PCVD 装

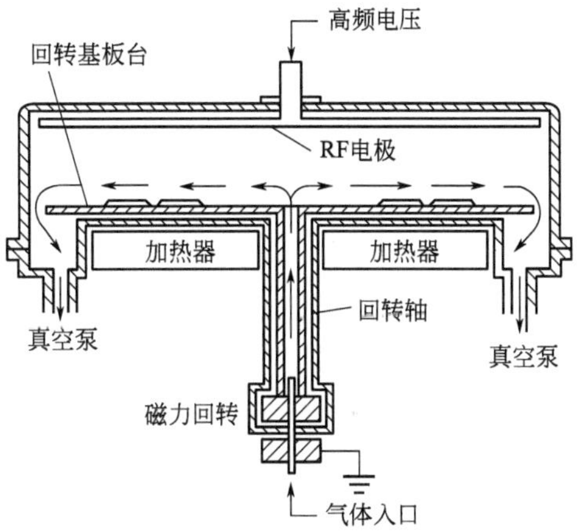

图 25-48　内部感应耦合批量式 PCVD 装置

反应气体采用 SiH_4/NH_3 系统。当沉积压力为 26Pa，功率为 500W，气体全流量为 9.75×10^7Pa·cm^3/min 时，沉积速率大约为 30nm/min。当装 28 块 ϕ75mm 的基片时，不同基片之间膜厚偏差±8%，而不同批量间为±10%。

在平行平板电极布置时，除了径向流动的供气方式外，还有喷淋式供气方式，其气体流动和浓度分布都比较复杂，只适用于小型简单工件的涂覆。

② 半连续式装置　像溅射镀膜、离子镀膜等利用等离子体的沉积技术一样，当 PCVD 装置内部暴露大气时，器壁上就会吸附水蒸气等杂质，在等离子体作用下，这些杂质会解吸而沾污等离子体，进而对膜层质量产生不利的影响。PCVD 装置更易受到污染，因此使反应器处于真空状态，具有重要意义。

事实已经证明，在 SiN_4 膜、非晶硅膜中，氢的含量多少对膜层的内应力、电学性能等均有很大的影响，所以，对于这种情况要格外注意。

PECVD 的典型应用见表 25-25。

表 25-25　PECVD 的一些典型应用

应用	膜成分	气体原料	优点
绝缘及纯化膜	SiO_2	SiH_4+N_2O $SiCl_4+O_2$ $Si(OC_2H_5)_4$	温度低，可以避免 CVD 普通法由水蒸气造成的多孔；也可以避免 Na 等杂质的渗入
	SiN_x	$SiH_4+(SiH_2Cl_2)+NH_3$	
	SiO_xN_y	$SiH_4+PH_3+O_2$ $SiH_4+NO+NH_3$ SiH_4+N_2O	
非晶硅太阳能电池电子感光照相静电复印	a-Si	$SiH_4(SiH_2Cl_2)+B_2H_6$ (PH_3)或采用混合气体： $SiH_4+SiF_4+Si_2H_6$	基板材料不必要求用单晶，只变换掺杂介质气体就能方便地制取 P-N 结；低温（200～400℃），能大面积制取薄膜，所以便宜
等离子聚合	有机化合物		不必要完全破坏有机单体，选择能生成原子团的条件就能聚合成有机化合物，能获得用一般方法得不到的非晶态聚合等
耐磨抗蚀膜	TiC TiN TiC_xN_{1-x}	$TiCl_4+CH_4$ $TiCl_4+N_2$ $TiCl_4+CH_4+N_2$	成膜温度低，膜层均匀光滑，膜层和基片附着性好，沉积速度高
其他应用薄膜	SiC	$SiH_4+C_2H_2$ SiH_4+CH_4(或CF_4)	成膜温度低；可控制膜成分和性能，膜层均匀光滑，表面质量好
	Si,Ge	SiH_4,GeH_4	
	Al_2O_3	$AlCl_3+O_2$	
	GeO_2 B_2O_3 TiO_2 SnO_2	烷基或烷氧基化合物	
	BN	$B_2H_6+NH_3$	
	P_3N_5	$P+N_2$	

25.6.5　低压化学气相沉积

25.6.5.1　低压化学气相沉积（LPCVD）的原理及特点

LPCVD 低压化学气相沉积（low pressure chemical vapor deposition）薄膜的原理与常压 CVD 基本相同。它是均衡考虑产量、薄厚分布等方面的因素，在常压 CVD 基础上加以改进的一种成膜技术。与常压 CVD 相比较，只是在工艺过程中反应温度较低，工作气体压力在 $10\sim10^3$Pa 范围。LPCVD 的特点是：①低压力下的反应环境有助于加速反应气体向基体的扩散，由于气体扩散系统反比于气体的质量输运，因此当压强减少到 10～50Pa 时，扩散系数会增加 10^3 倍，从而加快了气体的质量输送，增强了沉积过程的速率，提高了生产效率；②载体气体的用量少、反应室中基本上为反应源气体；③膜层质量好、薄厚均匀、晶粒结构致密，与 NPVCD 薄膜相比几乎不存在氧化物夹杂；④产量高、产品重复性好，适宜大规模工业性生产的需求。

25.6.5.2 LPCVD 装置的组成

LPCVD 装置如图 25-49 所示，主要由反应室、加热装置、气体供给及其测量与控制系统、真空系统等部分组成。

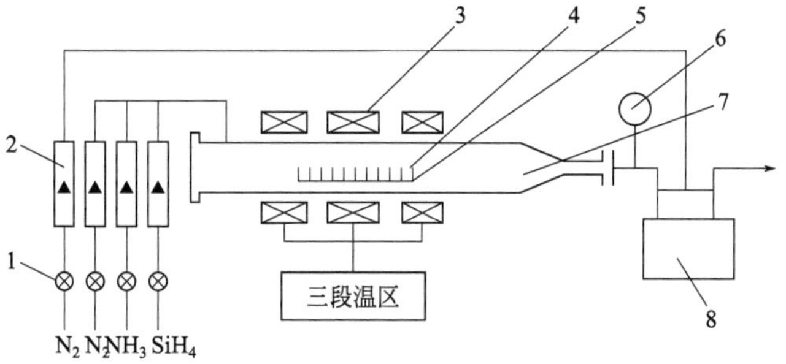

图 25-49 LPVCD 装置

1—微调针阀；2—流量计；3—可控加热炉；4—硅片；5—石英钟；6—真空计；7—反应室；8—真空泵

反应室通常用圆形石英管经特殊加工制成，并通过电阻炉加热，温度可控，并要求有恒定的温度梯度。这是因为在沉积过程中随着硅烷（SiH_4）的逐渐分解，其浓度会越来越小，使入口端沉积速率大于出口端的沉积速率。它是为了使排列的硅片能够均匀地沉积而采取的措施。由于在相同条件下沉积速率正比于硅烷的浓度，因此为了保证各基片沉积膜的均匀性，可以通过提高出口端的温度来弥补；由于浓度逐渐减小对沉积速率所产生的影响，因此把炉内的温度分成几段，温度梯度值可根据工艺条件来选择，这样合适的温度就会得到片间均匀性良好的涂层。

气路供给及其测量与控制系统是用来向反应室提供所需要的气体而设置的。控制与测量主要是控制气体的流量，它由微调阀和流量计组成。常用的流量计有浮子流量计和质量流量计两种，一般多采用后者。微调阀是为了调节反应气体的流量和反应室的压力而设置的。

装置中的真空系统由于真空度不高，处于低真空状态。因此，多选用极限真空度约为 0.5～1Pa 的机械真空泵，并满足装置对真空抽速的要求即可。但应当注意的是装置必须具有严格的密封性；否则，系统漏气既会影响沉积膜的质量，又易于产生硅烷的燃烧，不能保证生产的安全性。

25.6.5.3 LPCVD 制备涂层的实例

在 LPCVD 工艺中，目前制备的各种涂层较多。例如，选用硅烷制备多晶硅、氮化硅、二氧化硅、三氧化二铝等。现以图 25-50 为例对低压下化学气相沉积三氧化二铝薄膜的工艺过程做简要介绍。

LPCVD 沉积 Al_2O_3 涂层的工艺程序是将事先准备好的硬质合金刀片置于石英反应炉中的工件架上，通入 H_2 并通过感应加热对工件升温；同时，开启真空系统使炉内压力逐渐减小。当温度升高到 1000～1100℃ 时通入 CO_2 和 $AlCl_3$，调节正负压调节阀，使石英炉内保持 932Pa 左右的压力，经过 30～40min 后，停止 CO_2 和 $AlCl_3$ 的供给量；并且，在 H_2 保护气氛下降温。当炉温降到室温时全部工艺过程结束。表 25-26 给出了几种 LPCVD 典型工艺的几种实例。

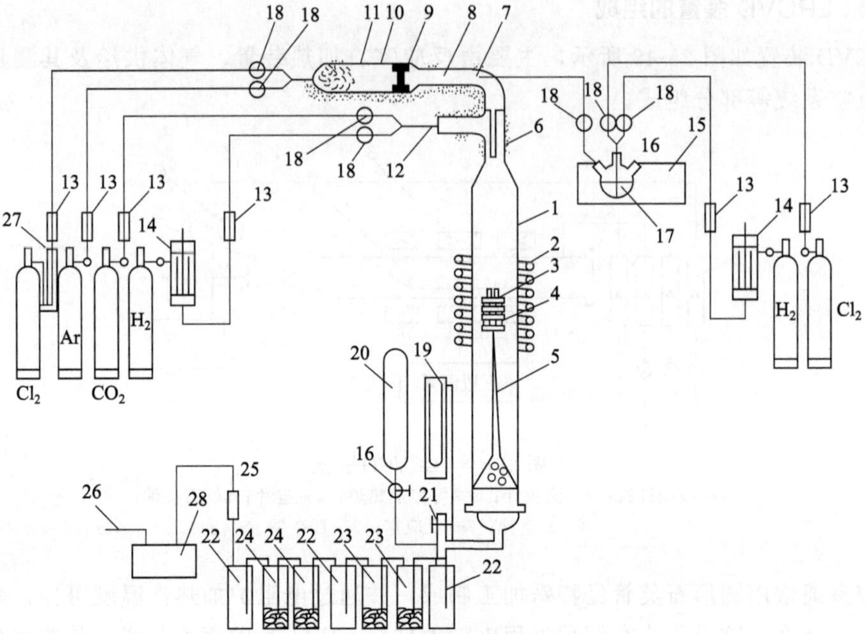

图 25-50 LPCVD 沉积 Al_2O_3 工艺

1—石英反应炉；2—感应圈；3—试样；4—试样支架；5—底托；6—混合气体喷嘴；7—$TiCl_4$ 进口处；8—管路加热器；9—$AlCl_3$ 筛板；10—氯化反应室；11—铝屑；12—H_2 和 CO_2 进口；13—气体流量计；14—H_2 净化器；15—恒温水浴；16—蒸发瓶；17—$TiCl_4$；18—二通阀门；19—负压计；20—供水瓶；21—负压调节阀；22—缓冲瓶；23—浓碱液；24—机械泵油；25—除尘器；26—排气管；27—氯气流量计；28—真空泵

表 25-26 几种 LPCVD 的典型工艺

薄膜	反应气体	温度/℃	真空度/Pa	沉积速率/(nm/min)	备注
多晶硅	100%SiH_4 230%SiH_4 5%SiH_4	610～640 640～647 641～649	40～134 <134	10 20 10	对 SiH_4 流量灵敏，高沉积速率
Si_3N_4	SiH_2Cl_2-NH_3 SiH_4-NH_3	750～757 900～918 815～840	67～134	4 8 3	对片距灵敏
SiO_2	SiH_2Cl_2-N_2O SiH_4-N_2O	903～914 860	<134	12 5	低沉积速率
SiO_2	$SiH_4/CO_2/O_2$	450～460	<134	12～18	对片距极灵敏
Al_2O_3	$H_2/CO_2/AlCl_3$	1000～1100	<930	20～50	高沉积速率

25.6.6 各种化合物薄膜及形成方法

表 25-27 给出了各种化合物薄膜及形成方式，包括成膜条件、膜的特征及用途。

表 25-27 各种化合物薄膜及形成方法

组成	构造[①]	形成法[②]	基板	形成条件			膜的特征	用途
				基板温度/℃	成膜速率/$\mu m \cdot h^{-1}$	其他		
CdS	PC	VE	石英	约 200	约 2		C 轴取向密排六方结构，表面波速度约 1700m/s	压电换能器，超声波放大
ZnS	SC	VE	Si (100)	275		ZnS 粉末 氧化铝坩埚	$d_{15}=0.73\times10^{-13}$m/V (632.8nm)，立方结构	压电换能器
	SC	RF-SP	NaCl (100)	20	18～54	ZnS 靶 Ar 溅射	立方结构	电致发光光波导
ZnSe	SC	RF-SP	NaCl (100)	200	0.35	ZnSe 靶 Ar 溅射	立方结构	电致发光光电器件
Al_2O_3	a	RF-MSP	Si	160～300	0.9～2.1	Al_2O_3 靶 $Ar/O_2=1$	$\varepsilon^*\approx9.96$，$n_0\approx1.61$～1.66 耐压 4×10^6V/cm	MOS 表面钝化
SiO_2	a	CVD	石英	900～1100	6～150	$SiCl_4+O_2$ （气体）	光波导损耗 44.5dB/cm (1.15μm)6.4dB/cm(632.8nm)	MOS 表面钝化光波导
	a	RF-MSP	玻璃	<130	1.2	SiO_2 靶 Ar 离子溅射	溅射气压 1×10^{-3}Torr RF 功率 4kW	
TiO_2		DC-MSP	玻璃	室温～200	1.4	Ti 靶 Ar/O=85/15	$n_0\approx2.5(0.5\mu m)$	光学镜
ZnO	PC	RF-SP	石英	350	0.54	ZnO 靶 $Ar/O_2=8/2$	C 轴取向	压电换能器表面波器件光波导，光音响器件
	PC	RF-SP	玻璃	100～200	0.3～0.7	ZnO 球形靶 $Ar/O_2=1$	C 轴取向 $\gamma=7.5°$～9.5° $\phi<3$	
	PC	RF-MSP	石英	250～320	2～3	ZnO 靶 $Ar/O_2=1$	C 轴取向 $\sigma<1°$	
	SC	RF-SP	蓝宝石 C、R 面	600	0.2	ZnO 靶 $Ar/O_2=1$	$\rho\approx2.4\times10^3\Omega\cdot cm$(C 面) $\rho\approx70\Omega\cdot cm$(R 面) $\mu_H\approx2.6cm^2/(V\cdot s)$～$28cm^2/(V\cdot s)$	
	SC	RF-MSP	蓝宝石 R 面	400	0.11～0.25	$ZnO(Li_2O_3)$靶 $Ar/O_2=1$	表面波速度≈5160m/s $K^2\approx3.5\%$	
$Bi_{12}GeO_{20}$ (BGO)	PC	RF-SP	玻璃	100～350	0.2～0.6	BGO 靶	$n_0=2.6$	表面波传输
RZT	PC	EB	石英 不锈钢	溅射≈350 退火≈700			铁电机，$\varepsilon^*\approx100$(RT) $P_s\approx4.2\mu C/cm^2$ $T_c\approx340℃$	光变频记忆元件旁路电容器
	PC	RF-SP	石英 Pt	>500		PZT52/48 靶 $Ar+O_2$ 溅射	铁电体，$\varepsilon^*\approx751$(RT) $P_s\approx21.6\mu C/cm^2$ $T_c\approx325℃$，$n_0=2.36$	
PLT	SC	RF-SP	MgO (100)	600～700	0.18～0.48	PLT18/100 靶 $Ar+O_2$ 溅射	$\varepsilon^*\approx700$ $n_0\approx2.3$～2.5(632.8nm)	电光器件记忆元件光开关
PLZT	PC	RF-SP	石英 Pt	溅射≈500 退火	0.2～0.4	PLZT7/65/35 靶 $Ar+O_2$ 溅射	$\varepsilon^*=1000$～1300 $T_c\approx170℃$ $n_0\approx2.49$(632.8nm)	
	SC	RF-SP	蓝宝石 C 面 $SrTiO_3$ (100)	650～700 700	≈0.4	PLZT9/65/35 靶 $Ar+O_2$ 溅射		

续表

组成	构造①	形成法②	基板	形成条件			膜的特征	用途
				基板温度/℃	成膜速率/$\mu m \cdot h^{-1}$	其他		
WO_3	a	VE	玻璃	100				电致发光器件
AlN	PC	RF-SP	玻璃	200～300		AlN 靶 Ar 溅射	$\rho \approx 2000\mu\Omega \cdot cm$	压电换能器表面波器件光波导,光记忆器件耐热受光器件
	PC	DC-MSP	玻璃	320	1.3	Al 靶 Ar/N_2 溅射	C 轴取向 $\sigma-2.9°\sim5.4°$	
	SC/PC	RF-MSP	蓝宝石 C 面 玻璃	50～500	0.2～0.8	Al 靶 Ar/N_2 溅射	$\sigma=1°$(蓝宝石) $\sigma=3°$(玻璃)	
	SC	RF-SP	蓝宝石 C、R 面	1200	0.5	Al 靶 NH_3 气溅射	表面波速度≈5500m/s $K^2\approx0.05\%\sim0.02\%$	
	SC	CVD	蓝宝石 R 面	1200	3	气体 $(CH_3)Al+$ NH_3+H_2	表面波速度≈6100m/s $K^2\approx0.8\%$	
	SC	CVD	蓝宝石 C 面	1200	3	气体 $(CH_3)Al+$ NH_3+H_2	表面波速度≈5650m/s $K^2\approx0.15\%$	
	SC	CVD	Si (111) (110) (100)	1260		气体 $(CH_3)Al+$ NH_3+H_2		
Si_3N_4		PCVD	Si	250	3 (200W)	气体 N_2+NH_3+ SiH_4	$n_0=2.0\sim2.1$	MOS IC 用钝化膜
		RF-MSP	Si	100	1	Si_3N_4 靶 Ar 溅射	$n_0=2.1(632.8nm)$	
$Bi_4Ti_3O_{12}$	SC	RF-SP	Pt (001)	700		$Bi_4Ti_3O_{12}$ 靶 (Bi 过剩)	$\varepsilon^*=120$ $P=48\mu C/cm^2$ 铁电体	压电换能器记忆元件光波导
$Bi_{12}TiO_{20}$	SC	RF-SP	BGO	425	0.5		光损耗 15dB/cm(632.8nm)	
$Bi_{12}PbO_{19}$	PC	RF-SP	玻璃	100～600	0.6	$Bi_{12}PBO_{19}$ 靶	$K_1=0.22$ 压电体(470MHz)	压电换能器
Bi_2WO_6	PC	RF-SP	玻璃	室温溅射 退火温度 ≈200	0.4	Bi_2WO_6 靶	$n=2.5$ 铁电体	压电换能器,热电器件
(In_2O_3) 0.8 (SnO_2) 0.2 (ITO)	PC	RF-MSP	玻璃	130	约 1	ITO 靶 $Ar+O_2$ 气体	$\rho\approx10^3\Omega \cdot cm$ $n\approx10^{21}/cm^3$ $\mu=10cm/(V \cdot s)$	透明电极 SIS 太阳电池
		RF-MSP	玻璃	40	(溅射功率) 约 200W ϕ100 靶	ITO 靶 Ar 气压 4×10^{-3} Torr	$R/\square\approx10\Omega\sim100\Omega/\square$	
$K_3Li_2Nb_5O_{15}$ (KLN)	SC	RF-SP	K_2Bi- Nb_5O_{15} (KBN) 蓝宝石	600～700	0.2	KLN 靶 (K,Li 过剩)	铁电体 $\varepsilon^*=140$ $T_c=460℃$ $n_0=2.277(632.8nm)$	光调频

续表

组成	构造①	形成法②	基板	形成条件			膜的特征	用途
				基板温度/℃	成膜速率/μm·h^{-1}	其他		
$LiNbO_3$(LN)	a	RF-SP	石英	室温	0.38	LN靶 $Ar/O_2=1$	$\varepsilon^*=10^4$ (200～300℃,1kHz)	光波导,热电器件,光音响器件
	SC	RF-SP	蓝宝石 C面	500	0.025	LN靶 $Ar+O_2$气体	铁电体 $n_0=2.32$ 光传播损失9dB/cm (632.8nm)	
	SC	LPE	$LiTaO_3$ C面	850			$n_0=2288$ 光传播损失11dB/cm (632.8nm)	
$PbTiO_3$	a	DC-MSP	玻璃	200	0.3	Ti/Pb靶 $Ar/O_2=1$	$\varepsilon^*=120$(RT) $T_c=490$℃	热电器件,光音响器件,旁路电容器
	PC	RF-SP	Pt	610	0.24～0.3	PbO/TiO_2靶 $Ar+O_2$气体	$\varepsilon^*\approx200$(RT)	
	SC	RF-SP	蓝宝石 C面	620	0.3～0.6	$PbTiO_3$粉末靶 $Ar+O_2$气体		
TiN	PC	DC-MSP	玻璃	150	0.6～1.8	Ti靶 $Ar/N_2=7/3$	$\rho=250\mu\Omega\cdot cm$ TCR=150×10^{-6}/℃	精密电阻膜
	PC	RF-MSP	石英	500	1.5	TiN靶 Ar溅射		
NbN	PC	RF-SP	玻璃	300	0.6	Nb靶 $Ar+N_2$溅射	$\rho=10^{-3}\Omega\cdot cm$ (100)取向	超导膜,约瑟夫森器件
	SC	DC-SP	MgO (100)	400～600		Nb靶 $Ar+N_2$溅射	$T_c\approx16K$	
B_4C	a	RF-SP	蓝宝石	450	约0.5	B_4C靶 Ar溅射	$HV=4800N/cm^2$	耐磨损镀层
SiC	a	RF-SP	玻璃	600	0.2～0.7	Si靶 $Ar+CH_4$ 气溅射	红外吸收800cm^{-1}(Si-C) 2000cm^{-1}(Si-H)	高温热敏电阻,蓝色发光器件,耐蚀耐磨损镀层,温度传感器
	PC	RF-SP	石英 氧化铝	550	0.5～1	SiC靶 Ar溅射	β-SiC,(220)取向 $\rho=2000\Omega\cdot cm$ $B=2100K$	
	SC	IP	Si (111)	1000	0.9～1.8	Si,C_2H_2反应 IP	β-SiC	
	SC	CVD	Si (100)	1330	4～6	H_2+SiH_4+ C_3H_8气体	β-SiC碳缓冲层	
GaAs	SC	MBE	GaAs	600	石墨坩埚 Ga (1090℃)	As(320)℃	$n_{300}=2.0\times10^{15}/cm^3$ $\mu_{300}=7500cm^2/(V\cdot s)$	
	SC	RF-SP	GaAs (100)	500～625	0.7～1.2	GaAs靶 Ar溅射	$\rho=10^5\sim10^8\Omega\cdot cm$ $\mu_{300}=5000cm^2/(V\cdot s)$	
GaSb	SC	MBE	GaAs				p型半导体 $n_{300}=(4\sim6)\times10^{16}/cm^3$ $\mu_{300}=670cm^2/(V\cdot s)$	
	a	RF-SP	BaF_2 (111)	400	0.15	GaSb靶 Ar溅射		

续表

组成	构造①	形成法②	基板	形成条件			膜的特征	用途
				基板温度/℃	成膜速率/$\mu m \cdot h^{-1}$	其他		
InAs	SC	MBE	GaAs	450～600	0.36～1		n型半导体 $n_{300}=(4\sim6)\times10^{16}/cm^3$ $\mu_{300}=16700cm^2/(V \cdot s)$	半导体激光器，光波导，光传输，微波传输器件，混频二极管，太阳电池
$In_{1-x}Ga_xSb$	SC	RF-SP	BaF_2 (111)	400	0.15	InSb,GaSb靶 Ar溅射	$x=0.36$	
Nb_3Sn		DC-MSP	蓝宝石	650～800	60	Nb_3Sn靶 Ar溅射	$T_c\approx18.3K$	超导膜，约瑟夫森器件

① a—非晶态；PC—多晶体；SC—单晶体。

② VE—真空蒸镀；RF-SP—射频溅射；RF-MSP—射频磁控溅射；CVD—化学气相沉积；DC-MSP—直流磁控溅射；LPE—液相外延；EB—电子束；PCVD—等离子体化学气相沉积；DC-SP—直流二极溅射；IP—离子镀；MBE—分子束外延。

25.7 真空镀膜设备国家标准

25.7.1 真空镀膜设备型号编制方法（摘自JB/T 7673）

真空镀膜机（以下简称镀膜机）型号编制方法：

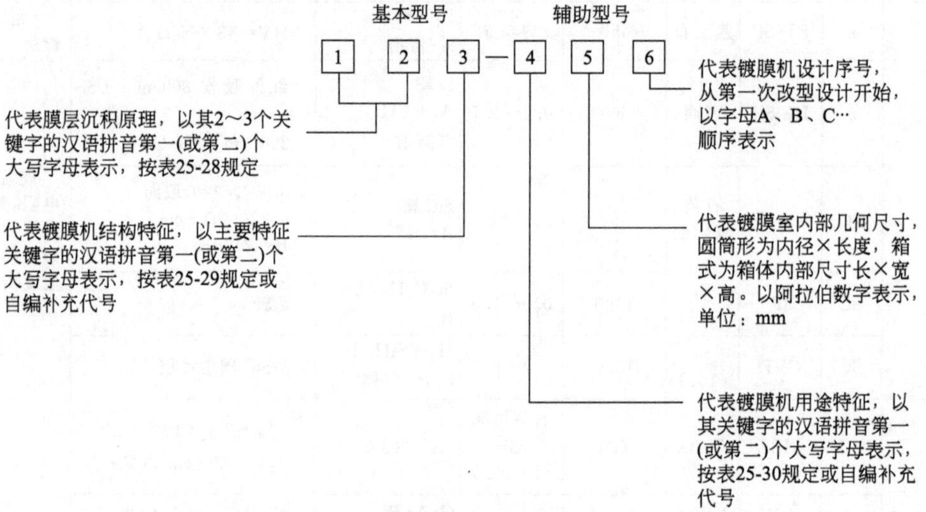

表 25-28　镀膜机基本型号编制

设备按膜层沉积原理的分类		代号	关键字意义及拼音字母
蒸发	电阻加热蒸发	ZZ	蒸—zheng，阻—zu
	电子束加热蒸发	ZS	蒸—zheng，束—shu
	高频感应加热蒸发	ZG	蒸—zheng，感—gan
	激光束加热蒸发	ZJ	蒸—zheng，激—ji
	兼有电阻蒸发源及电子束蒸发源	ZZS	

续表

设备按膜层沉积原理的分类			代号	关键字意义及拼音字母
溅射	直流溅射	直流溅射	J	溅—jian,
		直流磁控溅射	JC	溅—jian,磁—ci
		直流反应性溅射	JF	溅—jian,反—fan
		直流吸附溅射	JX	溅—jian,吸—xi
		直流偏压溅射	JP	溅—jian,偏—pian
	高频溅射	高频溅射	JG	溅—jian,高—gao
		高频磁控溅射	JGC	溅—jian,高—gao,磁—ci
		高频反应性溅射	JGF	溅—jian,高—gao,反—fan
		高频吸附溅射	JGX	溅—jian,高—gao,吸—xi
		高频偏压溅射	JGP	溅—jian,高—gao,偏—pian
离子沉积		电阻蒸发离子镀膜	LZ	离—li,阻—zu
		电子束蒸发离子镀膜	LS	离—li,束—shu
		高频感应蒸发离子镀膜	LG	离—li,感—gan
		空心阴极离子镀膜	LK	离—li,空—kong
		溅射离子镀膜	LJ	离—li,溅—jian
		多弧阴极离子镀膜	LD	离—li,多—duo
		簇团离子镀膜	LC	离—li,簇—cu
化学气相沉积		低压化学气相沉积	HD	化—hua,低—di
		等离子化学气相沉积	HL	化—hua,离—li
		光化学气相沉积	HG	化—hua,光—guang
复合式		兼有蒸发源及溅射源	FZJ	复—fu,蒸—zheng,溅—jian
		兼有不同原理沉积源	F□□①	复—fu

① 分别表示几种不同沉积原理关键字汉语拼音的第一（或第二）个字母（印刷体大写）。

表 25-29　镀膜机结构特征以字母表示

结构特征	代号	关键字意义及拼音字母	结构特征	代号	关键字意义及拼音字母
平面溅射	P	平—ping	连续式	L	连—lian
同轴溅射	T	同—tong	半连续式	B	半—ban
倒锥式溅射	A	倒—dao	多室式	D	多—duo
卧式	W	卧—wo	箱式	X	箱—xiang

注：对二极、三极或四极溅射的镀膜设备，以相应的阿拉伯数字表示，标记于型号的首位。

表 25-30　镀膜机用途特征以字母表示

用途特征	代号	关键字意义及拼音字母	用途特征	代号	关键字意义及拼音字母
塑料镀膜	S	塑—su	晶体镀膜	T	体—ti
制镜镀膜	J	镜—jing	电阻镀膜	Z	阻—zu
硒鼓镀膜	G	鼓—gu	电容镀膜	R	容—rong
刀具镀膜	D	刀—dao	光学镀膜	U	光—guang
装饰镀膜	H	饰—shi	电气元件镀膜	Y	元—yuan

25.7.2 真空镀膜设备通用技术条件（摘自 GB/T 11164—2011）

本标准适于压力在 $10^{-4}\sim10^{-3}$Pa 范围内蒸发类、溅射类、离子镀类真空镀膜设备（以下简称设备）。

(1) 设备主要技术参数

真空镀膜设备的主要技术参数见表25-31。

表25-31 真空镀膜设备主要技术参数

项次	参数名称		参数数值		
1	镀膜室尺寸分档/mm		300*、320、400、450*、500*、600、630、700*、800*、900、1000*、1100*、1200*、1250、1350、1400、1600*、1800、2000*、2200、2400、2500、2600、3200		
2	真空指标	分档	A	B	C
		极限压力/Pa	$\leqslant 5\times10^{-5}$	$\leqslant 5\times10^{-4}$	$\leqslant 5\times10^{-3}$
		抽气时间/min	$\leqslant 20(10^5\sim 2\times10^{-3}\mathrm{Pa})$	$\leqslant 20(10^5\sim 7\times10^{-3}\mathrm{Pa})$	$\leqslant 20(10^5\sim 7\times10^{-2}\mathrm{Pa})$
		升压率/(Pa/h)	$\leqslant 2\times10^{-1}$	$\leqslant 8\times10^{-1}$	$\leqslant 2.5$
3	沉积源指标	沉积源型式、尺寸、数量及最大耗电功率	根据设计要求		
4	工件架指标	工件架尺寸及转动方式 工件烘烤方式及烘烤温度			
5	离子轰击，工件偏压功率				
6	膜厚监控方式及控制精度				
7	设备控制方式				
8	设备最大耗电量				

注：1.所列镀膜室的几何尺寸，对圆筒式室体为圆筒内径；对箱式室体为箱体内宽度。带“*”号尺寸优先选用，其他尺寸和其他结构形式的设备可由制造厂参照上述尺寸决定。专用设备由用户与制造厂另订协议。

2.本尺寸分档作为推荐值，不作考核。

(2) 极限压力的测定

① 试验条件

a.镀膜室内为空载（即不安放被镀件）；

b.真空测量规管应装于镀膜室壁上或最靠近镀膜室的管道上；

c.所用真空计应为设备本身的配套者，并应在有效期内；

d.允许在抽气过程中用设备本身配有的加热轰击装置对镀膜室进行除气；

e.对具有中搁板、上卷绕室和镀膜室的卷绕镀膜设备，应在两室同时抽气时对镀膜室的压力进行测试。

② 测试方法　在对镀膜室连续抽气24h之内，测定其压力的最低值，定为该设备的极限压力。当压力变化值在0.5h内不超过5%时，取测量表读数最高值为极限压力值，且镀膜室内各旋转密封部位处于运动状态。

(3) 抽气时间的测定

① 试验条件　同极限压力测定的试验条件的a、b、c、d。

② 测试方法　设备在连续抽气条件下，在镀膜室内达到极限压力之后，打开镀膜室15min，再关闭镀膜室对其再度抽气至表24-40中所规定的压力值所需的时间，定为该设备的抽气时间。

(4) 升压率测定

① 试验条件　同极限压力测定。

② 测试方法　设备在连续抽气 24h 之内使镀膜室内达到稳定的最低压力之后，关闭与镀膜室相连接的真空阀，待镀膜室压力上升至 p_1（1Pa）时，开始计时，经 1h 后记 p_2，然后按下式计算升压率：

$$R=\frac{p_2-p_1}{t} \tag{25-19}$$

式中　R——镀膜室的升压率，Pa/h；

p_1——膜室的起始压力，Pa；

p_2——镀膜室的终止压力，Pa；

t——压力由 p_1 升至 p_2 的时间，h。

25.7.3 真空蒸发镀膜设备（摘自 JB/T 6922—2004）

(1) 适用范围

本标准适用于极限压力在 $7\times10^{-3}\sim7\times10^{-4}$Pa 范围的真空蒸发镀膜设备（以下简称设备）。

(2) 型式与基本参数

设备主要由镀膜室、真空机组、保护装置及电气控制装置组成。

设备的基本参数应符合表 25-32 的规定。

表 25-32　蒸发镀膜设备基本参数

项次	参数名称		参数数值	
1	镀膜室尺寸/mm		320*、500*、600、630*、700、800*、900、1000*、1200、1350、1600*、1800、2000*、2200、2500	
2	真空指标	分档	A	B
		极限压力/Pa	$\leqslant5\times10^{-4}$	$\leqslant5\times10^{-3}$
		恢复真空抽气时间/min	$\leqslant$15 (从大气压抽至 7×10^{-3}Pa)	$(10^5\sim7\times10^{-3}\text{Pa})\leqslant20$ (从大气压抽至 7×10^{-2}Pa)
		升压率/(Pa/h)	$\leqslant8\times10^{-1}$	$\leqslant$2
3	工件烘烤装置烘烤温度调节范围		室温至 200℃、室温至 300℃、室温至 350℃、室温至 400℃	
4	有效加热区加热均匀度		$\leqslant$5%	

注：1. 所列镀膜室的几何尺寸，对圆筒式室体为圆筒内径；对箱式室体为箱体内腔宽度。带“*”号尺寸优先选用，其他尺寸和其他结构形式的设备可由制造厂参照上述尺寸决定。专用设备由用户与制造厂另订协议。

2. 本尺寸分档作为推荐值，不作考核。

(3) 试验方法

① 镀膜室极限压力　镀膜室内为空载（即不安放被镀物品），用设备配套的真空系统对镀膜室进行抽气（在抽气过程中，允许用设备本身配有的加热或轰击等装置对镀膜室进行除气），24h 内测量镀膜室压力，在 30min 内变化不超过 5%时（此时各动密封部位应处于静止状态），其达到的最低值即为极限压力。

② 升压率　将设备抽至极限压力后，再抽 4h（允许除气），然后关闭镀膜室所有与真空机组相通的阀门，待镀膜室压力升至 p_1（1Pa）时，开始计时，经 30min，记录压力 p_2，然后按下式计算升压率

$$R=\frac{p_2-p_1}{30} \tag{25-20}$$

式中　R——镀膜室的升压率，Pa/min；

p_1——开始测镀膜室升压率的压力，Pa；

p_2——终止测镀膜室升压率的压力，Pa。

③ 镀膜室抽气时间　将设备抽至极限压力后，关闭镀膜室所有与真空机组相通的阀门，对镀膜室进行放气，并打开镀膜室暴露大气 15min，然后关闭镀膜室进行抽气。从抽气开始至到达规定真空度所需的时间为镀膜室抽气时间。

④ 电阻蒸发器通电试验　镀膜室进行清洁处理后，装入电阻蒸发器及蒸镀材料，然后抽空镀膜室至压力低于工作压力时，接通蒸发电源，逐渐加热，使蒸发电流达到 JB/T 6922—2004 的规定（即每个蒸发器加热器应在电压为 4～20V，电流为 50～130A 状态下正常工作），此时蒸发器应达白炽状态。蒸发结束后，蒸发器上的蒸镀材料应全部蒸发。

⑤ 镀膜室工件烘烤装置有效加热区加热均匀度的测量　启动真空系统抽空到工作压力，接通烘烤装置电源，当温度达到最高烘烤温度并保持 10min 后，在被镀工件与烘烤装置之间、距工件表面 10mm 处的有效加热区内，用热电偶或其他相当的温度传感器测量 3～5 点温度（能反映最大温差），各点应同时测量（允许使用转换开关）。然后求各测量点温度与平均温度最大相对偏差作为加热均匀度，其计算按下式

$$G_i=\frac{t_i-t_{cp}}{t_{cp}}\times 100 \tag{25-21}$$

式中　G_i——第 i 点有效加热区加热均匀度，%；

t_i——第 i 点温度，℃；

t_{cp}——n 个测点平均温度，℃。

$$t_{cp}=\frac{\sum_{i=1}^{n}t_i}{n}$$

25.7.4　真空溅射镀膜设备（摘自 JB/T 8945）

本标准适用于压力在 1×10^{-4}～5×10^{-1}Pa 范围的真空溅射镀膜设备（以下简称设备）。

(1) 型号与基本参数

设备的型号应符合 JB/T 7673—95 的规定。设备的基本参数应符合表 25-33 的规定。

表 25-33　真空溅射镀膜设备基本参数

参数名称	参数数值	
	A	B
极限压力/Pa	$\leqslant5\times10^{-1}$	$\leqslant5\times10^{-1}$
恢复真空抽气时间/min	从大气压至 7×10^{-5}Pa ≤20	从大气压至 7×10^{-2}Pa ≤10
溅射电流变化率/%	<±5	

(2) 极限压力

① 试验条件

a. 镀膜室内为空载（即不放被镀物品）；

b. 真空测量规管应装于镀膜室靠近排气口位置上；

c. 允许在抽气过程中用设备本身配有的加热或轰击装置对镀膜室进行除气。

② 测试方法　按 25.7.2 中的此项参数测试方法。

(3) 镀膜室恢复真空抽气时间

① 试验条件　同极限压力测试。

② 测试方法　按 25.7.2 中的此项参数测试方法。

(4) 升压率

① 试验条件　同极限压力测试。

② 测试方法　按 24.7.2 中的此项参数试验方法。

(5) 溅射电流的变化率

设备在镀膜过程中，阴极稳定工作后，测得溅射电流在 3min 范围内（若镀膜过程少于 3min，则在整个镀膜过程内）的变化值，并按下式计算变化率

$$W=\frac{I_{\max}-I_{\min}}{\frac{I_{\max}+I_{\min}}{2}}\times 100\% \qquad (25\text{-}22)$$

式中　W——溅射电流的变化率；

$I_{\max}$——正常工作时实测最大溅射电流值，A；

$I_{\min}$——正常工作时实测最小溅射电流值，A。

(6) 测量用仪表设备

① 测量极限压力、镀膜室恢复真空抽气时间、升压率所使用的真空计应为设备本身配套者，并应在有效期限内。

② 测量溅射电流的变化率所用的电流表应为设备本身配套者，并应在有效期限内。

25.7.5　真空离子镀膜设备（摘自 JB/T 8946）

(1) 适用范围

本标准适用于压力在 $10^{-4}\sim10^{-3}$Pa 范围的真空离子镀膜设备（以下简称设备），具体包括如下类型：多弧离子镀、电弧放电型真空离子镀、空心阴极离子镀（HCD）、射频离子镀（RFIP）、直流放电二极型（DCIP）、多阴极型、活性反应蒸发镀（ARE）、增强型 ARE、低压等离子体离子镀（LFPD）、电场蒸发离子镀、感应加热离子镀、簇团离子束镀等。

(2) 设备主要技术参数

设备主要技术参数应符合表 25-34 规定。

表 25-34　真空离子镀膜设备主要技术参数

分挡	A	B
极限压力/Pa	$\leqslant 5\times10^{-4}$	$\leqslant 5\times10^{-3}$
抽气时间/min	$\leqslant 20(10^{5}\sim7\times10^{-3}$Pa)	$\leqslant 10(10^{5}\sim7\times10^{-2}$Pa)

(3) 结构要求

① 设备中的真空管道、静态密封零部件（法兰、密封圈等）的结构型式，应符合 GB/T 6070 的规定。

② 在低真空和高真空管道上及真空镀膜室上应安装真空测量规管，分别测量各部位的真空度。当发现电场对测量造成干扰时，应在测量口处安装电场屏蔽装置。

③ 如果设备使用的主泵为扩散泵时，应在泵的进气口一侧装设油蒸气捕集阱。

④ 设备的镀膜室应设有观察窗，观察窗上应设有挡板装置。观察窗应能观察到沉积源的工作情况以及其他关键部位。

⑤ 离子镀沉积源的设计应尽可能提高镀膜过程中的离化率，提高镀膜材料的利用率，合理匹配沉积源的功率，合理布置沉积源在真空室体的位置。

⑥ 合理布置加热装置，一般加热器结构布局应使被镀工件温升均匀一致。

⑦ 工件架应与真空室体绝缘，工件架的设计应使工件膜层均匀。

⑧ 离子镀膜设备一般应具有工件负偏压和离子轰击电源，离子轰击电源应具有抑制非正常放电装置，维持工作稳定。

⑨ 真空室接不同电位的各部分间的绝缘电阻值的大小，均按 GB/T 11164—2011 中相关规定。

(4) 测试方法

极限压力、抽气时间、升压率的测试方法分别同 25.7.2 的相应参数的测试方法。

25.8 国产真空镀膜设备概况

我国真空镀膜设备研制始于 20 世纪 50 年代，当时研制了各种蒸发式真空镀膜设备，满足了光学事业发展需要。进入 20 世纪 70 年代以后，由于国民经济各种领域的需求，各类真空镀膜设备得到了长足的发展。目前各类镀膜设备基本齐全，种类繁多，满足了各行业的需要。真空镀膜设备主要类型有真空蒸发镀膜设备、磁控溅射镀膜设备、离子镀膜设备、化学气相沉积镀膜设备等。各类国产真空镀膜设备及生产厂家见表 25-35。其主要性能见表 25-36～表 25-39。

表 25-35 国产真空镀膜设备及生产厂家

序号	设备名称	用途	生产厂家
1	216 天文望远镜镀膜设备[①] TD-2800 型天文望远镜镀膜设备	镀膜大型天文望远镜反射膜、增透膜及保护膜	兰州空间技术物理研究所
	LDH 系列多弧离子镀膜设备	反应膜、各种金属膜、仿金镀膜、小五金仿金镀膜、防腐膜、金属膜	
	JC-平面磁控溅射镀膜机	ITO 导电膜、介质膜、半导体膜、金属膜、幕墙玻璃各种颜色膜、塑料金属化膜	
	ZZ-卷绕式镀膜机	纸及塑料金属化	
	电阻—电子枪蒸发镀膜设备	光学膜、半导体膜、导电膜	
2	ZZ-2400 型、ZZ-2400B 型、ZZ-2400C 型、ZZ-2400D 型高真空卷绕式镀膜设备	纸品及塑料膜上镀膜	上海曙光机械制造厂
	ZZB-2500 型高真空卷绕镀膜机	纸品及塑料膜上镀膜	
	ZZ-1800K 高真空系列卷绕镀膜机	纸品及塑料膜上镀膜	

续表

序号	设备名称	用　途	生产厂家
2	ZZ-1380 高真空系列卷绕镀膜机	纸品及塑料膜上镀膜	上海曙光机械制造厂
	ZZ-1800KIV 系列高真空卷绕式镀膜设备	纸品及塑料膜上镀膜	
	JCJ-D1200 系列磁控溅射卷绕镀膜机	塑料基材上溅射太阳控制膜，低辐射膜，ITO 导电膜	
	KC-3A 光盘镀膜机	光盘镀膜	
	KD 系列高真空光学镀膜设备	光学器件镀膜、激光器件镀膜、微电子器件	
	ZZ-1688V 双开门系列装饰镀膜机	塑料、陶瓷、化妆镜镀膜	
	ZZ-1688-56 系列高真空装饰镀膜机	塑料、陶瓷镀铝	
3	ZZD-1000、ZZD-1600、ZZD-2050 汽车灯具镀膜设备	汽车灯具镀金属膜、非金属膜、金属氧化膜	兰州真空设备有限责任公司
	DLK-600、DLK-800、DLK-1100 空心阴极离子镀膜设备	仿金 TiN 装饰膜，TiC、TiN 硬质膜	
	TG-6/D_2、TG-8D、TG-10D_4/JP、TG-14D_4 多弧离子镀膜设备	表壳、表带、小五金装饰镀膜	
	ZZL 系列真空蒸发卷绕镀膜设备(8 种规格)	纸张、塑料镀金属膜	
	JPTD 系列真空磁控溅射镀膜设备(8 种规格)	金属膜、ITO 导电膜、工艺美术及装潢装饰膜、电子器件膜	
4	高真空多功能磁控溅射设备	多层金属膜、磁性膜、高温超导膜、半导体膜、绝缘膜	中国科学院沈阳科学仪器股份有限公司
	多对向靶磁控溅射设备	氧化膜、单晶膜	
	多弧离子镀膜机	仿金装饰膜、硬膜	
	FJL520 型磁控与离子束复合溅射设备	金属膜、半导体膜、介质膜、磁性膜	
	FJL560 型超高真空磁控与离子束复合溅射设备		
	磁控与离子束复合镀膜设备		
	JGP240 超高真空高温超导磁控溅射设备	主要用于大面积多层高温超导薄膜的制备	
	JGP350 多靶磁控溅射设备	用于制备各种单层或多层介质膜、半导体膜、金属膜	
	JGP450 磁控溅射设备	用于制备各种金属膜、介质膜、半导体膜。广泛用于生产和工艺研究	
	JGP500 高真空多靶磁控溅射设备	用于制备各种单层或多层介质膜、半导体膜、金属膜等	
	JGP560 超高真空多功能磁控溅射设备	用于制备各种金属膜、半导体膜、介质膜、磁性膜、光学膜、超导膜、传感器膜以及各种特殊需要的功能薄膜等	
	JGP600 超高真空多靶磁控溅射设备	制备各种金属膜、介质膜、半导体膜、集成光学薄膜、高精度磁性记录材料以及表面处理方面的耐腐蚀薄膜、耐热合金膜、装饰薄膜、硬质薄膜等	
	PLD400 型脉冲激光镀膜设备	超导膜、半导体膜、超硬膜	
	PCVD 非晶硅太阳能电池设备	非晶硅膜、太阳电池	
	PCVD-300 型等离子体化学气相沉积设备	非晶态膜、多晶膜、硬膜、金属膜、有机金属膜、非晶硅太阳电池	
	磁控-电子束蒸发连续镀膜设备	超导膜、磁性膜、半导体膜、光学膜	
	EB-700 型电阻-电子蒸镀设备	导电膜、半导体膜、光学膜	
	EHB-400 型电阻蒸发镀设备	导电膜、半导体膜、铁电体膜、光学膜	

续表

序号	设备名称	用途	生产厂家
5	DM 系列真空镀膜机	反射膜、透射膜、滤光膜、电学膜、装饰膜	北京北仪创新真空技术有限责任公司
	ZZSX 系列电子束镀膜机	多层膜、滤光片、反射膜、透射膜	
	LDH 系列多弧离子镀膜机	镀制不锈钢板、小五金装饰膜、模具及刀具硬膜	
	XJPB-2200 型磁控溅射平板玻璃镀膜生产线	多种彩色幕墙玻璃，单层膜、反应膜、复合膜	
	LDSX-1100 光学反应离子镀膜机	氧化物、氮化物及碳化合物光学膜	
	JTR-700 集热管镀膜机	太阳能集热管镀膜	
	ZZI-800 型晶体镀膜机	镀制钟表石英振子	
	JDD-700 型多功能磁控溅射镀膜机	TiN、TiC 膜	
	DMS-700 型塑料金属化镀膜机	塑料、金属及玻璃制品上镀铝和铜、装饰膜	
6	射频多靶磁控溅射镀膜设备	光学膜、光导传输膜、电学膜、半导体膜、集成电路表面功能膜、防腐膜、硬膜	沈阳真空技术研究所
	ITO 透明导电玻璃真空镀膜生产线	液晶显示器导电电极薄膜光导、太阳能电池功能窗、红外反射涂层	
	多弧离子镀膜机	反应膜、金属膜、仿金膜、防腐膜、硬膜	
7	ZZW-H1400Ⅱ型高真空装饰镀膜机	装饰膜	上海真空泵厂
	ZZW-B2400Ⅱ型幕墙玻璃镀膜机	玻璃镀多色膜	
8	JS3X-100B、JS3S-100B 系列磁控溅射台	微电子、微机械、光电子等领域	北京创威纳科技有限公司
	PECVD-8000A 型等离子体化学淀积台	淀积 SiO_2、Si_xN_y	
	PECVD 等离子体化学气相淀积台系列设备	淀积 SiO_3N、SiO 磷硅玻璃非晶硅、碳化硅、类金刚石等多种薄膜材料	
9	ZZ1100-1/Z 型卷绕真空镀膜机	广泛适用于 BOPP、OPP、PETPC 等塑料薄膜、纸及化纤纺织品带材的镀铝或镀铝锌复合膜（其中，型号分母 Z 为包装应用；D 为电学应用）	成都国投南光有限公司
	ZZ1100-2/Z 型卷绕真空镀膜机		
	ZZ1300-1/Z 型卷绕真空镀膜机		
	ZZ1300-2/Z 型卷绕真空镀膜机		
	ZZ650-2/D 型卷绕真空镀膜机		
10	ZZ500/630/700/800/900/1100/1250/1500/1800/2000-1/G 型箱式真空镀膜机	主要用于各种光学薄膜、多层电学膜（其中，型号分母 G 为光学应用；D 为电学应用）	
	ZZS500/630/700/800/1250/1500/1800/2000-1/Z 型箱式真空镀膜机		
11	JC600-1/D 型磁控溅射真空镀膜机	用于矩形片状工件镀膜，基片尺寸 280mm×100mm，铝层厚度 20μm/h	
	JC600-2/D 型磁控溅射真空镀膜机②	适用科研、生产和砷化镓基片亚微米级镀膜，铝层厚度为 2420μm/h	
	JC500-1/D 型磁控溅射真空镀膜机	圆形片状工件镀膜，铝膜厚度 16μm/h	
	JC500-5/D 型磁控溅射真空镀膜机	矩形片状工件，基片尺寸 150mm×150mm，铝膜厚度 10μm/h	
	JC800-6/D 型磁控溅射真空镀膜机③	适合科研、生产，0.5μm 大规模集成电路及光盘、磁盘，镀膜厚度 50μm/h	

① 镀膜机口径 2800mm，可镀 2200mm 反射镜及 SIO 保护膜。

② JC600-2/D 型磁控溅射真空镀膜机，可自转、公转、水平装片，低温泵系统。

③ JC800-6/D 型磁控溅射真空镀膜机，能全自动盒对盒、水平短距离操作，低尘粒，低温泵、分子泵系统。

表 25-36 国产真空蒸发镀膜机主要性能

序号	型号、名称	极限压力/Pa	恢复真空时间/min	镀膜室尺寸/mm	工件架尺寸/mm	蒸发源功率/kW		烘烤温度/℃	离子轰击		总功率/kW	生产厂家
						电阻加热	电子束加热		电压/kV	功率/kW		
1	216 天文望远镜专用镀铝设备	2.3×10^{-4}	<40	2840	2200	11	6	120	6	3	60	兰州空间技术物理研究所
2	TD-2800 天文望远镜镀膜设备	2.0×10^{-4}	<35	ϕ2800×5000	400～2160	(丝源 11，舟源 9)		120	6	3	60	
3	箱式真空镀膜机 ZZS500 型 ZZS630 型 ZZS700 型 ZZS800 型 ZZS900 型 ZZS1100 型 ZZS1250 型	3×10^{-4}	<15 (1×10^{5}Pa 抽至 1×10^{-3}Pa)	ϕ500×650 ϕ630×750 ϕ700×850 ϕ800×900 ϕ900×1000 ϕ1100×1100 ϕ1250×1400	ϕ400 ϕ560 ϕ640 ϕ730 ϕ820 ϕ1000 ϕ1190	4.5 (2 只)	4～10	350	3	0.6～1	15 18 25 30 35 45 55	国投南光有限公司
4	箱式真空镀膜机 ZS500-2/D ZZS700-6/G	4×10^{-4} 3×10^{-4}	<20 <15	ϕ500×650 ϕ710×850		4.5	8 4	350 350				
5	高真空光学镀膜设备 KD-650 型 KD-800 型 KD-1100 型 ZS-500A 型	6×10^{-4}	<30	ϕ650×800 ϕ800×900 ϕ1100×900 ϕ500×600		5	5 5 5 5	300 300 300 200	3	0.6 0.6 0.9 0.6	20 25 40 15	上海曙光机械厂
6	ZZ-1688V 双开门系列装饰镀膜机	5×10^{-3}	<8	ϕ1400×1600								
7	ZZ-1688-56 系列高真空装饰镀膜机	5×10^{-3}	<8	ϕ1400×1658								
8	电子束沉积设备 DZS-500 型 DZS-600 型 DZS-800 型	6.7×10^{-5}	≤30 (1×10^{5}Pa 抽至 2×10^{-3}Pa)	500×500×600 650×600×700 800×800×860			6				22 26 36	中国科学院沈阳科学仪器股份有限公司
9	DZ-400 型电阻热蒸发沉积设备				ϕ300	2.5		600			10	

续表

序号	型号、名称	极限压力/Pa	恢复真空时间/min	镀膜室尺寸/mm	工件架尺寸/mm	蒸发源功率/kW 电阻加热	蒸发源功率/kW 电子束加热	烘烤温度/℃	离子轰击 电压/kV	离子轰击 功率/kW	总功率/kW	生产厂家
10	箱式前开门多层电子束镀膜机	5×10^{-4}	≤20 (1×10^{5}Pa抽至2×10^{-3}Pa)				6		3.4			北京北仪创新真空技术有限责任公司
	ZZSX-500 型			500×500×680	φ460	2.5					22	
	ZZSX-600 型			650×600×700	φ580						26	
	ZZSX-800 型			800×800×860	φ740	5					36	
	ZZSX-1100 型			1100×1100×1200	φ1000	10					48	
11	高真空镀膜机						10					辽宁锦州真空设备制造总厂
	GZD-300 型	6.7×10^{-4}	≤20 (1×10^{5}Pa抽至2.7×10^{-3}Pa)	φ300×400							3.5	
	GZD-500B 型	4×10^{-4}		φ500×670		2					12	
	GZD-600 型	4×10^{-4}	≤20 (1×10^{5}Pa抽至7×10^{-3}Pa)	φ600×660		3					12	
	PDM-500 型	4×10^{-4}		φ500×570		3					20	
	ZDW-10 型	1.5×10^{-3}		φ1000×1000		20					55	
12	卷绕式真空镀膜机系列											辽宁锦州真空设备制造总厂
	ZDL-6B 型	1.3×10^{-3}	≤30(1×10^{5}Pa抽至6.7×10^{-3}Pa)	φ600×560		16					25	
	ZDL-13 型	1.3×10^{-2}	≤15(1×10^{5}Pa抽至1.3×10^{-1}Pa)	φ1300×1260		32					93	
	ZZ-650 型	1.3×10^{-3}	≤15(1×10^{5}Pa抽至6.7×10^{-2}Pa)	φ650×450		8					18	
	ZG-15 型	20×10^{-3}	≤20(1×10^{5}Pa抽至4×10^{-2}Pa)	φ1500×1200		50					160	
13	ZS-850 光学镀膜机	5×10^{-4}	≤20		φ800	5	5			1.5	44	上海真空泵厂
14	ZZW-H1400Ⅱ高真空装饰镀膜机	6×10^{-3}	≤15	φ850×800	φ400×1600	20						
15	汽车灯具蒸发镀膜设备	$\leqslant1\times10^{-3}$	(大气压抽至2×10^{-2}Pa)						0～3			兰州真空设备有限责任公司
	ZZD-1000 型		≤25	φ1000×1500		15/15				4	60	
	ZZD-1400 型		≤25	φ1400×1900		20/20				4	85	
	ZZD-1600 型		≤10	φ1600×2100		25/27				12	120	
	ZZD-2050 型		≤8	φ2050×2100		40/40				12	180	
16	PECVD-2D 型等离子体化学气相沉积台	4×10^{-4}	(大气压抽至5×10^{-3}Pa) <10	φ400×180	φ290 (热均匀区φ220)	射频电源功率1kW	≤300			6		北京创威纳科技有限公司
	PECVD-2E 型等离子体化学气相沉积台	1.5×10^{-4}	(大气压抽至5×10^{-3}Pa) <10	φ400×180			≤300			6		

表 25-37 国产磁控溅射真空镀膜机主要性能

序号	型号、名称	极限压力/Pa	恢复真空时间/min	镀膜室尺寸/mm	磁控靶 尺寸/mm	磁控靶 功率/kW	磁控靶 数量/个	烘烤温度/℃	总功率/kW	生产厂家
1	JGP 系列高真空多靶磁控溅射设备	6.6×10^{-5}	≤40（充干燥氮气，从大气压抽至 6.6×10^{-4}Pa）					400		中国科学院沈阳科学仪器股份有限公司
	JGP350 型			$\phi300\times280$	$\phi50$	1.5	3		4.5	
	JGP450 型			$\phi450\times280$	$\phi60$		4		10	
	JGP500 型			$\phi500\times280$	$\phi60$	2.5	4			
	JGP600 型			$\phi600\times300$	$\phi60$		6		15	
2	SP 系列高真空矩形靶磁控（电子束联合）镀膜设备		≤40					400		
	SP75 型	6.6×10^{-4}		$400\times300\times1000$	$3\times150\times60$	2			10	
	SP100 型	3.0×10^{-4}		$350\times300\times1300$	$3\times150\times60$	2			10	
	SP320 型	5.0×10^{-4}		$550\times450\times140$	$3\times350\times100$	2			15	
	SP450 型	2.0×10^{-4}		$900\times300\times1800$	$6\times700\times120$	9			25	
3	FJL 系列（超）高真空多靶磁控＋离子束联合溅射设备		≤40					400		
	FJL450 型	6.6×10^{-6}		$\phi450\times450$	$\phi60$	2	2		10	
	FJL520 型	3.0×10^{-5}		$\phi520\times450$	$\phi60$	1	3		10	
	FJL560A 型	1.0×10^{-5}		$\phi560\times450$	$\phi75$	3	3		10	
	FJL560B 型	6.6×10^{-6}		$\phi560\times450$	$\phi60$	1.5	3		15	
4	JDD-700 型多功能磁控溅射镀膜机	6.7×10^{-4}	≤25	$\phi700\times600$		5	5	300	12	北京北仪创新真空技术有限责任公司
5	ZZJ-1600 型旋转圆柱靶磁控溅射镀膜机	6×10^{-3}	≤6			45			90	上海真空泵厂
6	JT 及 JP 系列磁控溅射镀膜机									辽宁锦州真空设备制造总厂
	JT-8 型	5×10^{-3}	≤15	$\phi820\times1200$	$\phi56\times1000$	15			30	
	JT-12 型	5×10^{-3}	≤20	$\phi1250\times1520$	$\phi56\times1300$	30			60	
	JP-7 型	6.7×10^{-4}	≤20	$\phi650\times570$	$308\times127\times10$	10				
	JP-14 型	5×10^{-3}	≤15	$\phi1450\times1780$	$\phi70\times1400$	30			300	
	JP-14B 型	5×10^{-3}	≤15	$\phi1450\times1780$	$\phi70\times1400$	30			150	
7	JTF 系列磁控溅射反应镀膜机									
	JTF-1000 型	5×10^{-4}	≤20	$\phi1050\times1000$	$\phi56\times870$	20			55	
	JTF-14 型	5×10^{-3}	≤15	$\phi1450\times1520$	$\phi56\times1300$	30			30	
	JTF-1000B 型	5×10^{-3}	≤20	$\phi1050\times1000$	$\phi56\times870$	20			50	
	JTF-1000S 型	5×10^{-4}	≤20	$\phi1050\times1000$	$\phi56\times870$	20			70	
	JTF-12B 型	5×10^{-3}	≤20	$\phi1250\times1300$	$\phi56\times1300$	30			90	

续表

序号	型号、名称	极限压力/Pa	恢复真空时间/min	镀膜室尺寸/mm	磁控靶			烘烤温度/℃	总功率/kW	生产厂家
					尺寸/mm	功率/kW	数量/个			
8	JP 系列平面磁控溅射镀膜设备		(从大气压抽至 10^{-3}Pa)							兰州真空设备有限责任公司
	JPTD-1000L 型	5×10^{-3}	≤15	φ1000×900	666×122	12	3	20～130	60	
	JPTD-1000LC 型	5×10^{-3}	≤18	φ1000×1276	980×122	15	3	20～130	60	
	JPTD-1100L 型	4×10^{-3}	≤20	φ1150×1150	800×122	15	2	20～130	90	
	JPT-1000S 型	1×10^{-3}	≤15	φ1000×1000	660×160	10	3	20～130	120	
	DJP-2380 型	6.7×10^{-3}	≤5	2670×2400×700	270×220	60	2	60～120	350	
	JP-1600T 型	2×10^{-4}	≤45	2800×2460×1500	φ160	5/3	4	20～350	80	
	JP-3000 型	2×10^{-4}	≤60	φ2800×4500	φ150	30/10	3/2	20～350	350	
	JPD-1200 型	7×10^{-4}	≤15	2600×1800×620	1600×180	30	1	120	80	
9	JT 系列同轴磁控溅射镀膜设备		(从大气压抽至 10^{-3}Pa)							
	JT-500 型	5×10^{-3}	≤15	φ500×520	φ60×370	5	1	20～350	10	
	JT-900 型	5×10^{-3}	≤30	φ900×1400	φ60×960	30	1		45	
	JTD-1400 型	5×10^{-4}	≤30	φ1400×2000	φ70×1500	30	2		90	
10	JS3S-100B 磁控溅射台	2×10^{-4}	(从大气压抽至 10^{-3}Pa)	φ540×200	φ100	1.5	3	≤300	5	北京创威纳科技有限公司
	JS2S-150B 磁控溅射台	2×10^{-4}	<15	φ600×180	φ150					

表 25-38 国产电弧离子镀膜机主要性能

序号	型号、名称	极限压力/Pa	恢复真空时间/min	镀膜室尺寸/mm	电弧蒸发源		总功率/kW	生产厂家
					功率/kW	数量/个		
1	JTD 及 DH 型磁控多弧离子镀膜机系列		(从大气压抽至 7×10^{-3}Pa)					辽宁锦州真空设备制造总厂
	JTD-1000S 型	6.7×10^{-4}	≤20	φ1000×1000	1.8	8	71	
	JTD-8 型	1.5×10^{-3}	≤10	φ850×1250	1.8	10	50	
	JTD-12 型	2.0×10^{-3}	≤10	φ1250×1520	1.8	8	90	
	DH-8 型	1.5×10^{-3}	≤20	φ850×1000	1.8	8	35	
	DH-16 型	1.5×10^{-3}	≤20	φ1600×3400	1.8	20	180	
	DH-16C 型	3.0×10^{-3}	≤20	φ1600×1800	1.8	11	108	
2	LDH、LDH-800A 型多弧离子镀膜机	5×10^{-4}	≤20	φ800×1000		8	80	北京北仪创新真空技术有限责任公司

续表

序号	型号、名称	极限压力/Pa	恢复真空时间/min	镀膜室尺寸/mm	电弧蒸发源		总功率/kW	生产厂家
					功率/kW	数量/个		
3	TG 系列多弧离子镀膜设备 TG-6 型 TG-8 型 TG-10 型 TG-14 型 TG-24 型 TG-26 型	1×10^{-3}	≤13 (从大气压抽至 6.7×10^{-3}Pa)	ϕ1250×1100 ϕ1000×1500 ϕ1250×1500 ϕ1250×1500 ϕ1800×3500 ϕ2200×3000		6 8 10 14 24 26		兰州真空设备有限责任公司

表 25-39 国产卷绕式镀膜机主要性能

序号	型号、名称	极限压力/Pa	恢复真空时间/min	镀膜室尺寸/mm	蒸镀带材尺寸		最大卷绕速度/m·min^{-1}	蒸发舟		总功率/kW	生产厂家
					卷径/mm	幅宽/mm		功率/kW	数量/个		
1	ZZ-2400 型高真空卷绕式镀膜机 ZZ-2400 型 ZZ-2400B 型 ZZ-2400C 型 ZZ-2400D 型	上室 1.3×10^{-1} 下室 5×10^{-3}	(从大气压抽至 6×10^{-2}Pa) <8	2400×2100 2400×2100 2400×2250 2400×2350	1100	1100 1350 1500 1600	450	每组 0～7.5 可调	12 15 16 18	300 320 330 350	上海曙光机械制造厂
2	ZZ-1800KIV 系列高真空卷绕式镀膜设备 ZZ-1800KIV 型 ZZ-1800KBIV 型 ZZ-1800KCIV 型 ZZ-1800KDIV 型	上室 1.3×10^{-1} 下室 5.0×10^{-3}	<8	2000×1560 2000×1810 2000×2000 2000×2100	600	1100 1350 1500 1600	400	每组 7～10	12 15 16 17	280 300 310 320	
3	ZZB-1380 系列高真空卷绕式镀膜机 ZZB-1380A 型 ZZB-1380K 型	上室 1.3×10^{-1} 下室 5.0×10^{-3}	<10	ϕ1400×1250	450	800	280	每组 7～10	9	188	
4	JCJ-D1200 系列磁控溅射卷绕镀膜机 JCJ-D1200 型 JCJ-D1200C 型	1.0×10^{-4}	<20	1915×1200 2020×1600	400	1200	1～10		5 7		

续表

序号	型号、名称	极限压力/Pa	恢复真空时间/min	镀膜室尺寸/mm	蒸镀带材尺寸 卷径/mm	蒸镀带材尺寸 幅宽/mm	最大卷绕速度/m·min⁻¹	蒸发舟 功率/kW	蒸发舟 数量/个	总功率/kW	生产厂家
5	ZZ 系列卷绕真空镀膜机 ZZ1100-1/Z 型 ZZ1300-1/Z 型 ZZ1300-2/Z 型 ZZ1600-2/Z 型 ZZ650-2/D 型	2.0×10^{-3}	 <15 <15 <12 <12 <12		 750 750 1000 1000 450	 1100 1300 1100 1020 670	 480 480 600 600 900		 12 14 12 18 8	 180 200 200 240 160	国投南光有限公司
6	卷绕真空镀膜机 ZDL-6B 型 ZDL-13 型 ZZ-650 型 ZG-15 型	1.3×10^{-3}	 ≤30 ≤15 ≤15 ≤20	 ϕ600×560 ϕ1300×1260 ϕ650×450 ϕ1500×1200			 70 80 120 200	 8 8 8	 2 4 1	 25 93 18 160	辽宁锦州真空设备制造总厂
7	ZZL 系列高真空卷绕镀膜设备 ZZL-1800/1.1 型 ZZL-1800/1.2 型 ZZL-1800/1.3 型 ZZL-1800/1.6 型	上室 1×10^{-1} 下室 7×10^{-3}	(大气压至工作压力，清洁、空载) ≤8	ϕ1800	ϕ650	1100 1200 1300 1600	500	10(单)	11 12 13 16	260 270 280 310	兰州真空设备有限责任公司
	ZZL-1000/0.7 型 ZZL-1400/0.7 型 ZZL-2200/2.0 型 ZZL-2400/2.8 型 ZZL-1600/0.7 型			ϕ1000 ϕ1400 ϕ2200 ϕ2400 ϕ1600	ϕ350 ϕ500 ϕ800 ϕ1000 ϕ500	700 700 2000 800 700	400 400 500 720 400	10(单) 10(单) 13(单) 15(单) 20(单)	7 7 20 26 4	85 120 350 350 140	

近十几年来，中国科学院沈阳科学仪器股份有限公司开发的镀膜新产品如下：

（1）JGP 系列磁控溅射系统

用于纳米级单层及多层功能膜、硬质膜、金属膜、半导体膜、介质膜等新型薄膜材料的制备。可广泛应用于大专院校、科研院所进行薄膜材料的科研与小批量制备。

（2）FJL 系列磁控与离子束复合系统

用于纳米级单层及多层功能膜、硬质膜、金属膜、半导体膜、介质膜、铁磁膜和磁性薄膜等的制备。可广泛应用于半导体、微电子及新材料领域。

（3）LMBE 系列激光分子束外延设备

用于生长光学晶体、铁电体、铁磁体、超导体和有机化合物薄膜材料，特别适用于生长高熔点、多元素及含有气体元素的复杂层状超晶格薄膜材料。可广泛应用于大专院校、科研院所进行薄膜材料的科研与小批量制备。

（4）PLD 系列激光镀膜设备

用于制备超导薄膜、半导体薄膜、铁电薄膜、超硬薄膜等。可广泛应用于大专院校、科研院所进行薄膜材料的科研与小批量制备。

（5）DZS 系列电子束蒸发镀膜系统

用于制备导电薄膜、半导体薄膜、铁电薄膜、光学薄膜等。可广泛应用于大专院校、科研院所进行薄膜材料的科研与小批量制备。

（6）单室热蒸发真空镀膜机

用于制备金属单质薄膜、半导体薄膜、氧化物薄膜、有机薄膜等。可用于科研单位进行新材料、新工艺薄膜研究工作，也可用于大批量生产前试验工作。

（7）FHL 系列硬碳膜制备设备

用于开发单层膜——类金刚石膜（DLC）等。适用于批量生产红外透镜的军工及光学镜片厂家。

（8）PECVD 系列等离子体化学气相沉积镀膜设备

用于在真空环境下，通入反应气体，制备各种介质膜、半导体膜等，为新材料和薄膜科学研究领域提供了理想的研制手段。

（9）方形四室磁控溅射系统

用于在晶体硅表面沉积金属薄膜（Al、Ag、Ni、Cu、Ti、Pd 等），并能够实现反应溅射，可完成高、低真空下磁控溅射镀膜工艺，具备较大尺寸和多种尺寸规格的晶体硅光伏电池薄膜的连续制备能力。

第26章 真空热处理炉设计

26.1 真空热处理炉简述

真空热处理炉问世要追溯到20世纪40年代后期，1949年美国研制成小型真空热处理炉，只能用于真空退火和时效处理，生产能力很低。1958年美国易卜生公司开发出来了真空密封电机，使风机高速旋转，将惰性气体强制对流冷却技术用于真空热处理炉，促进了真空气体淬火技术的发展。1978年为改进气冷式真空热处理炉的冷却速度，开发了加压式真空热处理炉，但对不锈钢的淬火而言，冷却速度还是不足，直到1981年解决了高压高速气冷问题，才使加压真空气淬炉进入市场。我国这方面起步较晚，1983年沈阳真空技术研究所研制成功了第一台加压真空气淬炉，将炉内冷却压力由负压提高到正压1Pa。

26.1.1 真空热处理的特点

金属材料进行真空热处理能够取得许多常规热处理所得不到的特殊效果，其特点如下所述。

(1) 光亮热处理

金属和合金材料经过热处理后，表面氧化、脱碳、增碳以及被腐蚀等，这些是热处理常见的弊病。这些弊病的产生，主要是在热处理炉内的气氛中含有大量的氧、水蒸气、一氧化碳、二氧化碳等氧化性气体。在这样的气氛中加热工件时，其表面被氧化，形成一层氧化膜，进一步氧化便产生氧化皮。加热温度越高，时间越长，氧化就越严重。在真空气氛中，气体很稀薄，氧分压力很低，氧化作用被抑制，所以能够很容易地对金属零件进行光亮热处理。

在真空炉中金属材料氧化，是因为炉内残存的氧和从炉外渗入的氧引起的，氧化程度取决于氧量的多少，随着处理时间的增长，起氧化作用的氧量主要取决于泄漏量。

一般设计制造良好的真空炉其升压率小于6.5×10^{-1}Pa/h时，就可以得到光亮热处理的效果。

对工件真空淬火而言，当炉内真空度为1～0.1Pa时，工件表面可达到不脱碳、不渗碳的目的，实现光亮淬火。例如：用于GCr15轴承钢制作的纺机零件锭底的光亮淬火，锭底的技术要求非常高，锭底的内部顶尖处，冷冲压后不再进行任何机加工，淬火后表面不允许有脱碳等缺陷。选用50%NaCl+50%Na_2CO_3的中温盐加热，淬火冷却介质用20%NaOH水溶液，其操作条件较差。用真空炉淬火后，质量得到了很好的保证和提高，操作条件得到了极大的改进。用Cr12MoV钢制造的针织机上的三角件经真空淬火后，产品质量稳定，耐磨性好，提高了寿命。

另外，在精密的小微型（轴承内径<9mm）轴承上应用也较多，如采用不锈钢和轴承钢制作的轴承套圈，经真空淬火后的质量非常好，表面没有脱碳、渗碳现象，同时套圈的材质又可以进行脱气，其杂质可以降低到1.5ppm以下，使硬度分布均匀，畸变极小，从而提高了轴承的耐磨性，且具有高的弹性极限和接触疲劳强度，延长了轴承的使用寿命。

(2) 表面净化作用

金属零件经过机械加工后，在存放过程中金属光泽会逐渐失去，这就是金属在大气中的氧化。特别是在雨季，稍不注意或搬运时沾上汗迹、污物，零件很容易产生局部锈蚀。这些锈蚀如不除去，在常规的热处理炉内进行热处理后，原来的氧化膜还要加厚，锈蚀加深，往往导致金属零件报废。众所周知，金属的氧化物在普通高温加热时，是按下列方程式进行分解的：

$$2MO \rightleftharpoons 2M + 2O \text{（M 代表金属）}$$

$$2O \longrightarrow O_2$$

金属氧化物分解所产生的气体压力称为分解压力。当氧的压力大于分解压力时，反应方向向左推进；氧的压力小于分解压力时，反应方向向右进行。因而在高真空下，由于氧分压很小，反应通常是向右方向。因此，金属氧化物被分解，分解的氧被真空泵抽出，恢复了金属表面原有的光泽。

尽管工业上一般真空退火炉的真空度是$1\sim10^{-5}$Torr，这样的气氛压力远比氧化物的分解压力高，似乎氧化物在这样的压力下加热尚不能产生分解反应，然而实际上在真空气氛中加热却能使工件表面获得光亮。其原因是：当工件处于真空气氛中加热时，表面的氧化物转变为Ⅱ级氧化物，对加热处理是不稳定的，因而出现升华现象。使生锈的工件锈斑消失，表面复现光泽。

对于有内螺纹、小孔、盲孔的工件，加工过程中残留油脂，很难清洗干净，在真空中加热很容易分解为氢、水、二氧化碳等气体，应立即用真空泵抽走，净化工件表面。

(3) 真空热处理脱气作用

熔炼金属材料时，液态金属会吸收大气成分中氢、氧、氮，一氧化碳等气体。液态金属中溶解的气体，随着温度的升高而增多，随着温下降而减小。当冷却铸锭时，由于冷却速度太快，气体无法完全释放出来，留于固态金属内。即使采用真空冶炼，仍会有部分气体残留于固体金属中。金属材料在存放以及机加工过程中还会吸收一些气体。

气体在金属中的存在形式有：①气体以原子或离子形式存在于金属中。它们通常以间隙原子（例如氢）和置换原子（例如氮）存在；②气体以分子形式存在于气孔、白点和显微裂纹中；③气体和金属以化合物形式在金属表面及内部形成单独的相，如钢中的氧化物和氮化物；④气体在金属表面和内部气孔表面的化学及物理吸附。

真空除气分为两种类型：一是在真空条件下，金属中的气体分子由其内部向表面扩散，从金属表面释放出来，并被真空泵抽走；二是气体以与金属生成的化合物蒸气自金属表面升华而被除去。如在Nb或Ta中的氧，在真空除气时是以气相NbO_2、NbO、TaO、TaO_2形式自金属表面挥发而被排走。

气体以原子或离子形式存在于金属点阵中，或以分子形式存在于金属内部的气孔、裂纹中，其除气过程如下：

① 溶解于固体金属内，位于金属点阵间作为间隙原子的气体原子或离子，在真空除

气时开始通过空隙，沿着晶界或小平面形状的点阵缺陷，如位错、低角晶界向表面扩散。

② 气体原子或离子从金属内部扩散至金属表面，脱离金属点阵在表面呈被吸附状态。

③ 被吸附在金属表面的相同气体的原子重新结合为气体分子。

④ 重新结合的气体分子脱离固体金属表面进入真空炉室并被真空泵抽走，从而达到从金属内部除去气体的目的。

由此可见，金属在真空中脱气过程是：金属中的气体向表面扩散；气体由金属表面脱附；空间的气体被真空泵排走。引起气体分子由金属中向表面扩散的原因是分子浓度差，因金属表面处于真空状态，气体分子浓度远远低于金属内部气体分子浓度。而扩散速度取决于扩散系数，温度越高扩散系数越大，除气效果越好。当真空度和除气温度确定后，除气时间越长，除气效果越好，原因是气体分子扩散需要一定的时间。

经过真空热处理后的金属材料与常规热处理相比，力学性能，特别是塑性和韧性有明显的增加，很重要的原因是在真空热处理时的除气作用所致。

用于钻矿机械上的凿岩工具的硬质合金柱（片）经真空固溶处理后，硬质合金不易碎裂，从而提高了耐磨性和耐冲击性，延长了使用寿命，在硬质合金行业得到了推广。由于真空技术的应用，对于$Cr_{12}MoV$、Cr_{12}、Cr_4W_2MoV、$6Cr_4W_3Mo_2VNb$(65Nb)、9CrSi、$7CrMo_3V_2Si$(LD)、$W_6Mo_5Cr_4V_2$ 等冷作模具钢和需要承受较大负荷及强韧性的 $3Cr_2W_8V$、$4Cr_5MoSiV_1$、$5Cr_4W_5Mo_2V$ 等作为模具钢而言，用其制作的拉伸模、挤压模、热碾模，因为在真空炉内加热时具有脱气作用，真空淬火后其强度和耐磨性能得到很大的提高，模具的使用寿命一般可以提高 30%～120%。

(4) 脱脂作用

金属零件在加工过程中需要使用润滑油，如机械加工件为了提高光洁度（粗糙度）需要用油来冷却。这些油脂用一般清洗方法很难彻底洗净，特别是形状复杂或多孔的零件。而这些残留在工件上的油脂在热处理（常压下）后，就会在零件上产生斑点及腐蚀，直接影响金属零件的表面光洁度和精度。特别是奥氏体不锈钢未除尽的油污，在高温加热时要局部增碳，致使这些地方抗腐蚀性能降低。这些油脂属脂肪族，是碳、氢和氧的化合物，蒸气压力较高，在真空热处理中加热分解成为氢、水蒸气和二氧化碳气体，这些气体很容易蒸发并迅速从金属零件表面挥发消失。所以，在工件上不存有大量油脂的情况下，真空热处理前就无需再进行特别的脱脂处理。

(5) 不增碳、不脱碳

脱碳是碳被氧化造成的；碳与氧反应脱离金属表面而产生脱碳。金属零件因为脱碳而达不到技术要求的硬度，在零件不经机械加工或磨削余量小于脱碳层的情况下，会造成废品。脱碳对抗拉强度、疲劳强度等机械性能都有不利的影响。由于真空中的氧量甚微，因此可以防止金属零件脱碳或增碳。如 DT4 电工钢做了脱碳和增碳试验：在真空热处理前测得试样含碳量为 0.025，处理后含碳量为 0.026，仅增加 0.001%，这个量就是对精密合金来说也是微不足道的。所以，真空热处理可以实现金属零件不增碳、不脱碳。

(6) 提高金属零件的机械性能

由于真空热处理具有不氧化、不增碳、不脱碳以及脱气作用等优点，因此，经真空热处理后的金属零件的机械性能普遍有所提高，特别是塑性、冲击韧性、疲劳强度和断裂韧性。图 26-1 是对 30 CrMnSiA 钢进行的疲劳对比试验曲线：曲线 1 为真空热处理：真空度为 5×10^{-3} Torr，900±5℃淬火，500℃空气炉回火；曲线 2 为盐炉热处理：采用 900±5℃淬火，500℃空气炉回火。从图中可以看出，该材料真空热处理的疲劳强度比盐炉热处理高出超过 50%。

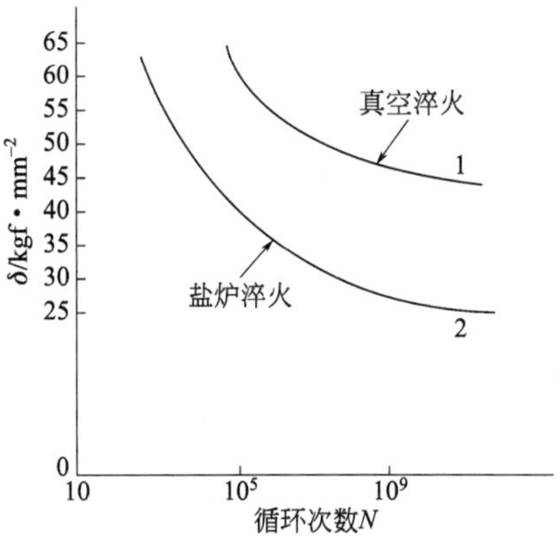

图 26-1 疲劳强度对比曲线

(7) 热处理变形小

金属零件经过热处理后出现的变形是因为零件在热处理过程中，由于零件内外相变时间的不同，产生了相变应力；加热和冷却时速度的不同，产生了热应力，这两种应力是热处理变形的主要原因。由于真空加热主要靠辐射传热，零件一般是冷装炉随炉升温，加热缓慢，零件内外温差较小，热应力也较小，加之没有氧化皮，冷却时较均匀，故真空热处理变形小。

对新高速钢 $W_6Mo_5Cr_4V_2$ 制成的罗拉拉刀做了真空热处理变形试验。工艺条件：真空加热 600℃×30min—850℃×20min—1180℃×10min，充氮气淬—真空回火 560℃×120min，充氮风冷。试验结果是 15 把罗拉拉刀的光亮度、硬度、金相组织和变形均达到了技术条件的要求。其最大变形量为 0.022mm，平均变形量为 0.013mm，而盐浴淬火的罗拉拉刀的合格率仅占 1/3，其最大变形量为 0.16mm，平均变形量为 0.08～0.1mm。所以，真空热处理的变形是很小的，$W_6Mo_5Cr_4V_2$ 制的罗拉拉刀真空热处理的变形是盐炉热处理变形的 1/6。

(8) 节省能源

真空热处理炉由于采用了热导率小、隔热性能好，热容量小的石墨毡和耐火纤维毡作为隔热材料，因此，蓄热损失和散热损失很小，可以实现快速加热和快速冷却。如 ZC-65 型真空淬火炉从室温升至 1320℃仅用 14min。而普通硅碳棒加热的高温炉，特别是生产用的较大型的炉子，一般要 4～6h 才能升至 1200℃。盐炉须连续通电，盐如不保持在熔融状态就无法使用，盐一旦凝固，就需要长时间加热才能熔化。对于可控气氛炉来说，除了升温时间长外，其工作过程中要消耗大量的炉气（且不说炉气本身也是能源），炉气带走了许多热量。即使在使用不频繁的情况下，也得把气体发生器开着，以便随时使用炉气。上述这些都会造成能源的浪费。而真空热处理炉炉内几乎不存在气氛，即使为了特定目的（如真空度控制需充入高纯氮气）而使用气氛的话，其量也是微乎其微的，气氛带出去的热量损失也是极小的。

上面仅从设备本身来看节省能源，要是再加上零件经过真空热处理后，由于不增碳、不脱碳，热处理变形小，因此可以省去磨削或减少磨削工序零件表面光亮没有氧化皮，可以省去酸洗工序；处理后的零件质量好，合格率高等因素，则节省能源就更可观了。

26.1.2 真空热处理炉分类

真空热处理炉的种类很多，为了便于分析比较与合理选择、使用，通常按以下几个特征进行分类。

按使用用途可分为：真空退火炉、真空淬火炉、真空回火炉、真空渗碳炉等。

按真空度可分为：低真空炉（1333～1.33×10^{-1}Pa），高真空炉（1.33×10^{-2}～

$1.33\times10^{-4}Pa$)、超高真空炉（$1.0\times10^{-4}Pa$ 以上）。

按照加热体（电热体、加热元件）所处位置的不同，可分为两种：

(1) 外热式（热壁式）炉

这种又叫马弗炉。其加热体安置在马弗罐外部，在大气中加热罐体。被加热的工件放在炉室内部，并对炉室内部抽真空，由高温罐体热辐射将工件加热，这是真空热处理炉早期发展的炉型，优点是炉子结构简单，制造容易，加热体不产生放电现象，真空炉内附件少，开孔少，密封面少，抽真空容易，设备投资少。其缺点是炉子的工作温度受到限制，因为炉室内部处于真空，外部受一个大气压力的作用，故对罐体材料高温强度要求很高，否则在高温下罐体受压会变形。这种炉型一般都在1100℃以下应用，工件的加热和冷却时间比较长，适用于小型炉子。

为了克服真空炉在高温下罐体变形，又出现罐体内部和外部同时抽空，故可以提高工作温度。这种马弗炉的真空系统比较复杂，成本也提高很多，若操作不当，罐体也会出现因受压力作用而变形。

(2) 内热式（冷壁式）炉

这种真空热处理炉把加热体、保温炉衬和炉床等都放在炉室内部。因炉壳采用水冷，故炉室内工件加热温度不受炉壳材料高温强度的限制，可加热到很高的温度，这就克服了外热式炉的缺点。目前真空热处理炉绝大部分是内热式。

按照真空热处理炉加热方式的不同，可分为两种：

(1) 直接加热式真空热处理炉

电流直接通过工件，利用工件本身的电阻热使工件升温，该种方法适用于工件截面相同，质地均匀的细长工件。

(2) 间接加热式真空热处理炉

在炉壳体的内部采用耐高温的电阻材料做电热体，通电之后，以辐射方式将电阻热传给工件，目前绝大部分是间接加热式的真空热处理炉。

按照炉子作业方式的不同，可分为三种：

(1) 周期式真空热处理炉

当炉子每完成一次工作后，炉子停止加热并降温，充入气体取料和装料，并重新抽空，进行下一次工作循环，这种炉子称为周期式炉。它的辅助时间长，能耗大，但结构简单。

(2) 半连续式真空热处理炉

该炉型至少有两个工作室，即一个加热室和一个装料出料室。工件的升温和保温均在加热室中进行，而装料与出料在另一个室内进行，在两个室中间用真空闸阀隔开。工作中加热室始终不接触大气，一直保持真空。其辅助时间大为缩短，能耗降低，但炉子结构复杂。

(3) 连续式真空热处理炉

该炉型至少有三个工作室，即装料室、加热室和出料室，最少用两个真空闸阀将其隔开。工件由装料室进入加热室中加热，再由出料室出炉。工作中加热室始终不接触大气，其辅助时间更加缩短，能耗降低，但炉子结构更加复杂。

按炉子结构型式的不同，可分为两种：

(1) 立式真空热处理炉

该炉体中心线与地面垂直，向空间高度发展，占地面积小。

(2) 卧式真空热处理炉

该炉体中心线与地面平行，向平面发展，占地面积大。

按炉子工作温度的不同，可分为三种：

(1) 低温真空热处理炉

工作温度低于1150℃的炉子叫做低温炉。

(2) 中温真空热处理炉

工作温度在1150～1600℃的炉子叫做中温炉。

(3) 高温真空热处理炉

工作温度高于1600℃的炉子叫做高温炉。

26.2 真空热处理工艺类型

真空热处理工艺主要有真空淬火、真空回火、真空退火、真空渗碳等。

26.2.1 真空淬火

按采用的冷却介质不同，真空淬火可分为真空油冷淬火、真空气冷淬火、真空水冷淬火和真空硝盐等温淬火等，但工业上应用最多的是真空气冷淬火和真空油淬。

真空淬火后的工件表面光亮，不增碳不脱碳，使服役中承受摩擦和接触应力的产品使用寿命提高几倍甚至更高，如工模具。众所周知，工模具已是应用真空淬火最广泛、最主要的产品了。与表面状态好具有同等重要意义的是淬火后工件尺寸和形状变形小，一般可省去修复变形的机械加工，从而提高了真空淬火的经济效益并弥补了设备投资大的不足。经真空淬火的产品硬度均匀，工艺稳定性和重复性好，这对采用计算机微电子技术和智能控制系统大批量生产的热处理工业应用，意义更为重要。

制定真空淬火工艺的主要内容是：确定加热制度（温度、时间及方式）；决定真空度和气压调节；选择冷却方式和介质等。

真空中加热的材料快速冷却方法有好几种，有用氮气等惰性气体冷却的，也有用油和水冷却的。能够进行真空淬火的材料有：气体淬火用的钢、各种高速工具钢、油淬火用的工具钢、不锈钢、镍合金和钛合金等。表26-1所示为美国海斯公司推荐的各种钢材真空淬火的真空度和淬火方法。表内真空度一栏中，（低）表示只用油封真空机械泵，（中）表示使用罗茨真空泵，（高）表示与扩散泵并用。

表26-1 各种钢材的真空度和淬火方法

钢种	真空度			淬火方法		
	低	中	高	油	水	气体
耐冲击钢						
S-1(SKS41)	A	B		A		
S-2(SKS4)	A	B		A		
S-3	A	B		A		
S-4	A	B		A		
S-5	A	B		A		

续表

钢种	真空度			淬火方法		
	低	中	高	油	水	气体
油淬火钢						
O-1	A	B		A		
O-2	A	B		A		
O-6	A	B		A		
O-7(SKS21)	A	B		A		
4140(SCM4)	A	B		A		
4340(SNCM8)	A	B		A		
52100(SUJ2)	A	B		A		
空气淬火钢						
A-2(SKD12)	A	B		C		A
A-6	A	B		C		A
A-7	A	B		C		A
D-1	A	B		C		A
D-2(SKD11)	A	B		C		A
D-4	A	B		C		A
D5	A	B		C		A
D-7	A	B		C		A
H-11(SKD6)	A	B		C		A
H-14	A	B		C		A
H-21(SKD4)	A	B		C		A
H-22	A	B		C		A
高速工具钢(W系)						
T-1(SKH2)	A	B		A		E
T-2	A	B		A		E
T-3	A	B		A		E
T-4(SKH3)	A	B		A		E
T-5(SKH4A)	A	B		A		E
T-15(SKH10)	A	B		A		E
高速工具钢(Mo系)						
M-1	A	B				E
M-2(SKH9)	A	B		A		E
M-6	A	B		A		E
M-10	A	B		A		E
M-30	A	B		A		E
M-50	A	B		A		A
钛合金						
Ti-2Al-4Mn	A	B	D		A	
Ti-6Al-4V	A	B	D		A	
Ti-679	A	B	D		Λ	
Ti-6Al-4V(低 O_2)	A	B	D		A	
Ti-6Al6V2-5Sn-(Fe,Cu)	A	B	D		A	

续表

钢种	真空度			淬火方法		
	低	中	高	油	水	气体
不锈钢						
400	A	B				A
410	A	B				A
416	A	A				A
420	A	B				A
440	A	B				A
析出硬化型合金						
N1-SpanC	A	B	A			A
AM-350	A	B	A			A
AM-355	A	A	A			A
17-7PH	A	B	A			A
14-4PH	A	B	A			A
铁镍基合金						
901 合金	A	B	A			A
A-286	A	B	A			A
Discaloy	A	A	A			A
Unitemp	A	B	A			A
钴基合金						
AL-Resist 213	A	B	A			A
H-21	A	B				A
MAR-M 509	A	B	A			A
Wl-52,HS152	A	B				A
镍基合金						
718 合金	A	B	A			A
耐蚀耐热镍基合金 X	A	B				A
因康镍合金 X750	A	B	A			A
M-252-J-1500	A	B	A			A
RA-333	A	B	A			A
Rene,41	A	B	A			A
Rene,52	A	B	A			A
Rene,63	A	B				A
TD 镍(棒)	A	B	A			A
Waspaloy A	A	B	A			A
Waspaloy B	A	B				A
Greek Ascoloy	A	B				A

注：A—必要条件；B—改善泵的停车时间；C—为缩短热处理循环时间，最好在 550℃时用油淬；D—用扩散泵只排出氢气；E—在气体中缓冷后，在 1090℃下油冷。

从表 26-1 中可以看到，对耐冲击的合金工具钢（SKS4）、油淬火工具钢（SKS21）、油淬火结构钢（SCM4、SNCM8）和轴承钢（SUJ2）等来说，真空度在 $10 \sim 10^{-1}$Pa 就可以了，不需使用扩散泵，但必须用油冷。气体淬火的合金工具钢（冷冲模具钢、热冲模具钢）为中真空度，原则上是采用气体冷却，但是为了缩短热处理周期，在 550℃左右可用油冷。高速钢（W系SKH2、MO系SKH9）由于淬火温度属高温，考虑到合金元素的蒸发，不采用扩散泵抽气，而采用中真空度。为了控制冷却过程中碳化物的析出，油淬是比较理想的，但是美国是采用先用气体缓冷，到1090℃后再油淬的方法。

另外，钛合金一般也是采用中真空，但为了从这些合金中排出氢气，所以必须采用扩散泵，以达到高真空。淬火方法采用水冷。不锈钢、析出硬化型合金、铁镍、钴基合金等都必须在中真空下加热，如果需要高的光亮度，则应在 $10^{-1}\sim10^{-2}$Pa 的较高真空中加热。冷却方法一般为气冷。

真空油淬对淬火油的要求：①饱和蒸气压低，不污染真空系统，不影响真空效果；②在低温下能保持冷却能力变化很小；③化学稳定性好，使用寿命长；④含杂质少，特别是含碳要更低；⑤酸值低，淬火后表面光亮度高。我国生产的ZZ-1及ZZ-2真空油具有饱和蒸气压低，冷却能力高，热稳定性好的特点。适合于工模具钢、轴承钢以及航空业结构钢的真空淬火，其性能指标见表26-2。

表 26-2 真空淬火油技术指标

技术指标 \ 型号		ZZ-1	ZZ-2
黏度(50℃)/($10^{-6}m^2\cdot s^{-1}$)		20～25	50～55
闪点/℃	不低于	170	210
凝点/℃	不高于	−10	−10
水分/%		无	无
w(残碳)/%	不大于	0.08	0.1
酸值/(mg(KOH)·g^{-1})		0.5	0.7
饱和蒸气压(20℃)/Pa		5×10^{-5}	5×10^{-5}
抗氧化安定性		合格	合格
冷却性能特 性温度/℃ 特性时间/s 800℃冷至400℃的时间/s		 600～620 3.0～3.5 5～5.5	 580～600 3.0～4.0 6～7.5

进行真空油淬工艺，对淬火油使用要求：①为避免油瞬时升温气化对设备造成污染，一般冷却室充纯氮，压力为40～73kPa，有时对某些低淬透性钢，气压可增至大气压，可得到更高的冷却速度；②油池中油量要充足，按热平衡计算出的油量，再附加一定的安全油量。一般工件质量与油质量之比为1∶10～15；③使用过程中需定期分析油的黏度、闪点、冷却能力和水分，以免影响淬火质量；④淬火油应在40～70℃使用。油温过低，影响冷却速度，淬火后工件硬度不均，表面光亮度差；油温过高，发生沸腾、造成污染；⑤油温要均匀，油池中应安装搅拌装置。油静止时冷却速率为0.25～0.30℃/s，激烈搅拌时为0.80～1.10℃/s。

真空气淬时，使用的冷却气体有氩、氦、氢、氮，各种冷却气体在100℃时的某些物理特性见表26-3。

表 26-3 各种冷却气体物理特性

气体	密度/(kg·m^{-3})	普朗特数	黏度系数/(Pa·s)	热导率/(W·m^{-1}·K^{-1})	热导率比
N_2	0.887	0.70	2.15×10^{-5}	0.0312	1
Ar	1.305	0.69	27.64	0.0206	0.728

续表

气体	密度/(kg·m^{-3})	普朗特数	黏度系数/(Pa·s)	热导率/(W·m^{-1}·K^{-1})	热导率比
He	0.172	0.72	22.1	0.166	1.366
H_2	0.0636	0.69	10.48	0.220	1.468

各种气体冷却能力见图 26-2。

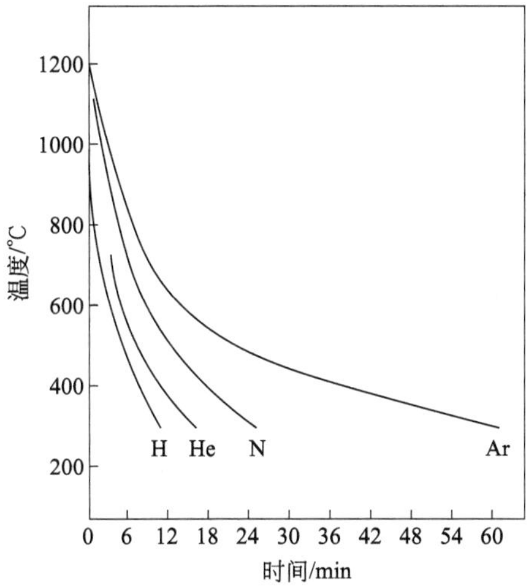

图 26-2　各种气体冷却能力

26.2.2　真空回火

真空回火的目的是将真空淬火的优势，即产品不氧化、不脱碳、表面光亮、无腐蚀污染等保持下来，如果不采用真空回火，将失去真空淬火的优越性。对热处理后不再进行精加工并需进行多次高温回火的精密工具更是如此。如高速钢 W6Mo5Cr4V2 和 SK55 制的 $\phi 8\times 130$mm 试样经 1210℃真空淬火及 560℃三次真空回火后与同样参数的盐浴淬火、回火的硬度水平相当，但经真空回火试样的静弯曲破断功（破断载荷与形变量乘积）却明确提高了，如表 26-4 所示。又如钛合金 TC4，当其含氢量大于 50×10^{-6} 时将产生氢脆。即使未能在真空中淬火（如在电炉中于 900±10℃加热水淬），但在 3.3×10^{-1}Pa 和 550±5℃条件下真空时效 2.5h，其强度与常规时效所差无几，而塑性却明显提高了（去氢效果所致）。例如，常规时效所得 δ_5 为 8.0%，而真空时效则为 13.7%。

表 26-4　淬火回火方法对高速钢性能影响

处理条件 / 性能 / 材料	真空淬火				盐浴淬火			
	真空回火		盐浴回火		真空回火		盐浴回火	
	硬度(HRC)	静弯曲破断功/J	硬度(HRC)	静弯曲破断功/J	硬度(HRC)	静弯曲破断功/J	硬度(HRC)	静弯曲破断功/J
W6Mo5Cr4V2	64	6210×10^4	64.4	5910×10^4	64.1	6810×10^4	64.4	4590×10^4
SKH55	64.8	4650×10^4	65	4780×10^4	65	5400×10^4	65.5	3170×10^4

影响真空回火产品质量因素如下所述。

(1) 真空回火的光亮度

提高产品光亮度的措施如下。

① 提高工作真空度，由以前真空回火通常采用1～10Pa提高到1.3×10^{-2}Pa，提高真空度的目的是减少O_2的含量，消除O_2对工件氧化的影响；

② 充N_2气中加入10%的H_2，使循环加热和冷却气流的混合气呈还原性气氛，使炉内的氧化性气氛与H_2中和，形成弱还原性气氛；

③ 减少真空炉隔热屏吸收和排放水汽的影响，隔热屏吸、排气是造成真空回火光亮度不高的问题之一。可采用全金属隔热屏，或采用外层为石墨毡，里面4层金属隔热屏结构，以排除耐火纤维隔热屏吸水性大的弊端；

④ 快速冷却，使工件出炉温度低，提高回火光亮度；

⑤ 提高温度均匀性，温度均匀性好，有利于回火光亮度一致。

经验表明，采用上述新方法回火处理使真空回火后的工件表面光亮度可达真空淬火后的90%以上。

(2) 真空回火脆性

钢在淬火后需要进行回火的目的主要是降低脆性，提高韧性。但随着回火温度的升高，而强度与硬度会降低，钢的冲击韧度并不是单调上升，而是在200～350℃之间以及450～650℃之间出现两个低谷。在这两个温度范围内回火，虽然硬度有所下降，但冲击韧度并未升高，反而显著下降。由回火引起的脆性称为回火脆性。在200～350℃出现的称为第一类回火脆性，在450～650℃出现的称为第二类回火脆性。

目前，尚不能完全消除第一类回火脆性，但是可以采取以下一些措施来减轻第一类回火脆性。

① 降低钢中杂质元素含量；

② 用Al脱氧或加入Nb、Ti等元素细化奥氏体晶粒；

③ 加入Mo、W等减轻第一类回火脆性的合金元素；

④ 加入Cr、Si以调整发生第一类回火脆性的温度范围，使之避开所需的回火温度；

⑤ 采用等温淬火代替淬火加高温回火。

防止第二类回火脆性，可以采取以下方法：

① 降低钢中杂质元素；

② 加入能细化奥氏体晶粒的元素如Nb、V、T等以细化奥氏体晶粒，增加晶界面积，降低单位面积杂质元素偏聚量；

③ 加入适量的能扼制第二类回火脆性的合金元素Mo、W等；

④ 避免在450～650℃范围内回火，在650℃以上回火后采取快冷。

26.2.3 真空退火

真空退火是最早在工业上得到应用的真空热处理工艺，对金属材料及工件进行真空退火除了要达到改变晶体结构、细化组织、消除应力、软化材料等工艺目的以外，还为了发挥真空加热可防止氧化脱碳、除气脱脂、使氧化物蒸发，以提高表面光亮度和力学性能的作用，例如，在超高真空1.33×10^{-6}～1.33×10^{-8}Pa中加热难熔金属使其表面氧化物产生蒸发、除气及提高塑性。真空退火在工业中的应用，可归纳为：活性与难熔金属的退火与除气；电工钢及电磁合金、不锈钢及耐热合金，铜及其合金以及钢铁材料的退火等。

金属在真空中退火是真空热处理的一种。用于真空退火的金属除一部分的钢、铜、Be-Cu合金、K蒙乃尔合金、因康镍X合金、埃林瓦合金和钴基合金等外，还有与气体的亲和力较大的，如Ti、Ta、Nb和Zr等金属。退火时的真空度必须根据这些金属的氧化特性进行考虑。真空退火的脱气效果取决于炉子的加热温度、真空度和操作时间等工艺条件，以及气体和金属化合物的物理化学性能。真空退火的主要应用范围是：

① 活性金属、耐热金属的退火；

② 铜和铜合金的光亮退火；

③ 磁性材料的消除应力退火；

④ 真空管材料的脱气退火；

⑤ 不锈钢的退火。

各种材料的工作真空度和处理温度见表26-5。

表26-5 真空退火的热处理规范

材料	处理方法	压力/Pa	温度/℃
Be-Cu合金	硬化	10^{-2}	343
不锈钢	硬化	10^{-2}	343
高速钢	回火	$10^{-2}\sim10^{-3}$	538
有色金属材料	银钎焊	10^{-2}	816～982
不锈钢	退火	10^{-1}	9
不锈钢	硬化	$10^{-1}\sim10^{-2}$	1093
不锈钢	烧结	10^{-2}	1093～1316
高速钢	硬化	10^{-1}	1260
Ta、Nb	退火	10^{-3}	1093～1427
TaC	烧结	1	1454
Ti、Zr	退火	$10^{-2}\sim10^{-3}$	688～788
Cu	退火	$10\sim10^{-1}$	371～427
坡莫合金	退火	$10^{-2}\sim10^{-3}$	899～1204
硅钢	退火	$10^{-2}\sim10^{-3}$	899～1204

(1) 铜的退火

铜的真空退火极易取得洁净的光亮表面，而且所需的真空度在133Pa以下即可，同时退火温度是在350～600℃的低温范围，炉子的制造和维护也很简单。使用油封机械泵和机械增压泵（罗茨真空泵）即可获得所需的真空度。排气结束后，可立即将真空泵与真空炉切断，操作简单，设备费用低廉。铜在真空退火时，工件表面互相接触，处于受压状态，在其接触面上由于铜原子的扩散产生铜原子集聚的现象，所以退火温度应尽量低些。

(2) 钛和锆的退火

钛、锆及其合金在高温下与氢、氧和氮等气体化合力极强，因此如果在含有这类气体的气氛中加热，由于吸收氢，会产生氢脆，而吸收氧和氮会产生硬化现象。在普通气氛中是不可能防止这些弊病的，为此，采用氩和氦等惰性气体。可是这类气氛的纯度和经济效果颇成问题，因而采用真空退火。

这些金属和合金真空退火的目的在于取得光亮表面和提高脱气效果，防止因吸收气体使材质变坏。表 26-6 列出了这类金属和合金的退火温度。

表 26-6 钛、锆及其合金的退火温度

名称	退火温度/℃	清除应力退火温度/℃	备注
工业纯钛	700	540	α型合金或α+β型合金（缓冷至550℃以下）
5Al-2.5Sn	850	540～650	
5Al-5Cr	750	750	
2Al-2Mn	700	550	
4Al-4Mn	750	750	
5Al-3Mn	750～800	750	
5Al-2.75Cr-1.75Fe	790	650	
6Al-4V	790～815	620	
2Fe-2Cr-2Mo	650	—	
3Mn-1.5Al	730	—	
8Mn	650～700	540～590	
锆	650～700	—	
锆合金－2	850	—	

（3）钼、钨、钴、钽的退火

钼、钨、钴、钽等金属都没有相变点，由于加工硬化，一般采用再结晶温度以下的软化退火。如果在再结晶温度以上加热，则反而产生脆化。此外，在普通气氛中加热时，因吸收气体而脆化。表 26-7 为这些金属的退火温度规范和所需真空度。

表 26-7 Mo、W、Co、Ta 的退火温度和真空度

金属	真空度/Pa	退火温度规范/℃
钴	$\leqslant 10^{-2}$	1040～1400 或采用 1000～1200
钽	$\leqslant 10^{-1}$	1200～1260
钨（热加工）	$\leqslant 10^{-1}$	1000～2000
钨（冷加工）	$\leqslant 10^{-1}$	550～600
钼	$\leqslant 10^{-1}$	820(3～5h)～1090

（4）钢材的退火

钢材的真空退火是从部分的钢丝开始的。从有关资料可知，钢在真空退火时，其真空度和加热温度对处理后的光亮度的影响很大。

试验研究的钢材为结构钢。首先，在保持 $1\sim10^{-2}$Pa 的各种压力真空炉内，将 S30C、S50C 和 SNC2 的钢材加热到 700℃、800℃和 850℃，在各温度范围内保温 40min 后，随炉冷却。测定试样的光亮度，结果是：当压力为1Pa时，平均光亮度为60%～70%，并不理想。这是因为在1Pa的压力下，残存气体较多，产生氧化反应的缘故。当压力提高到10^{-1}Pa和10^{-2}Pa时，则光亮度可上升到70%～80%。但是在工业上，习惯认为光亮度达到下限，即60%就可以了，所以对结构钢来说，1Pa的压力就可以满足要求。

出炉温度对光亮度有显著的影响，因此，出炉温度是真空退火的一个重要参数。在300～500℃以上出炉时，氧化剧烈，其试样的表面状态和光亮度显著下降。出炉温度如在200℃以下时，光亮度可超过70%，因此可以认为，在这个温度下出炉是能够发挥真空退火的效果的。

工具钢和合金工具钢在压力为1Pa下，退火试样的光亮度极差，光亮度的极限值为60%。当压力为10^{-2}Pa时，光亮度均达90%以上。

在不锈钢中选择了铁素体系的SUS430、马氏体系的SUS410和奥氏体系的SUS304三种钢材，将这三种钢材的试样在1～10^{-2}Pa的压力范围内加热到850～1050℃，冷却到200℃进行光亮度的测定。测定结果表明在8Pa的真空中加热退火，加热温度越高，光亮度越好，但都在60%以下。这是因为钢材中含有较多的铬，试样的氧化速度快而造成的。但是当温度达到1050℃时，光亮度却有了好转，其原因估计是由于铬的氧化物（Cr_2O_3）升华造成的。在850℃的低温时，产生氧化反应，但在1050℃的高温下加热时，氧化物的升华速度要比铬的氧化物生长速度快。

在950℃下退火，压力在10^{-1}Pa的真空度时，可以获得80%的光亮度。不过，像SUS430钢材虽有较好的光亮度，但表面并非镜面状态，较为粗糙，这反映表面氧化物曾经升华。表26-8列举了三种不锈钢的退火规范。

表26-8　各种不锈钢的退火规范

名称	钢号	退火规范
铁素体系不锈钢	SUS 430	750℃空冷 800～900℃缓冷
马氏体系不锈钢	SUS 410	750℃空冷 800～900℃缓冷
奥氏体系不锈钢	SUS 304	约1100℃快冷

26.2.4 真空渗碳

真空渗碳是在高温渗碳的基础上发展起来的工艺，为改善材料的表层及芯部组织，提高表面硬度和耐磨性、增加抗疲劳强度常采用渗碳工艺。而真空渗碳与气体渗碳、液体渗碳、固体渗碳、离子渗碳相比，由于具有渗速快、无氧化、质量好等特点，被应用于工业生产中。

26.2.4.1 真空渗碳原理

真空渗碳是在低于大气压氛围中进行气渗碳的工艺。渗碳是使碳原子渗入零件表层的化学热处理工艺。

真空渗碳过程与通常的气体渗碳基本相同，由渗碳气体的分解、活性碳原子［C］的吸收、活性碳原子向内扩散三个过程组成，即

① 渗碳气体的分解　渗碳气体常选择CH_4，在900～950℃范围内，可以分解成H_2以及具有不饱和键的碳原子，称为活性原子［C］，易产生化学反应。CH_4的反应方程如下：

$$CH_4=2H_2+[C]$$

② 活性碳原子［C］与钢件的铁反应　钢件表面的油污在高温下蒸发，并使之净化、活化，有利于活性碳原子［C］的吸收，并与铁发生化学反应，即

$$CH_4+Fe=Fe[C]+2H_2$$

③ 钢件表面活性碳原子［C］向内部扩散　钢件表面吸收的活性碳原子［C］浓度远大于内层浓度，致使活性碳原子［C］向内部扩散，形成渗碳层。

26.2.4.2 真空渗碳特点

真空渗碳与常规的气体渗碳相比，有如下特点：

① 真空渗碳可以直接使用天然气或乙烷，不需要气体制备装置。

② 真空炉中起始压力一般为1.33Pa，有利于防止工件氧化，有利于提高渗碳气体浓度。

③ 工件表面质量好　真空渗碳是在真空状态下进行加热、均热以及渗碳后的扩散，对零件不会产生脱碳和黑色组织等问题，表面也洁净。这样，就可省去后清理工序并有利于热处理后精加工工序的进行。

④ 真空渗碳零件具有较高的力学性能　由于真空渗碳零件具有表面质量高（不脱碳，不氧化）的特点，因而，对表面层的应力状态及疲劳强度具有很有利的影响。

⑤ 对具有盲孔、深孔及窄缝的零件具有较好的渗碳效果　对难于用气体渗碳法进行渗碳的不锈钢、含硅钢等，用真空渗碳法则可顺利地进行渗碳。

⑥ 可获得薄的、厚的（可达7mm）以及高碳浓度的渗碳层　若使渗碳期与扩散期时间具有不同的配合，即可获得陡的或平缓的碳浓度梯度。

⑦ 由于渗碳温度高，钢件表面净化及活化果好，有利于碳原子吸收，加快了渗碳速度，渗碳时间约为普通渗碳的1/2～1/3。

⑧ 不会产生异常渗碳层和晶界氧化　钢件在真空中加热，且使用了不含CO、CO_2、H_2O的渗碳气体，不存在氧化问题，保持渗碳层正常，没有晶界氧化。

⑨ 不会因钢件壁厚不同而产生不同厚度的渗碳层　一般的气体渗碳在钢件升温的过程中，亦开始渗碳。钢件壁厚不同，造成温差较大，待其温度均匀后，再进行渗碳，故渗碳均匀。

26.2.4.3 确保工件真空渗碳质量措施

为保障工件渗碳质量，需采取一定的工艺措施，说明如下。

(1) 渗碳气体及渗碳温度

目前国内外主要使用的是甲烷和丙烷气，以及乙烯、天然气作为渗碳剂，一般要求纯度在96%以上。当纯度低时产生的炭黑便增多。炭黑的增多除给渗碳后的零件清洗带来困难之外，还给设备的维修带来麻烦和困难。研究表明，应用丙烷裂解气甲烷＋氢进行真空渗碳可大幅度地减少炭黑的产生。另外，为防止炭黑产生，可适宜通入N_2、H_2。

真空渗碳温度大约在900～1100℃之间。高的碳温度可获得高的渗碳速度、短的渗碳

时间；低的渗碳温度需要较长的渗碳时间。使炉子维修量增加。除了渗碳时间的长短之外，在选取渗碳温度时主要考虑的是渗碳层深度、碳浓度、渗层均匀性、变形度要求和晶粒度以及力学性能的变化等。当零件外形较简单、要求渗层深以及变形量不严格时可采用高温渗碳。当零件形状较复杂，变形要求严格，渗层深度要求均匀时则宜采用较低温度渗碳。表 26-9 列出了选择渗碳温度的一般考虑。

表 26-9　渗碳温度的适用范围

温度范围	零件形状特点	渗碳层深度	零件类别	渗碳气体
1040℃(高温)	较简单,变形要求不严格	深	凸轮、轴齿轮	CH_4 $C_3H_8+N_2$
980℃(中温)	一般	一般		C_3H_8 $C_3H_8+N_2$
980℃以下(低温)	形状复杂,变形要求严、渗层要求均匀	较浅	柴油机喷嘴等	C_3H_8 $C_3H_8+N_2$

(2) 真空渗碳的真空度

起始真空度通常选取油封式真空泵所能达到的极限压力。装炉后，工件加热过程中，真空度高一些，以防产生氧化，通常选择 1.3～0.13Pa；将炉中通入渗碳气体后，选择真空度范围为 4×10^4～1.3×10^4Pa，有利于提高渗碳速度，提高渗碳能力；在渗碳扩散段，13.3Pa 左左即可，真空度提高后，有利于碳原子由渗层表面向里扩散，降低碳层中碳的浓度梯度，增大碳层厚度。

(3) 渗碳时间

渗碳时间与渗碳深度、渗碳温度有关。对低碳钢而言，三者之间的关系见表 26-10。

表 26-10　真空渗碳温度、渗碳时间与总渗碳层深度的关系

总渗碳层深度/mm 渗碳时间/h	渗碳温度/℃							
	899	927	954	982	1010	1038	1066	1093
0.10	0.169	0.201	0.230	0.275	0.319	0.368	0.421	0.480
0.20	0.240	0.284	0.234	0.389	0.451	0.520	0.596	0.678
0.30	0.294	0.348	0.409	1.477	0.553	0.637	0.729	0.831
0.40	0.339	0.402	0.427	0.551	0.638	0.735	0.842	0.959
0.50	0.379	0.449	0.528	0.616	0.714	0.822	0.942	1.073
0.80	0.479	0.568	0.667	0.779	0.903	1.040	1.191	1.357
1.00	0.536	0.635	0.746	0.871	1.009	1.163	1.332	1.517
1.25	0.599	0.710	0.834	0.974	1.129	1.300	1.489	1.696
1.50	0.656	0.778	0.914	1.067	1.236	1.424	1.631	1.858
1.75	0.709	0.840	0.987	1.152	1.335	1.538	1.762	2.007
2.00	0.758	0.898	10.55	1.231	1.428	1.645	1.883	2.145

续表

总渗碳层深度/mm 渗碳时间/h	渗碳温度/℃							
	899	927	954	982	1010	1038	1066	1093
2.50	0.847	1.004	1.180	1.377	1.596	1.839	2.106	2.398
3.00	0.928	1.100	1.292	1.508	1.748	2.014	2.307	2.627
3.50	1.003	1.188	1.396	1.629	1.889	2.176	2.492	2.838
4.00	1.072	1.270	1.492	1.742	2.019	2.326	2.664	3.034
4.50	1.137	1.347	1.583	1.847	2.141	2.467	2.825	3.218
5.00	1.199	1.420	1.669	1.947	2.257	2.600	2.978	3.392
5.50	1.257	1.489	1.750	2.042	2.367	2.727	3.123	3.557
6.00	1.313	1.555	1.828	2.133	2.473	2.848	3.262	3.716
7.00	1.418	1.680	1.974	2.304	2.671	3.077	3.524	4.013
8.00	1.516	1.796	2.111	2.463	2.855	3.289	3.767	4.290
9.00	1.608	1.905	2.239	2.612	3.028	3.489	3.995	4.551
10.00	1.695	2.008	2.360	2.754	3.192	3.677	4.212	4.797

注：本表主要适用于低碳钢渗碳，合金结构钢渗碳参数应适当调整。

(4) 渗碳工艺准备

① 工件的清洗　工件在进行热处理之前表面常沾有油脂和污物，在进行真空渗碳前去除油脂和污物是很重要的，因为油脂在加热过程中将蒸发和碳化，会玷污炉内部件；堵塞石墨布、石墨毡的纤维间隙，改变它们的性能（电阻等），降低使用寿命；工件表面也会有油脂成分留下来并碳化，使渗碳过程减慢或渗碳不均。

② 工件的放置　新使用的料筐、料盘和其他装具需单独进行一次渗碳处理。小零件不能堆放，可用小零件压在其上间隔地插放。零件上有内孔或外表面需要防止渗碳时，可用石棉绳或机械法将孔堵塞或涂以防渗涂料。零件之间要用无锌皮的铁丝相互串起来然后再与料筐捆牢。

③ 升温及均热　真空渗碳工艺过程中，零件入炉后，抽空至66.7Pa后开始升温。一般在升温到达渗碳温度之后（按测温仪表或记录曲线）再保持一段时间。这个阶段称为“均热”，均热的目的如下：

a. 使渗碳零件的温度均匀，这对获得均匀的渗层是很重要的；

b. 将表面的氧化物去掉，将油脂及其他污物蒸发掉，从而使零件表面活化有利于渗碳的进行。

均热时间可按下述方法确定：

a. 从观察窗观察。当加热室中的零件、装具、料筐与加热室内空间的颜色一致时；

b. 在955℃以下的温度加热时，有效几何尺寸为25mm的零件约需1h的均热时间。在955℃以上温度加热时，则可将均热时间减少30%。

(5) 渗碳气体通入炉中方式

真空渗碳时，可以采用不同方式通入渗碳气体，常见的有三种：一段式、脉冲式、摆动式。见图 26-3。

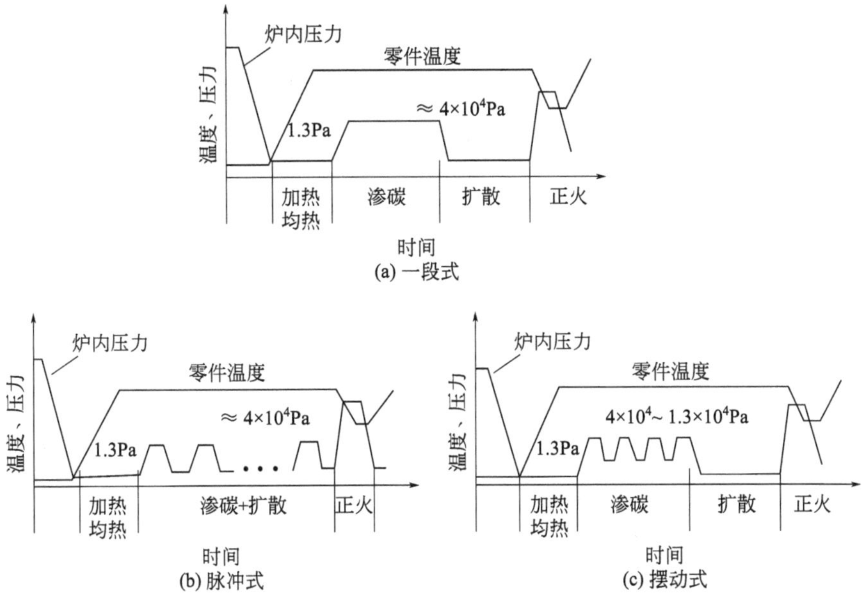

图 26-3 真空渗碳工艺方式

① 一段式 渗碳阶段与扩散阶段按先后次序进行的一种渗碳方式。在渗碳阶段，向真空炉内以一定流量通入渗碳气体（甲烷或丙烷），并维持一定的压力。扩散阶段是在渗碳结束之后，将渗碳气体抽走并使炉压保持在工作真空度，在此条件下继续加热一段时间，如图 26-3(a) 所示。

② 脉冲式 将渗碳介质以脉冲方式送入炉内并排出，在一个脉冲周期内既进行渗碳又进行扩散的方法，如图 26-3(b) 所示。

③ 摆动式 在渗碳阶段中，以脉冲方式通入渗碳气体和排气，在此之后再进行扩散的渗碳方法，如图 26-3(c) 所示。

关于渗碳方式的选择，要根据工件的形状而定。对于形状简单，仅有外表面需要进行渗碳的工件，可采用一段式；对于形状复杂，具有沟槽、深不通孔等特殊部位，且这些部位要求渗碳，同时其渗碳层深度、碳浓度、均匀程度又一定要求的工件，宜采用脉冲式或摆动式的渗碳方式。

26.3 真空热处理炉结构原理

真空热处理炉主要类型有真空退火炉、真空淬火炉、真空回火炉以及真空渗碳炉。

26.3.1 真空退火炉

真空退火炉应用最早，同时是应用最广泛的真空热处理炉型。早期主要用于消除应力和固溶处理。目前用于各类金属和磁性合金的退火，也用于真空钎焊、真空烧结、真空除气等。真空退火炉结构原理如图 26-4 所示。真空退火炉主要由油扩散泵机组、炉壳、炉门、加热体、隔热屏、冷却水结构、气冷系统等组成。

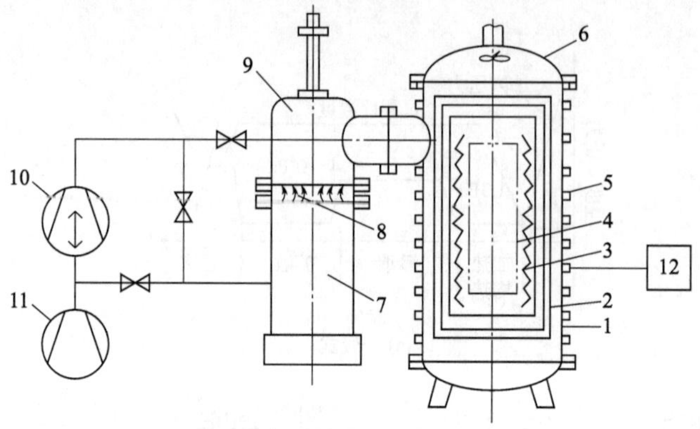

图 26-4　真空退火炉结构原理

1—炉壳；2—隔热屏；3—加热体；4—工件；5—冷却水结构；6—炉门；7—油扩散泵；8—水冷障板；9—高真空阀；10—罗茨真空泵；11—机械真空泵；12—气冷系统

真空退火炉各主要部件功能如下所述。

(1) 炉壳体及炉门

炉壳体通常为双壁水冷结构，内壁圆筒体为不锈钢材料，外壁圆筒体为碳钢或不锈钢。两壁之间通水冷却，使外壁保持适宜温度，维持各密封结构不受炉中高温影响。内壁焊缝需进行氦质谱检漏，漏率控制在允许范围，一般要求压升率小于 0.6×10^{-1}Pa/h。炉壳与炉门组成了炉体，为工件热处理提供了真空环境及热环境。

(2) 真空抽气系统

真空抽气系统主泵是油扩散泵，可使炉体获得优于 5.0×10^{-3}Pa 的极限真空度。扩散泵前级配有罗茨泵-机械真空泵组，泵组可作为粗抽，又可作扩散泵前级泵。罗茨泵-机械真空泵组将炉体抽到 10Pa 后，可以开启高真空阀，用油扩散泵抽气，达到极限真空度。

在油扩散泵抽气过程中，炉体的气体量随着抽气时间的增长，会逐渐下降。气体量减小后，只用机械真空泵维持油扩散泵的前级压力即可。罗茨泵停止工作，达到节能目的。

(3) 隔热屏

隔热屏起隔热作用，使炉膛中热损失降低。隔热屏可为金属的，也可制作为复合隔热层。金属隔热屏通常为 7 层，近临加热体 2 层为钼片，其余 5 层为不锈钢。如果炉膛内温度为 1400～1600℃，可增到 8 层金属屏，复合隔热屏为 2 层钼片，4 层为不锈钢片，外层为碳毡，保温效果好，节省能源。

(4) 气冷系统

气冷系统用于工件冷却。由风扇，热交换器、流道等构成，见图 26-5，形成对工件对流换热冷却，充入的冷却气体有氩或氮＋氢混合气体。

对于单件生产的退火炉，不追求效率，也可以不配冷却系统，靠自然冷却使工件降温。适用于难溶金属、活泼金属以及磁性合金的退火冷却。

(5) 加热体

加热体为工件加热提供热源，由于炉膛内温度不同，选择不同的加热体材料。真空热

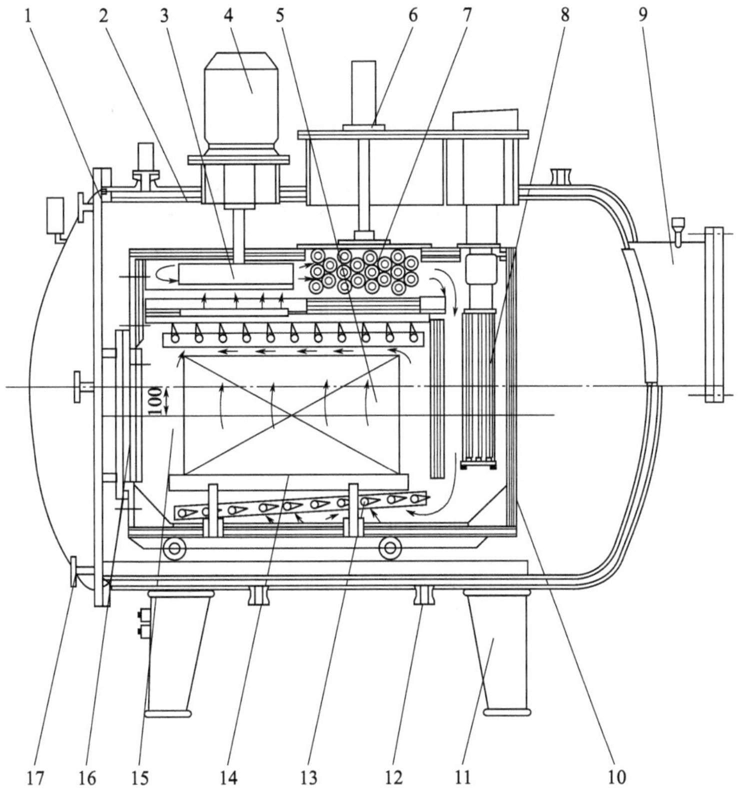

图 26-5 真空退火炉气冷系统示意图

1—炉门；2—炉壳；3—风扇；4—风扇电机；5—有效加热区；6—热交换器气缸；7—热交换器；8—加热体；9—真空机组接管；10—隔热屏；11—支架；12—冷却水管；13—导风板；14—炉床；15—炉胆；16—加热室门；17—螺栓手柄（图中箭头为气流方向）

处理炉用于加热体的材料有钼、钨、钽以及镍铬合金、铁铬铝合金。也用非金属材料，如石墨、碳化硅等。

26.3.2 真空气淬炉

工件在真空中加热，当达到工艺要求的温度和保温时间后，往炉内充入惰性或中性气体，通常真空气淬的压力范围为 $1.3\times10^4\sim8.5\times10^4$Pa。启动风机进行强迫冷却，进行气冷淬火。目前气淬炉应用较多，并且发展迅速；可对空气淬火的合金工具钢（冷、热冲模）、钼系及钨系高速钢、不锈钢、铁镍或钴基合金钢等进行真空气淬。

这类炉子的结构有立式、卧式、单室、双室和三室的，有单功能的，也有多功能的。单室立式真空气淬炉的结构原理如图 26-6 所示。真空气淬炉主要由炉体、真空系统、气冷系统、隔热层、加热系统构成。

真空气淬炉的真空系统和炉体与真空退火炉类似，要求炉体中极限压力为 1.3×10^{-3}Pa，工作压力为 $1.3\times10^{-2}\sim13.3$Pa，采用油扩散泵机组，完全可以满足使用要求。炉体为双壁水冷结构，用以保证各种真空密封结构密封性能。隔热屏根据加热元件的使用温度来确定，可以采用石墨毡隔热屏，也可用金属隔热屏。

图 26-6 中气淬冷气系统由风扇、热交换器以及上下活动屏构成。炉壳充入冷淬气体

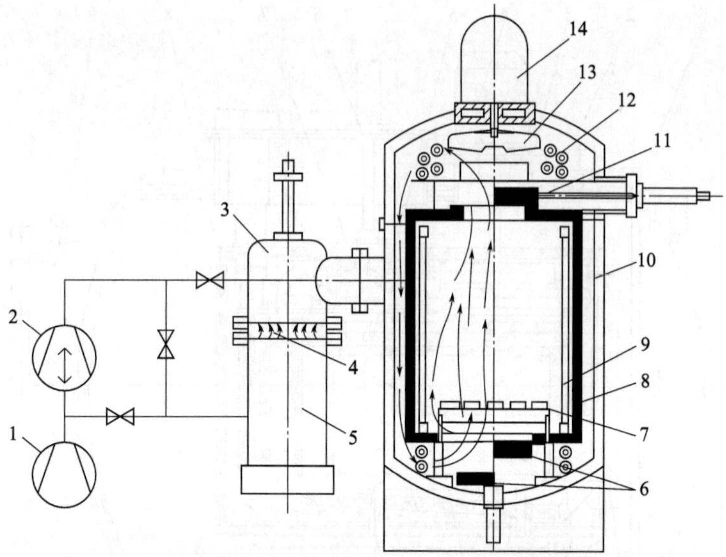

图 26-6　单室立式真空气淬炉结构原理图

1—机械真空泵；2—罗茨真空泵；3—高真空阀；4—水冷障板；5—油扩散泵；
6—下活动屏；7—炉床；8—隔热屏；9—石墨加热元件；10—炉体；
11—上活动屏；12—热交换器；13—风扇 ；14—风扇电机

后，启动风机，使炉中的气体按箭头方向流动，经过上下热交换器后使之降温。工件与冷气产生了对流换热，使工件变冷，达到淬火目的。

真空气淬炉有单室型，其结构简单，占地面积小，价格较便宜。但是由于加热和冷却在同一室内进行，冷却速度较慢，每炉次处理均要破坏真空，因而生产率较低。设计中对于电热元件、隔热屏和其他构件的结构和材料，都应考虑其应当能够承受急冷急热与高速气流的冲击问题。

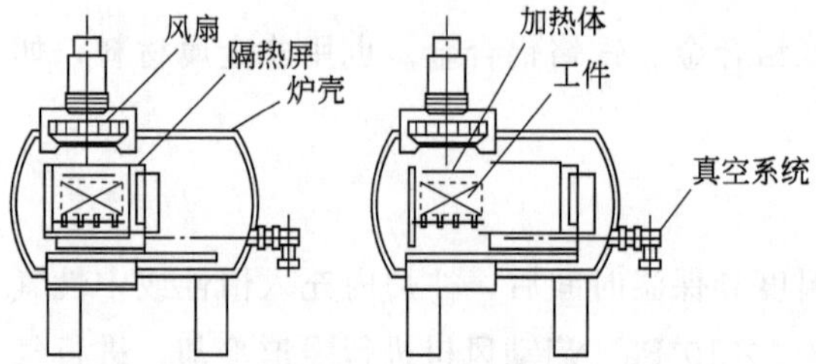

图 26-7　加热室的内部结构

为了提高冷却效果，也可以采用图 26-7 的结构方式。工件加热后，经传动机构将隔热屏移至炉内右侧。当开动风机冷却工件时，可以提高工件的冷却速度。为进一步提高冷却速度，可在单室炉通气道上设置水冷热交换器。

为了克服单室炉的不足之处，出现了双室炉和三室真空气淬炉。加热室始终处于真空加热或保温状态。加热后的工件迅速转移至冷却室气淬。因而，加热室不再受高速气流的冲击影响，而且大大提高了冷却速率，炉子的生产率也得到较大提高。这类炉子的结构复杂，增加了真空闸阀以及工件的传动机构等，技术要求和制作水平要求较高。图 26-8、图 26-9 和图 26-10 分别是双室立式、双室卧式和三室卧式真空气冷淬火炉的结构示意图。

真空气淬的冷却速度低于油淬，但工件变形相对小得多。淬火气体常用氮气，对要求高的精密工件，选用 99.999％的高纯氮气。

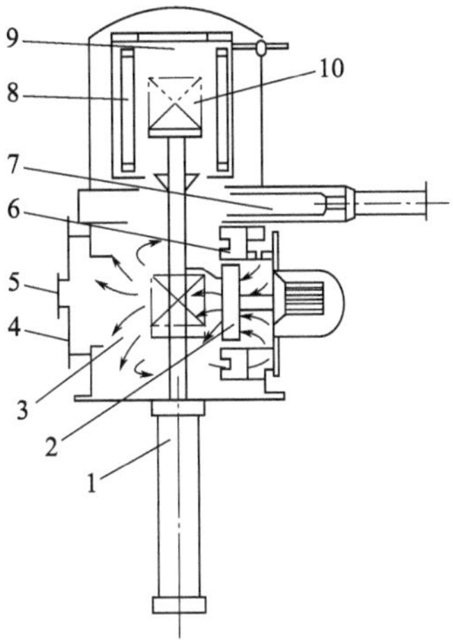

图 26-8 双室立式真空气淬炉

1—升降机构；2—风扇；3—冷却室；
4—炉门；5—观察窗；6—热交换器；7—闸阀；
8—电热元件；9—加热室；10—工件

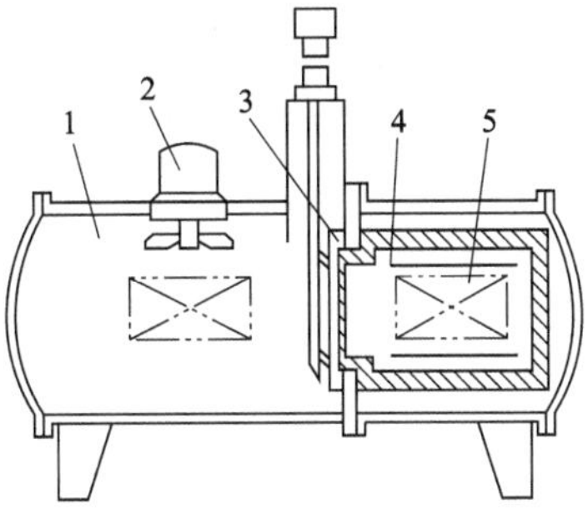

图 26-9 双室卧式真空气淬炉

1—冷却室；2—风扇；
3—真空隔热门；
4—加热室；5—工件

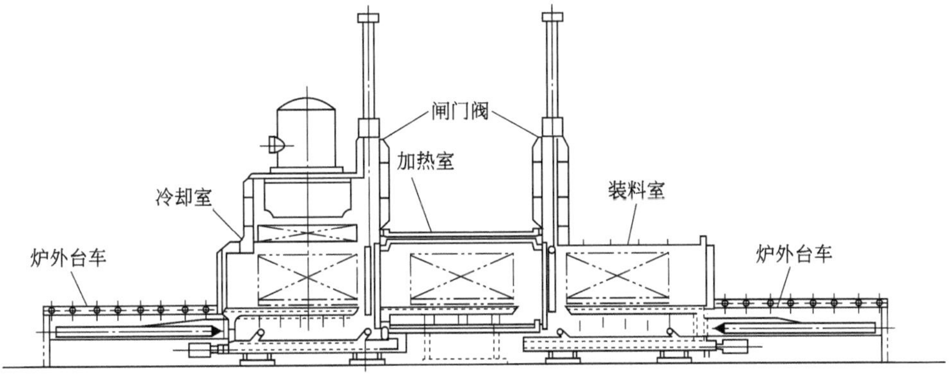

图 26-10 三室卧式真空气淬炉

26.3.3 高压真空气淬炉

高压真空气淬炉的基本原理是将工件置于炉中，在高真空下加热到所需的温度，然后炉中充入一定压力的氮气。通过风机使冷氮气与工件进行强烈的对流换热，使工件达到速冷目的。真空气淬炉中压力低于大气压，而高压真空气淬炉中压力一般为 $2\times10^5\sim6\times10^5$ Pa，有的高压真空气淬炉压力达 20×10^5 Pa。由于高压使气体密度增大，由传热学可知，气体密度越大，普朗特数越大，使传热系数增大。换热效果增强，故显著地提高了工件的冷却速度。

高压真空气淬炉主要由炉体、真空系统、加热系统、冷气系统以及隔热屏组成，其结构原理见图 26-11。

(1) 炉体

炉体为双壁水冷结构，有两种工作状态：工件加热时，炉体为真空状态，此种工况下，炉体内壁承受冷却水的压力，是受外压容器；工件冷却时，炉壳充入高压氮气，炉壳

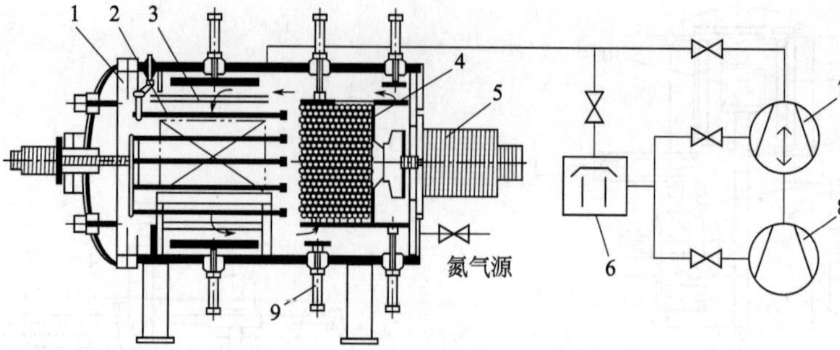

图 26-11　高压真空气淬炉结构原理

1—炉体；2—加热体；3—隔热屏；4—热交换器 ；5—风机；
6—油扩散泵 ；7—罗茨真空泵；8—油封机械真空泵；9—气缸

内壁承受内压，属于内压容器。而炉壳的外壁承受冷却水的压力，属于内压容器。内壁容器为外压容器同时也是内压容器，设计时尚需分别进行强度及稳定性计算，其壁厚选两者中最大值。

炉门压紧机构多采用快开机构，见图 26-12。各种结构及器件均需满足真空与内压的气封性要求以及机械强度要求。

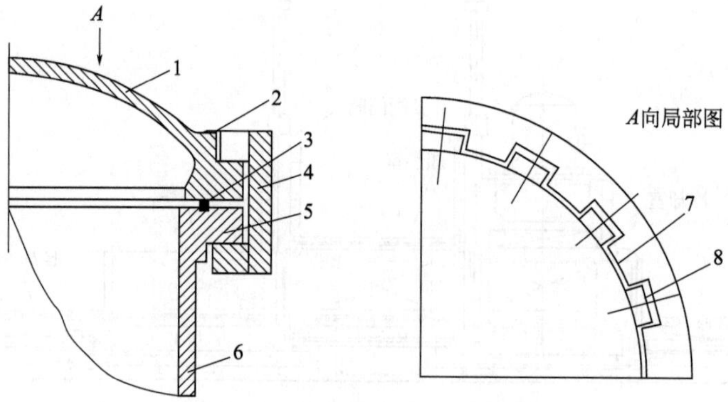

图 26-12　齿啮合式快开装置

1—顶盖；2—顶盖法兰；3—密封胶圈 ；4—锁紧圈；5—炉体法兰；
6—炉体筒体；7—锁紧圈法兰齿；8—顶盖法兰齿

(2) 真空抽气系统

高压真空淬火炉的极限真空通常为 10^{-3}Pa 量级，选择油扩散泵为主泵，可以满足工作需求，其前级配罗茨泵-机械真空泵构成的机组，可使粗抽时间缩短。如果是小型真空炉所配扩散泵较小，也可以不配置罗茨泵，前级直接配置机械真空泵。为了缩小占地面积，使结构紧凑，也可以选用涡轮分子泵作主抽泵，但在涡轮分子泵入口应有水冷障板，以保障抽高温气体时，涡轮分子泵能够正常工作。

(3) 冷气系统

冷气系统由大功率高压风机、热交换器和导流装置组成。在导流装置的引导下，高速气流由上部进入加热区，均匀经过工件，进行强对流换热后，由下部进入热交换器使气体降温。气流还可以在导流装置作用下，由工件下部进入加热区，然后从上部回到热交换器。不断改变气流方向，可以使工件降温更快。图 26-11 中的气缸，用于导流装置中导流板运动，使气流方向改变。

(4) 加热系统

加热体材料为石墨管，用石墨夹子使之和支架连接固定，各石墨管的端部采用层压石墨板连接组成加热体。隔热屏材料为硬化石墨毡，石墨毡固定在金属框架上。

用石墨作为加热体，使用温度范围 1200～1600℃，在 1600℃时，其饱和蒸气压约 3.8×10^{-10}Pa。这低于扩散泵油的蒸气压，而泵油蒸气进入炉中后产生碳污染远远大于石墨蒸发产生的碳污染。故对于油扩散泵真空系统而言，用石墨作加热体是适宜的。

26.3.4 真空油淬火炉

真空热处理工件较大时，真空气淬不易淬透，需要真空油淬。其工艺过程是工件放入加热室中，抽成高真空，将工件加热，然后再把工件转到冷却室，而冷却室充入气体压力 8.5×10^{4}Pa，工件置入油槽中进行淬火。真空油淬可用于高速钢、工模具钢、弹簧钢、不锈钢及磁性材料的淬火。

真空油淬火炉主要由加热室、冷却室、隔热闸阀、隔热屏、加热体、油箱、料筐传送机构、充气系统以及真空抽气系统构成。其结构原理见图 26-13。

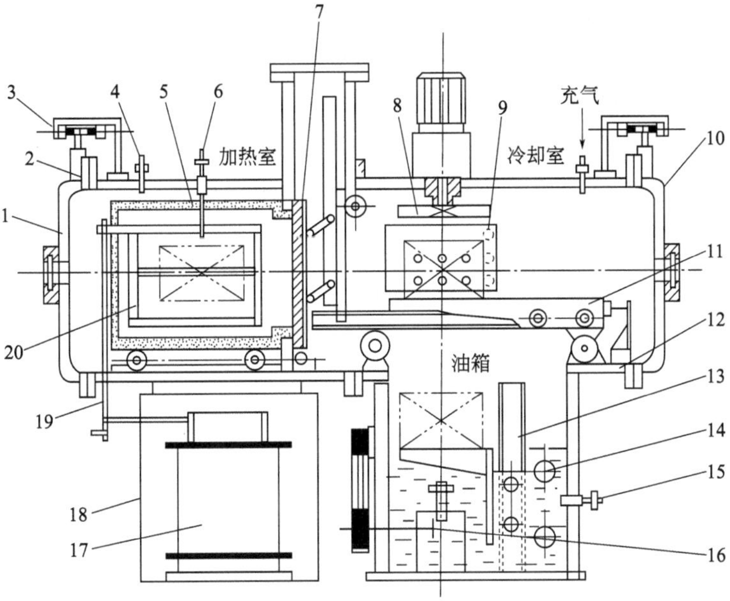

图 26-13 WZC-20 油气真空淬火炉示意图

1—加热室门；2—加热室壳体；3—炉门吊挂；4—真空规；5—隔热屏；6—热电偶；7—隔热闸阀；8—风扇；9—料筐；10—冷却室门；11—送料机构；12—冷却室壳体；13—淬火机构；14—油加热器；15—油温测量热电偶；16—油搅拌器；17—加热变压器；18—变压器柜；19—水冷电极；20—加热体

(1) 炉体

炉体为双壁水冷结构，内壁材料为不锈钢，外壁材料为碳钢或不锈钢，两者之间为水冷夹层。炉体由加热室、冷却室、油箱构成。

① 加热室　加热室为工件加热升温提供热环境，主要由加热体、隔热屏、料筐传送

机构等构成。加热体材料为碳棒或碳布（一般宽为 55mm），隔热屏材料为石墨毡及硅酸铝纤维毡。加热室中有耐高温的传送机构，将料筐送入冷却室。加热室与冷却室之间设有隔热闸阀，用于隔离加热室中的热流，达到节能目的；同时隔热闸阀也可以隔离淬火时油蒸气进入加热室，避免受到油蒸气污染。

② 冷却室　冷却室中设有送料机构、淬火机构、油加热器、油搅拌器、风扇等。送料与淬火机构用于将料筐（工件）送入油槽及取出。淬火油通过油搅拌器的搅动，使油温均匀；同时增强了工件与冷油之间的换热，使工件迅速降温，达到淬火目的。风扇可用于真空气淬工艺。

在淬火的过程中，油温会升高，需要冷却降温，对于中、小炉型而言，夹层冷却水套可以满足使用要求，对于大型油淬炉应配有水冷热交换器，保障油温不至于太高。

由于环境的原因，开始时淬火油温可能偏低，不利于使用，油槽配有管状加热器，用于初淬时油的升温。此外，油槽中还设置了油搅拌器，可使淬火油按一定方向运动，增强了与工件之间的换热，使工件速冷。

(2) 料筐传输机构

料筐送料机构和淬火机构配合可完成送料、取料及淬火程序三个动作。

① 升降运动　由电机通过凸轮减速器带动凸轮转动将机构导轨升起或降下一段设定距离。送料前导轨处于高位，进入加热室时降低导轨，使料筐放在料台上，然后退车，完成送料程序。取料前导轨处于低位，进入加热室时导轨上升，使料筐脱离料台，然后退车将料筐拖回冷却室完成取料程序。料车升降机构示意图如图 26-14 所示。

② 水平运动　由电机通过减速器带动链轮、链条使料车沿导轨做水平运动，和凸轮机构配合完成取料动作。

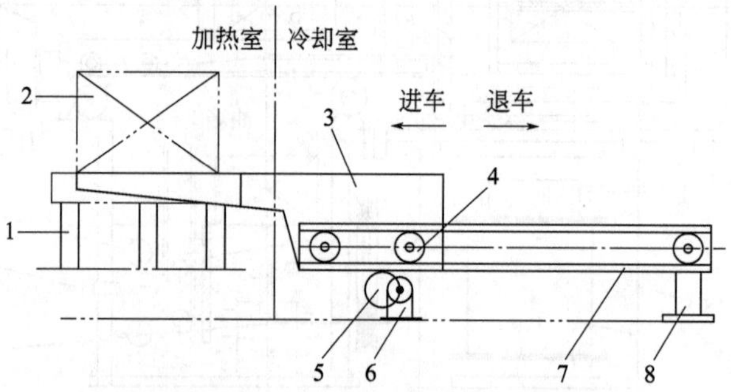

图 26-14　料车升降凸轮机构示意图

1—料台；2—料筐；3—料叉；4—滚轮；5—凸轮；6—凸轮座；7—导轨；8—导轨旋转轴座

③ 分并叉运动　料车退至中位后，料车的铰链架与撞块相接触，链轮继续转动，料车后退，撞块推压顶杆和铰链架使料叉沿滚轮轴向外滑动，将料叉分开，料筐由淬火机构拖入油槽进行油淬。油淬结束后，淬火机构将料筐抬起，料车前行，铰链架和顶杆离开撞块，弹簧 8 将料叉复位（并叉）。料车张、并叉机构示意图见图 26-15 所示。

淬火机构由驱动机构、链轮链条、滚轮及料台构成。料台同链条固定在一起，料台随链条沿导轨上下滑动，从而达到把工件拖入油槽淬火，然后提出油槽控油的目的。淬火机构示意图如图 26-16 所示。

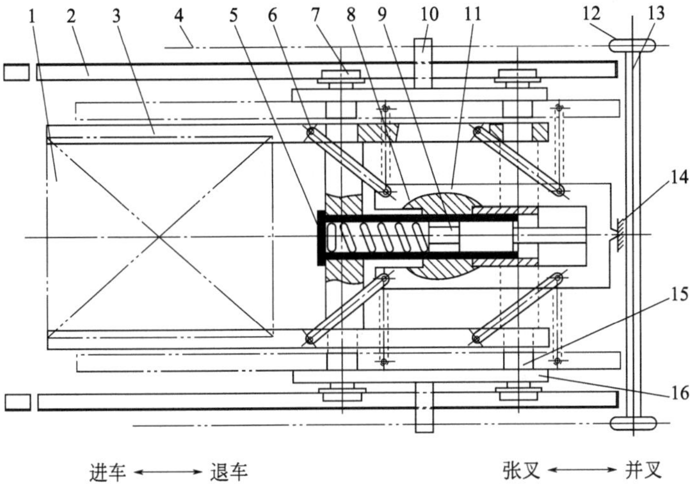

图 26-15　料车张、并叉机构示意图

1—料筐；2—导轨；3—料叉；4—链条；5—弹簧管；6—连杆；7—滚轮；8—弹簧；9—顶杆；10—链条连接件；11—铰链架；12—链轮；13—链轮轴；14—撞块；15—滚轮轴；16—固定板

(3) 真空系统

WZC 系列真空淬火炉的真空系统根据不同极限真空进行配置。典型的真空系统和充气系统示意图如图 26-17 所示。由油扩散泵、罗茨泵和旋片式真空泵组成，真空度范围为 $10^{-2}\sim10^{-4}$Pa。使用时先启动旋片式真空泵，当炉内真空度达 100Pa 时，启动罗茨泵使真空度达 10Pa，再启动油扩散泵，使炉内真空度达 10^{-2}Pa 以上。如果极限真空度要求在 $1\sim10^{-1}$Pa 范围内，可采用旋片式真空泵和罗茨泵真空机组。罗茨泵的抽气快，可在短时间内使炉内达到极限真空度要求。

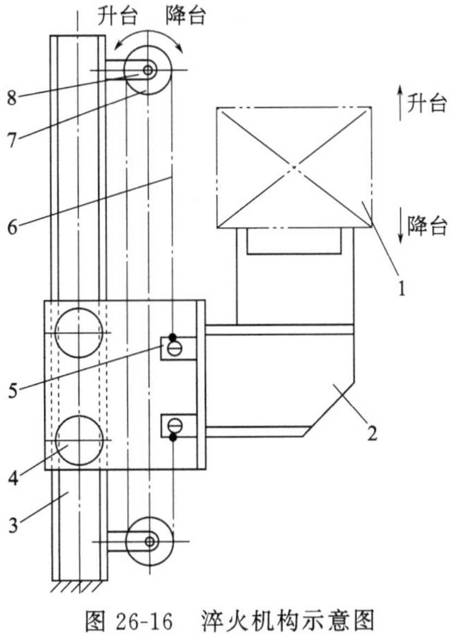

图 26-16　淬火机构示意图

1—料筐；2—料台；3—导轨；4—滚轮；5—链条连接件；6—链条；7—链轮；8—动力轴

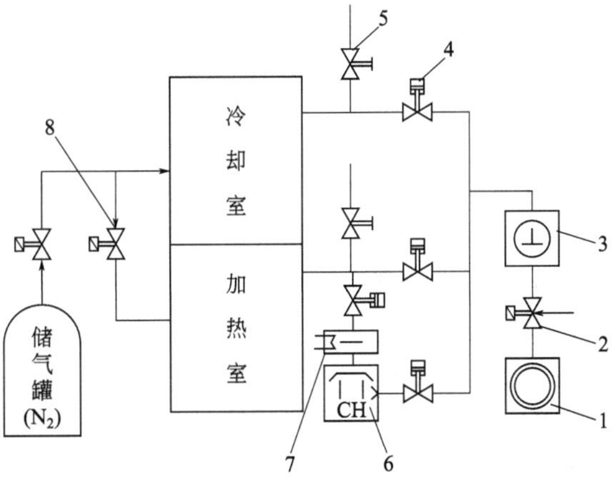

图 26-17　真空系统和充气系统示意图

1—旋片式真空泵；2—电磁真空带充气阀；3—罗茨泵；4—气动角阀；5—手动放气阀；6—油扩散泵；7—冷凝器；8—电磁充气阀

(4) 充气系统

充气系统的用途有两个，一是为气冷淬火提供气源，二是在真空淬火条件下，不同钢种在真空淬火油中淬火具有不同的临界淬火压强，因此在油淬时，常采用向冷却室充填(4～7)×10^4Pa 氮气，以维持真空淬火时的液面压力为临界压强从而可获得接近大气压下的冷速；同时，提高气压还可避免因油本身瞬时升温造成的挥发损失和对设备的污染。真空炉加热时为防止高合金工模具钢的某些合金元素的高温挥发现象，向炉内回充高纯度惰性气体。充气系统有两条支路，一路通过电磁阀对冷却室充气；另一路经电磁阀向加热室充气，同时通过旁路电磁阀对冷却室充气。充气压力由电接点压力表控制，可按要求设置。储气罐上安装有压力表和安全阀，压力一般控制在 0.6～1MPa 内，可保证在 1～2min 内使冷却室达到要求的充气压力。

26.3.5 真空回火炉

真空回火的目的是将真空淬火的优势，如产品不氧化、表面光亮、不脱炭以及无腐蚀污染保持下来。如果真空淬火后，还是采用常规回火，则上述要求达不到了。

真空回火炉结构较真空淬火炉结构简单。主要包括炉体、风冷系统、炉胆、加热元件、真空系统等。其结构原理见图 26-18 所示。

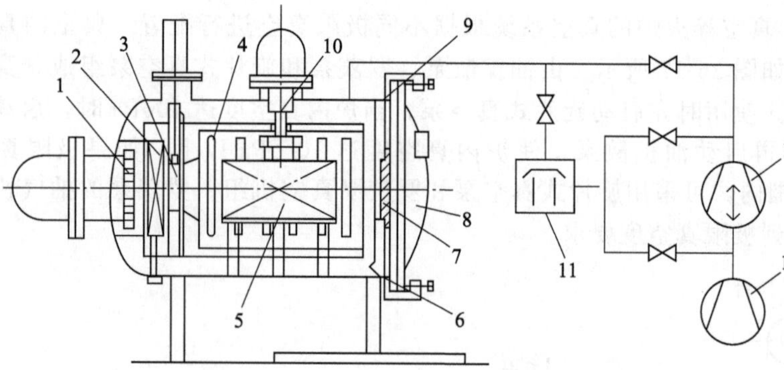

图 26-18 WAH-45 型真空回火炉示意图

1—冷却风扇；2—热交换器；3—炉胆后小门；4—炉胆及加热元件；5—料筐；6—炉胆前壁（即导风口）；7—前炉门；8—炉门；9—炉体；10—循环风扇；11—油扩散泵；12—罗茨泵；13—机械真空泵

(1) 炉体

真空回火炉多为单室炉，但随着现代工业发展，汽车、飞机、工具、模具大批量精密工具均需真空回火，各国相继研制出连续式真空回火炉，用以满足生产率的要求。真空回火炉的炉体结构与真空退火炉、真空淬火炉类似，均为双壁水冷结构。

(2) 风冷系统

由图 26-18 可见，风冷系统由冷却风扇和热交换器构成，用于工件回火后冷却。由炉胆回流到风扇的气体，经热交换器被冷却后，送入炉胆，与工件换热使之冷却。热交换器采用水冷，充入气体为混合气体：氮气 90%、氢气 10%，且氮气纯度 99.999%，充入的氢需除湿干燥。混合气体压力为 0.12～0.13MPa。

(3) 工件加热系统

真空回火温度一般为 100～750℃，炉体的隔热屏材料选不锈钢五层屏。加热体材料为 0Cr25Al15，也可用石墨棒。工件加热时，充气压力为 0.6～0.7×10^5Pa。炉胆内设有循环风扇，使炉胆内气体强制流动，与工件产生强烈热交换，使工件迅速升温。

(4) 真空系统

真空回火炉真空系统主抽泵通常为油扩散泵，前级为罗茨泵-机械真空泵机组。极限压力为 10^{-3}～10^{-4}Pa 量级，工作压力为 1.3×10^{-2}Pa，抽到此真空度后，即可以充气加热工件。

26.3.6 真空渗碳炉

真空渗碳炉是在真空油淬炉的基础上发展起来的炉型，主要结构与真空油淬炉相同。不同的是有专用的渗碳气体供给及控制装置。此外，真空系统配置上与真空油淬炉不同，炉内本底真空不高，一般为 20～60Pa，但炉中气体含有碳颗粒，为避免炭颗粒进入真空泵中，抽气管路应配有除炭黑过滤器。

真空渗碳炉结构原理见图 26-19。主要由炉体、风扇、隔热屏、加热体、渗碳气体供给装置、氮气供给系统，以及真空系统构成。

炉体为双壁水冷结构，与真空油淬炉相同。

真空抽气机组可以选择油封真空机械泵，如 ZX 系列旋片式真空泵，2H 系列滑阀真空泵，或者螺杆真空泵。真空管路设有过滤器，见图 26-20。过滤器由干过滤器和油过滤器串联构成。从炉体抽出来的气体，经过干过滤器初步滤掉炭黑，然后再经过油过滤器，基本上除掉了气体中的炭黑，使其不会进到真空泵中。真空泵对炉体抽气分两路：当开始还没有进行渗碳时，真空泵的抽气不经过过滤器，直接抽炉体；当开始进行渗碳工艺时，通过切换阀门，经过过滤器抽炉体。这样可以缩短粗抽时间。

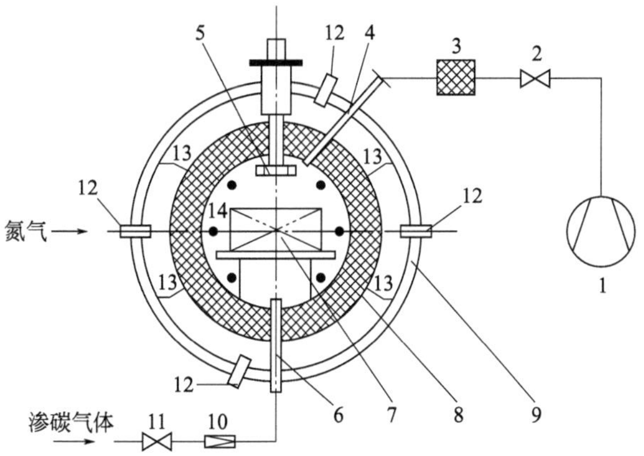

图 26-19 炉膛结构示意图

1—机械真空泵；2—阀；3—过滤器；4—排气管；5—风扇；6—进气管；7—工件；8—隔热屏；9—炉体筒体；10—流量计；11—阀；12—N_2 入口；13—隔离板；14—加热体

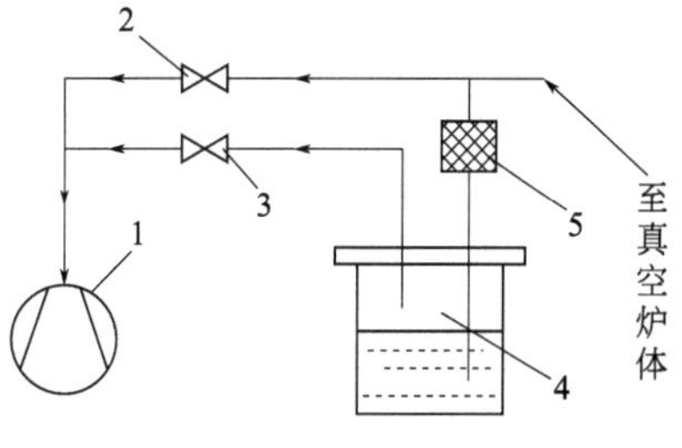

图 26-20 炭黑过滤器工作原理

1—机械真空泵；2，3—真空阀；4—油过滤器；5—干过滤器

众所周知，炭黑是由于渗碳气体（C_3H_8）的裂解而产生的，当工件渗碳时，渗碳气体最好仅存于炉胆隔热层内。渗碳时往炉胆隔热层中充入渗碳气体的同时，在炉胆隔热层外壁和炉壳内壁间的空间中充入高纯 N_2 气，如图 26-19 所示，在炉内壁与隔热层之间布有隔离板，分成 4 个区域，分别注入氮气。这样可以减少炭黑在炉壳内壁和隔热层处的

积存。

由图 26-19 可见，排气管 4 开口位于炉胆隔热层内的高温区，渗碳气体在高温区裂解渗碳后，伴随多余气体可不穿过绝热层直接经排气管 4 排出。在每个脉冲向加热室炉胆送气的同时需向炉胆隔热层外与炉壳内的空间导入高纯氮气。在送气阶段，上述区域被高纯 N_2 气充填；而在排气阶段 N_2 气经隔热屏从排气管排出。因而在整个渗碳过程始终保持没有渗碳气氛反向进入隔热屏与炉壳内壁的空间部位。可以大大减少炭黑和焦油在这一区域的积存，为此，真空渗碳炉炉胆设计时作了考虑，渗碳空间被隔离板 13 分成 4 个区域，每个区域有一个氮气入口，安设一根送气管，每根管上开 8 个送气孔。一方面保证高纯 N_2 快速均匀地充入上述空间部位，同时可防止 4 个区域 N_2 气流强烈循环流动以使炉温均匀效果较好。

渗碳炉喷嘴的设置如图 26-21 所示。渗碳炉喷嘴分主喷嘴和辅助喷嘴，主喷嘴有两个，分布在炉膛底部，辅助喷嘴有 6 个，分布在炉膛两侧。为了控制气嘴的气体流量，各喷嘴和流量计的配置见图 26-22 所示。该结构使进入炉内的渗碳气体分布均匀，无气体短路现象，并使炉膛四周的流量可分别自由调节。因而可使工件获得较好的渗碳均匀性。

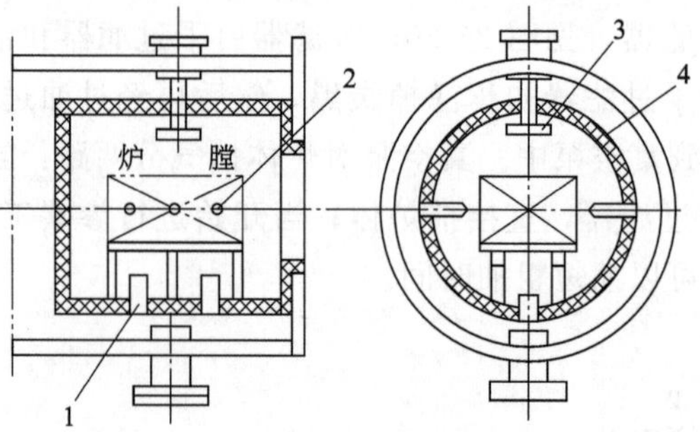

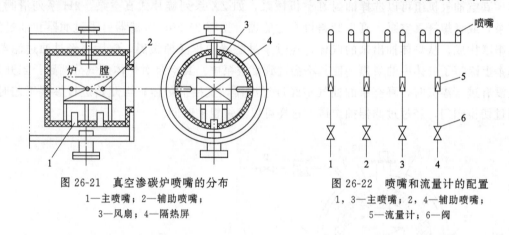

图 26-21 真空渗碳炉喷嘴的分布
1—主喷嘴；2—辅助喷嘴；
3—风扇；4—隔热屏

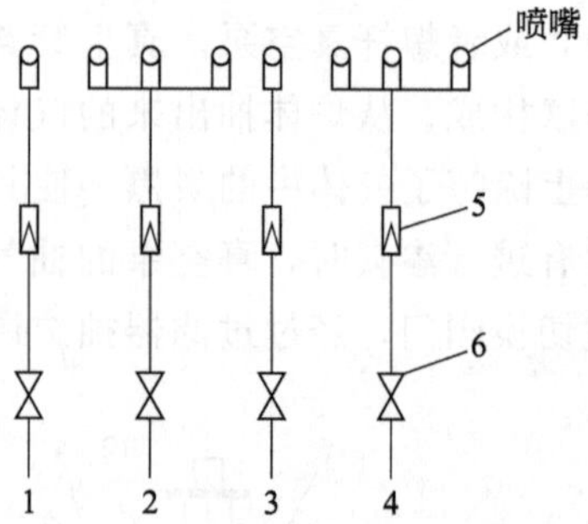

图 26-22 喷嘴和流量计的配置
1，3—主喷嘴；2，4—辅助喷嘴；
5—流量计；6—阀

真空渗碳炉加热体可以用碳布或碳棒，隔热屏材料为石墨毡和硅酸铝纤维毡。在炉膛中设有风扇用于渗碳气体搅拌，以利于渗碳工艺。

26.4 真空热处理炉设计概要

26.4.1 真空热处理炉基本结构

真空热处理炉种类繁多，但主要类型有真空退火炉、真空淬火炉、真空回火炉、真空渗碳炉。真空退火炉除了用于退火外，还可以用于真空钎焊、真空烧结。各种炉型其基本结构有：炉体（由炉门、筒体、鞍座构成）、加热体、隔热屏、料框及其运动机构、气冷系统（由热交换器、风扇、供气系统组成）、真空抽气系统、加热体电源以及控制系统。

真空渗碳炉除上述基本结构外，还有渗碳气系统。

真空油淬火炉除上述基本结构外，还应配置油槽。

图 26-23 给出了真空热处理炉基本结构示意图。

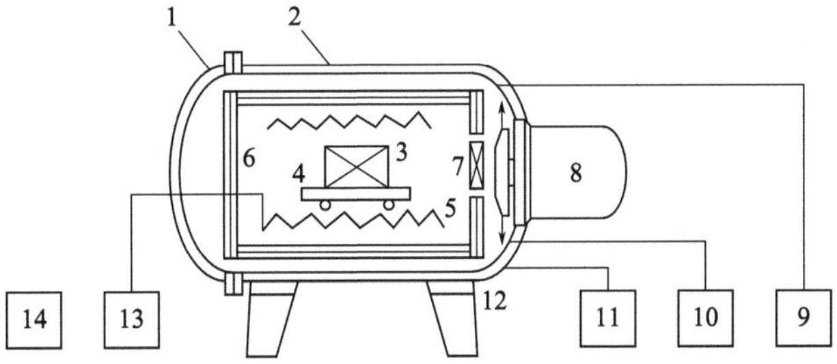

图 26-23　真空热处理炉基本结构示意图

1—炉体炉门；2—炉体筒体；3—料筐；4—运动机构；5—加热体；6—隔热屏；7—热交换器；8—风扇；9—供气系统；10—抽真空系统；11—炉体水冷系统；12—炉体鞍座；13—加热体电源；14—控制系统

真空热处理炉的炉体用于给热处理工件提供真空环境、加热环境以及冷却工件，完成热处理各种工艺。

真空抽气系统由真空泵、各类真空阀、真空计量仪，以及真空管路构成。真空系统配置根据设计要求进行选配，满足真空炉不同的需求。设计参考各相关章节。

工件加热系统由加热体、隔热屏，以及加热体电源构成，为工件加热提供条件，使真空炉炉膛获得一个均温区。

工件冷却系统由风扇、热交换器、导流板构成。其功能有两种，其一，为工件出炉冷却提供条件；其二，为工件气体淬火提供冷气。

料筐及其运动机构分别用于装工件，或通过运动机构将工件送入炉膛加热室加热，移出加热室送入冷却室冷却；或将工件送入油槽进行油淬火，从油槽中取出来沥油等功能。

控制系统用真空热处理炉运行、控制、数据处理等。

26.4.2　真空热处理炉的设计参数

真空热处理炉在设计时，必须满足如下参数：

① 炉子的最高工作温度（均温区内的温度）。

② 最大装炉量的均温区尺寸。

③ 工件在加热时炉膛内均温区允许的温度误差。

④ 炉子的升温时间　它包括空炉升温时间和满载升温时间。

⑤ 炉膛内真空度　包括冷炉极限真空和满载时的热态真空度。

⑥ 炉子的升压率（即压力随时间的增长率）。

⑦ 加热体上的最高电压及可调范围（无级可调）。

⑧ 被加热炉料的放气量，即加热到最高工作温度时的放气量。

⑨ 炉子的结构型式和作业方式。

⑩ 一些特殊要求　如专用炉还是多用炉，自动化程度等。

⑪ 材料所放出的气体成分。

根据上述各参数要求进行炉子设计。首先是确定方案，然后进行总结构设计，绘制零件图与部件图的设计。

26.4.3　几种真空热处理炉的主要技术指标

为了加深对真空热处理炉设计参数的理解，现给出几种已生产炉型的主要技术指标供设计参考。

(1) 负压强制冷却 LZT-150 立式真空退火炉

主要技术指标见表 26-11。

表 26-11　LZT-150 立式真空退火炉技术参数

序号	参数名称	参数指标
1	有效加热区尺寸	ϕ1500mm×1200mm
2	额定装炉量	600kg(包括料盘重量)
3	最高工作温度	1300℃
4	炉温均匀性	530～650℃≤±8℃,大于 650℃≤±10℃
5	极限真空度	6.6×10^{-3}Pa
6	压升率	6.6×10^{-1}Pa/h
7	抽空时间	大气至 1.33Pa,≤30min;至 6.6×10^{-3}Pa,≤1.5h
8	升温时间	从室温至 1300℃,≤1h
9	炉膛冷却速度	≥22℃/min(到 530℃空炉)
10	加热功率	480kW
11	总重量	27t
12	占地面积	$100m^2$
13	冷却水用量	$28m^3/h$(max)

(2) WZHA-60 型真空回火炉技术参数

WZHA-60 型真空回火炉技术参数见表 26-12。

表 26-12　WZHA-60 型真空回火炉技术参数

序号	参数名称	参数指标
1	有效加热区尺寸/mm	900×600×450
2	最大装炉量/kg	400
3	最高工作温度/℃	700
4	炉温均匀性/℃	≤±3
5	加热功率/kW	80
6	极限真空度/Pa	6.6×10^{-4}
7	工作真空度/Pa	1.3×10^{-3}
8	压升率/($Pa\cdot h^{-1}$)	<6.6×10^{-1}
9	空炉升温时间/min	30(20～600℃)
10	气冷压力/MPa	0.12(90%N_2+10%H_2)
11	N_2 气耗量/(m^3/炉)	3.78
12	H_2 气耗量/(m^3/炉)	0.42
13	冷却风机功率/ kW	11
14	装机总功率/ kW	116.5
15	冷却水耗量/($m^3\cdot h^{-1}$) 加热时 冷却时	 1.5 0.42
16	总重量/t	约 4

(3) WZQ 系列负压高流率真空气淬炉

WZQ 系列负压高流率真空气淬炉的主要技术性能指标如表 26-13 所示。

表 26-13　WZQ 系列设备主要技术性能指标

项目＼型号	WZQ—30G	WZQ—45	WZQ—60
有效加热区尺寸/mm	300×450×350	450×670×300	600×900×400
额定装炉量/kg	60	120	200
最高温度/℃	1300		
炉温均匀性/±℃	5		
加热室极限真空度/Pa	6.6×10^{-3}		
压升率/$(Pa\cdot h^{-1})$	6.6×10^{-1}		
气冷压力/Pa	8.7×10^{4}		
空炉升温时间/min	<30(空炉由室温到 1150℃)		
气冷时间/min	<30(工件由 1150℃降到 150℃)		
加热功率/kW	40	63	100
总重量/t	4	7	12
占地面积/m^2	10	16	25

(4) WZ 系列双室油气真空淬火炉

WZ 系列双室油气真空淬火炉的主要技术指标如表 26-14 所示。

表 26-14　WZ 系列双室油气真空淬火炉的技术指标

设备名称	设备型号	有效加热区尺寸/mm	额定装炉量/(kg/次)	最高温度/℃	炉温均匀性/±℃	加热室极限真空度/Pa	压升率 $Pa\cdot h^{-1}$	加热功率/kW	油加热功率/kW	整机总功率/kW	淬火充气压力/Pa	冷却水用量 $(m^3\cdot h^{-1})$	总重量 t	占地面积/m^2
	WZC-10	100×150×100	5					10	4	<15		0.5	≈1.5	≈3
	WZC-20A	200×300×150	20					20	6	<25		1.5	≈3	≈7
双室真空油淬火炉	WZC-30G	300×450×350	60	1300	5	$<6.6\sim6.6\times10^{-3}$	$<6.6\times10^{-1}$	40	16	<50	8.7×10^{4}	2.5	≈6.2	≈10
	WZC-45	450×670×300	120					60	32	<100		3	≈8	≈16
	WZC-60A	600×900×400	210					100	48	<170		5	≈15	≈25

(5) WZST 型真空渗碳炉

WZST 型真空渗碳炉主要技术指标见表 26-15。

表 26-15　WZST 型真空渗碳炉主要技术指标

技术指标项目	设计指标	技术指标项目	设计指标
有效加热区尺寸(长×宽×高)/mm	670×450×300	加热室极限真空度/Pa	6.6

续表

技术指标项目	设计指标	技术指标项目	设计指标
最高加热温度/℃	1200	工作真空度(900℃)/Pa	13.3
加热功率/kW	63	抽空时间(大气到13.3Pa)/min	10
最大装炉量/kg	120	压升率/(Pa·min^{-1})	0.066
炉温均匀性(1050℃)/℃	±5	工作转移时间/s	≤15
空炉升温时间(室温到1200℃)/min	≤30	控温精度/℃	±1

26.4.4 真空热处理炉设计与计算概要

真空热处理炉主要设计与计算包括：①炉体壳体强度与稳定性计算；②真空抽气系统设计与计算；③加热体的加热元件功率计算；④气冷系统设计与计算；⑤炉体水冷系统计算。

(1) 炉体壳体强度与稳定性计算

炉体壳体由封头、炉门法兰、壳体外筒体、壳体内筒体组成，见图 26-24。这些构件的设计计算见本书第 10 章、第 11 章、第 12 章。

(2) 真空抽气系统设计与计算

真空抽气系统设计与计算主要包括主泵抽速计算、工作真空度、极限真空度、抽气时间计算，参见本书第 8 章、第 9 章。

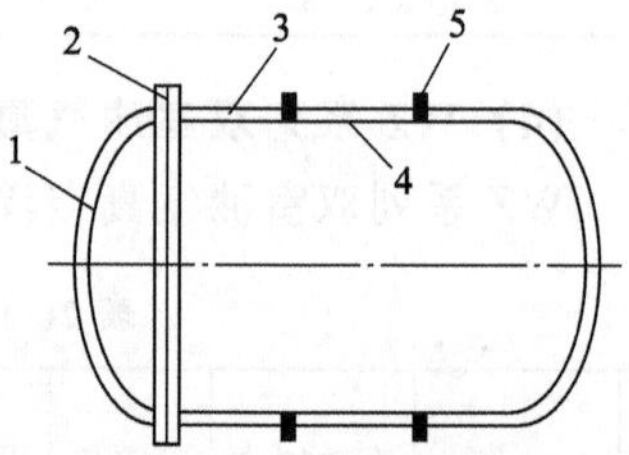

图 26-24 炉体壳体示意图
1—封头；2—炉门法兰；3—壳体外筒体；4—壳体内筒体；5—内筒体加强筋

(3) 加热体的加热元件功率计算

加热体的加热元件功率计算主要包括有效热功率、损失热功率、加热元件热负荷等计算。换热计算参见本书第 7 章，计算方法见本章 26.5 节及 26.6 节。

(4) 气冷系统计算

气冷系统计算包括风机的选择、换热器计算，以及气体流道阻力计算等，见本章 26.8 节。

(5) 炉体夹层冷却水冷系统计算

此计算包括水流量及水流道阻力计算，见本章 26.7 节。

26.5 真空热处理炉加热功率计算

26.5.1 真空热处理炉换热分析

根据本书第 7 章相关换热理论来分析真空热处理炉加热室的换热，其换热示意图如图 26-25，由图可见加热功率应由下列各部分组成。

① 工件及料框由初始温度加热到工作温度所需要的热量，其本质是热容量，记为 Q_g。

② 放置料框的炉床及加热区其他部件在工件升温加热过程中也被加热，所需要的热量称为蓄热量，记为 Q_x。

③ 加热体在高温下，以热辐射的方式向周围散热，温度越高，辐射热越大，为了避免辐射损失，其周围需要设置隔热屏，使辐射损失降低，尽管采取了设置隔热屏的措施，加热体还是有辐射损失，记为 Q_f。

④ 加热体需要供电，由供电电源连接到加热体上，之间为水冷电极。电极一端连接加热体，是热端；另一端穿过炉体壁，在大气侧是冷端，加热体的热量经过水冷电极，不断地传向冷端，属于热传导引起的热量损失，记为 Q_c。

⑤ 炉体在真空状态下，炉中的气体不存在对流换热，但存在气体分子的热传导。在高真空下，可以忽略不计，但真空渗碳炉炉体内压力为几十帕，需要考虑气体分子热传导引起的热损失，记为 Q_M。

⑥ 炉床、隔热屏、加热体等的支承，以及炉膛中构件，均与炉体冷壁接触，产生了构件由高温端向低温端的热传导损失热量，记为 Q_{c1}、Q_{c2}、Q_{c3}。

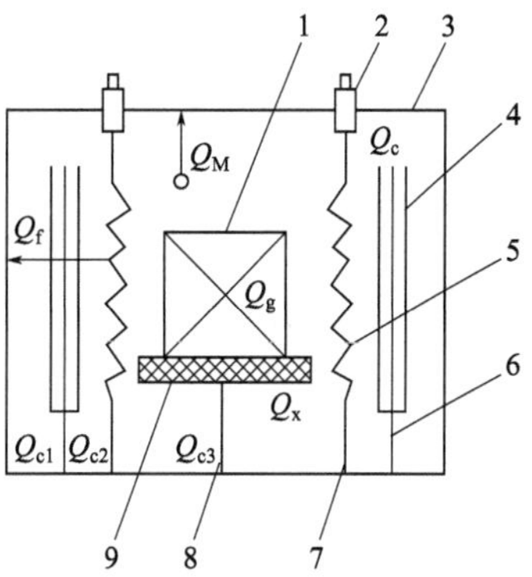

图 26-25 加热室换热分析示意图

1—工件与料框；2—加热体水冷电极；3—加热室；4—隔热屏；5—加热体电热元件；6—隔热屏支承；7—加热体支承；8—炉床支承；9—炉床

（Q_g—工件及料筐耗热量；Q_x—炉床、隔热层、炉体内壁等蓄热量；Q_f—加热体经过隔热屏的辐射热；Q_c—水冷电极热量；Q_M—气体分子传导热；Q_{c1}—隔热屏支承导热；Q_{c2}—加热体支承导热；Q_{c3}—炉床支承导热）

26.5.2 热分析方法计算真空热处理炉功率

由 26.5.1 分析可知，加热体所耗总热流量如下式：

$$Q = Q_g + Q_x + Q_f + Q_c + Q_M + Q_{c1} + Q_{c2} + Q_{c3} \tag{26-1}$$

式中 Q——加热体总热流量，kJ/h；

Q_g——工件加热升温热流量，kJ/h；

Q_x——加热区升温蓄热热流量，kJ/h；

Q_f——加热体经过隔热屏后，对炉体冷壁辐射损失的热流量，kJ/h；

Q_c——加热体的加热电极热传导损失的热流量，kJ/h；

Q_M——气体分子热传导损失热流量，kJ/h；

Q_{c1}——隔热屏支承热传导损失，kJ/h；

Q_{c2}——加热体支承热传导损失，kJ/h；

Q_{c3}——炉床支承热传导损失，kJ/h。

26.5.2.1 工件加热耗热量

工件加热耗热量用下式计算

$$Q_g = m_g c_g (T_g - T_0)/t \tag{26-2}$$

式中 Q_g——工件加热所需热流量，kJ/h；

m_g——工件质量，kg；

c_g——工件材料的平均比热容，kJ/(kg·K)；

T_g——工件最终温度，通常取炉温，K；

T_0——工件初始温度，取室温，K；

t——工件由 T_0 加热到 T_g 所需时间，h。

26.5.2.2 料筐加热耗热量

料筐及加热区部件加热过程与工件相同，其加热消耗热量计算同式（26-2）。

常用金属材料平均比热容见表 26-16。

碳钢的平均比热容见表 26-17。

表 26-16 金属的平均比热容

钢种（质量分数）	温度/℃	比热容 /kJ/(kg·K)	钢种	温度/℃	比热容 /kJ/(kg·K)
含 10%N_i 钢	30～250	0.4945	变压器钢	0～700	0.6287
含 20%N_i 钢	30～250	0.4983	钨钢	20	0.4389
含 40%N_i 钢	30～250	0.5162	不锈钢	0	0.5041
含 60%N_i 钢	30～250	0.5016	低合金钢	20～100	0.4598～0.4807
25%～30%Cr	13～200	0.627	灰铸铁	20～100	0.5016～0.5434
0.1%～0.3%C	13～200	0.5852			

表 26-17 碳钢在不同温度下的比热容 单位：kcal/（kg·℃）

温度/℃	纯铁	钢的含碳量（质量分数）/%								
		0.22	0.30	0.54	0.61	0.80	0.92	1.0	1.23	1.40
100	0.111	0.1113	0.1115	0.1125	0.1142	0.1153	0.1181	0.1162	0.1173	0.1159
200	0.117	0.1143	0.1148	0.1149	0.1157	0.1160	0.1200	0.1185	0.1195	0.1200
300	0.122	0.1193	0.1200	0.1207	0.1217	0.1230	0.1240	0.1230	0.1233	0.1230
400	0.128	0.1229	0.1233	0.1248	0.1253	0.1255	0.1275	0.1270	0.1273	0.1256
500	0.134	0.1273	0.1278	0.1282	0.1286	0.1298	0.1318	0.1300	0.1310	0.1301
600	0.142	0.1354	0.1357	0.1366	0.1368	0.1373	0.1391	0.1380	0.1383	0.1375
700	0.143	0.1432	0.1436	0.1443	0.1446	0.1449	0.1467	0.1456	0.1460	0.1451
800	0.1508	0.1620	0.1648	0.1645	0.1636	0.1620	0.1643	0.1625	0.1676	0.1625
900	0.155	0.1678	0.1668	0.1647	0.1639	0.1620	0.1600	0.1606	0.1660	0.1607
1000	0.1613	0.1678	0.1670	0.1648	0.1640	0.1622	0.1561	0.1602	0.1579	0.1608
1100	0.1616	0.1678	0.1670	0.1650	0.1645	0.1629	0.1575	0.1610	0.1590	0.1616
1200	0.1623	0.1693	0.1676	0.1657	0.1650	0.1635	0.1575	0.1600	0.1584	0.1618

注：1kcal/（kg·℃）=4.18kJ/（kg·℃）。

26.5.2.3 加热体经过金属隔热屏的热损失

金属隔热屏是由多层金属辐射屏构成，见图 26-26。金属辐射屏为圆筒形及平板形，热损失计算公式不同，分别计算。

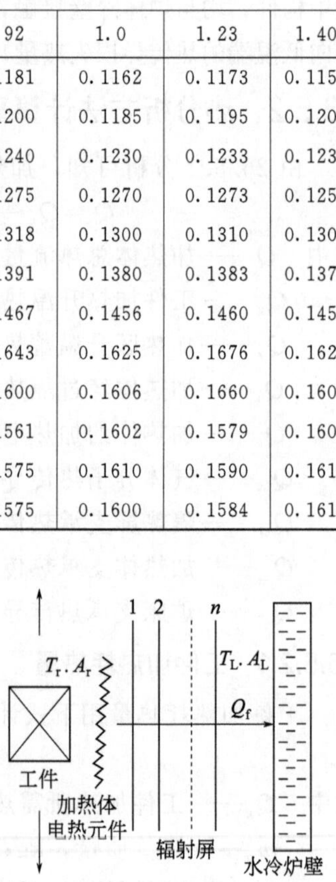

图 26-26 金属多层辐射屏示意图

（1）圆筒形辐射屏热计算

加热体经过圆筒形隔热屏辐射热损失热量用下式计算：

$$Q_f = 1\times10^{-8}(T_r^{\ 4} - T_L^{\ 4})\left(\frac{1}{C_r A_r} + \frac{1}{C_{12} A_1} + \cdots + \frac{1}{C_L A_L}\right)^{-1} \tag{26-3}$$

式中　Q_f——加热体电热元件经过多层辐射屏损失的热量，W/h；

T_r——电热元件温度，K；

T_L——炉体水冷壁温度，K；

C_r——电热元件与第 1 层辐射屏之间导来辐射系数，$W/(m^2 \cdot K^4)$；

A_1——第 1 层辐射屏面积，m^2，余者依此类推；

A_L——炉体水冷壁面积，m^2；

C_{12}——第 1 层辐射屏与第 2 层辐射屏之间的导来辐射系数（相互辐射系数），余者依此类推。

电热元件与第 1 层辐射屏之间的导来辐射系数用下式计算

$$C_r = \sigma_0 \left[\frac{1}{\varepsilon_r} + \frac{A_r}{A_1}\left(\frac{1}{\varepsilon_1} - 1\right)\right]^{-1} \tag{26-4}$$

式中　C_r——电热元件与第 1 层辐射屏导来辐射系数，$W/(m^2 \cdot h \cdot K^4)$；

σ_0——黑体辐射系数，$5.67W/(m^2 \cdot K^4)$；

ε_r——电热元件发射率；

ε_1——第 1 层辐射屏发射率；

A_r——电热元件表面积，m^2；

A_1——第 1 层辐射屏表面积，m^2；

各辐射屏之间的导来系数 C_{12}、C_{23}、…、C_L 依此类推，均用（26-4）计算。

根据经验，各种受热元件温度确定为：①电热元件的温度应高于炉子工作温度 100～150℃；②第 1 层辐射屏的温度与炉温相等；③第 2 层以后辐射屏温度逐渐降低，如是钼辐射屏，逐层降低 250℃左右；不锈钢屏逐层降低 150℃左右；④炉体水冷内壁温度不超过 150℃左右。

(2) 平板形辐射屏热计算

加热体经过平板形隔热屏辐射热损失热量计算用下式计算

$$Q_f = 1 \times 10^{-8} A_c ({T_r}^4 - {T_L}^4)\left(\frac{1}{C_r} + \frac{1}{C_{12}} + \cdots + \frac{1}{C_L}\right)^{-1} \tag{26-5}$$

式中　Q_f——加热体电热元件经过平板形隔热屏损失的热流量，kJ/h；

A_c——平板面积，m^2。

其余符号同式（26-3）。

式（26-5）中导来辐射系数用下式计算

$$C_r = \sigma_0 \left(\frac{1}{\varepsilon_r} + \frac{1}{\varepsilon_1} - 1\right)^{-1} \tag{26-6}$$

式中　C_r——电热元件与第 1 层屏之间导来辐射系数，$W/(m^2 \cdot K^4)$；

σ_0——黑体辐射系数，$5.67W/(m^2 \cdot K^4)$；

式（26-5）中C_{12}、C_{23}、…、C_L 依此类推，均用（26-6）计算。

(3) 各层辐射屏温度计算

第一层：
$$\left(\frac{T_1}{100}\right)^4 = \left(\frac{T_r}{100}\right)^4 - Q_f\left(\frac{1}{C_{r.1}A_r}\right) \tag{26-7}$$

第二层：
$$\left(\frac{T_2}{100}\right)^4 = \left(\frac{T_r}{100}\right)^4 - Q_f\left(\frac{1}{C_{r.1}A_r} + \frac{1}{C_{1.2}A_1}\right) \tag{26-8}$$

第三层：$$\left(\frac{T_3}{100}\right)^4=\left(\frac{T_r}{100}\right)^4-Q_f\left(\frac{1}{C_{r.1}A_r}+\frac{1}{C_{1.2}A_1}+\frac{1}{C_{2.3}A_2}\right) \tag{26-9}$$

第四层……依上述公式类推

式中，T_1、T_2…为各层辐射屏温度，K；其余符号同式（26-3）。

验算结果与设定温度相接近，则满意；否则重新设定，再验算至合格为止。

26.5.2.4 水冷电极热损失

水冷电极热损失包括两部分，即由高温加热体传导热损失及电极连接接触产生的电阻热损失。目前只能计算传导热损失，而其接触产生的电阻热损失与接触面积及夹紧力有关系，尚无成熟的计算公式。电极连接计算尺寸如图 26-27 所示。在稳定状态下，电极热损失由第 7 章热传导公式可得下列关联式：

$$Q_c=Q_c'=\frac{\lambda_1A_1}{L_1}(T_f-T_1)\times10^{-3}$$

$$Q_c=Q_c''\frac{\lambda_2A_2}{L_2}(T_1-T_2)\times10^{-3} \tag{26-10}$$

式中 λ_1，λ_2——分别为过渡接头和铜电极的热导率，W/(m·K)；

L_1,L_2——分别为过渡接头和铜电极端到水冷端的长度，m；

A_1,A_2——分别为过渡接头截面积和铜电极的截面积，m^2；

T_1——加热体过渡接头与铜电极棒接触处温度，K；

T_2——铜电极水冷端的温度，一般取为 293K；

Q_c'——由加热体最高温度T_f端向铜电极T_1处传出的热损失，kW；

Q_c''——由铜电极T_1处向铜电极水冷端传出的热损失，kW。

上面两个方程式经过整理可得到如下的计算式：

$$Q_c=\left(\frac{L_1}{\lambda_1A_1}+\frac{L_2}{\lambda_2A_2}\right)^{-1}(T_1-T_2)\times10^{-3} \tag{26-11}$$

式中，Q_c为水冷电极热传导损失热量，kW。其余符号同式（26-10）。

水冷电极根据经验估算值为 0.5～1.0kW，较大的水冷电极达 1.4kW，可供初设计参考。

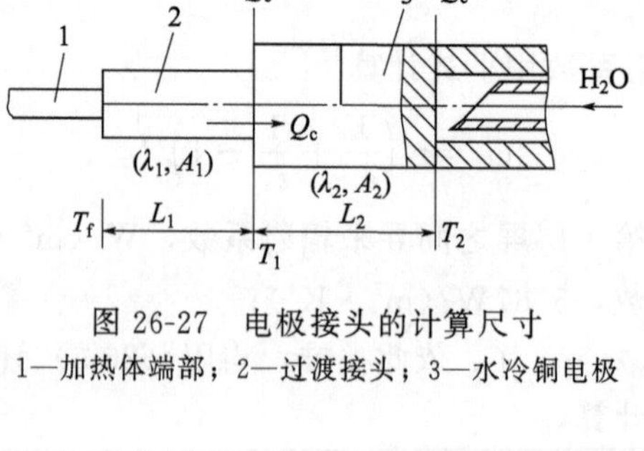

图 26-27 电极接头的计算尺寸

1—加热体端部；2—过渡接头；3—水冷铜电极

26.5.2.5 结构蓄热量的计算

炉子结构蓄热消耗是指炉子从室温加热至工作温度，并达到稳定状态即热平衡时炉子结构件所吸收的热量，对于连续式炉，这部分消耗可不计算。对于周期式炉，此项消耗是相当大的，它直接影响炉子的升温时间，对确定炉子功率有很重要的意义。

炉子结构蓄热量是隔热层、炉床、炉壳内壁等热消耗之总和，用下式计算

$$Q_x = \frac{\sum m c_m \Delta T}{t} \tag{26-12}$$

式中　Q_x——结构蓄热量，kJ/h；

m——各结构件质量，kg；

c_m——各结构件材料的平均比热容，kJ/(kg·℃)；

ΔT——结构件升温前后温差,℃；

t——炉子的升温时间，h。

26.5.2.6　其他热损失

其他热损失包括式（26-1）中 Q_{c1}、Q_{c2}、Q_{c3}，以及观察窗、测温孔、电极孔的热损失，根据经验，用下式计算

$$Q_j = (0.08 \sim 0.15) Q_f \tag{26-13}$$

式中　Q_j——其他热损失，kJ/h；

Q_f——加热体经过隔热屏后，对炉体冷壁辐射损失的热量，kJ/h；

其他损失，也可以参阅第 7 章有关公式进行分析计算。

26.5.2.7　热分析法计算炉子功率

加热体总功率计算分两种工况：空载工况，即没有工件；有载工况，即装入工件。

(1) 空载工况

空载工况包括加热体对炉体冷壁的辐射热损失、炉体内构件的蓄热量、水冷电极损失热量、其他损失热量，空载工况热量损失用下式计算

$$Q_k = Q_f + Q_x + Q_c + Q_j \tag{26-14}$$

式中　Q_k——空载时加热体所耗热量，kJ/h；

Q_f——加热体对炉体冷壁的辐射损失热量，kJ/h；

Q_x——炉体内构件蓄热量，kJ/h；

Q_c——水冷电极损失热量，kJ/h；

Q_j——其他损失热量。

(2) 有载工况

有载工况加热体所耗热量包括空载热量及工件升温所需热量，用下式计算

$$Q_y = Q_f + Q_x + Q_c + Q_j + Q_g \tag{26-15}$$

式中　Q_y——有载时加热体所耗热量，kJ/h；

Q_g——工件升温所需热量，kJ/h。

其余符号同式（26-14）。

(3) 真空热处理炉总功率

空载时炉子总功率用下式计算

$$P_k = \frac{Q_k}{j} \tag{26-16}$$

式中　P_k——空载时炉子功率，kW；

Q_k——空载时加热体耗热量，kJ/h；

j——热功当量，1kW＝3595 kJ/h。

有载时炉子总功率用下式计算

$$P_y = k\frac{Q_y}{j} \tag{26-17}$$

式中 P_y——有载时炉子总功率，kW；

Q_y——有载时加热体耗热量，kJ/h；

k——安全系数，连续作业炉 k＝1.1～1.2，周期作业炉 k＝1.2～1.3。

26.5.3 类比法确定炉子加热功率

类比法就是与性能较好的同类型炉子相比较，从而确定所设计的炉子的加热功率。图 26-28 是采用石墨毡或陶瓷纤维毡制成的厚壁炉衬电阻炉，其均温区容积（料筐所占容积）与炉子的加热功率关系的统计曲线。按此曲线图可迅速确定炉子的加热功率。对于采用金属反射屏保温的炉衬，由于其热损失大，按图 26-28 查出的功率需增加 20％左右。

图 26-28 均温区的容积与功率的关系

26.5.4 经验法确定炉子加热功率

26.5.4.1 面积负荷法

根据隔热屏内表面每平方米负荷来确定炉子功率。炉温高，表面积大，布置的功率就大，当然这时热损失也就相应增多；反之则小。

其经验数据为：炉温1300℃，布置功率15～25kW/m^2；850℃为8～12kW/ m^2。

26.5.4.2 容积负荷法确定功率

炉膛容积大，装料就多，炉子热损失和蓄热也就大。其容积V与电炉功率P关系的一般表达式为：

$$P=K\sqrt[3]{V^2} \tag{26-18}$$

式中 P——电炉功率，kW；

K——综合修正系数。它与炉温、隔热屏种类、加热时间长短、炉子作业形式等有关。为了简化计算，根据炉温给出一个范围值：炉温1300℃，K值为80～120；1150℃，K为55～80；850℃，K为40～55；

V——隔热屏所围的炉膛空间体积，m^3。

26.5.4.3 回归分析法估算功率

真空热处理炉额定功率P与有效工作空间外表面积A及工作温度T之间有如下关系式：

$$P=KA^E\left(\frac{T}{1000}\right)^G \tag{26-19a}$$

式中 P——电炉额定功率，kW；

K，E，G——系数；

A——有效工作空间外表面积，dm^2；

T——工作温度，K。

上述公式通过国内外数百台金属辐射屏与非金属隔热屏式的真空热处理炉的P、A、T数据，利用数理统计多元回归分析法得出，其计算式如下：

对于金属辐射屏式，

$$P=0.91A^{0.76}\left(\frac{T}{1000}\right)^{2.53} \tag{26-19b}$$

对于非金属隔热屏式，

$$P=0.6A^{0.76}\left(\frac{T}{1000}\right)^{2.53} \tag{26-19c}$$

式中符号同式（26-19a）

26.6 加热体电热元件设计

加热体电热元件设计包括材料选择、电热元件结构、电参数计算、表面功率计算以及供电方式等。

26.6.1 电热元件材料

（1）电热元件材料性能

电热元件用的金属材料有：镍铬合金、铁铬铝合金、钼、钨、钽等。非金属材料有：碳化硅、二硅化钼、石墨等。

真空炉中常用的几种高温电热元件材料性能见表26-18，镍铬合金和铁铬铝合金材料性能见表 26-19。

表 26-18 真空热处理炉使用的几种高温电热元件材料性能

性能＼种类	钼	钨	坦	石墨	备注
最高使用温度/℃	1650	2500	2200	2300	*
密度/$(g \cdot cm^{-3})$	10.2	19.6	16.6	2.2	
熔点/℃	2636±50	3400±50	3000±50	3700±50	
比热容/$(J \cdot g^{-1} \cdot K^{-1})$	0.259 — — 0.334	0.142 — 0.184 0.196	0.142 0.159 — 0.184	0.711 1.254 1.672 —	20℃ 1000℃ 1500℃ 2000℃
电阻率/$(\mu\Omega \cdot cm)$	5 27 43 60	5.5 33 50 66	12.5 54 72 87		20℃ 1000℃ 1500℃ 2000℃
电阻温度系数/$℃^{-1}$	4.75×10^{-3}	4.8×10^{-3}	3.3×10^{-3}	1.26×10^{-3}	
线膨胀系数/$(10^{-7} \cdot ℃^{-1})$	55 — — — —	44.4 — 51.9 — 72.6	65 66 — 80 —		20℃ 50℃ 1000℃ 1500℃ 2000℃
热导率/$(W \cdot cm^{-1} \cdot K^{-1})$	1.463 — 0.986 — —	— 0.961 1.170 1.338 1.484	— — 0.464 0.422 0.397	1.317 0.920 0.543 0.251 0.167	20℃ 500℃ 1000℃ 1500℃ 2000℃
蒸气压力/Pa	1×10^{-6} 4×10^{-3} 1.3		— 6.6×10^{-6} 4×10^{-3}	1.6×10^{-7} 2.2×10^{-3} 2.2	1500℃ 2000℃ 2500℃
蒸发速度/$(mg \cdot cm^{-2} \cdot h^{-1})$	3.1×10^{-4} 3.6×10^{-2} 180 — — —	1.3×10^{-10} 5.3×10^{-8} 7.5×10^{-6} 4.6×10^{-4} 1.4×10^{-2} 2.7×10^{-1}	— 5.9×10^{-6} 3.5×10^{-4} 1.1×10^{-2} 2×10^{-1} 2.5		1530℃ 1730℃ 1930℃ 2130℃ 2330℃ 2530℃
黑度	0.1～0.3	0.03～0.3	0.2～0.3	0.95	
与耐火材料的反应性	1900℃ 1900℃ 1800℃	1900℃ 2500℃ 2000℃	1900℃ 1600℃ 1800℃	— 2300℃ 1800℃	Al_2O_3 BeO MgO
特性和用途	中、高温用，加工性良好，抗氧化性差	高温用，加工性良好，与水蒸气不可共存	高温用，加工性差，在 H_2 气体中不可用	高温用，加工性良好，还原性保护气氛中使用	

注：*蒸气压力为 1.3×10^{-2}Pa 时的温度。

表 26-19　镍铬合金和铁铬铝合金性能

类别	材料	主要化学成分（质量分数）/%	密度 γ/(g·cm^{-3})	电阻率 ρ_{20}/(Ω·mm^2·m^{-1})	电阻温度系数 α/(10^{-5}·℃$^{-1}$)	线膨胀系数 β/(10^{-6}·℃$^{-1}$)	元件工作温度/℃		常用电阻丝直径/mm	应用范围
							极限温度	适宜温度		
铁铁铬铝系	0Cr13Al4	≤0.15C 13.0～15.0 Cr 3.5～5.5 Al	7.4	1.26	14～15	16.5	850	650～750	0.2～10.0	一般用途电热器，普通仪表及变阻器电阻丝
	0Cr17Al5	≤0.15C 23.0～27.0 Cr 4.5～6.5 Al	7.2	1.3	6	15.5	1000	850～950	0.3～10.0	大中型中温电炉，一般用途变阻器及普通仪表电阻丝
	0Cr25Al5	≤0.06C 23.0～27.0 Cr 4.5～6.5 Al	7.1	1.45	3－4	15.0	1200	950～1100	0.3～10.0	高温电阻炉
铁铬铝系	0Cr27Al7Mo2	25.6～27.5 Cr 6～7 Al、0.1Ti 1.8～2.2 Mo ±0.5RE、Fe 余量	7.1	1.5±0.1	－0.65	1.46	1400	1350	0.51～10.0	高温电阻炉
	0Cr21Al6Nb	21.0Cr 6.0Al Nb 适量	7.1	1.45	±5	15.0	1350	1300	0.2～12.0	高温电阻炉
	0Cr24Al6RE	24.0 Cr 6.0 Al RE 适量	7.1	1.45	≤1	13.0	1400	1350	0.2～12.0	工作条件较恶劣的工业电阻炉（1200℃以下）
镍铁铬系	Cr15Ni60	15～18 Cr 55～61 Ni	8.2	1.10	14	13	1000	950	0.2～12.0	工作条件较恶劣的工业电阻炉（1000℃以下）
	Cr20Ni80	20～23 Cr 75～78 Ni	8.4	1.11	8.5	14	1150	1000	0.2～12.0	氢气保护或真空炉，工作温度大 1600℃

镍铬合金加工性能好，制造容易，高温加热后不易脆化，便于返修和焊接，具有良好的抗氧化能力；但抗渗碳能力差，最高使用温度在 1000℃以下，比铁铬铝合金要低些。

铁铬铝合金是应用较广泛的加热体材料，具有较强的抗渗碳、耐硫、耐各种碳氢气体的能力。但加工性能差，制造较困难，经高温加热后晶粒变粗，材质变脆，不便于返修和焊接。抗氟、氯、氮、氨及其化合物腐蚀的能力差，并应尽量避免与氰化物和碱土金属接触，其使用温度在 1200℃以下。

钨、钼、钽的共同特点是熔点高，抗氧化性能差，在氧化和渗碳气氛中均会发生反应，只能在真空或保护气氛中使用。由于电阻系数小，电阻温度系数大，因此随着温度升高炉子的加热功率有较大变化。为了稳定加热功率，必须采用磁性调压器调节加热功率。

钼在氧气氛中于 600℃左右同氧生成氧化钼而升华，在碳气氛中易渗碳变脆。在真空中 1800℃时能强烈挥发。在高温下长期工作会使晶粒粗大，性能变脆。钼在真空中最高使用温度为1600℃，在保护气氛中使用温度为2000℃，在真空中工作温度选取在1200～1600℃比较合适。

钨与钼的性质大致相同，但在真空条件下强烈蒸发温度为2400℃，因此钨在真空中最高使用温度为2300℃，在氢气中最高使用温度为2500℃，在惰性气体中产生脆化的温度为2500℃。钨的加工性能差，而钼加工性能好。

钽与钨、钼不同点是不能在含氢和氮的气氛中工作，在真空中最高工作温度为2200℃，钽在空气中400℃开始氧化，到600℃时已经强烈氧化。钽具有良好的机械加工性能和焊接性能。

石墨耐高温，热膨胀小，抗热冲击，机械强度在2500℃以下随温度上升而提高，在1700～1800℃时强度最佳，加工性能非常好，价格低廉，线膨胀系数微小，电阻温度系数小，容易得到高温，在真空热处理炉中广为应用。石墨的熔点为3700℃，在真空中使用温度超过2400℃时也会迅速蒸发，可在炉内通入一定压力的纯净惰性气体或氮气，使蒸发速率下降。

也可以用石墨纤维编织成石墨布或石墨带来制作电热元件，性能优良。石墨布热惯性小，可以快速加热和冷却；耐高温，不变形，耐热冲击性好；辐射面积大，辐射效率高；柔性好，便于加工。另外其基本特性稳定，从电性能上来说，石墨布可制成较大电阻的电热元件，因此在保证相同功率的条件下，可提高电热元件的电压，降低电流，因而可简化电极引出结构，减少能量损耗。从热性能上来说，由于增加了电热元件的辐射面积，降低了电热元件温度，使炉膛的温差减少，减少了热损失，节省能源。试验证明，石墨带电热元件与石墨棒电热元件相比，其空载损耗功率约小15%。石墨布、石墨带电热元件与金属电热元件相比，价格低廉，反复使用也不易折断，其高温强度好，在2040℃时抗拉强度为20.6MPa，在2760℃时的抗拉强度为34.3MPa，安装容易，使用更换方便。因此，用石墨纤维制成的电热元件，得到了广泛的应用。表26-20给出了石墨布的特性。

表 26-20　石墨布特性

名　称		数　据
石墨化温度		2500℃
常温电阻率		$4.7\times10^{-2}\Omega\cdot cm$
强　度	经	7.54MPa
	纬	8.23MPa
含碳量[w(C)]		99.96%
厚　度		0.36mm

石墨纤维编织的尺寸，可以根据电阻率的要求和炉膛空间布置的需要，进行专门编织。这比石墨布作电热元件更方便，其应用效果良好。

从表26-18可以看到，石墨材料熔点高，蒸气压低，在真空气氛中可能会含有低浓度的碳量，但一般不会使被加热工件受影响。炽热的石墨材料将与残存气体中的O_2和水蒸气分子发生反应，产生净化效果，如常用石墨材料作电热元件的真空淬火炉，工作真空度只有66.5Pa，然而被处理的工件仍可获得光亮的表面状态。可见简化了真空系统，降低了成本，这是任何金属电热元件所不能比拟的。

石墨材料在真空炉中的出气量，在很大范围内变化。石墨化程度越高，纯度和密度越大，则出气量越少。一般石墨材料最大出气速率的温度范围为 800～1300℃。各种石墨出气量与温度的关系见图 26-29 所示。

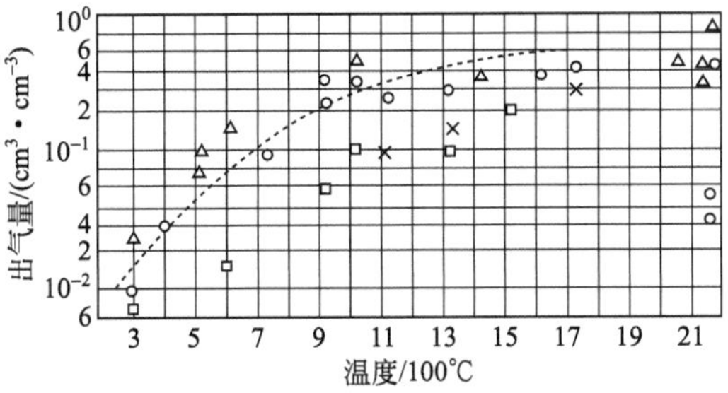

图 26-29 各种石墨的出气量同温度关系

△—普通石墨；○—致密石墨；×—特种纯净石墨；□—预先在真空中煅烧过的普通石墨

(2) 用于固定电热元件的材料

制作电热元件的难熔金属材料，有丝材、带材和板材等形式，为了固定电热元件需采用耐火材料和绝缘材料。当电热元件和耐火材料、绝缘材料接触时，在一定温度和压力下，会发生化学作用，形成低熔点合金，使电热元件寿命急剧下降。因此，在选择固定电热元件用的耐火材料和绝缘材料时，必须特别注意这一点。

表 26-21 给出了电热元件与耐火材料的反应温度。表 26-22 给出了一些绝缘材料的性能。表 26-23 给出了高温耐火材料的蒸气压。

表 26-21 电热元件材料与耐火材料的反应温度

	Mo	Ta	W	C
Al_2O_3	1900℃	1900℃	2000℃①	1350℃
BeO	1900℃①	1600℃	2000℃①	2300℃
MgO	1600℃①	1800℃	2000℃①	1800℃
ThO_2	1900℃①	1900℃	2200℃①	2000℃
ZrO_2	2200℃烧结	1600℃	1600℃①	1600℃产生碳化物
C	1500℃	1500℃	1400℃	
	1200℃产生碳化物	1000℃产生碳化物	产生碳化物	

① 在真空度 1.3×10^{-2}Pa（1×10^{-4}Torr）中低 100～200℃。

表 26-22 一些绝缘材料的特性

绝缘材料	莫来石	莫来石＋刚玉	刚 玉
	$3Al_2O_3\cdot2SiO_2$	$Al_2O_3$85%以上	$Al_2O_3$99%以上
密度/(g·cm^{-3})	2.6	3.5	3.8
线膨胀系数/℃$^{-1}$	4.6×10^{-6}	7.7×10^{-6}	9.2×10^{-6}
抗拉强度/MPa	98.1	137.3	264.8
抗压强度/MPa	372.7	1176.8	2451.7

续表

绝缘材料		莫来石	莫来石+刚玉	刚玉
		$3Al_2O_3 \cdot 2SiO_2$	$Al_2O_3$85%以上	$Al_2O_3$99%以上
抗弯强度/MPa		127.5	176.5	294.2
电阻率/Ω·cm	25℃	10^{14}	10^{14}	10^{14}
	1500℃	10^3	10^3	10^4
最高使用温度/℃		<1450	<1550	<1800
适用的电热元件材料		Ni-Cr,Fe-Cr-Al	Mo、W、Ta	Mo、W、Ta

表 26-23　高温耐火材料蒸气压与温度关系　　单位:℃

材料		蒸气压/Pa							熔点
		1.33×10^{-3}	1.33×10^{-2}	1.33×10^{-1}	1.33	13.3	133	1.01×10^5	
温度	Al_2O_3	1050	1150	1280	1440	1640	1880	3000	2034
	BeO	1500	1620	1755	1965	2190	2440	3900	2570
	MgO	1040	1130	1260	1410	1600	1800	2900	2672
	ThO_2	1600	1750	1900	2100	2330	2620	4400	3300
	ZrO_2	—	—	1430	1620	1820	2050	3600	2710

26.6.2　电热元件结构

(1) 之型、鼠笼棒状、网状电热元件

电热元件结构设计直接影响使用寿命，特别是高熔点金属和石墨电热元件尤为重要。镍铬合金和铁铬铝合金材料的电热元件，无论是丝材带材均用“之”型结构，见图 26-30(a)。

钼丝电热元件通常用鼠笼形，见图 26-30(b)，单股、多股均可。在温度为 1200～1600℃的真空炉中经常采用，特大型炉，使用直径 12mm 的钼丝。钼丝可加工性比钨、钽丝好，且便宜。

鼠笼棒状和网状电热元件，在中、小型炉中应用十分普遍。一般作成一个温区，其形式如图 26-30(c) 所示。对于 1800～2400℃的高温，考虑到加热时产生热应力而损坏电热元件，因而宜用钨丝网围成的鼠笼状电热元件。

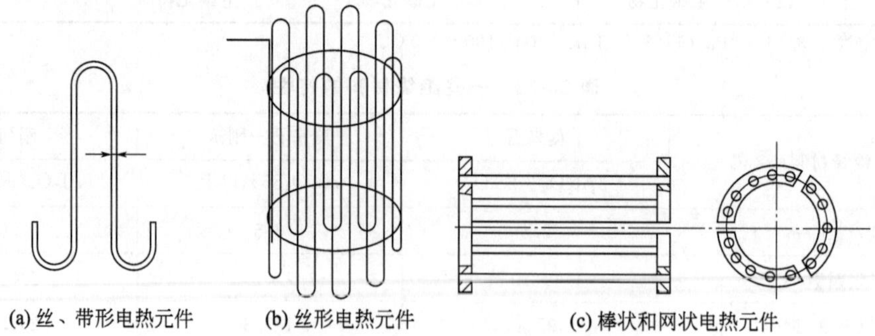

(a) 丝、带形电热元件　(b) 丝形电热元件　(c) 棒状和网状电热元件

图 26-30　丝、带、棒形电热元件结构

(2) 筒状电热元件

筒状电热元件结构如图 26-31 所示。一般采用 0.2～0.3mm 厚钼片或钽片制成。可制成星形三相或中间开口单相型。一般为立式。电热元件的两端，铆接 2～ 3mm 厚的板材，作为连接和加强用。这种结构因受钼、钽片尺寸限制和热变形等影响，只在单加热区小型真空炉上应用。

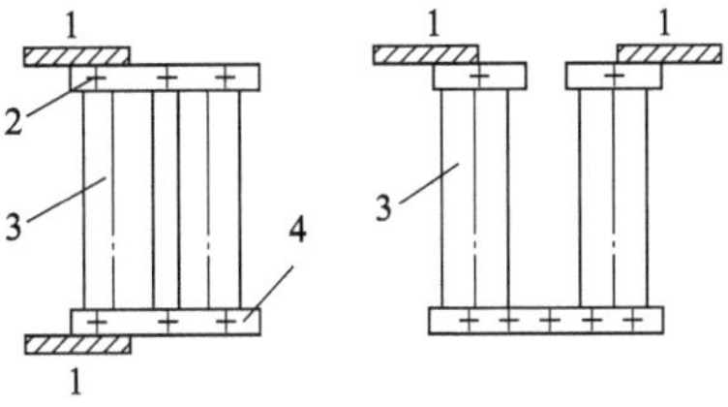

图 26-31 筒形片状电热元件

1—导电板；2—铆钉；
3—加热片；4—加热环

(3) 石墨电热元件

石墨电热元件的结构可以分为筒状、棒状、板状和带状等类型。

① 筒状　筒状石墨电热元件结构如图 26-32 所示。此类结构一般不需绝缘件支承，可做成单相和三相的。由于材料尺寸限制，一般用于小型高温真空炉。

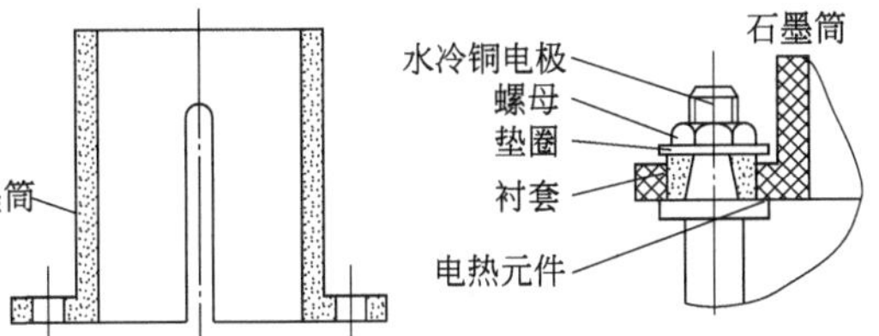

图 26-32 单相筒状石墨电热元件结构

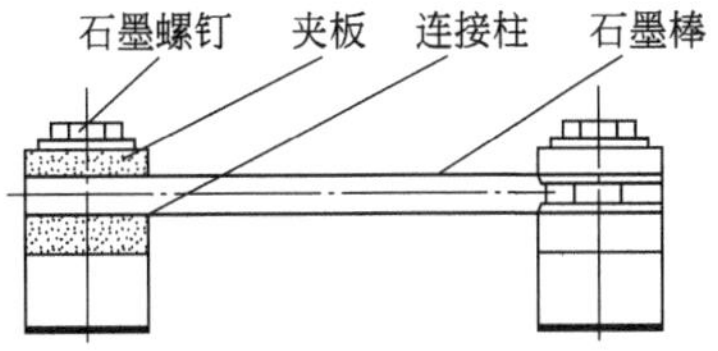

图 26-33 石墨棒状电热元件结构

② 棒状　棒状石墨电热元件结构，如图 26-33 所示。广泛应用于真空烧结炉、真空离子渗碳炉、真空淬火炉上。当棒的直径超过 12mm 时，最好用管状代替，这样可以增加电阻值，增大辐射面积，提高热效率，而且克服了实心棒在高温时心部与外表温差过大易于损坏电热元件的不足。

③ 板状　板状石墨电热元件结构，如图 26-34 所示。它是近几年新采用的一种电热元件，具有制造方便，比棒状电热元件辐射面积大，可以承受较大的热应力等优点。在较大型高温炉、真空渗碳炉、真空淬火炉上应用。图 26-34 的石墨板电热元件结构简图。

④ 带状　带状石墨电热元件，以石墨带或石墨布做电热元件。这种电热元件结构简单，拆装方便，辐射面积大，热效率高，有利于炉温均匀性。可根据炉子结构，采用多条带并联成单相、三相供电。带状电热元件已广泛用于真空热处理炉上。其最简单的结构形式如图 26-35 所示。

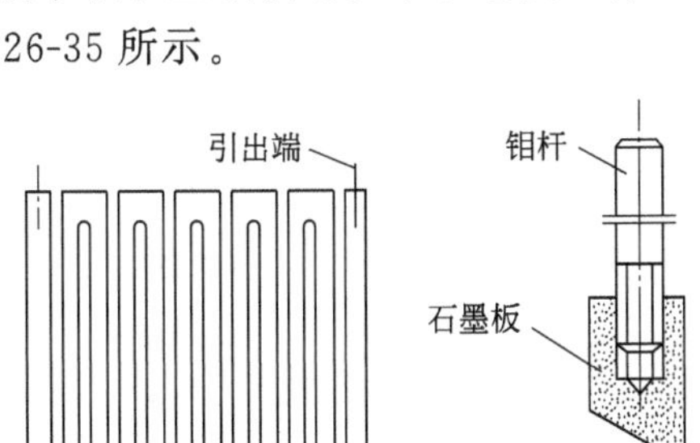

图 26-34 石墨板状电热元件结构

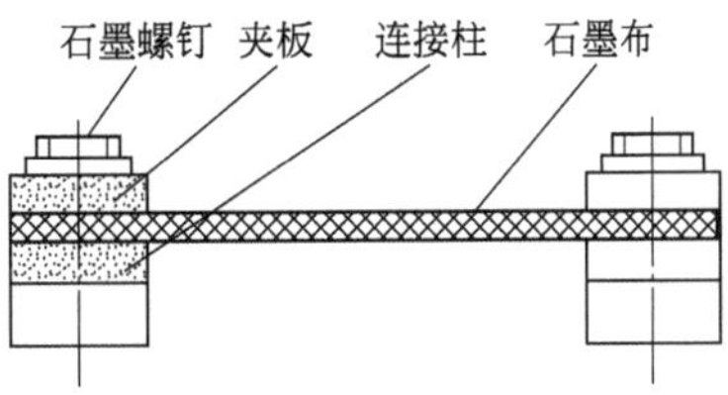

图 26-35 石墨带状电热元件结构

(4) 电热元件结构实例

上海电炉厂多年从事真空热处理炉研究及生产，由周耀祖提供了一组结构示意图，有一定的参考价值。

真空炉热处理的电热元件随使用温度而异。根据不同材料的特性又可选用不同的结构型式。例如炉温在1200℃以下时，可用Cr20Ni80镍铬合金作为电热元件；炉温在1200～1600℃时可用金属钼作为电热体元件；2000℃时可用石墨；2000～2500℃时可用钽或钨。

① 镍铬合金电热元件　炉温低于1200℃的真空热处理炉，电热元件采用Cr20Ni80合金线材较适宜，这种合金韧性好，易于加工成型，在真空炉中有一定的使用寿命。为避免真空中放电，一般采用低电压，同时不能用螺旋状电热丝结构，因为螺旋结构间距较小，容易产生放电和热变形引起短路。

上海电炉厂生产的升降式真空热处理炉和真空热压炉等采用ϕ7mm的Cr20Ni80合金绕成“之”字形，悬挂在耐火材料的炉衬上，挂钉也用同样材料（如图26-36所示）。两端向外侧弯一角度以加强刚性，减少变形，另外可提高电热元件平整度。这种结构较为简单可靠，加工方便，并能获得满意的使用效果。

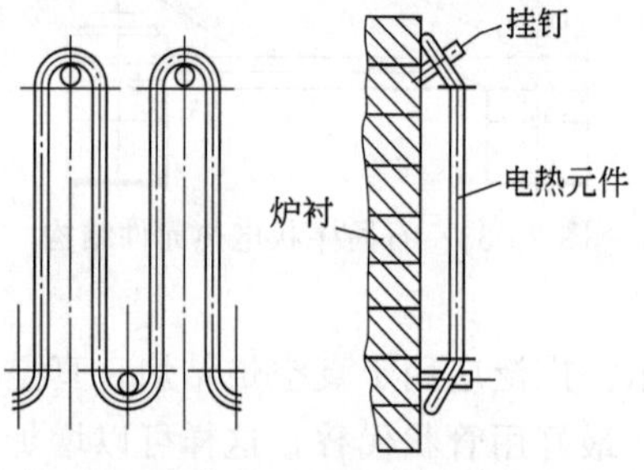

图26-36　之字形Cr20Ni80合金悬挂结构

② 钼电热元件　在炉温为1200～1600℃时，用钼作发热体较为适宜。钼的可塑性好，易弯曲成型，同时价格适中，使用寿命比较长，因此应用相当普遍。钼熔点较高（为2660℃），具有较高的电阻温度系数，例如在20℃时电阻率为5μΩ·cm，在1500℃时为43μΩ·cm，相差约8倍，因此钼在真空炉中作为电热元件使用时必须配备调压变压器逐步升高电压，否则在钼丝温度还很低（即电阻率很小时），加上满载电压，会使电流剧增而使钼发热元件烧毁。

用钼作发热元件一般选用ϕ2.5mm以下的线材，或用更细的多根钼丝合成一股。较为典型的有两种结构型式，一种是鼠笼式[如图26-37(a)所示]，用两根ϕ2.5mm钼丝并联弯成“之”字形鼠笼式，横向再用2～3根较粗的钼丝弯成圆形腰箍（数量视加热元件长短而定），套上氧化铝绝缘套，使与加热元件绝缘，再用更细的钼丝把腰箍和鼠笼加热元件扎在一起，如图26-37(b)所示。如用三根ϕ2.5mm并联绕成“之”字形则可组成三相鼠笼式，视设计者需要而定。

这样组成的加热元件成为一个强度较高的整体鼠笼式结构，安装及维修较方便，其二个引出端固定在炉体二个电极引出孔上，加热元件的腰箍用细钼丝挂在炉体隔热屏的绝缘销钉上，这种鼠笼加热器呈自由悬挂状态，解决了使用过程中膨胀变形问题。

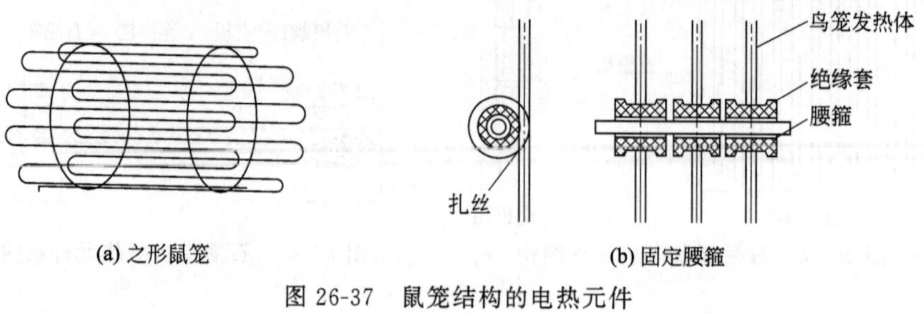

图26-37　鼠笼结构的电热元件

另一种是固定式结构，钼丝直接绕成“之”字形，套在炉内隔热屏绝缘销钉上，绝缘销钉先布置成交叉“之”字形，再用细钼丝把二者扎在一起形成整体，如图 26-38 所示。这两种结构型式都有一定特点，鼠笼式结构适用于较小的真空炉，因为小直径真空炉炉膛小无法入炉安装。而固定式结构适用于大直径真空炉，便于工人在炉内安装电热元件，另外也适用于多根细钼丝合股的电热元件，因为合股的电热元件刚度差，不像鼠笼式那样可独立成型，只能固定在隔热屏绝缘销钉上，使用时才不会变形。

③ 钨电热元件　当炉温在 2000～2500℃，而且不允许渗碳工艺时，可采用金属钨作发热元件。

以往钨发热体是做成直笼式，如图 26-39 所示，钨丝的两端焊在上下两个紫铜圈上，上圈固定在炉内，下端装有伸缩装置防止热胀变形。这种结构加工复杂，装拆困难，而且只能做成小尺寸的。

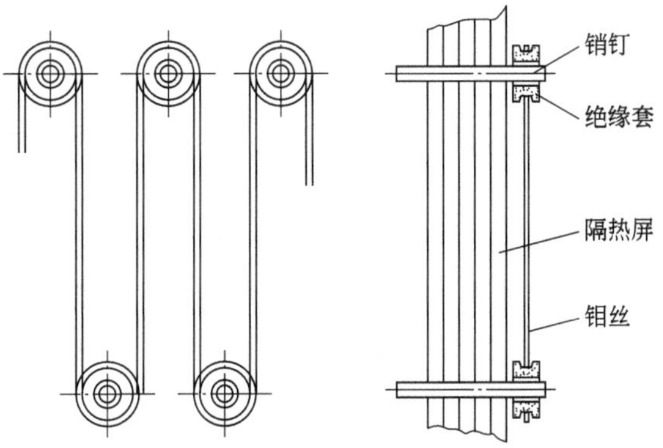

图 26-38　固定式发热元件结构简图

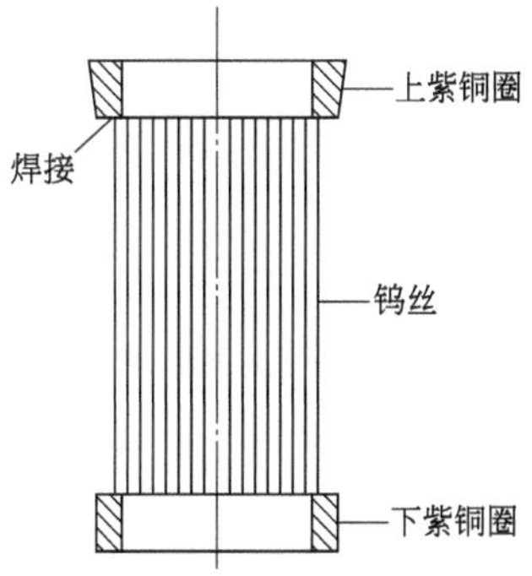

图 26-39　直笼式钨丝电热元件加热体结构示意图

目前比较新型的钨丝发热体是网式结构，一般采用六片钨丝网片，底部用几片小的钨网片联在一起，其内圈和外圈分别用钨片夹住焊接，以加强刚性，顶部每两片钨网，同样用内外钨片焊牢，组成一个双星形钨网发热元件，如图 26-40(a) 所示。

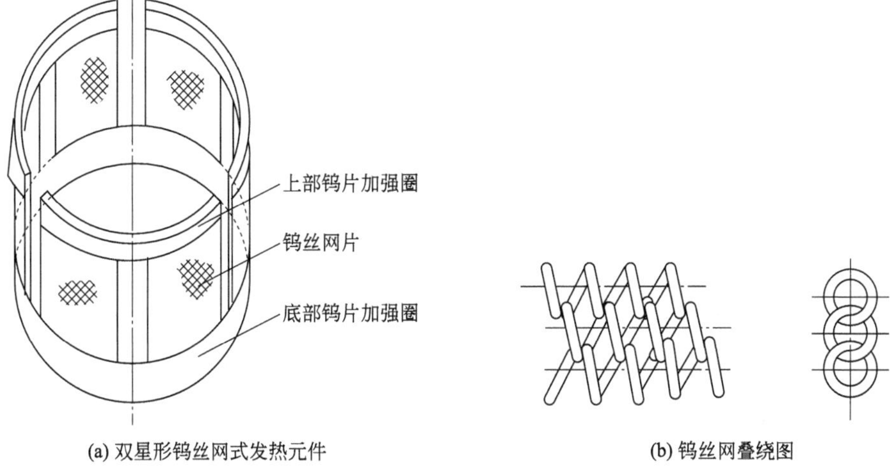

(a) 双星形钨丝网式发热元件

(b) 钨丝网叠绕图

图 26-40　钨丝网式电热元件

编织钨丝网时，先把 ϕ1mm 左右钨丝绕成间距一定的螺旋圈，然后把各组螺旋圈并联起来组成类似钢丝叠床一样的网状结构，如图 26-40(b) 所示。其结构的特点是弹性较好，下端自由，有伸缩余地，有一定刚性，适用于较大直径的高温真空炉。也有用钨片作电热元件的，其优点是钨片热辐射面积大，加热较均匀，热效率也高，但钨片加工成型和焊接都较困难，因此不及钨丝用得普遍。用金属钼片作发热体，虽然容易加工，韧性也好，但其价格远比钨、钼昂贵，因而应用较少。

④ 石墨发热体　石墨作电热元件应用相当广泛，其使用温度为 2000℃左右，超过 2200℃使用时需充惰性气体，以防止强烈升华。由于石墨价格便宜，耐高温，电阻率大，很适宜做高温电热元件，使用最多的型式是管状石墨加热体，也有用石墨棒、石墨布的。

图 26-41 为管状石墨发热体的两种结构剖面图，图 26-41(a) 为最简单的单槽式石墨发热体，在石墨管的下端沿中心向上开槽，使成为相等的左右两部分，上端不开槽，这样石墨发热体的长度便增加一倍。电流由下端引入，为加强电流引入端的强度，下端石墨可适当放粗，同时热量也可小些。如果石墨管只开一个槽，其长度仍不能满足设计要求时，可加工成多槽式，如图 26-41(b) 所示。多槽式石墨管内电流回路长度比单槽式长得多，而石墨管的外形尺寸并不增加，设计者可根据实际情况选用单槽或多槽，以满足真空炉的功率要求。

图 26-42 为国外采用石墨布的真空炉结构示意图，石墨布两端用钨、钼或其他耐热钢做的弹簧夹头，夹在圆形的水冷汇流管上，通过调整弹簧夹和转动汇流管，可随时绷紧石墨布。这种结构较简单，也可用几组石墨布围成圆筒形或其他形式，石墨布宽度也可选择，但弹簧夹包角一定要超过汇流管直径，否则不易夹紧。

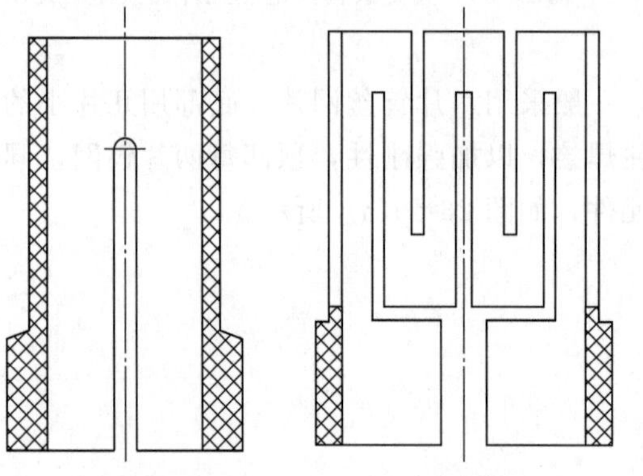

(a) 单槽直管式　(b) 多槽直管式

图 26-41　石墨电热元件

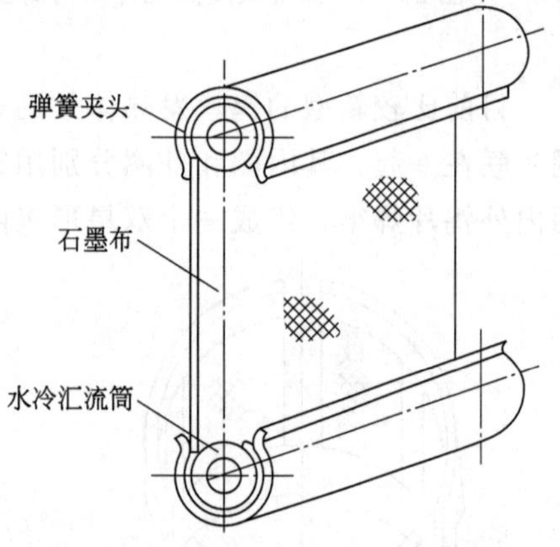

图 26-42　石墨布发热体结构示意图

26.6.3 加热体电参数及几何尺寸

加热体电热元件材料分两类，一为金属材料，二为石墨材料。

26.6.3.1 金属材料电热元件

金属材料加热体电热元件计算步骤参见表 26-24。

表 26-24　金属材料加热体电热元件计算步骤

序号	名称	公式	符号
1	电热元件直径	$D=34.4\left(\frac{P_n^2\rho}{U^2\varphi}\right)^{\frac{1}{3}}$	D—电热元件直径，mm； S—矩形截面厚度，mm； m—长边与短边之比，$m=8\sim12$； P_n—每只电热元件功率，kW； n—每相电热元件数； N—电源相数。炉子功率≤30 kW时采用单相；功率30～75 kW，电源3相，选三角形或星型形连接；大于75 kW，采用双三角形或双星形联结； U—电热元件端电压，V；一般低于100V，可选6～60V可调； ρ—电热元件热态电阻率，Ω·m； ρ_0—电热元件室温电阻率，Ω·m； α—电热元件电阻温度系数，1/K； φ—电热元件表面负荷，W/cm²； L_1—线状电热元件长度，m； L_2—带状电热元件长度，m。
2	矩形截面电热元件厚度	$S=36.9\left[\frac{P_n^2\rho}{m(m+1)U^2\varphi}\right]^{\frac{1}{3}}$	
3	每只电热元件功率	$P_n=\frac{P}{nN}$	
4	电热元件材料热态电阻率	$\rho=\rho_0(1+\alpha\Delta T)$	
5	电热元件表面负荷	① 工作温度≤1800℃，$\varphi=10\sim20\text{W/cm}^2$ 钨、钼 ② 工作温度>1800℃，$\varphi=20\sim40\text{W/cm}^2$ 钨、钼 ③ 工作温度1300℃，钼丝 $\varphi=10\text{W/cm}^2$ ④ 石墨电热元件，$\varphi=20\text{W/cm}^2$ 也有选 $\varphi=40\sim60\text{W/cm}^2$	
6	线状电热元件长度	$L_1=\left(\frac{10U^2P_n}{4\pi\rho\varphi^2}\right)^{\frac{1}{3}}$	
7	带状电热元件长度	$L_2=\left[\frac{2.5mP_nU^2}{(m+1)^2\rho\varphi^2}\right]^{\frac{1}{3}}$	

26.6.3.2　石墨电热元件

石墨电热元件的加热体设计要点如下：

① 石墨加热元件的使用寿命决定于其氧化和蒸发速度。当真空度为 $1.3\times10^{-1}\sim1.3\times10^{-2}$Pa 时，其极限使用温度为2200℃，超过此温度将迅速蒸发。如果要在2200℃以上温度工作时，真空度应低于1.3Pa或在炉内充入对石墨是中性的气体，如CO、N_2 和 H_2 等，使用温度可达2400℃。

② 石墨电热元件的电阻系数相当大，可以采用较大的截面积，在几十伏的低电压下工作。

③ 石墨电热元件的电阻温度系数较小，并且在800℃以下是负值，超过800℃又变为正值。

④ 在2500℃以下，石墨的机械强度随温度的上升而不断提高，所以将石墨电热元件水平放置并不会折断。

⑤ 石墨的性能根据牌号的不同其差别很大，设计时应注意选择。

⑥ 石墨在低温时导热性良好，在高温时就下降为低温时的几分之一，故造成其表面和心部温度差，使断面伸长不一致产生热应力。导致石墨电热元件损坏。所以设计石墨电热元件时应计算其所产生的应力。

石墨电热元件的加热体参数计算参见表26-25。

表 26-25 石墨电热元件参数计算

序号	名称	公式	符号
1	圆棒电热元件中心温度	$t_2=t_p+0.216\times\frac{\varphi d}{4.18\lambda}\times10^4$	t_2—电热元件心部温度,℃; t_p—电热元件表面温度,℃; φ—电热元件表面负荷,W/cm²; d—圆棒直径,m; b—板状电热元件厚度,m; λ—石墨热导率,kJ/(m·h·℃); Δt—差值,m; L—电热元件加热段长度,m; α—石墨线涨系数,1/℃; σ—石墨内应力,MPa; E—石墨弹性模数,MPa
2	板状电热元件中心温度 宽度>>厚度	$t_2=t_p+0.052\times\frac{\varphi b}{\lambda}\times10^4$	
3	石墨表面层与中心长度增加差值	$\Delta t=\alpha L(t_2-t_p)$	
4	石墨内应力	$\sigma=E\frac{\Delta L}{L}$ 当σ大于石墨许用应力时,电热元件将损坏	
5	石墨棒或板截面尺寸	$A=\rho_t\frac{L}{R_t}$	A—电热元件截面面积,mm²; ρ_t—工作温度下,电热元件的电阻率,Ω·mm²/m; R_t—工作温度下,电热元件的电阻,Ω L—电热元件有效加热段长度,m; d—实心石墨棒直径,mm; d_1—石墨管外径,mm; d_2—石墨管内径,mm; V—电热元件端电压,V; P—加热体总功率,kW; R_t—在工作温度下,电热元件电阻,Ω
6	石墨管内径外径(依据面积A计算)	$d^2=d_1^2-d_2^2$	
7	计算结果满足公式	$V=10^3\cdot P\cdot R_t$ 而 $R_t=\frac{V^2}{10^3P}$	

26.6.3.3 电热元件参数验算

① 电热元件表面负荷的校验，可用下式：

$$\varphi=\frac{10^2P_n}{LC} \tag{26-20}$$

式中 L——电热元件长度，cm；

P_n——每只电热元件功率，W；

φ——电热元件表面负荷，W/cm²；

C——加热体截面周长，cm。

经过校验后，若表面负荷高于原来选取的数值，则要重新调整加热体的尺寸，直到合格为止。

② 电热元件辐射面积的校验 在炉子的加热功率计算中，所采用的辐射面积是根据经验取值。当电热元件的尺寸已经确定，故应作精确计算。应当注意的是，不能将电热元件的全部表面积作为辐射面积，而应取与炉衬相对应部分的面积作为辐射面积。

③ 电热元件电阻的计算 由于电热元件的长度和直径已经确定，故应作电阻计算，为校验总功率作好准备，可用下式计算：

$$R_t=\rho\frac{L}{S} \tag{26-21}$$

式中 R_t——每根电热元件的电阻，Ω；

L——电热元件长度，m；

S——电热元件的截面积，m^2；

ρ——电热元件电阻率，$\Omega \cdot m$；

④ 炉子总功率的校验　由于电阻元件上的电压已经选定，每根电热元件的电阻 R_t 已经求出，可用下式校验炉子总加热功率：

$$P=\frac{U^2}{10^3 R} \tag{26-22}$$

式中 P——总加热功率，kW；

U——电热元件端电压，V；

R——加热体的总电阻，Ω；它与每根电热元件电阻 R_t 的关系与加热体连接形式有关，见表 26-26。

⑤ 电热元件的寿命计算　电热元件在使用过程中会逐渐氧化、挥发、电阻值增大，最后要用新的电热元件更换。影响电热元件寿命的因素主要有：由于长期工作在高温和真空条件下，其材料蒸发会导致寿命下降；电热元件的局部过热也会导致寿命下降，局部过热是由于电热元件的局部缺陷促使电阻增大而致，也可烧断；电热元件在高温下产生变形，造成短路或产生放电而损坏；由于电热元件与炉内某些气氛接触或者与耐火材料接触，都会对寿命产生影响。

影响真空电炉内电热元件寿命的因素主要是蒸发损失，即质量损失。一般规定当电热元件电阻增加 15%～20%时，电热元件的质量损失作为其寿命，可用下式计算：

$$t=\frac{\Delta m}{3600 v} \tag{26-23}$$

$$\Delta m=\frac{d(S-S_1)}{Q} \tag{26-23a}$$

$$S=\frac{\rho L}{(1.15 \sim 1.20) R_t} \tag{26-23b}$$

$$v=775.4 P_s \sqrt{\frac{M}{T}} \tag{26-23c}$$

式中 Δm——电热元件表面允许最大蒸发量，g/cm^2；

d——电热元件材料密度，g/cm^3；

S——电热元件材料在蒸发前的截面积，cm^2；

S_1——电热元件材料在达到寿命时的截面积；

v——电热元件材料蒸发速度，$(g/cm^2 \cdot s)$

P_s——电热元件材料工作温度下的饱和蒸气压，Pa；

M——电热元件材料的摩尔质量，g/mol；

T——电热元件材料的热力学温度，K；

t——电热元件的使用寿命，h。

26.6.3.4 电热元件接线方法

表 26-26 给出了电热元件接线方法及电工公式。

表 26-26　电热元件接线方法及电工公式

接线名称	示意图	元件数目	总电阻/Ω	总功率/kW	接线名称	示意图	元件数目	总电阻/Ω	总功率/kW
串联		n	$R=nr$	$P=\frac{V^2}{10^3nr}$	双星形		6	$R=\frac{r}{2}$	$P=\frac{2V^2}{10^3r}$
并联	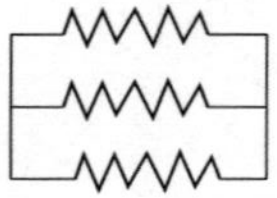	n	$R=\frac{r}{n}$	$P=\frac{nV^2}{10^3r}$	双三角形		6	$R=\frac{r}{6}$	$P=\frac{6V^2}{10^3r}$
串-并（先并后串）	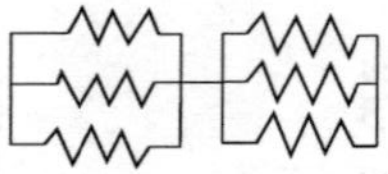	mn	$R=\frac{mr}{n}$	$P=\frac{nV^2}{10^3mr}$	串-星（先串再联星）	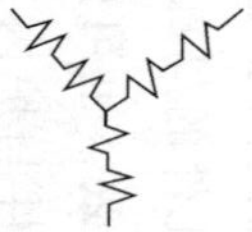	$3n$	$R=nr$	$P=\frac{V^2}{10^3nr}$
并-串（先串后并）	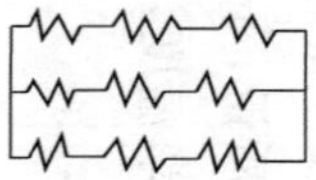	mn	$R=\frac{nr}{m}$	$P=\frac{mV^2}{10^3nr}$	串-角（先串再联成角）		$3n$	$R=\frac{nr}{3}$	$P=\frac{3V^2}{10^3nr}$
星形		3	$R=r$	$P=\frac{V^2}{10^3r}$	并-星（先并再联成星）	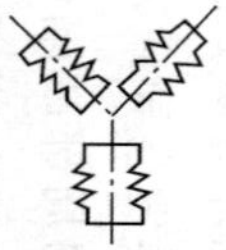	$3n$	$R=\frac{r}{n}$	$P=\frac{nV^2}{10^3r}$
三角形		3	$R=\frac{r}{3}$	$P=\frac{3V^2}{10^3r}$	并-角（先并再联成角）		$3n$	$R=\frac{r}{3n}$	$P=\frac{3nV^2}{10^3r}$

注：P—加热体总功率，kW；R—加热体总电阻，Ω；r—每只电热元件电阻，Ω；V—电热元件端电压，V；m—电热元件的组数；n—电热元件个数。

26.7 真空热处理炉冷却水量的计算

对于真空热处理炉来说，水冷却是不可缺少的。需要水冷却的部位有炉壳体、炉盖、电极等。水冷的作用是防止在高温下炉壳强度减小，在大气压力下产生变形；还可以保护炉体各真空密封处的胶圈不会在高温下烧坏或老化，而失去密封性能。

真空炉冷却水总消耗量等于炉壳、炉盖、水冷电极、热交换器及真空系统等冷却水消耗量之和。除真空泵冷却水消耗量（技术指标中已列出）不需重算外，其余部件冷却水消耗量的计算方法基本相同。

(1) 炉壳体冷却水耗量

真空炉工作时，加热体通过辐射屏对炉壳体水冷壁产生辐射热；而水冷壁外壁与室内空气产生对流换热散失部分热量，冷却水需带走的热量为两者之差。冷却水耗量用下式计算

$$G_c = \frac{Q_f - Q_k}{C(t_1 - t_2)} \tag{26-24}$$

式中 G_c——炉壳冷却水消耗量，kg/h；

Q_f——辐射屏对炉壳的辐射热，kJ/h；

Q_k——通过炉壳散入周围空气的热损失，kJ/h [根据经验，炉壳散入周围空气单位热量一般取 752～794kJ/(m^2·h)]；

C——水的比热容，kJ/(kg·℃)；

t_1——出水口温度℃；

t_2——进水口温度℃；

(2) 确定水在水套中流速和当量直径

为了保证将炉体内散发出的热量及时带走，必须保持冷却水在水管内或水套内有一定流速，即经济流速。真空炉壳体上的冷却水流速是这样选取的：对于软水，其水流速度在 0.8～1.6m/s 之间，最高不超过 2.5m/s；对于硬水，其流速在 0.8～3.5m/s 之间。水管的当量直径用下式计算：

$$d_e = \sqrt{\frac{4V}{\pi v}} \tag{26-25}$$

式中 d_e——水管的当量直径，m；

v——水管内水的经济流速，m/s；

V——水的体积流量，m^3/s。

炉壳水冷夹套水的流速通常可以简化为矩形截面管道（边长 a、b）进行计算，其当量直径 d_e

$$d_e = \frac{2ab}{a+b} \tag{26-26}$$

(3) 计算炉壳体所要求的对流换热系数

冷却水经过夹层水套的流道与炉壳体热壁所要求的对流换热系数（亦称表面传热系数 convective heat transfer coefficent）用下式计算

$$\alpha_{实} = \frac{Q_f - Q_k}{A(t_1 - t_2)} \tag{26-27}$$

式中 $\alpha_{实}$——对流换热系数，kJ/(m^2·h·K)；

A——换热面积，m^2；

t_1——出水口温度，K；

t_2——进水口温度，K；

Q_f，Q_k——同式 (26-24)。

(4) 计算炉壳体理论换热系数

冷却水流经夹层水套的对流换热系数，除了与水的流速、热物理性能相关以外，还与水流道几何形状有关，由第 7 章 7.5.3 节可知，对流换热系数由下列关联式计算

$$Nu_f = 0.023 Re_f^{0.8} Pr_f^{0.4} \tag{26-28a}$$

$$Re_f = \frac{w d_e}{\nu} \tag{26-28b}$$

$$Pr_f = \frac{\nu c_p \rho}{\lambda} \tag{26-28c}$$

$$\alpha_{理} = \frac{Nu_f \cdot \lambda}{d_e} \tag{26-28d}$$

式中 Nu_f——努塞尔数；

Re_f——雷诺数；

Pr_f——普朗特数；

ω——水流速，m/s；

d_e——管道当量直径，m；

ν——水运动黏度，m^2/s；

c_p——水比热容，J/(kg·K)；

ρ——水密度，kg/m^3；

λ——水热导率，J/ (m·s·K)；

$\alpha_{理}$——理论换热系数，J/(m^2·s·K)。

理论计算的 $\alpha_{理} \geqslant \alpha_{实}$，若计算结果不满足要求，应调整水流道截面尺寸，使水流速增大，进而使 $\alpha_{理}$ 增大，直到满足要求。

(5) 确定总水管内水压

总水管内水压按下式计算

$$\Delta P = Z + 40f \frac{\omega^2}{2g} \frac{L}{d} \rho + \zeta \frac{\omega^2}{2g} \tag{26-29}$$

式中 ΔP——总水管的压力，即供水扬程，m；

Z——冷却水位标高，m；

L——水管长度，m；

d——管径，m；

f——摩擦系数，水取为 0.0065；

ρ——平均密度，水为 1000kg/m^3；

ζ——阻力系数，参见文献 [634]；

ω——水流流速，m/s；

g——重力加速度，9.8m/s^2。

压力单位换算：根据经验，水管 1m 耗压 0.1kg/cm^2，自来水压力在 2～3kg/cm^2，对一般真空炉已足够。

(6) 冷却水系统

每台真空炉的配套设备上必带有水冷系统，不但给炉体冷却，还为了给其他装置冷却，如真空泵等。水冷系统一般不采用自来水冷却，因它会造成大量水流失，目前都采用循环水冷系统。循环水冷系统包括储水箱、水阀、水泵、进水管、出水管、压力表、水压继电器、水温继电器等，用水管连接成循环封闭系统。循环水冷系统目前有两种方式。

① 采用储水池的水冷系统　在地下修建大的储水池，用管道与炉子连接成封闭系统。工作时依靠水泵驱动水流动。由于水池的水量很大，工作中水温上升极少，靠自然冷却降温。根据用户使用调查得知，可大量节约用水，其冷却效果也非常好。

② 采用储水箱的循环水冷系统　用管道将水箱、水泵和炉壳水冷套连接起来，形成水循环封闭系统，开动水泵即可工作。由于水箱容量有限，一般要加热交换器，如玻璃钢冷却塔等换热，可保持水温上升较小。这种水冷系统适于用水量较小的炉子。

26.8 真空高压气淬炉气冷系统设计

气淬真空炉气冷系统主要由风机，换热器、送风口构成。

26.8.1 气冷系统结构型式

气冷系统中气体循环的动力源为风机，风机将冷却气体送入加热区，与工件进行对流换热，使工件冷却，而气体被加热，为维持冷却气体的温度，在风道中设置换热器，使被加热的气体降温，再由风机送入加热区，经过不断的循环使工件冷却到所期温度。

气冷系统按结构型式一般可分为内循环和外循环两种，对于内循环强冷系统（如图 26-43 所示），整个结构都处于真空腔体内部，利用隔热屏和炉壳之间的结构来构成循环冷却风道，此种结构较紧凑，整个结构占用空间小，造价较低，一般适用于体积较小的真空炉。而外循环气冷系统（如图 26-44 所示）是在真空腔体外部外接整个气冷系统，利用管道、阀门与真空腔体连接来构成循环冷却风道，此结构冷却速率较快，可适用于体积较大、对冷却速度有一定要求的真空热处理炉，这样真空炉的体积和造价也相应提高。

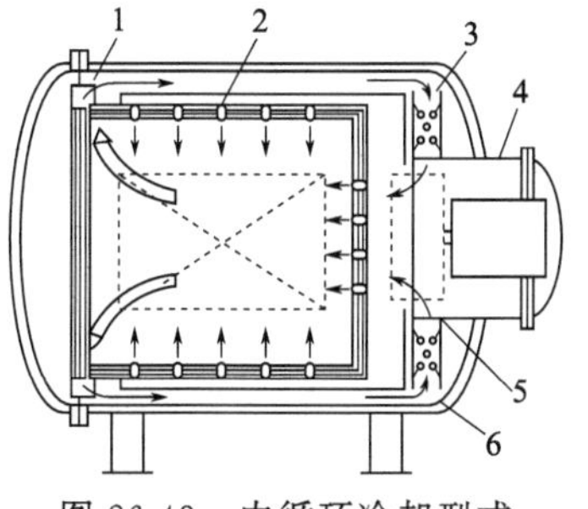

图 26-43　内循环冷却型式

1—回风道；2—喷嘴；3—换热器；4—风机；5—冷风出口；6—炉体

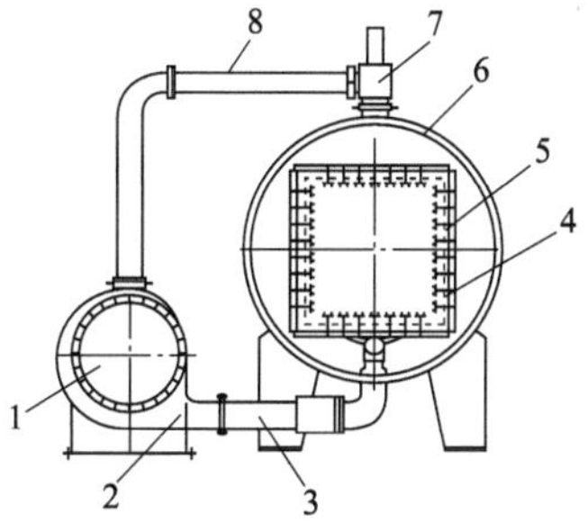

图 26-44　外循环冷却型式

1—换热器；2—风机；3—送风管；4—送风道；5—喷嘴；6—炉体；7—阀门；8—回风道

26.8.2 送风口型式

由送风管出来的冷却气体经送风口进入加热区，使工件冷却。送风口主要有两种形式：喷嘴型，见图 26-45；阀门型，见图 26-46。

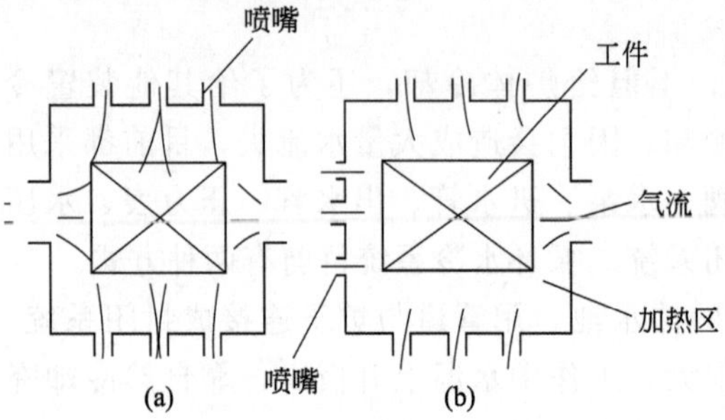

图 26-45 喷嘴布置简图

喷嘴型风口：气流从圆周各个方向进入工作加热区，使加热区较均匀地冷却。但装入工件后，气流很难直接喷入中间位置的工件。在这个区域主要借助多向流动的湍流来冷却工件。喷嘴布置简图如图 26-45 所示，其中图（a）为环向布置喷嘴；图（b）为环向径向均布喷嘴，更利于气体流出。

阀门型如图 26-46 所示，这里列举四种结构形式，其中，（a）是单向流动结构，易产生温度梯度，但结构简单；（b）是通过上、下阀门的交替开关使气体从上、下两个方向交替充入，充入的气体经加热室后部的开孔流出；（c）是真正的交替冷却形式，气体交替从上、下阀门充入、流出，这种结构气体流阻小，冷却均匀；（d）是（c）的改进型。通过增加四个角阀门使气体流动状态更加良好，是较理想的结构形式。气流交替变换可采用时间控制，也可采用温差控制。

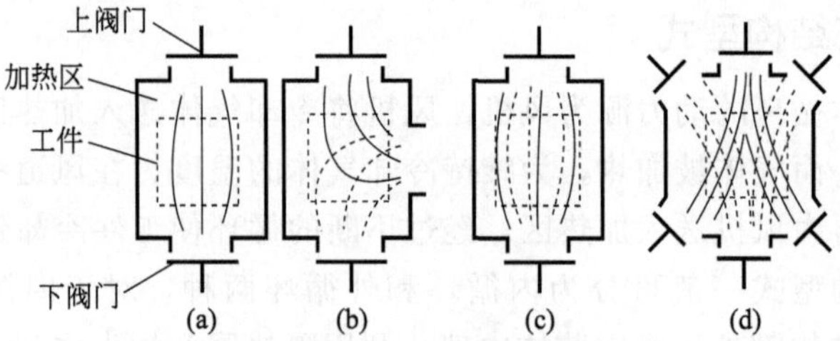

图 26-46 阀门型送风口

图 26-47～图 26-49 为实际高压气淬真空炉冷气循环系统简图

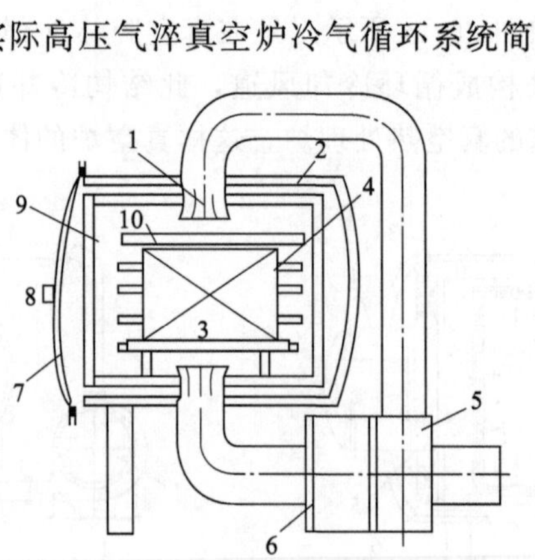

图 26-47 VCH 型高压气淬真空炉气冷系统简图

1—气体分配器；2—炉壳；3—炉床；4—工件；5—风机；
6—换热器；7—炉门；8—观察窗；9—加热区；10—硬石墨毡

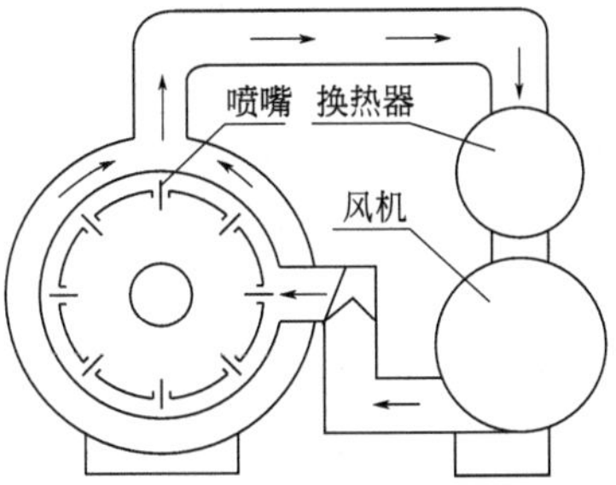

图 26-48　VF-S 型真空炉气冷系统简图

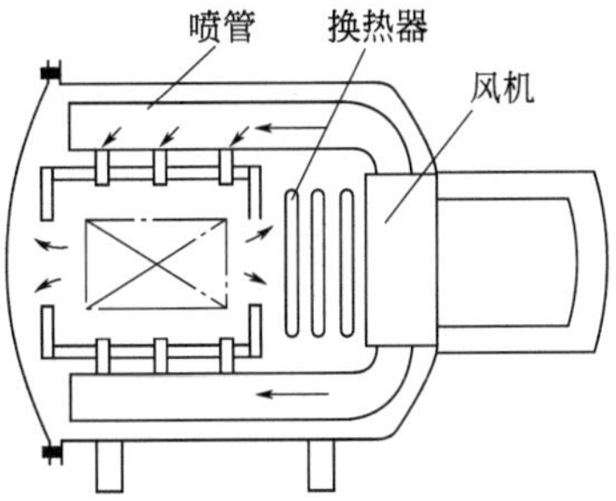

图 26-49　VKUQ 型真空炉气冷系统简图

26.8.3　影响工件冷却速度的因素

真空高压气淬要求被处理工件从 1000℃降到 650℃的冷却时间必须在 60～90s 时间内完成，以防止碳化物析出。伊普森公司用薄零件（如钢锯条）做过的实验表明，用约 20s 完成从 1150℃降到 600℃的快速气冷，有助于提高零件的使用寿命。

冷却气体压力对冷却速度影响较大，图 26-50 绘出了冷却气体压力与冷却时间的关系。

从图 26-50 可以看出，W6Mo5Cr4V2 钢 ϕ40mm ×100mm 工件在 7×10^5Pa 压力下比 1×10^5Pa 时的冷却速度要快 3 倍。而在 5×10^5Pa 压力下 N_2 冷却工件可获硬度达 64HRC 以上。这使得高速钢和大部分的模具钢真空气冷淬火成为可能，目前（5～6）$\times10^5$Pa 压力的真空气冷淬火炉及高压气淬处理在工业发达国家已经普及，我国已有 5×10^5Pa 的高压气淬炉应用于生产，但质量有待提高。

图 26-51 示出了从 1200℃到 550℃的冷却曲线。压力从 10^5Pa 增加到 2×10^5Pa，而冷却时间从 120s 减少到 60s，即减少了 60s。压力从 4×10^5Pa 增加到 5×10^5Pa，冷却时间从 30s 减少到 24s，即减少了 6s。显然，压力再增加高于 5×10^5Pa 或 6×10^5Pa 时，热传递量增加得很少。

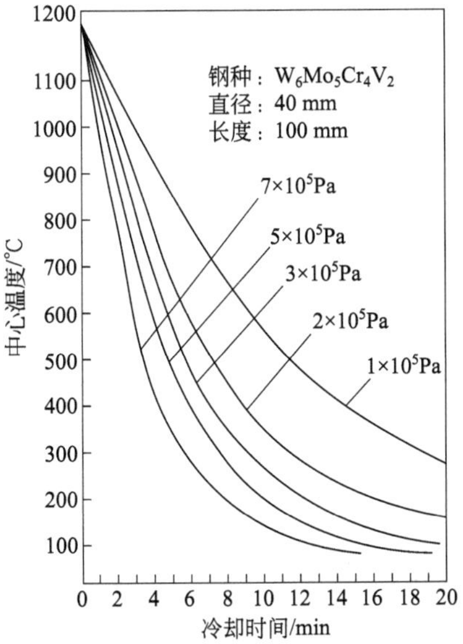

图 26-50　冷却气压力和冷却时间的关系

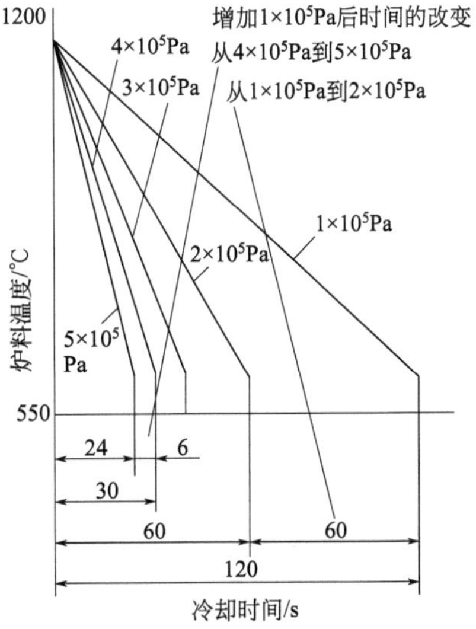

图 26-51　气体压力和淬火速率间的关系曲线

除此之外，冷却速度还受到气体种类、气体速度、气体温度、工件尺寸，以及气体流动方式的影响，图 26-52 给出了气淬参数对冷却速度的影响。

为提高真空气淬时的冷却速度，可加大气体流速，改单向气流为 360°高压喷射流，也可采用传导能力高的气体等。采用真空加压气淬技术可提高淬火冷却能力，同时可以避免真空油淬对工件或炉膛的污染。例如采用 5×10^5 Pa 的高纯 Ar 对 2Cr13 钢进行淬火，其强度相当于常规真空油淬，并随着气淬压力的升高，钢的强度有所提高。近年来高压高流速真空气淬工艺和设备在国际上已较普遍，20×10^5 Pa 的 He 冷速已达到油的冷速，40×10^5 Pa 的 H_2 冷速可达到水冷的能力。

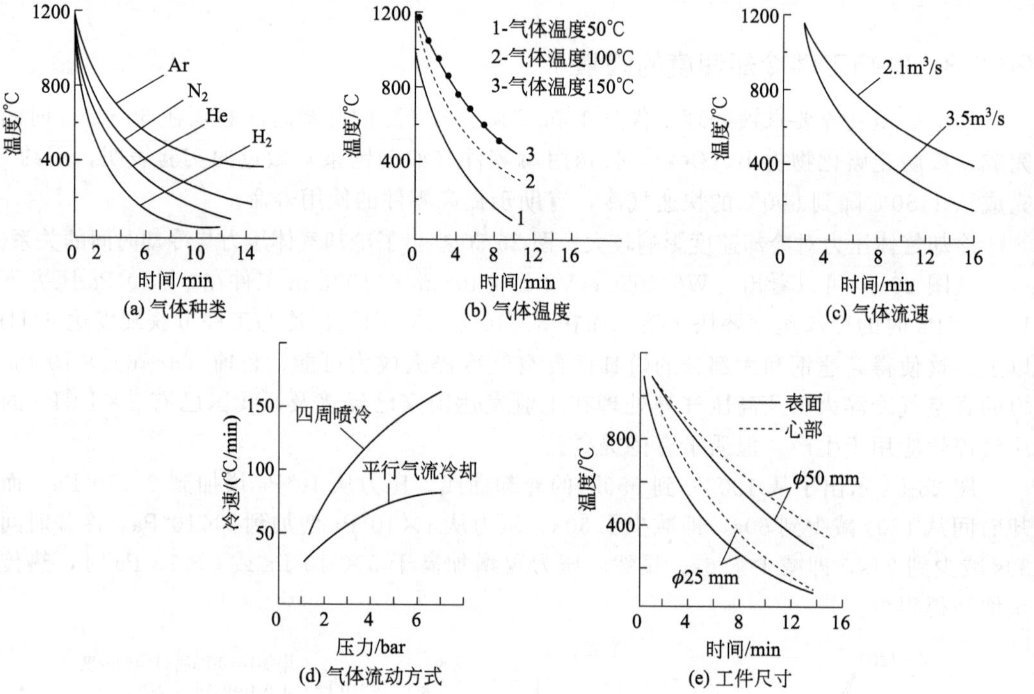

图 26-52 真空气淬各参数对冷却速度的影响

26.8.4 真空气淬炉冷风系统计算

(1) 工件降温所需热量

工件降温所需热量与其质量、比热容、降温速率有关，用下式计算

$$Q = mc_p\Delta t \tag{26-30}$$

式中 Q——工件降温所需热量，kJ/s；

m——工件质量，kg；

Δt——工件降温速率，℃/s。

(2) 风机风量及风压

风量是根据气淬要求来确定的，它又是选择风机的主要参数，一般由风速来确定风量。风速的选取目前还没有准确的计算方法，主要根据实际经验来选择。有资料介绍真空气淬炉风速选为 10m/s 左右为宜。高压气淬炉最高风速选为 90m/s。风速大则风量也大，冷却效果好；风速小则风量小，冷却效果差。但是，风速大电机功率也大，成本增加，故应全面考虑选择风速，风量可按下式进行计算：

$$q=Av \tag{26-31}$$

式中 q——风量，m^3/s；

A——气体流动的风道截面积，m^2；

v——气体的流动速度，m/s。

风机风量除了应用经验方式来确定外，也可以用热平衡方法，此方法常用于航天器环境设备温度流程计算，其公式如下

$$q=\frac{Q}{c_p(t_1-t_2)\rho} \tag{26-32}$$

式中 q——风机风量，m^3/s；

Q——工件降温所需热量，kJ/s；

c_p——气体比热容，kJ/(kg·℃)；

t_1——风机进气口温度,℃；

t_2——风机排气口温度,℃；

ρ——气体密度，kg/m^3。

冷却气体在循环流动时会受到工件、弯道、热交换器、炉壳及其他附件结构的阻力，阻力的大小取决于冷却气体流动速度的大小。流速越大，阻力也越大，选择风机必须有足够的风压。

根据经验，真空热处理炉的冷却气体循环总的阻力损失一般不超过980Pa，对于循环线路较长的大型真空炉阻力损失在980Pa左右。

(3) 热交换器计算

热交换器种类很多，结构确定之后，尚需根据结构计算表面传热系数，采用下式计算

$$\alpha=\frac{Q}{A(t_w-t_0)} \tag{26-33}$$

式中 α——热交换器表面传热系数，$kJ/(m^2\cdot℃\cdot s)$；

Q——换热量，kJ/s，见式（26-30）；

A——热交换器表面面积，m^2；

t_w——热交换器换热管表面温度,℃；

t_0——热交换器中气体温度,℃。

表面传热系数α值得到后，尚需根据结构，以及气体热物性参数来计算理论值是否与实际要求的值一致，否则还需要调整结构，直至满足实际需要值，有关计算方法参阅本书第7章或杨世铭的《传热学》。

(4) 风机密封结构

当被处理工件经过加热、保温后便送进气淬室，先要向炉内充入冷却气体，对于真空气淬炉要充入低于一个大气压力的气体；对于高压气淬炉目前一般要充入两个以上大气压力的气体，同时开动风机，使气体高速循环流动。风机是用电机带动的。风机有轴流式和离心式两种，真空热处理中一般都采用离心式风机。为了使工件在冷却中不被氧化，充入的冷却气体纯度要高。炉壳要有很好的密封性能，即壳体有较低的漏气率，对风机的密封非常重要。

常用的风机装置有两种密封结构：第一种采用动密封结构，它是将电机放在炉壳体外面，转动轴进入炉壳体内部，带动风机叶轮转动。很明显，轴通过壳体必须采用动密封结构，这种动密封型式可采用J型及JO型真空用橡胶密封圈结构。其结构尺寸如标准JB 1091—90及JB 1091—91所示。第二种是将动密封改为静密封结构，有两种结构型式：一是把电动机和叶轮一起放在炉室中，如图26-53所示。这种结构特点是省略了动密封只用静密封，这里采用一个水冷罩将电机装在炉室内并与大气隔绝，电机工作中产生热量可由水冷罩带走，不会使温度升高而破坏胶圈密封性能，但是电机的三相供电线路进入真空室时也要有静密封，并与壳体绝缘。二是也可以采用液压马达驱动风机，如图26-54所示。该装置的特点是直接利用液压马达的法兰安装面作为静密封面，省掉一个水冷罩，因此这种结构非常简单可靠。这里也有动密封结构，不过它是液压马达本身带有的结构。

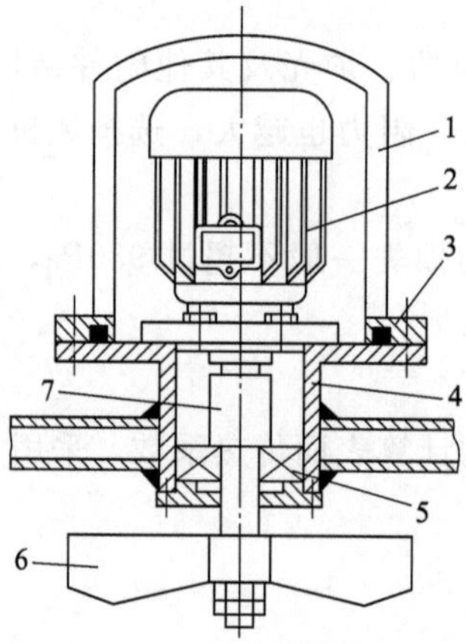

图 26-53 电动机驱动的风扇装置

1—冷却罩；2—电机；3—密封圈；4—底座；5—轴承；6—叶轮；7—轴

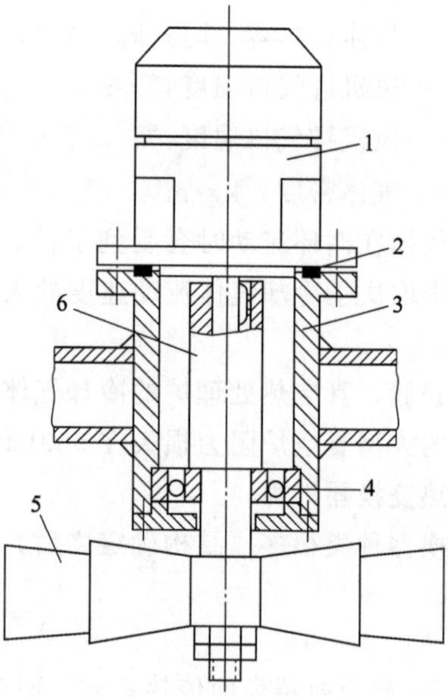

图 26-54 液压马达驱动的风扇装置

1—液压马达；2—密封圈；3—底座；4—轴承；5—叶轮；6—风扇轴

26.9 隔热屏设计

隔热屏是真空热处理炉加热室的主要组成部分，其主要作用是隔热、保温及减少热损失。在有些情况下，隔热屏也是固定加热器的结构基础。因此，隔热屏结构型式的确定，材料的选择，对炉子的功率及性能（如真空度、放气率等）有很大影响。除了要考虑它的耐火度、绝热性、抗热冲击性和抗腐蚀性等外，还要考虑它的热透性，要求能够尽快脱气。

隔热屏基本上分为金属隔热屏和非金属隔热屏两类。其结构型式一般有下列四种：金属隔热屏、夹层隔热屏、石墨毡隔热屏和混合毡隔热屏，如图26-55所示。

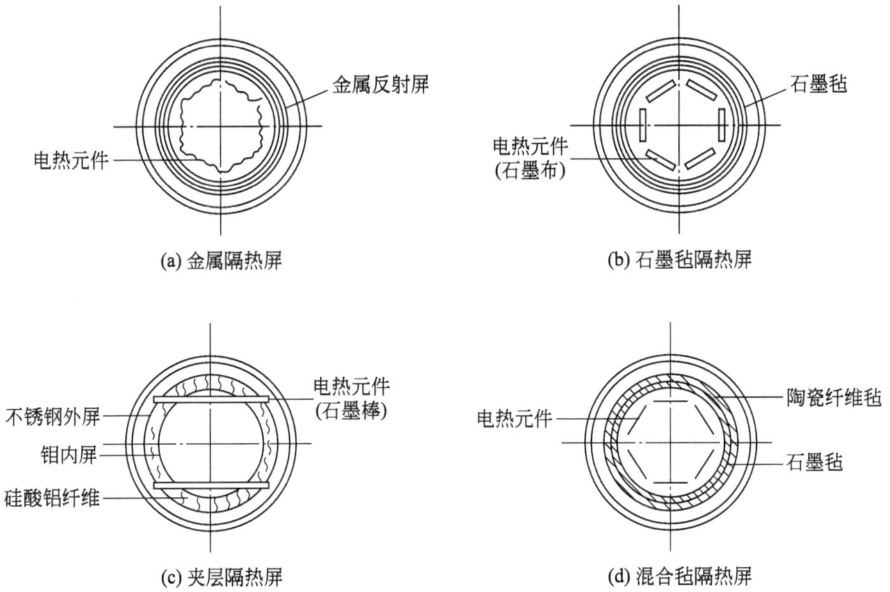

(a) 金属隔热屏　(b) 石墨毡隔热屏
(c) 夹层隔热屏　(d) 混合毡隔热屏

图 26-55　隔热屏结构型式

(1) 金属隔热屏

① 金属隔热屏主要几何尺寸　图 26-56 为隔热屏主要几何尺寸示意图，包括屏间尺寸，内屏距电热元件尺寸，外屏距炉壳水冷壁的尺寸。

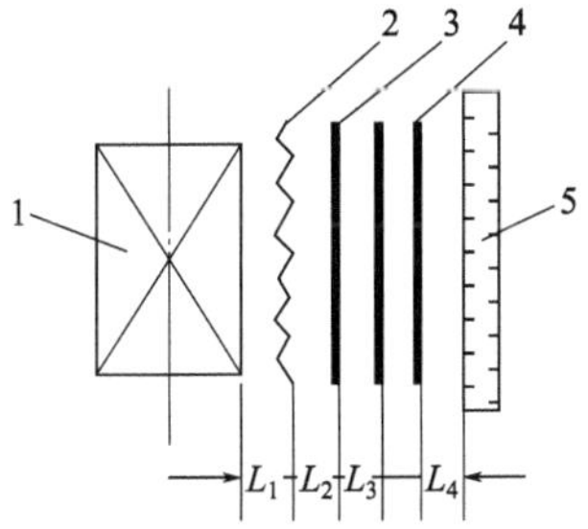

图 26-56　隔热屏主要几何尺寸

1—工件（料筐）；2—加热体；3—内屏；4—外屏；5—炉壳水冷壁

L_1—加热体与工件间距 50～150mm；L_2—加热体与内屏间距 50～100mm；

L_3—屏之间间距 10～15mm；L_4—外屏与炉壳冷壁间距 80～120mm

通常料筐上下布电热元件，为了得到较好的均温区，通常选择加热体的长度为料筐长度的 1.2～2 倍。要求均温区误差小应取大倍数，否则选择小倍数。

② 金属隔热屏屏数　若各屏发射率相同，计算得到的热效率值见表 26-27。

表 26-27　隔热屏层数与隔热效果及热效率的关系

隔热屏屏数 n	0	1	2	3	4	5	6	7	8	9	10	11
各层隔热效果	0	50%	16.7%	8.3%	5%	3.35%	2.35%	1.8%	1.4%	1.1%	0.9%	0.77%
热效率	0	50%	66.7%	75%	80%	83.35%	85.7%	87.5%	88.9%	90%	90.9%	91.67%

由表 26-27 可见，层数越多，热损失越小；但是，层数多时，消耗材料多，炉内结构

繁杂，结构表面增多，吸附面增大，气体不易放出，尤其在湿热天气条件下真空度不易达到要求。同时，如上所述，层数增加对减少热损失的作用已不大。通常第一层辐射板的隔热效果为50%，第二层为约17%，第三层为约8%，随着层数增加，其隔热效果迅速降低，因而采用太多的层数，隔热效果并不明显，一般采用4～6层即可。例如：1300℃的热处理炉选择6层屏，温度为1400～1600℃的炉型可选择8层屏，节能效果明显。

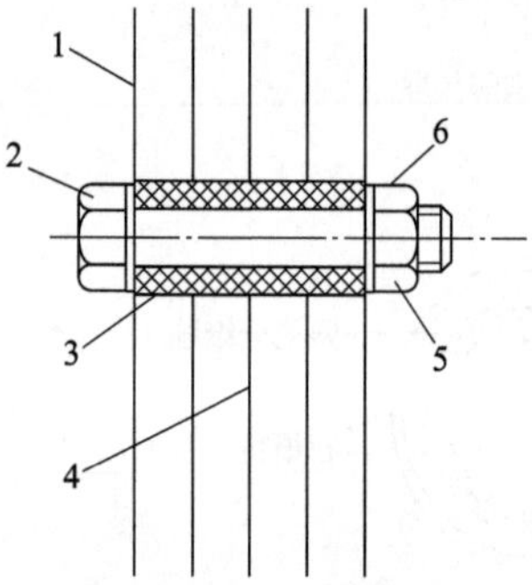

图 26-57　金属隔热屏
1—钼片；2—钼螺钉；3—定位隔套；4—不锈钢片；5—螺母；6—垫片

③ 金属隔热屏材料　选择表面光亮的耐热金属与合金板材，依据炉胆的型式和形状，作成圆筒形，方形或多面体形状，包围电热元件，以便把热量反射回加热区，从而起到隔热效果，高温时用钼、钨、钽片，温度低于900℃时可选用不锈钢薄板，在保证有足够强度的前提下，尽量减少板材厚度，以便降低成本和减少蓄热量，一般钼、钽片的厚度为0.2～0.5mm，不锈钢板为0.5～1mm，屏的各层间通过螺钉和隔套隔开，如图26-57所示。

为了降低制造成本，靠近电热元件的两层屏选择耐高温的材料，如1300℃的热处理炉，这两层屏选择钼，余者为不锈钢。若炉温低于1000℃均可选不锈钢。为了降低发射率，钼片、钽片、钨片需要酸洗，而不锈钢可选镜面板材。表26-28给出了钼和不锈钢不同温度下的发射率。

这种屏的脱气效果好，可以达到10^{-4}Pa的高真空度，但隔热效果差，价格高，在热胀冷缩下易产生变形。目前采用隔热屏分段迭层结构可避免变形弊端，但结构较复杂。

表 26-28　隔热屏材料发射率与温度关系

材料	MO				不锈钢	
温度/℃	1000	1200	1400	1600	89	756
发射率 ε	0.096	0.121	0.145	0.168	0.190	0.200

注：钼和不锈钢发射率与温度拟合关系分别是 $\varepsilon(\mathrm{Mo})=1.15\times10^{-4}T-0.0175$；$\varepsilon$(不锈钢)$=1.467\times10^{-5}T+0.0189$，$T$ 为材料温度。

④ 隔热屏温度场　表26-29给出了4种不同设计方案，以及各方案由计算得出的温度场及热损耗值。由表可见，随着钼层的加入和隔热层数目的增加，真空炉的热损耗减少，但隔热层内部温度场将升高。四种方案中，2M4F和3M4F不满足热性能要求，其中2M4F的设计热损耗最多，这将导致真空炉耗电量增加；3M3F和4M2F方案满足所使用的热性能要求。4M2F设计的温度场与3M3F设计温度场相似，但前者的热损耗低于后者，最节能。在3M3F方案中，第四层隔热屏为不锈钢，所处温度为989℃，基本达到不锈钢的使用温度极限，从质量安全上考虑，应尽量避免使用3M3F方案。综上可知，四种方案中，3M3F和4M2F的设计可行，从质量安全和成本角度考虑，4M2F是最优设计。

表 26-29　隔热屏温度场及热损耗

隔热层	3M3F	2M4F	4M2F	3M4F
第一层/℃	1352	1346	1358	1357
第二层/℃	1256	1235	1274	1270

续表

隔热层	3M3F	2M4F	4M2F	3M4F
第三层/℃	1125	1122	1168	1159
第四层/℃	989	1022	1012	1048
第五层/℃	867	896	835	954
第六层/℃	686	711	661	835
第七层/℃	—	—	—	662
热损耗流量/kW	7.809	8.690	6.994	7.1736

注：3M3F 表示 3 层钼屏、3 层不锈钢屏。

(2) 石墨毡隔热屏

现在常用的主要是石墨（碳）毡和硅酸铝纤维毡，石墨毡隔热屏的结构示意图如图 26-58 所示。

研究表明，全石墨毡屏较硅-石墨复合屏易于抽真空，两者对比见表 26-30 所示。这是由于硅酸铝纤维吸潮性大，其放气量大于石墨毡，对于 1300℃ 的真空热处理炉，一般取石墨毡厚度 32～40mm 即可。

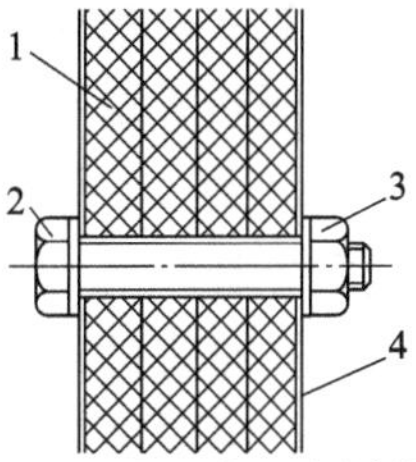

图 26-58　石墨（碳）毡隔热屏
1—石墨（碳）毡；2—钼钉；3—螺母；4—钢丝网

表 26-30　保温材料吸潮情况比较

参数指标	C50 屏	SiC30 屏
装炉室温/℃	14	28
装炉相对湿度/%	72	79
未烘炉极限真空度/Pa	1.2	53
烘炉后极限真空度/Pa	8.5×10^{-3}	7.5×10^{-2}
烘炉时间/h	7	7.5
烘炉温度/℃	<600	<600

石墨毡隔热屏是由多层石墨毡用石墨绳或钼丝捆扎固定于钢板网上构成的。其结构简单，制造容易，成本低廉，且不怕渗碳气氛和还原性气氛，同时具有高温性能好，隔热效果好，便于快速加热和冷却等优点。这种隔热屏使用寿命通常为 5～6 年，更换时，只需换下里面的 1～2 层即可。在铺装石墨毡时，注意各层石墨毡对缝要交错排列，防止热短路，同时每一对缝应使用石墨绳缝起来。石墨毡的纤维细小、柔软、断头易到处飞扬，容易大面积造成加热器与炉体间的短路。有时绝缘电阻仅有十几欧姆，很难检查和排除。为了防止上述弊端，可在隔热屏内铺设一层柔性石墨板（或耐高温纸制品）。同时，在安装时要特别注意不要到处揉搓、碰撞石墨毡，防止石墨纤维到处飞扬，造成绝缘电阻降低。为防止石墨毡纤维飞扬的缺点，可在石墨纤维毡内外表面喷涂保护层保护，国外真空炉制造中采用此法的较多。由于石墨的性质较脆，易裂损，因而喷涂法在技术上较为优越。石墨毡（板）喷涂保护层技术在国外一些真空炉公司作为专利技术加以保护。

石墨毡是新型的耐火隔热材料，它具有密度小、热导率小，无吸湿性、耐热冲击性好，易于加工等特点，表 26-31 给出了石墨毡的技术性能。

表 26-31 石墨毡的技术性能

参数名称	热处理温度/℃	热导率/($W \cdot m^{-1} \cdot K^{-1}$)	密度/($kg \cdot m^{-3}$)	含碳率(质量分数)/%
数值	2500	0.035～0.052(45℃) 0.100(320℃)	80	99.96

以石墨为材料的隔热屏近年出现了一些新形式，如石墨颗粒隔热屏和石墨纤维布隔热屏。前者外层采用不锈钢板或钼板，中间夹层由石墨颗粒构成，亦可用氧化铝、氧化锆粉末作中间夹层填充物。石墨纤维布隔热屏的特点是机械强度较高，热导率小，节电效果明显。

(3) 复合隔热屏

复合隔热屏由石墨毡和硅酸铝纤维毡及石墨毡组成，其结构示意图如图 26-59 所示。复合隔热屏通常内层为石墨毡，外层为硅酸铝纤维毡，其余结构与石墨毡隔热屏基本相同。这种隔热层具有很好的隔热效果；结构简单，加工制造容易，安装维修方便，并且造价较低廉。

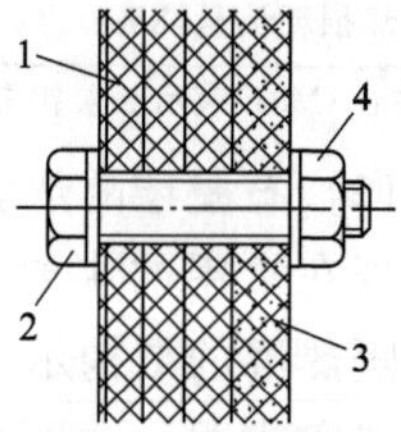

图 26-59 复合隔热屏
1—石墨（碳）毡；2—钼钉；3—硅酸铝纤维毡；4—螺母（销子）

研究表明，复合屏的效果优于全石墨毡屏，可提高保温性能约 40%，对不同温度范围内的保温屏结构推荐如表 26-32。

表 26-32 复合隔热屏结构组成

炉温	硅酸铝毡(外层)	石墨毡(内层)
≤1000℃	20mm	10mm
>1000～1320℃	20mm	20mm

文献指出，同样厚度的保温屏，硅-石墨复合屏比纯碳屏降温慢约 1h，由此可知，需快速冷却的真空炉的保温应少量选用硅酸纤维毡，复合屏的真空性能略低于全石墨毡保温屏，达到同样真空度，复合屏需多抽 2～3h。

隔热屏厚度方向的温度降落梯度与隔热屏材料有关，实验测出 50mm 和 30mm 隔热屏的温降曲线，如图 26-60 所示。由试验比较和实践经验可知，钼在高温下长期工作会变脆，且其价格昂贵，因而多采用石墨绳固定纤维毡屏。做法是在隔热屏面积上间隔 70～100mm 均布固定纤维毡通孔，孔两端为圆角，以防磨划石墨绳，石墨绳穿过两孔或数孔打结结死，打结连接星形交叉布置，以保证一旦个别孔绳磨损导致成片隔热屏损坏，检修和安装也比较方便。

由于纤维毡上，尤其是内层毡在高温下受油蒸气、水蒸气和其他杂质污染，其隔热性能下降，一般使用寿命 5～6 年，更换时只换里面的 1～2 层即可。

(4) 夹层式隔热屏

夹层式隔热屏是由金属制成内外屏，其间填充硅酸铝纤维组成。这种隔热屏结构简单，均热效果好，隔热性能好，热损失小，可以实现快速加热和冷却。但是，由于硅酸铝纤维吸湿性较大，同时硅酸铝纤维黏结剂挥发对真空系统有污染，因而采用这种结构的真空热处理炉的真空度不能太高，通常可达 6.6×10^{-3} Pa。

夹层式隔热层其内层用钼片，外层用不锈钢片，其间填充石墨毡、碳毡、硅酸铝纤维

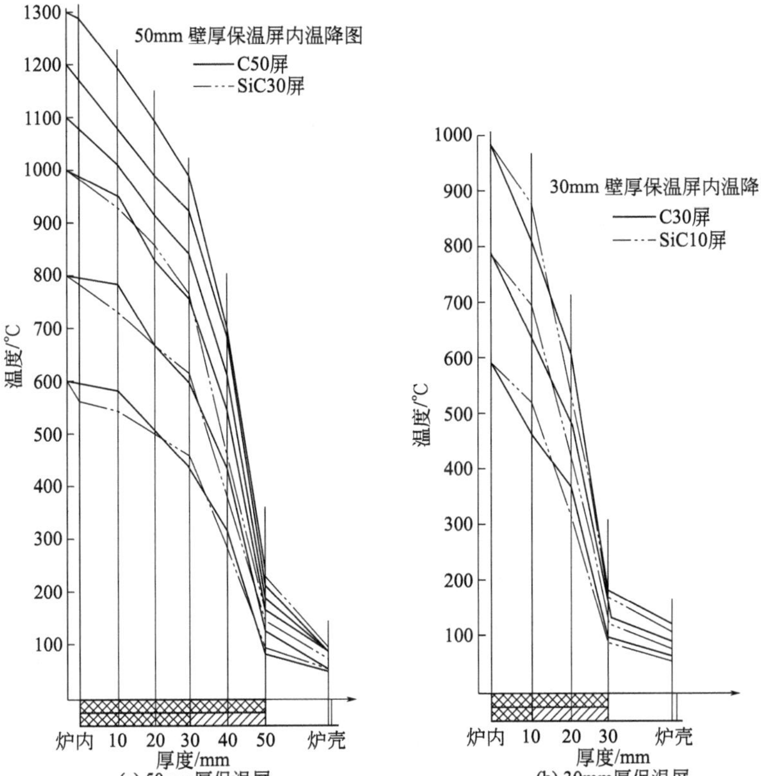

(a) 50mm厚保温屏　(b) 30mm厚保温屏

图 26-60　保温屏内温降梯度曲线

等耐火纤维，组成夹层式隔热层，抽真空时为了除去耐火纤维中的气体，不锈钢片上应开通气孔。夹层式隔热层具有反射屏隔热和耐火纤维隔热两个作用。伊普森公司的 VCW-24 型真空回火炉为内气体循环冷却，其隔热层即为夹层式隔热层，中间衬的是硅酸铝纤维，见图 24-61。该公司 VFC 系列真空炉的加热室隔热层结构如图 26-62 所示。

此外，柔性石墨、石墨板等也可作隔热材料。

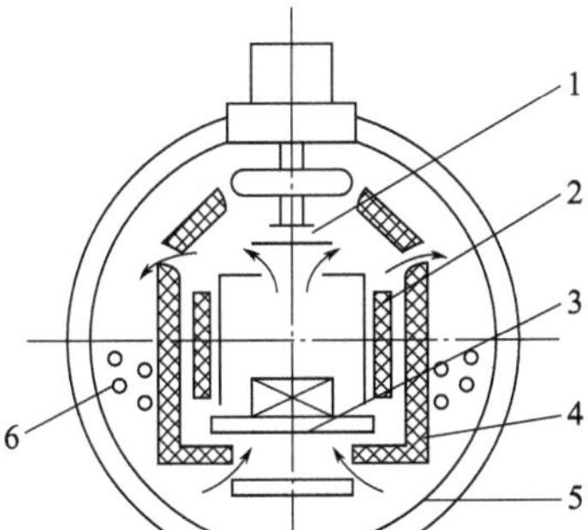

图 26-61　VCW-24 型真空炉

1—风扇；2—加热体；3—炉床；4—隔热层；5—炉壳；6—热交换器

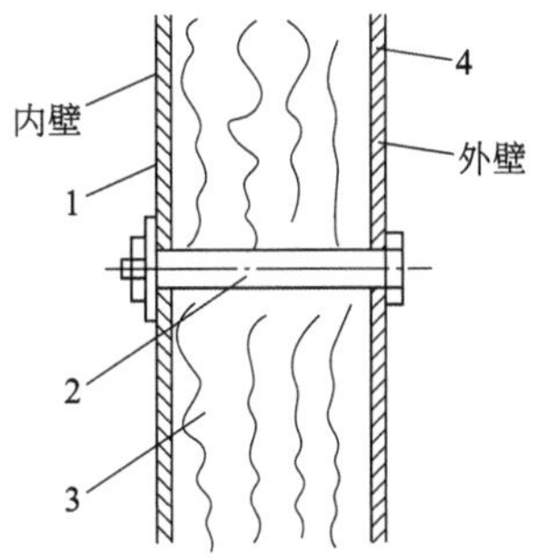

图 26-62　夹层式隔热屏

1—钼片；2—钼螺钉；3—硅酸铝纤维；4—不锈钢片

金属屏隔热层虽然隔热效果不如各种纤维，但因其有放气量小，吸湿性小，容易得到很高的真空度的优点而仍被广泛采用。特别是有些特殊材料需要在非常清洁的真空气氛中处理，金属屏是不可少的。

石墨毡隔热层（包括混合式隔热层）隔热效果很好，可使空炉功率损耗降低很多，耐热冲击性能也好，且价格比较便宜，维修、更换都方便，是比较好的隔热层。

26.10 真空气淬炉污染的防护

26.10.1 真空气淬炉污染的危害

炉膛污染会使产品质量达不到要求而导致报废，同时会造成设备故障，给企业带来巨大的经济损失。朱磊、李晶对炉膛污染进行了分析，并给出了预防措施。

(1) 对工件质量的影响

真空气淬炉炉膛污染会导致工件氧化、增碳、脱碳、吸氢等缺陷，更严重的是加热过程中，低熔点金属熔化和有机物分解污染工件表面，使其产生严重腐蚀。

(2) 对加热元件的影响

真空气淬炉的加热元件、炉床、隔热屏通常是用钼或钼镧合金制成，在高温状态下与氧或碳反应生成氧化钼或碳化钼，影响加热元件、隔热屏的使用寿命，且对加热元件的加热参数和隔热屏对热量的反射有较大的影响，从而影响设备的加热效率和温度均匀性，而且由于碳化钼的脆硬性，加热元件、隔热屏和加热带支撑架容易发生断裂；熔融的金属和金属粉末等污染物与加热元件接触，导致加热元件侵蚀，截面变小，局部过热而熔断；加热室内的陶瓷元件受到污染后，其绝缘性能下降，严重污染时，加热元件和隔热屏短路，烧坏变压器。

(3) 对真空系统的影响

油封式旋片真空泵（机械泵）和油扩散泵的油介质极易被污染、乳化而失效，污染还会引起油孔堵塞和排气阀损坏，降低抽真空能力，导致需要更换泵油和滤芯，造成浪费、泵维修率增高甚至泵损坏。炉膛污染还会导致真空阀门密封件受到污染，影响设备使用。

(4) 对真空规管的影响

真空气淬炉通常使用电阻规和反磁控冷阴极电离规，污染对规管的检测精度有很大影响。电阻规通过测量流经被加热的铂电阻丝的电流来计算电阻值从而测定压力，电阻是温度的函数，电阻丝受到污染后，其辐射传热和气体分子碰撞产生对流和传导传热的能力降低，因此污染对电阻规的测量精度有很大影响；而反磁控冷阴极电离规的测量原理是利用放电电流和压力之间的关系，通过测定放电电流计算压力，其阴极受到表面污染后，会影响放出的电子数量从而影响放电电流，因此测量精度会受到很大影响。

26.10.2 污染的来源

造成炉膛污染的原因很多，不同的污染源对产品质量和设备造成不同的影响，但是所有的污染都会影响产品质量并且造成设备性能下降甚至故障，给企业带来经济损失。

(1) 泄漏

泄漏是造成设备污染的最主要原因之一，由于炉体上有很多开口用于泵组的连接、加热电极的连接、热电偶的安装、充气系统和冷却水系统的安装等，所有的连接处密封失效都有可能造成泄漏。

(2) 扩散泵、机械泵泵油返回炉膛

油扩散泵返油的主要原因有泵壁，特别是顶部泵壁的冷却能力不够、扩散泵油温过高、扩散泵入口障板阻挡油分子散射的能力不强、喷射塔变形、出口压力过大等；由于泵油温度过高或者泵的排气不顺畅可能造成机械泵返油污染炉膛。

(3) 零件或工装夹具未彻底清洗干净

真空热处理前的零部件多数经机械加工或钣金成形，零部件的表面在加工时常粘附上一层油脂、切削液、有机涂层，成型时模具表面的污染等，尽管在进行真空热处理前，都要经过清洗，但有些零部件形状复杂，特别是细管、深孔和封闭腔等复杂结构工件、冲压件翻边等，很难清洗干净。清洗干净的零部件在随后干燥入炉的过程中，操作不注意，油手、手套、不干净抹布接触后又可能使零部件表面上黏附油脂、手印等污染。

(4) 带入低熔点金属

低熔点金属如铅、铝、锌等是常见的污染物，在生产制造流转过程中，为了区分零件或使零件具有可追溯性，会在零件上挂有标牌，经常出现铝标牌或者用铝丝绑扎标牌，热处理操作人员在不认真检查的情况下就会导致铝进入真空炉加热而造成污染；零件成形时，常常会用到铅锌模，如果成形后和热处理前不能彻底地清洗零件表面，就会带入铅和锌造成炉膛污染。

(5) 环境污染

热处理车间的环境也可能造成真空气淬炉的炉膛污染。目前，国内很多热处理厂都是各种炉型电炉、盐浴炉、真空炉等分布于同一热处理厂房，厂房环境中的灰尘、油烟、水蒸气等进入炉膛造成污染。

26.10.3 防止污染措施

(1) 日常检漏和泄漏预防

泄漏是真空炉最常见的故障，如何预防炉体发生泄漏和对炉体进行检漏是提高真空炉使用寿命和保证产品质量的有效途径。在日常使用中，应每周进行压升率测试判断炉体是否发生泄漏，并严格按要求进行日常的保养和维护，做好预防性维修。

① 压升率测试方法　GB/T 10066.1《电热设备的试验方法第一部分：通用部分》规定了真空炉压升率的检测方法：将真空室抽至极限真空度后，关闭真空阀门并停真空泵，15min 后记录第一次读数，间隔不小于 30min 后记录第二次读数，两次读数的差值除以时间即为压升率，单位为 Pa/h；为减少炉内构件放气或吸气对压升率的影响，以间隔不小于 30min 读取炉内压力值，绘出压力对时间的关系图，以曲线最后直线上升段的斜率作为压升率。

② 真空炉常见泄漏点和泄漏检测　真空泄漏故障维修的关键，是看能否准确地判断出故障点（泄漏点）。查找泄漏点的通常步骤是，按照上述方法进行压升率检测后，如真空室真空度一直下降，且管路真空度保持不降低，说明真空室有泄漏点；此时应用氦质谱检漏仪对真空室可能存在泄漏点的位置进行检漏，着重检查加热电极、热电偶安装孔和热电偶本身、气体连接法兰和充气阀门、炉门、压力表和压力传感器连接处、真空规管连接

处等与外界有接口的地方，对于真空气淬炉，还应检查热交换器有无泄漏，通常内部循环设备的热交换器在设备的内部，难以检查，可以利用热交换器冷却水管的接口通入氦气的方法检漏。如果真空管路上的真空度很快下降，且真空室真空度保持较好或者略有提高，则应对真空管路和真空泵系统进行检漏，如果真空管路和真空室真空度都一直降低，还应检查真空阀。

③ 泄漏预防　防止泄露就是要保证炉门和各管路、热电偶等连接部位密封件的有效工作，因此，要定期对密封件进行检查清理。首先，要检查密封件是否清洁、平整无破损并具有良好的弹性，用酒精和抹布将密封件清理干净并涂抹真空脂；其次，检查密封件是否有破损或弹性不够，如有应则更换密封件；最后，应定期对密封圈进行更换，即使密封圈完好无损，对于更换阀门等修理需要拆除密封圈，重新安装时最好安装新密封圈。

(2) 真空泵返油的预防

根据扩散泵的工作原理和造成返油的原因，预防扩散泵返油的主要措施有：在扩散泵入口和真空室之间加装冷阱，可以有效地捕捉部分扩散泵返油蒸气和裂解物，还可以抽除真空室内的可凝蒸气，防止扩散泵油污染；检查前级泵的工作状态，严格控制扩散泵加热前的前级真空度，避免出现出口压力大于入口压力造成扩散泵返油；定期检查扩散泵冷却水管路是否畅通，必要时进行清理疏通，严格控制扩散泵冷却水温度和流量，避免出现泵油不能冷凝造成的蒸气返流；按照所使用的泵油严格控制扩散泵的加热温度，避免出现蒸气流过大来不及冷凝而返流，定期对扩散泵控制热电偶进行校验；泵油完全冷却后再关闭冷却水，以防油蒸气大量凝结于障板和阀门内表面，并要定期清洗。

为防止机械泵和罗茨泵返油，均需要控制泵油的温度，通常机械泵和罗茨泵都具有风冷或水冷装置，对于水冷泵只需要保证水冷装置的流量和压力以及冷却水入口温度满足要求，就能有效地控制油温，对于风冷泵要确保风扇正常工作以及散热窗无堵塞；其次要及时更换泵油、油滤和尾气排放过滤，确保排气畅通，避免出现排气压力过大造成返流；最后要定期对真空管路阀门进行清洁，确保密封良好。

新采购设备时可以考虑干式真空泵代替油泵，分子泵代替油扩散泵，可以杜绝真空泵返油，同时减少更换泵油和油滤带来的维护成本。

(3) 清洗和检查工件

零件在加工和周转过程中，难免会出现表面污染，有时为了防锈会涂防锈油，因此在装炉前必须清洗，必要时进行喷砂处理。常规的清洗方法有碱清洗、手工溶剂清洗等，即在零件装炉前、采用洗涤汽油或者无水乙醇等有机溶剂或用碱溶液彻底清洗零件表面，对于复杂零件可采用超声波清洗、蒸汽清洗或真空清洗；工件和工装入炉前，除应检查所有部位是否清洗干净外，还应检查随零件和工装入炉的标识无低熔点金属或其他非金属，标识最好使用不锈钢。

(4) 日常维护

为防止真空炉膛污染，还应加强以下方面的日常操作和维护。开启炉门后尽快装卸工件，关闭炉门，并抽真空至低于 10Pa，设备在长期不生产时，应保持炉膛内压力低于 10Pa，避免环境中的污染物进入炉膛和加热元件、隔热屏吸气，必要时对炉膛进行烘烤处理；每次开启炉门时检查炉膛内部，及时用吸尘器清理炉膛内污染物，必要时用酒精和抹布将加热元件和隔热屏上的污染物擦洗干净。

26.11 真空热处理炉水冷系统的腐蚀与防护

随着工业发展，热处理在机械制造工艺中的重要性也越来越被人们重视，真空热处理有其独特的优越性，具有高精度、优质、节能和清洁无污染等特点。某热处理厂的一台真空淬火炉在投入使用不到 3 年时间内，出现夹套与抽真空接管的角焊缝处及夹套与冷却水进、出口接管的角焊缝处腐蚀穿孔，严重时造成真空热处理炉内筒体真空失效，难以保证正常工作时所需要的真空度。程林、郭吉林对此真空热处理炉水冷却系统的腐蚀现象进行了分析，并提出了防护措施。

(1) 真空热处理炉水冷却系统的组成

图 26-63 为真空热处理炉水冷却系统示意图。从图中可以看出，该水冷却系统的主要流程如下：水池中的循环水经循环水泵输送到真空淬火炉夹套中，在夹套中换热后经管道输送到循环水冷却塔，冷却至常温，最后回到水池中。从该系统流程发现，在以冷却水作为电解质的环境中，夹套与抽真空接管角焊缝处及夹套与冷却水进、出口接管的角焊缝处在残余应力的作用下，夹套和各接管表面的一部分铁原子在极性水分子作用下形成铁离子，发生电化学腐蚀，最终导致腐蚀穿孔。冷却水中溶解的氧具有极性作用，其含量决定腐蚀的强弱。

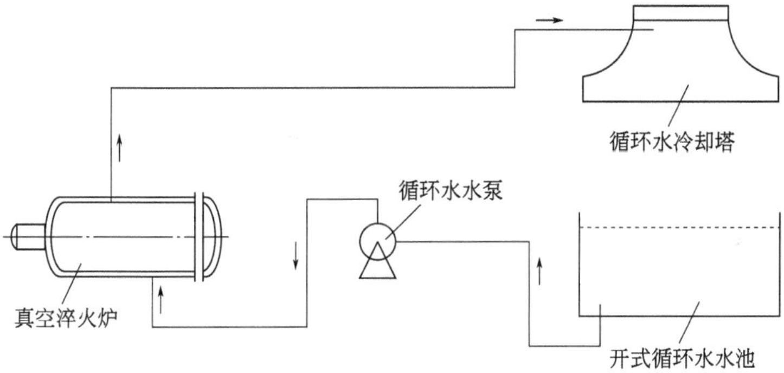

图 26-63　真空热处理炉水冷却系统

(2) 水质化验及现场检验分析

通过上述描述可知，循环水中的氧是产生腐蚀的主要原因，因此，对补给水和循环水分别取样化验分析，分析结果如表 26-33 所示。通过水质化验结果可知，补给水和循环水均呈中性，硬度等也在正常范围内；对循环水池池底进行检查时发现池底有大量的铁锈存在，没有发现碳酸钙等水垢；在工作状态下，真空淬火炉的进口水温 20℃，出口水温 50℃左右，水压 0.3MPa。

表 26-33　水样分析结果

样品名	pH 值	总碱度/($mmol \cdot L^{-1}$)	溶解固形物/($mg \cdot L^{-1}$)	总硬度/($mmol \cdot L^{-1}$)
补给水	7	0.4	39	0.44
循环水	7.5	0.4	69	0.72

(3) 腐蚀原因分析

由循环水和补给水为自来水且化验指标均在正常范围内可知，该水冷却系统的腐蚀属于电化学腐蚀。循环水水池及循环水冷却的过程均与大气直接接触，在循环水中氧气的含量是稳定的。因为当循环水中氧气与钢制输送管道及炉体夹套反应而被消耗后，在循环水冷却过程中，大气中氧气继续溶解到循环水中，从而使循环水中氧气保持饱和状态。氧在中性冷却水中对低碳钢的腐蚀起着重要作用，在腐蚀着的金属表面上，氧起着阴极去极化作用，促进金属的腐蚀。溶解氧的浓度是腐蚀速率的控制因素，淡水中低碳钢的腐蚀速度与含氧量和温度间的关系如图 26-64 所示。由图可见，在试验温度和氧含量范围内，低碳钢的腐蚀速度随氧含量和温度的增加而增加。

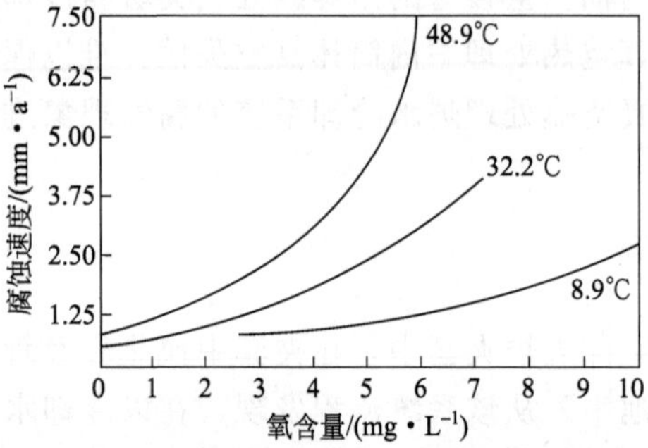

图 26-64　在不同温度下低碳钢的腐蚀速度与含氧量和温度的关系

(4) 防护措施

根据上述分析，水中氧是产生腐蚀的关键因素，而且随着氧含量的增加，腐蚀加剧。因此，必须采取措施进行防护。常用以下措施减少真空淬火炉夹套及管路的腐蚀。

① 对补给水及循环水进行除氧。该方法在该敞开式的冷却水循环系统中不适用，使用单位曾向循环水中加亚硝酸钠除氧，当时效果不明显，主要原因是该敞开式的冷却水循环系统与大气充分接触，根本达不到除氧的效果。但是该方法适用于闭式循环水冷却系统。

② 保持循环水中恰当的 pH 值。该方法适用于该敞开式的冷却水循环系统，将循环水的 pH 值提高到 8.5～10，能有效防止氧腐蚀。在热水锅炉中加入药剂提高水的 pH 值是常用的防止氧腐蚀措施。

在该敞开式的冷却水循环系统中，在温度较低的区间内，金属的腐蚀速度随着温度的升高而加快，此时，虽然氧在水中的溶解度随着温度的升高而下降，但这时氧扩散速度的增加起着主导作用，因而到达金属表面的氧含量增加。这种倾向一直延续到 77℃之后，金属的腐蚀速度随着温度的升高而下降。此时，氧在水中溶解度的降低起主导作用。循环水经冷却后，在温度 20℃左右，压力为一个标准大气压，此时循环水中的氧含量是 9mg/L，正常工作时真空淬火炉出口处的水温在 50℃，在以上条件下，由图 26-69 可以估算出循环水对真空淬火炉的夹套及管道的腐蚀速度大于 7.5mm/a，由于该真空淬火炉是间断生产，在实际生产中，3mm 管道使用 3 年左右就出现腐蚀穿孔而失效，与估算相符合。

冷却水到达真空淬火炉夹套中进行热交换后温度急剧升高，使得夹套与抽真空接管表面温度也升高，根据化学动力学规律，铁离子在水溶液中扩散的速度加快，而电解质水溶液的电阻比较低，从而加快了腐蚀的速度。从另一方面也可以看出，真空淬火炉在工作状态下循环水压 0.3MPa，其流速比较快，氧扩散到金属表面的速度也加快，使得腐蚀的速度也加快，流速过快，也容易产生冲刷腐蚀。

③ 向循环水中加缓蚀剂，建立保护层以制止腐蚀的发展。该方法适用该敞开式的冷却水循环系统，下面介绍一种经济适用的方法——加缓蚀剂磷酸三钠法。磷酸三钠是一种以阳极型为主的混合型缓蚀剂。在中性和碱性环境中，溶解氧与铁反应生成一层薄的有缺

陷的 γ-Fe_2O_3 膜，这种氧化膜的生长不能迅速完成，需要相当长的时间。在这段时间内，磷酸根离子能充分填在空隙处，并加速膜的生长，从而阻止 Fe^{2+} 从金属表面进一步扩散到溶液中，因此导致碳钢腐蚀受抑制的主要因素是形成氧化膜的溶解氧。

④ 控制水温及控制一定的流速，给定一个最佳值。

⑤ 在真空热处理炉的制造、修理和改造中，在对夹套与抽真空接管的角焊缝及夹套与冷却水进、出口接管的角焊缝施焊时，应严格按照经焊接工艺评定合格的焊接工艺指导书的规定进行焊接，尽量减少焊缝处的残余应力。

26.12 石墨在真空热处理炉中的应用

石墨具有一系列的优良性能，特别是石墨布和石墨毡出现后，使石墨在真空热处理炉上获得了日益广泛的应用，它不仅用来制造真空炉的电热元件、隔热屏，而且还用来制造诸如支架、料盘、导轨、螺栓、轴承、风扇叶片等受力构件。

26.12.1 石墨的真空性能

石墨的蒸气压、蒸发速率和放气量等真空性能是真空热处理炉选用的重要依据。

(1) 石墨的蒸气压

石墨的饱和蒸气压随温度而变化的数据见表 26-34。

表 26-34　石墨的饱和蒸气压与温度关系

温度/K	饱和蒸气压/Torr	温度/K	饱和蒸气压/Torr
1000	4.6×10^{-27}	2200	1.75×10^{-5}
1200	1.25×10^{-20}	2400	6.0×10^{-4}
1400	6.3×10^{-16}	2600	1.2×10^{-2}
1600	2.8×10^{-12}	2800	1.6×10^{-1}
1800	1.4×10^{-9}	3000	1.45
1873	1.1×10^{-8}	3140	1
2000	2.5×10^{-7}	3420	10

从表 26-34 可见，石墨在 1130～1600℃（1400～1873K）时的饱和蒸气压为 $10^{-16}\sim10^{-8}$ Torr，而采用油扩散泵的真空炉在剩余气氛中的真空泵油蒸气压最低为 $10^{-6}\sim10^{-8}$ Torr，因此，由于真空泵油蒸气产生的碳对被处理材料的污染远远大于石墨蒸发产生碳的污染。理论计算和实践证明，一般采用石墨构件（如电热元件、隔热屏等）的真空炉处理，对金属材料不会产生增碳现象。

(2) 石墨的蒸发速度

蒸发速度指单位时间，单位面积上石墨蒸发的质量，单位通常为 $g/(cm^2\cdot s)$。在碳蒸气压始终保持在饱和水平并且所有蒸发出的分子不断从容器中排出的情况下，石墨的蒸发速度 W 可按下式计算。

$$W\approx(0.25\sim0.35)p_rT^{-0.5} \tag{26-34}$$

式中　W——蒸发速度，$g/(cm^2\cdot s)$；

p_r——石墨在温度为 T 时的饱和蒸气压，Torr；

T——石墨温度，K。

石墨在真空中（10^{-3}～10^{-4} Torr）以及在氩气气氛中（760 Torr）加热时，由试验测出的质量损耗速率如图 26-65 所示（为俄罗斯一组石墨材料数据）。由图可看出：石墨在真空中的质量损耗速率大于在氩气中的质量损耗速率。

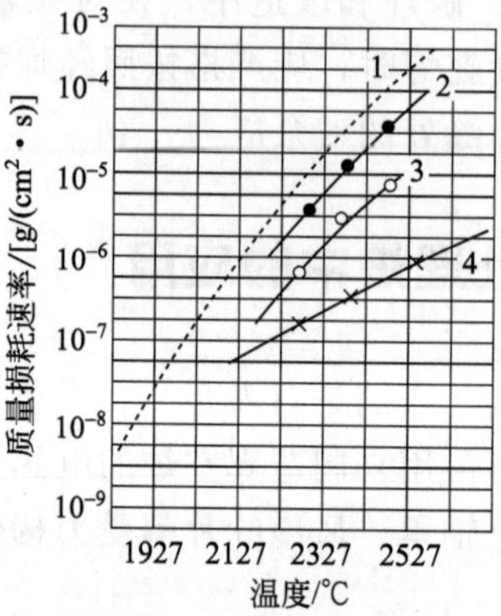

图 26-65 石墨的损耗速率

1—在真空中（10^{-3}～10^{-4}Torr）；2—ГЭ 石墨在真空中；3—ГМ 石墨在真空中；4—$ГМ_3$ 石墨在氩气中（760Torr）

当采用石墨制作真空热处理炉（简称真空炉）电热元件时，蒸发速度是计算其寿命的重要数据之一。表 26-35 为高温真空炉常用电热元件材料的蒸发速度。从中可见，石墨的蒸发速度并不大于钨、钼、钽、铌等材料。

表 26-35 常用电热元件材料在不同真空度下及不同温度下的蒸发速率

单位：g/（cm^2 · s）

材料	真空度/Torr						熔点/℃	熔点时的蒸气压/Torr
	10^{-7}	10^{-6}	10^{-5}	10^{-4}	10^{-3}	10^{-2}		
钨	2205℃	2367℃	2554℃	2767℃	3016℃	3309℃	3410	1.75×10^{-2}
	1.59×10^{-9}	1.54×10^{-8}	1.14×10^{-7}	1.46×10^{-6}	1.45×10^{-5}	1.43×10^{-4}		
钼	1640℃	1774℃	1923℃	2095℃	2295℃	2533℃	2625	2.2×10^{-2}
	1.29×10^{-9}	1.26×10^{-8}	1.29×10^{-7}	1.18×10^{-6}	1.16×10^{-5}	1.05×10^{-4}		
钽	2092℃	2297℃	2407℃	2599℃	2820℃	/	2996	5×10^{-3}
	1.16×10^{-9}	1.59×10^{-8}	1.55×10^{-7}	1.48×10^{-6}	1.41×10^{-5}			
铌	1927℃	2052℃	2194℃	2355℃	2539℃	/		6×10^{-4}
	1.2×10^{-9}	1.17×10^{-8}	1.16×10^{-7}	1.08×10^{-6}	1.06×10^{-5}			
石墨	1870℃	2000℃	2129℃	2288℃	2471℃	2681℃	3560 挥发	760
	4.45×10^{-10}	5.04×10^{-9}	4.13×10^{-8}	4.0×10^{-7}	3.86×10^{-6}	3.72×10^{-5}		

（3）石墨的放气量

放气量是指单位表面积石墨放出气体的体积（进行真空计算应核算成气体量），通常用 cm^3/cm^2 表示。

石墨的放气量与石墨的种类、温度及石墨预处理的情况有关，图 26-66 为石墨的放气量与温度的关系。

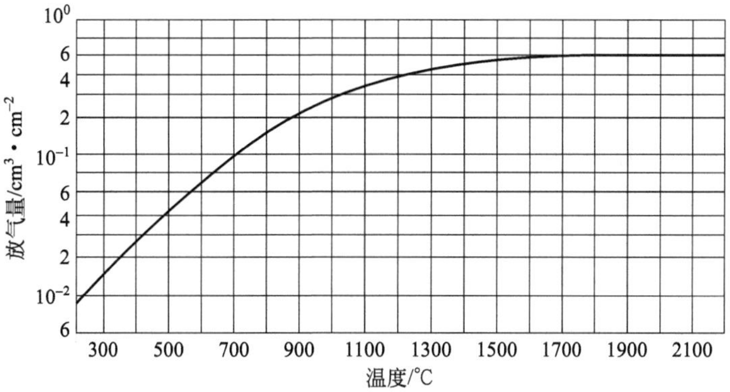

图 26-66　石墨的放气量与温度的关系

石墨最大放气温度为 800～1300℃，加热至 2000～2200℃时，在真空中石墨已停止放气，但是石墨同大气接触一段时间后，在真空中再度加热时，放气过程又会重复出现。

当采用石墨制作真空电阻炉内结构部件（如电热元件、隔热屏、料盘、支架等）时，为了计算真空系统时必须知道石墨的放气量。

26.12.2 石墨的电性能

当采用石墨制作真空电阻炉的电热元件时，为了计算电热元件的几何尺寸和选择供电电压，必须知道石墨的有关电性能（如电阻率、最小放电电压、单位面积辐射功率等）。

(1) 石墨的电阻率

各种石墨的电阻率如图 26-67 所示（图中为俄罗斯石墨牌号），由图可知：石墨的电阻率除了与石墨种类有关外，还与石墨的方向和温度有关，而且在 500～800℃时电阻率具有最小值。

由于石墨的电阻率是随温度而变化的，所以采用石墨作发热元件时，需调压变压器供电。

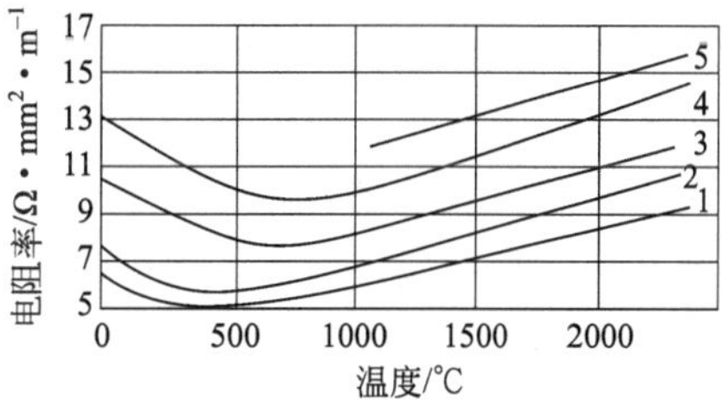

图 26-67　石墨的电阻率

1—ПЛГ（平行于加压方向）；

2—ПNГ（垂直于加压方向）；

3—ГМ3；4—МГ；5—АГ-1500

(2) 石墨的最小放电电压

石墨在 20～2000℃，压力为 $5\sim1\times10^{-4}$ Torr 的真空中，最小放电电压见表 26-36。

表 26-36　石墨放电电压与温度关系

温度/℃	20	1200	1400	1600	1800	2000
最小放电电压/V	300	250	140	80	55	30

(3) 石墨的单位面积辐射功率

单位面积辐射功率也叫表面负荷，在电热元件计算时要用到这个数据，下面是不同资料给出的数值。

有关资料给出：石墨的温度为 350℃时表面负荷为 0.76W/cm²，1000℃时为 13.35W/cm²，1500℃时为 50.7W/cm²，2000℃时为 137W/cm²。而石墨布的表面负荷为 4.2～

5.5W/cm^2。

正确选择表面负荷对电热元件尺寸的计算和布置很重要，如选择得当则既能节省电热元件材料，又能保证其使用寿命。

26.12.3 石墨物理化学性能

(1) 石墨的线型膨胀系数

石墨的线膨胀系数如表 26-37 所示，从表中可以看出，石墨的线膨胀系数与石墨的种类、方向和温度有关，并且比钨、钼、钽等金属的线膨胀系数小得多，比一般金属材料的线膨胀系数也小，这一点固然对电热元件和隔热屏是有利的，可是当石墨制的电热元件或隔热屏与其他金属件相互连接时，应考虑由于线膨胀系数差别较大造成的热应力，并设法预留自由伸缩的余地。

表 26-37 石墨的线膨胀系数

温度/℃	ПГ—50 石墨		ГМ3 石墨		ППГ 石墨	
	平行方向	垂直方向	平行方向	垂直方向	平行方向	垂直方向
20～100	3.8	3.5	3.7	4.1		
20～500	4.3	4.0	4.5	4.8		
20～1000	5.2	4.8	5.1	5.1	4.5	5.0
20～1500	5.7	5.15	5.5	6.1	5.1	5.8
20～2000	6.0	6.5	5.75	6.25	5.7	6.4
20～2500	6.3	5.9	6.2	6.7	6.1	6.7

(2) 石墨的热导率

图 26-68 为石墨的热导率，从图中可以看出，石墨的热导率随温度升高而降低。石墨的这一特性是制作隔热屏所需要的，故采用石墨做隔热屏日益增多，特别是石墨毡和石墨布更有应用前途，因为两者不但热导率小，而且热容也很小。

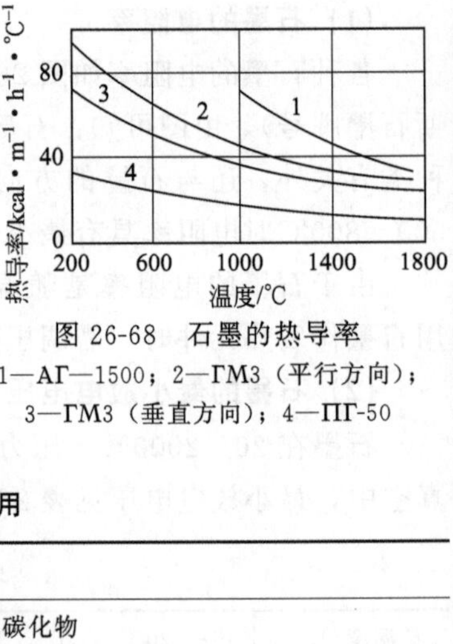

图 26-68 石墨的热导率

1—АГ—1500；2—ГМ3（平行方向）；3—ГМ3（垂直方向）；4—ПГ-50

(3) 石墨同金属或金属氧化物作用的温度

表 26-38 为石墨同金属氧化物相互作用的情况，表 26-39 为石墨同金属氧化物相互作用的起始温度。

表 26-38 石墨同金属氧化物相互作用

金属	作用情况
钼	1200℃以上强烈形成碳化物
钨	1400℃以上强烈形成碳化物
钽	强烈形成碳化物(高温)

表 26-39 石墨同氧化物相互作用的起始温度

氧化物	温度/℃		
	在真空中(粉末状混合物)	在大气中(粉末状混合物)	在真空中(致密试样)
硅氧化物	1250	1460	—

续表

氧化物	温度/℃		
	在真空中(粉末状混合物)	在大气中(粉末状混合物)	在真空中(致密试样)
锆氧化物	1300	1460	1600
铍氧化物	1315	—	2300
铁氧化物	1350	1800	1800
铝氧化物	1350	1950	—
钍氧化物	1380	1600	2000
钙氧化物	1305	2130	

26.12.4 石墨机械性能

石墨的加工工艺性能非常好，可以采用锯床下料锯断（棒状、板状、管状）或用剪刀手工剪切下料（石墨布），在一般金属切削机床上可以对石墨进行车加工、铣加工、刨加工，也可以用机床或手工加工螺纹。

石墨的机械性能见表 26-40 和表 26-41。

表 26-40 石墨机械强度

机械强度类型	密度/g·cm^{-3}	数值/kgf/cm^2
室温抗拉强度	1.56	300
	1.64	250
	1.72	295
	1.80	350
室温抗压强度	/	210～280
室温抗弯强度	/	70～350

表 26-41 石墨的机械性能

石墨材料性能	数值
电极石墨	
在 20℃下的弹性模数/kgf/cm^2	(3.5～8.5)×10^4
在 1110℃下的弹性模数/kgf/cm^2	(3.5～9.5)×10^4
在 1930℃下的弹性模数/kgf/cm^2	(5.6～11.2)×10^4
泊松比	0.2～0.33
在 2650℃和应力 310kg/cm^2 下的相对延伸率/%	7

26.12.5 真空热处理炉的石墨构件

真空炉的不少构件均可采用石墨制作，其中应用最多的是电热元件和隔热屏。

26.12.5.1 石墨电热元件

(1) 石墨特点

以往真空炉的电热元件多采用钨、钼、钽等金属制作。而目前用石墨制作的电热元件越来越多，特别是石墨布的出现，更促进了石墨电热元件的应用。

石墨制作真空炉的电热元件具有一系列的优点：

① 石墨具有优良的性能，能满足真空炉电热元件的各种要求；

② 加工方便，可以根据需要加工成棒状、管状、板状、布状，以适应各种真空炉电热元件的要求；

③ 结构简单，安装、拆卸方便，石墨电热元件比金属电热元件要方便得多；

④ 价格便宜，成本低廉。

石墨布是最引人注目的真空炉电热元件材料，其特点如下：

a. 石墨布热惯性小，所以加热快、冷却快，对电热元件来说很理想；

b. 柔性特别好，在高温下不熔化、不变形、耐热冲击性强；

c. 辐射效率高（达 90%），辐射面积大，故做电热元件热效率高；

d. 加工容易，用剪刀剪裁即可；

e. 除气容易，真空性能好。

(2) 电热元件

石墨电热元件可以根据需要制成棒状、管状、板状、布状。

① 棒状电热元件　石墨棒电热元件可以在大小不同的任何真空炉中使用，为了防止由于热胀冷缩造成应力破坏，一般制成如图 26-69 所示的结构。

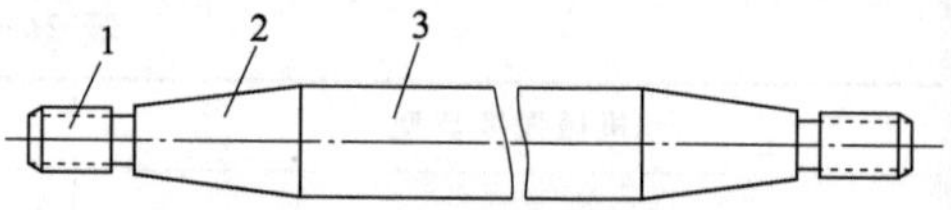

图 26-69　石墨棒状电热元件

1—螺纹接头；2—过渡段；3—发热段

② 管状电热元件　管状电热元件用于立式真空炉中，其特点是电热元件与被加热工件之间温差小，加热均匀，炉子热损耗小，为了增大石墨电热元件的电阻，采用在侧壁切出螺纹形沟槽或纵、横向沟槽，如图 26-70 所示。

③ 板状电热元件　板状电热元件如图 26-71 所示。

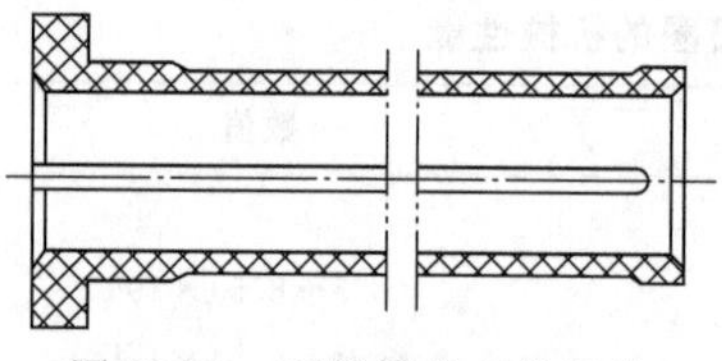
图 26-70　石墨管状电热元件

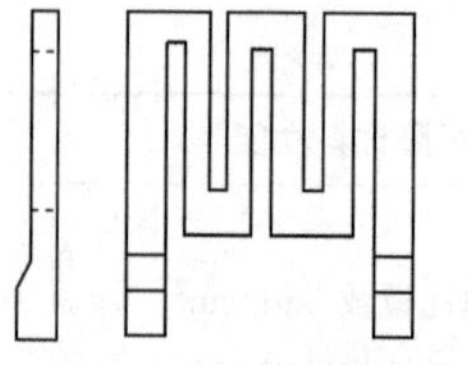
图 26-71　石墨板状电热元件

④ 石墨布电热元件　石墨布电热元件的结构也很简单，如图 26-72 所示，石墨布通过石墨支承架和氧化铝绝缘棒绕制成三个组件，并用石墨夹板和石墨螺钉将每个组件固定在不锈钢架上，电极引入也是通过石墨夹板连接的，根据需要可以联成三角形或星形。

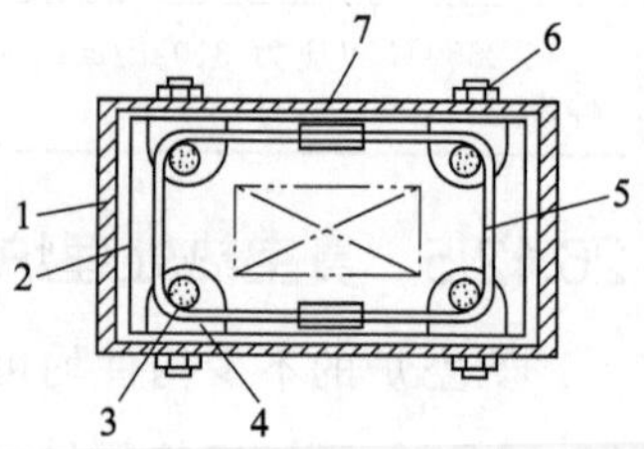

图 26-72　石墨布电热元件

1—不锈钢架；2—石墨毡；3—氧化铝棒；4—支架；5—石墨布电热元件；6—石墨螺帽；7—夹板

26.12.5.2 石墨隔热屏

由于石墨的高温强度和耐热冲击性能较好、辐射系数大、热导率小等优点，因而用于制作真空炉的隔热屏较为理想，尤其是石墨布和石墨毡的出现，使石墨隔热屏应用日益广泛，石墨布和石墨毡的性能见表 26-42 和表 26-43。

表 26-42　石墨布的性能

抗拉强度	纵向	$25Lb/in^2$	电阻（每宽 1in，长 1in 的平均值）	20℃　0.47Ω
	横向	$25Lb/in^2$		532℃　0.38Ω
成分	碳素	99.96％		1650℃　0.20Ω
	灰分	0.04％(4500 ℉加热)	重量(3.1g/cm)	7.3
厚度/in		0.023		

表 26-43　石墨毡的性能

密度/($kg\cdot m^{-3}$)	84.9359	发射率	0.99
厚度/mm	5.2324	熔点/℃	3650(升华)
收缩	至 5000℉时为 0	蒸气压/Pa	0.133　(2270℃)
吸水(相对湿度 90％)	无		1.33　(2438℃)
比热容	20℃ 0.094cal/g		13.3　(2618℃)
	1370℃ 0.222cal/g		

通常采用石墨毡制作隔热屏的比较多，其特点如下所述：

① 绝热效果较金属片反射屏好得多，七层厚度为 5mm 的石墨毡反射屏，当炉膛温度为 2371℃时，反射屏最外面测得的温度只有 482℃；

② 热容小，故炉子热惯性小，升温或降温均快；

③ 放气少、透气性好，易保证炉子的真空度；

④ 高温强度高，使用稳定；

⑤ 加工容易，石墨毡同石墨布一样，可用剪刀直接剪裁；

⑥ 炉膛温度均匀，一般在±5℃范围内；

⑦ 寿命长，一般可以工作 5～6 年，更换时只需将最里面的 1～2 层换掉即可。

石墨毡隔热屏的结构如图 26-73 所示，5～6 层石墨毡 3 用钼螺栓 5 固定在钼板 2 和不锈钢板 4 上，每层石墨毡的接缝处要错开，钼板和不锈钢板固定在加热室的框架上。由于石墨毡的柔软性，它可以用于各种形状空间的真空炉中。

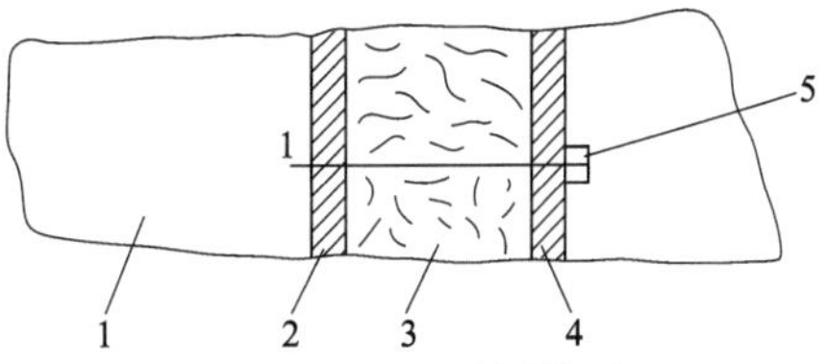

图 26-73　石墨毡隔热屏

1—加热室；2—钼板；3—石墨毡；4—不锈钢架；5—钼螺栓

石墨布也可以制作隔热屏，一般是先用石墨或钼板制成一个刚性较强的圆筒。然后在筒外壁一层一层地缠绕石墨布，每缠数层石墨布后用细钼拧紧，若炉温为 1900℃时，缠绕石墨布的厚度为 45mm 即可。

在真空炉里也有采用石墨粒绝热的，但为了防止石墨粒粉尘对真空的影响，应将石墨粒填在石墨或金属盒里。

有些真空炉真空度较高，而且被处理材料怕碳蒸气污染，一般不要采用石墨制作隔热屏，即使用石墨制作隔热屏，也要在石墨隔热屏内外表面喷镀一层钨粉或其他氧化物粉。

有的真空炉是选择石墨隔热屏和金属隔热屏配合使用，高温部分用石墨，温度较低屏用金属屏。

26.12.5.3 石墨摩擦构件

石墨具有优良的抗摩性和较高的抗压强度，因而真空炉中某些摩擦构件也可以采用石墨制作，如导轨、轴承、料盘等。

相关资料表明，在真空中，石墨与金属摩擦时，当压力小于 20～30kgf/cm^2 时，摩擦系数较小，磨损也很轻微。

石墨制作的典型往复摩擦构件是真空炉的导轨，例如，某真空炉的导轨采用石墨制作，料盘也是采用石墨制作，导轨上单位面积受压力为 0.25kgf/cm^2，三年中料盘减薄 8～12mm，为原厚度的 20%～25%。

石墨制作的典型回转摩擦构件是真空炉使用的轴承。例如，某石墨轴承与 45 号钢轴配合时，真空度为 10^{-4} Torr 时，运动速度为 0.2m/s，单位载荷为 5.6kgf/cm^2，其磨损速度 300～400μm/km。

26.13 真空热处理炉产品

26.13.1 真空退火炉

(1) LZT-150 型强冷却真空退火炉

图 26-74 给出了 LZT-150 型强冷却真空退火炉简图，其主要技术参数如下：

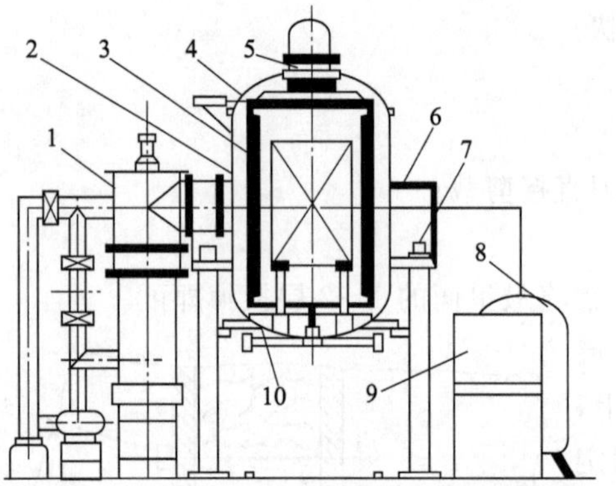

图 26-74 LZT-150 型强冷却真空退火炉简图
1—真空系统；2—炉体；3—炉胆；4—上炉门；5—风冷系统；6—支架；7—升降机构；8—充气系统；9—电控系统；10—下炉门

① 有效加热区尺寸 ϕ1500mm× 1200mm；

② 额定装炉量：600kg（包括料盘重量）；

③ 最高工作温度：1300℃；

④ 炉温均匀性：530～650℃≤±8℃，大于 650℃≤±10℃；

⑤ 极限真空度：6.6×10^{-3} Pa；

⑥ 压升率：6.6×10^{-1} Pa /h；

⑦ 抽空时间：至 1.33Pa，≤30min；至 6.6×10^{-3} Pa，≤1.5h；

⑧ 升温时间：从室温至 1300℃，≤1h；

⑨ 炉膛冷却速度≥22℃/min（到 530℃空炉）；

⑩ 加热功率：480kW；

⑪ 总重量：27t；

⑫ 占地面积：100m^2；

⑬ 冷却水用量：28m^3/h（max）。

(2) ZTR9 型气冷真空退火炉

ZTR9 型气冷真空退火炉主要用于合金钢、工具钢、不锈钢及磁性材料的无氧化退火、回火，并可用于钎焊处理。

该炉将强制气流循环换热技术用于加热和冷却，显著缩短了热处理作业周期，快速气冷技术的采用，避免了某些合金钢的回火脆性。

ZTR9 型气冷真空退火炉的结构形式示于图 26-75 。其主要技术参数如下：

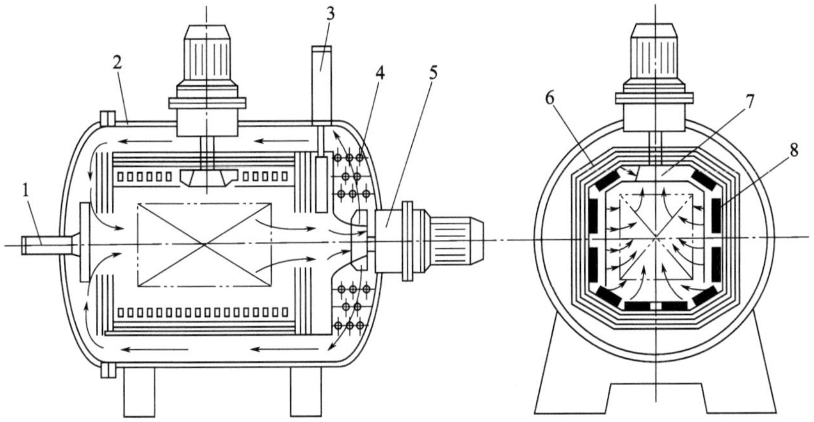

图 26-75　ZTR9 型气冷退火真空炉

1—前风门；2—炉体；3—后风门；4—冷却器；5—冷却循环风机；6—隔热屏；7—加热循环风机；8—加热带

① 有效加热区尺寸/mm：900×1200×650；

② 最大装炉量/kg：600；

③ 最高工作温度/℃：900；

④ 炉温均匀性/℃：±5；

⑤ 极限真空度/Pa：4×10^{-1}；

⑥ 压升率/($Pa\cdot h^{-1}$)：1.33 ；

⑦ 气冷压力/MPa：<0.1；

⑧ 加热功率/kW：210。

26.13.2　真空回火炉

WZH 型真空回火炉结构简图如图 26-76 所示。

为保证工件回火后的表面质量和光亮度，真空系统采用高真空扩散泵、罗茨泵及旋片式机械真空泵真空机组，实现工艺要求的真空度，WZH 系列真空回火炉主要技术参数如表 26-44 所示。

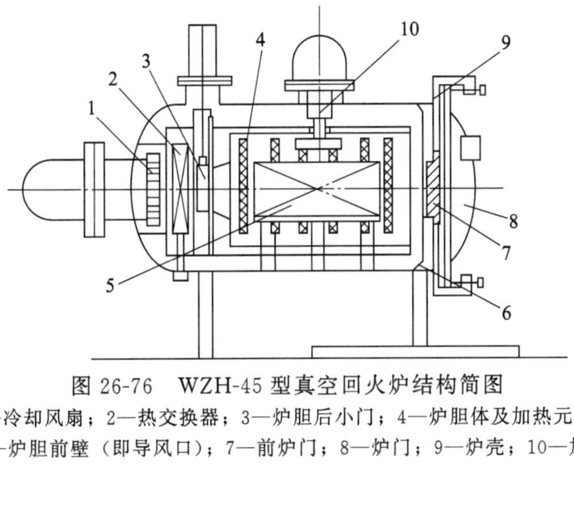

图 26-76　WZH-45 型真空回火炉结构简图

1—冷却风扇；2—热交换器；3—炉胆后小门；4—炉胆体及加热元件；5—料筐；6—炉胆前壁（即导风口）；7—前炉门；8—炉门；9—炉壳；10—加热循环风扇

表 26-44 WZH 系列真空回火炉的主要技术指标

项目＼型号	WZH-45	WZH-60	WZH-70
有效加热区尺寸/mm 宽×长×高	450×670×400	600×900×600	670×900×400
额定装炉量/kg	150	500	300
最高温度/℃	700		
炉温均匀性/±℃	5		
极限真空度/Pa	6.6×10^{-3}		
压升率/($Pa\cdot h^{-1}$)	$1.33\sim6.6\times10^{-1}$		
加热功率/kW	40	80	63
总重量/t	4	7	7
占地面积/m^2	18	18	18

26.13.3 真空气淬炉

(1) FHV 型气淬真空炉

FHV 型气淬真空炉及真空系统如图 26-77 所示。其产品技术规格和性能如表 26-45 所示。

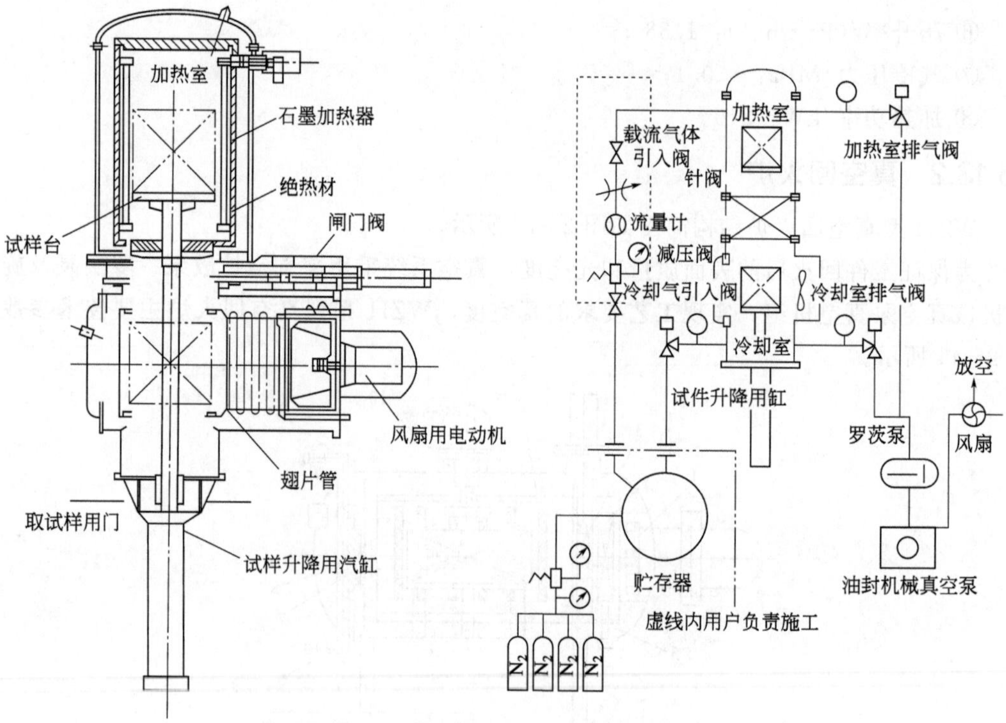

图 26-77 FHV 型气淬真空炉及真空系统图

表 26-45　FHV 型气淬真空炉技术性能和使用规格

项目		型式	FHV30	FHV45	FHV60	FHV75	FHV90	FHV120	备注
性能	均热部尺寸/mm		300×300	450×450	600×600	750×750	900×900	1200×1200	$\phi\times H$
性能	处理量/(kg/次)		40	90	160	260	400	800	标准试样
性能	最高处理温度/℃		1350	1350	1350	1350	1350	1350	炉温 1150℃时为±10℃以内(空炉)
性能	升温时间/min		<30	<30	<30	<30	<30		使空炉的室温提升到 1150℃为止
性能	N_2 的强制冷却时间/min		<30	<30	<30	<30	<30	<30	从标准试料插入时的 1150℃ 降到 150℃止
性能	冷却油投入时间/s		<12	<12	<12	<12	<15	<15	
性能	最低压力/Pa		10^{-1}	10^{-1}	10^{-1}	10^{-1}	10^{-1}	10^{-1}	空炉，脱气后
性能	工作压力/Pa		133～10^{-1}	133～10^{-1}	133～10^{-1}	133～10^{-1}	133～10^{-1}	133～10^{-1}	使用输送气体
性能	排气时间/min		<10	<10	<10	<10	<10	<10	从空炉至 6.66Pa 为止
性能	容许泄漏量/$L\cdot s^{-1}$		3	4	6	8	10	12	根据压力上升法
使用规格	所需电量/kW	G·H 型	43	65	101	161	209	278	交流 200/220V，50/60Hz
使用规格	所需电量/kW	L·H 型	44	66	102	163	210	281	交流 200/220V，50/60Hz
使用规格	所需电量/kW	G·H·L 型	49	78	125	185	241	326	交流 200/220V，50/60Hz
使用规格	所需冷却水量/(m^3/h)	G·H 型	2	3	5	7	10	16	水温 30℃以下
使用规格	所需冷却水量/(m^3/h)	L·H 型	2	2.5	4	5.5	7	11	水温 30℃以下
使用规格	所需冷却水量/(m^3/h)	G·H·L 型	2.5	4	6	8.5	10	18	水温 30℃以下
使用规格	压缩空气量		若干	若干	若干	若干	若干	若干	$7kg/cm^2$
使用规格	输送气体量/($L\cdot min^{-1}$)		1	1.5	2.2	4.5	7.2	10	N_2(N.T.P)
使用规格	冷却气体用量(m^3/次)		1.2	1.8	3	4	6	10	N_2(N.T.P)
使用规格	安装面积/m	G·H 型	4×5	5×6	5×7	6×8	6×9	7×10	W×L(宽×长)
使用规格	安装面积/m	L·H 型	5×5	6×6	6×7	7×8	7×9	8×10	W×L(宽×长)
使用规格	安装面积/m	G·H·L 型	6×5	7×6	8×7	9×8	10×9	12×10	W×L(宽×长)
使用规格	安装面积/m	G 型	2.5×1.8	3.5×2.3	4×2.6	4.5×3	5×3.5	6×4	H×D(高×直径)
使用规格	安装面积/m	L 型	3.5×1.8	4×2.3	4.5×3.6	5×3	6×3.5	6.5×4	H×D(高×直径)

(2) VVFC 型立式气淬真空炉

VVFC 型立式气淬真空炉，其结构简图如图 26-78 所示，技术规格指标见表 26-46。

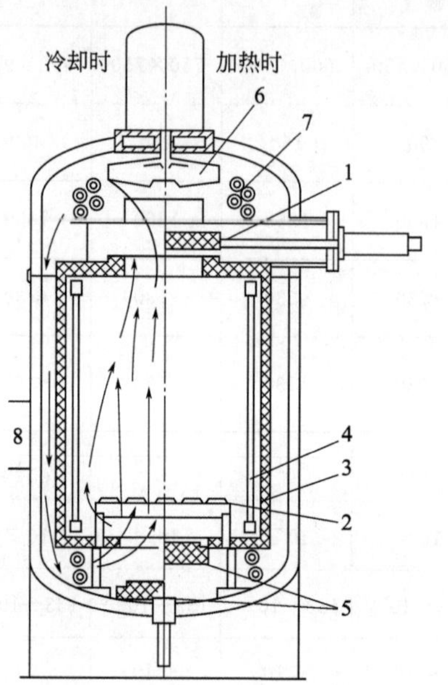

图 26-78　VVFC 型立式气淬真空炉

1，5—冷却门；2—炉床；3—加热室；4—电热元件；6—气冷风扇；7—冷却管组；8—接油扩散泵

表 26-46　VVFC 型立式单室气淬真空炉技术规格

型号	有效加热区 /mm（直径×高）	加热功率 /kW	装炉量/kg (1315℃)	冷却气耗量 /(m^3/次)	机械泵抽速 /($m^3 \cdot min^{-1}$)	油扩散泵直径 /mm
VVFC-1824	457×610	50	180	1.4	2.26	305
VVFC-2436	610×915	112.5	453	2.55	4.24	305
VVFC-3048	762×1220	150	680	4.24	4.24	305
VVFC-3636	915×915	150	906	6.22	8.49	457
VVFC-3648	915×1220	150	906	7.07	8.49	457
VVFC-4848	1220×1220	225	1360	8.49	8.49	457
VVFC-4860	1220×1524	225	1360	10.2	8.49	508
VVFC-4872	1220×1828	300	1360	11.3	8.49	508
VVFC-6060	1524×1524	300	1812	14.1	8.49	812
VVFC-6084	1524×2134	450	2265	17	8.49	812

注：Abar-Ipsen 公司产品。

(3) VFC 型卧式高压气淬真空炉

高压气淬真空炉是由单室气淬真空淬火炉发展而来的，单室气淬真空炉充气压力一般在 0.25MPa 以内，高压气淬真空炉一般多为 0.5～0.6MPa，目前已有 2～4MPa 的高压气淬炉应用于生产。

VFC 型炉是卧式单室气淬真空炉，图 26-79 是 VFC 型卧式单室气淬真空炉结构简图，表 26-47 是其技术规格指标。

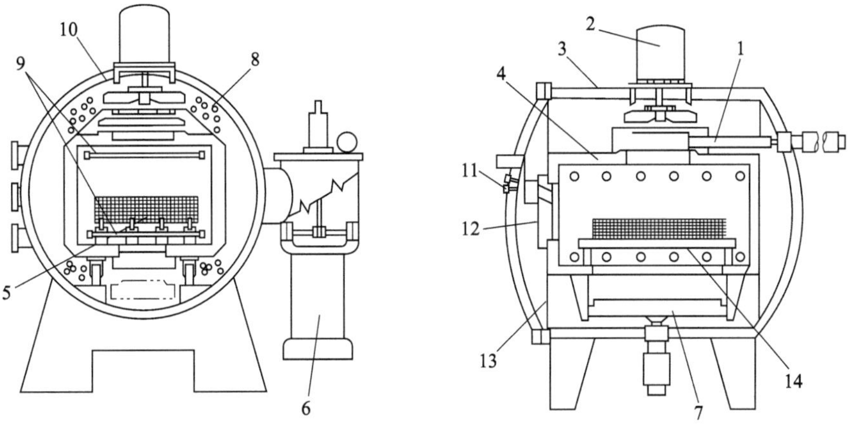

图 26-79　VFC 型卧式单室气淬真空炉

1，7—可移动冷却门；2—气冷风扇；3—炉体；4—热屏蔽层板；5—工件料筐；6—油扩散泵；8—冷却管组；9—加热元件；10—高压炉壳；11—观察孔；12—铰接热室门；13—冷却气体屏蔽室；14—炉底板

表 26-47　VFC 型卧式单室气淬真空炉技术规格

型号	有效加热区 /mm	加热功率 /kW	装炉量/kg (1350℃)	冷却气耗量 /(m^3/次)	机械泵抽速 /(m^3·min^{-1})	油扩散泵直径 /mm
VFC-25	305×203×152	15	23	0.2	0.42	152
VFC-124	381×305×203	25	23	0.28	0.56	152
VFC-224	610×381×254	50	180	1.4	2.26	305
VFC-324	915×610×305	112.5	360	2.5	4.25	305
VFC-424	915×610×457	150	453	2.8	4.25	305
VFC-524	915×610×610	150	590	3.4	9.5	457
VFC-724	1220×762×508	150	680	4.8	9.5	457
VFC-924	1220×762×762	150	816	5.6	9.5	457

注：取自 Abar-Ipsen 公司样本。

(4) WZQ 型真空气淬炉

WZQ 型真空气淬炉冷却气体压力低于大气压力，其结构示意图见图 26-80，技术性能见表 26-48。

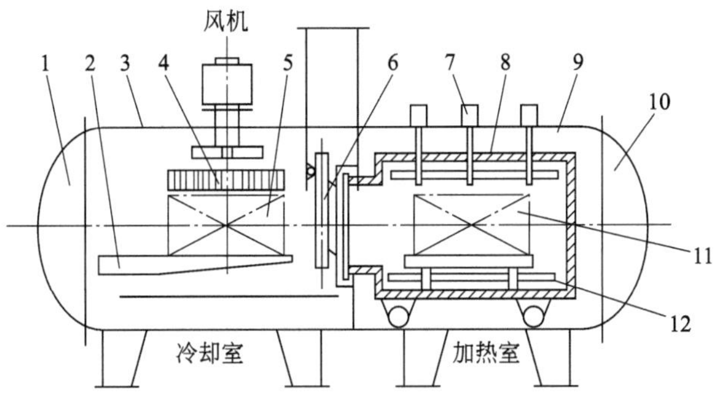

图 26-80　WZQ-60 型真空气淬炉示意图

1—冷却室门；2—送料机构；3—冷却室壳体；4—热交换器；5—料筐；6—热闸阀；7—热电偶；8—炉胆；9—加热室壳体；10—加热室门；11—料筐；12—加热体

表 26-48 WZQ 系列设备主要技术性能指标

项目＼型号	WZQ-30G	WZQ-45	WZQ-60
有效加热区尺寸/mm	300×450×350	450×670×300	600×900×400
额定装炉量/kg	60	120	200
最高温度/℃	1300		
炉温均匀性/±℃	5		
加热室极限真空度/Pa	6.6×10^{-3}		
压升率/($Pa\cdot h^{-1}$)	6.6×10^{-1}		
气冷压力/Pa	8.7×10^{4}		
空炉升温时间/min	<30(空炉由室温到 1150℃)		
气冷时间/min	<30(工件由 1150℃降至 150℃)		
加热功率/kW	40	63	100
总重量/t	4	7	12
占地面积/m^2	10	16	25

(5) VKUQ 型高压气淬真空炉

VKUQ 型炉的气冷装置结构如图 26-81 所示，其主要技术指标见表 26-49 所示。

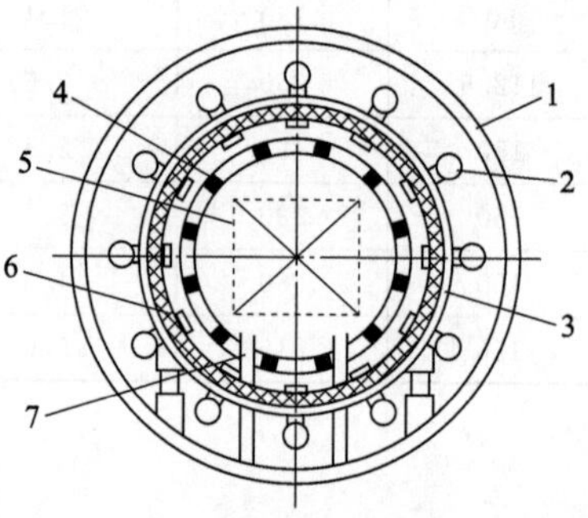

图 26-81 VKUQ 型高压气淬真空炉截面图

1—水冷炉壳；2—循环式冷却系统；3—石墨隔热层；4—加热体；5—料筐；6—石墨梁；7—气体喷雾

表 26-49 VKUQ 型高压气淬真空炉技术规格

型号	VKUQ				
	25/25/40	40/40/60	60/60/90	80/80/100	100/100/200
有效加热区尺寸/mm	250×250×400	400×400×600	600×600×900	800×800×120	1000×1000×2000
最高温度/℃	1350	1350	1350	1350	1350
炉温均匀性/℃	±5	±5	±5	±5	±5
加热功率/kW	40	80	130	200	390
风扇电机功率/kW	37	55	110	160	180
极限真空度/Pa	1	1	1	1	1

续表

型号	VKUQ				
	25/25/40	40/40/60	60/60/90	80/80/100	100/100/200
装炉量/kg	100	200	500	1000	2500
最大气冷压力/MPa	0.6	0.6	0.6	0.6	0.6
气体消耗量（在0.1MPa时）/m^3	1.6	3.0	4.6	7.5	17

(6) ZC_2 系列双室真空油淬气冷真空炉

ZC_2 系列双室真空油淬气冷真空炉。图 26-82 是 ZC_2 型双室真空油淬气冷真空炉结构示意图，其技术规格指标如表 26-50 所示。

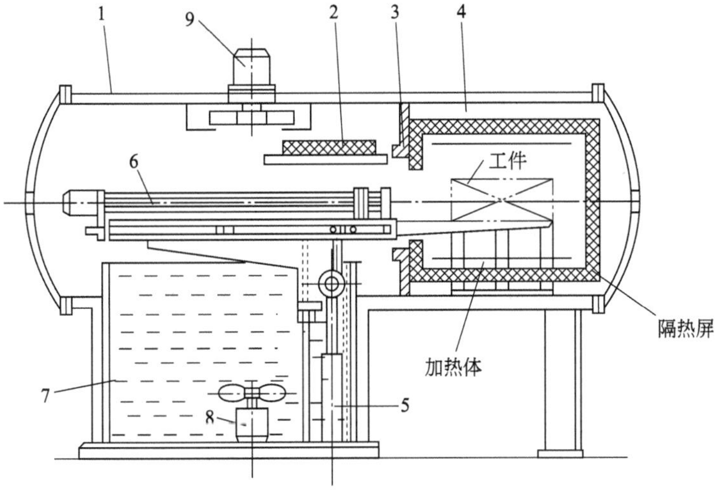

图 26-82 ZC_2 系列双室真空油淬气冷真空炉

1—水冷炉体；2—翻板式真空隔热门；3—中间墙；4—加热室；5—多位油缸升降机构；6—水平机构；7—淬火冷却油槽；8—油搅拌器；9—气冷风扇

表 26-50 ZC_2 系列双室真空淬火炉技术规格

型号	ZC_2—30 型	ZC_2—65 型	ZC_2—100 型
有效加热区尺寸/mm	400×300×180	620×420×300	1000×600×450
最高温度/℃	1320	1320	1320
炉温均匀性/±℃	5	5	5
装炉量/kg	30	100	250
极限真空度/Pa	4×10^{-1}	4×10^{-1}	4×10^{-1}
压升率/(Pa·h^{-1})	1.33	1.33	1.33
加热功率/kW	30	65	100

(7) VCQ 型油淬气冷真空炉

VCQ 型炉是卧式油淬气冷真空炉，图 26-83 是其结构示意图，VCQ 型真空淬火炉的技术规格如表 26-51 所示。

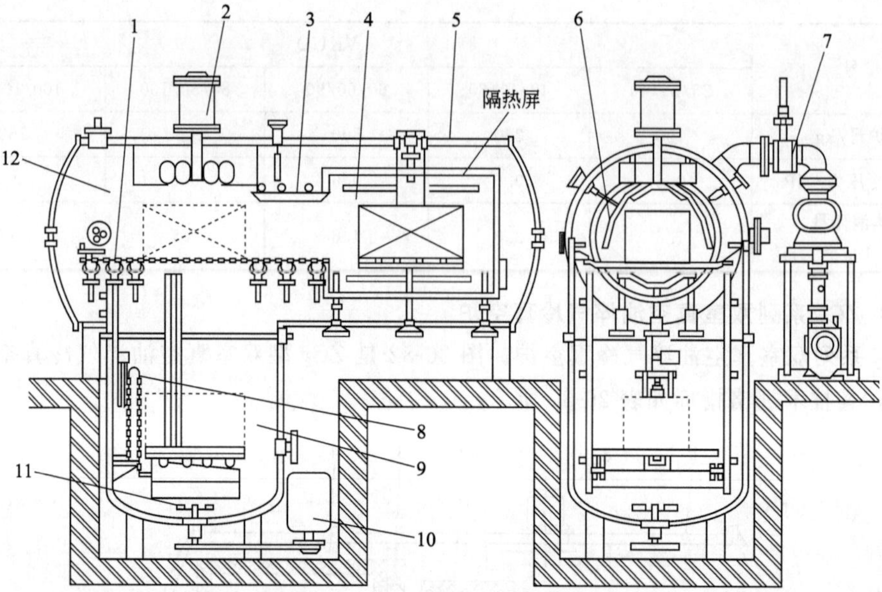

图 26-83 VCQ 型真空淬火炉

1—工件传送机构；2—气冷风扇；3—隔热门；4—加热室；5—炉体；6—电热元件；7—真空系统；8—升降机构；9—淬火冷却油槽；10—电机；11—油搅拌器；12—冷却室

表 26-51 VCQ 型真空淬火炉技术规格

型号	VCQ-E-091218	VCQ-E-121830	VCQ-E-182436	VCQ-E-243648
加热功率/kW	60	75	99	225
有效加热区尺寸/mm	460×310×230	760×460×310	920×610×460	1220×920×610
装炉量/kg(870℃)	100	200	240	450
装炉量/kg(1100℃)	80	160	220	340
装炉量/kg(1320℃)	60	130	170	250
空炉升温时间(20～1200℃)/min	30	30	30	30
工作真空度/Pa	2.6	2.6	2.6	2.6
抽气时间(至 13.3Pa)/min	<15	<15	<15	<15
真空淬火油量/L	1100	1600	2200	5200
冷却水耗量/(L·min^{-1})	45	86	114	172
抽气速率/(L·min^{-1})(机械泵)	3000	3700	3700	10000
抽气速率/(m^3·h^{-1})(增压泵)	1000	1500	2500	6000
占地面积/mm	8000×4500	9500×5000	9900×5200	12600×6800

注：日本海斯公司产品。

(8) WZ 系列双室油气真空淬火炉

图 26-84 为 WZ 系列双室油气真空淬火炉结构简图，其技术指标如表 26-52 所示。

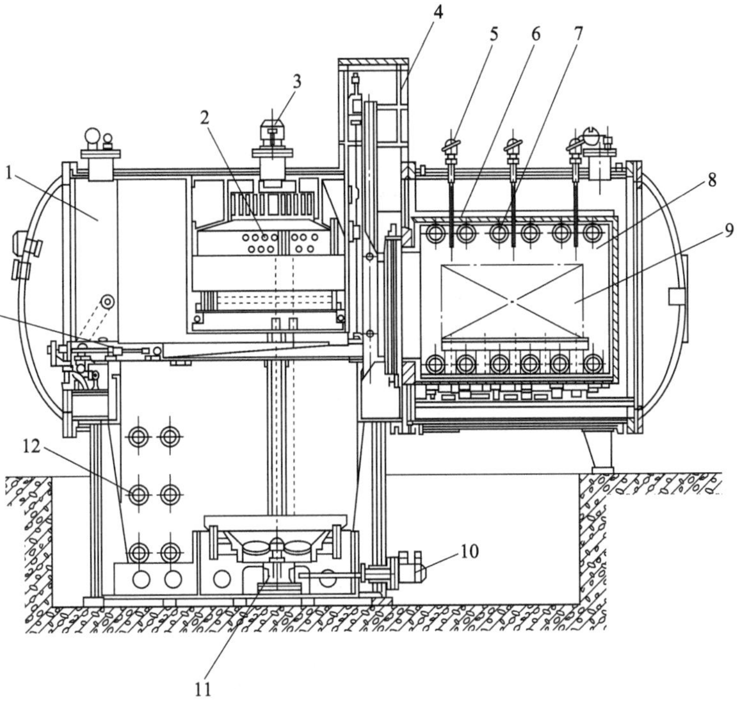

图 26-84　WZC-60 型双室真空淬火炉的结构图

1—冷却室；2—热交换器；3—风机；4—隔热闸阀；5—测温元件；6—隔热屏；7—电热元件；8—加热室；9—工件；10—电机；11—油搅拌器；12—热交换器；13—运动机构

表 26-52　WZ 系列双室真空淬火炉的技术指标

设备名称	设备型号	有效加热区尺寸/mm	额定装炉量/(kg/次)	最高温度/℃	炉温均匀性/±℃	加热室极限真空度/Pa	压升率/(Pa·h^{-1})	加热功率/kW	油加热功率/kW	整机总功率/kW	淬火充气压力/Pa	冷却水用量/(m^3·h^{-1})	总重量/t	占地面积/m^2
双室真空油淬火炉	WZC-10	100×150×100	5	1300	5	<6.6～6.6×10^{-3}	<6.6×10^{-1}	10	4	<15	8.7×10^4	0.5	≈1.5	≈3
	WZC-20A	200×300×150	20					20	6	<25		1.5	≈3	≈7
	WZC-30G	300×450×350	60					40	16	<50		2.5	≈6.2	≈10
	WZC-45	450×670×300	120					60	32	<100		3	≈8	≈16
	WZC-60A	600×900×400	210					100	48	<170		5	≈15	≈25

(9) FHH 型油淬真空炉

FHH 型油淬真空炉的结构示意图如图 26-85 所示，其产品技术性能和使用规格见表 26-53。

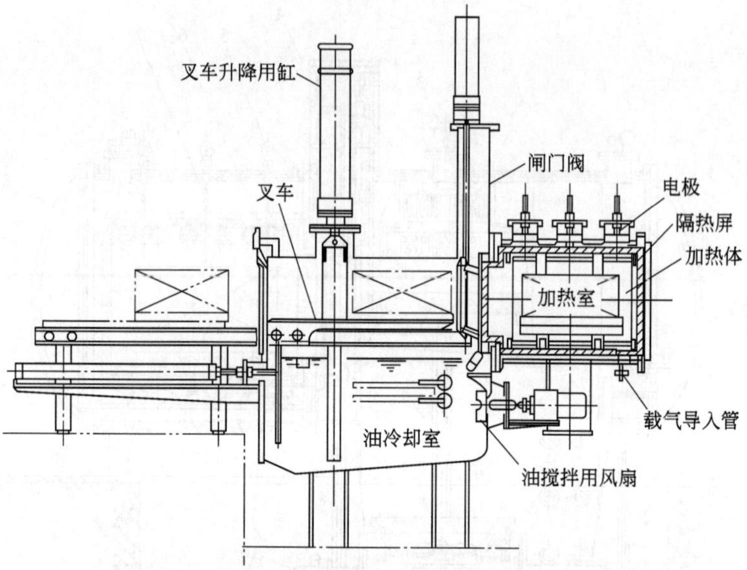

图 26-85 FHH 型油淬真空炉（日本真空技术株式会社）

表 26-53 FHH 型真空炉技术性能和使用规格

项目＼型号		FHH 型 30	45	60	75	90	120	备注
性能	均热部尺寸/mm	300×450×200	450×675×300	600×900×400	750×1125×500	500×1350×600	1200×1800×800	$W \times L \times H$
	处理量/(kg/次)	50	120	210	350	500	1000	标准试样程度
	最高处理温度/℃	1350	1350	1350	1350	1350	1350	炉温 1150℃时为±10℃以内(空炉)
	升温时间/min	<30	<30	<30	<30	<30	<40	使空炉的室温提升到 1150℃为止
	N_2 气体的强制冷却时间/min	<30	<30	<30	<30	<30	<30	从标准试料插入
	冷却油投入时间/s	<12	<12	<12	<12	<15	<15	从加热室到投入中
	最低压力/Pa	10^{-1}	10^{-1}	10^{-1}	10^{-1}	10^{-1}	10^{-1}	空炉·脱气后
	工作压力/Pa	$133 \sim 10^{-1}$	$133 \sim 10^{-1}$	$133 \sim 10^{-1}$	$133 \sim 10^{-1}$	$133 \sim 10^{-1}$	$133 \sim 10^{-1}$	使用载气
	排气时间/min	<10	<10	<10	<10	<10	<15	从空炉至 6.7Pa 为止
	容许泄漏量/$(L \cdot s^{-1})$	3	4	6	8	10	12	根据压力上升法

项目 \ 型号			FHH 型 30	45	60	75	90	120	备注
使用规格	所需电量/kW	G·H	43	65	101	161	209	303	交流电 200/220V 50/60Hz 直径 ϕ3mm（表示平均使用电量）
		L·H	47	73	110	187	244	354	
		P·H·G	—	102	140	225	340	550	
		G/LH	58	102	144	240	375	570	
		G·H·L	—	118	164	272	430	630	
	所需冷却水量/($m^3 \cdot h^{-1}$)	G·H	2	3	5	7	9	16	压力为 2.5kgf/cm² 水温 30℃以下
		L·H	2	3.3	4.6	6.2	9.8	13.6	
		P·H·G	—	5.2	8.6	9.8	13.6	28.9	
		G/LH	3.5	4.6	6	9.2	13.2	27.4	
		G·H·L	—	4	6	9	11	18	
	压缩空气量		若干	若干	若干	若干	若干	若干	
	载气量/($L \cdot min^{-1}$)		1	1.5	2	3	4.5	6	
	冷却气体量/(m^3/次)		1.8	2.7	4.5	6	10	18	
	冷却油量/m^3		0.9	1.5	2.7	5.7	8.5	12	
	冷却油加热用加热器/kW		9	15	24	48	72		
	安装面积/m^2	2 室式	3.5×5	4×6	5.5×8	6×10	6.5×12	7×15	W×L(宽×长)
		3 室式	—	4×8	5.5×11	6×12.5	6.5×15	7×18	
		G 型	3×0.5	3.5×0.5	4×0.5	5×0.5	5.5×0.55	6.5×0.5	
		L 型	3×0.8	3.5×1.0	4×1.2	5×1.5	5.5×1.8	6.5×2.4	

26.13.4 真空渗碳炉

VSQ 型真空渗碳炉，基本上是在 VCQ 型真空淬火炉的基础上研制开发的新炉型，其结构简图如图 26-86 所示。主要技术规格如表 26-54 所示。

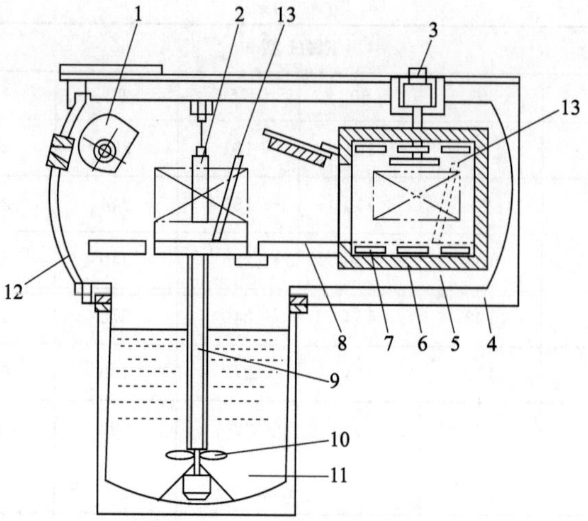

图 26-86　VSQ 型真空渗碳炉

1—气冷风扇；2—工件淬火升降装置；3—热搅拌器；
4—箱形水套；5—炉体内壁；6—加热室；7—电热元件；8—倾斜导轨；
9—升降导轨；10—油搅拌器；11—油槽；12—炉盖；13—拨杆

表 26-54　VSQ 型真空渗碳炉技术规格

型号	VSQ-121830	VSQ-182436	VSQ-243648
加热功率/kW	75	90	210
有效加热区尺寸/mm	760×460×310	920×610×460	1220×920×610
装炉量(1100℃)/kg	160	230	420
工作真空度/Pa	67	67	67
抽空时间(至 67Pa)/min	<15	<15	<15

第27章 食品真空保鲜及真空包装机

27.1 果品储藏基本原理

27.1.1 概述

食物保鲜时间长短涉及两大课题，一是储藏过程中的保鲜，二是运输过程中的保鲜，两者具有内在的联系，但又有自身的特点。本章主要介绍食品储存真空保鲜。

随着人们生活条件的改善，民以食为天的准则不再以饱来衡量了，而是要求食品新鲜又有营养，所谓绿色食品越来越受到人们的青睐。食物从产地到人们的餐桌上，要经过采集、加工、包装、运输、储存、货架等许多环节，最后才能到消费者手中，即使到了消费者手中，还有一个储藏问题。在相当长的一段时间内，如何保持食品的鲜度，最大限度延长其寿命，一直是食品科学家追求的目标。解决好食品保鲜，不仅仅是让人们吃得好，而且还有很大的经济价值。我国每年由于储藏不善造成的损失非常惊人。以水果为例，有关资料表明，年腐烂损耗达数百万吨，占产量的15%～20%。如鸭梨因采收早、包装及储藏不善，损耗率达25%，红橘和甜橙损失高达30%。

目前，广泛应用的储藏方法有常温储藏法、低温储藏法、塑料薄膜包装储藏法、气调（CA）储藏法、化学药物处理储藏法、射线辐照储藏法及冷冻储藏法等。实际应用的经验表明，气调储藏与冷藏技术相结合，被认为是较为理想的储藏方法。在一些发达国家已被广泛应用。英国发明了一种水果保鲜方法，将水果在一种特制的溶液中浸一下，取出后自行收干，溶液在水果表面形成一层可食用的薄膜。它的保鲜原理是薄膜封闭了水果的气孔，减缓了新陈代谢过程，使之不易变质。这种“保鲜浆”溶液储藏法实用性强，成本低，已应用于苹果、梨、桃、橘子和芒果保鲜。

本章所涉及的是真空保鲜技术，与上述所提及的常压保鲜技术有区别，但又有一定的内在联系，这些保鲜方法是近代发展起来的。主要包括真空保鲜，气体置换保鲜，真空预冷保鲜，真空干燥，真空冷冻干燥等现代保鲜存储技术。

果品储藏保鲜在于保持其风味品质，延长货架期，减少腐烂损失，提高经济效益。果品收获后，仍是保持生命活动的机体，在储藏过程中，其呼吸作用和体内成分仍在不断变化，这种变化同时受到周围环境的影响，如温度、湿度、微生物、包装器具等影响。实质上，整个储藏周期就是如何延长果品衰老并保持不变质的过程。

27.1.2 果品成分及其在储藏过程中的变化

果品包含有多种化学组分，包括有水分、糖类、有机酸、淀粉、纤维素、果胶物质、单宁物质、色素等。在储藏过程中，都会发生变化，此改变将影响果品品质和储藏寿命。

新鲜果品含有大量水分，最高可达80%～90%，它是维持正常生理活动和鲜度的必须条件。采集后，由于呼吸作用及环境蒸气压低，造成水分大量蒸发，使果皮皱缩。水分减少，还会引起果品中酶的分解活性增强，使糖和果胶受到水解，导致果品抗菌能力减弱而腐烂。

果品中含糖量一般为10%～20%，包括有葡萄糖、果糖和蔗糖。苹果和梨以果糖为主，蔗糖次之；柑橘含蔗糖多，次之为果糖和葡萄糖；桃杏李含蔗糖多，葡萄和草莓以葡萄糖和果糖为主。在储藏过程中，糖是维持果品呼吸的基本物质，随着储藏时间的延伸，糖不断被消耗。储藏过程中，若糖分解速度慢，则果品质量好，表明储藏条件适合；反之，糖分消耗速度快，意味着果品质量变差，储藏条件不适宜。

水果中含有多种有机酸，主要有苹果酸、柠檬酸和酒石酸，这几种酸通称为果酸。果酸和糖不同，构成了各异的水果风味。柑橘中以柠檬酸为主，苹果和梨中以苹果酸为主，葡萄中则以酒石酸为主。有机酸也是果品呼吸基质之一，储藏过程中，酸含量逐渐减少。

淀粉在果品中含量不高，只有板栗和未熟的香蕉及苹果中含量较多，在储藏过程中，经磷酸化酶和α-淀粉酶作用，被水解为葡萄糖。

果胶物质是构成细胞壁的主要成分，是影响果品软、硬、绵的重要因素。果胶物质以原果胶、果胶、果胶酸三种不同形态存在于果实组织中。未成熟的果实中，果胶大部分以原果胶形态存在于果实组织中。原果胶不溶于水，黏结性强，通过纤维把细胞与细胞紧密地黏结在一起，使果实坚实脆硬。随着果实的成熟，原果胶在原果胶酶的作用下，分解成溶于水的果胶，使细胞间结合松散，果实随之绵软，耐储性下降。霉菌及细菌都能分泌分解原果胶的酶，破坏果实组织，造成腐烂。

果品中单宁物质是几种多酚化合物，易溶于水，有涩味。果实表皮损坏或受感染时，此部位发生单宁氧化变色反应，产生醌聚合物，微生物在聚合物的作用下，产生腐烂死亡。可见，单宁物质的存在，对果实抗病害大有好处。

果品的色素可分两大类，一类是水溶性花青素及黄色素，另一类是非水溶性叶绿素和胡萝卜素。花青素存在于果皮、果肉中，呈红、深红和紫红色，果实进入成熟期，有果糖累积后，便逐渐生成花青素，花青素有抑制有害微生物的能力。未成熟的果实呈绿色，随着果实的成熟，叶绿素在酶的作用下，水解成叶绿醇和叶绿酸盐等溶于水的物质，使绿色消退，出现黄色或橙色。因而，这种颜色的变化常用作为判定果品成熟度和储藏质量改变的标志。

27.1.3 影响储藏寿命的因素

果品采集下来后，生命并未终止，还不断进行呼吸作用。吸入氧气后，产生二氧化碳、水，并释放出热量。在氧气充足的条件下，化学反应如下：

$$C_6H_{12}O_6+6O_2 \longrightarrow 6CO_2+6H_2O+2821.9kJ$$

在缺氧条件下（氧含量低于2%），进行缺氧呼吸，这时呼吸基质未彻底分解，形成乙醇、乙醛，以及二氧化碳等，产生热能较少，用下式表示：

$$C_6H_{12}O_6 \longrightarrow 2C_2H_5OH+2CO_2+117.2kJ$$

可见，无论哪种呼吸作用，均产生呼吸热，其中部分消耗于果实生命流动，大部分则以热能形式释放出来。因而，堆放果品易产生高温，引起腐烂。

果实从生长发育，成熟到衰老，呼吸作用分为四个时期：①呼吸强烈期。果实处于细胞分裂的幼果阶段；②呼吸降落期。果实处于细胞增大阶段，此阶段的后期即为果实食用成熟阶段；③呼吸升高期。果实呼吸进入跃变阶段，呼吸强度迅速上升，果实进入成熟阶段；④呼吸衰败期。果实进入呼吸跃变的下降期，呼吸强度由高峰下降，进入衰老期，耐储性及抗病性下降，品质变劣。苹果、梨、桃、李、杏、香蕉、甜瓜均属于跃变型，而葡萄、柑橘、柿子、草莓、樱桃等属非跃变型果实。跃变型果实一旦进入跃变期，成熟是一个不可逆过程，改变环境条件，可延缓或加速这个过程，而不能中止。因而，作为储藏的果实，应在成熟期采集，比较耐藏。

果实的呼吸过程是一个营养物质和水分消耗及组织衰老的过程，而且是不可避免的。呼吸作用改变了周围储藏环境条件，直接影响果品储藏状态。然而，呼吸作用还有利于提高果品耐储性与抗病性的另一面。当果实受到机械损伤或微生物浸染时，呼吸作用提供中间产物和能量，使病害入侵或机械损伤处形成木质化、木栓化或角质化愈伤组织，把病害与健康组织隔开来，或者形成多酚类物质，多酚类物质在多酚氧化酶的作用下，形成能杀死感染处的微生物。在果品的储藏过程中，需合理地控制其呼吸作用，抑制其有害的一面，利用有利的一面。

不同品种的果品，储藏寿命固然各异，同品种的果品也因收获季节不同而异。通常，晚熟品种最耐储藏，中熟品次之，早熟品种不耐藏。晚熟品种，果实生长期长，成熟时，气温逐渐降低，果实长得致密、坚实，并且有一定硬度及弹性的外皮，有利于抵抗轻度挤压及防止微生物侵害。晚熟者酶活动使合成多于水解，营养物质累积较多，低温性好，储藏时能保持正常代谢作用，抵抗微生物浸染能力较强。早熟品种是在高温下生长和成熟的，并在高温下储藏，营养消耗太快，病菌易侵入，造成腐烂。如在低温下储存，又容易产生生理失调，起皱皮发绵而失去食用价值。如早桃在低温下储藏，就会变得无味发绵。早熟品种氧化系统活性较弱，无氧呼吸比例较大，易造成一些有害代谢产物累积。当果实受到微生物侵染或机械损伤时，其有氧呼吸变动较小，甚至还受到抑制，自卫反应弱。因此，一般选用晚熟品种储藏。

果树施肥，也会影响储藏寿命。过多地施氮肥，会使果实着色不佳，质地松软，在储藏中易发生生理病害。钾肥适量，能使果实产生鲜红的色泽和芳香的气味。缺钾的苹果果实成熟度差，储藏中果皮易皱缩，施钾过量，又易产生生理病害。柑橘施氮肥时，同时多施钾肥，果实耐藏。土壤缺磷，果肉带绿色，含糖量低，储藏过程中，果肉易发生褐色及腐烂。果品中的磷和钙都有保护细胞磷酸酯膜完整性的作用，也都能起到抑制呼吸作用，提高耐储性。

果实在采收前，灌水过量，果实含水量提高，使含糖量下降。灌水少，果实风味浓，糖分高，耐储藏。桃在采收前几周，对水分特别敏感，缺乏水分，品质差；水分过多，色泽差，不耐储藏。

实践证明，苹果和梨的储藏中，凡大果型果实，果肉硬度和含糖率下降快，生理病害多，品质差，多数不耐储藏，中小型果实耐储藏。因而，苹果和梨长期储藏，宜选中型果实。

温度对果品储藏影响特别大，适当的低温是保证安全储藏的重要手段。在不干扰和破坏果实代谢机能的前提下，温度越低，越能延缓果实成熟及衰老的进程，储藏寿命越长。储藏过程中，温度需保持稳定，因温度波动会刺激果实中的水解酶活性，促进呼吸，增加消耗。在0℃的储藏环境下，酶的活性受到抑制，水解作用也相应变得缓慢了。适宜的低温可抑制果实的水分蒸发，抑制微生物的繁殖。储藏温度低时，若环境中水汽量不变，则随着温度的降低，饱和水汽压减小，相对湿度增高，湿度饱和差也随之减小。因此，果实向周围环境蒸腾水分减少。在低温下，有害细菌和真菌生长速度缓慢，不会对保持正常代谢机能的果实造成危害。温度太低，又易产生生理性病害，如果把有呼吸高峰类型的果实放在不适宜的低温环境中，则永不会出现呼吸高峰，果实不会成熟，会发生生理病害，甚至死亡。南方水果对低温很敏感，绿色的香蕉在12℃下储藏时间过长，就会因低温受害而不能成熟了。

若环境湿度低，不仅造成果实蒸腾失水萎蔫，而且使水解酶活性增强，从而加速果实的衰老。湿度过高，果实表面出现结露现象，俗称“出汗”，这对储藏不利，因为液态水附着在果实表面，就为微生物的浸染创造了条件。湿度过大，易招致微生物侵染，有些果实还会产生裂果现象。

储藏环境气体成分对储藏寿命影响较大。适当提高环境二氧化碳浓度和降低氧浓度，可以有效地抑制果实的呼吸代谢，抑制果胶物质及叶绿素降解过程，从而延缓果实的成熟进程，并能明显地抑制微生物的危害。气调保存果品的原理也就基于此。

果实成熟时，乙烯生成量增加，乙烯的生物合成是一个有过氧化物酶参与的需氧过程，环境中氧浓度降低，就会抑制过氧化物酶的活性，并影响乙烯的生物合成。高二氧化碳是乙烯合成作用的抑制剂。因此，高二氧化碳，低氧环境，即可抑制果品的成熟过程。

不同果品有不同的高二氧化碳和低氧的阈值和临界值，二氧化碳和氧对呼吸作用和成熟过程有较明显的抑制时的浓度，称为阈值。使果实生理失调时的浓度，称为临界值。一般气调均应选择两者之间值。如果氧浓度高于阈值，或者二氧化碳低于阈值，则对果实抑制作用基本消失；若氧浓度低于临界值，或二氧化碳高于临界值，则使正常呼吸作用和代谢机能受到干扰破坏，则会导致果实耐储性及抗病性降低，一般氧浓度阈值为7%左右。

果实中含有乙烯，释放出来对其成熟、衰老起促进作用，这对果实储藏保鲜是不利的。采用乙烯吸收剂，如溴、臭氧和高锰酸钾，均可吸收乙烯，其中以高锰酸钾使用最广，成本低、无副作用。固态高锰酸钾比液态的更为有效。常用多孔固体作载体吸收高锰酸钾饱和溶液，放入有孔口塑料袋中，来吸收果实中释放的乙烯。

受过刺伤、摔伤、碰伤、挤伤、虫伤等的果实，其呼吸作用急剧增强，并且还会破坏果实的保护层和伤处的组织结构，这就会导致微生物的侵害，且使果实水分蒸腾作用加强，这显然对储藏是不利的，储藏时应挑选完好无伤的果实。

微生物休眠孢子，真菌的菌丝和孢子存在于空气、水、土壤，以及包装物品或工具上，一旦它们黏附在果实上，则会很快繁殖，尽管果实有一定的抗菌能力，但如果微生物过多，果实就会腐烂变质。为此，储藏场所、包装器具、工具均需进行化学消毒，同时果实采取药剂浸果或洗果，或用药纸包果，可减少微生物浸染机会。

27.2 蔬菜成分及耐藏性的影响因素

27.2.1 蔬菜的化学成分及特性

化学物质是构成蔬菜色、香、味和营养价值的基本因素。根据它是否溶解于水，分为两类，即水溶性物质和非水溶性物质。

水溶性物质包括糖、果胶、有机酸、多元醇、单宁物质及部分含氮物质、色素、维生素和大部分的无机盐类。这类物质溶解于水，组成植物体的汁液部分。

非水溶性物质包括纤维素、半纤维素、淀粉、脂肪及部分含氮物质、色素、维生素、矿物质和有机盐类。它们是组成植物固体部分的物质。

水分是蔬菜的主要成分，一般含水量为75%～96%。水分的存在是完成全部生命活动过程的必要条件。水分与蔬菜的风味品质有密切关系，但也带来不利影响，给微生物和酶的活动创造了有利条件，也就是说使蔬菜易腐烂变质。为此，蔬菜储存时对水分的影响必须充分重视。可见，使蔬菜储藏获得良好效果，应该充分了解蔬菜的化学成分及其在各种情况下发生的化学变化。

27.2.1.1 碳水化合物

蔬菜中的碳水化合物主要由糖类、淀粉、纤维素、半纤维素，以及果胶等组成。

(1) 糖类

蔬菜的含糖量一般较低，仅在一些果菜、根菜和球根中含量较高。如番茄含糖1.9%～4.9%、甘蓝为2.5%～5.7%，洋葱为6.8%～10.5%。

蔬菜中含糖主要有葡萄糖、果糖、蔗糖。番茄中主要含葡萄糖，果糖次之，蔗糖很少。同种番茄，前期采收的果子未见蔗糖，后期采收的含有0.1%～0.2%的蔗糖。胡萝卜主要为蔗糖，甘蓝为葡萄糖。

葡萄糖和果糖都是单糖，或称还原糖，是呼吸基质，又是微生物的营养物质，再加上蔬菜水分多，所以易被病菌侵害。酵母菌和乳酸菌可将糖转化为酒精或乳酸，改变食品风味，增强食品的储藏性。泡菜及腌菜就是利用这种特性加工而成的。

蔬菜所含的还原糖，尤其是戊糖，能与氨基酸或蛋白质起反应，生成黑蛋白，使加工品褐变，也称非酶褐变。在干制、罐头杀菌或者高温储藏时，易发生变色现象。非酶褐变视品种不同而异，甘蓝易变色，甘薯难变色。同一种类的变色程度与还原糖含量成正比。热水烫漂使可溶性物质损失一部分，但对抑制变色有利。

(2) 淀粉

蔬菜中有许多品种含淀粉丰富，如马铃薯、豆类、藕、荸荠、芋头、山药等。马铃薯含淀粉14%～25%，藕含12.79%，豌豆含有6%。

淀粉是由葡萄糖合成的多糖，本身无甜味，不溶于冷水，在热水中则膨胀糊化而生成浓稠的胶状溶液。糊化温度随淀粉种类不同而异，马铃薯淀粉糊化温度为56～62℃，比小麦和玉米淀粉低。淀粉密度大，且不溶于冷水，故可用沉淀法提取淀粉。淀粉遇碘溶液时生成蓝色。马铃薯粉、藕粉都是较好的淀粉。

淀粉与稀酸共热或在淀粉酶的作用下，能分解成葡萄糖。含淀粉多的蔬菜是制取葡萄糖的主要原料。

(3) 纤维素和半纤维素

纤维素和半纤维素是构成细胞壁的主要成分。它是与淀粉相近似的多糖类。但质地坚硬，不溶于水，在稀酸的作用下也难以水解，只有在浓酸和长时间加热情况下，才能水解成葡萄糖。

纤维素在皮层特别发达，它又能与木素、栓质、角质、果胶等结合而成为复合纤维素，这对蔬菜的品质与储藏有重要意义。幼嫩蔬菜的细胞壁为含水的纤维素，既软又薄，食用时口感细嫩，易咀嚼；而老熟之后的纤维素，产生木素和角质，坚硬而粗糙，影响品质，甚至不堪食用。蔬菜中纤维素含量在0.2%～2.8%之间。纤维素不能被人体所吸收，但能刺激胃壁的蠕动，有助于消化功能的提高。

半纤维素由多缩戊糖和多缩己糖组成，其稳定性次于纤维素。在弱酸作用下，可水解为阿拉伯树胶糖、戊糖、半乳糖和己糖。

(4) 果胶物质

果胶物质是蔬菜中普遍存在的一种高分子化合物。它以原果胶、果胶和果胶酸等三种不同形态存在于蔬菜组织中。蔬菜在成熟和储藏期间，其体内果胶物质不断地变化。成熟阶段所含原果胶在原果胶酶的作用下，在过熟阶段变为果胶；再进一步储藏，会生成果胶酸，进而产生己糖及戊糖、半乳糖醛酸。

大多数蔬菜中所含的果胶，即使含量很高，也缺乏凝胶能力，与糖、酸结合时，大多不能形成胶冻。果胶凝冻力的大小，与果胶成分中甲氧基含量的多少和果胶的分子大小成正比。

如果原料中含原果胶量较多或尚是在未完全成熟时采收的，在制品中加入少许氯化钙，可以保持某些蔬菜的脆性。例如生产整果装番茄罐头时，添加少量氯化钙。在腌制咸黄瓜时，先在石灰水中浸泡一下，可使产品肉质致密而爽脆。

27.2.1.2 有机酸

蔬菜中含有多种有机酸，除番茄等少数蔬菜有酸味外，大都因含量很少，感觉不到酸味。

蔬菜中有机酸含量以游离或酸式盐类状态存在。含量的多少视蔬菜种类和品种不同而异，即使同一品种，不同成熟期或不同部位，含量也不同。有机酸的含量，一般在幼嫩组织中较高。

蔬菜中所含有机酸主要有苹果酸和柠檬酸。此外，还有草酸、酒石酸和水杨酸等。莴苣中含较多的苹果酸，番茄中以苹果酸和柠檬酸为主，菠菜中含草酸较多。草酸在有机体中不易氧化，但有刺激和腐蚀黏膜与破坏新陈代谢的作用。草酸与钙盐化合形成草酸钙，它既不溶于水，也不被有机体所吸收。

氢离子对微生物的活动是非常不利的，降低微生物致死温度对罐头食品中用热力杀菌时更为重要。番茄的pH值为4.1～4.8，其他蔬菜为5.3～6.9，所以罐藏时要加压杀菌。

酸度的强弱不以总酸量为依据，而决定于pH值，即氢离子浓度越大酸度越大。蔬菜中含有各种缓冲物质，如蛋白质能限制酸过多地解离和氢离子的形成。蔬菜加热后，pH值比加热前有所降低。

27.2.1.3 含氮物质

蔬菜中的含氮物质大部分是蛋白质，其次是氨基酸和酰胺，还有少量的硝酸盐和苷类。

蔬菜中含氮物质的含量十分丰富。如豆类蛋白质含量为1.9%～13.6%、瓜类为0.3%～1.5%、根茎类为0.6%～2.2%、葱蒜类为1.0%～4.4%、叶菜类为1.0%～2.4%。含氮物质的存在和变化，影响蔬菜制品的色、香、味。如氨基酸在发酵过程中变为醇，醇与酸化合为酯，产生香味。含氮物质可引起制品变色，又如蛋白质在高温下可以分解，生成硫化氢，与金属反应生成硫化物，使蔬菜制品变色，同时使马口铁出现黑斑。

含酪氨酸的蔬菜，如马铃薯等在酪氨酸酶的作用下，发生氧化，产生黑色素。如切开马铃薯后置于空气中一段时间，就会发生变色。

27.2.1.4 单宁物质

单宁物质也称鞣质，有收敛性涩味。单宁物质在蔬菜中含量很少，但影响蔬菜储藏品质。马铃薯或藕在去皮或切碎后，在空气中变黑，这就是单宁物质氧化成暗红色的根皮鞣红。这是由于酶的活动所致，这种现象称为酶褐变。要防止这种变化，应从单宁含量，酶的活性及氧的供给三个因素考虑。用热水烫漂，蒸汽处理，熏二氧化硫来抑制酶的活性。去皮后的蔬菜可浸入清水或盐水中，以减少氧的供给，防止氧化。

单宁遇铁变为黑绿色，遇锡变成玫瑰色，遇碱变为黑色。故应使其避免与上述物质接触。

27.2.1.5 糖苷类

糖苷类是单糖分子与非糖物质结合的化合物，后者称为苷配基。苷是由糖、醇、醛、酚、硫和含氮化合物等构成的酯类化合物。在酶或酸的作用下，苷可水解为糖或苷配基。

蔬菜中存在着各种各样的苷，大多具有苦味或特殊的香味。下面介绍几种主要的苷。

黑芥子苷是十字花科蔬菜的苦味来源，存在于根、茎、叶与种子中。水解后生成具有特殊辣味和香气的芥子油，葡萄糖及其他化合物，不但苦味消失，而且品质有所改进。这种变化在蔬菜腌渍中非常重要。

茄碱苷也称龙葵苷，主要存在于马铃薯块茎中。正常含量在0.002%～0.01%，多存在于近皮层，当暴露于日光下，表皮呈绿色时，茄碱苷显著增加。如果含量达到0.02%时，可使人食后中毒。因此发芽或皮变绿的马铃薯一般不宜食用。番茄和茄子果实中含有茄碱苷，在未熟绿色果中较高，成熟果中较低。

茄碱苷水解时，分解出葡萄糖、鼠李糖，还生成一种非糖部分即茄碱。茄碱苷和茄碱均不溶于水，而溶于热酒精和酸的溶液中。

除上述两种苷外，还有薯芋皂苷、药西瓜苷及其他苷类。

27.2.1.6 色素物质

蔬菜有各种不同颜色，这是鉴定品质的重要因素之一。蔬菜的各种颜色都是由多种色素混合而成的。随着成熟度的不同或环境条件的改变，颜色亦有变化。在加工过程中，要尽量防止变色，使天然原色能很好地保存。蔬菜中的主要色素有以下四种。

① 花青素　也称花色素，通常以花青苷的形态存在于果、花或其他器官中。花青素及苷都是有色物质，可溶于水，呈紫蓝红等色。蔬菜中存在的花青素主要有两种：飞燕草

色素，红茄子中含有；矢车菊色素，红皮洋葱中含有。花青素是一种感光性色素，它的形成需要日光。生长在遮阴处的蔬菜，色彩就不能充分呈现。但是加工制品在保存时，光照反而不利，会促使其转为褐色。花青素对某些细菌有毒害作用，能抑制其活动。加热对花青素有破坏作用，促使分解褪色，如茄子、萝卜等煮后颜色变化。花青素遇铁、锡也会变色，因而加工用具应采用铝和不锈钢制品为宜。

② 类胡萝卜素　也称黄色色素，在植物中分布很广。叶、根、花、果中均有此类物质存在。它不溶于水，呈为黄、橙黄、橙红色，主要有：a. 胡萝卜素。即维生素 A 原，常与叶黄素、叶绿素同时存在，呈橙黄色。它存在于胡萝卜、南瓜、番茄及辣椒中，在绿色蔬菜中与叶绿素同时存在，而不显现；b. 番茄红素。为胡萝卜素的异构体，呈红黄色。存在于番茄、西瓜中。气温在 30℃以上不能形成番茄红素，所以在炎热的夏天番茄难以变红；c. 叶黄素。各种植物均含有。与叶绿素和胡萝卜素同时存在于叶中，并与胡萝卜素一起存在于黄色番茄中；d. 椒黄素和椒红素，存在于辣椒中。

③ 叶绿素　在蔬菜中呈绿色，它是一种不稳定的物质，不溶于水，在酸性反应中其分子中的镁（Mg）易被 H 所取代，形成植物黑质，即由绿色变为褐色。在碱性介质中叶绿素加水分解，生成叶绿原素、甲醇和叶醇。叶绿原素仍为绿色，如进一步与碱反应形成钠盐，则更为稳定，绿色保持更好些。若将绿色蔬菜在沸水中短时间浸泡，由于植物组织内的空气被排出，组织变得比较透明，绿色显得更深。如烫煮时间较长，就变成褐绿色了。由于叶绿素有这些特性，因而影响制品色泽。如腌渍时因乳酸的产生而变色，必须进行一定的处理。如酱黄瓜在腌制时，浸泡于 pH 值为 7.4～8.8 的井水中，或用石灰水浸泡可保持绿色。蔬菜干制常用亚硫酸钠溶液浸泡也能保持绿色。

④ 黄碱素　也称黄酮色素，存在于洋葱和辣椒等蔬菜中。呈黄色或白色，微溶于水，大多数能溶于酒精，在碱性溶液中呈深黄色。

27.2.1.7　芳香物质

蔬菜中的香味，系由其本身含有的各种不同的芳香物质所决定的，芳香物质是油状挥发性物质，又称挥发油。由于含量极少，故又叫精油。如萝卜含 0.03%～0.05%，大蒜含 0.005%～0.009%，洋葱含 0.037%～0.055%，芹菜含 0.1%。精油有挥发性，所以甚香。一种植物所含精油由多种物质组成，随地区环境、气候因素和生长发育阶段不同而变化。挥发油的主要成分为醇类、酯类、醛类、酮类和烃类等，另外还有醚、酚类和含氮化合物。

萝卜中含有甲硫醇，大蒜中的精油为二硫化二丙烯等，生姜根茎中含有姜烯、姜醇等，黄瓜中含有壬二烯-（2,6）醇。有些芳香物质不是以精油状态存在，而是以糖苷或氨基酸状态存在的，必须经酶水解生成精油才有香味。芥子油、蒜素等就很明显。蒜素是另一种精油，是蒜氨酸的水解产物。当大蒜切碎或捣碎后，因所含的蒜氨酸和蒜氨酸酶互相接触引起水解，而生成蒜素，使其气味明显变浓。

大多数精油都有杀菌作用，有利于制品的保藏。蔬菜腌渍时普遍应用香料，一则改进风味，二则加强保藏性。加热容易使芳香物质损失，所以蔬菜干制常用低温加工，一般为 60～65℃。

27.2.1.8　油脂类

油脂类包括蔬菜中所含的不挥发油分和蜡质。在蔬菜种子中油脂含量特别多。如南瓜子含油量达 34%～35%，芥菜籽为 20%～28%，冬瓜子为 29%。除种子外，其他器官一般含油量很少。如叶类和根类为 0.1%～1.0%，瓜类为 0.05%～0.4%。

成熟的果类蔬菜的表皮往往覆盖一层蜡质，如冬瓜、南瓜就比较明显。蜡质的形成加强了外皮的保护作用，减少水分蒸发，使病菌不易浸入，所以采收时不要擦去果粉。

27.2.1.9 维生素

蔬菜中含有多种维生素，有维生素 C、维生素 A、维生素 B_1、维生素 B_2、维生素 E 及 K 等。其中以维生素 C 最为丰富。

维生素 C，即抗坏血酸，在辣椒和番茄中含量多，是一种不稳定的维生素。在酸性溶液和糖水中比较稳定，特别是采用抽真空方法，在缺氧条件下加热损失较少。而在碱性环境中维生素 C 易受到破坏。紫外线也会破坏维生素 C，因此不宜将玻璃罐的蔬菜罐头放在阳光下。在铁和铜等金属作用下，会加速维生素 C 的氧化而使其遭到破坏，所以加工蔬菜不能使用铜、铁用具。腌渍蔬菜由于发酵产生乳酸的缘故，可以保存维生素 C，如能密封，则效果更好。

维生素 A，也称胡萝卜素。在胡萝卜和菠菜中含量多。对高温相当稳定，如番茄汁在 100℃下，加热 4h，胡萝卜素仅损失 12%。在碱性溶液中比在酸性溶液中稳定。罐藏能很好地保存，烫漂和杀菌均无影响，但干制时易损失。

维生素 B_1，即硫胺素。在豆类中含量最多，在酸性环境中较稳定，而在中性或碱性环境中对加热十分敏感，易被氧化或还原。通过罐藏和干制能良好地保存。蔬菜在沸水中烫漂，尽管时间不长，也会破坏维生素 B_1，有一部分溶于水中。

维生素 B_2 也叫核黄素。在甘蓝和番茄中含量居多，耐热、耐干及不易氧化。但在碱性溶液中对热不稳定，干制品中维生素 B_2 均保持着它的活性。

维生素 E 及维生素 K 存在于植物的绿色部位，很稳定。维生素 E 含量以莴苣中为多，维生素 K 含量以甘蓝、青番茄中为多。

27.2.1.10 矿物质

蔬菜中含有钙、磷、铁、硫、镁、钾、碘等多种矿物质。它们主要以各种盐类的形式存在。部分则为有机物质的成分。蔬菜中的矿物质，除作为人体机构组成的主要成分外，对保持人体血液和体液中一定的 pH 值具有重要作用。人体新陈代谢中不断产生硫酸、磷酸、碳酸类，它们需要碱性物质中和。

27.2.1.11 植物抗生素

抗生素如青霉素、金霉素、庆大霉素等。植物也含有这些特殊物质，保持本身不受病原菌的侵害，这种物质称为植物抗生素。

大蒜和大葱内有一种极其活跃的植物抗生素，有强杀菌作用。生蒜在口中咀嚼 3～5min，所有细菌被全部杀死，但不能杀死乳酸菌。所以在泡菜中加入洋葱、大蒜，不会妨碍乳酸发酵，但可抑制产膜酵母。

番茄素是一种在番茄植株中所含的抗生素，它可阻止病菌的活动，然而是一种有害物质。

27.2.1.12 酶

酶是一种特殊蛋白质，产生于生物体内，能在常温常压下促进生物体合成代谢和分解代谢，它是生物的催化剂。在蔬菜加工过程中，酶也是引起蔬菜味质变坏和营养成分损失的重要因素。所以采用各种方法处理加工蔬菜，在一定程度上抑制酶的活动，是保存加工制品品质的一个措施。

27.2.2 采前因素对蔬菜储藏的影响

蔬菜的耐藏性是采收之前形成的一种生物学特性。影响耐藏性的内在因素是蔬菜本身特有的遗传因素。另外蔬菜的分布及栽培的生态环境，包括气候、土壤、纬度和海拔等；栽培技术措施，如施肥、灌溉，采收等外部因素都会直接或间接地影响蔬菜的储藏效果。

27.2.2.1 遗传因素

蔬菜种类和品种不同，其耐藏性有很大差异。有的只能藏几天甚至几小时，有的可以储藏几个月。种类和品种之间的这种差异，与其起源地和生物学特性有关。

（1）起源地与储藏性的关系

蔬菜种类很多，但从起源地来讲，可分热带亚热带地区和温带地区两大类。起源于热带亚热带地区的蔬菜有番茄、茄子、辣椒、黄瓜、南瓜、冬瓜、菜豆等。这些蔬菜要求温暖湿润的气候条件，不耐低温，而有一定的耐高温能力。在温带栽培时，栽培季节在夏季，采收时的气候条件与生长时所需环境基本相似，产品器官生命活动旺盛，耐藏性差，一般不能长期储藏。但在深秋季节成熟的南瓜和冬瓜耐藏性相对较长。

起源于温带地区的蔬菜有白菜、甘蓝、萝卜、胡萝卜、大葱、洋葱、大蒜等。它们要求温和湿润的气候条件，产品器官的形成是深秋凉爽之时，有些产品采收后即进入休眠期，生命活动非常缓慢，因而储藏性较强。秋菜在春季栽培，产品成熟时是高温季节，储藏性比秋季栽培的差，如春甘蓝就不如秋甘蓝耐储藏。

（2）种类与储藏性的关系

蔬菜种类不同，其耐藏性也不同。绿叶菜类，如菠菜、莴苣、芹菜、芫菜，不结球白菜等。产品器官为正在生长中的功能叶，生命活动极为旺盛，采收后，脱离了母体，由于营养物质及水分的迅速消耗而变质，因而耐藏性极弱。

二年生及多年生蔬菜，如叶菜类中的结球白菜、结球甘蓝，根菜类中的萝卜、胡萝卜、根用芥菜茎菜类中的马铃薯、洋葱、大蒜等多年生菜中的菊芋等。产品器官成熟后，即进入个体发育的休眠期。在此期间，生命活动极其微弱。因此，营养物质消耗极为缓慢，耐藏性相应增强，储藏期长。结球甘蓝叶面有蜡质，较结球白菜耐藏。根用芥菜、胡萝卜含水量少，较萝卜耐储藏。

果菜类以嫩果为产品的黄瓜、丝瓜、番茄、菜豆、虹豆、茄子等，产品器官采收时，正在迅速生长过程中，生命活动极其旺盛，耐藏性差。而以老熟果为产品的冬瓜、南瓜等，耐藏性较强。特别是老熟南瓜，果皮厚又有蜡质，最耐储藏。

（3）品种与储藏性的关系

蔬菜种类不同，耐藏性显著不同。同类而不种品种的蔬菜，其耐藏性也有很大差异。以大白菜为例，一般早熟品种比中晚熟品种耐藏性差；圆球型比直筒型差；白帮比青帮差。如沈阳地区的河头早及六十天还家等品种不宜储藏，而青帮河头、大青帮等储藏较好。又如番茄以后熟期长、皮厚、肉质致密、干物质中含糖量高的中晚熟品种耐储藏，像橘黄佳晨、满丝、苹果青、台湾红、强力米寿等。

27.2.2.2 产品器官的组织结构和理化特性

同种类而不同品种的蔬菜之间耐藏性差异很大，这种差异显然与其组织结构及理化特性有关。

（1）组织结构与储藏性的关系

产品器官的组织结构包括形状、大小、外皮组织、表面附着物及肉质的质地等均影响储藏性。产品器官的形状不同，其耐藏性有一定差异。例如直筒白菜比圆球型白菜耐储藏，扁圆形洋葱比凸圆形洋葱耐储藏，尖叶型菠菜比圆叶型菠菜耐藏。产品器官大小不同，耐藏性也有差异。以果菜为例，一般中等大小耐藏，而大型及小型都不耐藏。产品器官完整致密，具有坚固的外皮组织，纤维较多，组织有一定的硬度和弹性，均利于产品储藏。如结球坚实的大白菜和甘蓝比松散和裂球的耐储藏。发育完好的表面保护层，如蜡质层、蜡粉和茸毛等，既能够减少水分蒸发，又能防止滴落水珠在产品表面扩散引起微生物的传播和危害。蜡粉厚的甘蓝、老熟南瓜、冬瓜等，储藏效果也较好。果肉质地致密，有一定硬度和弹性的瓜果和番茄，也较耐储藏。

（2）理化特性与储藏性的关系

蔬菜本身的生命活动，产生一系列的生理和生化变化，都将影响其耐藏性。

植物的叶片是新陈代谢最活跃的营养器官，它薄而扁平的结构，众多的气孔，有利于接受阳光，进行气体交换和水分蒸腾。因此，以叶片为食用部分的产品储藏就比较困难。例如绿叶菜类最难储藏；叶球类虽然也是叶菜，但叶球已成为养分储藏器官，营养物质储存充足，新陈代谢强度明显降低，比较耐储藏。

块茎、球茎、鳞茎、根菜类蔬菜，多数具有生理上的休眠阶段。这时各种生理、生化过程和物质消耗都减少到最低限度。此外，有些两年生的根茎叶类菜，虽无生理休眠期，但比较容易迫使处于强制性休眠状态，所以这些产品最耐储藏。

一些蔬菜在采收时虽然可以食用，但未充分成熟，需在储藏中继续成熟，才能达到该品种最佳食用状态。在后熟过程中，生命活动缓慢地进行，达到了延长储藏寿命的效果。

27.2.2.3 环境条件对储藏的影响

环境因素包括气象及地理条件，这些生态条件若有改变，必将影响蔬菜的生长发育，尤其对产品品质和耐藏性的影响更为突出。

（1）温度影响

不同蔬菜在生长期内，都要求一定的适温。瓜类和茄果类喜温，温度过低，热量不足，产品不能正常结束生长，产量低，品质差，也不耐藏。白菜类及根菜类蔬菜，在较冷的环境下，能发挥其品种的优良性状。如果温度过高，果实成熟加速而粉质化，易发生日灼，耐藏性差。

蔬菜采收前四至六周的气温、昼夜温差，是影响品质和有无储藏价值的关键时期。采收前的生长气温与采收后的储藏温度逐渐接近，降低了蔬菜的呼吸强度，营养物质积累增多。果菜皮上的蜡质、色素层和果粉加厚，使果实不仅颜色好，而且耐储运。

（2）光照影响

光照条件包括光照时间、强度和质量。蔬菜在生长季节里光照不足，营养物质积累少，储藏寿命缩短。

在生长季节，特别是在采收前期连续阴天，对蔬菜的化学成分，如糖、色素、抗坏血酸、蛋白质等的形成都有明显影响。这不仅影响产品的品质、储藏寿命，储藏期病害也多。

研究表明，大萝卜在栽培期有 50%遮光，则生长不良，储藏期糠心也重。日照不足，糖的形成与积累也少，糠心自然增多。各种蔬菜均需要一定日照时间，在适宜的日照范围内，生长发育快，营养状况良好，耐藏性相应增强。

光照强度主要影响光合作用速度。在直射阳光充足的情况下，蔬菜干物质重量明显增加，表皮变得紧密，色深而鲜艳，含糖量和维生素 C 含量都有所增加。

除光照时间和光照强度外，光质也有一定影响。蓝光和红光，对四季萝卜叶的叶绿素和胡萝卜素生物合成的影响各有不同，在光强度低的红光下长成的植株，色素含量超过蓝光；如光强度适宜或高，则蓝光作用下积累大量色素。在强光下，一般短波和紫外线对着色及储藏均有利。

(3) 降水量及空气湿度的影响

降水多少关系到土壤水分、土壤 pH 值及土壤中可溶性盐类的含量，从而影响蔬菜的化学组分与耐藏性。

在阳光充足，又有适宜降水量的年份，蔬菜耐藏性较好。如雨量过多，土壤中可溶性营养物质减少，影响生长。阴雨天多，减少了光合作用时间和强度，温度降低，这是影响产品耐藏性的原因之一。

在生长期中，过高的空气相对湿度，会使果菜的糖和酸量降低，这对真菌生长有利，使其易腐烂。

(4) 地理因素影响

蔬菜生长地区的纬度和海拔高度等，与温度、降水量、空气相对湿度和光照强度都有关。因此，纬度和海拔高度不同，蔬菜分布的种类和品种也不同。同一种类的蔬菜，生长在不同纬度和海拔高度，其产品的耐藏性有明显差异。

在高纬度地区生长的蔬菜，其保护组织比较发达，体内有适宜于低温的酶存在，从而适于在较低温下储藏。如北方的大葱可露地冻藏，经缓慢解冻后，仍可恢复新鲜状态，这说明对低温有较好的适应性；南方大葱，在北方露地冻藏，就不能恢复新鲜状态。抗寒能力的强弱，同糖分积累、原生质表面亲水性胶体的多少以及生物膜结构的改变是分不开的。

海拔高度对蔬菜产品耐藏性影响十分明显。在北半球，随着海拔上升，温度降低，光照增加，紫外线辐射增加。所以海拔高的地带，日照强，特别是紫外线增多，昼夜温差大有利于糖的积累，维生素 C 含量也高。耐藏性好。

不论南方还是北方，一般高原和丘陵山坡地的生态条件，如光照、温差、空气湿度和排水等，都优于同纬度的平川地，所以高原和丘陵坡地所生产的同类产品，比平原地带的着色好，糖分高，耐藏性强。

27.2.2.4 农业技术因素对储藏的影响

蔬菜在栽培管理中，采用的农业技术不同，产品的化学成分和耐藏性也就不同。要延长储藏寿命，在每一个生产环节上，都要认真选择正确的农业技术措施。

（1）土壤的影响

不同种类、品种的蔬菜对土壤要求不同。甘蓝在黑钙土壤中，蛋白质含量高，采收后耐储藏。若土壤中含糖高，砂质土壤中纤维素和抗坏血酸含量高，产品耐藏性也好。土壤物理性状的好坏，对耐藏性也有很大影响。如在排水及通气良好的土壤上的萝卜，采收后在20℃下储藏20天，失水率仅为20%；而排水通气不良的土壤上的萝卜，在同样保存条件下，失水率超过30%。又如莴苣栽在沙质土上，采后储藏在20℃下，7天失水率20%；栽培在黏土质上的莴苣，在相同条件下，仅失水10%。而甘蓝在偏酸性土壤中，对Ca、P、N的吸收及积累都较高，品质好，耐储藏。

（2）施肥的影响

肥料的种类、施肥方法和时期，是影响蔬菜化学成分和耐藏性的重要因素。目前我国菜地有机肥料普遍不足，偏施氮肥，不注意各种元素的配合施用，使产品品质和耐藏性降低。氮肥过量，使产品颜色差，味不浓，质地疏松，糖和酸的含量下降，储藏中易腐烂及发生生理病害。缺磷时色泽不鲜艳，含糖量降低，呼吸强度增高，造成腐烂率和内部变褐增加。钾肥的正常施用，有助于增产，提高品质和耐藏性，可增进果实花青的着色和风味品质，提高硬度和含酸量，并能减少失水。叶中最适含量是1.6%～1.8%。若钾过量，会降低钙的吸收，易引起苦痘病和烂心病。钙在土壤中的含量，一般情况下是比较充足的，蔬菜对其吸收却取决于许多因素，如钙和氮、钾等元素常发生拮抗作用，造成果实因缺钙而患苦痘病、膨松、内部质变及水心病等。缺钙还会促进果实呼吸强度增加，加速产品的衰老。叶中含钙量低于干重的0.06%～0.07%时，果实易患苦痘病，内部变质等病害，不宜长期储藏。大白菜只施氮肥，会降低土壤中钙与氮的比值，引起大白菜“干烧心”，使储藏性下降。番茄脐腐病也是因土壤中含钙量低而引起的。此外，土壤中缺乏某些微量元素，如锌、铜、硼等，或某些微量元素过多，都会影响果蔬发育和耐藏性。

（3）灌溉的影响

合理灌溉是保证高产、优质、耐储藏的重要条件之一。萝卜及胡萝卜等蔬菜会因灌溉不足，引起质地粗糙，储藏中大量糠心。土壤干旱后，大量降雨或灌溉，易造成果皮开裂，莴笋裂茎，萝卜裂根，这些产品在储藏中，容易感染真菌，引起腐烂。采收前大量灌水，产品体积增大，但品质下降，储藏中提早萎蔫，引起膨松、苦痘病、水心病，影响品质及耐藏性。

（4）保护地的影响

蔬菜由于温床、拱棚及温室等保护地，与露地的温度、日照、湿度、空气等环境条件不同，所以在保护地和露地栽培的蔬菜，其化学组成有很大的差异。如在保护地栽培的黄瓜，干物质、含糖量、矿物质及维生素的含量都较露地少。一般保护地栽培的蔬菜产品大都细嫩柔软，不如露地栽培的蔬菜耐储运。

27.3 肉类品成分及保鲜原理

27.3.1 肉类品的基本组分简述

肉类品是由极为复杂的各类化合物组成的。其基本组分包括水、蛋白质、脂肪、糖类、无机盐以及维生素和酶等。下面简述各组分性能。

27.3.1.1 蛋白质

蛋白质是动物性食品中最复杂和最重要的组成部分，在生物学发展中起着决定性作用。它是一切细胞和组织结构的主要组成成分。当组织发生死亡或破坏后，可由细胞生长进行修补，而细胞基本物质养料为蛋白质。同时，它也是供动物机体所需热量的主要来源，并有调节生理机能作用。在食品保鲜中，检查食品的品质和物理形态好坏，很大程度上，视蛋白质所发生的变化而定。

蛋白质可分为两大类：单蛋白质和复蛋白质，两者水解性质不同。前者水解后只能形成氨基酸；而后者除氨基酸外，还有糖、磷酸之类。单蛋白质又分为两种，即鱼精蛋白和组蛋白。鱼精蛋白含于鱼卵及脾脏之中，组蛋白是含于血液中的红细胞蛋白质。复杂蛋白质包括有：支持组织（骨、软骨、腱、毛发等）的硬蛋白；韧带和腱中的弹性蛋白类；存在于乳中和卵黄中的磷蛋白；存在于收缩性肌肉纤维中的肌凝蛋白和肌纤维蛋白等。

蛋白质不论其来源如何，均含有不等的碳、氧、氢、氮及少量的硫和磷。通过对不同蛋白质组分分析：碳含量为 50.6%～54.4%；氢含量为 6.5%～7.3%；氧含量为 21.5%～23.5%；氮含量为 15.0%～17.6%；硫含量为 0.3%～2.5%；磷含量为 0～4%。

蛋白质的物理及化学性质主要表现为：

① 蛋白质的分子量极大，从 13000 至数十万至百万，它是由不稳固链和键联结而形成的一个巨大的联合体，它可以在化学和物理因素影响下，分解成高分子。

② 蛋白质溶液不稳定，在外界因素影响下，极易从溶液中沉降。

③ 蛋白质各高分子之间存在结合水，蒸气压不大，当温度为－40℃时冻结。它不能溶解糖、盐和其他物质。

④ 蛋白质溶液中加入醇、硫酸铵、氯化物等，或在加热、冷冻等作用下，均能使其沉淀而析出。

⑤ 蛋白质因物理或化学因素影响，引起性能变化。最初阶段变化是可逆性的。如在一定温度下，食品冻结后的蛋白质变化也是属于可逆性的，利用此性质可以冷冻保鲜。

⑥ 蛋白质同时具有酸性和碱性，酸过量时呈现碱性，而在碱类存在时表现为酸性。

27.3.1.2 糖类

糖是一种有机物质，其成分是碳、氢、氧。糖可分为三类：

① 单糖（$C_6H_{12}O_6$） 它是一种不能再水解的简单糖分子。单糖有葡萄糖、果糖、半乳糖、胞核糖、脱氧核糖。

② 双糖（$C_{12}H_{22}O_{11}$） 在水解时能产生两个单糖，双糖有蔗糖、麦芽糖、乳糖。

③ 多糖（$C_6H_{10}O_5$） 在水解时产生多分子单糖，多糖则有纤维素、淀粉和糖原。

这三种糖都是动物性及植物性食物中的重要糖类。

动物食品中含糖不多，其总量不到 2%。肉和鱼类食品中所含的糖是糖原和极少量的葡萄糖。乳类及其制品中含有乳糖。

27.3.1.3 脂肪及类脂肪

食品中所含的脂肪及类脂肪，有的以原生质脂肪形式存在，有的是以沉积于脂肪组织中的储藏脂肪形式存在。细胞原生质中的脂肪和类脂肪——拟脂，在大多数情况下，是以与蛋白质结合为不稳定的复杂化合物形式存在的，称之为脂蛋白。

脂肪分为两大类：中性脂肪和拟脂。中性脂肪由甘油和高级脂肪酸组成；拟脂是类似于脂肪的物质，如磷脂、固醇和蜡。

植物种子和果实中的脂肪，称为植物性脂肪或油。如葵花油、豆油、芝麻油、棕榈油、椰子油、棉籽油等。食用油对人类生命活动作用很大。它在氧化时能产生大量的热，同时也是人体所需某些维生素和必要物质的溶剂。脂肪中一些饱和脂肪酸也是人体新陈代谢所必需的物质。动物性脂肪中，最常见的脂肪酸有硬脂酸、软脂酸、油酸。前两者为饱和脂肪酸，而油酸为不饱和脂肪酸。

脂肪和拟脂能溶于醚、氯仿、苯、二硫化碳、热酒精，以及某些有机溶剂中。利用此性质，可使其与水溶性物质相分离。

27.3.1.4 酶

酶是一种特殊复杂或简单的蛋白质，存在于生活着的有机体细胞和组织中，起着生物催化剂的作用。同时酶具有可使有机体生命活动所需物质发生变化的能力。由于外界条件各异，食品中的各种物质，能在酶的影响下，发生强或弱的化学变化。

酶具有如下特性：

① 对高温极为敏感，酶化过程不能在高温下进行。当温度开始升高时，酶活性迅速增长，一般限于 40～50℃以下的温度。高于 50℃时活性趋减，在 70～100℃时全部丧失其催化性。温度降低至 0℃以下，酶的催化速度也减缓，甚至变得极为微弱。

② 酶过程的活性很大程度上取决于介质反应，即 pH 值。在中性、弱酸、弱碱反应下，酶具有最大的活性。

③ 许多化合物对酶活动有明显的抑制作用。

④ 有的酶存在于组织和细胞内，处于无活性状态。而在某一条件下，才有活性，这种酶称为酶原。这种存在于动物组织中的酶原，在食品冻结、冻藏和解冻以后，仍有转向活性状态的可能性。

酶类主要有：

① 在水及磷酸作用下起分解和合成作用的酶　这类酶有：水解酶，为加水时催化分解过程的酶；磷酸化酶，为加磷酸时催化分解过程的酶。

② 氧化还原酶类　这类酶能催化与电子转移有关的氧化还原反应。此类酶有氧化酶、脱氢酶、过氧化氢酶、过氧化物酶等。

③ 碳键断联酶类　它能使物质分子的碳键断裂，属此类有醛缩酶和羧化酶。

④ 移核酶类　它是能催化各种化合物间转移原子团反应的酶，包括磷酸基移核酶类、氨基移核酶类。

⑤ 同分异构酶和变位酶类　此类酶是催化分子内部变动的酶。属此类酶有磷酸丙糖异构酶、磷酸乙糖异构酶、磷酸复位酶类。

27.3.1.5 维生素

像蛋白质、醣、脂肪、无机盐和水一样，维生素在生命代谢等过程中同样起着重要作用。维生素分两类，一是脂溶性维生素，二是水溶性维生素。脂溶性的包括维生素 A（抗眼干燥病）、维生素 D（抗佝偻病）、维生素 E（生殖）、维生素 K（抗出血）。水溶性的有维生素 B_1（抗神经炎）、维生素 B_2（核黄素）、维生素 PP（抗癞皮病）、维生素 B_6（抗皮肤炎）、维生素 C（抗坏血病）、维生素 P（渗透性）、遍多酸（抗皮肤炎）、生物素（为霉菌、酵母和细菌的生长因素）、维生素 B_{12}（抗贫血病）。

（1）维生素 A

维生素 A 仅存在于动物性食物中，以海鲈鱼和鱼肝油中含量最多，奶油和肝脏中亦会有。胡萝卜素可在动物体内转变为维生素 A。缺乏维生素 A 时，会引起角膜干燥，即夜盲症。

（2）维生素 D

在奶油和卵黄中含有大量维生素 D，在鱼肝油中含量最为丰富。维生素 D 可用来预防和治疗佝偻病。用紫外线照射皮肤表面，能促使上表皮内产生维生素 D。儿童适当进行日光浴就可防治佝偻病。夏天的牛乳和奶油比冬天含维生素 D 高，也是这个道理。

（3）维生素 E

维生素 E 是一种很稳定的化合物，自然界分布很广。动植物性食物中均含有维生素 E。

（4）维生素 K

维生素 K 直接影响血液的凝固能力。猪肝中含量相当丰富，植物绿色叶子中含量也很高。

（5）维生素 B_1

在动物肝脏、肾脏、心肌和脑中均含有大量的维生素 B_1。植物性食物中其含量亦很丰富，如粗面粉、糙米和豌豆。当维生素 B_1 不足时，会引起脚气病。

（6）维生素 B_2

不论动物性食物还是植物性食物中均含有维生素 B_2，肝脏、肾脏、心肌以及鱼类及鱼类制品中，B_2 特别丰富。缺乏维生素 B_2 时会使生长滞缓，毛发脱落。

（7）维生素 PP

维生素 PP 在自然界中分布很广，所以在正常营养下，很少患缺乏 PP 症。以在牛肝、猪肝、米糠、小麦麸皮中含量最为丰富。缺乏维生素 PP 能引起癞皮症，同时对所有器官发生不良作用。

（8）维生素 B_6

维生素 B_6 在自然界中分布很广，不论动物性食物，或是植物性食物都含有这种维生素。在胡椒、米糠、大豆、酵母、肉类、肾脏、肝脏中其含量都很丰富，缺乏 B_6 可引起癞皮症。

（9）维生素 C 和维生素 P

在动物性食品中不含维生素 C，它主要存在于植物性食物中。以水果、生胡桃、针叶菜中含量最多。在冬季红辣椒和柠檬中含量最丰富。缺乏维生素 C 会得坏血病。含维生素 C 的食物都含有维生素 P，缺乏维生素 P，会使血管渗透性增加。

（10）遍多酸

遍多酸在自然界中分布很广，所有动物性及植物性食物中均含有。其在人体器官中分布广泛，并在各器官的新陈代谢中起着重大作用，很多疾病是由于缺乏它引起的。

（11）维生素 H

从某些细菌、酵母一直到动物，这些生命体为维持正常的生命，都需要维生素 H。它在自然界中分布广，但食物中含量很少，生物体需要也很少。缺乏维生素 H，将引起特殊皮肤炎，使全身皮肤脱落，毛发脱落和指甲损伤。

(12) 维生素 B_{12}

维生素 B_{12} 存在于动物肝脏中，它控制着造血作用，也是恶性贫血症的治疗剂。

27.3.1.6 矿物质和水分

各种天然食品中都含有少量的无机盐类，一般含量占总量的 1%。盐类以水溶液状态存在，保持酸碱平衡能力，这种能力是维持正常组织的生命力所必需的。在离解时，所形成的电解液和离子，能组成并保持溶液一定的渗透压力。

食品成分中的矿物质，以有机化合物和可溶性盐类形式存在。后者有钠、钾、钙、磷、硫、铁、氯等盐类。在肉、鱼、蛋类中多半是酸式盐，在乳类、水果和蔬菜中则以碱式盐为主。食品中水含量很大，肉类和鱼类中含量约在 50%以上，水果和蔬菜可达 90%。水是食品和生命组织中的一种溶剂，直接参与生化反应、渗透和扩散。一部分水是胶体系统中的组织成分，而胶体性质又决定了生命过程中物理和化学交互作用。食品中水的存在为微生物提供了繁殖条件，使食品性能发生各种变化。食品的水含量，决定了食物质量，同时也决定着储藏期间的品质和稳定性。

27.3.2 肉类品的化学成分

动物性食物有水溶性物质，也有非水溶性物质。水溶性物质视食物不同而异。乳类品中含水溶性物质较多。鱼和肉较乳品少得多，主要是非水溶性物质。肉类、鱼和家禽各部位或器官中水溶性物质各不相同，而骨骼中含量最少。

在蛋白质和类蛋白质中，属非水溶性的有胶原、弹性蛋白、神经核蛋白。肌肉不同组织中的球蛋白、肌凝蛋白、肌动蛋白有部分溶于水的或全部不溶于水的。糖类中不溶于水的有糖原。此外，尚有非水溶性的含氮物质、部分色素、脂类、部分维生素、部分无机盐类及有机酸盐等。

属于水溶性物质的有白蛋白，肌溶蛋白，肌红蛋白、酪蛋白原；还有可溶性含氮物质和非含氮物质、有机酸、部分维生素、酶和大多数无机盐。在弱盐溶液中溶解的有球蛋白、肌凝蛋白、肌动蛋白等。

肌凝蛋白在肌肉组织中含量为 10.8%，肌动蛋白亦为 10.8%。这两种蛋白的复合物决定了肌肉僵硬和软化程度。肉类肌肉中肌溶蛋白含量较少，约为 1.5%。无论是肌凝蛋白，还是肌溶蛋白均有发酵能力，它是死肌肉组织发酵的先决条件。肌肉中含球蛋白 3.6%、肌红蛋白 0.2%。肌肉的颜色取决于肌红蛋白的强弱。肌肉活动紧张时，新陈代谢加强，其色泽鲜明，否则转为灰暗。成年畜肌肉颜色较深暗。

卵蛋白的成分中包含有卵白蛋白、卵球蛋白、卵类黏蛋白和卵类液素等。卵黄中蛋白质约占 16%～17%，其中主要是与卵磷脂相结合的卵黄磷蛋白。

乳类中含蛋白质 2.7%～4.4%。其中白蛋白为 0.4%～0.8%，球蛋白为 0.1%，酪蛋白原为 2.2%～3.5%。

脂肪的营养价值不在于含量多少，而在于含的各种脂肪酸。牛脂肪中含约 50%的油酸，25%的棕榈酸及 25%的硬脂酸。羊脂肪中大部分为高熔点脂肪，其中含蔻酸 2.0%～4.6/%，硬质酸 25%～30.5%，棕榈酸 24.6%～27.2%，油酸 36%～43.1%，亚油酸

2.7%～4.3%。猪脂肪中含24.6%棕榈酸，15%硬质酸，50.4%的油酸。不同的饱和脂肪酸和不饱和脂肪酸的含量，影响脂肪的熔点和凝固点，也影响人体对各种脂肪的消化和吸收能力。脂肪熔点近于人体温者，消化吸收率就比较高。

鱼类脂肪中含有大量不饱和脂肪酸。海鱼含不饱和脂肪酸高于淡水鱼。由于鱼类脂肪中含大量不饱和脂肪酸，使其干燥迅速，氧化能力较强。

乳类脂肪中含不饱和酸量最多。其中油酸是44.42%，硬脂肪含量较少，仅为3.4%，软脂酸为14.83%，蔻酸为16.43%。由稀奶油制成的奶油，脂肪含量达84%，对人体的营养价值最高。但其中不饱和脂肪酸在空气中氧气和微生物作用下，极易变质，特别是表面层更易变质。故食用时应选将其去掉。

肉、鱼、蛋中尚会有类似于脂肪的物质，称为类脂。主要有胆甾醇、卵磷脂、脑糖甙等。牲畜的神经组织和脑，以及家禽、鱼和蛋黄中含类脂较多。蛋黄中含胆甾醇和脑素0.42%～2.0%，卵磷脂8.4%～10.7%。这些类脂可制得具有相应疗效的制剂。

在乳中含乳糖4.7%，而肉、鱼、蛋中含量较少，仅为0.4%～0.7%。肌肉组织中含糖元为主，还有少量的葡萄糖。乳糖是一种很容易消化的食物，它在医药制剂和抗菌生产中应用很广。

鲜肉中含氮量为2.3%～4.5%，其中在蛋白质中含量占85%，其余在非蛋白质物质中。这些物质基本上都可溶于水，属于所谓萃取物质，在消化过程中起着重要作用。萃取物质在鲜肉组织中进行着生物化学的演化作用，并起着质的变化，使复杂化合物转变为简单的化合物，进而引起肉的风味改变，能增进食欲和提高消化能力。此外，食物中含氮萃取物质可以修补和更新衰败组织。肉类萃取物质主要组成部分为肌酸、肌肽、鹅肌肽和肌毒素。

肉类色素中，除血红素外，还有卵黄色素。乳类的颜色取决于青饲料中的色素。

27.3.3　肉食品基本保鲜原理

保持肉食品的鲜度，主要取决于控制和消除酶所进行的生化过程，以及微生物生命活动所引起的破坏作用。酶的生化作用到一定程度，有时也可以产生好的结果，改善食品品质。如肉类经一段酶的作用后，才可能使酸、蛋白质、糖类及其他芳香物质在质和量上发生变化，使肉类成为更富于营养的肉类。酶也可起到不良作用，如鱼组织在适宜的温度条件下受酶的作用后，在很短的时间内，蛋白质和脂肪组织发生化学变化，使之变质。海鱼较淡水鱼坏的速度更快。考虑到酶对肉类的影响，刚宰杀的牲畜肉不宜立即食用。而鱼类愈是新鲜，其风味和营养价值愈好。

微生物的生存与繁殖取决于外界因素及环境条件。改变外界因素及环境条件，就可以限制其生存与繁殖。如高温、低温、干燥、缺氧等都可以限制微生物活动，也可以用紫外线及射线杀死微生物。

肉食品的保藏大致可分为四种方法：

① 保持肉食品的生命过程，使其免疫力不受微生物的影响。如食品工业和商业部门运输和保存活鲜鱼、牲畜、禽类等。

② 抑制保藏鲜食品的生命过程及微生物的活动。这种保鲜方法很多，如食品冷藏、干制、腌制、盐水保存、糖浆保存、酸性保存、二氧化碳或惰性气体保存、真空保存、气

调低温保存等。这些方法都是基于抑制有害于食品的微生物活动。

③ 创造有利于食品保藏的微生物发育条件，以抑制有害微生物的繁殖。例如，酸渍果蔬的保藏，酸乳食品等。

④ 停止食品中任何生命活动　其主要方法有高温处理，加防腐剂，射线照射。高温消毒灭菌，超声加热到 65～92℃，即可消灭营养型的微生物，可进行多次消毒，如 2～4 次，还可以消灭芽孢型微生物。乳品类可采用此方法，果汁、酒类也用此方法；还可用 105～120℃高温，它能保证消灭营养型微生物及其孢子，广泛应用于罐头生产。

27.4 微生物对食品储藏的影响

27.4.1 概述

微生物包括细菌、酵母、霉菌、原生物和某些藻类。微生物在自然界存在非常普遍。在一定外界条件下，它们能大量繁殖，最终使食品变质，失去食用价值。了解微生物生长规律，就可以拟定正确的食品保鲜工艺，防止微生物引起的腐败。

食品工业中，不论是真空保鲜，真空气调保鲜、真空干燥、真空冷冻干燥、普通冷藏，或是加热处理、干制腌腊、燻制、盐渍等保藏食品的方法，就其本质而言，均是为了消灭有害微生物。食品工业的任务是：一方面是尽可能抑制微生物有害活动，如肉、鱼、水果、蔬菜和蛋类的保鲜，就是想办法抑制有害微生物的繁殖发育，以防腐败变质；另一面在乳品工业中，利用微生物有利的一面，制造酸奶、酸性奶油和干酪等。此外，还可以利用微生物生产许多生物制品，如柠檬酸、乳酸、青霉素、链霉素等。

27.4.2 微生物种类及其形态

27.4.2.1 细菌

细菌是指不含叶绿素的微生物，它们很小，只能用显微镜才能看到。大多数细菌都是单细胞的，根据单细胞细菌的形状，可分三大类：①球状菌。顾名思义，此类菌具有圆形或椭圆形的形状。根据细胞排列位置，又可分为细球菌、双球菌、链球菌、八联球菌。②杆状菌。其形态是长柱形，末端为圆形或尖形。可分芽孢杆菌和非芽孢杆菌。③螺旋状菌，其形状弯曲，有的像杆状而略微变曲，有的像螺旋状。

细菌微小，大多数细菌长度或直径为 0.2～3.0μm，在 1cm^2 的面积上，可排列一百万个，而在 1cm^3 容积中，可容纳 1×10^{12} 个细菌。

通过显微镜观察可知，细菌有相同的构造，可应用专门的细胞学来研究。细菌多为单细胞微生物，其细胞有细胞壁，细胞内的主要物质是无色透明的细胞质，即原生质。细胞质由有机物和无机物构成。蛋白质是细胞质的主要成分。细胞质内除了细胞核外，还有脂肪、糖原、硫、色素和其他微量成分组成。

许多细菌都能运动。它的运动器官是一种非常纤细而弯曲的细丝，即鞭毛或纤毛。粗细约 0.02～0.05μm，长度超过细胞本身 50 几倍。有鞭毛的细菌可以运动。无鞭毛或纤毛的细菌属不运动细菌。这种细菌在显微镜下观察可发现有间断性的震动，此种运动是布朗热运动引起的。

微生物在自然界分布很广，每克土壤中包含有几十亿个细菌。1cm^3 牛乳中平均有 1～

2000万个细菌，鲜水果和鲜鱼表面亦有大量的细菌。在外界条件适宜的情况下，细菌繁殖非常迅速，每隔20～30min，数量可增加一倍。细菌的繁殖主要是借助分裂方法进行。在一定的时期内，细胞内形成一个隔膜，将细胞分隔为两部分，每部分又迅速增大至正常细胞大小，然后隔膜分裂，细胞就从两端分裂成两个均等而完整的新细胞。

各种细菌细胞分裂性质都是固定的。球状细菌分裂方式有三种：①细胞向同一个空间方向分裂，新形成的细胞向各方向散开，如细球菌类；或者仍有长短不一的小链相联，如双球菌和链球菌。②细胞向三个相互垂直的平面作立体分裂，形成八联球菌。③细胞无序地向各个方向分裂，相互联结如一串葡萄，即形成葡萄球菌。

杆状菌为横向分裂，但有时各新细胞却相互联结成细菌丝状体，即芽孢链杆菌。有些细胞是以出芽生殖或内生孢子的方法繁殖。内生孢子是细菌内形成的一种小粒，可透过细胞膜而生长出微小的突起物或芽，在细胞壁被溶解时分离出来。有的杆状细菌在不适于其生存的条件下，能形成具有光彩折射能力很强的颗粒，即为孢子。细菌能以孢子形式生存数年，孢子对不良的外界条件具有很强的稳定性，它能忍受干燥、高温、酸和各种消毒剂的作用。孢子稳定性强的原因是含水量少，而且原生质内的蛋白质凝固温度随含水量的减少而增高。此外，孢子的细胞壁较为致密，对其有害的物质不易穿透。由于孢子稳定性好，致使孢子能生存数年。杀死孢子最简单的办法是提高温度，使之超过原生质内蛋白质的凝固温度，使孢子无法形成。细菌孢子在适宜的外界条件下就可以生长。起初孢子吸水膨胀而增大，细胞壁黏化，进而破裂，最后从孢子内分离出正常形态的细菌来。孢子发芽很快，经3～6h即可完成。

细菌虽然繁殖很快，但它会被纤毛虫和变形虫大量吸收而减少。另外，在其生命活动中，会产生一些能毒害其自身生命的物质。此种物质的积累，能抑制细菌的繁殖，并进一步使之停止生长，乃至死亡。

27.4.2.2 酵母

酵母细胞就其本身的构造来讲，其主要特征与细菌极为相似。酵母的细胞较细菌大，某些细胞可达10μm，细胞形状有球形、圆柱形、椭圆形等。酵母的细胞核和细菌不同。此外，细胞质中还含有糖原、脂肪和异染小体，细胞外是一层较厚的细胞壁。

通常酵母以出芽生殖方式进行繁殖。其方法是细胞表面上出现突起物，其体积迅速增大变为芽体。这种芽体子细胞生长成熟后与母体分离，变成独立体。酵母出芽生殖过程中，常伴有分裂现象。这样，不仅母体有细胞核，子细胞也有细胞核。酵母除了营养繁殖外，还可以以孢子形式进行繁殖。孢子在不适宜发芽的情况下才能形成。孢子形成时，细胞壁所包围的细胞核重复分裂。此时，细胞壁增厚而成为被膜，孢子在被膜内发育。通常一个细胞内能生成2～4个或8～12个孢子。

酵母孢子较营养细胞更耐各种不良外界条件的影响，但不及细菌孢子顽强。酵母孢子的形成，不但能保存本体，而且也是一种繁殖方法。有的酵母也能像细菌一样，以分裂法进行繁殖。

27.4.2.3 霉菌

霉菌是一种较细菌和酵母更为复杂的有机体。霉菌主体是一团互相交织着的丝状体，也称菌丝，总称为菌丝体。按菌丝体性质，可分两类：一类是菌丝的每个细胞均有横隔膜，将霉菌各个细胞分开；另一类无横隔膜，整个菌丝属于一个细胞。前者系多细胞体，后者为单细胞体。霉菌菌丝体，在发育前即可形成绒毛状附着体，肉眼可见。霉菌与其他微生物的差异不是形态大小，而是其特性、结构、固有特性等。

霉菌以简单营养繁殖方法来发育。菌丝在适宜的条件下，即开始发育，先是体积增大，然后分枝，并生长成肉眼易见到的霉菌菌落。霉菌也能以孢子形式进行繁殖，形成的孢子，以具有单细胞结构的毛霉霉菌最易观察到，这种霉菌的菌丝体在营养基质表面形似白色柔毛状。霉菌的菌丝体发育成熟后，就借分生孢子进行繁殖。

27.4.3 微生物的营养和呼吸

27.4.3.1 微生物的营养

微生物的基本生活过程是营养和呼吸。其营养和呼吸过程能使许多物质改变性质。这就决定了微生物在自然界中的重要作用，并确定了它在食品工业中的意义。

所有的微生物均需要在有水的条件下，才能生活和发育。水是微生物生存的必要条件，水也是组成原生质的基本成分，并使整个生命过程得以发展。细胞与外界进行物质交换必须在水内进行，物质只能随水一起进入细胞内，而细胞内的新陈代谢产物也只能借助水才能排出。实验表明，物质是根据渗透定律，通过细胞表壁而进行代谢的。溶质在水内的运动方向决定了细胞壁两侧溶液浓度差。各种物质的穿透速度，取决于物质分子大小，而分子小的分子量低的物质穿透细胞壁快，分子大及呈胶态的物质，不能穿过细胞壁。还应该指出，细胞与其周围溶液相互作用，并不完全符合渗透的规律性，而是视细胞壁所带的电荷正负及电荷量而定。如果细胞壁带负电荷，其孔隙内的水具有正电荷，那么，细胞壁将排斥溶液中的阳离子，而吸引阴离子。所以，水的转移方向将取决于水中电解质的阳离子或阴离子的相对活性。

在研究微生物细胞内新陈代谢时，不仅要注意到细胞壁的性质，而且还应注意细胞内原生质的性质。将微生物细胞置入盐或糖溶液内，原生物随即收缩，并与其外面的细胞壁分离，同时可看到细胞体积在缩小，这种现象称为质壁分离。通常，当细胞周围的溶液渗透压升高，并远超过细胞质的渗透压时，就会发生质壁分离现象。微生物细胞内的渗透压是可变的，平均为 $3\times10^5\sim6\times10^5$ Pa。微生物所处条件不同，渗透压变化很大。如在浓糖液内培养霉菌，其细胞内的渗透压可达 3×10^7 Pa，相当于饱和糖溶液的压力。因而可根据不同情况，采用不同浓度的糖溶液，使细胞发生质壁分离现象。糖渍水果防腐，即用此原理。应该指出，细胞质壁分离后，要恢复已破坏的细胞构造是极其缓慢的，有时甚至完全不能恢复。

细胞的基本状态由其周围溶液性质和浓度而定。一般细胞在稀溶液内，由于原生质紧压着细胞壁，故总是处于稍微膨胀的状态，此状态叫做膨压。细胞在稀的水溶液中，是处于膨压状态，物质代谢过程进行的正常而且速度快。当细胞从浓溶液中转入稀溶液或纯溶剂（如蒸馏水）中时，则急剧吸水，不正常地膨胀成球状，这种现象称为胞质逸出，或质壁分离复原。外界渗透到微生物细胞内的物质，视物质性质和微生物特性而变化。渗透进来的物质耗于细胞的构成上，部分物质参与呼吸过程，另一些则不参与生命发展过程。

各种微生物需要的营养物质不同，但主要需要含氮物质和含碳物质，这同时也是微生物分裂时所需的主要物质。微生物在营养方面的需要，可分为无机营养、有机营养和寄生营养。需要无机化合物的微生物，属于无机营养微生物。而有机营养微生物需从有机化合物中获得构成其本体所需的碳素，并能分解含有糖类和蛋白质的食物。属于此类微生物有大多数的细菌、酵母和霉菌。能消化蛋白质的有机营养微生物，叫做腐生细菌，即能引起腐败的细菌。蛋白质在腐生细菌分泌的蛋白质分解酶的作用下，分解成多肽、蛋白胨和氨基酸，使蛋白质大量腐败。蛋白质分解产生的物质，渗入微生物细胞内，并在新条件下，受酶的作用后，合成新的微生物细胞蛋白质。以寄生方式生活的微生物，适于生存在动物和植物体内，此类微生物是引起各种疾病的病原菌。

27.4.3.2 微生物的呼吸

微生物按呼吸时是否需要氧气，可分需氧呼吸微生物和不需氧（厌氧）呼吸微生物。但这两种呼吸没有明确的界限。

需氧呼吸乃是生物学的氧化过程，并随之放出来微生物生命活动时所必要的能量。以葡萄糖氧化作用为例

$$C_6H_{12}+9O_2 \longrightarrow 6CO_2+6H_2O+2.8\times10^6\ \ J/mol（热量）$$

由反应式可知，每摩尔的葡萄糖，在其完全氧化时，可放出 2.8×10^6J 的热量，呼吸代谢时最多的产物是二氧化碳和水。在呼吸过程中热量成为生物实现本身生理机能直接利用的能量。

供呼吸的物料除了糖外，还有其他有机化合物，如蛋白质、有机酸、醇类和脂肪等。此时，呼吸的基本方式仍与糖类氧化时相同。

有些微生物在呼吸过程中，甚至能氧化石蜡、火油、甲烷等有机化合物。甲烷的氧化方式如下

$$CH_4+3O_2 \longrightarrow 2CO_2+2H_2O+9.2\times10^5\ \ J/mol（热量）$$

某些微生物利用无机化合物作为能量的来源，氨受硝化细菌作用产生的氧化作用，即为此类呼吸作用的一例

$$2NH_3+3O_2 \longrightarrow 2HNO_2+2H_2O+6.6\times10^5\ \ J/mol（热量）$$

硫细菌和铁细菌在呼吸时，则氧化硫化氢和氧化铁化合物

$$H_2S+2O_2 \longrightarrow H_2SO_4+4.8\times10^5\ \ J/mol（热量）$$

$$2FeO_2+O_2 \longrightarrow 2FeO_3+1.2\times10^5\ \ J/mol（热量）$$

有的微生物能在无空气，即无氧情况下发育，此类微生物称之厌氧微生物。它从有机化合物分子分解过程中获得能量。这是在研究酵母呼吸作用时发现的，酵母在将葡萄糖分解成乙醇和二氧化碳的过程中获得能量

$$C_6H_{12}O_6 \longrightarrow 2C_2H_5OH+2CO_2+1.1\times10^5\ \ J/mol（热量）$$

无氧呼吸可有各种不同方式，如丁酸细菌按上面方式分解葡萄糖

$$C_6H_{12}O_6 \longrightarrow CH_4\ (CH_2)_2COO+2CO_2+2H_2O+6.2\times10^4\ \ J/mol（热量）$$

而乳酸细菌按另外一种方式，分解葡萄糖

$$C_6H_{12}O_6 \longrightarrow 2CH_3CHOHCOOH+7.5\times10^4\ \ J/mol（热量）$$

前者呼吸主要产物是丁酸，后者主要为乳酸。

无氧呼吸时，葡萄糖消耗要比有氧呼吸时大好几倍。人们利用细菌无氧呼吸进行乙醇发酵、乳酸发酵和丁酸发酵等。

27.4.4 环境对微生物生命活动的影响

微生物的发育不仅取决于固有的内在特性，同时也依赖于外界条件。微生物发育过程中，经常和周围环境发生作用，不仅自身要适应环境条件，而且要改变这个环境条件，使之适合于自身的特性。微生物在营养和呼吸过程中，吸收了各种化合物，而形成了各种代谢产物。致使培养基的化学组分、pH 值、黏度及其他性质发生变化。

27.4.4.1 水对微生物的影响

水分是微生物生命活动所必需的。人们知道，干燥的肉、鱼和菜干都能长期保存。许多微生物在干制时死亡，但其中也有些细菌仅暂时中止生命过程；在适宜条件下，它们能重新恢复正常生存过程。如霍乱弧菌缺水二日不死，伤寒杆菌可耐 70 天，结核菌可耐 90 天。应该指出，经受干燥后的细菌，重新处于富水的环境时，常常表现出很弱的生存能力。

细菌和霉菌的孢子能忍受干燥，它们有时能在干燥状态下保存几十年。

27.4.4.2 温度对微生物生存的影响

温度对微生物生活有重要意义。通常，微生物可按其适应温度的能力，分成好冷性的，好中温性的，以及好热性的。

好冷性微生物在低温下发育，其最适宜的发育温度为 4～8℃，但也能在 0℃左右生活，其中某些细菌还能在零下发育。

属于好中温性的微生物很多，这类微生物很难确定它们精确的温度界限。如枯草杆菌能在 5～57℃内发育，而结核菌最低适应温度为 29℃，最高为 40～41℃。好中温性微生物温度通常在 25～40℃范围。

好热性细菌可在 45～60℃下发育，个别的能在 70～75℃温度下发育。保藏食品常需低温环境，低温对微生物的影响如下所述。

许多微生物，如霉菌在温度为零度以上的冷藏室内，在食品上以及建筑结构和设备上均能迅速发育。微生物不仅能以食品作为自己的养料，即便是木材、绝缘材料、泥灰等也能成为霉菌的养料。霉菌能在相对湿度较高条件下，特别是在潮湿的墙壁表面和天花板上发育。

霉菌和酵母最能忍受低温，而细菌对低温的耐力较差，在培养基冻结后，部分细菌即死亡，但很少见到全部细菌都死亡的情况。因而，冷冻食品不能认为是无菌的。当培养基处于过冷的液体状态时，细菌死亡仍然极缓。甚至冷到－5℃，仍有细菌繁殖。霉菌和酵母分别在－8℃和－12℃下很快死亡。但温度在－2～－5℃时，酵母发育仍然显著。

低温对各类微生物影响不同，其中有的微生物经长期低温影响后，再移入正常条件下，会丧失发育能力，或者发育能力极微弱。但也有微生物发育良好。因而，在任何冷冻或冷藏条件下，食品均应防止沾染微生物。

许多研究表明，低温不仅能影响微生物的生长和繁殖，同时也影响生物体内所发生的生理过程。因此，常见到细菌形成黏液，或产生特殊的形状。微生物细胞在低温下，由于生化和生理过程不正常，使其不能适应这种不良环境，造成个别细胞死亡。微生物状态的变化，除温度影响以外，还因冻结过程中形成固相而加剧。所形成的冰结晶对细胞有致命的影响。低温能降低微生物发育速度，延缓了由微生物酶影响所引起的生化过程。当温度不够低时，微生物仍能发育，其生化过程亦不能延缓，致使食品腐败。若用−8℃或−10℃以上的温度长期冻藏食品时，霉菌仍能发育。初始有个别淡白色菌落，继而扩大丛生，而后菌丝侵入肉质内层，并开始繁殖。使食品表面产生白色、灰色或黑色斑点。其内部则有霉菌分泌物积储而发出腐臭味。如将冻结的浆果汁或果汁用−8℃以上温度来保藏，其中就有酵母生命活动产物乙醇的积聚。

许多实例表明，食品在零度以下温度保藏时，由于微生物的影响，仍然进行着生物化学的分解过程，在保藏期内，食品品质显著降低并发生腐败。

27.4.4.3 二氧化碳对微生物的影响

二氧化碳不能杀死微生物，但能抑制各种霉菌和细菌发育。只有环境为含50%CO_2的气体时，才能完全抑制微生物的生长。

应用二氧化碳能大大延长鱼、冷却肉和禽类的保藏期。二氧化碳防止许多食品的脂肪腐败，它在果蔬保藏方面应用最广。二氧化碳对水果无害，能抑制水果的呼吸作用，并提高其对微生物和虫害的抵抗力。

27.4.4.4 臭氧对微生物的影响

臭氧是一种氧化剂，可用来脱除怪味和防止食品受微生物侵害。

可用臭氧含量为10～40mg/m^{3}的空气，每日处理食品3～12h，5日后臭氧对细菌和霉菌即呈现出致命的作用，使微生物死亡率达60%～100%。若臭氧浓度过高，则对某些食品品质有不良影响，特别是对含有脂肪的食品，影响最大；浓度过低，或处理时间不足，则不能杀死微生物，仅能抑制其发育。如果使用臭氧，同时用冷藏保存，则效果更加显著。因臭氧在低温下分解较慢，故能较长时间维持臭氧的作用，使微生物不至于发育旺盛。

27.4.4.5 紫外线的灭菌作用

大家知道，紫外线和某些可见光有杀菌效力。已测定出具有杀菌作用的紫外光波长范围为324～200nm，而效力最大的波长为253.7～265.4nm。处于这个范围之外的波长，杀菌效力较小。如以波长为253.7nm光杀菌效力为1，那么波长为225.9nm的光杀菌效力降到0.33，而所有可见光仅为0.00009，甚至更低。

紫外线杀菌效力与光源辐射能量和照射时间有关，常以有效杀菌辐射量表示灭菌效果。其单位是$\mu V \cdot s/cm^2$。研究表明，肠道杆菌在$10\mu V \cdot s/cm^2$的辐射量下，有90%死亡。在$50\mu V \cdot s/cm^2$辐射量下，可完全灭菌。如果以破坏大肠杆菌所耗辐射量为1，那么，杀死使肉表面形成黏液的细菌辐射量为6.9，葡萄状毛霉为3.8，蓝色青霉菌为13.5，黑粬霉为23。

除上述外界条件对微生物生长有影响外，许多化学试剂，如盐类、醇类、酚类、过氧化氢、漂白粉以及各种消毒剂和防腐剂都能有效地杀死微生物，起到保藏食品的作用，但也会给食品带来某些副作用，在此不再赘述。

27.5 真空包装保鲜食品

(1) 环境对食品储藏的影响

食品都是处于大气环境中，必会受到温度、水汽、氧气和阳光的影响。与此同时，还会受到微生物、昆虫、老鼠的侵害。大气中含氧量约为21%。氧气可使食品中的油脂氧化，使其变色或褪色，维生素成分减少，并产生大量有害物质，改变味道。通常食品长时间存放在大气中，可引起腐败，鲜度下降。其原因大多是微生物繁殖所致，包括细菌、霉菌和酵母菌，这些微生物在一定的温度影响下和有氧气存在时，生长繁殖很快，使食品迅速腐败。大气中的水汽对食品存贮也有较大影响，它的存在除可以促进微生物生长繁殖外，还可使食品潮解，香味散失。另外，温度高可以加速果蔬衰老，使其失去商品价值。太阳紫外线可引起有机分子裂解，损坏商品，使之实用价值降低。而随着商品经济的发展，食品流通范围不断扩大，延长食品货架寿命势在必行。

上述食品变质原因，可以是单一因素引起，也可以是多种因素引起的。针对不同因素，可采取物理或化学方法加以预防。诸如低温冷藏，高温灭菌，将食品干制，或用糖、盐、有机酸腌制，加防腐剂、干燥、紫外灭菌、放射杀菌、功能性薄膜储藏等。而真空包装储藏食品是简而易行的方法。它是将包装袋中的空气抽走，然后再封好，使食品与大气隔绝。这样可防止食品氧化、发霉及腐败，减少变色褪色，保持维生素A和C不损耗，防止食品色香味改变。

真空包装保鲜质量的好坏，取决于下列诸因素：

① 脱气越彻底越好，使包装袋内氧气尽可能减少，以防食品氧化和喜氧菌繁殖，延长食品储藏时间。

② 最初的沾染细菌数越少越好，既要控制食品封装前的细菌感染，同时还要防止食品袋自身受微生物及昆虫污染。

③ 包装袋材料选择透气性小的薄膜，透气性越低，脱气后保持性越好，即维持袋中真空度越好。针对不同的包装对象，选择不同性能材料才能奏效。另外包装封口也很重要，封口不好，同样会失掉保鲜作用。

④ 含气量越低的食品，封装后保质期越长。有的食品含气量高，当时看封好了，但过一段时间，发现有膨胀现象，这是脱气不彻底所造成的。

⑤ 材质柔软的薄膜，封装后黏附效果好。

⑥ 真空封装后，食品保持低的温度，保质期会相应增长。

真空包装后的食品，若在室温下储藏，食品中的水分含量必须低于细菌繁殖界限以下。否则，真空封装食品，需使用食盐、糖分、有机酸、防腐剂作为辅助手段，才能达到较长时间保鲜目的。

以往食品行业中，对于保存性较差的食品，一般采用加热杀菌处理，或者冷藏。采用真空包装食品，也可以与热杀菌同时并用，效果更好。但最好是真空封装后再冷藏，效果最佳。

(2) 真空保鲜原理

真空包装保鲜的工艺过程是将食品放入特制的塑料袋中，用真空泵抽走袋中的气体，再将袋的抽气口加热封装好。

袋中气体被抽走后，在袋中造成了一个真空环境，其特点是氧分压低；水汽含量低；有利于食品内部气体或其他挥发性气体向空间扩散。真空保鲜也就是利用这三个特点来保存食品的。

微生物基本生命过程是营养和呼吸。呼吸氧是生物学的氧化过程，并随之放出来微生物进行生命活动时所必需的能量。微生物呼吸过程，也就是食物的氧化过程。以葡萄糖为例，氧化 1mol 的葡萄糖，可以放出 2.8×10^6J 的热量，这些热量可供其维持生命活动。除糖类外，蛋白质、有机酸、醇类和脂肪都能成为细菌呼吸过程中的氧化物料，供其维持生命。在真空环境下，包装袋中的氧分压降低，在这种缺氧的环境下，霉菌、好氧菌的生长繁殖得到了有效的抑制。一般认为霉菌在含氧量低于 0.5%～1.0%的环境中就不会繁殖。可见真空包装对微生物引起的腐败有防止作用。另外，氧分压降低，还可以保护色素不受氧化，使食品保持原色。

低压下，食品内乙烯、可挥发性代谢物，如二氧化碳、酒精、醋酸等易于向外扩散，这样可以延缓或抑制果蔬类食品的衰老及老化过程。与此同时，异味气体亦被排除。

真空环境下，水汽大量减少，而水分又是微生物生命活动所必须的条件。干燥的肉、鱼和菜都能长期保存，是因为微生物因缺水而丧失了生存条件，不易繁殖或者造成死亡。真空封装可造成环境的相对湿度很低，甚至到零。即便这样干燥，有的细菌生命还没有终止，再次遇到适当的湿度，还会繁殖起来，造成食品腐烂。譬如真空包装后封口不好，包装袋材质透气性好，都会使大气中的氧气和水汽进入袋中，造成食品腐烂。

食品中所含的水分多少对微生物生存影响很大，可以用食品中水分活性 ε 来判定。$\varepsilon=p/p_0$，p 为食品的水蒸气压，p_0 为同温度下纯水的蒸气压。食品中微生物生长发育所需的最低 ε 值由表 27-1 给出。

表 27-1　微生物生长发育所需的最低 ε 值

微生物	细菌	酵母菌	霉	嗜盐菌	耐干性霉	耐浸透压酵母
ε	0.91	0.88	0.80	0.75	0.65	0.61

由表 27-1 可见，ε 在 0.6 以下的食品，即使是耐干性霉和耐浸透压酵母也不易发育繁殖。这类食品，如长期保存在气密条件下，可以少考虑微生物的影响。任何食品都有一定的含水率，它与 ε 的关系见表 27-2。

表 27-2　食品中含水率与 ε 的关系

项目＼食品	水果	蔬菜	果汁	蛋	肉类	奶酪	面包	软糖	水果汁	蜂蜜	咸饼干
水分含量/%	90	90	80	70	70	40	40	30	20	20	10
ε	0.97	0.97	0.97	0.97	0.97	0.96	0.96	0.82～0.94	0.72～0.80	0.75	0.1

真空包装袋是用材质很好的塑料薄膜制成的，通常需几层膜复合在一起才能使用。其中有的复合有铝膜，既可以对气体和水汽产生高阻性，还可以防止太阳紫外照射食品，使其组织免于产生紫外裂解。同时塑料袋均有一定的强度，可以防止昆虫、鼠类损坏食品，也可以避免食品再次受环境中的微生物侵害，达到保鲜目的。

需要指出的是，真空包装保鲜有它的局限性，真空保鲜（非充气式）对于失去生命的物料有较好的保鲜作用，而对于果蔬类和鲜肉类保鲜作用较差。为使物料包装前携带细菌少，采取杀菌措施还是必要的。

(3) 真空包装手段

真空包装可以用抽口式真空包装机、箱式真空包装机或者贴体式真空包装机来完成。这三种包装机都可以满足真空包装要求，就其包装效果而言，以箱式和贴体式真空包装机最好，抽口式包装机效果差一些。虽然使用包装机不一样，但其工艺过程都是一致的。

将食品放入塑料袋中，然后用真空泵抽气，当真空度达到预定值后，通常为2000～2500Pa，随即加热封口。

(4) 食品包装材料选择

真空包装储存食品效果不仅与包装手段有关，还与包装材料的性能息息相关。对包装材料要求主要有：

① 气体和水汽透过率要小；

② 需要耐油、耐高温、耐寒；

③ 热封性好，加热封口时易黏合；

④ 有一定机械强度，不易破损；

⑤ 不易带静电；

⑥ 透明包装时要求材料透明度要好。

真空保鲜需要包装袋热封后保持真空状态。如果材料透气性高，氧会较快地充满袋中，失掉了真空保鲜作用。氧透过率小的薄膜有：

① 把偏二氯乙烯涂布在聚酯、玻璃纸、聚丙烯、尼龙上的复合薄膜；

② 把偏二氯乙烯和其他基材复合的复合薄膜；

③ 乙烯醇共聚体薄膜作基材的复合薄膜；

④ 聚乙烯醇和防湿性薄膜复合的复合薄膜；

⑤ 把二氯乙烯涂布在双向拉伸维尼纶上的复合薄膜等，对氧和水分透过性要求更高的食品，可使用铝膜复合薄膜。

为了防止食品水解及自身水分逸散，包装材料应透水性小，这类材料有聚乙烯和聚丙烯等。

对材料热封性要求是易于加温封口或低温下封口，通常热封温度为90～120℃，封口强度大于2～3kg/mm幅度。

某些食品为延长其储存寿命，除使用真空包装外，还配用冷藏或冷冻储存，包装材料在低的温度下不允许变脆或出现微孔。

带电性强的薄膜，会给制袋或印刷带来麻烦，产生故障。薄膜带静电，还很易吸灰尘，影响商品质量。为此，有的包装薄膜涂有防静电剂。

根据不同的包装对象，选择不同的功能膜进行包装，才能达到保鲜目的。通常都是几层膜材复合而成，达到阻气性、阻湿性、耐油性等。

(5) 食品氧化与变色的防止

食品置于空气中，时间一长，就会产生腐败、哈喇味、变色、返潮等变质现象而不能食用，采用真空包装可以防止。

① 油脂氧化的防止　油性食品受氧化的因素有两种：一是食品制造时出现的，与油脂的种类和金属离子的含量有关；二是食品储藏与流通过程中出现的，与周围环境中的氧、温湿度、光线有关，它们影响食品的性质，尤其是影响油的稳定性。

一般来说在有空气的包装中有充分的使油脂氧化的氧。要防止油脂氧化可以采用化学方法，即添加防氧化剂，或物理方法，即减少袋中的氧含量，后者更安全有效，还可用高屏蔽性薄膜做成气密性包装，以及使用脱氧剂。

油性食品的氧化很容易由光线，特别是紫外线引起。越是易氧化的食品，越易受光线的强烈影响。因此，易氧化的食品需用铝箔和不透明的材料复合成的复合薄膜，并用能阻挡紫外线的油墨印刷，或全面印刷的遮光薄膜以及本身能遮挡紫外线的薄膜来包装。对于可见内容物料的透明蒸煮袋来讲，则要用聚酯、尼龙等复合材料。蒸煮袋食品要求在常温下能长期保存，因此，对易产生油脂氧化、褐变、色素分解等化学变化的食品，必须使用氧透过率低的高屏蔽性薄膜。在无光条件下，包装材料透氧越少，温度越低，食品变质越少。目前，耐热性好、透明的高屏蔽性的、可用于蒸煮袋的塑料薄膜还在开发之中。

② 褐变的防止　豆酱等食品颜色的变暗和变褐是由氧引起的，即氧化褐变。采用真空包装或者除去包装袋中的氧，就可防止。这种食品包装常选用乙烯醇共聚体（EVAL）和拉伸维尼纶（OV）等高屏蔽性薄膜作包装材料。干燥蔬菜由于吸湿也会褐变，因此为防其变质，还需保持低水分和防潮，要求使用透水率小的包装材料。

③ 色素分解的防止　食品的色素中，不稳定物质很多，受到氧和水汽作用就会分解变色。干燥食品由于氧化表面积显著增大，最好充以保护性气体包装，以防色素氧化分解。

肉类也会因氧化变成褐色，要保持肉色，需用高屏蔽性包装材料包装，并用低温保存才能奏效。

叶绿素是果实和蔬菜中所包含的色素。如果受到氧和光线的影响，就会发生分解。叶绿素在低水分的情况下，难以分解。但水含量增加到6%～8%，它的分解就会显著增加，进而发生变色。因此，选择透水性小的包装材料为宜，如同时使用干燥剂，则效果更好。

(6) 真空包装的应用

真空包装应用越来越广，我国早期应用于酱菜如榨菜的包装。封装的榨菜储存60d，质量正常，色泽不变，到300d时略带暗红色。后来大量应用真空包装土特产品。如包装烧鸡、扒鸡、猪蹄、驴肉、兔肉、香肠等，市场上随处可见。

糕点选用真空包装，可以延长储藏寿命，特别是含水量相对较多的糕点，在大气下保存易变质，如蛋糕一旦气温高、湿度大，很快就会发霉，如果采用真空包装，可以存放几周。包装材料选择阻气性好、阻湿气强的复合膜。

绿茶可以用真空包装方法来防止其氧化和失去香味。包装材料选择对氧高阻性的膜材，如拉伸聚丙烯、聚偏二氯乙烯、聚乙烯、牛皮纸等。包装薄膜一般用几层复合而成。复合层中需加铝箔，一般厚度为7～12μm，也可用真空蒸镀铝来代替铝箔。有了铝阻挡层之后，可以阻挡光线照射茶叶，避免裂解。

我国南北方人都爱吃的年糕，通过真空和高温加压杀菌也能长期保存，很适合于自选商场销售。加热包装杀菌时，要膜层强度高，耐热且气密性好。使用聚乙烯膜厚度为60～70μm。

豆酱是人们喜爱的大众化调味品，制成的豆酱中都含有酵母菌，在一定温度和湿度下，酵母菌会迅速繁殖，产生二氧化碳，使酱发泡，进而引起发霉与变色。抑制酵母菌可用加热方法或放入添加剂。若采用高阻性材料进行真空包装，既比瓶装方便，又可以保鲜，其贮藏时间大为增长。通常使用复合膜包装，一般内层的聚乙烯厚度为50～70μm。

27.6 真空气体置换保鲜

(1) 真空气体置换保鲜特点

常压下气体置换保鲜技术，人们早在20世纪30年代就开始应用了。当时澳大利亚和新西兰牧场很多，牧场主每年都有大量牛肉、羊肉出口，通常均使用机械制冷的冷藏船运往欧洲市场。常规冷藏可以保持肉类不变质，但肉的颜色却会发生变化，消费者的直观感觉鲜度变差。因此，他们采用冷藏船中充入二氧化碳方法来保鲜。由于二氧化碳能够抑制霉菌和腐败菌等微生物繁殖，即使冷藏船中温度不要很低，也能达到保鲜作用。肉的色泽有所改善，颇受消费者欢迎。到了1938年，这种运输肉类方式得到了进一步的发展，澳大利亚出口的猪肉，30%采用了冷藏船充入二氧化碳来运输，而新西兰60%的出口牛肉，用充二氧化碳保护，运往世界各地。

直到20世纪70年代，由于真空技术的大发展，使这种常压下的气体置换技术，变为真空下气体置换技术。这项技术能够更精确地控制气体成分，不仅应用于肉类储藏和运输，也可以用于水果和蔬菜的储运，以及其他各类食品的保鲜。

真空气体置换保鲜食品方式，之所以受到消费者的青睐，是因为它具有许多独特之处：

① 通过改变食品包装袋中的气体成分来达到保鲜目的，不用化学添加剂和防腐剂。免于消费者受化学制剂的危害。

② 不用高温灭菌，充入二氧化碳，即可抑制微生物繁殖，以达到保鲜作用。食品中的营养成分不受损失，特别是热敏性很强的维生素C不受损失，它能最大限度地保持食品的营养。

③ 它能保持食品的色泽，特别是肉类色泽，消费者购买欲大大增加了。

④ 延长了食品的货架寿命。如英国风味的烤饼使用气体置换包装后，货架寿命由2～3d延长到13d。欧洲市场烘馅饼用此包装技术后，可在货架上存放三个星期。

⑤ 水果蔬菜能保持其水分，保持原有的鲜度。

⑥ 由于包装袋透气性小，可以保持食品芳香和原始风味。

⑦ 包装袋中充气，能完好地保持食品外观。

⑧ 食品在包装袋中，免于环境再污染，干净卫生，食用方便。

气体置换保鲜改变了食品包装环境，对产品的保鲜起到了主导作用，但还需配上温度条件及食品生产时的卫生环境，并控制运输、储藏和销售流转的时间。各个环节做好了，才能取得最佳的综合效果。

气体置换包装，尽管由于使用较好的包装材料、必要的包装设备、各种气源等增加了产品的销售成本，但气体置换包装在产品的联销分配中，能获得多种的经济效益。

(2) 气体置换保鲜原理

气体置换保鲜基本原理是将包装袋中的空气抽走，然后充入配置好的混合气体，利用气体和包装袋材自己的功能，来达到保鲜食品目的。

肉食品与果蔬类鲜度下降的机理各不相同，包装时充入气体和袋的材质也各有所异。保持生肉食品的鲜度，主要取决于控制和消除酶所进行的生化过程，以及微生物生命活动所引起的破坏作用。酶对肉类的生化作用可以改善肉的品质，使肉类更富于营养。酶也可以起到不良作用。如鱼组织在适宜的温度条件下，受到酶的作用后，在很短时间内，蛋白质和脂肪组织发生化学变化而变质。酶的生化作用依赖于温度，在 40～50℃以下酶有活性，高于 50℃活性趋减，在 70～100℃时全部丧失。温度低于 0℃，活性也极为微弱。可见，为保持肉类的鲜度，真空气体置换包装需要适宜的温度环境。

微生物的生存和繁殖会使肉类变腐，气体置换包装可以改变微生物生存环境的气氛，造成微生物不易生存及繁殖，保持肉类的鲜度。活肌肉组织中的微生物数量很少，从健康动物获得的胴体能够保持组织无菌，因此，肌肉组织的大部分污染是在动物屠宰以后产生的。

新鲜肉的色泽取决于三种形式肌红蛋白的相对含量，即还原型肌红蛋白，氧合肌红蛋白和变肌红蛋白。在有氧存在条件下，还原型肌红蛋白是主要色素，因此，肉刚切开时略带紫色。氧合肌红蛋白是肌肉色素的氧化型，使肉呈现鲜红色。变肌红蛋白使肉产生不良的褐色。它是低氧条件下，由前两种肌红蛋白氧化而产生的，是不希望的。控制包装中氧的含量，可保持肉的色泽。

蔬菜和水果采摘后，虽然不能再由土地供其维持生命的营养和水分，但其生理作用却还继续着，主要是呼吸作用。呼吸作用强，呼吸热增大，促使果蔬成熟与老化，变质加快。影响呼吸作用的主要因素有：温度、环境气体、水分蒸发。

温度是影响水果蔬菜呼吸作用的主要因素。温度高，呼吸作用增强，加快其老化，通常用低温保存，即可抑制其呼吸作用，延缓老化。

环境气体主要指氧、二氧化碳及乙烯，其浓度大小，对果蔬呼吸作用有较大影响。果蔬进行呼吸时，吸入氧气，呼出二氧化碳。如果环境气氛是低氧、高二氧化碳，就能抑制其呼吸作用。但二氧化碳浓度过高，引起呼吸系统异常，也会造成质量下降。而乙烯气体是促使果蔬成熟的激素，是影响其品质的重要气体。果蔬吸收乙烯后，对其呼吸、叶绿素分解、老化均起促进作用。果蔬自身或外界侵入的乙烯，对其鲜度保持均是无益的。

果蔬含水率随品种不同而异，大约在 80%～90%的范围内。一般说来，果蔬中的水分在蒸发过程中，如果质量减少了 5%，外观鲜度就明显下降，就会失去商品性。气体置换包装由于包装材料透水汽很小，可以防止果蔬的水分弥散，在包装袋中处于高湿度下，使其水分蒸发得到抑制，以达到保持鲜度的目的。

气体置换包装保鲜，常用的气体有氧、氮和二氧化碳。三种气体对保鲜所起的作用不同。氧可以保持氧合肌红蛋白和使肉保持鲜红色。包装袋中氧压高于一定值后，从外观上看，可以明显增加和延长肉的新鲜度。因而采用高压氧气氛，就可以在一定的时间内抑制变肌红蛋白的形成。氮是一种惰性气体，可以作填充剂用。氮不影响肉的色泽，也不能抑制细菌的生长。采用氮的目的是为防止产品压碎，同时可避免食品氧化变褐，氮气还可以防止食品酸化及抑制微生物呼吸。二氧化碳在气体置换包装中得到广泛的应用，是因为它有抑制细菌生长的能力。在细菌刚刚生长的初期，使用二氧化碳，可以显著地延长货架寿命。冷藏肉上的革兰氏阴性败坏菌丝对二氧化碳特别敏感，而乳酸菌受其影响较小。它之所以能够防止食品腐败，是因为它能改变细菌细胞的渗透性和 pH 值，以及抑制酶的作用。一般要求其浓度高于 25%。

（3）气体置换包装手段

气体置换包装手段有两种，都可以排走包装袋中的气体。一种是气冲法，这种方法是使用高速连续气流冲淡包装袋内的气体，使其残留氧降低到2%～5%；另一种方法是使用充气式真空封装机，抽除袋中的空气，再充进混合气体。这种方法包装效果好，被普遍应用。

气体置换包装过程是将食品放入塑料袋中，然后启动真空泵排走袋中的空气，再将配制好的混合气体充入袋中，随之加热封口。

(4) 肉类气体置换保鲜

真空气体置换保鲜主要用于生肉类储藏，以保持其鲜度。对肉类熟制品，一般采用真空封装保鲜。

① 新鲜红肉　用二氧化碳和氧组合的混合气体，对牛羊肉进行气体置换包装，可以延长它们的货架寿命。高浓度的二氧化碳可以抑制腐败细菌的生长，而氧气则可以保持肉有诱人的鲜红色。

20世纪70年代，欧洲新鲜红肉包装工业中使用了规模充气包装（即气体置换包装方法），此方法是将带有保护材料的阻隔蒸煮袋置入瓦楞纸箱中，然后袋中装入分割肉，抽真空后，将二氧化碳和氧气充入蒸煮袋中，二氧化碳为95%，氧为5%。在良好的冷藏条件下，产品的货架寿命可达14～17d。用这种方法还成功地包装了大排骨和里脊。

欧洲市场还有一种包装方法出售碎牛肉。此包装方法是将牛肉盛到刚性盘中，然后用高阻隔柔软盖膜材料加封，加封前抽走盘中空气，并充入氧和二氧化碳混合气体，其中氧含量为65%～80%，余者为二氧化碳。用这种方法可使碎牛肉的货架寿命达7～10d。商品颇受消费者欢迎。

预包装新鲜红肉的另一种方法是，将肉用高透氧薄膜封装，然后将其放入设计良好的具有阻隔蒸煮袋的外运容器内，脱气抽真空，充入二氧化碳或氧和二氧化碳混合气体，或者氮气，可以获得较长的销售寿命。到达销售地点后，再将外包装打开，主包装的高透氧薄膜，能使产品保持2～3d的红色。

② 新鲜鱼类　鱼是肉类最易腐败的一种。其原因有两个：一是鱼在死之前会不停地跳动挣扎，耗费了肌肉中的乳酸含量；二是新鲜鱼含0.2%～2%的氧化三甲胺，鱼死后氧化三甲胺在细菌作用下，分解成三甲胺及其他物质，三甲胺会产生臭味。另外，鱼的脂肪也会造成腐败，主要发生在大马哈鱼、鲱鱼和鲑鱼等多脂鱼类中。

鲜鱼的变质很快，有时在冷藏条件下也是如此，所以很难在鲜活状态下运输发散，冷冻方法仍是保存海鲜的主要手段。但气体置换能够安全地延长鱼产品的货架寿命，因为二氧化碳有很强的抑制细菌作用。使用气体置换包装的冷藏鱼货架寿命至少是冷藏条件下的二倍。

含40%～60%二氧化碳的混合气体适宜控制一般腐败菌的生长，法、英两国有不少家海鲜公司使用气体置换包装分运产品，使用的设备是与包装牛羊一样的热成型、充气封口机。有的公司使用40%的二氧化碳，30%的氧气和30%的氮气组合的混合气体进行气体置换包装，可以使鱼的冷藏保存期达5d，对于白鱼、虾、扁贝等用此种气氛比较好。而鲑鱼、大马哈鱼、鲱、鱿及鲐鱼等多脂肪鱼，不使用氧气，而用60%的二氧化碳及40%的氮气组合，比较适用。

③ 家禽　新鲜家禽变质的主要原因是有害的微生物的繁殖所致。这些微生物能使家禽发黏、变味。据调查，美国市场上1/3的家禽由工厂预包装，其中有5%是用气体置换

块状包装。其方法是先把整只或切成块的冷冻家禽预封在低气阻薄膜中，然后将此种小包装置于一个大的阻气袋中，再放入瓦楞纸箱中。随即抽净大袋中的空气，再注入二氧化碳或者二氧化碳和氮的混合气体。混合气体的组分是60%～70%的二氧化碳，20%～30%的氮气。这种包装保鲜，可使鸡肉的货架寿命达到六个星期。

加拿大肉联公司，使用100%的二氧化碳气体，包装约35kg一箱的鸡肉，提供给麦当劳公司下属的商家使用。

英国和法国使用气体置换包装的家禽制品有家常鸡肉、滚上面粉的鸡肉、火鸡片及翅膀和腿。此外，还有肝之类的内脏等。

(5) 水果和蔬菜

水果和蔬菜与鱼和肉不同，水果和蔬菜在收获后，相当长的一段时间一直是活的有机体。尽管它们不再吸收养料，但仍有呼出二氧化碳、吸入新鲜氧气的呼吸作用。如果用不透气的薄膜包装水果和蔬菜，袋内的空气成分会不断变化，二氧化碳增多，氧气则减少。若包装薄膜是透气的，过多的二氧化碳会穿透而出，氧气会渗透到包装袋内。所以这种呼吸速率可以通过增加二氧化碳和减少产品周围的氧气含量来减慢。气体置换包装蔬菜和水果的好处是：延迟果蔬成熟和变软；降低绿叶变黄速度，减少维生素损失。

由于水果和蔬菜等都有各自的呼吸速率，加之温度变化对呼吸速度和薄膜的影响，所以要准确给出不同产品的气体组合及包装材料是极其困难的。

食品工作者已开发出各种高透气性薄膜，为果蔬利用气体置换包装提供了优质材料。

(6) 预制食品

预制食品的货架寿命，因酵母菌和霉菌的繁殖产生怪味和臭气，出现脂肪氧化，产品变干而缩短。在欧洲市场，已用二氧化碳和氮气来处理各种食品和半成品。用气体置换方法已使烘馅饼和肉松的货架存放期达三个星期。气体置换包装正在被用来延长色拉、新鲜熟食、鸡蛋卷甚至主食的寿命。北美生产鲜面团的工厂采用了气体置换包装，使它们处于冷藏条件下的产品，货架寿命从原来的几天，延长到几周。

(7) 面包制品

面包类食品变质的原因是干瘪、失水和霉变。用阻湿薄膜能够延缓干硬的发生，然而产生的水汽会使霉菌快速增长，这样就需要二氧化碳来抑制霉菌，也有人用氮气充填包装。

采用气体置换的主要目的是取代食品中的化学添加剂，且不再需要花费较大的冷藏环境。产品的货架寿命，由原来的2～3d，可延长到17d，销售市场也随之扩大。

27.7 真空包装材料

(1) 对包装材料的要求

在进行真空包装和充气包装时，除正确选择包装手段及气体组分外，选择好包装材料亦是包装成功与否的关键。真空包装材料性能，直接影响食品的存贮寿命及风味的变化。

食品在存贮阶段，由于微生物的影响，环境的物理及化学因素作用，以及各种昆虫、鼠类沾污，食品将变质、变味、变色，失去营养，失掉香味，出现潮解等现象，最终失掉商品价值。

微生物对食品的影响，到处可见。它的繁殖将使大量的食物腐烂变质和发霉。环境中的氧气是食品变色、褪色，维生素损失的直接原因，它的作用是产生氧化反应，改变了食品的物质成分。阳光、紫外光及其他各种光对食品也会产生影响，使食品色素分解，细胞组织裂解，进而失掉原营养成分。空气中的水分会使食品潮解，可使干脆食品变软，甚至变质。昆虫和鼠类对食品的沾污，更是显而易见了。

针对这些储存中的不利因素，可以选择真空包装、气体置换包装以及真空预冷等方法来保存食品。真空包装和气体置换包装时，目前主要使用薄膜材料，当然也有使用瓶装及罐装。对软包装所使用薄膜材料，提出的主要要求有：

① 首要的是有一定的机械强度，不易拉破、撕裂，不起皱，耐冲击力，跌落不易损坏。这样可以保障食品不损失，使之处于真空环境中，或者特定的气体环境中。

② 为了隔绝空气及水汽，要求膜材有良好的阻隔性。真空包装或者气体置换包装，需要保持袋中的原始气氛条件，大气中的气体及水汽不能进入袋中。如果大气中的氧进入袋中，会造成食品氧化。若是水汽进入袋中，可以使食品潮解。要求膜材料有良好的气阻性，通常不是单一膜材能胜任的，需要阻水汽薄膜与阻氧气薄膜复合起来，才能起到良好的阻气作用。一般要求材料对氧的渗透率要小于 $1.5\times10^{-5}cm^3/(Pa\cdot m^2\cdot d)$，要求材料透湿度小于 $15\sim30g/(m^2\cdot d)$。表 27-3 给出了各种材料对气体的渗透率及透湿度。从表中可见，维尼纶、聚偏二氯乙烯、尼龙（聚酰胺纤维）都是很好的阻气材料。聚乙烯和聚丙烯是较好的阻水汽材料。

表 27-3 材料对气体的渗透率及透湿度

薄膜种类	气体渗透率/$\times10^{-5}mL\cdot(Pa\cdot m^2\cdot d)^{-1}$			透湿度 /$g\cdot(m^2\cdot d)^{-1}$
	CO_2	O_2	N_2	
聚乙烯(低密度)	18500	1000	1400	20
聚乙烯(高密度)	3000	600	220	10
聚丙烯(无延伸)	3800	860	200	11
聚丙烯(延伸)	1680	550	100	9
聚酯	420	60	25	27
尼龙(无延伸)	253	60	16	300
尼龙(延伸)	79	20	6	145
聚苯乙烯	2400	5000	800	160
聚碱酸酯	1225	200	85	30
聚氯乙烯(硬质)	142	150	56	10
聚偏二氯乙烯	70	15	2.2	1.5～5
氢氯化橡胶	165	10	7	20～30
普通玻璃纸	—	10～1000	—	非常大
防湿玻璃纸	—	70	—	50
维尼纶	10	7	—	非常大
PVDC 涂层 OPP	15	5～10	1.5	4～5

③ 为避免光照及紫外线对食品的损坏，要求膜材不透光和紫外线。为此，还需要在

膜材上镀上一层铝膜（通常采用真空蒸发工艺），才能起到对光和紫外线的阻挡作用。

④ 包装所使用的材料，要求稳定性好。食品存储条件是多种多样的，有时热，有时冷，有时有光照，有时处于高温环境中。要求材料无论在哪种外界环境中，都必须稳定，不能失去初始的性能。故需要材料能耐热、不怕光照、耐冷，在低温条件下不变脆或出现微孔，甚至还要求它不怕有机溶剂浸蚀、抗辐射、耐药品作用等。

⑤ 制作包装袋时，工艺性要好。主要包括热封强度高，或者是低温度下封口。通常热封温度为90～120℃。封口强度大于2～3kgf/15mm幅度。易粘接，不卷曲，不带静电。带电性强的薄膜会给制袋和印刷带来麻烦，产生故障；另外封装粉状物品时，若膜材带静电，粉尘易粘在封口处，不易封牢；薄膜带静电还很容易吸灰尘，影响商品质量。

⑥ 商品性好　包括白度、彩色效果、印刷性能、透明性、光泽性等。

⑦ 便利性佳　即要求材料易保管、易输送、易携带、易开封，废弃后易处理，再利用性强。

⑧ 卫生性好　要求材料本身不变质、无细菌感染、没有异味。

⑨ 经济性好　包括价格、标准化程度、生产难易、是否易储存等。

(2) 复合膜的用途及构成

目前国内市场儿童小食品、方便食品、干制及腌制食品种类繁多，琳琅满目。就其包装而言，大多数还是常压包装，即使是真空包装或气体置换包装，也是使用单层塑料膜较多，阻氧性及阻水汽性能均不佳，存放时间不长，袋子就会鼓胀，干制品变湿。而国际上软塑包装的发展趋势，已由原来的2～3层向5～6层多层方向发展，由干式复合技术向共挤复合技术发展。共挤复合成本较低，金属铝箔在软塑包装业上的应用越来越多。真空蒸镀铝也是软包装食品和医药的发展方向。

评价复合膜优劣的主要特性有：防湿性、防气性、防油性、防水性、耐蒸煮性、耐寒性、透明性、遮光性、成型性、热封性等。不同的食品对包装膜材功能要求不同。如米制点心要求膜材料具有防潮性、耐油性、耐寒性、耐破袋性。

① 保持食品风味的高阻隔薄膜材料　食品风味在储存过程中，常常发生变化。其原因有：由于薄膜材料透气性好，其芳香成分通过膜材料而弥散到周围环境中；周围环境中异味也可以通过薄膜渗透到食品中，使食品沾上异味：在食品储藏过程中，油脂和色素被氧化，不仅使食品变褐，改变颜色，还会产生异味；存放过程中，食品受到微生物的侵害，也会产生异味。

要克服这些不利因素对食品的影响，材料阻隔性能的重要性是不言而喻的。在包装时需选用高阻隔材料，阻挡香味弥散，阻挡氧气进入袋中，阻止细菌侵害。通常以对氧气的阻隔程度来衡量材料阻隔性好坏，把透氧率低于$8\times10^{-6}cm^3/(m^2\cdot d\cdot Pa)$的材料，称为高阻隔性材料。

常用的高阻隔性薄膜材料有：在聚丙烯、尼龙、聚酯等薄膜上涂覆聚偏二氯乙烯膜；聚偏二氯乙烯膜，或者将其复合在其他基材上组成的复合膜；以乙烯、乙烯醇共聚物为基材的复合薄膜；聚乙烯醇膜复合于有防湿性薄膜上所构成的复合膜；涂覆聚偏二氯乙烯的双向拉伸维尼纶薄膜；蒸镀SiO的薄膜。这些材料对氧均有较高的阻隔性，是非常好的透明的高阻隔包装材料。

② 蔬菜水果保鲜薄膜材料　前已叙及，为防止果蔬储存过程中变质，可以用复合膜

材料包装前进行气体置换，抑制其呼吸作用，达到保鲜目的，也可以利用功能性保鲜膜提高保鲜度。

吸附乙烯薄膜。这种薄膜是在塑料中掺入多孔矿物粉，如沸石、方英石、二氧化硅、绿凝灰石。多孔矿物粉可以吸附乙烯气体，其含量应高于5%，否则吸附性较差。但多孔材料掺到薄膜中去，会使透气性增强，故使用这种膜时，吸附性和透气性需均衡考虑。

控制气体成分的薄膜。近年来，国际上流行低温度、少氧、增加二氧化碳方法来储存果蔬。利用这种低氧、高二氧化碳的环境来抑制水分蒸发和呼吸作用，从而达到防止老化，保持绿色的效果。以聚乙烯为基的有适当透气性的薄膜，就具备这种功能。在选用这种薄膜时，需考虑果蔬的种类、成熟程度、膜厚度、环境温度、储存时间等。

防雾防结露薄膜。果蔬通常含水率为80%～98%。当水分蒸发后，一方面造成枯萎和鲜度下降，另一方面会使包装袋内湿度大大增加，引起膜内表面出现白雾和结露。这样不仅影响外观质量，同时结露形成水滴接触到果蔬后，引起腐烂，使之失去商品价值。防止的方法有：在脂肪酸酯膜上涂布防白雾剂，或者使用掺杂界面活性剂的薄膜，两者都有防雾结露的功能，从而可以保护果蔬不腐烂。

抗菌薄膜。抗菌薄膜是把无机物填充到塑料中而制成的，无机填充物是以氧化铝和二氧化硅为原料合成的多孔性沸石，再使其与银离子相化合而得到的。沸石具有离子交换功能，其结晶构造中有能与其他金属离子产生置换作用的钠离子，当银离子和钠离子发生置换时，就产生银沸石。添加银沸石的薄膜，表面具有抗菌性。添加物中的银离子，不会向蔬菜水果中转移，不会影响其质量。对含银量为2.5%的银沸石抗菌性进行测定，已证明，当银离子浓度为（1～5）$\times10^{-5}$时，就完全可抑制微生物的生长。另一种抗菌材料是银沸石层抗菌薄膜。它是把含银沸石的膜紧贴在普通薄膜的胶合层上，进行共挤而形成的复合膜，银沸石添加量为1%～2%。当银离子浓度为（2.5～7.5）$\times10^{-4}$时，就会有足够的抗菌能力。

③ 保持食品香味的薄膜材料　评价食品通常以色香味来衡量。香气对食品风味起着举足轻重的作用，失去香味虽然可以食用，但风味变了，也就失去了商品价值，对需要存贮的食品来讲尤为重要。如加香饼干、糖果、巧克力、香肠、火腿、熏制品、奶酪、炒货、饮料、酒、中药材、化妆品、花茶等，均有自身特有的香味，近年国外把柠檬、橘子、草莓、甜瓜、苹果、葡萄等水果香味加到红茶中，制成香味茶，存放时更需保持水果香味。

目前阻水汽、阻隔气体的膜材很多，但都不能阻止香气跑掉。可以说，阻止香气弥散还是待解决的难题。以往茶叶软包装材料为三种膜材复合而成，即聚酯、铝箔、低密度聚乙烯。这种复合膜袋不能阻止香气散发，货架上的袋装茶，时间一长，就会失去香气。香气是从热合处逸出的。已有的高阻隔材料，如乙烯、乙烯醇共聚物和聚酯，均有良好的阻隔性，但要求热封温度高，对包装机提出了更高的要求，不太适用。

目前研制出一种聚丙烯腈薄膜，它热封性好，热封温度为130～200℃，阻隔性好。用它制成厚为3μm的薄膜，分别对橘子、柠檬、桉叶、薄荷等芳香油进行了保香试验，30d后香味如故，而用铝箔与聚乙烯复合膜，12d后香味就出来了；用低密度聚乙烯膜4h后，香味已大量泄漏。另外，聚丙烯腈还有一个特点是不吸收香气，而低密度聚乙烯吸收芳香成分，使材料拉伸强度降低，而聚丙烯腈没有变化。

由上述试验结果可知，聚丙烯腈是防止香味发散的较理想的包装材料。

④ 鲜蘑菇包装膜材　鲜蘑菇是生命周期短，而经济价值、营养价值高的产品。收获后很易枯萎和变质，出现发黄开裂、茎梗伸长等现象。如果使其处于高二氧化碳、低氧和低温条件下，就可以防止这种情况的出现。气体置换技术，就可以达到保鲜的目的。

鲜蘑菇可以选用聚氯乙烯单层膜进行软包装，膜厚为 10μm 或 15μm。膜层透气性大小与温度有关。以对氧为例，10μm 薄膜在 10℃时的透气率为 3℃时的 1.5 倍，而 20℃时为 3 倍。可见温度低对储藏是有利的。

温度还对蘑菇的呼吸强度有直接影响。试验表明蘑菇温度为 3℃、10℃、20℃时排出二氧化碳分别为 26mg/(kg·h)、65mg/(kg·h)、215mg/(kg·h)，氧的消耗量分别为 27mg/(kg·h)、52mg/(kg·h)、164mg/(kg·h)。可见在 3℃时，蘑菇排出二氧化碳最少，氧的耗量也最低，即意味着呼吸强度弱，老化速度慢，外观好看。

鲜蘑菇采集以后，若放在空气中，3d 后其质量损失达 40%，如放在聚氯乙烯包装袋中，同样是 3d，质量损失仅为 2%～6%。

鲜蘑菇放到聚氯乙烯软包装袋中，若使袋中氧浓度为 4%，二氧化碳的浓度为 12%，蘑菇的外观会有较大的改善。如果氧浓度过低，会造成香味损失，同时迅速枯萎。二氧化碳过高，蘑菇帽盖会出现棕黄色，发生变质。

27.8 真空包装机种类

(1) 概述

真空气氛作为食品保鲜技术始于 20 世纪 60 年代初期，它是在真空环境下，或者先造成食品真空环境，然后再充入保护气体来进行保鲜的。此种保鲜技术发展很快，像油炸土豆片、椒盐卷饼、玉米片、炸著条、果仁等小食品，采用金属化塑料膜真空包装保鲜，不但阻气性好，而且遮光性亦好。其他食品采用真空保鲜亦很好，如火腿、香肠、腊肉、熏制品、豆制品、水产品、糕点、家常菜、茶叶等。

我国真空包装保鲜技术是从 20 世纪 70 年代发展起来的，目前市场上真空包装保鲜食品触目皆是。真空保鲜得到人们的青睐，原因是它具有其他保鲜方法所不能比拟的特色，主要是真空保鲜食品是处于真空气氛中，氧气很少，食品不易腐烂变质，又使用塑料袋封装，可免于昆虫危害。同一般传统保鲜相比，食品保鲜程度及货架寿命均高，还能进行真空充气包装（即气体置换包装），这种包装手段对易破碎、脆性食品特别有利，充进包装袋中的气体不仅能抑制霉菌生长，同时可以起到对外界挤压的缓冲作用。

真空包装是一项很有发展前途的工业，国际包装组织顾问 E. A. 伦纳德（Leonard）教授指出，真空包装是延长水果、蔬菜、花卉、鲜肉、鲜鱼、奶制品货架寿命的一种保鲜方法，能使包装袋内氧气减到最低限度，同时又能控制袋内含水量及保鲜气体的渗透性。鉴于目前新鲜产品从收获至零售损失严重，使价格上涨过快，而真空包装的推广，将使新鲜产品价格和冷藏费用下降，缓解了这一供需之间的矛盾，真空保鲜将成为令人瞩目、有很大潜在市场的工业。

(2) 台式真空包装机

台式真空包装机与一般单、双室真空包装机在功能上没有多大差别，它的真空室也有单、双室之分，但主要的是单室，双室较少见。因为机器体积较小，要放在专门工作台上使用，故称为台式真空包装机。台式真空包装机适用包装物品包括食品类的生熟肉、调味品、土特产及其制品类，药品类，精密仪器仪表类等。无论块状、粉状、糊状均可适用。

台式真空包装机的典型结构如图 27-1 所示。其特点为：

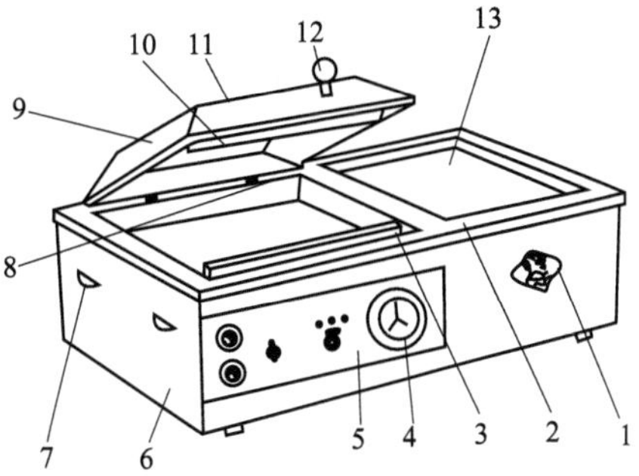

图 27-1 台式真空包装机典型结构

1—商标；2—箱底；3—电热头；4—真空表；5—控制面板；6—机座；7—拉手；8—抽气口；9—箱盖；10—压条；11—观察窗；12—含盖手柄；13—存物盘

① 结构简单，易于操作，体积小，质量轻，一般都在 70kg 以下，最重不超过 100kg，其真空泵一般选用 $20m^3/h$ 以下的规格，抽气速率不高，工作周期通常在 15～30s，生产效率较低。

② 由于结构紧凑，散热不理想，加上生产效率不高，故台式真空包装机不适合于大批量、连续工作的包装作业，而较适用于餐馆、商店、博物馆、图书馆、科研单位等量不是太大的非连续性的包装。

常见食品对包装材料性能的要求见表 27-4。

表 27-4 常见食品对包装材料性能的要求

类别	要求性能	复合膜的实例
米制点心	防潮性、耐油性、耐寒性、耐破袋性	KPT/PE、OPP/CPP、OPP/PE
方便面	防潮性、抗氧性、机械包装适应性、防虫性、保香性	PT/PE
快餐食品	气体阻隔性、防腐性	KPT/OPP、PVDC/OPP、KPT/PE/BOPP
果汁粉	防潮性、抗氧性	PET/PE、KPT/PE、PET/AL/PE、PET/PVDC/PE
豆酱	防霉性、气体阻隔性、耐热水杀菌性	ONY/PVDC/PE、ONY/EVAL/PE
酱小菜	真空脱气性、耐针孔、抗静电	OPP/PE、PET/PE
奶粉	防潮性、阻氧性	涂 PVDC 玻璃纸/AL/PE
火腿、香肠	气体阻隔性、防潮性、真空气体充填性	涂 PVDC 玻璃纸/PE、PET/PE、PVDC/PET/PE、PVDC/PP/PE
茶叶	防潮性、遮光性、气体阻隔性、保香性、耐针孔性	OPP/AL/PE、PET/PE/纸/AL/PE
调味品	阻气性、保香性、耐油性	NY/PE、PVDC/PET/PE
冷冻食品	低温封闭性、耐油性	PA/PE、PET/PE、NY/PE
蒸汽杀菌食品	长期保存性、耐热 125℃	PET/AL/CPP

注：KPT—玻璃上涂有 PVDC；PE—聚乙烯；OPP—双向拉伸聚丙烯；CPP—无拉伸聚丙烯；PT—玻璃纸；PVDC—聚偏二氯乙烯；BOPP—涂有偏二氯乙烯的 OPP；PET—聚酯；AL—铝箔；ONY—双向拉伸尼龙；EVAL—乙烯、乙烯醇共聚体；NY—尼龙；PA—聚酰胺。

常用复合薄膜的构成与特性、用途见表 27-5。

上面所介绍的包装材料也适用于后面将要陆续介绍的各种类型的真空包装机。

表 27-5　常用复合薄膜的构成与特性、用途

复合膜的构成	特性										用途
	防湿性	防气性	防油性	防水性	耐蒸煮性	耐寒性	透明性	遮光性	成型性	热封性	
PT/PE	◎	◎	○	×	×	×	◎	×	×	◎	快餐面、点心、医药
OPP/PE	◎	○	○	◎	◎	◎	◎	×	○	◎	干紫菜、快餐面、点心、冷冻食品、海味
PVDC 玻璃纸/PE	◎	○	◎	◎	◎	○	◎	○～×	×	◎	咸菜、火腿、果子酱、粉末果汁、鱼肉加工品
OPP/CPP	◎	○	◎	◎	○	○	◎	×	○	◎	米糕点、豆糕点、油糕
PT/CPP	◎	◎	◎	◎	◎	×	◎	×	×	◎	
OPP/PT/PE	◎	◎	○	◎	◎	◎	◎	×	×	◎	咸菜、果酱、鱼贝、小菜
OPP/KPT/PE	◎	◎	◎	◎	◎	○	◎	○～×	×	◎	高级加工食品、快餐面的调味汤
OPP/PVDC/PE	◎	◎	◎	◎	◎	◎	◎	○～×	×	◎	火腿、腊肠、鱼糕
PET/PE	◎	◎	◎	◎	◎	◎	◎	○～×	○	◎	调味品、冷冻食品、粉末果汁、汤料
PET/PVDC/PE	◎	◎	◎	◎	◎	◎	◎	○～×	○	◎	熏制鱼肉食品、冷冻食品
NY/PE	○	○	◎	◎	◎	◎	◎	×	○	◎	鱼糕、冷冻食品、粉末果汁
NY/PVDC/PE	◎	◎	◎	◎	◎	◎	◎	○～×	○	◎	
OPP/PVA/PE	◎	◎	◎	◎	○	○	◎	×	○	◎	粉末果汁、腊肠
PC/PE	○	×	◎	◎	◎	◎	◎	○～×	○	◎	火腿、肉片、水产品
AL/PE	◎	◎	◎	◎	○	○	×	◎	×	◎	医药、相片、点心
PE/AL/PE	◎	◎	◎	×	×	○～×	×	◎	×	◎	医药、点心、茶叶、快餐食品
PET/AL/PE	◎	◎	◎	◎	◎	◎	×	◎	○	◎	咖喱饭、炖食品、五香菜
PT/纸/PVDC	◎	◎	◎	×	×	○	×	◎	×	◎	干紫菜、茶叶、干燥食品
PT/AL/纸/PE	◎	◎	◎	×	×	○～×	×	◎	×	◎	茶、香波、固体汤料粉末、炼乳

注：1.特性符号说明：◎优；○良；×不行。

2.材质代号说明：PVA—聚乙烯醇；PC—聚碳酸酯。

(3) 单室真空包装机

单室真空包装机与台式真空包装机在功能上没有多大差别，只是单室的真空室较台式大些，因此它可包装的物品体积略大于台式。单室真空包装机适用包装的物品有干果、粮食、豆类、酱菜、果脯、土产品、化工原料、药品药材、电子元件、精密仪器等。无论块状、粉状、糊状均可包装。

单室真空包装机的典型结构如图 27-2 所示。根据真空室的布置型式的不同，有卧式、立式、可倾斜式之分。机器下部支承脚处通常装有滚轮。

单室真空包装机的真空系统如图 27-3 所示。放好包装物品后，合上真空室盖。导入大气阀 2 处在闭合状态，使真空室与大气隔绝，阀 4 和 1 通电导通，使真空室 6 和小气室同时抽气。达到预定的真空度后，阀 4 断电，阀 3 通电导通向真空室充气。充气完毕，阀 3 和 1 断电，让大气进入小气室。在大气压的作用下，使热封装置对包装袋加压，同时电热带通电将包装袋封口。封口完毕断电停留片刻，使包装袋冷却。然后阀 2 通电导通，将大气引入真空室。此时方可开盖取出已包装好的物品，同时进入下一个循环。以上各工序电磁阀的状态可以通过一个电磁阀通断表来表示，见表 27-6。其中阀 1 为带充气的真空阀，通电时与真空泵接通，断电时与大气连通，其余均为电磁真空截止阀。

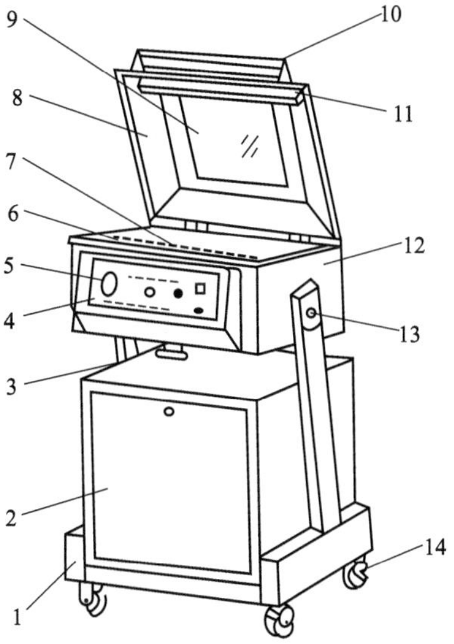

图 27-2 单室真空包装机典型结构

1—机座；2—前门；3—抽气管；4—控制面板；5—真空表；6—电热头；7—压条；8—箱盖；9—观察窗；10—合盖手柄；11—封口压块；12—箱底；13—调整螺钉；14—活动轮

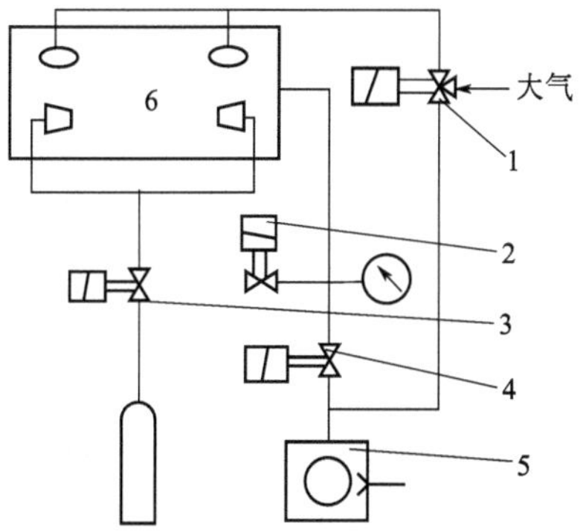

图 27-3 单室真空包装机的真空系统

1—小气室阀；2—导入大气阀；3—充气阀；4—抽真空阀（截止阀）；5—真空泵；6—真空室

表 27-6 单室真空包装机电磁阀通断表

工序	小气室阀 1		导入大气阀 2		充气阀 3		抽真空阀 4	
	气	电	气	电	气	电	气	电
抽真空	○	+	×	−	×	−	○	+
充气	○	+	×	−	○	+	×	−
热封	×	−	×	−	×	−	×	−
冷却	×	−	×	−	×	−	×	−
导入大气	×	−	○	+	×	−	×	−

注：气：○通；×断。电：+通；−断。

实际上，台式真空包装机的真空系统也与之基本相同，它们都属于单室性质。

单室真空包装机的特点为：

① 关闭真空室后，可实现抽真空-充气-热封-冷却-向真空室导入大气的自动循环，一般可以调节各工序的时间和热封温度，以适合不同的包装要求和包装材料，有的还可以调节真空度和充气量以达到最佳包装效果。

② 结构较简单，易于操作，体积较小，质量较轻，一般都在 300kg 以下（大型的除外），真空泵抽气速度可略高于台式，工作周期为 15～60s。

③ 单室真空包装可适宜进行的包装作业范围与台式大致相同。因其真空室较大，生产率略高，故比台式有更大的应用范围，是我国目前真空包装机的主导产品。

此包装机的包装材料为各种塑料复合薄膜或塑料铝箔复合薄膜，如涤纶/聚乙烯、涤纶/聚丙烯、尼龙/聚乙烯、尼龙/聚丙烯、聚丙烯/聚乙烯、涤纶/银箔/聚乙烯、双向拉伸聚丙烯/铝箔/聚乙烯、聚丙烯/尼龙/聚乙烯等。

(4) 双室真空包装机

双室真空包装机适用物品包括鱼肉制品、酱菜、粮食、果品、茶叶、药品、中药材、土特产、化工原料、金属制品、电子元件、纺织品、服装、医疗用具等。适用材料有聚乙烯、聚丙烯、聚酯、尼龙、聚偏二氯乙烯、铝箔等组成的二层以上复合薄膜。多用 2～3 层。

单盖双室真空包装机的典型结构如图 27-4 所示（为单盖双室式）。双室真空包装机有两个真空室，真空室盖有时为一个，有时为两个，分别称为单盖双室和双盖双室。前者的盖子需左右移动，每次封闭一个真空室，后者是每个真空室各用一个。

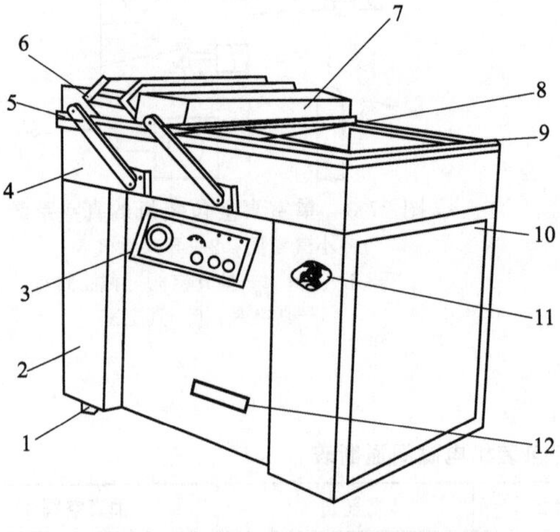

图 27-4 单盖双室真空包装机的典型结构

1—万向转轮；2—机座；3—控制面板；4—箱底；5—四连杆；6—手柄；7—箱盖；8—充气嘴；9—袋押；10—侧门；11—商标；12—铭牌

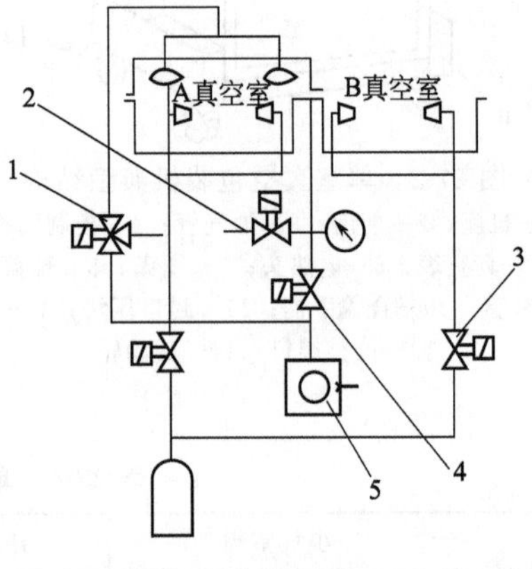

图 27-5 单盖双室真空包装机的真空系统

1—小气室阀；2—导入大气阀；3—充气阀；4—抽真空阀（截止阀）；5—真空泵

单盖双室真空包装机的真空系统如图 27-5 所示。图中所示是小气室安装在真空室盖上的真空系统。因真空室的抽气口在两个真空室之间，无论盖在哪个真空室上，都用这个抽气口，结构较简单，只是比单室多一个充气阀。如果充气用三位三通阀，则可通过切换来改变所充气体的去向，此时阀数可和单室一样。另一种情况是小气室安装在真空室底部，这时不能共用小气室阀，两个真空室都必须有小气室，相应要增加一个小气室阀或只用一个两位三通阀。单盖双室真空包装机的各阀通断表见表 27-7（小气室在上盖时）。

表 27-7　单盖双室真空包装机电磁阀通断表

工作室	工序	小气室阀 1		导入大气阀 2		充气阀 3				抽真空阀 4	
						3A		3B			
		气	电	气	电	气	电	气	电	气	电
A 室	抽真空	○	+	×	−	×	−	×	−	○	+
	充气	○	+	×	−	○	+	×	−	×	−
	热封	×	−	×	−	×	−	×	−	×	−
	冷却	×	−	×	−	×	−	×	−	×	−
	导入大气	×	−	○	+	×	−	×	−	×	−
B 室	抽真空	○	+	×	−	×	−	×	−	○	+
	充气	○	+	×	−	×	−	○	+	×	−
	热封	×	−	×	−	×	−	×	−	×	−
	冷却	×	−	×	−	×	−	×	−	×	−
	导入大气	×	−	○	+	×	−	×	−	×	−

注：气：○通；×断。电：+通；−断。

双盖双室真空包装机的真空系统如图 27-6 所示，此真空系统比单盖双室要复杂些，其特点为：两个真空室各有抽气口，可通过两个截止阀或一个三位三通阀来控制，分别实现对其中一个真空室的抽气；两个真空室都有小气室，可通过两个截止阀或一个两位三通阀来控制；两个真空室分别需要导入大气时，亦可分别采用两个截止阀或一个两位三通阀来控制；充气时仍然可分别用两个截止阀或一个两位三通阀来控制。

图中的空气过滤器 7 和水分滤气器 6，并非双室真空包装机所特有，其他真空包装机可以选用或不选用。

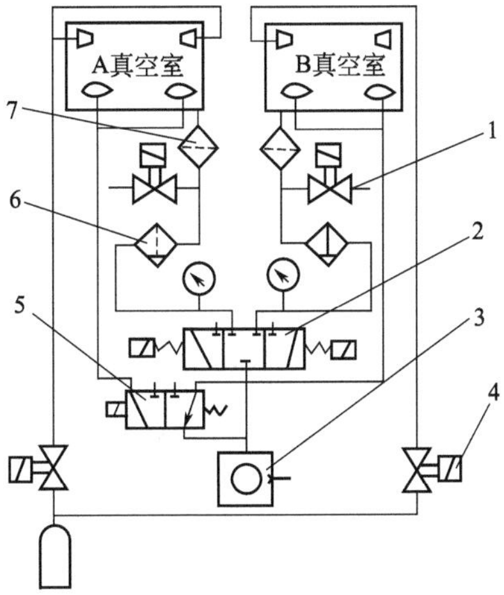

图 27-6　双盖双室真空包装机的真空系统

1—导入大气阀；2—三位三通阀；3—真空泵；4—充气阀；5—两位三通阀；6—水分滤气器；7—空气过滤器

双盖双室真空包装机各阀通断表见表 27-8（小气室在上盖时）。

双室真空包装机在功能上与单室基本相同，每一真空室的大小与单室的真空室相比较，只会相同或略小，真空室多为水平布置。

表 27-8 双盖双室真空包装机电磁阀通断表

工作室	工序	导入大气(截止)阀 1				(抽真空)三位三通阀 2				充气阀 4		(小气室)两位三通阀 5			
		1A		1B		2A		2B		4A		4B		5	
		气	电	气	电	气	电	气	电	气	电	气	电	气	电
A 室	抽真空	×	−	×	−	○	+	×	−	×	−	×	−	○	+
	充气	×	−	×	−	×	−	×	−	○	+	×	−	○	+
	封口	×	−	×	−	×	−	×	−	×	−	×	−	×	−
	冷却	○	+	×	−	×	−	×	−	×	−	×	−	×	−
	导入大气	×	−	×	−	×	−	×	−	×	−	×	−	×	−
B 室	抽真空	×	−	×	−	×	−	○	+	×	−	×	−	○	−
	充气	×	−	×	−	×	−	×	−	×	−	○	+	○	−
	封口	×	−	×	−	×	−	×	−	×	−	×	−	×	+
	冷却	×	−	×	−	×	−	×	−	×	−	×	−	×	+
	导入大气	×	−	○	+	×	−	×	−	×	−	×	−	×	+

注：1. 气：○通；×断。电：＋通、－断。

2. 小气室为两位三通阀。通电时 A 室的小气室与泵通，断电时 B 室与泵通，所以表中该阀通断电时，电与气通、断状态的关系，B 室工作时与 A 室工作时相反。

单盖双室除可省去一个盖子外，当工作装置装在上盖时，还可省去其中的热封装置等结构，真空系统也较双盖双室简单，但对支撑盖子的四连杆机构的精度要求较高，密封及运动的灵活性不易保证。还需设置平衡盖子质量的机构，劳动强度较大，大多用于工作连续性不强、生产率稍低的场合。

双盖双室由于每个真空室都有一个盖子，便多一套热封装置，每个真空室的密封性及运动灵活性容易得到保证。可利用杠杆机构连接两个质量相等的真空室盖，省去平衡机构。操作时稍微按一下即可关闭一个，掀开另一个盖子，较单盖双室减轻了劳动强度，用于连续工作、生产率要求较高的场合。

双室真空包装机的特点是：

① 关闭真空室后，可实现抽真空-充气-热封-冷却-向真空室导入大气的自动循环。对不同的包装材料和不同的包装要求，均可调整参数，能达到最佳包装效果。

② 操作方便，一台双室机可相当于两台单室机，但较两台单室机小，质量轻。因有两个真空室，可轮番作业，使准备工作与包装时间重合，因而较单室的工效大大提高，虽工作周期仍为 15～60s，但排放包装件的时间与自动循环时间重合，效率可提高，是我国真空包装机产品中的又一种使用范围广、生产效率较高的主导产品。

(5) 输送带式真空包装机

输送带式真空包装机是另一类广泛使用的机型，凡室式真空包装机适于包装的物品，输送带式真空包装机均可适用，如水果、蔬菜、酱菜、粮食、鲜肉鱼及肉制品、调味品、茶叶、咖啡、土特产、中草药材、化学药品、电子元件、纺织品、机械零件、精密仪表、仪器等，无论固体、粉状、糊状及有液汁的物品都可包装，比较适合于有液汁的物品。

输送带式真空包装机适用材料为涤纶/聚乙烯、涤纶/聚丙烯、尼龙/聚乙烯、涤纶/银箔/聚乙烯、聚丙烯/聚乙烯/铝箔等各种复合塑料薄膜。

输送带式真空包装机是利用输送带作为包装机的工作台和输送装置。输送带可作步进运动，它的真空室盖在输送带上方，平板在输送带下方，合拢时形成真空室，而输送带则夹在中间。输送带上有使包装袋定位的挡板。只要将盛有包装物品的包装袋排放在输送带上，便可自动完成如下循环：

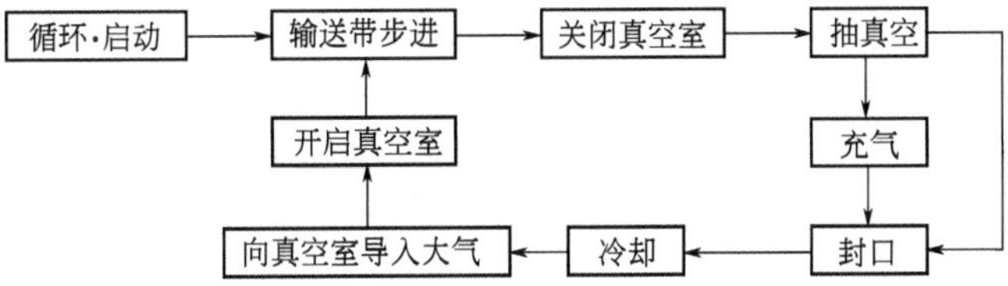

包装物品在进入真空室后的工作原理和过程与室式真空包装机几乎没有区别，只是在这里工作循环更快，周期更短，因此生产率更高而已。真空室盖的打开和关闭无需人工操作，可自动关闭，真空室也可以做得更大。

我国输送带式真空包装机基本属于同一类型，仅在真空室大小、热封条尺寸、输送带步进速度、生产率高低和部件的某些结构上有所不同。其真空室可以说都是属于单室的，所以它不像室式真空包装机有台式、单室和双室之分，本机型不再作进一步的分类，只要是用输送带作工作台和输送装置的真空包装机，都属于输送带式真空包装机。

输送带式真空包装机由传动系统、真空室、充气系统、电气系统、水冷及水洗装置、输送带、机身等组成，真空泵安装在机外。传动系统和电气系统在机身两侧的箱体内。图 27-7 是其一种典型的真空系统，与单室真空包装机的真空系统差不多。差别在于：因输送带式真空包装机泵的抽速和规格较大，阀的通径相应也较大，主截止阀 3 往往需采用以先导阀带动的膜片式截止阀（图未示）。有的机型向真空室内导入大气的阀 2 也用先导阀控制（图未示）。此外，因泵电机功率较大，不宜频繁启动，故其启动与停止不纳入自动循环。主截止阀往往不用电磁真空带放气阀，而用电磁真空截止阀，再用一个通径较小的阀 5 在泵停止时向真空室导入大气。

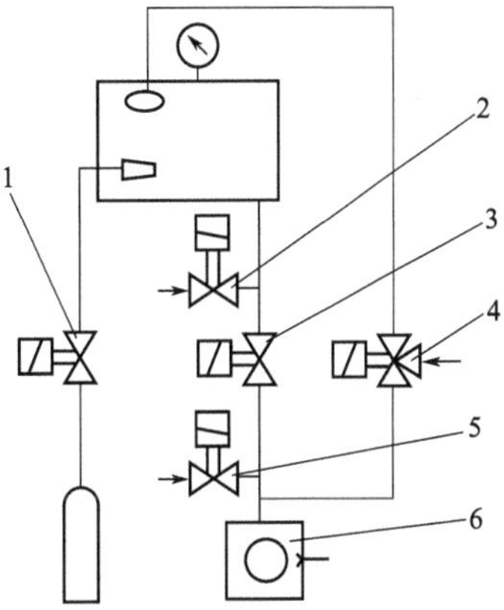

图 27-7 输送带式真空包装机真空系统

1—充气阀；2,5—导入大气阀；3—截止阀；4—小气室阀；6—真空泵

输送带式真空包装机的特点为：

① 输送带式真空包装机只有一个真空室，但其真空室可以做得较大，热封条尺寸也较长，因此可以用来包装尺寸较大的物品，也适用于小袋大批量的包装作业，可实施连续不断的循环生产，有较高的生产率。

② 操作时只需将被包装物品按袋排放在输送带上，便可自动完成循环。抽气、充气、封口、冷却时间、封口温度均可预选，既可以按程序自动操作，又可单循环操作。

③ 输送带可作 0°、10°、20°、30°（有的只能到 20°）的角度调整，使被包装物品在倾斜状态下完成包装工作，故特别适用于包装粉状、糊状及有液汁的物品，在倾斜状态下包装物品不易溢出袋外。

④ 包装袋热封后，在一定的压力状态下经循环水冷却，既可缩短冷却时间，又可使封口平整牢固，这是一种国际流行的先进冷却方法，其热封质量通常优于室式真空包装机。

⑤ 真空室盖的开闭由设备的传动系统自动完成，省去了人工开闭盖的手工劳作，既

可减轻操作者的劳动强度，又使开闭盖时间恒定，可提高工效。

⑥ 与室式真空包装机相比，其自动化程度和生产率均较高，工作周期为 12～30s。

⑦ 阀、管道、传动装置等均为内置式，封闭在机器两侧的箱体内，结构紧凑，外形美观，占地面积小，无需专门支承，安装调整甚为方便，移动也很轻巧（有脚轮）。

⑧ 输送带式真空包装机能耗较大，价格较贵，因其真空室较大，真空泵规格也相应较大，还多一套带动输送带运动的系统和自动开闭盖机构，也就多两个电动机和减速装置，因而总功耗加大了。通常室式真空包装机真空泵功率为 0.75～2.2kW，总功率为 1.1～3kW，而输送带式真空包装机的真空泵功率通常为 1.5～4kW，总功率达到 4～9.5kW。在结构和安装上相应也比室式要复杂些。

(6) 热成型真空包装机

① 工作原理　热成型真空包装机又称连续式真空包装机或深冲真空包装机。它是将“热成型-充填-封口机”与“真空充气包装机”二者结合起来而形成的一种高效、自动、连续生产的多功能真空包装机，产品简称为“热成型真空包装机”。其工作过程为：利用热成型-充填-封口机在加热条件下对热塑性片材进行深冲，在包装机上自制包装容器，并对包装容器进行充填和封口；利用真空充气包装机在充填和封口工序之间进行抽真空及充气（需要时）工序，完整的工艺流程顺序为：

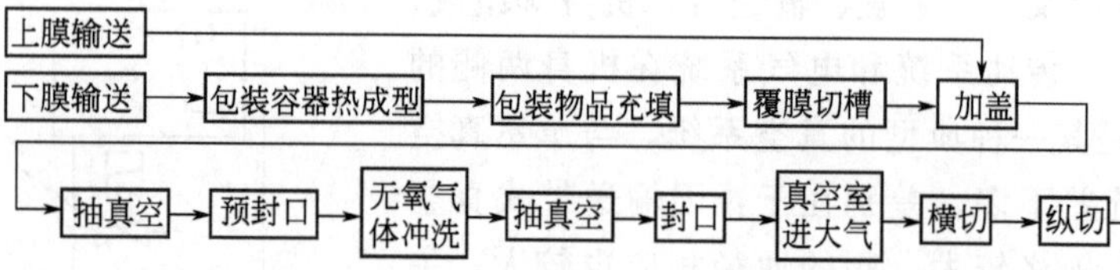

热成型真空包装机利用塑料片材在加热加压情况下可以成型的原理自制包装容器，利用真空和充气包装可以保质保鲜，延长物品保存期限的原理进行包装处理。按热成型的方法来分，可分为真空吸塑成型、压缩空气成型、浅冲拉伸成型、深冲拉伸成型等，也有以上两种方式混合成型的方法；按结构来分，可分为覆盖式、气动式、液压式、全机械式等。我国热成型真空包装机研制起步晚，品种少，生产企业也不多，尚没有形成完整的体系，也没有形成分门别类的系列产品。因此，本书的介绍中，以 DZR 系列的热成型真空包装机来作为典型代表，也兼顾介绍其他机型。

② 基本结构　热成型真空包装机的基本结构主要包括：包装材料供送装置，热成型装置，充填装置，槽孔开切装置，抽真空、封口装置，无氧气体冲洗装置，成品切割装置和控制系统等，如图 27-8 所示。

③ 特点

a. 每一台热成型真空包装机就相当于一个包装系统，除人工给包装材料供送装置装下膜及上膜和有时需人工或部分人工充填之外，其余工作均自动、连续完成，故有极高的生产率。适合于大批量的连续真空包装作业，特别适用于食品类、医药类物品，也用于制造软罐头。

b. 由于采用热成型方法自制包装容器，易于实现多列平行作业，比使用制好的包装容器的包装机生产周期短得多，可在 2～6s，循环次数可在 10～30 次/min。每分钟可包装几百件。

c. 包装容器的形式多种多样，如盒状、盘形、杯形、圆形、方形等。包装容器的大小

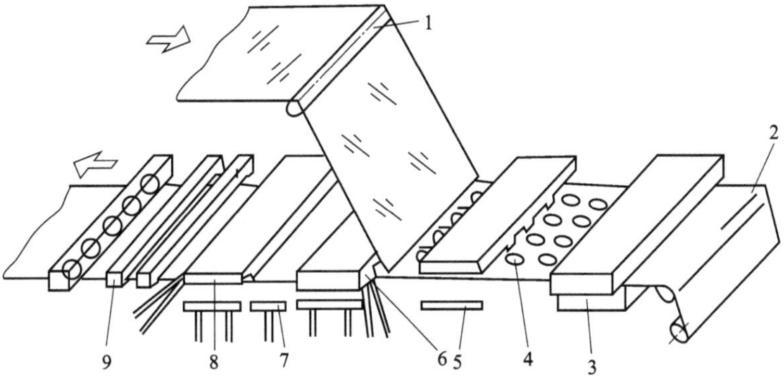

图 27-8 热成型真空包装机简图

1—上膜供送；2—下膜供送；3—热成型；4—充填工位；5—槽孔开切；
6—第一真空室；7—无氧气体冲洗；8—第二真空室；9—成品切割

也可以根据需要来确定。对于体积较大的容器，一次可成型 1～2 件，而对于小容器，一次可成型几件、十几件，甚至更多。

d. 包装物品由一头进，另一头出，便于组成流水生产线。包装件的外形美观、货架陈列效果好。由于有两次抽真空，且在两次抽真空之间，设有无氧气体冲洗装置，可进一步提高除氧效果，延长保存期，提高包装质量。

e. 热成型真空包装机是机、电、气、液一体化的高技术产品，虽然结构上比较复杂，但由于采用模块化的设计原理，所以仍有较好的组合性及互换性，便于维护和维修。其充填工作既可自动充填，亦可人工充填，以利于实现多样化的包装功能。

f. 热成型真空包装机的零部件大多采用不锈钢和铝合金制造，不仅造型美观，而且耐酸、耐腐蚀、防锈，清洁卫生。

g. 该产品体积较大，特别是长度尺寸较大，整机质量也较大，制造成本较高，价格较贵，一旦安装固定之后，不像室式和输送带式真空包装机那样容易实现移动和搬运。另外，其对使用环境的要求也比上述机型更为严格，要求的技术力量也更强。

④ 适应范围 热成型真空包装机适合于大量包装各种块状、粒状、膏状物品，如鱼肉、家禽、肉制品、咸菜、果酱、黄油、奶制品、豆制品、药品等。还可用于现代化大医院中的无菌室，包装各种消毒注射器、导尿管、手术器械、绷带等物品。

⑤ 包装材料 热成型真空包装机所用的包装材料为复合软膜或片材，其中，下膜的材料和上膜有些差别，有时也可相同。

a. 下膜材料 下膜材料必须是可以热成型和热封的，最常用的片材有聚氯乙烯、聚丙烯、聚苯乙烯，其厚度在 0.2～0.6mm。以上三种片材在我国均已批量生产，可大量供货，其特点及用途见表 27-9。

表 27-9 三种常用片材特点及用途

名称	代号	优点	缺点	用途	备注
聚氯乙烯	PVC	阻隔性好、阻燃时烟少、透明度高、着色力强、成本低、货架效果好	50℃以上容器易收缩变形	五金、药品、粉末状食品如调味品、干果等各种干燥食品，只能常温使用	包装食品时要用食品卫生级

续表

名称	代号	优点	缺点	用途	备注
聚丙烯	PP	无毒、无味、耐高温、耐腐蚀、热封性、透明性、刚度、强度、耐刮擦、阻湿、阻氧均好，成本低	—	用途广泛，可用于各种食品	通过改性，出现了PP均聚物和共聚物，改善了冲击强度、韧性、刚度和透明度
聚苯乙烯	PS	无毒、无臭、无味、耐寒	—	酸性食品（如酸奶、酸性干酪）、粉末状调味品	—

除以上三种之外，还可用聚碳酸酯、ABS、醋酸纤维素、丙烯酸、改性丙烯酸、腈类聚合物，各种高、中、低密度聚乙烯等。多层（一般为2～5层）共挤复合片材是先进的下膜材料，它能提高容器的拉伸比和延长包装物品的贮存期。

b. 上膜材料　上膜通常使用一般制扁平袋的复合塑料薄膜或铝塑复合薄膜，如聚酯/聚丙烯、聚酯/聚乙烯等，也可使用片材。

c. 复合软膜　热成型真空包装机还可用复合软膜制造软罐头。表27-10给出了适合于采用热成型制成软罐头的包装材料。

表27-10　热成型软罐头的包装材料

形态	类型	材料构成
深拉伸（透明）	普通	上膜：聚酯/聚丙烯，拉伸聚丙烯/未拉伸聚丙烯 下膜：聚丙烯/尼龙
	隔绝性	上膜：聚酯/聚偏二氯乙烯（或乙烯-乙烯醇共聚物）/聚丙烯，拉伸聚丙烯/聚偏二氯乙烯（或乙烯-乙烯醇共聚物）/未拉伸聚丙烯 下膜：聚丙烯/聚偏二氯乙烯（或乙烯-乙烯醇共聚物）/尼龙
透明盘	普通	聚丙烯单体
	隔绝性	上膜：聚酯/聚偏二氯乙烯/聚丙烯 下膜：聚丙烯/聚偏二氯乙烯/聚丙烯
铝箔盘	隔绝性	上膜：外面保护层/铝箔/聚丙烯 下膜：聚丙烯/铝箔/外面保护层

（7）吸管式真空充气包装机

吸管式真空充气包装机又称抽口式或插管式真空充气包装机，有时可直接简称为吸管式真空包装机。其工作原理如图27-9所示。包装袋的开口处插入抽气管和充气管，抽气由阀1控制，充气由阀2控制，打开阀1由真空泵抽出袋内空气然后封口。若要充气，则打开阀2（关阀1），充入所需气体然后再封口。只一次抽气时，真空度不是很高，若经多次抽充气，如2～3次抽充气，则可提高真空度，经多次抽、充气的机型又称为呼吸式真空包装机。

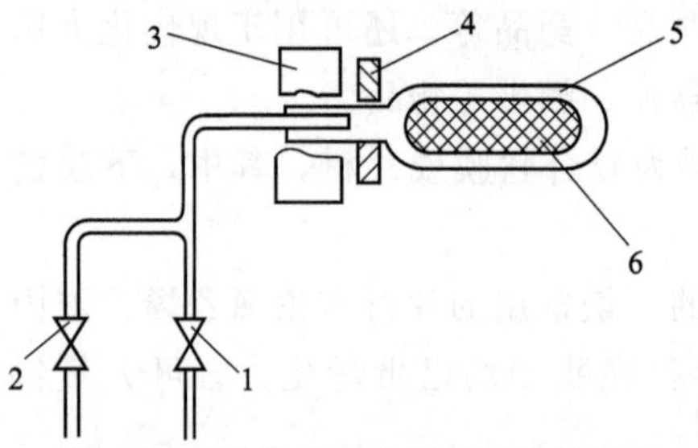

图27-9　吸管式真空充气包装机原理
1—抽气阀；2—充气阀；3—密封装置；4—热封装置；5—包装袋；6—包装物品

此类机型的最大特点是没有真空室，操作时将包装袋直接套在吸管上，并置于上下结构的密封装置和热封装置之间，先抽气后充气，吸管从袋口退出后封口，工作循环为自动程序控制。由于没有真空室，可带来一系列优点：

① 省去真空室后使结构大大简化，体积小，质量轻，设备投资少，造价低，使用中故障发生率也降低；

② 真空泵的规格较有真空室的真空包装机为小，充气包装时耗气量至少节省 1/3～1/4，能源消耗的降低，可大大节约运行费用；

③ 效率高，抽真空及充气时间的缩短使生产率明显提高，平均可比室式真空包装机提高 2～3 倍；

④ 在封口长度允许的范围内，包装体积原则上不受限制，可实现以小包大的工作要求，可用于大包装。

缺点是真空度不及室式真空包装机，但当有呼吸功能时，真空度可大大提高。

吸管式真空充气包装机常有单工位和双工位之分。每个工位一般有 1～2 个吸管，所以在机型上有许多型式，如单位单嘴、单位双嘴、双位双嘴、双位四嘴等。在充气种类上也有一种及多种之分，充一种气体最常见，充多种气体时，最多一般不超过三种。

该机适用于各种可热合的塑料复合薄膜或塑料铝箔复合薄膜，如涤纶/聚乙烯、涤纶/聚丙烯、尼龙/聚丙烯、聚丙烯/尼龙/聚乙烯、涤纶/铝箔/聚乙烯等。可广泛应用于食品（粮食、茶叶、肉类制品、水产品、蔬菜加工制品、干鲜果品、乳制品、豆制品、调味品）、药材、化工原料、电子元件、精密器材、纺织品等。实现固体、颗粒状、糊状、液汁状物品的普通包装、真空包装、真空充气包装。

（8）蓬松柔软物品缩体包装机

蓬松柔软物品指的是被服、羽绒服、毛衣等床上用品、各类服装等。这类物品因体积较大，前述的各种真空包装机因无大的真空室，故无法完成这类物品的真空包装工作。显然，如设计大真空室的真空包装机来完成其包装，将会带来设备笨重的问题。必须采取其他方法来满足这类物品的包装需求，这样用于蓬松柔软物品的缩体包装机便应运而生了，其大致结构如图 27-10 所示。其特点是没有真空室，工作台面较大。工作时将被包装物品置于包装袋后，先用压缩空气驱动的主气缸压缩包装袋，以排除袋内的大部分空气，再由真空系统抽去剩余气体，使包装袋紧贴被压缩的包装物，然后由热封装置加热加压封合包装袋袋口。如真空度要求不高时，可省去抽真空工序，压缩后直接封口。

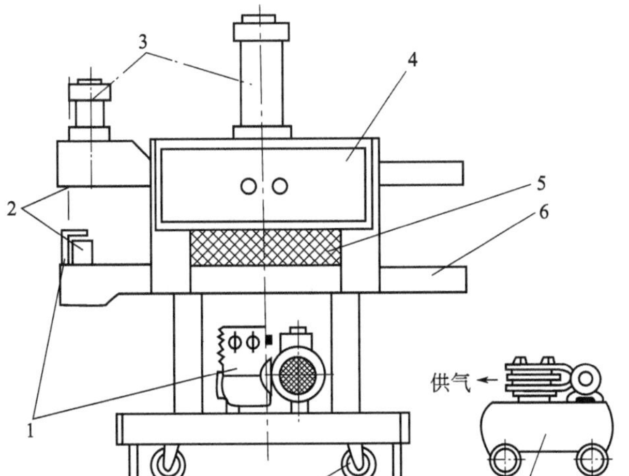

图 27-10 蓬松柔软物品缩体包装机

1—真空抽气系统；2—热封装置；3—气缸；4—压力箱；5—物品；6—机架；7—空压机；8—脚轮与机脚

该机型与其他一般吸管式真空包装机的共同之处是都没有真空室，都使用插管插入包装袋，给包装袋抽气。不同之处在于后者包装袋体积小，用插管直接抽气，然后根据需要充气，还可进行 2～3 次的抽、充气。而前者包装袋体积大，先使用加压装置压出包装袋内的大部分空气后再抽气，不向包装袋内充气。

由于省去真空室，带来一系列优点，如真空泵规格小、能耗低、包装袋体积大、工作效率高等。

纺织品真空包装的目的除防潮、防霉、防虫蛀之外，还可使外形整齐美观，缩小体积。不仅给包装、运输、贮存带来极大方便，还可节省大量中间费用。对不同的物品，其减缩体积的百分比大致为：

① 羊毛衫　　30％～45％

② 毛巾　　30％～50％

③ 西服　　50％左右

④ 毛毯　　40％～60％

⑤ 羽绒制品　　50％～70％

⑥ 滑雪衫　　40％～60％

实践证明：服装在温度 20℃、相对湿度 65％的条件下完成真空缩体包装，在去除包装后，在温度 20～45℃、相对湿度 55％～60％的条件下，吊挂 24h，皱褶基本消除，继续吊挂，皱褶可全部消除，不必重新整烫，可见其包装性能十分优良可靠。

27.9 真空包装机产品简介

真空包装机包装时，有两个主要参数：其一是热封条有效尺寸；其二是真空室容积。热封条有效尺寸与所需封口长度有关，如果要求封口长度为 450mm，则选择热封条有效尺寸为 500mm 较为适宜。依据包装物品外形尺寸，选择真空包装机容积时，真空室尺寸略大于包装物品即可。目前真空包装机热封条有效尺寸约：长 350～1000mm，宽度 5～15mm，其中宽度 10mm 使用最多。

27.9.1 真空包装机

(1) DZ 系列真空包装机

此机采用复合膜对物品进行真空包装，达到保鲜和延长食品储存期的目的，其技术参数见表 27-11。

表 27-11　DZ 系列真空包装机技术参数

型号	真空室压力/kPa	真空室尺寸(长×宽×高)/mm	热封条尺寸(长×宽)/mm	包装能力/(次/min)	电压/V	功率/kW	外形尺寸(长×宽×高)/mm	整机质量/kg
DZ-500/2SP(A)	<1.3	560×560×83	500×12	3～5	380	1.1	1230×742×928	约 200
DZ-500/2SP(B)	<1.3	560×440×50	500×12	3～5	380	0.75	1230×622×900	约 170
DZ-500/2SP(C)	<1.3	560×440×50	500×12	5～8	380	2.2	1230×622×900	约(150+200)
DZ-500/2SP(D)	<1.3	560×560×108	500×12(2 条)	2～3	380	1.1	1230×742×969	约 200

续表

型号	真空室压力/kPa	真空室尺寸(长×宽×高)/mm	热封条尺寸(长×宽)/mm	包装能力/(次/min)	电压/V	功率/kW	外形尺寸(长×宽×高)/mm	整机质量/kg
DZ-500/2SK	<1.3	560×560×105	500×12	2～4	380	1.1	1220×742×924	约 200
DZ-400/2SK	<1.3	460×490×95	500×10	2～4	380	0.75	1020×672×904	约 170

(2) DZD-500/600/800/2SC 系列真空包装机

该系列机主要用于肉食、海、水产品、农林副产品、畜禽产品的真空包装。500/2SC、600/2SC 可根据要求配 040 型真空泵，800/S 为特规机型，可根据要求修改部分尺寸和配置。表 27-12 为其技术参数。

表 27-12　DZD/2SC 系列真空包装机技术参数

型号	包装能力/(次/min)	真空室尺寸(长×宽×高)/mm	整机质量/kg	功率/kW	电源电压/V	外形尺寸(长×宽×高)/mm
DZD-500/2SC	3～4	500×480×110	160	1.5	380	1210×740×960
DZD-600/2SC	2～3	600×480×110	185	1.5	380	1410×740×960
DZD-800/2SC	3～4	800×520×90	220	2.2	380	1990×660×960

(3) DZD-550/600/4S 系列真空包装机

该机适合于小袋装酱菜、调味调料包的真空包装。该机属特规型机种，四主封排可同时搁物包装，提高了小袋装产品单次包装量。采用外接 2X-15 或 2X-30 真空泵，提高了抽气速度。表 27-13 为其技术参数。

表 27-13　DZD-550/600/4S 系列真空包装机技术参数

型号	包装能力/(次/min)	真空室尺寸(长×宽×高)/mm	整机质量/kg	外形尺寸(长×宽×高)/mm	真空泵	功率/kW	电源电压/V
DZD-550/4S	3～4	550×290×110	190	1310×865×945	2X-30A 型泵	3(外接)	380
DZD-600/4S	3～4	600×210×110	190		2X-15 型泵	1.5(外接)	380

(4) DZD-500/2SC/2S 系列真空包装机

该系列为快速抽真空型，双 020 泵配置，封口长度为 500mm，适合于小袋装酱菜、调料、调味包、泡菜系列产品的包装。500/2S 机型可适应袋内汤汁、水量略多的产品。表 27-14 为其技术参数。

表 27-14　DZD-500/2SC/2S 系列真空包装机技术参数

型号	包装能力/(次/min)	真空室尺寸(长×宽×高)/mm	整机质量/kg	外形尺寸(长×宽×高)/mm	功率/kW	电源电压/V
DZD-500/2SC	5～6	500×280×45	90	1290×460×890	1.5	380
DZD-500/2S	3～4	500×380×65	130	1205×610×940	1.5	380

(5) DZD-550/2SC/2S 系列真空包装机

该机适合于肉类、海产品、豆腐干、豆腐串、酱菜、泡菜等产品的真空包装。该系列机为普特配置，内接双 XD-020 真空泵，550mm 封口尺寸，适合多种袋口尺寸产品搁置，表 27-15 为其技术参数。

表 27-15　DZD-550/2SC/2S 系列真空包装机技术参数

型号	包装能力/(次/min)	真空室尺寸(长×宽×高)/mm	整机质量/kg	外形尺寸(长×宽×高)/mm	功率/kW
DZD-550/2SC	3～4	550×480×70	180	1295×710×930	0.75×2
DZD-550/2S	3～4	550×380×70	170	1295×610×930	0.75×2

(6) DZD-680/2SD 系列真空包装机

该机适合较大包装及高效要求的产品真空包装，如肉类熟食、畜类分割速冻出口产品、酱腌制品、水产品等，并能适应潮湿、腐蚀性强的使用环境。由专用 PC 及进口真空泵，进口电器原件配置，属高配置、高稳定性机型。表 27-16 为其技术参数。

表 27-16　DZD-680/2SD 系列真空包装机

包装能力	(3～4)次/min	整机质量	580kg
真空室尺寸(长×宽×高)	680mm×700mm×110mm	外形尺寸(长×宽×高)	1680mm×935mm×1080mm

(7) DZD-500/550/600/2SC1 系列真空包装机

该系列机型适用行业广泛，属高配置包装机。用于肉类熟食包装、豆制品、酱腌制品、熟玉米及其他农副产品深加工应用。该系列机属国产配置中具备高稳定性的中、高档机型。表 27-17 为其技术参数。

表 27-17　DZD-500/550/600/2SC1 系列真空包装机技术参数

型号	包装能力/(次/min)	真空室尺寸(长×宽×高)/mm	整机质量/kg	外形尺寸(长×宽×高)/mm
DZD-600/2SC1	3～4	600×480×110	185	1410×740×960
DZD-500/2SC1	3～4	500×480×110	170	1210×740×960
DZD-550/2SC1	3～4	550×480×70	175	1310×740×960

(8) DZD-700/2S 真空包装机

该机适用于偏大包装袋，包装物高度偏低（扁平），生产率要求高的产品的真空包装，如出口鳗鱼、鱿鱼片、大包装肉片、豆腐串等。整机由专用 PC 及进口真空泵，进口电器原件配置。机体采用全不锈钢制造，全封闭、轴流散热形式，适合恶劣环境下使用。表 27-18 为其技术参数。

表 27-18　DZD-700/2S 真空包装机技术参数

包装能力	(3～4)次/min	整机质量	～220kg
真空室尺寸(长×宽×高)	700mm×620mm×60mm	外形尺寸(长×宽×高)	1610mm×805mm×910mm

(9) DZD-500/600/2SD 系列真空包装机

该系列机根据其真空室尺寸范围属基本通用型包装机型，特别适用于肉类加工、水产、海产品加工、酱制品行业，蔬菜加工等行业。表 27-19 为其技术参数。

表 27-19 DZD-500/600/2SD 系列真空包装机技术参数

型号	包装能力/(次/min)	真空室尺寸（长×宽×高）/mm	整机质量/kg	外形尺寸（长×宽×高）/mm
DZD-500/2SD	3～4	500×480×110	180	1210×740×960
DZD-600/2SD	3～4	600×480×110	190	1410×740×960

(10) DZD-500/2SY 系列真空包装机

该机适合用于东北山野菜、山西曲沃羊汤、带汤汁类产品的真空包装。该机型综合考虑大水量、大汤汁类产品包装问题，解决了抽真空时水料、汤料失散太多，真空度达不到的问题。表 27-20 为其技术参数。

表 27-20 DZD-500/2SY 系列真空包装机技术参数

包装能力	(3～4)次/min	真空室尺寸(长×宽×高)	618mm×140mm×250mm
封口长度 整机质量	500mm 140kg	外形尺寸(长×宽×高)	1288mm×495mm×880mm

(11) DZQ-600L 系列真空包装机

该机适用于大包装食品原料、电子器件、需要防氧化但不能长期挤压的产品的真空包装，该机无真空室，采用套袋口抽气的方法，可对一些真空度要求不高，或需要充入惰性气体的产品进行真空或气体置换包装。该机亦可作为单一封口来使用。内部配置 XD-020 真空泵，98L/min 空气压缩机。表 27-21 为其技术参数。

表 27-21 DZQ-600L 系列真空包装机技术参数

封口长度	600mm	整机质量	200kg
搁物高度	640mm	外形尺寸(长×宽×高)	850mm×800mm×1690mm

(12) 利德牌系列真空包装机

该系列机适用于肉制品、土特产、粮食、药材、茶叶、电子器件、精密仪器、化学制剂、书籍等的真空包装，固体、液体、粉体、糊状物品均可。经包装的产品可保质、保鲜、防潮、防霉、防虫、防氧化、便运输。技术参数见表 27-22。

表 27-22 利德牌系列真空包装机技术参数

型号	DZ-850	DZ-600/2S	DZ-500/2S	DZ-400/2L	DZ-400/2S	GBL-1000
封口尺寸(长×宽)/mm	850×10(2 条)	600×10(2 条)	500×10(2 条)	400×10(2 条)	400×10(2 条)	1000×8
供电电源	380V/50Hz	380V/50Hz	380V/50Hz	380(220)V/50Hz	380(200)V/50Hz	380(200)V/50Hz
功率/kW	6	2.8	1.8	0.8	0.9	0.9

(13) DZ600/2S 不锈钢真空包装机

该机是采用电脑控制的全不锈钢真空包装机。其工作室采用新工艺成型，强度高，可长期稳定使用。工作室密封条采用新结构形式，使盒盖轻松自如。该机采用双室结构，工作控制采用电脑板或触摸式面板，操作方便，容易维修。技术参数见表 27-23。

表 27-23　DZ-600/2S 不锈钢真空包装机技术参数

工作室尺寸(长×宽×高)	720mm×580mm×45mm	供电电源	380V/50Hz
封口尺寸(长×宽)	600mm×12mm	功率	—
真空度	−0.1MPa	泵电机功率	1.5kW(XD-063) 2.2kW(ZX-15)
工作周期	约 30s/次	封口功率	—
真空泵抽气速率	内接泵((XD-063 泵)$63m^3/h$	外形尺寸(长×宽×高)	1500mm×730mm×880mm
	外接泵(ZX-15)　15L/s	整机质量	320kg

(14) DZ 型真空包装机

该系列真空包装机只需按下真空室盖即自动按程序完成抽真空、封口、印字、冷却的全过程。经过包装的产品可防止氧化、霉变、虫蛀、受潮；可保质、保鲜、延长产品储藏期。型号有 400 单室，400/500 双室和 1000 全自动。技术参数见表 27-24。

表 27-24　DZ 型真空包装机技术参数

型号	包装速度/(次/min)	真空室尺寸(长×宽×高)/mm	热封条尺寸(长×宽)/mm	真空室数	功率/kW	供电电源	压强/kPa	整机质量/kg	外形尺寸(长×宽×高)/mm
DZ-400/2sB	3～4	450×500×110	400×10	2	1.25			180	1230×742×928
DZ-500/2sB	3～4	570×540×120	500×10	2	2.5	380V/50Hz	1.333	220	1230×622×900
DZ-1000	4～5	1000×350×100(60)	1000×10	1	7.5(含泵 2)			500	1230×622×900

(15) ZBJ84-BS/B/BB 型自动真空包装机

该机适用于食品、药品、化工等行业中的固体、颗粒、液体等多种形态物品的真空包装。包装物品在无氧状态下进行，可有效防止因脂类氧化和好氧细菌的繁殖而引起的食品腐败。本机可连续运转、工作效率高。ZBJ84-BS 型自动真空包装机是在 B 型基础上设计的一种新产品，特点是在电气方面有两套控制线路，真空室内有双电热棒，适用于小袋包装，包装袋袋长不大于 135mm，工作效率比其他型号机高一倍。ZBJ-84BB 豪华型，是自动真空包装机精品，箱体全部采用不锈钢制成，适用于有腐蚀的工作环境。技术参数见表 27-25。

表 27-25　ZBJ84 型自动真空包装机技术参数

真空室尺寸(长×宽×高)	1000mm×350mm×100(60)mm	功率	约 7.5kW(含 ZX-30 泵)(B 型 BB 型) 9.5kW(含 ZX-30 泵)(BS 型)
真空泵	30L/s		
真空度	＞97.325kPa	整机质量	约 500kg
封口线尺寸	1000mm×8mm	外形尺寸(长×宽×高)	1740mm×1360mm×1100mm
供电电源	380V/50Hz		

(16) DZ-500/2SF 可倾斜双室真空包装机

该机既能包装颗粒、块状等固体物品，又能包装粉状、糊状等流动性较大的物品，特别适用于含液体物品（如泡菜、清水笋、含汤汁的软罐头等）的真空包装。该机具有防氧化、防霉变的功能，能有效延长包装物品的保存期。

上、下真空室及机身由平衡支架承托，并可转0°～45°倾斜定位工作，使物品包装袋也同时倾斜安放，故袋内流动物品及液体不易溢出袋口，确保封口质量。上真空室采用铝合金材料，表面经喷砂氧化后喷塑处理，下真空室K型为铝合金深室，P型采用厚不锈钢平板式，并外接ZX-15双级真空泵，抽气速度快，真空度高。技术参数见表27-26。

表27-26 DZ-500/2SF可倾斜双室真空包装机技术参数

型号	真空室压力/kPa	真空室尺寸（长×宽×高）/mm	真空室倾斜度	热封条尺寸（长×宽）/mm	热封条数/条	包装能力/(次/min)	电压/V	功率/kW	外形尺寸（长×宽×高）/mm	主机质量/kg	真空泵质量/kg
DZ-500/2SF(K)	<1.3	560×560×105	0°～45°	500×12	2	2～4	380	2.2	1470×742×960	170	200
DZ-500/2SF(P)	<1.3	560×560×83	0°～45°	500×12	2	3～5	380	2.2	1475×742×964	170	200

(17) DZ-650B系列真空包装机

该机适用于大包装的食品原料，大枣、核桃仁、松子、电子产品，海藻制品的防氧化真空包装。该机真空室容积大，袋口采用立封形式，可连同产品的外包装（如桶、盒）直接搁置于真空室内、完成内装的真空封口。开门式的操作形式，便于重物搁置。技术参数见表27-27。

表27-27 DZ-650B系列真空包装机技术参数

包装能力	(2～3)次/min	真空泵	XD-020
封口长度	650mm	电源电压	380V
真空室尺寸(长×宽×高)	1000mm×350mm×100(60)/mm	功率	0.75kW×2
整机质量	150kg	外形尺寸(长×宽×高)	935mm×815mm×1150mm

(18) DZ-980系列自动真空包装机

该机适用于大、小包装的酱菜，肉类食品，出口包装制品，豆制品，山野菜，调味品，海、水产品的真空包装。该机采用链带连动工作形式，自动化程序控制，确保包装速度的连续性和包装、封口质量的统一性，采用专用PC和步进程序，感应控制系统，具有程序自动跟踪连贯的特征。技术参数见表27-28。

表27-28 DZ-980系列自动真空包装机技术参数

包装能力	(2～3)次/min	整机质量	800kg
包装袋纵向尺寸	300mm	真空泵	0100E型(德国)
封口长度	980mm	外形尺寸(长×宽×高)	1900mm×1410mm×1276mm

(19) DZ系列真空包装机

该机适用于食品行业的肉类、酱制品、果脯、粮食、豆制品，以及化学工业、制药、电子等行业的颗粒、粉状、液体等商品抽真空后充气包装，可以防止产品氧化、霉变、腐败、防潮，能够延长产品储存期。技术参数见表27-29。

表 27-29 DZ 系列真空包装机技术参数

型号		真空室尺寸(长×宽×高)/mm	封口尺寸(长×宽)/mm	真空室压力/kPa	包装能力/(次/min)	供电电源	泵功率/kW	热封功率/kW	外形尺寸(长×宽×高)/mm	整机质量/kg
DZ-4002SB	2SB 电脑型	450×400×150	400×10	≤1	1～2	380(220)V/50Hz	0.75	0.8	900×720×930	180
DZ-5002SB	2SB 电脑型	570×470×90	500×10	≤1	1～3	380V/50Hz	0.75×2	0.9	1300×770×960	215
DZ-4002D	D 电脑型 B	400×440×130	400×10	≤1	1～2	380(220)V/50Hz	0.75	0.8	520×490×930	120

(20) DZD-400/2SD 系列真空包装机

该机为经济型机，单室开启式，移动方便，适用于小型、小量产品的真空包装，或者店面柜台、窗口营业和实验室使用，开启盖为透视窗。技术参数见表 27-30。

表 27-30 DZD-400/2SD 系列真空包装机技术参数

包装能力	(2～3)次/min	真空泵	XD-020 型
封口长度	400mm	电源电压	AC380V
搁物高度	80mm	功率	0.75kW
双排间距	470mm	外形尺寸(长×宽×高)	580mm×530mm×910mm
整机质量	100kg		

(21) DZ-400/2C 型真空包装机

该机采用塑料复合薄膜对鱼肉腌腊制品、干果蜜饯、酱菜、豆制品、土特产、化学药品等物品进行真空包装，以达到隔氧、防潮、防霉变、防蛀虫的功能，能有效延长包装物品的保存期。该机采用单室双封口不锈钢真空室，三相和单相交流电源，电器自动程序控制，具有美观、能耗小、效率高等优良性能。该机真空、封口、印字、计数一次完成。技术参数见表 27-31。

表 27-31 DZ-400/2C 型真空包装机技术参数

真空室压力	≤1.3kPa	热封条尺寸(长×宽)	400mm×10mm
真空室尺寸(长×宽×高)	490mm×490mm×90mm	热封条数	2 条
包装能力	(2～3)次/min	外形尺寸(长×宽×高)	528mm×642mm×890mm
电 压	200V/380V	整机质量	～100kg
功 率	0.75kW		

(22) DZ-400/2F 液体真空包装机

该机适合于采用塑料复合膜包装固体、粉状、糊状等物品，特别适合于含液体的物品及液体（如泡菜、清水笋、水果软罐头等）的真空包装，以达到防氧化、防霉变的功能，能有效地延长包装物品的保存期。本机上下真空室采用铝镁合金并经表面喷塑处理，耐酸碱、耐腐蚀。热封装置倾斜安装在真空室内，物品包装袋几乎成直立状安放，液体不会溢出，并设置有透明观察窗及自动排水装置。技术参数见表 27-32。

表 27-32 DZ-400/2F 型真空包装机技术参数

真空室压强	≤1.3332kPa	电源电压	380V
真空室尺寸(长×宽×高)	490mm×490mm×140mm	功 率	0.75kW
热封条尺寸(长×宽)	400mm×10mm	整机质量	105kg
热封条数	2 条	外形尺寸(长×宽×高)	528mm×628mm×856mm
包装能力	(2～3)次/min		

27.9.2 真空充气包装机

该机在稀薄气体状态下（抽真空）封装各种食品、药材、化工原料、电子元件等，采用复合膜袋进行真空充气包装。技术参数见表 27-33。

表 27-33 真空充气包装机技术参数

包装能力	20s/次	真空泵排气量	$20m^3/h$
真空室尺寸(长×宽×高)	418mm×440mm×90mm	电机功率	0.75kW

(1) DZQD-500/2S 真空充气包装机

该机采用复合薄膜对液体、固体、粉状、糊状食品、肉制品、酱菜、药材、电子元件等各种物品进行真空或气体置换包装。表 27-34 为其技术参数。

表 27-34 DZQD-500/2S 真空充气包装机技术参数

包装能力	次/30s	供电电源	三相 380V/50Hz
封口长度	500mm×2	功 率	0.75kW
真空室尺寸(长×宽×高)	550mm×425mm×140mm	整机质量	260kg
真空度	0.1MPa	外形尺寸(长×宽×高)	992mm×710mm×925mm
包装能力	次/20s	供电电源	三相 380V/50Hz
封口长度	400mm×2	功 率	0.75kW
真空室尺寸(长×宽×高)	450mm×425mm×140mm	整机重量	210kg
真空度	0.1MPa	外形尺寸(长×宽×高)	992mm×710mm×925mm

(2) DZQ-400/2S 双室真空充气包装机

该机适合于各类粮食、果品、酱品、鱼肉制品、名贵药材、化工原料、电子元件、精密仪器、军需物资等的真空包装。不论是固体、粉体、糊状液体均适宜。可有效防止油脂类氧化和好氧细菌的繁殖而引起的物质和食品腐败，可保持物品干燥、不易受潮、发霉、变质、生虫，以利于延长储存期和便于运输，该机采用深式工作室，双工作室可交替工作，每室有两组单独加热的封口装置并有生产日期压字机构，工作性能稳定，可在商场、食品加工厂使用。适用的包装材料有聚乙烯/涤纶；聚丙烯/涤纶；聚丙烯/尼龙；聚乙烯；涤纶/铝箔/聚乙烯等适宜真空包装的复合塑料袋。技术参数见表 27-35。

表 27-35 DZQ-400/2S 真空充气包装机技术参数

包装能力	3.5 次/min (800mm 封口长度,真空包装)	电热功率	0.7kW×2
		真空度	0.1MPa
真空室尺寸(长×宽×高)	410mm×45mm×140mm	电机功率	1.5kW
真空充气包装	3 次/min(800mm 封口长度)	整机质量	～200kg
电热封口长度	400mm×2	外形尺寸(长×宽×高)	1000mm×710mm×950mm

(3) DZ/DZQ-5002SB 双室真空（充气）包装机

该机适合对食品行业的肉类、酱制品、果脯、粮食、豆制品，化工行业，制药等行业的颗粒、粉状、液体等商品进行真空充气包装，可以防止产品氧化霉变、腐败、防潮，达到产品的储存期限。技术参数见表 27-36。

表 27-36 DZ/DZQ-5002SB 双室真空（充气）包装机

真空室尺寸(长×宽×高)	570mm×470mm×90mm	真空泵功率	0.75kW×2
封口长度(长×宽)	500mm×10mm	热封功率	0.9kW
真空室压力	≤1kPa	外形尺寸(长×宽×高)	1300mm×770mm×960mm
包装能力	(1～3)次/min	整机质量	～215kg
供电电源	380V/50Hz		

(4) DZ-500/2S 型双室真空包装机

该机适用于塑料复合薄膜袋和铝箔复合薄膜袋对粮食、果品、酱制品、药材、化工原料、五金产品、电子元器件等固体、液体、颗粒、粉体物料进行真空包装。该机有两个交替工作的大工作室进行两个工位的作业，真空室、工作台面均采用不锈钢材料制造，可根据用户需要配置印字装置，在封口处印制产品保质期、出厂日期、出场编号等。技术参数见表 27-37。

表 27-37 DZ-5002S 型双室真空包装机技术参数

包装能力	(180～300)次/h	真空度	～0.1MPa
真空室尺寸(长×宽×高)	610mm×570mm×120mm	电 源	380V/50Hz
封口长度(长×宽)	500mm×8mm	功 率	2kW
袋 长	≤400mm	整机质量	～230kg
真空泵抽气速率	40m^3/h(2 台 XD-020 泵)	外形尺寸(长×宽×高)	1230mm×700mm×960mm

(5) DZQ 系列真空包装机

该机适用于食品、药品、土特产、水产、电子元件等产品，可以防止产品氧化、霉变、腐败，可以防潮，能延长产品有效储存期限，该机具有真空、充气、封口一次性完成的功能，技术参数见表 27-38。

表 27-38 DZQ 系列真空包装机技术参数

型号	真空室尺寸(长×宽×高)/mm	热封尺寸(长×宽)/mm	真空室排气量/(m^3/h)	电源电压/V	整机质量/kg
DZQ-400/2DS	410×440×130	400×10	20	380	120
DZQ-400/2S	500×450×110	400×10	40	380	220
DZQ-500/2S	580×550×110	500×10	40	380	220

(6) DZQ-540H 真空充气包装机

该机适合于用加厚可热封塑料薄膜对新鲜果蔬、水产品，肉类及专用塑料复合薄膜对固体、粉剂、糊状或含液体的物品进行真空包装或充气真空包装，特别适用于仓储及出口的大包装（2.5～25kg）物品，能有效地延长包装物品的保鲜保质期及方便仓储和运输。

本机在物品包装袋口处增设密封装置，提高了充气气体的利用率，充气量任意可调，包装物品不会外溢。该机采用电接点真空表控制并增设真空延时和充气延时，并设置透明观察窗。技术参数见表 27-39。

表 27-39　DZQ-540H 真空充气包装机技术参数

真空室压强	≤1.3332kPa	电源电压	380V
真空室尺寸(长×宽×高)	700mm×600mm×180mm	功 率	1.5kW
真空室可倾角 0°～30°		整机质量	220kg
热封条尺寸(长×宽)	540mm×12mm	外形尺寸(长×宽×高)	880mm×840mm×950mm
包装能力	(1～2)次/min		

(7) DZ-DZQ400 真空（充气）包装机技术参数

该机适用于食品行业的肉类、酱制品、果脯粮食、豆制品等；化学行业和制药行业的颗粒、粉状、液体等商品的真空包装或充气包装，可以防止产品氧化、霉变、腐败、防潮，延长产品的储存期限。DZ 系列为真空包装机，DZQ 系列为真空充气包装机。技术参数见表 27-40。

表 27-40　DZ-DZQ400 真空（充气）包装机技术参数

型号		真空室尺寸(长×宽×高)/mm	封口尺寸(长×宽)/mm	真空室压力/kPa	包装能力/(次/min)	供电电源	泵功率/kW	热封功率/kW	外形尺寸(长×宽×高)/mm	整机质量/kg
DZ-DZQ400A	A	400×440×150	400×10	≤1	1～2	220V/50Hz	0.75	0.8	480×630×360	60
DZ-DZQ4002D	D 电脑型 B	400×440×130	400×10	≤1	1～2	380V/(220)V 50Hz	0.75	0.8	520×490×930	120
DZ-DZQ4002SB	2SB 电脑型	450×400×150	400×10	≤1	1～2	380(220) V/50Hz	0.75	0.8	990×720×930	180

(8) DQB-360W 多功能气调包装机

该机采用塑料复合薄膜对肉松、果仁、茶叶、土特产、名贵中药材、出口商品等物品进行气调包装，以达到抑菌、防氧化、防霉变、防变形及保质、保鲜的功能，能更有效地延长包装物品的保鲜期。该机为单工位双嘴直抽式，直接给包装袋抽真空或充气，能一机多用，普通包装、真空包装、真空充气包装均可，在封口长度范围内不受包装体积限制，包装效果直接可观，电气为自动程序控制，真空、充气、封口、印字、计数一次完成。技术参数见表 27-41。

表 27-41　DQB-360W 多功能气调包装机技术参数

封口长度	360mm	气调包装	300 次/h
极限真空度	2.6664kPa	电 压	220V
包装效率	1～2 包/次	功 率	0.5kW
普通包装	600 次/h	整机质量	120kg
真空包装	360 次/h	外形尺寸(长×宽×高)	750mm×650mm×1040mm

（9）DZQ-600L 外抽式真空包装机

该机采用无室双气嘴结构，不受真空室大小的限制，可用于真空包装或真空充气包装，该机适用于较大物体的真空包装，配线或独立作业均可。技术参数见表 27-42。

表 27-42　DZQ-600L 外抽式真空包装机技术参数

封条尺寸(长×宽)	600mm×10mm	整机质量	240kg
真空泵排气量	$20m^3/h$	外形尺寸(长×宽×高)	800mm×900mm×1700mm
功率	2kW		

（10）MS-10N 全自动真空成型包装机

该机适用于畜肉品、水产品、鱼类、腌菜、干海货等物品的包装，也适合于真空包装、气体置换包装、发泡包装、所有封接包装、成型包装等。依靠高精度的伺服电机，可使下送膜部分的膜长控制精度达 0.1mm。技术参数见表 27-43。

表 27-43　MS-10N 全自动真空成型包装机技术参数

包装速度	(5～10)排/min (因产品和传送面的不同而有所差别)	功率	10kW
包装材料	上部为可热切的塑料膜下部为热成型或热切型的塑料膜	压缩空气　冷却水	约 600kPa　200kPa～300kPa
底膜宽	260mm～360mm	整机质量	约 1000kg
主机电源	三相 220V	外形尺寸(长×宽×高)	3100mm×1035mm×1630mm

第28章 真空应用装置

28.1 真空环境制备纳米材料

28.1.1 概述

纳米材料是20世纪80年代中期发展的具有全新结构的材料，是指由极细晶粒组成、特征维度尺寸为1～100nm的单晶体或多晶体。由于极细的晶粒，以及大量处于晶界和晶粒内缺陷中心的原子具有的量子尺寸效应、小尺寸效应、表面效应和宏观量子隧道效应等，纳米材料与相同成分的微米晶粒材料相比，在催化、光学、磁性、力学等方面具有许多奇异的性能和新的规律，因而成为材料科学和凝聚态物理领域中的研究热点。近年来，人们对纳米材料的制备、结构、性能及应用前景进行了广泛而深入的研究。科学家们已经将纳米材料誉为“21世纪最有前途的材料”。

迄今制备纳米微粒的方法已有几十种之多。按照纳米微粒形成的途径，可分为两大类，即由粗大颗粒经破碎而成为超微粒的粉碎法和由原子、分子或离子通过成核、长大而形成超微粒的造粒法。根据所用原料物质状态的不同，又可分为固相法、液相法和气相法三种。根据超微粒形成过程中是否有新物质成分生成，还有人将其划分为物理方法和化学方法。粉碎法通常是利用机械手段逐步将金属或合金大颗粒研磨成细粉，是固相、物理方法的典型代表。气相法则是通过诱导原料气体发生化学反应，生成固相物质微粒后将其收集起来，属于化学造粒法。液相法是从化学溶液中生成、提取超微粒。根据原料成分及制备手段上的不同，既可以是物理方法，也可以是化学方法；既可以是造粒法，有时也可以是粉碎法。

28.1.2 纳米半导体薄膜制备

纳米半导体薄膜的制备技术很多。理论上任何能够制备多晶或单晶半导体薄膜的技术都可以用于纳米半导体薄膜的制备，但对相应的制备技术提出了更为严格的要求：

① 表面洁净；

② 晶粒形状及粒径、粒度分布可控，防止粒子团聚，能更好地控制膜厚；

③ 有较好的热稳定性；

④ 易于收集，产率高。

以晶粒形状及粒径、粒度分布的控制为例，常通过控制衬底生长温度或成膜后退火温度与时间来实现。当然，真空蒸发、溅射、化学气相沉积、外延沉积、激光沉积及自组装与分子自组装等薄膜制备技术的提出已经为纳米半导体薄膜的研究开辟了广阔的领域。

(1) 真空蒸发沉积

真空蒸发是制作纳米半导体薄膜最一般的物理方法。该法通常将真空室的极限真空抽到优于10^{-2}Pa，然后采用加热的方法将被蒸发物质蒸发后沉积在光滑的基片上，得到相应的纳米半导体薄膜。真空蒸发沉积具有材料纯度高、结晶度好、粒度可控的特点，但技术条件高。

目前，直热式的电阻加热蒸发源的采用已不多见，加热方式的不断改进是近年来真空蒸发法得以发展和完善的主要标志，主要的蒸发源有电阻加热蒸发源、高频感应加热蒸发源、辐射加热蒸发源、离子束加热蒸发源等。其中又以离子束加热蒸发源较具代表性。采用离子束集中轰击膜料的一部分并将其加热的方法具有以下优点：能量可以高度集中，使得膜料的局部表面获得很高的温度；能够准确而方便地控制蒸发温度；有较大的温度调节范围。而电阻加热蒸发源则不具备这样的特点。最近，Raoul Weil 等人采用真空蒸发技术制备了光学质量（即具有较大的非线性光学特性）的 ZnCdTe 化合物纳米薄膜。

(2) 溅射沉积

溅射镀膜技术在纳米半导体薄膜的制备领域已经得到广泛应用。较为典型的溅射技术有直流磁控溅射、射频磁控溅射、离子束溅射以及电子回旋共振等离子体增加溅射等技术。已利用磁控溅射技术制备出不同调制波长的 SiC/W 纳米多层膜，制备了 CaAs/SiO_2 颗粒镶嵌薄膜，利用射频磁控溅射技术成功地制备了含纳米颗粒的二氧化硅薄膜，以及镶嵌于介质中的Ⅲ～Ⅴ族纳米半导体薄膜。

(3) 外延沉积

外延技术是一种制备纳米半导体薄膜的新技术，采用该技术可以制备出结晶取向与衬底完全一致而且晶格结构完整的纳米半导体单晶薄膜。典型外延技术有气相外延（VPE）、液相外延（LPE）和分子束外延（MBE）。

近年来，金属有机气相外延（MOVPE）、等离子体辅助外延（PAE）、原子层外延（ALE）、选择区域外延（SAG）及金属有机分子束外延即化学束外延（CBE）等技术在纳米半导体薄膜的制备中日益受到关注。图 28-1 给出了化学束外延（CBE）的实验装置示意图。可制备Ⅲ～Ⅴ族的纳米半导体薄膜。

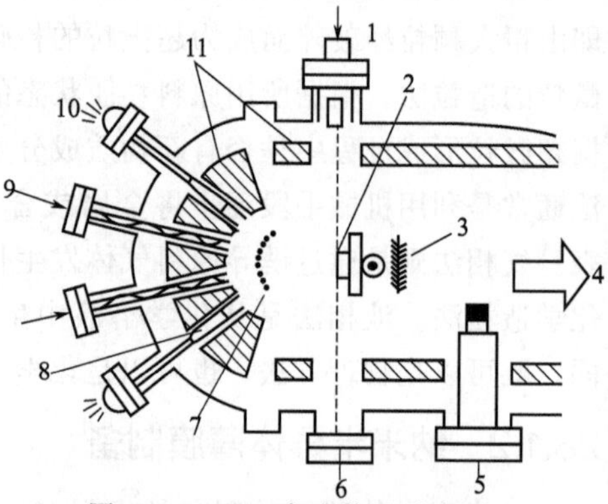

图 28-1 CBE 实验装置示意图

1—RHEED 枪；2—衬底；3—电离规；4—真空系统；5—剩余气体分析器；6—RHEED 屏；7—快门；8—常规 MBE 烤炉；9—气态源；10—固态源；11—液氮冷却套管

28.1.3 银纳米颗粒与薄膜制备

制备银纳米粒子的常用方法有物理方法和化学方法。化学方法包括溶胶凝胶法、电镀法、氧化-还原法、静电喷涂法。利用化学方法所得到的银颗粒最小可达几纳米。实验简单、方便，但所得银颗粒不易转移和组装，且杂质含量较高，容易形成团聚大颗粒。

物理制备方法主要有真空蒸镀、溅射镀和离子镀。溅射镀又包括直流溅射镀、磁控溅射镀、射频溅射镀、反应溅射镀和新发展的微波控制的共溅射镀等。真空蒸发镀膜方法是发展最早、应用最广的银纳米粒子的制备方法，其原理简单，操作方便。通过控制蒸发参数可制备几纳米到几十纳米的颗粒，但所得纳米粒子定向生长性差，纳米粒子分散度大，颗粒形状和粒度分布不均匀。溅射方法是 20 世纪 40 年代开始发展的制备方法，在现代工业和科学研究中得到广泛应用。溅射方法与蒸发方法一样，操作简单。特别是 1970 年出现的磁控溅射技术，具有高速、低温两大特点，通过对溅射参数的控制，可以制备出几纳米到几十纳米的颗粒，所得纳米颗粒尺寸小，定向生长性好，颗粒形状较整齐，粒度小，较均匀。离子镀也是一种新型的制备方法，所制备的纳米颗粒尺寸小，粒子形状整齐，粒度也较均匀，但其设备较昂贵。最新的纳米粒子的制备设备是流动液面真空蒸镀装置，它可制备出 0.1nm 的团簇粒子，颗粒均匀度很高，是一种非常好的银纳米制备设备，但设备昂贵，不适合运用于工业生产中。

28.1.4 纳米颗粒铜薄膜制备

采用离子束溅射技术制备铜纳米颗粒薄膜。实验装置如图 28-2 所示。

用真空泵将真空室压力抽至 2×10^{-3}Pa，然后将旋转靶台的某一靶面转为水平，以便避开主离子源的轰击。将高纯氩通入主离子源，待放电正常后将离子束引出。打开挡板，离子束轰击旋转着的基片架上的基片，进行溅射清洗。清洗时间为 6min，真空室压力为 2×10^{-2}Pa。然后关闭主源，合上挡板，再打开副离子源。待束流稳定后将铜靶转至与水平面呈 45°的位置，打开挡板，铜就被溅射到基片，镀制一定时间后，关闭副离子源，合上挡板，单层铜颗粒膜的镀制便完成了。镀制复合膜时，可再将石英靶旋转到与水平面呈 45°的位置，重复上述操作。交替一次为一个周期，采用不同的周期数便可得到不同厚度的薄膜。

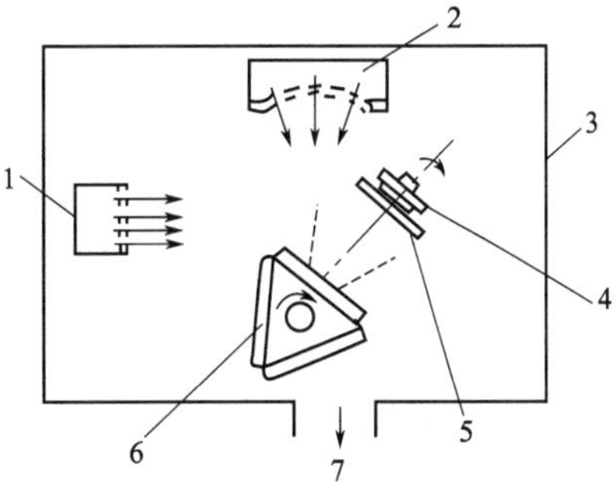

图 28-2　镀膜装置示意图
1—主离子源；2—副离子源；3—真空室；
4—旋转基片架；5—挡板；
6—旋转靶台；7—真空泵

对于复合薄膜样品 Cu/SiO_2，为了使电镜样品的组织结构与具有反常光吸收特性的光学样品完全一致，都先在基片上镀制石英膜层，然后再镀制铜膜，以便于透射电镜观测时取样。镀了两种样品，各层镀制的时间分别为：1 号样品 SiO_2 10min，Cu 30s；2 号样品 SiO_2 10min，Cu 40s。

28.1.5 真空冷冻干燥方法制备纳米粉

金属氧化物、复合氧化物等陶瓷类工业纳米材料的制备，大多采用液相法制取粉体前驱体，经干燥后煅烧为粉体材料或烧结成型为固态块体材料，主要包括溶液配制、造粒、干燥及烧结等步骤，其中干燥工艺对材料的性能有重要的影响作用。干燥过程作为液相法制粉中的一个重要的步骤，不仅要通过某种手段达到彻底去除液相溶剂以获得纯净固态粉体的目的，同时还要使粉体获得或保持一些工艺特性，如保持较好的分散性，避免出现硬团聚；对于需要烧结的陶瓷类粉体，希望具有较高的烧结活性。真空冷冻干燥法制备纳米微粉，属于化学液相法的范畴，由于此法是在低温低压下进行的，适合于制备易燃、易爆、有毒、易氧化等材料的高纯度微粉。因此，在某些特殊场合制备某些特殊要求的微粉材料中，真空冷冻干燥法得到了关注和应用。

(1) 真空冷冻干燥方法制备纳米粉原理

利用真空冷冻干燥技术制备工业材料纳米级超细微粉材料时，根据造粒过程的不同，又可分为喷雾法和沉淀法两种具体方式。

喷雾冷冻干燥法（spray freeze drying）的基本原理是：首先制得具有所期望微粉准确

成分的溶液，然后利用喷雾器依靠适当的气流将其喷吹雾化，雾化后的微小液滴直接进入干冰、液氮等低温物质中，被急冻成固体溶液小颗粒，过滤收集这些小微粒，置于托盘之中并保持低温状态，再将这些小颗粒进行真空冷冻干燥，使溶剂升华，溶质析出，从而获得成品微粉。喷雾冷冻干燥法的造粒过程属于物理破碎法，能够制得化学成分准确、均匀的微粉，避免偏析现象的发生，特别适合复合氧化物、混合物成分粉体的制备；所制微粉的粒径大小和分布，直接取决于溶液雾化的效果；经过特殊工艺处理后，可得到孔隙多、比表面积大的粉体，尤其适合作为催化剂、超轻绝热材料。

沉淀法制粉的造粒过程属于化学造粒法，通常是与配液过程同时进行。在混合原料溶液发生化学反应的同时，产物也同步开始结晶、成核、长大成粉体颗粒，并形成溶液、溶胶、凝胶或浊液。微粉粒径的大小和分布，由反应进程所控制。将微粉前驱体如沉淀物、凝胶或溶液直接置于浅托盘中进行真空冷冻干燥，使溶剂成分升华，直接成为干粉体。这种方法适用面广，具有产量大、成本低、粉体颗粒细小、形状规则等特点，目前广泛用于生产具有特殊光、电、磁、热等性能的纳米功能材料。

大量文献表明，采用真空冷冻干燥法制备纳米粉体，具有硬团聚少、分散性好、化学纯度高、化学活性好、粉体烧结活性高、可降低烧结温度、缩短烧结时间、可制得高密度块体陶瓷等优点。

真空冷冻干燥法所制粉体分散性好的原因在于：常规的干燥方法是直接将溶液中的溶剂蒸发除去，即液态-气态的过程。溶剂蒸发的后期，溶剂在颗粒之间构成“液桥”，气液界面上的巨大表面张力，使两颗粒相互吸引。当干燥进行至“液桥”消失时，会产生一个巨大的压缩力，而把两颗粒紧紧压缩在一起，使粉体间产生硬团聚。而冷冻干燥法是先将溶液冷冻成固态，再让溶液中的溶剂直接升华除去，即液态-固态-气态的过程。在冻干过程中，颗粒之间的“液桥”已被冻成“固桥”，两颗粒间的相对位置已经被固定下来，并且两颗粒之间不存在气液界面的表面张力。随着溶剂的不断升华，“固桥”不断减少，但两颗粒之间的相对位置已不再发生变化，直至“固桥”完全消失。因此冷冻干燥不会造成硬团聚，可制得分散性好、纯净度高的粉体。

(2) 真空冷冻干燥方法制备纳米粉的应用

用真空冷冻干燥法所获得的氧化物和复合氧化物超细粉末在催化领域得到了特别成功的应用。这种粉料不仅组成偏析小、比表面积大，而且反应活性很高。如为了使锂能均匀地在 NiO 晶格中扩散，一般固相反应总要在 900～1000℃，而冷冻干燥法只要 400℃处理就可以了。宇宙飞船“阿波罗”号所用的燃料电池掺锂的 NiO 电极就是用喷雾冻干法制成的。近年来，用冻干法制成的氧化物超细粉末被广泛地应用于陶瓷材料领域，特别是作为烧结粉末原料、电子材料用粉末和粉末冶金用微粉。表 24-1 列出了其中一些重要应用的示例，如制备透光性氧化铝、高密度烧结体、三元系尖晶石氧化物、锂铁氧体、β''-氧化铝离子导体和陶瓷核燃料等。特别有意义的是，当某一种金属氧化物超微粒子均匀地弥散在金属或合金中时，将大大提高材料的强度、耐热性和其他力学性能，如用真空冷冻干燥法制备弥散有 1%（体积）ThO_2 的铜，其 ThO_2 分散体平均粒径 6×10^{-8}m，互相之间间距约 1.5μm，几乎达到理论分散度，则其显微硬度大大增加，中西典彦还分别用硝酸盐水溶液和熔盐获得弥散强化型合金和用于电极材料的弥散强化 Cu-Al_2O_3 材料，类似于这种金属-陶瓷体的材料还有 Ni-ThO_2、Pb-MgO · SiO_2W · Fe-ThO_2 和 Cu-Ni-ThO_2 等。超微粉在无机非金属材料的强化和强韧作用研究中也已得到了足够的重视，现在已发展到用冷冻干燥法制备非金属系陶瓷材料，如超细 WC、WC_2、MoC、TiC、TaC、HfC 和 VC 等。由表 28-1 还可以看到，氧化物超细粉末对强化陶瓷材料各种性能和出现新的功能性质起着关键作用，显然对合成新型无机功能陶瓷材料很有价值。因此，作为制备氧化物和其他化合物超细粉末重要方法之一的喷雾冷冻干燥及其今后的发展和应用，必将更加受到人们的关注。表 28-2 给出了真空冷冻干燥法制备纳米粉在各种材料中的应用实例。

表 28-1　冷冻干燥法制备的氧化物超细粉末在陶瓷材料中的应用举例

应用领域	制造方法	性质特征及用途
透光性氧化铝	添加质量分数为 0.25%的 $MgSO_4$ 于硫酸铝中，冷冻干燥物 1700℃烧结 1h 得 Al_2O_3(MgO)	MgO 均匀分散在 Al_2O_3 中，理论浓度 99.98%，平均透过率 65%，表面平整，金刚石研磨后平滑度为 20nm，作半导体及集成电路基板
高密度尖晶石烧结体	以 Mg/Al 混合硫酸盐水溶液为原料制得冷冻干燥物，1100～1300℃下煅烧制成 $MgAl_2O_4$ 尖晶石粉末	晶格常数 0.8082nm，表观微晶尺寸＜60nm，比表面积为 20～30m^2/g，浓度 97%，烧结活性很高，比混合氧化物、氢氧化物和共沉淀物 1500℃焙烧的性能还要好
Mn-Co-Ni 尖晶石氧化物	质量分数为 2.7%～23.9%的混合硫酸盐水溶液为原料制得冷冻干燥物，1000℃烧结 1h 为尖晶石相	得到 20～100μm 的球形多孔质二次粒子，实质是 1～2μm 的连续海绵状的一次粒子，当烧结温度达 1200℃以上时，则二次粒子会迅速生长，1400℃时，气孔会完全消失，完全烧结
锂铁氧体	草酸盐的冷冻干燥物，1160℃空气下烧结 16h，依组分不同可得 $LiFe_5O_8$，$LiFe_{4.7}Mn_{0.3}O_5$	比表面积可达 53m^2/g，是共沉淀粉末的 2 倍，烧结温度低，粒径是共沉淀法的 1/20，可作记忆储存材料
β''-Al_2O_3 离子导体	将 $Al_2(SO_4)_3 \cdot 16H_2O$、$Na_2CO_3$、$Li_2CO_3$ 或 $MgSO_4$ 的混合溶液喷雾冷冻，121℃ 2d 真空干燥，1250℃下烧结 5h	当 Na_2O 为 2%，MgO 为 2%，1600℃烧结 15h，烧结体中含 β''-Al_2O_3 90%以上，浓度为 98%，避免了传统陶瓷工艺法长时间高温焙烧导致碱分挥发，可用作固体电解质
UO_2 粉末	浓度为 1.5mol/L 的硝酸盐溶液于−70℃下，在经冷却的氟利昂中喷雾制得 200～800μm 的冻结干燥物，−40～−70℃下进行干燥，在氩气流下 670℃制成 UO_3，最后在含 6% He 的 H_2 气流中还原 16h，制得 500～1000μmUO_2 粉末，再在同样气氛下 1650℃烧结 3h	烧结体的浓度为 94%，制备过程中放射性废物排出量少，在生成氧化物时易形成粉尘，成型性好，工艺简单，可制造含放射性物质的核燃料
氧化物超细粉末弥散强化	硬化强化材料 Cu(ThO_2 体积分数为 1%)对应的硫酸盐处理，120℃干燥 8h，空气中 980℃煅烧 1h，再真空热压制得烧结体	ThO_2 平均粒径 60nm，分散性好，高温下的硬度比纯铜要好得多
	耐热强化材料 Cu(Al_2O_3 的质量分数为 1.5%)可分别采用水溶液和熔盐喷雾冷冻干燥，前者是取对应的硫酸盐在液氮中喷雾冷冻，真空干燥，1000℃下热分解 5min，同时进行氧化处理，最后在 550℃下 H_2 还原 2h；后者是 150℃加热对应的混合硝酸盐，再冷冻，冻结干燥物以 0.039℃/min 的升温速率加热至 400℃进行分解，然后再烧结还原	Al_2O_3 分散接近理想状态，其二次粒子为 20～50μm 的球形粒子，而一次粒子为 0.8μm
	强化材料 Cu(Al_2O_3 的质量分数为 0.3%～0.6%)硝酸盐溶盐冷冻干燥，−70℃真空下 1d，室温下 1～3d，95℃下 2～5d，260℃下热分解 1h，400℃ H_2 还原 2h，再冷压和热压处理	可作钢板熔接材料

表 28-2 真空冷冻干燥法制备纳米粉的应用实例

序号	粉体或块体材料的成分	原料	造粒方法	粉体粒度	粉体或块体材料的特性及用途
1	MgO、$MgAl_2O_4$			10～50nm	烧结活性好
2	$Ba_{0.55}Y_{0.45}CuO_3$	$Ba(NO_3)_2$、$Y(NO_3)_3$、$Cu(NO_3)_2$	喷雾冷冻	30nm	超导陶瓷
3	氧化铝	硫酸铝	喷雾冷冻		
4	$MgAl_2O_4$ 尖晶石	氧化铝、甲醇镁	喷雾冷冻	50nm	光学透镜材料
5	CuO-ZnO-Al_2O_3	硝酸铜、硝酸锌、硝酸铝	喷雾冷冻		甲醇催化剂
6	Li-Zn 铁氧体 $Li_{0.3}Zn_{0.4}Fe_{2.3}O_4$	碳酸锂、硝酸铁、硝酸锌	喷雾冷冻	3～7nm	微波器件
7	MgO-ZrO_2	氢氧化锆、硝酸镁、氨水	凝胶	40nm	完全立方组成
8	$Ba_2Ti_9O_{20}$	过氧化钡、钛酸四丁酯、氨水、柠檬酸	沉淀	50nm	
9	SnO_2	$SnCl_4$、氨水	共沉淀法	3.79nm	气敏材料
10	$BaTiO_3$	钛酸丁酯、冰醋酸、碳酸钡、氢氧化钠	沉淀	20nm	烧结活性好
11	$(Bi,Pb)_2Ca_2Cu_3O_x$	硝酸盐	喷雾冷冻	<1μm	超导材料
12	TiO_2	有机氯化钛、有机酸、氨水	共沉淀法	210nm	多用途粉体材料
13	Coγ-Fe_2O_3 磁粉	Coγ-Fe_2O_3 磁粉	乳液喷雾冷冻		矫顽力大 航空、通信磁性材料
14	氧化锌	硝酸锌盐	喷雾冷冻		多用途粉体材料
15	α-Al_2O_3	$AlCl_3\cdot 6H_2O$、氨水	溶胶冷冻	42nm	多用途粉体材料
16	氧化锌	醋酸盐	冷冻	100nm	多用途粉体材料

28.2 真空绝热板

真空绝热板（vacuum insulated panel，缩写 VIP），或简称为真空板，是近 20 年来发展起来的一种新型的保温材料。在工程热物理及传热学中，以热导率为 0.2W/(m·K) 为分界线，低于此值的为保温材料，高于此值者为非保温材料。而绝热材料与保温材料之间没有明确的界线。

美国 ASTMC1484-01 标准中，对于绝热材料给出了明确界线，可引为参考。标准中规定：环境温度为 24℃（75℉），材料的中心区域的热导率不高于 0.01149W/(m·K) [11.49mW/(m·K)] 的保温材料定义为绝热材料。目前真空绝热板的热导率可以做到 4～8mW/(m·K)，优于美国标准中规定值。而常用的保温材料热导率约为 30mW/(m·K)，是真空绝热板 7 倍左右。

真空绝热板厚度较薄，约为 17～20mm，广泛应用于冰箱、冰柜、冷藏车、冷藏集装箱以及建筑保温。冰箱等冷藏设备使用寿命要求 10 年以上，而建筑保温要求 30 年以上。

28.2.1 真空绝热板结构

真空绝热板是利用真空环境下，气体热导率降低的机理而制成的保温材料。其结构如图 28-3 所示。外表为气体阻隔膜（gas barrier），其内部抽成真空，同时封有芯材（core material）及吸气剂及干燥剂。

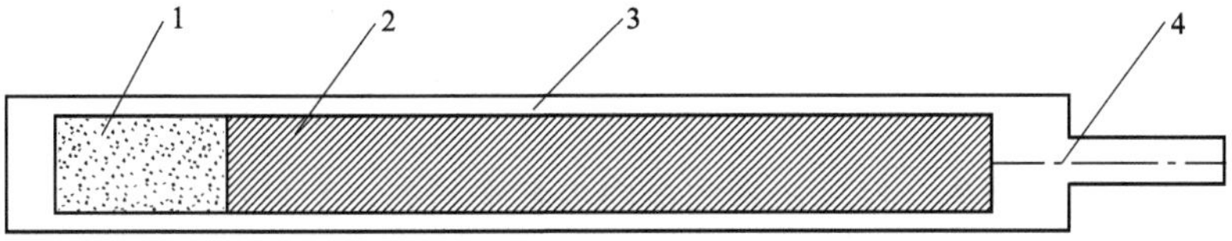

图 28-3　真空绝热板结构

1—吸气剂及干燥剂；2—芯材；3—气体阻隔膜；4—封口

气体阻隔膜是真空板大气与真空之间的隔离层，对材质要求有两点，其一是有高阻热性；其二是对气体的渗透率要小。早期采用金属膜，虽然渗透率很低，对保持真空板的真空度有好处，但金属膜导热性很强，热量损失大。为此，产生了金属与塑材复合膜，即考虑了阻热性好，也要满足渗透小的要求，目前常用铝与塑料的复合膜。这类复合膜在封口边缘处会产生热桥，使热量损失。如果未来能使用纳米聚合薄膜，那么，真空板的隔热效果将得到提高。

表 28-3 给出了几种薄膜材料对氧及水汽的渗透率。

表 28-3　薄膜材料对氧及水汽的渗透率

薄膜材质	氧渗透率 $/cm^3 \cdot m^{-2} \cdot d^{-1} \cdot Pa^{-1}$	水汽渗透率 $/g \cdot m^{-2} \cdot d^{-1} \cdot Pa^{-1}$
聚氨酯薄膜	1.38×10^{-3}	4.28×10^{-4}
聚氨酯＋PVDV 膜	9.18×10^{-5}	9.18×10^{-5}
聚氨酯＋PVDV 膜＋金属膜	1.53×10^{-6}	6.12×10^{-6}
镀铝复合塑料膜	1.48×10^{-7}	1.48×10^{-7}
新型功能膜	6.12×10^{-9}	4.59×10^{-8}

封装在气体阻隔膜内的芯材，是一种隔热材料。芯材通常选择多孔材料，如玻璃纤维、聚氨酯发泡体、聚苯乙烯发泡体、气凝胶、气相二氧化硅、纳米孔碳质材料等。此类材料本身就是一种隔热材料，填充在气体阻隔膜内后，经过抽真空，使芯材处于真空状态，将降低气体热传导，使之隔热性能更好。

真空板内真空度需要维持某一范围，才能保证其绝热性能。真空板热封完成后，其内部的气体来源有气体阻隔膜渗透气体、封口处漏气以及芯材真空下的出气，这些气体将影响真空板内的真空度。为此，需要在其内封装吸气剂及干燥剂，吸气剂是用于吸收气体，而干燥剂是用于吸收水汽。

吸气剂生产有代表性厂家是 SAES，产品名称为 COMBOGETTER™ 吸气剂。是一种钡、锂合金，室温下可以吸气。合金中添加了 CaO 和 Co_3O_4，还可以吸收水汽，氢气。

28.2.2　影响真空绝热板内真空度的因素

影响真空绝热板内真空度的因素有本底压力、热封口漏气、气体阻隔膜的渗透、芯材出气以及阻隔膜的出气等。

（1）本底压力

真空板用真空封装机封装时，需将真空封装机抽成一定的真空度后，再对抽气口进行热封合。封合后，真空板内的压力（本底压力）与真空封装机工作压力相同。影响真空板内本底压力的因素有真空泵的极限压力、封装机的漏气以及内部材料的出气等。如果真空泵的极限压力低，则真空板内本底压力也低，是重要的影响因素。

（2）热封口漏气

真空板四周采用的是热合封口，真空板内为真空状态，而外部为大气，在大气压力作用下，封口处会有空气通过微孔进入真空板，或者通过渗透方式进入真空板，使真空度下降。

（3）气体阻隔膜的渗透

无论是金属材料还是非金属材料，在压差的作用下均会产生渗透。由于渗透产生的气体量与材料的渗透系数（渗透率）、面积、厚度以及两侧的压差有关。

真空板封装后，在存放过程中，会有大量空气以渗透方式进入内部，这些气体包括氢气、氧气、二氧化碳、水汽等，进入气体后，使真空度下降，引起绝热性能变差。

真空板内芯材为多孔结构，易吸收水分，又芯材老化过程中，也会产生气体和水分。水的热导率是空气的 25 倍，芯材吸水后，引起热导率急剧升高。热导率为 0.03W/(m·K）的保温材料，吸收 1%的水分后，热导率增加 25%。

随着真空板使用时间的延长，越来越多的气体、水汽渗透到内部，使真空度下降，影响绝热效果。

图 28-4 给出了不同材料氧气渗透率与真空板内压力的关系。

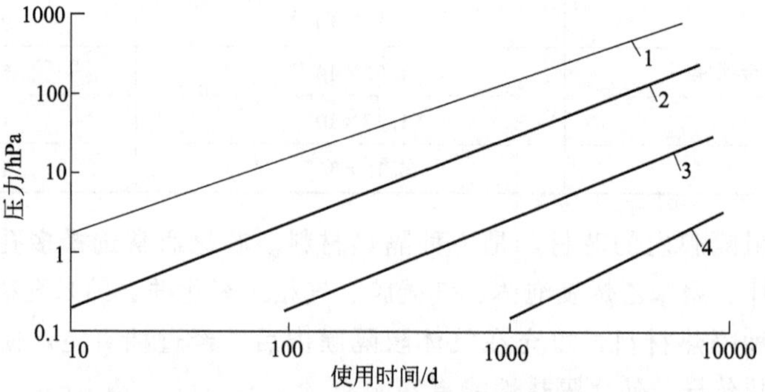

图 28-4　不同氧气渗透率与真空板内压力随时间的变化情况

1—$K_1=9.87\times10^{-6}cm^3/(m^2\cdot d\cdot Pa)$；2—$K_2=9.87\times10^{-7}cm^3/(m^2\cdot d\cdot Pa)$；

3—$K_3=9.87\times10^{-8}cm^3/(m^2\cdot d\cdot Pa)$；4—$K_4=9.87\times10^{-9}cm^3/(m^2\cdot d\cdot Pa)$

（4）真空板内材料出气

真空板的芯材及阻隔膜材，在大气环境下吸附了很多气体，一旦处于真空环境下，吸附的气体将缓慢地释放出来。放气率随着时间的推移缓慢下降。然而，在制作真空板时，为提高生产效率，不允许抽气时间过长。这就意味着芯材吸附气体还未充分释放，就已经封装好了。而使用时间很长，这些气体还会逐渐释放，使真空板内的压力升高，影响真空板的热性能。

如果采用泡沫芯材，实际开孔率为 95%左右，还有少量的闭孔。闭孔中所含的气体，将通过渗透及扩散方式释放出来，使真空板内压力逐渐升高。图 28-5 给出了气体逸出量与真空板内部压力变化关系。

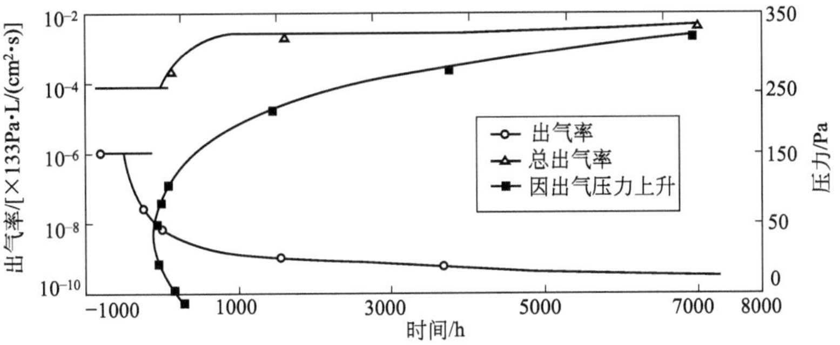

图 28-5　20 年中的气体逸出量与真空板内部压力变化的关系

28.2.3 真空度对热导率的影响

真空板内换热方式有三种，即气体的热传导、固体材料的热传导以及热辐射。对于特定真空板而言，固体材料（芯材、吸气剂、干燥剂）热导率是一定的，而辐射热导率也是一定的，唯一可变的是气体热导率，随着真空板内的真空度的不同而变化。图 28-6 给出了几种典型芯材真空绝热板热导率与板内气体压力的关系。

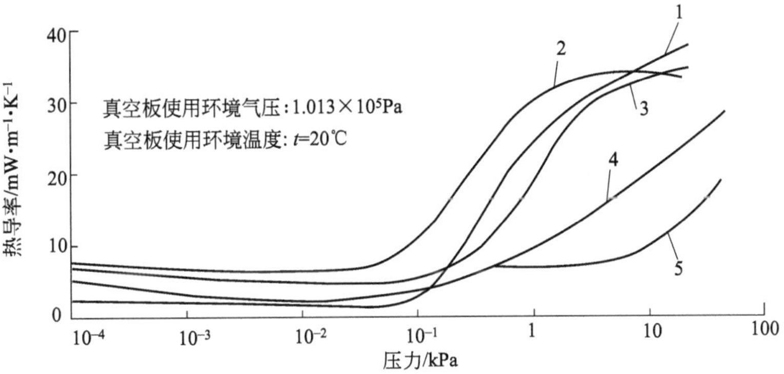

图 28-6　几种典型芯材真空绝热板热导率与板内气体压力的关系

1—玻璃纤维（70～40μm）；2—聚氨酯发泡材料；3—聚苯乙烯发泡体；4—沉淀法 SiO_2（1～0.3μm）；5—纳米孔硅质材料

由图 28-6 可见，真空绝热板各种芯材的热导率从 10^5～10^2Pa 随着板内压力降低而变小。当压力小于 100Pa 以后，热导率基本保持不变。

（1）样品制备过程

资料中对气相二氧化硅绝热板热导率进行了试验研究，样品制备过程：

① 将气相二氧化硅芯材在 200℃下烘烤 2h，迅速取出，并用无纺布包裹，以防其粉末污染封装室及真空泵；

② 将芯材装入铝塑复合薄膜袋中；

③ 将样品选择不同压力进行封口，压力依次为 5×10^{-3}Pa、5×10^{-2}Pa、0.5Pa、5Pa、50Pa、500Pa、5000Pa，另一种芯材是玻璃纤维，封装过程与气相二氧化硅相同，两种芯材的真空绝热板热导率测试结果如表 28-4 所示。

表 28-4　热导率测试结果

项目 \ 真空板封口时封装室内压力/Pa		5×10^{-3}	5×10^{-2}	0.5	5	50	500	5000
气相二氧化硅芯材	真空板内压力/Pa	25	30	45	50	76	140	410
	热导率/mW·(m·K)$^{-1}$	4.98	5.23	5.48	5.69	5.75	5.85	12.34
玻璃纤维芯材	真空板内压力/Pa	4.6	8	16	15	23	100	320
	热导率/mW·(m·K)$^{-1}$	3.48	3.51	3.66	3.9	6.07	17.46	19.68

(2) 真空绝热板内真空度与热导率关系

由表 28-4 可见：

① 真空板内压力与封装室内压力差别很大，是由于芯材对抽真空的阻力很大，流导非常小，若使二者达到平衡，需要长时间抽气，对生产效率影响很大；

② 玻璃纤维芯材，板内真空度优于气相二氧化硅，表明前者流阻小，易抽气，在相同的抽气时间内，得到的压力低于气相二氧化硅；

③ 对于气相二氧化硅而言，封口压力低于 500Pa，热导率变化不大，即与封口压力高低无关；

④ 玻璃纤维芯材，封口压力小于 5Pa 时，热导率基本保持不变。

(3) 保持真空绝热板内真空度的主要措施

① 热合封口要可靠，薄膜材料选择好热封口参数，封后应进行检漏，评价热封质量。

② 选择高阻隔膜作为封装材料，尽可能减小渗透率。

③ 芯材进行加热及抽真空预处理，使之脱气。

④ 适当地提高封口时的压力，用以降低真空板内压力。

⑤ 充填优良的吸气剂及干燥剂。

⑥ 封好的真空绝热板再用封装机封一层高阻隔塑料膜，使两层膜之间形成真空夹层，可以降低真空板的漏气及渗透气量，进而提高真空度。

28.2.4 真空绝热板的寿命

影响真空绝热板的寿命因素如下所述。

(1) 复合薄膜材料的渗透

渗透是造成真空绝热板内真空度变坏的直接原因。渗透是材料的固有特性，只能借助于阻气材料加厚或与铝箔复合方法来减小气体渗透量。延缓真空度降低的时间，就会延长真空绝热板的寿命，研制高阻隔材料是提高真空板寿命的重要途径。

(2) 芯材放气

芯材在真空环境下释放出气体，导致真空板内真空度降低，放气量的大小与芯材性质、几何尺寸相关。采取的措施如 28.2.3 节所述，真空板内放置吸附剂。选择吸附剂需根据芯材及阻气薄层类型来确定，而用量的多少，依据预期使用寿命来估算。气相二氧化硅芯材，本身即为很好的吸气剂，此种真空板无需再置入吸气剂。

目前，吸气剂放置方法是集中放置，而不是均布放置。集中放置时由于材料的阻力，影响气体到达吸气剂部位，吸气剂效果不佳。分散放置将改善吸气效果。

(3) 芯材孔径或直径

试验表明，芯材孔径或直径较小者，使用寿命长。在生产中应尽可能降低芯材孔径或直径，以及提高材质的均匀性。

(4) 芯材预处理

真空绝热板芯材的预处理极为重要。单纯加热脱气，不如加热与抽真空交替除气的方法好，后者对封闭空间中的水分及气体具有良好的驱除效果。

(5) 使用温度

真空绝热板使用温度范围为－50～＋70℃，超出此范围均可能使渗透和漏气增大，影响真空板内的真空度，使寿命降低。高水蒸气环境，会增大水汽渗透，使热导率增大，影响真空板使用寿命。

(6) 机械损伤

真空绝热板阻隔膜很薄，外表层是有机材料，极易损伤。在生产、运输及装配过程中必须小心，防止擦伤。尤其对于薄膜厚度为纳米级的多层金属复合薄膜需更加小心，很小的微孔引起的漏气，足以破坏真空板内的真空度，影响使用寿命。

表 28-5 给出了真空绝热板的使用寿命与热导率的关系。

表 28-5　真空绝热板的使用寿命与热导率关系

项目 \ 抽查时间/年	0	0.25	0.5	0.75	1.0	1.5	2.0	2.5	16	31	65
尺寸	302mm×301mm×10mm										
VIP 估算值 λ/[mW/(m·K)]	—	4.83	4.86	4.88	4.91	5.03	5.06	5.09	10.75	18.23	24.03
试验值 λ/[mW/(m·K)]	4.82	5.23	6.38	7.62	8.78				—	—	—
尺寸	303mm×302mm×11mm										
玻璃 VIP 估算值 λ/[mW/(m·K)]	—	3.22	3.23	3.25	3.27	3.31	3.38	3.42	7.05	11.02	16.08
试验值 λ/[mW/(m·K)]	3.21	3.32	3.44	3.48	4.52		—	—	—		
尺寸	298mm×300mm×11mm										
二氧化硅 VIP 估算值 λ/[mW/(m·K)]	—	5.11	5.11	5.11	5.12	5.12	5.13	5.13	6.78	7.23	10.03
试验值 λ/[mW/(m·K)]	5.10	5.12	5.14	5.14	—	—	—	—			

28.2.5 真空绝热板封装设备真空抽气机组

由表 28-6 可见，封装设置的封装室压力越低，真空板内的压力亦越低。压力低有利于真空板的寿命提高。抽到 10^{-3}Pa 量级的抽气机组有两种：涡轮分子泵机组及扩散泵机组。涡轮分子泵机组启动快，功耗小，有利于提高生产效率，降低真空绝热板的成本，相对扩散泵机组而言，投资大。扩散泵机组启动时间长，运行时功耗大，初始投资小，但长期运转成本高。

表 28-6　VIP 板内压力与热导率测试值

项目 \ 压力/Pa		5×10^{-3}	5×10^{-2}	5×10^{-1}	5	5×10^{1}	5×10^{2}	5×10^{3}
气相二氧化硅芯材	逆真空法板内压力/Pa	25	30	45	50	76	140	410
	热导率/$mW\cdot m^{-1}\cdot K^{-1}$	4.98	5.32	5.48	5.69	5.75	5.85	12.34
玻璃纤维芯材	逆真空法板内压力/Pa	4.6	8	10	15	23	100	320
	热导率/$mW\cdot m^{-1}\cdot K^{-1}$	3.48	3.51	3.66	3.9	6.07	17.46	19.68

28.3 真空玻璃

真空玻璃是一种新型建筑材料，是基于将两块密封的玻璃之间抽成真空，以及采用低发射率的镀膜玻璃来达到隔热及降低噪声的。真空玻璃概念于 1913 年由 A. Zollert 提出，直至 1989 年澳大利亚 S. J. Robinson 和 R. E. Collins 才研制成功了真空玻璃，并在《透明的真空隔热材料》一文中，全面地介绍了真空玻璃的结构、性能、制作及测试方法。我国真空玻璃的研制始于 1998 年，已形成批量生产，并成功地用于建筑物的幕墙玻璃及窗户。

标准中规定真空玻璃的传热系数值小于 0.5W/(m^2 · K)，如果采用两块发射率 0.05 的 Low-E 玻璃，加一层白玻璃制成双层真空玻璃，可得传热系数小于 0.3W/(m^2 · K) 的真空玻璃，厚度 10mm 左右。

28.3.1 真空玻璃的特点

真空玻璃是节能玻璃的重要成员之一，具有优良的热性能。

Low-E 中空玻璃是最为普遍的节能玻璃品种。中空玻璃利用了空气热导率低的特点。从传热学来讲，空气虽然热导率较小，但毕竟是会进行热传导的。中空玻璃由于气体传热占主导地位，使得利用提高 Low-E 玻璃性能来降低辐射热的效果不明显。用最好的 Low-E 玻璃（如辐射率≤0.1）制造的中空玻璃充以氦气，传热系数值也能达到 1.4W/(m^2 · K) 左右，只有在真空状态下才能减小气体传热，使 Low-E 玻璃的优势充分发挥出来。

由于结构不同，真空玻璃与中空玻璃的传热机理也不同。真空玻璃和中空玻璃都要减小辐射传热，有效的方法是采用镀有低辐射膜的玻璃（Low-E），在兼顾其他光学性能要求的条件下，膜的发射率越低越好。二者的不同点是真空玻璃不但要确保残余气体传热小到可忽略的程度，并且要尽可能减小支撑物的传热，而中空玻璃则要尽可能减小气体传热。为了减小气体传热并兼顾隔声性及厚度等因素，中空玻璃的空气厚度一般为 9～24mm，以 12mm 居多，要减小气体传热，还可用分子质量大的气体（如惰性气体：氩、氪、氙）来代替空气，即便如此，气体传热仍占据主导地位。

除传热系数比中空玻璃低之外，真空玻璃还具有下列优点：

① 热阻高，防结露结霜性能更好；

② 隔声性能好，特别是低频段隔声性能优于同样厚度玻璃构成的中空玻璃；

③ 耐水性及抗紫外线性好；

④ 不存在中空玻璃水平放置时气体导热变化问题；

⑤ 不存在中空玻璃运到高原低气压地区的胀裂问题；

⑥ 由于两片玻璃形成刚性连接，抗风压强度高于同等厚度玻璃构成的中空玻璃，比如 4mm 玻璃构成的真空玻璃，抗风压强度高于 8mm 厚玻璃，是 4mm 玻璃构成的中空玻璃的一倍以上；

⑦ 由于是全玻璃材料密封，内部又加有吸气剂，所用的 Low-E 膜是“硬膜”，不是易氧化变质变色的离线“软膜”，只要制造工艺和设备先进，真空玻璃使用寿命远比有机材料密封的中空玻璃长得多；

⑧ 厚度比中空玻璃薄一半以上，不仅可节省窗框材料，而且可以当成一片玻璃配合

其他玻璃深加工技术组合成“夹层真空”“真空＋中空”“自洁真空”等具有各种性能的“组合真空玻璃”。这种与其他深加工技术的兼容性，不仅可促进其他技术的发展，同时也正好可弥补真空玻璃的不足之处。例如目前还不能制造钢化真空玻璃，但可以用组合技术来解决安全性问题。

28.3.2 真空玻璃的隔热性能

真空玻璃简图如图 28-7 所示。由低辐射玻璃（Low-E 玻璃）、下片玻璃、点阵支撑、吸气剂、玻璃钎焊料、抽气口组成。上下两块玻璃用钎焊封接后，用真空泵从抽气口将玻璃夹层抽真空，达到预期的真空后，将抽气口封住。由于玻璃面积较大，且厚度较薄，两块玻璃之间尚需布支撑点阵来支承，防止玻璃因大气压而受损。玻璃之间的钎焊缝及抽气口均会产生泄漏，为保持玻璃夹层的真空度，需放置一定数量的吸气剂，以便吸收漏入的气体。

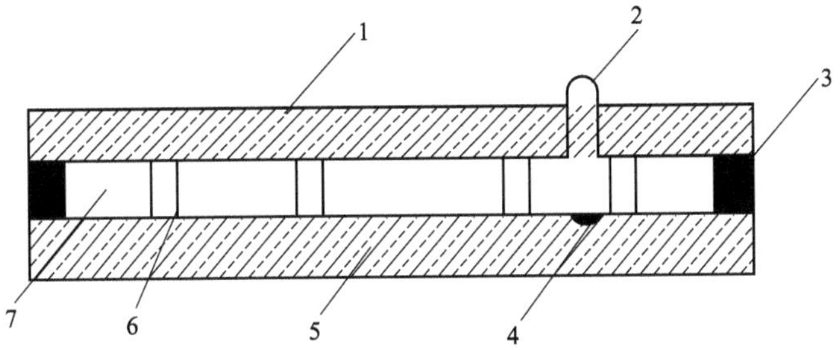

图 28-7　真空玻璃简图

1—Low-E 玻璃；2—抽气口；3—玻璃钎焊料；4—吸气剂；5—下片玻璃；6—点阵支撑；7—真空玻璃腔体

由简图可见，真空玻璃的传热途径有：

① 真空状态下气体分子热传导；

② 玻璃热辐射传热；

③ 支撑点阵热传导；

④ 玻璃热传导。

(1) 分子流下气体传热关系

通常真空玻璃腔体内的压力小于 0.1Pa，可以认为是分子流状态，气体传热系数用下式计算：

$$K_g=\alpha\left(\frac{\gamma+1}{\gamma-1}\right)\sqrt{\frac{R}{8\pi MT}}p \tag{28-1}$$

式中　K_g——气体传热系数，$W/(m^2 \cdot K)$；

α——两个传热表面的平均适应系数，一般 $\alpha=0.5\sim0.6$；

γ——气体绝热指数，对于空气，$\gamma=1.4$；

R——气体常数，$R=8.314J/(mol \cdot K)$；

M——气体摩尔质量，对空气 $M=28.96\times10^{-3}kg/mol$；

T——气体温度，K；

p——真空玻璃腔体内压力，Pa。

(2) 真空玻璃热辐射引起的传热系数

真空玻璃中的 Low-E 玻璃与下片玻璃之间热辐射引起的传热系数，用下式计算

$$K_r=\bar{\varepsilon}\sigma\frac{T_1^4-T_2^4}{T_1-T_2} \tag{28-2}$$

式中 K_r——热辐射传热系数，W/(m^2·K)；

$\bar{\varepsilon}$——平均发射率，$\bar{\varepsilon}=\frac{\varepsilon_1\varepsilon_2}{\varepsilon_2+(1-\varepsilon_2)\varepsilon_1}$，$\varepsilon_1$，$\varepsilon_2$ 分别为两块玻璃的发射率；

σ——斯蒂芬-玻尔兹曼常数，5.67×10^{-8}W/(m^2·K^4)；

T_1，T_2——分别为两块玻璃的温度，K。

(3) 真空玻璃点阵支撑的传热系数

真空玻璃中两块玻璃均受到大气压力作用，为了增加玻璃抗压强度及防止变形过大，需在玻璃之间设置许多支撑，支撑按点阵方式布置（即井字形布置）。支撑的传热方式为热传导，传热系数用下式计算：

$$K_p=\frac{2\lambda_g a}{b^2}\times\frac{1}{1+2\lambda_g h/(\lambda_p\pi a)} \tag{28-3}$$

式中 K_p——点阵支撑的传热系数，W/(m^2·K)；

a——支撑圆半径，不锈钢支撑 $a=0.25\times10^{-3}$m，陶瓷珠支撑 $a=0.1\times10^{-3}$m；

b——点阵间距，通常 $b=25\times10^{-3}$m；

h——支撑高度，不锈钢 $h=0.15\times10^{-3}$m，陶瓷珠 $h=0.20\times10^{-3}$m；

λ_g——钠钙玻璃热导率，其值 $\lambda_g=1.0$W/(m·K)；

λ_p——支撑材料的热导率，不锈钢 $\lambda_p=16.33$W/(m·K)，陶瓷珠 $\lambda_p=0.9$W/(m·K)。

(4) 钠钙玻璃的传热系数

钠钙玻璃是热传导换热，传热系数以下式计算：

$$K_m=\frac{\lambda_m}{\delta_m} \tag{28-4}$$

式中 K_m——钠钙玻璃传热系数，W/(m^2·K)；

λ_m——钠钙玻璃热导率，W/(m·K)；

δ_m——钠钙玻璃厚度，m。

如果选择一片厚 4mm 的 Low-E 玻璃与一片厚 4mm 普通玻璃构成真空玻璃，经粗略计算，得到真空玻璃的传热系数约 1.2W/(m^2·K)。

表 28-7 给出了一组真空玻璃传热系数粗算值供参考。

表 28-7 真空玻璃传热系数粗算值

序号	类别	内表面发射率 ε_1	内表面发射率 ε_2	平均发射率 $\bar{\varepsilon}$	辐射 K_r /W·m^{-2}·K^{-1}	支撑 K_p /W·m^{-2}·K^{-1}	气体传热系数 K_g /W·m^{-2}·K^{-1}	玻璃热阻 /m^2·K·W^{-1}	传热系数 K /W·m^{-2}·K^{-1}	支撑种类
1	单膜真空 4L+0.15V+4	0.114	0.837	0.112	0.51	0.62	0.05	0.88	0.95	不锈钢环
2	单膜真空 4L+0.2V+4	0.114	0.837	0.112	0.51	0.056	0.05	1.66	0.55	陶瓷微珠

续表

序号	类别	内表面发射率 ε_1	内表面发射率 ε_2	平均发射率 $\bar{\varepsilon}$	辐射 K_r /W·m^{-2}·K^{-1}	支撑 K_p /W·m^{-2}·K^{-1}	气体传热系数 K_g /W·m^{-2}·K^{-1}	玻璃热阻 /m^2·K·W^{-1}	传热系数 K /W·m^{-2}·K^{-1}	支撑种类
3	无膜真空 4+0.2V+4	0.837	0.837	0.719	3.28	0.05	0.05	0.34	1.98	陶瓷微珠
4	双真空 2×(3+0.2V+3)	0.837	0.837	0.719	3.28	0.21	0.05	0.62	1.27	陶瓷微珠
5	单膜双真空(4L+0.15V+4)+(4+0.15V+4)	0.114	0.837	0.112	—	—	0.05	1.16	0.76	不锈钢环
6	中空玻璃 4L+12A+4	0.114	0.837	0.112	0.51	0	2.01	0.439	1.64	无

注：4L+0.15V+4 的含意：4L（厚 4mm 低辐射玻璃）；0.15V（真空腔厚为 0.15cm）；4（厚 4mm 的普通玻璃）。

28.3.3 真空玻璃的隔声性能

一般人的听觉对频率为 1000～5000Hz 范围内的声音最敏感，以 4000Hz 为例，真空玻璃的空气声计权隔声量为 24dB，厚 5mm 的玻璃为 30dB，而中空玻璃的隔声性能最好，可达到国标 GB/T 8485—2002 的 3 级。

表 28-8 给出了真空玻璃及其复合产品的空气计权隔声量 R_w。

表 28-8　真空玻璃及其复合产品的空气声计权隔声量 R_w

序号	真空玻璃的结构	真空玻璃厚度 /mm	空气声计权隔声量 R_w/dB	隔声性能等级 GB/T 8485—2002
1	60 系平开铝合金断热窗	8.1 (1138×1438)	35	3 级
2	60 系列平开塑料窗产品	6.1 (1170×1470)	33	3 级
3	真空玻璃+中空玻璃 (4+0.15V+4L+9A+6)	23.15 (1200×1500)	36	4 级
4	真空夹层玻璃+中空玻璃 (6+0.38L+4+V+4+12A+6)	23.15 (1200×1500)	42	5 级
5	单扇可平开窗 1.68m^2 真空夹层玻璃+中空玻璃 (5+0.38+4+0.2+4+12A+5)	32.53 (1200×1500)	33	5 级

28.3.4 真空玻璃的寿命

真空玻璃的寿命与其腔体内的真空度息息相关，当真空度优于 0.1Pa 时，其气体热传导很小，也就是说热损很小，符合使用目的。若大于此值就会产生对流换热，使热损增大，缩短使用寿命。

影响真空玻璃使用寿命的主要因素如下。

(1) 熔封渗漏

通常显像管均采用低熔点的玻璃粉熔封，真空玻璃也是采用了相同的熔封技术，熔封周边及抽气管，这种密封技术满足了显像管及电真空器件的气密性要求，可以达到漏气率 $\leqslant 10^{-12}$Pa·m^3/s，满足真空玻璃熔封漏率要求。

(2) 玻璃对 He 的渗透

氦在空气中的分压仅有 0.5Pa 左右，但其直径很小，易渗透到玻璃中去。但浮法玻璃为钠钙玻璃，其中碱性氧化物 Na_2O、K_2O、CaO 可以阻塞氦渗透孔道，使渗漏量大为降低，$1m^2$ 的真空玻璃估算得出的氦渗漏量约 $1\times10^{-15}Pa\cdot m^3/s$，远低于电真空器件要求的 $1\times10^{-12}Pa\cdot m^3/s$ 值，故渗氦引起的漏率可以忽略。

(3) 玻璃内表面出气

玻璃体内含气量很大，主要是熔炼过程中溶入的气体，含量约 $10^2Pa\cdot L/cm^3$，在真空状态下，会逐渐释放出来；此外，还有大气下表面吸附的气体。释放出来的气体，水汽约占 90%，还有少量的 CO_2、O_2、SO_2 等。这两部分气体影响真空玻璃腔体的真空度，即影响真空玻璃寿命。减小玻璃出气量最有效的方法是烘烤加热，通常加热温度为 350～400℃。只有使玻璃彻底除气后，才能保证真空玻璃 20 年的使用寿命。

通过分析可见，熔封渗漏及玻璃渗氦对真空度影响较小，但周围熔封及抽气管分离工艺必须可靠，否则也会对真空度产生较大影响，甚至产生废品。真空玻璃内表面出气对真空度影响最大，可以用吸气剂吸收释放出来的气体及漏入的气体，维持真空玻璃腔体的真空度，使之达到预期寿命。

28.3.5 真空玻璃生产设备

真空玻璃是一种新型玻璃深加工产品，其加工工艺过程还在不断完善过程中，下面给出的工艺流程可供参考。

下料→磨边→上片钻孔→清洗烘干→布放支点→合片→涂布钎料→装架→入炉→升温封边→保温→抽空/封口→降温/出炉→检查/检测→启动吸气剂→包装/防伪。

加工真空玻璃的双封炉结构示意图如图 28-8 所示。是由普通热风炉演变而来的，主要由炉体、加热器、料架、鼓风机、真空抽气机组组成。

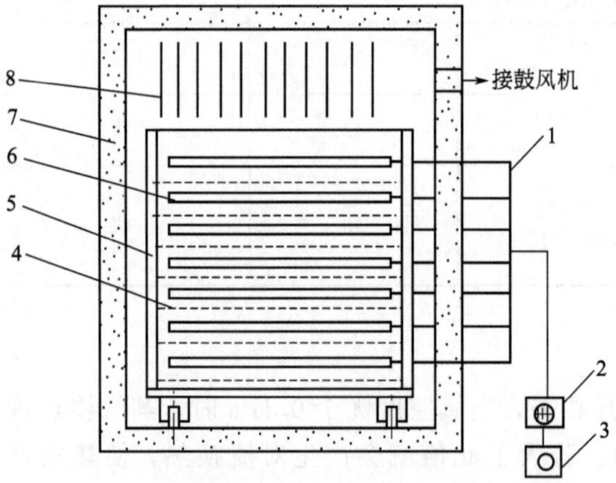

图 28-8 双封炉结构示意图
1—真空管道组；2—分子泵；3—机械真空泵；4—红外加热板；5—料架；6—真空玻璃；7—炉体；8—管状加热器

双封炉采用两种方式加热，其一是用管状加热器，通过鼓风机，对玻璃进行对流换热方式加热，因为 Low-E 低辐射玻璃镀有发射率很低的膜层，对红外反射率很高，不宜使用红外辐射加热，此加热器主要用于玻璃熔封及高温除气；其二是红外加热板加热器，采用此种加热器的原因是玻璃四周边容易形成的高温带，致使玻璃变形，产生翘曲，用红外加热板辐射加热，有利于消除由于温度不均匀性产生的变形。

真空抽气系统采用涡轮分子泵机组，一台机组可以同时抽一组真空玻璃，达到工作压力后，即可进行封离。

这种双封炉结构简单，投资少，适于小批量生产。其不足是能耗大，生产效率低，成本高。应研制步进式多室连续炉，适于大规模生产，可以降低能耗及人工成本。

28.4 幕墙玻璃

20 世纪 70 年代西方国家在建筑行业出现了称为光亮派的建筑，这种建筑物遮光部位几乎全用玻璃装饰，组成玻璃幕墙，而这种玻璃称为幕墙玻璃，幕墙玻璃的出现，可使高层建筑重量大为减轻，同时所用玻璃具有光控作用，夏天可以阻止太阳光射入，寒冷的冬天可以阻挡室内热量传出，达到节能目的。

这种新型的幕墙玻璃主要有 3 种，即①着色玻璃（茶色、蓝色、灰色等）；②镀膜玻璃；③中空玻璃，由着色玻璃、镀膜玻璃、浮法玻璃组合而成。

着色玻璃是在玻璃中加入着色剂熔炼而成，能起一定的控光作用。

镀膜玻璃是利用真空中将材料蒸发或溅射到玻璃表面上而得到的。也可以用溶胶-凝胶法制备，其镀膜原理是将金属醇盐溶液加水后，将玻璃浸渍溶胶，通过化学反应或电化学平衡使玻璃表面上的溶胶黏度增加，形成凝胶，再通过加热得到玻璃薄膜。

28.4.1 普通玻璃的光学性能

太阳光谱按粗略划分，由 3 部分构成，即可见光、紫外光、红外光。可见光的波长 0.4～0.7μm，占 48%；红外光波长 0.7～2.1μm，占 49%；紫外光波长 0.3～0.4μm，占 3%。

地球表面来自太阳的能量，有 98%的能量处于波长 0.3～2.1μm，而普通玻璃透射阳光的区域，也恰在此范围。对于厚度为 3mm 的玻璃而言，阳光垂直入射时透射率为 87%，反射率为 8%；吸收率为 5%。

在热带及亚热带地区，建筑上若使用普通玻璃，由于玻璃透射率很高，阳光通过玻璃入射到室内，使之温度升高，会增加空调费用。

28.4.2 镀膜玻璃的隔热性能

玻璃幕墙采用的镀膜玻璃有两种，一种是遮阳玻璃，亦称阳光控制玻璃；另一种是隔热玻璃，亦称低辐射率玻璃。

(1) 遮阳玻璃

在玻璃上镀上光学薄膜材料，即可达到对太阳中可见部分保持较高的透射率，对红外有较高的反射，而对紫外吸收，镀有这种光学材料的玻璃，称为遮阳玻璃。这种玻璃用于建筑物上，可达到的效果是：

① 室内有足够的亮度；

② 夏天不会因为阳光照射使室内温度过高；

③ 减少紫外辐射，可以保持室内物品不褪色。

图 28-9 给出了厚 6mm 的遮阳玻璃与厚 3mm 普通玻璃透光性能的比较。

遮阳玻璃最好镀 3 层薄膜，玻璃基片先镀一层氧化物薄膜，再镀一层金属膜，然后镀一层氧化物薄膜。金属膜材有铬、镍、钛、铁、不锈钢等。氧化物有氧化钛、氧化锡、氧化铟锡等。

美国 Airco 公司的遮阳玻璃对可见光的透射率为 8%～40%，反射率为 24%～59%，而德国 LH 公司的遮阳玻璃对可见光的透射率为 8%～30%，反射率为 9%～39%。

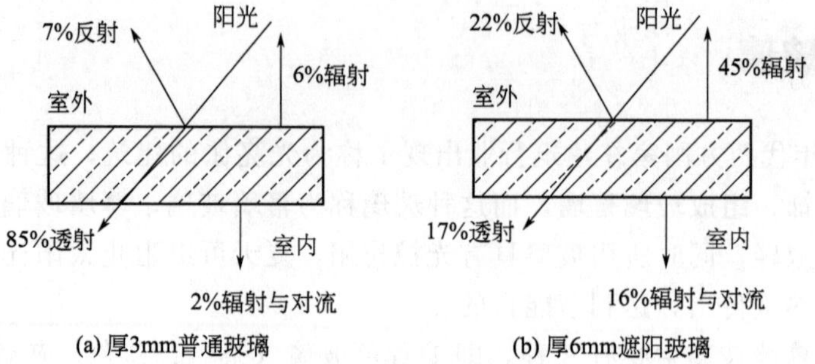

图 28-9 遮阳玻璃与普通玻璃透光性能比较

(2) 隔热玻璃

隔热玻璃是在玻璃基片上镀上 3 层薄膜得到的，第 1 层为金属氧化物，第 2 层为金属，第 3 层为金属氧化物。金属膜材有金、银、铜等。氧化物有二氧化钛。

三层膜结构：第 1 层为氧化物膜（介质膜），用以增加膜层与玻璃之间的结合力；第 2 层为金属膜，以求得到低的发射率；第 3 层为氧化物膜，为减小反射率，以便增加可见光及近红外光的透射率。这种低辐射玻璃的发射率通常小于 0.1，而透射率大于 50%。

遮阳隔热膜系种类很多，表 28-9 给出 3 种膜系供参考。

表 28-9 遮阳隔热膜系

膜系	膜层厚/nm	说明
$TiO_2/Ag/TiO_2$	30.5/12.5/21.7 18/18/18	导电隔热膜，可见光透射率取决于银膜厚度，银层厚由 12nm 增至 19nm，可见光透射率从 85%降到 60%。红外发射率几乎不变
$TiO_2/TiN/TiO_2$	18/18/18	TiN 膜在红外区有高反射率，可见光几乎不透，如果很薄，可实现可见光区为半透明，对 2μm 以上的红外光几乎可以遮蔽
$TiO_2/Ag/Cr$	72/12/10	波长大于 0.9μm 的红外区，透射率低于 10%。可见光平均透射率为 50%

28.4.3 幕墙玻璃的种类

目前我国建筑物的幕墙，或者门窗等所用的幕墙玻璃，一般都是单片的镀膜玻璃。现将市场常见的幕墙玻璃品种及特点汇于表 28-10 中，供参考。

表 28-10 我国市场常见的幕墙玻璃品种及特点

品种		特点	价格
磁控阴极溅射镀膜	基片为白玻璃	颜色均匀、色差小；膜层牢固，耐用；色调可随意调节，品种丰富。设备复杂，成本高	甲等价格，绿色为甲上，蓝、金为甲中，银、灰为甲下
	基片已着色	色调已固定，不可调节。其中连续生产线的产品质量较好；而箱式单机生产的产品质量相对要差一点	乙等价格，连续生产的为乙上，单机的为乙下
凝胶镀膜	基片着色	颜色均匀，色差小；膜层牢固，耐用；两面有膜，可带膜再深加工（热弯，钢化等）	乙等价格，高反射产品为乙上，一般为乙中

续表

品种		特点	价格
在线气相沉积镀膜	基片着色	膜层牢固、耐用、可带膜再深加工，膜层均匀度比较差，成本低，产量大	丙等价格
在线固相沉积镀膜	基片着色	膜层牢固、耐用、可带膜再深加工，膜层均匀度比较差，成本低，产量大	丙等价格
真空蒸发镀膜	基片着色	颜色均匀性比较差，色差较大，膜层比较易变色、脱落、设备简单，成本低	丙等价格，有热处理的为丙上，一般为丙中

作为建筑物使用的幕墙玻璃安全性是最重要的，为此要求使用安全玻璃。安全玻璃有两种：其一是镀膜钢化玻璃；其二是镀膜夹层玻璃。

(1) 镀膜钢化玻璃

玻璃钢化是为了提高玻璃的实际强度，使玻璃表面形成压应力层。玻璃钢化分物理钢化和化学钢化，两种方法生产的钢化玻璃的性能比较见表 28-11。

表 28-11 两种方法生产的钢化玻璃的性能比较

指标	物理钢化(风冷钢化)	化学钢化(离子交换钢化)
压应力值	$10\sim15kgf/mm^2$	$30\sim80kgf/mm^2$
压应力层深度	一般玻璃厚度的 1/6 左右	一般 10～30μm
处理后变形	略有变形	无变形
玻璃形状、厚度	一般适于 4mm 厚以上，适于较大尺寸、偏差较大	一般厚薄，大小都可以，偏差小，适于小尺寸
破碎粒度	5 块/cm^2	10～200 块/cm^2
钢化处理时间	5～10min	30min～一周
成本	低	高

钢化玻璃与一般玻璃相比，具有如下特性：

① 机械强度高。物理钢化玻璃抗冲击强度是一般玻璃的 5～8 倍，以钢球试验来说明：钢球质量 227g，样品尺寸 300mm×300mm×5mm，钢球距样品中心高 3m 自由落下，钢化玻璃不碎；而对普通玻璃，钢球距样品中心高 1m 落下，则已破碎。钢化玻璃的抗弯强度是普通玻璃的 4～5 倍，5mm 钢化玻璃抗弯强度可达 152MPa。

② 安全性好。普通玻璃碎片大，呈尖角形，易伤人；而钢化玻璃碎片为蜂窝状钝角小颗粒，不易伤人。

③ 热稳定性好。普通玻璃可经受的温差为 70～100℃，而钢化玻璃为 250～320℃。

(2) 镀膜夹层玻璃

镀膜夹层玻璃是两片玻璃之间置入透明的弹性胶片或者胶液，使之牢固黏合在一起而形成的玻璃。

由于如下 3 种因素，使镀膜夹层玻璃种类繁多，可满足不同要求：

① 原片玻璃不同，有无色或着色；透明或半透明；镀膜类等。

② 胶合层有无色的或着色的，有透明、半透明、不透明胶合层。

③ 组合方式有两种，即对称夹层玻璃与非对称夹层玻璃。对称夹层玻璃从两侧外表

面起，玻璃与胶合层的厚度及特性排列顺序相同；而非对称夹层玻璃厚度及特性排列顺序不相同。

常见的夹层玻璃有高抗穿透的、有电热丝的、遮阳光控的、防弹的等夹层玻璃。

夹层玻璃制造工艺有两种，即：

① 湿法工艺。两片玻璃之间保持所需要的距离，形成扁孔腔，将黏结剂浆液注入其中，经过加热聚合，或者光聚合形成夹层玻璃。

黏结剂的配方：48%甲基丙烯酸酯，50%苯二甲丁酯，2%甲基丙烯酸，以及0.1%过氧苯甲酰等组成。

湿法工艺生产成本低，适于中小企业。但容易产生气泡，脱胶，变色等缺陷，影响产品质量。

② 干法工艺。利用有机物胶片，如聚乙烯醇缩丁醛（PVB）胶片作为玻璃间的中间材料，在高压釜中热压制成夹层玻璃。

有机胶片种类较多，有赛璐珞，甲基丙烯酸酯类、聚氨酯、有机硅橡胶，以及聚乙烯醇缩丁醛等。

PVB胶片与玻璃黏结力大，透光率90%以上，折射率几乎与玻璃相同，耐热耐寒、抗冲击、耐湿性好，抗老化。抗拉强度大于200kgf/cm^2，断裂时的伸长率大于200%。

干法生产适于机械化流水线，生产效率高，产品性能稳定。

镀膜夹层玻璃在现代建筑上，得到了广泛应用，除具有镀膜玻璃的优点外，还有如下重要特点：

① 抗穿透性能高且安全性好。由于玻璃之间利用黏结剂黏结在一起，形成一个整体，使之抗穿透性得到了提高。玻璃破碎时，碎片粘在黏结剂形成的胶片上，不易脱落。当玻璃受撞击时，以撞击点为中心，形成辐射状裂纹，破而不透，安全性很好。各种玻璃抗穿透性比较见表28-12。

表 28-12　不同类型玻璃抗穿透性能

玻璃品种	钢球冲击试验			结果	说明
	质量/kg	高度/m	能量/kgf·m		
浮法	0.227	1.5	0.3405	穿透	破玻璃成大块，如刀飞散可伤人
钢化	0.227	4.0	0.908	穿透	破玻璃成无尖角颗粒，不伤人
夹层	2.260	6.0	13.56	不穿透	玻璃破而不透，只成辐射状裂纹；碎片牢固黏结在中间胶片上，不伤人

② 隔声隔热性能好。PVB胶片具有吸收声能和紫外线能力。使双层玻璃隔声性能得到了改善。隔热能力与玻璃热导率有关，不同类型玻璃的热导率见表28-13。

表 28-13　不同类型玻璃的热导率　　单位：W/(m·K)

玻璃类型	热导率	玻璃类型	热导率
6mm 镀膜玻璃	0.643	6＋A12＋6 中空玻璃	0.223
3＋3 夹层玻璃	0.533	3＋3＋A12＋6 夹层中空玻璃	0.159
6＋6 镀膜夹层玻璃	0.540	6＋A12＋6 镀膜中空玻璃	0.217
6＋6 夹层玻璃	0.546	6＋6＋A12＋6 镀膜夹层中空玻璃	0.197

由表 28-13 可见，厚 6mm 镀膜玻璃与普通 6mm 夹层玻璃比较，前者的热导率大于后者。厚度相同的镀膜夹层玻璃的热导率低于普通夹层玻璃。

28.4.4 中空玻璃

玻璃幕墙中广泛应用了中空玻璃，它具有优良的热性能、防震防霜性能、隔声性能。

28.4.4.1 中空玻璃结构

中空玻璃结构示意图见图 28-10。玻璃板 1、2 沿周边缘以空心铝隔框 3 分开，两玻璃之间为干燥氮气或者惰性气体。在空心铝隔框内装有干燥剂 5，用于干燥空气。玻璃片与隔框之间用高强度塑性黏结剂 7 和弹性黏结剂 8 密封，以防止外部空气漏入。

中空玻璃所用玻璃原片种类较多，有普通平板玻璃、浮法玻璃、钢化玻璃、夹层玻璃、夹丝玻璃、压花玻璃、遮阳玻璃、隔热玻璃、各种彩色玻璃、镀膜玻璃等。不同玻璃组合可以制造出 100 多个品种。其中大部分为双层或三层产品，玻璃厚度为 3～6mm，隔层空间为 6～12mm。

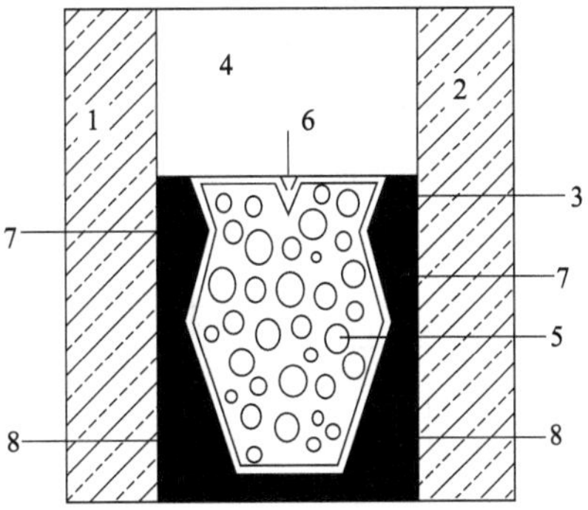

图 28-10 中空玻璃结构示意图
1,2—玻璃板；3—空心铝隔框；
4—干燥空气；5—干燥剂；
6—缝隙；7—塑性黏结剂；
8—弹性黏结剂

28.4.4.2 镀膜中空玻璃的性能

镀膜中空玻璃性能优良，主要表现在以下几方面。

(1) 隔热及抗冷辐射性能好

一般以传热系数来描述结构的隔热效果。传热系数越小，隔热性能越好。中空玻璃由于夹层之间的空气没有对流换热，使空气层隔热效果很好。如果室外温度为－10℃时，单层玻璃窗，其内约为－2℃；而三层中空玻璃窗为 13℃。

冬季靠近玻璃窗时，皮肤表面向玻璃方向散热，有冷感，这种现象称冷辐射。若室外为－8℃，室内为 20℃，3mm 厚普通单层玻璃的冷辐射区域占室内空间的 67.4％，而中空玻璃（3＋A6＋3）冷辐射区仅为 13.4％，比前者小得多。

炎热地区，希望减小阳光进入室内，则应选择传热系数小的热反射镀膜玻璃组合制作中空玻璃。而寒冷地区，恰恰相反，应选择传热系数大的普通透明玻璃，或者低辐射镀膜玻璃制造中空玻璃。

(2) 防露和防霜性能好

北方的冬季，由于室内外温差大，普通玻璃窗易结露、结霜。采用中空玻璃，可以降低结露温度。普通玻璃窗，室外温度为 8℃，风速为 5m/s，而室内温度为 20℃，相对湿度为 60％时，玻璃开始结露，采用中空玻璃（5＋A6＋5），其他条件相同，而室外温度为－2℃时，才开始结露；若用三层中空玻璃（5＋A6＋5＋A6＋5），室外温度降到－11℃才开始结露。

(3) 隔声性能好。

人们听觉可以接受的噪声为 40～50dB，一般城市噪声为 80～90dB，通过中空玻璃可将噪声降低 30～40dB。

(4) 中空玻璃可以减轻建筑物自重。

计算表明，(3+12+3) 的双层中空玻璃的隔热效果，相当于 100mm 厚混凝土墙隔热效果，而两者重量差异很大，前者 15.5kg/m^2；后者为 250kg/m^2。

28.5 离子注入机及应用

离子注入机是 20 世纪 60 年代在带电粒子加速器的基础上发展起来的装置，被广泛地应用于半导体材料制备，金属材料表面改性，以及聚合材料、陶瓷、超导材料改性中。

28.5.1 离子注入机结构原理

离子注入机结构原理见图 28-11（源自张光华、钟士谦的《离子注入技术》）。主要包括：离子源；离子引出及加速系统（21、22、23）；质量分析系统（2、4、6、7）；离子束聚焦和扫描系统（8、9）；靶室系统（12、13）；真空系统（3、5、10、11、14、15、16）等。

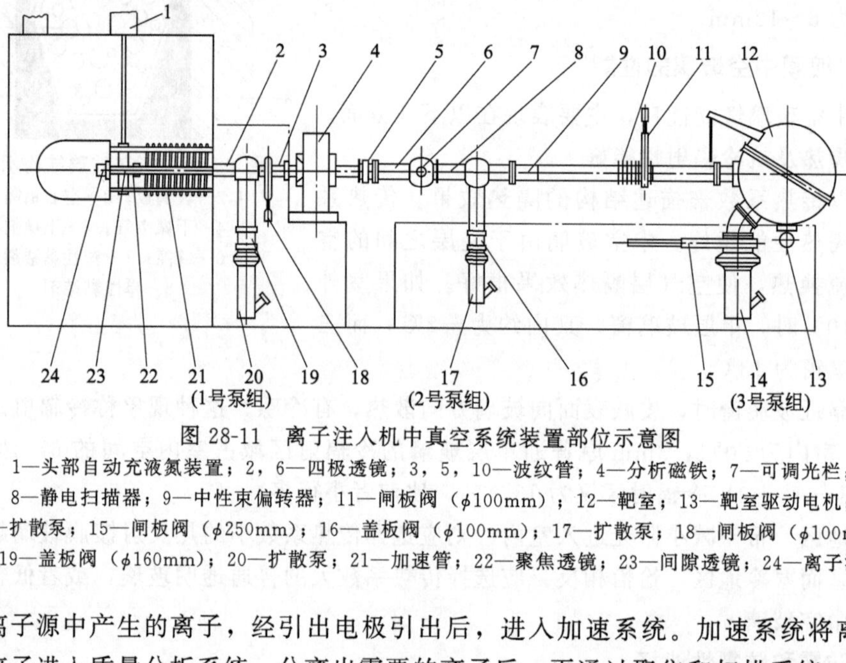

图 28-11 离子注入机中真空系统装置部位示意图

1—头部自动充液氮装置；2，6—四极透镜；3，5，10—波纹管；4—分析磁铁；7—可调光栏；8—静电扫描器；9—中性束偏转器；11—闸板阀（ϕ100mm）；12—靶室；13—靶室驱动电机；14—扩散泵；15—闸板阀（ϕ250mm）；16—盖板阀（ϕ100mm）；17—扩散泵；18—闸板阀（ϕ100mm）；19—盖板阀（ϕ160mm）；20—扩散泵；21—加速管；22—聚焦透镜；23—间隙透镜；24—离子源

在离子源中产生的离子，经引出电极引出后，进入加速系统。加速系统将离子加速，然后，离子进入质量分析系统。分离出需要的离子后，再通过聚焦和扫描系统，最后离子到达靶室内的样品上。为了使离子注入得到最佳的均匀性，整个系统必须保持真空，以避免离子的中性化和外来原子或分子对注入的影响。

根据不同的用途和性能，离子注入机分类方法各异，见表 28-14。

表 28-14 常用离子注入机分类

分类方法	种类和特征
能量分类	① 低能注入机：加速电压 5～50keV；适用于半导体离子注入 ② 中能注入机：加速电压 50～200keV ③ 高能注入机：加速电压 0.3～5.0MeV；金属离子注入

续表

分类方法	种类和特征
束流强度分类	① 弱流机:束流强度在 μA 级;适用于半导体注入 ② 强流机:束流强度在 mA 级;适用于金属离子注入
工作范围分类	① 专用机:能量可调范围小,仅能注入几种元素,主要用于生产 ② 多用机:能量可调范围宽,可注入多种元素,主要用于科研
离子源种类分类	双等离子体离子源、潘宁源、尼尔逊源、费利源、中空阴极源和高频源等
系统结构分类	① 先分析后加速类:能量低,电源功率小,造价较低 ② 先加速后分析类:提高注入元素纯度,离子能量较高 ③ 前后加速中间分析类:能量可调范围宽,机器两端高压,操作不便

① 离子源　离子源是离子注入机核心装置，用于产生各种离子。常用的离子源有高频放电型离子源、潘宁源、弗利曼源、考夫曼源、MEVVA（金属蒸气真空弧）源、ECR（电子回旋共振）离子源等。离子源工作物质不同可以得到不同的离子束，见表 28-15。

表 28-15　离子源工作物质

离子束流 /μA	工作物质	离子束流 /μA	工作物质
氢 40(900)	(H_2)	砷 65(200)	(As)(As_2O_3)
锂 15	(LiBr)	锑 40	(Sb)
钠 300	(NaOH)(NaBr)	铋 40	(Bi)
钾 300	(KCl)(KOH)	氧 100(340)	(O_2)
铷 300	(RbCl) (RbOH)	硫 90(180)	(Cs_2)(S)
铯 300	(CsCl) (CsOH)	硒 75(175)	(Se)
铜 10	(CuCl) (Cu_3Cl_3)	碲 55	(Te)
银 5	(AgCl)		
磷 6	(PF_5)	氟	(PF_5)
铍 20	($BeCl_2$)	氯 45(165)	($AlCl_3$)
镁 150	(Mg)	溴 150	(LiBr)
锌 200	(Zn)	碘 250	(KI) (NaI)
镉 140	(Cd)	氦 300	(He)
汞 165	(Hg)	氖 300	(Ne)
硼 30	(BF_3)(BCl_3)	氩 310	(Ar)
铝 40	($AlCl_3$)	氪 300	(Kr)
稼 60	($GaCl_3$)	氙 300	(Xe)
铟 105	(InCl)	钡 1	(Ba)
铊 180	(Tl)	锆 5	
碳 25	(CS_2)	铌 10	
硅 15	(SiF_4) ($SiCl_4$)	钼 10	
锗 30	($GeCl_4$)	铬 5	
锡 40	($SnCl_4$)	锰 15	($MnCl_2$)
铅 60	(Pb)	铁 20	($FeCl_3$)
氮 95(420)	(N_2)	磷 30	(PF_5)
磷 60(150)	(P_4)	二氟化硼 250	(BF_3)

注：括号内的数据表示双原子的等效电流

② 质量分析系统　离子注入机常用的质量分析器有磁分析器，正交电磁场分析器，以及四极质量分析器。经过提取的离子束（一种许多不同原子质量的混合）被分离成不同的离子束，每一种有不同的质量，这种技术叫质量分析。

质量分析是通过调节分析磁场的磁场强度来完成的。磁场强度是质量分析系统的一个可变参数，它依靠控制/监视部分的控制和监视。分析磁场的电流也可以被监视。

③ 加速系统　离子由离子源引出，经质量分析后，由于高压电源（HVPS）的作用，离子束被加速管中的电场加速并达到最终的能量。离子束的速度（能量）足够离子进入另一个材料，离子进入材料的分子结构，被称为已经注入。离子进入材料的深度直接取决于附加在离子上的能量。同样原子质量的每一个离子被赋予的总能量（keV）是离子所经历的所有电压水平改变的总和：即吸极电压和高压的和（最大 200keV）；高压电源电流可被看作是将要进入加速管的被分析完毕的离子的数目。

④ 离子束快门和可变孔阑　离子束快门可用来阻止经质量分析后的离子束，可用来打开或关闭离子束，这样只有适当数目的离子被允许到达硅片。类似于照相机的快门用来允许或阻止光到达底片的作用，离子束快门用来允许或阻止离子到达加速管。可变孔阑作为一个附加功能被合并到离子束快门装置中，用来调整闸门开启的百分比。

⑤ 离子束聚焦　经过最终的加速后，离子束被一个叫做 quadru-pole 的器件聚焦（相当于一束光被透镜聚焦）：聚焦减少了离子束被传到注入位置时的束流损失，同时对注入的均匀性也有贡献。用于聚焦的控制部分位于 Beam Monitor（ BM，束流显示），包括水平轴和纵轴控制，每一个都可独立地从零变化到最大。最大值的设定同能量设定的控制相关，这种关系叫能量跟踪（energy tracking）。

⑥ 离子束扫描与偏转　为了在硅片上完成最均匀的注入，扫描系统移动离子束在水平和垂直方向扫过硅片。在一个典型的 10 秒钟的注入过程中，离子束大约扫过硅片 4000 次。没有两次相同路径的扫描，由于平均混合，所有不规则的影响均被消除。其他可能影响均匀性的物理和几何因素也都被数字扫描系统所补偿，包括由于硅片翘曲所引起的不均匀性。扫描振幅控制位于束流显示的前面板，所允许的最大扫描振幅也由 Energy Tracking 功能控制。

⑦ 束流显示　由于聚焦、扫描、调中和偏转这些参数都是相关的，因此对它们的操作是互相关联的。对任一参数的调整都可能影响其他的参数。为了简化操作，机器有一个实时的离子束显示，它为离子束提供了定量和定性的描述。离子束显示包括一个离子束波形曲线，可由操作者继续控制调整并判断最终结果，因此即可忽略各个参数控制间的互相影响。在实际操作中，通过调整聚焦、扫描、偏转来得到一个标准的波形，这是解决这一问题的有效方法。离子束扫描信号在水平方向会得到扫描轨迹，一个信号引起一条轨迹。不同位置的扫描引起不同的轨迹，经过多次扫描得到的最终图形是束流对扫描位置的一个图形。

⑧ 靶室　靶室基本有三种结构形式：a. 机械扫描方式的靶室。它是将硅片安放在支承架上，支承架在运动，离子束准直注入（不加静电偏转扫描）。b. 静电扫描方式的靶室。它是将硅片安放在支承架上，支承架不动，离子束进行 x 方向和 y 方向扫描注入到硅片上。c. 静电扫描与机械扫描相结合称为混合扫描方式的靶室。在 y 方向用静电扫描，同时在 x 方向用机械转动进行扫描。另外还有为研究用的靶室见图 28-12，它具有附加的高温（>500℃）和低温（液氮温度）装置。

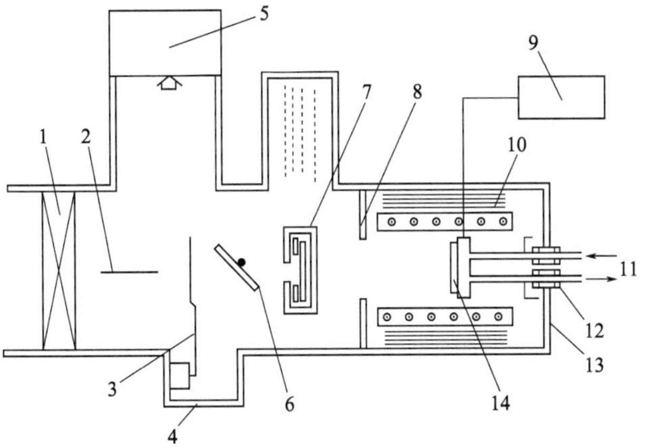

图 28-12　研究用的靶室结构

1—阀；2—离子束；3—可调光栏；4—观察窗；5—真空系统；6—离子束取样机构；7—电流密度监视器；8—障板透镜孔；9—剂量积分仪；10—圆筒炉（加热用）；11—液氮或水冷系统；12—绝缘子；13—快速分开法兰盘；14—硅片

⑨ 真空抽气系统　离子注入机的真空抽气系统可分为两类，一是有油抽气系统，二是无油抽气系统。图 28-13 所示为离子注入机的真空系统示意图。真空系统包括三套泵组，分别用于：离子源及加速管；束流管道；靶室等部位。

三套泵组均是以机械泵（旋片式真空泵）为前级泵的油扩散泵系统。为了提高真空度及防止扩散泵油的污染，在扩散泵上端安装了障板。障板的冷却方法又按不同需要分别采用：a. 封闭自循环氟利昂冷凝；b. 可通水冷却和通液氮冷凝；c. 封闭自循环氟利昂冷凝和通液氮冷凝。为了提高加速管的真空度，在离子源和加速管之间装有一个环形冷阱。每一泵组的极限真空度：$<2\times10^{-7}$Torr。

每套真空机组均由油扩散泵、挡油器、机械泵、高真空阀、低真空阀、充气阀、真空规管、真空管道及标准的真空管路附件等组成。构成原理见图 28-13。

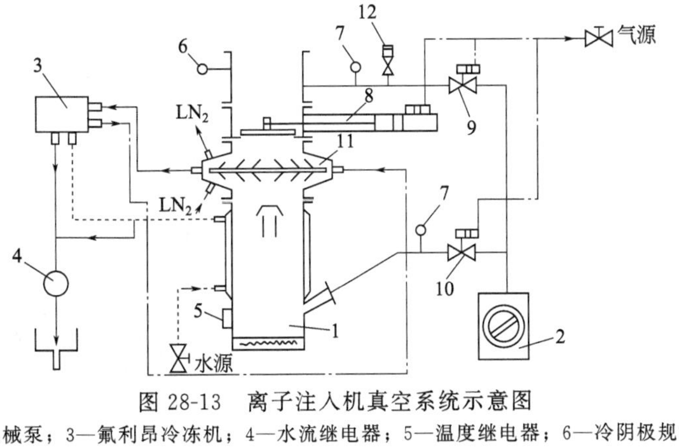

图 28-13　离子注入机真空系统示意图

1—扩散泵；2—机械泵；3—氟利昂冷冻机；4—水流继电器；5—温度继电器；6—冷阴极规管（Penning 规）；7—Pirani 规管；8—气动高真空阀；9—预抽低真空阀；10—前级低真空阀；11—障板；12—放气阀

由于有油抽气系统存在油污染，目前离子注入机采用了无油抽气手段，主泵选用低温泵及磁悬浮涡轮分子泵，粗抽及预抽选择涡旋泵、螺杆泵、罗茨泵构成的真空机组，其构成详见第 9 章相关论述。

28.5.2 离子注入机的离子源

离子源是离子注入机最主要的部件之一，其作用是将需要注入的元素电离成为离子。离子源的种类较多，现已有适用于各种离子注入机的离子源二三十种，使用较多的几种离子源见表 28-16。

表 28-16 离子注入常用离子源

离子源类型	束斑尺寸 /mm	总离子流 /mA	离子流密度 / (mA·cm^{-2})	工作压力 /Pa	工作物质	功耗 /W
双等离子体	细束	1～100	10～100	1～10	气体、固体	1000
潘宁源	ϕ2～3	1～1000	0.1	10^{-1}	气体	1000
尼尔逊源	ϕ2	1～1000	0.1	10^{-1}	气体、固体	1000
弗利曼源	4.5×45	11～10	1～10	10^{-1}～1	气体、固体	500～1000
MEVVA 源	宽束	1～100	1～10	10^{-1}～1	固体	≈1000
考夫曼源	宽束	1～100	1～10	10^{-1}～1	气体	500

28.5.2.1 考夫曼离子源

考夫曼离子源是应用较早的离子源，属于有栅离子源。从热阴极发射出来的电子经过阴极鞘层被加速而获得相应于等离子体与阴极电位差的能量，之后与进入电离室的气体原子相碰撞，气体原子被碰撞电离，形成离子及二次电子，电子及离子形成放电室等离子体。等离子体在磁场作用下向栅极运动。由于离子光学的作用，离子被引出并形成离子束流。从栅极引出的离子束经过发散混合及中和形成带能量、中性的宽离子束。离子所获得的能量应是阳极电压与屏栅极电压之和（一般而言，由于阳极电压远小于屏极电压，故近似考虑屏极电压为离子加速能量）。该离子束有能量、方向，具有一定宽度口径，又是中性的离子束，用于离子束注入机，离子束参数（能量、束流、密度）可以方便地控制。考夫曼离子源结构原理见图 28-14。

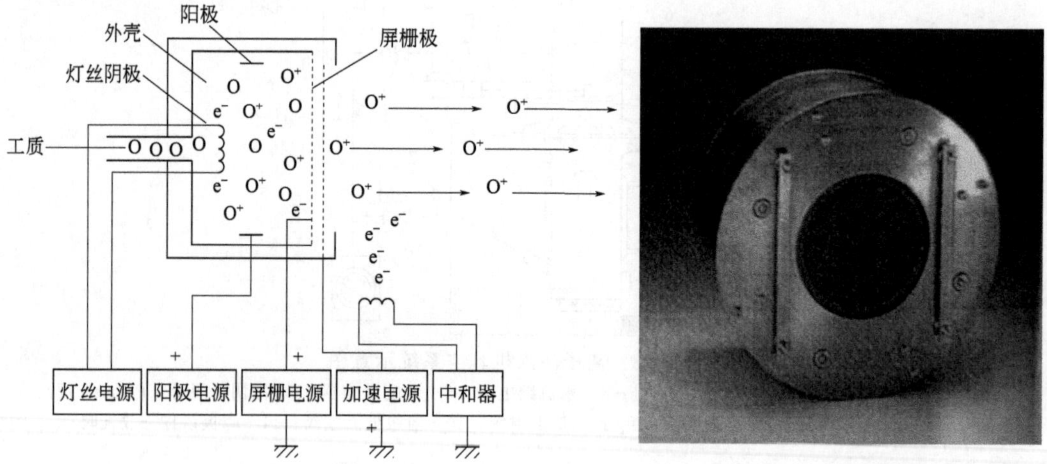

(a) 考夫曼离子源原理图

(b) 考夫曼离子源实物图

图 28-14 考夫曼离子源

放电室内部利用发散磁场或多极磁场延长了电子自由程，大大提高了放电效率。为了提高离子引出效率，应使高密度的等离子尽量靠近栅网附近，并利用发散磁场加速等离子体引向栅网附近。除此之外，还需要提高离子束的均匀性，首先进气必须均匀，并要扩大磁场的均匀区，进而造成无磁场区域。这就是多极场考夫曼离子源的由来。在多极场考夫曼离子源中，沿着放电室壁面布置了由软铁片制成的磁极靴，将磁钢夹在磁极之间，并使相邻的磁钢极性相反，于是在放电室壁面构成了电子的磁障，高速电子受到磁障的反射将不能到达阳极，从而提高了放电效率，同时在放电室中央形成弱场区或无场区，使离子束的均匀性大大提高。

考夫曼离子源的离子能量为 100～1200eV，束流密度为 20～40μA/cm^2，工作气体为 Ar、O_2。其优点是离子能量大范围可调、聚焦发散可调、束流精确控制。缺点是结构复杂、灯丝易污染、栅极需定期维护。除用于离子注入外，还应用于在线清洗、等离子体辅助沉积、溅射、刻蚀，以及用作电推进系统的推力器。

28.5.2.2 ECR（电子回旋共振）离子源

ECR 离子源是半导体注入机常用离子源。把外界的电磁波注入存在外磁场的等离子体中，在一定条件下，电磁波的电场可以同步地把等离子体中的电子加速到高的能量，从而实现将电磁波的能量转化为等离子体的能量，使等离子体加热，这就是电子回旋共振加热。当电磁波传播过程中遇到金属导体时，大部分电磁波要被反射回来，而不能穿入导体内继续传播。对于等离子体也有类似的情况，它具有导电性，也反射电磁波。尤其是等离子体中的电子，由于质量很小，有很好的流动性，所以能迅速地对外部的电磁场做出反应，并有效地阻止电磁波在等离子体中的传播。但是，在一定条件下，等离子体就像开了一些窗口，允许一定频率的电磁波进入。当外界电磁波的频率与等离子体的某个固有频率相同时，电磁波可以激励等离子体在这个固有频率下的电磁振荡，把电磁波的能量转化为等离子体的能量。等离子体内部的电磁振荡成为等离子体波，它是在等离子体的固有频率下，在受到入射电磁波或其他扰动影响时，等离子体自己产生的。在等离子体内有很多种等离子体波，因此实际上等离子体对电磁波开得窗口也是很多的。ECR 就是利用了其中的某个窗口，使 2.45GHz 频率的电磁波对单电荷态的 ECR 源中电子的加热起着很重要的作用。等离子体波固有频率由等离子体的密度决定。

微波电子回旋共振（ECR）离子源是一种无阴极源，具有电离度高、束流强度大、气压低、性能稳定等特点，是一种高密度、低气压等离子体源，能够在较低的气压下产生大面积均匀的高密度等离子体。微波 ECR 等离子源装置由微波源与传输波导、放电室、工作室、真空系统与配气系统组成。微波源频率为 2.45GHz，功率可在 0～400W 内连续调节，产生的微波经耦合波导、环行器、定向耦合器、阻抗匹配器及直波导输入放电室。放电室是形成高密度等离子体的区域，放电室为不锈钢圆腔，一端与微波输入波导相接，称为微波窗口，为了保持真空，微波窗口用绝缘陶瓷板密封，另一端与工作室相连；在放电室外侧，利用同轴线圈或永磁体组合形成磁镜场、发散场，提供电子回旋共振场并约束等离子体运动、扩散。在放电室中，电子在垂直磁场的平面上受洛伦兹力的作用而做回旋运动。当磁场强度在 875G（1G=10^{-4}T）处，电子回旋频率和沿磁场传播的右旋圆极化微波频率都等于 2.45GHz 时，电子在微波电场中将被不断同步、无碰撞加速，因而获得的能量将大于气体粒子的电离能、分子离解能或某一状态的激发能，那么将产生碰撞电离、分子离解和离子激活，从而实现等离子体放电和获得活性反应离子，形成高密度的 ECR 低温等离子体。微波电子回旋共振离子源结构原理见图 28-15。

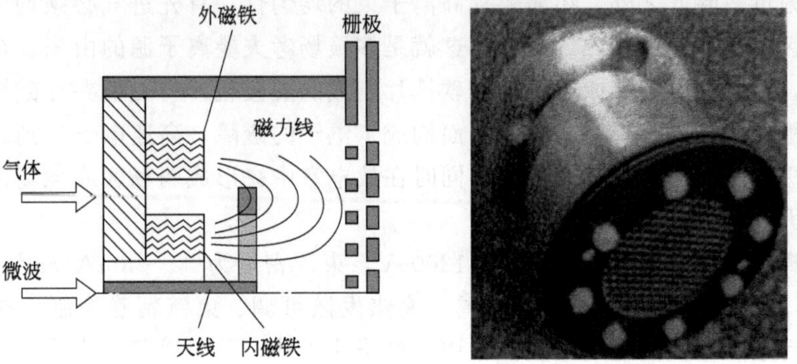

(a) 电子回旋共振离子源原理图　　(b) 电子回旋共振离子源实物图

图 28-15　微波电子回旋共振离子源

28.5.2.3 高频放电型离子源

高频放电型离子源的主要优点有：①原子型离子占的比例大（可达 80%～90%）；②寿命长（可工作数百小时～1500 小时）；③功耗小（约在 100～500W 左右）；④结构简单。图 28-16 所示为高频型重离子源截面图。

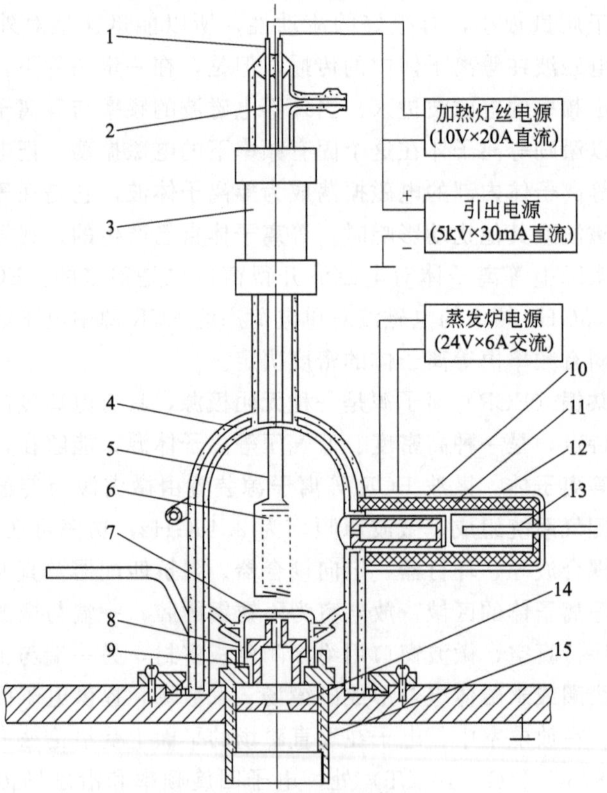

图 28-16　高频型重离子源截面图

1—连接灯丝的钨棒；2—进气口；3—真空接头；4—双层壁放电管；5—加热灯丝；6—振荡感应线圈；7—石英罩；8—引出电极；9—瓷杯；10—坩埚；11—挥发炉；12—挥发炉热屏蔽；13—热电偶；14—光栏；15—引出电极底座

离子源主要由以下三个部分组成：

(1) 放电室

加热灯丝用 ϕ1mm 的钼丝烧成螺管状，螺管直径约 10mm 左右，20～30 匝。为便于拆装和使密封处不致过热，灯丝上部与两根 ϕ2mm 的钨棒连接，进气口与放电管间用一真空接头实现真空连接。灯丝加热电流（直流）10～15A。

高频放电采用横置感应线圈的电感耦合方式，振荡频率为 25MHz，振荡器输入功率约 200～400W。

(2) 引出系统

引出系统的主要尺寸是：孔道长 8mm，孔道直径 2.5mm，石英屏蔽罩中央孔的直径是 5mm，引出电极顶面至石英屏蔽罩顶面间的距离为 2.5mm。

为了限制引出束的散射角，在底座内加了一个直径 4mm 的可调位置的光栏。实验证明，这种光栏显著地减小了引出束流的发射度。

(3) 供气系统

供气系统由进气口和挥发炉组成。系统中可用气态、液态或固态物质当作源。

28.5.2.4 Penning 型离子源

冷阴极 Penning 型离子源结构如图 28-17 所示。气体从离子源进口处 5 进入放电室，放电室中有 400G 的磁场。从阴极发射的电子在放电室内被阳极电压加速，同时，电子在这个磁场中沿轴向作螺旋形前进运动。这样一来，电子从阴极向阳极运动过程中增加了路程长度，因此，电子同放电室内的气体分子发生碰撞的概率显著增加，Penning 源不仅可以产生带一个电荷的正离子，而且可以通过碰撞产生带两个或多个电荷的正离子。

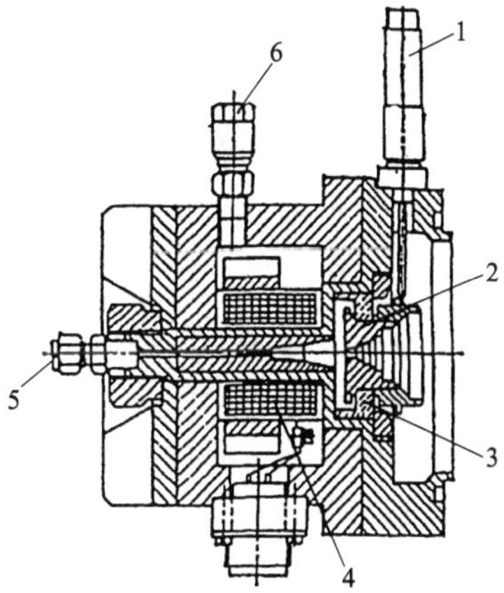

图 28-17 冷阴极 Penning 源结构图
1—阳极；2—阴极；
3—氮化硼绝缘子；4—线圈；
5—离子源进气口；
6—冷却用压缩空气进口

为了提高离子源的寿命，在阴极中间的气体出口处，用压配合的方法镶上一个内径 2mm、外径 5mm、长 6mm 的铍电极。利用离子轰击铍电极产生大量二次电子来增强放电。

这种结构获得的离子束流为，B^+：200μA，P^+：120μA，As^+：120μA（扫描之前的束流）。用 BF_3、PFs 和 AsF_3 作离子源工作物质，前两者为气体，后者为液体，纯度均在 99%以上。

离子源阳极电压为 7000V，吸极电压为 40～50kV，束流能散度为 500 V。

28.5.2.5 热阴极离子源

热阴极离子源可用气态和固态工作物质。用钨丝做阴极，外部有一圆筒状的阳极与阴极同轴安装。这种源能产生多电荷的正离子，如：P^{++}、P^{+++} 等。放电电压为 75V。离子能散度为 10eV。图 28-18 为热阴极离子源结构示意图。

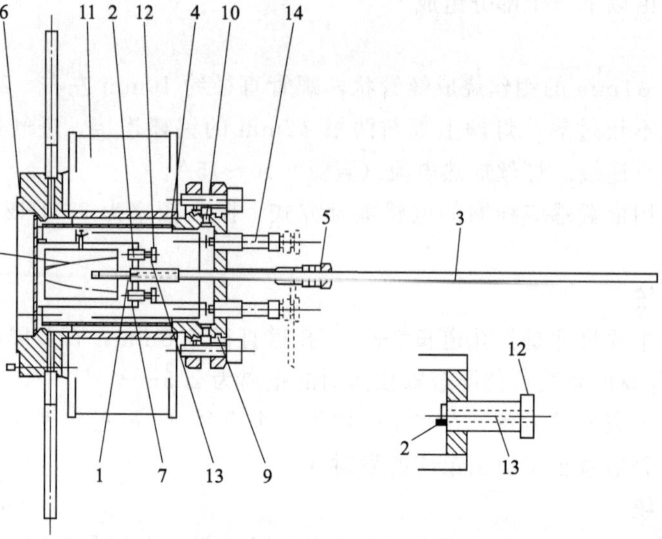

图 28-18　热阴极离子源结构图

1,2—螺钉；3—支架；4—毛细管；5,6—O 形环；7—固紧环；
8—热阴极钨丝；9—垫圈；10—中心环；11—螺线管；12—接线端；13—钨丝通孔；14—凸缘

28.5.2.6　双等离子体离子源

双等离子体离子源（简称双等源）是一种常用的气体放电细束离子源。它具有电离效率高、能散度小、亮度高的优点，可以聚成微米束。典型的双等源结构如图 28-19 所示。其放电原理见图 28-20。

双等源由阴极灯丝、圆锥形的中间电极和阳极组成，阳极前还用拔出极对离子加速聚束。中间电极和阳极均由纯铁制成，它们与电磁线圈产生的磁场构成磁回路。在中间极与阳极间的气隙中造成高达近 1T 的不均匀磁场。工作时热阴极首先发射电子，经过阴极前的鞘层使电子加速取得能量。电子即轰击并电离氩或氙原子，形成等离子体，产生电弧。电弧首先在阴极与中间极之间引燃，而后扩展到阳极。等离子体受到中间电极的锥形壁的收缩，引起电子气的压力梯度，为了平衡该压力梯度，等离子体在靠近中间极孔道形成一个清晰明亮的由第一双鞘层包围的“泡”，如图 28-20 所示。该双鞘层建立的电场力与电子气压力梯度相平衡。这个“泡”的球面双鞘层对来自阴极的电子起加速和聚焦作用，从而强化了这个“泡”的电离。“泡”内是电子温度和带电粒子密度都很高的等离子体。双等源的第一双鞘层实现了对等离子体的空间压缩。

高浓度的电子通过中间极继续向阳极行进。在强的非均匀磁场的作用下产生等离子体的箍缩效应，又形成第二双鞘层。阳极与中间极的压降大部分降在此双鞘层上，于是电子再次得到加速，在阳极孔处得到了高达每立方厘米 10^{14} 个 ions 的高密度等离子体。等离子体又再次承受磁压缩。所谓双等离子体就是以中间极为界的空间压缩等离子体和磁压缩等离子体的结合。由于经过两次压缩，双等源的电离效率很高，一般能达到 50％～90％。双等源工作气压一般为 1～10Pa。

由于双等源的等离子体密度很高，通常都采用在阳极下游加扩散环的办法来稀释等离子体，从而得到合理的发射鞘层形状。为了改善发射鞘层沿径向的离子密度分布的均匀性，要在扩散环中屏蔽主磁场，并采取措施避免壁面吸收更多的电子流（可以使扩散环偏置或加以绝缘）。

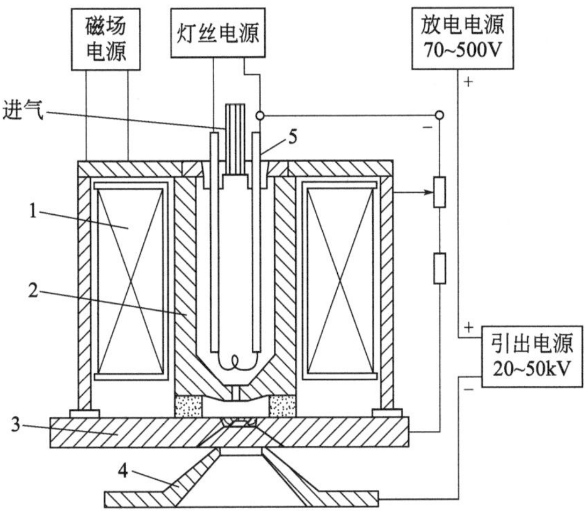

图 28-19　双等离子源结构图

1—磁场；2—中间极；3—阳极；4—引出极；5—阴极

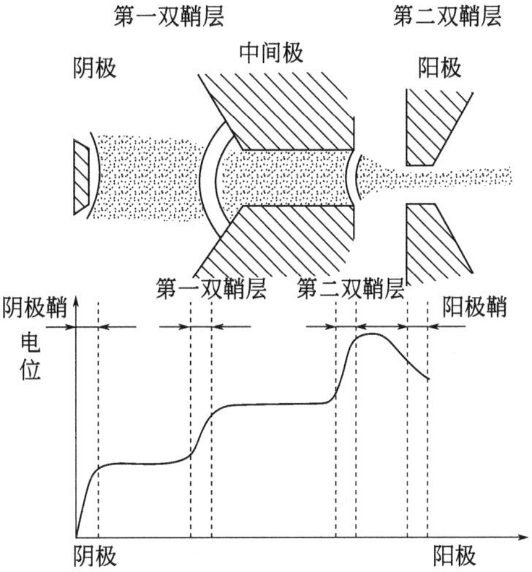

图 28-20　双等源放电模型和轴上电位分布

28.5.2.7　MEVVA 离子源

图 28-21 是 50 型 MEVVA 离子源的构造简图，它由金属蒸气等离子体放电室、漂移空间和离子引出系统三部分组成。在等离子体放电室中有阴极（由注入金属制成）、阳极和触发极。离子引出系统是普通的三电极系统。MEVVA 离子源工作于脉冲方式，占空比为 1/1000～1/50。在每个脉冲循环，先加脉宽几个微秒、脉冲幅值为 10～20kV 的脉冲触发电压，使阴极和触发极之间产生放电火花，并产生少量的等离子体流向阳极，引燃阴阳极之间的主弧。此时在阴极表面形成阴极斑，其表面局部流密度高达 10^6A /cm^2，可将阴极材料气化和离化，形成密集的同轴形等离子体，离开阴极表面向真空度高的方向扩散，大部分流过阳极中心孔，到达引出极。离子从中被引出，形成离子束。

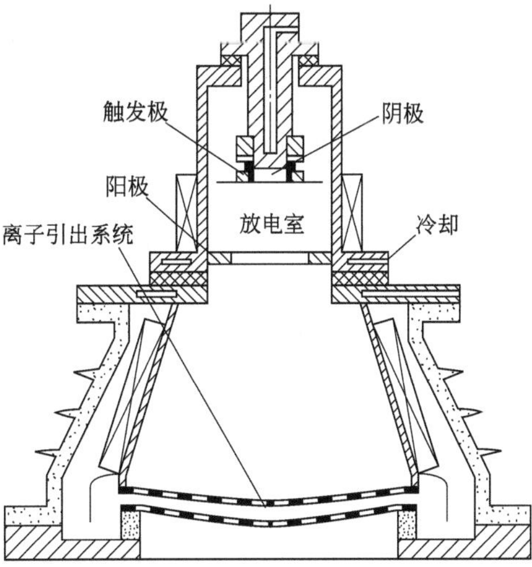

图 28-21　50 型 MEVVA 离子源的结构原理图

MEVVA 离子源工作可靠，结构简单，常常被设计成多阴极形式，在不破坏真空的条件下给出多种元素的离子。其突出优点是束流大、束斑大且相当均匀。对于许多金属元素，MEVVA 离子源能给出带 2～5 个电荷的多电荷态离子束，使离子能量成倍增加，改善了注入元素分布的均匀性。此外离子束的纯度也相当好。以上这些特点使得 MEVVA 离子源得到了广泛的应用。

28.5.3 强流氧离子注入机

制备 SOI（silicon on insulator）材料的 SIMOX（separation by implanted oxygen）技术因其工艺简单、易控制、重复性好、成本低、易向商业化过渡等优点而引起了 SOI 材料界更为广泛的关注。SIMOX 技术所需要的最关键的设备就是大束流专用氧离子注入机。专用氧离子注入机与常规离子注入机有较大的区别：注氧时间长，注入剂量大，注入过程中要求晶片保持 600℃左右的高温，金属污染非常低。

SOI 基超大规模 CMOS 集成电路与传统硅基器件相比，有着高抗辐照、高速度、耐高温、低电压、低功耗等优良的性能，在军事、航空领域内得到了重要的应用。近年来，随着信息技术的迅速发展，尤其是互联网、高性能网络信息处理系统的飞速发展，基于 SOI 技术的光波导开关、光子晶体等光通信器件也得到了前所未有的深入研究和发展。因此，SOI 技术被认为是 21 世纪的硅集成电路技术。

SIMOX 技术是目前最经济，也是应用最广泛的 SOI 制备技术。该技术是通过一定能量将较高剂量（$2\times10^{17}\sim10^{18}cm^{-2}$ 以上）的 O^+ 注入到单晶硅中，经过超高温（≥1300℃）退火后，形成 SOI 结构。SIMOX 技术可在表层硅下面形成边界十分陡峭的 SiO_2 埋层，并保持了表层硅的单晶特性。这种方法简单易控，但是要求注氧剂量大，因此需要大束流（数十毫安）的氧离子注入机。国外已有较大束流（>50mA）商用氧离子注入机。

为满足国内 SIMOX 技术发展的需要，中国电子科技集团公司第四十八研究所唐景庭等研制成功了一台大束流的专用强流氧离子注入机。专用强流氧离子注入机的光路结构主要包括：离子源、质量分析器、加速管、磁四极透镜系统、30°扇形磁偏转器及靶室等。

(1) 注入机离子源

集成电路生产线上通常采用的大束流离子注入机是靠有灯丝的离子源来提供强大的离子束的。而要产生 S1MOX 工艺所需的氧离子束，灯丝源的灯丝很容易被氧化且污染严重，所以必须采用无灯丝的强流 ECR 微波离子源，这是提供强流氧离子束的基础，是 SIMOX 技术的核心。研制这种离子源，首先采用计算机模拟建立各种放电、引出的边界条件，分析选取最佳的放电室结构、引出系统、微波传输系统并使离子源性能满足以下条件：

① 使用活性气体时具有抗氧化和耐腐蚀性且工作寿命达 300h 以上；

② 电子在磁场中回旋运动，高效率的共振吸收微波能量碰撞气体分子从而产生高密度等离子体；

③ 放电工作稳定，电离效率高；

④ 引出束流在 40 mA 以上（其中 O^+ 大于 60%）。

离子源引出为多孔三电极结构（即加减速结构），在最高电压和最大引出束流下长期工作，不应有影响离子源和高压稳定工作的放电现象。离子源区需要控制和监测的部件有磁控管、源磁场、送气和引出系统等。这些处于高电位的需要调节和控制的参数均采用光/电转换方式，用光纤隔离并传送到地电位的微机上进行远距离监测和控制。

微波频率为 2.45GHz，微波能量通过波导管透过微波窗进入放电室，与电磁线圈产生磁场共同作用使氧气分子发生电离形成高密度的等离子体。离子源最大引出电压为 50kV。

(2) 强流离子束的传输光路

强流离子束光路上的单元有磁分析器、加速管、三单元磁四极透镜和扇形磁偏转器。

该机的最大能量为 200keV。考虑到低能束流传输效果及能量污染，确定最大引出电压为 50kV，后加速电压为 150kV。磁分析器的出/入口采用圆弧旋转极头，通过计算机控制与极头相连的步进电机，可以灵活调节质量分析器的出/入口角度，以改变强束流离子进入加速管的参数，保证束流在加速管内的有效传输。磁分析器电流的大小是由微机根据离子的质量数和控制引出电压来自动控制。

强流离子束传输时，在低能端空间电荷的影响较大，高能端影响较小，因此，在低能端需调节电极之间的距离，以补偿空间电荷的影响，本机采用单间隙加速管，最大加速电压为 150kV，其中，加速电极之间的间隙是可变的，利用计算机控制高电位上的电极移动，不同能量时对应不同的加速间隙，可获得较好的束流传输效率及聚焦特性，避免了束流散射到加速管的内壁上，引起高压打火或微放电产生微粒污染。在地电极的前端设有抑制圆筒电极，加有－2kV～－5kV 的抑制电压，可抑制二次电子的返加速，从而减少 X 射线的产生。各电极筒放置在瓷绝缘环内，并在电极与绝缘环内表面之间采取一定的措施，使绝缘体内表面对电荷的积累和污染有一个良好的屏蔽。大功率高压电源是强流离子注入机实现能量提升的重要手段，强流离子束最终获取到的能量主要由它来决定，为了实现强流离子束的顺利传输，要求大功率高压电源输出功率大、输出电压满足离子束能量指标、输出电压稳定性好、耐高压打火和抗干扰等。

在加速管后方设置三单元磁四极透镜，将加速管的像点投影到靶上，使离子束获得良好的聚焦，即使在能量较低时仍可获得良好的束流品质。同时，通过调节透镜的磁场，使束流到靶片上的形状为长条形（40mm 宽×125mm 高），且束流密度分布均匀。当晶片随靶盘的均匀旋转而扫过束流时，即可实现均匀注入。扇形磁偏转器用于二次提纯注入离子束，保证注入氧离子纯度。束传输的扁管盒用硅作衬壁，以防止束流溅射产生金属污染。出入口以及励磁线包用去离子水冷却。分析光栏用高纯度硅做成，以减少金属污染。

(3) 高温旋转扫描靶

SIMOX 工艺不同于常规半导体离子注入掺杂，要求 600℃左右的高温注入。高温注入技术不仅要求在真空中将晶片加热至 600℃左右，且要实现：①十几片高速旋转的硅片均匀加热；②由于离子束轰击自身加热，对样品架的加热技术必须精确控制，以使样品稳定在一定的温度。高温注入是减少顶层硅损伤，实现 SOI 三层结构的重要保障。注入机需配备高温旋转扫描靶，高温靶室不仅要求满足额定晶片尺寸、高生产率，且要求对晶片进行原位在线温度测量，以控制和调节加热器和注入束流功率。必须解决高温下的样品架动密封和动平衡问题。靶室需要采用柔性置片技术和防微粒污染及重金属粒子溅射污染技术，以满足高洁净度和高纯度注入，确保精确测量剂量，达到较高的注入均匀性和重复性的要求。

高温旋转扫描靶室示意图如图 28-22 所示。传输到靶室的离子束是离子分布均匀的长条形束，条宽大于靶片尺寸。纵向和横向扫描靠装片盘转动来实现。靶室由靶盖、靶片盘、束均匀性测量装置、法拉第筒、加热器、红外测温装置、磁流体密封器、轴承座、电机、机架等部件组成。

在换靶片盘、清洗修理时，靶壳通过调节机构下降，以便和机架一起用车轮拖出靶室房。为了便于安装，靶盖和靶壳之间设计了定位机构。靶盖装有方形管道，用法兰与闸板阀相连接，上面装有预抽真空接口、充 N_2 接口、高、低真空测量接口、束均匀性测量装置、观察窗、测温探头和换片用盖板。

为防止装卸片过程中微粒污染，装卸部位顶端设置10级净化层流罩。为防止注片前束线方向带来的微粒，采用过滤的清洁气流对靶盘进行清洗，采用真空泵将微粒抽走，清洗过程由主计算机自动控制。

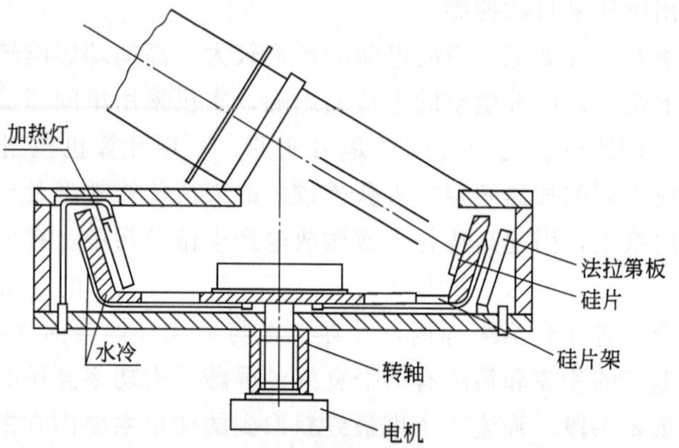

图 28-22 高温旋转扫描靶室示意图

(4) 剂量测量和剂量均匀性控制

为使离子束均匀注入到硅片上，采用了半机械扫描方式，即利用磁聚焦系统将束拉成竖长条形，在垂直方向覆盖整个晶片，水平方向通过靶盘旋转来扫描。剂量控制和均匀性测量利用靶盘上晶片之间的16个小孔来实现，小孔在靶盘上的排列位置，呈螺旋形，如图28-23(a)所示。

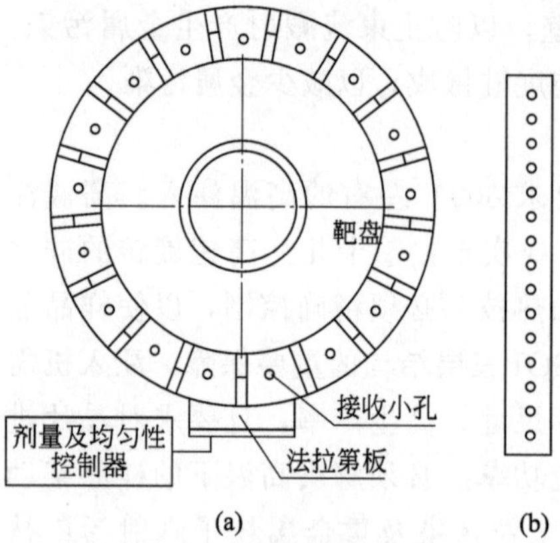

图 28-23 剂量控制及均匀性测量原理图

这些小孔投影到垂直方向上，则是一排等间距的小孔，如图28-23(b)所示。小孔后面是带有磁抑制的法拉第接收板。当靶盘旋转时，束流通过小孔到达法拉第板上，形成一个束脉冲，靶盘旋转一周，就得到16个束流脉冲，剂量控制器对这16个束脉冲进行采集，计算出它们之间的误差。若误差在允许范围之内，则认为束斑在垂直方向是均匀的。若不均匀，则需通过调整磁聚焦系统，使其达到均匀。因为水平方向是旋转扫描，故只要束在垂直方向是均匀的，注入剂量就会均匀。剂量积分则取中间的一小孔的束流来进行积分，积分结果除以小孔面积得到剂量，因为晶片与小孔是等速扫过束斑的，所以只要测得小孔的剂量，也就得到了晶片的剂量。当剂量达到设定值后，剂量控制器就向上位机发出“注入完毕”信号。上位机接此信号后，就自动降掉微波源功率，停止引束。

(5) SIMOX晶片防污染的措施

均匀性好、没有金属和粒子污染的SIMOX晶片才能适合于制造SOI-CMOS器件。因为金属污染可使器件因漏电流过大而失效，粒子污染则会引起较高位错密度。因此，洁净度对SIMOX SOI工艺极为重要。该强流氧离子注入机对污染进行了充分考虑，并采取了如下的措施加以避免。

① 优化束流传输系统的设计，降低微粒污染　离子束在传输过程中由于束流发散，在真空管壁上发生溅射，极易产生微粒。这些区域有：引出电极、磁分析器、加速管及靶室。为此，对引出电极和加速电极，采用仔细的物理设计，合理分布电势，同时提高真空度，减小微放电束流溅射产生的微粒污染。为防止靶室前部真空管产生溅射污染，在加速管后面，配置三单元聚焦四极透镜，使离子束获得良好的聚焦，以减少溅射产生的微粒污染。

② 光路元件的保护　对常与离子束碰撞的光路部件均以硅进行保护，防止束流溅射产生的金属微粒污染。

③ 光路部件的选材与加工　束流传输通道各光路部件，严格选取表面粗糙度好、干净的材料，加工必须符合粗糙度要求。防止残留物引起的微粒污染。

④ 靶室的特殊设计　注入室及装卸片区是产生微粒污染的主要区域，采取有效的措施，为此拟对终端台进行特殊设计，如设置自动清洗程序。

⑤ 局部净化　在装卸片区顶端设置 10 级净化层流罩。提高装卸片区域的洁净度。

28.5.4　离子注入的应用

离子注入是一种掺杂的方法，由于掺杂的均匀性高，直进性强，不受晶体内位错及缺陷的影响，可以精确控制掺杂的浓度分布，并且，离子注入可和制造硅器件及化合物半导体器件工艺相容。所以，离子注入已在半导体器件制造中用于控制表面掺杂、埋层、形成突变结、精确对准注入等方面。由于Ⅱ-Ⅵ族半导体材料的直接禁带较宽，发射的光谱在可见光范围，因而，它们是重要的光学元件的材料，如 ZnS、ZnSeS 可用于制造发蓝光的二极管。ZnO 和 CdS 是压电半导体，它们可用产生的声学表面波来调制和偏转光束。窄禁带的 CdHgTe 和Ⅳ-Ⅵ族化合物，可用于制造高效率的红外探测器。Ⅰ-Ⅲ-Ⅵ三元化合物可用于制造光通信系统中的元件。Ⅱ-Ⅵ族三元化合物是磁性半导体。SiC 是宽禁带半导体，具有耐熔性，适于制造高温大功率晶体管和二极管。Cd_3As_2、InAs、InSb 和 GaAs 中的载流子迁移率较高，适于制造高频和微波器件。Ⅲ-Ⅴ族化合物 GaN 是制造发蓝光或紫外光激光器和发光二极管的材料。在所有化合物材料中，对 GaAs 和它与 P 或 Al 构成的三元化合物研究得最多，这些研究包括激光器、发光器件、微波器件（耿氏二极管、GaAsFET）以及 GaAs 微波逻辑电路和在集成光电子学领域中的应用。以这些材料为基础制造各种元件时，离子注入是一种重要的工艺方法。

金属中的离子注入。在工业生产中，大量的机器在运转过程中发生相对运动，因而，各个部件受到磨损。为了减少这种摩擦造成的机器损坏，通常在部件相对运动的表面间涂上润滑剂，在很高压力、真空或高温条件下，液态润滑剂是不适用的，而采用固态的或者“干”的润滑剂，主要是因为它们的蒸气压低的缘故。但是这些固态润滑剂作为保护膜使用时，必须包含有某些形式的黏合剂，否则，它们在金属上的附着能力变得太差，这是工业生产中一直存在的一个大问题。此外，一些机器、仪器长期在高温、潮湿或有害气体环境条件下工作，金属被氧化、腐蚀，而使机器、仪器慢慢受到损坏。

离子注入金属可以改变它的物理、机械硬度，疲劳、磨损以及化学方面的性能。离子注入金属后使材料在耐化学腐蚀、耐摩擦、增强硬度等方面得到了改善。

绝缘材料中的离子注入。在光频率下，于一根软光纤中进行信号传递，信号的容量可比射频或微波频率下的容量大，损耗也小，所以成本也相应地降低。由于离子注入可以用来控制材料的光学性质，结合电子束或光刻技术，便可以制造光波导或各种类型的光耦合器。

离子注入在超导材料中的应用。许多金属在低温下变成超导材料，这些金属包括在周期表的各族中。在这些纯金属中，铌（Nb）在正常条件下的转变温度最高，$T_c \approx 9.2K$，在 200kbar 的高压条件下，镧（La）的转变温度 $T_c \approx 13K$。在大多数技术应用中，希望超导体的转变温度能够在 25K 以上，目前，Nb_3Ge 合金的转变温度最高，$T_c \approx 23K$。由于超导合金的晶格不稳定，形成超导合金后，又迅速变为不是超导的稳定态。因而，系统地研究各种组分合金的超导性，就需要首先制备这些合金。利用离子注入技术，可以很容易地改变溶剂元素在基质中的浓度，便可以测量超导性质随溶剂浓度变化的规律。

28.5.4.1 离子注入对硅太阳电池性能影响

从 1954 年第一块单晶硅太阳电池问世以来，作为太阳电池的主要发展方向，晶硅电池技术取得了重大进步，光电转换效率从最初的 6%提高到现在的 24.7%（仅考虑单节非聚光模式下的太阳电池），然而这与晶硅电池的理论极限效率 31%还有很大差距。常规晶硅电池的工艺流程，在此基础上的单晶电池转换效率可达 18.8%，多晶电池转换效率可达 17.5%。在不改变工艺方法和器件结构的前提下，晶硅电池的转换效率遇到瓶颈，如何进一步提高其转换效率成了各大厂商和研究机构的重点课题。

董鹏等对在硅片中注入相应的杂质原子（如硼、磷、砷等）对硅太阳电池性能影响进行了研究，注入杂质原子可改变其表面电导率或形成 p-n 结。常规晶硅电池通过高温扩散的方式制备 p-n 结。高温扩散是热化学反应和热扩散运动的结合，p-n 结质量受化学结合力、扩散系数和材料固溶度等因素的限制，且长时间的高温过程会对硅片晶格结构造成损伤。另外，由于扩散炉设备的限制，扩散工艺还有一个难以克服的缺点，就是掺杂的均匀性较差。用离子注入技术代替高温扩散制备 p-n 结，可有效解决上述问题。

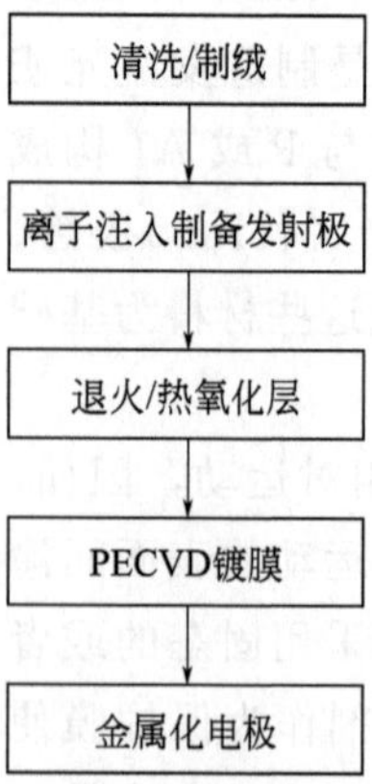

图 28-24 离子注入电池工艺流程图

离子注入由于精准的掺杂水平，已经广泛应用于集成电路领域的研究和生产，但受限于其高昂的价格和严格的工艺控制要求，该技术一直未在晶硅电池领域推广。随着光伏行业对高效电池技术的需求，相关设备厂商和研究机构开始将离子注入技术引入到高效晶硅电池的开发中，并尝试将其产业化。

用离子注入技术代替传统扩散技术，可很方便地实现晶硅电池的产业化，其工艺流程如图 28-24 所示。离子注入过程中高能离子对硅片晶格会造成一定损伤，可通过高温退火的方法消除该损伤，利用退火这一步骤可同时在硅片表面生长一层薄的 SiO_2 层，对硅片表面起到钝化作用。

离子注入技术相比传统扩散技术在晶硅电池中的优势有：①发射极在高方阻情况下能保证很好的均匀性；②退火过程同时可对发射极进行热氧化钝化，减少表面复合损失；③离子注入制备的发射极能与丝网印刷电极有更好的接触，减少接触电阻损失；④不用对边缘进行刻蚀，进而增加了电池的有效受光面积，减少光学损失；⑤无需去磷硅玻璃（PSG）这一步骤，减少污染和化学品消耗；⑥通过控制离子注入工艺的注入剂量、离子能量和退火工艺能精确控制掺杂水平；⑦离子注入技术可方便实现图形化区域掺杂，可实现选择性发射极，也为背接触电池（IBC）等高效电池结构提供了可能性。

相对于传统扩散技术，离子注入技术制备的发射极具有更低的表面复合速率和更好的表面钝化效果，使离子注入电池在短波区域的光谱响应较高，即蓝光响应较好。

表 28-17 为分别用扩散和离子注入制备的电池电性能对比。由于离子注入制备的 p-n 结均匀性更好，具有更好的短波响应，离子注入制备的电池开路电压 V_{OC} 和短路电流密度 J_{SC} 均有明显提高，平均转换效率 E_{ff} 比扩散制备的电池高 0.5%左右。

表 28-17　扩散和离子注入制备的电池电性能对比

工艺	V_{OC}/V	J_{SC}/mA · cm^{-2}	E_{ff}/%
扩散	0.631	36.92	18.71
离子注入	0.642	37.50	19.23

28.5.4.2　离子注入在纳米集成电路工艺中的应用

随着半导体集成电路技术迅速发展，半导体芯片在移动设备领域的应用越发广泛，相应对芯片在能耗和处理速度上的要求也越来越严格，从而推生出一系列半导体制造技术领域的重大创新。其中，既包括器件结构更新如平面器件向三维器件立体结构的转换，也包括工艺模块甚至单项工艺技术的创新。如今，立体栅结构已成为 22nm 技术节点以下逻辑器件的行业主流，各工艺的优化也都围绕着这类器件的需求展开。屈敏等对纳米集成电路注入离子工艺进行了探讨。

（1）当前掺杂工艺在鳍型栅器件（FINFET）制备工艺中面临的主要问题

2011 年 5 月，美国 Intel 公司率先发布了其基于体硅 Finfet 结构的处理器，代号为 Ivy Bridge，与以往不同的是，该处理器上集成的 CMOS 器件都包含在体硅上刻蚀出的一个或多个立体沟道，有效地提高了器件的栅控能力。从工艺角度来看，这类结构对掺杂技术的需求与传统的平面器件有显著的不同，主要包括：①在源漏延伸区形成共形掺杂，以保证载流子在 Fin 沟道上的均匀分布；②低掺杂高迁移率沟道的形成；③阵列图形尺寸的不断缩小限制离子注入的入射角度、否则就会出现注入阴影效应；④立体器件结构的注入表面损伤降低及修复。针对这些问题，等离子及中性束掺杂、低温注入以及热注入等新型注入工艺被引入了 3D 器件的制造当中，有效地提高了器件的性能。

（2）等离子体掺杂（Plasma Doping）

等离子体掺杂又称等离子体浸没式掺杂，该技术是近年发展起来的一种新型的离子掺杂手段，特别是在 3D 结构器件的制备中，具有十分重要的应用前景。它的基本工作原理是：硅晶圆被置于一个真空腔体中，另一侧与硅片平行的位置设置一个阳极板，晶圆位于阴极位置，当腔体内通入包含掺杂元素的气体（如 BF_3）后，气体分子在极板间电场的作用下电离，形成等离子体，随后在晶圆上施加负脉冲电压. 使得等离子体中的正电荷穿过鞘层入射到晶圆当中，脉冲电压即反映了离子的入射能量，通过控制脉冲宽度可以降低电荷电压对衬底的损伤，同时为了避免工艺过程中等离子体对衬底表面的刻蚀效应，也需要非常高的频率和极短的注入时间。

相对于传统的束线注入方式，通过改变等离子体的状态，可以同时实现多角度注入。

达到共形掺杂的效果。此外，需要注意的是，在晶圆上施加负脉冲电压时，所有电离的正电荷包括离子和分子，例如 BF_3 注入时产生的 B+、BF+、BF_2 +等都会在电场作用下向阴极运动，最终注入到衬底当中，因而存在一定数量的 F 被注入到衬底中，影响器件的性能，这时可以通过适当调节注入过程中的气体压力，偏压以及频率等参数，改变 F/B 的比例以达到较好的效果。

(3) 中性束注入技术（neutral beam implantation）

低能离子注入过程中、在器件的绝缘介质上或者半绝缘区可能会出现电荷的积累，受库仑力的作用，离子注入过程中的角度控制变得更加复杂，同时还会形成表面损伤，从而对器件性能产生负面的影响。因此控制器件表面绝缘介质上的电荷水平是十分必要的，这样可以避免电子和离子轨迹的近场扭曲，以及局部融化和介质击穿等问题。中性束注入就是一种将离子束转化为高能中性束的方法，这种方法可以抑制注入过程中的表面电荷效应。离子激发的腔体与等离子体掺杂类似，以此获得较宽泛的离子入射角，同时在束流通道上设置格栅阵列，当离子束以碰撞形式通过时，经过电子转移会将离子束转换为高能中性束注入到硅晶片上，从而有效抑制了器件的表面电荷积累效应。

(4) 低温注入（cryo-implantation）

低温注入是近年来业界开发的一种新的注入手段，可以用来提高杂质激活度，降低 PN 结漏电。在离子注入的过程中，入射离子在衬底内发生级联碰撞，对衬底造成损伤，产生大量的缺陷，这些缺陷的产生与注入过程中衬底的温度有很强的相关性，一方面它会影响注入中级联碰撞的损伤生成机制，另一方面它又会影响到由于注入本身引入的缺陷动态退火过程。G. Hobler 等通过经典动力学仿真（CMD）和蒙特卡洛动力学仿真可以获悉，注入损伤的数量和缺陷的尺寸都会随着衬底温度的增加而增加，注入形成的非晶/晶体（a/c）界面会随着衬底温度的增加而更加趋近表面，这说明低温时更容易使衬底非晶化。实际过程中尽管 a/c 界面的移动可能仅有几个 nm，但射程末端缺陷（EOR）的数量却会发生巨大变化，这是因为低温时注入过程中的动态退火机制被大幅抑制，更利于缺陷的积累而形成非晶层，而高温时则会促进缺陷复合，降低非晶化的效果。同时，非晶层的厚度会影响到 EOR 缺陷的数量，a/c 界面内的间隙原子都会在后续的退火时被固相外延过程驱赶至表面最终消失，而 a/c 以外的 Si 原子则极有可能经过退火形成缺陷，增加 PN 结的漏电。

除了源漏区域，在 Finfet 器件中，一般还会通过向接触区额外注入杂质来降低接触电阻，比利时欧洲微电子中心经过实验对比发现，如果在低温下向接触区注入杂质，可以有效地降低接触电阻率，将器件性能提升 7.5%以上。

(5) 热注入（hot-implantation）

在诸如 Finfet 一类的立体器件中，Fin 的尺寸非常小，因而即使出现极低的损伤也会对器件性能产生严重影响，与平面器件不同，由于注入轰击的原因在 Fin 上形成的非晶层很难在后续的退火中完全消除，最终形成孪生边界缺陷。为了抑制这种非晶化效应，在注入工艺上一方面可以采用更轻的注入元素降低对表面的轰击，另一种比较有效的方法就是采用热注入的方式，它的物理机制如前所述，衬底温度的升高抑制了衬底中的损伤积累，从而减弱了非晶层的形成概率。

28.5.4.3 离子注入在空间材料改性中的应用

空间运动副材料经离子注入改性处理后，改善了材料摩擦学性能，降低了摩擦系数，提高了耐磨性及表面硬度。

(1) 空间用 9Cr18 钢 PIII 复合离子注入表面改性

蒋钊等采用等离子体浸没离子注入（PIII）技术对 9Cr18 轴承钢表面进行了双注入及共注入 Ti+N 工艺处理。测试了处理前后试样的显微硬度及真空摩擦因数。结果表明：处理后试样的显微硬度都有大幅提高，最大增幅达 68.7%；表面真空摩擦因数由 0.15 下降到 0.08；磨斑尺寸及粗糙度分别减少了 54.4%和 37.4%。双注入与共注入方式在相同参数下，双注入处理后的试样表面综合性能更加优异。

① 离子注入工艺　PIII 处理在 PSII - MF -800 型多功能复合离子注入设备上进行，N 离子由射频激励产生，Ti 离子则由 4 套脉冲金属阴极弧源产生，设备原理图见图 28-25。真空室本底真空度优于 3.0mPa，离子注入工作真空度为 50mPa，注入温度为室温，注入时试样温度低于其退火温度，PIII 工艺参数见表 28-18。处理前用 Ar 离子溅射清洗 30min，以除去试样表面可能吸附的油污和氧化物杂质。

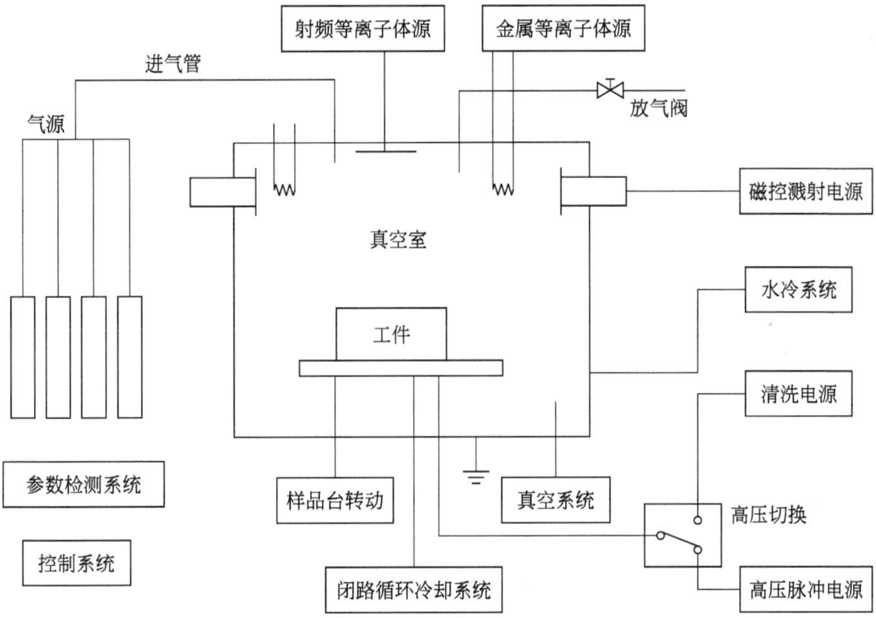

图 28-25　PIII 设备原理图

表 28-18　PIII 工艺参数

试样	注入电压 /kV	注入脉宽 /μs	脉冲频率 /Hz	主弧脉宽 /μs	主弧电压 /V	弧触发频率 /Hz	PF 功率 /W	注入时间 /min
1#（Ti 注入,N 注入）	35(35)	300(300)	40(40)	300	71.5	4	600	120(120)
2#（Ti+N 共注入）	35	300	40	300	72.1	4	600	120

② 表面显微硬度测试　显微硬度测试在瑞士 CSM 薄膜综合性能测试仪上进行，采用线性加载方式，施加载荷为 10 mN。由于仪器允许的最小载荷为 10 mN，努式压头压入的深度超出了可准确测量离子注入层硬度的范围，但其压痕的弹性变形区却能延伸到离子注

入层，因此测得的硬度值实际上是复合硬度，且比注入层实际硬度要小，所以在测量过程中，注入层仍然在起作用，故可以定性表示出注入层硬度的变化。

③ 真空摩擦磨损试验　摩擦磨损试验在自行研制的真空球盘摩擦试验机上进行，采用 ϕ8mm 的 9Cr18 钢球分别与 3 组注入和未注入试样在脂润滑、真空条件下进行滑动摩擦。工作室真空度为 5～0.1mPa，钢球所加载荷均为 5N，钢球以 1000 r/min 的转速在试样表面作圆周运动，旋转半径为 12mm，5h 定时。用瑞士 CSM 光学显微镜表征试样的磨痕及钢球的磨斑形貌。

④ 测试结果

a. PIII 复合注入 Ti＋N 能有效地提高硬度，最大增幅达 68.7%；真空摩擦因数由 0.15 下降到 0.08；减少磨损，大幅度减少磨痕、磨斑尺寸和粗糙度，磨斑尺寸及粗糙度分别减少了 54.4%和 37.4%。注入层寿命延长，表现出良好的耐磨性和真空摩擦学性能。

b. 双注入比共注入的耐磨性更好，双注入保持了连续稳定的低摩擦因数，磨痕、磨斑尺寸和粗糙度减小幅度最大，磨损程度更低，注入层寿命更长，这与其 Ti 与 N 共存区域宽度更大，表面硬度更高，强化范围展宽有关。

(2) 空间飞轮轴承滚道氮离子注入改性

针对空间飞轮轴承工作特性，为改善轴承摩擦磨损性能，李兆光等采用等离子体浸没离子注入（PIII）技术，对轴承内外滚道进行氮离子注入改性处理。对比改性前后轴承主要几何尺寸和形位公差，精度变化量在 1～2μm；改性前后陪试件表面粗糙度量级相同，R_a 值均小于 0.04μm；装配后轴承旋转精度为 2μm，基本无变化。摩擦学性能对比测试表明：改性后陪试件的摩擦系数为基体的 1/5；空间飞轮轴承组件精密装配后，反映其摩擦性能的跑合电流由改性前的 196mA 降为 162mA。

空间飞轮是三轴稳定卫星姿态控制的主要执行机构之一，直接影响着卫星的精度和寿命。轴系是飞轮本体的关键组件，工作在高真空、高低温交变的特殊环境。轴承是飞轮的承载件，在低速运行时，轴承滚珠和滚道间处于边界润滑状态，容易发生疲劳磨损破坏。

等离子体浸没离子注入（PIII）技术自 1987 年提出以来，作为一项提高材料表面硬度，改善材料摩擦磨损、疲劳和腐蚀等表面机械性能的技术得到了迅速发展。

与传统的离子注入技术相比，PIII 具有非视线性、能处理几何形状复杂的工件、操作简单、易获得稳定改性层等优势，为轴承内外滚道采用离子注入提供了有利条件。由于其处理温度低、尺寸精度保持性好、与基体结合牢固等其他表面改性所不具有的优良特性，国外从 20 世纪 90 年代开始采用 PIII 技术在轴承滚道进行改性，目前已经具有较为成熟的产品和技术。

① 飞轮轴承改性工艺　飞轮轴承精度等级为 P4，内外滚道基体材质为 9Cr18Mo，表面粗糙度 R_a 值均小于 0.04μm，硬度为 HRc58～59，轴承滚道形状复杂，精度要求高，为降低注入层对轴承滚道几何精度和表面质量的影响，设计了专用工艺方法和工装。

a. 轴承内圈氮离子注入方法。采用专用工装，将 5～10 个轴承内圈叠放在真空室中，两个陪试件安放在真空室旋转轴上方。

通过射频辉光放电产生氮等离子体，在靶台上施加一定的脉冲高压，注入过程中，气体等离子体在空间的分布为轴对称，控制注入脉宽以实现鞘层与轴承之间的保形性，保证不同套圈表面的注入剂量的均匀性。

靶台匀速回转，避免因等离子体密度不同带来的不均匀性；通过控制注入时间来改变注入剂量。

b. 轴承外圈氮离子注入方法。为保护轴承外圈，每个轴承外圈均安装专用保护套。通过射频辉光放电产生氮等离子体，然后在靶台上施加一定的脉冲高压，靶台与轴承外圈形成的电场可以使入射离子运动轨迹发生偏转而注入到外圈滚道。

外圈滚道不断旋转，以使滚道圆周上的注入均匀性得到保证。控制注入时间改变注入剂量，获得不同注入剂量对改性效果的影响规律。试验时，有一个保护套内不安装轴承外圈，安装 2 个同炉试件。

c. 同炉陪试件制备方法。陪试件材料为 9Cr18Mo，热处理工艺与轴承内外圈相同，分别与轴承内外圈安装在同一炉中，改性工艺相同。改性前陪试件的表面粗糙度 Ra 值约为 0.04μm，硬度为 HRc58～59。虽然陪试件的形状与轴承套圈有所不同，但是其性能准确反映了套圈表面改性层的特征。

② 氮离子注入改性结果　通过对空间飞轮长寿命轴承内外圈进行 PIII 工艺处理研究，分析了改性后轴承形位精度及其摩擦学性能的变化，改性结果如下：

a. 表面注氮改性后的尺寸、表面粗糙度、形状误差和旋转精度等特性均未发生明显改变，满足空间飞轮轴承精度等级技术要求；

b. 陪试件试验结果表明，改性后表面的摩擦学性能得到了明显改善：注氮表面摩擦系数降低了 1/6～1/5，耐磨性提高了 4～5 倍；

c. 改性后，表征空间飞轮轴承摩擦力矩的稳态工作电流 196mA 降低为 162 mA，表明氮离子注入工艺可以有效改善滚道摩擦学性能。

(3) 空间齿轮传动副材料离子注入改性

蒋钊等对空间机械的齿轮传动副用材料进行 Ti+N 离子注入表面改性研究，考察不同注入能量和剂量条件下改性材料的硬度和真空摩擦磨损性能，获得表面改性效果优异的离子注入工艺参数。结果表明，在注入能量为 Ti^+/45keV+ N^+/65 keV，注入剂量为 $7\times10^{17}cm^{-2}$ 的工艺参数条件下，改性材料的真空摩擦学性能相对最好，表面改性效果最佳。

随着航天事业的发展，现代卫星、飞船、探测器等空间飞行器的发展方向是长寿命、高精度和多用途。谐波减速器作为空间飞行器的关键活动部件，以其突出的优越性逐渐应用于我国各种空间飞行器上。谐波减速器的刚轮柔轮传动副所涉及的摩擦、润滑技术对谐波减速器在轨运转性能、可靠性和寿命上起着重要的作用。柔轮在服役过程中由于摩擦磨损其工作表面和表面层容易失效，这将直接影响整个系统的稳定，降低了工作可靠性和寿命，严重的甚至可导致飞行任务的失败。采用离子注入表面改性技术提高活动部件的表面摩擦学性能对于提高零部件在恶劣服役条件下的使用寿命是一种非常有效的方式。

离子注入能量和剂量是离子注入表面改性的两个重要影响因素，改变注入离子的能量大小可控制注入层厚度，不同的注入剂量引起的注入元素浓度不同，因此，不同的注入能量和剂量直接影响材料表面改性的效果及程度，需要在不同的能量及剂量注入条件下对材料的真空摩擦学性能进行研究比较，从而获得表面改性优异的注入工艺条件。

① 样品制备与工艺

a. 样品材料。样品为柔轮用 30CrMnSi 合金钢，化学成分见表 28-19。试样尺寸为 ϕ32mm ×10mm 的圆环（便于摩擦磨损实验），共 9 件，所有试样表面经粗、细砂纸打磨、抛光后分别在丙酮、乙醇溶液中超声波清洗各 10min。

表 28-19　30CrMnSi 的化学成分（质量分数）

化学成分	C	Si	Mn	Cr	Fe
质量分数/%	0.27～0.34	0.90～1.20	0.80～1.10	0.80～1.10	其余

b. 离子注入工艺。离子注入在 LDZ-100 型多功能离子注入增强沉积设备上进行，注入方式为束线离子注入，样品室本底真空度优于 3.0×10^{-3}Pa，气体离子注入工作真空度为 1.0×10^{-2}Pa，注入温度为室温，注入时样品温度低于其退火温度，注入工艺参数见表 28-20。

表 28-20　离子注入工艺参数

样品序号	注入元素种类		注入能量 E/keV	束流密度 i /(μA·cm^{-2})	注入剂量 c /($\times10^{17}$cm^{-2})
1	Ti+N	Ti	30	7	3
		N	50	3.5	3
2	Ti+N	Ti	40	7	3
		N	60	3.5	3
3	Ti+N	Ti	45	7	3
		N	65	3.5	3
4	Ti+N	Ti	40	7	1
		N	60	3.5	1
5	Ti+N	Ti	40	7	5
		N	60	3.5	5
6	Ti+N	Ti	40	7	7
		N	60	3.5	7
7	Ti+N	Ti	45	7	1
		N	65	3.5	1
8	Ti+N	Ti	45	7	5
		N	65	3.5	5
9	Ti+N	Ti	45	7	7
		N	65	3.5	7

② 不同注入能量对硬度与摩擦特性的影响

a. 表面显微硬度。表 28-21 给出了不同注入能量的样品显微硬度值，可见，随着注入能量的增加，硬度依次增高，但增幅不明显。试验还表明，当能量参数大于试样 3 的参数时，样品由于温升使其温度高于基体退火温度，基体硬度反而有所降低。注入层表面硬化取决于注入原子的数量、浓度分布以及注入原子引起的微观结构，而注入能量是影响原子浓度分布和注入层微观结构的重要因素。N^+ 在注入基体中的能量损失以电离损失为主，Ti^+ 在基体中的能量损失以核碰撞引起的能量损失为主，通过碰撞和能量衰减可产生大量空位，引起的固溶强化和位错强化可提高表面硬度。一般来说，能量越高，缺陷强化越明显；由于高能量引起的注入浓度随深度分布宽，易形成硬质相，硬度随之也高，伴随着适量的注入温升，产生的原子辐射增强扩散效应会加剧这种影响。表 28-22 为不同注入剂量对硬度的影响。

表 28-21 不同注入能量的样品显微硬度值

样品序号	注入元素	注入能量 E/keV	硬度/HV
1	Ti	30	335
	N	50	
2	Ti	40	352
	N	60	
3	Ti	45	360
	N	65	

表 28-22 不同注入剂量的样品显微硬度值

样品序号	注入元素	注入能量 E/keV	注入剂量 c/($\times10^{17}cm^{-2}$)	硬度/HV
4	Ti	40	1	314
	N	60	1	
5	Ti	40	5	346
	N	60	5	
6	Ti	40	7	369
	N	60	7	
7	Ti	45	1	319
	N	65	1	
8	Ti	45	5	350
	N	65	5	
9	Ti	45	7	384
	N	65	7	

b. 真空摩擦磨损特性。不同注入能量试样的脂润滑下真空摩擦磨损定时截止试验结果：试样 1 钢球磨斑大，损伤严重，基体磨痕宽而深，摩擦因数波动很大，摩擦曲线呈离散跳跃性变化；试样 2 钢球磨斑较大，磨损较轻，磨痕窄而较浅，摩擦因数在 0.03～0.1 之间，摩擦曲线基本保持平稳；试样 3 钢球磨斑较大，磨损较轻，磨痕窄而浅，且不连续，摩擦因数在 0.03 ～0.12 之间，有较小波动。综上所述，根据基体材料表面磨痕宽度、深度及摩擦因数大小、稳定性等因素，试样 2 和试样 3 摩擦磨损性能相对较好。这是由于硬度的提高减少了金属表面在受力作用下的变形，增加了表面承载力，降低了由于变形引起裂纹的机会；其次，高能量的离子束轰击试件表面时，首先接触的是粗糙凸峰的峰顶，在高能离子的削平或刻蚀作用下，这些凸峰被逐渐铲平，使表面粗糙度降低，这样既减小了跑合阶段因粗糙凸峰断裂所造成的磨损量，又增大了摩擦副的实际接触面积，减小了表面接触应力，从而改善了摩擦磨损状态。

③ 离子注入改性的结果　在不同注入能量和注入剂量工艺条件下，对空间机械的齿轮传动副用材料进行了 Ti +N 离子注入表面改性研究。结果表明，在注入能量为 Ti^{+}/45 keV +N^{+}/65 keV，注入剂量为 $7\times10^{17}cm^{-2}$ 的工艺参数条件下，试样的真空摩擦学性能最好，表面改性效果最佳，可作为谐波减速器刚轮柔轮副的优选注入工艺参数。

28.5.4.4 钛及其合金离子注入表面改性

钛及其合金具有比强度高、耐高温、耐腐蚀性好等优点，被广泛应用于航空航天、船舶制造、能源化工和医用等领域。但其缺点是硬度低、耐磨性差，而离子注入可以提高抗磨性。李朝岚等对钛及其合金离子注入表面改性进行了研究。

(1) 离子注入在医用钛及其合金表面改性中的应用

钛及其合金因具有较好的耐蚀抗磨性、生物活性、生物相容性以及在生理环境中的无毒性，成为医用领域中最常用的一种金属材料。但是，钛及其合金自身无抗菌性，表面摩擦因数大，抗塑性剪切能力低，且长期服役中易被环境污染和易于磨损失效，这些特性在一定程度上限制了其应用领域的扩展。因而，研究者常采用离子注入技术对医用钛及其合金进行表面改性，以提升其表面性能，延长其制件服役寿命和扩展材料应用范围。研究表明，单一元素离子注入对提升钛及其合金的医用性能不够理想，因而采用金属＋非金属、金属＋金属离子进行复合注入，在提升改性层减摩抗磨、耐蚀性能的同时，也增强改性层的生物活性及服役过程中的抗菌性。

生物医用材料是指修复或增进人体组织或器官功能的一类材料，包含天然材料和人造材料两大类，其与生理环境直接接触，如人造骨骼、心脏、人工牙齿等都处于生理环境包围中，因而这些材料必须满足各种生理功能的理化性质要求。其中，医用金属材料（指应用在医学领域的金属及合金的统称）综合力学性能优异、硬度强度高，耐蚀性强，生物活性及生物相容性良好，且易于成形与加工，应用最为广泛。目前，在临床已经应用的医用金属材料主要有钴合金、钛合金、不锈钢、形状记忆合金等。在这些材料中，钛及其合金表现出更优的性能：相对于钴合金，其价格低廉；相对于不锈钢，其密度轻、耐蚀性好；相对于形状记忆合金，其组元少、易开发。因而，钛及其合金已成为生物医用金属材料中的主要材料，且其在宿主中毒性反应小，满足生物医用材料最重要的要求——长期使用的完整性及无毒性。但是，钛及其合金本身无抗毒性，易被生理环境污染，抗塑性剪切能力低，表面摩擦因数大而易于磨损，使其服役寿命缩短，因而研究者们常采用离子注入技术来提高其表面生物医学性能，以在适配生理环境的同时，延长制件的使用寿命。

① 单一非金属离子注入　氮、碳因其注入条件要求不高，易获得高能注入离子，且注入后所形成的氮化物、碳化物的强度、硬度高，易于实现弥散强化效应，因而常被选作注入离子。氮离子注入医用 Ti6Al4V 后，表层形成了弥散分布的高强度、高硬度 TiN 相，改性层硬度显著提高。与未进行氮离子注入的 Ti6Al4V 相比，其纳米硬度在距表面 20 nm 处提高了近 200%，在距表层 100 nm 处提高了 100%，摩擦因数则从 0.48 降到 0.15，磨损率下降了两个数量级，耐蚀性变好的同时还促进了细胞反应的抗菌黏附，也有效地减少了 Ti6Al4V 在磨损过程中 Ti、V 等黑色磨屑的产生，显著地提高了 Ti6Al4V 医用制件的服役寿命。

医用纯钛和 Ti6Al4V 表面注入碳离子后，达到了氮离子注入的相似结果，减摩抗磨性能增强，耐蚀性能变优。当碳离子以能量 60 keV、剂量 2×10^{17} ions/cm^2 注入纯钛表面后，改性层显微硬度和抗腐蚀极化阻力 R_p 分别高达 22 GPa 和 2667 kΩ/cm^2，分别是纯钛的 4 倍和 10 倍多。改性层摩擦因数和比磨损率分别低至 0.12 和 3.8×10^{-5} mm^3/(N·m)，分别约为纯钛的 36.4% 和 32.2%。同时，碳离子注入改性层还能阻止摩擦配副材料的渗透，阻止磨屑的黏附，有效地抑制了早期的过度磨损。如当碳离子以能量 50keV、剂量 3×10^{17} ions/cm^2 注入 Ti6Al4V 表面，与超高分子量聚乙烯（ultrahigh molecular weight polyethylene，UHMWPE）经 17h 的销-盘对磨后，UHMWPE 的摩擦体积从离子注入前的 0.073 cm^3 降至 0.015 cm^3，降幅高达 79.5%。

氮、碳作为医用钛及其合金离子注入改性的典型非金属元素，注入离子不会额外析出对生命体有害的物质，其注入形成的新相也能部分地阻止其他有害物质的析出，优点不言而喻。但是，单一氮、碳离子注入改性层硬度提高有限、特别是在高速重载下的韧性不足，结合强度不够，易导致改性层失效。

② 单一金属离子注入　为克服非金属元素氮、碳离子注入改性层存在韧性不足，不能有效提升医用钛及其合金的抗菌性能等弊端，金属离子注入应运而生，如银离子注入纯钛、Ti6Al4V、Ti6Al7Nb 中。研究结果表明，注入银离子试样的表面组织均匀，耐磨性得到提升，其比磨损率分别降低了 21.9%和 38.2%。随着银离子注入剂量的增加，抑菌性能得到大幅提升，抑菌效果高达 100%；耐腐蚀性的变化并不大，腐蚀电位在 1.3～1.5 mV 之间波动。但注入银离子在服役过程的析出，会让蛋白质丧失生理功能，使生命体中毒，故探索优化银离子注入参数，有效控制注入量仍需进一步研究。

铜也常被用来作为抗菌离子进行注入、在纯钛和 Ti6Al7Nb 中注入铜离子的研究表明，铜离子的注入使得纯钛和 Ti6Al7Nb 的长效抑菌性能得到提升，且抗菌活性随铜离子剂量的增加而增加，最大抑菌效果高达 100%。灭菌机制与基体类型无关，主要取决于注入铜离子的析出与细菌是否发生反应。但是，随着铜离子注入浓度的提高，纯钛和 Ti6Al7Nb 合金的耐磨、耐腐蚀性均呈现出不同程度的下降。随着铜离子注入剂量的增加，纯钛的腐蚀电位从 1.481mV 降至 1.183mV，钛合金则从 1.401mV 降至 1.103mV，因而，采用铜离子注入对医用钛及其合金进行改性时，需控制好铜离子的注入浓度，以平衡好材料的耐蚀抗磨性和抗菌性能。

镁离子的注入能改善纯钛表面的生物活性，提高纯钛表面的耐蚀性能，使其表面显微硬度提高 383%。钽离子注入 Ti6Al4V 表面后，提高了其减摩抗磨性，但其抗菌性远低于银、铜离子注入时的效果。

单一金属离子注入医用钛及其合金的研究结果表明，针对性地选取注入元素，对改善医用钛及其合金某方面的性能较为显著，但需平衡医用钛及其合金的耐蚀抗磨性与抗菌性，调节离子注入参数，以控制注入离子浓度，是一种可选方法。然而，由于离子注入技术的特殊性，探索调节离子注入参数，控制注入离子浓度来平衡其性能，需进行大量试验、检测，这给具体的实施带来了不小的难度。因而，双离子或多离子注入随即引起了研究者们的兴趣，并展开了相关研究。

③ 金属与非金属离子共注入　氮、碳非金属离子注入医用钛及其合金后，在服役过程中不会析出对生命体有害的物质，却不能产生抗菌效果，铜金属离子注入能提升其抗菌性能，也能在一定程度上弥补单一氮、碳离子注入改性层在重载下韧性不足的缺陷。铜/碳离子共同注入纯钛表面的研究结果表明，纯钛表面存在铜纳米离子、钛的近表面区域存在 TiC 相，改性后的表面具有良好的力学性能和耐蚀性能。在耐腐蚀性试验中，铜/碳离子共注入的纯钛表面可形成铜/碳电偶腐蚀，铜为阳极，碳为阴极，这种电蚀效应能有效地控制铜离子的释放，为其耐蚀性增强的一个主要原因。在生物相容性试验中，铜/碳离子共注入的纯钛表面未产生细胞毒性，还提升了纯钛表面的抗菌性能。铜/氮共注入钛合金表面的实验结果表明，离子注入改性层中存在纳米铜离子和 TiN 相，在耐腐蚀试验中也表现出铜/碳共注入的电蚀效应。铜/氮共注入不仅增强了钛表面的抗菌性能，还提升了其

血管生成性能。

④ 金属与金属离子共注入 虽然银、铜离子注入改性层均具有较好的抗菌性能，但其对医用钛合金植入体生物活性的提升有限。镁/银离子共注入医用钛合金的实验表明，当镁、银离子注入浓度为1∶1时，离子注入改性层具有最佳的细胞黏附和扩散活性，离子注入改性后的医用钛合金植入体，不仅促进了细胞增殖，还有效抑制了细菌吸附。锌、镁离子共注入医用钛植入体表面，在增强骨形成、骨整合和血管生成等方面均表现出优异能力，大大提高了植入体-骨界面的结合强度。铜/锌离子共注入钛合金中后，具有良好的细胞黏附、扩散活性和增殖能力，且其抗菌性能、硬度和耐蚀性均比单一铜或锌离子注入改性层得到明显提升。医用Ti6Al4V表面先注银、后注钽离子的摩擦学性能实验表明，共注双离子在摩擦初期具有润滑、减摩效应，摩擦因数比未进行离子注入以及单一离子注入试样的低。共注双离子还具有“长程效应”作用，即摩擦中的磨痕深度远超过离子注入层深度后，其磨痕面积仍然比未离子注入试样小得多。

在MEVVA源的强流离子注入沉积设备上，对医用Ti6Al4V表面进行了镍、铁离子的单一注入与共注入（先镍后铁），离子注入能量30keV，注入剂量1×10^{17} ions/cm^2。用Nano Indenter Ⅱ型纳米硬度计测量其硬度，在MRTR微摩擦磨损试验机上进行人工唾液润滑下的球-盘直线往复式摩擦学性能试验，摩擦配副为72～74HRC、$d=5$mm的ZrO_2球，载荷12N，往复频率150 Hz，持续时间20min。实验中，纳米硬度随探针压入离子注入改性层深度而变化。镍/铁离子共注入改性层的纳米硬度随探针压入深度的变化平缓，铁离子注入改性层次之，镍离子注入改性层的值较为陡降。镍/铁离子共注入改性层的纳米硬度最高，摩擦因数却最低，说明镍/铁共注能显著提高Ti6Al4V表面纳米硬度和降低摩擦因数，实现了较为理想的改性目的。镍/铁离子共注后，改性层中分布两种强化相，弥散强化效应增强，故其纳米硬度最高。经两次离子注入处理的表面更易形成润滑膜，实现减摩。改性层纳米硬度较高，在法向载荷作用下，摩擦副相互黏着效应降低，也在一定程度起到了减摩作用。

(2) 离子注入对钛合金表面摩擦磨损的影响

① 离子注入技术的特点及强化机理 离子注入技术将基体材料置于离子注入机的真空靶室中，通以几万到几十万伏电压，使离子获得很高的动能，从而高速撞击并注入到基体材料表面。在离子注入过程中，射入离子与基体材料表面的原子、电子等发生激烈碰撞，在材料表面发生原子级溅射及置换现象。由于离子的高速冲击，基体表层晶格出现大量损伤和缺陷，并在注入层形成新的化合物、合金相以及晶粒缺陷等，从而改善金属表面的摩擦、磨损性能。王鹏成等对离子注入对钛合金表面的摩擦磨损进行了研究。

离子注入能提高材料摩擦磨损性能，主要是因为离子注入过程中会在基体材料表层形成许多空位及间隙原子，表层晶格出现大量损伤及晶格畸变等现象，从而对位错的移动形成阻碍作用，使注入离子以固溶强化的形式提高金属表面强度。而离子的高速撞击同样具有机械作用，使金属表层的晶粒细化，晶界面积增加，位错密度也随之增大，从而提高了材料强度。注入离子能与金属表面的原子产生交互作用，从而改变注入层的组织结构及化学组成。当注入碳、氮、氧等非金属元素时，在注入层中析出碳化物、氮化物和氧化物等新的弥散相，而这些化合物比基体材料的硬度更高，且均匀弥散在基体材料中，起抗摩减磨作用，并以弥散强化的方式增强了材料表面的耐磨性。

离子注入技术灵活地将各种强化手段结合到材料表面改性中，从微观角度通过离子在材料表面的碰撞及溅射等现象，形成固溶强化及位错强化等方式对表层的结构和性能进行改变，从而改善材料表面性能或得到新的优异性能。

② 非金属元素离子注入　对非金属元素而言，金属以同一化合价在与非金属元素结合时，非金属元素结合力越强，半径越小，生成的金属化合物越稳定，从而均匀弥散分布在基体表面。当采用离子注入将这些非金属元素注入合金时，合金表层易形成间隙固溶体和间隙化合物，提高表面耐磨性。此外，离子注入还将在基体表面造成大量缺陷，并对表面进行缺陷强化。

针对非金属离子注入，将 C 离子注入到 Ti-6Al-4V 合金中，通过使用 MH-6 型显微硬度仪测得注入前后表面硬度分别为 3.91GPa 和 4.32GPa，发现材料表面硬度明显提高，摩擦系数在离子注入后从 0.36 变为 0.24。可知，钛合金的表面硬度越高，耐磨性随之增强。又对钛合金表面注入 N^{+}，研究其表面摩擦磨损性能，其结果是表面耐磨性提高显著，实验结果如图 28-26 所示。为进一步研究非金属元素对合金表面耐磨性的影响，仍通过氮离子注入钛合金，并对注入后试样进行冲击磨损实验，发现注入基体中的 N 元素一部分以原子态、分子态或化合态形成间隙固溶体，起到固溶强化的作用；另一部分与基体中的 Ti 形成 TiN 金属化合物，提高了钛合金的表面硬度和弹性模量，减小了试样在冲击载荷作用下的变形，降低了裂纹形成的机会，从而提高钛合金的磨损能力。

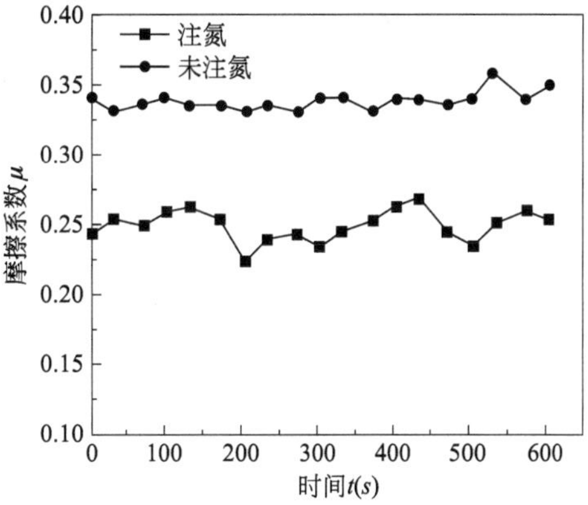

图 28-26　Ti-6Al-4V 合金注氮前后摩擦系数随时间的变化

③ 金属元素注入　金属离子束加速需要很高的能量，且金属元素离子质量较大，加速后自身能量较大，对材料表面的撞击更剧烈。因此，金属离子注入材料表面会在材料表面晶粒中产生空位、间隙原子等缺陷，从而以固溶强化、位错强化、替位原子与间隙原子对强化、细晶强化和溅射强化等强化机理提高材料表面的耐磨性。

针对金属离子注入，通过注入 La 和 Mo 离子研究钛合金表面摩擦磨损性能的变化，结果表明，离子注入可以在机体表层引入残余压应力，有利于抑制疲劳裂纹萌生，防止裂纹扩展，提高材料的抗磨损性。通过 Nb 离子注入钛合金中，同样得出离子注入对钛合金表面耐磨性增强的结论，在表面形成了 Nb_2O_5/TiO_2 氧化物。而 Nb 的氧化物是一种固体润滑剂，且 Nb 的存在抑制了氧化磨损，因此得出 Nb 离子的注入能够显著改善材料的摩擦磨损性能。

另外，对钛合金表面注入 Zr 离子，在钛合金表面形成的 Zr 和 Ti 氧化物可充当润滑剂的效果，且离子的轰击作用能在材料表面起到固溶强化作用，使摩擦系数降低。随摩擦磨损时间的增长，表面改性层以磨屑形态逐渐消失，摩擦系数升高，并稳定在基体材料的数值范围，反映了离子注入表面改性层的深度较浅，在实际应用过程中易磨损消耗。

通过上述非金属离子与金属离子注入的研究发现，离子注入钛合金表面能产生大量移位原子，并在材料表层出现多空位及间隙原子，使注入层呈膨胀应力。且注入离子能在材料表面形成新的硬化相或合金相，通过固溶强化和弥散强化提高合金表面的硬度和耐磨性。

28.5.4.5 Ni离子注入对聚四氟乙烯浸润性及表面能的影响

为提高聚四氟乙烯（PTFE）基材的表面活性及浸润性来增加后续涂层的结合强度，采用金属Ni离子注入方式对其进行了10、15、20、25、30 kV 5种不同能量的改性处理，并通过X射线光电子能谱、扫描电子显微镜和接触角测量，研究不同注入能量对其处理后的浸润性影响。但敏等的研究结果表明，注入过程中PTFE表面发生脱氟反应，并形成C—O及C═O等自由基，所得表面与未经注入处理材料相比浸润性均得到显著提高，且随着注入能量的增加，润湿性呈递增趋势，当注入能量为30 kV时，表面润湿性最佳，与去离子水和二碘甲烷的接触角由处理前的110.5°和78.2°降至22.4°和49.8°；表面能由处理前的18.58 mJ/m^{2}升至67.4 mJ/m^2，极性分量所占比例由处理前的1.42%升至69.9%。

(1) 样品制备

基体材料选用密度为2.18 g/cm^3，尺寸为50mm×25mm×2mm的PTFE薄片。样品在离子注入处理前，采用有机洗涤剂去除油污后再利用丙酮、无水乙醇进行各15min的超声清洗，吹干后待用。

采用MEVVA型高能金属离子源在真空、室温环境下对PTFE进行Ni离子注入处理，能量分别为10、15、20、25和30keV，Ni阴极纯度为99.999%，注入剂量均为5×10^{16}ions/cm^2，为避免样品的热损伤，注入过程中始终保持较低的离子束流密度，样品编号和对应的参数见表28-23。

表 28-23　离子注入实验参数

样品	加速电压/kV	束流密度/mA	剂量/ions·cm^{-2}
1#	10	4	5×10^{16}
2#	15	4	5×10^{16}
3#	20	4	5×10^{16}
4#	25	4	5×10^{16}
5#	30	4	5×10^{16}

(2) 浸润性和表面能

表28-24为未注入和注入不同能量的Ni离子后PTFE的接触角及表面能。从结果可知，样品经不同Ni$^+$离子注入能量处理后与测试液体间接触角均下降，且随着注入能量的增加，润湿角呈递减趋势，10kV注入处理后，PTFE与去离子水和二碘甲烷的接触角分别由110.5°和78.2°降至38.6°和55.3°。当注入能量增至30kV时，去离子水和二碘甲烷的接触角降至22.4°和49.8°；注入处理后的材料表面能均高于未处理样品，由处理前的18.58mJ/m^{2}升至57.9～67.4 mJ/m^2，极性分量所占比例由处理前的1.42%升至67.0%～69.9%，即经离子注入处理后的材料表面极性基团（活性基团）数量要明显多于未处理前。一方面，因为Ni$^+$离子能量损失包括核阻止本领和电子阻止本领，其中核阻止本领导致大分子断链效应，电子阻止本领导致活性自由基形成。据前期SRIM分析结果可知，Ni$^+$离子注入过程中核阻止本领及电子阻止本领均随注入能量的增加呈线性增长趋

势，即宏观表现为表面活性的增加；另一方面，表面粗糙度的增加对润湿性具有放大作用，即亲水的表面更亲水，疏水的表面会更疏水。注入处理后的材料润湿性均优于未处理样品，呈现不同程度的亲水特性，是因注入效应引起材料表面微观结构变化导致粗糙度增加致使亲水特性表现更优。

表 28-24　以不同方法等离子体处理前后不同材料的接触角和表面能

加速电压/kV	接触角/(°)		表面能/$mJ\cdot m^{-2}$	极性分量/%
	H_2O	CH_2I_2		
0(未注入)	110.5	78.2	18.58	1.42
10	38.6	55.3	57.9	67
15	34.4	53.9	60.7	68.1
20	30.3	52.4	63.2	68.9
25	26.2	51.3	65.5	69.7
30	22.4	49.8	67.4	69.9

28.5.4.6　离子注入对聚四氟乙烯覆铜板黏结性能的影响

随着5G移动网络、卫星通信、导航等领域的发展，航天电子线路产品也逐渐向高频化、小型化和低功耗方向发展。航天器上电气、电子器件所用介质材料的性能直接影响仪器设备乃至航天器运行的可靠性和寿命，而柔性电路板有利于缩减器件体积和质量，增强器件的可伸缩移动性能。聚四氟乙烯（PTFE）覆铜板作为常用的柔性高频电路板的基材，介电性能优异，本底辐射水平极低，在极端环境下稳定性优异，可作为探测电路基材应用于深空探测及暗物质探测。

罗杰斯公司最新推出的面向高速应用的覆铜箔基板材料RO1200TM，由陶瓷粉填充、玻璃布增强的PTFE树脂介质和低粗糙度铜箔组成，具备卓越的电气性能和稳定性，剥离强度不小于0.8 N/mm。Crane公司的Polyflon通过层压技术同样获得了剥离强度在1N/mm左右的覆铜箔基板材料。但这些基板都是黏结型填充改性PTFE，在一些极端的使用条件下，由于胶黏剂与PTFE和铜箔的热膨胀系数差异以及残余应力，可能会导致材料脱层破坏。目前，已有大量研究表明，可通过表面改性的方式提高PTFE与铜箔的黏结性能。常见的方法主要有钠-萘溶液处理法、等离子体处理法及离子束技术法。秦岩等采用萘-钠处理液对PTFE进行表面处理，改性后PTFE表面的浸润性明显提高，电绝缘性没有改变。Kolska等采用氩气等离子体放电处理PTFE样品，使其表面接触角明显下降；并发现样品的表面含氧量随等离子体处理时间的增加而增加，同时由于分子重新定向，出现老化现象，接触角变大。杨峰等将镍离子注入PTFE表面，使其表面接触角由104°下降至67°，浸润性提高。国内对于特种环境用纯PTFE覆铜板的相关研究报道较少，基本没有通过离子注入结合磁过滤等离子体沉积制备改性PTFE覆铜板的报道。

相比磁控溅射技术，磁过滤沉积技术所产生的等离子体具有更高的能量，有利于离子沉积，可以在基材表面沉积纳米级的金属薄膜。与MEVVA离子注入技术相结合，可以使沉积膜的原子与基体原子混合，在界面上形成混合层，进一步改善膜与基体间的黏结性能。庞盼等采用MEVVA离子注入技术结合磁过滤沉积技术进行改性处理，以提高PTFE与铜箔的黏结性能，获得高可靠性的PTFE覆铜板。

(1) 样品制备

试验所用薄膜为 50μm 厚商用 PTFE 薄膜。薄膜经过酒精、丙酮超声波清洗后，放入烘箱内 60℃恒温烘干备用。样品制备在磁过滤复合真空镀膜机上进行，真空室的本底真空度优于 3×10^{-3}Pa，离子注入靶材采用 99.5%镍靶，磁过滤沉积靶材采用 99.5%镍靶、99.9%铜靶。

样品制备的具体步骤如下：

① 离子注入　对 PTFE 薄膜表面进行离子注入表面处理，离子能量分别为 4 keV、8 keV 以及 12 keV，注量为 10^{16}ions/cm^2。

② 过渡层沉积　对离子注入处理后的薄膜采用磁过滤等离子体沉积金属镍过渡层，其中，弧电流 90 A，过滤磁场 2A；随后对沉积有金属镍层的薄膜进行二次离子注入，使沉积膜的原子与基体原子在界面混合（离子能量 8keV，注量 10^{16} ions/cm^2）。

③ 结合层沉积　依次沉积金属镍层和金属铜层，其中，弧电流 90A，过滤磁场 2A。

④ 电镀处理　对经离子注入及镍、铜沉积处理的 PTFE 薄膜进行电镀加厚铜金属层。电镀采用双电极电镀体系，具体参数见表 28-25。

表 28-25　铜电镀体系主要参数

参数	数值
$CuSO_4\cdot5H_2O$ 密度/($g\cdot L^{-1}$)	100
H_2SO_4 密度/($g\cdot L^{-1}$)	200
温度/℃	20～30
电流密度/($A\cdot dm^{-2}$)	5
沉积时间 min	10

(2) 测试方法

采用 Hitachi 公司生产的 S-4800 型扫描电子显微镜观察样品的表面及截面形貌。采用 ThermoFisher 公司生产的 ESCSLAB 250Xi 型 X 射线光电子能谱仪对样品进行元素分析。采用 Pillar Technologies 公司生产的 A. Shine 型达因测试笔测量样品的表面张力，通过观察样品表面的笔墨微珠收缩情况来判断薄膜的表面张力是否达到测试笔的数值，从而快速判断样品的黏结性能。达因测试笔型号分别为 21、24、27、30、36、42 号，型号即对应表面张力值（mN/m）。采用 90°剥离强度测试仪测试改性 PTFE 覆铜板的剥离强度，并对不同温度条件下的剥离强度进行分析。使用 Novocontrol Technologies 公司生产的 Alpha-A High Performance FrequencyAnalyzer 测试样品的电导率及介质损耗情况，考察离子注入对覆铜板电学性能的影响。

(3) 试验结果与讨论

① 形貌分析　以不同能量离子注入改性后的 PTFE 表面，其表面形貌发生了变化。未注入处理前 PTFE 表面光滑平整，粗糙度很低，存在极少量的小孔，可能是观察时电子束照射导致 PTFE 电荷积聚所致。在离子注入作用下，PTFE 表面组织结构发生了变化，并且随着注入能量的增加，表面粗糙度增加。当注入能量为 4 keV 时，样品表面出现一些不规则的凹槽，刻蚀较浅；随着注入能量的增加，不规则的凹槽逐渐加深，形成均匀分布的独立细小凸起状结构；当注入能量为 12 keV 时，样品表面出现了大量的锥形结构，锥

形结构较凸起状结构深度方向有所加深，使样品表面变得更为粗糙。同时，锥形结构的数量相对减少，体积相对增大，这主要是由于注入离子能量较高，样品表面温度升高，溅射刻蚀效果更为显著，小的锥形结构被刻蚀掉，从而只保留下大的锥形结构。

② 元素分析　以不同能量离子注入后，对 PTFE 进行 X 射线光电子能谱分析。不同能量离子注入下的 XPS 图谱峰位相同，强度也基本相同。这可能是由于离子注量相对较小，且离子整体上呈现多价荷态使能量存在一定的交叠。

由 8keV 能量离子注入前/后 PTFE 中碳元素的 X 射线光电子能谱图可知，离子注入前，XPS 图谱中存在较低的 C—O 谱峰，这是源于材料在存放过程中发生的氧气吸附；C—C 峰与 C—F 峰较明显。离子注入后，PTFE 表面稍有碳化，C—F 峰对应的电子结合能稍有下降，键强也有所下降，说明部分 C—F 键被破坏；C—C 峰强度明显下降，这是由于金属离子注入能量相对较高，而 C—C 键的键能相对 C—F 键的键能较低，离子注入能量更容易破坏 C—C 键；C—O 峰强度有所增强，主要是由于离子注入能量后表面能增加，产生的悬键与氧气作用产生 C—O 键。离子注入处理后 PTFE 的 C—F 键强度下降、C—O 键强度上升均有助于提高 PTFE 的黏结性能。

③ 表面张力分析　用达因测试笔测量未处理及不同能量离子注入后样品的表面张力，未处理的 PTFE 表面上由 21 号及以上测试笔划出的测试线均基本完全收缩为珠点，表明纯 PTFE 的表面张力值应略低于 21 mN/m，与文献中的数据吻合。同理在 4、8、12 keV 能量的离子注入处理后，PTFE 的表面张力依次约为 27、36、30 mN/m。结合表面形貌分析，注入能量为 4 keV 时，PTFE 表面形貌改变尚不明显，故表面张力增加不明显；注入能量为 12 keV 时，PTFE 表面锥形结构深度较大，表面粗糙度过大，不利于过渡层沉积时离子的扩散与成膜，从而影响金属化处理效果，故在接触测试笔时，浸润效果不佳，表面张力数据不如注入能量为 8keV 时的结果。

④ 剥离强度分析　选取离子注入处理效果最好的 8 keV 注入能量、过渡层厚度为 5nm 进行覆铜板的制备，并进行剥离强度的检测。考虑到温度的变化会产生应变或蠕变，使某些应力过大的位置容易出现裂纹并加速扩展，导致开裂失效，故模拟实际使用过程中可能存在的温度环境，对 PTFE 覆铜板进行性能测试。

由不同环境温度下 PTFE 覆铜板的截面形貌分析可知，常温环境下，电镀铜层致密，且铜层与 PTFE 改性层表面形成有机的结合，在制备截面样品的剪切作用下，深度方向上形成类似柱形的结构，与基材 PTFE 良好结合。在 3 种不同温度环境下试验，电镀铜层与 PTFE 基材均未见明显剥离，保持了相对完整的结构。由此表明，离子束改性的 PTFE 黏结性能良好，所制备的覆铜板质量良好。

⑤ 电学性能分析　经处理后的样品随着注入能量的增加，电导率会逐渐增大，存在发生导通的风险，因此测试离子注入后样品的电学性能十分必要。

由试验可知，样品的电导率随着频率的增加而增加，在高频区段相对较高，频率为 10^6 Hz 时，可达 10^{-8} S/cm；在低频区段近似于直流电导率，当频率为 10Hz 时，在 $10^{-14}\sim10^{-16}$S/cm 之间。这是由于对绝缘高分子的电导率起主要作用的是束缚电荷，而束缚电荷的移动严重依赖于外电场的频率和方向。对比不同试验参数的样品，未处理 PTFE 的电导率最低；随着注入能量的增加，使 PTFE 的电导率有所增大，但整体变化不大，在使用过程中不会发生导通的问题，符合电路板的使用要求。

对于聚四氟乙烯（PTFE）基材线路板，铜箔与基材的结合力是影响其可靠性的关键因素之一。纯 PTFE 表面与铜箔的黏结性能较差，可采用离子注入结合磁过滤沉积技术对 PTFE 进行改性处理，再电镀铜薄膜制备 PTFE 覆铜板。采用 SEM 和 XPS 分析改性 PTFE 的表面微结构及表面成分；使用达因测试笔测试其表面张力；利用 SRIM 软件模拟不同厚度过渡层对注入离子以及基体原子浓度随深度分布的影响；采用 90°剥离强度测试仪分别测试液氮、热应力及浸锡环境下改性 PTFE 覆铜板的剥离强度；通过宽频介电阻抗谱仪研究其电导率及介质损耗性能。结果表明：改性处理后的 PTFE 表面形貌发生显著变化，可与铜箔形成有机结合的过渡层，所制得的柔性覆铜板性能良好、稳定，剥离强度明显提高，常温下为 0.74N/mm，在液氮、热应力及浸锡环境下剥离强度略有下降，电学性能符合电路板使用要求。

28.5.4.7 氮离子注入对 316L 不锈钢摩擦学性能的影响

奥氏体不锈钢具有优良的耐蚀性、力学性能和加工性能，在化工机械、食品机械、建筑工程、核反应堆、生物医学材料等领域获得了广泛应用，但其硬度低、耐磨性差，这限制了其在耐磨性要求较高的零部件上应用，如何提高奥氏体不锈钢的耐磨性引起了广泛关注。

韩露等的研究表明可采用多种表面处理技术改善零件的摩擦磨损性能。其中，低温氮离子注入可同时改善奥氏体不锈钢的耐蚀性和摩擦学性能，且不存在膜/基结合力的问题，是一种较好的改性方式。剂量是影响氮离子注入试样摩擦磨损性能的重要因素。研究表明，氮离子注入试样的磨损率随着剂量的增加而不断降低；而且发现氮离子注入试样的磨损率随着剂量的增加表现出先降低而后增加的趋势。

大多数零部件均在油润滑条件下服役，但在不同润滑条件下，离子注入对试样摩擦磨损性能的影响趋势存在很大差异。在液体石蜡润滑条件下，离子注入铝的纯铁试样比未注入试样具有更低的摩擦系数和磨损率；但在二烷基二硫代磷酸锌（ZDDP）润滑条件下，铝离子注入反而增大了纯铁试样的摩擦系数和磨损率。目前，剂量对氮离子注入试样摩擦磨损性能影响的研究主要集中在干摩擦条件下，其研究结果对指导油润滑条件下服役的零部件氮离子注入工艺参数优化存在不足。因此，选择工业界广泛应用的聚烯烃（PAO）润滑油基础油和 ZDDP 极压抗磨剂，研究剂量对氮离子注入 316L 不锈钢试样在 PAO 和 PAO＋1％ZDDP 润滑条件下摩擦磨损性能的影响规律，并分析了其机理。

(1) 试验材料及制备

氮离子注入基体采用 20mm×20mm×3mm 的 316L 不锈钢抛光板，基体在进行离子注入前在丙酮和乙醇中分别超声清洗 15min，然后吹干备用，采用中能 Kaufman 离子源进行氮离子注入，离子注入工艺为本底真空度 2×10^{-4}Pa，注入时通入氮气使真空室压强控制在 3×10^{-3}Pa，离子能量 40 keV，离子束流 2 mA，束斑直径为 169mm，注入过程中基体不采用额外的加热或水冷，利用热电偶直接测量试样背面的温度，只通过选择适当的离子束流抑制离子轰击对基体的快速加热，使基体温度不超过 100℃，通过调整注入时间使剂量控制在 $5\times10^{16}\sim8\times10^{17}$ N^+/cm^2（达到各剂量的时间分别为 15min、30min、60min、120min 和 240min）。

(2) 试验方法

采用 PHI700 俄歇电子能谱仪（AES）分析氮离子注入试样表面氮元素的深度分布，

通过氩离子刻蚀获得不同深度的成分，氩离子的刻蚀速率为 50 nm/min（标样为热氧化 SiO_2），采用 D-max/2500 型 X 射线衍仪（XRD）分析试样的相结构，测试条件为 Cu Kα 射线，采用小角度掠射模式，入射角为 1°，采用 XP 型纳米压痕仪测试试样的纳米硬度和弹性模量，测试模式为连续刚度（CSM）模式，测量 5 次取平均值。

采用 TRN 型往复式摩擦磨损试验机测试试样摩擦磨损性能，测试条件如下：对摩球为直径 4mm 的 GCr15 球（R_a25 nm，HV770），载荷 5N，温度 100℃，频率 5 Hz，振幅 4mm；润滑油为 PAO 和 PAO＋1％ZDDP。在摩擦磨损试验后采用 NanoMap-D 型双模式三维形貌仪测量试样磨痕的横截面面积并计算磨损率，采用 BX51 型光学金相显微镜测量对摩球的磨斑直径并计算对摩球的磨损率。采用 PHI Quantera SXM 型扫描成像 X 射线光电子能谱仪（XPS）分析试样磨损表面的摩擦反应膜成分和化学结合状态，采用配有 Genesis XM-2 型能量色散 X 射线谱仪（EDS）的 JSM-6510 型扫描电子显微镜（SEM）观察磨损试样及对摩球的磨损形貌并测量微区化学成分。

（3）力学性能

图 28-27 为氮离子注入 316L 不锈钢试样表面的纳米硬度 H 和弹性模量 E 随剂量的变化规律，可以发现，随着剂量的增加，样品表面 H 和 E 基本呈现出先显著增加而后略有降低的趋势，当剂量低于 5×10^{16} N^+/cm^2 时，氮离子注入没有使 H 和 E 显著增加，其原因在于此时氮在奥氏体中饱和度较小，晶格畸变较轻微，因而固溶强化的效果不显著。随着剂量从 5×10^{16} 增至 4×10^{17} N^+/cm^2，试样表面 H 和 E 显著增加，剂量为 4×10^{17} N^+/cm^2 时，H 和 E 均达到最大值，分别为 12 和 247 GPa。这是因为氮离子注入在试样表面一定深度范围内形成了大量 γ_N 相，由于大量氮原子镶嵌到晶格间隙，使奥氏体晶格畸变很大，从而使不锈钢试样的力学性能得到显著改善。但当剂量继续增加到 8×10^{17} N^+/cm^2 后，H 和 E 反而出现小幅度的下降，这是因为非晶结构的生成降低了氮离子注入层的力学性能所致。

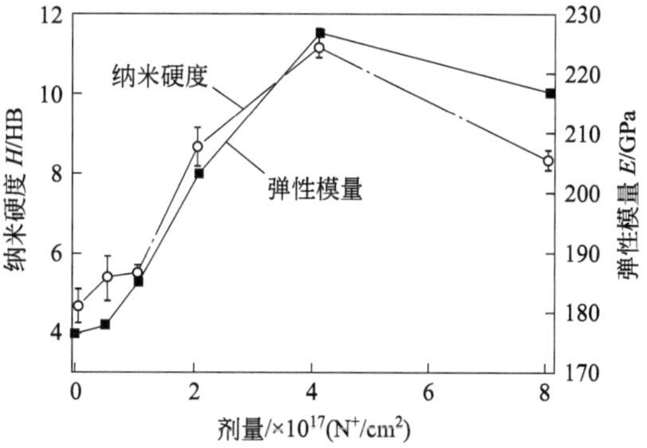

图 28-27　氮离子注入试样的硬度 H 和弹性模量 E 随剂量的变化

（4）摩擦磨损性能

在 PAO 和 PAO＋1％ZDDP 润滑条件下，当剂量较低时，氮离子注入试样在两种润滑条件下的稳态摩擦系数均随剂量的增加略有下降；但当剂量超过 2×10^{17} N^+/cm^2 后，继续增加剂量对稳态摩擦系数的影响很小。对于相同剂量的试样，PAO＋1％ZDDP 润滑条件下的摩擦系数低于 PAO 润滑条件下，且跑合期更短。

PAO＋1％ZDDP 润滑条件下的试样及其对摩球的磨损率均显著低于 PAO 润滑条件下。这是由于 ZDDP 在摩擦过程中分解形成的摩擦反应膜具有良好的抗磨作用所致。在两种润滑条件下，试样及其对摩球的磨损率随剂量的增加均表现出先明显降低而后基本不变的趋势。在 PAO 和 PAO＋1％ZDDP 润滑条件下，最佳剂量的氮离子注入试样磨损率比未注入样品分别降低了 25％和 75％，对摩球磨损率也相应地分别降低了 43％和 78％，这表明氮离子注入层与 ZDDP 具有显著的协同作用，在 PAO 润滑条件下，氮离子注入对试样及其对摩球耐磨性的改善作用主要归因于氮离子注入显著提高了试样表面硬度，抑制了试样与对摩球之间的黏着和磨料磨损现象。在 PAO＋1％ZDDP 润滑条件下，氮离子注入不仅改善了试样表面硬度，表面的高氮含量还有利于 ZDDP 生成抗磨作用更为显著的摩擦反应膜，从而使试样及其对摩球的耐磨性得到显著改善。

通过改变剂量调控 316L 不锈钢氮离子注入试样表面 N 含量，研究了剂量对其在润滑条件下摩擦磨损性能的影响规律及其机理，结果对润滑条件下氮化钢零件应用具有重要意义。研究结果发现：剂量从 0 增加到 $2\times10^{17}\ N^+/cm^2$ 时，边界润滑条件下注入试样的摩擦系数和磨损率以及对摩球磨损率明显降低，且在二烷基二硫代磷酸锌润滑条件下氮离子注入对摩擦磨损性能的改善更为显著；其作用机理为试样表面较高的 N 含量使二烷基二硫代磷酸锌在摩擦过程中生成链长更短、硬度更高的玻璃态磷酸盐聚合物，但进一步增大剂量对注入试样的摩擦磨损性能影响不大。

28.5.5 离子注入机产品

离子注入机产品种类较多，表 28-26 为中束流离子注入机，表 28-27 为大束流离子注入机，表 28-28 为工业生产用离子注入机，表 28-29 为研究用的离子注入机。

表 28-26 中束流离子注入机

生产厂家			Varian（东京电子/ Varian）	Eaton（住友/ Eaton）	日本真空	日新电机
型号			E500	NV-8200P	IPZ-9000	NH-20SP
能量/keV			5～250	～200	10～200	5～200
束流/μA（使用气体）	最小		1.0	0.1	0.1	0.1
	最大	B^-	1500	1100	950	1100
		P^-	3300	3100	2000	1600
		As^-	3000	3300	1500	1200
		B^{2-}	25	50	40	10
		P^{2-}	80	330	100	150
注入精度 σ	均匀性/%		≤0.5	≤0.5	≤0.5	≤0.5
	重复性/%		≤0.5	≤0.5	≤0.5	≤0.5
离子源	种类		Freeman 源	Burners 源	Freeman 源	Freeman 源
	寿命/mA·h			60	36	
磁分析器	分析能力/keV·AMU		5250	3130	4050	3125
	$\Delta M/M$		≥85	≥100	≥100	≥100
扫描	方式		静电＋机械	静电＋机械	静电＋静电	静电＋机械
	速度/mm·s^{-1}（X、Y 方向）		609.6、254	1kHz、100	6×10^3、3×10^3	1kHz、1Hz
注入	角度 束平行度		0°～60° 步进 ≤0.5°	0°～60° 步进，旋转 ≤0.5°	0°～90° 步进，旋转 ≤0.2°	0°～60° 步进 ≤0.5°

续表

生产厂家		Varian（东京电子/ Varian）	Eaton（住友/ Eaton）	日本真空	日新电机
靶室	晶片处理方式 晶片尺寸/mm	逐片（单靶盘） 75～200	逐片（单靶盘） 100～200	逐片（单靶盘） 150～200	逐片（双靶盘） 75～200
洁净度/个·cm^{-2}（≥0.3μm 微粒）		≤0.05	≤0.05	≤0.03	≤0.05
防能量污染措施		束过滤器，在分析器处加泵	能量过滤器，在分析器处加泵	束过滤器，在分析器后加偏转和泵	束过滤器，能量过滤器

表 28-27　大束流离子注入机

生产厂家			Varian（东京电子/ Varian）	Eaton（住友/ Eaton）	日本真空	AMT（AMJ）
型号			E1000	NV-GSD	IP-2500	PI-9500
能 量/keV			10～200	5～160	2～180/250	～200
束流	最小/μA		10	10	5	2
	最大/mA	B^+	10	7	6	10
		P^+	27	20	25	20
		As^+	27	20	25	20
		B^{2+}	0.1	0.2	0.1	0.5
		P^{2+}	3	2	1	5
		P^{3+}	0.1	0.5	—	0.9
注入精度 σ	均匀性/%		≤0.5	≤0.5	≤1.0	≤0.75
	重复性/%		≤0.7	≤0.1	≤1.5	≤0.75
离子源	种类 寿命/mA·h		Cusped 源	Burners 源 300	微波源 800	Burners 源 300
磁分析器	分析能力/keV·AMU		5100	10000	3025	3000
	$\Delta M/M$		≥90	≥60	≥80	≥100
扫描	旋转速度/min^{-1} 平移速度/mm·s^{-1}		1200 最大 101.6	1200 最大 76.8	1200 最大 50	1250 1.28～10.23
注入	角度 束平行度		0°～10° ≤0.5°	−11°～+11° ≤0.5°	0°～8° —	0°～7° —
靶室	晶片处理方式		批量注入	批量注入	批量注入	批量注入
	片数		13	13	13	17
	晶片尺寸/ϕmm		100～200	100～200	100～200	125～200
洁净度/个·cm^{-2}（≥0.3μm 微粒）			≤0.10	≤0.03	≤0.05	≤0.05
防能量污染措施			束过滤器（研究中）	引出电压 80 kV 下无能量污染	束净化器（分析器后磁场偏转）	—
防电荷积累			等离子溢流 电子枪	电子浴	双电子浴	等离子溢流系统（PES）
自动化程度	束引出注入条件设定自诊断功能		可调可设定全有	可调可设定部分有	可调可设定部分有	可调可设定全有

表 28-28 工业生产用离子注入机

制造厂	型号	能量范围 / keV	离子质量数 /amu	束流强度 /μA	非均匀性 σ≤%	离子源类型	磁分析器类型	真空度或真空泵	结构特点	扫描方式	靶室容量	机器外形尺寸(长×宽×高)/cm
美国 Varian/Extrion	200-DF4	10～200	1～120	B^+ 300 P^+，As^+ 500 Sb^+ 200	2″ 0.5 3″ 0.75 4″ 0.75	灯丝型离子源（AD-250ADV-250)	90°分析磁铁	3 台油扩散泵	先分析后加速	X、Y 静电扫描	真空锁 275 片/h	447×214×239
美 国 Varian/Extrion	400-10A	50～400	1～120	B^+ 50 P^+，As^+ 100 Sb^+ 40	2″ 0.5 3″ 0.75 4″ 0.75	冷阴极（PD75 PD50H)	90°分析磁铁	3 台油扩散泵	先分析后加速	X、Y 静电扫描	真空锁 275 片/h	608×280×325
美 国 Varian/Extrion	200-1000	35～200	1～120	B^+ 1000 P^+，As^+ 2000 Sb^+ 1200	4″ 0.75	热阴极（AD-1000 ADV-1000)	90°分析磁铁	3 台油扩散泵	先分析后加速	机械扫描	4″ 26 片	386×254×267
英 国 Lintott	8-12	10～200	1～132	B^+，P^+，As^+，Sb^+等 1000	2″ ±1	Freeman（引出口：40×1mm²)	60°分析磁铁	10^{-7}Torr（靶室） 10^{-6}Torr（靶室）	先加速 80keV，后加速 120keV，中间分析	机械扫描	2″ 40 片 3″ 14 片 4″ 10 片	
丹麦 Danfysik /荷兰 Highvoltage	911	10～200	1～80	B^+ 50 P^+ 100 As^+ 50	±1	高温中空阴极离子源	135°半径 15cm 的双聚焦分析磁铁	10^{-6}Torr（靶室）	先分析后加速，设有两个靶室	X、Y 扫描面积为 120×120mm²	2″ 20 片 $3\frac{1}{4}$″ 15 片 1″ 45 片	430×196×184
瑞士 BALZERS	SCI-218	20～200	1～75	B^+ 1000 P^+ 1250 As^+ 1500	±1	Penning	90°分析磁铁	极限真空 10^{-7}Torr	先加速后分析	混合扫描	2″ 360 片/h 3″ 180 片/h 4″ 90 片/h	
瑞士 BALZERS	MPB-202	10～200	1～75	B^+ 200 P^+ 120 As^+ 120	±1	Penning	30°分析磁铁	极限真空 10^{-7}Torr	先加速后分析	X、Y 扫描混合扫描	2″ 59 片 3″ 39 片 4″ 29 片	620×189×222
中国 建光机器厂		10～60	1～11	B^+ 5	<10	Penning	90°	$3×10^{-5}$Torr	先分析后加速	X、Y 扫描	1″ 24 片	
		20～150	1～31	P^+ 10	<10	Penning	90°	$3×10^{-5}$Torr	先分析中间扫描后加速	X、Y 扫描	1″ 24 片	

表 28-29　研究用离子注入机

制造厂	能量范围/keV	离子质量数/amu	束流强度/μA	非均匀性 σ≤%	离子源类型	质量分析器类型	真空度或真空泵	结构特点	扫描方式	用途	备注
美国 Hughes	30～300	接近全离子	0.01～100	±1	高频源，双等源表面游离 Penning	600cmE×B	用两台扩散泵三台离子泵	先加速后分析，共有三个靶室管道	X、Y 静电扫描	供研究用（离子注入、淀积、离子清洗分析等）	机器长 9m
英国 Harwell (AERE)	0.05～300	1～132	1000	±1	Freeman 引出口：40×1mm^2	60° 40cm 的分析磁铁	1×10^{-6}Torr	两头加速，中间分析（后边也可减速）	机械扫描	大剂量快速注入	（长×宽×高）/m=5.6×2.73×2
荷兰：高压工程 丹麦：Danfysik	10～350	1～260	B^+ 50 P^+ 75 As^+ 30	≤±1	中空阴极和 Penning	90° 分析磁铁	扩散泵、离子泵优于 1×10^{-6}Torr	先分析后加速，有两个靶室，靶室温度可用高、低温	X、Y 静电扫描	半导体注入、固体物理、核物理、辐照化学研究用	
美国 Extrion	20～400	1～30	B^+ 40 P^+ 150 As^+ 100	±1	中空阴极和 Penning	90° 分析磁铁	1×10^{-6}Torr	先分析，后加速	X、Y 静电扫描	研究用	
英国 Harwell (AERE)	500	1～40	B^+ 1 P^+ 1 As^+ 5		高频溅射源	90° 可旋转分析磁铁	2×10^{-7}Torr	先分析，后加速，有四个靶室管道	X、Y 静电扫描	离子注入，背散射分析、中子辐射和 X 射线分析	在原来中子发生器基础上改装成的
英国	600	1～100	10		双等离子体源	90° 偏转磁铁		先分析，后加速		注入、分析两用	
丹麦	600	全离子	10		Nelson	90° 偏转磁铁		先分析，后加速		注入、分析两用	
中国 北师大	40～380	接近全离子	5～200	1.4	高频源	90° 半径 1m 双聚焦分析磁铁	优于 3×10^{-6}Torr（靶室）	两头加速，中间分析，扫描在后	X、Y 静电扫描	离子注入	

28.6 分子束外延设备

28.6.1 概述

分子束外延（简称 MBE）技术是 20 世纪 70 年代国际上迅速发展起来的一项技术。它是在真空蒸发工艺基础上发展起来的一种外延生长单晶薄膜的方法。1969 年对分子束外延进行研究的主要为美国的贝尔实验室和 IBM 两家，另外英国和日本也在进行研究，我国于 1975 年开始进行研究。目前已由初期的较简单的实验设备发展到今天的具有多种功能的商品。

分子束外延技术是在超高真空条件下，使构成晶体的各个组分和掺杂原子（分子）以一定的热运动速度、按一定的比例喷射到热的基片上进行晶体的外延生长的方法。这个方法与其他的液相、气相外延生长方法相比较具有如下特点：

① 它是在超高真空下进行的干式工艺。因此残余气体等杂质混入少，可保持表面清洁。

② 生长速度慢（1～10μm/h），并可以任意选择，可以生长超薄而平整的薄膜。

③ 生长温度低（GaAs 在 500～600℃下生长，Si 在 500℃下生长）。

④ 在生长过程中，同时可精确地控制生长层的厚度、组分和杂质分布，生长的表面和界面有原子级的平整度，结合适当的技术，可生长二维和三维图形结构。

⑤ 在同一系统中可以原位观察单晶薄膜的生长过程，进行结晶生长的机制分析研究，也避免了大气污染的影响。

因此，利用这些特点，使得这一新技术得到迅速的发展，它的研究领域广泛地涉及半导体材料、器件、表面和界面，以及超晶格量子效应等方面，并取得了一些显著的进展。

分子束外延设备技术综合性强、难度大，涉及超高真空、电子光学、能谱、微弱信号检测及精密机械加工等现代技术。

28.6.2 独立束源快速换片型分子束外延设备

该设备主要是由清洁的全无油超高真空系统、外延生长和控制系统及监测分析仪器等部分组成。其结构简图如图 28-28 所示。

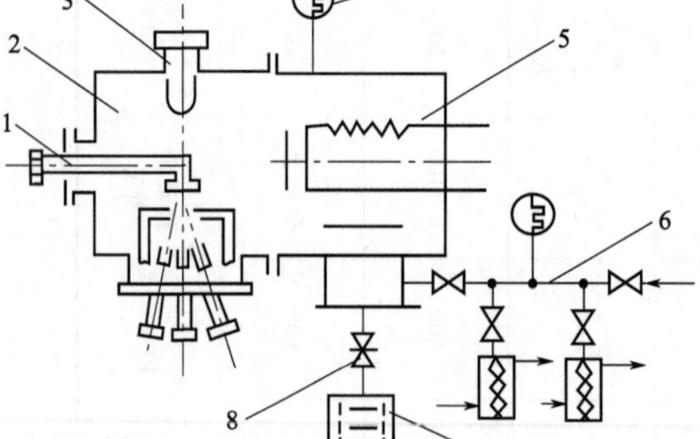

图 28-28 分子束外延设备结构简图

1—样品架；2—真空室；3—四极质谱计；4—BA 规；5—钛升华泵；6—前级真空排气系统；7—离子泵；8—ϕ200mm 氟橡胶插板阀

设备的真空室是由直径为 ϕ450mm 不锈钢材料制成的圆筒，其周围需开大小不同的 20 余个法兰，用以配置各种表面分析仪器、样品架、样品传递结构、分子束源及观察窗等。为了充分发挥升华泵的抽速，升华泵的直径与真空室直径相一致，选用法兰连接。为了便于真空室布局，该设备采用卧式布局，因而要使真空室和升华泵的法兰准确地对中相接，故采用将真空室和超高真空机组分成两个独立的支架，然后用轨道使这两部分准确地对中，保证密封可靠，节省了真空室开启时的起重设备。

独立束源快速换片型分子束外延设备本身具有两个特点。首先是分子束源，它由六个独立分子束炉组成，装在 ϕ160mm 直径的法兰上，每个炉子具有独立的快门连同加热引线，测温热电偶等集中装在一个小法兰上，因而每个炉子可容易独立取换，互不影响。其次是具有一个独立的样品传递结构，可快速地取换样品，提高了工效。

28.6.3 对真空的要求

分子束外延设备是在超高真空条件下，一个或多个热分子束与晶体表面起反应而外延生长超薄单晶膜的综合性设备。为了获得性能良好的超薄单晶膜，应避免在生长过程中衬底表面及热分子束受到污染，这就要求在清洁的超高真空环境下进行膜的生长，生长前的本底压力一般要求为 10^{-8}Pa 的真空度，而且系统的残余气氛中的碳氢化合物、水、一氧化碳和二氧化碳等成分要很少。同时设备上配有各种表面分析仪器，如俄歇谱仪就要求在清洁的超高真空下工作等。所以到目前为止，国内外研究生产的分子束外延设备都采用清洁的超高真空系统。

为在分子束外延中得到清洁的超高真空环境，除对所用的不锈钢、陶瓷等材料选择以外，尤其应注意热分子束源材料的纯度和分子束炉的材料及其纯度的选择。

28.6.4 清洁的超高真空抽气系统

根据分子束外延设备对真空的要求，需达到 10^{-8}Pa 的超高真空环境，图 28-28 中设备真空系统组成如下：

（1）前级真空排气系统

前级真空排气系统是由两个分子筛吸附泵对该设备整机排气，从大气开始排气抽到离子泵开始启动压力（约 10^{-1}Pa），同时兼对高能电子衍射仪的五万伏电子枪进行排气。

前级真空排气系统是由两个各装 5kg 分子筛（13X 和 5A 各半）的内冷式吸附泵，一个压力计，一个放气阀，三个可烘烤的金属超高真空阀（其中一个为总阀）以及真空管道组成的。分子筛对气体的吸附属于物理吸附，过程是可逆的，低温时大量吸气，当温度回升时，又会部分甚至全部放出。此时泵内压力又升高甚至有很大压力，为了安全，在泵的抽气口管道上设置了一个安全阀，当泵内压力大于一个大气压力时则自动打开放气。当然也可做成一个简单的带锥度的橡胶塞子来代替安全阀。但在对塞子的位置设计时要特别注意应不致使液氮把橡胶塞冷冻而硬化，致使产生漏气的问题。

排气方法采用二级抽气，即先用一个分子筛泵由大气开始排气约 3～5min 后，再用另一个分子筛泵继续排气。

（2）清洁的超高真空主排气系统

超高真空主排气系统采用三极溅射离子泵作为辅助泵，钛升华泵作为主泵而获得超高真空 10^{-8}Pa。

28.6.5 几个重要部件的真空问题

在 MBE 中对口径 ϕ200mm 超高真空氟橡胶插板阀、分子束源系统以及样品传递结构系统等主要部件要很好地考虑其清洁真空问题。

（1）分子束源系统

分子束源系统是 MBE 中的核心部件，该部件共有六个分子束炉，该炉用石墨制成，有炉丝加热，钼箔保温，各炉之间有水冷隔板。它处于高温下，结构复杂，材料品种多，是一个主要的出气源，直接影响到真空室的清洁真空的获得。为了保证这部分保持清洁而对真空室维持超高真空条件下，因而采用将整个束源放置于液氮屏蔽罩内，以减少这个气源对真空室的污染。

分子束源系统配有抽速约 200L/s 的水冷升华泵（钛钼合金丝升华器），以便在束源部分出气量较大时作差分抽气用。

(2) 样品传递结构系统

为了缩短工作周期，快速更换样品，同时在更换样品过程中达到对真空室的清洁真空既不破坏其超高真空状态，又对真空室不污染的目的，所以配备了样品传递结构系统。图 28-29 是样品传递结构系统的示意图。样品传递系统通过直通阀，直接与真空室的一侧相连。换样时是把样品（清洁处理过的）放置在传递杆的样品架上，传递杆借磁力传动把样品通过直通阀送入真空室，由多自由度样品架进行样品交换，再把生长好的外延薄膜传递出真空室。通过这样的传递更换样品，大大提高了工效。为了达到清洁真空的目的，该系统设计了独立的清洁的真空排气系统，它是由 120L/s 的三极溅射离子泵与两个各装 1kg 分子筛（13X 和 5A 各半）的吸附泵组成。

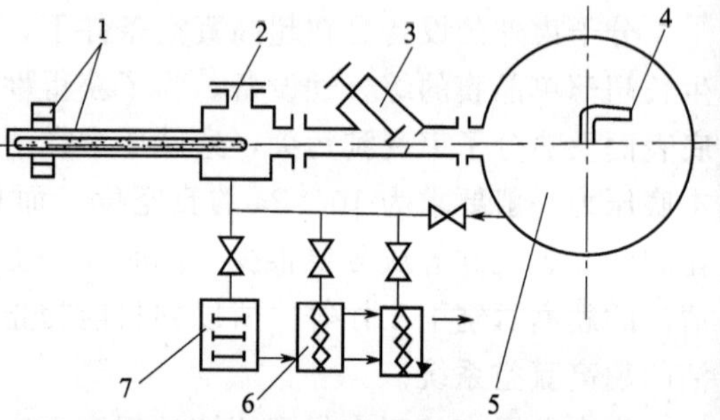

图 28-29　样品传递结构系统示意图

1—传递机构；2—样品室；3—直通阀；4—样品架；5—真空室；6—吸附泵；7—离子泵

该系统一般装好更换的样品之后，经过 30min 从大气排气到 10^{-4}Pa，打开直通阀，完成一次交换样品约 10min，这时真空室的真空度仍可维持在 10^{-6}～10^{-7}Pa 范围内。

(3) 口径 ϕ200mm 超高真空氟橡胶插板阀

在升华泵与离子泵之间设置氟橡胶插板阀。该阀采用了阀板向下压紧的结构；在关闭时，借助大气越压越紧，具有使用方便确保离子泵不暴露于大气，且再次启动容易的优点。

28.7 离子束刻蚀技术

28.7.1 概述

离子束刻蚀技术是从 20 世纪 70 年代起随着固体器件向亚微米级线宽方向发展而兴起的一种超精细加工技术，它是利用离子束轰击固体表面时发生溅射效应来剥离加工器件上所需要的几何图形的。

离子束刻蚀这种工艺与机械加工、化学腐蚀、等离子体腐蚀、等离子体溅射等工艺相比较，具有以下特点：

① 对加工材料具有非选择性，任何材料包括导体、半导体、绝缘体都可以刻蚀。

② 具有超精细的加工能力　它能刻蚀加工非常精细的沟槽图形，是属于微米级和亚微米级加工，甚至能刻出 0.008μm 的线条。

③ 刻蚀的方向性好，分辨率高　它的样品在真空中被准直的离子束定向轰击，是一

种方向性刻蚀，可以克服化学湿法中不可避免的钻蚀现象，刻蚀的图形边缘陡直、清晰。分辨率高。精度可达 0.1～0.01μm，表面粗糙度优于 0.05μm。

④ 加工性灵活，重复性好　因为离子束的束流密度、能量、入射角、工件台的移动或旋转速度等工作参数，能够在相当宽的范围内独立地、准确地控制，因而容易得到不同样品的最佳加工条件，既能控制线条的边壁斜度，又能控制沟槽深度按一定函数变化（按一定函数变化的沟槽深度称为深度加权）。

⑤ 离子束刻蚀的缺点是存在溅射材料的重新沉积（再沉积效应）现象。有待在实践中加以解决。

离子束刻蚀分三种类型，即溅射刻蚀、反应刻蚀和混合刻蚀。

(1) 溅射刻蚀

溅射刻蚀是基于荷能惰性离子对表面的物理溅射，包括等离子体刻蚀和离子束刻蚀两种方法。前者，被刻蚀的样品置于负极，由直流或高频形成的惰性气体等离子体直接和样品作用。后者，离子束取自离子源或枪，可以聚焦、偏转，然后引向样品。

(2) 反应刻蚀

反应刻蚀是利用活性粒子的化学作用对表面进行刻蚀，包括等离子体反应刻蚀和化学活性游离根或非饱和键化合物刻蚀两种方法。在等离子体反应刻蚀中，样品置于化学活性气体或蒸气形成的等离子体区中，依靠离子和电子的诱导或强化刻蚀剂与被刻蚀材料之间的化学效应，使之产生挥发性产物，排除出真空系统，从而达到对样品刻蚀的目的。在利用化学活性游离根或非饱和键化合物刻蚀中，置于真空室中的样品与气体的电弧区是分开的。依靠从电弧区中引出的中性游离根或活性分子与样品起化学反应而达到对样品刻蚀的目的。

(3) 混合刻蚀

混合刻蚀是既有物理溅射又有化学腐蚀作用的刻蚀方法。产生物理溅射的粒子是活性离子，故常称离子反应刻蚀或反应离子刻蚀。它又可分为以下三种类型：

① 反应溅射刻蚀　它和等离子体反应刻蚀基本相似，样品也置于活性气体形成的等离子体区内。但混合刻蚀中的离子能量较高（>100eV），因而溅射作用增加（溅射率 η>0.1 原子/离子）。这时既有反应刻蚀作用又有离子溅射作用。

② 离子束反应刻蚀　从离子源中引出化学活性离子，使其直接和样品相互作用，离子束可以聚焦、偏转和调节。

③ 离子束强化反应刻蚀　活性气体和惰性气体离子通过各自的通道，互不相关地、但同时到达被刻蚀样品的表面。它的突出优点是可以分别地、准确地监测、控制二者的参数。

离子束刻蚀作为一种超精细加工工艺，广泛地用于超大规模集成电路、动压气体轴承、声表面波器件、磁泡储存器、集成光学、电荷耦合器件、计量光栅、透射电子显微镜用样品等刻蚀精细沟槽图形；减薄各种材料和抛光；清洗高精度表面。在国外，自 1965 年用离子束刻蚀出 0.25μm 的超精细集成电路线条以来，这种技术得到迅速发展和广泛应用。离子束刻蚀设备已从实验室到生产线，从用惰性气体到用反应性气体，从手动到自动，发展到包括有终点控制和自动装卸片在内的全自动控制。离子源阳极直径从 50～350mm，并从单一功能刻蚀发展到可做溅射沉积和表面改性等工艺。国内生产的离子束刻蚀设备，已在动压气体轴承变宽线条的刻蚀加工、声表面波沟槽栅（包括深度加权的刻蚀）、红外器件、光栅等固体器件的刻蚀加工得到应用。

28.7.2 工作原理

离子束刻蚀的基本原理是利用离子束轰击固体表面生产的溅射现象来剥离加工几何图形的。一般由真空室、离子源、工件台、快门、真空抽气系统、供气系统、水冷系统、电源和电气系统等主要部分组成。图 28-30 所示为离子束刻蚀机工作原理。

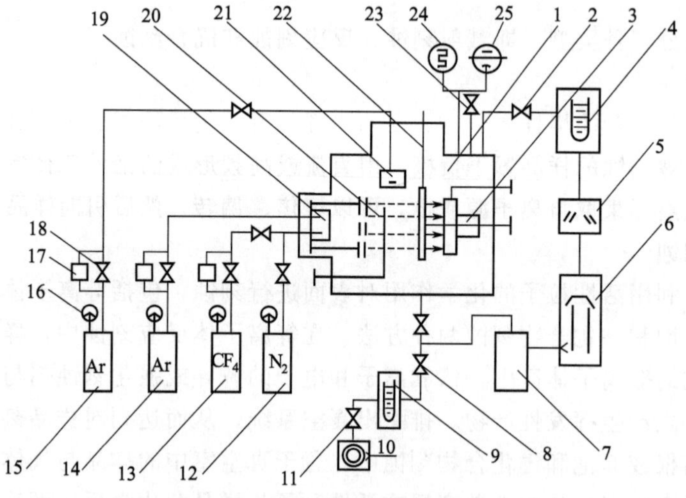

图 28-30 离子束刻蚀机工作原理

1—真空室；2—插板阀；3—工件台；4,9—冷阱；5—水冷障板；6—扩散泵；7—贮气罐；8—三通阀；10—机械泵；11—电磁阀；12—N_2 储罐；13—CF_4 储罐；14—Ar 储罐 1；15—Ar 储罐 2；16—真空压力表；17—质量流量计；18—管道阀门；19—离子源；20—快门；21—等离子桥中和器；22—法拉第筒；23—放气阀；24—电阻规；25—冷规

该设备在正常工作时，首先是待真空室压力抽至 6×10^{-3}Pa 或更低时，可以调节 Ar 气流量使真空室压力保持在 $1\times10^{-2}\sim6\times10^{-2}$Pa（如果需用辅助气体氧，则可以按一定比例与之混合），然后启动离子源各电源，使离子源正常工作。从离子源引出一定能量和密度的离子束，被中和器发射的电子中和后穿过快门和光阑孔，轰击工件台的工件进行溅射刻蚀，工件表面有制备沟槽的掩膜，这样，裸露部分就被刻蚀掉。掩膜部分就被保留下来，从而在工件表面形成所需的沟槽图形。等深度沟槽的刻蚀终点是根据工件的刻蚀速率和沟槽深度由计算机自动控制快门开启时间加以控制的，深度加权沟槽栅的刻蚀则是根据晶片的刻蚀速率和深度加权函数，用计算机程序控制步进电机驱动平移工件台通过光阑孔时的停留时间加以控制的。

28.7.3 技术性能

离子束刻蚀设备的主要性能一般包括：整机特性、离子源特性、真空系统性能、工件台性能、控制系统特性等。表 28-30 给出了兰州空间技术物理研究所生产的 LSK 型、DSJ 型、RIBE 型离子束刻蚀设备主要技术性能。

表 28-30　LSK 型、DSJ 型、RIBE 型离子束刻蚀设备主要技术性能

设备型号		LSK-1①	LSK-2(2A)②	LSK-3(3A)①
整机特性	设备类型	卧式	卧式	卧(立)式
	真空尺寸(直径×长度)/nm×mm	ϕ400×700	ϕ400×700	ϕ400×475
	一次连续工作时间/h	8	8	8
离子束特性(Ar)	有效束径/mm 束流密度均匀度/% 束加速电压/V 束流密度/$mA \cdot cm^{-2}$ 束加速电压稳定度/$\% \cdot h^{-1}$ 束流稳定度/$\% \cdot h^{-1}$	ϕ78 ±5 100～1300 0～0.7 ±0.45 ±2.2	ϕ105 ±5 100～1300 0～1.1 ±0.45 ±3.2	ϕ100 ±5 100～1300 0～1.0 ±0.45 ±0.5
真空系统性能	极限真空度/Pa 工作压力/Pa 抽气时间(从大气到 6×10^{-3}Pa)/min 更换工件后抽气时间/min	4.5×10^{-4} $(1～3)\times10^{-2}$ 51 15	4.5×10^{-4} $(1～3)\times10^{-2}$ 53 15	4.5×10^{-4} $(1～3)\times10^{-2}$ 51 15
水冷工件台特性	运动方向	四维	一维平移	三维
	安装尺寸/mm	ϕ88	(长×高)200×80	ϕ100
	其他特性	旋转间断可调 5～30r/min 平移 35mm 水平和垂直倾斜 均为 0°～90°	最小步距 0.25μm 最大行程 150mm 单向定位精度 4.5μm 全程累积误差 2.9μm	旋转间断可调 5～30r/min 平移 150mm 水平和垂直倾斜 均为 0°～90°
控制系统特性	控制方式	继电器自控或手控	计算机程序控制	继电器自控或手控
	控制功能	预置刻蚀时间 为 0～12h 束流中断联锁 刻蚀时间快门控制	刻蚀过程控制 刻蚀时间和位置显示 步进电机正反转 束流中断联锁 行程限位联锁 快门开关控制	预置刻蚀时间为 0～12h 束流中断联锁 刻蚀时间快门控制 时序自动控制刻蚀全过程

设备型号		LSK-6①	DSJ-4		RIBE-5③	RIBE-200③
整机特性	设备类型	卧(立)式	卧式		卧(立)式	卧(立)式
	真空尺寸(直径×长度)/nm×mm	ϕ400×475	ϕ400×500		ϕ450×500	ϕ450×540
	一次连续工作时间/h	8	8		8	8
离子束特性(Ar)	有效束径/mm 束流密度均匀度/% 束加速电压/V 束流密度/$mA \cdot cm^{-2}$ 束加速电压稳定度/$\% \cdot h^{-1}$ 束流稳定度/$\% \cdot h^{-1}$	ϕ100 ±5 50～1300 0～1.0 ±1 ±1	ϕ100 ±5 400～1000 0～1.0 ±0.5 ±0.5	ϕ25 — 500～1500 20 ±0.5 ±0.5	ϕ100 ±5 50～1000 0～1.0 ±1 ±1	ϕ100,ϕ200 ±5 50～1000 0～1.0 ±1 ±1
真空系统性能	极限真空度/Pa 工作压力/Pa 抽气时间(从大气到 6×10^{-3}Pa)/min 更换工件后抽气时间/min	5×10^{-4} $(1～3)\times10^{-2}$ 60 15	7×10^{-4} $(3～4)\times10^{-2}$ 60 —		5×10^{-4} $(3～4)\times10^{-2}$ (充 PC_4) 60 —	6×10^{-4} $(3～4)\times10^{-2}$ 60 30

续表

设备型号		LSK-6①	DSJ-4	RIBE-5③	RIBE-200③
水冷工件台特性	运动方向	三维	三维	三维	三维
	安装尺寸/mm	ϕ100	ϕ150	ϕ150	ϕ100，ϕ200
	其他特性	旋转间断可调 5～60r/min 倾斜±90° 平移 100mm 台面温度<35°	旋转间断可调 10～60r/min 倾斜±90° 平移 150mm 台面温度<35°	旋转间断可调 10～60r/min 倾斜±90° 平移 50mm 台面温度<35°	旋转间断可调 10～60r/min 倾斜±90° 平移 50mm 台面温度<35°
控制系统特性	控制方式	继电器自控或手控	计算机自控或手控	计算机自控或手控	计算机自控或手控
	控制功能	预置刻蚀时间为 0～12h，刻蚀时间由快门控制	排气过程、加工工艺过程、数据处理等均由计算机自控	排气过程、加工工艺过程、数据处理、文字显示、绘图和打印均由计算机自控	排气过程、加工工艺过程、数据处理等均由计算机自控

① 主要用于气体轴承变宽螺旋沟槽刻蚀。

② 主要用于声表面波槽栅（包括深度加权）的刻蚀，真空室有两种尺寸。

③ 主要用于红外光栅的刻蚀，除 Ar 工质外，可通反应性气体。

28.7.4 结构特点

离子束刻蚀设备一般采取卧式结构（也有立式结构）。卧式结构离子束水平方向喷射，刻蚀的溅射物大部分落在真空室底部，能减少溅射材料的重新沉积。立式结构相反，刻蚀质量难以保证。

（1）真空室

刻蚀设备的真空室一般采用圆筒形结构，用 1Cr18Ni9Ti 不锈钢焊接而成。最好是在两边都开门以便装卸工件、检修和清洗离子源和快门等，并在适当位置设置观察窗以便观察刻蚀进行的情况。大门为蝶形封头或平面形，开启与关闭应轻便灵活。真空室内壁应抛光，内表面光滑，便于清洗真空室。

（2）离子源

离子源采用永久磁铁轴向发散磁场结构的考夫曼（Kaufman）型离子源。圆筒形阳极直径为 150mm；钽丝阴极直径为 0.4mm，长度为 130mm，绕成内径约 2mm 的单螺旋形；钽丝中和器直径为 0.4mm，长度 70mm；多孔钼制屏栅极和加速极开孔区直径为 120mm，栅极间隙 1.5mm。为了便于装拆和清洗，离子源整体结构为可拆卸式。阴极组件可单独卸下来，中和器装在屏蔽罩正面。供气管和引线为接插式结构。图 28-31 所示为离子源示意图。

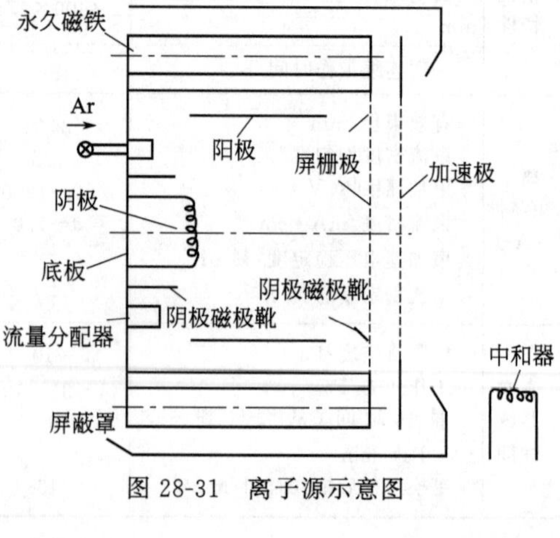

图 28-31　离子源示意图

考夫曼离子源的离子流密度较高，可达 1mA/cm^2 以上，束径可达 350mm，均匀性为 ±5%，可变离子能量为 2keV。为此，目前的离子束刻蚀设备一般均采用考夫曼型离子源。

(3) 工件台

工件台是装卡刻蚀工件用的。由于被刻蚀的工件种类和要求不同，所以工件台的种类亦不同。一般为平移和旋转两种工件台；按水冷方式又分为直接水冷和间接水冷两种。

图 28-32 给出了一维平移工件台结构原理；图 28-33 给出了旋转、平移、倾斜的三维直接水冷工件台结构原理。

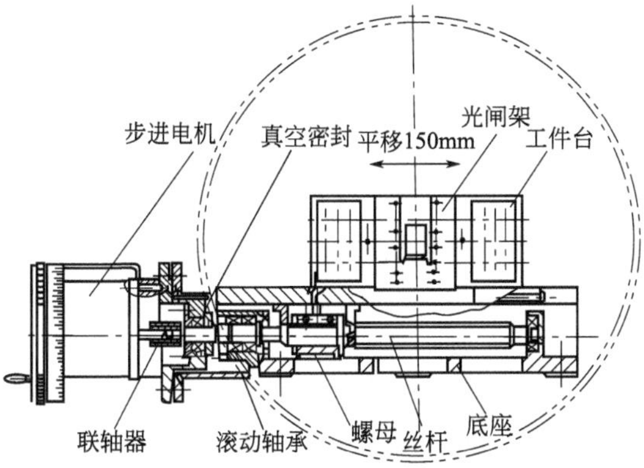

图 28-32 一维平移工件台结构原理

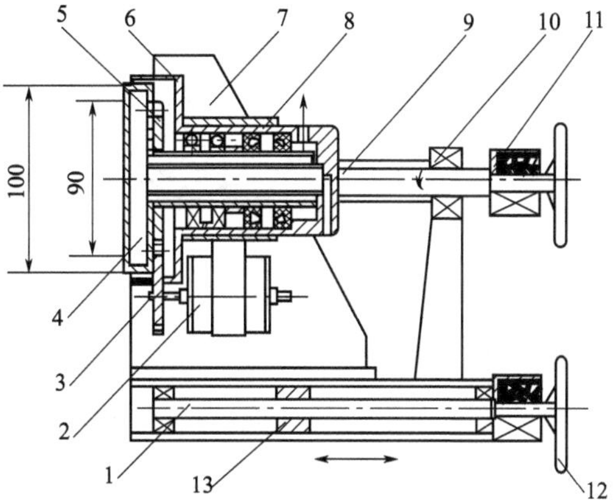

图 28-33 三维直接水冷工件台结构原理

1—移动丝杆；2—步进电机；3—小齿轮；4—工件台；5—大齿轮；6—外套；7—支架；8—碗形密封；9—倾斜机构；10—支架；11—威尔逊密封；12—手轮；13—螺母

平移工件台采用步进电机直联丝杆传动结构。90BF006 型步进电机通过威尔逊高真空转动密封机构与丝杆直联，丝杆再转动固定在工件台底部的螺母使工件台平移；丝杆和螺母的螺距为 1mm；工件台最大行程为 150mm，并由装在两端的行程开关加以限位；工件台要求定位精度为 5μm，它主要依靠丝杆和螺母的（有松紧调节机构）加工精度来保证。滑润油用 DC274 扩散泵油，工件台内部铣成蛇形槽直接通水冷却，降低了工件温度，防止晶片受热碎裂和光刻胶焦化。工件台的前面还备有可拆卸的光阑装架。

三维直接水冷旋转工件台由 SY-5 力矩电机、工件台、蜗轮蜗杆倾斜机构、丝杆驱动平移机构等组成。直接水冷工件台直径为 ϕ100mm，旋转由力矩电机通过齿轮来实现。转速从 5～30r/min 连续可调，正反均可；倾斜角度，与离子束垂直的水平方位是 0°±90°，是通过蜗轮蜗杆实现的；平移距离 150mm，是通过转动丝杆实现的；直接水冷是通过空心的轴和碗形橡胶密封圈实现的。这种直接水冷转动工件台最大的优点是在刻蚀的过程中，在真空条件下，通过转动手轮可以改变距离和倾斜角度。直接水冷降低了工件台靶面的温度，可以提高器件的加工刻蚀质量。

(4) 快门

快门是用来隔断离子束通向工件台的通路的，目的是便于在刻蚀前检测束流密度和束的中和情况。从放电开始引出束流到束流稳定往往需要几分钟的时间。在离子束稳定后才打开快门进行刻蚀并同步计时，故刻蚀的时间可以用开关快门来控制。快门有手动、电动两种，操作要简单可靠、无故障。图 28-34 给出了手电两用四杆联动单叶片快门结构示意图。

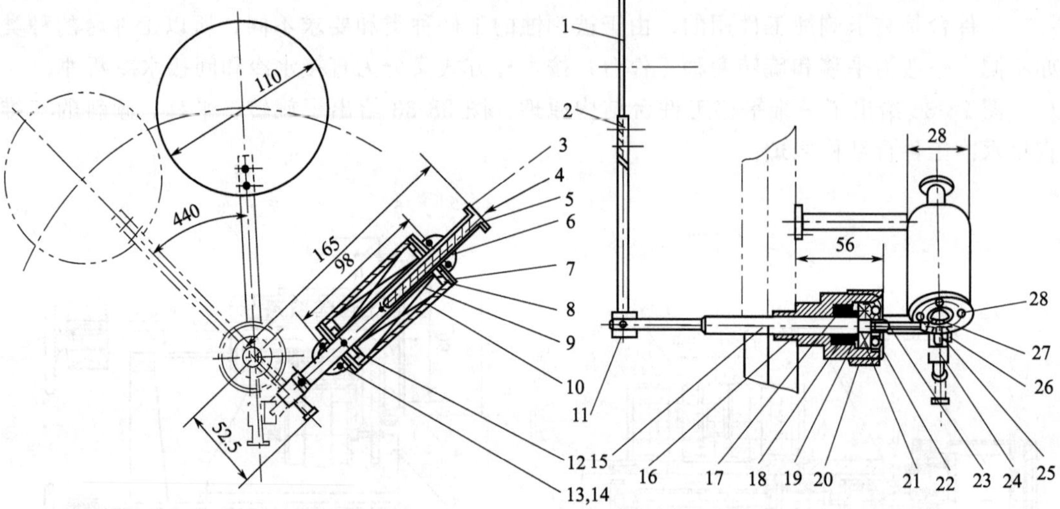

图 28-34 手电两用四杆联动单叶片快门结构示意图

1—挡片；2,13,26,28—螺钉；3—滑杆；4—堵头；5—磁棒；6—支架；7—端盖；8—骨架；9—线圈；10—外套；11—拨杆；12—销轴；14,18,19—垫圈；15—转动轴；16—密封套；17—密封圈；20—压紧螺母；21—滚动轴承；22—内压圈；23—外压圈；24—连接滑杆；25—连接滑块；27—轴套

手电两用四杆联动的单叶快门的 ϕ10mm 的单叶片固定在空心连杆上。连杆与传动轴相连，传动轴通过高真空威尔逊密封与位于真空室外的连轴、滑杆相连。滑杆在电磁线圈内套里，通过改变电磁线圈中的电流方向，使滑杆左右移动，从而带动连轴、传动轴、固定联杆联动、单叶片摆动，使快门打开或关闭。电磁铁可使滑杆移动距离为 40mm。电磁铁线圈丝径 0.44mm，共 2800 匝（电阻 20Ω）；威尔逊密封的润滑油用 DC274 扩散泵油。

(5) 真空系统

真空系统由卧式真空室、ϕ200 高真空插板阀、ϕ200 单百叶窗式水冷障板，K-200T 油扩散泵、储气罐、三通阀、电磁带放气真空截止阀、2XZ-8 型高速旋片式机械泵、电磁放气阀、真空管道及真空检测系统（ZRC-1J 电阻磁放电复合真空计、电阻规、冷规）等组成。其真空系统示意图如图 28-35 所示。

(6) 供气系统

供气系统分氩气（工质气体）和氧气（辅助气体）两套系统。在氩气中混入一定比例的氧气，可以防止一些晶体（如铌酸锂）表面缺氧而导致性能变化。LSK-3 型离子束刻蚀机的供气系统分手控和自控两路。手控系统由流量微调真空阀（WT30-1 型）、两个 GM-10 型真空隔膜阀、一个容积为 8L 的储气罐，一个 2.5kgf/cm^2 真空压力表和管路组成。自控系统除手控的部件外，加有一套 D07-2/ZM 型质量流量控制器。气体流量由工作压力间接指示。

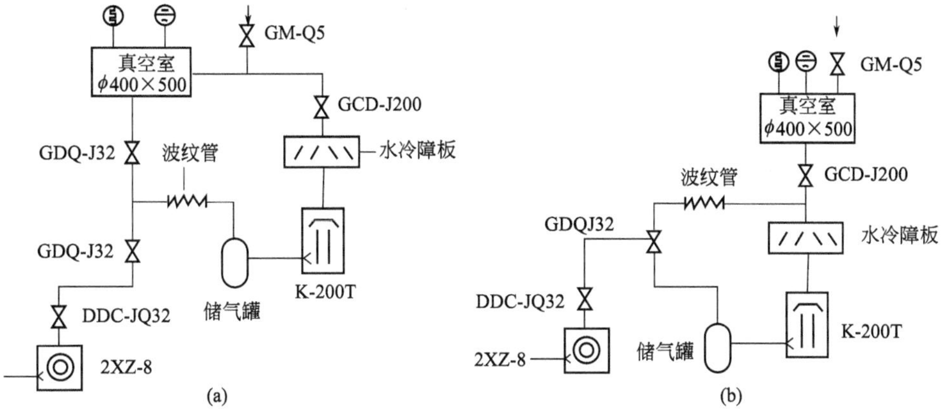

图 28-35 LSK 型离子束刻蚀机真空系统示意图

(7) 水冷系统

水冷系统是用来冷却离子源、工件台、水冷障板、油扩散泵等部件的，一般由四个截止阀、水压继电器和管路组成。水压继电器当停水和水压过低时能自动切断电源，由断水警报器及时发出音响，给予报警，以保护设备不致烧坏。

28.7.5 离子源及真空系统设计要点

28.7.5.1 离子源的设计

(1) 离子源离子引出计算

考夫曼离子源的工质多用惰性气体氩，压力为 $10^{-1}\sim10^{-2}$Pa。当阴极灯丝加热至白炽状态能发射电子时，阳极上加几十伏的正电压则得到氩气的辉光放电，从放电产生的等离子体中提取准直、均匀的离子束，则需要一个离子引出系统。为了刻蚀非导体材料不使样品表面积累正电荷，应加置一个发射电子的热丝中和器，将氩离子束中和成氩原子束来刻蚀样品表面。因此，离子源由放电室、离子引出系统、中和器及接地屏蔽等构成。

根据博姆的扰动等离子体球探针理论和原始电子不能忽略时曼斯克对形成稳定鞘的博姆判据的修正，并假定放电室产生的多荷离子可以忽略、到达屏栅极开孔面积上的单荷离子均被引出成束时，在加速极出口处的束流密度，由下式计算

$$J_B=8.8\times10^{-10}n_i f_i\sqrt{\frac{T_e}{M}\left(1+\frac{n_{ep}}{n_{em}}\right)}\quad(\text{mA/cm}^2)\qquad(28\text{-}5)$$

式中 n_i——屏栅极附近未扰等离子体密度，$1/\text{m}^3$；

f_i——离子引出系统对单荷离子的有效透明度，它是屏栅极几何透明度的 0.9～1.2 倍；

T_e——电子能量，eV；

M——工质元素的摩尔质量（氩 $M=39.95$g/mol）；

n_{ep}——原始电子密度，$1/\text{m}^3$；

n_{em}——等离子体密度，$1/\text{m}^3$。

若设 $T_e=10$eV，$n_{ep}/n_{em}=0.1$，要想在加速极出口处得到束流密度为 2mA/cm^2，就需要在屏栅极附近能产生 6.2×10^{10} 个$/\text{cm}^3$ 的等离子体密度。

到达屏栅极开孔面积上的离子能否引出成束，还受离子引出系统导流系数 P 的限制。在 $0.37<d_{ac}/d_B\leqslant 1$ 的条件下，据有关实测数据推算，每对孔的导流系数可以写成

$$P=I_B/(V_{tmin})^{3/2}\approx 1.43(d_{ac}/d_B-0.3)\frac{\pi\varepsilon_0}{9}\sqrt{\frac{2ed_B^2}{m_iL_e^2}} \tag{28-6}$$

式中 I_B——每对孔引出的束流强度，A；

V_{tmin}——刚出现加速极直接截获离子流为最小时的加速电压，相当于放电等离子体与加速极的电位差，V；

d_{ac}——加速极小孔的孔径，m；

d_B——屏栅极小孔的孔径，m，

ε_0——真空介电常数，$\varepsilon_0=8.85\times 10^{-12}$F/m；

e/m_i——单荷离子的荷质比，C/kg；

L_e——考夫曼提出的离子有效加速长度，$L_B^2+\left(\frac{d_B}{2}\right)^2$，其中 L_B 为栅极间隙，m。

(2) 离子源结构设计

① 空心阴极离子源结构原理如图 28-36 所示，阳极直径为 200mm，放电室的外壳为无磁不锈钢圆筒。放电室底板、阴极靴和屏极靴选用磁导率高的低碳钢材料。两端紧固低碳钢轴套的铝镍钴永久磁棒，用螺钉紧固到放电底板和屏极靴上，形成由阴极靴到屏极靴的发散磁场。无磁不锈钢环形腔体，用压环紧固在放电室底板上，与底板同轴，在外侧面上均匀开一些导流小孔，靠近底板一方开有一个较大的孔，与底板外面安装的气体导管紧配，使活性工质进入分流器，再径向均匀注入放电室。

空心阴极组件通过螺钉与阴极靴相连，位于放电室底板中心。它是由多元硼化物电子发射体（即阴极）、触持极、引出极和电子分配挡板组成的。引出极是通过三个加屏蔽帽的绝缘子紧固在安装座上。电子分配挡板通过两个加屏蔽帽的绝缘子固定在引出极上。

放电室前端平行安装了两块精确对中的多个孔钼制平板栅极作为离子引出系统。变孔屏栅与放电室同电位，等孔加速极通过四个加屏蔽的绝缘子紧固在屏极靴上，两块栅板的间隙保持在 1.4mm 左右。

② 等离子体桥中和器的设计。为了能刻蚀非导体材料的工件，并考虑到反应离子束中氟基、氯基活性离子对热丝中和器的强腐蚀作用，需要设计一个等离子体桥中和器，其结构如图 28-37 所示。它是由外壳、钽丝阴极、阳极筒和引出极组成。外壳是不锈钢圆筒，引出极为带有小孔的不锈钢圆片，用双屏蔽陶瓷固定在外壳筒体上。该中和器整体结构为可拆卸式。

28.7.5.2 真空系统的设计计算

真空是进行离子束刻蚀的必要条件，它的性能好坏直接影响着整机性能。良好的真空系统取决于合理的真空系统理论设计和计算。通过计算主要解决两个基本问题：一是根据该设备产生的气体量、极限真空、工作压力及抽气时间，选择主泵的类型、确定管道及选择真空元件；二是计算该设备抽气时间。

(1) 确定设备的气体量

气体量 Q 主要有三个来源：一是工作过程中放出的气体量 Q_1；二是系统的漏气量 Q_2；三是真空室表面出气量 Q_3。其中 Q_1 是主要的，它来自离子源，如保证阳极直径为

150mm，离子源在最大束流密度时，正常工作的气体流量大约为 8Pa·L/s（约等效于 300mA 束流）。如 LSK-3 型离子束刻蚀机，经计算总的气体量为 8.077Pa·L/s。本设备总的气体量设为 6.225Pa·L/s。

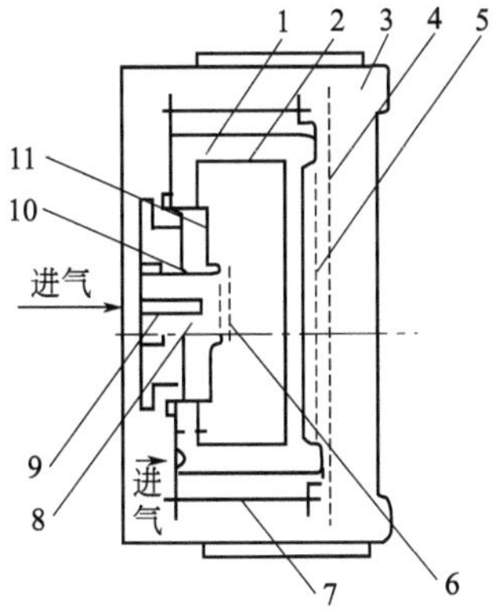

图 28-36　空心阴极离子源结构原理

1—离化室；2—阳极筒；3—外罩；4—加速极；5—屏栅；6—引出极；7—磁棒；8—发射体；9—阴极；10—触持极；11—底座

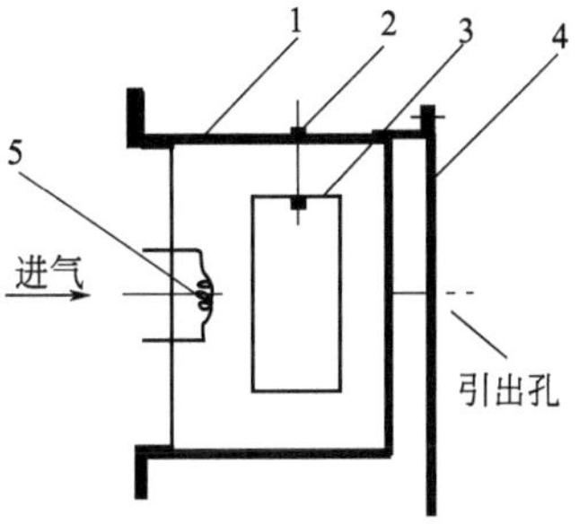

图 28-37　等离子体桥中和器结构示意图

1—外壳；2—陶瓷绝缘子；3—阳极筒；4—引出极；5—阴极

(2) 确定本设备真空室中保持 1.5×10^{-2}Pa 工作压力（p_w）所需要的有效抽速

$$S=Q/p_w=4.15\ (\mathrm{L/s})$$

为了可靠起见，常将 S 适当增大，根据具体情况，按增大 25%计算，故实际要求的有效抽速 S 为 518.75L/s。

(3) 根据要求的工作压力及使用要求，选择主泵的型号

一般选择油扩散泵作为主泵。为防止返油进入真空室，扩散泵和真空室之间安装单百叶窗水冷障板。查有关资料，该障板比流导为 4.8L/(s·cm^2)，并配有一个 ϕ200 高真空手电两用插板阀，扩散泵前级泵选 2XZ-8 型直联机械泵组成真空机组。

① 根据要求，所需的有效抽速 $S=518.75$L/s。考虑到加上障板、插板阀后的泵的抽速损失（一般泵的有效抽速是泵抽速的 1/3 左右），暂选抽速为 1200～1600L/s 的油扩散泵来进行试算。查有关 K 型扩散泵产品样本，K-200T 型油扩散泵可以满足要求。泵的进口直径为 200mm，排气口直径为 65mm。

② 计算扩散泵与真空室排气口管道的流导，验证选 K-200T 型扩散泵是否合适。

这段高真空管道总的流导 C 由高真空管道流导 C_1、障板流导 C_2、插板阀流导（因该阀工作时全部打开，且阀体厚度小，故忽略它的流导不计）串联组成。

先确定气体沿管道的流动状态。真空室工作压力 $p_w=1.5\times10^{-2}$Pa，扩散泵入口压力很低，故管道出口压力可以忽略，管道的平均压力 $p=\frac{1}{2}p_w=0.75\times10^{-2}$Pa，此时 $pd=0.75\times10^{-2}\times20\times10^{-2}=1.5\times10^{-3}$ (Pa·m)<0.02Pa·m，可见为分子流。

高真空管道的流导 C_1 按公式 $C_1=11.6A\alpha$（α 为克劳辛系数值，$\alpha=0.52$）；A 为管道截面积，代入

$$C_1=11.6A\alpha=11.6\,\frac{\pi}{4}d^2\alpha=11.6\times314\times0.52=1894(\mathrm{L/s})$$

障板的流导

$$C_2=4.8\times\frac{\pi}{4}d^2=1507(\text{L/s})$$

总的流导 C，由管道流导 C_1 和障板流导 C_2 串联所得，$C=839\text{L/s}$。

最后计算油扩散泵的抽速

$$S_P=\frac{SC}{C-S}=\frac{518.75\times 839}{839-518.75}=1359(\text{L/s})$$

由此可见，选择 K-200T 型扩散泵是合适的。此泵在 $10^{-2}\sim10^{-4}$Pa 范围内的抽速为 1200～1600L/s。极限真空度 6.6×10^{-5}Pa，能满足该设备真空系统 6.6×10^{-4}Pa 的极限真空度要求，该泵最佳工作压力为 $1.3\times10^{-2}\sim1.3\times10^{-4}$Pa，能满足该设备工作压力 p_w 为 $(1\sim3)\times10^{-2}$Pa 的要求。

(4) 配泵计算

选配前级泵的原则是要求前级泵造成主泵（即扩散泵）工作所需要的预真空条件，以及在主泵允许的最大排气压力（这里指扩散泵的最大前级耐压-反压力）下，前级泵必须能将主泵所排出的最大气体量及时排走。

① 前级泵有效抽速的计算　主泵为 K-200T 型扩散泵，它的最大反压力为 40Pa，由抽速曲线可知，在 2.7×10^{-2}Pa 压力下扩散泵的最大排气量为 $2.7\times10^{-2}\times1200=32\text{Pa}\cdot\text{L/s}$。在扩散泵出口管道断面处，要求前级泵的有效抽速不小于 0.8L/s。

② 前级管道的流导　扩散泵排气口的直径为 65mm，经过储气罐三通真空阀与前级管道相连，前级管道的直径为 32mm，长度为 1m。由于管道长暂不考虑弯角的影响。

确定气体流动状态：扩散泵出口临界前级压力为 40Pa，而机械泵进气口的压力要比 40Pa 低得多，在计算管道中平均压力时可以忽略。故管道平均压力为 20Pa。此时管道的气体流动状态为黏滞流。

由于前级泵为机械泵，它的抽速是在大气压力下测得的，但正常使用的泵都是在低于大气压的条件下运转，泵的抽速下降了，故必须根据抽速曲线来选择泵。

③ 抽气时间的计算　总的抽气时间 t 包括粗抽时间 t_1 和高真空抽气时间 t_2 两部分。

粗抽气时间 t_1 按公式(28-7) 计算。高真空抽气时间 t_2 由总的出气量和机组有效抽速的比值决定，一般可用材料出气率曲线和绘图方法计算。

$$t_1=2.3k_qV/S_P\lg(p_1/p_2)(\text{min}) \tag{28-7}$$

式中　k_q——修正系数，一般取 1～4；

V——真空室容积，L；

S_P——泵的抽速；

p_1，p_2——起始、终止压力，Pa。

一般粗抽时间不大于 10～30min，而计算时间为 3.27min，实际上，开机械泵 4min，真空度可达 4Pa，故从抽气时间角度来看，选择 2XZ-8 型泵作为前级泵是合理的。

计算从 $13.3\sim1.3\times10^{-3}$Pa 的抽气时间，这主要应考虑出气的影响。1h 后真空室的出气量经计算为 $Q=203\times10^{-3}\text{Pa}\cdot\text{L/s}$ [不锈钢材料 1h 的单位面积出气速率为 $2\times10^{-5}\text{Pa}\cdot\text{L/(s}\cdot\text{cm}^2)$，真空室内表面积为 9027cm^2]，此时的工作压力小于 1.3×10^{-3}Pa。可见只需要抽 1h 就可以达到 1×10^{-3}Pa 的高真空。而设计指标抽到 6.6×10^{-3}Pa 为 1h，

在实际工作中抽到 6.6×10^{-3}Pa 的时间为 27～42min；连续抽气 2h，极限真空度可达 4×10^{-4}Pa，可见真空系统的设计是合理的。

此外，本真空系统中，在扩散泵出口与三通阀之间设有储气罐，主要作用是缩短工作周期，储存扩散泵排出的气体。因为本机在工作过程中，要求在不关闭扩散泵加热器的情况下更换样品，真空室放进大气换取工件，装好工件后，通过三通阀用机械泵预抽真空室。这段时间内将利用储气罐来维持扩散泵工作。储气罐体积应为

$$V\geqslant\frac{Qt}{p_1-p_2}\quad(\mathrm{L})\tag{28-8}$$

式中 Q——扩散泵上面插板阀关闭后储气罐的气体负荷（漏气及出气），Pa·L/s；

t——机械泵预抽真空室时间，s；

p_1——扩散泵最大反压力，Pa；

p_2——机械泵工作时扩散泵的前级压力，Pa。

28.7.6 电源和控制系统设计要点

离子束刻蚀设备的电源及控制系统包括离子源电源、工件台步进电机驱动器（用于平移工件台）和力矩电机驱动电源（用于旋转工件台）、快门时间控制器及主机电控系统。

(1) 离子源电源

离子源电源由阴极、阳极、屏栅极、加速极和中和器电源等五部分组成。其技术指标见表 28-31。

表 28-31 五种离子源电源主要性能

名称＼指标	输出电压/V	电压稳定度/%	输出电流/A	调节方式	连接方式
阴极电源	50Hz 交流 0～15	1	0～15	连续	浮在屏栅极电源正端
阳极电源	直流 0～100	1	0～2	连续	浮在屏栅极电源正端
屏栅极电源	直流 0～1300	1	0～0.2	连续	负端与加速极正端连接
加速极电源	直流 0～500	1	0～0.1	连续	与屏栅极电源共地连接
中和器电源	50Hz 交流 0～15	1	0～15	连续	浮在耦合电源－15V 上

离子源电源的特点是：

① 五种电源在主电路上均采用同一类型的变压器原端可控硅调整的稳压方案。阴极和中和器电源由变压器次级直接供出交流电压；阳极、屏栅极、加速极电源由桥式整流后通过 RC 或 LC 组成的 π 形滤波器供出直流电压。由于在电源各部分参数的设计上，特别是对于变压器原端可控硅的选择以及主电路各元件上安全系数选取比通常的要大得多，故在系统溅射时引起的频繁打火，过流浪涌的冲击、瞬时的高压短路的恶劣工作条件下电源都能安全稳定地工作。

② 五种电源每种都有自己的短路过流过载保护装置。保护电路为延迟型，以便于在系统清洗过后也能很快进入稳定工作。

③ 五种电源输出电压都用精密电位器从零到最大值的范围连续调节；阴极电源和中

和器电源设有束流稳定装置，设定点连续由精密电位器来设定。五种电源的控制部分都由同一“机芯”组成，装在同样的一块印制版上。五种电源从上到下顺序地安装在同一架立式机柜中。每一机箱都有可伸缩的馈线连接，便于每一电源单独由机箱的滑轨拉出，因而在机架上就能带电进行测试和检查。

离子源电源是采用一只可控硅在变压器初级与四只硅整流二极管组成全桥线路。可控硅导通角受触发电路输送的宽脉冲所控制，而这一脉冲的宽度是受取样信号和设定电压的控制，因而达到变压器初级交流的调压。

可控硅控制极的触发电路是采用锯齿波移相的触发电路形式。它是利用同步变压器与二极管对交流进行全波变换后，给一个电容充电，在电容上形成具有固定幅度的（频率为100Hz）锯齿波，输入到 BG307 同相输入端，与输入到 BG307 的反相输入端（由主电路输出端取样并由 5G23 放大）的直流控制电压进行比较，使运算放大器 BG307 的输出端产生一宽度受这一直流电压控制的正脉冲，经光电隔离并经末级直流放大器放大后加到可控硅的控制极来控制它的导通角大小，从而进行交流调压。

直流控制电压是采用主电路的输出电压到直流放大器 5G23 的同相（加速极是反相端）输入端与电压调压电位器上的设定电压比较来改变 5G23 输出电压的大小，从而来调节和稳定主电路输出电压的变化。

（2）快门时间控制器

手电两用四杆联动的单叶片结构快门用在 LSK-2 型、LSK-3 型离子束刻蚀设备上。该快门电磁线圈由固定的 30V 电源驱动。快门动作方向由继电器 J_3 和 J_4 的触点进行切换而改变。由于快门的开和关动作要在几秒钟之内完成，加上电磁线圈的安匝数大，导线细，为不使线圈发热，电磁铁的供电电路设计了 5s 延时通电电路。在保证快门动作完成后，将电磁线圈断电。这个电路由 BG_5、J_9、BG_6、J_6 等元件组成。快门时间控制器分手控和计算机控制的束控两种控制方式。手控时将通过琴键开关直接控制 BG_3 和 BG_4 的基极来控制快门的开和关；外控（束控）将通过计算机以及由差动式比较器 BG307 连接成的窗口鉴别器送出的信号电压控制 BG_1 和 BG_2 的基极控制快门的开和关。

（3）主机电控系统

离子束刻蚀的主机电控系统由控制变压器、压力继电器、热继电器、半导体时间继电器、中间继电器、交流接触器、螺旋式熔断器、讯响器、开关、插座、信号灯等组成。位于主机机柜中，保证机械泵、扩散泵、电磁带放气真空阀，插板阀、三通阀、复合真空计及供水系统正常工作。

（4）计算机控制系统

实现工作一维深度加权刻蚀的离子束刻蚀设备，要用计算机控制系统。深度加权的刻蚀深度按照预先给定的曲线分布进行，由于离子束的强度是恒定的，离子源的位置也是固定的，而工件台相对于离子源作一维平移，所以控制工件的刻蚀深度即转化为控制工件在各个不同位置的刻蚀时间。

计算机 TRS-80 先按给定的数据模型计算出对应于工件每个位置所需的刻蚀时间，并存入内存；然后控制步进电机使工件台作一维方向的平移，每移动一定的距离，停留某一预定时间。

在刻蚀过程中，用计算机控制，主要实现以下几个功能：

① 控制刻蚀时间；

② 控制工件台平移；

③ 控制快门开、关；

④ 巡检束流。当配电系统的各种故障引起束流不正常时，希望保留现场，计算机处于暂停状态，待故障排除后继续进行刻蚀；

⑤ 控制步进电机能正、反转进行双向刻蚀。

(5) 整机自控系统

离子束刻蚀设备整机自动化是设备发展的方向。LSK-3 型机实现了从开机到刻蚀终止全过程的自动化。

整机程序自动控制的功能为：对刻蚀全过程 14 个受控量具有准确控制功能；对 6 个条件量具有判别、等待和分支处理功能。延时时间精度优于±0.2%。

28.7.7 离子束刻蚀工艺

加工质量和加工效率是离子束刻蚀工艺的主要问题。加工效率以刻蚀速率为标志，加工质量则涉及图形轮廓、刻蚀精度、均匀性、重复性和表面损伤等问题。它们既取决于刻蚀设备（特别是离子源）的研制水平和掩膜技术，又取决于工作参数的选择和样品材料的性质。

(1) 刻蚀速率

刻蚀速率是以单位时间内刻蚀的深度表示的，它与溅射率、到达表面的离子通量密度及材料的原子密度有关。

刻蚀速率与溅射率成正比。溅射率与入射离子的种类、能量、入射角度、靶材的种类、晶格结构、表面状态、升华热、温度以及残余气体的组分有关。离子束刻蚀通常用的入射离子能量为 300～2000eV。入射离子的能量增大则刻蚀速度增大，但表面损伤也增大。

刻蚀速率与束流密度呈线性关系，是指束流密度和离子能量较低、溅射率不随束流密度变化而言的。束流密度过高，可能破坏表面的某些物理化学状态，使溅射过程复杂化，从而使刻蚀速率偏离线性关系。

刻蚀速率与靶材的原子的密集程度成反比，即在相同的溅射率下，靶材密度越高，原子量越小，刻蚀速率就越低。表 28-32 给出了换算成束流密度为 $1mA/cm^2$ 的氩离子束垂直入射时，各种材料的刻蚀速率实验值。表 28-33 给出了离子束垂直入射材料的刻蚀速率。

表 28-32 氩离子的溅射产额和刻蚀速率

靶材	溅射产额(原子/离子)		刻蚀速率①/$nm \cdot min^{-1}$		靶材	溅射产额(原子/离子)		刻蚀速率①/$nm \cdot min^{-1}$	
	500eV	1000eV	500eV	1000eV		500eV	1000eV	500eV	1000eV
Be	0.5	1.0			Ti	0.5	1.0	10～20	20
C	0.1	0.2		12	V	0.6	0.9		22
Al	1.1	2.0	24～30	44～68	Cr	1.2	1.5		20
Si	0.5	0.9	22	36～49	Fe	1.0	1.7		32

续表

靶材	溅射产额(原子/离子)		刻蚀速率①/$nm \cdot min^{-1}$		靶材	溅射产额(原子/离子)		刻蚀速率①/$nm \cdot min^{-1}$	
	500eV	1000eV	500eV	1000eV		500eV	1000eV	500eV	1000eV
Co	1.2	1.8			FeO				44
Ni	1.4	2.0		54	B_4C				28
Cu	2.0	3.1	45	100～130	GT35				24
Ge	1.1	1.5			GaAs(110)	0.9		65	103～260
Zr	0.6	1.0		32	$LiNbO_3$			25	40～64
Nb	0.6	1.0		30	$Bi_{12}GeO_{20}$			100～130	
Ta	0.6	0.9	15	25	AZ1350			20～24	53～60
W	0.6	0.8	18		Mo	0.7	1.2	23	40
Pt	1.4	2.0		120	Pb	2.1	3.0		90
Au	2.4	3.7	105	160～200	Ag	3.0	4.5		200～275
1Cr18Ni9Ti			25		KTFR				39
SiO_2			33	38～63	PMMA			65	84
Al_2O_3			8～13	13	坡莫合金			33～45	50

① 刻蚀速率是束流密度为 $1mA/cm^2$ 时的值。

表 28-33 离子束垂直入射材料的刻蚀速率

材料	刻蚀速率/$nm \cdot min^{-1}$	离子能量/eV	材料	刻蚀速率/$nm \cdot min^{-1}$	离子能量/eV
铝	30,24,67.5	50,50,100	不锈钢(304)	25	50
金	105,160,200	50,100,100	坡莫合金	33,45,50	50,50,100
钨	18	50	硅	21.5,36	50,100
钽	15,25	50,100	二氧化硅	33,38,62.5	50,10,100
钛	20,10,20	50,100,100	氧化亚铁	44	100
钼	23,40	50,100	三氧化二铝	83,13,13	50,50,100
铜	45,130,100	50,100,100	钠钙玻璃	20	50
铬	20	100	铌酸锂	43,64	50,100
锆	32	100	砷化镓	65,103,240	50,100,100
银	200,275	100,100	锗酸铋	134	50
锰	27	100	AZ1350	20,23.6,60	50,50,100
钒	22	100	KTFR	39	100
铁	32	100	OMR83	575	100
铌	30	100	Riston14	25	50
铂	115,120	100,100	PMMA	65,84	50,100
钯	90	100	COP	86	50
镍	54	100			

(2) 图形轮廓

图形轮廓的边壁斜度可通过选择束入射角（有时还需旋转工件台）来控制。

掩膜厚度对束有遮蔽作用。迎面的掩膜会遭到束的直接轰击，得到脊背形直条沟槽，倘若图形复杂，不同部位线条走向不同，其遮蔽区和迎面掩膜边壁上的入射角则不同，会造成沟槽剖面有很大差异。若同时旋转工件台，对不同部位掩膜遮蔽区域的作用时间相同，则可消除这种差异。

图形边壁底部有时会有明显的沟道，这主要是由于离子从边壁反射增加了边壁底部的通量密度引起的。

刻蚀过程中溅射原子的角分布具有余弦特征，与离子入射角无关。被溅射出的基底材料会重新沉积到图形边壁上，有时能使窄槽变成“U”字形剖面。重新沉积是引起金属氧化物器件（如 MOS）产生漏电的主要原因。控制这种现象有两种方法：一种是用圆弧形掩膜；另一种是选择低刻蚀速率的材料做成薄掩膜。

(3) 几何图形刻蚀的均匀性和重复性

整个样品几何图形刻蚀的均匀性和可重复性，主要取决于离子源的性能和刻蚀面的形貌。首先要求离子源的工作参数稳定，特别是束离子能量和束流密度稳定，样品的离子曝光区域的束流密度均匀。刻蚀面上的凸起和凹坑，会使线条变窄，斜面变形等。例如，若离子束垂直轰击样品基面，则凹坑斜面刻蚀得较快，使坑进一步加深和扩大。若使样品倾斜一个角度，凹坑就得以减小或消除。与此相反，若刻蚀面有锥体凸起，则离子束垂直轰击基面时使凸起的生长受限制。

(4) 合理选择刻蚀工况

不同的器件要根据不同的要求合理地选择刻蚀工况，才能保证刻蚀出合格的器件。

① 对气体轴承螺旋槽止推板上刻蚀，利用 LSK-3 型离子束刻蚀机选择合理的刻蚀工况，实现了不等宽螺旋槽的刻蚀。图 28-38 给出了离子束刻蚀加工的动压气体轴承变宽螺旋槽止推板的外形图。表 28-34 给出了两对动压气体轴承止推板的刻蚀工况。

图 28-38　动压气体轴承变宽螺旋槽止推板外形

表 28-34　两对动压气体轴承止推板刻蚀工况

项目		第一对	第二对	项目		第一对	第二对
阴极	电压/V	9.5	8.5	加速极	电压/V	−200	−200
	电流/A	9	7.6		电流/mA	4	4
阳极	电压/V	60	60	离子能量/eV		660	860
	电流/A	0.8	0.36	束流密度/(mA/cm^2)		0.45	0.45
屏栅极	电压/V	600	600	束入射角/(°)		0	0
	电流/mA	80	80	工作压力/Pa		6.6×10^{-2}	6.6×10^{-2}
				工作气体		Ar	Ar

止推板材料：碳化硼。

掩膜材料：钼片，厚 0.2mm。

刻蚀时间：第一对为 240min，第二对为 255min。

刻蚀速度：0.7～1μm/h。

槽深精度：采用泰勒品塞 4 型粗糙度仪测量，结果为：

第一对　±0.14μm，均匀度 7%；

第二对　±0.04μm，均匀度 1.5%。

结果：实刻出的工件槽底形状好，槽底的斜角大于 85°。

② 声表面波沟槽器件反射槽的离子束刻蚀，利用 LSK-2 型离子束刻蚀机选择合理的刻蚀工艺，对声表面波沟槽器件的反射槽进行离子束刻蚀。图 28-39 给出了声表面波沟槽器件结构示意图。其工艺过程如下：

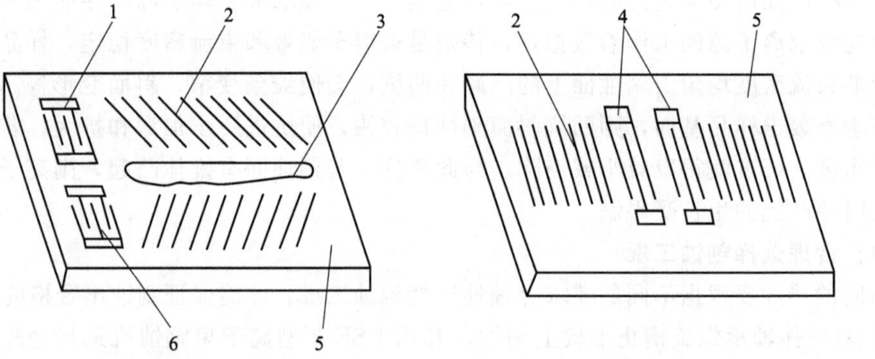

(a) 脉冲压缩滤波器　　(b) 双端对谐振器

图 28-39　声表面波沟槽器件结构示意图

1—发射换能器；2—反射栅阵；3—可变宽金属膜；4—换能器；5—基片；6—接收换能器

首先在基底上光刻成光刻胶掩膜，用光刻胶遮挡不刻蚀部分，只让要刻蚀的沟槽部分受离子束轰击。

做好掩膜的基底放入离子束刻蚀机真空室内可移动的工件台上。离子束通过“人”字形狭缝照射工件。狭缝宽度只允许离子束在每个时刻轰击少数沟槽。移动工件台，改变离子束在栅阵不同位置上的照射时间，便可形成所要求的槽深分布。工件台的移动由 TRS-80 微机控制，用步进电机驱动。

刻蚀的开始和结束由计算机通过快门的开关来控制。当出现故障时，计算机自动关闭快门，中止刻蚀，排除故障后可继续刻蚀。

刻蚀的工况是：工作压力 6.6×10^{-2}Pa，束流 80mA，离子束加速电压 600V，加速极电压－200V，束流密度 0.6mA/cm^2，器件（铌酸锂）的刻蚀速率为 4×10^{-7}mm/s。

离子束刻蚀后，去掉光刻胶，用干涉显微镜测量槽深。实验表面槽深分布与理论计算是一致的。

28.7.8　国内外离子束刻蚀机概况

表 28-35 给出了国内外离子束刻蚀机主要性能及制造单位。

表 28-35 国内外离子束刻蚀机主要性能指标对照

型号名称	真空室	离子源	有效束径/mm	性能指标							功能	制造单位	制造日期
				束流密度/$mA\cdot cm^{-2}$	束能量/eV	束稳定度	工件台	工质	抽气手段	控制方法			
CSC 生产线离子束刻蚀机	卧式	考夫曼型		<1.5	<2000		旋转、倾斜	Ar^+束	低温泵	全自动控制	刻蚀	美国 CSC 公司	1979 年
Veeco-3″离子束刻蚀机	立式	考夫曼型	ϕ70 (±5%)	0～15.0	<2000			Ar^+束	扩散泵液氮冷阱水冷障板	全自控	刻蚀	美国 Veeco 公司	1973—1976 年
NIN/TLA 离子束多功能设备	卧式	考夫曼型	ϕ55 ϕ150 ϕ350	0～1.0	<1500			Ar^+束	扩散泵水冷障板液氮冷阱	全自控	刻蚀、沉积薄膜、表面改性	美国 Technics 公司	1979 年
RE-580 反应离子束刻蚀机	卧式	石墨电极考夫曼型	ϕ150 (±5%)	0～1.0	<1500		氟利昂冷机自动装拆片有终点监控	Ar^+ CCl_4		全自控	反应刻蚀	美国	1980 年
LK-1 离子束刻蚀机	卧式	考夫曼型	ϕ70 (±5%)	0～1.5	300～1500		旋转倾斜半导体制冷	Ar^+	扩散泵水冷障板	手控	刻蚀	上海冶金所	1979 年
LK-1 离子束刻蚀机	立式	考夫曼型	ϕ40 (±5%)	0～1.0	150～1000	±1%/h 手调	平移工件台	Ar^+	扩散泵水冷障板	计算机控制平移工件台	深度加权刻蚀	长沙半导体工艺设备厂	1981 年
LSK-500 离子束刻蚀机	卧式	多极场离子源	ϕ150 (±5%)	0～1.0	100～1000	±(1%)/h	旋转、直接水冷	Ar^+	扩散泵水冷障板	手控	刻蚀	中科院半导体所北京真空仪器厂	1983 年
LSK-2 型离子束刻蚀机	卧式	考夫曼型	ϕ105 (±5%)	0～1.0	100～1300	±(3%)/h	平移、直接水冷	Ar^+	扩散泵水冷障板	计算机控制平移工件台	深度加权刻蚀	兰州空间技术物理研究所	1981 年
LSJ-1 型离子束刻蚀机	立式	考夫曼型	ϕ67 (±5%)	0～1.0		≤±1%/h	旋转、直接水冷	Ar^+	扩散泵水冷障板	手控	刻蚀	航天部二院 23 所	1983 年
LSK-3 型离子束刻蚀机	卧式兼立式	考夫曼型	ϕ100 (±5%)	0～1.0	100～1300	±0.5%/h	旋转、倾斜平移直接水冷	Ar^+	扩散泵水冷障板	手控全自控	刻蚀	兰州空间技术物理研究所	1985 年
DSJ-4 型离子束刻蚀机	卧式	考夫曼型	ϕ100 (±5%) ϕ25	0～1.0 20.0	400～1000 500～1500	±0.5%/h	旋转、倾斜直接水冷	Ar^+	扩散泵水冷障板	手控自控	刻蚀沉积薄膜	兰州空间技术物理研究所	1986 年
RIBE-5 型离子束刻蚀机	卧式	考夫曼型	ϕ100 (±5%)	0～1.0	50～1000	±1%/h	旋转、倾斜直接水冷	Ar^+ F_4C	扩散泵水冷障板液氮冷阱	手控自控	刻蚀反应刻蚀	兰州空间技术物理研究所	1991 年
LSK-1 型离子束刻蚀机	卧式	考夫曼型	ϕ78 (±5%)	0～0.7	100～1300	±0.45	四维;旋转平移,倾斜	Ar	扩散泵水冷障板	手控	刻蚀	兰州空间技术物理研究所	1981 年
RIBE-200 型反应离子束刻蚀机	卧式	考夫曼型	ϕ100 ϕ200	0～1.0	50～1000	±1.0	三维、旋转平移、倾斜	Ar CF F_4C	扩散泵水冷障板液氮冷阱	手控自控	刻蚀反应刻蚀	兰州空间技术物理研究所	1994 年
LSK-6 型离子束刻蚀机	卧式兼立式	考夫曼型	ϕ100	0～1.0	50～1300	±1.0	三维、平移旋转、倾斜		扩散泵水冷障板	手控自控	刻蚀	兰州空间技术物理研究所	1995 年

28.8 电子束离子束表面改性

28.8.1 电子束表面改性

电子束表面改性是基于高能电子注入材料表面，将动能转变为热能，使之升温，并发生成分及组织结构变化，从而达到表面所希望性能的工艺方法，称为电子束表面改性。

电子束表面改性的工艺有：电子束表面淬火；电子束表面熔凝；电子束表面合金化；电子束表面熔覆等。

电子束表面改性的特点如下：

① 电子束表面改性不受零件表面形状的限制，不论是平面还是斜面，甚至深孔均可做表面改性工艺处理；

② 电子束表面改性设备功率大，可达100～200kW，能量利用率高，是激光束的8～9倍；

③ 电子束对表面加热及冷却速度快，热影响区小，工件变形小，通常在真空下处理工件，减少了氧化及脱碳，表面质量高；

④ 电子束易于调节，又能精确定位，可以保证需要改性表面的性能。

28.8.1.1 电子束表面改性设备

电子束表面改性设备的核心部件是电子枪，电子枪主要由阴极灯丝、阳极、栅极以及电磁透镜组成。阴极与阳极之间加数万伏的电压，当阴极发射出电子后，对电子进行加速。在阴极阳极之间，有一栅极并加负偏压，通过调节负偏压，可控电子束流的大小，电子束经过电磁透镜，将聚焦成大小不同的束斑，进入工作室，并轰击工件表面，使之达到改性目的。电子束表面改性设备示意见图28-40。

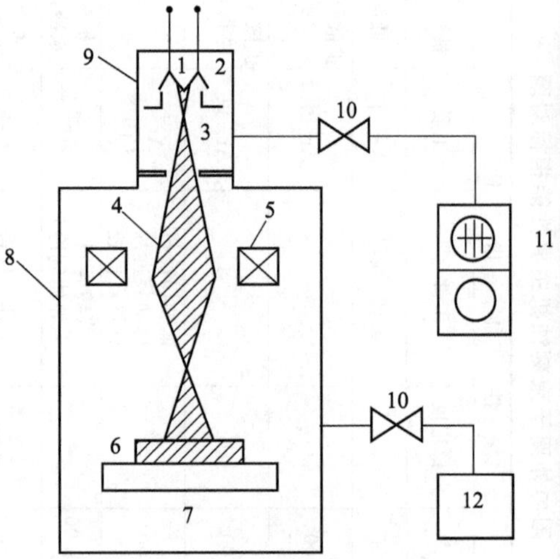

图28-40 电子束表面改性设备示意图

1—电子枪阴极；2—栅极；3—电子枪阳极；4—电子束；5—电磁透镜；6—工件；7—工作台；8—工作室壳体；9—电子枪壳体；10—真空截止阀；11—涡轮分子泵机组；12—低真空或者高真空泵组

工作室为高真空，即工作压力为$1\times10^{-3}\sim5\times10^{-4}$Pa，电子枪室与工作室可共用一套涡轮分子泵组抽真空。若工作室压力为1～10Pa，则电子枪室与工作室不能共用一套真空机组抽气，电子枪室需要配置涡轮分子泵机组，而工作室配置罗茨泵-干泵抽气机组。

28.8.1.2 电子束表面改性工艺

(1) 电子束表面淬火

高能量的电子束入射到工件表面，使表面迅速升温，并发生相变，然后自然冷却，得到马氏体相变组织，马氏体相变组织显著细化，硬度较高，功率密度为$10^4\sim10^5$W/cm²，升温速度约为$10^3\sim10^5$℃/s。

表28-36给出了42CrMo钢电子束表面淬火时，电子束参数对表面硬度的影响。

材料表面经电子束淬火后，表面呈现残余压应力，提高了材料的抗疲劳性和耐磨性。图 28-41 给出了几种钢耐磨性对比。

表 28-36 42CrMo 钢电子束表面淬火工艺参数与结果

序号	加速电压/kV	束流/mA	聚焦电流/mA	电子束功率/W	硬化带宽/mm	硬化层深度/mm	表面硬度(HV)
1	60	15	500	900	2.4	0.35	614.5
2	60	16	500	960	2.5	0.35	676.2
3	60	18	500	1080	2.9	0.45	643.9
4	60	20	500	1200	3.0	0.48	616.2
5	60	25	500	1500	3.6	0.80	629.2
6	60	30	500	1800	5.0	1.55	593.9

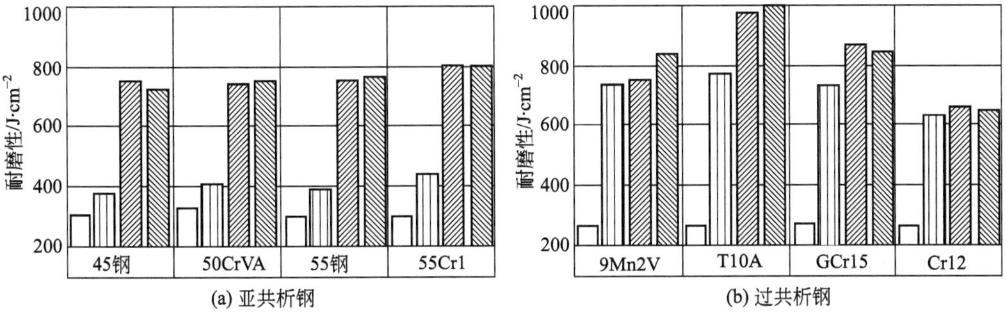

图 28-41 电子束表面淬火对材料耐磨性的影响

正火态；淬火+回火态；正火+电子束加热强化；淬火+回火+电子束加热强化

(2) 电子束表面的熔凝

电子束表面熔凝是借助电子束使材料表面熔化，然后再快速凝固，以达到材料改性的目的。

电子束表面熔凝达到的效果：

① 铸态合金中存在的氧化物、碳化物等杂质溶解，在随之迅冷过程中，获得细化的枝晶和细小的夹杂，并可以消除原合金中的疏松组织，提高表面的疲劳强度、耐蚀性和耐磨性。

② 金属材料经过电子束表面熔凝处理后，耐磨性也明显提高。工具钢经电子束表面熔凝处理后，耐磨性增加了 20%；而铸铁提高了 5 倍多；高速钢提高 4 倍多。

(3) 电子束表面合金化

以电子束加热工件及预涂覆工件表面的合金化材料，使两者混熔，冷却后形成一种新合金化表面层，此工艺方法称为电子束表面合金化。

电子束表面合金化目的是提高工件表面耐磨性及耐蚀性，为提高表面耐磨性，选择 W、Ti、B、Mo 以及其碳化物作为合金化材料；以提高表面耐蚀性为目的，合金化材料选择 Ni、Cr 等元素。铝合金通常选择 Fe、Ni、Cr、B、Si 作为合金化元素。

合金化元素用高温黏结剂粘接到工件表面上，常用的黏结剂有硅酸钠、硅酸胶、聚乙烯等。

表 28-37 给出了 45 钢电子束表面合金化处理的工艺参数及试验结果。

表 28-37　45 钢电子束表面合金化处理的工艺参数及试验结果

项目 \ 粉末类型		WC/Co	WC/Co+TiC	WC/Co+Ti/Ni	NiCr/Cr_3C_2	Cr_3C_2
合金元素含量 w_B/%		W82.55	W68.52	W68.52	Ni20.00	Cr86.70
		C5.45	C7.92	C4.52	Cr70.00	C13.30
		Co12.00	Co9.96	Co9.96	C10.00	
			Ti13.60	Ti7.65		
				Ni9.35		
预涂覆层厚度/mm		0.11～0.12	0.10～0.13	0.13～0.15	0.16～0.22	0.15～0.17
电子束功率/W		1820	2030	1890	1240	1240
束斑尺寸/mm		7×9	7×9	7×9	6×6	6×6
扫描速度/mm·s^{-1}		5	5	5	5	5
合金化层深度/mm		0.50	0.55	0.50	0.45	0.36
表面硬度(HV)		895～961	998	927	546	546～629
合金组织	基体相	α′-Fe	α′-Fe	α′-Fe	γ′-Fe	γ′-Fe
	强化相	$(Fe,W)_6C$ WC	$(Fe,W)_6C$ WC,TiC	$(Fe,W)_6C$ WC,TiC	$(Cr,Fe)_7C_3$ $(Cr,Fe)_{23}C_6$	$(Cr,Fe)_7C_3$ $(Cr,Fe)_{23}C_6$
	碳化物 ϕ_B/%	14.4	14.5	20.9	10.6	19.3

(4) 电子束表面熔覆

借助于电子束加热工件表面和熔覆材料，将后者熔焊于工件表面，这种工艺称为电子束表面熔覆。其目的是改善材料的工艺性能。

熔覆材料供给方式有两种：其一是粘接或热喷涂方式置于表面上；其二是同步送粉料。

熔覆合金粉末材料熔点通常低于基体材料，以铁基、镍基、钴基材料为主。这些材料工艺性及使用性好。如果需提高耐磨性，可以添加 WC、B4C、TiC、Cr_3C 等碳化物。

28.8.1.3　电子束表面改性应用实例

电子束表面改性应用实例如下。

① 汽轮机 2Cr13 钢制末级叶片，在高转速且冲蚀条件下工作，对耐磨性、疲劳强度和抗应力腐蚀能力要求较高。采用电子束表面淬火处理，在叶片进汽边缘的侧面和背弧面形成 0.5～1.0mm 的淬硬层。采用这种工艺处理，叶片变形极小，表面残余应力增加，疲劳寿命提高 2.6～3.0 倍。

② 柴油发动机凸轮顶杆进行电子束表面淬火处理，工艺参数为：束流 98mA，加速电压 45kV，功率 4.4kW，时间 0.96s，生产效率 625 件/h，硬化部位控制准确，应用效果很好。

③ 卧式自动螺母攻螺纹机料道原采用 T10 钢常规淬火+回火处理，M6 料道平均使用寿命 13 天，M8～M12 料道使用寿命 2～3 个月。经电子束表面合金化处理，其寿命分别提高到 225 天和 1 年以上，效果非常显著。

④ 高速线材轧机 60 钢制导嘴，在剧烈摩擦的恶劣工况下工作，平均寿命 5～6h，经 WC/Co 电子束表面合金化处理后，平均寿命提高到 24h。

⑤ 柴油发动机铸铁活塞环，采用电子束熔凝处理，活塞环磨损量明显减小，使用寿

命提高 3～5 倍。

28.8.2 离子束表面改性

离子束表面改性是以高能量离子注入材料表面，使表面成分及性能发生变化。离子注入技术首先用于半导体器件制造工艺中，可以精确控制离子掺杂浓度，取得满意效果。到了 20 世纪 80 年代，离子注入在金属材料表面改性应用中获得了重大突破，有效改善了结构材料物理、化学以及力学性能。对于陶瓷材料，经离子束表面改性处理后，改善了表面韧性和抗疲劳性能。对于高分子材料，可以提高抗磨损和抗腐蚀能力。

28.8.2.1 离子注入装置原理

离子依自身获得的动能注入材料表层，一方面使表层晶格扭曲；另一方面注入的离子与表层原子形成合金相。在两者作用下，使表层强化，达到改性的目的。

图 28-42 为离子注入装置示意图。由离子源 1 引出离子，为了避免发散损失，经过初聚系统 3 进入由质量分析磁铁 4 与分解孔阑 5 组成的质量分析系统，将所需离子分离出来，正离子经过加速管 6 加速，使其能量得到提高，再进入由 Y 扫描板 7 及 X 扫描板 8 构成的聚焦扫描系统，实现有控制地注入工件表面，使之达到改性的目的。

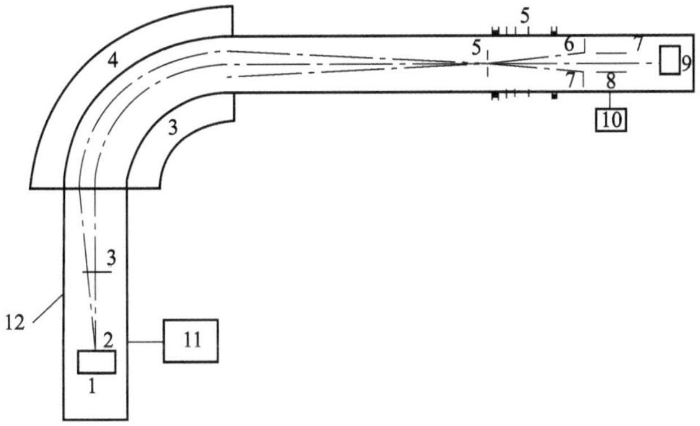

图 28-42 离子注入装置示意图

1—离子源；2—离子束；3—初聚系统；4—质量分析磁铁；5—分解孔阑；6—加速管；7—Y 扫描板；8—X 扫描板；9—靶位；10—加速管真空机组；11—离子源真空机组；12—离子源室外壳体

28.8.2.2 离子注入装置类型

离子注入装置，亦称离子注入机。种类较多，可按能量、束流强度、离子源类型分类，见表 28-38。

表 28-38 常用离子注入机分类

分类方法	种类和特征
能量分类	① 低能注入机：加速电压 5～50keV；适用于半导体离子注入
	② 中能注入机：加速电压 5～200keV
	③ 高能注入机：加速电压 0.3～5.0MeV；金属离子注入
束流强度分类	① 弱流机：束流强度在 μA 级；适用于半导体注入
	② 强流机：束流强度在 mA 级；适用于金属离子注入
离子源类型分类	双等离子体离子源、潘宁源、尼尔逊源、费利源、中空阴极源和高频源等

目前离子注入机主要有 3 种类型。如下所述。

(1) 质量分析注入机

质量分析注入机是一种普通的离子注入机型，将离子束扫描注入工件表面，或者以工件运动来接受离子入射。它可以产生多种元素的离子，适于研究和开发领域。其特点是：

① 能产生任何元素的离子，可得到单能离子束；

② 可以准确控制离子注入参数，改性质量得到保障；

③ 离子束能量调节范围宽（1～1000keV）；

④ 离子源室与靶室分离，靶室压力低，有利于工件清洗。

该机型不足之处是束流较小，生产用机仅为 10mA，操作维护不便。

(2) 氮离子注入机

此种离子注入机，没有质量分析系统，离子源产生的离子全部入射到工件上。离子源以氮气作工质，是一种单离子注入机。其特点是：

① 结构简单，操作维护方便，价格较低；

② 离子束无分选处理系统，束流损失小，束流可达 0.1～1.0A；

③ 结构紧凑，有利于实现大型工业化处理。

(3) 等离子源注入机

等离子源注入机没有专门离子源，而是通过低温等离子体技术，在工件附近形成等离子体。在工件上加负高压脉冲，每次脉冲过程中均会使各方向的离子入射工件表面，使之达到改性的目的。

该机的优点是：没有离子源系统、离子加速系统、质量分析系统，结构简单，成本低；可以同时处理多个工件，适于规模化生产。其不足是能量低，处理参数不易控制。

28.8.2.3 离子注入后的材料表面改性

材料表面改性离子注入能量要求为 20～400keV，注入剂量为 10^{17}ions/cm^2 量级离子。通过离子注入，使注入层性能发生变化，分述如下。

① 离子注入层硬度　金属材料、有色金属以及合金，通过注入 N、C、B 等元素，可得到明显的硬化效果，表面硬度可以提高 10%～100%。表 28-39 给出了各种材料注入 N^+ 离子后硬度变化结果。

表 28-39　N^+ 离子注入后材料的硬度增加量

材料	相对硬度值	注入条件	材料	相对硬度值	注入条件
Ti-6Al-4V	2.0	90keVN_2^+/N^+，3.5×10^{21} 离子/m^2	T12 钢	1.2	90keVN_2^+/N^+，3.5×10^{21} 离子/m^2
硬 Cr 片	1.3		GCr15	1.0	
阿姆柯铁	1.8		Al	4.2	
304 不锈钢	1.25		Ni	1.0	

② 离子注入层的摩擦因数　试验得知离子注入层的摩擦因数有所改善，提高了金属材料的摩擦性能。对非金属而言，如聚苯醚（PPO），注入 Al、Ti 离子后，磨损量分别为未处理的 3.5%和 4.9%。

③ 离子注入层的抗疲劳性　金属材料注入离子之后，使表面粗糙度降低，减少接触应力，使其疲劳性能得到提高。几种材料注入离子后的疲劳性能比较见表 28-40。

④ 离子注入层的耐腐蚀性　金属离子注入材料表层后，使材料的极化曲线得到明显改善，提高了抗腐蚀能力。表 28-41 给出了离子注入对金属材料表面耐腐蚀性能的影响。

表 28-40　离子注入对金属疲劳寿命的影响

材料	注入离子	提高使用寿命倍数	备注
马氏体时效钢	N^+	8～10	注入后进行 100℃ 6h 退火
不锈钢	N^+	8～10	
Ti	N^+	8～10	
含 0.18%C 碳钢	N^+	3	
Ti-6Al-4V	C^+	10	

表 28-41　离子注入对金属材料表面耐腐蚀性能的影响

腐蚀类型	试验内容		
	材料	注入离子	效果
大气腐蚀	不锈钢	Ce	抑制腐蚀
	Al	He	抑制腐蚀
	Cu	N、He、Ne、Ti、Cr、Al	抑制腐蚀
水溶性腐蚀	Fe	Cr	提高耐蚀能力
	Fe	Pb	减小腐蚀电流
	AISI、M50 轴承合金	Cr、Ni	在有氯离子的环境中防止腐蚀
	不锈钢	Mo	抑制点腐蚀
	Ti	Pt	在稀硫酸中腐蚀率减小到 1%
	Ti 及合金	Al	减小与 Al 之间的电偶腐蚀
	Ti	Pb	显著减小在沸腾 MgCl 溶液中的腐蚀
	Ti	Pb	抑制在 20%硫酸中腐蚀
	304 不锈钢	P(高剂量)	提高耐氯离子腐蚀能力

⑤ 离子注入层的抗氧化能力　材料表面注入 Ca、Mo、Mn、Ti、Si、Ni 等离子，可以提高抗氧化能力。注入剂量 10^{15}～10^{16} ions/cm^2，注入层深 50～100nm。

28.8.2.4　离子束表面改性应用实例

离子注入技术在微电子及薄膜行业中具有重要地位，已成为微电子技术的基础，得到了广泛的应用。在工具、模具、精密零件等行业中，已得到了广泛的应用。表 28-42 给出了离子注入技术在模具工具方面的应用，表 28-43 给出了离子注入在特殊零件制造中的应用。

表 28-42　工模具的离子注入应用实例

产品名称	材料	注入离子	效果
钢丝拉模	WC-6%Co	N^+	寿命提高 3 倍
铜丝拉模	WC	N^+	寿命提高 4～6 倍
注塑模	WC	N^+	寿命提高 5～10 倍
大型注塑杆	工具钢	N^+	寿命提高 18 倍
金属轧辊	工具钢	N^+	寿命提高 5～8 倍

续表

产品名称	材料	注入离子	效果
注塑模	铝	N	寿命提高3倍
铝型材挤压平模	H13	Ti	降低挤压力15%
拉伸铜棒模	WC硬质合金	C	寿命提高5倍
裁纸刀	C1%、Cr1.6%碳钢	N	寿命提高2倍
橡胶切片	WC-6%Co	N	寿命提高12倍
螺纹铣刀	M2高速钢	N	寿命提高5倍
电路板钻头	WC-6%Co	N	寿命提高2～5倍
齿轮插刀	WC-6%Co	N	寿命提高2倍
薄膜板切刀	WC-6%Co	N	寿命提高3倍
铣刀	YG8硬质合金	N	寿命提高2倍

表 28-43　特殊零件离子注入应用实例

产品名称	材料	注入离子	效果
人工关节假肢	Ti-6Al-4V	N	寿命提高100倍以上
喷气机涡轮叶片	Ti	Pt	疲劳寿命提高约100倍
汽轮机轴承(卫星)	440C不锈钢	Ti、C、Cr	寿命提高100倍
火箭发动机主轴承	M50钢	Cr	改善电蚀
真空仪表轴承	52100钢	Pb、Ag、Sn	降低摩擦因数
直升机主齿轮	9310钢	Ta	载荷提高30%
航空用冷冻机阀门	—	Ti、C	寿命提高100倍
继电器银触头	Ag	V等	寿命提高2.6～4倍

28.9 真空冶金炉

28.9.1 概述

真空冶金炉（真空电炉）是20世纪50年代发展起来的一种金属冶炼设备，主要用于新型材料生产。第一台真空感应电炉诞生于1954年，从此之后相继研制成功了真空电阻炉、真空电子束炉、真空电弧炉。我国于1960年研制出真空自耗炉，并用于工业生产，使金属钛冶炼得到了很大的发展。1962年生产出工业生产用的真空感应炉，1964年研制出真空电子束炉，1973年制造出第一台真空热处理炉并用于工业生产。

真空电炉根据加热方式不同分为真空电阻炉、真空电子束炉、真空电弧炉、真空感应炉。

① 真空电阻炉是利用电阻加热工件或材料的炉子，即在真空条件下，加热器通电产生的电阻热通过辐射加热工件或材料。

② 真空电子束炉是利用电子枪发射出高速电子打到熔炼材料上，将电能转换成热能，使材料熔化。

③ 真空电弧炉是利用弧光放电产生的电弧热熔炼材料。将自耗电极（被熔炼材料）接负极，坩埚接正极，通电时两极间产生弧光放电，正离子打在阴极上（材料），电子打

在阳极上（坩埚），将电能转变成热能，使材料熔化。

④ 真空感应炉是将物料放入具有线圈的坩埚中，当线圈通入交变电流时，产生交变磁场，在物料表面产生感应电流，感应电流产生的电阻热，将物料熔化或加热。

28.9.2 真空电阻炉

真空电阻炉主要用于钛、钽、锆等活泼、难熔金属或某些磁性、电工合金的光亮退火和真空除气，也用于某些材料的真空焊接、钎焊和扩散焊。

电阻炉按结构型式和使用方式可分为：

① 按加热体布置方式分内热式和外热式　加热器置于炉壳内，炉壳外水冷，称为内热式。加热器放在炉壳外，如磁性材料烧结炉等，称为外热式，即采用外热式加热。

② 按加热方式分为直热式和旁热式　直热式是利用炉料电阻热加热炉料本身。旁热式则是利用加热器的辐射热间接加热炉料。大多数电阻炉采用内热式辐射加热。

③ 按作业方式分为间歇式和半连续式。

④ 按炉体结构型式分为立式和卧式　立式电阻炉的加热室垂直放置，占地面积小。如设计为半连续式，则炉体较高，传动机构简单，但装拆较困难。卧式电阻炉的加热室水平放置，其特点恰与立式相反。

⑤ 按炉膛温度范围可分为1150℃以下的低温炉和1600℃以上的高温炉，介于二者之间的为中温炉。由于热区温度的不同，在结构和熔炼材质上也有不同。

28.9.2.1 电阻炉结构原理

最简单的真空电阻炉，如图28-43所示，它是一个单室结构的间歇式炉。加热和冷却均在一个室内，加热器在炉膛内属旁热式。它既可做成立式亦可做成卧式。装有一套真空系统。

双室和多室电阻炉，在两室之间只要有一个闸阀就可构成半连续式。若没有闸阀，它只能是间歇式炉。半连续式炉需要配置两套以上的真空系统，而间歇式炉即使是多室结构，也多采用一套真空系统。图28-44所示的半连续式电阻炉为三室两阀结构，配有三套真空系统。

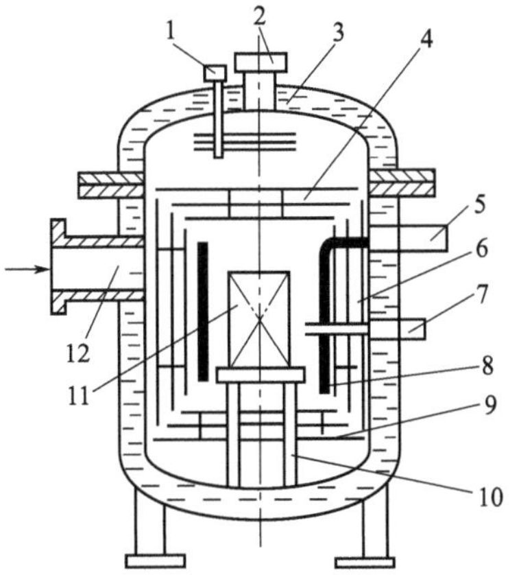

图28-43　真空电阻炉

1—挡板；2—观察孔；3—炉盖；4—上屏；5—电极；6—侧屏；7—热电偶；8—加热器；9—下屏；10—料架；11—炉料；12—抽气口

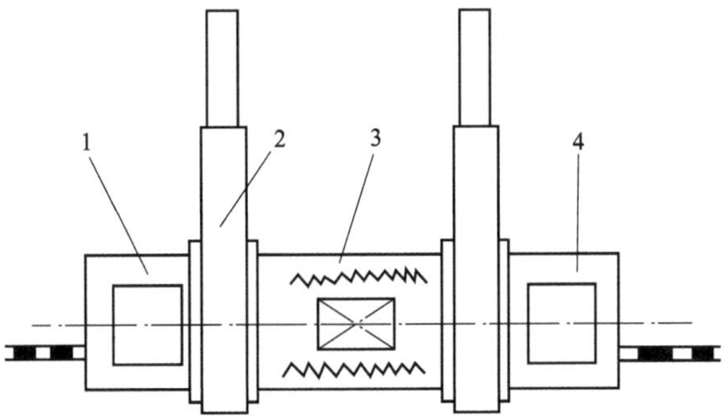

图28-44　半连续式电阻炉

1—出料室；2—闸阀；3—加热室；4—进料室

真空电阻炉主要有六个部分：

① 炉体　由水冷炉壳、炉盖、辐射屏衬、加热器、水冷电极、观察孔和托料支架等组成；

② 真空系统　由真空泵、阀门、管道、真空仪表和充气装置等组成；

③ 电气系统；

④ 水冷系统　由冷却炉壳、炉盖、加热电极和真空泵的供水管路等组成；

⑤ 测温系统　主要是测量炉膛温度的热电偶；

⑥ 运送炉料的传动系统　为多室炉而设置，它包括机械传动、气动和液压传动。

28.9.2.2 电阻炉的热计算

电阻炉设计的主要参数有：最高工作温度；炉体尺寸及工件最大质量；升温时间；工件受热后的允许温差；炉体内冷态极限真空及热态下的工作压力等。

电阻炉设计计算主要包括最大加热功率、加热元件、壳体壁厚、真空系统、电气等方面的计算。简要介绍如下：

(1) 最大加热功率的计算

熔化炉料所需的加热功率包括两部分：一部分是工件炉料受热、升温到工作温度或熔化的有用功率；另一部分为通过热屏蔽的损失功率。由加热器发出的热流量 Q_1 应等于加热需要的有用热流量 Q_2 和损失掉的热流量 Q_3 之和，即

$$Q_1=Q_2+Q_3 \tag{28-9}$$

炉料和料筐升温时所需要的有用热流量 Q_2 可用下列式计算：

$$Q_2=Q_{工}+Q_{筐} \tag{28-10}$$

式中　$Q_{工}$——工件加热所需要的热流量，kJ/h；

$Q_{筐}$——料筐与工件一样升温所需热流量，kJ/h。

$$Q_2=G_{工}C_m(t_1-t_2)/\tau+G_{筐}C_n(t_1-t_2)/\tau\ (\mathrm{kJ/h}) \tag{28-11}$$

式中　$G_{工}$，$G_{筐}$——分别为工件、料筐质量，kg；

C_m，C_n——分别为当温度由 t_2 升到 t_1 时工件、料筐的平均比热容，kJ/(kg·℃)；

t_1——炉料所应达到的最高工作温度，℃；

t_2——炉料升温开始时的温度（常温），℃；

τ——由 t_2 升到 t_1 所需的升温时间，h。

炉料熔化时需要的有用热量 Q_2' 为

$$Q_2'=G_{工}C_g/\tau' \tag{28-12}$$

式中　$G_{工}$——炉料质量，kg；

C_g——炉料的熔化潜热，kJ/kg；

τ'——炉料熔化时间，h。

设计熔化炉时取式(28-11)和式(28-12)中最大值作为有用热流量，对于真空热处理炉，只需计算升温过程中需要的有用热流量。

(2) 损失热量 Q_3 的计算

在炉膛处于热平衡态即温度不变时，Q_3 为各部分传热损失之和，即

$$Q_3=Q_4+Q_5+Q_6+Q_7+Q_8 \tag{28-13}$$

式中　Q_4——通过炉衬的传热损失，kJ/h；

Q_5——通过上顶和下底炉衬的传热损失，kJ/h；

Q_6——通过水冷电极的传热损失，kJ/h；

Q_7——观察孔传热和辐射热损失，kJ/h；

Q_8——其他传热损失，如炉衬支撑杆、炉料筐支撑杆等因绝热不良的短路热损失 kJ/h。

关于 Q_4 的计算，因为有两种不同炉衬，即辐射屏衬和厚壁炉衬，所以计算方法也有两种。计算炉衬辐射屏的热损失需作以下假定：

① 炉膛内热源相当于一个温度均匀的圆筒形热源；

② 辐射屏很薄，且屏的两侧温度相等；

③ 同种材料的各屏在不同温度下的黑度相同；

④ 内壁各处的温度均匀且不变；

⑤ 炉膛内处于真空，主要为辐射热损失而忽略对流传热损失。

因此可以认为，在传热趋于平衡的状态下，炉膛内各点温度不变，通过各屏的辐射热损失相等。即由热元件传给第 1 屏的热流量 Q_{f1} 等于第一屏传给第二屏的热流量 Q_{12}，也等于第 n 屏传给炉壳内壁的热流量 Q_{nb}，且都等于 Q_4。那么

$$Q_4=\sigma_H F_f\left[\left(\frac{T_f}{100}\right)^4-\left(\frac{T_{nb}}{100}\right)^4\right] \tag{28-14}$$

式中　Q_4——炉衬辐射热损失，kJ/h；

σ_H——加热元件、各屏及炉壳体内壁综合辐射系数，kJ/(m^2·h·K^4)；

F_f——加热元件的辐射面积，m^3；

T_f——加热元件温度，一般选较炉膛温度高 100～200K，K；

T_{nb}——炉壳体内壁温度，K。

加热元件、各屏及炉壳体内壁综合辐射系数为

$$\sigma_H=F_f^{-1}\left(\frac{1}{F_f\sigma_{f1}}+\frac{1}{F_1\sigma_{12}}+\frac{1}{F_2\sigma_{23}}+\cdots\frac{1}{F_n\sigma_{nb}}\right)^{-1} \tag{28-15}$$

其中

$$\begin{aligned}\sigma_{f1}&=\sigma_0\left[\frac{1}{\varepsilon_f}+\frac{F_f}{F_1}\left(\frac{1}{\varepsilon_1}-1\right)\right]^{-1}\\ \sigma_{12}&=\sigma_0\left[\frac{1}{\varepsilon_1}+\frac{F_1}{F_2}\left(\frac{1}{\varepsilon_2}-1\right)\right]^{-1}\\ \sigma_{23}&=\sigma_0\left[\frac{1}{\varepsilon_2}+\frac{F_2}{F_3}\left(\frac{1}{\varepsilon_3}-1\right)\right]^{-1}\\ &\vdots\\ \sigma_{nb}&=\sigma_0\left[\frac{1}{\varepsilon_n}+\frac{F_n}{F_{nb}}\left(\frac{1}{\varepsilon_{nb}}-1\right)\right]^{-1}\end{aligned} \tag{28-16}$$

式中　F_1，F_2，F_3，…，F_n，F_{nb}——各屏及炉壳体内壁面积，m^2；

ε_f——加热元件发射率；

ε_1，ε_2，…，ε_n，ε_{nb}——各屏及炉壳体内壁发射率；

σ_0——斯蒂芬-玻尔兹曼常数，kJ/(m^2·h·K^4)。

计算中要注意的是：

① 加热元件的辐射面积 F_f 只能根据同类电阻炉类比计算，待求出加热功率确定加热

器尺寸再验算；

② 辐射屏的层数以不超过六层为宜；

③ 由公式(28-14) 求出 Q_4 后可推导出辐射屏温度的计算式；

④ 辐射屏的选材有钼片、不锈钢片和石墨，而钽片、钨片、钛片不常用。

计算厚壁炉衬的热损失 Q_4 时，需对炉衬材料的绝热性能有一定的了解。供炉衬选用的新型保温材料有碳毡、碳布、硅酸铝耐火纤维等。这些材料耐高温、保温性好，热惯性小，含气量少，且易抽真空。图 28-45～图 28-47 给出了厚壁炉衬和厚壁炉衬剖面示意图。

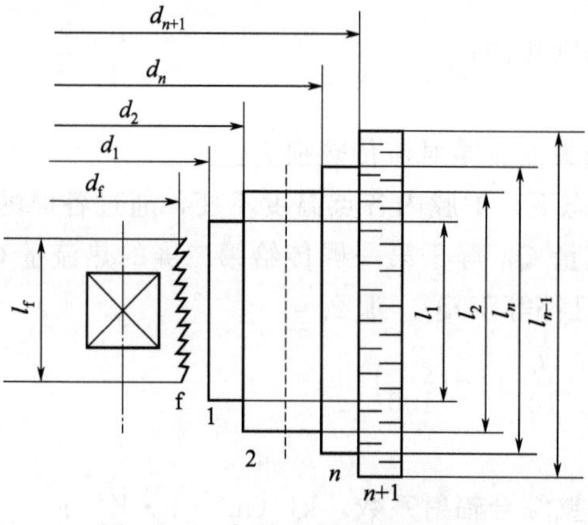

图 28-45 加热室剖面各屏位置

f—加热元件；1—第 1 屏；2—第 2 屏；n—第 n 屏；$n+1$—炉壳内壁

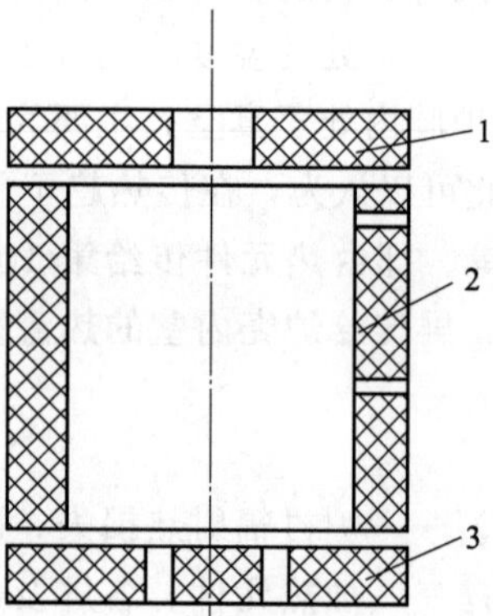

图 28-46 厚壁炉衬

1—上炉衬；2—侧炉衬；3—下炉衬

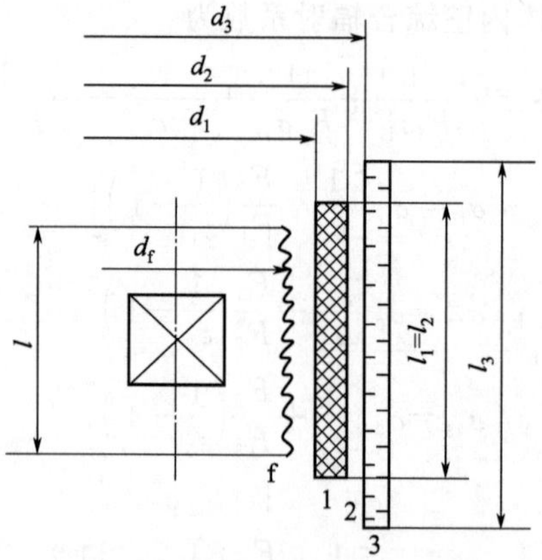

图 28-47 厚壁炉衬剖面及加热元件

1—炉衬内壁；2—炉衬外壁；3—炉壳内壁

当炉膛内升温而传热趋于平衡时，加热元件传给炉衬内壁的热流量 Q_{f1} 等于炉衬内壁传给外壁的热流量 Q_{12}，又等于炉衬外壁传给炉壳内壁的热流量 Q_{23}，且都等于 Q_4，那么

$$Q_4=\Phi_{f1}=\frac{\sigma_0 F_f}{\dfrac{1}{\varepsilon_f}+\dfrac{F_f}{F_1}\left(\dfrac{1}{\varepsilon_1}-1\right)}\left[\left(\frac{T_f}{100}\right)^4-\left(\frac{T_1}{100}\right)^4\right]\times10^{-3} \tag{28-17}$$

$$Q_4=\Phi_{12}=\frac{2\pi L\lambda(T_1-T_2)}{\ln\dfrac{D_2}{D_1}}\times10^{-3} \tag{28-18}$$

$$Q_4=\Phi_{23}=\frac{\sigma_0F_2}{\dfrac{1}{\varepsilon_2}+\dfrac{F_2}{F_3}\left(\dfrac{1}{\varepsilon_3}-1\right)}\left[\left(\frac{T_2}{100}\right)^4-\left(\frac{T_3}{100}\right)^4\right]\times10^{-3} \tag{28-19}$$

式中　　　λ——保温材料的热导率，W/(m·K)；

T_f，T_1，T_2，T_3——分别是加热体、厚壁炉衬内壁和外壁以及炉壳内壁的温度，K；

F_f，F_1，F_2，F_3——分别是加热体、厚壁炉衬内壁和外壁以及炉壳内壁的辐射面积，m^2；

ε_f，ε_1，ε_2，ε_3——分别是加热体、厚壁炉衬内壁和外壁以及炉壳内壁的黑度；

L，D_1，D_2——厚壁炉衬高度、内壁直径和外壁直径，m；

Φ_{f1}，Φ_{12}，Φ_{23}——分别是加热器辐射给炉衬内壁、炉衬内壁传导给外壁和炉衬外壁辐射给炉壳内壁的热量，三个数值相等，且等于热损失，kW；

σ_0——斯蒂芬-玻尔兹曼常数，kW/(m^2·K^4)。

Q_5 的计算，近似方法是用 Q_4 按上顶和下底炉衬面积的配比计算，即

$$Q_5=\frac{F_{上}+F_{下}}{F_1}Q_4 \tag{28-20}$$

式中　F_1——侧壁面积，对辐射屏取第 1 屏面积，对厚壁炉衬取内壁面积，m^2；

$F_{上}$——上顶面积，对辐射屏取第 1 屏面积，对厚壁炉衬取内壁面积，m^2；

$F_{下}$——下底面积，对辐射屏取第 1 屏面积，对厚壁炉衬取内壁面积，m^2。

此式的适用条件是：辐射屏的顶屏、底屏和侧屏的层数相同，且内屏应构成一个封闭空间。对厚壁炉衬则是各衬的厚度相同，且内屏也为一封闭空间。

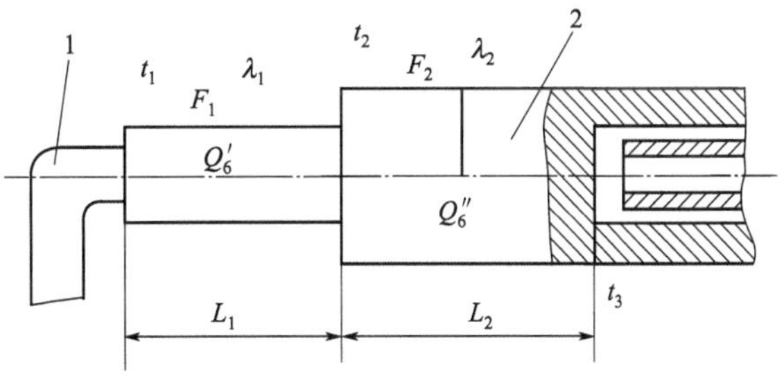

图 28-48　水冷电极结构示意图

1—加热元件与接头；2—水冷铜棒电极

水冷电极（见图 28-48）热损失 Q_6 的计算有两部分，即通过电极传导的热损失和接触电阻的热损失。这两部分热量经铜棒电极被冷却水带走。在传热趋于平衡时，电极传热损失 Q_6 应等于接头热损失 Q_6'，也应等于铜棒热损失 Q''_6，那么

$$Q_6=Q_6'=\frac{\lambda_1A_1}{L_1}(t_1-t_2)$$

$$Q_6=Q''_6=\frac{\lambda_2A_2}{L_2}(t_2-t_3)$$

式中　λ_1，λ_2——两段不同材料的热导率，kJ/(m·h·℃)；

L_1，L_2——此两段金属的长度，m；

A_1，A_2——各段的横截面积，m^2；

t_1——加热元件的温度；

t_2——接头处接触温度；

t_3——按冷却水出水温度取值，℃。

由上述二式推导出

$$Q_6=\left(\frac{L_1}{\lambda_1 A_1}+\frac{L_2}{\lambda_2 A_2}\right)^{-1}(t_1-t_2) \tag{28-21}$$

由于接触电阻的热损失不易计算，通常采用同类电炉实际热损失来估算，每个电极的热损失平均取0.5～1kW。

观察孔的热损失 Q_7 的计算，比较精确的是按观察孔导热面积 F 计算

$$Q_7=C_0F\left[\left(\frac{T_f}{100}\right)^4-\left(\frac{T_{n+1}}{100}\right)^4\right]\left(\frac{1}{\varepsilon_f}+\frac{1}{\varepsilon_{n+1}}-1\right)^{-1} \tag{28-22}$$

粗略地

$$Q_7=(Q_4+Q_5)\times 2\% \tag{28-23}$$

其他热损失 Q_8 的计算，较精确的是待支架等尺寸初步确定后，按导热公式计算，即

$$Q_8=\frac{\lambda A}{L}(t_1-t_2)(\text{kJ/h}) \tag{28-24}$$

式中 λ——支架材料的热导率，kJ/(m·h·K)；

A——支架的截面积，m^2；

L——支架的长度，m；

t_1——支架热端温度，K；

t_2——支架冷端温度，K。

粗略地

$$Q_8=(Q_4+Q_5)\times 5\%\ (\text{kJ/h}) \tag{28-25}$$

(3) 电阻炉总功率的计算

熔化功率（或升温功率）和热损失功率之和求出后，再乘安全系数，得到总功率。通常安全系数取1.1～1.3。

(4) 加热元件的计算

加热元件直径

$$d=34.4\left(\frac{P_n^2\rho}{U^2W}\right)^{1/3}(\text{mm}) \tag{28-26}$$

加热元件长度

$$L=\left(\frac{10U^2P_n}{4\pi\rho W^2}\right)^{1/3}(\text{m}) \tag{28-27}$$

式中 ρ——加热元件热态电阻率，Ω·m；

U——加热元件上的电压，通常低于100V，6～60V可调；

P_n——每支加热元件的加热功率，kW；

W——加热元件表面功率，钼材选10～16W/cm^2，石墨选20W/cm^2以上。

28.9.2.3 电阻炉的隔热层

隔热层所用材料有耐火砖、金属屏、耐火纤维（石墨毡、硅酸铝纤维等）。隔热层的内部空间尺寸取决于炉子的热区尺寸。隔热层的内表面与加热器之间距离一般为50～

100mm，其外层表面与水冷壁之间的距离为100～150mm。下面介绍几种隔热层结构。

(1) 耐火砖隔热层

通常采用轻质高级耐火材料，如泡沫高铝砖，使用砌法砌成。轻质高铝砖的性能见表28-44。

表 28-44 轻质高铝砖的性能

指标	牌号			
	PM-1.0	PM-0.8	PM-0.6	PM-0.4
Al_2O_3 不小于/%	48	48	48	48
Fe_2O_3 不大于/%	2	2	2.5	2.5
体积密度/$g \cdot cm^{-3}$	1.0	0.8	0.6	0.4
常温耐压强度不小于/MPa	4	3	2	0.6
耐火度不小于/℃	1750	1750	1730	1730
10^5Pa 荷重软化开始温度不大于/℃	1230	1180	1100	1730
重烧线收缩不大于/%	0.5	0.6	1	1
试验温度/℃	1400	1400	1350	1350

为使耐火砖隔热层很快热透脱气，隔热层一般都选得比较薄，隔热层外表面一般保持在300℃以上。这样就会增加热损失。为减少热损失，可在砖的外侧再装置2～3层不锈钢屏，这样还能使砖的外壁温度增高，改善脱气条件。选用耐火砖隔层时，应注意电热体不要与砖接触，否则电热体在高温下与砖发生反应，损坏电热体。这种保温材料的缺点是蓄热量大，脱气条件差，不适宜快速冷却及加热，难以达到高真空，一般用于真空度在 10^{-1}Pa 以下的真空炉。

(2) 金属屏隔热层

金属屏隔热层是利用多层金属屏反射热量而起到隔热作用。温度高于900℃，要选用高熔点金属如钨、钼、钽片。低于900℃，可选用薄不锈钢板作反射层。在保证屏有足够刚度的前提下，应尽量减少屏的厚度，以便减少屏的蓄热量。钨、钼、钽板一般为0.2～0.5mm。不锈钢板一般为0.5～1mm。中、小型炉选薄些，大型炉选厚些。屏的黑度越小，其反射效果越好。而黑度不仅与材料种类有关，还与表面粗糙度有关。所以应进行表面处理。钨、钼、钽片用酸洗法处理，不锈钢经抛光处理。屏的层数与隔热效果大体按 $\frac{1}{n+1}$（n=层数）变化，可见屏的层数过多其意义并不大。工作温度为1300℃，用六层屏即可。屏间距离小些较好，一般为10mm左右，每层之间用衬套、垫圈等隔开，如图28-49所示。

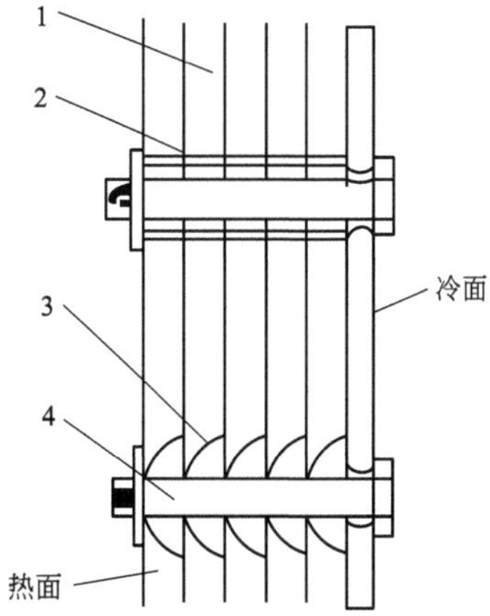

图 28-49 反辐射屏隔热层
1—钼片；2—钼衬套；3—钼圈；4—钼螺钉

设计反射屏时应考虑热胀冷缩的影响，防止冷、热变形而引起损坏。金属屏的优点是炉子可以实现较快的加热和冷却，易于达到 10^{-4}Pa 的高真空。

(3) 石墨毡、碳毡隔热层

这种材料是20世纪60年代出现的新型高温隔热材料。

它密度小、热容量小、热导率小，可以急速加热和冷却。当温度上升时其强度亦随之提高，长期使用也不会损耗。此外，还有出气量小、价格较金属便宜、加工安装简易等特点。辽宁碳素厂生产的碳毡技术数据见表 28-45。石墨毡的隔热性能如图 28-50 所示。隔热层由钢框架、石墨毡（碳毡）、菱形钢板网（钢丝网）制成。钢框架外面焊接菱形钢板网或钢丝网，网内衬石墨毡或碳毡，每层毡的接缝位置应彼此错开，用钼丝将毡捆扎在网上。工作温度不超过1300℃，毡的厚度 40mm 即可，外面的钢框架可用普通碳钢。

表 28-45　碳毡的技术数据

项　目	数　据
密度/$kg \cdot m^{-3}$	132
热导率/$kJ \cdot (m \cdot h \cdot ℃)^{-1}$	0.20
抗拉强度	
纵向/MPa	0.41
横向/MPa	0.08
比热容 c_p/$J \cdot (g \cdot ℃)^{-1}$	20℃ 0.1836 100℃ 0.237 300℃ 0.25 500℃ 0.335 700℃ 0.348 900℃ 0.35 1100℃ 0.351 1300℃ 0.352

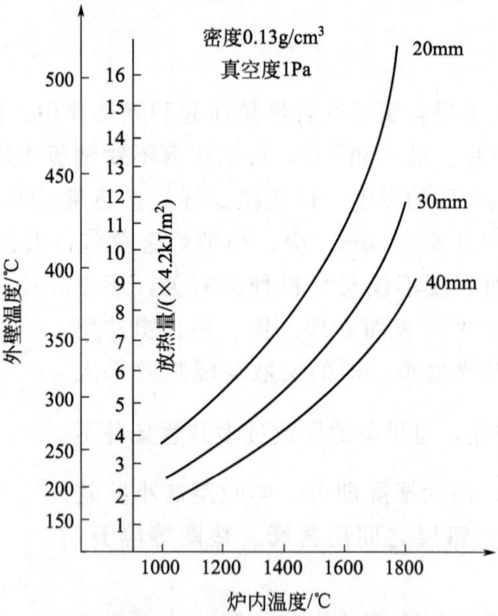

图 28-50　石墨毡的隔热性能

实践证明，石墨毡、碳毡至少对钢铁材料是不会造成污染的，长期使用后，由于毡与氧、水蒸气以及油蒸气发生反应，其隔热性能降低，一般使用寿命为 5～6 年，更换时只换下里面的 1～2 层即可。

(4) 石墨毡(或碳毡)与硅酸铝纤维毡混合隔热层

紧靠加热区的一侧衬以石墨毡或碳毡，其余全衬以硅酸铝纤维毡，这种结构不仅隔热效果好，而且经济。日本“海斯”公司的VCQ-E型真空炉就是采用这种隔热层。硅酸铝纤维也是一种密度小，热导率小，保温效果好，耐热冲击的优良保温材料，只是耐高温性能比石墨毡差些，其性能见表28-46。某些国产硅酸铝纤维的热导率见表28-47。

国内生产的真空淬火炉，用20mm碳毡和20mm硅酸铝纤维作隔热层，如图28-51所示。当炉膛温度为1200℃时，测得碳毡与硅酸铝毡交界面温度920℃，硅酸铝毡外层温度260℃。混合隔热层比单一碳毡层价格便宜。

表 28-46 硅酸铝纤维的技术性能

项目＼材料	天然硅酸铝纤维(甲等)	高纯硅酸铝纤维	高铝硅酸铝纤维	含铬硅酸铝纤维
1. 化学成分/%				
Al_2O_3	45~52	48~52	≥60	≥94
$Al_2O_3+SiO_2$	≥90	≥99	≥99	3.5~5.5
Cr_2O_3	≤1.5	≤0.2	≤0.2	≤0.2
Fe_2O_3	≤0.5	≤0.2	≤0.2	≤0.2
K_2O+Na_2O	≤0.1	≤0.1	≤0.1	≤0.1
2. 允许长期使用温度	<(1150℃×6h)	<(1250℃×6h)	<(1400℃×6h)	<(1400℃×6h)
3. 加热收缩/%	<2.5(1050℃)	<2.5(1150℃)	<2.5(1250℃)	<2.5(1250℃)
4. 纤维直径/μm	3~5	3~5	3~5	3~5
5. 密度/$kg \cdot m^{-2}$	120~140	120~140	120~140	120~140
6. 含水量/%	≤1	≤1	≤1	≤1

表 28-47 某些国产硅酸铝纤维热导率　　单位：kJ/(m·K·h)

密度/$kg \cdot m^{-3}$	300℃	500℃	700℃	900℃	1200℃
105	0.22	0.29	0.38	0.53	0.86
168	0.20	0.24	0.33	0.43	0.64
210			0.30 (600℃)	0.31	0.46

注：首都耐火材料厂生产。

用硅酸铝纤维作隔热层，应注意以下几点。

① 硅酸铝纤维吸湿，炉子不应长时间暴露于大气，停炉期间应使炉子保持真空。

② 纤维毡一般是由纤维加入有机黏合剂压制而成，应选用黏合剂少的或不加黏合剂的纤维毡，以免加热后硅酸铝纤维毡“出油”。

③ 这种纤维毡还是绝缘体，电极穿过硅酸铝纤维毡不用另加绝缘材料。在淬火炉使用时，油蒸气浸入纤维毡，遇热炭化，会使纤维的绝缘性能下降，应经常检查电极的对地电阻，大于2000Ω为正常。

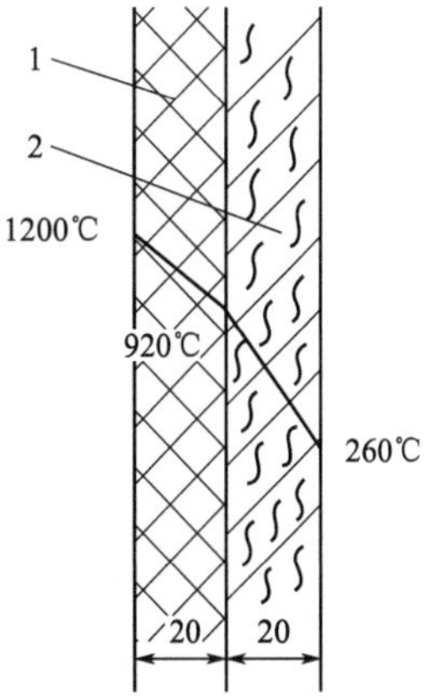

图 28-51 碳毡、硅酸铝纤维混合隔热层

1—碳毡；2—硅酸铝纤维毡

(5) 夹层式隔热层

夹层式隔热层其内层用钼片，外层用不锈钢片，其间填充石墨毡、碳毡、硅酸铝纤维等耐火纤维，组成夹层式隔热层。为了在抽

真空时除去耐火纤维中的气体，不锈钢片上应开通气孔。夹层式隔热层具有反射屏隔热和耐火纤维隔热两个作用。反射屏隔热层和石墨毡，碳毡隔热层均不适用于气体循环的真空电阻炉，而用夹层式隔热层即可满足气体循环系统的要求。“伊普森”公司的 VFC-24 型真空回火炉为气体循环冷却，其隔热层即为夹层式隔热层，中间衬是硅酸铝纤维。该公司 VFC 系列真空炉的加热室简图如图 28-52 所示，隔热层如图 28-52 所示。

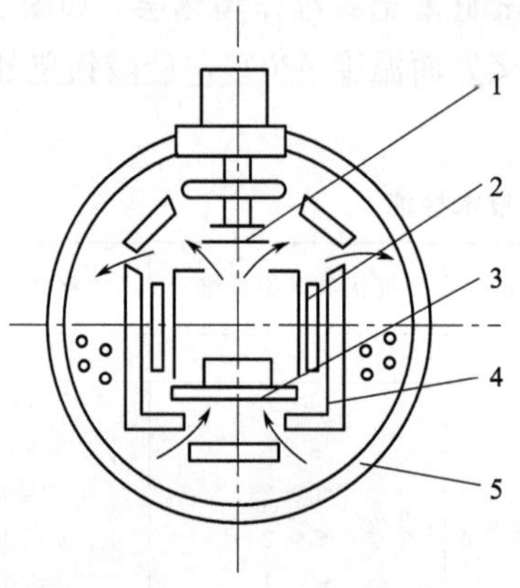

图 28-52　VFC-24 型真空炉

1—风扇；2—加热器；3—炉床；4—隔热层；5—炉壳

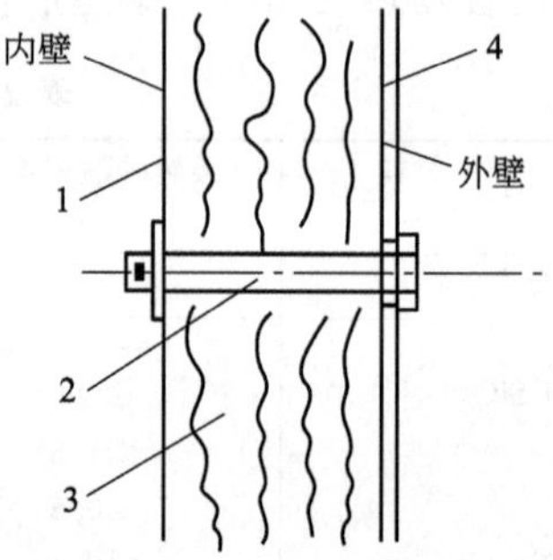

图 28-53　夹层式隔热层

1—钼片；2—钼螺钉；3—硅酸铝纤维；4—不锈钢片

此外，柔性石墨、石墨板等也可作隔热材料。

上述各种隔热层除耐火砖隔热层由于蓄热量大、脱气困难、真空度低等缺点而很少使用外，其他的几种隔热层都因有各自的优点而得到应用。

金属屏隔热层，虽然其隔热效果不如各种纤维隔热性能好，但它具有放气量小，吸湿性小，可得到较高的真空度等优点，被广泛应用。特别是有些特殊材料，需要在非常清洁的真空气氛中处理，金属屏是不可少的。

石墨毡隔热层（包括混合式隔热层），其隔热效果很好，可使真空炉功率损耗降低很多，热冲击性能也好，而且价格比较便宜，维修、更换都方便，是比较好的隔热层。

28.9.3　真空电子束炉

电子束熔炼的设想于 1907 年提出，直到 1954 年才用于生产之中。其主要优点有：熔炼速度可在大范围内调节；功率密度高且易控制；熔池表面温度高。因而可熔炼难熔金属，适用于任何形状的原料（如棒、块、屑、板等）。易于精确控制熔料的化学组分，得到一定性能要求的稀有难熔和高纯金属材料。此外，电子束对熔料的扫描还有搅拌作用，有利于合金化与去杂质。

工业上大规模用于钽、锆、铪及其合金的熔炼，用于不锈钢的冶炼规模较小。

(1) 电子束炉结构原理

电子束熔炼有三种形式：滴熔、池熔和凝壳熔炼，如图 28-54 所示。图 28-54(a) 所示为滴熔，既可垂直送料，也可横向送料。棒料需制成电极形式，要求严格，功耗也较池熔大。图 28-54(b) 所示为池熔，不需制备棒料，原料可为颗粒及粉状，但原料损耗稍大，铸锭表面较粗糙，熔化速度低，熔池较浅。图 28-54(c) 所示为凝壳熔炼，没有坩埚污染，原料可为颗粒及粉状，可铸成各种异型件。适用于高纯金属和活泼金属熔炼。

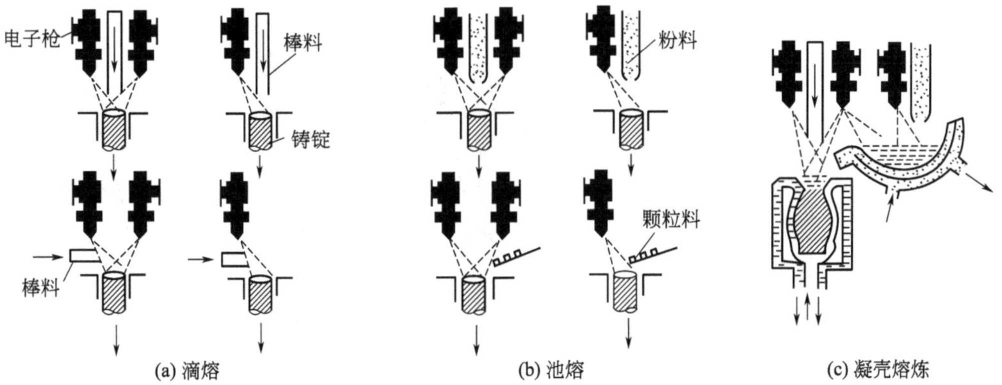

图 28-54　电子束炉的基本熔炼方式

电子束炉又称电子轰击炉，主要包括电子枪、炉体、托锭机构及结晶器、送料机构、真空系统、水冷系统、观察装置、电源等，如图 28-55 所示。

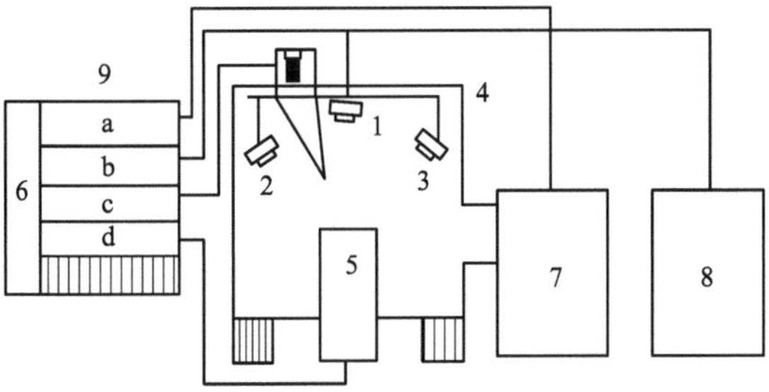

图 28-55　电子束熔炼炉系统

1～3—电子枪；4—炉体；5—锭模和托锭装置；6—送料机构；7—真空系统；8—电源；9—各种电路控制装置（a—真空系统；b—电子枪；c—进料；d—引锭）

所用电子枪的种类有轴向（皮尔斯）、横向、远环和近环四种，多用轴向枪为主。它们的结构布局如图 28-56～图 28-58 所示。图 28-59 所示为三种送料方法的复式皮尔斯电子枪示意图，不仅由单枪向多枪组合熔炼方式发展，而且可适应颗粒状料的熔炼。图 28-60～图 28-62 所示为各种不同的电子束模铸炉结构示意图，图 28-63 所示为电子束与熔池的布置。

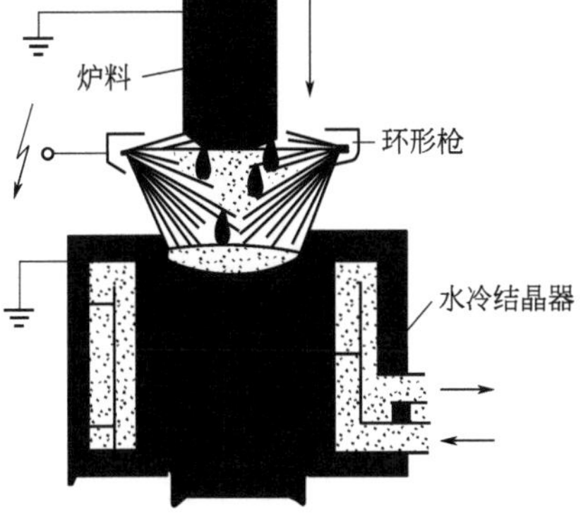

图 28-56　近距环形枪、垂直送料的电子束炉

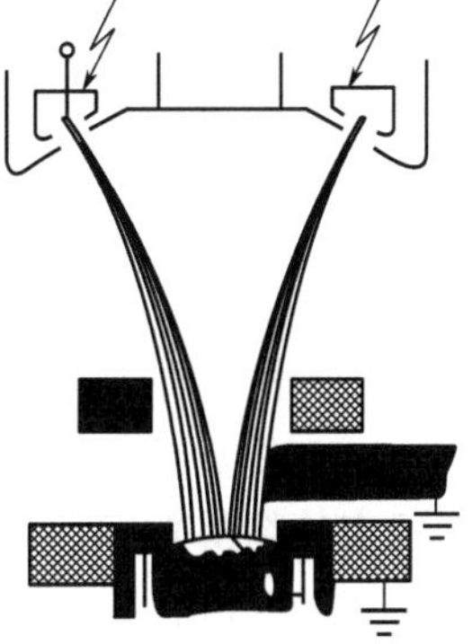

图 28-57　远距环形枪、水平送料的电子束炉

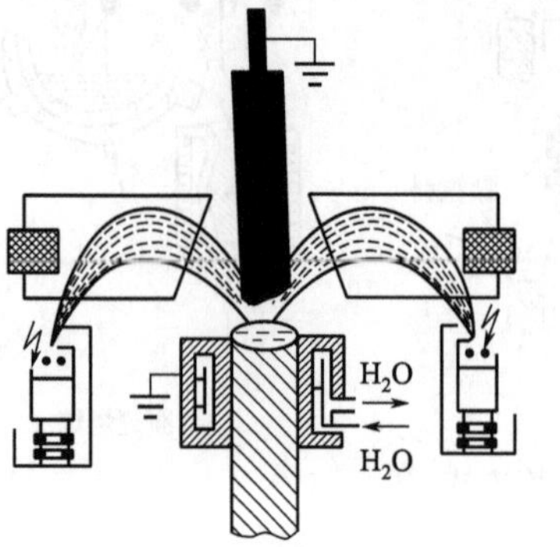

图 28-58 复式横向枪、垂直送料的电子束炉

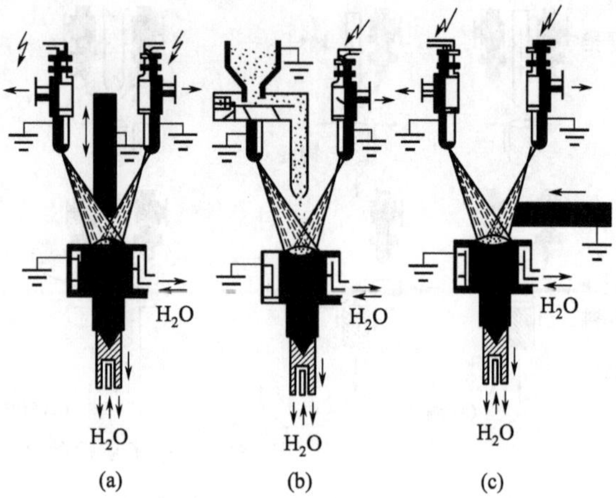

图 28-59 三种送料方式的复式皮尔斯电子枪

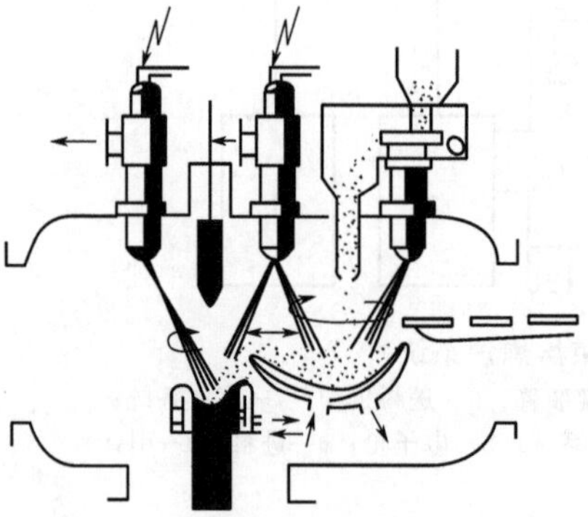

图 28-60 三只皮尔斯枪连续模铸炉

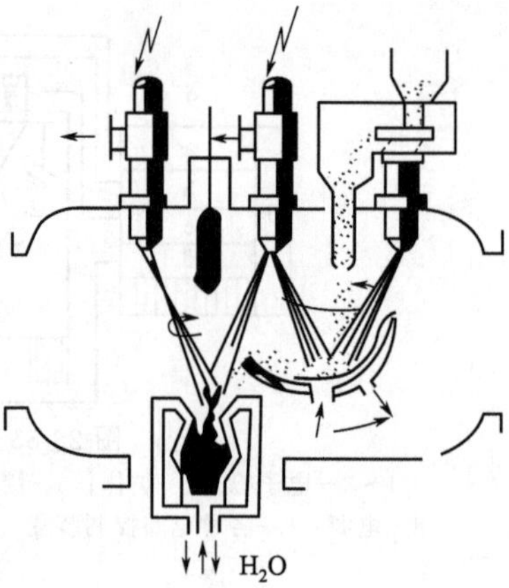

图 28-61 三只皮尔斯枪模铸炉

(2) 枪室与真空度

由于电子枪是热发射电子，所以必须有足够的真空度。熔炼过程由于放气，熔炼室的真空度波动很大（在 $10^{-1}\sim10^{-3}$Pa），因而在枪室与“靶”室之间始终保持一定的压差。枪室通常由 2～3 个小型高真空系统抽空，而“靶”室则由一个大型的高真空系统工作。近来人们习惯用主扩散泵抽速和电子枪功率的比值来衡量所选用的真空系统是否合理。经统计，该比值范围大致为

$$\frac{S}{P}=150\sim200 \tag{28-28}$$

式中 S——主扩散泵抽速，L/s；

P——电子枪功率，kW。

(3) 电子束的熔炼功率、熔化速度与送料速度

设计电子束功率应包括熔化功率和热损失。熔化功率与炉料种类、熔化速度等因素有关。热损失主要有熔池热辐射、结晶器水冷传热、料棒传热及辐射等。熔炼功率可按热力学进行计算，也可由图 28-64 曲线参照经验选定。对池熔来说，功率与结晶器直径有关；

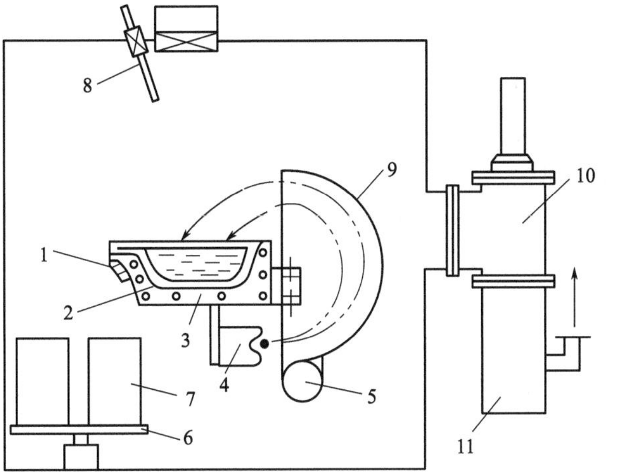

图 28-62　横向枪模铸炉

1—倾转轴；2—凝壳；3—水冷坩埚；4—电子枪；5—磁性线圈；6—锭模转台；7—锭模；8—热电偶探头；9—磁极；10—主真空阀；11—扩散泵

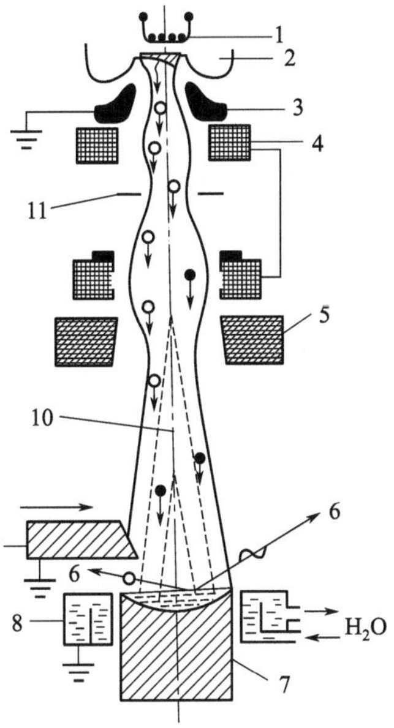

图 28-63　电子束与熔池布置

1—阴极；2—聚束极；3—加速极；4—聚焦极；5—偏移极；6—X射线和二次电子辐射；7—铸锭；8—水冷结晶器；9—棒料；10—电子束；11—光阑

对滴熔来说，熔炼功率为池熔功率与棒料熔化功率之和，如结晶器 ϕ60mm，滴熔 ϕ40mm 钼棒，由图 28-64 中虚线查得熔化棒料的功率为 19kW，由实线查得池熔功率为 50kW，即熔炼功率为这二者之和（69kW）。对于大型电子束熔炉功率可由图 28-65 查得。根据此值结合电子枪标准系列确定电子枪功率（俗称束功率）。

熔炼功率计算公式为

$$P_r=(K_1+K_2)v_r\frac{4.187}{60}(\Delta tC+L) \tag{28-29}$$

式中　P_r——熔炼功率，kW；

v_r——熔化速度，kg/min；

C——比热容平均值，J/(g·℃)；

L——熔解热，J/g；

Δt——熔点和室温之差,℃；

K_1——工艺系数，与料的流动性、表面张力、熔滴在液相中的时间有关；

K_2——电子束损失系数，与电子束散射有关。

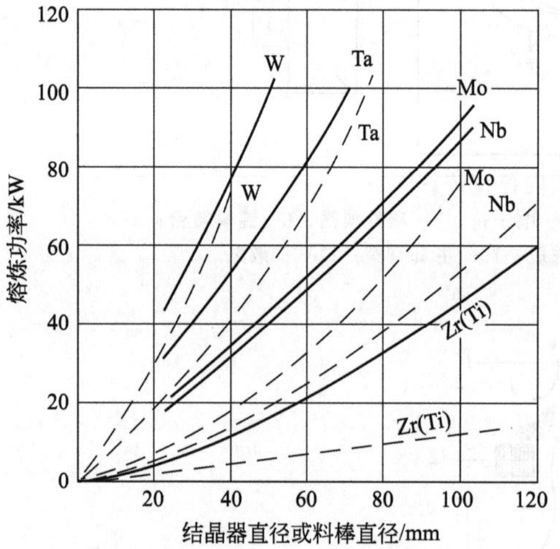

图 28-64　熔炼功率与结晶器直径或与棒料直径的关系

（实线为池熔所需的功率，虚线为熔化棒所需功率）

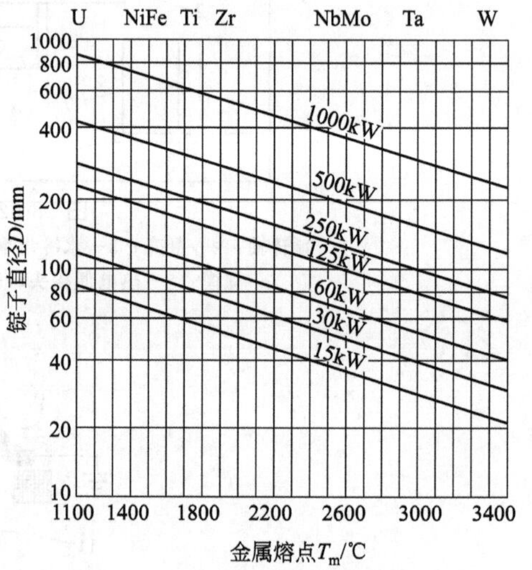

图 28-65　熔炼功率与金属熔点和料锭直径的关系

K_1+K_2 通常取 1.5～1.7。

根据已知的电子枪功率，某种材料的熔化速度与送料速度，可由下式计算：

熔化速度

$$v_r=\frac{P}{60l}\ (\text{kg/min}) \tag{28-30}$$

式中　P——电子枪功率，kW；

l——熔化时电耗，kW·h/kg。

送料速度

$$v_m=\frac{v_r L_m}{G_m}=\frac{1000v_r}{F\rho}\ (\text{cm/min}) \tag{28-31}$$

式中　L_m——棒料长度，m；

G_m——棒料质量，kg；

F——棒料横截面积，m^2；

ρ——棒料密度，kg/m^3。

28.9.4　真空电弧炉

自从 1905 年鲍尔顿（Bolton）博士利用氩气电弧熔炼出金属钽以来，经历了漫长的真空电弧熔炼的试验阶段，直到 20 世纪 50 年代达到工业生产规模。这以后发展较快，德、美、英、日等各国利用真空电弧炉熔炼钢、合金钢、活性金属钛、锆和难熔金属钨、钼、钽、铌和铀等。

真空电弧熔炼是在低于大气压力下用电弧加热熔炼金属或合金。与普通电弧熔炼相比，它有许多优点。例如，在熔炼中避开了大气的污染，也没有耐火材料炉衬的不良作用；相反，低压促进了去除有害气体和杂质，改善了材料纯度，改善了金属或合金的性能。

我国从 1958 年开始试制实验室小型真空电弧炉，熔炼 Mo、W、Zr。到 20 世纪 60 年代初试制出了各种不同结构的真空电弧炉，熔炼合金钢、钛及其他金属和合金。产品有 ZH-15、ZH-200、ZH-3000、ZH-5000 型真空自耗电极电弧炉，容量为 20kg、30kg、50kg、100kg 和 250kg 的真空凝壳炉。

28.9.4.1 结构型式

真空电弧炉有三种：真空自耗电极电弧炉，简称为自耗炉，被熔炼材料压制成电极，在水冷金属坩埚中启弧熔炼；真空非自耗电极电弧炉，简称为非自耗炉，电极既不消耗也不起任何反应，只提供电弧电流，一般在惰性气氛中熔炼，原料通常以颗粒供给到水冷金属坩埚中；真空自耗电极电弧凝壳炉，简称为凝壳炉，它能使定量的金属在具有金属自身结成的凝壳中迅速熔化并浇注成型模铸锭。真空电弧炉结构如图 28-66 所示；其主要区别和应用范围见表 28-48。

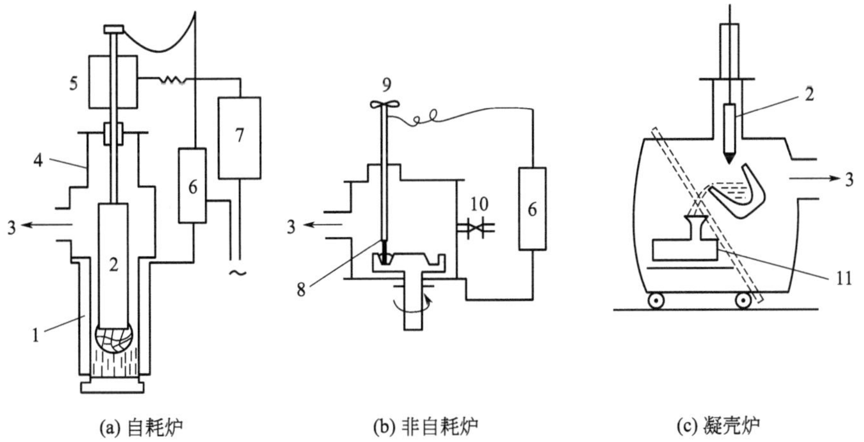

(a) 自耗炉　(b) 非自耗炉　(c) 凝壳炉

图 28-66　三种真空电弧炉结构示意图

1—水冷坩埚；2—自耗电极；3—接真空抽气机组；4—炉身；5—升降机构；6—电弧电源；7—电极升降控制系统；8—钨极头；9—操纵柄；10—充氩气口；11—型模

表 28-48　三种真空电弧炉的比较

比较项目		自耗炉	非自耗炉	凝 壳 炉
电极	材料	被熔炼金属或合金	难熔金属或碳化物	被熔炼金属或合金
	自耗与否	电极熔化自耗	电极不消耗	电极熔化自耗
坩埚	性状	水冷金属坩埚	水冷金属坩埚	水冷金属坩埚
	有无炉衬	没有炉衬污染熔炼材料	没有炉衬污染熔炼材料	熔料形成凝壳作炉衬

续表

比较项目		自耗炉	非自耗炉	凝壳炉
熔炼方式		边排气边熔炼，自耗电极边进给，锭子边增长	抽空后充惰性气体稳弧电极电弧扫描熔池	边排气边形成大熔池，自耗电极同时进给
铸锭	方式	边熔炼边冷却成锭	边熔炼边冷却成锭	凝壳中形成大熔池，用离心浇注成各种形状铸锭
	特点	铸锭成柱状晶粒组织	铸锭的显微组织有热梯度大的材料特点	铸锭中没有方向性组织，组织致密
适用范围	对象	熔炼难熔金属及其合金，活性金属及其合金，超高强度钢等	研制活性金属和难熔金属及其合金	制造形状复杂的活泼金属及其合金铸锭
	特点	可用大电极生产出大铸锭，熔炼速度范围大，可能出现某种局部偏析现象	只限于实验室小型炉子，熔炼速度受限制	适用于中、小型炉子

28.9.4.2 真空电弧炉的设计

(1) 原始参数

① 炉子的容量，即生产的最大锭重（常以钢计算）。

② 熔化速度，每分钟熔化金属的质量。

③ 熔炼的材料，由此决定设计计算某些物理量。例如比热容、密度、电阻以及化学成分等。

④ 对铸锭的质量要求，例如对化学成分及其偏析的要求，以及组织均匀性的要求等。

(2) 炉身设计

炉身也称为真空室或炉子工作室，主要用途是容纳电极和提供熔炼时所必需的真空环境。根据经验，炉身的内径 D_1 用下面公式估算：

$$D_1=(2\sim3)D_d \tag{28-32}$$

式中，D_d 为炉子熔炼的最大锭子的直径。对于系数（2～3）选择，一般来讲，大炉子取小值，小炉子取大值。有的小炉子 D_1/D_d 的值可达 7～8。

炉腔的高度 L_1，用下式估算：

$$L_1=L_d+L\ (\mathrm{m}) \tag{28-33}$$

式中 L_d——电极长度，m；

L——锭子长度，m，考虑到电极头（假电极）和电极夹头的长度，计算值需增大 200～400mm。

炉身与坩埚的容积比，一般为（3～5）∶1。综合以上三个关系来确定炉身的大小。

(3) 坩埚设计

对坩埚的要求：

① 有良好的导热性和导电性，且不易被熔炼金属黏结；

② 坩埚内表面应该平整光滑；

③ 坩埚结构应该允许其热胀变形；

④ 直径小于 150mm 的坩埚，内表面应带有锥度，通常取 0.5%；

⑤ 要充分冷却，一般采用水套式冷却。

坩埚通常为紫铜材料，如果冷却条件好，亦可用钢制。

a. 坩埚热计算。坩埚受热来自六个方面：电极传到坩埚的热量；熔池金属蒸发热，熔池辐射热；金属液传导热；锭子结晶热；电弧辐射传给坩埚的热量。

ⅰ. 电极传到坩埚的热量 Q_d。圆柱形电极传到坩埚热量由下式计算：

$$Q_d=\lambda A\ \frac{\pi D_d^2}{4}\sqrt{\frac{160\varepsilon\sigma_0}{\lambda D_d}\left[\left(\frac{t_d}{100}\right)^5\right]}\quad (W) \tag{28-34}$$

或

$$Q_d=23.6\sqrt{\lambda\varepsilon\sigma_0 D_d^3\left(\frac{t_d}{100}\right)^5}\quad (W) \tag{28-35}$$

式中 λ——电极材料的热导率，W/(m·K)；

ε——电极发射率；

σ_0——斯蒂芬-玻尔兹曼常数，$W/(m^2\cdot K^4)$；

D_d——电极直径，m；

t_d——电极端部温度，K，其值由实验给出：$t_d=t_r+$（30～70K），其中 t_r 为材料熔点。

ⅱ. 熔池金属蒸发热 Q_z。熔池金属蒸发带走坩埚的热量由下式确定：

$$Q_z=(q_z+q_r)G_z\quad (W) \tag{28-36}$$

式中 G_z——金属的蒸发速率，kg/s，$G_z=0.5D^2\left[1-\left(\frac{D_d}{D}\right)^2\right]g_z$，$g_z=g_z^0\exp(-0.548\sqrt{p})$（此为实验公式），$g_z^0=4.375\times10^{-3}p\sqrt{\frac{M}{t_b}}$ $[kg/(m^2\cdot s)]$；

q_z——金属的蒸发潜热，J/kg；

q_r——金属的熔解热，J/kg；

D_d——电极直径，m；

D——锭子直径，即坩埚内径，m；

p——熔池上面蒸发材料在温度 t_b 时的蒸气压，Pa；

M——材料的摩尔质量，kg/mol；

t_b——熔池表面温度，K。

ⅲ. 熔池辐射给坩埚的热量 Q_f。熔池表面通过没被电极遮盖的部分向坩埚辐射的热量用下式计算：

$$Q_f=\varepsilon_n\sigma_0\ \frac{\pi}{4}(D^2-D_d^2)\left[\left(\frac{t_b}{100}\right)^4-\left(\frac{t_g}{100}\right)^4\right](W) \tag{28-37}$$

式中 ε_n——熔池发射率；

σ_0——斯蒂芬-玻尔兹曼常数，$W/(m^2\cdot K^4)$；

D——锭子直径，m；

D_d——电极直径，m；

t_b——熔池表面温度，K；

t_g——坩埚温度，K。

ⅳ. 熔融金属传给坩埚的热量 Q_y。熔池中的温度分布基本上与电极的相似，因此根据稳定传热平衡条件的分析，可以得出

$$Q_y=2.65\lambda_y\frac{\pi D^2}{4}\sqrt{\frac{A_k}{\lambda_y D}}(t_b-t_r)^{7/6}=\phi D^{3/2}\left(\frac{t_b}{t_r}-1\right)^{7/6}\ (\mathrm{W}) \tag{28-38}$$

$$\phi=2.65\frac{\pi}{4}\sqrt{A_k\lambda_y t_r^{7/3}}\quad (\mathrm{W/m^{3/2}})$$

式中　ϕ——对于钢为 $2.24\times10^6\mathrm{W/m^{3/2}}$；钛为 $2.92\times10^6\mathrm{W/m^{3/2}}$；钼为 $1.38\times10^7\mathrm{W/m^{3/2}}$；

A_k——金属有关的常数，其值可按下式计算

$$A_k=0.106\beta^{1/3}\lambda_y^{3/5}\eta^{4/15}(C_y\rho)^{2/5}$$

β——金属液的体膨胀系数，$\mathrm{K^{-1}}$；

λ_y——金属液的热导率，W/(m·K)；

η——金属液的动力黏度，$\mathrm{m^2/s}$；

C_y——金属液的比热容，J/(kg·K)；

ρ——金属液的密度，$\mathrm{kg/m^3}$；

t_b——熔池表面温度，K；

t_r——金属熔化温度，K；

D——锭子直径，m。

ⅴ.锭子结晶时放出的热量 Q_n。金属液由熔化温度冷凝到出炉温度，其热量全部传给了坩埚。在正常熔炼的情况下，熔化速度与凝固速度是相同的，故锭子结晶时放出的热量 Q_n 为

$$Q_n=\frac{G}{60}\left[\left(C_0+C_t\frac{t_r+t_{ch}}{2}\right)(t_r-t_{ch})+q_r\right](\mathrm{W}) \tag{28-39}$$

式中　G——熔化速度，kg/min；

C_0——0℃时金属的热容量，$\mathrm{J/(kg\cdot K^{-1})}$；

C_t——金属在熔点 t_r 和温度 t_{ch} 平均比热容的温度系数，$\mathrm{J/(kg\cdot K^2)}$；

q_r——金属的熔解热，J/kg；

t_{ch}——出炉温度。

ⅵ.电弧辐射传给坩埚的热流量 Q_h。热流量 Q_h 由下式给出：

$$Q_h=I^2RL_h\frac{4DL_h}{D_d^2+D^2+4DL_h} \tag{28-40}$$

式中　I——电弧电流，即熔炼电流，A；

L_h——电弧长度，m；

D——锭子直径，即坩埚内径，m；

D_d——电极直径，m；

R——单位长度电弧电阻，Ω/m，可由经验得到：钢为 8×24^{-2}（$L_h=5\sim20\mathrm{m}$），3.3×24^{-2}（$L_h>20\mathrm{m}$）；钛为 1.2×24^{-2}（短弧）；钼为 20×24^{-2}（$L_h=5\sim20\mathrm{m}$），5.6×24^{-2}（$L_h>20\mathrm{m}$）。

ⅶ.坩埚接受的总热量。坩埚所受的总热量，来源于公式（28-34）～式(28-40)，这些公式中，有的公式在导出中作了某些近似取舍，有的数据是经验值，有的公式是经验公式，故坩埚总热量计算还是近似计算。总热量 Q 为

$$Q=Q_d+Q_z+Q_f+Q_y+Q_n+Q_h\,(\mathrm{W}) \tag{28-41}$$

式中符号见式(28-34)～式（28-40)。

b.坩埚的冷却计算。坩埚的冷却水应带走坩埚所受的全部热量。根据受热与冷却的热平衡，可以得出

$$Q=v\rho C(t_C-t_{ru})$$

$$v=\frac{Q}{\rho C(t_C-T_{ru})}(\mathrm{m^3/s}) \tag{28-42}$$

式中 v——坩埚需要的水流量，$\mathrm{m^3/s}$；

Q——由式(28-41) 计算出的坩埚接受的总热量，W；

t_C，t_{ru}——出水和入水的温度，一般 $t_C<45℃$，否则会加剧水垢的形成；

ρ——水在 $t_{ru}\sim t_C$ 之间的平均密度，$\mathrm{kg/m^3}$；

C——水在 $t_{ru}\sim t_C$ 之间的平均比热容，J/(kg・K)。

在熔炼过程中最大的热流量发生在熔池上部与坩埚壁仅有极薄的凝壳层处，如图28-67 所示的 A-B 区间。它可由以下经验公式来确定

$$q_{max}\approx 0.5\frac{\lambda t_r}{D}(\mathrm{W/m^2}) \tag{28-43}$$

式中 q_{max}——坩埚接受的最大热流量，$\mathrm{W/m^2}$；

t_r——被熔金属的熔点，K；

λ——被熔金属在室温到熔点的平均热导率，W/(m・K)；

D——坩埚内径，m。

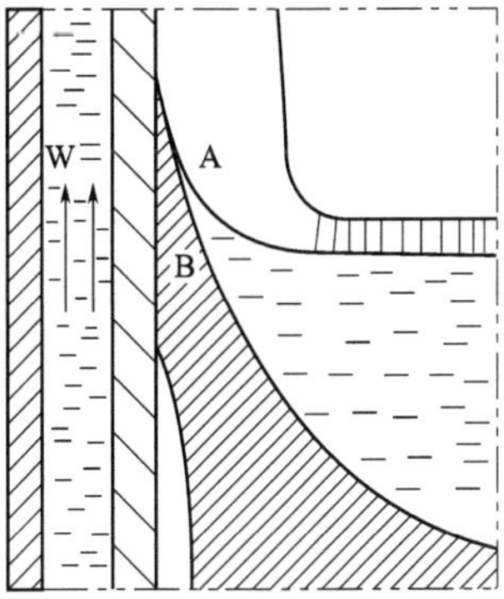

图 28-67　熔炼状态示意图

这个最大热流量必须由冷却水及时带走，否则冷却水将超过允许温度，产生气泡和水锈，使热传导恶化。根据冷却水不产生气泡的条件，可以得出冷却水所能带走的临界热流密度 q_L 的经验公式为

$$q_L=4.19\times10^4\omega^{1/2}p^{1/3}(\mathrm{W/m^2}) \tag{28-44}$$

式中 p——冷却水的压力，Pa；

ω——冷却水的流速，m/s。可由下式求出

$$\omega=\frac{v}{\pi(D+2\delta_g+\delta_s)\delta_s}(\mathrm{m/s}) \tag{28-45}$$

式中 v——坩埚冷却水量，$\mathrm{m^3/s}$；

δ_g——坩埚壁厚，m；

δ_s——水套中水层厚度，m；

D——坩埚内径，m。

在一般情况下要求

$$q_L = (2\sim3)q_{max} \tag{28-46}$$

c. 坩埚直径 D 的计算。

根据现有国内外真空自耗炉的统计数据，坩埚的长度与直径比大体上为（3～5）∶1。最大的坩埚直径应满足炉子的容量要求。故有

$$D = \sqrt[3]{(3\sim5)\times0.785\frac{W}{\rho}}\ (\mathrm{m}) \tag{28-47}$$

式中　W——炉子的容量（一般按钢计算），kg；

ρ——熔炼金属的密度，kg/m^3。

28.9.4.3　真空系统的设计

真空电弧炉的工作压力，一般来说对于难熔金属为 10^{-2}Pa，对于高温合金、特种钢等为 10^{-1}Pa，对于海绵钛等为 $(6.7\times10^{-1})\sim1.3$Pa。试验证明，高于 13Pa 压力范围有利于衍生电弧的形成，可能击穿坩埚，引起爆炸。因此从冶金控制、电弧稳定和防止击穿坩埚出发，上述炉膛工作压力是有利的。

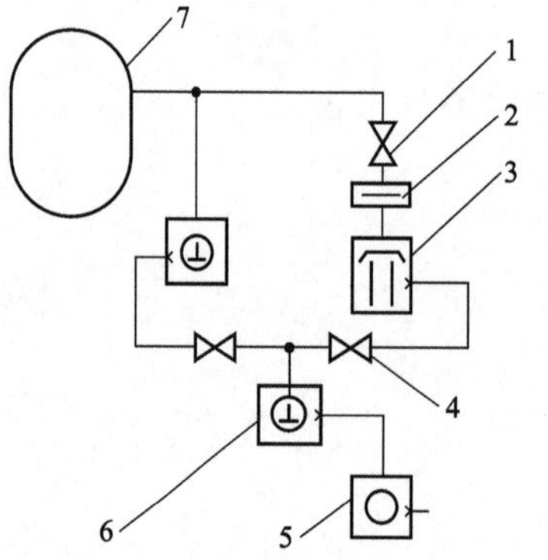

图 28-68　电弧炉的典型真空系统

1,4—阀门；2—水冷阱；3—油增压泵；5—机械泵；6—罗茨泵；7—炉子

真空电弧炉的真空系统设计除了常规的设计计算之外，尚应充分考虑以下几点：

① 如果不是始终在坩埚口处熔炼，则弧区压力比坩埚口处压力高许多，其差值应该通过计算求出。不能把炉子的工作压力误认为弧区压力。

② 弧区有相当高的金属蒸气分压存在，这也是维持真空中电弧稳定的一个必要条件。

③ 使用粉末或海绵状物料压制的电极，在熔炼过程中难免出现突然放气，真空系统应能适应这种情况。

④ 凝壳炉的真空系统还要考虑到浇注时压力突然上升的特殊性。

如图 28-68 所示为上述真空系统的典型方案，罗茨泵在 $1\sim(1\times10^3)$Pa 下，抽气能力大并且启动快，油增压泵在 $10^{-2}\sim1.3$Pa 下能排出大量气体，尤其对氢的抽速高于对空气的两倍，因此它们并联就较好地达到了上述要求。

28.9.5　真空感应炉

真空感应（熔炼）炉是利用电磁感应方法，将封闭于真空室中的坩埚加热，在真空状态下进行金属与合金的冶炼生产。

真空中感应加热作为一种热源，用途广泛，如钎焊、烧结、透热及真空冶炼、真空脱气、真空退火、真空蒸镀等。其优点很多，如冶炼材料成分准确、分布均匀、合金收得率高、加热速度快、效率高、生产劳动条件好等。

28.9.5.1 真空感应炉分类

真空感应炉应以炉体型式、坩埚型式以及炉体和坩埚在设备中的相对位置与相对运动作为分类依据。按照这种方法分类，真空感应熔炼炉分为四种类型：即卧式炉、立式炉、炉体倾动式炉和下铸式（又称底漏式）炉。各种炉型的结构简图和特点见表 28-49。

表 28-49　各种炉型结构简图和特点

分类	结构简图	特点
卧式炉型	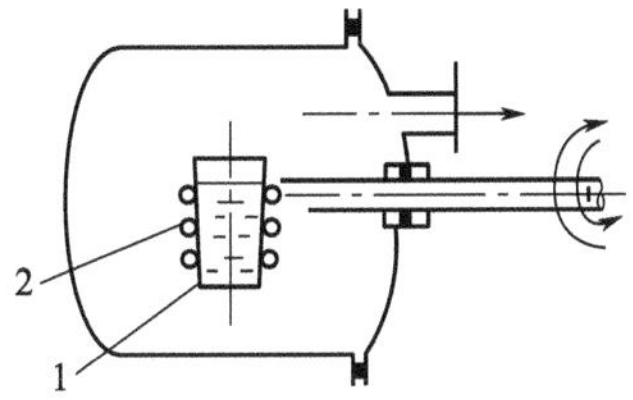	1. 以 ZG-200 型电炉为代表，炉体为卧式； 2. 坩埚从上口倾翻浇注，炉体与坩埚有相对运动； 3. 感应器、坩埚等安装在炉盖上，裸露在外，操作容易，检修方便； 4. 应用广泛，适于大型炉
立式炉型	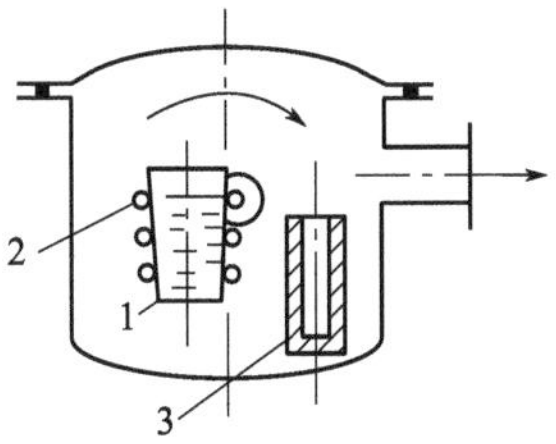	1. 以 ZG-10 型电炉为代表，炉体立式； 2. 坩埚从上口倾翻浇注，炉体与坩埚间有相对运动； 3. 坩埚系统安装在炉体内，小炉操作灵便； 4. 应用广泛，适于中小型炉
炉体倾动式炉型	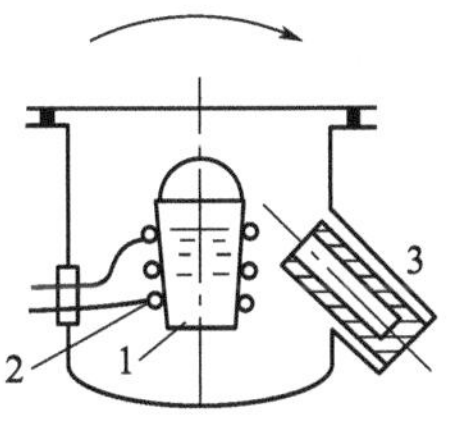	1. 以 SL61-02 型电炉为代表，炉体立式； 2. 坩埚翻倒从上口浇注，炉体与坩埚间无相对运动；一同翻转； 3. 坩埚系统安装在炉体内，操作检修都不够便利； 4. 应用很少
下铸式炉型	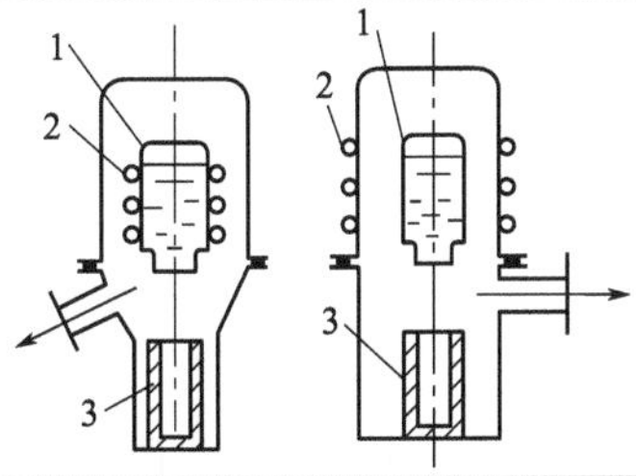	1. 炉体为立式； 2. 坩埚从下口浇注，坩埚与炉体都静止不动； 3. 允许把感应器移到炉体外，结构简单，维修方便； 4. 应用很少，只用于炼铀生产

注：结构简图中 1—坩埚；2—感应器；3—铸模。

28.9.5.2 坩埚设计

(1) 坩埚有效容积 V_i

能装下标准容量金属料的坩埚容积，叫做坩埚有效容积，以下式计算：

$$V_i = \frac{G}{\rho_{iL}} \tag{28-48}$$

式中 G——每次装料量，kg；

ρ_{iL}——被熔炼材料在液态下的密度，kg/m^3。

(2) 坩埚实际容积 V_q

$$V_q = 1.3V_i(m^3) \tag{28-49}$$

(3) 坩埚直径和高度

根据图 28-69，并令 $a=d_2/h_2$，可得

$$V_i = \frac{\pi}{4}d_2^2h_2 = \frac{\pi}{4}d_2^2h_2\frac{d_2}{d_2} = \frac{\pi d_2^3}{4a}$$

$$d_2 = \sqrt[3]{\frac{4aV_i}{\pi}}(m) \tag{28-50}$$

$$h_2 = \frac{d_2}{a}(m) \tag{28-51}$$

a 值与炉子大小有关，表 28-50 为推荐值。

注意：h_2 为料柱高度，坩埚实际高度大于 h_2，这要根据 V_i 与 V_q 的关系求得。

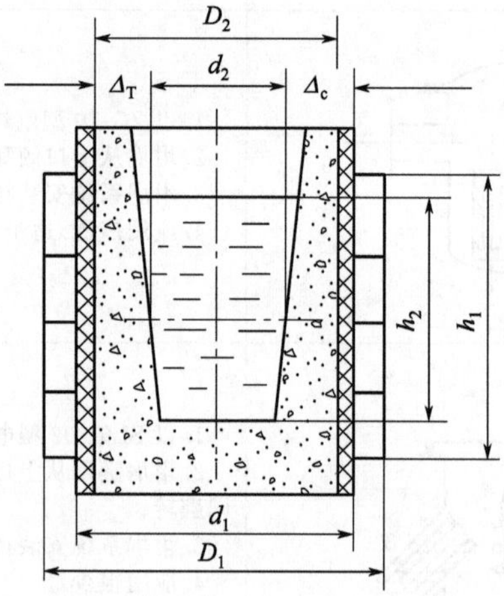

图 28-69 坩埚直径和高度简图

表 28-50 a 的推荐值

炉子容量/kg	推荐值 $a=d_2/h_2$	炉子容量/kg	推荐值 $a=d_2/h_2$
500 以下	1/2～2/3	1500～3000	3/4～4/5
500～1500	2/3～3/4	3000 以上	4/5～1

(4) 坩埚壁厚

坩埚的壁厚与绝热层一般统称为炉衬，炉衬壁厚以 Δ_c 表示，此值也随炉子容量不同而不同，绝热层一般为 4～8mm，常取 5mm 的石棉板（4～8 层之间），由图 28-69 知，坩埚的壁厚

$$\Delta_T = \Delta_c - 0.5(cm) \tag{28-52}$$

在表 28-51 中有 Δ_c 的推荐值，可参考。

表 28-51 Δ_c 的推荐值

炉子容量/kg	Δ_c 推荐值	炉子容量/kg	Δ_c 推荐值
500 以下	$d_2/4$～$d_2/6$	1500～3000	$d_2/6$～$d_2/8$
500～1500	$d_2/5$～$d_2/7$	3000 以上	$d_2/8$～$d_2/10$

(5) 感应器的尺寸确定

感应器内径 d_1 的确定。根据图 28-69 可知

$$d_1=d_2+2\Delta_c(\mathrm{cm}) \tag{28-53}$$

d_2、Δ_c 已由前面计算或查表求得。

感应器高度 h_1 的确定。若令 $h_1/d_1=b$，则

$$h_1=bd_1(\mathrm{cm}) \tag{28-54}$$

b 值与炉子容量之间关系见表 28-52 中的推荐值。根据容量选出 b 值，则 h_1 即可求得。

表 28-52 b 的推荐值

炉子容量/kg	推荐值 $b=h_1/d_1$
500 以下	1.2
500～1500	1.1～1.2
1500 以上	1.1～1.0

28.9.5.3 真空感应炉主要参数设计

(1) 供电频率

经过理论分析，推导出来的最小频率计算公式如下

$$f_{\min}=\frac{25\times10^8\rho_2}{d_2^2\mu_r} \tag{28-55}$$

式中 ρ_2——熔炼材料的电阻率，$\Omega\cdot\mathrm{cm}$；

d_2——熔炼材料的直径（即坩埚直径），cm；

μ_r——熔炼材料的相对磁导率。

根据国内外的设计经验，可按表 28-53 选择。

表 28-53 供电频率

电炉容量/kg	必需的功率/kW	推荐的最佳频率/Hz	推荐最佳电压/V
25	30	10000	125～250
100	75	4000	250
500	300	2000	250～500
2000	660	500～1000	600
5000	1500	500～1000	600

(2) 炉子功率（不含坩埚辐射及传导损失热量）计算

炉子有功功率是指单位时间内，为加热给定的材料所必须传给材料的热流量。其数值可用下式计算

$$P_L=\frac{G\Delta_i}{t}(\mathrm{kW}) \tag{28-56}$$

若设炉子的热效率为$\eta_y=q_L/P_i$（P_i 为实际功率），则 P_i 以下式计算

$$P_i=\frac{P_L}{\eta_y}=\frac{G\Delta_i}{\eta_y t} \tag{28-57}$$

式中　G——炉子装料量，kg；

Δ_i——被冶炼材料开始加热与熔化时热熔之差，kW·h/kg；

t——熔炼时间，h；

η_y——炉子热效率，$\eta_y=0.7\sim0.85$。

总功率计算。感应加热熔炼设备的电气原理如图 28-70 所示，故总功率可用下式计算

$$P_z=\frac{P_i}{\eta_z}$$

$$\eta_z=\eta_1\eta_2\eta_3\eta_4$$

式中　η_1——中频发电机组的效率，等于 0.8（若用可控硅中频电源时 $\eta_1=0.92$）；

η_2——电容器组的效率，等于 0.97；

η_3——中频感应器的电效率，等于 0.8；

η_4——输电线路的电效率，等于 0.95。

所以分别计算出总效率 $\eta_z=0.59$（中频发电机组）和 $\eta_z=0.68$（可控硅电源），总功率 P_z 即可求出。

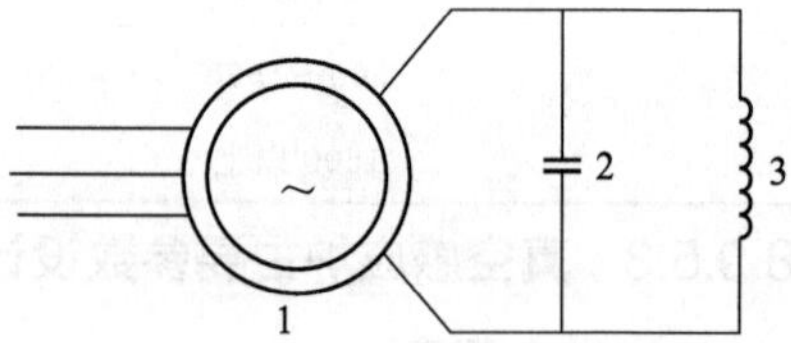

图 28-70　感应加热熔炼设备的电气原理
1—中频机组；2—电容器组；3—感应器

(3) 感应器电参数计算

感应器电参数计算，均为半经验公式，供读者设计参考。参数计算包括下列各项：

① 在炉料中的电流透入深度 Δ_2

$$\Delta_2=5030\sqrt{\frac{\rho_2}{f\mu_2}}\,(\text{cm}) \tag{28-58}$$

式中　ρ_2——液态炉料的电阻率，Ω·cm；

μ_2——液态炉料的相对磁导率，根据假定 $\mu_2=1$；

f——电流频率（与电源频率相同），Hz。

② 感应器中的电流透入深度 Δ_1

$$\Delta_1=5030\sqrt{\frac{\rho_1}{f}}\,(\text{cm}) \tag{28-59}$$

式中　ρ_1——紫铜（感应器材料）的电阻率，Ω·cm；

f——电源电流频率，Hz。

③ 金属炉料的有效电阻 R_2

$$R_2=\rho_2\,\frac{\pi(d_2-\Delta_2)}{\Delta_2 h_2}\,(\Omega) \tag{28-60}$$

式中　d_2，h_2——炉料的直径与高度，由式(28-50)、式(28-51) 求得；

Δ_2——其意义及计算公式见式 (28-58)，cm；

ρ_2——炉料的电阻率，Ω·cm。

④ 感应器的有效电阻 R_1

$$R_1=\rho_1\,\frac{\pi d_1}{\Delta_1 h_1 K_3}\,(\Omega/\text{匝}) \tag{28-61}$$

式中　d_1，h_1——感应器的内径与高度，由式(28-53)、式(28-54) 求得；

Δ_1——见式(28-59)；

K_3——感应器的填充系数，等于 0.7～0.95；

ρ_1——紫铜材料的电阻率，Ω·cm。

⑤ 金属炉料的自感系数 L_2

$$L_2=\frac{\pi^2 d_2^2 K_2}{h_2}(\text{cm}) \tag{28-62}$$

式中 h_2，d_2——见式(28-60)；

K_2——系数，是d_2/h_2 的函数，K_2 与d_2/h_2 有如图 28-71 所示关系。

⑥ 感应器的自感系数 L_1

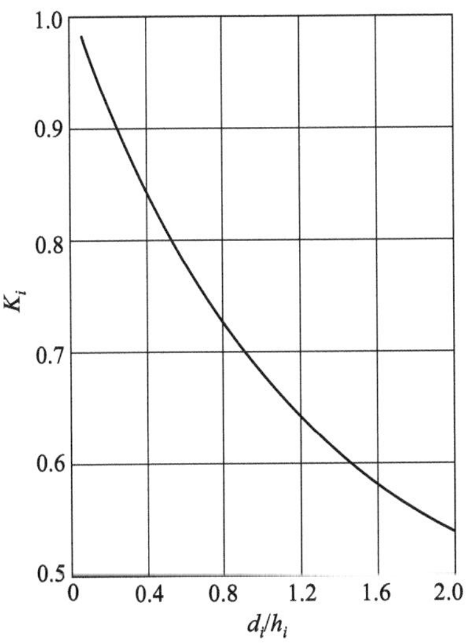

图 28-71 K_i 与 d_i/h_i（i=1，2）关系

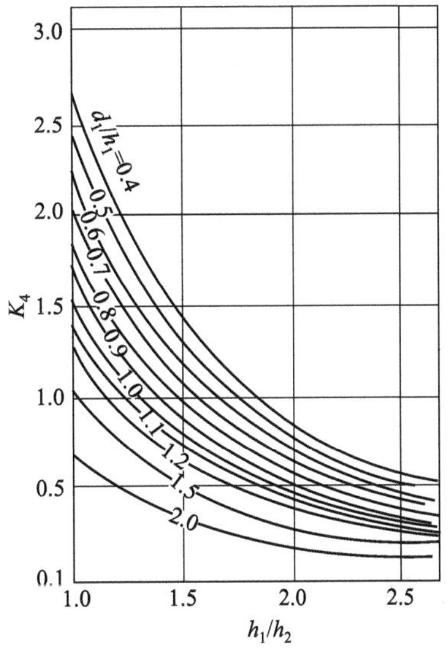

图 28-72 K_4 与 h_1/h_2、d_1/h_1 关系曲线

$$L_1=\frac{\pi^2 d_1^2 K_1}{h_1}(\text{cm}) \tag{28-63}$$

式中 K_1——系数，是 d_1/h_1 的函数，亦由图 28-71 给出。

⑦ 感应器-炉料系统的互感系数 M

$$M=\frac{\pi^2 d_2}{2h_2}\sqrt{K_4}(\text{cm}) \tag{28-64}$$

式中 K_4——系数，$K_4=f\left(\frac{h_1}{h_2},\frac{d_1}{h_1}\right)$，由图 28-72 查得。

⑧ 金属炉料的感抗 X_2

$$X_2=2\pi f L_2\times10^{-9}(\Omega/匝) \tag{28-65}$$

式中 L_2——见式(28-62)；

f——电流频率，Hz。

⑨ 感应器的感抗 X_1

$$X_1=2\pi f L_1\times10^{-9}(\Omega/匝) \tag{28-66}$$

式中 L_1——见式(28-63)。

⑩ 感应器-炉料系统的感抗 X

$$X=2\pi fM\times10^{-9}(\Omega/匝) \tag{28-67}$$

式中　M——见式(28-64)。

⑪ 感应炉-炉料系统间的折换系数 P

$$P=\sqrt{\frac{X^2}{R_2^2+X_2^2}} \tag{28-68}$$

式中　X，R_2，X_2——分别见式(28-67)、式(28-60)和式(28-65)。

⑫ 感应器-炉料系统的电阻 R_0

$$R_0=R_1+P^2R_2 \tag{28-69}$$

式中　R_1，R_2，P——分别见式(28-61)、式(28-60)、式(28-68)。

⑬ 感应器-炉料系统折换后的感抗 X_0

$$X_0=X_1-P^2X_2(\Omega/匝) \tag{28-70}$$

式中　X_1，P，X_2——分别见式(28-66)、式(28-68)、式(28-65)。

⑭ 感应器-炉料系统的总阻抗 Z_0

$$Z_0=\sqrt{X_0^2+R_0^2}(\Omega/匝) \tag{28-71}$$

式中　X_0，R_0——分别见式(28-70)、式(28-69)。

⑮ 感应器-炉料系统的电效率 η_{Xd}

$$\eta_{Xd}=\frac{P^2R_2}{R_0}\times100\% \tag{28-72}$$

式中　P，R_2，R_0——分别见式(28-68)、式(28-60)、式(28-69)。

⑯ 系统的功率因数 $\cos\varphi$

$$\cos\varphi=\frac{R_0}{Z_0} \tag{28-73}$$

式中　R_0，Z_0——分别见式(28-69)、式(28-71)。

⑰ 感应器的有效匝数 n

$$n=\frac{u_g}{Z_0}\sqrt{\frac{R_0}{P_g\times10^3}}(匝) \tag{28-74}$$

式中　u_g——感应器的端电压，V；

P_g——感应器功率，若发电机组功率全部输入时，P_g 就等于发电机功率，kW；

Z_0，R_0——分别见式(28-71)、式(28-69)。

⑱ 感应器铜管外径 d_V

$$d_V=\frac{h_1K_3}{n}(\mathrm{cm}) \tag{28-75}$$

式中　h_1，K_3，n——分别见式(28-54)、式(28-61)、式(28-74)。

⑲ 感应器铜管壁厚 a　根据电磁损耗最小条件，由经典电磁理论推导得出感应器铜管之壁厚应满足下式

$$a\geqslant1.3\Delta_1 \tag{28-76}$$

式中　Δ_1——见式(28-59)。

d_V 和 a 求得之后，就可查国家有关产品标准，选出合适的铜管。以所选定的铜管实

际尺寸作为以后的计算参数。

⑳ 电容器组的无功功率 Q

$$Q=P_i/\cos\varphi(\mathrm{kW}) \tag{28-77}$$

式中 P_i——见式(28-57)；

$\cos\varphi$——感应器炉料系统的功率因数。

㉑ 所需补偿电容量 C

$$C=\frac{Q\times 10^9}{u_g^2 2\pi f}(\mu\mathrm{F}) \tag{28-78}$$

式中 u_g，f——感应器端电压和电流频率；

Q——见式(28-77)。

㉒ 电容器数量 n_c

$$n_c=\frac{C}{C_m}(\text{个}) \tag{28-79}$$

式中 C——见式(28-78)；

C_m——每个电容器的电容量，μF。

㉓ 通过感应器的电流 I

$$I=\frac{Q}{u_g}\times 10^3(\mathrm{A}) \tag{28-80}$$

㉔ 感应器有效截面上的电流密度 δ

$$\delta=\frac{I}{S}(\mathrm{A/mm^2}) \tag{28-81}$$

式中 S——感应器铜管的有效截面积，mm^2；

I——见式(28-80)。

水冷紫铜管在冷却良好的情况下，容许通过的中频电流密度可达 $100A/mm^2$，但在设计时，一般只许取值为 $40A/mm^2$，或低于此值。当实际计算值超过这个限度时，应予重新选铜管，重新计算。

28.9.5.4 感应器的水冷计算

① 冷却水应带走的热量功率数 P_s

$$P_s=P_i(1-\eta_s)(\mathrm{kW}) \tag{28-82}$$

② 冷却水消耗量 W P_s 所产生的热量用冷却水带走，所以必需的水流量 W 为

$$W=\frac{0.24P_s}{t_{ch}-t_{ru}}(\mathrm{L/s}) \tag{28-83}$$

式中 t_{ch}——感应器出口水温,℃，$t_{ch}\leqslant 50$℃；

t_{ru}——感应器入口水温,℃；

P_s——见式(28-82)。

③ 感应器内水流速度 v

$$v=\frac{W}{S_k}\times 10^{-3}(\mathrm{m/s}) \tag{28-84}$$

式中 S_k——感应器铜管的孔口截面积，m^2。

28.9.6 5t 真空感应精炼炉

5t 真空感应精炼炉用于特种钢的精炼，由徐国兴等人研制，其结构简图如图 28-73 所示。主要包括熔炼坩埚、钢水液装机构、铸锭车、真空系统等。

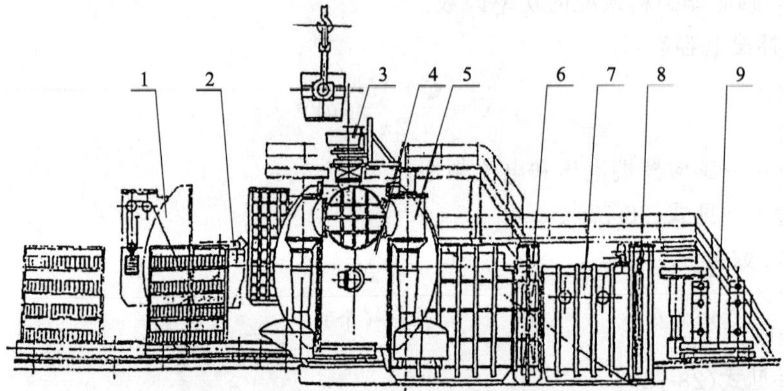

图 28-73 5t 真空感应精炼炉结构简图

1—活动炉壳；2—熔炼坩埚；3—钢水液装机构；4—固定炉壳；5—真空抽气系统；6—熔炼室闸门；7—锭模室；8—锭模室闸门；9—铸锭车

(1) 熔炼室锭模室及闸门

熔炼室、锭模室、熔炼室闸门及锭模室闸门是主体设备的主要组成部分。熔炼室呈圆形卧式结构，分活动炉壳和固定炉壳两部分，见图 28-74，总容积为 $100m^3$。

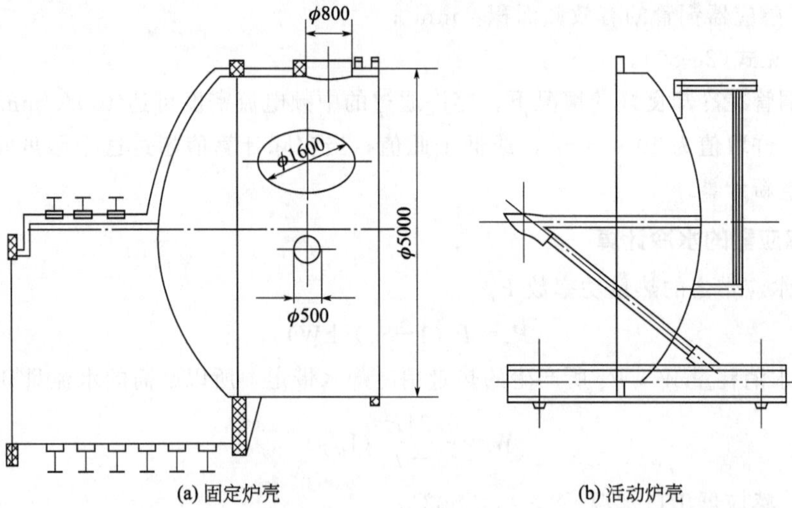

(a) 固定炉壳　　(b) 活动炉壳

图 28-74 熔炼室

固定炉壳圆筒形直径为 5m，用 14mm 厚不锈钢板焊接而成。固定炉壳的上方开了一个直径 800mm 的主加料孔；侧面开了直径 1600mm 的高真空管道孔和直径 500mm 的预真空管道孔。在直接受到钢水辐射热的部位，采用水套冷却外，其余部位焊上水冷却管。

活动炉壳坐在车架上，由坩埚支撑架、倾动机构等组成。炉壳的球形结构用 14mm 厚不锈钢板焊接，外面绕焊水冷却管。活动炉壳的进出由车架下面的二级液压缸牵行，拉出的最大行程为 4m。

熔炼室的壳体强度，按真空受压容器计算，在部分采用水套冷却的部位，壳体以承受 $2kgf/cm^2$ 压力计算，其余部位都以承受 $1kgf/cm^2$ 压力计算。

锭模室供铸锭车进出熔炼室时作真空过渡用，都是由普碳钢板焊接而成。它一侧与熔炼室闸门（见图 28-75、图 28-76）连接；另一侧与锭模室闸门连接。铸模室内径尺寸：高 2.8m，宽 2.5m，长 3.75m，总容积约 $20m^3$。为克服浇铸后的钢锭在锭模室大量放热使模壁温度过高，外壁焊上环形水套。

熔炼室闸门和锭模室闸门尺寸相同，闸门的驱动机构也一样，即闸门横梁上的齿条被齿轮驱动后，使闸门导轮沿着导轨移动。

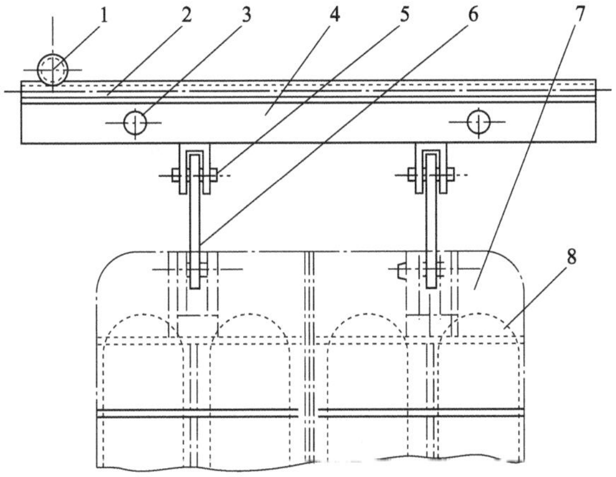

图 28-75　熔炼室闸门

1—小齿轮；2—齿条；3—导轮；
4—横梁；5—铰；6—铰接板；
7—闸门；8—水冷却管

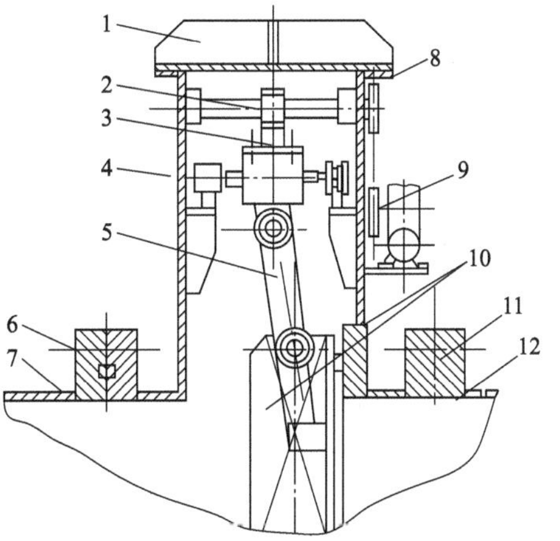

图 28-76　闸门驱动机构

1—闸门壳体；2—小齿轮；3—齿条；
4—横梁；5—铰接板；6—密封圈；7—锭模室壳体；
8—传动轴封；9—链轮（含减速器）；
10—闸门；11—密封圈；12—熔炼室壳体

熔炼室闸门有闸壳，闸门用不锈钢板做成。闸壳一端与熔炼室相接，另一端与锭模室相接。闸门靠锭模室一面焊有水冷却管。锭模室闸门用普碳钢板焊成，没有闸壳和水冷却管。

二扇闸门都由 8 只气缸顶紧，压缩密封橡皮圈，不致漏气。当气缸放松时，由闸门的自重使自己荡直，闸门上的密封圈不与固定密封面接触，闸门则可横向移动。

（2）熔炼坩埚

图 28-77 为坩埚结构原理图。熔炼坩埚的倾动耳轴装在活动炉壳的支撑架上，用两根双排合金钢套筒滚珠链牵行，使坩埚绕耳轴中心做前倾、后倾等动作。坩埚可以随活动炉壳拉出固定壳体，便于安装，打结炉衬、烘炉等工艺操作。

坩埚壳用普碳钢焊成，在感应线圈两端引出头区域，感应涡流会引起壳体开口孔周围发红，因此在这个部位选用不锈钢材料并焊有水冷套。

感应线圈是冶炼合金钢时产生感应电流的主要设备，用两根截面为 $\phi90\times32mm$、壁厚 6mm 的紫铜管，拼成一股再呈螺旋形绕成。每圈的截面为 $\phi180\times32mm$，共绕 6 圈

(有效功率只5圈半)。绕成后的线圈，内径1200mm，高1100mm，在安装前需经真空绝缘工艺处理，吊装时注意不要破坏绝缘层。

感应线圈周围有十条硅钢片组成的轭铁，起屏蔽磁力线、提高有效功率的作用。每条轭铁由三只螺栓顶紧，并固定感应线圈。

炉衬用电熔镁砂打结。底厚250～300mm，中径处的炉衬壁厚120～130mm。

(3) 钢水液装机构

五吨真空精炼炉不同于通常的真空感应炉，它是以装液体钢水来取代固体料，可以熔炼各种高合金钢的先进工艺而著称。它有钢流真空脱气装置，使钢水从大气进入真空熔炼室的坩埚里。其钢水液装机构见图28-78。

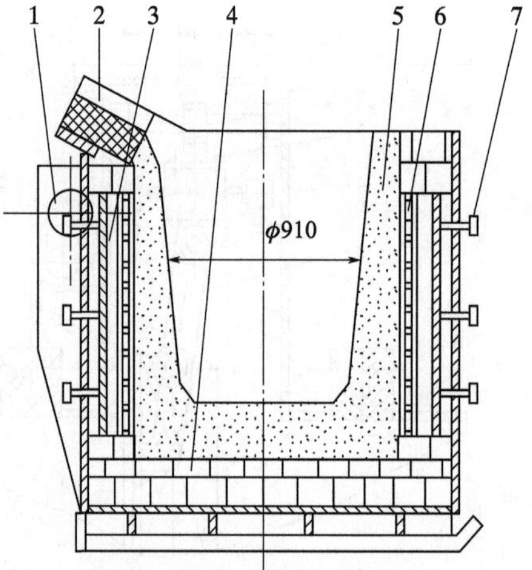

图 28-77　坩埚结构原理图

1—出钢嘴；2—坩埚壳与耳轴；3—硅钢片轭铁；4—底砧；5—镁砂打结层；6—感应线圈；7—压紧螺栓

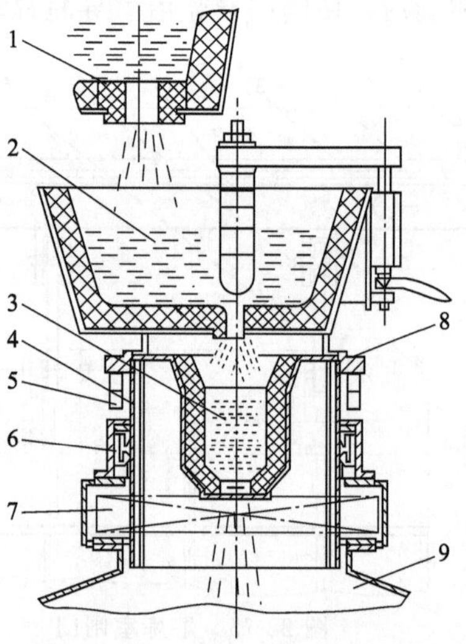

图 28-78　钢水液装机构

1—大包；2—中间包；3—限流器；4—升降套；5—托架；6—传动密封；7—*DN*800闸阀；8—O型密封圈；9—炉体

炉体上部的800mm闸阀作真空过渡用，使液装钢水、补加合金、取样等冶炼过程不破坏真空，在一个炉龄期内进行半连续生产。

液装前先把限流器、中间包搁在有水冷却的升降套上，再抽除*DN*800mm闸阀上部的气体，使其真空度与炉体内基本一致，打开*DN*800mm闸阀，托架由液压缸推动而下降，使升降套下端降至*DN*800闸阀下面；以保护闸阀密封面不受钢水飞溅的沾污。升降套动作时由传动密封内大型“J”型橡皮管圈起真空密封作用。为使中间包的陶塞杆与注口砧较好地封住，陶塞头下压一只球面与陶塞头一样的“铝碗”。

做好上述准备工作，等大包钢水运来，吊至中间包上，打开大包。当中间包钢水有300mm左右深度，则可打开中间包陶塞杆，钢水把“铝碗”熔掉，从直径35mm的注口砧孔中流入真空室。由于真空负压作用，钢液中气体一进入真空室迅速产生扩张，钢流形成锥形散角。实践证明真空度与散角成正比。为便于正常操作，一般将真空度控制在20～30Torr范围内。

钢水经过一次扩张，汇集于限流器，有时在限流器内还有翻腾现象，再从直径80mm

的限流孔流出，也会产生明显的二次扩散，除主流外，向周围飞出少许散流，或成不规则的流状。

经过钢流脱气，钢水进入坩埚，钢水量满后关大包和中间包，但中间包的操作必须要防止钢渣流入坩埚，并在液装结束后留有剩余钢水，防止大气冲入炉体。液装 4～4.5t 钢水需 5～7min，能去除氢气 40%～50%左右。

(4) 铸锭车

铸锭车由转台、车架、流钢槽及其顶升机构组成。转台直径 2.4m，可浇铸 2t 重钢锭 2 支或 750kg 钢锭 6 支；改进后能浇长 2.4m 的自耗电极 4～5 支。每浇铸好一支钢锭，转台旋转一角度再浇第二支。

车架的进出和转台的旋转，由二只真空中运行的谐波电机传动，也称真空谐波电机。真空谐波电机装在转台下的车架上。电机的电源是三相交流 36V。在真空中运行无放电现象。

电机在熔炼室时，真空抽气管道在上部，气体分子、金属蒸气向上运动，炉体内热量随气体分子的流向上升，使电机有空冷的好处。

电机的谐波减速机构由刚轮、柔轮、薄形轴承、椭圆轮等零件组成。刚轮与壳座固定连接，其内齿波高为 1mm（即 0.5 模），共 402 牙，与柔轮 400 牙外齿相啮合。电机高速运转时使椭圆作周期性变化，同时使柔轮外齿与刚轮内齿作周期性啮合变化。因为内外齿的啮合齿数不等，电机转了 400 转后，柔轮外齿在刚轮内齿上相对爬过二牙，所以谐波减速比为 1∶200。

流钢槽能控制钢流大小，使用前要顶升 600mm，旋转 90°角，使流钢槽的注口砧高于锭模，并对准锭模中心。流钢槽的顶升和旋转也由一只低压电机驱动丝杆螺母以达到上述目的。

(5) 真空抽气系统

图 28-79 为 5t 感应精炼炉真空抽气系统原理图，主泵为 4 台抽速为 23000L/s 的 Z-1000 油扩散喷射泵，其前级为罗茨泵-滑阀真空泵机组。

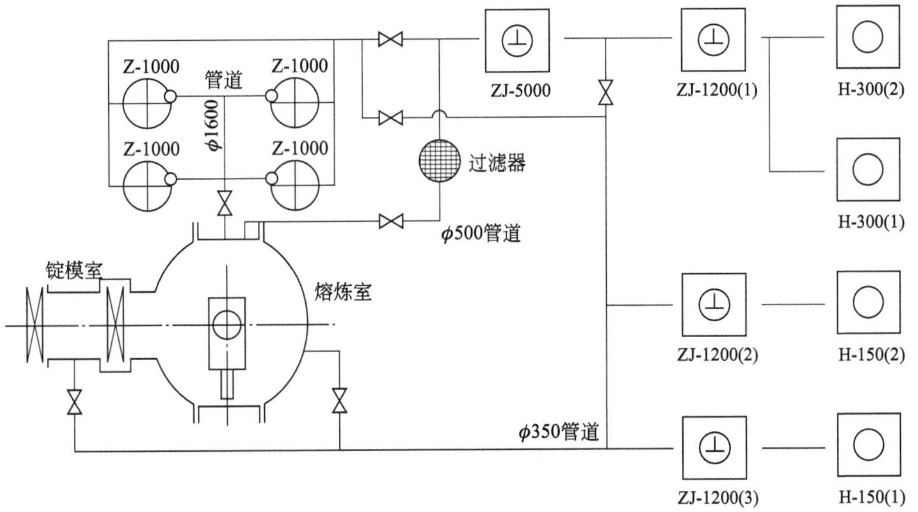

图 28-79　真空抽气系统原理图

真空抽气系统有两种运行工况：

① 液装钢水工况　这种工况要求真空度为20～30Torr，采用罗茨泵机组ZJ-5000·ZJ-1200·H-300抽气，便可以达到此真空度要求。该机组由1台抽速5000L/s的罗茨泵、1台抽速1200L/s的罗茨泵，2台抽速300L/s的滑阀式真空泵构成。

② 钢水精炼工况　此工况要求真空度为5×10^{-3}Torr，用4台Z-1000油扩散喷射泵作主泵，其前级为ZJ-5000型罗茨泵机组，即可满足要求。首先启动罗茨泵机组对熔炼室抽真空，达到油扩散喷射泵启动压力后，即可开启熔炼室油扩散喷射泵入口阀门进行抽气，达到工作真空度要求。

为避免熔炼室中金属微尘进入到罗茨泵中，在ZJ-5000型罗茨泵入口设有过滤器，滤掉气体中的微尘，免于损坏罗茨泵。

锭模室真空度约30 Torr左右，用2套ZJ-5000罗茨泵即可满足使用要求。

(6) 辅助系统

辅助系统包括：液压系统、水冷循环系统、电气控制系统、炉内照明、观察、固体加料装置、坩埚盖、辐射屏等辅助设备。

有特殊要求的是感应线圈的进出水，其进水压力大于3kgf/cm^2，出水温度不超过55°C。

各辅机的操作都集中于中心操作台上，并有自动联锁。

(7) 主要工艺措施

为确保熔炼质量，5t真空感应精炼炉采取了如下工艺措施：

① 坩埚制作　通常在坩埚制作上，大都采用碱性的电熔镁砂加上硼砂和少量黏土干打而成，借助石墨感应发热进行烘烤烧结。然而由于精炼炉容量大，大规格石墨芯难于制作，因此在坩埚制作上采用了半湿法，用压缩空气捶打成型，然后用除锈的中碳钢在粗真空下熔炼烘烤烧结。

炉口由于温度低难于烧结，因此砂型适当放细，并用水玻璃、黏土作黏结。半湿法制作的坩埚，通过多次熔炼实践表明，作业周期达8～10天，炉龄可以超过30炉以上。但是应该严格遵守干燥与烘烤规范，否则容易开裂造成过早破损。在坩埚锤打成型后，首先进行数天的自然干燥，然后进行大气烘烤12h，再在粗真空下，用除锈中碳钢熔炼烘烤烧结12h，以尽可能降低炉衬中水分，防止烘烤过程中因体积变化而开裂。

② 感应器的绝缘处理　倍频变压器输出为400V。电压虽然不高，由于在$10^{-2}\sim10^{-3}$ Torr真空下比大气中容易放电，因此感应器的绝缘与输入电缆必须进行很好的处理。导线电缆表面不允许有裸体，且棱角尖锐状应尽量避免，在绝缘上采用在烘干的感应器上先涂2～3层高强度聚酯绝缘漆，外面用硅橡胶带叠绕，然后用玻璃布双层叠绕，最外面涂6～10mm厚耐火泥。在拆除旧炉衬时，为了减少感应器的重复绝缘包扎，炉衬与感应器之间要放一块玻璃布或其他容易分层的材料，以减少感应器受碰损。

③ 真空液装　为了缩短精炼时间，又不使真空泵负荷过大，把钢水直接装入真空熔炼室，这就是液装的基本日的。但这样做必须解决以下问题：第一，进入真空状态下钢水喷流散射过大；第二，进入坩埚中的钢水碳氧反应与气体逸出所造成的沸腾问题。如果不控制以上两点，真空液装将无法进行。因此，除在设备上用限流器保证二次扩散角不宜过大外，还须控制不同品种钢水在电炉中的脱气要求。生产实践中把高碳、中碳的一些特钢

品种钢水，先进行还原或半还原，不能过分强调去氢效果，而把未经很好脱氧的钢水进行液装。在滚珠钢熔炼中终脱氧插铝量 0.4kg/t，中碳结构钢插铝量 0.5kg/t，低碳耐热不锈钢应为全还原状态。

④ 熔炼操作　液装钢水完毕，即进行升温除气精炼。精炼时应视沸腾情况决定真空操作：沸腾剧烈时可以适量充入氩气或空气降低真空度；待钢液平静温度升高，即可抽高真空。高真空时间控制在 30～45min，然后调整成分终脱氧。在特钢生产精炼时，要注意元素碳、锰的控制，否则影响产品质量。

28.9.7 VISF 型真空感应凝壳炉

真空感应凝壳炉，是 20 世纪 80 年代发展起来的熔炼活泼金属、难熔金属、精密合金的一种真空熔炼设备。这种炉子的特性已经具备了熔炼稀土及其合金的基本条件。但是运用这种炉熔炼铸造稀土及其合金，还需提高炉子的真空性能，增加一些新的装置：快速定量充氩，型模加热装置，离心浇铸、压力铸造、真空吸铸，向下拉锭等相应的机构。为此沈阳真空技术研究所赵成修等先后研制了 VISF-5、VISF-3、VISF-15 三种炉型，并先后投入功能材料的生产中。

VISF 型真空感应凝壳炉特点如下：

① 消除了坩埚材料对熔化金属的污染（一般真空感应炉陶瓷、石墨坩埚无法做到），可得到清洁、纯度高的金属或合金；

② 使熔化及精炼金属（高熔点）成为可能；

③ 可熔化装入坩埚内的全部原料，并在设定的时间内，在预先给定的温度下保持金属液；

④ 不用额外的特殊设备，可得到液体金属强烈的电磁搅拌。并由于电磁作用熔化金属与坩埚立壁脱离，可得到液体展开的自由表面，提供了强烈地均料过程，能够调整坩埚内成分，原料密度差距大时亦可保证成分的均匀性，使熔化金属及合金化学成分配比精确；

⑤ 可熔化任何形状的装填材料，如：块状、粉状、片状、海绵状、屑状等，不用预先制备电极，省去了将小块材料压制或焊接成一体的费用；排除了焊接电极可能造成的氮、氧污染；可再处理贵金属和稀有金属以及合金的边角料及废料，提高材料的利用率；

⑥ 可熔化其他种类坩埚（如陶瓷类）无法熔炼的钛及钛合金（钛液熔解陶瓷类物质）；

⑦ 在熔化过程中，对于易挥发、低熔点的原料，可进行二次添加，对于相对轻的添加料，可产生电磁加重，允许生产复杂的合金，拓展了成分的数量；

⑧ 可在获得真空后充氩等可控气氛下熔炼，可使整个熔液温度均匀可控，可使熔液在设定温度下保温，延长液态金属保持时间，增高温度，使难熔金属成分完全熔化，并能保证最初浇铸温度和最后浇铸温度一致。

28.9.7.1 真空感应凝壳炉工作原理简述

VISF 型真空感应凝壳炉的加热原理和普通真空感应炉一样，基于电磁感应，炉料产生涡流而被加热至熔化。其特点是感应圈通以中频电流时，所熔炼的金属被置于感应圈电流所形成的变化磁场中，并利用水冷的金属坩埚作为源磁场的聚能器，使源磁场的能量集中于坩埚容积空间，进而在炉料表面附近形成强大的涡电流。该电流为短路电流，一方面释放出焦耳热，使熔炼金属加热、熔化，另一方面形成电磁力场使熔体离开坩埚壁（悬浮）并搅拌。由于采用的电源为中频，在熔体所受的电磁力中，其悬浮分力小于搅拌分力等原因，熔体不能完全悬浮起来，底部仍与坩埚底接触，受到冷却而形成凝壳。而液柱立面离开坩埚壁，形成涌泉状的电磁搅拌。

28.9.7.2 VISF-3 型真空感应凝壳炉结构原理

VISF-3 型真空感应凝壳炉结构原理如图 28-80 所示。其主要结构有熔炼室、真空系统、浇注成型系统、测温系统、加料系统及充氩系统、冷却水系统，以及控制系统等。

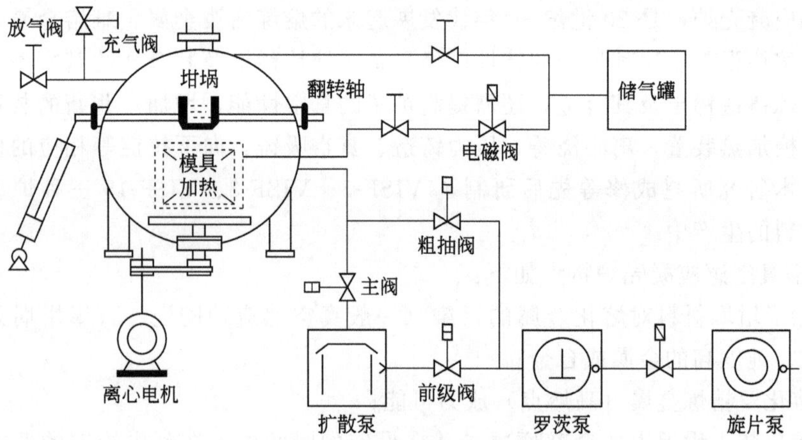

图 28-80　VISF-3 型真空感应凝壳炉

(1) 熔炼室

熔炼室为此设备的基础部分，在熔炼室内进行材料的熔化、混合、浇铸成型等。主要由炉体、感应线圈、水冷铜坩埚、翻转导电轴等组成。

① 炉体　炉体根据需要 VISF-5、VISF-3 采用卧式，VISF-15 采用立式，均为夹层水冷结构型式，内壁由不锈钢制成，保证炉内清洁和不会自身受磁场作用而被加热，为满足工作需要在炉体周围开设各种接口。

炉体下部设有离心机构接口，室内离心盘安装在主轴上，主轴经动密封引到炉下，动力由电机皮带传动从炉外引入炉内，满足不同浇铸需求。炉体侧面设有模具加热器的电源接线端子和测温接线端子。炉体上部靠操作面开有观察孔和红外线测温用孔，可以观察熔炼及浇铸情况和进行熔融金属温度的测量。

坩埚正上方设有加料机构，料仓分为若干小格可以装入不同种类的物料，通过旋转炉子上方的手柄，料仓内的材料就会以先后顺序依次加入到坩埚内。

在坩埚斜上方设有捣料机构，当坩埚内材料出现架料等情况时，可以通过捣料杆将其捣进坩埚金属液体内。

在炉体上还设有真空、翻转轴、抽铸系统、充放气等接口。

② 感应线圈　为了满足熔炼与搅拌的需要，除 VISF-5 外，此种设备采用两个相互独立的感应线圈，分别安装在坩埚上、下部。感应线圈用铜管弯制而成，外做绝缘处理，通过导电翻转轴与中频电源的两路输出端子相连。它在浇铸时可以同坩埚一同翻转，满足倾

铸需要。

③ 坩埚　为了减少坩埚自身的涡流损耗和不污染熔炼材料，采用铜材质分瓣水冷结构。倾铸时由气缸带动翻转轴，翻转轴带动坩埚，使坩埚倾转，坩埚内金属液体流出，通过浇口杯进入模具内浇铸成型；也可以使用底铸，熔炼完成后，将坩埚下端的塞杆移出，使金属液体从坩埚下部流入模具内浇铸成型。

④ 翻转轴　翻转轴是坩埚翻转动力的传递机构，同时也是感应线圈供电的传导机构。VISF-5 翻转轴安装在炉盖上，手动回转浇注，VISF-3、VISF-15 采用两套翻转轴，分别位于炉体两侧，其中一侧是主动轴，由气缸带动旋转，另一侧为从动轴。它传递扭矩使坩埚翻转，同时具有坩埚与两感应线圈的冷却水结构及感应线圈供电功能。

(2) 真空系统

由于稀土熔炼需要洁净的氛围，所以要求设备真空度必须要高。该设备真空机组采用油扩散泵＋罗茨泵＋机械泵系统，此套系统既有较大的抽速又有较高的极限真空度，可以满足要求。在与炉体连接管路上设有防尘挡板，在高真空管路上设有真空规管、压力表等。

(3) 浇铸成型系统

根据稀土合金热流动性较差、收缩率大、易断的特点设计了浇铸成型系统，包括抽铸系统、离心浇铸系统、模具及加热系统。

① 抽铸系统　此系统是根据设备的熔炼工艺而设计的，主要组成部分为一个储气罐和几个阀门。在炉体抽真空时将储气罐与炉体相连管路上阀门打开，使储气罐也抽成真空状态，抽空完成后，将阀门关闭，保持罐内的真空状态。熔炼时将炉体内充入氩气达到一定压力，此时储气罐与炉体间有一定的压力差，在浇铸时，开启储气罐管路上的电磁阀，通过管路将模具内气体抽进储气罐内，从而达到抽铸目的。为保证抽气速度，在管路上设有高真空微调阀，浇铸前应根据需要将此阀调至合适位置。

② 离心浇铸系统　该系统由离心盘、传动机构、变频电机等组成。通过调整变频器频率而改变电机转数，使离心盘转数连续可调。它与模具加热器、抽铸系统互换使用，满足不同铸造工艺的需要。

③ 模具及加热系统　模具采用冷拔无缝管制成，根据需要设计成可以满足抽铸使用的模具，分别有 $\phi 6$、$\phi 8$、$\phi 10$、$\phi 20$、$\phi 30$mm 等不同直径铸件规格。模具加热系统采用全金属屏钼带加热器，最高温度可达 1350℃，加热温度可控制，采用热偶测温，测温、控温准确。

(4) 测温系统

采用红外测温仪进行材料熔炼时的测温，可以准确地观测坩埚内熔体的温度和状态。

(5) 加料及充氩系统

由于稀土元素具有挥发性，为了要保证合金成分精确，必须有效地减少挥发，为此设计了充氩系统和加料机构，熔炼前先向炉内充入高纯氩气，氩气保护可有效地减少挥发；易熔的稀土元素先放在加料仓内，待其他金属熔化后再填加入坩埚内。

(6) 冷却水系统

冷却水系统包括常水冷却系统和纯净水冷却系统。常水冷却系统包括进水分配器、供回水管、回水箱、阀门、仪表等。主要冷却熔炼电源、炉体、炉门、捣料杆、真空泵、水冷电缆和纯净水储水箱；纯净水冷却系统包括水泵、储水箱、换热管、供回水管、阀门、仪表等。主要冷却坩埚、两个感应线圈。

(7) 控制系统

控制系统由控制柜、气动系统和加热电源三部分组成。

① 控制柜　全部控制元件均集中布置在控制柜内，真空计各种控制钮、仪表均安装在控制柜的面板上，显示各设备的运行情况。

② 气动系统　气动系统主要由分水滤油器、调压阀、油雾器、电磁换向阀、气缸等组成。通过控制电磁换向阀控制各气动阀门的开关和坩埚的翻转。

③ 熔炼电源　加热电源采用 IGBT 中频感应电源，电源具有可控双路输出功能。

28.9.7.3 关键装置、部件的设计

(1) 坩埚设计

炉子关键部件之一是水冷铜坩埚，坩埚设计涉及的问题较多，重点要解决加热效率和冷却问题。这些又与炉子的熔炼量大小相关。VISF-15 炉子坩埚设计如下。

① 坩埚容积的确定　首先按熔炼量计算出金属液态时的容积，选取坩埚的高度与直径比，得出直径与高度，再将这个高度加上坩埚口上留的防喷溅的距离，作为坩埚的深度。这样设计出的坩埚 5kg 熔炼量只能装 3kg 多的材料。原因之一：原材料往往是不规则的块、条、颗粒，容积密度相当于密度的一半。坩埚里装满后往上叠，不能过高，过高容易架料，会延长熔炼时间；原因之二：金属熔化后，金属液体不是静止或单纯旋转的，而是在电磁力的作用下脱离坩埚壁，形似泉涌，如图 28-81 所示。需要将设计坩埚容积增大 0.6 倍，再按上述方法确定坩埚直径和深度。

② 坩埚内形

a.上部圆锥面，底部为平底，用小圆角和锥面相接，如图 28-82(a) 所示，在 r 的圆环面上形成的凝壳比侧壁厚几倍；整个凝壳重量偏大；α 角偏小取凝壳困难。

b.参照悬浮炉坩埚内形，上部圆锥面 $\alpha_b > \alpha_a$，底部为近似抛物线面的大 R 曲面，如图 28-82(b) 所示，这样凝壳均匀，总量小。α 角偏大容易取出凝壳。

凝壳部分的合金成分与液体的合金成分有明显区别，凝壳中易熔金属比例偏大，因此坩埚内形设计必须合理，以减少凝壳总量，这样不但能提高熔炼材料的利用率，而且容易得到与设计配比相近的合金。

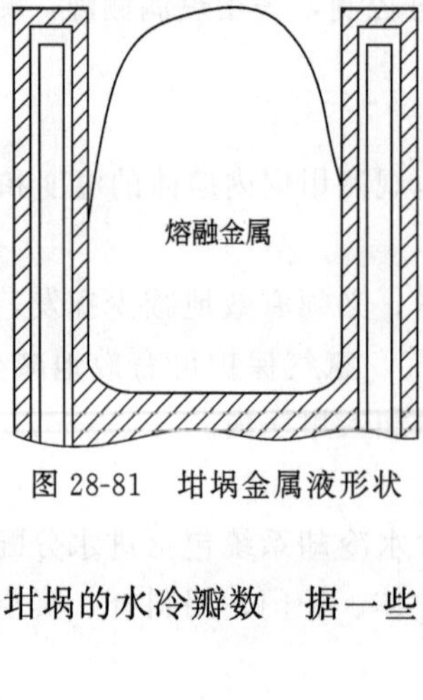

图 28-81　坩埚金属液形状

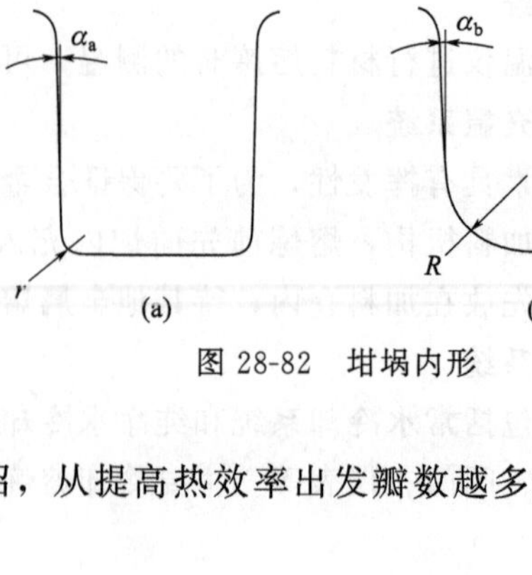

图 28-82　坩埚内形

③ 坩埚的水冷瓣数　据一些文献介绍，从提高热效率出发瓣数越多越好。在坩埚壁

厚基本确定的情况下，分瓣数就基本定下来了。在坩埚中部每瓣的横截面如图 28-83 所示，中间孔放入导水铜管并留有回水间隙。导水管直径为保证一定的进水量不能太小，一般内径不能小于 6mm。内导水管和孔之间的间隙为回水截面，考虑管壁对流水的阻力，这个截面积要大于内水管内孔的截面，这样可初步定出水孔的大小。为保证每瓣孔壁有足够承载 0.6 MPa 水压的强度，考虑到 D 孔加工偏差，易于分瓣切开等因素，每瓣外侧加工两个倒角，形成右图所示的形状。其 D 孔的外壁，壁厚大致均匀，厚度根据经验不小于 4mm。其原因之一是：小于 4mm，钻孔偏斜，易形成漏孔或局部起包；其二是考虑坩埚使用中会出现局部烧损，必须留有一定安全量，才能保证坩埚具有较长的寿命。

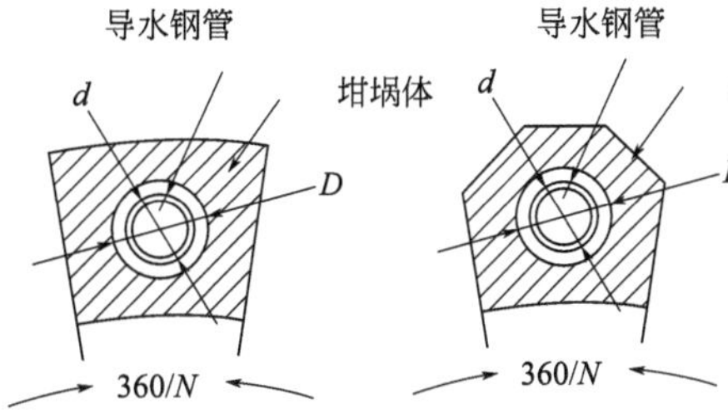

图 28-83　坩埚分瓣形状

④ 坩埚缝隙大小的确定　《电磁冶金学》一书对坩埚缝隙大小有详细的论述，认为瓣间隙大有利于磁力线通过，增加熔炼效率，但要保证液体不流出。考虑的主要问题是从熔炼时喷溅到坩埚壁上的金属液易形成颗粒，能迅速返回熔池。把间隙做成 0.2mm，经多次试验证明，其效果尚可，熔炼功率较小，时间也较短。之后，瓣产生变形，相互错位，有的缝隙缩小、消失，绝缘材料烧损，熔炼前如不加整形、修补，加满功率材料也不熔化。将缝隙加大到 1mm、1.2mm、1.5mm 几种尺寸，其加热效率略有改善。

⑤ 绝缘　感应器与坩埚间的绝缘采用通常感应炉的办法，而瓣间 0.2mm 间隙采用云母绝缘，效果尚可，试用氮化硼效果较好，但材料成本较高。

(2) 感应器的设计

感应器的设计计算参照真空感应炉设计方法。其关键是中频频率的选取，参照悬浮熔炼炉的理论计算，频率越高，金属液体悬浮力越大，而搅拌力相对减小。频率越低，与此相反，金属液体悬浮力减小，搅拌力增加。国外大型设备采用 2400Hz、2000Hz，小型设备采用 6000Hz。VISF-5 采用 8000Hz，而 VISF-3 和 VISF-15 采用二个感应线圈，主线圈 6000Hz，下面副线圈 3000Hz。据此计算出感应器的各项参数。其中感应圈数尽量多取，效果较好。感应器的金属支承和周围临近的零部件，设计中必须考虑中频感应使之发热的问题，应尽量采用紫铜等非感应材料，把受感应的平面切割成条或打孔，既减轻重量又减少感应面。

(3) 真空系统的设计

根据熔炼材料的放气量和炉体容积选择泵的大小。而且必须注意，熔炼中虽然充入相当于一个大气压的 Ar，但熔炼材料中易于挥发的金属元素的蒸发物依然会对整个炉膛，包括管路、阀门，特别是真空测量规管造成严重污染，影响其功能。因此，采取在规管与管路或容器之间加装截止阀，在充 Ar 熔炼过程中关闭阀门，与炉膛隔离。炉膛零件间绝缘设计，要避免金属沉积，造成零件间导通。

28.9.7.4 VISF型真空感应凝壳炉产品

VISF型真空感应凝壳炉产品性能见表28-54。

表 28-54 VISF型真空感应凝壳炉型性能参数

型号 性能参数	VISF-5	VISF-3	VISF-15
熔化量/kg	3.5	3	15
最高工作温度/℃	1750	1750	1750
熔炼电源/kW	200	250 （双路输出）	500 （双路输出）
线圈一频率/Hz	8000	6000	6000
线圈二频率/Hz	—	3000	3000
线圈电压/V	275	275	275
极限真空度/Pa	3×10^{-3}	3×10^{-3}	3×10^{-3}
工作真空度/Pa	3×10^{-2}	3×10^{-2}	3×10^{-2}
升压率/$Pa\cdot h^{-1}$	0.5	0.5	0.5
凝壳量	≤20%	≤10%	≤10%

28.9.8 真空电渣炉

真空电渣炉是现代冶金设备，目前只有少数国家生产。2013年东北大学刘喜海等研制出我国第一台真空电渣炉，已用于冶炼试验和生产。

真空电渣熔炼适合于真空感应熔炼或普通电渣熔炼后金属锭的重熔和精炼。精炼后的金属锭中O、N、H_2等气体含量极低，硫、磷等非金属夹杂很少，金属产品的质量有较大提高，适合于航空、航天、航海、军工、高铁和核工业等高端技术领域的应用。适于工具钢、模具钢、特种钢，以及稀有金属（例如铀）的熔炼。真空电渣熔炼除了具有一般真空冶金的特点之外，还具有普通电渣冶金、气体保护电渣冶金的特点。真空电渣熔炼中的渣在金属熔炼的同时得到了真空干燥，因此去除了渣中的水蒸气，增加了渣的透气性，使熔炼时产生的金属熔滴得到了更好的脱气。

真空电渣熔炼具有真空熔炼和电渣熔炼的双重特点，如下所述。

① 真空环境中气体压力低，使冶炼的物理过程发生了改变，有利于脱出气体。

在真空条件下，物质的物理性质发生改变，沸腾温度降低。例如，水在常压下沸腾温度为100℃，而在3.5×10^4Pa条件下只有73℃，随真空度的变化而变化。金属也是一样，例如锌在常压下906℃沸腾，在一定的真空度下800多摄氏度即可见沸腾。铅在常压下沸点为1740℃，而在一定的真空度下1000℃即可蒸发。也就是说在真空条件下，金属的沸点降低了，有利于金属的气化，蒸发和脱气。

在真空条件下，金属熔化时使原来夹杂在金属中的气体放出，很快离开金属熔液被真空泵抽走。原来金属与气体生成的化合物，在熔炼过程中分解放出的气体也很快被真空泵抽走。

在真空条件下，渣的温度、黏度、透气性都有改变，随冶炼温度的升高，渣的湿含量降低，黏度降低，透气性变好，使得熔炼过程中气体夹杂物减少，更容易脱气。

金属在真空中精炼不会形成气孔或中间夹杂。金属或氧化物在真空中形成气体之后其分子直径很小且分散性好，容易被真空系统抽走。

② 在真空环境中气体稀薄，金属氧化物被还原成气态金属或液态金属，金属与气体生成的化合物分解放出气体，金属在熔化过程中不会氧化，无论在液态或是固态都不会被氧化。

③ 电渣熔炼可以去除金属中含有的非金属夹渣　非金属夹渣是使金属性能变坏的首要因素，普通真空熔炼不能去除非金属夹渣，电渣熔炼时渣与非金属夹渣发生反应起到清洗作用，可以去除非金属夹渣。

④ 真空电渣重熔可实现节能环保　从表面上看真空电渣重熔比普通电渣重熔多了一套真空系统，必然增加设备的成本和运转费用，实际上并非如此。真空电渣重熔无废水、废气、废渣，对环境极少污染；金属回收率高，烧损少，能解决普通电渣炉解决不了的问题，提高了熔炼产品的质量和销售价格，效益好。综合分析的结果，真空电渣重熔设备的投资和运转费用增加可以忽略。

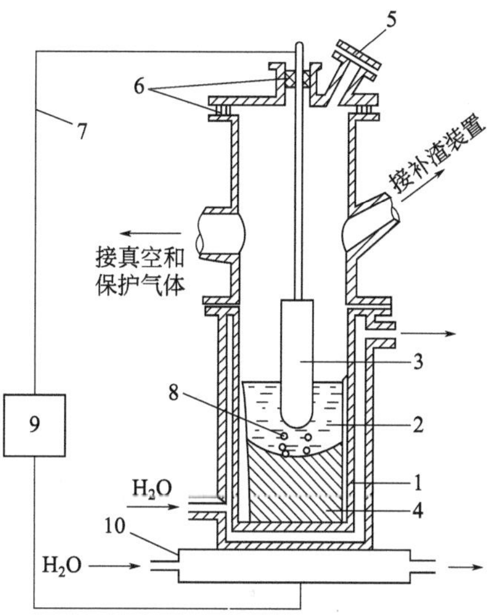

图 28-84　真空电渣重熔

1—水冷结晶器；2—熔渣；3—自耗电极；4—铸锭；5—观察窗；6—密封垫；7—短网导线；8—金属熔滴；9—变压器；10—底水箱

真空电渣熔炼是将一般冶炼方法制成的钢进行再精炼的工艺。真空电渣熔炼的原料是自耗电极，自耗电极可以是铸造的、锻造的或焊接而成的，在熔炼过程中电极被通过电流的渣池加热并熔化滴落，在此过程中抽真空脱气，与熔渣反应去掉杂质，实现精炼的目的，然后经水冷结晶凝固成锭材。

真空电渣重熔的基本过程如图 28-84 所示。在铜制水冷结晶器内装有高温高碱度的熔渣，自耗电极的一端插入熔渣。自耗电极、渣池、金属熔池、钢锭、底水箱通过短网导线和变压器形成回路。

当电流通过回路时，渣池靠本身的电阻加热到高温。自耗电极的顶部被渣池逐渐加热熔化，形成金属熔滴。然后金属熔滴从电极顶部脱落，穿过渣池进入金属熔池。由于水冷结晶器的冷却作用，液态金属逐渐凝固，形成铸锭。铸锭由下而上逐渐凝固，使结晶器内金属熔池和渣池不断向上移动。上升的渣池在水冷结晶器内壁上首先形成一层渣壳。这层渣壳不仅使铸锭表面平滑光洁，也起保温隔热作用，使更多的热量从铸锭传导给底部冷却水带走，这有利于铸锭的结晶由下而上地进行。

电能是由变压器供给的，通过电极送进速度调整来保持电流的恒定。

现将东北大学研制的真空电渣炉简介如下。

（1）总体方案

一炉熔炼 10kg，熔铸件几何尺寸：直径 50mm，长 100～200mm。真空室工作压力为 1Pa，极限压力 0.1Pa。采用炉体（真空室）固定、坩埚移动式结构，便于真空系统、冷却系统安装。

(2) 炉体设计

炉体是容纳自耗电极的真空室，真空室上边连接电极传动装置的动密封，下面是坩埚，中间连接真空系统。炉体是炉子的主体，炉体上设有加料装置，测压仪表和观察装置。炉体直径一般为锭子直径的 2～3 倍，该设计为 150cm，炉体长度由自耗电极高度与锭子长度决定，设计中炉体高度取为 300cm。炉体采用不锈钢焊接而成，加料装置采用手动旋转盒加料方式，观察装置采用摄像头和电子屏幕。炉体上焊有充气口、水冷接头，采用冷却水套进行水冷。

(3) 坩埚的设计

坩埚采用挤压生产的紫铜管与铜合金（含锰青铜）法兰焊接而成，冷却水套采用非磁性材料。

坩埚内径 $D=60$cm 、壁厚 $S=10$cm、高度 $H=250$cm、水冷套夹层厚 10cm、外壁厚 5cm。冷却水进水温度<25℃，出水温度<40℃。在坩埚外面加设电磁搅拌线圈，通交流电，电压 20～40V，电流为 2～15A。坩埚内表面光洁，要有 0.5%的锥度。

(4) 电极杆及传动装置

水冷电极杆的导电圆筒采用挤压或拉制铜管制造，电流密度<10A/mm^2。采用带有电磁离合器的双滚珠丝杠传动系统。

(5) 真空系统设计

真空系统设计计算需要提供冶炼时金属的放气量、电渣在真空中的放气量等参数，在没有这些参数的情况下，只能是估算。

通常电渣冶炼烟尘较大，故真空电渣冶炼的真空系统需要设计除尘器和过滤器。为了冶炼安全，真空电渣炉需要设计安全阀。图 28-85 是真空系统设计方案原理图。

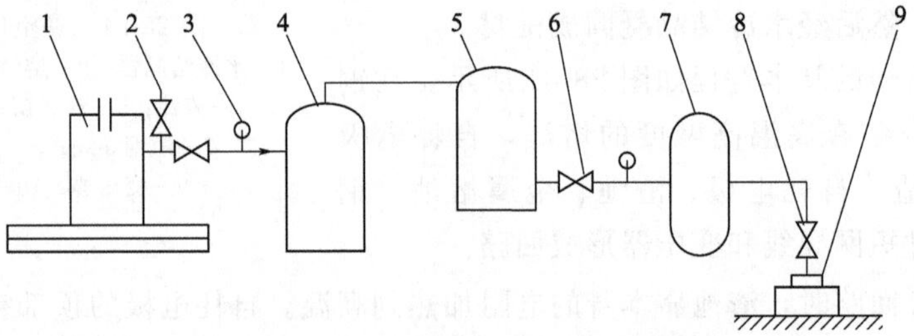

图 28-85　真空系统设计方案原理图

1—炉体；2—防爆阀；3—真空计；4—除尘器；5—过滤器；6—阀门；7—罗茨泵；8—放气阀；9—机械泵

该真空系统极限真空度 0.1Pa，主泵为 2J-150 罗茨真空泵，抽速 150L/s，前级泵为 2X-30 旋片泵，管道直径 100mm，采用电容薄膜真空计，测量范围 10^4～10^{-2}Pa。

28.9.9　20kg 及 100kg 真空自耗电极电弧凝壳炉

真空凝壳炉的由来与发展是从解决钛、锆、铀等高温活性金属的熔炼和浇铸开始的。因为这种熔炼法所形成的熔池能被金属自身结成的凝壳保护着，使熔融金属液不再受来自坩埚的污染。1950 年，美国联邦矿务局采用了真空技术与凝壳熔炼法相结合，发明了第一台小型（10磅）真空电弧凝壳炉。该凝壳炉是在真空电弧炉和真空感应电炉的基础上研发出来的新炉型，克服了电弧炉不能铸型，感应电炉耐火材料坩埚对活性金属污染的弊病，并兼备二者优点。虽然有效地避开了空气、坩埚的污染，但仍有来自石墨铸型的表面污染。尽管如此，这种炉子还是得到了普遍的应用。至20世纪50年代末，用真空感应电炉熔铸钛几乎全被真空电弧凝壳炉所代替。为扩大对活性高温金属的熔铸，研究者相继从热源方式上做了大量工作，从而出现了电子束凝壳炉，等离子束凝壳炉，等离子弧凝壳炉等。

真空电弧凝壳炉常用于活泼性金属钛的冶炼，也用于难熔金属和精密合金熔炼。真空电弧凝壳炉熔炼的优点如下所述。

① 无污染，去气效果优越　因凝壳熔炼过程中熔池始终借助自身金属结成的凝壳保护自身熔融液，所以熔液不受污染，且杂质随时凝结在壳体上。坩埚口径与电极直径之比大于电弧炉坩埚口径与电极直径之比，故熔炼过程去气效果较好。

② 具有可浇铸的功能，可制备高温活性金属要求的各种复杂几何形状的构件。可与精密铸造技术、离心铸造技术相配来制造光洁无切削工件。并能进行重复性批量生产。

③ 为回收的钛和钛合金残料提供重新熔炼条件。

28.9.9.1　20kg及100kg真空自耗极电弧凝壳炉结构及参数

图28-86及图28-87为沈阳真空技术研究所王玉民等研制的20kg及100kg凝壳炉结构原理示意图。凝壳炉主要由炉体、坩埚、电极杆升降机构、离心机、真空系统、电气、水冷气动系统构成。

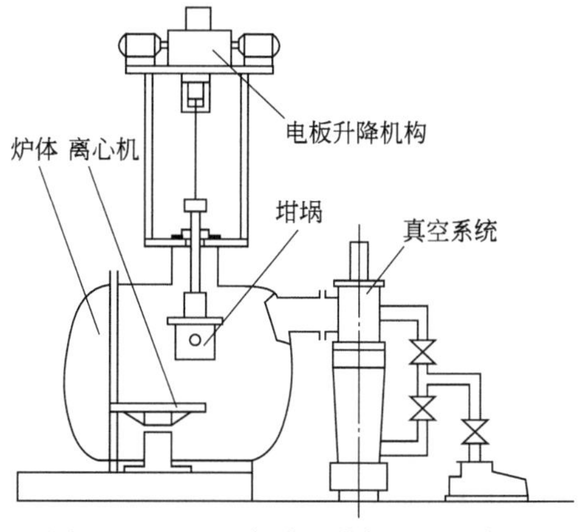

图28-86　20kg凝壳炉结构原理示意图

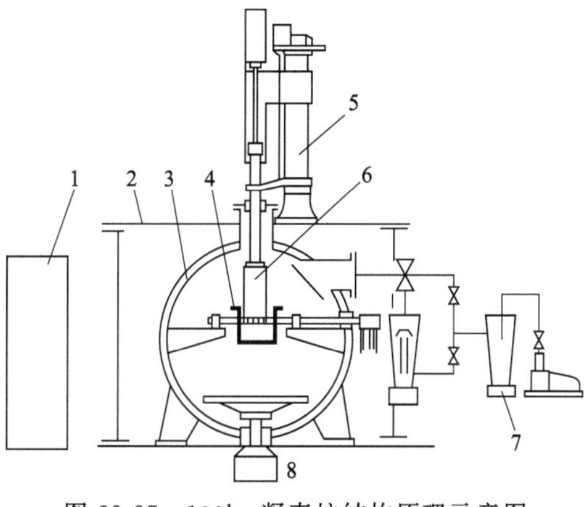

图28-87　100kg凝壳炉结构原理示意图

1—电气柜；2—平台；3—炉体；4—坩埚；5—电极升降机构；6—电极；7—真空系统

(1) 炉体（熔炼室）

两台炉子均采用卧式侧开炉门夹层水套结构，20kg炉炉壳内径为ϕ1750mm，100kg炉为ϕ2700mm，其刚性、密封性都很好，装炉、清炉操作方便。

(2) 坩埚

两台炉子的坩埚均采用水冷铜坩埚，为防止电弧散逸和爬弧，在水套内设置了稳弧线圈。坩埚翻转机构，20kg 炉采用直流电机通过减速箱拖动坩埚转轴实现浇铸，100kg 炉采用气动，都适应工艺要求。

(3) 电极升降机构

电极升降机构是电弧式壳炉的熔炼进给机构，为保证适时浇铸，备有快速气缸。20kg、100kg 炉均采用交、直流电机通过减速器与丝杠相联保证熔炼准确进给，基本满足熔炼工艺要求，多年使用稳定可靠。

(4) 离心机

离心机是壳炉熔炼后实现在真空中进行离心铸造的主要装置，其结构采用立式。配有直流调速机，依转数和型模尺寸，每炉备有两个离心盘，随时更换使用。经离心铸造的铸件质量有很大改善，证明机构是适用的。

(5) 真空系统

真空系统是实现真空熔炼浇铸的主要手段，两台设备均由油扩散喷射泵-机械真空泵组成，基本适应于钛及其合金的熔炼要求。

(6) 电控系统

20kg、100kg 壳炉均有两种电控部分，一是熔炼电源控制部分，二是传动控制部分。熔炼电源采用饱和电抗器-整流变压器-硅整流柜构成的方案，20kg 壳炉电源容量为 20～40V、12000 A；100kg 壳炉采用两套并联使用方案，变成容量为 24000A，20～40V，充分满足了熔炼要求。传动控制部分包括坩埚、电极升降、离心机、真空系统、气动和水冷系统等。低压电气线路合理，运行可靠。炉内型模预热与离心机兼用直流电源，也是可行的。

其他部分，为水冷系统、气动系统、操作平台和地基部分均为炉子的辅助系统，此处不赘述。

表 28-55 给出了 20kg 及 100kg 真空自耗电极电弧凝壳炉的主要参数，表 28-56 为 20kg 及 100kg 两种炉型与国外产品的对比。

表 28-55　20kg 及 100kg 真空自耗电极电弧凝壳炉主要参数

炉型	容量/kg	熔炼速度/(kg·min^{-1})	电流(直流)/A	电压/V	坩埚翻转角速度	电极升降机构	离心机转数/(r·min^{-1})	极限压力/Torr	工作压力/Torr
20kg 凝壳炉	20	5	12000	20～40	100°/1～3s	① 熔炼时丝杆进给范围 0～40mm/min； ② 丝杆快速提升速度 400mm/min； ③ 快速气缸提升速度 1000mm/1～2s。	0～600	5×10^{-4}	5×10^{-3}～5×10^{-2}
100kg 凝壳炉	100	10	24000	20～40	110°/1～3s	① 熔炼时丝杆进给范围 0～40mm/min； ② 丝杆快速提升速度 450mm/min； ③ 快速气缸提升速度 1000mm/1～2s。	300	5×10^{-4}	5×10^{-2}

表 28-56 国内外真空自耗电极电弧凝壳炉同类产品比较

类别 / 指标项目	中国				日本		美国		苏联	
	20kg 壳炉		100kg 壳炉		25kg 壳炉	80kg 壳炉	25kg 壳炉	100kg 壳炉	25kg 壳炉	10kg 壳炉
	原设计指标	实际生产中达到指标	原设计指标	实际生产中达到指标	实际生产指标	商品介绍指标	商品介绍指标	商品介绍指标	商品介绍指标	商品介绍指标
容量/kg	20	20(最大 34)	100	100(最大 146)	25	80	25	100	25	100
熔炼速度 /kg·min^{-1}	5	4.4	10	7.8	5.4		4.54		5～8	3～6
凝壳百分比 /%	小于 30	27 (最小 18)	小于 30	28(最小 18)	小于 25 (最小 18)					
工作电流 /A	9000	8500	18000	14000	9000	12000	8000	14000	12500	12500
弧电压 /V	20～40	33	20～40	35	20～40		40	42		
输出功率 /kW	—	280		490						
融化速率 /kg·min^{-1}·kA^{-1}	0.55	0.55	0.56	0.56	0.6					
冷炉极限真空度 /Torr	5×10^{-4}	进入 10^{-4} 量级	5×10^{-4}	进入 10^{-4} 量级	10^{-3}				10^{-3}	10^{-3}
熔炼时真空度 /Torr	5×10^{-3}	10^{-3}～10^{-2}	5×10^{-3}	10^{-3}～10^{-2}					10^{-3}	10^{-3}
熔炼一周期时间/h	2～3	2～3								

28.9.9.2 设计思路

在电弧式壳炉设计中，普遍遇到的问题是：坩埚、电极升降机构、真空系统，离心机、炉体和电气等具体的方案选择和某些参数的确定问题。

(1) 坩埚设计

① 坩埚材质 电弧式壳炉坩埚的材质有两种：一是铜坩埚；二是石墨坩埚。前者多为美国、日本、德国采用；后者为俄罗斯采用。这两种坩埚各国都在生产中使用，各有优劣。从它们各自优缺点的比较上看，铜坩埚可比较理想地解决活性金属熔炼来自坩埚的污染问题，但它单位时间内功耗大，尤其以水作冷却介质，最初美国在研究壳炉时还曾发生过爆炸。而石墨坩埚恰恰是针对上述不足而产生的，俄罗斯学者做了不少工作：考虑钛在1100℃时就能强烈地吸收碳的这一特性，为防止碳向熔池扩散，提出了在该温度下获得最佳凝壳厚度，用以降低钛中的碳含量，解决来自石墨坩埚的污染问题。美国则宁肯付出高昂代价，用氦循环冷却方法防爆也不舍弃铜坩埚，日本的电弧式壳炉均采用水冷铜坩埚，针对可能的爆炸问题，采用了类似锅炉定压防爆阀那样将防爆阀配置在壳炉下。20kg、100kg 壳炉选择了水冷铜坩埚。

② 几种坩埚的热工计算　鉴于熔炼时坩埚的热场分布复杂，为热工计算带来一定难度，目前的热工计算，都是在简化条件下，或在试验基础上依据测得的数据得出某些推论，用以指导工程设计。坩埚常用的热工计算方法有如下三种：a. 按坩埚直径估算法；b. 按熔炼速度估算法；c. 热平衡理论计算法。

根据表 28-57 提供的炉型参数，用上述三种热计算方法，计算结果见表 28-58。20kg、100kg 壳炉的使用情况证明，用三种方法计算的结果都接近实际，所以是适用的。

表 28-57　凝壳炉参数

设计基本参数	20kg 壳炉	100kg 壳炉	说明(设计参数的选择)
电极直径/mm	160	200	$D=d/(0.5\sim0.7)$ $H=(1.1\sim1.5)D$ 熔化系数$=\dfrac{熔炼速度}{弧电流}$ 一般取 0.5～0.6kg/(min·kA) 以浇出钛液计 $K=\dfrac{q}{q+g}\times100$ 越小越好
坩埚直径/mm	220	360	
坩埚深度/mm	260	400	
熔炼速度/kg·min^{-1}·kA^{-1}	5	10	
容量/kg	20	100	
凝壳比/%	<30%	<30%	

注：D—坩埚直径；d—电极直径；H—坩埚深度；K—凝壳比；g—浇出钛液重量；q—凝壳重量。

表 28-58　三种方法坩埚热功计算结果

计算方法 \ 容量		20kg 壳炉			100kg 壳炉		
		计算值	生产实际平均值	误差比较/%	计算值	生产实际平均值	误差比较/%
按坩埚直径估算法 $I/D=40$A/mm	工作电流/A	8000	8500	6	14400	16000	−10
	弧电压/V	40	33	/	40	35	/
	弧功率/kW	320	280	12	576	560	2.8
按熔炼速度估算法 $V/I=0.54$kg/(min·kA)	工作电流/A	10000	8500	15	18000	16000	11
	弧电压/V	40	33	/	40	35	/
	弧功率/kW	400	280	30	720	560	22
按热平衡理论计算近似值 (参考电弧炉坩埚计算法)	工作电流/A	10000	8500	15	17000	16000	6
	弧电压/V	30.9	33	/	38	35	/
	弧功率/kW	30.9	280	9	650	560	14

从三种热工计算法与生产实际值比较看，第一种误差较小，第二种误差较大，最终采用第三种方法，因它有助于对整个设备的热平衡分布状况提供工程设计参数和依据。

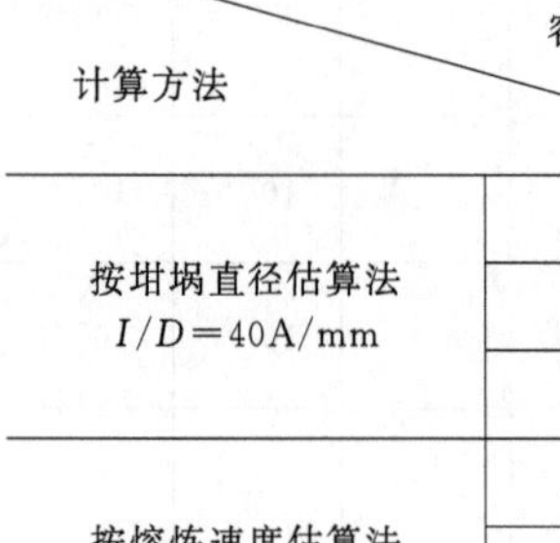

图 28-88　水冷铜坩埚

③ 坩埚壁厚　由图 28-88 可以看出，圆筒坩埚，其最大热负荷区域是熔融金属液与坩埚直接接触的地方，因此也是坩埚热强度集中的危险断面处。所以整个坩埚壁厚的确定问题实质上就归结为如何保证在该处不发生热破坏的计算问题了。

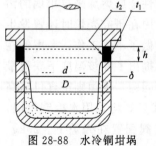

设坩埚内径为 d，外径为 D，熔融金属液与坩埚壁直接接触的高度为 h，坩埚外表温度为 t_1，内表温度为 t_2，根据传热

学单层圆筒传热公式：

$$Q=\frac{2\pi\lambda(t_2-t_1)h}{\ln\frac{d}{D}}$$

就可以确定坩埚外径值 D，随之坩埚壁厚 δ 可定。

式中 Q——坩埚与熔融金属液直接接触的热损失，$Q=Q_{总}\times80\%$，$Q_{总}$是由坩埚热平衡计算直接求得的总的热量损失；

h——当坩埚内径为 200～1000mm，可取 $h=50\sim100$mm；

t_1——坩埚外表温度，在 250～300℃（实测值）范围内选取；

t_2——般选择 $t_2<400$℃为宜，因紫铜在该温度仍有一定的机械强度；

λ——铜的热导率，$\lambda=330$kcal/(m·h·K)。

显然，根据上式用试算法，按各参数限定的范围完全可以得到 D、h、(t_2-t_1) 的相互满足条件，一般可先假定 D 值和 h 值，试算满足坩埚壁温 $\Delta t\leqslant150$℃的条件。为计算方便上式可改写为：

$$\Delta t=t_2-t_1=\frac{Q\ln\frac{d}{D}}{2\pi\lambda h}\leqslant150℃$$

20kg、100kg 及 250kg 壳炉的计算结果列入表 28-59。

表 28-59　20kg、100kg 及 250kg 壳炉坩埚计算结果

参数 \ 炉别	20kg 壳炉	100kg 壳炉	250kg 壳炉	说明
D/mm	240	360	560	在满足 t 范围内圆整； 可先进行机械强度校核确定下限值； $h\geqslant50\sim100$ 范围取值； 实际测量值视为常量； 推标值 $t_2<400$℃； $t_2-t_1<150$℃取值
δ/mm	10	20	25	
h/mm	50	65	80	
t_1/℃	280	280	280	
t_2/℃	353	420	422	
(t_2-t_1)/℃	73	140	142	

上述计算结果只是从满足热强度要求上进行的计算，由于熔炼的坩埚在冷却水压力作用下，其本身处于受外压的状态，压力可按 5～6kg/cm^2 计算，校核其机械强度。

20kg、100kg 壳炉的运行情况证明，这种计算方法较简便，也是适用的。

(2) 凝壳炉的典型真空系统

凝壳炉与电弧炉的真空系统型式基本相同，在此只介绍其特殊要求。

① 凝壳炉真空室容积大，装有比浇铸量大数倍的型模。为了提高生产效率要求抽空时间短，一般为 10～15min（不包括油扩散喷射泵预热时间）。

② 电极熔化过程中放出的气体主要成分为 H_2，且其含量已减少到海绵钛含量的 15%，但熔速快，放气速率比较大，真空系统必须能维持工作真空度。

③ 要在熔炼结束后 3～6s 完成浇铸。石墨或陶瓷类型模虽经除气处理，但与钛液接触的瞬间仍要大量放气。为保证铸件质量必须在 1min 之内恢复。

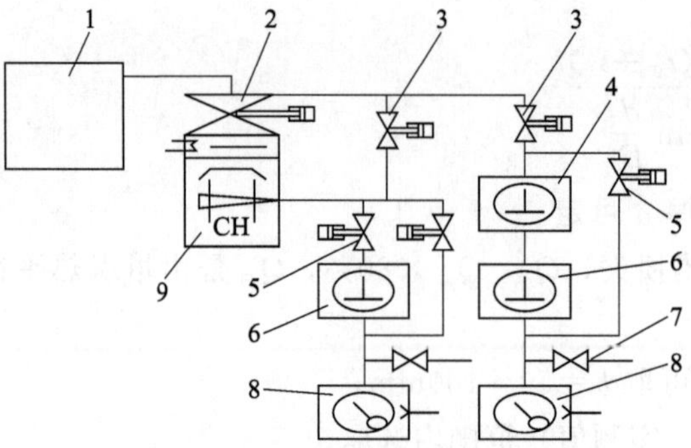

图 28-89　凝壳炉典型真空系统
1—炉体；2,3,5—高真空气动挡板阀；
4—主罗茨泵；6—中间罗茨泵；7—电磁放气阀；
8—滑阀式真空泵；9—油扩散喷射泵

真空系统若满足这些要求必须具备较大抽速，可以采用油扩散喷射泵并联罗茨泵系统，也可选用并联双罗茨泵系统。

罗茨泵系统在炉工作真空范围内具有较大的抽速，且节能，开、停方便快速，非常适合批量生产薄壁铸件，工作周期只需 1h。

沈阳真空所凝壳炉典型真空系统见图 28-89。油扩散喷射泵设有单独的前级泵；主罗茨泵亦有一套前级泵组。两个独立的系统可以单独工作，也可同时工作。两台滑阀式真空泵同时排大气可以缩短粗抽时间，对于容积较大的凝壳炉效果尤为显著。

(3) 离心机

对离心机的设计应注意：因它直连炉体，在高转数时引起炉体振动，故在 250kg 壳炉上设计为弹性连接。

(4) 炉体

壳炉炉体的设计主要有两个问题，一是炉体直径较大，二是防爆措施，设计中需要充分注意。

① 炉体直径较大的问题　炉体大的根本原因是由浇铸工艺要求构成的浇铸系统的横、纵向尺寸过大造成的。因此应当从统计学角度全面了解金属构件产品的各种可能尺寸和生产量，依照利用系数，确定较经济的参数范围，从而缩小炉膛尺寸。因卧式结构操作比较方便，相关装置连接支承性较好，应多采用卧式结构，然而更大容量的炉子，条件会转化，所以立式的结构也是可采用的方案。

② 防爆问题　电弧式壳炉采用水冷铜坩埚，对防爆问题应当给予充分考虑。目前几种防爆措施，有定压阀式，铅薄膜式，Na-K 和氦气循环等方法。前两者的缺点是安全倍数小，熔液飞溅造成穿孔，后者成本太高。20kg、100kg 壳炉采用以炉门为基础设置定压阀，实践证明是可行的。

(5) 电气系统

电弧式壳炉可采用两种方案：一是硅整流装置，即由饱和电抗器-整流变压器-硅整流柜组成；二是可控硅装置。前者有很多的优越性，就设备本身而言，使用、维修、运行等条件也不苛刻，特别是对壳炉熔炼要求的稳压、稳流、下垂电特性比较适应。目前大型凝壳炉多采用晶闸管可控整流电源，体积小，可一机多用。

关于电极升降机构的控制问题，鉴于电弧式壳炉工作时间很短，一般都在几分钟或十几分钟内完成整个熔炼，故采用无触点开环控制系统，使用方便可靠，能够满足壳炉熔炼工艺要求。

28.9.10　真空炉产品

真空炉产品类型及用途汇于表 28-60 中。

表 28-60　真空炉产品类型及用途

名　　称	用　　途	生产厂家
VQG 系列真空高压气体淬火炉	工具钢及模具钢淬火，磁性材料烧结，真空钎焊	沈阳真空技术研究所
VOG 系列真空油气淬火炉	高速钢、高合金工模具钢、不锈钢的淬火及退火，磁性材料烧结	
VPG 系列加压气冷真空炉	工具钢和模具钢热处理，真空钎焊	
VQB 系列高温钎焊炉	钛合金、不锈钢、碳素钢、铜合金等材料真空钎焊	
VAF 系列真空退火炉	高速钢、工模具钢、有色金属、不锈钢退火及时效	
VBF 系列真空铝钎焊炉	板翅式换热器、汽车散热器、空调蒸发器钎焊	沈阳真空技术研究所
VTF 系列真空回火炉	合金工具钢、模具钢、高速钢、轴承钢、不锈钢回火	
VSF 系列(通用型)真空烧结炉	合金材料的真空烧结	
VPS 系列(加压型)真空烧结炉	稀土永磁材料真空烧结	
VCF 系列真空自耗电极电弧炉	稀有金属及难熔金属熔炼和提纯	
VSC 系列真空自耗电极电弧凝壳熔铸炉	钛及其合金，难熔金属熔炼与浇注成型	
VIF 系列半连续真空感应熔炼炉	精密合金及磁性材料熔炼和提纯	
VISF 系列冷坩埚真空感应凝壳炉	活性金属、难熔金属熔炼	
ZR-B 系列真空钎焊炉	铝板翅式换热器钎焊	兰州真空设备制造有限责任公司
ZR-7GD 系列铝管带式、板翅式换热器真空钎焊炉	铝管带式散热器、蒸发器、冷凝器真空钎焊	
ZR-11 系列开关管真空钎焊炉	电子管钎焊、陶瓷或玻璃开关管封排，不锈钢管材退火及除气，金属及非金属材料钎焊	
ZR-13 系列高温真空钎焊炉	波导天线钎焊，柴油机冷却器、不锈钢板翅式换热器钎焊	
ZR-14 系列高温真空炉	金属、非金属钎焊，真空烧结，钽、铌、锆、铪等稀有金属去气及退火	
ZRJ 系列真空烧结炉	真空钎焊、真空热处理、真空脱气、真空烧结	
ZRT 系列真空提纯炉	真空钎焊、真空除气、真空热处理、真空重熔、真空提纯	

28.10 钢液真空脱气

28.10.1 概述

钢液真空脱气就是把钢液置于真空中进行脱气。这样可以使从平炉、转炉、电炉中熔炼出来的钢液免受大气污染，防止氢、氮、氧等气体存在钢中产生缺陷，解决了炼钢中的脱氢问题。目前，钢液真空脱气已不是单纯的脱气，而是同时采用了搅拌和加热技术，使钢液组织均化，提高精炼效果，确保浇注温度。

28.10.2 钢液真空脱气及排除夹杂原理

提高大钢锻件生产中的脱氢问题，是促进钢液真空处理的基本原因，如果钢中氢含量过高，会导致形成白点。过去消除钢中白点的方法是在1200～1400℃下对锻件进行长时间的退火，借以降低钢中氢的浓度。这种方法效率低，除气不彻底。而钢液进行真空处理除氢效果好。按质量作用定律，氢含量与氢分压有关，即

$$c_H = K_H p_H^{1/2} \tag{28-85}$$

式中 c_H——钢中溶解的氢含量；

p_H——熔体上方的气相氢分压；

K_H——与钢液温度有关的常数。

这一定律也适用于钢中溶解的氮含量，即

$$c_N = K_N p_N^{1/2} \tag{28-86}$$

图 28-90 与图 28-91 给出了高纯铁液中氢和氮的饱和浓度与熔体上方氢、氮分压的关系。

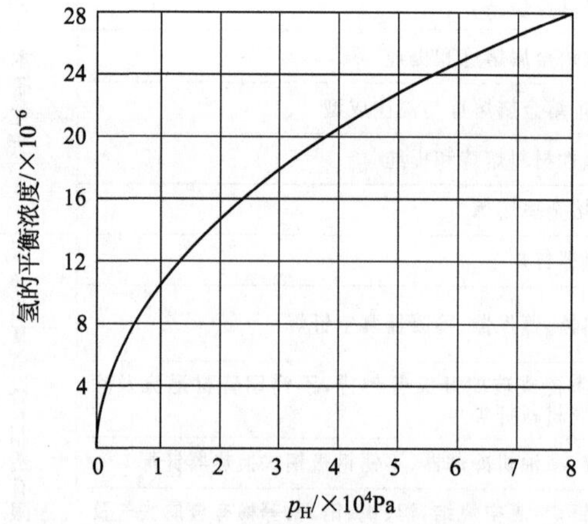

图 28-90　1600℃时高纯铁液中氢的饱和浓度与熔体上方氢分压的关系

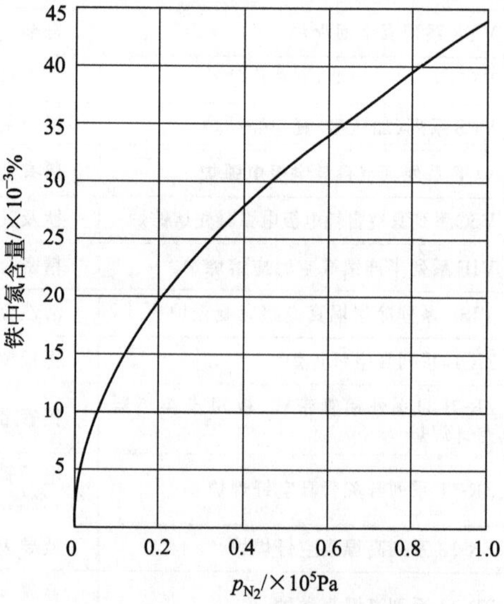

图 28-91　1600℃时高纯铁液中氮的饱和浓度与熔体上方氮分压的关系

在炼钢过程中，除降低氢含量外，降低氧含量也很重要。因为钢中溶解的氧与添加的合金元素亲和力较强，它们相互反应所生成的氧化物以非金属夹杂物的形态在钢中析出，从而影响钢的纯净度和使用性能。因此，降低熔体上方氧分压，也是解决这一问题的有效方法。与脱氢不同，从钢中脱氧只是利用溶解氧与钢中存在的碳反应而生成气态的CO，即

$$[C]+[O]=CO(气) \tag{28-87}$$

按质量定律，则

$$c_C c_O = K_{CO} p_{CO} \tag{28-88}$$

上式表明，钢中碳和氧含量的乘积与熔体上方 CO 分压成正比。各种碳含量在理论上所达到的氧含量对应于 CO 分压的关系如图 28-92 所示。

对钢脱碳的常规工艺是常压下添加铁矿石或吹氧，只有在非常高的氧含量下才能达到低的碳含量。但是过高的氧含量会导致炉渣中氧化铁含量增加而造成铁的大量损失。然而采用真空处理则比较容易降低碳含量，因为真空中熔体上方的 CO 分压较低。所以经过真空处理过的变压器钢、奥氏体不锈钢均比常规生产的同类钢种有较高的质量。

硫在钢中的含量也与氧有关，而且常常保持着恒定的比例，即

$$c_S : c_O \approx 4 \tag{28-89}$$

因此，真空处理的脱氧过程也是脱硫过程。为了得到含硫量极低的钢种，在具有较强搅拌和电弧加热的设备中还可以采用冶金脱硫的方法。采用了对硫有强亲和力的一些元素作为脱硫剂而脱硫。各种脱硫剂的脱硫效果如图 28-93 所示。

28.10.3 钢液真空处理方法

钢液真空处理方法主要包括真空脱气和真空精炼两个方面。由于这种方法所能达到的冶金作用（脱气、脱碳、控制清洁度、合金化、晶粒度控制、温度调整、最终化学成分及均匀化调整、保证最佳的浇注状态等）不同，因而为完成各个冶金过程可采取多种真空处理方法。但是，归纳起来主要有表 28-61～表 28-66 所示的六种方法。

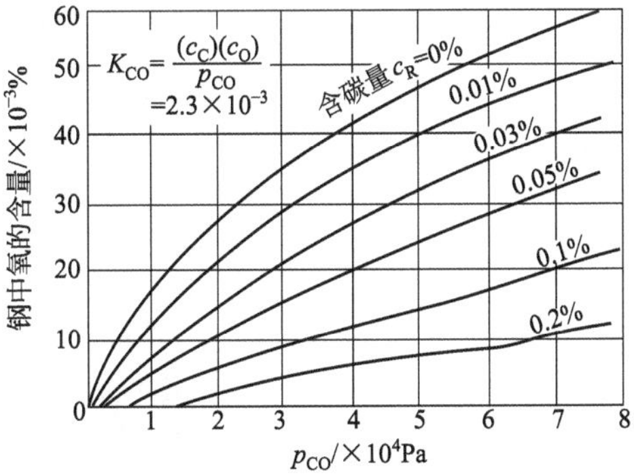

图 28-92　1600℃时含碳铁液中的饱和氧浓度与熔体上方 CO 分压的关系

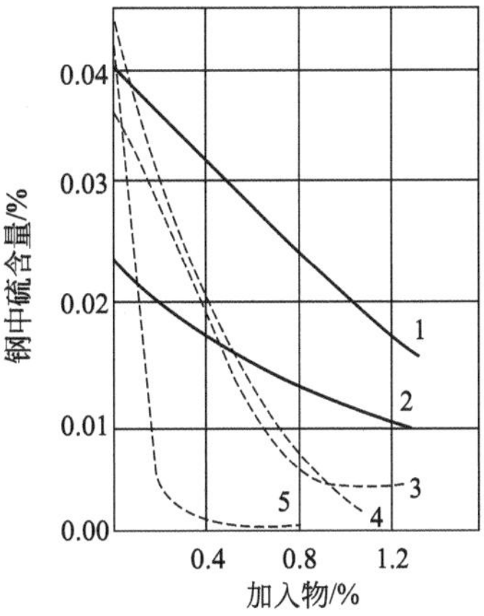

图 28-93　各种脱硫剂的脱硫效果

1—CaC_2；2—CaO；3—AlCa；4—SiCa；5—混合稀土金属

表 28-61　真空钢包脱气法

项目 \ 名称	钢包脱气法	吹氩搅拌钢包脱气法	电磁感应搅拌钢包脱气法
装置	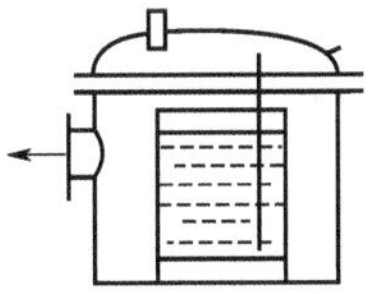	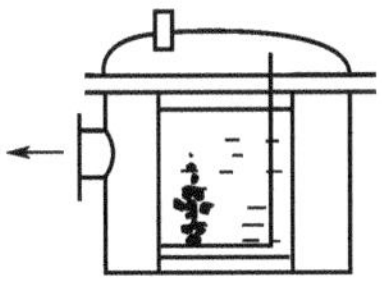	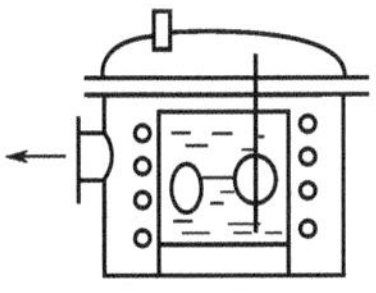
压力/Pa	$6.7\times10^2\sim2.6\times10^3$	$13\sim2.6\times10^2$	67
处理时间/min	12～15	20～30	20～30
搅拌方式	无	氩气搅拌	电磁感应搅拌
开始时间	1952 年	1958 年	1962 年
主要设备	真空室 真空系统	真空室，真空系统 搅拌气体供给系统	真空室，不锈钢制钢包 电磁感应搅拌装置

表 28-62 真空钢流脱气法

项目＼名称	真空浇注法	倒包脱气法	出钢脱气法
装置	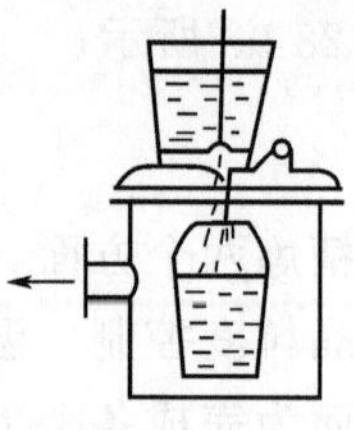	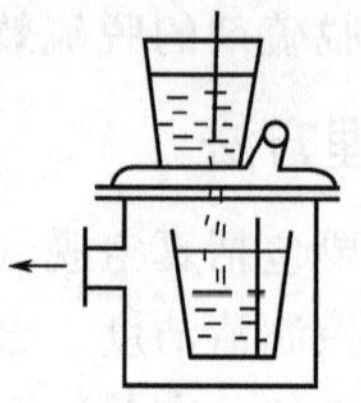	
压力/Pa	$10^2 \sim 10^3$	$10^2 \sim 10^3$	$10^2 \sim 10^3$
处理时间/min	3～10	3～10	出钢时间
处理量/t	300	500	500
开始时间	1952 年	1952 年	1961 年
主要设备	真空室,中间钢包钢锭模真空系统	真空室,中间钢包熔铸钢包,真空系统	中间钢包,真空钢包真空系统

表 28-63 真空吸入和真空循环脱气法

项目＼名称	循环脱气法(RH 法)	吸入脱气法(DH 法)
装置	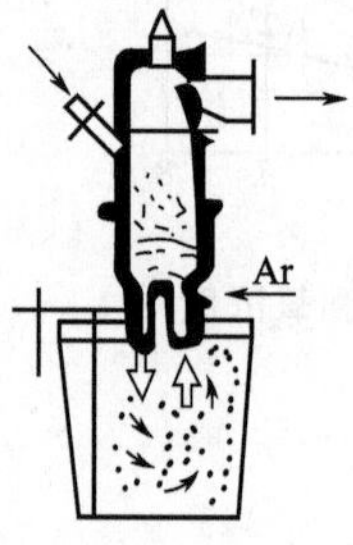	
压力/Pa	66	66
处理时间/min	15～20	20
处理量/$t \cdot min^{-1}$	10～40	2.5～20
开始时间	1959 年	1956 年
主要设备	真空室,真空室升降机构,循环用供气装置,真空系统	真空室,真空室或钢包升降机构,真空系统,加热装置

表 28-64 真空钢锭脱气法

项目＼名称	上注式钢锭模脱气法	下注式钢锭模脱气法
装置	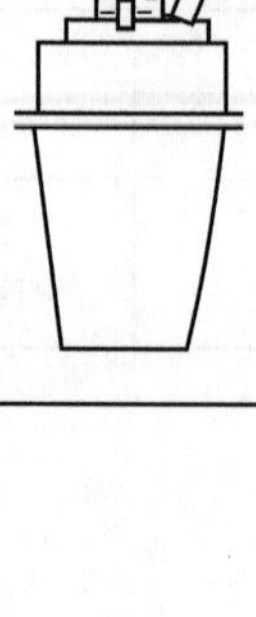	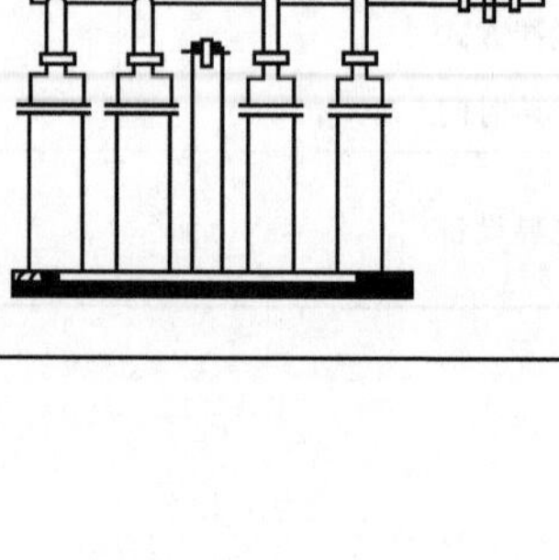

续表

项目 \ 名称	上注式钢锭模脱气法	下注式钢锭模脱气法
压力/Pa	10^3～10^4	10^3～10^4
处理时间/min	20～60	20～60
处理量/t	5	
开始时间	1957年	1957年
主要设备	钢锭模真空封盖，钢锭模，真空系统	钢锭模真空封盖，钢锭模真空系统

表 28-65　多功能真空脱气精炼法

项目 \ 名称	ASEA-SKF法	FINKL-VAD法
装置	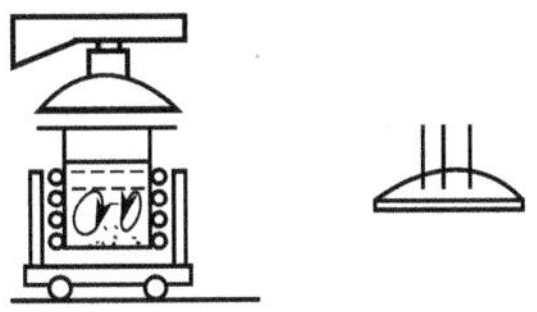	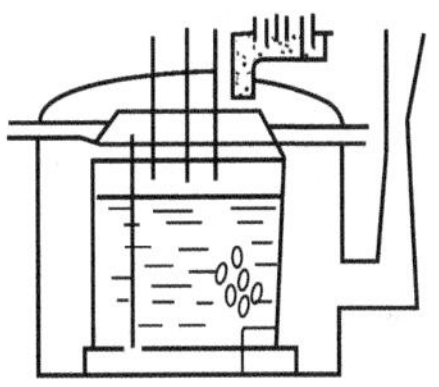
压力/Pa	≤66	1.3×10^2～2.6×10^2
处理时间	碳素钢1～2h，合金钢2～4h	30～50min
处理量/t	15～150	70
搅拌方式	电磁感应搅拌	氩气搅拌
开始时间	1965年	1976年
主要设备	不锈钢制真空室，电弧加热装置，电磁感应搅拌装置，真空系统	真空室，电弧加热装置，搅拌气体供给装置，真空系统

表 28-66　真空脱碳精炼法

项目 \ 名称	VOD法	RH-OB法	AVR法
装置	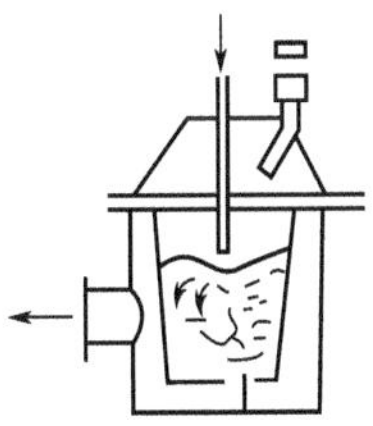	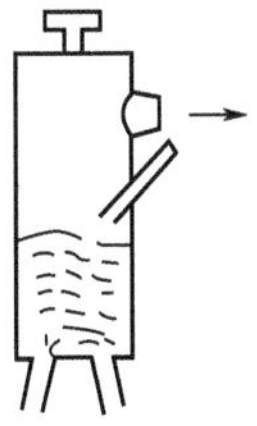	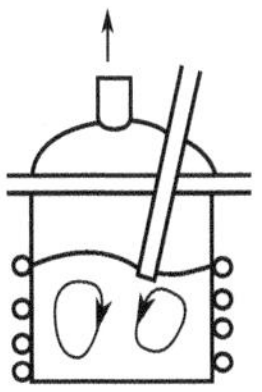
压力/Pa	66～1.3×10^4		66～2.4×10^4
处理时间/min		70	150
精炼气体	O_2	O_2	O_2
搅拌方式	氩气搅拌	氩气搅拌	电磁感应搅拌
开始时间	1967年	1969年	
主要设备	真空室，精炼用钢包，精炼气体及搅拌气体供给装置	RH脱气设备上安氧枪	ASEA-SKF装置上安氧枪

最后应指出，由于钢包衬层耐火材料通常是由 SiO_2、MgO、CaO、Al_2O_3 等氧化物组成，这些材料在高温与沸腾钢液冲刷作用下，可产生如下反应：

$$SiO_{2固} = SiO_{气} + [O] \quad (28\text{-}90)$$

$$MgO_{固} = Mg_{气} + [O] \quad (28\text{-}91)$$

$$CaO_{固} = Ca_{气} + [O] \quad (28\text{-}92)$$

可见，这些反应将导致耐火材料向钢液中输氧，从而增加了钢中氧化物夹杂，严重时甚至会产生漏钢事故。因此最大限度地降低耐火材料的浸蚀，也是提高真空处理效果，保证生产安全的必要条件。

28.10.4 钢液处理设备设计

28.10.4.1 真空室设计中应注意的问题

真空室通常由圆柱形主体与顶盖所组成。由于工作时内部受 1600℃以上高温的烘烤，外部承受大气压力，而且在真空室上部还要放置合金添加装置及中间钢包等部件，因此必须根据这些受力条件来确定真空室的强度与刚度。为了保证气密性，应注意高温下的变形及焊缝质量。

另一个问题是衬里耐火材料的选择。由于真空室的特定工作条件，耐火材料的选择应注意如下几个问题。

首先衬里耐火材料应具有耐热冲击性能；在强还原的真空条件下应具有抗钢液作用的能力，在还原和氧化的条件下应具有化学抗渣能力。其次衬里耐火材料应具有低的饱和蒸气压和稳定的化学性能，表 28-67 给出各种耐火材料在 1650℃真空条件下的质量损失。最后，衬里材料在高温下应具有足够的抗拉和抗压强度。图 28-94 给出了温度对不同方法生产的碱性耐火砖的抗拉强度的影响曲线。图中表明，随着温度的升高，耐火材料承受载荷的能力急剧地下降，因此注意耐火材料在高温下的适应性也很重要。

表 28-67 在 1650℃真空下耐火砖的质量损失（根据 Bonar 的数据）

耐火材料	质量损失/%	测定的质量损失率/$\times10^{-4}$g·$(cm^2\cdot min)^{-1}$	化学成分/%				
机械压制碱性砖种类			MgO	Al_2O_3	Cr_2O_3	Fe_2O_3	CaO
高纯氧化铝砖(四次数据的平均值)	6.2	5.4	97	—	—	—	1.4
直接结合的铬-镁砖	6.6	5.2	73	10.00	9.3	5.1	1.1
用熔融颗粒再结合的铬-镁砖(a)	5.0	4.2	62	8.1	17.6	10.5	0.6
用熔融颗粒再结合的铬-镁砖(b)	6.9	5.9	62	10.3	22.7	11.8	0.9
铬砖	6.5	7.5	19.5	34.4	26.0	11.7	1.1
尖晶石结合的氧化镁砖	4.1	3.6	89	9.8	—	0.4	1.1
氧化钙砖(96%CaO)	1.0	0.6	2.7	0.3	—	0.3	96
熔融浇注砖	0.6	0.4	—	—	—	—	—
铬镁砖(三个数据的平均值)	14.0	12.0	57	9.5	19.5	10.2	1.5
镁-尖晶石砖	4.8	3.2	80	16.0	—	1.0	0.8
高铝砖			Al_2O_3	SiO_2	Fe_2O_3	TiO_2	Na_2O
高纯氧化铝砖	0.2	0.2	99.5	0.2	—	—	—
90%氧化铝砖	0.8	0.6	89.3	10.2	0.2	—	—
束石砖	2.1	1.5	70.6	25.2	1.0	2.9	—
70%氧化铝砖	5.2	3.5	71.3	24	1.3	2.9	—

续表

耐火材料	质量损失/%	测定的质量损失率/×10^{-4}g·$(cm^2 \cdot min)^{-1}$	化学成分/%				
60%氧化铝砖	4.4	3.0	58.3	37.3	1.4	2.4	—
熔融浇注的氧化铝砖	1.2	1.1	96	0.5	—	—	3.4
锆英砖和氧化砖			ZrO_2	SiO_2	CaO		
高纯氧化钙-稳定的氧化锆砖	0.15	0.17	96	—	4.0		
自结合锆英砖	3.8	3.9	66	32.3			

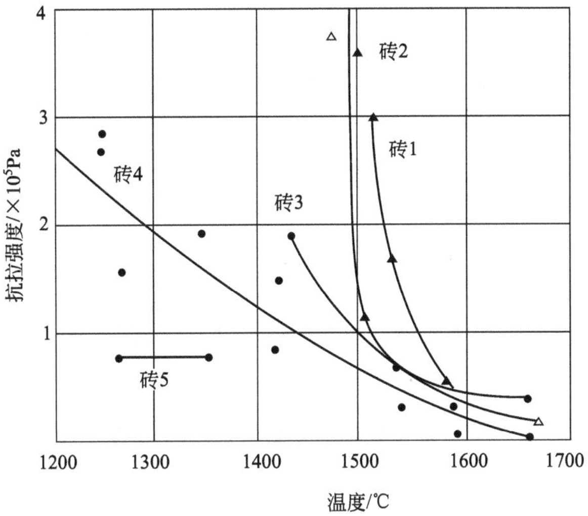

图 28-94　温度对不同方法生产的碱性耐火砖的抗拉强度的影响

28.10.4.2 钢液真空处理设备的抽气系统

设计钢液真空处理设备的抽气系统最主要的是选择真空泵、系统元件的配置以及系统的合理布置等。由于钢液真空处理时放气量大，而且会产生高温度气体，因此要求抽气系统应具有抽气能力大、短时间抽气即可达到所需真空度的特点。

工业规模钢液脱气处理初期，多采用机械泵抽气系统（如油封式机械泵、罗茨泵、水环泵等）。但是，这些泵易被粉尘污染而损坏，而且热的废气也必须用专门的冷凝器把它冷却到真空泵能够工作的温度。使用水蒸气喷射泵只要在泵的管道前设置相当小的旋风式除尘器或粉尘捕集器，即可解决粉尘对泵的污染和沉积。蒸汽喷射泵系统有获得低压范围宽，抽气量大，工作可靠，操作方便，使用寿命长，结构简单，占地面积小，既可安装在车间也可安装在厂房之外，可以利用冶金生产过程中的余热和废气，有利于综合利用等一系列优点，缺点是蒸汽耗量大，用水量多。

28.10.4.3 蒸汽喷射泵系统的设计

设计钢液真空处理设备抽气系统的程序是：

(1) 根据钢液真空处理的工艺要求，确定真空室的真空度

真空室所需真空度，是根据钢液脱气或精炼的目的而确定的。各种真空处理方法所需的真空度可查阅表 28-61～表 28-66。

(2) 根据钢液处理所需的真空度确定泵的级数

由于蒸汽喷射泵的压缩比有一定限度，因此必须按处理时的压力要求合理地选择喷射泵的级数。不同工作压力与极限压力所必需的喷射泵级数见表 28-68。

表 28-68　不同工作压力与极限压力所必需的喷射泵级数

级数	工作压力/Pa	极限压力/Pa	级数	工作压力/Pa	极限压力/Pa
1	$1.3\times10^4\sim1\times10^5$	1.3×10^3	4	$66\sim6.6\times10^2$	26
2	$2.6\times10^3\sim2.6\times10^4$	1.3×10^3	5	$6.6\sim1.3\times10^2$	2.6
3	$4\times10^2\sim4\times10^3$	2×10^2	6	$0.6\sim13$	0.2

(3) 根据钢液最大放气量选择泵的大小

1) 钢液最大放气量的计算　钢液在真空处理过程中所放出的最大放气量是选择蒸汽喷射泵大小的依据。采用统计的方法，目前所给出的数据大约每吨钢液的放气量为 0.2～0.6m^3（STP）。对未脱氧钢取上限，脱氧钢取下限。但是，由于被处理的钢种及方法不同，其放气量差别较大。因此，根据钢液进行真空处理后气体含量降低很大的特点，采用把钢液在处理前后所呈现出来的气体含量值之差，作为钢液最大放气量的计算方法是较准确的。表 28-69 给出了各种不同钢液在真空处理前后气体含量的最大差值。由于真空脱气和真空吹氧精炼的放气量有所不同，故分别予以介绍。

表 28-69　钢液真空处理前后气体含量的最大差值

$\Delta c_H/mg\cdot kg^{-1}$	$\Delta c_O/mg\cdot kg^{-1}$		$\Delta c_N/mg\cdot kg^{-1}$	
	脱氧钢	未脱氧钢	低合金结构钢	不锈钢
6	150	400	50	150

① 真空脱气类　真空脱气类的气体放出量见表 28-70。

表 28-70　真空脱气类每吨钢液放气量

项目＼气体	H_2	CO		N_2	总量	
		脱氧钢	未脱氧钢		脱氧钢	未脱氧钢
放气量/$g\cdot t^{-1}$	6	263	700	50	319	756
放出气体体积(STP)/$m^3\cdot t^{-1}$	0.067	0.21	0.56	0.04	0.317	0.677

② 真空吹氧精炼类　因为真空吹氧精炼初始时的吹氧脱碳阶段，与碳降低到一定程度停止吹氧而进入真空下的碳脱氧阶段时的放气量截然不同，故应分别计算。

a. 真空吹氧脱碳阶段。真空精炼设备精炼低碳钢的工艺，一般在 6.6×10^3Pa 时开始吹氧，这时氧与钢中的碳反应生成 CO。其值显然与钢液脱碳量的多少有关，即

$$q_{CO}=\frac{28\Delta c_C}{12}\times W \tag{28-93}$$

式中　q_{CO}——CO 气体量；

Δc_C——脱碳量；

W——钢水量。

因 CO 放出后在气相中遇到氧时，一部分生成 CO_2，所以计算时应考虑二者的混合

量，如放出 K(kg) 的 CO，与氧反应生成 L(kg) 的 CO_2，则

$$K=\frac{28L}{44}(\text{kg}) \tag{28-94}$$

据国外资料介绍，在 CO、CO_2 共存的混合气体中，二者的比例关系大致为 CO：CO_2＝3.5：1。所以，$(q_{CO}-K)$ ：$L=3.5:1$，故 $L=(q_{CO}-K)/3.5$。代入式(28-94)，则

$$K=\frac{28q_{CO}}{3.5\times44+28} \tag{28-95}$$

因此，混合气体中 CO 及 CO_2 的气体量为

$$q_{CO混}=q_{CO}-K \tag{28-96}$$

$$q_{CO混}=L \tag{28-97}$$

真空吹氧脱碳阶段也给氢、氧的去除提供了条件，其最大放气量的计算方法与真空脱气类相同，总放气量见表 28-71。

表 28-71　6.6×10^3 Pa 时每吨钢液放气量

项目＼气体	H_2	混合气体比例 CO：CO_2＝3.5：1		N_2		总放气量	
		CO	CO_2	非不锈钢类	不锈钢类	非不锈钢类	不锈钢类
放出气体质量/kg·t^{-1}	0.006	9.87	2.82	0.05	0.15	12.746	12.846
放出气体体积(STP)/m^3·t^{-1}	0.067	7.9	1.44	0.04	0.12	9.447	10.247

b. 真空碳脱氧阶段。这一阶段的计算方法同上，其值见表 28-72。

表 28-72　真空碳脱氧阶段每吨钢液放气量

项目＼气体	H_2	CO	N_2		总量	
			非不锈钢类	不锈钢类	非不锈钢类	不锈钢类
放出气体质量/g·t^{-1}	6	Δc_C 取 0.025% 583.3	Δc_N 取 50 1.5×10^{-4}	Δc_N 取 150 1.5×10^{-4}	639.3	739.3
放出气体体积(STP)/m^3·t^{-1}	0.067	0.467	0.04	0.12	0.574	0.653

2）吹氩量计算　据国外资料统计，一般钢种每分钟每吨的吹氩量不大于 2L（STP），即每小时为 120L/(t·h)（STP）。

3）漏气量与真空室内衬材料放气量计算　漏气量可按下述几种方法确定：

① 按泵抽气能力的 5%～7%确定。

② 按真空系统体积的大小确定。图 28-95 给出了真空室内不同压力下，系统体积与漏入空气最大量之间的关系。

③ 按设备所处理的钢水量的多少确定。100t 以上的设备，每立方米为 0.25kg/h，小型设备则按每立方米 0.5kg/h 确定。

真空室内衬耐火材料的放气量及室内各构件表面的放气量均较小，所以可忽略不计。

4）启动水蒸气喷射泵抽气能力的计算　按放气量的大小可通过下式估算泵的抽气能力

$$S=\frac{1}{t}Wq+q_{放}+q_{漏}+q_{惰} \tag{28-98}$$

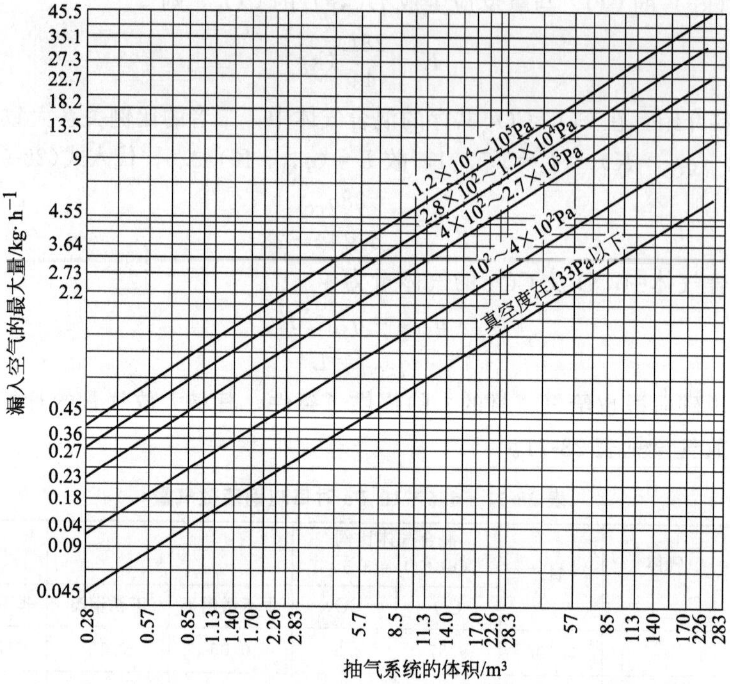

图 28-95　不同压力下真空系统体积与漏入空气的最大量之间的关系

式中　S——泵的抽气量，Pa・m³/h；

t——所处理钢液的抽气时间，min；

W——被处理的钢液量，t；

q——钢液的放气量，Pa・m³/t；

$q_{放}$——真空室的放气量，Pa・m³/h；

$q_{漏}$——真空室的漏气量，Pa・m³/h；

$q_{惰}$——单位时间内输入到真空室的惰性气体量或反应性气体量，Pa・m³/h。

5）蒸汽喷射泵抽气能力的计算　系统中配粗抽泵的目的在于缩短抽气时间，减少钢液的热量损失。在前述的各种处理方法中，除钢流法应进行预抽真空外，其他方法均要求在1～2min内将系统抽到$1.3\times10^4\sim2.4\times10^4$Pa的压力范围。根据这一要求，粗抽泵的抽气能力可按下式估计

$$S_{启}=\frac{60\rho}{K_{L}t}\left(\frac{p_0-p_1}{p_0}V_{总}+aV_{耐}\right)(\mathrm{kg/h}) \tag{28-99}$$

式中　t——系统内压力从1×10^5Pa抽到$1.3\times10^4\sim2.4\times10^4$Pa压力范围时所需的时间，min；

ρ——空气密度，kg/m³（STP）；

K_{L}——系统的漏气系数，取$K=0.95$。

p_1——启动泵的压力，Pa；

$V_{总}$——钢液的放出气体的总体积，m³；

$V_{耐}$——耐火材料的体积，m³；

a——耐火材料的放气系数，$m^3(STP)/m^3$。

如忽略耐火材料放气，则式(28-99) 可写成

$$S_{粗}=\frac{82}{t}\left(\frac{p_0-p_1}{p_0}V_{总}\right) \tag{28-100}$$

为了满足工艺过程的快速抽气要求和有效地利用蒸汽源的潜力，可在真空系统中设置粗抽泵。其在系统中的安装位置如图 28-96 所示。

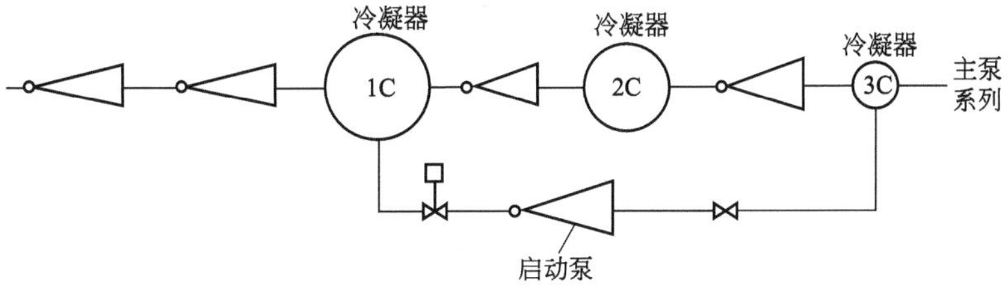

图 28-96　设置粗抽泵的蒸汽喷射泵

启动泵与并联的喷射器的工作蒸汽总耗量应等于真空系统正常运转时各级喷射器蒸汽耗量的总和。这样，可在不增加工作蒸汽总供气量（即不增加锅炉容量）的前提下，最大限度地缩短抽气时间。

28.10.4.4　蒸汽喷射泵系统元件的组合与布置

如图 28-97 所示，多级蒸汽喷射泵系统由增压器、蒸汽喷射泵、冷凝器、蒸汽过滤器、真空室充气放气装置以及管道、阀门等元件组成。增压器实质上是位于中间冷凝器高真空侧的蒸汽喷射泵，它的作用是将泵喷射出来的混合气体中的蒸汽，从冷却水不能冷却的压力压缩到冷却水能够冷却的压力。增压器有直角式和倾斜式两种。前者安装拆卸方便，占用空间小，但混合室内积水不易排出；后者能克服这一缺点，但占用空间大，安装和拆卸不够方便。

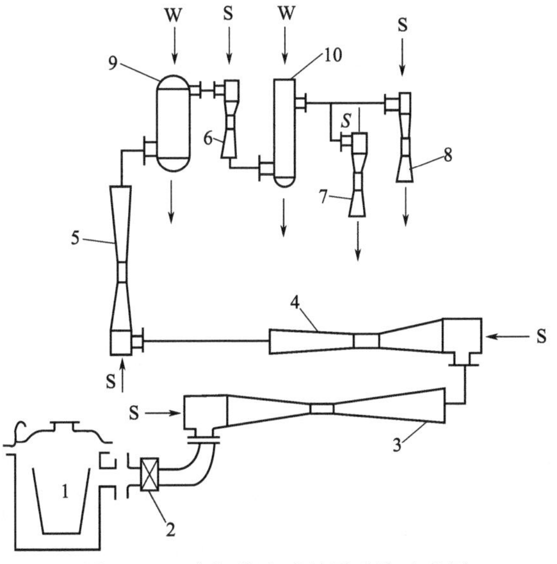

图 28-97　多级蒸汽喷射泵系统示意图

1—真空室；2—阀门；3～5—一、二、三级增压泵；
6，7—一、二级喷射泵；8—启动喷射泵；9，10—冷凝器；S—工作蒸汽；W—冷却水

冷凝器是系统中冷凝蒸汽的元件。气压式冷凝器的典型结构如图 28-98 所示。它的作用是降低蒸汽含量，把前一级泵排出的蒸汽冷凝成水排出系统，从而降低了下一级泵的负荷。

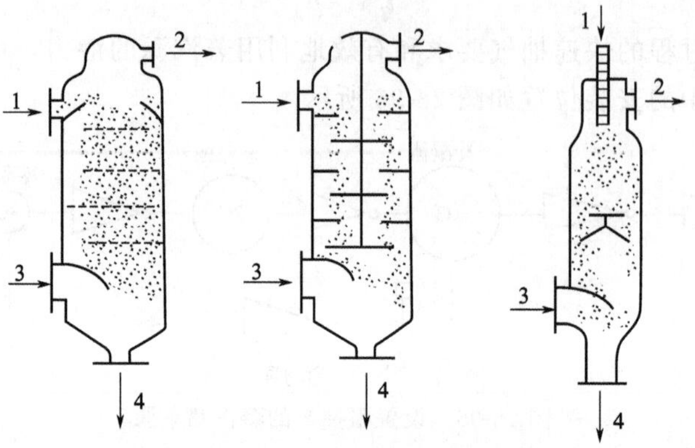

图 28-98 气压式冷凝器结构示意图

1—进水口；2—出气口；3—进气口；4—出水口

冷凝器的排水方式有水泵法和真空水柱法。前者称低架式，后者称高架式。若冷却水温度上升 Δt(℃)，进入冷凝器中的水蒸气量为 G_s（kg/h），则所需的冷却水量 W（t/h）可用下式近似计算

$$W=0.6G_s/\Delta t \tag{28-101}$$

抽气系统的布置形式与冷凝器的排水方式有关。高架式应布置在 10m 以上的高空，其特点是结构简单、不需水泵排水、运转可靠、不会产生真空抽吸作用，但安装维修不够方便。低架式可布置在 10m 以下，但需水泵排水，而且为了确保系统运转可靠，应在冷凝器上设置水位限制装置，以防冷却水进入真空室造成事故。

28.10.5 钢液真空脱气装置

钢液真空脱气可以有效地减少钢液中气体及非金属杂质。真空铸锭达 300～500t，供重型机械使用。钢液真空脱气装置真空度要求不高，一般为 10^{-1}～1Torr。如何获得真空是装置需要解决的关键问题之一。杨乃恒先生对真空泵选择及装置构成进行了论述。

(1) 真空泵的选择

大型钢液真空脱气装置通常配有水环泵、罗茨泵、往复泵、滑阀泵和蒸汽喷射泵及干泵系统。其中以罗茨泵机组和多级蒸气喷射泵应用比较广泛。为了获得更高的真空度，以便更好满足脱气要求，往往将泵实行串联。

真空脱气处理时，被抽气体中有灰尘，对机械泵运转不利。例如某钢厂的炉前处理和钢包处理以及滴流处理等使用多台往复泵和滑阀泵，灰尘使泵油变质，不得不在原油的过滤再生上下功夫，否则泵油浪费太大。在真空脱气处理设备的真空系统上必须安有除尘器和过滤器，并要定期清理除污。这些元件阻力较大，其在真空管道上串联会影响管道的流导，使真空泵的有效抽速降低，将不得不增加真空泵的数量。如某钢厂真空铸锭要并联 10 台滑阀真空泵，还需几台作为备件。这种系统庞大，占地面积大，往往都放在地下室内安装。钢水真空除气、精炼设备，大部分都应用水蒸气喷射系统，不怕灰尘且抽气能力大，

钢厂蒸汽或者电厂的废气可以利用，降低成本。如上海宝钢、武汉钢铁公司等多采用多级水蒸气喷射泵系统。有时设备上配水环泵做启动泵。

(2) 钢液真空脱气装置的构成

钢液真空脱气装置的构成原理见图 28-99。主要由钢水包，真空室，真空抽气系统组成。

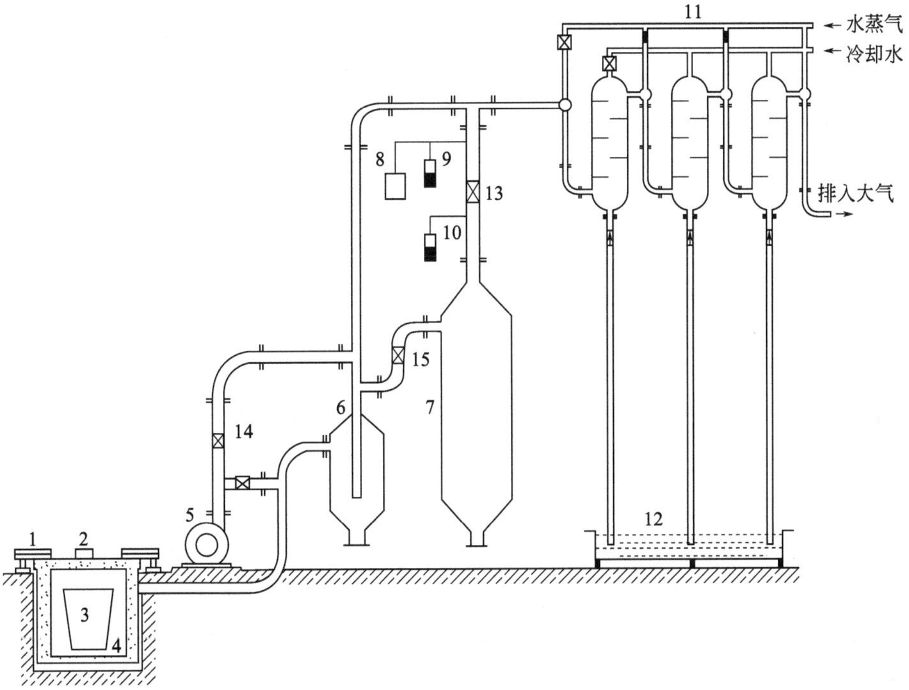

图 28-99 钢液真空脱气装置原理图

1—启盖辞；2—真空室盖；3—钢水包；4—真空室；5—水环泵；6—过滤器；7—预抽室；8—麦氏真空计；9—单管真空计（水柱）；10—单管真空计（水柱）；11—水蒸气喷射泵组；12—水封箱；13～15—真空阀

① 真空室 真空室是焊接结构的圆筒，置于混凝土建造的真空坑内（见图 28-99）。真空室内砌有耐火砖，其砌砖高度以漏钢时足可容纳全部钢水为宜，这样可以避免损毁室壁，真空室高度应将钢包底的空隙考虑进去，以漏钢时仍可脱离钢水面为宜，以免浸入钢水损毁包底。

真空室的上部和真空室盖的下部有铸钢法兰，其密封面加工须光洁，工作时可以与密封胶圈很好地贴合。法兰内通冷却水，防止热变形而影响气密性。密封胶圈的材质为真空橡胶，经模压胶接而成，厚度约为 40mm，实际工作时的压应力为 $12kgf/cm^2$，最大压下量为 10mm。

真空室的设计，使其可以适应钢包脱气处理、真空倒包脱气处理以及真空浇注等兼容不同工作条件。

② 真空室盖的开启装置 采用一辆台车（其结构略似一台桥式吊车的小车）来开闭盖子，盖子坐在台车上，利用两个油压缸加活塞将盖子顶起，然后行驶到真空室上方，关闭马达，盖子即落在真空室的上口圈上，圈上有橡皮圈防止漏气。开启时，顶起盖子，台车行驶离开真空室，可以从真空室吊出钢包。

图 28-100 是启盖液压系统图，包括有齿轮油泵（压力 $25kgf/cm^2$）、溢流阀、电磁断流阀、油压缸等液压元件。电磁断流阀的作用是当开盖时马达通电拖动齿轮油泵，电磁铁同时通电将芯子压下堵塞排油孔道，油压缸活塞可以上升顶起盖子；需要闭盖时，关闭马达，电磁铁亦断电，弹簧将芯子顶上，排油孔道重新开放，油缸内的存油排除，盖子迅速下降闭合。

③ 粗滤器　即选用旋风式除尘器，有人认为蒸汽喷射泵在抽除脏污气体时，不需安装过滤器，理由是蒸汽喷射泵并不在乎灰尘，而且加除尘器反而会降低抽气管道的流导。但实际上都装有过滤器，效果明显。定期打开下面的密封盖，总有数量可观的灰尘污物。

④ 预抽真空室　这是一焊接结构的圆筒，生产中预先抽空，在真空脱气的特定阶段可借助真空阀，使真空室内的气体向预抽室内扩散，从而在 4s 内，把真空室中的压力从 80Torr 降低至 35Torr。

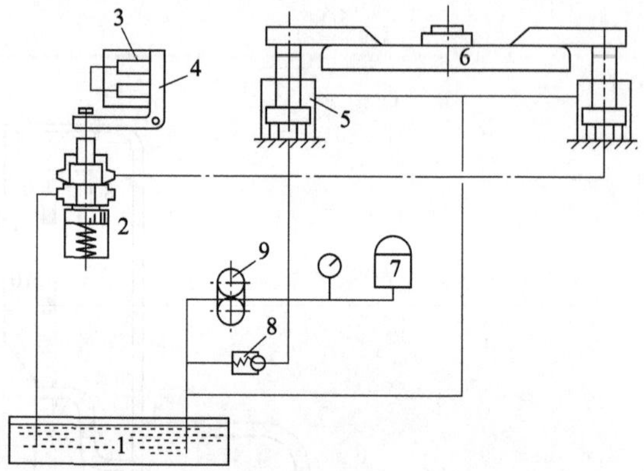

图 28-100　启盖液压系统（图示为开启情况）
1—油箱；2—自动断流阀；3—电磁铁；4—衡铁；5—油压缸；6—真空室盖；7—油压稳定器；8—溢流阀；9—油泵

⑤ 气动真空阀（图 28-101）　真空阀的基本要求：a. 阀的开闭必须迅速、省力；b. 密封可靠；c. 机械结构牢固耐用。该系统设计一种利用压缩空气为动力的气动真空阀。这种阀门由阀门厂生产，有标准的产品。可根据需要选用，不必自己重新设计。

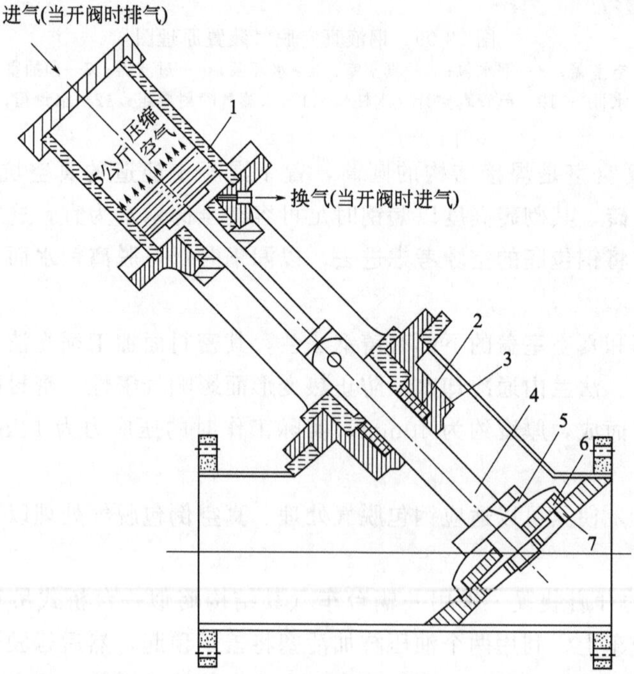

图 28-101　气动真空阀
1—活塞；2—密封圈；3—法兰；4—活塞杆；5,6—橡皮圈；7—中间隔板

(3) 真空脱气设备的真空泵

① 水环泵　用水环泵作为启动泵，极限真空是 90%（即大气压力为 760Torr，剩余压力可达 76Torr)。由于这种泵的工作特性是定容的，也就是说，不论被抽气体的压力有多大，在单位时间内抽掉的气体的容积总是恒定的。

即
$$\frac{\mathrm{d}V}{\mathrm{d}t}=S=\text{常数}$$

设真空室的容积为$\overline{V}_0$，室内原始气体压力 P_0，气体的质量为 G_0。当真空泵开动后，对容积进行抽气，压力由 P_0 降至 P，质量由 G_0 降至 G，在此瞬时 $\mathrm{d}t$ 时间内，抽掉的气体的质量为

$$\mathrm{d}G=-rS\,\mathrm{d}t$$

式中 r 是气体在此瞬间的密度（$\mathrm{kg/m^3}$)，故气体的容积$\overline{V}_0$ 为恒定，故 r 与 G 成正比

即
$$r=\frac{G}{\overline{V}_0}$$

所以上式成为：
$$\mathrm{d}G=-\frac{G}{\overline{V}_0}s\,\mathrm{d}t$$

根据玻义耳气体定律，气体的质量与压力成正比，所以：

$$\frac{\mathrm{d}G}{G}=\frac{\mathrm{d}P}{P}=-\frac{S}{\overline{V}_0}\mathrm{d}t$$

$$\int_{P_0}^{P_1}\frac{\mathrm{d}P}{P}=\int_0^T-\frac{S}{\overline{V}_0}\mathrm{d}t$$

$$\ln P\Big|_{P_0}^{P_1}=-\frac{S}{\overline{V}_0}\Big|_0^T$$

$$\ln\frac{P_0}{P_1}=\frac{S}{\overline{V}_0}T$$

$$T=\frac{\overline{V}_0}{S}\ln\frac{P_0}{P_1}=2.3\frac{\overline{V}_0}{S}\lg\frac{P_0}{P_1}$$

式中，P_1 是规定的某个压力，T 是从 P_0 抽到 P_1 所需的时间。

实践证明：该真空室初压为 760Torr，终止压力为 80Torr，计算所需的时间 1.3min，实际上需要的时间为 1.5min 左右。实际抽气时间与理论计算颇为接近。

② 水蒸气喷射泵　考虑到现有机械泵在真空脱气设备上应用的一些缺点，真空脱气设备抽真空的真空泵常用水蒸气喷射泵，其工作原理如图 28-102 所示。

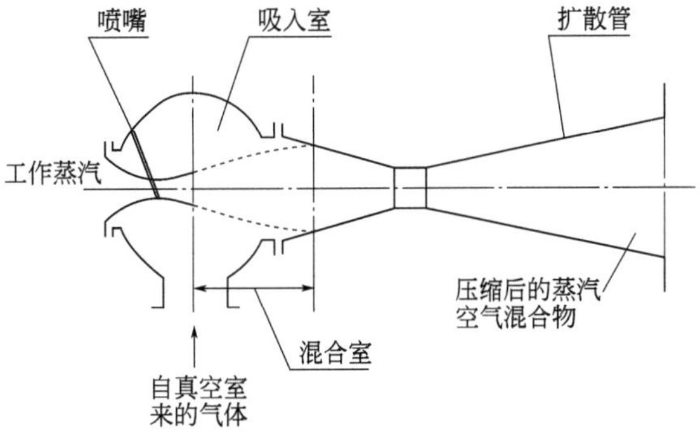

图 28-102　蒸汽喷射泵工作原理

从图 28-102 可见，蒸汽喷射泵由以下主要部分组成：吸入室，从真空室中抽出的气体就进入此处；喷嘴装在吸入室中，后面紧接着扩散管。

喷嘴通常是渐缩至喉部之后渐扩式的拉瓦尔式形成超音速的喷嘴型式。而扩散

管多半由两个相对的锥筒形成，它们之间有一段过渡的圆筒形部分——扩散管的喉部。扩散管和喷嘴严格地配置在同一条中心线上。

从蒸汽管道引进4～6个大气压的高压水蒸气作为泵的动力源。经扩散形喷嘴喷出的蒸汽获得巨大的速度。蒸汽在混合室中携带被抽气体冲入到扩散管中，沿着运动的路径夹带气体一同前进。最后，气体与工作蒸汽一起，在扩散管中被压缩到某一定的压力而排出。

在单级蒸汽喷射泵中，真空度可达80～150Torr。为了获得更低的压力，需要进一步进行压缩，因此需要配置若干级喷射泵和中间冷凝器。蒸汽伴同气体一起从第一级喷射泵射出后，立即进行混合式的冷凝，即混合气体自冷凝器的底部通入，在冷凝器中沿着曲折的路径上升而冷水自顶部向下喷淋，这样一来，蒸汽被冷凝成水，而把冷却水的温度提高了。由于冷凝器安装高度大于10m（相当于一个大气压力的水位），因此沿着管道流入到水封池的下水道中。此时冷凝器中主要只剩下被抽的气体。这时具体压力和温度下蒸汽还占有一定的分压，将这些混合气体吸入第二级喷射泵，再在扩散管内压缩，再冷凝……，一直到吸入第四级喷射泵，在第四级扩散管内压缩后，直接喷射到大气中，有时加消音器，通过消音后排至大气中。

实验数据得到的结果如表28-73所示。

表28-73　多级蒸汽喷射泵及对应的压缩比

级别	第1级	第2级	第3级	第4级	放空
压力/Torr	1	16	50	256	761
压缩比	—	16	3.1	5.1	2.97

蒸汽喷射泵的特点是结构简单、造价低廉，对冷却水要求不能过高（地下水温度低，冷凝效果最好，而江、河水夏季可超过30℃，冷却效果不好，故费水。为省水可回收循环利用），水的消耗量也比较大。此外，由于腐蚀性介质被稀释，冷凝器受腐蚀较轻微。当然不用冷凝器也行，但不经济。故要用有冷凝器的蒸汽喷射泵。从比较来看，使用蒸汽喷射泵进行钢水的真空精炼除气比用机械泵合适。

近代蒸汽喷射泵由于工况的复杂多变，设计计算理论还不够完善，往往通过试验方法来求得更完善的设计，边试验边改进，最终达到定型产品。

(4) 钢水真空脱气工艺及效果

脱气处理工艺操作过程简述如下。

① 在出钢前约10min开动蒸汽喷射泵及真空阀13（见流程图28-99钢液真空脱气装置原理图），抽空预抽室，而且一直不停地抽下去（5min抽到1Torr左右）；

② 出钢时开动水环泵；

③ 钢包吊入真空室，立即关闭盖子，此时水环泵就开始抽真空（这个过程耗时2min）；

④ 由真空计读出剩余压力达到80Torr左右。立即关闭水环泵和真空阀14（这个过程耗时1.5min）；

⑤ 开真空阀15，使预抽室和真空室均压，压力约35Torr（这个过程约4～5s）；

⑥ 关真空阀13，此时蒸汽喷射泵即专抽真空室，约30 s。即达到5Torr（要求最低的真空度），再用20 s达到2Torr左右；

⑦ 陆续抽空，保持一定时间（按不同钢种而定，一般为 4min 左右）。

⑧ 充气开盖，吊出钢包。

总的处理过程耗时约 8min。

处理后，钢水温度降低程度与钢水量及渣的稀稠有关。平均在 60℃左右，因此出钢温度都要相应地提高。

真空处理的主要目的是降低变压器硅钢的气体和杂质。提高硅钢片的电磁性能，进一步均匀化学成分，减少偏析。优质碳素结构钢、纯铁和奥氏体锰钢的真空处理，是在利用设备的基础上，缩短精炼期，减少钢水中气体和夹杂物，提高了冲击韧性和延伸率，进一步减少了奥氏体锰钢铸件的开裂。

变压器硅钢在真空处理过程中除未能达到降低碳含量之外，其他方面都有所改善，如下所述。

a. 碳。在优质碳素结构钢和奥氏体锰钢中碳的变化不大，纯铁和变压器硅钢，由于含碳量较低，要求是在 0.03%左右，在真空处理中，沸腾虽然剧烈，但在处理之后反而有增碳的趋势。这种反常的情况可能是由于钢包衬砖和袖砖因不耐腐蚀而经过沥青煮熬焦化后使用的结果，现试用不经沥青煮熬的耐火材料，以求减少碳的来源。

b. 硅。硅的回收率有所提高，在变压器硅钢中平均增加约 0.03%，采用真空处理之前，小型硅钢锭中硅的偏析，平均为 0.20%，真空处理后平均为 0.10%。

c. 锰。在真空处理前后，锰的变化不大。

d. 磷。对变压器硅钢在真空处理之后，略有降低，平均为 0.00052%。

e. 硫。真空处理对降低硫的含量有显著效果。例如变压器硅钢一般含硫量为 0.004%左右，经过真空处理之后，一般可达到 0.003%左右，最低的硫为 0.0017%，其脱硫效果最高达 57%，对其他钢也有类似情况。

f. 氢。变压器硅钢在真空处理后，应有较高的除氢率。但实际所得为 13%，平均含氢量为 4.14（标准 mL/100g）。

g. 氧。变压器硅钢在真空处理之前平均含氧量为 0.00628%，真空处理后，平均为 0.000352%，除氧率为 44%；其中有 50%炉号含氧量小于 0.0025%，未经真空处理者氧含量大于 0.0055%的有 60%；

h. 氮。真空处理变压器硅钢之后，平均除氮率 18%，钢中实际含氮量平均为 0.00405%；

i. 夹杂。变压器硅钢锭经轧成板坯，再经过真空处理后，平均氧化夹杂为 1.54 级，其中 1 级者占 13.5%，未经真空处理者为 1.72 级，其中无 1 级者。电解夹杂物总量降低 37%，硅钢片上有 38%炉号是 1～1.5 级，未经真空处理者均大于 1.5 级。

以上数据是设备建成后立即进行试验的结果。仅供参考。现在的实际应用中数据有更大改善。

28.11 真空烧结

28.11.1 真空烧结原理及特点

真空烧结是 20 世纪 60 年代发展起来的新型冶金技术。通过真空气氛将粉状、海绵状、细晶体状金属材料烧结成型。目前已经在芯片制作、集成电路生产、硬质合金、透明陶瓷、氧化镁陶瓷、钨合金、钽钨合金、永磁材料、碳化物，以及钽、铌、钼、铍制备上得到了广泛应用。

真空烧结是在真空氛围中，对粉末或压坯在低于主要组分熔点的温度下的加热处理，借颗粒间的联结以提高强度。烧结是一个很复杂的过程，压坯要经过一系列的物理化学变化，开始是水分或有机物的蒸发或挥发，吸附气体的排除，应力的消除，粉末表面氧化物的还原；继而是原子间发生扩散，黏性流动和塑性流动，颗粒间的接触面增大，发生再结晶或颗粒长大等。出现液相时还可能产生固相的溶解和重结晶。这些过程彼此间并无明显的界限，而是穿插进行，互相重叠，相互影响。

真空烧结与大气中烧结或保护气氛中烧结比较其特点如下所述。

(1) 烧结时真空氛围优于保护气氛

烧结工艺中用作保护气氛的气体有 H_2、Ar、N_2 等，但对这些气体纯度的要求很高。如将炉内的气氛抽到 1.33Pa 的真空度，则相当于纯度可达 99.99987% 的 Ar 气的纯度，若选用如此高纯度的 Ar 气是十分困难的，而要求炉内达到 10^{-1}Pa 的真空度，是十分容易的。而且使用保护气氛时由于炉内和烧结体中会含有吸附水，会引起保护气氛纯度的降低，但对真空系统而言，维持真空烧结工艺所要求的真空度，是比较容易的。

(2) 真空具有还原性作用

由于多种金属的烧结需要有纯度很高的还原性气氛，如 Ni、Cr、Ti、Zr 等金属表面的氧化物需要很纯的 H_2（水含量不得大于−40℃时的露点）才能被还原，这一要求很难达到，而−40℃的露点只相当于 10^{-2}Pa 的低压值，是容易获得的。而且在真空中各种金属氧化物的饱和蒸气压又较低，更可以促使氧化物的分解和排除。

(3) 真空具有良好的脱气作用

烧结体所吸附的气体，水分和低熔点杂质在烧结过程中易于被真空系统抽出。

(4) 真空气氛易于促进液相对固相的润湿

实践测定表明，在真空气氛中由于液相对固相的润湿角度最小，易于促进液相的烧结作用。

(5) 真空具有活化烧结的作用

真空条件下可对烧结系统中存在的氢化物、卤化物和易于还原的金属氧化物产生分解作用，因此能获得的金属具有很强的活性，从而可以起到活化烧结的作用。

(6) 采用真空烧结可避免保护气氛与烧结体发生化学反应，如 Ti、Ni、Zr 等金属与 H_2、N_2 等气体发生反应，故采用真空烧结法取代保护气氛是必要的。

(7) 真空具有提纯材料的作用

真空条件下钽、铌可完全除掉钠、钾等杂质，并可使锡、铅、铁、硅等含量减少，并能除掉非金属杂质氢、氮和氧。

(8) 真空烧结可提高烧结体的质量

真空烧结可以得到材质致密，不需要任何机械加工的烧结体，从而极大地提高烧结体的质量。真空烧结的缺点是对蒸气压过高的金属不宜采用高真空烧结，否则易于造成金属的损失。同时，在烧结过程中也难于实现自动化、连续性生产，而且烧结炉对其气密性要求高，从而增加了炉子的造价，提高了产品的成本。

28.11.2 几种材料真空烧结工艺

各种材料真空烧结工艺不同，同一种材料采用不同的工艺路线，材料性能亦不相同，也就是说工艺路线是可变的，不是唯一的，下面所介绍的各种材料真空烧结工艺，仅供参考。

28.11.2.1 硬质合金真空烧结

硬质合金生产中，采用真空烧结代替氢氛围中烧结，早已是成熟的工艺，已被世界各国用于硬质合金生产。郑树林给出了硬质合金真空烧结工艺及性能。

真空烧结的硬质合金同 H_2 气烧结合金相比，其宏观性能提高主要表现在三项物理性能（硬度、温度、比重）和耐磨性得到显著提高，两种烧结的典型数据见表 28-74。

表 28-74 氢气烧结同真空烧结产品的物理机械性能对比结果

检验项目	单位	氢气烧结产品	真空烧结产品
硬度	RA	91.0	91.8
抗弯强度	kg/mm^2	123	195
抗压强度	kg/mm^2	420	447
比例极限	kg/mm^2	172	176
弹性模数	$\times 10^2 kg/mm^2$	53	57
切削试验：193m/min	后角磨损(mm)	0.4318	0.1270
深度 3.175mm，2min	月牙洼磨损(mm)	0.7112	0.3810

注：WC-8%TiC-11.5TaC-8.5CO%硬质合金

制定硬质合金真空烧结工艺原则如下所述。

① 真空烧结工艺制定　烧好的硬质合金的组织结构和性能固然取决烧结前的许多因素，但当其他条件一定时，烧结工艺本身对硬质合金的组织和性能有着重大的，甚至是决定性的影响。就目前国内外对各种牌号和型号硬质合金真空烧结工艺制度的研究，最佳真空烧结工艺制度应当控制好两个环节：a. 在压坯出现液相前，大约低于所烧结合金出现液相温度 50°左右，要保温适当时间，使压坯中各种粉末颗粒表面氧化膜同制品中游离碳反应，完全消除氧化膜。从而改善黏结相同硬质相间的湿润性和合金组织结构。b. 合理确定从出现液相温度到最终烧结温度间的升温速度、烧结温度及保温时间。对于不同牌号合金其工艺制度并不相同。这些工艺条件都严重地影响合金的最终性能。

② 真空烧结过程中真空度控制　真空度控制应关注以下三点：a. 装料后冷却抽真空度应达到 10^{-3}Torr。漏气率对于炉壳体积小于 $1m^3$，压升率<0.5Pa/h。这两项指标均不可忽视。如果炉子漏气率很大，表明合金烧结过程，制品是在不断漏入空气的气氛下进行烧结，由此将导致制品的脱碳、氧化。如果冷炉真空度很低，表明炉子升温前炉内气氛中含较多空气；b. 出现液相前是制品进行碳反应阶段，根据对硬质合金真空烧结过程碳氧反应的热力学计算，此阶段炉内真空度应尽可能高。尤其到保温末期，炉内真空度应达到 10^{-2} 托以上，这表明碳反应基本结束；c. 从开始出现液相到完成烧结过程，为防止黏结相挥发，炉内真空度可以降低到 1Torr 甚至更低。降低炉内真空度不是漏入空气，而应当是补充氩气，在氩气保护下于低真空下完成烧结。为了使烧结过程合金更好地致密化，国外已采用加压烧结法，即在真空烧结最高烧结温度末期，通入压力 $15\sim20kgf/cm^2$ 氩气，以

提高产品密度，消除合金中微孔，使产品强度和耐磨性均有显著提高。

③ 烧结前压坯中 O/C 游比　在 H_2 气烧结时，压坯中氧化物可以靠 H_2 还原除氧。真空烧结过程中要除掉各种颗粒表面氧化物，只能靠碳氧化物反应来完成。为了除去压坯中氧，必须有足够的游离碳，否则，氧化物同稳定性小的 WC 反应，使 WC 变成 W_2C 造成合金脱碳。这个问题只有在配混合料时，根据原料氧含量和从球磨、脱蜡、物料存放等过程原料氧含量的变化，配入适当游离碳，满足碳氧反应需要，保证合金中化合碳在最佳范围。以保合金性能最佳。研究发现烧结前压坯中 O/C 游比对合金性能有影响。一般在烧结前压坯中 O/C 游比在 1.1～1.5 间为好，不得大于 2.0 或小于 0.9，否则会出现制品脱碳或渗碳。

④ 脱蜡（胶）工艺　在进行真空烧结之前，要先脱去压制时加入增塑剂——石蜡或橡胶。脱蜡（脱胶）可有两种方法：真空脱蜡（胶）或氢气保护下脱蜡（胶）。目前国内多数采用 H_2 气保护脱蜡（胶）。各种增塑剂均是由碳氢化合物构成，在脱蜡或脱胶过程增塑剂将以两种方式从压坯中排除。这两种方式是：以气体状态挥发和分解成游离碳、碳氢化合物从制品中排出，因此增加了压坯中的游离碳含量。在实际生产中两种方式均同时发生，每种方式所占的比例随脱蜡（胶）工艺制度不同而不同。由此可知，在脱蜡（胶）过程中，由于工艺制度不同，造成压坯中增加游离碳量也不同。为了保证烧结前压坯中 O/C 游比适当，对选定的增塑剂，应当制定一个合理的脱蜡（胶）工艺制度，使脱蜡（胶）后，压坯中增加游 C 量最小，且又稳定，这是制定脱蜡（胶）工艺制度时必须认真考虑的问题。

28.11.2.2　高纯致密氧化镁陶瓷的真空烧结

新一代非易失性高密度磁性存储器（MRAM）与当前主流的半导体存储器相比，具有更低功耗、更快的读写速度、更长寿命等优点，广泛应用于移动设备终端、数据存储、卫星航天等领域。磁隧道结（MTJ）是 MRAM 的关键组元，其隔离层为 0.8～2nm 厚的氧化物薄膜。MgO 薄膜具有巨大的磁电阻效应，良好的非易失性，高介电性和低介电损耗等优点，广泛用作 MTJ 的隔离层。MgO 膜的制备通常是以 MgO 靶为阴极源，通过磁控溅射在基体材料上沉积 MgO 薄膜。因此，制备高纯致密组织细小均匀的靶材是获得性能优良无缺陷薄膜的关键条件之一。

目前高致密的 MgO 陶瓷基本上都是通过热压和热等静压烧结得到，但烧结时容易出现渗碳污染，且耗能较大，无法批量生产。因此低能耗、可批量生产的无压烧结成为研究热点。为克服 MgO 无压烧结温度高而致密度不高的缺点，获得高纯致密微观组织细小均匀的 MgO 靶，研究人员采用高纯 MgO 粉末为原料，对比常压和真空气氛烧结，探究了烧结温度、保温时间及烧结气氛对 MgO 致密化的影响作用。陈淼琴等给出了氧化镁陶瓷烧结工艺及性能分析。

(1) 氧化镁陶瓷主要烧结工艺

采用 CIP 工艺将原始 MgO 粉末压制成相对密度为 60±2%的 MgO 素坯。将 MgO 素坯在 500℃充分煅烧后分别进行常压烧结和真空烧结，常压烧结温度范围为 1400～1600℃，温度梯度为 50℃，保温时间为 2～14h，时间梯度为 2h。得到常压烧结致密度随温度变化曲线（图 28-103）后，在拐点温度附近增加烧结实验以探讨拐点温度范围。真空烧结温度为 1500℃和 1550℃，保温时间分别为 2h，4h，6h，真空度为（0.9 ±0.1）Pa。

因 MgO 的热膨胀率较高，1000℃以上烧结都保持缓慢的升降温速率，以免 MgO 烧结样开裂。

(2) 真空常压烧结相对密度与晶粒平均尺寸

常压烧结 MgO 陶瓷的相对密度和平均晶粒尺寸随温度的变化趋势如图 28-103 所示。可以看出，随着烧结温度从 1380℃上升到 1500℃，MgO 陶瓷的相对密度从 92.68%逐渐升高到 98.1%，此后相对密度随烧结温度的升高而略微降低。平均晶粒尺寸在温度从 1380℃升高到 1550℃时，从 5.88μm 缓慢地增长到 12.75μm，此后随温度升高晶粒尺寸急剧增大。烧结温度过高，MgO 粉末会逐渐失去活性。高温下烧结样相对密度的下降，应是 MgO 陶瓷在高温下的过烧膨胀所致。

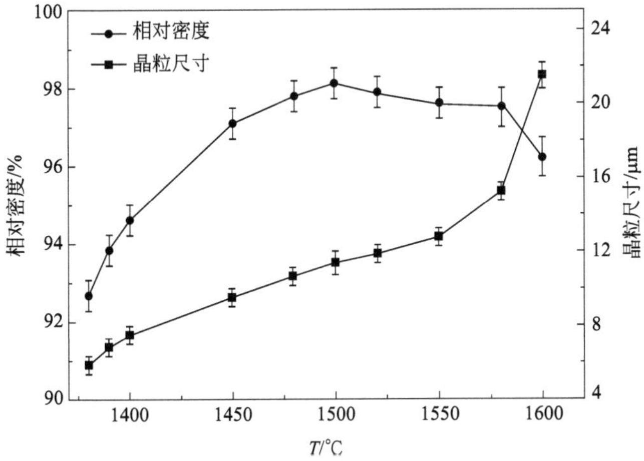

图 28-103　不同温度下常压烧结 MgO 陶瓷的相对密度和晶粒尺寸

(3) 常压和真空烧结数据分析

常压和真空烧结的对比实验如表 28-75 所示。结果表明，总体上真空烧结气氛能明显提高 MgO 陶瓷的相对密度，且不会引起显著的晶粒粗化。在较低烧结温度和较低保温时间（如 1500℃保温 2h）下，真空和常压烧结试样的相对密度和晶粒尺寸仅有微弱差异；而在高烧结温度和高保温时间（如 1550℃保温 4～6h）下，与常压烧结样相比，真空烧结样的相对密度和平均晶粒尺寸均显著升高。对比表 28-75 中实验结果，可发现最优烧结条件为 1500℃真空烧结 4h，此烧结条件下得到的 MgO 陶瓷致密度最高为 99.12%，平均晶粒尺寸为 11.71μm。

常压和真空烧结 MgO 试样的断面 SEM 图谱分析可知，烧结后 MgO 试样中的晶粒均为等轴晶，大部分晶粒边界平直化。烧结温度升高后，试样中晶粒尺寸明显粗化，孔隙逐渐球化，隔离孔一旦形成就极难消除。对比常压和真空试样的断面形貌，可见真空烧结试样的中孔隙数量显著降低，MgO 达到了高致密，仅有少量的孔隙存在于晶界上。

常压和真空烧结 MgO 样的晶粒尺寸如图 28-104 所示。可见与常压烧结样相比，真空烧结样的晶粒尺寸分布范围更窄，接近正态分布，尺寸标准差 σ 较小，尺寸分布更均匀，异常长大晶粒比例较少。比较不同温度下的试样可发现提高烧结温度后，晶粒尺寸均值 μ 均升高，并且在高烧结温度下更明显。

表 28-75 真空和常压烧结 MgO 试样的相对密度和平均晶粒尺寸

烧结条件		真空烧结		常压烧结	
烧结温度 T/℃	烧结时间 t/h	相对密度 ρ/%	晶粒尺寸 D/μm	相对密度 ρ/%	晶粒尺寸 D/μm
1500	2	95.76	9.13	95.08	9.07
	4	99.12	11.71	98.10	11.36
	6	98.92	16.73	97.94	12.64
1550	2	96.83	11.45	95.88	9.99
	4	98.74	15.61	97.57	12.75
	6	98.78	20.31	97.09	14.30

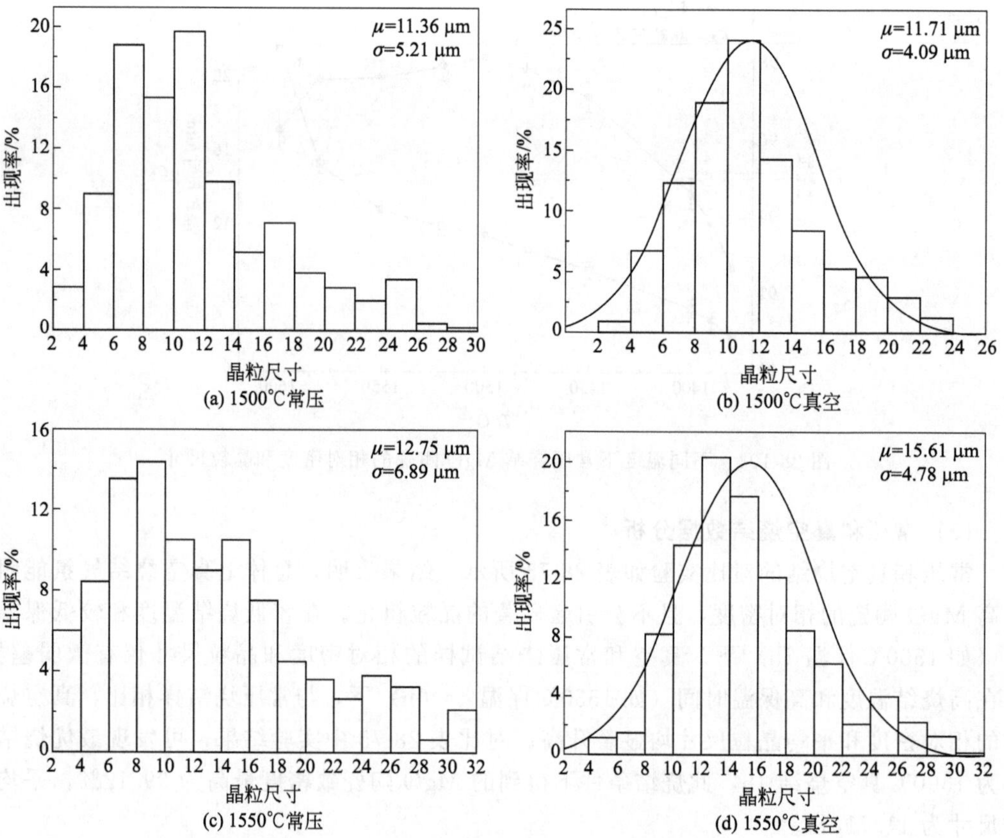

图 28-104 1500℃及 1550℃下常压和真空烧结试样晶粒尺寸分布（保温 4h 时）

(4) 常压烧结和真空烧结对比结论如下：

① 常压烧结末期，常压烧结 MgO 试样中总会残留一定量隔离孔，难以消除；真空烧结通过消除隔离孔中的气压来消除烧结末期致密化的阻力，从而显著提高烧结体的致密度。

② 优化烧结过程中的参数，在 1500℃真空烧结 4h，获得相对密度为 99.12%，平均晶粒尺寸为 11.71μm 的高纯 MgO 陶瓷。

③ 分析常压和真空烧结过程中的烧结动力，可知真空烧结动力高于常压烧结动力，

尤其是烧结体中孔隙大部分形成孤立孔隙后；因真空烧结动力更高，试样中的小晶粒也能快速生长，因此真空烧结试样中晶粒尺寸更均匀，尺寸标准差更小，异常长大晶粒比例较小。

28.11.2.3 真空烧结 Ta-W 合金条

Ta-W 合金是一种固溶强化型单相二元合金。因其具有高熔点、高密度、耐腐蚀，良好的焊接及加工性等特点，在高温环境下是一种优良的结构材料，已逐渐应用于国防、航天等领域。钽合金锭坯常用粉末冶金法和电子束熔炼法制取，电子束熔炼的锭坯，杂质和间隙元素含量低、成分均匀、具有良好的塑性。本研究的 Ta-W 合金条就是用作电子束轰击炉熔炼 Ta-W 合金的电极。电子束熔炼对原料中的气体、杂质含量、外形、强度有着较高的要求。如气体含量过高，在熔炼时会有大量的气体析出，对电子束流和熔池的稳定性有很大影响。杂质含量过高会产生大量挥发和飞溅，从而影响到坩埚的拉锭和旋转系统，导致熔炼无法正常进行，外形和强度直接影响熔炼前电极的捆绑与焊接、一般来说，电子束熔炼要求原料中各元素质量分数为 C≤0.010%，O≤0.200%，N≤0.010%，因此熔炼前合金条中的 Ta、W 应均匀分布，杂质元素含量应保持较低水平。王晖等给出了烧结 Ta-W 合金条的工艺及性能分析。

(1) 工艺流程

将 Ta 粉和 W 粉（均为冶金一级）按质量分数配比、使用 V 型混料机充分混料后在油压机上采用 300～500MPa 的压力冷压成型，再将成型坯料放入石墨坩埚中，置于高温真空碳管烧结炉中分别进行 1800℃，2100℃，2300℃和 2500℃保温 15h 的真空烧结，工艺流程见图 28-105。烧结后去除 Ta-W 合金条的外表皮，然后取样，采用原子吸收法和光谱法分析气体和杂质元素，采用排水法测定密度，然后进行跌落试验测试其强度，用扫描电子显微镜（scanning electron microscope，SEM）观察断口形貌。

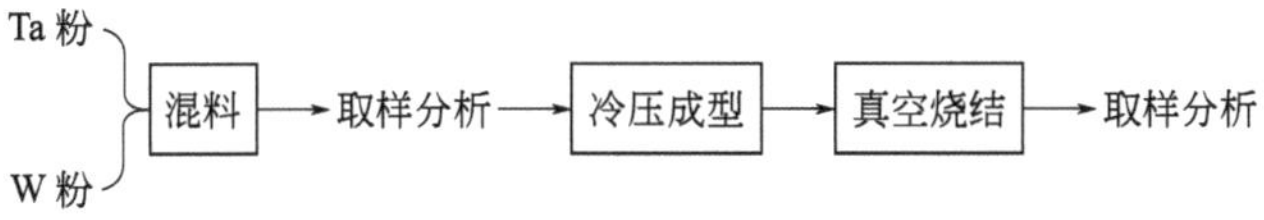

图 28-105　Ta-W 合金条生产工艺流程图

烧结温度对 Ta-W 合金条密度和弯曲度影响。烧结时，经过压制的多孔粉末会发生诸多复杂的化学、物理变化，同时也伴随着杂质间的相互作用以及孔隙消除等，这些因素最终导致坯料的致密化和杂质去除。Ta 与 W 的烧结是在低于熔点的温度下进行的，属固相二元系烧结，合金的形成主要靠扩散来实现。经过 4 个温度烧结后，Ta-W 合金条外形各有不同，其中 1800℃和 2100℃烧结后的合金条有较好的直线度，经测量，弯曲度小于 3mm/500mm（总长度弯曲的总弦高同总长度的比）。2300℃烧结后的 Ta-W 合金条稍有弯曲，弯曲度小于 5mm/500mm；2500℃烧结的合金条则严重弯曲，弯曲度大于 10mm/500mm，并且黏接严重，影响正常的出炉操作。密度是衡量坯条品质以及能否加工的重要指标。采用排水法测定 Ta-W 合金条的相对密度，2300℃和 2500℃烧结工艺下 Ta-W 合金条的相对密度（实际密度与理论计算密度的比值）均达到 90%以上，而 1800 °C 烧结工艺下的 Ta-W 合金条的相对密度不足 70%。图 28-106 给出了 4 个温度烧结后的 Ta-W 合金条的相对密度。

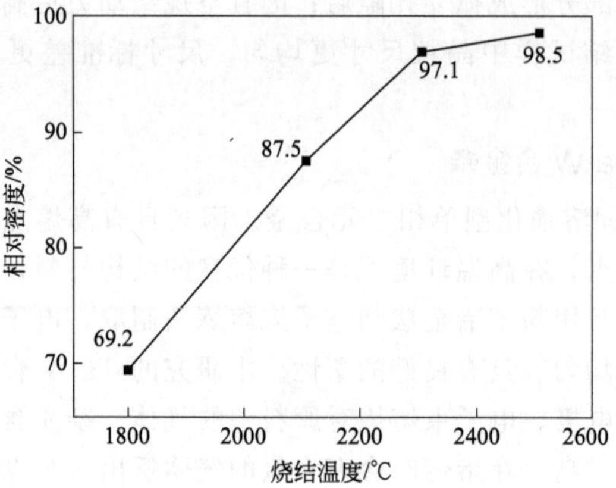

图 28-106　烧结温度对 Ta-W 合金条相对密度的影响

(2) 烧结温度对 Ta-W 合金条强度和韧性影响

电子束熔炼时要将合金条捆绑焊接成一定长度的电极，熔炼中还要整体步进移动，因此对合金条的强度和抗冲击性有一定要求。取 4 个烧结温度下的 Ta-W 合金条进行 2m 高自由跌落测试发现：1800℃和 2100℃烧结温度下的 Ta-W 合金条容易脆断，而另外两种烧结温度下的 Ta-W 合金条则有较高的强度和韧性，顺利通过测试。

(3) 真空烧结对 Ta-W 合金条杂质含量的影响

四种温度下进行真空烧结，除去杂质效果不同，表 28-76 给出了杂质含量对比，其中 2500℃烧结温度消除杂质效果最好。

表 28-76　烧结前后 Ta-W 合金条的杂质含量（质量分数）　　单位：%

杂质	C	N	H	O	Si	Fe	Ni	Cr	Ti	Mo
烧结前	0.023	0.067	0.030	0.180	0.030	0.010	0.010	0.010	0.010	0.005
1800℃	0.015	0.005	<0.001	0.160	0.002	0.005	0.004	0.005	0.005	0.005
2100℃	0.013	0.005	<0.001	0.150	0.001	0.005	0.004	0.005	0.004	0.004
2300℃	0.012	0.003	<0.001	0.110	0.001	0.003	0.003	<0.005	0.003	0.002
2500℃	0.012	0.003	<0.001	0.110	0.001	0.002	0.003	<0.005	0.002	0.001

(4) 真空烧结对 Ta-W 合金含 O、C 的影响

试验采用 5 批不同 O、C 含量的原料分别进行 2300℃、保温 15h 的烧结试验。表 28-77 为 5 批原料烧结前后 O、C 含量的变化情况。从表 28-77 可以看出，第 1，2，3 批原料中 C 含量超标，质量分数均大于 0.01%，第 4，5 批原料中的 C 则降低到质量分数 0.01%以内，且最终 C 含量随原料中的 O/C 质量比增大而减小。因此可以得出，要使烧结后 C 的质量分数小于 0.01%，O/C 质量比应大于 10。

表 28-77　不同批次 Ta-W 合金条烧结后 O，C 含量变化（质量分数）　　单位：%

批次	烧结前		烧结后	
	O	C	O	C
第 1 批	0.180	0.023	0.140	0.016
第 2 批	0.170	0.019	0.130	0.013

续表

批次	烧结前		烧结后	
	O	C	O	C
第 3 批	0.220	0.024	0.160	0.011
第 4 批	0.190	0.019	0.130	0.008
第 5 批	0.230	0.019	0.140	0.006

在 1800℃和 2100℃下烧结的 Ta-W 合金条，由于烧结温度不足，合金化程度很低，材料内部存在大量空隙。烧结温度较低时，只使颗粒表面的原子发生扩散，烧结颈长大，而颗粒本身的大小不变，没有发生收缩和致密化，这将导致 Ta-W 合金条密度不足。但如果烧结温度偏高，则会出现晶粒粗化，金属损失和能耗增大，同时又易使烧成的合金条软化、歪曲和变形。

一般来说，杂质以 2 种形式存在于原料粉末中：①以化合物形态夹杂在金属孔隙或晶粒间；②以固溶体形态溶解于金属中。400～ 800℃时原料内绝大部分 H_2 脱出，其余的 H 在 Ta 中以固溶体形态存在，常温下非常稳定，在 Ta 中的溶解度随温度的升高而降低，在 1000～1200℃时分解逸出。氮化物也非常稳定，在 2000℃以上扩散至金属表面，挥发除去。高温烧结过程中，O 与低熔点杂质 Fe，Ni，Cr 和 Mo 等形成低价氧化物，由于它们有着较高的蒸气压，因此在 1500～1900 ℃挥发；Si 在 1600～1900℃以低价氧化物形态挥发除去；Ti 的熔点较高，在 1800～2000℃时以低价氧化物形式开始挥发。

28.11.2.4 真空烧结 WC-Fe-Ni-Co 硬质合金

传统硬质合金是以难熔金属硬质化合物为基，以金属为黏结相，用粉末冶金的方法制备而成。由于 Co 具有良好的润湿性、屈服和加工硬化行为，而 WC 具有高的熔点硬度、化学稳定性和热稳定性的特点，所以 WC-Co 硬质合金得到最广泛的应用。WC-Co 硬质合金具有高的硬度、强度、韧性和极好的耐磨性，自从其出现以来就在切削、钻探、矿山、机加工及耐磨件等发挥极其重要的作用。但 Co 作为非常重要的稀缺金属，其价格波动且逐年上涨，并且对环境的负面影响也需要考虑。因而，在不损害硬质合金性能的基础上，用更低价格、更少污染的金属部分或者全部替代 Co 作黏结相，具有非常大的潜力。高阳等给出了烧结 WC-Fe-Ni-Co 硬质合金工艺及烧结温度和时间对性能的影响。

在 Fe 族金属中，由于 Fe 和 Ni 具有更低的价格、更少的污染和良好的润湿性，因此 Fe 和 Ni 被认为是理想的 Co 的替代金属。国内外学者在研究 WC-Fe-Ni-Co 硬质合金方面做了大量的工作。Zhou 等提出了一个关于 C-Co-Fe-Ni-W 相图的热力学模型，这种模型模拟出的正常两相区的碳含量范围与实验结果符合得很好。W. D. Schubert 等系统地研究了 Fe 基硬质合金的硬度、韧性、强度、耐磨性等性能，并与常规的 WC-Co 硬质合金作比较。在实际生产中硬质合金的烧结工艺主要有氢气烧结、真空烧结及气压烧结等。在氢气烧结过程中，碳含量不容易控制，容易形成石墨相或脱碳相，从而严重影响合金的性能和组织。低压烧结能更有效地消除硬质合金中的残留空隙，但是其对设备的要求也更高，生产成本较高。真空烧结由于工艺简单、操作方便并且能制备出全致密的合金，是一种非常有潜力的烧结工艺。但是很少有学者开展关于 WC-Fe-Ni-Co 硬质合金烧结工艺方面的研究。与 WC-Co 合金相比 WC-Fe-Ni-Co 硬质合金具有更窄的两相区。因此，需要严格控制合金的烧结工艺以避免不利相（石墨相和脱碳相）的形成。

(1) 合金制备

采用粉末冶金方法，以 WC 粉末为硬质相，Fe、Ni 粉和 Co 粉为黏结金属，制备 WC-20（Fe-Ni-Cc）硬质合金。具体制备工艺为，以 97# 汽油为球磨介质，球料质量比为 3：1，其中研磨球为 YG8 硬质合金球，在氩气保护下，以 $100r \cdot min^{-1}$ 球磨速度，在不锈钢球磨罐中球磨混料 22h；球磨后的料浆加入 1%（质量分数）丁钠橡胶作成形剂，随后料浆在 60℃的真空干燥箱中干燥 2h，混合粉末在 150MPa 压力下冷压成直径为 38mm 的圆柱状试样。

(2) 真空烧结工艺流程

真空度为 0.1Pa 的真空烧结炉中进行真空烧结，工艺过程如下。①以 $7℃ \cdot min^{-1}$ 的升温速度，加热到 580℃，然后在该温度下保温 80min，进行脱胶处理；②以 $4℃ \cdot min^{-1}$ 的升温速度，加热到 1200℃，然后在该温度下保温 60 min，进行预烧结，脱除粉末颗粒中的氧；③以 $3℃ \cdot min^{-1}$ 的升温速度，在温度升到 1220℃时通氩气直到烧结结束，防止黏结相的挥发，加热到烧结温度（1300℃，1340℃，1380℃，1420℃，1460℃），在该温度下保温 60min，进行烧结；④在上一步骤确定最佳烧结温度后，在该最佳温度下进行不同时间（30，60，90，120 min）的烧结，研究烧结时间的影响；⑤烧结完成后随炉冷却到室温。

(3) 烧结温度对体积收缩率和孔隙度的影响

图 28-107 为不同烧结温度下 WC-Fe-Ni-Co 硬质合金的体积收缩率和孔隙度。如图中所示，随着烧结温度的升高，合金的体积收缩率逐渐增大，孔隙度逐渐减小。当烧结温度达到 1380℃时，体积收缩率最大，孔隙度最小。随着烧结温度的继续升高，收缩率稍有降低，孔隙度稍有升高。在烧结温度为 1300℃时，为固相烧结阶段，此时虽然产生了一定程度的收缩，但由于没有液相的出现，粉末颗粒的运动困难，烧结体中仍然存在大量的孔隙，因此在此温度下，收缩率最低仅有 27.5%，而孔隙率最高为 19.6%。随着烧结温度的继续升高，液相逐渐出现，在毛细管力的作用下，液相填充孔隙，伴随着 WC 颗粒的重排，以及在液相中的溶解-析出，使烧结体进一步收缩。当烧结温度为 1380℃时达到致密状态，体积收缩率增加到 43.5%，而孔隙度减小到 0.02%，然而，当烧结温度继续提高到 1420℃和 1460℃时，合金的体积收缩率稍有下降，孔隙度稍有升高。Lisovsky 研究发现液相在颗粒间迁移的驱动力与固相晶粒的大小成反比。这是因为随着烧结温度的升高，加剧了液相中 WC 的重新排列和溶解-析出效应，促进了 WC 晶粒长大，从而降低液相黏结剂迁移填充孔隙的驱动力，这是造成收缩率下降和孔隙度升高的原因。Hu 等认为孔隙度的升高是由于晶粒的生长和粗化阻碍了气体排出的通道。

(4) 烧结温度对晶粒尺寸及对磁性的影响

烧结合金在不同烧结温度下的平均晶粒尺寸和磁性能如表 28-78 所示。由表知，随着烧结温度的增加，WC 晶粒尺寸逐渐增大，矫顽磁力逐渐减小。在黏结相一定的情况下，矫顽磁力与晶粒尺寸密切相关，矫顽磁力越小，晶粒尺寸越大，因此，矫顽磁力的降低，间接地说明了烧结时间促进了晶粒尺寸的长大。烧结温度的升高使 WC 在黏结相中的溶解-再析出效应逐渐增强，从而促进了 WC 平均晶粒尺寸的增大。表 28-78 的测试结果与不同烧结温度下合金的扫描电镜（SEM）形貌分析相一致。

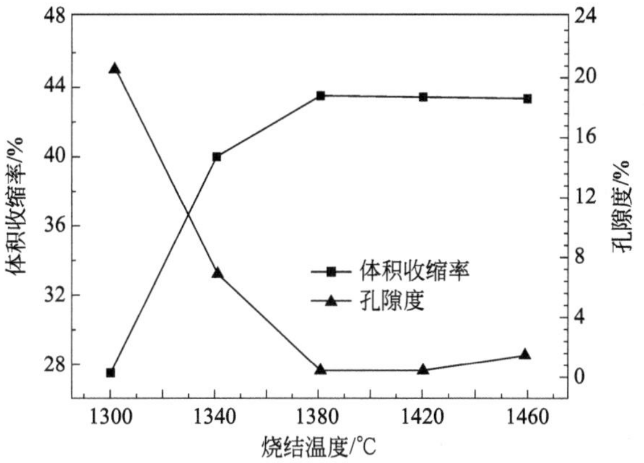

图 28-107 不同烧结温度下 WC-Fe-Ni-Co 硬质合金的体积收缩率和孔隙度

表 28-78 不同烧结温度下合金的平均晶粒尺寸和矫顽磁力

烧结温度/℃	平均晶粒尺寸/μm	矫顽磁力/kA·m^{-1}
1300	—	2.36
1340	—	2.33
1380	1.37	2.29
1420	1.46	2.26
1460	1.64	2.18

(5) 烧结温度对力学性能的影响

图 28-108 为不同烧结温度对合金的力学性能（硬度、断裂韧性和抗弯强度）的影响。当温度从 1300℃升高到 1380℃时，硬度从 280 MPa 升高到最大值 935 MPa，断裂韧性从 13.01 MPa·$m^{1/2}$ 增加到 22.47 MPa·$m^{1/2}$，抗弯强度达到最大值 2890 MPa。随着烧结温度的继续升高，合金的硬度、断裂韧性和抗弯强度开始降低。硬质合金的力学性能与材料内的缺陷和晶粒尺寸有关。在有缺陷的材料中，力学性能主要与材料内的缺陷有关。一般来说，合金中孔洞的存在容易产生应力集中，这将导致强度的降低。因此随着烧结时间的升高，孔隙逐渐减少，提高了材料的力学性能。在 1380℃时，合金最为致密，合金的强度最高。

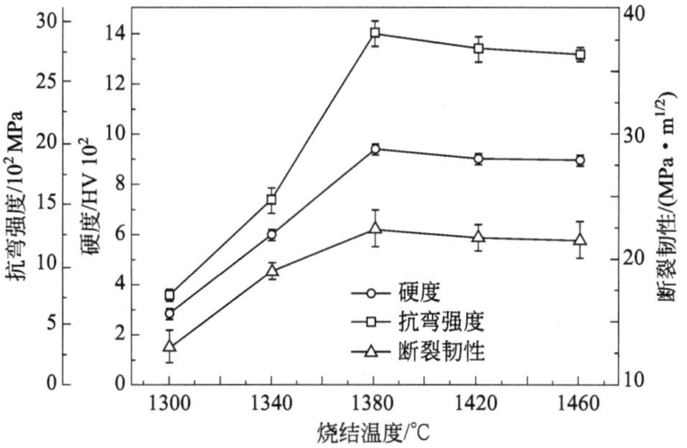

图 28-108 不同烧结温度下合金的力学性能

(6) 烧结时间对孔隙度及体积浓缩率的影响

图 28-109 为在 1380℃下烧结不同时间 WC-Fe-Ni- Co 硬质合金的体积收缩率和空隙度。如图 28-109 所示，随着烧结时间的延长，体积收缩率与孔隙度呈相反的变化趋势。当烧结时间在 30～120 min 时，合金的孔隙度在 1%以下，合金在较短的烧结时间下（30 min）基本达到致密状态。在 1380℃下烧结 60 min 时合金具有最高的体积收缩率和最小的孔隙度，继续延长烧结时间合金的孔隙度稍有下降。

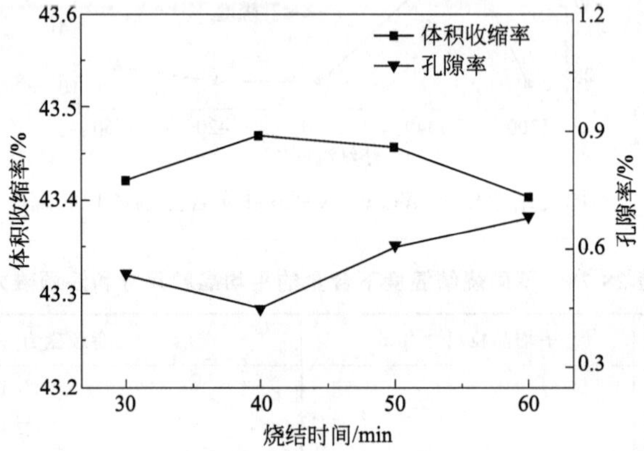

图 28-109　在 1380℃不同烧结时间下硬质合金的体积收缩率

(7) 烧结时间对平均晶粒尺寸及磁性影响

1380℃下不同烧结时间的硬质合金的晶粒变化见表 28-79。在 30 min 的烧结时间下在合金的微观组织中没有观察到孔洞的存在，并且晶粒尺寸最为细小，但是由于烧结时间较短，黏结相分布不均匀，有部分的黏结相聚集。在烧结时间为 60 min 时，合金均匀性最好。当烧结时间为 90 和 120 min 时，由于烧结时间过长，晶粒逐渐粗化，并伴随有异常长大的晶粒出现。随着烧结时间的延长，WC 晶粒尺寸逐渐增大，矫顽磁力逐渐减小。烧结时间越长，WC 晶粒尺寸越大。

表 28-79　1380℃下不同烧结时间烧结合金的平均晶粒尺寸和矫顽磁力

烧结时间/min	平均晶粒尺寸/μm	矫顽磁力/kA·m^{-1}
30	1.29	2.33
60	1.37	2.29
90	1.41	2.22
120	1.53	2.19

(8) 烧结时间对硬度和断裂韧性的影响

图 28-110 为烧结时间与硬度和断裂韧性的关系，可以发现随着烧结时间的延长，合金的硬度逐渐降低，断裂韧性逐渐升高。硬度与断裂韧性之间成反比例关系。由于在烧结时间为 30 min 时就烧结得到基本致密的合金，合金的硬度和断裂韧性主要与 WC 晶粒尺寸有关。随着烧结时间的延长，WC 平均晶粒尺寸逐渐增大，根据 Hall-Petch 公式，合金的硬度与晶粒尺寸呈反比例关系，晶粒尺寸越大，硬度越小。晶粒尺寸大，导致断裂时裂纹偏转，裂纹扩展的路径变长，消耗更多的能量，使合金的断裂韧性降低。

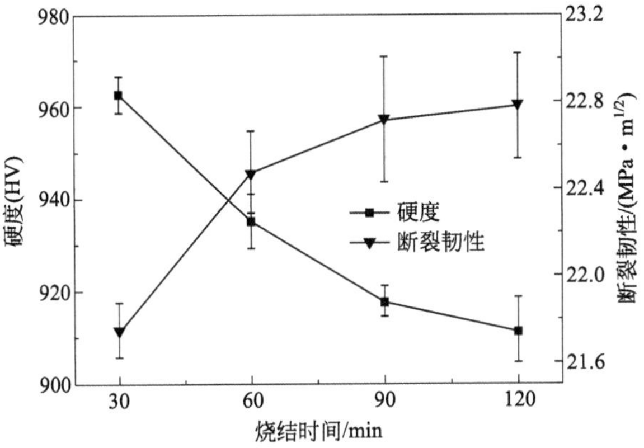

图 28-110 不同烧结时间下合金的硬度和断裂韧性

(9) 烧结时间对抗弯强度的影响

图 28-111 为不同烧结时间下合金的抗弯强度。如图所示，随着烧结时间的延长，抗弯强度逐渐增加，当烧结时间为 60min 时合金具有最大的抗弯强度。继续延长烧结时间，合金的抗弯强度稍有降低。合金中的空隙对抗弯强度产生重要影响。

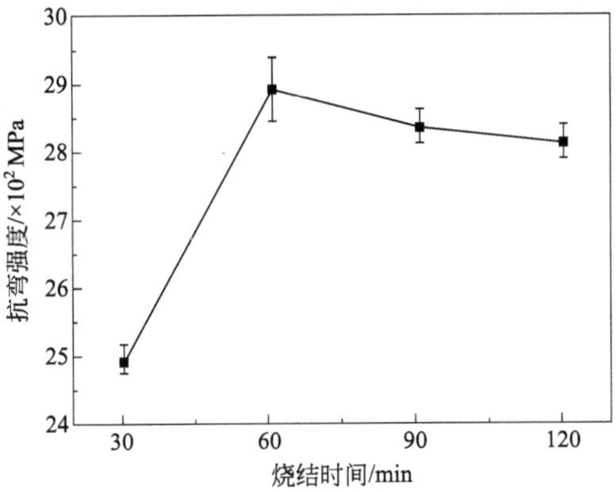

图 28-111 不同烧结时间下合金的抗弯强度

28.11.2.5 功率混合集成电路的功率芯片用真空烧结组装

在功率混合集成电路中，需要功率芯片。对于功率芯片的组装，存在的主要问题是：组装后的芯片，底部空洞较多，热阻较大，工作时发出的大量热量无法通过有效途径传输到外壳，从而导致了工作时结温过高，降低了器件的工作寿命，个别产品由于结温过高而产生了热奔击穿失效。采用通常的工艺如银浆导电胶黏结工艺和回流焊工艺存在很多不足。主要原因是银浆导电胶具有较大的热阻和较差的导热性能，因此不适用于功率芯片的组装。而回流焊工艺，由于焊膏中含有助焊剂，一般在空气或氮气保护下焊接，难免具有较多的空洞。近几年来，真空烧结工艺在功率混合集成电路领域得到了比较广泛的应用，取得了较好效果。原辉给出了功率芯片用真空烧结组装工艺路线和烧结的影响因素。

要得到优异的烧结效果，一条优化的工艺路线是最重要的因素之一。

烧结的过程主要包括预热、保温和冷却三个阶段，一般采用图 28-112 所示的思路编制。

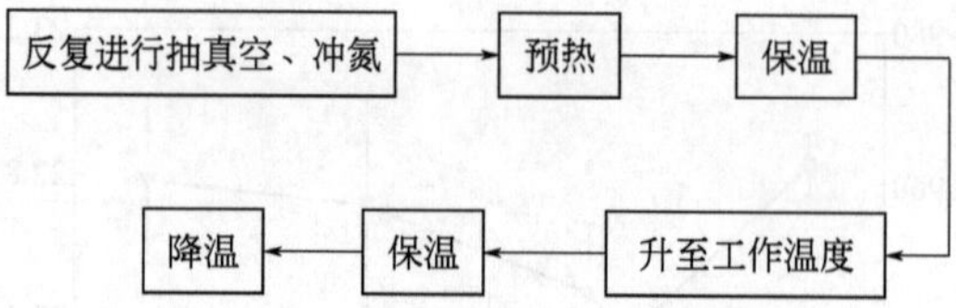

图 28-112 真空烧结工艺路线编制

在初始及预热阶段，通过反复冲放惰性气体、纯化炉内气氛，因为水汽等杂质气体会影响最终的烧结效果。

预热保温阶段进一步纯化炉内气氛，同时，整个工件的温度达到平衡，尽量减少温差。预热温度一般略低于焊料的熔点。

保温及炉温升至工作温度期间，抽真空或冲入一定压力的工艺气体，以使工艺气氛达到最优。

在整个烧结过程中，最关键的就是保温烧结阶段的烧结温度以及烧结时间的选取。根据热量传递条件和元件热容量的大小，一般烧结炉设定的烧结温度要高于焊料合金的共晶温度 30～50℃，在烧结导热性较差的外壳或热容量较大的底座时，烧结温度要适当提高。芯片能耐受的温度与焊料的共晶温度也是进行烧结时应当关注的问题，如果焊料的共晶温度过高，就会使烧结后的芯片电性能劣化（如：击穿电压下降、特性曲线变坏等）。另外，在保温烧结过程中，烧结时间和烧结温度同样重要，过短的时间会导致焊料没有足够的热量或时间来进行扩散浸润，过长的烧结时间同样会导致芯片电性能的劣化。

在降温冷却阶段，采用氮气用以冷却和工艺处理。选用 Au88Ge12 焊料在 Au 焊盘上烧结背面为 Ti-Ni-Au 功率芯片的烧结曲线如图 28-113 所示。烧结前进行 4 次气流清洗，清除杂质气体并对芯片和焊盘预热，真空环境下 400℃高温烧结 2 min，以使焊料充分浸润，最后采用氮气气流进行冷却。

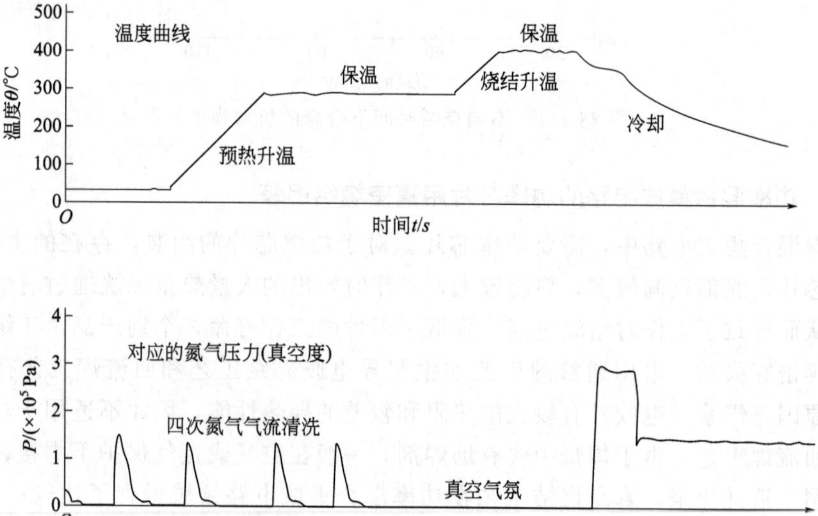

图 28-113 烧结曲线示例

在真空烧结的实施过程中，基片金属化、焊料、清洗工艺、芯片的保护、芯片表面的压力设置、多芯片一次烧结的实现方式和烧结工艺参数等都是影响烧结质量的关键因素，因此必须得到充分重视，并采取相应的措施，加以严格的控制。

(1) 基片金属化对烧结的影响及解决办法

在功率混合集成电路中，功率芯片的组装往往在基片上进行，基片金属化所使用材料的可焊性，附着力、表面粗糙度和镀层均匀性等对烧结质量的影响很大，如果存在以上问题，会导致焊料流淌不均匀、芯片的烧结面积不足、剪切强度偏小和表面起皮起泡等。另外，基片的制作特别是厚膜基片的制作气氛为干净空气，而功率芯片烧结工艺若为高温的氢气或真空气氛，将可能使厚膜基片性能退化，如附着力下降，膜元件参数漂移，严重时将使成膜基片不合格。因此，应根据基片金属化材料和芯片背面金属化材料的特性选择适合的焊料和烧结曲线。

(2) 焊料的选用

功率混合集成电路中功率芯片的烧结焊料选择原则是根据芯片背面材料、基片烧结区材料、工艺流程、使用及筛选条件的需要而确定，选择焊料时除了必须要考虑符合烧结机理外，还要考虑到是否适应热应力匹配的问题。表 28-80 给出了焊料选配。

表 28-80　焊料选配

芯片背面材料	基片烧结区材料	焊料
Ti-Ni-Ag Cr-Ni-Ag Ti-Ni-Au	PdAg PtAg	Pb36Sn62Ag2 Pb70Sn30 Pb88Sn10Ag2 Pb90Sn10 Au88Cr12 Au80Sn20
Ti-Ni-Ag Cr-Ni-Ag Ti-Ni-Au Ni	Ni	Pb70Sn30 Pb88Sn10Ag2 Pb90Sn10 Au80Sn20
Ti-Ni-Ag Cr-Ni-Ag Ti-Ni-Au	Au	Au88Cr12 Au80Sn20
Si	Au	Au98Si2 Au97Si3 Au99.5Sb0.5 Au98Sb2

(3) 清洗与污染的影响

在烧结时，使用了不洁净的基片、载体和焊料，或管芯背面受到了污染，就会造成在烧结过程中合金不能完全扩散，从而影响烧结的效果，因此在烧结前必须进行严格的清洗，以去除工件在加工和传递过程中带来的污染。清洗时，要根据污染的性质，采用相应工艺，方可收到良好的效果。清洗干净后的工件应当存放在氮气保护柜中。常见的清洗方法有气相清洗、超声波清洗、化学清洗和等离子轰击等，常见的清洗方法见表 28-81。

表 28-81 常见的清洗方法

方法	作用
CFC-113 气相清洗	去除大颗粒无机物和部分有机杂质
稀盐酸中浸泡	溶解焊接面氧化物
丙酮超声波清洗	溶解有机杂质
酒精超声波清洗	溶解有机物并脱水
等离子清洗	用等离子轰击焊接表面以去除杂质

(4) 芯片的保护

由于芯片较脆，为了避免不必要的损伤，对于芯片的拾放应避免使用刚性的镊子，可以使用塑性镊子或塑料真空拾放头进行拾放。

为了获得满意的烧结效果，在烧结过程中，芯片表面还必须施加一定的压力，如果将压力直接作用于芯片表面也会对芯片表面造成损伤，此时，可以在芯片表面放置一个保护芯片，压力作用于保护芯片，避免损伤待烧结的芯片。

(5) 芯片表面的压力设置

芯片表面的压力应适宜，太大容易将焊料从芯片底部过多地挤出，空洞增大，太小则会导致焊接后的芯片不平或边缘没有焊料浸润。通过多次试验发现，芯片表面压力设置在 0.001 ～ 0.003 N/mm^2 比较适宜。

28.11.3 真空烧结炉

28.11.3.1 钕铁硼真空烧结炉

稀土永磁是一种强磁性材料，自 20 世纪 60 年代末以来，已诞生了第一代 RCO_5、第二代 R_2CO_{17} 和第三代 NdFeB 等系列。

稀土永磁生产采用粉末冶金工艺，产品在磁场中取向、压制成型后需要经过烧结和时效，烧结过程通常是在真空或氩气、氢气、高纯氮气下进行。国内广泛使用的烧结设备是管式扩散炉。1984 年，德国首先推出了一种真空烧结炉；以后，美、日、法等国也开发了可用于稀土永磁烧结的卧式真空烧结炉。1986 年，沈阳真空技术研究所程革等在国内率先研制出适合于 Nd-FeB 烧结的真空烧结炉，开始了 NdFeB 真空烧结设备的国产化。

单室真空烧结炉主要结构见图 28-114，其中包括：炉体、风冷换热系统、加热室、磁性调压器、控制系统、真空系统。

炉体采用水冷壁。加热室材料为不锈钢成型，保温层为由硅铝纤维外包瓦状钼片构成。加热室内的发热体用钼丝或钼片制作。

真空系统依据烧结过程中放气量大并伴有粉尘产生的现象，采用大抽速，加粉尘捕集器的高真空扩散泵机组。其组成：扩散泵-罗茨泵-机械泵。由于大抽速罗茨泵降低了扩散泵出口压力，改善了扩散泵的工作条件，缩短了粗抽时间并使烧结过程中阶段性放气迅速排出，避免了烧结时形成材料表面再次氧化。

为了改善产品性能，提高效率，设备上设置了产品冷却系统。分为内循环冷却方式和外循环冷却方式，内循环冷却方式是风冷换热器与炉体为一体；而外循环冷却方式是两者

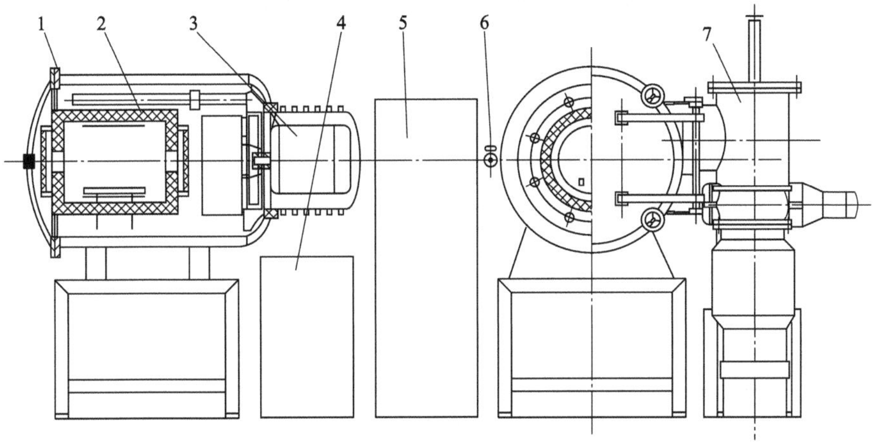

图 28-114　单室真空烧结炉主要结构

1—炉体；2—加热室；3—风冷换热器；4—磁性调压器；5—控制系统；6—充放气系统；7—真空系统

分离，如图 28-115 所示。按设计结构来说，两种结构各有所长；按其性能来说，也无太大区别。价格上内循环相对低一些。按冷却的风向分也有两种形式，一种是喷管式，气体经换热风机由喷嘴喷入热区。因喷嘴在热区圆周均匀冷却，产品变形小，性能一致性好，但气体分配器损失的风压多，因此，风机的功率选择，换热器有效面积的选择是设计的关键。另一种是轴流式，气体经上下活动的风门通过，经加热室后盖，换热器返回风机，进行下一个循环，其特点是结构简单、气流压力损失少、流量大，可减小风机的功率。对于一般的应用，两种形式都一样好用。根据实践经验，用于 NdFeB 的烧结，喷管式冷却产品性能的一致性相对于轴流式好些，真空密封也相对可靠。

图 28-115 是 VHG-50W 真空烧结炉外形图，表 28-82 为 VHG 系列烧结炉主要技术指标。

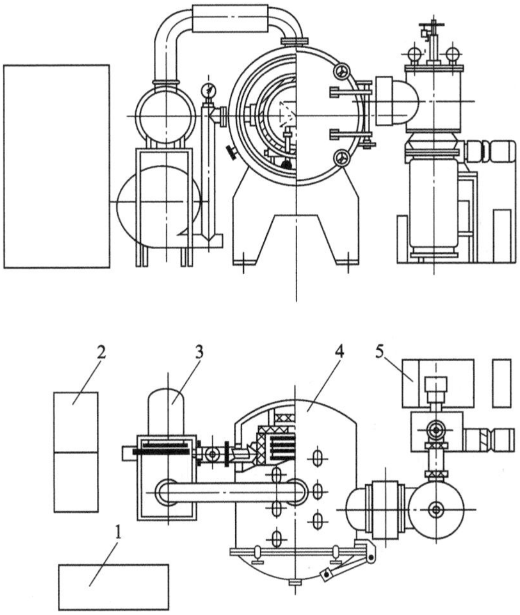

图 28-115　VHG-50W 真空烧结炉

1—控制系统；2—磁性调压器；3—风冷换热器；4—炉体；5—真空系统

表 28-82　单室真空烧结炉主要技术指标

型号	VHG-20N	VHG-50N	VHG-50W	VHG-100N
装料量 kg/炉	20	50	50	100
有效加热尺寸(长×宽×高)/mm	350×200×200	500×300×300	500×300×300	600×400×400
最高温度/℃	1300	1300	1300	1300
均温性/℃	±5	±5	±5	±5
极限真空度/Pa	3.0×10^{-3}	3.0×10^{-3}	3.0×10^{-3}	3.0×10^{-3}
压升率/$Pa\cdot h^{-1}$	≤0.67	≤0.67	≤0.67	≤0.67
加热功率/kV·A	30	60	60	90

图 28-116 为双室真空烧结炉示意图。双室炉在加热室与气淬室之间用水冷隔热的真空插板阀隔开。装卸料均在冷却室完成，简化了气流设计。加热室始终保持真空，没有潮湿空气对加热区的污染，减少了加热器急冷急热的负荷。并具有抽空时间短，冷却速率快，加热器使用寿命长等优点。连续工作时，加热室的炉温下降小，提高了效率，节省了能源。但真空炉内的传动系统在高温下易变形，要有一定措施。同时也要很好解决真空中的动密封问题。

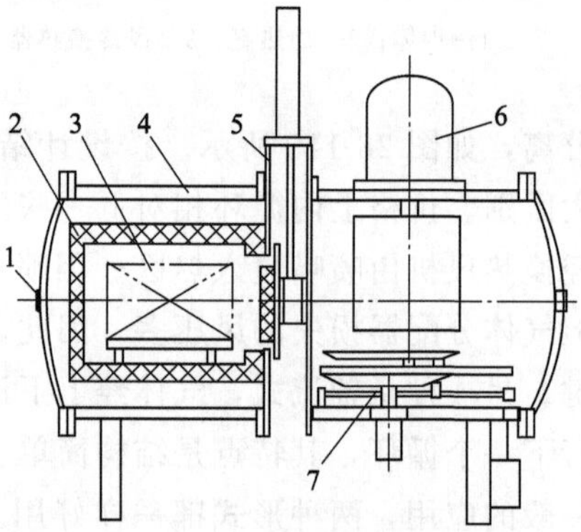

图 28-116　双室真空烧结炉示意图
1—观察室；2—加热室；3—工作区；4—水冷壁；5—阀门；6—风冷换热系统；7—传送料机构

28.11.3.2　ZRJ-80-22L 型钽电容器真空烧结炉

ZRJ-80-22L 型钽电容器真空烧结炉，2002 年由兰州真空设备有限责任公司马强等试制成功。该设备用于片式钽电容器真空烧结。

片式钽电容器阳极块真空烧结首先是经过 450～850℃的预烧结，目的是除掉工艺黏结剂；然后在 1500～2050℃范围烧制成产品。

(1) 炉体及炉胆

设备炉体的炉型采用上开盖井式，炉体由炉壳、炉胆、炉门、加热器等几部分组成。炉壳为双层水冷结构，在炉壳上装有双色红外测温仪、活动铠装热电偶、水冷电极、真空规管、氩气回填阀、充大气阀等，并设有均温区测量口和气流冷却接口。该设备炉体示意图见图 28-117，主要结构简介如下。

① 炉胆　隔热屏采用 9 层钽金属反射屏，圆筒型结构，悬挂式安装。为避免热应力造成反射屏变形破裂及电流短路而进行了特殊处理，使用效果比较理想。炉胆底部的活动隔热屏可以变换原位，以提高炉胆冷却段换热效果。

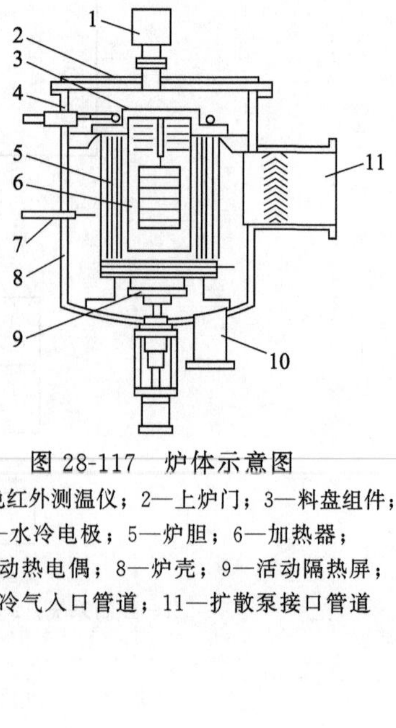

图 28-117　炉体示意图
1—双色红外测温仪；2—上炉门；3—料盘组件；4—水冷电极；5—炉胆；6—加热器；7—活动热电偶；8—炉壳；9—活动隔热屏；10—冷气入口管道；11—扩散泵接口管道

炉胆内均温区最高温度为 2200℃，以适应生产工艺要求的 2050～2100℃温度范围。而加热器的温度尚需高于均温区 150～200℃。

② 温度检测　温度检测具备从室温至最高工作温度范围的温度检测功能，本设备采用复合温度检测方法，900～2400℃采用红外测温仪测温，而 900℃以下温度段由于红外测温仪无法工作而选用活动式铠装热电偶测温度。而铠装热电偶是由保护管、热电偶丝和 MgO、Al_2O_3、BeO 等绝缘材料组成，但绝缘材料在 2000℃温度下理化性能变化极易造成铠装热电偶的损坏，因此设计了伸缩活动式铠装热电偶结构。其工作过程是当炉子从室温加热至 900℃时，铠装热电偶伸入炉膛，当炉温达到 900℃时从炉膛退出，再由红外测温仪承担起温度测控功能。当炉子从工艺烧结温度下降至 900℃时，热电偶再次伸入炉膛，该过程受炉温控制并可自动切换。

该设备配备进口双色红外测温仪，其特点是抗污染能力强，在 1500～2100℃烧结温度范围内精度高，重现性好，符合钽电容器阳极块真空烧结不同炉次产品质量一致性的要求。

③ 炉胆内温度均匀性检测　温度均匀性检测采用温砖尺寸间接测量法。按标准温砖经真空烧结的收缩率标定温度，中立客观，目前多采用此法。表 28-83 是某型温砖尺寸与指示温度对应表。

表 28-83　温砖尺寸与指示温度对应表（H 温砖-010118）

指示温度/℃	温砖尺寸/mm	指示温度/℃	温砖尺寸/mm
1700	19.34	1689	19.48
1699	19.35	1688	19.49-19.50
1698	19.36	1687	19.51
1697	19.37-19.38	1686	19.52
1696	19.39	1685	19.53
1695	19.4	1684	19.54
1694	19.41-19.43	1683	19.55
1693	19.44	1682	19.56
1692	19.45	1681	19.57
1691	19.46	1680	19.58
1690	19.47	1679	19.59

④ 加热器及电源　加热器采用金属钽板，由三只钽板构成圆桶状结构，悬挂固定在三相水冷电极之上，桶状钽板环间距很小，从而形成较大的辐射面积，较低的表面功率，减小了热应力变形，进而保证了有效热区轴向与径向的均温性，经多炉次烧结后几何尺寸稳定，避免了棒状钽材加热器经常出现的高温下晶粒长大造成电工参数急剧变化的缺陷。

加热电源系统由磁性调压器、电流电压测量装置及水冷电缆等组成。磁性调压器的次级电流电压参数必须根据高温炉小空间、大功率的特点设定。

⑤ 料盘　料盘通过吊杆上悬挂在有效均温区中，料盘采用手动方式从炉室上部进行装卸，料盘顶部的隔热屏上设置光斑测量孔，并与红外测温仪构成光路通道，确保红外测温仪检测准确。

(2) 真空系统

真空系统采用油扩散泵、罗茨泵、机械泵组成三级抽气系统，针对钽电容器阳极块高真空烧结放气量大、多层隔热屏流导小的特点，该系统主泵抽速配备在7800L/s以上，并能在 10^{-3}～10^{-4}Pa范围有较好的抽气能力。对于高真空烧结过程中产生的少量工艺黏结剂，该系统在炉体高真空挡板阀和扩散泵之间设低温冷凝挡板，冷凝挡板表面温度为-40℃，既能捕集工艺黏结剂蒸气和其他可凝性介质，还可以降低气流温度保证真空机组长期运行；同时又能防止真空泵返油对烧结过程造成污染。

(3) 工件出炉冷却系统

由于钽电容器阳极块要求40℃以下破空出炉，为加快冷却速度，设备配备外循环强制冷却系统，该系统由高温真空风机、铜翅片式换热器、真空隔离阀、氩气回填阀等组成。由于高温真空炉具有多层屏蔽的特性，因此气流强制冷却对缩短设备工作周期作用很大，如不采用强制冷却，通常从烧结温度1750℃自然降温至300℃后再向炉内回填99.99%的干燥氩气，进而自然降温至40℃出炉需要8～10h以上，大部分冷却时间耗费在300℃至40℃之间的低温段；而配备外循环强制冷却系统后，从烧结温度自然降温至300℃的时间不变，而冷却速度最慢的300℃至40℃温度段只需要1h，整个冷却周期则减少了70%以上。

(4) 钽电容器真空烧结炉最终指标

表28-84给出了ZRJ-80-22L型真空烧结炉定型主要技术性能参数

表28-84 ZRJ-80-22L型炉主要技术性能参数

项目	单位	技术性能参与	
最高工作温度	℃	2200	
额定工作温度	℃	2050	
额定加热容量	kV A	80	
均温区尺寸	mm	ϕ140×260	
最大载炉量	kg	5	
均温特性	℃	±5	
空炉升温时间	min	20(20～2050℃)	
极限真空度	Pa	1×10^{-4}	5×10^{-5}*
工作真空度	Pa	2×10^{-3}	6.5×10^{-4}*
空炉一次恢复真空时间	min	≤20(大气→2×10^{-3}Pa)	≤20(大气→6.5×10^{-4}Pa)
压升率	Pa/h	0.2	
冷却方式		外循环气流强制冷却	
空炉冷却时间	min	60(300→50℃)	
温度控制区数	区	1	
加热电源相数	相	3	
温度检测		双色红外测温仪	活动铠装热电偶
温度控制		PID智能控温	
记录仪表		无纸化记录仪	

注：带*号的选用进口VHS-100油扩散泵和AGC真空计。

(5) 真空烧结炉升温过程

片式钽电容器阳极块真空烧结的工艺过程分装卸料、抽空、加热与恒温、抽空冷却、气流强制冷却、破空出炉七个阶段，不同晶粒度的钽粉，不同的工艺黏结剂和配比，使得钽电容器阳极块的真空烧结工艺曲线也不同。图 28-118 是实测空炉升温曲线，其中活动铠装热电偶在 910℃以上的温度值近似为外层隔热屏的温度。

炉子升温运行 90min 后停止加热，当炉温降至 910℃时，铠装热电偶再次伸入热区。经抽空状态下冷却 150min 后炉内真空度为 3.2×10^{-4}Pa，此时铠装热电偶显示炉膛温度为 298℃ ，随后炉体进入气流强制冷却阶段。

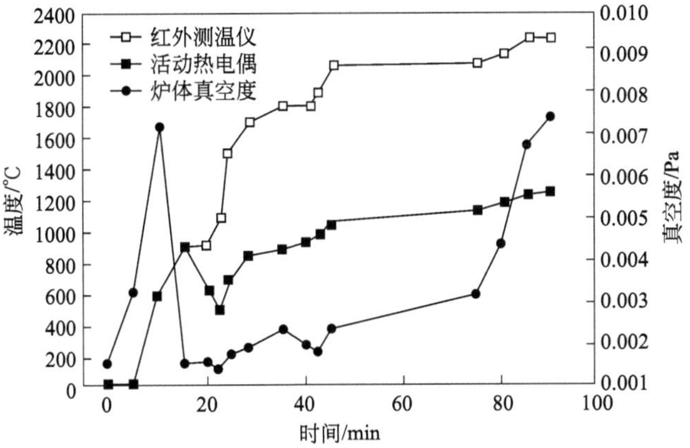

图 28-118　空炉真空烧结升温实测曲线

28.11.3.3　RJZS-24-16 型真空烧结炉

在工业生产中不少精密零件、形状复杂的特殊零件、特殊材料制作的零件均是由粉料成型后烧结而成，这样的零件仅在汽车工业的生产中就占了约 20％ 。在机械制造业中，离不开工具，而不少工具的刃部均由硬质合金刀头焊接成，而硬质合金均为成型后真空烧结而成。为此陈先咏等研制成功了 RJZS-24-16 型真空烧结炉。

(1) 真空烧结炉体

加热炉炉体为圆筒双壁水冷型立式单室结构，如图 28-119 所示，它主要由炉身、炉胆、炉盖及炉盖启闭机构、炉底、炉体支撑、电热元件、电热元件引出电极及测温装置所构成。

① 炉壳　炉身为圆筒双壁结构，内层、外层均由不锈钢板焊接而成，并与炉底焊成一体，有一个进水和出水口，如图 28-119 所示。

② 炉胆　由于该炉炉膛温度高达 1600℃，因此，炉胆是炉体一个很关键的部件。炉胆采用多层金属薄板组成的辐射隔热屏结构，如图 28-120 所示，其结构简单，制作容易。

③ 炉盖及炉盖启闭机构　炉盖为金属板焊接结构，采用双层水冷式。炉盖启闭机构，采用的是手动链式启闭方式。

④ 电热元件及电热元件引出电极　电热元件采用纯 Mo 丝，绕制在高温陶瓷管上，为保证炉子输入功率，将 18 根电热元件采用串联、并联的方式连接成三角形供电方式，电热元件引出铜电极，采用水冷式结构，通过炉底引出炉外。

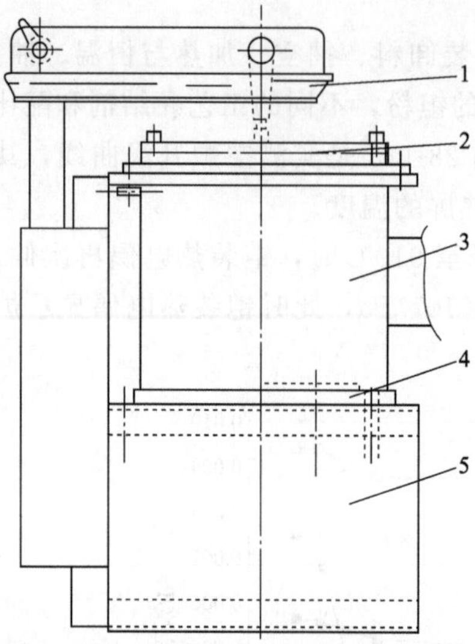

图 28-119　加热炉炉体

1—炉盖启闭机构；2—炉盖；3—炉身；
4—炉底；5—炉体支撑

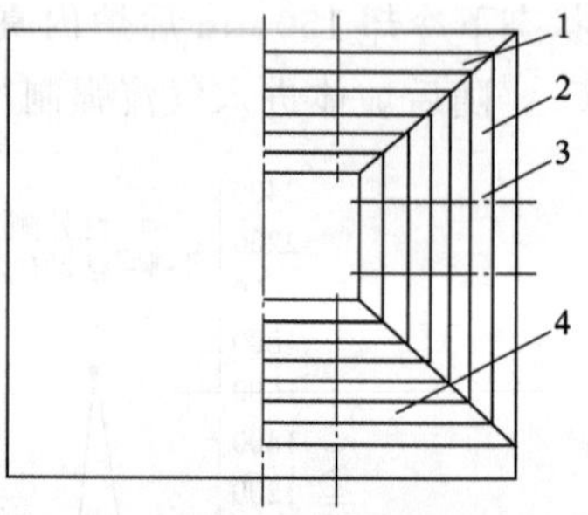

图 28-120　炉胆

1—上隔热屏；2—胆身隔热屏；
3—紧固件；4—下隔热屏

(2) 真空系统

真空系统由机械泵、油扩散泵、三通阀、电磁阀、高真空蝶阀、储气罐等元器件组成的二级式的真空系统，通过蝶阀、抽气管道与炉身相联。用热偶规及电离规测量低、高真空。

(3) 水冷系统

水冷系统实施炉盖、炉身、炉底、铜电极、油扩散泵等部位的冷却。其水管和水阀采用串联、并联方式，其结构还可实现当停水时仍能对上述部位供水、排水。

(4) 真空烧结炉性能

RJZS -24-16 型真容烧结炉主要性能指标见表 28-85。

表 28-85　主要技术性能指标

项目	指标	项目	指标
额定功率/kW	24	极限真空度/Pa	8×10^{-4}
额定温度/℃	1600	工作真空度/Pa	$(2\sim6)\times10^{-2}$
电热元件接线方法	△	抽真空时间/min	<30
空炉升温时间/min	<30	压升率/$Pa\cdot h^{-1}$	6.5×10^{-1}
炉温均匀度/℃	±5	最大装炉量/kg	20
额定电压/V	380	有效工作区尺寸/mm	$\phi200\times300$
炉温稳定度/℃	±1	外型尺寸/m	$2\times1.2\times2.4$
冷却水消耗量/t	1.8	占地面积/m^2	6

28.11.3.4 铝镍钴真空烧结炉

1995 年沈阳真空技术研究所李抚龙等研制开发出新一代铝镍钴真空烧结炉，满足了生产铝镍钴工艺要求。该设备主要包括炉体、加热室、风冷系统、真空系统等。

(1) 炉体及加热室结构

炉体采用水冷夹套式结构、加热室采用圆形结构，加热器来用 TZM 合金，保温层由不锈钢框架，双层 TZM 合金屏及高温硅酸铝纤维棉组成，如图 28-121 所示。

采用 TZM 合金做发热体有较大的优点：①其价格较 Ta、W 成本低很多，且加工容易；②是属于金属加热器中一类，不挥发有害气体，如碳等；③使用寿命长且性能稳定。图 28-122 为实测加热室工作过程中各部位温度-时间曲线。

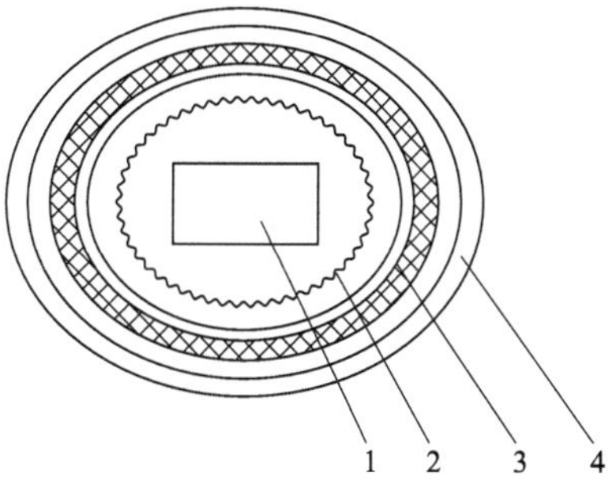

图 28-121 高温真空烧结炉断面结构图

1—工件；2—加热器；
3—保温层；4—炉壳水冷夹套

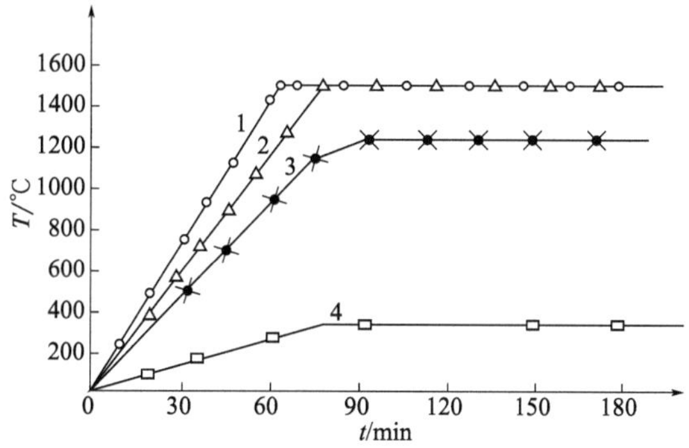

图 28-122 升温温度-时间曲线

1—恒温区内温度；2—第一层保温屏温度；
3—第二层保温屏温度；4—不锈钢框架温度

(2) 风冷系统

风机由功率 37kW，转数 2900r/min 高速电机和 9-26 高压离心叶轮构成，换热器采用 T_1 翅片管。通过调整炉内气体压力及风冷电机的功率来调整不同冷却速度。冷却速度实测见图 28-123。通过同时调整风机气体流量、气体压力就可以得到①～③之间任意一条曲线，这对不同牌号的铝镍钴进行热处理有很大好处。

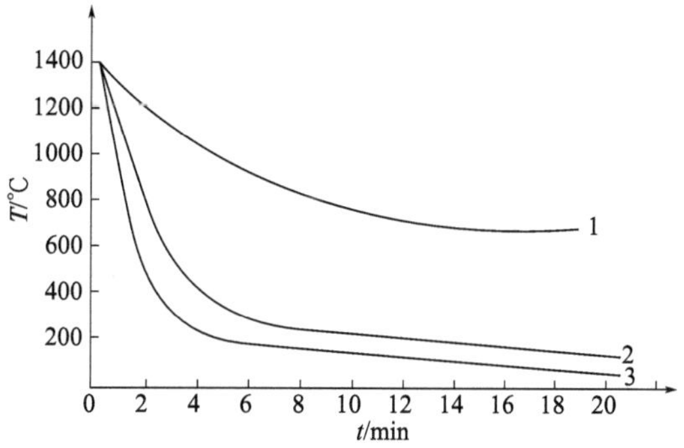

图 28-123 降温温度-时间曲线

1—自然冷却；2—常压冷却；
3—正压（0.08MPa 相对压力）冷却

(3) 真空系统

铝镍钴磁钢烧结过程中有一个特点，烧结过程中在 700～800℃ 以下时要保持 10^{-1}Pa 以上真空度，要求有较大的抽速，否则产品内部会出现气孔。在 800℃ 以上时，真空度要在 1Pa 至 1×10^5Pa 中可调，来控制材料的挥发。通过反复比较，真空系统选 K-400T 扩散泵体为主泵，ZJ-600 罗次泵为中间泵，H-150 滑阀泵为前级泵，从使用效果看该真空系统完全满足了生产过程中对真空度的要求。

(4) 镍铝钴真空烧结炉性能

经过测试，镍铝钴真空烧结炉性能如下：

① 极限真空度 1×10^{-3}Pa；

② 工作真空度 在 1Pa 至 1×10^5Pa 中可调；

③ 冷态下压升率 0.12Pa/h ；

④ 冷却速度（装满料）　1450℃ 冷至 600℃ 为 1min48s，1450℃ 冷至 80℃ 为 23min2s；

⑤ 装料量　137kg；

⑥ 升温曲线（见图 28-124）。

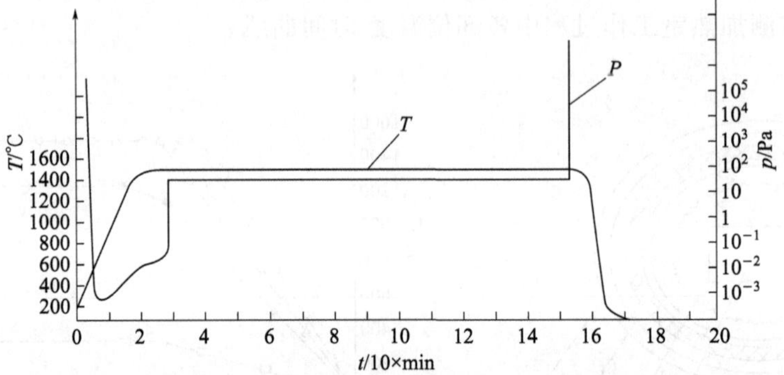

图 28-124　温度-时间曲线和压力-时间曲线

28.11.3.5　多空隧道连续式真空烧结炉

兰州空间技术物理研究所旗下兰州真空设备责任有限公司王智荣等于 2019 年成功地研究出我国首台多室隧道连续式真空烧结炉。该设备主要用于钽电容器阳极块的自动化烧结，也可以用于其他材料真空烧结，或机械行业中真空热处理。

(1) 结构组成

传统单室间歇式真空炉工作时装料、抽低真空、抽高真空、加热升温、保温、降温冷却、放大气、工件出炉等工序都在同一个工作室内完成，周期很长，通常需要 2～4h。多室连续式真空炉的工作原理是将上述工序进行合理地分解，由几个室分别独立完成。

多空隧道连续式真空烧结炉结构原理见图 28-125。设备由进料台、预烧室、隔离阀、本烧室、冷却室、出料台真空系统、工件传递系统、水冷系统电控系统等部分组成相互独立的三个真空室体。由进料台完成装料，对料盘进行全自动定位后，进入预热室进行抽高真空和加热升温，再经高温加热本烧室继续进行抽高真空和保温，然后经冷却室进行降温冷却，最后放入大气工件出炉。这样每个室的工作节拍可以缩短至 20～30min，从而提高了工作效率。由于采用积木组合式设计，根据需要可以任意搭配组合成三室、五室等不同规模的生产线，以满足不同的产量需要。

预热室由不锈钢加热室壳体、不锈钢反射屏、镍铬合金带加热器、硅酸铝纤维毡、陶瓷绝缘件、水冷铜电极等组成。使用温度为 500～800℃，控温采用镍铬镍硅 S 型热电偶。高温本烧室壳体由双层不锈钢组焊成水冷壁夹层、钽片反射屏、钽带或石墨棒加热器、水冷电极等组成。工作温度为 2050～2200℃，控温采用铂铑热电偶，红外测温仪等。加热系统具有升温速度快、保温效果好、控温精确、节能等优点。

(2) 炉体主要结构

为了充分利用炉体的内部空间，减轻真空系统的负载，提高加热效率，加热炉体与传动箱采用相对分离的结构形式；加热炉体为立式圆柱体结构，传动箱为方箱型结构，既实用又美观。预热室为单层式，炉壳外壁附有保温绝热材料，可有效防止蜡蒸气沉积在炉体

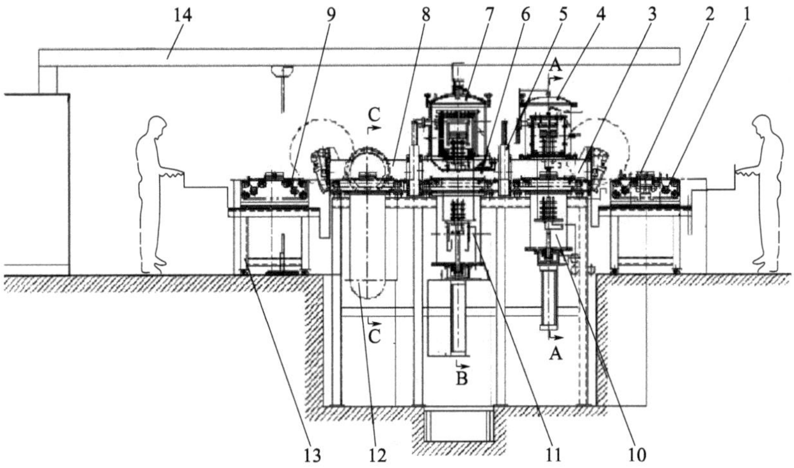

图 28-125　多室隧道连续式真空烧结炉整体布置图

1—炉外进料台；2—料盘、料盒；3—预热室传动隧道；4—预热室；5—隔离闸阀；6—本烧室传动隧道；7—本烧室；8—冷却室；9—炉外出料台；10—预烧室真空系统及脱蜡系统；11—本烧室真空系统；12—冷却室真空系统；13—电控系统；14—电源走线桥架

内表面。高温本烧室为双层水冷式炉壳，炉体内外壁均采用出气率低的奥氏体不锈钢材料制造。炉门采用铰轴式上翻结构，便于料盘与传动隧道的对接传递，减少占地空间。

(3) 真空系统

预烧室、本烧室、冷却室工作温度不同，分别配置独立的真空抽气系统。

① 预烧室真空系统　预烧室具有预烧脱气脱蜡功能。预烧室真空系统由脱蜡真空系统和传动隧道真空系统两个部分组成，如图 28-126 所示。

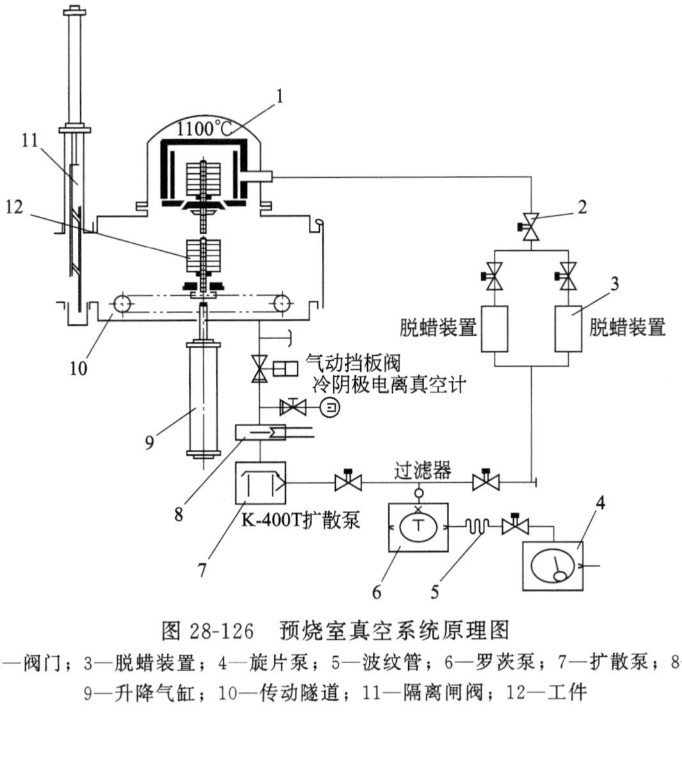

图 28-126　预烧室真空系统原理图

1—预热加热室；2—阀门；3—脱蜡装置；4—旋片泵；5—波纹管；6—罗茨泵；7—扩散泵；8—冷阱捕集装置；9—升降气缸；10—传动隧道；11—隔离闸阀；12—工件

a. 脱蜡装置真空系统。由 1 台 ZJP-300（抽速 600L/s）罗茨泵与 1 台 2X-70A（抽速 70L/s）机械泵组成两级抽气系统。该系统从大气压到 10^{-1}Pa 均有良好的抽气能力。罗茨泵与炉体中间设有 2 套低温捕集阱（见图 28-127）和有机溶剂储罐，用 1 备 1，可相互切换，与炉体连接的抽空管道外壁均敷有恒温的电加热装置，防止易凝结气体附着在抽空管道内壁上。低温捕集阱可有效捕集预烧脱蜡阶段产生的易凝结气体并防止真空泵返油。

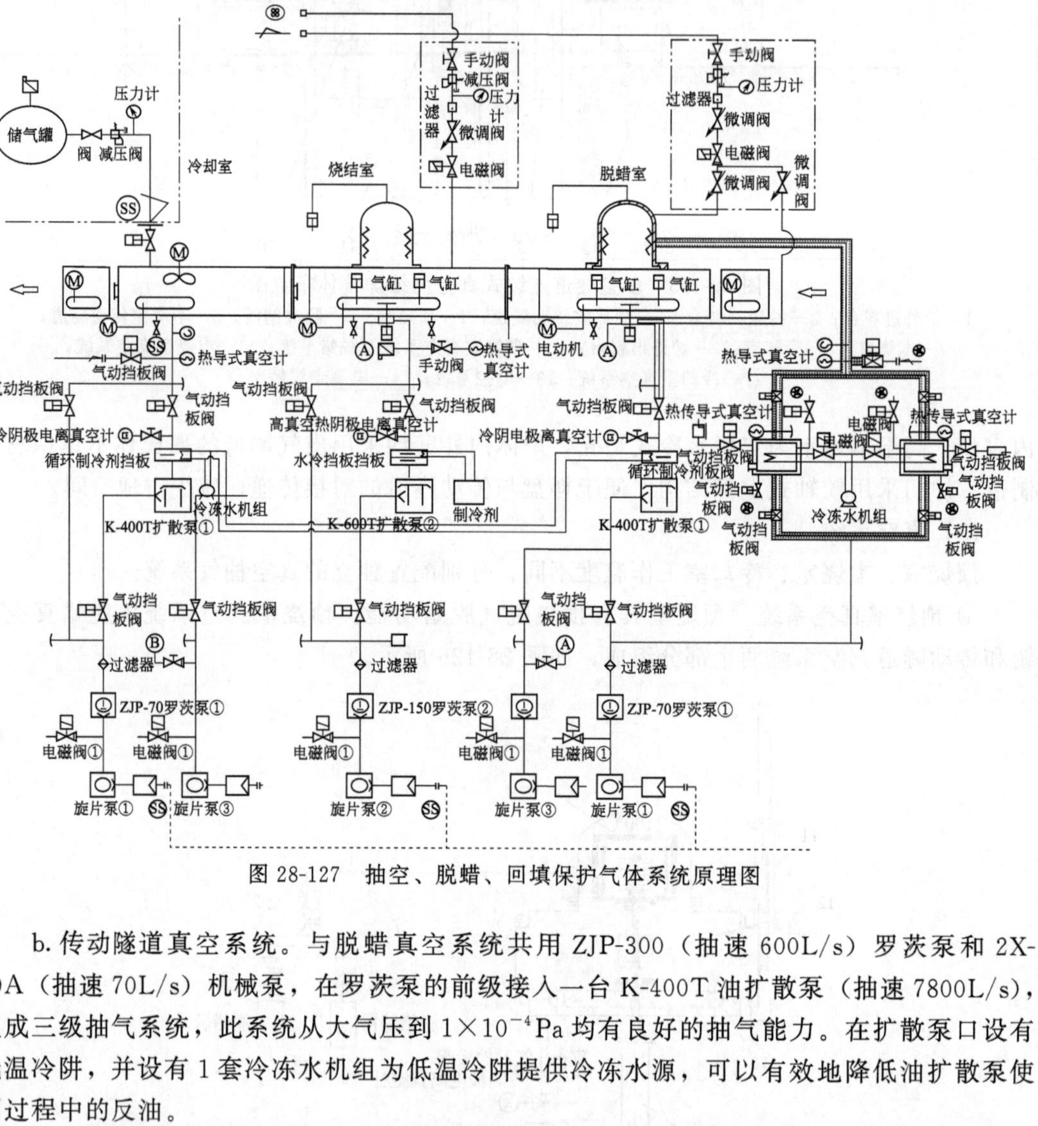

图 28-127　抽空、脱蜡、回填保护气体系统原理图

b. 传动隧道真空系统。与脱蜡真空系统共用 ZJP-300（抽速 600L/s）罗茨泵和 2X-70A（抽速 70L/s）机械泵，在罗茨泵的前级接入一台 K-400T 油扩散泵（抽速 7800L/s），组成三级抽气系统，此系统从大气压到 1×10^{-4}Pa 均有良好的抽气能力。在扩散泵口设有低温冷阱，并设有 1 套冷冻水机组为低温冷阱提供冷冻水源，可以有效地降低油扩散泵使用过程中的反油。

② 本烧室真空系统　本烧室在加热处理工件时需要洁净无油的高真空环境，所以本烧加热系统是兰州真空设备厂生产的降反油率 K-500C 油扩散泵（抽速 12000L/s）作主泵，前级为 ZJP-300（抽速 600L/s）罗茨泵及 2X-70A（抽速 70L/s）机械泵，组成三级抽气系统。在扩散泵口设有低温冷阱，并有 1 套 SLD500 低温制冷压缩机组为扩散泵口的低温冷阱提供冷媒。可以最大限度地捕获油蒸气，降低油扩散泵的反油率。此系统从大气压到 1×10^{-4}Pa 均有良好的抽气能力。本烧室真空系统原理见图 28-128。

③ 冷却室真空系统　冷却室抽空系统是由一台兰州真空设备厂生产的 K-400T 油扩散

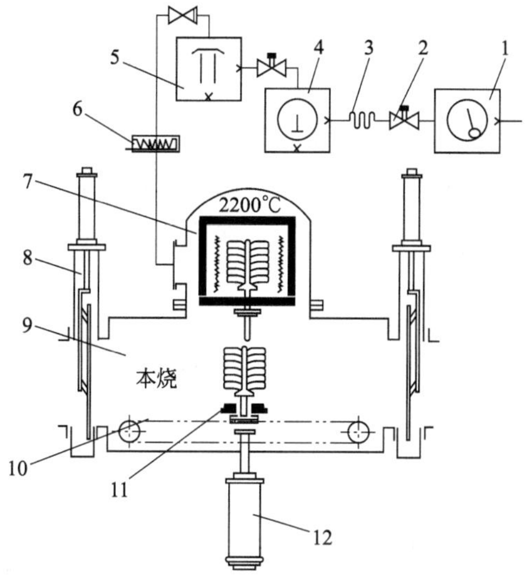

图 28-128　本烧室真空系统原理图

1—旋片泵；2—阀门；3—波纹管；4—罗茨泵；5—扩散泵；6—低温冷阱；7—本烧加热室；8—隔离闸阀；9—传动隧道；10—传动机构；11—工件；12—升降气缸

泵（抽速 7800L/s），一台 ZJP-300（抽速 600L/s）罗茨泵及机械泵（抽速 70L/s）组成三级抽气系统。在扩散泵口设有低温冷阱，与预烧室抽空系统共用冷却水机组为低温冷阱提供冷却水源，可以有效地降低油扩散泵使用过程中的反油率。冷却室真空系统原理见图 28-129。

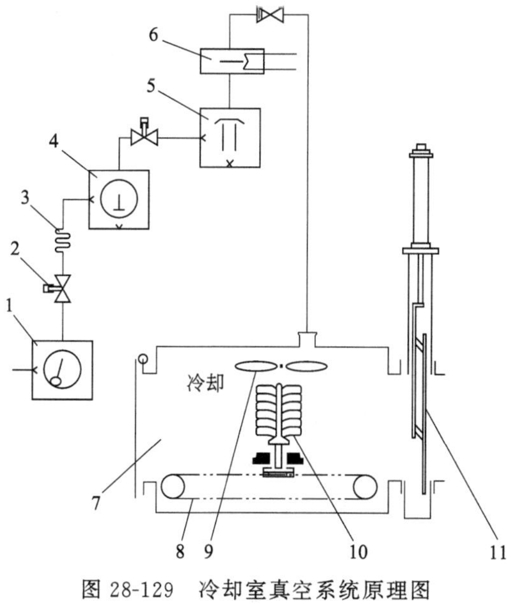

图 28-129　冷却室真空系统原理图

1—旋片泵；2—阀门；3—波纹管；4—罗茨泵；5—扩散泵；6—低温冷阱；7—冷却室；8—传动机构；9—强冷系统；10—工件；11—隔离闸阀

整套设备的三组抽空系统均配备有安全互锁功能，可防止误操作，保证系统的安全。真空测量采用数字显示复合真空计，用电离规管测量高真空，电阻规管测量低真空。罗茨泵的启停由日本SMC公司生产的压力控制器进行联锁控制。系统各阀门均为气动挡板阀，突然停电时所有气动阀门将会自行关闭以保护系统不受损坏。

(4) 工件传送机构

设备工作时要实现三个或多个真空腔室的连续作业，通过时序化控制，实现多室联动节拍式一体化运行，中间穿插工件的上升和下降，所以传动系统及其动密封至关重要。

由于本烧环节的最高温度高达2200℃，工件转移的过程中只允许Ta质料盒进入高温的炉体热区，所以加热炉体与传动隧道分为两个相对独立的部分（加热炉体垂直叠放于传动隧道上部），只有当托料盘转移到加热炉体正下方进行精确的定位后，才能将托料盘上的Ta质料盒脱离并垂直转移至炉体内的热区。因此工件传动转移系统由水平传动系统、限位锁紧系统、垂直升降系统三个系统组成，如图28-130所示。

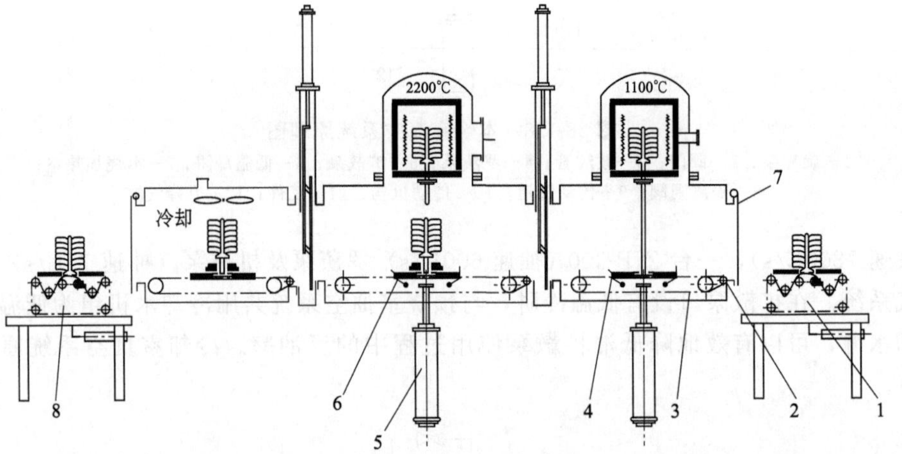

图 28-130　工件转移传递系统

1—门外送料台；2—拖曳辊；3—传动链条；4—限位爪；5—升降气缸；6—托盘；7—气动隧道门；8—出料台

装料托盘水平方向运动是由调速变频电机驱动链条式传动机构实现的。并在每段独立传动隧道箱的衔接处设有与传动链条转速相同的过渡拖曳辊。装料托盘水平方向限位借助于限位爪，其运动用摆动气缸来实现。

装料托盘垂直方向运动借助于升降机构来实现。垂直升降系统采用具有高可靠性的进口气缸，基本可实现免维护。辊轴与电机之间采用链传动，由变频电机、减速机、变频器、光电行程开关等组成。通过变频器可以调整电机的转速，进而控制工件的水平方向转移速度。在传动箱体前后端设置有两组光电传感器，当工件到达指定位置时，光电传感器A反馈信号，链条传动电机停止转动，传动隧道内的前后两组机械限位爪将载有料盒的托料盘夹紧固定在传动链条上，光电传感器B检测并确认固定后的托盘位置，反馈信号给垂直传动的气缸，并将可分离式托盘上的料盒准确地送入加热区指定位置。工件传递系统由可编程控制器进行精确控制，并按照预先设定的程序自动运行。整个传动系统的启动、运行和停止都十分平稳，没有任何冲击，安全可靠。

(5) 技术参数及工艺流程

多室隧道连续式真空烧结炉技术参数：①加热区有效工作区尺寸：预热室 $\phi200 \times 260L$，本烧室：$\phi200 \times 260L$；②预热室：温度600～850℃，真空度≤1×10^{-1}Pa，温差

≤±5℃；③本烧室：温度 2050～2200℃，真空度≤1×10^{-4}Pa，温差≤±5℃；④冷却室：真空度≤5.0×10^{-1}Pa；⑤冷却速度：≤60min；⑥压升率：≤0.67Pa/h；⑦工件转移速度：1m/min；⑧工作节拍：预烧 1h→本烧：4h→冷却：1h；⑨单炉次工作周期：6h（空炉，从进炉至出炉的时间）

工艺流程见图 28-131。

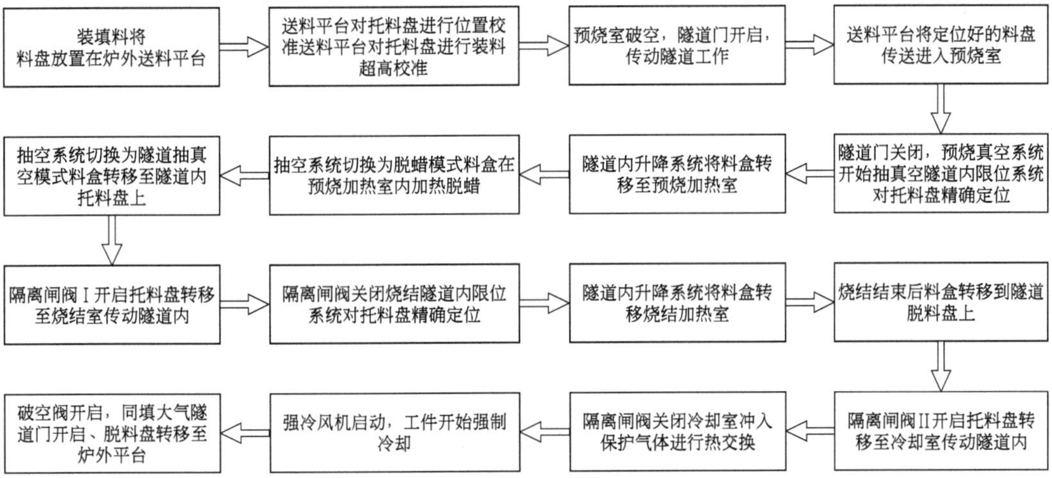

图 28-131　多室隧道连续式真空烧结炉的工艺流程

28.12 离子氮化表面处理

28.12.1 概述

辉光离子氮化工艺始于 20 世纪 60 年代末期，当时的联邦德国和瑞士首先将此工艺用在枪炮内膛的氮化上，可提高寿命达三倍，后来美国及日本相继将辉光离子加热原理用于氮化、烧结、钎焊等方面。我国于 20 世纪 60 年代末开始研究，用此技术来改善零件表面性能。

离子氮化与一般气体氮化相比，具有如下特点：

① 离子氮化时间能缩短到气体氮化的 1/4～1/2。以 38CrMoAlA 钢为例，一般氮化层要达到 0.53～0.7mm，氮化层硬度 HR15N≥92 时，气体氮化持续时间需 70h 左右；而离子氮化只需 15～20h。又如 4Cr14Ni14W2Mo 钢，氮化层要达到 0.09～0.12mm，HR15N≥80 时，气体氮化时间需 47h，而离子氮化只需 15～20h。

② 零件的氮化表面形成单相结合层，而其脆性均为一级，所以零件在使用及磨削加工时，不会脆裂。因此，无需对已氮化表面为除脆性层而进行磨削加工，缩短加工周期。

③ 离子氮化时，只对要求氮化的表面进行离子轰击，故只有氮化表面加温到氮化温度，非氮化表面温度较低，加之在氮化过程中，加温、保温、冷却所用的时间短，因而有利于减少零件的变形。对于一些几何形状复杂、尺寸精度要求高的氮化零件，采用离子氮化更为优越。基于同一原因，离子氮化设备功率小，且氮化时间短，故总的电能消耗只有一般气体氮化的 1/5～1/2。

④ 气体氮化时，加热炉内氨气压力一定要大于 10^5Pa；而离子氮化时，真空室内氨气

压力只要求 $2.6\times10^2\sim1.3\times10^3$ Pa，所耗氨气仅为气体氮化的 1/5～1/20。

⑤ 离子氮化的加热及冷却时间约为一般气体氮化的 1/10。

⑥ 有些局部氮化零件，如曲轴后半部、连轴套、支撑圈、排气门等，可以省去镀锡、镀镍工序。

⑦ 可省去氮化前零件表面的繁杂清理工序。由于氮离子轰击零件表面，它能还原高合金钢表面的氧化膜，不需要在氮化前对氮化表面进行喷砂、化学腐蚀，或在炉内撒放氯化铵。

⑧ 改善了劳动条件，基本上没有氨气臭味。

离子氮化虽然有上述优点，但也有其不足之处，如：

① 离子氮化所使用的设备，较一般气体氮化的设备复杂些，操作不当时易损坏。

② 离子氮化时，每一种氮化零件均要配置专用夹具，装炉量少。

③ 对操作人员要求具备真空、高电压、辉光原理等方面的专业知识。

根据离子氮化特点，可应用于各类齿轮、枪炮管、活塞销、气门、曲轴、衬套、气缸等氮化上。

28.12.2 工作原理

辉光离子氮化一般称为离子氮化。辉光离子氮化是在真空室内在高压（一般 500～700V）直流电场作用下进行的。氮化时把待处理的工件接在高压直流电源的阴极，工件的外围设置一个接高压直流电源的阳极。当真空度达到 13Pa 以上时，向真空室中通入氨气，并调节氨气量，使真空室内压力保持在 $1.3\times10^2\sim6.6\times10^2$ Pa。

在阴阳极之间加高压后，氨气在高压电场作用下电离发生辉光放电，产生的氮正离子，在电场作用下，快速入射到阴极表面；在正离子轰击下，产生大量的热，使工件加热到所需温度，因此离子氮化不需外部加热。

正离子以一定的速度轰击阴极时，除产生大量的热外，同时使阴极溅射出电子和铁原子。阴极发射的电子，在向阳极运动的过程中，不断地从电场中获得能量，使氨电离。电离的氮正离子继续向阴极快速运动，使电离过程不断进行，真空室内辉光放电继续发生。

氮的正离子轰击阴极时，在阴极夺取电子还原成氮原子。并渗入到金属表面和向内部扩散形成氮化层。

28.12.3 辉光离子氮化炉

离子氮化生产设备平面布置示意图如图 28-132 所示。各组件用途简要说明如下：气瓶 1 是气源，使用氢氮混合气或单独使用液态氨都可以。使用氨气时，可以预先热分解，也可以直接使用，后者经济。使用氮氢混合气时，工作压力要比单独使用氨气时大 1～2 倍，否则氮化层硬度不高。气体调节阀 2 用来以调整及稳定气体流量。浮子式流量计 3 用以测定气体流量。真空阀 9 用来调节气体流量及压力。关闭真空泵 12 时，必须先关闭阀 9，然后将三通真空阀 10 接通大气，避免泵油倒流入真空室 7 内。阳极 6 的形状及尺寸根据零件的外形来选定，可以用金属丝网或金属板材、管材做成，阳极材料以钢为主。金属丝网透气性好，并能看到零件上的辉光全貌，但易变形，影响氮化质量。真空室 7 及底座做成双层，夹层内通水冷却，保护密封橡胶。真空罩上要设置两个以上的观察窗，以便观察零件氮化过程中的辉光情况，便于调整气流及加热功率。另外在试用新氮化夹具时，观察其使用性能，便于修正。热电偶 14 用以测量零件温度。阴阳极电源接线柱及观察窗都需要用真空橡胶圈密封。总装后，整个真空系统的极限真空应高于 13Pa。旋片式真空泵 12 用来抽真空和维持真空室内需要的压力。真空泵用 1 号真空泵油，它必须及时更换，否则会使真空泵达不到额定的极限真空值。测温式毫伏计 15 用来指示和控制氮化温度。离子氮化控制箱 16 用以供给辉光氮化所需的电能，自动防止电弧放电，或自动灭弧并重新产生辉光。吊车 13 用来启闭真空罩。整个气源管道用不锈钢做成，也能用普通无缝钢管，但容易生锈。有的地方可以用真空橡胶管或输血乳胶管连接。但是当使用乳胶管时，管内必须放置金属丝螺旋骨架，以防止低真空时被大气压扁而阻塞气流。乳胶管易老化，需要定期更换。真空室上的排气口一定要高出氮化零件所处位置 100mm 左右。

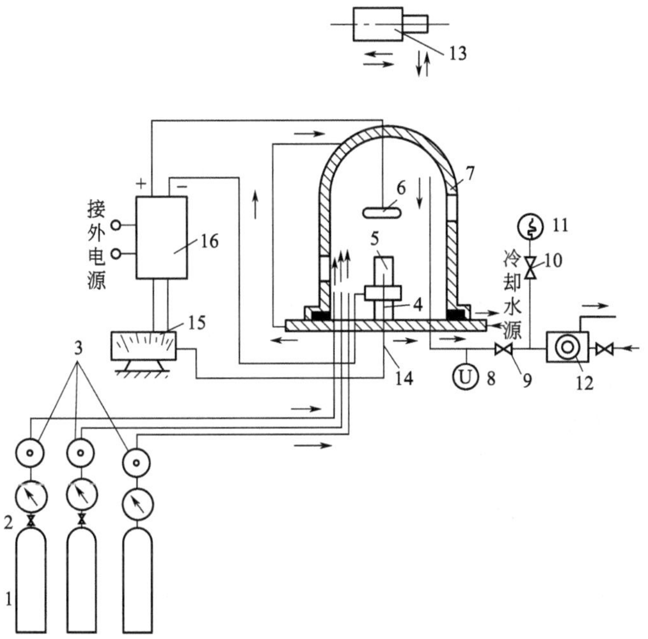

图 28-132 离子氮化生产设备平面布置示意图

1—气瓶；2—气体调节阀；3—浮子式流量计；4—绝缘底座；5—氮化零件（阴极）；6—阳极；7—真空室；8—电容薄膜规；9—真空阀；10—三通真空阀；11—热偶规；12—旋片式真空泵；13—吊车；14—热电偶；15—EFT-100 测温式毫伏计；16—离子氮化控制箱

28.12.4 D30 型辉光离子氮化炉

(1) 技术指标

D30 型辉光离子氮化炉技术指标见表 28-86。

表 28-86 D30 型辉光离子氮化炉技术指标

基本参数	技术指标	基本参数	技术指标
输入电压	380V	装氮化件容积	普通 ϕ550mm×800mm
最大输出电流	0～30A		加长 ϕ550mm×1600mm
最大输出电压	0～1000V	真空度	13～6.6Pa
真空室容积	普通 750mm×1000mm	真空室氨气压力	1.3×10^2～6.6×10^2Pa
	加长 750mm×1800mm	氮化件最大质量	1000kg

(2) 辉光离子氮化炉的结构

图 28-133 是辉光离子氮化炉的装置示意图。

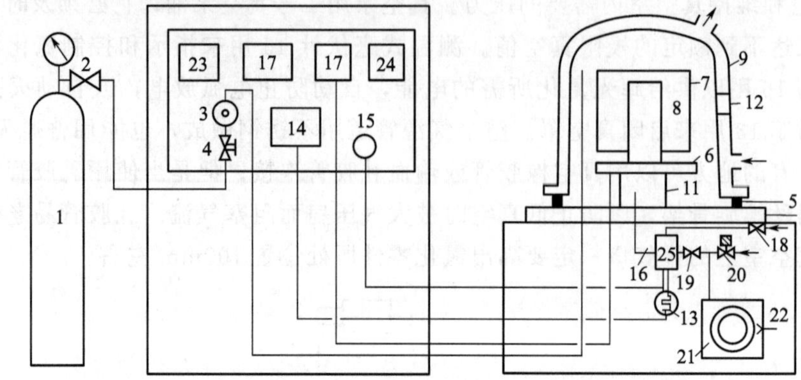

图 28-133 辉光离子氮化炉装置示意图

1—氨气瓶；2—氨气阀门；3—浮子流量计；4—流量计调节阀；5—密封橡胶垫；6—阴极盘；7—阳极；8—工件（阴极）；9—真空室外罩；10—真空室基板；11—阴极盘的绝缘底座；12—观察窗；13—热偶规；14—热偶真空计；15—电容薄膜规；16—热电偶；17—XCT-101 测温计；18—放气阀；19—真空蝶阀；20—电磁阀；21—真空泵；22—排废气管；23—电流表；24—电压表；25—五通

整个装置由供氨系统、真空系统、测量系统、供电系统四部分组成。

① 供氨系统　氨气瓶 1 内盛有液态氨。工作时将氨气阀门 2 打开，经稳压进入 LZB-6 型浮子流量计 3。根据真空室要求氨气压力大小，调节流量计阀门 4 控制氨的流量。氨气经过氨气管路进入真空室内。

要求供氨系统气源压力稳定，进气阀调节灵活。

② 真空系统　真空系统包括真空室（辉光室），由真空泵 21、放气阀 18、真空蝶阀 19、电磁阀 20、排废气管 22 等部分组成。真空室采用双层水冷结构。在真空室和基板之间用橡胶垫密封。工作时启动真空泵（2X-15 型）将真空室抽到要求的真空度，废气从排废气管排出。

③ 测量系统　包括测量温度、测量压力和测量电流电压部分。通过它们能反映出氮化处理情况。温度测量用热电偶 16，把它插入阴极底盘部，通过连接导线或者热电偶补偿导线接到 XCT-101 测温计上，来实现对工件温度的测量。

④ 供电系统　供电系统即电源部分。它由三相变压器、整流器、电感、电容、振荡灭弧等部分组成，输入电压为交流 380V，输出为高压直流脉动电流，最大输出电压为 1000V，最大输出电流为 30A。

(3) 炉子结构需要考虑的几个问题

① 炉子结构紧凑合理　为使炉子结构紧凑合理、外形美观大方，把真空泵安放在炉体的下部。控制开关、真空蝶阀、手柄安置在真空室下部前方，便于坐着操作，改善劳动条件。

② 真空系统调节灵活方便　炉子的真空度及氨气的压力大小直接影响氮化层的质量。抽气速率的灵活调节可以保证炉内保持一定的压力。排气管路安有真空蝶阀，通过蝶阀手柄可以在一定范围内调节抽气速率，使炉内压力控制在规定压力范围内。在真空室中配有放气阀，当工件处理完毕时，将放气阀打开，自动向真空室中放气，随后取出工件。

③ 真空室结构　真空室的外形大小取决于处理工件大小和形状。一般采用钟罩形。考虑到处理长工件，采用笼屉式的结构，处理直径大而短的工件，用一节加封头。如处理轴类长工件，可再接上一节。真空室结构采用双层水冷结构。用以保护橡胶密封件。内层钟罩表面要光滑，以降低出气量及对水汽的吸附，以便提高真空度。

④ 真空系统的密封　在氮化处理时，炉内氨气压力应保持在 $1.3\times10^2\sim6.6\times10^2$Pa。但在通氨气前先将空气抽除，真空度要求在 1.3～6.6Pa 内，而且能达到设备的设计极限真空。

⑤ 引线　经过炉基板的引线要很好地绝缘，阴极、阳极与热电偶的引线穿过炉基板，它们与炉基板之间要求绝缘，绝缘材料采用聚四氟乙烯。

28.13 真空钎焊

28.13.1 概述

真空钎焊是在真空气氛中，不用钎剂而进行钎焊的一种方法。最初仅在电子工业中钎焊铜和不锈钢。20 世纪 40 年代后期，随着航空工业的发展，真空钎焊成功地解决了发动机制造中的焊接问题。它广泛地用于宇航、原子能、电子、化工、石油、医疗器械、工具制造、汽车制造中。但是，真空钎焊设备一次性投资大，使用时消耗费用高，维修较复杂，装配定位要求高，且钎料不宜含易挥发性元素，因此，应用受到一定限制。

真空钎焊与其他钎焊方法相比，具有如下的优越性：

① 适宜钎焊不锈钢、高温合金，尤其是含铝、钛量较高的耐热合金，能获得优质的钎焊接头。同时还适合于钛、锆、铌、钼、钨、钽等同种难溶合金或异种金属的焊接。

② 在加热过程中，零件处于真空气氛中，不会出现氧化、增碳、脱碳、污染变质等现象；且零件整体受热，热应力小，可将变形量控制到最低程度。

③ 基体金属和钎料周围为低压环境，能排除金属在钎焊温度下释放出来的挥发性杂质和气体，基体金属本身的性能也获得改善。

④ 真空钎焊不用钎剂，不会出现气孔、夹渣缺陷。还可省掉钎焊后清洗工序，省时间，改善劳动条件。不用钎剂，对焊铝及其合金特别有利，因留在零件上的钎剂会产生腐蚀。

⑤ 可将零件热处理工序与真空钎焊一起进行，也可将钎焊安排为最终工序。

⑥ 真空钎焊后的零件表面清洁光亮，易于检查钎缝质量。

⑦ 可钎焊多道相近的钎缝，而且可根据炉子的容量，同炉钎焊多个组件，是一种高效的钎焊方法。

28.13.2 真空钎焊原理

钎焊时金属表面的氧化膜影响液态钎料对基体金属的润湿性。钎焊过程中，如果不能有效地除去基体金属表面的氧化膜，就难以形成优质钎焊接头。不同的钎焊方法采用不同的除氧化膜和防氧化措施。一般钎焊方法都是以钎剂的化学作用或者以还原气氛的还原作用来去除氧化膜的。

真空钎焊虽然没有钎剂的化学作用和还原性气氛的还原作用，不过，真空降低了钎焊区的氧分压，可以除去焊件表面的氧化膜，保护焊件不被氧化。这样在真空气氛中钎焊就能够获得高强度、光亮致密的接头。

(1) 除金属氧化膜

真空钎焊时去除氧化膜的机理，有如下几个方面：

① 氧化膜在高温、高真空中可自行分解。真空钎焊时，只要氧化物的分解压力大于真空系统中氧分压，零件表面的氧化物就会自动分解。表 28-87 是通过热力学计算得出的各种氧化物分解压力。可以看出，只有少数几种金属的氧化物在钎焊条件下可以自行分解。大多数金属氧化物不能分解。因此，氧化物自行分解不是真空钎焊时去除氧化膜的主要因素。

表 28-87 某些金属氧化物的分解条件

金属氧化物	1360K 时的分解压力/Pa	金属氧化物	1360K 时的分解压力/Pa
CuO	478	SiO_2	10^{-11}
NiO	10^{-3}	MnO	10^{-17}
CoO	10^{-5}	B_2O_3	10^{-18}
Fe_2O_3	10^{-7}	V_2O_3	10^{-18}
MoO_2	10^{-7}	TiO_2	10^{-22}
WO_2	10^{-8}	Al_2O_3	10^{-27}
Cr_2O_3	10^{-8}		

② 金属元素和金属氧化物的挥发破坏了金属表面的氧化膜。表 28-88 是某些金属和金属氧化物的挥发条件。

表 28-88 某些金属和金属氧化物的挥发条件

金属元素	在 10^{-2}Pa 时的挥发温度/℃	金属元素	在 10^{-2}Pa 时的挥发温度/℃	金属氧化物	在 10^{-2}Pa 时的挥发温度/℃
Mn	790	Fe	1194	MnO_2	600
Al	808	Ti	1249	WO_2	800
Cr	992	Ni	1257	NiO	1070
Cu	1035	Co	1362	V_2O_3	1000～1200
Si	1115	V	1584	Cr_2O_3	1900
B	1140	Mo	2093		
		W	2760		

由表 28-88 可知，在较高的真空条件下，某些金属元素的挥发温度并不高。金属氧化物（MnO_2、WO_2 等）一旦挥发了，就除去了这些氧化物。

③ 钎焊铝及其合金时去除氧化膜的机理是，由于 Al_2O_3 的热膨胀系数只有铝的 1/3，加热时，铝及铝合金急剧膨胀，使得 Al_2O_3 膜开裂，液体钎料由裂开处流入氧化膜层下，把氧化膜揭起并进一步挤碎。

④ 对高合金钢而言，是由于氧化物破裂，钎料渗入后与碳反应产生二氧化碳。对铝合金而言，是由于 Al_2O_3 与碳作用生成了低价氧化物。钛合金则是因为表面化合物（C、N 等）增厚而破裂。

真空钎焊可以去除铝、钛等氧化膜，因而提高真空度和钎焊温度，有利于除去金属氧化膜。

(2) 液态钎料对基体金属的润湿

液态钎料润湿基体金属表面是形成钎焊接头的必要条件。衡量液态钎料对基体金属润湿性的指标是润湿系数，它是液态钎料、固体金属和钎焊气氛三者之间互相作用的结果。

如图 28-134 所示，可通过公式计算

$$\cos\theta=\frac{\sigma_{固\text{-}气}-\sigma_{固\text{-}液}}{\sigma_{液\text{-}气}} \tag{28-102}$$

式中　$\cos\theta$——润湿系数；

$\sigma_{固\text{-}气}$——固体金属与钎焊气氛之间的界面张力；

$\sigma_{固\text{-}液}$——固体金属与液态钎料之间的界面张力；

$\sigma_{液\text{-}气}$——液态钎料与钎焊气氛之间的界面张力。

上式中 $\cos\theta$ 值越大，表示润湿性能越好，一般要求 $\cos\theta$ 值不小于 0.94（即 θ 不大于 20°），提高 $\cos\theta$ 值的措施有：

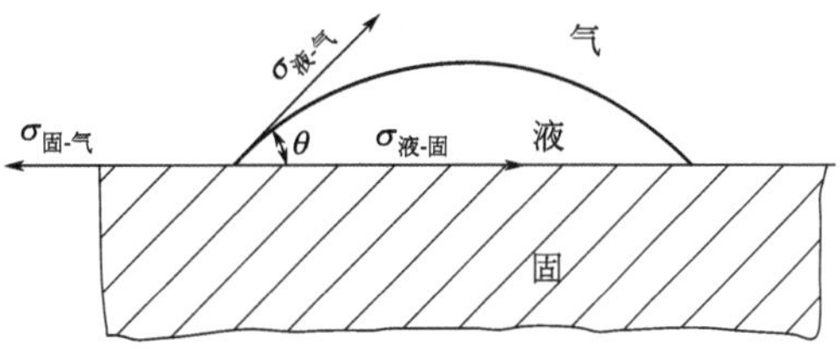

图 28-134　液态钎料对固体金属的润湿

① 提高 $\sigma_{固\text{-}气}$　在一定的真空度下钎焊某种材料时，$\sigma_{固\text{-}气}$是一个定值，主要由基体金属的性质来决定。但是，基体金属的表面情况对 $\sigma_{固\text{-}气}$的影响极大。表面的油污，锈蚀会大大降低 $\sigma_{固\text{-}气}$ 值。因此，真空钎焊前清除零件表面的油、锈等污物，可提高 $\sigma_{固\text{-}气}$ 值。

② 减小 $\sigma_{固\text{-}液}$　在固体金属和液态钎料面上，如存在氧化膜，就会妨碍液态钎料与基体金属的接触，削弱它们之间的附着力，使得液态钎料内部原子的内聚力和界面附着力的比值发生变化，$\sigma_{固\text{-}液}$增大，润湿系数减小。因此，保证钎焊时炉内的所需真空度，可以有效地除去金属氧化膜。

③ 降低 $\sigma_{液\text{-}气}$　在钎料中加入少量表面活性元素（Li、Si、B 等）是降低 $\sigma_{液\text{-}气}$ 的有效途径。真空钎焊时，气相为压力极低的真空气氛，提高真空度能有效地降低 $\sigma_{液\text{-}气}$，改善钎料的润湿性。

④ 提高钎焊温度　提高钎焊温度，使金属的原子活动能力增强，既可降低 $\sigma_{液\text{-}气}$，又可降低 $\sigma_{固\text{-}液}$，提高了钎料的润湿性。但是，钎焊温度的选择，首先应考虑对基体金属性能的影响，不能单考虑润湿性能。

(3) 液态钎料与基体金属间的相互作用

液态钎料如果能够润湿基体金属，则在毛细作用下填满接头间隙，形成钎焊接头。此时，能否形成优质的钎焊接头，还要根据液态钎料与基体金属之间的相互作用来决定。

① 钎料元素向基体金属的扩散　钎焊时，钎料中合金元素会从高浓度向低浓度扩散，扩散量和扩散速度除与元素的浓度梯度有关外，还与扩散面积和扩散时间成正比。

扩散系数随着温度的升高而增加。扩散结果，在靠近基体金属的钎缝附近形成固溶体，这是钎焊时希望得到的钎焊接头组织。

当钎料元素能与基体金属形成共晶体时，钎料组元会向基体金属的晶界扩散，其扩散量随着元素在基体中溶解度的减小而增大。钎料元素扩散至基体晶界，形成的低熔共晶体叫做晶间渗入。由于它较脆，对接头性能有不良的影响。

② 基体金属在液态钎料中溶解　如果基体金属和液态钎料是互溶的，在钎焊过程中，一部分基体金属有可能溶解于钎料中。只要溶解量在适当的范围内，对于接头性能是有利的。但溶解量不适当时，则使钎料的熔点提高，从而产生焊不透等缺陷。基体金属如过多地溶解到钎料中，则在基体金属上就会出现凹陷，甚至溶穿的现象。这种缺陷叫做溶蚀，

必须避免。

影响基体金属在液态钎料中溶解的因素有：

a. 钎焊温度。通常，随着钎焊温度的升高，原子的扩散系数增大，基体金属向液体钎料的溶解量也增大。

b. 钎焊保温时间越长，基体金属的溶解量就越多。延长保温时间会使钎料充分地扩散至基体内。当溶解度达到饱和后，基体金属即在钎料中溶解。

c. 与合金状态图有关。基体金属在钎料中的溶解量随着钎料在基体金属中的溶解度的减小而增大。例如，使用 Ni-B 钎料钎焊镍时的溶蚀倾向比使用 Ni-Si 钎料时要大些。这是因为硼在镍中的溶解度比硅小的缘故。在 1200℃时，硼在镍中的溶解度极小，而硅的溶解度可达 7.5%。

③ 钎缝组织

a. 在合金状态图上，如果基体金属能与钎料形成固溶体，或者基体金属与钎料合金的基体元素相同，则可得到固溶体组织的钎焊缝。这些钎焊接头塑性好，强度高，是理想的钎焊接头组织。

b. 金属间化合物组织。金属间化合物一般硬而脆，会降低接头的塑性和强度。特别是当化合物形成连续层时，影响更大。因此，应尽量避免钎缝中出现化合物组织。

28.13.3 真空钎焊设备

28.13.3.1 钎焊技术对真空设备的基本要求

真空钎焊时，零件是在氧分压较低的真空容器中加热、保温、冷却而形成钎焊接头的。因此，真空钎焊工艺对设备有如下要求：

① 加热室应能容纳被钎焊组件；

② 炉内真空度应能满足钎焊工艺要求，尤其是当钎料中含蒸气压高的元素时，设备应具有控制钎料中合金元素挥发的能力；

③ 加热室温度应能精确控制和自动调节；

④ 加热室的全部构件必须具有一定的机械强度和热强度的稳定性以及几何形状的稳定性；

⑤ 应具有强制冷却机能，一则满足某些材料的热处理要求，二则缩短钎焊周期；

⑥ 设备的控制系统应能获得理想的空载和装载时的特性曲线；

⑦ 设备的自动保护装置应先进可靠，确保安全。

28.13.3.2 真空钎焊炉的分类及主要部件

（1）分类

按照结构特点，真空钎焊炉有表 28-89 所表示的几种型式。

表 28-89 真空钎焊炉的分类

真空钎焊炉			
热壁		冷壁	
立式或卧式			
单套真空系统	双套真空系统	无气淬装置	有气淬装置

热壁真空炉既可用作真空钎焊，又可用作惰性气体保护钎焊。当把被焊部件从加强炉中取出进行冷却时，其冷却速率基本上可以达到气淬要求。

在热壁炉中进行钎焊的零件受热主要是靠炉壁的热传导，钎焊温度一般不能高于1150℃，否则，炉壁热强度不足。现代航空发动机高温部件的钎焊，有的超过了1200℃。如果用加厚炉壁来提高强度，就会使热壁炉的热效率降低。所以这种热壁式真空炉使真空钎焊技术受到了一定限制。

在热壁真空炉的基础上发展起来的冷壁真空炉，不用隔热式的炉壁而用水冷式的炉壁。这样就使得炉壁材料可以使用一般钢或不锈钢即可承受外部的压力。冷壁真空炉靠炉内的辐射屏，把加热元件的热量辐射到工件上，热量损耗较小。

冷壁真空炉根据工件装卸的需要，同样可做成立式的或卧式的。立式冷壁真空炉的结构如图28-135所示。

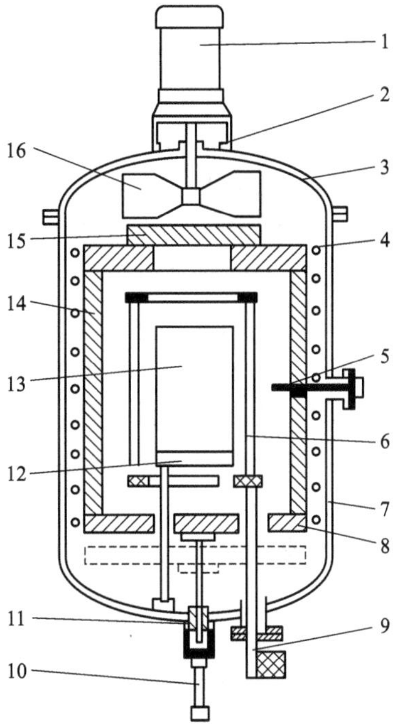

图28-135　立式冷壁真空炉结构示意图

1—风扇电机；2—环形真空密封；3—水冷罩；4—热交换器；5—控制热电偶；6—加热元件；7—水冷罐；8,15—可伸缩隔热板；9—馈电接头；10—收放油缸；11—真空密封；12—装载架；13—负载；14—隔热板；16—风扇

一般手工操作的真空炉由炉体、抽真空系统、测量控制系统及供给系统组成。下面将简述炉体及抽真空系统。

(2) 炉体

炉体主要指真空室的外壳及位于真空室中的全部构件。外壳起承受外界大气压力、散失炉内热量等作用。大中型炉壳采用双层钢板圆筒结构；小型炉子外壳可用单层结构，外面绕以蛇形冷却水管。

加热室的作用是：承受载荷（夹具、工件等）、向焊件提供热量。它包括加热元件、辐射屏、绝热层、炉床、冷却管等部件。

加热元件的材料，高温炉一般用钼（丝、片）、石墨（管、棒、片）或钨（丝、棒）。低、中温炉可用镍铬合金或铁铬铝合金（丝、片）。

辐射屏用钼板或钼板与不锈钢板一起使用。其厚度按炉子大小可选用0.3～1.0mm。辐射屏的层数按炉子的最高加热温度而定。1600℃以下为6～8层，1700℃以上为8～12层。各层间距为5～15mm。

(3) 抽真空系统

用于钎焊的真空炉，要求具有中、高真空度。真空系统可选用：

① 机械泵＋油扩散泵；

② 机械泵＋增压泵或罗茨泵＋油扩散泵。

28.13.3.3　典型真空钎焊炉简介

VFC-524-R（S）真空钎焊炉是美国伊普森公司的产品，简介如下。

(1) 技术性能

额定功率：207kW；

额定电压：380V（三相、50Hz），58V（三相、50Hz）；

允许使用的温度范围：500～1315℃；

温度稳定性：±5℃；

加热方式：电加热；

极限真空度：4.6×10^{-4}Pa；

工作真空度：1×10^{-3}Pa；

泄漏率：1×10^{-10}Pa·L/min；

有效均温区：长×宽×高＝910mm×610mm×610mm；

最大装载量：270kg；

炉内压力自动调节范围：$6.6\sim1\times10^{-1}$Pa；

允许使用的冷却气体：高纯氩气和氧气；

冷却水消耗量：正常 $2.5m^3/h$，

快速 $8m^3/h$；

每炉冷却气体消耗量：$6m^3$；

每炉压缩空气消耗量：$0.2m^3$；

冷却方式：真空冷却、气体冷却、气体风扇快速冷却；

抽气速率：机械泵 141.6L/s，

扩散泵 11800L/s；

升温速率：在 100～1200℃/h 内分四段式无级调节。

(2) 结构形式

伊普森 VFC-524-R (S) 型真空炉是一种卧式单室（加热冷却在同室进行）冷壁炉，其结构主要由炉体、加热室、抽气系统、电气控制部分、附件五大部分组成。

① 炉体　如图 28-136 所示，炉体是一个具有水套结构的双壁钢质圆筒。前门与炉体用 O 形橡胶圈密封。水套结构的内壁和外壁分别用不锈钢和碳素钢制成。炉体右侧壁有三个法兰，用以安装工作热电偶、校准热电偶及电离规。炉体左侧壁上也有三个法兰，一个用以安装超温控制热电偶，其余两个用盲板封住，作为检测时用。在真空室的顶部装有一个 18.4kW 真空密封的风扇电机，真空室底部有一个用来充中性冷却气体和调节炉内压力的气孔。在真空室的后部右侧壁上有一个与机械泵相接的排气口，在真空室前部右侧有与高真空阀连接的排气孔。在后部有控制加热室上塞盖作横向运动的气缸、安全报警喇叭和排水管、汇水槽。在底部有控制加热室下塞盖作纵向运动的气缸。在炉体左侧壁上有三根电流汇流排，引入加热室。

② 加热室　加热室是由 5mm 厚的不锈钢板作壳体，用 50mm 厚的氧化铝纤维衬里，并用钼片和钼钩固定。如图 28-136 所示，12 根 ϕ40mm 的石墨棒在加热室顶部均匀分布。炉床由高强度石墨构件组成。加热室有前门和上下盖，在加热室外部与冷壁之间有四个铜质热交换器，在加热室外壁有 6 根铜质冷却水管。加热室整体是利用两个导轮悬挂在真空室内。

③ 抽气系统　如图 28-137 所示。抽气系统包括：一台 7.5kW 抽速为 141L/s 的 STOKES412H 型单级旋片式机械泵，一台 EDWARDS HS 20 型三级分馏式油扩散泵，一个油尘分离器，一个冷阱和高真空阀。在高真空阀顶部有控制高真空阀开关的气缸、压力表、手调中性气体进气压力开关、手动空气释放阀、两个热电偶真空计测量头，一个气体

压力计。

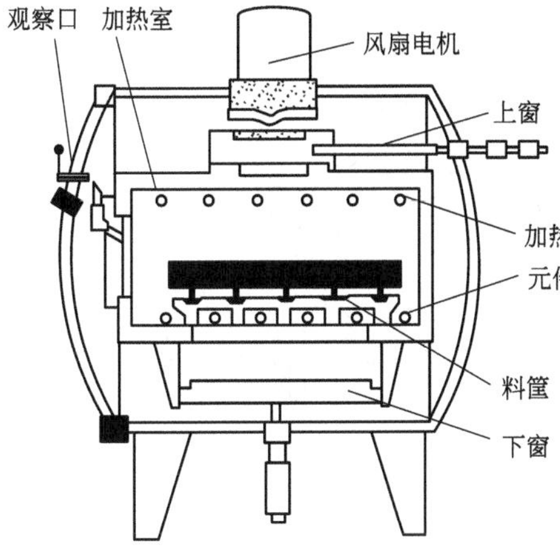

图 28-136　冷壁真空炉结构

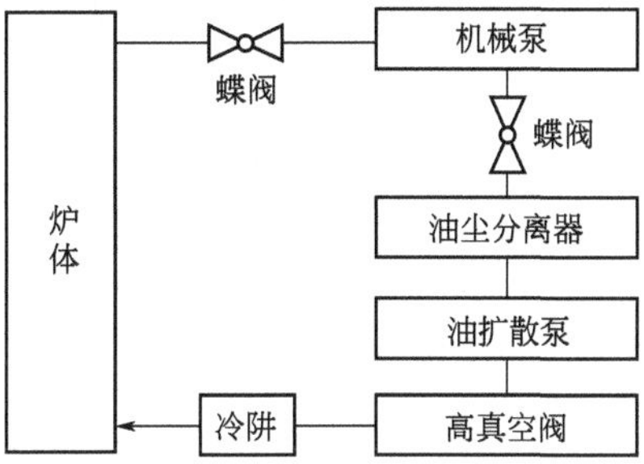

图 28-137　抽气系统方框图

④ 电气控制部分　电气控制部分主要由电源和控制柜组成。电源是一个磁饱和电抗器和控制变压器。在一个三开门式控制柜内主要包括：长图温度记录仪、真空计＋长图真空记录仪、超温温度调节器、程序控制器、加热电流控制器、扩散泵油温控制器、3 个单相加热电流表、差值放大器、功率放大器、冷却速率控制系统、时间继电器、电磁阀、操纵按钮、转换开关、各种指示灯、限位开关、联锁装置、声光指示报警装置。

⑤ 附件　主要包括置于炉体底部的 16kW60℃水加热器、电离真空计、8m^3 的中性气体储存罐、液压装载小车、加热室维修架、氦质谱检漏仪。

设备自动化程度高。设备启动后，机械泵首先对抽气管道预抽真空 3～5min（由时间继电器控制），然后自动对真空室抽真空。当炉内压力达到 6.6Pa 以后，又自动转换（机械泵-油尘分离器-扩散泵）对真空室抽真空。当炉内压力达到工艺要求时便开始升温。伊普森程序器自动控制加热速率、保温温度、保温时间。设备在未启动前，按照工艺规程操作，当炉内压力达到要求之后，则自动进行加热-保温程序。保温结束后按三种方式（真空冷却、气体冷却、风扇冷却），五种冷却速率（真空冷却，气体回火冷却速率、气体淬火冷却速率、风扇回火冷却速率、风扇淬火冷却速率）自动冷却。保护和连锁系统相当完善，任何一部分发生故障都能自动停机，同时发出声和光的报警信号，便于查找故障。

设备维修方便。石墨棒加热元件可单件从炉室直接更换，整体加热室可用托架移出真空室外，进行修理。控制柜导线接头布局整齐，标记清楚，一旦出现故障，便有声光信号指示，易于寻找故障源。其他元件更换也方便，例如钼片可单片更换，大大降低了设备的维修费用。

28.13.3.4　真空铝钎焊设备

根据真空铝钎焊工艺的特点，对真空铝钎焊炉的要求，在真空度、漏气率、热区温度均匀性上都比真空热处理炉的要求高，这样才能满足工艺的要求。真空铝钎焊炉的机械部分如图 28-138 所示。炉子结构可以分为下列部分：①炉体部分；②真空系统；③气体强制循环冷却装置；④充气装置；⑤电气控制部分。

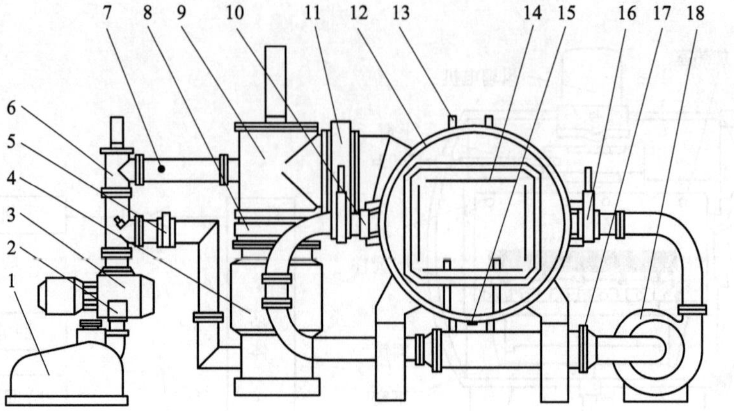

图 28-138　真空铝钎焊炉机械部分

1—机械泵；2—低真空阀；3—罗茨泵；4—油扩散泵；5—气动蝶阀；6—ϕ150 真空阀；7—放气阀；8—冷阱；9—ϕ600 真空阀；10—调节阀；11—镁捕集器；12—炉体；13—电极；14—发热体；15—充气阀座；16—气动插板阀；17—热交换器；18—真空风机

(1) 炉体部分

炉体由双层碳钢圆筒组成，前后设置两个炉门，便于布置前后发热体及炉内清洁之用。加热室由奥氏体不锈钢的框架及隔热屏构成。发热体由镍铬电阻材料制造，由氧化铝陶瓷支承并固定在框架上。隔热屏由奥氏体不锈钢薄板制造，并应解决在高真空下抽气及高温下薄板因热膨胀变形问题。前后发热体及隔热屏分别固定在各自的炉门上。六个面的发热体分别由六组单相电源供电，当炉内工件质量分布不匀时，可根据不同需要供给不同功率。为了防止氧化镁或镁蒸气进入真空系统，在炉体和真空系统连接处设置镁捕集器。

(2) 真空系统

由于真空铝钎焊炉冷炉真空度要求达到 10^{-4}Pa，工作真空度要求 10^{-3}Pa，所以，用油扩散泵作主泵是合适的，但其抽气能力要比相应的真空热处理炉配置的油扩散泵大，前级泵为旋片式机械真空泵。为了减少粗抽时间，设置一台合适的罗茨泵是必要的。

(3) 气体强制循环冷却装置

为了提高生产率，缩短工件在炉内冷却时间，减少焊料中的硅向基体扩散，同时避免在炉内设置冷却水管，故采用炉外循环冷却方式，其结构由真空风机、热交换器、气动插板阀、调节阀和管路组成。在必要时，气动插板阀可使该装置与炉体隔离。

(4) 电气控制部分

该部分设有六台单相磁性调压器供给六组发热体电源之用。控制柜分为真空操作控制柜和温度控制柜。真空操作控制柜设有图示操作板，显示真空系统的真空泵和阀的工作状态。复合式真空计显示炉内真空度。真空继电器是在炉内真空度下降时自动关闭主升温装置，供用户需要时任意选用。

28.14 真空电子束焊机

(1) 概述

电子束焊是 20 世纪 60 年代发展起来的新技术，最初用于原子能工业、航空与航天工业中贵重金属和特种金属的焊接，后来也广泛用在一般工业中。

电子束焊和其他焊接方法比较，具有如下一些优点：

① 由于电子束焊通常都在真空中进行，因而可以焊接锆合金、钛合金、铍等这样一些在高温下极易与大气反应的材料，以及钨、钼、钽、铼等难熔合金及氧化铝、氧化铍陶瓷材料。

② 电子束焊不需要热传导，由电子直接输送热能量，热输入量少而焊缝窄。焊接相同厚度金属时，熔池容积可缩小到钨极氩弧焊的1/25，焊接速度也很快，电子束焊的焊缝窄，输入热量最少。由于这种焊接不需使用焊剂和焊丝，因此不存在污染问题。电子焊的功率密度与电压V的$(7/4)^2$、电子束电流I的$(1/4)^2$成正比。经研究证明，电子束焊对基体金属有以下影响：

a. 焊接热影响区晶粒细小。因为输入热量少，阻止晶粒长大，故焊接热影响区晶粒细小，避免了原高温下变脆而使难于加工的热脆性现象。晶粒细小也使热影响区塑性-脆性转变点的温度下降，增加其塑性。

b. 耐蚀性能好。焊接不锈钢温度在800℃时会析出碳，使焊接件的耐腐蚀性能下降。电子束焊时因焊件处于高温下的时间极短，几乎无碳析出，所以不会出现晶界腐蚀而导致力学性能的下降。

c. 组织应力减少，故变形量极小。电子束焊熔池比电弧焊的小，故热膨胀和收缩量都小，因而凝固过程中产生的微观裂纹也少，这样就避免了熔池随相变而产生的缺陷。

③ 能准确控制焊接热源，焊接条件的再现性好。

④ 能方便而有效地控制电子束加速电压、束电流、焦点、焊接速度等，因而焊缝的宽窄、熔深的调节范围都很宽。

但电子束焊也有缺点，主要是：

① 电子束焊机价格较高，真空电子束焊机焊接室的大小限制了焊接零件的尺寸。由于焊接室需要抽真空，因而焊接生产周期较长，生产效率较低。

② 所有电子束发生系统都在超过22kV的电压下工作，因而会产生Moka线和X射线。加速的电压越高，发射的X射线强度越大。因此要采取必要的保护措施。

通常必须把X射线漏泄率控制在10^{-4}R/h以下。对加速电压为35kV以下的低压型电子束焊机，焊接室应用12.7mm的钢板屏蔽。在此电压级以上，真空室外面需要包一层铅板。加速电压为100kV时，铅板最小厚度为1.5mm，150kV时应为2.3mm。焊接室的观察窗要用钢化玻璃和铅玻璃制造，也有采用不锈钢和混凝土保护电子束发生装置。

③ 不宜用于复杂焊缝的焊接。

(2) 电子束焊原理

轰击焊接件的高速电子能稍微穿透到金属焊接件表面的下层，在该处与零件撞碰并释放出大部分能量。此能量最初传递给点阵的电子，然后传给整个点阵，并加剧点阵的振动，使温度显著升高，从而使金属局部熔化和蒸发。蒸发蒸气的密度当然比固体低得多，在蒸气触动熔融材料的情况下，电子束更易透进。电子束和此蒸气的相互作用便在该区域形成等离子体。电子束、等离子体以及它们和材料的相互作用，获得非常大的穿透能力，而得到对接合有利的大的深宽比。熔深H与熔化宽度B的比值简称深宽比。最近证明，熔融区域形状和深度与电子束功率密度有关，随着功率密度增加，熔深增大。熔深与功率密度的关系曲线示于图 28-139。

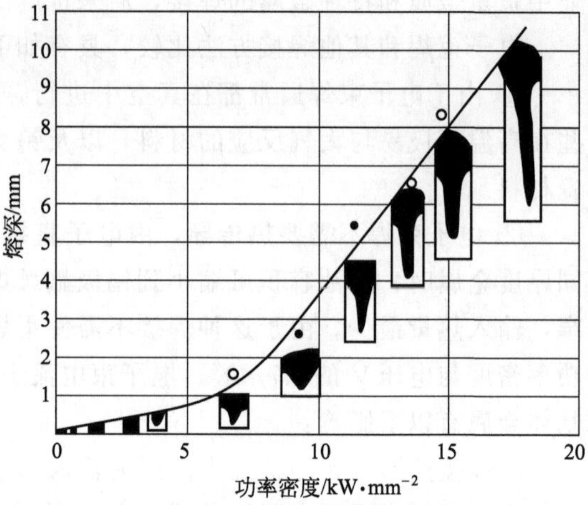

图 28-139　熔深与功率密度的关系曲线

电子束焊接过程示于图 28-140。当高功率密度的电子束轰击到零件表面时，首先在 P_1 处穿透表面一个很小的深度 X_m，这 X_m 薄层基本上能透过高速电子。接着在较深区域内，经过多次碰撞，电子束被散射，使零件内部一个梨形体积范围内的温度升高、材料熔化、内部压力增大[图 28-140(a)]。在此内压力作用下，零件表面的 X_m 薄层裂开一个小口 O_1，内部高压高温的液体蒸发所形成的蒸气流，从裂口 O_1 中喷射出来，并在小口周围形成一个液态的环形堤坝。之后这个环形堤坝对蒸气流的喷射起到了阻挡和压缩作用[图 28-140(b)]。由于梨形区域内材料的汽化，密度减小，因而电子的散射减弱，同时由于蒸气在高速电子碰撞下电离，起等离子弧的自磁压缩效应，电子束将不仅能继续穿过密度较低的蒸气，而且又被聚集起来打向第一个梨形区域的底部 P_2。这样，整个过程又重新从 P_2 的位置上开始重复进行[图 28-140(c)]。电子束将再次穿透一个很小深度 X_m，加热下一个梨形区域[图 28-140(d)]。如此反复，直到电子束的能量耗尽为止。

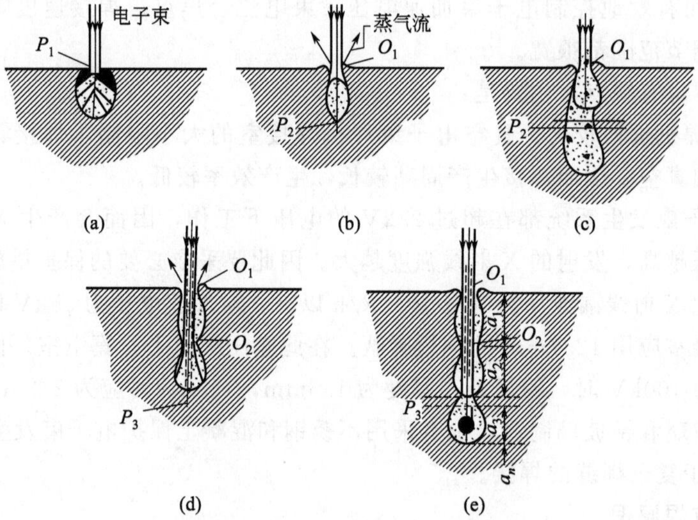

图 28-140　电子束焊接过程示意图

当电子束轰击点移开之后，由于表面张力的作用，零件表面上的液体环形堤坝又从裂口 O_1 流回到零件内部，汇成内部的材料蒸气，一起冷凝下来形成焊缝。

(3) 电子束焊设备

所有电子束焊设备系统，都由如图 28-141 所示的部分组成，只是各类型的细节有所不同。此系统包括电子枪、可控电源、真空室、真空泵、操作和控制机构工作台。

① 电子枪　电子枪是电子束焊装置最重要的组件。从原理上来说，电子枪实质上是

一个能够加速和一定程度聚焦的电子光学系统，主要由两部分组成：

a. 产生电子束的部件，即阴极和有关加热附件；

b. 形成场的部件，这些部件使从阴极发射出的电子形成所需要的电子束形状。

阴极可以是自热式，也可借轰击间接加热，可制成针状或棒状。通常根据所需的性能和操作环境来设计各种电子发射器。电子束焊机通常用钨和钽阴极，也有加入硼化镧的。

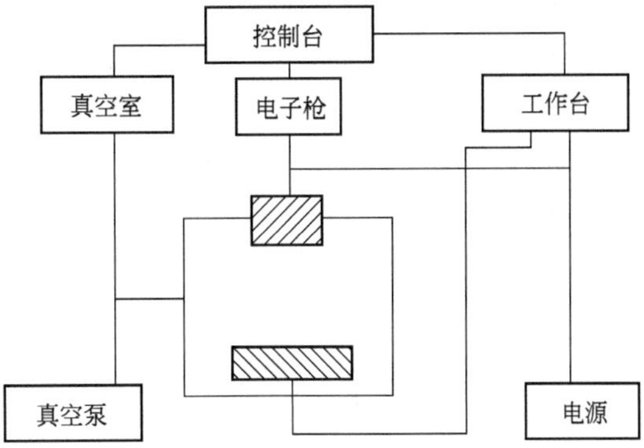

图 28-141　电子束焊设备方块图

评定电子束发射器材料的标准是它的逸出功，即是产生自由电子所必须克服的势能垒。表 28-90 列出了某些重要发射材料的逸出功值。利用强度足够大的电场，可以聚集所有可能利用的电子，在温度 T 的饱和电流密度为

$$I=AT^2e^{-b_0/T} \tag{28-103}$$

式中　I——电流密度，A/cm^2；

T——温度，K；

A，b_0——常数，决定于取材；A 的近似理论值为 $120A/(cm^2 \cdot K^2)$，最近研究证明钨的 A 值为 $60A/(cm^2 \cdot K^2)$，钼为 $55A/(cm^2 \cdot K^2)$，钽为 $40A/(cm^2 \cdot K^2)$。

表 28-90　某些重要发射材料的逸出功

物质	逸出功/eV	物质	逸出功/eV
钡	2.1	铼	4.75～5.1
在氧化钡上的钡	1.0	钽	4.03～4.19
六硼化钡 BaB_6	3.45	六硼化钍 ThB_6	2.92
碳酸钡	10～1.5	涂钍的钨	2.5～2.6
六硼化镧 LaB_6	2.66	钨	4.25
钼	4.15～4.44		

实际设计电子枪所用电流通常小于它的饱和电流。饱和电流指的是为操作所限制的空间电荷。这种操作方式与阴极的温度无关。流过两平行板间的电流服从齐尔定律（Childs Law）

$$I_{空间}=2.33\times10^{-6}\frac{V^{3/2}}{D^2}\quad(A/cm^2) \tag{28-104}$$

式中，D 为两极之间的距离；V 为加速电压。只要导入适当的常数，加速电压的 3/2 次方实际上对各种形状电极都是正确的。

虽然上述两方程可作为电子枪设计的基本依据，但实际上要设计出性能优异的电子枪是不容易的。只有选择合适的结构材料，准确确定电子枪的操作环境，以及所需的电子束形状，才能设计出令人满意的电子束发生系统。最重要的是要准确确定电子枪的工作环境，因为沾污会剧烈影响大多数阴极材料的电子发射性质。

有各种各样的电子束发生系统，但目前常用的主要有两种：皮耳斯（Pierce）型电子枪系统和斯迪格瓦尔（Steiger Wald）型电子枪系统。皮耳斯系统适用直接或间接加热阴

极，而斯迪格瓦尔型系统主要是靠直接加热供给电子，从系统中发射出来的电子经电磁或静电透镜一级或多级聚焦。目前所生产的很多电子枪系统都设有振荡偏转装置，甚至能进行程序控制和使电子束按各种所需轨迹移动。

② 工业用焊接系统　各种电子枪都沿用高质量的经过滤波和稳压的电源。滤波和稳压级取决于电子枪的系统，且在较大程度取决于电子枪的需要。

不管采用何种焊接方法，都可以把焊接系统分为两类：能焊接各种形状焊件的通用系统和专用系统。后者是为了解决特殊接合问题。

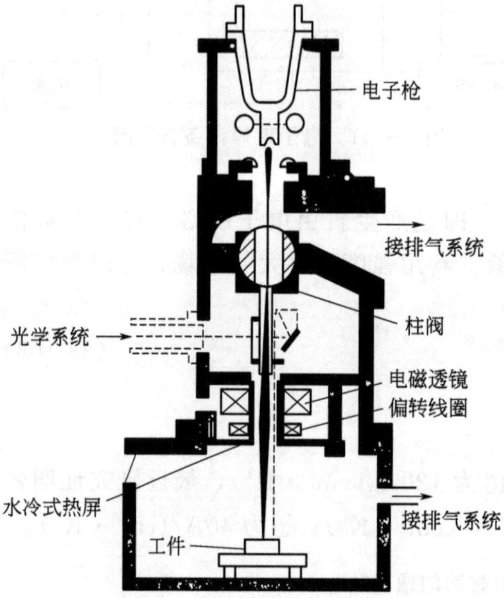

图 28-142　EBW（6）5636 硬真空电子束焊机的结构

目前美、法、英、德、日本、俄罗斯等国都制造出了具有各种质量和工作范围的电子束系统。当前在欧美用得多的是哈米尔顿（Hamilton）焊机和西雅基（Sciaky）焊机。这两种焊机的真空室大，可以在宽的工作范围操作，也可以使电子束跟踪运动或偏转，可以按各种不同大纲或程序工作。哈米尔顿标准系统使用的是固定式的斯迪格瓦尔电子枪，而西雅基电子束焊机使用的是经改进的可移动的皮耳斯枪。大多数电子束焊接设备的功率可到 30kW，而且常在 30～150kV 电压下工作。

硬真空电子束焊机如图 28-142 所示，此为哈米尔顿标准分公司生产的标准型电子束焊机。该电子束焊机各部分是独立的，可以单独更换，共分为五个主要部分：

a. 电子光学组件。利用自加速型斯迪格瓦尔型电子枪形成焦深很长的尖细聚焦电子束，由电磁透镜把 6kW 的电子束聚焦成直径为 0.4mm 的束点。电磁透镜下方设有偏转线圈，电子束在线圈下方 300mm 处可以沿 X、Y 方向偏转，偏转的最大幅度为 16mm。

b. 焊接室。在焊接室内 X 方向上安装了齿条，Y 方向安装了滚珠丝杠，构成无间隙传动的工作台。工作台尺寸为 X 长 650mm，Y 长 430mm。工作台上设有焊接夹具和安装焊件用的 T 形槽。

c. 抽真空系统。抽真空系统安装在焊接室后面。控制盘上用开关控制所有真空泵和真空阀。在约 2min 可以达 13.3Pa，5min 可达 0.0133Pa。

d. 高压电源。单独设在油槽内。从 6kW 的高压电源可获得 150kV、40mA 的输出功率。输出功率决定于高压电源的大小。为了延长灯丝使用寿命，控制好开始焊接时电子束上升的时间，装备了灯丝电流渐增电路。

e. 控制台。电子枪控制部分，低压电源、继电器盘都安装在控制台上。

12 工位旋转工作的软真空电子束焊机如图 28-143 所示。当装卸焊件而需要打开焊接室时，可以用隔离阀把高真空的电子枪室与焊接室隔开。

图 28-144 所示为 IAEBW 电子束焊机示意图。这种焊机可以用于切割或焊接，不需在真空内操作，可以于惰性气体、大气或水中焊接。

图 28-144 所示为用电池工作的轻便式电子束焊机，适宜在空间焊接。

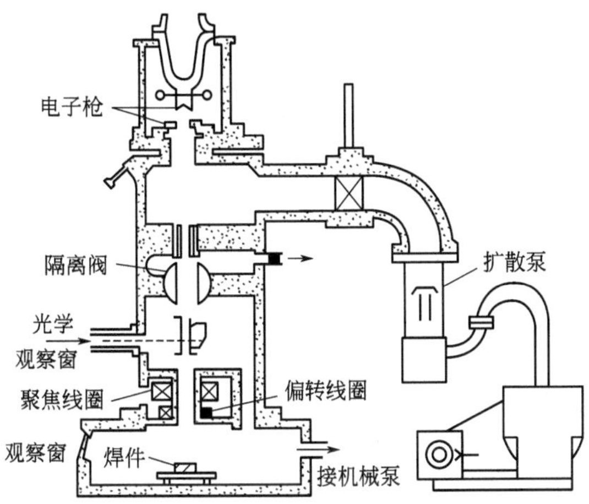

图 28-143 软真空电子束焊机

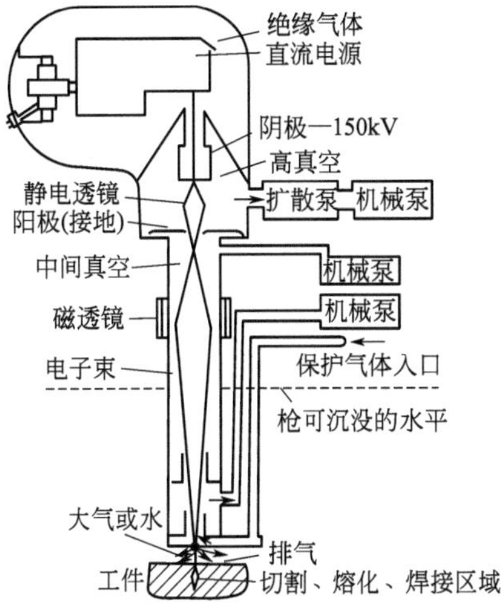

图 28-144 IAEBW 电子束焊机示意图

(4) 低真空电子束焊机的真空系统

低真空电子束焊接机具有真空系统简单、设备成本低、使用方便、更换被焊零件后抽气时间短、对被焊零件清洗要求低等优点。

低真空电子束焊机的真空系统必须满足如下几个要求：

① 枪室和焊接室之间的压差要足够的大，以保证枪室的工作压力不高于 6.6×10^{-2}Pa，而且要保证电子枪的阴阳极区域的气压尽可能稳定。

② 焊接室的工作压力处于低真空状态，但要保证电子束在工件上的穿透能力接近高真空条件下的穿透能力；在低真空状态下的焊接气氛要保障达到优良的焊缝冶金质量。

③ 电子束在低真空区飞行的距离尽可能短，以减少电子束的散射损失。

由于在气体中飞行的电子同气体分子和其他粒子间会发生相互作用，又由于电场的作用，会造成部分电子偏离原来的路线，这一类的离散叫弹性散射。电子的弹性散射又同气体分子的种类、气体密度、电子能量（或加速电压）以及电子飞行的路程有关。国外在这方面作了不少研究工作。大量实践都证明了加速电压为 60kV 时，电子束飞行距离为 500mm 左右。当焊接室压力为 3～4Pa 时，电子束在工件上的穿透能力基本上同高真空条件下一样。当焊接室压力升高到 6.6Pa 时，仍能得到非常满意的穿透性能。

当焊接室压力为 4Pa 时，如果把所有残余气体分子都作为杂质来看待，则气体的当量纯度达到 40×10^{-6}，这比起商品供应的最纯氩气（纯度约为 50×10^{-6}）还要好一些。从真空冶金角度来看，焊接室压力为 4～6.6Pa 时，对于绝大多数金属材料来说，去除焊缝中的杂质，提高焊缝的冶金质量可以达到相当满意的结果。

HDZ-6A 型中压低真空电子束焊机的真空系统如图 28-145 所示。

为保证枪室和焊接室之间具有足够的压差和电子枪的工作稳定可靠，枪室真空系统选用了有效抽速为 150L/s 的 JK-150 型高真空机组，枪室和焊接室之间设置了一个经综合考虑的气阻管。

为了更换被焊零件后只需较短的抽气时间，特别是保证焊接室在满功率工作状态下具

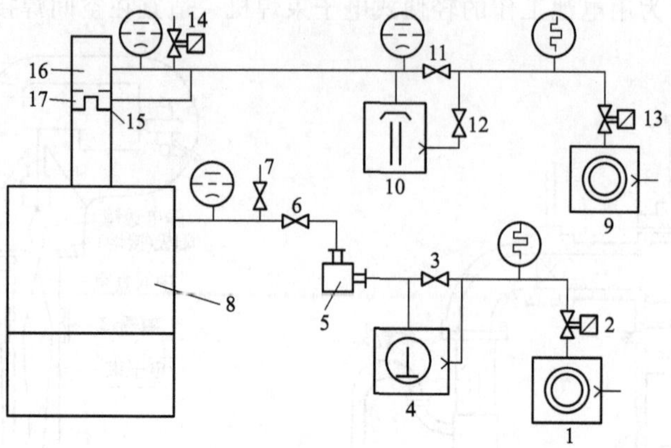

图 28-145　HDZ-6A 型中压低真空电子束焊机的真空系统

1—2X-30 机械泵；2—DDC-60Q 电磁阀；3—GQF-60 气动阀；4—ZJ-150 罗茨泵；5—油过滤器；6—GQF-100 高真空阀；7—QF-25 放气阀；8—焊接室；9—2X-8 机械泵；10—K-150 油扩散泵；11—GQF-25 真空阀；12—DS-25A 真空阀；13—DDC-25Q 电磁阀；14—DF-2 电磁放气阀；15—QFZ-25 隔离阀；16—电子枪室；17—隔离阀室

有不高于 4Pa 的压力，焊接室选用了一台 2X-30 型机械泵作为前级泵，一台 ZJ-150 型罗茨泵作为主泵。

28.15 真空冷冻升华干燥

28.15.1 概述

1909 年沙克尔创建了真空冷冻升华干燥方法（亦称冻干或冷干），早期的冻干技术，主要用于生物制品和医药行业中。例如保存菌种、病毒、血清、生物细胞、人体组织、骨骼等。到了 20 世纪 60 年代，随着真空和低温技术的发展，这种技术在食品行业中开始应用，主要用来制作长期工作在边疆、海洋、山区、人烟稀少地方人们的食品，给他们的生活带来了极大方便。到了 20 世纪 70 年代初，冷干食品发展更快。一些工业发达国家，如美国、苏联、法国、日本、德国、英国都相继建立了冻干食品脱水厂。目前我国冻干技术不仅应用于生化制药中，在食品及土特产加工行业中也得到了广泛的应用，已建立了一批冻干食品脱水厂。

经过真空冷冻升华干燥的食品优点是：

① 冷干食品食用方便　这种食品因为在制作过程中已洗净、切好、密封包装，食用时只需用水一泡便可复原食用。

② 从营养成分保持角度来讲，由于它采用的干燥工艺是先速冻、后在真空环境中升华干燥，可保持食品的物质结构不变、营养价值不变。如在蔬菜和水果中，最易损失的维生素 C 亦能保持 90%以上。

③ 冷干后的食品，其组织像海绵一样疏松，放入水中，其复水率达 90%。

④ 冷干蔬菜和水果外观好看，不干裂，不收缩，维持物品原形态和色泽。

⑤ 冷干后的食品质量轻，肉类和蛋类可减轻 50%～60%，蔬菜和水果可减轻 70%～90%。

⑥ 冷干食品长时间保存不变质　一般冷藏和气调保鲜能保存几个月，最多也不能超过一年，而冷干食品可保存长达五年以上。

28.15.2 冷冻升华干燥原理

(1) 纯水升华机理

物料中所含水分，有两种存在方式：

① 游离水　即机械结合水和物化结合水。它主要以吸附和渗透方式存在于物料表面、毛细管、孔隙之中。

② 结构水　以化学结合形式存在于物品的组织中。冷冻升华干燥主要是升华游离水，而不是结构水。升华游离水，先是将其冻成冰，然后在真空中加热升华。

图 28-146 是水的相变图，用来说明物料中水的升华机理。水在不同温度和压力下，可以为气态、液态或固态。图中 *OA* 线为水-气分界线，*OB* 为冰-水两相分界线，即为冰的融化线。*OC* 线为冰-气交界线，在此线上冰-气共存，即为冰直接由固相转为气相曲线。通常把这种由固相直接转变为气相的现象叫做升华。图中 *O* 点，为固-液-气三相共存点，称做三相点或共晶点。纯水三相点对应的温度为 0℃，此温度下所对应冰面上的饱和蒸气压为$p_0=5.98\times10^2$Pa。物料中所含水，均为水溶液，其三相点温度要低于纯水的温度。由图 28-146 可见，在 *O* 点以上（图中虚线以上），冰需转化成水，水再转化为汽，其过程是普通的蒸发干燥。只有在三相点压力 p_0 线以下，冰才能由固相直接转变为气相，这就是升华。因而，若要得到冻干食品，其升华温度必须低于三相点温度。否则得到的是蒸发干燥食品。

图 28-147 为物品升华干燥过程示意图。其干燥过程是由周围逐渐向内部干燥，干燥层逐渐增厚，可看成多孔结构。升华热由加热体通过干燥层不断地传给冻结部分，在干燥与冻结交界的升华面上，水分子得到加热后，将脱离升华面，沿着毛细孔跑到周围环境中。而环境中的气压必须低于升华面上的饱和蒸气压 p_0，只有这样才能造成一个水分子向外迁移的动力，这意味着升华干燥必须在真空环境中进行。另外物料是处于冻结状态，需维持温度低于三相点，在真空环境下，此温度易于保持。

(2) 食物中的升华速率

由上述可见，真空冷冻升华干燥过程首先是把食物中的水冻结成冰，然后供给升华热，使冰在三相点以下的温度下升华。升华速率的大小，显然与供给的热流量及冰升华潜热有关，可近似写成

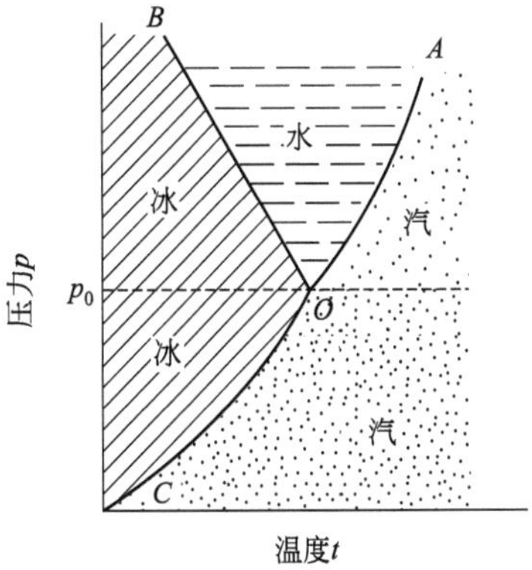

图 28-146　水的相变图

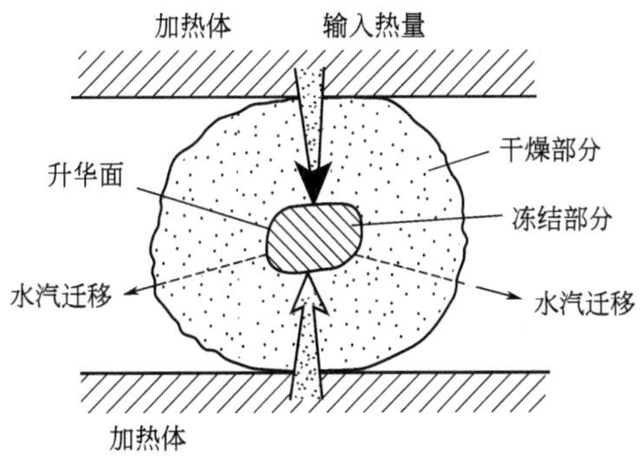

图 28-147　升华干燥过程示意图

$$v=f(Q/H) \tag{28-105}$$

式中 v——升华速率；

Q——外界供给的升华热流量；

H——食物中冰的升华潜热。

当外界供给热流量与升华消耗热流量平衡时，升华温度保持不变，达到升华平衡。此时升华速率为

$$v=\left(\frac{M}{2\pi RT_s}\right)^{1/2} p_s e^{-E/RT_s} \tag{28-106}$$

式中 v——升华速率；

M——水的摩尔质量；

T_s，p_s——升华平衡时，升华面上的温度及其对应的压力；

R——摩尔气体常数；

E——冰的升华活化能。

由式(28-106) 可见，升华速率与温度、压力及升华活化能有关。增加供给热流量，可以提高升华速率，但这样会使物品温度超过升华平衡温度，甚至使其融化，这是真空冷冻干燥应避免出现的状态。

(3) 干燥层内水蒸气迁移速率

厚度很薄的物品，干燥层对水蒸气的迁移速率影响不大，升华出来的水汽能很快地穿过。若是体积较大的块状物体，特别是厚度较大的肉、鱼或者黏稠胶体，干燥层对水蒸气迁移速率影响较大。干燥层内的水汽压力随着厚度的增加呈指数上升。水蒸气迁移速率与干燥层内水蒸气分压有关，即

$$v=\frac{M}{RT}C\,\mathrm{grad}\,p_w \tag{28-107}$$

式中 M——水的摩尔质量；

T——干燥层温度；

R——摩尔气体常数；

C——与真空度有关的常数；

p_w——干燥层内水的分压。

28.15.3 食品冷干设备

食品冷干设备是真空与低温相结合的产物，既包括真空设备，也包括低温设备。通常由真空系统、冻结装置、物料车、干燥室、加热装置以及控制设备组成。

(1) 干燥室（箱）

物料升华干燥是在干燥室中完成的。干燥室有圆形或箱形两种型式。圆形干燥室有效利用空间少、省材料、易加工。箱形干燥室内有效利用空间多、用材料多、不易加工。小型冷干设备的干燥室多选用箱形。大中型冷干设备的干燥室两种型式都采用。

(2) 加热装置

加热装置处于干燥室中，用来供给物料的升华热。加热板有管式或板式结构，板中的工作介质可选用水和油。热源可用电加热器或蒸汽加热器，需根据设备具体情况而定。

加热板与物料之间可以选择接触传热或者辐射换热。接触式传热易造成物品受热过

度，影响产品质量。其次是物料盘与加热板紧贴着，增加了物料升华出来的水汽逸出阻力，影响干燥速度。辐射式换热克服了接触式换热的缺点，使产品质量得到保障。

(3) 冻结装置

小型冷干机冻结装置的蒸发器安装在干燥室中，要求干燥室具有低温冰箱作用。大中型冷干装置，冻结装置处于干燥室外，是一个独立设备，其温度低于升华温度。冻结装置常选择氟利昂作制冷剂，其优点是能得到低的温度、无毒、无臭、无腐蚀性。这些特点很适合食品卫生要求。

(4) 物料车

物料车用于运送物料。食品经前处理工序后，装到物料车上的物料盘中，推入速冻设备进行速冻。冻结完毕后，再推入干燥室进行升华干燥，最后将成品送出来。在多层物料车上，装有许多干燥盘，盘中盛物品量为 8～10kg/m^2。

(5) 真空系统

冷干设备真空系统有两种组合方式：

① 冷凝器-罗茨泵-机械泵组，或者捕水器-机械泵机组　后者在冷干设备中使用较多。图 28-148 为捕水器-真空泵机组冻干设备。冷凝器把物料升华出来的水蒸气绝大部分都冻结了，只有很少量的被机械泵抽走。机械泵主要用来抽非可凝性气体。这种组合方式占地面积很小，但能耗较大，制造复杂。

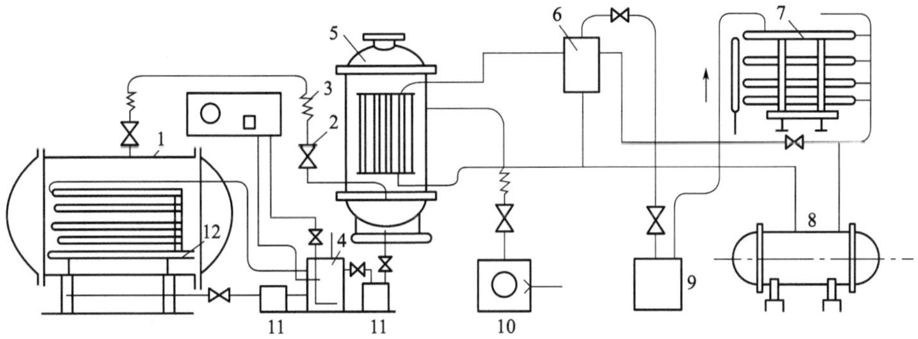

图 28-148　捕水器-真空泵机组冻干设备

1—干燥室；2—阀门；3—波纹管；4—水箱；5—捕水器；6—水分离器；7—冷冻设备；8—氮储存器；9—压机；10—真空泵；11—水泵；12—物料盘

② 以水蒸气喷射泵作抽气手段，其工作介质是高压水蒸气，泵本身就具有抽除水蒸气的能力。这种组合方式的优点是结构简单、制造成本低、操作容易。缺点是占地面积大。大中型冷干设备适宜选择这种抽气手段。

28.15.4 真空冷冻升华干燥工艺

食品真空冷冻干燥工艺流程如图 28-149 所示，可分为前处理、预冻、升华干燥、解吸干燥和后处理五个阶段。

28.15.4.1 食品冻干的前处理

(1) 固体食品

各种果蔬，如苹果、桃、李子、杏、葡萄、草莓、樱桃、菠菜、青豌豆、豆角、胡萝卜、土豆、菜花、小香菇、辣椒、蚕豆、大葱、蘑菇等。冻干前需先经挑选、清洗、漂洗、漂烫等工序。

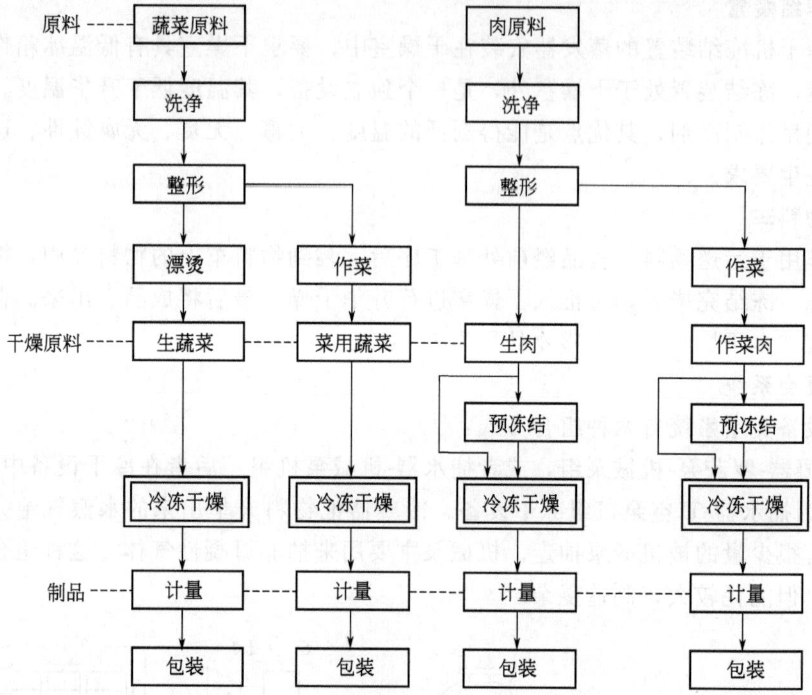

图 28-149 食品真空冷冻干燥的工艺流程

① 应选择品种优良、成熟度适宜、鲜嫩、大小长短粗细均匀的果蔬，并注意轻拿轻放、不能损伤。

② 因果蔬表面都沾有泥土、沙子、灰尘、农药及活物（菌、虫），故应认真清洗。

③ 蔬菜洗涤后，一般要在2%左右盐水中浸泡20～30min，达到驱虫目的，必要时可延长。浸过盐水的蔬菜，需在清水中漂洗一次，以去除蔬菜表面的盐水和跑出来的小虫，并达到进一步洗净的目的。

④ 漂烫的原理与目的就是将果蔬放在沸水或常压蒸汽中一定时间，使加热均匀并达到半熟程度，全部或部分地破坏果蔬中的酶类活性（如过氧化酶、过氧化氢酶等），以便保持果蔬的原有色泽和营养成分，并防止果蔬在冷藏过程中和在解冻后的变质；同时漂烫还能消灭原料表面的微生物、虫卵，除去果蔬组织内的空气，有利于减少维生素C和胡萝卜素的损失，并能排除果蔬中的部分水分，使其体积缩小，便于包装时紧密地装入容器，保证成品优良。

漂烫中最重要的是使酶失去活性，降低酶的最小活性限度。若加热的温度控制不好，如漂烫过度或不足，都将引起不良现象。如漂烫不足，除了酶的活性残留外，还使果蔬的组织过硬，造成在加热烹调时味道不佳。如漂烫过度，变成煮的状态，将使果蔬变色（绿叶的变褐等），表面过度软化，表皮脱落及某些维生素的溶出和破坏等。因此，漂烫的操作方法要根据原料来适当掌握。

漂烫的温度和时间，因果蔬的种类及大小不同也均不一致。一般热烫温度是在80～100℃的热水中，而多用93～96℃，热烫时间2～3min。如用大气压下的蒸汽热烫，一般视情况比热水热烫延长15%～50%的时间。因为蒸汽比热水的热传导慢，热水漂烫所需时间见表28-91。在沸水（100℃）中，若干蔬菜漂烫所需时间见表28-92。

表 28-91 热水漂烫所需时间

品名	漂烫条件及时间/min
龙须菜	热水,2～4
蚕豆	热水,2～4
青豆	5%食盐热水,5～10
菜豆	热水,2～4
菠菜	热水,1～2
白菜	热水,1～1.5
葱	热水,1～1.5
芋头	热水,8～12
辣椒	热水,2～4
菜花	蒸汽,4～5

表 28-92 沸水漂烫所需时间

品名	时间/min
油菜	0.5～1
小白菜	0.5～1
荷兰豆	1～1.5
青刀豆	1.5～2
花菜(分朵)	2～3
青豆	2～3
切块土豆	2～3
冬笋片	2～3
南瓜	3
莴苣	3～4
蘑菇	3～5
菠菜	5～10s

对某些蔬菜热烫时，最好使用不锈钢蒸汽双层锅，如蘑菇、菜花等蔬菜，与铁或铜直接接触，会变色而且味道也变坏。

检验漂烫是否适当，一般是用过氧化酶的活力测定数作为指标，看一下果蔬中的酶在漂烫后仍然残留多少。快速测定法，就是在短时间内进行过氧化酶定性试验的方法。即用一张含有过氧化酶作用基质和染色指示剂的干的试纸，与检验的试样接触，试纸如在1～15s内变成蓝色，则表示漂烫后的含量超过过氧化酶指标，残留的过氧化酶的活性大。

漂烫能引起果蔬中某些可溶性物质如蛋白质、无机盐、维生素C以及糖和有机酸的破坏和流失。损失因品种不同大约为10%～40%。例如梨可损失40%，菠菜损失30%。漂烫温度越高，时间越长，则损失越多。如漂烫温升很快，则损失就小，温升缓慢，酶没有被破坏，而维生素C的损失就很快。用蒸汽漂烫时，果蔬的可溶性物质损失就少。所以果蔬的味道和营养成分等方面就比用热水漂烫更好，其损失只有热水漂烫的1/3左右。但是热水漂烫也有其优点，即能保护和改善果蔬的色泽。

（2）液态食品

如果汁、饮料等，因含有80%～95%以上的水分，一下子冻干费用较大，事先要进行浓缩处理。一般应浓缩到固体量占全重的30%～60%（称浓缩度），依制品而定，可参考表28-93。为使食品质量不受影响，必须采用低温真空浓缩。然后放在金属盘子上，摊放不宜太厚。

表 28-93 适合冻干的浓缩度

品名	浓缩度/%	品名	浓缩度/%	品名	浓缩度/%
葡萄汁	45～50	苹果	40～50	咖啡	30～35
柠檬汁	40～45	西红柿	25～35	全乳	40～50
蜜柑汁	50～55	绿茶	30	油	25～30
菠萝汁	50～60	红茶	30～35	味精	30～53

(3) 一些食品的前处理情况

表 28-94 给出了各种水产品的前处理情况；表 28-95 给出了某些蔬菜的前处理情况；表 28-96 给出某些其他食品的前处理情况。各表“结果”栏中 A 表示效果极佳；B 表示效果佳；C 表示效果一般。

表 28-94 各种水产品的前处理情况

品名	结果	预处理	状况
鳕鱼	B	生切片	恢复良好,味道较差
鲑鱼	A	冷冻切片	恢复良好,应防止发酸
墨鱼	C	新鲜	和干墨鱼相似,恢复后变形
对虾	A	冷时剥去部分虾皮	干燥状态良好,适于即席食用
毛蟹	A	煮熟,冷时剥去部分蟹壳	干燥状态良好,恢复良好,适于即席食用
蚝	B	生剥肉	恢复良好
干贝	B	新鲜	恢复良好,应防止发酸
蛸子	B	新鲜	恢复极佳,应防止发酸
蛤	B	新鲜	恢复时极佳,应防止发酸
海蜇	A	新鲜	恢复良好
海带	A	新鲜	恢复良好
裙带菜	A	热油内存放	恢复良好
烤鳗鱼	B	串状	恢复极佳,应防止发酸
鱼糕	C	市上出售品	恢复良好
鱼糕	B	特殊加工	恢复极佳
鱼肉山芋丸子	C		恢复不佳

表 28-95 某些蔬菜的前处理情况

品名	结果	预处理	状况
扁豆	B	生煮	恢复不佳,容易破碎
土豆	A	水煮,研碎	作为制成品极佳
山芋	B～A	新鲜,薄片	薄片状吸水不佳,粉末良好
胡萝卜	C	新鲜	恢复不佳
胡萝卜	B	水煮(加压)	有利用价值
姜	B	新鲜,擦碎成泥状	作为制成品极佳
山葵	B	新鲜,擦碎成泥状	作为制成品极佳
葱	A	新鲜	自然冻结方式,较佳
洋葱	B	新鲜	吸水性良好,纤维鲜明
荷兰芹	B	新鲜	吸水不佳
青豆	A	罐头,水煮	恢复良好,和原物无异
青豆	B	新鲜	恢复良好
蚕豆	B	新鲜	恢复良好

续表

品名	结果	预处理	状况
松蘑	A	罐头(水煮)	恢复极佳,和原物无异
松蘑	A	新鲜	
香菇	B	新鲜	恢复极佳,需预处理
蘑菇	B	新鲜及罐头	恢复极佳
新鲜馅	A	不含糖分(豆沙干燥后制成的纯豆沙)	用真空干燥也良好,恢复良好
青菜汁	A		恢复良好
番茄	B	新鲜,搅碎	和新鲜番茄无异
番茄汁	B	罐头	
肉汁	A	调味及整理完毕	恢复良好
饺子	C		恢复不佳会干透

表 28-96 某些其他食品的前处理情况

品名	结果	预处理	状况
肉汤	A		发泡恢复良好
鸡汤	A		发泡恢复良好
中国式汤	A		发泡恢复良好
干乳酪	A	粉末	恢复良好,色泽良好
生奶油	C		脂肪成黄油状
乳酸饮料	A		恢复良好,干燥方法研究
乳糖	C		干燥状态不佳
蜂蜜(A)	C		因呈烘糕状而有问题
蜂蜜(B)	A	1/10(稀释 10 倍)	恢复良好,吸湿性较强
酱油	A		难以完全冻结,但半冻结时干燥较好
菠菜	A	盐渍	恢复良好,预处理较麻烦
牛肉里脊肉	A	新鲜状态	恢复良好,应防止发酸
猪肉	A	新鲜状态	恢复较好,应防止发酸
牛肉	A	整只生肉	恢复良好,应防止发酸
鸡胸脯肉	A	淡味烹煮	煮后的肉,吸水性较佳
鸡蛋(整蛋)	B	新鲜	恢复较佳
鸡蛋(蛋黄)	B	新鲜	恢复较佳
鸡蛋(蛋白)	A	新鲜	恢复良好
汉堡牛肉饼	B	已调味及制成	恢复较佳,褪色
咖喱粉	A		恢复良好
嫩豌豆	B	生煮	恢复不佳,容易破碎

28.15.4.2 预冻阶段

(1) 物料处理

进入冷冻干燥室预冻的物料应冷却、沥干，然后用搁盘盛放在搁板上，应尽量增大物料表面积，减少厚度，一般以不超过 20mm 为宜，较松散物料厚度取大值，较密实厚料取小值，一般10～15mm。太薄，虽然冻干时间缩短，但每批产量降低，而辅助时间基本不变，则相对辅助工序增加，导致总成本相应增加而不经济；太厚水蒸气升华阻力大，升华速率减慢，干燥时间延长，效率低。所以对不同品种应考虑物料及冷冻干燥阶段能耗和人力物力的消耗，选取一个最佳经济厚度。物料容量以8～10kg/m^2为宜；搁盘宜用铝板或薄不锈钢板制作，底面应平整，和搁板接触应良好，过大的间隙会增大传热热阻，降低升华干燥速度。

(2) 预冻温度

预冻温度一般应低于物料的共晶点温度5～10℃。这是因为物料的冷冻干燥过程是在真空状态下进行的，只有物料中溶液全部冻结后才能在真空下升华。否则，若有部分液体存在，在真空下不仅会迅速蒸发，造成液体的浓缩，使冷冻干燥产品的体积缩小，而且溶解在溶液中的气体会在真空下迅速放出，使冻干产品鼓泡。不同的物料共晶点不同，测定共晶点的常用方法是电阻测定法。原理是物料在冻结过程中，温度降至冰点，冰结晶开始形成，随着物料温度下降，冰晶逐渐增多，当温度降至某一点，物料中的水分全部冻结，这时电阻会突然增大，几乎是无穷大，此时的温度就是物料的共晶点。通过同时测定物料的温度和电阻就可测得共晶点。最简单的仪器就是利用温度计和万用表。对冻结有两点要求：

① 冻结温度必须低于食物中溶液的三相点温度　如果冻结温度不在三相点以下，物品中必有液体存在。当处在真空中时，液体产生沸腾，生成气泡，使产品表面凹凸不平。

② 要速冻　冻结得愈快，物品中结晶愈小。结晶粒小，对物品组织结构破坏小，尤其对毛细管损坏更小。冻结时间短，在蛋白质凝聚和浓缩作用下，不会发生变质。

速冻有两种方式：

① 干燥量小时，速冻可在升华干燥室中冻结；

② 干燥量较大时，物品应采用专用的速冻设备。

物料预冻后，再移到干燥室中进行干燥。通常由大气抽到100Pa，允许时间为15～20min，这期间物料的温度会上升10～15℃。为防止融解，物料预冻的温度应比该物料的共晶点温度低，一般在－30℃以下。

某些食品冻结时允许温度见表28-97。

表28-97　某些食品冻结时允许温度

品种	容许温度/℃	品种	容许温度/℃
苹果	－20～－25	人参	－25～－30
西红柿	－15～－22	蛇肉	－30～－35
梨	－18～－25	草菇	－25～－30
葱	－10～－15	速溶茶	－25～－30
胡萝卜	－10～－15	海带速溶茶	－25～－30

(3) 预冻时间

物料在冻干室的冻结应快速，一般1～2h达到预冻温度。通常的做法是在物料达到预冻温度后，还需在此温度下停留1～2h，而不是立即进行升华干燥，这样可以使物料冻透。

值得说明的是这里提到的快速冻结不完全等同于目前流行的食品速冻加工。速冻是在30min内物料通过－1～－5℃最大冰结晶生成带，使物料中心温度达－18℃，冰结晶小，冰晶粒不破坏物质的细胞结构，解冻时营养成分流失少。而冻干中的冻结则是慢于速冻，又快于慢冻，从时间上看介于两者之间，又接近速冻。这主要是虽然环境温度都差不多（－30℃左右），速冻基本上是单体，而且加大风速，强化换热，而慢冻主要是物料尺寸较厚，冻结时间加长。如果冻干中也进行速冻，要求物料在几分钟至30min冻至中心温度达－18℃，不但制冷机负荷会成倍增加，预冻后期负荷又很小，降低制冷机利用率；同时这种冻结也不利于水蒸气升华，对产品质量不利；也增加了能耗和运行费用，很不经济。如果实行慢速冻结，整个干燥时间会延长，也是不经济的。

（4）预冻速率

预冻速率直接影响干燥速率和产品质量。慢冻时，冰结晶颗粒较大，有利于物品的升华，复水速度快，但食品复原性差；快速冻结，产生的冰晶颗粒小，升华较慢，复水速度慢，干制品的复原性好。通常采取的方法是，如需冻结得快一些，先将干燥室预冷至较低温度，再将制品放入冷冻干燥室冻结；若冻干室和制品一起冻结，冻结速度较慢。

（5）捕水器的降温时间和温度

在产品预冻结束前30～50min（视其制冷能力决定时间长短），使捕水器温度降至－35℃左右，启动真空泵抽真空，当冷冻干燥室真空度为100Pa时，就可启动电加热（或其他形式的加热源）和循环泵，给产品提供升华热。有些食品共晶点低，升华真空度应在60Pa左右。

一般水汽凝结的温度低于制品的升华温度，但在升华初期使捕水器温度过分低是没有必要的。这是因为升华的最佳速度所需的压力是在产品升华温度对应的饱和蒸气压的1/2左右时。过低的压力不仅不能加快升华，相反地还会影响产品的辐射传热，降低升华速率。假如产品的升华温度为－26℃，则其饱和蒸气压的1/2为28.7Pa，28.7Pa对应的温度为－33℃，考虑到从制品升华面到水汽凝结器表面水汽流动阻力所需的压力差，捕水器表面温度保持在－36℃就可以了。

一般水汽凝结器的温度在－30～－40℃。医用冻干机低于此值。

表28-98是冰的饱和蒸气压和升华热。

表28-98　冰的饱和蒸气压和升华热

温度/℃	升华热/kJ·kg^{-1}	饱和蒸气压/Pa	温度/℃	升华热/kJ·kg^{-1}	饱和蒸气压/Pa
－12	2837.3	217.6	－26	2838.9	57.4
－14	2837.6	181.5	－28	2839.0	46.9
－16	2837.9	151.0	－30	2839.0	38.1
－18	2838.2	125.2	－32	2839.1	30.9
－20	2838.4	103.5	－34	2839.1	25.0
－22	2838.6	85.3	－36	2839.1	20.1
－24	2838.7	70.1	－38	2839.0	16.1

28.15.4.3　升华阶段

（1）产品升华温度

升华阶段产品的温度低于其共融点温度。所谓共融点就是指冻结的物料在升温升华过程中，当达到某一温度时，固体中开始出现液态，电阻值突然减小，此时的温度就是物料的共融点。它的测定方法与共晶点的测定方法相同，数值上相差不多。

产品温度低于共融点温度太多，升华速率低，升华时间加长；高于共融点温度，产品融化，影响产品质量和干燥过程。

干燥产品还有个崩解温度。若升华温度超过该产品的崩解温度，那么会由于产品干燥层的崩解，影响产品的继续升华，使产品融化。因此，升华时加热的温度还应低于干燥产品的崩解温度。

为了加快升华温度，应在产品温度低于某共融点温度和崩解温度下尽量提高产品升华表面温度。

(2) 板层温度

冻干曲线的温度就是冷冻干燥箱搁板温度。控制搁板温度对冷冻干燥制品的质量起着重要作用。具体地说就是在升华阶段应保证搁板温度低于产品的共融点温度，以保证产品温度低于其共融点温度；在解吸阶段，搁板温度应低于最高允许温度，否则会出现物料中心温度超过物料的最高温度，使物料表面烧焦或变形。

决定已冻干部分允许温度的主要因素是组分的热变性、食品的颜色、风味、芳香成分等变化的程度。植物性食品多为 40～70℃，蔬菜类约为 60℃，果品类多为 45～55℃。

(3) 升华阶段压力

在升华过程中，不仅搁板温度需要控制，箱内压力也是需要控制的参数。冻干室压力大小影响升华干燥过程的传热传质。压力高传热效果好，但不利于水蒸气的顺利溢出并达到捕水器冷凝面；压力低，对流传热减弱，因压力差大有利于水蒸气逸出。整个升华过程就是一个传热传质过程，只有压力适当，才能有一个经济的干燥速率。

当升华温度恒定，在箱内压力低于一定值时，压力再降低，升华速率也不再增加，而且升华压力低时，换热效果差，为提供相同的热量就需要高的搁板温度，前面提到高的搁板温度容易造成物料的融化崩解。通常应把压力控制在略低于最高升华温度对应饱和蒸气压的 1/2，一般在 30～90Pa。例如物料升华温度为－20℃，其饱和蒸气压为 103Pa，干燥箱内压力应控制在略低于 52Pa 附近如 40Pa。冷凝器温度控制在－30℃以下。这样产品表面蒸气压和冷凝表面蒸气压比为 103/40＝2.6，这个压差 $\Delta p=103-40=63$Pa 就是水蒸气从干燥层表面移向冷凝器表面的压力。

在升华干燥后期，箱内压力较低，产品的干燥层已较厚，阻力较大，同时热阻也较大，干燥速率已不再升高，甚至下降，此时需增加箱内压力来改善传热。通常采用调压升华法来周期性地改善箱内压力。调压升华一般充入氮气或干燥后的空气。调压升华就是周期性地提高和降低干燥箱内压力的冻干方法。在前半周期提高箱内压力，以增加气体的对流换热和干燥层的导热；在后半周期箱内压力迅速降低，升华界面与外表面之间形成较大压差，水蒸气迅速逸出。在一个循环压力周期中，高压时间应适当延长，足以使制品的温度达到它所允许的最高值；低压时间应稍短，足以完成水蒸气的快速逸出即可。具体周期长短应通过实验来确定。

调压升华最简单的作法就是断续关闭冷冻干燥室和水汽凝结器之间的真空蝶阀来实现。

(4) 升华时间

升华时间与物料的前处理工艺、物料的形状、厚度、制品的允许最高温度、向制品供热的多少和排除升华水蒸气的快慢有关。对于液态物料，正常的升华速率大约 1mm/h，而对于固态物料则与其形状和尺寸有关，应通过实验确定。

可根据下面三点，判断升华过程结束：

① 产品温度上升到接近搁板温度；

② 干燥箱的压力下降到与水汽凝结器的压力接近，且两者之间的压力差维持不变；

③ 关闭冻干箱与水汽凝结器之间的蝶阀时，箱内压力上升速率与干燥箱的渗透率和材料放气率相近。

上述现象发生后，应再延长半小时左右，以彻底消除产品中的残留冰晶及搁盘干燥速率的不均衡性。表 28-99 给出了某些食品的冷冻干燥温度和冻干时间。

表 28-99　主要食品的冷冻干燥温度和冻干时间①

食品名称	厚度/mm	干燥板温度/℃	压力/Pa	升华干燥时间/h
牛肉(煮熟)	8～10	55	1.3×10^2	6
金枪鱼(生)	6	40	1.3×10^2	6
金枪鱼(水煮)	10～20	40	6.6×10^1～1.3	8
虾(半剖水煮)	8～20	45	6.6×10^1～1.3	6
蛋白(生)	5	40	6.6×10^1～1.3	4
蛋黄(生)	5	40	6.6×10^1～1.3	3
全蛋(生)	5	40	6.6×10^1～1.3	3～4
白桃(8 等份)	10～20	45	6.6×10^1～1.3	14
罐头桃	10～15	45	6.6×10^1～1.3	12
香蕉(切段)	5	45	6.6×10^1～1.3	6
番茄汁	5	50	6.6×10^1～1.3	4～5
圆椒	4	50	1.3×10^2	5
圆椒(早饭)	4	50	1.3×10^2	4
卷心菜	1～2	50	1.3×10^2	2～3
洋葱	3～4	50	1.3×10^2	5
胡萝卜	4	50	1.3×10^2	5
藕	4	50	1.3×10^2	4
土豆	10	55	1.3×10^2	5
山芋菜	2～3	50	1.3×10^2	3
浆果	2	50	1.3×10^2	3～4
松蘑	10	45	6.6×10^1～1.3	5
酱油	3	45	6.6×10^1～1.3	3
豆酱	4	45	1.3×10^2	4～5
绿茶(浓茶水)	4	40	6.6×10^1～1.3	3
红茶(浓茶水)	4	40	6.6×10^1～1.3	3
咖啡(浓)	4	40	6.6×10^1～1.3	3
果子冻	4	40	6.6×10^1～1.3	2～3

① 用单一加热方式下冷冻干燥的示例。

28.15.4.4　解吸阶段

解吸阶段因物料内不存在冻结冰，产品温度可迅速上升到最高许可温度，并在该温度下保持一段时间，使结合水和吸附于干燥层中的水获得足够的能量从分子吸附中解析出来，产品温度一般为30～40℃，而搁板温度略高于产品温度几度。一般干燥板的容许温度范围为40～55℃，不超过60℃。表28-100是部分食品升华干燥板温度及工作压力。

表 28-100 部分食品升华干燥板温度及工作压力

食品	厚度/mm	干燥板温度/℃	工作压力/Pa
牛肉(煮熟)	8～10	55	133.3
白桃(8等份)	10～20	45	66.7～1.3
香蕉(圆切片)	5	45	66.7～1.3
藕	4	50	133.3
番茄汁	5	50	66.7～1.3
青椒(烫漂)	4	50	133.3
洋葱(圆切片)	4	50	133.3
土豆(烫漂)	10	55	133.3
松蘑	10	45	66.7～1.3
酱油	3	45	66.7～1.3
蜂王浆	4	40	66.7～1.3
胡萝卜(圆切片)	4	50	133.3

解吸阶段捕水器的温度会因水蒸气量小而下降，使冻干箱压力下降到20Pa附近，有利于水蒸气从产品中逸出，但此时产品需迅速升温，所需热量较多，而压力太低不利于传热，所以这时又需要采用调压升华法加速解吸。当冻干室压力下降到某一固定值时，搁板温度和产品温度差固定不变，再保持这种状态1h左右，以确保食品含水量低于5%。这是因为含水量低于5%时，在贮存中微生物不宜生长、繁殖。有的资料要求冻干食品含水率低于2%为宜，如果要将含水率控制在2%以内，就需要－50～－60℃左右才能使这部分结构水冻结升华，这在生产上是很不经济的。究竟哪一个好，应在实践中摸索，只要5%的含水量不影响冻干产品在贮藏中的质量变化，就应以5%为标准。

28.15.4.5 冻干食品的后处理

经冻干的制品不仅含水量低，而且疏松多孔，因而吸湿性很强，再加上易受氧化影响的表面积增大，为便于保存，后处理不容忽视。后处理的主要内容是包装，制品不同包装也不同。对于食品，干燥终了时也要充入干燥空气或氮气，包装时室内保持相对湿度为20%左右。最好采用真空包装或真空充气包装。对冻干食品包装的要求有：

① 密封性　冻干食品在相对湿度为70%的环境中放置30min，含水量会从1%上升到3%。吸湿的结果不仅使产品质量降低，粉类产品会结块，脂肪和维生素还易氧化而产生异臭。

② 防护性　冻干产品成海绵状组织结构，比较脆弱。尤其是蔬菜和水果易碎，要防止碎成粉状而失去商品价值。

③ 易于运输　冻干产品质量轻，为便于运输，应选轻而保护功能好的包装材料。

④ 遮光性　遮光可防止食品质量下降。

目前常采用金属罐硬包装，罐用马口铁或铝制作，内部充氮。软包装材料由厚

0.005～0.008cm 的聚乙烯、厚 0.00089cm 的铝箔、厚 0.0127cm 的聚酯三层复全薄膜做成，铝箔不透水蒸气和光线，薄膜便于密封。介于硬包装和软包装之间的是半硬质容器。它用厚铝箔拉拔成型后再涂乙烯类涂料，加盖热封。冻干食品的包装，目前还是探索中的课题。

一些食品冻干实例见表 28-101。

表 28-101 食品冻干实例

食品	小虾	油炸面鱼	鲑鱼	烤蛋	豆酱	葱	胡萝卜	山芋
装入形式	虾肉烹调	烹调	小火烹调	烹调	—	切片	切片	切片
冻结方式	预冻结		自身(蒸发)冻结					
装入率/kg·m^{-2}	13	10	20	10	20	10	10	10
加热方式	借热载体循环，搁板辐射加热							
搁板尺寸(长×宽)/mm×mm	840×4800							
有效搁板数	13							
热源温度/℃	110～40							
加工物的温度/℃	60～50							
工作压力/Pa	133.3～106.8							
干燥时间/h	15	10	20	15	18	13	15	20

图 28-150 给出了牛肉冻干曲线。干燥盘单位面积牛肉重 8kg/m^2。牛肉含水量为 56%。由图可见，牛肉冻结温度为－40℃，在此温度下开始升华干燥。随着水分的升华，牛肉温度逐渐上升，最后达到干燥板温度。干燥室内压力由初始几百帕，迅速降到了几十帕。随着物料（牛肉）中水分的降低，真空度逐渐上升，最后达到几帕。物料（牛肉）中的水分随着干燥时间增长逐渐下降，最后降低到 1%。

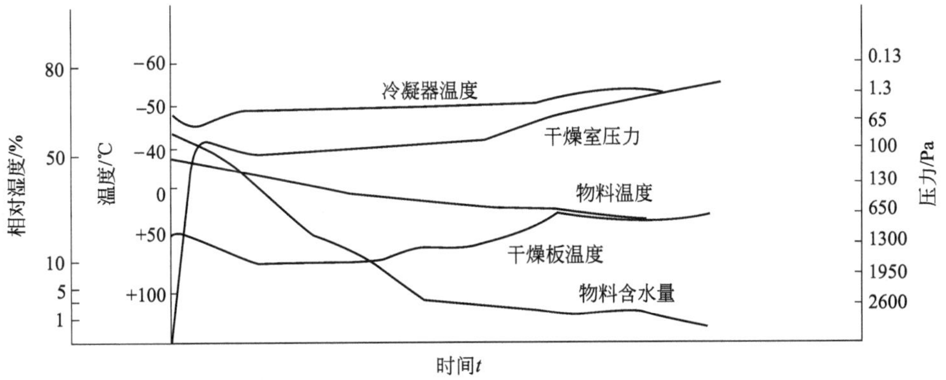

图 28-150 牛肉冻干曲线

28.15.5 食品冻干机与医药冻干机设计差异

食品冻干机与医药冻干机设计差异主要有传热方式、预冻方法、自动装卸装置、真空泵的匹配、工作温度、制冷系统、热源选择等方面的差异。

(1) 传热方式

医用冻干机是将配成溶液的药品在瓶（或托盘）中冻结后成为与瓶（或盘）紧密接触的冰，冰的导热性能较好，因而一般医药冻干机定型为药品瓶（或托盘）直接放在能制冷和加热的搁板上进行预冻和干燥。为了使传热良好，要求搁板平整光洁，其不平度公差小于1mm/m。有时设计成抽屉托盘，让制品瓶直接放在搁板上。而固态食品是置于物料盘中的松散堆积物，食品有空隙，在真空下其导热性能很差。因此固态食品冻干机（亦可加工液态食品）是将物料盘悬置于两辐射加热板之间加热。这种方式比搁板式干燥快，效率高。为了增强辐射换热，要求加热板表面的辐射系数高达90%～95%以上。至于加热板的平整度，要求不严格。但必须保证装料后，物料盘底（包括支架）和物料顶与辐射板上、下两表面间有足够的距离，通常不小于5～10mm。

(2) 预冻方法

为保证安全性，医药冻干从制品进箱、冻结、干燥到出箱的整个冻干过程，要尽量做到不与人或外界接触，所以预冻和干燥总是在冻干箱内进行。采用搁板制冷和加热亦能顺利有效地进行预冻和升华。而采用悬置辐射方式的食品，若预冻亦在干燥箱内进行的话，不仅要有既能供热又能供冷的辐射板，而且还需有使箱内空气流动的流道和设备，在制冷和加热交换中不可避免地有冷热抵消，增加了加工能耗；若用专门速冻库进行预冻，不仅可以避免这种冷热抵消的能耗，而且冷库的设备费用仅为冻干机设备费用的十几分之一，可充分发挥昂贵的冻干机的使用效率。所以食品冻干几乎总是用速冻库或其他专用冻结设备进行预冻后，再进入冻干机中干燥。

(3) 自动装卸装置

为减少医药冻干机手工操作给制品带来污染而开发了（自动）机械装卸制品的装置，但这并非是必需的，因此目前多数医药冻干机均无此功能。但没有预冻功能（即在干燥箱外预冻）的食品冻干机，必须在很短的时间内将预冻好的制品装入冻干机，避免装箱过程中融化；还必须在很短的时间内卸出干燥箱转送到干燥的储存间和包装间，以免干燥制品吸湿；而且食品冻干机的容量都很大（托盘面积达50～120m^2），因此用机械装卸制品的装置设施是必需的，并且在干燥箱内部设计中，在速冻库-干燥箱-储存间-包装间之间的通道设计中均要有相应的考虑和安排。

(4) 真空泵的匹配

医药冻干机按一定时间（如30min）将真空泵系统由常压抽到某一压力（如50Pa）来匹配真空泵的容量。在干燥期间，所需真空泵的容量比这小，仍然用同一组泵抽空，因此降压时间的长短决定了真空泵的抽速，亦决定了整个冻干过程中真空泵的能耗。其实，降压时间稍长一点，对升华干燥的效率和产品的质量并无多大影响，相反还可降低设备费用和抽空能耗。当然，降压时间也不能过长，因为抽空必须在冷阱已降温的条件下进行，抽空时间过长，会导致制冷机能耗的增加，也影响干燥的效率。食品冻干机则不然，由于干燥箱无制冷能力，预冻好的制品进箱后必须在很短（例如10～15min）时间内抽空到某一压力（例如100Pa），使被冻结的制品中的冰升华吸热，从而降低其本身的温度，维持在低温下升华，这个时间不能再长，否则，被预冻的制品将融化，影响产品的质量。在正常升华阶段，所需真空泵的抽气量比这小得多（例如小于初期抽气的1/2，甚至更小）。如仍用初期排气的泵来抽，则不仅增加了抽空能耗和加工成本，还会抽出许多水蒸气。因此食品冻干机总是匹配两套真空泵，一套初期排气用，另一套小的作为正常运行用。初期排气的容量不宜比所需的小，而正常运行的容量可以小一些，只要大于系统的漏气量与升华过程中产生的不凝性气体量之和就可以了。

另外，医药冻干机冷阱的温度较低（例如－50～－60℃），抽气口处的水蒸气分压力也较低，只要抽气量不是过大（过大时则水蒸气来不及冷凝被真空泵抽走），将其压缩到大气压仍保持气态而不会凝结成液态，因此真空泵组的前级泵可以用油封机械泵。而食品冻干机冷阱温度较高（例如－40℃），抽气口处的水蒸气分压较高，将其压缩到大气压时，就会有一部分水蒸气凝结成水滴。若前级泵用油封机械泵，水滴就会进入油中，造成油的乳化，降低了真空泵的密封性能。

(5) 工作温度

许多药品及其添加剂的共熔点或晶解温度低于－35～40℃，预冻时搁板的温度需能达到－50～55℃，对应捕水器冷凝面温度应达－55～－60℃。多数固态食品（咖啡、橘子汁等液态食品除外）在温度下降到－3～－5℃时，其大部分水分（例如70%）已被冻结，到－25℃时，其冻结率可达85%～97%，未被冻结的大都为结合水。另外，固态食品本身具有一定形状，不会在冻干中产生崩解和塌陷。因此，一般来说速冻库达－30℃即可，而捕水器冷凝面温度为－40～－45℃即可。

(6) 制冷系统（捕水器）

捕水器供冷的特点是：

① 冷负荷变化大，其最小负荷只有最大负荷的几分之一甚至十分之一，也即在解吸干燥后期，制冷机几乎处于“零负荷”下工作；

② 所有冷凝盘管在冻干周期中不能停止供冷，否则会出现被凝结冰的迁移；

③ 工作温度低，时间长；

④ 每一冻干周期均需由常温降至工作温度。即有变工况运行阶段，这给不适合变工况运行的复叠式制冷机的运行带来一定困难。

医药冻干机工作时捕水器冷凝面温度为－50～－70℃的低温，这只有采用低温用两级压缩直接蒸发的氟利昂（如R404A、R507、R22等）制冷系统才能达到。若用氨制冷，因离氨的凝固点（－77.9℃）太近，运行不安全，而且压比太大，运行效率低，排温过高，使润滑油和制冷工质变质分解，因此是不适宜的。

但是氟利昂（如R404A等）与润滑油能互溶，由压缩机排气带到制冷系统中的润滑油必须能在运行过程中自动带回压缩机，才能保证压缩机和系统的正常运行。为此，一般此类压缩机不设能量调节装置（因能量变小时带不回油），也不并联运行（避免相互串油），即每台压缩机所构成的制冷系统是各自独立的。这种系统的构成所带来的问题是：制冷机的冷量是按最大负荷确定，而解吸干燥阶段特别是后期，负荷很少，压缩机处于“零负荷”下运行，运行工况恶劣，必须采取冷热抵消等措施改善其运行条件。再者压缩机的电机长时间处于“小负荷”下“空转”，能量白白浪费了。若采用载冷介质间接制冷，虽然可以用开部分压缩机来调节冷量，但增加了一次传热温差，使蒸发温度进一步降低。在如此低的温度下降低蒸发温度，单位压缩功将增加很多，加之载冷介质循环泵的耗功变成热量还要消耗一部分冷量。两者综合起来，几乎要使能耗成倍增加。由于这部分消耗在药品成本中所占比例很小，所以也不大引起人们的关注。但是冻干食品的售价低，其加工成本特别引人注目。若仍采用这种系统，其能量的浪费将不可忽视。

如前所述，食品冻干机捕水器冷凝面温度为－40～－45℃即可，采用两级压缩氨泵循环制冷系统已可满足要求。氨与润滑油不相溶，经压缩机排气带出的润滑油靠集油器收集并处理后再用人工或自动加入压缩机，以保证压缩机的正常运行。因此这类压缩机本身就带有能量调节装置。多台机组组成的制冷系统也是并联运行的，还可用停开部分压缩机来调节能量。捕水器可以根据其冷负荷的需要来调节开启的台数和工作的气缸数，大大降低制冷机的能耗。因此，冻干机的捕水器的压缩机应配两台以上。只配一台时，既不能相互备用，也不能调节能量，是不合理的。

(7) 热源选择

电作为加热源的优点是干净、清洁、无污染，便于准确地调节和控制。医药冻干机几乎无一例外地采用电作为加热热源。

现在虽然亦有用电作加热热源的食品冻干机，但绝大多数生产用食品冻干机是用蒸汽作加热热源的。

28.16 真空干燥机

真空干燥是将被干燥的物料置于干燥室中，用真空泵抽真空达到物料水分汽化温度的压力后，对物料加热，物料的水分通过压力或浓度差扩散到表面；水分子获得足够的能量后，克服分子间引力，逃逸到干燥室空间，被真空泵抽走。

由第 2 章中的蒸发与凝结可知，水的汽化温度随着环境压力的降低而降低。在大气压下，水的汽化温度为 100℃，而降到 5500Pa 时，水的汽化温度为 40℃。可见，真空干燥是低温低压干燥，其特点如下所述。

① 在真空干燥过程中，干燥室内的压力始终低于大气压力，气体分子数少，密度低，含氧量低，因而能干燥容易氧化变质的物料、易燃易爆的危险品等。对药品、食品和生物制品能起到一定的消毒灭菌作用，可以减少物料染菌的机会或者抑制某些细菌的生长。

② 真空干燥时物料中的水分在低温下就能汽化，可以实现低温干燥。这对于某些药品、食品和农副产品中热敏性物料的干燥是有利的。例如，糖液超过 70℃时部分成分就会变成褐色，以致降低产品的商品价值；维生素 C 超过 40℃时就分解，改变了原有性能；蛋白质在高温下变性，改变了物料的营养成分，等等。另外，在低温下干燥，对热能的利用率是合理的。

③ 真空干燥物料时，物料内部与表面之间的压力差较大，在压力梯度作用下，水分向表面迁移速度快，大于蒸发速度，物料不会出现干裂现象，与常压热风干燥相比，不会出现表面硬化，干燥速度快，缩短了干燥时间。

④ 真空干燥克服了常压热风干燥溶质散失现象，使物料中含有的有用成分可以回收；有害的物质也可回收集中处理，不会对环境造成污染。

⑤ 真空干燥可实现产品多品种化，通过控制工作压力和温度，可以使产品发泡、膨化，得到酥脆及速溶产品。

28.16.1 真空干燥机结构原理

真空干燥机种类繁多，但结构原理是相似的，图 28-151 给出了真空干燥机的结构原理。其主要部件有真空干燥室、加热装置及热源、冷凝器、真空泵等。

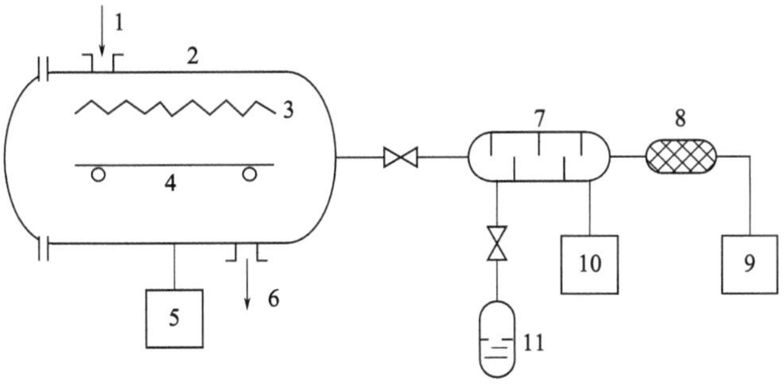

图 28-151　真空干燥机结构原理

1—进料口；2—真空干燥室；3—加热装置；4—物料传送机构；5—加热装置热源；6—出料口；7—冷凝器；8—过滤器；9—真空泵；10—冷水机组；11—储水罐

(1) 真空干燥室

干燥室为物料提供真空及加热环境，属于外压容器，相关的设计计算见第 10 章及第 12 章。真空干燥室根据物料加工工艺要求，有圆筒型、箱型、锥型。

(2) 加热装置热源

物料加热工质有水蒸气，热水及导热油，热水、热油可以通过电加热器加热方式获得，再用水泵或油泵注入加热装置构成闭式循环。

(3) 加热装置

加热装置与物料直接接触，经过与物料换热使物料干燥；或者辐射加热使物料干燥。

(4) 真空泵

真空干燥室工作压力一般为 $1\times10^3\sim1\times10^4$Pa，可选用的真空泵有活塞式真空泵、水环式真空泵、滑阀式真空泵、旋片式真空泵、水喷射泵、水蒸气喷射泵。

(5) 冷凝器（捕水器）

冷凝器用于捕获物料中水分汽化后产生的水蒸气，低温的冷凝器使高温的水蒸气降温变成水，这样大大降低了真空泵的气体负荷。冷凝器用冷水机组提供冷源，使之降温到所需低温。

(6) 过滤器

通过过滤器的阻挡，可以避免被抽气体中杂质微粒进入真空泵，起到保护真空泵的作用，使真空泵不至于因颗粒物而卡死，同时保护真空泵工作介质干净。

(7) 储水罐

冷凝器冷凝的水储于储水罐中，是处于真空状态的，若冷凝水比较多，可以设置两只储水罐交替使用，排水后需要抽真空，以保持真空干燥室内工作压力不受影响。

28.16.2 普通真空干燥机类型

依据物料形状和物料与加热表面接触方式的不同，接触式干燥机的设计具有广泛多样性。可以概括成以下几种：①物料像一个固定层被放在一个受热的托盘、带状物或盘子上：真空盘式、真空带式和多层干燥机；②物料（液状或膏糊状）像一张薄薄的薄膜被放在受热表面上：转鼓和薄膜干燥机；③物料呈固态（或者在有些情况下是糊状和泥浆状）被放在一个搅拌床上：水平或直立式搅拌干燥机，间歇转筒干燥机和间接加热转筒干燥机。接触式真空干燥机主要类型见表 28-102。

表 28-102　接触式真空干燥机类型

干燥机类型	分批或连续	适宜的喂入方式	生产率	典型应用
真空盘式	分批	任意	低	水果片、肉膏、蔬菜浓汁
带式真空	连续	膏糊状固状	低～中	巧克力屑、肉膏、蔬菜浓汁、果汁
盘式	连续	易流动的液体	低～中	茶、咖啡
薄膜式	连续	液体	低～中	番茄浓缩物、胶质
转鼓式	连续	液体	低～中	即溶马铃薯、玉米糖浆、婴儿食品
分批回转	分批	自由流动固体	低～中	混合肉汁、果胶、糖精
水平搅拌	分批或连续	液状、糊状、粉状	低～高	巧克力、玉米粉、糕饼
直立式搅拌	分批	液状、糊状、粉状	低～中	植物提炼品、着色剂、葡萄糖、淀粉

28.16.2.1 真空盘式干燥机

真空盘式干燥机主要由真空干燥室（见图 28-152）、加热系统以及真空系统构成，加热系统以及真空系统与 28.16.1 节构成原理相同。

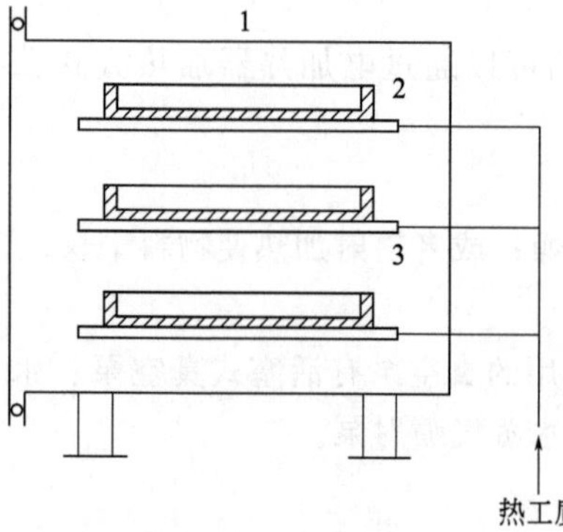

图 28-152　真空盘式干燥机干燥室示意图

1—干燥室箱体；2—物料盘；3—搁板

干燥室箱体多为长方形，其内装有搁板，搁板中通有热工质（热水、热油）为物料干燥热源。

装有湿料的物料托盘放在搁板上进行分批干燥。干燥在低温真空下进行，蒸发的水分由真空泵和冷凝器从干燥室内排出。在设计时，所有的托盘都被放入干燥室，全部物料必须作一批处理。另外一种设计是，干燥机被分成许多独立的真空室，各个物料盘可以独立地装载或卸载，使操作更加灵活。

根据所要求的操作温度，搁板由内部循环的低压蒸汽、热水或热油来加热。干燥室箱体外壁也被加热以避免结露。通常情况下，在物料盘上装载物料深度大约为 40mm，每平方米面积大约装载 40kg 湿物料。干燥时间依据物料和环境而不同，但通常在 20～100h 之间。

真空盘式干燥机被广泛应用于干燥小批量热敏或易氧化物料。还特别适用于松脆的物料、粉末材料以及物料损失必须减到最低的情况。也适用于潮湿的固体、膏糊、泥浆、固溶状和块状物料。真空盘式干燥机的主要缺点是其物料装卸属于高度劳力密集型操作，因此只适于小批量生产。

28.16.2.2 带式真空干燥机

带式真空干燥机由一个包含许多穿过加热板的输送带的真空干燥室构成。在干燥机的一端，湿物料被连续不断地投放到输送带上，并由输送带送至加热板上方，最终在另一端将被干燥的产品排出。干燥发生在低气压环境下，蒸发的水分被真空泵和冷凝器除去。这种类型的接触式干燥机适于在中等生产率下干燥热敏性物质。物料可以是膏糊形式、小块状和粉末状。多种食品已在真空带式干燥机中成功干燥，如巧克力屑、肉类、蔬菜提炼品和果汁。带式真空干燥设备应用广泛，典型应用有：食品工业中的果蔬粉、汤料、调味品、饮料、速溶茶、咖啡等；医药工业中的维生素、抗生素、中草药浸膏等；化妆品行业用的蛋白质、淀粉酶、木瓜酶等；化工行业中的催化剂、阻燃剂、染料、炸药、金属氧化物等。

图 28-153 是一台典型带式真空干燥机示意图，物料干燥带由 8～10 条逐层放置并平行运行的输送带组成。一条典型的输送带大约 1m 宽，加热长度为 8m。每条输送带通过被蒸汽、热水、热油进行内部加热的一系列加热板。每个加热板能独立控温，因此干燥机的不同部分可以维持在不同的温度上。对某些物料来说，通常的做法是冷却使用最后一个加热板，这可以防止材料在自重作用下下沉，并确保它坚硬到足以允许干净卸料。

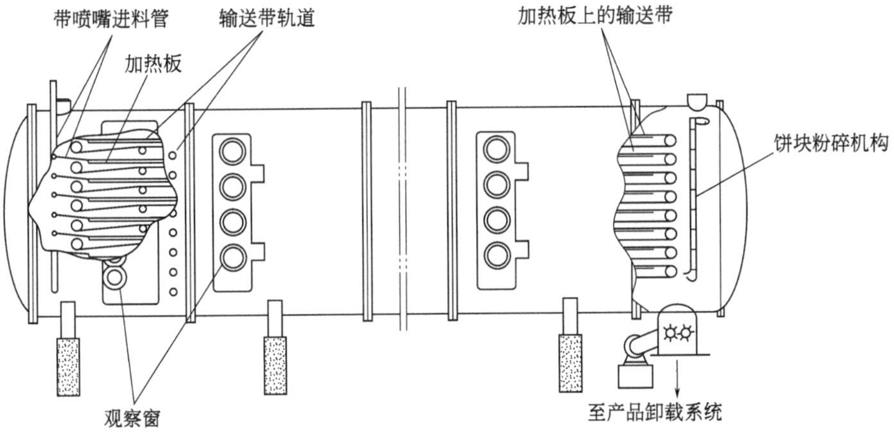

图 28-153　带式真空干燥机示意图

图 28-154 为 ZZLG 系列带式真空干燥机示意图，表 28-103 为其主要性能参数。

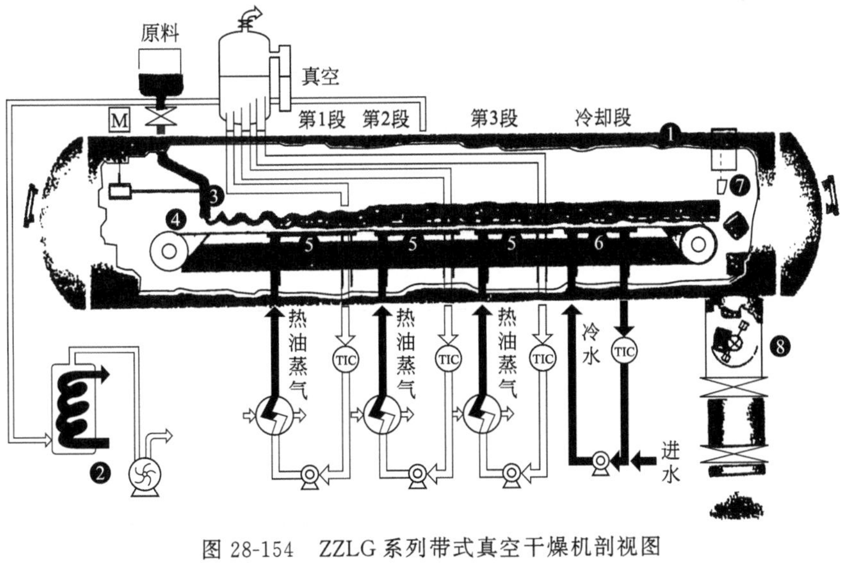

图 28-154　ZZLG 系列带式真空干燥机剖视图

1—干燥仓壳体；2—真空系统；3—上料机构；4—走带机构；5—加热器；6—冷却器；7—刮料刀；8—出料机构

表 28-103 ZZLG 系列干燥机性能参数

参数 \ 型号	ZZLG1-8A	ZZLG2-15B	ZZLG2-25B
履带长度/m	8.0	15.0	25.0
履带宽度/m	1.0	1.2	1.2
加热面积/m^2	25	80	120
履带运动速度/(m/min)	0.5～1.0	0.5～1.0	0.5～1.0
操作温度/℃	45～80	45～80	45～80
干燥能力/(kg/h)	10～15	30～40	40～60
蒸汽耗量/(kg/h)	10～20	20～40	40～70
出料速度	根据用户要求可调		

该机的主要特点如下。①主体结构为不锈钢，符合药品生产质量管理规范的要求；②机组热源采用蒸汽，也可用热水或导热油的加热方式；③干燥前物料先预热以增加流动性，进料用螺杆计量泵，可处理黏度很高（1 万厘泊左右）的中药浸膏，也适用奶粉、咖啡、速溶茶及高吸水性树脂；④进料流量可自动控制，以便干燥工艺的优化；⑤履带长度有不同规格可选择，运动速度则通过无级调速机组进行调整；⑥机组测温点合理，温度测量及时可靠，并能自动控制操作参数；⑦终端出口设星形阀阻断真空，连续地排出干物料；⑧出料段兼有粉碎和制粒功能，干粉颗粒大小可按用户要求设置；⑨机组配有高压水清洗装置，符合 GMP 关于易清洗的要求。

图 28-155 为广东省农业机械研究所研制的 GZD-0.6 型带式真空干燥机示意图。

表 28-104 为 GZD-0.6 型带式真空干燥机，温州生产的 BV-100.5 型带式真空干燥机，瑞士布赫-盖德（Bucher-Guyer）公司的 Drylab0.2 带式真空干燥机性能参数。

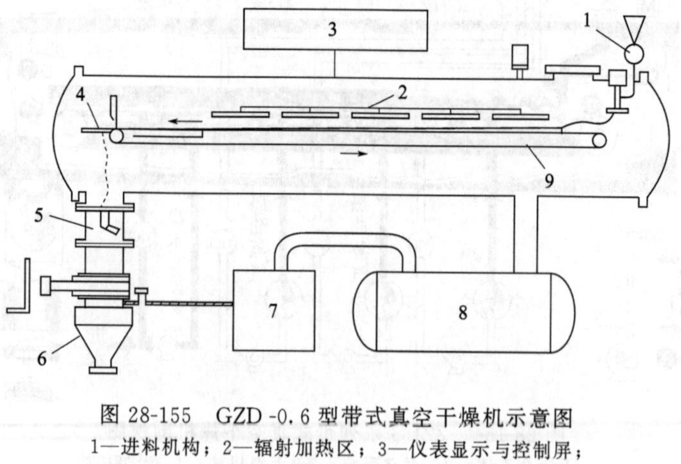

图 28-155 GZD-0.6 型带式真空干燥机示意图

1—进料机构；2—辐射加热区；3—仪表显示与控制屏；4—物料剥离机构；5—物料破碎机构；6—干物料排出机构；7—真空泵；8—冷阱；9—输送带

表 28-104　BV-100.5 型、Drylab0.2 型及 GZD-0.6 型带式真空干燥机性能参数

对比项目		GZD-0.6 型	BV-100.5 型	Drylab0.2 型
结构对比	干燥仓尺寸/mm	ϕ550×2550(2000 有效)	ϕ600×2445(1760 有效)	ϕ400×1600
	物料摊放面积/m^2	0.6	0.45	0.2
	冷却面积/m^2	0.09	0.09	0.05
	输送带(厚×宽×长)/mm	0.35×320×4400	0.35×390×4000	0.35×200×2400
	输送带速度/(mm/min)	15～150	16～100	18～120
	干燥滞留时间/min	13～64	10～60	6～120
	干燥室真空度/Pa	700～5000	533～1995	1000～2000
	干燥强度/[kg/(m^2·h)]	1.28～1.42	0.88	0.65～0.85
	带驱动功率/kW	0.14	0.09	0.05
	观察窗数	4	4	2
	输送带材质	双面氟树脂涂层 玻璃纤维布	玻纤带 聚四氟树脂涂层	玻纤带 特氟龙涂层
进料系统	液体进料	喷嘴(电机驱动可调)	摇摆式喷嘴	喷嘴 (电机驱动可调)
	供料泵	蠕动泵或螺杆泵	定量输送泵	螺杆泵
	固体进料	喂料罐		喂料罐 缓冲罐(接真空)
	进料量	80%固体含量 0.4～2.0kg/h		80%固体含量 0.6～1.2kg/h
其他系统比较	出料机构	插板阀+集料桶	手动阀十集料桶	无阀+法兰料桶
	加热方式	蒸气为载热体的 传导或红外辐射	蒸气为载热体的 传导加热	蒸气为载热体的 传导和辐射结合加热
	控制方式	电控箱、计算机 数据采集系统	电控箱(柜式)	触模式控制板,PLC
	输送带	可调	可调	可调
	装机容量/kW	5.1(传导加热) 7.1～15.1(辐射加热)	1.9	7
	总重/kg	1110	700	230
	价格/万元	60	120	100

28.16.2.3　转鼓式真空干燥机

真空转鼓干燥机是一种内加热传导型转动干燥机。湿物料从转鼓外壁上获得以热传导方式传递的热量，脱除水分后，达到所要求的湿含量。在干燥过程中，来自热蒸汽的热量从鼓内经鼓壁传到鼓外表面，再穿过料膜，其热效率高，可连续操作，故广泛用于液态物料的真空干燥。液态物料在转鼓的一个转动周期中完成布膜、脱水、刮料、最后得到干燥制品。因此，在真空转鼓干燥操作中，可通过调整进料浓度、料膜厚度、转鼓转速、加热介质温度及工作真空度等参数获得预期湿含量的干燥制品和相应的产量。由于真空转鼓干燥机结构和操作上的特点，其对膏状和黏稠物料更适用。图 28-156 是真空转鼓式干燥机结构示意图。干燥机主要由干燥室、转鼓、加料器、压锟组成。

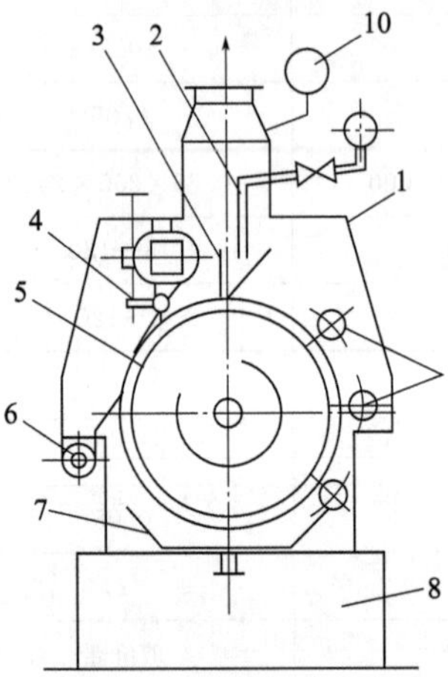

图 28-156　真空转鼓式干燥机结构原理

1—真空干燥室；2—原料加入装置；3—加料器；4—刮刀机构；5—转鼓；6—成品输出器；7—接料槽；8—机座；9—压锟；10—真空表

转鼓是内通加热蒸汽的圆柱形转筒，为夹套式双层圆筒结构，夹套内通加热蒸汽，蒸汽压力通常为 $2\times10^5\sim6\times10^5$Pa，其温度约为 120 ～ 150℃。热蒸汽由压力回转接头实现转鼓蒸汽输入、输出管的动密封。转鼓转轴与真空室壁的动密封可以采用填料密封结构。

原料加入装置主要由原料槽（或罐）、阀门、管道等组成。利用原料重力和真空室中的真空吸力输送原料至加料器。通过开启和关闭阀门，来控制原料加入量。

加料器分为上加料器和下加料器两种形式。上加料器位于转鼓的上方；下加料器位于转鼓的下方（即图中接料槽的位置）。加料器是为转鼓布膜而提供原料的装置。因此，其长度约等于转鼓长度，供料速度均匀、稳定、适应转鼓转速的要求。若采用上加料器形式，用原料加入装置控制原料连续输送量，以便保证加料器中的原料量适度、稳定。若采用下加料器形式，应严格控制其中原料的液面高度。为此，原料加入装置的原料输送量的稳定控制要求，与上加料器相比较，要严格得多。下加料器通常采用浸液布膜，即转鼓浸在液态料中时，将原料粘在转鼓外表面上。由于加料器中原料液面高度影响转鼓浸液时间，即影响布膜时间和料膜厚度，因此应严格控制其原料液面高度。下加料器也可以采用飞溅布膜方式，这种方式的原料液面低于转鼓，利用高速旋转的溅料轴将料液滴溅到转鼓上，溅料轴上装有均匀分布的溅料盘，轴有效长度与转鼓长度相当。接料槽是与上加料器配套的接收原料液的装置，主要由接料槽和放料管（接放料阀门）组成，用其接收洒落的原料。

刮刀机构的功能是将已达预定湿含量的干燥制品从转鼓外表面上刮下来。刮刀机构由刀片、支持架、支撑轴和压力调节器等组成。按刮刀所受顶紧力的传递方式有直接式和杠杆式。而压力调节器有弹性和刚性两种。采取哪种形式则根据物料干燥状态确定。

成品输送器是将刮刀剥落的物料输送出干燥机的装置。按结构可分为螺旋推进式输送器和曲柄滑板式输送器，螺旋推进式输送器由电机、减速器、螺旋式轴组成，物料在螺旋面轴向力作用下送入料仓。曲柄滑板式输送器由电机、减速器、曲柄转轴及滑板组成。曲柄转轴带动滑板，使之产生一定的坡度，使物料滑入料仓。压锟将物料压紧到转鼓表面，使料层与转鼓表面接触良好，降低热阻，提高干燥效率。

28.16.2.4　立式搅拌式真空干燥机

立式搅拌式真空干燥机是由一个装有低速垂直搅拌器的加热容器构成的接触式真空干燥机，包括立式锅（图 28-157）和诺塔（Nauta）或锥式干燥机（图 28-158）。这种类型的真空干燥机主要用来小规模分批干燥浆糊状和泥浆状物料。

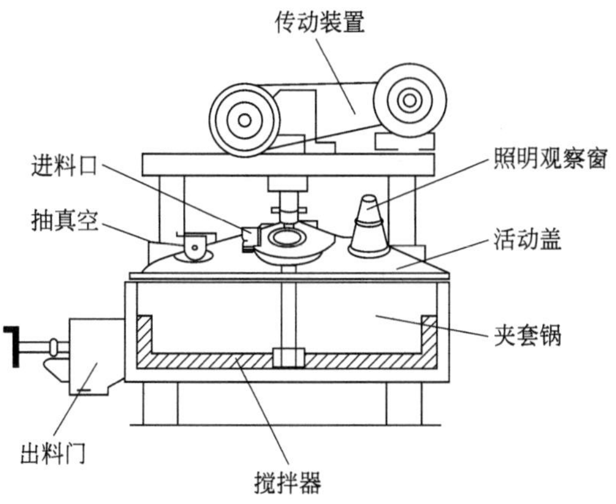

图 28-157 立式锅干燥机

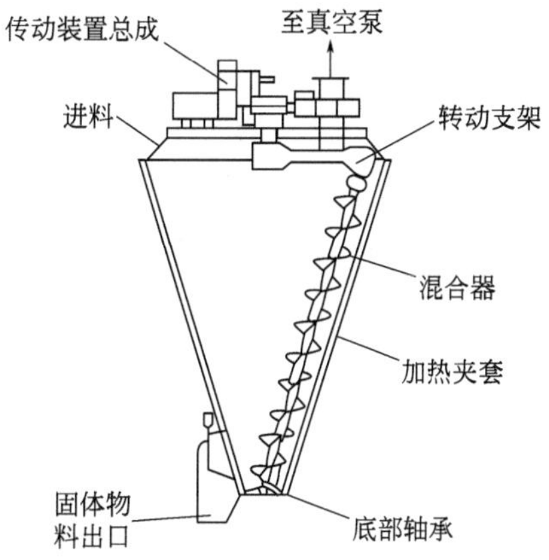

图 28-158 诺塔（Nauta）或锥式干燥机

直立锅式真空干燥机由一个平底的、带夹套的、圆筒形的容器组成，其底部和侧面由一个直立式搅拌器扫过。容器的夹套可以由水、蒸汽或介质油加热。大多数小的设备都有一个带铰链的盖板，用来送入湿物料或进行清洁。在较大的设备中，通过一个圆顶盖上的进料孔装载湿物料。干燥的产品通过侧壁上的铰接卸料门排出。容器中的物料由能扫过容器侧面和底部的装有四只桨叶的搅拌器来搅拌。也可将干燥的物料扫向出料门，搅拌器也有助于清空干燥机。为了使加热表面保持清洁，叶轮和夹套锅内表面之间的间隙要保持尽可能小。也可以采用静置的破碎器钢条来帮助打碎结块物料。

立式搅拌干燥机的另一普通的例子是如图 28-158 所示的诺塔（Nauta）或锥式干燥机，它是诺塔混合器的直接改进型。诺塔干燥机是一个圆锥形的容器，其容积为 0.05～25m^3，由一个适当的加热夹套包裹着。搅拌器是一根自旋同时由一个做圆周运动的机架带动沿仓壁运动的垂直螺旋，能提供良好的混合。螺旋叶片和容器壁之间的距离应尽可能小，以便使加热表面上的物料层不断地更新。也可以将螺旋加热，得到大约 10%的附加传热面积。为避免产品的污染，重点考虑采用良好的轴承密封。诺塔干燥机也可采用接触加热与微波加热组合，据称这样能产生更快速和均匀的干燥。

28.16.2.5 水平搅拌式真空干燥机

水平搅拌式真空干燥机干燥室有圆筒形及箱形。在真空状态下，湿物料被回转的搅拌轴搅拌，边混合边向出料口运动。此时，湿物料与被加热的干燥室内壁及搅拌轴表面接触，利用热传导和辐射换热除去物料水分使之干燥。根据搅拌轴结构可分为桨叶式真空干燥机和螺旋传输式真空干燥机。

(1) 桨叶式真空干燥机

图 28-159 为空心桨叶式真空干燥机结构示意图。国际上通称为 Paddle-dryer，是一种新型节能干燥机。

干燥机外部带有夹套，机体内部有两根叶片轴相互转动，轴及叶片均为空心。热介质通过旋转接头及法兰送入轴、叶片及夹套内。整个机体、轴、叶片都能传热，干燥物料。轴上叶片径向呈螺旋线断续排列，实现膏状物料的搅拌和输送。轴对称转动时，其叶片相互交错，起到相互清理物料的作用，每个叶片的外缘均有一辅助叶片，其外端距壳体距离

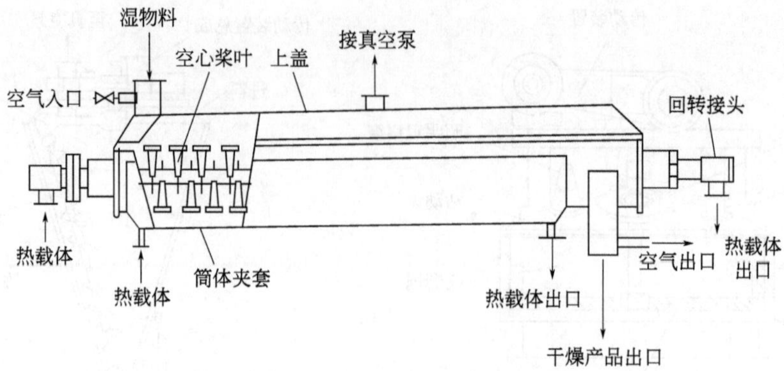

图 28-159 空心浆叶式真空干燥机结构示意图

较小，作用是消除死角及充分搅拌物料，使物料轴向运动。轴及叶片均是受压元件，其厚度设计应考虑耐磨性及承受压力。叶片的布局要考虑对黏性膏状物料的输送及自行清理作用，同时还需保证在热状态下不能干涉。热载体可用热水、热油或水蒸气，使用温度范围为 50～320℃，承受压力范围为 0.4～1.5MPa。

空心浆叶干燥机的一般干燥过程：湿物料从加料口进入，在双轴相互转动搅拌、传导加热、干燥输送至出料口卸料。物料蒸气由两端热空气进口引入的热风带至上盖排气口排出，整个过程从进料到干燥出料连续一次完成。该干燥机的特点如下。

① 适用性广，可用于化工、制药、食品、酿酒、冶金等行业下述物料的干燥：有机物料、无机物料、黏性物料、非黏性物料，颗粒状物料、粉末状物料，且无论含湿量高低，均可进行干燥；

② 轴、叶片、壳体均能传热，干燥面积大，干燥速度快，热效率是普通干燥设备的 2 倍以上，可超过 80%；

③ 操作方法多样、可间歇或连续操作、可加压或真空操作，亦适应热敏性物料；

④ 轴转速可调，一般在 3～25r/min，可控制物料干燥温度、干燥时间、最终湿含量、产量等，并且物料搅拌均匀，平燥均匀；

⑤ 由于是传导加热，故干燥所需气体量少、节能显著、较同类产品节省蒸气 40%，节电 30%；

⑥ 粉尘夹带极少，排出的气体易于处理。后序处理设备如粉状物体捕集系统、物料蒸气回收系统负荷小或可省略；

⑦ 浆叶结构特殊，其加热表面有相互自清洁功能；

⑧ 用惰性气体作载湿体时，可回收有机溶剂；

⑨ 双轴低速转动、叶片及轴磨损量很小；

⑩ 易损件少，操作维修费用低，仅轴瓦与旋转接头内部静动环为易损件。

空心浆叶干燥机作为一种新型节能干燥机，因其节能、运转环境佳、适用性广，在节能和环保大背景下，其应用将日益广泛。

(2) 螺旋传输式真空干燥机

螺旋传输式真空干燥机结构原理见图 28-160，主要由干燥室、冷凝器、真空抽气机组构成。

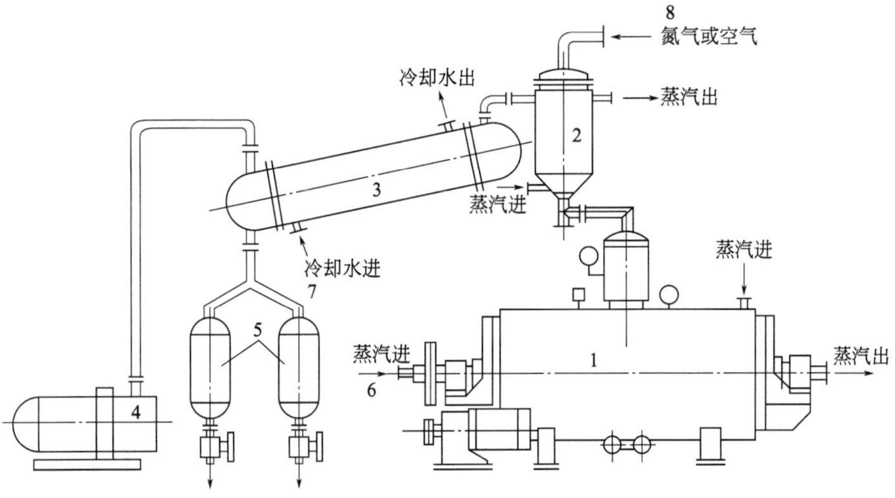

图 28-160　螺旋传输式真空干燥机结构原理

1—干燥室；2—布袋除尘器；3—冷凝器；4—真空抽气系统；
5—冷凝液罐；6—加热系统；7—冷却水系统；8—净化气系统

干燥室主要由筒体、装料器、出料器、搅拌轴组成，见图 28-161。筒体为夹层结构。

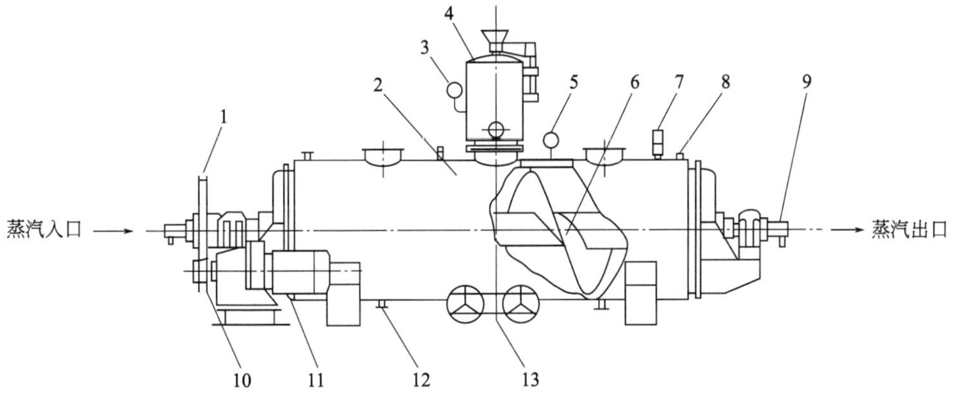

图 28-161　干燥室结构示意图

1—大皮带轮；2—室体；3—真空表；4—装料器；5—压力表；6—搅拌轴；7—安全阀；
8—蒸汽入口；9—压力回转接头；10—小皮带轮；11—电机；12—蒸汽出口；13—出料器

夹层之间通入热工质（热蒸汽、热水、热油）使内壁加热，物料与内壁产生换热，使之干燥。搅拌轴上焊有螺旋叶片，用于搅拌物料，并将物料由入口送到出口。搅拌轴为空心结构，通入热工质，为物料干燥提供热量。

28.16.2.6　回转双锥式真空干燥机

回转双锥式真空干燥机的干燥室壳体为双锥形，锥形壳体两端有转轴，在电机的驱动下可以转动，随之物料可以在锥形壳体中翻滚运动。锥形壳体为双夹层结构，热工质通入夹层，加热内壁，使物料受热干燥。此类干燥机适于粉末、颗粒物料中小批量生产。图 28-162 为回转双锥式真空干燥机结构原理，图 28-163 为干燥室结构示意图。

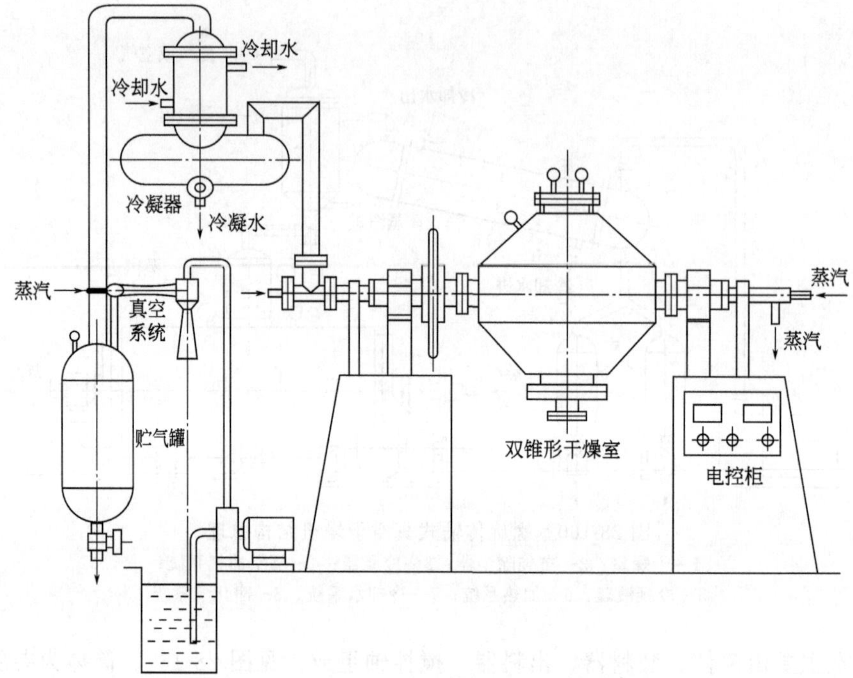

图 28-162　回转双锥式真空干燥机结构原理图

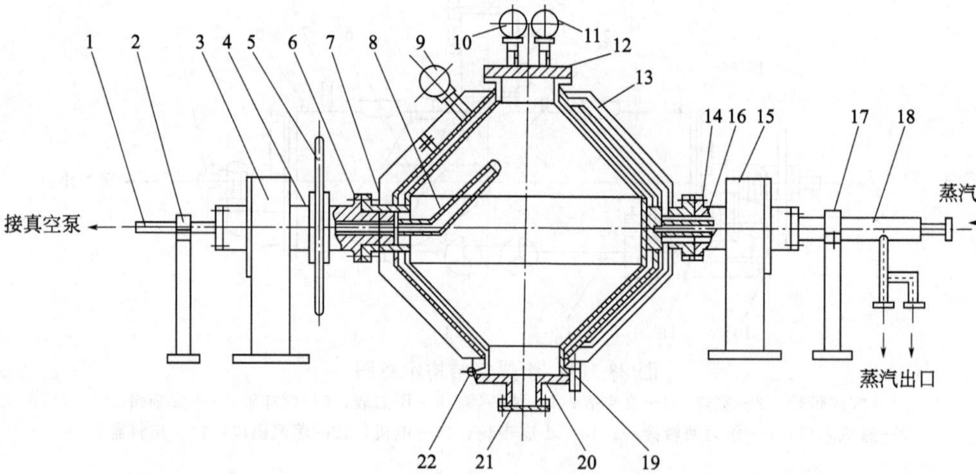

图 28-163　干燥室结构示意图

1—真空管道；2，17—小支架；3，15—大支架；4，16—大轴承；5—大链轮；6—左回转轴；7—小轴承；8—抽真空；9—压力表；10—真空表；11—温度表；12—盖板；13—筒体；14—右回转轴；18—套管；19—卡子；20—装料盖板；21—出料盖板；22—铰链

28.16.3 微波真空干燥

微波真空干燥是采用微波作为热源。在真空氛围中干燥物料的方法。

所谓“微波”，通常指频率 $3\times10^{8}\sim3\times10^{12}$ Hz 的电磁波。凡低于 3×10^{8} Hz 的，即指通常所说的无线电波，包括长波、中波和超短波。凡高于 3×10^{12} Hz 的，则属于红外线或可见光等。

应用微波进行加热通常有三个主要的频率段。

① 3GHz 左右的低频段　由于牵涉到某种技术难题以及合法性，而很少用于加热应用，常见于无线收视和移动通信技术中。

② 30GHz 以上的高频段　在这个频段上，大规模低成本的工业加热应用似乎困难，仅多见于高频等离子体技术中。

③ 介于这两者之间的频段　是目前加热应用研究的主要频段，考虑到微波器件和设备的标准化，以及避免使用频率太多造成对雷达和微波通信的干扰，目前微波加热所采取的常用频率为 915MHz 和 2450MHz，其对应波长分别为 0.330m 和 0.122m，其中的 2450MHz 则已成功地应用在家用微波炉上。

(1) 微波加热原理

物质具有共价键的分子随其分子结构的对称性，可分为极性分子和非极性分子。因为在任何物质的分子中，有带正电荷的质点（原子核），亦有带负电荷的质点（电子），都可以找到宛如“电荷中心”的一点，这种点称为分子的极。在分子中，如果正电荷中心与负电荷中心重合，则称这类分子为非极性分子，如 H_2、N_2、O_2 等；倘若分子由不同原子组成，且有不对称结构，则其共用电子对可能移向其中一个原子，在这种情况下，正负电荷在分子中分布是不均衡的，正负电荷中心不会重合，产生了极性分子，如图 28-164。极性分子中，正负电荷中心之间的距离称为偶极长度，长度越大，分子的极性越强。各种分子极性强弱是用偶极矩来度量的，偶极矩为偶极长度与其极上的电荷之积，几种物质的分子偶极矩见表 28-105。

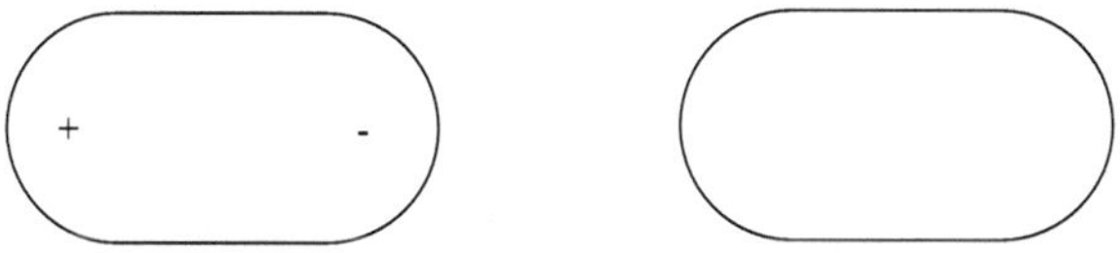

(a) 极性分子　　(b) 非极性分子

图 28-164　极性分子与非极性分子

表 28-105　分子偶极矩

物质	分子式	构造式	CGSE 单位中的偶极矩
氢	H_2	H—H	O
二氧化碳	CO_2	O═C═O	O
四氯化碳	CCl_4	Cl Cl—C—Cl Cl	O
水	H_2O	O H　H	1.85×10^{-18}
乙醇	C_2H_5OH	H　H H—C—C—O—H H　H	1.70×10^{-18}

物质	分子式	构造式	CGSE 单位中的偶极矩
脲	N_2H_4CO	$\begin{array}{c} H \\ \mid \\ H-N \\ \quad\quad \ ^{\diagdown}C=O \\ H-N \\ \mid \\ H \end{array}$	4.53×10^{-18}

微波加热技术是利用电磁波把能量传播到被加热物体内部，加热达到生产所需要的温度的一种技术。由于微波具有高频特性，它以每秒数十亿次的惊人速度进行周期变化，物料中的极性分子吸收了微波能以后，在微波的作用下呈方向性排列的趋势，改变了其原有的分子结构。这些极性分子包括水分子、蛋白质、核酸、脂肪和碳水化合物等物质。当电场方向发生变化时，亦以同样的速度做电场极性运动，就会引起分子的转动，致使分子间频繁碰撞而产生了大量的摩擦热，以热的形式在物料内表现出来，从而导致物料在短时间内温度迅速升高、加热或熟化。

采用无线电波加热在工业应用上早于微波加热，也称为射频加热。微波加热和射频加热相比，场能转变为热能的比例高，并且容易将电磁波屏蔽起来，不逸散。微波和高频本身是一种能量形式，而不是热量形式，但在电介质中可以转化为热量。能量转换的机理有多种，如离子传导、偶极子转动、界面极化、磁、压电现象、核磁共振等，其中离子传导和偶极子转动是介质加热的主要机理。

① 离子传导　带电粒子在外电场作用下被加速，并沿着与它们极性相反的方向运动，即定向迁移，在宏观上表现为传导电流。这些离子在运动过程中将与其周围的其他粒子发生碰撞，同时将动能传给被碰撞的粒子，使其热运动加剧。如果物料处于高频交变电场中，物料中的粒子就会发生反复的变向运动，致使碰撞加剧，产生耗散热（或焦耳热），即发生能量转化。

② 偶极子转动　根据电介质的极性可将电介质分为两类：非极性分子电介质和极性分子电介质。在外电场的作用下，由非极性分子组成的电介质的分子的正负电荷将发生相对位移，形成沿着外电场的作用方向取向的偶极子，因此在电介质的表面上将出现正负相反的束缚电荷，在宏观上称该现象为电介质的极化，这种极化称为位移极化。而极性分子在外电场的作用下，每个分子均受到力矩的作用，使偶极子转动并取向外电场的方向，这种极化为转向极化。外电场强度越大，偶极子的排列越整齐。

当电介质置于交变的外电场中，则含有非极性分子和极性分子的电介质都被反复极化，偶极子随电场的变化在不断地发生"取向"（从随机排列趋向电场方向）和"弛豫"（电场强度为零时，偶极子又回复到近乎随机的取向排列）排列。这样，由于分子原有的热运动和相邻分子之间的相互作用，使分子随外电场转动的规则运动受到干扰和阻碍，产生"摩擦效应"，使一部分能量转化为分子热运动的动能，即以热的形式表现出来，使物料的温度升高，即电场能被转化为热能。

水是最典型的极性分子，湿的物料因为有水分而成为半导体，此类物料，除转向极化外，还发生离子传导（一般地，水中溶解有盐类物质）。在微波频率范围，偶极子转动占主要地位；低频率时，离子传导占主导地位。

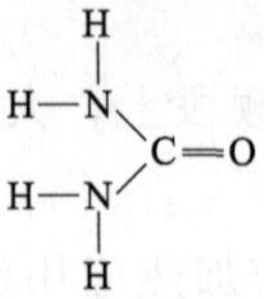

(2) 微波真空加热特点

微波真空加热特点如下。

① 加热速度快　常规加热（如火焰、热风、电热、蒸汽等）都是利用热传导、对流、热辐射将热量首先传递给被加热物的表面，再通过热传导逐步使中心温度升高（外部加热）。它要使中心部位达到所需的温度，需要一定的热传导时间，而对热传导率差的物体所需的时间就更长。微波加热则属内部加热方式，电磁能直接作用于介质分子转换成热，且透射使介质内外同时受热，不需要热传导，故可在短时间内达到均匀加热。

② 加热均匀　用外部加热方式或是直接微波加热时，为提高加热速度，就需升高外部温度，加大温差梯度。然而随之就容易产生外焦内生现象。微波真空加热时不论形状如何，微波都能均匀渗透，产生热量，且可以把温度控制在一定的温度范围之内，因此均匀性大大改善、干燥制品的质量也会相应提高。

③ 节能高效　不同物料对微波有不同吸收率，含有水分的物质容易吸收微波能。玻璃、陶瓷、聚丙烯、聚乙烯、氟塑料等则很少吸收微波，金属将反射电波，这些物质都不能被微波加热。微波加热时，被加热物料一般都是放在用金属制成的加热室内，加热室对电磁波来说是个封闭的腔体；而且，在高真空度的作用下电磁波不能外泄，只能被加热物体吸收，加热室内的空气与相应的容器都不会被加热，所以热效率高。同时工作场所的环境温度也不会因此而升高，生产环境明显改善。

④ 易于控制　微波功率的控制是由开关、旋钮调节，从磁控管的工作过程来看，预热时间很短，一般开机 15s 后即可开始加热，即开即用，特别适用于自动化控制的操作需求。再加上物料吸收微波能量即刻转换为热量，当不需要加热物料时，可立即断开电路停止微波的产生，即切断消除加热源头，使物料得不到热源热量的补给，物料就会停止继续升温，这种现象，专业术语称为无“热惯性”。产生微波的瞬时性和无热惯性，构成自动控制要求必备要素的前提。

⑤ 清洁卫生　对食品、药品等加工干燥时，微波热效应与生物效应能在较低的温度迅速杀虫灭菌，最大限度地保持营养成分和原色泽，所以微波加热在食品工业中得到广泛应用。

⑥ 选择性加热　不同性质的物料对微波的吸收损耗不同，即选择性加热的特点，这对干燥过程有利。因为水分子对微波的吸收损耗最大，所以含水量高的部位，吸收微波功率低于含水量较低的部位，从而干燥速率趋向一致。

表 28-106 给出了微波加热的工艺特点，以及与红外加热的对比，以避免两种加热方式的混淆。

表 28-106　红外加热与微波加热的特点

物料状况	红外加热	微波加热
焦糊开始位置	表层	里层
加热惯性状态	有	无
预热时间长短	较长	短
温升状态	表层升温在先	里层升温高
温度梯度及方向	大,其方向由物料中心指向物料外部	较小,其方向由物料外部指向物料中心

续表

物料状况	红外加热	微波加热
干燥层扩展方向	由表及里	里层向表面
热量传递方式	表面热传导	投射物料中转换
热量吸收与介质关系	有关	密切相关
加热干燥与杀菌工序	分开	合一
杀菌能力	热力杀菌	热力与非热力杀菌综合

(3) 微波真空干燥设备

尽管微波真空干燥有许多优点，但是直到现在还很少有大型工业化设备运转。国内市场销售多为小型医药用和实验室用设备。

图 28-165 为带有旋转架的小型微波真空干燥设备示意图。设备主要由真空室（干燥仓）、旋转机构（图中为配有 12 个托盘的旋转架）、微波功率供给装置、真空泵和控制板组成。

图 28-165 中的真空微波干燥设备真空室直径为 2m，长 2.3m。为确保微波能在真空室内均匀分布，16 个对称隔开的微波输入口通过波导与分离的磁电管（1.5kW，2450MHz）连装，被干燥的物料旋转在玻璃纤维强化的聚四氟乙烯托盘内。托盘以 4r/min 的速度旋转，湿含量从 90%（湿基）降低到 20%（湿基），蒸发速率大约为 23kg/h。

图 28-166 是国产 WZD4S-05 型微波真空干燥设备的基本结构。主要由微波功率源、真空干燥箱（室）、矩形波导、温度传感器以及真空泵组成。设备的主要技术参数：工作真空度 500～600Pa；符合国家安全卫生标准；设备总功率为 12kW。

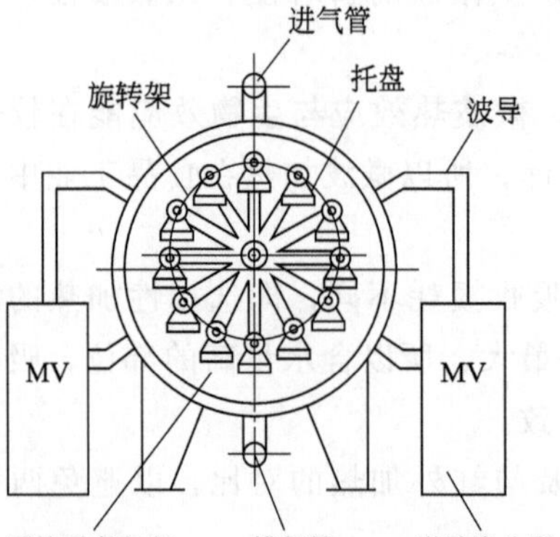

图 28-165　小型微波真空干燥设备结构图

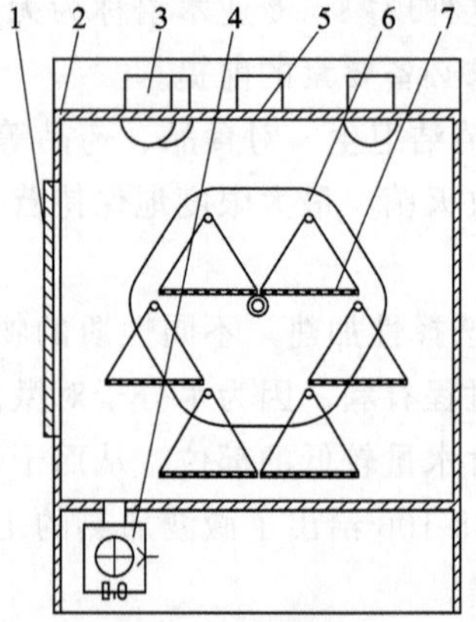

图 28-166　WZD4S-05 型微波真空干燥设备
1—观察窗；2—炉门；3—微波源；4—真空泵；5—红外测温探头；6—转轮；7—物料盘

28.16.4 木材高频真空干燥机

高频加热有两种类型，即电磁感应加热及电介质加热。电磁感应加热用于导电、导磁物质的加热，如各种金属材料，而电介质加热用于电介质材料，如皮革、木材料、食品等。高频真空干燥实质上是高频干燥和真空干燥组合干燥，使高频强化传热与真空低温干燥有机结合起来，实现了节能高效干燥。

高频加热也称为“介电加热”，物料在高频电磁场作用下，吸收电磁能量，在物料内部转化为热，用于蒸发水分。干燥加热用的高频在1～100MHz（高频，HF），也可以分成高频（HF，3～30MHz）和超高频（VHF，30～300MHz）。而300MHz～300GHz称为微波（MV）。加热干燥使用的频率主要是13.56MHz、27.12MHz、40.68MHz（高频）、915MHz、2450MHz（微波）。

高频加热的主要特点是：

① 加热速度快　电磁场与物料整体发生作用，在物料内部迅速产生热效应，通常在几秒钟之内便可完成加热过程。

② 加热均匀　体积热效应导致加热均匀，避免了普通加热出现的温度梯度。

③ 过程控制迅速　能量的输出可通过开或关闭发生器的电源实现，操作便利，加热强度可通过控制功率的输出实现。

④ 有选择性地加热电磁场只与物料中的溶剂而不与基质耦合，因此，湿分被加热蒸发，而湿分的载体（基质）则主要通过传导给热。

木材高频真空干燥机是高频介电加热机与真空干燥机的有机组合。如图28-167所示，高频发生器的工作电容——数块电极板置于真空干燥筒内，两极板之间的材料在高频电场作用下被迅速加热，并在真空条件下获得快速干燥。

典型的HED-0603型高频真空干燥装置，由高频发生器、真空系统及冷却系统三大部分组成。其主要参数为：最大装载量0.8m^3，电源输入电压380V，直流输出电压最小值5kV、最大值6kV、直流最大输出电流0.8A，振荡频率6.87MHz，最低真空度设计为2.4kPa。

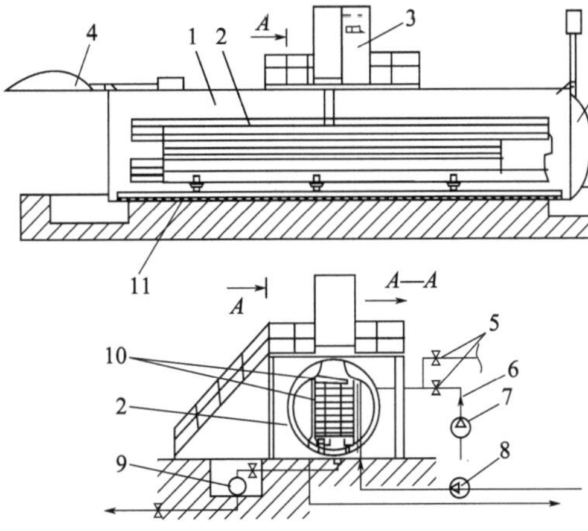

图28-167　高频真空干燥机示意图

1—干燥筒；2—冷却板；3—高频发生器；4—干燥筒端盖；5—电动真空阀；6—抽气管；7—真空泵；8—水泵；9—冷凝水集水池；10—高频电极板；11—材车

28.17 真空预冷保鲜

真空预冷保鲜是20世纪70年代末发展起来的保鲜技术，具有保鲜度好、冷却速度快、水分损失小、无菌冷却、杀灭害虫等特点。初始仅用于果蔬冷却，现已发展用于鲜肉、水产品、熟食冷却。与气调保鲜技术结合起来，可以大为延长产品的货架期。

28.17.1 真空预冷保鲜原理

由本书第2章真空技术的物理基础相关内容可知，水在大气压下的沸点为100℃，在真空容器中，水的沸点随着压力的降低而下降。如真空容器中压力降到460Pa，水的沸点为0℃。水在汽化时，带走大量的热量。水的汽化热约为2500kJ/kg，1g水产生的汽化热为2.5kJ，即2.5kJ/g，粗略计算可知，此热量可使1kg的水温度降低0.6℃。食物置于真空容器中，用真空泵抽气，随着压力的降低，其水分蒸发后，带走食物的热量，使之降温。对果蔬而言，随着温度的降低，使之呼吸热降低，进而延长其贮藏寿命；温度降低可以抑制微生物繁殖，使果蔬免于腐烂。对肉类食品而言，温度降低可以抑制酶的活性及微生物的繁衍，同样也会增长储藏寿命。真空预冷无论是果蔬，还是肉类均能延长其货架寿命，其特点如下：

① 果蔬冷却速度快，一般只需20～30min，若用冷藏库冷却，则需10～12h，而且只能处理早晨收获的果蔬，而真空预冷则不受采集时间限制，随时可以处理；

② 处理时间短，水分损失小，果蔬不会发生局部干枯变形；

③ 真空预冷的果蔬鲜度保持时间长，适合较长时间储藏及长途运输。特别是对一些易腐或成分变化较快的产品，如草莓、杨梅、蘑菇，能较长时间内消除其“田间热”，降低呼吸热，使之呼吸强度迅速下降，达到保鲜目的；

④ 冷却过程无菌，且消灭害虫。产品是在真空环境下冷却，不会受环境的影响，真空环境同时还可以杀灭农产品中的害虫。

28.17.2 果蔬真空预冷

果蔬收获以后，生命并没有结束，仍然有呼吸作用，即吸收氧气，排出二氧化碳及水分。在新陈代谢的过程中，产生大量呼吸热，使养分不断地消耗，并损失大量水分。结果造成果蔬凋萎、变色软化、维生素减少，以致变质，失去商品价值。减弱果蔬的呼吸强度，唯一的方法是迅速降低果蔬温度使其呼吸热降低。表28-107给出了果蔬的呼吸热。低温不仅能抑制微生物的生长繁殖，还能抑制食品中酶的活性，延缓果蔬中化学成分的变化，保持食品的营养价值和色、香、味品质。果蔬采摘后经适当处理，能提高果蔬的质量。真空预冷被认为是减缓果蔬采摘后成熟及保证食品质量的有效方法。

表28-107　果蔬的呼吸热　　　单位：kJ/（d·kg）

品种	保持温度/℃			品种	保持温度/℃		
	0	5	16		0	5	16
芦笋	6.3～13.8	12.5～33.4	23.0～53.9	甜玉米	7.5～12.1	11.3～13.8	40.1
甘蓝	1.3	1.8	4.6				
西洋甘蓝	3.4～8.8	6.9～11.7	13.8～33.4	莴苣	4.6	6.7	15.9
芹菜	1.7	2.5	8.8	苹果	0.3～3.0	0.6～2.9	2.5～8.4

真空预冷与强制通风预冷相比较，其优点汇于表28-108中。真空预冷储藏与其他储藏方式保存时间比较见表28-109。

表 28-108　真空预冷与强制通风预冷相比较的优点

项目	真空预冷	强制通风预冷
冷却时间	20～30min	14～20h（夜间也必须运转），差压式5～10h
冷却温度均匀度	从表面到芯部温度均匀	不均匀。容器的孔、空隙、风向、堆放方式、存放位置等均引起较大温度变化
局部冻结	完全不发生	直接与冷风接触的地方容易发生
除水	可能（质量分数的3%～5%）	除了面对冷风的一面可以外，其他不行
薄膜包装无孔纸箱	可能，冷却时间几乎无差别	不朝冷风的地方，冷却时间延长数倍
采摘上市时间	因处理时间短，无限制	受很大限制
适应品种	最宜于叶类，通过改进处理方法，也可冷却根菜类	几乎适应全部果蔬
销售范围	收获后可以立即上市，因此可以销售到远方的市场	因为要到第二天才能出售，所以出售范围受到限制
预冷品的出售价格（相对值，真空预冷品为100）	100	60～70
处理费用	低（处理时间短）	高（处理时间长）
设备费和面积（假设每日处理量相同）	便宜，设备面积小，而停放面积大	费用高，设备面积大，停放面积小
保冷库	须有保冷库	可以兼用

表 28-109　储藏方式保存时间比较　　单位：d

果蔬品种	冷库	包装储藏	通风预冷	真空预冷
芹菜	8	10～20	30	50
莴苣	3	10～20	30	50
菠菜	7～10	10～20	28	50
草莓	2	5～10	30	50
桃	3～8	10～15	30	50
荷兰芹菜	4	5～10	20	50
卷心菜	8	10～15	20	50
西红柿	30	—	—	67
青笋	3～4	4～6	14	21
青豌豆	4～7	7	14	30
鲜蘑菇	2～3	—	—	14

将果蔬置于真空容器中，并抽真空，当压力达2660～2000Pa时，果蔬表面水分开始蒸发，水分蒸发随压力下降而加剧。在蒸发过程中，水所需要的汽化热由果蔬来提供，其本身得到了冷却。通常在20min左右就可冷到约3℃。此时，果蔬失去的水分只占其质量的1%～3%，不影响其鲜度。在减压过程中水分越容易蒸发的蔬菜，冷却效果越好。而水分蒸发的速度，取决于体积与表面积之比。与菜体结构、组织密度、蜡质等也有一定关系。水从果蔬体内向表面移动的速度也影响水的蒸发。因此，不同果蔬真空预冷的效果是不同的。蔬菜按真空预冷的速度不同可分为三类：

① A类蔬菜冷却到0℃附近时大约需10～20min。几乎都是叶菜类，表体比大、组织

柔软，其结构有利于水分的蒸发。

② B类蔬菜冷却速度较慢，如菜豆。表面积比小，组织坚硬。草莓与菜花也属此类，真空冷却需较长时间。

③ C类蔬菜包括黄瓜、番茄等，在真空预冷中效果最差。这类蔬菜表体比小、表皮厚、组织较致密，从而水分蒸发困难。马铃薯、胡萝卜等蔬菜也不适于真空预冷。

真空预冷时每蒸发蔬菜质量的1%水分，大约可使产品温度下降6℃。表28-110为日本相关资料介绍的几种蔬菜的真空预冷工艺参数。

表28-110 几种蔬菜的真空预冷工艺参数

分类	种类	包装容器	处理量/kg	最低气压/Pa	处理时间/min	品温/℃		减量率/%
						初温	终温	
A	莴苣	纸箱	10	600	9	17.5	0.1～3.5①	2.6
	大葱	聚乙烯	7	600	7	17.5	0.0	2.4
	菠菜	聚乙烯	10	600	8	20.2	0.5	3.4
	白菜	有孔箱	15	600	17	19.2	0～2.5	3.8
	甘蓝	有孔箱	15	600	9	14.3	−0.2～2.5	2.2
	洋芹	开孔薄膜袋	10	600	8	11.4	0～4.2	1.1
	茼蒿	开孔薄膜袋	4	600	6	17.2	0.2	2.5
	豌豆类	有孔薄膜袋	4	600	7	22.6	0	2.5
	甜玉米	纸箱	45	600	24	32.0	1.5	4.1
	苔菜	聚乙烯	5	600	6	16.2	0.8	2.4
	大叶芹	聚乙烯	4	600	6	16.5	0.5	2.7
B	菜豆	有孔纸箱	4	400	26	28.0	8.0	—
	草莓	塑料箱	4	600	20	19.4	7.8	1.3
C	胡萝卜	网袋	10	400	10	14.5	10～12.8①	0.7
	黄瓜	纸箱	5	400	17	22.2	19.2	0.7
	青椒	有孔薄膜袋	9	400	9	18.6	12.6	1.8

① 此温度范围为表面和中心部的温度范围。

水果与果菜类相似，大部分表体比较小，一般真空冷却效果差，如采用喷雾加湿式真空冷却，可显著提高真空冷却保鲜效果。表28-111为一些水果经喷雾加湿真空冷却的保鲜。

表28-111 水果经喷雾加湿真空冷却的情况

品种	真空度/Pa	冷却时间/min	品温/℃		水分损失/%
			初温	终温	
苹果	570	21	17.5	8.5	1.2
橘子	550	17	21	6.5	1.5
金橘	610	18	23	7.5	0.5
荔枝	610	20	29.8	6.3	1.3
杨梅	570	18	28.6	5.2	1.6
桃子	650	22	28	7.5	1.8

续表

品种	真空度/Pa	冷却时间/min	品温/℃		水分损失/%
			初温	终温	
藤稔葡萄	600	20	26.5	7.3	1.5
芒果	575	20	28	6.8	2.5
草莓	600	22	23.7	5.2	0.8
龙眼	580	21	29.5	8.3	0.7

28.17.3 肉类真空预冷

实践证明，真空冷却不仅对蔬菜、水果等植物性生鲜食品具有良好的冷却效果和保鲜作用，而且对动物性生鲜食品，如肉、鱼、禽等也同样有效。因为肉、鱼、禽等生鲜食品含有足够的水分，在一定的真空条件下，也能通过部分水分的迅速蒸发而快速降温。

表 28-112 为一些分割肉、鱼片、禽肉和海虾仁等真空冷却的情况。如采用一般冷却至少要 6～10h 以上，而采用真空冷却的方法最多 20min 就能达到冷却食品的要求，同时真空冷却的食品温度均匀，内外不超过±2℃，这对抑制微生物和酶的作用十分重要，有利于保质期的延长。但这种方法的主要缺点为干耗略大，约比冷风冷却高 1%～2%。

表 28-112 动物性食品的真空冷却情况

品种	真空度/Pa	冷却时间/min	品温/℃		水分损失/%
			初温	终温	
分割牛腿肉	630	18	29.3	3.7	5.1
分割猪腿肉	620	17	31.2	3.8	4.8
三文鱼片	650	13	27.5	2.5	5.6
鸡腿	670	15	28.6	3.6	4.7
鸭腿	650	16	28.1	4.1	4.6
海虾仁	630	14	27.3	1.8	6.3

28.17.4 熟制食品真空预冷

冷却是熟制调理食品生产中的关键工艺，直接关系到熟食产品的安全卫生和保质保鲜指标。孙企达对熟制食品的真空冷却进行了研究。传统熟食生产是在烧煮、烹调等熟制再冷却后销售的，这时食品的初始品温很高（70～95℃），一般采用将产品暴露在空气中自然冷却的方式，也有采用鼓风机吹产品来加速冷却，这些冷却方法的冷却速率低，尤其在 45℃后冷却速度更慢，产品暴露在空气中时间长易造成微生物二次污染，这就是熟食卫生质量问题及引发食品中毒的主要原因。真空冷却使食品在全封闭的真空容器内实现无菌化冷却，同时使食品在极短的时间内快速冷却，从而避开了食物细菌在 50～20℃之间的繁殖带（图 28-168）。与其他冷却方法不同的是，真空冷却可以做到食品中心和表面同时均匀冷却，保证了冷却品的卫生质量。只要在真空冷却包装后放入 5℃左右冷藏库内储藏，熟肉制品保质期会大大延长。

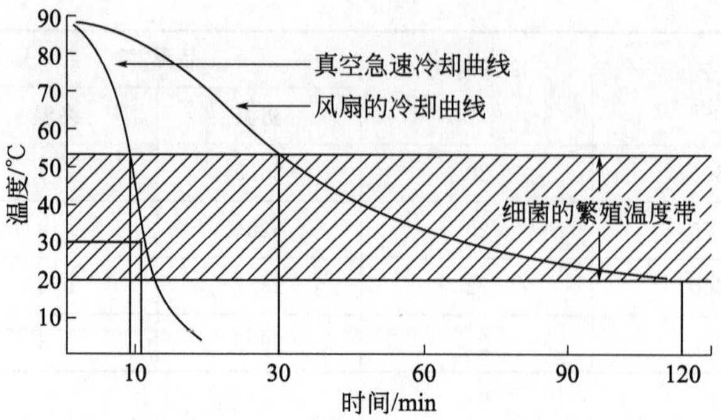

图 28-168　食品真空冷却与风扇冷却的曲线

表 28-113 为中式蹄髋分别采用真空冷却和自然冷却（冷却室环境温度为 15℃）的对比试验数据，冷却后两组产品分别在 15℃下储存，检测细菌总数。采用真空冷却，产品的细菌总数在储存同期比自然冷却产品低一个数量级。表 28-114 为 4 种熟肉产品真空冷却的结果。表 28-115 为熟肉真空冷却、自然冷却和鼓风机冷却的比较情况。

表 28-113　中式蹄髋真空冷却和自然冷却在储存过程中细菌总数对比结果　单位：个/g

冷却方式	贮藏天数/d			
	0	10	20	45
自然冷却	150	570	8200	14000
真空冷却	<10	<10	650	2600

表 28-114　熟肉产品真空冷却结果

产品名称	冷却产量/kg	品温/℃		冷却时间/min	组织形态	失水率/%	色香味
		初温	终温				
中式蹄髋	200	95	30	30	良	7.1	优
家乡熏鸡	200	95	30	30	优	9.2	良
烤鸡翅	200	95	20	26	较干	5.6	良
熏鸡腿	200	95	20	27	良	5.8	良

表 28-115　熟肉冷却方式的比较

冷却方式	冷却前重量/kg	冷却后重量/kg	重量损耗率/%	冷却时间/min
真空冷却	202	187	7.4	30
自然冷却	200	191	4.5	610
鼓风冷却	201	190	5.5	365

从表 28-115 中可以看到，真空冷却比相同条件的自然冷却速率快 20 倍，比鼓风机冷却快 12 倍左右，效率提高，十分有利于熟肉食品的工业化生产。此外，真空冷却由于水分的蒸发，重量损耗比其他方法要大些，但是经感官评定其样品质量与其他冷却方法基本没有差别，只要在产品生产的前处理工艺中加以调整，就能弥补真空冷却造成的成品率的损失，保证产品原有的重量。

真空冷却产品与真空包装和高温短时灭菌等工艺技术配套后，常温下的保质期可达6个月以上。而自然冷却产品经真空包装在5℃环境下保质期至多十几天，真空冷却对延长熟食产品的保质期有明显效果，在此基础上再结合MAP气调包装更有助于保障食品的卫生质量与延长食品保质期。目前真空冷却已在盒饭、中西熟食、点心等熟制调理食品方面得到应用。

28.17.5 真空预冷装置主要部件

真空预冷装置通常由真空室、物料车、捕水器（冷阱）、制冷机组、真空抽气机组及主控制系统组成，如图28-169所示。

真空室为物料预冷提供了必要的真空环境，可以设计成箱式或圆筒式。为提高生产效率，通常设置2台真空室，配置一套捕水器（冷阱）及一套真空机组，真空室交替工作。

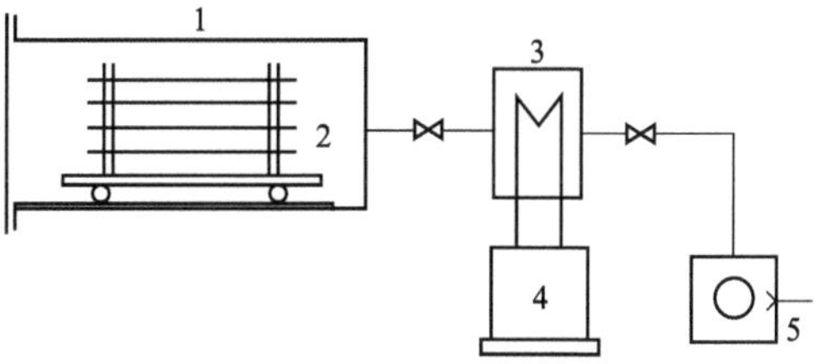

图28-169　真空预冷装置简图
1—真空室；2—物料车；3—捕水器（冷阱）；4—制冷机组；5—真空抽气机组

物料架（车）用于装载物料。要求进出真空室和装卸物要方便。为缩短装卸时间，物料架需多配几套。

捕水器用于捕集物料蒸发出来的水汽，使之不易进入真空机组中。其内部有蒸发器，具有较低的温度，可使水汽凝结，捕水器外部有保温层，以防冷量损失。

制冷机组给捕水器中的蒸发器提供冷量。

真空机组用于真空室获得一定的工作压力。

28.17.6 真空预冷装置

真空预冷装置主要有三大部件，即真空室、捕水器及真空抽气机组。

① 真空抽气机组　真空预冷保鲜适宜的工作压力范围为600～700Pa，以果蔬不受冻伤的温度为限。在此工作压力下，真空预冷保鲜适用的真空泵或真空机组有：旋片式真空泵及滑阀式真空泵；罗茨泵-罗茨泵-双级水环泵机组；罗茨泵-旋片式真空泵机组；罗茨泵-滑阀式真空泵机组。油封式机械真空泵不适宜抽除含有大量水蒸气的气体，因水汽会溶于机械泵油中，使油乳化，油的性能变坏，影响真空泵的性能。罗茨泵-罗茨泵-双级水环泵机组可抽水汽，但抽大量水汽，机组相当庞大，亦不适用，故通常均需要配置捕水器，用以捕集大量的果蔬蒸发水汽，使进入泵中的水汽尽可能减少。

真空机组的气体负荷由四部分组成，即真空室及捕水器容积中所含的大气压气体、装置的漏气量、物料所含的气体以及捕水器未能捕集的水蒸气。通常粗略计算只考虑真空室及捕水器所含气体，其余可以忽略。

② 捕水器　捕水器用于冷凝物料蒸发出来的水汽。本身相当于一个热交换器，其管程走制冷剂工质，壳程走空气及水蒸气。壳体材料为不锈钢，蒸发器为铜管制成。壳体外部有保温层。设计捕水器时，需考虑气体通过时有较大的流导，同时又需考虑捕获水蒸气效率。一般设计中，捕集水蒸气效率应在95%以上。捕水器中的压力比工作压力低半个到一个数量级，并由此值确定蒸发器的温度。

捕水器的耗冷量包括三部分：

a. 捕水器中蒸发器材料降温耗冷量 Q_1；

b. 蒸发器结构支撑材料热传导及蒸发器辐射热损失 Q_2；

c. 物料蒸发出来的水蒸气凝结耗冷量 Q_3。

在确定捕水器所耗冷量时，应比较预冷耗冷量 Q_1+Q_2 和工作耗冷量 Q_2+Q_3，取两者中较大值。制冷机选用单级压缩机即可，制冷剂选用 R22。

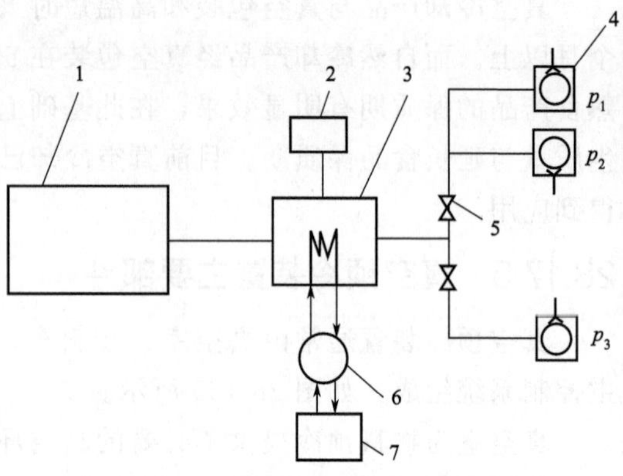

图 28-170　单室式真空预冷装置原理

1—真空室；2—凝水接收器；3—捕水器；4—真空泵；5—真空阀；6—盐水冷却器；7—制冷机组

28.17.7　真空预冷装置结构型式

真空预冷装置有三种结构型式，即单室式、双室均压式及双室交替式。

单室式真空预冷装置的原理如图 28-170 所示。装置中使用了三台并列安装的真空泵，果蔬预冷过程中分阶段运转，从而达到调节能耗的目的。其运转过程可用表 28-116 来说明。

双室均压式真空预冷装置的原理如图 28-171 所示。它采用了三台并列安装的真空泵及两个真空室。真空泵的运行程序与单室式一样。当 1 号真空室预冷过程结束后，打开均压阀门，利用 1 号真空室的真空去降低 2 号真空室的压力，可以缩短 2 号真空室的抽空时间，节约能源。1 号和 2 号真空室交替使用。表 28-117 为这种设备运转的运转程序。

表 28-116　单室式真空预冷装置的运转程序

预冷阶段程序	真空室压力范围/kPa	时间/min
果蔬搬入真空室	101.3	5
三台真空泵抽空	101.3→2.66	15
果蔬水分蒸发、冷却开始；1 台真空泵工作	2.666→0.8	10
果蔬搬出真空室	101.3	5

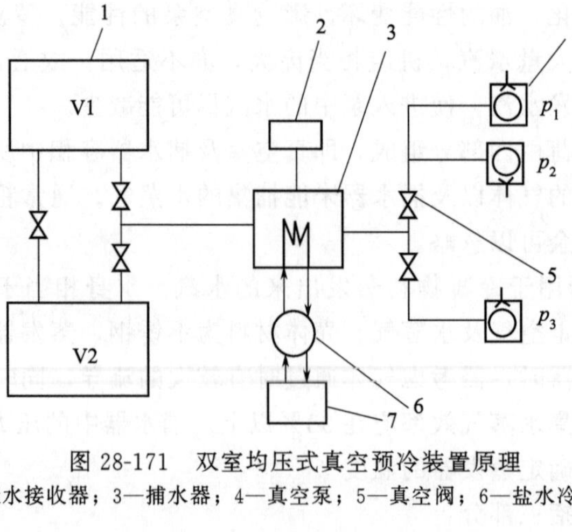

图 28-171　双室均压式真空预冷装置原理

1—真空室；2—凝水接收器；3—捕水器；4—真空泵；5—真空阀；6—盐水冷却器；7—制冷机组

表 28-117　双室均压式真空预冷装置的运转程序

1号真空室(V1)	2号真空室(V2)	时间/min
3台真空泵抽空:51.33kPa→2.666kPa	预冷结束:果蔬卸、装	10
1台真空泵抽空:2.66kPa→0.8kPa	完成运转前的准备工作	10
预冷过程结束,打开均压阀	两真空室压力均为51.33kPa	2
果蔬卸、装	3台真空泵抽空:51.33kPa→2.666kPa	10
完成运转前的准备工作	1台真空泵抽空:2.666kPa→0.8kPa	10
打开均压阀	两真空室压力均为51.33kPa	2

双室交替式真空预冷装置的原理如图28-172所示。由表28-118所示运转程序可知，在双室式真空预冷装置中，所用的真空泵均连续运转，而不像双室均压式设备那样，当1台运转时，另两台要停止2min。因此，这种装置要比前述两种装置性能优越。

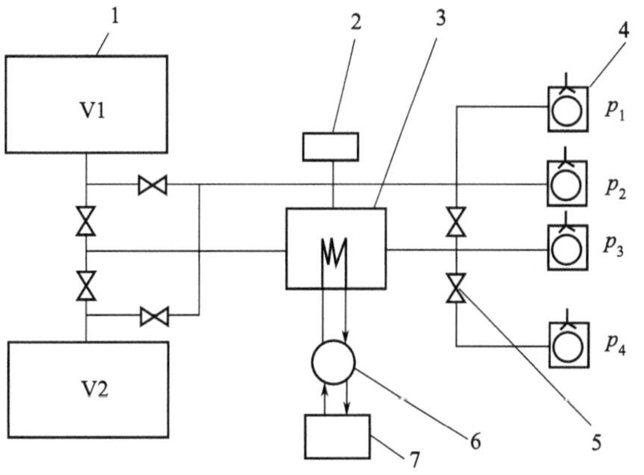

图28-172　双室交替式真空预冷装置原理

1—真空室；2—凝水接收器；3—捕水器；4—真空泵；5—真空阀；6—盐水冷却器；7—制冷机组

表 28-118　双室交替式真空预冷装置运转程序

1号真空室				2号真空室			
进程	压力/kPa	真空泵运转台数	时间/min	进程	压力/kPa	真空泵运转台数	时间/min
果蔬搬入搬出	101.3	0	7.5	抽真空	4.0→2.4	4	7.5
抽真空	101.3→4.0	2	12.5	果蔬冷却	2.4→0.8	2	12.5
抽真空	4.0→2.4	4	7.5	果蔬搬入搬出	101.3	0	7.5
果蔬冷却	2.4→0.8	2	12.5	抽真空	101.3→4.0	2	12.5

值得注意的是，果蔬在真空冷却过程中，表面水分开始蒸发，压力约为2.4kPa，在此压力附近，果蔬的蒸发很快，需要加大真空泵的抽气速率。为了缩短抽气时间，减少能耗，故在双室交替式真空预冷装置中，设置4台真空泵进行4.0～2.4kPa这一阶段的抽空。

不难看出，双室交替式真空预冷装置与其他形式的预冷装置相比，对运转中各个阶段的时间要求较严，特别是对果蔬的搬入搬出阶段。由于存在人工装卸的因素，要求必须保证搬运的速度，才能确保整个装置的正常运转。

28.18 真空膨化

真空膨化食品方法有真空油炸膨化、真空冻干膨化、低温高压气流膨化、真空微波膨化、气流微波膨化等。

28.18.1 真空油炸膨化

大气下油炸食品，油温较高，保持不了食品的原色，使食品营养流失。真空油炸膨化是基于液体的沸点随着压力的降低而降低的特性而产生的一种膨化食品的手段。

图 28-173 给出了真空油炸膨化机的示意图。水环泵将容器抽至某一真空度后，开启加热器将油加热，使之沸腾，待物料油炸膨化后，取出物料筐，并将物料筐置于离心机上脱掉残留于物料表面上的油，整个工艺过程完成。

为使容器中的油温均匀，设置了油搅拌器。为防止油蒸气进入水环泵中，在其入口设置油气分离器将油分离。

真空油炸膨化食品时，油温较低，且油炸时间短，易保持食品的颜色与营养。

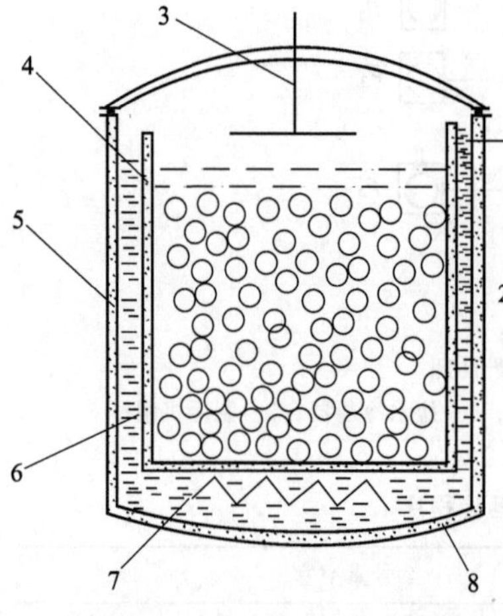

图 28-173 真空油炸膨化机示意图

1—水环泵；2—油气分离器；3—油搅拌器；4—物料筐；5—保温层；6—油；7—加热器；8—容器

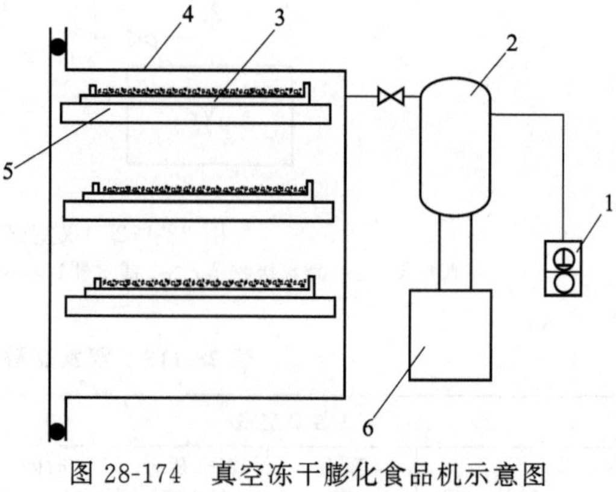

图 28-174 真空冻干膨化食品机示意图

1—罗茨泵真空机组；2—冷凝器；3—物料盘；4—冻干箱体；5—加热板；6—制冷机组

28.18.2 真空冻干膨化

真空冻干膨化是将物料在低温下进行冷冻，然后在真空中加热，使物料中的水分升华，与真空冷冻干燥食品原理相同。

图 28-174 为真空冻干膨化食品机示意图。

物料置于物料盘中，放入冷冻机中迅速冷冻。取出速冻后的物料，放在加热板上。开启罗茨泵真空机组。将冻干箱体抽真空，达到一定的压力后，物料中的水分开始升华，并被冷凝器将水分捕获，使物料达到真空冻干膨化目的。

真空冻干膨化保持了食品原味及色泽，且营养成分损失少，是较为理想的一种膨化食品工艺。真空冻干机一次投入成本高，食品冻干周期长，致使真空冻干膨化食品价格较高。

28.18.3 低温高压气流膨化

低温高压气流膨化食品原理是基于膨化罐中的物料在高压力下加热到膨化温度，瞬间连接到真空度较高的真空罐释放压力，物料中的水分发生“闪蒸”现象（即瞬间汽化），进而实现膨化。

图 28-175 给出了低温高压气流膨化设备示意图。

打开气源阀使膨化罐内达到某一压力，启动加热器将物料加热到一定温度，开启膨化罐与真空罐之间的阀门，使前者迅速释放压力，完成食品膨化。

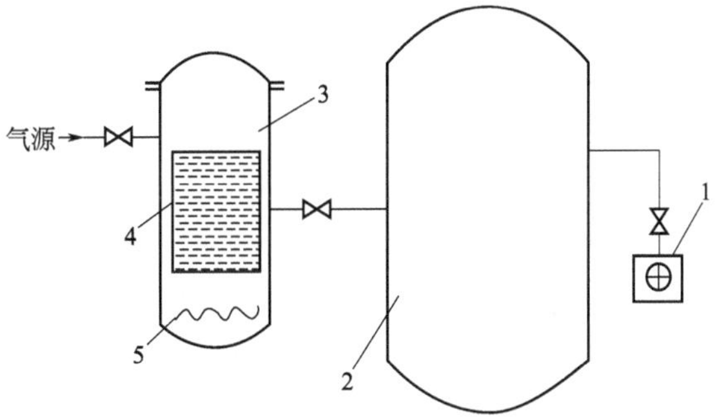

图 28-175 低温高压气流膨化设备示意图

1—水环泵；2—真空罐；3—膨化罐；4—物料筐；5—加热器

低温高压气流膨化设备是目前较为广泛应用的膨化装置，其特点如下：

① 较好地保留了食品的风味与营养成分；

② 食品膨化率较高，膨化效果明显；

③ 食品酥脆，口感好；

④ 设备适用性广，投资相对较少，操作方便；

⑤ 工艺过程中产生废弃物少，符合环保要求。

其不足是加热时间长，果蔬产品可能出现变褐；膨化罐内温度场不均匀，影响膨化效果。

28.18.4 真空微波膨化

微波膨化，是因为食品中的水介电常数较大，可以吸收大量能量，使物料温度迅速升高，物料中的水分亦迅速汽化及增压，产生径向推动力，直接排出内部蒸汽，促使细胞膨胀，达到食品膨化目的。

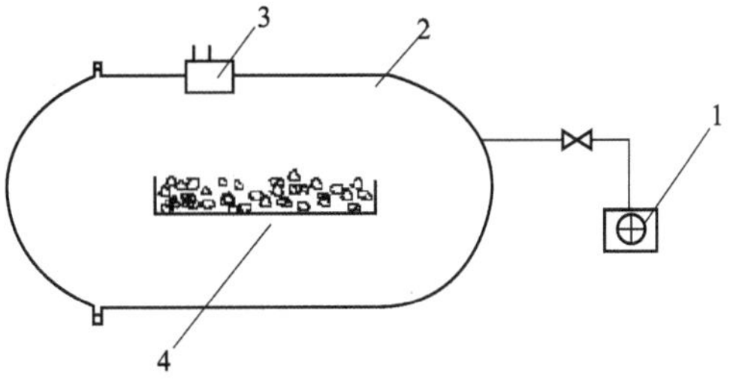

图 28-176 真空微波膨化装置示意图

1—水环泵；2—膨化罐；3—微波源；4—物料盘

在真空条件下，汽化温度低，有利于抑制食品褐变，保持食品颜色。

图 28-176 给出了真空微波膨化装置的示意图，装置主要由水环泵、膨化罐、微波源、物料盘构成。

真空微波膨化除能保持食品的颜色外，使食品的弹性增加，又降低了食品的黏性。微波加热时间短，能量利用率高，节约了加工成本。其不足是物料受热不均匀，易发生焦煳现象。

28.18.5 气流微波膨化

气流微波膨化是基于气流膨化和微波膨化基础上，而产生的膨化工艺。

图 28-177 给出了气流微波膨化设备示意图。膨化系统主要由膨化罐、真空罐、微波源、电阻丝加热器、氮气发生器、液氮储槽等构成。

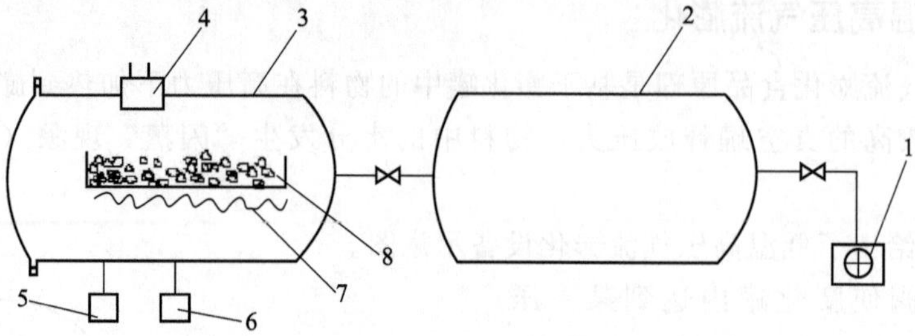

图 28-177　气流微波膨化设备示意图

1—水环泵；2—真空罐；3—膨化罐；4—微波源；5—氮气发生器；6—液氮储槽及冷却装置；7—电阻丝加热器；8—物料盘

气流微波膨化工艺流程如下所所述：

① 根据工艺要求将果蔬预处理，使其含水在 10%～30%范围内；

② 将果蔬放入膨化罐中，启动氮气发生器、微波源、电阻丝加热，使膨化罐内压力升至 40～48kPa。物料（果蔬）升温至 95～130℃；

③ 开启膨化罐与真空罐之间的阀门，使前者迅速释放压力，物料内水分发生闪蒸，使细胞扩张，达到膨化目的；

④ 关闭微波源及电阻丝加热器，停止供热；

⑤ 开启液氮冷却装置，使物料快速冷却定型；

⑥ 调整水环泵使膨化罐内压力保持一定值，待物料定型后，停止抽空，膨化过程完成。

气流微波膨化与高气流膨化相比，装置中增加了微波源，可以快速加热；又有液氮冷却装置，可实现物料快速冷却。因而，使工作周期大为缩短，节省电能，可防褐变。

气流微波膨化与单独微波膨化相比，物料的膨化度有所提高。物料受热较为均匀，减少了焦化程度。又物料处于高压气体作用下，其背部水分被固化在物料内，有利于瞬间膨化，使膨化效果明显增大。

28.19 真空气相干燥

(1) 概述

真空气相干燥设备（简称 VPD 设备）主要用于干燥大型变压器及其他电器设备，这种干燥方法始于 20 世纪 60～70 年代开始用于生产。

变压器干燥的主要目的是排除绝缘材料中的水分。现代大型变压器所用的纤维绝缘材料，其初始的含水量一般高达 6%～8%，干燥终了要达到的标准含水量为 0.5%～0.1%。若排除的水量按其质量的 5.5%计，一台 10t 的变压器在干燥过程中要排掉 550kg 水。

(2) 真空气相干燥原理

根据干燥理论，变压器绝缘材料中的水分都是以毛细吸附形式存在的。以这种形式存的水分，在上述的含水量范围内，干燥过程就是水蒸气分子从绝缘材料中往周围空间扩散的过程。驱使水分向绝缘材料外部迁移的动力主要是绝缘材料内部和周围空间的水蒸气分压差，因此 Δp 越大，干燥速度越高。增加 Δp 有两种途径，提高绝缘材料温度（即对绝缘材料进行加热），降低周围压力。从两个方面提高 Δp 的干燥方法就是所谓的热-真空干燥法。

降低绝缘材料周围空间压力的办法，在各种干燥设备中，都是将变压器芯体放在真空罐中或变压器本体油箱中，用适当的真空系统来抽真空。而对变压器的加热，由于载热介质和换热方式的不同，形成了许多具有不同特点的加热方式和加热设备。总的来讲，传统的真空干燥设备可分为两大类。

① 以空气为载热介质的干燥方法。即在大气压下，用热风循环或自然对流方式，将变压器加热到 110～115℃，然后再抽真空。

② 以变压器油为载热介质的液相加热法。即在室温下先抽真空，然后再喷入或注入热变压器油，并进行循环，对变压器进行加热，然后再抽真空。

以上两种方法的干燥速度都比较低。

VPD 方法是介于上述两种方法之间的热-真空干燥法，它不再用气体或液体作为载热介质，而用特种煤油蒸气-气相作为载热介质进行加热，并利用相变换热机理。其特点如下：

① 以煤油蒸气作为载热介质，可以实现在真空状态下进行加热。由于煤油的饱和压力远比水的饱和压力低，而又比变压器油的饱和压力高，所以在加热阶段，能顺利地排除水分，加热结束后，又能使煤油很快蒸发掉而不影响高真空阶段材料内部水分的扩散系数。

② 变压器的加热是在真空状态下进行的，加热温度可以从 110℃提高到 125～130℃而不用担心引起绝缘材料的老化。尽管加热温度仅提高十几度，但水蒸气分压提高到约 9.8×10^4Pa，对排除水分是非常有利的。

③ 煤油蒸气除以对流换热方式对绝缘材料加热外，在绝缘材料表面要发生相变冷凝放热，冷凝后的煤油又在绝缘表面进行膜层换热。这样的换热效率比别的任何一种加热方式都高，因此加热速度快。

④ 凝结后的煤油很容易渗透到绝缘材料内部及表面，加速了绝缘材料本身的热传导，并使绝缘材料深层温度分布均匀。温度分布均匀，对干燥来讲，是至关重要的。

⑤ 在变压器上冷凝的煤油，作为一种良好的清洗溶剂，可以将变压器上的污物尘埃冲洗掉，这是 VPD 设备独具的优点。

(3) VPD 设备原理及组成

VPD 设备系统组成如图 28-178 所示，其工作原理如下：

在准备阶段，以罗茨泵 7 为主泵，旋片真空泵 9 和 10 为前级泵的主真空系统，通过主真空阀 1，对真空罐Ⅱ抽真空。蒸发器Ⅰ中已通过泵 51 注入了适当量的煤油。在真空罐抽真空的同时，维持泵 34 通过冷凝液收集罐Ⅲ、主冷凝器 38、旁通阀 52 对蒸发器抽真空。抽到接近于当时温度下煤油对应的饱和压力。这样可以认为整个系统的氧气全排除。然后过饱和水蒸气通过加热阀（入口阀）50 对煤油加热蒸发。

准备阶段完了，主真空阀 1 关闭，主真空系统停止工作。煤油蒸气进入真空罐，直接冷凝成液体的煤油，返回到蒸发器。真空罐中还有部分没有被直接冷凝的煤油蒸气、水蒸气和泄漏空气，同时进入主冷凝器 38。蒸气冷凝成液体进入冷凝液收集罐Ⅲ进行沉淀分离，空气则通过泵 34 排往大气。

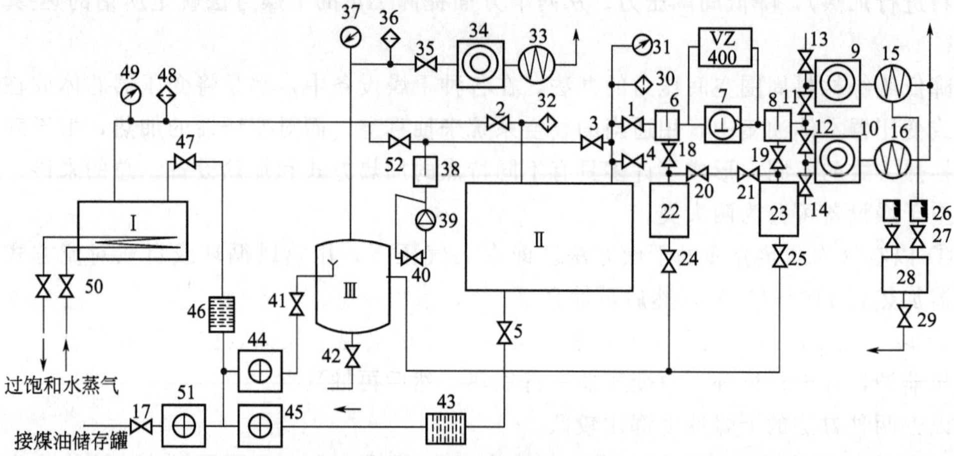

图 28-178　VPD 设备系统原理

Ⅰ—蒸发器；Ⅱ—真空罐；Ⅲ—冷凝液收集罐；VZ400—水蒸气分压测量仪

1—主真空阀；2—煤油蒸气入口阀；3—煤油蒸气返回阀；4—放气阀；5—罐底排液阀；6，8—冷凝器；7—罗茨泵；9，10，34—旋片真空泵；11，12—真空阀门；13，14—充气阀；15，16，33—油气分离器；17—煤油阀；18～21，35，40，41—管道阀；22，23，28—收集罐；24，25—截止阀；26—量筒；27，29，42—放液阀；30，32，36，48—压力开关；31，37，49—真空表；38—主冷凝器；39—液位观察窗；43，46—粗、精过滤器；44，45，51—输液泵；47—返回煤油阀；50—水蒸气加热阀；52—旁通阀

降压阶段，蒸发器停止加热。煤油蒸气停止往真空罐中输送。其余通路仍保持与加热阶段相同状态。

高真空阶段与准备阶段一样，由主真空系统对真空罐抽真空。虽然在降压阶段真空罐中的煤油基本排净，但绝缘材料中还会有残留煤油。在高真空阶段进入真空系统的气体含有一定的煤油蒸气，在前级冷凝器 6 和中间冷凝器 8 中冷凝成液体，收集在罐 22 和 23 中，积累到一定的量，排入大收集罐Ⅲ中。

放气阀 4 是干燥完了后可向真空罐充气的阀门。

真空表 31、37 和 49 用以测量相应部位的压力。压力开关 30 用于真空罐中压力小于给定值时提供信号。压力开关 48 和 32 用于一旦系统发生漏气超过给定值时的报警。压力开关 36 和调节阀 35 配合工作，以自动调节冷凝系统的压力。手动阀 40 用以调节返回的煤油量，以反馈的方式调节蒸发器的加热功率。

阀 13、14 用于前级泵停止工作后泵入口充气。

(4) 主要工艺

VPD 的主要工艺过程为：

① 准备阶段　将变压器放在真空罐中抽真空，使真空罐中的压力降到 700Pa 以下，同时蒸发器中用水蒸气排管对煤油进行加热，使蒸发器中的温度达到 115℃，煤油压力为该温度下煤油饱和压力，约为 10^4 Pa。

② 加热阶段　真空系统停止工作。蒸发器中的煤油蒸气靠压差涌入真空罐对变压器进行加热，冷凝后从真空罐底排出，返回蒸发器，形成一个循环。随着真空罐中温度的升高，煤油蒸气不能完全冷凝而造成聚积，绝缘材料中的水分也开始排出来，以水蒸气状态

聚积在真空罐中；再加上少量的空气可能漏入真空罐，使真空罐中压力逐渐升高。这些混合气体进入冷凝系统进行冷凝。然后再进入蒸发器形成第二个循环。靠这两个循环，使真空罐中的变压器逐步加热。

③ 降压阶段（或叫低真空阶段） 停止煤油蒸气往真空罐中输送。把真空罐中的煤油和混合气体排出真空罐，把残留在绝缘材料中的煤油重新蒸发。

④ 高真空阶段 利用主真空系统对真空罐抽真空。最终压力要达到 10Pa 以下。因为在高真空阶段以前，绝缘材料中 95%以上的水分已经排除，所以高真空不需要很长的时间。确定高真空结束亦即干燥过程结束的重要条件是，绝缘材料的出水率达到每吨绝缘材料每小时少于 10g，即<10g/(h・t)。

(5) 热利用及煤油净化系统

由上述系统原理知道，加热阶段，从真空罐中返回的混合蒸气必须进入冷凝系统冷凝，以把水分分离掉。经冷凝并分离后的煤油要通过泵 44，返回煤油阀 47 进入蒸发器重新加热蒸发。为了充分利用热量和节约冷却水，在返回的混合蒸气进入冷凝系统之前，经过热交换器 1（图 28-179），而把从冷凝液收集罐Ⅲ出来的煤油引入该热交换器进行预加热，然后再进入蒸发器。这样，使需要冷凝的混合蒸气进行预冷凝，可使温度降低 10～20℃，又使需要加热的煤油进行预加热，油温度升到 50℃以上。在热交换器 1 中冷凝得到的煤油与来自真空罐底的煤油一起进入蒸发器。而来自真空罐底的煤油温度较高，没有必要进入热交换器 1。

VPD 设备另一发展是煤油的净化系统。

在干燥处理浸过油的变压器时，煤油作为一种良好的清洗剂会把绝缘材料中的变压器油冲洗掉，变压器油混入煤油中，不能像水那样靠沉淀分离掉，必须用蒸馏的办法将变压器油分离掉。如图 28-179 所示，在蒸发器的端部增加了一个小的蒸馏室Ⅳ，用专门的导热油系统来加热。

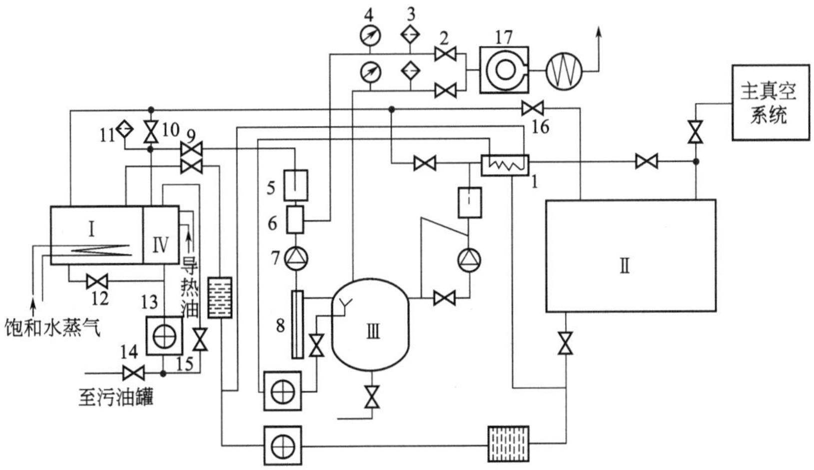

图 28-179 VPD 的热回收利用和煤油净化系统

1—热交换器；2—调节阀；3,11—压力开关；4—真空表；5—蒸馏冷凝器；6—小真空室；7—观察窗；8—虹吸管；9,10—煤油蒸气阀；12—平衡阀；13—循环输液泵；14—污油阀；15—循环阀；16—入口阀；17—旋片机械泵连续蒸馏过程是这样进行的，即加热阶段开始不久，变压器油混入煤油的量达到一定的程度后，蒸馏系统便开始工作。蒸发室中的混合液通过平衡阀12与蒸馏室Ⅳ中的液位平衡。阀12关掉。蒸馏室中的混合液由循环泵13从蒸馏室下部打入蒸馏室上部，通过多孔喷管喷到载热油盘管上，进行充分的加热蒸发。在一个蒸馏周期开始阶段，蒸发出来的煤油蒸气同样可以用来加热变压器，所以可与蒸发室出来的蒸气一起通过入口阀16进入真空罐。但随着蒸馏室中煤油含量的减少，蒸馏室中蒸发出来的蒸气温度会升得过高，不宜于用来加热绝缘材料。这时，就将蒸馏室中的煤油蒸气通过阀9引入蒸馏冷凝器5中进行冷凝。冷凝后也收集在罐Ⅲ中。然后将所剩的变压器油作为废油排往系统外。如此叫做一个蒸馏周期。

由蒸馏室蒸馏出来的煤油蒸气进入蒸馏冷凝器5冷凝过程中，为了不至于使冷凝器5超负荷运行，进入该冷凝器的煤油蒸气量要加以控制。这个是靠多接点压力开关11和阀门9联合工作实现的。当压力在$2.6\times10^4\sim1.1\times10^4$Pa时，阀9开启1/3；在$1.1\times10^3\sim6\times10^3$Pa时，开启1/2；在$6\times10^3$Pa以下时，阀9全打开。

蒸馏冷凝器的压力与主冷凝器中压力的控制方法一样，仍靠旋片机械泵17抽真空，但靠压力开关3和调节阀2的配合工作，使压力保持恒定。

28.20 真空浸渍

(1) 基本要素

充分掌握真空浸渍装置的基本要素，选取各个要素的最适宜的条件，是真空浸渍装置设计的重要方面。

真空浸渍的基本要素包括：

① 浸渍剂；

② 被浸渍物；

③ 浸渍剂的前处理；

④ 被浸渍物的前处理；

⑤ 生产率。

(2) 浸渍主要工序

① 前处理　在浸渍处理之前，先将被浸渍物体和浸渍剂进行抽除所含空气、水分的处理工序称为前处理。前处理的操作规程要根据被浸渍物、浸渍剂的特性以及浸渍目的来制定。一般说来，使用气体或易挥发液体浸渍剂时不需要对浸渍剂进行前处理，如果是以增加铸件强度为目的的浸渍也不需要前处理，而电力元器件（电缆、变压器、电容器等）和多孔材料的浸渍，必须进行严格的前处理。

前处理根据工艺要求可分为常温抽气处理和高温（加热）抽气处理两种方式。除气除水以加热抽气处理最好，但处理温度受到处理材料的限制。

② 浸渍处理　被浸渍物体和浸渍剂进行前处理之后，在真空条件下将浸渍剂灌入浸渍物中或注入专用的浸渍容器中的工艺过程称为浸渍处理。

浸渍处理的主要参数是操作（浸渍）压力、浸渍温度、浸渍时间。

表28-119给出了各种浸渍实例的工作压力。最佳的操作压力因浸渍物、浸渍剂的性

质而异，通常以试验数据为制定操作压力的依据。

使用液体浸渍剂时，为了提高浸渍效果、可在浸渍剂淹没被浸渍物之后通入压缩空气，进行加压浸渍。充入压力一般要大于或等于 10^5 Pa。

表 28-119　浸渍处理实例

目的	应用实例	浸渍剂	工作压力/Pa	备注
杀菌	绷带材料，小玻璃瓶，水果，谷物	福尔马林蒸气	6.6×10^3～1.3×10^4	
消毒（杀虫）	棉花，烟草，果实，纺织物，皮制品	水蒸气，福尔马林，二硫化碳，二氯化乙烯		
化学反应	催化剂（硅藻土）	镍盐类溶液		
含湿	烟草，麦芽丝	水蒸气		
浸渍（染色）	球棒，手杖，棒球棍，铅笔，纺线	染料，氨气及其他	1×10^3～7×10^3	浸渍后加压
保存	铁道枕木，电线杆，肉	焦油，盐水	1×10^3～1×10^4	浸渍后加压
防火	木材，纸，纺织物	合成树脂		浸渍后酌情加压
组织细化	铸件，瓦，砖	合成树脂，焦油		浸渍后酌情加压
防水	纺织物，渔网，绳具	橡胶溶液		
增加强度	木材，钓具，家具	合成树脂		浸渍后加压
增加介电性	电容器，电缆，变压器，发电机等电气机械	绝缘油，石蜡，蜡，漆，合成树脂	10^{-1}～10^2	浸渍后加压

使用固态浸渍剂（石蜡、沥青等）或黏度因温度而变化的材料，在浸渍过程中要保持一定的加热时间，以确保浸渍剂能够浸入足够的深度。

根据不同的使用目的，选择最佳浸渍剂是极为重要的。表 28-120 给出了不同浸渍剂的浸渍工序分析。

表 28-120　对不同浸渍剂的浸渍工序分析

工序 / 浸渍剂		真空前处理		真空		加压		加热			浸渍后冷却	高真空排气
		被渍物	浸渍剂	浸渍中	浸渍后	浸渍中	浸渍后	浸渍剂	浸渍中	浸渍后		
		排气	脱气	排气	浸渍剂蒸发	强制渗透	追加	黏度减少		溶剂的蒸发		
水溶液	染料食盐（冷）	+	—	+	○	○	—	—	—	○	—	—
	染料食盐（热）	+	—	—	○	○	—	+	○	○	—	—
	乳剂	+	—	+	○	○	—	+	○	○	—	—
溶液	橡胶液	+	—	—	○	—	—	—	—	+	—	—
	氯化橡胶	+	—	—	○	—	—	—	—	+	—	—
	沥青漆	+	—	—	○	—	—	—	—	+	—	—
	油漆	+	—	—	○	—	—	—	—	+	—	—
	合成树脂溶剂	+	—	—	○	—	+	—	—	+	—	—
	漆	+	—	○	—	—	—	○	—	+	—	—
油	石蜡油	+	+	○	—	—	—	○	○	—	○	○
	变压器油	+	+	○	—	—	—	○	○	—	○	○
	焦油	+	—	○	—	○	○	○	○	—	—	—
固体物	蜡	+	+	○	—	○	○	+	+	○	+	+
	石蜡	+	+	○	—	○	○	+	+	○	+	+
	沥青焦油	+	○	○	—	+	○	+	+	○	+	+
	电线材料	+	+	○	—	○	○	+	+	○	+	+
	合成树脂	+	+	○	—	○	+	+	+	+	—	+
	金属	+	○	○	—	○	○	+	+	○	—	+

续表

浸渍剂 \ 工序		真空前处理		真空		加压		加热			浸渍后冷却	高真空排气
		被渍物	浸渍剂	浸渍中	浸渍后	浸渍中	浸渍后	浸渍剂	浸渍中	浸渍后		
		排气	脱气	排气	浸渍剂蒸发	强制渗透	追加	黏度减少		溶剂的蒸发		
气体	水蒸气	＋	－	－	＋	－	－	＋	○	○	－	－
	福尔马林	＋	－	－	＋	－	－	○	○	○	－	－
	消毒气体	＋	－	－	＋	＋	－	－	－	－	－	－
	杀虫气体	＋	－	－	＋	○	－	－	－	－	－	－

注：＋需要；－不需要；○根据情况而定。

(3) 浸渍工作压力与真空系统

表 28-119 给出了各种浸渍的工作压力范围。根据浸渍时的工作压力、被抽气体性质和气体的最大流量选用不同的真空抽气系统：

① 被抽气体主要是非可凝性气体，工作压力在 $10^2 \sim 6\times10^3$Pa 范围内，用油封机械泵抽气。工作压力在 $10^{-1}\sim1$Pa 范围内用罗茨泵真空机组或油扩散喷射泵机组抽气。

② 被抽气体主要是可凝性气体时，工作压力在 $10^2 \sim 6\times10^3$Pa 范围内用大气喷射泵、水环泵机组或水蒸气喷射泵。工作压力为 $10^{-1}\sim1$Pa 时，一般使用罗茨泵机组或大气喷射、水环泵机组。

油封机械泵不能抽除大量的水蒸气和可凝性气体，用于真空浸渍中很容易被污染，影响抽气效率，必须采取措施降低蒸气对泵油的污染。最常用的方法是在机械泵进气口管道中串接低温挡板或冷阱，挡板或冷阱的温度根据被抽气体性质和气镇式机械泵处理蒸气的能力而定。大功率制冷低温板和机械泵组合抽气技术是解决抽除大量蒸气的最好途径。

电力电缆和电力电容的真空浸渍需要在较低的压力下进行。图 28-180 是电缆绝缘纸浸渍中压力与绝缘电阻的关系曲线。图中曲线表明，真空浸渍的真空度不能低于 1Pa。图 28-181 是工作压力与电缆绝缘纸的介电损失关系曲线。上述曲线表明，前处理的工作压力（平衡水蒸气分压）直接影响电缆的绝缘电阻及介电损失，工作压力的选取在电力元件真空浸渍工艺中占有重要地位。

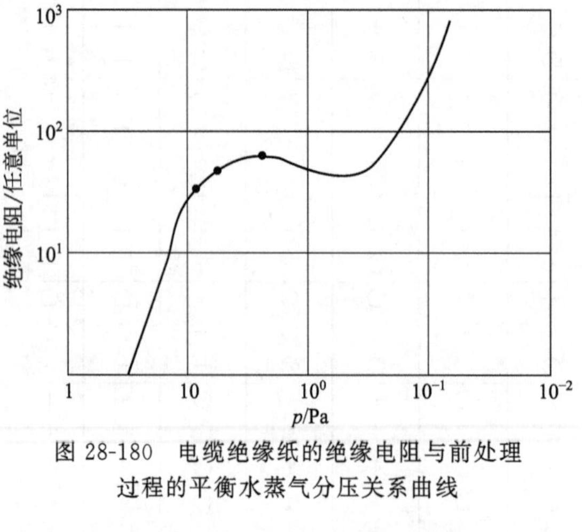

图 28-180　电缆绝缘纸的绝缘电阻与前处理过程的平衡水蒸气分压关系曲线

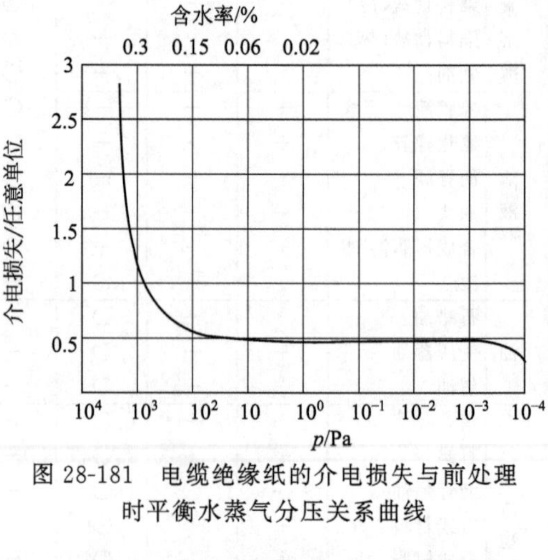

图 28-181　电缆绝缘纸的介电损失与前处理时平衡水蒸气分压关系曲线

纸中含水率与浸渍前处理中平衡蒸气压力呈指数关系。假定 1g 纸在水蒸气压力 p 的

环境条件下吸收的水量为q，它们之间应满足下列关系式

$$q=ap^n \tag{28-108}$$

式中 n——常数，见表 28-121；

a——与温度有关的常数。

图 28-182 是干燥亚麻纸、牛皮纸的实验曲线，根据图中的实验结果求出的 n 值，见表 28-121。对牛皮纸的实验结果求解 100℃下纸的含水量与环境水蒸气分压关系，得出水蒸气分压为 10^2Pa、10Pa、1Pa 时对应的含水率为 0.07%、0.013%、0.0023%。这些结果与图 28-181 电缆内含水率与平衡水蒸气压关系的差异，在确定浸渍装置的工作压力方面提供了宝贵的资料。

表 28-121 牛皮纸、亚麻纸的 *n* 值

纸的种类 / 项目	牛皮纸					亚麻纸			
温度/℃	100	110	120	130	150	100	110	130	150
n	0.767	0.783	0.796	0.837	0.879	0.802	0.872	0.989	0.991

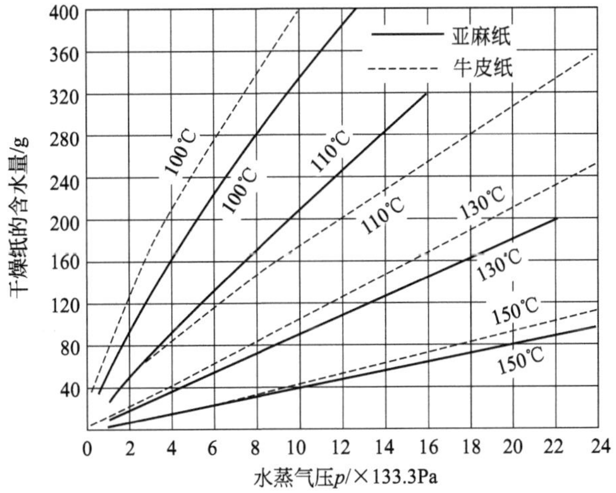

图 28-182 水蒸气气氛中干燥亚麻纸、牛皮纸的吸水量

图 28-183、图 28-184 给出了电缆油中含水率对油的性能的影响，变压器、电缆等的脱水除气，可参考这些数据确定处理工艺。

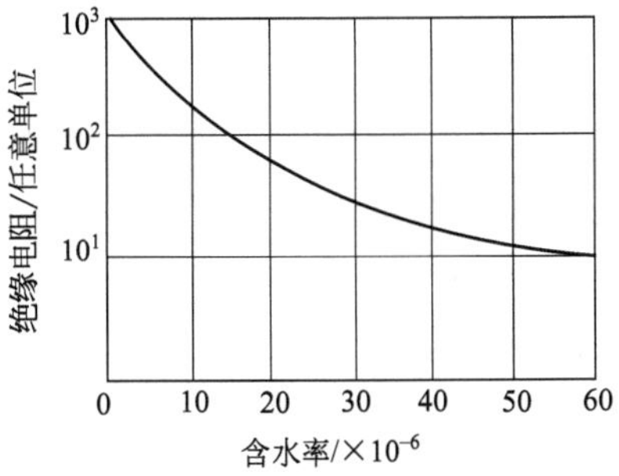

图 28-183 油中含水率与绝缘电阻的关系

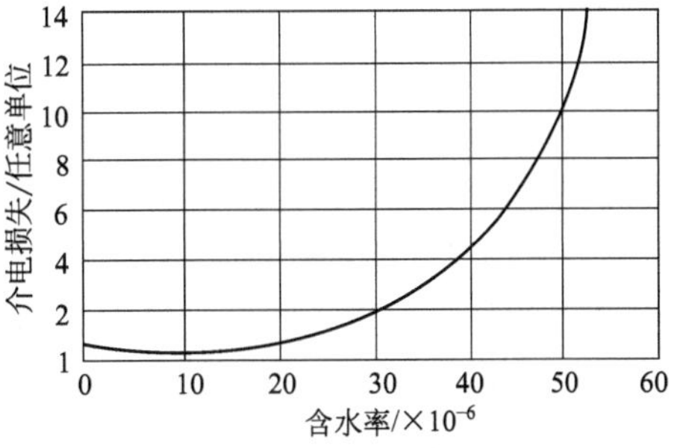

图 28-184 油中含水率与介电损失的关系

(4) 浸渍装置

① 线材浸渍　这里叙述的线材浸渍，通常称为线的热处理。纤维线放在真空中用水蒸气加热进行处理，可以得到如下的效果：

a. 消除线材加工中的应力；

b. 提高线材加湿、染色的均匀性；

c. 能控制线材的光泽度及规定的含水量。

绕在线圈架上和卷在芯内部分的线材，要在短时间内均匀地加湿、加热，必须进行真空处理。处理工艺中的真空度、温度、含水量、加热保温时间、加热后的干燥冷却根据不同种类线的性质确定。图 28-185 是丙烯类线材的蒸汽处理曲线。线材处理的温度范围为 65～120℃。

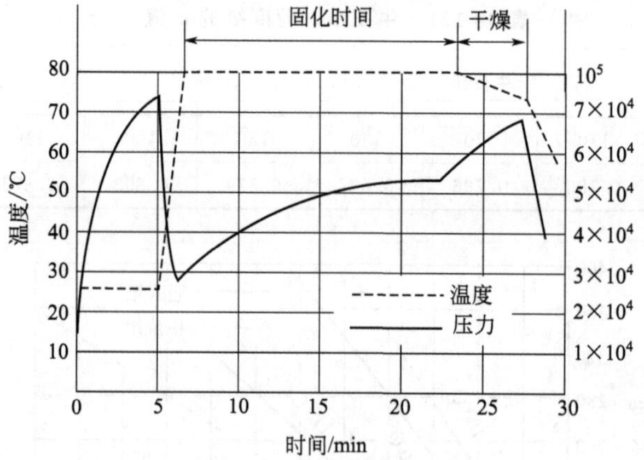

图 28-185　丙烯类线材蒸汽处理曲线

② 以消毒、杀虫为目的的真空浸渍　为了杀死烟草、果实等收获后的害虫，可在真空容器内通入水蒸气和杀虫剂福尔马林、二硫化碳、二氯化乙烯等蒸气进行杀虫处理。图 28-186 是将装入袋内的可可豆进行消毒处理的装置。真空浸渍消毒的处理时间是大气中消毒时间的 1/10。真空浸渍消毒法，不仅效率高，并且不存在药剂的公害污染问题。

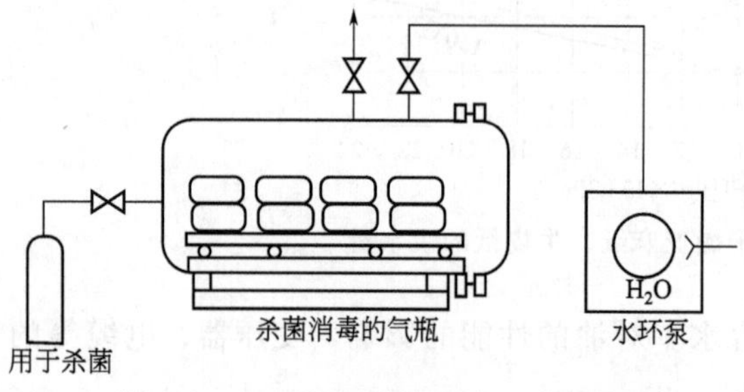

图 28-186　可可豆消毒用真空浸渍装置

③ 木材的真空浸渍　真空浸渍木材的目的是延长电杆、铁路枕木用材的使用寿命或增加木材的强度，提高木材的染色质量等。

以增加强度为目的处理，可使用甲醛树脂浸渍剂。对质软多孔的木材经甲醛树脂处理后是耐水性很强的建筑材料，用以制作窗框、门板、隔墙和室内家具。图 28-187 是木材真空浸渍的装置简图。常用浸渍剂为焦油、树脂和盐水（矿山用材）。

④ 电容器的真空浸渍　在电气绝缘材料中，电容器对浸渍材料的电气绝缘特性要求最高。以绝缘纸为例，纸的耐压对注油变压器是 3000～4000V/mm，对电缆是 7000～8000V/mm，而注油电容器的要求超过 13000V/mm。图 28-188 是 M. P 电容器的真空浸渍装置结构简图。更大容量的电力电容器的真空浸渍是利用电容器壳体作为浸渍容器，用

循环热风对壳体进行外部加热干燥处理。

⑤ 变压器的真空浸渍　小型变压器、电动机线圈所用的真空浸渍装置类似于图 28-189。大型电力变压器的真空浸渍是在大型真空浸渍专用装置内进行的。140t 的大型电力变压器处理设备的有效尺寸为 3m×3m×6m，内部滚道上的台车有效高度 4.5mm，用内部蒸汽管道加热。抽气机组由机械增压泵、水环泵和油封机械泵组成。

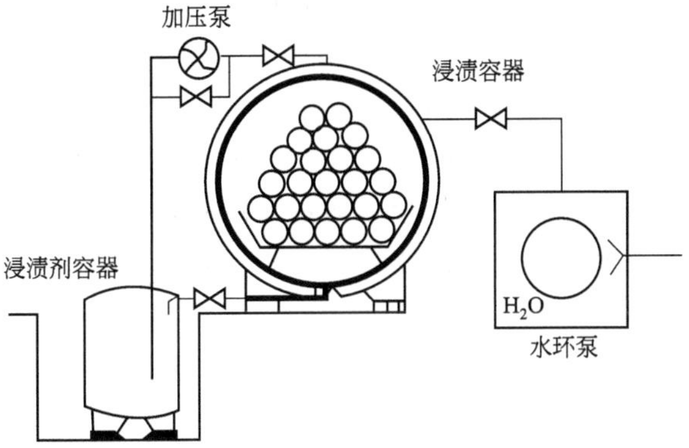

图 28-187　木材真空浸渍装置

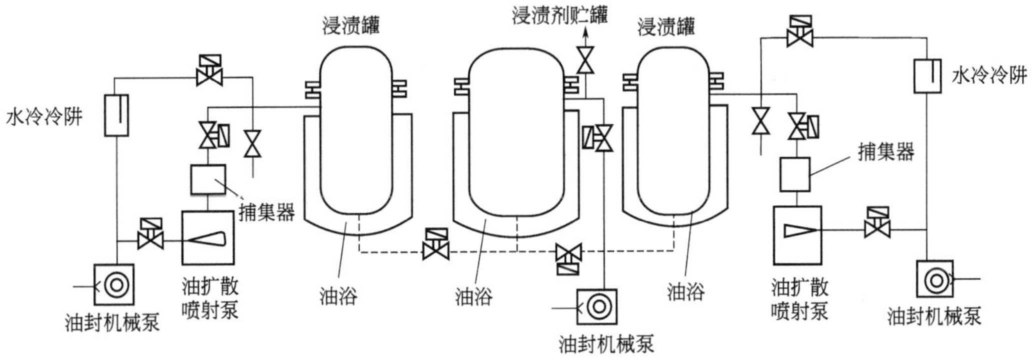

图 28-188　M. P 电容器真空浸渍装置结构简图

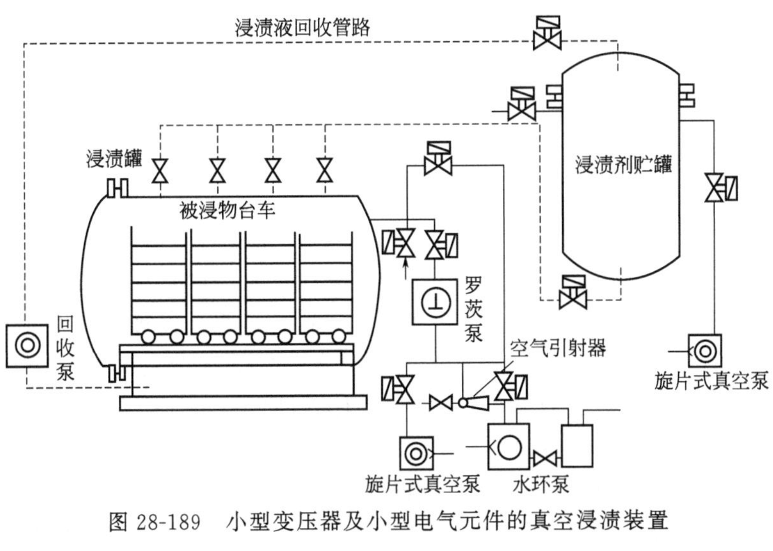

图 28-189　小型变压器及小型电气元件的真空浸渍装置

⑥ 电缆的真空浸渍　图 28-190 所示为电缆真空浸渍用的装置。干燥浸渍容器为立方圆筒形，内径 5m，高 3.5m，容器外壁焊有对开的钢管，管中通高温蒸汽对容器进行加热。干燥浸渍的最高温度为 130℃。真空系统根据以下参数进行设计：电缆内绝缘纸的质量 7000kg，在 100h 内需抽走的水量约 700kg，泵在工作压力下的抽气量不应小于 7kg/h。为了排除出气高峰的最大气体负荷，图 28-190 的抽气系统中增加了一台空气引射器。前处理的加热除采用对流、强制热风循环及辐射加热外，还可以向电缆通直流电加热，电压 6.5V，电流 3600A。浸渍中加压 3×10^5Pa，电缆导体直径 15mm，由 2.3mm 多股铜线编织而成，外裹厚度为 0.125mm，宽为 17～20mm 的带状绝缘纸 70 层，卷纸总厚度 8mm，电缆外径 31mm，全长 1200m。电缆绝缘纸的质量约 500kg，含水量 40kg。电缆的干燥浸渍过程示于图 28-191。干燥过程中出气量的测定采用静态升压法，每隔 1h 进行一次。经过 70h 抽气之后，用费雪滴定法测量试件的含水率为 0.01%。

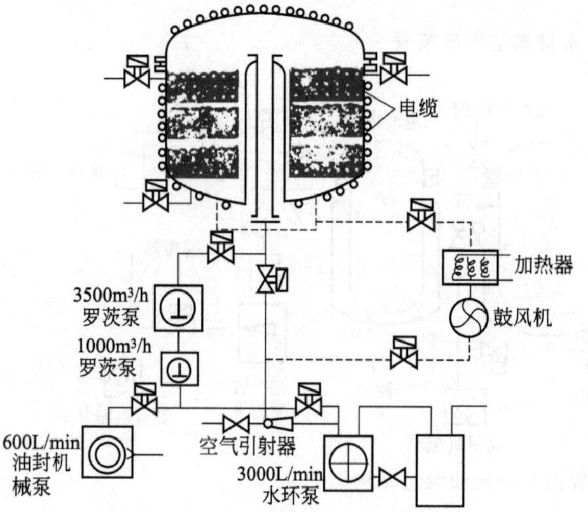

图 28-190　电缆真空浸渍装置

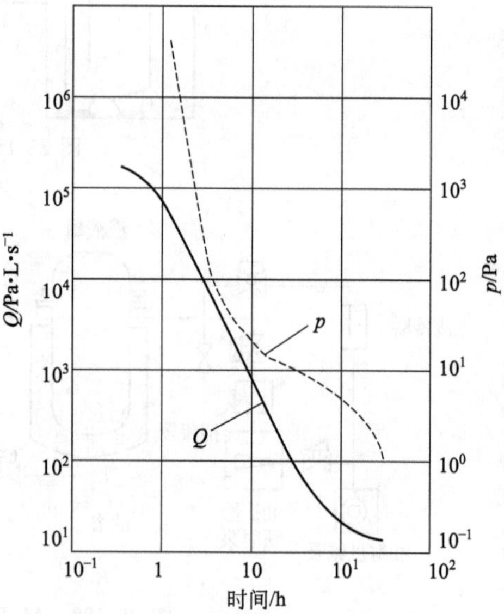

图 28-191　电缆干燥过程的操作压力及用升压法测得的出气量

28.21 真空蒸馏

28.21.1 概述

真空蒸馏工艺在石油化工、稀有材料提纯、医疗行业、食品行业以及海水淡化中使用较普遍，与大气压下蒸馏相比，它有许多特点：使沸点降低；分解聚合物危险性小，能够低温处理；容易加热，热损失小；空气中的氧、水蒸气等成分的影响减小；相对挥发度大；平衡关系改变（如共沸点消失等）。但它也有不足之处：如冷凝器、捕集器均要求低温；传热方式有一定要求；设备费及操作费较大。

按蒸馏系统操作压力的不同，真空蒸馏可分为：

① 减压蒸馏　常见的减压蒸馏过程，大多在 10^4Pa 以上的压力范围内操作。减压蒸馏

机理与常压蒸馏差不多，常压蒸馏装置形式基本上可用。

② 粗真空蒸馏　压力范围为 $1.0\times10^4\sim2.7\times10^2$Pa，气体的流动属黏滞态。在这个压力范围内进行蒸馏操作是容易实现的。

③ 低真空蒸馏　压力范围为 $2.7\times10^2\sim1$Pa，此时气体接近过渡流状态，对真空蒸馏装置的选型、设计、制造、安装、操作等都有较为严格的要求。

④ 准分子蒸馏　压力范围为 $1.0\sim1.0\times10^{-2}$Pa，此时，气体分子的平均自由程与蒸馏器尺寸相近，气体呈过渡流状态。

⑤ 分子蒸馏　操作压力在 1.0×10^{-2}Pa 以下。在分子蒸馏或准分子蒸馏装置中，气体的流动状态为分子流，也就是说，可以忽视该系统中的其他分子的碰撞和干扰，此时，蒸馏过程受来自液面的蒸发所支配。

28.21.2 真空蒸馏装置

(1) 间歇式蒸馏装置

间歇式真空蒸馏装置，在实验室及小批量生产中广泛应用。图 28-192 是常见的一种型式，其主要部件为：

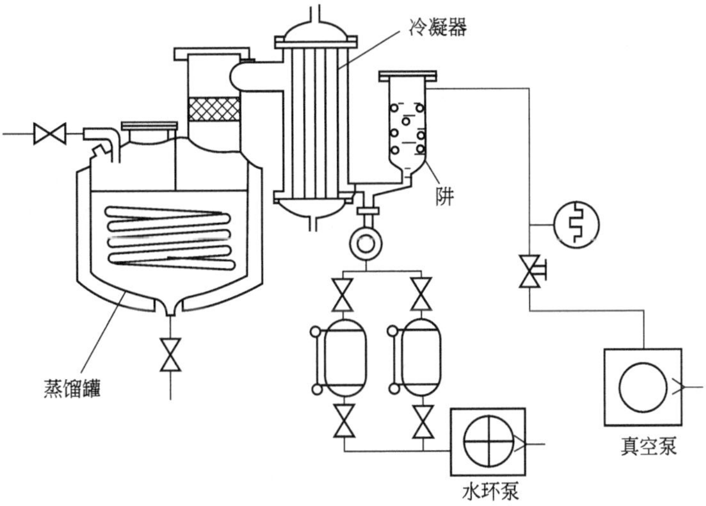

图 28-192　间歇式真空蒸馏装置

① 蒸馏罐　为外压容器，一般采用蛇管或夹套型换热器，用水蒸气或油加热。为改善传热状况，大多数罐上装有搅拌器，也可设置原料预热器或强制循环加热器，如图 28-193 所示。原料的加热、脱气、蒸馏等工序均在罐内进行。

② 冷凝器　通常选用列管式（蒸气走壳程）、旋板式（蒸气走直通道）冷凝器。冷凝器和蒸馏罐通常是分开设置的。但有时也可将其直接放在蒸馏罐的上部构成一体，如图 28-194 所示。

③ 阱　由于从冷凝器出来的气体包括冷凝液温度下的蒸气及不可凝气体，有的真空泵不适宜抽除这些蒸气。为了保护真空泵和对蒸馏出物质进行捕集，常采用机械阱、低温阱或吸附阱。机械阱有离心型（旋风式、旋流板式）、碰撞型（挡板式、伞形、折流板式等）及气滤型（金属丝网过滤器、干式填充式等）。

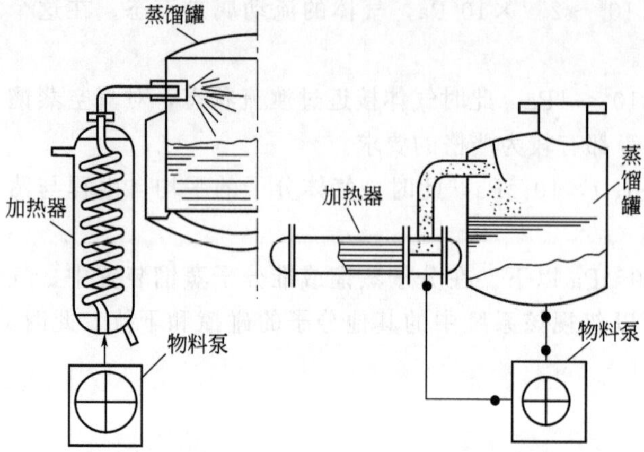

(a) 预热式　　(b) 强制循环加热方式

图 28-193　蒸馏罐

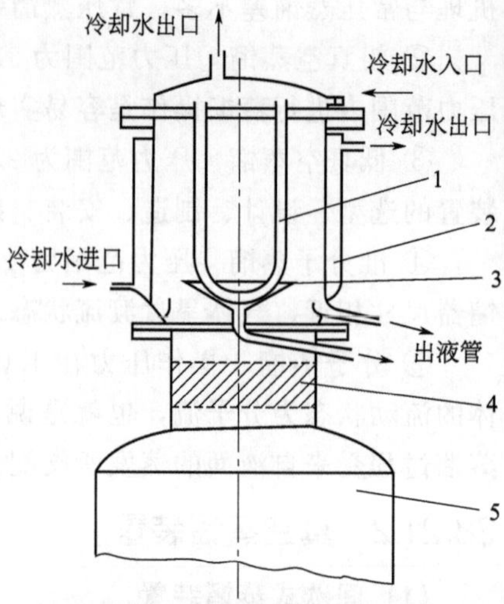

图 28-194　冷凝器直连形式

1—冷凝器管；2—冷却夹套；3—液集合板；4—除沫器；5—蒸馏罐

(2) 连续蒸馏装置

这类装置处于间歇式蒸馏装置和精馏装置之间，与间歇式相比，它没有长时间的高温加热部分，对热的安全性高。此外，装置的容量小，能够经常地进行连续操作，并有一定程度的精馏效果。由于它本身受到预热和停留时间的限制，因此只能用于相对挥发度较大，分离性较好的场合。一般用来进行脱气、脱水、脱溶剂和脱臭等操作。

图 28-195 给出了几种连续蒸馏装置的型式：

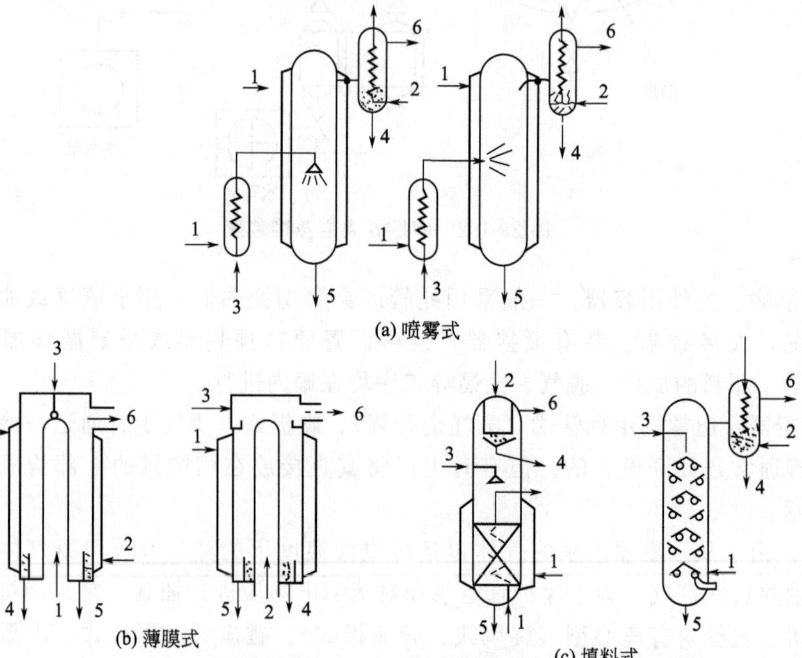

(a) 喷雾式

(b) 薄膜式　　(c) 填料式

图 28-195　连续真空蒸馏装置

1—加热；2—冷却；3—进料；4—烟分；5—残分；6—真空泵接口

① 喷雾式　利用分配管和喷雾喷嘴将预热过的原料以液滴形式分散到空塔中去，从而使其蒸发面积增大。由于首先要预热，因此有过热危险。

② 薄膜式　液体流动沿塔板的水平方向或者沿管内壁及管外壁的垂直方向，以液膜的形式流下，能够加大蒸发面积及传热系数。水平流动的有多级平板型或阶式蒸发器型，垂直流动的有降膜、升膜及升降膜型。

③ 填料式　其特点是蒸发面积大，停留时间长，能起到一定程度的精馏效果。

(3) 连续精馏塔

① 板式塔　常压所用的各种板式塔，全部可用于真空蒸馏。为减少压力损失，多采用没有穿孔效应及压降少的板型如喷射板、穿流栅板等。

② 填料塔　真空精馏时多采用填料塔。一般常压填料塔中所用的各种填料均可在真空精馏塔中使用。由于鲍尔环填料、波纹网填料以及压延孔板波纹填料的压力损失非常小，更适于作为真空蒸馏的填料。

③ 薄膜塔　在薄膜塔中，液体和蒸气之间不断地进行着蒸发和冷凝，从而带来一定的精馏效果。

④ 旋转塔　为了减少板式塔和填料塔的压力损失，保证良好的气液接触和提高精馏效果，提出了旋转式真空精馏塔，如图 28-196 所示。一般的结构是由一个旋转的作冷却用的内圆筒和一个固定的作加热用的外圆筒组合而成。旋转圆筒的转速达到每分钟几百甚至几千转，冷凝液受离心力的作用飞向外圆筒，在此重新再蒸发，如此不断反复地冷凝蒸发来进行精馏。

为了加强液膜中的搅拌效果，还有在贴近外圆筒的内表面设置搅拌桨叶或搅拌刷的结构型式等。旋转塔大多用在实验室规模，可用于 1Pa 的高真空精馏装置。

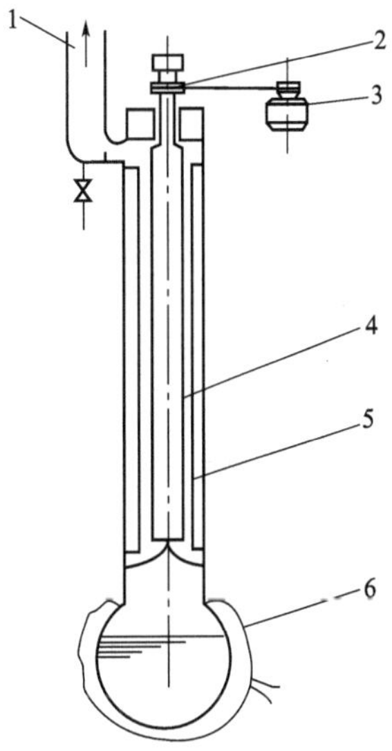

图 28-196　旋转式真空精馏塔
1—冷凝器；2—滑轮；3—电机；4—回转冷却圆筒；5—加热面；6—电加热器罩

(4) 分子蒸馏装置

① 基本原理　分子蒸馏是在 $1 \sim 1 \times 10^{-2}$Pa 的高真空下进行的特殊蒸馏过程。在此条件下，蒸发面和冷凝面的间距小于或等于被分离物料的蒸气分子的平均自由程，由蒸发表面逸出的分子凝集在冷凝面上。分子蒸馏广泛地用于浓缩或纯化高分子量、高沸点、高黏度的物质及热稳定性极差的有机化合物。

a. 分子蒸馏过程。如图 28-197 所示，分子蒸馏过程的进行可分如下四步：

ⅰ. 组分的分子从液相主体向蒸发表面扩散。由传质理论可知，欲提高液相扩散速度，须减小液层厚度及强化液层的流动。

ⅱ. 分子在液层表面上的自由蒸发。蒸发速度随着温度的升高而升高，但分离因数有时却随着温度的升高而降低，所以，应以被加工物质的热稳定性为前提，选择经济合理的蒸馏温度。

ⅲ. 分子从蒸发表面向冷凝面飞射。蒸气分子从蒸发面向冷凝面飞射的过程中，可能彼此相互碰撞，也可能和残存于两面之间的空气分子发生碰撞。由于蒸气分子大都具有相同的运动方向，所以它们本身的碰撞对飞射方向和蒸发速度影响不大，而残气分子在两面间呈杂乱无章的热运动状态，故残气分子数目的多少是影响飞射速度和蒸发速度的主要因素。实际上，只要建立足够高的真空度，使蒸气分子的平均自由程大于或等于两面之间距，则飞射过程和蒸发过程就可以很快地进行。

ⅳ.分子在冷凝面上冷凝。只要保证冷热两面间有足够的温差（一般为 70～100℃），冷凝表面的形状合理且很光滑，则冷凝可以在瞬间完成。

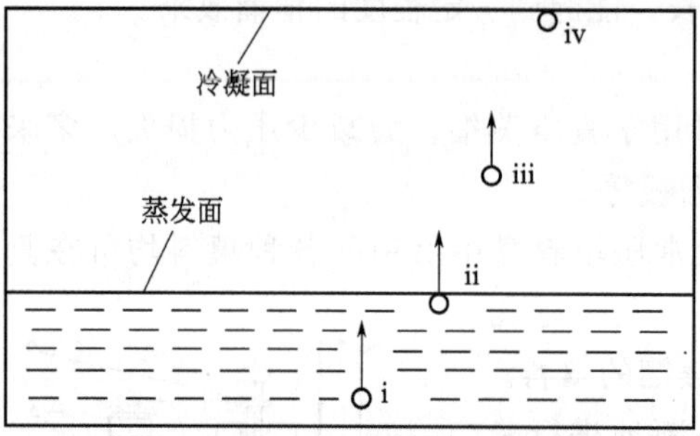

图 28-197　分子蒸馏过程示意图

b.分子蒸馏过程的特点。与普通蒸馏相比，分子蒸馏有下列四个特点：

ⅰ.普通蒸馏在沸点温度进行分离，分子蒸馏可以在任何温度下进行，只要冷热两面间存在着温差，就能达到分离目的。

ⅱ.普通蒸馏是蒸发与冷凝的可逆过程，液相和气相间可以形成相平衡状态；而分子蒸馏过程中，从蒸发表面逸出的分子直接飞射到冷凝面上，中间不与其他分子发生碰撞，理论上没有返回蒸发面的可能性，所以，分子蒸馏是不可逆的。

ⅲ.普通蒸馏有鼓泡、沸腾现象；分子蒸馏是液层表面上的自由蒸发，没有鼓泡现象。

ⅳ.表示普通蒸馏分离能力的分离系数与组分的蒸气压之比有关；表示分子蒸馏分离能力的分离系数则与组分的蒸气压和相对分子量之比有关，并可由相对蒸发速度求出。

② 分子蒸馏的标准流程　分子蒸馏的标准流程如图 28-198 所示。由图可见，分子蒸馏装置主要由真空泵组、单级或多级除气装置、分子蒸馏设备和压力温度流量的测控仪表等四部分组成。

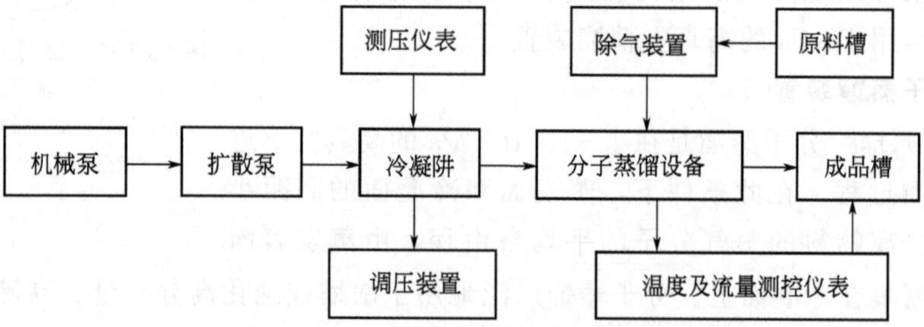

图 28-198　分子蒸馏标准流程示意图

③ 分子蒸馏器的分类　分子蒸馏设备大致可分下列三种形式：

a.静止式。静止式分子蒸馏器结构最简单，其特点是具有一个静止不动的水平蒸发表面。按其形状不同，静止式可分为釜式、盘式等；按其用途不同，静止式又可分为普通分子蒸馏釜、平衡分子蒸馏釜、分析用微量分子蒸馏釜等。静止式设备生产能力低，分离效果差，料液在釜内停留时间长，热分解的危险性大，一般适用于实验室及少量生产。

b.降膜式。降膜式设备在实验室及工业生产中广泛采用。其优点是液膜厚度小，并且沿蒸发表面流动，被加工物料在蒸馏温度下停留时间短，热分解的危险性较小；蒸馏过程可连续进行，生产能力大。缺点是液体分配装置难以完善，很难保证所有的蒸发表面都被液膜均匀覆盖；液体流动时常发生翻滚现象，所产生的雾沫也常溅到冷凝面上，降低了分离效果。图 28-199 所示为工业用降膜式分子蒸馏设备的一种。图 28-200 所示的刷膜式分子蒸馏设备，是降膜式设备的一种特例。从结构上看，刷膜式釜中设置一硬碳或聚四氟乙烯制的转动刮板（或称刷片），它既保证液体均匀覆盖蒸发表面，又使下流液层得到充分搅动，从而强化了传热和传质过程。为保证密封，刷膜式设备结构比较复杂。但与离心式相比，它还是比较简单的形式。

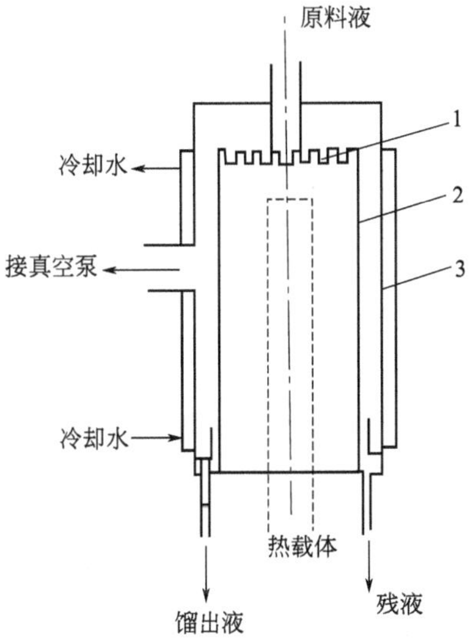

图 28-199 降膜式分子蒸馏设备

1—液体分配装置；2—蒸发表面（ϕ324mm）；3—冷凝面（ϕ406mm）

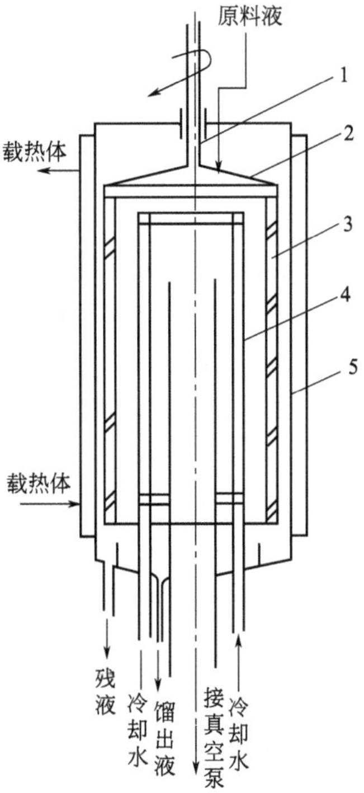

图 28-200 刷膜式分子蒸馏设备

1—旋转轴；2—原料液分配盘；3—刮板；4—垂直翅片管冷凝器；5—蒸发表面

c. 离心式。离心式分子蒸馏器具有旋转的蒸发表面，多用于工业生产中，其优点是：

ⅰ. 液膜非常薄，流动情况好，生产能力大。

ⅱ. 料液在蒸馏温度下停留时间很短，可加工热稳定性极差的有机化合物。

ⅲ. 由于离心力作用，液膜分布很有规律，减少了雾沫飞溅现象，分离效果较好。

离心式分子蒸馏设备结构复杂（图 28-201），真空密封较困难，设备的成本较高。

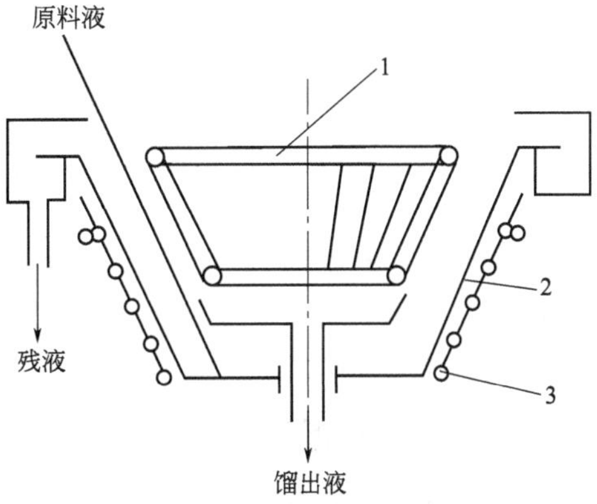

图 28-201 离心式分子蒸馏设备

1—管式冷凝器；2—转子；3—电加热器

④ 各种分子蒸馏设备的主要特征　各种

分子蒸馏设备的主要特征列于表 28-122。

表 28-122 各种分子蒸馏设备的主要特征

设备分类	液膜厚度/mm	液层上下面之温差/℃	料液在高温下的停留时间
釜式	10～50	3～18	1～5h
盘式	1～10	1.5	5～60min
试验室降膜式	0.1～0.3	不计	10～50s
工业型降膜式	1～3	不计	2～10min
试验室离心式	0.01～0.03	不计	0.04～0.08s
工业型离心式	0.03～0.06	不计	0.1～1s
高速离心式	0.001～0.005	不计	0.001～0.005s
逆流阶梯式	5～15	5	5～60min

⑤ 分子蒸馏装置的设计原则

a. 分子蒸馏在高真空条件下进行，则设备内要具有较低的残气压力。这要求：

ⅰ. 正确地选择真空泵组及管道尺寸，以保证足够快地从容器内抽出气体。

ⅱ. 正确选择蒸发面与冷凝面的形状、距离及相对位置，以保证从设备的蒸馏空间内无阻碍地引出残余气体。蒸发面与冷凝面之间的距离过小时，一方面不利于抽除残气，另一方面蒸馏液的雾沫也易溅到冷凝面上，从而降低了分离效果。蒸发面与冷凝面的间距都选得比较大，一般为 1～2cm，甚至有 5～6cm。

ⅲ. 分子蒸馏多用于分离热不稳定性物质，故要求被加工物料在蒸馏温度下停留较短的时间。从表 28-122 可知，离心式设备内物料停留时间最短。

ⅳ. 由机理分析可知，液层内部的扩散是影响分子蒸馏过程的重要因素，因而分子蒸馏设备应力求减少液层厚度及强化液层的位移，使之湍动。刷膜式设备内液层搅动最好。

b. 被蒸馏的液体必须预先除气。在大气压下，任何液体都含有或多或少的气体，此气体含量决定于液体本身的性质和它进入蒸馏装置之前所处的状态。如每升鱼肝油中含有 0.6～0.8L 气体，在 1.31×10^2Pa 的压力下，此气体的体积为 $(0.45\sim0.6)\times10^6$L，可见未经除气的液体不能直接加入蒸馏釜，否则不能保证系统的真空度。

(5) 分子精馏设备

分子精馏设备常用的为带有旋转冷凝面的降膜式分子精馏器，旋转着的冷凝面靠离心力作用把冷凝液抛回蒸发表面，从而达到精馏的目的。

① 动带式精馏器　动带式精馏器像一层层交叉运行着的皮带运输机，相邻两面分别为蒸发面与冷凝面，料液在旋转着的金属带上达到分离。

② 多级逆流阶梯式精馏设备　图 28-202 表示了多级逆流阶梯式精馏器中的流动情况，馏出液沿冷凝面向“塔顶”逐级传递，而“塔顶”槽内的液体则经溢流挡板向“塔底”逐级传递。

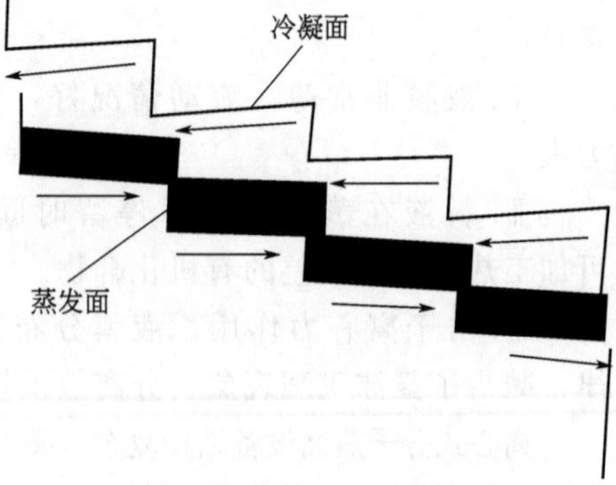

图 28-202　多级逆流阶梯式精馏器中的流动情况

28.21.3 真空蒸馏海水淡化

(1) 海水淡化装置

海水淡化常用方法有蒸馏法、膜分离法、冷冻法、水合物法、溶剂萃取法、离子交换法等。真空蒸馏海水淡化是比较好的、有前景的手段之一。

图 28-203 给出了日产 12000t 淡水的多效海水淡化装置原理。真空系统由三部分组成，分别为真空启动机组、真空工作机组及可调式喷射压缩器。其工作原理分别介绍如下。

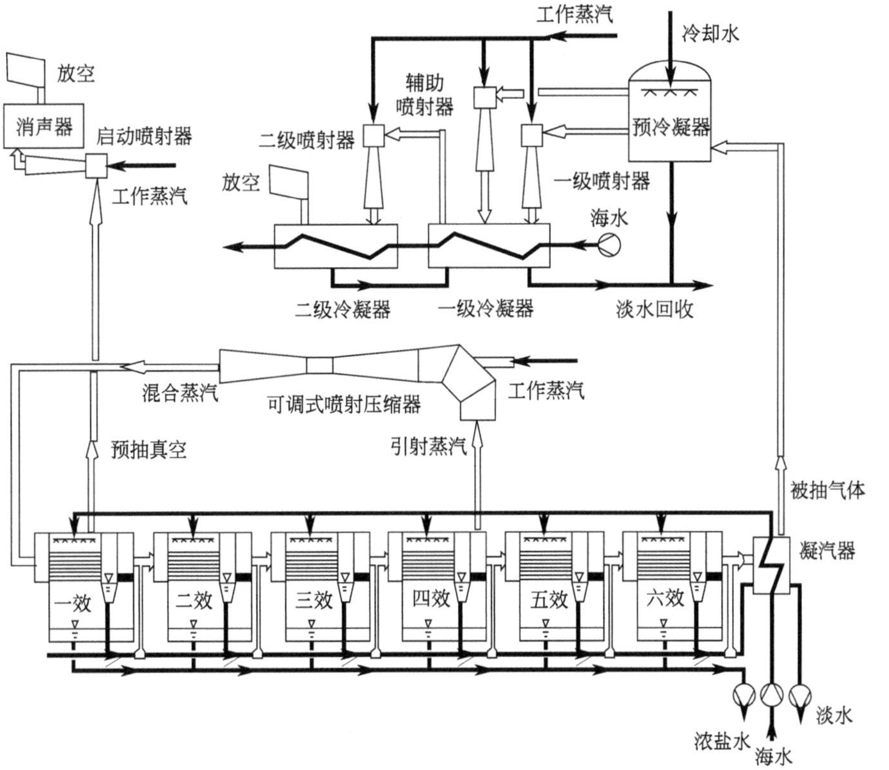

图 28-203　六效 LT-MED 海水淡化装置及真空系统流程

真空启动机组用于海水淡化装置启动时快速建立装置的真空度，最大限度缩短抽气时间，使海水淡化装置快速地进入正常工况。真空启动机组由启动喷射器和消声器组成。

真空工作机组的作用是维持海水蒸馏工艺所要求的工作真空度。机组一般采用两级水蒸气喷射真空泵，每一级喷射器后设蒸汽冷凝器。一级喷射器前设置预冷凝器，将来自凝汽器中的部分可凝性气体（主要是水蒸气）冷凝，减少两级水蒸气喷射真空泵的抽气负荷，降低其工作蒸汽用量。同时，为了保证海水淡化工艺在夏季高温及工作蒸汽波动时的稳定性，在一级喷射器的位置上再并联一个辅助喷射器，作为一级喷射器的备用泵，根据负荷情况，选择开启其中一台喷射器，或两台同时开启。

可调式喷射压缩器（又称蒸汽热力压缩器，thermal vapor compressor，TVC）则是节约蒸汽的关键设备。其工作原理是喷射压缩器在工作蒸汽的推动下，抽取第四效产生的二次蒸汽作为引射蒸汽。二次蒸汽通过喷射压缩器的绝热压缩，提高其压力、温度及热容后，与工作蒸汽混合作为加热蒸汽用，使二次蒸汽在蒸发器内连续循环而重复利用，由于喷射压缩器抽取了部分低品位的二次蒸汽，致使第一效加热蒸汽压力与温度降低，进入后效的加热蒸汽量也减少，相应的换热量减少，蒸发器面积减少。随着出口蒸汽温度的增加，喷射压缩器抽取的二次蒸汽的热量增加，故可以减少外界提供的动力蒸汽的量，使得加热蒸汽量减少，造水比增大。

真空系统工作方法如图 28-203 的流程图所示，工作时，先开启启动喷射器，当海水淡化装置的真空度达到设定值时，关闭启动喷射器，开启二次蒸汽喷射机组，使蒸发器达到和保持海水淡化工艺所要求的真空度。随海水及蒸汽进入系统的不凝性气体从末效后的凝汽器抽出，从而保证从末效到一效的真空度逐渐降低，使海水的蒸发温度从一效到末效逐渐降低，同时产生虹吸使海水从一效自动流到末效后由盐水泵打出，以达到节约能源的目的。

(2) 船舶海水淡化

真空蒸馏海水淡化不仅适用于大型固定装置，也适用船舶上海水淡化，解决了船舶对淡水的需求。真空蒸馏海水淡化技术对热源要求较低，在船舶上得到了广泛的应用。

船舶海水淡化装置所需要的抽气手段，仍然使用水蒸气喷射泵，装置中维持的真空度为百分真空度 90%～94%，此时海水的沸点为 36～46℃。

装置的热源为船舶主机缸套的冷却，属于废热回收利用。一般主机功率 6000kW 左右的柴油机推动的船舶，每天可产淡水 15～18m^3。船舶的废热来源还有锅炉产生的多余蒸汽，副机缸套水等均有大量废热可以利用。

28.21.4 工业锂的真空蒸馏

金属锂在现代工业和科学中具有非常重要的地位，广泛应用于电子、化工、医药、玻璃、橡胶，陶瓷、核工业、航空航天、金属冶炼、机械制造等领域。工业上对金属锂产品纯度的要求因用途而异，一般锂电池和锂合金要求锂的纯度大于 99.9%，锂中杂质钠、钙含量均在 0.02%以下，硅 0.004%以下，铝 0.005%以下，且氮化物和氧化物含量很低。纯度为 99.9%的锂，可以通过改进熔盐电解工艺直接制取，纯度为 99.9%以上的锂，则需提纯。提纯金属锂常用的方法是真空蒸馏法。该法是根据锂和杂质元素的挥发性不同而被分离，可以制取质量分数 99.99%～99.9999%的高纯锂。真空蒸馏的基本原理是利用金属锂与杂质元素在同一温度下具有不同的蒸气压，在蒸馏过程中的蒸发速度和冷凝速度的差异，而使金属锂与杂质元素分离。

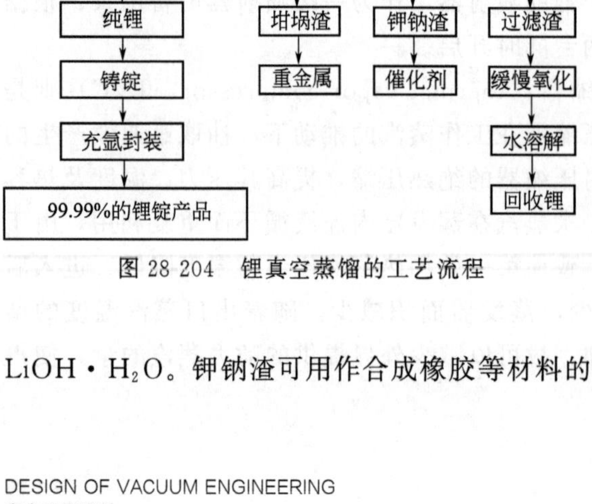

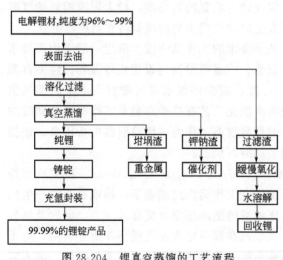

图 28 204 锂真空蒸馏的工艺流程

锂真空蒸馏的工艺流程见图 28-204。所用原料为电解金属锂，其纯度为 96%～99%。生产中一般采用重熔锂锭的方法，不但可以去油，还可以去除锂锭表面的氧化物和氮化物。重熔后的新锂锭加入真空供料罐，控制一定加热温度、使锂锭熔化后经过滤进入真空蒸馏罐，过滤渣留于过滤筒中，定期排除。控制一定的真空度和加热温度，使锂与其他杂质分离，所得锂纯度一般在 99.9%以上。如将 99.9%纯度的锂进行第二次蒸馏，即可得 99.99 纯度的锂。蒸馏罐上部收集的钾、钠渣和蒸发坩埚内残留的含硅、铝等杂质渣定期排出。过滤渣经缓慢氧化后再用水溶解得到 $LiOH \cdot H_2O$。钾钠渣可用作合成橡胶等材料的催化剂之用。

28.22 真空输送

28.22.1 真空输送原理及应用

众所周知，意大利物理学家托里拆里在 1643 年通过一端封闭的玻璃管装满水银倒置于水银盘中。管中的水银柱面下降到 760mm 时不再降低了，说明大气具有压力，其值为 760mm 水银柱高。而管中被封闭的空间状态，称之为托里拆里真空。继托里拆里之后，葛利克于 1651 年在德国的马得堡进行了著名的马得堡半球实验，证明了大气与真空之间存在着相当大的压力。

真空输送其基本原理是基于真空与大气之间的压力差产生的力来输送物料，或者吸附物料。两者之间产生的吸附力值与压力差及作用面积有关，可用下面公式来描述，即吸附力 F

$$F=(p_0-p_i)A \tag{28-109}$$

式中　F——吸附力，N；

p_0——大气压力值，近似可取 10^5Pa；

p_i——真空侧压力，Pa；

A——受力面积，m^2。

由式（28-109）可见，吸附力值与压力差及受力面积成正比。表 28-123 给出了单位面积受力值。

表 28-123　大气与真空压差产生的吸附力

真空侧压 p_i/Pa	10^2	2×10^2	3×10^2	4×10^2	5×10^2	6×10^2	7×10^2	8×10^2
吸附力 F/N	9.99×10^4	9.98×10^4	9.97×10^4	9.96×10^4	9.95×10^4	9.94×10^4	9.93×10^4	9.92×10^4
真空侧压 p_i/Pa	10^3	2×10^3	3×10^3	4×10^3	5×10^3	6×10^3	7×10^3	8×10^3
吸附力 F/N	9.9×10^4	9.8×10^4	9.7×10^4	9.6×10^4	9.5×10^4	9.4×10^4	9.3×10^4	9.2×10^4
真空侧压 p_i/Pa	10^4	2×10^4	3×10^4	4×10^4	5×10^4	6×10^4	7×10^4	8×10^4
吸附力 F/N	9×10^4	8×10^4	7×10^4	6×10^4	5×10^4	4×10^4	3×10^4	2×10^4

真空输送具有两种含义：一是吸引；二是吸附。所谓吸引是借助真空产生的吸力来传输物料，而吸附是依靠真空产生的吸力将物料牢固地吸附在吸盘上，两者原理相同，使用方法不同。

真空输送应用很广，可以用它传输谷物、面粉、水泥、煤粉、烟草、水泥浆、纸浆、下水道泥浆、粉状矿物、粉状化工品等。国外利用真空吸引方法从捕鱼船上将鱼卸下来，大型设备每小时可卸鱼 400t。

真空吸附在制造特种夹具领域中得到了较为广泛的应用。如通常精密零件的加工中，经常遇到薄壁件，此种零件一般刚性差，易变形。若采用通常的夹具很难保证工件不变形，且定位精度和效率均会受到一定的限制。而采用真空吸盘夹具后，这些问题便会迎刃而解。

在车削加工中，使用真空吸盘夹具，可以实现对圆形薄片件的切削加工。如直径 500mm 铝合金薄片，要求成型后的厚度为 1～2mm，其公差为±0.01mm，平面度公差在 0.02mm 以内，用其他夹具无法实现加工精度的要求，只能用真空吸盘。

在铣削加工中，有代表性的是自动砂轮划片机，此机是集成电路后工序专用设备，可对已成管芯的薄硅片进行铣槽。直径为 25～120mm 的硅片，其厚度为 0.4～0.5mm，采用微机控制，可以铣出深 0.5mm、宽 0.05mm 的沟槽。由于硅材料很脆，极易破碎，用普通夹具无法完成，利用真空吸盘夹具，可成功完成陶瓷片上的开槽。陶瓷片几何尺寸为 700mm×15mm×1.5mm（长×宽×厚）。在其上切出深约 1mm，宽约 0.05mm 的数百条切槽。

在磨削加工中，对非铁磁性材料薄壁零件的装夹是很麻烦的事，现有的磨床夹具无法定位，用真空吸盘夹具，非常容易解决。如对环氧树脂玻璃纤维加工，使用吸盘夹具，板的尺寸仅 24mm×22mm，进行了成功的磨削，平面度误差仅为 0.005mm。

在半导体元件、光电元件及传感器的制造及装配过程中，为了减少污染、划痕及体力劳动，常使用真空吸附机械手，实现柔性吸拿。例如装配集成块时，采用真空镊子吸拿芯片，将其安装到管座上进行粘接。集成电路后工序使用的自动中测台，也利用真空吸盘作为工作台，把直径小于 100mm、厚度为 0.05mm 的硅片吸于其上，吸附牢固可靠，可以使探针与硅片间保持恒力接触，焊点之间的误差不超过 0.01mm，从而可以进行准确地测试，光学零件加工中，采用真空吸盘装夹更为常见，如镜片自动磨边机及透镜铣磨机均为吸盘装夹，既方便，又提高了生产率。

特大的纸材质或塑料材质的印刷品，使之无翘曲、无折皱平整展开，用普通铺展方法很难办到，但利用真空吸附易达到要求。在制作集成电路、印刷电路、丝网印刷的底板时，利用此方法，把原图与底板紧贴到一起复制，失真度很小。在医学上常用这种方法悬贴 X 光底片，而用于教学上悬挂地图也是比较理想的方法。

真空成形也是真空吸附原理应用的一个侧面。真空成形与通常的冷作加工中的冲压成形相似，但动力来源不同于冲压成形。其动力来源于大气与真空的压力差，借此压力差产生的压力使薄板材变形来成形，其作用原理如图 28-205 所示。板材置于加热器与模具之间，将模具与板材之间的封闭空间的大气抽走，加热变软的板材在大气压力作用下，被压成与模具相同的形状。

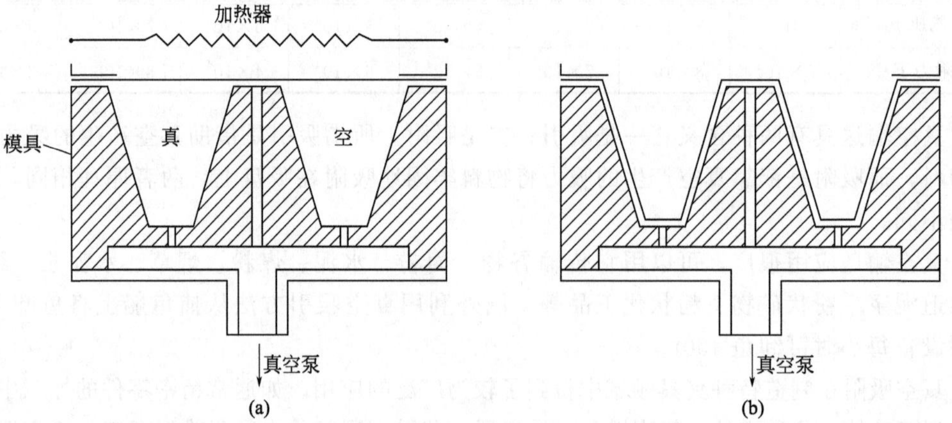

图 28-205　真空成形简图

真空成形设备结构简单，只需阳模或者阴模即可，当然还需配一套低真空抽气机组。真空成形适用于批量生产，尤其适用于薄壁零件的成形，如冰箱及洗衣机的各种板件。工业产品中塑料零件及日常生活中许多塑料制品、塑料玩具亦是通过真空成形生产出来的。

真空吸引及吸附在医疗器械中也得到了应用。诸如吸奶器、吸痰器、采血器等。尤其是真空拔火罐有别于中医传统的拔火罐，使拔火罐焕然一新。这种拔火罐的特点是：罐内的吸力较传统的火罐吸力提高了一倍，吸力大小及拔罐时间均可以控制，可以提高疗效，罐内温度可以控制，避免了传统火罐易造成烧伤或烫伤皮肤。

28.22.2 真空吸送系统的构成及主要设计参数

利用真空泵或风机为动力源，使系统内部成真空，物料在悬浮状态下在管道中移动，通过分离器使工作气体和物料分开，这就是真空吸送。

真空吸送同其他物料输送方式相比，其优点在于设备简单，占地面积少，吸料输送可靠，操作简单，既可以由几处向一处集中输送，也可以由一处向几处分散输送，可以连续卸料和间断卸料；整个系统在工作时处于负压下，不扬尘，劳动条件较好。相比之下其缺点是能耗高，弯头处磨损较为严重，在国外有些设备通过弯头管道内壁镶衬软橡胶解决了这一问题。

真空吸送，根据真空度高低和真空泵的不同，可分高真空吸送和低真空吸送。高真空吸送一般多采用喷射泵、水环泵为动力源，系统的真空度较高，一般为 $5\times10^4\sim3\times10^4$Pa，气流量也较小。目前国内最大的 SZ-4 水环真空泵在真空度为 60%时，理论空气流量只有 660m^3/h。低真空吸送一般多采用离心风机和通风机为动力源，系统的真空度较低，一般在 $9\times10^4\sim8\times10^4$Pa，所以输送距离较近，不超过 50m，但风量较大，如经常采用的 7-17-9 1/2 风机，风量可达到 1800m^3/h。

真空吸送在国内外已经得到普遍的应用。从大型轮船的装卸到冶金，铸造工厂散状物料以及面粉厂、啤酒厂的运输、集尘、清灰、灰处理等，总之只要有散状物料运输、输移的地方均可以采用这种方法。资料报道国外已将真空吸送装置在专门厂家生产，并使整个系统定型部件做到标准化、系列化。

真空吸送系统原理如图 28-206 所示。系统中主要包括料仓、吸嘴、座式分离器、分离料仓、除尘器、水环泵等部件。

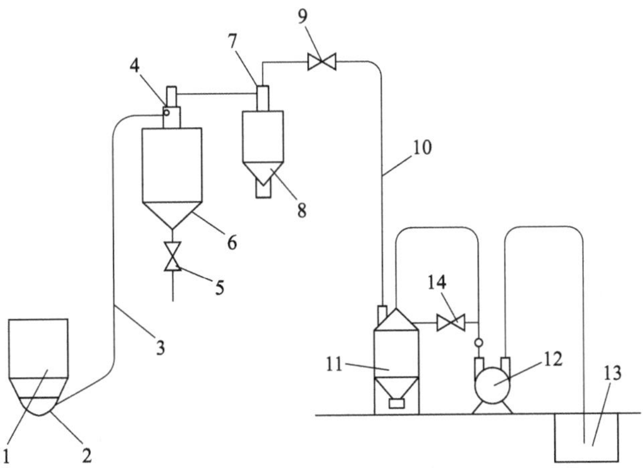

图 28-206 真空吸送系统原理简图

1—料仓；2—吸嘴；3—料管；4—座式分离器；5—球阀或蝶阀；6—分离料仓；7—除尘器；8—除尘料仓；9—逆正阀；10—气管；11—水浴除尘器；12—水环泵；13—沉淀池；14—旁通阀

下面以高真空吸送系统为例介绍系统中的主要装置。

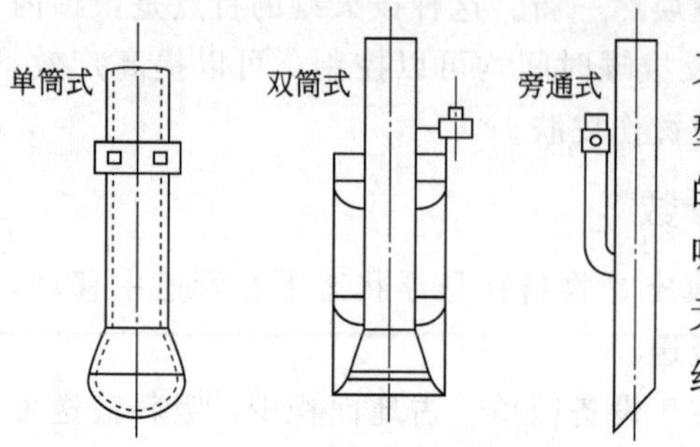

图 28-207　吸嘴结构示意图

① 吸嘴　吸嘴装置较为简单（图 28-207），但又非常关键，一般吸嘴都是插入散状料中，主要型式有两种，一种是单筒式的，另一种是双筒式的。当系统抽真空时，大气透过物料的一次风和吸嘴本体上开孔进去的二次风将物料带进料管中，无论是单筒还是双筒式吸嘴的二次风量必须调节，经实践摸索调到最佳处可固定。

② 分离器　一般为座式分离器（图 28-208），它将真空吸送系统中料管内的散状料、粉料分离下来。常见的分离器有离心式和重力式的，其中重力式的结构简单、风量小。高真空吸送系统多采用通过分离器后，料管中 95％的散状料和粉料被分离下来进入分离料仓，带有尘料很少的气体进入除尘仓。

③ 除尘器　为保证排出系统的尾气达到环保要求标准和减少有尘气体对真空泵的磨损，经分离后的气体需再经旋风除尘器（图 28-209）和水浴除尘器（图 28-210）。水浴除尘器内需保持一定的水面，进气管插入水中，尘灰随气流进入水中沉淀，净化的气流再进入水环泵中。

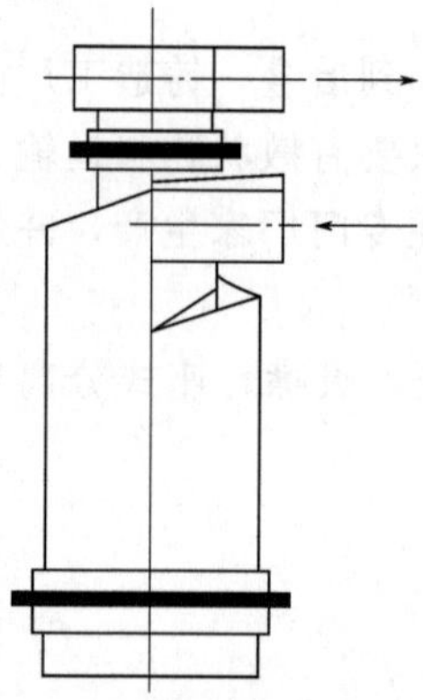

图 28-208　座式分离器示意图

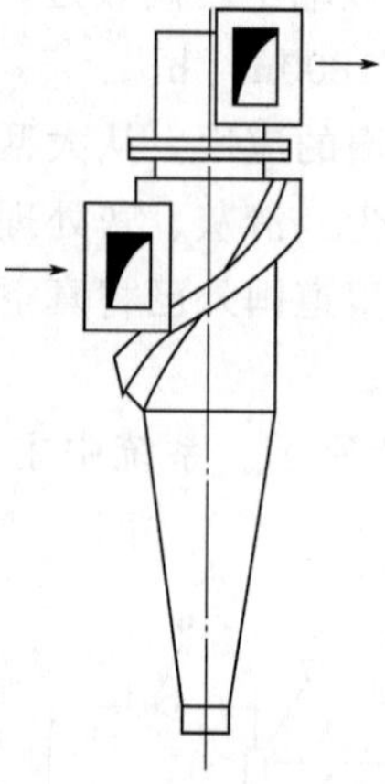

图 28-209　旋风除尘器示意图

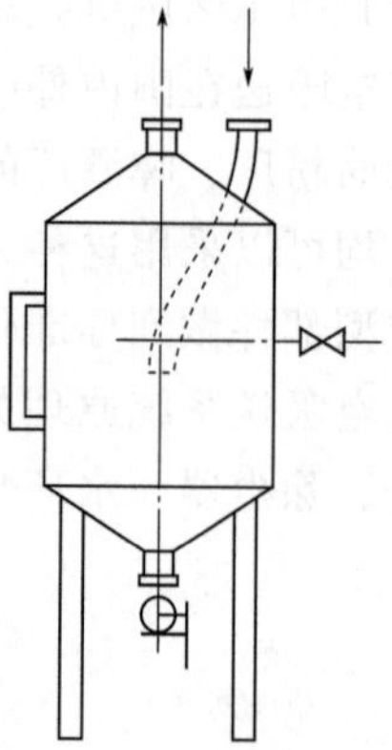

图 28-210　水浴除尘器示意

④ 真空泵　在高真空吸送系统中多采用 SZ 型水环真空泵，水环真空泵噪声较小，在真空度为 60％时，真空吸送系统的效率最高。

⑤ 管道和阀门　管道多采用水、煤气管和无缝钢管，输送管道的壁厚不应小于 4～6mm，为了减少真空压力损失，弯头半径不应小于管内径的 6～10 倍。气管直径可等于料管直径或为管料的 0.8 倍。

真空吸送系统的阀门要求气密性很高，不然将影响吸送能力，为此一般采用球阀和蝶阀，要求连续卸料时，不宜采用星形给料机、重锤锁气器等，而采用双锥幅式密封闭锁器较好。

真空系统计算较为复杂，不同种类、状态的物料吸送工艺参数需经过试验才能取得，为此可以用生产实践数据和简化的方法进行设计。主要计算工艺参数如下。

a. 确定物料/空气质量混合比 M。任何一种气力输送装置总有一个混合比。

$$M=\frac{1000Q_S}{1.2Q_A K} \tag{28-110}$$

式中　Q_S—— 要求物料输送率，L/h；

Q_A——所选定的真空泵自由空气流量，m^3/h；

K——物料系数 0.9～2.2。容量小，K 值取大值，如煤粉 K 可取 2.2；容量大取小值，如可取 0.9。

b. 系统风速 v_c 的选定。无论选用什么真空泵或输料管径，高真空吸送系统的风速 v_c 应在 7～12m/s 范围内。风速过小则对吸料不利，甚至吸不起料。风速过大，管道磨损特别是弯头磨损严重。风速公式

$$v_c=\frac{Q_A}{3600F} \tag{28-111}$$

$$F=\frac{\pi d}{4}$$

式中　d——管道直径，m。

根据实际使用情况，当选用 SZ-3 型水环泵时，料管选用无缝钢管 $\phi 108\times 4$ 比较合适，风速 $v_c=9.05\text{m}\cdot\text{s}^{-1}$。

c. 系统中各部分真空压力损失。为了减小真空压力损失计算工作量，这里介绍一些真空压力损失的经验数据：

座式分离器－6.7×10^2～9.3×10^2Pa；

旋风除尘器－5.3×10^2～6.7×10^2Pa；

水浴除尘器－6.7×10^2～1×10^3Pa；

单筒型吸嘴－5.6×10^4～1.8×10^4Pa；

双筒型吸嘴－1×10^4～1.3×10^4Pa；

垂直料管每米 2.6×10^2～3.3×10^2Pa；

水平料管每米 1.6×10^2～1.8×10^2Pa；

气管每米 80Pa。

根据系统中各部分真空压力损失取值，相加后，系统的压力损失最佳范围应为 5.6×10^4～6.7×10^4Pa。这时的真空度为 55%～65%，在系统效率最高范围内即可。

28.22.3　氧化锌粉真空输送设备

粉状物料真空输送是一种较先进的输运方式，已经广泛地应用于工业生产中。氧化锌料采用真空吸送方式输送，其特点是：①输送设备结构简单，容易维修，投资较少；②属于无回程运输，物料只往同一方向输运，运送效率高；③可以将不同存放地点的粉料集中到同一地方，实施起来很方便；④封闭式操作，物料损失少，改善了工作环境，有利于环境保护；⑤输送管道设置可以因地制宜，适用于生产场地的不同环境；⑥运行中设备故障率少，有利于提高生产效率；⑦管道易维护，清理管道很方便。

28.22.3.1　氧化锌粉真空吸送设备的构成

在设计各种粉料真空吸送设备时，应首先了解物料的物理性质。一般要求被输送的物料流动性好，黏性要小，平均粒度在 20～30μm 以下，物料的腐蚀性及磨损性亦小。而氧化锌粉是从气相中析出来的一种极细的多角形粉末，平均直径约 1～5μm，此种物料黏性

大，易凝聚，流动性很差，是一种难输送的物料。其输送困难在于：①吸嘴供料处气-固两相难以混合均匀，很难达到较大的混合比；②输送过程中流动状态不稳定，时而产生疏密流，时而出现集团流，从而会引起管路阻塞。

在设计类似于氧化锌粉黏性较大物料真空输送系统时，应解决好如下问题。

① 混合比选择适宜，不能过高。气流速度采用较大的设计值，这样才能使输送过程稳定。

② 为使吸嘴均匀连续的工作，要选用均匀供料的给料机（如螺旋给料机、星形阀、振动给料器等）向吸嘴均匀给料，使粉末进入吸嘴时与空气初步混合，具有初速度。

③ 输料水平管路较长时，应分段设置吸气口，以便处理管路堵塞及清除管壁上的沉积物。

④ 利用供料的间断时间及输送的终始时间吸入空气清洗管道内的沉积物，以保持管道气流截面不变。

⑤ 在给料前，保持粉料干燥及疏松，或者采取其他措施减小粉料黏性。

总之，对于类似氧化锌粉黏性较大的物料，处理原则是改善物料输送性能，使气-固两相均匀混合。

如前所述，粉料真空输送的基本原理是：利用真空泵使输送管路形成真空环境，以负压抽吸粉状物料。在给料吸嘴处，物料与空气混合，气流速度远大于粉料悬浮速度，沿管道的抽吸方向将粉料输至终点。在终点，再利用气-固分离器进行分离，物料被分离器收集，而净化后的空气由真空泵排到大气中。

氧化锌粉真空输送装置流程简图如图 28-211 所示。主要由供料斗、绞龙、吸嘴、受料罐、储料仓、除尘器及水环式真空泵组成。料斗装满料后，经过圆盘阀后进入绞龙，将粉料传入漏斗，由吸嘴 5 吸入管路中，最后到达受料罐 10，进而进入到大储料仓 16，通过圆盘给料器 17 落入输送机 18 中传送到收料点。小旋风除尘器 11 及布袋除尘器 12 可将进入水环式真空泵的气流中氧化锌粉分离，使其不会进入真空泵中，其作用是既保护了真空泵不受粉尘损坏，又回收了氧化锌粉。

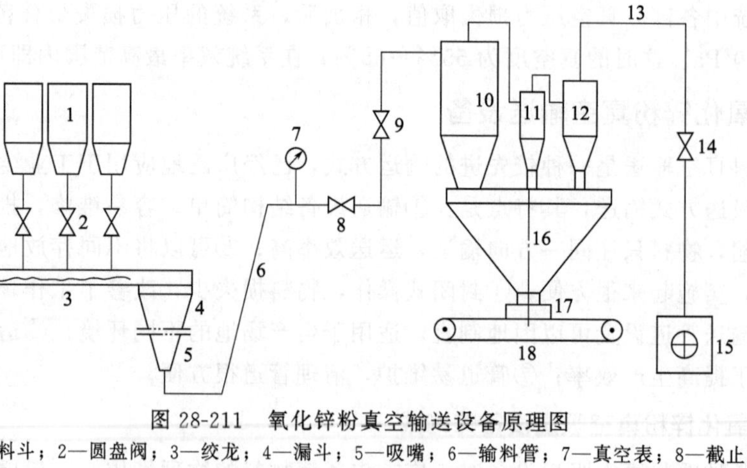

图 28-211 氧化锌粉真空输送设备原理图

1—供料斗；2—圆盘阀；3—绞龙；4—漏斗；5—吸嘴；6—输料管；7—真空表；8—截止阀；9—球阀；10—受料罐；11—小旋风除尘器；12—布袋除尘器；13—真空管道；14—闸阀；15—SZ-4 水环式真空泵；16—大储料仓；17—圆盘给料器；18—皮带输送机

28.22.3.2 主要设计参数计算

本计算的主要参数均是简化计算方法。所涉及的参数有混合比，输送所需空气量、气流速度、输送管道管径、输送阻力计算等。

① 混合比　表示被输送的粉粒物料与空气的质量混合比，用式（28-112）表示

$$M=\frac{G_W}{\gamma_Q Q_Q} \tag{28-112}$$

式中　G_W——单位时间输送的物料质量，kg・h^{-1}；

γ_Q——空气的密度，一般取 1.2kg・m^{-3}；

Q_Q——单位时间耗用的空气量，m^3・h^{-1}。

混合比常以经验值和实验值来确定，它主要受物料的物理特性（分散度、黏度、密度、含水量)、输送距离及管道特性（管径、曲直、光滑）所影响，真空吸送采用的混合比大多为 2～10，少数可达 20。混合比越大，输送效率越高，越经济。混合比是决定输送设备能力的主要参数。

② 输送所需的空气量　混合比选定后按上式即可用下式求得输送已知物料量所需的空气体积。

$$Q_Q=\frac{G_W}{\gamma_Q M} \quad (\mathrm{m^3 \cdot h^{-1}}) \tag{28-113}$$

③ 输送的气流速度　在输送管道内，随着输距的增长，气流速度因空气压力按流量连续定理而变化，末端的气流速度较供料端增大，故设计应以供料端气流速度为计算基础，以防物料在供料端附近沉积，推荐使用的计算式为

$$v_c=(10\sim16)\sqrt{\gamma_s}+(2\sim5)\times10^{-5}l_{当量}^2 \tag{28-114}$$

式中　v_c——气流速度，m・h^{-1}；

γ_s——粉粒体物料的容积密度，t・m^{-3}；

$l_{当量}$——直管段总长加弯头折算成的直管长度（一般 90°的弯头，当曲率半径与管径比$\frac{R}{D}$=10～20 时，每个弯头相当于直管长度 6～10m)，m。

上式中，当 $l_{当量}$小于 100m 时，式中第二项可忽略不计。

④ 输送管内径的决定

$$内径\ d=\sqrt{\frac{4Q_Q}{\pi v_c}} \quad (\mathrm{m}) \tag{28-115}$$

⑤ 输送阻力的计算　此种计算本来很复杂，推荐以下近似计算方法。

a. 摩擦阻力

$$h_{摩}=\frac{2fL\gamma_Q w_o^2(1+CM)}{gD} \quad (\mathrm{kg/m^2}) \tag{28-116}$$

式中　f——摩擦系数，其范围是 f=0.008～0.015。通常当 M<10 时，按 f=0.01 计算。

L——输送管长度，m。

γ_Q——空气在工作状态的密度，kg・m^{-3}（作温度和压力校正)；

w_o——输送管中的气流速度，m・s^{-1}；

g——重力加速度，$m \cdot s^{-2}$；

D——输料管内径，m；

C——系数，一般取 $C=0.3 \sim 1$。当 $M<10$ 时，可取 $C=1$ 也可通过实验测定压损比由 $\frac{\nabla P_{输送物料时}}{\nabla P_{输送纯空气时}}=1+CM$ 式求得。

b. 局部阻力（包括弯头、吸嘴、分离设备）

$$h_{局}=K(1+CM)\frac{v_c^2}{2g}\gamma_Q \quad (kg \cdot m^{-2}) \tag{28-117}$$

式中 K——空气流的局部阻力系数（从有关资料查取），其余各项符号意义同前述相关公式。

c. 提升阻力

$$h_{升}=H\gamma_x \tag{28-118}$$

式中 H——气固混合物的提升高度，m；

γ_x——气固混合物密度，$kg \cdot m^{-3}$，而 $\gamma_x=\gamma_Q+M\gamma_T$；

γ_T——物料密度，$kg \cdot m^{-3}$。

d. 加速阻力

$$h_{加速}=\frac{\frac{G}{2g}(v_2^2-v_1^2)}{Q} \quad (kg \cdot m^{-2}) \tag{28-119}$$

式中 G——粉粒体的流量，kg/s；

v_2, v_1——粉粒体的终速和初速，一般粗略计算取 $v_1=0$，$v_2=v_c$；

Q——气体流量，$m^3 \cdot s^{-1}$；

g——重力加速度，$m \cdot s^{-2}$。

整个输送系统的阻力等于以上四项之和，即：$h_{总}=h_{摩}+h_{局}+h_{升}+h_{加速}$（$kg \cdot m^{-2}$ 或 mmHg）

所选真空抽风设备的工作真空度必须能克服系统的总阻力，即大于 $h_{总}$，而抽风机在工作真空度时的吸入风量必须大于输送所需风量 Q_Q，在系统密封合理时约过量5%～10%。

28.22.3.3 输送设备主要部件结构

氧化锌粉真空输送设备主要部件包括下吸式固定吸嘴，受料罐、高效小旋风吸尘器、布袋收尘器等。

(1) 下吸式固定吸嘴

下吸式固定吸嘴结构示意如图 28-212 所示。它由漏斗、空气入口盖，料气混合室、喉管等部件组成。漏斗中的物料进入料-气混合室的过程中与由空气入口进入的空气均匀混合后，在喉管处由真空泵产生的吸力作用下进入输料管中，沿着输送管道使氧化锌粉进入受料罐。吸嘴作用是将供料斗中的物料吸入输送管道，在设计吸嘴等结构时，其结构尺寸：

① 漏斗下料口、混合室及输料管三者直径相等，即 $a=b=c$，而 c 由计算确定；

② 喉管直径 d 是输料管直径的 2/3 左右；

③ 喉管与下料管之间中心距 e 与物料黏性有关，黏性大的物料，e 值取 100～150mm；黏性小的物料，e 值约为 200mm；

④ 混合室中心线与喉管中心线夹角 $\theta=45°\sim60°$。

(2) 受料罐

受料罐是氧化锌料输送线终端汇集氧化锌粉的装置，其结构如图 28-213 所示。在设计受料罐确定结构尺寸时，应遵照的原则是：

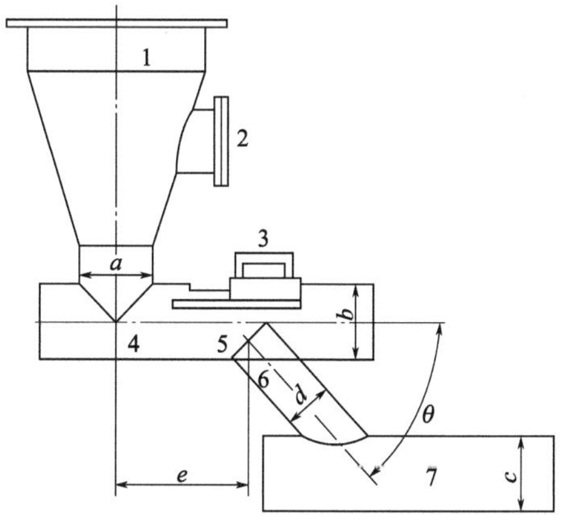

图 28-212 吸嘴结构示意图

1—漏斗；2—清粉孔；3—二次空气入口盖；4—料、气混合室；5—喉管塞；6—喉管；7—输料管

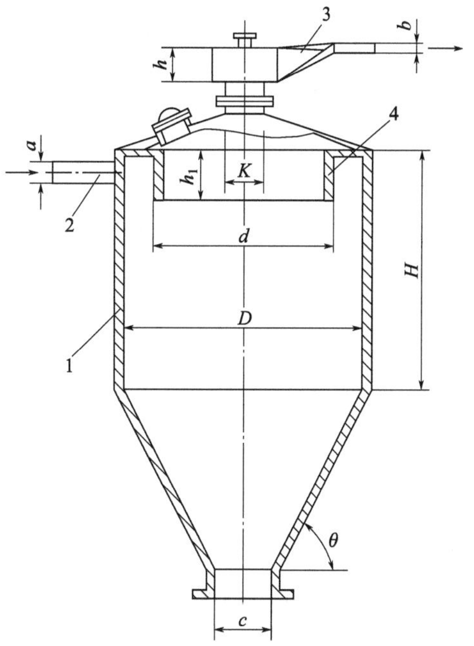

图 28-213 受料罐示意图

1—受料罐外筒；2—气流与物料入口；3—气流出口；4—内筒

① 受料罐直径 D 应保证罐体截面的气流速度小于 $0.5\text{m}\cdot\text{s}^{-1}$；或小于被送物料的悬浮速度；

② 内筒直径 $d=0.75D$，内筒高 $h_1=0.3d$；

③ 外筒直段高 $H=(2\sim3)D$；

④ $\theta=60°\sim75°$，而 $c=200\sim300\text{mm}$；

⑤ 图中 $K=0.15D$，$h=0.25D$；

⑥ a 与 b 同输料管径。

(3) 高效小旋风除尘器

高效小旋风除尘器用于分离进入真空泵中的气流内混入的氧化锌粉尘。其结构简图如图 28-214。气流入口速度应达到 18 ～ 20m/s。小旋风除尘器由于附设旁室，较一般的旋风除尘器效率高。

(4) 布袋除尘器

布袋除尘器结构简单，其示意如图 28-215。钢制外壳能承受 0.1MPa 的压力，壳内置有多个布袋，布袋的网孔径应小于或等于粉尘直径。气流在布袋中的过滤速度宜在 0.5 ～

0.8m/min 范围内，气流经布袋后将氧化锌粉尘除掉，外壳内径由输送风量决定。

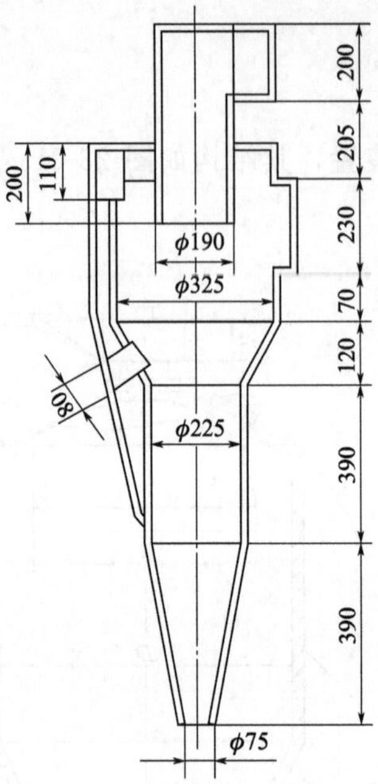

图 28-214　高效小旋风除尘器示意图

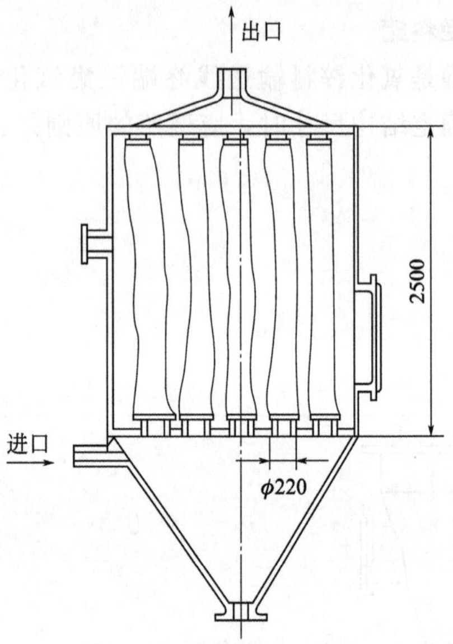

图 28-215 布袋除尘器示意图

28.22.3.4　主要性能分析

(1) 物料与空气的混合浓度

粉粒物料必须与空气混合，才能输送。显然，混合浓度越大，输送效率越高，故混合比是设计决定的主要参数，表示方法如下：

$$M=\frac{\text{单位时间输送的物料质量}}{\text{单位时间吸入的空气质量}}=\frac{G_W}{\gamma_Q Q_Q}$$

影响混合比的因素多且复杂，但主要因素是物料的物理特性、输送距离、管道特性和气流速度。在输送氧化锌粉的实践中，试生产时测得的混合比为 3～3.5 左右，主要原因为：

① 氧化锌太黏，分散度太大，用较大的混合比，气-固两相不能均匀混合。

② 输送距离较长　混合比较大时，则管道的阻力损失会很大。当真空泵造成的抽力不足以克服管道阻力时，就会引起物料沉积和管道堵塞。

③ 管道特性不好　管道布置上弯曲多，水平段长，前者阻力大，后者易引起沉积，均制约混合比的增大。

在设备已固定的条件下，最主要的是改善物料的物理特性，供给较干燥和流动性较好的氧化锌时，混合比可以提高，输送效率也可以随之提高，而操作中则应使二次空气吸入稳定、适量。

(2) 输送气流速度

为了使被输送物料随气流运动，气流速度必须大于物料的悬浮速度，物料才不至于沉积于管道内，而一般采用的速度实则远大于物料悬浮速度许多倍。但速度过大，阻力损失大，消耗不必要的能量，故必须寻求最适宜的气流速度，也就是压损最小的气流速度。在混合比一定时，因为摩擦和物料加速的压损同气流速度的平方成正比，而物料悬浮的压损与气流速度成反比，必有一中间值总压最小，这就是最适宜的气流速度，反之，一定的气流速度，也有一压损最小的最佳混合比，在氧化锌真空输送的实践中，其对应值约略为：混合比为 3 时的适宜风速为 $12m \cdot s^{-1}$（入口处），当增开一台真空泵并联运转时，可得到混合比为 3.5 时的适宜风速约为 $20m \cdot s^{-1}$（入口处）。

因此必须经济有效地选择气流速度，否则徒增压损，而对提高输送效率补益不大。

此外，在长距离输送中，管道内的实际流速是渐增的，因入口端的负压小，近泵端的负压大，气体体积逐渐膨胀，速度也就渐增，单位管道容积内的物料浓度也渐变稀，因此越靠近真空泵一端的管道越不易发生沉积和堵塞，只是应对此端的管道磨损予以注意。

(3) 压力损失

真空泵正常工作能提供的抽力是 60% 的最大真空度（760mmHg），约为 450mmHg 左右，因此输送系统的总压损必须低于此值，这就是真空输送在输距和扬高上受到限制的原因。国内外的输距大都在 100m 以内，但此系统要求输距为 130～180m，因此需要分析系统压力损失的诸因素，力图降低系统的压力损失。

在输送物料时管道的压力损失比输送纯气流的压力损失要大。用一般的流体阻力公式来计算气-固混合流的阻力很困难，较为可靠的是用测定压损比的方法来衡量，压损比如下：

$$压损比\ a=\frac{输送料加气时的压损}{输送纯气流时的压损}=1.1\frac{\Delta p_{料}}{\Delta p_{气}}=1+KM$$

式中，K 为系数，M 是混合比。

影响压损比的主要因素：①混合比越大，压损比也越大；②物料的假比重越小，压损比越大；③混合比一定时，输距越长，压损比越大；④混合比一定时，气流速度越小，压损比越大。

在氧化锌真空输送的实践中，混合比为 3 时，压损比为 3.5～4。这揭示了氧化锌由于密度小，输距长，只有在混合比不大的条件下才能进行正常输送的原因。

为了减小输送的总压损，采用阻力较小的分离设备，减少输送管道弯头，定期清洗管道是有益的。

(4) 吸嘴效率

吸嘴的构造应能使气-固两相均匀混合，并达到系统所需的最佳混合比。吸嘴的效率是加速物料的能量与吸嘴消耗的总能量之比，而它的最佳效率就是吸入物料量大，而自身的压力损失最小，采用下吸式固定吸嘴。由混合室、二次空气入口及喉管组成。通过扩大喉管可以降低吸嘴阻力，利用物料的初速度，增大了物料加速的能量。

但是吸嘴对整个系统而言是局部，吸嘴的最佳效率是适应输送系统的总效率的，单纯从吸嘴吸入过量的物料，会引起后面管道的堵塞，尤其在操作中人为地向吸嘴灌送大量物料，不仅不能提高输送量，反而会引起堵塞。

(5) 分离效率

分离设备设置的原则应是阻力小，分离效果好，为此必须认识真空输送分离设备所处理的气流含尘浓度很高的特性。根据混合比，此种气流含尘浓度一般为几千到几万

$g \cdot m^{-3}$（一般收尘器处理气流含尘仅为几到几十 $g \cdot m^{-3}$），因此其前段分离器采用较简单的低速重力沉降除尘器，其阻力小，效果好，能获得满意的结果。通过前段分离器，气流含尘浓度大大降低后，才能适用后段的细收尘设备（如布袋收尘）的要求。采用三段分离器，第一段用 ϕ1500mm、高 7700mm 的受料罐。在罐断面上的气流速度为 $0.35m \cdot s^{-1}$，99.6%以上的尘被收集，从而使后面的小旋风收尘器及布袋收尘器能正常工作，使整个分离系统获得较好的效率。

(6) 输送效率

输送效率是指单位时间内输送物料的质量。在氧化锌的真空输送中，目前达到 2.3～$2.6t \cdot h^{-1}$。

影响真空输送效率的因素，主要是：①氧化锌的黏性大，分散度大（容积密度小），难与空气均匀混合，流动性很差；②输送距离比一般的远，压损大，难以达到较大的混合比；③设备与管道系统密封程度不够，因漏气而降低真空吸力。

(7) 系统的密封

真空吸送的正常进行有赖于系统的高度密封。如果从分离设备或输送管漏气，就将使吸嘴处的真空度大大降低，当达不到加速物料所需的吸力时，输送就不能进行。漏气影响的大小，是从卸料端至供料端依次递减。降低漏气的方法如下：

① 分离设备的密封最为重要，分离设备的卸料阀，排料口，都应特别注意密封，设备的连接部分尽量采用焊接结构；

② 管道的相接应尽量用焊接代替法兰连接；

③ 密封衬垫材料用 2～ 3mm 的橡胶板较好，密封的金属平面应进行精加工；

④ 焊缝的漏风处可用环氧树脂补漏；

⑤ 操作中应检查漏气现象，予以堵塞。

28.22.4 ZS-6 型移动式真空输粮机设计

用真空所形成的吸引气流输送粉料及粒状物料已是成功的技术。在港口码头、粮食加工工厂、铸造车间已多有应用。但一般均为固定式设备，结构庞大，移动困难，机动灵活性差。然而，南方水网地区，运粮用船至码头，粮食由船搬运到码头入库，劳动强度大，生产效率低，而移动式输粮机解决了由船至码头粮库间运输问题，节省人力，提高了生产效率。

28.22.4.1 真空输粮机工作原理及特点

ZS-6 型移动式真空输粮机，工作原理示意如图 28-216。其工作原理是：高压离心风机 7 所产生的负压，在吸嘴 2 的入口形成吸引气流，调节吸嘴上的二次风口（见图 28-219），使粮食与空气按适当比例混合（称混合比，不同谷物应有不同的比例），此时粮食由船舱 1 经吸嘴进入吸料管 4，再进入分离器 11。分离器将粮食从气流中分出，经闭气卸料器 12 落入吹送管 13，再经吹送输粮管进入储仓 15。为了便于调整吸嘴在船舱的位置，垂直吸管上配置一段加强金属网体 3。为适应水位和码头高度的差别，水平管上安有圆柱形铰接头，借此可调节吸料管 4 的倾角。5 是支柱，因输运距离较长，输料管要在适当部位用支柱支承。

整机的核心部件是高压离心风机、分离器及闭气卸料器，它们连同圆柱形铰接头及吹送喉管固接在由胶轮 9 所支承的梁架 17 上。工作时，将撑脚 16 下放着地（轮胎离地），整机由四根撑脚支承；移动时，将挂钩 18 与手扶拖拉机等牵引机械挂接，收起撑脚，便可牵引转移到新的工作地点。

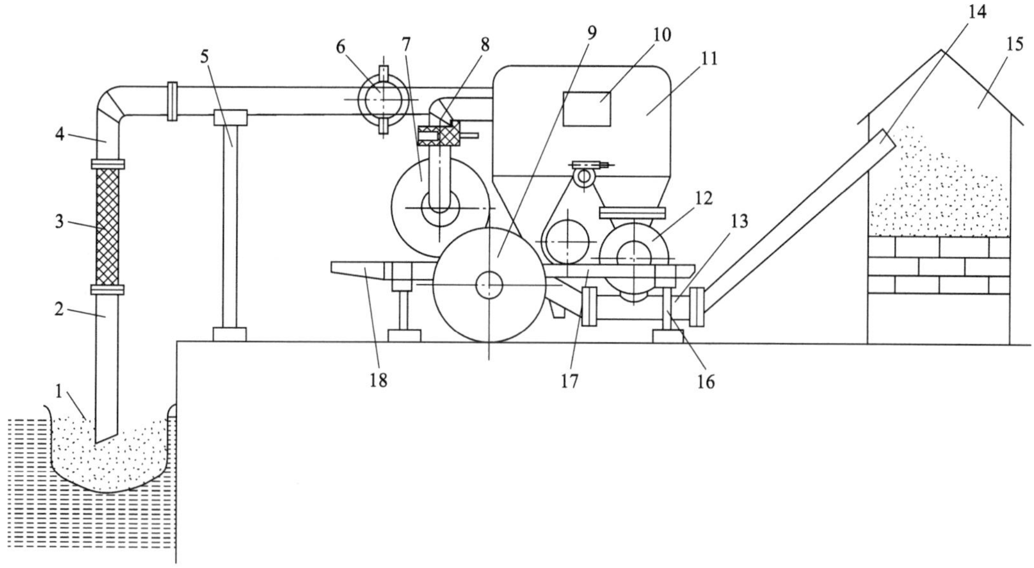

图 28-216 ZS-6 型移动式真空输粮机工作状态示意图

1—船舱；2—吸嘴；3—金属网体；4—吸料管；5—支柱；6—管道阀；7—离心风机；8—阀；9—胶轮；10—视窗；11—分离器；12—闭气卸料器；13—送风管；14—送粮管；15—储仓；16—撑脚；17—梁架；18—挂钩

ZS-6 型移动式真空输粮机采用容积式分离器，实现空气和物料的分离，其工作原理示于图 28-217。风机 1 的进风口与分离器室 4 相接，使分离器室处于真空状态。真空负压形成的吸引气流，使物料和空气的混合流，经吸运管 3 进入分离器室。由于分离器室的断面远较管道断面为大，气流速度骤降，已不能带动物料，但它可借惯性继续向前运动，落入料斗 7 内；一些轻质混合物（如瘪谷）惯性较小，落入料斗 10 内。落入料斗 7 内的成粮，经叶轮式闭气卸料器 8 送入喉管 9，与经分离器分离并经风机吹至这里的空气，形成新的粮气混合流，经吹送输料管送至卸料地点。落入料斗 10 内的废料，在每次输送作业结束后放出。为了调节流速大小，在风机入口管道上，安装了调速阀 2。成粮分离状态，可通过观察窗 5 及调节板 6 监控。

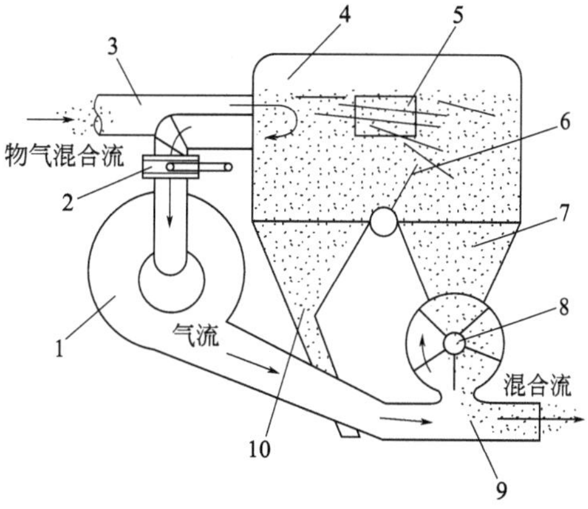

图 28-217 分离器工作原理图

1—风机；2—调速阀；3—吸运管；4—分离器室；5—观察窗；6—调节板；7—料斗；8—卸料器；9—喉管；10—料斗

如上所述，ZS-6 型移动式真空输粮机是一种结构新颖的气力输送设备，它具有下述特点：

① 结构简单，无复杂运动部件 谷物在管道内输送，无损耗，不污染环境（露天排

放时除外）。因利用重力将谷物从气流中分离出来，对分离器磨损小，谷物脱壳少，且在输送过程中，能分离出混于谷物中的轻体杂质；

② 机动性好　可用手扶拖拉机等牵引至需用场所，因而提高了设备的利用效率；

③ 该机采用负压吸运与正压吸送相结合的方法，充分利用了风机进出风口的能量；

④ 与人工卸运相比，效率高，经济效益好　在提升高度为 6～8m 的情况下，每小时能输运 6t 多谷物，输运距离为 80m 以上。经济效益较人工搬运高 6～8 倍；

⑤ 对谷物品种的适应性强　该机可输运稻、麦、豆类等各种粒状粮食，该机也可用于吸送建筑用砂、石灰、石膏混合粉料。

28.22.4.2 气力系统的设计与计算

真空输粮机是借气力输送的设备。系统设计主要包括三个方面，即气流参数确定，设备主要部件结构设计，输送过程中的能量消耗，进而选择风机或真空泵。下面所介绍的计算方法，也适用于其他类似真空输运设备的设计。

(1) 气流参数计算

① 悬浮速度与输送气流速度　图 28-218 为颗粒物料在垂直气流中的受力示意图。当管内有垂直向上的气流流动时，这个颗粒受到两种力的作用：一种是颗粒本身的质量（它是颗粒所受重力与气体浮力之代数和），方向向下，以 G 表示；另一种是气流作用于颗粒的动压力，方向向上，以 p 表示。若将颗粒等效为直径 d_w 的圆球，则

$$G=\frac{1}{6}\pi d_w^3(\gamma_w-\gamma_Q) \tag{28-120}$$

$$p=CA\frac{v^2}{2g}\gamma_Q \tag{28-121}$$

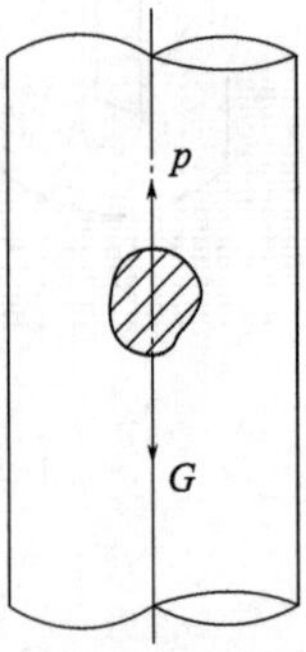

图 28-218　颗粒受力分析

式中　γ_w，γ_Q——分别为颗粒物料和空气的密度，$kg \cdot m^{-3}$，标准空气的密度近似为 $1.205kg \cdot m^{-3}$；

v——气流速度，$m \cdot s^{-1}$；

A——颗粒在垂直于气流方向的平面上投影面积，颗粒等效为圆球，故 $A=\frac{1}{4}\pi d_w^2$，m^2；

C——物料颗粒在以速度 v 运动时的气流中的阻力系数。

C 是雷诺数 Re 的函数，可先按下式求乘积 CRe^2，再查表 28-124，求 C。

$$CRe^2=1.31\frac{d_w^3(\gamma_w-\gamma_Q)}{\gamma_w\mu^2} \tag{28-122}$$

式中　μ——空气的运动黏度系数（$m^2 \cdot s^{-1}$），其值与空气温度有关，列于表 28-125。

表 28-124　C 与 CRe^2 的关系

CRe^2	C
$(1.38\sim4.60)\times10^5$	0.49
$(1.68\sim40.5)\times10^6$	0.40
$(1.80\sim4.25)\times10^8$	0.46
$(1.23\sim4.80)\times10^9$	0.49

表 28-125 空气运动黏度系数与温度关系

t/℃	μ/$m^2 \cdot s^{-1}$
0	1.333×10^{-5}
10	1.421×10^{-5}
20	1.512×10^{-5}
30	1.604×10^{-5}
40	1.698×10^{-5}
50	1.795×10^{-5}
60	1.895×10^{-5}
70	1.980×10^{-5}
80	2.097×10^{-5}
90	2.215×10^{-5}
100	2.297×10^{-5}

由图 28-218 可知：当 $G>p$ 时，物料颗粒下落；当 $G<p$ 时，物料颗粒被提升；当 $G=p$ 时，物料颗粒在气流中悬浮。此时的气流速度，称为悬浮速度，以 v_x 表示。且因

$$\frac{1}{6}\pi d_w^3(\gamma_w-\gamma_Q)=CA\ \frac{v_x^2}{2g}\gamma_Q=C\times\frac{1}{4}\pi d_w^2\times\frac{v_x^2}{2g}\gamma_Q$$

整理得

$$v_x=3.62\sqrt{\frac{d_w(\gamma_w-\gamma_Q)}{C\gamma_Q}}\ (m \cdot s^{-1}) \tag{28-123}$$

悬浮速度是实现气力输送的气流速度的临界值，是设计真空输送系统选择气流速度的依据。式（28-123）计算的数值是理论悬浮速度值。由于实际颗粒不是简单的圆球形而是颗粒形状、物料浓度、输料管直径等均影响悬浮速度值，实际的悬浮速度小于理论悬浮速度。

悬浮速度可由实验测定，某些谷类农作物悬浮速度的实测值列于表 28-126。

表 28-126 农产品物料密度 γ_w 及悬浮速度 v_x

品种	密度 γ_w/$kg \cdot m^{-3}$	容积密度 γ/$kg \cdot m^{-3}$	颗粒尺寸/mm	悬浮速度 v_x/$m \cdot s^{-1}$
小麦	1260	789	4.9～6.5	8.4～10.3
大麦	1090	581	7.7～11.1	8.1～9.6
荞麦	1070	656	3.5～6.5*	7.2～9.0
元麦	1260	708	5.2～7.4	8.7～10.9
稻谷	1090	672	6.4～9.3	7.8～9.0
籼米	1320	817	4.5～6.7	8.1～9.6
谷壳	830	145		2.8～3.2
蓖麻子	820	483	9.7～13.0	10.1～11.9
油菜籽	1040	638	1.3～2.2*	7.8～8.8
黑芝麻	1000	615	2.0～2.8	6.0～7.2
向日葵	640	343	10.5～15.2	6.2～7.9
棉籽	520	252	7.4～10.3	6.2～7.9
花生仁	1070	631	10.8～16.7	13.8～14.0
粟谷	1060	637	1.7～2.0*	7.2～8.0
绿豆	1280	784	3.8～5.5	11.0～12.5

续表

品种	密度γ_w/kg·m^{-3}	容积密度 γ/kg·m^{-3}	颗粒尺寸/mm	悬浮速度v_x/m·s^{-1}
赤豆	1260	793	4.5～7.5	11.8～12.5
大扁豆	1240	788	10.5～13.0	14.3～15.3
小扁豆	1260	810	3.4～5.5	9.2～11.1
蚕豆	1170	657	12.4～19.2	12.2～12.7
黄豆	1200	721	6.7～8.8	12.6～13.8
豌豆	1260	738	4.7～7.5 *	12.8～13.8
豇豆	1250	741	6.2～9.7	11.3～11.9
黑豆	1180	719	5.4～8.8	11.9～12.6
玉米	1220	708	5.0～10.9 *	11.1～12.2
面粉	1440	660～670	200μm	1.0～2.0

注：颗粒尺寸中 * 为粒径，其余皆指长度。

为了使物料随气流运动，必须满足条件 $G<p$，气流给物料以动力。这种保证输送所需的气流速度称为输送气流速度，记作 v_s。v_s 应取足够大，以保证系统有较高的输送效率。若 v_s 过大，反会增大系统磨损、物料破碎和能量损耗，而对提高系统的工作性能无益。v_s 和气流中的物料浓度有很大关系，一般根据计算及实验确定。

速度 v_s 的估算值见表 28-127。速度 v_s 也可按下式近似计算

$$v_s=(0.34\sim0.6)\sqrt{\gamma_w}+(2\sim5)\times10^{-5}l_{当量}(\mathrm{m\cdot s^{-1}}) \tag{28-124}$$

表 28-127　v_s 选取参考值

输送物料情况	v_s/m·s^{-1}
松散物料在垂直管中	$(1.3\sim1.7)v_x$
松散物料在水平管中	$(1.8\sim2.0)v_x$

某些谷物输送气流速度经验值见表 28-128。

表 28-128　某些物料悬浮与输送速度

物料名称	密度γ_w/kg·m^{-3}	悬浮速度v_x/m·s^{-1}	输送速度v_s/m·s^{-1}
咖啡豆			12
砂糖	1580～1630		25
盐	2010～2170		27～30
水粉			16～18
锯木屑	800	6.8	15～25
木片	760	12～23	30～40
刨花	750	14.5～15	18～23
药丸			12～20
飞灰	2120～2220	0.213	15～25
水泥	1750～3100	0.223	10～25
煤粉	1200～1500	8.7	20～30
褐煤粉	1160	10.6～11	18～40
矾土粉	3200～4090	0.268	16～18
氧化铅粉			30～40
石灰	2000		20～30
硫铵	770		25

续表

物料名称	密度γ_w/kg·m^{-3}	悬浮速度v_x/m·s^{-1}	输送速度v_s/m·s^{-1}
砂	2300～2800	6.8	25～35
黏土粉	2000～2230		16～18
铸铁屑	7000～7480	10.1	19～23
氧化锌粉			12～20
小麦			15～24
大麦			15～25
大豆			15～25
玉米			25～30
面粉			10～17
棉籽			23
花生			15
麦芽			20

② 输送气流浓度　输送气流浓度，记作 M。它反映输运物料与空气的质量混合比，即 $M=\dfrac{G_w}{G_Q}$。其中 G_w 为单位时间内输送的物料质量。若设备的设计输送能力为 G(kg·h^{-1})，则 $G_w=\beta G$ 。β 是设备的储备系数，一般选择范围是 1～1.15。而 G_Q 为单位时间内通过输料管的空气质量。$G_Q=Q_Q\gamma_Q$ 。Q_Q 是单位时间内通过输料管的气体流量。故

$$M=\frac{\beta G}{Q_Q\gamma_Q} \tag{28-125}$$

又 $Q_Q=3600Av_s$(m^3/h)，故

$$M=\frac{\beta G}{3600Av_s\gamma_Q} \tag{28-126}$$

式中　A——输料管的截面积，m^2。

式（28-125）、式（28-126）表明，当设备其他参数不变时，若 M 大，则设备生产能力大；在输送一定量物料时，M 值大，输送所需的空气量相应减小，从而减小了设备尺寸和输送管道直径。由于 M 还受物料的物理性质（密度、黏度、含水量）、输送距离及管道特性（管径、弯曲、内壁光滑程度）等因素的影响，所以设计时，M 值不是根据式（28-125）、式（28-126）计算决定，而是根据实验值和经验决定，其选择范围较大。如在负压较高（用水环泵或罗茨鼓风机抽气）的系统中，M 在 10～40 间选取；在负压较低（以离心鼓风机抽气）的系统中，M 选大些；对黏湿物料或输送距离长、管径细而弯曲多时，M 选小些。对于粮食作物的输送，一般均以离心鼓风机为抽气手段，M 值为 7～14 之间。

③ 输送所需的空气量 Q_Q 根据式（28-125）

$$Q_Q=\frac{\beta G}{v_Q M}(\mathrm{m^3/h}) \tag{28-127}$$

考虑到泄漏等因素的影响，系统实际空气流量

$$Q_{总}=(1.15\sim1.20)Q_Q=(1.15\sim1.20)\frac{\beta G}{v_Q M}(\mathrm{m^3/h}) \tag{28-128}$$

(2) 设备主要部件结构参数计算

从图 28-216 可见，ZS-6 型真空输粮机除行走支架外，基本是罐及管类部件。包括输料管道、吸嘴、分离器、闭风卸料器等，其参数计算如下。

① 输料管　输料管是输送物料的通路，由薄板卷制而成，其总长取决于输运距离，而管内径 d 按下式计算。

$$d=\sqrt{\frac{Q_Q}{900\pi v_s}} \tag{28-129}$$

式中的 Q_Q，以 $Q_{总}$ 代入更为合适。

② 吸嘴　ZS-6 真空输粮机采用单筒形吸嘴由图 28-219 给出。单筒吸嘴的内径与输料管内径相同，据此便可按图 28-220 确定吸嘴各部分尺寸。吸嘴筒身上部 1/3 处周向开有四个边长为 $0.2d$ 的方孔，外面套接开有对应方孔的活套，转动活套便可调节方孔开口大小，调节二次空气的进入量，即调节了 M。管口的喇叭形接口可减小吸入阻力，端部焊接以外凸的十字形栅条，防止大块物料进入吸嘴，并防止吸嘴吸住地面。

③ 容积式分离器　为使物料借重力沉降，从气流中分离出来，必须使进入分离器的气流速度大幅度下降。为此分离器的截面积应远大于输料管的截面积。ZS-6 型真空输粮机的分离器近似为长方形箱体（见图 28-217），其截面 S 按下式计算

$$S=2.85\times10^{-4}\frac{Q_Q}{\varepsilon v_x}(\mathrm{m}^2) \tag{28-130}$$

式中　ε——速度下降系数，取 0.03～0.05。

分离器长度 B，既要考虑物料在 v_s 速度下惯性运动的距离，又要考虑有适当的容积使物料分离。

一般取长度 B 值为

$$B=(1.2\sim2.3)\sqrt{S}(\mathrm{m}) \tag{28-131}$$

当 v_s 较大时，物料惯性运动的距离会远大于 B 值，物料颗粒便会撞击分离器后壁而产生反弹、碎粒、脱壳等现象，为此一般要增大图 28-216 所示自圆柱形铰接头至分离器的那一段直管的管径，以降低进入分离器时的气流速度。在选定进入分离器的气流速度（粮食作物取 14～18m/s）后，管径仍以式（28-129）计算。

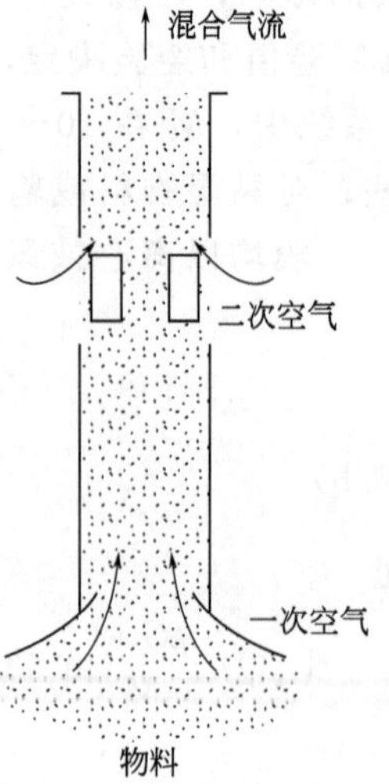

图 28-219　二次风口简图

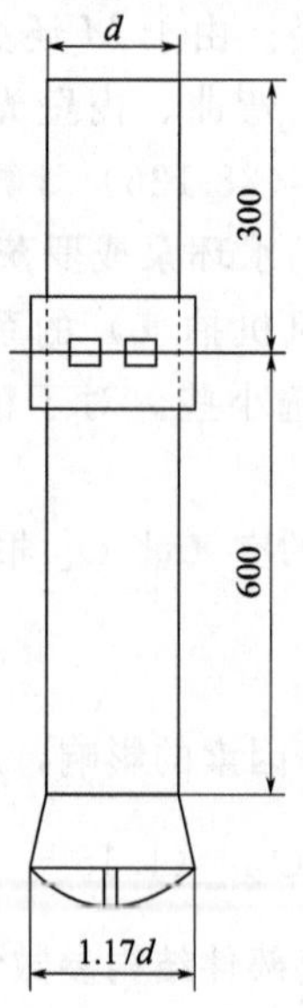

图 28-220　单筒吸嘴

④ 叶轮式闭气卸料器　结构示意图如图 28-221 所示。其排料量必须与整机生产能力相适应，故闭气卸料器各格室的总容积应满足：

$$V=\frac{G}{0.06n\varphi\gamma_{rw}}(\mathrm{L}) \tag{28-132}$$

式中　n——叶轮转速，一般在 $10\sim60\mathrm{r\cdot min^{-1}}$；

φ——格室的装满系数。颗粒物料 $\varphi=0.7\sim0.8$。

γ_{rw}——物料的容积密度（$\mathrm{kg\cdot m^{-3}}$）。由密度定义：$\gamma=\frac{G}{V}$。V 是指物料的体积。如果此体积包括物料颗粒间的气体空间在内，所得密度为物料的容积密度。

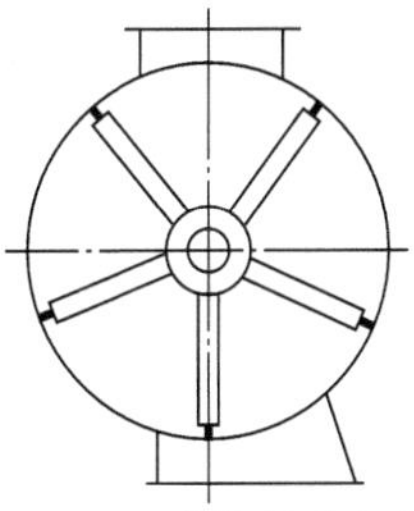

图 28-221　叶轮闭式卸料器

(3) 真空输送系统压力损失计算

当气料混合流沿管道运动时，因与管壁摩擦，或气料流速及方向的改变等产生能量损失，这种损失称为压力损失或阻力损失，以 H 表示。

压力损失由两部分组成。一部分是因气料混合流与管壁间的摩擦损失，可以用水力学中的摩擦阻力计算公式来确定：

$$H_{沿}=L\frac{\lambda}{d}\times\frac{\gamma_Q v_s^2}{2g}(\mathrm{kg/m^2}) \tag{28-133}$$

式中　L——输料管长度，m；

d——输料管内径，m；

v_s——气流速度，$\mathrm{m\cdot s^{-1}}$；

λ——沿程摩擦阻力系数；

γ_Q——空气密度，$\mathrm{kg\cdot m^{-3}}$。

令

$$R=\frac{\lambda}{d}\times\frac{\gamma_Q v_s^2}{2g}(\mathrm{N/m}) \tag{28-134}$$

$$H_{沿}=RL \tag{28-135}$$

式中，R 称为单位压损，相当于 1m 长管上的压力损失。求出 R，便可求出任意管长 L 时的沿程压力损失，由式（28-134）可知，R 是 d 和 v 的函数，据此计算列出表 28-129，根据已知 d、v 便可查到对应的 R。

压力损失的另一部分是局部压力损失。在管道弯曲、分叉直径变化、气流速度、方向改变时产生的压力损失均属局部压损，情况比较复杂，其计算公式汇总列于表 28-130。表中 $H_{动}$ 是气流的动压力，且 $H_{动}=\frac{\gamma_Q v_s^2}{2g}$ 可以据 v_s 在表 28-129 中查得。

表 28-129 v_s 和 d 对应的 R 值、$H_{动}$ 值

v_s \ R	d: 80	90	100	110	115	120	130	140	150	165	185	215	245	275	300	350	400	$H_{动}=\frac{\gamma_Q v_s^2}{2g}$
10.0	1.76	1.54	1.33	1.17	1.12	1.05	0.961	0.875	0.803	0.710	0.616	0.519	0.445	0.383	0.350	0.289	0.248	6.12
11.0	2.07	1.83	1.58	1.39	1.32	1.24	1.14	1.04	0.945	0.844	0.767	0.615	0.523	0.457	0.440	0.343	0.292	7.41
12.0	2.42	2.19	1.84	1.60	1.54	1.45	1.31	1.20	1.11	0.987	0.858	0.720	0.616	0.537	0.484	0.405	0.343	8.81
13.0	2.75	2.43	2.11	1.88	1.77	1.66	1.51	1.39	1.28	1.14	0.990	0.832	0.715	0.615	0.551	0.460	0.399	10.34
14.0	3.18	2.70	2.40	2.12	2.00	1.89	1.73	1.58	1.46	1.30	1.12	0.952	0.814	0.704	0.644	0.534	0.451	12.00
15.0	3.55	3.13	2.71	2.39	2.29	2.13	1.96	1.80	1.65	1.48	1.30	1.08	0.910	0.803	0.726	0.605	0.517	13.77
16.0	4.00	3.51	3.02	2.68	2.56	2.42	2.20	2.02	1.86	1.66	1.45	1.21	1.03	0.902	0.825	0.688	0.583	15.67
17.0	4.45	3.96	3.37	2.99	2.85	2.70	2.46	2.25	2.08	1.85	1.62	1.35	1.16	1.02	0.913	0.770	0.650	17.69
18.0	4.90	4.32	3.73	3.32	3.16	2.99	2.93	2.50	2.30	2.06	1.79	1.50	1.27	1.12	1.02	0.847	0.715	19.83
19.0	5.39	4.75	4.11	3.66	3.43	3.28	3.01	2.75	2.54	2.26	1.97	1.66	1.41	1.24	1.11	0.931	0.792	22.09
20.0	5.88	5.28	4.52	4.02	3.82	3.61	3.30	3.02	2.78	2.49	2.16	1.82	1.55	1.35	1.21	1.03	0.875	24.48
21.0	6.39	5.8	5.1	4.4	4.17	3.94	3.63	3.35	3.08	2.80	2.35	2.15	1.68	1.47	1.34	1.11	0.946	27.00
22.0	6.94	6.21	5.49	4.79	4.54	4.29	3.97	3.65	3.36	3.05	2.75	2.31	1.84	1.61	1.45	1.21	1.03	29.60
23.0	7.51	6.78	5.91	5.17	4.98	4.64	4.32	3.98	3.65	3.29	2.78	2.38	1.99	1.74	1.57	1.31	1.11	32.30
24.0	8.14	7.28	6.38	5.53	5.29	5.02	4.75	4.38	3.98	3.59	2.99	2.56	2.16	1.88	1.71	1.42	1.20	35.20
25.0	8.75	7.89	6.93	6.00	5.69	5.39	4.98	4.59	4.20	3.81	3.22	2.78	2.33	2.04	1.84	1.53	1.32	38.20

表 28-130 中的计算公式，是按气料混合流的情况对纯空气流计算公式修正得到的。式中的一些系数多是因修正而引入的。有些系数作了简化以利计算。

表 28-130　真空输送网络压力损失计算公式表

<table>
<tr><th colspan="2">损失项目</th><th>代号</th><th>计算公式</th><th>说明</th></tr>
<tr><td colspan="2">喷嘴压力损失</td><td>$H_{嘴}$</td><td>$H_{嘴}=\varepsilon H_{动}$</td><td>单筒吸嘴 $\varepsilon=1.7\sim3$</td></tr>
<tr><td colspan="2">加速物料压力损失</td><td>$H_{加}$</td><td>$H_{加}=(1+\varphi M)H_{动}$</td><td>$\varphi=0.65\sim0.8$，
水平管 $H_{加}$ 较垂直管小 20%～30%，物料越细，$H_{加}$ 越小</td></tr>
<tr><td rowspan="3">沿程压力损失 $H_{沿}$</td><td>水平管</td><td>$H_{水}$</td><td>$H_{水}=RL_{水}(1+\psi\varphi M)$</td><td>$\psi=\dfrac{0.007d}{0.001+0.0125d}$
$\varphi=\dfrac{1}{1+0.06\sqrt{\dfrac{v_x}{\sqrt{gd}}}}$</td></tr>
<tr><td>垂直管</td><td>$H_{垂}$</td><td>$H_{垂}=RL_{垂}$
$\left[1+\left(1\pm\dfrac{333gd}{v_s^2\phi'^2}\right)\psi'\phi' M\right]$</td><td>物料在垂直段上升，括号内用“+”，下降用“−”
$\psi'=\dfrac{0.006d}{0.001+0.0125d}$
$\varphi'=\dfrac{1-\sqrt{1-\left(1-\dfrac{0.003v_x^2}{gd}\right)\left[1-\left(\dfrac{v_x}{v_s}\right)^2\right]}}{1-\dfrac{0.003v_x^2}{gd}}$</td></tr>
<tr><td>倾斜管</td><td>$H_{斜}$</td><td>$H_{斜}=\dfrac{H_{垂}}{\sin\alpha}$</td><td>$\alpha$ 为倾斜管道轴线与水平面间的夹角</td></tr>
<tr><td colspan="2">弯头的压力损失</td><td>$H_{垂}$</td><td>$H_{垂}=(1+K_0M)\rho H_{动}$</td><td>水平面内弯头：$K_0=1.5$。水平转垂直向上：$K_0=2.2$。
垂直转水平：$K_0=1$
90°弯头，以 R 表示曲率半径时，ρ 值如下
<table>
<tr><td>R/d</td><td>1</td><td>1.5</td><td>2</td><td>2.5</td><td>3</td><td>6</td><td>10</td></tr>
<tr><td>ρ</td><td>0.23</td><td>0.18</td><td>0.15</td><td>0.13</td><td>0.12</td><td>0.088</td><td>0.066</td></tr>
</table></td></tr>
<tr><td colspan="2">恢复物料速度的压力损失</td><td>$H_{复}$</td><td>垂直转水平
$H_{复}=\Delta iH_{加}$
水平转垂直
$H_{复}=2\Delta H_{加}$</td><td>
<table>
<tr><td>输送量/$t\cdot h^{-1}$</td><td><0.5</td><td><1.0</td><td><2</td><td><3</td><td><5</td><td>>5</td></tr>
<tr><td>Δ(90°弯头)</td><td>0.5</td><td>0.35</td><td>0.25</td><td>0.15</td><td>0.1</td><td>0.07</td></tr>
</table>
<table>
<tr><td>弯头后续水平管长/m</td><td>1</td><td>2</td><td>3</td><td>4</td><td>5</td></tr>
<tr><td>i</td><td>0.7</td><td>1</td><td>1.25</td><td>1.4</td><td>1.5</td></tr>
</table></td></tr>
<tr><td colspan="2">提升物料压力损失</td><td>$H_{升}$</td><td>$H_{升}=1.2MS$</td><td>S 为提升高度</td></tr>
<tr><td colspan="2">分离器的压力损失</td><td>$H_{分}$</td><td>$H_{分}=(1+KM)\xi\dfrac{\gamma'\alpha v'_s}{2g}$</td><td>$\xi=1.5\sim2.0$
v'_s 为混合流进入分离器时的流速
<table>
<tr><td>v'_s</td><td>15</td><td>16</td><td>17</td><td>18</td><td>19</td><td>20</td></tr>
<tr><td>K</td><td>0.45</td><td>0.41</td><td>0.38</td><td>0.36</td><td>0.35</td><td>0.34</td></tr>
</table></td></tr>
<tr><td colspan="2">除尘器的压力损失</td><td>$H_{除}$</td><td colspan="2">视选用的除尘器种类而定，产品技术性能给出此数据</td></tr>
</table>

注：表中各式符号除另有说明者外同前文，g 为重力加速度。

整个系统的总压力损失，便是诸项压力损失之和，即：

$$H_{总}=H_{嘴}+H_{加}+H_{沿}+H_{弯}+H_{复}+H_{升}+H_{分}+H_{除} \tag{28-136}$$

(4) 风机或真空泵的选择

式（28-128）、式（28-136）计算的 $Q_{总}$ 和 $H_{总}$ 是选用抽气设备的依据，它们的风量应大于 $Q_{总}$，全压应满足 $H_{总}$。当采用罗茨鼓风机时，其静压远较离心风机为高，应选大混合比，减小风量。当采用水环泵时，M 也要选大。

28.22.5 真空吊车

人们利用真空与大气压之间的压差，制造了真空吸盘。使用真空吸盘制成的真空吊车，在起吊运输业上显示出了它独特的优点：①首先不仅对磁性材料，而且对范围极广的非磁性金属和非金属都能实现吸附吊运；②由于吸盘受力面积较均匀（吸盘内可做成缓冲凸肩），所以可以吊运强度较差或脆性较大的材料与设备，如玻璃板、纸筒等；对成套仪器设备可吸附薄壁外壳进行吊运；对油桶、化学溶剂筒等也可吸附在筒壁上进行吊运。除此之外，真空吊车还有以下特点：对于表面粗糙的物件也能起吊，只要在工件上能放置下吸盘，并选择好合适的吸盘橡胶材料就可吊运。国外已有用它来吊运混凝土建筑材料的例子。对于有些漏气的工件，选用抽气速率高的真空泵，也能吸附吊运。而温度较高的材料，可选用耐热性好的橡胶，如采用硅橡胶或氟橡胶也能吊运。日本某厂曾用它来吊运轧好的高温铝板。

(1) 基本原理

真空吊车是应用真空吸附原理，在被吸附的工件上紧贴橡胶制的吸盘，用真空泵抽掉吸盘与工作间空腔内的空气，使外界的大气压力与空腔内的真空产生一个压力差（见图 28-222），依靠此压力差，使工件紧吸在吸盘上进行吊运。

造成的压力差越大，起吊的吸附力就越大；真空泵的抽气速率越大，吸盘内真空达到动态平衡时间越短，吊运的可靠性越大，起吊的速度也越快。

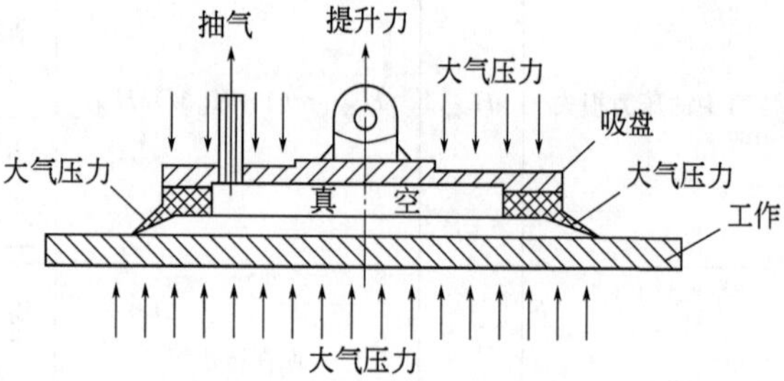

图 28-222 真空吸附原理图

(2) 结构简介

图 28-223 为门式真空吊车，两轨距离为 14.6m，最大起吊钢板长度 12m，车身宽度 3.4m，车身全高为 3.75m，而大车车身的大梁高度为 3.15m。吊车起吊质量为 5t。

这种真空吊车设计时选用气缸提升的方案来实现板材的吊运和升降。其最大提升高度为 0.8m。这种真空吊车为了实现不同尺寸板材的吊运，具有大小两种吸盘。三只大吸盘（盘的外径 600mm），二只小吸盘（盘的外径 400mm）。每只吸盘由各自独立的气缸来提升。吸盘之间可以联合工作，也可各自单独工作。例如，当起吊整张大钢板时，用 1、3、5 号大吸盘联合起吊，2、4 号小吸盘上升停止工作（参见图 28-223）。当起吊宽度较小的板材时，则可用 2、4 号小吸盘联合起吊，大吸盘上升停止工作。另外，当板材面积较小时，可以采用两只大吸盘，甚至一只大吸盘或一只小吸盘进行起吊。这样就能满足所有尺寸的工件起吊运输。

设备的大吸盘配用的气缸内径为 260mm；小吸盘配用的气缸内径为 180mm，以保证在任何气源状况下，大吸盘的吸附力永远大于大气缸的提升力；同样小吸盘的吸附力也永远大于小气缸的提升力，这样才能保证起吊的安全。因为当钢板的质量超过吸盘的吸力（钢板质量更超过气缸的提升力）时，钢板吊不起来。

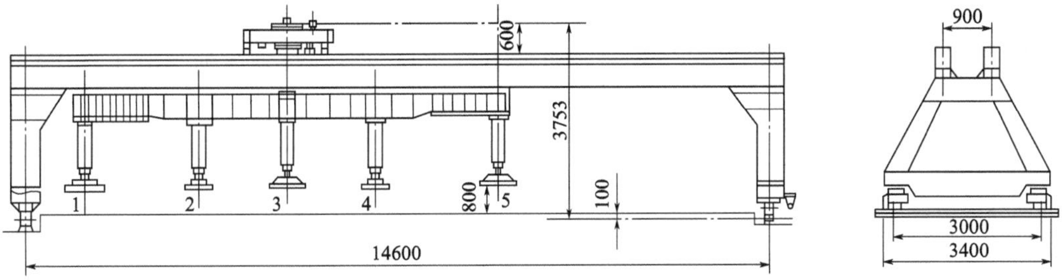

图 28-223 门式真空吊车外形结构

为了保证安全吊运，吊车的运动方位各极限位置都装有限位装置。同时为了防止吊梁与大车梁脚相碰，在大车的大梁两端装有限位开关。同时依靠另外一套限位装置，使吊梁只能在大梁中间一定范围内旋转，超出这个范围吊梁旋转电动机自动断闸，停止旋转。吊车不仅能做普通门式吊车的动作：纵向和横向行走，而且吊梁沿中心轴能做左右各 90°的旋转（即可做 180°的调头），以便于调整板材的安放位置。吊梁两端的大吸盘可向中心移动（每端可移动 1m），这样便能起吊长度小于 9.6m 和大于 7.6m 的厚钢板。此两端吸盘和气缸组的移动是由 0.5kW 的三相异步电机传动，经蜗轮蜗杆减速，再通过丝杠带动气缸上部的拖车来实现的。

28.22.6 混凝土真空吸水

混凝土施工的成型方法，目前主要以振动成型为主，但产生的噪声十分有害。在混凝土成型后，用真空吸盘将混凝土拌和时，多余的水吸出来，这就保证了水灰比大的混凝土的强度不致低于相同水泥用量的干硬性混凝土的强度，达到节约水泥和改善劳动条件的目的。

含水量较大的塑性混凝土成型，拌和物处于常压状态。当把一个一侧能透水及另一侧周边密闭的真空吸盘紧紧地贴在已成型的混凝土表面上时，开动真空泵使吸盘空腔形成一定的真空度，于是，拌和物的多余水，从常压区向吸盘内负压区流动，并不断蒸发，进而以气和水的形式经真空管路被吸走。试验证明，在吸水的初始阶段，吸水速率较高。随着水的吸出，混凝土产生了一定量的压缩。在压缩过程中，水以紊流向吸盘方向流动，水的流动又带动拌和物中的细小颗粒，使它们找到稳定位置。在水中不能悬浮的颗粒，紊流对它们产生了不均匀的切向力，使之产生一定程度的转动而找到稳定位置。随着继续吸水，混凝土产生了第二阶段的微量压缩，即毛细管径越来越小，对吸水产生的阻力越来越大。当产生的阻力与负压所造成的吸附力平衡时，吸水过程随之结束。此间混凝土已经形成了很好的物理强度。

混凝土真空脱水的特点是：①可采用大流动性混凝土，便于施工；②缩短混凝土初期养护时间；③真空吸水后，可立即实施机械抛光；④提前拆模，加快模板周转期；⑤提高了混凝土的抗冻性，以利于冬季施工；⑥可以节约水泥 10%～20%；⑦真空脱水可以节省模板费及塔吊费用，经济效益显著。

28.22.6.1 真空吸水吸盘结构

混凝土真空吸水用吸盘，大体上有刚性吸盘、柔性软吸盘及刚柔结合型三种。具有同样的吸水率的软吸盘，其质量只相当于刚性吸盘的几十分之一，可在没有起吊设备的场合用手工操作。构造简单，加工制作容易，而且不用钢材。在现场浇注的混凝土施工中使用，就有特殊意义。

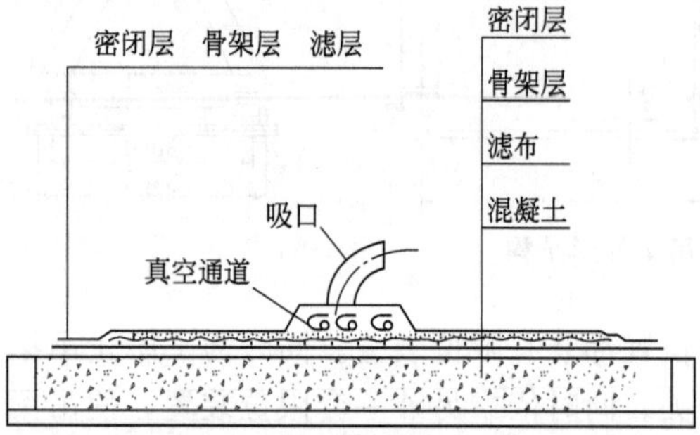

图 28-224 软吸盘构造示意图

软吸盘由互相分离的三大独立部分组成，如图 28-224 所示。

① 真空密闭覆盖层（以下简称密闭层） 该层用软质薄壁不透气的材料制成，如薄橡胶板，挂胶纤维布、薄塑料人造革等，以质地柔软为好，其作用在于隔绝空气，周边密封，造成在吸盘空腔内形成真空的条件。密闭层由吸口与真空管路相通。

② 空腔骨架层 由柔性单层或多层、四周透气透水性能良好的材料制成。它们是多层塑料窗纱、双层竹帘、双层铅丝网等。其中以双层铅丝网的效果最好，若代之以较粗直径的塑料网会收到更好的效果。该层的作用是支撑密闭层以形成吸盘空腔，造成在负压状态下通气走水的条件。

③ 过滤层 即过滤布，作用在于滤掉泥浆、吸出净水，可用尼龙布、尼龙绸、棉布、士林布等。当吸盘吸水面积较大时，为保证吸盘内各处负压相差不大，可适当设置真空通道。最简单的办法是取一小条骨架层材料，将其卷成圈，敷设在密闭层内侧，以形成空间较大的通道。

28.22.6.2 参数选择

① 吸盘的作业半径 由于吸盘的空腔是由厚度约 3mm 的柔性编织网支撑形成的，这层网状物对抽气吸水产生一些阻力，因而吸盘内空腔负压随作业半轻的增加而减少。吸盘内真空与作业半径间的关系如图 28-225 所示。

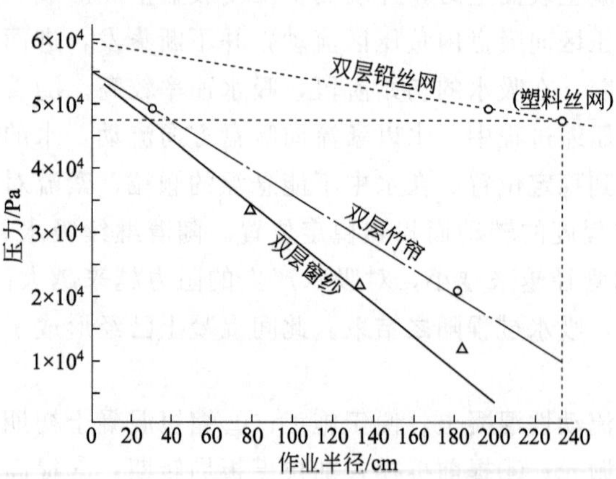

图 28-225 吸盘内真空与作业半径间的关系

由图 28-225 可见，用双层铅丝网（一层为 5mm×5mm 至 10mm×10mm 网眼；另一层为 2mm×2mm 至 3mm×3mm 网眼）或以双层直径相当的（丝径分别为 1.2mm 和 0.5mm）塑料丝网做骨架层是比较好的。它们在作业半径为 2.4m 的条件下，吸盘内真空负压仍能维持不低于 5×10^4Pa，满足了吸水下限要求。

② 作业速度 在有效作业深度内，吸盘的作业速度为 1cm 厚混凝土，吸水时间 1.0～1.5min。

③ 吸水率 这是反映吸盘吸水效果的一个重要参数，它决定着混凝土的剩余水灰比的大小，并直接影响着处理后混凝土的各项

物理力学性能。用八层窗纱做骨架层的吸盘，对 19mm 厚的混凝土试件作吸水处理，测得结果如图 28-226 所示。就 19cm 厚的试件而言，无论在哪个负压状态下，5min 吸水率已达到 25min 吸水率的 50%，而 20min 吸水率已达到 25min 吸水率的 90%以上。再增加吸水时间，吸水率的增加已很小。对 15cm 厚的试件吸水时，吸水率可达 20%；对 10cm 厚的试件吸水时，吸水率可达 20%以上。

当改用双层铅丝网做骨架层的吸盘对 12cm 厚的试件吸水时，测得结果如图 28-227 所示。改用透气透水性能较好的骨架层材料时，其吸水率也显著提高。

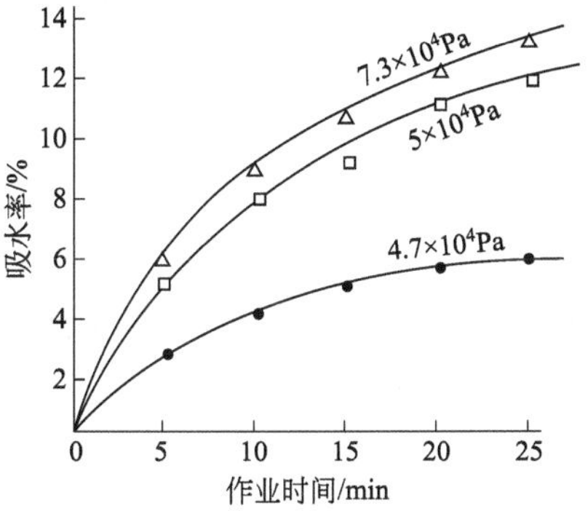

图 28-226 不同压力状态下吸水率同作业时间的关系

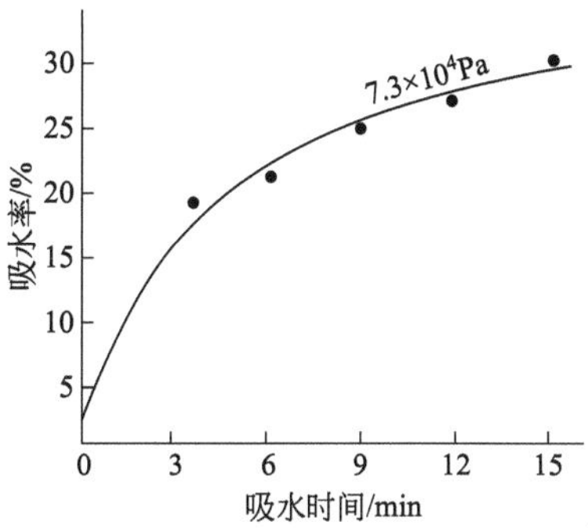

图 28-227 吸水率与吸水时间的关系

④ 作业深度 对混凝土真空吸水，其作业深度不会随着压力的增加及作业时间的延长而无止境地加深。在不同条件下，存在着不同的有效作业深度。试验观察到单方水泥用量对作业深度有显著影响，随着水泥用量的增加作业深度逐渐减小。当单方用量超过 400kg 时，这一影响就更加明显。

按图 28-228 所示的装置，在 15cm×15cm、30cm 厚的试件上，对 200 号普通混凝土进行测定。在压力为 7.3×10^4Pa 时，30cm 深处的压力变化见表 28-131。

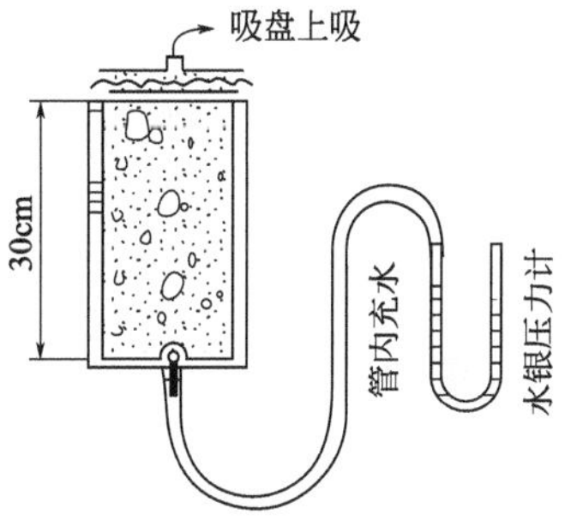

图 28-228 作业深度测定装置

表 28-131 作业深度测定结果

作业时间/min	5	10	15	20	25	30
压力/Pa	3.7×10^3	7×10^3	9.6×10^3	1×10^4	1.2×10^4	1.3×10^4
相邻时间压差/Pa	3.5×10^3	2.4×10^3	1.6×10^3	1.3×10^3	8.0×10^2	

试验表明，在 30cm 深处，吸水 30min 时，该点的压力只有 1.3×10^4Pa，再延长时间也不会有多大增加，已接近了稳定状态。当压力低于 1.3×10^4Pa 时，吸水作用几乎不会发生。因此 30cm 深处并非有效作业深度。当打开侧模，观察不同深度的软硬程度时，发现有效作业深度不过 20cm，但此深度对混凝土作业已经足够了。

⑤ 最优工作压力 吸水率同压力之间的关系曲线，如图 28-229 所示。

图 28-229 表明，当吸盘内压力在（0～4.7）$\times10^4$Pa 内变化时，从吸水率的变化看到

混凝土真空吸水作业存在着一个最优工作压力的问题，即所需压下限不要低于 6×10^4Pa。当然在真空设备允许的前提下，工作压力高些更好。

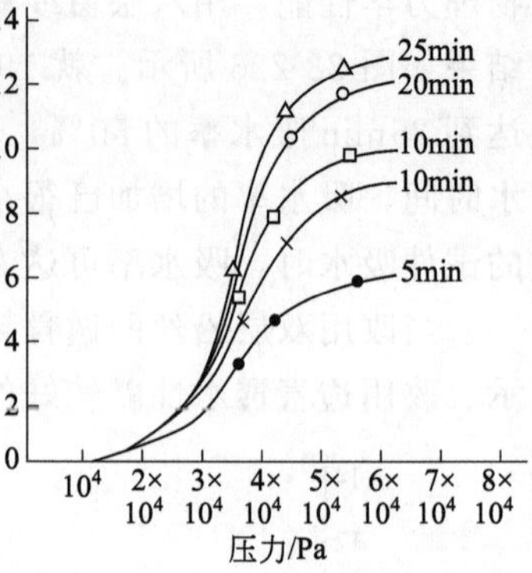

图 28-229 吸水率与压力之间的关系

28.22.6.3 确定施工方案

通常确定合理的施工方案时，需涉及下列问题：

① 机组配备数量；

② 吸垫形状、大小的确定及其数量选择；

③ 制定工艺参数；

④ 制定工艺流程；

⑤ 确定特殊部位的处理方法。

实际上，上述问题往往相互关联。因此，需统筹考虑。为了保证真吸的顺利进行。制定方案内容时，都应围绕这一原则进行，即真吸某一流水段理论上所用时间应大于或等于浇筑该段混凝土理论上所用时间和混凝土自浇筑时起直至真吸所允许的最长静停时间之和，公式表示为：

$$T_{真吸}\geqslant T_{浇筑}+T_{静停} \tag{28-137}$$

当前，由于各施工现场所选用的混凝土输送设备不同，其浇筑速度显现出很大差异。从每小时几立方米至五六十立方米。因此，在估计 $T_{浇筑}$ 值时，应据工程具体情况而定。

水泥的水化反应进行的快慢是受多种因素影响的。其中主要有环境温、湿度，混凝土配合比和掺加外加剂情况等。就真吸而言，水化反应至混凝土表层出现较严重假凝时，其内部毛细水路便已被破坏，真吸很难完成。试验表明在上述诸影响因素中，当配合比变化不大和不掺外加剂时，气温对 $T_{静停}$ 起着决定性作用，并且随气温变化呈现出一定的规律性（见表 28-132）。

表 28-132 温度与静停时间关系

气温/℃	允许最长的静停时间/h	气温/℃	允许最长的静停时间/h
20～29	1.0	1～9	3.0
10～19	2.0	−5～0	(>4.0)

注：表中负温时数值为加入一定量防冻剂所测得的值。

在上述两值确定之后，便可求得 $T_{真吸}$ 的最小允许值，即 $T_{真吸\,min}=T_{浇筑}+T_{静停}$，而后，再制定具体方案。

在实际施工中，真吸总作业时间要由机组数量单位作业时间和次数而定，可表示为：

$$T_{真吸}=\sum_{1-k}^{i}n_i(T_{吸}+T_{准}) \tag{28-138}$$

式中 n_i——第 i 台设备作业次数；

$T_{吸}$——单位真吸作业时间；

$T_{准}$——两次连续作业之间，用于铺吸垫的时间。

$T_{准}$的大小受到施工条件、工人熟练程度、吸垫尺寸和施工作业线路等的影响，一般在 10～20min。为了争取缩短真吸时间应力求减小准备工作时间，同时吸垫尺寸不可太小，一般 6～18m² 为宜，操作、搬运最为方便。

试验结果表明：当作业真空度控制合适时（73327～89325Pa，即相当于 550～670mmHg），真吸时间根据板厚及气温变化，由表 28-133 中取值比较经济。

表 28-133 真吸时间与板厚关系

楼板厚度/cm	标准时间/min	气温修正值/min		
		−5～0℃	1～9℃	>20℃
<5	$0.75\times H$	+2	+1	−1
6～10	$3.5+(H-5)$	+5	+3	−2
11～15	$8.5+1.5(H-10)$	+9	+5	−4
16～20	$16+2\times(H-15)$	+14	+8	−6

28.22.6.4 真空吸水质量保证

真空吸水的优越性众所周知，但在施工中若操作不当，仍有可能出现混凝土强度增长不理想、外观质量差等缺陷。但只要操作认真、措施得当，问题便不难解决。其中尤为重要的是下列几点：

① 真空度应控制在有效范围内（59995～89325Pa，即 450～670mmHg）；

② 开机时，应使真空度缓慢平稳地上升；

③ 真吸后的初期养护阶段，禁止上人；

④ 真吸作业时间应掌握在规定范围内；

⑤ 混凝土水灰比应在 0.45～0.65 之间，且不加或少加外加剂；

⑥ 振捣应充分、密实；

⑦ 吸垫应保持干净，密封垫不可漏气；

⑧ 保证混凝土静停时间小于 $T_{静停}$；

⑨ 在制定工艺流程时，要以使操作者少踩踏新浇混凝土为宗旨；作业中，则可通过一些如埋件和操作脚手板等设施，使必须在新浇混凝土上施工的人员站在其上操作（见图 28-230）。

⑩ 对于施工层上的一些特殊设施，如预留孔洞和管线可分为在房屋开间中间部位和边角部位两种情况，区别对待。在边角处的设施可将吸垫折叠以躲避，而在中间的则有躲避或直接覆盖吸垫两种处理方法，前者一般多通过将垫剪掉一个洞或用几块吸垫拼凑使用来躲开孔洞、管线；后者当遇到孔洞时，可在孔洞上先盖一略大于洞口的塑料布或橡胶布，在肯定其边角处无漏气时，再加盖吸垫，而对露出混凝土表面不太高（小于 10cm）的管线，可在其上罩一表面光滑的罩子，以防止刮破吸垫，对较高者，则必须躲避。

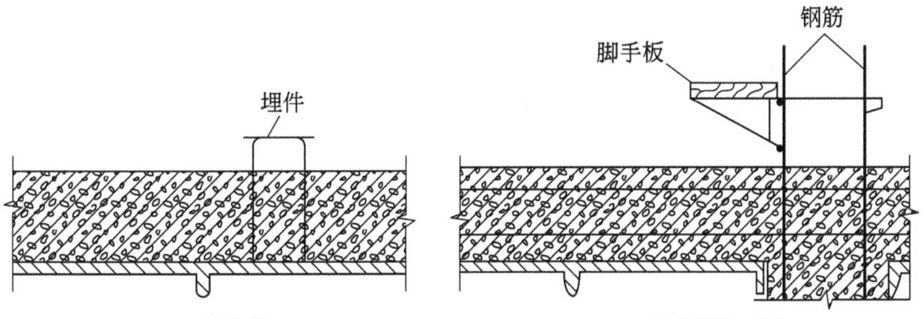

(a) 设埋件　　(b) 搭设脚手板

图 28-230 避免踩踏混凝土的方法

28.22.6.5 真空吸水在冬季施工的应用

通过真空吸水防止混凝土在冬季受冻，这一点对于北方地区的冬天施工尤为重要。

实验发现，当气温在−5～0℃时，混凝土若采用蓄热法，只要保证真吸时混凝土温度不低于4℃，真吸效果仍然理想，真吸后若气温变化不大，无需另加保温措施。

但当气温达到−10～−5℃时，应将掺加防冻剂和蓄热法合并使用。保证真吸时混凝土不受冻。对于不掺外加剂的混凝土施工，则应在混凝土刚入模时，立即覆盖保温设备，待真吸时再取下。真吸后应重新盖上。如遇气温低于−10℃的情况。则不仅要考虑混凝土的防冻问题，同时还必须解决设备的受冻，因此，对水箱和吸水管道都应设法加热或保温。

28.22.7 真空发生器在真空吸附中的应用

真空发生器件以真空压力为动力源，作为自动化的一种手段，已在电子、半导体元件组装、汽车组装、自动搬运机械、轻工机械、仪器机械、医疗机械、印刷机械、塑料制品机械、包装机械、锻压机械、机器人等许多方面得到了广泛的应用。

真空发生器是利用压缩空气的气流产生一定真空度的气动元件，与真空泵相比，其结构简单、体积小、质量轻、价格低、安装方便。使用时与其配套件复合化容易，真空产生及解降快，宜从事流量小的间歇工作，适合分散使用。

28.22.7.1 真空发生器工作原理

典型的真空发生器的结构原理及其图形符号如图28-231所示，它是由先收缩后扩张的拉瓦尔喷管1、压腔2和接收管3等组成。有供气口、排气口和真空口。当供气口的供气压力高于一定值后，喷管射出超声速射流。由于气体的黏性，高速射流卷吸走负腔内的气体，使该腔形成很低的真空度。在真空口处接上配管和真空吸盘，靠真空压力便可吸起吸吊物。图28-232为真空系统的示意图。

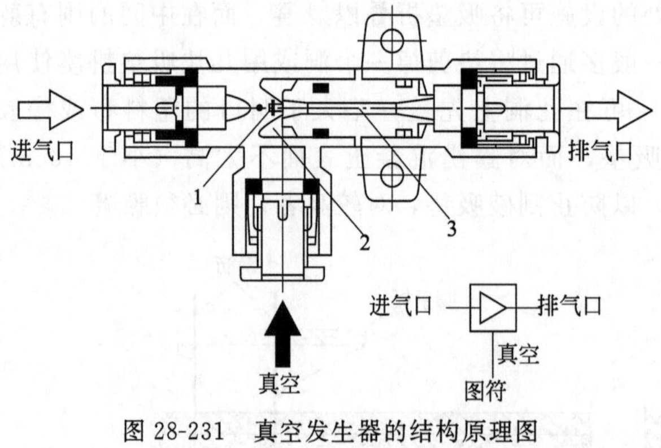

图28-231 真空发生器的结构原理图

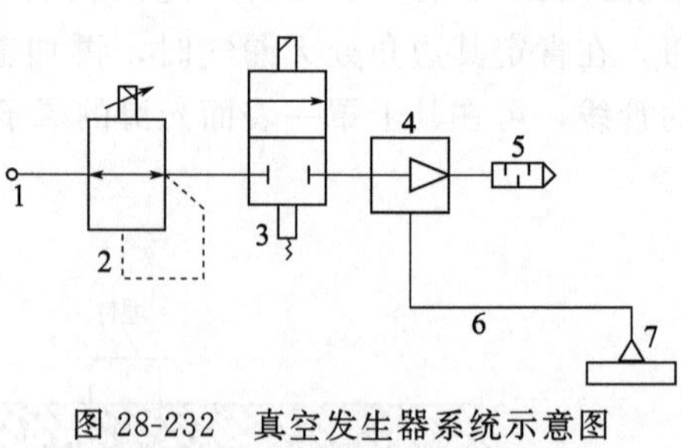

图28-232 真空发生器系统示意图

1—气源；2—调压阀；3—电磁阀；4—真空发生器；5—消声器；6—配管；7—吸盘

28.22.7.2 真空发生器与真空吸盘工作过程

真空发生器在电子工业、钢铁、化工、建筑、食品等行业应用很广，主要在自动机械中起如下作用。

① 真空吸着搬运　将真空发生器与真空吸盘组合，利用产生的真空吸附工件，将工件送到所需工位。

② 真空吸着固定　利用真空吸着固定一定弹性变形的薄工件，进行磨削加工等。

上述两种用途，吸着过程完全相同，过程如图 28-233 所示，图中 t_1 为真空发生时间，t_2 为工件吸着时间，t_3 为搬运时间，t_4 为真空破坏时间，t_5 为搬运周期。首先装在自动机械上的真空吸盘与工件接触形成密闭空间，然后真空发生器开始工作，压缩空气流量开始急剧上升，同时密闭腔空气迅速排出，随着密闭腔空气量的减少，排气量迅速下降，密闭腔内真空度很快提高，当达到一定真空度后，自动机械运动，带动真空吸盘和工件到达所需工位。搬运结束时，为了使工件尽快脱离吸盘，采用向真空吸盘吹入压缩空气达到破坏真空的目的。从真空发生到真空破坏的吸着运送全过程中，真空发生器消耗一定量的压缩空气。对于全自动连续运行的机械，压缩空气消耗量很大。因此无论是对经营者还是设计者，都必须重视这一点。

28.22.7.3　真空发生器的应用

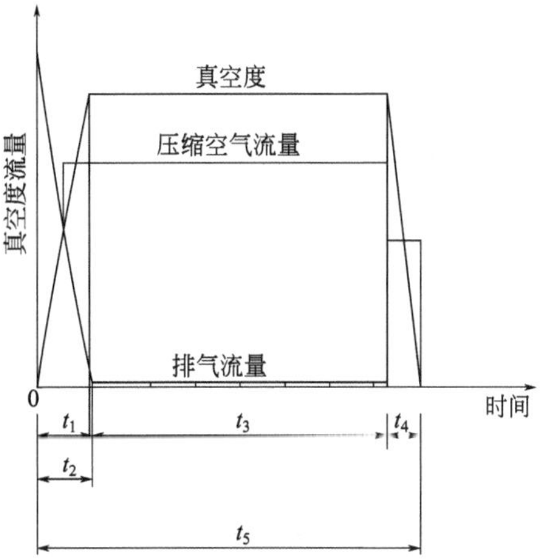

图 28-233　真空吸着过程示意图

真空发生器是自动机械的一部分，因此必须满足自动机械的动作及节拍要求。在此前提下，尽可能降低压缩空气消耗量，达到节能的目的。

在吸着运送和吸着固定的各种场合，根据工件的质量、表面粗糙度、材质、运送时间的长短及吸附速度的不同，首先应通过正确选用真空发生器型号规格实现节能。为了满足不同用户的要求，真空发生器厂家设计了很多规格，日本某株式会社的真空发生器规格达 80 余种，为使用者提供了很大的选择余地。其分类依据基本根据喷嘴直径规格，是否带电磁阀、真空开关、真空破坏阀、过滤器、单向阀及最高真空度等。其中最高真空度和喷嘴直径规格对压缩空气消耗量影响最大，也是节能选用时特别要重视的。一般以满足自动机械生产节拍及搬送工件质量为原则，生产节拍由真空发生器的真空到达时间及搬运速度来保证，而搬送质量则由真空度及吸盘直径来保证。在选用时，还要注意，真空发生器必须在设计工况下工作，才能达到理想效果。

(1) 气密性工件的搬送

当搬送如玻璃、钢铁、塑料等表面光滑的气密性材料制造的工件时，我们可以选用带单向阀的真空发生器。该真空发生器内装有单向阀和真空开关，采用合理的控制策略对运送这类工件节能效果非常明显。其节能使用方法如下：

当达到设定真空值时，由真空开关发出信号，电磁阀关闭气源，真空发生停止，这时单向阀阻止空气向真空回路泄漏，使真空继续保持；而当泄漏真空度低于设定真空值时，真空开关控制电磁阀接通气源，压缩空气进入真空发生器，使真空回路再一次达到真空设定值，这样使执行机构不断工作。

对于气密性材料，理论上计算一个运送周期节能效率大致在 80%～95%左右。效率近似计算式如下：$\eta=t/T$，式中 η 为效率，t 为真空保持间，T 为运送时间。采用日本某株式会社生产的CVM型真空发生器（带单向阀）做了真空自然破坏的实验，玻璃、表面光洁的铝板、木材、瓦楞纸板等做的实验结果如图 28-234 所示。由图可见，玻璃、表面精加工后的铝板等气密性材料，真空保持效果非常理想，7000Pa 真空度 30min 内基本没变化。因此，对于一般自动机械来讲，均能满足要求。但是，因为在真空回路中装上普通单向阀后，流阻增加，排气量将下降 0～40%左右，真空到达时间也将延长。真空发生器的带弹簧的单向阀，其流阻较大，在改进后的真空发生器中，为了减小流阻，采用如图 28-235(b) 形式的不带弹簧的大截面单向阀，有效地克服了该缺点。

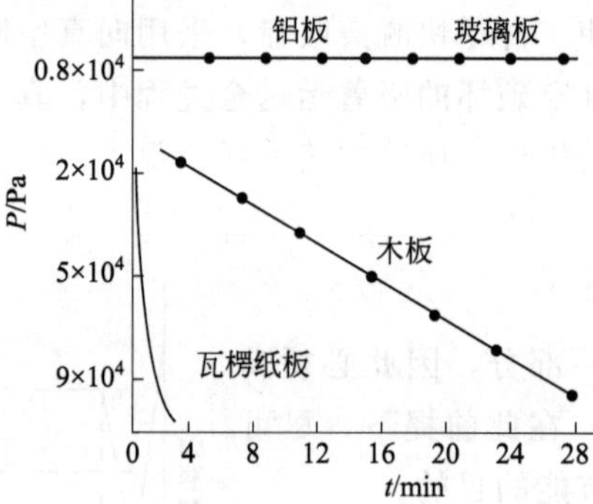

图 28-234　表面光滑材料真空自然破坏实验结果

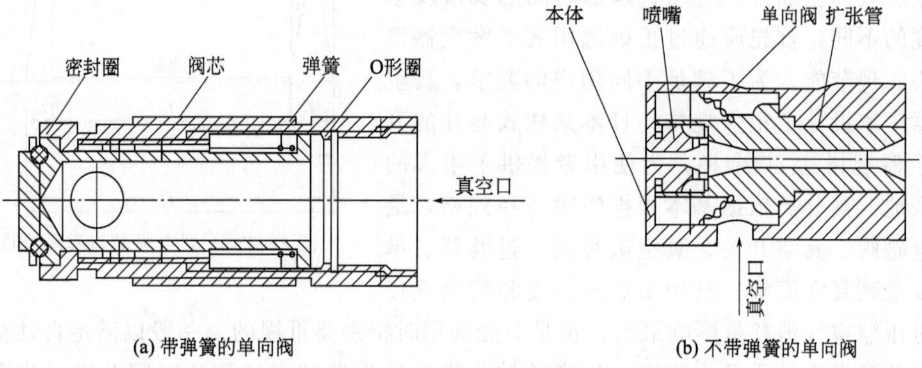

图 28-235　两种不同结构真空发生器单向阀示意图

(2) 材质疏松且较重工件的搬送

当吸着瓦楞纸板及木板的情况下，由于工件的材质疏松，空气泄漏量大，真空自然破坏速度较快，真空度下降很快。这时，若选用带单向阀的真空发生器，则真空发生器就会频繁启动，此时非但节能效率下降，安全性差，甚至不能正常工作。所以带单向阀的真空发生器不适合搬运材质疏松的工件。对材质疏松且较重工件的搬送，如采用小排气量的真空发生器，则真空发生时间较长，影响自动线节拍，如采用大排气量的真空发生器，则能耗很大。为解决此矛盾，可设计如图 28-236(a) 所示的两真空发生器并联的结构来完成搬运。将排气量不同和能达到不同真空度的两对彼此独立的真空发生系统并联集装在同一个本体内，由功能控制阀根据自动机械的动作要求自动控制，使其同时或顺序地产生真空和保持真空，以达到节能的效果。A1 是排气量小，但能达到高真空度的喷嘴、扩张管组合；A2 是排气量大，但真空度较低的喷嘴、扩张管组合；A3 是进气分配阀。A1 和 A2 的真空口分别通过各自的单向阀与系统的真空口相连接，压缩空气进气由分配阀 A3 顺序控制，弹簧用于真空度调节和阀芯复位。其工作循环如下：工作开始时，分配阀仅向 A2 供气，由于 A2 是排气量大，但真空度较低的真空发生器，故待抽真空的密闭容腔很快就有负压出现，真空到达时间 t 由下式确定：$t=\left(\frac{V}{c}\right)^{\frac{1}{\alpha}}$。式中，$V$ 为真空系统容积，c 为根据真空度确定的系数，α 为根据真空发生器型号确定的系数；与之相连的分配阀下腔压力下降，阀芯两端在压差的作用下，压缩弹簧，阀芯下移，达到设定的真空度时，关闭 A2 的进气口，打开 A1 的进气口，由排气量小，但能达到高真空度的真空发生器 A1 工作，继续保持真空。如图 28-236(b) 所示，图中 t_1 为 A2 工作时间，t_2 为小流量真空保持时间，t_3 为真空破坏时间。当然，根据分配阀的作用，也可以让 A1、A2 同时产生真空到一定值后，切断 A2 的供气，只给 A1 供气，用以继续保持真空。这种真空发生器在对材质疏松且较重工件的搬送时，由于用大排气量的真空发生器尽快达到设定真空度，用小流量的真空发生器保持真空，从而既节省了时间，又保证了工作可靠性，同时达到节能的效果，所以能得到满意的效果。

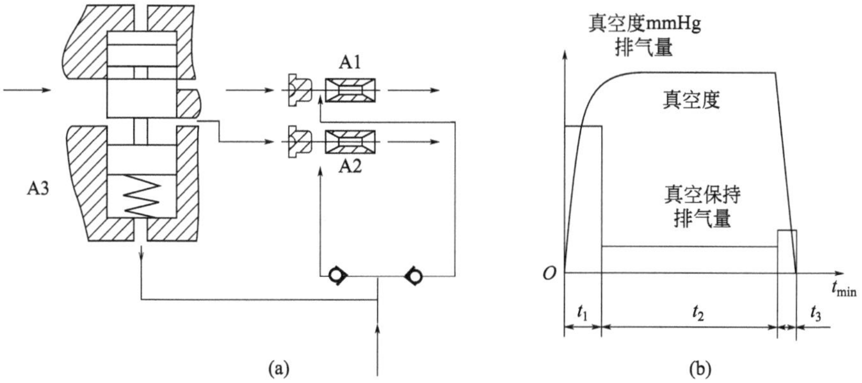

图 28-236　真空发生器并联结构及工作循环示意图

(3) 节拍较快且较重工件的搬送

节拍较快且较重工件在搬送时，一般考虑采用大排气量的真空发生器，但是，这种真空发生器压缩空气消耗量很大，而特殊设计的双喷嘴串联真空发生器可较好的解决该类问题。如图 28-237 所示，它是将两个真空发生器 A1、A2 经特殊设计后，直接串联在本体之中，A1 的扩张管又作为 A2 的喷嘴使用，所以，A1、A2 之间要满足一定的截面积之比。当供给一定的压缩空气时，A1 产生真空后，排出的气流又作为 A2 的气源，继续抽吸密闭腔的气体。由于 A1、A2 的喷嘴截面积及进气压力不同，A2 的到达真空度明显低于 A1 的到达真空度，当密闭腔的真空度高于 A2 所能达到的真空度后，单向阀切断 A2 真空口与密闭腔的回路，由 A1 单独抽真空。由于回收使用了一级真空发

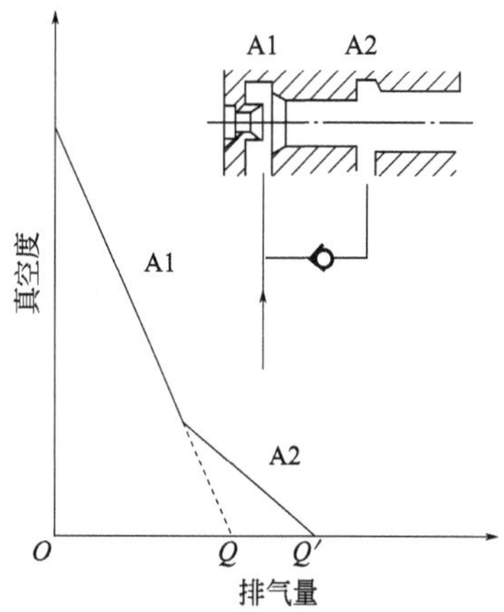

图 28-237　双喷嘴串联式真空发生器结构及性能示意图

生器排出的压缩空气能量，实验证明，这类真空发生器使总排气量增加40%左右，同时，由于排气流量增大，真空到达时间缩短，提高了真空发生器的吸着快速性，并达到了节能的目的。这类真空发生器的最大优点是在压缩空气消耗量相同的情况下，真空发生速度提高了很多，这对自动机械的高速化要求，无疑表现出潜在的优势。为此，如果采用增加串联数的方法，如三联、四联式真空发生器则能进一步提高排气量和缩短真空到达时间，提高自动机械单位时间的搬运次数。

28.22.8 真空吸盘

真空吸盘是一种专用的真空装置，当其与工件贴合后，形成密闭的真空腔，通过对真空腔抽气，内外形成压差，从而达到吸住工件和吊运目的。本真空吸盘由孙克刚等研制。

28.22.8.1 普通真空吸盘

图28-238为球形工件吸具结构原理图，吸具主要由真空吸盘、吸具腔体、真空表、真空阀门以及真空泵组成。真空泵通过真空阀门与吸具腔体相通，当真空泵开启后，使吸具腔体和真空吸盘产生真空，借助大气压力，使真空吸盘吸住球形工件。起吊杆与起重机相连，进而达到搬运工件的目的。这种结构，由于真空吸盘是固定的，只用于曲率半径不变的圆形工件吊运，为其应用带来了局限性。

28.22.8.2 球头摆动真空吸盘

球头摆动吸盘是将图28-238真空吸盘结构加以改进，适用于变曲率半径的球状工件吸运。其结构原理如图28-239所示。主要有球头螺杆、压盖、O形密封圈、密封座、吸盘构成。吸盘为橡胶材料，通过螺钉与密封座相接，保证了吸盘与密封座之间的气密性。球头与密封座之间用O形密封圈密封。球头螺杆中间为通孔，用于抽真空。

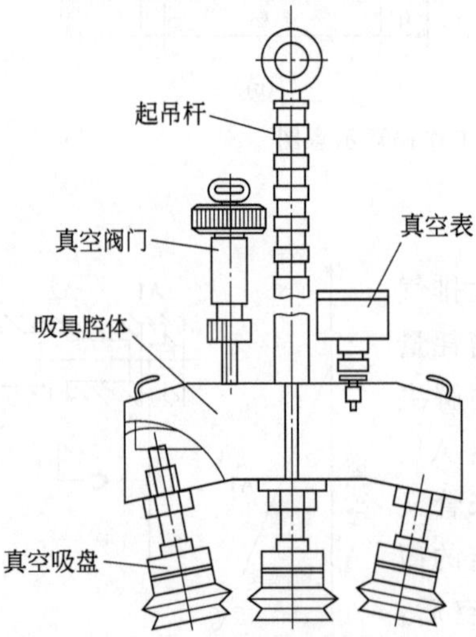

图28-238 普通真空吸具

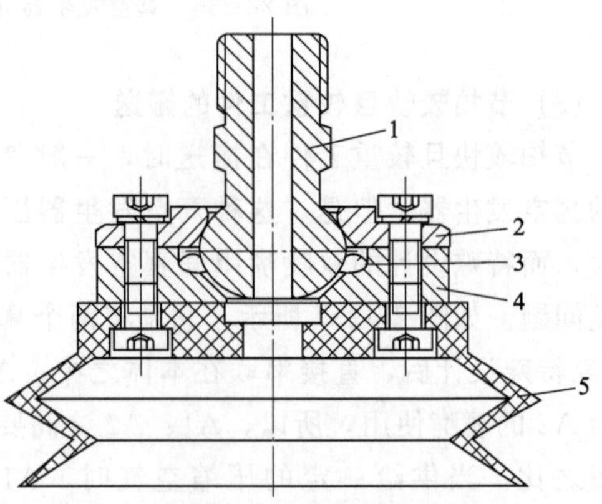

图28-239 球头摆动吸盘

1—球头螺杆；2—压盖；3—O形密封圈；4—密封座；5—吸盘

此球头摆动吸盘，不仅适用于圆形构件，也适用于多种外形表面，其贴合状态如图28-240所示。

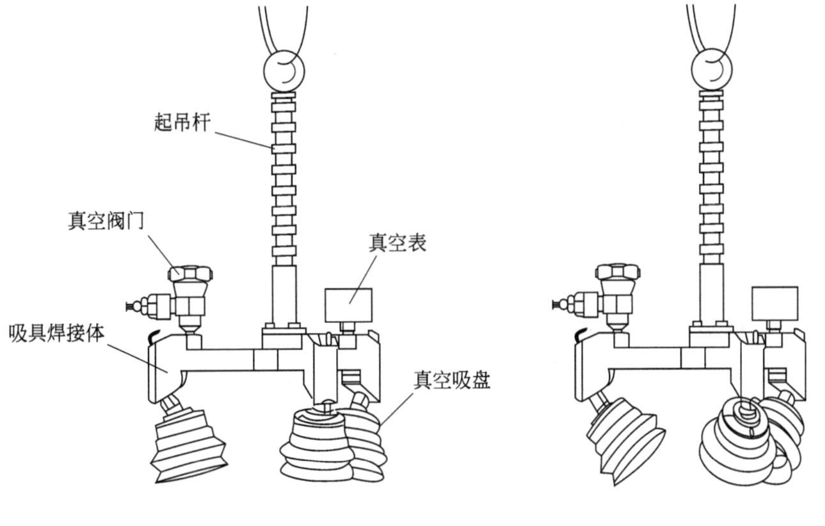

(a) 最大摆动角度状态　　(b) 最小摆动角度状态

图 28-240　多用吸具吸取示意图

28.22.8.3 圆形管道大型真空吸盘

(1) 结构原理

真空吸管器采用真空原理，即用真空负压来“吸附”钢管以达到吸持搬运钢管的目的。具体如图 28-241(a) 所示：吸盘是真空吸管器的工作装置，覆盖在钢管工件上，抽真空系统由柴油机驱动真空泵为吸盘提供负压吸持动力，真空泵通过真空软管与蓄能罐相连，蓄能罐通过电磁控制阀与吸盘相连。当启动抽真空发生系统时，吸盘内部的空气通过软管被抽走，逐渐形成了压力为 p_2 的真空状态。此时，吸盘内部的空气压力 p_2 低于吸盘外部的大气压力 p_1，即 $p_2<p_1$，工件在压力差的作用下被吸起，吸盘内部的真空度越高，吸盘与工件之间贴得越紧，吸附力越大。

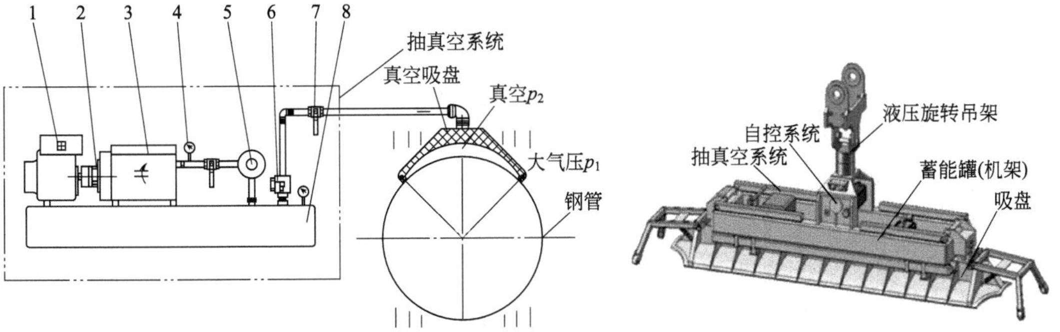

(a)　　(b)

图 28-241　真空吸盘结构原理

1—发动机；2—联轴器；3—真空泵；4—真空表；5—防尘器；6—磁力阀；7—管路；8—储能罐

真空吸管器为框架式结构，如图 28-241(b) 所示：由抽真空系统、液压吊架、吸盘、蓄能罐（机架）和自动控制系统等组成。抽真空系统是用来使储能罐产生特定真空度的抽气系统，由柴油发动机、真空泵、管路、控制阀等组成。为了使抽真空系统各部件布置合理、传动可靠，发动机与真空泵采用弹性联轴器连接，机架与储能罐集成一体、吸盘与机架采取销轴连接。储能罐是维持吸盘工作安全真空度的容器，当真空泵抽气时，储能罐向外排气获得真空，通过控制阀、管路使吸盘与钢管间形成真空负压来“吸附”吊装钢管。液压旋转吊架与机架铰接，借助挖掘机提供的液压动力，驱动真空吸盘水平旋转，从而定位钢管的起吊和摆放位置。

(2) 真空吸盘吸附力及吸盘面积

真空吸盘的吸附力由下式计算

$$F=M(g+a)S \tag{28-139}$$

式中 F——真空吸盘力，N；

M——管道质量，kg；

g——重力加速度，9.8m/s^2；

a——真空吸盘运动加速度，m/s^2；

S——安全系数，一般选 2.5。

真空吸盘面积由下式计算：

$$A=\frac{F}{p_2-p_1} \tag{28-140}$$

式中 A——真空吸盘真空侧面积，m^2；

F——真空吸盘吸力，N；

p_1——真空吸盘内压力，N/m^2；

p_2——大气压力，N/m^2。

(3) 真空系统设计计算

图 28-241 的真空系统中除了真空泵之外，还设置了一个储能罐，其用途是：当真空泵出现事故，不能抽气时，储能罐可以维持吸盘内的工作压力，使吊运的管道安全放置到地面。

真空储能罐容积由下式计算：

$$p_1V_{盘}=p_2\ (V_{罐}+V_{盘}) \tag{28-141}$$

式中 p_1——周围环境大气压力，Pa；

p_2——吸盘内压力，通常选择 3×10^4Pa；

$V_{盘}$——真空吸盘内部容积，L；

$V_{罐}$——真空储能罐容积，L。

真空抽气系统配置的真空泵有效抽速按下计算：

$$S=2.3\frac{V_{罐}}{t}\lg\frac{p_1}{p_2} \tag{28-142}$$

式中 S——真空泵有效抽速，L/S；

p_1——周围环境大气压力，Pa；

p_2——吸盘内压力，Pa；

$V_{罐}$——真空储能罐容积，L；

t——抽气时间，根据需要确定，通常可选 $t=20s$。

储能罐能维持吸盘内工作压力的时间按下式计算：

$$t=\frac{(p_1-p_{罐})V_{罐}}{Q_0} \tag{28-143}$$

式中 t——吸盘中维持工作压力的时间，s；

p_1——吸盘中的工作压力，Pa；

$p_{罐}$——真空泵失去真空能力时蓄能罐中压力，Pa；

$V_{罐}$——蓄能罐的容积，L；

Q_0——真空系统允许漏率，Pa・L/s。

例：储能罐容积为 200L，真空系统漏率控制小于 100Pa・L/s（此漏率值工艺很容易实现），吸盘内工作压力为 3×10^4Pa，储能罐内压力为 2×10^4Pa，计算维持工作压力的时间。

$$t=\frac{(p_1-p_{罐})V_{罐}}{Q_0}=\frac{10000\times200}{100}=2000s \tag{28-144}$$

计算结果表明，有 0.5h 的时间吊运管道，使之置于地面。

(4) 真空吸盘结构与密封

真空吸盘是真空吸附系统的执行元件，真空吸盘的结构设计和密封材料选择至关重要。为了提高真空吸盘密封性能，满足吸盘强度要求，同时减轻重量，在真空吸盘设计加工中采取了以下措施：一是吸盘采取整体式马鞍型结构，吸盘主体为弧形，外侧用加强筋加固，保证了吸盘的强度和刚性；二是吸盘密封骨架采用特制的 C 型钢凹槽结构，使橡胶密封件安装后，夹持牢固；三是密封材料选用撕裂性能、耐磨性能较好的聚氨酯泡沫胶条；四是吸盘本体采用整体成型加工，减少了焊缝数量，减轻了重量。

图 28-242 为真空吸盘简图；图 28-243 为真空吸盘静载实验实图；图 28-244 为真空吸盘作业实图。

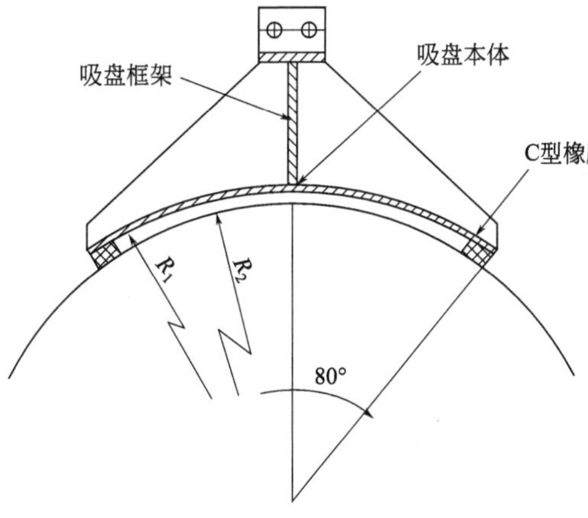

图 28-242 真空吸盘简图

图 28-243　真空吸盘静载实验

图 28-244　真空吸盘作业

28.22.9　真空电梯

真空电梯是一种利用空气提供动力的电梯，具有占地面积小，快速安装，无需底坑、起重设备和机房等特点，并可采用独特的全景设计，在低楼层场所的电梯安装或改造方面具有独特的优势。刘朝等作了分析论述。

28.22.9.1　真空电梯由来

真空电梯虽属现代产品，但其具有较长的发展历史。早在 1967 年，美国专利上就已经有了真空电梯的雏形（见图 28-245）。该装置在对谷物进行脱粒和分离时，用于物料的传输。当时，因为在二或三层房屋安装电动或液压升降机太昂贵，故设计此装置，使用鼓风机从下方吹风（鼓风机上方的单向通道为入口），作为驱动装置进行驱动。该装置安装了大量电磁阀、限位开关、压力传感器，并附有复杂继电器电路，能判断电梯是否到达上层并关闭电路，能实现下降时的自动缓冲、找平和精准定位，同时密封元件也相对完善。该装置虽不像现代产品这样精致美观，但其基本理论已经形成。

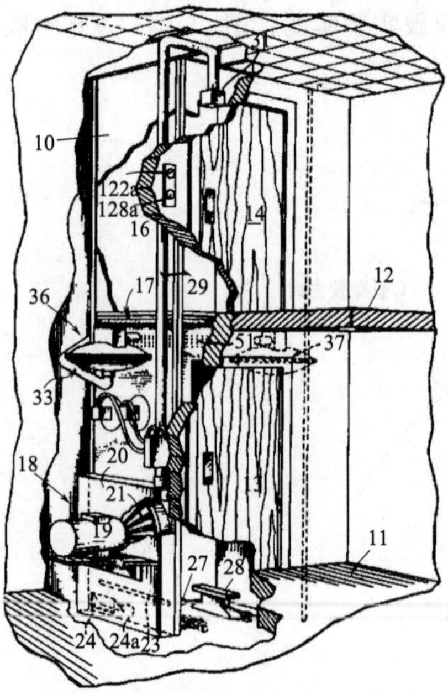

图 28-245　1967 年美国专利中的真空电梯构想图

1996 年，Sors Carlos Alberto 博士提出一种真空电梯的构想，该电梯靠轿厢上下压差作用上行与下行，无需底坑、机房，拥有 360°全透明井道外壁，轿箱亦为透明太空舱式结构，整体设计如同一件艺术品，相对于传统电梯具有明显的优势。

真空电梯的商业历史起始于 20 世纪 90 年代。目前，Pneumatic Vacuum Elevators LLC（以下简称 PVE）是全球规模最大的真空电梯设计和生产商。PVE 于 2002 年在美国佛罗里达州迈阿密成立，共生产三种型号的真空电梯（PVE37-2002 年生产、PVE52-2008 年生产、PVE30-2010 年生产）。PVE 的经销商遍布全球，已经有 75 个国家安装了 9000 多台电梯，在全网有超过 250 个授权经销商。

除 PVE 外，目前国外进行真空电梯生产与销售的公司还有 VE Australia Pty Ltd. 、Venz Vacuum Elevators NZ Ltd. 和 Vision Elevators 等。VE Australia Pty Ltd. 销售的真空电梯有 B30、B37、B52 三种型

号，Venz Vacuum Elevators NZ Ltd. 销售的真空电梯有 M750、M933、M1316 三种型号，Vision Elevators 销售的真空电梯有 Vision350、Vision450、Vision550 三种型号，性能与尺寸大致与 PVE 相似。

28.22.9.2 真空电梯的基本原理

图 28-246 所示为真空电梯基本原理图。真空电梯利用真空泵在轿厢上方形成真空，轿厢下方为大气压，二者通过轿厢顶部的密封环实现密封。

真空电梯运行包括上行和下行两个阶段。当真空电梯处于上行阶段时，利用真空泵抽出轿厢上方的空气，使得轿厢上方空间的空气压力降低，与轿厢下方产生压差，轿厢在压差作用下，克服重力和摩擦力，按照设定的速度上行。当真空电梯处于下行阶段时，与轿厢上方空间相连的真空阀门打开，释放部分空气进入轿厢上方空间，轿厢上方空间的空气压力变大，与轿厢下方的压差减小，轿厢在压差、重力和摩擦力等的共同作用下，按照设定的速度下行。由控制系统控制真空泵的抽速及真空阀门的开度，实现稳定上行和下行。

当轿厢即将到达目标楼层时，导轨或井道上的定位传感器（如激光测距传感器）接收到信号并反馈给控制系统，控制系统发出指令，调节真空泵抽速或真空阀门开度，进而调节真空区气压，实现轿厢的减速运行。当轿厢到达目标楼层停止位置时，平层机构动作，使轿厢稳定停靠在指定位置。此时电梯井道门方可开启，乘客进出电梯。

图 28-246 真空电梯基本原理图

1—大气压区；2—轿厢密封；3—真空区；4—真空泵

28.22.9.3 真空电梯的基本结构

真空电梯的结构相比于传统电梯要简单很多。目前传统电梯一般包括机房、井道、底坑、轿厢和层站等组成，通过曳引系统、导向系统、轿厢系统、门系统、平衡系统、电力拖动系统、电气控制系统、安全保护系统等确保电梯运行，其占地空间较大，对井道要求高，生产、使用和维护成本高。

真空电梯从结构上大体可分为井道、轿厢、密封、真空系统、控制系统及辅助结构等，没有传统电梯的机房、底坑等，其占地面积小，还免掉了钢丝绳、曳引轮等装置，结构简单，维护方便，容易安装。除了框架，真空电梯几乎可以做成全透明，非常美观，被称为“世界上最轻巧的时尚电梯”。

(1) 真空电梯井道

真空电梯井道部分从功能上可分为大气气压段、真空密封段和顶部动力段。整个井道采用分节式结构，各节根据实际楼层高度和结构需求长度不同，但均由一定数量的立柱(铝或不锈钢等)、透明圆弧板（聚碳酸酯等）和圆弧加强筋构成。井道安装时不需要脚手架，只需利用滑轮组升降安装即可。井道立柱作为导轨，为轿厢上下运动提供导向，并可防止轿厢旋转。层门安装于井道上，上面有门把手、外召盒、呼梯按键及层门锁等，开门方向可根据房屋结构设计。

在大气气压段，整个井道底部的井道壁上开有一定数量的小孔，用于保持轿厢底部压力始终为大气压力。在真空密封段，井道与轿厢之间设有密封部件，用以保持轿厢上部的低压状态（真空）。在顶部动力段，井道最顶端的密封隔间内设有真空系统和控制系统，真空系统根据需求，可以直接安装在井道最顶端（一体式)，也可以通过管道连接安装在室外（分体式)。

(2) 真空电梯轿厢

真空电梯轿厢部分可分为轿底、轿厢立柱、轿顶、密封隔板等（见图 28-247)。轿底装有称重机构，用以防止超载。同时轿底底部可设置弹簧，用以落地时减震。轿底与轿顶通过轿厢立柱连接，轿顶安装有轿顶灯、通风扇等，并且在轿顶上方安装有密封隔板，实现轿厢上部真空密封段和轿厢下部大气气压段的密封。密封隔板与轿顶之间的空间内设有平层锁止机构、安全钳、刹车装置等，能在轿厢到达指定楼层的上、下极限位置时完成制动及锁定，同时防止轿厢上方真空区发生泄漏时出现坠梯。此外，轿厢内部还可根据需求，安装按键面板、应急电话、电梯扶手及座位等。

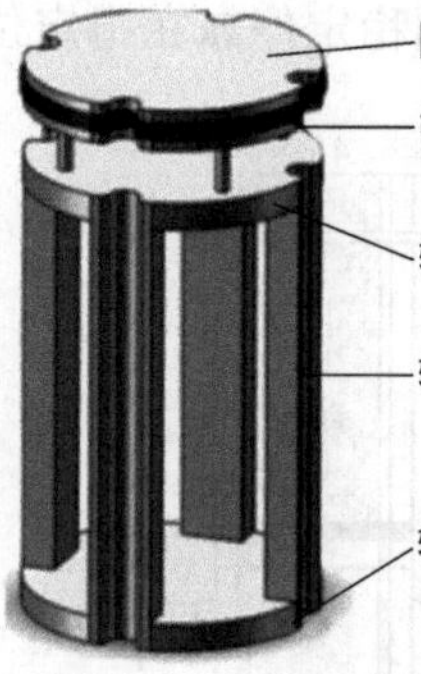

图 28-247　轿厢示意图

(3) 真空电梯密封

真空电梯的密封分为静密封和动密封两种。静密封主要包括以下几部分。①井道壁与立柱的密封：可以采用橡胶垫密封并涂抹密封胶；②加强筋与井道壁的密封：可以采用橡胶垫密封；③加强筋与井道立柱之间的密封：橡胶垫密封；④层门处的密封：可以采用密封条进行密封，同时在压差作用下也可进一步保证密封的可靠性；⑤两节井道之间的密封：法兰密封结构或密封胶密封。

动密封主要为轿厢顶部密封隔板与井道、导轨之间的密封，该处动密封可采用多道密封环或者具有一定高度的密封面进行密封。由于透明井道壁在压差作用下能产生一定的形变，进而压紧密封件，因此设计及安装动密封件时，密封件与井道之间不必密封过紧，满足在抽速允许的范围内形成压力差即可。

(4) 真空电梯其他辅助机构

真空电梯辅助机构包括随行电缆、备用电源、锁梯钥匙开关、到站感应装置、限位开关等。和传统电梯相比较，真空电梯的优势主要表现为占地小、组建快、能耗低、外观良、安全好、易维修等方面，其特点如下所述。

① 无需底坑，占地小，对建筑环境友好　传统电梯安装通常要考虑许多问题，比如安装电梯的空间、组装或拆卸是否方便，周围环境是否合适等，传统电梯需要开凿底坑来安装底部缓冲装置、电梯轨道等，所以需提前确定井坑面积、计划施工方案，具有不可逆性。而真空电梯由于其独特的筒状设计，无需开凿底坑，可以免去深挖电梯井的麻烦，对于已成建筑非常友好，随需随建，最低程度的影响建筑本身和周围环境。由于结构框架简单，当人们想更换电梯位置时也较为方便，占用的空间仅是载运平台的面积大小，电梯外侧无需留出配重及框架的位置。

② 模块化设计、组装方便　真空电梯通常采用模块化设计，主要包括井道（含动力系统）、轿厢及其他辅助系统三大部分。井道部分圆柱筒直径 1m 左右，可根据需求多段拼装至不同高度，方便组装与搬运。电梯轿厢除了部分电缆和顶部后期装配的制动装置（锁止机构）等，与井道并无大量连接，可在井道安装至一定高度后从顶部吊装，方便快捷。其他辅助系统结构较为独立，无需整体安装。与传统电梯相比，真空电梯的装卸更加快捷方便，整体实际安装时间为 1～3 天。

③ 传送能耗较低　传统电梯运行时，无论上行还是下行，动力系统都要对轿厢和乘客总重量做功，耗能较大。真空电梯上行时，真空泵工作抽气，对轿厢上部空间内的气体做功，使轿厢上部空间压力降低，与轿厢下部大气压区形成压差，满足上升速度要求。真空电梯下行时，通过向轿厢上部空间出气，降低轿厢上部空间与轿厢下部大气压区的压差，轿厢在自身重力和压差双重作用开始下行。真空电梯能源消耗主要来自于抽气系统，抽气系统上行时对空气做功，下行时几乎不做功，因此真空电梯能耗低，节能效果显著。

④ 外形设计时尚　真空电梯没有缆绳、传输带等结构，除了框架几乎可以做成全透明式，360°无遮挡，不占用视觉空间，非常美观，外型上更富美感及科技感，人在其中，像在太空中穿行。应用到高档建筑后，不仅会与周围环境完美匹配，还会增光添彩，大大提升场所的档次。且能够在任意位置安装，适合室内各种户型布局。

⑤ 安全性能良好、维护检修容易　由于真空电梯独特的工作原理和结构，出现突然断电或抽气系统失灵等极端情况时，控制阀自动关闭，真空区与大气区仍保持一定的压差，帮助轿厢缓缓下行至地面，乘客可安全离开电梯。此外，真空电梯机械结构较少且较为简单，磨损程度较轻，无需润滑，可靠性较高，维护时拆卸方便，检修周期长达五年，维护成本极低。因此无论在故障发生率上，还是在定期维护方面，相对于传统电梯均具有较大优势。

28.22.10　列车卫生间真空排污

铁路列车使用的直接排放式卫生间，排泄物通过重力直接落到轨道上。这样即不雅观，也不卫生。随着列车的提速，卫生间直接排出的污物会产生飞溅，弄得车下到处都是污物，也给车辆清洁、检修作业带来困难。为避免列车对轨道环境的污染，世界各国正积极研发车载卫生间，以替代传统的直排式卫生间。美国、日本和德国等都有各自的车载卫生间产品，但这些卫生间存在限制使用、成本过高、污物回收处理困难、使用不方便等诸多问题。相比于传统重力式卫生间，真空卫生间具有节水，污物封闭，臭气易控制等特点。褚向前等做出了原理及实施分析。

列车卫生间真空排污系统原理如图 28-248 所示。基本工作流程为：坐便器中的污物经水冲洗后，在界面阀的控制下，被抽吸进入储污罐，最后被排污泵排出。水箱中水被高压压出，完成冲厕；真空泵完成对储污罐真空建立和维持，电控系统负责对各个零部件和电气元件的控制。系统包括真空泵、储物罐、真空容器、排污泵、界面阀等部件，以及气路、水路、电控系统，下面分述其功能。

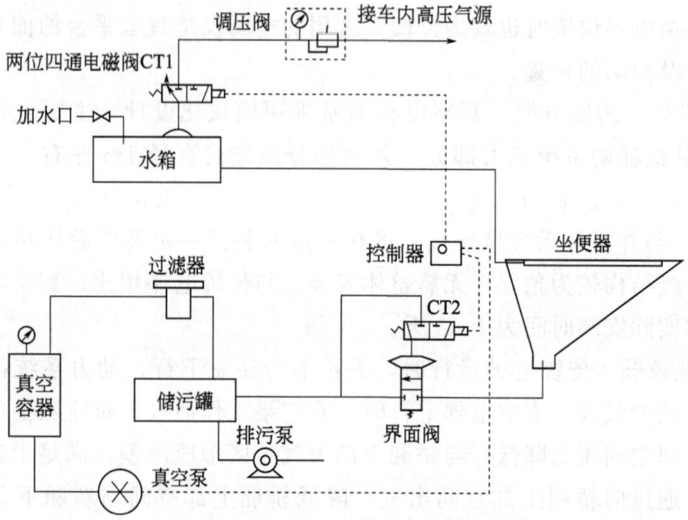

图 28-248　真空排污系统原理图

① 真空泵　为系统提供负压，厕所有人时，当系统真空度达到设定下限后，真空泵自动启动，提高系统真空度；当真空度达到设定上限后，真空泵自动停止运行。通常选用水环真空泵，或特殊的专用真空泵。

② 真空容器　相当于普通真空系统中前级罐作用，可以提高储污罐中压力的稳定性。

③ 储污罐　用来储蓄人体排泄物和污水。当罐中工作压力较高时，抽吸能力差，工作时间太长，可能堵塞管道；当工作压力过低时，会造成较大振动和噪声。实验得出：储污罐中的压力保持在 0.03～0.05MPa 范围内抽吸效果较好。

④ 排污泵　用来将储污罐中的污物排出，选用无堵塞排污泵。

⑤ 界面阀　气路中的一个关键元器件，通过气管安装于坐便器和储污罐之间，实际上是真空储污罐抽吸坐便器污物管路中的一个开关，界面阀工作性能的好坏，直接影响到整个系统的运行效果。界面阀的打开是依靠负气压，工作的动力来源于储污罐的负压气源。

⑥ 系统气路　分为高压和负压两大部分。高压气路依靠列车内高压气作为整个系统的耗气动力源，通过气管、电磁气阀的连接，完成对水箱的冲水控制。调压阀将列车内高压气源（$5\sim7\text{kgf/cm}^2$）调整为 3kgf/cm^2 左右，利用调压后的压缩气体给清水加压，将水压出水箱完成冲洗。负压气路部分主要包括利用真空泵使储污罐和真空容器内产生作为整个系统动力源的真空和对界面阀开启的控制。真空泵进气口与真空容器相连，真空容器与储污罐通过气管相连接并安装过滤器。真空容器接有真空表用于测量真空度，当真空泵对真空容器进行抽吸时实际上也就是对储污罐抽真空。

⑦ 系统水路　由水箱、增压器、水管、各类接头及电控阀件组成。水路系统主要完成旅客冲厕及洗手用水的控制，保证系统正常供水并尽量节约列车上有限的水资源。

⑧ 电控系统　由开关、控制器、电磁阀、指示灯等组成，用来控制各个部分按照设定程序运行，保证系统稳定运行。其原理见图 28-249。

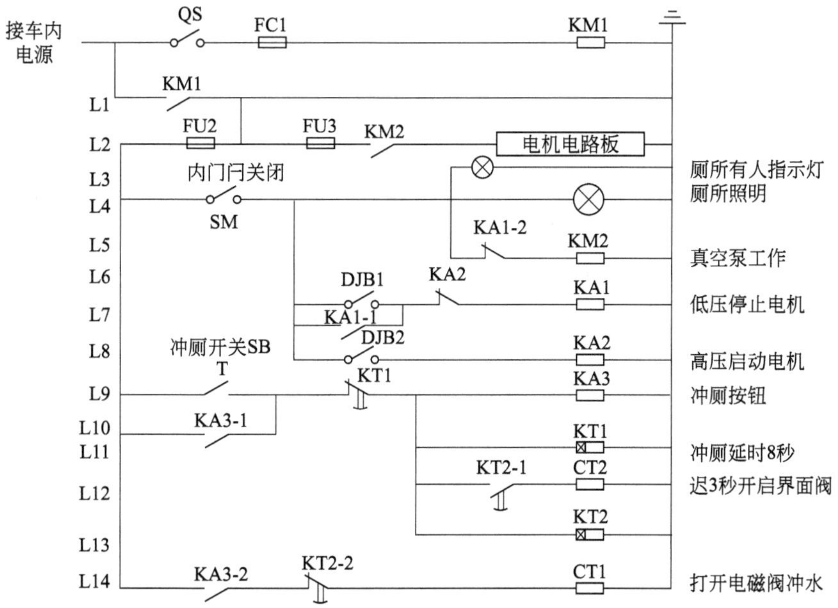

图 28-249　真空排污系统电气控制原理图

真空卫生间电路包括直流电机、电磁气阀、控制开关、厕内顶灯、列车总开关等等。选用的水环真空泵功率为 1.5kW，电源为 AC380V，需要配备一台直流电机，为水环真空泵供电。控制元件主要有：

① 列车司机驾驶台卫生间总开关 QS；

② 真空泵直流电机及电路板；

③ 卫生间顶灯及有人无人指示灯 EL；

④ 卫生间内门闩微动开关 SM；

⑤ 卫生间冲厕开关 SB；

⑥ 电磁气阀 CT1，CT2。

真空卫生间系统控制元件较少，根据电路设计方法，采用经验设计法，借鉴典型控制线路，完成了控制系统电路设计，其电路原理如图 28-249 所示。其中，QS 为闸刀开关，KM 为直流继电器，KA 为中间继电器，KT 为时间继电器。

图 28-249 中闸刀开关 QS 在列车司机驾驶台，控制卫生间的电源，合上 QS，KM1 线圈得电，触电闭合（L1），卫生间接入电源，处于待工作状态。

① 建立真空　旅客使用卫生间时，关门闭合门闩开关 SM，卫生间有人指示灯和内顶灯亮，此时 KM2 线圈得电，触点 KM2 闭合（L2），接通电机电路板电源，启动真空泵系统开始建立真空。

DJB1、DJB2 是真空电接点压力表的两个触端，作用是用来实现真空泵启停的自动控制。当储污罐内真空压力值达到上限时，电接点压力表负压高位接点 DJB1 闭合，中间继电器 KA1 线圈得电，L6 路接通，L5 路 KA1 常闭触点 KA1-2 断开，导致 KM2 线圈失电，继而其闭合的触点又断开（L2），此时真空泵电机电路板断电，真空泵停止工作。

系统连接处或者储污罐、真空容器本身可能有真空泄露，电路上设计了当真空压力表检测到真空容器内压力低于下限值时，将自动启动真空泵进行补给。此时 DJB2 闭合，KA2 线圈通电，KA2 常闭触点断开（L6），KA1 线圈断电，断开的常闭触点 KA1-2 再次闭合（L5），KM2 线圈再次通电，常开触点 KM2 闭合（L2），接通电机电路板，启动真空泵。

② 冲厕控制　旅客使用卫生间冲厕时，按下冲厕按钮 SB，线路 L9 上的 KA3 线圈通电，L10 上的触点 KA3-1 与 L14 上的触点 KA3-2 同时闭合，触点 KA3-1 闭合形成自锁电路，触点 KA3-2 闭合接通线路 L14，开启电磁气阀 CT1，水箱中的水在高压下被压入坐便器开始冲洗。按下冲厕按钮 SB 的同时，时间继电器 KT1、KT2 通电计时，KT2 设置时间为 3s，3s 后 KT2 常闭触点 KT2-2 断开，切断线路 L14，电磁气阀 CT1 断电闭合，高压气体无法进入水箱，这样就不再有水进入管道，实现了冲水的时间控制。时间继电器 KT2 计时 3s 后，线路 L12 上常开触点 KT2-1 闭合，接通该线路，电磁气阀 CT2 通电，CT2 用来控制界面阀，此时界面阀在负压的作用下打开，在真空压力作用下，完成抽吸排泄物，即实现了先冲水后抽吸的动作流程。时间继电器 KT1 设置时间 8s（冲水时间 3s 和抽吸时间 5s 的和），8s 后线路 L9 上常闭触点 KT1 断开，该线路右边 KA3、KT1、KT2 的线圈均断电复位，冲厕的控制线路恢复原状。

列车卫生间真空排污系统的工作过程包括真空泵对真空容器和储污罐的抽吸过程，冲厕过程和排污过程。

③ 抽吸过程　真空泵是系统动力源的主要部件，旅客进入卫生间后，真空泵启动开始建立真空，开始对真空容器和储污罐抽真空。真空容器接有真空表，当真空表读数低于预设的最低极限压力值时，通过电控系统启动真空泵，当真空表读数达到预设的最高极限压力值时，电控系统控制真空泵停止工作。

④ 冲厕过程　列车内高压气源（5～7kgf/cm^2）通过调压阀调整为 3kgf/cm^2，通过两位四通电磁气阀 CT1 控制给水加压。负压气源经气管连接电磁气阀 CT2，气阀的气管再连接界面阀，当旅客需要冲厕时，按下冲厕开关，经过时间继电器的控制，延时一段时间后，接通电磁阀 CT1，接通高压进气管，高压气体进入水箱将水压出，水箱中的水便被压入坐便器中冲厕，冲洗开始。经过时间继电器短暂的延时，控制系统关闭电磁阀 CT1，停止冲水，接通电磁阀 CT2，依靠负气压抽吸开启界面阀，坐便器与储污罐之间管路接通，在储污罐内负压的作用下，排泄物被抽吸进储污罐。经过时间继电器的延时，电磁阀 CT2 失电关闭，界面阀因内部弹簧的弹力而复位关闭，使得吸污管路断开，完成一次冲厕过程。

⑤ 排污过程　储污罐里的污物到达一定容量后（储污罐上安装传感器）到指定地点排放（要求在铁路沿线定点建立污物收集站），收集的污物经排污泵被压送至污水处理厂或制肥厂，可加工成肥料而免于对环境的污染。

28.23 真空过滤

28.23.1 概述

所谓过滤，就是使滤布等多孔性过滤介质的两侧产生压力差，由过滤介质截留滤浆中的固体粒子，从而将液固两相分开。而真空过滤是利用过滤介质一侧的真空源与滤浆一侧的大气压之间的压力差（通常为 $4.9\times10^4\sim6.68\times10^4$Pa）进行过滤的。真空过滤的机理，多数属于滤饼过滤，个别属于深层过滤。用来实现真空过滤的是真空过滤机和其他附属装置。

真空过滤机分为连续式和间隙式两类。附属装置有：洗涤装置，目的是为了减少滤饼中的可溶性盐分；滤饼干燥装置，目的是为了减少非压缩性滤饼的湿含量；泵类，真空泵多采用水环真空泵和罗茨泵，水蒸气喷射泵也可作为真空源；吸收塔，如果吸入真空泵的空气中含有腐蚀性或毒性气体，则用填料塔、板式塔等将其吸收；此外还包括烟雾分离器、鼓风机和压缩机等。

28.23.2 真空过滤机

(1) 多室转鼓真空过滤机

这类过滤机的共同特点是：转鼓浸以滤浆槽中旋转，转鼓外表面有过滤介质，可以连续过滤。转鼓的周围分隔成若干个过滤室，经各自的管线与装在转鼓主轴上的分配头相连接。分配头又同真空源和压缩空气源相连续，以便各滤室在回转过程中或与真空源相连接，或与压缩空气源相连通。通过转鼓的回转，各滤室连续地实现过滤、洗涤、干燥及卸饼。为了防止固体粒子沉降，过滤机上设置有搅拌装置。

根据滤饼剥离排出方式的不同，转鼓真空过滤机可分为以下几种类型。

① 刮刀卸料式转鼓真空过滤机　刮刀卸料式转鼓真空过滤机如图 28-250 所示。

当转鼓转至卸料区时，由于分配头的作用而开始向该区送压缩空气。在压缩空气反吹下，滤饼从滤布上剥离，并被刮刀刮落。空气反吹还有助于防止滤布堵塞。该机不适于卸黏性滤饼。对于浓度和粒度分布不能保持恒定的滤浆和沉降性快的滤浆，也不适用。此外，滤饼通气性好，容易从转鼓面上脱落，也不宜采用此机。由于利用刮刀卸滤饼，所以过滤面上至少要形成 6～10mm 厚的滤饼。由于用金属丝将滤布捆在转鼓上，以防反吹时隆起，所以要换滤布不方便。因为空气配管和滤液配管是兼用的，所以反吹时会将残留在配管里的滤液吹到滤饼上，从而增加了滤饼的湿含量。

② 绳索卸料式转鼓真空过滤机　绳索卸料式转鼓真空过滤机如图 28-251 所示。

该机用若干条无端绳索，按一定间隔绕在转鼓的部分过滤面上和导向辊上。所适用的滤浆，大致与刮刀卸料式转鼓真空过滤机所适用的滤浆相同。此外，还能卸除黏性滤饼。不适于容易引起滤布堵塞的滤浆和容易龟裂的滤浆。由于由绳索来卸料，所以厚度薄至 1.6mm 的滤饼也能卸除，不过，滤饼厚度最好在 5mm 以上。

③ 滤布行走卸料式转鼓真空过滤机　滤布行走卸料式转鼓真空过滤机如图 28-252 所示。

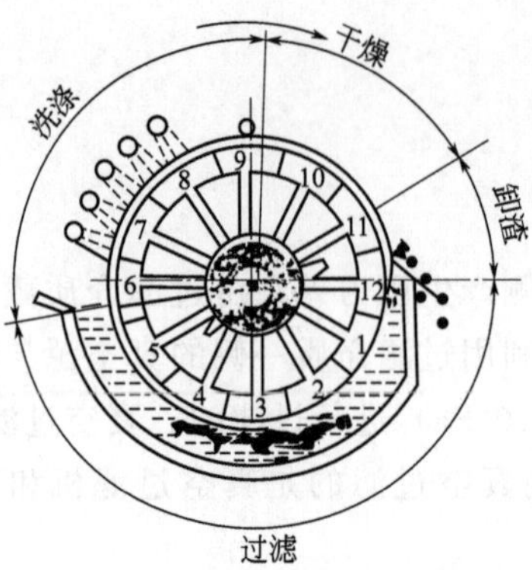

图 28-250　刮刀卸料式转鼓真空过滤机

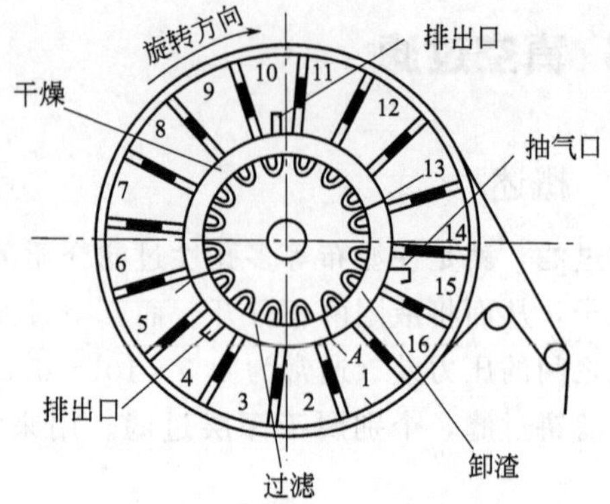

图 28-251　绳索卸料式转鼓真空过滤机

滤布呈无端状绕在部分转鼓面上和滤布导向辊以及张紧辊上。滤布由转鼓带动行走，并托着薄滤饼离开转鼓面，在滤布转向处卸掉滤饼。卸料的滤布，受到两侧喷嘴的洗涤。还有滤布防偏装置。该机适用于过滤易堵塞滤布的滤浆。因为滤饼是在滤布转向处卸掉的，该处辊子的曲率较大，所以厚度薄至 2mm 的滤饼也能卸掉。由于滤布不固定在转鼓上，所以容易更换。卸饼时无需反吹，也就没有滤饼增湿问题。不足之处是滤布洗涤水在排放前需要处理，且有少许滤浆会从滤布两端漏入转鼓内，影响滤液的澄清度。

④ 辊子卸料式转鼓真空过滤机　辊子卸料式转鼓真空过滤机如图 28-253 所示。

在接近转鼓处，装有滤饼卷辊，其回转方向与转鼓相反。当转鼓表面上的滤饼接触到卷辊时，便被卷取，然后由刮刀从卷辊上刮下。即使薄到 1mm 的滤饼，也能被卸掉。该机适于过滤滤饼有黏性、过滤阻力大的滤浆。但是，滤布容易堵塞，厚度超过 5mm 的滤饼难以卸掉。

⑤ 预涂层式转鼓真空过滤机　首先将硅藻土等助滤剂制备成浆液，然后用装有滤布的转鼓进行过滤，于是滤布上便形成了助滤剂预涂层，也就是过滤介质。因为正式过滤的滤饼是在预涂层表面上形成的，所以卸料时是用薄刮刀将滤饼连同一薄层预涂层都切掉。一般，预涂层的厚度为 40～90mm，若转鼓每转一周被切削掉 15～150μm 厚，则可连续工作半天至 1 周。当预涂层被切削得薄至一定程度时，便需要重新形成预涂层。用该机可获得相当澄清的滤液，适于过滤含固体量少至 1%以下的滤浆，含有细微固体粒子的滤浆以及含胶质的滤浆。因为滤饼是与助滤剂混合排出的，所以该机不宜用在需要滤饼的场合。

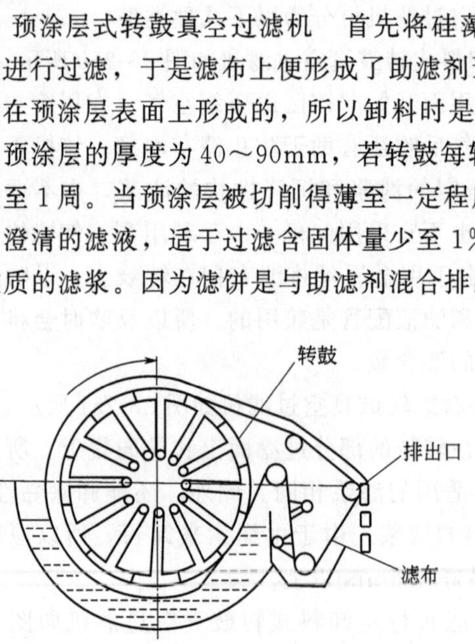

图 28-252　滤布行走卸料式转鼓真空过滤机

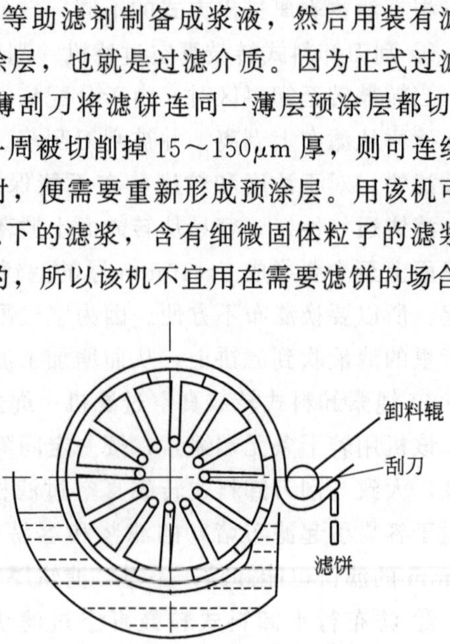

图 28-253　辊子卸料式转鼓真空过滤机

(2) 单室转鼓真空过滤机

单室转鼓真空过滤机如图 28-254 所示。

该机分为刮刀卸料式和滤布行走卸料式。转鼓内部不分隔成小滤室，全部处于真空状态。滤液经固定的空心轴排出。利用脉冲压缩空气的反吹，使滤布振动，以助于卸饼。由于反吹空气也是经空心轴吹入转鼓卸料区的，所以存在滤饼增湿问题，但却省去了分配头。

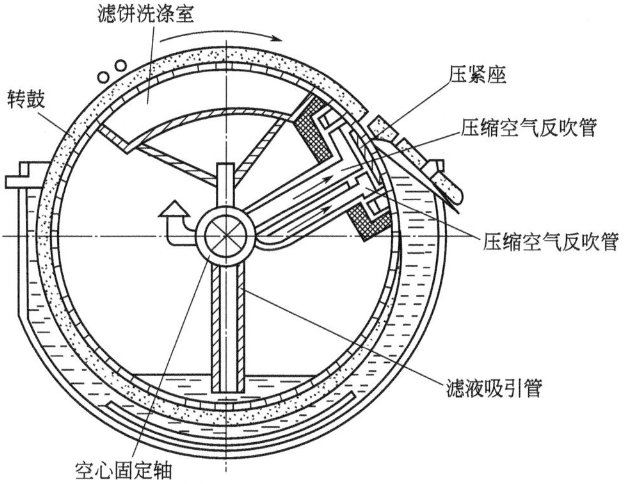

图 28-254 单室转鼓真空过滤机

厚度薄至 1mm 的滤饼也能剥离，滤布不被堵塞，寿命长。由于转鼓内部无配管，所以真空系统的压力损失小。同多室转鼓真空过滤机相比，该机的过滤能力大，但造价较高。

(3) 内部给料式过滤机

内部给料式过滤机如图 28-255 所示。

在长度比直径短的圆筒内侧面设置滤布，圆筒还兼作滤浆槽。圆筒的一个端面为开口的环形，以便于检查过滤情况。滤浆从圆筒的内侧加入，并积存在下部。当一部分过滤面随着圆筒的旋转而进入滤浆液面时，便受到真空作用，从而形成滤饼。接着，滤饼转出液面，受到洗涤、干燥。在滤饼转至上位时，受到脉冲压缩空气的反吹而卸落到漏斗中。

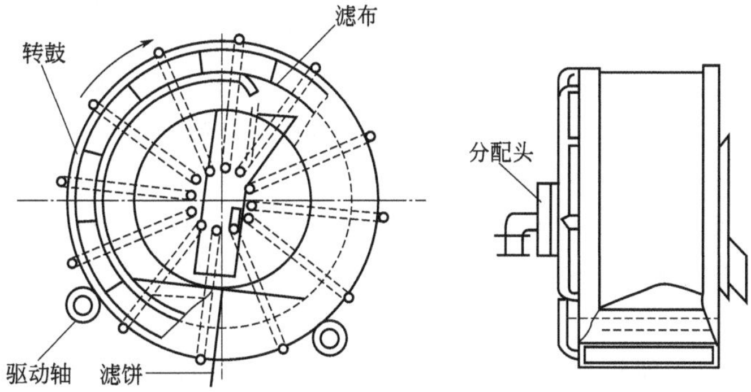

图 28-255 内部给料式过滤机

(4) 垂直回转圆盘真空过滤机

垂直回转圆盘真空过滤机如图 28-256 所示。

若干扇形滤叶垂直安装在空心面转轴上，形成一个圆盘。圆盘的下部浸在过滤槽中，边回转边过滤。滤布呈带状罩在扇形板上，形成了两侧过滤面。各滤叶经回转轴和分配头与真空系统和加压系统相连接。借助反吹使滤布鼓胀，以实现卸饼。有时在滤布鼓胀阶段用刮刀或者辊子卸除滤饼。

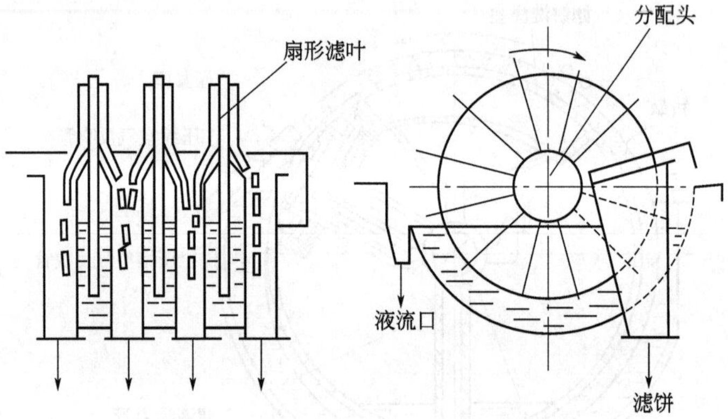

图 28-256　垂直回转圆盘真空过滤机

由于过滤面垂直，所以滤饼的洗涤效果差。凡能用刮刀卸料式转鼓过滤机过滤的滤浆，该机都适用。该机的优点是占地少，单位过滤面积造价低。

(5) 水平型真空过滤机

在运行的水平过滤面上，连续进行过滤、洗涤、干燥、卸饼等项操作，适于过滤沉降性快的粗粒子滤浆，尤其可进行逆流洗涤，洗涤效果好，节省水耗。该机有下列三种：

① 水平台型真空过滤机　水平台型真空过滤机如图 28-257 所示。

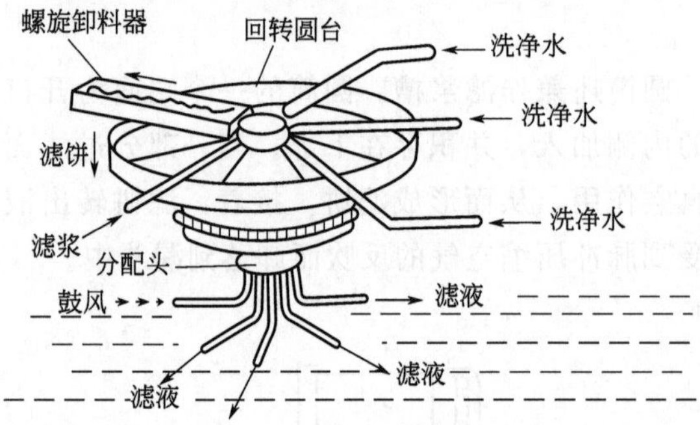

图 28-257　水平台型真空过滤机

若干独立的扇形滤叶共同构成圆台型过滤面。圆台边回转，下面边抽真空，连续地完成过滤、洗涤和干燥。由螺旋输送器刮取并排出滤饼。为了保护滤布，卸料后过滤面上残留厚 3mm 左右的滤饼。残留的滤饼在运行到加料位置时，混入新加入的滤浆中。

② 水平回转翻盘型真空过滤机　水平回转翻盘型真空过滤机如图 28-258 所示。

若干独立的扇形平底滤室，水平配置在垂直轴的周围，并经管线与垂直轴相连接。各滤室的底部为过滤面，通过装在垂直轴上的分配头的作用，连续地进行过滤、洗涤、干燥和卸料等各项操作。卸料时，平底滤室要翻转 180°。

③ 水平带型真空过滤机　该机与带式输送机有些相似。在无端橡胶带上装有无端滤布，橡胶带连同滤布在真空吸引箱上运行。橡胶带上有一些横向流液沟和纵向贯穿孔，液体透过滤布并经流液沟和贯穿孔进入真空吸引箱，然后排出机外。

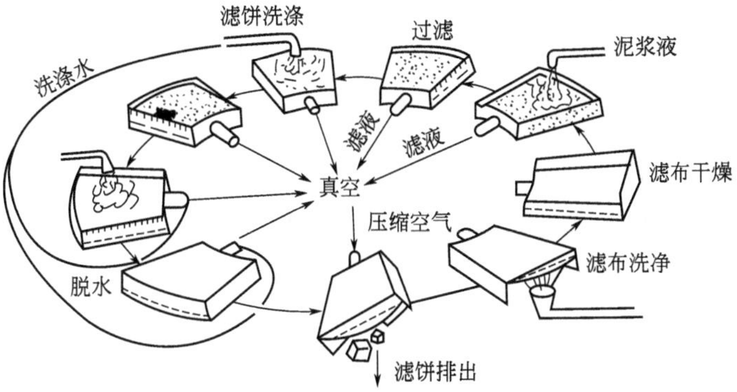

图 28-258　水平回转翻盘型真空过滤机

滤浆被均匀地加到滤布带上，随着滤布带的运行而连续地受到过滤、洗涤和干燥。滤饼在滤布转向处卸掉。卸饼后，滤布离开橡胶带，并受到喷嘴的洗涤。

(6) 滤布的选择

滤布的寿命和价格不仅决定着过滤机的运转费用，而且也影响到滤饼的剥离性、粒子的截留能力以及滤液的澄清度，在选择滤布时应全面考虑它的纤维材质、形状及织法以及耐腐蚀性等。纤维的材质有天然纤维、金属纤维及合成纤维，其形状有单纤维、长纤维和短纤维等。单纤维滤上的滤饼易于剥落，适用于回收滤饼的场合；长纤维滤布的滤饼剥离性优于短纤维布，滤液的澄清度居于单纤维和短纤维滤布之间；短纤维滤布能截留细颗粒。

滤布的织法分平纹、缎纹和斜纹织及无纺织等。平纹滤布密实、强度好，可截留细小颗粒，滤液澄清，但其孔隙容易堵塞；斜纹滤布的孔隙大，不宜用于澄清过滤，但过滤阻力小，常用于泥浆的大量过滤；缎纹滤布的强度和滤饼的剥离性，介于平纹滤布和斜纹滤布之间。

28.24 加速器真空系统

28.24.1 概述

加速器是把带电粒子加速到较高能量的装置。它是原子核及核工程研究不可缺少的工具，也是放射化学、放射生物学、放射医学、固体物理等基础研究不能少的手段，还可以作为工业照相、疾病诊断及治疗、活化分析、农产品和食品辐照处理等工作的设备。

加速器种类较多，按其工作原理分类，有静电加速器、高压倍加器、感应加速器、回旋加速器、稳相加速器、同步加速器、直线加速器、重离子加速器以及储存加速器（对撞机）等。各种加速器尽管工作原理不同，但就其结构而言，都包含这样一些基本结构：真空室（或加速管）、离子源（或电子源）、真空系统、粒子聚焦及偏转系统、加速系统以及分离系统等。

现代加速器是一个复杂的工程，需多学科配合，其中真空条件是不可少的。加速器所需真空度取决于加速粒子运动路径长短。静电加速器真空度为 $1\times10^{-3}\sim1\times10^{-4}$Pa；直线加速器为 $10^{-3}\sim10^{-6}$Pa。回旋加速器为 $10^{-4}\sim10^{-6}$ Pa；储存式加速器需要超高真空环境条件，意大利的电子-正电子储存环的真空度为 10^{-7}Pa；欧洲联合原子核研究中心的质子储存环为 10^{-9}Pa；美国布鲁克海文实验室长 2.5km 交叉环超导储存加速器真空度为 10^{-10} Pa。

核物理装置由于作用原理及使用要求上的差异，真空系统结构也各不相同，有的简单些，有的复杂些。但与通用的工业真空设备相比，即使结构较简单的高压加速器也极其复杂。而现代高能加速器结构更为复杂，设备更加庞大，有的真空管路长达几公里。设备包括预注入器、注入器、增强器和主加速器等大型装置，此外还有粒子引出、加速系统、次级粒子系统、回旋磁铁，聚焦系统、快速和慢速引出装置，粒子静电分析器、高频分析器、磁分析器等。如欧洲核子研究中心的储存环，真空室长达 2km，粒子束对撞区的真空度为 10^{-9}Pa，真空室有 6000 个镀金铜垫圈密封法兰，2000 个高压陶瓷封接件，300 台抽速为 400L/s 的溅射离子泵，500 个钛升华器，70 个涡轮分子泵机组，在粒子束的八处交叉区还配有钛升华泵及抽速为 2×10^4L/s 的低温泵。真空测量使用了 500 台调制 B-A 计，分析残余气体使用 36 台质谱仪，从这些数字可见，其结构之庞大，工艺之复杂是平常真空设备所无法比拟的。

由于核物理装置结构复杂，又有高压、高频、高磁场、高电场等环境，还有带电粒子的运动，因而，制造时需要多种工艺条件，与真空条件有关的工艺主要如下。

① 由于工作条件、工作状态不同，装置零件表面粗糙度要求也不同，从 $\overset{6.3}{\bigtriangledown}$ ～ $\overset{0.025}{\bigtriangledown}$ 范围均可使用，如氩弧焊零件为 $\overset{6.3}{\bigtriangledown}$，金属密封垫圈及法兰刀口为 $\overset{0.4}{\bigtriangledown}$ ～ $\overset{0.2}{\bigtriangledown}$，光圈式波导管和加速管的个别零件为 $\overset{0.1}{\bigtriangledown}$ ～ $\overset{0.025}{\bigtriangledown}$。

② 为了降低解吸气体量，金属和非金属表面均需要清洗。常用方法有溶剂清洗、化学和电化学脱脂，抛光，超声波清洗，真空炉中高温除气，烘干等。

③ 加速管黏接工艺。

④ 光圈式波导管元件在真空或氢炉中钎焊工艺。

⑤ 氩弧焊、点焊及电子束焊，包括焊制厚壁，薄壁零件及波纹管。

⑥ 平面和曲面上蒸镀半导体、金属覆盖层，包括由真空室接出来的长管道。

⑦ 个别部件装配，调整工序中脱脂和清洗。

⑧ 环氧树脂黏接真空室的工艺，波形真空室液压工艺。

⑨ 零件、部件及组件的真空检漏，包括气压、水压检漏，质谱检漏，以及个别零件加热后的真空检漏。

⑩ 超高真空系统烘烤温度因真空度不同而异。真空度为 10^{-6}Pa，烘烤温度为 100～150℃，时间为 2～5h；真空度为 10^{-7}Pa，温度为 150～300℃，时间为 20h；10^{-8} Pa 以上，温度为 400～500℃，时间为 150h 。

⑪ 零件装配前，需要储存在真空或惰性气体中。

一般真空系统中的气体负荷是系统中的空气和器壁解吸，而核物理装置与之不同。回旋类加速器真空系统中，主要的气体负荷是离子源不变的泄漏量及器壁解吸量。有的离子源，预注入器以及等离子体装置工作时，气源气体以脉冲方式进入真空室，气体负荷是变化的。因而，工作压力范围较宽，有的包括 8～9 个数量级，如受控核聚变装置，需要的真空度从 1Pa 到 10^{-7}～10^{-10} Pa。装置中气体组分也不同于普通真空设备，受控核聚变装置及质子加速器中的氚是氢的同位素，加速离子的加速器使用惰性气体，重离子加速器中使用化学性活泼气体——氯。

核物理装置真空系统与其他系统相互依赖，保证了带电粒子加速、储存、加热等离子体。因而，真空测量、气体分析有时需要与加速系统、磁铁系统的控制、测量、操作仪器同步。所以互锁及信号装置是核物理装置真空系统不可缺少的元件之一。例如，质子同步加速器的注入器离子源的脉冲注入气体装置，应与加速器传输束的周期同步；谐振腔的加速电压、热电子发射的阴极电源接通应与真空测量同步。大型装置应该使用计算机进行程序控制。

28.24.2 高压加速器

28.24.2.1 加速管

加速管是高压加速器的关键部件之一，它给荷能粒子加速、聚焦提供了良好的真空环境。为保障粒子不散射，有较高的耐压，特对加速管提出如下要求。

① 保持良好的真空度，以减少气体分子对加速粒子的散射作用，并能提高加速管的耐压性能，一般要求在 10^{-4}Pa 左右的真空度下工作。

② 有足够的机械强度及良好的气密性　有的加速管外壁受到十几个大气压作用，在这种压力下，加速管不能损坏，并要保持足够的气密性，以维持加速管中的真空度。为此，加速管材料性能要好，并有良好的封接性能。

③ 对加速粒子有良好的聚焦作用，以便得到聚焦良好的粒子流，减少加速过程中的粒子损失，提高效率。聚焦作用好，还可以提高加速管的耐压性能。

④ 有良好的耐压性能　加速管两端的电势差等于静电加速器的最高电压。为此要求它能在最高电压下稳定工作，才能把粒子加速到较高的速度。

早期加速管抽气系统，由于受到当时真空技术水平限制，采用油扩散泵机组抽气。油扩散泵长期工作，会在加速管壁上形成油膜，使加速管绝缘强度损坏。有油蒸气存在，还会影响加速器工作的稳定性。为此，现代高压加速器真空系统几乎都采用无油抽气手段，如汞扩散泵、溅射离子泵，以及涡轮分子泵等。

高压加速器能量越高，则意味着要求加速管越长。加速管加长之后，由于流导限制，真空泵的有效抽速不能增大，通常器壁的解吸使加速管远离泵一端的真空度可降到 10^{-3}Pa，或更低。而现代高压加速器加速管的真空度大都在 $10^{-4}\sim10^{-5}$Pa 范围内，10^{-3}Pa 的真空度满足不了使用要求。在长度已确定的情况下，增大加速管的直径，可以得到较大的流导，改善真空度，但使制造成本大为增加，且不易制造；采用放电锻炼加速管方法，可使器壁解吸气体量减少 10～20 倍，但对提高真空度也是无济于事的。因而对于能量超过 20～30MeV 的静电加速器而言，降低加速管中压强的最好方法是沿管长装上辅助真空泵。最理想的安装是溅射离子泵，其电源可以直接由加速电极间的电势差分压取得。

核物理装置的真空室较特殊，一般是细而长或扁而大，从抽真空或结构强度角度来讲都是不利的。因而要合理布置真空泵，要仔细计算真空室的强度与刚度，器壁要能承受大气压并且要没有明显变形。由于各种装置作用原理不同，真空室的截面形状也不同，环形加速器和储存环为椭圆形截面，直线加速器的波导管及高压加速器的加速管为光圈式结构，而回旋加速器真空室形状复杂，有扁盒形、圆盒形、方形及多角形，腔容积较大，受控核聚变装置真空室有直线形和环形。

20 世纪 60 年代以后建造的加速器，大都采用溅射离子泵、钛升华泵、涡轮分子泵等抽气手段。特别值得提出的是嵌入式溅射离子泵，可以直接装入真空室中，并利用加速器的磁场来进行工作，这种泵对有对撞束的储存环及小孔径加速的超高真空室抽气特别有效，即使器壁强烈地激发解吸，真空度亦能达到 $10^{-7} \sim 10^{-8}$ Pa。采用溅射离子泵的另一个优点是可以利用放电电流测量真空度，并可以对真空系统进行自动控制。

核物理装置所用的设备，元件及材料要能耐辐射，长期辐射下不改变性能，并能保证气密性。

为保障工作人员安全，核物理装置广泛地应用了远距离操纵设备，采用了电动、液压、气压等传动方式。为使系统得到快速检修，使工作人员少受辐射，真空系统使用了各种形式的快速法兰。

28.24.2.2 高压加速器真空系统

图 28-259 所示为能量为 10MeV 的早期静电加速器真空系统。加速管主泵为抽速 400L/s 的汞扩散泵，由于没有油蒸气，使加速管和离子源避免了污染。鉴于相同的理由，扩散泵前级泵——油封机械泵进气口设有液氮冷阱，以防油蒸气进入扩散泵中。由于加速管较长，采用两端抽气。整个真空系统用 15 个真空机组抽气，各真空系统均可以用插板阀隔开来，进行单独检修。离子传输管道使用溅射离子泵抽气。真空度测量使用热偶规、电离规及冷阴极电离规。

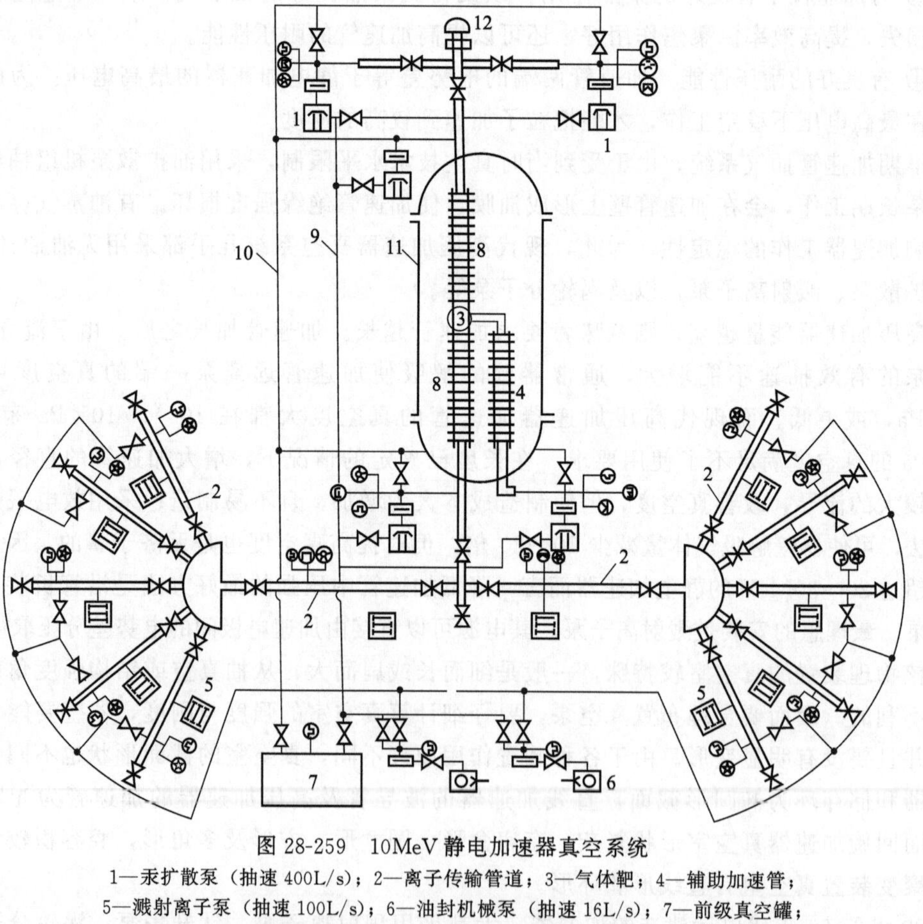

图 28-259 10MeV 静电加速器真空系统

1—汞扩散泵（抽速 400L/s）；2—离子传输管道；3—气体靶；4—辅助加速管；
5—溅射离子泵（抽速 100L/s）；6—油封机械泵（抽速 16L/s）；7—前级真空罐；
8—加速管；9—前级真空总管道；10—粗真空管道；11—钢桶；12—负离子注入器

图 28-260 所示为中子发生器真空系统。图 28-261 所示为电子静电加速器真空系统。

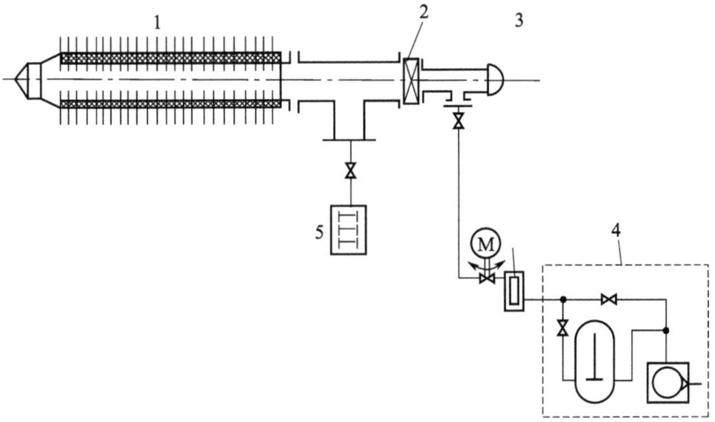

图 28-260　中子发生器真空系统

1—加速管；2—闸阀；3—靶；4—罗茨泵机组（抽速 40L/s）；5—溅射离子泵（抽速 250L/s）

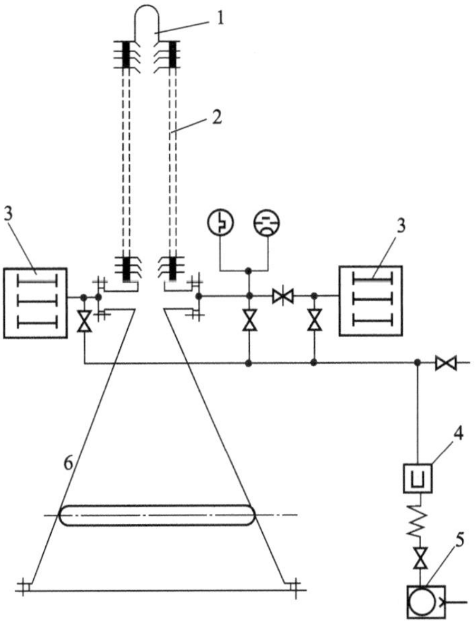

图 28-261　电子静电加速器真空系统

1—电子枪；2—加速管；3—溅射离子泵（抽速 100L/s）；

4—干燥器；5—油封机械泵（抽速 6L/s）；6—靶室

28.24.3　6MeV 串列加速器真空系统

在串列加速器中，采用平板型小孔径陶瓷-钛电极封接式加速管来提高加速器的电压梯度，从而对真空系统提出了比较严格的要求，希望系统中没有或者尽量减少碳氢化合物污染。此加速器在低能段加速负离子，实验表明，只有系统中真空度为 10^{-5}Pa 时，负重离子因残余气体引起的剥离损失才可小于 1%。为此，整个系统采用无油真空机组，极限真空可达 6.6×10^{-6}Pa。

加速器系统如图 28-262 所示。负离子自离子源出口处起，经过初聚焦透镜，双 30°偏转磁铁、预加速管、导向器、四象限光阑及气阻管、90°偏转磁铁、缝隙仪、测束装置、单透镜等束流元件，进入低能加速管。通过高压头部气体剥离器后，转成正离子。再经过高压加速管、磁透镜、磁导向器、90°分析磁铁、开关磁铁以及一系列束流诊断和控制元件，到达靶室。

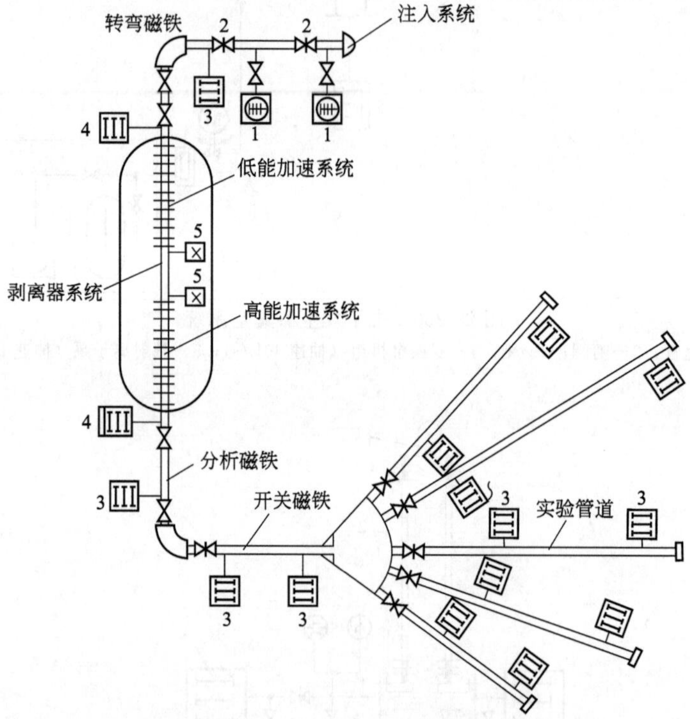

图 28-262　6MeV 串列加速器真空系统

1—涡轮分子泵（抽速 400L/s）；2—超高真空闸阀；3—溅射离子泵（抽速 200L/s）；4—溅射离子泵（抽速 1000L/s）；5—钛升华泵（抽速 140L/s）

在开关磁铁后端，接有七根实验管道，全部管道总长约 100m，借助通径 150mm 气动闸阀把整个系统分隔成 13 个独立分系统，每个分系统都能独自进行抽气、测量及检修，而不影响相邻系统的运行。

真空系统用 1Cr18Ni9Ti 不锈钢制成，并能经受 200～400℃的烘烤。烘烤去气采用玻璃丝纤维包裹的电阻式带状加热器。加速管除了采用这种方法烘烤外，还可利用加速管段之间的光阑形加热器加热。

真空系统的粗抽采用油封式机械泵和分子筛冷阱串联，装在可移动的小车上，便于对不同部位进行粗抽。粗抽机组可将系统抽到 6.6×10^{-1}Pa。

28.24.4 高能同步加速器

(1) 同步加速器真空室

设计同步加速器真空室的主要参数有：孔径、工作压力、抽气设备布局、辐射条件、主导磁场特性等。而这些原始数据是由加速器物理方案及技术经济效果统筹考虑来确定的。

同步加速器对真空室要求比较苛刻，有些要求还相互矛盾。通常对设计真空室提出的主要要求有：

① 在磁铁间隙中设置真空室时，应该考虑对磁场干扰最小，一般不可超过中心磁场的1%。所以，真空室的材料应该是非磁性的，并要有低的电导率。为使涡流引起的扰动场不超过允许值，真空室的金属部分应有良好的形状及尺寸以利于导电。

② 真空室器壁有足够的导电性，以传走入射到壁上的粒子产生的静电荷，使表面电位近似等于地电位。

③ 真空室壁要薄，以保证充分利用磁铁间隙及减小涡流。

④ 器壁材料在强烈电磁辐射及微粒子辐射下出气率要小。

⑤ 器壁材料在粒子辐射下，力学性能、电学特性、磁特性要稳定。

⑥ 真空室工艺要简单，检修方便，造价要低。

满足上述要求最好是薄壁波纹管状真空室，波纹管材为1Cr18Ni9Ti不锈钢，或者电阻高的非磁性合金及铝材。波纹管壁厚、波高、波距取决于磁场特性。波形真空室可以用不同方法成型，如机械滚压、液压、焊接成型等。

波形真空室成功地用于能量为7GeV质子同步加速器上。此加速器真空室由112段处于磁铁间隙中的曲线节及相同数量直线节构成。大部分曲线节是椭圆形截面，轴长分别为114m及84mm，两端焊上法兰，总长约2m。除椭圆管外，还有圆管，是用0.3mm不锈钢板滚压成型，再用接触焊焊制。此波纹管波高3mm，波距7mm。

为了消除波纹管的机械应力，曲线节在真空炉中加热到800℃，进行真空退火。

相似结构的真空室还用于能量76GeV的质子同步加速器中。加速器真空室共有120段，每段长约11m。曲线节是椭圆形截面焊接波纹管，轴长分别为195m及115mm，波高为5.8mm，波距为10.8mm，壁厚为0.4mm，材料为1Cr18Ni9Ti不锈钢。

同步加速器椭圆形截面真空室，在静载荷（大气压、安装载荷）和动载荷（电磁铁振动）联合作用下，材料产生复杂的应力，又要受到涡流加热。因而，建造这种薄壁真空室时，必须仔细核算真空室壁的持久强度及稳定性。

在电子同步加速器中，加速循环频率变为10Hz。在此条件下，由于磁场畴变及真空室受到涡流加热，甚至采用波纹管状真空室也很困难了。因此，这类加速器常采用内表面为金属的电介质材料真空室。苏联EPФИ电子同步加速器便采用了这类材料。加速器每段由48个曲线节构成，其截面为椭圆形，轴长分别为120m及42mm，长为380mm。曲线节里布有金属骨架，并有径向切口，口宽为0.3～0.5mm，节距为12mm，骨架壁厚1.5mm。切口尺寸及位置的选择需考虑对磁场影响。金属骨架的外面是环氧树脂粘接的玻璃纤维层，此层是在专用设备上，在150～160℃温度下，经28h加热压制而成的。覆盖层1mm厚便可以满足当时气密性要求。但是真空室运转了四年，发现气密性变差，改为氧化铝陶瓷材料。陶瓷成分为97%Al_2O_3，1.5%SiO_2，以及少量的MnO、MgO、TiO_2。每个曲线节长350mm，两端封接铜镍合金管，再用等离子体焊制成大的曲线节，每节长3700mm。陶瓷内壁涂有金属层，电阻约40Ω，此电阻兼做电阻式加热器，用于烘烤。真空室可拆卸部分，用截面直径2mm铝丝密封。

同步加速器真空室很长，制造时需要分为若干段，分段时应考虑抽气机组的布置，以改善真空室中的压力分布。有的真空室使用嵌入式溅射离子泵，可以得到每米100L/s的抽速。这样，既利用了磁极的边缘磁场，又改善了压力分布。

电子储存环（即高能电子同步加速器）由于存在较强的同步辐射，高通量光子打到真空室壁上，能量密度高达 $10kW/cm^2$。因而，真空室必须采用水冷却，把热量带走。此外，同步辐射还会使真空室壁产生激发解吸，比通常的热解吸高得多。如束流在真空室回旋时，系统的压力可升高三个数量级。

在大型电子储存环中，有时瞬时束流高达 2000A，这种高强束流在真空室截面变化处，如波纹管、法兰等可能产生激发式高频寄生损失，将导致束流不稳定及真空元件过热。为此，电子储存环的真空室不能设计成不规则或有台阶的。真空室截面变化处要有良好的水冷。

(2) 19GeV 电子-正电子储存环

联邦德国 PETRA 装置为能量为 19GeV 电子-正电子储存环，1978 年夏季开始投入使用。加速器真空室周长 2300m，用闸阀分为 30 段，每段长约 70m。此长度由加速器几何尺寸、建造费用、排气速度、检漏方便诸因素来确定。

闸阀用氟橡胶密封，能耐 150℃的烘烤。结构设计要考虑减少高频寄存损失问题。

标准真空室每段长 7.2m，其中约有 5.3m 处于转弯磁场中。真空室中设有嵌入式溅射离子泵，可以使真空室每米得到 110L/s 的抽速。为使溅射离子泵启动，每段装有一台涡轮分子泵。标准段真空室总长约 1800m，材料为 AlMgSi0.5 型铝合金，用挤压方法成型。

系统的低真空测量用热传导真空计、超高真空用溅射离子泵放电电流来监视。为了分析残余气体成分，每段上均装在四极质谱计。

(3) NAL 质子同步加速器真空系统

美国国立加速器实验室（简称 NAL）质子同步加速器能量为 500GeV，是现代最大的加速器。加速器直径为 200m，椭圆形真空室，口径为 125mm×50mm，材料为不锈钢，壁厚为 1.27mm。真空室主泵是三极型溅射离子泵，抽速为 30L/s。每隔 8m 布置一个泵，室中极限真空可达 1×10^{-5}Pa。溅射离子泵启动用抽速为 600L/s 的风冷油扩散泵。加速器环形真空室装有 24 只氟橡胶密封闸阀，用于系统检修时分段隔离真空室。真空室放气时充入干燥氮气，再启动时，3h 可以从 10^5Pa 抽到 1×10^{-4}Pa，24h 可抽到 1×10^{-5}Pa。

(4) CERN 质子交叉储存环真空系统

欧洲核子研究中心（简称 CERN）的交叉储存环（ISR）是质子对撞机，环中储存极限电流为 27A。此装置有两个环形真空室，两环为“8”字形，环直径约 300m。在环中回旋的质子，要求在 24h 内几乎没有什么损失，故要求真空度较高。原设计要求真空度为 10^{-7}Pa，但从目前实验结果来看，真空度必须高于 1×10^{-8}Pa，否则不仅贮存时间缩短，质子流强也受到限制。

真空室截面为椭圆形，轴长分别为 160mm 及 55mm，每个环周长约 1km。真空室材料为不锈钢，壁厚为 2mm。不锈钢板材，放在真空炉中加热到 900℃除气 2h，可以减少氢在不锈钢中的含量。用这种不锈钢板制作的真空室，在 150～200℃下烘烤 2h 后，氢的出气率为 $1.3\sim2.6\times10^{-11}$Pa·L/(cm^2·s)，比没处理的不锈钢小一个数量级。真空室安装前在 300℃温度下分段检漏，因为在热应力作用下，易发现漏孔。

真空室截面有变化的地方，将会形成波导和谐振腔，产生不希望的振荡，使束产生波动。为抑制这种振荡，在真空室各临界点上装有电阻器。电阻器是用直径 30mm，长 80～

200mm 的瓷管在真空中蒸镀镍铬合金制成的，装上之后，使束的储存时间显著增大。在设计真空室时，还应考虑到束流有时可能突然打到器壁上，使壁过热而损坏，需要设置防护装置。

真空系统抽气选用了 300 只三极型溅射离子泵做主泵，为了提高真空度又设置了 500 个钛升华泵。溅射离子泵的预抽选用了 70 个抽速 70L/s 的涡轮分子泵机组，在环中八处束交叉点还配有抽速 2×10^4L/s 的低温泵及钛升华泵，升华泵可以直接向真空室器壁蒸发钛，几个月内使此处压力保持 1×10^{-9}Pa。真空度测量用 500 台调制 B-A 计，安装了 36 个质谱计用于残余气体成分分析。

为了检修系统，用 40 个气动闸板阀将真空室每隔 70m 分成一段。阀板用钛皮来密封，阀开闭 500 次，仍有良好的密封性。

储存环初期运转中，当束流增加到一定值时，出现过真空度急剧变坏，使储存束流迅速下降的现象。原因是束流与残余气体碰撞产生的离子打到器壁上，使吸附在器壁上的气体分子激发解吸，真空度变坏；进而产生更多的离子，打出更多的气体，造成了“雪崩”过程。质谱分析表明，解吸的气体中有 40%的氢、40%的二氧化碳、10%的水蒸气及 10%的碳化合物。后来增加了钛升华泵及改进了系统烘烤过程，使真空度提高到 1×10^{-9}Pa，再没有发生过这种现象。

对撞机的储存环中不仅要求具备超高真空的环境条件，而且还要消除质子势阱中的电子，防止束流变为中性，影响储存环中压力的稳定性。实践已证明，质子势阱中的电子可以用电极清除方法消除。此外捕获电子的绝缘材料产生的 CaO 及 SiO_2 尘粒，也会影响环中压力的稳定性，也必须采取一定的手段予以清除。

(5) 具有夹层真空室的质子同步加速器

此质子加速器能量为 7GeV，而注入器能量为 15MeV 的直线加速器，如图 28-263 所示。主加速器真空室平均直径为 48m，真空室分为八段，每段长约 15m，其截面为矩形 1m×0.25m。环形真空室处于截面为 C 形的磁铁之中，磁铁供电频率为 1.4～8MHz。

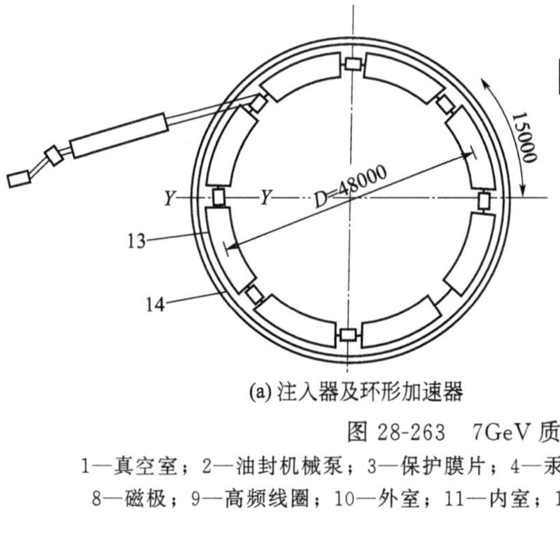

(a) 注入器及环形加速器

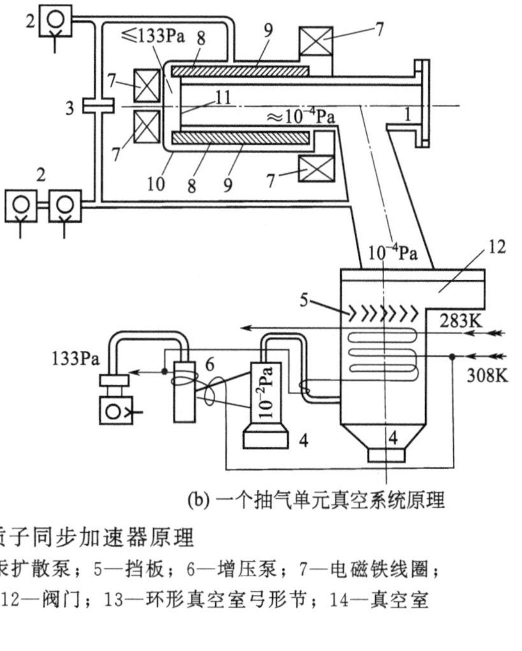

(b) 一个抽气单元真空系统原理

图 28-263　7GeV 质子同步加速器原理

1—真空室；2—油封机械泵；3—保护膜片；4—汞扩散泵；5—挡板；6—增压泵；7—电磁铁线圈；8—磁极；9—高频线圈；10—外室；11—内室；12—阀门；13—环形真空室弓形节；14—真空室

直线加速器真空室长14m，截面为半圆形，直径为2.5m，容积为$70m^3$，表面积约$400m^2$，各密封处采用O形橡胶密封。真空室总气体量为3.3×10^{-2}Pa·L/s，用四套汞扩散泵抽气，泵口有水冷挡板，泵的抽速为2000L/s，汞扩散泵的前级选用抽速为110L/s的油封机械泵。为防止油蒸气进到汞扩散泵中，两泵之间设有-50℃的冷阱。

考虑到交变磁场及辐射的影响，主加速器真空室选用环氧树脂-玻璃丝材料。此种材料机械强度不高，难以承受大气压，用它做内室时，需要用金属材料做成外室套在外面，使内室和磁铁均处于外室之中。内外室之间用油封机械泵抽气，夹层中的真空度高于133Pa。内真空室用40台口径为60cm的汞扩散泵抽气，每台抽速为5000L/s。前级用油增压泵，为使油蒸气不进入汞扩散泵中，使用了-20℃的冷冻挡板。真空室总容积为10^6L，真空度可达1×10^{-4}Pa。

(6) 北京质子同步加速器真空系统

北京高能物理实验中心建造了一台能量为50GeV的质子同步加速器，束流强度1×10^{13}粒子/脉冲；循环周期4～5s；平均半径215m。

此装置由四台加速器组成：

① 预注入器　是能量为750keV的高压倍加器，采用负氢离子源注入，经由高梯度加速管加速。重复频率为12.5次/s脉冲。所需真空度为6.6×10^{-3}Pa，采用涡轮分子泵抽气机组抽气。

② 直线加速器　能量为93MeV，总长60m。由注入器注入的质子在高频场作用下加速。所需真空度为10^{-5}Pa，主泵采用二极加钽型溅射离子泵，预抽选用涡轮分子泵机组。

③ 增强型　是一台快循环型同步加速器，能量为2GeV，束流强度2×10^{12}质子/脉冲。所需真空度为6.6×10^{-5}Pa，主泵用二极加钽型溅射离子泵，预抽选用涡轮分子机组。

④ 主环　这是一台分离磁铁的同步加速器。由180块弯转磁铁和120块聚焦磁铁组成一个周长为1.35km的环。用28个高频加速站对由增强器注入的质子进一步加速。所需真空度为4×10^{-5}Pa，选用溅射离子泵及二极加钽型溅射离子泵做主泵，以涡轮分子泵作预抽。

整个加速器是一个庞大的真空系统，总长约2km，同时运行的真空设备包括真空泵、阀门、真空计等，约有数百台。

(7) 2GeV增强器真空系统

此加速器是强聚焦快脉冲质子同步加速器。用来作为能量为50GeV的北京质子同步加速器的注入器，其前级设有93MeV的质子直线加速器。

此装置真空系统原理如图28-264所示，真空室为环型，平均半径为22.5m，周长约140.4m，共有16个磁铁周期，每个周期长8.7m，包含聚焦及散焦磁铁、长短直线节。全环由全金属闸阀分为六个真空区段，每个区段配有真空抽气机组与测量仪器。所需平均真空度为6.6×10^{-5}Pa。

28.24.5 回旋加速器真空系统

回旋加速器所要求的真空度通常为10^{-3}～10^{-4}Pa。真空室中主要气体负荷是离子源泄漏气体及器壁出气。现代回旋加速器抽气系统采用混合抽气，真空室中的气体负荷较大，用抽速大的油扩散泵抽气，束流输送系统气体负荷小，抽气机组采用抽速较小的溅射离子泵或涡轮分子泵。图28-265中，苏联Y-240型回旋加速器就采用了混合抽气手段。加速器磁极直径 240mm，真空室用三台串联扩散泵机组作主抽泵，每台抽速为 2500L/s，极限真空度为 6.6×10^{-5} Pa。

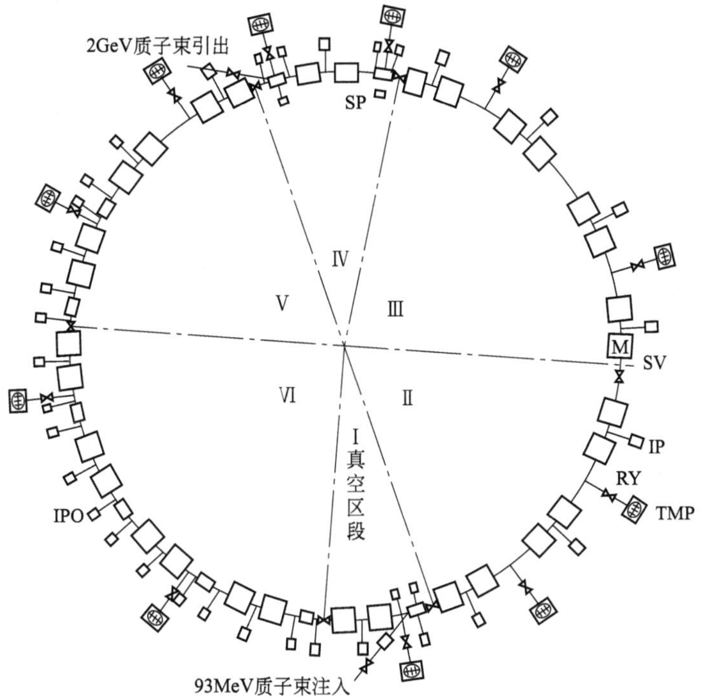

图 28-264　2GeV 增强器真空系统原理

M—磁铁；TMP—涡轮分子泵机组（抽速 400L/s）；IP—溅射离子泵；IPO—附加溅射离子泵；SP—附加钛升华泵（抽速 1000L/s）；SV—区段闸阀（$DN=150$）；RY—二次阀（$DN=100$）

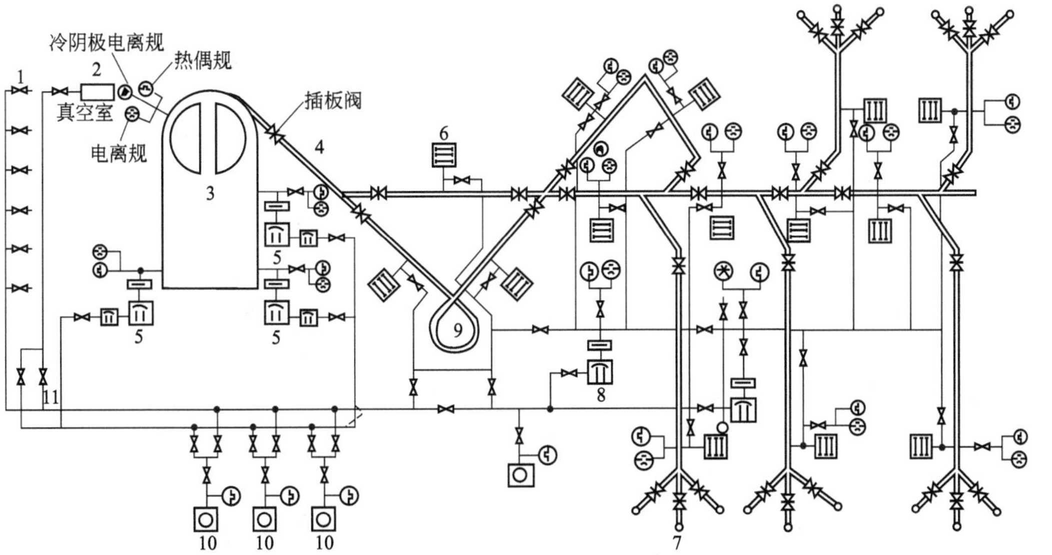

图 28-265　Y-240 型回旋加速器真空系统原理

1—离子源供气及取样组合阀；2—前级真空室；3—真空室；4—离子传输管道；5—抽速为 2500L/s 的扩散泵机组；6—溅射离子泵（抽速 300L/s）；7—靶管道；8—抽速 200L/s 的扩散泵机组；9—单色器；10—油封机械泵（抽速 45L/s）；11—前级真空管路

这类加速器能量最高的是苏联 ТЕТЦИНСКИЙ 同步回旋加速器，能量为 1GeV，磁极直径 6.85m，真空室容积 $35m^3$，气体负荷为 5.3Pa·L/s。

加速器采用两个磁极作为真空室上下顶盖，盖厚达 300mm，磁极间隙为 500mm。真空室侧壁用不锈钢板制成，为保证壁的强度要求，壁之间装有可拆的钢柱和铝合金条，这种结构可以减轻真空室质量。

真空室用六台油扩散泵抽气，总的有效抽速为 4×10^4L/s，加速器在工作状态下，真空度为 $4\sim5.3\times10^{-4}$Pa。为了防止油进入真空室中，扩散泵入口设有自动补给液氮的冷阱。

我国制造了磁极直径为 1.2m 的回旋加速器，电磁铁用 40mm 低碳钢制造，质量 120t。励磁绕组铜质量为 7.5t，励磁功率约 100kW。真空室顶盖厚 72.5mm，上下顶盖间的空气隙高 170mm，垫补线圈用的空气气隙为 15mm。D 形电极间加速电压峰值约 760kV，电极高度 86mm。加速粒子最终半径为 525mm，能把氘核加速到 13.5MeV，α 粒子加速到约 30MeV。真空室采用油扩散泵机组抽气。

28.24.6 电子感应加速器

28.24.6.1 真空室设计

电子感应加速器真空室结构较简单。通常为圆环形，整个真空室相当于一个大型电真空器件，制造时从材料真空性能及不降低韧致辐射角度来讲，提出如下要求。

① 真空室外面是一个大气压，需要考率材料的机械强度。

② 真空室尺寸偏差为±1mm，否则不是加速器磁极气隙放不下真空室，就是使加速器有效截面减小，降低了韧致辐射量。

③ 真空室壁厚应尽可能小，不应发生弯曲及厚度相差悬殊现象。这两种缺陷均会降低加速器有效截面，进而降低韧致辐射量。

④ 真空室材料在交变磁场作用下，不发热，不使磁场产生畸变。材料气密性要好；出气量要小。通常选用电介质材料，如玻璃、熔石英、陶瓷等。

⑤ 真空室为环形或直线形，截面为卵圆形或椭圆形。截面尺寸应使磁场梯度 $n_0=0.5\sim0.8$，以便保证加速器气隙利用率最大。

真空室根据束能量及使用条件，有三种真空状态：静态真空室，动态真空室，半静态真空室。静态真空室是抽成真空后，像封离灯泡和电子管一样，将真空室封死，不再抽真空。现代感应加速器广泛应用这种方法制造真空室，此种真空室维护方便，但制造工艺复杂，真空室中元件损坏后，不能修复。较大的真空室不能采用静态的，而是需要用真空泵不断地抽气，来维持真空室中的真空度，这就是动态真空室。真空泵间断工作的真空室，是半静态真空室，用阀门将泵与真空室隔离。大的环形真空室通常需要分许多段，各段之间采用玻璃-金属或陶瓷-金属封接，或者用静态密封结构。

电子在真空室加速过程中，总会有部分电子打到真空室器壁上，而材料的绝缘性能又较好，会使电荷累积起来，产生电场，影响电子回旋运动，导致电子流强度减弱。所以真空室的壁要涂上一层很薄的导体膜，并且把膜接地，使电荷泄漏掉。导体膜不能太厚，以免产生较强的涡流，一般表面电阻系数为每平方英寸几十欧姆。导体膜有银膜、氯化锡膜、氧化锡膜、铬膜、铂膜等。这些膜可以用涂敷或真空蒸发来实现，但工艺都比较复杂。用石墨涂敷，工艺简单，涂敷工艺主要包括：

① 涂石墨之前，需将玻璃表面的手迹、油污去掉。否则石墨层不牢，同时油污还是真空室中慢放气源，影响封离后的真空度。清洗方法是将玻璃真空室浸泡在加热至100～110℃的浓硫酸＋重铬酸钾饱和溶液中，经半小时后取出来，先用自来水冲洗，再用蒸馏水冲洗，烘干后即可涂石墨导电层；

② 为了使石墨牢固地黏结在玻璃表面上，并使石墨内其他物质分解蒸发，石墨涂完后，将真空室放入烘箱中，加热500℃烘烤2h以上；

③ 真空室烘烤后，抽真空使石墨中所含的慢性放气物质释放出来。

用这种工艺制备的导电层，工艺简单，涂层牢固，电阻值易控制，真空性能好。

28.24.6.2 轫致辐射强度与真空度的关系

电子感应加速器中，电子在加速过程中走几十万公里，与残余气体分子碰撞将改变其运动方向，并使之能量发生损失，增大了自由振荡振幅。因而，真空室中真空度的优劣直接影响加速器输出的轫致辐射强度，此值与残余气体压强有关，以下式表示

$$I = I_0 e^{-\frac{Pt}{\sqrt{U}}} \tag{28-145}$$

式中 I——加速器输出强度；

I_0——真空室气体压强为零（$P=0$）时，加速器输出强度，即电子加速过程中，无碰撞损失时加速器输出强度；

P——真空室中残余气体压强；

U——电子枪注入电压；

t——加速时间，与加速器主体电源频率有关。通过计算表明，这种加速器的真空度通常为10^{-4}～10^{-5}Pa。

28.24.6.3 电子感应加速器真空系统

图28-266为封离式真空室结构，此真空室未封离前采用图28-267抽气机组抽气。第一机组由油封机械泵、油扩散泵、分子筛挡油阱及两只超高真空阀构成。此机组有两个作用。

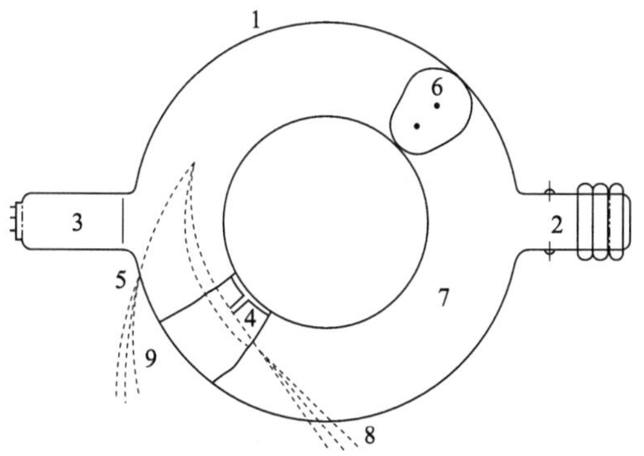

图28-266 真空室示意图

1—玻璃壳体；2—电子枪；3—锆铝吸气剂泵；4—靶；5—β射线引出窗；6—真空室截面形状；7—电子平衡轨道；8—γ射线；9—β射线

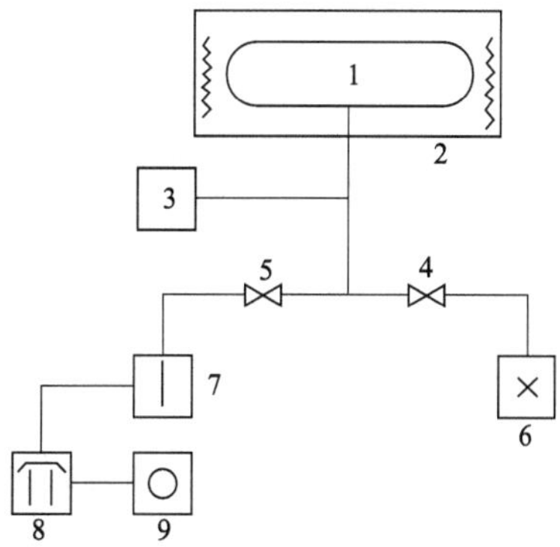

图28-267 感应加速器真空系统原理图

1—真空室；2—烘箱；3—电子枪；4—超高真空阀（DN50）；5—超高真空阀（DN25）；6—锆铝吸气剂泵；7—分子筛挡油阱；8—油扩散泵；9—油封式机械泵

① 作为蒸发式钛泵预抽泵，让钛泵在 10^{-3}Pa 下启动，可以延长钛泵寿命及改善抽气性能；

② 用于抽走玻璃壳、石墨导电层烘烤过程中的大量出气。

第二抽气机组由钛泵及口径 50mm 的超高真空阀构成，用作真空室的主抽。

玻璃真空室及各种金属零件在正式排气前，需要经过两次烘烤或真空中高频加热去气，然后再正式开始排气。先将真空室在 500℃下烘烤 2h，再降到 450～460℃保温 20h，将真空室抽到 10^{-5}～10^{-6} Pa，使石墨导电层大量出气。并在此真空度下，给电子枪金属零件及锆铝吸气剂泵去气，温度为 800～1000℃，保温 2h。真空室再次去气，工艺同第一次，保温时间增至 40～50h。电子枪、锆铝仍按第一次工艺去气；最后把真空室加热到 350℃，再降到 200℃，抽到 3×10^{-6}Pa，封离真空室。

真空室和石墨虽然经过几次去气，但还不是很彻底，况且玻璃器壁还会有渗漏。为了维持真室中良好的真空度，室中还封有小型锆铝吸气剂泵，作为维持真空度用。也可以用小型钛泵，但与锆铝泵相比，钛泵制造工艺复杂，成本高，电源麻烦。而锆铝泵结构简单，制造方便，加热电源简单。近年来医疗和工业探伤用的电子感应加速器中广泛地使用了锆铝泵。

28.24.7 直线加速器

28.24.7.1 真空室设计

直线加速器主要结构有注入器系统、真空室、抽气机组、谐振腔（又称波导管）、微调系统、漂移管及其调整机构、束流控制及调整系统、高频馈电系统等。

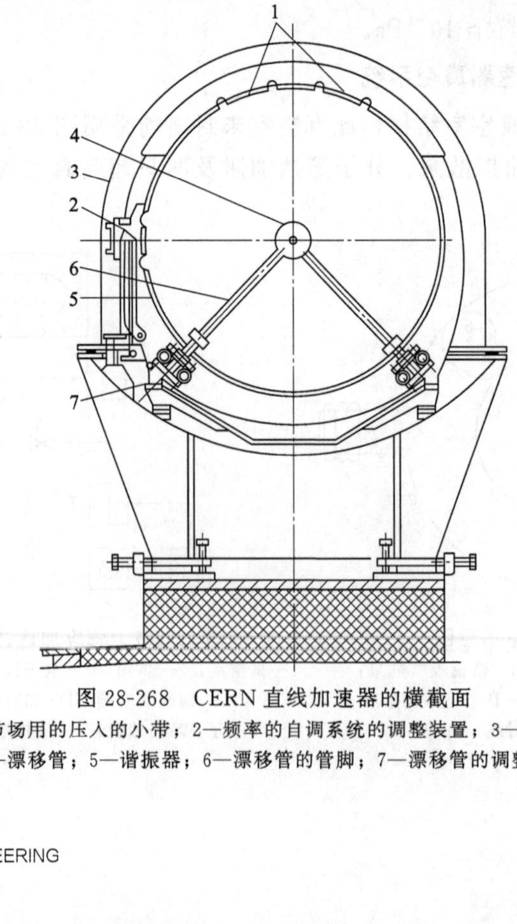

图 28-268 CERN 直线加速器的横截面

1—调节场用的压入的小带；2—频率的自调系统的调整装置；3—真空容器；
4—漂移管；5—谐振器；6—漂移管的管脚；7—漂移管的调整系统

除了注入器以外，其余结构均部分或全部设置在真空室中，见图 28-268。可见真空室是直线加速器的基础结构。

直线加速器真空室为长圆桶形，沿圆桶两条母线切为两瓣，上部为真空室顶盖，下部为真空室座。顶盖使用吊车或液压设备开阀，密封可以用橡胶或金属密封。图 28-269 为美国伯利克能量为 32MeV 的直线加速器密封结构，密封圈截面为“工”字形，密封圈筋上有固定螺钉，固定螺钉既能固定密封圈，又能支撑大气压力，以防大气压损坏密封圈。

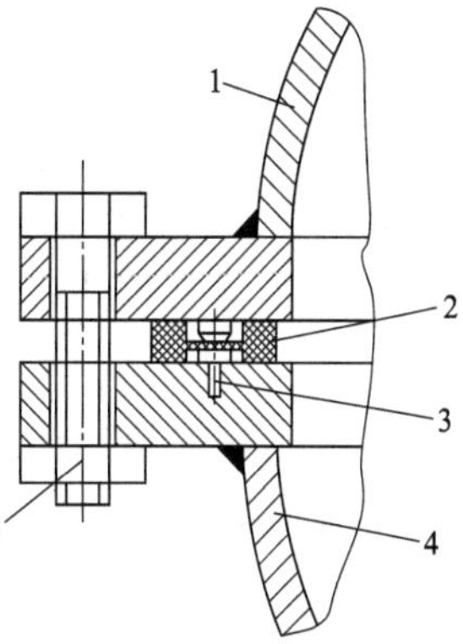

图 28-269　伯利克 32MeV 直线加速器真空密封结构

1—真空室盖；2—工字型密封圈；3—固定螺钉；4—真空室座；5—螺栓

如果直线加速器由几个谐振腔组成，那么加速器也就应该有相同数量的真空室，为了调试、检修、检漏方便，真空室之间应设有闸阀，以便将各真空室隔离。

装在真空室中的谐振腔是直线加速器的心脏部件，它既要满足无线电技术职能，又要满足机械职能，因而要有较高的品质因数和足够的机械强度。以往的加速器中，谐振腔只完成电方面的性能，因而用铜片卷成圆筒形，经抛光后，安装在真空室中即可。现代加速器不采用此种结构，而是将真空室与谐振腔合为一体，谐振腔即为真空室。因而，谐振腔除了要满足电性能外，还要有足够的机械强度，来承受大气压力。为此使用复合材料制造，如美国 LAMPF 能量为 800MeV 的质子直线加速器就是利用复合钢板制成的，复合钢板材料为 ASTMA285B 级的钢板上复合无氧铜。用这种复合材料制成的谐振腔（真空室）分 18 个工序。

① 检查板材质量，下料后切边缝供焊接，准备卷筒。

② 在铜表面上铺纸，以防卷筒时表面被擦伤。

③ 将卷制的筒初步对焊，并在端面焊上加强筋，筒内支上千斤顶。

④ 开“T”形焊缝槽。

⑤ 去掉加强筋和千斤顶，检查圆度，准备焊接。

⑥ 焊接钢层部分。

⑦ 从筒内焊接铜层部分，焊接前用喷枪将铜预热到 500～600 °F。焊接后铜对铜的迁移应小于 0.1%，校正圆度。允许误差：周长上偏差＋4.2mm；下偏差为零。不圆度离端面 600mm 内，内径偏差±6.3mm，离端面 150mm 处的直径偏差±1.7mm。长度偏差不大于 6mm。

⑧ 焊接法兰、冷却水管和各凸缘。

⑨ 加工所有法兰孔。

⑩ 焊上所有法兰孔的铜衬。

⑪ 外部喷砂。

⑫ 真空检漏。

⑬ 退火消除内应力，退火温度 1150°F，保温 2h，腔内通氩气。$1ft^3/min$。

⑭ 内部喷砂及最后机械加工。

⑮ 工作台上进行检查，允许误差：长度±0.1mm，法兰平行度±0.1mm；漂移管位置精度±0.1mm。

⑯ 手砂轮磨内表面不规则处。液珩铜表面，水压 100lb/cm²。砂粒粒度及百分比为：14 为 28%，20 为 12%，40 为 8%，50 为 4%，70 为 15%，100 为 33%。

⑰ 最后真空检漏。

⑱ 初步装配，每一步均检查品质因数。

为保证谐振腔固有频率恒定，要求谐振腔有较高的加工精度，并且要恒温，通常壁上焊有恒温水管。CERN 质子同步加速器的直线加速器谐振腔直径为 1m，其公差为 ±0.4mm；长度为 11m，公差为 ±1.5mm，通过水来恒温的精度为 ±0.1℃。

28.24.7.2 行波直线加速器真空系统

目前行波直线加速器高频场的最大强度已超过 200kV/cm。在此条件下，要保证加速器可靠地工作，要求真空室中真空度不低于 5×10^{-5} Pa，同时要求没有油蒸气污染加速结构。早期直线加速器采用油扩散泵加冷阱，或水银扩散泵加冷阱做主抽。现代行波加速器大都选用各种无油抽气手段。加速器高频分离器中场强更高些，一般不低于 5×10^{-6} Pa。

为减小波导管表面出气及避免油蒸气污染，波导管加工中采用了一些特殊工艺，如真空炉中高温钎焊、电解抛光、脱脂、超声波清洗等工艺。波导管检漏使用无油机组及无油检漏仪。经过这些工艺装配的波导管，在质谱中没有重气体，其中包括碳氢化合物，并使波导管表面出气率降低到 $(2\sim5)\times10^{-8}$ Pa·L/(s·cm²)。

(1) 直线加速器

图 28-270 为直线加速器真空系统原理图，此加速器能量为 50MeV；真空室由三个谐振腔构成，为了便于维护，真空室两端设有金属密封闸阀，用以隔离电子源及输出装置。真空系统用抽速为 100L/s 的溅射离子泵做主抽，预抽用抽速 17 L/s 的油封机械泵。为了防止油蒸气进入高真空管路，在机械泵入口设有液氮冷阱捕集油蒸气。

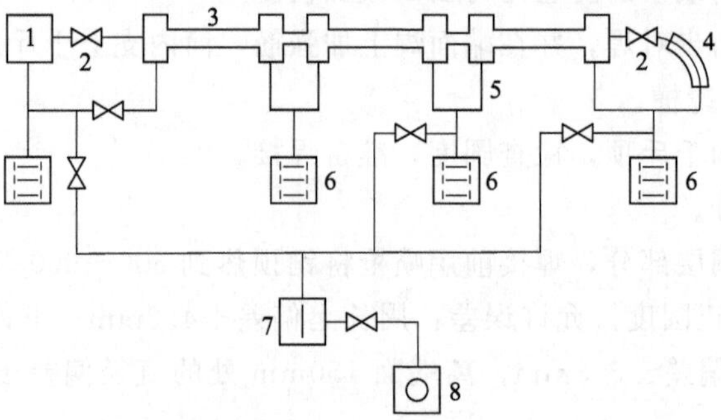

图 28-270　直线加速器真空系统

1—电子枪；2—金属密封闸阀；3—谐振腔；4—转弯磁铁；5—引入高频磁场陶瓷接口；6—抽速 100L/s 溅射离子泵；7—液氮阱；8—抽速 17L/s 油封机械泵

整个系统高真空部分密封采用金属密封圈，系统检修需要暴露大气时，不放进空气，而是充入干燥氮气，这样可以减少水蒸气吸附于溅射离子泵壁，使泵再次启动容易。

(2) 斯坦福直线加速器

美国斯坦福 22GeV 直线加速器是目前世界上最大的行波加速器，长 3050m，由 960 节组成。谐振腔中心真空度为 5×10^{-5} Pa，速调管窗口处为 5×10^{-6} Pa。

加速器全长分 30 段，各段气体负荷约 2×10^{-3} Pa·L/s。每段用四台抽速为 500L/s

的吸气剂离子泵抽气。在加速节和漂移段之间，使用了关闭速度为 10m/s 的快速阀门。每台吸气剂离子泵进气口都安装有阀门，以便于真空室隔离，加速器每段长约 105m，容积为 9×10^3 L，由一台油封机械泵和两台分子筛泵组成可移动的预抽小车，分别对各段预抽。机械泵从大气抽到 6665Pa，然后启动两台分子筛吸附泵从 6665Pa 抽到 0.1Pa。

真空度测量使用磁控规，与速调管及束流电源互锁。当真空度低于 1×10^{-4}Pa 及规管有故障时，能断开速调管。真空系统发生故障时，能断开束流电源及阀门。真空度低于 1×10^{-2}Pa 时，自动关闭规管高压。

（3）Opc3 直线加速器

苏联 Opc3 直线加速器共有 38 组真空室。此装置能量为 2GeV，电子最大束流为 100mA，电子穿过靶后，可以得到光子，也可以得到正电子。

每节真空室长约 6m，以抽速 $140L\cdot s^{-1}$ 的钛升华泵做主泵，用有冷冻障板的油扩散泵机组预抽。速调管用抽速为 $81L\cdot s^{-1}$ 的钛升华泵做主泵。每段真空室内表面约 $20m^2$，出气率 $2\times10^{-6}Pa\cdot L\cdot (s\cdot cm^2)^{-1}$。经粗算真空度为 3×10^{-3}Pa，经过 100h 抽气后，真空度下降到 3×10^{-6}Pa 。

28.24.7.3 驻波直线加速器真空系统

图 28-271 为苏联最大的驻波直线加速器真空系统原理图。加速质子能量为 100MeV。

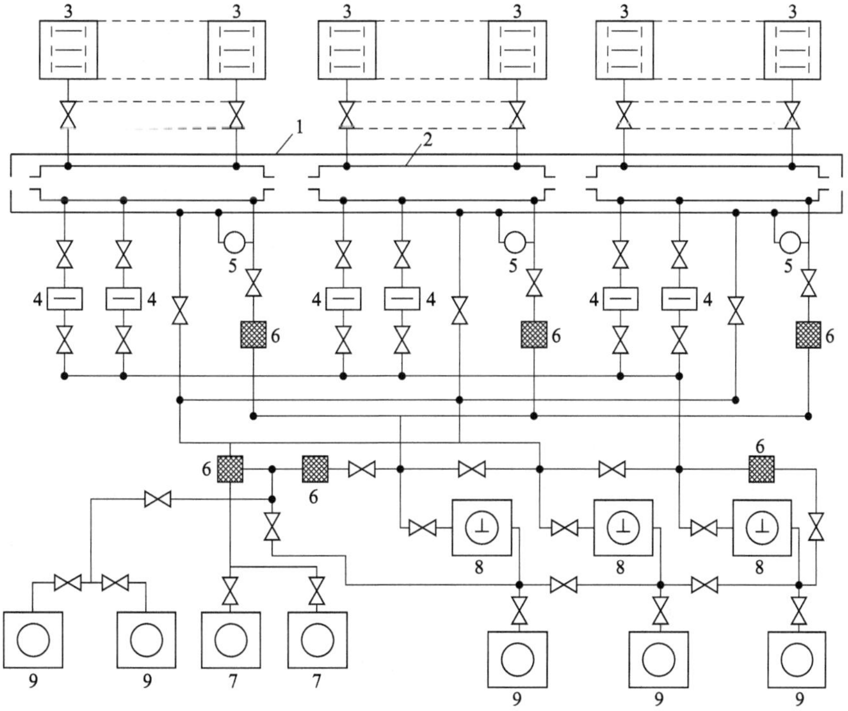

图 28-271 驻波直线加速器真空系统

1—预真空室；2—谐振腔；3—抽速 900L/s 溅射离子泵；4—液氮挡板；5—保护装置；6—油吸附阱；7—抽速 30L/s 油封多片机械泵；8—抽速 $500L\cdot s^{-1}$ 罗茨泵；9—抽速 45L/s 滑阀式真空泵

加速部分由三个串接谐振腔构成。第一个谐振腔直径 1.324m，长 29.914m，用 14 台抽速为 900 L/s 的溅射离子泵作主抽。第二个谐振腔直径为 1.22m，长 27.629m，用 12 台相同溅射离子泵作主抽。第三个谐振腔直径为 1.087m，长 21.869m，用 9 台溅射离子泵抽气。各谐振腔中真空度可达 1×10^{-4}Pa。

谐振腔是用薄铜板焊制成的，每个谐振腔外面有钢制外壳，可以承受大气压力。此钢壳与谐振腔不相通，其真空度为 133Pa。

为防止谐振腔受大气压力时变形，在谐振腔和外壳之间装有保护装置，当压差大于 19995Pa 时，两个容器相通。该装置有两个空腔，分别与谐振腔及外壳相通，中间用铝箔隔开，若超过上述压力时，膜片破裂，使两腔压力平衡。

谐振腔先用多片泵抽到 2666～3999Pa，再用滑阀泵抽到 133Pa，最后用罗茨泵机组抽到 1×10^{-1}～1×10^{-2}Pa。为防止油蒸气进入高真空部分，预抽管路中设有液氮挡油阱。

28.24.7.4 电子直线加速器真空系统

图 28-272 是我国制造的 30MeV 电子直线加速器真空系统原理图。

真空系统泵组的选择主要根据管段的气体负荷而定，根据管道细而长的特点，采用五组泵，分别设置在电子枪、输入耦合器到速调管输出窗前、输出波导和预抽管道等处，以使压力分布均匀。

为了保证电子枪、输入耦合器及加速管得到清洁真空，选用抽速 150 L/s 溅射离子泵作主抽泵。考虑到速调管输出功率较大时，气体负荷较大，在输入耦合器到速调管输出窗之间设有抽速 150 L/s 溅射离子泵及抽速 300L/s 的扩散泵机组，以改善波导管中的真空度。

工作状态下，最终真空度：电子枪为 5×10^{-5} Pa，而加速系统中的真空度可达 2×10^{-3}Pa。

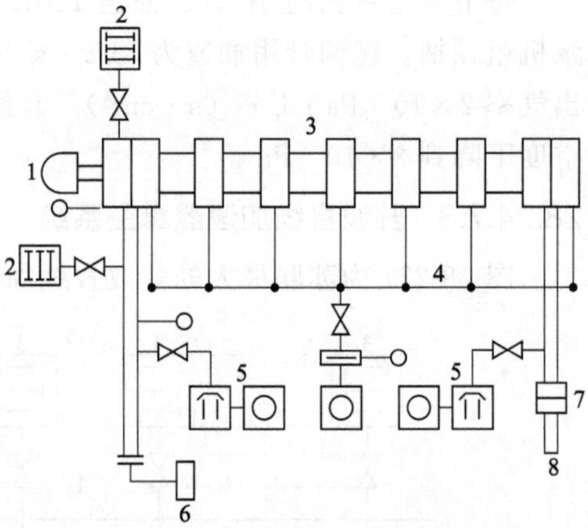

图 28-272 30MeV 电子直线加速器真空系统

1—电子枪；2—钛泵；3—加速系统；4—预抽管道；5—扩散泵组；6—调速管；7—隔离窗；8—水负载

28.24.8 兰州重离子加速器前束线真空系统

兰州重离子加速器由 ECR 离子源、注入回旋加速器、主回旋加速器、ECR 源束运线和前后束运线组成，周利娟等给出了前束线改造后的实验结果。系统中的平均真空度在 10^{-5}Pa 量级，这对于加速较轻的离子是可以的，但加速一些比较重的离子如氙、氪等，束流的损失就比较大。为减小束流在传输中的损失，要求前束线真空系统平均真空度小于 10^{-5}Pa。为此，作者对前束线真空系统进行了改造，使泵口压力小于 5×10^{-6} Pa，两泵中心平面压力小于 1.1×10^{-5}Pa。

(1) 真空系统布局

前束线真空系统全长 60.084 m。它由 ϕ76mm、ϕ96mm、ϕ120mm 圆管及一段长 0.7m、截面为 68mm×68mm 的方管连接而成，材料为不锈钢。共分 5 段，每段之间用超高真空插板阀隔开，以便于某段需要放气时使用而不至于影响全线的真空度，由 17 台真空泵联合抽气用以实现真空度要求。图 28-273 给出了前束线真空系统的布局，表 28-134 列出了前束线真空系统各种真空元件及几何参数。

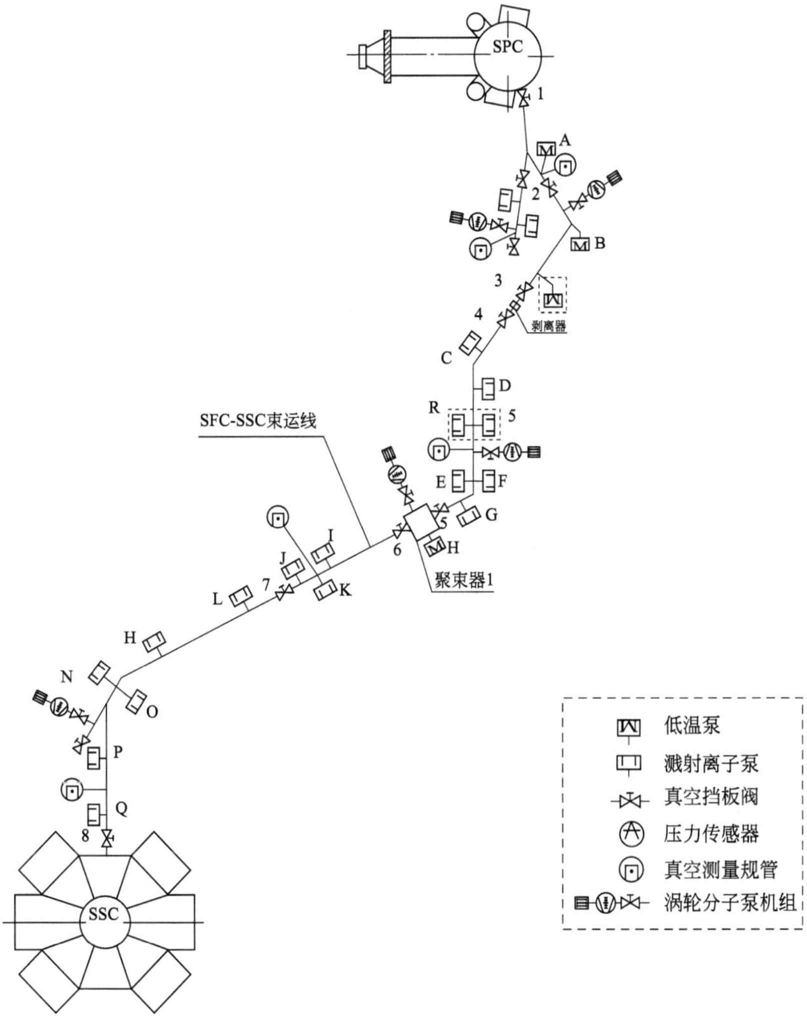

图 28-273　前束线真空系统的布局

表 28-134　前束线管道及分布情况

分段	管道分布	长度/mm	内表面积/m^2	容积/m^3	布泵情况/mm 低温泵(1000 L·s^{-1});离子泵(150 L·s^{-1})
Ⅰ	阀门 1～阀门 2	7359	6.3	0.3	低温泵 A,距 SFC3016.8
Ⅱ	阀门 2～阀门 4	10910	9.3	0.5	低温泵 B,距 STR4828
Ⅲ	阀门 4～阀门 6	14152	12.0	0.6	低温泵 H,位于聚束器 B1 处,离子泵 5 台(C、D、E、F、G),从 STR 分隔 4 段为 2426,2954,4269(2 台);2004
Ⅳ	阀门 6～阀门 7	10084	11.0	0.5	离子泵 3 台(I、J、K),从 B1 分隔 2 段为 2460,7424(2 台),位于阀门 7 处
Ⅴ	阀门 7～阀门 8	17579	15.0	0.7	离子泵 6 台(L～Q),从阀门 7 分隔 6 段为 1331,3896,3687,3769,2078,2818

(2) 减小气体负荷措施

前束线真空系统减小气体负荷措施如下所述。

① 清洗前束线管道内表面　将前束线管道逐段拆下，送专业厂家进行电化学清洗及抛光，电化学处理后再将零部件放入2%～5%氨水中浸泡15～20s，然后用水清洗，无水乙醇脱水，烘干。对于不可拆卸的元件表面也进行彻底擦洗。具体方法为：先用四氯化碳擦，再用丙酮擦，然后用无水乙醇擦，安装后用碘钨灯进行烘烤。经过清洗处理后，总出气量达到 2.6×10^{-3} Pa·L·s^{-1}（其中包括了漏气部分）。

② 打磨及重新加工密封面　所有的密封法兰，都要进行严格检查，凡表面光洁度不高的，都必须进行打磨。所有的密封橡胶圈材料为出气率小的氟橡胶。凡是能用金属密封的法兰，选择金属密封。对所有的真空规管和阀门进行检查，清洗密封面，清除污染物。

③ 检漏　以质谱分析方法断定系统是否有漏，检漏时需要提高检漏仪有效灵敏度，分段逐检，把好检漏关。

④ 真空烘烤　系统重新安装后，采取烘烤措施。考虑到其中氟橡胶密封可承受的温度，可以用加热带烘烤到100℃左右即可。

(3) 前束线真空系统性能如下所述

① 漏放率　用静态升压法计算漏率，将系统抽至 1.2×10^{-5} Pa，关闭抽气阀门，经过一定时间，系统压力降至 10^{-3} Pa量级后，计算漏放率。多次测试计算，得到的平均值为 2.0×10^{-3} Pa·L·s^{-1}。

② 表面出气率　改造前前束线真空系统的表面出气率为 1.1×10^{-8} Pa·L·$s^{-1}cm^{-2}$，改造后达到 1.1×10^{-9} Pa·L·$s^{-1}cm^{-2}$。

③ 前束线各段压力值列表见表28-135。

表28-135　改造后前束线真空系统压力分布　　单位：10^{-6} Pa

代号	A	AB	B	BC	C	CD	D	DS	R(S)
位置/mm	3016.8	10643	18269	19482	20695	22172	23649	24714.5	25780
压力	4.0	10.0	9.0	4.0	2.0	5.0	1.5	2.0	1.0
代号	SE	E(F)	FG	G	GI	I	IJ	J(K)	KL
位置/mm	26849	27918	28920	29922	33651	34881	38693	42505	43170
压力	3.0	1.0	1.5	1.4	8.0	3.0	9.0	3.0	5.0
代号	L	LM	M	MN	N(O)	OP	P	PQ	Q
位置/mm	43836	45784	47732	49575.5	51419	53303.5	55188	56227	57266
压力	3.0	3.0	2.0	2.0	1.8	2.0	3.0	4.0	3.0

图28-274给出前束线的压力分布。对于重点改造的地方，即真空泵C～G所负载的前束线真空系统部分，泵口真空度和两泵中心平面的真空度有了明显的改观。其他真空泵泵口压力小于 5×10^{-6} Pa，两泵中心平面压力小于 1×10^{-5} Pa，满足了试验要求。

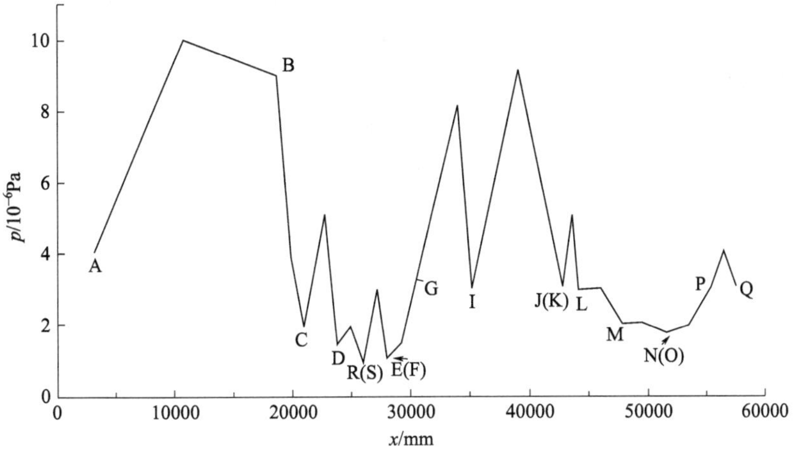

图 28-274 改造后前束线真空系统压力分布

28.24.9 SC200 超导医用质子回旋加速器束流传输真空系统

束流传输系统真空是合肥超导质子医疗设备（SC200）的重要技术保障。研究束流传输系统真空对有效保证束流传输环境和束流最终品质，使束流在合理的偏差范围内到达治疗终端有着重要作用。SC200 输运线上二极铁、四极铁、矫正铁，束流阻断器和束测等部件分布密集，局部机械空间紧张。在此设计输入下，束流传输系统的真空部件和真空管路结构既要有利于来流传输的品质，又要确保机械安装空间和后期设备维护的便利性。朱雷等研制了质子回旋加速器束流传输真空系统。系统总长约 65 m，动态真空要求优于 5×10^{-4} Pa（局部可降低为 5×10^{-3} Pa）。结果表明，SC200 超导质子回旋加速器束流传输系统真空设计满足设计输入要求。

(1) SC200 超导回旋加速器用途

质子束流可以以极高的速度进入人体组织的特殊部位，然后速度降低释放能量，进而产生博拉格峰（Bragg 峰），可以使肿瘤组织后方的正常组织避免照射。利用穿野或多野交叉等照射技术，能进一步降低照射在肿瘤前方的辐射剂量。质子治疗的显著优点是穿透性强、剂量分布好、旁散射少、局部剂量高、半影小和副作用小等特征，目前美国、日本、俄罗斯等国已有多台用于治疗癌症的质子加速器装置。合肥 SC200 超导质子医疗设备是国产超导质子束治疗肿瘤医用加速器，其真空系统装置由能选段真空、传输段真空、固定室真空和旋转室真空组成。真空系统的特点是部件繁多，尤其是能选段真空和旋转室真空设计布置，由于部件繁多、空间布局紧张，所以在设计束流传输系统真空器件布局与真空管结构时，要充分考虑到真空室的安装与其他束流传输系统部件的接口问题。CS200 模型见图 28-275。

图 28-275 SC200 超导质子医疗设备的模型

(2) 真空系统构成

因 SC200 超导回旋加速器束流传输系统真空全程较长，在束流传输系统线上配置 9 个真空规管（可从低真空直接测量到高真空）、9 个插板阀、9 个分子泵、5 个前级机械泵。这样设计既可以满足束流传输系统的真空和真空测量，又可以对分子泵起到保护的作用。束流传输系统真空布局如图 28-276 所示。

根据物理计算，束流传输系统真空的动态真空要求优于 5×10^{-4}Pa，局部区域可超出标准降至 5×10^{-3}Pa。在束流传输线上每隔相应距离配置抽速为 67L/s 的分子泵，由于降能器处石墨的放气率较大，此处真空标准可以降至 5×10^{-3}Pa。束流传输系统真空管道内气载较均匀，取束流传输系统真空线上两泵距离最长段真空进行核算。

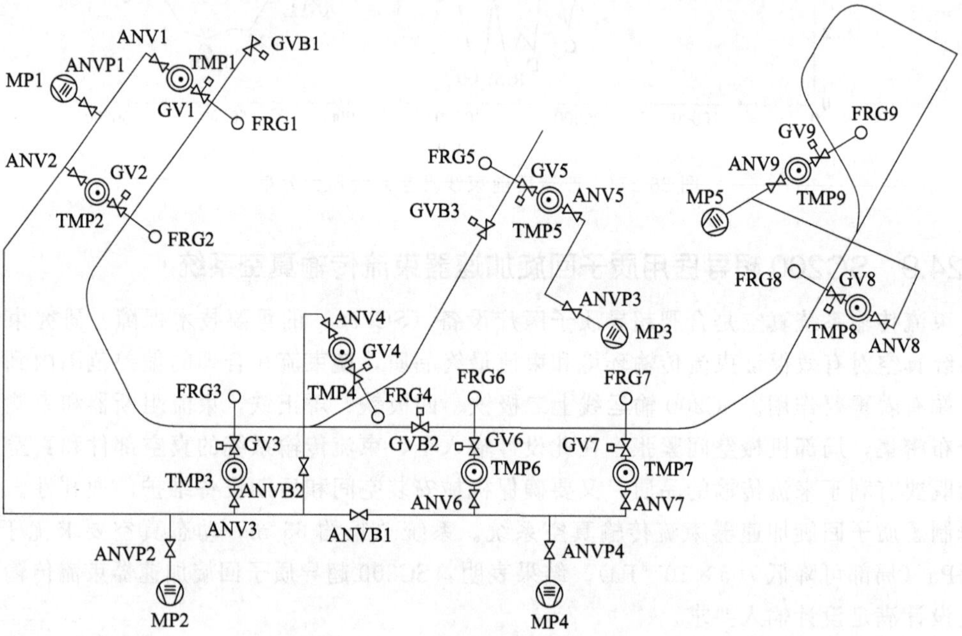

图 28-276　束流传输系统真空布局

MP—机械泵；TMP—涡轮分子泵；FRG—真空规；GV/GVB—高真空阀门/超导真空阀门；
ANV/ANVP/ANVB—涡轮分子泵排气口阀/前级阀/涡轮分子泵入口阀

(3) 真空室设计

束流传输系统线上二极铁、四极铁工作在交变状态，考虑到真空室周围因交变电流而产生的涡流对磁体本身磁场的影响，故真空室材料（除真空室支撑外）统一使用 316L 不锈钢。

① 二极铁真空室　考虑到二极铁间隙的限制，二极铁真空室采用横截面为矩形的结构进行设计，真空室端部考虑到接口方式和操作性，采用圆形管道。法兰焊接在圆形管道的末端。束流传输系统的二极铁真空室结构如图 28-277 所示。

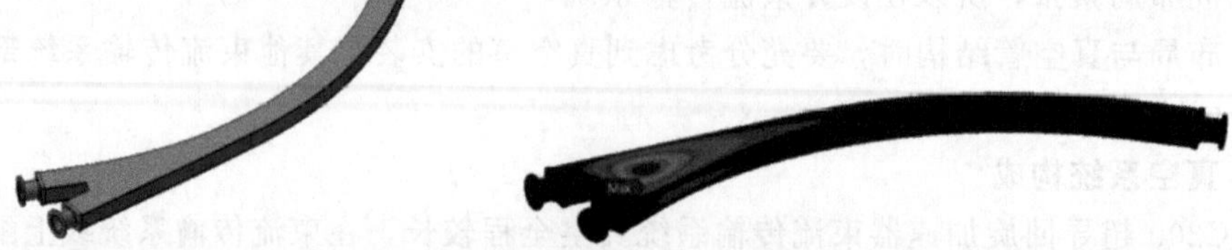

图 28-277　束流传输系统二极铁真空室典型结构

对真空室的结构进行分析校核时，二极铁真空室在其工作真空压力下最大变形发生在真空室分岔处，且最大变形量小于 0.4mm，此变形在设计允许范围 0～0.5mm 内。

② 四极铁真空室　因四极铁与二极铁的磁极形状和磁极间隙不同，故四极铁真空管的截面形状无法和二级铁的截面形状做成一致。根据束流束腰大小，磁体间隙形状与大小和真空管的关系，四级铁真空室的设计采用壁厚为 3mm 的圆形管道，管道两端焊接相应的法兰接口。四极铁真空室结构简单，只需要在有分子泵位置处设置相应的分子泵抽口和真空规检测口。四极铁真空室的结构如图 28-278 所示。

图 28-278　四极铁真空室结构

此类真空室在其工作真空压力下最大变形发生在真空室靠近分岔位置，最大变形量为 0.02mm，此变形在设计允许范围 0～0.5mm 内。

28.24.10　中国散裂中子源输运线真空系统

中国散裂中子源（CSNS）装置主要包括一台负氢离子直线加速器，一台快循环同步加速器，两条束流输送线，一个靶站，三台中子谱仪，以及相应辅助设备。束能量 1.6GeV，功率 100kW，短脉冲以频率 25Hz 打金属靶，在靶内产生散裂中子。可以进行物理、化学、材料学以及生物学研究。王鹏程等研制了输运线真空系统。

中子源输运线是将直线加速器引出的负氢离子束通过 200m 的输运线，注入到同步加速器环中。束运线要求超高真空环境，目的是减小束流能量损失，降低束流与残余气体碰撞产生其他离子或使负氢离子复合产生质子。

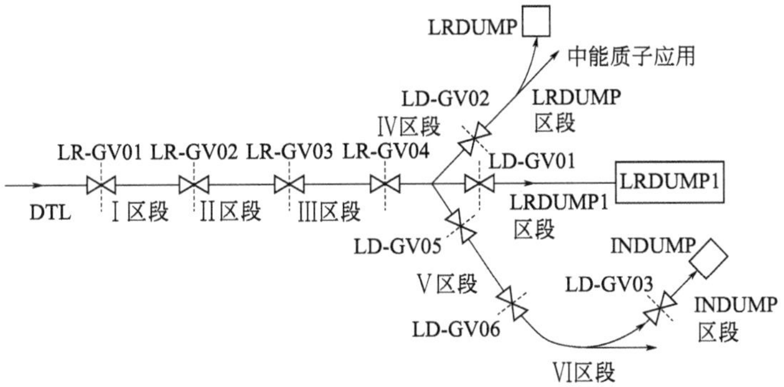

(a) 输运线区段

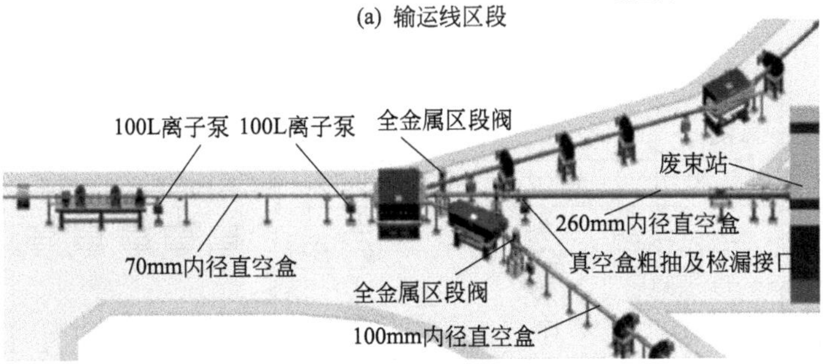

(b) 真空布置图

图 28-279　输运线真空系统原理图

输运线真空系统原理图如图 28-279 所示，输运线选择 9 台真空插板阀，将其分成 9 个区段，如图 28-279（a），每个区段配有溅射离子泵以及涡轮分子泵机组，用涡轮分子泵将真空盒抽至 10^{-3}Pa 量级后，启动溅射离子泵抽至超高真空。整个输运线布置 38 台溅射离子泵，其中 2 台抽速为 400L/s，其余抽速为 100L/s。平均间隔 6m 布置 1 台溅射离子泵。输运线由 171 只真空盒组成，材料为 316L。根据经验选择材料的出气率 $q_t=1.33\times10^{-11}$Pa·m³/(s·cm²)，以此为依据，计算得到第Ⅰ区段到第Ⅳ区段压力分布，见图 28-280。由图可见，平均压力为 5.19×10^{-6}Pa，满足使用要求。最终在 URBT 环得到的真空度优于 2×10^{-6}Pa。

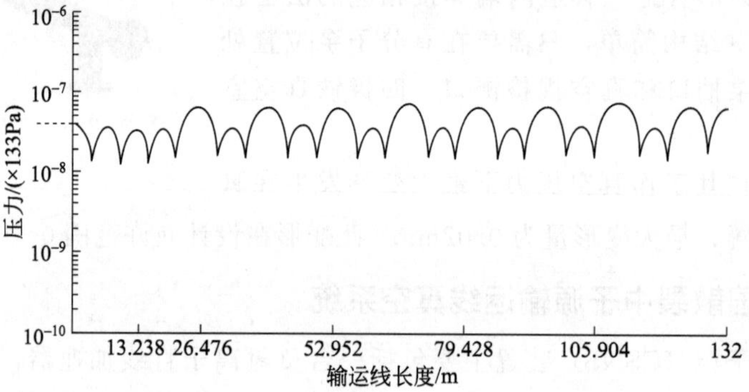

图 28-280　Ⅰ区段～Ⅳ区段压力分布计算值

28.24.11　硼中子俘获治疗装置真空系统

硼中子俘获治疗（BNCT）装置主要由 1 台 ECR 离子源，1 台能量 3.5MeV 的射频四级加速器（RTQ），1 条高能传输线（HEBT）组成。刘顺明等研制了该装置真空系统。

硼中子俘获治疗 1936 年由美国生物物理学家 Locher 首先提出，其治疗肿瘤的原理是将肿瘤的硼药注入肿瘤部位，硼聚于肿瘤细胞内。用热中子或超热中子辐照肿瘤，硼俘获中子后产生 α 粒子和 ^{7}Li，用以杀伤肿瘤细胞，进而达到治疗肿瘤的目的。目前美国、日本、芬兰、荷兰、澳大利亚等国已用于临床研究。

我国建成的 BNCT 装置原理图见图 28-281。装置各部位要求的工作压力分别是：ECR 离子源区段工作压力≤4.0×10^{-3}Pa；LEBT 低能束流传输线（长约 2.5m）工作压力≤1.0×10^{-3}Pa；射频四级加速器（RFQ）区压力≤1.0×10^{-5}Pa；高能束流传输线（约 10m）区压力≤5.0×10^{-5}Pa。

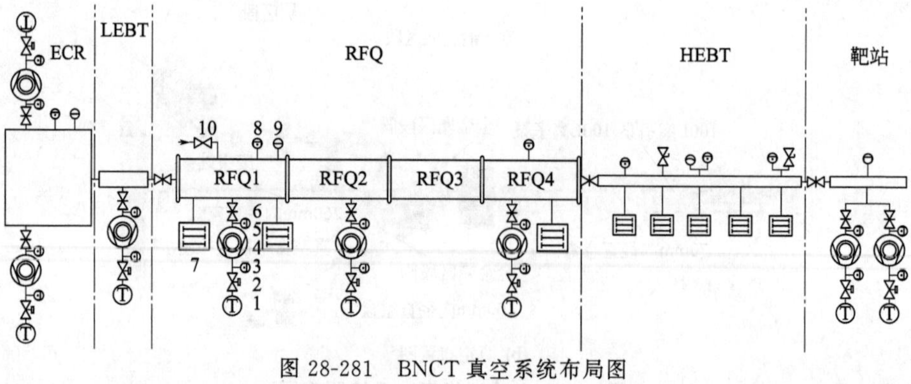

图 28-281　BNCT 真空系统布局图

1—机械泵；2—电磁阀；3，9—皮拉尼规；4—分子泵；5，8—电离规；6—插板阀；7—溅射离子泵；10—充气阀

(1) 各区段真空泵配置

① ECR 离子源区　离子源工作气体为氢，流量约 10sccm，配置抽速 3500L/s 的涡轮分子泵 2 台，前级为抽速 25L/s 的油封机械泵。

② LEBT 区段　配 1 套抽速 620L/s 的涡轮分子泵机组，可获得约 5.0×10^{-4}Pa 的真空度。

③ RFQ 加速器区　加速器将质子束的能量从 75keV 加速至 3.5MeV。为减小 LEBT 的气体负荷的影响，在 RFQ 端板的束流孔设计为直径 11mm 小孔。此区配置 3 套抽速 1200L/s 的涡轮分子泵机组，同时配置 3 套抽速为 1000L/s 的溅射离子泵作主泵，此区可以获得 1.0×10^{-5}Pa 的动态真空。

④ HEBT 区段　从 RFQ 引出的脉冲束流，能量为 3.5MeV，平均功率为 35kW。整个输运线长度 9.953m，共配置了 5 台溅射离子泵作为主抽泵，其中 3 台抽速为 70L/s，2 台抽速为 100L/s；两套抽速为 700L/s 的临时涡轮分子泵机组作预抽泵，当打靶功率进一步提高后，出气量会增大，因此，这两套分子泵机组也可以在线使用，进一步降低靶出气对加速器一侧真空度的影响。

(2) 高能传输线（HEBT）及治疗端压力分布模拟计算

用蒙特卡罗方法进行模拟计算。计算条件：①不锈钢出气率为 $3.3\times10^{-12}\text{Pa}\cdot\text{m}^3/(\text{s}\cdot\text{cm}^2)$；②束流散射打到管道内壁产生的气体量为 $2.4\times10^{-6}\text{Pa}\cdot\text{m}^3/\text{s}$；③束流入射到靶面产生的气体量为 $5.88\times10^{-5}\text{Pa}\cdot\text{m}^3/\text{s}$。压力分布结算结果见图 28-282。

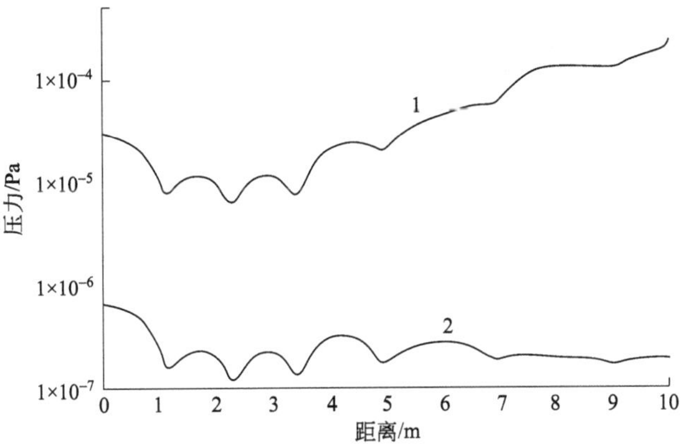

图 28-282　沿束流输运方向的压力分布

1—动态真空/Pa；2—静态真空/Pa

从图 28-282 可以看出，HEBT 动态真空比静态真空增加了近 2 个量级，治疗端动态真空比静态真空增加了近 3 个量级，说明靶出气是主要的气载。目前 HEBT 共配备了 3 套冷规，治疗端配备了 1 套冷规，依次命名为 CCG01、CCG02、CCG03、CCG04，真空规位置如图 28-283 所示。

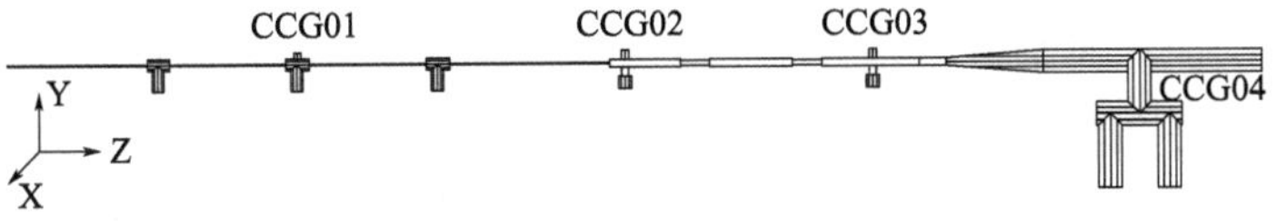

图 28-283　HEBT 及治疗端真空系统

目前最大打靶功率约为设计值的14%、表28-136列出了HEBT及治疗端4个真空规在不同打靶功率下的模拟值/实测值。

从表28-136可以看出：当束流打靶功率为0kW时，CCG01和CCG02的模拟值和实测值基本一致，而CCG03和CCG04的模拟值远小于实测值，这主要是由于模拟值没有考虑涡轮分子泵的极限真空导致的。采用的脂润滑涡轮分子泵的极限真空为6×10^{-7} Pa，随着打靶功率的增大，靶出气量较大，可以忽略涡轮分子泵极限真空的影响。

表28-136 HEBT及治疗端压力分布 单位：10^{-6}Pa

真空计 \ 打靶功率	0kW	2.42kW	3.65kW	4.37kW
CCG01	0.15/0.1	0.5/0.35	0.8/0.8	0.6/2.0
CCG02	0.21/0.2	1.2/88	2.1/5.4	2.0/56
CCG03	0.19/0.8	3.7/33	5.8/7.7	6.5/37
CCG04	0.07/0.8	2.6/50	3.8/7.7	4.9/91

当束流打靶功率为2.42kW和4.37kW时，由于打靶时间不足1h，因此表面出气是主要的气载，所以实测值远大于模拟值。当束流打靶功率为3.65kW时（打靶时间约为3h），虽然实测值略大于模拟值，但是两者已经在同一个数量级，说明靶表面出气的影响在逐渐减小。随着束流打靶时间的进一步延长，表面出气将逐渐减小，甚至可以忽略不计。

28.25 受控核聚变装置

28.25.1 概述

受控核聚变装置是利用轻原子的聚变反应来获得巨大能量的装置。一般反应所用燃料是氢同位素氘（D）和氚（T）。实现D-D反应，达到点火条件为

$$T>2\times10^{8}\text{K}$$

$$n\tau>10^{16}\text{s/cm}^{3}$$

而D-T反应点火条件为

$$T>3\times10^{7}\text{K}$$

$$n\tau>10^{14}\text{s/cm}^{3}$$

式中，T为反应粒子温度；n为反应粒子密度；τ为能量约束时间。由点火条件可见，实现D-T反应较D-D反应低两个数量级，将来最先应用的将是D-T反应。

28.25.2 受控核聚变装置真空环境特点

受控核聚变装置中，大部分注入气体不参加等离子体储存过程，需用抽速非常大的真空泵。在JET装置中等离子体体积150m^3，真空室的体积190m^3，装置的中性注入器配置了抽速9×10^4L/s的冷凝泵，而实验性功率堆需要抽速高达每秒数百万升的大型真空泵。

装置要求清洁超高真空条件。早期托卡马克装置采用油真空系统，得到等离子体参数较低。现在多采用无油抽气手段，并且各活动联结使用金属密封，可获得10^{-7}Pa的清洁超高真空。托卡马克装置要求运行时工作压力为$10^{-1}\sim10^{-3}$Pa，磁压缩型装置为10～

10^{-1}Pa。因而要求抽气设备能排走大量氢负载，同时需要宽量程真空计，放电时产生的高能等离子体与器壁相互作用，使器壁解吸大量杂质气体进入等离子体中，使辐射损失增大，影响反应能量，同时加速器壁材损失，降低反应堆寿命。

应用受控聚变装置真空系统必须考虑电磁场的影响。真空室的设计除考虑磁场的渗透影响外，还要考虑在磁场作用下产生的应力。选用溅射离子泵，需要考虑泵磁场对电磁场的影响。装置对真空测量也有特殊要求，即要能快速反应，测量压强高，又要能防磁。

装置的真空检漏与一般真空设备不同，由于有强烈放射性，不宜接近。为此，需要遥控检漏。装置中使用的氘与氦质量差不多，使用氦质谱检漏仪本底噪声高。需采用其他示踪气体，也可以用四极质谱仪检漏。

28.25.3 真空室

受控核聚变装置的真空室（即反应室）是反应堆的核心。其结构有单层和双层的。早期托卡马克装置为了获得超高真空，采用双层真空室，在内外真空室间有保护真空。使内真空室不受大气压力，这种结构很复杂。后来发现单层也能保证超高真空，于是多采用单层结构，使真空室大为简化。但有些装置又采用双层真空室。原因是夹层真空除了起保护真空作用外，还可以用于通过气流对内真空室加热，冷却及减少氘污染。为避免因外真空室漏入大气、压环内真空室，内外室之间必须设有安全保护装置。

托卡马克装置真空室为环形，为使磁场能渗透进去，在环向必须有很大的电阻。可以用两种方法解决：一种是利用陶瓷环，但这种上米直径的陶瓷环成型、烧制、封接都很困难；另一种是采用波纹管，此种结构能抗大气压力又易安装，一般是一个波一个波焊制而成。

真空室材料要有良好的真空性能、力学性能及耐辐射性能。要求有低的磁导率（$\mu \leqslant 1.004$H/m）、高的抗弯强度（$\sigma \geqslant 4\times10^4$MPa），而伸长率在40%以上；较高的电阻率（$\rho \geqslant 74\mu\Omega \cdot$cm）；低的出气率［$q \leqslant 10^{-10}$Pa·L/(s·cm^2)］以及良好的焊接性能。一般选用无磁不锈钢或镍铬合金钢。对于磁压缩和高频加热装置，由于磁场渗透的要求，一般采用非金属真空室，用氧化铝或玻璃。在未来反应堆中，引人注目的材料有铌、钼、钒、碳化硅及石墨等，但目前还未到应用阶段。

内真空室要能承受高温烘烤。托卡马克装置一般用欧姆变压器绕组加热真空室，温度为450～500℃。

真空室制造过程中，室内的元件要求用化学去油和超声波清洗，零件运输和装配时要严格遵守真空卫生。大型真空室常用的清洗方法有两种：一种是喷砂处理，超声波去油、氟利昂蒸气去油；另一种方法是用过氯乙烯蒸气去油，超声波清洗。

装置的器壁在每次进行核反应实验之前需进行放电清洗或辉光放电处理。放电清洗已在许多托卡马克装置上取得了明显效果（清除器壁的碳和氧）。PLT装置用低功率放电清洗，放电电流为2～10kA，器壁功率约0.05W/cm^2，电子温度2～5eV，经10^4次放电后，使氧杂质降低到1%左右。

PDX装置采用氢辉光放电清洗，氢压为4Pa，流量约1.3×10^3Pa·L/s，经过120h放电处理，从真空室表面清除碳原子1.9×10^{23}个，氧原子2.4×10^{22}个。

真空室器壁上蒸发上一层钛吸气膜，能大大降低等离子体中杂质含量。普林斯顿大学在ATC装置上，首先采用了伸缩式钛升华器，钛球伸入真空室，一次蒸发可使器壁覆盖25%，将本底真空提高一个数量级，蒸发后升华器仍缩回原处。器壁存在着吸气层，在放电过程中，不仅使氧杂质减少，而且钛膜起保护器壁作用，使器壁材料溅射减小，进入等离子体中的杂质亦随之降低了。

托卡马克装置采用磁偏滤器，是减少等离子体中杂质含量的有效方法。通过偏滤线圈作用，使杂质含量较大的等离子体边缘壳层沿着偏滤磁力线进入净化室，带电的杂质粒子在中性化板上中和成中性粒子，被安装在净化室中的大抽速吸气泵抽走。通常使用钛升华泵及锆-铝吸气剂泵。

28.25.4 托卡马克装置

图28-284为托卡马克装置简图，装置主要参数有：环直径约2m，等离子体直径0.4m，等离子体电流0.4MA。主要部件有欧姆变压器、主磁场线圈及真空室。这是早期设计的装置，选用双层真空室结构。内真空室由16节内径500mm、厚0.3～0.5mm薄壁波纹管组成，波纹管之间有刚性不锈钢环吸收电磁力。通过两个抽气口联结两套以分子泵为主泵的超高真空机组，构成超高真空系统。要求内真空室本底压力不高于1×10^{-7}Pa。外真空室由4段5cm铜板成型，通过抽气口连接两套扩散泵机组，构成高真空系统，室中压强不高于5×10^{-4}Pa。

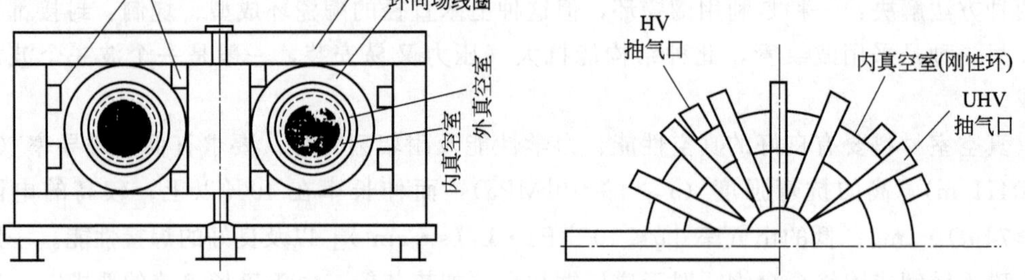

图28-284 托卡马克装置简图

放电前，通过毫秒量级的脉冲送气阀，将高纯度中性气体H_2、D_2等注入内真空室。充气压力10^{-1}～10^{-3}Pa。在欧姆变压器绕组中，通过脉冲电流，使注入气体电离，并感应一个强大的次级电流-等离子体电流。主磁场线圈提供的强磁场产生一个相当大（10^7Pa）的磁压力，将等离子体约束在一定范围内。欧姆加热可使等离子体温度升高至10^7K，在横切磁场方向将20～150keV的高速中性束注入，可对等离子体进行二次加热至7keV。为达到这样高的等离子体温度，要求真空室中杂质气体分压不大于6.6×10^{-7}Pa，注入气体杂质浓度不大于1×10^{-6}。

图28-285所示为某托卡马克装置真空系统原理。内真空室用两台超高真空机组，外真空室用高真空机组。

超高真空机组以涡轮分子泵为主泵，泵口径为300mm，抽速600L/s，真空度10^{-7}～10^{-8}Pa。它用作系统预抽，烘烤时可使真空室保持10^{-4}～10^{-5}Pa；它又可与升华泵、复合钛泵联合工作，对系统抽本底真空；两次放电间它将工作气体抽出到10^{-5}Pa；在放电过程中，它保持工作压强为10^{-1}～10^{-3}Pa。

复合钛泵口径 300mm，抽速 2500L/s，真空度 10^{-3}Pa，用于抽极限真空。

钛升华泵，在系统烘烤及两次放电间抽工作气体时，辅助涡轮分子泵抽气。

分子筛泵口径为 150mm，分子筛量 2kg，当真空室内工作气体（H_2、D_2、He）不抽出时，利用分子筛选择性抽气作用，维持内真空室工作气体纯度。

机组使用通径 300mm 全金属铟密封超高真空阀，阀体漏率及阀口漏率均不大于 1×10^{-7}Pa·L/s，使用寿命不低于 1000 次。

高真空机组由钛升华器、带液氮阱扩散泵及有分子筛挡油阱的油封机械泵构成。

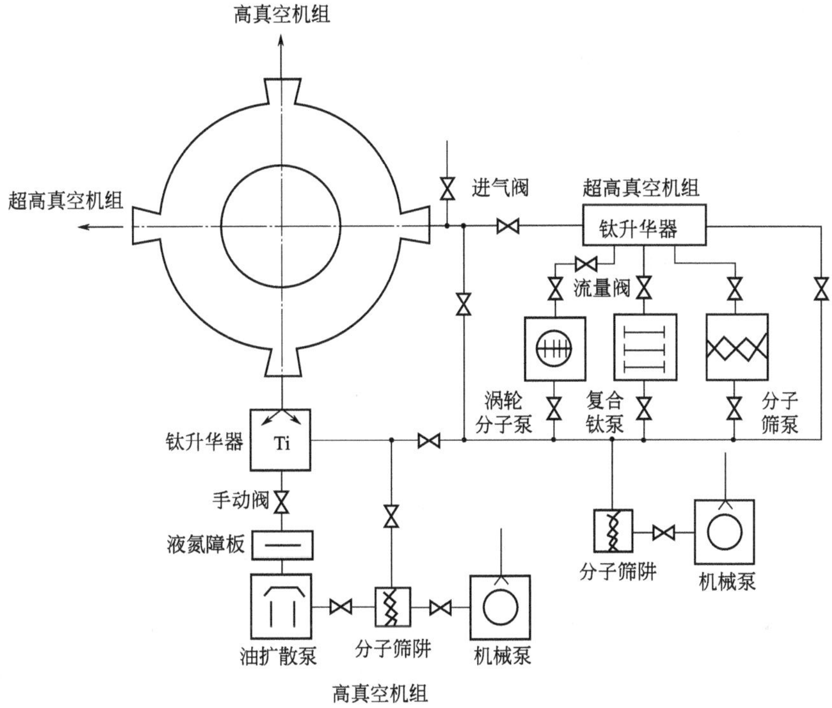

图 28-285　托卡马克装置真空系统原理

28.25.5　EAST 超导托卡马克装置真空系统

EAST 超导托卡马克核聚变实验装置是国家九五重大科学工程之一，也是世界上第一个具有与 ITER 相似结构的全超导托卡马克。EAST 主要的研究目标是准稳态运行模式下相关物理特性，以及为未来聚变反应堆——全超导托卡马克装置提供技术基础。

28.25.5.1　EAST 真空室

真空系统在 EAST 装置中是重要组成部分，真空室由两部分组成，即外真空室及内真空室。外真空室为低温超导提供绝缘环境；内真空室为高温的等离子体聚变提供清洁环境。

内真空室是由 16 个 D 形截面的扇形全硬段焊接而成，最大能够承受 13atm，壳体材料为 316L 不锈钢，面向等离子体的第一壁为表面镀有约 100μm SiC 涂层，容器约 $40m^3$（含窗口管道），内表面积约 $162m^2$。

外真空室主要包括装置主机部分和电流引线段真空容器。主机部分包含超导线圈和内外冷屏等复杂的低温系统部件，体积约 160m³。电流引线段是由两个电流引线罐和传输线部分组成，体积约为 22m³。

不同的真空室要求不同的真空，内真空室是为等离子体的稳定运行提供清洁的超高真空环境，极限真空度需要高于 2×10^{-5}Pa。外真空室主要为超导磁体的正常运行提供真空绝热条件，要求在室温下真空度优于 0.1Pa，在超导态下真空度高于 5×10^{-4}Pa。电流引线罐和传输线真空度需要高于 5×10^{-4}Pa。

28.25.5.2 EAST 抽气系统

(1) EAST 内真空抽气系统

EAST 内真空抽气系统为等离子体放电提供必要的清洁环境。抽气系统是在等离子体放电前提供尽可能好的本底真空，以满足等离子体对纯净环境的要求，放电时抽气系统具有很强的杂质抑制能力，从而控制放电参数，在第一壁处理过程中（烘烤、辉光放电和离子回旋放电清洗）气压较高时也具有大抽速以便抽出水蒸气和杂质气体。

根据 EAST 装置内真空室的结构特点和热核聚变装置对真空系统的要求，内真空室抽气系统由主管道抽气系统、偏滤器室抽气系统和低杂波室抽气系统组成，如图 28-286 所示。

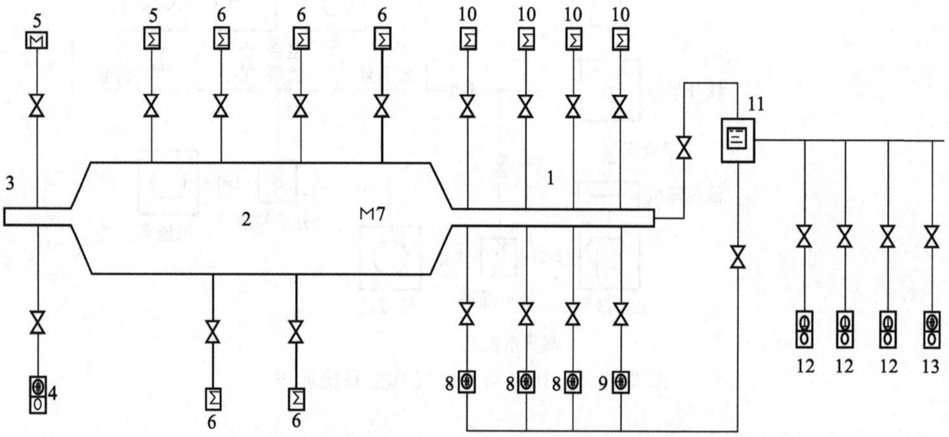

图 28-286 内真空室抽气系统

1—主管道；2—偏滤器室；3—低杂波室；4—F-400 涡轮分子泵机组；5—低杂波室低温泵；6—偏滤器室低温泵；7—内置式低温泵；8—F-400 涡轮分子泵；9—3K-T 复合分子泵；10—低温泵；11—液氮阱；12—ZJ600 罗茨泵机组；13—FB600 复合分子泵机组

EAST 装置的水平窗口的主管道 ϕ0.8m，长约 6m，配备 3 台 F-400 型的涡轮分子泵和 1 台 3K-T 型（抽速 2500L/s）复合分子泵做为主抽分子泵。分子泵前级出口通过波纹管、启动蝶阀汇总到 ϕ0.2m 的前级管道，在前级管道中配置 1 台 0.07m³ 的液 N_2 冷阱。前级抽气由四套机组并联而成，其中 3 套为 ZJ-600 罗茨真空泵机组，用以粗抽及辉光清洗时所要求的大抽速；另外 1 套为 FB-600 复合分子泵机组，在装置抽极限真空和等离子放电中使用。另外在主管道上还配备了 4 套外置低温泵，每台的名义抽速为对 H_2 为 13m³/s，对 H_2O 为 17m³/s，对空气为 5.8m³/s。

在偏滤器位形等离子体放电过程中，粒子被特殊的磁场位形约束进入偏滤器室，为了提高偏滤器粒子排除能力（密度控制、杂质控制、聚变产物-He 的排除），防止粒子返流，需要大抽速的抽气系统。偏滤器室抽气系统包括均匀布置在装置上下窗口的 6 台外置式低温泵和 1 套内置式低温泵。在内置式低温泵运行的时候，温度冷却到 7.5K 大概需要 3h，内置式低温泵对 D_2 的抽速约为 $75m^3/s$，饱和时气体量约为 $2500Pa \cdot m^3$。升温到 80K 的再生过程大概需要 0.5h。

低杂波天线内有大量波纹管，表面积相当大，需要单独抽气。以防止其影响偏滤器室真空，同时也可以防止在高功率低杂波注入时天线馈口击穿打火，低杂波室配置了 1 套 F3500 涡轮分子泵机组及 1 台低温泵，可实现超高温真空。

(2) 外真空室及低温阀箱抽气系统

外真空室及低温阀箱主要是为超导磁体的正常运行提供真空绝热环境。其抽气系统主要包括装置外真空室（CVV）抽气系统、电流引线段（CLT）抽气系统，如图 28-287 所示。

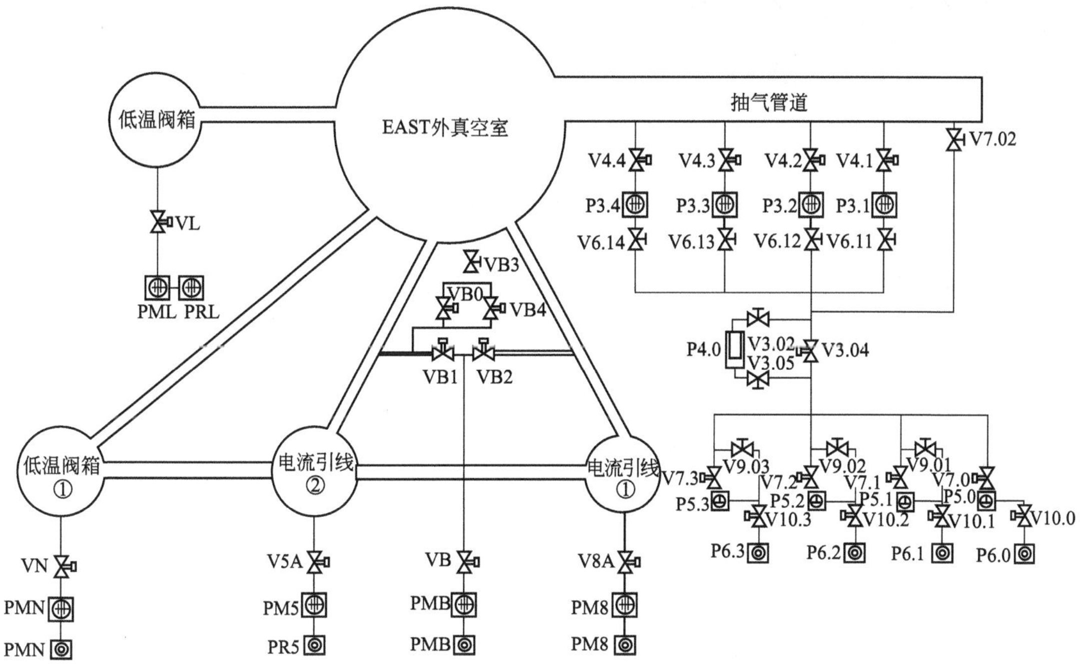

图 28-287　EAST 超导托卡马克装置外真空室及低温阀箱抽气系统配置结构

装置外真空室抽气系统预抽部分与内真空室主管道抽气系统相似。分子泵为 4 台名义抽速为 $1.5m^3/s$ 的 F-250 型涡轮分子泵，前级粗抽气机组配置与内真空室前级机组相似。在外真空室降温后，5K 的超导磁体和 80K 的冷屏就相当于一个巨大的低温泵，大约提供大于 $3.6m^3/s$ 的抽速。

电流引线段和低温阀箱（CVB）部分主要是常规电线至超导电线间的过渡部分，其也是在真空低温环境下，选用抽速为 $0.6m^3/s$ 的复合分子泵机组。

该装置内真空室经过 10d，温度为 200℃烘烤及辉光放电清洗，极限压力可达 $3.0\times10^{-6}Pa$，总的漏放率约 $2.5\times10^{-4}Pa \cdot m^3/s$；外真空室真空度达到 $1.9\times10^{-4}Pa$。

28.25.6 HL-2A 托卡马克真空系统及烘烤

HL-2A（中国环流器二号 A）托卡马克装置将是我国第一台用于进行受控核聚变研究的具有轴对称偏滤器的大型实验装置。真空室内具有上下对称的偏滤器是本装置的主要特点。图 28-288 所示为 HL-2A 托卡马克装置的概貌示意图。

(1) 真空系统构成

HL-2A 托卡马克真空系统由真空室和真空抽气系统组成。真空室采用原 ASDEX 装置具有“D”形截面的两个“半环”真空室组合而成。联结处垫有聚酰亚胺绝缘板，实现电绝缘和真空密封。偏滤器室为真空室的重要组成部分，以隔板将其与等离子体放电室隔开。固定多极场线圈的“翼梁”将偏滤器室分隔为 16 段。为了真空抽气、工程实验、物理实验诊断、水管引进引出以及真空室内部件安装的需要，在真空室上顶面、下底面、上锥面及外圆柱面上共置 218 个直径从 35～60mm 的窗口，布在 30mm 厚的真空室壳体上。真空室两半环采用截面直径分别为 7.4mm 和 7.9mm 的 O 形氟橡胶圈，实现双道密封。

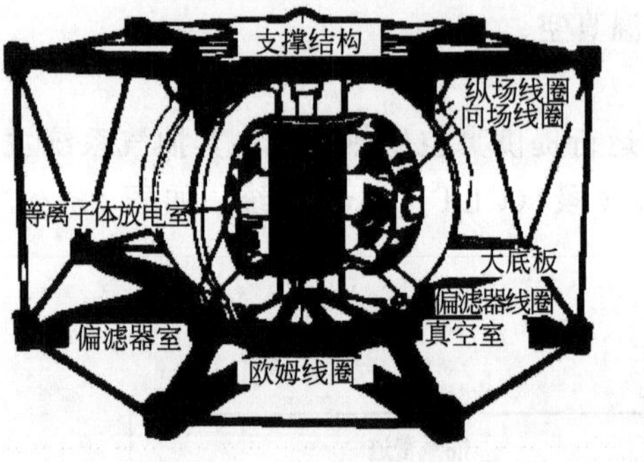

图 28-288 HL-2A 托卡马克装置概貌示意图

真空室外表面盘绕有水管，水管通热水时，能将真空室加热到 150℃。用以除去真空室内壁上吸附的水分，获得更高的真空度。真空室外覆盖有一层 15～25mm 厚的发泡硅橡胶，起保温作用。为使保温效果好，在烘烤之前所有的窗口用保温材料覆盖，以减少热损失。将真空室外表各点的温度差控制在较小的范围内。真空室烘烤过程中，必须保证各部位温度均匀，使各处热应力一致。为此，在真空室外壁上大致均布、对称地设置了 60 个测温点，以监测烘烤时的温度。真空系统抽气机组如图 28-289 所示。

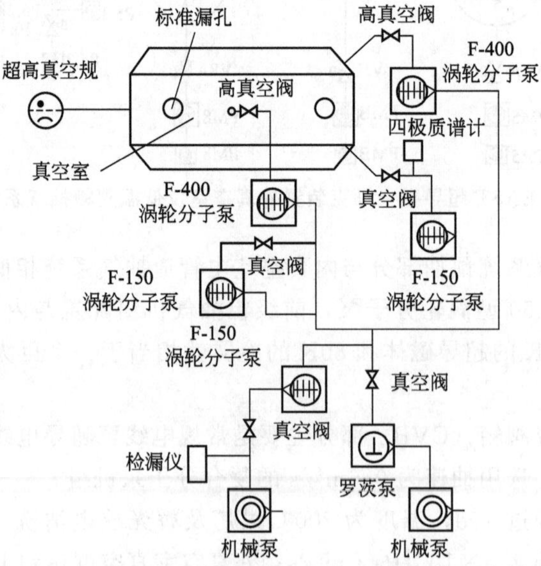

图 28-289 真空系统抽气机组布局示意图

由于真空室体积大，约 26m^3，密封部位多达几百个，内部死空间多，真空室的整体抽空检漏相当困难。烘烤时采用 8 台分子泵做主泵的抽气系统，前级由罗茨泵＋机械泵组成。为了烘烤结束后更好地抽除残余气体水分，设置了两套抽速为 600L/s 的低温泵机组。

(2) 真空系统的烘烤

真空系统烘烤运行涉及三部分的内容：真空抽气系统运行、真空室本体温度及热变形测量及其水系统阀门控制、水循环系统及电加热器的运行控制及测量。各部分有相对的独立性，但也有关联性。首先烘烤水系统的升温、恒温、降温须由真空系统的测量结果来发出指令，真空室的变形监测结果对烘烤水系统运行过程中的调节提出要求。

第一次进行真空室烘烤，为了保证真空系统和烘烤水系统的运行安全，确定真空室的烘烤温度≤100℃。真空室从室温到 100℃的范围内，温升速率≤2℃/h，真空室最高升温为 100℃，保温时间为 72h。然后降温，降温速率≤2℃/h。温度降至 40℃时烘烤终止，关断供水系统，然后使真空室温度自然降至室温。由于真空室内多极场线圈与真空室本体的热膨胀不同步，因此，升温时真空室和多极场线圈同时供水，但当多极场线圈温度升至 85℃时，将其供水管路关闭，真空室外壁继续供水，利用热辐射和热传导达到平衡。

抽气系统将真空室约经 6h 时间内从大气抽至 3.7×10^{-4}Pa 后，烘烤系统开始投入运行。随着水温度的逐渐升高，吸附在真空室内壁的水分和其他气体逐渐脱附，真空度缓慢变坏。最高升至 2.7×10^{-3}Pa，真空度降低了近一个量级。随着真空室烘烤恒温阶段的持续和逐渐降温，以及低温泵的运行及辉光放电清洗，真空度开始逐渐变好。抽气机组工作 330h 后，能获得 1.9×10^{-5}Pa 真空度。

在最后的辉光放电清洗时，关断 8 套分子泵中的 7 套，送气开始进行辉光放电清洗。在真空烘烤运行期间，采用四极质谱计对 H_2O、N_2、O_2 等残余气体质谱峰进行常规监测。在监测过程中，根据 N_2、O_2 谱峰有无异常变化来判断真空室某些部位是否有漏气。特别是在真空室烘烤降温时，收缩变形有可能导致真空室的密封部位漏气。因此当真空室本体温度降至室温后还须进行仔细检漏，对检出的漏气部位进行集中处理。主要是采用将漏气部位的紧固螺栓进一步紧固的方法来实现，用四极质谱计与氦质谱检漏仪相结合的方法对真空室进行总体检漏。氦质谱检漏仪达到的最小可检漏率为 9×10^{-10}Pa·m^3/s。

在运行的末期进行近 10h 的 H_2 及 H_2＋He 的直流辉光放电清洗。真空室内安装了三个 ASDEX 的直流辉光电极，其阳极为 $\phi25\times450$ 的不锈钢杆，采用专门研制的直流辉光电源和送气系统。辉光放电清洗的典型工作参数为：起辉压力 $(5\sim7)\times10^{-1}$Pa，起辉电压 1100V，工作电压为 500V，电流为 2.5A。在真空系统停止运行后，关断 8 套分子泵和 2 套低温泵抽气机组与真空室相连的闸阀，采用静态升压法，得到真空室的总漏率为 9.3×10^{-5}Pa·m^3/s。

28.25.7 HT-7 超导托卡马克第一壁 He 辉光硼化

在受控核聚变实验中，等离子体杂质通常由于等离子体与第一壁的相互作用而产生，而杂质辐射等离子体能量对聚变实验是十分有害的。由于杂质辐射的能量随着等离子体有效电荷数的增大而急剧增大，所以必须尽可能地降低金属杂质的含量。为了达到这个目的，通常在托卡马克第一壁沉积一层低电荷数的碳膜，此碳膜阻止了等离子直接与金属第一壁的作用，减少了金属杂质产生的机会。这种壁处理方式称为碳化。碳化大大降低了等离子体中金属杂质的含量，使等离子体性能有较大的改善。在碳化装置中，最主要的杂质是氧和碳，其主要危害是稀释等离子体浓度，限制等离子体向高参数进一步发展。实验表明，在碳化装置中，未被碳化到的表面释放的水蒸气是氧杂质的主要来源。水蒸气从托卡马克第一壁表面解吸，进入等离子体中，被裂解、电离，氧离子在鞘电位作用下又回到第一壁的碳膜中，随后以 CO 形式释放到等离子体中。CO 进入等离子体后又被电离成碳和氧，这样氧就在真空室中循环。从上述分析来看，若能阻止氧的再循环，则碳、氧杂质都将减少。实验证明：硼（电荷数是 5）元素与氧有较强的亲和力，两者易于结合形成三氧化二硼固体。这样如果碳膜中有硼元素，那么实验时产生的氧杂质将被硼元素捕获，而中断氧的再循环。此时，氧、碳杂质的含量势必会减少。这种技术称硼化，即在托卡马克第一壁沉积一层由硼、碳元素组成的膜。

1989 年 TEXTOR 首先应用硼化技术。它以乙硼烷（B_2H_6）和甲烷（CH_4）为原料，用射频辅助的氦气直流辉光放电进行硼化，获得了约 50nm 厚的 B/C 膜。硼化后等离子体有效电荷数（核聚变实验所用工作气体是氢，其电荷数是 1，若工作气体含有杂质，则其有效电荷数大于 1）接近 1，等离子体杂质辐射能量大大降低，等离子体品质有了全面的改善。随后人们对许多其他装置都进行了硼化实验，如 JT-60U 和 T-3M 等，取得了理想的效果并且完善了硼化技术。

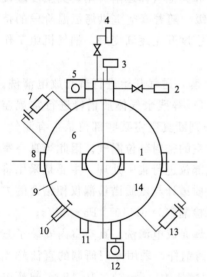

实验还发现采用等离子体增强化学气相沉积法形成的膜是一层多孔膜，它能吸入大量的氢气，称为膜的驻氢性。当鲜膜暴露在氢气中，在最初的 20s 内膜强烈吸气，接着是漫长而缓慢的吸气过程，直到 3h 未见饱和。当托卡马克第一壁是不锈钢材料时，等离子体放电一段时间后，不锈钢壁上吸附的氢气会在放电期间返回真空室，使得等离子体密度不可控。对 B/C 膜来说，由于它的驻氢性，放电期间第一壁上的氢不易返回等离子体中，从而使等离子体密度可控，等离子体稳态运行区域扩展。另外 B/C 膜是一种耐腐蚀性好的膜，特别是硼碳之比为 3 的膜，其腐蚀产额只有碳膜的 1%。

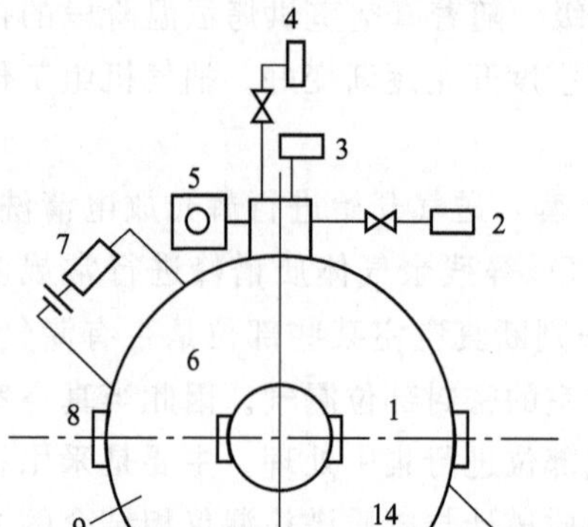

图 28-290　HT-7 硼化系统简图
1—真空室；2—盛硼化物的小瓶子；3—原位质谱仪；4—盛 He 钢瓶；5—2 号机组；6—活动限制器；7—辉光放电系统；8—固定限制器；9—微波天线；10—送样杆；11—差分系统；12—1 号机组；13—1 号辉光电极；14—射频天线

HT-7 第一壁材料是不锈钢，硼化前聚变等离子体有效电荷数约为 5，说明等离子体杂质含量高，从而杂质辐射的能量损失较大，限制了等离子体向高参数发展。HT-7 用安全无毒白色粉末状碳十硼烷（$C_2B_{10}H_{12}$），进行了数次硼化实验，取得了很好的效果。硼化已成为 HT-7 常用的、重要的壁处理方式。图 28-290 给出了 HT-7 硼化系统简图。

HT-7 用射频辅助的等离子体增强化学气相沉积技术对其第一壁进行硼化处理，获得非晶态的硒、碳膜（a-B/C：H)，硼碳元素有膜的深度方向分布均匀，硼碳比约为 3。这层膜沉积在第一壁而有效地保护着第一壁，减少了等离子体与第一壁直接作用，从而降低了等离子体中金属杂质的含量。膜的吸氧性使等离子体中氧杂质的再循环降低，减少了等离子体中氧杂质以及由氧引起的其他杂质的含量。杂质含量的降低使 HT-7 等离子体参数明显提高：有效电荷数降低到 2 以下，环电压低于 1.5V，杂质辐射功率明显降低。由于多孔膜的良好的驻氢性使第一壁氢的再循环得以改善，等离子体密度可控，扩大了等离子体稳态运行区域。另外硼化使 HT-7 能够快速进入稳态运行状态。从硼化效果可以看出，硼化为 HT-7 提供了良好的第一壁条件。

28.25.8 HL-2M 装置真空室预抽真空系统

中国环流器二号 A 装置（HL-2A）升级改造成 HL-2M 装置，将开展高参数等离子体实验研究及聚变堆相关的聚变科学研究。

真空室是 HL-2M 装置最重要的部件之一，是新型真空容器，有 20 个扇形段焊制的环形真空室，由 210 个窗口（见图 28-291，上下窗口对称）。设计、加工、安装工艺按超高真空要求实施。真空室为 D 型截面双层薄壁环状结构（见图 28-292），大环半径 2.6m，D 型截面宽 1.6m，环高 3.02m。

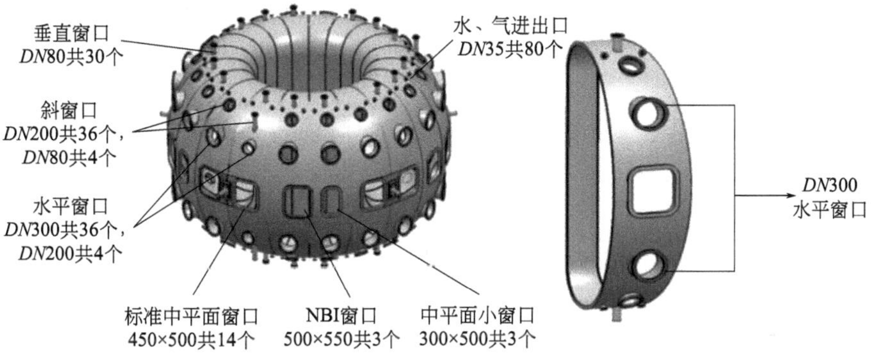

图 28-291　HL-2M 装置窗口布局图

图 28-292　HL-2M 真空室预抽气系统三维图

真空室容积 42m^3，内表面 81.3m^2，烘烤温度 300℃。真空室材料为 INCONEL625，各窗口均为金属密封。表 28-137 给出了 HL-2M 装置的预抽要求以及国外同类型装置的重要真空参数。

表 28-137　国外同类型装置运行、HL-2A 预抽与 HL-2M 预抽主要真空技术指标

名称	ASDEX 运行	DⅢ-D 运行	HL-2A 预抽	HL-2M 预抽
极限真空度/Pa	3.0×10^{-6}	1.5×10^{-8}	1.1×10^{-4}	$\leqslant2.0\times10^{-4}$
总漏气率/ $Pa\cdot m^3\cdot s^{-1}$	$<1.0\times10^{-5}$	6.5×10^{-7}	1.2×10^{-5}	$<5.0\times10^{-7}$
单点焊缝、窗口漏气率/ $Pa\cdot m^3\cdot s^{-1}$	2.0×10^{-10}	2.0×10^{-11}	3.0×10^{-10}	$<2.0\times10^{-10}$

(1) HL-2M 装置真空抽气系统

HL-2M 装置真空抽气系统如图 28-293 所示，由蔡潇等人研制。装置预抽系统功能：一是使真空室获得预期的真空度；二是用于系统的检漏。主抽由 3 套抽速 3500L/s 的涡轮分子泵与 1 台 CP-16 低温泵构成。主抽涡轮分子泵前级配置 FF-250 的涡轮分子泵，可以提高主抽分子泵的极限压力，使真空室获得超高真空。

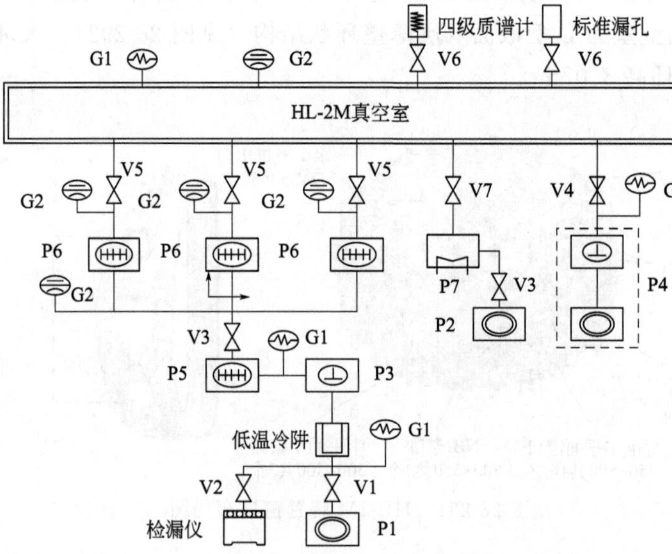

图 28-293　HL-2M 装置真空室预抽气系统原理图

P1— 2X-70 机械泵；P2—2XZ-8D 直联泵；P3—ZJP-150 罗茨泵；
P4— Okta-1000 罗茨真空泵＋Hena300 旋片泵；P5— FF-250 分子泵；
P6— F-400/3500 分子泵；P7—CP-16 低温泵；V1—DDC-JQ80 电磁真空带充气阀；
V2—GD-25 高真空气动板阀；V3—CCQ-250B 超高真空气动插板阀；
V4—CDQ-160（CF）高真空气动挡板阀；V5—CCQ-400B（CF）超高真空气动插板阀；
V6—CCQ-50B 超高真空气动插板阀；V7—VAT serise 162 DN400（LF）气动摆阀；
G1— ZJ-52T 电阻规；G2—ZJ-27 电离规

(2) 真空系统测试

真空系统抽气过程如下：

① 系统设备运行用水、电、气开机前检查；

② 开启高真空气动插板阀启动 Hena300 单级泵，同步启动 3 台 F-400 型涡轮分子泵机组；

③ 真空室真空度＜1000Pa 时，启动 Okta1000 罗茨泵；

④ 真空室真空度＜10Pa 时，打开涡轮分子泵进气口超高真空气动插板阀并启动涡轮

分子泵机组，同时启动 1 台 CP-16 型低温泵；

⑤ 真空度<10^{-2}Pa 时，开启低温泵进气口超高气动插板阀，CP-16 型低温泵抽气。

图 28-294 为 HL-2M 真空室 40h 冷态下预装抽气特性曲线。真空室从大气环境抽气至 10^{-1}Pa 的时间为 80min；从 10^{-1}Pa 至 10^{-4}Pa 的时间为 120min，16h 进入 10^{-5}Pa；40h 达到 6.7×10^{-5}Pa，72h 达到 3.7×10^{-5}Pa。

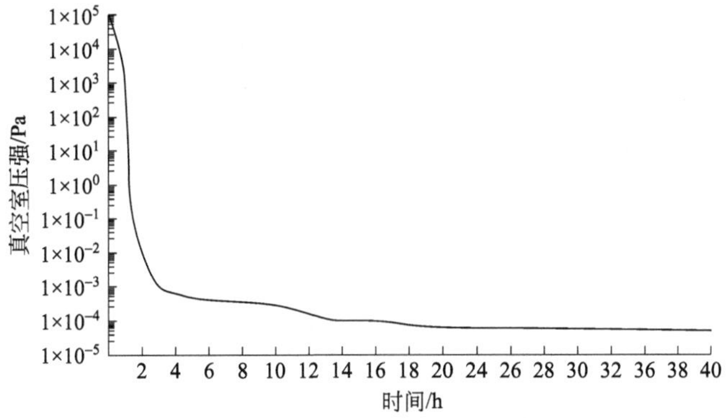

图 28-294　真空室 40h 抽气特性曲线

(3) 真空漏放率测试

在达到预设真空值后，采用氦质谱喷吹检漏法对 HL-2M 装置进行检漏，系统单点漏率小于 2.0×10^{-10}Pa·m^3·s^{-1}。图 28-295 为 HL-2M 真空室 24h 冷态下静态压强上升曲线，如图所示关闭闸板阀前真空室真空度为 3.7×10^{-5}Pa，阀门刚关闭时真空室的真空度上升较快，这主要来源于真空室的内表面材料放气。9h 以后材料放气接近饱和，真空度变化趋于平缓。结果显示 HL-2M 真空室 24h 总漏放气率为 1.68×10^{-6}Pa·m^3·s^{-1}。

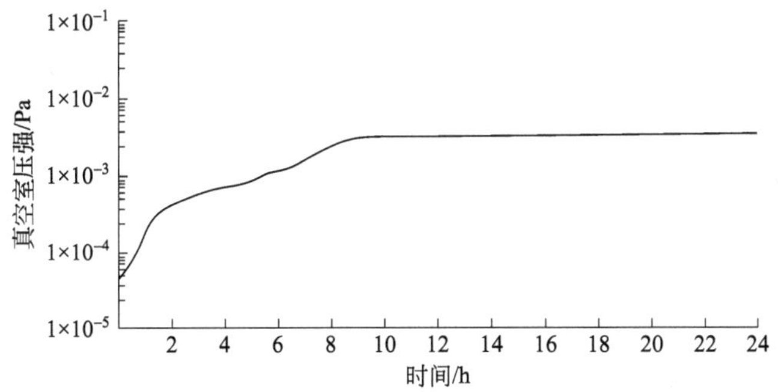

图 28-295　真空室 24h 静态压强上升曲线

28.26 真空在核电中的应用

28.26.1 概述

1954 年苏联创建了功率为 5MW 的世界上第一座实验性核电站，之后的 1957 年，美国建成了 90MW 核电站。经过几十年的发展，核电已经成了人类不可缺少的能源之一。

我国核电经过多年的研发，于 2000 年建成世界上第一个模块式球床高温气冷实验堆 HTR-10，使我国在此领域处于国际领先水平。我国自 20 世纪 90 年代以来，已建成深圳大亚湾核电站、秦山核电站和昌江核电站等。

核电的发展按传统主要分三个阶段：第一代核电站；第二代核电站；第三代核电站。第一代核电站起源于 20 世纪 50 年代末至 60 年代初，主要是原型核电站，主要用于科学实验，商业电站极少。第二代始于 60 年代至 70 年代，单机容量为 600～1400MW，是标准型核电站，实现了商业化、标准化、系列化和批量化，也是目前世界核电主体，反应堆为轻水反应堆（LWR）。第三代核电技术，主要指符合美国“电站业主要求文件（URD）”或“欧洲用户要求文件（EUR）”的先进核电反应堆技术。采用或部分采用非能动的预防及缓解严重事故的措施，使核电安全技术更上一层楼。

目前发展起来的有第四代、第五代核电技术。第四代的特点是：①能提供清洁、可持续的核能，能为世界长期使用及对核燃料实现有效利用；能处理好核废物，使之最小化，能减少核废物长期管理费用，达到对公众及环境的保护；②经济性好，建造成本低，建设周期短，可与电力竞争，投资风险与其他能源项目类似，除发电外，还可满足制氢等多种用途；③安全性、可靠性高，有非常低的堆芯损坏程度；④采取内部措施和外部监督来实现防扩散目的，为防止核材料扩散提供更高的保障。第五代核电技术采用了新型行波式反应堆，对反应堆的核燃料进行浓缩及定期打开。第五代核电技术能极大提高燃料利用率和安全性，可将铀资源利用提高近百倍，废物减少数十倍，使一个百年资源提升为数千年。行波堆技术目前处于初级研发阶段，我国于 2008 年开始同美国泰拉能源公司合作，共同探讨开发第五代核电技术。毋庸置疑，在中美科学家的共同努力下，这一新技术一定能得到应用，造福于人类。

28.26.2 真空在核电燃料生产中的应用

轻水堆普遍采用低浓度（铀 235 浓度 2%～3%）的二氧化铀陶瓷燃料；重水堆采用加浓的二氧化铀陶瓷燃料。铀 235 只占天然铀的 0.71%，所以核电燃料生产的第一步是将铀 235 从铀中分离出来并加以浓缩。世界上已实现工业应用的唯一大规模生产的是气体扩散法，这种方法是先将铀制成六氟化铀，它包含铀 235 和铀 238 两种同位素，经过几千个处于低真空状态的扩散级，含铀 235 的六氟化铀就被浓缩了。这种生产工艺系统的各分离级都必须在真空状态下运行。其原因是：

① 在低真空环境，六氟化铀 50℃就可升华为气体，便于实现扩散分离；

② 真空状态下气体分子平均自由程较长，改善了分离系数；

③ 可防止贵重、剧毒的六氟化铀向外泄漏。因此整个工艺系统必须保持严格的真空密封，这也可防止空气进入系统，因为空气中的水分会使六氟化铀分解，堵塞分离孔膜，腐蚀设备。扩散系统安装和运行期间，必须运用最先进的真空技术和分析监督。由于六氟化铀有腐蚀性，故对真空测量仪表有特殊要求。

设备耐腐蚀性是扩散工艺过程的主要问题之一。因此所有设备投入使用之前，都必须进行真空干燥，并往系统内通氟气以“烧掉”积存的污垢。真空干燥设备近年来在国外都采用无油抽气手段。

浓缩铀生产工艺系统的最大特点是必须无油，如果真空系统内有油，油分子与介质的反应生成物会堵塞分离孔膜，造成严重后果。设备制造时要进行严格的真空试验（抽真空、检漏），最后充氮保存，整个过程必须是无油过程，以保证封存件内含油量不大于 10×10^{-6}。

浓缩铀生产最后出厂的产品是浓缩六氟化铀，出厂前经去除氟化氢工序。近年来采用真空蒸馏法去除氟化氢。

浓缩铀生产的其他一些方法，如气体离心法、分离喷嘴法、激光分离法正在实验研究之中。离心法由于采用了真空工艺，使分离系数得到了提高，是目前铀浓缩的主要方法。

28.26.3 真空在核电设备制造中的应用

核电站是个庞大、复杂的系统，有上万件设备，品种繁多，它们共同的特点是必须在强辐射环境中长期可靠地工作。核电设备制造过程中应用真空技术的主要有：燃料元件和控制棒的制造，设备制造过程中的真空检漏，核电设备中一些特殊材料的制造。

（1）燃料元件制造

燃料元件是由铀芯块和包壳管组成的。不同堆型对燃料元件有不同的要求，但在制造过程中，都采用了真空工艺。

① 金属铀精炼　粗铀精炼，现在都是在专用的真空感应炉中进行，使之进一步纯化后，再加入合金元素，铸成便于加工的形状。精炼温度一般控制在1400℃左右，真空度控制在 1.3×10^{-2}Pa。

② 二氧化铀制备　水冷堆采用二氧化铀陶瓷燃料，方法是把六氟化铀溶于水，使之水解，再经过真空过滤和洗涤，制成二氧化铀。国外真空过滤工艺真空度已提高到 1.3×10^{-1}Pa。水冷堆燃料棒组装时，铀芯块和包壳管都必须先经过高温真空除气处理，然后在真空室里将芯块装入包壳管内。经真空焊接，抽真空 1.3×10^{-1}Pa，最后充氦并焊上密封端盖，对密封部位进行检漏。

③ 弥散型燃料元件制备　高温气冷堆采用弥散型燃料元件，方法是将二氧化铀、二氧化钍和石墨粉按一定比例加入黏结剂制成块，在真空环境中加热到2000℃左右，烧结成直径为几百微米的密集球芯粒。

④ 快中子堆燃料元件制备　快中子堆采用铀和钚混合氧化物燃料元件，必须先烧结成型后在真空条件下装入不锈钢包壳管内。钚有剧毒，一切操作都必须在 1.3×10^{-1}Pa 的真空手套箱中进行，手套箱所在的房间也要抽成真空，作为防止放射性物质逸出的第二道屏障。美国实验堆Ⅱ号（EBR-Ⅱ）的铀钚燃料采用另一种真空工序制作，全部设备都置于 1.3×10^{-1}Pa 真空室内，为此，安装了抽速极大的真空泵。

（2）控制棒制造

控制棒用于吸收反应堆中多余的中子，控制链式反应，保持一定的功率。控制棒芯块常用碳化硼，它在空气中会氧化而失效，因此碳化硼芯块制备要严格进行真空除气，而后装入特制的玻璃管内抽真空保存。在制造控制棒时，先将包壳管抽真空、再放进芯块并抽真空到 1.3×10^{-1}Pa，最后充氦封存。

（3）核电专用检漏设备制造

防止放射性泄漏是核电站设备最起码的要求，一回路设备和二回路设备都要有良好的密封性能，在制造时必须进行严格的真空检漏。需要检漏的主要有一回路的各种容器、连接管道、蒸发器、换热器、冷凝器等。自20世纪70年代以来，核电设备检漏标准已提高到1.3×10^{-6}Pa·L/s，即不允许1.3×10^{-6}Pa·L/s的单个漏孔存在。

现代大型核电站需要检漏的大容器，其容积都在数十立方米以上，自世界上第一座核电站建立以来，核电大容器检漏始终是人们关心的研究课题。目前，国外已有核电设备专用的氦检漏仪，并配有专门用于大容器检漏的吸嘴。

(4) 核电设备中一些特殊材料的制造

核电设备需要许多特殊的材料，它们共同的特点是纯度高、核性能好、耐磨蚀、耐辐射、耐高温。为了达到这些性能，在材料的生产工艺中都采用真空技术。活性炭广泛用于核电站三废处理，近年来利用真空法制取活性炭的方法得到很大发展。方法要点是将化合物树脂在高真空中炭化，制取致密性良好又有很大微孔容积的炭，真空法制取的活性炭，活化性能优异。石墨广泛用作反应堆慢化剂。为了提高石墨的密度和改善核性能，必须将石墨置于真空环境用沥青浸渍后再烘烤。高温气冷堆燃料元件包壳用的是不透气石墨，必须将石墨在真空中加热到1000℃左右，通入丙烷后热解出碳素，真空加热的目的是使石墨表面形成致密的涂层，得到透气率极低的石墨。锆合金作为包壳管和结构材料广泛用于水冷堆中。由于锆在不太高的温度下就会和空气中的氧、氮、氢起反应，所以锆及其合金的熔化、冷热加工和焊接都必须在真空中进行。

28.26.4 真空在核电站运行中的应用

核电站是包括主回路和许多辅助系统的庞大系统。以压堆为例，主回路系统包括一回路和二回路部件：反应堆、压力壳、蒸发器、汽轮机、冷凝器及各种泵。辅助系统包括净化冷却剂系统、保持冷却水系统、设备冷却水系统、停堆冷却水系统、安全注射系统、应急堆芯冷却系统、安全喷浴系统、消氢系统、空气循环净化系统、三废处理系统。下面分别介绍真空技术在主回路和辅助系统中的应用。

(1) 主回路系统

核电站主回路系统大部分工作在高温高压状态，但也有处于真空状态运行的，主要是压力壳夹层、汽轮机冷凝器等。

① 压力壳夹层　现代大型压力堆的压力壳都是双层的，为了增加安全性，近年来国外一些大型压力堆电站，其压力壳都采用带真空的夹层。其目的是真空夹层可以防止压力壳内放射性气体通过夹层向壳外泄漏。因为压力壳不是绝对不漏的，国外核电站压力壳设计允许漏率为：每天为压力壳内空气总量的1%（体积）。有了真空夹层，就可以通过大型真空泵抽取夹层气体送到高效过滤器，使之净化后排放到大气中。

② 汽轮机冷凝器　核电站汽轮机下面有巨大的冷凝器，它处于真空状态。例如法国90万千瓦核电站的汽轮机冷凝器是由钛管组成的换热器，其外壳是处于4×10^{4}Pa真空状态下进行的二回路介质。一般核电站汽轮机冷凝器是圆筒形或箱形，里面排列着数万根管子，冷却水在管内通过。二回路蒸汽带动叶轮做功后，被真空吸管吸进冷凝器内，在管外壁受冷而结成冰掉下来又被送回蒸发器受热蒸发。核电站汽轮机与火电站不同，因为核电站蒸汽压比火电站小，温度比火电站低，因此容易形成小水滴，这些小水滴对汽轮机十分有害，使冷凝器处于真空状态，就可以把喷嘴壁上的水膜吸进冷凝器。冷凝器工作条件十分恶劣，它对真空维持设备有许多特殊要求，最主要的是要长期可靠地工作。

(2) 辅助系统

核电站辅助系统应用的真空技术主要是真空净化、真空除气和真空精馏。

冷却剂质量控制系统：水作为压力堆冷却剂在主回路高温高压和强辐射场中流动，会发生一系列反应，并对材料产生腐蚀作用，所以水质控制是核电站运行中极为重要的工艺。一回路水要严格控制氧、氯、氟和 pH 值以及固体量、放射性强度等。现代大型压力堆核电站的一回路冷却剂设有循环净化系统，连续地从主回路引出一股水流经净化处理后再使它返回主回路。目前先进的压力堆均采用真空净化，再经离子交换器净化的工艺流程。真空净化可方便地除去水中游离的氧、氢、氯等气体，比以往单纯采用离子交换器净化效果好得多。一回路水是高温，须降温后才能进行离子交换净化，而真空净化就安排在降温过程中。

① 三废处理系统　核电站的废水、废气、废固体含有放射性，三废处理是核电站正常运行的重要部分，目前还不是一个已经完全解决的问题。近年来，在核电站三废处理方面普遍采用了真空工艺。

② 二路冷却剂除气　二路冷却剂中 Kr、Xe、H_2 等气体是难以用化学方法除去的。在极限条件下，冷却剂中裂变气体的放射性浓度可达 10^{-1}Ci/L，如果冷却剂净化的目的是排放或复用，则至少要将裂变气体浓度降低 4～5 个数量级以上，这种要求是相当高的。国外研究表明，真空除气可以达到这个水平。目前常用除气法有热力法、惰性气体吹扫法和真空法。相比之下，真空除气法比其他两种方法有更大的优越性。它不需要热源，在常温下即可进行，在常温下对液体上部抽真空使水沸腾，达到除气目的。近年来真空除气法发展很快，已有专用的真空泵出现。

③ 含氚废水处理　核燃料裂变及冷却剂活化，不可避免地产生氚。含氚废水处理是比较麻烦的。目前含氚废水处理除了稀释排放外，别无他法。从 20 世纪 60 年代后期起，国外开始了分离废水和废气中的氚的研究，但到目前为止，尚未有一种方法能付诸应用。从经济角度来看，较有希望的是真空精馏，它是在真空状态下精馏分离氚水和轻水，这种办法运行十分简便。

④ 沸水堆水处理　沸水堆是水在堆内直接化为蒸汽，有放射性，使汽轮机及附件都带有放射性，并且排出的蒸汽和废水也带有放射性，其强度相当压力堆一回路水。近年来，由于这些问题得到较好解决，使沸水堆成为压力堆外建造较多的一种堆型。沸水堆废气、废水处理比较成功的一种方法是利用真空工艺的活性炭吸附法，工艺流程如图 28-296 所示。

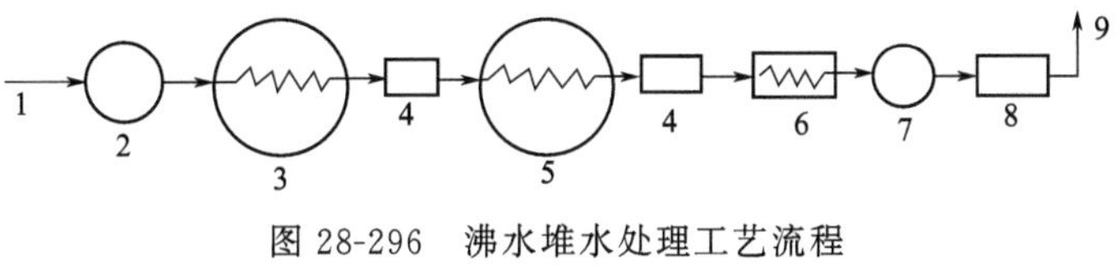

图 28-296　沸水堆水处理工艺流程

1—来自汽轮机的废水；2—抽气机；3—加热器；4—干燥器；
5—冷却器；6—吸附塔；7—过滤器；8—真空泵；9—排出

⑤ 废气处理　压力堆的工艺废气里包含的放射气体主要是氪和氙的同位素。近年来普遍采用真空法除去氪 85。美国圣奥诺弗莱压力堆所用的真空除氪 85 的主要工艺流程是：

首先将储存衰变后的废气的压力由 7×10^5Pa 降至 7×10^4Pa，经过滤、预热，在催化复合气中除去氧气。冷却后依次通过气水分离器、干燥器、过滤器，彻底除去水分和 CO_2 以后，使气体冷却到－190℃，送到炭床运行。然后逐渐升温到 50℃，同时抽真空，使吸附气体解吸下来，压入钢瓶。这种真空除去氪 85 的工艺、设备都简单，曾成功地用于温茨凯尔和爱尔荷厂。

第29章 真空工程基础数据

29.1 基本物理常数

量	符号	数值	单位	相对标准不确定度 u_r
真空中光速	c, c_0	299 792 458	$m \cdot s^{-1}$	（精确）
真空磁导率	μ_0	$4\pi \times 10^{-7} = 12.566\ 370\ 614 \cdots \times 10^{-7}$	$N \cdot A^{-2}$	（精确）
真空介电常数 $1/\mu_0 c^2$	ε_0	$8.854\ 187\ 817 \cdots \times 10^{-12}$	$F \cdot m^{-1}$	（精确）
牛顿引力常数	G	$6.674\ 28(67) \cdots \times 10^{-11}$	$m^3 \cdot kg^{-1} \cdot s^{-2}$	1.0×10^{-4}
普朗克常数	h	$6.626\ 068\ 96(33) \cdots \times 10^{-34}$	$J \cdot s$	5.0×10^{-8}
阿伏伽德罗常数	N_A, L	$6.022\ 141\ 79(30) \times 10^{23}$	mol^{-1}	5.0×10^{-8}
法拉第常数 $N_A e$	F	96 485.3399(24)	$C \cdot mol^{-1}$	2.5×10^{-8}
摩尔气体常数	R	8.314 472(15)	$J \cdot mol^{-1} \cdot K^{-1}$	1.7×10^{-6}
玻尔兹曼常数 R/N_A	k	$1.380\ 6504(24) \times 10^{-23}$	$J \cdot K^{-1}$	1.7×10^{-6}
斯蒂芬-玻尔兹曼常数$(\pi^2/60)k^4/h^3c^2$	σ	$5.670\ 400(40) \times 10^{-8}$	$W \cdot m^{-2} \cdot K^{-4}$	7.0×10^{-6}
电子伏特	eV	$1.602\ 176\ 487(40) \times 10^{-19}$	J	2.5×10^{-8}
普朗克质量$(hc/G)^{1/2}$	m_p	$2.176\ 44(11) \times 10^{-8}$	kg	5.0×10^{-5}
基本电荷	e	$1.602\ 176\ 487(40) \times 10^{-19}$	C	2.5×10^{-8}
磁通量子 $h/2e$	Φ_0	$2.067\ 833\ 667(52) \times 10^{-15}$	Wb	2.5×10^{-8}
电导量子 $2e^2/h$	G_0	$7.748\ 091\ 7004(53) \times 10^{-5}$	S	6.8×10^{-10}
约瑟夫森常数 $2e/h$	K_J	$483\ 597.891(12) \times 10^{9}$	$Hz \cdot V^{-1}$	2.5×10^{-8}
冯·克利青常数 $h/e^2 = \mu_0/2\alpha$	R_K	25 812.807 557(18)	Ω	6.8×10^{-10}
玻尔磁子 $eh/2m$	μ_B	$927.400\ 915(23) \times 10^{-26}$	$J \cdot T^{-1}$	2.5×10^{-8}
核磁子 $eh/2m_p$	μ_N	$5.050\ 783\ 24(13) \times 10^{-27}$	$J \cdot T^{-1}$	2.5×10^{-8}
精细结构常数 $e^2/4\pi\varepsilon_0 hc$	α	$7.297\ 352\ 5376(50) \times 10^{-3}$		6.8×10^{-10}
里德伯常数 $\alpha^2 m_e c/2h$	R_∞	10 973 731.568 527(73)	m^{-1}	6.6×10^{-12}
玻尔半径 $\alpha/4\pi R_\infty = 4\pi\varepsilon_0 h^2/m_e e^2$	a_0	$0.529\ 177\ 208\ 59(36) \times 10^{-10}$	m	6.8×10^{-10}

续表

量	符号	数值	单位	相对标准不确定度 u_r
电子质量	m_e	$9.109\ 382\ 15(45)\times10^{-31}$	kg	5.0×10^{-8}
能量当量	m_ec^2	$8.187\ 104\ 38(41)\times10^{-14}$	J	5.0×10^{-8}
电子荷质比	$-e/m_e$	$-1.758\ 820\ 150(44)\times10^{11}$	$C\cdot kg^{-1}$	2.5×10^{-8}
电子摩尔质量 N_Am_e	$M(e),M_e$	$5.845\ 799\ 0943(23)\times10^{-7}$	$kg\cdot mol^{-1}$	4.2×10^{-10}
康普顿波长 h/m_ec	λ_C	$2.426\ 310\ 2175(33)\times10^{-12}$	m	1.4×10^{-9}
经典电子半径 α^2a_0	r_e	$2.817\ 940\ 2894(58)\times10^{-15}$	m	2.1×10^{-9}
汤姆森截面 $(8\pi/3)r_e^2$	σ_e	$0.665\ 245\ 8558(27)\times10^{-28}$	m^2	4.1×10^{-9}
电子磁矩	μ_e	$-928.476\ 377(23)\times10^{-26}$	$J\cdot T^{-1}$	2.5×10^{-8}
电子旋磁比 $2\lvert\mu_e\rvert/h$	γ_e	$1.760\ 859\ 770(44)\times10^{11}$	$s^{-1}\cdot T^{-1}$	2.5×10^{-8}
μ 子质量	m_μ	$1.88\ 531\ 30(11)\times10^{-28}$	kg	5.6×10^{-8}
τ 子质量	m_τ	$3.167\ 77(52)\times10^{-27}$	kg	1.6×10^{-4}
质子质量	m_p	$1.672\ 621\ 637(83)\times10^{-27}$	kg	5.0×10^{-8}
质子荷质比	e/m_p	$9.578\ 833\ 92(24)\times10^{7}$	$C\cdot kg^{-1}$	2.5×10^{-8}
质子有效电荷半径	R_p	$0.8768(69)\times10^{-15}$	m	7.8×10^{-3}
质子磁矩	μ_p	$1.410\ 606\ 662(37)\times10^{-26}$	$J\cdot T^{-1}$	2.6×10^{-8}
质子旋磁比 $2\mu_p/h$	Y_p	$2.675\ 222\ 099(70)\times10^{8}$	$s^{-1}\cdot T^{-1}$	2.6×10^{-8}
中子质量	m_n	$1.674\ 927\ 211(84)\times10^{-27}$	kg	5.0×10^{-8}
中子磁矩	μ_n	$-0.966\ 236\ 41(23)\times10^{-26}$	$J\cdot T^{-1}$	2.4×10^{-7}
氘核质量	m_d	$3.343\ 583\ 20(17)\times10^{-27}$	kg	5.0×10^{-8}
氘核有效电荷半径	R_d	$2.1402(28)\times10^{-15}$	m	1.3×10^{-3}
氘核磁矩	μ_d	$0.433\ 073\ 465(11)\times10^{-26}$	$J\cdot T^{-1}$	2.6×10^{-8}
氚核质量	m_t	$5.007\ 355\ 88(25)\times10^{-27}$	kg	5.0×10^{-8}
氚核摩尔质量 N_Am_t	$M(t),M_t$	$3.015\ 500\ 7134(25)\times10^{-3}$	$kg\cdot mol^{-1}$	8.3×10^{-10}
氚核磁矩	μ_t	$1.504\ 609\ 361(42)\times10^{-26}$	$J\cdot T^{-1}$	2.6×10^{-8}
氦核质量①	m_h	$5.006\ 411\ 92(25)\times10^{-27}$	kg	5.0×10^{-8}
α 粒子质量	m_α	$6.644\ 656\ 20(33)\times10^{-27}$	kg	5.0×10^{-8}
原子质量常数 $m_u=\frac{1}{12}m(^{12}C)=1u=10^{-3}$ $kgmol^{-1}/N_A$	m_u	$1.660\ 538\ 782(83)\times10^{-27}$	kg	5.0×10^{-8}
摩尔普朗克常数	N_Ah	$3.990\ 312\ 6821(57)\times10^{-10}$	$J\cdot s\cdot mol^{-1}$	1.4×10^{-9}
	N_Ahc	$0.119\ 626\ 564\ 72(17)$	$J\cdot m\cdot mol^{-1}$	1.4×10^{-9}
理想气体的摩尔体积 RT/p				
$T=273.15K, p=101.325kPa$	V_m	$22.413\ 996(39)\times10^{-3}$	$m^3\cdot mol^{-1}$	1.7×10^{-6}
洛施密特常数 N_A/V_m	n_0	$2.686\ 7774(47)\times10^{25}$	m^{-3}	1.7×10^{-6}
$T=273.15K, p=100kPa$	V_m	$22.710\ 98(40)\times10^{-3}$	$m^3\cdot mol^{-1}$	1.7×10^{-6}
第一辐射常数 $2\pi hc_2$	c_1	$3.741\ 771\ 18(19)\times10^{-16}$	$W\cdot m^2$	5.0×10^{-8}
第二辐射常数 hc/k	c_2	$1.438\ 7752(25)\times10^{-2}$	$m\cdot K$	1.7×10^{-6}
圆周率	π	3.1415927……		

续表

量	符号	数值	单位	相对标准不确定度 u_r
自然对数的底	e	2.7182818		
自由电子朗德因子	$g_0=2\mu_e/\mu_B$	2.002 319 314		7.0×10^{-9}
标准温标零度	T_0	273.15	K	
标准大气压	p_0	1.01325×10^5	Pa	
理想气体标准摩尔体积	$V_0=RT_0/p_0$	2.241383×10^{-2}	$m^3\cdot mol^{-1}$	7.0×10^{-5}
标准自由落体加速度	g	9.806 65	m/s^2	
天文单位	AU	$149\ 597\ 870\times10^3$(1984 年值)	m	
秒差距	pc	$308\ 567\ 756\times10^8$(1984 年值)	m	

① 符号为 h 的氦核是 ^3He 的原子核。

注：选自：《物理》，北京：中国物理学会，中国科学院物理研究所，2006 年。

各种量的国际采用值

量	符 号	数 值	单 位	相对标准不确定度 u_r
^{12}C 的相对原子质量①	$A_r(^{12}C)$	12		(精确)
摩尔质量常数	M_u	1×10^{-3}	$kg\cdot mol^{-1}$	(精确)
^{12}C 的摩尔质量	$M(^{12}C)$	12×10^{-3}	$kg\cdot mol^{-1}$	(精确)
约瑟夫森常数的普适值②	K_{J-90}	483 597.9	$GHz\cdot V^{-1}$	(精确)
冯·克利青常数的普适值③	R_{K-90}	25 812.807	Ω	(精确)
标准大气压	p_0	101 325	Pa	(精确)

① 质量为 A_r (X) 的粒子 X 的相对原子质量 A_r(X) 被定义为 $A_r(X)=m(X)/m_u$，这里 $m_u=m(^{12}C)=M_u/N_A=1u$ 是原子质量常数；M_u 是摩尔质量常数，N_A 是阿伏伽德罗常数，u 是统一原子质量单位，因此，粒子 X 的质量是 $m(X)=A_r(X)u$；X 的摩尔质量是 $M(X)=A_r(X)M_u$。

② 这是用约瑟夫森效应复现伏特的国际采用值。

③ 这里是用量子霍尔效应复现欧姆的国际采用值。

29.2 气体常用数据

29.2.1 标准大气的主要组成成分

气体	分子量	体积分数/%	质量分数/%	分压/Pa
N_2	28.0134	78.084	75.520	7.91×10^4
O_2	31.9988	20.948	23.142	2.12×10^4
Ar	39.948	0.934	1.288	9.46×10^2
CO_2	44.00995	3.14×10^{-2}	4.8×10^{-2}	32
Ne	20.183	1.82×10^{-3}	1.3×10^{-3}	1.87
He	4.0026	5.24×10^{-4}	6.9×10^{-5}	5.3×10^{-1}
Kr	83.80	1.14×10^{-4}	3.3×10^{-4}	1.16×10^{-1}
Xe	131.30	8.7×10^{-6}	3.9×10^{-5}	8.8×10^{-3}
H_2	2.01594	5×10^{-5}	3.5×10^{-6}	5.33×10^{-2}
CH_4	16.04303	2×10^{-4}	1×10^{-4}	2×10^{-1}
N_2O	44.0128	8×10^{-5}	8×1^{-4}	5.3×10^{-2}
O_3	47.9982	夏:$0\sim7\times10^{-6}$	$0\sim1\times10^{-5}$	$0\sim6.7\times10^{-3}$①
		冬:$0\sim2\times10^{-6}$	$0\sim3\times10^{-6}$	$0\sim2\times10^{-3}$①
SO_2	64.0628	$0\sim1\times10^{-4}$	$0\sim2\times10^{-4}$	$0\sim1.1\times10^{-1}$①
NO_2	46.0055	$0\sim2\times10^{-6}$	$0\sim3\times10^{-6}$	$0\sim2\times10^{-3}$①

续表

气体	分子量	体积分数/%	质量分数/%	分压/Pa
NH_3	17.03061	0～微量	0～微量	0～微量
CO	28.01055	0～微量	0～微量	0～微量
I_2	253.8088	$0\sim1\times10^{-6}$	$0\sim9\times10^{-6}$	$0\sim1.1\times10^{-3}$

① 分压力随时间地点而变动。

29.2.2 各种单位下的 *R* 值及 *k* 值

名称	符号	数值与单位					
压力	p	Pa	μbar	Torr	Torr	atm	atm
体积	V	m^3	cm^3	cm^3	L	L	cm^3
密度	n	个/m^3	个/cm^3	个/cm^3	个/L	个/L	个/cm^3
普适气体常数	R	8.31441 J/(mol·K)	8.31441×10^7 erg/(mol·K) 1.9872 cal/(mol·K)	62362 Torr·cm^3/(mol·K)	62.362 Torr·L/(mol·K)	8.2056×10^{-2} atm·L/(mol·K)	82.056 atm·cm^3/(mol·K)
玻尔兹曼常数	k	1.380662×10^{-23} J/K	1.380662×10^{-16} erg/K	1.03490×10^{-19} Torr·cm^3/K	1.03490×10^{-22} Torr·L/K	1.36249×10^{-25} atm·L/K	1.36249×10^{-22} atm·cm^3/K

29.2.3 常用示踪气体和蒸气在 15℃时的物理性质

气体	化学符号	相对分子质量	分子直径/pm	动力黏度 η/Pa·s	气体常数 R_i/$J\cdot kg^{-1}\cdot K^{-1}$
空气		29.00		1.80×10^{-7}	287
氨	NH_3	17.03	297.0	9.7×10^{-6}	488
氩	Ar	39.94	288.0	2.20×10^{-7}	208
二氧化碳	CO_2	44.01	334.0	1.45×10^{-7}	189
氟利昂 12	CCl_2F_2	120.93		1.27×10^{-7}	68.8
氦	He	4.00	190.0	1.92×10^{-7}	2079
盐酸	HCl	36.50		1.40×10^{-7}	228
氢	H_2	2.02	240.0	8.6×10^{-6}	4116
氪	Kr	83.80		2.46×10^{-7}	9.92
甲烷	CH_4	16.04		1.07×10^{-7}	518
氖	Ne	20.18			412
氮	N_2	28.01	315.0	1.73×10^{-7}	297
一氧化二氮	N_2O	44.00		1.43×10^{-7}	189
氧	O_2	31.99	298.0	1.99×10^{-7}	260
二氧化硫	SO_2	64.00		1.23×10^{-7}	130
水蒸气	H_2O	18.02	460.0	9.3×10^{-6}	461

29.2.4 常用气体的有关数据及物理性质

(1) 常用气体的有关数据

气体	摩尔质量 M /$\times10^{-3}$ kg·mol^{-1}	分子直径 σ/$\times10^{-10}$m	1个分子的质量 m_0/$\times10^{-26}$kg	气体的密度 ρ /$\times10^{-5}$ kg·m^{-3}	分子热运动的平均速度 /$\times10^2$m·s^{-1}			平均自由程 $\bar{\lambda}$ /$\times10^{-2}$m	与器壁碰撞的气体			气态定压比热容 c_p /J·kg^{-1}·K^{-1}	气态绝热指数 $\gamma=\frac{c_p}{c_V}$	热导率 K/W·m^{-1}·K^{-1}	黏滞系数 η/$\times10^{-5}$Pa·s	自由分子黏滞系数 η_0 /$\times10^{-4}$ s·m^{-1}	自由分子的热导率 Λ /W·m^{-2}·K^{-1}·Pa^{-1}
					v_s	$\bar{v}$	v_m		分子个数 Γ_n/$\times10^{22}$m^{-2}·s^{-1}	气体质量 Γ_m/$\times10^{-3}$kg·m^{-2}·s^{-1}	气体体积 Γ_V/m^3·m^{-2}·s^{-1}						
				20℃,1Pa	20℃	20℃	20℃		20℃,1Pa			15℃		0℃	20℃	20℃	20℃
氦	4.003	2.18	0.665	0.164	13.51	12.45	11.043	1.92	7.73	0.51	312.44	5230.62	1.660	0.1430	1.96	5.115	2.023
氖	20.18	2.60	3.35	0.828	6.02	5.55	4.92	1.35	3.43	1.15	138.62	1037.59	1.64	0.0463	3.10	11.475	0.920
氩	39.95	3.67	6.63	1.639	4.28	3.94	3.49	0.68	2.43	1.62	98.42	524.02	1.667	0.0163	2.22	16.20	0.631
氪	83.80	4.16	13.91	3.438	2.95	2.72	2.41	0.53	1.68	2.34	68.11	253.64		0.0089	2.46	23.40	
氙	131.30	4.85	21.80	5.389	2.36	2.18	1.93	0.39	1.34	2.92	54.38	161.98		0.0052	2.26	29.325	
氢	2.016	2.75	0.335	0.083	19.06	17.56	15.57	1.20	10.82	0.36	437.42	14286.79	1.408	0.1745	0.88	3.639	4.159
氮	28.01	3.75	4.65	1.149	5.11	4.71	4.17	0.65	2.91	1.35	117.87	1038.00	1.405	0.0240	1.75	13.50	1.137
氧	32.00	3.64	5.31	1.313	4.78	4.41	3.91	0.69	2.72	1.45	109.97	918.72	1.396	0.0244	2.03	14.475	1.068
空气	28.96	3.72	4.81	1.188	5.02	4.63	4.10	0.66	2.86	1.37	115.79	1008.29	1.4034	0.0242	1.81	13.8	1.121
一氧化碳	28.01		4.65	1.149	5.11	4.71	4.17		2.91	1.35	117.87	1045.12	1.404	0.0224	1.77	13.50	1.137
一氧化氮	30.01	2.59	4.98	1.231	4.94	4.55	4.03	1.36	2.81	1.40	113.78	997.40		0.0233		14.025	
水	18.02	4.68	2.99	0.739	6.37	5.87	5.20	0.42	3.63	1.08	146.90	1874.69		0.0242	8.80	10.80	1.715
二氧化碳	44.01	4.65	7.31	1.806	4.08	3.76	3.33	0.42	2.32	1.70	93.73	835.43	1.302	0.0143	1.47	16.95	1.156
一氧化二氮	44.01		7.31	1.806	4.08	3.76	3.33		2.32	1.70	93.73	839.61		0.0151		16.95	
甲烷	16.04	4.19	2.66	0.658	6.75	6.22	5.51	0.52	3.83	1.03	154.99	2204.50		0.0302	(1.14)	10.275	1.872
乙烷	30.07	5.37	4.99	1.234	4.39	4.54	4.02	0.32	2.81	1.40	113.78	1700.15	1.23	0.0183		14.025	1.759
乙烯	28.06	4.95	4.66	1.151	5.11	4.70	4.17	0.37	2.90	1.36	117.17	1511.38	1.25	0.0169		13.575	1.709
乙炔	26.04		4.32	1.068	5.41	4.98	4.41		3.02	1.30	122.26	1668.34		0.0184		13.05	
丙烷	44.10	6.32	7.32	1.809	4.07	3.75	3.32	0.23	2.32	1.70	93.73	1831.57		0.0151		16.95	
丁烷	58.12	7.06	9.65	2.385	3.55	3.27	2.90	0.18	2.02	1.93	81.68	1420.14		0.0140		19.50	
苯	78.11	7.65	12.97	3.205	3.06	2.82	2.50	0.16	1.74	2.25	70.55	1204.59		0.0088		22.575	
氨	17.03	4.43	2.83	0.699	6.55	6.04	5.35	0.46	3.74	1.05	151.42	2170.18	1.32	0.0215	(1.03)	10.575	1.762
氟利昂-11	137.37		22.81	5.636	2.31	2.13	1.89		1.31	3.00	53.06	—		—		30.00	
氟利昂-12	120.91		20.08	4.961	2.46	2.27	2.01		1.40	2.81	56.56	560.86		—		28.125	
水银	200.59	6.26	33.31	8.230	1.91	1.76	1.56	0.23	1.09	3.62	43.94	—	1.667	—		36.225	0.285

(2) 常用气体的物理性质（一）

名称	原子量或分子量	密度(STP) /kg·m^{-3}	摩尔体积(STP) /L·min^{-1}	临界点			熔点		相变点(在 1.01×10^5Pa 压力下)性质			
				温度/K	压力/Pa	密度 /kg·m^{-3}	温度/K	熔化热 /J·kg^{-1}	温度/K	汽化热 /J·kg^{-1}	密度/kg·m^{-3} 液体	密度/kg·m^{-3} 气体
空气	28.96	1.2928	22.40	132.42～132.52	376.2×10^5～375.4×10^5	328～320			78.8(沸点) 81.8(露点)	2.14×10^5	873 (78.8K)	4.485
氮 N_2	28.0134	1.2506	22.40	126.1	3.38×10^6	312	63.29	2.57×10^4	77.35	1.992×10^5	810	4.69
氧 O_2	31.9988	1.4289	22.39	154.78	5.064×10^6	426.5	54.75	1.392×10^4	90.17	2.137×10^5	1140	4.5
氩 Ar	39.948	1.7840	22.39	150.7	4.848×10^6	535	84	2.653×10^4	87.291	1.6409×10^5	1410	6.95
氖 Ne	20.179	0.8713	23.16	44.4	2.645×10^6	483	24.57	1.6×10^4	27.09	8.612×10^4	1260	9.552
氦 ^3He	3.016	0.1345	22.42	3.35	1.179×10^6	41	0.33 (2.92×10^6Pa)	8.088×10^3 (0.2K)	3.2	7.531×10^3	58.6	24
氦 ^4He	4.003	0.1769	22.6	5.119	2.28×10^5	69	1.15 (2.55×10^6Pa)	5.71×10^3 (3.5K)	4.215	2.03×10^4	124.8	16.38
氪 Kr	83.80	3.6431	23.00	209.4	54.8×10^5	909	116.2	1.96×10^4	119.79	1.078×10^5	2413	8.7(120K)
氙 Xe	131.30	5.89	22.29	289.75	5.858×10^6	1105	161.65	1.76×10^4	165.02	9.613×10^4	3060	—
氢 H_2	2.016	0.08988	22.43	32.976	1.29×10^6	31.45	13.947	5.84×10^4	20.38	4.47×10^5	71.021	1.333
氘 D_2	4.0282	0.18	22.38	38.34	1.66×10^6	69.80	18.7	4.92×10^4	23.66	3.043×10^5	162.9	2.28
氚 T_2	6.034	0.269	22.43	40.34	1.84×10^6	106	20.61	2.73×10^5 (升华)	25.04	2.311×10^6	257.1	—
甲烷 CH_4	16.034	0.7167	22.38	190.7	4.63×10^6	162	90.65	5.82×10^4	11.7	5.1×10^5	426	1.8
乙烷 C_2H_6	30.07	1.3567	22.16	305.45	4.88×10^6	203	89.85	9.52×10^4	184.52	4.89×10^5	546.87	2.325(9.9×10^4Pa)
丙烷 C_3H_8	44.09	2.005	21.99	369.95	4.24×10^6	220	85.45	8.0×10^4	231.05	4.26×10^5	582	2.715(1×10^5Pa)
正丁烷 C_4H_{10}	58.124	2.703	21.50	525.15	3.78×10^6	228	134.85	8.02×10^4	272.65	3.86×10^5	601	2.786(1×10^{-5}Pa)
异丁烷 C_4H_{10}	58.124	2.675	21.73	408.15	3.64×10^6	222	113.55	7.82×10^4	261.45	3.67×10^5	596	—
正戊烷 C_5H_{12}	72.151	3.215	22.44	469.75	3.36×10^6	244	143.45	1.17×10^5	309.25	3.57×10^5	—	—

续表

名称	原子量或分子量	密度(STP) /kg·m^{-3}	摩尔体积(STP) /L·min^{-1}	临界点		熔点			相变点(在 1.01×10^5Pa 压力下)性质			
				温度/K	压力/Pa	密度 /kg·m^{-3}	温度/K	熔化热 /J·kg^{-1}	温度/K	汽化热 /J·kg^{-1}	密度/kg·m^{-3} 液体	密度/kg·m^{-3} 气体
乙烯 C_2H_4	28.054	1.2610	22.25	283.05	5.10×10^6	210	104.05	1.20×10^5	169.45	4.83×10^5	567.4	2.13(1×10^{-5}Pa)
丙烯 C_3H_6	42.081	1.914	21.99	365.05	4.58×10^6	233	87.95	7.14×10^4	225.45	4.38×10^5	364.5	—
1-丁烯 C_4H_8	56.108	2.500	22.44	419.15	4.01×10^6	233	87.80	686×10^4	266.85	3.91×10^5	625	—
2-顺丁烯 C_4H_8	56.108	2.500	22.44	433.15	4.19×10^6	238	134.25	1.30×10^5	276.85	4.16×10^5	632(0.3℃)	—
2-反丁烯 C_4H_8	56.108	2.500	22.44	428.15	4.09×10^6	238	167.75	1.74×10^5	274.05	4.06×10^5	—	—
异丁烯 C_4H_8	56.108	2.500	22.44	417.85	3.98×10^6	234	132.85	1.06×10^5	266.25	3.94×10^5	—	—
乙炔 C_2H_2	26.038	1.1747	22.44	309.15	6.22×10^6	231	192.15	9.65×10^4	189.13 (升华)	8.0×10^5 (升华)	—	—
苯 C_6H_6	78.114	3.3	23.67	562.15	4.914×10^6	304	278.65	1.26×10^5	353.25	3.94×10^5	814.5	2.732
一氧化碳 CO	28.016	1.2504	22.40	132.92	3.49×10^6	301	68.315	2.99×10^4	81.65	2.16×10^5	790	4.5
二氧化碳 CO_2	44.00995	1.977	22.26	304.19	7.36×10^6	468	215.55	1.81×10^5	194.75 (升华)	5.74×10^5 (升华)	1564 (固体)	2.74
一氧化氮 NO	30.0061	1.3401	22.391	179.15	6.60×10^6	520	109.55	7.67×10^4	121.45	4.61×10^5	1269	—
二氧化氮 NO_2	46.0055	2.055	22.39	431.35	1.01×10^7	570	263.85	1.39×10^5	294.35	7.12×10^5	1484(3.2℃)	—
一氧化二氮 N_2O	44.0128	1.9781	22.25	309.71	7.25×10^6	457	182.35	1.49×10^5	184.69	3.76×10^5	1226	2.913
硫化氢 H_2S	34.07994	1.539	22.14	373.55	8.98×10^6	373	190.25	7.62×10^4	212.85	5.48×10^5	960	—
氢氰酸 HCN	27.0258	—	—	456.65	5.04×10^6	200	259.85	3.11×10^5	298.85	9.33×10^5	715(0℃)	—
氧硫化碳 COS	60.0746	2.721	2.208	378.15	6.16×10^6	—	134.35	7.9×10^4	222.95	3.08×10^5	1169(−50℃)	—
臭氧 O_3	47.9982	2.144	2.2.39	261.05	5.51×10^6	437	80.45	—	161.25	3.17×10^5	1630	—
二氧化硫 SO_2	64.0628	2.927	21.89	430.65	7.86×10^6	524	197.65	1.16×10^5	263.15	3.89×10^5	1458	3.182
氟 F_2	37.9968	1.695	22.42	143.95	5.56×10^6	473	50.15	1.35×10^4	85.03	1.67×10^5	1504	5.64
氯 Cl_2	70.996	3.214	22.06	417.15	7.69×10^6	573	171.15	9.04×10^4	238.55	2.89×10^5	1557	—
氯甲烷 CH_3Cl	50.488	2.3044	21.91	416.15	6.66×10^6	353	175.55	—	249.39	4.29×10^5	1002	—

续表

名称	原子量或分子量	密度(STP) /kg·m^{-3}	摩尔体积(STP) /L·min^{-1}	临界点		熔点			相变点(在 1.01×10^5Pa 压力下)性质			
				温度/K	压力/Pa	密度 /kg·m^{-3}	温度/K	熔化热 /J·kg^{-1}	温度/K	汽化热 /J·kg^{-1}	密度/kg·m^{-3} 液体	密度/kg·m^{-3} 气体
氯乙烷 C_2H_5Cl	64.515	2.870	22.48	455.95	5.25×10^6	330	136.75	6.90×10^4	285.45	3.83×10^5	919(0℃)	
氨 NH_3	17.0306	0.771	22.09	405.65	1.12×10^7	235	195.45	3.32×10^5	239.75	1.372×10^6	682	0.901
氟利昂-11 CCl_3F	137.3686	6.20	22.16	471.15	4.36×10^6	554	162.15	—	296.95	1.82×10^5	1480	5.91
氟利昂-12 CCl_2F_2	120.914	5.39	22.43	385.15	4.10×10^6	558	115.15	—	243.35	1.67×10^5	1488	6.25
氟利昂-13 $CClF_3$	104.4594	4.654	22.45	302.05	3.86×10^6	578	92.15	—	191.75	1.47×10^5	1505	7.9
氟利昂-21 $CHCl_2F$	102.9235	4.6	22.37	451.65	5.15×10^6	522	138.15	—	282.05	2.42×10^5	1402(10℃)	4.755(1.07×10Pa)
氟利昂-22 $CHClF_2$	86.4689	3.8607	22.40	369.15	4.96×10^6	525	113.15	4.77×10^4	232.35	2.34×10^5	1414	4.65
氟利昂-113 CCl_2FCClF_2	187.3765	8.274	22.65	487.25	3.40×10^6	576	238.15	—	320.75	1.47×10^5	1508(50℃)	7.981(1.07×10Pa)
氟利昂-114 $CClF_2CClF_2$	170.9219	7.615	22.45	418.85	3.25×10^6	582	179.15	—	276.95	1.37×10^5	1515(5℃)	8.246(1.07×10Pa)

(3) 常用气体的物理性质（二）

名 称	三相点性质				比热容(温度 20℃,压力 1.01×10^5/Pa)			热导率(STP) /J·cm^{-1}·h^{-1}·K^{-1}	动力黏度系数(STP) /Pa·s	1L 液体气化为 STP 下气体的体积/L	1m^3 气体液化为液体的体积 /L	低燃烧热值 /J·m^{-3}
	温度 /K	压力 /Pa	密度/kg·m^{-3} 固体	密度/kg·m^{-3} 液体	定压比热容 c_p /J·kg^{-1}·K^{-1}	定容比热容 c_V /J·kg^{-1}·K^{-1}	绝热指数 $k=c_V/c_p$					
空气	60.15	—	—	—	1003.61(15.6℃)	716.36(15.6℃)	1.4(15.6℃)	87.923	1.73×10^{-5}	675	1.379	—
氮	63.15	1.25×10^4	947	873	1039.67(15.6℃)	741.9(15.6℃)	1.4(15.6℃)	850829	1.59×10^{-3}	643	1.421	—
氧	54.36	1.515×10^2	1370	1310	916.91(15.6℃)	655.23(15.6℃)	1.397(15.6℃)	87.504	1.95×10^{-5}	800	1.15	—
氩	83.80	6.853×10^4	1623	1416	523.35	312.34(15.6℃)	1.68	62.384	2.091×10^{-5}	780	1.166	—
氖	24.54	4.316×10^4	1442	1427	1031	619.65	1.68	159.936	2.97×10^{-5}	1340	0.683	—
氦	0.5	3.03×10^6	132.3 (2K)	137.6 (2K)	—	—	1.64 (19℃)	—	—	—	—	—
	高 2.172	5.151×10	159.7 (1.35K)	173.8 (1.35K)	5275	3181.96	1.66	510.79	1.86×10^{-5}	700	1.311	—
	低 1.788	3.026×10^6	—	—	—	—	—	—	—	—	—	—

续表

名称	三相点性质				比热容(温度 20℃,压力 1.01×10^5/Pa)			热导率(STP) /$J\cdot cm^{-1}\cdot h^{-1}\cdot K^{-1}$	动力黏度系数(STP) /Pa·s	1L 液体气化为 STP 下气体的体积/L	$1m^3$ 气体液化为液体的体积/L	低燃烧热值 /$J\cdot m^{-3}$
	温度/K	压力/Pa	密度/$kg\cdot m^{-3}$		定压比热容 c_p /$J\cdot kg^{-1}\cdot K^{-1}$	定容比热容 c_V /$J\cdot kg^{-1}\cdot K^{-1}$	绝热指数 $k=c_V/c_p$					
			固体	液体								
氪	115.76	7.282×10^4	2900	2440(116K)	247.02	150.72	1.67	33.494	2327×10^{-5}	570	1.451	—
氙	161.37	8.131×10^4	3540	3084	159.09	96.296	1.666	16.747	2.101×10^{-5}	523	1.75	—
氢	13.947	7.02×10^3	86.79	77.09	14302.11 (15.6℃)	10228.35 (15.6℃)	1.412 (15.6℃)	598.71	1.354×10^{-5}	788	1.166	1.0785×10^7
氘	18.71	1.708×10^4	196.7	174.1	7243.16	—	—	439.61	1.18×10^{-5}	950	—	—
氚	20.62	2.151×10^4	—	273.64	—	—	—	—	—	955	—	—
甲烷	91.6	1.162×10^4	—	—	2202.3(15.6℃)	1674.72 (15.6℃)	1.315(15.6℃)	108.86	1.03×10^{-5}	591	1.55	3.5877×10^7
乙烷	89.89	9.191×10^{-1}	698	658.56	1712.4(15.6℃)	1452.8(15.6℃)	1.18(15.6℃)	66.15	8.5×10^{-6}	403	2.25	6.4472×10^7
丙烷	85.47	5.404×10^{-4}	—	—	1624.48(15.6℃)	1436.1(15.6℃)	1.13(15.6℃)	54.00	7.5×10^{-6}	290	3.13	9.3018×10^7
正丁烷	134.81	5.383×10^{-4}	—	—	1662.16(15.6℃)	1511.4(15.6℃)	1.10(15.6℃)	48.57	8.0×10^{-6}	222	4.07	1.1896×10^8
异丁烷	113.56	2.02×10^{-2}	—	—	1620.29(15.6℃)	1457.0(15.6℃)	1.11(15.6℃)	49.82	7.47×10^{-6}	223	—	1.2214×10^7
正戊烷	143.44	6.19×10^{-2}	—	—	1663.83(15.6℃)	1548.7(15.6℃)	1.07(15.6℃)	46.05	6.7×10^{-6}	—	—	1.3398×10^8
乙烯	104.01	1.192×10^2	—	—	1519.8(15.6℃)	1239.3(15.6℃)	1.22(15.6℃)	62.802	9.07×10^{-6}	450	1.882	5.836×10^7
丙酮	87.91	1.515×10^{-3}	—	—	1553.30(15.6℃)	1323.0(15.6℃)	1.15(15.6℃)	—	8.4×10^{-6}	190	2.82	8.1224×10^7
1-丁烯	87.81	1.323×10^{-6}	—	—	1549.53(15.6℃)	1398.39(15.6℃)	1.11(15.6℃)	—	7.61×10^{-6}	—	—	1.0760×10^8
2-顺丁烯	134.25	—	—	—	1368.7(15.6℃)	1220.5(15.6℃)	1.1214(15.6℃)	—	—	—	—	1.0701×10^8
2-反丁烯	167.6	—	—	—	1529.9(15.6℃)	1381.6(15.6℃)	1.1073(15.6℃)	—	—	—	—	1.0681×10^8
异丁烯	—	—	—	—	1549.53(15.6℃)	1401.3(15.6℃)	1.1058(15.6℃)	—	—	—	—	1.0668×10^8
乙炔	191.66	1.196×10^5	730(188.16K)	610	1678.907	1352.34	1.24	67.41	9.35×10^{-6}	520	2.055	5.2963×10^7
苯	278.48	4.80×10^3	—	900(10℃)	1256.04	1138.81	1.101	32.238	73.8×10^{-7} (14.2℃)	—	3.552	1.3381×10^8
一氧化碳	68.14	1.5302×10^4	929(65K)	846	1040.0	744.83	1.359	84.1547	1.66×10^{-5}	632	1.41	1.2644×10^7
二氧化碳	216.55	5.1631×10^5	1512.4	1178	832.75	642.67	1.295	52.754	1.38×10^{-5}	—	1.56	—

续表

名称	三相点性质				比热容(温度20℃,压力1.01×10^5/Pa)			热导率(STP)/J·cm^{-1}·h^{-1}·K^{-1}	动力黏度系数(STP)/Pa·s	1L液体气化为STP下气体的体积/L	1m^{3}气体液化为液体的体积/L	低燃烧热值/J·m^{-3}
	温度/K	压力/Pa	密度/kg·m^{-3}		定压比热容c_p/J·kg^{-1}·K^{-1}	定容比热容c_V/J·kg^{-1}·K^{-1}	绝热指数$k=c_V/c_p$					
			固体	液体								
一氧化氮	109.46	—	1554(78.16K)	—	975.52	695.01	1.4	79.549	1.78×10^{-5}	945	1.00	—
二氧化氮	—	—	1896(−79℃)	—	803.87	615.46	1.31	144.026	—	—	—	—
一氧化二氮	182.35	8.757×10^4	320(78.16K)	—	912.72	715.94	1.274	54.428	1.35×10^{-5}	620	—	—
硫化氢	187.5	2.737×10^4	—	—	1059.26	803.87	1.32	47.3108	1.25×10^{-5}	621	1.45	2.4032×10^7
氢氟酸	—	—	—	—	1336.59(27℃)	—	1.31(65℃)	404.86(4.4℃)	7.4×10^{-6}	—	—	—
氧硫化碳	—	—	—	—	—	—	—	—	—	—	—	—
臭氧	80.65	—	—	1572.7(90K)	907.28	—	—	—	—	735	—	—
二氧化硫	197.63	2.121×10^3	—	—	632.21	502.42	1.25	27.6329	1.17×10^{-6}	498	1.797	—
氟	53.54	—	1907	1875	828.149	610.02	1.358	89.5975	2.25×10^{-5}	—	—	—
氯	172.15	—	—	—	489.86	360.06	1.36	25.9582	1.30×10^{-5}	484	2.006	—
氯甲烷	181.65	—	—	—	741.06	581.97	1.28	30.5636	9.676×10^{-6}(0℃)	—	2.216	—
氯乙烷	134.45	—	—	—	1339.78	—	1.19[10℃,$(3\sim5)\times10^4$Pa]	34.3318	9.37×10^{-6}	—	—	—
氨	195.42	5.979×10^3	—	—	2160.39	1637.04	1.32	79.1305	9.2×10^{-6}	884	1.024	—
氟利昂-11	—	—	—	—	615.46	542.61	1.135	28.0516	1.01×10^{-5}	—	3.83	—
氟利昂-12	—	—	—	—	617.97	543.03	1.138	29.3075	1.18×10^{-5}	—	3.33	—
氟利昂-13	—	—	—	—	623.83(10℃)	544.28(10℃)	1.150(10℃)	—	—	—	3.095	—
氟利昂-21	—	—	—	—	753.62	642.82	1.12	34.3318(4.4℃)	1.08×10^{-5}	—	—	—
氟利昂-22	—	—	—	—	615.46(10℃)	514.98(10℃)	1.194(10℃)	37.6812	1.20×10^{-5}	—	1.92	—
氟利昂-113	—	—	—	—	628.02(27℃)	—	—	28.0516(30℃)	9.8×10^{-6}	—	—	—
氟利昂-114	—	—	—	—	648.95(10℃)	594.53(10℃)	1.092(10℃)	40.1933(30℃)	1.09×10^{-5}	—	—	—

29.2.5 不同气体的低温凝结系数

气体		低温面 T_k/K	压强 p/Pa	冷凝系数 α_c	方法
种类	温度 T_g/K				
Ar	250	—	$<10^{-3}$	0.997	2
Ar	300	20～25	$10^{-7}\sim10^{-2}$	1.0	1
Ar	300～1400	15～28	—	0.98～0.90	4
Ar	400～2500	15	—	0.90～0.60	4
Ar	95～300	4.2～26	—	1.00～0.95	3
CO_2	150～400	79	$5\times10^{-3}\sim3\times10^{-2}$	1.0～0.91	1
CO_2	300	75～85	$<10^{-2}$	0.90～1.0	1
CO_2	300	77	$<10^{-3}$	0.99	1
CO_2	300	76	$<10^{-2}$	1.0	1
CO_2	300～1200	72	—	1.0～0.90	4
CO_2	<200	55	—	>0.95	3
CO_2	152～274	70～85	—	1.0～0.96	3
C_2H_6	300	67～80	$10^{-5}\sim10^{-2}$	1.0	1
CH_3OH	300	77	$<10^{-2}$	1.0	1
C_2H_5OH	300	77	$<10^{-2}$	1.0	1
CCl_4	300	77	$<10^{-2}$	1.0	1
D_2	77～300	3.0～4.4	$10^{-7}\sim10^{-2}$	0.95～0.85	1
H_2	100～700	3.5～3.9	$<10^{-3}$	1.0～0.7	2
H_2	300	3.7～3.9	$10^{-7}\sim10^{-3}$	0.8	1
H_2	77～300	3.0～4.4	$10^{-7}\sim10^{-2}$	0.95～0.85	1
H_2O	273	<150	—	>0.99	3
Kr	147～300	4.3～37	—	1.0～0.95	3
Ne	300	20～25	$<10^{-2}$	1.0	1
N_2	300	25～29	$10^{-7}\sim10^{-2}$	1.0	1
N_2	300	18～24	$10^{-6}\sim10^{-3}$	1.0	1
N_2	150～600	20～25	$10^{-7}\sim10^{-2}$	1.0～0.84	1
N_2	300～1200	22	—	1.0～0.98	4
O_2	300	20～25	$10^{-7}\sim10^{-2}$	1.0	1
Xe	300	59～62	$<10^{-2}$	0.90	1
Xe	124～300	4.2～47	—	0.95～1.0	3

注：方法中：1—在大容器中小冷凝面情况下采用的抽速法；2—在小气源情况下采用的抽速法；3—石英振荡法；4—分子束法。

29.2.6 饱和液化气体的密度 ρ、蒸发潜热 L、热导率 λ 及黏度 η

液氦					液氢				
温度/K	ρ/kg·m^{-3}	$L/\times10^3$ J·kg^{-1}	λ/W·m^{-1}·K^{-1}	$\eta/\times10^{-7}$ Pa·s	温度/K	ρ/kg·m^{-3}	$L/\times10^3$ J·kg^{-1}	λ/W·m^{-1}·K^{-1}	$\eta/\times10^{-7}$ Pa·s
2.2	147	22.8	0.0181^{+}	28.8	16		453	0.1085	197
2.6	144	23.3	0.0195	27.3	18		447	0.1132	161
3.0	141	23.7	0.0214	37.0	20		444	0.1179	134
3.6	135	23.2	0.0238^{++}	36.7	22		432	0.1225	
4.0	129	21.9	0.0262	36.0	24		418	0.1272	
4.6	117	18.0			26		393	0.1318	
5.0	101	12.0			28		358	0.1365	
5.18	80	4.00			30		298	0.1412	

液氮					液氧				
温度/K	ρ/kg·m^{-3}	$L/\times10^3$ J·kg^{-1}	λ/W·m^{-1}·K^{-1}	$\eta/\times10^{-7}$ Pa·s	温度/K	ρ/kg·m^{-3}	$L/\times10^3$ J·kg^{-1}	λ/W·m^{-1}·K^{-1}	$\eta/\times10^{-7}$ Pa·s
68	848	211		0.25	65	1263			
70	840	208	0.147	0.23	70	1239	231	0.00651^{++++}	0.36
75	818	202	0.143	0.175	75	1215	227		0.295
80	794	196	0.135	0.158^{+++}	80	1191	223	0.007193	0.250
85	770	189	0.129		85	1167	218		0.215
90	746	181			90	1142	213		0.190
95	718	173			95	1120			0.165
100	688	162			100	1090			0.148
105		151			110	1030			0.124
110		137			120	970			0.114
115		120			130	900			0.108
120		96.0			140	810			
125		49.0			150	680			

注：+2.3K；++3.5K；+++77.33K；++++73.16K

29.2.7 气体的各种低温性质

温度	氦				氢				氮				氧			
	λ	$10^5\cdot\eta$	ρ	$10^{-3}\cdot c_p$	λ	$10^5\cdot\eta$	ρ	$10^{-3}\cdot c_p$	λ	$10^5\cdot\eta$	ρ	$10^{-3}\cdot c_p$	λ	$10^5\cdot\eta$	ρ	$10^{-3}\cdot c_p$
K	$W\cdot m^{-1}\cdot K^{-1}$	P	$kg\cdot m^{-3}$	$J\cdot kg^{-1}\cdot K^{-1}$	$W\cdot m^{-1}\cdot K^{-1}$	P	$kg\cdot m^{-3}$	$J\cdot kg^{-1}\cdot K^{-1}$	$W\cdot m^{-1}\cdot K^{-1}$	P	$kg\cdot m^{-3}$	$J\cdot kg^{-1}\cdot K^{-1}$	$W\cdot m^{-1}\cdot K^{-1}$	P	$kg\cdot m^{-3}$	$J\cdot kg^{-1}\cdot K^{-1}$
10	0.017	2.3	5.0	5.86④	0.0074	0.510										
20	0.026	3.7	2.5		0.0155	1.092										0.914
30	0.034	4.7	1.6		0.0229	1.606		10.84								0.913
40	0.041	5.6	1.2		0.0298	2.067	0.6238	10.57								0.912
60	0.053	7.2	0.80		0.0422	2.876	0.4113	10.49								0.911
80	0.064	8.8	0.60		0.0542	3.579	0.3075	10.74								0.910
100	0.074	10.1	0.48	5.233①	0.0664	4.210	0.2457	11.23	0.00990	6.975	3.480		0.00903	7.715	3.98	0.910
150	0.097	13.2	0.32		0.0981	5.598	0.1535②	12.62	0.01388	10.08		1.05	0.01367	11.44	2.61	0.918
200	0.117	15.8	0.24		0.1282	6.813	0.1227	13.54	0.01815	12.95	1.711	1.04	0.01824	14.78	1.94	0.914
250	0.135	18.3	0.19		0.1561	7.923	0.0944	14.04	0.02227	15.55		1.04	0.02259	17.79	1.56	0.915
300	0.16	21	0.16	5.233③	0.1816	8.959	0.0818	14.31	0.02605	17.86	1.138	1.04	0.0268	20.65	1.31	0.920

①在 93K 时的值；②在 260K 时的值；③在 273K 时的值；④3 个气压时的值。

注：气体在 1 个气压的热导率 λ（$W\cdot m^{-1}\cdot K^{-1}$），黏度 η（P），密度 ρ（$kg\cdot m^{-3}$），定压比热容 c_p（$J\cdot kg^{-1}\cdot K^{-1}$）（$1P=1dyn\cdot s\cdot cm^{-2}=0.1kg\cdot m^{-1}\cdot s^{-1}$）。

29.2.8 液化气体的种类和性质

性质 \ 液化气体种类	氦 3 ^3He	氦 4 ^4He	正常氢 N-H_2	重氢(氘) D_2	超重氢(氚) T_2	氖 Ne	氮 N_2	空气	氩 Ar	氧 O_2
分子量	3.016	4.0026	2.01594			20.183	28.0134	28.96	39.948	31.9988
状态 沸点(一大气压) 温度/K	3.1905	4.214	20.383	23.52	25.0	27.092	77.364	78.8(3) 81.8(4)	87.29	90.180
状态 沸点(一大气压) 密度/kg·m^{-3}(L)	59	124.8	70.96	160		12.05	808.4	873.9	1399.8	1141
状态 沸点(一大气压) 密度/kg·m^{-3}(G)	24	16.7	1.331			9.552	4.604	4.488	5.8	4.467
状态 沸点(一大气压) 潜热/×10^3J·kg^{-1}	7.529①	20.90	45.09	300		86.10	199.26	205.2	163.25	213.31
状态 临界点 温度/K	3.324	5.25	33.18			44.4	126.2	132.52	150.7	154.77
状态 临界点 压力/atm	1.148	2.26	12.98			26.19	33.5	37.17	48.0	50.14
状态 三态点 温度/K		2.186②	13.947	18.73	20.62	24.544	63.15	60.3③ 57.0④	83.78	54.353
状态 三态点 压力/×10^{-2}Pa		51.1②	72.0	171.4	216.0	43.29	125		689.0	1.52
状态 熔点 温度/K		0.9		19		24.46	63.4		83.96	54.26
状态 熔点 压力/atm		26								
状态 (S·T·P) 定压比热容(G)/×10^3J·kg^{-1}·K^{-1}		5.233	14.207			1.030	1.042	1.005	0.523	0.917
状态 (S·T·P) 比热比(G)		1.660	1.410			1.668	1.402	1.402	1.667	1.40
状态 (S·T·P) 密度(G)/kg·m^{-3}	0.1345	0.17857	0.08988			0.9002	1.25057	1.2928	1.78403	1.4299
爆炸界限/%		无	4.65～93.9				无			与其可燃物一起爆炸

①32K、1.01atm；②在 λ 点的值；③lry（干）；④wet（湿）。

注：1. L—液体，G—气体。

2. S. T. P：0℃，1 气压。

29.2.9 一些气体（蒸气）的电离电位

气体(蒸气)	电离电位/V	气体(蒸气)	电离电位/V
H_2	15.427	Na	5.1
D_2	15.46	K	4.3
He	24.5	Cs	3.9
Ne	21.5	CO	14.013
Ar	15.7	CO_2	13.769
Kr	14.0	NH_3	10.2
Xe	12.1	SO_2	12.34
N_2	15.576	H_2O	12.6
O_2	12.063	HCl	12.74
F_2	15.7	CH_4	12.6
Cl_2	11.48	C_2H_2	11.4
Br_2	10.54	C_2H_4	10.5
I_2	9.28	C_6H_4	9.6
Hg	10.4	C_2H_5OH	10.5

29.3 真空用吸附剂材料的性质

29.3.1 真空用吸附剂材料规格及技术特性

材　　料	形状	尺寸	表面积 $/m^2 \cdot g^{-1}$	微孔体积 $/cm^3 \cdot g^{-1}$	疏松体积 $/g \cdot cm^{-3}$	微孔平均直径 /nm
硅胶	微粒	10～20 目	311～784	0.45～1.16	0.5～0.72	220～1400
活性氧化铝	小球	ϕ3mm	287	0.36	0.86	500
椰壳活性炭	微粒	6～10 目	889	0.54	0.49	100～300
分子筛 13X	粉末	1～5μm	514	1.32	0.53	90～120
分子筛 5A	小球	ϕ4mm	600	0.75	0.69	50

29.3.2 分子筛的规格及技术特性

材料	粒　　度	堆密度 $/kg \cdot L^{-1}$	化学组成	吸水量 $/g \cdot g^{-1}$	吸附其他物质特性
3A	球形：ϕ4～6mm 条形：直径 ϕ4mm	0.8 0.53	$0.4K_2O \cdot 0.6Na_2O \cdot Al_2O_3 \cdot (2\pm0.08)SiO_2 \cdot 4.5H_2O$	>0.21	吸附 H_2O 不吸附 C_2H_2、C_2H_4、NH_3、CO_2 和更大分子
4A	球形：ϕ4～6mm 条形：直径 ϕ4mm	0.8 0.53	$Na_2O \cdot Al_2O_3 \cdot (2\pm0.08)SiO_2 \cdot 4.5H_2O$	>0.21	吸附 H_2O、Ar、Kr、Xe、H_2、N_2、O_2、CO、CO_2、NH_3、CS_2、CH_4、C_2H_2、C_2H_6、CH_3OH、CH_3CN、CH_3NH_2、CH_3Cl、CH_3Br，不吸附丙烷及更大分子
5A	粉末：1～4μm 球形：ϕ4～6mm 条形：直径 ϕ4mm	0.8 0.53	$0.7CaO \cdot 0.3Na_2O \cdot Al_2O_3 \cdot (2\pm0.08)SiO_2 \cdot 4.5H_2O$	>0.25 >0.21 >0.21	能吸附直径小于 5×10^{-10}m 的正构烷烃分子。吸附的主要分子与 4A 分子筛相同，不吸附异构烃、环烷烃及芳烃类
10X	球形：ϕ4～9mm 条形：直径 ϕ4mm	0.6 0.5	$0.7CaO \cdot 0.3Na_2O \cdot Al_2O_3 \cdot (2.45\pm0.05)SiO_2 \cdot 6H_2O$	>0.23 >0.26	吸附异构烷烃、环烷烃、芳烃，吸附的主要分子与 4A 分子筛相同，不吸附异构烃、环烷烃及芳烃类

续表

材料	粒　度	堆密度 /$kg \cdot L^{-1}$	化学组成	吸水量 /$g \cdot g^{-1}$	吸附其他物质特性
13X	球形：ϕ4～6mm 条形：直径 ϕ4mm	0.8 0.53	$Na_2O \cdot Al_2O_3 \cdot (2.45 \pm 0.05) SiO_2 \cdot 6H_2O$	>0.23	可吸附直径小于 1×10^{-10}m 的各种分子。吸水量 35.5%（质量分数），吸附的主要气体分子同 10X 型分子筛，不吸附含氟三丁胺

29.3.3 气体对 5A 分子筛的黏附系数

气体	气体温度 T_g/K	吸附板温度 T_k/K	黏附系数 α
He	4.2	4.2	0.91～0.67
He	77	10	0.048
He	77	13.6	0.004
H_2	77	20	0.96～0.73
H_2	170	24	0.16
N_2	300	77	0.63

29.3.4 各种固体材料对气体的吸附热

单位：$kJ \cdot mol^{-1}$

固体	气体	吸附热
氩	He	1.17
聚乙烯	H_2	1.88～3.35
分子筛 5A	Ar O_2 N_2 Kr CH_4 乙醚	6.32 8.54 17.5 13.2 16.7 113
天然沸石	Ar	15.9
Na 型分子筛 X	C_6H_6 n-C_6H_{14}	64.9 45.2
分子筛 13X	SF_6	20.9
聚丙烯	Ar N_2 CCl_4 C_2H_6	6.70(θ=0.5) 7.22(θ=0.5) 14.2(θ=0.5) 16.8(θ=0.5)
NaBr(100)	Kr	10.5
KBr(100)	Ar	10.2
聚四氟乙烯	Ar N_2 CF_4	7.12(θ=0.2) 6.28(θ=0.2) 12.4(θ=0.2)
氮化硼	Ar N_2 氟利昂-11	1.67(θ=1) 0.837(θ=2) 27.8
铅硼硅酸玻璃	H_2O	46.1
硼硅酸玻璃 多孔质玻璃	H_2O H_2O H_2O He	29.3～41.9 61.1(θ=0.033) 48.6(θ=0.333) 2.85
NaCl(100)	Ar	9.17
KCl(100)	Ar Ar	8.71 8.79
KCl(111)	Ar	10.3

注：θ 表示覆盖度。

29.3.5 金属的化学吸附热

单位：$kJ \cdot mol^{-1}$

金属	N_2	H_2	CO	C_2H_4	C_2H_2	O_2	CH_4	C_2H_6	NH_3	Ar	Kr	Xe
Zr			335(θ=0.5) 83.7(θ=1)									
Ta	586	188		578								约 22.2

续表

金属	N_2	H_2	CO	C_2H_4	C_2H_2	O_2	CH_4	C_2H_6	NH_3	Ar	Kr	Xe
Cr		188		427								
Mo		约 167				720						约 33.5
W	356 398	167 188 193	约 419			812 649	427		293	约 7.95	约 18.8	33.5～ 37.7
Fe	13.1① 13.7② 167	134	14.2 134	285		314			188	13.4 13.7		
Ni	41.9	126 130 167 100	147	243	281	544 481 628	6.87③	19.3③	151		14.9③	
Co		约 100 105(θ=0) 54.4(θ=0.3)				490 385						
Rn		109 117		209		318						
Pb		113										
Pt	14.2	113	15.1			281				13.7		
Ir			109									
Cu		41.9 33.5 41.9	37.7	75.4	79.5			18.6③				
Au			37.7	87.9	87.9							
Ag	15.1		13.3							14.7		
Si						96.3						
Ge	12.6		12.6			553				13.8	16.3	17.2

① 还原。
② 未还原。
③ θ=0.5，θ 为室温下的覆盖度。

29.3.6 钛膜对氮、氢、氖的吸附特性

参数 气体	吸附量/个·cm^{-2}	起始吸附速率/L·s^{-1}·cm^{-2}	吸附量/个·cm^{-2}	起始吸附速率/L·s^{-1}·cm^{-2}	吸附量/个·cm^{-2}	起始吸附速率/L·s^{-1}·cm^{-2}	吸附量/个·cm^{-2}	起始吸附速率/L·s^{-1}·cm^{-2}	膜厚/nm
气体温度/测试温度	20℃/20℃		20℃/－190℃		－190℃/190℃		－190℃/20℃		
N_2	9.2×10^{14}	1.3	1.7×10^{15}	2.6	6.8×10^{15}	2.7	2.7×10^{15}	2	17
N_2	1.8×10^{15}	1.4	1.8×10^{15}	2.3	2.7×10^{15}	2.4			6
H_2	7.8×10^{15}	0.47	8.4×10^{14}	0.5	5.7×10^{13}	10			35
H_2	2.2×10^{15}	0.23	3.5×10^{14}	0.1	5.7×10^{15}	10			4.4

续表

参数 气体	吸附量/个·cm^{-2}	起始吸附速率/L·s^{-1}·cm^{-2}	吸附量/个·cm^{-2}	起始吸附速率/L·s^{-1}·cm^{-2}	吸附量/个·cm^{-2}	起始吸附速率/L·s^{-1}·cm^{-2}	吸附量/个·cm^{-2}	起始吸附速率/L·s^{-1}·cm^{-2}	膜厚/nm
气体温度/测试温度	20℃/20℃		20℃/−190℃		−190℃/190℃		−190℃/20℃		
H_2	7.6×10^{15}	0.3			7.2×10^{15}	7.5			4.4
H_2			6.8×10^{14}	0.3					16
D_2	5.8×10^{15}	0.19			2×10^{15}	4.2			1
D_2	8.8×10^{15}	0.35			3.4×10^{15}	7			6.2
D_2					1.8×10^{15}	4.2			6.2

29.4 真空中常用金属材料的性质

29.4.1 金属材料弹性模量及泊松比

名　称	弹性模量 E /GPa	切变模量 G /GPa	泊松比 μ	名　称	弹性模量 E /GPa	切变模量 G /GPa	泊松比 μ
灰铸铁	118～126	44.3	0.3	轧制锌	82	31.4	0.27
球墨铸铁	173		0.3	铅	16	6.8	0.42
碳钢、镍铬钢	206	79.4	0.3	玻璃	55	1.96	0.25
合金钢				有机玻璃	2.35～29.42		
铸钢	202		0.3	橡胶	0.0078		0.47
轧制纯铜	108	39.2	0.31～0.34	电木	1.96～2.94	0.69～2.06	0.35～0.38
冷拔纯铜	127	48.0		夹布酚醛塑料	3.92～8.83		
轧制磷锡青铜	113	41.2	0.32～0.35	赛璐珞	1.71～1.89	0.69～0.98	0.4
冷拔黄铜	89～97	34.3～36.3	0.32～0.42	尼龙 1010	1.07		
轧制锰青铜	108	39.2	0.35	硬聚氯乙烯	3.14～3.92		0.34～0.35
轧制铝	68	25.5～26.5	0.32～0.36	聚四氟乙烯	1.14～1.42		
拔制铝线	69			低压聚乙烯	0.54～0.75		
铸铝青铜	103	41.1	0.3	高压聚乙烯	0.147～0.245		
铸锡青铜	103		0.3	混凝土	13.73～39.2	4.9～15.69	0.1～0.18
硬铝合金	70	26.5	0.3				

29.4.2 材料的线膨胀系数 α

单位：$\times10^{-6}$℃$^{-1}$

材　料	温度范围/℃								
	20	20～100	20～200	20～300	20～400	20～600	20～700	20～900	70～1000
工程用铜		16.6～17.1	17.1～17.2	17.6	18～18.1	18.6			—
黄铜		17.8	18.8	20.9					
青铜		17.6	17.9	18.2					
铸铝合金	18.44～24.5								

续表

材料	温度范围/℃								
	20	20～100	20～200	20～300	20～400	20～600	20～700	20～900	70～1000
铝合金		22～24	23.4～24.8	24～25.9					
碳钢		10.6～12.2	11.3～13	12.1～13.5	12.9～13.9	13.5～14.3	14.7～15		
铬钢		11.2	11.8	12.4	13	13.6			
3Cr13		10.2	11.1	11.6	11.9	12.3	12.8		
1Cr18Ni9Ti		16.6	17	17.2	17.5	17.9	18.6	19.3	
铸铁		8.7～11.1	8.5～11.6	10.1～1 2.1	11.5～12.7	12.9～13.2			
镍铬合金		14.5							17.6
砖	9.5								
水泥、混凝土	10～14								
胶木、硬橡胶	64～77								
玻璃		4～11.5							
赛璐珞		100							
有机玻璃		130							

29.4.3 材料的密度

材料名称	密度/g·cm^{-3}	材料名称	密度/g·cm^{-3}	材料名称	密度/g·cm^{-3}
碳钢	7.3～7.85	铅	11.37	酚醛层压板	1.3～1.45
铸钢	7.8	锡	7.29	尼龙 6	1.13～1.14
高速钢(含钨 9%)	8.3	金	19.32	尼龙 66	1.14～1.15
高速钢(含钨 18%)	8.7	银	10.5	尼龙 1010	1.04～1.06
合金钢	7.9	汞	13.55	橡胶夹布传动带	0.3～1.2
镍铬钢	7.9	镁合金	1.74	木材	0.4～0.75
灰铸铁	7.0	硅钢片	7.55～7.8	石灰石	2.4～2.6
白口铸铁	7.55	锡基轴承合金	7.34～7.75	花岗石	2.6～3.0
可锻铸铁	7.3	铅基轴承合金	9.33～10.67	砌砖	1.9～2.3
紫铜	8.9	硬质合金(钨钴)	14.4～14.9	混凝土	1.8～2.45
黄铜	8.4～8.85	硬质合金(钨钴钛)	9.5～12.4	生石灰	1,1
铸造黄铜	8.62	胶木板、纤维板	1.3～1.4	熟石灰、水泥	1.2
锡青铜	8.7～8.9	纯橡胶	0.93	黏土耐火砖	2.10
无锡青铜	7.5～8.2	皮革	0.4～1.2	硅质耐火砖	1.8～1.9
轧制磷青铜、冷拉青铜	8.8	聚氯乙烯	1.35～1.40	镁质耐火砖	2.6
工业用铝、铝镍合金	2.7	聚苯乙烯	0.91	镁铬质耐火砖	2.8
可铸铝合金	2.7	有机玻璃	1.18～1.19	高铬质耐火砖	2.2～2.5
镍	8.9	无填料的电木	1.2	碳化硅	3.10
轧锌	7.1	赛璐珞	1.4		

29.4.4 铝合金的低温力学性能

牌号和状态	板厚/mm	方向	温度/K	抗拉强度/MPa	屈服强度/MPa	延伸率/%	断面收缩率/%	切口试样抗拉强度/MPa	切口强度比①	切口屈服比	弹性模量/GPa	剪切模量/GPa	泊松比
5083-D	25	纵	293	322	141	19.5	26	372	1.16	2.65	71.5	26.8	0.333
			77	434	158	32	33	420	0.97	2.65	80.2	30.4	0.320
			4	557	178	32	33	429	0.77	2.42	80.9	30.7	0.318
5083-H321	25	纵	293	335	235	15	23	421	1.26	1.80			
			77	455	274	31.5	33	485	1.06	1.77			
			4	591	279	29	33	508	0.86	1.82			
6061-T651	25	纵	293	309	291	16.5	50	477	1.54	1.64	70.1	26.4	0.338
			77	402	337	23	48	575	1.43	1.71	77.2	29.1	0.328
			4	483	379	25.5	42	619	1.28	1.63	77.7	29.2	0.327
		横	293	309	278	15.2	42	467	1.51	1.68	77.7	29.2	0.327
			77	405	321	20.5	39	555	1.37	1.73	77.7	29.2	0.327
			4	485	363	23	33	601	1.24	1.66	77.7	29.2	0.327
2219—T851	25	纵	293	466	371	11	27	547	1.12	1.48	77.4	29.1	0.330
			77	568	440	13.8	30	651	1.15	1.48	85.1	32.3	0.319
			4	659	484	15	26	703	1.06	1.48	85.7	32.3	0.318
		横	293	457	353	10.2	22	531	1.16	1.50	85.7	32.3	0.318
			77	575	462	14	28	630	1.09	1.37	85.7	32.3	0.318
			4	674	511	15	23	690	1.03	1.37	85.7	32.3	0.318
7005—T5351	38	纵	293	427	379	15	43	594	1.39	1.59			
			77	578	465	17	27	683	1.18	1.47			
			4	672	521	17	22	737	1.09	1.41			

①切口强度比系静拉伸试验中，切口试样与光滑试样抗拉强度之比 $\sigma_{B.N}/\sigma_{0.2}$。

29.4.5 不锈钢的低温性能

钢号	密度 /g·cm^{-3}	温度 /K	弹性模量 /GPa	剪切弹性模量/GPa	泊松比	热导率 /W·m^{-1}·K^{-1}	平均线胀系数 /(1/K)×10^{-6}	比热容 /J·kg^{-1}·K^{-1}	电阻率 /μΩ·cm	相对磁导率[①]
304	7.86	295	200	77.3	0.290	14.7	15.8	480	70.4	1.02
		77	214	83.8	0.278	7.9	13.0	—	51.4	—
		4	210	82.0	0.279	0.28	10.2	1.9	49.6	1.09
310	7.85	295	191	73.0	0.305	11.5	15.8	480	87.3	1.003
		77	205	79.3	0.295	5.9	13.0	180	72.4	—
		4	207	79.9	0.292	0.24	10.2	2.2	68.5	1.10
316	7.97	295	195	75.2	0.294	14.7	15.8	480	75.0	1.003
		77	209	81.6	0.283	7.9	13.0	190	56.6	—
		4	208	81.0	0.282	0.28	10.2	1.9	53.9	1.02

① 指多次冷热循环后的饱和值。

29.4.6 不同温度下材料的热导率

金属	条件	热导率/W·m^{-1}·K^{-1}									温度系数 α
		4K	10K	20K	50K	100K	200K	300K	最大值/K	高温/℃	
锂	高纯度,不锈钢管导入	290	590	750	250	100	—	—	770(18K)		
钠	高纯度,真空溶解,玻璃管导入	4800	2200	560	160	130	—	—	4900(4.5K)		
钾	高纯度,真空溶解,玻璃管导入	650	450	165	110	110	—	—	720(5K)		
铷	高纯度,真空溶解,玻璃管导入	183	108	67	61	61	—	—	—		
铯	高纯度,真空溶解,玻璃管导入	112	68	62	—	—	—	—	—		
铜	99.999%,退火	7000	13500	8700	1170	450	—	—	13600(11K)		
铜	99.98%,退火	—	1750	2400	1000	480	430	—	2400(20K)	353(600)	−0.19
铜	99.95%,电解铜,退火	320	780	1300	880	—	—	—	1420(27K)		

续表

金属	条件	热导率/W·m^{-1}·K^{-1}									温度系数 α
		4K	10K	20K	50K	100K	200K	300K	最大值/K	高温/℃	
铜	1%Pb,退火	—	—	800	690	—	—	—	970(33K)		
铜	0.6%Te,退火	<200	340	640	680	420	390	—	780(34K)		
银	99.999%,退火	14000	15000	5200	620	410	410	400	17500(6K)	417.7(20)	—0.17
银	99.999%,拉丝	42	120	220	290	310	320	320	—		
金	99.999%,退火	1700	2800	1400	400	310	310	—	2900(9K)	296.4(20)	—0.04
金	99.9%,拉丝	120	320	430	330	310	—	—	430(22K)		
锌	99.997%,单晶,退火	630	1100	650	170	140	130	130	1100(10K)	112.5(20)	—0.15
镉	99.995%,单晶,退火	8000	1000	220	130	110	96	95	—	92.5(20)	—0.38
汞	10种单晶平均值	—	—	—	—	350	320	—	—	8.3(20)	0
铀	高纯度	4.5	10	16	18	—	—	—	—		
铝	99.99%,冷拔 99.99%,单晶	3200	6000	5500	950	300	240	—	6800(14K)		
铝	99%,拉丝	55	150	270	370	240	220	220	390(42K)	228(400)	0.184
铟	99.993%	840	450	180	—	—	—	—	860(5K)		
锆	98%	12	29	44	—	—	—	—	47(27K)		
钛	99.99%,单晶	4.5	12	23	36	35	—	—	36(55K)		
天然石墨		—	40	160	580	550	250	140	620(65K)		
硅	n-型单晶	130	750	1250	900	500	280	—	1270(22K)		
锗	p-型	250	950	1200	500	200	—	—	1250(16K)		
铅	99.998%,单晶 99.998%,冷拔	2500	190	59	40	36	35	35	—	35(20)	—0.16

续表

金属	条件	热导率/W·m^{-1}·K^{-1}									温度系数 α
		4K	10K	20K	50K	100K	200K	300K	最大值/K	高温/℃	
锡	99.995%,单晶	2400	900	250	—	—	—	—	2500(4.5K)	64(20)	−0.8
锑	退火	65	310	380	—	—	—	—	390(17K)	18(20)	−1.4
铋	99.995%,单晶	—	—	1020	380	170	120	110	1100(18K)	8(20)	−1.97
钨	单晶	—	—	5300	410	210	180	—	—	100(1227)	−0.1
铬	99.998%,再结晶	160	400	550	320	150	—	—	580(25K)		
镍	99.99%,退火	170	620	820	330	150	—	—	820(20K)		
镍	99%	—	—	—	65	78	80	—	—	54(500)	−0.31
铁	99.99%,退火	70	180	300	270	140	88	80	350(30K)	62(20)	−0.34
钴	99.99%,退火	120	300	460	300	170	—	—	470(25K)		
铂	99.999%,退火	910	1220	460	110	76	71	70	1300(8K)	70(0～200)	

29.4.7 不同温度下材料的比热和焓

金属	比热容/J·kg^{-1}·K^{-1}										焓 ΔH/J·kg^{-1}								
	4K	10K	20K	50K	100K	160K	200K	260K	300K	高温(℃)	4K	10K	20K	50K	100K	160K	200K	260K	300K
铝	0.261	1.4	8.9	142	481	713	797	869	902	937(100)	0.463	4.9	48	1850	17760	54400	84800	135000	170400
铋	0.493	10.4	36.3	84.6	111	118	120	122	124	121(25)	0.432	25.9	262	2170	7210	14100	18900	26200	31100
镉	0.21	8.0	46	141	196	215	222	228	230	231(20)	0.22	19	280	3260	12000	24400	33200	46700	55800
铜	0.091	0.86	7.7	99	254	332	356	376	386	392(100)	0.13	2.4	34	1400	10600	28500	42400	64400	79600
锗	0.0344	0.813	12.5	85.8	191	264	289	313	322	—	0.0343	1.69	54	1520	8550	22500	33600	51700	64400
金	0.16	2.2	15.9	72.6	108	120	124	127	129	129(20)	0.17	5.6	86	1470	6180	13100	17980	25490	30590
α-铁	0.382	1.24	4.5	55	216	339	384	428	447	481(100)	0.74	5.4	31.6	730	7560	24630	39200	63600	81100

续表

金属	比热容/J·kg^{-1}·K^{-1}										焓 ΔH/J·kg^{-1}								
	4K	10K	20K	50K	100K	160K	200K	260K	300K	高温(℃)	4K	10K	20K	50K	100K	160K	200K	260K	300K
铅	0.7	13.7	53.1	103	118	123	125	128	130	127(20)	0.8	34	368	2910	8530	15760	20710	28280	33430
汞	○0.417	23.5	51.5	99.3	121	130	136	141	139	137(100)	○4.45	88.6	468	2370	8500	16100	21400	41200	46800
镍	0.503	1.62	5.8	68.2	232	342	383	422	445	472(100)	0.98	7.1	41	937	8630	26280	40820	65000	82400
铌	○0.27	2.2	11.3	99	202	243	254	264	268	—	○0.22	7.4	66	1630	9600	23100	33100	48600	59200
铂	0.186	1.12	7.4	55	100	121	127	131	133	132(100)	0.32	3.65	39.5	950	5010	11800	16700	24500	29800
硅	0.0168	0.275	17.4	—	259	455	556	663	714	736(20)	0.0168	0.679	13.8	1000	9470	31100	51400	88100	116000
银	0.124	1.8	11.5	108	187	216	225	234	236	234(20)	0.146	4.52	76	1910	9670	21910	30750	44500	53910
锡	0.245	8.1	40	130	189	208	214	—	222	213(20)	0.283	19	250	2930	11180	23200	31700	44700	53600
钨	0.0393	0.234	1.89	33.2	88.8	117	125	132	136	163(1500)	0.0685	0.765	9.27	436	3660	9950	14800	22600	28000
锌	0.11	2.5	26	171	293	350	367	382	390	387(20)	0.14	5.0	125	3110	15240	34850	49220	71710	87150
铍	0.109	0.389	1.61	19.2	199	723	1110	1640	1970	—	—	1.6	10.5	253	4510	31000	67800	151000	223000

注：○ 超导状态。

29.4.8 高温下金属的力学性能

材料	温度/K	拉伸强度/GPa	屈服强度/GPa	伸长率/%
Cu	500	0.18	—	47
	700	0.14	—	33
Mo	500	0.37	—	44
	700	0.26	—	45
	900	0.25	—	45
	1100	0.20	—	45
Nb	500	0.30	—	13
	700	0.27	—	12
	900	0.17	—	12
	1100	0.12	—	11
Ni	500	0.53	0.16	49
	700	0.54	0.15	50
	900	0.25	0.13	54
	1100	0.18	—	64
Ta	500	0.33	—	35
	700	0.36	—	27
	900	—	—	—
	1100	—	—	—
Ti	500	0.54	—	—
	700	0.37	—	—
V	500	0.46	—	25
	700	0.46	—	30
	900	0.25	—	38
	1100	0.14	—	47
W	500	0.83	—	50
	700	0.60	—	68
	900	0.47	—	72
	1100	0.36	—	72
Zr	500	0.22	0.10	45
	700	0.12	0.07	80

注：Mo、W为加工后再结晶状态，Nb为加工后退火状态，Ti为压下量50%的冷轧状态，其他的材料不详。

29.5 真空中常用非金属材料的性能

29.5.1 无机物和有机物的特性

物质名[②]	电介质功率因数 /$\times 10^{-4}$ 50～60Hz (10^6～10^7Hz)	电阻率 lg ($\rho/\Omega\cdot m$)	绝缘强度[③] /$MV\cdot m^{-1}$	拉伸强度 /MPa	使用温度上限 /K
白云母(硬质云母)	10～25 (1～6)	12～15	70～250	300～500	750～850
金云母(软质云母)	150～500(1kHz) (20～70)	11～13	50～200	90～130	1050～1150
合成云母	— (8)	13	—	—	1350

续表

物质名②	电介质功率因数 $/\times10^{-4}$ 50～60Hz (10^6～10^7 Hz)	电阻率 lg ($\rho/\Omega\cdot m$)	绝缘强度③ $/MV\cdot m^{-1}$	拉伸强度 /MPa	使用温度上限 /K
云母石	45～170 (8～20)	11～13	18～42	44～69	580～800
石棉	1500～1800 (250～700)	8～11	10.4(板)	4.1(板长) 1.8(板宽)	650
水晶	7～22 (0.9～3)	12～15	20～25	113(∥) 83(⊥)	750～850
大理石	200～2000 (60～500)	8～11	3～10	2.9～12	370～450
长石瓷器(硬质瓷器)	530～600 (60～100)	10～12	10～16 高压用 1.6～4 低压用	25～44 无感 29～69 施感	1300～1500
陶器	10～200(1kHz) (3～50)	11～12	16～32	9.8～30	
滑石	低频～650 (15～20) 高频 120～150 (3～5)	12 13	20～30 30～40	54～83 54～93	1250～1350
加硫天然橡胶	10～50 (50～240)	13～15	25～45	20～59	330～355 (软化点)
硬橡胶(S:30%～70%)	— (40～85)	14	25～40	29～78	325～360
丁基橡胶	50～300① (—)	13～14	20～30①	0.98～3.9	—
聚丁乙烯	— (—)	—	—	1.5～2.5	340
	30～40① (—)	10	30	1.5～2.5	340
	— (—)	8	20	2.9	—
聚异戊二烯	300～1000① (—)	13①	20～30①	4.9～25	330
丁烯-丙烯橡胶	20～80 (—)	13～14①	30～60①	2.0～5.9①	360
丙烯橡胶	— (—)	9(343K)	16～28①	2.0	360～400
氯丁二烯橡胶	300 (—)	8～10①	10～20①	15	370
氯磺化聚乙烯	300～500① (—)	12①	24～32①	2.9	390
硫化橡胶	1000～5500 (3200～18000)	4～7	17～23	7.8～13	340～370
氨基甲酸酯橡胶	150～170 (—)	9	17.7～19.7	35～55	361
硅橡胶	30～80① (—)	12～13①	20～30①	2.0～9.8	450～525
氟橡胶	300～500① (—)	12①	10～20①	6.9～20	425

续表

物质名[②]	电介质功率因数 /$\times 10^{-4}$ 50～60Hz (10^6～10^7Hz)	电阻率 lg ($\rho/\Omega \cdot m$)	绝缘强度[③] /$MV \cdot m^{-1}$	拉伸强度 /MPa	使用温度上限 /K
虫胶树脂	17～80 (70～350)	13～14	14～28	—	340～355
松香	15～40 (100～200)	12～14	15～32	—	325～350
酪蛋白	600 (520)	6～10	20～35	49～74	375～415
酚醛树脂	500～1500 (150～500)	9～12	23～32	41～78	350～415
聚乙烯对苯二酸酯	20～30 (47～160)	17	120～160 (0.1mm)	120～190	395～425
聚酯树脂	30～280 (60～600)	12	9.8～19.7	5.5～90	394
醇酸树脂	30～40 (250～350)	11～13	11.8～13.8	59～72	355～395
环氧树脂	80～100 (300～500)	10～15	15.7～19.7	28～90	385～561
多硫化环氧树脂	100～400 (180～900)	10～11	12～25	22～73	395～425
苯氧基树脂	12 (300)	12	20.5	66	350
聚碳酸酯	9 (100)	14	15.7	55～66	394
硅树脂	10～70 (10～100)	13	7.0	—	477
尿素树脂(α-纤维素充填)	350～400 (280～320)	10～11	120～160 (3.17mm)	41～89	350
密胺树脂(α-纤维素充填)	300～800 (270～450)	10～12	120～160 (3.17mm)	49～92	375
尼龙 6	100～600 (110～600)	10～13	17.3～20.0	70～83	352～394
尼龙 66	140～400 (300～400)	11～12	15.1～18.5	48～83	405～422
聚酰亚胺	80 [115(10^5Hz)]	15～16	120～170	180	535
聚异丁烯酸甲基酯	500～600 (200～300)	12～13	17.7～21.6	48～76	333～366
异丁烯酸甲基-苯乙烯共聚物	— (190)	>14	15.7～19.7	62	356～366
丙烯酸乙基-2-乙基共聚物	100～200 (100～200)	>	17.7～21.6	5.5～14	361～366
聚苯乙烯	1～3 (1～4)	>14	11.8～27.5	35～62	339～350

续表

物质名[②]	电介质功率因数 $/\times 10^{-4}$ 50～60Hz (10^6～10^7Hz)	电阻率 lg ($\rho/\Omega\cdot m$)	绝缘强度[③] $/MV\cdot m^{-1}$	拉伸强度 /MPa	使用温度上限 /K
聚二氯苯乙烯	1～5(2～10)	15～16	24～35	31～59	363～408
二乙基-丙烯腈共聚物	70～100 (70～100)	14	15.7～19.7	66～83	333～369
丙烯腈-丁乙烯-丙乙烯共聚物	40～340 (70～260)	10～15	122～161′	17～62	333～394
聚乙烯(高密度)	<2 (<3)	13～14	17.7～19.7	21～38	394
聚乙烯(低密度)	<5 (<5)	>14	18.1～27.5	6.9～16	355～373
聚丙烯	5 (1～5)	14	19.7～26.0	33～41	394～433
聚氯乙烯	120～200 (60～150)	14～15	28～45	36～78	335～350
聚氯亚乙烯	300～4500 (500～800)	12～14	15.7～23.6	21～35	344～366
聚四氟代乙烯	<2 (<20)	>16	18.9	14～80	561
聚三氟氯乙烯	12 (36～170)	16	20.8	31～40	450～472
氟化乙烯-丙烯共聚物	<30 (<30)	>16	19.7～23.6	19～21	477
聚氟化乙烯	490 (1700)	12	10.2	48	422
聚乙烯醇缩甲醛	130 (230)	—	19.3	69～83	322～339
聚乙烯醇缩丁醛	70 (50～80)	>12	15.7	28～58	319
乙烯咔唑树脂	4～10 (7～15)	13～14	32～60	39～49	370～430
缩醛树脂	— (40)	11～12	18.3	61～69	358～394
氯化聚醚	100 (100)	13	15.5	41	416
聚磺酸盐	8 (56)	14～15	—	70	425
纤维素(赛璐玢)	100～1500 (600～2000)	7～11	15～52	49～110	—
乙酰纤维素	200～300 (400～600)	9～12	20～34	34～75	333～377
硝化纤维素(硝棉)	900～1200 (600～900)	13	11.8～23.6	34～64	335
赛璐珞	500～1500 (300～1000)	8～10	23～40	34～69	325～355
石蜡	0.5～2 (2～5)	8～17	8～12	—	315～340 (熔解点)
人造蜡	3～28 (40～900)	11～14	30～50	—	355～405

① 掺合物。
② 橡胶类和树脂类大多含有增塑剂，通常这些物质蒸气压高，用于真空设备时需要注意。
③ 电源：使用 50Hz 或 60Hz 市电。试件厚度：对薄料按原料厚度；对板状绝缘材料取 1mm 或 2mm。

29.5.2 高熔点氧化物陶瓷的性能

序号	物质	分子式	组成/%	熔点/K	氧化性气氛中最高使用温度/K	电性能 电阻率/Ω·m					化学性质——稳定性①				
						373K	773K	1273K	1773K	2273K	还原气体	介质碳	酸性溶剂	碱性溶剂	熔融金属
1	氧化铝	Al_2O_3	$100Al_2O_3$	2323	2223	2×10^{13}	7×10^{9}	7×10^{4}	30	—	○	△	○	○	○
2	氧化铍	BeO	100BeO	2823	2673	—	7×10^{6}	10^{5}	800	20	◎	◎	○	△	○
3	氧化钙	CaO	100CaO	2873	2673	—	7×10^{8} (973K)	—	10	—	×	×	×	△	△
4	氧化镁	MgO	100MgO	3073	2673	—	—	10^{5}	500	7	×	○	○	×	—
5	二氧化硅	SiO_2	$100SiO_2$	1883	1473	8×10^{11}	9×10^{5}	10	—	—	△	○	○	×	—
6	氧化钍	ThO_2	$100ThO_2$	3573	2973	—	8×10^{5}	10^{3}	10	—	○	△	×	○	◎
7	二氧化钛	TiO_2	$100TiO_2$	2113	—	—	3×10^{5}	100 (1073K)	0.8 (1473K)	—	—	—	—	—	—
8	二氧化铀	UO_2	$100UO_2$	3151	—	100 (293K)	5	—	—	—	○	△	○	×	○
9	富铝红棕石	$3Al_2O_3\cdot2SiO_2$	$72Al_2O_3$ $28SiO_2$	2103 分解熔融	2123	—	3×10^{5}	70	5	—	△	△	○	△	△
10	尖晶石	$MgO\cdot Al_2O_3$	$71.8Al_2O_3$ $28.2MgO$	2408	2173	—	3×10^{5}	2×10^{3}	600	—	—	△	△	○	—
11	镁橄榄石	$2MgO\cdot SiO_2$	57.3MgO $42.7SiO_2$	2158	2023	—	4×10^{5}	10^{3}	1	—	○	△	×	○	○
12	氧化锆	ZrO_2	$93ZrO_2$ 5CaO $2HfO_2$	2950	2773	10^{4}	200	1	0.3	0.1	○	△	○	×	○
13	锆石	$ZrO_2\cdot SiO_2$	$67.1ZrO_2$ $32.9SiO_2$	2693 分解熔融	2143	4×10^{7}	2×10^{5}	10^{3}	10	—	△	△	○	×	○

续表

序号	热性能				莫氏硬度	力学性能					
	比热容 /×10^{3}J ·(kg·K)$^{-1}$	热导率 /W·(m·K)$^{-1}$		线膨胀系数 /×10^{-6}K^{-1}		抗压强度 /GPa		抗拉强度 /GPa		弹性模量 /TPa	
		373K 1273K	773K 1773K	773K 1273K 1773K		293K 1273K	773K 1573K	293K 1273K	773K 1573K	293K 1273K	773K 1573K
1	0.774	30.3 6.2	11.0 5.8	7.6 8.6 9.6	9	2.9 0.73	1.8 0.34	0.26 0.25	0.25 0.22	0.37 0.32	0.35 0.24
2	1.02	220.5 20.4	65.7 16.8	7.7 9.1 10.2	9	0.8 0.25	0.5 0.18	0.008 0.047	0.076 0.001	0.31 0.23	0.30 —
3	0.766	15.3 7.8	8.1 —	11.2 13.0 14.7	4.5	—		—		—	
4	0.938	36.2 7.0	14.0 6.3	12.8 14.2 16.0	6	—		0.096 0.079	0.10 0.041	0.21 0.15	0.21 0.03
5	0.737	0.9 2.1	1.6 —	— — 0.54	6～7	—		—		—	
6	0.23	10.3 3.0	5.1 2.5	8.4 9.4 9.8	6.5	1.5 0.35	0.83 0.7	—		0.15 0.12	0.34 0.07
7	0.690	6.5 3.3	3.9 —	7.3 8.0 9.1	5.5～6	—		—		—	
8	0.23	9.8 3.4	5.1 —	9.3 — —	—	—		—		—	
9	0.632	6.2 4.0	4.4 —	4.0 4.5 5.3	6～7	—		—		—	
10	0.804	15.1 5.8	9.1 —	7.2 8.2 9.0	8	1.9 0.9	1.4 0.1	0.13 0.069	0.094 0.008	0.24 0.21	0.24 0.24
11	0.841	5.4 2.5	3.2 —	8.3 9.5 11.0	6～7	—		—		—	
12	0.452	2.0 2.3	2.1 2.6	— — 9.4	6.5	2.1 1.2	1.6 0.6	0.14 0.10	0.12 0.069	0.19 0.13	0.14 0.09
13	0.535	5.8 4.1	4.3 —	3.0 4.0 4.2	7.5	—		— 0.062	— 0.021	—	

① ◎很好；○良好；△较好；×不好。

29.5.3 高氧化铝陶瓷的性能

项目＼纯度形态		85% 熔化	95% 熔化	99% 纯	99.5% 熔化	99.5% 多孔性
拉伸强度/GPa		0.117～0.158	0.172～0.240	0.240～0.257	0.261	—
耐压强度/GPa		0.96～2.7	1.72～2.7	2.1	2.93	0.7～0.866
弯曲强度/GPa		0.21～0.31	0.31～0.34	0.34	0.293～0.322	0.07～0.151
弹性模量/TPa		0.213～0.240	0.268～0.295	—	0.357	—
莫氏硬度		8.5～9	9	9	9	—
吸水率/%		0.00～0.02	0	0	0	7～1.8
孔隙率/%		<1	<1	—	<1	7.5
最高安全使用温度/K		1570～1670	1870～1970	2170	2220	1670～2070
比热容/$\times10^{3}$J·(kg·K)$^{-1}$		0.75	0.786～0.795	—	0.92	—
线膨胀系数/$\times10^{-6}$K^{-1}	298～473K	5.47～5.68	5.7　6.67	—	—	5.1
	298～873K	6.55～6.96	6.7　7.65	—	—	—
	298～1073K	7.33	7.6	7.8(298～973K)	—	—
	298～1273K	7.67～7.89	8.45～9.15	—	8.4	—
热冲击电阻		相当好	好	—	好	好
击穿电压(AC)/MV·m^{-1}	298K	8.1～13.8	9.8～15.7	—	15.0	2.0
	773K	—	3.9～4.7	—	—	—
	1273K	—	0.8～1.2	—	—	—
电阻率/Ω·m	298K	1～3.6$\times10^{12}$	1$\times10^{14}$	1$\times10^{13}$	—	1$\times10^{12}$
	373K	2～7.5$\times10^{11}$	9.0$\times10^{12}$	—	—	0.9～1$\times10^{12}$
	473K	—	1$\times10^{12}$	—	—	—
	573K	1～5.0$\times10^{8}$	5.3$\times10^{10}$	—	1.2$\times10^{11}$	0.1～1.5$\times10^{9}$
	673K	—	1$\times10^{9}$	1$\times10^{9}$(723K)	—	—
	773K	0.1～7.5$\times10^{5}$	1.2～4.5×10	—	1.3$\times10^{9}$	0.8～1.0$\times10^{8}$
	873K	—	1$\times10^{6}$	—	—	—
	973K	3～7.0$\times10^{4}$	6.0$\times10^{6}$	1$\times10^{6}$	—	0.4～3.0$\times10^{5}$
	1073K	—	—	—	3.5$\times10^{6}$	—
	1173K	4～5.0$\times10^{3}$	—	—	—	5.6$\times10^{3}$
相对介电常数(298K)	60Hz	8.4	9.2	—	—	—
	1kHz	7.65～8.75	8.84～10.51	—	10	—
	1MHz	7.4～8.95	8.81～9.6	9.0	—	5.5
	100MHz	8.1～8.95	8.8～9.6	—	—	5.3
	1000MHz	—	8.6	—	—	—
	3000MHz	8.14	8.6	—	—	—
	10000MHz	8.08～8.77	8.4～9.36	—	—	7.07
功率因数(298K)	60Hz	0.0013～0.0015	0.0005	—	—	—
	1kHz	0.002～0.0014	0.00007～0.0006	—	—	—
	1MHz	0.0007～0.0012	0.00035～0.0035	0.0002	—	0.0005
	100MHz	0.0009	0.00035～0.004	—	—	0.0005
	1000MHz	—	0.0006	—	—	—
	3000MHz	0.0014	0.001	—	—	—
	10000MHz	0.0027	0.0008～0.0015	—	—	—
损失率(298K)	60Hz	0.011～0.013	—	—	—	—
	1kHz	0.00175～0.0115	0.0008～0.0053	—	—	—
	1MHz	0.0018～0.0078	0.0014～0.0053	—	—	0.003
	100MHz	0.006～0.0074	0.0031～0.004	—	—	0.003
	1000MHz	0.0076	0.0038	—	—	—
	3000MHz	0.0114	0.0038	—	—	—
	10000MHz	0.013～0.0218	0.0067～0.0110	—	—	0.0075

29.6 常用计量单位

29.6.1 国际单位制的基本单位

量的名称	单位名称		单位符号	量的名称	单位名称		单位符号
	中文	英文			中文	英文	
长度	米	meter	m	热力学温度	开[尔文]	kelvin	K
质量	千克(公斤)	kilogram	kg	物质的量	摩[尔]	Mole	mol
时间	秒	second	s	发光强度	坎[德拉]	cardela	cd
电流	安[培]	ampere	A				

注：1. 圆括号中的名称，是它前面的名称的同义词。

2. 无方括号的量的名称与单位名称均为全称。方括号中的字，在不引起混淆、误解的情况下，可以省略。去掉方括号中的字即为其名称的简称。

3. 人民生活和贸易中，质量习惯称为重量。

29.6.2 国际单位制的辅助单位

量的名称	单位名称		单位符号
	中文	英文	
[平面]角 立体角	弧度 球面度	radian steradian	rad sr

29.6.3 国际单位制中具有专门名称的导出单位

量的名称	单位名称	单位符号	用国际单位制基本单位和导出单位表示
频率	赫[兹]	Hz	$1Hz=1s^{-1}$
力	牛[顿]	N	$1N=1kg\cdot m/s^2$
压力,压强,应力	帕[斯卡]	Pa	$1Pa=1N/m^2$
能[量],功,热量	焦[耳]	J	$1J=1N\cdot m$
功率,辐[射能]通量	瓦[特]	W	$1W=1J/s$
电荷[量]	库[仑]	C	$1C=1A\cdot s$
电位,电压,电动势(电势)	伏[特]	V	$1V=1W/A$
电容	法[拉]	F	$1F=1C/V$
电阻	欧[姆]	Ω	$1\Omega=1V/A$
电导	西[门子]	S	$1S=1\Omega^{-1}$
磁通[量]	韦[伯]	Wb	$1Wb=1V\cdot s$
磁通[量]密度,磁感应强度	特[斯拉]	T	$1T=1Wb/m^2$
电感	亨[利]	H	$1H=1Wb/A$
摄氏温度	摄氏度	℃	1℃=1K
光通量	流[明]	lm	$1lm=1cd\cdot sr$
[光]照度	勒[克斯]	lx	$1lx=1lm/m^2$
[放射性]活度	贝可[勒耳]	Bq	$1Bq=1s^{-1}$
吸收剂量,比授[予]能,比释动能	戈[瑞]	Gy	$1Gy=1J/kg$
剂量当量	布[沃特]	Sv	$1Sv=1J/kg$

29.6.4 我国选定的非国际单位制（SI）单位

量的名称	单位名称	单位符号	换算关系和说明	量的名称	单位名称	单位符号	换算关系和说明
时间	分 [小]时 日(天)	min h d	1min=60s 1h=60min=3600s 1d=24h=86400s	平面角	[角]秒 [角]分 度	(″) (′) (°)	$1''=(\pi/648000)\mathrm{rad}$ $1'=60''=(\pi/10800)\mathrm{rad}$ $1°=60'=(\pi/180)\mathrm{rad}$
旋转速度	转每分	r/min	$1\mathrm{r/min}=(1/60)\mathrm{s}^{-1}$	体积	升	L,(l)	$1\mathrm{L}=1\mathrm{dm}^3=10^{-3}\mathrm{m}^3$
速度	节	kn	1kn=1nmile/h =(1852/3600)m/s (只用于航程)	质量	吨 原子质量单位	t u	$1\mathrm{t}=10^3\mathrm{kg}$ $1\mathrm{u}\approx1.660540\times10^{-27}\mathrm{kg}$
长度	海里	nmile	1nmile=1852m (只用于航程)	能	电子伏	eV	$1\mathrm{eV}\approx1.602177\times10^{-19}\mathrm{J}$
线密度	特[克斯]	tex	$1\mathrm{tex}=10^{-6}\mathrm{kg/m}$	级差	分贝	dB	
面积	公顷	hm^2	$1\mathrm{hm}^2=10^4\mathrm{m}^2$				

注：1. 平面角度单位度、分、秒的符号，在组合单位中应采用（°）、（″）、（′）的形式。例如，不用″/s 而用（″）/s。

2. 升的符号中，小写字母 l 为备用符号。

3. 公顷的国际通用符号为 ha。

29.6.5 暂时与国际单位制并用的单位

量	单位名称	单位符号	与 SI 单位的关系	备注
旋转频率，(转速)	转每分	$\mathrm{r\cdot min^{-1}}$, rpm	$1\mathrm{rpm}=(1/60)\mathrm{s}^{-1}$	1rpm=1r/min
长度	海里	nmile	1nmile=1852m	只用于航程
	公里		1 公里 $=10^3\mathrm{m}$	
	费米		1 费米 $=1\mathrm{fm}=10^{-15}\mathrm{m}$	
	埃	Å	$1\text{Å}=0.1\mathrm{nm}=10^{-10}\mathrm{m}$	
面积	公亩	a	$1\mathrm{a}=1\mathrm{dam}^2=10^2\mathrm{m}^2$	
	公顷	ha	$1\mathrm{ha}=1\mathrm{hm}^2=10^4\mathrm{m}^2$	
质量	米制克拉		1 米制克拉 $=200\mathrm{mg}=2\times10^{-4}\mathrm{kg}$	米制克拉也叫国际克拉，是第四届国际计量大会通过作为珠宝钻石的质量单位
力	达因	dyn	$1\mathrm{dyn}=10^{-5}\mathrm{N}$	
	千克力，(公斤力)	kgf	1kgf=9.80665N	
	吨力	tf	$1\mathrm{tf}=9.80665\times10^3\mathrm{N}$	
速度	节	kn	1kn=1nmile/h=(1852/3600)m/s	用于航行速度
加速度	伽	Gal	$1\mathrm{Gal}=1\mathrm{cm/s^2}=10^{-2}\mathrm{m/s^2}$	
力矩	千克力米	kgf·m	1kgf·m=9.80665N·m	

续表

量	单位名称	单位符号	与SI单位的关系	备注
压强,(压力)	巴	bar	1bar=0.1MPa=10^5Pa	
	标准大气压	atm	1atm=101325Pa	
	托	Torr	1Torr=(101325/760)Pa	
	毫米汞柱	mmHg	1mmHg=133.3224Pa	
	千克力每平方厘米(工程大气压)	kgf/cm^2(at)	1kgf/cm^2=9.80665×10^4Pa	
	毫米水柱	mmH_2O	1mmH_2O=9.806375Pa	
应力	千克力每平方毫米	kgf/mm^2	1kgf/mm^2=9.80665×10^6Pa	
动力黏度	泊	P	1P=1dyn·s/cm^2=0.1Pa·s	
运动黏度	斯[托克斯]	St	1St=1cm^2/s=$10^{-4}$$m^2$/s	
能,功	千克力米	kgf·m	1kgf·m=9.80665J	
	瓦[特]小时	W·h	1W·h=3600J	
功率	马力		1马力=735.49875W=75kgf·m/s	指米制马力
热量	卡	cal	1cal=4.1868J	指国际蒸汽表卡,国际符号是cal_{IT},但各国常用cal做符号
	热化学卡	cal_{th}	1cal_{th}=4.1840J	
比热容	卡每克摄氏度	cal/(g·℃)	1cal/(g·℃)=4.1868×10^3J/(kg·K)	
	千卡每千克摄氏度	kcal/(kg·℃)	1kcal/(kg·℃)=4.1868×10^3J/(kg·K)	
传热系数	卡每平方厘米秒摄氏度	cal/(cm^2·s·℃)	1cal/(cm^2·s·℃)=4.1868×10^4W/(m^2·K)	
热导率(导热系数)	卡每厘米秒摄氏度	cal/(cm·s·℃)	1cal/(cm·s·℃)=4.1868×10^2W/(m·K)	
磁场强度	奥斯特	Oe	1Oe△(1000/4π)A/m	△表示相当于,下同。
磁感应[强度],磁通密度	高斯	Gs,G	1Gs△10^{-4}T	
磁通量	麦克斯韦	Mx	1Mx△10^{-8}Wb	
截面	靶恩	b	1b=$10^{-28}$$m^2$	
[放射性]活度,[放射性强度]	居里	Ci	1Ci=3.7×10^{10}Bq	
照射量	伦琴	R	1R=2.58×10^{-4}C/kg	
照射率	伦琴每秒	R/s	1R/s=2.58×10^{-4}C/(kg·s)	
吸收剂量	拉德	rad①	1rad=10^{-2}Gy	

① 当这个符号与平面角单位弧度的符号rad混淆时，可以用rd作为其符号。

29.6.6 暂时允许使用的市制单位

量	单位名称	与 SI 单位的关系
长度	[市]里	1[市]里＝500m
	丈	1 丈＝10/3m＝$3.\dot{3}$m
	尺	1 尺＝1/3m＝$0.\dot{3}$m
	寸	1 寸＝1/30m＝$0.0\dot{3}$m
	[市]分	1 分＝1/300m＝$0.00\dot{3}$m
质量	[市]担	1[市]担＝50kg
	斤	1 斤＝500g＝0.5kg
	两	1 两＝50g＝0.05kg
	钱	1 钱＝5g＝0.005kg
	[市]分	1[市]分＝0.5g＝0.0005kg
面积	亩	1 亩＝10000/15m^2＝$666.\dot{6}$$m^2$
	[市]分	1[市]分＝1000/15m^2＝$66.\dot{6}$$m^2$
	[市]厘	1[市]厘＝100/15m^2＝$6.\dot{6}$$m^2$

29.6.7 用于构成十进倍数和分数单位的词头

表示的因数	10^{24}	10^{21}	10^{18}	10^{15}	10^{12}	10^{9}	10^{6}	10^{3}	10^{2}	10^{1}
词头名称	尧[它]	泽[它]	艾[可萨]	拍[它]	太[拉]	吉[咖]	兆	千	百	十
词头符号	Y	Z	E	P	T	G	M	k	h	da
表示的因数	10^{-1}	10^{-2}	10^{-3}	10^{-6}	10^{-9}	10^{-12}	10^{-15}	10^{-18}	10^{-21}	10^{-24}
词头名称	分	厘	毫	微	纳[诺]	皮[可]	飞[母托]	阿[托]	仄[普托]	幺[科托]
词头符号	d	c	m	μ	n	p	f	a	z	y

29.6.8 法定计量单位定义

29.6.8.1 国际单位制的基本单位

① 米（m）是光在真空中于 1/299792458s 时间间隔内所经路径的长度。

② 千克（公斤）（kg）是对应普朗克常数 h 为 6.62607015×10^{-34}J/s 的质量单位。

③ 秒（s）是与铯 133 原子基态的两个超精细能级间跃迁相对应的辐射的 9192631770 个周期的持续时间。

④ 安培（A）是使得基本电荷 e 为固定值 1.602176634×10^{-19}A・s 的电流单位。

⑤ 开尔文（K）是使得玻尔兹曼常数 K 为 1.380649×10^{-23}J/K 的热力学温度单位。

⑥ 摩尔（mol）是指精确包含 6.02214076×10^{23} 个基本单元系统的物质的量。该系统中所包含的基本单元数与 0.012kg 碳 12 的原子数目相等。

使用摩尔时，基本单元应予指明，可以是原子、分子、离子、电子及其他粒子，或是这些粒子的特定组合。

⑦ 坎德拉（cd）是一光源在给定方向上的发光强度，该光源发出频率为 540×10^{12}Hz

的单色辐射，且在此方向上的辐射强度为（1/683）W/sr。

29.6.8.2 国际单位制的辅助单位

① 弧度（rad）是圆内两条半径之间的平面角，这两条半径在圆周上所截取的弧长与半径相等。

② 球面度（sr）是一立体角，其顶点位于球心，而它在球面上所截取的面积等于以球半径为边长的正方形面积。

29.6.8.3 国际单位制的导出单位

① 赫兹（Hz）是周期为 1s 的周期现象的频率。

$$1\mathrm{Hz}=1\mathrm{s}^{-1}$$

② 牛顿（N）是使质量为 1kg 的物体产生加速度为 $1\mathrm{m/s^2}$ 的力。

$$1\mathrm{N}=1\mathrm{kg}\cdot\mathrm{m/s^2}$$

③ 帕斯卡（Pa）是 1N 的力均匀而垂直地作用在 $1\mathrm{m^2}$ 的面上所产生的压力。

$$1\mathrm{Pa}=1\mathrm{N/m^2}$$

④ 焦耳（J）是 1N 的力使其作用点在力的方向上位移 1m 所做的功。

$$1\mathrm{J}=1\mathrm{N}\cdot\mathrm{m}$$

⑤ 瓦特（W）是 1s 内产生 1J 能量的功率。

$$1\mathrm{W}=1\mathrm{J/s}$$

⑥ 库仑（C）是 1A 恒定电流在 1s 内所传送的电荷量。

$$1\mathrm{C}=1\mathrm{A}\cdot\mathrm{s}$$

⑦ 伏特（V）是两点间的电位差，在载有 1A 恒定电流导线的这两点间消耗 1W 的功率。

$$1\mathrm{V}=1\mathrm{W/A}$$

⑧ 法拉（F）是电容器的电容，当该电容器充以 1C 电荷量时，电容器两极板间产生 1V 的电位差。

$$1\mathrm{F}=1\mathrm{C/V}$$

⑨ 欧姆（Ω）是一导体两点间的电阻，当在此两点间加上 1V 恒定电压时，在导体内产生 1A 的电流。

$$1\Omega=1\mathrm{V/A}$$

⑩ 西门子（S）是 $1\Omega^{-1}$ 的电导。

$$1\mathrm{S}=1\Omega^{-1}$$

⑪ 韦伯（Wb）是单匝环路的磁通量，当它在 1s 内均匀地减小到零时，环路内产生 1V 的电动势。

$$1\mathrm{Wb}=1\mathrm{V}\cdot\mathrm{s}$$

⑫ 特斯拉（T）是 1Wb 的磁通量均匀而垂直地通过 $1\mathrm{m^2}$ 面积的磁通量密度。

$$1\mathrm{T}=1\mathrm{Wb/m^2}$$

⑬ 亨利（H）是一闭合回路的电感，当此回路中流过的电流以 1A/s 的速率均匀变化时，回路中产生 1V 的电动势。

$$1\mathrm{H}=1\mathrm{V}\cdot\mathrm{s/A}$$

⑭ 摄氏度（℃）是用以代替开尔文表示摄氏温度的专门名称。

$$1t/℃=1T/K-273.15$$

⑮ 流明（lm）是发光强度为 1cd 的均匀点光源在 1sr 立体角内发射的光通量。

$$1lm=1cd \cdot sr$$

⑯ 勒克斯（lx）是 1lm 的光通量均匀地分布在 $1m^2$ 表面上产生的光照度。

$$1lx=1lm/m^2$$

⑰ 贝可勒尔（Bq）是每秒发生一次衰变的放射性活度。

$$1Bg=1s^{-1}$$

⑱ 戈瑞（Gy）是 1J/kg 的吸收剂量。

$$1Gy=1J/kg$$

⑲ 希沃特（Sv）是 1J/kg 的剂量当量。

$$1Sv=1J/kg$$

29.6.8.4 我国选定的非国际单位制单位

① 原子质量单位（u）等于一个碳 12 核素原子质量的 1/12。

$$1u=1.660540\times10^{-27}kg$$

② 电子伏（eV）是一个电子在真空中通过 1V 电位差所获得的动能。

$$1eV=1.602177\times10^{-19}J$$

③ 分贝（dB）是两个同类功率量或可与功率类比的量之比值的常用对数乘以 10 等于 1 时的级差。

④ 分（min）是 60s 的时间。

$$1min=60s$$

⑤ 小时（h）是 60min 的时间。

$$1h=60min$$

⑥ 天（日）（d）是 24h 的时间。

$$1d=24h$$

⑦ 角秒（″）是 1/6（′）的平面角。

$$1''=(1/60)'$$

⑧ 度（°）是 π/180rad 的平面角。

$$1^\circ=(\pi/180)rad$$

⑨ 转每分（r/min）是 1min 的时间内旋转一周的转速。

$$1r/min=(1/60)s^{-1}$$

⑩ 海里（nmile）是 1852m 的长度。

$$1nmile=1852m$$

⑪ 节（kn）是 1nmile/h 的速度。

$$1kn=1nmile/h$$

⑫ 吨（t）是 1000kg 的质量。

$$1t=1000kg$$

⑬ 升［L，(l)］是 $1dm^3$ 的体积。

$$1L=1dm^3$$

⑭ 特克斯（tex）是 1km 长度上均匀分布 1g 质量的线密度。

$$1tex=1g/km$$

29.7 常用计量单位换算

29.7.1 各种长度单位换算

公制单位				市制单位	英制单位
名称	旧名	符号	换算关系	换算关系	换算关系
1公里	千米	km	1公里=1000米	1市里=150市丈	1英里(mile)=1760码
1百米	公引	hm	1百米=100米	1市丈=10市尺	1码(yd)=3英尺
1十米	公丈	dam	1十米=10米	1市尺=10市寸	1英尺(ft)=12英寸
1米	公尺	m	SI基本长度单位	1市寸=10市分	1英寸(in)=10^3英丝
1分米	公寸	dm	1分米=1×10^{-1}米	1市分=10市厘	1/8英寸=1吩(我国工厂习惯称呼,英制中无此单位)
1厘米	公分	cm	1厘米=1×10^{-2}米	1市厘=10市毫	
1毫米	公厘	mm	1毫米=1×10^{-3}米	公制、市制、英制长度单位换算	
1丝米	公毫	dmm	1丝米=1×10^{-4}米	1市尺=1/3米 1码=0.9144米	
1忽米	公丝	cmm	1忽米=1×10^{-5}米	1英里=1.609344公里	
1微米	公忽	μm	1微米=1×10^{-6}米	1海里(M或n mile)=1.852公里	
1毫微微米		Fm	1飞米=1×10^{-15}米	1海里(UK)=6080ft(UK)=1.853181公里	
1埃		Å	1埃=1×10^{-10}米	1海里(US)=6080.210ft(US)1.853249公里	

米(m)	厘米(cm)	毫米(mm)	市尺(sc)	英尺(ft)	英寸(in)
1	100	1000	3	3.28084	39.3701
0.01	1	10	0.03	0.03281	0.3937
0.001	0.1	1	0.003	0.00328	0.0394
0.33333	33.333	333.33	1	1.09361	13.1234
0.3048	30.48	304.8	0.9144	1	12
0.0254	2.54	25.4	0.0762	0.08333	1

29.7.2 各种面积单位换算

公制单位			市制单位	英制单位
名称	单位符号	换算关系	换算关系	换算关系
1平方毫米	mm^2	1平方毫米=1×10^{-6}平方米	1平方市尺=100平方市寸	1平方码(yd^2)=9平方英尺
1平方厘米	cm^2	1平方厘米=1×10^{-4}平方米	1平方市丈=100平方市尺	1平方英尺(ft^2)=144平方英寸
1公厘	ca	1公厘=1×10^{-2}公亩	1市厘=60平方市尺	1英亩(A)=$4840yd^2$=$43560ft^2$
1公亩	a	1公亩=1×10^{2}平方米	1市分=10市厘=600平方市尺	
1公顷	ha	1公顷=1×10^{2}公亩	1市亩=10市分=60平方市丈=6000平方市尺	

公制、市制、英制面积单位换算

公顷(ha)	公亩(a)	市亩	英亩(A)
1	100	15	2.47105
0.01	1	0.15	0.02471
0.066667	6.6667	1	0.16474
0.404686	40.4686	6.07029	1

29.7.3 各种体积（容积）单位换算

公制、市制、英美制体积单位换算

公制单位				市制单位	英美制单位
名称	旧名称	单位符号	换算关系	换算关系	换算关系
1 千升	公秉	kL	1 千升＝1000 升＝1m³		液量:1 加仑(gal)＝4 夸脱
1 百升	公担	hL	1 百升＝100 升		1 夸脱(qt)＝2 品脱
1 十升	公斗	daL	1 十升＝10 升	1 市担＝10 市斗	1 品脱(pt)＝4 及耳(gi)
1 升	公升	L	1 升＝1 立方分米	1 市斗＝10 市升	干量:1 蒲式耳(pu)＝4 泼客
1 分升	公合	dL	1 分升＝1×10⁻¹ 升	1 市升＝10 市合	1 泼客(pk)＝2 加仑
1 厘升	公勺	cL	1 厘升＝1×10⁻² 升		1 加仑(gal)＝4 夸脱
1 毫升	公撮	mL	1 毫升＝1×10⁻³ 升		1 夸脱(qt)＝2 品脱(pt)
1mL＝1cc(医药)＝1cm³					1 美加仑(液)＝0.859 美加仑(干)
1L＝1dm³＝1×10⁻³ m³					1 桶(bbl)≈159dm³(L)

公制、市制、英美制、日制体积单位换算

立方米 (m³)	升 (L)	立方市尺	英加仑 (UK gal)	美加仑[液体] (US gal)	立方英尺 (ft³)	立方英寸 (in³)	日升
1	1000	27	219.98	264.18	35.3147	61023.844	554.37
0.001	1	0.027	0.2200	0.2642	0.0353	61.03	0.55437
0.037	37.037	1	8.1515	9.7841	1.3079	2257.88	20.51
0.004546	4.545963	0.1227	1	1.20094	0.16054	277.412	2.5201
0.003785	3.78533	0.1022	0.83268	1	0.13368	231.00	2.0985
0.028333	28.3168	0.7646	6.2290	7.4805	1	1728	15.6980
0.0000164	0.0164	0.000443	0.0036	0.0043	0.00058	1	0.0090845
0.001804	1.88039	0.0487	0.39680	0.47654	0.0637	110.078	1

29.7.4　质量单位换算

公制、英制质量单位换算

单位	千克(kg)	格林(gr)	盎司(oz)		磅(lb)	
			金衡和药衡	常衡	金衡和药衡	常衡
1 千克	1	1.5432×10⁴	32.15	35.27	2.6792	2.205
1 格林	6.480×10⁻⁵	1	2.033×10⁻³	2.286×10⁻³	1.74×10⁻⁴	1.429×10⁻⁴
1 盎司[金衡、药衡]	3.110×10⁻²	480	1	1.09741	8.333×10⁻²	6.857×10⁻²
1 盎司[常衡]	2.835×10⁻²	437.5	0.9115	1	7.595×10⁻²	6.25×10⁻²
1 磅[金衡、药衡]	0.3732	5.76×10³	12	13.17	1	0.8229
1 磅[常衡]	0.4536	7×10³	14.58	16	1.215	1
1 美吨	907.2	1.4×10⁷	2.9167×10⁴	3.2×10⁴	2.431×10³	2×10³
1 英吨	1016	1.568×10⁷	3.2667×10⁴	3.584×10⁴	2.722×10³	2.24×10³
1 公制吨	1000	1.54324×10⁷	3.2151×10⁴	3.5274×10⁴	2.679×10³	2.205×10³
1 克	1×10⁻³	15.432	3.2151×10⁻²	3.5274×10⁻²	2.679×10⁻³	2.205×10⁻³

单位	美吨(美 t)	英吨(英 t)	公制吨(t)	克(g)
1 千克	1.102×10⁻³	9.842×10⁻⁴	1×10⁻³	1×10³
1 格林	7.143×10⁻⁸	6.378×10⁻⁸	6.480×10⁻⁸	6.48×10⁻²
1 盎司[金衡、药衡]	3.429×10⁻⁵	3.061×10⁻⁵	3.110×10⁻⁵	31.1
1 盎司[常衡]	3.125×10⁻⁵	2.790×10⁻⁵	2.835×10⁻⁵	28.35
1 磅[金衡、药衡]	4.114×10⁻⁴	3.673×10⁻⁴	3.732×10⁻⁴	373.2
1 磅[常衡]	5×10⁻⁴	4.464×10⁻⁴	4.536×10⁻⁴	453.59
1 美吨	1	0.8929	0.9072	9.07184×10⁵
1 英吨	1.12	1	1.016	1.016047×10⁶
1 公制吨	1.102	0.984205	1	1×10⁶
1 克	1.102×10⁻⁶	9.842×10⁻⁷	1×10⁻⁶	1

各种质量单位换算

公制单位				市制单位	英、美、日制单位
单位名称	旧名称	单位符号	换算关系	换算关系	换算关系
1吨	公吨	t	1吨=1000公斤	1市担=100市斤	1英吨[ln]=2240磅
1公担	公担	q	1公担=100公斤	1市斤=10市两	1磅[lb]=16盎司[oz]
1公斤	公斤	kg	1公斤[基本单位]	1市两=10市钱	1美吨[shtn]=2000磅
1百克	公两	hg	1百克=1×10^{-1}公斤	1市钱=10市分	=0.8929英吨=0.9072吨
1十克	公钱	dag	1十克=1×10^{-2}公斤	1市分=10市厘	1日贯=6.25日斤
1克	公分	g	1克=1×10^{-3}公斤		1日斤=0.6公斤
1分克	公厘	dg	1分克=1×10^{-4}公斤		1普特=16.38公斤
1厘克	公毫	cg	1厘克=1×10^{-5}公斤		1克拉[ct]=3.086格林=0.2克
1毫克	公丝	mg	1毫克=1×10^{-6}公斤		1格林[gr]=0.0648克

单位名称	公斤(kg)	克(g)	市斤	英吨(tn)	磅(lb)
公斤	1	1000	2	0.000984	2.20462
市斤	0.5	500	1	0.000492	1.10231
英吨	1016.05	1.016×10^6	2032.09	1	2240
磅	0.45359	4.536×10^2	0.9072	0.000446	1

29.7.5 力单位换算

N(牛顿)	斯坦	dyn(达因)	kgf,kp(千克力)	tf(吨力)
换算关系	1斯坦=10^3N	1dyn=10^{-5}N	1kgf=9.80665N	1tf=9.80665×10^3N

29.7.6 气体压力单位换算

单 位	Pa	Torr	μmHg	μbar	mbar	atm	at	inHg	lbf/in^2
Pa 帕斯卡	1	7.50062×10^{-3}	7.50062	10	10^{-2}	9.86923×10^{-6}	1.0197×10^{-5}	2.953×10^{-4}	1.450×10^{-4}
Torr 托 (1Torr=1mmHg)	133.322	1	10^3	1.33322×10^3	1.33322	1.31579×10^{-3}	1.3595×10^{-3}	3.937×10^{-2}	1.934×10^{-2}
μmHg 微米汞柱	0.13332	10^{-3}	1	1.33322	1.33322×10^{-3}	1.31579×10^{-6}	1.3595×10^{-6}	3.937×10^{-5}	1.934×10^{-5}
μbar 微巴	10^{-1}	7.50062×10^{-4}	7.50062×10^{-1}	1	10^{-3}	9.86923×10^{-7}	1.0197×10^{-6}	2.953×10^{-5}	1.450×10^{-5}
mbar 毫巴	10^2	7.50062×10^{-1}	7.50062×10^2	10^3	1	9.86923×10^{-4}	1.0197×10^{-3}	2.953×10^{-2}	1.450×10^{-2}
atm 标准大气压	101325	760	760×10^3	1013.25×10^3	1013.25	1	1.0333	29.921	14.696
at 工程大气压	98066.3	735.56	735.56×10^3	980663	980663×10^{-3}	9.67839×10^{-1}	1	28.959	14.223
inHg 英寸汞柱	3386	25.40	25.40×10^3	3.386×10^4	33.86	3.342×10^{-2}	3.453×10^{-2}	1	4.912×10^{-1}
lbf/in^2 磅力/平方英寸 (1lb/in^2=1psi)	6895	51.715	51.715×10^3	6.895×10^4	68.95	6.805×10^{-2}	7.031×10^{-2}	2.036	1

29.7.7 功单位换算

单位	J 焦耳	kgf・m 公斤力・米	kW・h 千瓦小时	PS・h 公制马力小时	hp・h 英制马力小时	kcal 千卡	Btu 英热单位
J	1	0.10197	2.7778×10^{-7}	3.7767×10^{-7}	3.7251×10^{-7}	2.389×10^{-4}	9.48×10^{-4}
kgf・m	9.80665	1	2.7241×10^{-6}	3.7037×10^{-6}	3.653×10^{-6}	2.341×10^{-3}	9.29×10^{-3}
kW・h	3.6×10^{6}	3.67098×10^{5}	1	1.3596	1.341022	859.9	3421
PS・h	2.6478×10^{6}	2.7×10^{5}	0.7355	1	0.986321	632.5	2510
hp・h	2.6845×10^{6}	2.73745×10^{5}	0.7457	1.013869	1	641.6	2546
kcal	4186	427.2	1.163×10^{-3}	1.518×10^{-3}	1.558×10^{-3}	1	3.963
Btu	1055	107.6	2.93×10^{-4}	3.984×10^{-4}	3.927×10^{-4}	0.252	1

注：1.1 公斤力・米（kgf・m）=9.80665 焦耳；

2.1 电子伏（eV）$=1.60207\times10^{-19}$ 焦耳；

3.1 尔格$=10^{-7}$ 焦耳。

29.7.8 各种能量单位换算

单　位	J/mol	erg/molecule	cal/mol	eV/molecule	cm^{-1}
J/mol	1	1.660566×10^{-17}	0.239006	1.036435×10^{-5}	8.359343×10^{-2}
erg/molecule	6.022045×10^{16}	1	1.439303×10^{16}	6.241461×10^{11}	5.034037×10^{15}
cal/mol	4.184	6.947806×10^{-17}	1	4.336444×10^{-5}	0.3497550
eV/molecule	9.648455×10^{4}	1.602189×10^{-12}	2.306036×10^{4}	1	8.065479×10^{3}
cm^{-1}	11.962655	1.986477×10^{-16}	2.859143	1.239852×10^{-4}	1

29.7.9 功率单位换算

单位	W 瓦特	erg/s 尔格每秒	kgf・m/s 千克力每秒	ft・lbf/s 英尺磅力每秒	hp 英制马力	PS 公制马力
W	1	1×10^{7}	0.101972	0.737562	1.34102×10^{-3}	1.35962×10^{-3}
erg/s	1×10^{-7}	1	1.01972×10^{-8}	7.37562×10^{-8}	1.34102×10^{-10}	1.35962×10^{-10}
kgf・m/s	9.80665	9.80665×10^{7}	1	7.23301	1.31509×10^{-2}	1.33333×10^{-2}
ft・lbf/s	1.35582	1.35582×10^{7}	0.138255	1	1.81818×10^{-3}	1.84340×10^{-3}
hp	745.700	7.45700×10^{9}	76.0402	550	1	1.01387
PS	735.499	7.35499×10^{9}	75	542.476	0.986320	1

29.7.10 热能单位换算

单位	J 焦耳	$kcal_{IT}$ 国际蒸汽表千卡	$kcal_{th}$ 热化学千卡	$kcal_{20}$ 20℃千卡	$kcal_{15}$ 15℃千卡	Btu 英制热单位
J	1	2.388459×10^{-4}	2.390057×10^{-4}	2.3914×10^{-4}	2.3802×10^{-4}	9.47814×10^{-4}
$kcal_{IT}$	4.1868×10^{3}	1	1.000669	1.0012	1.0003	3.96830
$kcal_{th}$	4.184×10^{3}	0.9993312	1	1.0006	0.99964	3.96566
$kcal_{20}$	4.1816×10^{3}	0.99876	0.99943	1	0.99961	3.96343
$kcal_{15}$	4.1855×10^{3}	0.99969	1.0004	1.0009	1	3.96707
Btu	1055.06	2.51997×10^{-1}	2.52165×10^{-1}	2.52307×10^{-1}	2.52075×10^{-1}	1

注：1. 20℃千卡，即 1kg 纯水，在 0.101325MPa 下，温度从 19.5℃升高到 20.5℃所需的热量；

2. 15℃千卡，即 1kg 纯水，在 0.101325MPa 下，温度从 14.5℃升高到 15.5℃所需的热量。

29.7.11 常用热力学单位换算

项目	单位换算		项目	单位换算	
热量	J	cal	传热系数	W/(m² · K)	cal/(s · cm² · K)
	1	0.2389		1	0.2389×10⁻⁴
热流量	W	cal/s	热容	J/K	cal/K
	1	0.2389		1	0.2389
热导率	W/(m · K)	cal/(s · cm · K)	比热容	J/(kg · K)	cal/(K · g)
	1	0.2389×10⁻²		1	0.2389×10⁻³
热阻	K/W	K · s/cal			
	1	4.186			

29.7.12 热流量单位换算

单　位	cal/(s · cm²)	W/cm²	cal/(h · cm²)	Btu/(h · ft²)	kcal/(h · m²)
cal/(s · cm²)	1	4.1858	3600	13272	36000
W/cm²	0.2391	1	860.6	3173	8606
cal/(h · cm²)	0.00027778	0.00111625	1	3.687	10
Btu/(h · ft²)	0.00007535	0.0003152	0.2712	1	2.712
kcal/(h · m²)	0.000027778	0.00011625	0.1	0.3687	1

29.7.13 热导率单位换算

单　位	cal/(s · cm · ℃)	J/(s · cm · ℃)	W/(cm · ℃)	Btu/(h · ft · °F)	kcal/(h · m · ℃)
cal/(s · cm · ℃)	1	4.1858	4.1858	241.9	360
J/(s · cm · ℃)	0.2389	1	1	57.79	86.00
Btu/(h · ft · °F)	0.004143	0.017300	0.017300	1	1.4915
kcal/(h · m · ℃)	0.002778	0.011625	0.011625	0.6720	1

注：Btu 英热单位。

29.7.14 传热系数单位换算

单位	W/(m² · ℃)	kcal/(m² · h · ℃)	kcal/(m² · s · ℃)	Btu/(ft² · h · °F)	Btu/(ft² · s · °F)
W/(m² · ℃)	1	0.860	2.389×10⁻⁴	0.17614	4.8926×10⁻⁵
kcal/(m² · h · ℃)	1.1628	1	2.7778×10⁻⁴	0.20481	5.6891×10⁻⁵
kcal/(m² · s · ℃)	4.1860×10³	3.600×10³	1	7.37308×10²	2.0481×10⁻²
Btu/(ft² · h · °F)	5.6774	4.8825	1.3563×10⁻³	1	2.7778×10⁻⁴
Btu/(ft² · s · °F)	2.04385×10⁴	1.7577×10⁴	4.8825	3.600×10³	1

29.7.15 分子热传导系数单位换算

单　　位	W/(cm² · °F · μbar)	W/(cm² · °F · μmHg)	cal/(s · cm² · °F · Torr)
W/(cm² · °F · μbar)	1	0.75006	318.21
W/(cm² · °F · μmHg)	1.3335	1	238.66
cal/(s · cm² · °F · Torr)	0.00031426	0.00041897	1

29.7.16 比热容单位换算

单　　位	cal/(g·℃)	kcal/(kg·℃)	Btu/(lb·℃)	J/(g·℃)
cal/(g·℃)	1	1	1.8	4.186
J/(g·℃)	0.2389	0.2389	0.4299	1

29.7.17 温度单位的换算公式

$$t/℃=\frac{5}{9}(t/℉-32)=\frac{5}{4}t/°R=t/K-273.2$$

$$t/℉=\frac{9}{5}t/℃+32=\frac{9}{4}t/°R+32=\frac{9}{5}(t/K-273.2)+32$$

$$t/°R=\frac{4}{5}t/℃=\frac{4}{9}(t/℉-32)=\frac{4}{5}(t/K-273.2)$$

$$t/K=t/℃+273.2=\frac{5}{9}(t/℉-32)+273.2=\frac{5}{4}t/°R+273.2$$

式中　℃——摄氏温度：冰点 0℃，沸点 100℃；

℉——华氏温度：冰点 32℉，沸点 212℉；

°R——兰氏温度：冰点 0°R，沸点 80°R；

K——热力学温度：冰点 273.2K，沸点 373.2K。

温度差的换算是：9degF＝5degK＝5degC＝9degR

华氏温度与摄氏温度对照表

华氏	摄氏	华氏	摄氏	华氏	摄氏	华氏	摄氏	华氏	摄氏
−40	−40.00	30	−1.11	68	20.00	106	41.11	240	115.56
−30	−34.44	32	0	70	21.11	108	42.22	250	121.11
−20	28.89	34	1.11	72	22.22	110	43.33	260	126.67
−10	−23.33	36	2.22	74	23.33	112	44.44	270	132.22
0	−17.78	38	3.33	76	24.44	114	45.56	280	137.78
2	−16.67	40	4.44	78	25.56	116	46.67	290	143.33
4	−15.56	42	5.52	80	26.67	118	47.78	300	148.89
6	−14.44	44	6.67	82	27.78	120	48.89	310	154.44
8	−13.33	46	7.78	84	28.89	130	54.44	320	160.00
10	−12.22	48	8.89	86	30.00	140	60.00	330	165.56
12	−11.11	50	10.00	88	31.11	150	65.56	340	171.11
14	−10.00	52	11.11	90	32.22	160	71.11	350	176.67
16	−8.89	54	12.22	92	33.33	170	76.67	360	182.22
18	−7.78	56	13.33	94	34.44	180	82.22	370	187.78
20	−6.67	58	14.44	96	35.56	190	87.78	380	193.33
22	−5.56	60	15.56	98	36.67	200	93.33	390	198.89
24	−4.44	62	16.67	100	37.78	210	98.89	400	204.44
26	−3.33	64	17.78	102	38.89	220	104.44	410	210.00
28	−2.22	66	18.89	104	40.00	230	110.00	420	215.56

29.7.18 黏度单位换算

动力黏度单位换算

单 位	Pa·s	Pa·h	P(泊)	cP(厘泊)	kg·s/m²	lbf·s/ft²
Pa·s	1	2.77778×10^{-4}	10	1×10^{3}	0.101972	2.08854×10^{-2}
Pa·h	3600	1	3.6×10^{4}	3.6×10^{6}	367.099	75.1874
P	0.1	2.77778×10^{-5}	1	1×10^{2}	1.01972×10^{-2}	2.058854×10^{-3}
cP	0.001	2.77778×10^{-7}	1×10^{-2}	1	1.01972×10^{-4}	2.058854×10^{-5}
kg·s/m²	9.80665	2.72406×10^{-3}	98.0665	9806.65	1	0.204816
lbf·s/ft²	47.8803	1.33001×10^{-2}	478.803	47880.3	4.88243	1

运动黏度单位换算

单位	m²/s	St	m²/h	in²/s	ft²/s	ft²/h	yd²/s
m²/s	1	1×10^{4}	3600	1.55×10^{3}	10.7639	3.87501×10^{4}	1.19599
St	1×10^{-4}	1	0.36	0.155	1.07639×10^{-3}	3.87501	1.19599×10^{-4}
m²/h	2.77778×10^{-4}	2.77778	1	0.430556	2.98998×10^{-3}	10.7639	3.32219×10^{-4}
in²/s	6.4516×10^{-4}	6.4516	2.32258	1	6.94444×10^{-3}	25	7.71605×10^{-4}
ft²/s	9.2903×10^{-2}	9.2903×10^{2}	334.451	144	1	3600	0.11111
ft²/h	2.58064×10^{-5}	0.258064	9.2903×10^{-2}	0.04	2.77778×10^{-4}	1	3.08642×10^{-5}
yd²/s	0.836127	8.36127×10^{3}	3.01006×10^{3}	1296	9	32400	1

29.7.19 抽速单位换算

单位	m³/s	m³/h	L/s	L/h	ft³/s	ft³/h
m³/s	1	3600	1×10^{3}	3.6×10^{6}	35.3147	1.27133×10^{5}
m³/h	2.77778×10^{-4}	1	0.277778	1×10^{3}	9.80963×10^{-3}	35.3147
L/s	1×10^{-3}	3.6	1	3600	3.53147×10^{-2}	127.133
L/h	2.77778×10^{-7}	1×10^{-3}	2.7777810^{-4}	1	98.0963×10^{-7}	3.53147×10^{-2}
ft³/s	2.83168×10^{-2}	101.941	28.3168	1.01941×10^{5}	1	3600
ft³/h	7.86579×10^{-6}	2.83168×10^{-2}	7.86579×10^{-3}	28.3168	2.7777810^{-4}	1

29.7.20 流量单位换算

气体流量单位换算

单位	Pa·m³/s	Torr·L/s	μHg·L/s	mbar·L/s	kg/h	atm·cc/s	molecule/s
Pa·m³/s	1	7.5	7.5×10^{3}	10	4.28×10^{-2}	9.87	2.66×10^{20}
Torr·L/s	1.33×10^{-1}	1	1×10^{3}	1.33	5.69×10^{-3}	1.32	3.54×10^{19}
μHg·L/s	1.33×10^{-4}	1×10^{-3}	1	1.33×10^{-3}	5.69×10^{-6}	1.32×10^{-3}	3.54×10^{16}
mbar·L/s	1×10^{-1}	7.5×10^{-1}	7.5×10^{2}	1	4.28×10^{-3}	9.86×10^{-1}	2.66×10^{19}
kg/h	23.38	1.75×10^{2}	1.75×10^{5}	2.34×10^{2}	1	2.31×10^{2}	6.22×10^{21}
atm·cc/s	1.01×10^{-1}	7.6×10^{-1}	7.6×10^{2}	1.01	4.32×10^{-3}	1	2.69×10^{19}
molecule/s	3.76×10^{-21}	2.82×10^{-20}	2.82×10^{-17}	3.76×10^{-20}	1.61×10^{-22}	3.72×10^{-20}	1

质量流量单位换算

单位	kg/s	kg/h	t/h	lb/s	lb/h	UK ton/h①
kg/s	1	3600	3.6	2.20462	7936.63	3.54314
kg/h	2.77778×10^{-4}	1	1×10^{-3}	6.12394×10^{-4}	2.20462	9.84206×10^{-4}
t/h	0.277778	1×10^{3}	1	0.612394	2204.62	0.984206
lb/s	0.453592	1632.93	1.63293	1	3600	1.60714
lb/h	1.25998×10^{-4}	0.453592	4.53592×10^{-4}	2.77778×10^{-4}	1	4.46429×10^{-4}
UK ton/h①	0.282236	1016.05	1.01605	0.622222	12240	1

① 为英吨每小时。

29.7.21 漏率单位换算（T= 0℃）

单位	Pa·m³/s	Pa·L/s	mbar·L/s	Torr·L/s	μmHg·L/s	μmHg·ft³/s	空气 molecules/s	空气 mg/s	cm³/s (STP)	mol/s
Pa·m³/s	1	1.0E3	1.0E1	7.50062	7.50062E3	2.64882E2	2.65162E20	1.27534E1	9.86923	4.40319×10^{-4}
Pa·L/s	1.0E−3	1	1.0E−2	7.50062E-3	7.50062	2.64882E−1	2.65162E17	1.27534E-2	9.86923E−3	4.40319×10^{-7}
mbar·L/s	1.0E−1	1.0E2	1	7.50062E−1	7.50062E2	2.64882E1	2.65162E19	1.27534	9.86923E−1	4.40319E−5
Torr·L/s	1.33322E−1	1.33322E2	1.33322	1	1.0E3	3.53147E1	3.53520E19	1.70031	1.31579	5.87044E−5
μmHg·L/s	1.33322E−4	1.33322E−1	1.33322E−3	1.0E−3	1	3.53147E−2	3.53520E16	1.70031E−3	1.31579E−3	5.87044E−8
μmHg·ft³/s	3.77527E−3	3.77527	3.77527E−2	2.83168E−2	2.83168E1	1	1.00106E18	4.81475E−2	3.72590E−2	1.66232E−6
空气 molecules/s	3.77128E−21	3.77128E−18	3.77128E−20	2.82869E−20	2.82869E−17	9.98943E−19	1	4.80966E−20	3.72196E−20	1.66057E−24
空气 mg/s	7.84105E−2	7.84105E1	7.84105E−1	5.88127E−1	5.88127E2	2.07695E1	2.07915E19	1	7.73851E−1	3.45256E−5
cm³(STP)/s	1.01325E−1	1.01325E2	1.01325	7.60E−1	7.60E2	2.68391E1	2.68675E19	1.29224	1	4.46153E−5
mol/s	2.27108E3	2.27108E6	2.27108E4	1.70345E4	1.70345E7	6.01568E5	6.02205E23	2.89640E4	2.24138E4	1

注：表中左上角粗实线框中的六个单位为流量单位，其余为漏率单位。漏率单位之间的换算与气体温度无关，如任何温度下 1mol/s 空气都相当于 2.89640×10^{4}mg/s 空气；而流量单位的换算只在气体温度为 0℃（273.15K）时有效，用于其他温度时要乘以系数 T/T_0，T 为气体的实际热力学温度，T_0 为 273.15K。如要将 1mol/s 化为 23℃时的 Torr·L/s，换算系数为 $1.70345\times10^{4}\times(296.15/273.5)$。1mol=22.41383L（在 STP 下的理想气体）；STP 定义为：T=0℃，p=1atm；空气的分子量为 28.964；1a=1.6605655×10^{-27}kg。

29.7.22 电磁单位换算

功、能	1J	10^{7}erg	10^{7}erg
电功率	1W	10^{7}erg/s	10^{7}erg/s
电动势、电压	1V	10^{8}emu	1/300esu
电场强度	1V/m	10^{6}emu	$(1/3)10^{9}$esu
电流	1A	10^{-1}emu	3×10^{9}esu
磁通势	1A	$4\pi\times10^{-1}$Gb	$12\pi\times10^{9}$esu
磁场强度	1A/m	$4\pi\times10^{-3}$Oe	$12\pi\times10^{7}$esu

续表

磁通[量]	1Wb	10^8Mx	1/300esu
磁通[量]密度	1T	10^4Gs	$1/(3\times10^6)$esu
磁极化强度	1T	$10^4/(4\pi)$emu	$1/(12\pi\times10^6)$esu
电通[量]	1C	$4\pi/10$emu	$12\pi\times10^6$esu
电通[量]密度	$1C/m^2$	$4\pi\times10^{-5}$emu	$12\pi\times10^5$esu
电荷[量]	1C	10^{-1}emu	3×10^9esu
电极化强度	$1C/m^2$	10^{-5}emu	3×10^5esu
电阻	1Ω	10^9emu	$1/(9\times10^{11})$esu
磁阻	$1H^{-1}$	$4\pi\times10^{-9}$emu	$36\pi\times10^{11}$esu
电感	1H	10^9emu	$1/(9\times10^{11})$esu
电容	1F	10^{-9}emu	9×10^{11}esu
真空磁导率	1.257×10^{-6}H/m		
真空介电常数	8.854×10^{-12}F/m		

注：表中名称去掉方括号时为全称，去掉方括号中的字时为简称。

29.7.23 平面角单位换算系数

单位	rad	∟	°	′	″	g;gon①	c	cc
弧度	1	636.620×10^{-3}	57.2958	3.4377×10^3	0.2063×10^6	63.662	6.3662×10^3	636.620×10^3
直角	1.5708	1	90	5.400×10^3	0.3240×10^6	10^2	10^4	10^6
度	17.4533×10^{-3}	11.111×10^{-3}	1	60	3600	1.1111	111.1111	11.1111×10^3
分	0.2909×10^{-3}	0.1852×10^{-3}	16.6667×10^{-3}	1	60	18.5185×10^{-3}	1.85185	185.185
秒	4.8482×10^{-6}	3.0866×10^{-6}	277.778×10^{-6}	16.6667×10^{-3}	1	308.646×10^{-6}	30.8646×10^{-3}	3.0865
冈②	15.7080×10^{-3}	10^{-2}	0.9	54	3.240×10^3	1	10^2	10^4
新分	157.080×10^{-6}	10^{-4}	9×10^{-3}	0.54	32.40	10^{-2}	1	10^2
新秒	1.5708×10^{-6}	10^{-6}	90×10^{-6}	5.4×10^{-3}	0.324	10^{-4}	10^{-2}	1

① 符号“gon”前可使用冠词。

② 有些资料称为“新度”。

29.7.24 功率、能量流及热流单位换算系数

单位	W	Cal/s	kcal/h	kgf·m/s	erg/s	dyn·m/s	PS	L·atm/h
瓦特	1	0.23885	0.8598	0.10197	10^7	10^5	1.3596×10^{-3}	35.528
卡路里/秒	4.1868	1	3.600	0.4269	41.868×10^6	0.41868×10^6	5.6924×10^{-3}	148.75

续表

单位	W	Cal/s	kcal/h	kgf·m/s	erg/s	dyn·m/s	PS	L·atm/h
千卡路里/小时	1.163	0.2777	1	0.11859	11.63×10^{6}	0.1163×10^{6}	1.5816×10^{-3}	41.319
千克力米/秒	9.80665	2.3422	8.4322	1	98.0665×10^{6}	0.980665×10^{6}	13.333×10^{-3}	348.41
尔格/秒	10^{-7}	23.885×10^{-9}	85.985×10^{-9}	10.197×10^{-9}	1	10^{-2}	0.13596×10^{-9}	3.5528×10^{-6}
达因米/秒	10^{-5}	2.3885×10^{-6}	8.5985×10^{-6}	1.0197×10^{-6}	10^{2}	1	13.596×10^{-9}	355.28×10^{-6}
米制马力	735.499	0.1757×10^{3}	0.6324×10^{3}	75	7.355×10^{9}	73.55×10^{6}	1	26.13×10^{3}
升大气压/小时	28.147×10^{-3}	6.7228×10^{-3}	24.202×10^{-3}	2.8669×10^{-3}	0.28147×10^{6}	2.8147×10^{3}	38.277×10^{-6}	1

29.7.25 电磁学量的 CGS 制单位、国际单位与 SI 单位对照

量	CGS 静电制单位
电学单位	
电流	$1cm^{3/2}\cdot g^{1/2}\cdot s^{-2}=1sA^{①}=3.3356\times10^{-10}A$
电压	$1cm^{1/2}\cdot g^{1/2}\cdot s^{-1}=1sV^{①}=2.9979\times10^{2}V$
电阻	$1cm^{-1}\cdot s=1s\Omega^{①}=8.9875\times10^{11}\Omega$
电荷	$1cm^{3/2}\cdot g^{1/2}\cdot s^{-1}=1sC^{①}=3.3356\times10^{-10}C$
电场强度	$1cm^{-1/2}\cdot g^{1/2}\cdot s^{-1}=2.9979\times10^{4}V/m$
电位移	$1cm^{-1/2}\cdot g^{1/2}\cdot s^{-1}=2.6544\times10^{-7}C/m^{2}$
电容	$1cm=1sF^{①}=1.1126\times10^{-12}F$
电导	$1cm\cdot s^{-1}=1sS^{①}=1.1126\times10^{-12}S$
磁学单位	
磁通量	$1cm^{1/2}\cdot g^{1/2}=2.9979\times10^{2}Wb$
磁感应	$1cm^{-3/2}\cdot g^{1/2}=2.9979\times10^{6}T$
磁场强度	$1cm^{1/2}\cdot g^{1/2}\cdot s^{-2}=2.6544\times10^{-9}A/m$
磁势差	$1cm^{3/2}\cdot g^{1/2}\cdot s^{-2}=2.6544\times10^{-11}A$
电　感	$1cm^{-1}\cdot s^{2}=1sH=8.9875\times10^{11}H$

量	CGS 电磁单位制	国际单位
电学单位		
电流	$1cm^{1/2}\cdot g^{1/2}\cdot s^{-1}=1aA^{①}=1Bi=10A$	$1A_{int}=0.99985A$
电压	$1cm^{3/2}\cdot g^{1/2}\cdot s^{-2}=1aV^{①}=10^{-8}V$	$1V_{int}=1.00034V$

续表

量	CGS电磁单位制	国际单位
	电学单位	
电阻	$1cm \cdot s^{-1} = 1a\Omega$①$= 10^{-9}\Omega$	$1\Omega_{int} = 1.00049\Omega$
电荷	$1cm^{1/2} \cdot g^{1/2} = 1aC$①$= 1Bi \cdot s = 10C$	$1A_{int} = 0.99985A$
电场强度	$1cm^{1/2} \cdot g^{1/2} \cdot s^{-2} = 10^{-6}V/m$	
电位移	$1cm^{-3/2} \cdot g^{1/2} = 7957.8C/m^2$	
电容	$1cm^{-1} \cdot s^2 = 1aF$①$= 10^9F$	$1F_{int} = 0.99951F$
电导	$1cm^{-1} \cdot s = 1sS$①$= 10^9S$	
	磁学单位	
磁通量	$1cm^{3/2} \cdot g^{1/2} \cdot s^{-1} = 1Mx = 10^{-8}Wb$	$1Wb_{int} = 1.00034Wb$
磁感应	$1cm^{-1/2} \cdot g^{1/2} \cdot s^{-1} = 1Gs = 10^{-4}T$	
磁场强度	$1cm^{-1/2} \cdot g^{1/2} \cdot s^{-1} = 1Oe = 7.9578 \times 10A/m$	
磁势差	$1cm^{1/2} \cdot g^{1/2} \cdot s^{-1} = 1Gb = 7.9578 \times 10^{-1}A$	
电感	$1cm = 1aH$①$= 10^{-9}H$	$1H_{int} = 1.00049H$

① 单位符号前的 s 表示静电制，不要与秒（s）混淆；a 表示电磁制（绝对制），不要与冠词 a 混淆。

29.7.26 不同温标间的换算关系

单位	K	℃	列氏	℉	°R
开尔文 T_K①	T_K	$T_K-273.15$	$0.8(T_K-273.15)$	$1.80(T_K-273.15)+32$	$1.80T_K$
摄氏度 t_C①	$t_C+273.15$	t_C	$0.8t_C$	$1.80t_C+32$	$1.80t_C+491.67$
列氏度 t_R①	$1.25t_R+273.15$	$1.25t_R$	t_R	$2.25t_R+32$	$2.25t_R+491.67$
华氏度 t_F①	$0.5556(t_F-32)+273.15$	$0.5556(t_F-32)$	$0.444(t_F-32)$	t_F	$t_F+459.67$
兰氏度 T_R①	$0.5556T_R$	$0.5556(T_R-491.67)$	$0.444T_R-491.67$	$T_R-459.67$	T_R

① 式中 T_K、t_C、t_R、t_F 及 T_R 表示温度数值。

29.7.27 不同温标的绝对零点、水冰点、水三相点及水沸点

温度点	K	℃	列氏	℉	°R
绝对零点	0	−273.15	−218.52	−459.67	0
水冰点	273.15	0	0	+32	491.688
水三相点	273.16	+0.01	+0.008	+32.0183	491.682
水沸点	373.15	+100	+80	+212	671.67

29.7.28 国际实用温标 IPTS-68 第二类参考点

各参考点	T^{68} /K	t^{68} /℃	各参考点	T^{68} /K	t^{68} /℃
正常氢三相点	13.956	−259.194	汞沸点	629.81	356.66
正常氢沸点	20.397	−252.753	硫沸点	717.824	444.674
氖三相点	24.555	−248.595	铜-铝合金熔点	821.38	548.23
氮三相点	63.148	−210.002	锑凝固点	903.89	630.74
氮沸点	77.348	−195.802	铝凝固点	933.52	660.37
二氧化碳升华点	194.674	−78.476	铜凝固点	1357.6	1084.5
汞凝固点	234.288	−38.862	镍凝固点	1728	1455
水冰点	273.15	0	钴凝固点	1767	1494
苯氧基苯三相点	300.02	26.87	钯凝固点	1827	1554
苯甲酸三相点	395.52	122.37	铂凝固点	2045	1772
铟凝固点	429.784	156.634	铑凝固点	2236	1963
铋凝固点	544.592	271.442	铱凝固点	2720	2447
镉凝固点	594.258	321.108	钨凝固点	3660	3387
铅凝固点	600.652	327.502			

29.7.29 磅（lb）换算为千克（kg）

单位：kg

lb	0	1	2	3	4	5	6	7	8	9
0	—	0.45359	0.90718	1.3608	1.8144	2.2680	2.7216	3.1751	3.6287	4.0823
10	4.5359	4.9895	5.4431	5.8967	6.3503	6.8039	7.2575	7.7111	8.1647	8.6183
20	9.0718	9.5254	9.9790	10.4326	10.8862	11.3398	11.7934	12.2470	12.7006	13.1542
30	13.6078	14.0614	14.5150	14.9685	15.4221	15.8757	16.3293	16.7829	17.2365	17.6901
40	18.1437	18.5973	19.0509	19.5045	19.9581	20.4117	20.8652	21.3188	21.7724	22.2260
50	22.6796	23.1332	23.5868	24.0404	24.4940	24.9476	25.4012	25.8548	26.3084	26.7619
60	27.2155	27.6691	28.1227	28.5763	29.0299	29.4835	29.9371	30.3907	30.8443	31.2979
70	31.7515	32.2051	32.6587	33.1122	33.5658	34.0194	34.4730	34.9266	35.3802	35.8338
80	36.2874	36.741	37.1946	37.6482	38.1018	38.5554	39.0089	39.4625	39.9161	40.3697
90	40.8233	41.2769	41.7305	42.1841	42.6377	43.0913	43.5449	43.9985	44.4521	44.9056

注：1lb=0.45359237kg。

29.7.30 常衡盎司（oz）换算为千克（kg）

单位：kg

oz	0	1	2	3	4	5	6	7	8	9
0	—	0.02835	0.05670	0.08505	0.1134	0.1417	0.1701	0.1984	0.2268	0.2551
10	0.2835	0.3118	0.3402	0.3685	0.3969	0.4252	0.4536	0.4819	0.5103	0.5386
20	0.5670	0.5953	0.6237	0.6520	0.6804	0.7087	0.7371	0.7654	0.7938	0.8221
30	0.8505	0.8788	0.9072	0.9355	0.9639	0.9922	1.0206	1.0489	1.0773	1.1056
40	1.1340	1.1623	1.1907	1.2190	1.2474	1.2757	1.3041	1.3324	1.3608	1.3891
50	1.4175	1.4458	1.4742	1.5025	1.5309	1.5592	1.5876	1.6159	1.6443	1.6726
60	1.7010	1.7293	1.7577	1.7860	1.8144	1.8427	1.8711	1.8994	1.9278	1.9561
70	1.9845	2.0128	2.0412	2.0695	2.0979	2.1262	2.1546	2.1829	2.2113	2.2396
80	2.2680	2.2963	2.3247	2.3530	2.3814	2.4097	2.4381	2.4664	2.4948	2.5231
90	2.5515	2.5798	2.6082	2.6365	2.6649	2.6932	2.7216	2.7499	2.7783	2.8066

注：1oz=28.349523g。

29.7.31 英制压力与应力单位换算系数

单位	pdl/ft^2	lbf/ft^2	lbf/in^2=Psi	ozf/ft^2	ozf/in^2	tonf/ft^2	inH_2O	ftH_2O	inHg	Pa=N/m^2	托 Torr	工程大气压 at=kgf/cm^2	标准大气压 atm
磅达每平方英尺	1	3.108×10^{-2}	2.158×10^{-4}	4.973×10^{-1}	3.453×10^{-3}	1.384×10^{-5}	5.975×10^{-3}	4.979×10^{-4}	4.395×10^{-4}	1.488	11.16×10^{-3}	1.518×10^{-5}	1.468×10^{-5}
磅力每平方英尺	3.217×10	1	6.945×10^{-3}	1.6×10	1.111×10^{-1}	4.453×10^{-4}	1.922×10^{-1}	1.602×10^{-2}	1.414×10^{-2}	47.88	0.3591	4.882×10^{-4}	4.722×10^{-4}
磅力每平方英寸	4.633×10^{3}	1.44×10^{2}	1	2.305×10^{3}	1.6×10	6.415×10^{-2}	2.769×10	2.308	2.037	6.895×10^{3}	51.72	7.031×10^{-2}	6.8×10^{-2}
盎司力每平方英尺	2.011	6.25×10^{-2}	4.340×10^{-4}	1	6.944×10^{-3}	2.783×10^{-5}	1.201×10^{-2}	10^{-3}	8.837×10^{-4}	2.994	22.45×10^{-3}	3.053×10^{-5}	2.951×10^{-5}
盎司力每平方英寸	2.896×10^{2}	9	6.250×10^{-2}	1.340×10^{2}	1	4.008×10^{-3}	1.73	1.442×10^{-1}	1.273×10^{-1}	0.431×10^{3}	3.232	4.394×10^{-3}	4.250×10^{-3}
英吨力每平方英尺	7.225×10^{4}	2.246×10^{3}	1.559×10	3.593×10^{4}	2.495×10^{2}	1	4.316×10^{2}	3.6×10	3.175×10	0.1073×10^{6}	0.806×10^{3}	1.096	1.06
英寸水柱	1.674×10^{2}	5.202	3.613×10^{-2}	8.324×10	5.780×10^{-1}	2.317×10^{-3}	1	8.333×10^{-2}	7.355×10^{-2}	0.2491×10^{3}	1.868	2.540×10^{-3}	2.457×10^{-3}
英尺水柱	2.009×10^{3}	6.243×10	4.335×10^{-1}	9.988×10^{2}	6.936	2.780×10^{-2}	1.2×10	1	8.827×10^{-1}	2.989×10^{3}	22.42	3.048×10^{-2}	2.948×10^{-2}
英寸汞柱	2.276×10^{3}	7.073×10	4.912×10^{-1}	1.132×10^{3}	7.858	3.150×10^{-2}	1.360×10	1.133	1	3.386×10^{3}	25.4	3.453×10^{-2}	3.340×10^{-2}
帕斯卡	7.225×10^{4}	20.89×10^{-3}	0.145×10^{-3}	0.342	2.321×10^{-3}	9.301×10^{-6}	4.015×10^{-3}	0.3346×10^{-3}	0.295×10^{-3}	1	7.5×10^{-3}	10.20×10^{-6}	9.863×10^{-6}

29.7.32 功、能、热量英制单位换算系数

单位	Btu	ft·pdl	ft·lbf	hp·h	in·ozf	in·lbf	ton(TNT)	J=W·s =N·m	瓦特小时 W·h	千卡路里 kcal	电子伏特 eV	千克力米 kgf·m
英热单位	1	2.504×10^{4}	7.801×10^{2}	3.933×10^{-4}	1.489×10^{5}	9.355×10^{3}	2.512×10^{-7}	1.055×10^{3}	0.2933	0.2522	6.590×10^{21}	107.66
英尺磅达	3.994×10^{-5}	1	3.116×10^{-2}	1.571×10^{-8}	5.983	3.736×10^{-1}	1.004×10^{-11}	42.140×10^{-3}	11.714×10^{-6}	10.072×10^{-6}	0.263×10^{18}	4.300×10^{-3}
英尺磅力	1.285×10^{-3}	3.217×10	1	5.041×10^{-7}	1.920×10^{2}	1.200×10	3.220×10^{-10}	1.352	0.376×10^{-3}	0.323×10^{-3}	8.448×10^{18}	0.138
马力(英)小时	2.543×10^{3}	6.366×10^{7}	1.984×10^{6}	1	3.809×10^{8}	2.380×10^{7}	6.390×10^{-4}	2.684×10^{6}	0.746×10^{3}	0.641×10^{3}	16.757×10^{24}	0.274×10^{6}
英寸盎司力	6.688×10^{-6}	1.675×10^{-1}	5.218×10^{-3}	2.630×10^{-9}	1	6.262×10^{-2}	1.680×10^{-12}	7.057×10^{-3}	1.962×10^{-6}	1.686×10^{-6}	44.080×10^{15}	0.720×10^{-3}
英寸磅力	1.070×10^{-4}	2.679	8.348×10^{-2}	4.209×10^{-8}	1.603	1	2.688×10^{-11}	0.113	31.385×10^{-6}	26.986×10^{-6}	0.705×10^{18}	0.115×10^{-3}
英吨(TNT 核当量)	3.981×10^{6}	9.966×10^{10}	3.106×10^{9}	1.566×10^{3}	5.963×10^{11}	3.724×10^{10}	1	4.200×10^{9}	1.167×10^{6}	1.004×10^{5}	26.235×10^{27}	0.429×10^{9}
焦耳	0.9478×10^{-3}	23.73	0.7371	0.373×10^{-6}	141.97	8.867	2.381×10^{-10}	1	0.278×10^{-3}	0.239×10^{-3}	6.242×10^{18}	0.102

29.8 常用量和单位通用符号

29.8.1 空间和时间的量和单位

序号	量的名称	量符号	单位名称	单位符号	备注
1	[平面]角	α,β,γ, θ,ψ 等	弧度	rad	
			度 [角]分 [角]秒	° ′ ″	如果不用弧度，也可采用度或冈。多数情况下，度的小数应优先于分或秒 $1°=0.0174533\text{rad}$ $1\text{gon}=1^{g}=\frac{\pi}{200}\text{rad}$
2	立体角	Ω	球面度	sr	
3	长度 宽度 高度 厚度 半径 直径 程长，距离	$l,(L)$ b h $\delta,(d,t)$ r,R d,D s	米	m	
			天文单位[距离] 秒差距 埃 海里	a pc Å n mile	$1\text{a}=1.49597870\times10^{11}\text{m}$ $1\text{pc}=206265\text{a}=2.0857\times10^{16}\text{m}$ $1\text{Å}=10^{-10}\text{m}=0.1\text{nm}$ 1[国际]海里=1852m
4	面积	$A,(S)$	平方米	m^2	
			公亩 公顷	a ha	$1\text{a}=100\text{m}^2$ $1\text{ha}=10^4\text{m}^2$
5	体积，容积	V	立方米	m^3	立方厘米的符号用 cm^3
			升	l，L	$1\text{L}=10^{-3}\text{m}^3$ 1964 年国际计量大会重新定义为 1L=1dm³
6	时间，时间间隔，持续时间	t	秒	s	
			分 [小]时 日	min h d	1min=60s 1h=3600s 1d=86400s 其他单位如年、月、日、周是常用单位，年的符号为 a
7	角速度	ω	弧度每秒	rad/s	
8	角加速度	a	弧度每二次方秒	rad/s^2	
9	速度	u,v, w,c	米每秒	m/s	
			千米每小时 节	km/h	$1\text{km/h}=\frac{1}{3.6}\text{m/s}=0.2777778\text{m/s}$ 1 节=0.514444m/s 节用于航海
10	加速度 重力加速度， 自由落体加速度	α g	米每二次方秒	m/s^2	
			伽	Gal	$1\text{Gal}=0.01\text{m/s}^2$，伽仅用于量 g；特别是豪伽，通常用于大地测量学。标准重力加速度 g_n

注：1. 单位栏内，虚线之上为 SI 单位，虚线之下为与 SI 并用或暂时并用的单位。
2. 方括号中的字，在不引起混淆、误解的情况下可以忽略。去掉方括号中的字即为其简称。
3. 圆括号中的名称，是它前面的名称的同义词。下同。

29.8.2 周期及其有关现象的量和单位

序号	量的名称	量符号	单位名称	单位符号	备注
1	周期	T	秒	s	
2	时间常数	$\tau,(T)$	秒	s	
3.1	频率	$f,(\nu)$	赫[兹]	Hz	
3.2	转速,旋转频率	n	每秒	s^{-1}	"转每分"(r/min) 通常用作转速的单位
4	角频率,圆频率	ω	弧度每秒 每秒	rad/s s^{-1}	
5	波长	λ	米	m	
			埃	Å	$1Å=0.1nm=10^{-10}m$
6.1 6.2	波数 圆波数,角波数	σ k	每米	m^{-1}	"弧度每米"(rad/m) 通常用作圆波数的单位
7	振幅级差,场级差	L_F	奈培	N_P	$1dB=\frac{\ln 10}{20}N_P=0.115129N_P$
			分贝	dB	
8	功率级差	L_P	奈培	N_P	$1dB=\frac{\ln 10}{20}N_P=0.115129N_P$
			分贝	dB	
9	阻尼系数	δ	每秒	s^{-1}	
			奈培每秒	N_P/s	
10	对数减缩率	Λ	奈培	N_P	

29.8.3 力学的量和单位

序号	量的名称	量符号	单位名称	单位符号	备注
1	质量	m	千克(公斤)	kg	
			吨	t	1t=1000kg
2	密度	ρ	千克每立方米	kg/m^3	
			吨每立方米	t/m^3	$1t/m^3=1000kg/m^3$ $1kg/L=1000kg/m^3$ $1L=1dm^3=10^{-3}m^3$
			千克每升	kg/L	
3	相对密度	d			
4	比容,(比体积)	v	立方米每千克	m^3/kg	
5	线密度	ρ_l	千克每米	kg/m	$1tex=10^{-6}kg/m$ 特克斯一般称为公制号数,用于纺织工业
6	面密度	$\rho_A,(\rho_S)$	千克每平方米	kg/m^2	
7	动量	p	千克米每秒	$kg\cdot m/s$	
8	动量矩,角动量	L	千克二次方米每秒	$kg\cdot m^2/s$	
9	转动惯量	$I,(J)$	千克二次方米	$kg\cdot m^2$	
10.1 10.2	力 重力	F $W,(P,G)$	牛[顿]	N	

序号	量的名称	量符号	单位名称	单位符号	备注
11	引力常数	G	牛[顿]二次方米每二次方千克	$N \cdot m^2/kg^2$	
12.1	力矩	M	牛[顿]米	$N \cdot m$	
12.2	转矩,力偶矩	T			
13.1	压力,压强	p	帕[斯卡]	Pa	$1bar=10^5 Pa$
13.2	正应力	σ	巴	bar	$1atm=101325Pa$
13.3	切应力,(剪应力)	τ	标准大气压	atm	
14.1	线应变	ε, e			
14.2	切应变,(剪应变)	γ			
14.3	体积应变	θ			
15	泊松比	μ, ν			
16.1	弹性模量	E	帕[斯卡]	Pa	
16.2	切变模量,(剪变模量)	G			
16.3	体积模量	K			
17	压缩系数	k	每帕[斯卡]	Pa^{-1}	
18.1	截面惯性矩	$I_a, (I)$	四次方米	m^4	
18.2	极惯性矩	I_P			
19	截面系数	W, Z	三次方米	m^3	
20	摩擦系数	$\mu, (f)$			
21	[动力]黏度	$\eta, (\mu)$	帕[斯卡]秒	$Pa \cdot s$	$1Pa \cdot s=1N \cdot s/m^2=1kg \cdot m^{-1} \cdot s^{-1}$
22	运动黏度	ν	二次方米每秒	m^2/s	St(斯[托克斯])$1cSt=1mm^2/s$
23	表面张力	γ, σ	牛[顿]每米	N/m	$1N/m=1J/m^2$
24.1	功	$W, (A)$	焦[耳]	J	$W \cdot h, kW \cdot h, MW \cdot h, GW \cdot h$ 和 $TW \cdot h$ 这些单位用于消耗电能的场合
24.2	能[量]	$E, (W)$			
24.3	势能,位能	$E_P, (V)$	瓦[特]每小时	$W \cdot h$	$1W \cdot h=3.6 \times 10^3 J=3.6kJ$
24.4	动能	$E_K, (T)$	电子伏[特]	eV	$1eV=1.60219 \times 10^{-19}J$ keV,MeV 和 GeV 用于原子和核物理以及加速器工程
25	功率	P	瓦[特]	W	$1W=1J/s$
26	质量流量	q_m	千克每秒	kg/s	
27	体积流量	q_V	立方米每秒	m^3/s	

29.8.4 热学的量和单位

序号	量的名称	量符号	单位名称	单位符号	备注
1	热力学单位	T, Θ	开[尔文]	K	
2	摄氏温度	t, θ	摄氏度	℃	摄氏温度 t 等于两热力学温度 T 与 T_0 之差,$t=T-T_0$,其中 $T_0=273.15K$
3.1	线[膨]胀系数	a_l	每开[尔文]	K^{-1}	
3.2	体[膨]胀系数	a_V, γ			
3.3	相对压力系数	a_P

续表

序号	量的名称	量符号	单位名称	单位符号	备　注
4	压力系数	β	帕[斯卡]每开[尔文]	Pa/K	
5	压缩率	k	每帕[斯卡]	Pa^{-1}	
6	热,热量	Q	焦[耳]	J	
7	热流量	Φ	瓦[特]	W	
8	热流[量]密度	q,ϕ	瓦[特] 每平方米	W/m^2	
9	热导率(导热系数)	λ,k	瓦[特]每米开[尔文]	W/(m·K)	可以用℃代替 K
10.1 10.2	传热系数 [总]传热系数	h,α k,K	瓦[特]每平方米开[尔文]	$W/(m^2 \cdot K)$	可以用℃代替 K
11	热绝缘系数	M	平方米开[尔文]每瓦[特]	$m^2 \cdot K/W$	
12	热阻	R	开[尔文]每瓦[特]	K/W	
13	热扩散率	$a,(\kappa)$	平方米每秒	m^2/s	
14	热容	C	焦[耳]每开[尔文]	J/K	可以用℃代替 K
15.1 15.2 15.3 15.4	比热容 定压比热容 定容比热容 饱和比热容	c c_p c_V c_{sat}	焦[耳]每千克开[尔文]	J/(kg·K)	可以用℃代替 K
16.1 16.2	比热[容]比 定熵指数	γ κ			
17	熵	S	焦[耳]每开[尔文]	J/K	
18	比熵	s	焦[耳]每千克开[尔文]	J/(kg·K)	
19.1 19.2 19.3 19.4	内能 焓 亥姆霍兹自由能,亥姆霍兹函数 吉布斯自由能,吉布斯函数	$U,(E)$ $H,(I)$ A,F G	焦[耳]	J	
20.1 20.2 20.3 20.4	比内能 比焓 比亥姆霍兹自由能,比亥姆霍兹函数 比吉布斯自由能,比吉布斯函数	$u,(e)$ $h,(i)$ a,f g	焦[耳]每千克	J/kg	
21	马修函数	J	焦[耳]每开[尔文]	J/K	
22	普朗克函数	Y	焦[耳]每开[尔文]	J/K	

29.8.5 电学和磁学的量和单位

序号	量的名称	量符号	单位名称	单位符号	备　注
1	电流	I	安[培]	A	
2	电荷[量]	Q	库[仑]	C	也可使用安培小时 1A·h=3.6kC
3	电荷[体]密度	$\rho,(\eta)$	库[仑]每立方米	C/m^3	

续表

序号	量的名称	量符号	单位名称	单位符号	备　　注
4	电荷面密度	σ	库[仑]每平方米	C/m^2	
5	电场强度	$E,(K)$	伏[特]每米	V/m	
6.1 6.2 6.3	电位,(电势) 电位差,(电势差),电压 电动势	V,ϕ U E	伏[特]	V	
7.1 7.2	电通[量]密度 电位移	D	库[仑]每平方米	C/m^2	
8	电通[量],电位移通量	ψ	库[仑]	C	
9	电容	C	法[拉]	F	
10.1 10.2	介质常数,(电容率) 真空介电常数,(真空电容率)	ε ε_0	法[拉]每米	F/m	
11	相对介质常数,(相对电容率)	ε_r			
12	电极化率	χ,χ_e			
13	电极化强度	P	库[仑]每平方米	C/m^2	
14	电偶极矩	$p,(p_s)$	库[仑]米	C·m	
15	电流密度	$J,(S,\delta)$	安[培]每平方米	A/m^2	
16	电流线密度	$A,(\alpha)$	安[培]每米	A/m	
17	磁场强度	H	安[培]每米	A/m	
18.1 18.2	磁位差,(磁势差) 磁通势,磁动势	U_m F,F_m	安[培]	A	
19	磁通[量]密度, 磁感应强度	B	特[斯拉]	T	
20	磁通[量]	ϕ	韦[伯]	Wb	
21	磁矢位,(磁矢势)	A	韦[伯]每米	Wb/m	
22.1 22.2	自感 互感	L M,L_{12}	亨[利]	H	
23.1 23.2	耦合系数 漏磁系数	$k,(\kappa)$ σ			
24.1 24.2	磁导率 真空磁导率	μ μ_0	亨[利]每米	H/m	
25	相对磁导率	μ_r			
26	磁化率	$\kappa,(\chi_m,\chi)$			
27	[面]磁矩	m	安[培]平方米	$A\cdot m^2$	磁偶极矩的单位为 Wb·m
28	磁化强度	M,H_i	安[培]每米	A/m	
29	磁极化强度	J,B_i	特[斯拉]	T	
30	电磁能密度	w	焦[耳]每立方米	J/m^3	
31	坡印廷矢量	S	瓦[特]每平方米	W/m^2	
32	电磁波在真空中的传播速度	c,c_0	米每秒	m/s	
33	[直流]电阻	R	欧[姆]	Ω	
34	[直流]电导	G	西[门子]	S	$1S=1\Omega^{-1}$

续表

序号	量的名称	量符号	单位名称	单位符号	备　注
35	电阻率	ρ	欧[姆]米	$\Omega\cdot m$	亦可以使用 $\mu\Omega\cdot cm$ $=10^{-8}\Omega\cdot m$ $\frac{\Omega\cdot mm^2}{m}=10^{-6}\Omega\cdot m$ $=\mu\Omega\cdot m$
36	电导率	γ,σ,κ	西[门子]每米	S/m	
37	磁阻	R_m	每亨[利]	H^{-1}	
38	磁导	$\Lambda,(P)$	亨[利]	H	
39.1 39.2 39.3	绕组的匝数 相数 极对数	N m p			
40	相[位]差,相[位]移	ϕ	弧度	rad	
41.1 41.2 41.3 41.4	阻抗,(复数阻抗) 阻抗模,(阻抗) 电抗 [交流]电阻	Z $\|Z\|$ X R	欧[姆]	Ω	
42	品质因数	Q			
43.1 43.2 43.3 43.4	导纳,(复数导纳) 导纳模,(导纳) 电纳 [交流]电导	Y $\|Y\|$ B G	西[门子]	S	
44	功率	P	瓦[特]	W	在电工技术中,有功功率单位用瓦特(W),视在功率单位用伏安(V·A),无功功率单位用乏(Var)
45	电能[量]	W	焦[耳]	J	

29.8.6 光及有关电磁辐射的量和单位

序号	量的名称	量符号	单位名称	单位符号	备　注
1	频率	f,v	赫[兹]	Hz	
2	圆频率,角频率	ω	每秒 弧度每秒	s^{-1} rad/s	
3	波长	λ	米	m	
			埃	Å	1Å$=10^{-10}$m 10Å=1nm
4.1 4.2	波数,波率 圆波数,圆波率	σ κ	每米	m^{-1}	波数,波率(repetency)
5	电磁波在真空中的传播速度	c,c_0	米每秒	m/s	
6	辐[射]能	$Q,W,(U,Qe)$	焦[耳]	J	$1J=1kg\cdot m^2/s^2$
7	辐[射]能密度	$w,(u)$	焦[耳]每立方米	J/m^3	
8	辐[射]能密度的光谱密集度,光谱辐[射]能密度	w_λ	焦[耳]每四次方米	J/m^4	
9.1 9.2	辐[射]功率 辐[射能]通量	$P,\Phi,(\Phi_e)$	瓦[特]	W	

续表

序号	量的名称	量符号	单位名称	单位符号	备　注
10	辐[射]能流率	ϕ,ψ	瓦[特]每平方米	W/m^2	辐[射]能流率 (radiant energy fluencerate)
11	辐[射]强度	$I,(I_e)$	瓦[特]每球面度	W/sr	
12	辐[射]亮度,辐射度	$L,(L_e)$	瓦[特]每球面度平方米	$W/(sr\cdot m^2)$	
13	辐[射]出[射]度	$M,(M_e)$	瓦[特]每平方米	W/m^2	
14	辐[射]照度	$E,(E_e)$	瓦[特]每平方米	W/m^2	
15	斯蒂芬-玻尔兹曼常数	σ	瓦[特]每平方米四次方开[尔文]	$W/(m^2\cdot K^4)$	
16	第一辐射常数	c_1	瓦[特]平方米	$W\cdot m^2$	
17	第二辐射常数	c_2	米开[尔文]	m·K	
18.1 18.2 18.3	发射率 光谱发射率 光谱定向发射率	ε $\varepsilon(\lambda)$ $\varepsilon(\lambda,\theta,\phi)$			
19	发光强度	$I,(I_V)$	坎[德拉]	cd	
20	光通量	$\Phi,(\Phi_V)$	流[明]	lm	1lm=1cd·sr
21	光量	$Q,(Q_V)$	流[明]秒	lm·s	
			流[明]小时	lm·h	1lm·h=3600lm·s
22	[光]亮度	$L,(L_V)$	坎[德拉]每平方米	cd/m^2	该单位曾称尼特,符号nt,但在CIPM及ISO已废除(CIPM——国际计量委员会)
23	光出射度	$M,(M_V)$	流[明]每平方米	lm/m^2	
24	[光]照度	$E,(E_V)$	勒[克斯]	lx	$1lx=1lm/m^2$
25	曝光量	H	勒[克斯]秒	lx·s	
			勒[克斯]小时	lx·h	1lx·h=3600lx·s
26.1 26.2 26.3	光视效能 光谱光视效能 最大光谱光视效能	K $K(\lambda)$ K_m	流[明]每瓦特	lm/W	
27.1 27.2	光视效率 光谱光视效率,(视见函数)	V $V(\lambda)$			
28	CIE光谱三刺激值	$\bar{x}(\lambda)$ $\bar{y}(\lambda)$ $\bar{z}(\lambda)$			
29	色品坐标	x,y,z			
30.1 30.2 30.3 30.4	光谱吸收比,(光谱吸收系数) 光谱反射比,(光谱反射系数) 光谱透射比,(光谱透射系数) 光谱辐[射]亮度系数	$\alpha(\lambda)$ $\rho(\lambda)$ $\tau(\lambda)$ $\beta(\lambda)$			
31.1 31.2	线性衰减系数,线性消光系数 线性吸收系数	μ,μ_l α	每米	m^{-1}	
32	摩尔吸收系数	κ	平方米每摩尔	m^2/mol	
33	折射率	n			

29.8.7 物理化学和分子物理学常用量和单位

序号	量的名称	量符号	单位名称	单位符号	备　注
1	阿伏伽德罗常数	L, N_A	每摩[尔]	mol^{-1}	
2	摩尔质量	M	千克每摩[尔]	kg/mol	$M=10^{-3}M_r kg/mol$ $=M_r kg/kmol=M_r g/mol$ 式中，M_r 为确定化学组成的物质的相对分子质量
3	摩尔体积	V_m	立方米每摩[尔]	m^3/mol	
4	摩尔内能	$U_m(E_m)$	焦耳每摩[尔]	J/mol	
5	摩尔焓	H_m	焦耳每摩[尔]	J/mol	
6	摩尔热容	C_m	焦耳每摩[尔]开[尔文]	J/(mol·K)	
7	摩尔熵	S_m	焦耳每摩[尔]开[尔文]	J/(mol·K)	
8	分子(或粒子)数密度	n	每立方米	m^{-3}	
9	密度，(质量密度)	ρ	千克每立方米	kg/m^3	
10	分子质量	m	千克	kg	
11	摩尔气体常数	R	焦耳每摩[尔]开[尔文]	J/(mol·K)	
12	玻尔兹曼常数	k	焦耳每开[尔文]	J/K	
13	平均自由程	l, λ	米	m	
14	扩散系数	D	平方米每秒	m^2/s	
15	热扩散系数	D_T	平方米每秒	m^2/s	
16	法拉第常数	F	库[仑]每摩[尔]	C/mol	

29.9 真空及航天相关标准

29.9.1 国内真空技术标准目录

(1) 真空术语、图形符号

GB/T 3163　真空技术 术语

GB/T 3164　真空技术 图形符号

(2) 真空泵

GB 6306.2　变容真空泵极限压力测试方法

GB 6306.3　变容真空泵消耗功率测试方法

GB 6306.4　变容真空泵工作温度测试方法

GB 7773　变容真空泵振动测量方法

GB/T 7774　真空技术 涡轮分子泵性能参数的测量

GB/T 19955.1　蒸汽流真空泵性能测量方法　第1部分：体积流率（抽速）的测量

GB/T 19955.2　蒸汽流真空泵性能测量方法　第2部分：临界前级压力的测量

GB/T 19956.1　容积真空泵性能测量方法　第1部分：体积流率（抽速）的测量

GB/T 19956.2　容积真空泵性能测量方法　第 2 部分：极限压力的测量
GB/T 21271　真空技术　真空泵噪声测量
GB/T 21272　蒸汽流真空泵性能测量方法　泵液返流率和加热时间的测量
JB/T 1246　滑阀真空泵
JB/T 2965　溅射离子泵　性能测试方法
JB/T 4081　溅射离子泵　型式与基本参数
JB/T 4082　溅射离子泵　技术条件
JB/T 5971　单级多旋片式真空泵
JB/T 6533　旋片真空泵
JB/T 7265　蒸气流真空泵
JB/T 6921　罗茨真空泵机组
JB/T 7674　罗茨真空泵
JB/T 7675　往复真空泵
JB/T 8107　容积真空泵　振动测量方法
JB/T 8540　水蒸气喷射真空泵
JB/T 8944　单级旋片真空泵
JB/T 9125　立式涡轮分子泵
JB/T 10462　水喷射真空泵
JB/T 10552　真空技术　爪型干式真空泵
JB/TQ 563　2X 型旋片真空泵质量分等
JB/TQ 564　滑阀真空泵质量分等
JB/TQ 565　真空阀门质量分等
JB/TQ 566　往复真空泵质量分等
JB/TQ 567　2XZ 型旋片真空泵质量分等
JB/TQ 568　罗茨真空泵质量分等
JB/TQ 569　油扩散泵质量分等
JB/TQ 570　油扩散喷射泵质量分等
JB 1246　滑阀真空泵型式与参数
JB 1247　滑阀真空泵技术条件
JB 2569　溅射离子泵性能测试方法
ZBJ 78001　2XZ 型直联旋片真空泵系列参数
ZBJ 78002　2XZ 型直联旋片真空泵技术条件
ZBJ 78003　2X 型旋片真空泵系列参数
ZBJ 78011.1　余摆线真空泵系列参数
ZBJ 78011.2　余摆线真空泵技术条件
ZBJ 78010　直筒式水冷挡板参数、技术条件、验收规则

(3) 真空计

GJB 1808　真空计的校准方法　动态流量法
GJB 2715　国防计量通用术语

GJB/J 3416　真空计（电参数试验方法）检定规程
JB/T 6873　热偶真空计
JB/T 7462　热阴极电离真空规管
JB/T 8105.1　橡胶密封真空规管接头
JB/T 8105.2　金属密封真空规管接头
JB/T 10553　真空技术　扩散硅压阻真空计
JB/T 10074　电阻真空计　技术条件
JB/T 10075　冷阴极电离真空计技术条件
JB/T 10076　冷阴极电离真空规管技术条件
ZBY 176　电离真空计型号命名方法
ZBY 227　热阴极电离真空计控制元件技术条件
ZBY 243　真空测量仪表通用技术条件
JJG（航天）33　气体活塞式压力计检定规程
JJG（航天）45　比对法校准真空计检定规程
ZBN 53000　四极质谱计技术条件

(4) 真空阀门

JB/T 4077　高真空插板阀　型式与基本参数
JB/T 4078 高真空挡板阀　型式与基本参数
JB/T 4079　高真空蝶阀　型式与基本参数
JB/T 4080　高真空电磁阀　型式与基本参数
JB/T 4083　真空电磁带充气阀　型式与基本参数
JB/T 5410　低真空电磁压差充气阀　型式与基本参数
JB/T 6446　真空阀门
QJ 1897　真空封口阀
QJ 1898　真空封口阀技术条件

(5) 真空法兰及接头

GB/T 4982　真空技术 快卸连接器　尺寸　第1部分：夹紧型
GB/T 4983　真空技术 快卸连接器　尺寸　第2部分：拧紧型
GB 6071　超高真空法兰
GB 6308.1　橡胶密封真空规管接头
GB 6308.2　金属密封真空规管接头
GB/T 6070　真空技术　法兰尺寸
GB/T 16709　真空技术 管路配件 装配尺寸
JB/T 1090　J形真空用橡胶密封圈型式及尺寸
JB/T 1091　JO形和骨架型真空用橡胶密封圈型式及尺寸
JB/T 1092　O形真空用橡胶密封圈型式及尺寸
JB 5278.1　铜丝密封可烘烤真空法兰　连接型式
JB 5278.2　铜丝密封可烘烤真空法兰　法兰结构尺寸
JB 5278.3　铜丝密封可烘烤真空法兰铜丝密封圈结构尺寸

JB/T 8105.1　橡胶密封真空规管接头

JB/T 8105.2　金属密封真空规管接头

JB/T 10463　真空磁流体动密封件

QJ 2651 真空封口接头

QJ 2965　氟橡胶密封超高真空法兰规范

(6) 真空设备

GB 14174　大口径液氮容器

GB 16774　自增压式液氮生物容器

GB 18442　低温绝热压力容器

GB/T 5458　液氮生物容器

GB/T 11164　真空镀膜设备通用技术条件

GB/T 18443.1　真空绝热深冷设备性能试验方法　第 1 部分：基本要求

GB/T 18443.2　真空绝热深冷设备性能试验方法　第 2 部分：真空度测量

GB/T 18443.3　真空绝热深冷设备性能试验方法　第 3 部分：漏率测量

GB/T 18443.4　真空绝热深冷设备性能试验方法　第 4 部分：漏放气速率测量

GB/T 18443.5　真空绝热深冷设备性能试验方法　第 5 部分：静态蒸发率

GB/T 18443.6　真空绝热深冷设备性能试验方法　第 6 部分：漏热量测量

GB/T 18443.7　真空绝热深冷设备性能试验方法　第 7 部分：维持时间测量

GB/T 18443.8　真空绝热深冷设备性能试验方法　第 8 部分：容积测量

JB/T 6922　真空蒸发镀膜设备

JB/T 6923　真空-加压浸渍设备

JB/T 7673　真空设备型号编制方法

JB/T 8945　真空溅射镀膜设备

JB/T 8946　真空离子镀膜设备

JB/T 10550　真空技术　真空烧结炉

JB/T 10551　真空技术　真空感应熔炼炉

JB/TQ 571　真空镀膜设备质量分等

JB/TQ 634　真空振动流动干燥设备系列参数

JB/TQ 635　真空振动流动干燥设备技术条件

JB/TQ 636　真空振动流动干燥机质量分等

JB/TQ 638　振动流化床干燥机质量分等

ZBY 287　真空蒸发镀膜设备技术条件、验收规则

QJ 2475　低温容器通用技术条件

QJ 2675.1　低温容器性能试验方法　夹层真空度试验

QJ 2675.2　低温容器性能试验方法　放气速率试验

QJ 2675.3　低温容器性能试验方法　真空夹层漏率试验

QJ 2675.4　低温容器性能试验方法　日蒸发率试验

QJ 2768　低温容器检修技术条件

(7) 真空材料

GJB 2709　有机材料低温气体渗透系数试验方法

QJ 1322　真空中材料质量损失测试方法
QJ 1371　真空中材料可凝挥发物测试方法
QJ 1991　真空-紫外辐照材料质量损失测试方法
QJ 2194　有机材料气体渗透系数测试方法
QJ 2195　有机材料低温气体渗透系数测试方法
QJ 2196　高熔点氧化物气体渗透系数测试方法
QJ 2197　金属及其合金气体渗透系数测试方法
QJ 1558　真空中材料挥发性能测试方法
QJ 2667　真空用油脂饱和蒸汽压测试方法
QJ 2676　吸附剂低温低压吸附性能试验方法
SY 1632　真空封蜡
SY 1633　真空封泥
SY 1634　真空机械泵油
SY 1635　真空增压泵油
SY 1636　真空扩散泵油

29.9.2　国内外泄漏检测标准目录

(1) 国内标准

GB 2424.16　电工电子产品环境试验　密封试验导则
GB 4845　氦气验收方法
GB 5589.4　电缆附件试验方法 压力密封试验
GB 5594.1　电子元器件结构陶瓷材料气密性试验方法
GB 7435　充气波导部件和装置的密封性试验
GB 9445　无损检测人员资格鉴定通则
GB 12137　气瓶气密性试验方法
GB 15849　密封放射源的泄漏检测方法
GB/T 2423.23　电工电子产品环境试验　试验 Q：密封
GB/T 3163　真空技术术语 7　检漏及有关术语
GB/T 3164　真空技术系统图用图形符号
GB/T 4844.1　工业氦气
GB/T 4844.2　纯氦
GB/T 8980　高纯氮
GB/T 11813　压水堆燃料棒氦质谱检漏
GB/T 12604.7　无损检测术语　泄漏检测
GB/T 13979　氦质谱检漏仪
GB/T 14211　机械密封试验方法
GB/T 15823　氦泄漏检验
GB/T 16775 低温容器漏气速率测定方法
GB/T 17230　放射性物质运输包装的泄漏检测

GB/T 18193　真空技术　质谱检漏仪校准
GB/T 18443.3 真空绝热深冷设备性能试验方法　第 3 部分：漏率测量
GB/T 18443.4　真空绝热深冷设备性能试验方法　第 4 部分：漏放气速率测量
GB/T 32218　真空技术 真空系统漏率测试方法
GJB 65B　有可靠性指标的电磁继电器总规范
GJB 128A　半导体分立器件试验方法　方法 1071 密封
GJB 144　光学纤维面板真空气密性检验方法
GJB/Z 221　军用密封元器件检漏方法实施指南
GJB 223　航空无内胎轮胎气密性试验方法
GJB 360B　电子及电气元件试验方法　方法 112 密封试验
GJB/J 5366　正压漏孔校准规范
GJB 548B　微电子器件试验方法和程序　方法 1014B 密封
GJB 573A　引信环境与性能试验方法　方法 308 泄漏试验
GJB 982.1　航空刹车胎试验方法　气密性能试验
GJB 983.3　军用橡胶薄膜试验方法　气密性试验和压力试验
GJB 1027A　运载器、上面级、航天器试验要求
GJB 5009　潜艇核动力装置蒸气发生器泄漏检测方法
GJB 5309.2　火工品试验方法　第 2 部分：泄漏试验 气泡法
GJB 5309.3　火工品试验方法　第 3 部分：泄漏试验 氦气法
GJB/J 5366　正压漏孔校准规范
GJB/J 5461　数字式差压检漏仪检定规程
GJB 9712A　无损检测人员的资格鉴定与认证
JB/T 57050　氦质谱检漏仪产品质量分等
JB/T 6619　轻型机械密封试验方法
QJ 789A　密封磁继电器筛选技术条件
QJ 1323.9　电磁继电器试验方法 密封试验
QJ 1540　加压充氦一步快速检漏筛选法
QJ 1610　阀门气体泄漏率分级及其检测
QJ 1658A　固体火箭发动机气密性试验
QJ 1838A　卫星总装密封检漏技术要求
QJ 2040.1　标准漏孔的校准方法　绝对校准方法
QJ 2040.2　标准漏孔的校准方法　相对校准方法
QJ 2053　卫星检漏试验方法
QJ 2075　阀门液体压降试验方法
QJ 2558A　航天无损检测人员的资格鉴定与认证
QJ 2592　弹头气密性检查试验方法
QJ 2861　氦质谱检漏最小可检漏率的检验方法
QJ 2862　压力容器焊缝氦质谱吸枪罩盒检漏试验方法
QJ 3008　战术导弹筒（箱）弹密封试验方法

QJ 3010　导弹内外压气密性试验方法

QJ 3088　正压标准漏孔校准方法

QJ 3089　氦质谱正压检漏方法

QJ 3123　氦质谱真空检漏方法

QJ 3182　液体火箭发动机总体检漏方法

QJ 3212　氦质谱背压检漏方法

QJ 3253　气泡检漏试验方法

SY 1632　真空封蜡

SY 1633　真空封泥

JJG 793　标准漏孔检定规程

ZBN 53000　四极质谱计技术条件

ZBG 93005　尿素高压设备制造检验方法——尿素合成塔氨渗漏试验方法

ZBY 153　电火花真空检漏器技术条件

Q/ZB 341　运载火箭氦质谱正压检漏规范

Q/W 50.3　卫星组件环境试验方法——漏率检测

Q/W 145　卫星用电子元器件检漏方法

Q/WHJ 38　气体微流量标准装置校准参考漏孔规程

Q/WHJ 52　检漏技术术语

Q 海/BKY 203　Zhp-20 型氦质谱检漏仪技术标准

Q 海/BKY 206　Zhp-30 型氦质谱检漏仪技术标准

Q/CRN 03　Zhp-23 型氦质谱检漏仪技术标准

EJ 188　焊缝真空盒检漏操作规程

EJ/T 388　三十万千瓦水堆核电厂蒸气发生器氦气检漏技术条件

HG/T 3176　尿素高压设备制造检验方法——尿素合成塔氨渗漏试验方法

(2) 美国标准

ASTM D4991　刚性容器真空试验方法

ASTM E283　外部窗户防护墙、门的空气泄漏检测方法

ASTM E425　检漏名词术语

ASTM E427　卤素检漏仪检漏规程

ASTM E432　检漏方法选择指南

ASTM E479　检漏试验规程的编写指南

ASTM E493　氦质谱检漏仪背压检漏试验方法

ASTM E498 质谱检漏仪及残余气体分析仪喷吹法检漏试验方法

ASTM E499　质谱检漏仪吸枪检漏试验方法

ASTM E515　气泡检漏试验方法

ASTM E677　球形磨口接头检漏方法

ASTM E741　用示踪物稀释法检测建筑物的空气泄漏

ASTM E779　用鼓风机增压法检测建筑物的空气泄漏

ASTM E783　外部窗空气泄漏的现场检测

ASTM E908　气体参考漏孔校准规范
ASTM E1002　超声检漏试验方法
ASTM E1003　充液检漏试验方法
ASTM E1066　氨气比色检漏法
ASTM E12117　使用表面安装的声发射传感器进行检漏和定位的标准规范
ASTM E1316　无损检测名词术语 E 泄漏检测
ASTM E1603　质谱检漏仪或残余气体分析仪用氦罩法进行漏率测量
ASTM E2024　热传导检漏仪常压检漏试验方法
ASTM F78　副标准校准氦质谱检漏仪试验方法
ASTM F97　电子器件密封性染色渗透试验方法
ASTM F98 电子器件密封性气泡试验方法
ASTM F730　用重量增加法确定电子器件的密封性
ASTM F134　电子器件密封性氦质谱检漏仪试验方法
ASTM F784　放射性同位素密封检测装置校准方法
ASTM F785　采同放射性同位素检测密封器件气密性的试验方法
ASTM F816　大规模集成电路壳体细/粗检漏方法
ASTM F866　放射性同位素密封试验中测试壳体衰减系数的试验方法
SE-432　选择泄漏试验方法的标准推荐指南（与 ASTM E432-84 相同）
SE-479　制定泄漏试验技术条件的推荐指南（与 ASTM E479-84 相同）
MIL-STD-810　空间飞行器的环境试验方法
MIL-STD-1540A　空间飞行器的环境试验要求
MIL-L-25567D　复杂氧气系统漏孔检测
ASME　锅炉及压力容器规范 第十章 泄漏试验
ARP 1405　泄漏率所用统一测量单位
AVS 2.1　氦质谱检漏仪校准方法
AVS 2.2　真空漏孔的校准方法
AVS 2.3　质谱分析仪的校准方法
SNT-TC-IA　无损检测人员资格与认证的推荐方法
ANSI/ASNT CP-189　无损检测人员资格与认证的 ASNT 标准

(3) 国际标准

ISO 3530　真空技术　质谱检漏仪校准
ISO 5208　泄漏率等级
ISO/TR 4826　密封放射源　泄漏试验方法
ISO/OP 3529　真空技术名词术语
ISO/OP 5297　在定压下用容积法测量气体流率
ISO/OP 5298　质谱仪校准
ISO/OP 5303　质谱检漏仪验收试验
IEC 68-2-17　基本环境试验规程　试验 Q：密封
IEC 512-7-93　机械操作试验和密封性试验

IEC 512-14-97　密封试验 水冲击试验

(4) 英国标准

BS EN 1593　无损检测-检漏-气泡发射技术

BS 3636-63　真空或压力装置中气密性校准方法

BS 5014　卤素检漏仪

BS 5914　检漏仪校准方法

(5) 法国标准

NFX 10-530　质谱仪校准

NFA 06-751　泄漏校准方法

(6) 苏联标准

ГОСТ 5197　真空技术术语和定义

ГОСТ 26790　检漏技术术语和定义

(7) 德国标准

DIN 28410　质谱分压测量仪术语、参量、操作条件

DIN 28411　质谱检漏仪验收规则术语

DIN 28417　采用恒压变容法测量气体体积流量

(8) 日本标准

JIS Z 2329　发泡检漏试验方法

JIS Z 2330　氦检漏方法选择原则

JIS Z 2331　氦质谱检漏试验方法

JIS Z 2332　放置法检漏试验方法

JIS Z 8754　质谱分析型检漏仪校准方法

NDIS 3408　氦泄漏试验方法

(9) 欧洲标准化委员会标准

EN 1330　无损检测名词术语 (8) 泄漏检测

EN 1779　检漏方法选择指南

EN 13184　压力变化检漏方法

EN 13192　真空标准漏孔校准方法

29.9.3　国内航天器空间环境模拟试验设备及军用装备相关试验标准

(1) 航天器空间环境模拟试验设备相关试验标准

GB/T 32221　真空技术 航天器用真空热环境模拟试验设备　通用技术条件

GJB 1033A　航天器热平衡试验方法

GJB 2502.3　航天器热控涂层试验方法　第 3 部分：发射率测试

QJ 645　航天飞行力学环境术语

QJ 647A　航天产品核、微重力、静电和电磁环境术语

QJ 809　复合固体推进剂热导率和比热容测定方法

QJ 990.1　涂层检验方法　涂层耐油性检验方法

QJ 990.3　涂层检验方法　涂层厚度检验方法

QJ 990.5　涂层检验方法　涂层耐低温检验方法

QJ 990.6　涂层检验方法　涂层耐高温检验方法

QJ 990.8　涂层检验方法　涂层电绝缘性能检验方法

QJ 990.9　涂层检验方法　涂层耐水性检验方法

QJ 990.10　涂层检验方法　涂层耐湿热检验方法

QJ 990.13　涂层检验方法　隔热涂层比重测定方法

QJ 990.14　涂层检验方法　涂层附着力检验方法

QJ 1239.1～QJ 1239.10　电子设备环境试验条件和方法

QJ 1446A　卫星热真空试验方法

QJ 1955　航天器空间环境术语

QJ 2213.1　继电器特种环境试验方法　超高真空冷焊试验

QJ 2301　固体火箭发动机高空模拟试验规范

QJ 2321　卫星真空热试验污染控制方法

QJ 2432　大型运载器模拟试验方法

QJ 2630.1　卫星组件空间环境试验方法　热真空试验

QJ 2630.2　卫星组件空间环境试验方法　热平衡试验

QJ 2630.3　卫星组件空间环境试验方法　真空放电试验

QJ 2630.4　卫星组件空间环境试验方法　磁试验

QJ 2630.5　卫星组件空间环境试验方法　真空冷焊试验

QJ 2693.1　空间材料出气速率测试方法　15～45℃出气速率

QJ 2693.2　空间材料出气速率测试方法　45～1000℃出气量和出气速率

QJ 3167　运载火箭低温贮箱共底真空性能测试测方法及安全监测要求

QJ 3219　航天计算机抗核辐射模拟试验方法

QJ 20126 航天器空间环境模拟试验设备　真空容器规范

QJ 20127 航天器空间热环境试验设备技术要求

JB 2502.2　航天器热控涂层试验方法　第 2 部分：太阳吸收比测试

Q/W 79B 航天器环境试验术语

Q/W 143B 航天器环境试验设备术语

(2) 军用装备相关试验标准

GJB 150.1A　军用装备实验室环境试验方法　第 1 部分：通用要求

GJB 150.2A　军用装备实验室环境试验方法　第 2 部分：低气压（高度）试验

GJB 150.3A　军用装备实验室环境试验方法　第 3 部分：高温试验

GJB 150.4A　军用装备实验室环境试验方法　第 4 部分：低温试验

GJB 150.5A　军用装备实验室环境试验方法　第 5 部分：温度冲击试验

GJB 150.7A　军用装备实验室环境试验方法　第 7 部分：太阳辐射试验

GJB 150.9A　军用装备实验室环境试验方法　第 9 部分：湿热试验

GJB 150.24A　军用装备实验室环境试验方法　第 24 部分：温度-湿度-振动-高度试验

GJB 451A　可靠性维修性保障性术语

GJB 2725A　测试实验室和校准实验室通用要求

QJ 1482　地空导弹武器系统环境试验要求

QJ 1663A　姿控火箭发动机高空模拟试验方法

QJ 1882　潜艇弹道式导弹环境试验要求

QJ 2052　航空导弹武器系统环境试验要求

QJ 2631　导弹系统级综合环境可靠性试验方法

参考文献

[1] 真空设计手册编写组. 真空设计手册（上）[M]. 北京：国防工业出版社，1979.

[2] 真空设计手册编写组. 真空设计手册（下）[M]. 北京：国防工业出版社，1981.

[3] 达道安. 真空设计手册 [M]. 第3版. 北京：国防工业出版社，2004.

[4] 达道安. 空间真空技术 [M]. 北京：宇航出版社，1995.

[5] 达道安，李旺奎，王岩，等. 空间低温技术 [M]. 北京：宇航出版社，1991.

[6] 崔遂先，谈治信，刘玉魁. 真空技术常用数据表 [M]. 北京：化学工业出版社，2012.

[7] 王欲知. 真空技术的物理基础 [M]. 北京：北京航空航天大学出版社，2007.

[8] 王欲知. 真空技术 [M]. 成都：四川人民出版社，1981.

[9] 刘玉魁. 真空系统设计原理 [M]. 北京：国防（新时代）出版社，1988.

[10] 刘玉魁. 真空知识 [M]. 北京：原子能出版社，1987.

[11] 王希季. 20世纪中国航天器技术的进展 [M]. 北京：中国宇航出版社，2004.

[12] 戴永年，赵忠. 真空冶金 [M]. 北京：冶金工业出版社，1988.

[13] 徐成海. 真空工程技术 [M]. 北京：化学工业出版社，2006.

[14] 肖祥正. 泄漏检测方法与应用 [M]. 北京：机械工业出版社，2010.

[15] 曹慎诚. 实用真空检漏技术 [M]. 北京：化学工业出版社，2011.

[16] 高本辉，崔素言. 真空物理 [M]. 北京：科学出版社，1983.

[17] 李得天，真空计量新技术 [M]. 北京：机械工业出版社，2013.

[18] 徐成海，陆国柱，谈治信，等. 真空设备选型与采购指南 [M]. 北京：石油和化工设备出版社，2009.

[19] 杨乃恒. 真空获得设备 [M]. 北京：冶金工业出版社，1987.

[20] 李云奇. 真空镀膜技术与设备 [M]. 沈阳：东北工学院出版社，1989.

[21] 张兆祥，晏继义，徐成海，等. 真空冷冻干燥与气调保鲜 [M]. 北京：中国民航出版社，1996.

[22] 张继玉. 真空电炉 [M]. 北京：冶金工业出版社，1994.

[23] 李云奇. 真空镀膜 [M]. 北京：化学工业出版社，2012.

[24] 徐成海. 真空干燥技术 [M]. 北京：化学工业出版社，2012.

[25] 刘湘秋. 常用压力容器手册 [M]. 北京：机械工业出版社，2004.

[26] 日本真空技术株式会社. 真空手册 [M]. 卢永铭，刘立，王汝梅，季国雄译. 北京：原子能出版社，1986.

[27] 《化工设备设计全书》编辑委员会. 化工设备设计全书. 真空设备设计 [M]. 上海：上海科学技术出版社，1990.

[28] 王宝霞，张世伟. 真空工程理论基础 [M]. 沈阳：东北大学出版社，1997.

[29] 徐烈等. 低温绝热与贮运技术 [M]. 北京：机械工业出版社，1999.

[30] 张树林. 真空技术物理基础 [M]. 沈阳：东北大学出版社，1988.

[31] 华中一. 真空实验技术 [M]. 上海：上海科学技术出版社，1986.

[32] 李云奇等. 真空世界 [M]. 上海：上海科学技术出版社，1984.

[33] 吴孝俭，闫荣鑫. 泄漏检测 [M]. 北京：机械工业出版社，2005.

[34] 兰州物理研究所. 检漏技术讲义 [J]. 真空与低温，1978（增刊）.

[35] 兰州物理研究所. 检漏技术补充讲义 [J]. 真空与低温，1984（增刊）.

[36] [法] 蒙哥丁. 真空密封与检漏 [M]. 李平沤译. 北京：中国工业出版社，1966.

[37] 朱毓坤. 泄漏检测 [M]. 中国核工业总公司成都核材料元件无损检测中心. 成都：中国核动力研究设计院，1994.

[38] 王逊，何焕伟. 热阴极电离真空计 [M]. 北京：北京大学出版社，1994.

[39] 杨乃恒，王敏民，李云奇，等. 幕墙玻璃真空镀膜技术 [M]. 沈阳：东北大学出版社，1994.

[40] 黄素逸等. 采暖空调制冷手册 [M]. 北京：机械工业出版社，1996.

[41] 黄本诚. 空间环境工程学 [M]. 北京：中国宇航出版社，1993.

[42] 傅宝琴. 量和单位标准实用手册 [M]. 北京：中国标准化出版社，1984.
[43] 国际单位制推行委员会办公室编译. 常用单位换算表 [M]. 北京：计量出版社，1980.
[44] [美] J. F. 奥汉隆著. 真空技术实用指南 [M]. 胡炳森，钦菊美，周兆萍，李希宁译. 北京：国防工业出版社，1988.
[45] [德] R. A. 黑费尔著. 低温真空技术——基础和应用 [M]. 李旺奎，李润田，林璇，等译. 北京：电子工业出版社，1985.
[46] 化工第四设计院. 深冷手册（下）[M]. 北京：燃料化学工业出版社，1973.
[47] 徐培林，张淑琴. 聚氨酯材料手册 [M]. 北京：化学工业出版社，2004.
[48] 杨世铭，陈达燮. 传热学 [M]. 北京：中国工业出版社，1961.
[49] 杨贤荣，马庆芳，原庚新，等. 辐射换热角系数手册 [M]. 北京：国防工业出版社，1982.
[50] 电子工业部第十设计研究院. 空气调节设计手册 [M]. 北京：中国建筑工业出版社，1995.
[51] 侯增祺，胡金刚. 航天器热控制技术——原理及其应用 [M]. 北京：中国科学技术出版社，2007.
[52] [美] 文森特 L. 皮塞卡著. 空间环境及其对航天器的影响 [M]. 张音林，陈小前，闫野译. 北京：中国宇航出版社，2011.
[53] 李亚江，王娟，刘鹏. 异种难焊材料的焊接及应用 [M]. 北京：化学工业出版社，2004.
[54] 朱艳. 钎焊 [M]. 哈尔滨：哈尔滨工业大学出版社，2012.
[55] 于启湛，丁成刚，史春元. 低温用钢的焊接 [M]. 北京：机械工业出版社，2009.
[56] 史春元，丁启湛. 异种金属的焊接 [M]. 北京：机械工业出版社，2012.
[57] 王娟，刘强等. 钎焊及扩散焊技术 [M]. 北京：化学工业出版社，2013.
[58] 吴金杰. 焊接工程师专业技能入门与精通 [M]. 北京：机械工业出版社，2009.
[59] 张应立. 现代焊接技术 [M]. 北京：金盾出版社，2011.
[60] 张应立. 特种焊接技术 [M]. 北京：金盾出版社，2012.
[61] 赵镇南. 传热学 [M]. 北京：高等教育出版社，2008.
[62] 彦启森. 制冷技术及其应用 [M]. 北京：中国建筑工业出版社，2006.
[63] 郦振声. 现代表面工程技术 [M]. 北京：机械工业出版社，2010.
[64] 戴达煌，代明江，侯惠君等. 功能薄膜及其沉积制备技术 [M]. 北京：冶金工业出版社，2013.
[65] 粟祜. 钨极氩弧焊提高质量的途径 [M]. 北京：国防工业出版社，1984.
[66] 粟祜. 真空钎焊 [M]. 北京：国防工业出版社，1984.
[67] 成大先. 机械设计手册（第 1 卷）[M]. 第 5 版. 北京：化学工业出版社，2008.
[68] [日] 源生一太郎著. 制冷机的理论和性能 [M]. 张瑞霖译. 北京：中国农业出版社，1982.
[69] 徐烈，方容生等. 低温容器设计制造与使用 [M]. 北京：机械工业出版社，1987.
[70] 《真空技術常用諸表》編輯委員会編. 真空技術常用諸表 [M]. 東京：日刊工業新聞社，1962.
[71] 侯增祺，胡金刚. 航天器热控技术——原理及其应用 [M]. 北京：中国科学技术出版社，2007.
[72] 徐成海，张世伟，关奎之. 真空干燥 [M]. 北京：化学工业出版社，2004.
[73] 王俊鹏等. 海水淡化 [M]. 北京：科学出版社，1978.
[74] [日] 浅尾壮一郎等著. 真空技術用構成材料 [M]. 東京：日刊工業新聞社，1964.
[75] 《橡胶工业手册》编写小组. 橡胶工业手册（第一分册）[M]. 北京：化学工业出版社，1974.
[76] 田民波，刘德玲. 薄膜科学与技术手册 [M]. 北京：机械工业出版社，1991.
[77] 黄本诚，马有礼，黄宁等. 航天器空间环境试验技术 [M]. 北京：国防工业出版社，2002.
[78] 黄本诚等. 空间模拟器设计 [M]. 北京：宇航出版社，1994.
[79] 王惠龄. 制冷与低温测量技术 [M]. 武汉：华中理工大学出版社，1988.
[80] [日] 川田裕郎等编著. 流量测量手册 [M]. 罗秦等译. 北京：中国计量出版社，1982.
[81] 阎守胜编. 低温物理实验的原理与方法 [M]. 北京：科学出版社，1985.
[82] 陈国翔编. 低温测试技术 [M]. 西安：西安交通大学，1981.
[83] 赵淮. 包装机械选用手册（上、下）[M]. 北京：化学工业出版社，2001.
[84] 赵淮. 包装机械选用手册（上）[M]. 北京：化学工业出版社，2001.

[85] [日] 山中久彦著. 真空热处理 [M]. 李贻锦，郭耕三译. 北京：机械工业出版社，1975.
[86] 张祉祐，石秉三. 制冷及低温技术 [M]. 北京：机械工业出版社，1982.
[87] 李永安. 制冷技术与装置 [M]. 北京：化学工业出版社，2010.
[88] 周远，王如竹. 制冷与低温工程 [M]. 北京：中国电力出版社，2003.
[89] 顾廷安. 制冷原理及设备 [M]. 北京：化学工业出版社，1988.
[90] 郑贤德. 制冷原理与装置 [M]. 北京：机械工业出版社，2001.
[91] 陈国邦. 新型低温技术 [M]. 上海：上海交通大学出版社，2003.
[92] 郑德馨，袁秀玲. 低温工质热物理性质表和图 [M]. 北京：机械工业出版社，1982.
[93] 张玉龙，李萍. 塑料制品速查手册 [M]. 北京：化学工业出版社，2010.
[94] 张玉龙，孙敏. 橡胶品种与性能手册 [M]. 北京：化学工业出版社，2007.
[95] 张以忱，黄英. 真空材料 [M]. 北京：冶金工业出版社，2005.
[96] 江楠. 压力容器分析设计方法 [M]. 北京：化学工业出版社，2013.
[97] 沈鋆. ASME 压力容器分析设计 [M]. 上海：华东理工大学出版社，2014.
[98] 丁伯民. ASME Ⅷ压力容器规范分析 [M]. 北京：化学工业出版社，2014.
[99] 宋剑锋. ANSYS 有限元分析 [M]. 北京：中国铁道出版社，2012.
[100] 黄志新，刘成柱. ANSYSWorkbench 14. 0 超级学习手册 [M]. 北京：人民邮电出版社，2013.
[101] 中川洋，小宫宗治. 真空装置 [M]. 日刊工业新闻社，1965.
[102] 林主税，小宫宗治. 超高真空 [M]. 日刊工业新闻社，1964.
[103] 石井博. 真空泵 [M]. 日刊工业新闻社，1965.
[104] [苏] Г. Л. Саксаганский 著. 复杂系统的分子流理论 [J]. 李旺奎，兰增瑞，薛大同，刘玉魁合译. 真空与低温，1985 (4).
[105] Б С Данилин，В Е Минайчев. Основы конструирования систем [M]. москва：издательство《энергия》，1971.
[106] Holland L Steckelmacher W，Yarwood J. Vacuum manual [M]. London：Spon，1974.
[107] 罗思 A. 真空技术 [M]. 北京：机械工业出版社，1979.
[108] Robert C McMaster. Nondestructive Testing Handbook. Secondedition. Volume l. Leak testing [M]. ASNT and ASM，1982.
[109] Charles N Jackson，Charles N Sherlock. Nondestructive Testing Handbook [M] Third Edition. Volume 1. ASNT，1998.
[110] Л Н Розанов. Вакуумные машины Иустановки [M]. москва：издательство《энергия》，1975.
[111] А И Пипко，В Я Плисковский，Е А Пенчко. Конструирование И расчет вакуумных систем [M]. москва：издательство《энергия》，1979.
[112] В А Ланис，Л Е Левина. Техника вакуумных испытаний [M]. москва：государственное энертетичесское издальство，1963.
[113] Э Тренделенбург. Сверхвысокий вакуум [M]. москва：издательство《Мцр》，1966.
[114] Г Л Саксаганский. Молекулярные потоки в сложиых вакуумных структурах [M]. москва：Атомиздат，1980.
[115] Я Грощковский. Техника высокого вакуума [M]. москва：государственное энертетичесское издальство，1975.
[116] Dushman S，Lafferty J M. Scientific Foundations of Vacuum Technique [M]. New York：Wiley，1962.
[117] Redheed P A，Hobson J P，Kornelsen E V. The Physical Basis of Ultrahigh Vacuum [M]. London：Chapman and Hall，1968.
[118] 富永五郎，辻泰. 真空工学の基础 [M]. 东京：日刊工业新闻社，1969.
[119] Lewin G. Fundament of Vacuum Science and Technology [M]. New York：Mcgraw-hill Book Company，1965.
[120] 真空ハソドブシク（改版）[M]. 茅崎：日本真空技术株式会社，1982.
[121] К П Шумкий. Вакууныеаппараты и приборы химического машиностроения [M]. москва：《энергия》，1963.
[122] Karl Jousten. Handbook of Vacuum Technology [M]. Weinheim：WILEY-VCH Verlag GmbH & Co. KGaA，2008.
[123] 陈彦宾. 现代激光焊接技术 [M]. 北京：科学出版社，2005.

[124] 日本长柱研究会，林毅. Handbook of Structural Staility [M]，株式会社コロナ社，1971.
[125] 张以忱. 真空技术及应用系列讲座（第十一讲：真空材料）[J]. 真空，2001(6).
[126] 曹辉玲，孙德田，王树鹏. 新型的肼 [J]. 真空，2008，45(4).
[127] 程亦，赵迎杰. 混凝土脱水技术在建筑施工中的应用 [J]. 真空，1988(1).
[128] 姚明辉，何枫等. 真空发生器系统吸附响应时间的确定 [J]. 真空科学与技术，2002(3).
[129] 郑欣荣，张宪等. 真空发生器的节能应用研究 [J]. 真空与低温，2005(1).
[130] 株洲冶炼厂. 粉料的真空输送 [J]. 真空，1976(5).
[131] 黄锡森. ZS-6 型移动式真空输粮机及其设计 [J]. 真空，1984(1).
[132] 曹羽，陈海. 气冷式直排大气罗茨泵及机组应用选型 [J]. 真空，1997(6).
[133] 龚建华，张浙军. 浅谈低辐射玻璃 [J]. 真空与低温，2001(2).
[134] 徐成海，郝璐，熊富仓. 冻干机捕水器结构与特性 [J]. 真空与低温. 2002(9).
[135] 夏正勋. 蒸发卷绕镀膜机几个关键技术问题的研究 [J]. 真空与低温，2001(3).
[136] 刘仁家. 真空热处理及其设备 [J]. 真空，1982(3).
[137] 李云奇，郭鸿震，张树林. 真空镀膜技术的发展及其应用 [J]. 真空，1983(3).
[138] 刘玉魁. 浅谈真空卫生 [J]. 真空，1986(1).
[139] 李云奇，张世伟. 磁流体在真空转轴密封中的应用 [J]. 东工科技，1984(3).
[140] 徐成海. 低温冷凝泵的设计与计算 [J]. 东工科技，1984(3).
[141] 刘强. 对热真空环境试验设备设计中有关问题的讨论 [J]. 真空与低温，2006(4).
[142] 刘玉魁. 新型真空与气体置换保鲜包装材料 [J]. 真空与低温，1993(1).
[143] 刘玉魁. 真空气体置换保鲜 [J]. 真空与低温，1996(3).
[144] 刘玉魁. 真空包装材料 [J]. 真空与低温，1996(4).
[145] 刘玉魁. 食品真空保鲜辅助原料 [J]. 真空与低温，1997(1).
[146] 刘立杰. 大型空间环境模拟光学检测设备隔振系统概述 [J]. 光导精密工程，2013(12 增刊).
[147] Tuzi Y，Saito T. Adsorption of Nitrogen on a Pyrex Glass Surfaceat Very Low Pressures [J]. J Vac Sci Tech，1969，6(1).
[148] Hobson J P，Armstrong R A. A Study of Physical Adsorption at Very Low Pressures Using Ultrahigh Vacuum Techniques [J]. J Phys Chem，1963，67(10).
[149] Troy M，Wightman J P. Physisorption of Ar，Kr，CH_4 and N_2 on 304 Stainless Steel at Very Low Pressures [J]. J Vac Sci Tech，1971，8(6).
[150] 高本辉. 真空技术的近代理论问题 [J]. 真空技术，1975(4).
[151] Troy M，Wightman J P. Physisorption of Nitrogen on 304 Stainless Steel at Very Low Pressures [J]. J Vac Sci Tech，1970，7(3).
[152] 刘玉魁. 分析法计算挡板流导 [J]. 真空，1979(6).
[153] 徐成海. 真空预冷 [J]. 真空与低温，1997(2).
[154] 杜建通，张荣玲. 果蔬真空预冷装置的技术发展前景 [J]. 真空与低温，1999(3).
[155] 刘玉魁. 果品贮藏基本原理 [J]. 真空与低温，1994(1).
[156] 刘玉魁. 蔬菜成分及耐藏性的影响因素 [J]. 真空与低温，1994 (2).
[157] 刘玉魁. 肉食品成分及保鲜原理 [J]. 真空与低温，1995(4).
[158] 刘玉魁. 微生物对食品贮藏的影响 [J]. 真空与低温，1996 (1).
[159] 刘玉魁. 真空包装保鲜食品 [J]. 真空与低温，1996(2).
[160] 武越，许忠旭，裴一飞. 航天器密封舱压力模拟控制方法研究 [J]. 真空科学与技术，2014(10).
[161] 魏奎先，郑达敏，马文会，等. 真空精炼提纯工业硅除钙研究 [J]. 真空科学与技术，2014(9).
[162] 黄克威，胡耀志，兰增瑞. 清洁的超高真空技术 [J]. 真空技术，1975(3).
[163] 西田启一，松井滋夫，柳井正谊. クティォボンプの特性 [J]. 真空，1967，10 (2).
[164] 黄英，李建军，韩晶雪，等. 干式涡旋真空泵的发展与关键问题 [J]. 真空，2013(3).
[165] 林汉光. 液环真空泵及机组节能设计和选型的方法探讨 [J]. 真空与低温，2012(1).

[166] 蔡海涛，胡在定，叶志文，等. 用于大型低温多效海水淡化真空系统的自主设计与工程实践 [J]. 真空与低温，2012(2).
[167] 孔庆升等. 热阴极中真空电离计的研究 [J]. 真空技术，1975(3).
[168] 毕海林，胡建生，余耀伟，等. HT-7 托克马克全金属壁及锂化条件下辉光放电清洗的研究 [J]. 真空科学与技术，2014(7).
[169] 董猛，冯炎，成永军，等. 材料在真空环境下放气的测试技术研究 [J]. 真空与低温，2014(1).
[170] 冯伟泉. 日本 JAXA 航天器环境工程试验能力研究 [J]. 航天器环境工程，2013(5).
[171] 刘建明，周恒智. 内聚光膜式全玻璃真空太阳集热管烘烤排气工艺研究 [J]. 真空科学与技术，2013(8).
[172] 张容，韩建军. 太阳模拟器窗口的设计 [J]. 航天器环境工程，2004(2).
[173] 郃惠民，贺成柱，孟宪君，等. 一台大型清洁超高真空空间环境试验设备 [J]. 真空与低温，1984(1).
[174] Г. Л. Саксаганский. 吸附壁结构中的分子流 [J]. 刘玉魁译. 真空与低温，1985(4).
[175] 高本辉. 超高真空的渗透问题 [J]. 真空技术，1965(4).
[176] 姜燮昌. 真空技术在工业方面的应用 [J]. 真空，1987(3).
[177] 陆国柱. 塑料真空镀膜吸附机理及工艺的探讨 [J]. 真空，1987(3).
[178] 刘玉魁，曹军. LSA-1 型电弧离子镀膜机结构研制 [J]. 真空与低温，1991(3).
[179] 田砚，刘玉魁. 真空获得设备的进展 [J]. 真空与低温，1991(6).
[180] 刘玉魁. 扩散泵发展史话 [J]. 真空与低温，1985(3).
[181] 谈治信. 离子束刻蚀技术 [J]. 真空与低温，1993(2).
[182] 徐建伟，冯玉国. 抽速测试罩蒙特卡洛计算的误差分析 [J]. 真空，1980(5).
[183] 徐建伟，冯玉国. 双规小孔测试罩上空的蒙特卡洛分析 [J]. 真空，1980(5).
[184] 黄振邦. 真空系统计算基础 [J]. 真空，1978(5).
[185] 郭静华，智欧. 表面隔膜对真空绝热板性能的影响 [J]. 保温材料与建筑节能，2003(2).
[186] 杨春光，徐烈，张卫林. 一种高效绝热技术-真空绝热板 [J]. 真空，2006(1).
[187] 温勇刚，王先荣，杨建斌，等. 真空绝热板（VIP）技术及其发展 [J]. 低温工程，2008(6).
[188] 李培印，柳晓宁，刘春，等. 真空热试验中离子推进器对真空系统的影响与对策 [J]. 真空科学与技术，2014(8).
[189] 邸小波，鲍崇高，高义民，等. 真空绝热板系数与板内真空度关系研究 [J]. 真空，2011(3).
[190] 张宁，杨春光，高霞，等. 真空绝热板内部真空度的影响因素分析及改善措施 [J]. 真空，2010(1).
[191] 温永刚，王先荣，陈光奇. FG 型真空绝热板使用寿命评估 [J]. 真空科学与技术学报，2011(1).
[192] 阚安，康利云，曹丹. 真空绝热板使用寿命数值分析及预测 [J]. 真空科学与技术学报，2014(7).
[193] 董镛. 真空玻璃 [J]. 真空，2009(5).
[194] 唐键正. 真空玻璃传热系数的简易计算 [J]. 建筑门窗幕墙与设备，2006(3).
[195] 唐健正，盛建中. 高隔热隔声真空玻璃幕墙 [J]. 玻璃工业，2007(7).
[196] 李学章，李全旺. 工业锂蒸锅炉研发 [J]. 真空，2010(3).
[197] 兰海仓，赵炜，胡初潜，等. 真空蒸馏法制取高纯金属锂工业试验 [J]. 稀有金属，1998(4).
[198] 丁正斌，周永安，张勋. 冷冻干燥工艺简介 [J]. 真空与低温，1996(1).
[199] 钱强，朱跃钊，廖传华，等. 真空蒸馏海水淡化的热力分析 [J]. 真空，2009(3).
[200] 李加宏，胡建生，王小明，等. EAST 超导托卡马克装置真空抽气系统 [J]. 真空，2010(1).
[201] 刘超，陈海峰，史诺. 气流微波膨化设备的研究 [J]. 真空，2009(5).
[202] 石启龙，张培正. 苹果气流膨化干燥工艺研究 [J]. 食品科学，2001(12).
[203] 李希宁，高宜桂，刘正溥，等. 天文望远镜专用镀铝设备研制 [J]. 真空技术，1975(4).
[204] 李云奇，张世伟. 磁流体在真空转轴密封中的应用 [J]. 东工科技，1984(3).
[205] 夏正勋. 蒸发卷绕镀膜机几个关键技术问题的研究 [J]. 真空与低温，2001(3).
[206] 曾宪森. 维通型氟橡胶及其在密封中的应用 [J]. 润滑与密封，1982(3).
[207] BELM Sessink，Verster N F. Design of Eastomer O-ring Vacuum Seals [J]. Vacuum，1973，23(9).
[208] Danielson P M. Scaling Large Ultrahigh-Vacuum Flanges with Polytetrafluoroethylene Gaskets [J]. J Vac Sci Technol，1969，6(3).

[209] 陶业坚，润乾，等. 分子筛在获得中的应用 [J]. 真空技术，1973(2).
[210] 吴浩，等. Ag纳米颗粒与纳米结构薄膜的研究进展 [J]. 真空与低温，2000(4).
[211] 李强勇，等. 纳米颗粒铜膜的制备和光学性能观测 [J]. 真空与低温，1995(1).
[212] 刘玉魁. 真空工程计算所用基本公式的探讨 [J]. 真空，1987(4).
[213] 刘玉魁. 盒形不锈钢真空室壳体设计与制造 [J]. 真空与低温，1989(4).
[214] 刘玉魁. 真空卫生 [J]. 真空，1986(1).
[215] 刘玉魁. 真空清洗原理及清洁剂 [J]. 真空与低温，1990(4).
[216] Nuvolone R. Technology of Low-pressure Systems-Establishment of Optimum Conditions to Obtain Low Degassing Rate on 316L Stainless Steel by Heat Treatments [J]. J Vac Sci Technol，1977，14(5).
[217] 顾庆倩. 分子泵加锆铝吸气泵真空系统 [J]. 真空，1982(1).
[218] 李旺奎，章其中，等. 具有冷冻升华阱的金属超高真空系统 [J]. 真空技术，1975(2).
[219] 刘玉魁，韩晓文. 用带冷阱的油封机械泵启动溅射离子泵 [J]. 真空与低温，1987(1).
[220] 达道安，姜万顺，等. 用分子沉技术获得 10^{-11}Pa 的极高真空研究 [J]. 科学通报，1986(5).
[221] 刘玉魁，韩晓文. 亚暴环境材料试验设备真空系统研制 [J]. 真空，1988(4-5).
[222] 刘玉魁. 亚暴环境的地面模拟 [J]. 真空与低温，1986(2).
[223] 崔广德，韩军，等. 空间辐射制冷器用的小型环境模拟器的研制 [J]. 真空与低温，1988(1).
[224] 杨恢东，等. 纳米半导体薄膜制备技术 [J]. 真空与低温，1999(2).
[225] 达道安，姜万顺. 加速器中的真空技术问题 [J]. 真空与低温，1984(2).
[226] 潘惠宝，程渭伦，等. 北京质子同步加速器 (BPS) 的真空系统 [J]. 真空科学与技术，1981(1).
[227] 刘玉魁，穆永阁. 真空镀膜设备 [J]. 真空与低温，1982(1).
[228] 刘玉魁. 真空镀铝制镜 [J]. 真空应用，1985(3).
[229] 王福云，刘命辉，等. 中型无油超高真空防冷焊评价试验设备的研制 [J]. 真空与低温，1998(4).
[230] 韩耀文. 高速连续真空蒸发镀铝 [J]. 真空，1986(6).
[231] 范玉殿，王怡德，等. 平面磁控溅射靶的磁场设计 [J]. 真空，1982(5).
[232] 朴元河，金永. HCD法镀氮化钛的设备与工艺 [J]. 真空，1983(5).
[233] 姜昌，金永，等. HCD法工具离子镀设备的研究 [J]. 真空，1988(3).
[234] 张祥生. 离子镀膜——一种全新的镀膜技术 [J]. 真空技术，1979(1).
[235] 高汉三，张守忠，等. 多弧刀具离子镀膜工艺设备 [J]. 真空. 1989(2).
[236] 孙亦宁. 化学气相沉积金刚石薄膜 [J]. 真空与低温，1988(4).
[237] 罗崇泰. 类金刚石薄膜的获得和应用 [J]. 真空与低温，1987(1).
[238] 张继玉. 真空冶金装置 (一) [J]. 真空科学与技术，1984(2).
[239] 高新民. 真空电阻炉的隔热层 [J]. 真空，1981(5).
[240] 蔡怀福. 石墨在真空电阻炉上的应用 [J]. 真空，1980(2).
[241] 张树林. 真空冶金装置 (二) [J]. 真空科学与技术，1984(3).
[242] 郭鸿震. 真空冶金装置 (三) [J]. 真空科学与技术，1984(4).
[243] 徐国兴，黄思明. 大型真空熔炼设备——五吨真空精炼炉 [J]. 真空技术，1974(3).
[244] 王玉民，金永. 真空自耗电极电弧凝壳炉 [J]. 真空，1980(5).
[245] 孙殿君. 真空冶金装置 (四) [J]. 真空科学与技术，1985(1).
[246] 李云奇. 真空冶金装置 (五) [J]. 真空科学与技术，1985(2).
[247] 李云奇. 钢液真空脱气精炼设备抽气系统的设计与计算 [J]. 真空，1980(5).
[248] 刘德权，等. HL-2A托卡马克真空系统的烘烤试验 [J]. 真空，2003(2).
[249] 龚肖楠，刘群，等. HPV200型高压真空气淬炉设备与工艺 [J]. 真空，1990(1).
[250] [日] 村上弘二. 真空渗碳 [J]. 真空，1979(6).
[251] 方应翠，等. HT-7超高托克马克第一壁 He 辉光硼化实验研究 [J]. 真空，2001(1).
[252] 施加荣，孙力达. 真空铝钎焊工艺与设备 [J]. 真空，1990(2).
[253] 司鸿楠，许丽芳，等. 低真空电子束焊接机真空系统 [J]. 真空科学与技术，1982(3).

[254] 刘玉魁. 食品冷冻升华干燥 [J]. 真空与低温，1988(4).
[255] 乔保振. 真空气相干燥设备及其应用 [J]. 真空，1988(2).
[256] 马一峰. 真空-热风干燥技术和设备 [J]. 真空，1989(2).
[257] [日] 梅津市郎. 真空浸渍 [J]. 真空，1986(4).
[258] 王子文. 纸介电缆的真空干燥和浸渍工艺设备的开发 [J]. 真空，1989(4).
[259] 刘玉魁. 食品真空保鲜及工艺 [J]. 真空与低温，1990(2).
[260] 王志康. 真空吊车 [J]. 真空技术报导，1976(3).
[261] 蒋观源. 物料的真空吸送及应用 [J]. 真空，1988(2).
[262] 邵玉森. 混凝土真空吸水软吸盘 [J]. 真空科学与技术，1981(6).
[263] 王泉清译. 核聚变反应堆概念及技术问题 [J]. 真空技术报导，1974(5-6).
[264] 陈庆林. 真空技术在核电站中的应用 [J]. 真空与低温，1986(2).
[265] 张景钦，周增圻，等. 分子束外延技术的真空问题 [J]. 真空，1983(2).
[266] 姜留宝. 真空包装技术 [J]. 真空科学与技术，1982(5).
[267] 童靖宇，刘向鹏，孙刚，等. 原子氧/紫外综合环境模拟实验与防护技术 [J]. 真空科学与技术学报，2006(4).
[268] 李中华，王敬宜，李丹明，等. 原子氧作用中试样光学性能原位测量 [J]. 真空与低温，2007(4).
[269] 彭光东，齐晓军，陈丽. KM5A 空间环境试验设备研制 [J]. 航天器环境工程，2009(2).
[270] 杨林华，李竑松. 国外大型太阳模拟器研制技术概述 [J]. 航天器环境工程，2009(2).
[271] 赵春晴，沈自才，冯伟泉，等. 质子辐照对防静电热控涂层导电性能影响 [J]. 航天器环境工程，2009(2).
[272] 汪力，闫荣鑫. 超高真空环境冷焊与防冷焊试验现状与建议 [J]. 航天器环境工程，2008(6).
[273] 于庆奎，唐文，朱恒静，等. 用 10MeV 质子和钴 60γ 射线进行 CCD 空间辐射效应评估 [J]. 航天器环境工程，2008(4).
[274] 杨林华，肖庆生，蒋山平. 红外遥感器辐射定标技术概述 [J]. 航天器环境工程，2013(1).
[275] 景加荣. F3H 红外定标试验用空间环模设备 [J]. 航天器环境工程，2008(4).
[276] 刘玉魁，孟宪君，管予南，等. ZM-800 热真空模拟设备研制 [J]. 真空与低温，1993(1).
[277] 杨建斌，刘玉魁，王先荣，等. ZM-4300 光学遥感器空间环境模拟试验设备研制 [J]. 航天器环境工程，2010(4).
[278] 刘玉魁. 新型真空与气体置换保鲜包装材料 [J]. 真空与低温，1993(1).
[279] 邱家稳，沈自力，肖林. 航天器空间环境协会效应研究 [J]. 航天器环境工程，2013(1).
[280] 冯伟泉，丁义刚，闫德葵，等. 空间电子、质子和紫外综合辐照模拟试验研究 [J]. 航天器环境工程，2005(2).
[281] 杨建斌，张文瑞，柏树，等. 面源红外定标黑体控温热分析 [J]. 真空与低温，2011(1).
[282] 曾菱，刘玉魁，常一平. 航天器大型法兰设计与计算 [J]. 真空与低温，2001(3).
[283] 李斌，刘玉魁. 真空环境中受内压双重橡胶圈密封结构漏率的计算 [J]. 真空与低温，2006(1).
[284] 杨建斌，张文瑞，柏树，等. ZM4300 空间环境模拟试验设备新技术 [J]. 真空与低温，2010(1).
[285] 贾瑞金. 地面实验室模拟空间等离子体环境的初步测试 [J]. 航天器环境工程，2005(3).
[286] 童靖宇，孙立臣，贾瑞金，等. 空间等离子体环境模拟与地面试验技术 [J]. 真空科学技术学报，2008(4).
[287] 齐燕文，王存池，任兆杏. 空间等离子体源于测试系统设计 [J]. 航天器环境工程，2006(5).
[288] 黄本诚. KM6 载人航天器空间环境试验设备 [J]. 中国空间科学技术，2006(3).
[289] 王立，陈薇君，焦宝祥，等. 载人舱不锈钢-铜热沉的设计 [J]. 中国空间科学技术，2006(3).
[290] 刘波涛，黄本诚，余品瑞，等. 液氮系统设计技术 [J]. 中国空间科学技术，2006(3).
[291] 邹定忠，刘敏，刘国青. 热沉设计技术 [J]. 中国空间科学技术，2006(3).
[292] 张春元，黄威，邵容平，等. 真空系统的设计 [J]. 中国空间科学技术，2006(3).
[293] 韩启文，裴一飞，赵立军，等. 喷射式气氮调温系统 [J]. 中国空间科学技术，2006(3).
[294] 贾阳，刘敏，黄本诚. 热沉温度场仿真研究 [J]. 中国空间科学技术，2006(3).
[295] 李殿东. 76km 高空环境模拟试验舱的研制 [J]. 真空. 2002(5).
[296] 李鸿勋. 用于低温设备的液氮分配系统 [J]. 真空与低温，2014(2).
[297] Giuliano Vannaroni，Roberto Bruno，et al. Plasma Diagnostics with：Spherical Langmuir Probesand Planar

Retarding Potential Analyzers [J]. INAF/IFSI-2008-10. 2008, May.
[298] Giuliano Vannaroni, Michele De Santis, etal. Ground-based ionospheric plasma simulation: plasma parameter maps vs. magnetic field [J]. INAF/IFSI-2010-6, 2010 March.
[299] Jean-Charles Mateo-Velez, Jean-Francois Roussel, et al. Ground Plasma Tank Modeling and Comparison to Measurements [J]. IEEE Transactions on Plasma Science, 2008, 36: 2369.
[300] 王毅，郭兴，杨生胜，等. 真空紫外辐照非金属材料环境效应与机理研究进展 [J]. 真空与低温，2015(2).
[301] Virginie Inguimbert, Daniel Sarrail, et al. Electrostatic Discharge and Secondary Arcing on Solar Array-Flashover Effect on Arc Occurrence [J]. IEEE Transactions on Plasma Science, 2008: 2404.
[302] W E Amatucci, David D et al. Whistler Wave Resonances in Laboratory Plasma [J]. IEEETransactions on Plasma Science, 2011, 39: 637.
[303] W E Amatucci, D D Blackwell, et al. LaboratoryInvestigationofNear-Earth [J]. SpacePlasmaProcesses. SpaceResearchandSatelliteTechnology, 2009, 247.
[304] 肖祥正. 大容器检漏的有效方法 [J]. 真空与低温，1983，2(1).
[305] 第九届国际真空会议和第五届国际固体表面会议论文集. 西班牙马德里，1983.
[306] 闫荣鑫，肖祥正，赵忠. 空调器生产线的氦质谱检漏技术 [J]. 真空与低温，1994，13(3).
[307] 肖祥正，闫荣鑫，赵忠. 运载火箭三子级燃料箱体快速检漏技术的研究 [J]. 环模技术，1995(4).
[308] 肖祥正，闫荣鑫，陈光锋. 压检漏的多种示漏气体分析仪的研制 [J. 真空与低温，1999，5(1).
[309] 肖祥正. 质谱检漏技术在我国航天工业领域中的应用（一）[J]. 真空与低温，2001(4).
[310] 肖祥正. 质谱检漏技术在我国航天工业领域中的应用（二）[J]. 真空与低温，2002(1).
[311] 薛大同，肖祥正，李慧娟，等. 氦质谱背压检漏方法研究 [J]. 真空科学与技术，2011，31(1).
[312] 薛大同，肖祥正，密封器件压氦和预充氦细检漏的等效标准漏率上限 [J]. 真空科学与技术，2013，33(8).
[313] 薛大同，王庚林，肖祥正. 密封器件压氦和预充氦细检漏过程中环境氦分压的影响 [J]. 真空科学与技术，2013，33(8).
[314] 薛大同，肖祥正，王庚林. 密封器件压氦和预充氦细检漏判定漏率合格的条件 [J]. 真空科学与技术，2013，33(8).
[315] Charles D Ehrlich, James A Basford. Critical Review Recommended practices for the calibration and use of leaks [J]. J Vac Sci Technol A10 (1), Jan/Feb, 1992.
[316] D A Howl, C A Mann. The back-pressurising technique of leak-testing [J]. Vacuum, 1965, 15(7).
[317] 胡耀志. 发展中的真空检漏技术 [J]. 真空技术，1976 (4).
[318] 肖祥正，闫荣鑫，陈光锋，等. 常压检漏的多种示漏气体分析仪的研制 [J]. 真空与低温，1999，15(1).
[319] 张启亮，查良镇，李明蓬，等. 正压氦质谱检漏灵敏度的校准和微流量的测量 [J]. 真空，1996(2)：4.
[320] 冯焱，李得天. 四极质谱计在真空检漏中的应用 [J]. 真空，2006(3).
[321] 张涤新，等. 正压漏孔校准 [J]. 真空与低温，1998，4(4).
[322] 肖祥正，卓勇，等. 嗅敏探枪累积检漏方法 [J]. 真空与低温，1984 (3).
[323] 肖祥正，闫荣鑫，等. 运载火箭三子级燃料箱体快速检漏技术研究 [J]. 环模技术，1995(4).
[324] 肖祥正. 环境温度变化对静态压降法总漏率测试的影响 [J]. 真空与低温，2002(3).
[325] 石芳录，朱贤，等. 蜂窝夹心结构有效热导率分析模型建立 [J]. 低温工程，1993(1).
[326] 石芳录，等. 冰箱用环戊烷发泡体系组合聚醚研制 [J]. 聚氨酯工业，2003(1).
[327] 朱贤，石芳录，等. 聚氨酯真空隔热板 [J]. 真空与低温，2000(1).
[328] G Sanger, A K Franz. 欧洲空间局使用的检漏仪 [J]. 葛法本译. 国外导弹技术，1983(12).
[329] 喻新发，闫荣鑫，孟冬辉，等. 非对称基准物与被测物差压检漏系统试验研究 [J]. 航天器环境工程，2006(10).
[330] Sherman C. Measurement of the surface temperature of ablating silica [J], Temperafure, Its Measurment and Control in Science and Industry, 1962, 13(2).
[331] 朱贤，等. 标准低温铂电阻温度计的研制 [J]. 低温工程，1979(1).
[332] 朱贤，等. 五类十种国产低温热电偶的热电性能研究和分度 [J]. 低温工程，1980(2).
[333] 刘俊义，等. 液氢涡轮流量计研制及标定 [J]. 低温工程，1981(4).

[334] 张敏，等. 超流氦流量测量 [J]. 低温工程，2000 (6).
[335] 耿卫国. 高精度低温介质稳态质量流量、液位振动测量系统 [J]. 低温工程，2001(1).
[336] 田中峰雄，等. 极低温差压流量计 [J]. 低温工学，1980，15(5).
[337] 宋伟荣，等. 低温流量测量 [J]. 低温与超导，2001，29(2).
[338] 夏胜利. 蔬菜真堂预冷保鲜 [J]. 真空应用，1985(3).
[339] 肖祥正. 七十立方米液氢铁路槽车的检漏 [C]. 航天科技报告 HT-860803，8701169. 北京：中国航天标准化研究所.
[340] 肖祥正. 泄漏检测（Ⅰ级教材）[C]. 北京：国防科技工业无损检测人员资格鉴定与认证委员会，2004.
[341] 肖祥正. 泄漏检测（Ⅲ级教材）[C]. 北京：国防科技工业无损检测人员资格鉴定与认证委员会，2011.
[342] 肖祥正. 泄漏检测技术教材 [C]. 北京：航空航天无损检测人员资格鉴定委员会，2000.
[343] 刘哲军. 声发射检测 [C]. 北京：国防科技工业无损检测人员资格鉴定与认证委员会，2004.
[344] 渗透检验 [C]. 无损检测Ⅱ级培训讲义. 北京：国防科技工业无损检测人员资格鉴定与认证委员会，2004.
[345] 曹辉玲，陈旭. 检漏技术及其在电力工业中的应用 [C]. 北京：电子工业部第十二研究所，1997.
[346] 刘玉魁. 航天器空间环境模拟技术 [C]. 第 12 届国际真空博览会文集. 北京，2013.
[347] 刘玉魁，杨建斌，张文瑞，等. 空间光学遥感器试验与测试系统研制 [C]. 中国真空学会第 8 届年会报告. 广州，2014.
[348] 刘玉魁. 制冷技术讲座. 兰州华宇航天技术应用公司培训教材 [C]，2012.
[349] 闫荣鑫、肖祥正. 空间站结构泄漏故障监测技术方案报告 [C]. 863 课题研究报告，兰州：航天 510 所，1997.
[350] 肖祥正. 空间站先进密封技术、快速检漏与堵漏技术研究 [C]. 空间站长寿命、材料和环境讨论会，北京，1988.
[351] 闫治平. 氦-85 检漏设备的研制 [C]. 航天部科技报告 HT-850170N，1985.
[352] 刘玉魁. 真空系统设计. 兰州华宇航天技术应用公司培训教材 [C]. 北京：第 12 届国际真空博览会. 2013.
[353] 刘玉魁. 真空 [C]. 北京：第 12 届国际真空博览会. 兰州华宇航天技术应用公司培训教材，2013.
[354] 吴孝俭，闫荣鑫. 电子元器件密封检测技术 [C]. 北京：航空航天无损检测人员资格鉴定委员会，2002.
[355] 刘玉魁，管予南，卢榆孙，等. 空间辐射环境模拟设备 [C]. 北京：中国宇航学会“强度与环境专委会”成立大会，1980.
[356] 李明蓬. 泄漏机理与检漏设计 [C]. 北京：中国运载火箭技术研究院总体设计部，1998.
[357] 陈乃克. 差压式气密检漏工作原理 [C]. 天津：博益（天津）气动技术研究所，2002.
[358] 丁新玲. 国外航天运载器检漏技术及应用实例 [C] //泄漏检测专业技术交流会资料集. 北京，2008.
[359] 上海亿帮光化学有限公司. 荧光示踪检漏 [C]. 泄漏检测专业技术交流会资料集，2008.
[360] 唐健正，盛建中. 真空玻璃幕墙与建筑节能 [C]. 中国建筑报，2007- 3- 30.
[361] 王娟，石芳录，等. 聚氨酯真空隔热板芯材研制 [C] // 中国聚氨酯行业整体淘汰 ODS 国际论坛论文集. 北京，2003.
[362] 刘军，徐成海. 真空冷冻干燥法制备工业纳米微粉材料的研究现状与进展 [C]. 第七届全国冷冻干燥学术交流会论文集. 北京：中国制冷学会第六专业委员会，2002.
[363] Space physics simulation Chamber [C]. http：//www. nrl. navy. mil/ [2015-12-1].
[364] Minkin H L，et al. Liquid hydrogen flowmeter calibration facility preliminary calibrations on some heat-type and turbine-type flowmeter [C]. NASATND-577，1961.
[365] Roder H M. ASRDI oxygen technology survey，density and liquid level measurent instrumentation for the cryogenic fluids oxygen，hydrogen and nitrogen [C]. NASA SP-3083，1974.
[366] Clausing R E. A Large-scale Getter Pumping Experiment Using Vapor Deposited Titanium Films [C]. Trans 8th Nat Vac Symp. And Internal Cong，1961 (1).
[367] 肖祥正. QJ 2040. 1—91 标准漏孔校准方法-绝对校准方法 [S]. 航天部标准，1991.
[368] 肖祥正. QJ 2040. 2—91 标准漏孔校准方法-相对校准方法 [S]. 航天部标准，1991.
[369] 肖祥正，闫荣鑫，常智英. QJ 2862—96 压力容器焊缝氦质谱吸枪罩盒检漏试验方法 [S]. 航天部标准. 1996.
[370] 杨建斌，刘玉魁，肖祥正，等. 中华人民共和国国家标准 GB/T 32221—2015 真空技术　航天器用真空热环境模

拟试验设备 通用技术条件 [S]，2015.
[371] 李得天，肖祥正，陈光奇，等. 中华人民共和国国家标准 GB/T 32218—2015 真空技术 真空系统漏率测试方法 [S]，2015.
[372] 杨建斌，刘强，刘玉魁，等. 中华人民共和国航天行业标准 QJ 20126—2012 航天器空间环境模拟试验设备. 真空容器规范 [S]，2015.
[373] 刘强，杨建斌，刘玉魁，等. 中华人民共和国航天行业标准 QJ 20127—2012 航天器空间热环境试验设备技术要求 [S]，2015.
[374] JB 4732——1995. 钢制压力容器——分析设计标准 [S]，1995.
[375] 邱家稳，王少宏，常天海，等. 光学太阳反射镜基底的辉光放电清洗 [J]. 真空与低温，1993(02)：82-87.
[376] 王志文，严冬海，张年满，等. HL-1M 装置氦辉光放电清洗的实验研究 [J]. 真空与低温，2002(02)：46-50.
[377] 钟利，但敏，沈丽如，等. 霍尔源溅射清洗工艺对离子镀 TiN 涂层结合性能的影响 [J]. 真空，2020，57(06)：5-10.
[378] 田民波，李正操. 薄膜技术与薄膜材料 [M]. 北京：清华大学出版社，2021.
[379] 李云奇. 真空镀膜 [M]. 北京：化学工业出版社，2012.
[380] 王宝霞，张世伟. 真空工程理论基础 [M]. 沈阳：东北大学出版社，2005.
[381] 董海义，李琦，彭晓华，等. BEPCⅡ储存环真空系统性能 [J]. 真空，2008(04)：29-31.
[382] 张军辉，杨晓天，蒙峻，等. 真空炉高温除气工艺对降低不锈钢出气率的作用 [J]. 真空与低温，2003(02)：45-48.
[383] 郦振声，杨明安，钱翰城，等. 现代表面工程技术 [M]. 北京：机械工业出版社，2007.
[384] 龚伟，张涤新，成永军，等. 小孔流导的理论计算与蒙特卡洛法计算 [J]. 真空与低温，2009，15(04)：215-221.
[385] 王继常，杨乃恒. 真空系统管路元件流导几率的蒙特卡洛法计算 [J]. 真空科学与技术，1987(05)：295-299.
[386] Ratnakala K C，Tiwari S K，Shukla S K，Kotaiah et al. Outgassing rate measurement of copper plated stainless steel [J]. Journal of Physics：Conference Series，2008，114(1).
[387] Garke B，Edelmann Chr，Günzel R，et al. Modification of the outgassing rate of stainless steel surfaces by plasma immersion ion implantation [J]. Surface & Coatings Technology，1997，93 (2).
[388] Schindler N，Schleuβner D，Edelmann Chr. Measurements of partial outgassing rates [J]. Vacuum，1996，47 (4).
[389] Saito K，Sato Y，Inayoshi S，et al. Measurement system for low outgassing materials by switching between two pumping paths [J]. Vacuum，1996，47(6).
[390] Yang Y，Saitoh K，Tsukahara S. An improved throughput method for the measurement of outgassing rates of materials [J]. Vacuum，1995，46(12).
[391] 张涤新，曾祥坡，冯焱等. 材料放气率测量方法评述 [J]. 真空，2010，47(06)：1-5.
[392] 李得天. 德国联邦物理技术研究院（PTB）气体微流量计量评价 [J]. 真空科学与技术，2003 (04)：71-76.
[393] Calcatelli A，Raiteri G，Rumiano G. The IMGC-CNR flowmeter for automatic measurements of low-range gas flows [J]. Measurement，2003，34(2).
[394] 张涤新，赵澜，成永军，等. 气体微流量测量技术的发展 [J]. 真空，2010，47(01)：1-6.
[395] 叶鹏，白剑. 一种多用真空吸具的设计 [J]. 真空，2013，50(03)：30-31.
[396] 孙克刚，马征宾，郭希坤，等. 大吨位真空吸管器抽真空系统及吸盘的研制应用 [J]. 真空，2020，57(06)：75-79.
[397] 刘朝，邢洪硕，苏家豪，等. 真空电梯现状与发展趋势探讨 [J]. 真空，2019，56(06)：54-59.
[398] 彭润玲，谢元华，张志军，等. 真空包装的现状及发展趋势 [J]. 真空，2019，56(02)：1-15.
[399] 李玲玲，余汪洋. 国外真空包装机先进机型介绍 [J]. 包装与食品机械，1994(04)：39-48.
[400] 张聪. 全自动热成型真空包装机设计（Ⅰ）[J]. 包装与食品机械，2002(01)：16-18.
[401] 张聪. 压缩式真空包装机的设计开发 [J]. 轻工机械，2003(04)：73-77.
[402] 卢声，肖衡. 真空包装机械的技术发展 [J]. 包装与食品机械，1998(04)：38-46.

[403] 真空包装机在各种包装上的应用 [N]. 中国包装报，2009-07-28(002).
[404] 陈嘉中. 食品的真空和真空充气软包装 [J]. 中国包装工业，2007(04)：30-31.
[405] 陕西省农业学校. 果蔬贮运学 [M]. 北京：中国农业出版社，1991.
[406] 毛祖遂，张训生，鲍世宁，等. 一台表面分析仪的超高真空系统设计与调试 [J]. 真空科学与技术，1985(03)：32-37.
[407] 边悦，刘春艳. 特大型超高真空排气台的研制 [J]. 真空科学与技术学报，2019，39(12)：1079-1082.
[408] 李鄂民，杨洋，张晨，等. 真空吸盘技术在铜板配重系统中的应用 [J]. 液压与气动，2011(02)：63-65.
[409] 岳俊英，刘云飞. 真空吸盘技术在搬运薄钛板材中的应用 [J]. 有色设备，2007(03)：17-18+26.
[410] 张静，薛伟，梁允魁，等. 真空吸附技术及其在工程机械装配中的应用 [J]. 工程机械与维修，2015 (S1)：302-305.
[411] 蒋戎，杜长春，丁浩. VACUVIETZ-12T 型真空吸管器及应用 [J]. 工程机械与维修，2013(06)：170-172.
[412] 单景德. 真空吸取器设计及应用技术 [M]. 北京：国防工业出版社，2000.
[413] 马永胜，郭迪舟，景泳淼，等. 超高真空法兰金属密封方法 [J]. 真空，2016，53(06)：9-11.
[414] 董海义，宋洪，李琦，等. BEPCII 储存环真空系统 [J]. 真空科学与技术学报，2006(04)：335-338.
[415] 董海义，宋洪，李琦，等. 中国散裂中子源（CSNS）真空系统研制 [J]. 真空，2015，52(04)：1-6.
[416] 张恕修. 兰州重离子加速器真空系统的设计问题 [J]. 真空，1989(01)：57-60.
[417] 汤启升，王志山，李雪军. 上海质子治疗装置同步环真空布局及真空室设计 [J]. 原子能科学技术，2015，49 (S2)：529-532.
[418] 李得天，赵光平，郭美如，等. 静态膨胀法真空标准校准下限延伸方法研究 [J]. 真空科学与技术学报，2009，29(03)：314-317.
[419] 李得天，刘强，李正海，等. 组合型真空规校准系统 [J]. 真空，1994(03)：18-23+43.
[420] 李得天，李正海，郭美如，等. 超高/极高真空校准装置的研制 [J]. 真空科学与技术学报，2007(02)：92-96.
[421] 李得天，李正海，冯焱，等. 分压强质谱计校准装置的研制 [J]. 真空科学与技术，2001(03)：67-71.
[422] 冯焱，李得天，马诗龙，等. 标样气体进样系统 [J]. 真空与低温，2002(01)：41-47.
[423] 李得天，郭美如，冯焱，等. 固定流导法校准真空漏孔方法研究 [J]. 真空与低温，2005(04)：197-204.
[424] 褚向前，朱武，何磊. 铁路列车真空厕所系统设计 [J]. 真空，2011，48(06)：54-57.
[425] 孙企达. 食品真空冷却保鲜 [J]. 真空，2019，56(03)：52-56.
[426] 刘顺明，欧阳华甫，胡志良，等. 硼中子俘获治疗（BNCT）真空系统 [J]. 真空，2020，57(06)：64-68.
[427] 王鹏程，黄涛，刘佳明，等. 中国散裂中子源（CSNS）LRBT 输运线真空系统 [J]. 真空，2019，56(05)：21-25.
[428] 朱雷，张午权，黄发领. SC200 超导质子回旋加速器束流传输真空系统及控制设计 [J]. 真空科学与技术学报，2019，39(10)：850-856.
[429] 周利娟，吴德忠，胡振军. 兰州重离子加速器前束线真空系统改造 [J]. 真空与低温，2002(02)：55-60.
[430] 阎承沛. 真空热处理工艺与设备设计 [M]. 北京：机械工业出版社，1998.
[431] 蔡潇，曹曾，张炜，等. HL-2M 装置真空室预抽气系统的研制 [J]. 真空，2021，58(01)：33-37.
[432] 郑树林. 硬质合金真空烧结 [J]. 湖南有色金属，1990(05)：43-46.
[433] 李庆文，吴琼，刘志豪，等. 真空烧结法层状 Ti3SiC2 材料的制备研究 [J]. 陶瓷，2019(03)：41-45.
[434] 王猛，刘洪涛. 基于金锡合金焊料的低空洞率真空烧结技术研究 [J]. 微处理机，2018，39(03)：6-9.
[435] 原辉. 真空烧结工艺应用研究 [J]. 电子工艺技术，2011，32(01)：23-27.
[436] 陈森琴，何金江，张玉利，等. 高纯致密氧化镁陶瓷的常压和真空烧结 [J]. 稀有金属，2018，42(04)：402-407.
[437] 王晖，李延超，张新，等. 高温烧结 Ta-W 合金条工艺研究 [J]. 有色金属材料与工程，2019，40(02)：21-24.
[438] 高阳，罗兵辉，景慧博，等. WC-Fe-Ni-Co 硬质合金真空烧结工艺研究 [J]. 稀有金属，2018，42(05)：477-484.
[439] 李抚龙，杨巨龙，高伟. 铝镍钴高温真空烧结炉的研制 [J]. 真空，1998(05)：42-44.
[440] 张延宾，郑侠. 钽条高温真空烧结炉的研制 [J]. 工业加热，2018，47(01)：31-33.

[441] 马强. 三工位片式钽电容器真空预烧炉的研制 [J]. 真空，2001(05)：33-36.
[442] 孙宝琦，刘仁家. 双室多功能硬质合金烧结炉 [J]. 粉末冶金材料科学与工程，1998(04)：315-318.
[443] 程革，李德奎，庞丹阳. 钕铁硼真空烧结炉的研制与应用 [J]. 真空，1996(02)：41-44.
[444] 李中定. 国产真空烧结一体炉简况 [J]. 稀有金属与硬质合金，2003(01)：39-42.
[445] 王智荣，马强，龙国梁，等. 多室隧道连续式真空烧结炉及热处理炉的研制与应用 [J]. 真空，2019，56(05)：6-11.
[446] 马强. 2200℃片式钽电容器真空烧结炉的研制 [J]. 真空，2006(03)：42-44.
[447] 陈先咏. RJZS-24-16 型真空烧结炉研制 [J]. 工业加热，2002(01)：24-26.
[448] 黄宁. 硬质合金烧结用双炉体半自动卧式真空炉的设计与应用 [J]. 粉末冶金技术，1994(03)：200-205.
[449] 唐景庭，伍三忠，贾京英，等. 一台专用强流氧离子注入机的研制 [J]. 集成电路应用，2003(02)：66-70.
[450] 周德兴. 火箭发动机空间环境模拟试验及发展途径 [J]. 航天器环境工程，2002(01)：25-34+41.
[451] 张光华，钟士谦. 离子注入技术 [M]. 北京：机械工业出版社，1982.
[452] 张耀庚，刘德实. 中束流离子注入机工艺实现原理 [J]. 微处理机，2013，34(02)：12-13+16.
[453] 范玉殿. 电子束和离子束加工 [M]. 北京：机械工业出版社，1989.
[454] 吴先映，李强，张胜基，等. 50 型 MEVVA 源离子注入机 [J]. 北京师范大学学报（自然科学版），2002(04)：496-499.
[455] 史唯东，何飞舟. MEVVA 离子源及其应用 [J]. 核技术，1996(04)：249-256.
[456] 但敏，李建，王新超，等. Ni 离子注入聚四氟乙烯的表面结构与浸润性 [J]. 功能材料，2020，51(02)：2214-2220.
[457] 胡福田，杨卓如. 聚四氟乙烯覆铜板的制备及性能研究 [J]. 玻璃钢/复合材料，2008(02)：38-41+46.
[458] 满宝元，张运海，吕国华，等. N+离子注入聚四氟乙烯表面改性研究 [J]. 物理学报，2005(02)：837-841.
[459] 庞盼，欧伊翔，罗军，等. 离子注入对聚四氟乙烯覆铜板黏结性能的影响 [J]. 航天器环境工程，2020，37(02)：197-202.
[460] 郑振超，寇开昌，张冬娜，等. 聚四氟乙烯表面改性技术研究进展 [J]. 工程塑料应用，2013，41(02)：105-110.
[461] 杨峰，祝馨，窦宝林. 高能 Ni 离子注入对 PTFE 表面结构的影响 [J]. 工程塑料应用，2012，40(06)：29-31.
[462] 韩露，程传杰，陈晨，等. 剂量对润滑条件下氮离子注入 316L 不锈钢摩擦学行为的影响 [J]. 摩擦学学报，2019，39(01)：43-49.
[463] Pillaca E J D M，Ueda M，Reuther H，et al. Study of the effects of plasma immersion ion implantation on austenitic stainless steel using E×B fields [J]. surface & Coatings Technology，2014，246.
[464] Mello C B，Ueda M，Lepienski C M，et al. Tribological changes on SS304 stainless steel induced by nitrogen plasma immersion ion implantation with and without auxiliary heating [J]. Applied Surface Science，2009，256(5).
[465] 王鹏成，潘永智，李红霞，等. 离子注入对钛合金表面摩擦磨损性能的研究进展 [J]. 工具技术，2020，54(11)：3-7.
[466] 郑蕾，杨策，李岩，等. Zr 离子注入对 NiTi 形状记忆合金表面硬度和耐磨性影响 [J]. 北京科技大学学报，2013，35(04)：496-502.
[467] 金森，邹树梁，任宇宏，等. 注入能量对 304 不锈钢离子注 N 表面改性层组织与性能的影响 [J]. 材料保护，2017，50(05)：18-22+41.
[468] 袁联雄，唐德文，邹树梁，等. N/Ti/Al 离子注入 304 不锈钢的耐磨性 [J]. 表面技术，2015，44(09)：43-49+55.
[469] 冯兴国，孙明仁，马欣新，等. 空气等离子体基注入 Ti6Al4V 合金摩擦学性能研究 [J]. 中国表面工程，2010，23(02)：50-55.
[470] 冯军，金凡亚，童洪辉，等. N 离子注入对 TiN 薄膜的组织及性能的影响 [J]. 真空科学与技术学报，2015，35(06)：714-718.
[471] 谢斌，赵怀红，蒋伟. 离子注入在模具表面改性处理技术中的应用 [J]. 机械工程师，2016(06)：111-113.
[472] 高英俊，卢成健，黄礼琳，等. 晶界位错运动与位错反应过程的晶体相场模拟 [J]. 金属学报，2014，50(01)：

110-120.
[473] 杨慧.碳离子注入 Ti-6Al-4V 和 TAMZ 合金的耐蚀及耐磨行为研究 [D]：大连海事大学，2012.
[474] 于乾乾，梁成浩，黄乃宝，等. Ti6Al4V 合金氮离子注入后在 Tyrode's 体液中的耐蚀耐磨性能 [J]. 材料保护，2014，47(06)：66-68＋8.
[475] 王艳，周仲荣.氮离子注入与氮化提高 Ti6Al4V 合金冲击磨损性能的研究 [J]. 中国机械工程，2010，21(10)：1214-1217.
[476] 陈善华，强天俊.离子注入材料表面摩擦磨损性能的研究进展 [J]. 热加工工艺，2011，40(10)：155-159.
[477] 卫中山. MEVVA 离子注入钛合金抗疲劳制造的基础研究 [D]：南京航空航天大学，2003.
[478] 张光胜，章宗城，李鸿. GCr15 钢和 40Cr 钢 N^+ 注入后表面残余应力研究初探 [J]. 安徽机电学院学报，1996(01)：22-27.
[479] 蒋钊，周晖，桑瑞鹏，等.空间用 9Cr18 钢 PⅢ复合离子注入表面改性工艺研究 [J]. 宇航材料工艺，2013，43(03)：100-104.
[480] 张通和，吴瑜光.离子束表面工程技术与应用 [M]. 北京：机械工业出版社，2005.
[481] 李兆光，张人佶，周刚，等.空间飞轮轴承滚道氮离子注入改性工艺研究 [J]. 机械设计与制造，2011(06)：92-94.
[482] 蒋钊，周晖，桑瑞鹏，等.空间齿轮传动副用材料离子注入改性工艺研究 [J]. 润滑与密封，2011，36 (12)：35-40.
[483] 李朝岚，程昱之，钟丽辉，等.离子注入在医用钛及其合金表面改性中的应用 [J]. 表面技术，2020，49(07)：28-34.
[484] 陶学伟，王章忠，巴志新，等.镁合金离子注入表面改性技术研究进展 [J]. 材料导报，2014，28(07)：112-115.
[485] 刘瑶.镁/碳离子注入医用纯钛表面改性的研究 [D]：天津大学，2007.
[486] Wan Y Z，Raman S，He F，et al. Surface modification of medical metals by ion implantation of silver and copper [J]. Vacuum，2006，81(9).
[487] Kokubo T，Kim H M，Kawashita M，et al. Bioactive metals：preparation and properties [J]. Journal of materials science. Materials in medicine，2004，15(2).
[488] 董鹏，宋志成，张治，等.离子注入技术在高效晶硅太阳电池中的应用 [J]. 太阳能，2014(05)：18-20.
[489] 屈敏，孙帅，刘帅秀，等.离子注入技术在纳米集成电路工艺中的关键应用 [J]. 电子世界，2020(21)：187-188.
[490] 徐晓，卢江，董金善.空心桨叶干燥机的设计 [J]. 装备制造技术，2008(09)：110-112.
[491] 周建中.浅析真空干燥技术及设备的发展趋势 [J]. 南通纺织职业技术学院学报，2009，9(01)：31-32.
[492] 郭小锋，陈建，谢守勇，等.滚筒式油菜籽烘干机的研究 [J]. 农机化研究，2011，33(01)：203-206.
[493] 滕红华.可移式内循环粮食干燥机的设计 [J]. 粮食与饲料工业，2003(09)：24-25.
[494] 张湘楠，姚雪东，黄勇，等.盘式热风与红外联合干燥机设计与试验 [J]. 农机化研究，2019，41(01)：253-257.
[495] 邓耀辉.适合湖南省油菜籽干燥机械的研究 [J]. 农业机械，2011(16)：99-100.
[496] 李留胜，邵利国，殷金龙.双段批式循环粮食烘干机的开发 [J]. 粮食与饲料工业，2017(12)：11-13.
[497] 姚会玲，黄施凯，茅慧莲，等.新型大产量谷物低温循环干燥机的设计 [J]. 粮食与饲料工业，2014(07)：17-19.
[498] 杨晓童，段续，任广跃.新型微波真空干燥机设计 [J]. 食品与机械，2017，33(01)：93-96＋208.
[499] 邵永哲，杨健，李小将，等.航天器近地空间环境效应综述 [J]. 航天器环境工 程，2009，26(05)：419-423.
[500] 朱文明.原子氧环境及其试验研究 [J]. 航天器环境工程，2002(04)：6-12.
[501] 杨乃恒.钢包真空脱气处理工艺及设备 [J]. 真空，2021，58(02)：37-41.
[502] 陈志涛.四米槽式太阳能真空集热管镀膜设备的发展概述 [J]. 真空，2021，58(02)：20-26.
[503] 陈志涛.全玻璃真空集热管镀膜设备的发展 [J]. 真空，2020，57(01)：35-39.
[504] 徐成海.真空干燥技术 [M]. 北京：化学工业出版社，2012.

[505] 克里斯托斯托弗 G. J. 贝克著，张慜译，食品工业化干燥 [M]. 北京：中国轻工业出版社，2003.
[506] 蔡仁良. 国外压力容器及管道法兰设计技术研究进展 [J]. 石油化工设备，2003(01)：34-37.
[507] 韩潇，祁妍，刘波涛. 真空容器大门法兰结构设计及优化 [J]. 航天器环境工程，2010，27(04)：493-495+406.
[508] 杨晓天，张军辉，张新俊，等. 兰州重离子冷却储存环超高真空系统首台样机的研制 [J]. 真空与低温，2001(03)：46-51.
[509] 冯玉国. 气体黏滞流流导计算的意见 [J]. 真空，2003(03)：31-32.
[510] 徐国兴，黄思明. 大型真空熔炼设备——五吨真空精炼炉 [J]. 真空技术，1974 (3).
[511] 李军仁，彭常户，付宝全，等. 真空自耗电弧炉用 ϕ720mm 坩埚的优化和改进 [J]. 真空，2013，50 (03)：32-35.
[512] В А Ш А П О В А ЛО В，许小海，汪源，等. 等离子体技术在冶炼和铸造生产中的应用 [J]. 真空，2019，56 (05)：1-5.
[513] 宋静思，王婷，李秀章，等. 一种大型真空精密铸造炉结构布局的研究 [J]. 真空，2021，58 (02)：31-36.
[514] 刘喜海，刘景远，单丹阳，等. 真空电渣重熔的冶金特性 [J]. 真空，2011，48 (05)：35-38.
[515] 王玉民，金永. 真空自耗电极电弧凝壳炉 [J]. 真空，1980 (05)：31-40.
[516] 王玉民. 真空凝壳炉的设计与研究 [J]. 真空，1988 (03)：51-55.
[517] 宋静思，曲殿鹏，陈晋，等. 真空精密铸造炉的发展与展望 [J]. 真空，2018，55 (03)：55-60.
[518] 李忠仁，明悦，朱一鸣，电阻加热真空高温石墨化炉的功率计算 [J]. 真空，2018，55 (06)：73-75.
[519] 赵成修，张一鹏，康宁，等. 稀土及其合金熔铸——水冷铜坩埚感应炉 [J]. 真空，2003 (03)：16-20.
[520] 童靖宇，王吉辉，李金洪. 温控白漆原子氧、紫外综合环境效应退化影响初步研究 [J]. 航天器环境工程，2003 (04)：19-24.
[521] 姜利祥，刘向鹏，童靖宇，等. 真空紫外辐射对碳/环氧复合材料性能影响 [J]. 航天器环境工程，2005 (02)：81-85.
[522] 范宇峰，韩海鹰，卢威，等. 原子氧对航天器热控材料影响试验研究 [J]. 航天器环境工程，2012，29 (04)：419-424.
[523] 刘向鹏，童靖宇，李金洪. 航天器薄膜材料在原子氧环境中退化研究 [J]. 航天器环境工程，2006 (01)：39-41+59.
[524] 李涛，姜利祥，郭亮，等. 空间原子氧环境对太阳电池阵的影响分析 [J]. 航天器环境工程，2010，27 (04)：428-433+403-404.
[525] 朱立颖，乔明，曾毅，等. LEO 卫星太阳电池电路原子氧效应分析及试验研究 [J]. 航天器工 程，2019，28 (01)：137-142.
[526] 裴先强，孙晓军，王齐华，原子氧辐照下 GF/PI 和 nano-TiO_2/GF/PI 复合材料的摩擦学性能研究 [J]. 航天器环境工程，2010，27(02)：144-147+130.
[527] 孟海江，姜利祥，李涛，等. 磁力矩器用聚合物材料的原子氧效应试验研究 [J]. 航天器环境工程，2008(03)：282-285+199-200.
[528] 李凯，王立，秦晓刚，等. 地球同步轨道高压太阳电池阵充放电效应研究 [J]. 航天器环境工程，2008 (02)：125-128+97-98.
[529] 张振龙，韩建伟，全荣辉，等. 空间材料深层充放电效应试验研究 [J]. 航天器环境工程，2009，26 (03)：210-213+197.
[530] 王旭东，李春东，何世禹，等. 电子与质子综合辐照下 ZnO 白漆的光学性能退化研究 [J]. 航天器环境工程，2010，27(05)：581-584+538.
[531] 刘宇明，姜利祥，冯伟泉，等. 防静电 Kapton 二次表面镜的电子辐照效应 [J]. 航天器环境工程，2009，26 (05)：411-414+397.
[532] 刘宇明，冯伟泉，丁义刚，等. S781 白漆在空间辐照环境下物性变化分析 [J]. 航天器环境工程，2007(04)：235-238+6.
[533] 姜利祥，盛磊，陈平，等. 环氧树脂 648 和 TDE-85 的质子辐照损伤效应研究 [J]. 航天器环境工程，2006(03)：

134-137.
[534] 冯伟泉，丁义刚，闫德葵，等.空间电子、质子和紫外综合辐照模拟试验研究［J].航天器环境工程，2005(02)：69-72.
[535] 姜利祥，易忠，甄良，等.Fe-Ni 软磁合金质子辐照效应研究［J].航天器环境工程，2012，29(03)：312-314.
[536] 张帆，沈自才，冯伟泉，等.均苯型聚酰亚胺薄膜在质子辐照下的力学性能退化试验研究［J].航天器环境工程，2012，29(03)：315-319.
[537] 魏强，杨贤金，何世禹，等.质子辐照对石英玻璃光学性能的影响［J].航天器环境工程，2007(03)：178-181+7.
[538] 赵春晴，沈自才，冯伟泉，等.质子辐照对防静电热控涂层导电性能影响［J].航天器环境工程，2009，26(02)：118-121+97.
[539] 李春东，施飞舟，杨德庄，等.ZnO 粉末质子辐照损伤效应［J].航天器环境工程，2008(05)：441-443+398.
[540] 刘喜海，刘景远，渠洪波，等.国内首台真空电渣炉的研制［J].真空，2017，54(03)：56-58.
[541] 王新征.2450℃小型高温烧结炉的研制［J].真空，2017，54(03)：63-65.
[542] 张延宾，郑侠，尹中荣.超高真空热处理炉的研制［J].真空，2017，54(04)：9-12.
[543] 程建，陈鼎，莫凡，等.真空热处理设备 PLC 温控系统设计［J].真空，2017，54(06)：55-57.
[544] 刘喜海，徐成海，郑险峰.真空冶炼［M].北京：化学工业出版社，2013.
[545] 皮塞卡著，张育林译.空间环境及其对航天器的影响［M].北京：中国宇航出版社，2011.
[546] 吴永亮，张小达，朱凤梧，等.航天器设计中的环境要素与效应研究［J].航天器工程，2017，26 (05)：82-89.
[547] 黄本诚，童靖宇.空间环境工程学［M].北京：中国科学技术出版社，2010.
[548] 杨晓宁，杨勇.航天器空间环境工程［M].北京：北京理工大学出版社，2018.
[549] 沈自才.空间辐射环境工程［M].北京：中国宇航出版社，2013.
[550] 刘宇明.空间紫外辐射环境及效应研究［J].航天器环境工程，2007(06)：359-365+5-6.
[551] 徐坚，杨斌，杨猛，等.空间紫外辐照对高分子材料破坏机理研究综述［J].航天器环境工程，2011，28(01)：25-30.
[552] 童靖宇，刘向鹏，张超，等.空间原子氧环境对航天器表面侵蚀效应及防护技术［J].航天器环境工程，2009，26(01)：1-5.
[553] 郭亮，姜利祥，李涛，等.真空紫外对原子氧环境下 S781 白漆性能影响的研究［J].航天器环境工 程，2010，27(06)：686-689+671.
[554] 王毅，王先荣，郭兴，等.真空紫外辐照对聚酰亚胺结构与性能的影响［J].航天器环境工程，2015，32(06)：634-637.
[555] 沈自才，赵春晴，冯伟泉，等.近紫外辐照对塑料薄膜型防静电热控涂层导电性能的退化效应［J].航天器环境工程，2009，26(05)：415-418+397.
[556] 沈自才，赵春晴，冯伟泉，等.近紫外辐照对 OSR 二次表面镜导电性能影响研究［J].航天器环境工程，2008(05)：438-440+398.
[557] 冯伟泉，丁义刚，闫德葵.热控涂层近紫外 5000ESH 辐照 α_s 原位退化特性［J].航天器环境工程，2003(04)：13-18+39.
[558] 沈自才，郑慧奇，赵雪，等.远紫外辐射下 Kapton/Al 薄膜材料的力学性能研究［J].航天器环境工程，2010，27(05)：600-603+539.
[559] 王浚，黄本诚，万才大.环境模拟技术［M].北京：国防工业出版社，1996.
[560] 都亨，叶宗海.低轨道航天器空间环境手册［M].北京：国防工业出版社，1996.
[561] 姜燮昌.干式螺杆真空泵的结构、性能与应用［J].真空，2018，55(04)：6-12.
[562] 段启惠，李灿伦，刘坤，等.多腔涡旋真空干泵的抽气理论与结构分析［J].真空，2018，55(04)：13-17.
[563] 李培印，林博颖，吕剑锋，等.氙泵系统设计［J].真空，2018，55(04)：21-25.
[564] 孙立臣，赵月帅，李明利，等.空间环模设备用大口径制冷机低温泵研制技术现状和发展［J].真空，2018，55(01)：1-6.

[565] 李世珍.钽材高真空退火炉 [J].真空与低温，2002(03)：48-51.
[566] 包耳，田绍洁.真空热处理 [M].沈阳：辽宁科学技术出版社，2009.
[567] 王书田.热处理设备 [M].长沙：中南大学出版社，2011.
[568] 孙宝玉.真空加压气体淬火技术 [J].真空，1988(02)：17-21+8.
[569] 吴道雄，史鑫尧，张雁祥.真空热处理炉的隔热屏设计及传热学分析 [J].热处理技术与装备，2015，36(05)：73-76.
[570] 易磊，刘晓玲，宋建军.真空热处理炉的强冷系统结构 [J].物流工程与管理，2012，34(08)：107-108+127.
[571] 岑力民，钱国华，马锡芳.RC型快速冷却超高真空炉的研制 [J].真空，1984(01)：38-42.
[572] 蔡怀福.石墨在真空电阻炉上的应用 [J].真空，1980(02)：14-22.
[573] 龚肖南，刘志刚.国产HPV-200型高压真空气淬炉结构分析 [J].现代机械，1989(02)：105-107.
[574] 高新民.真空电阻炉的隔热层 [J].真空，1981(05)：1-5.
[575] 村上弘二，张天舒，朴元河，等.真空渗碳 [J].真空，1979(06)：76-81+84.
[576] Andrewg R E，王宝霞.工具钢在真空炉内的高压气淬与高流率气淬 [J].真空，1987(04)：48-54.
[577] 张建华.一种新型立式真空热处理炉 [J].真空，2002(01)：29-32.
[578] 王锡樵，孙清汝，侯奎，等.真空热处理的应用 [J].金属加工（热加工）2015(49)：4-5+9.
[579] 巢昺轩.真空热处理关键技术控制研究 [A].中国航空学会.探索 创新 交流——第六届中国航空学会青年科技论坛文集（上册）[C].北京：中国航空学会，2014：6.
[580] 刘仁家.真空热处理及其设备 [J].真空，1982(03)：24-29.
[581] 周耀祖.真空热处理炉的电热元件 [J].金属热处理，1983(02)：34-37.
[582] 吴震.正压高流率立式真空热处理炉 [J].工业加热，1991(04)：29-32.
[583] 刘仁家，李希璋，郑世英，等.新型双室真空热处理炉 [J].真空，1983(02)：48-50.
[584] 程林，郭吉林.真空热处理炉水冷却系统的腐蚀与防护 [J].金属热处理，2011，36(11)：132-133.
[585] 龙国梁，王智荣，胡浩，等，关于真空炉强冷换向系统的设计探讨 [J].真空，2020，57(04)：24-27.
[586] 朱磊，李晶.真空气淬炉炉膛污染的危害和预防措施 [J].真空，2019，56(01)：59-62.
[587] 马登杰.真空热处理原理与工艺 [M].北京：机械工业出版社，1988.
[588] 祖东光，王连弟，朱程.真空高压气淬炉强化冷却速率的研究 [J].工业加热，1996(04)：15-17+21.
[589] 奥林著，刘卫国等译，薄膜材料科学(第2版).北京：国防工业出版社，2013.
[590] 邱家稳.航天器热控薄膜技术 [M].北京：国防工业出版社，2017.
[591] 戴达煌，代明江，侯惠君.功能薄膜及其沉积制备技术 [M].北京：冶金工业出版社，2013.
[592] 陈亚林，刘益才.离心泵汽蚀及防止方法 [J].真空与低温，2009，15(04)：244-246.
[593] 李娜，杨东升，于钱，等.卫星真空热试验星内污染检测分析 [J].真空，2013，50(03)：17-19.
[594] 张容，韩建军.太阳模拟器窗口的设计 [J].航天器环境工程，2004(02)：39-48.
[595] 杨林华，李竑松.国外大型太阳模拟器研制技术概述 [J].航天器环境工 程，2009，26(02)：162-167+99.
[596] 张容，李竑松，向艳红，等.KFTA太阳模拟器研制 [J].航天器环境工 程，2009，26(06)：548-553+499.
[597] 张春元，许忠旭.大型清洁超高真空获得初探 [J].航天器环境工程，2002(01)：59-62.
[598] 茹晓勤，刘波涛，刘劲松，等.对俄出口GVU-600空间环境模拟器研制 [J].航天器环境工程，2012，29(06)：667-670.
[599] 韩潇，祁妍，刘波涛.整星热试验容器强度及稳定性分析设计 [J].航天器环境工 程，2012，29(06)：674-676.
[600] 崔寓淏，窦仁超，师立侠，等.电离真空规所在位置对测量结果的影响 [J].真空，2020，57(05)：57-60.
[601] 闫琦，黄小凯，张立海，等.低温泵现场使用可靠性评价及维修保障方法 [J].航天器环境工程，2017，34(03)：336-342.
[602] 许忠旭，杜春林，武越.低温泵常见故障分析及其解决措施 [J].航天器环境工程，2014，31(05)：531-535.
[603] 焦子龙，庞贺伟，易忠，等.航天器真空热试验污染物成分分析 [J].航天器环境工程，2010，27(06)：711-714.
[604] 周传良，于钱.10MHz温控石英晶体微量天平的研制 [J].航天器环境工程，2003(03)：25-29.
[605] 简亚彬，张春元，丁文静，等.调温热沉设备的状态空间法仿真设计 [J].航天器环境工程，2008(04)：373-376.

[606] 贾阳. 过冷器热设计研究 [J]. 环模技术，1995(01)：15-18.
[607] 贾阳. Monte Carlo 方法在红外加热笼热设计中的应用 [J]. 环模技术，1995(01)：19-22.
[608] 杨晓宁. 热真空试验用红外加热笼的热设计 [J]. 航天器环境工程，2004(01)：19-24.
[609] 黄本诚，庞贺伟，臧友竹，等. KM6 太阳模拟器的研制方案与进展 [J]. 航天器环境工程，2003(01)：1-3+55.
[610] 杨晓宁，孙玉玮，余谦虚. 提高红外灯阵热流模拟均匀性的优化设计方法 [J]. 航天器环境工程，2012，29(01)：27-31.
[611] 陈丽，张丽新. 卫星真空热试验用红外加热笼工艺设计 [J]. 航天器环境工程，2009，26(02)：131-133+98.
[612] 单巍巍，刘波涛，丁文静，等. 重力式自循环系统中热沉结构设计方法研究 [J]. 航天器环境工程，2010，27(04)：489-492+406.
[613] 杨林华. 大型太阳模拟器研制技术综述 [J]. 航天器环境工程，2012，29(02)：173-178.
[614] 李高，刘波涛，刘敏. 热真空试验设备复叠制冷系统 [J]. 航天器环境工程. 2007(01)：51-53.
[615] 李罡. 真空热环境试验新型不锈钢结构热沉加工工艺研究 [J]. 航天器环境工程，2011，28(03)：246-250.
[616] 张立伟，张文杰，魏仁海，等. 不锈钢管铜翅片热沉制造关键技术 [J]. 航天器环境工程，2008，25(06)：587-590+500.
[617] 许贞龙，李玉忠，崔立军，等. KM8 不锈钢板式热沉激光焊接工艺研究 [J]. 航天器环境工程，2015，32(05)：549-553.
[618] 张磊，刘敏，王紫娟，等. 国外调温热沉研究现状及技术发展 [J]. 航天器环境工程，2012，29(02)：179-184.
[619] 王立，陈薇君，焦宝祥，等. 载人舱不锈钢-铜热沉的设计 [J]. 中国空间科学技术，2002(03)：29-34.
[620] 杨建斌，石芳录，柏树，等. 航天器空间环境模拟设备 [M]. 北京：化学工业出版社，2020.
[621] 邹定忠，刘敏，刘国青. 热沉设计技术 [J]. 中国空间科学技术，2002(03)：22-28.
[622] 庞贺伟，黄本诚. 颈部和侧门热沉设计 [J]. 中国空间科学技术，2002(03)：35-39+62.
[623] 刘国青，黄本诚. 大型低温抽气技术 [J]. 中国空间科学技术，2002(03)：58-62.
[624] 刘国青，黄本诚，邹定忠. 大型氦制冷低温真空系统的设计研究 [J]. 真空，2000(04)：27-30.
[625] 化工部第四设计院. 深冷手册（上）[M]. 北京：化学工业出版社，1973.
[626] 赵镇南. 传热学 [M]. 北京：高等教育出版社，2008.
[627] 杨世铭，陶文铨. 传热学 [M]. 北京：高等教育出版社，2007.
[628] 郭方中. 低温传热学 [M]. 北京：机械工业出版社，1989.
[629] 陈国邦，张鹏. 低温绝热与传热技术 [M]. 北京：科学出版社，2004.
[630] 史美中，王中铮. 热交换器原理与设计 [M]. 南京：东南大学出版社，2019.
[631]《动力管道设计手册》编写组. 动力管道设计手册 [M]. 北京：机械工业出版社，2006.
[632] 黑费尔 R A. 低温真空技术 [M]. 北京：电子工业出版社，1985.
[633] 四川大学水力学与山区河流开发保护国家重点实验室. 水力学（第五版）[M]. 北京：高等教育出版社，2016.
[634] 孔珑. 工程流体力学（第四版）[M]. 北京：中国电力出版社，2014.
[635] 甘智华，等. 制冷与低温测试技术 [M]. 杭州：浙江大学出版社，2011.
[636] 李小换，等. 超低温薄膜压力传感器的研究 [J]. 仪表技术与传感器，2009（增刊）.
[637] 王军钢，等. 提高低温压力测量准确度的方法初探 [J]. 火箭推进，2012（5）.
[638] 于松涛，等. 一种测量低温液体压力的安装方法 [J]. 山东化工，2019（21）.
[639] 姚东媛，等. 低温压力传感器的研制. 中小企业管理与科技（下旬刊），2017（8）.
[640] 张世名，等. 航天测试中的压力测量技术进展 [J]. 计测技术，2012（32）增刊.

致　谢

主编刘玉魁系吉林省松原市人，祖籍山东莱州，1938年生于中医世家。祖父刘殿邦，父亲刘希山均为遗世名医，在中医理论上颇有造诣，医术精深，毕生济世于民，深得乡亲们的爱戴。

1958年就读于长春光学精密机械学院，现为长春理工大学。该校由时任中国科学院长春光学精密机械研究所所长、国际著名光学科学家王大珩院士创建，并任院长。在校历经五年寒窗，毕业论文在长春光学精密机械研究所完成。毕业论文《辐射热电偶加工工艺研究》选题由王大珩先生亲定，并委托吴绪华先生为导师。在短暂的一年中，有机会聆听王大珩院士的教诲，受益匪浅。先生渊博的学识、严谨的科研作风，对我走上科研之路有举足轻重的影响。在吴老师的辛勤指导下，较出色地完成了研究题目，毕业论文被评为优秀论文；并于1963年以优异的成绩毕业，告别了我所留恋的大学时代。

1963年9月步入中国科学院兰州物理研究所从事科学研究，从此与真空科学技术有了不解之缘。刚迈入科学殿堂，有缘在兰州物理研究所副所长金建中院士指导下，从事大抽速扩散泵研究。经过不懈努力，于1965年研制成功国内首台短泵腔型油扩散泵，抽速为2×10^4L/s，各项指标达到了国外同类油扩散泵水平。后来又相继完成了抽速5×10^4L/s大型油扩散泵的研制，使扩散泵研制水平进入了国际先进行列。研究成果分别用于我国20世纪70年代KM3、KM4大型空间环境模拟器上，为我国航天事业的发展做出了贡献。而金先生勇于奋进的科研精神，激励着我在崎岖的科研道路上不断前进。

在五十余载的科学研究生涯中，成果颇为丰硕，曾获得全国科学大会奖及国家级科技进步奖。所取得的成就，无不与共事的同仁息息相关，为此特向李旺奎、胡炳森、范垂祯、李希宁、韩军、崔遂先、高宜桂（中国科学院空间中心总师研究员）、王立（中国空间技术研究院总环部总师研究员）、杜庆竹（中国空间技术研究院西安分院总师研究员）、肖祥正、谈治信、胡永年、孟宪君、邵惠民、杨宜民、陶业坚、孙亦宁等兰州物理研究所老一代学者致谢。在从事真空科学技术研究的道路上，在真空工程领域有一定的建树，相关著作为我国真空工程设计奠定了一定的理论基础。

1975年《真空设计手册》（以下简称《手册》）开始编写，由金建中院士任主编，刘玉魁、谈治信、肖祥正共同策划与参编，历经四年辛勤耕耘，《手册》上册于1979年由国防工业出版社出版。在出版社选题过程中，《手册》曾由中国空间技术研究院北京空间科技信息研究所研究员张希瞬先生推荐给国防工业出版社，后又经航天领域著名科学家任新民院士亲笔书信再次推荐，方使其列入选题，得以问世。在此特向两位慧识《手册》的长者致谢。国防工业出版社的王礼国编审、宋桂珍编辑为《手册》倾注了大量心血，他们也是我撰写科技论著的启蒙老师，两位所付出的辛劳我将永远铭记。

1988年我的首部专著《真空系统设计原理》与读者见面了，这标志着我国真空系统设计趋向成熟。此书较全面系统地论述了真空系统设计理念，有较强的使用价值，是国内第一部此类专业书籍。由新时代出版社（国防工业出版社副牌）出版，责任编辑仍为宋桂珍老师。成书过程中得到了胡炳森先生的支持，并推荐真空界知名学者、中国科学院原子能研究所陈文奎研究员审阅书稿，陈先生提出了不少宝贵的见解；在付梓过程中，又得到了广东真空设备厂王建铭总经理的支持；特别是兰州物理研究所副所长李旺奎研究员在《真空》杂志上不惜笔墨做了评述，为此书增加了亮点。诸位友人对《真空系统设计原理》出版的贡献至今记忆犹新。

1986 年中国真空学会科普教育专业委员会在敦煌召开年会。专委会主任、真空界知名学者暨南大学教授黄振邦先生邀请编写真空技术科普专著，为回应黄老师的盛情，拟撰写一部《真空知识》小著。科普著作与专业书不同，需以通俗形象的语言将科学原理阐述清楚，图文并茂，有一定的趣味性。历经两年多的奋笔，《真空知识》一书于 1989 年由原子能出版社出版。

几十年来真空领域只有两部科普著作，一部是《真空知识》，另一部是《真空世界》。后者主要编者是我的挚友、长者东北大学教授李云奇先生。《真空知识》一书由核物理领域学者王朝驹先生审稿，责任编辑为原子能出版社张本东先生。黄振邦老师又在《真空》杂志上撰稿评述，为《真空知识》增加了亮点。几十年虽一挥而过，但诸位先生对《真空知识》所付出的辛苦，以及对普及真空科学知识所做的贡献，功不可没。

2002 年应东北大学教授徐成海先生的邀请参加《真空工程技术》撰写，我与徐老师从青年时代已友情甚深，能有这样一次合作机会，倍感欣慰。此书主编是徐成海先生，作者中汇集了不少真空界学者教授，此书是新世纪一部大型真空工程理论著作，对我国真空工程发展产生了重要影响。《真空工程技术》于 2004 年由化学工业出版社出版，责任编辑戴燕红编审为书稿倾注了大量心血，我作为作者之一深表谢意。

2009 年中国航天科技集团兰州空间技术物理研究所（原兰州物理研究所）组织国内真空科学技术领域学者编撰大型真空科学技术丛书，丛书设有编委会，我应邀作为编委之一，与崔遂先、谈治信先生合作，编写《真空技术常用数据表》一书，将真空技术所用传热学相关内容引入书中，为丰富真空科学技术做了有益尝试，为工程设计带来了方便，此书由化学工业出版社于 2012 年出版，为兰州物理研究所五十华诞献上了一份厚礼。

《真空工程设计》酝酿时间较长，是一部大型的真空工程设计工具书，可以认为是《真空设计手册》的姊妹篇。从某种意义上来说，这也是我从事真空工程生涯的总结。此书从 2008 年开始构思，宗旨是以以往的相关真空工程论著为基础，要有新的突破，使之焕然一新。为此，将与真空工程密切相关的制冷技术、传热、焊接技术集入书中，同时还将真空界学者自新世纪以来的新成果、新成就汇入书中，使之与时俱进。

离开研究岗位后，应兰州空间技术物理研究所王先荣副所长（研究员）的邀请，到该所隶属的兰州华宇航天技术应用有限责任公司从事真空工程设备研制开发指导工作，感谢王副所长提供华宇平台完成此部著作。华宇公司领导对此书寄予厚望，大力协同。在作者及参编人员共同努力下，书稿于 2015 年 7 月圆满完成。在此向王先荣副所长、华宇公司领导及参编人员致谢。

《真空工程设计》由化学工业出版社于 2016 年出版，修订后的《真空工程设计》（第 2 版）将于 2023 年出版，两版书均得到了化学工业出版社戴燕红编审的鼎力支持，在此致谢；两版中引入了文献中诸位学者的研究成果、公式、图表等，也向他们致以深深的谢意。

航天领域著名科学家、两弹一星元勋、共和国国家勋章获得者孙家栋院士为《真空工程设计》撰写了序言，使著作锦上添花，作者们表示衷心感谢。

航天领域科学家、原中国空间技术研究院院长、中国工程院院士戚发轫先生为《真空工程设计》题词，使此著增辉，作者们表示衷心的谢意。

在《真空工程设计》及《真空工程设计》（第 2 版）编写过程中，得到了真空科学技术领域广大同仁的支持，他们是东北大学张世伟、杨乃恒教授；沈阳真空技术研究所李玉英、邢军、陆国柱研究员；中国科学院长春光学精密机械与物理研究所贾平、关志远、李春怀、刘立杰研究员；中国空间技术研究院邱家稳、闫荣鑫、王立研究员；航天五一四所卢耀文研究员；温州大学董长昆教授；兰州大学霍红庆教授；北京中科科仪股份有限公司武国平、王高峰；中国科学院沈阳科仪股份有限公司李昌龙、张振厚、张利国、史雪松；沈阳真龙真空设备有限公司林峰；沈阳纪维应用技术有限公司宁宪宁；川北真空科技（北京）有限公司陈林、张智明；北京海乐威真空科技发展有限公司张殿伟、李一凡；中机浩德（北京）科技有限公司谢子燕；北京华特应用技术研究所王孝珍；北京七星华创电子股份有限公司张丽琴、王昭；天津富通通用机械有限公司许志章、于中华；上海万可姆高科技有限公司费海鸿、费俭波；上海真空阀门制造有限公司许凤；上海优拓低温技术有限公司王为民；上海宏瑞电热电器有限公司徐宏林；苏州展文电子科技有限公司杨奇、张秋香；浙江真空设备集团有限公司王西龙、梁云波；浙江博开机电科技有限公司陈家富、张国军；浙江台州环球真空设备制造有限公司赵计春、赵伟胜；宁波莱宝真空自动化技术有限公司陆祖怀；淄博真空设备厂有限公司徐法俭；湖南维格磁流体股份有限公司文静；杭州大和热磁电子有限公司谭凌宇；兰州真空设备厂有限责任公司夏正勋、李殿东；杭州制氧集团有限公司许安邦、徐国明、金曙炜；宁波鲍斯能源装备股份有限公司邬永波；北京瑞尔腾普装备科技有限公司洪军；常州市乐萌压力容器有限公司潘燕萍、潘俊杰；杭州盈铭深冷真空工程有限公司闻建芳、徐光明、徐旭；安徽赢创激光科技有限公司刘海亮；杭州航验环境技术有限公司徐华勒；北京罂越东方科技有限公司孙莹；上海汉钟精机股份有限公司余昱暄诸位同仁，向他们表示诚挚的谢意。

在五十余春秋的科研生涯中，夫人李晋梅与我风雨同舟、朝夕相伴，在生活上对我关心之致，在事业上也奋力支持，借《真空工程设计（第 2 版）》出版之际，对她的辛苦操劳深切致意。

刘玉魁　兰州空间技术物理研究所

2022 年 9 月 29 日

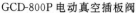

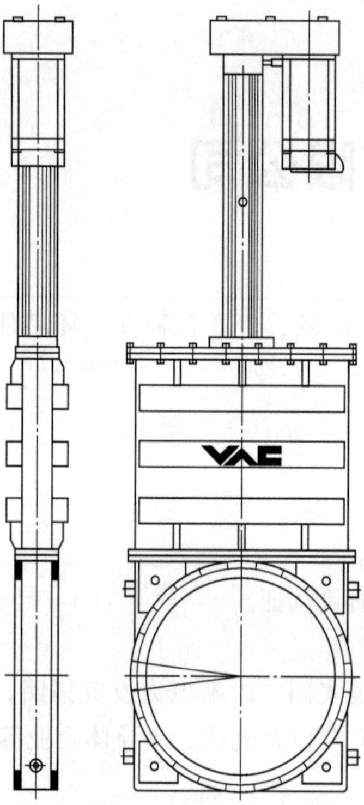

GCD-800P 电动真空插板阀

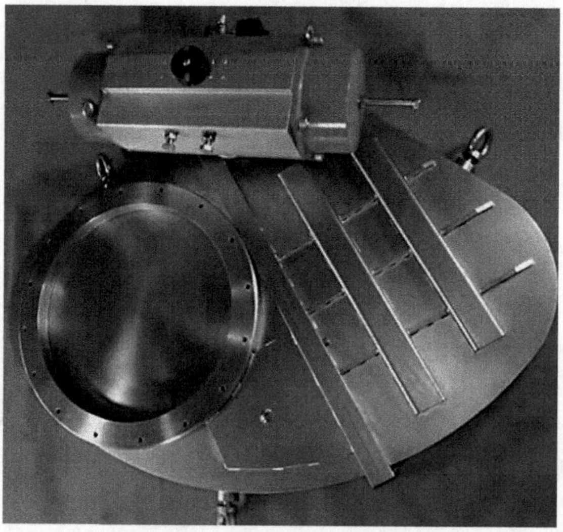

GBCQ-500P 气动摆动式真空插板阀

安徽赢创激光科技有限公司

安徽赢创激光科技有限公司坐落于安徽省安庆市经济开发区，厂房面积5400平方米，主要生产各种规格的激光焊接传热板、热沉、换热设备等产品。

公司成立于2014年，致力于激光焊接传热板及相关换热设备的研发及生产。产品广泛应用于汽车、机械、石化、航空、冶金、军工及教育科研等领域，公司积极与专业院校建立良好合作关系，以强大的研发能力和专业精神服务于广大客户。

公司本着“创新、专业、卓效”的服务理念，努力将公司打造成换热设备行业的创新型示范企业。

激光焊接换热板采用激光焊接技术进行焊接，通过打压膨胀成型、内部流体高度湍流获得极高的传热效率；可根据客户所需的形状和尺寸进行非标定制设计；能满足高温、高压或腐蚀性的使用环境。以此类换热板为换热元件组装而成的板式换热器技术突破了传统列管等技术的瓶颈。

相对于传统列管技术，该换热板技术具有如下特点：

（1）均匀的换热温度场　实现真正意义上的均匀温度控制；

（2）高换热密度　等体积换热面积是传统列管技术的两倍以上；

（3）可以根据客户需求裁剪成任意形状，这意味着产品可以完美的融入新建或改建项目；

（4）可以用于绝大多数换热流体传热　蒸汽、热水、冷却水、导热油、乙二醇、制冷剂等；

（5）低压力或低阻力降设计可满足换热流体的流动需求；

（6）可以选用SS304、SS316L、2205、合金等材料，满足物料特定的材料需求；

（7）能承受最高内压至6MPa，承受最高外压至30MPa，适应绝大多数换热场合的承压需求；

（8）耐温最高至1700℃，满足绝大多数换热场合的温度需求；

（9）传热板具有特有的波面设计，流体强制湍流，换热效率高。

宁波鲍斯能源装备股份有限公司

鲍斯股份始创于2005年，于2015年在深圳交易所挂牌上市（股票代码：300441）。公司总部位于宁波奉化，目前公司主要生产压缩机、真空泵、刀具、轴等高端精密零部件及成套设备。

鲍斯真空事业群成立于2011年，专业从事真空产品的研发、生产、销售和服务，现有产品包括：单/双级油旋片真空泵、罗茨真空泵、干式螺杆真空泵、干式涡旋真空泵、真空机组、高真空阀门及相关配套真空产品，广泛应用于国内外各个行业。

鲍斯真空始终专注于真空获得应用技术的创新与完善，提供“优质、高效、节能、环保”的产品，定位于中高端应用市场，并以高性价比惠及中高端用户。鲍斯真空秉承“学习、和谐、坚持、专业”的企业文化，以为客户提供真空获得一站式解决方案为目标，致力于成为在真空获得应用领域拥有核心竞争力的、可和谐发展的生产服务商。

公司现有已授权专利188项，其中包含发明专利21项，实用新型专利135项，外观专利32项。公司获得ISO 9001，ISO 14001，ISO 45001，CE认证。

BSJ系列罗茨真空泵

BSJ30L～BSJ1200LC（100～4140m^3/h）

DRV系列双级油旋片真空泵

DRV3～DRV275（3.6～255m^3/h）

GSP系列干式涡旋真空泵

GSP3～GPS10（3～10L/s）

SRV系列单级油旋片泵

SRV300～750（280～755m^3/h）

GSD/GSC系列干式

螺杆真空泵及机组

地址：浙江省宁波市奉化区江口街道聚潮路55号

邮编：315500

联系方式：0574-88569588

网址：Vac.cnbaosi.com/www.baosivacuum.com

邮箱：bsvac.sdm@cnbaosi.com

常州市乐萌压力容器有限公司

常州市乐萌压力容器有限公司坐落于江苏省常州市。公司专业制造半导体、光伏、碳化硅、真空镀膜、航空航天、光纤、医疗等设备所用的真空腔体及相关成套产品和制氢、锂电原材料设备、发酵、提取、浓缩、干燥、蒸发、回收、过滤等Ⅰ、Ⅱ、Ⅲ类压力容器制造和设计。

公司已经通过 ISO 9001 质量管理体系认证、ISO 14001 环境认证体系、ISO 45001 职业健康体系、ASME 认证，并获得江苏省高新技术企业、江苏省民营企业、工信部专精特新“小巨人”等称号，注册资金 14000 万元，固定资产近 3 亿元，资产总额近 5 亿元。公司拥有员工 1800 人，由 3 位博士、6 名硕士组成的研发团队共 68 人，资深管理人员 35 人。公司目前已获得各项专利 60 余项，其中发明专利 6 项，已获得软件著作权 3 项。

公司有多年的设备制造经验和技术，并在焊接、金属加工、抛光、检测工序等方面在同行业中保持着独特的设备制造优势，自动化、专业化程度不断提高，业务范围遍布全国各地。

“乐萌”人始终相信：科技创造财富，品质赢得信赖。公司始终以市场为导向，以客户需求为使命，深化科研、改革产品，严把质量关，为客户提供更加完美、高性价比和系统化的产品解决方案和服务。

大法兰加工与拆分

激光跟踪仪

移动式数控铣床

4000T 油压机

数控铣床

联系人：闻建芳 13805713517

邮箱：hzymgee@163.com

地址：浙江省杭州市淳安县临岐镇富园路18号